# Allgemeine Geologie

John Grotzinger / Thomas H. Jordan / Frank Press / Raymond Siever

**Press/Siever**

# Allgemeine Geologie

5. Auflage

Aus dem Amerikanischen übersetzt von Volker Schweizer

Spektrum
AKADEMISCHER VERLAG

**Autoren:**
Prof. Dr. John Grotzinger, California Institute of Technology (Caltech),
Prof. Dr. Thomas H. Jordan, University of Southern California,
Prof. Dr. Frank Press, The Washington Advisory Group,
Prof. Dr. Raymond Siever, Harvard University

**Übersetzer:** Prof. Dr. Volker Schweizer, Heidelberg



**Bibliografische Information der Deutschen Nationalbibliothek**
Die Deutsche Nationalbibliothek verzeichnet diese Publikation in der Deutschen Nationalbibliografie; detaillierte bibliografische Daten sind im Internet über http://dnb.d-nb.de abrufbar.

Titel der amerikanischen Originalausgabe: Understanding Earth, 5th ed.



Springer ist ein Unternehmen von Springer Science+Business Media
springer.de

Nachdruck 2011 der 5. Auflage 2008

Spektrum Akademischer Verlag ist ein Imprint von Springer

11 12 13 14 5 4 3 2



Planung und Lektorat: Merlet Behncke-Braunbeck, Dr. Christoph Iven
Redaktion: Gerd Hintermaier-Erhard und Christel Schweizer
Herstellung: Detlef Mädje
Umschlaggestaltung: SpieszDesign, Neu-Ulm
Titelbild: Spitzkoppemassiv (1 784 m), Namibia, Inselberg aus Granit
Foto: © Andreas Held, Eberbach
Layout/Satz: klartext, Heidelberg

ISBN 978-3-8274-1812-8

# Vorwort

Als die erste Auflage des Buches erschien, war das Konzept der Plattentektonik noch neu. Zum ersten Mal gab es eine allumfassende Theorie, mit deren Hilfe man die im Erdinneren wirkenden ungeheuer großen Kräfte zu verstehen lernte. In Anbetracht dieses neuen Paradigmas bestand unser Ziel darin, das geologische Wissen so prozessbezogen wie möglich darzustellen.

Dieses neue Bild der Erde als in sich geschlossenes dynamisches System stand im Mittelpunkt des Buches *Earth* und des Nachfolgers *Understanding Earth.*

Mit der fünften Auflage gehen wir noch einen Schritt weiter. Wir stellen die Geologie als eine einheitliche prozessbezogene Wissenschaft dar, die in der Lage ist, geologischen Erscheinungen in globale Zusammenhänge zu stellen, wann und wo immer diese auftreten. Die vorliegende Darstellung betont die globalen systemaren Wechselwirkungen , doch verwenden wir diese Betrachtungsweise auch bei der Charakterisierung einzelner Komponenten des globalen Systems wie etwa der Bildung der ozeanischen Kruste („Spreading-Zentren als magmatische Geosysteme") oder der Dynamik der Bodenbildung („Böden als Geosysteme").

Geologie hat mit Klima genauso viel zu tun wie etwa mit Tektonik. In der vorliegenden Neuauflage beschreiben wir die geologischen Prozesse, die diese durch die historische Entwicklung traditionell getrennten Wissensfelder miteinander verbinden. Unsere Darstellung so zentraler Themen wie beispielsweise des Kreislaufs der Gesteine, die Gesteinsmetamorphose, die tektonische Heraushebung von Gebirgen oder auch die Landschaftsentwicklung verdeutlichen diese wichtigen Zusammenhänge. Darüber hinaus betrachten wir den Faktor Zeit innerhalb der Erdgeschichte und die Entwicklung der Erde – einschließlich der anderen terrestrischen Planeten – als wichtigen Vorgang. Wir verdeutlichen dieses Prinzip durch die Gruppierung von Vorgängen, denen eine lang andauernde Entwicklung zugrunde liegt, sei es nun unser Sonnensystem (Kapitel 9 „Die Entwicklung der terrestrischen Planeten"), die Erde (Kapitel 10 „Die Entwicklung der Kontinente") oder die Entstehung des Lebens (Kapitel 11 „Geobiologie"). Den in dieses Buch neu aufgenommenen Kapiteln 9 und 11 liegt die Absicht zu Grunde, den Studenten die aktuellsten Erkenntnisse hinsichtlich unseres Sonnensystems zu vermitteln, die sich aus einer zunehmenden Anzahl geologisch ausgerichteter Weltraum-Missionen zu andere Planeten (vor allem zum Mars) ergeben haben, aber auch die Erkenntnis, dass Lebewesen – vor allem Mikroorganismen – einen erheblichen Einfluss auf die Erde ausgeübt haben und noch immer ausüben.

Bei der Abfassung dieser Auflage haben wir neue, überzeugende Labor- und Geländemethoden sowie neue theoretische Ansätze herangezogen. Mit modernen technischen Verfahren wie etwa GPS und einer kontinuierlichen Überwachung der Erde durch Satelliten kann man heute die Bewegungen der Lithosphärenplatten, Aufstieg und Erosion, den Spannungsaufbau in der Erdkruste vor einem Erdbeben, die globale Erwärmung, das Abschmelzen der Gletscher und den Anstieg des Meeresspiegels unmittelbar – nahezu in Echtzeit – beobachten. Es ist erstaunlich, dass wir mithilfe von Erdbebenwellen Bewegungen innerhalb des festen Erdmantels in mehreren hundert oder sogar mehreren tausend Kilometern Tiefe ebenso sichtbar machen können wie die von dort aufsteigenden Manteldiapire oder die an Subduktionszonen abtauchenden Platten. Außerdem können wir für geologische Erkundungen ausgerüstete Roboter zu anderen Planeten senden, um die dort ablaufenden geologischen Prozesse zu untersuchen, wie beispielsweise die Rolle des Wassers bei der Formung der frühen Oberfläche des Mars und – damit verbunden – auch dessen Klimaentwicklung. Schließlich sind wir durch die rasche Analyse der Genome selbst kleinster Mikroorganismen in der Lage, den Einfluss von Organismen auf geologisch wichtige Prozesse zu ermitteln. Die Betrachtung der Erde als ein System interagierender Komponenten, das dem Einfluss des Menschen ausgesetzt ist, ist heute durch gut fundierte wissenschaftliche Belege untermauert, die auf diesen neuen Methoden beruhen.

Niemals zuvor war der Einfluss der Geologie größer. Die Kenntnisse der Geologen unterstützen zwar bereits heute die Entscheidungsträger in Politik, Wirtschaft und Kommunen, doch ist noch wesentlich mehr zu tun, um den Informationsfluss effizienter zu machen. Die Katastrophen der jüngsten Vergangenheit, wie beispielsweise der Tsunami im Indischen Ozean im Jahr 2004, oder die Überschwemmung von New Orleans durch den Hurrikan Katrina im Jahr 2005 unterstreichen die Notwendigkeit zur Vorsorge mit dem Ziel, die negativen Folgen solcher zwar seltenen aber verheerenden und unvermeidbaren Ereignisse so gering wie möglich zu halten. Diese Vorsorge beginnt mit dem Wissen, wie die Erde als System funktioniert und mit der Beurteilung des Ablaufs vergleichbarer Ereignisse in der geologischen Vergangenheit. Die durch beide Ereignisse verursachten Verwüstungen hätten erheblich reduziert werden können, wenn die politischen Entscheidungsträger bessere Kenntnisse bezüglich der dabei wirkenden geologischen Kräfte und des wahrscheinlichen Ablaufs solcher Ereignisse gehabt hätten.

**Für Dozenten, aber auch für studentische Vorträge und Referate ist eine CD-ROM erhältlich (ISBN: 978-3-8274-1959-0), mit der fast alle Grafiken des Buchs bequem z. B. für Powerpoint-Präsentationen genutzt werden können.**

**Beim Verlag der amerikanischen Originalausgabe W.H. Freeman gibt es außerdem eine Website für Studenten und Dozenten mit weiteren interessanten Materialien in Englisch:**
**http//www.whfreeman.com/understandingearth5e**

# Danksagung

Es ist für Dozenten wie auch für Verfasser geologischer Lehrbücher eine echte Herausforderung, die vielfältigen und wichtigen Aspekte der Geologie in einer einzigen Einführungsvorlesung darzustellen und dabei das Interesse und die Begeisterung der Studenten zu wecken. Um dieser Herausforderung gerecht zu werden, haben wir zahlreiche Kollegen um Rat gefragt, die an vielen sehr unterschiedlichen Universitäten und Hochschulen lehren. Von den ersten Planungsstadien aller Auflagen dieses Lehrbuches an haben wir uns auf ihre Meinungen zur Gliederung des Textes und der Auswahl der zu besprechenden Themenkreise gestützt. Beim Abfassen der Kapitel haben wir uns überdies auf unsere didaktisch kompetenten Kollegen verlassen, die uns geholfen haben, eine pädagogisch sinnvolle, exakte und für Studenten verständliche und anregende Darstellung zu erreichen. Ihnen allen sind wir sehr zu Dank verpflichtet.

An der Planung und Überarbeitung dieser Neuauflage haben folgende Fachkollegen mitgewirkt:

Katryn A. Baldwin (Washington State University), Charly Bank (Colorado College), Ray Beiersdorfer (Youngstown State University), Larry Benninger (University of North Carolina at Chapel Hill), Elisa Bergslien (State University of New York at Buffalo), Grenville Draper (Florida International University), Eric Essene (University of Michigan), Sharon Gabel (State University of New York at Oswego), Steve Gao (Kansas State University), David H. Griffing (Hartwick College), Scott P. Hippensteel (University of North Carolina at Charlotte), Linda C. Ivany (Syracuse University), Thomas J. Kalakay (Rocky Mountain College), Haraldur R. Karlsson (Texas Tech University), David T. King Jr. (Auburn University), Andrew H. Knoll (Harvard University), Jeffrey R. Knott (University of California at Fullerton), Kelley Liu (Kansas State University), Sakiko N. Olson (Johns Hopkins University), Leslie Reid (University of Calgary), Steven Semken (Arizona State University), Eric Small (University of Colorado at Boulder) und John Waldron (University of Alberta).

Ebenfalls zu Dank verpflichtet sind wir folgenden Kollegen, die uns bei der Herausgabe der früheren Auflagen unterstützt haben:

Wayne M. Ahr (Texas A & M University), Gary Allen (University of New Orleans), Jeffrey M. Amato (New Mexico State University), N. L. Archbold (Western Illinois University), Allen Archer (Kansas State University), Richard J. Arculus (University of Michigan, Ann Arbor), Philip M. Astwood (University of South Carolina), R. Scott Babcock (Western Washington University), Evelyn J. Baldwin (El Camino Community College), Suzanne L. Baldwin (Syracuse University), Charles W. Barnes (Northern Arizona University), Carrie E. S. Bartek (University of North Carolina, Chapel Hill), John M. Bartley (University of Utah), Lukas P. Baumgartner (University of Wisconsin, Madison), Richard J. Behl (California State University, Long Beach), Kathe Bertine (San Diego State University), David M. Best (Northern Arizona University), Roger Bilham (University of Colorado), Dennis K. Bird (Stanford University), Stuart Birnbaum (University of Texas, San Antonio), David L. S. Blackwell (University of Oregon), Arthur L. Bloom (Cornell University), Phillip D. Boger (State University of New York, Geneseo), Stephen K. Boss (University of Arkansas), Michael D. Bradley (Eastern Michigan University), David S. Brembaugh (Northern Arizona University), Robert L. Brenner (University of Iowa), Edward Buchwald (Carleton College), David Bucke (University of Vermont), Robert Burger (Smith College), Timothy Byrne (University of Connecticut), J. Allan Cain (University of Rhode Island), F. W. Cambray (Michigan State University), Ernest H. Carlson (Kent State University), Max F. Carman (University of Houston), James R. Carr (University of Nevada), L. Lynn Chyi (University of Akron), Allen Cichanski (Eastern Michigan University), George R. Clark (Kansas State University), G. S. Clark (University of Manitoba), Mitchell Colgan (College of Charleston), Roger W. Cooper (Lamar University), Spencer Cotkin (University of Illinois), Peter Dahl (Kent State University), Jon Davidson (University of California, Los Angeles), Larry E. Davis (Washington State University), Craig Dietsch (University of Cininnati), Yildrim Dilek (Miami University), Bruce J. Douglas (Indiana University), Grenville Draper (Florida International University), Carl N. Drummond (Indiana University/Purdue University, Fort Wayne), William M. Dunne (University of Tennessee, Knoxville), R. Lawrence Edwards (University of Minnesota), C. Patrick Ervin (Northern Illinois University), Stanley Fagerlin (Southwest Missouri State University), Pow-foong Fan (University of Hawaii), Jack D. Farmer (University of California, Los Angeles), Mark D. Feigenson (Rutgers University), Stanley C. Finney (California State University, Long Beach), Charlie Fitts (University of Southern Maine), Tim Flood (Saint Norbert College), Richard M. Fluegeman, Jr. (Ball State University), Michael F. Follo (Colby College), Richard L. Ford (Weaver State University), Nels

F. Forsman (University of North Dakota), Charles Frank (Southern Illinois University), William J. Frazier (Columbus College), Robert B. Furlong (Wayne State University), Sharon L. Gabel (State University of New York, Oswego), Alexander E. Gates (Rutgers University), Dennis Geist (University of Idaho), Katherine A. Giles (New Mexico State University), Gary H. Girty (San Diego State University), Michelle Goman (Rutgers University), William D. Gosnold (University of North Dakota), Richard H. Grant (University of New Brunswick), Julian W. Green (University of South Carolina, Spartanburg), Jeffrey K. Greenberg (Wheaton College), Bryan Gregor (Wright State University), G. C. Grender (Virginia Polytechnic Institute and State University), David H. Griffing (University of North Carolina), Mickey E. Gunter (University of Idaho), David A. Gust (University of New Hampshire), Kermit M. Gustafson (Fresno City College), Bryce M. Hand (Syracuse University), Ronald A. Harris (West Virginia University), Douglas W. Haywick (University of Southern Alabama), Michael Heaney III (Texas A & M University), Richard Heimlich (Kent State University), Tom Henyey (University of Southern California), Eric Hetherington (University of Minnesota), J. Hatten Howard III (University of Georgia), Herbert J. Hudgens (Tarrant County Junior College), Warren D. Huff (University of Cincinnati), lan Hutcheon (University of Calgary), Alisa Hylton (Central Piedmont Community College), Mohammad Z. Igbal (University of Northern lowa), Neil Johnson (Appalachian State University), Ruth Kalamarides (Northern Illinois University), Frank R. Karner (University of North Dakota), Alan Jay Kaufman (University of Maryland), Phillip Kehler (University of Arkansas, Little Rock), James Kellogg (University of South Carolina at Columbia), David T. King Jr. (Auburn University), Cornelius Klein (Harvard University), Jeff Knott (California State University at Fullerton),Peter L. Kresan (University of Arizona), Albert M. Kudo (University of New Mexico), Richard Law (Virginia Tech),Robert Lawrence (Oregon State University), Don Layton (Cerritos College), Peter Leavens (University of Delaware), Patricia D. Lee (University of Hawaii, Manoa), Barbara Leitner (University of Montevallo), Laurie A. Leshin (Arizona State University), Kelly Liu (Kansas State University), John D. Longshore (Humboldt State University), Stephen J. Mackwell (Pennsylvania State University), J. Brian Mahoney (University of Wisconsin, Eau Claire), Erwin Mantei (Southwest Missouri State University), Bart S. Martin (Ohio Wesleyan University), Gale Martin (Community College of Southern Nevada), Peter Martini (University of Guelph), G. David Mattison (Butte College), Florentin Maurrassee (Florida International University), George Maxey (University of North Texas), Joe Meert (Indiana State University), Lawrence D. Meinert (Washington State University, Pullman), Robert D. Merrill (California State University, Fresno), Jonathan S. Miller (University of North Carolina), James Mills (DePauw University), Kula C. Misra (University of Tennessee, Knoxville), Roger D. Morton (University of Alberta), Peter D. Muller (State University of New York, Oneonta), Henry Mullins (Syracuse University), John E. Mylroie (Mississippi State University), J. Nadeau (Rider University), Stephen A. Nelson (Tulane University), Andrew Nyblade (Pennsylvania State University), Peggy A. O'Day (Arizona State University), Kieran O'Hara (University of Kentucky), William C. Parker (Florida State University), Simon M. Peacock (Arizona State University), E. Kirsten Peters (Washington State University, Pullman), Philip Piccoli (University of Maryland), Donald R. Prothero (Occidental College), Terrence M. Quinn (University of South Florida), C. Nicholas Raphael (Eastern Michigan University), Loren A. Raymond (Appalachian State University), J. H. Reynolds (West Carolina University), Mary Jo Richardson (Texas A & M University), Robert W. Ridkey (University of Maryland), James Roche (Louisiana State University), Gary D. Rosenberg (Indiana University/Purdue University, Indianapolis), William F. Ruddiman (University of Virginia), Malcolm Rutherford (University of Maryland), William E. Sanford (Colorado State University), Charles K. Schamberger (Millersville University), James Schmitt (Montana State University), Fred Schwab (Washington and Lee University), Donald P. Schwert (North Dakota State University), Jane Selverstone (University of New Mexico), Steven C. Semken (Navajo Community College), D. W. Shakel (Pima Community College), Thomas Sharp (Arizona State University), Charles R. Singler (Youngstown State University), David B. Slavsky (Loyola University of Chicago), Douglas L. Smith (University of Florida), Richard Smosma (West Virginia University), Donald K. Sprowl (University of Kansas), Steven M. Stanley (Johns Hopkins University), Don Steeples (University of Kansas), Randolph P. Steinen (University of Connecticut), Dorothy L. Stout (Cypress College), Sam Swanson (University of Georgia, Athens), Bryan Tapp (University of Tulsa), John F. Taylor (Indiana University of Pennsylvania), Kenneth J. Terrell (Georgia State University), Thomas M. Tharps (Purdue University), Nicholas H. Tibbs (Southeast Missouri State University), Jody Tinsley (Clemenson University), Herbert Tischler (University of New Hampshire), Jan Tullis (Brown University), James A. Tyburczy (Arizona State University), Kenneth J. Van Dellen (Macomb Community College), Michael A. Velbel (Michigan State University), J. M. Wampler (Georgia Tech), Donna Whitney (University of Minnesota), Elisabeth Widom (Miami University, Oxford), Rick Williams (University of Tennessee) und Lorraine W. Wolf (Auburn University).

Andere waren unmittelbar an der Fertigstellung und Drucklegung des Manuskriptes der amerikanischen Ausgabe beteiligt. Stets standen uns die Lektoren des Verlages W. H. Freeman zur Seite: Randi Rossignol und Valerie Raymond. Mary Louise Byrd begleitete alle

Arbeiten von der Manuskriptfertigstellung bis zum Druck. Diana Siemens und Eleanor Wedge standen uns als Copyeditor und Korrektor zur Seite.

Victoria Anderson koordinierte die Internet-Seiten zur amerikanischen Ausgabe. Blake Logan war für das Layout verantwortlich, Ted Szepanski und Christina Micek besorgten die Auswahl der zahlreichen neuen, den Text hervorragend erläuternden Abbildungen. Verantwortlich für den Umbruch war Sheridan Sellers; Susan Wein betreute die Herstellung und Bill Page übernahm die Koordinierung der zahlreichen graphischen Darstellungen.

# Inhaltsverzeichnis

## Teil 1
## Moderne Theorien und Methoden der Geologie

# Teil 3
# Der Faktor Zeit

# Teil 4
# Endogene Geosysteme

# Anhang

Erstes Gesamtbild der Erde, aufgenommen am 7. Dezember 1972 von der Besatzung der Raumfähre Apollo 17; es zeigt die Antarktis und den Kontinent Afrika [*Foto: NASA*].

# Kapitel 1
# System Erde

Die Erde ist ein einzigartiger Ort, sie ist Heimat von weit über einer Million Organismenformen, uns Menschen eingeschlossen. Kein anderer bisher entdeckter Planet hat auch nur annähernd vergleichbare Bedingungen, die als Voraussetzung für die Existenz von Leben erforderlich sind. **Geologie** ist die Wissenschaft von der Erde; sie versucht zu erklären, wie der Planet entstanden ist, sich entwickelt hat, wie er funktioniert und wie wir seine Lebensräume erhalten können. Geologen versuchen auf zahlreiche, die Erdoberfläche und das Erdinnere betreffende Fragen Antworten zu geben. Warum gibt es die trockenen Kontinente? Warum sind die Ozeane so tief? Wie wurden die Alpen, der Himalaja und die Rocky Mountains überhaupt zu hohen Gebirgen? Welche Prozesse führten mitten im Pazifischen Ozean zur Bildung von Inselketten wie die von Hawaii und zu Tiefseerinnen an seinen Rändern? Wie verändert sich schließlich im Laufe der Zeit das Aussehen der Erde und welche Kräfte sind Ursache dieser Veränderungen? Wir hoffen, die Leser werden sich von den Antworten auf diese Fragen so begeistern lassen, dass sie den Lebensraum Erde mit anderen Augen betrachten. Willkommen im Reich der Geologie, einer der faszinierendsten Naturwissenschaften.

Der Inhalt dieses Buches ist so aufbereitet, dass sich der Themenkreis jedes Kapitels mit drei grundlegenden Vorstellungen auseinandersetzt: (1) der Erde als System interagierender Komponenten, (2) der Plattentektonik als dem modernen Paradigma der Geologie und (3) den Veränderungen im System Erde im Verlauf der Erdgeschichte.

Dieses Kapitel gibt in groben Zügen Einblick in die Denkweise der Geologen. Es beginnt mit einer Einführung in die wissenschaftliche Arbeitsmethode als dem objektiven Zugang in die Welt der Naturwissenschaften, auf der letztlich alle wissenschaftlichen Erkenntnisse beruhen. Diese Arbeitsmethode zieht sich wie ein roter Faden durch das gesamte Buch und wird immer dann sichtbar, wenn es darum geht, wie Geowissenschaftler sich ihre Erkenntnisse über unseren Planeten erarbeiten und deuten. In diesem ersten Kapitel wird exemplarisch gezeigt, wie mithilfe der wissenschaftlichen Arbeitsmethode einige grundlegende Merkmale unserer Erde entdeckt wurden – ihre Form und ihr Schalenbau.

Ebenso soll auf den Zeitbegriff aus der Sichtweise der Geologie eingegangen werden. Dies wird in Anbetracht der ungeheuer großen Zeitspanne der Erdgeschichte zu einer anderen Vorstellung von „Zeit“ führen. Die Erde und die anderen Planeten unseres Sonnensystems sind vor etwa 4,5 Milliarden Jahren entstanden. Vor etwas mehr als 3 Milliarden Jahren entwickelten sich an der Erdoberfläche die ersten lebenden Zellen und gaben damit gewissermaßen den „Startschuss“ für die Entfaltung des irdischen Lebens.

Der Ursprung des Menschen reicht lediglich wenige Millionen Jahre zurück, was nur einigen hundertstel Prozent der gesamten Erdgeschichte entspricht. Das Leben eines Menschen umfasst eine Zeitspanne von einigen Jahrzehnten, und die ältesten historischen Aufzeichnungen reichen allenfalls wenige tausend Jahre zurück. Diese Zeiträume sind jedoch für die Untersuchung der sehr langsam ablaufenden Prozesse auf unserem Planeten längst nicht ausreichend.

Um Erscheinungen erklären zu können, die Millionen oder sogar Milliarden Jahre alt sind, betrachten wir die derzeit auf der Erde ablaufenden Prozesse. Wir untersuchen unsere heutige natürliche Umwelt als **System Erde**, das sich aus zahlreichen interagierenden Komponenten zusammensetzt, von denen einige innerhalb des Erdkörpers, andere in der Atmosphäre und in den Ozeanen wirksam sind. Viele dieser Komponenten – beispielsweise das unter Smog leidende Becken von Los Angeles, die Großen Seen, der Mauna Loa auf Hawaii – sind ihrerseits komplexe Teilsysteme oder **Geosysteme**. Um die sehr unterschiedlichen Teilbereiche der Erde zu verstehen, werden diese jeweils getrennt voneinander als isolierte Systeme betrachtet. Um jedoch den Gesamtüberblick zu bekommen, wie die Erde funktioniert, müssen wir erforschen, wie diese Teilsysteme in Wechselwirkung zueinander stehen – wie aus Vulkanen freigesetzte Gase beispielsweise Klimaveränderungen auslösen, oder wie lebende Organismen das System Klima verändern und umgekehrt aber auch von Veränderungen des Klimas beeinflusst werden.

## Die wissenschaftliche Arbeitsmethode

Das Ziel aller Wissenschaften besteht in Grunde darin, zu erklären, wie unser Universum arbeitet. Die **wissenschaftliche Arbeitsmethode**, auf die sich alle Wissenschaftler berufen, ist eine generelle Forschungsstrategie. Sie beruht einerseits auf Experimenten und andererseits auf methodischen Beobachtungen (Abb. 1.1). Naturwissenschaftler gehen davon aus, dass jeder natürliche Vorgang eine physikalische Erklärung hat, auch wenn er außerhalb unserer derzeitigen Erklärungsmöglichkeit steht.

Wenn Wissenschaftler aus den Daten ihrer Experimente und Beobachtungen eine **Hypothese** ableiten, das heißt eine vorläufige Vermutung, wird diese der Ge-

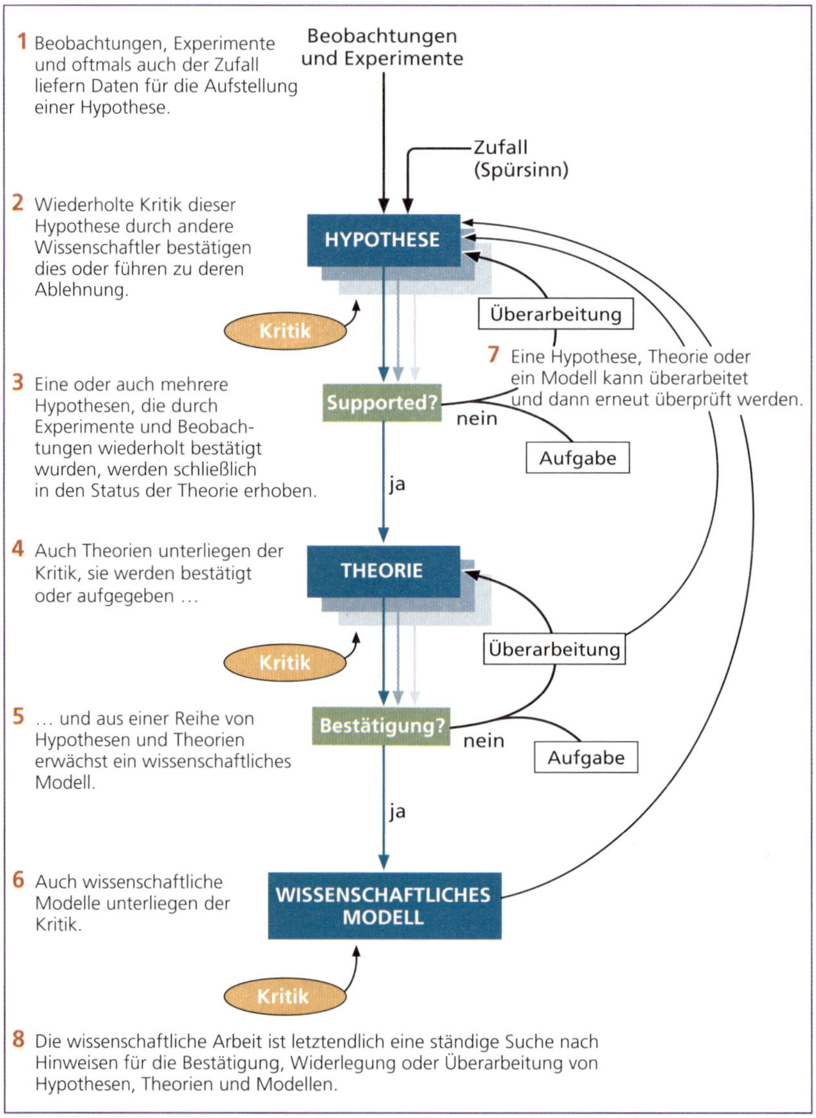


**Abb 1.1** Schematische Darstellung der wissenschaftlichen Arbeitsmethode.

meinschaft der Wissenschaftler vorgestellt und der Kritik ausgesetzt und immer wieder anhand der vorliegenden oder anderer neuer Daten überprüft. Eine Hypothese, die durch andere Forscher bestätigt wird, gewinnt vor allem dann an Glaubwürdigkeit, wenn sie für die Ergebnisse neuer Experimente erfolgreiche Voraussagen liefert. Hypothesen, die wiederholt solchen Tests standgehalten haben und durch viele Beobachtungen und Experimente belegt werden konnten, werden schließlich in den Status einer **Theorie** erhoben. Obwohl eine Theorie wissenschaftliche Beobachtungen erklären und vorhersagen kann, kann sie niemals als sicher bestätigt gelten. Das Wesen der Wissenschaft besteht darin, dass keine Erklärung, ungeachtet wie glaubhaft oder ansprechend sie auch sein mag, vor neuen Fragestellungen und Zweifeln sicher sein kann. Deuten neue Ergebnisse auf Fehler in der Theorie hin, wird man als Wissenschaftler die Theorie modifizieren oder gegebenenfalls auch ganz aufgeben. Je länger eine Theorie allen Widerlegungsversuchen standhält, desto mehr gilt sie als gesichert.

Aus den auf zahlreichen Hypothesen und Theorien beruhenden Kenntnissen lässt sich ein **wissenschaftliches Modell** ableiten – eine exakte Darstellung dessen, wie ein natürliches System aufgebaut ist oder sich verhalten sollte.

Solche Modelle vereinigen eine Reihe verwandter Vorstellungen, um Vorhersagen machen zu können. Genau wie eine gute Hypothese oder Theorie ergibt ein gutes Modell entsprechende Vorhersagen, die mit den Beobachtungen im Einklang stehen. Heutzutage sind wissenschaftliche Modelle oftmals als Rechenprogramme ausgelegt, die das Verhalten natürlicher Systeme durch numerische Berechnungen simulieren. In der virtuellen Realität eines Rechners können numerische Simulationen Erscheinungen reproduzieren, deren Darstellung in einem realen Labor zu schwierig sind, etwa das Verhalten natürlicher Systeme, die über lange Zeiträume oder in räumlich großer Ausdehnung ablaufen.

Um die Diskussion ihrer Ergebnisse zu fördern, arbeiten Wissenschaftler dabei normalerweise in einer offenen Kommunikationsgemeinschaft. Sie teilen ihre Ergebnisse auf wissenschaftlichen Tagungen mit, veröffentlichen sie in Fachzeitschriften und auf Internetseiten oder tauschen ihre Ergebnisse in persönlichen Gesprächen mit Kollegen aus. Wissenschaftler lernen voneinander, und es liegt im Wesen jeder Wissenschaft, dass Wissenschaftler auf den Forschungsergebnissen anderer aufbauen. Die meisten bedeutenden Ideen, gleichgültig ob es Geistesblitze waren oder die Ergebnisse genauester Untersuchungen, gehen auf Hunderte oder Tausende solcher wechselseitiger Einflüsse unter Wissenschaftlern zurück. Einstein formulierte dies wie folgt: „In der Wissenschaft ist die Arbeit des Einzelnen so eng mit den Arbeiten seiner Vorgänger und Zeitgenossen verknüpft, dass sie fast als eine Art unpersönliches Produkt seiner Generation erscheint."

Da dieser freie intellektuelle Austausch auch Gegenstand von Missbrauch sein kann, entwickelte sich unter den Wissenschaftlern eine Art Ehrenkodex. Wissenschaftler sind der Wahrheit verpflichtet, sie sind gehalten, die Beiträge anderer, auf deren Arbeiten sie sich beziehen, deutlich zu machen. Wissenschaftliche Daten dürfen weder gefälscht noch frei erfunden werden. Wissenschaftler müssen sich stets ihrer Verantwortung für die Ausbildung der nächsten Generation von Forschern und Lehrenden bewusst sein. So wichtig jedes der genannten Prinzipien auch ist, die Basis guter wissenschaftlicher Praxis sind Redlichkeit, Ehrlichkeit gegenüber sich selbst und anderen, Großzügigkeit in der Akzeptanz der Ergebnisse anderer und beständige Offenheit gegenüber neuen Ideen und Meinungen.

## Die Form der Erde und der Erdoberfläche

Die wissenschaftliche Arbeitsmethode hat ihre Wurzeln in der **Geodäsie**, einem sehr alten Zweig der Geowissenschaften, der sich mit der Vermessung und Abbildung der Erdoberfläche befasst. Im Jahre 1492 segelte Kolumbus nach Westen, um auf diesem Weg nach Indien zu gelangen, da er einer Theorie der Geodäsie glaubte, die von griechischen Philosophen aufgestellt worden war: Die Erde ist eine Kugel. Offenbar waren jedoch seine mathematischen Kenntnisse nicht sehr ausgeprägt, jedenfalls unterschätzte er den Umfang der Erde ganz erheblich. Statt eine Abkürzung zu finden, legte er einen weiten Weg zurück und entdeckte an Stelle der „Gewürzinseln" einen neuen Kontinent. Hätte Kolumbus die Schriften der alten Griechen gründlicher gelesen, wäre ihm dieser Fehler nicht unterlaufen, weil diese bereits 1700 Jahre zuvor den Umfang der Erde ziemlich exakt bestimmt hatten.

Die Ehre, den Umfang der Erde berechnet zu haben, gebührt Eratosthenes, einem vielseitigen griechischen Gelehrten und Vorsteher der Bibliothek von Alexandria in Ägypten. Etwa um das Jahr 250 v. Chr. berichtete ihm ein Reisender von einer interessanten Beobachtung. Am Mittag des ersten Tages im Sommer (21. Juni) fiel in der Stadt Syene (Assuan) – etwa 800 km südlich von Alexandria – das Sonnenlicht direkt in einen tiefen Brunnen, da die Sonne dort im Zenith stand. Einem inneren Gefühl folgend unternahm Eratosthenes ein Experiment. Er stellte in seiner Stadt einen Stab senkrecht auf, der am Tage der Sommersonnenwende (21. Juni) um 12 Uhr mittags einen Schatten warf. Ausgehend von der Annahme, dass die Sonne in großer Entfernung steht und die Lichtstrahlen in den beiden Städten parallel zueinander verlaufen, konnte Eratosthenes auf geome-

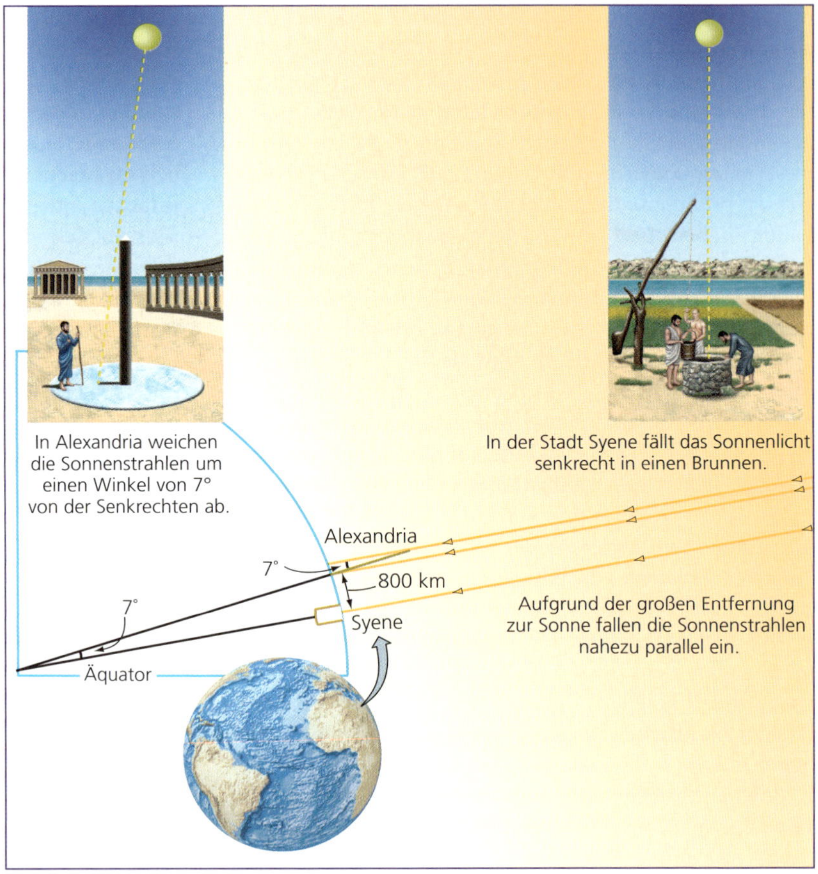


**Abb 1.2** Die Bestimmung des Erdumfangs um das Jahr 250 v. Chr. durch Eratosthenes. Am Tag der Sommersonnenwende (21. Juni) fiel in der südägyptischen Stadt Syene (dem heutigen Assuan) um 12 Uhr mittags das Sonnenlicht senkrecht in einen Brunnen, während in seiner Heimatstadt Alexandria ein senkrecht aufgestellter Stab einen Schatten warf. Über die Länge des Schattens ermittelte er, dass Syene und Alexandria 1/50 des Erdumfangs und damit etwa 7° von 360° auseinander lagen. Die damals gemessene Distanz zwischen den beiden Städten betrug annähernd 800 km, daraus errechnete er einen Erdumfang von 40 000 km, der dem wahren Wert von rund 42 000 km sehr nahe kam.

trisch einfache Weise zeigen, dass die Erdoberfläche gekrümmt sein musste. Da die Kugel die vollkommenste Wölbung aller geometrischer Körper aufweist, vertrat er die Hypothese, dass auch die Erde eine Kugel sei (die Griechen schätzten elegante geometrische Lösungen). Durch Messung der Schattenlänge des Stabs in Alexandria errechnete er, dass wenn man durch die beiden Städte lotrechte Linien zöge, sich diese im Erdmittelpunkt unter einem Winkel von 7° schnitten, das heißt unter 1/50 von 360°, also eines vollen Kreises (Abb. 1.2). Durch Multiplikation der Entfernung zwischen den beiden Städten mit dem Faktor 50 leitete er einen Erdumfang von 40 000 km ab, der dem wahren Wert von rund 42 000 km sehr nahe kam! Mit dieser überzeugenden Demonstration der wissenschaftlichen Arbeitsmethode verknüpfte Eratosthenes Beobachtungen (den Winkel des Schattens) mit einer mathematischen Theorie (der sphärischen Geometrie), um daraus ein bemerkenswert exaktes Modell des Erdkörpers zu entwickeln. Sein Modell war verlässlich, weil es andere Messungen genau voraussagte – etwa die Entfernung, bei der der Großmast eines Seglers unter dem Horizont verschwindet. Darüber hinaus verdeutlicht das Modell, warum gut geplante und durchdachte Experimente sowie exakte Messungen für die wissenschaftliche Arbeitsmethode von zentraler Bedeutung sind: Sie liefern uns neue Kenntnisse über unsere Erde.

Weitaus genauere Messungen haben ergeben, dass die Gestalt der Erde nicht vollkommen kugelförmig ist. Bedingt durch ihre tägliche Rotationsbewegung ist der Erdkörper zu einem Rotationsellipsoid verformt, sodass der Erdradius am Äquator geringfügig größer ist als über die Pole gemessen (Äquatorradius = 6 378,137 km; Polradius = 6 356,752 km). Darüber hinaus wird die Kugelgestalt der Erde durch das **Relief** der Erdoberfläche modifiziert. Dieses Relief wird stets auf den **Meeresspiegel** bezogen, eine Fläche, die weitgehend dem Rotationsellipsoid der Erde entspricht. Im Relief der Erde treten zahlreiche geologisch bedeutende Merkmale hervor (Abb. 1.3), beispielsweise die Gebirgszüge auf den Kontinenten, große Ebenen oder die Tiefseerinnen. Der Reliefunterschied der festen Erdoberfläche beträgt vom höchsten Gipfel des Himalaja (Mt. Everest, 8 844 m über dem Meeresspiegel) bis zum tiefsten Punkt des Pazifischen Ozeans (Witjas-Tief, 11 034 m unter dem Meeresspiegel) nahezu 20 000 m. Obwohl der Himalaja sich als mächtige Gebirgskette auftürmt, beträgt seine Höhe nur einen Bruchteil des mittleren Erdradius von 6 370 km. Dies erklärt, weshalb die Erde vom Weltraum aus betrachtet als ideale Kugel erscheint.

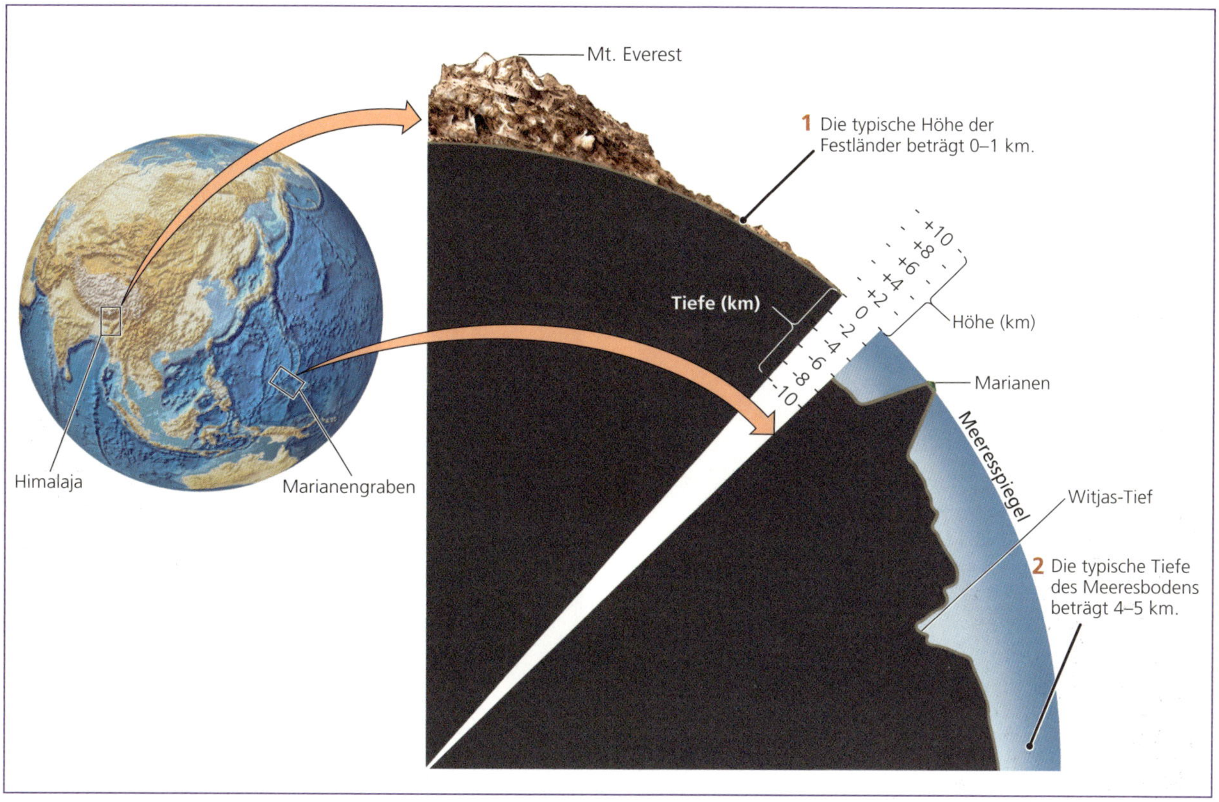


**Abb. 1.3** Die auf der Erde gemessenen Höhen beziehen sich auf einen mittleren Stand des Meeresspiegels.

## Die Gesteinsabfolge

Wie zahlreiche andere Naturwissenschaften nutzt auch die Geologie Laborexperimente und Computersimulationen, um die an der Erdoberfläche und im Erdinneren ablaufenden physikalischen und chemischen Vorgänge nachvollziehen zu können. Diese Naturwissenschaft hat jedoch einen eigenen Arbeitsstil und eine besondere Betrachtungsweise. Geologie ist Wissenschaft in freier Natur, das heißt, sie ist auf Beobachtungen und Experimente begründet, die im Gelände und mit Methoden der Fernerkundung wie etwa Satellitendaten durchgeführt werden. Geologen vergleichen vor allem direkte Geländebeobachtungen mit dem, was sie aus der **Gesteinsabfolge** ableiten. Gesteine sind gewissermaßen Urkunden, die zu sehr unterschiedlichen Zeiten und unter sehr verschiedenartigen Bedingungen innerhalb der langen Geschichte der Erde entstanden sind.

Bereits im 18. Jahrhundert stellte der schottische Arzt und Geologe James Hutton ein Grundprinzip der Geologie auf, das kurz zusammengefasst besagt, dass die Gegenwart der Schlüssel zur Vergangenheit ist. Dieses wesentliche Arbeitsprinzip der Geologie wird heute als **Aktualismus** (engl. „Principle of Uniformianism“) bezeichnet. Demzufolge haben geologische Prozesse, die auch derzeit ablaufen und die Oberfläche der Erde verändern, in weitgehend vergleichbarer Weise schon in der geologischen Vergangenheit gewirkt.

Das Aktualitätsprinzip bedeutet jedoch nicht, dass alle geologischen Prozesse langsam ablaufen. Ein großer Meteorit, der auf der Erde aufschlägt, kann in wenigen Sekunden einen großen Krater hinterlassen, genauso rasch kann ein Vulkan seinen Gipfel wegsprengen und bei einem Erdbeben kann eine Störung im Untergrund aufreißen. Andere Prozesse laufen langsamer ab. Das Auseinanderdriften von Kontinenten, die Heraushebung und Abtragung von Gebirgen oder auch die Ablagerung mächtiger Sedimentmassen durch Flüsse erfolgt im Verlauf vieler Jahrmillionen. Geologische Prozesse laufen sowohl räumlich als auch zeitlich in einem außerordentlich weiten Bereich ab (Abb. 1.4).

Das Aktualitätsprinzip besagt jedoch nicht, dass wir geologische Prozesse immer unmittelbar beobachten müssen, um zu wissen, dass sie für das heutige System Erde von Bedeutung sind. In historischer Zeit erlebte die Menschheit keinen Einschlag eines großen Meteoriten, dennoch wissen wir, dass es in der geologischen Vergangenheit mehrfach solche Einschläge gegeben hat und in der Zukunft auch geben wird. Dasselbe gilt für große Vulkanausbrüche, die Flächen von der Größe des US-Bundesstaats Texas mit Lava überdeckten, und deren gleichzeitig geförderten Gase die Atmosphäre weltweit vergiftet haben. Die gesamte Erdgeschichte ist durch

**Abb. 1.4** Geologische Prozesse können sich über viele Jahrtausende hinziehen, aber auch mit verblüffender Geschwindigkeit ablaufen. Links: Der Grand Canyon, Arizona [*Foto: John Wang/Photo Disc/Getty Images*]. Rechts: Meteoritenkrater in Arizona [*Foto: John Sanford/Photo Researches*].

zahlreiche extreme, wenngleich selten auftretende Ereignisse gekennzeichnet, die zu raschen Veränderungen des Systems Erde geführt haben. Die Geologie muss sich sowohl mit der Untersuchung solcher Extremereignisse als auch mit unmerklich ablaufenden Veränderungen auseinander setzen.

Seit Huttons Zeiten beobachten Geologen die in der Natur ablaufenden Prozesse und nutzen das Aktualitätsprinzip, um Erscheinungen zu deuten, die in den älteren Schichtenfolgen überliefert sind. Huttons Konzept ist jedoch für die Fragen der modernen Geologie zu eng gefasst. Sie muss sich mit der Erdgeschichte als Ganzes auseinander setzen, die vor mehr als 4,5 Milliarden Jahren begann. Wie wir noch sehen werden, unterschieden sich die heftigen Prozesse, die für die Frühzeit der Erde kennzeichnend waren, in erheblichem Maße von den heute ablaufenden Vorgängen. Um jenen Zeitabschnitt der Erdgeschichte zu begreifen, sind einige Grundkenntnisse vom Aufbau des Erdinneren mit seinem konzentrischen Schalenbau erforderlich.

## Der Schalenbau der Erde

Die Philosophen des Altertums unterteilten das Universum in zwei Bereiche: oben befand sich der Olymp, der Sitz der Götter, und unten der Hades, die Unterwelt. Der Himmel war durchsichtig und hell, und sie konnten die Sterne beobachten und den Bahnen der Planenten folgen. Stellenweise bebte die Erde und heiße Lava floss aus. Sicherlich geschah im Untergrund etwas Schreckliches. Doch das Innere der Erde lag im Dunkeln und war der menschlichen Beobachtung unzugänglich.

So blieb es bis vor etwa einem Jahrhundert, als die Geowissenschaftler mit der Erforschung des Erdinneren

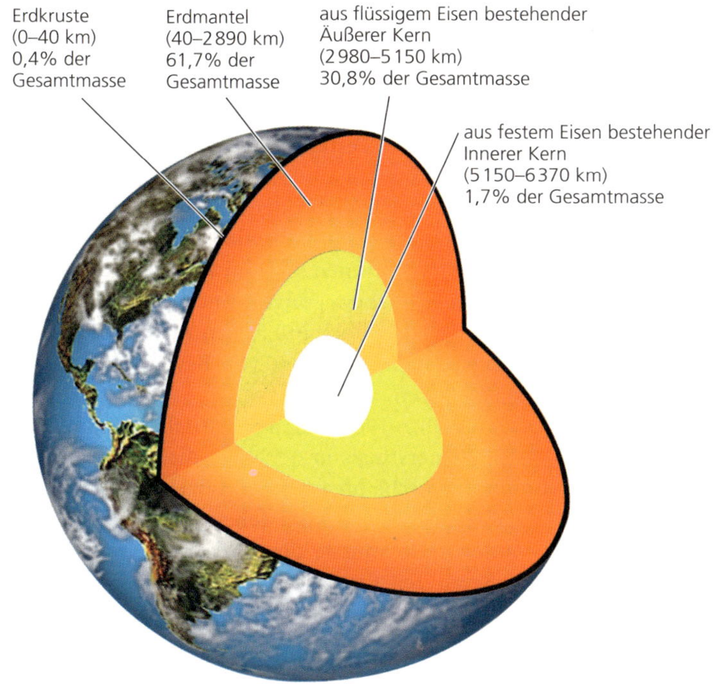


**Abb. 1.5** Die wesentlichen Schichten der Erde; Volumen und Masse sind im prozentualen Verhältnis zu Gesamtvolumen und Masse dargestellt.

begannen, indem sie die bei Erdbeben entstehenden seismischen Wellen aufzeichneten und interpretierten. Ein Erdbeben tritt auf, wenn geologische Kräfte dazu führen, dass unter Druck geratene spröde Gesteine durch Bruch nachgeben und dabei Schwingungen entstehen, wie sie auch beim Zerbrechen von Eis auf Flüssen auftreten. Diese **seismischen Wellen** ( griech. seismos = Erschütterung) durchlaufen das Erdinnere und können mit **Seismographen** aufgezeichnet werden – hoch empfindlichen Geräten, mit deren Hilfe sich Geophysiker ein Bild vom Erdinneren machen können, etwa so wie sich Ärzte mit Ultraschall oder der Computer-Tomographie ein Bild vom Inneren des Körpers machen. Als im 19. Jahrhundert das erste weltweite Netz von seismischen Instrumenten installiert war, entdeckten die Geophysiker, dass die Erde aus konzentrisch angeordneten Schalen unterschiedlicher Zusammensetzung aufgebaut ist, jeweils getrennt durch scharfe, nahezu konzentrisch verlaufende Grenzflächen (Abb. 1.5).

## Die Dichte der Erde

Erste Hinweise auf einen Schalenbau der Erde wurden Ende des 19. Jahrhunderts von dem in Göttingen lehrenden Physiker Emil Wiechert veröffentlicht, noch ehe in größerem Umfang seismische Daten zur Verfügung standen. Er wollte wissen, warum unser Planet ein so hohes Gewicht – oder richtiger – eine so hohe **Dichte** besitzt.

Die Dichte eines Materials ist sehr einfach zu ermitteln. Man bestimmt mit einer Waage dessen Gewicht und dividiert es durch das Volumen. Der häufig als Werkstein verwendete Granit hat beispielsweise eine Dichte von etwa 2,7 g/cm$^3$. Die Bestimmung der Dichte der gesamten Erde ist etwas schwieriger. Bereits Eratosthenes hat 250 v. Chr. gezeigt, wie das Volumen der Erde bestimmt werden könnte. Etwa um das Jahr 1680 löste der große englische Naturwissenschaftler Isaac Newton das Problem, indem er die Gesamtmasse der Erde mithilfe der Schwerkraft berechnete. Die sorgfältige Ausgestaltung der Laborexperimente zur Eichung von Newtons Gravitationsgesetz wurde von dem Engländer Henry Cavendish übernommen. Im Jahre 1798 berechnete er einen Wert für die mittlere Dichte der Erde von 5,5 g/cm$^3$, was etwa der doppelten Dichte des Granits entsprach.

Wiechert zerbrach sich den Kopf. Er wusste, dass ein ausschließlich aus silicatischem Gesteinsmaterial aufgebauter Planet keine so hohe Dichte haben konnte. Einige eisenreiche Gesteine, die von Vulkanen stammen, erreichen zwar eine Dichte von 3,5 g/cm$^3$, jedoch kein normales Gestein reichte an den von Cavendish berechneten Wert heran. Außerdem war ihm bekannt, dass mit zunehmender Erdtiefe aufgrund des Gewichts der überlagernden Gesteine auch der Druck zunimmt. Durch den höheren Druck verringert sich das Volumen und die Dichte nimmt zu. Wiechert erkannte jedoch, dass die Wirkung des Drucks nicht ausreichte, um die von Cavendish berechnete Dichte erklären zu können.

## Erdmantel und Erdkern

Beim Nachdenken darüber, welche Verhältnisse tatsächlich unter der Erdoberfläche herrschten, wandte sich Wiechert dem Sonnensystem und vor allem den Meteoriten zu – Bruchstücken des Sonnensystems, die auf die Erde gelangten. Er wusste, dass manche Meteoriten aus einem Gemisch zweier Schwermetalle bestehen, aus Eisen und Nickel, und daher Dichtewerte bis zu 8 $g/cm^3$ erreichen (Abb. 1.6). Außerdem war ihm bekannt, dass diese beiden Elemente im Sonnensystem vergleichsweise häufig sind. Im Jahre 1896 stellte er seine geniale Hypothese auf: Irgendwann in der Frühzeit der Erde war der größte Teil des Eisens und Nickels unter dem Einfluss der Schwerkraft in schmelzflüssigem Zustand nach unten gesunken und hatte sich um den Erdmittelpunkt konzentriert. Dies führte zur Bildung eines **Erdkerns** von sehr hoher Dichte, umgeben von einer Schale aus silicatischem Gesteinsmaterial, die er als **Erdmantel** bezeichnete. Mit dieser Hypothese postulierte er ein aus zwei Schalen bestehendes Modell der Erde, dessen mittlere Dichte dem von Cavendish bestimmten Wert entsprach. Außerdem konnte er damit die Existenz der Eisen-Nickel-Meteorite erklären: sie waren mutmaßlich Bruchstücke vom Kern eines oder mehrerer erdähnlicher Planeten, die auseinander gebrochen waren, am wahrscheinlichsten bei der Kollision mit anderen Planeten.

Wiechert testete unermüdlich seine Hypothese unter Verwendung der Erdbebenwellen, die von einem inzwischen installierten weltweiten Netz von Seismographen aufgezeichnet wurden; einen dieser Seismographen hatte er sogar selbst entwickelt. Die ersten Ergebnisse zeigten schemenhaft eine innere Masse, die er als Erdkern deutete, jedoch hatte er Probleme mit der Identifizierung einiger seismischer Wellen. Seismische Wellen treten in zwei grundlegenden Formen auf: einmal als **Longitudinalwellen** (Kompressionswellen), bei denen die Bodenteilchen in Fortpflanzungsrichtung schwingen und die sich sowohl in Festkörpern als auch in Flüssigkeiten und Gasen ausbreiten, und zum anderen als **Transversalwellen** (Scherwellen), bei denen die Bodenteilchen in einer Ebene senkrecht zur Fortpflanzungsrichtung schwingen. Scherwellen können sich nur in Festkörpern ausbreiten, die den Scherbewegungen einen Widerstand entgegensetzen, nicht jedoch in Fluiden wie etwa Luft oder Wasser, die gegen diese Art von Bewegung keinen Widerstand leisten.

Im Jahre 1906 war der britische Seismologe Robert Oldham erstmals in der Lage, die von den seismischen Wellen durchlaufenen Bahnen zu trennen und er konnte dabei zeigen, dass Scherwellen den Erdkern nicht durchlaufen. Also musste der Erdkern zumindest in seinem äußeren Teil flüssig sein. Dies erwies sich bei genauer Betrachtung als nicht allzu überraschend. Eisen schmilzt bei niedrigeren Temperaturen als Silicatminerale, nur deshalb können die Metallurgen Tiegel aus keramischen Massen verwenden, um geschmolzenes Eisen flüssig zu halten. Die Temperatur im Erdinneren ist hoch genug, sodass eine Eisen-Nickellegierung schmilzt, nicht aber Silicatgesteine. Beno Gutenberg, ein Schüler Wiecherts, bestätigte Oldhams Beobachtungen, dass der äußere Bereich des Erdkerns flüssig sein müsste, und schließlich konnte er im Jahre 1914 nachweisen, dass die Grenze Kern/Mantel in einer Tiefe von knapp 2 900 km liegt (vgl. Abb. 1.5).

**Abb. 1.6** Zwei häufig auftretende Meteoritenarten. (a) Steinmeteorit; er weist eine ähnliche Zusammensetzung wie der silicatische Erdmantel auf und hat eine Dichte von etwa 3 $g/cm^3$. (b) Eisen-Nickelmeteorit; er weist eine ähnliche Zusammensetzung wie der Erdkern auf und besitzt eine Dichte von etwa 8 $g/cm^3$ [*Foto: John Grotzinger/Ramón Rivera-Moret/Havard Mineralogical Museum*].

## Erdkruste

Bereits fünf Jahre zuvor hatte ein kroatischer Seismologe unter dem europäischen Kontinent eine weitere Grenzfläche in einer Tiefe von etwa 40 km nachgewiesen. Diese Grenzfläche, die nach ihrem Entdecker als **Mohorovičić-Diskontinuität** (kurz „Moho") bezeichnet wurde, trennt die **Erdkruste** aus Silicaten geringer Dichte und einem hohen Gehalt an Aluminium und Kalium von den dichteren Mantelgesteinen, die dagegen mehr Magnesium und Eisen enthalten.

Wie die Kern/Mantel-Grenze ist auch die Mohorovičić-Diskontinuität weltweit verbreitet. Unter den Ozeanen liegt sie jedoch in wesentlich geringerer Tiefe als unter den Kontinenten. Global betrachtet beträgt die Mächtigkeit der ozeanischen Kruste lediglich etwa 7 km, verglichen mit den fast 40 km unter den Kontinenten. Außerdem enthalten die Gesteine der ozeanischen Kruste mehr Eisen und besitzen daher eine höhere Dichte als die Gesteine der kontinentalen Kruste. Weil die kontinentale Kruste zwar mächtiger ist, aber eine geringere Dichte hat als die ozeanische Kruste, ragen die Kontinente nach oben und treiben wie Flöße auf dem dichteren Erdmantel (Abb. 1.7), ähnlich wie Eisberge auf den Ozeanen. Der Auftrieb der kontinentalen Kruste erklärt das auffallendste Merkmal der Erdoberfläche, nämlich warum die in Abbildung 1.3 dargestellten Höhenstufen aus lediglich zwei Gruppen bestehen – der größte Teil der Festlandsflächen liegt 0–1 000 m über dem Meeresspiegel und der größte Teil der Tiefsee liegt 4 000–5 000 m unter dem Meeresspiegel.

Da Transversalwellen sowohl den Erdmantel als auch die Erdkruste durchlaufen, müssen beide aus Festgesteinen bestehen. Wie aber können Kontinente auf festem Gestein schwimmen? Über kurze Zeiträume von Sekunden oder Jahren betrachtet sind Gesteine fest und reagieren starr, doch über längere Zeiträume von Jahrtausenden oder Jahrmillionen hinweg verhalten sie sich plastisch. Über sehr lange Zeitspannen betrachtet besitzt der Erdmantel ab einer Tiefe über etwa 100 km nur eine geringe Festigkeit und reagiert, wenn er das Gewicht eines Kontinents oder Gebirges zu tragen hat, durch plastisches Fließen.

## Innerer Kern

Da der Erdmantel fest und der Erdkern flüssig ist, reflektiert die Kern-Mantel-Grenze seismische Wellen in gleicher Weise wie ein Spiegel Lichtwellen reflektiert. Im Jahre 1936 entdeckte die dänische Seismologin Inge Lehmann in einer Tiefe von 5 150 km eine weitere Grenzfläche als Hinweis auf eine zentral liegende Masse mit einer höheren Dichte als die des flüssigen Erdkerns. Spätere Untersuchungen zeigten, dass sich in diesem „Inneren Kern" sowohl Longitudinal- als auch Transversalwellen ausbreiten. Die am besten passende Schlussfolgerung war, dass der **Innere Kern** aus einer metallischen Kugel mit einem Radius von etwa 1 220 km besteht – das entspricht etwa 2/3 der Größe des Mondes –, die gewissermaßen innerhalb des flüssigen **Äußeren Kerns** schwebt.

Geologen waren verblüfft von der Existenz eines festen Inneren Kerns. Aus anderen Überlegungen war bekannt, dass die Temperaturen mit der Tiefe zunehmen. Entsprechend den derzeit besten Abschätzungen steigt die Temperatur von etwa 3 500 °C an der Kern/Mantel-Grenze auf nahezu 5 000 °C im Zentrum. Falls der Innere Kern wärmer sein sollte, warum war er dann fest, während der Äußere Kern flüssig ist? Dieses Problem wurde schließlich durch Laboruntersuchungen an

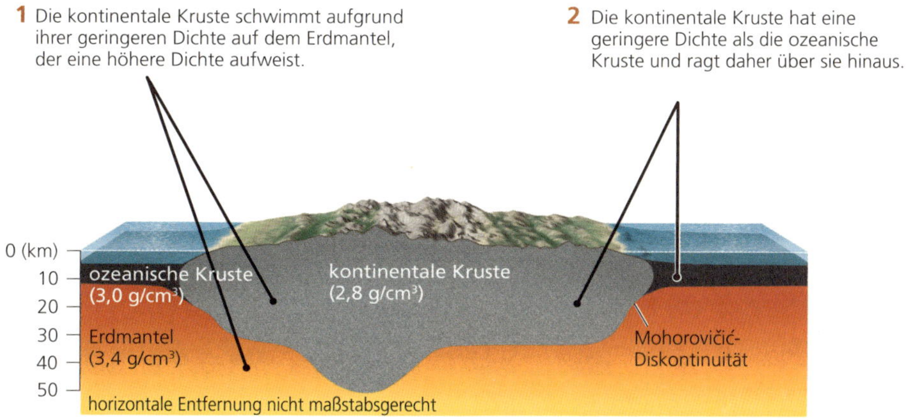


**Abb. 1.7** Kontinente „schwimmen" deshalb, weil die Dichte ihrer Gesteine geringer ist als die Dichte des Mantels oder der ozeanischen Kruste.

Eisen-Nickellegierungen gelöst. Sie zeigten, dass der feste Zustand im Erdmittelpunkt eher durch hohen Druck als durch niedrige Temperaturen bedingt ist.

## Chemische Zusammensetzung der Erdschalen

Mitte des 20. Jahrhunderts waren die wesentlichen Schichten der Erde bekannt – Kruste, Mantel, Äußerer und Innerer Kern, einschließlich einer Anzahl untergeordneter Erscheinungen in deren Internbereich. Man fand beispielsweise, dass der Erdmantel ebenfalls eine Schichtung aufweist und aus einem **Oberen** und einem **Unteren Mantel** besteht, getrennt durch eine Übergangszone, in der die Dichte des Gesteins schrittweise zunimmt. Diese Zunahme der Dichte beruht jedoch nicht auf Änderungen der chemischen Zusammensetzung des Gesteins, sondern auf Änderungen der Dichte, hervorgerufen durch den mit der Tiefe zunehmenden Druck. Die beiden markantesten Dichtesprünge in dieser Übergangszone liegen in Tiefen von 400 und 650 km, doch sind sie geringer als der Dichteanstieg an der Mohorovičić-Diskontinuität und der Kern/Mantel-Grenze, die durch eine Änderung der chemischen Zusammensetzung zustande kommen (vgl. Abb. 1.5).

Geowissenschaftler konnten inzwischen auch nachweisen, dass der Äußere Kern nicht aus einer reinen Eisen-Nickellegierung besteht, weil die jeweilige Dichte dieser Metalle höher ist als die beobachtete Dichte des Äußeren Kerns. Etwa 10 Prozent der Masse des Äußeren Kerns müssen aus leichteren Elementen bestehen wie etwa Sauerstoff und Schwefel. Andererseits ist die Dichte des Inneren Kerns geringfügig höher als die des Äußeren

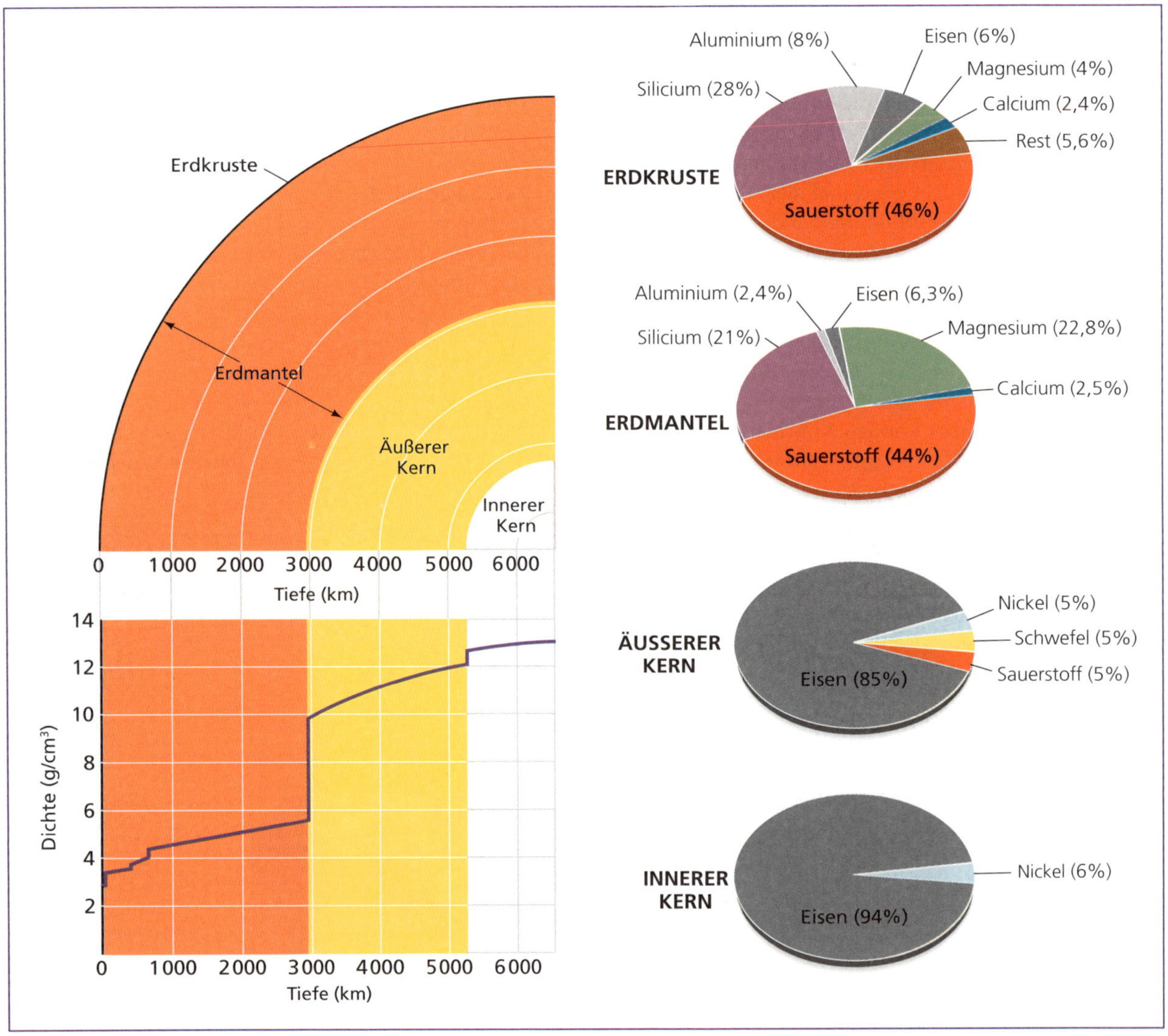


**Abb. 1.8** Der abrupte Anstieg der Dichte zwischen den einzelnen Schalen der Erde wird durch eine Änderung ihrer chemischen Zusammensetzung verursacht.

Kerns und stimmt mit einer nahezu reinen Eisen-Nickellegierung überein.

Durch Kombination zahlreicher Beweislinien erstellten Geowissenschaftler ein Modell der Erde mit ihren unterschiedlichen Schalen. Die Daten umfassen die Zusammensetzung der Krusten- und Mantelgesteine ebenso wie die Zusammensetzung der Meteoriten, die man als Proben von kosmischem Material betrachtet, aus dem Planeten wie die Erde ursprünglich hervorgegangen sind.

Von den mehr als 100 chemischen Elementen bilden acht insgesamt 99 Prozent der gesamten Erdmasse (Abb. 1.8) und ungefähr 90 Prozent der Erde bestehen letztendlich aus nur vier Elementen: Eisen, Sauerstoff, Silicium und Magnesium. Die beiden ersten sind die häufigsten und jedes macht nahezu 1/3 der gesamten Erdmasse aus, ihre Verteilung ist jedoch sehr unterschiedlich. Eisen als das häufigste Element mit hoher Dichte ist überwiegend im Erdkern konzentriert, während Sauerstoff als das leichteste der häufigen Elemente in der Kruste und dem Erdmantel angereichert ist. Dies zeigt, dass die unterschiedliche Zusammensetzung der einzelnen Schalen im Wesentlichen die Folge einer gravitativen Differenziation ist. Wie Abbildung 1.8 weiter zeigt, bestehen die Gesteine der Erdkruste zu fast 50 Prozent aus Sauerstoff.

## Die Erde als System interagierender Komponenten

Die Erde ist ein ruheloser Planet, durch Ereignisse wie Erdbeben, Vulkanismus und Zeiten der Vereisung unterliegt sie ständigen Veränderungen. Diese Prozesse werden durch zwei „Wärmekraftmaschinen" angetrieben: einer inneren und einer äußeren (Abb. 1.9). Eine Wärmekraftmaschine – beispielsweise der Verbrennungsmotor eines Kraftfahrzeugs – verwandelt Wärmeenergie in mechanische Bewegung oder Arbeit. Die innere Wärmekraftmaschine der Erde wird durch die Wärmeenergie angetrieben, die während der Entstehung der Erde gespeichert worden ist. Hinzu kommt die Wärmeproduktion durch radioaktiven Zerfall instabiler Isotope. Die innere Wärmekraftmaschine treibt die Bewegungen im Erdmantel und Erdkern an und liefert dabei die Energie für das Aufschmelzen von Gesteinen, für die Bewegung der Lithosphärenplatten und für die Heraushebung der Gebirge.

Die äußere Wärmekraftmaschine ist identisch mit der Sonnenenergie – Wärme, die von der Sonne auf die Erdoberfläche abgestrahlt wird. Sie erwärmt Atmo-

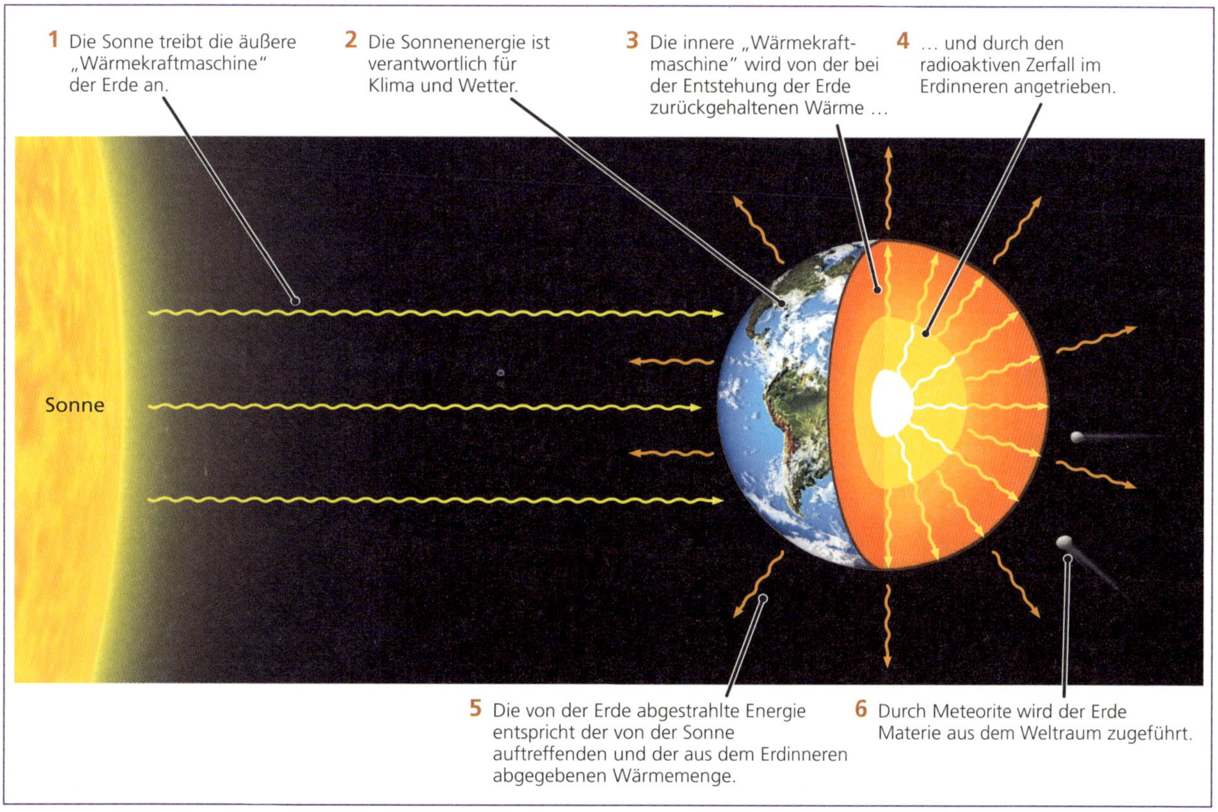


**Abb. 1.9** Die Erde ist ein offenes System, das Energie und Materie mit seiner Umgebung austauscht.

sphäre und Ozeane und ist verantwortlich für Wetter und Klima. Regen, Wind und Eis erodieren Gebirge und formen die Landschaft, und die Morphologie der Landschaft beeinflusst wiederum das Klima.

All diese Komponenten unseres Planeten und all ihre Wechselwirkungen zusammengenommen bilden das **System Erde**. Obwohl Geowissenschaftler schon lange Zeit von natürlichen Systemen ausgegangen sind, besaßen sie erst gegen Ende des 20. Jahrhunderts das notwendige Rüstzeug, mit dessen Hilfe sie untersuchen konnten, wie das System Erde tatsächlich funktioniert. Ein Netzwerk von Instrumenten und Satelliten in Erdumlaufbahnen sammelt heute in globalem Maßstab Informationen über das System Erde, und leistungsstarke Rechner berechnen modellhaft den innerhalb des Systems ablaufenden Massen- und Energietransfer. Die wesentlichen Komponenten des Systems Erde sind in Abbildung 1.10 zusammengestellt. Einige davon wurden bereits besprochen, die übrigen werden nachfolgend kurz vorgestellt.

Das System Erde steht im Mittelpunkt des gesamten Lehrbuches. Beginnen wir mit der Besprechung einiger grundlegender Erscheinungen. Die Erde ist gewissermaßen ein **offenes System**, weil sie Masse und Energie mit

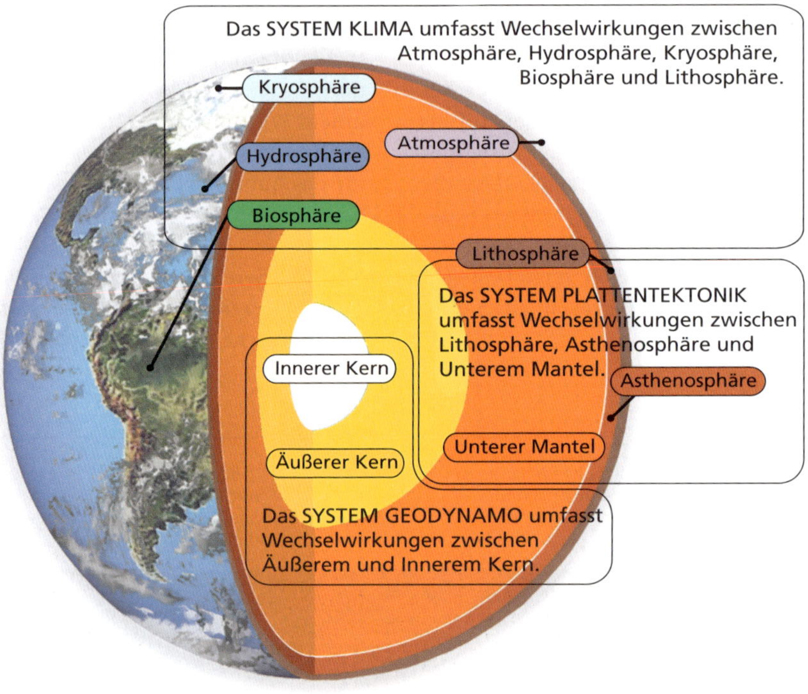


**Durch die Sonnenenergie angetriebene Komponenten.**

| | |
|---|---|
| Atmosphäre | Die Gashülle der Erde erstreckt sich bis in eine Höhe von etwa 100 km. |
| Hydrosphäre | Die mit Wasser bedeckten Teile der Erdoberfläche und damit die Ozeane, Binnenseen, Flüsse sowie das Grundwasser. |
| Kryosphäre | Die Eiskappen der Polargebiete, Gletscher sowie die übrigen von Eis und Schnee bedeckten Gebiete. |
| Biosphäre | Alle terrestrischen und marinen Organismen, die auf oder in der Nähe der Erdoberfläche leben. |

**Durch die innere „Wärmekraftmaschine" angetriebene Komponenten.**

| | |
|---|---|
| Lithosphäre | Die aus Gesteinen bestehende feste Schale der Erde; sie umfasst die Erdkruste und den Oberen Mantel bis zu einer mittleren Tiefe von etwa 100 km; sie bildet die Lithosphärenplatten. |
| Asthenosphäre | Die sich plastische verhaltende Schicht des Oberen Erdmantels unter der Lithosphäre; sie ermöglicht die horizontalen und vertikalen Bewegungen der Lithosphärenplatten. |
| Unterer Mantel | Der unter der Asthenosphäre liegende Bereich des Mantels, der von etwa 400 km Tiefe bis zur Kern-Mantel-Grenze in etwa 2 900 km reicht. |
| Äußerer Kern | Die überwiegend aus flüssigem Eisen bestehende Schale in einer Tiefe zwischen etwa 2 900 km und 5 150 km. |
| Innerer Kern | Der überwiegend aus festem Eisen bestehende innerste Bereich der Erde zwischen 5 150 km und dem Erdmittelpunkt in 6 370 km Tiefe. |

**Abb. 1.10** Das System Erde besteht aus verschiedenen Teilsystemen, die miteinander in Wechselwirkung stehen.

dem restlichen Kosmos austauscht. Strahlungsenergie von der Sonne ist die treibende Kraft der Verwitterung und Erosion auf der Erdoberfläche, aber auch des Pflanzenwachstums als der Grundlage nahezu aller lebenden Organismen. Unser Klima wird beeinflusst vom Gleichgewicht zwischen der von der Sonne an das System Erde abgegebenen und der von der Erde in den Weltraum zurückgestrahlten Energie. Derzeit ist der Stoffaustausch zwischen Erde und Weltraum vergleichsweise gering – lediglich eine Million Tonnen Meteoriten schlagen pro Jahr auf der Erde auf. Dies entspricht einem Würfel mit einer Kantenlänge von 70 m, in der Frühzeit unseres Sonnensystems war der Massentransfer jedoch weitaus größer.

Obwohl wir die Erde als Gesamtsystem betrachten, ist es eine Herausforderung, das System als Ganzes zu untersuchen. Einfacher ist es, die Aufmerksamkeit auf Teilsysteme zu richten, die wir verstehen wollen. Beispielsweise werden wir bei der Diskussion der jüngsten Klimaveränderungen in erster Linie die Wechselwirkungen zwischen Atmosphäre, Hydrosphäre und Biosphäre betrachten, die von der Sonnenenergie angetrieben werden. Wenn wir die Deformation der Kontinente und die Entstehung der Gebirge näher betrachten, konzentrieren wir uns auf die Wechselwirkungen zwischen Kruste und tieferem Mantel, die von der inneren Energie der Erde angetrieben werden. Spezielle Teilsysteme, die bestimmte Formen terrestrischer Verhaltensweisen beschreiben, wie etwa Klimaveränderungen oder Gebirgsbildung, werden als **Geosysteme** bezeichnet. Die Bezeichnung System Erde kann als Sammelbegriff für all diese offenen, interagierenden und sich gelegentlich auch überlappenden Geosysteme betrachtet werden.

In diesem Abschnitt werden wir drei wichtige Geosysteme vorstellen, die in globalem Ausmaß arbeiten: das System Klima, das System Plattentektonik und das System Geodynamo. In weiteren Kapiteln dieses Buches haben wir die Möglichkeit, auch auf eine Anzahl kleinerer Geosysteme einzugehen. Hier sind vorab drei Beispiele genannt: Vulkane, die schmelzflüssige Lava fördern (Kapitel 12), hydrologische Systeme, die beispielsweise unser Trinkwasser bereitstellen (Kapitel 17) und Kohlenwasserstoffspeicher, die Erdöl und Erdgas enthalten (Kapitel 23).

## System Klima

Die an einem bestimmten Ort und zu einer bestimmten Zeit auf der Erdoberfläche herrschenden Temperaturen, die Niederschläge, Wolkenbedeckung und Winde, ganz allgemein, den augenblicklichen Zustand der Atmosphäre bezeichnen wir als Wetter. Wir alle wissen, wie unterschiedlich das Wetter sein kann – an einem Tag schwül-heiß, am folgenden Tag kalt und regnerisch, jeweils in Abhängigkeit von der Dynamik der Warm- und Kaltfronten der Hoch- und Tiefdrucksysteme sowie anderen atmosphärischen Bewegungen. Weil die Atmosphäre so komplex ist, ist es selbst für Meteorologen schwierig, eine Wetterprognose über 4 oder 5 Tage hinaus zu erstellen. Wir können jedoch in groben Zügen abschätzen wie sich unser Wetter in etwas fernerer Zukunft entwickeln wird, weil das vorherrschende Wetter in erster Linie von den jahreszeitlichen und täglichen Veränderungen der Zufuhr von Sonnenenergie bestimmt wird: die Sommer sind heiß, die Winter kalt, am Tag ist es wärmer, die Nächte sind kühler. Beobachtet man diese Wetterelemente, die Temperatur, aber auch die anderen Variablen wie Niederschläge über einen längeren Zeitraum hinweg, so können daraus Regelmäßigkeiten abgeleitet werden, die wir als **Klima** bezeichnen. Eine vollständige Beschreibung des Klimas enthält über die Temperaturmittelwerte hinaus auch Angaben über Extremwerte der Temperatur, die jeweils pro Monat in einem bestimmten Gebiet gemessen wurden.

Das **System Klima** umfasst diejenigen Komponenten des Systems Erde, die im globalen Maßstab das Klima und seine Veränderung im Laufe der Zeit bestimmen. Anders ausgedrückt beschreibt das System Klima neben dem Verhalten der Atmosphäre auch, wie das Klima von der Hydrosphäre, Kryosphäre, Biosphäre und Lithosphäre beeinflusst wird (vgl. Abb. 1.10).

Wenn die Sonne die Erdoberfläche erwärmt, wird ein gewisser Teil der Wärme durch Wasserdampf, Kohlendioxid und andere Gase in der Atmosphäre festgehalten, so wie etwa Wärmestrahlung durch das Glas in Gewächshäusern zurückgehalten wird. Dieser **Treibhauseffekt** erklärt, weshalb auf der Erde ein angenehmes Klima herrscht, das ein Leben erst ermöglicht. Würde die Atmosphäre keine Treibhausgase enthalten, entwiche ein Großteil der Wärme in den Weltraum und ihre Oberfläche wäre ein gefrorener Festkörper. Daher spielen Treibhausgase, vor allem das Kohlendioxid, eine wichtige Rolle für die Regulierung des Klimas. Wie wir in den folgenden Kapitel noch sehen werden, ergibt sich die Konzentration des Kohlendioxids in der Atmosphäre – ganz grob – aus dem Gleichgewicht zwischen der aus dem Erdinneren bei Vulkaneruptionen freigesetzten und der bei der Verwitterung der Silicatgesteine gebundenen Menge. Auf diese Weise wird das System Klima durch Interaktionen mit der festen Erde gesteuert.

Um diese Formen von Wechselwirkungen zu verstehen, entwickelten Wissenschaftler auf Großrechnern numerische Modelle – virtuelle Klimasysteme – und vergleichen die Ergebnisse ihrer Rechnersimulationen mit den beobachteten Daten. Sie hoffen, diese Modelle durch zusätzliche Beobachtungen weiter zu verbessern, sodass sie exakt vorhersagen können, wie sich das Klima in der Zukunft verändern wird. Eine besondere Herausforderung besteht darin, die globale Erwärmung und ihre Folgen abzuschätzen, die durch die anthropogene Emission von Kohlendioxid und anderen Treibhausgasen ausgelöst werden könnte. Ein Teil der öffentlichen Diskussion bezüglich einer globalen Erwärmung konzentriert sich auf die Genauigkeit der Computerprognosen. Skeptiker argumentieren, dass selbst die hoch entwickelten Rechnermodelle unzuverlässig sind, weil zahlreiche Erscheinungen des realen Systems Erde nicht berücksichtigt werden. In Kapitel 15 diskutieren wir einige Aspekte, wie dieses Klimasystem arbeitet und auch die Auswirkungen der durch den Menschen verursachten Klimaveränderungen.

## System Plattentektonik

Einige der aufregendsten geologischen Ereignisse – beispielsweise Vulkanausbrüche und Erdbeben – sind ebenfalls eine Folge von Wechselwirkungen innerhalb des Systems Erde. Diese Erscheinungen werden von der Wärme im Erdinneren angetrieben, die durch den Materialkreislauf im festen Erdmantel nach außen gelangt.

Wir haben gesehen, dass die Erde von der chemischen Zusammensetzung her einen Zonarbau zeigt: Kruste, Mantel und Kern sind chemisch gesehen völlig unterschiedlich aufgebaut. Aber auch von der Festigkeit her zeigt die Erde diesen Zonarbau. Festigkeit ist eine Eigenschaft, die angibt, wie ein Stoff der Deformation Widerstand entgegensetzt; sie ist abhängig von der chemischen Zusammensetzung (Ziegelsteine sind fest, Seifenstücke sind weich) und der Temperatur (kaltes Wachs ist fest, warmes Wachs ist weich). In gewisser Weise verhält sich der äußere Teil der festen Erde wie eine Kugel aus weichem Wachs. Durch die Abkühlung entsteht die feste äußere Schale oder **Lithosphäre** (griech. lithos = Stein), die eine heiße, plastisch reagierende **Asthenosphäre** (griech. asthenos = weich) umhüllt. Die Lithosphäre umfasst die Kruste und den Oberen Mantel bis zu einer mittleren Tiefe von ungefähr 100 km. Wenn Kräfte auf sie einwirken, verhält sich die Lithosphäre wie eine starre spröde Schale, während sich die darunter liegende Asthenosphäre wie ein verformbarer oder duktiler Festkörper verhält.

Entsprechend der Theorie der **Plattentektonik** ist die Lithosphäre keine durchgehende Schale, sondern ist in etwa ein Dutzend großer Platten zerbrochen, die sich mit Geschwindigkeiten von wenigen Zentimetern pro Jahr über die Erdoberfläche hinwegbewegen. Jede Platte bildet eine eigenständige starre Einheit, die auf der Asthenosphäre schwimmt, die ihrerseits in Bewegung ist. Die Lithosphäre, aus der eine Platte besteht, kann in vulkanisch aktiven Gebieten lediglich einige Kilometer mächtig sein, unter älteren kühleren Bereichen eines Kontinents erreicht sie Mächtigkeiten von 200 km und mehr. Die Entdeckung der Plattentektonik in den sechziger Jahren des vergangenen Jahrhunderts lieferte den Wissenschaftlern erstmals eine einheitliche Theorie, um die weltweite Verteilung von Erdbeben und Vulkanen, die Kontinentaldrift, Gebirgsbildung sowie zahlreiche weitere Erscheinungen zu erklären. Kapitel 2 gibt eine detaillierte Beschreibung der Plattentektonik.

Warum bewegen sich die Platten über die Erdoberfläche hinweg, anstatt sich zu einer völlig starren Schale zusammenzuschließen? Die Kräfte, die die Platten an der Erdoberfläche ziehen und schieben, stammen von der Wärmekraftmaschine im Erdmantel. Angetrieben von der Wärme im Erdinnern steigt dort, wo sich Platten trennen, heißes Mantelmaterial nach oben. Wenn die Platten sich voneinander wegbewegen, kühlt die Lithosphäre ab, reagiert dadurch starr und sinkt schließlich an Grenzen, an denen Platten konvergieren, unter dem Einfluss der Schwerkraft wieder nach unten. Diesen zyklischen Vorgang, bei dem heißeres Material nach oben steigt und kälteres Material absinkt, bezeichnet man als **Konvektion** (Abb. 1.11). Wir wissen, dass die Fließgeschwindigkeit in duktilen Festkörpern geringer ist als in fluiden Phasen, weil selbst sich plastisch verhaltende Festkörper wie etwa Wachs oder Weichkaramell der

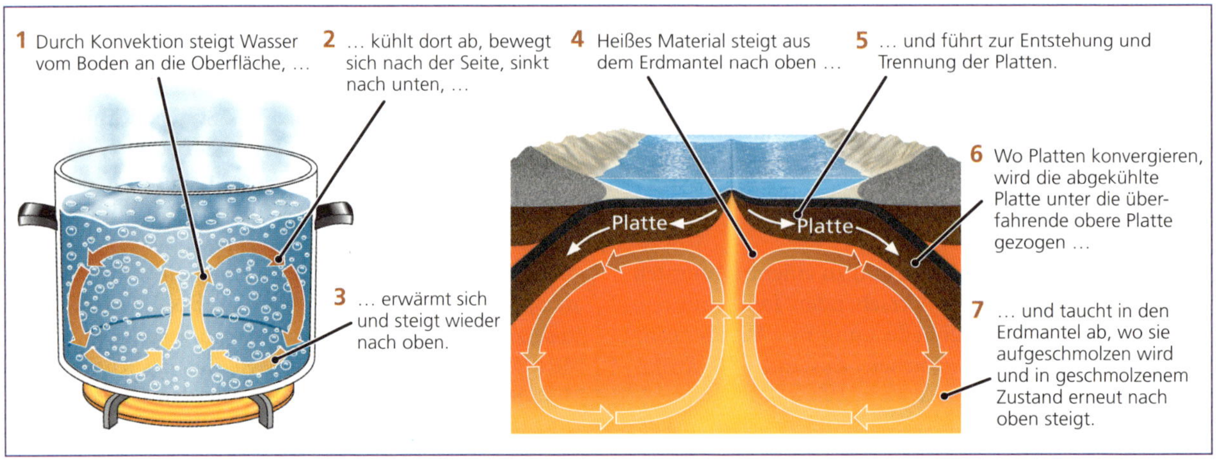


**Abb. 1.11** Durch die Konvektionsbewegung von heißem Material gelangt Wärme nach oben.

Deformation einen größeren Widerstand entgegensetzen als normale Flüssigkeiten wie etwa Wasser oder Quecksilber.

Der Mantel mit seinen Konvektionsbewegungen und das darüber liegende Mosaik von Lithosphärenplatten bilden zusammen das **System Plattentektonik**. Wie beim System Klima, das ebenfalls ein breites Spektrum von Konvektionsprozessen in der Atmosphäre und den Ozeanen umfasst, verwenden Wissenschaftler auch für die Erforschung plattentektonischer Vorgänge Computersimulationen. Die errechneten Modelle unterliegen je nach Datenlage einer permanenten Anpassung an den aktuellen Forschungsstand.

## System Geodynamo

Das dritte globale Geosystem umfasst Wechselwirkungen, die tief im Erdinneren – im flüssigen Äußeren Erdkern – zur Bildung eines **Magnetfelds** führen. Dieses Magnetfeld reicht bis weit in den Weltraum hinaus und führt unter anderem dazu, dass eine Kompassnadel nach Norden weist und die Biosphäre vor der schädlichen UV-Strahlung der Sonne geschützt wird. Wenn Gesteine entstehen, werden manche ihrer Minerale durch das Magnetfeld schwach magnetisiert. Aus der Art der Magnetisierung können Geologen rekonstruieren, wie sich das Magnetfeld der Erde in der Vergangenheit verhalten hat und sogar den geologischen Werdegang beispielsweise eines Kontinents entschlüsseln.

Das Magnetfeld der Erde verhält sich so, als würde sich ein relativ kleiner, aber sehr starker Stabmagnet in der Nähe des Erdmittelpunkts befinden, der um etwa 11° gegen die Rotationsachse der Erde geneigt ist. Die Feldlinien dieses Magnetfelds weisen am magnetischen Nordpol in Richtung auf das Erdinnere und am magnetischen Südpol nach außen (Abb. 1.12). Eine frei schwingende Kompassnadel richtet sich unter dem Einfluss dieses Magnetfelds in eine Position parallel zu den lokalen Kraftlinien aus, also ungefähr in Nord-Süd-Richtung.

Obwohl ein Permanentmagnet im Erdmittelpunkt die Dipolnatur des beobachteten Magnetfelds erklärt, kann diese Hypothese auf einfache Weise in Frage gestellt werden. Laborexperimente zeigen, dass das Feld eines Permanentmagneten zerstört wird, sobald der Magnet über etwa 500 °C, das heißt über den Curie-Punkt hinaus erwärmt wird. Es ist bekannt, dass die Temperatur tief im Erdinneren deutlich über diesem

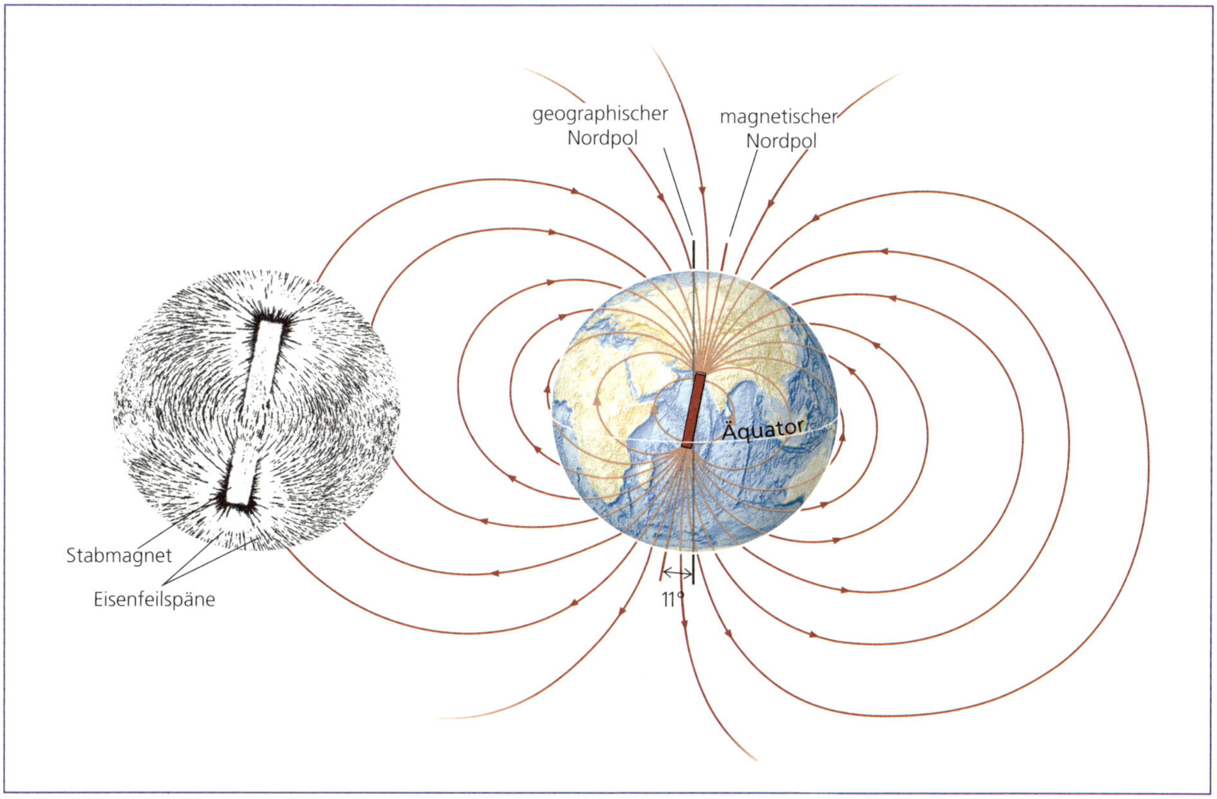


**Abb. 1.12** Links: Magnetfeld eines Stabmagneten – hier auf einem Papier durch Eisenfeilspäne sichtbar gemacht [*aus: D.C. Heath, (1971): „PSSC Physics“, 3d ed. Lexington, Mass.*]. Rechts: Das irdische Magnetfeld gleicht weitgehend einem Magnetfeld, das durch einen starken Stabmagneten im Inneren der Erde erzeugt werden würde, der geringfügig (11°) gegen die Rotationsachse geneigt ist. Eine Kompassnadel zeigt in Richtung des magnetischen Nordpols, weil sie sich - wie die Eisenfeilspäne - in Richtung der lokalen Kraftlinien ausrichtet.

Wert liegt – im Erdmittelpunkt herrschen mehrere tausend Grad, daher kann dieser Magnetismus nicht erhalten bleiben, es sei denn, er entsteht beständig neu.

Wissenschaftler stellten die Theorie auf, dass die aus dem Erdkern abgegebene Wärme zu Konvektionsströmungen führt, die das Magnetfeld ständig erzeugen und aufrecht erhalten. Warum entsteht das Magnetfeld durch Konvektion im Äußeren Kern und nicht durch Konvektionsbewegungen im Erdmantel?

Erstens besteht der Äußere Erdkern überwiegend aus Eisen, einem sehr guten elektrischen Leiter, während silicatische Gesteine eine geringe elektrische Leitfähigkeit besitzen. Zweitens laufen die Konvektionsbewegungen im flüssigen Äußeren Erdkern millionenfach rascher ab als im festen Erdmantel. Diese raschen Bewegungen erzeugen im Eisen elektrische Ströme und bilden auf diese Weise einen **Geodynamo** mit einem starken Magnetfeld.

Ein Dynamo ist eine Maschine, die mithilfe einer in einem Magnetfeld rotierenden Schleife aus leitendem Material Elektrizität erzeugt. Das Magnetfeld kann von einem Permanentmagneten erzeugt werden oder durch fließenden elektrischen Strom, der durch eine weitere Spule fließt und damit einen Elektromagneten bildet. Die großen Generatoren der Kraftwerke arbeiten mit Elektromagneten (Permanentmagneten sind zu schwach). Die notwendige Energie, um das Magnetfeld aufrecht zu erhalten, stammt aus einem mechanischen Arbeitsvorgang, der die Spule in Rotation versetzt. In den meisten Kraftwerken wird diese Arbeit durch Dampf oder fließendes Wasser verrichtet. Der Geodynamo im Äußeren Erdkern funktioniert nach denselben Grundprinzipien, lediglich die Arbeit wird von Konvektionsbewegungen übernommen, die der inneren Wärme des Erdkerns entstammen. Vergleichbare konvektive Generatoren sind möglicherweise für die Erzeugung der starken Magnetfelder verantwortlich, die beim Planeten Jupiter wie auch bei der Sonne beobachtet wurden.

Seit 400 Jahren ist die Menschheit gewohnt, dass eine Kompassnadel wegen des irdischen Magnetfelds nach Norden zeigt. Man kann sich vorstellen, wie verblüfft die Wissenschaftler waren, als sie vor einigen Jahrzehnten geologische Hinweise fanden, dass das Magnetfeld sich vollständig umpolen kann, das heißt, es kann seinen magnetischen Nordpol mit seinem magnetischen Südpol tauschen, demnach hätte während der halben Erdgeschichte eine Kompassnadel nach Süden gezeigt.

Die **magnetischen Feldumkehrungen** treten in unregelmäßigen Abständen auf und dauern zwischen einigen Tausend und bis zu Millionen Jahren. Die Vorgänge, die zu solchen Inversionen führen, sind noch weitgehend unbekannt. Rechnermodelle des Geodynamos ergaben sporadisch auftretende Feldinversionen ohne irgendwelche äußeren Einflüsse – also rein durch interne Wechselwirkungen. Wie wir im nachfolgenden Kapitel sehen werden, erwiesen sich diese magnetischen Umpolungen für Geologen als äußerst interessant, da sie mithilfe der in der geologischen Gesteinsabfolge überlieferten Feldrichtung die Bewegungen der tektonischen Platten rekonstruieren können.

## Erdgeschichte im Überblick

Bisher betrachteten wir Größe und Gestalt der Erde sowie die Funktion der drei großen Geosysteme. Wie kam es einst zum Schalenbau der Erde? Wie entwickelten sich die globalen Geosysteme im Laufe der Erdgeschichte? Um diese Fragen zu beantworten, beginnen wir mit einem kurzen Überblick über die Geschichte unseres Planeten – von seiner Geburt bis zur Gegenwart. Die nachfolgenden Kapitel werden weitere Einzelheiten dazu liefern.

Die Unermesslichkeit der Erdgeschichte zu begreifen, ist eine echte Herausforderung. Der populäre Schriftsteller John McPhee hat überzeugend dargestellt, dass Geologen in die „Tiefenzeit" der frühen Erdgeschichte blicken (gemessen in Milliarden Jahren), genauso wie die Astronomen in die Tiefen am Rand des Universums schauen (gemessen in Milliarden Lichtjahren). In Abbildung 1.13 ist die Erdgeschichte in Form eines Bandes dargestellt; einige wichtige Ereignisse und Übergangsstadien sind besonders gekennzeichnet.

### Entstehung der Erde und der globalen Geosysteme

Anhand von Meteoriten konnten Wissenschaftler zeigen, dass die Erde zusammen mit den anderen Planeten vor etwa 4,56 Milliarden Jahren durch rasche Kondensation einer kosmischen Staubwolke, die die Sonne umkreiste, entstanden ist. Dieser Vorgang, bei dem es zur Zusammenballung und Kollision zunehmend größerer Materieklumpen kam, wird in Kapitel 9 näher beschrieben. Nach nur etwa 100 Millionen Jahren (geologisch gesehen eine relativ kurze Zeitspanne) war der Mond entstanden und der Erdkern hatte sich vom Erdmantel getrennt. Was in den nachfolgenden mehreren hundert Millionen Jahren geschah, ist schwer nachzuvollziehen, da nur ein kleiner Teil der Gesteinsabfolge das heftige Bombardement durch große Meteoriten, die beständig auf der Erde aufschlugen, überlebte.

Dieser frühe Zeitraum der Erdgeschichte kann im übertragenen Sinn als das „frühe Mittelalter" der Erdgeschichte bezeichnet werden.

Die ältesten bisher bekannten Gesteine der Erdoberfläche haben ein Alter von etwa 4 Milliarden Jahren, Gesteine mit einem Alter von 3,8 Milliarden Jahren zei-

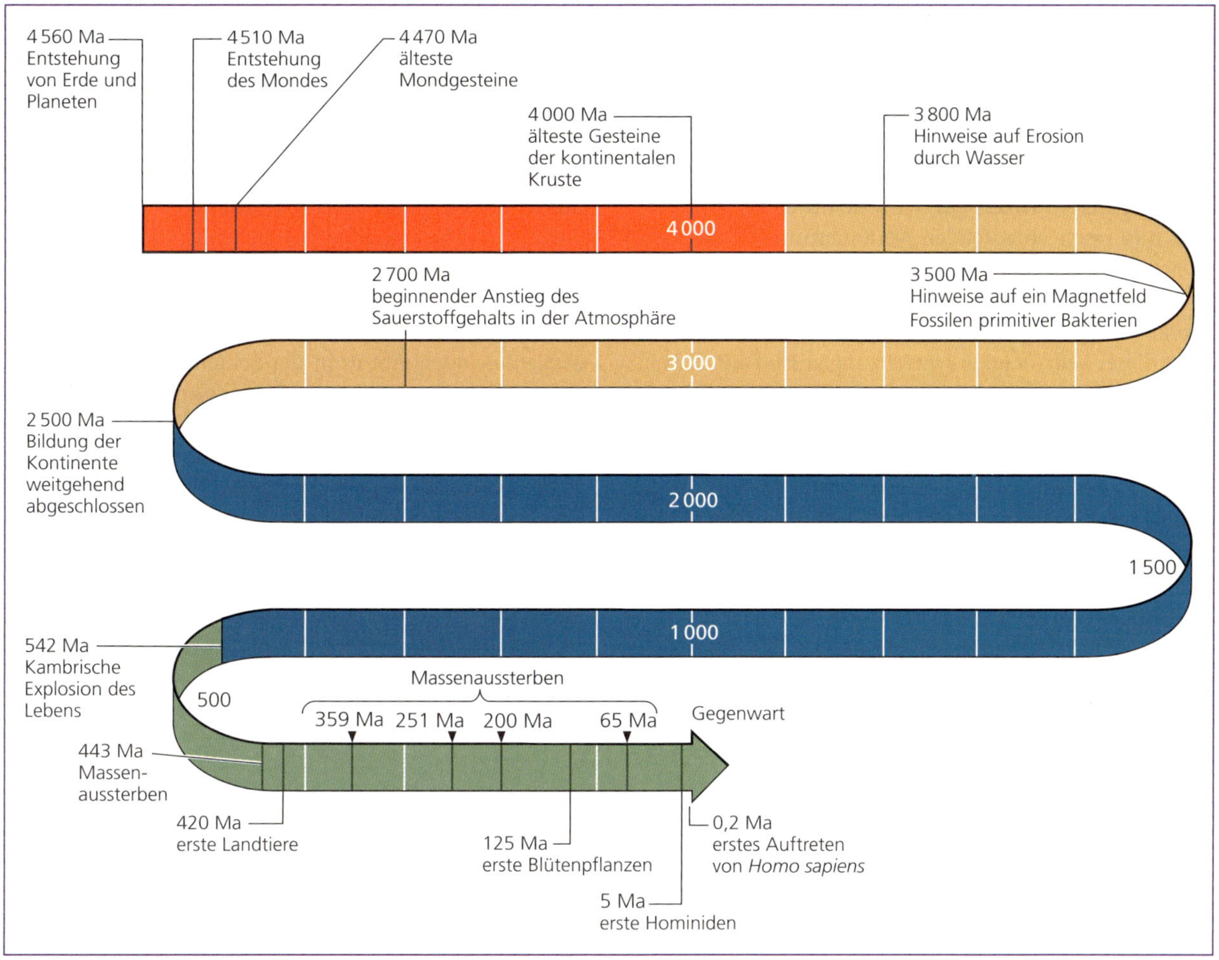


**Abb. 1.13** Die geologische Überlieferung enthält Hinweise auf bereits in der Frühzeit der Erde aktive Geosysteme.

gen Hinweise auf Erosion durch fließendes Wasser und damit auf das Vorhandensein einer Hydrosphäre und die Auswirkung eines Klimasystems, das sich nicht wesentlich von unserem heutigen unterschied. Etwas jüngere Gesteine als 3,5 Milliarden Jahre dokumentieren ein Magnetfeld, dessen Feldstärke ungefähr dem heutigen entsprach und woraus sich eine Grenze für das Alter des Geodynamos ergibt. Vor etwa 2,5 Milliarden Jahren hatte sich genügend Krustenmaterial geringer Dichte an der Erdoberfläche angereichert, sodass große Festlandsmassen entstehen konnten. Die geologischen Prozesse, die in der Folge diese Kontinente modifizierten, gleichen weitgehend den heute ablaufenden plattentektonischen Prozessen.

## Entwicklung des Lebens

Auch das Leben entstand bereits zu einem sehr frühen Zeitpunkt der Erdgeschichte, wie sich aus der Untersuchung der **Fossilien** – den Resten ehemaliger Lebewesen in der Gesteinsabfolge – schließen lässt. Fossilien primitiver Bakterien wurden in Gesteinen gefunden, deren Alter auf 3,5 Milliarden Jahre datiert wurde. Ein Schlüsselereignis war die Evolution von Organismen wie etwa von Pflanzen, die Sauerstoff in die Atmosphäre und Ozeane freisetzten. Die Anreicherung von Sauerstoff in der Atmosphäre war vor 2,5 Milliarden Jahren bereits im Gange. Die Zunahme des atmosphärischen Sauerstoffs auf den heutigen Gehalt erfolgte allmählich über einen Zeitraum von etwa 2 Milliarden Jahren.

Die Lebensformen in der Frühzeit der Erde waren primitiv und bestanden vor allem aus kleinen einzelligen Organismen, die in der Nähe des Meeresspiegels passiv drifteten, aber auch aus Formen, die am Meeresboden lebten. Im Zeitraum vor 2–1 Milliarden Jahren entwickelten sich komplexere Lebensformen wie Algen und Tange. Die ersten tierischen Organismen erschienen vor etwa 600 Millionen Jahren (Ma), sie entwickelten sich in mehreren Wellen. In einer vor 542 Ma beginnenden und wahrscheinlich weniger als 10 Ma dauernden Periode entstanden acht vollständig neue Stämme des Tierreichs, darunter die Vorfahren nahezu aller Tiere, die heute die Erde bewohnen. Seit dieser evolutionären Explosion, die gelegentlich auch als „Urknall der Biologie" bezeichnet wird, hinterlassen Schalen tragende Organismen ihre fossilen Reste.

Obwohl die biologische Evolution im Allgemeinen als sehr langsamer Prozess gilt, wird sie durch kurze Perioden mit rasch ablaufenden Veränderungen unterbrochen. Spektakuläres Beispiel hierfür sind Massenaussterben, bei denen zahlreiche Tier- und Pflanzenformen gemäß der geologischen Überlieferung verschwanden. Fünf dieser bedeutenden Umwälzungen sind auf dem in Abbildung 1.13 gezeigten Zeitband gekennzeichnet. Das letzte Massenaussterben wurde vor 65 Ma mutmaßlich durch den Einschlag eines Meteoriten ausgelöst. Der Meteorit, der einen Durchmesser von höchstens 10 km besaß, verursachte das Aussterben von etwa der Hälfte aller auf der Erde existierenden Arten, einschließlich der Dinosaurier. Dieses extreme Ereignis ermöglichte den Aufstieg der Säugetiere zur beherrschenden Gruppe und war der Wegbereiter für das Erscheinen des Menschen im jüngsten Abschnitt der Erdgeschichte.

Die Ursachen der anderen Massenaussterben werden noch diskutiert. Über Meteoriteneinschläge hinaus vermuten Wissenschaftler auch andere Formen von extremen Ereignissen, etwa rasche Klimaveränderungen, hervorgerufen durch Vereisungen und umfangreiche Eruptionen von vulkanischem Material. Die Hinweise auf solche Ereignisse sind allerdings oftmals unklar und widersprüchlich. So ereignete sich beispielsweise vor ungefähr 250 Ma das größte Massenaussterben aller Zeiten, bei dem 95 Prozent aller Arten verschwanden. Einige Experten gehen von einem Meteoriteneinschlag als Ursache aus, doch gibt es in der Schichtenfolge Hinweise, dass sich zu dieser Zeit Inlandeismassen ausdehnten und dass sich im Zusammenhang mit einer größeren Klimaverschlechterung auch die chemische Zusammensetzung des Meerwassers änderte. Gleichzeitig überdeckte eine ungeheuer große Vulkaneruption ein Gebiet in Ostsibirien von etwa der halben Fläche der Vereinigten Staaten mit ungefähr 2–3 Millionen $km^3$ Lava. Dieses Massenaussterben wurde schon scherzhaft mit dem Mörder im Orientexpress verglichen, weil es ebenfalls so viele spekulative Faktoren gibt!

## Zusammenfassung des Kapitels

**Was Geologie ist:** Geologie ist die Wissenschaft von der Erde – ihrer Geschichte, ihrer Zusammensetzung, ihrem inneren Bau und ihrer Oberflächenmerkmale.

**Wie Geologen die Erde untersuchen:** Wie alle anderen Wissenschaftler arbeiten auch Geologen nach wissenschaftlichen Methoden. Sie teilen sich ihre Untersuchungsergebnisse mit und überprüfen gegenseitig ihre Arbeiten. Sie stellen eine Hypothese auf, das heißt eine vorläufige Erklärung für eine Reihe von Daten. Wird eine Hypothese immer wieder durch die Untersuchungen anderer Wissenschaftler bestätigt, kann sie zur Theorie erhoben werden. Aber viele Theorien werden auch wieder verworfen, wenn sie sich durch nachfolgende Arbeiten als falsch erweisen. Die Verlässlichkeit solcher Theorien wächst, wenn sie mehrfach Widerlegungsversuchen standhalten und wenn sie die Ergebnisse neuer Experimente vorhersagen können.

**Größe und Form der Erde:** Die Erde ist in erster Näherung eine Kugel mit einem mittleren Radius von 6 370 km, die aufgrund ihrer Rotationsbewegung an den Polen geringfügig abgeplattet ist. Ihre feste Oberfläche besitzt ein Relief, das von der Kugelform um etwa plus/minus 10 km abweicht. Zwei wesentliche Höhenstufen lassen sich erkennen: 0–1 000 m über dem Meeresspiegel für den größten Teil der Landoberfläche und 4 000–5 000 m unter dem Meeresspiegel für den größten Teil der Tiefsee.

**Schalen der Erde:** Das Erdinnere besteht aus konzentrischen Schalen unterschiedlicher Zusammensetzung, jeweils getrennt durch scharfe konzentrische Grenzflächen. Die äußerste Schale ist die Erdkruste, deren Mächtigkeit unter den Kontinenten etwa 40 km, unter den Ozeanen etwa 8 km beträgt. Unter der Kruste folgt der Erdmantel, eine mächtige Schale aus dichterem Gesteinsmaterial, die sich bis zur Kern/Mantel-Grenze in etwa 2 900 km Tiefe erstreckt. Der im Zentrum liegende und im Wesentlichen aus Eisen und Nickel aufgebaute Erdkern besteht aus zwei Schichten: einem flüssigen Äußeren Kern und einem festen Inneren Kern. Beide sind durch eine in etwa 5 150 km Tiefe liegende Grenze getrennt.

**Die Erde als System interagierender Komponenten:** Wenn wir versuchen, ein komplexes System wie die Erde zu verstehen, ist es oftmals einfacher, das System in eine Reihe von Teilsystemen (Geosysteme) aufzulösen, um zu sehen, wie diese funktionieren und miteinander in Wechselwirkung stehen. Insgesamt existieren drei große globale Geosysteme: das System Klima, das im Wesentlichen Wechselwirkungen zwischen Atmosphäre, Hydrosphäre und Biosphäre betrifft; das System Plattentektonik, das Wechselwirkungen zwischen den festen Bestandteilen der Erde (Lithosphäre, Asthenosphäre und tieferer Mantel) umfasst; schließlich das System Geodynamo, das im Wesentlichen aus Interaktionen innerhalb des Erdkerns hervorgeht. Das System Klima wird angetrieben von der Wärmestrahlung der Sonne, während die Geosysteme Plattentektonik und Geodynamo auf der inneren Wärme der Erde beruhen.

**Grundelemente der Plattentektonik:** Die Lithosphäre, die äußerste Schale, besteht aus etwa einem Dutzend großer, starrer Lithosphärenplatten. Diese gleiten, durch Konvektionsströmungen in Bewegung versetzt, über die darunter liegende mobile Asthenosphäre hinweg. Da sich die verschiedenen Platten unabhängig voneinander mit Geschwindigkeiten von wenigen Zentimetern pro Jahr bewegen, stoßen sie an manchen Stellen gegeneinander; an anderen trennen sie sich, wobei heißes Mantelmaterial austritt. Die Grenzen zwischen divergierenden und konvergierenden Platten sind geologisch höchst aktive Zonen. Es sind Orte der Gebirgsbildung, des Vulkanismus, der Neubildung oder Vernichtung von Meeresboden und auch der Erdbebentätigkeit. Große Erdbeben ereignen sich darüber hinaus auch an Transformstörungen.

**Wichtige Ereignisse der Erdgeschichte:** Die Erde als Planet entstand vor 4,56 Milliarden Jahren. Etwa 4 Milliarden Jahre alte Gesteine der frühen Erdkruste sind überliefert. Vor 3,8 Milliarden Jahren existierte an der Erdoberfläche bereits Wasser und vor 3,5 Milliarden Jahren erzeugt das System Geodynamo bereits ein Magnetfeld. In etwa denselben Zeitraum fallen die ältesten Hinweise auf Leben. Vor etwa 2,5 Milliarden Jahren stieg wegen der Sauerstoffproduktion durch die ersten Pflanzenformen der Sauerstoffgehalt der Atmosphäre, und die an der Erdoberfläche ablaufenden geologischen Prozesse entsprachen weitgehend den heutigen. Vor ungefähr 600 Ma erschienen fast schlagartig tierische Organismen, die in einer großen evolutionären Explosion rasch sehr vielfältige Formen entwickelten. Die nachfolgende Evolution des Lebens war durch eine Reihe von Massenaussterben gekennzeichnet, deren letztes vor 65 Ma durch einen Meteoriteneinschlag verursacht wurde, bei dem auch die Dinosaurier ausgelöscht wurden. Unsere Spezies *Homo sapiens* trat erstmals vor etwa 160 000 Jahren in Erscheinung.

Blick vom Kala Pattar zum Mount Everest, Nepal, dem höchsten Berg der Erde
[*Foto: Michael C. Klesius/National Geographic/Getty Images*].

# Kapitel 2 Plattentektonik – die alles erklärende Theorie

Die Lithosphäre – die starre äußere Schale der Erde – ist in ungefähr ein Dutzend Platten zerbrochen, die, wenn sie über die weniger starre, sich duktil verhaltende Asthenosphäre driften, aneinander vorbeigleiten, miteinander kollidieren oder sich voneinander entfernen. Wo Letzteres geschieht, entstehen neue Platten, die bei Kollisionen in einem beständigen Prozess von Werden und Vergehen wieder vernichtet werden. Die in die Lithosphäre eingebetteten Kontinente driften zusammen mit den Platten. Die Theorie der **Plattentektonik** beschreibt die Bewegungen der Platten und die zwischen ihnen wirkenden Kräfte. Sie erklärt auch die Verteilung vieler großräumiger geologischer Strukturen: Vulkane und Erdbeben, Gebirgsmassive, Gesteinsfamilien und die Strukturen des Meeresbodens, sie alle sind die Folge von Bewegungen an Plattengrenzen. Die Plattentektonik liefert den begrifflichen Rahmen für dieses Buch und letztendlich auch für die gesamte moderne Geologie.

Dieses Kapitel beschäftigt sich mit der Theorie der Plattentektonik und zeigt, inwieweit die Antriebskräfte der Plattenbewegungen mit dem System der Mantelkonvektionen in Zusammenhang stehen.

# Die Entdeckung der Plattentektonik

In den sechziger Jahren erschütterte ein revolutionärer Denkansatz die Welt der Geologie. Nahezu 200 Jahre lang hatten Geologen zahlreiche Theorien zur Tektonik (griech. tektonikos = die Baukunst betreffend) entwickelt, dem allgemeinen Begriff zur Beschreibung von Krustenbewegungen und all den anderen Prozessen, die an der Erdoberfläche geologische Strukturen entstehen lassen. Jedoch erst mit der Plattentektonik ließ sich die gesamte Bandbreite der geologischen Prozesse mit einer einzigen Theorie erklären.

In der Physik gab es zu Beginn des 20. Jahrhunderts eine vergleichbare Revolution, als die Relativitätstheorie die universellen Gesetze der Physik für Masse und Bewegung auf eine völlig neue Grundlage stellte. Eine ähnliche Umwälzung erlebte auch die Biologie, als mit der Entdeckung des genetischen Codes der Erbsubstanz DNA in den fünfziger Jahren erklärt werden konnte, wie bei den Organismen die Informationen über Wachstum, Entwicklung und Funktion von Generation zu Generation weitergegeben werden.

Die grundlegenden Vorstellungen der Plattentektonik als umfassende Theorie der Geologie wurden vor 40 Jahren formuliert. Die wissenschaftliche Synthese, die schließlich zur Plattentektonik führte, begann jedoch bereits früher im zwanzigsten Jahrhundert, als man Hinweise auf eine Drift der Kontinente fand.

## Kontinentaldrift

*„Solche Veränderungen in den äußeren Bereichen der Erde schienen mir unwahrscheinlich zu sein, wenn die Erde bis zum Mittelpunkt fest wäre. Ich stellte mir daher vor, dass die inneren Bereiche eine Flüssigkeit von weitaus höherer Dichte und höherem spezifischem Gewicht sein könnten als irgendeine der festen Substanzen, die wir kennen und dass deshalb die äußeren Bereiche auf oder in der Flüssigkeit schwimmen. Damit wäre die Oberfläche der Erde eine Schale, die durch die heftigen Bewegungen der Flüssigkeit, auf der sie schwimmt, zerbrechen und in Unordnung geraten kann …"* (Benjamin Franklin, 1782 in einem Brief an den französischen Geologen Abbe J. L. Giraud-Soulavie.)

Die Vorstellung von einer **Kontinentaldrift**, das heißt von großräumigen Bewegungen der Kontinente über den Erdball hinweg, hat eine lange Vorgeschichte. Bereits im späten 16. und frühen 17. Jahrhundert war einigen europäischen Naturforschern aufgefallen, dass die Küstenlinien der Kontinente auf beiden Seiten des Atlantiks wie ein Puzzle zusammenpassen – so, als ob Nord- und Südamerika mit Europa und Afrika einstmals verbunden gewesen und nachfolgend zerbrochen und auseinander gedriftet wären. Im ausgehenden 19. Jahrhundert setzte der österreichische Geologe Eduard Suess einige Steine dieses Puzzles zusammen und postulierte die ehemalige Existenz eines einzigen großen Kontinents: **Gondwanaland** (oder **Gondwana**), in dem die heutigen Südkontinente vereinigt waren.

Im Jahre 1915 veröffentlichte Alfred Wegener, ein deutscher Meteorologe, der sich von seinen im Ersten Weltkrieg erlittenen Verwundungen erholte, ein Buch mit dem Titel „Die Entstehung der Kontinente und Ozeane". Darin wies er auf die bemerkenswerte Gleichartigkeit der Gesteine, geologischen Strukturen und Fossilien auf den sich gegenüberliegenden Seiten des Atlantiks hin (Abb. 2.1). In den folgenden Jahren postulierte Wegener einen Großkontinent **Pangaea** (griech. = Gesamterde),

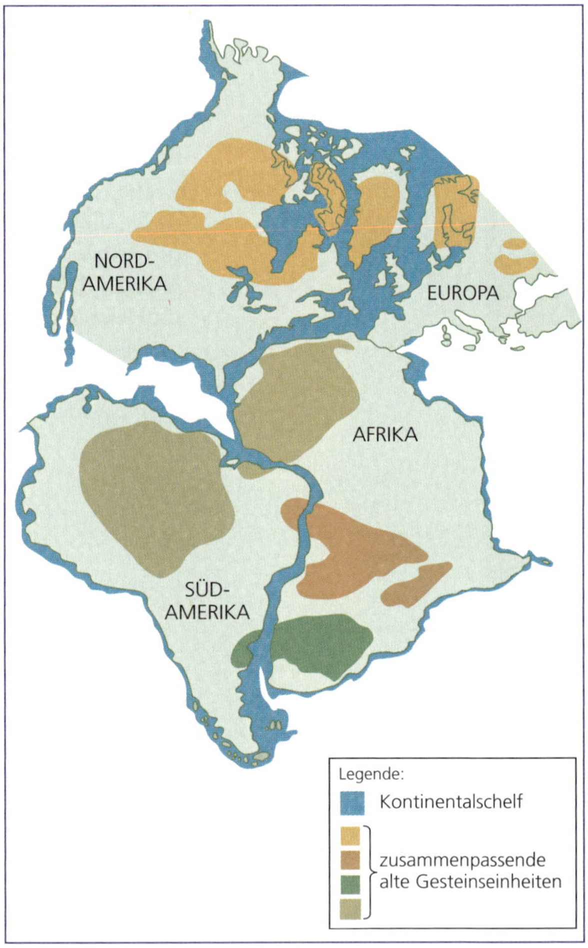


**Abb. 2.1** Das puzzleartige Zusammenpassen der Kontinente, die den Atlantik umgeben, bildete die Grundlage von Alfred Wegeners Theorie der Kontinentaldrift. In seinem Buch „Die Entstehung der Kontinente und Ozeane" führte Wegener als weiteren Beleg die Ähnlichkeit der geologischen Strukturen auf den Kontinenten beiderseits des Atlantiks an. In der Karte sind die einander entsprechenden Kristallingebiete von Südamerika und Afrika sowie von Nordamerika und Europa dargestellt [*geographische Anordnung nach Daten von E.C. Bullard, geologische Daten nach P.M. Hurley*].

der in die Kontinente, wie wir sie heute kennen, auseinander brach.

Obwohl Wegener mit der Annahme recht hatte, dass die Kontinente auseinander gedriftet waren, erwies sich seine Hypothese – wie rasch sie sich bewegten und durch welche Kräfte sie sich an der Erdoberfläche verschoben – als falsch, was seiner Glaubwürdigkeit unter den Wissenschaftlern erheblichen Abbruch tat. Nach ungefähr einem Jahrzehnt heftiger Debatten überzeugten Physiker schließlich die Geologen, dass sich die äußerste Schale der Erde für eine Kontinentaldrift zu starr verhielt, und Wegeners Vorstellungen wurden von fast allen, außer einigen wenigen Geologen, wieder verworfen.

Die Verfechter einer Kontinentaldrift führten nicht nur das geographische Zusammenpassen der Kontinente an, sondern auch geologische Ähnlichkeiten wie etwa Gesteinsalter und geologische Strukturen, die sich auf beiden Seiten des Atlantiks fortsetzen (vgl. Abb. 2.1). Sie lieferten wichtige Argumente, die heute als eindeutige Belege anerkannt werden und vor allem auf Fossilien und Klimadaten beruhen. Identische Fossilien des 300 Ma alten Reptils *Mesosaurus* findet man beispielsweise lediglich in Afrika und Südamerika, was dafür spricht, dass diese beiden Kontinente damals miteinander verbunden waren (Abb. 2.2). Außerdem zeigt die Evolution der Wirbeltiere und Landpflanzen auf den unterschiedlichen Kontinenten bis zum vermuteten Zeitpunkt des Auseinanderbrechens von Pangaea in ihrem Ablauf auffallende Ähnlichkeiten; später folgten diese Organismengruppen auseinander laufenden Entwicklungslinien, vermutlich aufgrund der Isolation und der veränderten Umweltbedingungen auf den sich trennenden Kontinenten. Darüber hinaus sind Gesteine, die vor 300 Ma von Gletschern abgelagert wurden, heute in Südamerika, Afrika, Indien und Australien verbreitet. Wenn die südlich liegenden Kontinente einst Teile von Gondwanaland gewesen waren, würde eine einzige, im Gebiet des Südpols liegende Inlandeismasse all diese Gletscherablagerungen erklären.

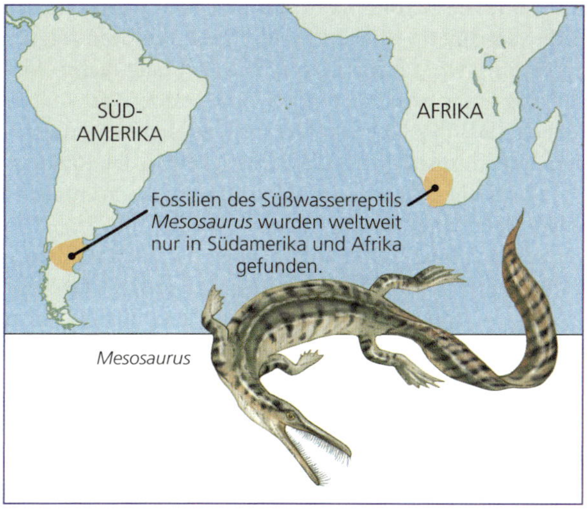


**Abb. 2.2** Fossilien des 300 Millionen Jahre alten Reptils *Mesosaurus* wurden weltweit nur in Südamerika und Afrika gefunden. Wenn der landlebende *Mesosaurus* über den Südatlantik hätte schwimmen können, dann hätte er auch andere Ozeane überqueren und sich auf anderen Kontinenten verbreiten können. Da das Fossil nirgends sonst auf der Erde vorkommt, müssen Südamerika und Afrika vor 300 Millionen Jahren miteinander vereint gewesen sein [*nach: A. Hallam (1972): „Continental Drift and the Fossil Record", Scientific American, Nr. 11, S. 57–66*].

## Seafloor-Spreading

Für die Skeptiker, die stets behaupteten, dass eine Drift der Kontinente aus physikalischen Gründen unmöglich sei, waren die geologischen Belege wenig überzeugend. Noch hatte niemand eine plausible Antriebskraft gefunden, die Pangaea einst getrennt, Ozeane geöffnet und die Kontinente „auf die Reise" geschickt hatte. Wegener ging beispielsweise davon aus, dass die Kontinente wie Flöße über die feste ozeanische Kruste drifteten, ausschließlich angetrieben von den Gezeitenkräften des Mondes und der Sonne. Seine Hypothese wurde rasch verworfen, als gezeigt werden konnte, dass die Gezeitenkräfte für die Bewegung ganzer Kontinente zu schwach sind. Der Durchbruch kam erst, nachdem die Wissenschaftler erkannt hatten, dass Konvektionsbewegungen im Erdmantel (Kapitel 1) die Kontinente passiv ziehen und schieben konnten und dass durch den Vorgang des **Seafloor-Spreading** neue ozeanische Kruste entsteht. Im Jahre 1928 hatte der britische Geologe Arthur Holms bereits vermutet, dass „*... dort, wo die Strömungen aufsteigen, die beiden Hälften des ursprünglichen Kontinents unter Bildung von Ozeanboden auseinander gezogen werden, und dort, wo die Strömungen nach unten abtauchen – an den Rändern der Kontinente – Gebirgsbildung erfolgt.*" In Anbetracht der Argumente der Physiker, dass Erdkruste und Erdmantel starr und unbeweglich reagieren, räumte Holms ein, dass „*... rein spekulativen Vorstellungen dieser Art, die ausschließlich deshalb entwickelt werden, um den Erfordernissen zu genügen, so lange kein wissenschaftlicher Wert zukommt, bis sie durch unabhängige Beweise gestützt werden*".

Überzeugende Belege ergaben sich schließlich nach dem Zweiten Weltkrieg als Folge einer ausgedehnten Erforschung des Meeresbodens. Die Kartierung des Mittelatlantischen Rückens und die Entdeckung des tiefen, spaltenartigen Zentralgrabens oder Rifts auf dem Kamm des Rückens, lösten zahlreiche Spekulationen aus (Abb. 2.3).

Geologen stellten fest, dass nahezu alle Erdbeben im Atlantischen Ozean in der Nähe dieser Riftstrukturen auftreten. Da die meisten Erdbeben durch tektonische Bewegungen entstehen, sprachen die Resultate dafür, dass diese Riftstrukturen tektonisch aktive Zonen dar-

**Abb. 2.3** Der Meeresboden des Nordatlantiks; er zeigt die spaltenförmige Riftstruktur auf dem Kamm des Mittelatlantischen Rückens und die davon ausgehenden Erdbeben (schwarze Punkte).

stellen. Andere mittelozeanische Rücken mit vergleichbaren Zentralgräben und Erdbebentätigkeit wurden im Pazifischen und im Indischen Ozean nachgewiesen.

Zu Beginn der sechziger Jahre äußerten Harry Hess von der Princeton University und Robert Dietz von der University of California die Vermutung, dass sich der Meeresboden entlang solcher Riftzonen auf den mittelozeanischen Rücken trennt und in diesen Spalten durch aufsteigendes heißes Mantelmaterial neuer Meeresboden entsteht. Dieser Meeresboden – in Wirklichkeit die Oberfläche der neu gebildeten Lithosphäre – bewegt sich seitlich vom Zentralgraben weg und wird in einem kontinuierlichen Prozess der Plattenbildung durch neue Kruste ersetzt.

## Die große Synthese: 1963–1969

Die von Hess und Dietz im Jahre 1962 aufgestellte Hypothese des Seafloor-Spreading erklärte, wie an den mittelozeanischen Riftstrukturen die Kontinente unter Bildung von neuem Meeresboden auseinander driften konnten. Würde dann auch der Meeresboden und die ihn unterlagernde Lithosphäre durch das Wiedereintauchen in das Erdinnere wieder zerstört werden? Wenn nicht, müsste sich im Laufe der Zeit die Oberfläche der Erde vergrößern. Einige Physiker und Geologen folgten zu Beginn der sechziger Jahre eine Zeit lang dieser Vorstellung einer expandierenden Erde. Andere erkannten jedoch, dass der Meeresboden in Regionen mit intensivem Vulkanismus und Erdbebentätigkeit an den Rändern des Pazifischen Ozeans, im so genannten „Zirkumpazifischen Feuerring", in die Tiefe abtaucht (Abb. 2.4). Die Einzelheiten dieses Vorgangs blieben dennoch unklar.

Im Jahre 1965 beschrieb der kanadische Geologe J. Tuzo Wilson erstmals die globale Tektonik in Form starrer Platten, die sich über die Erdoberfläche bewegen, und auch die drei wesentlichen Typen der Plattengrenzen, an denen sich Platten auseinander bewegen, miteinander kollidieren oder aneinander vorbeigleiten. Schon bald danach zeigten andere Geowissenschaftler, dass nahezu alle rezenten tektonischen Deformationen – Prozesse bei denen Gesteine durch Druck gefaltet, bruchtektonisch beansprucht, geschert oder eingeengt werden – an diesen Grenzen konzentriert auftreten. Sie bestimmten Geschwindigkeit und Richtung der tektonischen Bewegung und zeigten, dass diese Bewegungen mathematisch mit einem System starrer Platten übereinstimmen, die sich über die Oberfläche unseres Planeten bewegen. Gegen Ende des Jahres 1968 waren die wesent-

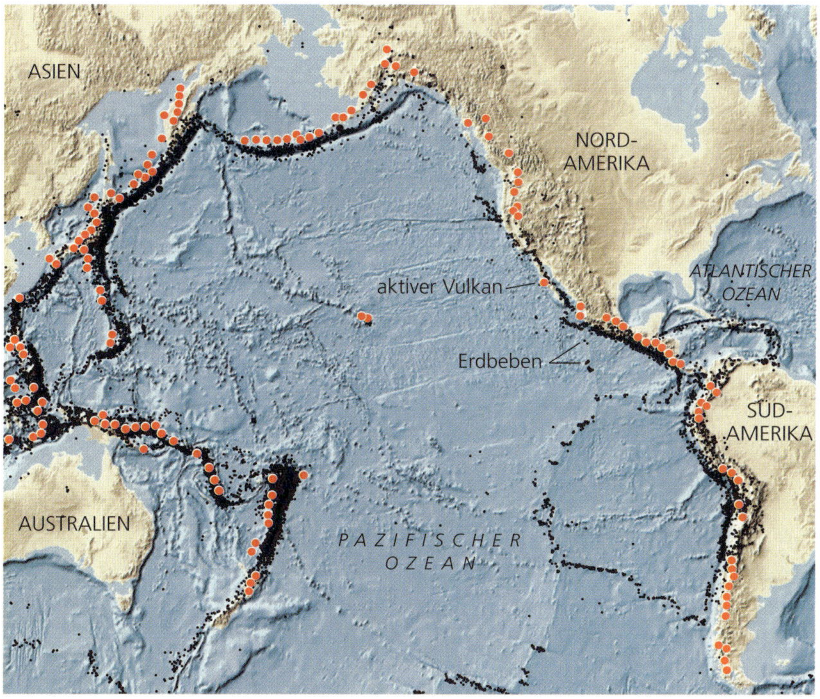


**Abb. 2.4** Der „Zirkumpazifische Feuerring" mit seinen aktiven Vulkanen (rote Punkte) und die mit ihm verbundenen Erdbeben (schwarze Punkte) [*Plattengrenzen nach Peter Bird, UCLA*].

lichen Elemente der Theorie der Plattentektonik bekannt. Um das Jahr 1970 waren schließlich die Belege so überzeugend, dass sich die meisten Geowissenschaftler den Vorstellungen der neuen Theorie anschlossen. Lehrbücher wurden überarbeitet, und die Spezialisten begannen über die Konsequenzen nachzudenken, die diese neuen Entdeckungen für ihre eigenen Fachgebiete mit sich brachten.

## Das Mosaik der Platten

Nach der Theorie der Plattentektonik ist die Lithosphäre keine geschlossene Schale, sondern setzt sich aus ungefähr einem Dutzend starrer Platten zusammen, die über die Erdoberfläche driften. Jede Platte bewegt sich als selbständige Einheit auf der tendenziell plastischen Asthenosphäre, die ebenfalls in Bewegung ist. Die größte Lithosphärenplatte ist die Pazifische Platte, zu der fast alle Becken des Pazifischen Ozeans gehören. Einige Platten sind nach den Kontinenten benannt, die sie tragen, doch keine Platte ist identisch mit einem Kontinent. So erstreckt sich beispielsweise die Nordamerikanische Platte von der nordamerikanischen Pazifikküste bis zum Mittelatlantischen Rücken, wo sie an die Eurasische und die Afrikanische Platte grenzt. Die großen Platten und ihre heutigen Positionen sind in Abbildung 2.5 dargestellt.

Neben diesen größeren Platten kennt man noch weitere kleinere Einheiten, so genannte Mikroplatten. Zum Beispiel ist die Juan-de-Fuca-Platte ein Bereich aus ozeanischer Kruste, der unmittelbar vor der Küste im Nordwesten der Vereinigten Staaten zwischen der Pazifischen und der Nordamerikanischen Platte eingeklemmt ist. Andere sind Bruchstücke aus kontinentaler Kruste wie etwa die Anatolische Platte, die einen Großteil der Türkei umfasst (nicht alle kleinen Platten sind in Abbildung 2.5 dargestellt).

Plattengrenzen sind geologisch gesehen äußerst aktive Bereiche. In Abhängigkeit vom Typ der Plattengrenze kommt es dort zu Erdbeben, Vulkanismus, zur Bildung ausgedehnter Riftstrukturen, zu Faltung und Bruchtektonik. Viele dieser Erscheinungen ergeben sich aus Interaktionen der Platten an diesen Grenzen. Die drei wichtigsten Typen von Plattengrenzen sind in Abbildung 2.6 dargestellt, sie werden nachfolgend im Einzelnen besprochen.

- **Divergierende Plattengrenzen** sind Grenzen, an denen sich Platten trennen und voneinander wegbewegen. An diesen Plattengrenzen entsteht neue Lithosphäre, daher spricht man auch von konstruktiven Plattengrenzen.
- **Konvergierende Plattengrenzen** sind Grenzen, an denen Platten miteinander kollidieren und eine der Platten unter die andere abtaucht und in den Erdmantel zurückgeführt wird. Da hierbei Lithosphäre gewissermaßen vernichtet wird, bezeichnet man diesen Typ auch als destruktive Plattengrenze.
- **Transformstörungen** sind Plattengrenzen, an denen Platten aneinander vorbeigleiten. Da dort Lithosphäre weder neu gebildet noch zerstört wird, spricht man auch von einer konservativen Plattengrenze.

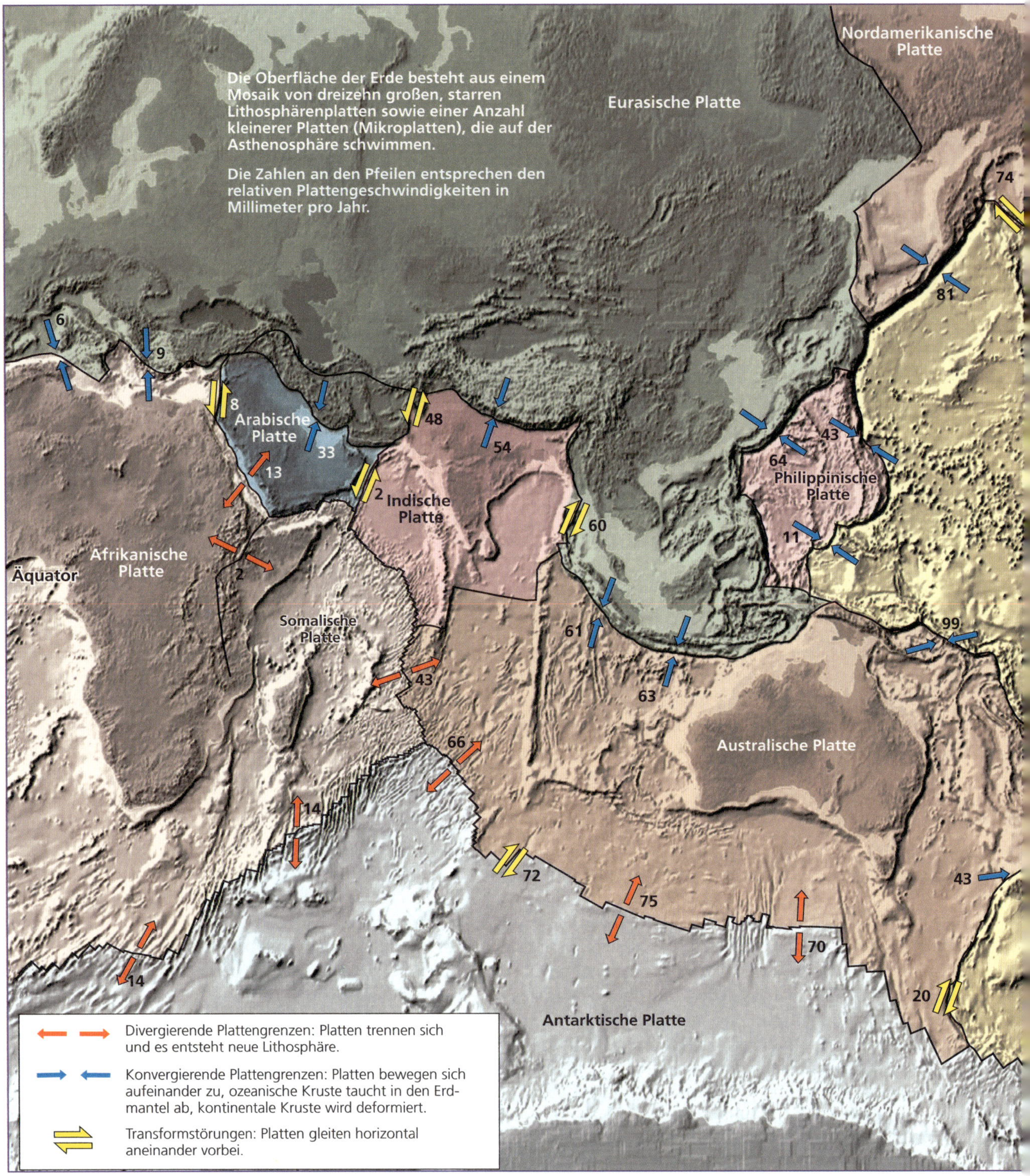


**Abb. 2.5** Die Lithosphäre der Erde besteht aus ständig sich bewegenden Platten.

Nordamerikanische Platte
Eurasische Platte
Juan-de-Fuca-Platte
Cocos-Platte
Karibische Platte
Afrikanische Platte
Pazifische Platte
Nazca-Platte
Südamerikanische Platte
Antarktische Platte
18
47
63
73
34
22
50
24
11
64
89
12
27
31
118
50
138
73
84
72
79
35
150
55
80
34
92
81
18
50
64

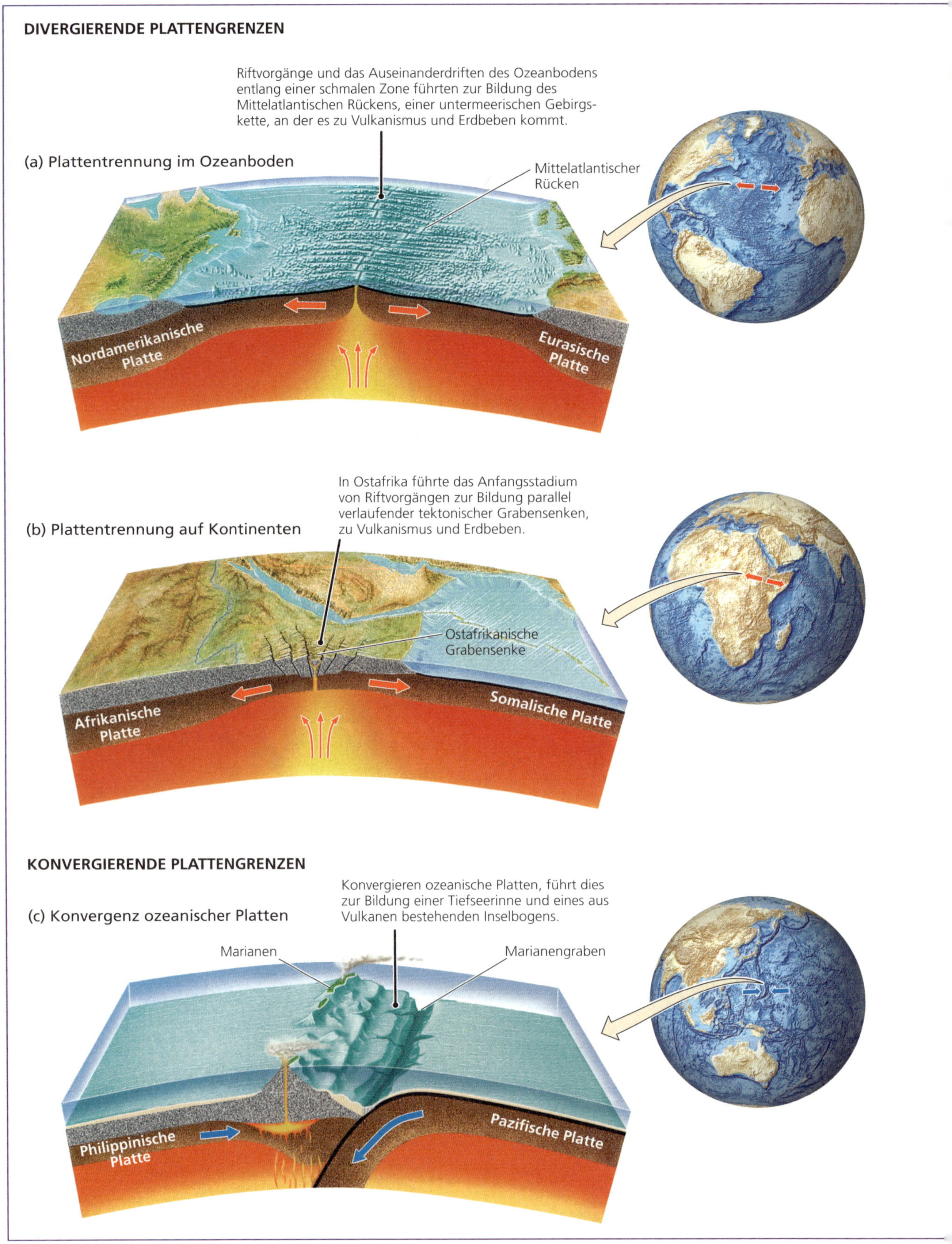


**Abb. 2.6** Wechselwirkungen an Plattengrenzen sind von der Richtung der relativen Plattenbewegungen und vom Krustentyp abhängig.

(d) Konvergenz ozeanischer und kontinentaler Platten

Konvergiert eine ozeanische Platte mit einer kontinentalen Platte, so wird die ozeanische Platte subduziert und am Rand der kontinentalen Platte kommt es zur Entwicklung eines Vulkangürtels.

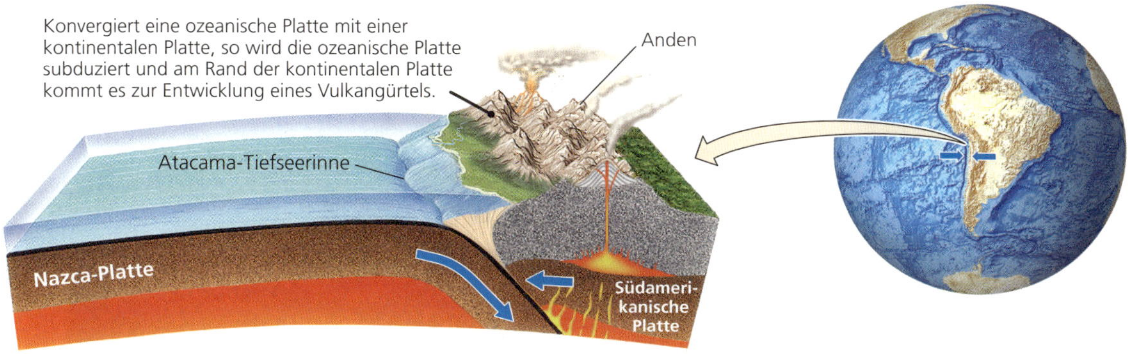


(e) Konvergenz kontinentaler Platten

Konvergieren zwei kontinentale Platten, kommt es zu Faltung und Überschiebungen sowie zu einer Verdickung der kontinentalen Kruste, zu Gebirgen und Hochländern.

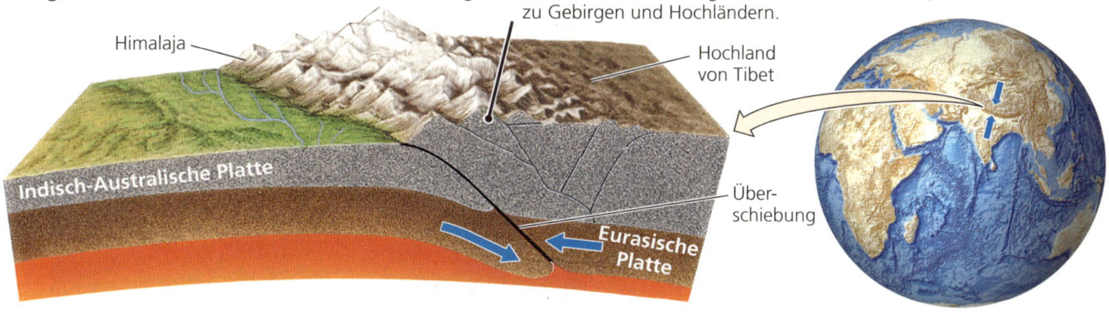


**TRANSFORMSTÖRUNGEN**

(f) Transformstörungen an mittelozeanischen Rücken

An mittelozeanischen Rücken werden die Spreading-Zentren durch Transformstörungen gegeneinander versetzt, wo die beiden ozeanischen Platten aneinander vorbeigleiten.

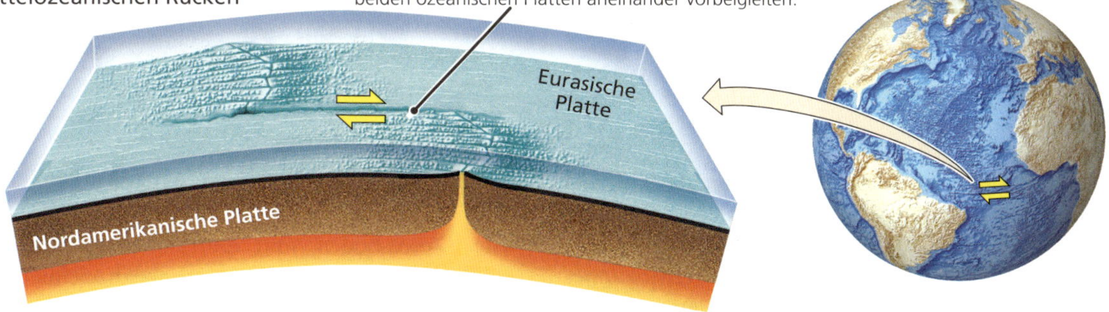


(g) Transformstörungen auf Kontinenten

Die San-Andreas-Störung in Kalifornien, wo die Pazifische und die Nordamerikanische Platte aneinander vorbeigleiten, ist ein Beispiel für eine Transformstörung, an der kontinentale Kruste gegeneinander versetzt wird.

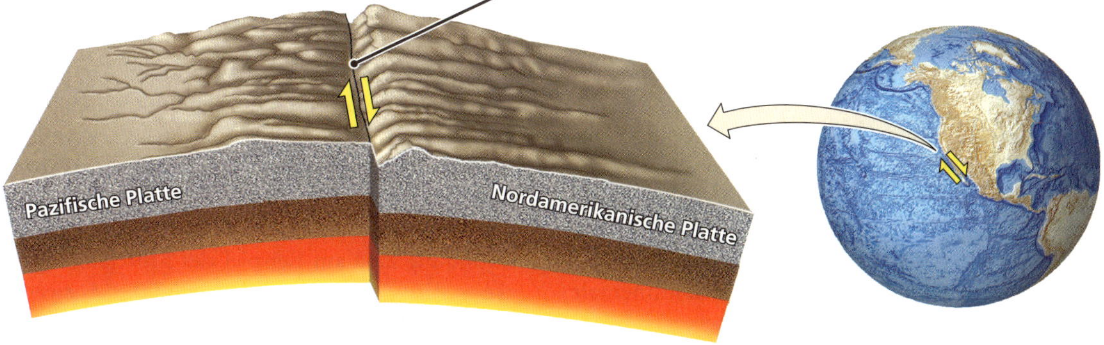

**Abb. 2.7** Der Mittelatlantische Rücken, eine divergierende ozeanische Plattengrenze, verläuft auf Island über dem Meeresspiegel. Das mit jungen Vulkaniten gefüllte spaltenförmige Tal lässt deutlich das Auseinanderdriften der beiden Platten erkennen [*Foto: G.E. Sigvaldason, Nordic Volcanological Institute*].

Wie viele Modelle der Natur sind diese drei in Abbildung 2.6 dargestellten Arten von Plattengrenzen idealisiert. Neben diesen Grundtypen gibt es auch Plattengrenzen, an denen sowohl Divergenz- als auch Konvergenzbewegungen mit einer gewissen Transformbewegung kombiniert auftreten. Was sich darüber hinaus an den Plattengrenzen abspielt, ist abhängig von der Art der daran beteiligten Lithosphäre, da sich kontinentale und ozeanische Lithosphäre unterschiedlich verhalten. Die kontinentale Lithosphäre besteht aus Gesteinen, die leichter und weniger fest sind als die der ozeanischen Kruste oder des darunter liegenden Mantels. Auf diese Unterschiede wird in den nachfolgenden Kapiteln noch gesondert eingegangen. Hier sollen vorab lediglich zwei wichtige Konsequenzen genannt werden: (1) weil die kontinentale Kruste eine geringere Dichte hat, kann sie nicht so einfach in den Erdmantel zurückgeführt werden wie die ozeanische Kruste, und (2) weil sich die kontinentale Kruste weniger fest verhält, sind die Plattengrenzen, an denen kontinentale Kruste beteiligt ist, in der Regel weit ausgedehnter und deutlich komplizierter gebaut als ozeanische Plattengrenzen.

## Divergierende Plattengrenzen

Am Meeresboden sind divergierende Plattengrenzen durch schmale Riftstrukturen gekennzeichnet, die der idealisierten Vorstellung der Plattentektonik nahe kommen. Divergenzbewegungen auf den Kontinenten sind komplizierter und erstrecken sich über ein größeres Gebiet. Dieser Unterschied ist in Abbildung 2.6 dargestellt.

**Plattentrennung am Meeresboden** Die Grenze zwischen den am Meeresboden sich trennenden Platten bildet ein mittelozeanischer Rücken mit aktivem Vulkanismus, Erdbeben und Abschiebungen – Prozesse, die durch Dehnungskräfte beim Auseinanderdriften der beiden Platten verursacht werden. Diese Vorgänge sind in Abbildung 2.6a am Beispiel des Mittelatlantischen Rückens dargestellt. Dort kommt es zur Ausweitung des Meeresbodens, zum so genannten Seafloor-Spreading, da sich die Nordamerikanische und die Eurasische Platte trennen und durch aufsteigendes Mantelmaterial neuer Meeresboden entsteht. (Eine detaillierte Darstellung des

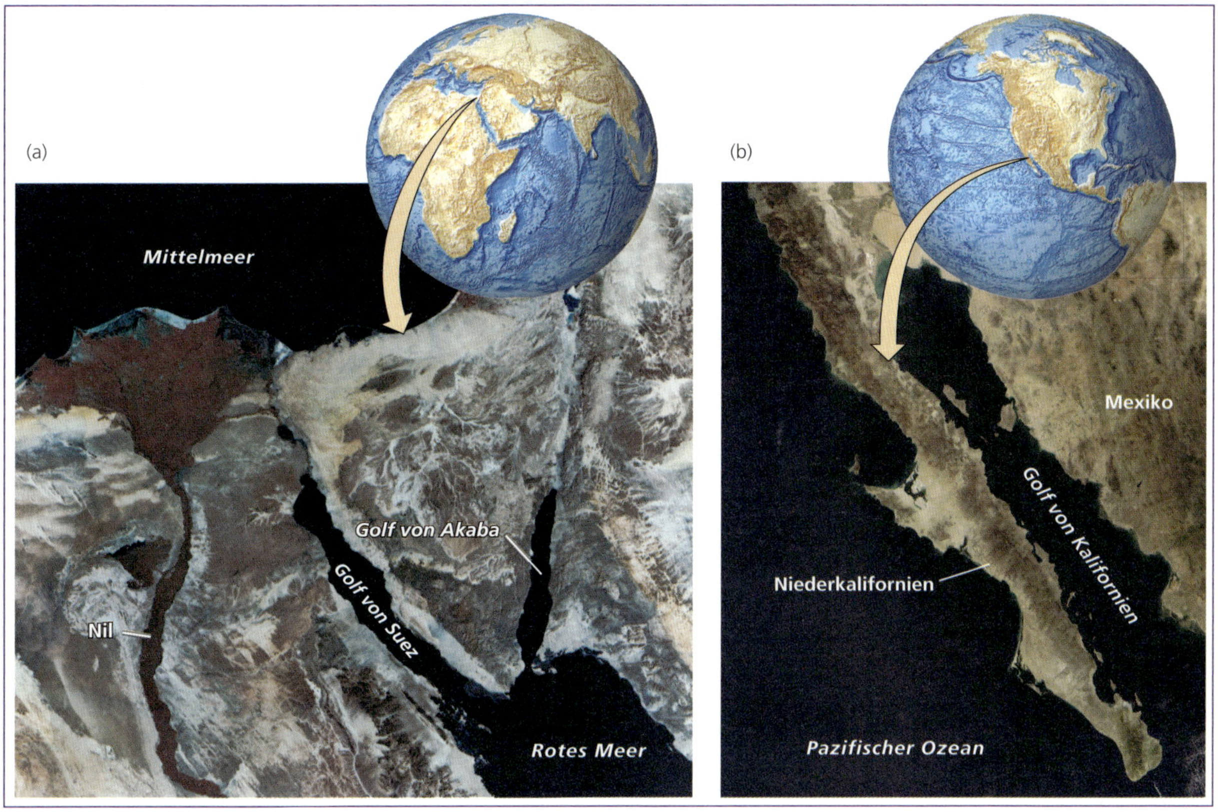


**Abb. 2.8** (a) Das Rote Meer (unten rechts) teilt sich in den Golf von Suez (linker Arm) und den Golf von Akaba (rechter Arm). Das Wegdriften der Arabischen Platte (rechts) von Afrika führte zum Aufreißen dieser großen Riftstruktur, die heute vom Roten Meer eingenommen wird. Der Nil (Mitte links) fließt nach Norden in das Mittelmeer (oben). (b) Der Golf von Kalifornien, ein durch Plattenbewegungen sich öffnender Ozean, kennzeichnet die sich erweiternde Riftstruktur zwischen Niederkalifornien und dem mexikanischen Festland [*Foto: Foto: Earth Satellite Corporation (a); Jeff Schmaltz, MODIS Rapid Response Team, NASA/GSFC*].

Mittelatlantischen Rückens zeigt Abbildung 2.3.) Auf Island tritt ein Abschnitt des ansonsten unter Meeresbedeckung liegenden Mittelatlantischen Rückens zutage und bietet daher die seltene Möglichkeit, die Prozesse der Plattentrennung und des Seafloor-Spreading unmittelbar zu beobachten (Abb. 2.7). Der Mittelatlantische Rücken findet nördlich von Island seine Fortsetzung im Nordpolarmeer und verbindet sich dort mit einem nahezu erdumfassenden System mittelozeanischer Rücken, die den Indischen und Pazifischen Ozean durchziehen und schließlich an der Westküste Nordamerikas enden. An diesen **Spreading-Zentren** sind die vielen Millionen Quadratkilometer ozeanischer Kruste entstanden, die heute den Boden der Ozeane bilden.

**Plattentrennung auf den Kontinenten** Frühe Stadien der Plattentrennung findet man auf nahezu allen Kontinenten. Markantestes Beispiel sind die großen Grabenstrukturen in Ostafrika (vgl. Abb. 2.6b). Diese divergierenden Plattengrenzen sind durch langgestreckte Grabensenken, so genannte Rift-Valleys, durch vulkanische Tätigkeit und durch Erdbeben gekennzeichnet, die sich jedoch über einen größeren Bereich erstrecken als an den ozeanischen Spreading-Zentren. Das Rote Meer und der Golf von Kalifornien sind ebenfalls solche Riftstrukturen, die heute noch auseinander driften (Abb. 2.8). In beiden Fällen haben sich die Kontinente schon so weit entfernt, dass sich an der Spreading-Achse neuer Ozeanboden gebildet hat und die Grabensenken vom Meer überflutet worden sind. Gelegentlich kann sich auf den Kontinenten die Grabenbildung oder das so genannte Rifting verlangsamen oder zum Stillstand kommen, noch bevor ein Kontinent völlig auseinander bricht und ein neuer Ozean sich öffnet. Solche Riftstrukturen, die gewissermaßen in einem Frühstadium stecken bleiben, werden als abgebrochene Riftstrukturen („aborted rifts" oder „failed rifts") bezeichnet. Der Oberrheingraben ist nur noch schwach aktiv und könnte ein Beispiele für solche Gebiete sein. Werden sich die ostafrikanischen Grabenstrukturen weiter öffnen und wird dies dazu führen, dass sich die Somalische Platte vollständig abtrennt und ein neuer Ozean entsteht, wie dies zwischen Afrika und der Insel Madagaskar geschehen ist? Oder verlangsamt sich die Spreading-Bewegung und kommt schließlich zum Ende, wie dies offenbar im Westeuropa der Fall ist? Antworten darauf sind derzeit noch nicht möglich.

## Konvergierende Plattengrenzen

Wenn sich Platten irgendwo voneinander entfernen, müssen sie folglich anderswo auch konvergieren, damit die Erdoberfläche gleich groß bleibt. Soweit wir heute wissen, dehnt sich die Erde nicht aus. Wo Platten kollidieren, spricht man von konvergierenden Plattengrenzen. Die Fülle geologischer Vorgänge, die sich aus Plattenkollisionen ergeben, machen die konvergierenden Plattengrenzen zum komplexesten Typ unter den Plattengrenzen.

**Konvergenz ozeanischer Platten** Kollidieren zwei ozeanische Platten, taucht eine Platte unter die andere ab – ein Vorgang, der als **Subduktion** bezeichnet wird (vgl. Abb. 2.6 c). Die ozeanische Lithosphäre der subduzierten Platte wird dabei in die Asthenosphäre hinabgezogen und durch die Konvektionssysteme des Erdmantels aufgeschmolzen. Dieses Absinken führt zur Bildung schmaler Tiefseerinnen. Im Marianengraben, am Westrand des Pazifischen Ozeans, erreicht dieser Ozean mit etwa 11 000 m seine größte Tiefe – tiefer als die Höhe des Mt. Everest. Wenn die kalte Lithosphäre nach unten abtaucht, nimmt der auf ihr lastende Druck zu. Das in den Gesteinen enthaltene Wasser und die anderen flüchtigen Komponenten werden freigesetzt und steigen in den Bereich der Asthenosphäre über der subduzierten Platte auf. Diese Fluide führen zum Aufschmelzen des Oberen Mantels. Die Magmenintrusionen und Vulkaneruptionen führen am Meeresboden hinter der Tiefseerinne zur Bildung einer bogenförmig verlaufenden Kette von Vulkanen, eines so genannten **Inselbogens**. Durch die Subduktion der Pazifischen Platte sind westlich vor Alaska die vulkanisch sehr aktive Inselkette der Aleuten und auch die zahlreichen Inselbögen im westlichen Pazifik entstanden. Die in den Mantel abtauchenden kalten Lithosphärenplatten führen unter diesen Inselbögen zu Erdbeben mit Herdtiefen bis zu 600 km.

**Konvergenz ozeanischer und kontinentaler Platten** Trägt ein Platte an ihrem Rand einen Kontinent, überfährt diese die ozeanische Platte, da die kontinentale Kruste eine geringere Dichte aufweist und deshalb nicht so einfach subduziert werden kann wie ozeanische Kruste (vgl. Abb. 2.6d). Der Rand des Kontinents wird deformiert und zu einem Gebirge herausgehoben, das etwa parallel zur Tiefseerinne verläuft. Die bei der Kollision und Subduktion herrschenden enormen Kräfte führen an der Oberfläche der subduzierten Platte zu starken Erdbeben. Im Laufe der Zeit wird Material von der abtauchenden Platte abgeschürft und dem angrenzenden Gebirge angegliedert. Auf diese Weise entsteht ein Gesteinskomplex mit einer komplizierten und oftmals verwirrenden Abfolge als Abbild der Subduktionsvorgänge, eine so genannte **Mélange**. Wie im Fall einer Ozean-Ozean-Kollision führt auch hier das Wasser, das mit der subduzierten ozeanischen Platte in die Tiefe gelangt, im Mantelkeil zum Aufschmelzen der Gesteine und hinter der Tiefseerinne zur Bildung von Intrusivgesteinen sowie an der Erdoberfläche zu Vulkanismus.

An der Westküste Südamerikas, wo die Südamerikanische und die Nazca-Platte kollidieren, befindet sich eine solche Subduktionszone. Auf der kontinentalen Seite der Kollisionszone steigt die hohe Gebirgskette der Anden auf und unmittelbar vor der Küste liegt eine Tiefseerinne. Die Vulkane dort sind höchst aktiv und äußerst gefährlich. Ein Ausbruch des Nevado del Ruiz in Kolumbien war im Jahre 1985 für den Tod von 25 000 Menschen verantwortlich. Entlang dieser Plattengrenze ereigneten sich einige der schwersten Erdbeben. Ein vergleichbares Gebiet liegt vor der Westküste Nordamerikas, wo die kleine Juan-de-Fuca-Platte unter die Nordamerikanische Platte subduziert wird. An dieser konvergierenden Plattengrenze liegen die gefährlichen Vulkane des Kaskadengebirges, unter anderem der Mount St. Helens, der im Jahre 1980 mit einer gewaltigen und im Jahre 2004 mit einer schwächeren Explosion ausbrach.

Da unsere Kenntnisse über die Vorgänge in der Kaskaden-Subduktionszone ständig besser werden, sind die Fachleute zunehmend besorgt, dass sich dort ein großes Erdbeben ereignen könnte, das an den Küsten von Oregon, Washington und British Columbia erhebliche Schäden verursachen würde. Ein solches Erdbeben könnte möglicherweise einen ähnlich verheerenden Tsunami auslösen wie das Andamanen-Sumatra-Seebeben am 26. Dezember 2004. Auch dieses Beben ereignete sich an einer im Indischen Ozean liegenden Subduktionszone.

**Konvergenz kontinentaler Platten** Kollidieren zwei kontinentale Platten (vgl. Abb. 2.6e), so kommt es nicht zur Subduktion. Die geologischen Konsequenzen einer solchen Kollision sind jedoch erheblich. Die Kollision der Indischen und Eurasischen Platte, die beide an ihren Vorderseiten Kontinente tragen, sind das beste Beispiel. Die Eurasische Platte überfährt die Indische Platte, doch bleiben sowohl Indien als auch Eurasien an der Oberfläche. Die Kollision führt zu einer Krustenverdoppelung und zur Heraushebung des Himalaja, der höchsten Gebirgskette der Erde und des Hochlands von Tibet. Bei einer solchen Kontinent-Kontinent-Kollision kommt es zu heftigen Erdbeben. Geologen konnten nachweisen, dass zahlreiche Episoden der Gebirgsbildung im Laufe der Erdgeschichte durch Kontinent-Kontinent-Kollisionen verursacht wurden. Ein Beispiel sind die Appalachen an der Ostküste Nordamerikas. Sie sind das Ergebnis einer vor etwa 300 Ma stattgefundenen Kollision, an der Nordamerika, Eurasien und Afrika beteiligt waren.

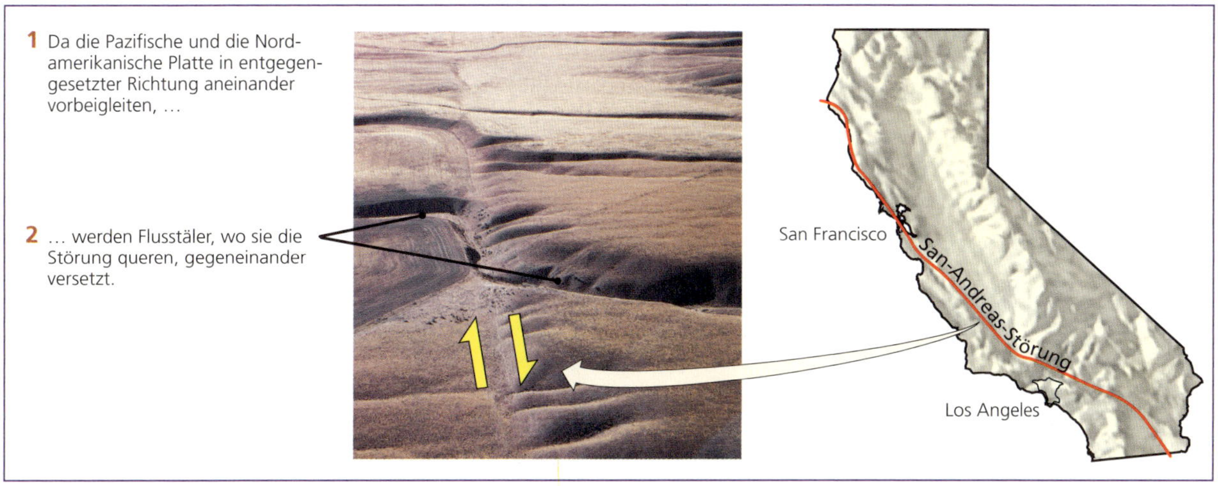


**Abb. 2.9** Blick nach Nordwesten auf die San-Andreas-Störung in der Carrizo Plain von Kalifornien. Sie ist eine Transformstörung, an der die Pazifische Platte (links) und die Nordamerikanische Platte (rechts) aneinander vorbeigleiten. Man erkennt deutlich, wie durch die Bewegung der Platten die Flusstäler, wo sie die Störung queren, gegeneinander versetzt sind [*Foto: John Shelton*].

## Transformstörungen

An Grenzen, wo Platten aneinander vorbeigleiten, wird Lithosphäre weder neu gebildet noch vernichtet. Solche Plattengrenzen heißen **Transformstörungen**, an denen horizontale Bewegungen zu einem Versatz zwischen den angrenzenden Krustenblöcken führen (vgl. Abb. 2.6 f,g). Transformstörungen treten in typischer Form an mittelozeanischen Rücken auf, wo die divergierenden Plattengrenzen unterbrochen und stufenartig seitlich gegeneinander versetzt werden. Ein hervorragendes Beispiel für eine Transformstörung auf dem Festland ist die San-Andreas-Störung in Kalifornien; dort gleitet die Pazifische Platte an der Nordamerikanischen entlang (Abb. 2.9). Da diese Platten bereits seit mehreren Millionen Jahren aneinander vorbeigleiten, grenzen beiderseits der Störung Gesteine gegeneinander, die nicht nur ein sehr unterschiedliches Alter, sondern auch einen sehr unterschiedlichen Gesteinscharakter aufweisen. An Transformstörungen treten ebenfalls Erdbeben auf, wie beispielsweise das Erdbeben, das im Jahre 1906 San Francisco zerstörte. Es gibt erhebliche Befürchtungen, dass es innerhalb der nächsten Jahrzehnte an der San-Andreas-Störung oder deren Begleitstörungen im Gebiet von Los Angeles und San Francisco zu plötzlichen Bewegungen und damit zu einem verheerenden Erdbeben kommt.

Transformstörungen können außerdem sowohl divergierende mit konvergierenden als auch konvergierende mit anderen konvergierenden Plattengrenzen verbinden.

## Kombinationen von Plattengrenzen

Jede Platte weist in der Regel Kombinationen aus Transformstörungen, divergierenden oder konvergierenden Plattengrenzen auf. Wie Abbildung 2.5 zeigt, ist die Nazca-Platte im Pazifik auf drei Seiten von divergierenden Grenzen umgeben, an denen sich an Segmenten mittelozeanischer Rücken, die durch Transformstörungen gegeneinander versetzt sind, neue Lithosphäre bildet. Auf ihrer Ostseite grenzt sie an den Peru-Chile-Graben, wo in der dahinter liegenden Subduktionszone Lithosphäre vernichtet wird. Der größte Teil der Nordamerikanischen Platte ist von der divergierenden Plattengrenze des Mittelatlantischen Rückens im Osten, der San-Andreas-Störung und anderen Transformstörungen im Westen sowie von Subduktionszonen und Transformstörungen zwischen Oregon und den Aleuten im Nordwesten umgeben.

# Geschwindigkeit und Geschichte der Plattenbewegungen

Wie rasch bewegen sich die Platten? Driften einige Platten schneller als andere? Und wenn ja, warum? Ist die Geschwindigkeit der Plattenbewegungen heute genauso groß wie in der geologischen Vergangenheit? Geowissenschaftler haben in den vergangenen Jahrzehnten elegante Methoden entwickelt, um diese Fragen zu beantworten

**Eine magnetische Vermessung des Reykjanes-Rückens als Teil des Mittelatlantischen Rückens südwestlich von Island ergab eine symmetrische Abfolge der magnetischen Feldstärke. Die Abbildung zeigt, wie das Streifenmuster entschlüsselt wurde.**

**1** Auf einem Schiff, das ein empfindliches Magnetometer schleppt, werden die magnetischen Anomalien registriert, …

**2** … Streifen, die abwechselnd stärker und schwächer magnetisiert sind.

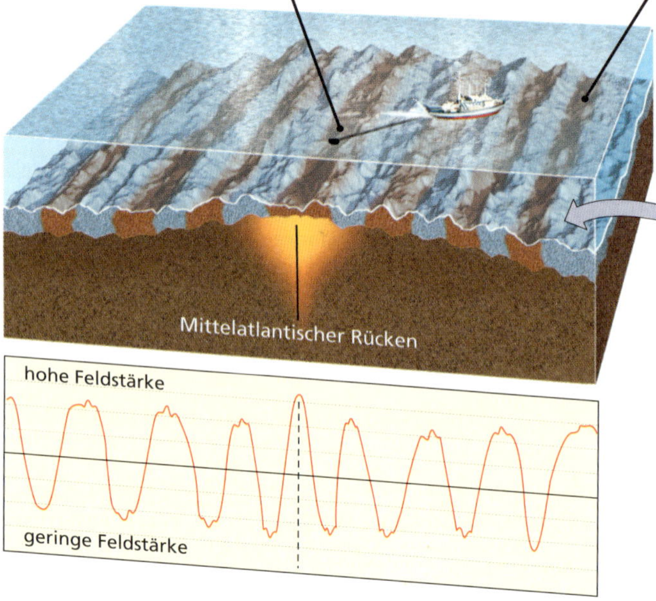


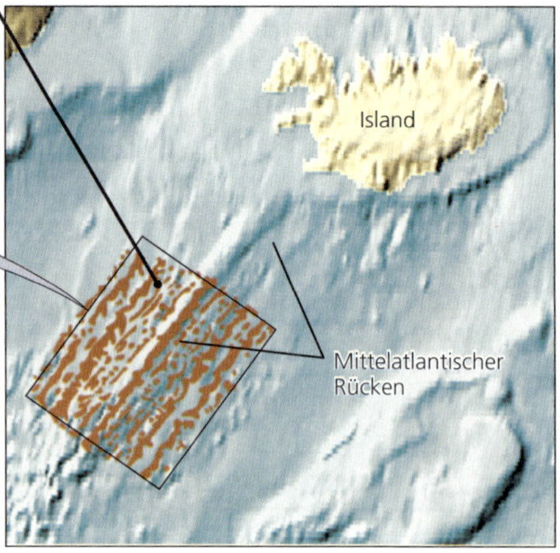


**3** Diese Streifen erwiesen sich auf beiden Seiten des Mittelatlantischen Rückens als weitgehend symmetrisch. Was hatte das zu bedeuten? Vulkane führten zur Lösung.

**4** Bei der Untersuchung von vulkanischen Lavaergüssen beobachtete man ebenfalls magnetische Anomalien. Kühlt eine eisenreiche Schmelze ab, nimmt sie die Richtung des herrschenden erdmagnetischen Feldes an.

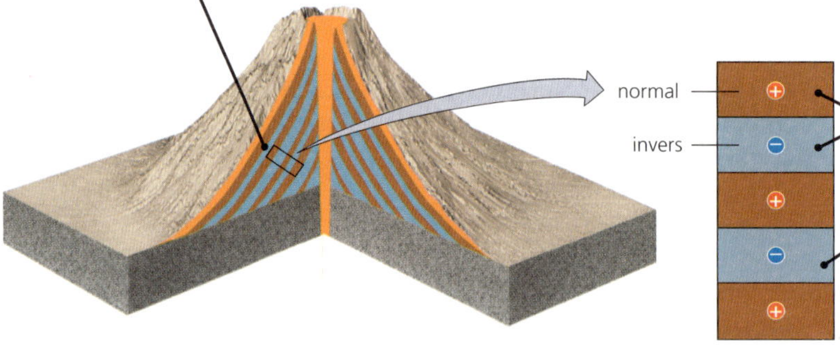


**5** Das Magnetfeld der Erde kehrt in Abständen von Hunderten oder Tausenden von Jahren seine Polarität um.

**6** Die Schichten halten die Richtung des ursprünglich herrschenden Magnetfelds fest (thermoremanente Magnetisierung).

**7** Die älteren, in der Tiefe liegenden Schichten überliefern die Richtung des in früheren Zeiten herrschenden Magnetfelds.

**8** Durch die Bestimmung des Alters der Lavaergüsse ergab sich gleichzeitig das Alter der magnetischen Feldinversionen und damit auch eine Zeitskala dieser Inversionen.

**Abb. 2.10** Die Kartierung der magnetischen Streifen liefert die Geschwindigkeit des Seafloor-Spreading.

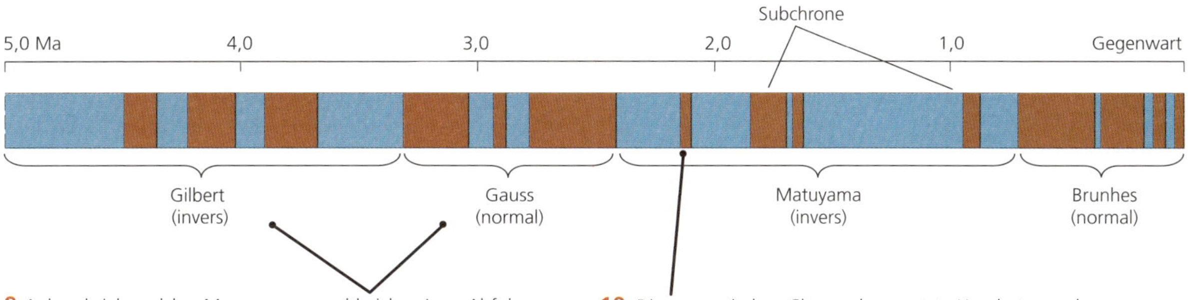


**9** Anhand vieler solcher Messungen an zahlreichen Lava-Abfolgen können die Inversionen des Magnetfelds zu einer Zeitskala der magnetischen Feldinversionen zusammengefasst werden.

**10** Die magnetischen Chrone dauern stets Hunderttausende von Jahren, sie können aber von kurzzeitigen entgegengesetzt magnetisierten Subchronen unterbrochen werden.

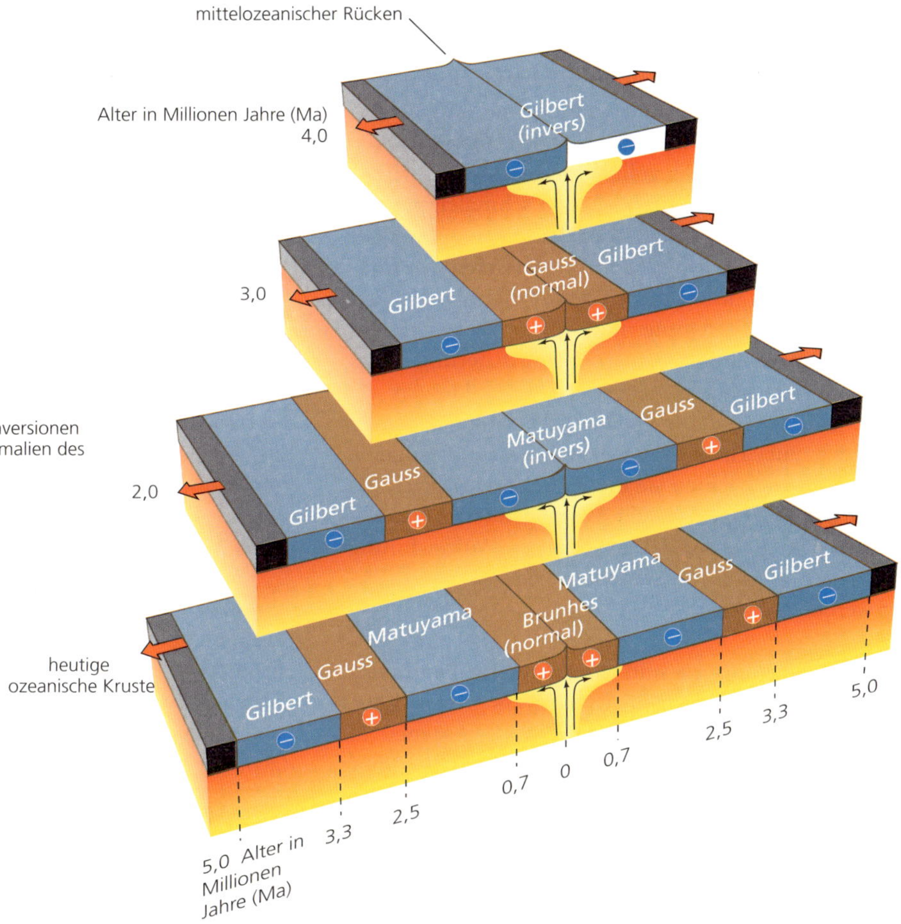


**11** Mithilfe der Zeitskala der Feldinversionen wurden die magnetischen Anomalien des Meeresbodens datiert.

Geowissenschaftler folgerten daraus, dass die magnetischen Anomalien des Meeresbodens ein Abbild des Seafloor-Spreading sind und der Meeresboden gewissermaßen ein Magnetband darstellt. Die Geschwindigkeit des Seafloor-Spreading ergibt sich nach der Formel: Geschwindigkeit = Abstand/Zeit.

und auf diese Weise die Prozesse der Plattentektonik besser zu verstehen. In diesem Abschnitt sollen drei dieser Methoden kurz vorgestellt werden.

## Das magnetische Streifenmuster des Meeresbodens

Während des Zweiten Weltkriegs wurden extrem empfindliche Instrumente zur Ortung von Unterseebooten entwickelt, mit denen sich die schwachen magnetischen Felder solcher Stahlschiffe nachweisen ließen. Geologen haben diese Messgeräte geringfügig verändert und im Schlepp hinter ihren Forschungsschiffen hergezogen, um das lokale Magnetfeld zu messen, das am Meeresboden durch magnetisierte Gesteine erzeugt wird.

Zur systematischen Vermessung fuhren die Wissenschaftler kreuz und quer über die Ozeane und stellten dabei regelmäßige Muster der lokalen magnetischen Feldstärke fest, was sie völlig überraschte. In vielen Gebieten wechselte das Magnetfeld in schmalen parallel verlaufenden Streifen zwischen stärkeren und schwächeren Werten, den so genannten **magnetischen Anomalien**, die in Relation zu den mittelozeanischen Rücken nahezu vollständig symmetrisch angeordnet sind. Ein Beispiel zeigt Abbildung 2.10. Die Identifizierung dieses Streifenmusters war eine der großen Entdeckungen, die den Vorgang des Seafloor-Spreading bestätigten und die schließlich zur Theorie der Plattentektonik führten. Außerdem ermöglichten sie die Plattenbewegungen bis weit zurück in die geologische Vergangenheit zu rekonstruieren. Um diese Art der geologischen Aufzeichnung zu begreifen, müssen wir wissen, wie Gesteine magnetisiert werden können.

**Gesteinsüberlieferung und magnetische Feldinversionen in Gesteinen des Festlands** Magnetische Anomalien sind ein Hinweis darauf, dass das Magnetfeld der Erde über längere Zeiträume betrachtet nicht stabil ist. Derzeit befindet sich der magnetische Nordpol in der Nähe des geographischen Nordpols (vgl. Abb. 1.12), doch können geringfügige Veränderungen innerhalb des Geodynamos zu einer Änderung des magnetischen Nord- und Südpols um 180° führen und auf diese Weise eine **Inversion des Magnetfelds** bewirken.

Zu Beginn der sechziger Jahre des vergangenen Jahrhunderts entdeckten Geologen, dass sich aus geschichteten Lavaergüssen eine genaue Abfolge dieses eigentümlichen Verhaltes rekonstruieren lässt. Kühlt eine eisenreiche Gesteinsschmelze ab, kommt es zu einer geringen Magnetisierung der eisenhaltigen Minerale in Richtung des erdmagnetischen Feldes. Diese Erscheinung wird als **thermoremanenter Magnetismus** bezeichnet, weil im Gestein die ursprüngliche Richtung des Magnetfeldes gewissermaßen „eingefroren" ist, auch lange nachdem das Magnetfeld seine Richtung geändert hat.

In geschichteten Lavaergüssen entspricht jede Lavadecke von oben nach unten einem zunehmend älteren Zeitabschnitt der Erdgeschichte – die unten lagernden Gesteine sind älter als die oberen. Das Alter jedes Lavaergusses kann durch geeignete Datierungsverfahren bestimmt werden (Kapitel 8). Die Bestimmung der thermoremanenten Magnetisierung an Gesteinsproben der jeweiligen Schichten ergibt die Richtung des herrschenden Magnetfelds zum Zeitpunkt der Abkühlung der Lavadecke. Durch Wiederholung derartiger Messungen an zahlreichen Profilen weltweit erarbeitete man eine detaillierte Abfolge dieser Inversionen im Laufe der geologischen Vergangenheit. Die **magnetostratigraphische Zeitskala** für die vergangenen 5 Millionen Jahre zeigt Abbildung 2.10.

Ungefähr die Hälfte aller untersuchten Gesteine erwies sich hierbei als invers magnetisiert, das heißt, sie zeigten eine Magnetisierung, die der heutigen entgegengerichtet ist. Offenbar änderte das irdische Magnetfeld im Verlauf der Erdgeschichte mehrfach seine Polarität und die Zeiten einer normalen beziehungsweise inversen Magnetisierung sind etwa gleich häufig. Längere Zeitabschnitte mit normaler oder inverser Magnetisierung werden als **magnetische Chrone** bezeichnet. Obwohl die Abfolge der Feldinversionen in der fernen Erdgeschichte offenbar sehr unregelmäßig war, scheint ihre Dauer in der Größenordnung von etwa 500 000 Jahren zu liegen. Einem längeren Chron sind oftmals kurzzeitige Umpolungen überlagert, die so genannten **magnetischen Subchrone**, sie dürften überall zwischen mehreren tausend bis zu 200 000 Jahre gedauert haben.

**Die magnetischen Anomalien des Meeresbodens** Das am Meeresboden nachgewiesene magnetische Streifenmuster (vgl. Abb. 2.10) verwirrte die Wissenschaftler zunächst einige Jahre lang, bis schließlich 1963 von den beiden Engländern F. J. Vine und D. H. Mathews sowie davon unabhängig von den beiden Kanadiern L. Morley und A. Larochelle eine überraschende Deutung veröffentlicht wurde. Ausgehend von den neuen Hinweisen auf magnetische Inversionen, die auf dem Festland an Lavaergüssen nachgewiesen worden waren, schlossen sie, dass die stark und schwach magnetisierten Streifen am Meeresboden jenen Gesteinsstreifen entsprechen, die im Laufe vergangener Epochen der normalen und inversen Polarität magnetisiert worden waren. Das heißt, wenn sich ein Forschungsschiff über normal magnetisierten Gesteinen befand, ergab sich eine Verstärkung des gemessenen Magnetfelds oder eine **positive magnetische Anomalie**. Befand es sich dagegen über invers magnetisierten Gesteinen, resultierte daraus ein lokal schwächeres Magnetfeld und damit eine **negative magnetische Anomalie**.

Diese Vorstellung lieferte einen überzeugenden Beleg für die Hypothese des Seafloor-Spreading, die davon ausging, dass an der Riftstruktur, wo sich die Platten seitlich wegbewegen, auf dem Kamm der mittelozeanischen Rücken neuer Ozeanboden entsteht (vgl. Abb. 2.10). Das aus dem Erdinneren aufsteigende Magma erstarrt in der Spalte und wird dabei in der jeweils gerade herrschenden Richtung des Erdmagnetfelds magnetisiert. Da der Meeresboden aufreißt und sich vom Rücken entfernt, bewegt sich ungefähr eine Hälfte des frisch magnetisierten Basaltmaterials zur einen Seite und die andere zur entgegengesetzten Seite, sodass beiderseits des Rückens je eine symmetrische Abfolge gleichartig magnetisierter Basaltstreifen entsteht. Neues Material füllt die Spalten und der Prozess setzt sich kontinuierlich fort. So betrachtet gleicht der Meeresboden gewissermaßen einem Magnetband, auf dem die Geschichte seiner Ausbreitung in Form eines Magnetfeldmusters aufgezeichnet ist.

Innerhalb weniger Jahre konnten die Meeresgeologen zeigen, dass dieses Modell eine logische Erklärung für die symmetrische Anordnung der magnetischen Anomalien am Meeresboden beiderseits aller mittelozeanischen Rücken der Erde liefert. Darüber hinaus ergab sich eine exakte Methode für die Ermittlung der Geschwindigkeit des Seafloor-Spreading sowohl heute als auch in der Vergangenheit. Dieser Beleg trug ganz wesentlich zur Entdeckung und Bestätigung der Plattentektonik bei.

**Alter des Meeresbodens und relative Geschwindigkeit der Plattenbewegungen** Unter Verwendung des jeweils ermittelten Alters der verschiedenen inversen Epochen, das an magnetisierten Laven auf dem Festland gemessen wurde, konnte man auch den magnetisierten Streifen am Meeresboden ein dementsprechendes Alter zuweisen. Damit ließ sich nach der Formel Geschwindigkeit = Entfernung/Zeit auch berechnen, wie rasch sich der Meeresboden öffnete, wobei die Entfernung von der Rückenachse zu messen ist und die Zeit dem Alter des Meeresbodens entspricht. Beispielsweise zeigt die Anordnung der magnetischen Streifen in Abbildung 2.10, dass die Grenze zwischen dem normal magnetisierten Gauß-Chron und dem invers magnetisierten Gilbert-Chron, das anhand von Laven auf ein Alter von 3,3 Ma datiert worden war, heute etwa 30 Kilometer vom Kamm des Reykjanes-Rücken entfernt ist. Dort bewegten sich die Nordamerikanische und die Eurasische Platte in einem Zeitraum von 3,3 Ma durch Seafloor-Spreading etwa 60 km auseinander. Dies entspricht einer Spreading-Geschwindigkeit von 18 km pro Million Jahre oder 18 mm pro Jahr.

An divergierenden Plattengrenzen ergibt die Kombination von Geschwindigkeit und Richtung der Plattenbewegungen die **relative Plattengeschwindigkeit**: das ist die Geschwindigkeit, mit der sich eine Platte in Relation zur andern bewegt.

Betrachtet man Abbildung 2.5, so zeigt sich, dass die Spreading-Geschwindigkeit am Mittelatlantischen Rücken südlich von Island, verglichen mit den Geschwindigkeiten an anderen mittelozeanischen Rücken, relativ gering ist. Die bisher maximale Geschwindigkeit des Seafloor-Spreading wurde am Ostpazifischen Rücken unmittelbar südlich des Äquators ermittelt. Dort entfernen sich Pazifische Platte und Nazca-Platte mit einer Geschwindigkeit von 150 mm pro Jahr und damit um eine Größenordnung rascher als im Atlantik. Im Mittel bewegen sich an den mittelozeanischen Rücken die Platten weltweit mit einer Geschwindigkeit von 50 mm pro Jahr auseinander. Dies entspricht ungefähr der Geschwindigkeit, mit der unsere Fingernägel wachsen, das heißt, diese Platten bewegen sich selbst für geologische Zeitbegriffe sehr schnell. Darüber hinaus liefern die Plattenbewegungen wichtige Daten für die Untersuchung des Konvektionssystems innerhalb des Erdmantels, ein Thema, auf das in diesem Kapitel noch eingegangen wird.

Die paläomagnetische Zeitskala kann entlang vieler Umpolungen des irdischen Magnetfelds zurückverfolgt werden. Die zugehörigen magnetischen Streifen auf dem Meeresboden, die gleichzeitig Altersstreifen sind, umfassen von den Kammlinien der mittelozeanischen Rücken über die Ozeanbecken hinweg eine Zeitspanne von nahezu 200 Ma.

Welche Möglichkeiten und Vorteile der Magnetismus des Meeresbodens bei der Rekonstruktion der Geschichte von Meeresbecken bietet, ist kaum zu ermessen. Allein durch systematisches Befahren der Ozeane und durch Bestimmung der Magnetisierungsrichtungen der Ozeanbasalte sowie durch die Korrelation der Streifen wechselnder Magnetisierung mit der paläomagnetischen Zeitskala konnte man das Alter zahlreicher Gebiete des Meeresbodens bestimmen, ohne irgendwelche Gesteinsproben davon zu untersuchen. Im Wesentlichen lernten die Geologen gewissermaßen „das Magnetband rückwärts abzuspielen".

Das einfache und elegante Verfahren machte die Auswertung der basaltischen Magnetstreifen zu einer effektiven Untersuchungsmethode. Es blieb jedoch lediglich ein indirektes Verfahren, weil kein Gestein dem Meeresboden entnommen und kein Alter direkt im Labor bestimmt wurde. Um auch die letzten Skeptiker zu überzeugen, waren also noch direkte Belege erforderlich. Sie wurden durch Bohrungen in der Tiefsee geliefert.

## Tiefseebohrungen

Im Jahre 1968 wurde in den Vereinigten Staaten ein Bohrprogramm zur Erforschung des Meeresbodens aufgelegt, ein Gemeinschaftsprojekt, an dem alle bedeutenden ozeanographischen Institute Nordamerikas sowie die National Science Foundation beteiligt waren. Später kamen noch andere Nationen als Träger hinzu.

Dieses globale Projekt hatte zum Ziel, an möglichst vielen Stellen Bohrungen in den Meeresboden niederzubringen. Zur besseren wissenschaftlichen Nutzung hatte man sie als Kernbohrungen konzipiert. Dabei gelang es in einigen Fällen, Bohrungen bis in Tiefen von mehreren tausend Meter unter den Meeresboden niederzubringen. Damit bot sich den Geologen die einmalige Möglichkeit, die Geschichte der Meeresbecken direkt zu rekonstruieren.

Einer der wichtigsten Parameter war für die Geologen das Alter der Gesteinsproben. Kleine Partikel, die durch die Wassersäule der Ozeane auf den Meeresboden absinken, etwa Staub aus der Atmosphäre oder die Reste mariner Pflanzen und Tiere, beginnen sich als **Sedimente** anzureichern, sobald sich ozeanische Kruste bildet. Daher liefert das Alter der ältesten Sedimente in einem Bohrkern, also der Schichten unmittelbar über der basaltischen Kruste, einen wichtigen Hinweis, wie alt der Ozeanboden an diesem Bohrpunkt ist. Das Alter eines Sediments lässt sich häufig mithilfe fossiler Skelettelemente winziger mariner Organismen ermitteln, die nach ihrem Absterben zu Boden gesunken waren (siehe Kapitel 8). Dabei zeigte sich, dass die ältesten Sedimente in den Bohrkernen mit zunehmender Entfernung von den mittelozeanischen Rücken ein immer höheres Alter aufweisen. Es zeigte sich ferner, dass das Sedimentalter an jedem einzelnen Bohrpunkt fast vollkommen mit dem Alter übereinstimmte, das man anhand der paläomagnetischen Datierung bestimmt hatte. Diese Übereinstimmung bestätigte einerseits die magnetischen Datierungen und bewies andererseits das Konzept des Seafloor-Spreading.

## Bestimmung der Plattenbewegungen durch geodätische Verfahren

Zu Wegeners Zeiten war die Genauigkeit der astronomischen Positionsbestimmung relativ gering. Der Fehler bei der Bestimmung von Entfernungen zwischen den beiden Kontinenten Europa und Nordamerika lag in der Größenordnung von mehr als 100 m. Daher wäre selbst bei hohen Geschwindigkeiten der Kontinentalbewegungen, von denen er irrtümlich ausging, ein Beobachtungszeitraum von vielen Jahren erforderlich gewesen, um die Kontinentaldrift tatsächlich unmittelbar beobachten zu können. Er behauptete, dass zwei im Abstand von sechs Jahren durchgeführte astronomische Vermessungen der Entfernung zwischen Europa und Grönland (wo er als Meteorologe arbeitete) die von ihm postulierte Geschwindigkeit bestätigen würde, doch diese Annahme erwies sich als falsch. Heute ist bekannt, dass die Spreading-Geschwindigkeit am Mittelatlantischen Rücken zwischen zwei Vermessungen lediglich Bruchteile eines Meters beträgt – ein Wert, der um den Faktor 1 000 kleiner ist, um mit den damals verfügbaren Techniken bestimmt werden zu können.

Wegen der hohen Genauigkeit, die für eine exakte Beobachtung der Plattenbewegungen erforderlich ist, spielten konventionelle geodätische Verfahren bei der Entdeckung der Plattentektonik keine wesentliche Rolle. Geologen mussten sich zum Nachweis des Seafloor-Spreading auf Hinweise aus der Schichtenfolge stützen, das heißt auf das zuvor beschriebene magnetische Streifenmuster und das Alter der Fossilien.

Gegen Ende der siebziger Jahre des vergangenen Jahrhunderts wurde jedoch ein Verfahren der astronomischen Positionsbestimmung entwickelt, das von quasistellaren Radioquellen ausgestrahlte Signale verwendet, die von großen Parabolantennen empfangen werden. Mit diesem Verfahren lassen sich Entfernungen zwischen Kontinenten mit der erstaunlichen Genauigkeit von einem Millimeter bestimmen. Im Jahre 1986 zeigte eine Gruppe von Wissenschaftlern, die dieses Verfahren nutzte, dass die Entfernung zwischen Antennen in Europa (Schweden) und Nordamerika (Massachusetts), gemessen über einen Zeitraum von fünf Jahren, um 19 mm pro Jahr größer geworden ist – ein Wert, der durch geologische Modelle der Plattentektonik vorhergesagt wurde. Wegeners Vision einer direkten Messung der Kontinentaldrift durch astronomische Positionsbestimmung hatte sich schließlich doch erfüllt.

**Global Positionioning System** Eine Vermessung mit großen Radioteleskopen ist kostspielig, sie ist auch kein praktisches Verfahren für die Untersuchung von plattentektonischen Bewegungen in abgelegenen Gebieten der Erde. Seit Mitte der achtziger Jahre verwendet man weltweit ein amerikanisches System von 24 in Erdumlaufbahnen befindlichen Satelliten, das so genannte Global Positioning System (kurz GPS), um dieselbe Art von Messungen mit derselben verblüffenden Genauigkeit durchführen zu können. Ein entsprechendes europäisches Navigationssystem befindet sich derzeit im Aufbau. Erforderlich ist lediglich ein verhältnismäßig preiswerter, mobiler Empfänger, der kleiner als dieses Lehrbuch ist (Abb. 2.11). Die GPS-Geräte empfangen hochfrequente Signale, die in den Satelliten mithilfe präziser Atomuhren codiert werden. Die Position der Satelliten dient als Referenzpunkt, vergleichbar den Fixsternen oder Quasaren, die zur astronomischen Positionsbestimmung herangezogen werden.

Entfernungsänderungen zwischen den auf den verschiedenen Lithosphärenplatten positionierten GPS-Empfängern, gemessen über einen Zeitraum von mehreren Jahren, stimmen sowohl von der Größenordnung als auch von der Richtung her mit den magnetischen Anomalien des Meeresbodens überein. Diese Experimente sprechen dafür, dass die Plattenbewegungen über Zeiträume von wenigen Jahren bis zu mehreren Millio-

**Abb. 2.11** Mithilfe von Signalen der GPS-Satelliten lassen sich Richtung und Geschwindigkeit der Plattenbewegungen bestimmen.

nen Jahren hinweg bemerkenswert konstant sind. Heute verwendet man das GPS-System in der Geologie, um Plattenbewegungen im jährlichen Turnus und an vielen Lokalitäten rund um den Erdball zu bestimmen.

## Die große Rekonstruktion

Der Großkontinent Pangaea war die einzige Landmasse, die vor 250 Ma existierte. Einer der größten Erfolge der modernen Geologie ist die Rekonstruktion der Ereignisse, die zur Bildung des Großkontinents Pangaea und seinem späteren Auseinanderbrechen führten, bei dem die heutigen Kontinente entstanden sind. Wenn wir nun das anwenden, was wir über die Plattentektonik gelernt haben, wird erkennbar, wie diese großartige Leistung vollbracht wurde.

### Isochronen des Meeresbodens

Die geologische Karte in Abbildung 2.12 zeigt das Alter des Meeresbodens in den verschiedenen Ozeanen der Erde, wie es durch Fossilien und die Inversionen des irdischen Magnetfelds bestimmt worden ist. Jeder farbige Streifen entspricht einer bestimmten Zeitspanne, die dem Alter der Kruste innerhalb dieses Streifens entspricht. Die Linien zwischen den farbigen Bändern, die

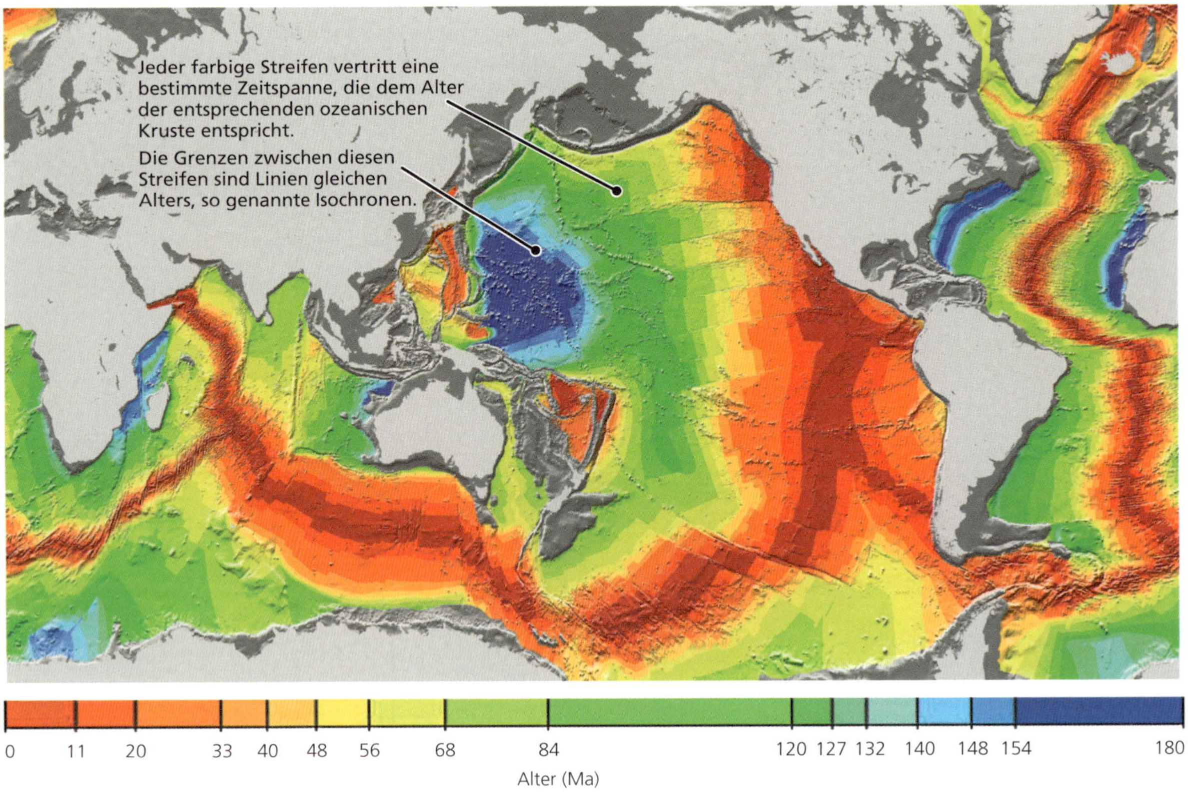


**Abb. 2.12** Das Alter der Kruste am Meeresboden. Jeder farbige Streifen entspricht einer bestimmten Zeitspanne, die das Alter der in diesem Streifen liegenden Kruste umfasst. Die Grenzen zwischen den Streifen sind Linien gleichen Alters, so genannte Isochronen. Diese Isochronen geben das Alter des Meeresbodens seit seiner Entstehung an den mittelozeanischen Rücken in Millionen Jahren an. Die Festländer sind in hellgrau dargestellt; die dunkelgrauen Bereiche kennzeichnen die Flachwassergebiete auf den Schelfgebieten. Mittelozeanische Rücken, an denen neuer Ozeanboden entsteht, decken sich mit dem jüngsten Meeresboden (dunkelrot) [*aus: Journal of Geophysical Research, 1997, Bd. 102, S. 3211–3214; mit frdl. Genehm. von R. D. Müller*].

so genannten **Isochronen**, verbinden Gesteine gleichen Alters miteinander. Die Isochronen lassen erkennen, welche Zeit vergangen ist, seit die Gesteine der Kruste als Magma an einer mittelozeanischen Riftstruktur aufgestiegen sind, und wie weit sich die Gesteine seit ihrer Entstehung durch Seafloor-Spreading von der Riftstruktur entfernt haben. Beachtenswert ist, dass der Meeresboden auf beiden Seiten der Riftstruktur mit zunehmenden Abstand vom Rift älter wird. Beispielsweise kennzeichnet die Entfernung von einer Rückenachse zur 140 Ma-Isochrone (der Grenze zwischen den grünen und den blauen Streifen) die Ausdehnung des neuen Ozeanbodens, der in diesem Zeitraum gebildet wurde. Die weiter auseinander liegenden Isochronen (die weißen Streifen) im östlichen Pazifik kennzeichnen größere Spreading-Geschwindigkeiten als im Atlantik.

Im Jahre 1990 fanden Geologen nach einer zwanzig Jahre dauernden Suche in einer im westlichen Pazifik niedergebrachten Bohrung die ältesten ozeanischen Gesteine. Diese Gesteine hatten ein Alter von etwa 200 Ma, was etwa 4 Prozent des gesamten Alters der Erde entspricht. Diese Zeitangabe lässt erkennen, wie jung der Meeresboden im Vergleich zu den Kontinenten ist. In einen Zeitraum von 100 bis 200 Ma, an einigen Stellen in einem Zeitraum von lediglich einigen Millionen Jahren, entsteht ozeanische Lithosphäre, breitet sich seitlich aus, kühlt ab, wird schließlich subduziert und damit in den darunter befindlichen Erdmantel zurückgeführt. Im Gegensatz dazu sind die ältesten Gesteine auf den Kontinenten etwa 4 Milliarden Jahre alt.

## Rekonstruktion der Plattenbewegungen

Die Lithosphärenplatten verhalten sich wie starre Körper. Das bedeutet, dass die Entfernungen zwischen drei Orten auf derselben Platte – etwa Lissabon, Paris und Moskau auf der Eurasischen Platte – gleich bleiben, egal wie sich die Platte als Einheit bewegt. Demgegenüber wird die Entfernung zwischen Lissabon und New York größer, weil diese Städte auf unterschiedlichen Platten liegen, die durch eine schmale Spreading-Zone auf dem Mittelatlantischen Rücken voneinander getrennt werden. Die Bewegungsrichtung einer Platte relativ zu einer anderen hängt von geometrischen Prinzipien ab, die das Verhalten starrer Platten auf einer Kugel bestimmen.

Zwei wichtige geometrische Prinzipien sollen hier genannt werden:

**1. Transformstörungen lassen die Richtung der Plattenbewegung erkennen** Von einigen wenigen Ausnahmen abgesehen kommt es an typischen Transformstörungen in den Ozeanen weder zu Überschiebungen noch zu Verbiegungen oder zur Abtrennung von Plattenteilen. Die beiden Platten gleiten lediglich aneinander vorbei, ohne dass neue Plattensubstanz gebildet oder alte vernichtet wird. Man betrachtet den Verlauf einer Transformstörung, um die Richtung der Plattenbewegungen abzuleiten, weil die Orientierung der Störung der Richtung entspricht, in der eine Platte an der anderen vorbeigleitet (vgl. Abb. 2.9).

**2. Isochronen lassen die Position von Platten in der Vergangenheit erkennen** Die Isochronen auf dem Meeresboden verlaufen ungefähr parallel, außerdem sind sie symmetrisch zur Rückenachse angeordnet, an der sie entstanden sind (vgl. Abb. 2.12). Da jede Isochrone früher einmal an einer divergierenden Plattengrenze lag, können Isochronen gleichen Alters auf gegenüberliegenden Seiten eines mittelozeanischen Rückens gewissermaßen durch Zusammenschieben auf dem Papier zur Deckung gebracht werden, um die Positionen der Platten und die Anordnung der darin eingebetteten Kontinente für einen früheren Zeitpunkt sichtbar zu machen.

## Das Auseinanderbrechen von Pangaea

Durch Anwendung dieser Prinzipien konnte die Öffnung des Atlantiks und das Auseinanderbrechen des Großkontinents Pangaea rekonstruiert werden. Abbildung 2.13a zeigt Pangaea vor 240 Ma. Der Großkontinent begann zu zerbrechen, als sich vor 200 Ma Nordamerika von Europa wegbewegte (Abb. 2.13b). Die Öffnung des Nordatlantiks war begleitet von der Trennung des im Norden liegenden Kontinents Laurasia vom Südkontinent Gondwana und außerdem von Riftstrukturen entlang der heutigen Ostküste Afrikas (Abb. 2.13c). Das Auseinanderbrechen von Gondwana führte schließlich zur Entstehung von Südamerika, Afrika, Indien und der Antarktis, außerdem öffnete sich der Südatlantik neben den anderen im Süden liegenden Ozeanen. Lediglich das damalige Mittelmeer, die Tethys, wurde eingeengt (Abb. 2.13d). Die Trennung Australiens von der Antarktis und später die Kollision Indiens mit Eurasien sowie eine Nordbewegung von Afrika führten zur Schließung der Tethys und schuf die derzeitige Anordnung der Kontinente (Ab. 2.13e).

Natürlich dauern die plattentektonischen Bewegungen an, sodass sich die Position der Kontinente weiter verändern wird. Ein plausibles Szenario für die Verteilung der Kontinente und Plattengrenzen in etwa 50 Millionen Jahren zeigt Abbildung 2.13f).

## Die Entstehung von Pangaea

Die Karte der Isochronen (vgl. Abb. 2.12) lässt erkennen, dass der gesamte heutige Meeresboden seit dem Auseinanderbrechen von Pangaea entstanden ist. Aus der geologischen Abfolge in den älteren Gebirgsgürteln der Kontinente ist jedoch bekannt, dass bereits mehrere Milliarden Jahre vor diesem Zerbrechen plattentektonische Prozesse abgelaufen sein mussten. Offensichtlich erfolgte das Seafloor-Spreading in der gleichen Art und Weise wie heute und es gab in der Erdgeschichte bereits zuvor Episoden der Kontinentaldrift und Kollision. Die Subduktion von ozeanischem Krustenmaterial in den Erdmantel zerstörte diesen in früheren Zeiten gebildeten Meeresboden. Wir müssen uns daher auf ältere Hinweise stützen, die auf den Kontinenten erhalten geblieben sind, um die Bewegungen der früheren Kontinente (Paläokontinente) zu erkennen und kartenmäßig darstellen zu können.

Alte Gebirgsgürtel wie die Appalachen Nordamerikas oder der Ural, der Europa und Asien trennt, ermöglichen uns beispielsweise solche Kollisionen von Paläokontinenten nachzuweisen. In zahlreichen Gebieten lassen die Gesteine ehemalige Episoden der Plattentrennung und der Subduktion erkennen. Aus bestimmten Gesteinstypen und Fossilfunden kann die Verbreitung ehemaliger Meere, Gletscher, Tiefländer und Hochgebiete bis hin zu den herrschenden Klimaverhältnissen rekonstruiert werden. Kenntnisse des Paläoklimas ermöglichen die geographischen Breiten zu ermitteln, in denen die damaligen Kontinente lagen, und dies erleichtert wiederum die Zusammensetzung des Puzzles der Paläokontinente.

Wenn durch Vulkanismus, Aufschmelzung und Gebirgsbildung neue kontinentale Gesteine entstehen, nehmen manche davon in gleicher Weise die Richtung des herrschenden Magnetfelds an wie die durch Seafloor-Spreading gebildeten ozeanischen Gesteine. Wie ein zu diesem Zeitpunkt eingefrorener Kompass hält der fossile Magnetismus die ehemalige Orientierung eines kontinentalen Bruchstückes und damit auch dessen ehemalige Position fest.

Die linke Seite in Abbildung 2.13 zeigt einen der neuesten Versuche, die Anordnung der Kontinente vor ihrem Zusammenschluss zu Pangaea darzustellen. Es ist faszinierend, dass sich mithilfe der modernen Wissenschaft die Paläogeographie dieser fremdartigen Welt vor

## DER ZUSAMMENSCHLUSS VON PANGAEA

**RODINIA** jüngeres Proterozoikum, 750 Ma

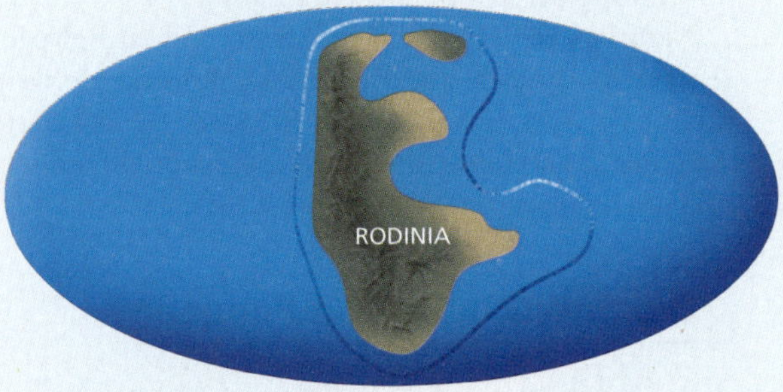


**1** Der Großkontinent Rodinia entstand vor ungefähr 1,1 Milliarden Jahren und brach vor 750 Ma auseinander.

jüngeres Proterozoikum, 650 Ma

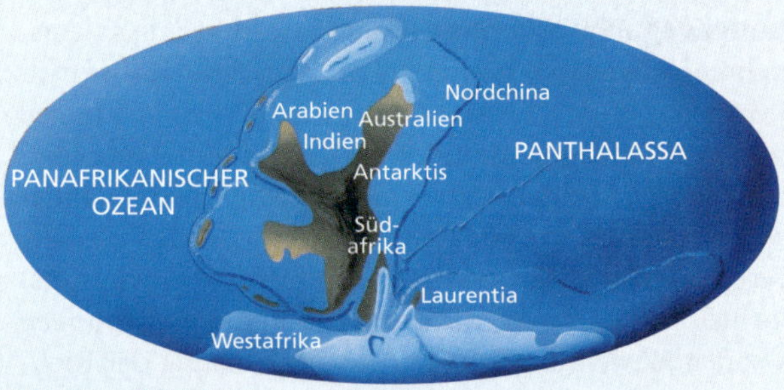


**2** Aus einer Vielzahl von Belegen wie etwa Paläomagnetismus und Informationen bezüglich des Paläoklimas rekonstruierten Geologen die Lage und Drift der Kontinente vor deren Zusammenschluss zu Pangaea.

mittleres Ordovizium, 458 Ma

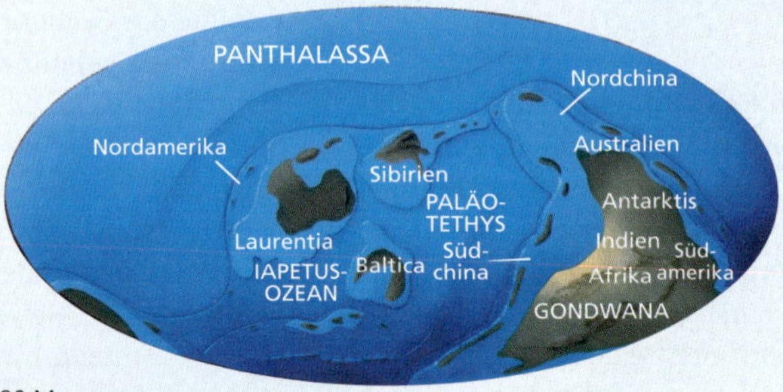


älteres Devon, 390 Ma

**3** Vor etwa 237 Ma war die Bildung des Großkontinents Pangaea weitgehend abgeschlossen. Er war umgeben von dem Großozean Panthalassa (griech. = Gesamtozean), dem Vorläufer des Pazifischen Ozeans. Die Tethys zwischen Afrika und Eurasien war der Vorläufer des Mittelmeeres.

PANGAEA (a) ältere Trias, 237 Ma

**Abb. 2.13** Riftvorgänge, Plattenbewegungen und Kollisionen führten zur Entstehung und zum Auseinanderbrechen des Großkontinents Pangaea [*Paläogeographische Karten: Christopher R. Scotese, 2003 PALEOMAP Project (www.scotese.com)*].

## DAS AUSEINANDERBRECHEN VON PANGAEA

(b) älterer Jura, 195 Ma

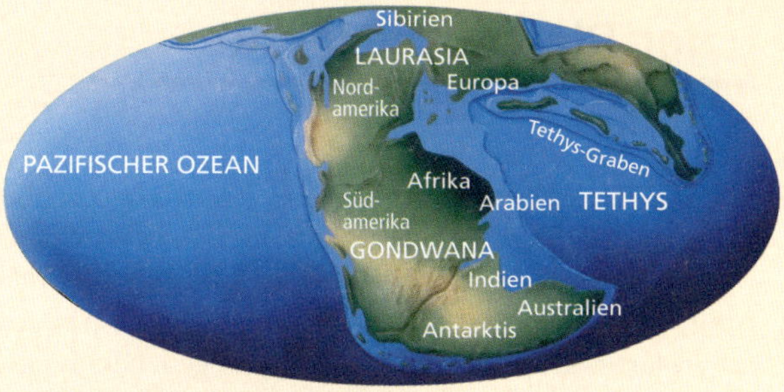


**4** Das Auseinanderbrechen von Pangaea wurde eingeleitet durch das Öffnen von Spalten (Rifting) und die Förderung von Laven. Gesteinsparagenesen, die Reste dieser Plattentrennung darstellen, sind als 250 Ma alte Vulkanite zwischen Neuschottland und North-Carolina überliefert.

**5** Vor etwa 150 Ma befand sich Pangaea im ersten Stadium des Auseinanderbrechens. Der Atlantische Ozean hatte sich schon teilweise geöffnet, die Tethys war bereits eingeengt und der Nordkontinent (Laurasia) hatte sich weitgehend vom Südkontinent (Gondwana) getrennt. Indien, die Antarktis und Australien lösten sich von Afrika.

(c) jüngerer Jura, 152 Ma

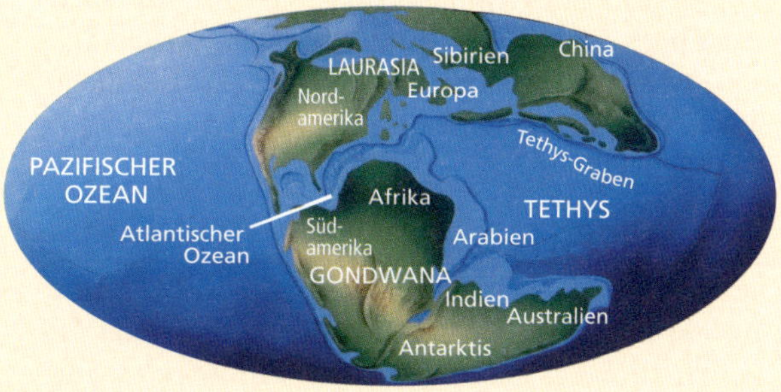


(d) jüngere Kreide – älteres Tertiär, 66 Ma

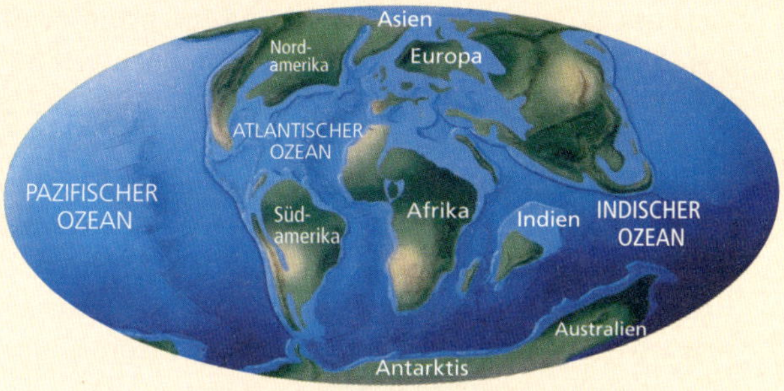


**6** Vor 66 Ma hatte sich der Südatlantik geöffnet und verbreitert. Indien bewegte sich nach Norden in Richtung Asien und die Tethys hatte sich unter Bildung eines Binnenmeeres, dem heutigen Mittelmeer, geschlossen.

## DIE ERDE HEUTE UND IN DER ZUKUNFT

(e) die Erde heute

**7** Im Verlauf der vergangenen 65 Ma entstand die Welt, wie wir sie kennen. Indien kollidierte mit Asien und beendete damit seine Reise über den Ozean, auch wenn es sich noch immer nordwärts bewegt. Australien hat sich von der Antarktis getrennt.

(f) in 50 Millionen Jahren

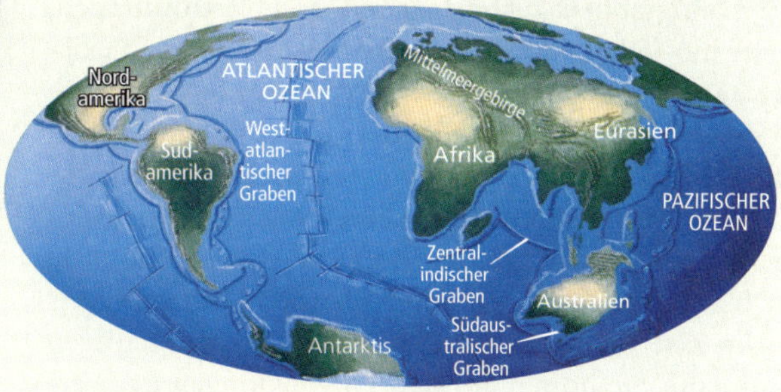

Hunderten von Millionen Jahren rekonstruieren lässt. Aus Gesteinsparagenesen, Fossilien, Klima und Paläomagnetismus war es sogar möglich, einen als **Rodinia** bezeichneten älteren Großkontinent zu rekonstruieren, der vor etwa 1,1 Milliarden Jahren entstanden war und vor 755 Ma auseinander zu brechen begann. Außerdem konnte man die Bruchstücke über weitere 500 Ma verfolgen, in denen sie auseinander drifteten und sich wieder zum Großkontinent Pangaea zusammenschlossen. Die Geologen sind noch immer dabei, sich im Einzelnen Klarheit über dieses komplizierte Puzzle zu verschaffen, dessen Teilstücke ihre Form im Laufe der Erdgeschichte erheblich verändert haben.

### Konsequenzen der Rekonstruktion

Kaum ein Zweig der Geowissenschaften blieb von der Rekonstruktion der erdgeschichtlichen Entwicklung der Kontinente unberührt. Wirtschaftsgeologen nutzten das Zusammenfügen der Kontinente, um Erz- und Kohlenwasserstoff-Lagerstätten ausfindig zu machen, indem sie diese Rohstoffe führenden Schichten mit ähnlichen Lagerungsverhältnissen auf anderen Kontinenten vergleichen, die vor dem Auseinanderdriften von Pangaea einstmals zusammenhingen. Paläontologen überdenken erneut die Evolution der Arten, die sich auf einer ursprünglich zusammenhängenden Landmasse entwickelt hatten und später räumlich getrennt wurden. Ganz allgemein hat sich der Blickwinkel der Geologen von einer eher regionalen Betrachtungsweise zu einem globalen Gesamtbild verschoben, denn die Plattentektonik bietet eine Möglichkeit, geologische Vorgänge wie Gesteinsbildung und Gebirgsbildung, aber auch damit verbundene Klimaveränderungen im globalen Zusammenhang zu deuten.

Ozeanographen rekonstruieren Meeresströmungen, wie sie möglicherweise in den ehemaligen Ozeanen existiert haben, um so die modernen Strömungskreisläufe besser verstehen zu können und um die zahlreichen Tiefseesedimente zu deuten, die von solchen Strömungen beeinflusst werden. Paläoklimatologen rekonstruieren Temperaturen, Windrichtungen, die Ausbreitung von Inlandeismassen und die Höhe des Meeresspiegels für die Zeit vor dem Auseinanderdriften der heutigen Kontinente. Sie hoffen aus den Entwicklungen der Vergangenheit zu lernen, um zukünftige Klimaänderungen besser vorhersagen zu können. In Anbetracht des gegenwärtigen Treibhauseffekts, der – durch die Aktivitäten des Menschen ausgelöst – zu einer globalen Erwärmung führen wird, gewinnen solche Vorhersagen zunehmend an Bedeutung. Gibt es einen besseren Beweis für den Triumph dieser einst revolutionären Hypothese, als die von ihr ausgehende Herausforderung, so viele unterschiedliche Themenkreise unter den Aspekten der Plattentektonik neu zu überdenken?

## Mantelkonvektion: der Antriebmechanismus der Plattentektonik

Bis zu diesem Punkt könnte all das, was wir besprochen haben, als rein beschreibende Plattentektonik bezeichnet werden. Aber eine Beschreibung ist noch keine Erklärung. Wir benötigen eine noch umfassendere Theorie, die erklärt, warum sich die Platten bewegen. Die Aufstellung einer solchen Theorie bleibt für die Geowissenschaftler eine der großen Herausforderungen. In diesem Abschnitt betrachten wir mehrere Aspekte dieses Problems, die für die jüngste Forschung von zentraler Bedeutung waren.

Wie Arthur Holms und die anderen Verfechter der Kontinentaldrift bereits erkannt hatten, sind Konvektionsbewegungen im Erdmantel der Antriebsmechanismus für die an der Erdoberfläche ablaufenden großtektonischen Vorgänge. In Kapitel 1 haben wir den heißen Erdmantel als einen sich plastisch verhaltenden Festkörper beschrieben, der die Fähigkeit hat, wie eine hoch viskose Flüssigkeit zu fließen (wie beispielsweise warmes Wachs oder kalter Sirup). Die aus dem tiefen Erdinneren abgegebene Wärme führt in diesem Material zu Konvektionsbewegungen mit Geschwindigkeiten von einigen Zehntel Millimetern pro Jahr.

Nahezu alle Wissenschaftler sind sich heute darüber einig, dass die Lithosphärenplatten auf irgendeine Weise an diesen Konvektionssystemen im Mantel beteiligt sind. Doch wie so oft steckt der Teufel im Detail. Ausgehend von dem einen oder anderen Beleg wurden zahlreiche Hypothesen aufgestellt, doch keine führte zu einer befriedigenden und umfassenden Theorie. Nachfolgend wollen wir uns drei Fragen stellen, die den Kern des Problems betreffen, und unsere Meinung zu den entsprechenden Antworten äußern. Man sollte jedoch vorsichtig sein und diese Antworten nur als vorläufig und nicht als Fakten betrachten. Unsere Kenntnisse über das Konvektionssystem im Erdmantel nehmen zwar ständig zu, sobald jedoch neue Ergebnisse zur Verfügung stehen, müssen sie entsprechend dem Kenntnisstand erneut geprüft werden. Künftige Auflagen dieses Lehrbuches können daher durchaus andere Antworten enthalten!

### Wo entstehen diese Antriebskräfte?

Das folgende Experiment lässt sich in jeder Küche durchführen. Man erhitze in einem Topf Wasser bis nahe zum Siedepunkt und streue in der Mitte des Topfes einige trockene Teeblätter auf die Oberfläche des Wassers. Es wird sich zeigen, dass sich die Blätter, mitgezogen von den Konvektionsbewegungen im heißen Wasser, auf der Wasseroberfläche bewegen. Wandern auf diese Art und Weise auch die Lithosphärenplatten, passiv mitgeschleppt auf dem Rücken von Konvektionsströmungen, die vom Erdmantel aufsteigen?

Die Antwort ist offenbar nein. Die wesentlichen Hinweise ergeben sich aus der Geschwindigkeit der Plattenbewegungen, auf die in diesem Kapitel bereits eingegangen wurde. Aus Abbildung 2.5 geht hervor, dass die rascher sich bewegenden Platten (die Pazifische, die Nazca-, die Cocos- und die Juan-de-Fuca-Platte) an einem Großteil ihrer Grenzen subduziert werden. Im Gegensatz dazu haben die sich langsamer bewegenden Platten (die Nordamerikanische, die Südamerikanische, die Afrikanische, die Eurasische und die Antarktische Platte) keine größeren Bereiche mit abtauchenden Plattenrändern. Diese Tatsachen sprechen dafür, dass der gravitativ bedingte Zug („slab pull"), der von der kalten und deshalb spezifisch schwereren alten Lithosphärenplatte ausgeübt wird, zu diesen raschen Plattenbewegungen führt. Anders formuliert: Die Platten werden von den Konvektionsbewegungen im tiefen Erdmantel nicht passiv mitgeschleppt, sondern sie tauchen vielmehr durch ihr eigenes Gewicht in den Mantel ab. Nach dieser Hypothese beruht das Seafloor-Spreading auf einem passiven Aufstieg von Mantelmaterial dort, wo die Platten durch die bei der Subduktion auftretenden Kräfte auseinander gezogen werden.

Wenn jedoch die einzige wesentliche Kraft bei der Plattentektonik die gravitativ bedingte Zugkraft der subduzierten Platten ist, warum brach dann Pangaea auseinander und warum öffnete sich der Atlantik? Die einzigen abtauchenden Lithosphärenplatten im Bereich der Nordamerikanischen und Südamerikanischen Platte findet man im Gebiet der Großen und Kleinen Antillen sowie der Südsandwich-Inseln, wobei man im Allgemeinen davon ausgeht, dass diese Bereiche zu klein sind, um den Atlantik auseinander zu ziehen. Eine Möglichkeit wäre jedoch, dass die überfahrenden Platten ebenso wie die abtauchenden Platten in Richtung ihrer konvergierenden Grenzen gezogen werden. Da beispielsweise die Nazca-Platte unter Südamerika subduziert wird, könnte dadurch die Plattengrenze an der Atacama-Tiefseerinne in Richtung Pazifik zurückweichen und die Südamerikanische Platte dabei gewissermaßen nach Westen „gesaugt" werden.

Eine weitere Möglichkeit wäre auch, dass Pangaea als isolierende Decke wirkte und so verhinderte, dass Wärme aus dem Erdmantel abfließen konnte, wie dies andernfalls durch Seafloor-Spreading der Fall gewesen wäre. Die sich im Laufe der Zeit ansammelnde Wärme bildete im Mantel unter dem Großkontinent heiße Mantelkissen. Dadurch kam es zu geringfügigen Aufwölbungen, was im Scheitel dieser Aufwölbungen zu einer Art Rutschung und zum Auseinanderbrechen von Pangaea führte. Danach hielten gravitative Kräfte das Seafloor-Spreading aufrecht, da sich die Platten vom Kamm des Mittelatlantischen Rückens gewissermaßen hangabwärts bewegten. Die vereinzelt im Inneren von Platten auftretenden Erdbeben werden als Hinweise für Kompressionsvorgänge gewertet, die durch diesen Rückendruck verursacht werden.

Die Antriebskräfte der Plattentektonik sind insofern Äußerungen von Konvektionsbewegungen im Erdmantel, als durch Konvektion an bestimmten Stellen heißes Material aufsteigt und an anderen kaltes Material nach unten absinkt. Obwohl noch viele Fragen offen sind, können wir mit einiger Sicherheit davon ausgehen, dass (1) die Lithosphärenplatten in diesem System eine aktive Rolle spielen und (2) die Kräfte, die mit den abtauchenden Platten und den höher liegenden Rücken verbunden sind, möglicherweise auch die wichtigsten Faktoren sind, die die Geschwindigkeit der Plattenbewegungen bestimmen (Abb. 2.14). Derzeit ist man bemüht durch den Vergleich von Beobachtungen mit detaillierten Rechnermodellen des Konvektionssystems im Erdmantel auch noch andere Fragestellungen zu klären, die sich in dieser Diskussion ergeben. Auf einige dieser Ergebnisse wird in Kapitel 14 näher eingegangen.

## Wie tief tauchen die Platten in den Erdmantel ab?

Damit die Plattentektonik aufrecht erhalten wird, muss die an den Subduktionszonen abtauchende Lithosphäre im Mantel aufgeschmolzen werden und schließlich an den Spreading-Zentren der mittelozeanischen Rücken als aufgeschmolzenes Lithosphärenmaterial wieder nach oben gelangen. Wie tief tauchen die Lithosphärenplatten in den Mantel ab und wo liegt damit auch die Untergrenze der Konvektionsbewegungen im Erdmantel?

Die Untergrenze kann generell nicht tiefer als 2 900 km unter der Erdoberfläche liegen, da sich dort die scharfe Grenze zwischen Erdkern und Erdmantel befindet. Wie in Kapitel 1 gezeigt wurde, weist das eisenreiche Fluid unter dieser Kern/Mantel-Grenze eine weitaus höhere Dichte auf als das Material des Erdmantels und verhindert so einen signifikanten Stoffaustausch zwischen diesen beiden Schalen. Wir können daher von einem Konvektionssystem ausgehen, an dem der ganze Erdmantel beteiligt ist und bei dem das von den Platten stammende Material durch den gesamten Mantel bis zur Grenze Kern-Mantel zirkuliert (Abb. 2.15a).

In der Anfangszeit der Theorie der Plattentektonik waren jedoch viele Geowissenschaftler davon überzeugt, dass die Aufschmelzung der Lithosphärenplatten in weit geringerer Tiefe erfolgt. Hinweise dafür ergaben sich aus Tiefherdbeben, die das Abtauchen der Lithosphärenplatten an den Subduktionszonen kennzeichnen. Die maximale Herdtiefe solcher Erdbeben schwankt zwar bei den verschiedenen Subduktionszonen in Abhängigkeit von

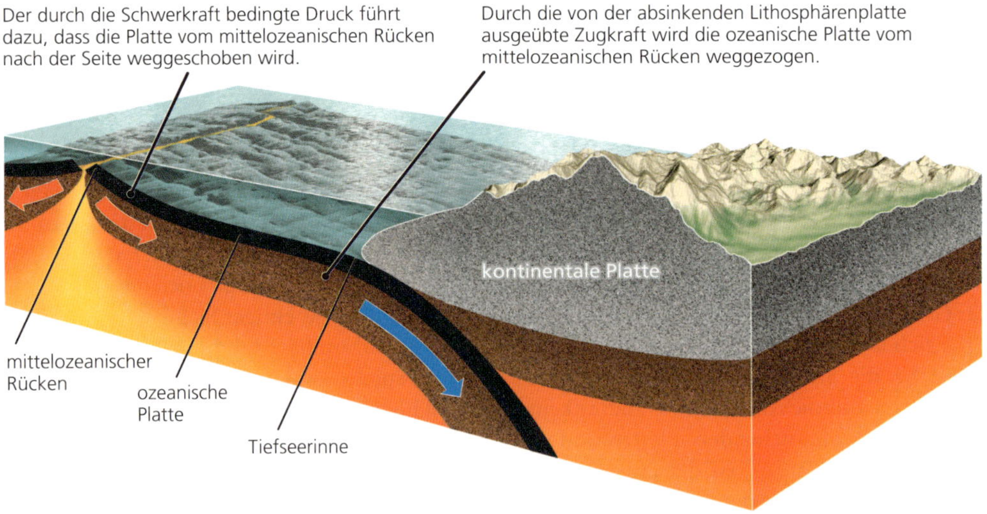


**Abb. 2.14** Schematischer Schnitt durch den äußeren Bereich der Erde. Er zeigt die beiden Kräfte, die mutmaßlich für die Bewegung der Lithosphärenplatten verantwortlich sind: die Zugkraft der nach unten abtauchenden Platte und die an den mittelozeanischen Rücken auf die Lithosphäre ausgeübte Schubkraft [*nach: D. Forsyth and S. Uyeda (1975): J. Roy. Astr. Soc., 43: 163–200*].

der Temperatur der abtauchenden Platten, es zeigte sich jedoch, dass unterhalb einer Tiefe von etwa 700 km keine Erdbeben mehr auftreten. Darüber hinaus ergaben die Herdvorgänge dieser tiefen Beben, dass die Platten dort auf vergleichsweise starres Material trafen, das ihr Abtauchen verlangsamte oder vielleicht sogar zum Stillstand brachte.

Basierend auf diesen und anderen Hinweisen gingen einige Geowissenschaftler davon aus, dass der Erdmantel aus zwei Schichten besteht, einem oberen Mantelsystem in den äußeren 700 km, in dem das Aufschmelzen der Platten erfolgt, und ein unteres Mantelsystem zwischen 700 km Tiefe und der Kern/Mantel-Grenze, in dem die Konvektionsbewegungen etwas träger ablaufen. Entsprechend dieser Hypothese einer „geschichteten Konvektion" wird eine Trennung der beiden Systeme nur deshalb aufrechterhalten, weil das obere System aus spezifisch leichterem Gesteinsmaterial besteht als das untere und demzufolge gewissermaßen darauf schwimmt, etwa in gleicher Weise wie der Erdmantel auf dem Erdkern schwimmt (Abb. 2.15b).

Um diese widersprüchlichen Hypothesen zu überprüfen, müssen wir die Bereiche tief unter den konvergierenden Plattengrenzen betrachten, wo die alten Platten subduziert wurden und die gewissermaßen „Lithosphären-Friedhöfe" darstellen. Alte subduzierte Lithosphäre ist kälter als der umgebende Mantel und kann daher mit dem Verfahren der seismischen Tomographie sichtbar gemacht werden. Demzufolge sollte es im Untergrund dieser Zonen große Mengen kälterer Lithosphäre geben. Aus unseren Kenntnissen ehemaliger Plattenbewegungen heraus lässt sich abschätzen, dass seit dem Auseinanderbrechen von Pangaea Lithosphäre in der Größenordnung der heutigen Erdoberfläche subduziert und damit in den Erdmantel zurückgeführt worden ist. Tatsächlich fand man an den konvergierenden Plattengrenzen unter Nord- und Südamerika, unter Ostasien und anderen Gebieten, die in der Nähe konvergierender Plattengrenzen liegen, im tiefen Erdmantel ausgedehnte Bereiche mit kälterem Lithosphärenmaterial. Diese Zonen bilden gewissermaßen die Verlängerung der subduzierten Lithosphärenplatten und einige scheinen bis an die Kern/Mantel-Grenze abgetaucht zu sein. Aus diesen Hinweisen schlossen die meisten Experten, dass das Wiederaufschmelzen im Bereich des gesamten Mantels erfolgt und damit ein zweischichtiges Konvektionssystem auszuschließen ist.

## Form der aufsteigenden Konvektionsströmungen

Das Prinzip der Mantelkonvektion bedeutet, dass Material, das nach unten absinkt, auch wieder aufsteigen muss. Über die nach unten gerichteten Konvektionsströmungen ist inzwischen manches bekannt, da diese durch schmale Zonen mit subduzierter kalter Lithosphäre gekennzeichnet sind, die mithilfe der seismischen Tomographie sichtbar gemacht werden können. In welcher Form steigt Mantelmaterial aber nach oben? Kennt man geschlossene plattenförmige Aufstiegsgebiete unmittelbar unter den mittelozeanischen Rücken? Die meisten

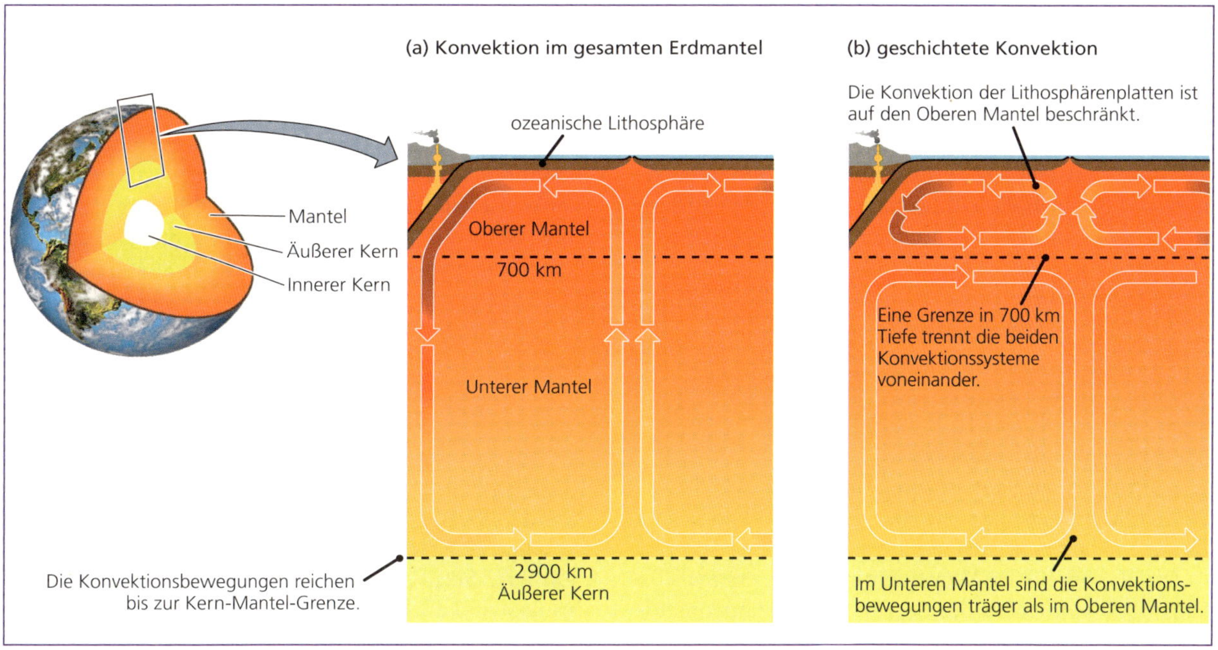


**Abb. 2.15** Zwei mögliche Hypothesen der Konvektionsbewegungen im Erdmantel.

Geowissenschaftler, die sich mit diesem Problem befassen, glauben nein. Stattdessen sind sie der Meinung, dass die aufsteigenden Strömungen langsamer sind und sich lateral über einen größeren Bereich erstrecken. Diese Meinung steht im Einklang mit der bereits diskutierten Vorstellung, dass das Seafloor-Spreading ein eher passiver Vorgang ist: Sobald man die Platten irgendwo auseinander zieht, entsteht ein Spreading-Zentrum.

Es gibt jedoch eine große Ausnahme in Form räumlich eng begrenzter Aufstiegsgebiete, die als **Manteldiapire** bezeichnet werden (Abb. 2.16). Die besten Hinweise auf solche Manteldiapire stammen aus Gebieten mit intensivem, lokal auftretendem Vulkanismus, den **Hot Spots** wie etwa unter Hawaii, wo innerhalb einer Platte und in großer Entfernung von Spreading-Zentren ausgedehnte Vulkane aktiv sind.

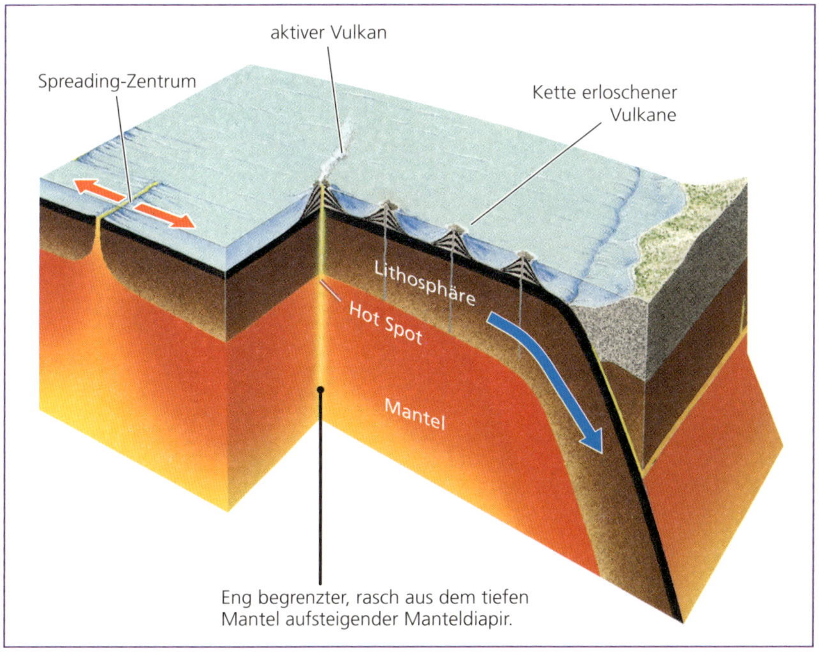


**Abb. 2.16** Schematische Darstellung der Manteldiapir-Hypothese.

Es ist davon auszugehen, dass es sich bei den Manteldiapiren um vertikale Zonen rasch aufsteigenden Materials mit Durchmessern von weniger als 100 Kilometern handelt, das aus dem tiefen Mantel kommt und möglicherweise in den sehr heißen Bereichen der Kern/Mantel-Grenze entsteht. Diese Manteldiapire brennen buchstäblich Löcher in die Lithosphärenplatten und fördern große Lavamengen. So führt man die Effusion riesiger Lavamassen – viele Millionen Kubikkilometer – wie sie etwa in Ostsibirien und dem Columbia-Plateau im Nordwesten der Vereinigten Staaten (Washington und Oregon) auftreten, auf solche Manteldiapire zurück. Einige dieser Lava-Ergüsse waren so groß und flossen so rasch aus, dass sie zu Klimaveränderungen führten oder Massenaussterben auslösten, bei denen zahlreiche Lebensformen ausgelöscht wurden (Kap. 1). Auf den an Manteldiapire gebundenen Vulkanismus wird in Kapitel 12 noch näher eingegangen.

Die Hypothese der Manteldiapire wurde erstmals im Jahre 1970 von einem der Begründer der Plattentektonik, W. Jason Morgan von der Universität Princeton, aufgestellt. Wie alle anderen Aspekte des Konvektionssystems im Erdmantel sind Beobachtungen, die aufsteigende Konvektionsströmungen betreffen, stets indirekte Beobachtungen und die Hypothese der Manteldiapire ist noch immer umstritten.

## Die Theorie der Plattentektonik und die wissenschaftliche Arbeitsmethode

Im vorigen Kapitel sind wir auf die wissenschaftliche Arbeitsmethode eingegangen und haben erläutert, wie sie die Arbeit der Wissenschaftler beeinflusst. Im Sinne der wissenschaftlichen Arbeitsmethode ist die Plattentektonik kein Dogma und auch keine Lehrmeinung, sondern eine in vieler Hinsicht sehr gut bestätigte Theorie, deren Stärke in ihrer Einfachheit und Allgemeingültigkeit liegt. Theorien müssen sich immer wieder bewähren und so wundert es nicht, dass auch einige konkurrierende Hypothesen aufgestellt wurden, um auf ihre Weise zu erklären, wie Konvektionsbewegungen und Plattentektonik in Zusammenhang stehen. Doch die Theorie der Plattentektonik – dasselbe gilt auch für die Theorien zum Alter der Erde und zur Evolution des Lebens – liefert so gute Erklärungen, dass sie seither viele Widerlegungsversuche überstanden hat und von den meisten Wissenschaftlern inzwischen als Tatsache betrachtet wird.

Es bleibt die Frage offen, warum die Theorie der Plattentektonik so lange auf sich warten ließ und warum es so lange dauerte, die vielen namhaften Wissenschaftler von ihrer Skepsis gegenüber der Kontinentaldrift abzubringen und die Plattentektonik zu akzeptieren? Wissenschaftler arbeiten auf unterschiedliche Weise. Einige Wissenschaftler, die aufgeschlossen genug sind und sich nicht davon abhalten lassen, auch unkonventionelle Wege der Forschung zu beschreiten, nehmen wesentliche Erkenntnisse und Wandlungen häufig vor den anderen wahr. Auch wenn ihre Behauptungen im Einzelnen falsch sein können (man denke an die Fehler, die Wegener bei seiner Hypothese der Kontinentaldrift unterliefen), sind sie oft die Ersten, die die großen übergeordneten Zusammenhänge der Wissenschaft erkennen, und mit Recht sind es diejenigen, die in die Wissenschaftsgeschichte eingehen. Erst die Erforschung der Ozeane, die Entwicklung neuer Geräte und schließlich in der Tiefsee niedergebrachte Bohrungen lieferten Belege, die die Mehrheit der internationalen Forschergemeinschaft letztendlich überzeugten. Auch heute warten noch viele Wissenschaftler auf überzeugende Vorstellungen bezüglich der Vorgänge im Konvektionssystem des Erdmantels.

## Zusammenfassung des Kapitels

**Die Theorie der Plattentektonik:** Nach der Theorie der Plattentektonik ist die Lithosphäre in ungefähr ein Dutzend starrer, sich bewegender Platten zerbrochen. Durch die Relativbewegungen der einzelnen Platten ergeben sich drei Arten von Plattengrenzen: divergierende Grenzen, konvergierende Grenzen und Transformstörungen. Da die Oberfläche der Erde im Verlauf der gesamten Erdgeschichte konstant geblieben ist, entspricht der Flächenzuwachs einer Platte, der an divergierenden Plattengrenzen - den Spreading-Zentren - entsteht, auch derjenigen Fläche, die durch den Vorgang der Subduktion an konvergierenden Plattengrenzen vernichtet wird.

**Einige geologische Merkmale von Plattengrenzen:** Neben Erdbebenzonen sind zahlreiche großräumige geologische Erscheinungen an Plattengrenzen gebunden, beispielsweise schmale, langgestreckte Gebirgszüge und Vulkanketten. Konvergierende Plattengrenzen sind an Tiefseerinnen, Erdbebenzonen, Gebirgen und Vulkanketten erkennbar. Die Anden und die Tiefseerinnen vor der Westküste Südamerikas sind rezente Beispiele hierfür. Alte Gebirge wie beispielsweise die Appalachen und der Ural sind Reste früherer Kollisionszonen. Divergierende Grenzen sind typischerweise durch aktiven Vulkanismus und Erdbeben im Bereich des Scheitelgrabens der mittelozeanischen Rücken gekennzeichnet (neben anderen auch der Mittelatlantische Rücken). Transformstörungen, an denen Platten aneinander vorbeigleiten, sind durch ihre morphologischen Erscheinungsformen, ihre Seismizität und den Versatz der streifenförmigen magnetischen Anomalien gekennzeichnet.

**Bestimmung des Meeresbodenalters:** Das Alter des Meeresbodens kann mithilfe der magnetischen Anomalien des Meeresbodens und der auf dem Festland geeichten magnetostratigraphischen Zeitskala bestimmt werden. Dieses Verfahren wurde durch Tiefseebohrungen bestätigt und weiterentwickelt. Für den größten Teil der Ozeane können heute bereits Isochronen erstellt werden, mit deren Hilfe sich die Geschichte des Seafloor-Spreading für die vergangenen 200 Millionen Jahre rekonstruieren lässt.

**Antriebsmechanismus der Platten:** Das System Plattentektonik wird von Konvektionsbewegungen im Erdmantel angetrieben, deren Energie von der inneren Wärme der Erde stammt. Die Lithosphärenplatten spielen in diesem System eine aktive Rolle. Zu den wichtigsten Antriebskräften der Plattentektonik zählt die Abkühlung der Lithosphärenplatte, wenn sie sich von den Spreading-Zentren seitlich wegbewegt und an einer Subduktionszone in den Erdmantel abtaucht. Absinkende Lithosphärenplatten erstrecken sich in der Tiefe bis an die Kern/Mantel-Grenze. Dies deutet darauf hin, dass der gesamte Erdmantel an den Konvektionsbewegungen beteiligt ist. Zu den aufsteigenden Konvektionsströmungen können auch die Manteldiapire gerechnet werden - eng begrenzte Zonen, an denen aus dem tiefen Mantel heißes Material aufsteigt und in Form von Hot Spots - wie etwa auf Hawaii - zu Vulkanismus führen.

Quarz- und Amethystkristalle, aufgewachsen auf Epidotkristallen (grün). Die ebenen Flächen sind Kristallflächen, deren Form von der Anordnung der Atome und Ionen bestimmt wird, aus denen der Kristall aufgebaut ist [*Foto: John Grotzinger/Ramón Rivera-Moret/Harvard Mineralogical Museum*].

# Kapitel 3 Die Baustoffe der Erde: Minerale und Gesteine

In Kapitel 2 haben wir kennen gelernt, wie sich mit der Theorie der Plattentektonik die globalen Strukturen und Dynamik der Erde beschreiben lassen. Die enorme Vielfalt an Gesteinen und Mineralen, die in den verschiedenen plattentektonischen Strukturelementen auftreten, haben wir bisher jedoch nur kurz gestreift.

In diesem und im nächsten Kapitel betrachten wir die Gesteine als Ergebnis geologischer Prozesse und die Minerale als ihre grundlegenden Bausteine.

Den Gesteinen und Mineralen fällt eine Schlüsselrolle zum Verständnis des Systems Erde zu, etwa in gleicher Weise wie Beton, Stahl und Kunststoffe den Bau, Entwurf und die Architektur großer Gebäude bestimmen. Will man die Geschichte der Erde möglichst genau beschreiben, bedarf es dazu oftmals detektivischer Feinarbeit unter Verwendung aktueller Hinweise, um daraus die Prozesse und Ereignisse abzuleiten, die in der Vergangenheit in bestimmten Bereichen der Erde abgelaufen sind.

Die verschiedenen Minerale, die man beispielsweise in Vulkaniten findet, vermitteln uns eine recht gute Vorstellung von der explosiven Gewalt der Eruption, mit der das geschmolzene Gestein an die Erdoberfläche gelangt ist. Die Minerale eines Granits lassen dagegen erkennen, dass dieser tief in der Erdkruste unter hohen Temperaturen und Drücken erstarrt ist, wie sie bei der Konvergenz von zwei kontinentalen Platten und bei der Bildung hoher Gebirge wie etwa des Himalaja auftreten. Kenntnisse des geologischen Baus einer bestimmten Region ermöglichen darüber hinaus fundierte Angaben über die Lage bisher nicht entdeckter Lagerstätten wichtiger Rohstoffe. Damit beschäftigt sich auch die Mineralogie – ein Teilbereich der Geowissenschaften, der sich mit der Zusammensetzung, dem Bau, der Erscheinungsform, der Stabilität, dem Auftreten und den Vergesellschaftungen der Minerale befasst.

## Was sind Minerale?

Minerale sind die Baustoffe der Gesteine. Mit geeigneten Methoden lassen sich die meisten Gesteine in ihre einzelnen mineralischen Komponenten zerlegen. Einige wenige Gesteine wie etwa Kalkstein bestehen aus einem einzigen Mineral, aus Calcit, sie sind monomineralisch. Andere, wie der verbreitet auftretende Granit, bestehen aus mehreren Mineralphasen. Um die auf der Erde auftretenden zahlreichen Gesteinsarten zu beschreiben und zu klassifizieren, müssen wir wissen, wie ihre Minerale entstehen.

Man definiert ein Mineral wie folgt: Ein **Mineral** ist ein homogener, natürlich vorkommender, kristalliner, im Allgemeinen anorganischer Festkörper bestimmter chemischer Zusammensetzung. Minerale sind in der Regel homogen: sie können durch mechanische Verfahren nicht weiter in ihre Einzelbestandteile zerlegt werden.

Betrachten wir die einzelnen Aspekte der Definition eines Minerals etwas genauer:

**Natürlich vorkommend:** Um als Mineral zu gelten, muss die Substanz in der Natur vorkommen. Die in Südafrika und anderswo abgebauten Diamanten sind Minerale. Synthetische Darstellungen natürlicher Stoffe wie etwa künstliche Diamanten, Rubine, Saphire und andere Laborprodukte gelten im strengen Sinn nicht als Minerale.

**Kristalliner Festkörper:** Minerale sind Festkörper, sie sind weder flüssig noch gasförmig. Wenn wir sagen, ein Mineral ist kristallin, meinen wir damit, dass die winzigen Bausteine der Materie – die Atome – eine geordnete, sich in allen drei Raumdimensionen wiederholende Struktur bilden. Feste Materialien, die keine solche geordnete Anordnung der Atome aufweisen, werden als glasig oder amorph (gestaltlos) bezeichnet. Fensterglas ist amorph, genauso wie einige natürlich vorkommende Gläser (z. B. Obsidian), die vor allem bei vulkanischen Eruptionen entstehen, wobei Letztere zu den Gesteinen gerechnet werden. Auf die Bildung kristalliner Substanzen wird nachfolgend noch eingegangen.

**Im Allgemeinen anorganisch:** Die Forderung, dass Minerale anorganisch sein müssen, folgt der historischen Begriffsbildung und schließt organische Substanzen aus Pflanzen und Tieren aus. Organische Substanz besteht aus organischem Kohlenstoff. Vegetation, die in Sumpfgebieten vermodert und abgelagert wird, kann beispielsweise durch geologische Prozesse in Kohle übergehen, die ebenfalls aus organischem Kohlenstoff besteht. Doch obwohl diese Kohle in natürlichen Lagerstätten auftritt, wird sie traditionsgemäß nicht als Mineral betrachtet. Andererseits sind zahlreiche Minerale biogen entstanden, so etwa Calcit (Abb. 3.1), aus dem die Schalen der Austern und anderer Organismen gebildet werden. Der Calcit aus solchen Schalen, die einen Großteil der Kalksteine ausmachen, entspricht der Definition eines Minerals, weil er anorganisch und kristallin ist.

**Von bestimmter chemischer Zusammensetzung:** Der Schlüssel zum Verständnis der stofflichen Zusammensetzung der Erde beruht auf der Kenntnis, wie die chemischen Elemente in den Mineralen angeordnet sind. Das Besondere an einem Mineral ist seine chemische Zusammensetzung in Verbindung mit der An-

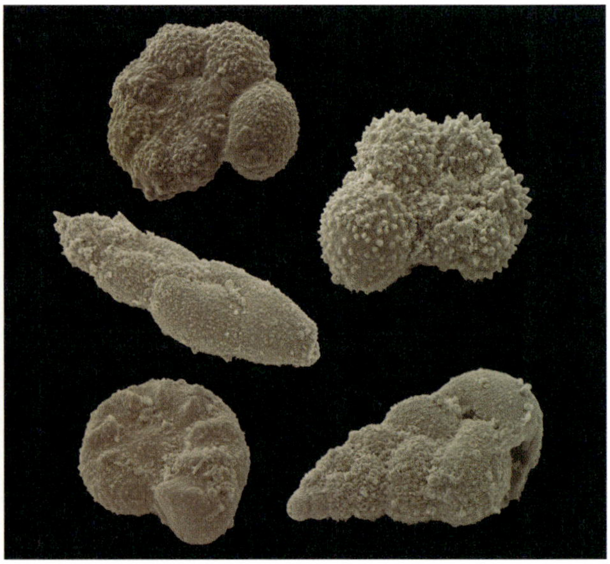

**Abb. 3.1** Die Gehäuse vieler Organismen wie beispielsweise dieser Foraminiferen bestehen aus dem Mineral Calcit [(links) *Foto: John Grotzinger/Ramón Rivera-Moret/Harvard Mineralogical Museum*; (rechts) *Foto: Andrew Syred/Photo Researchers*].

ordnung der Atome in einer Kristallstruktur. Die chemische Zusammensetzung kann entweder konstant sein oder innerhalb eines definierten Bereichs schwanken. Das Mineral Quarz beispielsweise, gleichgültig in welcher Art von Gestein es auftritt, hat stets ein festes Verhältnis von zwei Sauerstoffatomen zu einem Siliciumatom. Die chemischen Elemente, aus denen das Mineral Olivin besteht – Eisen, Magnesium und Silicium –, weisen stets ein konstantes Verhältnis zwischen der Gesamtanzahl der Eisen- und Magnesiumatome einerseits und der Anzahl der Siliciumatome andererseits auf, wobei das Verhältnis von Eisen zu Magnesium variieren kann.

## Der atomare Bau der Materie

Ein modernes Lexikon nennt zahlreiche Bedeutungen für den Begriff „Atom" und seine Herkunft. Eine der ersten Definitionen charakterisierte Atome „als die kleinstmögliche Einheit der Materie". Für die alten Griechen bedeutete „atomos" unteilbar, für den englischen Chemiker und Vater der Atomtheorie John Dalton (1766–1844) waren **Atome** Materieteilchen, die so klein sind, dass sie mit keinem gängigen Mikroskop sichtbar gemacht werden konnten, und so allgemein verbreitet, dass alle Substanzen aus Atomen bestehen.

Bereits 1805 vermutete Dalton, dass die verschiedenen chemischen Elemente aus Atomen unterschiedlicher Masse bestehen und alle Atome desselben Elements daher identisch sind. Die chemischen Verbindungen ließen sich somit als unterschiedliche Kombinationen der Atome in jeweils spezifischen Proportionen erklären.

Ausgehend von Daltons Vorstellungen begannen die Physiker, Chemiker und Mineralogen seit Beginn des zwanzigsten Jahrhunderts den atomaren Aufbau der Materie so zu verstehen, wie wir ihn heute kennen. Wir wissen, dass ein **Atom** das kleinste, chemisch nicht weiter zerlegbare Teilchen eines Elements darstellt, das alle physikalischen und chemischen Eigenschaften dieses Elements in sich trägt, und mit anderen Elementen reagieren und chemische Verbindungen eingehen kann.

### Der Bau der Atome

Wenn wir den Aufbau der Atome kennen, können wir vorhersagen, wie chemische Elemente miteinander reagieren und neue Kristallstrukturen bilden.

**Der Kern: Protonen und Neutronen** Im Zentrum des Atoms befindet sich der **Atomkern**, in dem praktisch die gesamte Masse des Atoms konzentriert ist. Der Kern enthält zwei Arten von Teilchen, Protonen und Neutronen, die dieselbe Masse haben (Abb. 3.2). Ein **Proton** hat eine positive elektrische Elementarladung, die mit +1 bezeichnet wird. Ein **Neutron** ist elektrisch neutral, es besitzt keine Ladung. Die Atome desselben Elements können zwar eine unterschiedliche Anzahl von Neutronen

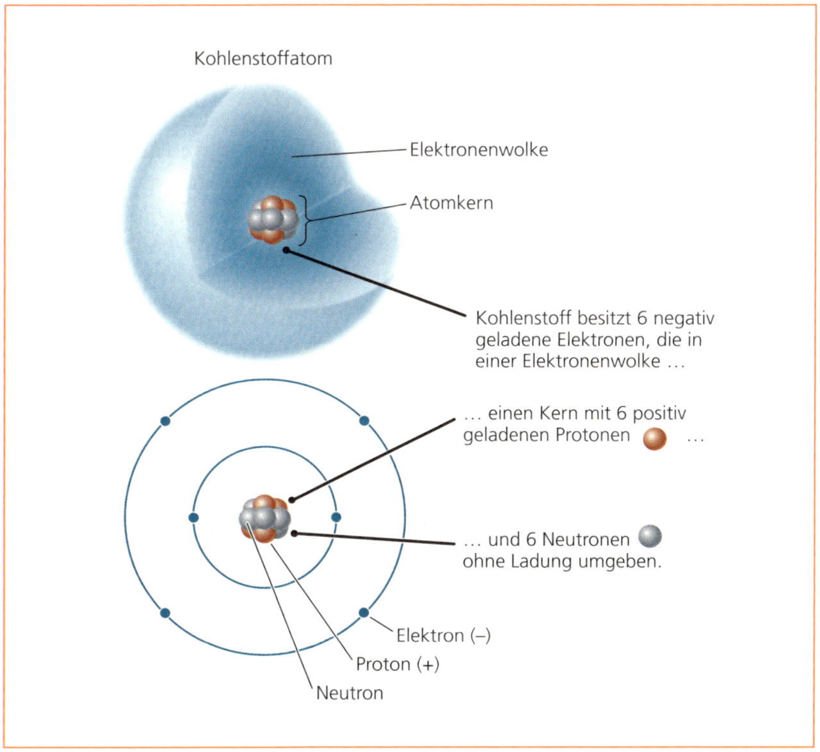


**Abb. 3.2** Elektronenkonfiguration eines Kohlenstoffatoms (Kohlenstoff-12). Die Elektronen, jeweils mit der Ladung –1, sind als negativ geladene Elektronenwolke dargestellt, die den Kern umgibt. Dieser besteht aus sechs Protonen jeweils mit der Ladung +1 und sechs Neutronen mit der Ladung 0. Die Größe des Kerns ist stark übertrieben; er ist in Wirklichkeit so klein, dass er im gezeigten Größenmaßstab nicht mehr darstellbar wäre.

enthalten, die Anzahl der Protonen ist jedoch konstant. So enthalten beispielsweise alle Kohlenstoffatome jeweils sechs Protonen.

**Elektronen** Der Kern ist von einer Hülle aus **Elektronen** umgeben, deren Masse im Vergleich zur Masse der Kernteilchen vernachlässigbar gering ist. Jedes Elektron hat die elektrische Ladung –1. Die positiven Ladungen der Protonen im Kern jedes Atoms werden durch die negativen Ladungen einer gleich großen Anzahl von Elektronen in der Hülle ausgeglichen, sodass ein Atom elektrisch neutral ist.

Moderne Atommodelle beschreiben die Position der Elektronen um den Kern als Orbitale, die keine festen Umlaufbahnen darstellen, sondern die als unscharfe Aufenthaltsbereiche betrachtet werden, in denen ein Elektron mit hoher Wahrscheinlichkeit anzutreffen ist. Der Einfachheit halber stellen wir diese Orbitale normalerweise als konzentrische Schalen um den Kern dar (vgl. Abb. 3.2).

## Ordnungszahl und Atommasse

Die Anzahl der Protonen im Atomkern wird als **Kernladungszahl** oder **Ordnungszahl** bezeichnet. Alle Atome eines Elements haben dieselbe Anzahl von Protonen und demzufolge dieselbe Kernladungs- oder Ordnungszahl. Atome mit sechs Protonen beispielsweise sind Kohlenstoffatome (Ordnungszahl 6). Die Ordnungszahl eines Elements bestimmt auch, wie es chemisch mit anderen Elementen oder Verbindungen reagiert. Im Periodensystem sind die Elemente entsprechend ihrer Kernladungszahl angeordnet; die Elemente derselben vertikalen Gruppe wie Kohlenstoff und Silizium verhalten sich chemisch weitgehend ähnlich.

Die **Atommasse** eines Elements ist die Summe der Massen aller Protonen und Neutronen (die Elektronen sind in dieser Summe nicht enthalten, da sie nahezu keine Masse haben). Während die Protonenzahl konstant ist, können die Atome desselben chemischen Elements jedoch eine unterschiedliche Anzahl von Neutronen und somit unterschiedliche Atommassen aufweisen. Atome, die sich in ihrer Neutronenzahl und damit in ihrer Atommasse unterscheiden, werden als **Isotope** bezeichnet. Die drei existierenden Isotope des Elements Kohlenstoff, die alle sechs Protonen enthalten, können sechs, sieben oder acht Neutronen besitzen, woraus sich Atommassen von 12, 13 und 14 ergeben.

In der Natur treten die meisten chemischen Elemente als Isotopengemische auf, deren Atommassen selten ganze Zahlen ergeben. Die Atommasse des Kohlenstoffs beträgt beispielsweise 12,011 und liegt sehr nahe bei 12, weil das Isotop Kohlenstoff-12 bei weitem am häufigsten ist. Die relative Häufigkeit der verschiedenen Isotope wird bei einigen Elementen von physikalisch-chemischen Prozessen bestimmt, durch die die Häufigkeit eines bestimmten Isotops gegenüber den anderen erhöht wird. So wird beispielsweise bei manchen Reaktionen wie etwa der Photosynthese, bei der aus anorganischen Kohlenstoffverbindungen ($CO_2$) organische Kohlenstoffverbindungen gebildet werden, bevorzugt Kohlenstoff-12 eingebaut.

# Chemische Reaktionen

Der Aufbau der Atome bestimmt ihre chemischen Reaktionen mit anderen Atomen. **Chemische Reaktionen** sind Wechselwirkungen zwischen Atomen zweier oder auch mehrerer chemischer Elemente, aus denen neue chemische Substanzen hervorgehen – chemische Verbindungen –, wobei sich die Atome immer in ganz bestimmten Massenverhältnissen verbinden. Reagieren zwei Wasserstoffatome mit einem Sauerstoffatom, entsteht eine neue chemische Verbindung, die wir als Wasser ($H_2O$) bezeichnen. Die Eigenschaften einer chemischen Verbindung, die bei einer Reaktion entsteht, können sich von denen der Ausgangselemente grundlegend unterscheiden. Verbindet sich beispielsweise das Metall Natrium mit Chlor, einem giftigen Gas, entsteht als Reaktionsprodukt Natriumchlorid, besser bekannt als Kochsalz. Wir stellen diese Verbindung aus jeweils einem Natrium- und einem Chloratom durch die chemische Formel NaCl dar, das Symbol Na steht für das Element Natrium und das Symbol Cl für das Element Chlor.

Chemische Verbindungen wie etwa Minerale entstehen entweder dadurch, dass die beiden miteinander reagierenden Atome **gemeinsame Elektronen** besitzen, oder dass die Atome Elektronen abgeben beziehungsweise aufnehmen, das heißt Elektronen übertragen (**Elektronentransfer**). Kohlenstoff und Silicium, zwei der häufigsten Elemente der Erdkruste, haben die starke Tendenz, sich mit Atomen desselben oder eines anderen Elements die Elektronen zu teilen. Das Mineral Diamant besteht ausschließlich aus dem Element Kohlenstoff, dessen Atome gemeinsame Elektronen besitzen (Abb. 3.3).

Bei der Reaktion von Natrium (Na) mit Chlor (Cl), bei der Natriumchlorid (NaCl) entsteht, gibt das Natrium ein Elektron an das Chlor ab (Abb. 3.4). Das Chloratom wird durch die Aufnahme dieses Elektrons zu einem negativ geladenen Chlorid-Ion mit einer elektrischen Ladung von –1, geschrieben als $Cl^-$. Gleichzeitig geht das Natrium durch die Elektronenabgabe in ein Natrium-Ion mit einer elektrischen Ladung von +1 über. Es wird demzufolge durch das Symbol $Na^+$ dargestellt. Die Verbindung NaCl selbst ist elektrisch neutral, weil die positive Ladung des Natrium-Ions ($Na^+$) durch die

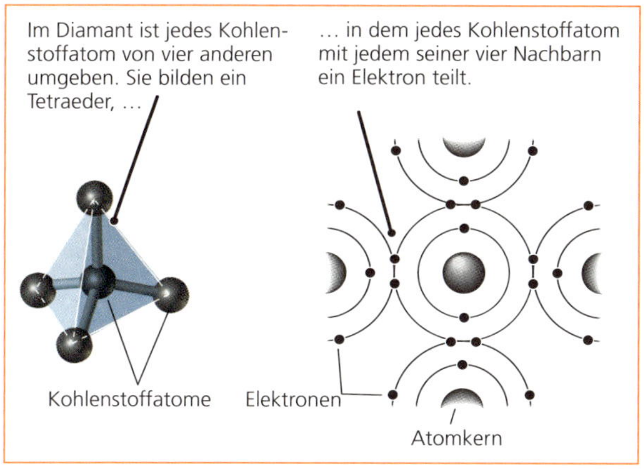


**Abb. 3.3** Gemeinsame Elektronen führen zu einer kovalenten Bindung.

negative Ladung des Chlorid-Ions ($Cl^-$) ausgeglichen wird. Positiv geladene Ionen wie in diesem Falle das Natrium-Ion werden **Kationen** genannt, negativ geladene Ionen wie das Chlorid-Ion bezeichnet man als **Anionen**.

## Chemische Bindung

Wird eine chemische Verbindung entweder durch gemeinsame Elektronen oder durch die Aufnahme beziehungsweise Abgabe von Elektronen gebildet, werden die Ionen oder Atome durch elektrische Anziehungskräfte zusammengehalten, die letztlich auf den Ladungen der Protonen und Elektronen beruhen und die **chemische Bindung** ausmachen. Die elektrische Anziehungskraft kann stark oder schwach sein, folglich ist auch die chemische Bindung unterschiedlich stark, gleichgültig, ob sie nun durch Abgabe und Aufnahme von Elektronen oder durch gemeinsame Elektronen erzeugt wird. Die Eigenschaften von Verbindungen werden im Wesentlichen durch die Art der Bindung bestimmt. Starke chemische Bindungen verhindern, dass eine Substanz in ihre Elemente oder in andere Verbindungen zerfällt. Bei Mineralen verursachen sie die Härte und verhindern das Brechen oder Zersplittern. Bei den meisten gesteinsbildenden Mineralen treten zwei Formen der chemischen Bindung auf: die Ionenbindung und die kovalente Bindung. Metallische Bindung und Van-der-Waals-Bindung spielen nur eine untergeordnete Rolle.

### Ionenbindung

Die einfachste Form der chemischen Bindung ist die **Ionenbindung**. Bindungen dieser Art entstehen durch elektrostatische Kräfte zwischen Ionen entgegengesetzter Ladung wie etwa $Na^+$ und $Cl^-$ im Natriumchlorid (vgl. Abb. 3.4). Es handelt sich im Prinzip um dieselben Bindungskräfte – elektrostatische Anziehung –, die Kleidung aus Synthetikfasern oder Seide am Körper haften lassen. Die Stärke der Ionenbindung nimmt in erheblichem Maße ab, wenn der Abstand zwischen den Ionen zunimmt. Die Bindung wird stärker, wenn sich die elektrische Ladung der Ionen erhöht. Die Bindungskraft zwischen den Ionen ist daher umso stärker, je höher die Ladungen und je kleiner die Ionenradien sind. Im Allgemeinen herrscht bei Mineralen die Ionenbindung vor: Ungefähr 90 Prozent aller Minerale weisen Ionenbindungen auf.

### Kovalente Bindung

Wenn Atome nicht einfach Elektronen aufnehmen oder abgeben und dadurch in Ionen übergehen, sondern sich stattdessen gemeinsame Elektronen teilen, liegt eine **kovalente Bindung** vor, die im Allgemeinen stärker als die Ionenbindung ist. Ein Beispiel für ein Mineral mit kovalenter Bindung in seiner Kristallstruktur ist Diamant, der aus dem Element Kohlenstoff besteht. Kohlenstoff hat vier Valenzelektronen, sodass er vier weitere gemeinsame Elektronen braucht. Im Diamant ist jedes Kohlenstoffatom von vier anderen Kohlenstoffatomen umgeben, die ein gleichseitiges **Tetraeder** bilden – eine dreiseitige Pyramide, deren Basis und drei Seiten jeweils aus identischen Dreiecken bestehen (vgl. Abb. 3.3). In dieser Konfiguration teilt sich jedes Kohlenstoffatom mit jedem seiner vier Nachbarn ein Elektron, woraus sich eine sehr stabilen Bindung ergibt.

### Metallische Bindung

Bei den Metallen haben die Atome eine starke Tendenz, Elektronen abzugeben und in Form von Kationen ein Gitter zu bilden, während die Elektronen frei beweglich sind und von allen Ionen „geteilt“ werden: sie verteilen sich zwischen den Ionen in Form eines „Elektronengases“. Da diese frei beweglichen Elektronen allen Atomen angehören, entsteht eine Art kovalente Bindung, die wir als **metallische Bindung** bezeichnen. Sie tritt außer bei den gediegen vorkommenden Elementen auch bei einigen wenigen Sulfidmineralen auf.

Bei manchen Mineralen liegt die chemische Bindungsform zwischen einer reinen Ionenbindung und einer rein kovalenten Bindung, weil einige Elektronen ausgetauscht werden können und andere Elektronen den Atomen gemeinsam angehören.

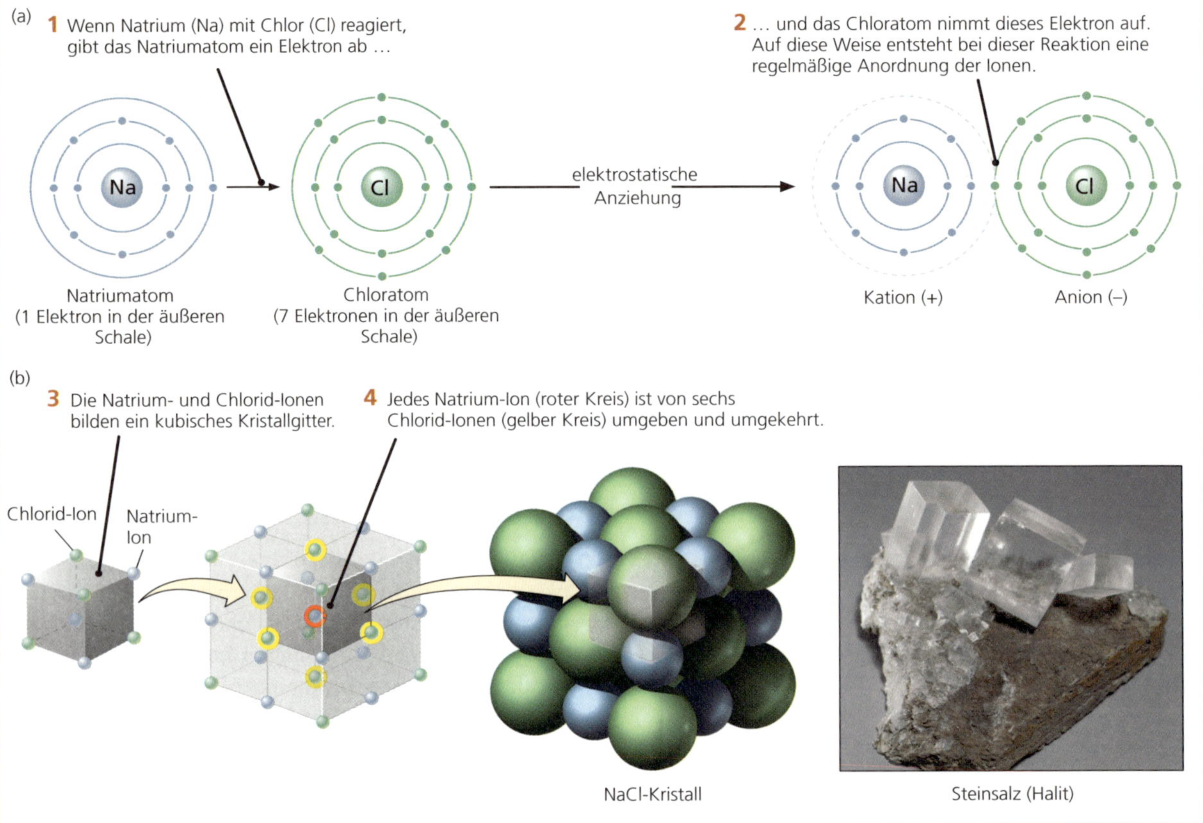


**Abb. 3.4** Abgabe und Aufnahme von Elektronen führen zu einer Ionenbindung [*Foto: John Grotzinger/Ramón Rivera-Moret (Harvard Mineralogical Museum)*].

### Van-der-Waals-Bindung

Neben den genannten Bindungsarten (Ionenbindung, kovalente Bindung, metallische Bindung) ist in Festkörpern wie Mineralen auch die so genannte **Van-der-Waals-Bindung** wirksam. Diese Bindung beruht auf einer schwachen Anziehungskraft, die bei einigen Mineralen eine Rolle spielt. Solche Bindungskräfte sind in allen Festkörpergittern vorhanden, aber im Vergleich zu den Hauptbindungsarten anteilsmäßig zu vernachlässigen.

## Der atomare Aufbau der Minerale

Minerale können auf unterschiedliche Weise betrachtet werden: zum einen als Kristalle (oder Komponenten), die wir mit bloßem Auge erkennen können, zum andern als Vergesellschaftung submikroskopischer Atome, die in einem dreidimensionalen Gitter, einem Raumgitter, angeordnet sind. Diese geordneten Zustände, die Mineralstrukturen kennzeichnen, wie auch die Bedingungen, unter denen Minerale entstehen, sollen in der Folge etwas detaillierter betrachtet werden.

In späteren Abschnitten dieses Kapitels werden wir dann sehen, dass die Kristallstrukturen der Minerale deren physikalische Eigenschaften bestimmen. Doch zuerst wenden wir uns der Frage zu, wie sich Minerale bilden.

### Kristalle und Kristallbildung

Minerale entstehen durch den Prozess der **Kristallisation**, bei dem aus einer gasförmigen oder fluiden Phase ein Festkörper entsteht, wenn seine atomaren Bestandteile im richtigen chemischen Verhältnis in die Kristallstruktur eingebaut werden können. Ein Beispiel dafür ist die Bindung der Kohlenstoffatome im Diamant, einem Mineral mit kovalenter Bindung. Um alle vier Valenzelektronen mit anderen Kohlenstoffatomen teilen zu können, bilden die Kohlenstoffatome Tetraeder. Jedes Tetraeder ist mit dem anderen verbunden und bildet auf diese Weise eine geordnete dreidimensionale Struktur, die sich mit einer beliebig großen Anzahl von Atomen weiter fortsetzen lässt (vgl. Abb. 3.3). Wächst ein Diamantkristall, so erweitert sich seine Tetraederstruktur nach allen Richtungen, indem neue Atome in passender geometrischer Anordnung eingebaut werden. Diamanten können unter sehr hohen Drücken und Temperaturen, die den Bedingungen im Erdmantel entsprechen, auch synthetisch hergestellt werden.

Die Natrium- und Chlorid-Ionen im Natriumchlorid, einem Mineral mit Ionenbindung, kristallisieren ebenfalls in einer geordneten dreidimensionalen Struktur. Abbildung 3.4a zeigt die Geometrie ihrer Anordnung. Jedes Ion des einen Elements ist umgeben von sechs Ionen des anderen in einer **kubischen Kristallstruktur**, die sich in alle drei Raumrichtungen erstreckt. Wir können uns die Ionen eines Kristalls als starre Kugeln vorstellen, die zu möglichst dichten Struktureinheiten zusammengepackt sind. Abbildung 3.4b zeigt die relativen Größenverhältnisse der Ionen im Kochsalzkristall. In der NaCl-Elementarzelle ist ein Natriumatom von sechs Chlorid-Ionen umgeben und um jedes Chlorid-Ion ordnen sich sechs Natrium-Ionen. Jedes Ion besitzt damit sechs unmittelbare Nachbarn. Die relativen Größen der Natrium- und Chlorid-Ionen ermöglichen eine dicht gepackte kubische Anordnung.

Viele Kationen in den häufigeren Mineralen sind vergleichsweise klein, während die meisten Anionen größer sind (Abb. 3.5). Dies gilt auch für das häufigste Anion der Erde, den Sauerstoff. Innerhalb eines Kristalls nehmen gewöhnlich die größeren Anionen den meisten Raum ein, während die kleineren Kationen in den Zwischenräumen liegen. Die Kristallstruktur wird also weitgehend dadurch bestimmt, wie die Anionen angeordnet sind und wie die Kationen dazwischenpassen.

Kationen mit ähnlichen chemischen Eigenschaften und ähnlichen Ionenradien können sich in einer Kristallstruktur gegenseitig ersetzen und damit Minerale mit gleicher Kristallstruktur, aber wechselnden Zusammensetzungen bilden. **Kationenersatz** ist in Mineralen, die Silicat-Ionen ($SiO_4^{4-}$) enthalten, weit verbreitet – beispielsweise im Olivin, einem in Vulkaniten häufig auftretenden Mineral. Eisen ($Fe^{2+}$) und Magnesium ($Mg^{2+}$) haben ähnliche Ionenradien und dieselbe Anzahl positiver Ladungen, sodass sie sich im Olivin gegenseitig ohne Probleme ersetzen können. Der reine Eisenolivin (Fayalit) hat die Formel $Fe_2SiO_4$, der reine Magnesiumolivin (Forsterit) die Formel $Mg_2SiO_4$. Die Zusammensetzung des natürlich vorkommenden Olivins wird durch die Formel $(Mg, Fe)_2SiO_4$ angegeben, was ganz einfach bedeutet, dass zwei $Mg^{2+}$- oder $Fe^{2+}$-Ionen pro $SiO_4$-Ion vorhanden sind, in welcher Kombination auch immer. Das Verhältnis von Eisen zu Magnesium ergibt sich aus deren relativer Häufigkeit in der ursprünglichen Gesteinsschmelze, aus der Olivin kristallisierte. In vielen Silicatmineralen wird außerdem Silicium ($Si^{4+}$) durch Aluminium ($Al^{3+}$) ersetzt. Aluminium und Silicium sind in ihrer Größe ähnlich, sodass Aluminium in vielen Kristallstrukturen die Position des Siliciums einnehmen kann. Der Ladungsunterschied zwischen Aluminium ($Al^{3+}$) und Silicium ($Si^{4+}$) wird durch den zusätzlichen Einbau eines entsprechenden anderen Kations, wie etwa Natrium ($Na^{+}$), ausgeglichen.

Als Folge dieses Kationenersatzes verändert sich zwar die chemische Zusammensetzung des Minerals, die Struktur bleibt jedoch dieselbe. Typisch für eine solche **Diadochie** sind die Minerale der Glimmerfamilie. Alle Varietäten haben die gleiche Kristallstruktur mit wechselnden Anteilen der Kationen Natrium, Kalium, Aluminium, Magnesium und Eisen in der Silicatverbindung.

Die Kristallisation beginnt mit der Bildung mikroskopisch kleiner Kristallisationskeime, kleinste geordnete dreidimensionale Strukturen, in denen die Atome in einem Raumgitter angeordnet sind. Die Begrenzung der Kristalle besteht aus natürlichen, ebenen Flächen, den so genannten **Kristallflächen**. Diese Kristallflächen sind die kennzeichnenden äußeren Merkmale des atomaren Aufbaus eines Kristalls. In Abbildung 3.6 ist die

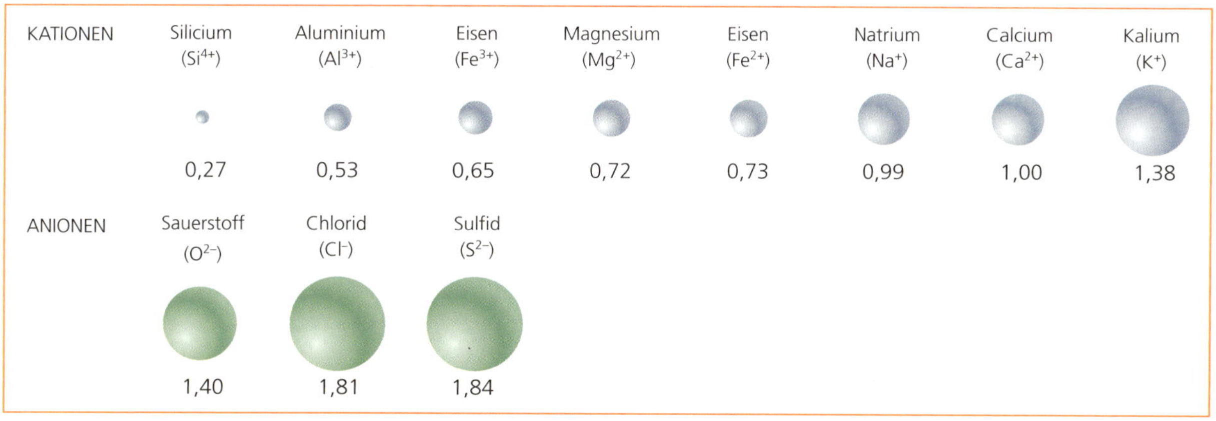


**Abb. 3.5** Ionenradien der häufigsten Elemente in gesteinsbildenden Mineralen. Die Ionenradien sind in $10^{-8}$ Zentimeter angegeben [*nach: L. G. Berry, B. Mason, and R. V. Dietrich (1983): „Mineralogy", San Francisco, Freeman*].

**Abb. 3.6** Idealer Kristall; Kristalle sind selten perfekt und fehlerfrei, aber wie unregelmäßig die Formen und Flächen auch ausgebildet sein mögen, die Winkel zwischen den Flächen sind stets dieselben wie beim idealen Kristall [*Foto: Breck P. Kent*].

Darstellung (rechts) eines idealen Kristalls – der in der Natur sehr selten ist – einem realen Mineral (links) gegenübergestellt.

Die sechsseitige (hexagonale) Form des Quarzkristalls entspricht in etwa einer hexagonalen Anordnung der atomaren Bausteine (genau betrachtet ist der in Oberflächengesteinen auftretende Quarz trigonal).

Im Verlauf der weiteren Kristallisation wachsen die ursprünglich mikroskopisch kleinen Kristalle unter Beibehaltung ihrer Kristallflächen, solange sie das frei und ungehindert tun können. Große Kristalle mit gut ausgebildeten Flächen entstehen durch langsames und stetiges Wachstum, wenn sie den nötigen Raum haben und nicht durch andere Kristalle in ihrer Umgebung behindert werden. Deshalb bilden sich die meisten großen Minerale in offenen Hohlräumen des Gesteins, etwa in Klüften oder in Drusen.

Sobald jedoch die Räume zwischen den wachsenden Kristallen ausgefüllt sind oder die Kristallbildung zu rasch abläuft, werden die Kristallflächen schließlich überwachsen. Die ursprünglichen Kristalle vereinigen sich dann zu einer festen (derben) Masse kristalliner Teilchen, die wir als **Kristallaggregate** bezeichnen. In diesem Fall lassen nur noch wenige oder keine Minerale mehr irgendwelche Kristallflächen erkennen. Große Kristalle, die mit bloßem Auge identifizierbar sind, sind relativ selten, doch zeigen auch viele kleine Minerale in den Gesteinen oftmals deutliche Kristallflächen.

Im Gegensatz zu kristallinen Mineralen erstarrt glasiges Material aus Flüssigkeiten so rasch, dass keine regelmäßige atomare Anordnung zustande kommt, es bildet daher auch keine Kristalle mit ebenen Flächen. Stattdessen tritt es als Masse mit gebogenen, unregelmäßigen Oberflächen auf, wie man sie beispielsweise bei zahlreichen vulkanischen Gläsern findet.

## Wann kristallisieren Minerale?

Die Kristallisation kann einerseits dadurch ausgelöst werden, dass die Temperatur einer Flüssigkeit unter deren Schmelzpunkt sinkt. Im Fall des Wassers ist beispielsweise der Gefrierpunkt von 0 °C die Temperatur, unterhalb der sich Eiskristalle zu bilden beginnen. In gleicher Weise kristallisieren aus einem Magma – einer heißen, flüssigen Gesteinsschmelze – Silicatminerale wie etwa Olivin oder Feldspat aus, sobald es unter die jeweiligen Schmelzpunkte abkühlt, wobei die Schmelzpunkte noch weit über 1 000 °C liegen können. (Die Geologen beziehen sich bei der Mineralbildung aus Magmen gewöhnlich eher auf die Schmelz- als auf die Erstarrungspunkte, weil mit Erstarren begrifflich die Vorstellung von Kälte verbunden ist.)

Eine Kristallisation kann aber andererseits auch durch Verdunsten einer Lösung einsetzen. Eine Lösung ist eine homogene Mischung zweier chemischer Substanzen wie etwa Kochsalz und Wasser. Wenn wir eine solche Salzlösung eindampfen, verschwindet zwar nach und nach das Wasser, aber nicht das Kochsalz, weshalb die Lösung immer konzentrierter wird. Ist die Konzentration schließlich so hoch, dass kein weiteres Kochsalz mehr in Lösung gehalten werden kann, wird diese Lösung als gesättigt bezeichnet. Setzt sich die Eindampfung über diesen Sättigungspunkt hinaus fort, beginnt das gelöste Material aus der Lösung in Form von Kristallen auszufallen. Wenn Meerwasser bis zum Sättigungspunkt verdunstet, wie das in einigen heißen, trockenen Buchten oder Meeresarmen geschieht, so kristallisieren die darin gelösten Substanzen aus. Einige davon bleiben als Steinsalzlager zurück (Abb. 3.7).

Diamant und Graphit lassen die Wirkung von Druck und Temperatur bei der Bildung der Minerale erkennen. Diamant und Graphit bestehen beide aus reinem Kohlenstoff, sie weisen jedoch ganz unterschiedlichen Kris-

**Abb. 3.7** Halitkristalle, die in einer rezenten hypersalinaren Lagune ausgefällt wurden; San Salvador, Bahamas. Die kubische Form der Kristalle ist deutlich erkennbar [*Foto: John Grotzinger*].

tallstrukturen und Erscheinungsformen auf. Tritt ein Element oder eine Verbindung in zwei oder mehr kristallinen Phasen oder Modifikationen auf (Abb. 3.8), spricht man von **Polymorphie**. Welche Struktur, das heißt welches Mineral sich jeweils ausbildet, hängt in starkem Maße von Druck und Temperatur bei dessen Bildung ab. Aus experimentellen Untersuchungen und geologischen Beobachtungen wissen wir, dass Diamant unter den hohen Druck- und Temperaturbedingungen des Erdmantels entsteht und stabil ist. Der dort herrschende Druck führt zu einer erheblich dichteren Packung der Kohlenstoffatome. Deshalb hat der Diamant mit 3,5 g/cm$^3$ auch eine höhere Dichte (Masse pro Volumeneinheit) als Graphit mit 2,1 g/cm$^3$. Graphit bildet sich unter den nahe der Erdoberfläche herrschenden relativ niedrigen Drücken und Temperaturen und ist unter diesen Bedingungen stabil.

Normalerweise begünstigen niedrige Temperaturen dichtere Kristallstrukturen. Quarz und Cristobalit sind Modifikationen des Siliciumdioxids ($SiO_2$). Quarz beispielsweise ist eine relativ dichte Tieftemperaturmodifikation mit einer Dichte von 2,65 g/cm$^3$, während Cristobalit, eine Hochtemperaturmodifikation von $SiO_2$, eine etwas offenere und lockerere Struktur hat und deshalb auch eine geringere Dichte von 2,33 g/cm$^3$ aufweist.

Obwohl die einzelnen Modifikationen der Minerale normalerweise nur unter bestimmten Druck- und Temperaturbedingungen stabil sind, können Minerale auch außerhalb ihres Stabilitätsbereichs als metastabile Phasen erhalten bleiben, da die Reaktionen, die zu einer Umwandlung metastabiler in stabile Minerale führen, wegen der niedrigen Reaktionstemperatur in der Regel sehr langsam ablaufen. Daher findet man, wie der Diamant beweist, Hochtemperatur- oder Hochdruckmodifikationen oftmals auch weit außerhalb der Stabilitätsbereiche dieser Mineralphasen.

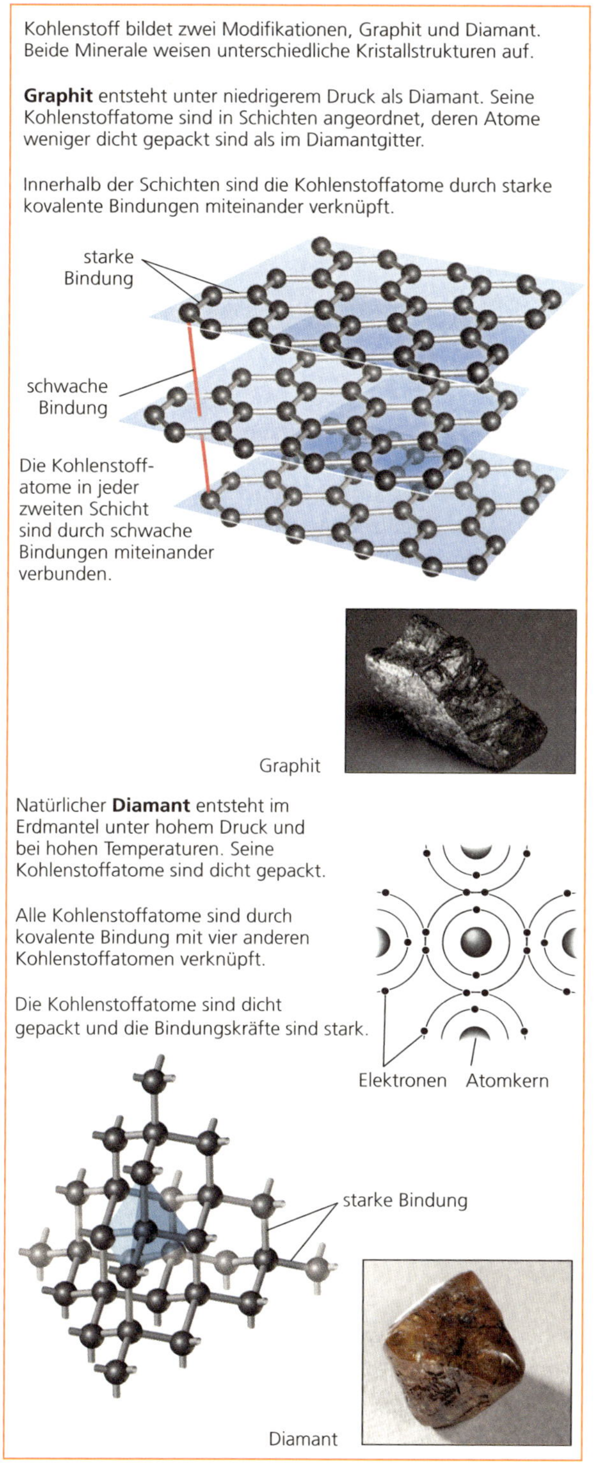


**Abb. 3.8** Atome sind die Bausteine der Kristalle [*Foto: John Grotzinger/Ramón Rivera-Moret (Harvard Mineralogical Museum)*].

## Die gesteinsbildenden Minerale

Alle Minerale werden entsprechend ihrer chemischen Zusammensetzung in acht Klassen eingeteilt (Tab. 3.1). Einige Elemente wie beispielsweise Kupfer oder Gold treten in der Natur auch oder ausschließlich in elementarem Zustand auf, sie werden daher als **gediegene Elemente** bezeichnet. Die Klassifikation der anderen erfolgt nach ihren Anionen. Olivin wird beispielsweise aufgrund seines Silicat-Anions $SiO_4^{4-}$ zu den Silicaten gestellt. Das Steinsalz (NaCl), das wir bereits kennen gelernt haben, gehört wegen seines Chlorid-Ions ($Cl^-$) zu den Halogeniden. Dasselbe gilt für Sylvin (Kaliumchlorid, KCl), seinen nahen Verwandten.

Obwohl viele tausend Minerale bekannt sind, haben es die Geologen normalerweise nur mit etwa dreißig zu tun. Diese wenigen Minerale bauen den Großteil der Krustengesteine auf und werden deshalb auch als **gesteinsbildende Minerale** bezeichnet. Ihre relativ ge-

**Tabelle 3.1** Die wichtigsten Klassen der Mineralsystematik

| Klasse | Kennzeichnende Anionen | Beispiel |
|---|---|---|
| Elemente | keine Ionen | Kupfer (Cu) |
| Sulfide, Arsenide und komplexe Sulfide | Sulfid-Ion ($S^{2-}$)<br>Arsen- und Arsen-Schwefel-Verbindungen mit Metallen | Bleiglanz (PbS)<br>Safflorit ($CoAs_2$)<br>Enargit ($Cu_3AsS_4$) |
| Oxide und Hydroxide | Sauerstoff-Ion ($O^{2-}$)<br>Hydroxid-Ion ($OH^-$) | Hämatit ($Fe_2O_3$)<br>Brucit ($Mg(OH)_2$) |
| Halogenide | $Cl^-$, $F^-$, $Br^-$, $I^-$ | Halit (Steinsalz) (NaCl) |
| Carbonate | Carbonat-Ion ($CO_3^{2-}$) | Calcit ($CaCO_3$) |
| Sulfate und Wolframverbindungen | Sulfat-Ion ($SO_4^{2-}$)<br>Wolframat-Ion ($WO_4^{3-}$) | Anhydrit ($CaSO_4$)<br>Scheelit ($CaWO_4$) |
| Phosphate | Phosphat-Ion ($PO_4^{3-}$) | Apatit ($Ca_5[F, Cl, OH/(PO_4)_3]$) |
| Silicate | Silicat-Ion ($SiO_4^{4-}$) | Olivin (Forsterit) ($Mg_2SiO_4$) |

ringe Anzahl spiegelt die Tatsache wider, dass in der Erdkruste nur wenige chemische Elemente in größerer Menge vertreten sind. In Kapitel 1 wurde erwähnt, dass 99 Prozent der Erdkruste lediglich aus neun Elementen bestehen. Die gängigsten gesteinsbildenden Minerale werden nachfolgend behandelt:

- **Silicate** sind die verbreitetsten unter den gesteinsbildenden Mineralen und bestehen aus den beiden häufigsten Elementen der Erdkruste, Sauerstoff (O) und Silicium (Si) – meist in Verbindung mit Kationen anderer Elemente.
- **Carbonate** bestehen meist aus den Kationen von Calcium und Magnesium in Verbindung mit Kohlenstoff und Sauerstoff in Form des Carbonat-Anions ($CO_3^{2-}$). Ein häufig auftretendes Carbonatmineral ist der Calcit ($CaCO_3$) als Hauptbestandteil der Kalksteine.
- **Oxide** sind Verbindungen von Sauerstoff und gewöhnlich einem Metall als Kation, wie beispielsweise Eisen beim Hämatit ($Fe_2O_3$).
- **Sulfide** sind Verbindungen des Sulfid-Ions ($S^{2-}$) mit Metallen als Kation; zu dieser Mineralgruppe gehört das Mineral Pyrit ($FeS_2$).
- **Sulfate** sind Verbindungen des Sulfat-Ions ($SO_4^{2-}$) mit Metallen als Kation, eine Mineralgruppe, zu der unter anderem das Mineral Anhydrit ($CaSO_4$) gehört.

Die übrigen chemischen Klassen der Minerale, darunter die gediegen vorkommenden Elemente und die Halogenide, treten normalerweise nicht als gesteinsbildende Minerale auf.

## Silicate

Grundbaustein aller silicatischen Minerale ist das Silicat-Ion. Es bildet ein Tetraeder, in dem das kleine Silicium-Ion ($Si^{4+}$) von vier Sauerstoffionen ($O^{2-}$) umgeben ist, woraus sich die Formel $SiO_4^{4-}$ ergibt (Abb. 3.9), gleichzeitig haben die Sauerstoff-Ionen und das Silicium-Ion gemeinsame Elektronen. Jedes Silicium-Sauerstoff-Tetraeder ist ein Anion mit vier negativen Ladungen, die durch vier positive Ladungen ausgeglichen werden müssen, um ein elektrisch neutrales Mineral zu bilden. Das Silicat-Ion geht typischerweise eine Bindung mit Kationen wie etwa Natrium ($Na^+$), Kalium ($K^+$), Calcium ($Ca^{2+}$), Magnesium ($Mg^{2+}$) oder Eisen ($Fe^{2+}$) ein. Im anderen Fall kann es Sauerstoff-Ionen mit anderen Silicat-Tetraedern teilen, wobei dann je ein Sauerstoff-Ion zwei Tetraedern gemeinsam angehört. Daher enthalten alle Silicatminerale als Grundbausteine $SiO_4$-Tetraeder, die isoliert und dann an Kationen gebunden auftreten oder mit anderen Tetraedern zu Doppeltetraedern, Ringen, Ketten, Doppelketten, Schichten oder Gerüsten miteinander verbunden sind. Einige dieser Silicatstrukturen sind in Abbildung 3.9 zusammengestellt.

Die Benennung und Einteilung der Silicate richtet sich danach, ob und wie die Verknüpfung der $SiO_4$-Tetraeder erfolgt.

**Insel- oder Nesosilicate** Bei den Insel- oder Nesosilicaten sind die einzelnen Tetraeder mit jedem Sauerstoff-Ion an ein Kation gebunden (vgl. Abb. 3.9a), das seinerseits mit einem Sauerstoff-Ion eines benachbarten Tetraeders verbunden ist. Auf diese Weise sind die Tetraeder an allen Ecken durch Kationen voneinander isoliert. Das weit verbreitete gesteinsbildende Mineral Olivin gehört zu diesem Strukturtyp.

**Gruppen- oder Sorosilicate** In einigen seltenen Mineralen treten zwei $SiO_4$-Tetraeder unter Verknüpfung zu einer gemeinsamen Ecke zusammen, sodass Doppeltetraeder entstehen. Ein Beispiel hierfür ist der Melilith.

**1** Das Silicat-Ion bildet ein Tetraeder, bei dem das im Zentrum befindliche Silicium-Ion von vier Sauerstoff-Ionen umgeben Ist.

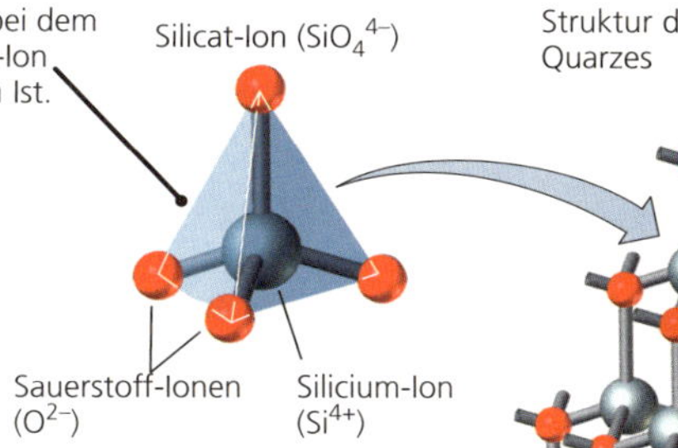


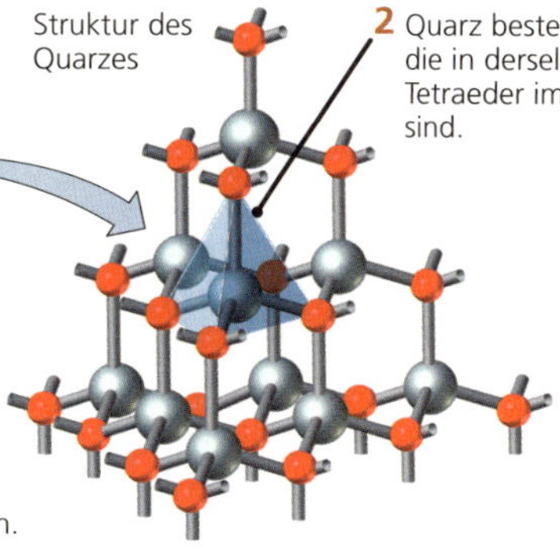


**2** Quarz besteht aus Silicat-Tetraedern, die in derselben Weise wie die Tetraeder im Diamant angeordnet sind.

**3** Die anderen Silicatminerale sind durch unterschiedlich angeordnete Tetraeder gekennzeichnet, die jeweils auch deren Spaltbarkeit bestimmen.

| Mineral | Formel | Anzahl der Spaltflächen und Spaltwinkel | Silicatstruktur | Beispiel |
|---|---|---|---|---|
| Olivin (a) | $(Mg, Fe)_2SiO^4$ | 1 Spaltfläche  | Inselsilicat  |  |
| Pyroxen (b) | $(Mg, Fe)SiO_3$ | 2 Spaltflächen; 87° und 93°  | Kettensilicat  |  |
| Amphibol (c) | $Ca_2(Mg, Fe)_5Si_8O_{22}(OH)_2$ | 2 Spaltflächen; 124° und 56°  | Bandsilicat  |  |
| Glimmer (d) | Muskovit: $KAl_2(AlSi_3O_{10})(OH)_2$<br>Biotit: $K(Mg, Fe)_3AlSi_3O_{10}(OH)_2$ | 1 Spaltfläche  | Schichtsilicat  |  |
| Feldspat (e) | Orthoklas: $KAlSi_3O_8$<br>Plagioklas: $(Ca, Na) AlSi_3O_8$ | 2 Spaltflächen; nahe 90°  | Gerüstsilicat  |  |

**Abb. 3.9** Die häufigsten Silicatminerale sind Modifikationen der Silicat-Ionen und oftmals auch anderer Elemente [*Fotos: John Grotzinger/Ramón Rivera-Moret (Harvard Mineralogical Museum)*].

**Ring- oder Cyclosilicate** Sie entstehen durch Verbindung jeweils zweier Sauerstoff-Ionen eines Tetraeders mit angrenzenden Tetraedern. Das bedeutet, dass jedes Tetraeder zwei seiner Sauerstoff-Ionen mit einem anderen Tetraeder gemeinsam hat, eines auf jeder Seite. Durch die ringförmige Verknüpfung entstehen Dreier-, Vierer- oder Sechserringe. Ein Mineral dieses Bautyps ist Turmalin.

**Ketten- oder Inosilicate** Sie entstehen durch dieselbe Art der Verknüpfung wie die Ringe, das heißt durch die Bindung jedes Tetraeders an zwei andere über gemeinsame Sauerstoff-Ionen, aber anstelle eines geschlossenen Ringes bilden sie hier eine offene Kette (vgl. Abb. 3.9b). Die einzelnen Ketten werden mit anderen Ketten über Kationen verknüpft. Die Mineralgruppe der Pyroxene gehört zu diesem aus einfachen Ketten aufgebauten Silicat-Typ. So besteht das Mineral Enstatit aus Eisen- und Magnesium-Ionen – oder aus beiden – und ist beschränkt auf eine Kette von Tetraedern, in denen sich die beiden Kationen ähnlich wie beim Olivin gegenseitig ersetzen können. Dies zeigt auch die chemische Formel $(Mg, Fe)SiO_3$.

**Doppelketten- oder Bandstrukturen** Zwei einzelne Ketten können miteinander verbunden werden und Doppelketten oder Bandstrukturen bilden, in denen unzählig viele Tetraeder über gemeinsame Sauerstoff-Ionen verbunden sind (vgl. Abb. 3.9c). Benachbarte Doppelketten, die über Kationen zusammenhängen, sind für die Mineralgruppe der Amphibole typisch. Hornblende, ein Mineral dieser Gruppe, ist ausgesprochen häufig und tritt sowohl in magmatischen als auch in metamorphen Gesteinen auf. Hornblende hat eine komplizierte chemische Zusammensetzung und enthält neben Calcium ($Ca^{2+}$) auch Natrium ($Na^+$), Magnesium ($Mg^{2+}$), Eisen ($Fe^{2+}$) und Aluminium ($Al^{3+}$).

**Schicht- oder Phyllosilicate** In dieser Silicatgruppe teilt jedes Tetraeder drei seiner Sauerstoff-Ionen mit benachbarten Tetraedern, wobei ebene, beliebig ausgedehnte Tetraederschichten entstehen (vgl. Abb. 3.9d), die übereinander gestapelt werden können. Zwischen solchen Tetraederschichten sind Kationen eingelagert. Glimmer und Tonminerale sind die häufigsten Schichtsilicate. Muskovit ($KAl_3Si_3O_{10}[OH]_2$) ist eines der bekanntesten Schichtsilicate und tritt in einer Vielzahl von Gesteinen auf. Er kann in extrem dünne durchsichtige Blättchen gespalten werden. Kaolinit ($Al_2Si_2O_5[OH]_2$), der dieselbe Gitterstruktur aufweist, ist ein in Sedimentgesteinen und tropischen Böden häufig auftretendes Tonmineral und Rohstoff für die keramische Industrie.

**Gerüst- oder Tektosilicate** Die Tetraeder sind bei diesen Silicaten über sämtliche Sauerstoff-Ionen auf allen Seiten miteinander verknüpft. Die Feldspäte, die häufigsten Minerale der Erdkruste, gehören zu den Gerüstsilicaten (vgl. Abb. 3.9e) wie auch der Quarz ($SiO_2$), ein weiteres und sehr verbreitet auftretendes Mineral, der jedoch von der chemischen Zusammensetzung her zu den Oxiden gestellt wird.

**Chemische Zusammensetzung der Silicate** Das chemisch einfachste Silicat ist das Siliciumdioxid, $SiO_2$, das meist in Form von Quarz auftritt. Wenn die Silicat-Tetraeder im Quarz so verknüpft sind, dass an jedes Silicium-Ion zwei Sauerstoff-Ionen gebunden sind, ergibt sich die Summenformel $SiO_2$.

In anderen Silicatmineralen sind die Grundeinheiten – Ringe, Ketten, Bänder, Schichten und Gerüste – an Kationen wie beispielsweise Natrium ($Na^+$), Kalium ($K^+$), Calcium ($Ca^{2+}$), Magnesium ($Mg^{2+}$) und Eisen ($Fe^{2+}$, $Fe^{3+}$) gebunden. Wie bereits bei unserer Diskussion des Kationenersatzes (Diadochie) erwähnt wurde, ist in zahlreichen Mineralen das Silicium durch Aluminium ersetzt. Alle Feldspatvarietäten enthalten beispielsweise Aluminium mit unterschiedlichen Anteilen an Kalium, Natrium oder Calcium.

## Carbonate

Unter den nicht silicatischen Mineralen ist der Calcit (Calciumcarbonat, $CaCO_3$) – eines der häufigsten Minerale der Erdkruste – Hauptbestandteil einer ganzen Gesteinsgruppe, der Kalksteine (Abb. 3.10a). Sein Grundbaustein, das Carbonat-Ion $CO_3^{2-}$, besteht aus einem

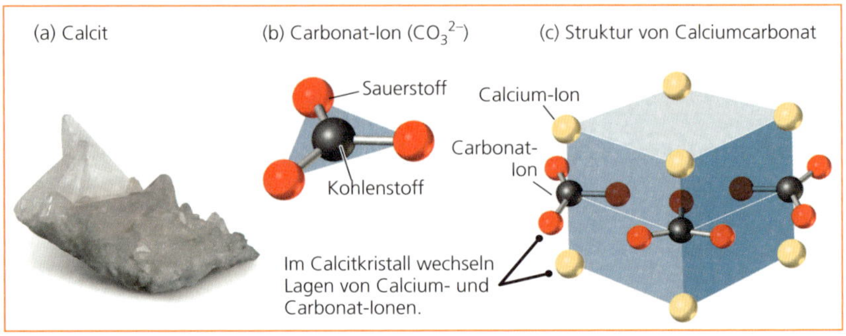


**Abb. 3.10** Carbonatminerale wie Calcit (Calciumcarbonat, $CaCO_3$) haben einen schichtartigen Bau. (a) Calcit [*Foto: John Grotzinger/Ramón Rivera-Moret/Harvard Mineralogical Museum*]. (b) In der Carbonatgruppe ist ein Kohlenstoffatom von drei Sauerstoffatomen umgeben, sodass das Carbonat-Ion die Ladung –2 besitzt. (c) Im Calcitgitter wechseln Lagen von Calcium- und Carbonat-Ionen.

**Abb. 3.11** Nicht silicatische Minerale. Links: Hämatit; rechts: Spinell [*Foto: John Grotzinger/Ramón Rivera-Moret/Harvard Mineralogical Museum*].

Kohlenstoffatom, umgeben von drei Sauerstoffatomen, die ein ebenes Dreieck bilden, wobei die Kohlenstoff- und Sauerstoffatome gemeinsame Elektronen haben (Abb. 3.10b). Die einzelnen Carbonat-Ionen sind ähnlich wie in den Schichtsilicaten in Ebenen angeordnet und über Kationenschichten miteinander verbunden (Abb. 3.10c). Im Calcit sind die Schichten der Carbonat-Ionen durch Lagen von Calcium-Ionen getrennt. Das Mineral Dolomit $CaMg(CO_3)_2$, ein weiteres häufiges Mineral der Erdkruste, ist ebenfalls aus Carbonatschichten aufgebaut, zwischen denen allerdings Lagen aus Calcium- beziehungsweise Magnesium-Ionen wechseln.

## Oxide

Die Mineralklasse der Oxide umfasst Verbindungen, in denen Sauerstoff an Atome oder Kationen anderer Elemente gebunden ist, gewöhnlich an Metalle wie beispielsweise Eisen ($Fe^{2+}$ oder $Fe^{3+}$). Die meisten Oxide haben eine Ionenbindung, und ihre Kristallstrukturen variieren mit der Größe der metallischen Kationen. Die Oxide sind von erheblicher wirtschaftlicher Bedeutung, weil zu dieser Klasse auch die Erze der meisten Metalle gehören, die für industrielle und technische Zwecke benötigt werden, wie beispielsweise Chrom und Titan. Hämatit (Abb. 3.11) ist eines der häufigsten Eisenoxidminerale ($Fe_2O_3$) und zugleich das wichtigste Eisenerz.

Weitere häufige Verbindungen in dieser Klasse sind die Minerale der Spinellgruppe – Doppeloxide aus zwei- und dreiwertigen Elementen. Der eigentliche Spinell (vgl. Abb. 3.11) ist ein Oxid der beiden Metalle Magnesium und Aluminium ($MgAl_2O_4$). Spinelle besitzen ein dicht gepacktes kubisches Kristallgitter und daher eine sehr hohe Dichte (3,6 g/cm$^3$), was auf die Bildung unter hohen Druck- und Temperaturbedingungen zurückzuführen ist. Durchsichtige Spinelle von Edelsteinqualität ähneln vom Aussehen her Rubinen und Saphiren und zieren unter anderem die Kronjuwelen Englands und Russlands.

## Sulfide

Die Erze vieler wichtiger Metalle wie Kupfer, Zink und Nickel gehören zur Mineralklasse der Sulfide. Diese Klasse enthält Verbindungen von Metallen mit dem Sulfid-Ion $S^{2-}$. Das Sulfid-Ion besteht aus einem Schwefelatom, das in seine äußere Schale zwei Elektronen aufgenommen hat. Die meisten Sulfidminerale sehen aus wie Metalle und sind fast alle opak. Das häufigste Mineral in dieser Gruppe ist der Pyrit ($FeS_2$), der wegen seines messinggelben metallischen Glanzes auch als „Katzen-" oder „Narrengold" bezeichnet wird (Abb. 3.12).

## Sulfate

Der Grundbaustein aller Sulfate ist das Sulfat-Ion ($SO_4^{2-}$), ein Tetraeder mit einem Schwefelatom im Zentrum, das von vier Sauerstoff-Ionen ($O^{2-}$) umgeben ist. Eines der häufigsten Minerale unter den Sulfaten ist Gips (Abb. 3.13), der wichtigste Bestandteil des Wandputzes (Stuckgips). Wenn Meerwasser verdunstet, fällt Gips aus. Bei starker Verdunstung verbinden sich $Ca^{2+}$ und $SO_4^{2-}$, zwei im Meerwasser häufige Ionen, zu Calciumsulfat ($CaSO_4 \cdot 2H_2O$), das als Sediment ausgefällt wird. (Der Punkt und der nachfolgende Term in der Formel bedeuten, dass in das Calciumsulfatgitter zwei Wassermoleküle eingebaut werden.)

**Abb. 3.12** Handstück von Pyrit, der auch als „Katzen- oder Narrengold" bezeichnet wird [*Foto: John Grotzinger/Ramón Rivera-Moret/Harvard Mineralogical Museum*].

**Abb. 3.13** Gips ist ein Sulfatmineral, das durch die Verdunstung von Meerwasser entsteht [*Foto: John Grotzinger/Ramón Rivera-Moret/Harvard Mineralogical Museum*].

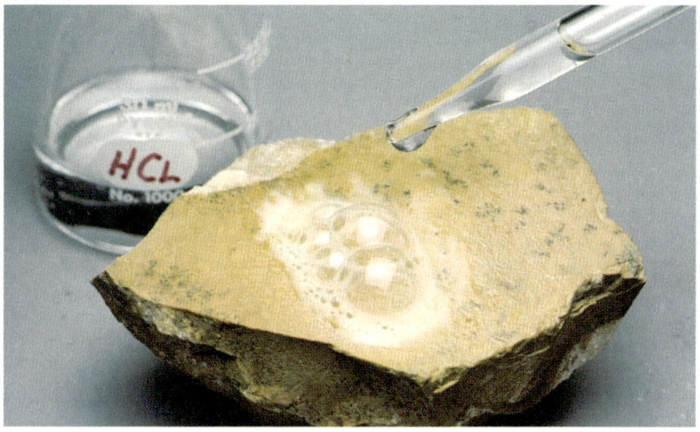


**Abb. 3.14** Der Salzsäuretest ist eine einfache aber wirkungsvolle Methode zur Identifizierung bestimmter Minerale. Tropft man verdünnte Salzsäure (HCl) auf ein Mineral und es entstehen Gasblasen, so handelt es sich mit großer Wahrscheinlichkeit um Calcit ($CaCO_3$), weil bei dessen Reaktion mit Salzsäure Kohlendioxid ($CO_2$) freigesetzt wird [*Foto: Chip Clark*].

Anhydrit ($CaSO_4$), ein weiteres Calciumsulfatmineral, enthält im Gegensatz zu Gips kein Wasser (griech. anhydros = ohne Wasser). Gips ist bei den an der Erdoberfläche herrschenden Druck- und Temperaturverhältnissen stabil, während Anhydrit bei den in größerer Tiefe herrschenden höheren Temperaturen und Drücken die stabile Phase darstellt.

Im Jahre 2004 entdeckte man, dass auch in der frühen Geschichte des Mars – des Roten Planeten – aus wässrigen Lösungen Sulfatminerale ausgefällt wurden. Wie auf der Erde wurden auch diese Sulfatminerale durch Verdunstung des Lösungsmittels abgeschieden, als Seen und flache Meere austrockneten und Sedimentschichten hinterließen. Viele dieser Fällungsprodukte auf dem Mars unterscheiden sich jedoch von denen der Erde, denn sie enthalten ungewöhnliche Eisen führende Sulfate, die aus stark sauerem Wasser ausgefällt wurden.

## Physikalische Eigenschaften der Minerale

Geologen nutzen die chemischen und physikalischen Daten der Minerale, um daraus die Entstehung der Gesteine zu rekonstruieren. Der erste Schritt besteht darin, die im Gestein vorkommenden Minerale zu erkennen. Dazu stützen sie sich auf chemische und physikalische Eigenschaften, die mit relativ geringem Aufwand ermittelt werden können. Schon vor über 100 Jahren führten die Geologen im Gelände entsprechende Ausrüstungen zur qualitativen chemischen Analyse der Minerale mit sich. Eines dieser Verfahren ist der so genannte Säuretest. Dazu werden einige Tropfen verdünnter Salzsäure (HCl) auf das Gestein gegeben, um zu sehen, ob und wie es aufschäumt (Abb. 3.14). Gasbläschen zeigen dann, dass Kohlendioxid ($CO_2$) freigesetzt wird, was mit großer Sicherheit auf Calcit, ein Carbonatmineral oder ein Carbonatgestein (z. B. Kalkstein) hinweist.

Von großer Aussagekraft sind die physikalischen Eigenschaften der Minerale wie etwa Härte, Spaltbarkeit, Farbe und Dichte, die folgerichtig auch ihre technische Verwendbarkeit oder ihren dekorativen Wert bestimmen.

### Härte

Bei der Bestimmung von Mineralen ist es zweckmäßig, die so genannte Ritzhärte zu prüfen. Sie ist ein Maß für den Widerstand, den die Oberfläche eines Minerals einer mechanischen Beanspruchung entgegensetzt. So wie ein Diamant Fensterglas oder andere Minerale ritzt, weil er härter ist, kann ein Quarzkristall einen Feldspatkristall ritzen, weil Quarz härter ist als Feldspat. Im Jahre 1822 entwickelte der österreichische Mineraloge Friederich Mohs eine Härteskala (die so genannte **Mohs'sche Härteskala**), die auf der unterschiedlichen Ritzhärte der Minerale beruht. Er ordnete sie in einer Reihenfolge so an, dass zunehmend härtere Minerale aufeinander folgen, die das jeweils vorangehende ritzen. Am unteren Ende der Skala steht das weichste Mineral (Talk), am oberen Ende das härteste (Diamant) (Tab. 3.2). Die Mohs'sche Härteskala ist noch immer eines der einfachsten und gebräuchlichsten Hilfsmittel zur Klassifizierung eines Minerals. Ein Taschenmesser und einige wenige spezifische Minerale aus der Härteskala sind alles, was man benötigt, um den Härtegrad eines unbekannten Minerals innerhalb der Skala abzuschätzen.

## Exkurs 3.1

### Sulfidminerale reagieren auf der Erde und auf dem Mars mit Sauerstoff unter Bildung von säurehaltigem Wasser

Viele wirtschaftlich bedeutende Minerallagerstätten enthalten hohe Konzentrationen an Sulfidmineralen. Während des Abbaus können sowohl Regen- als auch Grundwasser mit diesen Mineralen reagieren, wobei stark saures Oberflächen- und Grundwasser entsteht. Nun ist extrem saures Wasser für die meisten Organismen tödlich. Sobald dieses Wasser in die Umwelt gelangt, kann es zu größeren Zerstörungen führen. In ganz extremen Fällen sind die einzigen überlebenden Organismen so genannte acidophile (Säure liebende) Mikroorganismen, die sich den lebensfeindlichen Verhältnissen angepasst haben und dort auch gedeihen. Diese Organismen nutzen die in Sulfiden gespeicherte Energie.

An wenigen Stellen der Erde entsteht extrem säurehaltiges Wasser auf natürliche Art und Weise; es tritt nur dort auf, wo die Sulfidkonzentration hoch genug ist, um eine entsprechende Reaktion zu ermöglichen. Einer dieser Orte ist der Fluss Rio Tinto in Spanien. Dort haben Geologen ein System untersucht, in dem eine nahezu 400 Millionen Jahre alte Goldlagerstätte in Wechselwirkung mit Grundwasser steht, das aufgrund einer hydrothermal bedingten Zirkulation durch die Lagerstätte fließt. In der Goldlagerstätte reagieren Sulfidminerale wie Pyrit ($FeS_2$) mit dem Sauerstoff des Grundwassers. Dabei entstehen Schwefelsäure sowie Sulfat- ($SO_4^{2-}$) und Eisen-Ionen ($Fe^{3+}$), die in dem warmen Quellwasser des Rio Tinto gelöst sind. Mikroorganismen sind an dieser Reaktion ganz wesentlich beteiligt.

Der Fluss ist aufgrund der gelösten Ionen des dreiwertigen Eisens rötlich gefärbt (span. tinto = rot). Die $Fe^{3+}$-Ionen verbinden sich mit Sauerstoff zu den rötlichen oder bräunlichen Eisenoxidmineralen Goethit und Hämatit. Auch seltene Eisensulfate wie Jarosit (gelbbraun) sind im Rio Tinto in größeren Mengen vorhanden. Als Geowissenschaftler dieses Mineral fanden, war bereits bekannt, dass das Wasser, aus dem dieses Mineral ausgefällt worden war, extrem sauer gewesen sein muss.

Was heute ein seltenes aber auch umweltzerstörendes Ereignis auf der Erde ist, könnte einst auf dem Mars weit verbreitet gewesen sein. Bei neuen Untersuchungen wurden auf dem Mars große Mengen ähnlicher Sulfatminerale wie im Rio Tinto nachgewiesen, darunter auch Jarosit. Aus der Kenntnis heraus, wie sich diese ungewöhnlichen Sulfate auf der Erde bilden, lassen sich auch Schlüsse auf die in der Vergangenheit auf dem Mars herrschenden Umweltverhältnisse ableiten. So deutet das Vorkommen von Jarosit darauf hin, dass das einst auf dem Mars vorhandene Wasser vermutlich stark säurehaltig war. Der Säuregehalt ist wahrscheinlich auf die Einwirkung von sauerstoffhaltigem Grundwasser auf magmatische Gesteine, etwa auf Basalte, zurückzuführen, die geringe Spuren von Metallsulfiden enthielten.

Dieses Szenario wirft andererseits die Frage nach der Möglichkeit von heutigem oder früherem Leben auf dem Mars auf. Gebiete wie der Rio Tinto zeigen, dass bestimmte Mikroorganismen gelernt haben, sich solchen Umweltbedingungen anzupassen, da es kaum möglich ist, dass sie unter diesen Bedingungen entstanden sind. Die künftige Suche nach Spuren von Leben auf anderen Planeten wird in jedem Fall stark von unserem Wissen in Bezug auf Gesteine, Minerale und extreme Umwelteinflüsse abhängig sein.

Mikroorganismen gedeihen in säurehaltigem Wasser. Rio Tinto, Spanien [*mit frdl. Genehmigung von A. H. Knoll*].

Lässt sich ein solches Mineral mit einem Stück Quarz ritzen, nicht aber mit dem Taschenmesser, so liegt seine Härte zwischen 5 und 7 der Härteskala.

Wie wir wissen sind Substanzen mit kovalenter Bindung im Allgemeinen fester gebunden als solche mit Ionenbindung. Die Härte eines Minerals ist daher von der Art und Stärke seiner chemischen Bindungskräfte abhängig: je stärker die Bindung, desto härter das Mineral. Die Silicatminerale weisen unterschiedliche Kristallstrukturen auf und damit auch unterschiedliche Härten. Beispielsweise schwankt ihre Härte zwischen 1 beim Talk, einem Schichtsilicat, und 8 beim Topas, einem Inselsilicat. Die meisten Silicate haben Härten zwischen 5 und 7; nur die Schichtsilicate sind mit Härten zwischen 1 und 3 verhältnismäßig weich.

Innerhalb der Mineralgruppen mit ähnlichen Kristallstrukturen ist die Härte noch an weitere Faktoren gebunden, die auch die Bindungsstärke beeinflussen:

**Tabelle 3.2** Härteskala nach Mohs

| Mineral | Härtegrad | Prüfkörper |
|---|---|---|
| Talk | 1 | |
| Gips | 2 | —— Fingernagel |
| Calcit (Kalkspat) | 3 | —— Kupfermünze |
| Fluorit (Flussspat) | 4 | |
| Apatit | 5 | —— Taschenmesser |
| Feldspat (Orthoklas) | 6 | —— Fensterglas |
| Quarz | 7 | —— Stahlfeile |
| Topas | 8 | |
| Korund | 9 | |
| Diamant | 10 | |

- **Ionenradius:** Je kleiner ein Atom oder Ion ist, desto geringer ist der Abstand zwischen Kern und Elektronenhülle und desto größer ist folglich die elektrische Anziehungskraft und damit auch die Bindungskraft.
- **Ladung:** Je höher die elektrische Ladung der Kationen ist, desto größer ist auch die elektrische Anziehung zwischen den Ionen und mit ihr die Bindungsstärke.
- **Packungsdichte der Atome und Ionen:** Je dichter die Packung, desto geringer ist der Abstand zwischen den Atomen und desto stärker ist die Bindung.

Wegen der großen Ionenradien sind die meisten Oxide und Sulfide von Metallen mit hohen Ordnungszahlen weich, wie etwa Gold, Silber, Kupfer und Blei; die Härten liegen unter 3. Je größer der Ionenradius, desto größer ist ihr Abstand und desto schwächer ihre Bindung. Auch Carbonate und Sulfate mit ihren weniger dicht gepackten Strukturen sind mit Härten unter 5 vergleichsweise weich.

## Spaltbarkeit

Spaltbarkeit ist die Tendenz eines Kristalls, bei mechanischer Beanspruchung entlang ebener glatter Flächen zu brechen. Dieser Begriff wird außerdem dazu verwendet, die dabei entstehende geometrische Form zu beschreiben. Die Spaltbarkeit verhält sich umgekehrt zur Bindungsstärke: Je größer die Bindungsstärke, umso schwächer ausgeprägt ist die Spaltbarkeit. Wegen ihrer stärkeren Bindung zeigen Minerale mit kovalenter Bindung im Allgemeinen keine oder nur eine schlechte Spaltbarkeit. Ionenbindungen sind vergleichsweise schwach, solche Minerale zeigen meist eine ausgezeichnete Spaltbarkeit.

Ist die Bindung zwischen bestimmten Netzebenen der Atome oder Ionen sehr schwach entwickelt, kann das Mineral an solchen Schwächezonen gespalten werden. Muskovit, ein Glimmer, gehört zu den Schichtsilicaten mit ausgezeichneter Spaltbarkeit; er lässt sich entlang glatter, glänzender, ebener und paralleler Flächen in dünne transparente Schichten von weniger als einem Millimeter Dicke spalten. Die auffallend gute Spaltbarkeit dieses Glimmerminerals beruht auf den schwachen Bindungskräften zwischen den $SiO_4$-Tetraeder-Schichten und den dazwischenliegenden Kationenschichten (Abb. 3.15).

Die Spaltbarkeit kann nach zwei wesentlichen Merkmalen eingeteilt werden: (1) nach der Anzahl der Flächen und der Form der Spaltbarkeit, sowie (2) nach der Qualität der Spaltflächen und der Leichtigkeit des Spaltens.

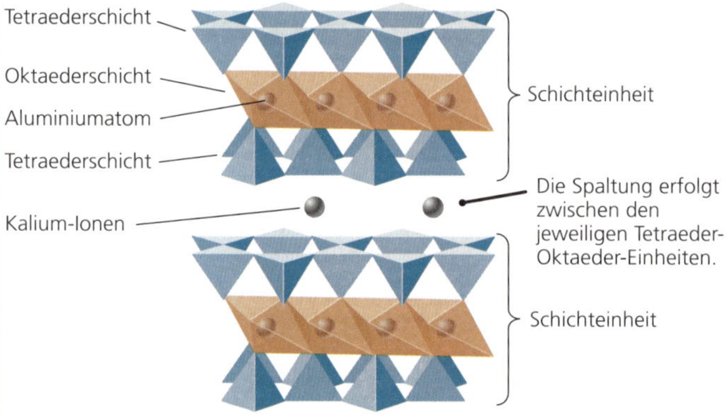

**Abb. 3.15** Spaltbarkeit des Glimmers. Die Schemazeichnung zeigt die Spaltflächen in der Gitterstruktur, die senkrecht zur Bildebene verlaufen. Die horizontalen Linien kennzeichnen die Trennflächen zwischen den Tetraeder- und den Oktaederschichten, die beide Tetraederschichten zu einer Art Sandwich verbinden. Die Spaltung erfolgt zwischen den jeweiligen Tetraeder-Oktaeder-Einheiten. Das Foto zeigt, wie dünn die entlang der Spaltflächen brechenden Schichten sein können [*Foto: Chip Clark*].

**Abb. 3.16** Beispiel für die rhomboedrische Spaltbarkeit von Calcit. [*Foto: Charles D. Winters/Photo Researchers*].

**Anzahl und Richtung der Spaltflächen** Anzahl und Richtung der Spaltflächen sind bei vielen gesteinsbildenden Mineralen ein kennzeichnendes Merkmal. Muskovit weist nur eine Spaltfläche auf. Calcit und Dolomit dagegen spalten nach drei bevorzugten Richtungen, wobei sich als Spaltungskörper stets ein Rhomboeder ergibt (Abb. 3.16).

Die Spaltflächen sind ebenso wie die Kristallflächen durch die Kristallstruktur bedingt, doch gibt es generell weniger Spaltflächen als mögliche Kristallflächen. Die Kristallflächen können an einer der zahlreichen Ebenen entstehen, die ausschließlich mit einer Ionen- oder Atomart besetzt sind. Die Spaltbarkeit beruht dagegen auf einem Aufbrechen von Bindungen an vergleichsweise wenigen Schwächeebenen. Alle Kristalle eines bestimmten Minerals zeigen eine charakteristische Spaltbarkeit, während meist nur bei wenigen Kristallen typische Flächen entwickelt sind.

Bleiglanz (Bleisulfid, PbS) und Steinsalz (Natriumchlorid, NaCl) spalten nach drei Ebenen in vollkommene Würfel. Zwei weitere wichtige Gruppen der Silicate, die äußerlich recht ähnlich aussehen, lassen sich anhand ihrer charakteristischen Spaltbarkeit voneinander unterscheiden: die Pyroxene und die Amphibole (Abb. 3.17). Pyroxene sind einfache Kettensilicate, deren Bindungen bewirken, dass die Spaltflächen im Winkel von 93° beziehungsweise 87° zueinander stehen; das führt im Querschnitt zu einem nahezu quadratischen Muster. Bei den Amphibolen dagegen, die aus Doppelketten aufgebaut sind, gibt es zwei Spaltrichtungen unter einem Winkel von 56° beziehungsweise 124°, wodurch sich im Querschnitt ein rautenförmiges Muster ergibt.

**Qualität der Spaltbarkeit** Die Qualität der Spaltbarkeit ist eine charakteristische Eigenschaft und ein wesentliches Erkennungsmerkmal der Minerale. Sie wird rein beschreibend als vollkommen, gut oder unvollkommen gekennzeichnet. Muskovit etwa lässt sich leicht spalten, es entstehen glatte Flächen von extrem guter Qualität, sodass man diese Spaltbarkeit als „vollkommen" bezeichnet. Ketten- und Bändersilicate (wie Pyroxene und Amphibole) haben eine gute Spaltbarkeit. Diese Minerale brechen bevorzugt entlang der Spaltflächen, aber auch quer dazu; die Spaltflächen sind allerdings nicht so glatt ausgebildet wie bei den Glimmern. Am unteren Ende der Skala liegt die undeutliche, unvollkommene Spaltbarkeit, wie dies beispielsweise bei Beryll der Fall ist. Die Spaltbarkeit ist unregelmäßiger, weshalb das Mineral auch in andere Richtungen relativ leicht bricht.

Zahlreiche Minerale haben eine so starke Bindung, dass sie nicht einmal eine unvollkommene Spaltbarkeit zeigen. Quarz, eines der häufigsten Minerale, ist von der Struktur her ein Gerüstsilicat und zeigt nach allen Richtungen eine extrem feste Bindung. Er bricht nur entlang sehr unregelmäßiger Flächen. Granat ist ein Inselsilicat mit ebenfalls fester Bindung nach allen Richtungen – er zeigt ebenfalls keine Spaltbarkeit. Diese beiden Minerale machen deutlich, dass sowohl die Insel- als

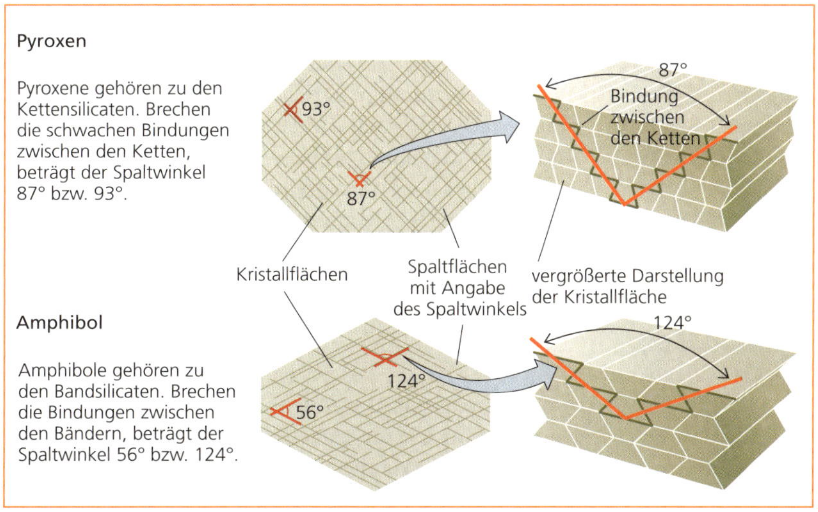


**Abb. 3.17** Vergleich der Spaltrichtungen von Pyroxen und Amphibol und deren typische Kristallflächen. Diese beiden Minerale sehen oft sehr ähnlich aus, doch unterscheiden sich die Winkel ihrer Spaltbarkeit. Diese Spaltwinkel werden häufig zur Erkennung und Klassifikation herangezogen.

auch die Gerüstsilicate normalerweise keine Spaltbarkeit zu zeigen.

## Bruch

Unter dem Bruch eines Minerals versteht man die Beschaffenheit von Bruchflächen, die bei mechanischer Beanspruchung entlang unregelmäßiger Flächen entstehen. Er ist eine charakteristische Eigenschaft der Minerale und wird ebenfalls als Unterscheidungsmerkmal zur Mineralbestimmung herangezogen. Alle Minerale zeigen normalerweise ein Bruchverhalten entweder quer zu den Spaltflächen oder richtungslos, wie beispielsweise Quarz, der keine Spaltbarkeit aufweist. Der Bruch ist davon abhängig, wie die Bindungsstärke in den Richtungen quer zu den Kristallflächen verteilt ist. Das Aufbrechen solcher Bindungen führt zu unregelmäßigen Bruchflächen. Ein Bruch kann muschelig sein und glatte, gebogene Oberflächen zeigen wie ein dickes zerbrochenes Stück Glas. Ein anderer häufig vorkommender typischer Bruch sieht wie gesplittertes Holz aus und wird als faseriger Bruch bezeichnet. Form und Aussehen der vielfältigen, unregelmäßigen Bruchflächen hängen jeweils von der Struktur und Zusammensetzung eines Minerals ab.

## Glanz

Aus der Art und Weise, wie die Flächen eines Minerals das Licht reflektieren, ergibt sich ein weiteres sichtbares Merkmal der Minerale, der **Glanz**. Der Glanz beziehungsweise seine verschiedenen Abstufungen sind in Tabelle 3.3 zusammengestellt. Der Glanz eines Minerals hängt davon ab, aus welchen Atomen es zusammengesetzt ist und welche Art von Bindung zwischen den Atomen besteht. Beide Faktoren haben Einfluss darauf, wie das Licht durch das Mineral hindurchgeht, dabei gebrochen, absorbiert oder auch reflektiert wird. Der Glanz ist umso stärker, je höher der Anteil des reflektierten Lichts ist. Viele Minerale mit kovalenter Bindung zeigen gewöhnlich Diamantglanz, während bei zahlreichen Mineralen mit Ionenbindung eher Glasglanz vorliegt. Metallglanz tritt bei reinen Metallen wie etwa gediegenem Gold auf, aber auch bei vielen Sulfidmineralen wie Bleiglanz (PbS) und oftmals auch bei anderen opaken Mineralen. Perlmuttglanz ist das Ergebnis von Mehrfachreflexionen an verschiedenen Schichten innerhalb eines durchsichtigen Minerals, wobei an dünnen Blättchen durch Interferenz Farben entstehen – wie das auch bei der Perlmuttschicht vieler Muscheln der Fall ist, die aus dem Carbonatmineral Aragonit bestehen. Obwohl der Glanz ein wichtiges Kriterium für die Klassifikation im Gelände darstellt, ist dessen Güte in starkem Maße von der persönlichen visuellen Wahrnehmung des reflektierten Lichts abhängig. Die Beschreibungen in den Lehrbüchern sind gegenüber der tatsächlichen Erscheinung, wie sie am Handstück zu sehen ist, oft nur schwer nachvollziehbar.

**Tabelle 3.3** Glanz der Minerale

| | |
|---|---|
| Metallglanz | starke Reflexion, bedingt durch opake Substanzen |
| Glasglanz | heller Glanz, wie Glas |
| Porzellanglanz | charakteristisch für Minerale mit einer Trübung durch Entmischung oder Sprünge |
| Fettglanz | wie mit Öl oder Fett überzogen |
| Perlmuttglanz | weißlich irisierend durch Interferenzerscheinungen wie bei Perlmutt und anderen durchsichtigen Mineralen |
| Seidenglanz | Schimmer feinfaseriger Kristalle, vergleichbar mit Seide |
| Diamantglanz | heller strahlender Glanz des Diamanten und anderer durchsichtiger Minerale |

## Farbe

Die **Farbe** eines Kristalls wird durch das Licht bestimmt, das entweder von einem Kristall, von einer derben Masse oder von einem Strich weitergeleitet oder reflektiert wird. **Strich** ist die Bezeichnung für die Farbe des feinkörnigen abgeriebenen Pulvers, das beim Streichen eines Minerals über eine raue unglasierte Porzellanplatte, eine so genannte **Strichplatte**, entsteht (Abb. 3.18). Eine solche Strichplatte erweist sich als gutes Hilfsmittel zur Klassifikation, weil die einheitlichen kleinen, zu Pulver zerriebenen Mineralteilchen eine bessere Unterscheidung der Farbe ermöglichen, als eine derbe Mineralmasse. Eine aus Hämatit ($Fe_2O_3$) bestehende derbe Masse hinterlässt auf der Strichplatte stets eine kirschrote bis rotbraune Strichfarbe, unabhängig davon, welche Farbe das Handstück zeigt – ob schwarz, rot, braun oder metallisch grau.

Die Farbe ist eine komplexe und bis heute noch nicht völlig erklärbare Eigenschaft der Minerale. Sie kann sowohl von der Art der Ionen, die in dem reinen Mineral enthalten sind, als auch von in Spuren vorhandenen Verunreinigungen abhängig sein.

**Ionen und Farbe** Die Farben der reinen Substanzen sind abhängig von der Anwesenheit bestimmter Ionen, wie etwa von Chrom oder Eisen, die in hohem Maße bestimmte Farbanteile des Lichtes absorbieren. Ein eisenhaltiger Olivin absorbiert beispielsweise alle Farben

**Abb. 3.18** Hämatit kann schwarze, rote oder braune Kristallmassen bilden, jedoch hinterlassen alle beim Streichen über eine unglasierte Porzellanplatte eine rotbraune Strichfarbe [*Foto: Breck P. Kent*].

**Abb. 3.19** Minerale können auch in Edelsteinqualität vorkommen. Rubine und Saphire gehören zur Gruppe der Korunde (Aluminiumoxide). Die intensive Farbe entsteht durch geringe Mengen an Verunreinigungen – so wird beispielsweise die rote Farbe des Rubins durch Chrom verursacht, das auch im Smaragd farbgebend ist [*Foto: John Grotzinger/Ramón Rivera-Moret/Harvard Mineralogical Museum*].

mit Ausnahme von Grün, das er reflektiert. Daher ist er grün, während der völlig eisenfreie Magnesium-Olivin weiß (transparent und farblos) ist.

**Verunreinigungen und Farbe** Alle natürlich vorkommenden Minerale enthalten Verunreinigungen. Mit Analysegeräten lassen sich heute selbst geringste Mengen bestimmter Elemente, in einigen Fällen bis zu 1 Milliardstel Gramm, nachweisen. Elemente, die weniger als 0,1 Prozent eines Minerals ausmachen, werden als Spurenelemente oder „Spuren" bezeichnet.

Einige Spurenelemente sind für die Rekonstruktion der Entstehung der Minerale, in denen sie auftreten, äußerst wertvoll. Andere, wie etwa die Spuren von Uran in einigen Graniten, sind für die natürliche Radioaktivität verantwortlich. Wieder andere, wie beispielsweise kleinste, fein verteilte Hämatitschuppen, die Feldspäte bräunlich oder rötlich färben, sind deswegen erwähnenswert, weil sie einem ansonsten farblosen Mineral eine gewisse Färbung verleihen. Viele der Edelsteinvarietäten unter den Mineralen, zum Beispiel Smaragd (grüner Beryll) und Saphir (blauer Korund), verdanken ihre Farbe Spuren spezifischer Verunreinigungen, die im Kristallgitter eingebaut sind (Abb. 3.19). Smaragd erhält seine Grünfärbung durch Chrom, die Ursachen der Blaufärbung des Saphirs sind Eisen und Titan.

Die Farbe eines Minerals kann zwar ein charakteristisches Merkmal sein, doch ist sie bei der Mineralbestimmung nicht der verlässlichste Anhaltspunkt. Einige Minerale treten stets in derselben Farbe auf, andere zeichnen sich durch ein großes Spektrum an Farben aus. Zahlreiche Minerale zeigen ihre charakteristische Farbe nur an frischen Bruchflächen oder nur auf angewitterten Oberflächen. Einige Minerale, wie beispielsweise Edelopale, entfalten ein verblüffendes Farbspiel auf reflektierenden Flächen, andere ändern geringfügig ihre Farbe in Abhängigkeit vom Einfallswinkel des Lichts.

## Spezifisches Gewicht und Dichte

Wiegt man ein Stück Eisenerz (Hämatit) und ein gleich großes Stück Schwefel in der Hand, ist der Gewichtsunterschied zwischen den beiden Stücken leicht zu bemerken. Aber bei vielen der häufig vorkommenden gesteinsbildenden Mineralen lässt sich mit diesem einfachen Vergleich kaum ein Unterschied feststellen, weil sich ihre **Dichte**, die als Masse pro Volumeneinheit definiert ist, nicht deutlich genug unterscheidet. Man benötigt deshalb ein anderes Verfahren, um die Dichte der Minerale auf einfache Weise mit hinreichender Genauigkeit zu ermitteln. Ein Standardmaß für die Dichte ist das **spezifische Gewicht**, das heißt das Gewicht eines Minerals in Luft, geteilt durch das Gewicht einer gleichen Volumenmenge reinen Wassers bei 4 °C.

Die Dichte hängt vom Atomgewicht der Bestandteile des Minerals und der Packungsdichte ab, mit der die Atome in der Kristallstruktur angeordnet sind. Das Eisenoxidmineral Magnetit hat eine Dichte von 5,2 g/cm$^3$, die zum Teil aus dem hohen Atomgewicht des Eisens resultiert, teils auch aus der dicht gepackten Struktur, die Magnetit mit den anderen Mineralen der Spinellgruppe gemein hat. Die Dichte des Eisensilicats Olivin ist mit 4,4 g/cm$^3$ geringer als die des Magnetits, weil erstens das Atomgewicht von Silicium niedriger ist und zweitens der Olivin eine offenere Gitterstruktur zeigt als die Minerale der Spinellgruppe. Der Magnesiumolivin hat mit 3,32 g/cm$^3$ eine noch geringere Dichte, weil Magnesium ein erheblich geringeres Atomgewicht als Eisen aufweist.

Eine Zunahme der Dichte, hervorgerufen durch eine Zunahme des Drucks, beeinflusst die Lichtdurchlässigkeit (Transmission) sowie die Wärmeleitung oder auch die Ausbreitungsgeschwindigkeit von Erdbebenwellen.

Experimente unter sehr hohen Drücken haben gezeigt, dass Olivin bei einem Druck, der einer Tiefe von 400 km entspricht, in die dichtere Kristallstruktur der Spinellgruppe übergeht. In einer noch größeren Tiefe von 670 km wird das Mantelmaterial weiter umgewandelt zu einem Silicatmineral mit der noch dichter gepackten Struktur des Minerals Perowskit (Calciumtitanat, $CaTiO_3$). Wegen des großen Volumens des unteren Erdmantels ist Perowskit möglicherweise das häufigste Mineral der Erde überhaupt. Einige Perowskit-Minerale wurden bereits synthetisch hergestellt, weil sie bei hohen Temperaturen Halbleiter darstellen, die elektrischen Strom verlustlos leiten und deshalb möglicherweise große kommerzielle Bedeutung erlangen werden. Mineralogen, die Erfahrung mit natürlich vorkommenden Mineralen haben, halfen bei der Klärung der Struktur dieses neu entwickelten Werkstoffs. Die Temperatur hat außerdem auch Einfluss auf die Dichte: Je höher die Temperatur steigt, desto offener werden die Kristallstrukturen und desto geringer ist folglich ihre Dichte.

## Kristallform

Die Gestalt, die einzelne Kristallflächen oder Kristallaggregate annehmen, wird als **Kristallform** oder **Habitus** bezeichnet. Man nennt sie nach häufig auftretenden geometrischen Formen: tafelig, blättrig, prismatisch, nadelig usw. Manche Minerale sind bereits an ihrer charakteristischen Kristallform zu erkennen, so wie die sechsflächigen Prismen des Quarzes mit ihren pyramidenartigen Spitzen. Die Kristallform spiegelt nicht nur die Anordnung der Atome und Ionen im Kristallgitter des Minerals wider, sondern zeigt auch, wie schnell und in welcher Richtung der Kristall bevorzugt gewachsen ist. So

**Abb. 3.20** Asbest (Chrysotil). Die Fasern lassen sich auf einfache Weise vom Mineral ablösen [*Foto: Runk/Schoenberger/Grant Heilman Photography*].

wächst ein nadeliger Kristall in einer bevorzugten Richtung sehr rasch und in den beiden anderen sehr langsam. Umgekehrt wächst ein tafeliger Kristall in einer bestimmten Richtung langsam und in den beiden rechtwinklig dazu stehenden Richtungen schnell. Faserig sind Kristalle, die in Form langer, dünner Fasern kristallisieren (Abb. 3.20). Ein Beispiel ist Asbest – eine Gruppe von Silicaten mit einer mehr oder weniger faserigen Kristallform. Einige Minerale der Asbestgruppe haben die unangenehme Eigenschaft, ständig winzige Bruchstücke abzugeben, die beim Einatmen in das Lungengewebe gelangen können. Andere Minerale mit schädlichen Eigenschaften wie etwa arsenhaltiger Pyrit sind toxisch, sofern sie mit der Nahrung aufgenommen werden, und andere setzen beim Erhitzen giftige Dämpfe frei. Bei vielen Bergleuten treten durch Staub verursachte Krankheiten auf, beispielsweise die Silikose, eine durch Einatmen von Quarzstaub hervorgerufene Erkrankung der Lunge.

**Tabelle 3.4** Physikalische Eigenschaften der Minerale

| Eigenschaft | Beziehung zu Chemismus und Kristallbau |
|---|---|
| Härte | Starke chemische Bindung bedingt hohe Härte. Minerale mit kovalenter Bindung besitzen im Allgemeinen eine größere Härte als solche mit Ionenbindung. |
| Spaltbarkeit | Die Spaltbarkeit ist schlecht, wenn die Bindungsstärke innerhalb der Kristallstruktur groß ist, sie ist gut, wenn die Bindungstärke gering ist. Minerale mit kovalenter Bindung zeigen nur eine undeutliche Spaltbarkeit oder diese kann auch fehlen; die Ionenbindung ist schwach und bedingt gute Spaltbarkeit. |
| Bruch | Die Form des Bruches ist abhängig von der Verteilung der Bindungsstärke auf anderen Flächen als den Spaltflächen. |
| Glanz | Kristalle mit Ionenbindung zeigen Glasglanz; Kristalle mit kovalenter Bindung zeigen eine reichhaltige Glanzausprägung. |
| Farbe | Wird bewirkt durch bestimmte Atome oder in geringen Mengen vorhandene Verunreinigungen.<br>Viele Kristalle mit Ionenbindung sind farblos. Eisen färbt gewöhnlich intensiv. |
| Strich | Die Farbe des fein zerriebenen Pulvers ist wegen der einheitlich geringen Korngröße charakteristischer als die Farbe des Kristalls. |
| Dichte | Ist abhängig von der relativen Atommasse und der Packungsdichte in der Kristallstruktur. Eisenminerale und alle Metalle haben eine hohe Dichte. Minerale mit kovalenter Bindung sind lockerer gepackt und haben daher eine geringe Dichte. |

Die in diesem Abschnitt behandelten physikalischen Eigenschaften der Minerale sind in Tabelle 3.4 zusammengefasst.

## Was sind Gesteine?

Eine der wesentlichen Aufgaben der Geologen besteht darin, aus den Gesteinsmerkmalen die Entstehungsgeschichte der Gesteine abzuleiten. In gleicher Weise sind solche genetischen Deutungen nicht nur für einen zunehmend besseren Kenntnisstand über Prozesse, die unseren Planeten betreffen, von entscheidender Bedeutung, sie dienen auch als wichtige Informationsquelle für potenzielle Rohstoffvorkommen. Da wir wissen, dass beispielsweise Erdöl in bestimmten Sedimentgesteinen mit einem hohen Gehalt an organischer Substanz entsteht, können wir mit wesentlich geringerem Aufwand und Risiko neue Lagerstätten erkunden. In gleicher Weise dienen Kenntnisse der Gesteinseigenschaften dazu, andere nutzbare und wirtschaftlich wichtige Mineral- und Energieressourcen wie Erdgas, Kohle und Erze aufzufinden.

Das Wissen, wie Gesteine entstehen, ermöglicht uns auch die Lösung von Grundbau- und Umweltproblemen. Ist dieses oder jenes Gestein für Rutschungen anfällig? Wie leitet es verunreinigtes Wasser in den Untergrund? Die unterirdische Lagerung radioaktiver und anderer Industrieabfälle ist von der Untersuchung des Gesteins abhängig, das als Endlager dienen soll.

In der Folge befassen wir uns mit den wichtigsten Gesteinsgruppen, ihren gesteinsbildenden Mineralen und mit den plattentektonischen Positionen, an denen diese Gesteine entstehen.

Ein Gestein ist ein natürlich vorkommendes festes Gemenge aus Mineralen, Bruchstücken von Mineralen oder Gesteinen, Organismenresten oder in einigen Fällen auch aus nicht mineralischer Substanz. Einige Gesteine wie etwa Marmor bestehen lediglich aus einer Mineralphase, in diesem Fall aus Calcit; sie sind monomineralisch. Einige Gesteine bestehen aus nicht mineralischem Material. Hierzu gehören beispielsweise die vulkanischen Gläser, wie etwa Obsidian oder Bimsstein, sowie die Kohle, die aus Pflanzenrückständen entstanden ist. In einem Aggregat sind die Minerale so vereinigt, dass sie ihre jeweilige Identität beibehalten (Abb. 3.21).

Was bestimmt das Erscheinungsbild der Gesteine? Gesteine unterscheiden sich sehr stark hinsichtlich ihrer

**Abb. 3.21** Minerale sind die Baustoffe der Gesteine [*Fotos: John Grotzinger/Ramón Rivera-Moret/Harvard Mineralogical Museum*].

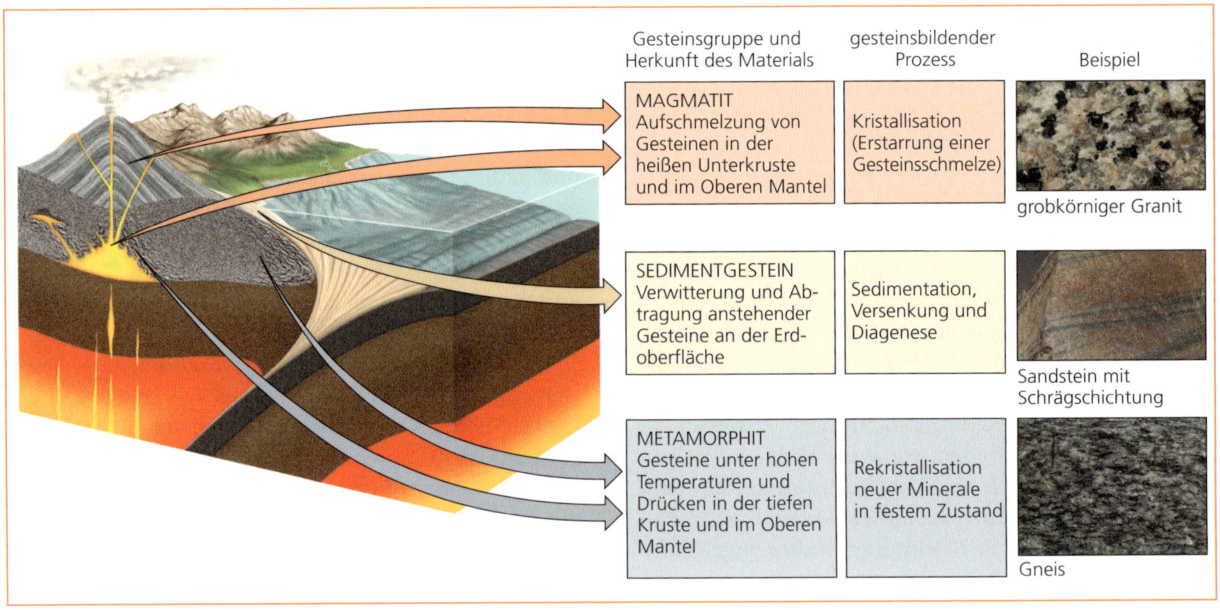


**Abb. 3.22** Die drei großen Gesteinsgruppen werden in sehr unterschiedlichen Bereichen der Erde und durch eine Vielzahl geologischer Prozesse gebildet [*Fotos: Granit und Gneis: John Grotzinger/Ramón Rivera-Moret/Harvard Mineralogical Museum; Sandstein: John Grotzinger/Ramón Rivera-Moret/MIT*].

Farbe, der Größe ihrer Kristalle oder Komponenten und der Minerale, aus denen sie bestehen. Entlang eines Straßeneinschnitts sehen wir zum Beispiel ein zerklüftetes, weiß und rosa geflecktes Gestein mit sich verzahnenden Kristallen, die groß genug sind, um sie mit bloßem Auge zu erkennen (Abb. 3.22). Gleich daneben finden wir möglicherweise ein graues Gestein mit großen, glitzernden Glimmerkristallen neben einigen Quarz- und Feldspatkörnern. Beide Gesteine können von Resten eines ehemaligen Strandes überdeckt sein, horizontal lagernden Schichten eines weiß und malvenfarbig gestreiften Gesteins, das aus miteinander verbackenen Sandkörnern zu bestehen scheint. All diese Gesteine können schließlich von einem dunklen, feinkörnigen Gestein mit winzigen weißen Pünktchen überlagert werden.

Das Erscheinungsbild der Gesteine wird teils durch ihre Mineralogie, teils durch ihr Gefüge bestimmt. Mineralogie bedeutet in diesem Zusammenhang: durch die relativen Anteile ihrer wichtigsten Minerale. **Gefüge** bedeutet Größe, Form und räumliche Anordnung der einzelnen Bestandteile. Sind die Kristalle oder Komponenten, die in den meisten Gesteinen nur wenige Millimeter Durchmesser erreichen, groß genug, um sie mit bloßem Auge erkennen zu können, dann werden die Gesteine als **grobkörnig**, oder wenn dies nicht möglich ist, als **feinkörnig** bezeichnet.

Mineralogie und Gefüge, die beide das Erscheinungsbild der Gesteine bestimmen, sind Abbild ihrer geologischen Entstehungsbedingungen – oder anders ausgedrückt: wo und wie die Gesteine entstanden sind (vgl. Abb. 3.22).

Das dunkle Gestein in unserem Straßeneinschnitt, das die Gesteinsabfolge nach oben abschließt, ist ein Basalt, der bei einem Vulkanausbruch entstanden ist. Mineralogie und Gefüge hängen hier von der chemischen Zusammensetzung des tief im Erdinneren aufgeschmolzenen Ausgangsgesteins ab und auch davon, ob es ein explosiver oder ein ruhiger effusiver Lavaausbruch war. Alle Gesteine, die aus der Erstarrung einer Gesteinsschmelze hervorgegangen sind, werden als **magmatische Gesteine** oder **Magmatite** bezeichnet.

Das weiß und blassrot gestreifte, geschichtete Gestein des Straßeneinschnitts, ein Sandstein, ist dadurch entstanden, dass sich zunächst Sandkörnchen an einem Strand ansammelten. Später wurde der Sand überdeckt, in größere Tiefen versenkt und durch Verkittung der Körner verfestigt. Alle Gesteine, die an der Erdoberfläche – sei es auf dem Festland oder im Meer – als Kies, Sand, Tonschlamm oder etwa in Form von Schalenresten Gehäuse tragender Organismen abgelagert worden sind, werden als **Sedimentgesteine** bezeichnet. Liegen sie unverfestigt vor, bezeichnen wir sie als Sedimente oder auch Lockersedimente, sind sie – meist als Folge einer Versenkung in tiefere Bereiche – verkittet, dann bezeichnen wir sie als Sedimentgesteine oder Sedimentite. (Im Bauwesen, wo das Wissen der Geologen beispielsweise bei Gründungen oder beim Tunnelbau gefragt ist, wird dagegen in Boden und Fels unterschieden.)

Das graue Gestein in unserem Straßeneinschnitt, ein Schiefer, enthält lagig angeordnete Kristalle von Glimmer, Quarz und Feldspat. Es bildete sich in tief der Erdkruste, wo unter hohen Temperatur- und Druckbedingungen die mineralogische Zusammensetzung und das Gefüge eines tief versenkten Sedimentgesteins umgewandelt worden ist. Generell werden alle Gesteine, die durch Umwandlung bereits vorhandener Gesteine in mehr oder weniger festem Zustand unter erhöhten Drücken und Temperaturen entstanden sind, als **metamorphe Gesteine** oder **Metamorphite** bezeichnet.

Diese drei Gesteinsarten, die wir in unserem Straßenanschnitt vorgefunden haben, gehören zu den drei großen Gesteinsgruppen – Magmatite, Sedimentgesteine und Metamorphite. Wir betrachten diese Gesteine nun etwas eingehender und verfolgen den Kreislauf der Gesteine mit all seinen geologischen Vorgängen, durch die jeder Gesteinstyp in die beiden anderen übergeführt werden kann, und wir werden dabei sehen, wie diese Prozesse letztendlich von der Plattentektonik und dem Klima gesteuert werden.

## Magmatische Gesteine

Magmatische Gesteine (auch Magmatite oder Erstarrungsgesteine, nach dem griechischen Wort mágma = geknetete Masse) entstehen durch die Kristallisation einer Gesteinsschmelze, eines Magmas. Eine solche Schmelze entsteht in großen Tiefen der Erdkruste oder im Oberen Mantel, wo die Temperaturen Werte von 700 °C und mehr erreichen, die zum Aufschmelzen der meisten Gesteine notwendig sind. Bei Abkühlung des Magmas unter den Schmelzpunkt haben einige Kristalle ausreichend Zeit, um eine Größe von mehreren Millimetern und darüber zu erreichen, ehe die gesamte Masse als grobkörniges magmatisches Gestein auskristallisiert. Wenn dagegen eine Gesteinsschmelze an der Oberfläche aus einem Vulkan ausfließt oder hervorbricht, das heißt explosiv gefördert wird, kühlt sie normalerweise rasch ab und erstarrt so schnell, dass keine Zeit für ein langsames Kristallwachstum zur Verfügung steht, dann bilden sich stattdessen viele winzig kleine Kristalle gleichzeitig. Das Ergebnis ist ein feinkörniges magmatisches Gestein. Bei plötzlicher Abkühlung, zum Beispiel im Meer, reicht es nicht einmal zur Entstehung kleiner Kristalle und die Gesteinsmasse wird zu einem Glas abgeschreckt. Aufgrund der Kristallgröße unterscheidet man daher zwei Gruppen von Magmatiten: Intrusiv- und Effusivgesteine.

### Intrusivgesteine und Effusivgesteine

**Intrusivgesteine** oder **Plutonite** entstehen aus langsam abkühlenden Magmen, die tief in der Erdkruste in andere Gesteine eingedrungen sind. Kühlt das Magma über einen langen Zeitraum ab, so kommt es zur Bildung großer Kristalle und damit zu einem grobkörnigen Gestein. Intrusivsteine sind daher an den sich verzahnenden, großen Kristallen erkennbar, die als Folge der allmählichen Abkühlung der Schmelze sehr langsam gewachsen sind (Abb. 3.23). Ein typisches Intrusivgestein ist beispielsweise **Granit**.

**Effusivgesteine** oder **Vulkanite** bilden sich aus den bei Vulkanausbrüchen geförderten und an der Erdoberfläche rasch abgekühlten Schmelzen. Effusivgesteine wie etwa der häufig vorkommende **Basalt** sind sehr einfach

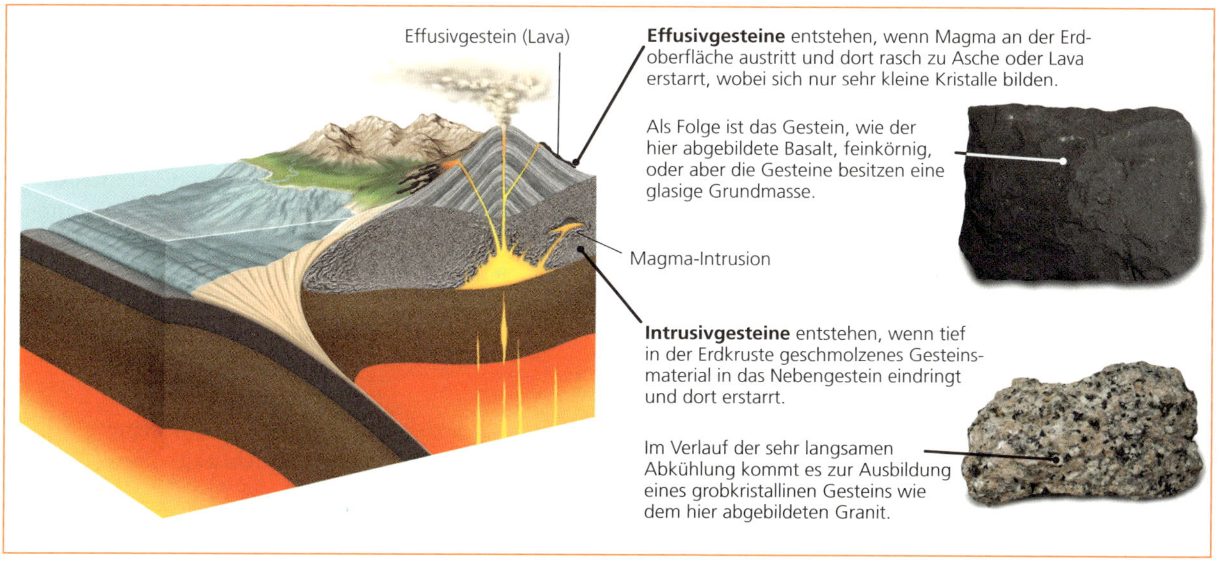


**Abb. 3.23** Entstehung der Effusiv- und Intrusivgesteine, dargestellt am Beispiel von Basalt und Granit [*Foto: John Grotzinger/Ramón Rivera-Moret/Harvard Mineralogical Museum*].

**Tabelle 3.5** Einige häufige Minerale in Magmatiten, Sedimentgesteinen und Metamorphiten

| magmatische Gesteine | Sedimentgesteine | metamorphe Gesteine |
|---|---|---|
| Quarz* | Quarz* | Quarz* |
| Feldspat* | Tonminerale* | Feldspat* |
| Glimmer* | Feldspat* | Glimmer* |
| Pyroxen* | Calcit | Granat* |
| Amphibol* | Dolomit | Pyroxen* |
| Olivin* | Gips | Staurolith* |
| – | Steinsalz | Disthen* |
| Silicate sind durch Sternchen (*) gekennzeichnet | | |

an ihrer feinkörnigen oder sogar glasigen Grundmasse zu erkennen (vgl. Abb. 3.23).

### Häufige Minerale

Die meisten Minerale der magmatischen Gesteine sind Silicate, teils, weil Silicium extrem häufiges Element ist, teils, weil Silicatminerale bei den sehr hohen Drücken und Temperaturen schmelzen, die erst in Bereichen der tieferen Erdkruste und des Erdmantels erreicht werden. Die häufigsten in Magmatiten auftretenden Silicatminerale sind Quarz, Feldspat, Glimmer, Pyroxen, Amphibol und Olivin (Tab. 3.5).

## Sedimentgesteine

Sedimente als Ausgangsmaterial der Sedimentgesteine bilden sich an der Erdoberfläche in Form von Schichten aus locker gelagerten Teilchen wie Sand, Silt (Schluff) oder auch aus Skelett- und Schalenbruchstücken von Organismen. Die einzelnen Sedimentbestandteile, wie beispielsweise Sandkörner oder auch Gerölle, entstehen durch Verwitterung und Erosion. Der Vorgang der **Verwitterung** umfasst sämtliche chemischen und physikalischen Prozesse, durch die Gesteine in Bruchstücke unterschiedlicher Größe zerfallen. Die aus der Verwitterung hervorgegangenen Gesteinsbruchstücke werden nachfolgend durch die Prozesse der **Erosion** und **Denudation** abtransportiert – jenen Vorgängen, die Böden und Gesteine auflockern und sie hang- oder flussabwärts an die Stelle verfrachten, an der sie dann als Sedimentschichten abgelagert werden (Abb. 3.24). Durch Verwitterung entstehen zwei Arten von Sedimenten:

- **Siliciklastische Sedimente** sind mechanisch abgelagerte Sedimentpartikel wie Quarz- und Feldspatkörner, die beispielsweise von einem verwitterten Granit stammen. Aber auch Silt- und Tonpartikel werden als siliciklastische Sedimente bezeichnet (abgeleitet von dem griechischen Wort klasis = zerbrechen). Diese Sedimente werden durch fließendes Wasser, durch Wind oder Eis transportiert und abgelagert und bilden Schichten aus Kies, Sand, Silt (Schluff) oder Ton.
- **Chemische und chemisch-biogene Sedimente** sind neu gebildete chemische Verbindungen, die durch Ausfällung entstehen, sofern bei der Verwitterung der Gesteine einige ihrer Bestandteile in Lösung gehen und mit dem Flusswasser in das Meer verfrachtet werden. Zu diesen chemischen und chemisch-biogenen Sedimenten gehören mineralische Lagen aus Steinsalz (Halit, Natriumchlorid) und Calcit (Calciumcarbonat, das am häufigsten in Form von Schalenmaterial gefunden wird), aber auch noch andere chemische Verbindungen, die Sedimente bilden.

### Vom Sediment zum Sedimentgestein

Sedimente unterliegen den Prozessen der **Diagenese** oder **Lithifizierung** und werden dadurch zu einem harten Sedimentgestein verfestigt. Dies erfolgt durch zwei Vorgänge:

- Durch **Kompaktion** als Folge des Gewichts übereinander abgelagerter Sedimente. Das Zusammenpressen der Komponenten auf ein kleineres Volumen führt zu einem Gestein mit größerer Dichte als das ursprüngliche Lockersediment.
- Durch **Zementation**, das heißt durch Ausfällung neu gebildeter Minerale in den Räumen zwischen den abgelagerten Komponenten, die dadurch verkittet werden.

Sedimente unterliegen im Allgemeinen jedoch erst nach der Überdeckung durch weitere Schichten der Kompaktion und Zementation. Demnach sind Sandsteine die Folge der Diagenese von Sandkörnern, und Kalksteine die Folge der Diagenese von Schalenmaterial und anderen Sedimentpartikeln aus Calciumcarbonat.

### Schichtung

Sehr viele Sedimente und Sedimentgesteine sind gekennzeichnet durch ihre **Schichtung**. Die parallelen Schichten bilden sich durch die Ablagerung von Partikeln am Boden eines Wasserkörpers, entweder im Meer, in Seen und Flüssen oder auf dem Festland, etwa als windverfrachtete Düne. Schichtung kann durch Unterschiede in der mineralogischen Zusammensetzung

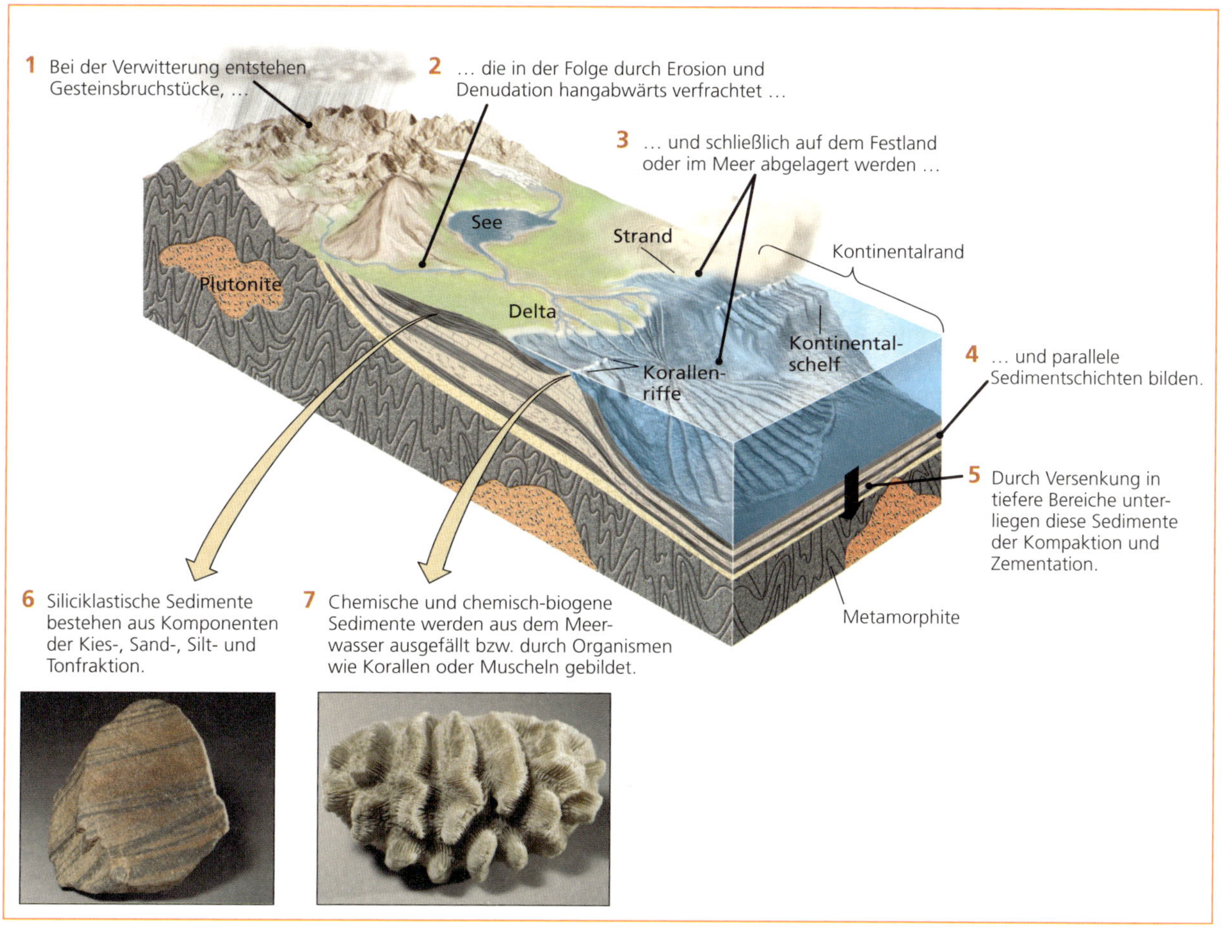


**Abb. 3.24** Durch Verwitterung kommt es zur Zerstörung der Gesteine und zur Bildung kleinerer Gesteinsbruchstücke, die in der Folge durch Erosion und Denudation zuerst hangabwärts und danach flussabwärts verfrachtet und schließlich an den Kontinentalrändern in Form von Sedimentschichten abgelagert werden. Andere Sedimente wie etwa Korallenriffe entstehen durch chemisch-biogene Fällung. Ein Teil der Korallen sind bereits kurz nach ihrer aktiven Wachstumsphase den Prozessen der Diagenese unterworfen, sie werden daher bei zunehmender Versenkung nicht mehr wesentlich verändert. Links: Sandstein mit Schrägschichtung. Rechts: fossile Koralle. [*Fotos: John Grotzinger/Ramón Rivera-Moret/Harvard Mineralogical Museum*].

hervorgerufen werden, wenn beispielsweise Tonsteine mit Kalksteinen wechseln, sie kann aber auch durch Unterschiede im Gefüge zustande kommen, wenn etwa eine grobkörnige Sandsteinlage mit einer feinkörnigen wechselt.

Da die Sedimente im Wesentlichen durch exogene Prozesse entstehen, bedecken sie große Teile der Festländer und Meeresböden. Insgesamt betrachtet sind die meisten an der Erdoberfläche auftretenden Gesteine Sedimentgesteine. Ihre Mächtigkeiten und damit ihre Volumina sind aber recht gering, verglichen mit den magmatischen und metamorphen Gesteinen, den Hauptbestandteilen der Erdkruste.

## Häufige Minerale

Die häufigsten Minerale in siliciklastischen Sedimenten sind Silicate, da sie auch in den Gesteinen vorherrschen, die unter Bildung von Sedimentkomponenten verwittern. Die häufigsten Minerale in siliciklastischen Sedimentgesteinen sind demzufolge Quarz, Feldspat, Glimmer und Tonminerale.

Die meisten chemisch oder chemisch-biogen gebildeten Sedimente bestehen aus Carbonaten wie etwa Calcit, dem Hauptbestandteil der Kalksteine. Ein weiteres Carbonatgestein ist Dolomit, ein Calcium-Magnesiumcarbonat, das entweder im Verlauf der frühen oder späten Diagenese gebildet wird. Zwei weitere chemische Sedimente, Gips und Steinsalz, sind das Produkt rein chemischer Ausfällung durch Verdunstung (Evaporation) von Meerwasser.

## Metamorphe Gesteine

Metamorphe Gesteine oder Metamorphite (griech. metamorphóo = umgestalten) bilden sich durch Änderung des Mineralbestands, der chemischen Zusammensetzung und des Gefüges in festem Zustand. Sie entstehen aus allen Gesteinsarten – Magmatiten, Sedimenten und Metamorphiten – unter dem Einfluss von hohen Temperaturen und Drücken tief im Erdinneren. Gesteine unterliegen bereits bei Temperaturen unterhalb ihres Schmelzpunktes (weniger als ca. 700 °C) der Metamorphose, die Temperaturen müssen jedoch so hoch sein (über 250 °C), dass sich die Gesteine durch Rekristallisation und chemische Reaktionen umwandeln.

## Regional- und Kontaktmetamorphose

Eine Metamorphose kann entweder große Gebiete oder lediglich lokale Bereiche erfassen (Abb. 3.25). Wo hohe Drücke und Temperaturen großräumig einwirken, wie dies etwa bei der Kollision von Platten der Fall ist, unterliegen die Gesteine der **Regionalmetamorphose**. Dieser Umwandlungsprozess ist mit umfassenden tektonischen Deformationen und grundlegenden Gefügeveränderungen in den betroffenen Gesteinen verbunden, wie sie für Gebirgsbildungen typisch sind. An den Rändern von Magmenintrusionen werden bei hohen Temperaturen die Gesteine unmittelbar am Kontakt und in der angrenzenden Zone durch **Kontaktmetamorphose** verändert.

Zahlreiche regionalmetamorphe Gesteine, wie etwa kristalline Schiefer oder Gneise, sind an ihrer charakteristischen **Schieferung** erkennbar. Das sind häufig wel-

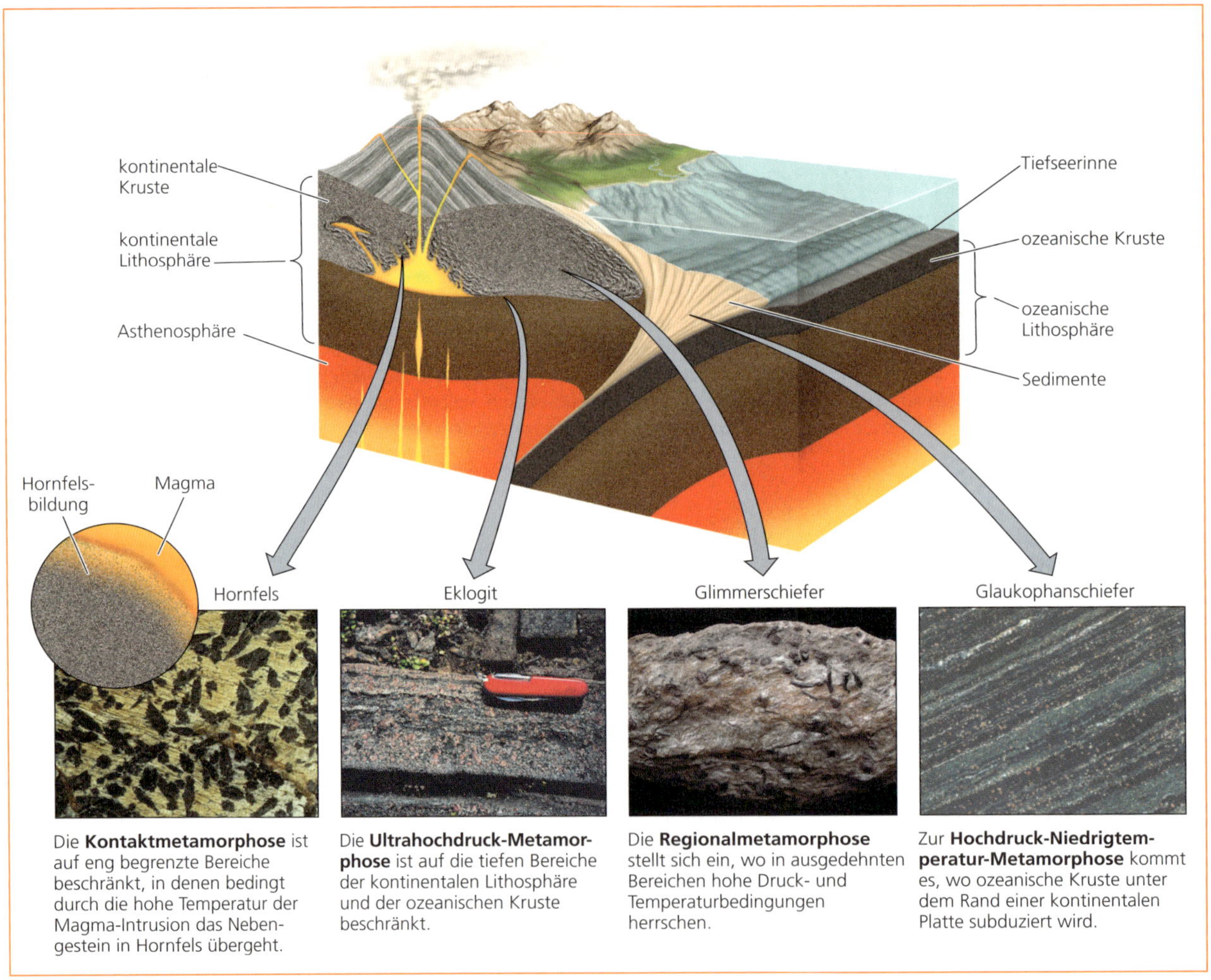


**Abb. 3.25** Metamorphite entstehen im Wesentlichen unter vier Bedingungen. Die Fotos zeigen von links nach rechts: Hornfels [*Foto: Biophoto Associates/Photo Researchers*], Eklogit [*Foto: Julie Baldwin*], Glimmerschiefer [*Foto: John Grotzinger*] und Glaukophanschiefer [*Foto: Mark Cloos*].

lige oder ebene Flächen, die durch Deformationsprozesse, vor allem durch Faltung im Gestein, entstanden sind. Für die meisten kontaktmetamorphen Gesteine sind eher richtungslos körnige Gefüge typisch. Zu einer Zunahme der Korngrößen kommt es jedoch auch bei sehr hohen Druck- und Temperaturbedingungen in einigen regionalmetamorph veränderten Gesteinen.

### Häufige Minerale

Silicate sind die häufigsten Minerale der Metamorphite, weil diese letztlich die Umwandlungsprodukte anderer silicatreicher Ausgangsgesteine sind (vgl. Tab. 3.5). Typische Minerale der Metamorphite sind Quarz, Feldspat, Glimmer, Pyroxen und Amphibol, die gleichen Minerale also wie in Magmatiten. Weitere Silicate wie etwa Staurolith und Disthen sowie einige Varietäten des Minerals Granat sind ausschließlich für Metamorphite kennzeichnend. Sie entstehen unter hohen Druck- und Temperaturbedingungen innerhalb der Kruste und sind daher für magmatische Gesteine nicht typisch. Sie sind deshalb gute Leitminerale für die Bedingungen, unter denen eine Metamorphose erfolgt. Calcit ist Hauptbestandteil der Marmore, die nichts anderes sind als metamorphe Kalksteine.

## Der Kreislauf der Gesteine: Wechselwirkungen der Systeme Plattentektonik und Klima

Seit mehr als 200 Jahren wissen Geowissenschaftler, dass die drei großen Gesteinsgruppen – Magmatite, Metamorphite und Sedimentgesteine – jeweils ineinander übergehen können, als Ausdruck wichtiger Prozesse, die in und auf der Erde ablaufen. Aus dieser Kenntnis heraus entwickelte sich die Vorstellung eines **Kreislaufs der Gesteine**, von dem wir heute wissen, dass er letztendlich das Wechselspiel von zwei der drei wesentlichen Systeme der Erde widerspiegelt: Plattentektonik und Klima. Angetrieben von den Wechselwirkungen dieser beiden Systeme kommt es zum Transfer von Material und Energie zwischen Erdinnerem, Landoberfläche, den Ozeanen und der Atmosphäre. Beispielsweise ist das Aufschmelzen subduzierter Lithosphärenplatten und die Bildung von Gesteinsschmelzen das Ergebnis von Prozessen, die innerhalb des Systems Plattentektonik ablaufen. Dringt dieses geschmolzene Gesteinsmaterial bis an die Oberfläche auf, gelangt dabei nicht nur Material, sondern auch Energie an die Erdoberfläche, wo dieses Material (neu gebildete Gesteine) den vom System Klima angetriebenen Prozessen der Verwitterung ausgesetzt ist. Gleichzeitig gelangen Kohlendioxid und vulkanische Asche bis in die obere Atmosphäre, wo sie weltweit das Klima beeinflussen. Ändert sich das Klima im globalen Maßstab, indem es entweder wärmer oder kälter wird, ändert sich die Geschwindigkeit und Intensität der Verwitterung, was wiederum die Geschwindigkeit beeinflusst, mit der Material, in diesem Fall Sedimente, in das Erdinnere zurückgelangt.

Der Gesteinskreislauf beginnt mit der Bildung neuer ozeanischer Lithosphäre an einem mittelozeanischen Rücken durch das Auseinanderdriften zweier Kontinente (Abb. 3.26). Der Ozean erweitert sich, bis sich ab einem bestimmten Punkt der Prozess umkehrt und der Ozean sich schließt. Schließt sich ein Ozeanbecken, tauchen die an einem mittelozeanischen Rücken erstarrten Magmatite schließlich an einer Subduktionszone unter eine kontinentale Platte ab. Die auf dem Kontinent gebildeten und an seinen Rand verfrachteten Sedimente können ebenfalls in der Subduktionszone nach unten gelangen, und schließlich können die Kontinente, die einst auseinander drifteten, miteinander kollidieren. Die in der Subduktionszone abtauchenden Magmatite und Sedimente gelangen immer tiefer in das Erdinnere, beginnen zu schmelzen und erzeugen damit eine neue Generation von Magmatiten. Die hohe Temperatur, die mit der Intrusion dieser Magmatite verbunden ist, sowie die erhöhten Druck- und Temperaturbedingungen, die sich aus dem Schub in Bereiche tief innerhalb der Erde ergeben, führen zur Umwandlung der Magmatite einschließlich ihrer Nebengesteine in Metamorphite. Während des Kollisionsvorgangs werden sowohl Magmatite als auch Metamorphite deformiert und gefaltet und zu einem Gebirge herausgehoben. Die herausgehobenen Magmatite und Metamorphite unterliegen danach allmählich der Verwitterung.

Die Interaktion zwischen dem System Plattentektonik (Heraushebung der Gesteine) und dem System Klima (Verwitterung der herausgehobenen Gesteine) führen zum Zerfall magmatischer und metamorpher Gesteine zu lockerem Sedimentmaterial, das von der Erosion abtransportiert wird. Wasser und Wind verfrachten einen Teil dieser Sedimente über den Kontinent und schließlich an dessen Rand, wo das Festland an den Ozean grenzt. Die im Meer abgelagerten Sedimente werden von den nachfolgenden Sedimentschichten überdeckt, wobei sie allmählich durch Diagenese zu Sedimentgesteinen verfestigt werden. Diese marinen Sedimentbildungsräume können ebenso wie die zu Beginn des Kreislaufs erwähnten Ozeane an mittelozeanischen Rücken durch den Vorgang des Seafloor-Spreading entstanden sein und damit schließt sich der Kreislauf der Gesteine. Dieser hier beschriebene Ablauf – Auseinanderbrechen eines Kontinents, Bildung von neuem Ozeanboden und nachfolgende Schließung eines Ozeans – ist nur eine Variante unter vielen. Jeder Gesteinstyp, ob

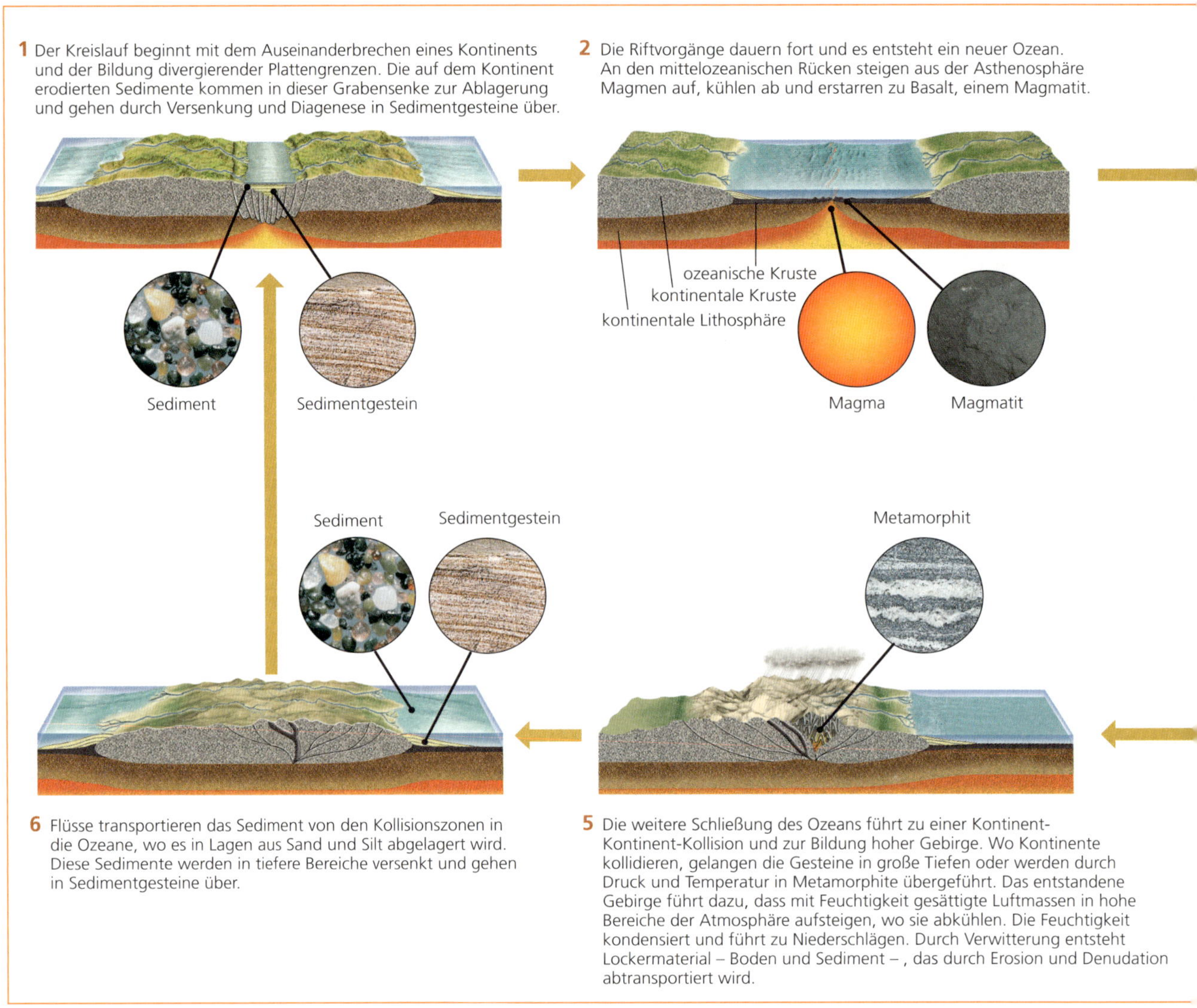


**Abb. 3.26** Der Kreislauf der Gesteine resultiert aus den Wechselwirkungen der Systeme Plattentektonik und Klima.

Metamorphit, Sedimentgestein oder Magmatit, kann im Verlauf einer Gebirgsbildung herausgehoben und freigelegt werden, verwittern und durch Abtragung zum Ausgangsmaterial für neue Sedimente werden. Manche Schritte eines solchen Kreislaufs können auch übersprungen werden. Aus Tiefbohrungen wissen wir, dass es in vielen Kilometern Tiefe in der Kruste magmatische Gesteine gibt, die nie herausgehoben wurden und der Verwitterung oder Abtragung ausgesetzt waren.

Der Kreislauf der Gesteine endet niemals, er ist kontinuierlich im Gange, in unterschiedlichen Stadien und in unterschiedlichen Teilen der Erde. Zu jedem gegebenen Zeitpunkt entstehen an irgendeinem Ort der Erde Gebirge und werden wieder abgetragen, und irgendwo anders setzt sich Sedimentschicht auf Sedimentschicht ab. Die Gesteine, die unsere feste Erdkruste bilden, unterliegen einem immerwährenden Kreislauf. Und doch können wir lediglich die an der Erdoberfläche ablaufenden Teilbereiche des Gesteinskreislaufs unmittelbar beobachten und müssen die in der tieferen Kruste stattfindenden Prozesse aus indirekten Hinweisen ableiten.

## Minerale bilden wertvolle Ressourcen

Wir kennen nun die wichtigsten Eigenschaften der Minerale und Gesteine und wissen, wie die beiden Systeme Plattentektonik und Klima ineinander greifen und den Kreislauf der Gesteine aufrechterhalten. Auch für die Bildung wirtschaftlich wichtiger Anreicherungen von

3 Die Subsidenz der kontinentalen Kruste – das Absinken der Lithosphäre – führt zur Akkumulation von Sedimentmaterial, das durch die nachfolgende Versenkung und Diagenese zu Sedimentgestein verfestigt wird.

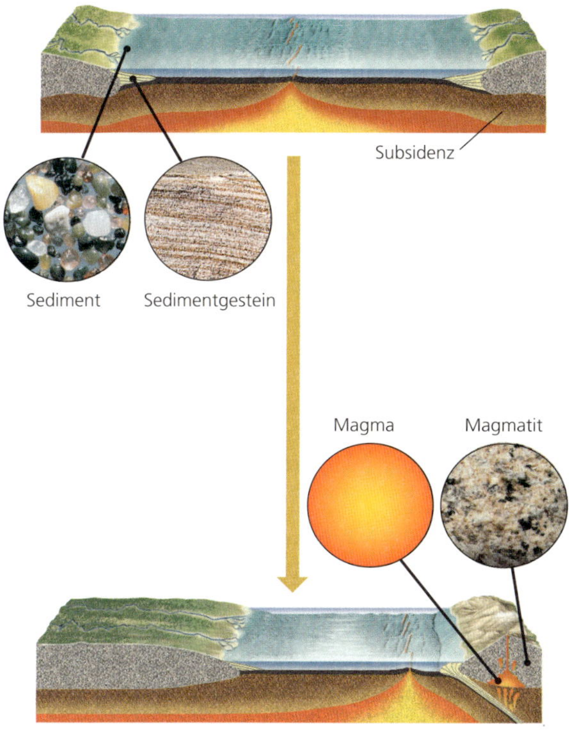


4 Die Subduktion ozeanischer Kruste unter einen Kontinent lässt ein mit Vulkanen durchsetztes Gebirge entstehen. Die abtauchende Platte wird aufgeschmolzen. Von der schmelzenden Platte sowie aus dem Mantel steigt Magma nach oben und erstarrt als granitisches Intrusivgestein.

**Abb. 3.27** Gediegenes Gold auf Quarz [*Foto: Chip Clark*].

Mineralen in der Erdkruste erweist sich der Kreislauf der Gesteine als entscheidender Vorgang. Das Auffinden solcher Lagerstätten ist eine überaus wichtige Aufgabe der Geologen, daher steht die Bildung von Bodenschätze im Mittelpunkt der nachfolgenden Abschnitte.

Die chemischen Elemente der Erdkruste, die auf eine Vielzahl von Mineralen verteilt sind, treten in zahlreichen, sehr unterschiedlichen Gesteinen auf. In den meisten Fällen finden wir diese Elemente in homogener Verteilung zusammen mit anderen Elementen – in der Regel in Mengen, die dem Durchschnittsgehalt der Erdkruste entsprechen. Beispielsweise enthält gewöhnlicher Granit einige wenige Prozent Eisen, was dem durchschnittlichen Eisengehalt in der Erdkruste nahezu entspricht.

Treten Elemente in höheren Konzentrationen auf, sind sie durch geologische Prozesse angereichert worden. In einigen Fällen sind solche Anreicherungen wichtiger Minerale auf den Kreislauf der Gesteine zurückzuführen. Der **Anreicherungs-** oder **Konzentrationsfaktor** eines Elements in einem Erzkörper ergibt sich aus dem Verhältnis der Häufigkeit eines Elements in einer Lagerstätte zu seiner durchschnittlichen Häufigkeit in der Kruste. Hohe Element-Konzentrationen treten aber nur in einer begrenzten Anzahl bestimmter geologischer Positionen auf. Auf einige dieser Beispiele wird in den nachfolgenden Abschnitten eingegangen. Diese Vorkommen sind wirtschaftlich interessant, denn je höher die Konzentration des Rohstoffs in einer Lagerstätte ist, desto gewinnbringender lässt er sich abbauen.

## Erzminerale

Reiche Vorkommen von Mineralen, aus denen Metalle wirtschaftlich gewonnen werden können, werden als Erzlagerstätten bezeichnet. Minerale, die diese Metalle enthalten, bezeichnet man als **Erze** oder **Erzminerale**. Dazu gehören die Sulfide (als die wichtigste Gruppe), Oxide und Silicate, das heißt Verbindungen von metallischen Elementen jeweils mit Schwefel, Sauerstoff und Silicium. Das Kupfererz Kupferindig (Covellin) ist ein Kupfersulfid (CuS), das Eisenerz Hämatit ein Eisenoxid ($Fe_2O_3$), das Nickelerz Garnierit ein Nickelsilicat ($Ni_3Si_2O_5[OH]_4$). Darüber hinaus treten einige Metalle wie Gold gediegen auf, da sie keine Verbindung mit anderen Elementen eingehen (Abb. 3.27).

Aus der Diskussion des Gesteinskreislaufs ist bekannt, dass es an aktiven Kontinentalrändern, an denen Gesteinsmaterial subduziert wird, zur Aufschmelzung ozeanischer Lithosphäre und damit zur Bildung von Magmatiten kommt. Sofern dabei heiße, so genannte **hydrothermale Lösungen** entstehen, kann es in geeigneten tektonischen Positionen in der Umgebung der geschmolzenen Gesteinsmasse zur Bildung größerer Erzlagerstätten kommen. Dies geschieht, wenn zirkulierendes Grundwasser mit einem heißen Intrusivkörper in Kontakt kommt, mit ihm reagiert und die bei dieser Reaktion freigesetzten erheblichen Mengen an Elementen und Ionen abtransportiert. Diese Elemente und ihre Ionen reagieren miteinander unter Bildung von Erzmineralen, vor allem dann, wenn die Lösung im Nebengestein abkühlt.

## Ganglagerstätten

Wenn hydrothermale Lösungen in tektonisch zerrüttete Gesteine eindringen, kommt es häufig zur Abscheidung von Erzmineralen. Die Lösungen können dort auf einfache Weise in Klüfte und Spalten eindringen, wo sie rasch abkühlen und es zu einer beschleunigten Abscheidung der Erzminerale kommt. Solche platten- oder schichtförmigen Erzkörper auf Spalten oder Klüften werden als **Ganglagerstätten** oder kurz als **Gänge** bezeichnet. Einige Erze treten in den Gängen selbst auf, andere im angrenzenden Nebengestein, das durch die Erwärmung und das Eindringen der erzbildenden Lösungen thermisch verändert wurde. Da die Lösungen mit dem Nebengestein reagieren, können sich Erzminerale zusammen mit Quarz, Calcit oder anderen häufigen Mineralen – der so genannten **Gangart** – abscheiden. Hydrothermale Gänge gehören zu den wichtigsten Lagerstätten von Metallen wie beispielsweise Gold (Abb. 3.28).

Viele Metalle scheiden sich in sulfidischer Form ab, etwa als Eisensulfid (Pyrit), Bleisulfid (Bleiglanz), Zinksulfid (Zinkblende, Sphalerit), Quecksilbersulfid (Zinnober) (Abb. 3.29) und Kupfersulfid (Covellin und Kupferglanz). Erreichen hydrothermale Lösungen die Oberfläche, so treten sie in Form von heißen Quellen und Geysiren aus, von denen viele beim Abkühlen Erzminerale abscheiden, darunter Blei-, Zink- und Quecksilbererze.

## Imprägnationslagerstätten

Erzlagerstätten, bei denen in großen Gesteinsmassen die Erzminerale fein verteilt vorliegen, werden als **Imprägnationslagerstätten** bezeichnet. Die Minerale finden sich sowohl in magmatischen als auch in Sedimentgesteinen, eingesprengt auf zahlreichen feinen Rissen und Spalten. Zu den wirtschaftlich bedeutendsten Imprägnationslagerstätten gehören die „Porphyry Copper Ores“ in Chile und in den südwestlichen Vereinigten Staaten.

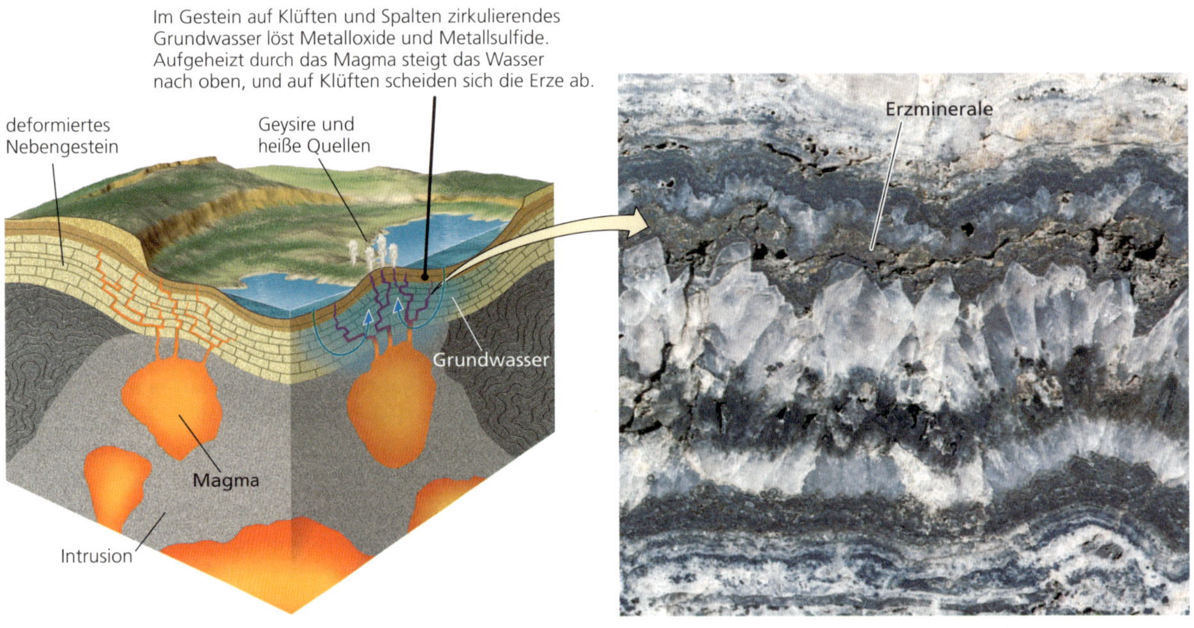


**Abb 3.28** Viele Erzlagerstätten treten in Form hydrothermaler Gänge auf, die sich aus heißen, von Magmenintrusionen aufsteigenden Lösungen abscheiden. Das Farbbild zeigt einen lagig aufgebauten Quarzgang von ungefähr einem Zentimeter Dicke mit gediegen Gold und Silbererzen; Oatman, Arizona [*Foto: Peter Kresan*].

**Abb. 3.29** Sulfidische Erzminerale; sie sind insgesamt die häufigsten Erzminerale [*Foto: Chip Clark*].

Derartige Lagerstätten bilden sich in geologischen Positionen, in denen es häufig zur Intrusion von Gesteinsschmelzen kommt, die meist große Intrusivkörper bilden. In Chile sind diese Intrusivkörper an die Subduktion von ozeanischer Lithosphäre unter den Anden gebunden, entsprechend der Situation, die im Zusammenhang mit dem Kreislauf der Gesteine beschrieben wurde. Das häufigste Kupfermineral in diesen Porphyry Copper Ores ist Kupferkies, ein Kupfer-Eisen-Sulfid (Abb. 3.30). Das Kupfer wurde abgeschieden, als die Erz bringenden Lösungen auf unzähligen kleinen Rissen und Spalten in porphyrisch strukturierte, saure Intrusivgesteine (granitische Gesteine, die in einer feinkörnigen Grundmasse große Feldspateinsprenglinge enthalten) und in das Nebengestein eindrangen, das die höheren Teile des Plutons einhüllt. Einige bisher unbekannte Prozesse im Zusammenhang mit der Intrusion oder ihren Nachwirkungen, möglicherweise aber auch spätere Vorgänge, führten zur intensiven Zerklüftung oder sogar Brekziierung der betroffenen Gesteinspartien. Innerhalb des gesamten ausgedehnten Netzwerks dieser winzigen Brüche haben hydrothermale Lösungen die Gesteine imprägniert und durch Abscheiden von Erzmineralen verkittet. Solche großräumigen Imprägnationen führten trotz relativ geringer Metallgehalte zu großen Ressourcen von etlichen Millionen Tonnen Erz, die durch großdimensionierten Abbau, häufig im Tagebau, wirtschaftlich genutzt werden (Abb. 3.31). Porphyrische Kupferlagerstätten decken derzeit mehr als die Hälfte der Weltproduktion an Kupfer.

Ausgedehnte hydrothermale Imprägnationslagerstätten können auch in Sedimentgesteinen auftreten, wie beispielsweise in der Blei-Zink-Provinz des oberen Mississippi-Tals, die sich vom Südwesten des Staates Wisconsin bis nach Kansas und Oklahoma erstreckt. Da die Erze dieser Provinz nicht mit einer bekannten Magmenintrusion verknüpft sind, die als Lieferant der hydrothermalen Lösungen gedient haben könnte, ist die Entstehung dieser Vererzung unbekannt. Einige Geologen vermuten, dass die Erze aus zirkulierendem Grundwasser abgeschieden worden sind, das von den ehemaligen Appalachen abgeflossen ist, als diese noch ein erheblich

**Abb. 3.30** Kupfererze. Kupferkies und Kupferglanz sind Kupfersulfide. Malachit ist ein Kupfercarbonat, das zusammen mit den Kupfersulfiden auftreten kann [*Foto: Chip Clark*].

**Abb. 3.31** Kupfererz-Tagebau der Kennecott Copper Mine, Utah. Tagebau ist ein typisches großdimensioniertes Abbauverfahren für Erzlagerstätten mit geringen Metallkonzentrationen [*Foto: David R. Frazier/ The Image Works*].

höheres Gebirge waren. Bei der Kollision der Kontinente Nordamerika und Afrika kam es offenbar großräumig zu einem Auspressen von Fluiden, die aus großen Tiefen der Kollisionszone in das Innere des nordamerikanischen Kontinents abgewandert sind. Das Grundwasser dürfte in großer Tiefe in heißes Gestein eingedrungen sein, dort die Erzminerale gelöst haben, und dann nach oben in das überlagernde Sedimentgestein aufgestiegen sein, wo es schließlich seine Minerale in Hohlräumen abgeschieden hat. In einigen Fällen haben die erzbringenden Lösungen, als sie in die Kalksteinserien einsickerten, einen Teil der Carbonate gelöst und sie danach durch gleiche Volumina neu gebildeter Sulfidkristalle ersetzt. Die häufigsten Minerale in den hydrothermalen Lagerstätten dieser Provinz sind Bleisulfid (Bleiglanz) und Zinksulfid (Zinkblende).

## Magmatische Lagerstätten

Die wichtigsten **magmatischen Lagerstätten** – Erzlagerstätten in magmatischen Gesteinen – treten in Form gravitativer Entmischungen von Erzmineralen in den bodennahen Bereichen der Intrusionen auf. Solche Lagerstätten entstehen, wenn Minerale mit niedriger Schmelztemperatur bereits zu einem frühen Zeitpunkt aus dem Magma auskristallisieren, nach unten absinken und sich am Boden der Magmakammer anreichern. Die meisten Chrom- und Platinerze der Welt, wie etwa die in den Lagerstätten von Südafrika und Montana, bestehen aus solchen geschichteten oder bandförmigen Anreicherungen von Mineralen, die auf diese Weise entstanden sind (Abb. 3.32). Einer der reichsten jemals gefundenen Erzkörper liegt bei Sudbury in Ontario, Kanada. Dieser

**Abb. 3.32** Chromit (Chromerz, dunkle Lagen) in einer schichtig ausgebildeten Intrusion. Bushveld Complex, Südafrika [*Foto: Spence Titley*].

große basische Intrusivkörper enthält an seiner Basis große Mengen von lagig ausgeschiedenen Nickel-, Kupfer- und Eisensulfiden. Von derartigen Sulfidlagerstätten glaubt man, dass sie durch die Kristallisation einer schweren sulfidreichen Schmelze entstanden sind, die sich vom Rest des abkühlenden Magmas getrennt hatte und zum Boden der Magmakammer absank, ehe sie erstarrte. Diese Deutung der Lagerstättenbildung ist allerdings umstritten.

**Pegmatite** sind extrem grobkörnige Intrusivgesteine granitischer Zusammensetzung, die gewöhnlich in Form von Adern, Gängen oder Linsen in granitischen Batholithen oder in deren Nebengesteinen auftreten. Kühlt das Magma einer großen Granitintrusion ab, erstarrt der letzte Teil der Schmelze zu einem Pegmatit, in dem Minerale angereichert sind, die im Muttergestein nur in Spuren vorkommen. Aus diesem Grund können Pegmatite Lagerstätten seltener Minerale enthalten, die reich an Elementen wie Bor, Lithium, Fluor, Niob und Uran sind, aber auch Edelsteine wie etwa Turmaline und Berylle führen.

## Sedimentäre Lagerstätten

Zu den **sedimentären Erzlagerstätten** gehören einige der wertvollsten Rohstoffvorkommen der Erde. Viele wirtschaftlich wichtige Minerale reichern sich durch normale sedimentäre Prozesse an.

Sedimentäre Erzlagerstätten bilden ebenfalls wichtige Vorkommen von Kupfer, Eisen und anderen Metallen. Diese Ablagerungen sind chemische Fällungsprodukte in sedimentären Bildungsräumen, denen große Mengen von Metallen in Lösung zugeführt wurden. Einige der wichtigsten Kupfererze, wie etwa die Erze des permischen Kupferschiefers in Deutschland und Polen, dürften aus metall- und sulfidreichen hydrothermalen Lösungen abgeschieden worden sein, die am Meeresboden mit den Sedimenten reagierten, doch gibt es bezüglich der Genese des Kupferschiefers auch andere Meinungen.

Die tektonische Position dieses Lagerstättentyps dürfte am wahrscheinlichsten an mittelozeanischen Rücken zu suchen sein, sofern diese Lagerstätten nicht auf einem Kontinent entstanden sind. Dort führte das Auseinanderbrechen des Kontinents zur Bildung einer tiefen Grabensenke, in der die Sedimente und Erzminerale unter ruhigen Wasserbedingungen abgelagert wurden.

Viele reiche Lagerstätten, die Gold, Diamanten und andere spezifisch schwere Minerale, wie etwa Magnetit, Chromit, Titanminerale oder Zinnstein (Cassiterit) führen, sind so genannte Seifenlagerstätten oder kurz Seifen. Das sind Erzlagerstätten, die in Flüssen oder vereinzelt auch an Stränden durch die mechanischen Sortierungsvorgänge von Strömungen angereichert werden. Diese Erzlagerstätten verdanken ihre Entstehung weitgehend den Prozessen der Verwitterung und des Sedimenttransports im oberflächennahen Teil des Gesteinskreislaufs. Herausgehobene Gesteine verwittern unter Bildung klastischer Sedimentkomponenten, die nachfolgend beim Transport nach ihrem Gewicht sortiert werden.

Da die schweren Minerale in einer Strömung schneller absinken als die leichten, wie etwa Quarz und Feldspat, reichern sich die Schwerminerale gewöhnlich am Gleithang der Flüsse und in Sandbänken an. Dort ist die Strömung zu schwach, um die Schwerminerale zu verfrachten, während sie noch ausreicht, die leichteren Minerale in Schwebe zu halten und zu transportieren. In ähnlicher Weise können durch Meereswellen Schwerminerale abgelagert werden, vorzugsweise im Strandbereich oder auf flachen, vorgelagerten Sandbänken. Der Goldwäscher ahmt die Natur nach: Durch kreisförmige Bewegungen der wassergefüllten Waschpfanne werden die leichten Minerale herausgewaschen und das schwerere Gold bleibt im Zentrum des Pfannenbodens zurück.

Einige Seifen können stromauf bis zur ursprünglichen Lagerstätte – meist magmatischer Herkunft – zurückverfolgt werden, von der die Minerale abgetragen worden sind. Die Erosion des Mother Lode, eines ausgedehnten goldhaltigen Gangsystems an der Westflanke des Sierra-Nevada-Batholithen, führte zu den Goldseifen, die im Jahre 1848 entdeckt wurden und in Kalifornien den Goldrausch ausgelöst haben. Die Seifen waren bereits lange vor der eigentlichen Lagerstätte entdeckt worden. Dieselbe Entdeckungsfolge wiederholte sich zwei Jahrzehnte später in Südafrika bei der Entdeckung der Kimberley-Diamantmine.

## Zusammenfassung des Kapitels

**Minerale:** Die Baustoffe der Gesteine sind natürlich vorkommende anorganische Festkörper mit einer charakteristischen Kristallstruktur und chemischen Zusammensetzung, die nicht immer festgelegt sein muss, sondern innerhalb gewisser Schwankungsbreiten variieren kann. Ein Mineral besteht aus Atomen, den kleinen Bausteinen der Materie, zwischen denen verschiedenartige chemische Bindungen wirksam sind. Jedes Atom besitzt einen Kern aus Protonen und Neutronen, der von einer Elektronenhülle umgeben ist, und in der die Elektronen unterschiedliche Schalen besetzen. Die Kernladungszahl eines Elements entspricht der Zahl der Protonen im Kern und zugleich der Zahl der Elektronen im neutralen Atom. Die Atommasse ist die Summe der Masse aller Protonen und Neutronen.

**Anordnung der Atome im Kristall eines Minerals:** Chemische Elemente und Verbindungen reagieren miteinander und bilden neuen Substanzen – entweder durch Aufnahme beziehungsweise Abgabe von Elektronen und Übergang in ionische Form oder durch gemeinsame Elektronen. Die Ionen einer chemischen Verbindung werden durch Ionenbindung zusammengehalten, das heißt durch die elektrostatische Anziehung zwischen den positiv geladenen Kationen und den negativ geladenen Anionen. Atome, die Elektronen gemeinsam haben, werden durch kovalente Bindung zusammengehalten. Damit ein Mineral auskristallisieren kann, müssen die Atome und Ionen im richtigen Verhältnis vorliegen und sich mit ihren Bindungspartnern so anordnen, dass ein regelmäßiges dreidimensionales Kristallgitter entsteht, in der sich dieselbe Grundstruktur, die Elementarzelle, in allen Richtungen wiederholt.

**Die häufigsten gesteinsbildenden Minerale:** Die häufigsten Minerale der Erdkruste sind die Silicate. Es sind Minerale mit $SiO_4$-Tetraedern als Grundbausteine, die auf unterschiedliche Weise miteinander verknüpft sein können. Diese Tetraeder können isoliert auftreten (Olivin), oder sie können in Doppeltetraedern (Melilith), in Ringen (Turmalin), einfachen Ketten (Pyroxen), in Doppelketten beziehungsweise Bändern (Amphibol), in Schichten (Glimmer) oder Gerüsten (Feldspat) angeordnet sein. Die Carbonatminerale bestehen aus Carbonat-Ionen, die an Calcium oder Magnesium, aber auch an andere Elemente gebunden sind. Oxidische Minerale sind Verbindungen von Sauerstoff mit Metallen. Sulfide und Sulfate bestehen aus Schwefelatomen im Verbund mit Metallen.

**Die physikalischen Eigenschaften der Minerale:** Aus der chemischen Zusammensetzung und dem Aufbau des Kristallgitters ergeben sich verschiedene physikalische Eigenschaften. Die Härte ist ein Maß dafür, wie leicht eine Mineraloberfläche von einem Prüfkörper geritzt werden kann. Die Spaltbarkeit entspricht der Fähigkeit eines Minerals, an ebenen Flächen zu spalten oder zu brechen. Der Bruch zeigt, wie ein Mineral an unregelmäßigen Flächen bricht. Der Glanz ergibt sich daraus, wie das Licht in den Außenschichten eines Minerals reflektiert oder gebrochen wird. Farbe wird durch das in den Kristallen oder derben Massen entweder absorbierte oder reflektierte Licht bestimmt oder sie ergibt sich aus dem so genannten Strich (der Farbe des fein verteilten Mineralpulvers auf der Strichplatte). Die Dichte berechnet sich als Masse pro Volumeneinheit. Und schließlich kennzeichnet der Kristallhabitus die Gestalt der einzelnen Kristalle oder Kristallaggregate.

**Eigenschaften und Entstehung der Gesteine:** Die Mineralogie (die Art und Eigenschaften der Minerale, aus denen die Gesteine bestehen) und das Gefüge (die Größe, Form und räumliche Anordnung ihrer Kristalle oder Komponenten) bestimmen die Gesteinsart. Beide werden darüber hinaus durch die geologischen Bedingungen geprägt, unter denen das Gestein entstanden ist – entweder im Erdinneren unter den Bedingungen verschieden hoher Drücke und Temperaturen oder an der Erdoberfläche unter den dort herrschenden niedrigen Druck- und Temperaturverhältnissen.

**Einteilung und Entstehungsprozesse der Gesteine:** Magmatische Gesteine entstehen durch Abkühlung und Kristallisation einer Gesteinsschmelze entweder im Erdinneren (dann sind es Plutonite) oder an der Oberfläche, wo aus Vulkanen Laven und Aschen gefördert werden (dann sind es Vulkanite). Sedimente und Sedimentgesteine sind das Ergebnis von Verwitterung und Abtragung bereits vorhandener Gesteine, die an der Erdoberfläche anstehen. Durch den Vorgang der Diagenese nach der Versenkung und Überdeckung mit jüngeren Sedimentserien werden Lockersedimente zu Festgesteinen (Lithifizierung). Metamorphe Gesteine entstehen durch Veränderung des Mineralbestandes und Gefüges in festem Zustand aus allen Gesteinsarten, die tief in der Erdkruste hohen Druck- und Temperaturbedingungen ausgesetzt sind.

**Der Kreislauf der Gesteine und seine geologischen Prozesse:** Der Kreislauf der Gesteine bringt die gesteinsbildenden geologischen Prozesse in Zusammenhang mit der Entstehung der drei Gesteinsgruppen, die jeweils ineinander übergehen können. Wir können diesen Prozess betrachten, indem wir an irgendeinem Punkt dieses Kreislaufs beginnen. Wir beginnen mit der Bildung von neuer ozeanischer Lithosphäre an einem mittelozeanischen Rücken, an dem zwei Kontinente auseinander driften. Der Ozean erweitert sich, bis sich an einem bestimmten Punkt der Vorgang umkehrt und der Ozean sich zu schließen beginnt. Während dieser Einengung tauchen die an den mittelozeanischen Rücken gebildeten Magmatite in einer Subduktionszone unter eine kontinentale Platte ab. In einem letzten Stadium können die beiden Kontinente, die sich einstmals getrennt haben, miteinander kollidieren. Gelangen die abtauchenden Magmatite und Sedimente an der Subduktionszone in größere Tiefen, beginnen sie unter Bildung einer neuen Generation von Magmatiten aufzuschmelzen. Die mit der Intrusion dieser Gesteinsschmelzen verbundene hohe Temperatur sowie die durch den Zusammenschub ausgelöste Druck- und Temperaturerhöhung führen zur Umwandlung dieser Magmatite und ihrer Nebengesteine in metamorphe Gesteine. Im weiteren Verlauf der Kollision werden die Magmatite und Metamorphite tektonisch deformiert und zu einem Gebirge herausgehoben. Durch diese Prozesse gelangen sie allmählich an die Oberfläche und unterliegen dort der Verwitterung. Angetrieben wird der Kreislauf der Gesteine durch die Systeme Plattentektonik und Klima.

**Hydrothermale Lagerstätten:** Zu den wichtigsten Erzlagerstätten gehört die Gruppe der hydrothermalen Lagerstätten. Sie entstehen entweder durch heiße Lösungen, wie sie bei Magmenintrusionen freigesetzt werden, oder durch heißes zirkulierendes Grund- oder Meerwasser. Das heiße Wasser löst Minerale aus dem Gestein heraus und transportiert sie auf seinem Weg in kältere Gesteine, wo die Lösung bei sinkender Temperatur zunehmend übersättigt wird und Erzminerale auf Spalten, Störungen und in Hohlräumen ausgefällt werden. Erze wie etwa Kupfersulfide können auf Gängen oder in Imprägnationslagerstätten vom Typ der Porphyry Copper Ores auftreten.

**Die Bildung sedimentärer Lagerstätten:** Normale chemische und physikalische Sedimentationsvorgänge führen zur Bildung wichtiger sedimentärer Lagerstätten. Sedimentäre Kupferlagerstätten sind als Ausfällungen in besonderen Sedimentbildungsräumen entstanden. Seifen sind Erzlagerstätten mit hohen Gehalten an Gold oder anderen Schwermineralen, die in strömendem Milieu abgelagert wurden.

**Die Entstehung magmatischer Lagerstätten:** Wenn Minerale mit niedrigem Schmelzpunkt aus dem geschmolzenen Magma auskristallisieren, absinken und sich am Boden der Magmakammer anreichern, entstehen magmatische Lagerstätten. Sie treten oft als schichtige bis lagige Mineralanreicherungen an der Basis des Plutons auf. Der reiche Erzkörper von Sudbury in Ontario ist beispielsweise ein solcher Intrusivkörper, der an seiner Basis große Mengen schichtweise eingelagerter Nickel-, Kupfer- und Eisensulfide enthält.

Basaltsäulen am Devil's Post Pile National Monument, Sierra Nevada. Beim Abkühlen großer Magmamassen solcher Effusivgesteine entstehen durch Kontraktion verhältnismäßig symmetrische polygonale Prismen [*Foto: J. L. Ferrara/Photoresearchers*].

# Kapitel 4 Magmatische Gesteine: Gesteine aus Schmelzen

Vor über 2 000 Jahren reiste der griechische Naturforscher und Geograph Strabo nach Sizilien, um dort die Ausbrüche des Ätnas zu beobachten. Strabo sah, dass die von diesem aktiven Vulkan ausgeschleuderte heiße flüssige Lava an der Erdoberfläche innerhalb weniger Stunden abkühlte und zu einem festen Gestein erstarrte.

Gegen Ende des 18. Jahrhunderts begannen die Geologen zu begreifen, dass einige der Gesteinskörper, die offenbar andere Abfolgen durchzogen, ebenfalls durch Abkühlung und Erstarrung einer Gesteinsschmelze entstanden waren. In diesen Fällen hatte sich das Magma langsam abgekühlt, weil es tief in der Erdkruste erstarrt war. Heute wissen wir, dass in der heißen Kruste und im Mantel Gesteine schmelzen und von dort zur Erdoberfläche aufsteigen. Einige dieser Gesteinsschmelzen erstarren, noch ehe sie die Erdoberfläche erreichen, andere durchbrechen sie und erstarren an der Oberfläche, doch beide sind magmatischen Ursprungs.

Wie in Kapitel 3 erwähnt, besteht ein großer Teil der Erdkruste aus magmatischen Gesteinen, einige davon sind metamorph, andere nicht. Die Kenntnis der Prozesse, die zum Schmelzen und Erstarren der Gesteine führen, liefert gleichzeitig auch den Schlüssel dafür, wie einst die Erdkruste entstanden ist.

Dieses Kapitel gibt einen umfassenden und detaillierten Überblick über das breite Spektrum magmatischer Gesteine, sowohl der Intrusiv- als auch der Effusivgesteine, sowie über die Prozesse ihrer Entstehung.

Wie in Kapitel 3 ebenfalls schon erwähnt wurde, ist die Genese einer Vielzahl magmatischer Gesteine an plattentektonische Prozesse gebunden. Typischerweise entstehen magmatische Gesteine an Spreading-Zentren, an denen sich Platten trennen, sowie an konvergierenden Plattengrenzen, an denen eine Platte unter die andere abtaucht.

Obwohl es noch vieles über die genauen Vorgänge des Schmelzens und Erstarrens zu erforschen gibt, hat man inzwischen allgemein gültige Antworten auf grundlegende Fragen gefunden: Wodurch unterscheiden sich magmatische Gesteine voneinander? Wo entstehen magmatische Gesteine? Wie erstarren diese Gesteine aus einer Schmelze? Wo bilden sich Schmelzen?

Bei der Beantwortung dieser Fragen liegt das Augenmerk vor allem auf der zentralen Rolle der magmatischen Prozesse innerhalb des Systems Erde. Beim Aufstieg des Magmas aus den Magmakammern tief in Kruste oder Mantel zu den Vulkanen wird beispielsweise nicht nur geschmolzenes Gesteinsmaterial, sondern auch eine Vielzahl von flüchtigen Komponenten mitgeführt, die in der Atmosphäre und in den Ozeanen eine wichtige Rolle spielen – das gilt vor allem für Kohlendioxid und gasförmige Schwefelverbindungen. Auf diese Weise können Magmen durch Freisetzung der mitgeführten Gase in die Atmosphäre das Klima der Erde beeinflussen – eine unerwartete Wechselwirkung, die sich erst bei genaueren Untersuchungen des Systems Erde ergab.

## Wodurch unterscheiden sich magmatische Gesteine?

Wir unterteilten Gesteinsproben in der gleichen Weise wie die Geologen des 19. Jahrhunderts:

- nach ihrem Gefüge und
- nach ihrer mineralogischen und chemischen Zusammensetzung.

### Gefüge

Vor 200 Jahren unterteilte man die magmatischen Gesteine nach ihrem Korngefüge, ein Aspekt, der weitgehend auf Unterschieden in der **Kristallgröße** der Minerale beruht. Man unterschied in grob- und feinkörnige Gesteine (Kapitel 3). Diese Unterscheidung konnte bereits im Gelände einfach und zuverlässig durchgeführt werden. Ein grobkörniges Gestein wie der Granit besteht aus einzelnen Kristallen, die mit bloßem Auge deutlich erkennbar sind. Im Gegensatz dazu sind die Kristalle feinkörniger Gesteine wie etwa Basalt viel zu klein, um sie selbst mithilfe einer Handlupe erkennen zu können. Abbildung 4.1 zeigt Handstücke von Granit und Basalt, zusammen mit zwei Aufnahmen von so genannten Dünnschliffen – das sind sehr dünne transparente Gesteinsscheibchen, die unter einem Mikroskop betrachtet und auch fotografiert werden können und so einen vergrößerten Blick auf ihr Gefüge ermöglichen. Die unterschiedlichen Gefüge waren den damaligen Geologen zwar bekannt, ihre Bedeutung wurde jedoch erst durch weitere Untersuchungen klar.

**Erster Hinweis: Vulkanische Gesteine** Anfangs untersuchte man Gesteine, die sich bei Vulkanausbrüchen aus der Lava gebildet hatten. (Der Ausdruck **Lava** wird für Magmen verwendet, die an der Oberfläche ausfließen.) Man erkannte bald, dass bei rascher Abkühlung aus solchen Laven entweder feinkristalline Gesteine hervorgehen oder sogar ein Gesteinsglas, in dem keine Kristalle mehr erkennbar sind. Dort, wo die Schmelze in den mittleren Bereichen eines mehrere Meter mächtigen Lavastroms langsamer abkühlte, hatten sich hingegen einige etwas größere Kristalle abgeschieden.

**Zweiter Hinweis: Laboruntersuchungen zur Kristallisation** Der zweite Hinweis über die Bedeutung des Gefüges ergab sich vor etwa einhundert Jahren, als experimentell arbeitende Wissenschaftler den Kristallisationsvorgang genauer untersuchten. Jeder, der schon einmal Eiswürfel im Kühlschrank hergestellt hat, weiß, dass Wasser in wenigen Stunden zu Eis erstarrt, wenn die Temperatur unter den Gefrierpunkt sinkt. Nimmt man eine Schale mit Eiswürfeln aus dem Gefrierfach, ehe sie vollständig fest sind, lässt sich häufig die Bildung dünner Eiskristalle an der Oberfläche und an den Seiten des Behälters erkennen. Während der Kristallisation ordnen sich die Wassermoleküle in bestimmte Positionen der gefrierenden Masse so ein, dass sie weniger frei beweglich sind wie zuvor im flüssigen Zustand. Wie andere Flüssigkeiten kristallisieren auch Magmen auf dieselbe Weise.

Die ersten winzigen Kristalle, die sich in einer auskristallisierenden Schmelze bilden, dienen gewissermaßen als Keimzelle: Immer neue Atome oder Ionen „docken" an ihnen an, sodass die winzigen Kristalle immer größer werden. Es dauert eine gewisse Zeit, bis die Atome und Ionen an einem wachsenden Kristall ihre richtige Position finden, das heißt große Kristalle entstehen nur dann, wenn sie ausreichend Zeit haben, langsam zu wachsen. Wenn folglich eine Flüssigkeit sehr rasch abkühlt, wie im Fall eines an der kalten Erdoberfläche ausfließenden Magmas, fehlt den Kristallen die Zeit für ein entsprechendes Größenwachstum, und die Schmelze erstarrt nahezu gleichzeitig unter Bildung zahlreicher winziger Kristalle.

**Abb. 4.1** Magmatische Gesteine werden in erster Linie anhand des Gefüges klassifiziert. Früher beurteilte man das Gefüge mit einer einfachen Handlupe. Heute verwendet man zur Gesteinsuntersuchung hochauflösende Polarisationsmikroskope, mit deren Hilfe Fotos von Dünnschliffen – dünnen transparenten Gesteinsscheibchen wie hier gezeigt – hergestellt werden können [*Fotos: John Grotzinger/Ramón Rivera-Moret/Harvard Mineralogical Museum; Dünnschliffe: Raymond Siever*].

**Dritter Hinweis: Granit – Anzeichen für eine langsame Abkühlung** Bei der Untersuchung von Vulkanen erkannte man schon in den Anfängen der Geologie, dass ein feinkristallines Gefüge für eine rasche Abkühlung an der Erdoberfläche typisch ist und darüber hinaus feinkristalline Gesteine als Beweis für frühere vulkanische Tätigkeit zu betrachten sind.

Doch wie erkannte man ohne direkte Beobachtungsmöglichkeit, dass die grobkörnigen Intrusivgesteine das Produkt einer langsamen Abkühlung tief im Erdinneren sind? Welche Belege stützten diese Schlussfolgerung? Granit, eines der häufigsten Gesteine auf den Kontinenten, lieferte die entscheidenden Anhaltspunkte für die Entstehung von Intrusivgesteinen (Abb. 4.2). James Hutton, einer der Väter der modernen Geologie, sah während seiner Geländearbeiten in Schottland, wie Granite die Schichtung von Sedimentgesteinen durchschnitten hatten. Er bemerkte, dass die Sedimentgesteine aus irgendeinem Grund zerbrochen waren und dass entlang dieser Bruchzonen der Granit eingedrungen war. Hutton schien es, als wäre der Granit in flüssigem Zustand in die Spalten hineingepresst worden.

Als Hutton immer mehr Granite untersuchte und dabei sein Augenmerk vor allem auf die begleitenden Sedimentgesteine richtete, stellte er auch fest, dass diese am Kontakt zum Granit verändert worden waren. Die Minerale in den angrenzenden Sedimentgesteinen unterschieden sich deutlich von denen in einiger Entfernung vom Granit. Aus seinen Beobachtungen folgerte Hutton, dass diese Veränderungen in den Sedimentgesteinen durch die große Hitze verursacht worden waren, die von den Graniten ausgegangen war. Hutton erkannte darüber hinaus auch, dass der Granit ausschließlich richtungslos miteinander verzahnte Kristalle enthielt (vgl. Abb. 4.1). (Zu dieser Zeit kannten die Chemiker schon lange den Zusammenhang zwischen solchen Gefügen und langsam verlaufenden Kristallisationsprozessen.)

Hutton verband nun diese drei Belege und erklärte, dass der Granit aus einem heißen, geschmolzenen Material entstanden sein musste, das tief in der Erde erstarrt war. Die Beweise waren überzeugend. Bei keiner anderen Erklärung passten alle Tatsachen so gut zusammen. Als andere Geologen dieselben Merkmale auch bei Graniten in weit auseinander liegenden Gebieten der Erde fanden, kamen sie zu der Erkenntnis, dass Granit und viele ähnliche grobkristalline Gesteine Produkte von Magmen sein mussten, deren Kristallisation langsam im Inneren der Erde erfolgte.

**Intrusivgesteine** Die Bedeutung des Gefüges für die Unterscheidung magmatischer Gesteine ist nun klar. Das Gefüge ist abhängig von der Geschwindigkeit der Abkühlung und damit vom Bildungsraum: Bei langsamer Abkühlung im Erdinneren steht genügend Zeit für das Wachstum sich verzahnender großer, grobkörniger Kristalle zur Verfügung, die kennzeichnend für Intrusivgesteine sind (Abb. 4.3). Ein solches **Intrusivgestein** oder **Plutonit** ist ein magmatisches Gestein, das in das so genannte **Nebengestein** eingedrungen ist. In späteren

**Abb. 4.2** Eine Granitintrusion (hell) durchzieht metamorphe Gesteine [*Foto: Tom Bean/DRK PHOTO*].

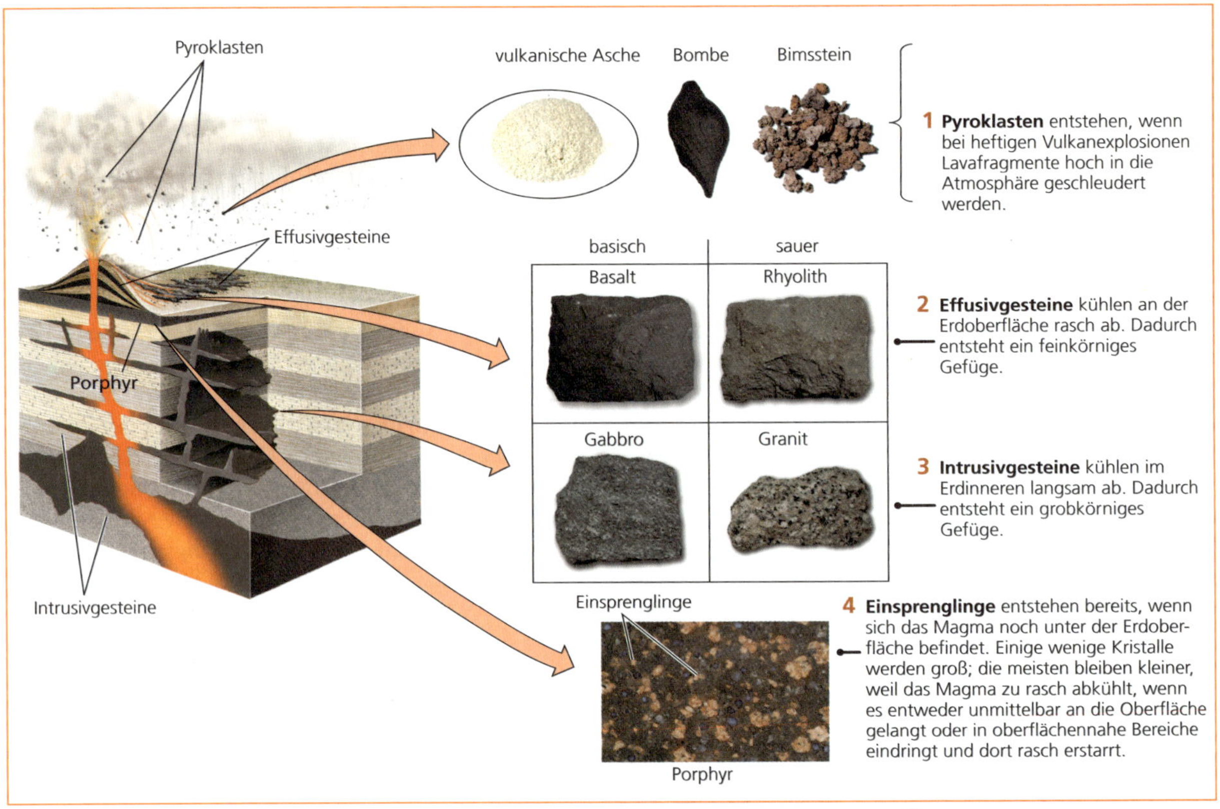


**Abb. 4.3** Klassifikation der Magmatite anhand ihres Gefüges [*Fotos: John Grotzinger/Ramón Rivera-Moret/Harvard Mineralogical Museum*].

Abschnitten dieses Kapitels werden wir noch einige spezielle Formen von Intrusivgesteinen kennen lernen.

**Effusivgesteine** Die rasche Abkühlung an der Erdoberfläche führt bei den **Effusivgesteinen** zur Ausbildung eines feinkristallinen Gefüges (Abb. 4.3) oder im Extremfall zu einer glasigen Grundmasse. Solche Gesteine entstehen, wenn Lava oder anderes vulkanisches Material aus Vulkanen austritt. Sie werden daher auch als vulkanische Gesteine oder **Vulkanite** bezeichnet. Man unterscheidet zwei wesentliche Typen:

- **Laven** Das Erscheinungsbild der aus Laven entstandenen Effusivgesteine reicht von glatten und strickartig verdrehten bis zu scharfkantigen und zerklüfteten Gesteinen. Wir wissen, dass viele dieser spezifischen Gefügeeigenschaften Hinweise auf die Entstehungsbedingungen dieser Gesteine geben sowie auf die Zusammensetzung ihres Ausgangsmagmas und die Art und Weise, wie sie bei Vulkanausbrüchen gefördert wurden.
- **Pyroklastische Gesteine** Lavabruchstücke und vulkanisches Glas, die bei heftigeren Explosionen hoch in die Atmosphäre geschleudert werden, nennt man **pyroklastisches Material.** Die feinste Fraktion dieser Pyroklasten ist **vulkanische Asche,** extrem feinkörnige Bruchstücke, die meist aus Gesteinsglas bestehen. Sie entsteht, wenn die bei einem Vulkanausbruch plötzlich freigesetzten Gase die Lava zu feinem Material zerstäuben. **Bomben** sind größere Pyroklasten, die von Vulkanen herausgeschleudert werden und im Flug durch Rotation oft eine spindel- oder birnenförmige Gestalt annehmen und erstarrt zu Boden fallen. Alle verfestigten (lithifizierten) pyroklastischen Förderprodukte werden unter dem Begriff **Tuff** zusammengefasst.

**Bimsstein**, eine schaumige opake Glasmasse mit zahlreichen **Blasenhohlräumen**, die beim Entgasen der Schmelze entstanden sind, gehört ebenfalls zu den pyroklastischen Gesteinen. Die scharfen, spitzen Bruchstücke der Blasenwände werden als Scherben bezeichnet. Ein weiteres, völlig aus dunklem Glas bestehendes vulkanisches Gestein ist der **Obsidian**, der im Gegensatz zum Bimsstein kaum Hohlräume hat, sondern fest und dicht ist. Die scharfen Bruchkanten machten den harten Obsidian zum geschätzten Werkstoff für Pfeilspitzen und andere Werkzeuge der Ureinwohner Europas und Amerikas.

**Porphyr** ist ein Gestein mit einem Gefüge, bei dem eine Anzahl großer Kristalle in einer überwiegend feinkörnigen Matrix eingebettet ist (Abb. 4.3). Die als **Einsprenglinge** bezeichneten großen Kristalle bildeten sich bereits, als das Magma sich noch unter der Erdoberfläche befand. Ehe weitere Kristalle wachsen konnten, gelangte das Magma aufgrund der Eruption an die Erdoberfläche und erstarrte zu einer feinkristallinen Masse. In einigen Fällen erstarren Porphyre auch als Intrusivgesteine, beispielsweise dort, wo Magmen innerhalb der Erdkruste in geringen Tiefen rasch abkühlten. Solche porphyrischen Gefüge zeigen, dass unterschiedliche Minerale auch mit unterschiedlicher Geschwindigkeit wachsen, ein Gesichtspunkt, auf den noch in einem späteren Abschnitt diese Kapitels eingegangen wird. In Kapitel 12 werden wir noch kennen lernen, wie all diese Effusivgesteine durch den Vulkanismus zustande kommen. Nun betrachten wir jedoch eine weitere Möglichkeit, wie magmatische Gesteine klassifiziert werden können.

## Chemische und mineralogische Zusammensetzung

Wir haben gesehen, dass die magmatischen Gesteine anhand ihres Gefüges klassifiziert werden können. Darüber hinaus lassen sich die Magmatite auch auf der Grundlage ihrer chemischen und mineralogischen Zusammensetzung gliedern. Vulkanisches Glas, das selbst unter dem Mikroskop strukturlos erscheint, wird fast ausschließlich mithilfe chemischer Analysen den entsprechenden Gesteinsgruppen zugeordnet.

Die inzwischen zahlreich vorliegenden Gesteinsanalysen zeigen, dass der Stoffbestand der Magmatite durch die in den Tabellen 4.1 und 4.2 angegebenen Oxidgehalte der Hauptelemente vollständig beschrieben werden kann. Ein einfaches und bereits im 19. Jahrhundert verwendetes chemisches Unterscheidungsmerkmal ist der $SiO_2$-Gehalt des Gesteins (Tab. 4.3). Wie in Kapitel 3 bereits erwähnt, ist $SiO_2$ in den meisten magmatischen Gesteinen häufigster Bestandteil und erreicht Anteile zwischen 40 und etwas mehr als 70 Masseprozent. Noch heute bezeichnen wir Gesteine mit einem hohen $SiO_2$-Gehalt wie etwa Granit deshalb (nicht ganz korrekt) als „saure Gesteine“.

Moderne Klassifikationen beruhen in erster Linie auf dem Mineralbestand, das heißt auf dem relativen Anteil an Silicatmineralen, die von Mineralogen weltweit in Tausenden von Analysen ermittelt worden sind (Tab. 4.4). Die hierfür verwendeten Minerale Quarz, Feldspat (sowohl Orthoklas als auch Plagioklas), Muskovit und Biotit, die Amphibol- und Pyroxengruppe sowie Olivin bilden eine systematische Abfolge. Die so genannten **felsischen** oder **salischen** Minerale sind $SiO_2$-reich, die **mafischen** Minerale sind $SiO_2$-ärmer. Die Begriffe felsisch und mafisch sind abgeleitet von **Fel**dspat und **Si**licate beziehungsweise **Ma**gnesium und **Fe**rrum (lat. = Eisen) und werden im Wesentlichen für die Beschreibung des Mineralbestandes herangezogen. Im englischen Sprachraum dienen sie darüber hinaus auch zur Kennzeichnung der Gesteine. Mafische Minerale kristallisieren bei höheren Temperaturen, sie kristallisieren während der Abkühlung einer Schmelze also früher als die felsischen.

Als die mineralogische und chemische Zusammensetzung der magmatischen Gesteine zunehmend klarer wurde, entdeckte man sehr bald, dass sowohl Vulkanite als auch Plutonite dieselbe chemische Zusammensetzung aufweisen können und sich nur im Gefüge unterscheiden. Basalt, ein häufiges basisches Gestein, fließt meist als Lava aus Vulkanen aus. Sein entsprechendes Tiefengestein, der Gabbro, mit genau derselben chemischen Zusammensetzung, erstarrt tief in der Erdkruste (vgl. Abb. 4.3). In gleicher Weise zeigen Rhyolith und Granit dieselbe chemische Zusammensetzung, haben jedoch ein unterschiedliches Gefüge. Folglich gibt es zwei chemisch und mineralogisch identische Abfolgen bei den beiden magmatischen Gesteinsgruppen, den Effusiv- und Intrusivgesteinen. Das heißt im Umkehrschluss, dass dieselbe chemische und mineralogische Zusammensetzung sowohl bei Effusiv- als auch bei Intrusivgesteinen auftritt. Die Ausnahme bilden einige ultrabasische Gesteine, die, wenn überhaupt, sehr selten als Vulkanite auftreten.

Abbildung 4.4 zeigt ein Modell, das diese Verhältnisse widerspiegelt. Auf der horizontalen Achse ist der $SiO_2$-Gehalt in Masseprozent angegeben. Die Prozentgehalte zwischen 70 und 40 Prozent entsprechen den normalerweise in Magmatiten auftretenden $SiO_2$-Gehalten. Auf der vertikalen Achse zeigt eine Skala den Mineralbestand eines bestimmten Gesteins. Ist beispielsweise der $SiO_2$-Gehalt eines grobkörnigen Gesteins bekannt, lassen sich auf der Ordinate die prozentualen Volumenanteile der Minerale an den jeweiligen Schnittpunkten ablesen und daraus der Gesteinstyp ableiten.

Wir können Abbildung 4.4 für die Diskussion der Intrusiv- und Effusivgesteine heranziehen und beginnen mit den sauren Gesteinen auf der linken Seite des Diagramms.

**Saure Gesteine** Saure Gesteine weisen einen geringen Eisen- und Magnesiumgehalt auf und führen Minerale mit einem hohen Gehalt an $SiO_2$. Typische Vertreter dieser Gruppe sind Quarz, Orthoklas und Plagioklas, wobei Orthoklas gegenüber Plagioklas vorherrscht. Die Plagioklase enthalten sowohl Calcium als auch Natrium. Wie Abbildung 4.4 zeigt, enthalten sie am sauren Ende mehr Natrium und am basischen Ende mehr Calcium. Ausgehend von der Tatsache, dass mafische Minerale bei höheren Temperaturen auskristallisieren als die felsischen, kristallisieren die calciumreichen Plagioklase bei höheren Temperaturen als die natriumreichen.

Felsische Minerale und damit auch saure Gesteine sind normalerweise hell gefärbt. **Granit**, das bekannteste und häufigste Intrusivgestein, ist ein saures Gestein mit einem $SiO_2$-Gehalt von etwa 70 Prozent. Granit enthält

**Tabelle 4.1** Chemische Zusammensetzung einiger Plutonite. Angaben in Masseprozent.

| | Granit | | Granodiorit | Diorit | Gabbro | Peridotit |
|---|---|---|---|---|---|---|
| | S-Typ | I-Typ | | | | |
| $SiO_2$ | 75,01 | 73,16 | 64,44 | 52,47 | 50,61 | 44,22 |
| $TiO_2$ | 0,15 | 0,24 | 0,54 | 0,96 | 1,00 | 0,09 |
| $Al_2O_3$ | 14,99 | 13,79 | 15,88 | 16,72 | 16,28 | 2,28 |
| $Fe_2O_3$ | 0,31 | 0,70 | 2,23 | 2,22 | 2,81 | 0,88 |
| FeO | 0,90 | 1,45 | 2,50 | 6,23 | 4,93 | 7,67 |
| MnO | 0,03 | 0,06 | 0,12 | 0,15 | 0,15 | 0,14 |
| MgO | 0,37 | 0,50 | 2,44 | 6,91 | 8,24 | 41,60 |
| CaO | 0,77 | 1,25 | 2,53 | 7,76 | 10,45 | 2,16 |
| $Na_2O$ | 3,25 | 2,96 | 3,34 | 2,29 | 2,69 | 0,24 |
| $K_2O$ | 3,85 | 5,19 | 3,37 | 1,56 | 0,47 | 0,05 |
| $P_2O_5$ | 0,12 | 0,09 | 0,16 | 0,15 | 0,26 | 0,06 |
| LOI | 0,79 | 0,69 | 1,76 | 2,04 | 2,06 | 0,00 |
| Summe | 100,64 | 100,08 | 99,31 | 99,46 | 99,95 | 99,78 |
| Quelle | 9 | 4 | 4 | 4 | 5 | 10 |

reichlich Quarz und Kaliumfeldspat und in etwas geringerem Maße natriumreichen Plagioklas (Abb. 4.4, linke Seite). Diese hellen felsischen Gemengteile verleihen dem Gestein seine rosa bis hellgraue Farbe. Darüber hinaus führt Granit geringe Mengen an Muskovit, Biotit und Amphibol.

Granite sind die typischen Gesteine der kontinentalen Kruste und treten dort meist an Plattengrenzen auf. Aus Tabelle 4.1 geht hervor, dass die Granite entsprechend ihrer chemischen Zusammensetzung weiter in I-Typ- und S-Typ-Granite unterteilt werden können. I-Typ-Granite sind calciumreich und aluminiumarm;

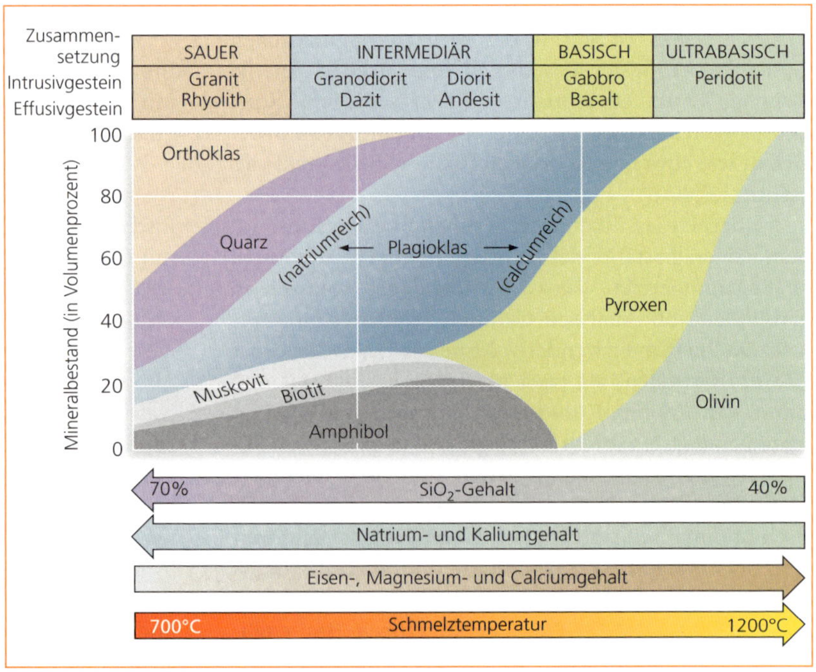


**Abb. 4.4** Klassifikationsschema magmatischer Gesteine. Die vertikale Achse zeigt die Mineralzusammensetzung eines bestimmten Gesteins in Volumenprozent. Die horizontale Achse ist ein Maß für den $SiO_2$-Gehalt in Masseprozent. Ist aus chemischen Analysen bekannt, dass ein Gestein ungefähr 70 Prozent $SiO_2$ enthält, lässt sich ermitteln, dass es aus etwa 6 Prozent Amphibol, 3 Prozent Biotit, 5 Prozent Muskovit, 14 Prozent Plagioklas, 22 Prozent Quarz und 50 Prozent Orthoklas besteht. Das Gestein wäre demnach ein Granit. Obwohl Rhyolith dieselbe mineralogisch-chemische Zusammensetzung aufweist, kann er wegen seines feinkristallinen Gefüges anhand dieses Schemas nicht identifiziert werden.

**Tabelle 4.2** Chemische Zusammensetzung einiger Effusivgesteine. Angaben in Masseprozent.

| | Rhyolith | Dazit | Andesit | Basalte | | | |
|---|---|---|---|---|---|---|---|
| | | | | MORB | OIB | High-Al-Basalt | Rift-Basalt |
| $SiO_2$ | 77,44 | 68,20 | 61,00 | 50,64 | 46,02 | 51,60 | 41,47 |
| $TiO_2$ | 0,29 | 0,47 | 0,82 | 1,85 | 2,42 | 0,85 | 2,81 |
| $Al_2O_3$ | 14,94 | 14,50 | 16,48 | 13,89 | 15,72 | 18,61 | 12,84 |
| $Fe_2O_3$ | 0,47 | 0,72 | 2,19 | 1,80 | 3,59 | 3,43 | 3,35 |
| FeO | 0,94 | 1,80 | 4,43 | 10,26 | 8,71 | 5,73 | 9,51 |
| MnO | 0,05 | 0,05 | 0,14 | 0,20 | 0,20 | 0,18 | 0,21 |
| MgO | 0,27 | 0,94 | 2,82 | 7,11 | 5,58 | 5,35 | 10,84 |
| CaO | 1,43 | 2,27 | 6,24 | 10,78 | 11,14 | 9,12 | 10,94 |
| $Na_2O$ | 4,11 | 4,07 | 3,42 | 2,91 | 3,73 | 2,72 | 4,32 |
| $K_2O$ | 2,89 | 4,02 | 1,40 | 0,12 | 0,98 | 0,49 | 2,12 |
| $P_2O_5$ | 0,08 | 0,16 | 0,14 | 0,15 | 0,60 | 0,12 | 0,78 |
| LOI | 0,35 | 1,07 | 0,32 | 0,47 | 1,31 | 1,58 | 0,60 |
| Summe | 100,26 | 98,27 | 99,40 | 100,18 | 100,00 | 99,78 | 99,79 |
| Quelle | 3 | 2 | 1 | 8 | 7 | 1 | 6 |

1 Churikova T, Dorendorf F, Wörner G (2001) Sources and fluids in the mantle wedge below Kamchatka, evidence from across-arc geochemical variation. Journal of Petrology 42: 1567–1593
2 Wörner G, Harmon RS, Favidson J, Moorbath S, Turner DL, McMillan N, Nye C, López-Escobar L, Moreno H (1988) The Nevados de Payachata volcanic region (18°S/69°W, N. Chile). I. Geological, geochemical, and isotopic compostitions. Bull Volcanol 50: 287–303
3 López-Escobar L, Tagiri M, Vergara M (1991) Geochemical features of southern Andes Quaternary volcanics between 41°50 and 43°S. In: Harmon RS, Rapela CW (eds) Andean Magmatism and its Tectonic Setting, Geol Soc Am Spec Pap 265, pp 45–56
4 Altherr R, Holl A, Hegner E, Langer C, Kreuzer H (2000) High-potassium, calc-alkaline I-type plutonism in the European Variscides: northern Vosges (France) and northern Schwarzwald (Germany). Lithos 50: 51–73
5 Altherr R, Henes-Klaiber U, Hegner E, Satir M (1999) Plutonism in the Variscan Odenwald (Germany): from subduction to collision. Int Journal Earth Sciences 88: 422–443
6 Class C, Altherr R, Volker F, Eberz G, McCulloch MT (1994) Geochemistry of Pliocene to Quaternary alkali basalts from the Huri Hills, northern Kenya. Chemical Geology 113: 1–22
7 Clague DA, Frey FA (1982) Petrology and trace element geochemistry of the Honolulu volcanics, Oahu: implications for the oceanic mantle below Hawaii. Journal of Petrology 23: 447–504
8 Puchelt H, Emmermann R (1983) Petrogenetic implications of tholeiitic basalt glases from the East Pacific Rise and the Galapagos Spreading Center. Chemical Geology 38: 39–56
9 Inger S, Harris N (1993) Geochemical constraints on leucogranite magmatism in the Langtang Valley, Nepal Himalaya. Journal of Petrology 34: 345–368
10 McDonough WF (1990) Constraints on the composition on the continental lithospheric mantle. Earth Planetary Science Letters 101: 1–18

ihr Ausgangsmaterial waren magmatische Gesteine. Die meisten batholithischen Intrusivkörper aus Granit an konvergierenden Plattenrändern gehören zum I-Typ. S-Typ-Granite dagegen sind meist relativ sauer, calciumarm und aluminiumreich und durch Aufschmelzung aus hoch metamorphen Sedimentgesteinen hervorgegangen. Solche Granite sind in Mitteleuropa in den Kristallingebieten des Variszischen Orogens häufig.

**Rhyolith** ist das vulkanische Äquivalent des Granits. Dieses meist hellbraune Gestein hat die gleichen felsischen Komponenten wie der Granit, ist jedoch wesentlich feinkörniger. Ein Großteil der Rhyolithe besteht überwiegend oder ausschließlich aus vulkanischem Glas.

**Intermediäre Gesteine** Zwischen den sauren und den basischen Gesteinen liegen die **intermediären Magmatite**; wie ihr Name sagt besitzen sie weder einen so hohen $SiO_2$-Gehalt wie die sauren Gesteine noch einen so niedrigen wie die basischen. Wir finden die intermediären Intrusivgesteine in Abbildung 4.4 rechts in Richtung abnehmendem $SiO_2$-Gehalt und damit rechts des Granits. Typisch für diese Gruppe ist der **Granodiorit**, ein hell gefärbtes im Aussehen dem Granit sehr ähnliches Gestein. Er führt ebenfalls reichlich Quarz, aber unter den Feldspäten dominiert Plagioklas und nicht Orthoklas. Noch weniger $SiO_2$ hat der rechts davon stehende **Diorit**, ein Gestein mit hohem Plagioklasanteil, aber geringem Gehalt an Quarz, der oftmals auch fehlt. Diorite

**Tabelle 4.3** Klassifikation der Magmatite nach ihrem $SiO_2$-Gehalt

| $SiO_2$-Gehalt (in Masseprozent) | Gesteinstyp |
|---|---|
| > 65 | sauer |
| 65–52 | intermediär |
| 52–45 | basisch |
| < 45 | ultrabasisch |

haben einen deutlichen Bestand an mafischen Mineralen wie Biotit, Hornblende (Amphibol) und Pyroxen, sie sind daher gewöhnlich dunkler als ein Granit oder Granodiorit.

Das vulkanische Äquivalent des Granodiorits ist der **Dazit**. Rechts von ihm steht bei den Effusivgesteinen der **Andesit**, benannt nach dessen Vorkommen in den Anden Südamerikas.

**Basische Gesteine** Basische Gesteine sind gekennzeichnet durch hohe Gehalte an Pyroxen und Olivin, insgesamt Minerale, die einen vergleichsweise geringen $SiO_2$-Gehalt, jedoch hohen Gehalt an Magnesium und Eisen aufweisen, das diesen Mineralen die dunkle Färbung gibt. Noch weniger $SiO_2$ als in den intermediären Gesteinen finden wir daher im **Gabbro**, einem grobkörnigen dunkelgrauen Intrusivgestein mit einem hohen Anteil an mafischen Mineralen, besonders Pyroxen. Er enthält keinen Quarz und nur geringe Mengen an calciumreichem Plagioklas.

Das feinkörnige Äquivalent des Gabbro ist der **Basalt**, ein dunkelgraues bis schwarzes Gestein. Basalt ist das häufigste magmatische Gestein der Erdkruste und unterlagert die gesamten Ozeanböden. Auf den Kontinenten bilden mächtige und großflächige Lavadecken in einigen Gebieten ausgedehnte Plateaus wie etwa im Bereich des Columbia und des Snake River im US-Bundesstaat Washington, auch die bemerkenswerten Basaltvorkommen des Giant's Causeway in Nordirland sind ein Beispiel hierfür. Die Trappbasalte Indiens und die sibirischen Basalte im Nordosten Russlands sind ausgedehnte Basaltdecken, deren Entstehung offensichtlich mit zwei der größten Massenaussterben innerhalb der Erdgeschichte zusammenfällt. Auf diese beiden Episoden der Basaltförderung und die dafür verantwortlichen Mechanismen wird in Kapitel 12 eingegangen.

Aufgrund ihrer Zuordnung zu bestimmten plattentektonischen Positionen weisen die Basalte unterschiedliche chemische Zusammensetzungen auf und können nach ihrem Chemismus weiter unterteilt werden (vgl. Tab. 4.2):

- Ozeanische Basalte (Mid Ocean Ridge Basalt oder MORB) sind an divergierende ozeanische Plattengrenzen gebunden. Sie enthalten geringe Konzentrationen an Natrium, Kalium und Aluminium und entstehen möglicherweise durch partielles Aufschmelzen des Oberen Mantels, der im Allgemeinen an diesen Elementen verarmt ist.

**Tabelle 4.4** Häufige Minerale in Magmatiten

| | Mineral | chemische Zusammensetzung | Silicatstruktur |
|---|---|---|---|
| mafisch | Olivin | $(Mg, Fe)_2SiO4$ | Inselsilicate |
| mafisch | Pyroxen | Mg, Fe, Ca, Al } $SiO_3$ | Kettensilicate |
| mafisch | Amphibol | Mg, Fe, Ca, Na } $Si_8O_{22}(OH)_2$ | Bandsilicate |
| mafisch | Biotit | K, Mg, Fe, Al } $Si_3O_{10}(OH)_2$ | Schichtsilicate |
| felsisch | Muskovit | $KAl_3Si_3O_{10}(OH)_2$ | |
| felsisch | Plagioklas | { $NaAlSi_3O_8$, $CaAl_2Si_2O_8$ | Gerüstsilicate |
| felsisch | Kaliumfeldspat | $KAlSi_3O_8$ | Gerüstsilicate |
| felsisch | Quarz | $SiO_2$ | Gerüstsilicate |

- Ozeanische Inselbasalte (OIB) treten über Hot Spots auf, deren Material aus dem tiefen Erdmantel stammt. Da der tiefere Mantel nicht an Natrium, Kalium und Aluminium verarmt ist, führen diese Inselbasalte etwas höhere Gehalte dieser Elemente.
- High-Alumina-Basalte sind gekennzeichnet durch einen Aluminiumgehalt über 17 Prozent und einen niedrigen Alkaligehalt. Sie treten bevorzugt in Vergesellschaftung mit Andesiten an Subduktionszonen wie Inselbögen oder Kontinentalrändern auf.
- Kontinentale (Rift-) Basalte variieren von ihrer Zusammensetzung her weitaus stärker. Sie entstehen sowohl dort, wo durch Krustendehnung neue Riftstrukturen aufreißen, als auch dort, wo ozeanische Platten subduziert werden. In beiden Fällen steigt das Magma durch eine mehrere Dutzend Kilometer mächtige Kruste auf. Dabei kommt es zur Aufschmelzung und Assimilation kontinentaler Gesteinsmassen, was schließlich zu einer sehr unterschiedlichen Zusammensetzung der kontinentalen Basalte führt.

**Tabelle 4.5** Änderungen der Elementverteilung beim Übergang von sauren zu basischen Gesteinen

| | sauer | intermediär | | basisch |
|---|---|---|---|---|
| grobkörnig | Granit | Granodiorit | Diorit | Gabbro |
| feinkörnig | Rhyolith | Dazit | Andesit | Basalt |

← Zunahme des Kieselsäuregehalts

← Zunahme des Natriumgehalts

← Zunahme des Kaliumgehalts

Zunahme des Calciumgehalts →

Zunahme des Magnesiumgehalts →

Zunahme des Eisengehalts →

← Zunahme der Viskosität

Zunahme der Schmelztemperatur →

**Ultrabasische Gesteine** Ultrabasische Gesteine bestehen primär aus mafischen Mineralen und enthalten weniger als 10 Prozent Feldspäte. Am unteren Ende der Skala steht der **Peridotit** mit einem sehr niedrigen $SiO_2$-Gehalt von unter 45 Prozent. Es handelt sich um ein dunkles graugrünes Gestein, das überwiegend aus Olivin und einem geringen Anteil an Pyroxen besteht. Peridotite sind die vorherrschenden Gesteine im Erdmantel und das Ausgangsmaterial für die Basalte an den mittelozeanischen Rücken. Ultrabasische Effusivgesteine treten im Phanerozoikum nur selten auf. Da sie bei sehr hohen Temperaturen auskristallisieren, bildeten sie sich durch die Ansammlung von Kristallen am Boden einer Magmakammer. Sie lagen wohl niemals als flüssige Schmelze vor und flossen daher auch nicht als Laven an der Oberfläche aus. Dagegen sind in den präkambrischen Grünsteingürteln ultrabasische Effusivgesteine in Form so genannter **Komatiite** weit verbreitet. Sie bestehen überwiegend aus Olivin, wobei die Einsprenglinge vergleichsweise groß sind. Die übrigen Bestandteile sind Pyroxen und selten Plagioklas. Komatiite spielen wissenschaftlich eine bedeutende Rolle, weil sie nicht nur Hinweise auf hohe Temperaturen, sondern auch auf andere Merkmale des Vulkanismus in der frühen Erdgeschichte geben.

Aufschlussreicher als die Gesteinsnamen und die exakte Zusammensetzung der verschiedenen Gesteine in der Reihenfolge von den sauren zu den basischen Gesteinen sind die in Tabelle 4.5 dargestellten systematischen Veränderungen. Sie zeigt die eindeutige Korrelation zwischen mineralogischer Zusammensetzung und Schmelzbeziehungsweise Kristallisationstemperatur. Wie Tabelle 4.5 zeigt, schmelzen die mafischen Minerale bei höheren Temperaturen als die felsischen; unterhalb des Schmelzpunkts kristallisieren die Minerale aus. Folglich kristallisieren mafische Minerale auch bei höheren Temperaturen als die felsischen. Wenn wir in dieser Tabelle von der basischen Gesteinsgruppe zur sauren gehen, nimmt der $SiO_2$-Gehalt zu. Dieser Anstieg des $SiO_2$-Gehalts äußert sich auch in zunehmend komplexer werdenden Silicatstrukturen (vgl. Tab. 4.4), was die Fließfähigkeit einer Gesteinsschmelze beeinträchtigt. Folglich nimmt die **Viskosität**, der Widerstand einer Flüsssigkeit gegenüber dem Fließen, nicht nur mit fallender Temperatur, sondern auch mit steigendem $SiO_2$-Gehalt deutlich zu. Auf die Viskosität von Gesteinsschmelzen, die ein wesentlicher Faktor für das Verhalten der Laven ist, wird in Kapitel 12 noch einmal eingegangen.

Es ist somit verständlich, dass die mineralische Zusammensetzung eines Gesteins wichtige Informationen über die Verhältnisse liefert, unter denen das Ausgangsmagma sich bildete und auskristallisierte. Um diese Hinweise jedoch exakt deuten zu können, sind weitere Kenntnisse hinsichtlich der magmatischen Prozesse erforderlich. Mit diesem Thema befassen wir uns nachfolgend.

# Wie entstehen Magmen?

Wir wissen aus der Art und Weise, wie sich Erdbebenwellen innerhalb der Erde ausbreiten, dass der überwiegende Teil der Erde bis zu der in mehreren tausend Kilometern Tiefe liegenden Grenze Erdkern-Erdmantel weitgehend fest ist (vgl. Kap. 14). Das Auftreten von Vulkaneruptionen spricht jedoch dafür, dass es auch zwischen Kruste und Kern flüssige Bereiche geben muss, in denen Magmen entstehen. Wie lässt sich dieser offensichtliche Widerspruch lösen? Die Antwort ergibt sich aus den Prozessen, durch die Gesteine schmelzen und zu Magmen werden.

## Wie schmelzen Gesteine?

Obwohl wir bisher die exakten Vorgänge des Schmelzens von Gesteinen noch nicht kennen, ist aus Laborexperimenten schon vieles darüber bekannt. Aus diesen Experimenten weiß man, dass der Schmelzpunkt eines Gesteins von seiner chemischen Zusammensetzung und den herrschenden Druck- und Temperaturbedingungen abhängig ist (Tab. 4.6).

**Temperatur und Schmelzvorgang** Vor etwa einhundert Jahren entdeckte man, dass ein sehr heterogen zusammengesetztes Gestein bei einer bestimmten Temperatur nicht vollständig schmilzt. Dieses **partielle Schmelzen** ist darauf zurückzuführen, dass die unterschiedlichen Minerale eines Gesteins bei unterschiedlichen Temperaturen schmelzen. Steigt die Temperatur, so schmelzen bereits einige Minerale, während andere noch fest bleiben. Sind die Temperaturverhältnisse in einem bestimmten Bereich konstant, bleibt auch das vorhandene Gemisch aus festem Gestein und Schmelze unverändert. Der Anteil des Gesteins, der in geschmolzenem Zustand vorliegt, wird als **partielle Schmelze** bezeichnet. Als Beispiel können wir uns einen Keks mit eingebackenen Schokoladensplittern vorstellen. Erwärmt man ihn, so werden die Schokoladensplitter flüssig, während der Hauptbestandteil des Kekses fest bleibt.

Das Verhältnis von flüssiger zu fester Phase in einer partiellen Schmelze ist abhängig von der Zusammensetzung und der Schmelztemperatur der Minerale des ursprünglichen Gesteins, außerdem von der Temperatur in der tiefen Kruste oder im Mantel, wo der Schmelzvorgang stattfindet.

Am unteren Ende des Schmelzintervalls dürfte der geschmolzene Anteil weniger als ein Prozent des ursprünglichen Gesteinsvolumens betragen. Ein großer Teil des heißen Gesteins bleibt dabei fest, jedoch befinden sich in der gesamten Masse nennenswerte Mengen an Flüssigkeit in Form von Tröpfchen in den winzigen Räumen zwischen den Kristallen. Im Oberen Mantel können Basalte beispielsweise bereits dadurch entstehen, dass 1 bis 2 Prozent des Peridotits aufgeschmolzen werden, doch unter den mittelozeanischen Rücken liegen normalerweise 15 bis 20 Prozent des Mantelperidotits in partiell geschmolzenem Zustand vor, wobei diese Schmelze eine basaltische Zusammensetzung aufweist. Am oberen Ende des Schmelzintervalls dürfte der größte Teil des Gesteins als Schmelze vorliegen, neben geringen Anteilen von nicht geschmolzenen Mineralen. Dies könnte zum Beispiel bei einem unmittelbar unter einem Vulkan (wie etwa Hawaii) liegenden Reservoir eines basaltischen Magmas mit bereits gebildeten Kristallen der Fall sein.

Mit dieser neuen Erkenntnis des partiellen Schmelzens konnte man erklären, wie sich bei unterschiedlichen Temperaturen und in den verschiedenen Bereichen des Erdinneren unterschiedliche Magmen bilden: Die Zusammensetzung einer solchen Teilschmelze, in der nur die Minerale mit den niedrigsten Schmelzpunkten flüssig sind, unterscheidet sich naturgemäß ganz erheblich von der eines vollständig geschmolzenen Gesteins. Aus diesem Grund weisen auch basaltische Magmen, die sich in den verschiedenen Bereichen des Mantels bilden, etwas andersartige Zusammensetzungen auf. Daraus ergibt sich, dass Magmen unterschiedlicher Zusammensetzung aus partiell unterschiedlich stark aufgeschmolzenem Gesteinsmaterial hervorgegangen sein müssen.

**Druck und Schmelzvorgang** Um den gesamten Vorgang des Schmelzens zu verstehen, müssen wir auch den Druck berücksichtigen, der als Folge der zunehmenden Auflast der Gesteine mit der Tiefe ansteigt. Es zeigte sich, dass in Gesteinen, die zunehmendem Druck ausgesetzt waren, auch die Schmelztemperaturen höher waren. Gesteinsschmelzen an der Erdoberfläche wären folglich im Erdinneren, wo der Druck hoch ist, bei derselben Temperatur noch fest. Beispielsweise dürfte ein Gestein, das an der Erdoberfläche bei 1 000 °C schmilzt, im Erdinneren, wo der Druck um ein Tausendfaches höher ist, vielleicht erst bei 1 300 °C schmelzen. Dort herrscht ein um ein Vielfaches höherer Druck als an der Erdoberfläche. Dies erklärt auch, warum die Gesteine im größten Teil der Kruste und des Mantels nicht schmelzen. Nur dort, wo die Gesteinszusammensetzung wie auch die Druck- und Temperaturbedingungen einander entsprechen, kann ein Gestein schmelzen. Genauso wie ein Gestein bei steigendem Druck in festem Zustand ver-

**Tabelle 4.6** Faktoren, die die Temperatur des Schmelzpunkts beeinflussen

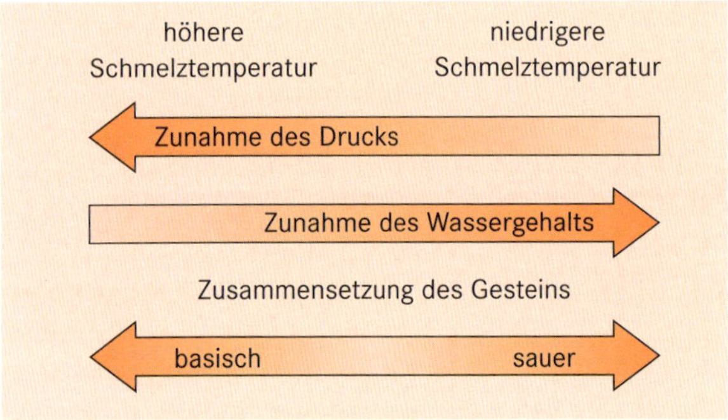

bleibt, führt umgekehrt eine Abnahme des Drucks zum Schmelzen des Gesteins, vorausgesetzt die Temperaturen sind ausreichend hoch. Aufgrund der Konvektion steigt Material aus dem Erdmantel an den mittelozeanischen Rücken unter mehr oder weniger konstanten Temperaturen nach oben. Da das Mantelmaterial aufsteigt und der Druck dadurch unter einen kritischen Punkt sinkt, schmilzt das feste Gestein spontan ohne weitere Zufuhr von Wärme. Dieser Vorgang des Schmelzens durch Druckentlastung, der auch als **Dekompressionsschmelzen** bezeichnet wird, erzeugt permanent das weltweit größte Volumen an geschmolzenem Gestein und dadurch entstehen am Meeresboden die meisten Basalte. Auf die Zusammenhänge zwischen Druck und Temperatur und ihren Einfluss auf die Gesteine im Erdinneren wird in Kapitel 14 noch einmal eingegangen.

**Wassergehalt und Schmelzvorgang** Die zahlreichen Experimente, die sich mit Schmelztemperaturen und partiellem Schmelzen befassten, brachten noch weitere Erkenntnisse, zum Beispiel ein besseres Verständnis bezüglich der Rolle, die dem Wasser beim Schmelzvorgang der Gesteine zukommt. Aus Analysen von frischen Laven war bekannt, dass die Schmelzen meist etwas Wasser enthielten. Daher gab man bei den Schmelzversuchen von Gesteinen geringe Mengen Wasser hinzu und entdeckte, dass die Zusammensetzungen der partiellen und auch der Gesamtschmelzen nicht nur mit der Temperatur, sondern auch mit der Menge des vorhandenen Wassers variieren.

Betrachten wir beispielsweise die Wirkung des Wassers auf reinen Albit, dem natriumreichen Plagioklas, unter den an der Erdoberfläche herrschenden niedrigen Druckverhältnissen. Ist nur eine geringe Menge Wasser vorhanden, bleibt reiner Albit noch bis zu Temperaturen von etwas über 1 000 °C fest. Bei diesen Temperaturen liegt das Wasser im Albit in gasförmigem Zustand als Wasserdampf vor. Bei höherem Wassergehalt sinkt der Schmelzpunkt bis auf 800 °C ab. Dieses Verhalten entspricht der allgemeinen Regel, dass das Lösen von Teilen einer Substanz (in diesem Falle Wasserdampf) in einer anderen Substanz (Albit) den Schmelzpunkt der Lösung erniedrigt. Wer in kühleren Klimazonen lebt, kennt möglicherweise diesen Vorgang, da Städte und Gemeinden Salz auf vereiste Straßen streuen, um den Schmelzpunkt des Eises herabzusetzen.

Nach demselben Prinzip sinkt auch die Schmelztemperatur des Albits – und aller Feldspäte sowie vieler anderer Silicatminerale – bei einem hohen Wassergehalt ganz erheblich ab. In diesem Fall werden die Schmelzpunkte der verschiedenen Silicate im Verhältnis zu der im geschmolzenen Silicat gelösten Wassermenge erniedrigt. Dies ist ein wichtiges Ergebnis in Bezug auf das Schmelzen der Gesteine. Der Wassergehalt ist ein wesentlicher Faktor bei der Bestimmung der Schmelztemperatur in Gesteinsbereichen, wo neben Kristallingesteinen auch Sedimentgesteine beteiligt sind. Sedimente enthalten in ihren Porenräumen weitaus mehr Wasser als Magmatite oder Metamorphite. Darüber hinaus haben Tonminerale, die in den weit verbreiteten Schiefertonen in großen Mengen vorhanden sind, erhebliche Mengen Wasser in ihren Kristallstrukturen chemisch gebunden. Wie wir noch sehen werden, spielt das in den Sedimentgesteinen gebundene Wasser für den Schmelzprozess im Erdinneren eine wesentliche Rolle.

## Die Bildung von Magmakammern

Die meisten Substanzen haben in flüssigem Zustand eine geringere Dichte als in fester Form. Die Dichte einer Gesteinsschmelze ist daher geringer als die des festen Ausgangsgesteins derselben chemischen Zusammensetzung. Mit anderen Worten, ein bestimmtes Volumen einer Gesteinsschmelze wiegt weniger als das gleiche Volumen des festen Ausgangsgesteins. Daraus lässt sich ableiten, dass große Magmakörper auf folgende Weise entstehen können: Hat eine weniger dichte Schmelze die Möglichkeit zum Abwandern, wird sie nach oben steigen, genauso wie Öl wegen seiner geringeren Dichte in einem Gemisch mit Wasser nach oben steigt. Als Flüssigkeit kann eine partielle Schmelze daher langsam durch Gesteinsporen, Klüfte und entlang von Kristallgrenzen der übereinander lagernden Gesteine nach oben steigen. Auf ihrem Weg vereinigen sich die heißen Tröpfchen der Schmelze miteinander und bilden innerhalb des festen Erdinneren allmählich größere Körper aus geschmolzenem Gesteinsmaterial.

Der Aufstieg von Magmen durch Mantel und Kruste kann entweder langsam oder rasch erfolgen, man geht von Geschwindigkeiten zwischen 0,3 m und fast 50 m pro Jahr aus. Die für den Aufstieg erforderliche Zeit kann zwischen einigen zehntausend bis zu mehreren hunderttausend Jahren betragen. Bei diesem Aufstieg können sich Magmen mit anderen Schmelzen mischen oder das Schmelzen in der Lithosphäre beeinflussen. Wir wissen heute, dass größere Ansammlungen von geschmolzenem Gestein, die sich schon die Geologen vor über 100 Jahren vorgestellt hatten, so genannte **Magmakammern** bilden. Die mit Magma gefüllten Hohlräume innerhalb der Lithosphäre entstehen, weil aufsteigende Tropfen von geschmolzenem Gestein das umgebende Gesteinsmaterial beiseite drängen. Magmakammern können Rauminhalte in der Größenordnung von mehreren Kubikkilometern erreichen. Die genaue Art ihrer Entstehung ist noch immer Gegenstand intensiver Forschung, denn bis heute haben wir keine klaren räumlichen Vorstellungen von solchen Magmakammern. Wir können uns diese Kammern als große mit Flüssigkeit gefüllte Hohlräume im festen Gestein vorstellen, die sich beständig ausdehnen, weil immer größere Partien des umgebenden Gesteins schmelzen, oder weil immer mehr geschmolzenes

Material auf Spalten, Rissen und anderen kleinen Hohlräumen zwischen den Kristallen hinzukommt. Gelangt das Magma bei Eruptionen an die Oberfläche, kontrahiert die Magmakammer. Wir wissen von der Existenz solcher Magmakammern, da sich aus den Laufzeiten von Erdbebenwellen ihre Tiefe, Größe und die ungefähre Ausdehnung ableiten lassen.

Mit diesem Wissen, wie Gesteine schmelzen und Magmakammern entstehen, können wir nun überlegen, wo im Erdinneren die unterschiedlichen Magmen entstehen.

## Wo entstehen Magmen?

Unsere Kenntnisse der magmatischen Prozesse beruhen zwar im Wesentlichen auf geologischen Schlussfolgerungen, aber auch auf Laborexperimenten. Erstere stammen überwiegend aus zwei Quellen: einmal von Vulkanen auf dem Festland und am Meeresboden, von Stellen also, wo geschmolzenes Gesteinsmaterial ausfließt – stets ein Hinweis auf vorhandene Magmen im Untergrund –, zum anderen von den Temperaturen, die vielerorts in tiefen Bohrlöchern und Bergwerksschächten gemessen worden sind. Sie zeigen, dass die Temperatur im Erdinneren mit der Tiefe zunimmt. Aus diesen Angaben konnte man den Gradienten ermitteln, mit dem die Temperatur bei zunehmender Tiefe ansteigt.

Manche Temperaturen, die in verschiedenen Gebieten in derselben Tiefenlage gemessen wurden, sind weitaus höher als die anderen – das bedeutet, dass einige Teile des Erdmantels und der Kruste heißer sind als andere. Das Great Basin im Westen der Vereinigten Staaten ist beispielsweise ein Gebiet, in dem Krustendehnung und entsprechende Krustenverdünnung vorherrscht, mit dem Ergebnis, dass dort die Temperatur mit der Tiefe mit außerordentlicher Geschwindigkeit zunimmt und in Tiefen von 40 km – und damit nicht sehr weit unterhalb der Erdkruste – Werte von 1 000 °C erreicht werden. Diese Temperaturen sind hoch genug, um Basalt aufzuschmelzen. In tektonisch stabilen Gebieten steigt dagegen die Temperatur mit der Tiefe wesentlich langsamer an und erreicht in derselben Tiefe nur etwa 500 °C.

Wir wissen heute, dass unterschiedliche Gesteinsarten durch den Vorgang des partiellen Schmelzens aus einem Magma erstarren können, und wir wissen auch, dass die zunehmenden Temperaturen zum Erdinneren hin zur Bildung von Magmen führen. Wenden wir uns nun der Frage zu, warum es so viele verschiedene magmatische Gesteine gibt.

## Magmatische Differenziation

Die bisher behandelten Prozesse zeigen, wie Gesteine schmelzen und sich Magmen bilden. Welche Prozesse sind jedoch für die Vielfalt der magmatischen Gesteine verantwortlich? Entstehen Magmen unterschiedlicher chemischer Zusammensetzung aus dem Aufschmelzen verschiedener Gesteinsarten? Oder führen irgendwelche Vorgänge aus einem ursprünglich einheitlichen Ausgangsmaterial zu dieser Gesteinsvielfalt?

Erneut ließen sich die Antworten aus Experimenten ableiten. Man mischte chemische Elemente im Verhältnis natürlicher magmatischer Gesteine und schmolz sie in Hochtemperaturöfen. Während der Abkühlung und Erstarrung dieser Schmelzen wurden die Kristallisationstemperaturen sorgfältig gemessen und die chemische Zusammensetzung der neu gebildeten Kristalle ermittelt. Die Ergebnisse dieser Experimente führten schließlich zur Theorie der **magmatischen Differenziation**, einem Prozess, bei dem aus einem einzigen homogenen Magma Gesteine unterschiedlicher Zusammensetzung hervorgehen.

Das Prinzip der magmatischen Differenziation ergibt sich aus der Tatsache, dass Minerale mit unterschiedlicher Zusammensetzung auch bei unterschiedlichen Temperaturen auskristallisieren. Mit dem Fortschreiten des Kristallisationsvorgangs verändert sich beständig die Zusammensetzung der Schmelze, da sie an solchen chemischen Elementen verarmt, die mit beginnender Kristallbildung der Schmelze sukzessive entzogen werden, bis schließlich eine wasserreiche Schmelze auskristallisiert.

Diese Kristallisationsexperimente zeigten auch, dass sich das Kristallisationsverhalten genau spiegelbildlich zum partiellen Schmelzen verhält. Beim Abkühlen des Magmas wurden in diesen Experimenten zuerst diejenigen Kristalle gebildet, die bei den Laborversuchen zum partiellen Schmelzen als letzte geschmolzen waren. Durch die Kristallisation wurden der Schmelze Elemente entzogen, und demzufolge veränderte sich die Zusammensetzung der Schmelze. Bei fortschreitender Abkühlung kristallisierten als Nächstes jene Minerale aus, die bei den Schmelzversuchen im gleichen Temperaturbereich geschmolzen waren. Erneut veränderte das Magma seine Zusammensetzung, weil nun andere Elemente der Schmelze entzogen wurden. Bei der niedrigsten Schmelztemperatur schließlich, fast am Punkt der völligen Erstarrung, kristallisierten als Letzte diejenigen Minerale aus, die beim Aufheizen eines Gesteins zuerst geschmolzen waren. Auf diese Weise können aus einem einheitlichen Ausgangsmagma durch die Änderung der chemischen Zusammensetzung im Verlauf der Kristallisation unterschiedliche magmatische Gesteine hervorgehen.

## Fraktionierte Kristallisation – Labor- und Geländebeobachtungen

Die **fraktionierte Kristallisation** ist ein Prozess, bei dem in einer kontinuierlich abkühlenden Schmelze die entstandenen Kristalle von der restlichen Schmelze abgetrennt werden.

Die Segregation kann dabei auf unterschiedliche Weise erfolgen (Abb. 4.5). Im einfachsten Fall sinken in einer Magmakammer die früh gebildeten Kristalle gravitativ zu Boden und sind damit den weiteren Reaktionen mit der verbliebenen Schmelze entzogen. Das restliche Magma wandert in andere Bereiche ab und bildet dort eine neue Magmakammer. Die im Frühstadium entstandenen Minerale werden von der Schmelze getrennt, die dann bei fortschreitender Abkühlung weiter auskristallisiert.

Als ausgezeichneter Testfall für die Theorie der fraktionierten Kristallisation erwiesen sich die so genannten Palisaden, mächtige Klippen gegenüber der Stadt New York am Westufer des Hudson. Diese Magmatite erreichen eine Ausdehnung von etwa 80 km und stellenweise eine Mächtigkeit von über 300 m. Die Palisaden drangen als basaltische Schmelze in fast horizontal lagernde Sedimente ein. An ihrer Basis enthalten sie reichlich Olivin, im mittleren Bereich Pyroxene und Plagioklase und in den oberen Bereichen überwiegend Plagioklas. Durch die von oben nach unten sich ändernde Mineralzusammensetzung eigneten sich die Palisaden besonders gut zur Überprüfung dieser Theorie. Dabei wurde auch ersichtlich, wie hilfreich Laborexperimente bei der Deutung von Geländebeobachtungen sein können.

Man unternahm Schmelzversuche an Gesteinen mit ungefähr denselben Mengenanteilen der verschiedenen Minerale, die in der Palisaden-Intrusion auftreten, und ermittelte, dass die Schmelze eine Temperatur von ungefähr 1 200 °C gehabt haben dürfte. Im Bereich weniger Meter – von den relativ kühlen Hangend- und Liegendkontakten zu den angrenzenden Sedimentserien – kühlte das Magma rasch ab. Durch diese rasche Abkühlung wurde das Magma zu einem feinkörnigen Basalt abgeschreckt und überlieferte so die chemische Zusammensetzung der ursprünglichen Schmelze. Das heiße Innere der Intrusion kühlte dagegen langsamer ab, wie die dort etwas größeren Kristalle bestätigen.

Die Vorstellungen einer fraktionierten Kristallisation ließen erwarten, dass als erstes Mineral Olivin aus dem langsam abkühlenden Inneren auskristallisiert und, weil er schwer ist, durch die Schmelze auf den Boden des Intrusivkörpers absinkt. Tatsächlich findet man ihn heute in einer grobkörnigen, olivinreichen Lage unmittelbar über der feinkörnigen, abgeschreckten Basaltschicht des Liegendkontakts. Der Abkühlungsvorgang setzte sich fort, bis Pyroxen auskristallisierte und unmittelbar danach auch calciumreicher Plagioklas. Diese Minerale sanken ebenfalls durch das Magma nach unten und reicherten sich im unteren Drittel der Intrusion an. Die Häufigkeit von Plagioklas in den oberen Bereichen des Intrusivkörpers entspricht der Annahme, dass die Schmelze dann kontinuierlich ihre Zusammensetzung änderte, bis die nachfolgenden Lagen der nach unten gesunkenen Kristalle schließlich von einer Schicht überdeckt wurden, die im Wesentlichen natriumreiche Plagioklase enthielt.

Die Erklärung des Lagenbaus in der Palisaden-Intrusion durch fraktionierte Kristallisation geht auf die erste Fassung der Theorie der magmatischen Differenziation zurück. Die Forscher verbanden Geländebeobachtungen mit Laborversuchen und soliden chemischen Kenntnissen. Seit die Palisaden-Intrusion den prinzipiellen Ablauf ihrer Genese preisgegeben hatte, sind mehr als 60 Jahre geologischer Forschungsarbeit vergangen. Heute wissen wir, dass diese Intrusion einen wesentlich komplizierteren Werdegang hatte und in Wirklichkeit aus mehreren Intrusionen entstanden ist und dass auch das gravitative Absinken der Olivinkristalle im Detail weitaus komplizierter abgelaufen sein muss. Trotzdem gelten die Palisaden insgesamt noch immer als Musterbeispiel für den Vorgang der fraktionierten Kristallisation.

## Granit und Basalt: Magmatische Differenziation

Untersuchungen von Vulkanlaven zeigten, dass basaltische Schmelzen weitaus häufiger sind als rhyolithische Magmen, die von ihrer Zusammensetzung her dem Granit entsprechen. Wie aber konnten die in der Kruste so verbreitet auftretenden Granite mit basaltischen Magmen in Zusammenhang gebracht werden?

Die ursprüngliche Vorstellung der magmatischen Differenziation ging davon aus, dass ein primär basaltisches Magma allmählich abkühlt und durch fraktionierte Kristallisation in eine niedriger temperierte $SiO_2$-reiche Schmelze übergeht. Die frühen Stadien dieser Differenziation würden folglich zu einer andesitischen Schmelze führen, die entweder als andesitische Lava an der Erdoberfläche ausfließt oder durch langsame Kristallisation zu einem dioritischen Intrusivgestein erstarrt. Zwischenstadien würden Magmen mit granodioritischer Zusammensetzung hervorbringen. Falls dieser Prozess lange genug fortdauerte, würden die letzten Stadien zu rhyolithischen Magmen beziehungsweise Granitintrusionen führen (vgl. Abb. 4.5).

Gelände- und Laboruntersuchungen während der zweiten Hälfte des 20. Jahrhunderts zeigten jedoch immer mehr, dass die magmatische Differenziation weitaus komplizierter ist, als man ursprünglich angenommen hatte. So konnte man nachweisen, dass für das Absinken kleiner Olivinkristalle durch ein dichtes visko-

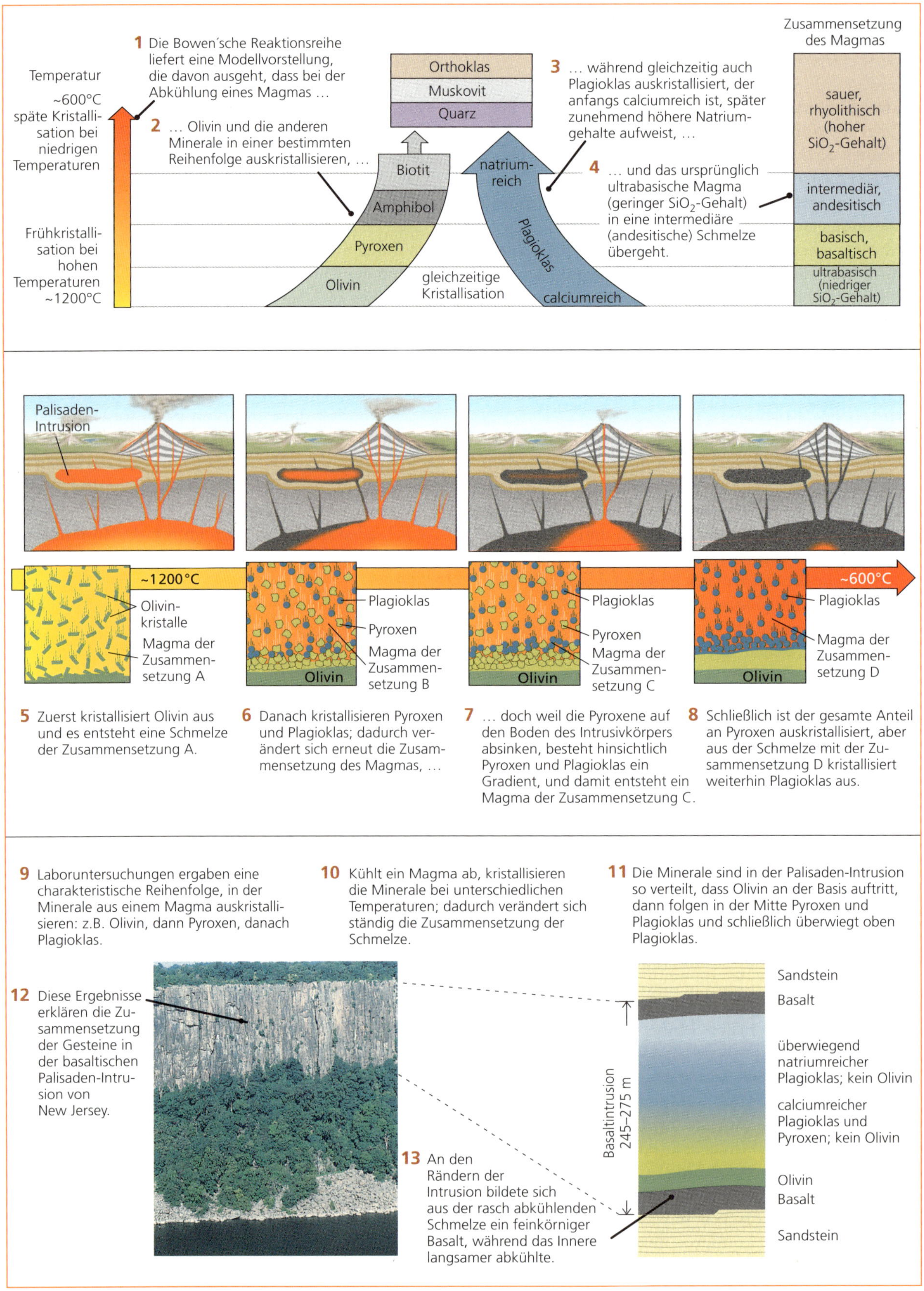


**Abb. 4.5** Die fraktionierte Kristallisation erklärt die Zusammensetzung basaltischer Intrusionen [*Foto: Breck P. Kent*].

ses Magma ein zu langer Zeitraum erforderlich wäre und diese deshalb niemals den Boden der Magmakammer erreichen würden. Außerdem zeigte es sich, dass viele lagig aufgebaute Intrusivgesteine, die zwar ähnlich, aber viel mächtiger als die Palisaden sind, nicht die einfache Fortentwicklung der Abfolgen aufweisen, wie sie von der sehr einfachen Theorie der magmatischen Differenziation vorhergesagt wurde.

Ein wesentliches Problem blieb jedoch die Entstehung des Granits. Die auf der Erde vorhandenen großen Granitmassen konnten nicht durch magmatische Differenziation aus basaltischen Schmelzen hervorgegangen sein, da durch die Kristallisation während der aufeinander folgenden Stadien der Differenziation bereits ein großer Volumenanteil der Schmelze verbraucht worden war. Um die vorhandenen Granitmengen zu erzeugen, wäre ein Ausgangsvolumen an basaltischem Magma von der zehnfachen Größe der Granitintrusion erforderlich gewesen. Bei der Häufigkeit des Granits wäre die Kristallisation riesiger Basaltmengen notwendig gewesen, die diese Granitintrusionen unterlagern müssten. Doch derartige Anhäufungen von Basalt konnte man nirgendwo nachweisen. Selbst dort, wo große Basaltmengen auftreten, wie etwa an den mittelozeanischen Rücken, gibt es keine nennenswerten Hinweise auf eine Differenziation zu Granit.

Am meisten in Frage gestellt wurde die ursprüngliche Vorstellung, dass sich alle granitischen Gesteine aus der Differenziation eines einzigen Magmatyps – einer basaltischen Schmelze – entwickeln. Stattdessen entdeckte man, dass für die großen Unterschiede in der Magmazusammensetzung das Aufschmelzen verschiedenartiger Ausgangsgesteine verantwortlich ist. Man geht davon aus, dass

1. Gesteine des Oberen Mantels partiell unter Bildung eines basaltischen Magmas schmelzen;
2. aus einem Gemisch von Sedimentgesteinen und basaltischer ozeanischer Kruste, wie dies an Subduktionszonen der Fall ist, beim Schmelzen andesitische Magmen entstehen;
3. eine Schmelze aus Sedimentgesteinen, kontinentalen Magmatiten und Metamorphiten granitische Magmen hervorbringt.

Wir wissen heute, dass eine magmatische Differenziation stattfindet, doch sind die Vorgänge weitaus komplizierter, als ursprünglich vermutet wurde.

- Eine magmatische Differenziation kann durch partielles Schmelzen von Krusten- und Mantelmaterial innerhalb einer gewissen Temperaturspanne und bei unterschiedlichem Wassergehalt erreicht werden.
- Magmen kühlen nicht gleichmäßig ab, da innerhalb einer Magmakammer große Temperaturunterschiede auftreten können. Diese Temperaturunterschiede könnten die Ursache dafür sein, dass sich die chemische Zusammensetzung eines Magmas von einem Bereich zum anderen ändert.
- Einige Magmen sind untereinander nicht mischbar – so wie Öl und Wasser getrennte Flüssigkeiten bleiben, wenn sie durchmischt werden. Solche Magmen können in einer Magmakammer nebeneinander bestehen, wobei jedes seine eigenen Kristallisationspro-

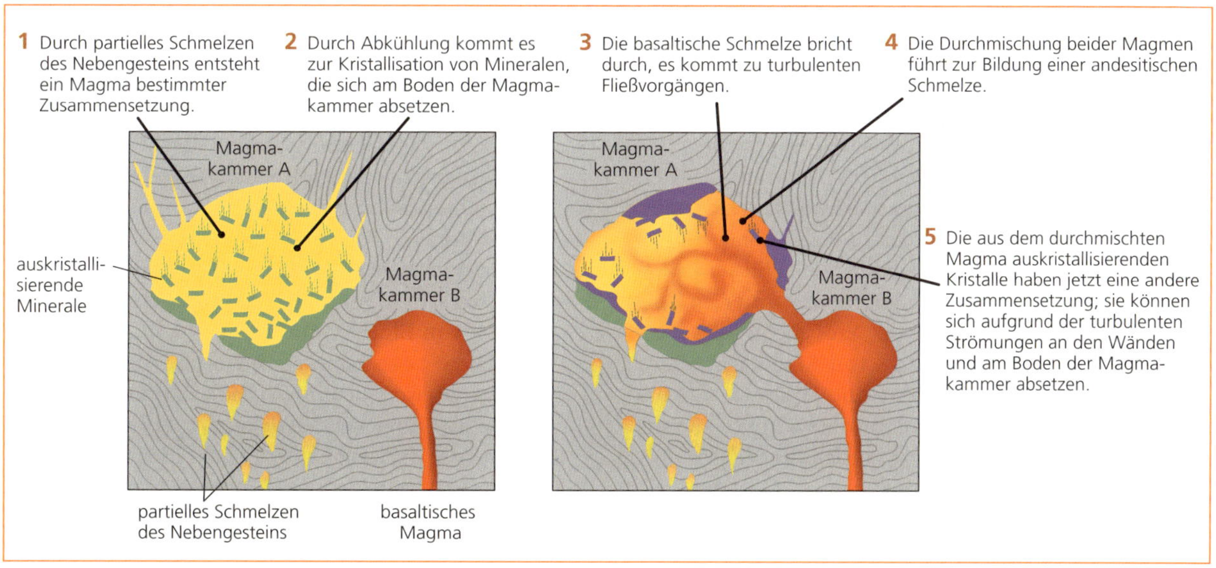


**Abb. 4.6** Moderne Vorstellung zur Magmendifferenziation. Man geht heute davon aus, dass während einer magmatischen Differenziation die Vorgänge wesentlich komplizierter ablaufen, als ursprünglich angenommen wurde. Normalerweise kommt es zu einem partiellen Aufschmelzen. Manche Magmen aus unterschiedlichen Ausgangsgesteinen können sich vermischen, während andere Magmen nicht mischbar sind. Kristalle können durch turbulente Strömungen in der Schmelze in unterschiedliche Bereiche der Magmakammer transportiert werden.

dukte erzeugt. Magmen, die sich mischen, können zu einer eigenständigen Kristallisationsabfolge führen, die sich vom Kristallisationsverlauf der Ausgangsmagmen deutlich unterscheidet.

Heute wissen wir auch mehr über die physikalischen Prozesse, die bei der Kristallisation innerhalb der Magmakammer aufeinander einwirken (Abb. 4.6). Magmen mit unterschiedlichen Temperaturen in verschiedenen Bereichen der Magmakammer können turbulent fließen und dabei können Minerale auskristallisieren. Die Kristalle können nach unten sinken, durch Strömungen wieder aufgenommen und schließlich an den Wänden der Magmakammer abgelagert werden. Die Randbereiche der Magmakammer können aus einem Kristallbrei, das heißt aus einem Gemisch von Kristallen und Schmelze bestehen, der den Übergang zwischen den aus festen Gesteinen bestehenden Grenzen der Kammer und dem vollständig flüssigen Magma im Hauptteil der Magmakammer bildet. Weiter kann wie bei einigen mittelozeanischen Rücken, beispielsweise unter dem Ostpazifischen Rücken, eine pilzförmige Magmakammer von heißem basaltischem Gestein mit einem geringen Anteil an partiell geschmolzenem Gestein (1 bis 3 Prozent) umgeben sein.

## Formen magmatischer Intrusionen

Wie bereits erwähnt lassen sich die Formen der Gesteinskörper, die durch Intrusionsvorgänge in der Kruste entstanden sind, nicht direkt beobachten. Wir können die Form und Verteilung von Intrusiva lediglich aus geologischen Geländebeobachtungen ableiten, die erkennen lassen, wo diese Intrusivgesteine herausgehoben wurden und der Abtragung ausgesetzt waren – Jahrmillionen nachdem die Magmen intrudiert und abgekühlt sind.

Wir haben jedoch auch indirekte Hinweise auf aktuelle Magmentätigkeit. So lassen sich unter einigen aktiven Vulkanen mithilfe von Erdbebenwellen beispielsweise die groben Umrisse von Magmakammern ableiten, aber sie geben leider keine Hinweise auf die mögliche Form oder Größe von Intrusivkörpern, die aus solchen Magmakammern hervorgehen. In einigen vulkanisch ruhigen, aber tektonisch aktiven Gebieten, wie etwa die Region in der Nähe des Salton-Sees in Südkalifornien, lassen die in tiefen Bohrlöchern gemessenen hohen Temperaturen darauf schließen, dass dort die Kruste wesentlich heißer als normal ist, was wiederum ein Hinweis auf eine Intrusion in der Tiefe sein dürfte.

Letztendlich beruht jedoch der größte Teil unserer Kenntnisse in Bezug auf die Genese der Intrusivkörper auf der Arbeit der Feldgeologen, die eine Vielzahl von Aufschlüssen in Intrusivgesteinen kartiert, miteinander verglichen und daraus ermittelt haben, wie die Platznahme dieser Intrusiva erfolgte. Ihre Untersuchungen führten schließlich zur Beschreibung und Einteilung der vielen unregelmäßigen und unterschiedlichen Formen der Intrusivkörper (Abb. 4.7), auf die nachfolgend näher eingegangen wird.

### Plutone

Plutone sind große Intrusivgesteinskörper, die in der tieferen Erdkruste entstanden sind. Ihre Größe liegt zwischen einem und mehreren hundert Kubikkilometern. Wenn sie durch Heraushebung und Erosion freigelegt oder durch Bergwerke und Bohrungen erschlossen sind, stellen Geologen immer wieder fest, dass sich die Plutone nicht nur in ihrer Größe, sondern auch in ihrer Form und Beziehung zum Nebengestein – das heißt zum intrudierten umgebenden Gestein – unterscheiden.

Diese große Vielfalt ergibt sich zum Teil aus der Art und Weise, mit der sich das Magma beim Aufstieg durch die Kruste Raum schafft. Die meisten Magmen intrudieren in Tiefen zwischen acht und zehn Kilometer. In diesen Tiefen gibt es in den Gesteinen nur wenige Hohlräume oder Öffnungen, da der Überlagerungsdruck so groß ist, dass Hohlräume normalerweise fehlen. Doch selbst dieser hohe Druck wird durch das aufsteigende Magma überwunden.

Magma, das durch die Kruste aufsteigt, schafft sich auf sehr unterschiedliche Weise Raum (Abb. 4.8). Wie das im Einzelnen geschieht, wird unter dem Begriff **„Stoping“** (Einbrechen von Nebengestein in die Magmakammer) zusammengefasst:

1. **Durch Aufbrechen der überlagernden Gesteinsschichten.** Wölbt das Magma die Deckschichten auf, so bricht das Gestein entlang der Schichtfugen, Magma dringt in die geöffneten Spalten ein, erweitert sie durch Aufschmelzen und schafft sich auf diese Weise Raum.
2. **Durch Losbrechen großer Gesteinsblöcke.** Magma kann sich seinen Weg nach oben auch durch das Losbrechen von Blöcken des intrudierten Gesteins bahnen. Diese so genannten Xenolithe sinken in das Magma ein, werden aufgeschmolzen und vermischen sich mit der umgebenden Schmelze. Dabei verändern sie lokal die Zusammensetzung des Magmas.
3. **Durch Aufschmelzen des Nebengesteins.** Das Aufschmelzen des angrenzenden Nebengesteins schafft ebenfalls Raum für das Magma.

Während die meisten Plutone scharfe Kontakte zum Nebengestein aufweisen und oftmals auch noch andere Hinweise für die Intrusion einer flüssigen Schmelze in ein festes Gestein vorliegen, gehen manche Plutone all-

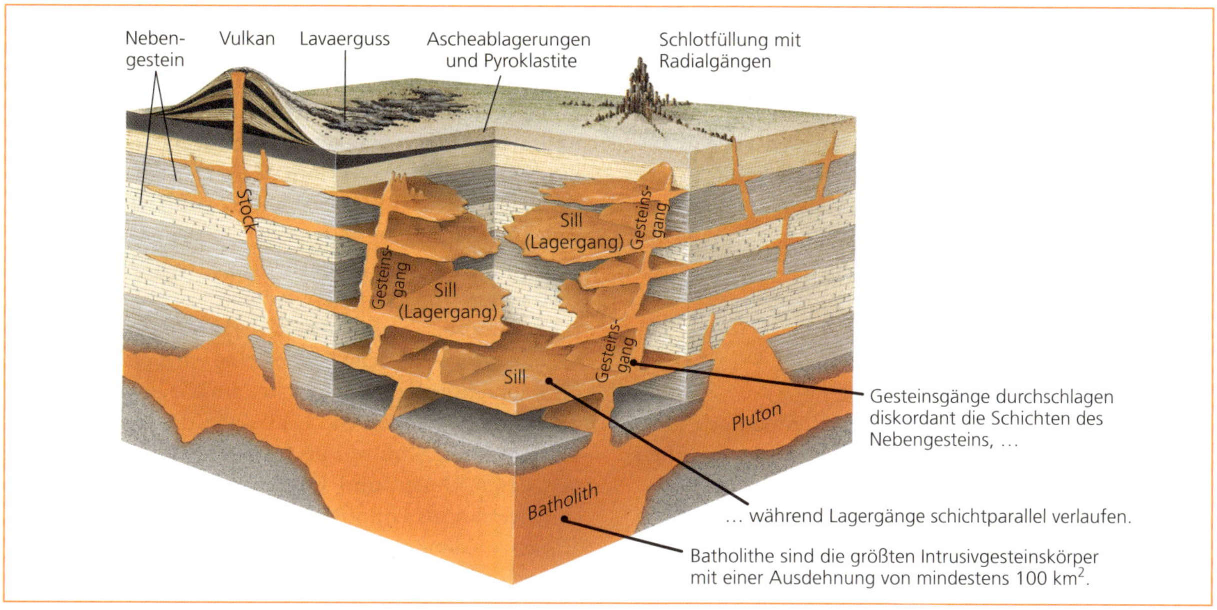


**Abb. 4.7** Die wichtigsten Erscheinungsformen bei Effusiv- und Intrusivgesteinen. Man erkennt, dass die Gesteinsgänge die Schichten des Nebengesteins durchschlagen, die Lagergänge jedoch schichtparallel verlaufen. Batholithe sind die größten Intrusivgesteinskörper.

mählich in das Nebengestein über und zeigen Gefüge, die andeutungsweise an die von Sedimentgesteinen erinnern. Solche Erscheinungen weisen darauf hin, dass diese Plutone durch partielles oder vollständiges Aufschmelzen von Sedimentgesteinen entstanden sind.

**Batholithe**, die größten Plutone, sind gewaltige unregelmäßige Intrusivkörper aus grobkörnigen Intrusivgesteinen mit einer horizontalen Ausdehnung von mindestens 100 km$^2$ (vgl. Abb. 4.7). Batholithe treten bevorzugt in den Kernen tektonisch deformierter Gebirgsgürtel auf. Außerdem bestehen große Bereiche der präkambrischen Schilde aus zahlreichen sich überlagernden Batholithen. Geologische Geländebefunde zeigen zunehmend, dass Batholithe horizontale, schichtartige oder lappige, sehr mächtige Intrusivkörper sind, die sich um ein schlotförmiges Zentralgebiet ausbreiten. Ihre Untergrenze kann sich bis in Tiefen von 10 bis 15 km erstrecken; von einigen nimmt man an, dass sie sogar noch tiefer gehen. Batholithe sind generell grobkörnig – die Folge der langsamen Abkühlung in großer Tiefe.

Ähnliche, aber kleinere Plutone werden als **Stöcke** bezeichnet. Sowohl Batholithe als auch Stöcke sind **dis-**

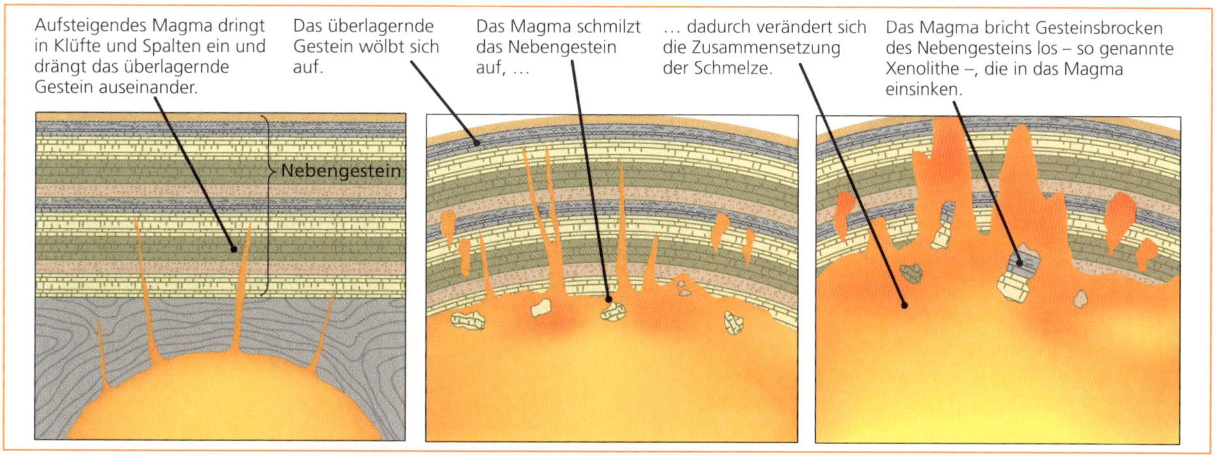


**Abb. 4.8** Magmen schaffen sich auf unterschiedliche Weise Raum im Nebengestein: durch Eindringen in Spalten und Auseinanderdrängen des überlagernden Gesteins, durch Losbrechen von Gestein und durch Aufschmelzen des umgebenden Gesteins. Bruchstücke des Nebengesteins, die so genannten Xenolithe, können im Magma vollständig aufgeschmolzen werden. Wenn Xenolithe in großem Umfang aufgeschmolzen werden und die Zusammensetzung des Nebengesteins sich von der des Magmas unterscheidet, dann verändert sich die Zusammensetzung der Gesteinsschmelze.

**kordante Intrusiva**, das heißt sie durchschlagen die Schichten des jeweils intrudierten Nebengesteins.

Wo immer an der Erdoberfläche ausgedehnte Intrusivgesteinskörper aufgeschlossen sind, sei es in der Bretagne, im Schwarzwald, in den Vogesen oder in der Bayerisch-Böhmischen Masse, können wir davon ausgehen, dass es sich dabei um die ehemals tieferen Stockwerke alter Gebirge handelt.

## Lager und Gänge

Kleinere plattenförmige Intrusionen werden nach ihrer Form und ihrem Verhältnis zur Lagerung der von ihnen intrudierten Gesteine unterschieden, obwohl sie in vielem den großen Plutonen ähnlich sind. Ein **Lagergang** oder **Sill** ist ein Gesteinskörper, der durch das Eindringen von Magma zwischen die Schichten und Lagen des umgebenden Gesteins entstanden ist (Abb. 4.9). Es handelt sich um eine **konkordante Intrusion**, wenn ihre Ränder parallel zur Schichtung verlaufen, gleichgültig, ob diese horizontal, schräg oder senkrecht ist. Die Mächtigkeit solcher Lagergänge schwankt vom Zentimeterbereich bis zu mehreren hundert Metern und ihre Ausdehnung kann sich über beträchtliche Gebiete erstrecken. Abbildung 4.9a zeigt einen mächtigen Lagergang am Finger Mountain in der Antarktis. Die 300 m mächtige Palisaden-Intrusion (vgl. Abb. 4.5) ist ebenfalls ein ausgedehnter Lagergang.

**Lakkolithe** entstehen, wie die Lagergänge, durch das Eindringen von Magmen entlang von Schichtflächen flach lagernder Sedimentserien. Sie haben eine annähernd ebene Unterseite, jedoch eine nach oben gewölbte pilzkappenförmige Dachfläche. Im Gegensatz zu den Lagergängen wölben die Lakkolithe die überlagernden Schichten auf. Schüssel- bis trichterförmige Intrusivkörper, deren Unter- und Oberseite nach unten gewölbt sind, werden als **Lopolithe** bezeichnet.

Sills, Lakkolithe und Lopolithe dringen unter hohem Druck in das Nebengestein ein. Dieser Druck ist groß genug, um das Gewicht der überlagernden Schichten zu überwinden, wobei durch deren Hebung gleichzeitig Raum für das Magma geschaffen wird.

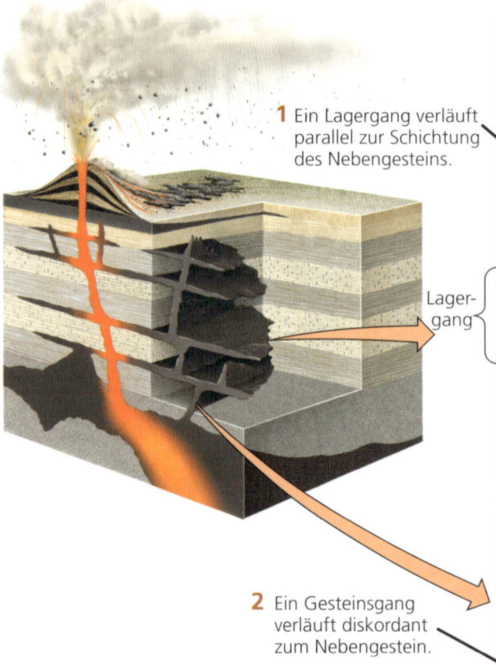

**Abb. 4.9** (a) Finger Mountain in den Dry Valleys der Antarktis. Das Bild zeigt einen Diabas-Lagergang, der schichtparallel in eine Sandsteinserie eingedrungen ist. Außerdem werden die Sandsteine von einem Diabasgang durchschlagen [*Foto: Colin Monteath/AUSCAPE*]. (b) Gesteinsgang (dunkel), der tonige Sedimentgesteine (rötlich braun) quer zur Schichtung durchschlägt. Grand Canyon-Nationalpark, Arizona [*Foto: Tom Bean/DRK PHOTO*].

Lagergänge und auch Lakkolithe können bei oberflächlicher Betrachtung Lavaergüssen und pyroklastischen Ablagerungen gleichen. Sie unterscheiden sich von Effusivgesteinen durch folgende Merkmale:

1. In Lagergängen fehlen die blockartigen, strickartigen und blasig-zelligen Strukturen, die für viele vulkanische Gesteine sehr charakteristisch sind.
2. Lagergänge sind meist auch grobkörniger als Vulkanite, weil sie etwas langsamer abgekühlt sind.
3. Die Gesteine im Hangenden und Liegenden der Lagergänge zeigen Auswirkungen der Aufheizung: Sie sind durch die Kontaktmetamorphose entfärbt beziehungsweise gebleicht oder in ihrem Mineralbestand verändert worden.
4. Im Gegensatz zu den Lagergängen überdecken zahlreiche Lavaergüsse entweder ältere und verwitterte Lavaströme oder auch Böden, die sich zwischen den übereinander folgenden Lavaergüssen gebildet haben.

**Gesteinsgänge** oder **Dikes** sind Ausdruck der wichtigsten Transportwege für Magmen. Wie Lagergänge sind auch Gesteinsgänge plattenförmige Intrusivkörper, die jedoch diskordant zum Nebengestein verlaufen (vgl. Abb. 4.9b). Gesteinsgänge haben sich in zuvor gewaltsam geöffneten Spalten gebildet, doch weitaus häufiger folgten die Gänge neuen Rissen, die durch den Druck der Magmenintrusion geschaffen wurden. Einzelne Gänge können im Gelände über Dutzende von Kilometern verfolgt werden. Ihre Mächtigkeit schwankt vom Millimeterbereich bis zu mehreren Metern.

In einigen Gängen geben Xenolithe eindeutige Hinweise für das Zerbrechen des Nebengesteins während der Intrusion. Gesteinsgänge kommen selten isoliert vor, vielmehr ist das Auftreten von Hunderten oder Tausenden solcher Gänge – so genannte Gangschwärme – typisch in einem Gebiet, das durch eine große Intrusion deformiert wurde.

Manche Gänge zeigen annähernd kreis- oder ellpisenförmige Ausstriche und werden deshalb als **Ringgänge** oder **Ringdikes** bezeichnet. Sie werden als Erosionsreste von Intrusionen gedeutet, die in zylindrische Klüfte eingedrungen sind. Möglicherweise entsteht eine solche Kluft, wenn ein Krustenblock mit nahezu rundem Querschnitt in eine entleerte Magmakammer einsinkt. Man kennt Ringgänge mit Durchmessern bis zu 25 km.

Das Gefüge der Lager- und Gesteinsgänge ist sehr unterschiedlich. Viele Gesteinsgänge und Lagergänge sind grobkörnig und zeigen damit ein für Intrusivgesteine typisches Erscheinungsbild. Andere sind jedoch feinkörnig und gleichen weit mehr den Effusivgesteinen. Da dieser Gefügegegensatz durch unterschiedliche Abkühlungsgeschwindigkeit bedingt ist, wird auch verständlich, dass die feinkörnigen Gesteine näher an die Erdoberfläche aufgedrungen sein müssen, da dort der Temperaturkontrast von Schmelze zu Nebengestein größer ist. Ihr feinkörniges Gefüge ist die Folge der raschen Abkühlung. Die grobkörnigen Gesteine kristallisierten dagegen in Tiefen von einigen Kilometern, wo der Temperaturunterschied zum Nebengestein geringer ist.

## Hydrothermale Gänge

Von vielen Intrusivkörpern zweigen oben oder seitlich zahlreiche **Gänge** oder **Adern** ab, unregelmäßig geformte Intrusionen, deren Gesteinsinhalt nichts mehr mit der ursprünglichen Schmelze gemein hat. Die meisten dieser Gänge unterscheiden sich in ihrer Mineralogie ganz erheblich vom umgebenden Gestein. Diese Gänge können zwischen wenigen Millimetern und mehreren Metern mächtig sein und erstrecken sich gewöhnlich über Dutzende von Metern bis zu etlichen Kilometern Länge. Der berühmte Mother Lode, der im Jahre 1849 einen Goldrausch auslöste, ist ein Quarzgang, der gediegenes Gold führte. Ein bekannter, großer Quarzgang in Deutschland ist der so genannte Pfahl im Bayerischen Wald, allerdings ist sein Goldgehalt vernachlässigbar. Dagegen stammt das sagenumwobene Rheingold aus den goldhaltigen Quarzgängen der Alpen. Gänge aus extrem grobkörnigem granitischem Gestein, die feinerkörniges Nebengestein durchschlagen, werden als **Pegmatite** bezeichnet (Abb. 4.10). Sie kristallisierten in einem späten Stadium der Abkühlung aus wasserreichen Restschmelzen und enthalten Erze oder Riesenminerale mit zahlreichen seltenen Elementen wie etwa Lithium oder Beryllium.

Gänge können nicht nur mit Erzmineralen gefüllt sein, sondern auch mit Mineralen, die große Mengen an

**Abb. 4.10** Ein Granitpegmatit-Gang. Das Zentrum des Ganges ist grobkristallin, bedingt durch langsame Abkühlung. Die kleineren Kristalle an den Rändern des Ganges kühlten rascher ab *[Foto: John Grotzinger/Ramón Rivera-Moret/Harvard Mineralogical Museum]*.

chemisch gebundenem Wasser enthalten. Obwohl aus Laborversuchen bekannt ist, dass die Kristallisationstemperaturen solcher Minerale vergleichsweise hoch sind, liegen sie doch weit niedriger als die Magmentemperaturen; sie erreichen meist Werte um 250 bis 350 °C. Löslichkeit und Zusammensetzung der Minerale in diesen **hydrothermalen Gängen** (griech. hydor = Wasser und therme = Wärme) zeigen, dass bei der Entstehung solcher Gänge reichlich Wasser vorhanden war. Ein Teil des Wassers dürfte aus dem Magma selbst stammen, doch der Rest war offensichtlich Grundwasser, das in den Klüften und Porenräumen des Nebengesteins zirkulierte, und das teilweise auf das langsame Einsickern von Niederschlagswasser in den Boden und in oberflächennahes Gestein zurückzuführen ist.

Hydrothermale Gänge sind an mittelozeanischen Rücken eine häufige Erscheinung. In diesen Gebieten dringt Meerwasser auf Rissen oder Spalten in den Basalt ein. Es gelangt so in tiefere und heißere Bereiche des Basaltrückens und tritt dann als heißes Wasser in der Grabensenke zwischen den sich trennenden Platten in typischen Schloten („Black Smokers") wieder am Meeresboden aus. Auf diese hydrothermalen Prozesse an den mittelozeanischen Rücken wird in Kapitel 12 näher eingegangen.

## Magmatismus und Plattentektonik

Seit dem Aufkommen der Theorie der Plattentektonik in den sechziger Jahren des 20. Jahrhunderts versuchten Geologen, die Tatsachen und Theorien zur Bildung mag-

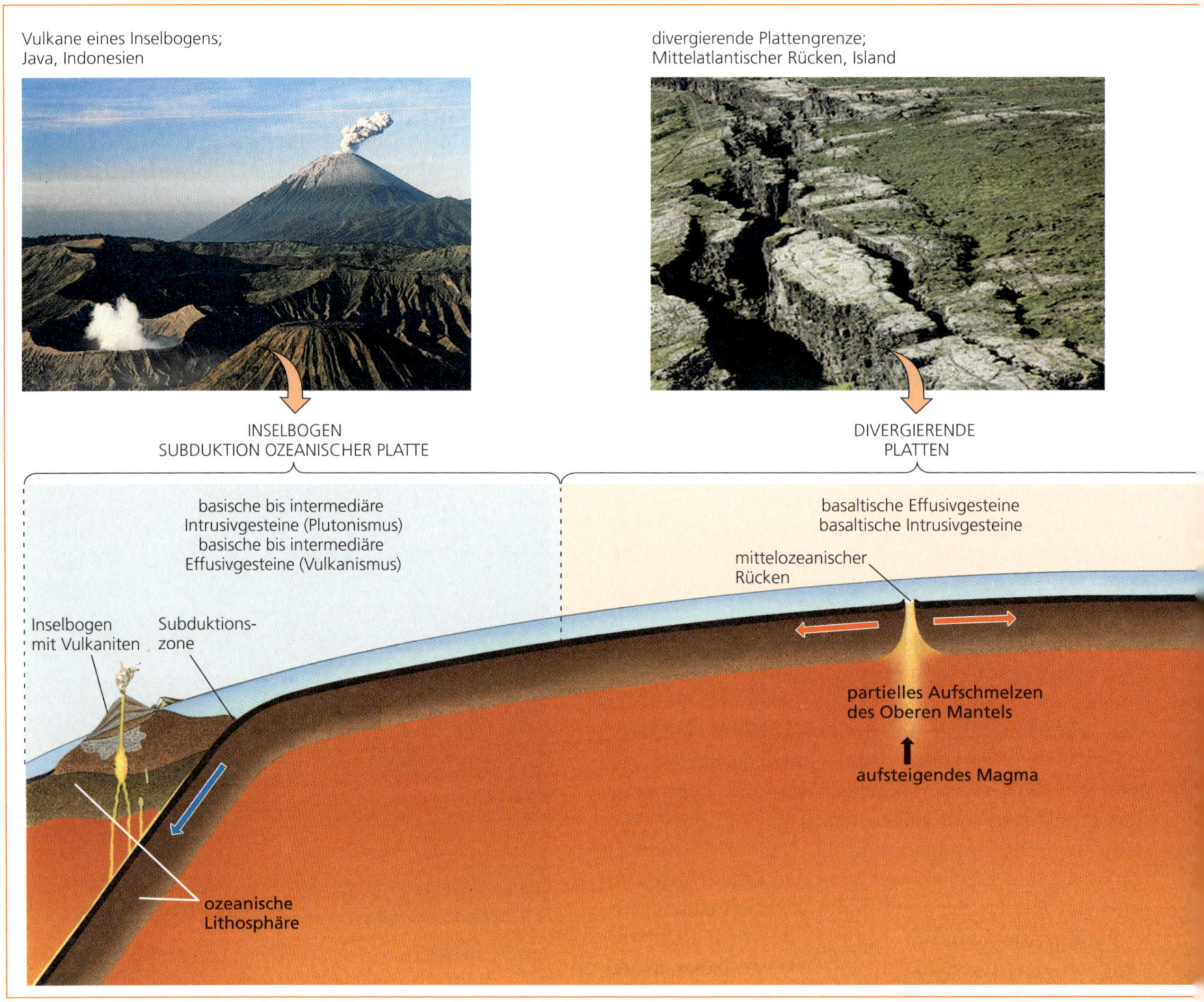


**Abb. 4.11** Magmatismus ist an bestimmte plattentektonische Positionen gebunden [*Fotos (von links nach rechts): Mark Levis/Stone/Getty Images; Gudmundur E. Sigvaldason, Nordic Volcanological Institute; G. Brad Lewis/Stone/Getty Images; Pat O'Hara/DRK PHOTO*].

matischer Gesteine in diesen Rahmen einzufügen. Wir stellten bereits fest, dass beispielsweise Batholithe in den Kernen von Gebirgszügen auftreten, die durch die Konvergenz zweier Platten entstehen. Diese Beobachtungen sprechen einerseits für eine Beziehung zwischen Plutonismus und gebirgsbildenden Prozessen, andererseits zeigen sie den Zusammenhang zwischen beiden Vorgängen und der Plattentektonik – denjenigen Kräften, die für die Plattenbewegungen verantwortlich sind.

Durch zahlreiche Laborexperimente kennen wir die Temperatur- und Druckverhältnisse, bei denen die verschiedenen Gesteinsarten schmelzen. Die Temperaturen geben uns eine ungefähre Vorstellung, in welchen Bereichen des Erdinneren es zu Schmelzprozessen kommt. Gemische aus verschiedenen Sedimentgesteinen schmelzen wegen ihres Wassergehalts und ihrer Zusammensetzung zum Beispiel bei Temperaturen, die mehrere hundert Grad unter dem Schmelzpunkt des Basalts liegen. Aus dieser Information ergibt sich zwangsläufig, dass Basalt in tektonisch aktiven Bereichen des Oberen Mantels nicht weit unterhalb der Kruste zu schmelzen beginnt und dass Sedimentgesteine in geringeren Tiefen schmelzen als Basalt.

Die Geometrie der Plattenbewegungen ist das notwendige Bindeglied, das wir brauchen, um die tektonische Aktivität und die Gesteinszusammensetzung mit dem Schmelzvorgang in Verbindung zu bringen (Abb. 4.11). Die Magmenbildung ist an zwei Typen von Plattengrenzen gebunden: an die mittelozeanischen Rücken, wo die Divergenzbewegung zweier Platten zur Neubildung von ozeanischer Kruste führt, und an die Subduktionszonen, wo eine Platte unter die andere abtaucht. Obwohl Manteldiapire nicht an Plattengrenzen gebunden sind, sind sie ebenfalls die Folge einer partiellen Aufschmelzung. Sie beginnen ihren Aufstieg an der Kern/Mantel-Grenze tief im Erdinneren (Kapitel 12).

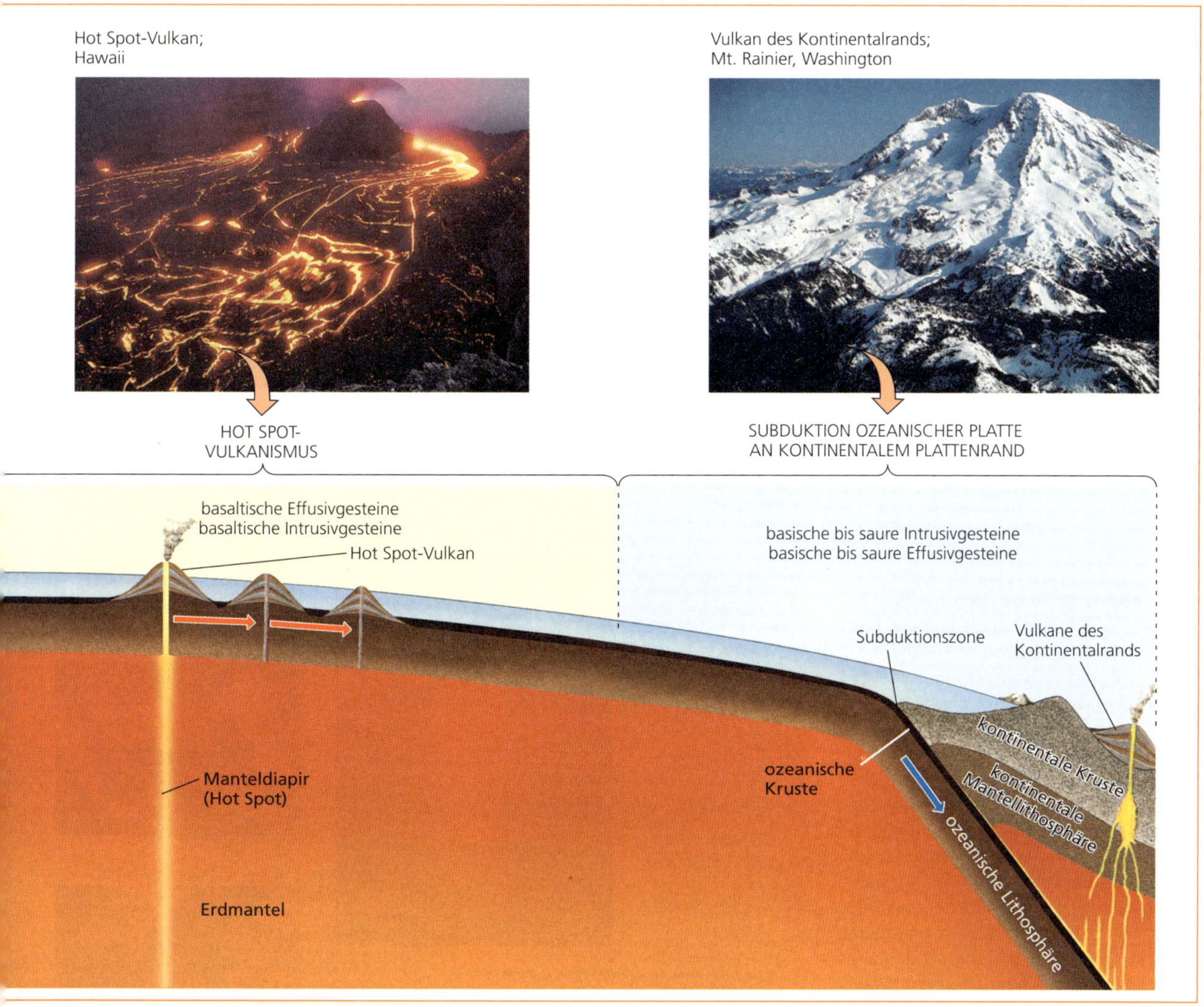

Die meisten Magmatite entstehen im Zentralbereich der mittelozeanischen Rücken. An ihrer gesamten Längserstreckung entstehen beim Aufstieg von Mantelmaterial durch Druckentlastung Magmen, die zusammen mit den aufsteigenden Konvektionsströmungen nach oben gelangen. Das Magma wird in Form von Laven gefördert, die von Magmakammern unter der Rückenachse gespeist werden. Gleichzeitig kommt es in der Tiefe zur Platznahme gabbroider Intrusionen.

## Spreading-Zentren als magmatische Geosysteme

Vor dem Aufkommen der Plattentektonik wunderten sich Geologen oft über ungewöhnliche Gesteinsparagenesen, die für den Tiefseeboden typisch sind, aber auch auf den Festländern auftreten. Solche Gesteinsparagenesen, die als **Ophiolithkomplexe** oder kurz **Ophiolithe** bezeichnet werden, bestehen aus Tiefseesedimenten, submarinen Basaltlaven und basischen Instrusivgesteinen (Abb. 4.12). Aufgrund von Beobachtungen, die mit Tauchfahrzeugen in großen Meerestiefen gemacht wurden, und anhand von Kastenlotproben, Tiefseebohrungen und seismischen Untersuchungen ließen sich diese Gesteine als Teile ozeanischer Kruste erklären, die ursprünglich am Meeresboden entstanden waren, dann durch Seafloor-Spreading transportiert, bei einer Plattenkollision über den Meeresspiegel herausgehoben und in einer späteren Phase der Plattenkollision auf einen Kontinent überschoben worden sind.

Es gibt einige relativ vollständige Ophiolithkomplexe auf dem Festland, wo man tatsächlich über Gesteine gehen kann, die normalerweise an der Grenze der ozeanischen Kruste zum Mantel lagern. Tiefseebohrungen durchfuhren zwar die Gabbroschicht des Meeresbodens, jedoch nicht die darunter liegende Grenze Kruste-Mantel. Seismische Profile ließen zahlreiche kleine Magmakammern erkennen, wie sie in Abbildung 4.13 dargestellt sind.

Wie funktioniert das Seafloor-Spreading als magmatisches Geosystem? Wir können uns dieses System als ungeheuer große „Maschine" vorstellen, die Material des Erdmantels verarbeitet und daraus ozeanische Kruste produziert. Abbildung 4.13 zeigt eine stark schematisierte und vereinfachte Darstellung dieser Prozesse, die teils auf Untersuchungen an Ophiolithkomplexen auf dem Festland, teils auf Informationen von Tiefseebohrungen und seismischen Untersuchungen beruhen.

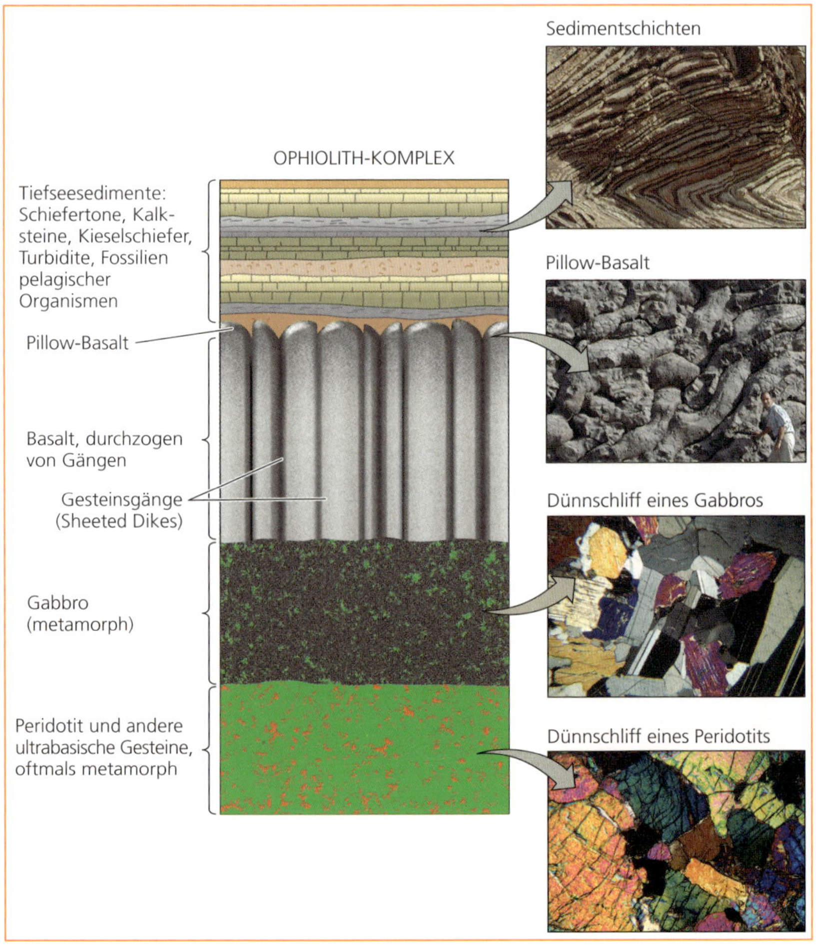


**Abb. 4.12** Schematischer Schnitt durch einen Ophiolithkomplex. Das gemeinsame Auftreten von Tiefseesedimenten, submarinen Kissenlaven (Pillow-Laven), basaltischen Sheeted Dikes und basischen Intrusivgesteinen spricht für eine Entstehung in der Tiefsee. Ophiolithe sind Bruchstücke ozeanischer Lithosphäre, die durch Plattenkollision auf die Kontinente überschoben worden sind. Peridotit, ein wesentlicher Bestandteil des Erdmantels, schmilzt durch Druckentlastung; die dabei entstehende gabbroide Schmelze fließt am Meeresboden aus und bildet die charakteristischen Pillow-Basalte [*Fotos: John Grotzinger, mit frdl. Genehmigung; Dünnschliffe: T. L. Grove, mit frdl. Genehmigung*].

**Ausgangsmaterial: Peridotit aus dem Erdmantel** Das Ausgangsmaterial, das gewissermaßen in die Maschine des Seafloor-Spreading eingegeben wird, stammt aus der Asthenosphäre des konvektierenden Mantels. Das dort vorherrschende Gestein ist Peridotit, der von seiner mineralischen Zusammensetzung her im Wesentlichen aus Olivin besteht. Hinzu kommen geringe Mengen Pyroxen und Granat. Die Temperaturen in der Asthenosphäre sind zwar hoch genug, um einen geringen Teil des Peridotits (weniger als 1 Prozent) aufzuschmelzen, sie sind jedoch nicht so hoch, dass größere Mengen an Magma entstehen.

**Prozess: Schmelzbildung durch Druckentlastung (Dekompression)** Die Schmelzbildung durch Druckentlastung führt an den Spreading-Zentren zur Bildung von Magmen aus Mantelperidotit. In diesem Kapitel wurde bereits erwähnt, dass die Schmelztemperatur eines Minerals sowohl von seiner Zusammensetzung als auch vom herrschenden Druck abhängig ist: Eine Abnahme des Drucks verringert generell die Schmelztemperatur eines Minerals. Befindet sich daher ein Mineral in der Nähe seines Schmelzpunkts und der herrschende Druck nimmt ab, während die Temperatur konstant bleibt, dann schmilzt das Mineral.

Trennen sich die Lithosphärenplatten, werden die partiell geschmolzenen Peridotite gewissermaßen in die Spreading-Zonen hinein und nach oben gesaugt. Da die Peridotite sehr rasch aufsteigen und deshalb nur geringfügig abkühlen, kommt es durch Druckentlastung zum Aufschmelzen eines größeren Gesteinsanteils (bis zu 15 Prozent). Der Auftrieb der Schmelze führt dazu, dass sie rascher aufsteigt als das umgebende Gesteinsmaterial, was letztlich zur Trennung der flüssigen Phase von dem

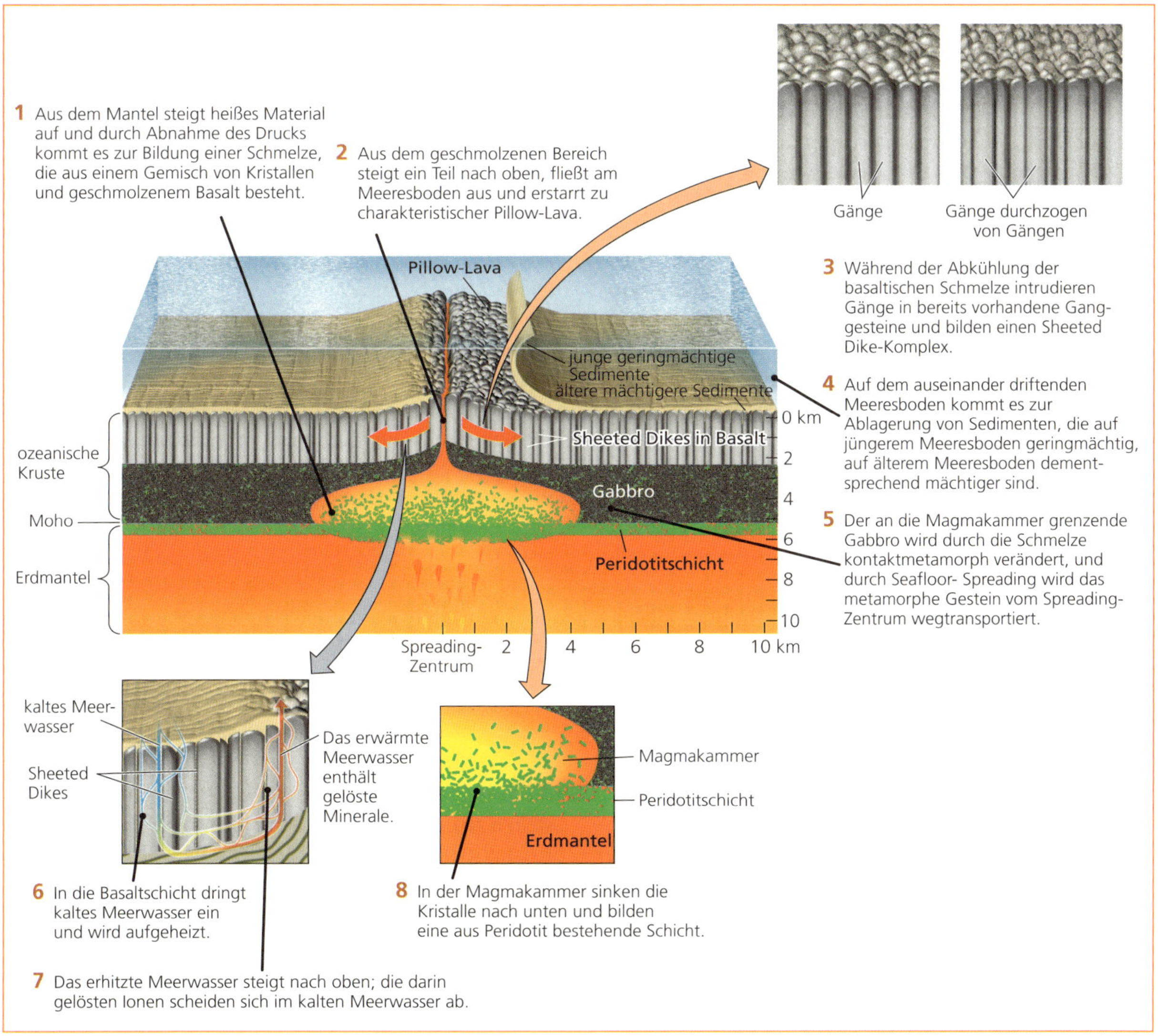


**Abb. 4.13** Druckentlastung führt im Bereich der Spreading-Zentren zur Schmelzbildung und damit zur Entstehung eines magmatischen Geosystems.

verbleibenden Kristallbrei und damit zur Bildung großer Magmamengen führt.

**Endprodukt: Ozeanische Kruste und Lithosphäre des Mantels** Die diesem Prozess unterliegenden Peridotite schmelzen nicht homogen, denn Granate und Pyroxene schmelzen früher als Olivine. Demzufolge ist das durch Druckentlastung entstandene Magma von der Zusammensetzung her nicht peridotitisch, sondern eher an $SiO_2$ und Eisen angereichert und hat dieselbe Zusammensetzung wie Basalt (vgl. Abb. 4.13).

Diese basaltische Schmelze sammelt sich in Magmakammern unter dem Kamm der mittelozeanischen Rücken, wo es dann nachfolgend zur Trennung in drei Einheiten kommt:

1. Ein Teil der Schmelze steigt durch enge Spalten nach oben, die sich dort öffen, wo die Platten sich trennen; sie fließt am Meeresboden aus und erstarrt zu basaltischen Kissen- oder Pillow-Laven (vgl. Abb. 4.13).
2. Ein weiterer Teil der Schmelze erstarrt in den Spalten als vertikal stehende Sheeted-Dike-Komplexe, die aus Gabbros bestehen.
3. Der verbliebene Teil des Magmas erstarrt zu massigem Gabbro, da die unterlagernde Magmakammer durch Seafloor-Spreading auseinander gezogen wird.

Diese magmatischen Einheiten – Kissenlaven, Sheeted Dikes und massige Gabbros – sind die wesentlichen Lagen der Kruste, die weltweit in den Ozeanböden nachgewiesen wurden. Das Seafloor-Spreading führt unter dieser ozeanischen Kruste noch zu einer weiteren Lage: dem verbliebenen Rest des Peridotits, aus dem die basaltische Schmelze ursprünglich hervorgegangen ist. Man betrachtet diese Lage als Teilbereich des Mantels, doch unterscheidet sich ihre Zusammensetzung von derjenigen der Asthenosphäre mit ihren Konvektionsbewegungen. Durch die Bildung der basaltischen Schmelze kommt es in diesem Peridotit zur Anreicherung von Olivin, und dadurch reagiert der Peridotit starrer als das normale Material des Erdmantels. Man geht heute davon aus, dass diese olivinreiche Schicht den ozeanischen Platten ihre große Festigkeit verleiht.

Schließlich wird die neu gebildete ozeanische Kruste von einer geringmächtigen Schicht aus Tiefseesedimenten überdeckt. Da sich der Meeresboden von den Spreading-Zentren nach der Seite ausbreitet, werden die Lagen aus Sedimenten, Laven, Gängen und Gabbro von den mittelozeanischen Rücken wegtransportiert, von dem Ort, an dem diese charakteristischen Gesteinsabfolgen der ozeanische Kruste entstanden sind.

## Subduktionszonen als magmatische Geosysteme

Im Untergrund einiger Gebiete, in denen Vulkane in starkem Maße konzentriert sind, wie beispielsweise unter den Anden Südamerikas oder unter den vulkanischen Inselbögen wie etwa den Aleuten vor Alaska, entstehen Magmen als Folge der Subduktion einer Lithosphärenplatte unter die andere. Solche Subduktionszonen sind neben den Spreading-Zentren die wichtigsten magmatischen Geosysteme (Abb. 4.14), an denen Magmen unterschiedlicher Zusammensetzung entstehen – je nachdem welches Material und wie viel davon mit dem Meeresboden subduziert wird.

**Ausgangsmaterial: Ein buntes Gemisch** Das Ausgangsmaterial besteht aus einem Gemisch von Sedimenten des Meeresbodens, basaltischer ozeanischer Kruste, sauerer kontinentaler Kruste, Mantelperidotit und Wasser (vgl. Abb. 4.14). Bedingt durch die sehr unterschiedliche chemische Zusammensetzung unterscheidet sich das magmatische Geosystem an konvergierenden erheblich von dem an divergierenden Plattengrenzen. Kollidiert eine ozeanische mit einer ozeanischen Platte, kommt es zu einer Reihe komplizierter Prozesse.

**Prozess: Durch Fluide bedingte Magmenbildung** Die Schmelzbildung wird hier im Wesentlichen durch die Zufuhr von Fluiden beeinflusst, vor allem von Wasser, das von der abtauchenden Lithosphäre nach oben steigt. Es wurde bereits erwähnt, dass durch die Zufuhr schon geringer Wassermengen der Schmelzpunkt der Gesteine sinkt. Ehe die ozeanische Kruste an einer konvergierenden Plattengrenze subduziert wird, hat sie in ihren oberen Bereichen große Mengen Wasser aufgenommen. Eine der Ursachen hierfür wurde bereits erwähnt – die hydrothermalen Prozesse bei der Entstehung der Lithosphäre. Ein Teil des an Spreading-Zentren durch die Kruste zirkulierenden Meerwassers reagiert mit dem Basalt unter Bildung neuer Minerale, die in ihre Kristallgitter Wasser einbauen. Darüber hinaus wird die Lithosphäre, wenn sie altert und sich von den Spreading-Zentren weg bewegt, von Sedimentmaterial überdeckt, das ebenfalls große Mengen Wasser enthält. Vor allem die Tongesteine als die häufigsten Sedimentgesteine bestehen zu einem Großteil aus Tonmineralen, die in ihren Kristallstrukturen große Mengen chemisch gebundenes Wasser enthalten. Ein Teil der Sedimentbedeckung wird an den Tiefseerinnen, an denen die Platte subduziert wird, zwar abgeschert, der Großteil des wassergesättigten Gesteinsmaterials taucht jedoch in der Subduktionszone nach unten ab.

Mit steigendem Druck wird in den äußeren Schichten der abtauchenden Platte das Wasser aus den Poren und Mineralen ausgepresst und steigt in den über der subdu-

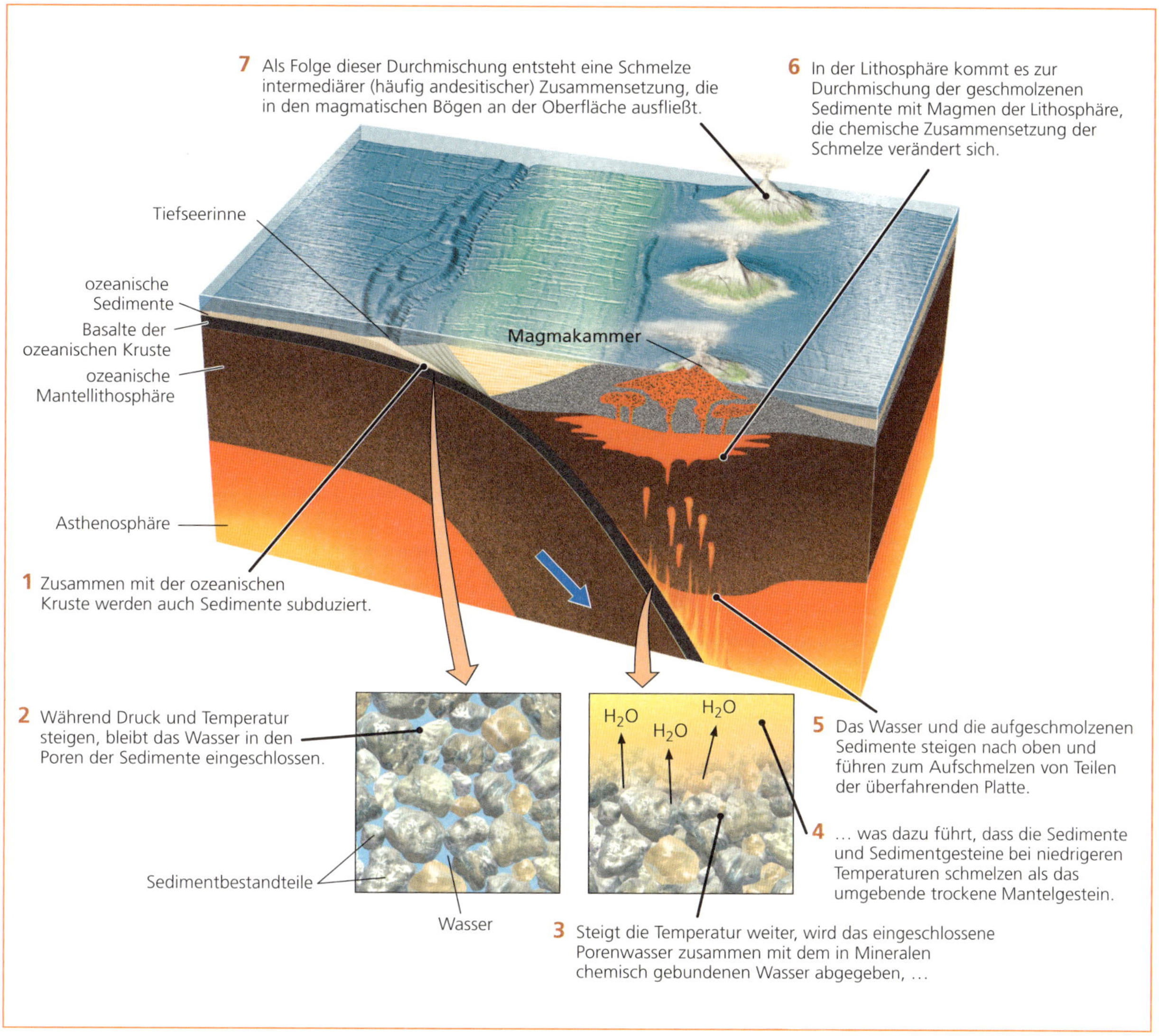


**Abb. 4.14** Durch die Zufuhr fluider Phasen kommt es an Subduktionszonen zur Bildung von Schmelzen und damit zur Entstehung eines magmatischen Geosystems.

zierten Platte befindlichen Mantelkeil auf. Bereits in mittleren Tiefen von ungefähr 5 km nimmt die Temperatur auf annähernd 150 °C zu und als Folge der beginnenden Metamorphose kommt es mit dem Übergang von Basalt zu **Amphibolit**, der aus Amphibol und Plagioklas besteht, zu ersten chemischen Reaktionen und zur Abgabe von Wasser. Da es darüber hinaus auch noch zu anderen chemischen Reaktionen kommt, wird in Tiefen zwischen 10 und 20 km weiteres Wasser freigesetzt. Schließlich steigt in Tiefen über 100 km die Temperatur auf Werte zwischen 1 200 und 1 500 °C und die subduzierte Platte unterliegt infolge des erhöhten Drucks zunehmend der Metamorphose. Der Amphibolit geht in **Eklogit** über, der aus Pyroxen und Granat besteht. Die Zunahme von Druck und Temperatur führt in der abtauchenden Platte außerdem zur Freisetzung des verbliebenen Wassers zusammen mit anderen Bestandteilen.

Im Verlauf der Subduktion führt das freigesetzte Wasser zur Aufschmelzung der abtauchenden basaltreichen ozeanischen Kruste und des überlagernden peridotitreichen Mantelkeils. Der größte Teil der basischen Schmelzen sammelt sich an der Basis der Oberplatte, ein Teil steigt jedoch auch in die Kruste auf und bildet innerhalb des auf der ozeanischen oder der kontinentalen Kruste entstehenden magmatischen Bogens Magmakammern, wie zum Beispiel in den Anden (vgl. Abb. 4.14).

**Endprodukt: Magmen unterschiedlicher Zusammensetzung** Im Zuge der durch Fluide ausgelösten Aufschmelzung entstehen Magmen, die überwiegend basaltisch sind, obwohl ihre chemische Zusammensetzung stärker schwankt als bei den Basalten der mittelozeanischen Rücken, denn in der Kruste verändert sich oftmals die Zusammensetzung der Schmelze ganz erheblich. So kommt es innerhalb der Magmakammer durch fraktionierte Kristallisation zu einem Anstieg des $SiO_2$-Gehalts und damit zur Förderung andesitischer Laven. Besteht die Oberplatte aus kontinentaler Kruste, kann die durch die Magmen verursachte Wärmezufuhr dort zum Aufschmelzen der sauren Krustengesteine führen. Dadurch entstehen Magmen mit einem deutlich höheren $SiO_2$-Gehalt, das heißt mit dazitischer oder rhyolithischer Zusammensetzung (vgl. Tab. 4.5). Die Annahme, dass fluide Phasen aus den subduzierten Platten einen Beitrag zu den Magmen liefern, geht allein schon daraus hervor, dass in den Magmen Spurenelemente nachzuweisen sind, die für ozeanische Kruste beziehungsweise für Sedimente kennzeichnend sind.

## Manteldiapire

Basalte mit etwas anderer Zusammensetzung wie die der mittelozeanischen Rücken treten gelegentlich in Form von mächtigen Deckenergüssen auch auf den Kontinenten weit entfernt von Plattengrenzen auf. Die Flüsse Columbia River und Snake River fließen durch große Teile der US-Bundesstaaten Washington, Oregon und Idaho, die von solchen Basalten überdeckt werden, die sich vor Millionen von Jahren über ein weites Gebiet ergossen haben. Große Mengen Basalt werden außerdem auf isolierten Vulkaninseln weit entfernt von Plattengrenzen gefördert, wie etwa auf den Inseln von Hawaii. In diesen Gebieten steigen aus großen Tiefen des Mantels, vielleicht sogar von der Kern/Mantel-Grenze, räumlich eng begrenzte Diapire aus heißem Mantelmaterial nach oben. Solche die Erdoberfläche erreichenden Manteldiapire, die in der Regel ebenfalls weit von Plattengrenzen entfernt auftreten, bilden so genannte Hot Spots, die für das lang anhaltende Ausfließen von großen Basaltmengen verantwortlich sind. Der Basalt entsteht durch Schmelzprozesse als Folge einer Druckentlastung im Erdmantel.

Zusammengefasst bilden sich basaltische Magmen im Oberen Mantel unter mittelozeanischen Rücken. Weitere Magmen stammen von den aus großer Tiefe aufsteigenden Manteldiapiren, die an Interplatten- und Intraplattenpositionen zu Hot Spots führen. An Subduktionszonen entstehen Magmen sehr unterschiedlicher Zusammensetzung in Abhängigkeit von der Menge an saurem Gesteinsmaterial und Wasser, das in den Gesteinen des Mantelkeils über der Subduktionszone eingeschlossen wird.

## Zusammenfassung des Kapitels

**Wie magmatische Gesteine klassifiziert werden:** Alle magmatischen Gesteine können aufgrund ihres Gefüges in zwei Gruppen eingeteilt werden: (1) grobkörnige Magmatite, die langsam abgekühlt sind und zur Gruppe der Intrusivgesteine gehören, und (2) feinkörnige Magmatite, die rasch abgekühlt sind und den Effusivgesteinen zugeordnet werden. Innerhalb dieser Großgruppen werden die Gesteine auf chemischer Basis nach ihrem $SiO_2$-Gehalt in sauer, basisch oder intermediär, oder aber nach dem jeweiligen Mineralbestand weiter unterteilt.

**Wie und wo Magmen gebildet werden:** Magmen entstehen in der unteren Kruste und im Mantel, wo Temperatur und Druck für ein zumindest partielles Aufschmelzen vor allem Wasser führender Gesteine hoch genug sind. Basalt kann im Oberen Mantel partiell schmelzen, wo Konvektionsströmungen an mittelozeanischen Rücken heißes Material nach oben bringen. Mischungen aus Basalt oder auch anderen Magmatiten mit Sedimenten, die nennenswerte Mengen an Wasser enthalten, haben niedrigere Schmelzpunkte als trockene Magmatite. Daher schmelzen unterschiedliche Ausgangsgesteine bei unterschiedlichen Temperaturen und beeinflussen so die Zusammensetzung der Magmen.

**Wie die magmatische Differenziation die Vielfalt der magmatischen Gesteine hervorbringt:** Kommt es in einer Schmelze zur fraktionierten Kristallisation, weil die zuerst gebildeten Kristalle abgetrennt werden und deshalb nicht mehr mit der Schmelze reagieren, kann das Endprodukt einen höheren $SiO_2$-Gehalt aufweisen als die zuvor abgeschiedenen, mafischen Kristalle. Durch fraktionierte Kristallisation können im Frühstadium der Kristallisation basische und zum Schluss hin saure Magmatite entstehen, doch ist damit das häufige Auftreten von Graniten nicht hinreichend erklärt. Die magmatische Differenziation von Basalt erklärt jedenfalls nicht die Zusammensetzung und Häufigkeit der verschiedenen magmatischen Gesteine. Unterschiedliche Magmatite können auch durch Unterschiede in der Magmenzusammensetzung entstehen, die durch Aufschmelzung verschiedener Mischungen von Sedimentgesteinen mit anderen Gesteinen zustande kommt, oder aber durch Mischung verschiedener Magmen.

**Welche Gestalt intrusive und effusive magmatische Gesteine haben:** Intrusivkörper von größerem Ausmaß werden Plutone genannt. Die größten Plutone sind die Batholithe, mächtige Intrusivkörper mit einem meist zentral gelegenen Zufuhrkanal. Kleinere Intrusivkörper nennt man Stöcke. Kleiner als Plutone sind Lagergänge, Lakkolithe und Lopolithe, die konkordant in Schichten eingedrungen und der Schichtung des Nebengesteins gefolgt sind. Gesteinsgänge sind Intrusionskörper, die diskordant die Schichtung durchschlagen haben. Hydrothermale Gänge sind dort entstanden, wo entweder im Magma oder im umgebenden Nebengestein reichlich Wasser unter Bildung heißer Lösungen mobilisiert worden ist.

**Welcher Zusammenhang zwischen magmatischen Gesteinen und der Plattentektonik besteht:** Die beiden wichtigsten magmatischen Geosysteme sind die mittelozeanischen Rücken, wo Basalte aus dem Oberen Mantel aufsteigen, durch Druckentlastung aufschmelzen und ozeanische Kruste bilden, sowie die Subduktionszonen, wo subduzierte ozeanische Lithosphäre durch Zufuhr von Fluiden partiell unter Bildung differenzierter Magmen schmilzt. Diese steigen durch die Kruste auf und bilden vulkanische Inselbögen oder auf den Kontinenten vulkanisch-magmatische Gebirgsbögen.

Die am El Capitan in den Guadalupe Mountains aufgeschlossenen Sedimentgesteine wurden vor 260 Millionen Jahren in einem Ozean abgelagert. Die unteren Bereiche der Hänge bestehen aus siliciklastischen Sedimentserien, die in der Tiefsee entstanden sind. Die darüber aufragenden Felswände des El Capitan bestehen aus Kalkstein und Dolomit, die in einem Flachmeer gebildet wurden, als Kalk abscheidende Tiere und Pflanzen abstarben und ihre Skelettelemente in Form von chemisch-biogenen Sedimenten hinterließen [*Foto: John Grotzinger*].

# Kapitel 5 Sedimente und Sedimentgesteine

Große Bereiche der Erdoberfläche einschließlich des Meeresbodens werden von Sedimenten bedeckt. Diese Schichten aus Lockermaterial sind auf unterschiedliche Weise entstanden, die meisten aus der Verwitterung der Kontinente. Einige sind Rückstände von Organismen, die Gehäuse aus mineralischer Substanz abgeschieden haben. Andere bestehen aus anorganischen Kristallen, die ausgefällt wurden, als die in Ozeanen und Binnenseen gelösten chemischen Substanzen miteinander reagierten und neue Minerale bildeten.

Da alle Sedimentgesteine ursprünglich Lockersedimente waren, dokumentieren sie die am Bildungsort zur Zeit ihrer Ablagerung herrschenden Verhältnisse. Aus den Gefügen der Sedimentgesteine, ihren Sedimentstrukturen, ihrer mineralogischen Zusammensetzung und ihrem Ablagerungsraum rekonstruieren Geologen die ehemaligen Liefergebiete und auch die oftmals sehr unterschiedlichen Ablagerungsräume. Der Gipfel des Mount Everest besteht beispielsweise aus fossilführenden Kalksteinen. Da solche Kalksteine im Meer aus Carbonatmineralen gebildet werden, müssen die Gesteine auf dem Gipfel des Mount Everest ursprünglich einmal Teil des Meeresbodens gewesen sein.

Was für die Gipfelgesteine des Mount Everest gilt, lässt sich in gleicher Weise auf ehemalige Küsten, Gebirge, Tiefländer, Wüsten und Sümpfe übertragen. In irgendeinem Gebiet dokumentieren zum Beispiel Sandsteine, dass an der Küste eines heute nicht mehr vorhandenen Meeres Sande abgelagert und später zu Sandstein verfestigt worden sind. Im angrenzenden Bereich können Organismen am Rand einer tropischen Insel Riffkalke gebildet haben. Jenseits davon können in einer küstennahen Region im Flachwasser abgelagerte Carbonatschlämme vorhanden gewesen sein, die später im Verlauf der Diagenese in dünnschichtige Kalksteine übergegangen sind. Aus der Rekonstruktion solcher Ablagerungsräume lassen sich so genannte paläogeographische Karten entwerfen – Karten, die die Verteilung von Meeren und Festländern längst vergangener Epochen der Erdgeschichte zeigen.

Sedimentgesteine dokumentieren außerdem durch ihr Vorkommen innerhalb oder nahe vulkanischer Bögen, tektonischer Grabensenken oder Kollisionsgebirgen die plattentektonischen Ereignisse und Vorgänge der Vergangenheit. In bestimmten Fällen, in denen die Sedimente und Sedimentgesteine aus der Verwitterung vorhandener Gesteine hervorgegangen sind, lassen sich Schlüsse in Bezug auf das damals herrschende Klima und den Ablagerungsraum ziehen. Die durch Ausfällung aus dem Meerwasser entstandenen Sedimentgesteine enthalten Informationen, aus denen sich der Ablauf von Klimaveränderungen oder die chemische Zusammensetzung des Meerwassers rekonstruieren lässt.

Die Untersuchung von Sedimenten und Sedimentgesteinen ist natürlich auch aus sozioökonomischer Sicht von enormer Bedeutung, denn Erdöl und Erdgas, unsere wichtigsten Energieträger, sind an Sedimentgesteine gebunden. Diese kostbaren Ressourcen sind immer schwieriger aufzufinden und daher ist es wichtiger als jemals zuvor, zu wissen, wie und wo Sedimentgesteine entstehen. Da die Erdöl- und Erdgasreserven abnehmen, wird in steigendem Maße auch Kohle – ein biogenes Sedimentgestein – für die Energiegewinnung von Bedeutung. Eine weiterer wichtiger, in Sedimentgesteinen angereicherter Rohstoff ist das Uran, das in Kernreaktoren zur Erzeugung von elektrischer Energie Verwendung findet. Phosphathaltige Gesteine, aus denen Düngemittel für die Landwirtschaft gewonnen werden, sind ebenfalls Sedimentgesteine, genauso wie der größte Teil der Eisenerze auf der Erde. Wenn wir wissen, wie solche Sedimentgesteine entstanden sind, können wir diese begrenzten Rohstoffvorkommen wesentlich gezielter aufsuchen und nutzen.

Da praktisch alle sedimentären Prozesse an der Erdoberfläche ablaufen, bilden sie auch die Grundlagen zum Verständnis bestimmter Umweltprobleme.

Ursprünglich untersuchte man Sedimentgesteine vor allem deshalb, um die erwähnten natürlichen Ressourcen auffinden und ausbeuten zu können. In immer stärkerem Maße untersuchen wir diese Gesteine jedoch, um unsere Umweltkenntnisse zu vertiefen.

In diesem Kapitel liegt der Schwerpunkt auf geologischen Prozessen wie Verwitterung, Transport, Sedimentation und Diagenese, die zur Bildung von Sedimenten und schließlich zu Sedimentgesteinen führen. Wir werden ihre Zusammensetzung, Gefüge und Sedimentstrukturen beschreiben und untersuchen, wie sie in Wechselwirkung mit den verschiedenen Sedimentbildungsräumen stehen, in denen sie zunächst als Sedimente abgelagert worden sind. Im gesamten Kapitel wollen wir diese Kenntnisse der Sedimentbildung auch auf die Untersuchung von Umweltproblemen und die Exploration von Energie- und Metallrohstoffen anwenden.

## Sedimentgesteine und der Kreislauf der Gesteine

Sedimente und die daraus hervorgehenden Sedimentgesteine entstehen im oberflächennahen Teilbereich des bereits in Kapitel 3 beschriebenen Kreislaufs der Gesteine. Sie rangieren dort zwischen den Gesteinen, die durch tektonische Vorgänge aus dem Erdinneren herausgehoben wurden, und jenen Gesteinen, die durch Subduktion wieder in das Erdinnere gelangen.

Diese Vorgänge sind an ein Liefergebiet gebunden, in dem die Sedimentbestandteile gebildet und an ein Senkungsgebiet, in dem sie in Schichten abgelagert werden. Der Weg eines Sedimentpartikels von seinem Entstehungsort bis zum Sedimentationsraum kann sehr lang sein – ein Weg, auf dem es verschiedenen Prozessen unterliegt, die sich aus Wechselwirkungen zwischen den Systemen Plattentektonik und Klima ergeben, die insgesamt die Erdoberfläche und die oberen Bereiche der Erdkruste beherrschen. Ein solcher typischer Prozess wird anhand des Mississippi deutlich. Tektonische Bewegungen der Lithosphärenplatten führten in den Rocky Mountains zur Heraushebung der Gesteine. Weil dadurch in den Rocky Mountains die Niederschlagsmenge zunahm, intensivierte sich im Ursprungsgebiet des Mississippi auch die Verwitterung der Gesteine. Eine Erhöhung der Verwitterungsrate führte zu vermehrter Sedimentanlieferung, wobei das Sedimentmaterial dem natürlichen Gefälle folgend zunächst hangabwärts und danach flussabwärts transportiert wurde. Da wegen der höheren Niederschläge auch die Strömungsgeschwindigkeit des Flusses zunahm, stieg auf der gesamten Länge des Flusses auch die Transportrate. Damit erhöhte sich auch die Sedimentmenge, die in den Ablagerungsräumen – den so genannten **Sedimentbecken** – angeliefert wurde, das heißt im Mississippi-Delta und im Golf von Mexiko. In diesen Sedimentbecken stapelten sich die Sedimente Schicht um Schicht übereinander und gelangten allmählich in Tiefen, in denen sich Erdöl und Erdgas durch Umwandlung von organischen Resten entwickelte und später in geeignete Sedimentschichten einwandern konnte.

Die für die Bildung von Sedimentgesteinen wichtigen Prozesse sind in Abbildung 5.1 dargestellt und werden nachfolgend zusammengefasst.

- **Verwitterung** Alle Vorgänge, durch die Locker- und Festgesteine an der Erdoberfläche einer ständig fortschreitenden Zerstörung unterliegen, werden unter dem Begriff Verwitterung zusammengefasst. Die **physikalische Verwitterung** führt zur Auflockerung und Zerkleinerung der Gesteine – ohne Änderung der chemischen Zusammensetzung. Das Schuttmaterial zerbrochener Gesteinsblöcke auf Berggipfeln und Berghängen ist in erster Linie das Ergebnis der physikalischen Verwitterung. Auch die Risse und das Losbrechen von Stücken an den antiken Gräbern und Denkmälern sind die Folge der physikalischen Verwitterung. Die **chemische Verwitterung** führt zu einer chemischen Veränderung bis hin zur vollständigen Auflösung der Minerale eines Gesteins. Die undeutlich werdenden oder unleserlichen Inschriften auf alten Grabsteinen und Denkmälern sind überwiegend auf die chemische Verwitterung zurückzuführen. Beide Verwitterungsformen führen zu einer Zerkleinerung des Gesteins und leiten zu folgenden Prozessen über:
- **Erosion** Die bei der Verwitterung entstandenen Gesteinsbruchstücke, Abbauprodukte und Neubildungen werden durch abfließendes Niederschlagswasser, Eis, Wind oder Schwerkraft aus dem Gesteinsverband herausgelöst.
- **Transport** Strömendes Wasser, Wind und Gletscher transportieren die Sedimentkomponenten hangabwärts beziehungsweise stromab in die Sedimentbecken.
- **Sedimentation (Ablagerung)** Flaut der Wind ab oder verlangsamt sich die Strömung der Flüsse oder schmilzt der Gletscher am Rande ab, kommt es zur Ablagerung der mitgeführten Komponenten. Diese

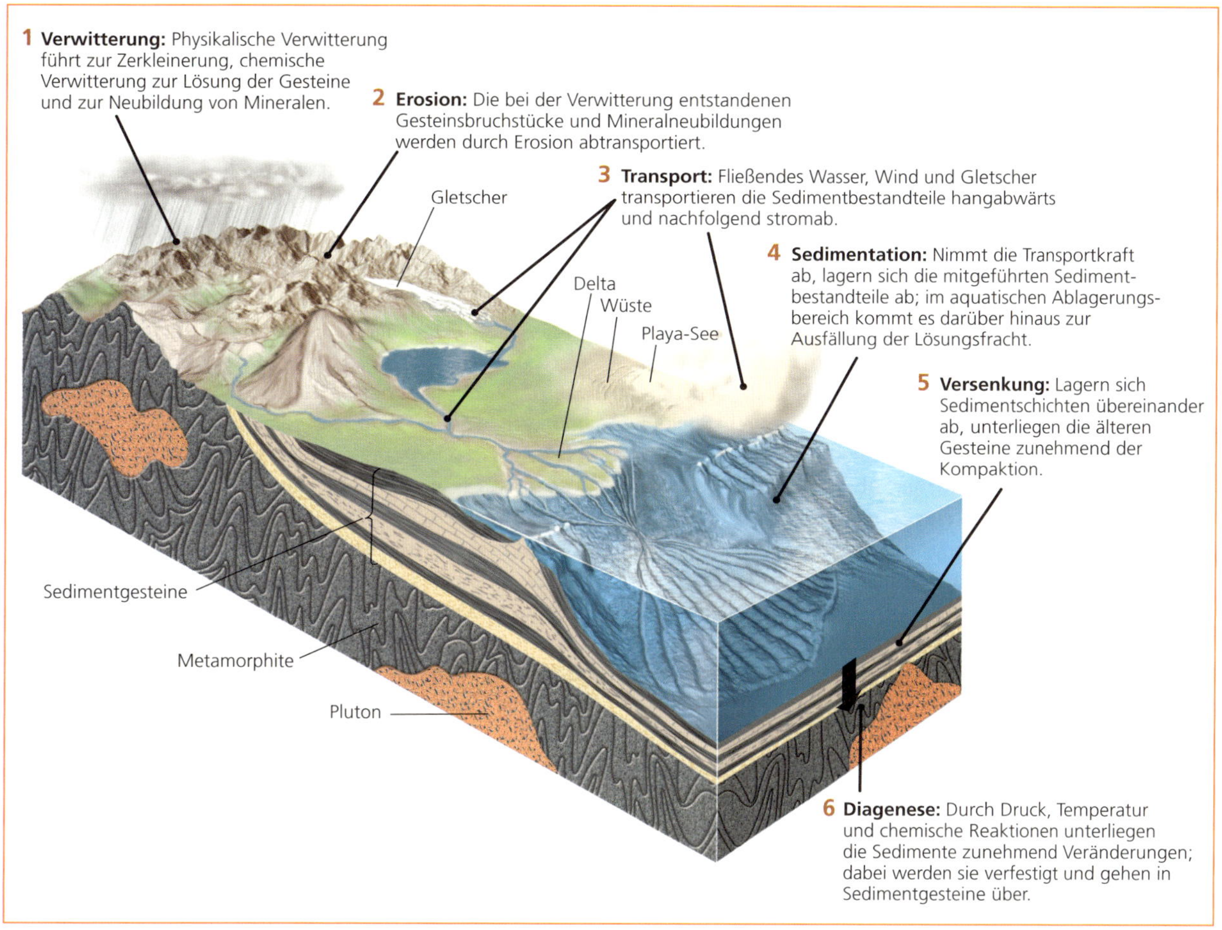


**Abb 5.1** Die sedimentären Stadien des Gesteinskreislaufs umfassen mehrere sich überschneidende Prozesse.

Partikel bilden dann in den Sedimentbecken auf dem Festland oder unter Wasserbedeckung Sedimentschichten. In den Ozeanen (und untergeordnet auch auf dem Festland) kommt es im aquatischen Ablagerungsraum darüber hinaus zur Sedimentation von chemischen Fällungsprodukten, außerdem werden die Skelettelemente abgestorbener Organismen zerstört und abgelagert.

- **Versenkung** Lagern sich in den Sedimentbecken immer mehr Schichten übereinander ab, wird das ältere, zuvor abgelagerte Sedimentmaterial zusammengepresst und gelangt schließlich innerhalb der Erdkruste in zunehmend größere Tiefen. Diese Sedimente verbleiben als Bestandteil der Erdkruste in der Tiefe, bis sie durch tektonische Vorgänge herausgehoben werden und wieder an die Erdoberfläche gelangen.
- **Diagenese** Unter der Bezeichnung Diagenese werden alle physikalischen und chemischen Veränderungen zusammengefasst, hervorgerufen durch Druck, Temperatur und chemische Reaktionen, denen die in größere Tiefen versenkten Sedimente ausgesetzt sind und dadurch lithifiziert, das heißt verfestigt werden und in Sedimentgesteine übergehen. (Geologische Prozesse, die zur Diagenese von Sedimenten führen, werden als diagenetische Prozesse bezeichnet.)

## Verwitterung und Erosion liefern die Ausgangsstoffe der Sedimente: Gesteinsbruchstücke und gelöstes Material

Chemische und physikalische Verwitterung unterstützen und verstärken sich gegenseitig. Die physikalische Verwitterung schwächt den Gesteinsverband und macht ihn anfälliger gegenüber weiterer Zerstörung. Je kleiner die Gesteinsbruchstücke, desto größer ist ihre relative Oberfläche, an der die chemische Verwitterung angreifen kann. Durch chemische Verwitterung und mechanische Zerstörung der Gesteine an der Erdoberfläche entstehen sowohl feste Verwitterungsprodukte als auch gelöste Substanzen, die von der Erosion weggeführt werden. Die

Endprodukte sind entweder klastische oder chemische beziehungsweise chemisch-biogene Sedimente.

**Siliciklastische Sedimente** Die physikalische und chemische Verwitterung der Gesteine führt zu Bildung klastischer Komponenten, die abtransportiert und schließlich als **klastische Sedimente** oder Klastite abgelagert werden. Die Größe der Komponenten reicht von Blöcken und Steinen über Kies und Sand bis hin zu Silt (Schluff) und Ton. Klastische Sedimentpartikel schwanken nicht nur bezüglich ihrer Korngröße in weiten Grenzen, sondern auch in ihrer Form. Die Formen der Blöcke und größeren Gerölle sind durch natürlich bedingte Schwächezonen entlang von Klüften, Schichtflächen oder anderen Trennflächen innerhalb des Ausgangsgesteins vorgegeben. Sandkörner übernehmen ihre Formen gewöhnlich von den einzelnen Kristallen, die früher im Ausgangsgestein miteinander verzahnt waren.

Die meisten klastischen Sedimente gehen aus der Verwitterung von Gesteinen hervor, die überwiegend aus Silicatmineralen bestehen, sie werden daher auch als **siliciklastische Sedimente** bezeichnet. Der Mineralbestand kann in den siliciklastischen Sedimenten erheblich variieren. Minerale wie etwa Quarz sind besonders verwitterungsstabil und treten daher selten verändert in klastischen Sedimenten auf. Außerdem findet man bereits teilweise umgewandelte Bruchstücke weniger verwitterungsresistenter und damit weniger stabiler Minerale wie Feldspäte oder auch Mineralneubildungen wie beispielsweise Tonminerale. Je nach Art und Intensität der chemischen Verwitterung kann sie bei ein und demselben Ausgangsgestein zu sehr unterschiedlich zusammengesetzten Sedimenten führen. Ist die Verwitterung sehr intensiv, enthält das Sediment ausschließlich Komponenten, die aus chemisch stabilen Mineralen bestehen, vermischt mit Tonmineralen. Bei schwacher chemischer Verwitterung bleiben zahlreiche Minerale, die unter den an der Erdoberfläche herrschenden Bedingungen instabil sind und zerfallen, als klastische Sedimentbestandteile erhalten. Tabelle 5.1 zeigt drei mögliche Vergesellschaftungen von Mineralen am Beispiel eines typischen Aufschlusses im Granit.

**Chemische und chemisch-biogene Sedimente** Die bei der chemischen Verwitterung in Lösung gegangenen Verwitterungsprodukte sind als Ionen oder Moleküle im Wasser von Böden, Flüssen, Seen oder Meeren gelöst. Diese gelösten Substanzen werden durch chemische und biochemische Reaktionen wieder aus dem Wasser ausgefällt und bilden dann die chemischen beziehungsweise chemisch-biogenen Sedimente. **Chemische Sedimente** entstehen unmittelbar am Ablagerungsort oder in dessen Nähe, normalerweise durch direkte Fällung aus Fluss-, See- oder Meerwasser. So führt beispielsweise die Verdunstung von Meerwasser zur Fällung von Gips oder Steinsalz. Diese Sedimente bilden sich unter ariden Klimaverhältnissen in abgeschlossenen Meeresbuchten mit verringertem Wasserzustrom, weil dort durch eine hohe Verdunstungsrate das Meerwasser so weit konzentriert wird, dass diese Minerale ausgefällt werden.

**Chemisch-biogene Sedimente** bilden sich ebenfalls in der Nähe des Ablagerungsorts, sie sind jedoch das Produkt bestimmter Organismen, die während ihres Wachstums aus Mineralen bestehende Hartteile (Gehäuse, Schalen) aufbauen. Häufigkeit und Verbreitung der chemisch-biogenen Sedimente sind in starkem Maße vom Klima anhängig. Die meisten chemisch-biogenen Sedimente sind auf die Tropen und Subtropen beschränkt, in denen Kalk abscheidende Organismen in großer Zahl auftreten. Nach dem Absterben der Organismen bleiben ihre Hartteile wie etwa Schalen erhalten und werden zu Bestandteilen der Sedimente. Im Falle von Muscheln oder Korallen steuern die Organismen die Bildung von Hartteilen direkt. Manche Organismen nehmen jedoch nur indirekt Einfluss auf die Abscheidung von Mineralen. Anstatt die für den Aufbau der Schale erforderlichen Bestandteile der Minerale dem Wasser unmittelbar zu entziehen, verändern diese Organismen die physikalisch-chemischen Bedingungen in ihrer Umgebung so, dass es in ihrer unmittelbaren Nähe oder sogar in einer gewissen Entfernung davon zur Ausfällung von Mineralen kommt.

In marinen Flachwasserbereichen bestehen die direkt von den Organismen abgeschiedenen chemisch-biogenen Sedimente aus Schichten, die entweder von vollstän-

**Tabelle 5.1** In einem Granitaufschluss durch unterschiedliche Verwitterungsintensität auftretende Minerale

| Verwitterungsintensität | | |
|---|---|---|
| **gering** | **mittel** | **hoch** |
| Quarz | Quarz | Quarz |
| Feldspat | Feldspat | Tonminerale |
| Glimmer | Glimmer | |
| Pyroxen | Tonminerale | |
| Amphibol | | |

dig erhaltenen Organismenschalen oder mechanisch zerkleinertem Schalenmaterial mariner Organismen gebildet werden. Zur Sedimentbildung tragen die unterschiedlichsten Organismen bei, das Spektrum reicht von Korallen über Muscheln bis hin zu Algen. Gelegentlich unterliegen die Hartteile einem Transport und werden dabei zerstört und in Form von **bioklastischen Sedimenten** abgelagert. Diese normalerweise im Flachwasser gebildeten Sedimente bestehen überwiegend aus zwei Modifikationen des Calciumcarbonats – Calcit und Aragonit – in wechselnden Mengenanteilen. Andere Minerale wie etwa Phosphate oder Sulfate treten nur lokal auf.

In der Tiefsee bestehen die chemisch-biogenen Sedimente aus den Hartteilen weniger Organismenarten und überwiegend aus dem Carbonatmineral Calcit. Darüber hinaus gibt es auch Bereiche, in denen die chemisch-biogenen Sedimente aus Resten von Organismen bestehen, die Hartteile aus Opal ($SiO_2$) bilden. Da die chemisch-biogenen Sedimentbestandteile in großer Wassertiefe zur Ablagerung kommen, in der ein Transport durch Strömungen selten ist, treten bioklastische Sedimente dort auch nur vereinzelt auf.

Wir unterscheiden hier nur der Einfachheit halber zwischen chemischen und chemisch-biogenen Sedimenten. In der Praxis sind zahlreiche chemische und chemisch-biogene Sedimente nicht immer eindeutig voneinander zu trennen. In großen Teilen der Erde wird weitaus mehr Gestein durch physikalische Verwitterung als durch chemische Verwitterung zerstört. Daher sind klastische Sedimente in der Erdkruste etwa zehnmal häufiger als chemische oder chemisch-biogene Sedimente.

## Sedimenttransport und Ablagerung

Sobald bei der Verwitterung Gesteinsbruchstücke und gelöste Ionen entstehen, beginnt der Transport in ein Ablagerungsgebiet. Dieser Weg kann sehr lange sein. So kommen beim Mississippi von den Zuflüssen in den Rocky Mountains bis zu den Küstensümpfen Louisianas mehrere tausend Kilometer zusammen.

Mit Ausnahme des Windes und einiger Meeresströmungen befördern alle Transportmittel das Material dem natürlichen Gefälle folgend abwärts. Der von einer Felswand niedergehende Bergsturz, der Transport von Sand zum Meer durch einen Fluss und auch die langsame Bewegung des Gletschereises sind allesamt Auswirkungen der Schwerkraft. Zwar kann der Wind auch Material aus tief liegenden Gebieten in höher liegende wehen und umgekehrt, aber insgesamt betrachtet ist die Schwerkraft stets der dominierende Faktor. Erst wenn ein äolisch transportierter Sedimentbestandteil den Ozean erreicht und durch die Wassersäule hindurch auf den Meeresboden sinkt, ist das Ende des Transports erreicht. Das Material kann zwar wieder von einer Meeresströmung aufgenommen werden, gelangt aber mit ihr allenfalls in einen anderen Ablagerungsraum am Meeresboden. Letztlich folgen alle Transportwege, so kompliziert sie auch sein mögen, dem Gefälle und enden in einem Sedimentbecken. Meeresströmungen wie etwa Gezeitenströme (Kap. 20) transportieren die Sedimente – im Gegensatz zu großen Flüssen – nur über kurze Entfernungen. Der geringe Transportweg von chemischen und chemisch-biogenen Sedimenten steht in deutlichem Gegensatz zu den großen Entfernungen, über die siliciklastische Sedimente verfrachtet werden.

**Transport durch Strömungen** Einen großen Teil des Sedimenttransports leisten Strömungen – die Bewegungen fluider Phasen wie etwa Luft und Wasser. Die enormen Sedimentmengen unterschiedlichster Art, die in den Ozeanen auftreten, lassen in erster Linie die Transportkapazität der Flüsse erkennen, die dem Meer pro Jahr eine Sedimentfracht von ungefähr 25 Milliarden Tonnen an festen und gelösten Substanzen zuführen.

Luftströmungen transportieren ebenfalls Material, jedoch in weitaus geringeren Mengen als Flüsse und Meeresströmungen. Partikel, die von der fluiden Phase aufgenommen werden, trägt die Strömung in Fließ- oder in Windrichtung fort. Je stärker die Strömung, das heißt je höher ihre Geschwindigkeit und je dichter die fluide Phase ist, desto größere Sedimentpartikel können transportiert werden.

**Strömungsgeschwindigkeit, Korngröße und Sortierung** Wo der Transport endet, beginnt die Sedimentation, und für die klastischen Sedimente ist die maßgebliche Kraft die Schwerkraft. Die Tendenz der Partikel, aufgrund der Schwerkraft auf die Sohle des Flusses abzusinken, wirkt stets dem Strömungstransport entgegen. Die Sinkgeschwindigkeit ist proportional zur Dichte und Größe der Teilchen. Da die häufigsten Minerale in den Sedimenten eine ähnliche Dichte (ungefähr 2,6 bis 2,9 $g/cm^3$) aufweisen, ist die Korngröße das beste Maß für die Ablagerungsgeschwindigkeit. In Wasser setzen sich größere Teilchen rascher ab als kleinere. Dies gilt auch für Luft, doch ist der Unterschied dort geringer.

Wenn eine Wind- oder Wasserströmung, die Partikel unterschiedlicher Korngrößen mit sich führt, allmählich langsamer fließt, kann sie die größten Teilchen nicht mehr im Schwebezustand halten und folglich sinken sie ab. Wird die Geschwindigkeit der Strömung noch geringer, verliert sie auch kleinere Partikel. Kommt sie schließlich zum Stillstand, sinken selbst die feinsten Teilchen zu Boden. Mit anderen Worten, die Komponenten werden durch Strömungen wie folgt sortiert:

- **Starke Strömungen** (Geschwindigkeit $> 50$ cm/s) führen Gerölle neben einer größeren Menge an grobem bis feinem Detritus mit sich. Strömungen dieser Größenordnung sind in den rasch fließenden Gewässern der Gebirgsregionen häufig, wo auch die Erosion dementsprechend stark ist. Strandgerölle werden dort abgelagert, wo durch die Dynamik der Wellen Felsküsten abgetragen werden.

- **Mäßig starke Strömungen** (20–50 cm/s) lagern im Wesentlichen Sandschichten ab. Strömungen mittlerer Stärke sind in den meisten Flüssen häufig, die in ihren Fließrinnen Sand mit sich führen und ablagern. Rasch fließende Hochwasser können den Sand allerdings über die gesamte Breite eines Flusstals verteilen und zum Teil auch über größere Strecken abtransportieren. Meeresströmungen und Wellen verfrachten und verteilen den Sand an Stränden und im strandnahen Bereich der Küsten. Außerdem wird Sand durch Wind verfrachtet und abgelagert, vor allem in Wüsten. Da Luft eine wesentlich geringere Dichte hat, sind beim äolischen Transport derselben Korngröße und Dichte wesentlich höhere Strömungsgeschwindigkeiten (Sandstürme) erforderlich.
- **Schwache Strömungen** (Geschwindigkeit $< 20$ cm/s) verfrachten lediglich noch Silt und Ton, die feinkörnigsten klastischen Komponenten. Diese insgesamt schwächsten Strömungen treten an der Sohle von Talauen im Überschwemmungsbereich der Flüsse auf, wenn das über die Ufer tretende Hochwasser eines Flusses seine Geschwindigkeit verlangsamt oder vollständig zur Ruhe kommt. In den Ozeanen werden Silt- und Tonsedimente im Allgemeinen in einer gewissen Entfernung von der Küste abgelagert, wo die Strömungen zu gering sind, um selbst noch das feinste Material in Suspension zu halten. Ein Großteil des Bodens der offenen Ozeane ist von Silt und Ton überdeckt, die ursprünglich von Oberflächenwellen und Strömungen oder durch Wind transportiert worden sind. Diese Komponenten setzen sich allmählich in Tiefenbereiche ab, wo Strömungen und Wellen zum Erliegen kommen, und gelangen dann vollends auf den Meeresboden.

Demzufolge können Strömungen anfangs sehr unterschiedliche Korngrößen transportieren, die dann voneinander getrennt werden, wenn sich die Strömungsgeschwindigkeit ändert. Aus einer starken Strömung wird zuerst eine Kiesschicht abgelagert, während Sand, Silt und Ton noch in Suspension verbleiben. Wenn sich die Strömung verlangsamt, entsteht über der Kiesschicht eine Lage Sand; kommt sie dann allmählich zum Stillstand, kann sich über der Sandlage eine Silt- und schließlich eine Tonschicht absetzen. Diese Tendenz, dass durch Geschwindigkeitsänderungen in einer Strömung die Sedimente entsprechend ihrer Korngröße abgesetzt werden, bezeichnet man als **Sortierung.** Ein gut sortiertes Sediment ist ausgesprochen homogen, das heißt, es besteht zum überwiegenden Teil aus Partikeln einheitlicher Korngröße und guter Zurundung, ein schlecht sortiertes Sediment enthält dagegen Komponenten sehr unterschiedlicher Größenordnung (Abb. 5.2). Ablagerungen mit einheitlicher Korngröße und guter Rundung der klastischen Sedimentbestandteile bezeichnet man als strukturell reife Sedimente.

Teilchen werden generell eher episodisch als kontinuierlich transportiert. Ein Fluss kann bei Hochwasser neben Silt und Ton auch große Mengen an Sand und Kies transportieren. Er setzt sie wieder ab, sobald mit dem Rückgang des Hochwassers auch die Strömungsgeschwindigkeit geringer wird, doch nur, um das Material beim nächsten Hochwasser erneut aufzunehmen und weiter zu verfrachten. In gleicher Weise können starke Winde große Staubmengen tagelang mit sich führen, um sie dann nach dem Abflauen als Sedimentschicht abzulagern. Starke Gezeitenströmungen oder andere an Meeresküsten auftretende Strömungen können in Calcium-

gut sortierter Sand

schlecht sortierter Sand

**Abb. 5.2** Sobald die Strömungsgeschwindigkeit abnimmt, wird das Sediment entsprechend seiner Korngröße getrennt. Die relativ homogenen Sandkörner links zeigen eine gute Sortierung, die Körner rechts sind schlecht sortiert [*Fotos: Bill Lyons*].

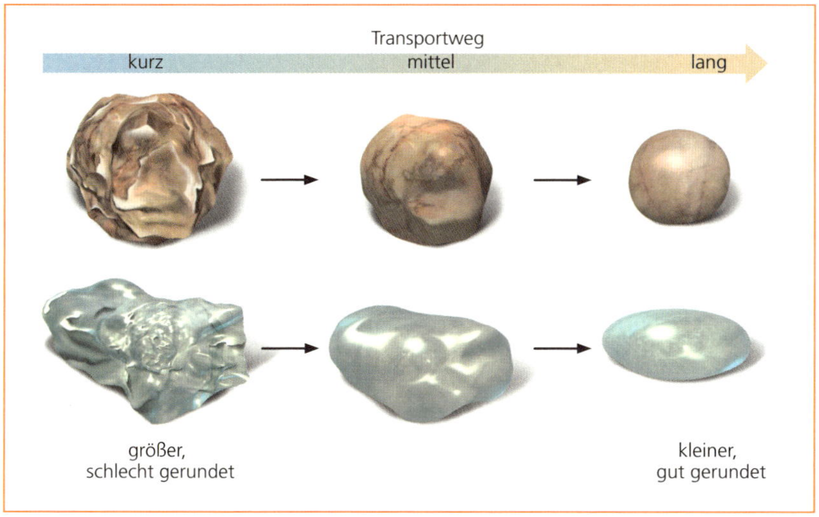


**Abb. 5.3** Durch den Transport werden die klastischen Komponenten gerundet und etwas kleiner, wobei sich die allgemeine Form der Körner nicht wesentlich ändert.

carbonat-Sedimenten die Schalenbruchstücke weiter seewärts verfrachten und dort absetzen.

Beim Transport durch Wasser- und Luftströmungen unterliegen die Sedimentkomponenten in zweifacher Weise der physikalischen Verwitterung: sie führt zu einer Verringerung der Korngröße und zur Rundung der ursprünglich eckigen Gesteinsbruchstücke (Abb. 5.3). Beim Transport etwa in einem Flußbett werden die Gesteinsbrocken rollend, stoßend oder schleifend über das anstehende Gestein der Sohle bewegt. Diese Vorgänge betreffen vor allem die größeren Komponenten – Sand und Silt unterliegen weit weniger dem Abrieb.

Die gesamte Zeitspanne, während der die klastischen Komponenten dem Transport unterliegen, kann viele hundert oder tausend Jahre betragen, je nach Entfernung zum endgültigen Ablagerungsgebiet und der Zahl der Ruhephasen auf dem Weg dorthin. Klastisches Material, das von den Quellflüssen des Missouri in den Bergen West-Montanas abgetragen wird, benötigt Hunderte von Jahren, um die mehr als 3 000 km lange Laufstrecke von Missouri und Mississippi bis in den Golf von Mexiko zurückzulegen.

## Ozeane und Binnenseen, die großen Mischbecken

Die treibende Kraft der chemischen und chemisch-biogenen Sedimentation ist eher die Ausfällung von Mineralen als die Schwerkraft. Chemische Substanzen, die bei der Verwitterung im Niederschlagswasser gelöst wurden, werden zusammen mit dem Wasser in Form einer homogenen Lösung transportiert. Als Bestandteile der wässrigen Lösung können sich Stoffe wie die gelösten Calcium-Ionen nicht gravitativ absetzen. Das meiste Material, das auf den Kontinenten durch Verwitterung in Lösung geht, erreicht über die Fließgewässer schließlich die Binnenseen oder Ozeane.

Ozeane sind riesigen Mischbecken vergleichbar: Vom Festland her wird ihnen kontinuierlich gelöstes Material durch Flüsse, Niederschläge, Wind und Gletscher zugeführt. An den mittelozeanischen Rücken gelangen durch hydrothermale chemische Reaktionen zwischen Meerwasser und den heißen Basalten ebenfalls geringere Mengen gelöster Stoffe in die Ozeane. An ihrer Oberfläche verlieren die Meere durch Verdunstung ständig Wasser, doch Zufluss und Verdunstung sind so exakt ausgeglichen, dass die Gesamtmenge des Wassers in den Weltmeeren über Jahre, Jahrzehnte oder selbst Jahrhunderte hinweg konstant bleibt. Über Zeiträume von Tausenden bis Millionen Jahre betrachtet, kann sich dieses Gleichgewicht jedoch verändern. Während der pleistozänen Vereisungen wurden erheblichen Mengen Wasser des globalen Wasserkreislaufs in Meereis und Inlandeismassen gebunden. Dies führte zu einem Absinken des Meeresspiegels um mehr als 100 m.

Zufuhr und Abgabe des gelösten Materials stehen ebenfalls im Gleichgewicht. Jede im Meerwasser gelöste Substanz verlässt als chemisches oder biogenes Fällungsprodukt das System und gelangt als Sediment auf den Meeresboden. Als Folge dieses Gleichgewichts bleibt im Meerwasser die **Salinität** – das heißt die Gesamtmenge der in einem vorgegebenen Volumen gelösten Stoffe – konstant. Insgesamt betrachtet gleicht diese Ausfällung die Zufuhr der gelösten Stoffe aus der festländischen Verwitterung und der hydrothermalen Tätigkeit an den mittelozeanischen Rücken der Weltmeere aus und kann deshalb als weitere Möglichkeit betrachtet werden, wie das System Erde im Gleichgewicht bleibt.

Welche Mechanismen dieses chemische Gleichgewicht aufrechterhalten, lässt sich am Beispiel von Calcium verdeutlichen. Calcium ist ein wesentlicher Bestandteil von Calciumcarbonat ($CaCO_3$), dem häufigsten in den Ozeanen gebildeten chemisch-biogenen Sediment. Calcium geht in Lösung und gelangt in ionischer Form als $Ca^{2+}$ in das Meer, wenn Kalksteine und calciumhaltige Silicate, wie manche Feldspäte oder Pyroxene, auf dem Festland verwittern. Es gibt eine Vielzahl mariner Organismen, die auf biochemischem Weg Calcium-Ionen ($Ca^{2+}$) an die ebenfalls im Meerwasser vorhandenen Hydrogencarbonat-Ionen ($HCO_3^-$) binden, um daraus ihre aus Calciumcarbonat bestehenden Gehäuse zu bauen. Calcium, das in Form gelöster Ionen in den Ozean gelangt, wird als Feststoff dem Meerwasser entzogen, wenn beispielsweise Gehäuse tragende planktisch lebende Organismen absterben, ihre Schalen absinken und sich auf dem Meeresboden als Calciumcarbonat anreichern, um schließlich durch Diagenese in Kalkstein überzugehen. Das chemische Gleichgewicht, das die Konzentration des im Meerwasser gelösten Calciums konstant hält, wird folglich zum Teil durch lebende Organismen gesteuert.

Darüber hinaus wird das chemische Gleichgewicht noch durch andere, nicht biologische Mechanismen aufrechterhalten. So verbinden sich zum Beispiel die in das Meer gelangten Natrium-Ionen ($Na^+$) durch chemische Reaktion mit Chlorid-Ionen ($Cl^-$) und fallen in Form der Verbindung NaCl (Steinsalz) aus, wenn durch Verdunstung die Konzentration der Natrium- und Chlorid-Ionen den Punkt der Sättigung übersteigt. Wie wir in Kapitel 3 gesehen haben, kristallisieren aus übersättigten Lösungen Minerale aus, wenn die gelösten Stoffe spontan miteinander reagieren und ausfallen. Eine für die Fällung von Steinsalz erforderliche hohe Verdunstungsrate tritt typischerweise in weitgehend abgeschlossenen warmen und flachen Meeresbuchten arider Gebiete auf.

# Sedimentbecken: die Akkumulationsräume der Sedimente

Der Sedimenttransport durch strömendes Wasser an der Erdoberfläche erfolgt generell dem Gefälle folgend. Daher sammeln sich Sedimente normalerweise in Senkungsbereichen der Erdkruste. Solche Senkungsbereiche entstehen durch **Subsidenz**, wobei ausgedehnte Bereiche der Erdkruste relativ zur Umgebung absinken. Diese Subsidenz ist teilweise auf die zusätzliche Sedimentauflast zurückzuführen, in erster Linie hat sie jedoch ihre Ursache in plattentektonischen Vorgängen.

## Sedimentbecken

Sedimentbecken sind Gebiete von erheblicher Ausdehnung (ab etwa 10 000 $km^2$), in denen das Zusammenspiel von Sedimentation und Subsidenz zu mächtigen Ansammlungen von Sedimenten beziehungsweise Sedimentgesteinen führte. Solche Sedimentationsräume sind die wichtigsten Bildungsräume für Erdöl und Erdgas. Die kommerzielle Suche nach diesen Ressourcen hat die Kenntnisse über die geologischen Strukturen sowohl der kontinentalen als auch der ozeanischen Lithosphäre im Untergrund dieser Becken entscheidend erweitert.

## Riftstrukturen und thermisch bedingte Subsidenzbecken

Trennen sich Lithosphärenplatten im Inneren eines Kontinents, so kommt es durch den Aufstieg der Asthenosphäre zur Dehnung, Verdünnung und Erwärmung der Kruste im Untergrund und damit zur Subsidenz dieses Bereichs (Abb. 5.4). Dadurch entsteht eine lang gestreckte schmale Riftstruktur, die meist von großen Abschiebungssystemen begrenzt wird. Heißes duktiles Mantelmaterial steigt auf und füllt den Raum, der durch die ausgedünnte Lithosphäre und Kruste gebildet wurde. Dies führt in der Riftzone zur Förderung basaltischer Gesteine. Solche **Riftbecken** sind gekennzeichnet durch ihre meist tiefe, schmale und lang gestreckte Form und ihre mächtigen Abfolgen, die zunächst mit kontinentalen Sedimentgesteinen in Verbindung mit Effusiv- und Intrusivgesteinen beginnen. Die Riftstrukturen Ostafrikas, des Rio Grande und auch entlang des Jordangrabens im Nahen Osten sind typische Beispiele.

In späteren Stadien, wenn die Riftvorgänge zur vollständigen Krustentrennung mit einsetzendem Seafloor-Spreading geführt haben und die neu gebildeten kontinentalen Platten auseinander driften (Rift-Drift-Übergang), dauert die Subsidenz durch die Abkühlung der im Frühstadium der Riftbildung ausgedünnten und aufgeheizten Kruste fort (Abb. 5.4). Die Abkühlung führt zu einer Zunahme der Dichte der Lithosphäre, und dies wiederum führt zur Subsidenz unter den Meeresspiegel, sodass nun in der Folge marine Sedimente zur Ablagerung kommen. Da die Abkühlung der Lithosphäre der wesentliche Prozess bei der Bildung dieser Sedimentbecken ist, werden sie als **thermisch bedingte Subsidenzbecken** bezeichnet. Das Sedimentmaterial stammt von der Verwitterung und Erosion der angrenzenden Festländer; es füllt die Becken am Rand des Kontinents bis zum Meeresspiegel auf und bildet so den **Kontinentalschelf** eines insgesamt passiven Kontinentalrands. Die Schelfgebiete vor der Atlantikküste Nord- und Südamerikas, Europas und Afrikas sind Beispiele für thermisch bedingte Subsidenzbecken.

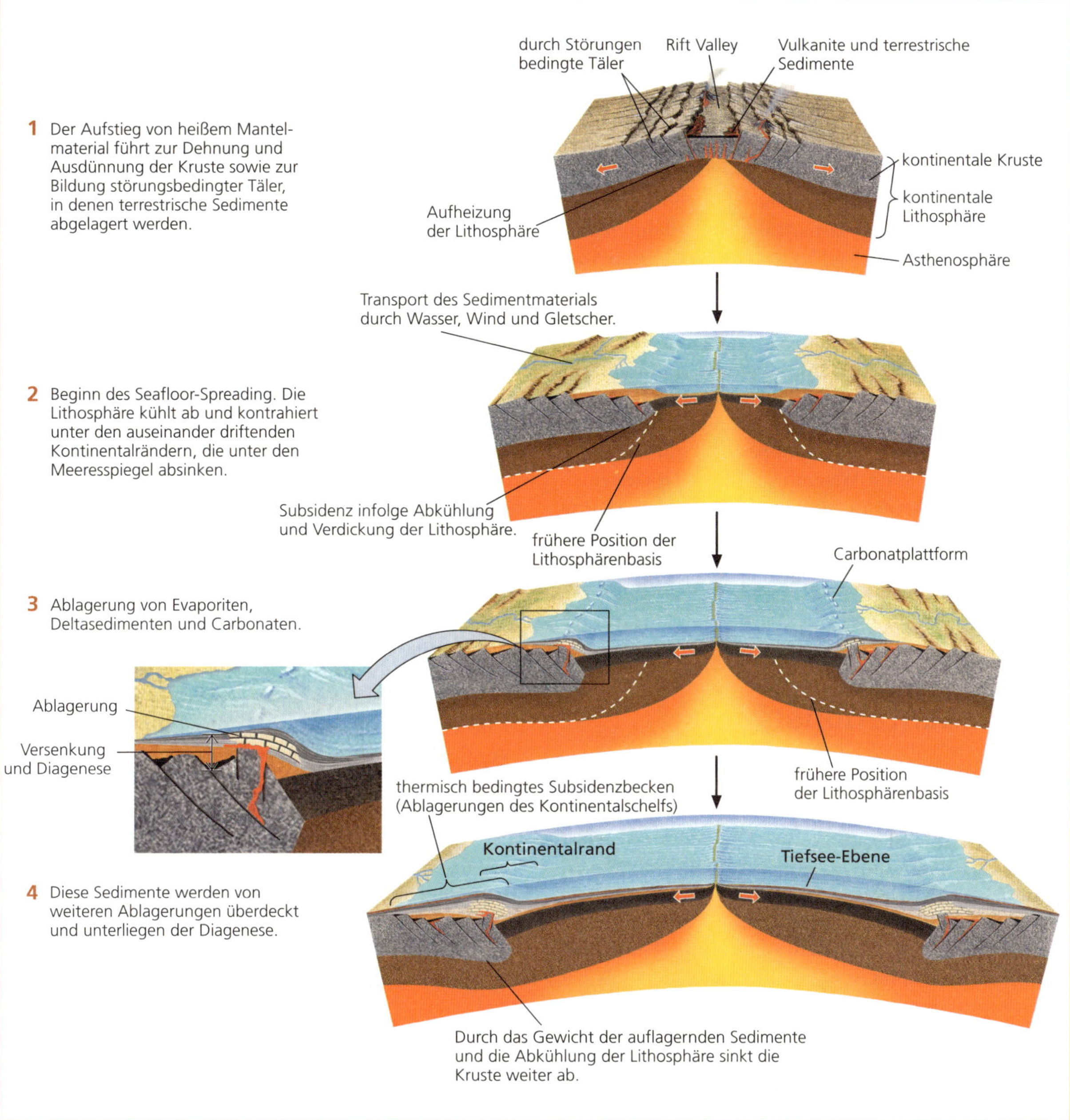


**Abb. 5.4** Auf passiven Kontinentalrändern bilden sich Sedimentbecken.

Sie entstanden vor etwa 200 Millionen Jahren, als der Großkontinent Pangaea auseinander brach und die beiden Amerikanischen Platten sich von der Eurasischen beziehungsweise Afrikanischen Platte trennten. Abbildung 5.4 zeigt die den atlantischen Kontinentalschelf und Kontinentalrand Nordamerikas unterlagernden keilförmigen Sedimentkörper, die durch thermisch bedingte Subsidenz entstanden sind. Ein solcher Kontinentalschelf nimmt noch lange Zeit Sedimente auf, weil der rückwärtige Rand der driftenden Kontinente nur langsam absinkt und die Kontinente mit ihrem riesigen Hinterland das entsprechende Sedimentmaterial liefern. Das Gewicht der zunehmenden Sedimentmassen drückt die Kruste zusätzlich nach unten, sodass die Sedimentbecken beständig neues Material vom Festland aufnehmen können. Als Folge der kontinuierlichen Subsidenz und Sedimentanlieferung können die Ablagerungen des Kontinentalschelfs Mächtigkeiten von 10 000 m und mehr erreichen.

### Vorlandbecken

Ein dritter Beckentyp entwickelt sich ausschließlich durch tektonische Subsidenz. Er entsteht dort, wo an einem aktiven Kontinentalrand Platten konvergieren und sich eine Lithosphärenplatte über die andere schiebt. Das Gewicht der überfahrenden Platte führt dazu, dass sich die unterschobene Platte über geologische Zeiträume hinweg elastisch verhält und durch Verbiegen nach unten und Bildung eines **peripheren Vorlandbeckens** reagiert. Das Mesopotamische Becken im Irak ist ein Beispiel eines solchen Vorlandbeckens. Es senkte sich ein, als die Arabische Platte mit der Iranischen Platte kollidierte und unter dieser subduziert wurde. Die enormen Erdölvorräte des Irak (die zweitgrößten nach Saudi-Arabien) sind auf die entsprechende Sedimentfüllung dieses Vorlandbeckens zurückzuführen. Das Öl wurde im Wesentlichen aus den Gesteinen ausgepresst, die heute unter dem Zagrosgebirge im Iran lagern. Von dort wanderte es in mehrere große Speichersedimente mit einem Gesamtinhalt von insgesamt mehr als 10 Milliarden Barrel ein (1 Barrel = 159 Liter).

## Sedimentationsräume

Auf dem Weg zwischen ihrem Liefergebiet, in dem die Sedimente entstanden sind, und dem Sedimentations- oder Ablagerungsraum, in dem sie endgültig abgelagert und in größere Tiefe versenkt werden um im Laufe der Zeit in Sedimentgesteine überzugehen, durchlaufen die Sedimente zahlreiche Sedimentationsräume. Ein solcher **Sedimentationsraum** ist ein bestimmter geographischer Bereich, der durch eine besondere Kombination von umweltbedingten Faktoren und geologischen Prozessen gekennzeichnet ist (Abb. 5.5). Die wichtigsten Umweltbedingungen sind:

- Die Art und Menge des beteiligten Wassers (Meer, Seen, Flüsse, aride Gebiete).
- Die Art und Viskosität des Transportmediums (Wasser, Luft, Eis).
- Die Topographie (Tiefebenen, Gebirge, Küstenebenen, Flachmeere, Tiefsee).
- Die biologische Aktivität (Bildung von Schalenmaterial, Wachstum von Korallenriffen, das Durchwühlen des Sediments durch Würmer und andere im Sediment lebende Organismen).
- Die tektonische Position des Liefergebiets (Vulkanbögen, Kollisionszonen) und des Sedimentationsraums (Riftstruktur, thermisch bedingtes Subsidenzbecken, peripheres Vorlandbecken).
- Das Klima (unter kalten Klimabedingungen bilden sich Gletscher, unter ariden Verhältnissen entstehen Wüsten und es kommt zur Bildung von Evaporitmineralen).

Betrachten wir den für seine grünen und schwarzen Sande berühmten Strand von Hawaii, so sind sie das typische Ergebnis ihres Ablagerungsraumes. Hawaii ist eine Vulkaninsel und besteht aus Olivin führendem Basalt, der bei der Verwitterung freigesetzt wird. Flüsse transportieren den Olivin an die Küste, wo durch die auflaufenden und sich brechenden Wellen Strömungen entstehen, die den Olivin anreichern und die Basaltbruchstücke auswaschen, sodass ein olivinreicher Sand zurückbleibt.

Sedimentationsräume lassen sich je nach ihrer Lage auf den Kontinenten, in Küstennähe oder in den Ozeanen einteilen. Diese sehr allgemeine Gliederung berücksichtigt jedoch diejenigen Prozesse, die den Sedimentationsräumen ihre charakteristische Identität verleihen.

### Terrestrische Ablagerungsräume

Ablagerungsräume auf den Kontinenten unterscheiden sich aufgrund der großen Schwankungsbreite von Niederschlag und Temperatur in starkem Maße. Typische terrestrische Ablagerungsräume findet man auf den Kontinenten in der Umgebung von Seen, Flüssen und Gletschern sowie in den Wüsten (Abb. 5.5).

- **Lakustrine Sedimentationsräume** umfassen Binnenwasserkörper, die entweder Süßwasser oder salinares Wasser aufweisen, und in denen bei vergleichsweise geringem Wellengang mäßige Strömungen den Sedimenttransport bewirken. In den Süßwasserseen können neben klastischen Sedimenten auch organische Substanzen oder Carbonate zur Ablagerung gelangen. Die Salzseen in Wüsten sind das Ergebnis der hohen Verdunstungsrate, die zur Ausfällung einer Vielzahl von Evaporitmineralen wie etwa Steinsalz führt. Bekanntes Beispiel ist der Große Salzsee im US-Bundesstaat Utah.
- **Fluviatile Sedimentationsräume** umfassen die eigentliche Fließrinne eines Flusses, seine Uferbereiche und die ebene Talaue beiderseits des Flusses, die bei Hochwasser überflutet wird. Weil Flüsse – abgesehen von der Antarktis – auf allen Kontinenten vorhanden sind, sind auch fluviatile Sedimentationsräume weit verbreitet. Auf den tonig-siltigen Hochwasserablagerungen der Flussauen wächst eine artenreiche Vegetation, die Ausgangsmaterial für biogene Sedimente ist. Fluviatile Ablagerungsräume findet man in allen Klimaten, von arid bis humid. Ein Beispiel hierfür ist der Oberrhein mit seinen Talauen.
- **Ablagerungsräume der Wüsten** gehören zum ariden Klimabereich. Winde und die in Wüsten meist episodisch fließenden Gewässer transportieren Sand und

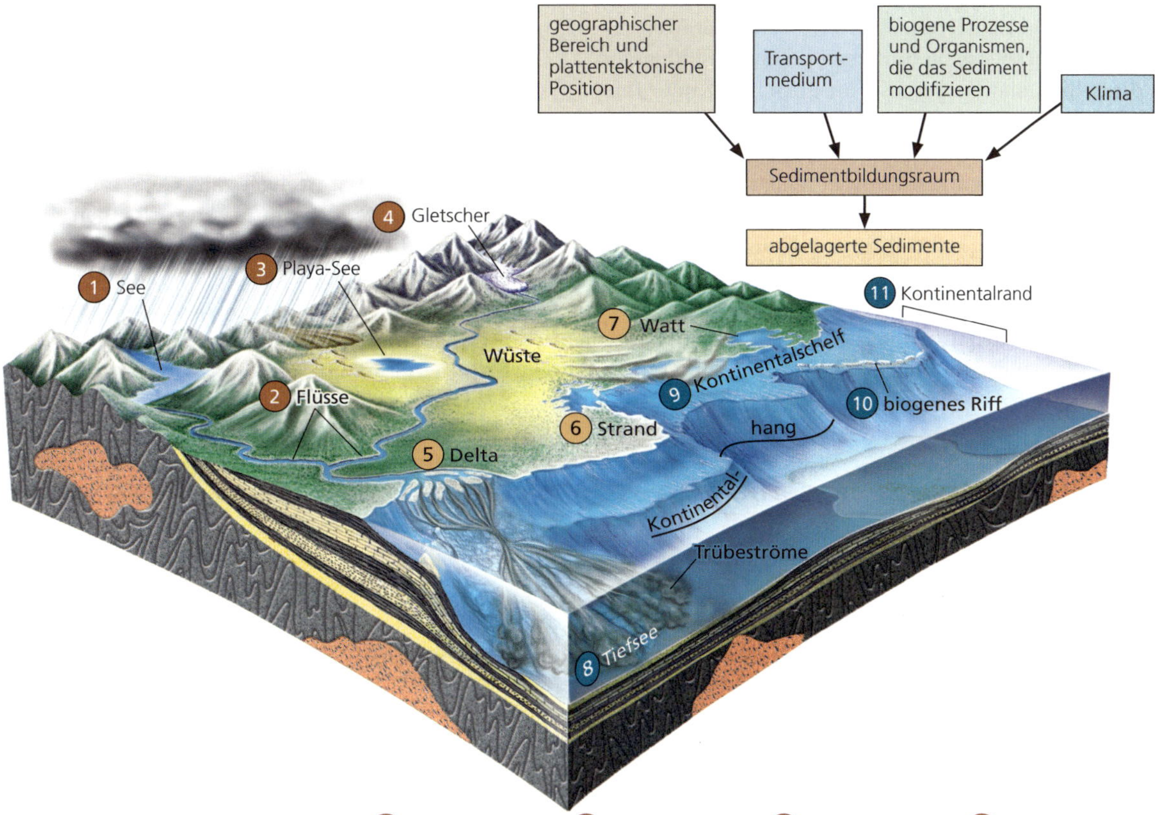


| **Festland** | 1 Binnenseen | 2 Flüsse | 3 Wüsten | 4 Gletscher |
|---|---|---|---|---|
| Transportmedium | Strömungen, Wellen | Strömung | Wind | Eis, Schmelzwasser |
| Sedimente | Sand, Silt, Ton; im ariden Klima Evaporite | Kies, Sand, Silt, Ton | Sand und Staub | Blöcke, Steine, Kies, Sand, Silt, Ton |
| Klima | arid bis humid | arid bis humid | arid | kalt |
| biologische Aktivität | limnische Organismen, biogene Fällungsprodukte | organisches Material in tonigen Auensedimenten | kaum biologische Aktivität | kaum biologische Aktivität |

| **Küste und Flachwasserbereich** | 5 Delta | 6 Strand | 7 Watt |
|---|---|---|---|
| Transportmedium | Strömung, Wellen, Gezeiten | Wellen, Gezeiten | Gezeitenströmungen |
| Sedimente | Sand, Silt, Ton | Kies, Sand | Sand, Silt, Ton |
| Klima | arid bis humid | arid bis humid | arid bis humid |
| biologische Aktivität | Einbettung von pflanzlichem Material | kaum biologische Aktivität | intensive Bioturbation |

| **offener Ozean** | 8 Tiefsee | 9 Kontinentalschelf | 10 Biogene Riffe | 11 Kontinentalhang |
|---|---|---|---|---|
| Transportmedium | Meeresströmungen, Trübeströme | Wellen, Gezeiten | Wellen, Gezeiten | Meeresströmungen, Wellen |
| Sedimente | Sand, Silt, Ton | Sand, Silt, Ton | Kalk abscheidende Organismen | Sand, Silt, Ton |
| biologische Aktivität | Ablagerung von Organismenresten | Ablagerung von Organismenresten | Abscheidung von Calciumcarbonat durch Korallen und andere Organismen | Ablagerung von Organismenresten |

**Abb. 5.5** Sedimentationsräume entstehen durch das Zusammenwirken zahlreicher Umweltfaktoren.

Staub. Das trockene und heiße Klima erlaubt nur wenigen spezialisierten Pflanzen- und Tierarten das Überleben, sodass sie nur einen geringen Einfluss auf die Sedimentationsprozesse ausüben. Die Sanddünen der Wüsten sind Beispiele für derartige Sedimentbildungsräume.

- **Glaziale Ablagerungsräume** werden durch die Dynamik der sich bewegenden Eismassen beeinflusst; sie sind durch ein kaltes Klima gekennzeichnet. Eine spärliche Vegetation ist vorhanden, die jedoch nur einen geringen Einfluss auf die Sedimentationsprozesse hat. An den abschmelzenden Rändern der Gletschers leiten die Schmelzwasserströme über zum fluviatilen Ablagerungsregime.

## Küsten- und Flachwasserbereich

Der Küsten- und Flachwasserbereich wird an den aus Sedimenten bestehenden Küsten von der Dynamik der Wellen, Gezeiten und Strömungen beherrscht. Zum Küsten- und Flachwasserbereich gehören:

- **Deltas**, wo Flüsse in Binnenseen oder in die Ozeane einmünden.
- **Wattgebiete**, wo ausgedehnte, bei Ebbe trockenfallende Bereiche von Gezeitenströmungen beherrscht werden.
- **Der unmittelbare Strandbereich**, wo die auflaufenden und an der Küste sich brechenden Wellen die Verteilung der Sedimente am Strand bewirken und Sedimentkörper aus Sand und Kies ablagern.

In den meisten Fällen handelt es sich bei den im Küsten- und Flachwasserbereich gebildeten Sedimenten um siliciklastische Ablagerungen. Organismen beeinflussen die Sedimente überwiegend durch ihre wühlende oder grabende Tätigkeit. In einigen tropischen und subtropischen Gebieten können die Sedimentbestandteile jedoch auch biogener Herkunft sein. Diese biogenen Carbonatsedimente sind ebenfalls den Wellen und Gezeitenströmungen ausgesetzt.

## Ablagerungsräume des offenen Ozeans

Ablagerungsräume des offenen Ozeans werden nach der Wassertiefe unterteilt, die ihrerseits die Art der auftretenden Strömungen bestimmt (Abb. 5.5). Eine weitere Möglichkeit der Unterteilung ergibt sich aus der Entfernung zum Festland.

- **Schelfbereiche.** Zu den Schelfbereichen gehören die flachen Gewässer vor den Küsten der Festländer, wo die Sedimentation durch relativ schwache Strömungen beeinflusst wird. Die Sedimente bestehen entweder aus siliciklastischen Komponenten oder aus biogenen Carbonat-Klasten, je nachdem, in welchen Mengen siliciklastisches Material durch Flüsse angeliefert wird und ob Carbonat produzierende Organismen vorhanden sind. Unter ariden Bedingungen können auch chemische Sedimente zur Ausfällung kommen, sofern weitgehend vom offenen Ozean abgeschlossene Meeresbuchten vorhanden sind.
- **Biogene Riffe** bestehen aus Carbonatstrukturen, die von Carbonat abscheidenden Organismen aufgebaut werden. Sie bilden sich auf den Schelfgebieten oder im Küstensaum ozeanischer Vulkaninseln.
- **Kontinentalhang.** Die Ablagerungsräume des Kontinentalhangs liegen im tieferen Wasser unmittelbar am und meerseitig vor dem Rand der Kontinente, wo die Sedimente vor allem durch Trübeströme abgelagert werden. Trübeströme sind turbulent fließende submarine Suspensionen aus Sediment und Wasser, die den Kontinentalrand herabfließen. Die von diesen Trübeströmen abgelagerten Sedimente sind ausschließlich siliciklastisch, es sei denn, es sind ausreichende Mengen an chemisch-biogenen Carbonatsedimenten vorhanden. In diesen Fällen enthalten die Sedimente des Kontinentalrands und Kontinentalhangs größere Anteile an Carbonaten.
- **Tiefsee.** Die Tiefsee umfasst den gesamten Meeresboden des offenen Ozeans in größerer Entfernung von den Kontinenten, und weit unterhalb der durch Wellen oder Gezeiten bedingten Strömungen. Zur Tiefsee gehören die unteren Teile des Kontinentalhangs, die im Wesentlichen von Sedimenten der Trübeströme aufgebaut werden, außerdem die Tiefsee-Ebenen, auf denen neben siliciklastischen Sedimenten auch carbonatische und kieselige Sedimente auftreten, die aus Skelettelementen einzelliger Planktonorganismen bestehen. Darüber hinaus gehören die Tiefseerinnen sowie die mittelozeanischen Rücken zu diesen Ablagerungsbereichen.

Wir haben gesehen, dass Sedimentbildungsräume entsprechend ihrer Lage unterteilt werden können. Sie lassen sich darüber hinaus auch nach den jeweiligen dort bevorzugt auftretenden Sedimenttypen untergliedern. Auf diese Weise ergeben sich zwei Gruppen: klastische und chemisch-biogene Sedimentbildungsräume.

## Klastische kontra chemische und chemisch-biogene Sedimentationsräume

**Siliciklastische Sedimentationsräume** sind Gebiete, in denen die siliciklastischen Sedimente überwiegen. Dazu gehören im Festlandsbereich Flusstäler, Wüsten, Binnenseen und glaziale Gebiete sowie die Küstenbereiche

**Tabelle 5.2** Wichtige Bildungsräume chemischer und chemisch-biogener Sedimente

| Bildungsraum | Sedimentbildung | Sedimente |
|---|---|---|
| **Küste und offener Ozean** | | |
| Carbonate (einschließlich Riffe, Flachwasser, Tiefsee usw.) | Gehäuse und Skelette bildende Organismen, einige Algen; anorganische Fällung aus dem Meerwasser | Carbonatsande und Carbonatschlämme, Riffe |
| Evaporite | Verdunstung des Meerwassers | Gips, Steinsalz (Halit), u. a. Salze |
| Kieselsedimente der Tiefsee | Gehäuse und Skelette bildende Organismen | Kieselsäure |
| **Festland** | | |
| Evaporite | Austrocknung von Binnenseen | Steinsalz, Borate, Nitrate, u. a. Salze |
| Sumpfgebiete, Moore | Vegetation | Torf |

am Übergang vom terrestrischen zum marinen Bereich: Deltas, Strände und Watten. Im Meer gehören der Kontinentalschelf, der Kontinentalrand und die Tiefsee zu den Sedimentationsräumen, in denen siliciklastisches Material in Form von Sand, Silt und Ton zur Ablagerung gelangt. Die Sedimente dieser Ablagerungsräume werden häufig auch als **terrigene Sedimente** bezeichnet, um ihre Herkunft von den Festländern zu betonen.

**Chemische und chemisch-biogene Sedimentationsräume** sind durch überwiegend chemische und chemisch-biogene Sedimentbildung gekennzeichnet (Tab. 5.2). Meistens enthalten sie noch geringe Anteile an klastischem Material, die das chemische Sediment – je nach Menge – mehr oder weniger „verunreinigen" oder die chemischen Sedimentationsvorgänge modifizieren können. Unter den chemisch-biogenen Sedimentationsräumen sind die Carbonatbildungsräume am häufigsten: marine Bereiche, in denen biogenes Calciumcarbonat das beherrschende Sediment ist. Carbonatisches Schalenmaterial wird buchstäblich von Hunderten von Mollusken- und anderen Invertebratengattungen abgeschieden, aber auch von Kalkalgen. Zahlreiche Populationen dieser Organismen leben in unterschiedlichen Wassertiefen und unter verschiedenen Strömungsbedingungen, das heißt entweder in ruhigen, strömungsarmen Bereichen oder in solchen mit starker Wellentätigkeit und Strömung. Wenn die Organismen absterben, reichern sich ihre Schalen am Meeresboden an und bilden das Sediment.

Carbonatbildungsräume sind, abgesehen von denen der Tiefsee, auf die warmen tropischen oder subtropischen Ozeane beschränkt, wo die Bedingungen für die Fällung von Calciumcarbonat weitaus günstiger sind. Diese Carbonatbildungsräume umfassen biogene Riffe, kalkige Sandstrände, Wattgebiete sowie flache Carbonatbänke und Carbonatplattformen. In einigen Gebieten bilden sich Carbonatsedimente auch in kühlerem Wasser, das bei Temperaturen unter 20 °C generell an Carbonat übersättigt ist. Dies gilt zum Beispiel für einige Bereiche im Südpazifik südlich von Australien. Die Carbonatsedimente des kühleren Wassers werden von einigen wenigen Organismengruppen gebildet und bestehen überwiegend aus calcitischem Schalenmaterial.

Kieselige Sedimentationsräume sind Bereiche der Tiefsee, in denen Organismenreste abgelagert werden, die meist aus Opal ($SiO_2$) bestehen. Diese $SiO_2$-abscheidenden Organismen leben ebenfalls in den oberflächennahen Wasserschichten, in denen reichlich Nährstoffe vorhanden sind. Nach ihrem Absterben sinken die Gehäuse auf den Meeresboden ab und reichern sich dort als Lagen von kieseligen Sedimenten zu Diatomeen- oder Radiolarienschlamm an.

Marine Evaporitbildungsräume entstehen dort, wo unter ariden Klimaverhältnissen in Buchten warmes Meerwasser rascher verdunstet, als es über die Verbindungswege durch Meerwasser normaler Salinität ergänzt werden kann. Das Ausmaß der Verdunstung und die Dauer der zur Verfügung stehenden Zeit beeinflussen den Salzgehalt des verdunstenden Meerwassers und damit die Bildung der verschiedenen sedimentären Evaporitminerale. Evaporitbildungsräume findet man darüber hinaus in abflusslosen Binnenseen unter meist vollariden Klimaverhältnissen. In solchen Endseen kommen Steinsalz, Borate, Nitrate und andere Salze zur Ablagerung.

## Fazies – das Nebeneinander unterschiedlicher Sedimentbildungsräume

In benachbarten Teilen eines Gebietes können zu gleicher Zeit sehr unterschiedliche Sedimentbildungsräume existieren. An einem Kontinentalrand treten beispielsweise erosive Strandbereiche, Watten und Ablagerungsbereiche des tieferen Kontinentalschelfs auf, die jeweils durch charakteristische Sedimente gekennzeichnet sind. Wir bezeichnen eine Reihe räumlich benachbarter, aber unterschiedlicher Sedimente als **Fazies**, um die sich unterscheidenden paläontologischen, mineralogischen, gefügemäßigen und strukturellen Merkmale der in den verschiedenen Sedimentbildungsräumen gleichzeitig abgelagerten Sedimente zu kennzeichnen. So spricht man von einer fluviatilen Fazies, wenn die Schichten innerhalb eines fluviatilen Systems entstanden sind, und von einer flachmarinen Carbonatfazies, die zur selben Zeit in einem Carbonatbildungsraum auf dem Schelf vor der Küste abgelagert wurde. (Im nächsten Kapitel wird jedoch gezeigt, dass der Begriff „Fazies" bei den metamorphen Gesteinen in einem anderen Sinne gebraucht wird, um damit die Entstehung der Metamorphite in Abhängigkeit von Druck und Temperatur zu beschreiben.)

## Sedimentstrukturen

Alle Schichtungsformen und eine Vielzahl anderer Merkmale, die zum Zeitpunkt der Sedimentation entstanden sind, werden insgesamt unter dem Begriff **Sedimentstrukturen** zusammengefasst. **Schichtung** oder Lagerung ist ein Kennzeichen von Sedimenten und Sedimentgesteinen. Sie entsteht dadurch, dass Schichten unterschiedlicher Korngrößen oder Mineralarten übereinander abgelagert werden. Die Schichtung kann geringmächtig sein und im Bereich von Zentimetern oder sogar Millimetern, aber auch im Meterbereich oder darüber liegen. Im einfachsten Fall kann man bei Sedimenten davon ausgehen, dass sie zum Zeitpunkt ihrer Ablagerung horizontal abgesetzt worden sind. Dennoch existieren in Sedimentgesteinen zahlreiche andere Schichtungsformen, die nicht immer horizontal verlaufen.

### Schrägschichtung

**Schräg-** oder **Kreuzschichtung** besteht aus der Abfolge von geschichtetem Material, das äolisch oder aquatisch abgelagert wurde, dessen Schichten aber mit Neigungswinkeln bis zu 35° gegen die Horizontale einfallen (Abb. 5.6). Schrägschichtungskörper entstehen auf dem Festland durch Ablagerung von Sedimentpartikeln an steilen Leehängen von Sanddünen oder auf der Leeseite von Sandbänken und Wellenrippeln in Flüssen, aber auch am Meeresboden (Abb. 5.7). Die Schrägschichtung äolisch abgelagerter Sanddünen kann aufgrund sich ändernder Windrichtungen ausgesprochen kompliziert sein. Schrägschichtung ist vor allem in Sandsteinen weit verbreitet, kommt aber auch in Konglomeraten und einigen Carbonatgesteinen vor. In Sandsteinen tritt die Schrägschichtung deutlicher hervor als in lockeren Sandablagerungen, die erst aufgegraben oder auf andere Art freigelegt werden müssen, ehe die Schichtungsform zu erkennen ist.

**Abb. 5.6** Schrägschichtung in einem Wüstensandstein. Die unterschiedlichen Richtungen der Schüttungskörper lassen die verschiedenen Windrichtungen bei der Ablagerung dieser Dünensande erkennen; Navajo-Sandstein, Zion-Nationalpark, Utah [*Foto: Peter Kresan*].

### Gradierte Schichtung

Gradierte Schichtung findet man fast ausschließlich in Sedimenten des Kontinentalhangs und am Hangfuß in Tiefseesedimenten, die jeweils durch eine besondere Art turbulenter Bodenströmungen, den so genannten Trübeströmen, abgelagert wurden, die auf ihrem Weg hangabwärts dicht über dem Meeresboden fließen.

Jede Abfolge besteht aus einer grobkörnigen Lage an der Basis und wird nach oben hin allmählich feinkörni-

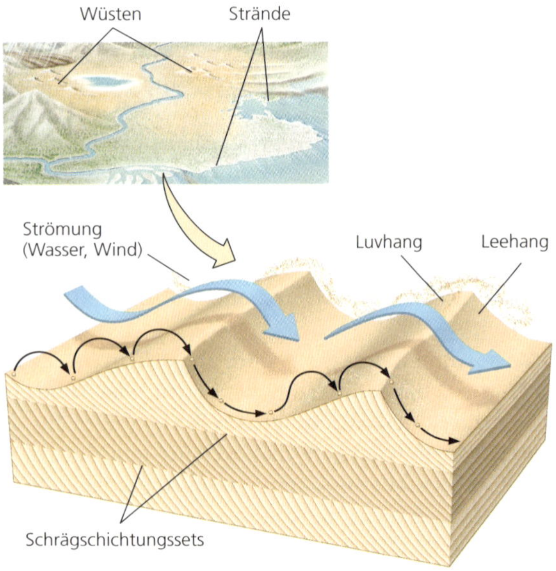


**Abb. 5.7** Die Bildung von Schrägschichtungssets erfolgt auf dem der Strömung abgewandten steileren Leehang einer Düne oder Rippel.

**Abb. 5.8** Links: Rippeln auf einem rezenten Strandsand [*Foto: John Grotzinger*]. Rechts: fossile Rippelmarken auf einem Sandstein [*Foto: John Grotzinger/Ramón Rivera-Moret/MIT*].

ger. Nimmt die Strömungsgeschwindigkeit ab, wird immer feinkörnigeres Material abgelagert. Die Gradierung ist daher das Abbild der Geschwindigkeitsabnahme der Strömung, aus der die Komponenten abgelagert wurden. Eine gradierte Schicht, eine Abfolge von grob nach fein, erreicht normalerweise Mächtigkeiten zwischen wenigen Zentimetern und mehreren Metern, sie wurde zum Zeitpunkt ihrer Bildung als (nahezu) horizontale Schicht abgelagert. Abfolgen aus zahlreichen gradierten Schichten können Gesamtmächtigkeiten von mehreren hundert Meter erreichen. Beispiele hierfür sind die Grauwacken des Rheinischen Schiefergebirges oder die mächtigen Flysch-Serien der Westalpen. Eine einzelne Schichtabfolge als Ergebnis der Sedimentation eines solchen Trübestromes wird als **Turbidit** bezeichnet.

## Rippelmarken

Rippelmarken sind letztendlich sehr kleine Dünen aus Sand oder Silt und bestehen aus niedrigen, meist nur etwa ein bis zwei Zentimeter hohen schmalen Rücken oder Wällen, die durch breitere Tröge getrennt sind; ihre Kämme verlaufen stets senkrecht zur Strömungsrichtung. Rippelmarken findet man sowohl in rezenten Sanden als auch in älteren Sandsteinen (Abb. 5.8). Rippeln entstehen auf den Oberflächen von windgefegten Dünen (Windrippeln), unter Wasser – beispielsweise in seichten Flussläufen – auf Sandbänken (Strömungsrippeln) oder auch durch Wellen im Strandbereich (Seegangsrippeln). Man unterscheidet symmetrische Rippeln, die von Wellen am Strand erzeugt werden, und asymmetrische Rippeln, die auf den Sandbänken von Flüssen oder auf Dünen durch Wasser- oder Luftströmungen entstehen (Abb. 5.9).

## Bioturbationsstrukturen

Die Schichtung ist in zahlreichen Sedimenten unterbrochen oder gestört. Manchmal durchqueren annähernd runde, zylindrische Röhren mit Durchmessern bis zu einigen Zentimetern vertikal oder schräg mehrere Schichten. Solche Sedimentstrukturen sind Überreste

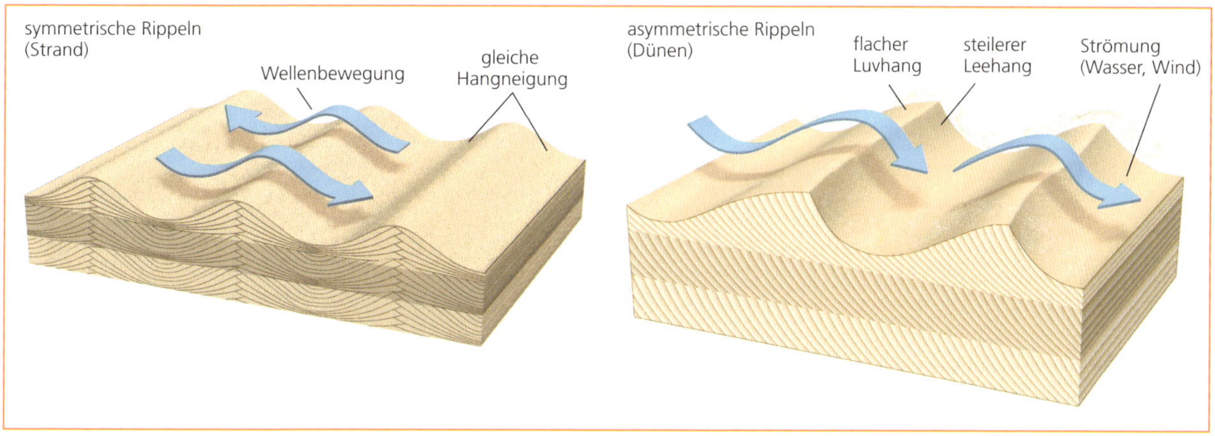


**Abb. 5.9** Die Formen der Rippelmarken auf einem Sandstrand, die durch wellenbedingtes Hin-und-Her-Bewegen des Sedimentmaterials entstehen, sind symmetrisch. Rippelmarken auf Dünen und in Flüssen, die durch eine gerichtete Strömung erzeugt werden, sind dagegen asymmetrisch.

**Abb. 5.10** Bioturbationsstrukturen. Das Gestein wird kreuz und quer von fossilen Fährten und Röhren durchzogen, die ursprünglich entstanden sind, als Organismen den Schlamm durchwühlten [*Foto: John Grotzinger/Ramón Rivera-Moret/Harvard Mineralogical Museum*].

von Wohnbauten und Fraßspuren, die von Muscheln, Würmern und anderen marinen Organismen stammen, die auf dem Meeresboden (epibenthisch) oder im Meeresboden (endobenthisch) lebten. Bei dem als **Bioturbation** bezeichneten Vorgang durchwühlen diese Organismen den Schlamm und Sand, indem sie das Sediment auf der Suche nach Resten von organischem Material aufnehmen. Zurück bleibt das aufgearbeitete Sediment, das die Bauten füllt (Abb. 5.10). Anhand bioturbater Gefüge lassen sich, wenn auch nur bedingt, Rückschlüsse auf die Organismen ziehen, die das Sediment durchwühlt haben. Da das Verhalten der wühlenden Organismen zumindest teilweise von Umweltprozessen wie etwa der Stärke von Strömungen oder der Verfügbarkeit von Nährstoffen beeinflusst wird, lassen Bioturbationsstrukturen Rückschlüsse auf die ehemaligen Sedimentationsräume zu.

## Sedimentationszyklen

Sedimentationszyklen bestehen aus vertikal übereinander liegenden Wechselfolgen von Sandsteinen, Schiefertonen und anderen Sedimenttypen. Ein solcher Sedimentationszyklus kann beispielsweise aus schräg geschichteten Sandsteinen bestehen, überlagert von Siltsteinen mit Bioturbationsstrukturen und darüber folgenden Sandsteinen mit Rippelmarken, wobei die Mächtigkeit der einzelnen Gesteinsarten ohne Bedeutung ist. Die Ausbildung solcher Zyklen hilft den Geologen bei der Rekonstruktion, wie und wo all diese Sedimente einst abgelagert wurden und ermöglicht einen Einblick in die Vorgänge an der Erdoberfläche, wie sie vor langer Zeit abgelaufen sind. Abbildung 5.11 zeigt einen Sedimentationszyklus, wie er für Flüsse typisch ist. Ein Fluss hinterlässt Sedimentationszyklen, die durch die seitliche Verlagerung des Flusslaufes über seinen Talboden entstehen. Der unterste Teil besteht aus den Sedimenten, die in den tiefsten Bereichen der Fließrinne abgelagert wurden, in denen die stärkste Strömung herrschte. Der obere Teil enthält diejenigen Sedimente, die in den seichtesten Bereichen der Fließrinne zur Ablagerung kamen, wo die Strömung am schwächsten war. In typischer Weise besteht ein solcher Sedimentationszyklus an der Basis aus groben Sedimenten, die nach oben hin feinkörniger werden.

**Abb. 5.11** Sande und Kiese eines typischen fluviatilen Sedimentationszyklus. Diese Art von Zyklus entsteht in einem mäandrierenden Fluss durch die Verlagerung einer Ufersandbank (Kap. 18) [*Foto: Jim R. Fortner/USDA-NRCS*].

Die meisten Sedimentationszyklen bestehen normalerweise aus kleineren Untereinheiten. Bei dem in Abbildung 5.11 dargestellten Beispiel zeigen die Schichten an der Basis großdimensionale Schrägschichtung. Darüber folgen Sedimente mit kleindimensionaler Schrägschichtung, die schließlich im oberen Bereich in Horizontalschichtung übergeht. Heute gibt es hochauflösende Rechnermodelle, die solche aus fluviatilen Sanden bestehenden Sedimentationszyklen in Beziehung zu ihren kausalen Faktoren setzen. Sedimentationszyklen, in denen die Sedimentstrukturen anders angeordnet sind, sind gleichzeitig Hinweise auf andere Sedimentbildungsräume. In Kapitel 20 wird noch einmal auf Sedimentationszyklen eingegangen.

## Versenkung und Diagenese: vom Sediment zum Sedimentgestein

Der überwiegende Teil der durch Verwitterung und Erosion auf dem Festland entstandenen und durch Flüsse, Wind und Gletscher transportierten siliciklastischen Komponenten gelangt schließlich in die zahlreichen Sedimentationsräume der Ozeane. Nur ein geringer Teil der siliciklastischen Sedimentbestandteile kommt in Sedimentbildungsräumen auf dem Festland zur Ablagerung. Auch die meisten chemischen und chemisch-biogenen Sedimente werden auf dem Boden der Meere abgelagert, obwohl sich solche Sedimente auch in Binnenseen oder Flüssen bilden.

### Versenkung

Gelangen Sedimente in die Ozeane, dann verbleiben sie auch dort. Sie sind für die meisten Sedimente der endgültige Sedimentationsraum. Daher wird, verglichen mit den Ablagerungen auf dem Festland, ein weitaus größerer Teil der auf dem Meeresboden abgelagerten Sedimente nachfolgend von jüngeren Schichten überdeckt und konserviert.

### Diagenese: Temperatur, Druck und chemische Prozesse führen vom Lockersediment zum Festgestein

Nachdem die Sedimente abgelagert und von jüngeren überdeckt worden sind, unterliegen sie der **Diagenese** – zahlreichen physikalischen und chemischen Veränderungen, die so lange fortdauern, bis die Sedimente oder Sedimentgesteine entweder erneut der Verwitterung ausgesetzt werden oder durch Druck und Temperatur der Metamorphose unterliegen (Abb. 5.12). Durch die Versenkung in größere Tiefen werden die Vorgänge der Diagenese beschleunigt, weil die Sedimente mit zunehmender Tiefe immer höheren Druck- und Temperaturbedingungen ausgesetzt werden.

Die Temperatur steigt zwar generell mit zunehmender Tiefe, doch schwankt die Zunahme innerhalb einzelner Zonen des Erdinneren. Am schnellsten erfolgt der Temperaturanstieg in der Erdkruste, wo sie im Durchschnitt um etwa 30 °C pro 1 000 m zunimmt. Demnach können Sedimente in einer Tiefe von 4 000 m Temperaturen von über 120 °C ausgesetzt sein – Temperaturen, bei denen die organische Substanz in Erdöl und Erdgas umgewandelt wird. Ein weiterer Faktor, der zur Diagenese beiträgt, ist der Anstieg des lithostatischen Drucks durch zunehmende Überdeckung. Im Mittel steigt der Druck jeweils pro 4,4 m Tiefe um 1 Hektopascal. Dieser Druck ist im Wesentlichen für die Kompaktion des Sediments verantwortlich.

Die überdeckten Sedimente unterliegen dem Einfluss des Grundwassers, das in hohem Maße Minerale gelöst hat, die in den Poren der Sedimente ausgefällt werden können und die einzelnen Komponenten miteinander verkitten – ein chemischer Prozess, der als **Zementation** bezeichnet wird. Eine Folge der Zementation ist die Verringerung der **Porosität**, oder anders ausgedrückt, die Abnahme der offenen Poren zwischen den Komponenten in Relation zum Gesteinsvolumen. In einigen Sanden beispielsweise wird Calciumcarbonat in Form von Calcit als Zement ausgefällt, der die einzelnen Körner miteinander verkittet und zu Sandstein verfestigt (Abb. 5.13). Andere Substanzen wie etwa $SiO_2$ können ebenfalls ausfallen und Sand, Silt und Ton sowie Gerölle zu Sand-, Silt- und Tonstein oder zu Konglomeraten verfestigen.

Die wichtigste physikalische Veränderung im Verlauf der Diagenese ist die **Kompaktion**, bei der die Gesteinskomponenten durch das Gewicht der überlagernden Sedimente zusammengepresst werden, wobei sich Volumen und Porosität verringern. Sande sind bereits bei der Ablagerung schon verhältnismäßig dicht gepackt und lassen sich nicht mehr stark komprimieren. Frisch abgelagerter Silt und Ton oder auch Carbonatschlämme haben dagegen ein großes Porenvolumen; häufig bestehen mehr als 60 Prozent des frischen Sediments aus Porenwasser. Deshalb lassen sich Ton und Silt nach der Einbettung sehr stark komprimieren und verlieren mehr als die Hälfte ihres Porenwassers. Sowohl die Zementation als auch die Kompaktion führen zur **Lithifizierung**, der Verfestigung des Sediments und damit zum Übergang von einem lockeren, unverfestigten Sediment in ein hartes Sedimentgestein.

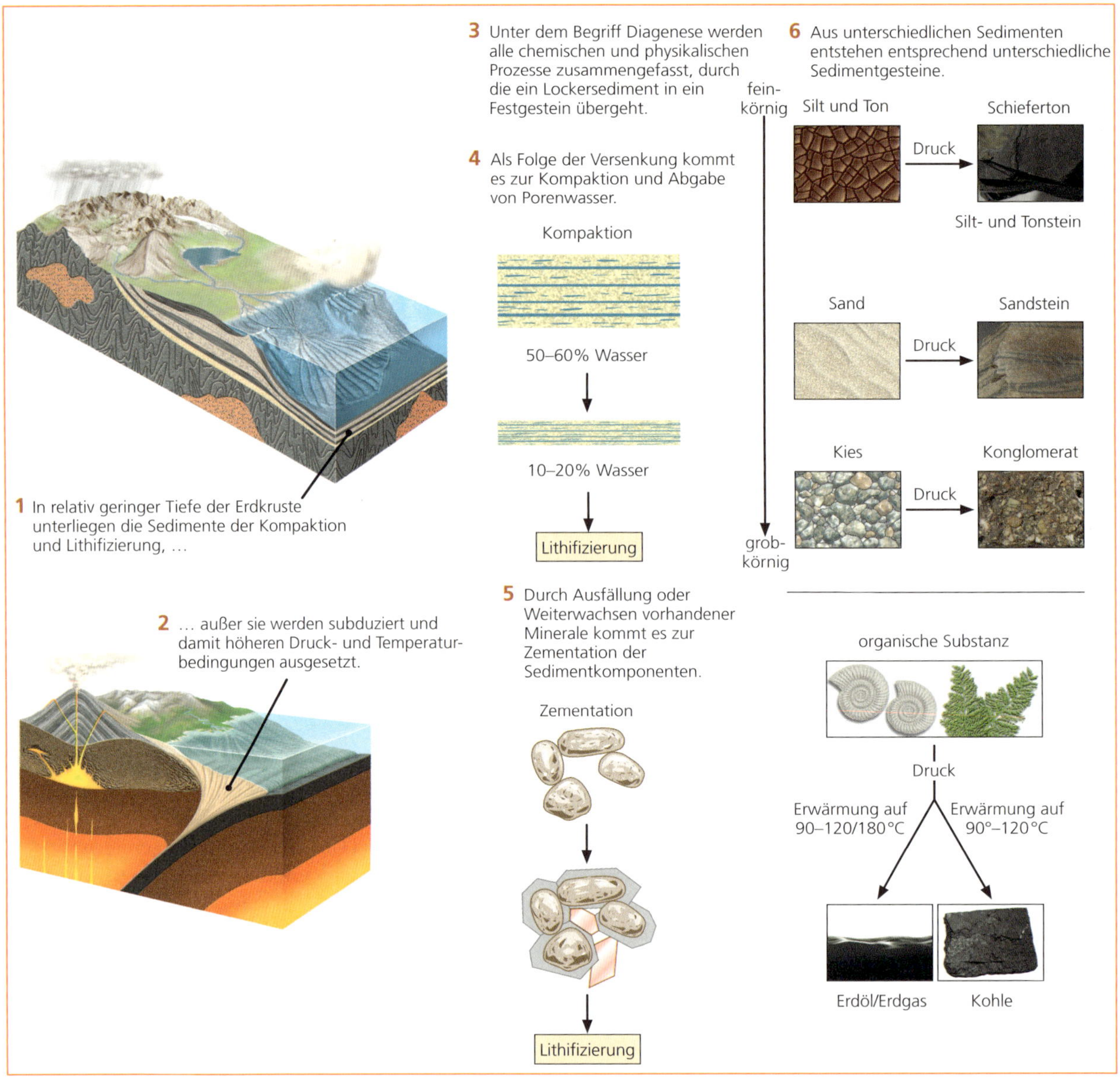


**Abb. 5.12** Während der Diagenese führen chemische und physikalische Vorgänge zur Umwandlung von Lockersedimenten in Sedimentgesteine [*Fotos: John Grotzinger/Ramón River-Moret/Harvard Mineralogical Museum (Schieferton); John Grotzinger/Ramón Rivera-Moret/MIT (Sandstein, Konglomerat, Kohle); John Wollsey (Erdöl und Erdgas)*].

## Klassifikation der siliciklastischen Sedimente und Sedimentgesteine

Zur Klassifizierung sowohl der Lockersedimente als auch der diagenetisch verfestigten Sedimentgesteine können wir die Sedimentationsprozesse heranziehen. Die Grobeinteilung unterscheidet wiederum klastische, chemische und chemisch-biogene Sedimente. Die siliciklastischen Sedimente und Sedimentgesteine machen insgesamt drei Viertel aller Sedimente und Sedimentgesteine innerhalb der Erdkruste aus. Daher beginnen wir auch mit deren Besprechung.

### Klassifikation entsprechend der Korngröße

Siliciklastische Sedimente und Sedimentgesteine werden in erster Linie nach ihrer Korngröße unterteilt, woraus sich folgende Großgruppen ergeben (Tab. 5.3):

- **Grobkörnige Klastika (Psephite):** Kies und Konglomerate (gerundete Körner) beziehungsweise Brekzien (ungerundete Komponenten)

**Abb. 5.13** Dünnschliffaufnahme eines Sandsteins. Die Quarzkörner (weiß und grau) wurden nach der Ablagerung der Sande durch ausgefällten Calcit (hell und bunt) zementiert [*Foto: Peter Kresan*].

- **Mittelkörnige Klastika (Psammite):** Sande und Sandsteine
- **Feinkörnige Klastika (Pelite):** Silt und Siltsteine, Tone und Tonsteine bzw. Schiefertone

Die Klassifikation der verschiedenen klastischen Sedimente nach der Korngröße beinhaltet indirekt auch ihre wichtigste Ablagerungsbedingung – die Strömungsgeschwindigkeit. Je größer die Sedimentkomponenten sind, desto stärker muss die Strömung gewesen sein, um die Komponenten zu transportieren und abzulagern.

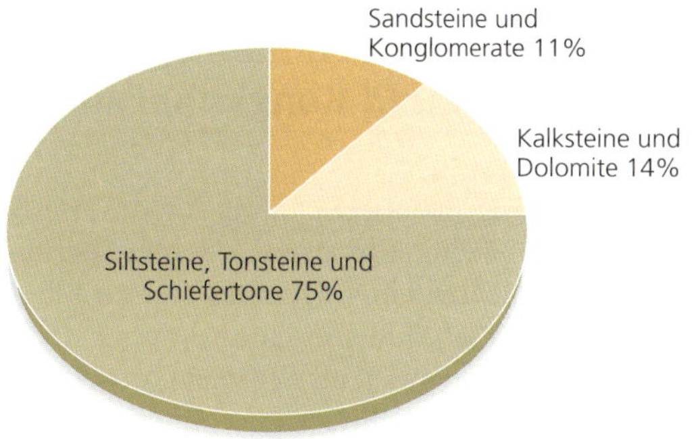


**Abb. 5.14** Die relative Häufigkeit der wichtigsten Sedimentgesteine. Im Vergleich zu diesen drei Gesteinstypen treten alle anderen Sedimentgesteine, einschließlich Evaporite, Hornsteine und andere chemische Sedimentgesteine nur in geringen Mengen auf.

Dieser Zusammenhang zwischen Strömungsgeschwindigkeit und Korngröße ist der Grund, weshalb sich gleich große Partikel zu gut sortierten Sedimenten anreichern, denn die meisten Sandschichten enthalten keine Gerölle oder Tonanteile, und die meisten Silt- und Tonsteine bestehen ausschließlich aus diesen feinkörnigen Komponenten.

Unter den verschiedenen Typen der siliciklastischen Sedimente und Sedimentgesteine sind Silt und Siltstein, Ton und Tonstein sowie Schieferton die bei weitem häufigsten – ungefähr dreimal häufiger als die gröberen Klastika (Abb. 5.14). Die Dominanz des feinklastischen Materials, das große Mengen an Tonmineralen enthält, ist das Ergebnis der Verwitterung großer Mengen an Feldspat und anderer Silicatminerale der Erdkruste zu Tonmineralen. Nachfolgend wenden wir uns den einzelnen Gruppen der siliciklastischen Sedimente und Sedimentgesteine etwas eingehender zu.

**Tabelle 5.3** Klassifikation der klastischen Sedimente nach der Korngröße (DIN 4022)

| | Abgelagertes Sediment | Korngröße | Festgestein |
|---|---|---|---|
| grob ↑ | Blöcke | | |
| | | 200 mm | Konglomerat, Breccie |
| | Steine | | |
| | | 63 mm | |
| | Kies | | |
| | | 2 mm | |
| | Sand | | Sandstein |
| | | 0,063 mm | |
| Schlamm | Silt (Schluff) | | Siltstein |
| | | 0,002 mm | |
| | Ton | | Tonstein (zerbricht in unregelmäßigen Stücken) |
| ↓ fein | | | Schieferton (zerbricht entlang von Schichtflächen) |

## Grobkörnige siliciklastische Sedimente und Sedimentgesteine: Kiesfraktion und Konglomerate

**Kies** ist die Korngrößenbezeichnung für unverfestigtes grobklastisches Sedimentmaterial, dessen gerundete Gesteinskomponenten einen Durchmesser zwischen 63 und 2 mm haben (Tab. 5.3). Einzelne Komponenten werden als Gerölle bezeichnet, als Sedimentkörper werden sie unter dem Begriff Schotter zusammengefasst. Ihre verfestigten Äquivalente sind die **Konglomerate** (Abb. 5.15). Wegen ihrer Größe sind Gerölle sehr einfach zu untersuchen und zu identifizieren. Ihr Durchmesser gibt uns Hinweise auf die jeweilige Geschwindigkeit der Strömungen, von denen sie transportiert worden sind. Darüber hinaus lässt sich aus ihrer Zusammensetzung der Gesteinsinhalt des Liefergebiets rekonstruieren.

Es gibt in der Natur relativ wenige Bereiche, wo die Strömungen stark genug sind, um Gerölle zu verfrachten: Gebirgsflüsse, Küsten mit starkem Wellengang und das Schmelzwasser der Gletscher. Starke Strömungen transportieren natürlich auch Sand. Fast immer finden wir daher zwischen den Geröllen Sand, ein Teil wurde zusammen mit dem Kies abgelagert, ein Teil wurde auch nach Ablagerung der größeren Gerölle in die Zwischenräume eingeschwemmt. Gerölle und größere Blöcke werden im Verlauf ihres Transports auf dem Festland oder unter Wasser vergleichsweise schnell abgeschliffen und zugerundet. Auch Strandgerölle, durch starke Wellen ständig hin und her bewegt, werden sehr rasch abgeschliffen.

Im Gegensatz zu den Konglomeraten enthalten manche grobkörnigen klastischen Gesteine scharfkantige, eckige Bruchstücke ohne oder nur mit geringen Anzeichen einer Abrasion oder Zurundung. Sie werden als **sedimentäre Brekzien** bezeichnet. Sedimentäre Brekzien findet man in Ablagerungen nahe ihres Liefergebiets. Die Sedimente wurden abgesetzt und diagenetisch verfestigt, noch ehe sie über nennenswerte Strecken transportiert werden konnten.

## Mittelkörnige siliciklastische Sedimente und Sedimentgesteine: Sand und Sandsteine

Sand besteht aus Komponenten mittlerer Korngrößen mit Durchmessern von 2 bis 0,063 mm (vgl. Tab. 5.3). Diese Sedimentbestandteile werden durch mäßig starke Strömungen verfrachtet, etwa durch Strömungen in Flüssen, durch Wellen an der Küste und durch den Wind, der sie zu Dünen aufweht. Sandkörner sind groß genug, um sie mit dem bloßen Auge betrachten zu können, und viele ihrer charakteristischen Merkmale sind mit einer einfachen Lupe mühelos zu erkennen. Die verfestigten Äquivalente der Sande sind die **Sandsteine** (Abb. 5.15).

**Korngröße und Kornform** Sand kann grob-, mittel- oder feinkörnig sein. Die mittlere Korngröße eines beliebigen Sandsteins spiegelt die Stärke der Transportströmung und die Größe der im Ausgangsgestein erodierten Kristalle wider. Der Streubereich und die relative Häufigkeit der verschiedenen Korngrößen sind ebenfalls kennzeichnende Merkmale. Wenn nun alle Sandkörner nahe im Bereich der mittleren Korngröße liegen, ist der Sand gut sortiert; ist dagegen ein Großteil wesentlich größer oder kleiner als der mittlere Durchmesser, dann hat der Sand eine schlechte Sortierung. Unterschiedliche Sortierungsgrade können beispielsweise dazu dienen, Strandsande (gut sortiert) von tonigen Sanden, die von Gletschern abgelagert wurden (schlecht sortiert), klar zu unterscheiden. Die Form der Sandkörner kann ebenfalls wichtige Hinweise auf ihre Entstehung liefern. Wie Gerölle werden auch Sandkörner beim Transport gerundet. Angulare, das heißt wenig bis nicht gerundete Kör-

(a) Konglomerat (b) Sandstein (c) Schieferton

**Abb. 5.15** Klastische Sedimentgesteine [*Fotos: John Grotzinger/Ramón Rivera-Moret/MIT (Konglomerat, Sandstein); John Grotzinger/Ramón Rivera-Moret/Harvard Mineralogical Museum (Schieferton)*].

ner, deuten auf kurze Transportwege hin, während gut gerundete für einen langen Transport in einem großen Flusssystem sprechen. Auch der Wellengang am Strand sorgt für eine gute Zurundung der Sandkörner, da sie ständig hin und her gerollt werden.

**Mineralogische Zusammensetzung der Sande und Sandsteine** Siliciklastika können nach ihrer mineralogischen Zusammensetzung, die letztlich das Ausgangsgestein widerspiegelt, weiter unterteilt werden. So gibt es beispielsweise quarzreiche oder feldspatreiche Sandsteine. Einige Sande sind bioklastischer Natur und sind durch Transport und mechanische Zerstörung von biogenem Schalenmaterial entstanden. Demzufolge lassen sich aus der mineralogischen Zusammensetzung der Sande und Sandsteine Hinweise auf den geologischen Bau des Liefergebiets ableiten, aus dem die Sandkörner einst durch Verwitterung und Erosion hervorgegangen sind. Wenn beispielsweise natrium- und kaliumreiche Feldspäte neben reichlich Quarz vorliegen, ist das ein Hinweis, dass im Liefergebiet ein Granit der Erosion unterlag. Wie wir in Kapitel 6 noch sehen werden, wären für ein metamorphes Ausgangsgestein andere Leitminerale charakteristisch.

Die mineralogische Zusammensetzung des Ausgangsgesteins ist abhängig von der plattentektonischen Position. So stammen Sandsteine, die einen hohen Anteil an Bruchstücken basischer Vulkanite enthalten, beispielsweise von Vulkanbögen an den Subduktionszonen. Die mineralogische Zusammensetzung von Sanden oder Sandsteinen muss jedoch mit der Mineralogie des Ausgangsgesteins nicht völlig übereinstimmen. Die chemische Verwitterung im Liefergebiet kann dazu führen, dass ein großer Teil der Feldspäte des Granits in Tonminerale umgewandelt wird oder in Lösung geht und damit im Sandstein fehlt. Weiterhin führen Umlagerungs- und Transportvorgänge zur Aufarbeitung der instabilen und zur Anreicherung der stabileren Minerale. Was unter diesen Bedingungen zurückbleibt, sind überwiegend Quarzkörner. Sande und Sandsteine, die fast ausschließlich aus Quarzkörnern bestehen, werden als kompositionell reife Sedimente bezeichnet.

**Die wichtigsten Sandsteintypen** Sandsteine können aufgrund ihrer mineralogischen Zusammensetzung und ihres Gefüges in mehrere Gruppen zusammengefasst werden (Abb. 5.16):

- **Quarzarenite** (Quarzsandsteine) bestehen fast ausschließlich aus Quarzkörnern, die normalerweise gut sortiert und gerundet sind. Diese reinen Quarzsande resultieren aus der intensiven Verwitterung und mechanischen Abnutzung vor und während des Transports, bei dem alle anderen Minerale zerstört wurden.
- **Arkosen** (Feldspat führende Sandsteine) enthalten mehr als 25 Prozent Feldspäte. Die Komponenten sind hier gewöhnlich schlechter gerundet und weniger gut sortiert als in reinen Quarzsandsteinen. Diese

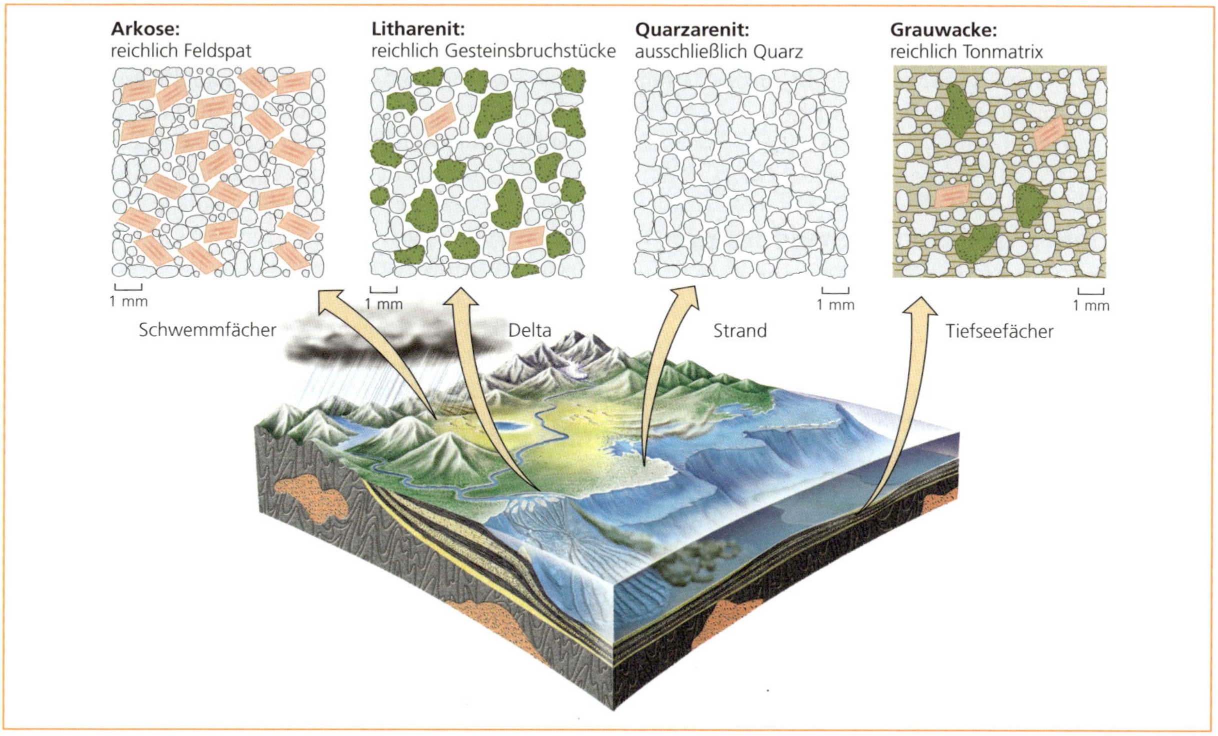


**Abb. 5.16** Mineralogische Zusammensetzung der vier wichtigsten Sandsteingruppen.

feldspatreichen Sandsteine stammen aus rasch erodierten granitischen und metamorphen Gebieten, in denen die chemische Verwitterung gegenüber der physikalischen eine untergeordnete Rolle spielte.

- **Litharenite** (Gesteinsbruchstücke führende Sandsteine) sind Sandsteine, die mengenmäßig mehr Gesteinstrümmer enthalten als Feldspäte. Die Gesteinstrümmer dieser Sandsteine bestehen aus zahlreichen Bruchstücken feinkörniger Gesteine, überwiegend von Schiefertonen, aber auch vulkanischen Gesteinen oder feinkörnigen Metamorphiten.
- **Grauwacken** bestehen aus einem heterogenen Gemisch von Gesteinsbruchstücken und angularen Komponenten aus Quarz und Feldspäten; sie sind in eine feinkörnige Tonmatrix eingebettet, die durch das Auftreten des Minerals Chlorit charakterisiert ist. Ein Großteil dieser Matrix entstand nach einer tiefen Versenkung der Sandsteinserien durch chemische Umwandlung und mechanische Kompaktion sowie durch Deformation von relativ weichen Gesteinsbruchstücken, etwa von Schiefertonen oder auch von bestimmten vulkanischen Gesteinen.

Hydrogeologen und Erdölgeologen interessieren sich in starkem Maße für Sandsteine. Erstere suchen besonders nach Gebieten mit porösen Sandsteinen, wie sie etwa in den Great Plains in Nordamerika auftreten, um mögliche Grundwasservorräte aufzuspüren. Erdölgeologen befassen sich mit der Porosität und Zementation der Sandsteine, weil ein großer Teil der in den vergangenen 150 Jahren entdeckten Kohlenwasserstoffe in tief versenkten Sandsteinen gefunden wurde. Darüber hinaus stammt ein Großteil des in Kernkraftwerken und Kernwaffen verwendeten Urans aus Sandsteinen, in die das Uran während der Diagenese eingewandert ist.

## Feinkörnige siliciklastische Sedimente und Sedimentgesteine: Silt und Siltstein; Ton, Tonstein und Schieferton

Die feinkörnigsten klastischen Sedimente und Sedimentgesteine sind Silt und Siltsteine, Ton, Tonsteine und Schiefertone. Sie bestehen aus Komponenten mit Korndurchmessern unter 0,063 mm. Sie umfassen damit ein sehr breites Spektrum an Korngrößen und variieren auch in ihrer mineralogischen Zusammensetzung ganz erheblich.

Klastische Sedimente, deren Komponenten einen Korndurchmesser unter 0,063 mm aufweisen und die demzufolge aus einem Gemisch von Silt und Ton bestehen, werden üblicherweise als Schlamm bezeichnet. Zusammenfassend wird für die Festgesteine dieser Korngröße auch die Bezeichnung Pelit (griech. pelos = Schlamm, Ton) oder wenig präzise auch Tonstein verwendet. Solche Pelite bilden eher massige Gesteine, die meist keine oder nur eine undeutliche Schichtung erkennen lassen und leicht in kleinere Stücke zerbrechen. In zahlreichen Peliten dürfte unmittelbar nach der Ablagerung eine Schichtung deutlich erkennbar gewesen sein; sie ist aber in vielen Fällen durch Bioturbation verloren gegangen.

Material der Silt- und Tonfraktion lässt sich zwar im Labor vollständig nach der Korngröße trennen. In der Natur ist dies jedoch selten der Fall, sodass Ton und Tonsteine stets einen gewissen Anteil der Siltfraktion, Silt und Siltsteine eine gewisse Menge von Material der Tonfraktion aufweisen. Gesteine, die hauptsächlich aus Partikeln im Größenbereich der Siltfraktion bestehen, werden als Siltstein bezeichnet. Ein Gestein mit einem überwiegenden Anteil der Tonfraktion wird dementsprechend Tonstein genannt.

Insgesamt werden diese feinklastischen Sedimente bereits durch sehr schwache Strömungen transportiert und dort abgelagert, wo ein langsames Absinken der extrem feinen Teilchen möglich ist.

**Silt und Siltstein (Schluff und Schluffstein)** Ein Siltstein ist das diagenetisch verfestigte Äquivalent des Silt, eines klastischen Sediments, in dem die meisten Bestandteile einen Durchmesser zwischen 0,063 und 0,002 mm haben. Siltsteine ähneln vom Aussehen her Tonsteinen oder sehr feinkörnigen Sandsteinen. Ein wichtiges äolisches Sediment aus Komponenten der Siltfraktion ist der Löss.

**Ton, Tonstein und Schieferton** besteht aus Komponenten der Tonfraktion mit Korndurchmessern unter 0,002 mm (vgl. Tab. 5.3). Komponenten der Tonfraktion (wir beziehen uns hier ausdrücklich auf die Größe der Teilchen und nicht auf die eigentlichen Tonminerale) sind insgesamt die häufigsten Bestandteile der feinklastischen Sedimente. Die entsprechenden Gesteine werden, wenn sie etwas stärker verfestigt sind, als **Schiefertone** bezeichnet, die dadurch kenntlich sind, dass sie leicht an Schichtflächen zerbrechen.

Ton und Silt werden von Flüssen oder auch von Gezeiten abgelagert. Wenn ein Fluss seine Talauen überflutet, verlangsamt sich beim Rückgang des Hochwassers die Strömung und das mitgeführte pelitische Material setzt sich als so genannter Auenlehm ab. Dieser Schlamm trägt wesentlich zur Fruchtbarkeit des Schwemmlandes der Flüsse bei. Schlamm bleibt auch in zahlreichen Wattgebieten bei ablaufender Flut zurück, wenn die Wellentätigkeit gering ist. Ebenso werden große Bereiche des tieferen Meeresbodens, wo die Strömungsgeschwindigkeit gering ist oder Strömungen völlig fehlen, von Schlamm bedeckt.

Viele feinklastische Sedimente enthalten häufig mehr als zehn Prozent Carbonate und stellen damit Ablagerungen von kalkigen Tonen, Tonsteinen und Schiefertonen dar. Tonsteine mit höheren Carbonatgehalten (> 25 Prozent $CaCO_3$) werden als **Tonmergel** bezeichnet. Schwarze oder bituminöse Schiefertone enthalten häufig diagenetisch veränderte organische Substanz. Einige Schiefertone werden auch als Ölschiefer bezeichnet, weil sie große Mengen an ölähnlichem organischem Material enthalten und aus ihnen Öl gewonnen werden kann. Ölschiefer gelten heute als wertvolle Kohlenwasserstoff-Ressourcen (wir werden Ölschiefer in Kapitel 23 noch eingehender betrachten).

## Klassifikation der chemischen und chemisch-biogenen Sedimente und Sedimentgesteine

Die nicht siliciklastischen Sedimente werden in chemische und chemisch-biogene Sedimente unterteilt, um die Bedeutung der Organismen als wesentliche Produzenten solcher Sedimente zu betonen (Tab. 5.4). Während uns siliciklastische Sedimente Hinweise auf die Ausgangsgesteine und deren Verwitterung auf den Kontinenten geben, liefern die chemischen und chemisch-biogenen Sedimente Anhaltspunkte für die chemischen Bedingungen in den Ozeanen als ihren wichtigsten Sedimentbildungsräumen. **Carbonatbildungsräume** sind die bei weitem häufigsten Ablagerungsgebiete chemisch-biogener Sedimente. Sie sind auf marine Bereiche beschränkt, in denen Calciumcarbonat das wesentliche Sediment darstellt, das hauptsächlich durch Schalen tragende Organismen gebildet wird. Zur chemischen Sedimentation kommt es in marinen Bereichen dort, wo die Verdunstung des Meerwassers stärker ist als dessen Ergänzung aus dem offenen Ozean. Zwar findet auch in einigen Binnenseen eine chemische Sedimentation statt, insbesondere in ariden Gebieten wie im Großen Salzsee in den Vereinigten Staaten, wo die Verdunstung extrem hoch ist, doch machen diese Sedimente nur einen sehr geringen Anteil aus, vergleicht man sie mit den an den Küsten der Ozeane, auf dem Kontinentalschelf und in der Tiefsee abgelagerten Sedimenten. Chemische Sedimente sind insgesamt weniger häufig als chemisch-biogene Ablagerungen.

**Tabelle 5.4** Klassifikation der chemischen und chemisch-biogenen Sedimente und Sedimentgesteine

| Sediment | Sedimentgestein | chemische Zusammensetzung | Minerale |
|---|---|---|---|
| **chemisch-biogen**<br>Carbonatsand und Carbonatschlamm (überwiegend bioklastisch) | Kalkstein | Calciumcarbonat ($CaCO_3$) | Calcit<br>(Aragonit) |
| Kieselsediment | Hornstein | Siliciumdioxid ($SiO_2$) | Opal<br>Chalcedon<br>Quarz |
| Torf, organisches Material | Kohle | Kohlenstoff<br>Kohlenstoffverbindungen (mit Sauerstoff und Wasserstoff) | (Kohle)<br>(Erdöl)<br>(Erdgas) |
| **chemisch**<br>primär nicht abgelagert (durch Diagense entstanden) | Dolomit | Calcium-Magnesiumcarbonat ($CaMg[CO_3]_2$) | Dolomit |
| Eisenoxid | Eisenerz | Eisensilicate; Eisenoxide; Eisencarbonat ($Fe_2O_3$; $FeCO_3$) | Hämatit<br>Limonit<br>Siderit |
| Evaporit | Evaporit | Natriumchlorid (NaCl); Calciumsulfat ($CaSO_4$) | Gips<br>Anhydrit<br>Halit<br>Kalisalze |
| primär nicht abgelagert (durch Diagenese entstanden) | Phosphorit | Calciumphosphat ($Ca_5[PO_4]_3$) | Apatit |

## Chemisch-biogene Sedimente: Carbonatsedimente und Carbonatgesteine

**Carbonatsedimente** und **Carbonatgesteine** entstehen durch die Akkumulation von Carbonatmineralen, die meist direkt von Organismen abgeschieden werden. In einigen Fällen scheiden die Organismen Carbonatminerale jedoch nicht direkt, sondern indirekt ab, indem sie die physikalisch-chemischen Bedingungen in ihrer unmittelbaren Umgebung so verändern, dass es zur Carbonatbildung kommt. Eine weitere Möglichkeit besteht, wenn bereits abgelagerte Carbonatsedimente während der Versenkung und Diagenese mit dem Porenwasser reagieren und sich neue Carbonatminerale bilden. Bei all diesen Prozessen bestehen die ausgefällten Minerale entweder aus Calciumcarbonat (Calcit oder Aragonit) oder aus Calcium-Magnesiumcarbonat (Dolomit).

Die vorherrschenden chemisch-biogenen Sedimentgesteine sind die aus der Diagenese von Carbonatsedimenten hervorgegangenen **Kalksteine**. Sie bestehen im Wesentlichen aus Calciumcarbonat ($CaCO_3$) in Form des Minerals Calcit (Abb. 5.17a; Tab. 5.4). Diese Kalksteine können aus Carbonatsanden, Carbonatschlämmen und in einigen Fällen auch aus Riffen hervorgehen. Darüber hinaus zeigen Kalksteine eine Vielzahl von Gefügen, sodass sich zahlreiche Gesteinstypen unterscheiden lassen. Einige wichtige werden hier beschrieben: oolithische und mikrokristalline Kalksteine.

**Oolithische Kalksteine** Zahlreiche Kalksteine bestehen im Wesentlichen aus kleineren rundlichen Carbonatkomponenten, so genannten Ooiden. Sie entstehen dort, wo flache Küstengewässer von starken Gezeitenströmungen oder auch Wellengang beeinflusst werden, wie etwa auf den Bahamas. Ooide werden von konzentrischschaligen Aragonitlamellen aufgebaut, die sich um einen Kern im Zentrum des Ooids abscheiden. Bei den Kernen handelt es sich entweder um Schalenbruchstücke oder Quarzkörner. Um diese Kerne lagern sich tangential kleine Aragonitnadeln an, da das mit den Gezeitenströmungen ankommende kalte Meerwasser durch Erwärmung im Flachwasser an Calciumcarbonat übersättigt ist. Die Strömungen sind außerdem stark genug, um die Ooide mehr oder weniger in Bewegung zu halten, wodurch sich Aragonit allseitig anlagern kann. Das Größenwachstum endet, wenn die Ooide von den herrschenden Strömungen nicht mehr gerollt oder aufgewirbelt werden können.

**Mikrokristalline Kalksteine** Sie entstehen in ruhigem Wasser, wo $CaCO_3$ in Form von winzigen nadeligen Kristallen ausfällt und sich am Meeresboden als Kalkschlamm ansammelt. Schon bald nach der Ablagerung geht dieser Kalkschlamm durch Kompaktions- und

(a) Kalkstein
(b) Gips
(c) Steinsalz (Halit)
(d) Hornstein

**Abb. 5.17** Chemische und chemisch-biogene Sedimentgesteine. (a) Kalkstein, durch Diagenese aus Kalkschlamm hervorgegangen; (b) Gips, und (c) Steinsalz (Halit), marine Evaporite, die in flachen Meeresbecken ausgefällt wurden; (d) Hornstein, aus kieseligem Sediment entstanden [*Fotos: John Grotzinger/Ramón Rivera-Moret/Harvard Mineralogical Museum*].

Rekristallisationsvorgänge in einen mikrokristallinen, extrem feinkörnigen und dichten Kalkstein, einen so genannten Mikrit über, dessen einzelne Kristalle nur unter sehr starker Vergrößerung erkennbar sind. Solche mikritischen Kalke sind bei weitem die häufigsten marinen Carbonatgesteine, die im Lauf der Erdgeschichte gebildet worden sind.

**Diagenetisch entstandene Carbonatgesteine** Ein anderes häufiges Carbonatgestein ist der **Dolomit**. Das Mineral Dolomit ist chemisch betrachtet ein Doppelsalz aus Calcium- und Magnesiumcarbonat, $CaMg(CO_3)_2$, (vgl. Tab. 5.4), aus dem auch zum großen Teil die Berge der norditalienischen Dolomiten bestehen. (Dieses Mineral wurde nach Déodat de Dolomieu benannt, einem Franzosen aus der Dauphiné, der das Mineral in den Bergen am oberen Eisack erstmals fand und beschrieb. Aus dem Titel des 1864 erschienenen Reisebuchs „The Dolomite Mountains" – „Die Dolomitberge" – wurde dann, als wohl einmaliger Fall, der Name eines Minerals auf eine Gebirgslandschaft übertragen.)

Dolomite sind diagenetisch umgewandelte Carbonatsedimente und Kalksteine. Das Mineral Dolomit bildet sich weder als primäres Fällungsprodukt aus normalem Meerwasser noch scheiden irgendwelche Organismen Schalen aus Dolomit ab. Stattdessen wird der ursprüngliche Calcit oder Aragonit eines Carbonatsediments schon bald nach der Ablagerung in Dolomit umgewandelt. Ein Teil der Calcium-Ionen des Calcits oder Aragonits wird gegen Magnesium-Ionen des Meerwassers (oder magnesiumreichen Grundwassers) ausgetauscht, das langsam durch die Poren des Sediments strömt. Durch diese Austauschreaktion geht das Calciumcarbonat-Mineral Calcit $CaCO_3$ in Dolomit $CaMg(CO_3)_2$ über.

**Direkte chemisch-biogene Fällung von Carbonatsedimenten** Carbonatgesteine sind deshalb so häufig, weil im Meerwasser große Mengen an Calcium- und Carbonat-Ionen vorhanden sind, die von den Organismen direkt zum Bau ihrer Hartteile aufgenommen werden können. Das Calcium stammt aus der Verwitterung von Feldspäten und anderen Mineralen der Magmatite und Metamorphite. Das Carbonat entstammt dem Kohlendioxid der Atmosphäre. Ein Teil des Calciums und des Carbonats kommt überdies von den leicht verwitternden Kalksteinen auf den Festländern.

Die meisten Carbonate flachmariner Ablagerungsräume sind bioklastische Carbonatsedimente. Sie wurden ursprünglich von Organismen, die in der Nähe der Oberfläche oder am Boden der Ozeane lebten, biochemisch als Schalenmaterial abgeschieden, das nach ihrem Tod durch Strömungen transportiert und dabei mechanisch zu Carbonatklasten aufbereitet und zerstört wurde. Man kennt solche bioklastischen Carbonatsedimente von den tropischen Korallenriffen des Pazifischen Ozeans, des Roten Meeres, der Karibik oder von den flachen Bänken der Bahamas. Für Untersuchungen weniger zugänglich als diese spektakulären Feriengebiete ist der Tiefseeboden, der Bereich, auf dem heute der größte Teil der Carbonatsedimente abgelagert werden.

Die meisten Carbonatsedimente in den offenen Ozeanen stammen von den kleinen Calcitschalen planktisch lebender **Foraminiferen**, Schalen bildenden Einzellern; hinzu kommen kalkige Reste anderer einzelliger Organismen wie etwa die zu den gelbgrünen einzelligen Algen gehörenden Coccolithophoriden, die mikroskopisch kleine Skelettelemente aus Calcit besitzen. Nach dem Absterben sinken sie zum Meeresboden ab und ihre Gehäuse reichern sich dort als Sedimente an (Abb. 5.18). Diese Schlämme durchlaufen während der Versenkung eine intensive Kompaktion und Zementation und bilden dann sehr feinkörnige Kalksteine. Ein charakteristisches Sedimentgestein aus solchen biogenen Kalkschlämmen ist die **Schreibkreide**. Man findet sie in großer Verbreitung in England (Kanalküste bei Dover), Nordfrankreich und Teilen Norddeutschlands (unter anderem auf der Insel Rügen).

Außer Calcit enthalten die meisten Carbonatsedimente auch Aragonit, die weniger stabile Modifikation des Calciumcarbonats. Wie bereits zuvor in diesem Kapitel erwähnt, scheiden einige Organismen ausschließlich Calcit, andere ausschließlich Aragonit ab und einige, wie die Muscheln, auch beide Modifikationen.

**Riffe** sind hügel- oder wallartige biogene Strukturen; sie bestehen aus den Kalkskeletten von Millionen von Organismen. In den heutigen warmen Meeren werden die meisten Riffe von Korallen aufgebaut, zusammen mit Hunderten anderer Carbonat abscheidender Organismenarten wie etwa Algen, Muscheln und Schnecken. Im Gegensatz zu den weichen, unverfestigten Sedimenten, die in anderen Bildungsräumen entstehen, bildet das Calciumcarbonat der Korallen und anderer Rifforganismen eine starre und wellenresistente Struktur, ein zementiertes Gerüstwerk aus festem Kalkstein, das bis zum Meeresspiegel und geringfügig darüber hinaus aufgebaut wird (Abb. 5.18). Der feste Kalkstein des Riffs wird unmittelbar durch die Organismen ausgeschieden, das Zwischenstadium eines unverfestigten Sediments fehlt.

**Indirekte chemisch-biogene Fällung von Carbonatsedimenten** Ein bedeutender Anteil des Carbonatschlamms in den Flachmeergebieten der Bahama-Inseln wird auf indirektem Wege aus dem Meerwasser ausgefällt. Bei diesem Vorgang dürften Mikroorganismen beteiligt sein, doch ist deren Rolle noch weitgehend ungeklärt. Möglicherweise verschieben sie im umgebenden Meerwasser das Gleichgewicht zwischen Calcium- ($Ca^{2+}$) und Hydrogencarbonat-Ionen ($HCO_3^-$) auf irgend eine Weise in Richtung Calciumcarbonat ($CaCO_3$), sodass dieses ausfällt. Eine Fällung ist jedoch nur dann

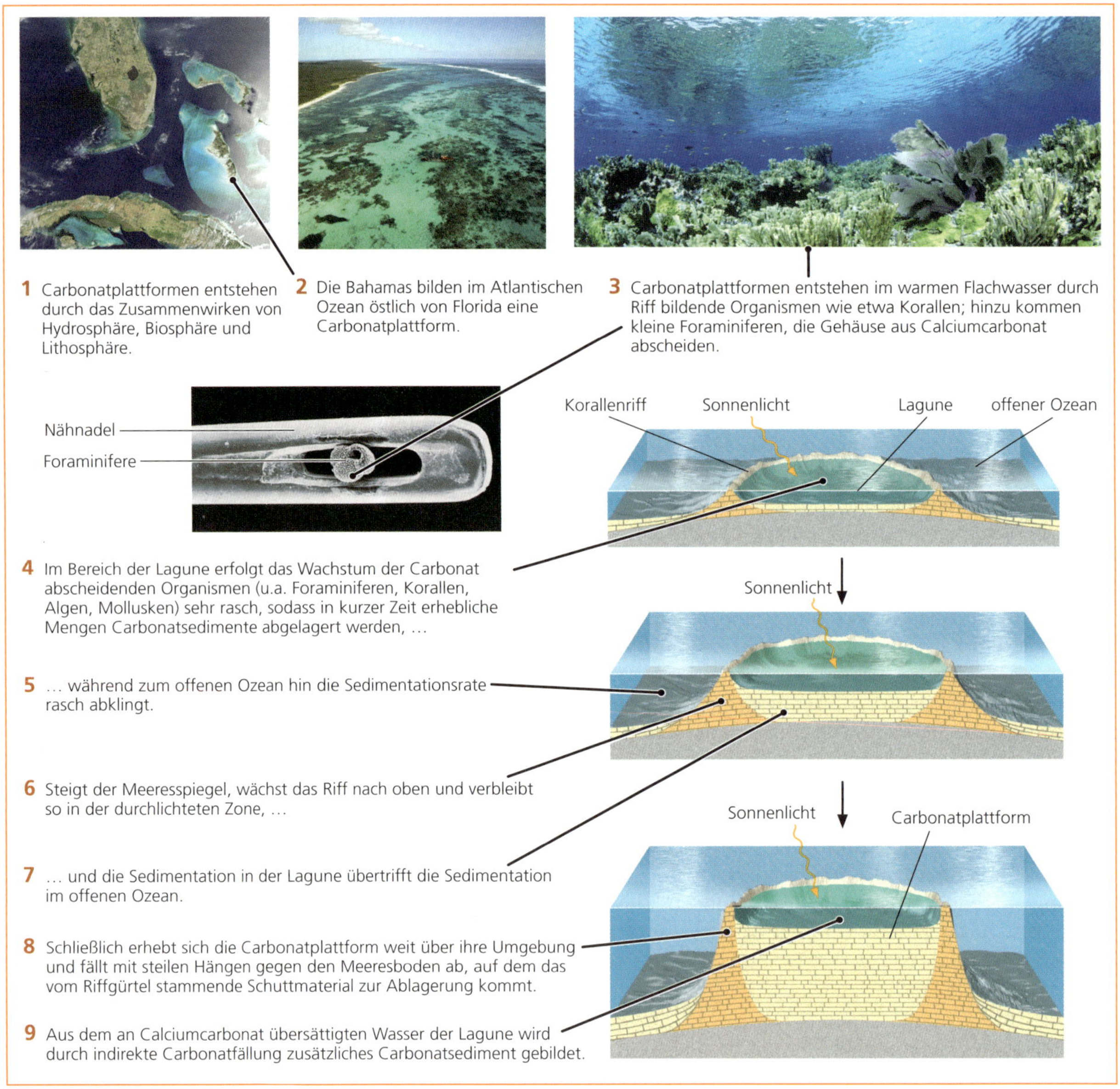


**Abb. 5.18** Durch Kalk abscheidende Organismen entstehen Carbonatplattformen [*Fotos: NASA (links); Joseph R. Melanson/Aerials Only Photographs (Mitte); Stephen Fink/Index Stock Imagery (rechts); Chevron Corporation (Mitte links)*].

möglich, wenn das umgebende Meerwasser an Calcium- und Hydrogencarbonat-Ionen gesättigt beziehungsweise übersättigt ist. Offensichtlich führen dann die von den Mikroorganismen in das Meerwasser freigesetzten chemischen Substanzen zur Ausfällung der Minerale. Im Gegensatz dazu scheiden Schalen tragende Organismen als Folge ihrer normalen Lebensvorgänge kontinuierlich Carbonatminerale ab.

**Carbonatplattformen** waren schon in der geologischen Vergangenheit – wie auch heute noch – wichtige Carbonatbildungsräume. Ähnlich den Bahama-Bänken sind solche Carbonatplattformen ausgedehnte Flachwassergebiete, in denen sowohl biogene als auch abiogene Carbonate abgelagert werden. Oftmals sind Carbonatplattformen am Schelfrand durch Riffe unterschiedlicher Riffbildner oder durch Untiefen aus bioklastischem oder anderem Sedimentmaterial gegen das tiefere Wasser begrenzt. Unterhalb von diesem Riffgürtel liegen meist steile Hänge, auf denen das vom Riffgürtel stammende Schuttmaterial zur Ablagerung kommt. Flache Hänge, die von der Küste in das tiefere Wasser überleiten und auf denen sich ebenfalls meist feinkörnige Carbonatsedimente ansammeln, werden als **Carbonatrampen** bezeichnet.

Die marinen Ablagerungsräume, in denen die Carbonatproduktion zu starren Kalkgerüsten einschließlich

Riffen, Carbonatbänken und carbonatischen Tiefwasserablagerungen führt, werden in Kapitel 20 eingehender behandelt.

## Chemische Sedimente: Steinsalz, Gips und andere chemische Sedimente

Evaporitsedimente und Evaporitgesteine entstehen als chemische Fällungsprodukte durch die Verdunstung von Meerwasser oder in ariden Gebieten durch die Verdunstung des Wassers abflussloser Seen.

**Marine Evaporite** Marine Evaporite sind chemische Sedimente und Sedimentgesteine, die bei der Verdunstung von Meerwasser ausfallen. Zu diesem Prozess kommt es dort, wo in Buchten oder Meeresarmen unter ariden Klimabedingungen das Meerwasser rasch verdunstet und aus dem offenen Ozean nur eingeschränkt Wasser normaler Salinität zufließen kann. Die Salinität solcher Bereiche und damit letztlich auch das ausgefällte Sediment ist ausschließlich von der Verdunstung abhängig. Die in den Evaporitbildungsräumen abgelagerten Sedimente und Gesteine enthalten Minerale, die durch die Kristallisation von Natriumchlorid (Steinsalz, Halit), Calciumsulfat (Gips und Anhydrit) und zahlreichen Mischsalzen der im Meerwasser vorhandenen Ionen entstehen. Wenn Meerwasser verdunstet und die Konzentration der darin enthaltenen Ionen steigt, kristallisieren diese Minerale entsprechend ihrer unterschiedlichen Löslichkeitsprodukte in einer bestimmten Abfolge aus, darunter einige in Form primärer Fällungsprodukte, etwa Steinsalz; andere entstehen durch Reaktionen während der frühen Diagenese, beispielsweise Dolomit. Durch die Ausfällung der gelösten Ionen und Kristallisation der einzelnen Minerale verändert sich fortwährend die Zusammensetzung des verdunstenden Meerwassers.

Meerwasser weist in allen Ozeanen ungefähr dieselbe Zusammensetzung auf. Dies erklärt auch, warum die Evaporite weltweit gleich aufgebaut sind. Die im Verlauf der Erdgeschichte gebildeten Evaporite lassen erkennen, dass im Verlauf der letzten 1,8 Milliarden Jahre die Zusammensetzung des Meerwassers weitgehend konstant war. Vor dieser Zeit könnte sich jedoch die Abscheidungsfolge durchaus unterschieden haben, wenn man etwa von einer veränderten Zusammensetzung des Meerwassers ausgeht.

Die großen Mächtigkeiten zahlreicher mariner Evaporite – oftmals mehrere hundert Meter – zeigen, dass sie nicht aus einer vergleichsweise kleinen Menge Meerwasser entstanden sein können, das in einer flachen Bucht oder einem abgeschlossenen Becken isoliert war; dazu musste eine ungeheure Menge Meerwasser verdunsten. Damit derart große Wassermengen verdunsten konnten, müssen in geeigneten Buchten oder Meeresarmen folgende Bedingungen geherrscht haben (Abb. 5.19):

- Die Zufuhr von Süßwasser war gering,
- die Verbindung zum offenen Ozean eingeschränkt, und
- im Bereich des Ablagerungsraums herrschte ein arides Klima.

In diesem Bildungsmilieu verdunstet beständig Wasser, durch die Verbindungswege fließt jedoch fortwährend frisches Meerwasser zu und ergänzt das in der Bucht verdunstende Wasser. Als Folge bleibt das Volumen des Wasserkörpers zwar konstant, doch der Salzgehalt

**Abb. 5.19** Riffkalkstein aus der Shuiba-Formation der Kreide von Oman. Riffbildner waren Rudisten, eine ausgestorbene Gruppe der Muscheln (Lamellibranchiaten) [*Foto: John Grotzinger*].

erhöht sich gegenüber dem offenen Ozean zunehmend. Das in der Bucht verdunstende Wasser bleibt mehr oder weniger kontinuierlich an Steinsalz, Gips oder den anderen Mineralen übersättigt, währenddessen sich am Boden des Evaporitbeckens kontinuierlich Evaporitminerale absetzen.

Wenn das Meerwasser zu verdunsten beginnt, sind die ersten Fällungsprodukte die schwerer löslichen Carbonate. Zuerst bildet sich ausschließlich Calcit, nachfolgend dann – durch diagenetische Reaktion mit dem Magnesiumüberschuss der Lösung – Dolomit. Weitere Verdunstung und Eindampfung führt zur Ausfällung von wasserhaltigem Calciumsulfat, dem Mineral **Gips** ($CaSO_4 \cdot 2H_2O$), das den Hauptbestandteil des Putzgipses ausmacht (vgl. Abb. 5.17b). Zu diesem Zeitpunkt sind nahezu keine Carbonat-Ionen mehr im Meerwasser vorhanden.

Bei anhaltender Verdunstung beginnt die Fällung des Minerals **Halit** oder **Steinsalz** (NaCl), eines der häufigsten chemischen Sedimente, das sich aus verdunstendem Meerwasser bildet (vgl. Abb. 5.17c). Im Endstadium der Evaporation, nachdem das Natriumchlorid gefällt ist, werden die leicht löslichen Magnesium- und Kaliumchloride beziehungsweise -sulfate gefällt.

Tief unter Nord- bis Mitteldeutschland wurden beispielsweise in der Zeit des Zechsteins, am Ende des Paläozoikums, in einem austrocknenden Meeresarm mächtige Steinsalz- und Kalisalzvorkommen abgelagert, die auch heute noch in großem Umfang bergmännisch abgebaut werden.

Diese Abfolge der Salzabscheidung wurde auch experimentell im Labor untersucht und stimmt mit den Schichtenfolgen in vollständig entwickelten natürlichen Salzserien überein. Die meisten Evaporite der Erde bestehen aus mächtigen Abfolgen von Dolomit, Gips und Steinsalz; sie enthalten jedoch nicht die Endglieder der Fällung. Viele reichen sogar nicht einmal bis zum Steinsalz. Das Fehlen der letzten leicht löslichen Phasen spricht dafür, dass das Wasser nicht völlig verdunstet ist, sondern bei Fortdauer der Evaporation wieder durch normales Meerwasser ergänzt, das heißt verdünnt wurde.

**Nicht marine Evaporite** Evaporitsedimente entstehen außerdem in Binnenseen, die keinen oder nur einen geringen Abfluss haben, sodass die Verdunstung den Wasserstand des Sees steuert und sich zunehmend Salze anreichern, die als Produkte der chemischen Verwitterung mit den einmündenden Flüssen angeliefert werden. Der Große Salzsee in Utah ist einer der bekanntesten Seen dieser Art. Die wenigen in den See mündenden Flüsse bringen die gelösten Salze mit, die im Zuge der Verwitterung aus den umliegenden Gesteinen gelöst wurden. Im trockenen Klima von Utah überwiegt die Verdunstung gegenüber dem Zustrom von Süßwasser aus Flüssen und Niederschlägen. Dadurch konzentrieren sich die gelösten Ionen im Seewasser und lassen den Großen Salzsee zu einem der salzhaltigsten Binnengewässer der Erde werden, achtmal salziger als Meerwasser.

In anderen kleinen Seen arider Gebiete können sich ungewöhnliche Salze anreichern wie etwa Borate (Verbindungen des Elements Bor), einige sind sogar alkalisch. Das Wasser dieser Seen ist gesundheitsschädlich. In den Sedimenten unter dem Seegrund findet man oft wirtschaftlich bedeutende Lagerstätten von Boraten oder auch Nitraten (Minerale, die das Element Stickstoff enthalten).

## Weitere chemische und chemisch-biogene Sedimente

Die von Organismen auf chemisch-biogenem Wege abgeschiedenen Carbonatminerale sind die wichtigsten Ausgangssubstanzen der chemisch-biogenen Sedimente, während die aus verdunstendem Meerwasser ausgefällten Salzminerale die wichtigsten chemischen Sedimente sind. Darüber hinaus gibt es jedoch einige seltener auftretende chemische und chemisch-biogene Sedimente, die nur lokal größere Vorkommen bilden. Dazu gehören Kieselsedimente, Phosphorite, sedimentäre Eisenerze, Kohle sowie die an organischer Substanz reichen Sedimente, aus denen durch diagenetische Prozesse Erdöl und Erdgas entstehen. Der Anteil der bei der Bildung dieser Sedimente beteiligten biogenen und chemischen Prozesse ist jeweils sehr unterschiedlich.

**Kieselsedimente: Die Herkunft der Kieselsäure**
Eines der ersten Sedimentgesteine, das unsere prähistorischen Vorfahren für praktische Zwecke nutzten, war **Hornstein**, ein feinkörniges, kieseliges Gestein, das aus chemisch oder biochemisch gefälltem $SiO_2$ besteht (vgl. Abb. 5.17d). Schon steinzeitliche Jäger benutzten es für Pfeilspitzen und andere Werkzeuge, weil sie dieses Material auf einfache Weise abschlagen und zu harten, scharfen Gebrauchsgegenständen formen konnten. Eine andere gebräuchliche Bezeichnung für solche kieseligen Gesteine ist Feuerstein, beide Begriffe sind praktisch austauschbar. Paläozoische Kieselsedimente werden oftmals auch als **Kieselschiefer** bezeichnet. Die Kieselsäure liegt in den meisten kieseligen Sedimenten in Form von feinkristallinem Quarz vor, einige geologisch gesehen junge Hornsteine bestehen aus Opal, einer amorphen Form des $SiO_2$.

Wie Calciumcarbonat wird ein großer Teil der kieseligen Sedimente biogen als Schalenmaterial von planktischen Organismen abgeschieden. Zu den wichtigsten zählen kleine Kieselalgen, die so genannten Diatomeen, die in den nährstoffreichen oberflächennahen Wasserschichten der Meere und Binnengewässer leben. Eine weitere Organismengruppe sind die Radiolarien, die in Bau und Lebensweise den Foraminiferen ähneln. Sobald

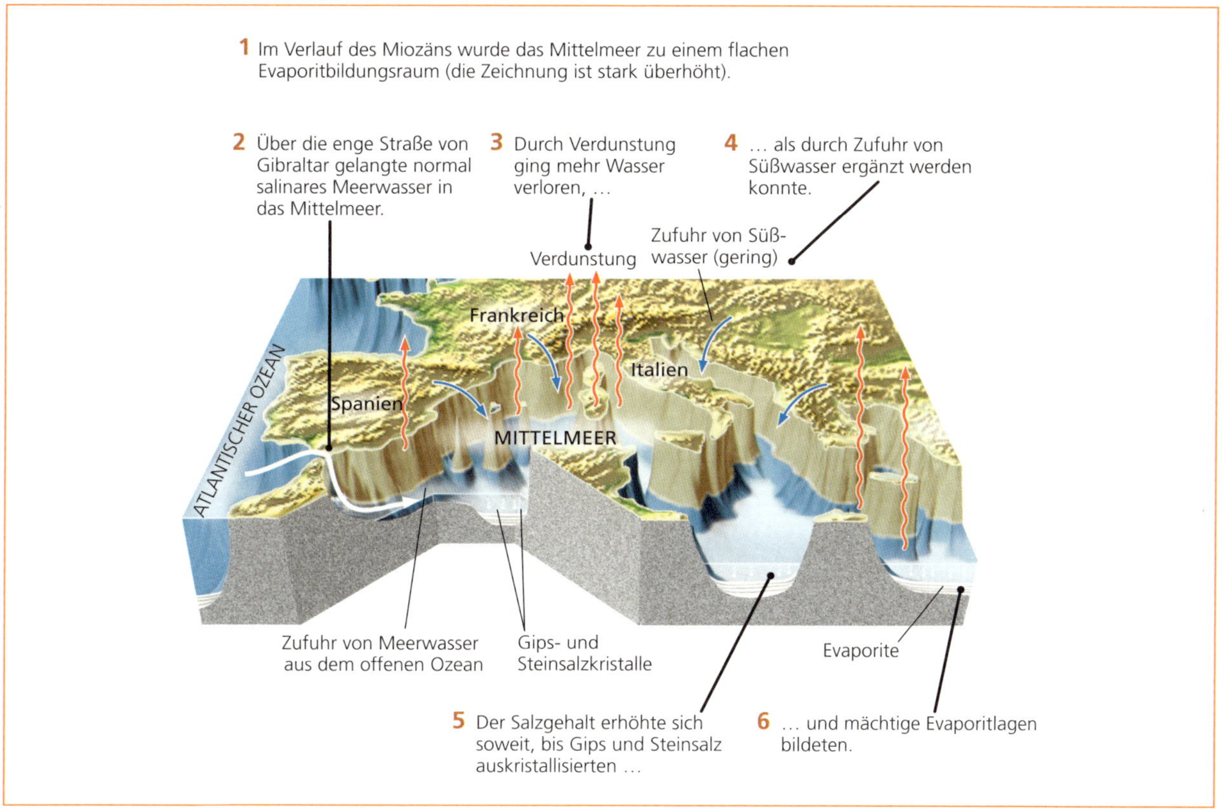


**Abb. 5.20** Mariner Evaporitbildungsraum. Wenn Meerwasser in einem flachen subtropischen Meeresbecken wie dem Mittelmeer verdunstet, das nur eine eingeschränkte Verbindung zum offenen Ozean besitzt, bildet sich als Evaporitsediment Gips. Eine weitere Zunahme der Salzkonzentration führt zur Ausfällung von Steinsalz.

die Planktonorganismen absterben, sinken sie auf den Boden der Tiefsee ab, wo sich ihre Schalen zu Lagen von kieseligem Sediment in Form von Diatomeen- und Radiolarienschlamm anreichern. Nach Überlagerung durch nachfolgende Schichten werden diese kieseligen Sedimente diagenetisch verfestigt und gehen in Hornstein über. Schwach verfestigte Kieselsedimente werden als Diatomeenerde (Kieselgur) beziehungsweise Radiolarienerde bezeichnet. Feuersteine können sich außerdem während der Diagenese in Form von Konkretionen oder unregelmäßig geformten Massen bilden und dabei in Kalksteinen und Dolomiten das Carbonat ersetzen.

**Phosphorite** Zu den zahlreichen im marinen Bereich abgelagerten chemischen und chemisch-biogenen Sedimenten zählen auch die Phosphorite beziehungsweise Phosphatgesteine. Sie bestehen aus Calciumphosphat und entstehen dort, wo in so genannten Auftriebsgebieten am Kontinentalschelf kaltes Tiefenwasser aufsteigt, das reichlich Phosphate und andere Nährstoffe enthält. Der eigentliche Phosphorit entsteht auf diagenetischem Wege durch Wechselwirkung zwischen tonig-siltigen oder carbonatischen Sedimenten und dem phosphatreichen Wasser. Organismen spielen bei der Bildung des phosphatreichen Meerwassers eine wichtige Rolle, wogegen Sulfat reduzierende Bakterien für die Ausfällung der Phosphatminerale im Sediment ausschlaggebend sind.

**Oxidische Eisenverbindungen: Sedimentäre Eisenerze** Als sedimentäre Eisenerze werden Sedimentgesteine mit einem Eisengehalt über 15 Prozent bezeichnet. Sie bestehen aus Eisenoxiden, verschiedenen Eisensilicaten und Eisencarbonaten. Die meisten dieser Vorkommen sind bereits sehr früh in der Erdgeschichte entstanden, als in der Atmosphäre noch wenig Sauerstoff vorhanden und das Eisen folglich leichter löslich war. Das Eisen wurde in gelöster zweiwertiger Form dem Meer zugeführt und dort ausgefällt, wo Mikroorganismen Sauerstoff produzierten. Ursprünglich ging man davon aus, dass die Eisenerze auf rein chemischem Wege entstanden sind. Es gibt jedoch inzwischen Hinweise für eine indirekte Ausfällung unter Beteiligung von Mikroorganismen.

**Organische Substanz: Ausgangsmaterial für Kohle, Erdöl und Erdgas** Ein rein biogenes, durch Organismen gebildetes Sedimentgestein ist die Kohle. Sie besteht fast ausschließlich aus organischem Kohlenstoff, der durch diagenetische Umwandlung von ehemaliger Sumpfvegetation entstanden ist. Die abgestorbenen Pflanzen werden zunächst unter Wasserverlust zu **Torf** umgewandelt, der zu über 50 Prozent aus Kohlenstoff besteht. Der Torf gelangt mit weiterer Sedimentation und Versenkung in größere Tiefen und geht durch diagenetische Prozesse (Inkohlung) allmählich in Kohle über. Kohle gehört zu den so genannten **Kaustobiolithen**, einer Gruppe von Sedimentgesteinen, die vollständig oder zu großen Teilen aus organischem Kohlenstoff bestehen und aus der Zersetzung von organischem Material hervorgegangen sind.

Sowohl in Binnenseen als auch in den Ozeanen reichern sich die Reste von Algen, Bakterien und anderen mikroskopisch kleinen Organismen in den Sedimenten in Form von organischem Material an, das unter geeigneten Bedingungen während der Diagenese in Erdöl beziehungsweise Erdgas übergeht. **Erdöl** und **Erdgas** werden als fluide Phasen normalerweise nicht zu den Sedimenten gestellt. Da sie jedoch durch Diagenese aus organischem Material im Porenraum von Sedimentgesteinen entstehen, können sie im weiteren Sinne als organische Sedimente betrachtet werden. Durch tiefe Versenkung wurde das ursprünglich zusammen mit den anorganischen Sedimenten abgelagerte organische Material in eine fluide Phase umgewandelt, die dann in andere poröse Schichtenfolgen abwanderte und dort eingeschlossen wurde. Wie bereits zuvor in diesem Kapitel erwähnt, tritt Erdöl und Erdgas bevorzugt in Sandsteinen und porösen Kalksteinen auf (siehe auch Kap. 23).

# Zusammenfassung des Kapitels

**Die wichtigsten Vorgänge, die zur Bildung von Sedimenten führen:** Verwitterung und Erosion liefern nicht nur die klastischen Komponenten, die zur Bildung siliciklastischer Sedimente erforderlich sind, sondern auch die gelösten Ionen, aus denen die chemischen und chemisch-biogenen Sedimente hervorgehen. Fließendes Wasser, Wind und Gletscher verfrachten das Sedimentmaterial zum Ort seiner endgültigen Ablagerung - dem Ablagerungsraum. Die Sedimentation oder Ablagerung, das Absetzen der Sedimentpartikel aus dem transportierenden Medium, führt in Flusstälern, auf Sanddünen, an den Küsten und auf den Ozeanböden zu geschichteten Sedimenten. Nach der Überdeckung mit weiteren Sedimenten kommt es in den tiefer liegenden Schichten durch die Prozesse der Diagenese zu einer Verfestigung des ursprünglich lockeren Sedimentmaterials und damit zum Übergang in ein Sedimentgestein.

**Die wichtigsten Gruppen der Sedimente:** Sedimente und Sedimentgesteine werden in siliciklastische, chemische und chemisch-biogene Ablagerungen unterteilt. Siliciklastische Sedimente entstehen aus den bei der physikalischen Verwitterung des Ausgangsgesteins entstandenen Gesteinsbruchstücken, die in den Sedimenten vorhandenen Tonminerale werden bei der chemischen Verwitterung gebildet. Diese festen Verwitterungsprodukte werden durch Wasser- und Windströmungen sowie durch Gletschereis in die Ozeane transportiert, wobei sie auf dem Weg dorthin mehrfach abgelagert und wieder umgelagert werden. Chemische und chemisch-biogene Sedimente entstehen aus den Ionen, die bei der chemischen Verwitterung im Wasser gelöst werden. Diese Ionen werden in Lösung in die Ozeane transportiert und dem Meerwasser zugemischt. Durch chemische und biochemische Reaktionen werden sie als Partikel aus der Lösung ausgefällt und setzen sich am Meeresboden ab.

**Klassifikation der wichtigsten klastischen, chemischen und chemisch-biogenen Sedimente:** Siliciklastische Sedimente und Sedimentgesteine werden entsprechend ihrer Korngröße in Kiese und Konglomerate, Sande und Sandsteine, Silt und Siltsteine, Ton und Tonsteine sowie Schiefertone eingeteilt. Diese Art der Klassifikation lässt die Bedeutung der Strömungsgeschwindigkeit bei Transport und Ablagerung des festen Materials erkennen. Die chemischen und biogenen Sedimente werden nach ihrer chemischen Zusammensetzung klassifiziert. Die häufigsten chemisch-biogenen Sedimente sind die Carbonatgesteine Kalkstein und Dolomit. Kalksteine bestehen überwiegend aus biogenem Schalenmaterial. Dolomite entstehen diagenetisch durch chemische Umsetzungen aus den Kalksteinen. Weitere rein chemische und rein biogene Sedimente sind Evaporite, Hornsteine, Phosphorite, sedimentäre Eisenerze und organisches Material, das in Kohle, Erdöl und Erdgas übergeführt wird.

Diese Gesteine zeigen sowohl die typische Bänderung als auch die Deformation zu Falten, wie sie für Sedimente charakteristisch ist, die durch Metamorphose in Marmor, kristalline Schiefer oder Gneis umgewandelt wurden; Sequoia National Forest, Kalifornien [*Foto: G.G. Dimijian/Photo Researchers)*].

# Kapitel 6 Metamorphe Gesteine

Wir alle wissen aus dem täglichen Leben, dass Materialien unter der Einwirkung von Temperatur und Druck ihre Struktur verändern. Dies gilt in gleicher Weise auch für Gesteine, wenn sie entsprechend hohen Temperaturen und Drücken ausgesetzt sind. Solche Verhältnisse finden wir vor allem in den tieferen Bereichen der Erdkruste. Dort sind Temperatur und Druck so hoch, dass die Gesteine zwar metamorph verändert werden, aber nicht hoch genug, um sie zu schmelzen. Die Zunahme von Temperatur und Druck wie auch veränderte chemische Bedingungen führen in beliebigen Ausgangsgesteinen zu einer Änderung der Mineralzusammensetzung und Kristallstruktur, obwohl sie dabei stets in festem Zustand verbleiben. Als Ergebnis dieser Vorgänge entsteht die dritte große Gesteinsgruppe, die **metamorphen** oder „umgewandelten" **Gesteine**, kurz **Metamorphite**, die sich hinsichtlich ihrer mineralogischen und chemischen Zusammensetzung sowie ihres Gefüges oder aber in allen drei Gesteinsmerkmalen verändert haben.

Zur Metamorphose kommt es, wenn ein Gestein anderen Temperatur- und Druckbedingungen ausgesetzt wird. Steht dann noch ausreichend Zeit zur Verfügung – nach geologischen Maßstäben wenig, aber normalerweise eine Million Jahre oder mehr –, wird das Gestein in seinem Mineralbestand und Gefüge so weit verändert, dass es wieder mit den herrschenden Temperatur- und Druckverhältnissen im Gleichgewicht steht. Ein fossilreicher Kalkstein kann beispielsweise in einen weißen Marmor umgewandelt werden, in dem keinerlei Fossilreste mehr erkennbar sind. Die mineralische und chemische Zusammensetzung bleibt in diesem Falle unverändert, das Gefüge verändert sich jedoch ganz erheblich und besteht nun nicht mehr aus kleinen, sondern aus großen, sich verzahnenden Kristallen, wobei die früheren Strukturen wie etwa Fossilien verschwunden sind.

Schieferton, ein gut geschichtetes und so feinkörniges Sedimentgestein, dass die einzelnen Mineralkörner nicht mehr erkennbar sind, kann in ein Gestein übergehen, in dem die Schichtung undeutlich ist, auf den Schieferungsflächen aber große Glimmerkristalle glitzern. Bei dieser metamorphen Umwandlung haben sich sowohl die Mineralzusammensetzung als auch das Gefüge verändert, während der Chemismus des Gesteins insgesamt gleich blieb.

Tonminerale sind Schichtsilikate und unterscheiden sich von den Glimmern dadurch, dass sie zwischen den Schichten ihres Kristallgitters große Mengen Wasser einlagern. Im Verlauf der Metamorphose wird der größte Teil des Wassers beim Übergang von Tonmineralen zu Glimmern freigesetzt.

Andere Gesteine, die durch die Wärme oder auch durch fluide Phasen von Magmaintrusionen beeinflusst werden, verändern sowohl ihre mineralogische als auch ihre chemische Zusammensetzung und ihr Gefüge.

Manche Silicatminerale treten fast nur in metamorphen Gesteinen auf. Dazu gehören die drei Modifikationen des Aluminiumsilicats ($Al_2SiO_5$) Disthen, Andalusit und Sillimanit sowie die Minerale Staurolith, Granat und Epidot. In metamorphen Gesteinen sind noch weitere Minerale häufig, die aber auch in magmatischen Gesteinen auftreten. Zu diesen Mineralen gehören Quarz, Muskovit, Amphibol und die Feldspäte. Daher muss bei der Untersuchung metamorpher Gesteine neben den charakteristischen Strukturen auch die mineralogische Zusammensetzung berücksichtigt werden.

Geologen untersuchen metamorphe Gesteine aus vielerlei Gründen, aber alle verbindet ein gemeinsames Ziel, nämlich zu begreifen, wie sich die Erdkruste im Laufe der Erdgeschichte entwickelt hat.

Dieses Kapitel befasst sich mit den Ursachen der Metamorphose, ihren verschiedenen Formen und den dafür zu Grunde liegenden Bedingungen sowie mit der Entstehung der zahlreichen Gefüge, die für metamorphe Gesteine kennzeichnend sind.

## Metamorphose und das System Erde

Die Gesteinsmetamorphose ist wie alle anderen geologischen Prozesse ein Bestandteil des Systems Erde. Ursächlicher Antrieb der Metamorphose ist die innere Wärme der Erde. Sie hält über die Energie im Erdinneren auch jene Teile des Systems Erde in Gang, die metamorphe und magmatische Prozesse steuern. Durch Subduktion und durch Kollision, zwei Teilaspekten der Plattentektonik, gelangen die an der Erdoberfläche gebildeten Gesteine in größere Tiefe und werden dabei sowohl hohem Druck als auch hohen Temperaturen ausgesetzt. Wie wir später in diesem Kapitel noch sehen werden, führt die Metamorphose zur Freisetzung von Wasserdampf, Kohlendioxid und anderen Gasen. Diese Gase gelangen an die Erdoberfläche und in die Atmosphäre. Von dort aus beeinflussen sie diejenigen Prozesse, die von der Zusammensetzung der Atmosphäre abhängig sind, wie beispielsweise die Verwitterung.

## Ursachen der Metamorphose

Während Sedimente ausschließlich durch Vorgänge an der Erdoberfläche entstehen und magmatische Gesteine aus Schmelzen der unteren Kruste und des Mantels hervorgehen, sind die meisten an der Oberfläche aufgeschlossenen metamorphen Gesteine durch Prozesse entstanden, die in Bereichen zwischen der oberen und unteren Kruste auf die Gesteine einwirken. Der größte Teil dieser Gesteine ist in Tiefen zwischen 10 und 30 km entstanden, das heißt in den unteren zwei Dritteln der Erdkruste. Die Metamorphose findet zwar überwiegend in den tieferen Krustenbereichen statt, sie kann aber in seltenen Fällen auch nahe der Erdoberfläche erfolgen. Solche metamorphen Veränderungen sind unter anderem auf den gefritteten Oberflächen von Böden und Sedimenten unmittelbar unter einem vulkanischen Lavastrom zu beobachten.

Die innere Wärme der Erde und der in den entsprechenden Bereichen herrschende Druck sowie die Zusammensetzung der fluiden Phasen sind die drei wichtigsten Faktoren, die eine Metamorphose charakterisieren. Der dabei beteiligte Druck ist nicht nur eine Folge vertikal wirkender Kräfte, die durch das Gewicht der überlagernden Gesteine verursacht werden, sondern auch von horizontal wirkenden Kräften, die zur Deformation der Gesteine führen.

Die Temperaturen nehmen in den verschiedenen Bereichen der Erde in unterschiedlichem Ausmaß mit Werten zwischen 20 und 60 °C pro Kilometer Tiefe zu (Abb. 6.1). In großen Gebieten der Erdkruste steigt jedoch die Temperatur konstant um 30 °C pro Kilometer Tiefe. Bezogen auf diesen Mittelwert beträgt die Temperatur in einer Tiefe von 15 km etwa 450 °C und ist damit weit höher als die durchschnittliche Temperatur an der Oberfläche, die in den meisten Gebieten zwischen 10 und 20 °C schwankt. Der Druck in einer Tiefe von 15 km entspricht dem Gewicht des gesamten überlagernden Gesteins und damit ungefähr dem 4 000-fachen Luftdruck an der Erdoberfläche.

So hoch diese Temperaturen und Drücke auch erscheinen, sie liegen, wie Abbildung 6.2 zeigt, nur im mittleren Metamorphosebereich. Wir bezeichnen metamorphe Gesteine, die sich bei niedrigen Druck- und Temperaturbedingungen in flacheren Stockwerken der Kruste gebildet haben, als **schwach** oder **niedrig metamorphe** Gesteine, und Gesteine, die in tieferen Zonen bei höherer Temperatur und höherem Druck entstanden sind, demzufolge als **hoch metamorphe Gesteine**. Mit dem Metamorphosegrad ändert sich auch die mineralische Zusammensetzung des Gesteins.

Manche Metamorphite waren in ihrer frühen Entstehungsgeschichte hohen Druck- und Temperaturbedingungen ausgesetzt und hatten sich zunächst zu hoch metamorphen Gesteinen entwickelt. Später reduzierten sich Temperaturen und Drücke deutlich und ließen unter den neuen Bedingungen ein niedrig metamorphes Gestein entstehen. Dieser Vorgang wird als **retrograde Metamorphose** bezeichnet.

### Die Rolle der Temperatur

Wärme hat eine tief greifende Auswirkung auf den Chemismus, den Mineralbestand und das Gefüge eines Gesteins. Wie schon in Kapitel 4 erwähnt, können durch den Einfluss von Wärme chemische Bindungen aufbrechen und bestehende Kristallstrukturen magmatischer Gesteine können sich ändern. Eine ebenso wichtige Rolle spielt die Temperatur bei der Bildung der Metamorphite. So können beispielsweise durch plattentektonische Pro-

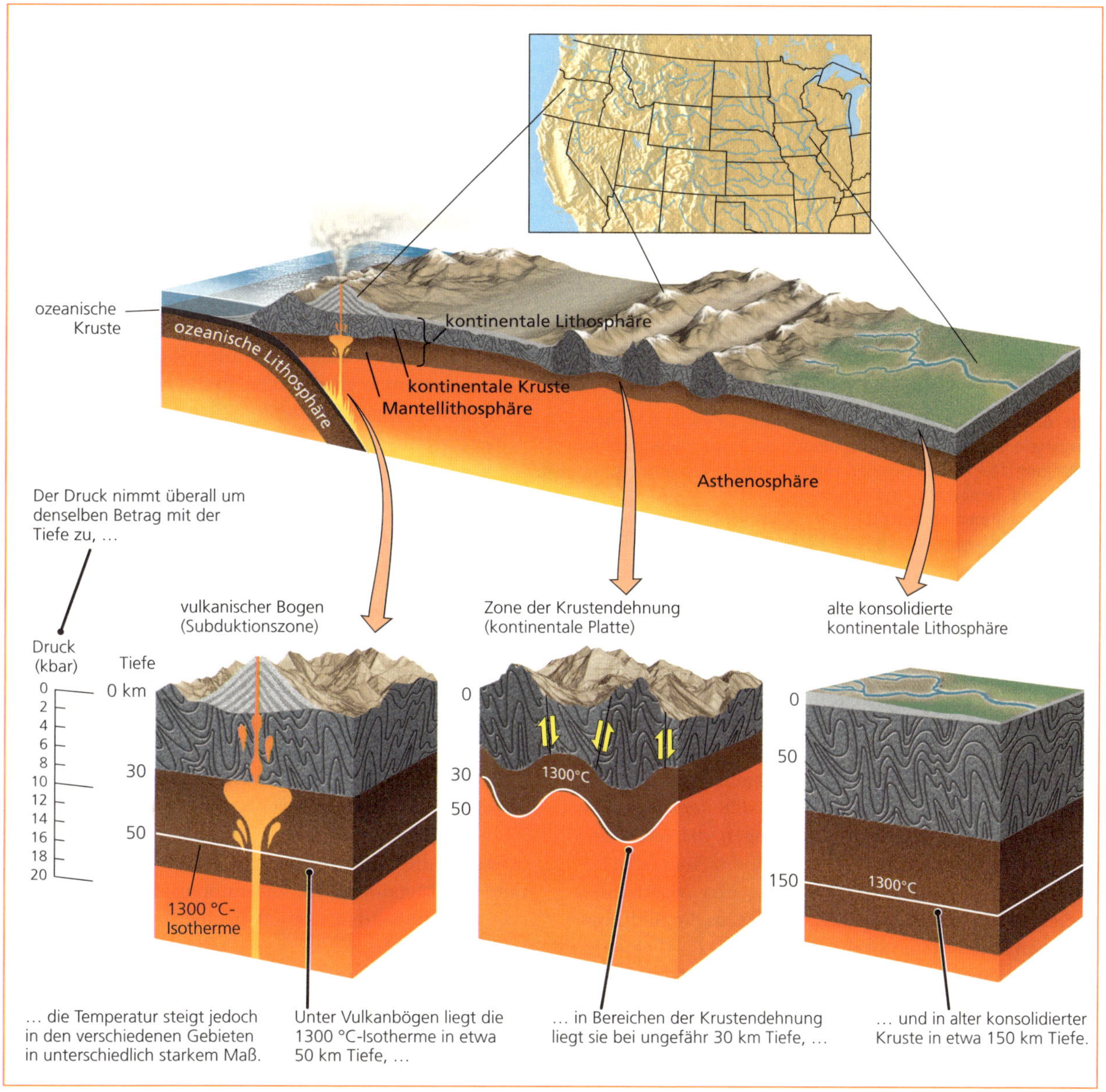


**Abb. 6.1** Wie dieser Schnitt durch ein Vulkangebiet, durch einen kontinentalen Bereich und durch das tektonisch ruhige Gebiet eines alten stabilen Kratons zeigt, nehmen in jeder Region Druck und Temperatur mit der Tiefe zu. Der Druck ist in Kilobar angegeben, wobei 1 kbar ungefähr dem tausendfachen Wert des Luftdrucks an der Erdoberfläche entspricht.

zesse Sedimente und Gesteine von der Erdoberfläche ins Erdinnere gelangen, wo die Temperaturen deutlich höher sind. Da sich das Gestein den veränderten Temperaturbedingungen anpasst, ordnen sich die Atome und Ionen seiner Minerale um, sie rekristallisieren unter Bildung eines neuen Mineralbestands. Viele der neu gebildeten Kristalle werden größer als die Kristalle im Ausgangsgestein.

Der Temperaturanstieg mit zunehmender Tiefe wird als **geothermischer Gradient** bezeichnet (in Kapitel 21 wird auf Geothermen noch einmal eingegangen). Dieser geothermische Gradient schwankt in Abhängigkeit von der plattentektonischen Position, im Mittel liegt er bei 30 °C pro Kilometer Tiefe. In Bereichen, in denen es durch Krustendehnung zur Ausdünnung der kontinentalen Lithosphäre kommt, wie etwa im Great Basin (US-Bundesstaat Nevada) ist der geothermische Gradient deutlich steiler und beträgt beispielsweise 50 °C pro Kilometer Tiefe. In Gebieten mit alter und mächtiger kontinentaler Lithosphäre, wie etwa unter dem Kanadischen Schild, ist der geothermische Gradient flach und liegt bei 20 °C pro Kilometer Tiefe (Abb. 6.1). Werden

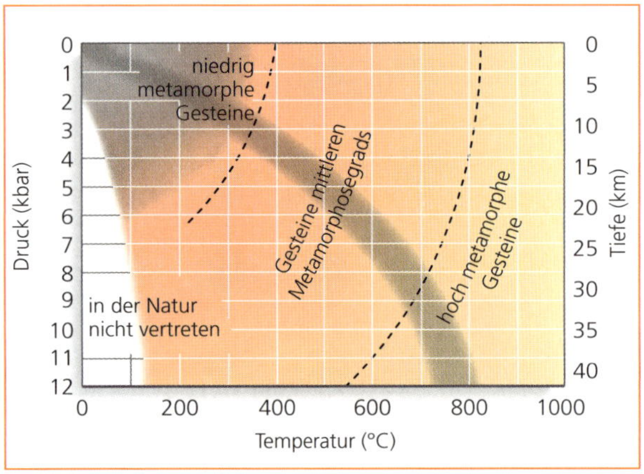


**Abb. 6.2** Zusammenhang von Temperatur, Druck und Versenkungstiefe bei der Bildung von niedrig bis hoch metamorphen Gesteinen. Der dunkle Streifen zeigt den normalen Anstieg von Druck und Temperatur mit zunehmender Tiefe, wie er in den meisten Kontinenten auftritt.

Sedimentgesteine, die Tonminerale enthalten, in größere Tiefen versenkt, kommt es zur Rekristallisation der Tonminerale und damit zur Neubildung von Glimmern. Mit weiterer Versenkung in noch größere Tiefen – und den sich daraus ergebenden höheren Temperaturen – werden auch die Glimmer instabil und rekristallisieren zu neuen Mineralen wie etwa Granat. Da von den verschiedenen Mineralen durch Laboruntersuchungen die jeweiligen Kristallisationstemperaturen und Stabilitätsbereiche bekannt sind, verwendet man wie bei den Magmatiten auch hier den Mineralbestands, um daraus die Bildungstemperatur der Metamorphite abzuleiten. Folglich kann die Mineralparagenese eines metamorphen Gesteins als eine Art **Geothermometer** verwendet werden, um abzuschätzen, bei welchen Temperaturen die Gesteine entstanden sind.

Plattentektonische Vorgänge wie Subduktion und Kollision von Kontinenten, bei denen Gesteine und Sedimente in heißere Bereiche der Erdkruste gelangen, sind mit Abstand die wichtigsten Prozesse, die zur Bildung der meisten Metamorphite führen. Darüber hinaus kann es untergeordnet in Bereichen zur Metamorphose kommen, wo Gesteine in der Umgebung von Magmenintrusionen höheren Temperaturen ausgesetzt sind. Die Aufheizung ist unmittelbar am Kontakt zwar sehr stark, doch reicht ihr Einfluss nicht allzu weit in das Nebengestein hinein.

## Die Rolle des Drucks

Wie die Temperatur verändert auch der Druck sowohl das Gefüge als auch den Mineralbestand eines Gesteins. Festes Gestein ist generell zwei Formen von Druck ausgesetzt, das heißt, auf einen Gesteinskörper wirken unterschiedliche Spannungen (Stress) ein:

1. **Allseitiger Druck (lithostatischer Druck)** wirkt von allen Seiten gleichmäßig stark auf das Gestein ein, vergleichbar dem Druck der Wassersäule, der auf einem Schwimmer lastet, wenn er im Schwimmbad taucht. Genauso wie der Schwimmer den höheren Druck verspürt, wenn er tiefer taucht, ist auch ein Gestein, das in größere Tiefen gelangt, einem höheren allseitigen Druck ausgesetzt.
2. **Gerichteter Druck (anisotroper Druck oder Spannung)** wird in einer bestimmten Richtung ausgeübt, wie wenn man eine weiche Tonkugel zwischen Daumen und Zeigefinger zerdrückt. Gerichteter Druck ist normalerweise auf bestimmte Zonen oder einzelne Flächen beschränkt. Die an kollidierenden Platten auftretende Kompression ist eine Form von gerichtetem Druck und führt in der Umgebung der Plattengrenze zur Deformation. Wärme vermindert die Festigkeit der Gesteine, daher hat der gerichtete Druck in Gebirgsgürteln, in denen die Temperaturen hoch sind, eine intensive Deformation und Faltung der metamorphen Gesteine zur Folge.

Gesteine, die gerichtetem Druck ausgesetzt waren, können erheblich deformiert sowie in Richtung des herrschenden Drucks komprimiert und senkrecht zur Druckrichtung gestreckt werden.

In Abhängigkeit von der Richtung, in der Druck oder Stress auf die Gesteine ausgeübt wird, können die Minerale der Metamorphite zusammengedrückt, gestreckt oder gedreht werden, um sich in einer bestimmten Richtung einzuregeln.

Folglich beeinflusst gerichteter Druck die Form und Orientierung neu gebildeter metamorpher Minerale, die während der Rekristallisation unter dem Einfluss von Temperatur und Druck entstanden sind. Bei der Rekristallisation von Glimmern beispielsweise erfolgt das Wachstum der Kristalle so, dass sich die Ebenen ihrer Schichtsilicatstrukturen senkrecht zum herrschenden Druck ausrichten. Längliche Minerale wie die Amphibole werden ebenso in Ebenen angeordnet, die senkrecht zur Richtung des einwirkenden Drucks verlaufen. Im Laufe der Deformation kann es durch die Segregation der hellen und dunklen Minerale im Gestein zu einer Bänderung kommen (Titelbild).

Ebenso wie die Temperatur nimmt auch der Druck mit der Tiefe zu. Er wird normalerweise in Kilobar (1 000 bar, abgekürzt kbar) angegeben und steigt pro Kilometer Tiefe um etwa 0,3 bis 0,4 kbar (Abb. 6.1) an. Ein Bar entspricht etwa dem an der Erdoberfläche herrschenden Luftdruck. Auf einem Taucher würde also ein weiteres Bar lasten, wenn er in die tieferen Bereiche eines Korallenriffs von etwa 10 m Tiefe vordringt. Der Druck, dem die Gesteine in großer Tiefe ausgesetzt sind, ist sowohl von der Mächtigkeit der Überdeckung als auch von der Dichte dieser Gesteine abhängig.

Minerale, die unter den an der Erdoberfläche herrschenden Druckbedingungen stabil sind, werden in der tieferen Erdkruste aufgrund des höheren Drucks instabil und gehen durch Rekristallisation in neue Minerale über. Die für diese Änderungen erforderlichen, in Laboruntersuchungen simulierten Drücke erlauben, aus der mineralogischen Zusammensetzung und dem Gefüge die ehemaligen Druckverhältnisse eines bestimmten Gebiets zu rekonstruieren. Daher kann jede metamorphe Mineralparagenese als Maß für die einstigen Druckverhältnisse und demzufolge gewissermaßen als eine Art „Geobarometer" verwendet werden. Aus der spezifischen Mineralparagenese eines metamorphen Gesteins lässt sich damit der Druckbereich und folglich die Tiefe ermitteln, in der die Bildung dieses Gesteins erfolgte.

### Die Rolle der fluiden Phasen

Die chemische Zusammensetzung eines Gesteins kann während der Metamorphose durch Zu- oder Abfuhr wasserlöslicher Substanzen erheblich verändert werden. Hydrothermale Fluide, die bei der Metamorphose entstehen können, führen gelöstes Kohlendioxid neben weiteren chemischen Elementen und Verbindungen wie Natrium, Kalium, Kieselsäure, Kupfer oder Zink mit sich, die unter höherem Druck in heißem Wasser löslich sind. Da hydrothermale Lösungen bis in die oberflächennahen Bereiche der Kruste aufsteigen, reagieren sie mit dem Nebengestein und verändern dabei dessen chemische und mineralogische Zusammensetzung; gelegentlich ersetzen sie auch ein Mineral durch ein anderes, ohne das Gefüge des Gesteins zu verändern.

Solche Änderungen der chemischen Beschaffenheit eines Gesteins durch fluiden Transport von chemischen Substanzen werden als **Metasomatose** bezeichnet. Viele wertvolle Lagerstätten von Kupfer, Zink, Blei und anderen Metallen sind durch diese Form der chemischen Verdrängung oder Substitution entstanden.

Hydrothermale Fluide beschleunigen die chemischen Reaktionen der Metamorphose, vor allem die Rekristallisations- und Schmelzprozesse. Die Atome und Ionen können in gelöstem Zustand das Gestein wesentlich rascher durchströmen und durch chemische Reaktionen Mineralneubildungen auslösen. Bei fortschreitender Metamorphose reagiert schließlich das Wasser direkt mit dem Gestein, wobei entweder chemische Bindungen zwischen Mineralen und Wassermolekülen entstehen oder aber die bereits vorhandenen aufbrechen.

Woher stammen diese chemisch reaktionsfreudigen Fluide? Obwohl die meisten Gesteine scheinbar völlig trocken sind und nur eine geringe Porosität aufweisen, enthalten sie meist in ihren winzigen, engen Poren (den Räumen zwischen den Mineralkörnern) fluide Phasen. Das Wasser stammt aus dem in Tonmineralen chemisch gebundenen Wasser und nicht aus sedimentärem Porenwasser, das bereits während der Diagenese weitgehend ausgepresst worden war. In den anderen wasserhaltigen Mineralen wie etwa den Glimmern und Amphibolen ist das Wasser Bestandteil ihres Kristallgitters. Das Kohlendioxid in den Fluiden stammt überwiegend aus sedimentären Carbonaten – aus Kalksteinen und Dolomiten.

## Arten der Metamorphose

Dank moderner Technik ist man heute in der Lage, die Bedingungen der Metamorphose im Labor experimentell nachzuahmen, um die genauen Verhältnisse von Druck, Temperatur und chemischer Zusammensetzung zu bestimmen, unter denen eine Umwandlung stattgefunden haben könnte (Exkurs 6.1). Doch um zu verstehen, wie jede einzelne dieser Kombinationen mit den geologischen Bedingungen der Metamorphose zusammenhängt, das heißt wann, wo und wie diese Voraussetzungen in der Erde herrschten, unterteilt man die metamorphen Gesteine auf der Grundlage ihrer geologischen Entstehungsgeschichte in mehrere Gruppen. Die einzelnen Kategorien werden nachfolgend beschrieben, sie sind außerdem in Abbildung 6.3 in Relation zu den wichtigsten plattentektonischen Positionen dargestellt.

### Regionalmetamorphose

Der am weitesten verbreitete Typus der Metamorphose tritt dort auf, wo in ausgedehnten Bereichen der Kruste sowohl hohe Temperaturen als auch hohe Drücke herrschen. Wir bezeichnen diese Form als **Regionalmetamorphose**, um sie gegenüber den eher lokalen Gesteinsveränderungen in der Nähe von Magmenintrusionen oder Störungen abzugrenzen. Die Regionalmetamorphose ist eine charakteristische Erscheinung an konvergierenden Plattenrändern. Sie tritt in vulkanischen Inselbögen, aber auch in den Kernen von Gebirgsketten auf, die – wie etwa der Himalaja – durch die Kollision von Kontinenten aufgefaltet worden sind. Diese Gebirgsgürtel sind oftmals lang gestreckte Gebilde und daher zeigen sowohl die rezenten als auch die älteren Bereiche der Regionalmetamorphose meist eine längliche, oftmals gebogene Form. Deshalb deutet man auch lang gestreckte Zonen metamorpher Gesteine als tiefe Stockwerke ehemaliger Gebirgszüge, die im Laufe vieler Millionen Jahre erodiert worden und dadurch an die Erdoberfläche gelangt sind.

Einige regionalmetamorphe Zonen sind die Folge hoher Temperaturen und mäßiger bis höherer Druck-

## Exkurs 6.1

### Chemische Reaktionen im Zusammenhang mit der Metamorphose

Die chemischen Umwandlungen, denen Magmatite, Sedimentgesteine oder auch Metamorphite im Zuge der Metamorphose unterliegen, können durch wenige, relativ einfache chemische Reaktionen beschrieben werden, an denen die häufigen Minerale einer für eine bestimmte Metamorphosefazies charakteristischen Mineralparagenese beteiligt sind.

Im Verlauf einer solchen Reaktion gibt Kaolinit, ein in zahlreichen Schiefertonen auftretendes Tonmineral, bei Temperaturen unter 400 °C und relativ geringem Druck sein Wasser ab und geht damit in Andalusit und Quarz über:

$$\text{Kaolinit} \rightarrow \text{Andalusit} + \text{Quarz} + \text{Wasser}$$
$$Al_2Si_2O_5(OH)_4 \rightarrow Al_2SiO_5 + SiO_2 + 2H_2O$$

Eine weitere, unter ähnlichen Bedingungen ablaufende Reaktion ist die Umwandlung von Dolomit, Quarz und Wasser – Komponenten, die in zahlreichen sandig-dolomitischen Kalksteinen auftreten – zu Talk und Calcit, wobei eine gewisse Menge Kohlendioxid freigesetzt wird.

$$\text{Dolomit} + \text{Quarz} + \text{Wasser} \rightarrow$$
$$3CaMg(CO_3)_2 + SiO_2 + H_2O$$

$$\text{Talk} + \text{Calcit} + \text{Kohlendioxid}$$
$$Mg_3Si_4O_{10}(OH)_2 + 3CaCO_3 + 3CO_2$$

Bei etwas höheren Metamorphosegraden geht Chlorit, ein wesentlicher Bestandteil in Metamorphiten der Grünschieferfazies, durch die Reaktion mit Quarz in Granat über, ein Leitmineral für einen höheren Metamorphosegrad, wobei Wasser freigesetzt wird.

$$\text{Chlorit} + \text{Quarz} \rightarrow$$
$$Mg_9Al_6Si_5O_{20}(OH)_{16} + 4SiO_2$$

$$\text{Granat} + \text{Wasser}$$
$$3Mg_3Al_2Si_3O_{12} + H_2O$$

Die Umwandlung eines ultrabasischen Gesteins in Serpentinit verläuft über eine ganze Anzahl unterschiedlicher Reaktionen. Ein Beispiel ist die einfache Hydratation von Olivin:

$$\text{Olivin} + \text{Wasser} \rightarrow \text{Serpentin} + \text{Brucit}$$
$$2Mg_2SiO_4 + 3H_2O \rightarrow Mg_3Si_2O_5(OH) + Mg(OH)_2$$

Die Bedeutung der hier in schematischer Form wiedergegebenen, normalerweise sehr komplizierten Reaktionsreihen, die in der Natur über eine Vielzahl von Gleichgewichtszuständen ablaufen, liegt sowohl in der einfachen Analysetechnik als auch in der leichten Durchführbarkeit. Dies ermöglicht experimentell arbeitenden Petrologen auf relativ einfache Weise die Ermittlung der Temperatur- und Druckverhältnisse, unter denen bestimmte Reaktionen ablaufen, um daraus die Metamorphosebedingungen zu rekonstruieren.

verhältnisse, beispielsweise in der Nähe vulkanischer Inselbögen. Sie entstehen dort, wo subduzierte Platten tief in den Erdmantel eintauchen. Regionalmetamorphose unter sehr hohen Druck- und Temperaturbedingungen tritt in den tieferen Krustenstockwerken an den Grenzen konvergierender kontinentaler Platten auf, wo das Gestein deformiert wird und hohe Gebirgsketten aufsteigen. Im Zuge der Regionalmetamorphose gelangen die Gesteine typischerweise in große Tiefen innerhalb der Erdkruste, danach werden sie herausgehoben und an der Erdoberfläche erodiert. Die gesamten Erscheinungsformen der Regionalmetamorphose, vor allem wie die Gesteine auf die systematischen Druck- und Temperaturveränderungen reagieren, sind jedoch von der jeweiligen tektonischen Position abhängig. Auf diesen Punkt wird später in diesem Kapitel noch einmal eingegangen.

## Kontaktmetamorphose

Die für Magmenintrusionen typischen hohen Temperaturen führen in dem unmittelbar angrenzenden Nebengestein zu einer speziellen Form der Metamorphose. Diese Art der lokalen Gesteinsumwandlung, die als **Kontaktmetamorphose** bezeichnet wird, erfasst in der Regel nur einen vergleichsweise eng begrenzten Bereich des Nebengesteins unmittelbar entlang der Kontaktzone, der als **Kontakthof** bezeichnet wird. In zahlreichen kontaktmetamorphen Gesteinen, besonders bei oberflächennahen Intrusionen, wird die Mineralumwandlung in erster Linie durch die hohen Temperaturen des Magmas verursacht. Wo Magma in größeren Tiefen stecken blieb, haben auch die Auswirkungen des Drucks eine gewisse Bedeutung. Der Druck resultiert dabei nicht aus der Platznahme der Schmelze im Nebengestein, sondern aus

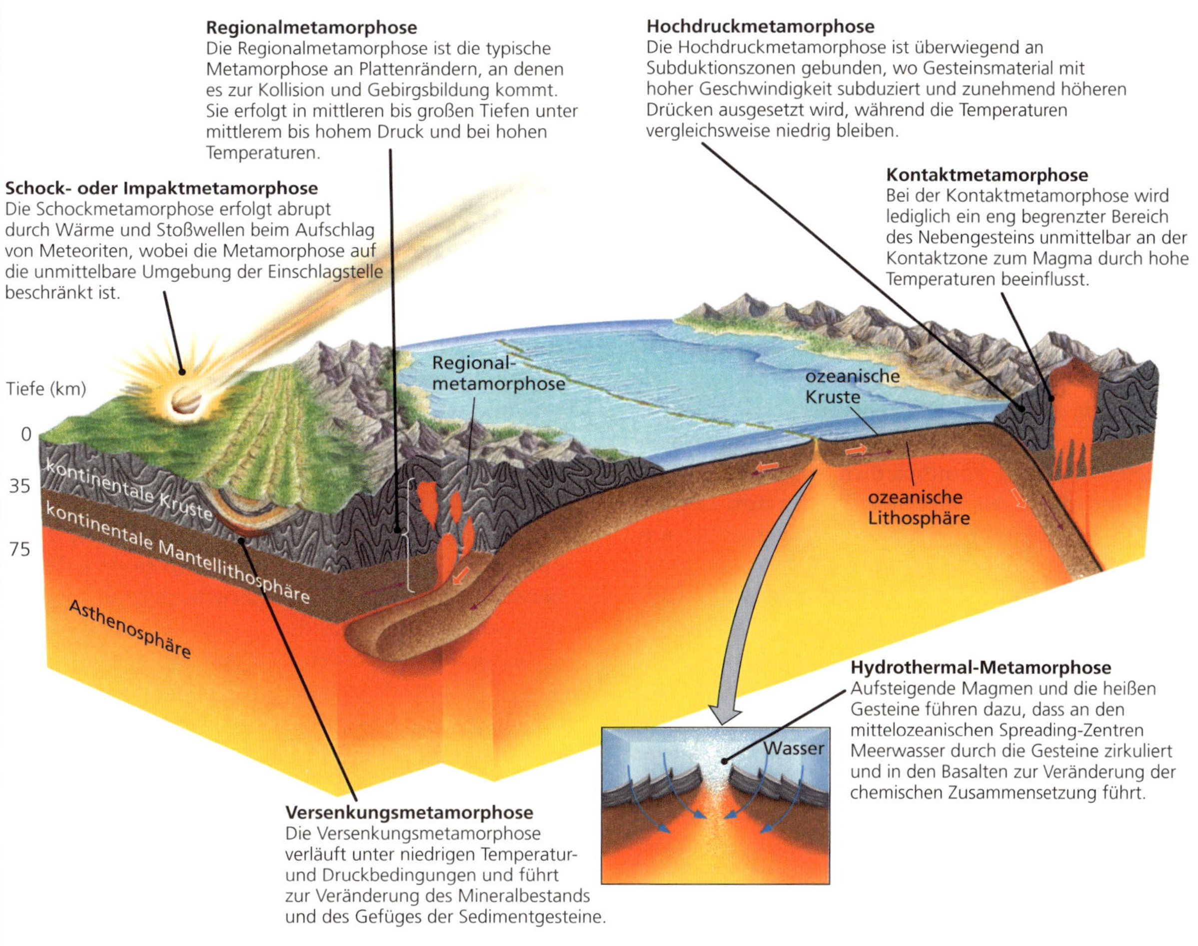


**Abb. 6.3** Die Interaktion von Lithosphäre und Asthenosphäre führt zur Bildung metamorpher Gesteine.

dem regional vorhandenen allseitigen Druck. Eine Kontaktmetamorphose durch Effusivgesteine ist auf sehr dünne Zonen beschränkt, weil Laven an der Oberfläche sehr rasch abkühlen und ihre Wärme kaum Zeit hat, um in das umgebende Gestein einzudringen und dort metamorphe Veränderungen zu bewirken. Auch große Blöcke des Nebengesteins bis zu mehreren Metern Durchmesser, die von den Wänden der Magmakammer losgerissen werden, unterliegen der Kontaktmetamorphose. Diese Blöcke sind völlig von der heißen Gesteinsschmelze umgeben, sodass von allen Richtungen die Wärme in diese Blöcke eindringt und diese Nebengesteinsbruchstücke schließlich vollständig kontaktmetamorph verändert werden.

## Hydrothermal-Metamorphose

Eine weitere Form der Metamorphose, die so genannte **Hydrothermal-Metamorphose** (oder Metasomatose), ist im Wesentlichen an die mittelozeanischen Rücken gebunden. In die heißen, zerklüfteten Basalte der oberen Kruste sickert durch Konvektionsbewegungen Meerwasser ein und wird dabei erwärmt. Die Zunahme der Temperatur fördert die chemischen Reaktionen zwischen Meerwasser und Gestein und führt zu Veränderungen in den Basalten, deren chemische Zusammensetzung sich deutlich von der des ursprünglichen Basalts unterscheidet. Hydrothermal-Metamorphose durch fluide Phasen tritt auch auf den Kontinenten auf, wenn in der Umgebung von Magmenintrusionen zirkulierende hoch temperierte Fluide die intrudierten Nebengesteine metamorph verändern.

## Weitere Formen der Metamorphose

Außer diesen genannten Typen der Metamorphose gibt es noch weitere Metamorphoseformen. Dabei entstehen vergleichsweise geringe Mengen metamorpher Gesteine. Einige, wie etwa die Ultrahochdruck-Metamorphose, sind jedoch für das Verständnis der im Erdinneren herrschenden Verhältnisse von erheblicher Bedeutung.

**Versenkungsmetamorphose** Im Zusammenhang mit der Diagenese (Kapitel 5) wurde bereits erwähnt, dass sich Sedimentgesteine bei allmählicher Überdeckung und Versenkung langsam erwärmen, da sich ein Gleichgewicht mit den Krustentemperaturen in ihrer Umgebung einstellt. Bei diesem Vorgang führen diagenetische Prozesse zu einer Änderung der mineralogischen Zusammensetzung und des Gefüges. Die Diagenese geht allmählich in die **Versenkungsmetamorphose** über, eine niedriggradige Metamorphose, die durch den zunehmenden Druck der kontinuierlich abgelagerten Sedimente und durch die steigende Temperatur zustande kommt, die wiederum mit der zunehmenden Versenkung in immer größere Tiefen verbunden ist.

In Abhängigkeit von den regionalen geothermischen Gradienten beginnt diese niedriggradige Metamorphose im Allgemeinen in Tiefen zwischen 6 und 10 km, in denen Temperaturen zwischen 100 und 200 °C und Drücke unter 3 kbar herrschen. Dieser Sachverhalt ist für die Erdöl- und Erdgasindustrie von erheblicher Bedeutung, die als wirtschaftliche Grundlage („economic basement“) genau jene Tiefe bezeichnet, in der die niedriggradige Metamorphose einsetzt. Erdöl- und Erdgasbohrungen werden selten unter diese Tiefe niedergebracht, weil bei Temperaturen über 130 °C die in den Sedimenten eingeschlossene organische Substanz bevorzugt in Kohlendioxid und nicht in Erdöl und Erdgas übergeht.

Obwohl die Temperaturen und Drücke nicht so hoch sind wie bei der Regionalmetamorphose, sind sie doch hoch genug, um eine partielle Veränderung des Mineralbestands und Gefüges der Sedimentgesteine zu bewirken. Schichtung und auch andere Sedimentstrukturen bleiben dabei aber erhalten.

**Hochdruck- und Ultrahochdruck-Metamorphose** Metamorphite, die durch hohe (8 bis 12 kbar) und ultrahohe Drücke (über 28 kbar) entstehen, sind nur selten an der Erdoberfläche aufgeschlossen und der Untersuchung zugänglich. Diese Gesteine sind ungewöhnlich, da sie in derart großen Tiefen entstehen, dass eine extrem lange Zeit erforderlich ist, bis diese Gesteine wieder an die Erdoberfläche gelangen. Die meisten Hochdruckgesteine entstehen in Subduktionszonen, an denen die von der subduzierten Platte abgeschürften Sedimente in Tiefen von über 30 km gelangen, wo sie Drücken bis zu 12 kbar ausgesetzt sind.

Doch vereinzelt gelangen selbst ungewöhnliche Metamorphite an die Erdoberfläche, die ursprünglich an der Basis der Erdkruste gebildet wurden. Diese Gesteine, die so genannten Eklogite, enthalten oftmals Minerale wie etwa Coesit (eine Hochdruckmodifikation von Quarz), die für Drücke über 28 kbar und damit für Tiefen über 80 km kennzeichnend sind. Eklogite entstehen bei mittleren bis hohen Temperaturen zwischen 800 und 1 000 °C. In einigen Fällen enthalten sie mikroskopisch kleine Diamanten, die auf Drücke über 40 kbar und Tiefen von mehr als 120 km hindeuten. Überraschenderweise können solche Ultrahochdruck-Gesteine Flächen bis zu 200 mal 400 km einnehmen.

Die beiden einzigen Gesteine, von denen bekannt ist, dass sie aus so großen Tiefen stammen, sind die Füllungen der Diatreme sowie die Kimberlite (Kap. 12) – Magmatite, die enge Schlote von wenigen hundert Metern Durchmesser bilden. Es besteht Einigkeit darin, dass diese Gesteine bei einer Art „Vulkaneruption“, entstanden sind und dass die Schmelzen aus großen Tiefen stammen. Im Gegensatz dazu sind die Prozesse, durch die Ultrahochdruck-Gesteine an die Oberfläche gelangen, noch Gegenstand heftiger Diskussionen. Möglicherweise sind diese Gesteine Bruchstücke des Vorderrands von Kontinenten, die bei der Kollision in große Tiefen subduziert worden sind und danach (durch bisher unbekannte Vorgänge) wieder an die Oberfläche gelangten, ohne dass ausreichend Zeit für eine Rekristallisation unter niedrigeren Drücken zur Verfügung stand.

**Schock- oder Impaktmetamorphose** Beim Aufschlag eines Meteoriten kommt es zur Impaktmetamorphose. Meteoriten sind Bruchstücke von Kometen oder Asteroiden, die in das Schwerefeld der Erde eindringen und anschließend mit ihr kollidierten. Die in den Meteoriten (in Form von Masse und Geschwindigkeit) enthaltene Energie wird beim Auftreffen in Wärme und Stoßwellen umgewandelt, die das Nebengestein durchlaufen. Die betroffenen Gesteine reagieren durch metamorphe Umwandlungen, im Wesentlichen durch eine parallel verlaufende Rissbildung oder durch Druckzwillingsbildung. Meist wird dabei das Nebengestein zertrümmert und vereinzelt unter Bildung von Tektiten aufgeschmolzen. Die kleineren Tektite haben das Aussehen von Glaströpfchen. Gelegentlich geht Quarz in die beiden Hochdruckmodifikation Coesit und Stishovit über.

In den meisten großen Impaktstrukturen finden sich allerdings keine Reste des Meteoriten, da diese bei der Kollision mit der Erde normalerweise zerstört werden. Das Auftreten von Coesit und von Kratern mit typischen Bruchstrukturen in deren Umgebung sind jedoch eindeutige Hinweise auf solche Kollisionen. Die dichte Atmosphäre der Erde führt dazu, dass die meisten Meteorite vollständig verbrennen, noch ehe sie auf der Erdoberfläche aufschlagen. Während eine Impaktmetamorphose auf der Erde nur selten auftritt, sind auf dem Mond die dafür typischen Erscheinungen überall vorhanden. Diese Form der Metamorphose ist gekennzeichnet durch extrem hohe Drücke mit Werten bis zu mehreren hundert Kilobar.

Wie das Beispiel des Meteoritenkraters im Nördlinger Ries zeigt, klingen die Erscheinungen der Schockmetamorphose von der Einschlagstelle radial nach außen hin vergleichsweise rasch ab.

# Metamorphe Gefüge

All die verschiedenen Arten der Metamorphose prägen dem Gestein, das sie verändern, ein neues metamorphes Gefüge auf (Abb. 6.4), das durch die Größe, Form und Anordnung der beteiligten Kristalle bestimmt wird. Einige Gefüge sind auf die neu gebildeten Minerale zurückzuführen, wie beispielsweise auf die Glimmer, die einen blättrigen Habitus aufweisen. Unterschiede in der Korngröße sind ebenfalls von Bedeutung. Im Allgemeinen nimmt die Kristallgröße mit zunehmendem Metamorphosegrad zu. Metamorphe Gefüge können teilweise auch vom Ausgangsgestein übernommen worden sein, sodass die Korngröße eines Sedimentgesteins dann letztendlich die Größe der Kristalle bestimmt, die bei der Metamorphose entstanden sind. Jedes der zahlreichen Gefüge gibt Auskunft über die Prozesse der Metamorphose, welche die betroffenen Gesteine durchlaufen haben.

## Foliation

Das auffälligste Gefüge vieler regionalmetamorph veränderter Gesteine ist ein System ebener oder auch welliger, meist engständiger, parallel verlaufender Flächen, das als **Foliation** oder weitgehend synonym auch als **Schieferung** bezeichnet wird. Diese Foliation kann entweder parallel zur ursprünglichen Schichtung der Sedimentgesteine verlaufen, häufig ist sie jedoch schräg bis senkrecht zu den Schichtflächen orientiert und wird dann als **Transversalschieferung** bezeichnet (Abb. 6.4a). Ganz allgemein tritt mit Zunahme der Regionalmetamorphose die Foliation immer deutlicher hervor.

Eine wesentliche Ursache der Foliation ist das Vorhandensein blättriger Minerale, vor allem der Glimmer- und Chloritgruppe. Diese Minerale kristallisieren normalerweise in Form blättchenförmiger oder schuppiger Kristalle. Die Flächen aller dünnblättriger Kristalle sind stets parallel zur Foliation angeordnet. Die parallelen Ebenen werden deshalb als bevorzugte Orientierung der Minerale bezeichnet (Abb. 6.4b). Wenn solche Minerale auskristallisieren, ordnen sie sich in der Regel so, dass ihre Ebenen senkrecht zum gerichteten Druck verlaufen, der während der Metamorphose auf das Gestein einwirkt. Auch bereits vorhandene Minerale können eine bevorzugte Richtung annehmen indem sich die Kristalle so weit drehen, bis sie parallel zu der sich entwickelnden Foliationsebene liegen. Plastische Deformation, das heißt das Aufweichen und bruchlose Verformen des heißen Gesteins kann gleichfalls zu einer bevorzugten Orientierung der Kristalle führen.

Minerale mit länglichen, prismatischen oder säulenförmigen Kristallen – etwa die Amphibole – nehmen während der Metamorphose im Allgemeinen ebenfalls eine bevorzugte Einregelung an, wobei sich die Kristalle gewöhnlich parallel zur Ebene der Foliation ordnen. Gesteine wie die metamorphen basischen Vulkanite, die als typisches Kennzeichen zahlreiche Amphibole enthalten, zeigen diese Art von Gefüge.

Am bekanntesten ist die Foliation der häufig auftretenden, schwach metamorphen Tonschiefer, die leicht an glatten, parallelen Flächen in dünne Schichten aufspalten. Diese **Schieferung** oder **Teilbarkeit**, die sich von einer Spaltbarkeit entlang von Kristallflächen deutlich unterscheidet, durchzieht das Gestein in regelmäßigen Abständen.

## Klassifikation und Nomenklatur der metamorphen Gesteine

Die Einteilung der metamorphen Gesteine kann auf sehr unterschiedliche Weise erfolgen. Eine gängige Methode zur Kennzeichnung beruht auf dem Ausgangsgestein (dem **Edukt** oder **Proterolith**) unter Verwendung entsprechender Vorsilben:

- **Meta-** kennzeichnet generell ein metamorphes Gestein wie etwa Metabasalt oder Metagrauwacke.
- **Ortho-** kennzeichnet metamorphe Gesteine mit magmatischen Edukten. Ein Orthogneis ist demzufolge aus einem Magmatit entstanden.
- **Para-** kennzeichnet metamorphe Gesteine mit sedimentären Edukten. Ein Paragneis ist demzufolge aus einem Sediment hervorgegangen.

Weiter werden die Metamorphite nach ihrem Gefüge unterteilt, wobei unterschieden wird zwischen Gesteinen mit Foliation wie etwa Schiefer, Phyllit oder Gneis und Metamorphiten mit isotropem Gefüge, den so genannten Felsen, die weder eine Foliation noch sonstige gerichtete Gefüge zeigen. Die genauere Benennung der Felse, Schiefer, Phyllite oder Gneise erfolgt nach den wesentlichen Mineralen, die in der Reihenfolge zunehmender Mengenanteile dem Gefügebegriff vorangestellt werden. Häufige Minerale wie etwa Quarz oder Feldspat gehen dabei nicht in die Benennung ein. Als typische Beispiele sollen hier lediglich Serizit-Phyllit, Granat-Biotit-Schiefer oder Granat-Cordierit-Gneis genannt werden.

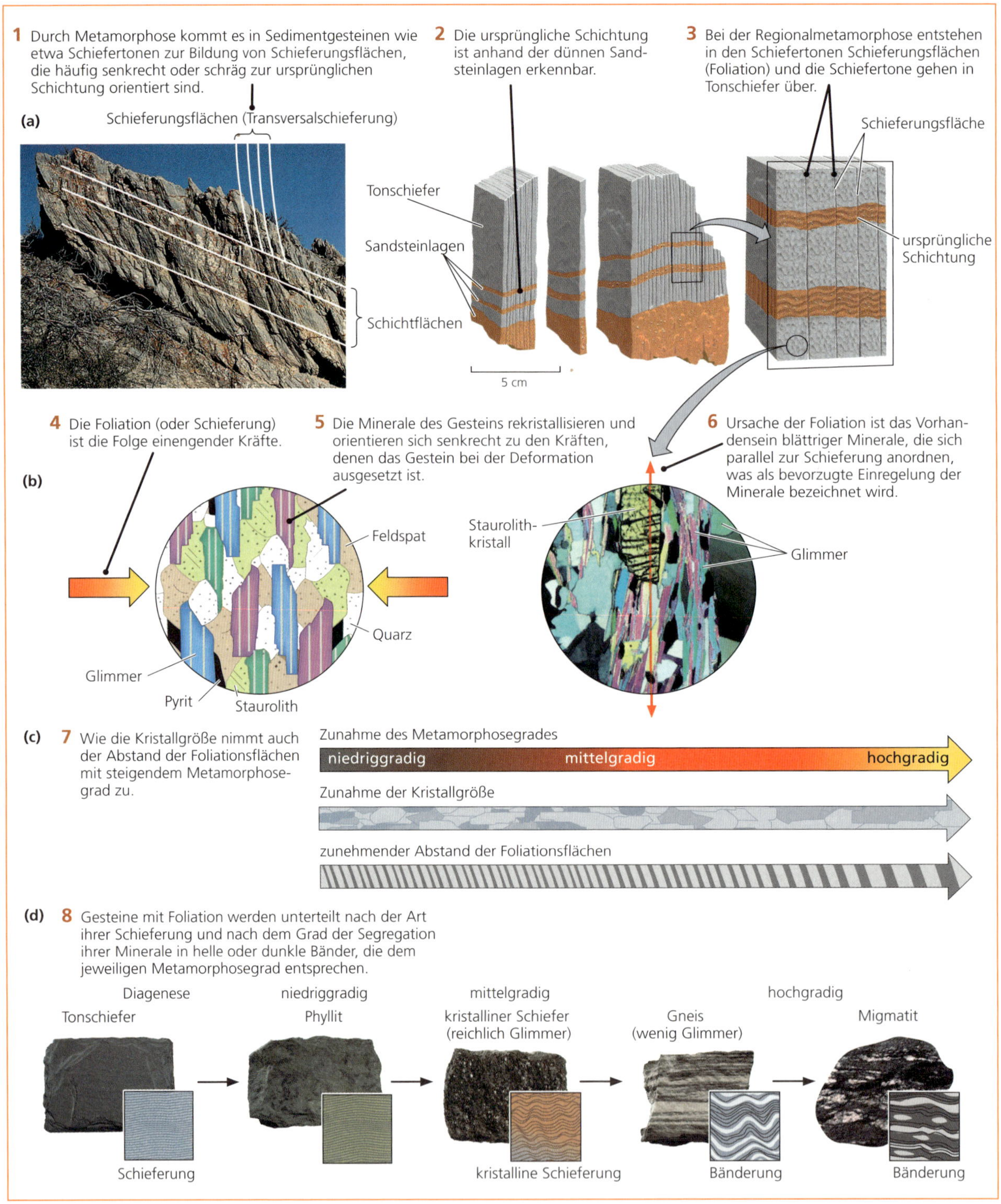


**Abb. 6.4** Die Regionalmetamorphose führt zu einer Änderung der ursprünglichen Gefüge [*Fotos: Martin Miller (a); S. Dobos (b); John Grotzinger/Ramón Rivera-Moret/Harvard Mineralogical Museum (Schiefer, Phyllit, Glimmerschiefer, Gneis); Kip Hodges (Migmatit)*].

## Metamorphite mit Foliation

Gesteine mit Foliation werden nach vier Kategorien unterteilt (Abb. 6.4c):
1. nach ihrer Kristallgröße,
2. nach der Art ihrer Foliation,
3. nach dem Grad der Segregation ihrer Minerale in hellere und dunklere Bänder und
4. nach ihrem Metamorphosegrad.

Beispiele für einige wichtige Gesteinstypen mit Foliation sind in Abbildung 6.4d dargestellt. Im Allgemeinen nimmt die Foliation von einem Gefüge zum nächsten zu und spiegelt so die Druck- und Temperaturzunahme wider. Bei dieser Entwicklung können Schiefertone durch zunehmende Metamorphose in Tonschiefer, dann in Phyllite, danach in Glimmerschiefer, in Gneise und schließlich in Migmatite übergehen.

**Tonschiefer** Diese Gesteine kennzeichnen den niedrigsten Metamorphosegrad innerhalb der Gesteine mit Foliation. Sie zeigen eine ausgezeichnete, ebenflächige Teilbarkeit und sind so feinkörnig, dass ihre einzelnen Minerale ohne Mikroskop nur schwer erkennbar sind. Sie entstehen normalerweise durch Metamorphose von Schiefertonen oder seltener aus vulkanischen Aschelagen. Tonschiefer sind gewöhnlich durch das in geringen Mengen vorhandene organische Material und den fein verteilten Pyrit dunkelgrau oder schwarz gefärbt – Material, das ursprünglich bereits im Ausgangsgestein vorhanden war. Tonschiefer, die rötlich oder violett gefärbt sind, erhalten ihre Farbe von Eisenoxidmineralen; grünliche Tonschiefer werden durch Chlorit gefärbt, ein Eisensilicatmineral mit Schichtstruktur, das mit den Glimmern eng verwandt ist.

Die Schieferdecker erkannten schon vor langer Zeit diese Eigenschaft der Foliation und nutzen sie zur Herstellung dünnerer oder dickerer Schieferplatten für Dachplatten und Schiefertafeln. In den Teilen unseres Landes, in denen solche Schiefer häufig sind, verwendet man noch immer Schieferplatten zum Dachdecken und zur Verkleidung von Häusern. Auch der Name des Rheinischen Schiefergebirges geht auf dieses Gestein zurück.

**Phyllit** Ein geringfügig höherer Metamorphosegrad als Tonschiefer, aber mit ähnlicher Charakteristik und Entstehung kennzeichnet die **Phyllite**. Es sind sehr feinkörnige, dünnschiefrige Gesteine, deren blättrige Minerale überwiegend aus Serizit bestehen und etwas größer sind als die der Schiefer. Sie verleihen den Foliationsflächen den typischen seidigen Glanz. Phyllite spalten ähnlich wie Tonschiefer in dünne Schichten auf, ihre Teilbarkeit ist jedoch weniger ausgeprägt als die der Tonschiefer.

**Glimmerschiefer** In Gesteinen niedriger Metamorphosegrade sind die blättrigen Mineralien im Allgemeinen noch klein und ohne Lupe nicht erkennbar; die Foliation ist engständig und die Lagen sind sehr dünn. Gehen diese Gesteine in einen höheren Metamorphosegrad über, wird die Foliation auffälliger und beherrscht das gesamte Gestein. Gleichzeitig nimmt die Größe der blättrigen Kristalle zu – sie werden für das bloße Auge sichtbar. Außerdem tendieren die Minerale zur Absonderung in hellere und dunklere Bänder. Das Ergebnis ist ein Gefüge, das als **kristalline Schieferung (Schiefrigkeit)** bezeichnet wird, eine grobe, wellenförmige, alles beherrschende Foliation, die für die Glimmerschiefer charakteristisch ist. Glimmerschiefer gehören zu den häufigsten metamorphen Gesteinstypen. Sie enthalten mehr als 50 Prozent blättrige Minerale, hauptsächlich die Glimmerminerale Muskovit und/oder Biotit. In Abhängigkeit vom Quarzgehalt des ursprünglichen Tonschiefers können die Glimmerschiefer dünne Bänder aus Quarz, Feldspat oder beides zusammen zeigen.

**Gneis** Eine gröbere Foliation zeigen die hoch metamorphen Gneise, hell gefärbte Gesteine mit groben Lagen von scharf getrennten, hellen und dunklen Gemengteilen im gesamten Gestein. Die Bänderung der Gneise mit hellen und dunklen Lagen ist das Ergebnis einer Trennung der hell gefärbten Minerale Quarz und Feldspat von den dunkleren Biotiten, Amphibolen und anderen mafischen Mineralen. Gneise sind grobkristallin, die Korngröße liegt im Millimeter- bis Zentimeterbereich, und das Verhältnis von granularen zu blättrigen Mineralen ist höher als bei den Glimmerschiefern und Tonschiefern. Die Folge ist eine wenig ausgeprägte Foliation und damit auch eine schlechtere Teilbarkeit.

Unter den hohen Temperatur- und Druckverhältnissen verändert sich die Mineralzusammensetzung der niedrig metamorphen Gesteine, die Glimmer und Chlorit enthalten, zu neuen Paragenesen, in denen Quarz und Feldspat dominieren und nur noch geringe Mengen an Glimmern und Amphibolen vorhanden sind.

In einigen Vorkommen bilden die Gneise die hoch metamorphen Äquivalente von Sandsteinen (Paragneise), in anderen sind sie die metamorphen Äquivalente der Granite (Orthogneise).

**Migmatite** Bei Temperaturen, die über der Bildungstemperatur der Gneise liegen, kommt es zu einem teilweisen Aufschmelzen des Gesteins. In diesem Fall schmelzen wie bei den Magmatiten (Kap. 4) diejenigen Minerale mit der niedrigste Schmelztemperatur zuerst – also Quarz und Feldspat. Daher schmilzt nur ein Teil des Ausgangsgesteins und die Schmelze kann auch nur eine geringe Entfernung abwandern, ehe sie wieder erstarrt. Die auf diese Weise entstandenen Gesteine sind extrem stark deformiert und werden von zahlreichen Gängen, kleinen Gangschwärmen und Linsen von aufgeschmolzenem Gestein durchzogen. Das Ergebnis ist ein Gestein aus einem Gemisch von magmatischen und metamorphen Anteilen, das als **Migmatit** bezeichnet wird. In einigen Migmatiten überwiegen die metamorphen Anteile, magmatisches Material ist nur in geringen Mengen vorhanden. Andere sind von Schmelzvorgängen so stark betroffen, dass sie fast vollständig als magmatogen zu betrachten sind.

## Metamorphite mit isotropem Gefüge

Metamorphe Gesteine mit isotropem Gefüge, die so genannten **Felse**, bestehen überwiegend aus isometrischen Kristallen mit würfligen oder kugeligen Formen, weniger aus tafelförmigen oder lang gestreckten Kristallen. Solche Gesteine sind das Produkt einer Metamorphose, bei der es wie im Fall der Kontaktmetamorphose zu keiner nennenswerten Deformation kam. Zu den Gesteinen ohne Schieferung gehören Hornfels, Quarzit, Marmor, Grünstein, Amphibolit und Granulit (Abb. 6.5). Mit Ausnahme der Hornfelse sind diese Gesteine eher durch ihre mineralogische Zusammensetzung als durch ihre im Allgemeinen isotropen, das heißt richtungslosen Gefüge gekennzeichnet, sodass sie insgesamt ein eher massiges Erscheinungsbild zeigen.

**Hornfels** ist ein bei hoher Temperatur durch Kontaktmetamorphose entstandenes Gestein von einheitlicher Korngröße, das entweder keiner oder nur einer geringen Deformation unterlag. Seine blättrigen oder lang gestreckten Kristalle sind richtungslos orientiert, eine Foliation fehlt. Hornfels hat ein durchweg körniges Gefüge, obwohl er neben etwas Glimmer häufig Pyroxen enthält, der lang gestreckte Kristalle bildet.

**Quarzite** sind sehr harte, meist helle Gesteine, ebenfalls ohne Foliation, die aus quarzreichen Sandsteinen hervorgegangen sind. Sie können massig ausgebildet sein, dann zeigen sie weder eine primäre Schichtung noch eine Schieferung (Abb. 6.5a). Andere Quarzite enthalten dünne Lagen von Ton- oder auch Glimmerschiefern, Reste ehemaliger Zwischenschichten aus Tonstein oder Schieferton.

**Marmore** sind die unter hohen Druck- und Temperaturbedingungen entstandenen metamorphen Umwandlungsprodukte von Kalksteinen und Dolomiten. Einige weiße, reine Marmore – wie der berühmte und von Bildhauern geschätzte italienische Carrara-Marmor – weisen ein sehr gleichmäßiges, richtungsloses Gefüge von ineinander verwachsenen Calcitkristallen gleicher Größe auf. Andere Marmore zeigen eine unregelmäßige Bänderung oder Marmorierung durch Silicate und enthalten weitere, im ursprünglichen Kalkstein vorhandene Mineralverunreinigungen (Abb. 6.5b).

**Grünstein** ist ein Sammelbegriff für metamorphe basische Vulkanite, deren Umwandlung meist im Druck- und Temperaturbereich zwischen Diagenese und der eigentlichen Metamorphose erfolgt ist. Ihre Bezeichnung rührt von den großen Mengen an Chlorit her, die den meist dichten bis mittelkörnigen, selten porphyrischen Gesteinen ihre grüne Farbe geben. Viele dieser niedrig metamorphen Gesteine sind durch chemische Reaktion basischer Laven und Tuffablagerungen mit dem sie durchströmenden Meerwasser oder anderen Lösungen entstanden. Weite Gebiete des Meeresbodens sind an den mittelozeanischen Rücken von Basalten überdeckt, die auf diese Weise geringfügig oder erheblich verändert worden sind.

(a) Quarzit

(b) Marmor

**Abb 6.5** Metamorphite ohne Foliation; (a) Quarzit (b) Marmor [*Fotos: B.P. Kent (a), Diego Lezama Orezzoli/Corbis (b)*].

Auf den Kontinenten dagegen haben tief versenkte basische Vulkanite und Plutonite bei Temperaturen zwischen 150 und 300 °C mit dem Grundwasser reagiert und sind in vergleichbare Grünsteine übergegangen. Ausgedehnte Vorkommen von Grünstein finden sich in den präkambrischen Grünsteingürteln.

**Serpentinit** ist ein intensiv grün gefärbtes Gestein, überwiegend aus Mineralen der Serpentingruppe, die aus Olivin und Pyroxen hervorgehen. Daneben treten geringe Mengen an Talk und Brucit auf. Serpentinite entstehen bei niedrigen bis mittleren Druck- und Temperaturbedingungen zwischen etwa 500 und 700 °C aus ultrabasischen Gesteinen, vor allem aus Peridotiten, durch Zufuhr von Wasser.

**Amphibolit** ist ein mittel- bis grobkörniges, aus Amphibol und Plagioklas bestehendes Gestein; es hat der Regel keine Foliation. Im häufigsten Fall ist Amphibolit das Produkt einer Metamorphose basischer Vulkanite bei niedrigen bis mittleren Drücken und Temperaturen zwischen 500 und 700 °C. Kommt es zur Deformation, entstehen Amphibolite mit einer ausgeprägten Foliation.

**Granulite** sind hoch metamorphe Gesteine mit gleichmäßig granularem Gefüge. Niedriger metamorphe Granulite werden häufig als **Granofelse** bezeichnet. Granofelse sind mittel- bis grobkörnige Gesteine mit annähernd gleich großen Kristallen, eine Foliation ist nur schwach entwickelt oder fehlt. An Mineralen enthalten sie hauptsächlich Feldspat, Pyroxen und Granat. Sie entstehen durch Metamorphose aus Tonschiefern, unreinen Sandsteinen und zahlreichen magmatischen Gesteinen unter vergleichsweise trockenen Metamorphosebedingungen bei Temperaturen zwischen 700 und 950 °C.

## Grobkörnige Kristallgefüge

Mineralneubildungen während der Metamorphose können zu großen Kristallen heranwachsen, die von einer feinkörnigeren Matrix aus anderen Mineralen umgeben sind und somit den Einsprenglingen der Magmatite ähneln. Diese großen Kristalle, so genannte **Porphyroblasten**, treten sowohl in kontakt- als auch in regionalmetamorph veränderten Gesteinen auf (Abb. 6.6). Das Wachstum der Kristalle erfolgt in festem Zustand durch Umordnung der chemischen Bestandteile der Matrix; sie ersetzen folglich Teile der Matrix. Porphyroblasten bilden sich dort, wo ein starker Gegensatz zwischen den chemischen und kristallographischen Eigenschaften der Matrix und den Porphyroblasten besteht. Er führt dazu, dass die Porphyroblasten auf Kosten der Matrix rascher wachsen als die langsam wachsenden Kristalle der Matrix. Porphyroblasten variieren in ihrer Größe zwischen wenigen Millimetern und mehreren Zentimetern Durchmesser. Ihre Zusammensetzung schwankt ebenfalls. Granat und Staurolith treten häufig als Porphyroblasten auf, es kommen aber auch noch viele andere Minerale dafür in Frage. Die genaue Zusammensetzung und Verteilung der Porphyroblasten dieser beiden Mineralarten kann dazu verwendet werden, um die während der Metamorphose herrschenden Druck- und Temperaturbedingungen zu ermitteln. Reine, transparente und schön gefärbte Granate in Farbtönen von rot, grün und schwarz sind geschätzte Schmucksteine.

**Abb. 6.6** Granat-Porphyroblasten in einer Matrix aus Glimmerschiefer. Da sich Druck und Temperatur kontinuierlich veränderten, unterlagen die Minerale der Matrix ständig der Rekristallisation und deshalb bildeten sich nur kleine Kristalle. Im Gegensatz dazu entwickelten sich die Porphyroblasten zu großen Kristallen, da sie über einen großen Druck- und Temperaturbereich stabil sind [*Foto: C. Clark*].

Die wichtigsten Gruppen der metamorphen Gesteine und ihre charakteristischen Merkmale sind in Tabelle 6.1 zusammengefasst.

# Regionalmetamorphose und Metamorphosegrad

Da sich metamorphe Gesteine unter sehr unterschiedlichen Voraussetzungen bilden, geben ihre Minerale und Gefüge Hinweise auf die Druck- und Temperaturbedingungen innerhalb der Kruste und damit auch darauf, wo und wann sie entstanden sind.

Geologen, die sich mit den Bildungsbedingungen metamorpher Gesteine befassen, versuchen die Intensität und den Charakter der Metamorphose genauer zu bestimmen, als es die Bezeichnung „niedrig“ oder „hoch metamorph“ andeuten kann. Um diese feineren Unter-

**Tabelle 6.1** Klassifikation der Metamorphite nach ihrem Gefüge

| **Klassifikation** | **Merkmale** | **Gestein** | **typisches Ausgangsgestein** |
|---|---|---|---|
| mit Foliation | gekennzeichnet durch Foliation, Minerale zeigen bevorzugte Einregelung | Schiefer<br>Phyllit<br>kristalliner Schiefer<br>Gneis | Schieferton, Sandstein |
| körnig (ohne Foliation) | körnig, gekennzeichnet durch grob- oder feinkörnige, miteinander verzahnte Kristalle; Einregelung gering oder fehlend | Hornfels<br>Quarzit<br>Marmor<br>Argillit<br>Grünstein<br>Amphibolit[1]<br>Granulit[2] | Schieferton, Vulkanite<br>Quarzsandstein<br>Kalkstein, Dolomit<br>Schieferton<br>Basalt<br>Schieferton, Basalt<br>Schieferton, Basalt |
| porphyroblastisch | große Kristalle in feinkörniger Matrix | Schiefer bis Gneis | Schieferton |
| körnig (feinkörnig) | Minerale rekristallisiert und durch kataklastische Deformation gestreckt | Mylonit | Schieferton, Sandstein, Granit |

[1] enthält typischerweise reichlich Amphibol, dessen lang gestreckte Kristalle parallel eingeregelt sind
[2] Hochtemperatur-Hochdruck-Gestein

**1** Indexminerale charakterisieren bestimmte metamorphe Zonen. In Laboruntersuchungen wurden die Druck- und Temperaturbedingungen ermittelt, bei denen die verschiedenen Gesteine und Minerale entstanden sind.

**2** Isograden – Linien, die den Übergang von einem Mineral zum anderen kennzeichnen – können dazu herangezogen werden, wie hier für Neuengland, Bereiche mit unterschiedlichem Metamorphosegrad gegeneinander abzugrenzen.

**3** Unterliegen Gesteine wie etwa Tonschiefer der Metamorphose, gehen sie von niedrig metamorphen in hoch metamorphe Gesteine über.

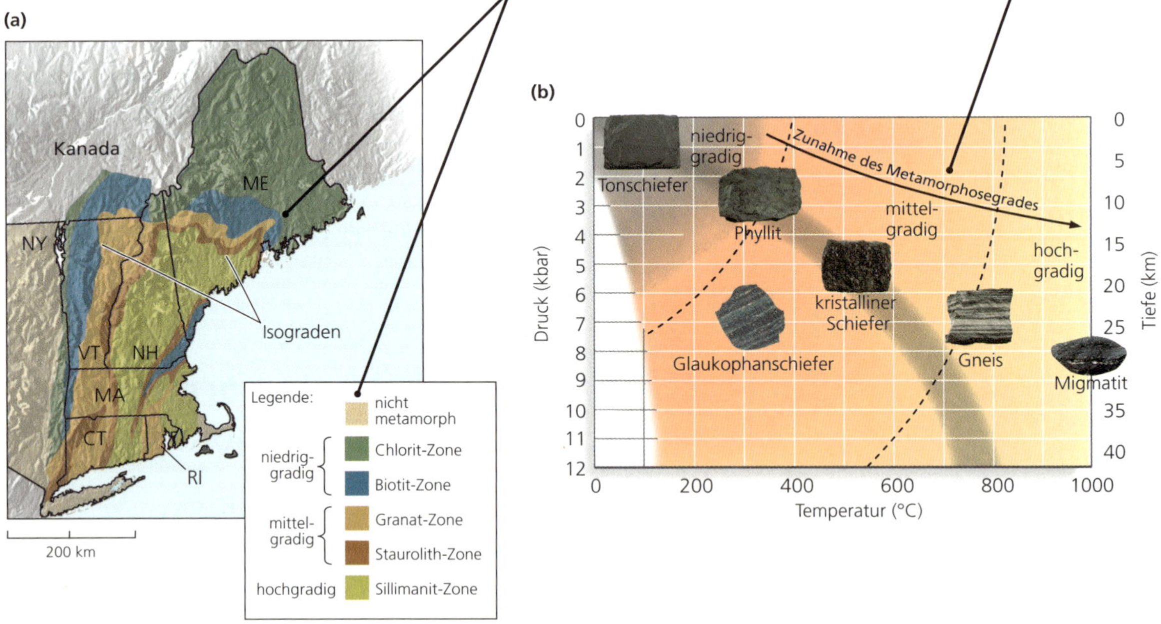


**Abb. 6.7** Die Metamorphose kann durch Indexminerale, Metamorphosegrad und metamorphe Fazies beschrieben werden.

scheidungen machen zu können, werden die entsprechenden Minerale als Druckanzeiger und Geothermometer verwendet. Man bezeichnet sie deshalb auch als Indikator- oder Indexminerale. Diese Methode und ihre Anwendung wird am besten am Beispiel der Regionalmetamorphose deutlich.

## Mineral-Isograden

Wenn Geologen ausgedehnte Gebiete regionalmetamorpher Gesteine untersuchen, sehen sie viele Aufschlüsse, von denen einige eine ganz bestimmte Mineralparagenese zeigen, wogegen andere durch eine völlig andersartige Mineralvergesellschaftung gekennzeichnet sind. Verschiedene Bereiche dieser metamorphen Zonen können anhand ihrer **Index-** oder **Leitminerale** unterschieden werden, die jeweils für diese Zone charakteristisch sind und die sich unter ganz bestimmten Druck- und Temperaturbedingungen bilden (Abb. 6.7). Zum Beispiel kann man von einem Gebiet mit nicht metamorphen Schiefertonen in einen Bereich mit schwach metamorphen Schiefern und schließlich in eine Zone mit höher metamorphen Glimmerschiefern gelangen (Abb. 6.7a). In den Schiefertonen sind die abgelagerten Minerale unverändert geblieben, am Rand der Schieferzone erscheint mit Chlorit ein neues Mineral. Weiter in Richtung der zunehmenden Metamorphose werden die Geologen in den Gesteinen vermehrt Biotit, dann Granat und schließlich Staurolith vorfinden und die Glimmerschiefer zeigen eine immer stärkere Foliation (Abb. 6.7b).

Diese Zonen, in denen die entsprechenden Leitminerale erstmals auftreten, können auf einer geologischen Karte durch Linien gleichen Metamorphosegrads, so genannte **Mineral-Isograden** oder kurz **Isograden**, voneinander getrennt werden. Solche Isograden wurden in Abbildung 6.7a dazu verwendet, um eine Abfolge regionalmetamorpher Gesteine gegeneinander abzugrenzen, die aus der Metamorphose von Tonschiefern hervorgegangen sind. Die Anordnung der Isograden folgt weitgehend dem tektonischen Bau eines Gebiets, wie ihn auch Falten und Störungen erkennen lassen. Eine Isograde, die auf einem einzigen Leitmineral beruht, wie etwa die Biotit-Isograde, gibt bereits einen guten Anhaltspunkt

(c)

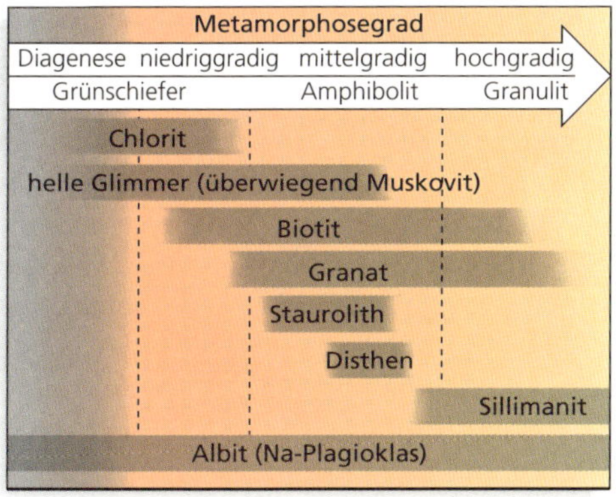


(d)

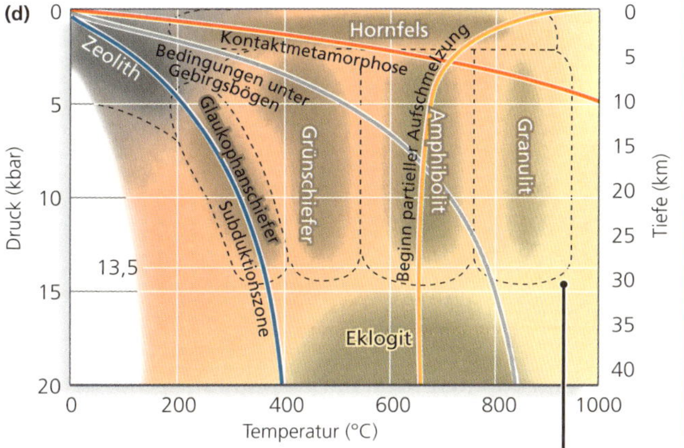


4 Mit zunehmendem Metamorphosegrad ändert sich die mineralogische Zusammensetzung, …

5 … und diese Mineralparagenesen kennzeichnen die einzelnen Faziestypen.

6 Jede Mineralfazies entspricht bestimmten Druck- und Temperaturbedingungen, …

7 … und diese Druck- und Temperaturbedingungen können bestimmten tektonischen Bereichen zugeordnet werden.

(e)

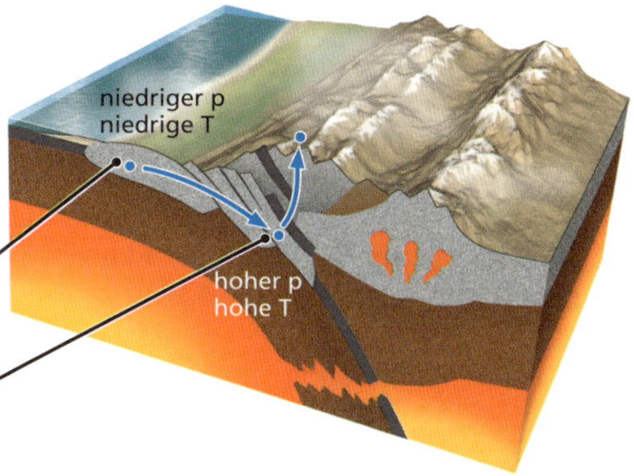


Gestrichelte Linien bedeuten, dass es zwischen diesen Fazieseinheiten keine scharfen Grenzen gibt.

8 Durch tektonische Bewegungen durchlaufen die Gesteine innerhalb der Erdkruste sehr unterschiedliche Druck- und Temperaturbereiche, …

9 … ehe sie durch Hebung wieder zurück in seichtere Stockwerke der Erdkruste oder sogar an die Erdoberfläche gelangen.

über die Druck- und Temperaturbedingungen während der Metamorphose.

Noch weit genauer können Druck und Temperatur durch Untersuchung einer aus zwei oder drei Mineralen bestehenden Paragenese bestimmt werden, deren Gefüge erkennen lassen, dass sie zusammen auskristallisierten. Beispielsweise ist die Sillimanit-Isograde durch das Auftreten von Kaliumfeldspat gekennzeichnet, der neben Sillimant bei Temperaturen von ungefähr 600 °C und einem Druck von etwa 5 kbar durch die Reaktion von Muskovit und Quarz entsteht, wobei Wasser (als Wasserdampf) freigesetzt wird:

$$\begin{array}{ccccc} \text{Muskovit} & + & \text{Quarz} & \rightarrow & \\ KAl_3Si_3O_{10}(OH)_2 & + & SiO_2 & & \end{array}$$

$$\begin{array}{ccccc} \text{Kaliumfeldspat} & + & \text{Sillimanit} & + & \text{Wasser} \\ KAlSi_3O_8 & + & Al_2SiO_5 & + & H_2O \end{array}$$

Weil die Isograden Druck- und Temperaturbedingungen widerspiegeln, bei denen die Indexminerale gebildet werden, kann sich die Abfolge der Isograden innerhalb eines metamorphen Teilgebiets von der eines anderen unterscheiden, da Druck und Temperatur in einem regionalmetamorphen Gürtel nicht überall im gleichen Maße zunehmen. Wie in diesem Kapitel bereits erwähnt, steigt in einigen Gebieten der Druck rascher als die Temperatur, in anderen dagegen langsamer (vgl. Abb. 6.1 und 6.2).

## Metamorphosegrad und Zusammensetzung des Ausgangsgesteins

Das einem bestimmten Metamorphosegrad zugehörige metamorphe Gestein hängt zum Teil von der mineralogischen Zusammensetzung des Ausgangsgesteins ab. Die Metamorphose am Beispiel des in Abbildung 6.7b dargestellten Tonschiefers zeigt die Auswirkungen der Metamorphosebedingungen auf Gesteine mit einem hohen Gehalt an Tonmineralen und Quarz und vielleicht noch an einigen Carbonatmineralen. Die Metamorphose der basischen, überwiegend aus Feldspäten und Pyroxenen bestehenden Vulkanite, zeigt einen ganz anderen Verlauf (Abb. 6.8).

Bei der Regionalmetamorphose von Basalt beispielsweise kristallisieren in den Gesteinen mit dem niedrigsten Metamorphosegrad in charakteristischer Weise zahlreiche unterschiedliche **Zeolithminerale**. Das sind komplexe Silicatminerale, die in Hohlräumen ihrer Kristallstrukturen Wasser enthalten und unter sehr niedrigen Druck- und Temperaturbedingungen entstehen. Sie kennzeichnen daher eine sehr niedriggradige Metamorphose.

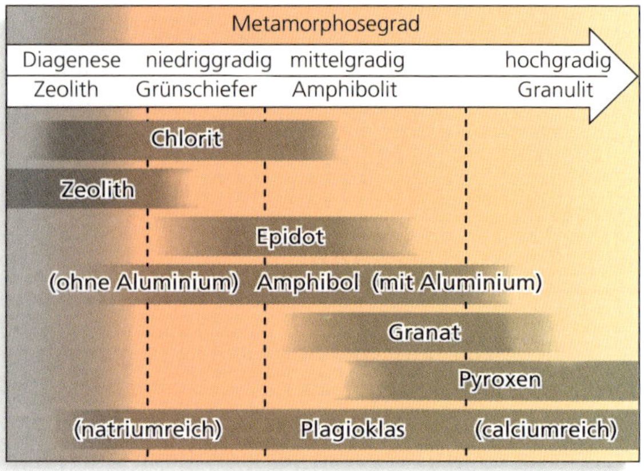


**Abb. 6.8** Änderung der Mineralzusammensetzung von basischen Gesteinen unter niedrig- bis hochgradigen Metamorphosebedingungen.

Dieser niedrige Metamorphosegrad der Zeolithe überlappt sich mit dem nächst höheren Metamorphosegrad der basischen Vulkanite, mit den **Grünschiefern**, die durch die in großer Menge auftretenden Minerale Chlorit und Epidot (ein Sorosilicat) gekennzeichnet sind. Danach folgen die **Amphibolite**, die als Leitminerale Hornblende (ein Mineral der Amphibolgruppe), enthalten.

**Granulite,** grobkörnige Gesteine, die neben calciumreichem Plagioklas noch Pyroxen als weiteren Bestandteil enthalten, vertreten den höchsten Metamorphosegrad innerhalb der basischen Vulkanite. Metamorphite, die unter den für Grünschiefer, Amphibolite und Granulite erforderlichen Bedingungen entstehen, können auch aus Sedimenten hervorgehen (Abb. 6.7c).

Die Pyroxen führenden Granulite sind das Produkt einer Metamorphose, bei der die Temperatur zwar sehr hoch, der Druck jedoch vergleichsweise gering ist. Im umgekehrten Fall, bei sehr hohem Druck und mittleren Temperaturen, entstehen aus einer Vielzahl sehr unterschiedlich zusammengesetzter Edukte – von basischen Vulkaniten bis hin zu schiefertonartigen Sedimentgesteinen –, die **Glaukophanschiefer** (**Blauschiefer**). Der Name wurde von dem hohen Glaukophangehalt abgeleitet, einem blauen Mineral der Amphibolgruppe. Ein weiteres metamorphes Gestein, das unter extrem hohem Druck und mittleren bis hohen Temperaturen entsteht, ist der **Eklogit**, der große Mengen Granat und Pyroxen enthält.

## Metamorphe Fazies

Alle diese Informationen hinsichtlich der Metamorphosegrade, die aus den Edukten unterschiedlicher chemischer Zusammensetzungen abgeleitet sind, lassen sich in

**Tabelle 6.2** Die wichtigsten Minerale der Metamorphosefazies, entstanden aus Ausgangsgesteinen unterschiedlicher Zusammensetzung

| Fazies | Mineralbildung bei Schiefertonen als Ausgangsgestein | Mineralbildung bei Basalt als Ausgangsgestein |
|---|---|---|
| Grünschiefer | Muskovit, Chlorit, Quarz, natriumreicher Plagioklas (Albit) | Albit, Epidot, Chlorit |
| Amphibolit | Muskovit, Biotit, Granat, Quarz, Albit Staurolith, Disthen, Sillimanit | Amphibol, Plagioklas |
| Granulit | Granat, Sillimanit, Albit, Orthoklas, Quarz, Biotit | calciumreicher Pyroxen, calciumreicher Plagioklas |
| Eklogit | Granat, natriumreicher Pyroxen, Quarz/Coesit Disthen | natriumreicher Pyroxen, Granat |

einem Druck-Temperaturdiagramm zusammenfassen (Abb. 6.7d). Die bei den unterschiedlichen Metamorphosebedingungen aus sehr unterschiedlichen Edukten entstehenden Gesteinsgruppen werden als **metamorphe Fazies** bezeichnet.

Daraus ergibt sich letztendlich eine Einteilung der metamorphen Gesteine nach den Metamorphosebedingungen.

Die wesentlichen Punkte dieses Konzepts sind nachfolgend zusammengefasst:

1. Unter gleichen Metamorphosebedingungen entstehen aus Edukten unterschiedlicher Zusammensetzung auch unterschiedliche Metamorphite.
2. Aus Edukten derselben Zusammensetzung entstehen bei unterschiedlichen Metamorphosegraden unterschiedliche Metamorphite.

Tabelle 6.2 zeigt die wichtigsten Minerale der metamorphen Fazies am Beispiel von Schieferton und Basalt. Da die Edukte in ihrer Zusammensetzung sehr stark variieren, gibt es zwischen den in Abbildung 6.7d dargestellten Gruppen keine scharfen Grenzen. Der vielleicht wichtigste Grund für die Untersuchung der metamorphen Fazies ist die Erwartung, dass sie uns Hinweise auf die tektonischen Vorgänge liefert, die für die Metamorphose verantwortlich sind (Abb. 6.7e).

## Metamorphose und Plattentektonik

Schon bald nachdem die Theorie der Plattentektonik aufgestellt worden war, erkannten die Geologen, wie die verschiedenen Metamorphoseformen in den größeren Rahmen der plattentektonischen Prozesse einzuordnen sind, die zu Vulkanismus und **Gebirgsbildung** oder **Orogenese** führen, insbesondere durch Faltung und Überschiebung, begleitet von Magmentätigkeit. Zonen der Regionalmetamorphose sind oftmals an Kontinent-Kontinent-Kollisionen gebunden. In den Kernen der großen Gebirge der Erde – von den Appalachen bis zu den Alpen – finden sich lang gestreckte Zonen, in denen Sedimentgesteine und Vulkanite der Deformation und Regionalmetamorphose unterzogen worden waren und die in der Regel parallel zum Streichen der Falten und Störungen angeordnet sind.

In den jeweiligen tektonischen Positionen treten mit großer Wahrscheinlichkeit auch sehr unterschiedliche Formen der Metamorphose auf:

- **Im Inneren von Platten:** Kontaktmetamorphose, Versenkungsmetamorphose und an der Basis der Kruste möglicherweise Regionalmetamorphose. In dieser Position werden die Erscheinungen der Impaktmetamorphose wahrscheinlich am ehesten überliefert, da der innere Bereich der Platten meist aus weiten, freiliegenden Gebieten besteht.
- **Divergierende Plattengrenzen:** Divergierende Plattengrenzen sind gekennzeichnet durch Hydrothermal-Metamorphose und Kontaktmetamorphose in der Umgebung der in die ozeanische Kruste intrudierenden Plutone.
- **Konvergierende Plattengrenzen:** An konvergierenden Plattengrenzen kommt es zur Regionalmetamorphose, zu Hochdruck- und Ultrahochdruck-Metamorphose und in der Umgebung intrudierender Plutone zur Kontaktmetamorphose.
- **Transformstörungen:** In den Ozeanen kann es an Transformstörungen zur Hydrothermal-Metamorphose kommen. Sowohl in den ozeanischen als auch in den kontinentalen Bereichen sind diese Plattengrenzen darüber hinaus an intensiven Scherbewegungen zu erkennen.

### Druck-Temperatur-Pfade (p-T-Pfade)

Das oben vorgestellte Konzept der Metamorphosegrade ist völlig statisch, das heißt, der Grad der Metamorphose gibt lediglich Auskunft über die maximalen Druck- und

Temperaturverhältnisse, denen das Gestein ausgesetzt war. Es sagt jedoch nichts darüber aus, wo die Gesteine diesen Bedingungen ausgesetzt waren oder wie sie an die Erdoberfläche zurückgelangten. Es ist wichtig zu begreifen, dass die Metamorphose kein statisches Ereignis, sondern ein höchst dynamischer Vorgang ist. Die Metamorphose ist generell gekennzeichnet durch kontinuierliche Änderungen der Druck- und Temperaturbedingungen, der zeitliche Ablauf dieser Veränderungen wird als metamorpher Druck-Temperatur-Pfad, (kurz p-T-Pfad) bezeichnet. Solche p-T-Pfade liefern wichtige Hinweise bezüglich der wesentlichen Faktoren, die eine Metamorphose beeinflussen – etwa der Wärmequelle, die zu Temperaturänderungen führt oder der Geschwindigkeit der tektonisch bedingten Bewegungen, die sich in einer Änderung der Druckverhältnisse äußert.

Um solche p-T-Pfade zu erstellen, müssen bestimmte metamorphe Minerale sorgfältig im Labor untersucht werden. Eines der häufigsten hierfür verwendeten Minerale ist Granat, der gewissermaßen als eine Art Registriergerät dient (Abb. 6.9). Im Verlauf der Metamorphose nehmen die Granate beständig an Größe zu; wenn sich die Druck- und Temperaturbedingungen in der Umgebung ändern, verändert sich auch die Zusammensetzung der Granate. Der älteste Teil des Granats bildet den Kern und der jüngste den Randbereich, folglich lässt die vom Kern zum Rand sich ändernde Zusammensetzung den Verlauf der Metamorphosebedingungen erkennen. Aus den im Labor analysierten Werten der Granatzusammensetzung lassen sich die entsprechenden Werte von Druck und Temperatur ermitteln und in Form eines p-T-Pfades graphisch darstellen. Ein solcher

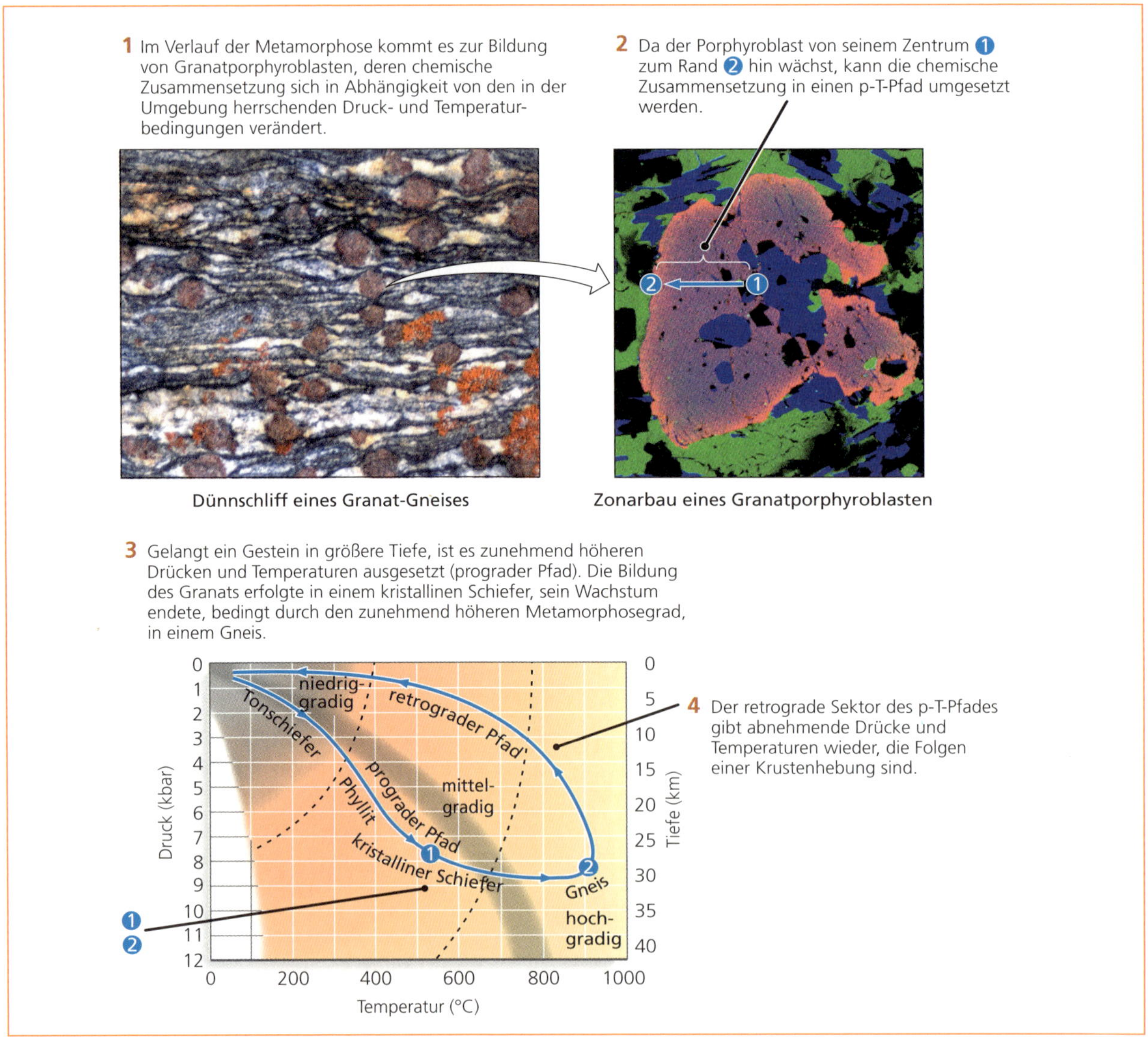


**Abb 6.9** Druck-Temperatur-Pfade der Metamorphose. Der Pfad, dem ein metamorphes Gestein in typischer Weise folgt, beginnt mit einer Zunahme von Druck und Temperatur, dem prograden Segment; das daran anschließende retrograde Segment folgt der Abnahme von Druck und Temperatur [*Fotos: Kip Hodge, mit frdl. Genehmigung*].

Druck-Temperatur-Pfad besteht aus zwei Teilbereichen. Das prograde (fortschreitende) Segment kennzeichnet die steigenden Druck- und Temperaturbedingungen, das retrograde (rückschreitende) Segment dagegen die abnehmenden Druck- und Temperaturverhältnisse.

## Konvergenz ozeanischer und kontinentaler Platten

Die Gesteinsparagenesen, die an einer aktiven Plattengrenze durch Konvergenz einer ozeanischen und einer kontinentalen Platte entstehen, sind in Abbildung 6.10 dargestellt. Mächtige, von den Kontinenten stammende Sedimente, darunter ein hoher Anteil an Turbiditen, füllen die angrenzenden Beckenbereiche am Meeresboden rasch auf. Beim Abtauchen der kalten ozeanischen Platte wird dieses Sedimentmaterial zusammen mit Tiefsee-Sedimenten und Spänen des Ophiolithkomplexes am landseitigen Rand der Tiefseerinne abgeschürft und in Form eines Anwachs- oder Akkretionskeils der Oberplatte angegliedert. Solche Zonen zwischen dem magmatischen Bogen auf dem Kontinent und der seewärts liegenden Tiefseerinne sind tektonisch äußerst kompliziert und höchst unterschiedlich aufgebaut.

Die Ablagerungen sind intensiv gefaltet, verschuppt und metamorph verändert, sodass dort oftmals eine Zone sehr heterogener, extrem durchmischter Gesteinskörper unterschiedlicher Größenordnung entsteht. Im Gelände sind sie im Detail zwar schwierig zu kartieren,

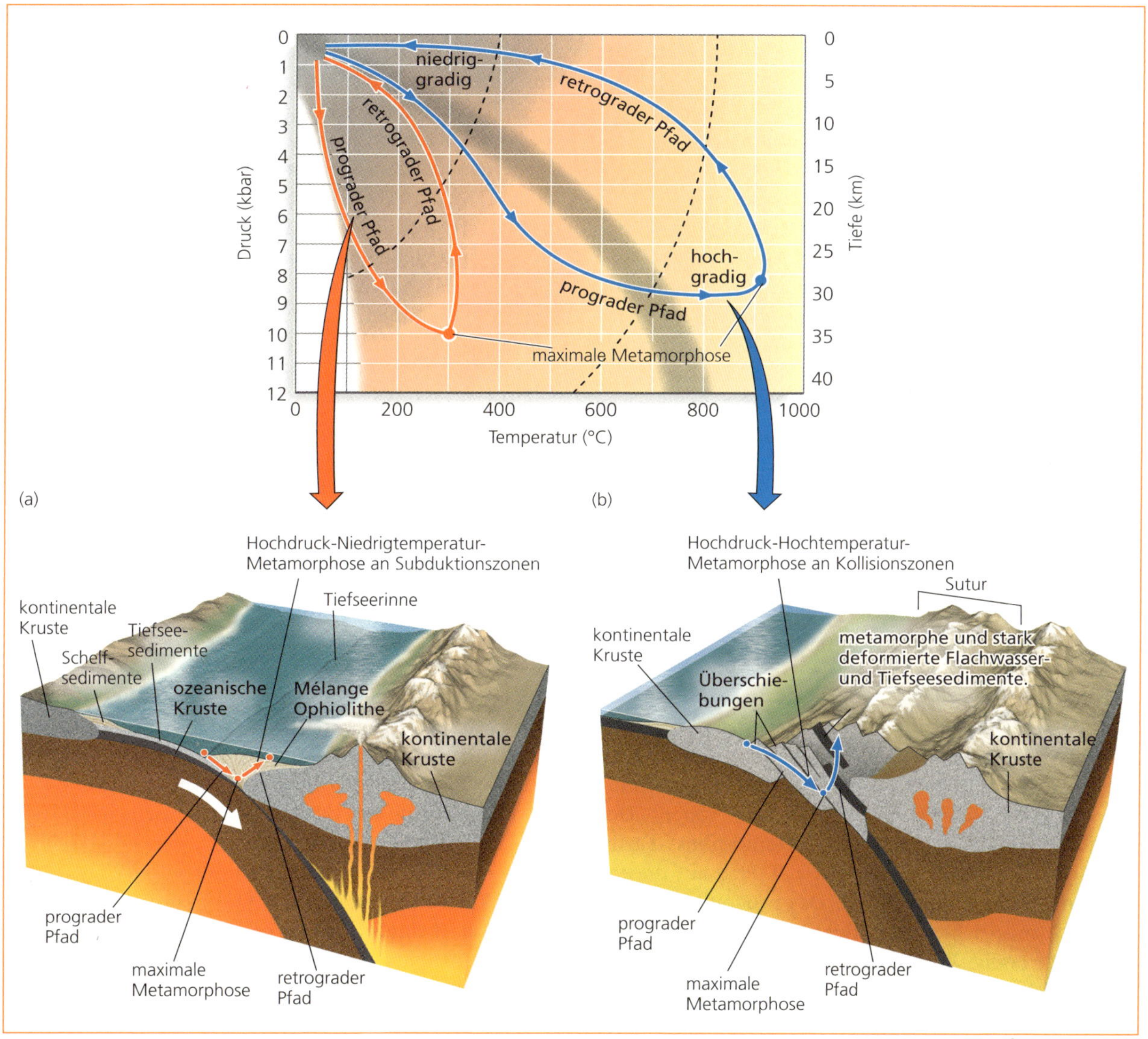


**Abb. 6.10** p-T-Pfade und Gesteinsparagenesen bei (a) einer Ozean-Kontinent-Kollision, und (b) einer Kontinent-Kontinent-Kollision. Die p-T-Pfade unterscheiden sich durch die an den Subduktionszonen geringeren geothermischen Gradienten. Gelangen Gesteine unter Gebirgsgürteln in vergleichbare Tiefen und Druckbedingungen, so ist ihre Temperatur bei gleicher Tiefe deutlich höher.

aber an ihrer besonderen Lagerung und der Durchmengung ihres Materials sowie an ihren spezifischen tektonischen Erscheinungsformen erkennbar. Man bezeichnet eine solche chaotische Masse als tektonische **Mélange**. Die dort auftretende Metamorphose ist gekennzeichnet durch hohen Druck und niedrige Temperaturen (Hochdruck-Niedrigtemperatur-Metamorphose), da das Material verhältnismäßig rasch in Tiefen bis zu 30 km gelangt, wo die Rekristallisation im Bereich der noch relativ kalten subduzierten Platte erfolgt.

**Metamorphose an Subduktionszonen** Die im Forearc-Bereich, dem Bereich zwischen Tiefseerinne und Vulkanbogen, aus Sedimenten und Vulkaniten hervorgehenden metamorphen Gesteine (Abb. 6.10) lassen anhand ihrer Minerale erkennen, dass sie sehr hohen Drücken aber vergleichsweise niedrigen Temperaturen ausgesetzt waren. Dort gelangen in der Subduktionszone die an der Oberseite einer abtauchenden kalten Lithosphärenplatte lagernden Sedimente in die Tiefe. Die subduzierte Platte taucht dabei so rasch ab, dass für eine Aufheizung nur wenig Zeit bleibt, dagegen nimmt der Druck sehr rasch zu.

Schließlich gelangt das Material als Teil des Subduktionsvorgangs durch Heraushebung wieder an die Oberfläche. Diese **Exhumierung** ist auf zwei Ursachen zurückzuführen: Auftrieb und Zirkulationsbewegungen. Drückt man einen Ball in einem Schwimmbecken unter Wasser, dann steigt er sofort wieder an die Wasseroberfläche auf, weil der mit Luft gefüllte Ball eine geringere Dichte als das umgebende Wasser besitzt. In gleicher Weise steigen die subduzierten Metamorphite relativ zur umgebenden Kruste durch ihren eigenen Auftrieb nach oben. Durch welche Prozesse wird das Material anfänglich nach unten „gezogen“? An den Subduktionszonen setzt ein natürlicher Kreislauf ein: Durch die subduzierte Lithosphäre kommt in der Subduktionszone über der abtauchenden Lithosphäre eine kreisförmige Bewegung von Material in Gang, durch die das Material zuerst in große Tiefe gezogen und dann wieder an die Oberfläche zurückbefördert wird.

Abbildung 6.10 zeigt einen typischen p-T-Pfad für Gesteine, die im Verlauf der Subduktion und Exhumierung einer Hochdruck-Niedrigtemperatur-Metamorphose (Glaukophanschieferfazies) ausgesetzt waren. Der p-T-Pfad ist dem Diagramm der Metamorphose-Fazies überlagert. Man beachte, dass der p-T-Pfad auf diesem Diagramm eine Schleife bildet. Das prograde Segment des Pfads entspricht der Subduktion und zeichnet sich durch eine rasche Zunahme des Drucks bei einem vergleichsweise geringen Anstieg der Temperatur aus. Während der Heraushebung biegt der p-T-Pfad um, weil die Temperatur immer noch geringfügig steigt, der Druck aber rasch abnimmt. Das retrograde Segment des p-T-Pfads entspricht dem beschriebenen Prozess der Exhumierung.

**Hinweise auf ehemalige Konvergenzbewegungen Ozean-Kontinent** Die wesentlichen Elemente derartiger Gesteinsparagenesen wurden in den Gesteinsabfolgen vieler Gebiete nachgewiesen. Beispielsweise besteht die so genannte Franciscan-Formation der kalifornischen Küstenkette (Coast Range) aus einer tektonischen Mélange, der zugehörige Magmatismus tritt in der parallel dazu verlaufenden Zone der Sierra Nevada weiter im Osten auf. Diese beiden Gebirge sind das Ergebnis einer Kollision zwischen der Nordamerikanischen und der subduzierten Farallon-Platte, die im Mesozoikum erfolgte (vgl. Abb. 20.6). Die Position der Mélange im Westen und das Auftreten der Magmatite im Osten zeigt darüber hinaus, dass die heute verschwundene Farallon-Platte die subduzierte Platte war; sie wurde damals von der weiter im Osten liegenden Nordamerikanischen Platte überfahren. Die Analyse der p-T-Pfade der metamorphen Minerale in der Glaukophanschieferfazies der Franciscan Mélange ergibt in der graphischen Darstellung ebenfalls eine Schleife, die dem in Abbildung 6.10 gezeigten p-T-Pfad weitestgehend entspricht und auf ein rasches Abtauchen in Bereiche mit hohem Druck hinweist, einem kennzeichnenden Merkmal der Subduktion.

Weitere Beispiele für ähnliche paarig angeordnete Gesteinsparagenesen treten an nahezu allen aktiven Kontinentalrändern auf, die das Becken des Pazifischen Ozeans umrahmen, beispielsweise in Japan. Die Zentralalpen wurden durch die Konvergenz der Adriatischen Platte und der Eurasischen Platte herausgehoben. Die Anden an der Westküste Südamerikas (von denen die Bezeichnung des vulkanischen Gesteins „Andesit“ abgeleitet ist) sind das beste Beispiel für die Konvergenz einer ozeanischen und einer kontinentalen Platte. Dort taucht die Nazca-Platte an einer Subduktionszone unter die Südamerikanische Platte ab.

## Konvergenz kontinentaler Platten

Nachdem Platten Kontinente tragen können, kann es auch zur Konvergenz kontinentaler Platten kommen, das heißt, auch Kontinente können miteinander kollidieren (Abb. 6.10b). Da die kontinentale Kruste aufgrund ihrer geringen Dichte auf der Lithosphäre „schwimmt“ und der Subduktion Widerstand leistet, entwickelt sich an der Grenze, wo Kontinente zusammenstoßen, eine breite Zone intensiver Deformation. Das Resultat einer solchen Kollision ist eine **Suturzone** oder **Geosutur** im Grenzbereich der beiden kollidierenden Krustenblöcke. Die durch die Gebirgsbildung verursachte intensive Deformation führt im Bereich der Kollisionszone zu einer wesentlichen Verdickung der kontinentalen Kruste sowie zur Entstehung von oftmals hohen Gebirgszügen, wie am Beispiel des Himalaja deutlich wird. Im Kernbereich des Gebirges kommt es in der Tiefe nahe der Geosutur zur Intrusion von Magmen. An dieser Sutur treten außerdem häufig auch Ophiolithkomplexe auf – Reste eines ehemaligen Ozeans, der durch die Konvergenz der beiden Platten subduziert wurde.

Wenn Kontinente kollidieren und es zur Verdickung der Lithosphäre kommt, heizen sich die tieferen Bereiche der kontinentalen Kruste auf, was zu einer unterschiedlich starken Metamorphose der Krustengesteine führt. Gleichzeitig beginnt in den noch tieferen Zonen die Aufschmelzung. Auf diese Weise entsteht bei der Gebirgsbildung in den Kernen der Orogengürtel ein komplexes Gemisch aus Magmatiten und Metamorphiten. Millionen Jahre später, nachdem die oberflächennahen Bereiche durch Erosion abgetragen worden sind, gelangen diese Kernbereiche an die Erdoberfläche und lassen anhand ihres Gesteinsinhaltes die metamorphen Prozesse erkennen, die zur Bildung von Glimmerschiefern, Gneisen und anderer Metamorphite führten.

Die p-T-Pfade der Metamorphite, die bei der Konvergenz kontinentaler Platten entstanden sind, unterscheiden sich von denen der Subduktionszonen. Bei der Kollision kontinentaler Platten herrschen höhere Temperaturen als bei der Subduktion. Wenn ein Gestein bei der Kollision in tiefere Bereiche gelangt, sind auch die Temperaturen unter bestimmten Druckbedingungen deutlich höher (Abb. 6.10b). Der p-T-Pfad beginnt an derselben Stelle wie der p-T-Pfad der Subduktion, er zeigt aber bei zunehmendem Druck eine raschere Temperaturzunahme. Man deutet das prograde Segment des p-T-Pfades für Kollisionszonen als typische Folge einer Versenkung von Gesteinen unter hohen Gebirgen im Verlauf einer Orogenese. Das retrograde Segment ist Abbild von Aufstieg und Exhumierung der tief versenkten Gesteine im Zusammenhang mit dem Kollaps des Gebirges, entweder durch Erosion oder durch postorogene Dehnung und Ausdünnung der kontinentalen Kruste.

Das eindrucksvollste Beispiel für die Kollision kontinentaler Krustenblöcke ist der Himalaja, dessen Bildung vor gut 50 Millionen Jahren einsetzte, als die Platte mit dem Indischen Kontinent und die Eurasische Platte kollidierten. Diese Kollision dauert bis heute an: Der indische Subkontinent dringt mit einer Geschwindigkeit von 5 cm pro Jahr in den asiatischen Kontinent ein, während sich der Himalaja weiterhin hebt – begleitet von Bruchtektonik, zahlreichen schweren Erdbeben und sehr rascher Erosion durch Flüsse und Gletscher.

## Exhumierung: Bindeglied zwischen den Systemen Plattentektonik und Klima

Vor vierzig Jahren lieferte die Theorie der Plattentektonik erstmals eine fertige Erklärung dafür, wie Metamorphite durch Seafloor-Spreading, Subduktion von Platten oder Kollision von Kontinenten entstehen. Mitte der achtziger Jahre ergab die Untersuchung der p-T-Pfade ein wesentlich höher auflösendes Bild der kennzeichnenden tektonischen Mechanismen, die an der tiefen Versenkung der Gesteine beteiligt sind. Gleichzeitig lieferten sie ein ebenso gut auflösendes Bild vom Ablauf der nachfolgenden und oftmals sehr raschen Heraushebung und Exhumierung dieser tief versenkten Gesteine. Seit dieser Zeit haben Geowissenschaftler nach einem ausschließlich tektonischen Vorgang gesucht, durch den diese Gesteine rasch an die Erdoberfläche zurückgelangen konnten. Eine allgemein akzeptierte Vorstellung geht davon aus, dass Gebirge, die infolge der bei der Kollision entstehenden Krustenverdickung zu größer Höhe aufgestiegen sind, durch gravitativen Kollaps auseinander fließen. Die alte Redensart „Was hochkommt, muss auch wieder runter“ ist hier zwar zutreffend; dieser Vorgang läuft jedoch für geologische Verhältnisse extrem rasch ab, sodass die meisten Geologen davon ausgehen, dass dies nicht der einzige Effekt sein kann, es müssen also noch andere Mechanismen daran beteiligt sein.

Wie wir in Kapitel 22 noch sehen werden, entdeckten Geomorphologen, dass in aktiven Gebirgsregionen durch Gletscher und Flüsse extrem hohe Erosionsraten zustande kommen. Im Verlauf des letzten Jahrzehnts stellten diese Wissenschaftler eine neue Hypothese auf, die eine rasche Heraushebung und Exhumierung mit diesen hohen Erosionsraten verknüpft. Die Vorstellung besteht nun darin, dass das Klima – und nicht ausschließlich die Tektonik – den Aufstieg von Gesteinen aus der tiefen Kruste in die oberflächennahen Krustenbereiche durch eine rasche Erosion verursacht. Demzufolge wirken Tektonik (in Form von Orogenese und Heraushebung), und Klima (in Form von Erosion und Verwitterung) zusammen und verursachen somit den Aufstieg der Metamorphite an die Erdoberfläche. Nachdem Geologen lange Zeit glaubten, für regionale und globale Prozesse ausschließlich tektonische Vorgänge in Betracht ziehen zu können, scheint es derzeit, dass zwei offensichtlich getrennte Bereiche der Geologie – Metamorphose und exogene Prozesse – auf elegante Weise miteinander verbunden sein könnten. Oder wie es ein Geologe formulierte: „Welch pikante Ironie, sollten etwa die kräftigen Muskeln der Metamorphose, die mächtige Gebirge in den Himmel heben, durch das Tröpfeln winziger Regentropfen bewegt werden?“

## Zusammenfassung des Kapitels

**Faktoren der Metamorphose:** Metamorphose – die Umwandlung vorhandener Gesteine in festem Zustand – wird verursacht durch die Zunahme von Druck und Temperatur und durch die Reaktion mit Ionen oder chemischen Verbindungen, die durch Lösungen zugeführt werden. Da Druck und Temperatur tief im Erdinneren als Folge tektonischer Kräfte oder Magmenintrusionen ansteigen, wandeln sich die chemischen Verbindungen des Ausgangsgesteins in neue Mineralparagenesen um, die unter den neuen Druck- und Temperaturbedingungen stabil sind. Gesteine, die bei relativ niedrigen Druck- und Temperaturbedingungen der Metamorphose unterlagen, werden als niedrig metamorphe Gesteine und solche, die bei hohen Druck- und Temperaturbedingungen der Metamorphose unterlagen, dementsprechend als hoch metamorphe Gesteine bezeichnet. Bei der Metamorphose können dem Gestein chemische Bestandteile zugeführt oder entzogen werden, zum überwiegenden Teil durch fluide Phasen, die aus benachbarten Intrusionen eindringen.

**Arten der Metamorphose:** Die drei wichtigsten Formen der Metamorphose sind: (1) die Regionalmetamorphose im Zusammenhang mit Orogenesen, bei der große Bereiche durch hohen Druck und hohe Temperatur metamorph umgewandelt werden, (2) die Kontaktmetamorphose, bei der Gesteine in der unmittelbaren Umgebung von Magmenintrusionen in erster Linie durch die Temperatur der Intrusion verändert werden, (3) die Hydrothermal-Metamorphose, verursacht durch heiße Fluide, die durch die Gesteine der Kruste zirkulieren und diese metamorph verändern. Weitere Formen der Metamorphose sind: (4) die Versenkungsmetamorphose, eine niedriggradige Metamorphose, bei der Sedimentgesteine durch die im Zusammenhang mit der Versenkung mehr oder weniger normale Zunahme von Auflast und Temperatur metamorph verändert werden; (5) die Hochdruck- und Ultrahochdruck-Metamorphose, bei der Gesteine Drücken bis zu 40 kbar ausgesetzt sind, vergleichbar Versenkungstiefen von über 120 km; und (6) die Schock- oder Impaktmetamorphose, die durch den Aufschlag extraterrestrischer Körper verursacht wird. Die sich ausbreitenden Stoßwellen führen zur Zertrümmerung des Nebengesteins, wobei Quarz in seine Hochdruckmodifikationen Coesit und Stishovit übergehen kann.

**Haupttypen metamorpher Gesteine:** Metamorphe Gesteine werden aufgrund ihrer Gefüge in zwei größere Klassen unterteilt: in Gesteine mit Foliation (die Transversalschieferung, kristalline Schieferung und andere Formen bevorzugter Orientierung der Minerale zeigen) und in massig ausgebildete Gesteine ohne Foliation, die als Felse bezeichnet werden.

Welche Gesteinstypen bei der Metamorphose entstehen, hängt von der Zusammensetzung des Ausgangsgesteins und dem Grad der Metamorphose ab. Die Regionalmetamorphose eines Schiefertons führt mit steigendem Metamorphosegrad zu einer zunehmend stärkeren Foliation, beginnend mit Tonschiefern, über Phyllite zu Glimmerschiefern, Gneisen und schließlich zu Migmatiten. Diese Zonen sind durch Isograden unterscheidbar und sind durch das erste Auftreten des jeweiligen Indexminerals definiert. Die Regionalmetamorphose basischer Vulkanite beginnt mit der Zeolithfazies und verläuft über die Grünschieferfazies zur Amphibolit- und schließlich zur Pyroxengranulit-Fazies. In der Gruppe der Gesteine ohne Foliation entstehen durch die Metamorphose Marmore aus Kalksteinen, Quarzite aus quarzreichen Sandsteinen und schließlich Grünsteine aus Basalt. Hornfels ist das Produkt der Kontaktmetamorphose feinkörniger Sedimentgesteine sowie anderer Gesteine, die reichlich Silicatminerale enthalten. Nach der Vorstellung der Metamorphosefazies können sich Gesteine desselben Metamorphosegrades aufgrund der unterschiedlichen chemischen Zusammensetzung des Ausgangsgesteins voneinander unterscheiden, während Gesteine mit identischer Zusammensetzung des Ausgangsgesteins aufgrund unterschiedlicher Metamorphosegrade voneinander abweichen.

**Metamorphose und Plattentektonik:** Sowohl durch Subduktion als auch durch die Kollision von Kontinenten gelangen Gesteine in tiefere Bereiche der Erde, in denen sie zunehmend höheren Druck- und Temperaturbedingungen ausgesetzt sind, die zu Reaktionen der Minerale führen. Der Verlauf der Druck-Temperatur-Pfade (p-T-Pfade) lässt erkennen, in welcher Form die Metamorphose erfolgte. An konvergierenden Plattenrändern sprechen die p-T-Pfade für eine rasche Subduktion der Gesteine und Sedimente in Bereiche mit hohen Drücken und vergleichsweise geringen Temperaturen. In Gebieten, in denen die Subduktion zur Kollision von Kontinenten führt, gelangen die Gesteine in Tiefen, in denen sowohl hoher Druck als auch hohe Temperaturen herrschen. In beiden Fällen bilden die p-T-Pfade charakteristische Schleifen. Sie zeigen, dass die Gesteine, nachdem sie maximalen Drücken und Temperaturen ausgesetzt waren, wieder in seichtere Stockwerke gelangt sind. Dieser Vorgang der Exhumierung ist auf den Kollaps der Gebirge zurückzuführen, der entweder durch verstärkte Verwitterung und Erosion der Erdoberfläche oder durch tektonisch bedingte Dehnung und Ausdünnung der kontinentalen Kruste verursacht wird.

Gefaltete Sedimentgesteine in Nordwestkanada. Die Falten haben eine Wellenlänge von etwa 1 km [*Foto: John Grotzinger*].

# Kapitel 7 Störungen, Falten und andere Zeugen der Gesteinsdeformation

Die Geologen des 18. und 19. Jahrhunderts wussten bereits, dass die meisten Sedimentgesteine ursprünglich als lockere, horizontale Schichten am Meeresboden abgelagert und im Laufe der Zeit verfestigt worden sind. Doch sie zerbrachen sich schon damals den Kopf, warum so viele feste Gesteinmassen schräg gestellt, gefaltet oder zerbrochen sind. Sie fragten sich, welche Kräfte diese harten Gesteine derart deformiert haben könnten und warum es im Verlauf der Erdgeschichte immer wieder zu bestimmten Deformationsstrukturen kommen konnte. Die in den sechziger Jahren des vergangenen Jahrhunderts entwickelte Theorie der Plattentektonik lieferte die Antwort.

In diesem Kapitel untersuchen wir Prozesse, die an den Plattengrenzen zur Deformation der kontinentale Kruste führen und erfahren, wie Geologen ihre Geländedaten sammeln und interpretieren, um anhand der vielen Informationen den tektonischen Werdegang eines Gebiets zu rekonstruieren.

Nach der Theorie der Plattentektonik (Kap. 2) führt die beständige Relativbewegung zwischen zwei starren Lithosphärenplatten an den Plattenrändern zur Deformation. Man unterscheidet drei Formen von Plattenrändern: Spreading-Zentren, an denen Platten auseinander driften und sich dabei vergrößern; Subduktionszonen, an denen Platten kollidieren und Teilbereiche der Platte vernichtet werden, sowie Transformstörungen, wo Platten aneinander vorbeigleiten und an denen weder neues Material entsteht noch vernichtet wird. Wären die Platten vollständig starre Körper, würden die Plattengrenzen scharfe Lineationen bilden und beliebig festgelegte Punkte auf beiden Seiten der Grenzen würden sich mit derselben relativen Plattengeschwindigkeit bewegen. Dieser Idealfall ist in den Ozeanen annähernd gegeben, wo die tiefen Scheitelgräben der mittelozeanischen Rücken und auch die dazu senkrecht stehenden Transformstörungen eng begrenzte Zonen bilden, die oftmals nur wenige Kilometer breit sind.

Auf den Kontinenten können die relativen Plattenbewegungen jedoch an den sich über Hunderte oder sogar Tausende von Kilometern Breite erstreckenden Plattengrenzen gewissermaßen verwischt sein. In solch ausgedehnten Zonen verhält sich die kontinentale Kruste nicht starr, dort werden die Gesteine der oberflächennahen Krustenbereiche durch **Faltung** und **Bruchtektonik** deformiert. Falten in Gesteinen sind vergleichbar mit Falten in der Kleidung. Genauso wie sich ein Kleidungsstück in Falten legt, wenn es von zwei Seiten zusammengeschoben wird, können auch Gesteine gefaltet werden, wenn sie durch Kräfte innerhalb der Erdkruste zusammengepresst werden (Abb. 7.1). Durch die tektonischen Kräfte können aber auch ganze Schichtenfolgen zerbrechen und als Teilschollen an der Bruchfläche aneinander vorbeigleiten. Diese Bewegungsbahn bezeichnet man als **Störung** oder **Verwerfung** (Abb. 7.1b).

Bewegen sich Schollen an einer solchen Störung sprunghaft, so äußert sich dies in Form von Erdbeben. Bereiche aktiver Deformation der kontinentalen Kruste sind daher auch durch häufig auftretende Erdbeben gekennzeichnet.

Falten und Störungen können in der Größenordnung von Millimetern bis zu mehreren Kilometern auftreten. Zahlreiche Gebirgszüge sind durchzogen von großen Faltenzügen und/oder Störungen. Aus der Abfolge der Deformationsereignisse lassen sich die Bewegungen an ehemaligen Plattengrenzen und somit die tektonische Entwicklung der kontinentalen Kruste rekonstruieren.

## Kartierung geologischer Strukturen

Um zu ermitteln, in welcher Form die Gesteinsserien deformiert worden sind, sind genaue Kenntnisse über die Geometrie der im Gelände zu beobachtenden Strukturen erforderlich. Vorrangige Informationsquelle sind Aufschlüsse, in denen das überall im Untergrund anstehende Gestein der unmittelbaren Beobachtung zugänglich und nicht von Bodenmaterial oder Gesteinsschutt überdeckt ist. Abbildung 7.1a zeigt einen solchen Aufschluss, in dem ersichtlich ist, dass Sedimentgesteine durch tektonische Einengung gefaltet wurden. Oftmals sind gefaltete Gesteinsserien in einem Aufschluss nur teilweise freigelegt oder gekappt und erscheinen daher lediglich als geneigt lagernde Schichten (Abb. 7.2). Die räumliche Orientierung der Schichten ist wichtig, denn nur mit dieser Information lässt sich ein vollständiges Bild der gesamten Deformationsstruktur gewinnen. Um die Raumlage einer Gesteinsschicht an einem bestimmten Ort zu beschreiben, sind lediglich zwei Messungen erforderlich: das Streichen und das Fallen der Schichtflächen.

### Messung von Streichen und Fallen

Das **Streichen** ist die Richtung der Schnittlinie einer Gesteinsschicht mit einer horizontalen Fläche, gemessen als Winkel gegen Nord, wobei konventionsgemäß das Streichen auf Werte zwischen 0° und 180° beschränkt ist. Das **Fallen**, gemessen im rechten Winkel zum Strei-

**Abb. 7.1** (a) Aufschluss in ursprünglich horizontal abgelagerten Schichten, die durch tektonische Einengung gefaltet worden sind. (b) Störungen mit geringen Sprunghöhen versetzen bei Mt. Carmel Junction, Utah, einst durchgehende Schichten gegeneinander [*Fotos: Phil Dombrowski (a); Tom Bean (b)*].

**Abb. 7.2** Schräg gestellte Kalksteine und Schiefertone an der Küste von Somerset, Großbritannien. Die Kinder gehen im Streichen der Schichten, die unter einem Winkel von 15° nach links einfallen [*Foto: Chris Pellant*].

chen, ist ganz einfach der Betrag der Verkippung, das heißt der Winkel, um den die Schicht gegen die Horizontale geneigt ist. Abbildung 7.3 zeigt, wie Streichen und Fallen im Gelände beobachtet und gemessen werden. Ein Geologe würde den im unteren Teil der Abbildung dargestellten Aufschluss beispielsweise als grobkörnige Sandsteinschichten beschreiben, die 90° streichen und mit 45° nach Süden einfallen. Mit den Werten von Streichen und Fallen kann die Raumlage aller geologischen Flächen wie etwa Störungen, Diskordanzflächen oder Achsenflächen beschrieben werden.

Eine andere Möglichkeit, die räumliche Lage geologischer Flächen zu beschreiben, beruht ausschließlich auf der Messung der Fallrichtung (0°–360°) und des Fallwinkels (0°–90°).

## Geologische Karten

Geologische Karten zeigen die Verbreitung der Gesteinseinheiten an der Erdoberfläche (Abb. 7.4). Die kartenmäßige Darstellung erfolgt in einem bestimmten Maßstab. Ein gängiger Maßstab für die geologische Aufnahme ist der Maßstab 1:10 000, das heißt 1 cm auf der Karte entspricht 10 000 cm (= 100 m) in der Natur. Eine solche Geländekarte ist dann Grundlage weiterer Karten, meist im Maßstab 1:25 000 oder 1:50 000. Größere Gebiete (z. B. Geologische Karte von Deutschland) werden in so genannten Übersichtskarten dargestellt, deren Maßstab von der Größe des Gebietes bestimmt wird. Je kleiner der Maßstab, desto weniger Details können auf der Karte dargestellt werden.

Geologen identifizieren die verschiedenen Gesteinseinheiten im Gelände und tragen ihren Verlauf in die Karte ein, wobei jede Kartiereinheit durch eine eigene Farbe und ein für Gesteinsart oder Alter charakteristi-

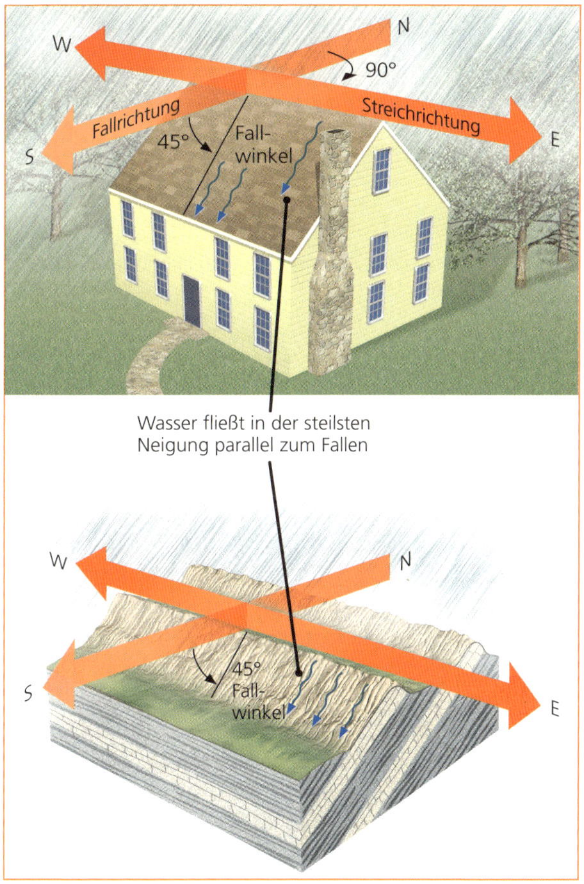


**Abb. 7.3** Geologen verwenden die Begriffe Streichen und Fallen, um die räumliche Lage einer Schichtfläche zu beschreiben. Das Fallen ist der Winkel der steilsten Neigung einer Schicht, gemessen gegen die Horizontale. Das Streichen verläuft senkrecht zur Fallrichtung. In diesem Beispiel streichen die Schichten Ost-West und das Schichtfallen ist 45° Süd [*nach A. Maltman (1990): „Geological Maps: An Introduction". Van Nostrand Reinhold, New York*].

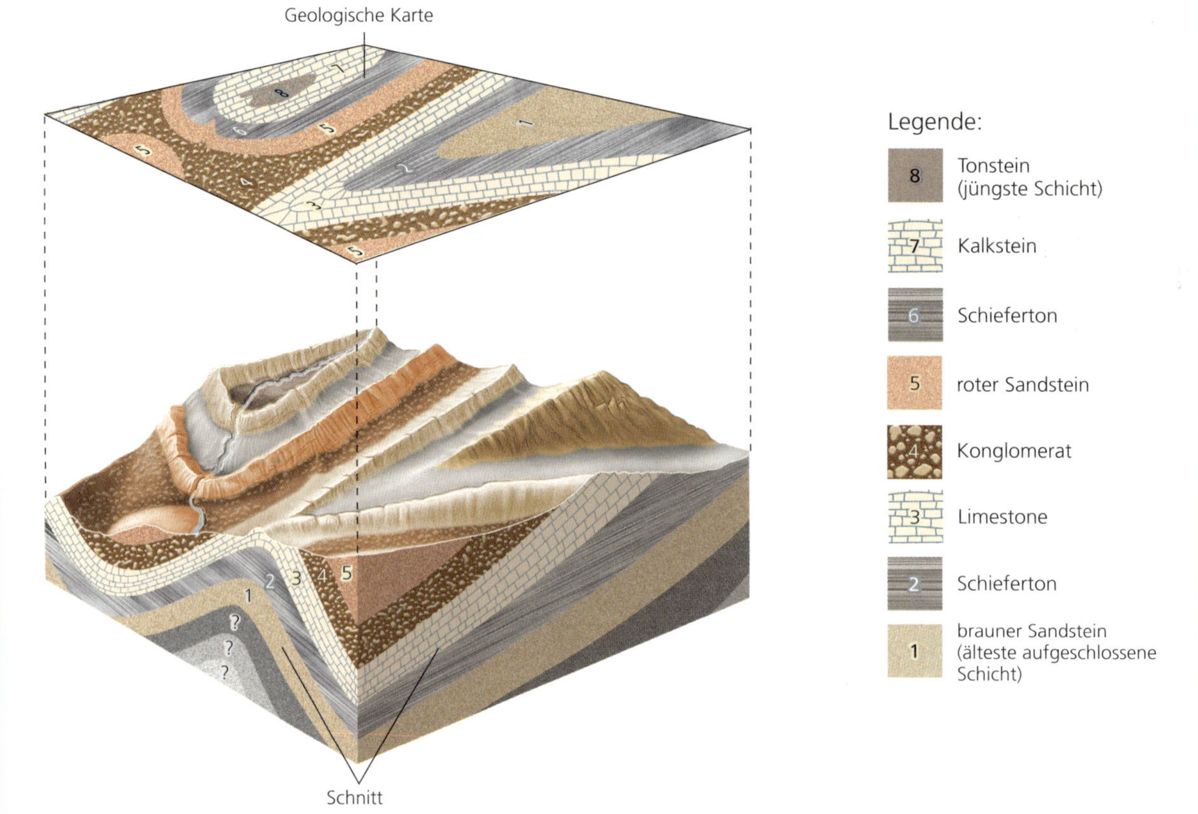


**Abb. 7.4** Geologische Karte und die dazu gehörenden Schnitte ergeben eine zweidimensionale Darstellung einer räumlichen geologischen Struktur.

sches Symbol (entweder Ziffern oder Buchstaben) gekennzeichnet wird (Abb. 7.4). Da in stark gefalteten Gebieten meist sehr viele Gesteinsformationen aufgeschlossen sind, können geologische Karten ausgesprochen bunt sein. Verwitterungsanfällige Gesteine wie etwa Tonsteine oder andere, wenig verfestigte Sedimente werden leichter erodiert als härtere Gesteinseinheiten wie etwa Kalksteine, Granit oder Metamorphite. Demzufolge beeinflussen die Gesteinstypen in starkem Maße die Morphologie der Erdoberfläche und auch die Aufschlussverhältnisse. Dieser wichtige Zusammenhang zwischen geologischem Bau und Relief wird vor allem dann deutlich, wenn auf der geologischen Karte das Relief durch Höhenlinien dargestellt ist.

Jede Gesteinseinheit wird mit bestimmten Symbolen versehen, die das lokale Streichen und Fallen der Schichten erkennen lassen, und Störungen oder andere wichtige tektonische Grenzflächen sind durch besondere Signaturen, meist dicke Linien dargestellt. Da geologische Karten eine Fülle von Informationen liefern, hat man sie auch schon als „Lehrbücher auf einem einzigen Stück Papier" bezeichnet.

Natürlich kann auf einer geologischen Karte nicht jedes im Gelände beobachtete Detail dargestellt werden. Eine gewisse Schematisierung ist oft nicht zu umgehen. So werden beispielsweise kompliziert gebaute Störungszonen lediglich als eine Störung dargestellt, oder kleine Falten, die im vorgegebenen Maßstab nicht darstellbar sind, bleiben unberücksichtigt. Geringmächtige Deckschichten, gleichgültig ob Böden oder Lockergesteine, die die Strukturen des Untergrundes verhüllen, werden in der Karte normalerweise nicht dargestellt, so als wäre der Gesteinsinhalt überall aufgeschlossen und der Beobachtung zugänglich.

Auf diese Weise stellt eine geologische Karte ein wissenschaftliches Modell der Oberflächengeologie dar.

## Geologische Schnitte

Geologische Strukturen sind immer auch räumliche Strukturen; wenn daher ein Gebiet kartiert ist, muss die zweidimensionale Darstellung der Karte in ein dreidimensionales Bild der geologischen Situation umgesetzt werden. Wie lassen sich aber Deformationsstrukturen in Gesteinsschichten rekonstruieren, selbst wenn die Erosion bereits Teile der Schichtenfolge entfernt hat? Der Geologe muss hier gleichsam ein dreidimensionales

Puzzle mit vorhandenen und fehlenden Teilen zusammensetzen. Dabei spielen Sachverstand und Intuition – verbunden mit einigen Grundprinzipien der Geologie – eine wichtige Rolle. Zur Vervollständigung eines geologischen Geländebefundes konstruiert man normalerweise einen **geologischen Schnitt** – eine Darstellung, die die geologischen Strukturen anhand eines vertikalen Schnitts durch einen Teil der Erdkruste zeigt.

Kleine geologische Schnitte sind oftmals in den senkrechten Wänden einer Steilküste, in Steinbrüchen oder Straßeneinschnitten zu beobachten. Schnitte durch größere Gebiete lassen sich aus den Angaben einer geologischen Karte und mithilfe der in Aufschlüssen gemessenen Streich- und Fallwerte konstruieren. Die Angaben der geologischen Kartendarstellung werden durch Daten aus Bohrungen oder seismischen Profilen ergänzt, um auf den Schnitten auch die Lage der Schichten im tieferen Untergund darstellen zu können. (Bohrungen und seismische Untersuchungen sind jedoch mit hohen Kosten verbunden, und daher meist nur von Gebieten verfügbar, in denen auf Erdöl, Kohle, Grundwasser oder andere natürliche Ressourcen prospektiert wurde.)

Abbildung 7.4 zeigt eine geologische Karte und den daraus abgeleiteten Schnitt von einem Gebiet, in dem ursprünglich horizontal lagernde Sedimentgesteine zu Falten deformiert und nachfolgend zu Höhenrücken und Tälern erodiert worden sind.

Auf einige der in der Karte dargestellten geologischen Gegebenheiten wird später noch eingegangen. Zuvor befassen wir uns mit den grundlegenden Prozessen der Gesteinsdeformation.

## Wie werden Gesteine deformiert?

Die Deformation von Gesteinen ist eine Reaktion auf die Kräfte, die auf sie einwirken. Ob Gesteine durch Faltung, Bruch oder einer Kombination beider Vorgänge reagieren, ist schwierig zu ermitteln und jeweils abhängig von der Richtung der einwirkenden Kräfte, vom Gesteinstyp und von den während der Deformation herrschenden physikalischen Bedingungen. Betrachten wir zunächst im Gesamtbild, wie die Kräfte der Plattentektonik zur Deformation der kontinentalen Kruste führen.

### Deformation durch Plattentektonik

In der oberen Erdkruste, vor allem in der Nähe der Erdoberfläche, entstehen die wesentlichen tektonischen Kräfte durch die Horizontalbewegungen der Lithosphärenplatten. Diese auf die Gesteine an den Plattengrenzen einwirkenden Kräfte sind demzufolge horizontal gerichtete Kräfte, ihre Erscheinungsform ist abhängig von der relativen Plattenbewegung:

- **Extension** (Dehnung), durch die ein Körper gedehnt wird und gewöhnlich auseinander reißt. Extensionskräfte herrschen an divergierenden Plattengrenzen vor, wo Platten auseinander driften.
- **Kompression** (Einengung), durch die ein Körper zusammengedrückt und verkürzt wird. Kompressionskräfte überwiegen an konvergierenden Grenzen, wo sich Platten aufeinander zu bewegen.
- **Scherung**, durch die ein Körper in zwei horizontal aneinander vorbeigleitende Teilkörper zerlegt wird. Scherkräfte dominieren an Transformstörungen, wo Lithosphärenplatten horizontal aneinander vorbeigleiten.

Wir betrachten nun, auf welche Weise die kontinentale Kruste deformiert wird, wenn sie horizontal gerichteter Kompression, Extension und Scherung ausgesetzt ist.

### Sprödes und duktiles Verhalten der Gesteine im Labor

In den Anfängen der modernen Geologie standen die Geologen vor dem Problem zu erklären, wie fest und starr erscheinende Gesteine durch tektonische Kräfte zu Falten deformiert werden oder an Störungen zerbrechen. Dieses Problem wurde bereits Mitte des 19. Jahrhunderts gelöst, als man große hydraulische Pressen verwendete und damit kleine Gesteinsproben extremen Druckbedingungen aussetzte. Diese Geräte wurden von Ingenieuren entwickelt, um die Festigkeit von Betonproben und anderen Baustoffen zu ermitteln. Geologen modifizierten diese Geräte geringfügig, um im Einzelnen nachzuvollziehen, wie Gesteine unter Drücken und Temperaturen deformiert werden, die hoch genug sind, um die physikalischen Bedingungen in der tiefen Erdkruste zu simulieren.

Bei einem solchen Experiment wurde ein kleiner Marmorzylinder Kompressionskräften ausgesetzt, indem mit einer hydraulischen Presse auf das eine Ende Druck ausgeübt wurde, während die Probe gleichzeitig einem allseitigen Druck ausgesetzt war. (Allseitig wirkender Druck ist am gesamten Körper fühlbar, wenn man tief unter Wasser taucht. Er steigt kontinuierlich mit der Tiefe im Verhältnis zur überlagernden Masse). Bei niedrigem allseitigem Druck wurde die Marmorprobe nur geringfügig deformiert, bis schließlich der auf das Ende ausgeübte Druck soweit erhöht wurde, dass die gesamte Probe plötzlich durch Bruch reagierte (Abb. 7.5). Dieser Versuch zeigte, dass sich Marmor unter geringem allseitigem Druck – vergleichbar der oberflächennahen Kruste – spröde verhält. Ein weiterer Versuch unter hohem allseitigem Druck führte zu einem völlig anderen Ergebnis: Der Marmorzylinder wurde langsam

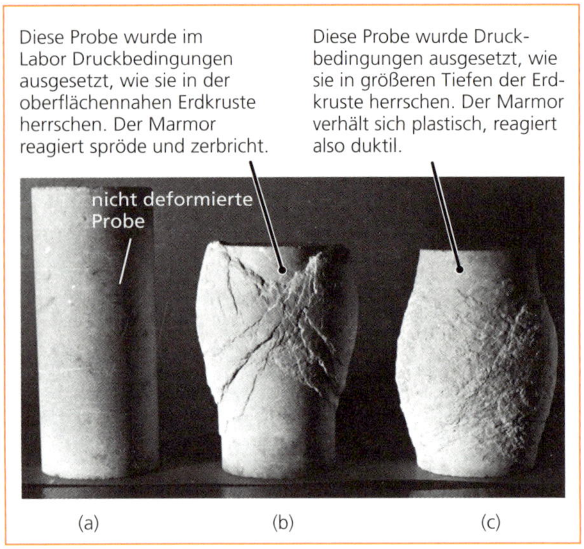


**Abb. 7.5** Ergebnisse von Laborexperimenten, bei denen untersucht wurde, wie Gesteine, in diesem Fall ein Marmorzylinder, durch Kompression deformiert werden. [*Foto: M. S. Paterson, Australian National University*].

und kontinuierlich deformiert und nahm schließlich eine gestaucht-gewölbte Form an, ohne dabei zu zerbrechen. Er verhielt sich unter dem hohen allseitigen Druck, der auch in großen Tiefen der Erdkruste herrscht, wie verformbares, das heißt duktiles Material. In anderen Experimenten konnte gezeigt werden, dass sich eine erwärmte Marmorprobe auch bei niedrigem allseitigem Druck duktil verhält, ähnlich wie auch Wachs durch Erwärmung von einem spröden, durch Bruch reagierenden Material in ein weiches, fließfähiges Material übergeht. Man schloss aus den Untersuchungen, dass eine Schicht aus diesem speziellem Marmor in geringen Tiefen von wenigen Kilometern von tektonischen Kräften normalerweise durch Bruch, das heißt durch Störungen deformiert wird, während sie in größerer Tiefe durch Faltung allmählich ihre Form verändert.

### Sprödes und duktiles Verhalten der Gesteine unter natürlichen Bedingungen

Natürliche Bedingungen können im Labor nicht exakt kopiert werden. Tektonische Kräfte wirken über Millionen von Jahren, während Versuche im Labor meist nur wenige Stunden dauern und selten über Wochen durchgeführt werden. Dennoch liefern die Experimente wichtige Hinweise zur Interpretation der Geländebefunde. Wenn wir im Gelände Falten und Bruchzonen sehen, sollten wir uns stets über Folgendes bewusst sein:

- Manche Gesteine reagieren spröde, andere dagegen duktil, und ein und dasselbe Gestein kann sich in geringen Tiefen spröde und tief in der Kruste duktil verhalten.
- Das Deformationsverhalten wird vom Gesteinstyp beeinflusst. Vor allem die Magmatite und Metamorphite des kristallinen Grundgebirges reagieren durch spröde Deformation und zerbrechen an Störungsflächen, während sich die jüngeren weicheren Sedimentgesteine, die über ihnen lagern, duktil verhalten und mit Faltung reagieren.
- Gesteine, die sich bei langsamer Deformation duktil verhalten, können jedoch bei rascher Deformation spröde reagieren.
- Gesteine brechen eher durch Dehnung als durch Druck. In Sedimentgesteinen, die bei gerichtetem Druck mit Faltung reagieren, kommt es bei Dehnung häufig zum Bruch und damit zur Bildung von Störungen.

## Wichtige Deformationsstrukturen

Bruchtektonik und Faltung sind Beispiele für die grundlegenden tektonischen Erscheinungsformen, die von Geologen kartiert werden, um das bei der Deformation der Kruste herrschende Kräftefeld zu rekonstruieren. Mithilfe einfacher geometrischer Kriterien (und einem umfangreichen Fachvokabular) lassen sich innerhalb der Deformationsstrukturen mehrere Formen unterscheiden.

### Störungen

Störungen sind Trennflächen, an denen ursprünglich aneinander grenzende Gesteinspartien gegeneinander versetzt worden sind. Wie andere geologische Flächen kann auch die räumliche Orientierung der Störungsflächen durch Streichen und Fallen angegeben werden (vgl. Abb. 7.3). Die Bewegung auf einer Seite in Relation zur anderen Seite kann durch die Richtung der Verschiebung und durch den Gesamtbetrag der Bewegung, den Verschiebungs- oder Versatzbetrag beschrieben werden. Bei einer kleinen Störung (vgl. Abb. 7.1b) beträgt der Versatz lediglich einige Meter, während der Verschiebungsbetrag bei großen Transformstörungen wie beispielsweise bei der San-Andreas-Störung mehrere hundert Kilometer betragen kann (Abb. 7.6).

Die Unterteilung der Störungsarten beruht auf der Richtung der relativen Bewegung (Abb. 7.7). Bei Aufschiebungen und Abschiebungen erfolgt eine vertikale Relativbewegung des Gesteins ausschließlich im Fallen

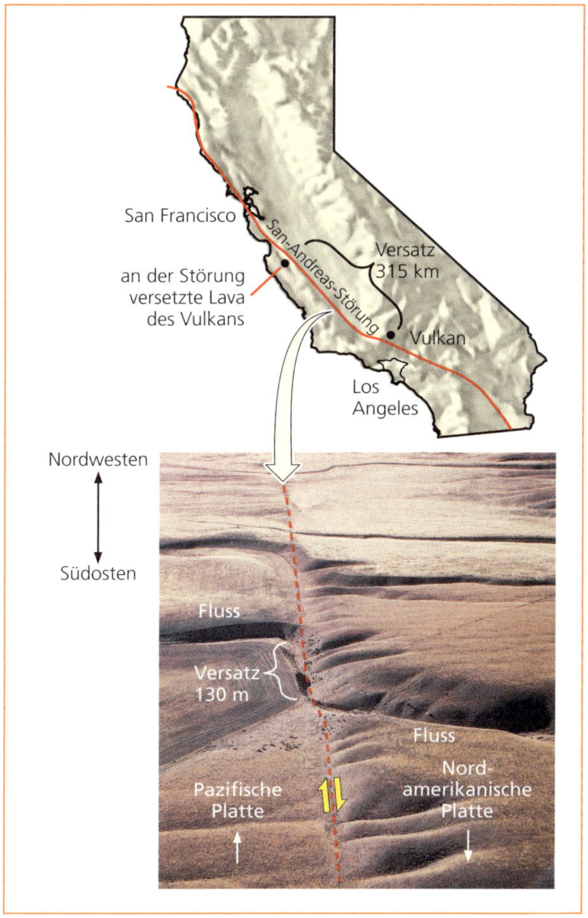


**Abb 7.6** Blick auf die San-Andreas-Störung in norwestliche Richtung. Er zeigt die Nordwestbewegung der Pazifischen Platte relativ zur Nordamerikanischen Platte. Die Störung verläuft in Bildmitte von oben nach unten (gestrichelte Linie). Man beachte den Versatz des Flusstales (Wallace Creek) um 130 m an der Stelle, an der es die Störung quert. In anderen Gebieten Kaliforniens wurde eine Abfolge von 23 Millionen Jahre alten vulkanischen Gesteinen um 315 Kilometer gegeneinander versetzt. [*Foto: John S. Shelton*].

der Störungsfläche (Abb. 7.7a,b,c). Eine **Horizontal-**, **Seiten-** oder **Blattverschiebung** ist eine Störung, bei der die Bewegung im Wesentlichen horizontal, das heißt parallel zum Streichen der Störungsfläche erfolgt (Abb. 7.7d). Eine Bewegung im Streichen bei gleichzeitiger Vertikalbewegung auf der Störungsfläche wird als Schrägabschiebung beziehungsweise Schrägaufschiebung bezeichnet (Abb. 7.7e). Auf- und Abschiebungen sind an Kompressions- beziehungsweise Extensionsvorgänge gebunden, während Horizontalverschiebungen darauf hindeuten, dass Scherkräfte wirksam waren. Eine Schrägabschiebung weist auf ein Zusammenwirken beider Kräfte hin.

Für Störungen ist eine genauere Kennzeichnung erforderlich, weil die Bewegung nach oben oder unten beziehungsweise nach links oder rechts erfolgen kann. Bei einer **Abschiebung** bewegen sich die Gesteine auf der Oberseite der Störung (Hangendblock) infolge einer horizontalen Krustendehnung auf der Störungsfläche nach unten (Abb. 7.7a). Bei einer **Aufschiebung** bewegt sich der Gesteinsblock oberhalb der Störung als Folge einer Einengung auf der Störungsfläche nach oben. (Abb. 7.7b) Aufschiebungen sind deutliche Zeichen einer Kompression.

Eine **Überschiebung** gleicht von der Bewegung her einer Aufschiebung, sie unterscheidet sich jedoch dahingehend, dass die Störungsfläche mit einem Winkel kleiner 45° einfällt, sodass der Gesteinsblock oberhalb der Bewegungsbahn eine stärkere horizontale und eine geringere vertikale Komponente aufweist (Abb. 7.7c). Werden spröde reagierende Gesteine seitlichem Druck ausgesetzt, so brechen sie bevorzugt an Störungsflächen, die mit Winkeln von 30° oder weniger einfallen; steiler einfallende Aufschiebungen sind seltener.

Wenn wir auf eine Horizontalverschiebung blicken (Abb. 7.7d) und der Gesteinsblock auf der gegenüberliegenden Seite nach rechts versetzt ist, dann handelt es sich bei dieser Störung um eine **dextrale (rechtsseitige) Horizontalverschiebung**; ist die Scholle auf der gegenüberliegenden Seite der Störung dagegen nach links versetzt, handelt es sich um eine **sinistrale (linksseitige) Horizontalverschiebung**. Aus dem in Abbildung 7.6 erkennbaren Versatz des Flusslaufs ergibt sich, dass es sich bei der San-Andreas-Störung um eine rechtsseitige Horizontalverschiebung handelt. Diese Bewegungen sind insgesamt auf Scherkräfte zurückzuführen.

Störungen machen sich im Gelände auf unterschiedliche Weise bemerkbar. Eine Störung kann morphologisch als Bruchstufe (kleine Steilwand) in Erscheinung treten, die den Verlauf der Störung an der Erdoberfläche nachzeichnet (Abb. 7.8). Ist der Versatzbetrag groß wie bei vielen Horizontalverschiebungen, etwa bei der San-Andreas-Störung, unterscheiden sich die heute an einer Störung gegenüberliegenden Gesteinsabfolgen erheblich in Bezug auf Gesteinsausbildung und Alter. Sind die Bewegungen kleiner, können die Versatzbeträge unmittelbar beobachtet und gemessen werden. Um den Zeitpunkt der Störungsbewegung abzuschätzen, verwenden Geologen eine einfache Regel: Eine Störung muss jünger sein als das jüngste Gestein, das an ihr versetzt worden ist, und älter als das älteste Gestein, das sie ungestört überlagert.

## Falten

Faltung ist eine häufige Form der Deformation in geschichteten Gesteinen. Bereits der Begriff Falte besagt, dass eine ursprünglich ebene Struktur, wie beispielsweise eine Sedimentschicht, verbogen worden ist. Die Deformation kann entweder von horizontal oder verti-

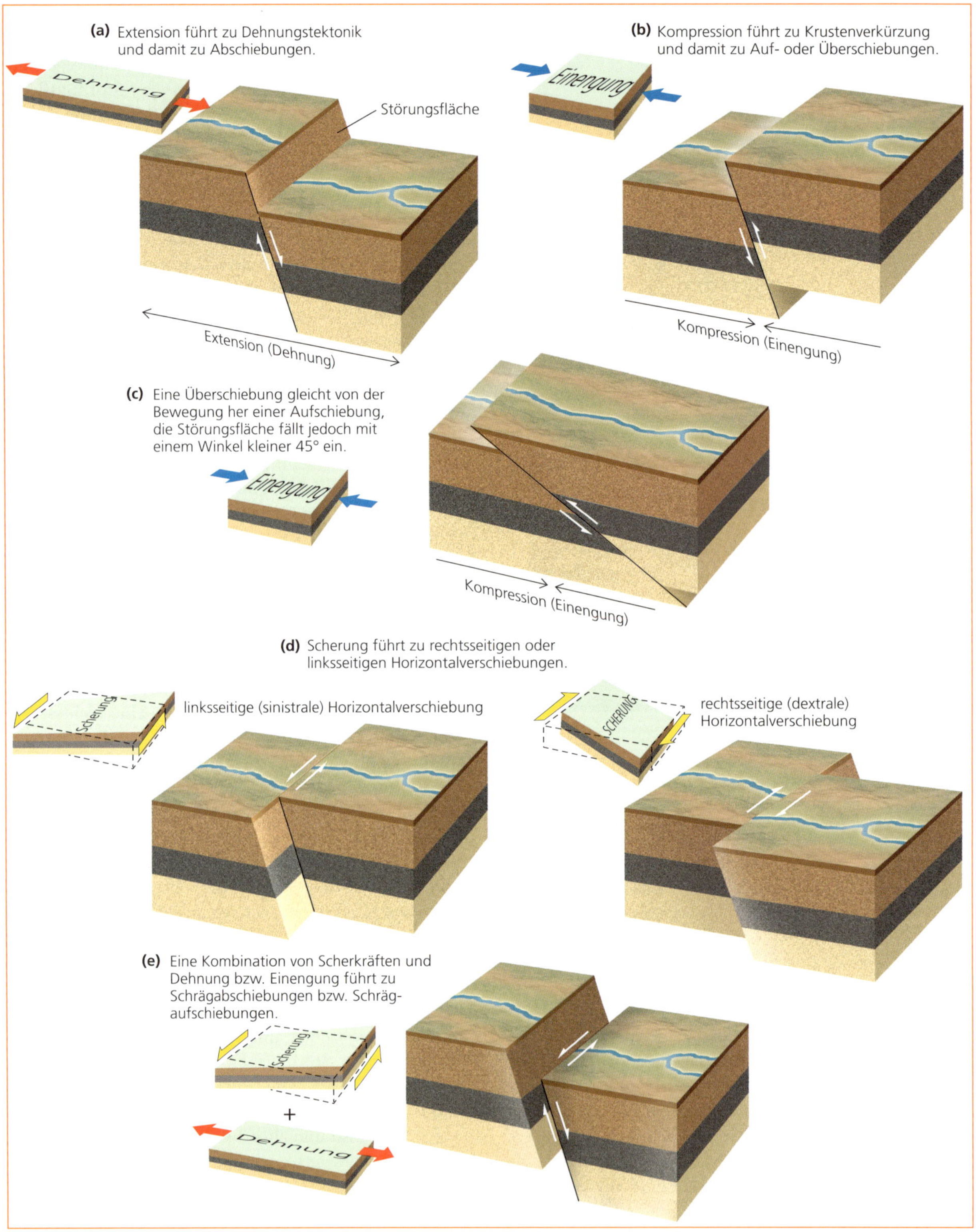


**Abb. 7.7** Tektonische Kräfte bestimmen den Deformationsstil.

**Abb. 7.8** Diese Bruchstufe ist noch jung. Sie entstand, als im Jahre 1954 beim Fairview-Peak-Erdbeben in Nevada eine neue Abschiebung bis nach oben durchbrach. [*Foto: Karl V. Steinbrugge Collection; Earthquake Engineering Research Center*].

**Abb. 7.9** Kleinfalten in einer dünnschichtigen Wechselfolge von Anhydrit (hell) und Schiefertonen (dunkel) aus West-Texas [*Foto: John Grotzinger/Ramón Rivera-Moret/Harvard Mineralogical Museum*].

kal wirkenden Kräften innerhalb der Kruste verursacht werden – in ähnlicher Weise wie sich ein Blatt Papier zu einer Falte aufwölbt, wenn es an den beiden gegenüberliegenden Rändern zusammengeschoben oder von unten hochgedrückt wird.

Wie Störungen treten auch Falten in unterschiedlichen Größenordnungen auf. In vielen Gebirgen, die von der Erosion noch nicht abgetragen worden sind, lassen sich großartige Faltenstrukturen erkennen; einige erreichen Ausdehnungen von vielen Kilometern. In einem wesentlich kleineren Maßstab können sehr dünne Schichten zu Falten von wenigen Zentimetern Länge deformiert sein (Abb. 7.9). Das Ausmaß der Schichtverbiegung hängt von der Zeitdauer der Krafteinwirkung ab, aber auch vom unterschiedlichen Widerstand, den die Schichten der Deformation entgegensetzen.

Eine Wölbung geschichteter Gesteine nach oben wird als **Sattel** oder **Antiklinale** bezeichnet. Eine Wölbung der Schichten nach unten heißt **Mulde** oder **Synklinale** (Abb. 7.10). Die beiden Seiten einer Falte sind die **Flanken** oder **Schenkel**. Die **Achsenfläche** ist eine gedachte Fläche, die eine Faltenstruktur so symmetrisch wie möglich teilt, mit jeweils einer Flanke auf jeder Seite der Achsenfläche. Die Schnittlinie, die die Achsenfläche mit den Schichten bildet, ist die **Faltenachse**. Demzufolge unterscheidet man Sattelachse und Muldenachse. Steht die Achsenfläche einer Falte senkrecht und die Flanken fallen von der Achse weg symmetrisch ein, dann spricht man von einer **aufrechten Falte**. Liegt die Achse einer Falte nicht horizontal, wird die Falte als **abtauchende Falte** bezeichnet. Das Abtauchen wird durch den Winkel beschrieben, den die Faltenachse mit der Horizontalen bildet.

Die Faltenachsen verlaufen selten über größere Entfernungen horizontal. Folgt man der Achse irgendeiner Falte im Gelände, so taucht die Falte früher oder später in den Untergrund ab. Abbildung 7.11 zeigt das Erscheinungsbild abtauchender Sättel und Mulden und das Zickzackmuster der Ausstrichlinien, das sich im Gelände ergibt, nachdem die Erosion den größten Teil der Deckschichten entfernt hat. Die erodierte Valley-and-Ridge-Provinz der Appalachen oder auch das Rheinische Schiefergebirge zeigen diese charakterischen Ausstrichmuster.

Mit zunehmendem Deformationsgrad können Falten eine asymmetrische Form annehmen, indem die eine Flanke steiler einfällt als die andere (Abb. 7.10). Das Gleiche geschieht, wenn die Richtung der deformierenden Kraft unter einem Winkel zur Schichtung einwirkt. Solche **asymmetrischen Falten** sind sehr verbreitet. Ist die Achsenfläche stärker geneigt, dann wird eine Flanke über die Senkrechte hinaus verkippt und damit entsteht eine **überkippte Falte**. Bei überkippten Falten fallen beide Flanken in dieselbe Richtung ein, aber die Abfolge der Schichten ist auf der einen Flanke genau umgekehrt wie die ursprüngliche Abfolge, das heißt, die Schichten lagern invers, und daher liegen die älteren Gesteinsschichten über den jüngeren. Alle asymmetrischen Falten besitzen eine **Vergenz** (Kipprichtung). Sie lässt sich durch die Angabe des Neigungswinkels der Achsenfläche gegen die Vertikale und durch die Richtung der Kippung aus der Vertikalen quantitativ beschreiben. Ist die Achsenfläche um einen bestimmten Winkel nach Norden verkippt, bezeichnet man diese Falte als nordvergent.

Beobachtungen im Gelände liefern den Geologen nur selten vollständige Informationen. Häufig ist das anstehende Gestein durch auflagernden Boden, Löss oder Gesteinsschutt verdeckt oder die Erosion hat einen großen Teil der früheren Strukturen beseitigt. Deshalb suchen Geologen nach verwendbaren Anhaltspunkten, um die Beziehungen zwischen den Schichten herauszufinden. Zum Beispiel kann im Gelände oder auf einer

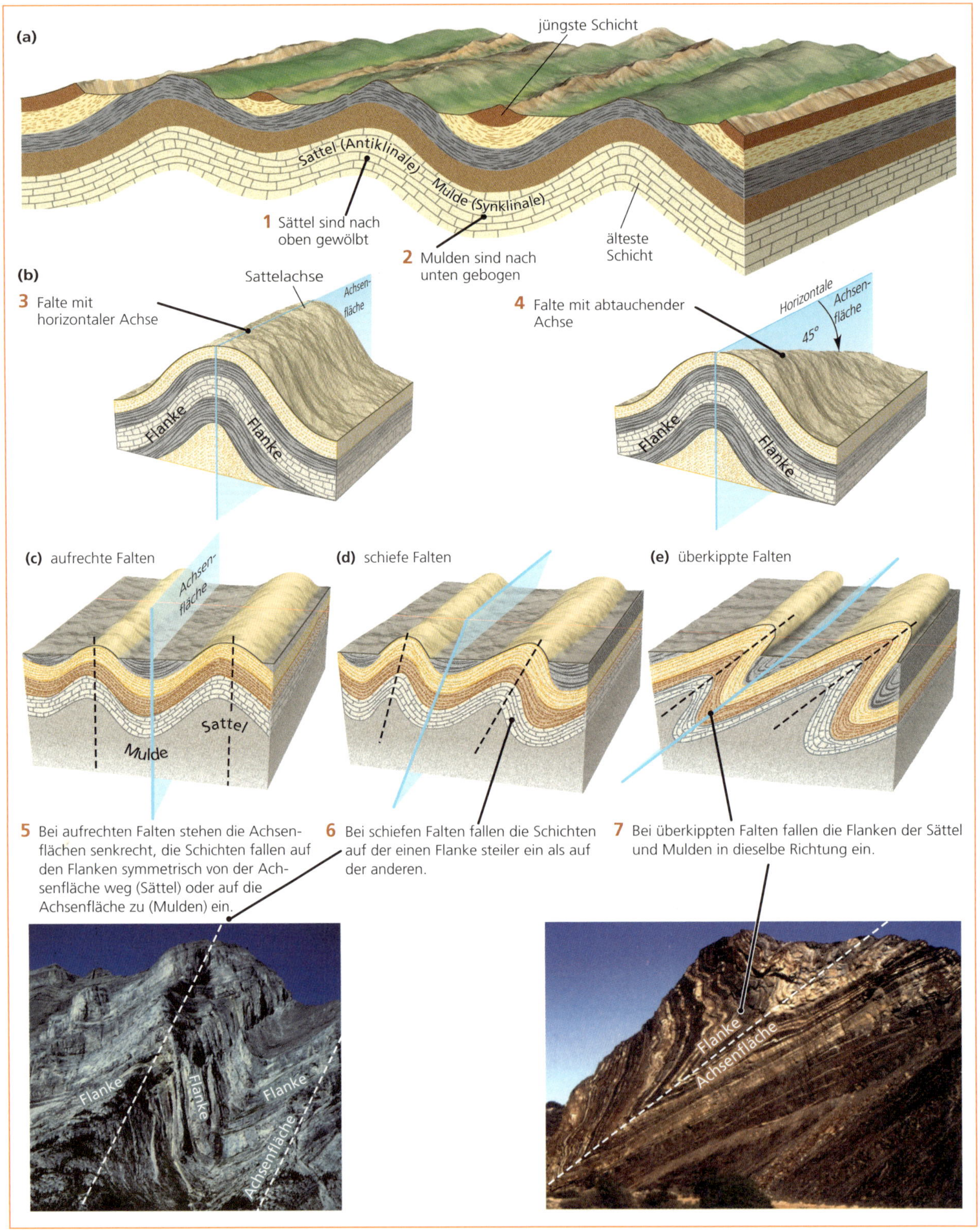


**Abb. 7.10** Falten können aufgrund der räumlichen Orientierung ihrer Faltenachse und Achsenfläche beschrieben werden [*Fotos: Mark McNaught, mit frdl. Genehmigung (links); John Grotzinger (rechts)*].

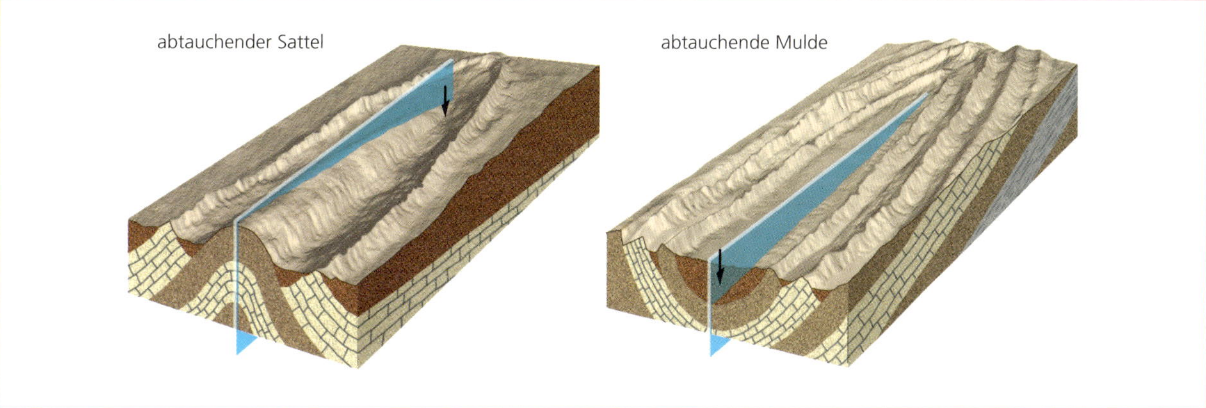


**Abb. 7.11** Ausstrich abtauchender Falten. Man beachte, dass dort, wo die Faltenachsen abtauchen, die Ausstrichlinien der Schichten zusammenlaufen und das Streichen der Schichten kontinuierlich seine Richtung ändert („umlaufendes Streichen").

Karte eine erodierte Aufwölbung daran erkannt werden, dass ein Streifen von älteren Gesteinen (der den Kern der Struktur bildet) auf beiden Seiten von jüngeren Gesteinen begleitet wird, die vom Kern weg einfallen (vgl. Abb. 7.4; Abb. 7.11). Eine erodierte Mulde lässt sich dagegen an einem Kern aus jüngeren Gesteinen erkennen, der beidseitig von älteren Gesteinen begrenzt wird, die in Richtung auf den Muldenkern einfallen.

## Dome und Becken

Die Deformation an Plattenrändern äußert sich in linearen Störungen und Faltenstrukturen, deren Streichen aufgrund von horizontal wirkenden Kräften nahezu parallel zu den Plattenrändern verläuft. Einige Deformationserscheinungen sind jedoch mehr oder weniger symmetrisch und bilden eher kreisförmige Strukturen, die als Dome und Becken bezeichnet werden. In vielen, jedoch nicht allen Fällen, sind diese Strukturen eher die Folge von aufsteigendem oder nach unten absinkendem Material und nicht die Folge der horizontal wirkenden Kräfte der Plattentektonik. Tatsächlich sind runde Deformationsstrukturen in den zentraleren Bereichen der Platten und damit in größerer Entfernung zu den aktiven Plattengrenzen deutlich häufiger.

Ein **Dom** ist eine ausgedehnte, runde oder ovale Aufwölbung der Gesteinsschichten. Die flankierenden Schichten verlaufen um einen Mittelpunkt und fallen radial vom Zentrum weg ein (Abb. 7.12). Domstrukturen sind in der Erdölgeologie äußerst geschätzt, weil Öl leichter ist als Wasser und normalerweise durch permeable Gesteine hindurch nach oben wandert. Wenn das Gestein am höchsten Punkt der Aufwölbung schwer durchlässig ist, wird das Öl dort in einer so genannten „Erdölfalle" gefangen.

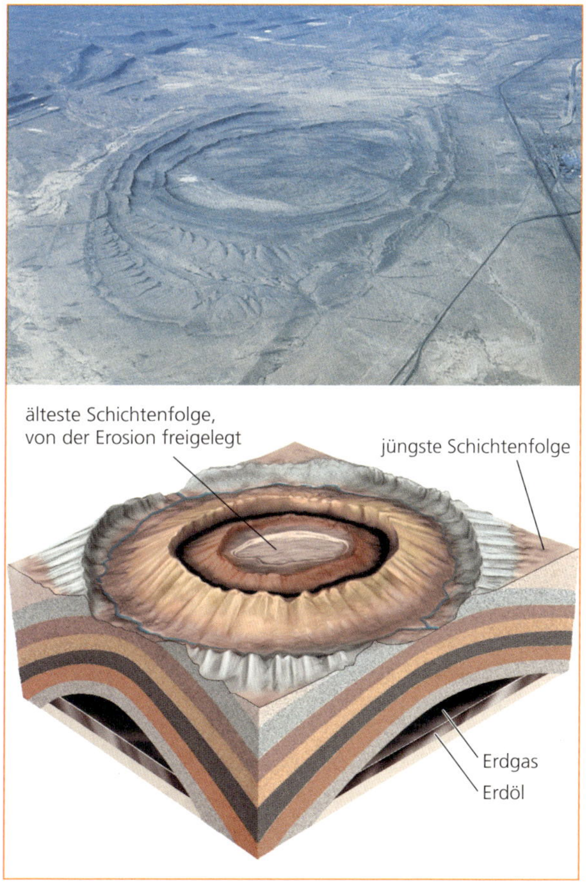


**Abb. 7.12** Synclair Dome, eine erodierte Domstruktur in Sedimentgesteinen, etwa 10 km östlich von Rawlines in Wyoming. Autobahn und Eisenbahnlinie rechts unten dienen als Größenmaßstab. Die Zeichnung zeigt den charakteristischen ringförmigen oder ovalen Ausstrich eines Domes. Die älteste Schicht liegt im Zentrum, die angrenzenden Schichten werden nach außen zunehmend jünger und fallen vom Zentrum nach außen hin ein [*Foto: John S. Shelton*].

Ein **Becken** ist eine schüsselförmige Einsenkung der Gesteinsschichten, die radial zu einem Mittelpunkt hin einfallen.

Dome und Becken haben in der Regel Durchmesser von einigen Kilometern. Sie sind im Gelände an Ausstrichlinien mit charakteristischen runden oder ovalen Formen erkennbar. Bei Beckenstrukturen fallen dabei die Schichten in Richtung auf das Beckenzentrum ein, bei Domen ist das Schichtfallen vom Zentrum nach außen gerichtet.

Becken und Dome können durch sehr unterschiedliche Deformationsprozesse entstehen. Einige Domstrukturen lassen sich auf Magmen zurückführen, die in die Kruste intrudierten und dabei die darüber liegenden Schichten nach oben wölbten. Wo im Untergrund mächtige Salzabfolgen lagern wie etwa in Norddeutschland, treten Antiklinalstrukturen (Sättel) unterschiedlicher Größenordnungen auf, denn Steinsalz ist aufgrund seiner geringen Dichte und Fließfähigkeit bereits bei relativ niedrigen Temperaturen in der Lage, aktiv in Form von Diapiren aufzusteigen – eine Bewegung, die als **Halokinese** bezeichnet wird. Die Randbereiche des vom Salz durchwanderten Deckgebirges werden mit nach oben geschleppt, sodass die deformierten Schichten vom Zentrum der Salzstruktur weg einfallen. Andere Domstrukturen sind das Ergebnis einer mehrfachen Deformation: Wenn beispielsweise die Kruste in einer Richtung eingeengt wird und sich in einer späteren Phase dieser Vorgang wiederholt, aber unter einem Winkel fast senkrecht zur ersten Deformation, kann es ebenfalls zu einer Aufwölbung der Kruste kommen. In Kapitel 5 wurde bereits erwähnt, dass einige Sedimentbecken dadurch entstanden sind, dass aufgeheizte Bereiche der Kruste abgekühlt sind und dabei kontrahierten, was zur Folge hatte, dass die überlagernden Schichten nach unten abgesunken sind (thermische Subsidenzbecken). Andere Becken haben sich gebildet, als die Kruste durch tektonische Kräfte gedehnt wurde (Riftbecken). Auch das Gewicht der in einem Flachmeer abgelagerten Deltasedimente kann die Kruste nach unten drücken und dadurch zur Bildung eines Beckens führen. Das Sedimentbecken vor der Mündung des Mississippi im Golf von Mexiko ist ein rezentes Beispiel hierfür.

Im zentralen Bereich der Vereinigten Staaten gibt es zahlreiche Dom- und Beckenstrukturen dieser Art. Die Black Hills von Süddakota sind eine erodierte Domstruktur, und ein großer Teil der Halbinsel von Michigan wird von einem Sedimentbecken eingenommen. In Europa sind neben zahlreichen anderen vergleichbaren Strukturen das Pariser Becken oder die Hochgebiete von Schwarzwald und Vogesen zu nennen.

## Klüfte

Wie wir gesehen haben, hängt die Form der Gesteinsdeformation von der Art der einwirkenden Kräfte und den herrschenden Bedingungen ab, denen die Gesteine ausgesetzt sind. Manche Schichten werden gefaltet, andere zerbrechen. Eine Bruchfläche, an der auf beiden Seiten eine relative Verschiebung des Gesteinskörpers parallel zur Bruchfläche stattgefunden hat, wird als Störung oder Verwerfung bezeichnet. Eine Kluft ist dagegen eine Trennfläche, an der es zu keiner nennenswerten Bewegung gekommen ist.

Klüfte sind in fast jedem Aufschluss zu beobachten, viele davon gehen auf tektonische Kräfte zurück. Wie jedes andere spröde Material brechen auch spröde Gesteine an fehlerhaften Stellen oder Schwachstellen wesentlich leichter, wenn sie Druck ausgesetzt sind. Solche Schwachstellen können winzige Sprünge, Bruchstücke von anderem Gesteinsmaterial oder selbst Fossilien sein. Örtlich wirksame Kräfte – Kompression, Dehnung oder Scherung – können ihre Spuren in Form von ganzen Kluftscharen hinterlassen.

Klüfte können aber auch atektonisch durch Expansion oder Kontraktion der Gesteine entstehen. In Plutonen und Effusivgesteinen können sich bei der Abkühlung durch Kontraktion Klüfte bilden. Auch durch Erosion der Deckschichten kann es zur Kluftbildung kommen. Die Entfernung dieser Schichten beseitigt den auf den Gesteinen im Untergrund lastenden Umschließungsdruck und bewirkt, dass die freigelegten oder entlasteten Gesteine sich an Schwächezonen trennen.

Die Bildung von Klüften ist gewöhnlich nur der Beginn einer ganzen Reihe weiterer typischer Veränderungen innerhalb des Gesteins. So schaffen Klüfte Wege, auf denen Wasser und Luft tief in das Gebirge eindringen können, sodass die Verwitterung angreifen kann und die Festigkeit des Gesteinsverbands von innen her geschwächt wird. Schneiden sich zwei oder mehr Kluftscharen, kann die Verwitterung dazu führen, dass eine Gesteinsabfolge in grobe Säulen oder Blöcke zerbricht (Abb. 7.13). Die Zirkulation hydrothermaler Fluide auf Klüften kann zur Ablagerung von Mineralen wie etwa Quarz und Dolomit führen. Solche Quarzgänge, die sich in Klüften von Granitintrusion abgeschieden haben, enthalten gelegentlich nennenswerte Mengen an Gold, Silber und anderen wertvollen Erzmineralen. Ein großer Teil des Goldes, das 1849 in Kalifornien den Goldrausch ausgelöst hatte, oder auch das sagenhafte Rheingold stammt aus solchen Goldquarzgängen.

## Deformationsgefüge

Klüfte sind Beispiele für kleindimensionale Strukturen in Gesteinen, die am besten im Aufschluss zu beobachten sind. Eine weitere Form von Deformationserschei-

**Abb. 7.13** Sich kreuzende Kluftscharen. Der Rucksack dient als Maßstab [*Foto: Peter Kaufman, mit frdl. Genehmigung*].

nungen ist das Gefüge der Gesteine in Zonen, die der Scherung ausgesetzt waren, wie etwa in unmittelbarer Umgebung von Störungen.

Tektonische Bewegungen führen in Bereichen, in denen sich die Gesteine spröde verhalten (normalerweise in der höheren Kruste) zu Bruch und Versatz. Wenn sich daher Gesteine an einer Störungsfläche aneinander vorbeibewegen, können sie vollständig zerschert oder auch völlig zertrümmert werden. Das Ergebnis sind Gefüge wie etwa Störungsbrekzien (Abb. 7.14a). Eine solche mechanische Zertrümmerung spröde reagierender Gesteine wird als **Kataklase** bezeichnet, die durch Kataklase geprägten Gesteine werden Kataklasite genannt.

In tieferen Stockwerken der Kruste, in denen Drücke und Temperaturen ausreichend hoch sind, um eine duktile Deformation zu bewirken, führt die durch Scherung verursachte mechanische Deformation zu metamorphen Gesteinen, die als **Mylonite** bezeichnet werden (Abb. 7.14b). Bei der Bewegung der Gesteine gegeneinander kommt es zur Rekristallisation der Minerale und deren Streckung zu Bändern und Streifen. Diese Auswirkungen auf das Gefüge sind zwar in Myloniten am deutlichsten sichtbar, sie treten jedoch in allen kataklastischen Gesteinen auf. Die Bildung von Myloniten erfolgt in typischer Weise im Bereich der metamorphen Grünschiefer- bis Amphibolitfazies (Kap. 6).

Die San-Andreas-Störung ist ein gutes Fallbeispiel für die Abhängigkeit der Deformationsgefüge von den sich mit der Tiefe ändernden Druck- und Temperaturbedingungen. Diese Störungszone bildet die Grenze zwischen der Pazifischen und der Nordamerikanischen Platte (vgl. Abb. 7.6) und durchschneidet die gesamte Kruste – möglicherweise bis in den Erdmantel. In einer Tiefe von etwa 20 km ist die Störungszone mit großer Wahrscheinlichkeit sehr schmal und durch kataklastische Gefüge gekennzeichnet, die auf eine spröde Deformation hindeuten. In dieser Zone kommt es zu Erdbeben. In Tiefen unter 20 km ereignen sich jedoch keine Erdbeben mehr,

**Abb. 7.14** (a) Störungsbrekzie. (b) Mylonit; er entstand an der Great-Slave-Lake-Scherungszone in den Northwest Territories, Kanada. Das Gestein war ursprünglich ein Granit. Als Folge der intensiven Scherung wurden die großen, ursprünglich eckigen Feldspatkristalle gedreht und gingen in runde Porphyroklasten über [*Fotos: Peter Kaufman, mit frdl. Genehmigung (a); John Grotzinger (b)*].

und es ist davon auszugehen, dass die Störung dort in eine ausgedehnte Zone mit duktiler Deformation übergegangen ist, an der es zur Bildung von Myloniten kommt.

## Deformation von Kontinenten

Die grundlegenden Deformationsstrukturen – Störungen, Falten, Dome, Becken und Klüfte – treten in allen Bereichen auf, wo es zur Deformation der Kruste kommt. Betrachten wir jedoch die kontinentale Deformation in Bereichen der großen Plattengrenzen, so ergeben sich kennzeichnende Formen der Bruchtektonik und Faltung, die unmittelbar mit den tektonischen Kräften zusammenhängen, die wiederum Ursache der Deformation sind. Abbildung 7.15 zeigt die jeweiligen Strukturen, die für die drei wesentlichen tektonischen Kräfte charakteristisch sind.

### Extensions- oder Dehnungstektonik

In der spröde reagierenden Kruste führen die Dehnungskräfte zur Plattentrennung und Bildung von Riftstrukturen, lang gestreckten schmalen Grabensystemen, bei denen ein Krustenblock an einer oder auch mehreren, parallel zur Achse des Grabens verlaufenden Abschiebungen in Relation zu den seitlichen Grabenschultern

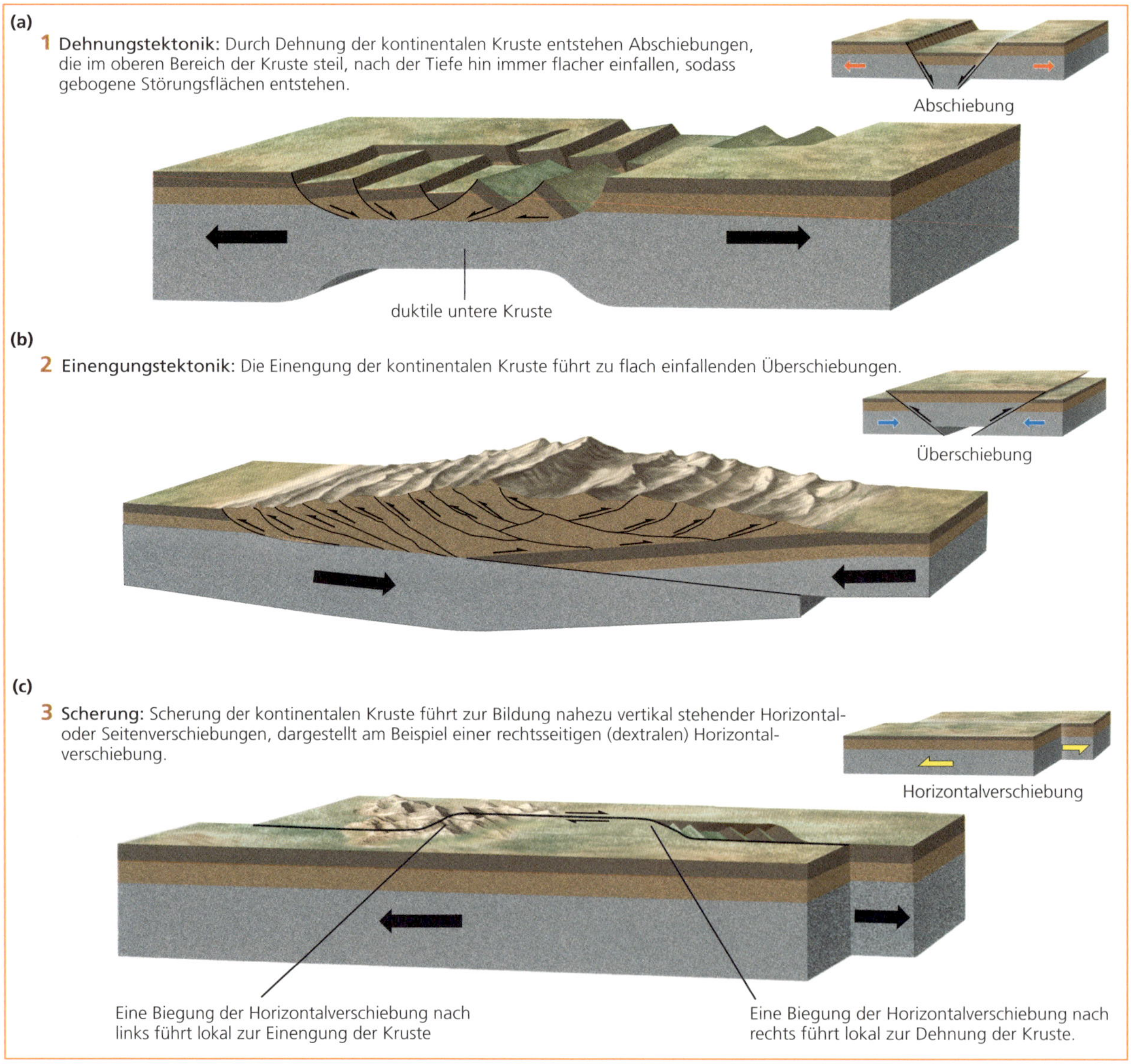


**Abb. 7.15** Tektonische Kräfte bestimmen den Deformationsstil der Kontinente.

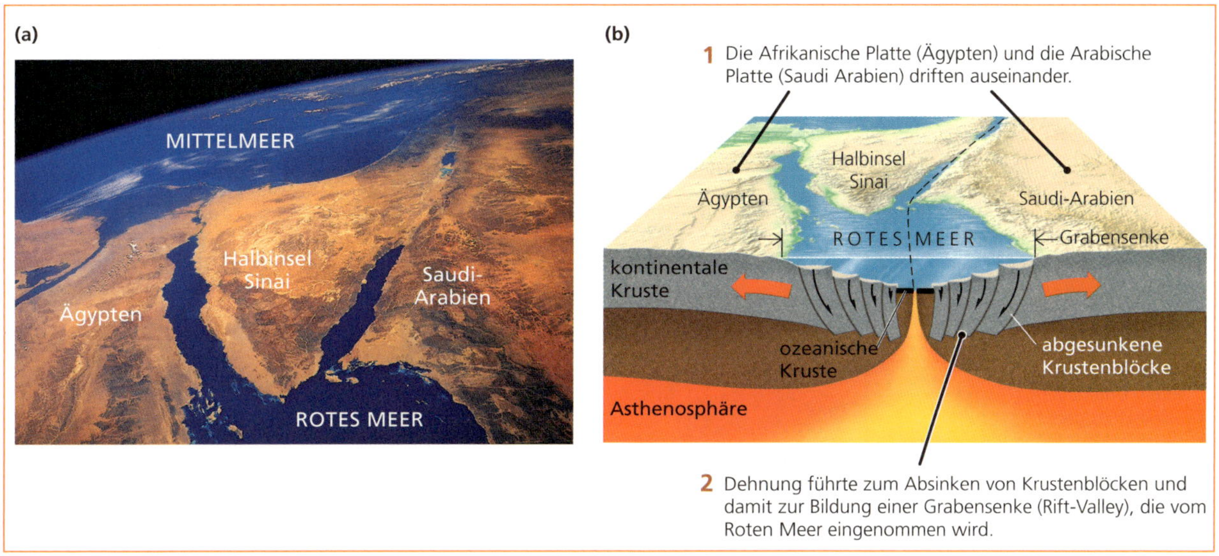


**Abb. 7.16** Dehnungskräfte und Abschiebungen führen zur Bildung einer Grabensenke (Rift-Valley). Die Afrikanische Platte mit Ägypten und die Arabische Platte mit Saudi-Arabien driften auseinander. Durch Dehnung ist eine Grabensenke entstanden, die heute vom Roten Meer eingenommen wird. Die Zeichnung zeigt als Schnitt die parallel verlaufenden Abschiebungen, die den tektonischen Graben und das Krustenstück unter dem Roten Meer begrenzen [*Foto: NASA/TSADO/Tom Stack*].

abgesunken ist (Abb. 7.16). Das ostafrikanische Grabensystem, die Riftstrukturen auf den mittelozeanischen Rücken, der Oberrheingraben und das Rote Meer sind bekannte Beispiele für solche eingesunkenen Rift-Valleys. Diese Strukturen bilden Senkungsbereiche, in denen die von den Hochgebieten der Umgebung und den Grabenschultern erodierten Sedimente zur Ablagerung gelangen. Hinzu kommen Vulkanite, die auf den durch Dehnung entstandenen Klüften und Spalten aufgestiegen sind.

In der Basin-and-Range-Provinz im Zentrum des Great Basin von Nevada und Utah, wurde in den vergangenen 15 Ma ein Gebiet von mehr als 800 km Breite in nordwest-südöstlicher Richtung etwa um den Faktor zwei gedehnt. Dort ist durch eine Serie von Abschiebungen eine großartige Landschaft mit schroffen Bergen und sanften mit Sediment verfüllten Tälern entstanden, von denen einige durch rezente Vulkanite überdeckt worden sind. Die Krustendehnung, die möglicherweise durch aufsteigende Konvektionsströmungen unter der Basin-and-Range-Provinz verursacht wird, dauert auch heute noch fort.

Die Dehnung der höheren kontinentalen Kruste führt normalerweise zu Abschiebungen, deren Störungsflächen steil mit einem Winkel von typischerweise 60° und mehr einfallen. In einer Tiefe unter 20 km sind die Gesteine der Kruste jedoch ausreichend stark erwärmt, dass sie duktil reagieren und die Deformation eher durch Dehnung und weniger durch Bruch erfolgt. Diese Änderung des mechanischen Verhaltens führt mit zunehmender Tiefe zu einer Abnahme des Fallwinkels der Störungsflächen. Die Folge sind Abschiebungen mit schaufelförmig gebogenen Störungsflächen (Abb. 7.15a). Die an diesen listrischen Störungsflächen abgeschobenen Schollen kippen bei weiterer Dehnung und zeigen normalerweise ein Schichtfallen in Richtung auf die Störung. Die Bildung solcher Kippschollen, wie sie auch in der Basin-and-Range-Provinz auftreten, beruht somit auf einem sehr einfachen geometrischen Prinzip.

## Kompressions- oder Einengungstektonik

An Subduktionszonen taucht eine ozeanische Platte an einer großen Überschiebung unter die überfahrende ozeanische oder kontinentale Platte ab (vgl. Abb. 2.6). Die weltweit schwersten Erdbeben werden von Bewegungen an Subduktionszonen verursacht, wie etwa das Sumatra-Andamanen-Beben vom 26.12.2004. Der dadurch ausgelöste verheerende Tsunami forderte mehr als 228 000 Todesopfer. Überschiebungen sind in Gebieten, die Kompressionskräften ausgesetzt sind, die häufigste Form der Bruchtektonik. Bei der Gebirgsbildung werden an nahezu horizontal verlaufenden Überschiebungen große Gesteinskörper in Form von tektonischen Decken über große Entfernungen horizontal auf andere überschoben (Abb. 7.17).

Kollidieren zwei kontinentale Platten, so kann sich der Bereich der Krusteneinengung über ein breite Zone erstrecken und zur Heraushebung spektakulärer Gebirge führen. Im Verlauf der Kollision schieben sich die spröde reagierenden Gesteine des kristallinen Sockels an großen Bewegungsbahnen übereinander, während die sich duk-

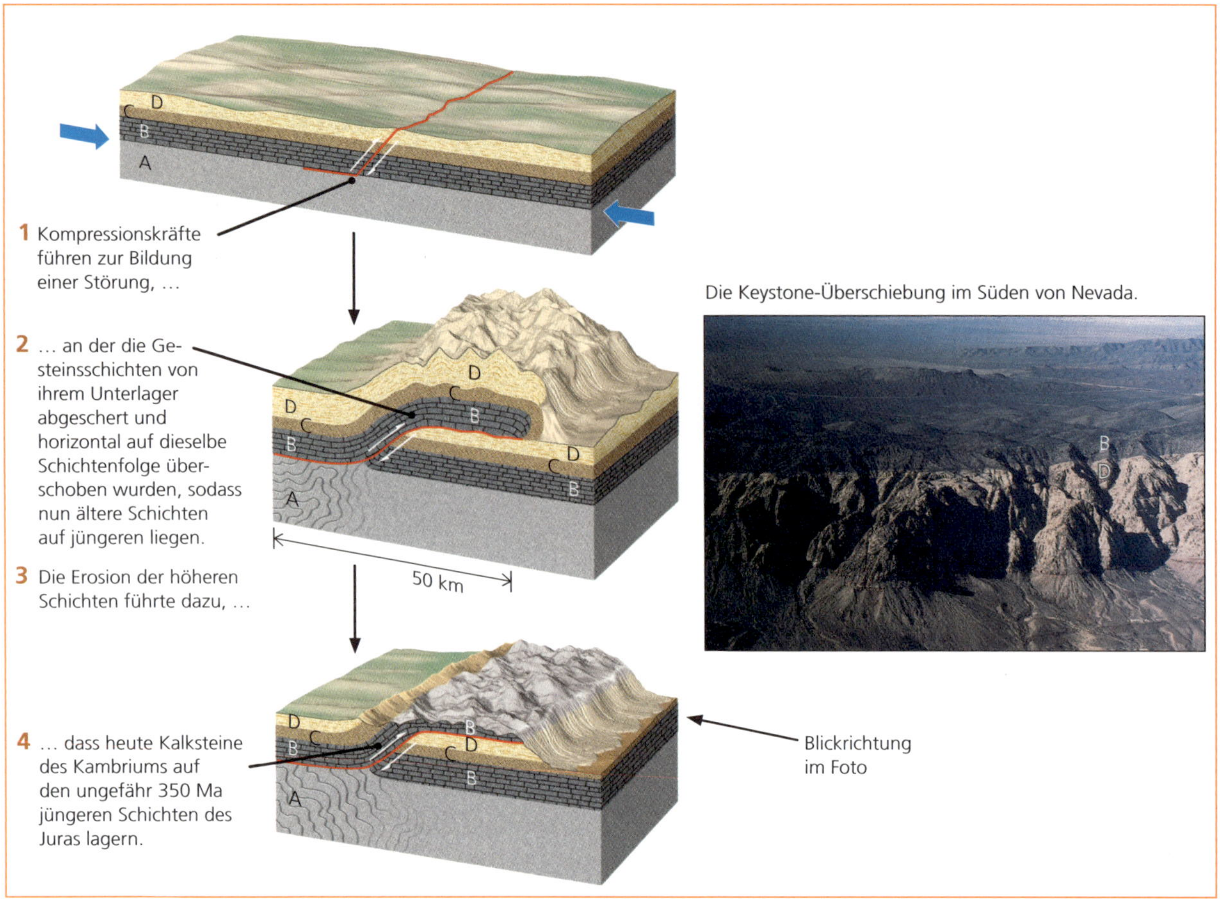


**Abb. 7.17** Die Keystone-Überschiebung im Süden von Nevada ist eine großräumige Überschiebung, wie sie hier und in Kalifornien häufig sind. Durch Kompressionskräfte wurde ein Stapel von Gesteinsschichten (D, C, B) von seinem Unterlager abgeschert und über große Entfernung horizontal auf die Schichten D, C, B und A überschoben [*Foto: John S. Shelton*].

til verhaltenden Deckschichten zu einem so genannten Falten- und Überschiebungsgürtel aufgefaltet beziehungsweise zu tektonischen Decken zerschert und auf andere Einheiten überschoben werden.

Durch die bis heute andauernde Kollision von Afrika, Arabien und Indien mit dem südlichen Rand der Eurasischen Platte kam es zur Bildung solcher Falten- und Überschiebungsgürtel, die sich von den Alpen bis zum Himalaja erstrecken und von denen einige noch tektonisch aktiv sind. Die größten Erdöllagerstätten des Mittleren Ostens befinden sich in Antiklinalstrukturen und anderen tektonischen Fallen, die bei dieser Deformation entstanden sind. Die durch die Öffnung des Atlantiks verursachte Westbewegung Nordamerikas führte in den kanadischen Rocky Mountains zur Einengung und Bildung eines Falten- und Überschiebungsgürtels. Die Valley-and-Ridge-Provinz der Appalachen oder auch das Rheinische Schiefergebirge sind alte Falten- und Überschiebungsgürtel, die durch Kollisionen bei der Bildung des Großkontinents Pangaea entstanden sind (Abb. 7.18).

## Scherungstektonik

Eine Transformstörung ist eine Art Horizontalverschiebung, die eine Plattengrenze bildet. An solchen Transformstörungen wie der San-Andreas-Störung können Gesteinseinheiten über weite Entfernungen gegeneinander versetzt werden. Solange die Störung in Richtung der relativen Plattenbewegung verläuft, gleiten die Schollen auf beiden Seiten aneinander vorbei, ohne dass es zu einer internen Deformation kommt. Längere Transformstörungen sind jedoch selten gerade, und die Deformationserscheinungen können deshalb weitaus komplexer sein. Die Störungen können Biegungen aufweisen oder fiederartig gegeneinander versetzt sein. Dadurch gehen die auf Teile der Plattengrenze einwirkenden Kräfte lokal von reinen Scherkräften in Extensions- oder Kompressionskräfte über. Sie sind Ursache einer sekundären Bruchtektonik und Faltung (vgl. Abb. 7.15c).

Ein gutes Beispiel hierfür findet sich in Südkalifornien, wo die rechtsseitige San-Andreas-Störung, wenn man ihrem Verlauf folgt, zuerst nach links und dann

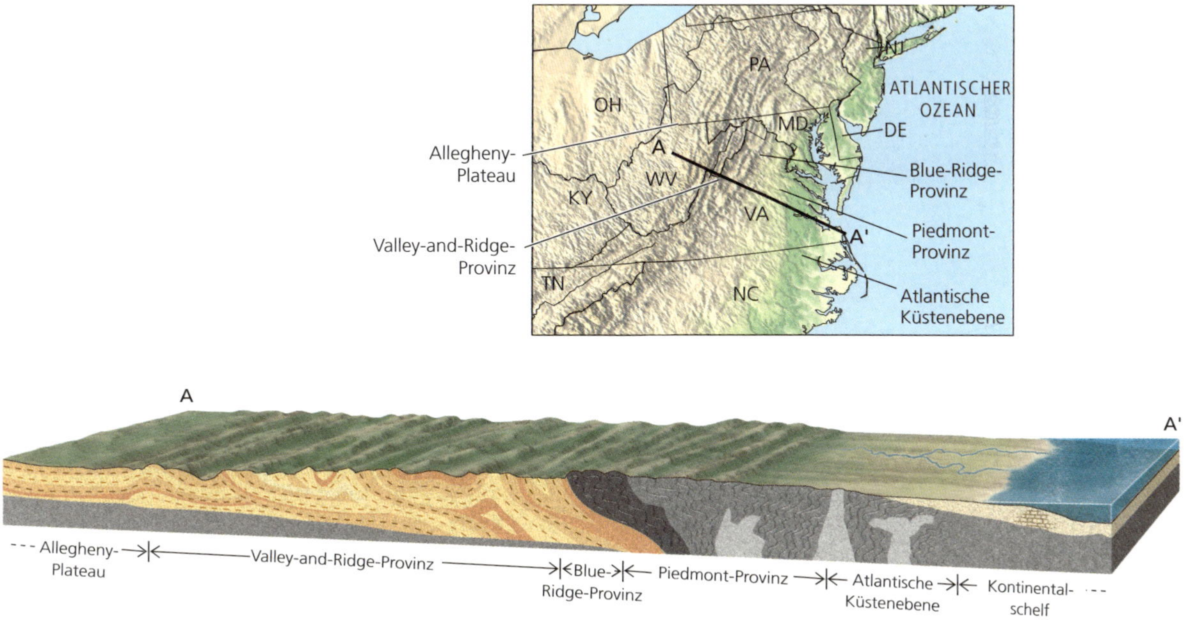


**Abb 7.18** Karte und Schnitt von der Valley-and-Ridge-Provinz der Appalachen. Sie sind die Erosionsreste eines Faltengebirges [*nach D. Johnson (1931): „Stream Sculpture on the Atlantic Slope". Columbia University Press, New York*].

nach rechts umbiegt. Die Abschnitte der Störung beiderseits der „großen Biegung" folgen der Plattenbewegung, sodass die beiden Blöcke in Form einer einfachen Horizontalverschiebung aneinander vorbeigleiten. Im Bereich dieser Biegung führt die Änderung des Störungsverlaufs jedoch dazu, dass die Blöcke gegeneinander gepresst werden – die Folge ist eine Überschiebungstektonik südlich der San-Andreas-Störung. Durch diese Überschiebungen an der Störung kam es zum Aufstieg von Bergen mit Höhen über 3 000 m, begleitet von einer Reihe verheerender Erdbeben, unter denen im Jahre 1994 das Northridge-Beben in Los Angeles Schäden in Höhe von 40 Milliarden US-Dollar verursachte (Kapitel 13).

Im Salton-Trog am südlichen Ende der San-Andreas-Störung verspringt die Grenze zwischen der Pazifischen und der Nordamerikanischen Platte durch fiederartig gegeneinander versetzte Störungen nach rechts. In den Übergangsbereichen zwischen den beiden Blattverschiebungen kommt es zur Krustendehnung und durch Abschiebungen entstehen vulkanisch aktive Grabensenken (Pull-apart-Becken), die rasch absinken und mit Sedimenten verfüllt werden. Dieses Gebiet aktiver Krustendehnung im Salton-Trog ist nur 200 km von der Umbiegung der San-Andreas-Störung entfernt, wo es zu Kompressionstektonik kommt, ein anschauliches Beispiel, wie variabel die tektonischen Verhältnisse an einer kontinentalen Transformstörung sein können.

## Die Rekonstruktion des geologischen Werdegangs

Die geologische Geschichte eines Gebiets ist gewöhnlich eine Folge von Deformationen und anderen geologischen Prozessen. Betrachten wir ein scheinbar kompliziertes Beispiel, dann erkennen wir, wie einige der in diesem Kapitel behandelten Konzepte zu einer einfachen Erklärung führen. Die Blockbilder in Abbildung 7.19 zeigen einen wenige Dutzend Kilometer breiten Ausschnitt eines Gebiets, das mehrfach tektonisch beansprucht wurde. Zuerst kam es zur Sedimentation horizontal lagernder Schichten, die dann durch Kompressionskräfte verkippt und gefaltet wurden. Danach wurden sie über den Meeresspiegel herausgehoben. Durch Erosion entstand eine neue horizontale Oberfläche, die später von Laven überdeckt wurde, als Kräfte tief im Erdinneren zu Vulkanausbrüchen führten. Im letzten Stadium lösten horizontal wirkende Dehnungskräfte eine intensive Bruchtektonik aus, bei der die Kruste in einzelne Blöcke auseinander brach. Der Geologe sieht nur das letzte Stadium, kann sich aber die gesamte Abfolge herleiten. Sobald feststeht, dass es sich um eine sedimentäre Schichtenfolge handelt, weiß er, dass die Schichten am Boden eines ehemaligen Ozeans ursprünglich horizontal abgelagert wurden, und dementsprechend rekonstruiert er die nachfolgenden Ereignisse.

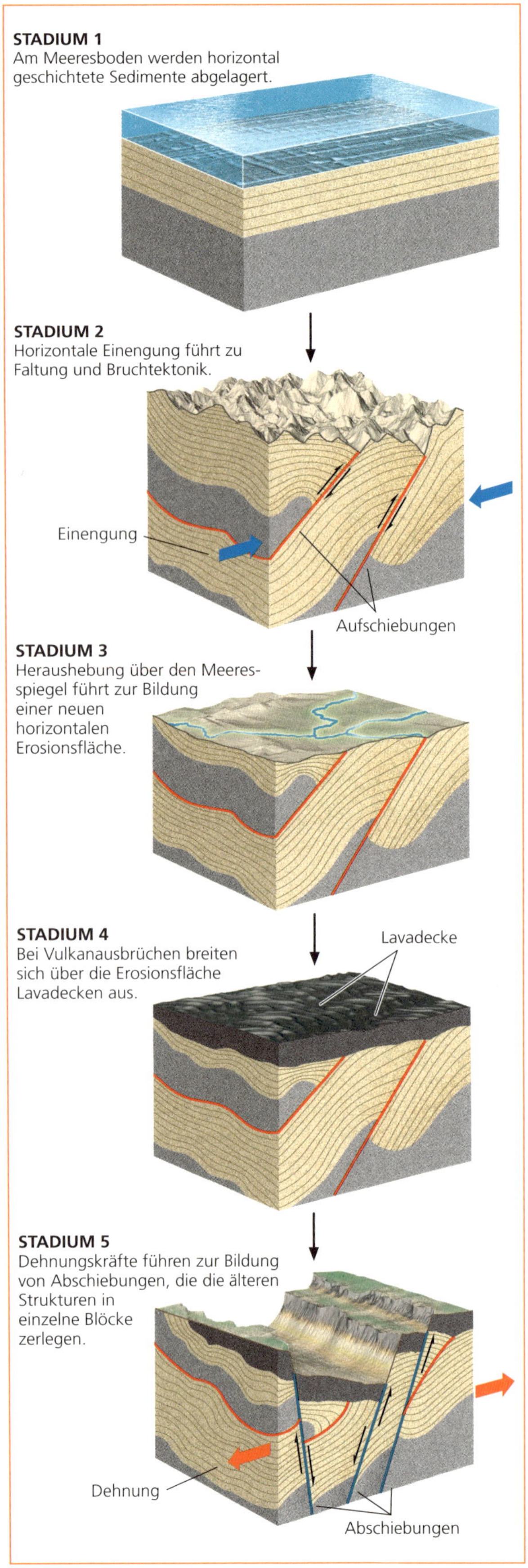


Das heutige Oberflächenrelief von Gebirgen, wie wir es in den Alpen, den Rocky Mountains, der pazifischen Küstenkordillere und im Himalaja vorfinden, lässt sich zum großen Teil auf Deformationsprozesse zurückführen, die in den letzten Jahrmillionen stattgefunden haben. Diese jüngeren Gebirgssysteme enthalten noch einen Großteil der Informationen, aus denen sich die Deformationsgeschichte rekonstruieren lässt. Doch Deformationsstrukturen, die vor Hunderten von Millionen Jahren entstanden sind, treten heute nicht mehr als markante Gebirgszüge hervor. Die Erosion hinterließ in den alten Grundgebirgszonen im Inneren der Kontinente nur Reste von Falten und Störungen in Form niedriger Höhenrücken und flacher Täler (Abb. 7.18).

Wie in Kapitel 10 gezeigt wird, lassen sich in den hoch metamorphen Kristallingesteinen des Grundgebirges der alten Kratone auch ältere Epochen der Gebirgsbildung nachweisen.

**Abb. 7.19** Die verschiedenen Entwicklungsstadien einer geologischen Provinz. Ein Geologe sieht lediglich das letzte Stadium und versucht aus den Strukturmerkmalen alle früheren Stadien der Entwicklungsgeschichte eines Gebiets zu rekonstruieren.

## Zusammenfassung des Kapitels

**Geologische Karten und Schnitte:** Eine geologische Karte ist gleichermaßen ein wissenschaftliches Modell der an der Erdoberfläche anstehenden Gesteinsabfolgen in zweidimensionaler Form. Die Karte zeigt die Verbreitung der verschiedenen Gesteinsserien, außerdem Störungen und andere wichtige Grenzen. Ein geologischer Schnitt zeigt die geologischen Erscheinungsformen wie sie sichtbar wären, wenn aus der Erdkruste eine senkrechte Scheibe herausgeschnitten würde. Solche Schnitte lassen sich aus den Angaben einer geologischen Karte konstruieren, ihr Informationsinhalt kann außerdem durch Angaben aus Bohrungen oder seismischen Untersuchungen noch ergänzt werden.

**Aussagen von Laborexperimenten zur Gesteinsdeformation unter krustalen Verhältnissen:** Laboruntersuchungen zeigen, dass sich die Gesteine in ihrer Festigkeit und ihrem Verhalten unter dem Einfluss einwirkender Deformationskräfte sehr unterschiedlich verhalten. Einige Gesteine reagieren duktil, das heißt plastisch, andere spröde, das heißt sie zerbrechen. Diese Eigenschaften hängen vom Gesteinstyp, der Temperatur, dem Umgebungsdruck, der Intensität der einwirkenden Kräfte und der Geschwindigkeit ab, mit der sie wirksam werden. In geringer Tiefe kann sich dasselbe Gestein spröde, in größerer Tiefe jedoch duktil verhalten.

**Einige im Gelände zu beobachtende Deformationsstrukturen:** Zu den geologischen Strukturen in den Gesteinsserien, die aus Deformationsprozessen hervorgehen, gehören Falten, Störungen, Klüfte sowie Dom- und Beckenstrukturen. Hinzu kommen durch Scherung verursachte Deformationsgefüge.

**Die bei der Deformation beteiligten Kräfte:** Horizontal gerichtete Kräfte erzeugen an den Plattengrenzen vor allem lineare Strukturen wie Störungen und Falten. Horizontal wirkende Dehnungskräfte führen an divergierenden Plattengrenzen zu Abschiebungen; an konvergierenden Plattengrenzen kommt es durch horizontal gerichtete Kompressionskräfte zu Überschiebungen, während horizontal gerichtete Scherkräfte zur Bildung von Horizontalverschiebungen (auch Seiten- oder Blattverschiebungen genannt) führen. Falten entstehen normalerweise durch Kompression geschichteter Gesteinsserien, vor allem in Gebieten, in denen Platten kollidieren. Ringstrukturen wie etwa Dome oder Becken können durch vertikal gerichtete Kräfte in größerer Entfernung zu den Plattenrändern entstehen. Manche Domstrukturen bilden sich durch den Aufstieg von Material geringerer Dichte wie etwa Magmen oder Salz. Becken entstehen dort, wo es durch tektonische Beanspruchung zur Krustendehnung kommt oder wenn wärmere Bereiche der Kruste abkühlen und dadurch kontrahieren. Das Gewicht der in den Becken abgelagerten Sedimente kann ebenfalls zu seiner Absenkung beitragen. Klüfte sind Bruchstrukturen in Gesteinen, die durch ein regionales Spannungsfeld oder durch Abkühlung und Kontraktion des Gesteins sowie durch Druckentlastung entstehen.

**Rekonstruktion der Geschichte eines Gebietes:** Geologen sehen stets nur das Endresultat einer ganzen Abfolge von längst vergangenen Ereignissen: Ablagerung, Deformation, Erosion, Vulkanismus usw. Sie rekonstruieren die Deformationsgeschichte eines Gebietes, indem sie die Gesteinsschichten identifizieren und ihre Altersabfolge bestimmen. Sie übertragen die räumliche Lage der Schichten auf spezielle geologische Karten, vermerken darin alle im Gelände eingemessenen Falten und Störungen und konstruieren schließlich aus den Beobachtungen an der Erdoberfläche Vertikalschnitte durch den Untergrund. Geologen können beispielsweise das relative Alter einer Deformation ermitteln, wenn sie eine jüngere, nicht deformierte Abfolge finden, die diskordant über den älteren, deformierten Schichten liegt.

Sandstein mit Kopf- und Schwanzschilden von Trilobiten (*Onniaornata* sp. und *Dalmanitina* sp.) aus dem Ordovizium südlich von Prag [*Foto: Klaus Will, Geologisches Institut der Univ. Heidelberg*].

# Kapitel 8 Zeitmessung im System Erde

Die Unermesslichkeit der Zeit – gemessen in Milliarden von Jahren – war eine der großen Entdeckungen der Geologie. Dieses Verständnis der Zeit half Charles Darwin bei der Formulierung seiner Evolutionstheorie und führte zu zahlreichen weiteren Einblicken in die Abläufe des Systems Erde, des Sonnensystems und des Universums insgesamt.

In diesem Kapitel zeigen wir, wie Geowissenschaftler die irdische Zeitachse durch „Uhren" im Gestein entdeckten, die sie zur Datierung geologischer Ereignisse verwenden. Wir erkunden, wie sich mithilfe dieser Uhren die Dauer geologischer Vorgänge und Zyklen des Systems Erde bestimmen lassen.

Geologische Prozesse spielen sich in sehr unterschiedlichen Zeiträumen ab, die von Sekunden (Aufschlag von Meteoriten, Vulkanexplosionen, Erdbeben) bis zu vielen Millionen Jahren (Lebensdauer der ozeanischen Lithosphäre) und sogar bis zu mehreren Milliarden Jahren (tektonische Entwicklung von Kontinenten) reichen. Kurzzeitige Erscheinungen wie beispielsweise die Erosion eines Strands oder die jahreszeitlich bedingten Schwankungen des Sedimenttransports in Flüssen können direkt gemessen werden, dasselbe gilt auch für die langsame Bewegung der Gletscher (Meter pro Jahr) und die noch wesentlich langsameren Bewegungen der Platten (Zentimeter pro Jahr). Historische Berichte erlauben überdies geologische Ereignisse zeitlich einzuordnen, die Hunderte, in einigen Fällen auch Tausende von Jahren zurückliegen (Abb. 8.1).

Die Aufzeichnungen der von Menschen gemachten Beobachtungen sind jedoch viel zu fragmentarisch, um der großen Anzahl langsam ablaufender geologischer Prozesse (Abb. 8.2) gerecht zu werden. In Wirklichkeit sind sie nicht einmal dazu geeignet, einige Formen rasch aber selten ablaufender Ereignisse festzuhalten, beispielsweise wurden wir niemals Zeuge eines Meteoriteneinschlags von der in Abbildung 1.2a dargestellten Größe. Unser einziges Quellenmaterial ist das Archiv der Gesteine, das heißt Gesteine, die nicht der Erosion und Subduktion unterlagen. Nahezu die gesamte ozeanischen Kruste, die älter als 200 Ma ist, gelangte durch Subduktion zurück in den Erdmantel, und deshalb ist der größte Teil der Erdgeschichte nur in den Gesteinen der Kontinente dokumentiert. Die Subsidenz lässt sich aus der Sedimentation, die Hebung aus der Erosion der Gesteinsabfolgen, die Deformation an Plattengrenzen aus Störungen, Faltung und Metamorphose rekonstruieren. Um jedoch die Geschwindigkeit dieser Vorgänge und ihre gemeinsame Ursache zu klären, ist es erforderlich, die Schichtenfolgen exakt datieren zu können.

Geowissenschaftler gehen mit dem Begriff Zeit sehr sorgfältig um. Für sie bedeutet Datierung die Bestimmung des absoluten Alters eines bestimmten Vorgangs innerhalb der Erdgeschichte, das heißt die tatsächliche Anzahl der Jahre, die seit diesem Ereignis bis heute vergangen sind. Bis zu Beginn des 20. Jahrhunderts war eine absolute Altersbestimmung von Gesteinen oder geologischen Ereignissen nicht möglich; man war lediglich in der Lage anzugeben, wie alt ein Ereignis im Verhältnis zu einem anderen ist – eine relative Altersangabe. Man konnte zwar feststellen, dass Knochen von Fischen in marinen Sedimenten früher abgelagert wurden als Säugetierknochen in terrestrischen Ablagerungen, doch genaue Angaben, vor wie viel Millionen Jahren die ersten

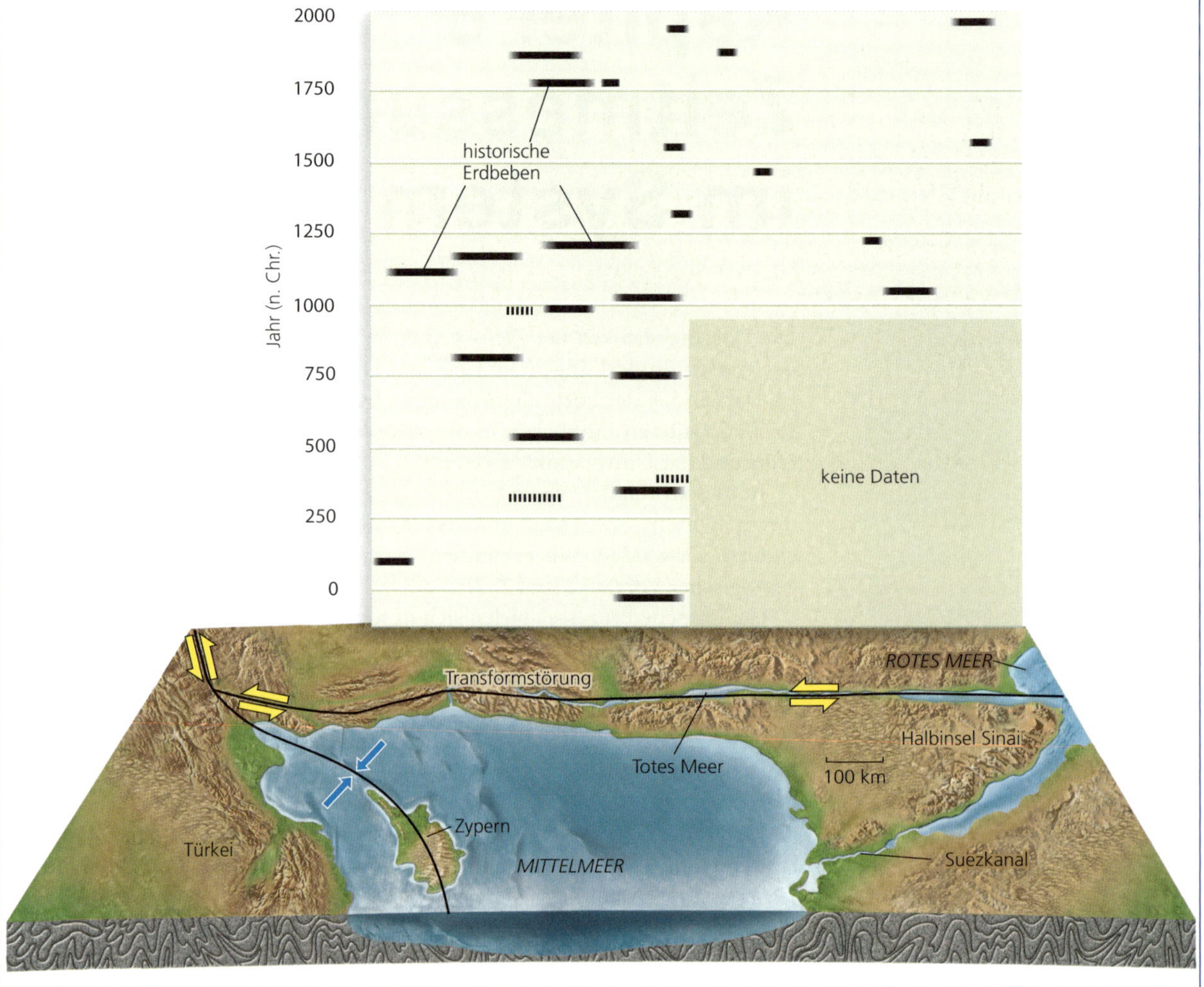


**Abb. 8.1** Die Karte zeigt die Epizentren von Erdbeben an der Transformstörung des Toten Meeres im östlichen Mittelmeergebiet, zusammengestellt nach historischen Berichten aus den vergangenen 2 000 Jahren. Jeder Strich kennzeichnet ein Erdbeben, seine Länge entspricht dem Versatzbetrag an der Transformstörung (horizontale Achse). Angegeben ist außerdem das Jahr seines Auftretens [*nach Untersuchungen von Shmulik Marco, Amotz Agnon, Ronnie Ellenblum und Tom Rockwell*].

Fische oder Säugetiere auftraten, waren nicht möglich. Wie in diesem Kapitel noch gezeigt wird, erwiesen sich die physikalischen Vorgänge des radioaktiven Zerfalls als wichtige Methode zur Bestimmung des absoluten Alters und damit auch für die Entwicklung einer detaillierten geologischen Zeitskala.

## Rekonstruktion der Erdgeschichte aus der stratigraphischen Abfolge

Philosophen hatten während der gesamten Menschheitsgeschichte mit dem Begriff „Zeit" ihre Probleme, denn bis fast in die jüngste Vergangenheit hinein hatten sie nur wenige Daten, um ihre Betrachtungsweise enger zu definieren. Die ersten Beobachtungen, die das Problem der geologischen Zeitachse betrafen, waren Untersuchungen an Fossilien in der Mitte des 17. Jahrhunderts. Fossilien sind Überreste von Organismen aus der geologischen Vergangenheit (Abb. 8.3). Nur wenige der im 17. Jahrhundert lebenden Menschen hätten jedoch diese Definition verstanden. Die meisten gingen davon

**Abb. 8.2** Die beiden Fotos der Bowknot-Schlinge am Green River in Utah wurden im Abstand von nahezu 100 Jahren aufgenommen. Wie sie zeigen, hat sich in diesem Zeitraum an der Form der Felsen und Schichten offenbar nur wenig verändert [*Fotos: E. O. Beaman/USGS (links); H. G. Stevens/USGS (rechts)*].

aus, dass die im Gestein enthaltenen Muschelreste und auch andere Fossilien aus der Schöpfungszeit der Erde stammten oder in den Gesteinen von selbst entstanden sein mussten.

Im Jahre 1667 zeigte der dänische Naturforscher Nicolaus Steno, der am Hofe des Großherzogs von Toskana in Florenz als Leibarzt tätig war, dass die seltsamen „Zungensteine", die er in bestimmten Sedimenten des Mittel-

**Abb 8.3** (a) Fossile Ammoniten stehen beispielhaft für eine große Gruppe wirbelloser Tiere, die heute ausgestorben ist. Ein entfernter Verwandter dieser Gruppe ist der noch im indopazifischen Raum lebende Nautilus. (b) Der „Versteinerte Wald" von Arizona besteht aus viele Millionen Jahre alten Baumstämmen, deren organische Substanz durch Kieselsäure ersetzt wurde. Durch die Verkieselung sind die ursprünglichen Strukturen auf außergewöhnliche Weise erhalten geblieben (*Fotos: Chip Clark (a); Tom Bean (b)*].

meerraums gefunden hatte, im Wesentlichen mit ähnlich geformten Zähnen lebender Haie identisch waren. Er schloss daraus, dass es sich bei diesen Zungensteinen wirklich um ehemalige Haifischzähne handeln musste, die im Gestein erhalten geblieben waren – oder allgemein, dass Fossilien Reste ehemaliger Lebensformen sind, die zusammen mit den Sedimenten abgelagert worden waren. Steno verfasste ein kurzes und brilliantes Buch über die Geologie der Toskana – der Grundstein für die moderne Wissenschaft der **Stratigraphie**, die sich mit der Beschreibung, dem Schichtvergleich und der Klassifizierung von Schichten in Sedimentgesteinen befasst.

## Grundlagen der Stratigraphie

Die von Steno aufgestellten Prinzipien werden noch immer für die Deutung sedimentärer Abfolgen herangezogen. Zwei dieser Grundprinzipien sind so einfach, dass sie uns heute fast als selbstverständlich erscheinen:

1. **Das Prinzip der ursprünglich horizontalen Ablagerung** besagt, dass die Sedimente unter dem Einfluss der Schwerkraft im Wesentlichen in horizontalen Schichten abgelagert werden. Die Beobachtung moderner mariner und nicht mariner Sedimente in einer Vielzahl von Ablagerungsräumen stützen diese Verallgemeinerung. Tritt eine gefaltete oder an Störungen versetzte Abfolge von Sedimenten auf, dann wissen wir, dass die Gesteine erst nach der Ablagerung durch tektonische Beanspruchung deformiert worden sind.
2. **Das Prinzip der Lagerungsfolge** (die so genannte Lageregel) besagt, dass in einer tektonisch ungestörten Abfolge jede Sedimentschicht jünger ist als die darunter lagernde und älter ist als die darüber folgende. Eine jüngere Schicht kann nicht unter einer bereits abgelagerten liegen. Schichten können daher vertikal von der untersten (ältesten) zur obersten (jüngsten) zeitlich geordnet werden (Abb. 8.4).

Eine chronologisch geordnete Abfolge von Schichten bezeichnet man als **stratigraphische Abfolge**. Mit Stenos Prinzipien lassen sich im Gelände ältere von jüngeren Schichten unterscheiden. In jedem Aufschluss findet man eigenständige, deutlich gegeneinander abgegrenzte **Formationen**. Als Formation bezeichnet man eine Abfolge von Gesteinsschichten, die überall anhand ihrer physikalischen Eigenschaften (Lithologie) zu erkennen ist. Einige Formationen bestehen nur aus einem einzigen Gesteinstyp, beispielsweise Kalkstein. Andere sind aus geringmächtigen, wechselnden Lagen unterschiedlicher Gesteinsarten aufgebaut, etwa aus Sandsteinen und Schiefertonen. Wie immer sich auch die Formationen voneinander unterscheiden, jede besteht aus einer eigenständigen Folge von Gesteinsschichten, die als stratigraphische Einheit erkannt und kartiert werden kann.

Setzt man die in verschiedenen Aufschlüssen anstehenden Formationen ihrem relativen Alter entsprechend zusammen, so ergibt sich daraus gleichzeitig eine chronologische Ordnung der Schichten und damit – zumindest theoretisch – die stratigraphische Abfolge eines Gebiets.

In der Praxis ergaben sich jedoch zwei Probleme. Erstens war die stratigraphische Abfolge eines Gebiets selten vollständig. Fast immer gab es Lücken und damit Zeiträume, die nicht durch Schichten dokumentiert waren. Einige dieser Lücken umfassten nur kurze Zeitabschnitte wie etwa Trockenzeiten zwischen Hochwasserperioden, andere umfassten mehrere Millionen Jahre – beispielsweise Zeiten tektonischer Hebung, in denen

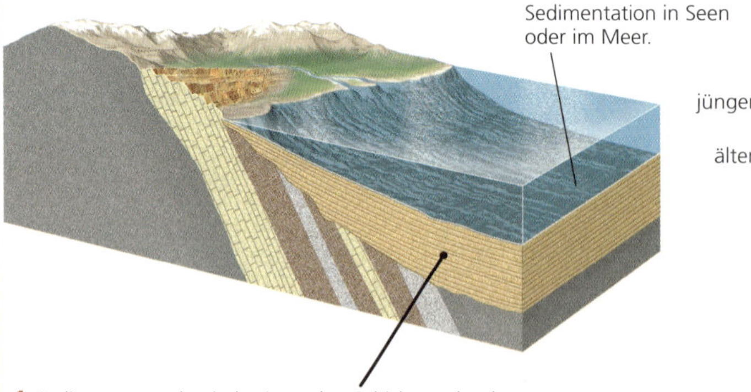


1 Sedimente werden in horizontalen Schichten abgelagert und gehen allmählich von Locker- in Festgesteine über.

2 Solange sie nicht von tektonischen Bewegungen beeinflusst werden, liegt die jüngste Schicht oben, die älteste unten.

**Abb. 8.4** Geschichtete Sedimentgesteine im Marble Canyon, einem Teil des Grand Canyon. Letzterer wurde im heutigen Norden Arizonas vom Colorado River erodiert. Diese Schichtenfolge vertritt innerhalb der Erdgeschichte einen Zeitraum von vielen Millionen Jahren [*Foto: Fletcher and Baylis/Photo Researchers*].

mächtige Sedimentserien durch Erosion entfernt wurden. Zweitens war es schwierig, das relative Alter zu bestimmen, sobald diese Formationen räumlich weit auseinander lagen. Allein aus der stratigraphischen Abfolge heraus konnte man nicht ermitteln, ob eine Serie von Tonsteinen etwa in der Toskana älter, jünger oder gleich alt war wie eine entsprechende Serie in England. Es erwies sich daher als notwendig, Stenos Vorstellungen von der biologischen Entstehung der Fossilien zu erweitern, um auch diese Probleme lösen zu können.

## Fossilien als Zeitmarken

Im Jahre 1793 erkannte der in Südengland beim Kanalbau beschäftigte Vermessungsingenieur William Smith, dass sich mithilfe von Fossilien das relative Alter von Sedimentgesteinen bestimmen lässt. William Smith war von der ungeheuren Vielfalt der Fossilien fasziniert und sammelte sie in Gesteinsschichten, die in den Baugruben der Kanäle und in natürlichen Aufschlüssen zugänglich waren. Er beobachtete, dass die verschiedenen Schichten sehr unterschiedliche Fossilien enthielten, und er konnte anhand der in jeder Schicht vorhandenen charakteristischen Fossilien die verschiedenen Schichten voneinander unterscheiden. Er stellte eine allgemeine Ordnung für die Abfolge der Fossilien und Schichten von den untersten (ältesten) zu den obersten (jüngsten) Gesteinsschichten auf. Ungeachtet der geographischen Lage eines jeden neu entdeckten Aufschlusses konnte Smith aus der typischen Fossilvergesellschaftung die stratigraphische Position der jeweiligen Schicht angeben. Diese stratigraphische Anordnung der Fossilien wird als Faunenabfolge bezeichnet.

Dieses **Prinzip der Faunenabfolge** besagt, dass die Fossilien in den Schichten eines Aufschlusses in einer bestimmten Reihenfolge auftreten. Dieselbe Reihenfolge findet man auch in anderen Aufschlüssen, sodass die Schichten verschiedener Fundorte auf diese Weise miteinander korreliert werden können.

Mithilfe der Faunenabfolge fasste Smith die gleich alten Formationen zusammen, die er in verschiedenen Aufschlüssen fand. Die vertikale Abfolge, in der die Formationen in den einzelnen Gebieten gefunden wurden, fasste er in einer Gliederung der stratigraphischen Abfolge des gesamten Gebiets zusammen. Seine aus zahlreichen Aufschlüssen abgeleitete Schichtenfolge zeigte, wie sie in vollständiger Form aussähe, würde man die Formationen mit ihren verschiedenen Abschnitten aus all den zahlreichen Aufschlüssen an einer Stelle übereinander schichten. Abbildung 8.5 zeigt eine solche aus zwei Formationen zusammengesetzte Schichtenfolge.

Smith blieb seinen Arbeiten zur Stratigraphie durch die Kartierung von Oberflächenaufschlüssen treu. Er verwendete für die jeweils gleichen Formationen bestimmte Farben und „erfand" damit gewissermaßen die geologische Karte (Kap. 7). Im Jahre 1815 fasste er seine lebenslangen Forschungen in Form einer „General Map

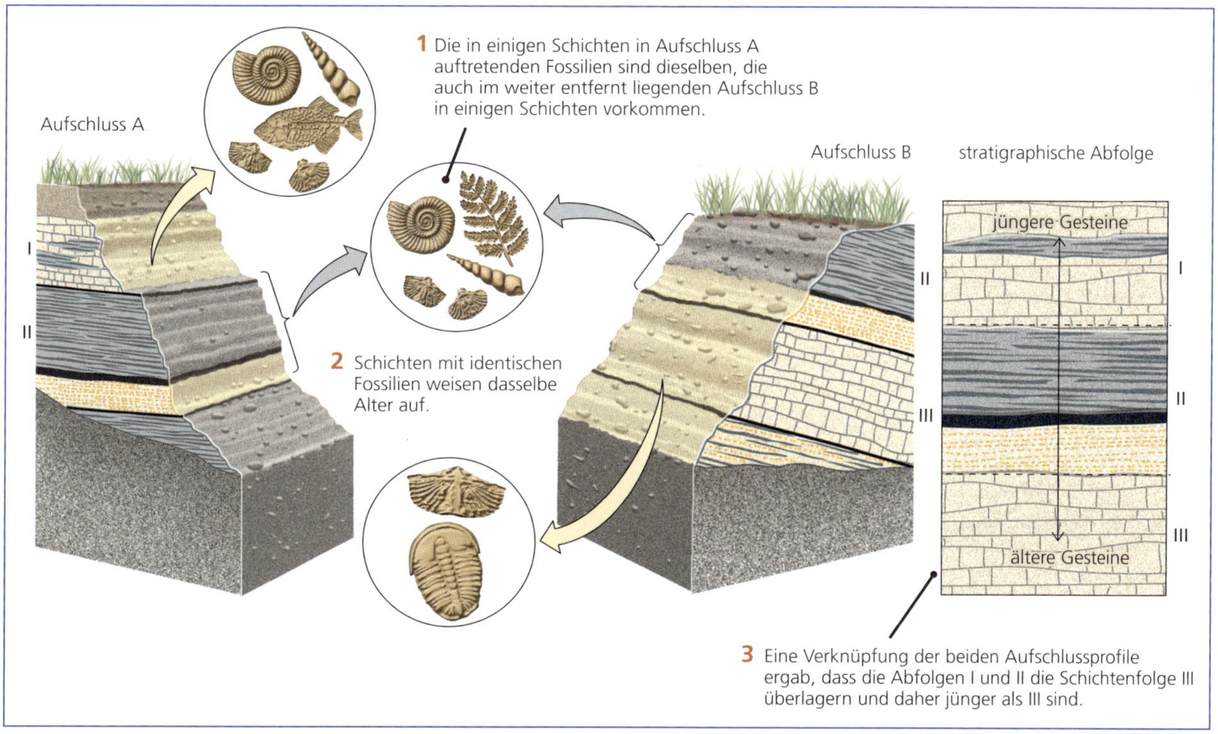


**Abb. 8.5** Mithilfe von Fossilien lassen sich Schichtenfolgen aus verschiedenen Aufschlüssen miteinander korrelieren.

of Strata in England and Wales" zusammen, ein handkoloriertes Meisterstück von 8 Fuß (ca. 2,4 m) Höhe und 6 Fuß (ca. 1,80 m) Breite und die erste geologische Übersichtskarte eines ganzen Landes. Das Original hängt noch immer in den Räumen der bereits im Jahre 1807 gegründeten Geological Society of London.

Geologen, die in die Fußstapfen von Steno und Smith traten, katalogisierten und beschrieben Hunderte von Fossilien und deren Verwandtschaftsbeziehungen zu heutigen Organismengruppen. So bekam die **Paläontologie** – die Erforschung der einstigen Lebensformen – als neue Wissenschaft ihren Platz neben der Geologie. Die häufigsten Fossilfunde waren Gehäuse von Invertebraten (wirbellosen Tieren). Einige ähnelten Venusmuscheln, Austern und anderen Schalentieren; andere waren seltsame Arten, für die es keine lebenden Beispiele gibt, wie etwa die Trilobiten (Titelbild dieses Kapitels). Seltener waren Knochen von Wirbeltieren wie etwa Säugetieren, Vögeln und den riesigen ausgestorbenen Reptilien, die sie als Dinosaurier bezeichneten. Es zeigte sich weiter, dass Pflanzenfossilien in einigen Gesteinen sehr häufig vorkamen, vor allem in Kohleflözen, in denen Blätter, Zweige, Äste und sogar ganze Baumstämme überliefert wurden. Intrusivgesteine enthielten keine Fossilien – insofern keine Überraschung, da das gesamte biologische Material in den heißen Gesteinsschmelzen zerstört wird. Auch die hoch metamorphen Gesteine lieferten nur in ganz seltenen Fällen Fossilien, weil bei der Metamorphose meist alle Organismenreste bis zur Unkenntlichkeit deformiert werden.

Zu Beginn des 19. Jahrhunderts wurde die Paläontologie hinsichtlich der Erdgeschichte zur einzigen wichtigen Informationsquelle. Die systematische Untersuchung der Fossilien beeinflusste auch die Naturwissenschaften weit über die Geologie hinaus. Charles Darwin studierte als junger Wissenschaftler Paläontologie, und auf seiner berühmten Reise an Bord der Beagle (1831–1836) sammelte er zahlreiche ungewöhnliche Fossilien. Bei dieser Fahrt rund um die Erde nutzte er die Gelegenheit, zahlreiche unbekannte Tiere und Pflanzen in ihrem natürlichen Lebensraum zu untersuchen. Darwin überdachte seine Beobachtungen Jahrzehnte lang, ehe er im Jahre 1859 seine Evolutionstheorie veröffentlichte – und damit die Biologie revolutionierte und der Paläontologie ein fundiertes Gerüst an die Hand gab.

## Diskordanzen: Lücken in der Schichtenfolge

Bei der Korrelation von Schichtenfolgen stoßen die Geologen oftmals auf Gebiete, in denen eine Schichtenfolge fehlt. Entweder wurde sie dort niemals abgelagert oder sie war bereits abgetragen, bevor die nächste Schicht zur Ablagerung kam. Die Grenze, an der die beiden vorhandenen Formationen sich berühren, wird als **Diskordanz,**

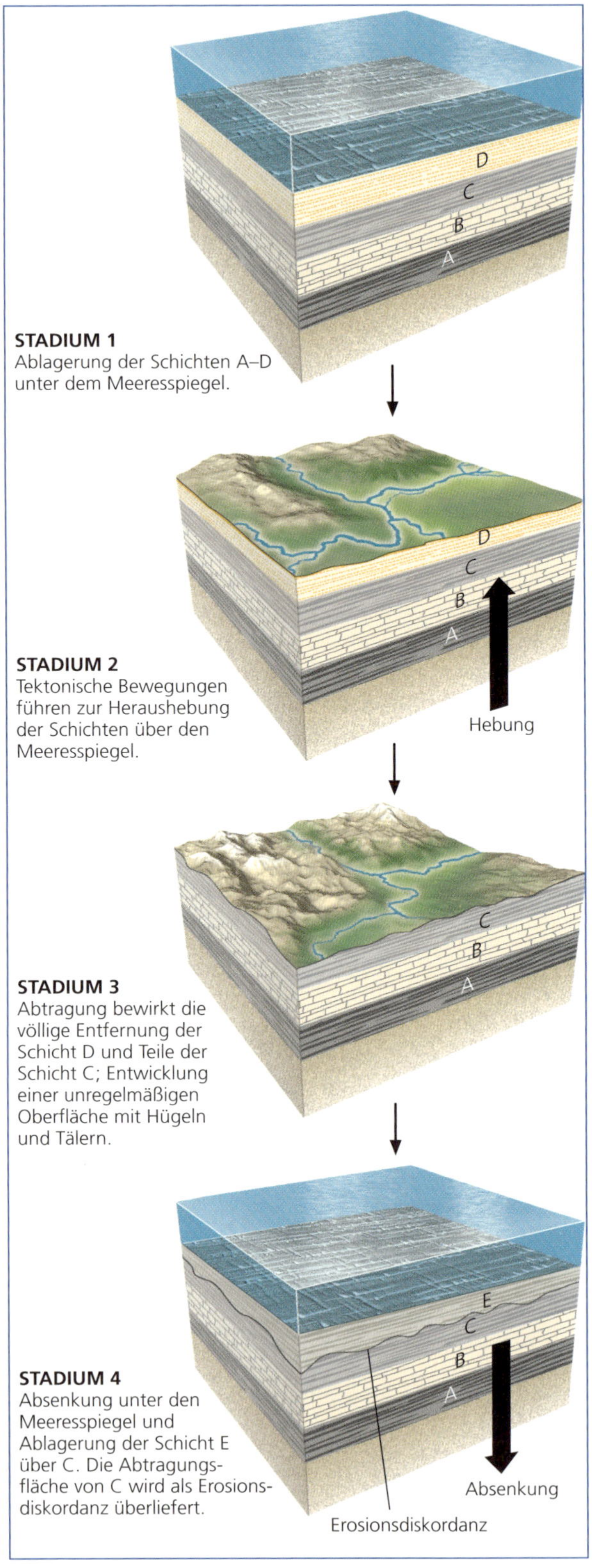


**Abb. 8.6** Als Diskordanz bezeichnet man die Grenzfläche zwischen zwei Schichtenfolgen, die nicht in einer kontinuierlichen Folge abgelagert wurden. In der hier gezeigten Abfolge bildete sich diese Schichtlücke durch Hebung und Erosion, gefolgt von Subsidenz und erneuter Sedimentation. Sie wird demzufolge als Erosionsdiskordanz bezeichnet.

**Schichtlücke** oder **Hiatus** bezeichnet; es handelt sich also um eine Grenze zwischen zwei Schichten, die nicht in einer kontinuierlichen Folge übereinander abgelagert wurden (Abb. 8.6). Eine Schichtlücke repräsentiert genauso wie eine Sedimentschicht eine bestimmte Zeitspanne.

Diskordanzen vertreten nicht nur eine gewisse Zeitspanne, sie setzen in vielen Fällen auch tektonische Bewegungen voraus, die in diesem Zeitraum für die Heraushebung über den Meeresspiegel bei gleichzeitig einsetzender Erosion verantwortlich waren. Andererseits können Schichtlücken auch Zeiträumen entsprechen, in denen das Festland infolge einer weltweiten Absenkung des Meeresspiegels der Erosion unterlag. Wie wir in Kapitel 21 noch sehen werden, kann der Meeresspiegel während einer Eiszeit um über hundert Meter absinken, wenn den Meeren durch die Entstehung von Eiskappen an den Polen Wasser entzogen wird.

Man unterteilt die unterschiedlichen Diskordanzen hinsichtlich der Lagerungsverhältnisse zwischen den über und unter der Diskordanzfläche liegenden Schichten. Eine Diskordanz, bei der die obere Schichtenfolge einer Erosionsfläche aufliegt, die sich über einer nicht deformierten und noch horizontal lagernden Abfolge entwickelte, ist eine so genannte **Erosionsdiskordanz** (Abb. 8.6). Diese Bezeichnung gilt auch, wenn die Hangendschichten metamorphen oder magmatischen Gesteinen auflagern. Durch Vereisungsphasen verursachte Absenkungen des Meeresspiegels führen oftmals zur Bildung solcher Diskordanzen.

Wenn die darunter liegenden Schichten durch tektonische Vorgänge gefaltet und danach mehr oder weniger flächenhaft eingeebnet worden sind, die nächste Serie aber wieder als horizontale Schichten sedimentiert wurde, dann ergibt sich daraus eine so genannte **Winkeldiskordanz**. Sie kennzeichnet eine Erosionsfläche, die zwei Schichtfolgen voneinander trennt, deren Schichtflächen nicht parallel zueinander verlaufen. Abbildung 8.7 zeigt ein Beispiel einer spektakulären Winkeldiskordanz, wie sie im Grand Canyon aufgeschlossen ist. Abbildung 8.8 veranschaulicht die einzelnen Vorgänge, durch die solche Winkeldiskordanzen entstehen.

**Abb. 8.7** Die große Winkeldiskordanz im Grand Canyon mit dem horizontal lagernden Tapeats-Sandstein (Kambrium) im Hangenden und dem intensiv gefalteten Wapatai Shale (Präkambrium) im Liegenden [*Foto: GeoScience Features Picture Library*].

## Verbandsverhältnisse

Andere Störungen der Schichtlagerung von Sedimentgesteinen liefern ebenfalls Möglichkeiten zur relativen Datierung. Ein Schichtverband kann von diskordant durchschlagenden Gesteinsgängen unterbrochen werden und Lagergänge können konkordant in Schichtenfolgen intrudiert sein (Kapitel 4). Außerdem können an Störungen Schichtflächen, Gesteinsgänge oder Lagergänge gegeneinander versetzt sein, weil die Gesteinsblöcke an diesen Zonen auseinander brechen (Kap. 7). Solche Verbandsverhältnisse ermöglichen die relative zeitliche Einordnung der Intrusion von Magmenkörpern oder von Störungen in die stratigraphische Abfolge. Da die Intrusions- oder Deformationsereignisse erst nach der Ablagerung der Sedimentschichten aufgetreten sein können, müssen sie somit jünger sein als die Gesteine, in die sie eingedrungen sind beziehungsweise die sie durchschlagen haben (Abb. 8.9). Wurden die Intrusivgesteine oder die an Störungen versetzten Schichten während einer Sedimentationsunterbrechung abgetragen oder eingeebnet, später aber erneut mit Sedimenten überdeckt, dann müssen die Intrusionen oder die Störungen älter als die auflagernden jüngeren Schichtenfolgen sein. Durch Kombination von Verbandsverhältnissen mit Geländebeobachtungen an Diskordanzen und stratigraphischen Abfolgen lässt sich selbst in geologisch kompliziert gebauten Gebieten deren Werdegang rekonstruieren (Abb. 8.10).

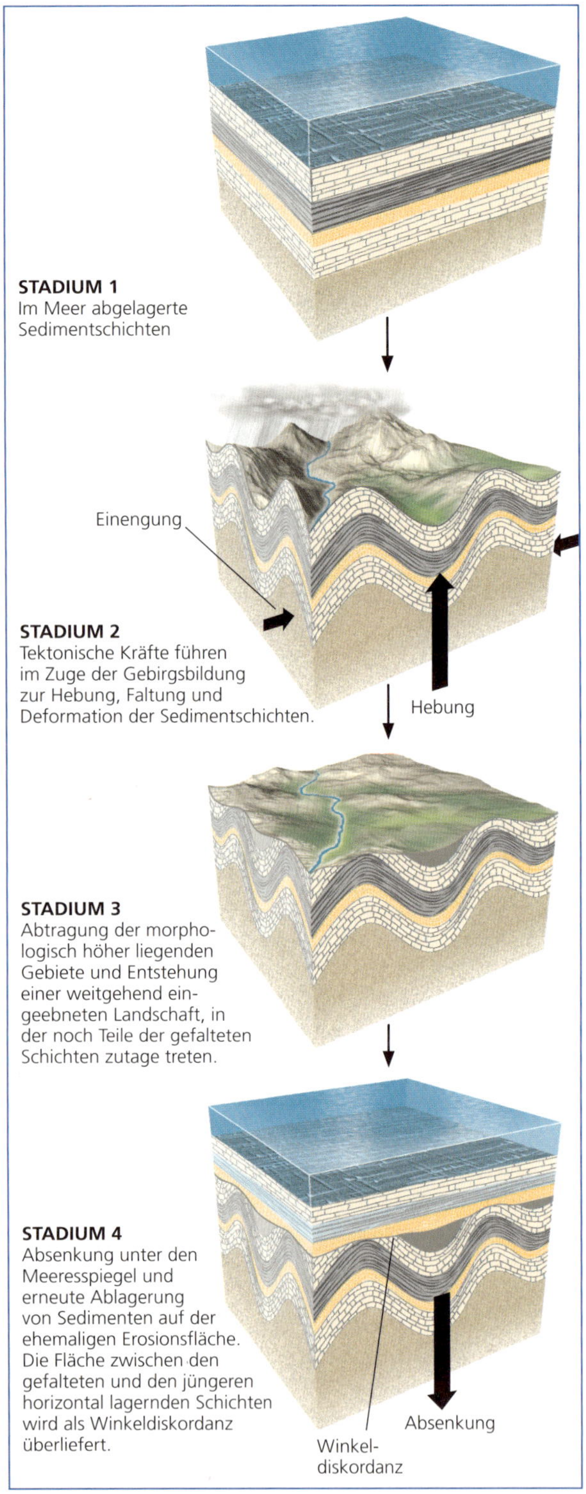


**Abb. 8.8** Als Winkeldiskordanz bezeichnet man eine Erosionsfläche, die zwei Schichtenfolgen voneinander trennt, deren Schichtflächen über der Diskordanz nicht parallel zur Schichtung unter der Diskordanz verlaufen. Diese Abfolge zeigt, wie eine solche Diskordanzfläche entstehen kann.

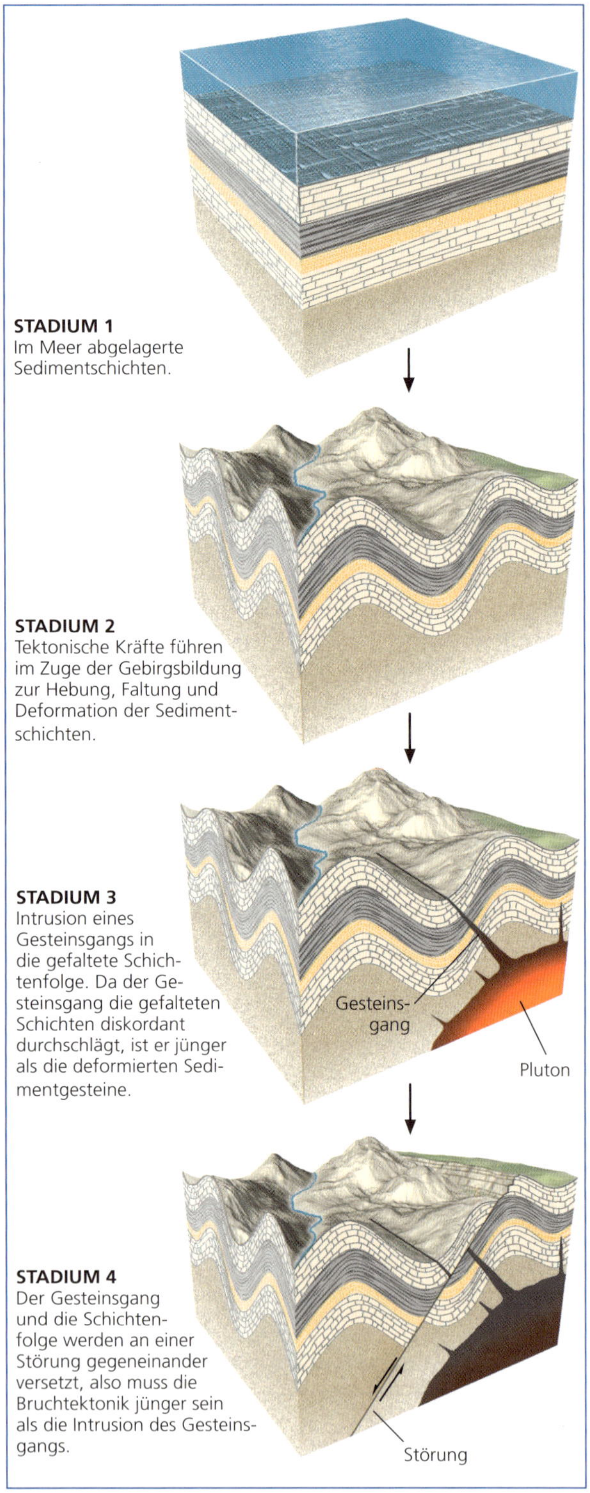


**Abb. 8.9** Die wechselseitigen Verbandsverhältnisse ermöglichen, geologische Vorgänge in einen relativen Zeitrahmen einzuordnen, der durch die stratigraphische Abfolge vorgegeben ist.

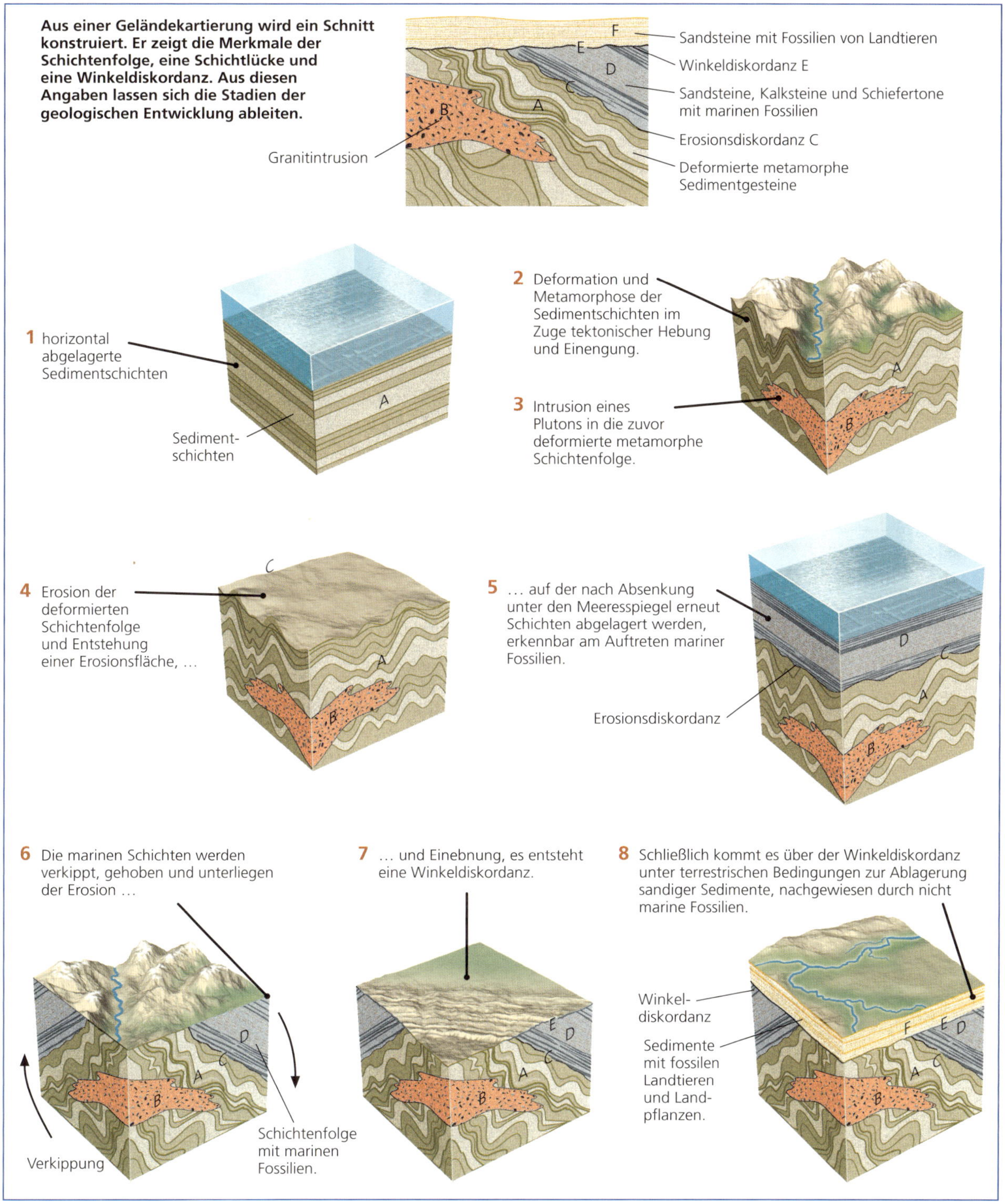


**Abb 8.10** Stratigraphische Grundprinzipien und die wechselseitigen Verbandsverhältnisse ermöglichen eine relative Datierung.

## Geologische Zeitskala

Zu Beginn des 19. Jahrhunderts begannen Geologen die von Steno und Smith aufgestellten Prinzipien auf Aufschlüsse in allen Teilen der Erde anzuwenden. In vielen Formationen auf den Kontinenten wurden dieselben kennzeichnenden Fossilien nachgewiesen. Darüber hinaus ergaben die Faunenabfolgen aus unterschiedlichen Kontinenten auch dieselben Veränderungen innerhalb der fossilen Arten. Durch Korrelation der Fossilabfolge konnte somit auf globaler Basis das jeweilige relative Alter der Gesteinsabfolgen bestimmt werden. Gegen Ende des 19. Jahrhunderts hatten die Geologen eine weltweit gültige Abfolge der geologischen Vorgänge erarbeitet.

### Die Einheiten der geologischen Zeitskala

Die relative geologische Zeitskala ist in Einheiten unterteilt, die durch eine bestimmte Fossilführung gekennzeichnet sind und die Abgrenzung dieser Einheiten erfolgt dort, wo sich in der Schichtenfolge der Fossilinhalt abrupt verändert (Abb. 8.11). Daraus ergibt sich aber auch, dass lediglich für die letzten rund 540 Ma der Erdgeschichte eine auf Fossilien begründete Untergliederung möglich ist. Der wesentlich längere Abschnitt davor lässt sich, wie wir noch sehen werden, nur auf andere Weise zeitlich ordnen, da in diesen Gesteinen keine für eine stratigraphische Gliederung verwertbaren Fossilien enthalten sind.

Die relative Zeitskala ist in weitere Einheiten von jeweils kürzerer Dauer unterteilt: Ära, Periode und Epoche, wobei die Zeitdauer einer Ära am längsten, die einer Epoche am kürzesten ist. Man unterschiedet als Großeinheiten drei **Ären**: das Paläozoikum (Zeitalter des ältesten Lebens), das Mesozoikum (Zeitalter des mittleren Lebens) und Känozoikum (Zeitalter des neuen Lebens).

Eine Ära wird weiter unterteilt in **Perioden**, von denen die meisten entweder nach einer geographischen Region benannt wurden, in der die Schichtenfolgen am besten entwickelt oder aufgeschlossen sind beziehungsweise erstmals beschrieben wurden, oder aber nach einigen besonderen Merkmalen der Formationen. Die Periode des Juras ist beispielsweise nach dem Juragebirge in Frankreich und der Schweiz benannt; das Karbon verdankt seinen Namen (nach dem lateinischen Wort „carbo“ für Kohle) den Kohle führenden Sedimenten in Europa und Nordamerika. Die Perioden Paläogen und Neogen sind Ausnahmen; ihre aus dem Griechischen stammende Bezeichnung bedeutet „alter Entstehung“ beziehungsweise „neuer Entstehung“.

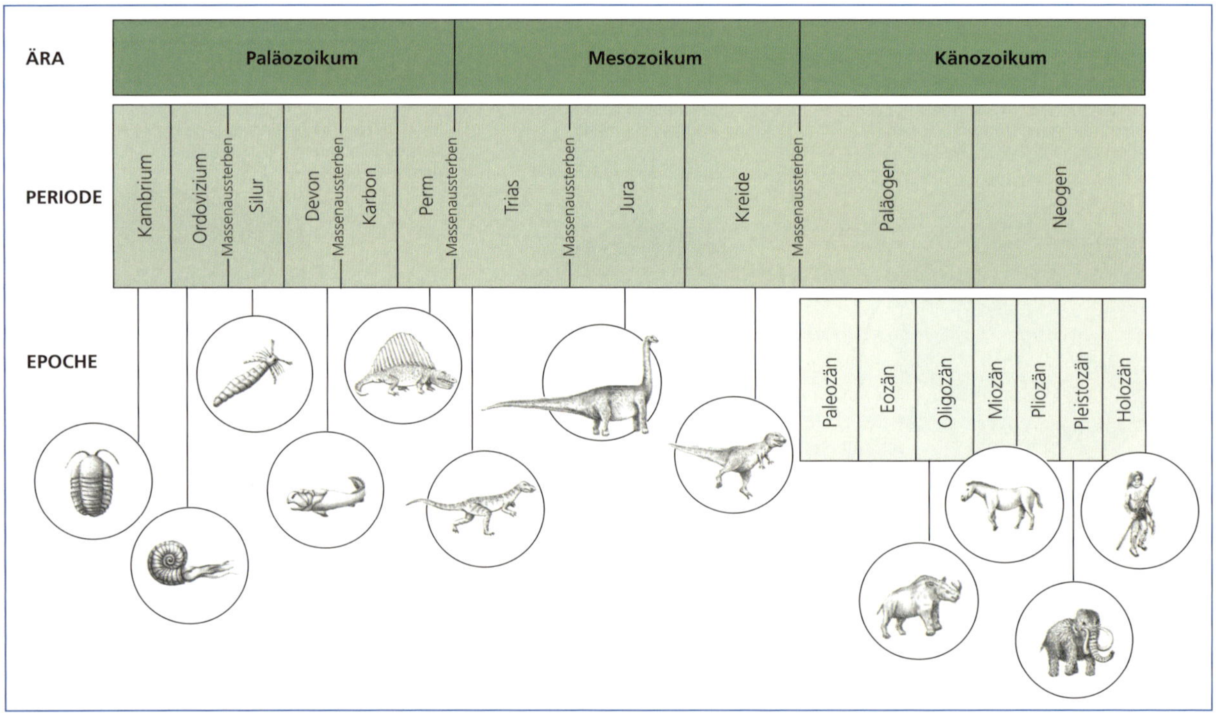


**Abb. 8.11** Die geologische Zeitskala; sie zeigt die aus dem relativen Alter der Fossilien abgeleiteten Ären, Perioden und Epochen. Die Grenzen dieser Zeiteinheiten sind gekennzeichnet durch das plötzliche Verschwinden älterer Lebensformen und dem Auftreten völlig neuer Organismenarten. Die fünf großen Massenaussterben sind gesondert gekennzeichnet.

Eine Periode wird weiter in **Epochen** unterteilt, wie etwa das Miozän und Pliozän innerhalb des Neogen (Abb. 8.11). Wir leben gegenwärtig im Holozän innerhalb des Neogens, einem Abschnitt des Känozoikums.

In Exkurs 8.1 wird die geologische Zeittafel exemplarisch verwendet, um die stratigraphischen Abfolgen von drei der eindrucksvollsten Aufschlüsse der Erde – die farbenprächtigen Steilwände des Grand Canyon, des Zion Canyon und des Bryce Canyon – miteinander zu korrelieren.

### Massenaussterben in der Erdgeschichte

Viele Grenzen zwischen den Perioden der geologischen Zeitskala fallen mit eindeutigen Hinweisen auf Massenaussterben zusammen. Innerhalb kurzer Zeitabschnitte sind zahlreiche Lebensformen aus der Schichtenfolge verschwunden und bald danach durch neue Arten ersetzt worden. Diese plötzlichen Veränderungen in der Faunenabfolge waren zunächt nicht erklärbar. Darwin hatte zwar aufgezeigt, wie neue Arten entstehen konnten, aber weshalb kam es zu den Massenaussterben?

In einigen Fällen sind die Ursachen bekannt. Das Massenaussterben am Ende der Kreidezeit, bei dem 75 Prozent der lebenden Arten, darunter alle Dinosaurier verschwunden sind, war wohl mit die Folge eines großen Meteoriteneinschlags, durch den die Atmosphäre verdunkelt und das Klima der Erde auf Jahre hinaus bitter kalt war. Diese Katastrophe kennzeichnet das Ende des Mesozoikums und den Beginn des Känozoikums.

In anderen Fällen haben wir keine konkreten Hinweise. Das größte Massenaussterben am Ende des Perms, das die Grenze Paläozoikum-Mesozoikum markiert, löschte nahezu 95 Prozent aller Arten aus, seine Ursachen sind immer noch Gegenstand heftiger Diskussionen. Das Spektrum der Möglichkeiten reicht von der Bildung des Großkontinents Pangaea über plötzliche Klimaveränderungen, einen Meteoriteneinschlag, einen ungeheuer großen Vulkanausbruch in Sibirien bis hin zu einer Kombination all dieser potenziellen Ursachen. Diese Extremereignisse an den Grenzen erdgeschichtlicher Perioden bleiben wohl noch lange Schwerpunkt geologischer Forschungen. Wir werden in Kapitel 11 noch einmal darauf eingehen.

## Absolute Altersbestimmung mit radioaktiven Uhren

Die auf stratigraphischen Abfolgen in Verbindung mit fossilen Belegen beruhende geologische Zeitskala ist eine relative Zeitskala. Sie gibt zwar an, ob eine Formation älter als eine andere ist, wie viele Jahre jedoch eine Ära, Periode oder Epoche dauerte, ist daraus nicht zu entnehmen. Schätzungen, welche Zeit erforderlich ist, um Gebirge zu erodieren oder Sedimente abzulagern, ergaben, dass die meisten Perioden möglicherweise Millionen von Jahren gedauert haben; die Geologen des 19. Jahrhunderts wussten jedoch nicht, ob eine bestimmte Periode 10 Ma, 100 Ma oder noch länger gedauert hat.

Sie wussten auch nicht, ob die geologische Zeitskala überhaupt vollständig war. Die älteste Periode der Erdgeschichte, die durch eine Faunenabfolge fest umrissen ist, war das Kambrium, in dem erstmals Reste Schalen tragender Fossilien auftraten. Zahlreiche Schichtenfolgen sind aber eindeutig älter als das Kambrium, da sie in der stratigraphischen Abfolge unter den Schichten des Kambriums lagern. Diese Schichten enthielten jedoch keine erkennbaren Fossilien und es gab somit keine Möglichkeit, ihr relatives Alter zu ermitteln. Die einzige Möglichkeit bestand darin, diese Gesteine pauschal in ein so genanntes Präkambrium zu stellen. Doch welchen Zeitraum innerhalb der gesamten Erdgeschichte mochten diese rätselhaften Gesteine umfassen, und welches Alter hat das älteste präkambrische Gestein?

Diese Fragen lösten in der zweiten Hälfte des 19. Jahrhunderts heftige Debatten aus. Physiker und Astronomen verwendeten theoretische Argumente (die aus heutiger Sicht falsch waren), um daraus ein maximales Alter von weniger als 100 Ma abzuleiten. Die meisten Geologen betrachteten jedoch dieses Alter als viel zu gering, obwohl es keine genauen Daten gab, um dies zu untermauern.

### Die Entdeckung der Radioaktivität

Im Jahre 1896 machten große Fortschritte in der modernen Physik den Weg frei für eine verlässliche und exakte Bestimmung des absoluten Alters. Henri Becquerel, ein französischer Physiker, entdeckte die Radioaktivität des Urans. Weniger als ein Jahr nach Becquerels Entdeckung fand und isolierte die aus Polen stammende Chemikerin Marie Sklodowska-Curie in Zusammenarbeit mit dem französischen Chemiker Pierre Curie ein weiteres stark radioaktives Element, das Radium.

Im Jahre 1905 regte der britische Physiker Ernest Rutherford an, das absolute Alter eines Gesteins über den radioaktiven Zerfall der in den Gesteinen vorhandenen radioaktiven Elemente zu messen. Er berechnete das Alter eines Gesteins aus Messungen seines Urangehalts. Dies war der Beginn der **radiometrischen Altersbestimmung**, mit der sich unter Verwendung natürlich vorkommender radioaktiver Elemente das Alter von Mineralen und Gesteinen bestimmen lässt. In den darauf folgenden Jahren wurden die Datierungsverfahren weiterentwickelt, da noch andere radioaktive Elemente

Exkurs 8.1

# Die Gesteinsabfolge des Grand Canyon und die regionale Korrelation von Schichten

Die Gesteine des Grand Canyon und anderer Teile des Colorado-Plateaus liefern uns eine Fülle von Informationen. Sie sind Dokumente einer langen Geschichte der Sedimentation in einer Vielzahl von Ablagerungsräumen, teils auf dem Festland, teils unter dem Meeresspiegel. Durch die Korrelation dieser Schichtfolgen, die an sehr unterschiedlichen Stellen aufgeschlossen sind, lässt sich die geologische Entwicklung dieses Gebiets rekonstruieren.

Die untersten - und damit ältesten - im Grand Canyon aufgeschlossenen Gesteine sind dunkle Magmatite und Metamorphite, die insgesamt die Vishnu-Gruppe bilden, von der aus radiometrischen Datierungen bekannt ist, dass sie ein Alter von etwa 1,8 Milliarden Jahren aufweist.

Über der Vishnu-Gruppe folgen die jüngeren, in das Präkambrium zu stellenden nicht metamorphen Schichten des Grand Canyon. Sie enthalten Fossilien millimetergroßer einzelliger Mikroorganismen. Die Vishnu-Gruppe und die Grand-Canyon-Serie sind durch eine Winkeldiskordanz getrennt. Das spricht für eine tektonische Deformationsphase in Verbindung mit einer Metamorphose der Vishnu-Gruppe und einer nachfolgenden Erosion vor der Ablagerung der Grand-Canyon-Serie. Die Verkippung dieser Schichtenfolge aus ihrer ursprünglich horizontalen Position zeigt, dass auch sie nach der Ablagerung und Versenkung gefaltet wurde.

Eine weitere Winkeldiskordanz trennt die Grand-Canyon-Serie von dem horizontal darüber lagernden Tapeats-Sandstein. Diese Diskordanz kennzeichnet eine lange Periode der Erosion, nachdem die darunter lagernden Gesteine tektonisch verkippt worden waren. Der Tapeats-Sandstein und der darüber folgende Bright Angel Shale können aufgrund ihrer Fossilführung - darunter zahlreiche Trilobiten - altersmäßig in das Kambrium gestellt werden.

Über dem Bright Angel Shale folgt eine Serie horizontal lagernder Kalksteine und Tonschiefer (Muav-Kalke, Temple-Butte-Kalke, Redwall-Kalke), die einen Zeitraum von etwa 200 Ma zwischen dem jüngeren Kambrium und dem Ende des Mississippian (in Nordamerika gebräuchliche Bezeichnung für das Unterkarbon) vertreten. Wir wissen, dass es zwischen diesen Abfolgen Schichtlücken gibt, da in der Faunenabfolge erhebliche Lücken zu verzeichnen sind, sodass diese Gesteine insgesamt lediglich etwa 40 Prozent der paläozoischen Abfolge vertreten.

Die darüber folgenden Schichten in den etwas höheren Bereichen der Wände gehören zur Supai-Gruppe des Pennsylvanian (Oberkarbon bis Perm). Sie enthalten Fossilien von Landpflanzen, die auch in den Kohleablagerungen Nordamerikas und anderer Kontinente auftreten. Über der Supai-Gruppe folgt der Hermit Shale, der im Wesentlichen aus Sand führenden roten Schiefertonen besteht.

Schon ziemlich hoch in den Wänden des Canyons tritt noch eine weitere terrestrische Schichtenfolge auf, der Coconino-Sandstein, der vermehrt Lebensspuren von Wirbeltieren enthält. Diese Lebensspuren deuten darauf hin, dass der Coconino-Sandstein im Perm in einem terrestrischen Ablagerungsraum gebildet worden ist. An der Oberkante der Steilwände, am Rande des Canyons, stehen zwei weitere Schichtenfolgen des Perms an: die überwiegend aus Kalken bestehende Toroweap-Formation und darüber die Kaibab-Gruppe, eine mächtige Serie sandiger und kieseliger Kalksteine. Diese beiden Abfolgen dokumentieren eine Absenkung unter den Meeresspiegel und die Ablagerung mariner Sedimente.

Obwohl die Schichtenfolge des Grand Canyon sehr malerisch und informativ ist, bietet sie nur ein unvollkommenes Abbild der Erdgeschichte. Die jüngeren Abschnitte sind nicht überliefert. Um diese Lücke zu schließen, müssen wir andere Gebiete in Utah aufsuchen, wie etwa den Zion- und den Bryce Canyon. Im Zion-Nationalpark findet man die Äquivalente der Kaibab- und Moenkopi-Formation, die eine Korrelation mit dem Gebiet des Grand Canyon und dadurch eine Verbindung der beiden Gebiete ermöglichen. Im Gegensatz zum Grand Canyon reicht dort die Schichtenfolge nach oben bis in den Jura hinein. Dieser ist gekennzeichnet durch fossile Dünensande in Form von Sandsteinen der Navajo-Formation. Fahren wir ein wenig weiter, so finden wir die Navajo-Formation auch im Bryce-Canyon, dessen Schichtenfolge bis in die Wasatch-Formation des Paläogens reicht.

Die Korrelation der Schichten innerhalb dieser drei Gebiete des Colorado-Plateaus zeigt, wie Schichtenfolgen weit auseinander liegende Lokalitäten, in denen die Schichtenfolge nirgends komplett überliefert ist, zusammengesetzt werden können und somit ein deutlich umfangreicheres Bild der Erdgeschichte liefern.

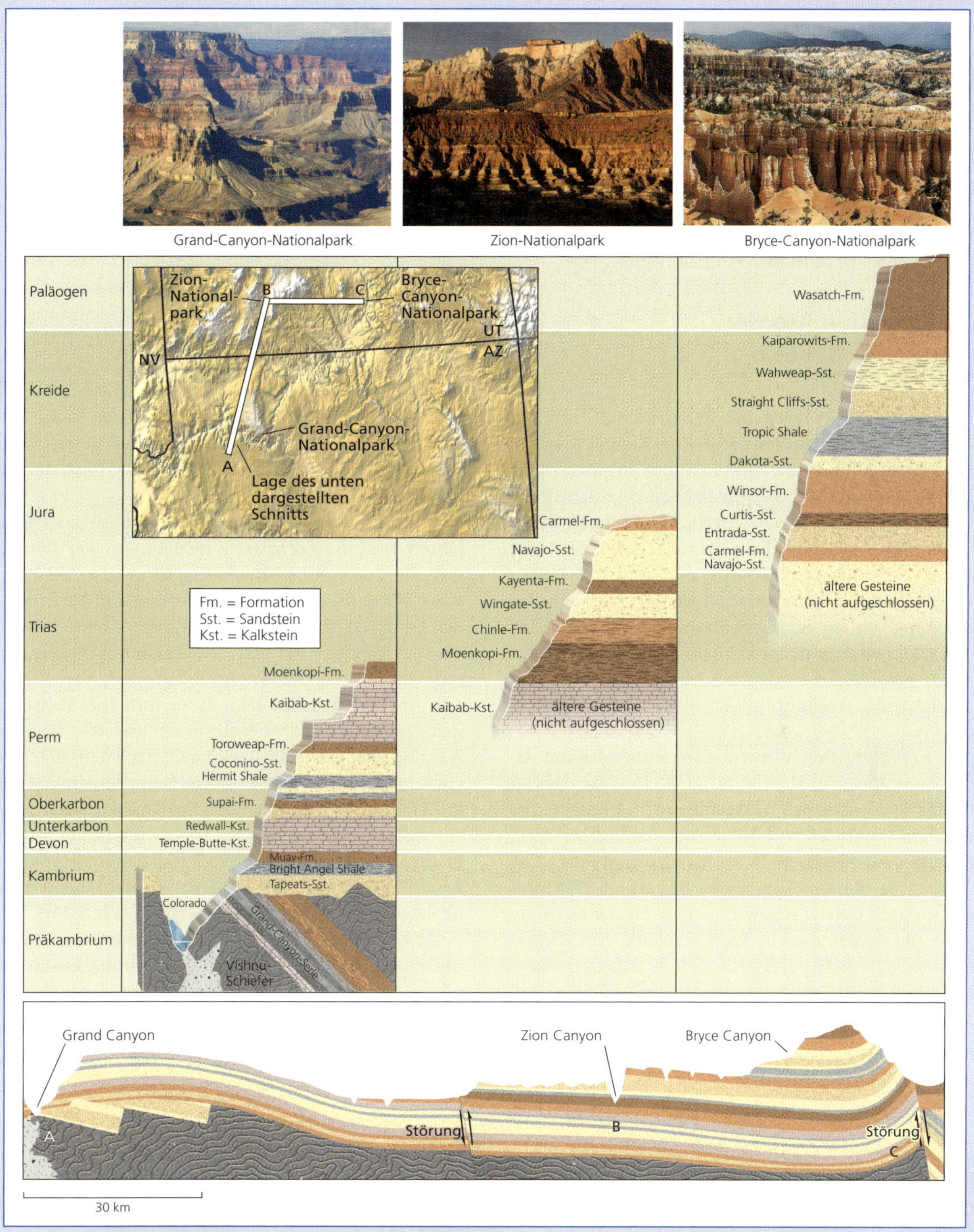


Vereinfachter Schnitt durch die Schichtenfolgen des Grand Canyon, des Zion Canyon und des Bryce Canyon [*Fotos: John Wang/Photo Disc/Getty Images (Grand Canyon); David Muench/Corbis (Zion Canyon); Tim Davis/Photo Researchers (Bryce Canyon)*].

nachgewiesen wurden, die für eine Altersbestimmung verwendet werden konnten, überdies verbesserten sich auch zunehmend die Kenntnissse über den Ablauf des radioaktiven Zerfalls. Innerhalb eines Jahrzehnts nach Rutherfords ersten Messungen war klar, dass einige präkambrische Gesteine mehrere Milliarden Jahre alt sein mussten.

Im Jahre 1956 bestimmte die Geologin Clare Paterson den Zerfall des Urans in Meteoriten und kam zu dem Ergebnis, dass das Sonnensystems einschließlich der Erde vor 4,56 Milliarden Jahren entstanden war. Dieses Alter wurde seit Patersons ersten Messungen lediglich um weniger als 10 Millionen Jahre korrigiert.

## Radioaktive Atome: Uhren im Gestein

Wie verwenden Geologen die Radioaktivität, um das Alter von Gesteinen zu bestimmen? In Kapitel 3 wurde bereits erwähnt, dass ein Atomkern aus Protonen und Neutronen besteht und dass die Isotope eines bestimmten Elements zwar dieselbe Anzahl der Protonen, aber oftmals eine unterschiedliche Anzahl von Neutronen aufweisen. Die meisten **Isotope** sind stabil, der Kern eines radioaktiven Isotops zerfällt jedoch spontan unter Freisetzung von Teilchen oder Strahlung und geht dabei in das Atom eines anderen Elements über. Wir bezeichnen das ursprüngliche Atom als **Mutteratom** und sein entsprechendes Zerfallsprodukt folglich als **Tochteratom**.

Ein gebräuchliches Element für radiometrische Altersbestimmungen ist Rubidium, das 37 Protonen besitzt und aus zwei natürlich vorkommenden Isotopen besteht: Rubidium-85, das 48 Neutronen hat und stabil ist, und Rubidium-87, das 50 Neutronen hat und radioaktiv ist. Ein Neutron im Kern eines Rubidium-87-Atoms kann spontan unter Freisetzung eines Elektrons in ein Proton übergehen, das im Kern verbleibt. Mit diesem zusätzlichen Proton entsteht aus dem früheren Rubidium-Atom mit 37 Protonen ein Strontium-Atom mit 38 Protonen und 49 Neutronen (Abb. 8.12). Anders ausgedrückt, das radioaktive Mutterisotop Rubidium-87 geht durch radioaktiven Zerfall in das stabile Tochterisotop Strontium-87 über.

Der Übergang vom Mutterisotop in das Tochterisotop erfolgt mit einer konstanten Geschwindigkeit. Die radioaktive Zerfallsrate lässt sich durch die individuelle **Halbwertszeit** eines Isotops angeben; sie umfasst die Zeit, in der die Hälfte der Mutteratome zu Tochteratomen zerfallen ist. Beispielsweise beträgt die Halbwertszeit von Rubidium-87 etwa 47 Milliarden Jahre, das heißt, diese Zeit ist erforderlich, bis in einer Gesteinsprobe die Hälfte des Rubidiums-87 zu Strontium-87 zerfallen ist. Um das radiometrische Alter bestimmen zu können, muss die Menge des im Gestein vorhandenen Mutterisotops bekannt sein. Im Falle der Rubidium-Strontium-Datierung lässt sich die ursprünglich vorhandene Menge an Strontium-87 aus dem Gehalt an Strontium-86 ableiten, ein stabiles Isotop, das nicht durch radioaktiven Zerfall entstanden ist, und dessen Menge sich auch mit zunehmendem Alter der Gesteine nicht verändert.

Radioaktive Isotope sind deswegen so zuverlässige Uhren, weil die Zerfallsrate unabhängig von Temperaturänderungen, Chemismus und Druck ist, die in typischer Weise die geologischen Prozesse auf der Erde und den anderen Planenten beeinflussen. Dies bedeutet: Wenn irgendwo im Universum einmal Atome eines radioaktiven Elements entstanden sind, verhalten sie sich wie eine tickende Uhr, da sie mit einer konstanten Zerfallsrate von einem Atom in ein anderes übergehen. Am Ende der ersten Halbwertszeit, nach dem Einschluss eines radioaktiven Isotops in ein neues Mineral, ist noch die Hälfte der Mutterisotope vorhanden. Nach Ablauf der zweiten Halbwertszeit ist wiederum die Hälfte dieser Hälfte, das heißt noch ein Viertel der ursprünglichen Anzahl vorhanden, am Ende der dritten Halbwertszeit bleibt ein Achtel übrig und so weiter (Abb. 8.13).

Das Verhältnis von Mutter- zu Tochterisotopen wird mit einem Massenspektrometer bestimmt, einem hoch präzisen und empfindlichen Instrument, das selbst win-

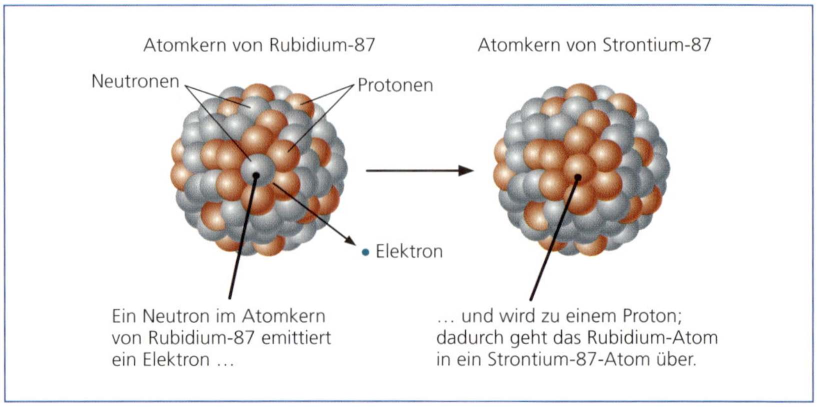


**Abb. 8.12** Der radioaktive Zerfall von Rubidium zu Strontium.

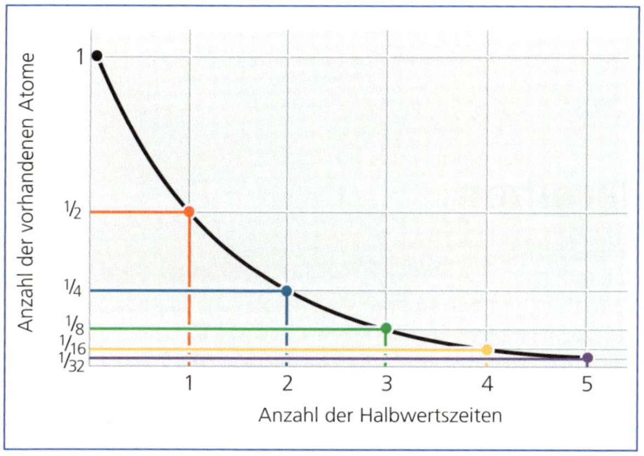


**Abb. 8.13** Die Anzahl der radioaktiven Atome in einem Mineral nimmt im Laufe der Zeit exponentiell ab. Die Zerfallsrate wird durch die Halbwertszeit eines Isotops bestimmt.

zige Isotopenmengen nachweisen kann. Mithilfe dieser Messungen und über die Zerfallsrate lässt sich die Zeit berechnen, die seit dem ersten „Ticken" der radioaktiven Uhr vergangen ist.

Das radiometrische Alter eines Gesteins entspricht dem Zeitpunkt, zu dem die Isotope in den entsprechenden Mineralen eingebaut sind und damit die radioaktive Uhr des Minerals zu ticken beginnt. Dieser Einbau erfolgt normalerweise bei der Kristallisation von Mineralen aus einer Gesteinsschmelze oder im Verlauf der Metamorphose durch Rekristallisation. Bei der Auskristallisation aus einer Schmelze wird die Anzahl der Tochteratome jedoch nicht unbedingt auf null zurückgestellt; daher muss bei der Bestimmung des radiogenen Alters die ursprünglich vorhandene Menge mit berücksichtigt werden.

Auch andere Prozesse erschweren die isotopische Altersbestimmung. Ein Mineral kann durch Verwitterung einen Teil seiner Tochterisotope abgeben, oder es kann durch Fluide, die im Gestein zirkulieren, verunreinigt werden. Schließlich können, wenn ein magmatisches Gestein der Metamorphose unterliegt, die Tochterisotope, die sich seit der Kristallisation angereichert haben, teilweise oder vollständig verloren gehen, sodass ein jüngeres als das ursprüngliche Abkühlungsalter gemessen wird.

## Radiometrische Datierungsmethoden

Zur Altersbestimmung von Gesteinen verwendet man eine Reihe weiterer, natürlich vorkommender radioaktiver Elemente mit jeweils spezifischen Zerfallsraten (Tab. 8.1). Isotope mit längeren Halbwertszeiten in der Größenordnung von Milliarden Jahren wie etwa Rubidium-87, Uran-238 und Kalium-40 sind nur zur Messung sehr alter Gesteine geeignet, während rasch zerfallende Elemente wie etwa Kohlenstoff-14 für die Altersbestimmung junger Gesteine herangezogen werden. Um eine radiometrische Datierung durchführen zu können,

**Tabelle 8.1** Die wichtigsten, für radiometrische Altersbestimmungen verwendeten radioaktiven Elemente

| Isotope Mutter | Tochter | Halbwertszeit Mutterisotop (Jahre) | Datierbarer Zeitraum (Jahre) | Datierbare Minerale und andere Substanzen |
|---|---|---|---|---|
| Uran-238 | Blei-206 | 4,4 Milliarden | 10 Millionen–4,6 Milliarden | Zirkon<br>Apatit |
| Uran-235 | Blei-207 | 0,7 Milliarden | 10 Millionen–4,6 Milliarden | Zirkon<br>Apatit |
| Kalium-40 | Argon-40 | 1,3 Milliarden | 50 000–4,6 Milliarden | Muskovit<br>Biotit<br>Hornblende<br>Gesamtgestein von Vulkaniten |
| Rubidium-87 | Strontium-87 | 47 Milliarden | 10 Millionen–4,6 Milliarden | Muskovit<br>Biotit<br>Kaliumfeldspat<br>Gesamtgestein von Metamorphiten und Magmatiten |
| Kohlenstoff-14 | Stickstoff-14 | 5730 | 100–70 000 | Holz, Holzkohle, Torf<br>Knochen und Gewebe<br>Schalenmaterial und anderer Calcit<br>Grundwasser, Meerwasser und Gletschereis, die gelöstes Kohlendioxid ($CO_2$) enthalten |

## Exkurs 8.2

# Radioaktiver Zerfall und Zerfallsreihen

Grundlage der radiometrischen Altersbestimmung ist der natürliche Zerfall radioaktiver Isotope unterschiedlicher Elemente. Dabei zerfällt jedes radioaktive Isotop auf charakteristische und immer gleiche Weise, unabhängig von physikalischen oder chemischen Parametern. Die Menge der Zerfallsprodukte ist proportional der Ausgangsmenge sowie der für jedes radioaktive Element charakteristischen Zerfallskonstanten. Endprodukte des radioaktiven Zerfalls sind entweder eines oder mehrere stabile Zerfallsprodukte oder aber erneut radioaktive Atomkerne, die ihrerseits weiter zerfallen, sodass sich eine radioaktive Zerfallsreihe bis zu einem stabilen Endprodukt ergeben kann.

Wichtig für die Altersbestimmung sind drei Arten des radioaktiven Zerfalls: der Alpha-Zerfall, der Beta-Zerfall und die spontane Kernspaltung.

**1. Alpha-Zerfall:** Beim Alpha-Zerfall werden Heliumkerne emittiert. Dadurch nimmt die positive Ladung des ursprünglichen Atomkerns um 2, seine Masse um 4 Einheiten ab. Es entsteht dabei der Kern eines Elements, das im Periodensystem zwei Stellen vor dem Ausgangselement steht und diesem gegenüber eine um 4 Einheiten verringerte Massenzahl aufweist.

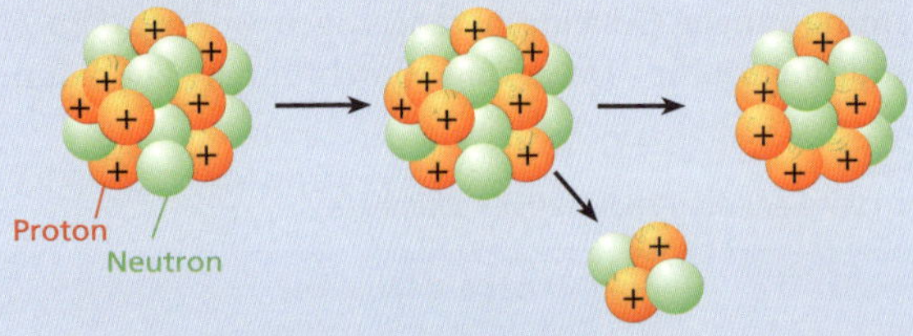


Alpha-Zerfall tritt in der Regel bei Elementen mit hoher Ordnungszahl auf. Gängiges Beispiel für den Alpha-Zerfall ist der radioaktive Zerfall von Sm-147 zu Nd-143. Eine große Bedeutung hat der Alpha-Zerfall jedoch vor allem innerhalb der Zerfallsreihen von U-235, U-238 (vgl. Zeichnung) oder von Th-232 zu den Blei-Isotopen Pb-206, Pb-208 bzw. Pb-207.

**2. Beta-Zerfall:** Der Beta-Zerfall umfasst drei verschiedene Zerfallsmöglichkeiten: (a) Beta-minus-Zerfall (Emission eines Elektrons); (b) Beta-plus-Zerfall (Emission eines Positrons); (c) Elektroneneinfang aus der Elektronenhülle (Konkurrenzzerfall zum Beta-plus-Zerfall).

**(a) Beta-minus-Zerfall:** Beim Beta-minus-Zerfall wird ein Elektron freigesetzt, wobei im Kern ein Neutron unter Abgabe eines praktisch masselosen und ladungsfreien Anti-Neutrinos, in ein Proton übergeht. Dadurch kommt es zur Erhöhung der Kernladungszahl (Ordnungszahl) des ursprünglichen Atoms um eine Einheit, sodass das neu entstandene Element der nachfolgenden Gruppe des Periodensystems angehört. Da jedoch das Elektron eine extrem geringe Masse hat, ändert sich bei dieser Art der radioaktiven Umwandlung die Atommasse nur minimal. Die Nukleonenzahl – und damit die Massenzahl – bleibt erhalten.

Typische Beispiele sind der Zerfall von C-14 in das stabile Nuklid N-14 oder der Zerfall von Rb-87 zu Sr-87.

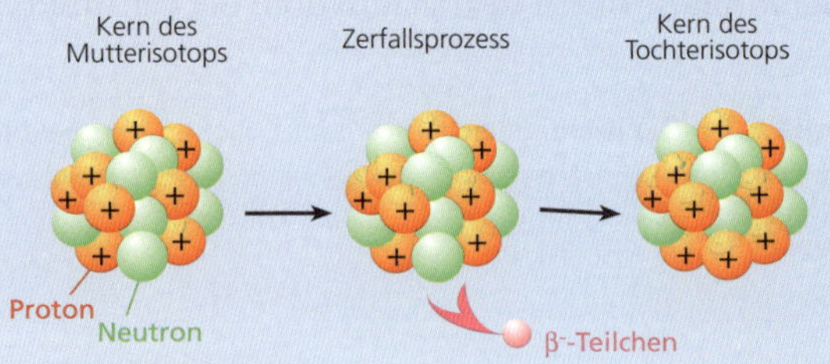


muss eine messbare Menge von Mutter- und Tochteratomen im Gestein vorhanden sein. Ist beispielsweise ein Gestein sehr alt und die Zerfallsrate hoch, wird nahezu das gesamte Mutterisotop bereits umgewandelt sein. In einem solchen Fall ist die radioaktive Uhr schon abgelaufen, aber es gibt keine Möglichkeit zu sagen, seit wann.

Kohlenstoff-14 ist vor allem zur Datierung von Fossilmaterial wie Knochen, Schalen, Holz und anderen organischen Substanzen in Sedimenten geeignet, die jünger als einige Zehntausend Jahre alt sind. Kohlenstoff ist ein wesentlicher Zellbestandteil aller lebenden Organismen. Wenn grüne Pflanzen wachsen, bauen sie kontinuierlich Kohlenstoff aus dem Kohlendioxid der Atmosphäre in ihr Gewebe ein, wobei zusammen mit anderen (stabilen) Kohlenstoffisotopen auch eine kleine Menge an radioaktivem Kohlenstoff-14 aufgenommen wird. Stirbt eine Pflanze ab, so endet die Aufnahme von Kohlendioxid. Zu diesem Zeitpunkt entspricht der Anteil des Kohlenstoff-14 – im Verhältnis zu den stabilen Kohlenstoffisotopen in den Pflanzen – dem natürlichen Isotopenverhältnis in der Atmosphäre. Danach nimmt der Anteil von Kohlenstoff-14 im toten Pflanzengewebe entsprechend der Halbwertszeit von 5 700 Jahren stetig ab. Stickstoff-14, das Tochterisotop von Kohlenstoff-14, ist ein flüchtiges Gas und kann mengenmäßig in der zu messenden Probe nicht erfasst werden. Um dennoch die seit dem Absterben der Pflanze vergangene Zeit berechnen zu können, müssen wir den Kohlenstoff-14-Anteil im Pflanzenmaterial mit dem ursprünglichen Isotopenverhältnis in der

**(b) Beta-plus-Zerfall:** Ein Großteil von Radionukliden zerfällt durch Emission von positiv geladenen Elektronen aus dem Kern, den so genannten Positronen. Durch die Abgabe eines Positrons geht ein Proton in ein Neutron über, damit verbunden ist die Emission eines masselosen und ladungsfreien Neutrinos. Beispiel eines solchen Beta-plus-Zerfalls ist der Übergang von K-40 zu Ar-40.

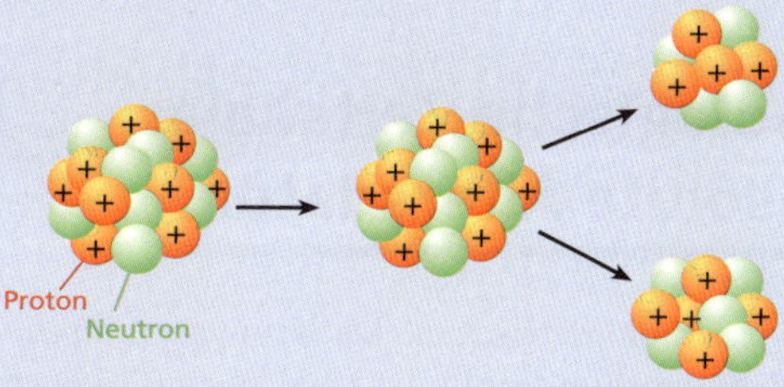


**(c) Elektroneneinfang (K-Einfang)** Ein weiterer Vorgang, durch den ein Atomkern bei gleicher Massenzahl seine Protonenzahl um eine Einheit verringert und seine Neutronenzahl erhöht, besteht im Einfangen eines dem Kern nahe kommenden Elektrons, dessen Aufnahme in den Kern zum Übergang eines Protons in ein Neutron unter Freisetzung eines Neutrinos führt.

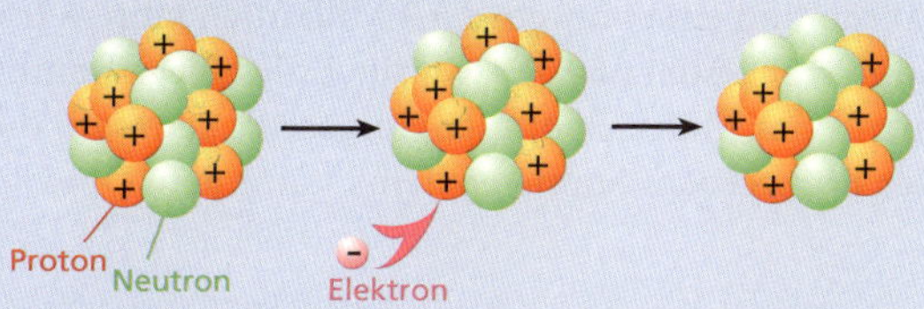


Die durch Aufnahme des Elektrons in den Kern auf den Elektronenschalen frei gewordene Position wird nachfolgend durch Elektronen aus anderen Schalen aufgefüllt. Beispiel für einen solchen Zerfall durch Elektroneneinfang ist wiederum die Umwandlung des K-40 zu Ar-40.

**3. Spontane Kernspaltung:** Bei dieser Form des Zerfalls zerplatzt ein schwerer Kern wie etwa U-238 in verschieden große Bruchstücke unter Freisetzung von Neutronen. Diese Bruchstücke erzeugen beim Durchgang durch feste Materie aufgrund ihrer Größe und Geschwindigkeit in der Umgebung ihres Entstehungsortes Strahlenschäden („Spaltspuren"). Dieser spontane Kernzerfall ist kennzeichnend für die Gruppe der Actiniden, vor allem für solche mit gerader Protonen- und Neutronenzahl.

## Zerfallsreihen

Im Gegensatz zu den vergleichsweise einfachen Zerfallsprozessen zerfallen massenreiche Nuklide in drei natürlichen radioaktiven Zerfallsreihen, die mit den Mutterisotopen Uran-235, Uran-238 beziehungsweise Th-232 beginnen. Unter Bildung weiterer radioaktiver Tochternuklide enden diese drei Zerfallsreihen alle in stabilen (inaktiven) Isotopen des Bleis.

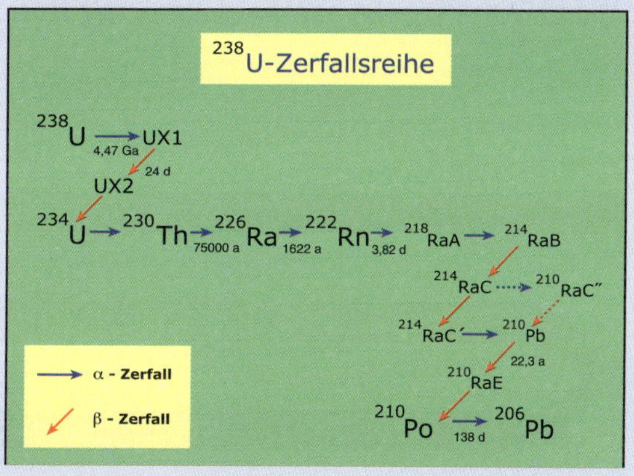


Die natürliche Zerfallsreihe des Uran-238. Halbwertszeiten unter zehn Stunden sowie aus dualen Zerfällen hervorgegangene Tochterisotope sind nicht dargestellt (Ga = Milliarden Jahre, a = Jahre, d = Tage).

Atmosphäre vergleichen – wobei allerdings vorausgesetzt werden muss, dass der Kohlenstoff-14-Anteil in der Atmosphäre in der betreffenden Zeitspanne ungefähr konstant war. Man weiß inzwischen, dass hier möglicherweise gewisse Schwankungen aufgetreten sind und versucht deshalb, den Kohlenstoff-14-Anteil mit anderen Methoden (wie Dendrochronologie) zu eichen.

Die Genauigkeit der radiometrischen Datierung hängt von der exakten Bestimmung der oftmals winzigen Mengen von Mutter- und Tochterisotopen in den Gesteinen ab. Die Verfahren wurden inzwischen so weit verfeinert, dass mit Massenspektrometern selbst kleine Mengen von Atomen gezählt werden können und somit auch für sehr alte Gesteine exakte Datierungen möglich sind.

Eines der genauesten Datierungsverfahren für sehr alte Gesteine beruht auf zwei verwandten Isotopen: dem Zerfall von Uran-238 zu Blei-206 und dem Zerfall von Uran-235 zu Blei-207. Beide Isotope des Urans verhalten sich bei chemischen Reaktionen, die zur Umwandlung von Gesteinen führen, gleich, da das chemische Verhalten eines Elements im Wesentlichen von seiner Ordnungszahl und nicht von seiner Atommasse abhängig ist. Die Uranisotope haben unterschiedliche Halbwertszeiten (Tab. 8.1), daher bietet die Anwendung beider Methoden eine gewisse Kontrollmöglichkeit, um den zuvor erwähnten Problemen der Verwitterung, Verunreinigung und Metamorphose Rechnung zu tragen. Heute genügen bereits die in einem einzigen Zirkonmineral eingeschlossenen Bleiisotope – ein Mineral mit relativ hohem Urangehalt – zur Datierung der ältesten Gesteine der Erdkruste mit einem Fehler von weniger als einem Prozent. Diese Gesteine haben ein Alter von etwa 4 Milliarden Jahren.

## Geologische Zeitskala: absolute Altersdaten

Dank der radiometrischen Datierungsverfahren war man im 20. Jahrhundert in der Lage, nach und nach das absolute Alter aller wichtigen Ereignisse zu ermitteln, auf denen die relative Zeitskala begründet war. Was aber noch weitaus wichtiger war, man konnte nun auch die frühe Entwicklung unseres Planeten rekonstruieren, die in den Gesteinen des Präkambriums dokumentiert ist. Abbildung 8.14 zeigt die Ergebnisse dieser jahrhundertelangen Bemühungen, dargestellt in Form eines Bandes.

Die Eichung der geologischen Zeitskala durch absolute Altersangaben lässt die unterschiedliche Zeitdauer der Perioden erkennen. Die Kreidezeit (80 Ma) umfasst damit eine um das dreifache längere Zeitspanne als das Neogen (23 Ma), und das Paläozoikum (291 Ma) dauerte länger als Mesozoikum und Känozoikum zusammen. Die größte Überraschung bot das Präkambrium, das einen Zeitraum von 4 000 Ma und damit nahezu neun Zehntel der Erdgeschichte umfasst.

Um dieser Erweiterung der Zeitskala gerecht zu werden, musste eine weitere Kategorie eingeführt werden, die länger dauert als eine Ära und die als Äon bezeichnet wurde. Ausgehend vom radiometrischen Alter der Gesteine auf den Festländern und von Meteoriten wurden vier Äonen aufgestellt.

**Hadeum** Das älteste Äon, dessen Bezeichnung von Hades, dem griechischen Wort für Hölle abgeleitet ist, beginnt mit der Entstehung der Erde vor 4,56 Milliarden Jahren und endet bei etwa 3,9 Milliarden Jahren. Im Verlauf ihrer ersten 660 Ma war die Erde einem Bombardement von Materieklumpen ausgesetzt gewesen, die aus der Frühzeit des Sonnensystems stammten. Obwohl nur

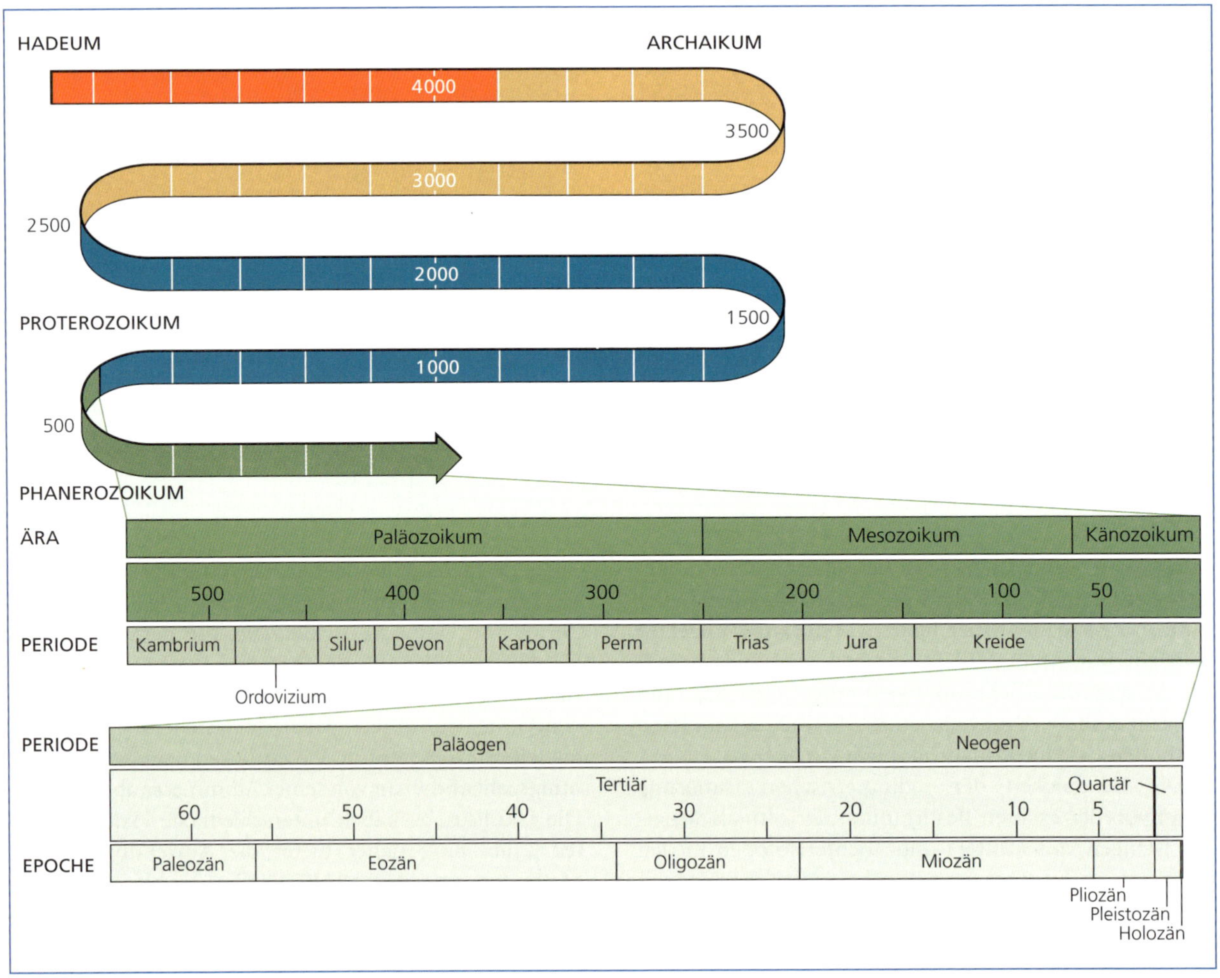


**Abb. 8.14** Die gesamte Erdgeschichte, dargestellt in Form eines Bands.

wenige Gesteinseinheiten diese Periode überdauerten, wurden einzelne Mineralkörner mit einem Alter von 4,4 Milliarden Jahre entdeckt. Es gibt somit Hinweise, dass zu dieser Zeit an der Erdoberfläche bereits Wasser in flüssiger Form vorhanden war, was darauf hindeutet, dass die Erde sich rasch abgekühlt haben musste. Auf diese Frühphase der Erdgeschichte wird in Kapitel 9 noch detaillierter eingegangen.

**Archaikum** Die Bezeichnung stammt von dem griechischen Wort „archaios" und bedeutet „uranfänglich, alt". Das Archaikum umfasst Gesteine mit einem Alter zwischen ungefähr 3,9 und 2,5 Milliarden Jahren. Im Archaikum waren die Systeme Geodynamo und Klima bereits vorhanden und eine aus sauren Gesteinen bestehende Kruste bildete die ersten stabilen Festlandmassen (Kap. 10). Plattentektonische Prozesse liefen ebenfalls schon ab, doch unterschieden sie sich möglicherweise erheblich von den Vorgängen im Verlauf der jüngeren Erdgeschichte. In einigen Sedimentserien dieser Zeit sind bereits erste Fossilien primitiver einzelliger Mikroorganismen überliefert.

**Proterozoikum** Der jüngere Abschnitt des Präkambriums wird als Proterozoikum bezeichnet, nach den griechischen Worten „proteros" und „zoi", was „frühes Leben" bedeutet. Das Proterozoikum umfasst den Zeitraum von 2,5 Milliarden bis 542 Ma vor heute. Zu Beginn dieses Äons waren Plattentektonik und Klima in der heutigen Form wirksam. Im Verlauf des gesamten Proterozoikums stieg durch Mikroorganismen, die Sauerstoff als Abfallprodukt erzeugten, der Sauerstoffgehalt der Erdatmosphäre an. Dies führte zur Ausfällung beträchtlicher Mengen an Eisenoxiden aus dem Meerwasser, die kennzeichnende Rotsedimente bildeten. Obwohl es lediglich Lebewesen ohne Hartteile gab, entwickelten sich einige zu höher differenzierten Organismen weiter, deren Zellen bereits einen Kern aufwiesen. Die Zunahme des Sauerstoffgehalts gegen Ende des Proterozoikums auf nahezu seinen heutigen Wert hat möglicherweise dazu geführt, dass sich einzellige Organismen zu vielzelligen Algen und Tieren weiterentwickelten, die in den jungproterozoischen Gesteinen als Fossilien überliefert sind. Auf die Entwicklung der Organismen wird in Kapitel 11 nochmals eingegangen.

**Phanerozoikum** Der Beginn des Phanerozoikums ist gekennzeichnet durch das Auftreten erster Schalen tragender Organismen an der Basis des Kambriums, dessen Untergrenze heute mit 542 Ma festgelegt ist. Die Bezeichnung Phanerozoikum – griechisch „phaneros" und „zoi" bedeuten „sichtbares Leben" – ist passend, denn das Phanerozoikum umfasst alle drei Ären, die aufgrund ihres Fossilinhalts aufgestellt wurden: das Paläozoikum (von 542–251 Ma), das Mesozoikum (von 251– 65 Ma) und Känozoikum (von 65 Ma bis zur Gegenwart).

Man kann sich diesen extrem langen Zeitraum auch veranschaulichen, wenn man sich das Alter der Erde als ein Kalenderjahr vorstellt. Am 1. Januar entstand die Erde. In der ersten Woche entwickelten sich Kern, Mantel und Kruste. Mitte März erschienen die erstes primitiven Organismen. Etwa Mitte Juni entstanden auf der Erde die ersten stabilen Kontinente und im Verlauf des Sommers nahm durch die Tätigkeit der Sauerstoff produzierenden Organismen der Sauerstoffgehalt in der Atmosphäre zu. Am 18. November, mit dem Beginn des Kambriums, traten komplexer gebaute Organismen auf, darunter solche mit Schalen. Am 11. Dezember entwickelten sich die Reptilien, und am späten Abend des Weihnachtstags starben die Dinosaurier aus. Der moderne Mensch, *Homo sapiens*, erschien an Silvester um 23.42 Uhr auf der Bildfläche, und die letzte Eiszeit endete am 31. Dezember um 23.58 Uhr und 45 Sekunden. Dreieinhalb Sekunden vor Mitternacht landete Kolumbus auf einer der Westindischen Inseln. Und vor wenigen Zehntelsekunden wurden Sie, liebe Leserin, lieber Leser, geboren.

## Zeitmessung im System Erde

Die Erkenntnis, dass geologisch lange Zeiträume den Werdegang unseres Planeten prägten, veränderte auch unsere Denkweise über die Funktion der Erde als Gesamtsystem. Zwei Väter der modernen Geologie, James Hutton und Charles Lyell waren richtungsweisend für das Verständnis, dass unser Planet nicht durch eine Reihe katastrophaler Ereignisse im Verlauf einiger Jahrtausende entstanden sein konnte – wie von vielen bis dahin angenommen wurde. Was wir heute vor Augen haben, ist vielmehr das Ergebnis normaler geologischer Prozesse, die sich über weitaus längere Zeiträume erstrecken. Hudson formulierte diese Erkenntnis in seinem „Aktualitätsprinzip" (Kap. 1).

Wir wissen, dass die Zeitmaßstäbe geologischer Prozesse nicht einheitlich sind, sondern Zeiträume von Sekunden bis zu Milliarden Jahren umfassen. Für die Zeitmessung im System Erde ist daher eine Vielzahl von Methoden erforderlich – einige, um sehr alte Gesteine bestimmen zu können, andere, um sehr rasch ablaufende Veränderungen erfassen zu können. Beständig werden neue Verfahren zur Bestimmung des relativen und absoluten Alters entwickelt, und diese Methoden verbesserten unsere Kenntnisse bezüglich der Funktion der Erde als Gesamtsystem. Um das Thema geologische Zeitskala abzuschließen, soll noch auf weitere Methoden der Altersbestimmung eingegangen werden.

## Sequenzstratigraphie

Bis vor wenigen Jahrzehnten waren Geologen bei der Kartierung stratigraphischer Abfolgen auf Gesteine angewiesen, die in Tagesaufschlüssen oder Bergwerken aufgeschlossen waren, oder die in Bohrungen durchfahren wurden. Neue Techniken im Bereich der Seismik (Kap. 14) ermöglichen heute einen Einblick in den Untergrund, ohne dass dazu Tiefenaufschlüsse erforderlich sind. Aus dem Verlauf seismischer Wellen, die durch künstlich erzeugte Explosionen oder natürliche Erdbeben ausgelöst und mithilfe spezieller Verfahren registriert werden, lässt sich ein dreidimensionales Abbild der Strukturen im tiefen Untergrund erzeugen (Abb. 8.15). Grundeinheit der mit seismischen Verfahren dargestellten Schichtenfolgen ist die so genannte **Sequenz**, eine Abfolge von Sedimentschichten, die unten und oben von Diskordanzen begrenzt wird. Demzufolge wird diese Methode der detaillierten geologischen Kartierung als Sequenzstratigraphie bezeichnet.

Solche sedimentären Sequenzen entstehen beispielsweise an den Kontinentalrändern, wenn die Sedimentation von fluviatil angeliefertem Material durch Meeresspiegelschwankungen modifiziert wird. Bei dem in Abbildung 8.15 dargestellten Beispiel wird dort, wo der Fluss in das Meer mündet, Sedimentmaterial in einem Delta abgelagert. Dadurch erhöht sich allmählich der Meeresboden bis zum Niveau des Meeresspiegels und gleichzeitig baut sich das Delta in das Meer vor. Sinkt der Meeresspiegel ab (beispielsweise während einer Kaltzeit), unterliegen die Deltasedimente der Erosion. Steigt der Meeresspiegel erneut, verlagert sich die Küste wieder landeinwärts. Ein neues Delta entsteht, dessen Sedimente die ältere Deltasequenz diskordant überlagern. Im Verlauf vieler Millionen Jahre kann sich dieser Vorgang mehrfach wiederholen und es entsteht eine kompliziert gebaute Abfolge sedimentärer Sequenzen.

Da Meeresspiegelschwankungen weltweit auftreten, lassen sich diese Sequenzen über weite Gebiete hinweg miteinander korrelieren. Aus dem relativen Alter der Sequenzen lässt sich nachfolgend der geologische Werdegang eines Gebiets rekonstruieren, vor allem im Hinblick auf Meeresspiegelschwankungen aber auch hinsichtlich regional auftretender, tektonisch bedingter

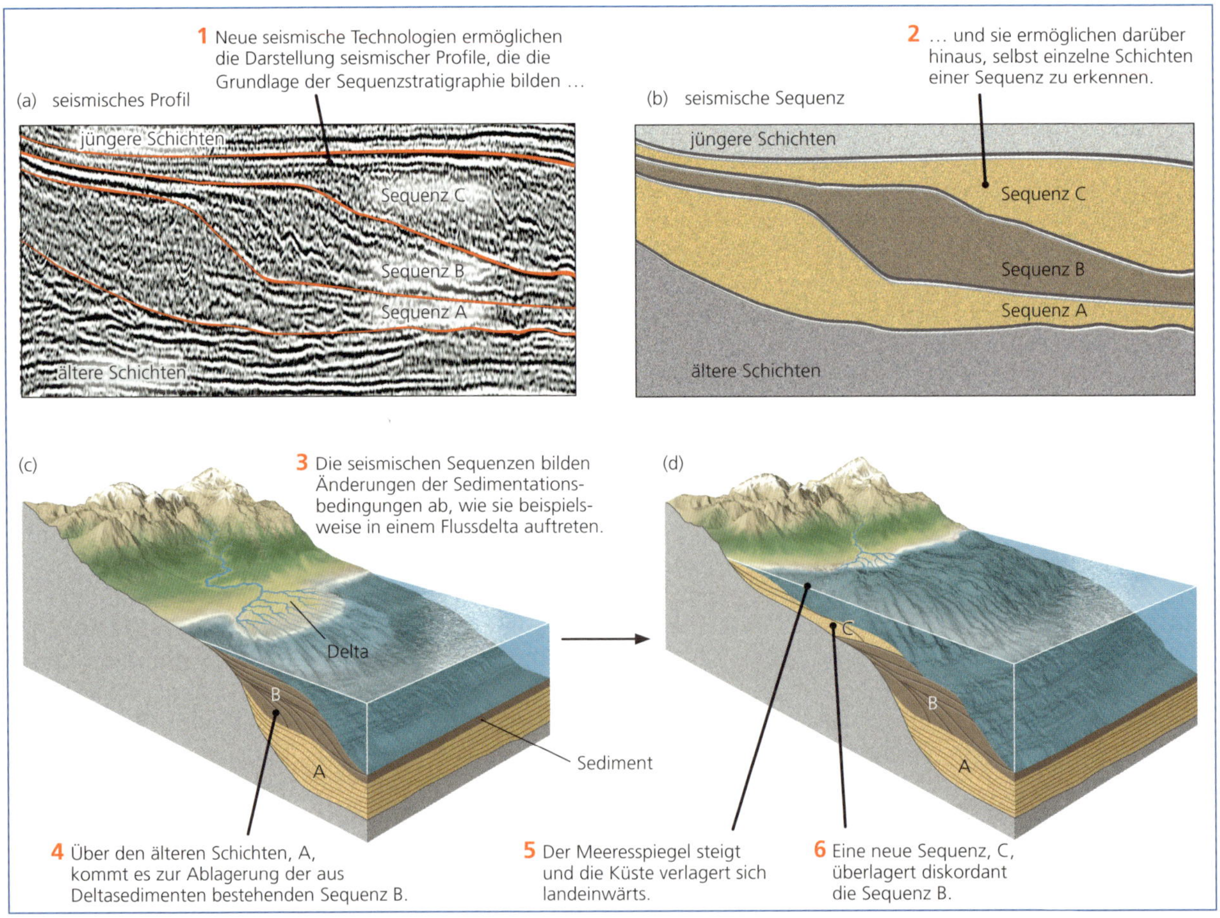


**Abb. 8.15** Der Vergleich von seismischen Profilen (a) mit seismischen Sequenzen (b) zeigt die Ablagerungsprozesse, die zu den Schüttungskörpern führen. Kommt es durch tektonisch bedingte Subsidenz oder Ereignisse wie globale Klimaveränderungen zu einem Anstieg des Meeresspiegels, so treten in der Gesteinsabfolge zwei Deltaschüttungen – (c) und (d) – auf.

Hebungs- oder Senkungsvorgänge. Die Sequenzstratigraphie erweist sich bei der Suche nach Erdöl und Erdgas in den tief versenkten Bereichen an den Kontinentalrändern, wie etwa im Golf von Mexiko und am Rand des Atlantiks, als höchst effektive Prospektionsmethode.

## Chemostratigraphie

In Abfolgen von Sedimentgesteinen enthalten einzelne Schichten oftmals Minerale und chemische Substanzen, die diese Horizonte als eigenständige Einheiten kennzeichnen. So kann beispielsweise in Carbonatsedimenten der Eisen- und Mangangehalt von Schicht zu Schicht schwanken, weil sich die Zusammensetzung des Meerwassers während der Ausfällung der Carbonatsedimente verändert. Gelangen diese Sedimente in größere Tiefen und gehen durch diagenetische Prozesse in Sedimentgesteine über, bleiben diese Schwankungen der chemischen Zusammensetzung wie ein charakteristischer Fingerabdruck erhalten. Oft sind solche chemischen Anomalien regional oder sogar weltweit entwickelt und erlauben auf diese Weise Sedimente, in denen keine weiteren spezifischen Merkmale wie etwa Fossilien vorhanden sind, mithilfe der Chemostratigraphie zu korrelieren.

## Magnetostratigraphie

Eine weitere Methode zur Kennzeichnung von Gesteinseinheiten bietet die Magnetostratigraphie. Wie bereits in Kapitel 1 erwähnt wurde, kehrt sich das Magnetfeld der Erde in unregelmäßigen Abständen um, sodass der magnetische Nordpol zum magnetischen Südpol wird und umgekehrt. Diese Umpolungen des Magnetfelds werden durch die Orientierung magnetischer Minerale in Vulkaniten überliefert, die ihrerseits durch radiometrische Altersbestimmungen datiert werden können. Die sich daraus ergebende **Zeitskala der Magnetfeldumkehr** ermöglicht die Rekonstruktion des Seafloor-Spreading und, wie wir in Kapitel 2 gesehen haben, die Bestimmung der Geschwindigkeit der Plattenbewegungen. In Sedimentkernen fand man noch eine weitaus detailliertere Abfolge der Umpolungen, die anhand der eingelagerten Fossilien datiert werden konnten. Die Magnetostratigraphie wurde in jüngster Zeit zum wichtigsten Verfahren bei der Ermittlung von Sedimentationsraten entlang der Kontinentalränder und in der Tiefsee.

## Zeitmessung im System Klima

Sequenzstratigraphische Untersuchungen und andere Daten lassen darauf schließen, dass es in den beiden letzten Epochen der Erdgeschichte, im Pleistozän und Holozän (vgl. Abb. 8.14), besonders häufig zu globalen Klimaschwankungen kam. Wie in Kapitel 15 noch gezeigt wird, ist dieser Zeitabschnitt mehrfach durch Vereisungsphasen gekennzeichnet, die Zeiträume zwischen 40 000 und 100 000 Jahren umfassten, aber auch kurzzeitige Zyklen von Hunderten bis Tausenden von Jahren sind erkennbar. Für die Bestimmung der Dauer solcher Klimazyklen stehen mehrere Verfahren zur Verfügung.

Ein gängiges Verfahren beruht zum einen auf der Massenbestimmung der stabilen Sauerstoffisotope in Foraminiferengehäusen, um daraus die einstigen Umgebungstemperaturen zu rekonstruieren, und zum andern auf der Bestimmung des Kohlenstoff-14-Gehalts, um zu ermitteln, in welcher Zeit der jüngeren Vergangenheit diese Gehäuse gebildet wurden. Durch die sorgfältige Ermittlung von Temperatur und Alter, gemessen über die gesamte Länge der Bohrkerne aus verschiedenen Bereichen der Meeresböden, lässt sich ableiten, wie sich die Temperaturen im Laufe der Zeit verändert haben. Daraus ergibt sich ein genaues Abbild der Vereisungsphasen seit Beginn des Pleistozäns vor 1,8 Ma.

Darüber hinaus kann auch der in der jüngeren Vergangenheit vorhandene Kohlendioxidgehalt der Atmosphäre durch die Untersuchung der Gasblasen in Eiskernen gemessen werden, die aus den mächtigen Inlandeismassen Grönlands und der Antarktis gewonnen werden und die im Verlauf von vielen hunderttausend Jahren aus unzähligen Schneelagen hervorgegangen sind. Kohlendioxid spielt für das globale Klima eine wichtige Rolle, da es sich um ein Treibhausgas handelt, das die Sonnenenwärme auf der Erde teilweise zurückhält. Bedauerlicherweise kann das Kohlendioxid selbst mit der Radiokohlenstoff-Methode nicht datiert werden, weil die kleinen Gasblasen zu wenig Kohlenstoff-14-Atome enthalten. Das Alter der Eiskerne lässt sich jedoch durch andere Verfahren exakt ermitteln, etwa durch die radiometrische Datierung von dünnen vulkanischen Aschelagen, die in den Eiskernen auftreten und deshalb – wie bei der Dendrochronologie – eine Zählung der Jahreslagen in den Eiskernen ermöglichen.

Verbindet man die sich aus den Sedimentkernen ergebende Temperaturentwicklung mit der an den Eiskernen ermittelten Zusammensetzung der Atmosphäre, so zeigt sich, dass in den vergangenen 400 000 Jahren die Temperaturen dann weltweit höher waren, wenn die Atmosphäre mehr Kohlendioxid enthielt, und niedriger, wenn auch der Kohlendioxidgehalt geringer war. Dies ist einer der Gründe, warum Klimatologen die Verbrennung fossiler Energieträger mit Sorge betrachten, da sie zu einer raschen Zunahme des Kohlendioxidgehalts in der Atmosphäre und einer mit Sicherheit daraus resultierenden erheblichen globalen Erwärmung (Kap. 23) führen wird.

# Zusammenfassung des Kapitels

**Woher Geologen wissen, wie alt ein Gestein ist und ob das eine älter ist als das andere:** Geologen ermitteln die zeitliche Abfolge, in der die Gesteine entstanden sind, indem sie die Stratigraphie, die Fossilien und die Verbandsverhältnisse dieser Gesteine im Gelände untersuchen und kartieren. Eine nicht deformierte Abfolge von Sedimentgesteinen liegt stets horizontal, wobei jede Schicht jünger als die darunter lagernde und älter als die darüber folgende Schicht ist. Da sich im Laufe der Zeit Tiere und Pflanzen kontinuierlich weiterentwickelt haben, entsprechen die in den Schichten auftretenden Fossilien denjenigen Organismen, die zur Zeit der Ablagerung der Schicht hier lebten. Wenn die Faunenabfolge bekannt ist, dann lassen sich Diskordanzen relativ einfach erkennen, sie kennzeichnen Zeiträume, die in der Schichtenfolge nicht enthalten sind.

**Wie Geologen die weltweit anwendbare Zeitskala schufen:** Fossilien lassen sich zur Korrelation altersmäßig identischer Schichten nutzen und zum Zusammenstellen der Schichtenfolgen, die in Millionen von Aufschlüssen auf der gesamten Erde anstehen. Auf diese Weise haben die Geologen eine stratigraphische Gliederung ausgearbeitet, die weltweit Gültigkeit hat. Die gesamte Abfolge entspricht der geologischen Zeitskala. Die radiometrische Altersbestimmung ermöglicht eine absolute Datierung der einzelnen Abschnitte der Zeitskala – Äonen, Ären, Perioden und Epochen. Die radiometrische Altersbestimmung beruht auf dem Zerfall radioaktiver Elemente, das heißt, instabile Mutteratome zerfallen mit konstanten Halbwertszeiten zu stabilen Tochterisotopen. Werden diese radioaktiven Elemente bei der Erstarrung der Magmatite oder durch Rekristallisation der Metamorphite in Minerale eingeschlossen, nimmt ab diesem Zeitpunkt die Menge der Tochtersubstanzen zu, während die Menge der radioaktiv zerfallenden Mutterisotope dementsprechend abnimmt. Aus dem Verhältnis von Mutter- zu Tochterisotopen lässt sich das absolute Bildungsalter eines Gesteins bestimmen.

**Warum die geologische Zeitskala für die Geologie wichtig ist:** Die geologische Zeitskala ermöglicht die zeitliche Rekonstruktion der Ereignisse, die unseren Planeten formten. Sie trägt dazu bei, die Plattentektonik zu erforschen und zu bestätigen; sie dient aber auch zur Abschätzung der Geschwindigkeit geologischer Prozesse, die für eine direkte Beobachtung viel zu langsam ablaufen. Dazu gehört beispielsweise das Öffnen eines Ozeans im Verlauf von Millionen oder Hunderten von Millionen Jahren. Darüber hinaus zeigte sich bei der Entwicklung der geologischen Zeitskala, dass unser Planet wesentlich älter ist, als die Wissenschaftler des 19. Jahrhunderts glaubten und dass die Erde sich seit ihrer Entstehung durch langsam fortschreitende Prozesse ständig verändert hat. Die geologische Zeittafel wurde zur gleichen Zeit aufgestellt, als sich die Paläontologie als eigenständiger Wissenschaftszweig entwickelt hatte und die Evolutionstheorie aufgestellt wurde – eine der umwälzendsten und faszinierendsten Theorien mit weitreichenden Folgen für die Naturwissenschaften.

Der Geologe und Astronaut Harrison Schmitt, Pilot der Mondfähre Apollo-17, entnimmt Bodenproben des Mondes zur Untersuchung auf der Erde. Das variable Gerät zur Entnahme von Proben, die für Greifzangen zu klein sind, war damals ein neues, für Astronauten entwickeltes Gerät [*Foto: NASA*].

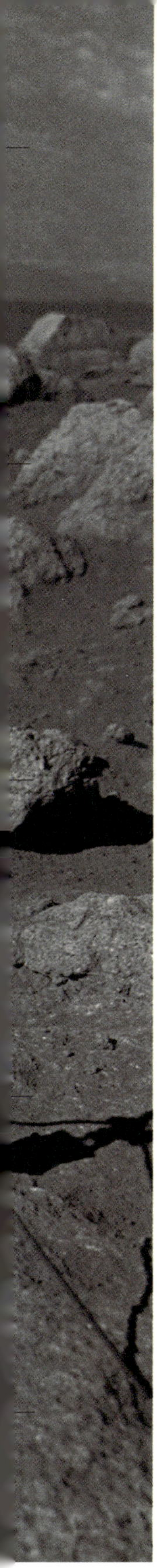

# Kapitel 9 Die Entwicklung der terrestrischen Planeten

In einer Serie von sechs Apollo-Landungen zwischen 1969 und 1972 erforschten geologisch geschulte Astronauten die Oberfläche des Mondes, machten Fotoaufnahmen, kartierten Aufschlüsse, führten Experimente durch und sammelten Staub und Gesteinsproben für spätere Analysen auf der Erde (Titelbild). Dieser noch nie dagewesene Erfolg war nur durch die enge Zusammenarbeit von Ingenieuren, Wissenschaftlern und Geld gebenden Institutionen möglich, die die Bedeutung der Grundlagenforschung für die Entwicklung neuer Technologien erkannt hatten. Der vielleicht wichtigste Grund überhaupt war der in allen menschlichen Wesen vorhandene Drang, das Unbekannte zu ergründen. Der Wunsch, das Universum zu erforschen, besteht schon seit die Menschheit denken kann. Edwin Powell Hubble, ein berühmter Astronom, fasste die der Weltraumforschung zugrunde liegende Geisteshaltung wohl am besten zusammen, als er bescheiden anmerkte: „Ausgestattet mit seinen fünf Sinnen erforscht der Mensch das Universum und nennt dieses Abenteuer Wissenschaft."

Das moderne Zeitalter der Weltraumforschung begann Anfang des 20. Jahrhunderts, als eine Handvoll Wissenschaftler, getrieben von der Idee, das Schwerefeld der Erde zu überwinden, mit der Entwicklung der ersten Raketengeneration begann (Abb. 9.1a). Gegen Ende der zwanziger Jahre waren diese mit flüssigem Treibstoff angetriebenen „Hinterhof-Raketen" einsatzbereit. Erste Erfolge förderten die Begeisterung und im Verlauf der nächsten Jahrzehnte erschienen in rascher Folge Weiterentwicklungen. Sie fanden während des Kalten Krieges ihren Höhepunkt im fieberhaften Wettlauf zwischen den Vereinigten Staaten und der damaligen Sowjetunion, um die erste Rakete in den Weltraum zu schießen, den ersten Satelliten in eine Erdumlaufbahn, den ersten Menschen zum Mond und den ersten Roboter auf den Mars zu bringen. Mitte der siebziger Jahre – fünfzig Jahre nach der Erfindung der ersten Flüssigtreibstoffraketen – waren all diese Ziele erreicht.

Wie wir im Laufe dieses Kapitels noch sehen werden, war die wissenschaftliche Ausbeute dieses Wettlaufs enorm. Das Alter des Sonnensystems, die Hinweise auf fließendes Wasser in der Frühzeit des Mars und auch die mächtige Atmosphäre der Venus waren insgesamt Mitte der siebziger Jahre bekannt. Seitdem schreitet die Weltraumforschung mit Riesenschritten voran. Durch Instrumente, die mit Weltraumsonden bis an die fernen Grenzen unseres Sonnensystem transportiert wurden, eröffnete sich eine bessere Sicht dessen, was buchstäblich jenseits unserer Erde liegt. Keines der Instrumente lieferte aber so sensationelle Bilder des Weltraums wie das Hubble-Weltraumteleskop (Abb. 9.1b). Seit Galileo Galilei erstmals im Jahre 1610 sein Fernrohr gegen den Himmel richtete, hat kein Instrument unsere Kenntnisse über den Weltraum derartig erweitert.

In diesem Kapitel gilt unser Blick dem Sonnensystem, nicht nur den weiten Bereichen des interplanetaren Weltraums, sondern auch der Frühzeit seiner

**Abb. 9.1** Der Mensch träumte schon lange von der Erforschung des Weltraums. (a) Robert H. Goddard, einer der Väter der Raketentechnik, zündete am 16. März 1926 in Auburn, Massachusetts, diese mit flüssigem Sauerstoff und Benzin angetriebene Rakete. (b) Siebzig Jahre später gelang am 2. November 1995 mit dem auf einer Erdumlaufbahn befindlichen Hubble-Weltraumteleskop diese erstaunliche Aufnahme des Adler-Nebels. Bei den dunklen pfeilerartigen Strukturen handelt es sich um Säulen aus kaltem Wasserstoffgas und Staub, aus denen neue Sterne entstehen [*Fotos: NASA (links); NASA/ESA/STSci.*].

Entstehung. Wir erfahren, wie sich die Erde und die anderen Planeten unseres Sonnensystems entwickelt haben und wie sie zu schalenförmig aufgebauten Körpern differenzierten. Dabei vergleichen wir die geologischen Vorgänge, durch die unsere Erde entstanden ist, mit denen von Merkur, Mars, Venus und Mond, und wir erfahren, wie sich aus der Erforschung des Sonnensystems durch Raumsonden Antworten auf grundlegende Fragen bezüglich der Entwicklung unseres Planeten und seiner Lebensformen ergeben haben.

## Die Entstehung des Sonnensystems

Die Suche nach der Entstehung des Universums und des Menschen geht zurück bis in die ältesten schriftlich festgehaltenen Mythologien. Heute ist die allgemein akzeptierte wissenschaftliche Erklärung die Theorie des Urknalls („Big Bang"). Sie besagt, dass unser Universum vor etwa 13,7 Milliarden Jahren mit einer kosmischen „Explosion" begonnen hat. Vor diesem Zeitpunkt war die gesamte Materie und Energie in einem einzigen Punkt unvorstellbar hoher Dichte konzentriert. Obwohl wir wenig darüber wissen, was in diesen ersten Bruchteilen einer Sekunde geschehen ist, als die Zeit begann, haben die Astronomen und Astrophysiker gewisse Vorstellungen davon entwickelt, was in den nachfolgenden Milliarden Jahren passiert ist. Seit dieser Zeit dehnt sich das Universum kontinuierlich aus und durch die Verdichtung der kosmischen Gase kam es bereits vergleichsweise früh zur Bildung von Galaxien und Sternen. Die Geologen befassen sich mit den letzten 4,5 Milliarden Jahren dieser großen Zeitspanne, in der sich das Sonnensystem – der Stern, den wir Sonne nennen, einschließlich seiner Planeten – gebildet und entwickelt hat. Ihr besonderes Interesse gilt der Entstehung des Sonnensystems, um damit auch die Entstehung und Entwicklung der Erde und der erdähnlichen Planeten besser verstehen zu können.

### Die Nebular-Hypothese

Im Jahre 1755 äußerte der deutsche Philosoph Immanuel Kant die Vermutung, dass unser Sonnensystem aus einer rotierenden Wolke von Gas und Staub hervorgegangen sei. Aufgrund von Untersuchungen in den ver-

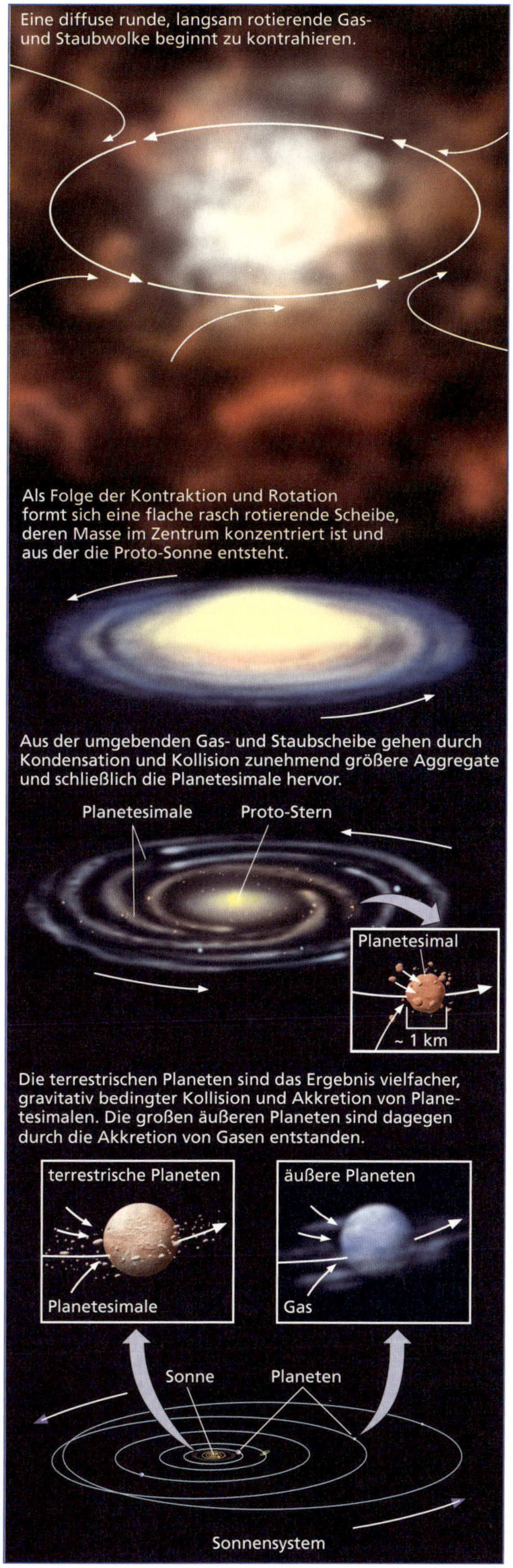


gangenen Jahrzehnten griffen Astronomen diese alte Vorstellung wieder auf, die heute als **Nebular-Hypothese** bezeichnet wird. Ausgerüstet mit modernsten Teleskopen konnten sie zeigen, dass der äußere Weltraum jenseits unseres Sonnensystems keinesfalls so leer ist, wie man einst glaubte. Astronomen entdeckten im Universum eine Vielzahl solcher von Kant postulierter Gas- und Staubwolken und nannten sie „nebulae". Wir wissen inzwischen nicht nur, dass diese Objekte tatsächlich existieren, sondern auch, woraus sie bestehen. An Gasen enthalten sie überwiegend Wasserstoff und Helium, die beiden Elemente also, die bis auf einen kleinen Bruchteil auch die gesamte Masse unserer Sonne ausmachen. Die Staubteilchen weisen eine ähnliche chemische Zusammensetzung auf wie die Erde.

Der solare Urnebel wurde von der Gravitationskraft zusammengehalten, durch die sich Materieteilchen wechselseitig anziehen, wobei kleinere Massen zu größeren hingezogen werden. Durch die gegenseitige Anziehung der Teilchen kontrahierte die langsam rotierende diffuse Wolke (Abb. 9.2). Die Kontraktion einer solchen rotierenden Wolke führt nach dem Gesetz der Drehimpulserhaltung wiederum zu einer immer schnelleren Rotation (ähnlich wie bei Schlittschuhläufern, die ihre Arme anlegen, um sich bei einer Pirouette schneller zu drehen). Durch die immer schneller werdende Rotation flachte sich die Gas- und Staubwolke allmählich zu einer Scheibe ab.

## Die Entstehung der Sonne

Unter der Wirkung der Massenanziehung strömte ständig Materie zum Zentrum der Scheibe und konzentrierte sich dort in Form eines so genannten Protosterns, des Vorläufers der heutigen Sonne. Die Materie der Protosonne verdichtete sich unter dem Druck ihres eigenen Gewichts immer mehr und heizte sich auf. Schließlich stieg die Zentraltemperatur der Protosonne bis auf mehrere Millionen Kelvin (K) an – Temperaturen, bei denen Kernfusionen einsetzen konnten. Seitdem läuft in der Sonne im Prinzip dieselbe Kernreaktion ab wie in einer Wasserstoffbombe: In beiden verschmelzen unter extrem hohen Druck- und Temperaturbedingungen Wasserstoffkerne zu Heliumkernen, wobei ein Teil der Masse in Energie umgewandelt wird. Ein weiterer Teil der Energie ist für uns als Sonnenlicht, beziehungsweise im Falle der Wasserstoffbombe als gigantische Explosion wahrnehmbar.

**Abb. 9.2** Die Nebular-Hypothese liefert eine Erklärung für die Entstehung des Sonnensystems.

## Die Entstehung der Planeten

Obwohl der größte Teil der Materie des ursprünglichen Nebels in der Protosonne konzentriert war, war diese noch immer von einer Scheibe aus Gas und Staub, dem so genannten **Sonnennebel** umgeben. Als sich der Sonnennebel allmählich zu einer Scheibe abflachte, nahm die Temperatur zunächst zu; sie wurde im Zentrum höher, da sich im Inneren mehr Materie ansammelte als in den weniger dichten äußeren Bereichen. Dort kühlte sie allmählich ab und viele Gase kondensierten, das heißt, sie gingen in ihren flüssigen oder festen Aggregatzustand über, ähnlich wie Wasserdampf an der Außenseite eines kalten Glases zu Wassertröpfchen kondensiert oder wie Wasser am Gefrierpunkt zu Eis erstarrt. Durch die Massenanziehung bildete die Materie zunehmend größere Aggregate bis schließlich kilometergroße Materieklumpen, so genannte **Planetesimale** entstanden waren. Die Planetesimale kollidierten ihrerseits miteinander, blieben aneinander haften und es entstanden Körper von der Größe des Mondes. In einem letzten Stadium der katastrophalen Zusammenstöße sammelten schließlich einige der größeren Himmelskörper aufgrund ihrer höheren Massenanziehung die restlichen Planetesimale auf, bis letztlich die neun Planeten auf ihren heutigen Umlaufbahnen übrig blieben.

Nachdem die Planeten ihre endgültigen Positionen eingenommen hatten, entwickelten sich diejenigen auf den sonnennahen Umlaufbahnen völlig anders als die auf den sonnenfernen Umlaufbahnen. Die Zusammensetzung der inneren Planeten unterscheidet deutlich von derjenigen der äußeren Planeten.

**Die inneren Planeten** Die vier sonnennahen inneren Planeten in der Reihenfolge des zunehmenden Abstands von der Sonne sind: Merkur, Venus, Erde und Mars; sie werden als terrestrische („erdähnliche") Planeten bezeichnet. Im Gegensatz zu den äußeren Planeten sind die vier inneren Planeten klein und bestehen aus Gesteinsmaterial und Metallverbindungen. Sie sind in der Nähe der Sonne entstanden, wo es so heiß war, dass die meisten leichtflüchtige Substanzen nicht kondensieren und damit nicht in nennenswerten Mengen zurückgehalten werden konnten. Der größte Teil der Flüssigkeiten und leichten Gase dieser Planeten wie etwa Wasser, Wasserstoff und Helium wurden durch den Sonnenwind weggeblasen.

Die inneren Planeten bildeten sich aus der verbliebenen dichten Materie und bestehen deshalb aus gesteinsbildenden Silicatmineralen und schweren Metallen wie etwa Eisen und Nickel. Aus dem Alter der gelegentlich auf der Erde aufschlagenden Meteoriten, die als Überreste dieser „vorplanetarischen" Zeiten betrachtet werden, ergibt sich, dass die Akkretion (Zusammenballung) der inneren Planeten vor 4,56 Milliarden Jahren begonnen hatte (Kap. 8). Theoretische Berechnungen haben gezeigt, dass sie in einem bemerkenswert kurzen Zeitraum von möglicherweise weniger als 10 Ma die Größe von Planeten erreicht hatten.

**Die äußeren Planeten** Der größte Teil der gasförmigen Substanzen wie etwa Sauerstoff, Helium, Wasserstoff, Methan und Ammoniak entwich von den erdähnlichen inneren Planeten und wurde in die kälteren äußeren Regionen des Sonnensystems transportiert. Dort kondensierten sie zu den riesigen aus Eis und diesen Gasen aufgebauten äußeren Planeten – Jupiter, Saturn, Uranus und Neptun – sowie zu deren Satelliten. Diese Planeten waren groß genug, um mit ihren Gravitationskräften alle leichten Bestandteile der solaren Urmaterie zusammenzuhalten. Obwohl sie Kerne aus Gesteinen und Metallen besitzen, bestehen sie wie die Sonne überwiegend aus Wasserstoff, Helium und anderen Bestandteilen des solaren Urnebels.

## Kleinere Körper des Sonnensystems

Auf den großen Planeten landete jedoch nicht das gesamte Material des Sonnennebels. Zwischen den Umlaufbahnen von Mars und Jupiter sammelten sich einige Planetesimale und bildeten dort den Asteroidengürtel (Abb. 9.3). In diesem Bereich unseres Sonnensystems befinden sich etwa 300 Asteroide, mit Durchmessern von über 100 km und weit über 10 000 Asteroide, die Durchmesser von mehr als 10 km aufweisen. Der größte Asteroid ist Ceres, der einen Durchmesser von 930 km hat. Die meisten Meteoriten, die auf der Erde aufschlagen, sind winzige Bruchstücke von Asteroiden, die bei der Kollision mit anderen Asteroiden entstanden waren. Ursprünglich waren die Astronomen der Meinung, dass es sich bei den Asteroiden um Reste eines großen Planeten handelt, der in der Frühzeit des Sonnensystems auseinander gebrochen war. Heute geht man jedoch davon aus, dass es Himmelskörper sind, die sich nie zu einem Planeten vereinigt hatten, möglicherweise aufgrund gravitativer Einflüsse des Planeten Jupiter.

Eine weitere wichtige Gruppe kleiner fester Körper sind die Kometen, Aggregate aus Staub und Eis, die in den kühlen äußeren Bereichen des Sonnennebels kondensierten. Die meisten Kometen – es gibt möglicherweise viele Millionen, die Durchmesser von mehr als 10 km aufweisen – umkreisen die Sonne weit jenseits der äußeren Planeten und bilden eine Art konzentrischen „Hof" um das Sonnensystem. Gelegentlich gelangen sie durch Kollisionen oder nahe Begegnungen in eine Umlaufbahn, die durch das innere Sonnensystem verläuft. Sie sind dann erkennbar als helle Objekte mit einem Schweif aus Gasen und Partikeln, der von der Sonne durch den Sonnenwind weggeblasen wird. Kometen sind äußerst interessant, weil sie Hinweise auf die

**Abb. 9.3** Das Sonnensystem. Die Darstellung zeigt die relativen Größenverhältnisse der Planeten untereinander sowie den Asteroidengürtel, der die inneren von den äußeren Planeten trennt.

flüchtigeren Komponenten des einstigen Sonnennebels wie etwa Wasser und kohlenstoffreiche Verbindungen liefern, die sie in großen Mengen enthalten.

## Erde im Umbruch: Die Entstehung eines aus Schalen aufgebauten Planeten

Wir wissen, dass die Erde ein schalenförmig aufgebauter Planet ist und aus Kern, Mantel und Kruste besteht, umgeben von den Ozeanen und der Atmosphäre (Kap. 1).

Wie aber entwickelte sich die Erde aus einer heißen Gesteinsmasse zu einem Planeten mit Kontinenten, Ozeanen und einer Atmosphäre? Die Antwort ergibt sich aus der **Differenziation** der Erde – der Umwandlung von einem willkürlichen Gemisch aus Materieklumpen zu einem Körper, dessen Inneres aus einzelnen konzentrischen Schalen besteht, die sich in ihren chemischen und physikalischen Eigenschaften deutlich unterscheiden. Diese Differenziation erfolgte bereits in einem sehr frühen Stadium der Entwicklung, als der Planet ausreichend hohe Temperaturen erreicht hatte, so dass Schmelzprozesse einsetzen konnten.

### Die Erde heizt sich auf und schmilzt

Obwohl die Erde ursprünglich aus einem Gemisch von Planetesimalen und anderen Resten des Sonnennebels bestand, verblieb sie nur kurz in diesem Zustand. Um den heutigen Schalenbau der Erde zu verstehen, müssen wir uns in ihr Anfangsstadium zurückversetzen, als die Erde noch den heftigen Einschlägen von Planetesimalen und größeren extraterrestrischen Körpern ausgesetzt war. Als diese auf der urtümlichen Erde aufschlugen, wurde ein Großteil ihrer Bewegungsenergie in Wärme – eine andere Form von Energie – umgewandelt. Dies führte zur Aufschmelzung. Kollidiert ein Planetesimal bestimmter Masse mit einer typischen Geschwindigkeit von etwa 15–20 km/s mit der Erde, so wird bei seinem Aufschlag ebenso viel Energie freigesetzt wie bei der Explosion einer hundertfachen Gewichtsmenge des herkömmlichen Sprengstoffes TNT. Bei der Kollision eines Körpers von etwa der doppelten Größe des Planeten Mars wäre Energie freigesetzt worden, die mehreren Billionen Nuklearsprengsätzen der Größenordnung von einer Megatonne entspräche. Genug Energie, um eine große Menge Trümmermaterial in den Weltraum zu schleudern und dabei genügend Wärme zu erzeugen, um das aufzuschmelzen, was von der Erde noch übrig war.

Viele Wissenschaftler sind heute der Ansicht, dass sich in der mittleren bis späten Phase der Akkretion der Erde eine solche Katastrophe tatsächlich ereignet hat. Der Aufprall eines Himmelskörpers von der Größe des Mars erzeugte eine ungeheuer große Menge Schuttmaterial, das sowohl von dem aufschlagenden Himmelskörper als auch von der Erde stammte und in den Weltraum hinausgeschleudert wurde. Aus diesem Schuttmaterial entstand mutmaßlich der Mond (Abb. 9.4). Nach dieser Theorie wurde die Erde dabei zu einem Körper, dessen äußerer Bereich aus einer mehrere hundert Kilometer dicken geschmolzenen Schicht – einem **Magmaozean** – bestand. Der Aufprall beschleunigte außerdem die Rotationsgeschwindigkeit der Erde und führte vermutlich

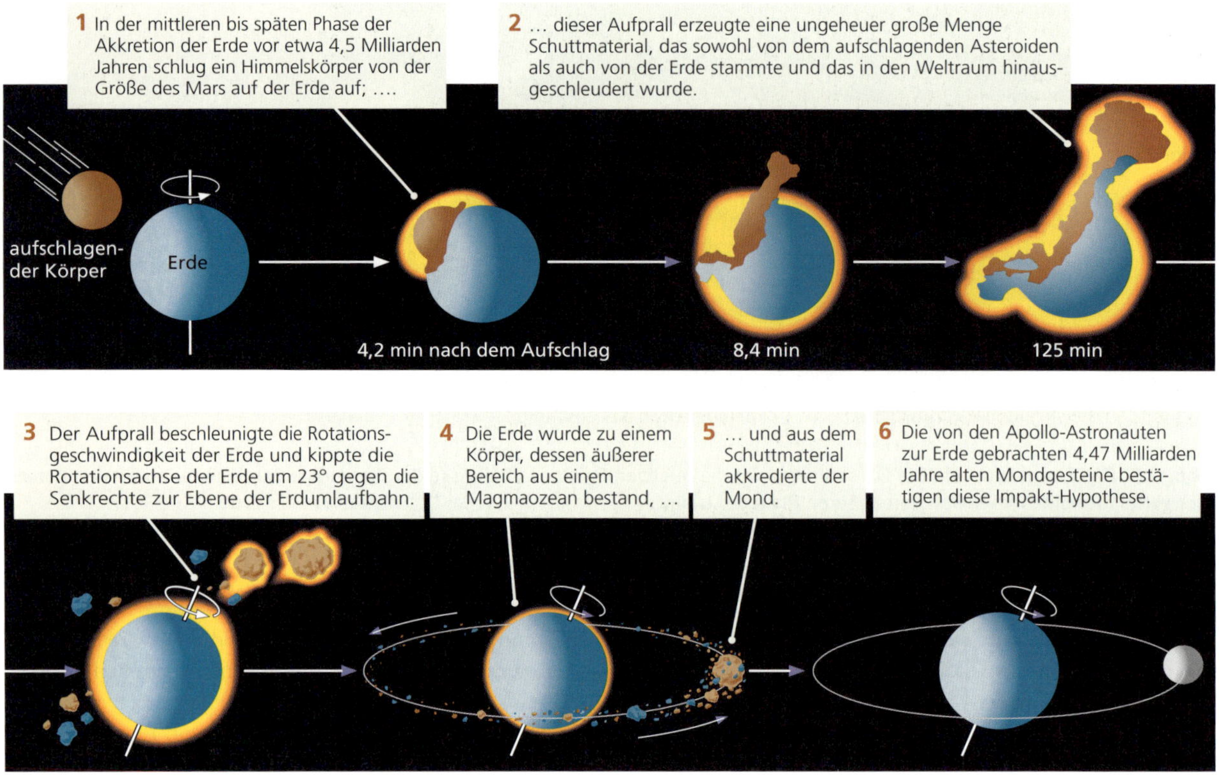


**Abb. 9.4** Computer-Simulation zur Entstehung des Mondes durch den Einschlag eines Himmelskörpers von der Größe des Mars auf der Erde [*Solid Earth Sciences and Society, National Research Council,1993*].

auch dazu, dass ihre Rotationsachse von ihrer Position senkrecht zur Ebene der Umlaufbahn auf den heutigen Neigungswinkel von 23° kippte. All dies geschah vor etwa 4,5 Milliarden Jahren zwischen dem Beginn der Akkretion der Erde vor 4,56 Milliarden Jahren und dem Alter der ältesten, von den Apollo-Astronauten zur Erde mitgebrachten Mondgesteine, die auf 4,47 Milliarden Jahre datiert wurden.

Eine weitere Wärmequelle, die im Frühstadium der Erde zu ihrem Aufschmelzen beigetragen hat, war die Radioaktivität. Wenn radioaktive Elemente wie etwa Uran spontan zerfallen, entsteht Wärme. Obwohl radioaktive Elemente nur in geringen Konzentrationen vorhanden sind, hatten sie in der Frühzeit einen erheblichen Einfluss auf die Entwicklung der Erde und sie erzeugen auch heute noch im Erdinneren beständig Wärme.

## Differenziation von Kern, Mantel und Kruste

Als Folge der enorm großen Energiemenge, die bei der Entstehung der Erde freigesetzt wurde, war schließlich das gesamte Erdinnere soweit aufgeheizt, dass es sich in einem weichen, breiartigen Zustand befand, in dem die einzelnen Komponenten frei beweglich waren. Das schwere Material sank in Richtung Erdmittelpunkt ab, daraus wurde der Erdkern, das leichtere Material stieg nach oben und bildete die Kruste. Mit dem Aufstieg des leichteren Materials gelangte auch die Wärme aus dem Erdinneren an die Oberfläche und wurde in den Weltraum abgegeben. Dadurch kühlte die Erde allmählich ab, erstarrte weitgehend und ging damit in einen differenzierten, aus mehreren Schalen aufgebauten Körper über, der im Wesentlichen aus drei Schichten besteht: einem Kern mit hoher Dichte im Zentrum, einer Kruste aus leichterem Material außen und dem dazwischen liegenden Erdmantel aus Gesteinen von mittlerer Dichte (Abb. 9.5). Doch kommen wir noch einmal auf die Ergebnisse von Kapitel 1 zurück.

**Erdkern** Eisen, das Material, aus dem etwa ein Drittel der urtümlichen Erde bestand, hat eine höhere Dichte als die meisten anderen Elemente. Das Eisen sank zusammen mit anderen schweren Elementen wie etwa Nickel in das Zentrum ab und bildete den dort liegenden Erdkern, der in etwa 2 900 km Tiefe beginnt. Seismische Untersuchungen haben gezeigt, dass der Kern in seinen äußeren Bereichen flüssig ist; der Innere Kern, ab

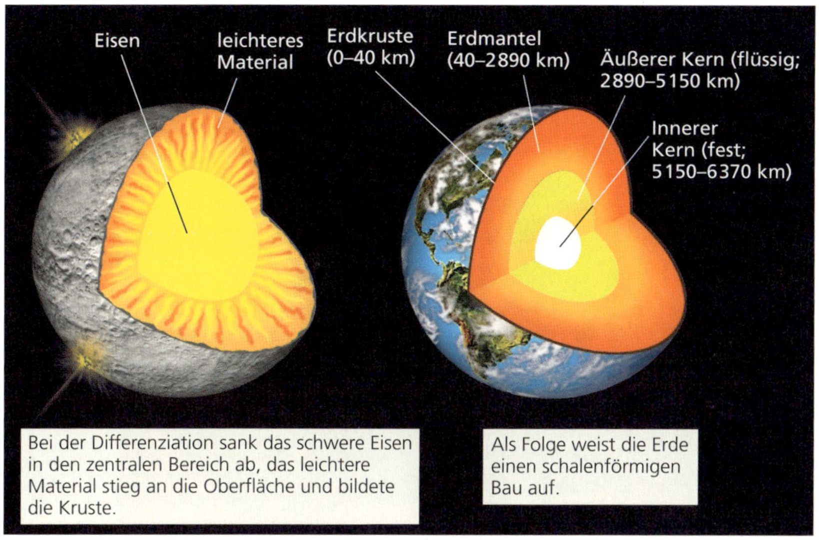


**Abb. 9.5** Die Differenziation in der Frühzeit der Erde führte zu einem schalenförmig gebauten Planeten.

einer Tiefe von ungefähr 5 200 km bis zum Zentrum in 6 400 km Tiefe, ist dagegen fest. Grund hierfür ist die Tatsache, dass die Schmelztemperaturen aller Substanzen mit steigendem Druck zunehmen. Demzufolge ist der Erdkern im Zentrum fest, weil dort der Druck am höchsten ist und die herrschenden Temperaturen nicht ausreichen, um das Eisen unter diesen Bedingungen zu schmelzen.

**Erdkruste** Andere geschmolzene Substanzen mit geringerer Dichte stiegen dagegen an die Oberfläche des Magmaozeans auf. Dort kühlten sie ab und erstarrten zur festen Erdkruste mit einer Mächtigkeit von etwa sieben Kilometern unter den Ozeanen und von etwa 40 km unter den Kontinenten. Wir wissen heute, dass die ozeanische Kruste durch Seafloor-Spreading beständig neu entsteht und durch Subduktion in den Erdmantel zurücksinkt. Im Gegensatz dazu bildete sich die kontinentale Kruste in der frühen Erdgeschichte aus Silicaten mit vergleichsweise geringer Dichte, die einen niedrigen Schmelzpunkt aufweisen und im Wesentlichen zur Gruppe der felsischen Minerale gehören (das heißt, sie enthalten reichlich Natrium und Kalium).

In jüngster Zeit fand man in Westaustralien Kristalle des Minerals Zirkon, die mit der Uran-Blei-Methode datiert werden konnten und ein Alter von etwa 4,4 Milliarden Jahre hatten; es sind damit die bisher ältesten nachgewiesenen terrestrischen Bestandteile. Chemische Untersuchungen haben gezeigt, dass das Probenmaterial in der Nähe der Erdoberfläche und in Anwesenheit von Wasser unter verhältnismäßig kühlen Bedingungen entstanden ist. Das bedeutet, dass die Erde bereits 100 Ma nachdem der Planet als Folge des gigantischen Meteoritenaufschlags gewissermaßen neu entstanden war, sich bereits so weit abgekühlt hatte, dass eine Kruste vorhanden war.

**Erdmantel** Zwischen Erdkern und Erdkruste liegt der Erdmantel – ein Bereich, der den größten Teil der festen Erde bildet. Er besteht aus Material, das in mittleren Tiefen zurückblieb, nachdem die schwereren Bestandteile zum Erdkern abgesunken und die leichteren an die Oberfläche aufgestiegen waren. Die Mächtigkeit des Erdmantels beträgt etwa 2 900 km und er wird von ultrabasischen Silicatgesteinen gebildet, die höhere Magnesium- und Eisengehalte aufweisen als die Silicate der Erdkruste. Nach der Theorie der Plattentektonik führt der Erdmantel durch Konvektionsbewegungen Wärme aus dem Erdinneren ab (Kap. 2).

Da der Erdmantel in der Frühzeit der Erdgeschichte wesentlich heißer war, liefen möglicherweise die Konvektionsbewegungen wesentlich rascher ab als heute. Seit dieser Zeit dürfte es irgendeine Form von Plattentektonik geben, obwohl die „Platten" wahrscheinlich kleiner und dünner waren und die tektonischen Strukturen sich wohl erheblich von den geradlinigen Gebirgszügen und lang gestreckten mittelozeanischen Rücken der heutigen Erdoberfläche unterschieden haben. Einige Wissenschaftler sind der Meinung, dass auf der heutigen Venus tektonische Prozesse stattfinden, wie sie wohl für die frühzeitliche Erde typisch waren. Auf die tektonischen Unterschiede zwischen Erde und Venus wird nachfolgend noch eingegangen.

## Entstehung der Ozeane und der Atmosphäre

Die frühzeitlichen Schmelzvorgängen führten zur Bildung der Erdkruste und schließlich auch zur Entstehung der Kontinente. Dabei gelangte leichteres Material in die äußeren Bereiche der Erde und ermöglichte das Entwei-

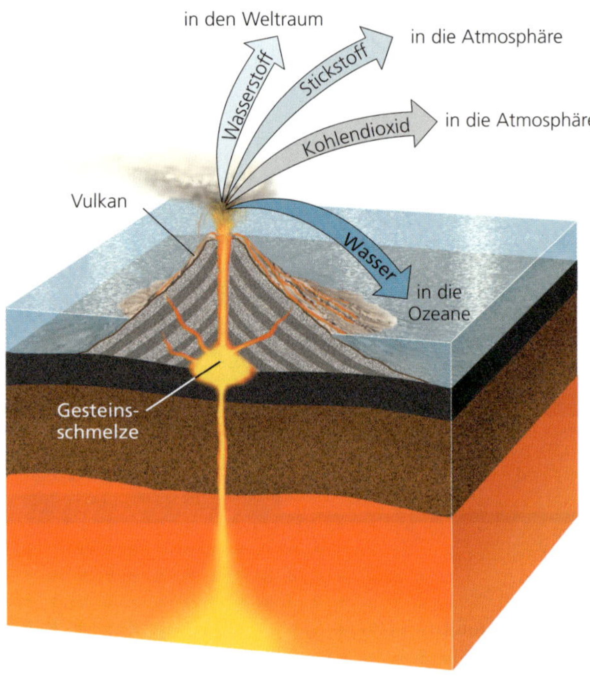


**Abb. 9.6** Durch Vulkanausbrüche gelangten in der Frühzeit der Erdgeschichte ungeheuere Mengen an Wasserdampf, Kohlendioxid und anderen Gasen in die Atmosphäre und Ozeane; den Kontinenten wurde darüber hinaus festes Material zugeführt. Durch Photosynthese der Mikroorganismen wurde der Uratmosphäre Kohlendioxid entzogen und Sauerstoff an sie abgegeben. Der sehr leichte Wasserstoff verflüchtigte sich in den Weltraum.

chen leichtflüchtiger Gase aus dem Erdinneren. Aus diesen Gasen entstand der größte Teil der Atmosphäre und der Ozeane. Selbst heute werden als Begleiterscheinung von Vulkanausbrüchen noch immer Reste des eingeschlossenen ursprünglichen Sonnennebels in Form von Gasen freigesetzt.

Einige Geowissenschaftler gehen davon aus, dass der größte Teil der Luft und des Wassers der heutigen Erde aus der an flüchtigen Bestandteilen reichen Materie des äußeren Sonnensystems stammt und damit extraterrestrischer Herkunft ist, also Materie, die nach der Bildung des Planeten auf die Erde gelangt war. Beispielsweise bestehen die Kometen, die wir heute beobachten können, überwiegend aus Wasser, Kohlendioxid und weiteren Gasen in gefrorenem Zustand. Unzählige Kometen sind wohl in der Frühzeit der Erdgeschichte auf der Erde aufgeschlagen und lieferten Wasser und Gase, aus denen sich anschließend sowohl die Ur-Ozeane als auch die Uratmosphäre bilden konnten.

Andere Geologen sind der Meinung, dass die Ozeane und die Atmosphäre auf eine „nasse Geburt“ der Erde zurückzuführen sind. Nach dieser Hypothese enthielten die Planetesimale, aus denen unser Planet hervorging, Eis, Wasser und andere flüchtige Bestandteile.

Das Wasser war ursprünglich in bestimmten Mineralen eingeschlossen, die sich in den zusammenballenden Planetesimalen befanden. In ähnlicher Weise waren wohl auch Kohlenstoff und Stickstoff in Mineralen chemisch gebunden. Als sich die Erde dann aufheizte und teilweise aufschmolz, wurden Wasserdampf wie auch die anderen Gase freigesetzt und stiegen mit den Magmen an die Oberfläche, wo sie bei Vulkanausbrüchen in die Atmosphäre gelangten.

Die Gase, die vor über vier Milliarden Jahren durch vulkanische Entgasung aus dem heißen Erdinneren abgegeben wurden, bestanden möglicherweise aus denselben chemischen Substanzen, die auch heute von Vulkanen freigesetzt werden (wenn auch nicht in der gleichen relativen Häufigkeit), vor allem Wasserstoff, Kohlendioxid, Stickstoff, Wasserdampf und einige andere Gase (Abb. 9.6). Nahezu der gesamte Wasserstoff verflüchtigte sich in den Weltraum, während die schwereren Gase den Planeten umhüllten. In dieser Uratmosphäre fehlte aber noch der Sauerstoff, aus dem heute 20,7 Prozent der Atmosphäre bestehen. Freier Sauerstoff wurde wahrscheinlich erst in nennenswertem Umfang von Sauerstoff produzierenden Organismen in der Atmosphäre angereichert (Kap. 11).

## Die Vielfalt der Planeten

Vor etwa 4,4 Milliarden Jahren und damit in weniger als 200 Ma nach ihrer Entstehung war die Erde bereits ein vollständig differenzierter Planet. Der Kern war zwar noch heiß und überwiegend flüssig, doch war der Mantel schon weitgehend abgekühlt und erstarrt, und auch eine rudimentäre Kruste mit Kontinenten hatte sich gebildet. Die Ozeane und die Atmosphäre waren wahrscheinlich durch Gase aus dem Erdinneren entstanden

**Tabelle 9.1** Charakteristische Merkmale der terrestrischen Planeten und des Monds

| | Merkur | Venus | Erde | Mars | Mond |
|---|---|---|---|---|---|
| Radius (km) | 2440 | 6052 | 6378 | 3388 | 1737 |
| Masse (Masse der Erde = 1) | 0,06 ($3{,}3 \times 10^{23}$ kg) | 0,81 ($4{,}9 \times 10^{24}$ kg) | 1,00 ($6{,}0 \times 10^{24}$ kg) | 0,11 ($6{,}4 \times 10^{23}$ kg) | 0,01 ($7{,}2 \times 10^{22}$ kg) |
| mittlere Dichte | 5,43 | 5,24 | 5,52 | 3,94 | 3,34 |
| Umlaufzeit um die Sonne (in Erdtagen) | 88 | 224 | 365 | 687 | 27 |
| Entfernung zur Sonne (Millionen Kilometer) | 57 | 108 | 148 | 228 | |
| Anzahl der Monde | 0 | 0 | 1 | 2 | 0 |

und die wesentlichen inneren und äußeren Prozesse, wie wir sie heute beobachten, waren wohl ebenfalls in Gang gekommen.

Aber was geschah auf den anderen Planeten? Durchliefen sie in ihrer Frühzeit dieselbe Entwicklung? Die Beobachtungsdaten interplanetarer Raumsonden sprechen dafür, dass alle erdähnlichen Planeten einer Differenziation unterlagen, dabei allerdings unterschiedlichen Entwicklungsrichtungen folgten.

Der **Merkur** besitzt nur eine dünne Atmosphäre, die überwiegend aus Helium besteht. Der atmosphärische Druck beträgt auf dem Merkur weniger als ein Billionstel des Luftdrucks auf der Erde. Es gibt dort weder Winde noch Wasser und damit gibt es an der Oberfläche dieses innersten Planeten auch keine Erosion. Die Oberfläche gleicht weitgehend der des Mondes: sie ist von zahllosen Kratern übersät und mit einer Schicht aus Lockermaterial bedeckt, den Resten von seit Jahrmillionen aufschlagenden Meteoriten. Weil der Merkur praktisch von keiner schützenden Atmosphäre umgeben ist und sich in einer sehr sonnennahen Position befindet, erwärmt sich die Oberfläche des Planeten am Tage auf Temperaturen von 470 °C und kühlt in der Nacht auf −170 °C ab. Dies ist der größte Temperaturunterschied aller Planeten.

Obwohl Merkur ein wesentlich kleinerer Planet ist, entspricht seine mittlere Dichte nahezu der Dichte der Erde (Tab. 9.1). Nach Vermutungen der Experten ist wohl der aus Eisen und Nickel bestehende Kern des Merkurs dafür verantwortlich, der etwa 70 Prozent seiner Masse ausmacht, ebenfalls ein Spitzenwert innerhalb des Sonnensystems. (Der Erdkern umfasst nur etwa ein Drittel der Erdmasse.) Möglicherweise verlor der Merkur einen Teil seiner Silicatschale bei einem großen Impaktereignis; vielleicht hat aber auch in einer frühen Phase extrem intensive Sonneneinstrahlung einen Teil seines Mantels verdampfen lassen. Diese Theorien sind weiterhin Gegenstand der Diskussion.

Die **Venus** entwickelte sich zu einem Planeten mit Oberflächenverhältnissen, die die meisten Beschreibungen der Hölle noch übertreffen. Sie ist von einer dichten, giftigen und unglaublich heißen (475 °C) Atmosphäre umgeben, die im Wesentlichen aus Kohlendioxid und Wolken aus ätzenden Schwefelsäuretröpfchen besteht. Ein auf ihrer Oberfläche stehender Mensch würde vom dort herrschenden hohen Druck zerquetscht, von der Hitze gegart und von der Schwefelsäure zerfressen werden. Radarbilder der Venus, die durch die mächtige Wolkendecke hindurch aufgenommen wurden, zeigen, dass mindestens 85 Prozent der Oberfläche von Lavadecken eingenommen werden. Die restliche Oberfläche ist überwiegend gebirgig – ein Hinweis darauf, dass der Planet einmal geologisch aktiv war (Abb. 9.7). Im Hinblick auf Masse und Größe gleicht die Venus weitgehend der Erde (Tab. 9.1), auch ihr Kern entspricht größenmäßig etwa dem der Erde. Wie sich aber die Venus – verglichen mit der Erde – zu einem völlig andersartigen Planeten entwickeln konnte, ist eine noch offene Frage.

Der **Mars** hat offenbar dieselben geologischen Prozesse wie die Erde durchlaufen (Abb. 9.7). Der „Rote Planet" ist erheblich kleiner als die Erde, seine Masse entspricht etwa einem Zehntel der Erdmasse (Tab. 9.1). Der Radius seines Kerns beträgt ähnlich wie bei Erde und Venus etwa die Hälfte seines Gesamtradius. Dieser Kern dürfte ebenfalls in den äußeren Bereichen flüssig, in den inneren Bereichen jedoch fest sein.

Der Mars ist nur von einer dünnen Atmosphäre umgeben, die fast ausschließlich aus Kohlendioxid besteht und in der es offenbar zu erheblichen Strömungen kommt. Die von Weltraumsonden aufgenommenen Bilder zeigen neben ausgedehnten Dünenfeldern auch Staubstürme, deren suspendiertes Material zum Teil aus Eisenoxiden besteht (Abb. 9.8).

Der größte Teil der Marsoberfläche ist älter als 3 Milliarden Jahre. Im Gegensatz dazu wurden die meisten Gebiete der Erde, die älter als 500 Millionen Jahre sind, durch das Zusammenwirken der Systeme Plattentektonik und Klima vernichtet. Die Oberfläche des Mars besteht überwiegend aus Basalten, doch gibt es auch Hinweise auf Andesite, was darauf hindeuten könnte,

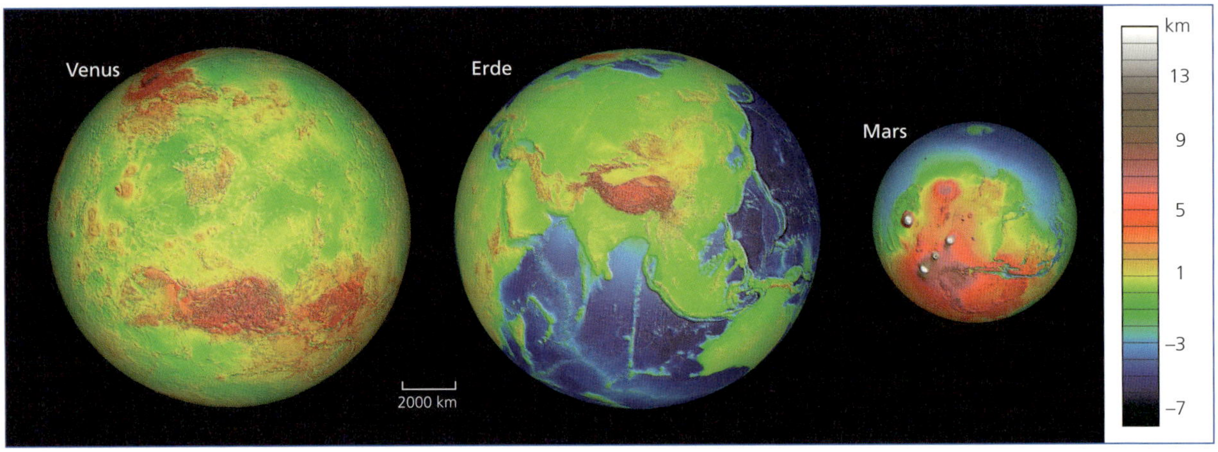


**Abb. 9.7** Vergleich der Oberflächen von Erde, Mars und Venus, dargestellt im gleichen Maßstab. Das Relief des Mars, das die größten Höhenunterschiede zeigt, wurde in den Jahren 1989 und 1999 mit Laser-Höhenmessern an Bord der Raumsonde Mars Global Surveyor von einer Umlaufbahn um den Mars aus vermessen. Das Relief der Venus, das die geringsten Unterschiede aufweist, wurde in den Jahren 1990–1993 mit demselben Verfahren von der Raumsonde Magellan aufgezeichnet. Das Relief der Erde, das höhenmäßig zwischen Mars und Venus liegt, wird von den Kontinenten und Ozeanen beherrscht. Es wurde in diesem Bild zusammengesetzt aus Höhenmessungen an der Erdoberfläche, aus Tiefenvermessungen an Bord von Schiffen sowie aus Messungen des Schwerefeldes am Meeresboden durch Raumsonden [*mit frdl. Genehmigung von Greg Neumann/MIT/GSFC/NASA*].

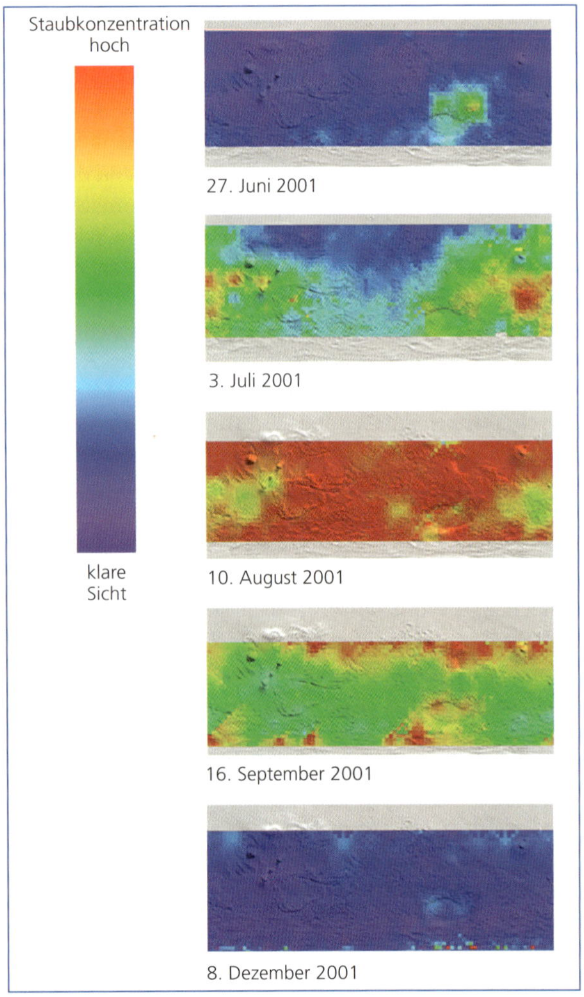


dass zumindest ein Teil der Kruste durch partielles Schmelzen von Basalt entstanden ist. Neben Basalten werden weite Bereiche der Kruste von Sedimenten und Sedimentgesteinen eingenommen, so etwa in den Kratern. Ein Teil der Sedimentgesteine besteht aus Silicatmineralen, die durch Erosion älterer basaltischer Laven entstanden sind. Hinzu kommen feinkörnige basaltische Brekzien, die möglicherweise von den mit Kratern übersäten Hochgebieten des Mars stammen. Sie wurden teils in mäandrierenden Flüssen, teils in Deltas, teils auch in flachen Seen oder Meeren abgelagert. Diese Sedimentserien sind nicht homogen, sondern zeigen deutliche Schichtungsformen und Sedimentgefüge (Abb. 9.9b), sodass es mithilfe von Mars-Robotern im Endurance-Krater bereits möglich war, erstmalig in der Geschichte der Geologie für einen extraterrestrischen Körper eine hochauflösende stratigraphische Gliederung zu erstellen (Abb. 9.9a).

Es gibt auf dem Mars außerdem große Gebiete, in denen Sulfatminerale auftreten. Sie wurden ausgefällt, als das Wasser flacher Seen oder Meere verdunstete. Dabei bildeten sich Gipslager, die Mächtigkeiten von mehreren Kilometern erreichen können. Außerdem kam es offenbar zur Ausfällung von sehr ungewöhnlichen Sulfatmineralen wie etwa Jarosit, einem wasserführen-

**Abb. 9.8** Auf dem Mars kommt es zu Staubstürmen in globalem Ausmaß. Die Stürme beginnen lokal und breiten sich allmählich aus, bis sie schließlich, wie im mittleren Bild erkennbar, den gesamten Planeten verhüllen [*Foto: NASA/JPL/ASU*].

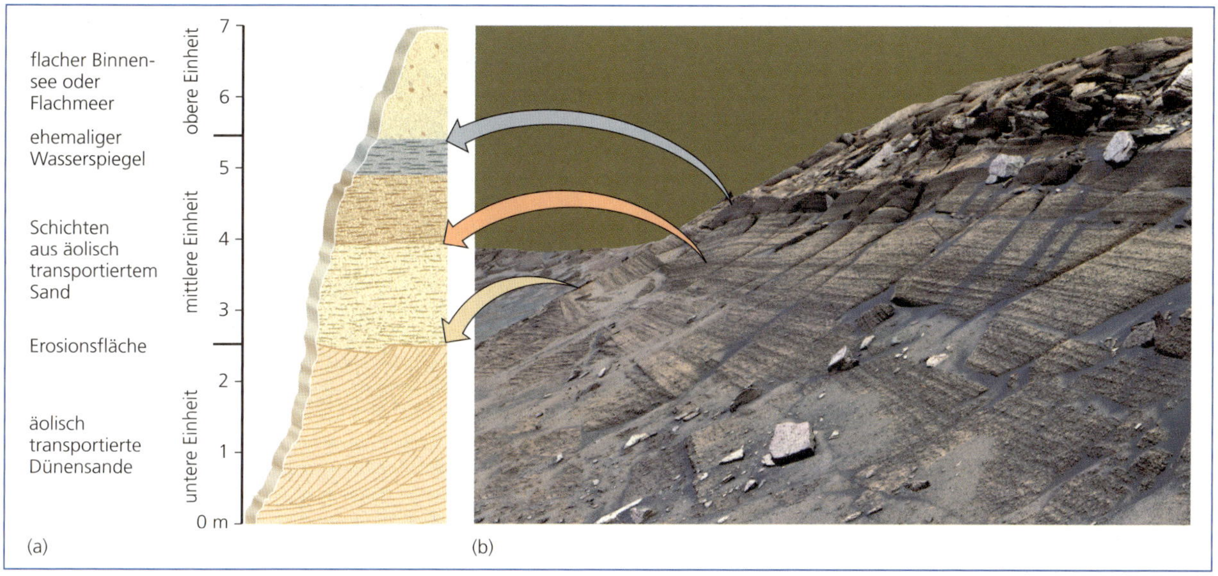


**Abb. 9.9** Schichtenfolge, aufgeschlossen am Rande des Kraters Endurance. (a) Die Abfolge lässt sich dem Aufschluss entnehmen und als Profil darstellen. Es zeigt jedes einzelne Entwicklungsstadium dieses Ablagerungsraums. (b) Die vertikale Abfolge der Schichten in diesem Aufschluss ermöglicht eine ausgezeichnete Rekonstruktion der Ablagerungsräume in der Frühzeit des Mars [*Fotos: NASA/JPL/Cornell*].

den Kalium-Eisensulfat (Abb. 9.10), das sich nur aus stark sauren Lösungen bilden kann.

Diese Sedimentgesteine und auch ein Netzwerk von Tälern und trockenen Flussbetten sprechen dafür, dass vor etwa 3,5 Milliarden Jahren auf der Marsoberfläche reichlich fließendes Wasser vorhanden gewesen ist und aquatische Prozesse einst weit verbreitet waren (Abb. 9.11; Abb. 9.12). Offenbar gab es in relativ junger Vergangenheit auch Gletscher, die darauf hindeuten, dass es auf dem Mars – wie auf der Erde – klimatisch bedingte Eiszeiten gegeben haben könnte.

Heute existiert auf der Marsoberfläche kein Wasser mehr in flüssigem Zustand. Der Planet ist zu kalt und die Atmosphäre ist zu dünn, sodass das Wasser entweder gefrieren oder verdunsten würde. Aller Wahrscheinlichkeit nach war es auf dem Planeten früher wärmer als heute.

**Abb. 9.10** Dieses Bild wurde aus einer Entfernung von 0,5 m aufgenommen und zeigt den ersten auf einem anderen Planeten (Mars) untersuchten Aufschluss. Aufgeschlossen sind Sedimentgesteine, die zum Teil aus Sulfatmineralen bestehen, unter anderem auch aus Jarosit. Jarosit ist insofern von Bedeutung, da er sich ausschließlich in Wasser und nur in stark saurem Milieu bilden kann [*Foto: NASA/JPL/Cornell*].

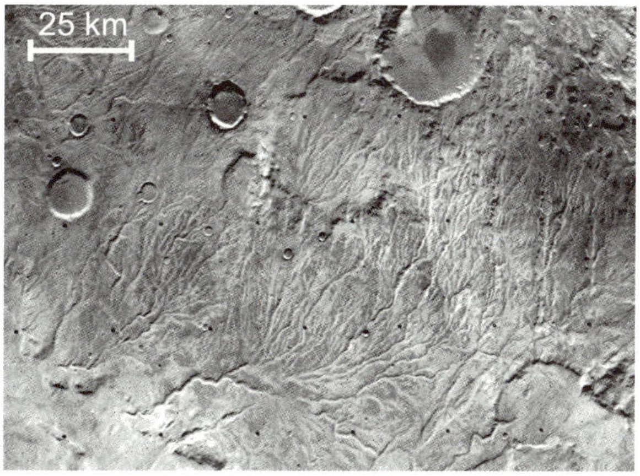


**Abb. 9.11** Fließrinnen an der Oberfläche des Mars, aufgenommen von der Raumsonde Viking. Das komplizierte Netzwerk der Fließrinnen lässt vermuten, dass ein Großteil der Erosion durch fließendes Wasser erfolgte [*Foto: NASA/Washington University*].

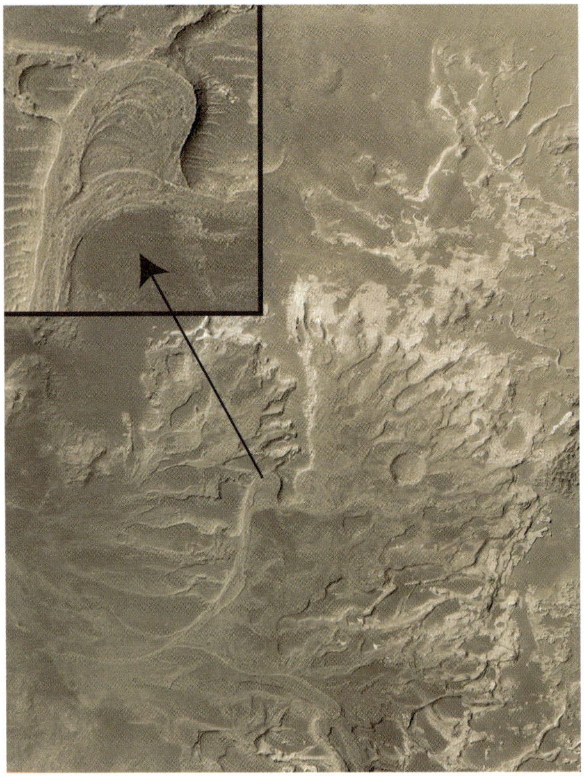

**Abb. 9.12** Dieses von der Raumsonde Mars Global Surveyor aufgenommene Bild zeigt in den Sedimenten, die im Holden Krater abgelagert wurden, eindeutige Hinweise auf mäandrierende Fließrinnen. Das Wasser floss offenbar über die Marsoberfläche und schließlich in den Krater, wo in mäandrierenden Fließrinnen Sedimente abgelagert wurden, ähnlich wie beim heutigen Mississippi [*Foto: NASA/JPL/MSSS*].

**Abb. 9.13** Dieses im Februar 2005 von der Raumsonde Mars Express aufgenommene Bild lässt ein von Staub bedecktes gefrorenes Meer in der Nähe des Mars-Äquators vermuten. Bei den dunkleren Bereichen könnte es sich um Eisberge handeln, die im Meer eingefroren wurden [*Foto: ESA/DLR/FU Berlin*].

Marssonden lieferten in jüngster Zeit Hinweise, dass es unter den Lockersedimenten von den mittleren Breiten bis zu den Polen sowie in den polaren Eiskappen große Mengen an gefrorenem Wasser gibt (Abb. 9.13). In den Zeiträumen, in denen vor einigen Milliarden Jahren eher humide Verhältnisse auf dem Mars herrschten, könnte Leben entstanden sein, das auch heute noch in Form von Mikroorganismen unter der Oberfläche existieren könnte. Die NASA plant deshalb eine Marssonde (Mars Science Explorer), die vielleicht in einigen Jahren die Frage nach Leben auf dem Mars beantworten kann.

Der **Mond** ist abgesehen von der Erde der am besten erforschte Körper im Sonnensystem – wegen seiner vergleichsweise geringen Entfernung und aufgrund der bemannten und unbemannten Raumfahrtmissionen.

Wie bereits erwähnt, spricht vieles für die derzeit gängige Theorie, dass der Mond aus Materie hervorgegangen ist, die bei einer Kollision zwischen einem extraterrestrischen Körper und der Erde in das Weltall hinausgeschleudert wurde. Insgesamt betrachtet ist das Material des Mondes leichter als das der Erde, weil die schwereren Anteile des auftreffenden Körpers der Erde einverleibt worden sind.

Der Mond hat keine Atmosphäre und ist absolut trocken, da die flüchtigen Bestandteile aufgrund der Wärmeentwicklung bei seiner Entstehung verloren gegangen sind. Neuere Beobachtungen von Raumsonden erbrachten jedoch gewisse Hinweise, dass in den tiefen, von der Sonne nicht beschienenen Kratern am Nord- und Südpol des Mondes Wassereis vorhanden sein könnte. Die mit Kratern übersäte Oberfläche ist typisch für einen sehr alten und geologisch inaktiven Himmelskörper und ist das Ergebnis einer als **Meteoritenschauer** bezeichneten wichtigen Phase in der Frühzeit des Sonnensystems, in deren Verlauf es häufig zu Meteoriteneinschlägen und damit zur Kraterbildung

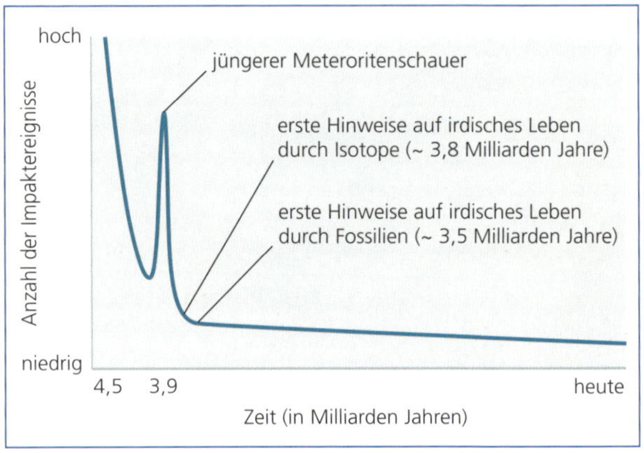


**Abb. 9.14** Die Zahl der Meteoriteneinschläge schwankt in Abhängigkeit von der Zeit. Die Planeten sind durch eine Reihe von Kollisionen entstanden, die im Verlauf der ersten 500 Ma ihrer Entwicklung seltener wurden. Es gab jedoch eine spätere Phase, die als „jüngerer Meteoritenschauer" bezeichnet wird und in der Zeit vor 3,9 Milliarden Jahren ihren Höhepunkt erreichte.

kam (Abb. 9.14). Wenn wie auf anderen Planeten ein Relief entstanden ist, bewirken Tektonik und Klima, dass es wieder eingeebnet wird, wie das auf der Erde, der Venus und dem Mars der Fall war. Fehlen jedoch diese Prozesse, verbleibt der Planet weitgehend in dem Zustand wie zur Zeit des Meteoritenschauers. Das Auftreten der mit Kratern überdeckten Gebiete auf den nur wenig untersuchten Planeten wie etwa dem Merkur deutet demzufolge darauf hin, dass sowohl ein Mantel mit Konvektionsbewegungen als auch eine Atmosphäre fehlt.

Die riesigen äußeren Planeten – **Jupiter**, **Saturn**, **Uranus** und **Neptun** –, die im Wesentlichen aus Gasen bestehen, werden noch längere Zeit ein Rätsel bleiben. Sie unterscheiden sich chemisch so grundlegend von den erdähnlichen Planeten und sind so viel größer, dass von einer völlig anderen Entwicklung auszugehen ist. Es ist anzunehmen, dass alle vier Planeten jeweils einen aus silicatischem und eisenreichem Gesteinsmaterial bestehenden Kern besitzen, der von mächtigen Schalen aus flüssigem Wasserstoff und Helium umgeben ist. Der Druck im Inneren von Jupiter und Saturn ist so hoch, dass der Wasserstoff mit großer Wahrscheinlichkeit in einer Art metallischem Zustand vorliegen dürfte.

Was sich unmittelbar jenseits der Umlaufbahn des Neptuns, des entferntesten Planeten befindet, ist weiterhin ungeklärt. Der lange Zeit zu den Planeten gerechnete winzige **Pluto** besteht aus einer seltsamen gefrorenen Mischung aus Gas, Eis und Gesteinsmaterial und befindet sich in einer Umlaufbahn, die ihn näher an die Sonne führt als den Planeten Neptun. Er ist der einzige Planet, der bisher noch nicht von einer Raumsonde näher erforscht, sondern nur aus der Ferne beobachtet wurde.

Pluto befindet sich in einem aus Eiskörpern bestehenden Gürtel, der als Herkunftsgebiet der periodisch auftretenden Kometen gilt – wie etwa des Halley-Kometen, der sich regelmäßig im Abstand von 76 Jahren zeigt und zuletzt 1986 zu beobachten war. Im Juli 2005 entdeckten die Astronomen, dass einer dieser Himmelskörper, in ihrem Jargon „2003 UB313“ genannt, deutlich größer ist als Pluto und daher zu Recht als der lange gesuchte zehnte Planet gelten könnte. Auch seine Oberfläche besteht aus einer Mischung von Gesteinen und Eis und gleicht damit Pluto. Bei der weiteren Erforschung der äußeren Bereiche des Sonnensystems könnten möglicherweise noch weitere Objekte von der Größe dieser Planeten entdeckt werden.

## Alter und Relief der Planetenoberflächen

Wie die Mitglieder einer Familie zeigen auch die vier terrestrischen Planeten gewisse Gemeinsamkeiten. Sie sind alle differenziert und besitzen einen Kern aus einer Eisen-Nickellegierung, einen Mantel aus Silicatmineralen und eine Kruste. Wie wir jedoch kennen gelernt haben, gibt es keine „Zwillinge“. Die wesentlichen Unterschiede ergeben sich aus ihrer abweichenden Größe und Masse sowie ihrer unterschiedlichen Entfernung zur Sonne, beide Faktoren beeinflussen die Oberflächenformen dieser Planeten.

Wie ein menschliches Gesicht lässt auch das äußere Erscheinungsbild eines Planeten auf sein Alter schließen. An Stelle von Altersfalten sind die terrestrischen Planeten durch Krater gekennzeichnet. Die Oberflächen von Merkur, Mars und Mond sind von Kratern übersät und infolgedessen sehr alt. Im Gegensatz dazu findet man auf der Venus und der Erde nur wenige Krater, da ihre Oberflächen wesentlich jünger sind. In diesem Abschnitt betrachten wir das Aussehen der einzelnen Planeten und erfahren wie, Tektonik und Klimaprozesse ihre Oberflächenformen beeinflussten. Die Erde ist von dieser Betrachtung ausgenommen, sie steht ohnehin im Mittelpunkt dieses Buches.

### Der Mann im Mond: eine Zeitskala für Planeten

Betrachtet man die Oberfläche des Mondes in einer klaren Nacht durch ein Fernrohr, werden zwei unterschiedliche Oberflächenformen sichtbar: unebenes Gelände, das hell erscheint und von zahlreichen großen Kratern bedeckt wird, sowie ebene dunkle, meist kreisförmige Bereiche, auf denen Krater weitgehend fehlen, oder – wenn vorhanden – nur klein sind (Abb. 9.15). Die hell erscheinenden Gebiete sind die bergigen **Hochländer** (Terrae), die etwa 80 Prozent der Mondoberfläche einnehmen, während die dunklen Bereiche die tiefer liegenden Ebenen kennzeichnen, die so genannten **Maria** (lat. = Meere), da sie den Beobachtern in der Frühzeit der Astronomie wie Meere erschienen sind.

Bei der Vorbereitung der Apollo-Landungen verwendeten die Geologen diese Merkmale, um damit eine relative Zeitskala für die Entstehung der Mondoberfläche zu erstellen, die auf folgenden einfachen Prinzipien beruht:

- Auf geologisch jungen Oberflächen fehlen Krater, ältere Flächen weisen eine höhere Kraterdichte auf als jüngere.
- Aufschläge kleinerer Meteoriten sind häufiger als die größerer Himmelskörper, ältere Oberflächen zeigen größere Krater.
- Jüngere Meteoriteneinschläge durchschlagen oder überdecken ältere Krater.

Die letzte Aussage entspricht weitgehend dem in Kapitel 8 beschriebenen Lagerungsprinzip. Durch Anwendung dieser Prinzipien konnte gezeigt werden, dass die Hoch-

**Abb. 9.15** Die Oberfläche des Mondes besteht aus zwei Bereichen: den Hochländern, die von zahlreichen Kratern bedeckt werden, und den Tiefländern, die nur wenige Krater aufweisen. Die Tiefländer erscheinen dunkler wegen der weit verbreiteten Basalte, die vor 3 Milliarden Jahren an der Oberfläche ausgeflossen sind. Die Hochländer sind heller, weil die zahllosen Krater das Sonnenlicht besser reflektieren. Im Zentrum des Bildes befindet sich das Orientale-Becken mit einem Durchmesser von nahezu 1 000 km, das vor 3,8 Milliarden Jahren durch den Einschlag eines Asteroiden entstanden ist. Rechts davon befinden sich die Tiefländer, die einen Teil des großen dunklen Mare Porcellarum erkennen lassen [*Foto: NASA/USGS*].

länder älter sind als die Maria. Man deutete die Maria als Beckenstrukturen, die durch den Aufschlag von Asteroiden oder Kometen entstanden sind und nachfolgend von Basaltlaven überflutet wurden, die diese Becken gewissermaßen „eingeebnet" haben. Durch detaillierte Kartierung von Anzahl und Größe der Krater war es möglich, analog zu der von Geologen im 19. Jahrhundert ausgearbeiteten geologischen Zeitskala bestimmte Bereiche des Mondes in eine Art Zeitskala einzuordnen.

Vor den Apollo-Landungen war sowohl das Alter der Maria als auch der Hochländer unbekannt, man ging jedoch davon aus, dass sie sehr alt waren. Die hohe Anzahl der Krater in den Hochgebieten und die großen Einschläge, die zur Bildung der Maria führten, stimmen mit theoretischen Modellen eines jungen Sonnensystems überein. Diese Modelle gehen von einem heftigen Meteoritenschauer aus, bei dem die Planeten mit der restlichen Materie kollidierten, die sich nach der Akkretion der Planeten noch im Sonnensystem befand. Diesen Modellen entsprechend sollten Anzahl und Volumen der einschlagenden Objekte unmittelbar nach der Bildung der Planeten am größten sein und dann, wenn das Material von den Planeten weitgehend aufgenommen war, rasch abnehmen.

Von ihren Landungen auf dem Mond, brachten die Apollo-Astronauten Gesteinsmaterial zur Erde, das wie in Kapitel 8 erwähnt, mithilfe radioaktiver Isotope exakt datiert werden konnte. Damit war es möglich, die aus Kraterdichte und Kratergröße ermittelte relative Zeitskala zu eichen. Tatsächlich sind die Hochländer sehr alt (4,4–4,0 Milliarden Jahre) und die Maria sind jünger (4,0–3,2 Milliarden Jahre), wie dies die Auswertung der Krater bereits angedeutet hatte. Diese Ereignisse sind auf dem Band in Abbildung 9.16 dargestellt.

Das relativ geringe Alter der Maria war rätselhaft. Die besten theoretischen Modelle zeigten, dass der Meteoritenschauer relativ rasch vorbei gewesen sein musste und höchstens einige hundert Millionen Jahre oder weniger gedauert hat. Warum sind dann die größten auf dem Mond beobachteten Krater, die die Mare bildeten, erst so spät entstanden?

Bei den theoretischen Modellen blieb ein wesentliches Ereignis unberücksichtigt. Die Anzahl der großen Objekte, die auf dem Mond einschlugen, nahm rasch ab, wie auch die Modelle vorhergesagt hatten. Sie erreichte jedoch in einem Zeitraum zwischen etwa 4,0 und 3,8 Milliarden Jahre, die als „jüngerer Meteoritenschauer" bezeichnet wird, einen zweiten Höhepunkt (Abb. 9.16).

Die Deutung dieses Ereignisses ist noch immer strittig, doch scheint es, als ob geringfügige, aber plötzliche Änderungen der Umlaufbahnen von Jupiter und Saturn vor ungefähr 4 Milliarden Jahren (verursacht durch gravitative Wechselwirkungen, als sich ihre Umlaufbahnen auf die heutigen einpendelten) die Umlaufbahnen der Asteroiden störten. Einige der Asteroiden gelangten dadurch in das innere Sonnensystem, wo sie auf dem Mond und den terrestrischen Planeten einschließlich der Erde einschlugen. Der jüngere Meteoritenschauer erklärt auch, warum so wenige Gesteine auf der Erde älter als 3,9 Milliarden Jahre sind. Dieser Meteoritenschauer kennzeichnet das Ende des Hadeums und damit gleichzeitig den Beginn des Archaikums (Abb. 9.16).

Die anfangs für den Mond aufgestellte relative Zeitskala konnte unter Berücksichtigung der sich aus Masse und Lage der Planeten im Sonnensystem ergebenden Unterschiede der Impaktraten auch auf die anderen Planeten übertragen werden.

## Merkur: der alte Planet

Über das Relief des Merkurs ist nur wenig bekannt, da es lediglich im Verlauf einer einzigen Weltraummission erkundet werden konnte. Die erste und einzige Raumsonde, die im März 1974 zum Merkur gestartet wurde, war Mariner-10. Sie kartierte weniger als die Hälfte seiner Oberfläche, über den Rest haben wir so gut wie keine Vorstellungen.

Die Mariner-10-Mission bestätigte, dass der Merkur eine sterile Oberfläche besitzt (Abb. 9.17), die außerdem auch die älteste aller terrestrischer Planeten ist. Darüber hinaus hat er keine Atmosphäre. Merkur ist von Kratern

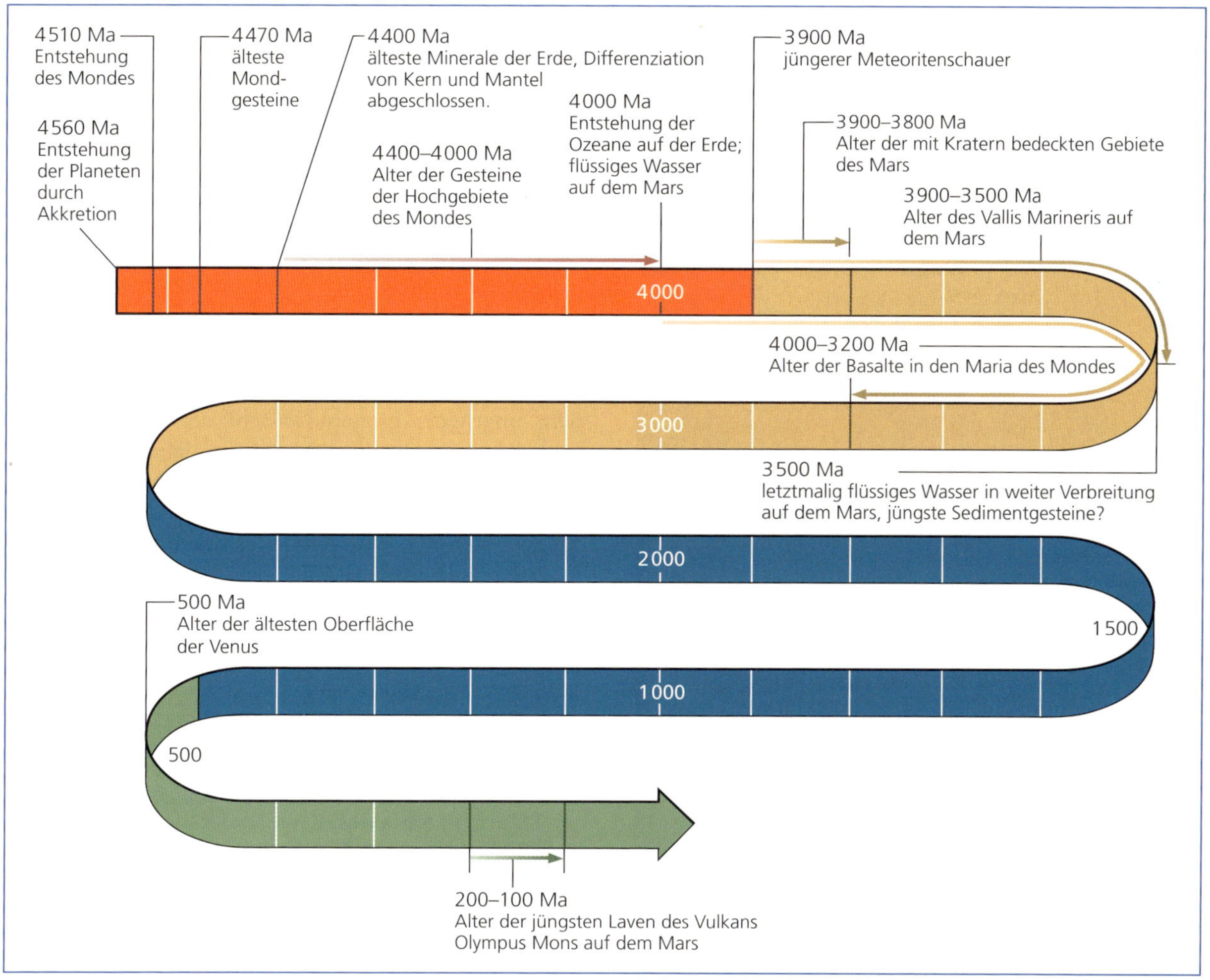


**Abb. 9.16** Ausgehend von den unterschiedlichen Phasen der Kraterbildung in der Vergangenheit kann für die terrestrischen Planeten eine geologische Zeitskala erstellt werden.

übersät, seine Oberfläche gleicht damit weitgehend der des Mondes. Zwischen den größten alten Kratern gibt es geringfügig jüngere Tiefländer. Einige Astronomen gehen davon aus, dass diese Tiefländer durch Vulkanismus entstanden sind. Die von Mariner-10 aufgenommenen Bilder zeigen Farbunterschiede zwischen den alten Kratern und den Tiefebenen und stützen somit diese Hypothese. Im Gegensatz zu Erde und Venus sind auf dem Merkur keine Erscheinungsformen erkennbar, die eindeutig dafür sprechen, dass tektonische Kräfte die Oberfläche modifiziert haben.

Im vieler Hinsicht gleicht der Merkur von Aussehen her unserem Mond, allein schon weil sich beide bezüglich ihrer Größe und Masse sehr ähnlich sind. Wie der Mond war auch der Merkur in der ersten Milliarde Jahre seiner Entwicklung geologisch aktiv. Es besteht jedoch ein bemerkenswerter Unterschied. Die Oberfläche des Merkur zeigt mehrere „Narben“ in Form von Steilwänden, die eine Höhe von nahezu 2000 m und eine Länge bis zu 500 km erreichen (Abb. 9.18). Diese morphologischen Strukturen sind auf dem Merkur vergleichsweise häufig, auf dem Mond fehlen sie. Man geht davon aus, dass diese Steilränder möglicherweise durch Einengung der spröden Kruste des Merkur entstanden sind, was zur Bildung großer Überschiebungen führte (Kap. 7). Einige Astronomen glauben, dass sie sich unmittelbar nach der Entstehung des Planeten durch Abkühlung der Kruste gebildet haben.

Am 3. August 2003 wurde nach 30 Jahren die erste neue Mission zum Merkur erfolgreich gestartet. Wenn alles gut geht, wird die als „Messenger“ bezeichnete Raumsonde im September 2009 den Merkur erreichen und in eine Umlaufbahn eintreten. Messenger wird danach Informationen über die Zusammensetzung der Oberfläche, den geologischen Werdegang, den Kern und Mantel liefern und an den Polen nach Hinweisen auf das Vorkommen von Wassereis und anderen gefrorenen Gasen wie etwa Kohlendioxid suchen.

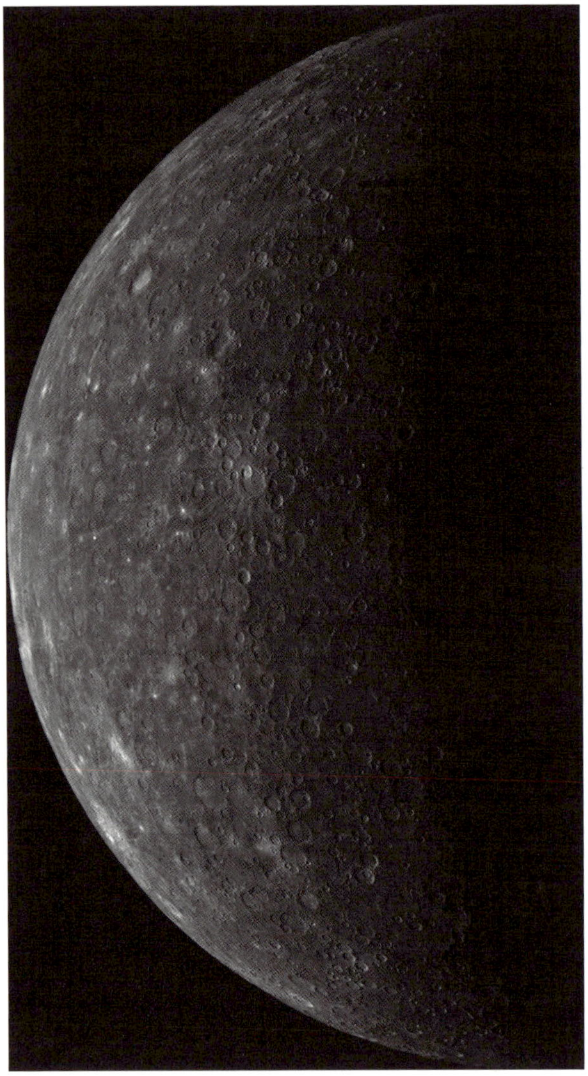

**Abb. 9.17** Merkur besitzt ein sehr alte, inaktive Oberfläche, vergleichbar der Oberfläche des Monds [*Foto: NASA/JPL/Northwestern University*].

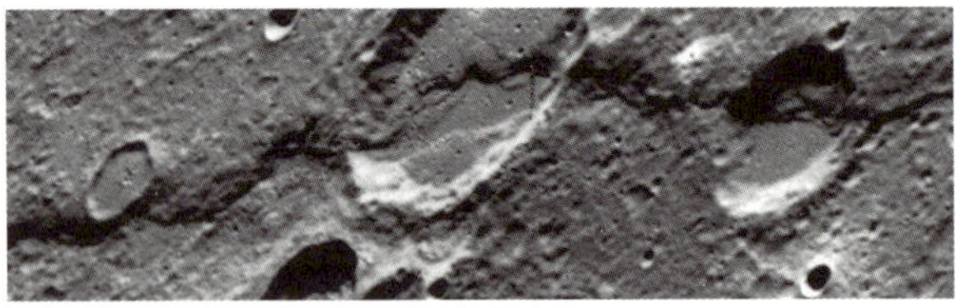

**Abb. 9.18** Dieser deutlich hervortretende Steilrand entstand möglicherweise bei der Abkühlung des Merkurs durch Kompressionsvorgänge. Man beachte, dass der Steilrand jünger sein muss als die Krater, die er gegeneinander versetzt [*Foto: NASA/JPL/Northwestern University*].

## Venus: der vulkanische Planet

Die Venus ist wohl der bekannteste Planet, da er meist kurz vor und nach Sonnenuntergang deutlich sichtbar ist. Im ersten Jahrzehnt der Weltraumforschung brachte Venus die Wissenschaftler zur Verzweiflung, da sie beständig von Nebel umgeben ist, der für normale Kameras undurchdringlich ist. Wie bereits erwähnt, besteht dieser Nebel aus einer Mischung von Kohlendioxid, Wasserdampf und Schwefelsäure. Von zahlreichen Raumsonden, die zur Venus gesandt wurden, konnten nur einige wenige diesen sauren Nebel durchdringen. Die erste, die auf der Oberfläche landen sollte, wurde von dem ungeheuer großen Gewicht der dichten Atmosphäre zerquetscht. In den achtziger Jahren hatten wir lediglich bescheidene Vorstellungen von den größten Erscheinungsformen auf der Oberfläche der Venus, beispielsweise von den an Vulkane erinnernden Gebilden.

Erst am 10. August 1990 erreichte die Raumsonde Magellan nach einem Flug von 1,3 Millionen Kilometern die Venus und lieferte die ersten hochauflösenden Radarbilder (Radarwellen durchdringen den Nebel) ihrer Oberfläche (Abb. 9.19).

Die von der Raumsonde auf die Erde übermittelten Bilder zeigen ganz eindeutig, dass die Venus unter ihrem Nebel ein überraschend vielfältiger und geologisch aktiver Planet ist. Sie besitzt Berge und Tiefebenen, Vulkane und Riftstrukturen. Wie wir gesehen haben, gibt es eine Möglichkeit, das Alter von Planetenoberflächen zu ermitteln, indem man die Anzahl der Impaktkrater bestimmt. Die Tiefländer der Venus zeigen deutlich weniger Krater als die jüngsten Lavadecken des Mondes, sodass sie sogar deutlich jünger sein dürften. Viele der Krater müssen von Laven überdeckt worden sein, ein Zeichen dafür, dass die Venus – relativ gesehen – bis in die jüngste Zeit hinein geologisch aktiv war. Der größte Teil der in Abbildung 9.19 erkennbaren Tiefländer des Planeten wird von solchen Laven eingenommen. Das Alter der Laven schwankt zwischen 1,6 Milliarden und 300 Millionen Jahre. Da es auf der Venus keine Niederschläge gibt, ist die Erosion gering und deshalb blieben die heute sichtbaren charakteristischen Oberflächenformen über den gesamten Zeitraum erhalten.

Die Venus zeigt zahlreiche Merkmale, die mit weit verbreitetem Vulkanismus erklärt werden können, darunter hunderttausende kleiner Aufwölbungen mit einem Durchmesser von 2–3 km und Höhen von etwa 100 m. Sie sind stets so hoch, dass sie mindestens die jüngeren Tiefländer überragen. Diese Strukturen haben ein ähnliches Aussehen wie Schildvulkane, vergleichbar etwa den Hawaii-Inseln (Kap. 12), und sie entstehen in Bereichen, in denen die Kruste der Venus sehr heiß ist. Darüber hinaus gibt es auch größere, isoliert auftretende Vulkane mit Höhen bis zu 8 km und Durchmessern bis 500 km (Abb. 9.20a). Die Raumsonde Magellan entdeckte außerdem Oberflächenformen, die bisher auf kei-

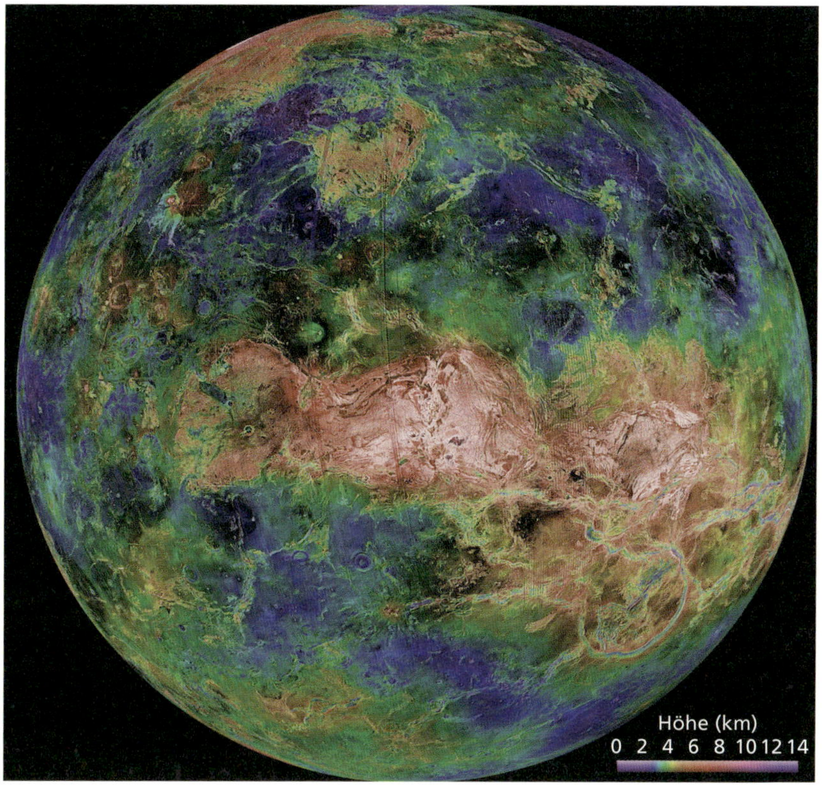


**Abb. 9.19** Diese Karte zeigt das Relief des Planeten Venus. Sie beruht auf mehr als zehn Jahren Kartierung, die in den Jahren 1990–1994 mit der Raumsonde Magellan ihren Höhepunkt erreichte. Die regionalen Höhenunterschiede sind gekennzeichnet durch Gebirge (hellbraun), Hochländer (grün) und Tiefländer (blau). In den Tiefländern treten ausgedehnte Lavaflächen auf. [*Foto: NASA/USGS*].

nem anderen Planeten zu beobachten waren. Es handelt sich dabei um ausgedehnte kreisförmige Strukturen, so genannte Coronae; sie kennzeichnen offenbar Bereiche mit heißer aufsteigender Lava, die an der Oberfläche eine große Beule oder einen Dom bildeten und dann wieder nach unten abgesunken sind. Dabei brach das Dach der Beule ein und zurück blieb ein kreisförmiges Gebilde (Abb. 9.20b).

Wegen der zahlreichen Hinweise auf einen weit verbreiteten Vulkanismus wurde die Venus auch als vulkanischer Planet bezeichnet. Die Kruste der Erde besteht aus einer Reihe mehr oder weniger leichter, relativ dicker

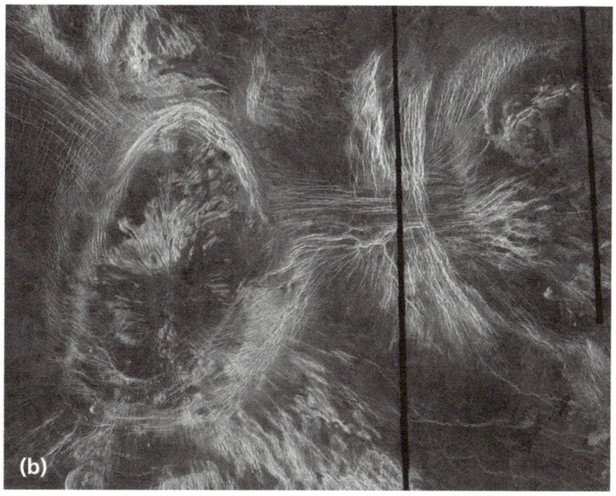


**Abb. 9.20** (a) Die Berge der Venus sind Vulkane wie etwa der Maat Mons, der eine Höhe von 3 000 m und einen Durchmesser von 500 km erreicht. (b) Vulkanische Erscheinungsformen, die so genannten Coronae, wurden mit Ausnahme der Venus bisher auf keinem anderen Planeten beobachtet. Die erkennbaren Linien, die solche Coronae nachzeichnen, sind Brüche, Störungen und Faltenstrukturen. Sie sind entstanden, als heiße Lavablasen in sich zusammenfielen. Jede Corona hat einen Durchmesser von einigen 100 km [*Fotos: NASA/USGS*].

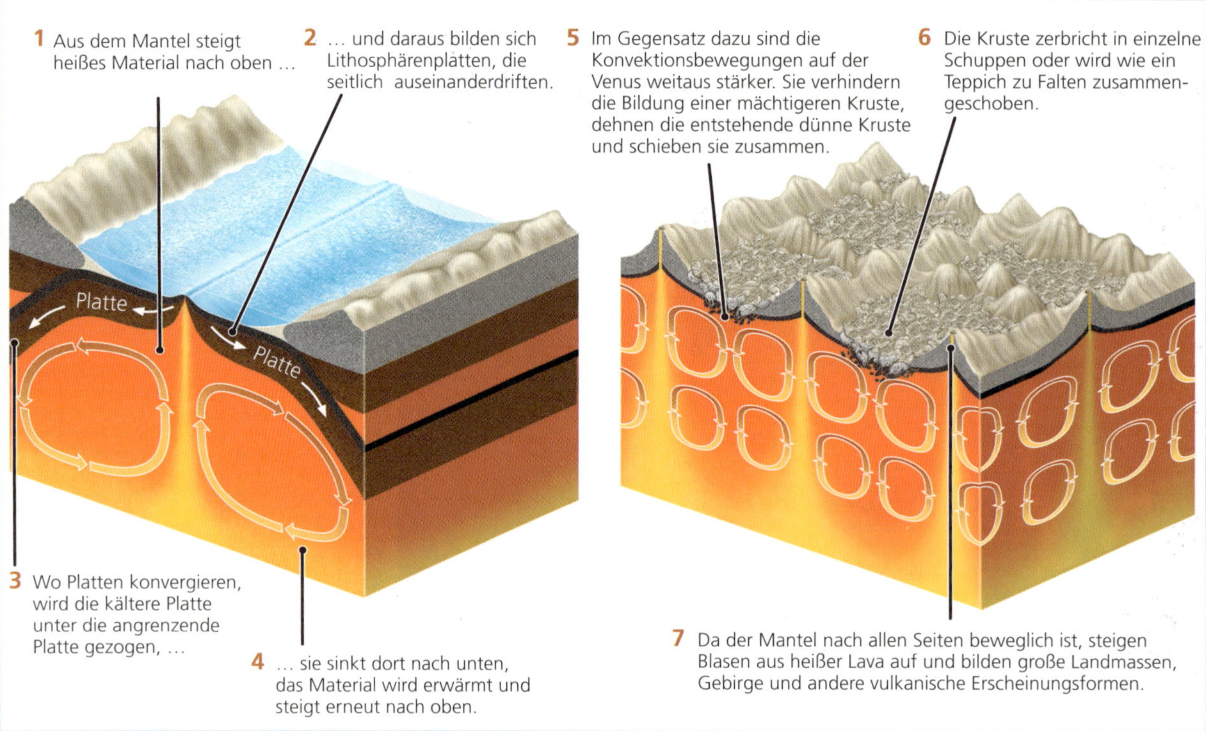


**Abb. 9.21** Gegenüberstellung von Plattentektonik auf der Erde und Schuppentektonik auf der Venus.

Platten, die auf einem dichteren, plastisch reagierenden Erdmantel treiben. Wo diese Platten kollidieren, entstehen Gebirge, und wo es zur Trennung solcher Platten kommt oder wo solche Platten aneinander vorbeigleiten, entstehen linear angeordnete Vulkane. Auf der Erde bezeichnet man diese Bewegungen und Deformationsstrukturen in Verbindung mit Vulkanismus als Plattentektonik. Im Gegensatz zur Erde besitzt die Venus offenbar keine dicken Platten. Stattdessen werden die geologischen Prozesse auf der Venus von höchst dynamischen Konvektionsströmungen im Mantel gesteuert, unter einer Kruste, die aus einer sehr dünnen Schicht erstarrter Lava besteht (Abb. 9.21). Da diese Konvektionsströmungen die Oberfläche dehnen und zusammenschieben, zerbricht die Kruste entweder zu Schuppen oder sie wird wie ein Teppich zu Falten zusammengeschoben. Da der Mantel der Venus nach allen Seiten beweglich ist, steigen Blasen aus heißer Lava auf und bilden größere Landmassen, Gebirge und die bereits beschriebenen vulkanischen Erscheinungen. Diese einzigartigen geologischen Verhältnisse wurden von einigen Wissenschaftlern als **Schuppentektonik** bezeichnet. Als die Erde jünger und heißer war, bestimmten möglicherweise eher solche Schuppen als größere Platten die globale Tektonik.

## Mars: der Rote Planet

Von allen Planeten ist der Mars der Erde am ähnlichsten, obwohl ihr die Venus – was Größe und Masse betrifft – näher steht (vgl. Tab. 9.1). Der Mars zeigt Oberflächenstrukturen, die dafür sprechen, dass an seiner Oberfläche einmal Wasser geflossen ist. Im tieferen Untergrund könnte Wasser noch immer die stabile Phase bilden, und wo es Wasser gibt, kann theoretisch auch Leben existieren. Auf keinem anderen Planeten gibt es größere Chancen für die Existenz extraterrestrischer Lebensformen als auf dem Mars.

Die allgegenwärtigen Eisenoxid-Minerale, in erster Linie Hämatit (Abb. 9.22b), färben die Marsoberfläche rot, was der Anlass zu der Bezeichnung „Roter Planet" war. Eisenoxide sind auf der Erde weit verbreitet und bilden sich normalerweise dort, wo es zur Verwitterung von Eisensilicaten kommt (Kap. 3). Wir wissen inzwischen, dass viele andere Minerale wie etwa Olivin und Pyroxen, die in Basalten auftreten, auch auf dem Mars vorhanden sind. Es gibt jedoch auch relativ ungewöhnliche Minerale wie etwa Sulfatminerale, die auf eine Phase in der Frühzeit des Mars hinweisen, in der an der Oberfläche Wasser in flüssiger Form vorhanden gewesen sein muss. Die Entdeckung von Sulfatmineralen auf dem Mars lässt überdies aquatische Prozesse erkennen, die auf Mars und Erde in den Anfängen ihrer Entwicklung wohl in ähnlicher Weise abgelaufen sind.

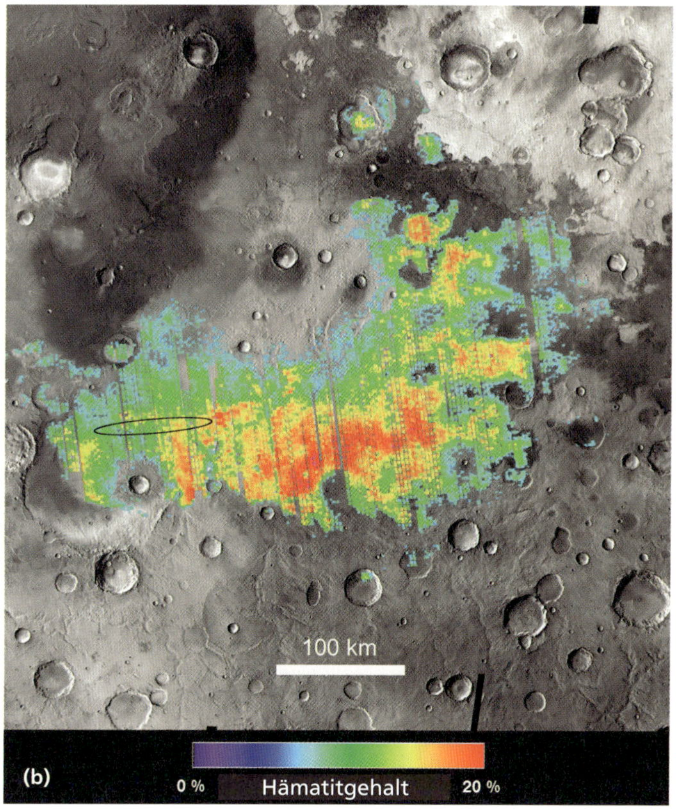


**Abb. 9.22** Landeplätze der Marsroboter. (a) Der Roboter Spirit untersuchte den Gusev-Krater, der einen Durchmesser von etwa 169 km hat und von dem angenommen wird, dass es sich um einen ehemaligen mit Wasser gefüllten See handelt. Rechts unten ist eine ehemalige Fließrinne erkennbar, die in den Krater mündet. (b) Der Roboter Opportunity landete in einem Gebiet, wo Hämatit, ein Mineral, das sich auf der Erde oftmals in Wasser bildet, häufig auftritt. Das Bild zeigt die Hämatitkonzentration und die Ellipse umreißt die in Frage kommende Landefläche [*Fotos: NASA/JPL/ASU/MSSS (a); NASA/ASU (b)*].

Die Oberfläche des Mars ist, was ihre Morphologie betrifft, eine der spektakulärsten innerhalb des Sonnensystems. Einige morphologische Strukturen sind sogar rekordverdächtig.

Olympus Mons ist mit einer Höhe von etwa 25 km nicht nur der größte Vulkan, sondern auch der höchste Berg des Sonnensystems überhaupt (Abb. 9.23). Der Canyon des Vallis Marineris (Abb. 9.24) ist im Mittel 8 km tief und 4 000 km lang, was einer Entfernung von Tunis in Afrika bis zum Nordkap in Skandinavien entspricht. Er ist damit auch etwa fünfmal tiefer als der Grand Canyon in den Vereinigten Staaten. Vor kurzem entdeckte man überdies Hinweise auf glazigene Prozesse, als offenbar Inlandeismassen die Oberfläche des Mars überdeckten, vergleichbar mit den Gletschern, die sich während der letzten Eiszeit auf der Nordhalbkugel ausgebreitet hatten. Schließlich besitzt der Mars genauso wie Mond, Merkur und Venus mit Kratern übersäte alte Hochländer neben jüngeren Tiefländern. Diese kraterreichen Hochländer sind Zeugnis des jüngeren Meteoritenschauers und ihre Gesteine sind durchweg älter als 3,8–3,9 Milliarden Jahre. Im Gegensatz zu den anderen Planeten und dem Mond bestehen die Tiefländer nicht ausschließlich aus Lavaergüssen, sondern auch aus

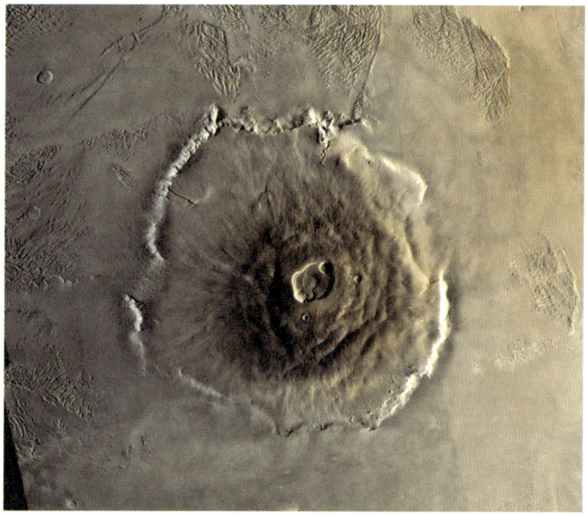

**Abb. 9.23** Olympus Mons ist der größte Vulkan des gesamten Sonnensystems mit einer Gipfelcaldera, die sich fast 25 km über die umgebende Ebene erhebt. Der Vulkan wird von einem nach außen fallenden Steilrand begrenzt, der einen Durchmesser von 550 km und eine Höhe von 7 km aufweist. Jenseits des Steilrands befindet sich ein mit Lava verfüllter Graben; sie stammt mit großer Wahrscheinlichkeit von Olympus Mons [*Foto: NASA/USGS*].

**Abb. 9.24** Das Vallis Marineris ist der bisher längste (4 000 km) und tiefste (bis zu 10 km) Canyon des Sonnensystems. Er ist etwa fünfmal tiefer als der Grand Canyon. Auf diesem Bild besteht der Canyon aus einer Reihe tektonischer Becken, deren Ränder teilweise unter Bildung von Schutthalden nachgebrochen sind (oben links). Die Wände des Canyons erreichen hier eine Höhe von 6 km. Die erkennbare Schichtung spricht für eine Ablagerung von Sedimentgesteinen oder Vulkaniten vor der Bruchbildung [*Foto: ESA/DLR/FU Berlin*].

äolisch verfrachtetem Staub sowie aus anderen Sedimenten und Sedimentgesteinen.

Die Oberfläche des Mars ist stark differenziert und nicht immer einfach zu deuten, obwohl sie öfters und intensiver untersucht wurde als die aller anderen Planeten, von der Erde einmal abgesehen. Doch auch die Geheimnisse des Mars werden irgendwann einmal gelüftet sein.

## Erde: der belebte Planet

Jeder Blick auf die Erde unterstreicht ihre einzigartige Schönheit, die durch den überwältigenden Einfluss der Plattentektonik, des fließenden Wassers und des Lebens entstanden ist. Mit ihrem blauen Himmel, ihren blauen Ozeanen, ihrer grünen Vegetation, ihren schroffen, von Eis bedeckten Bergen und den sich ständig bewegenden Kontinenten ist sie ein wahrhaft einmaliger Ort. Ihr bemerkenswertes Erscheinungsbild wird durch ein empfindliches Gleichgewicht von Bedingungen aufrecht erhalten, die für den Erhalt und den Fortbestand des Lebens erforderlich sind.

Die charakteristischen Merkmale, die die Oberfläche unseres Planeten kennzeichnen, sind Gegenstand des gesamten Buches. Ein besonderer Aspekt, der in diesem Zusammenhang erwähnt werden sollte, ist die Kollision mit Meteoriten und Asteroiden und die daraus resultierende Bildung von Kratern. Einschlagkrater sind zwar auf den terrestrischen Planeten überliefert, die Erde ist jedoch eine Ausnahme, weil die Narben der Meteoritenschauer nahezu vollständig vernichtet wurden. Im Gegensatz zu allen anderen terrestrischen Planeten, deren Oberflächen im Laufe der Zeit meist erstarrten, sind auf der Erde nur wenige unveränderte Reste aus ihrer Anfangszeit überliefert. Grund hierfür ist die beständige Umwälzung der Erdkruste durch plattentektonische Prozesse, die auf der Erde eindeutig wirkungsvoller sind als die Schuppentektonik auf der Venus und die mit einer vollständigen Neubildung der Kruste unseres Planeten einhergingen. Was auf der Erdoberfläche an Kratern vorhanden ist, ist wesentlich jünger als die Phase des jüngeren Meteoritenschauers und ausschließlich auf Kontinenten überliefert, die sich der Subduktion entzogen haben (Abb. 9.25).

Trotzdem sammelt sich auf der Erde eine Menge „Gerümpel" aus dem Weltraum an. Derzeit gelangen etwa 40 000 Tonnen extraterrestrisches Material pro Jahr auf die Erde, überwiegend in Form von Staub und nicht erkennbaren kleinen Objekten. Obwohl die Anzahl der Impaktereignisse gegenüber den Meteoritenschauern um mehrere Größenordnungen abgenommen hat, kollidiert statistisch gesehen etwa alle paar Millionen Jahre ein Materieklumpen mit einem Durchmesser von 1–2 km mit der Erde. Wenngleich auch solche Kollisionen selten sind, überwachen bestimmte Spezialteleskope kontinuierlich den Weltraum, um rechtzeitig vor größeren Körpern zu warnen, die auf der Erde aufschlagen könnten. Astronomen der NASA sagten vor kurzem „mit einer nicht vernachlässigbaren Wahrscheinlichkeit" (von 1:300) voraus, dass ein Asteroid mit 1 000 m Durchmesser im März des Jahres 2880 mit der Erde kollidieren wird. Ein

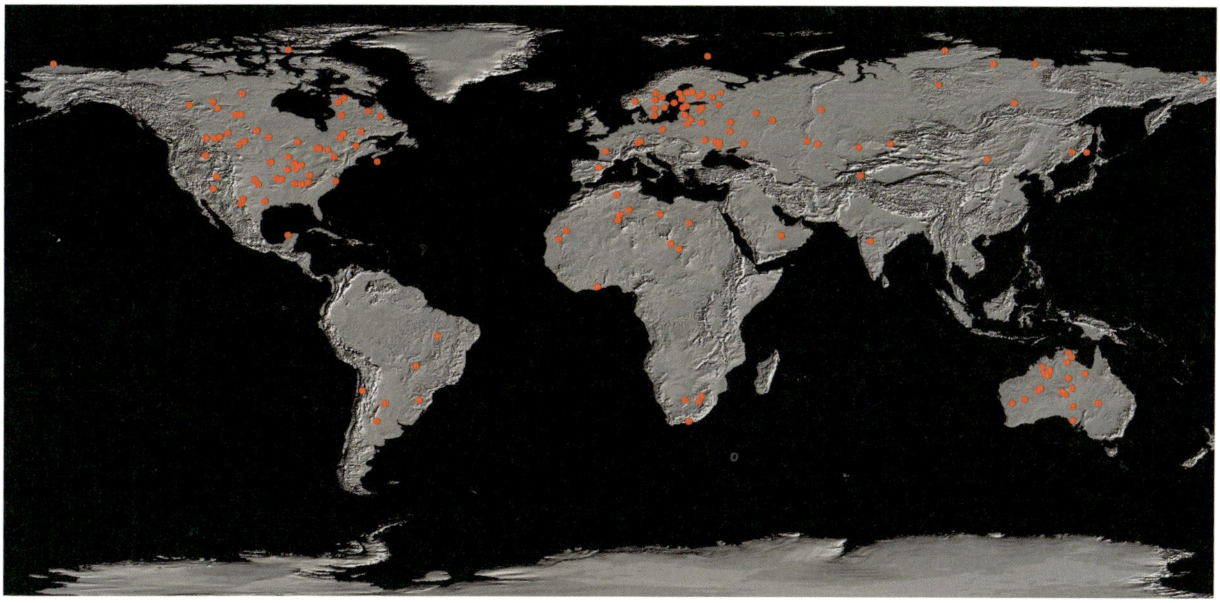

**Abb. 9.25** Impaktkrater von Meteoriten oder Asteroiden sind im Vergleich mit anderen terrestrischen Planeten auf der Erde selten. Die Aufarbeitung der Erdkruste durch die Prozesse der Plattentektonik vernichtete nahezu alle Spuren. Impaktkrater sind – von einer Ausnahme abgesehen – nur auf den Kontinenten überliefert [*Grafik: NASA/JPL/ASU*].

solches Ereignis würde unsere Zivilisation in erheblichem Maße bedrohen.

Es ist inzwischen hinreichend bekannt, dass solche Kollisionen die Lebensbedingungen auf der Erde ganz wesentlich verändern können. Wie in Kapitel 11 gezeigt wird, kam es vor 65 Ma zu einem derartigen Impaktereignis. Der vor der Halbinsel Yucatán niedergegangene Asteroid, der einen Durchmesser von etwa 10 km hatte, führte vermutlich zum Aussterben von 75 Prozent aller Arten, einschließlich aller Dinosaurier. Dieses Ereignis dürfte jedoch den Aufstieg der Säugetiere zur beherrschenden Tiergruppe ermöglicht haben und machte damit auch den Weg frei für das Erscheinen der Menschheit.

## Die Erforschung des übrigen Sonnensystems und des Weltraums

Die Erforschung des Sonnensystems ist bei vielen oft noch mit der Vorstellung verbunden, dass Astronomen die Sterne durch ein Teleskop betrachten. Die meisten Teleskope haben heute jedoch überhaupt kein Okular mehr, sie arbeiten mit Digitalkameras. Viele Teleskope, darunter auch das Hubble-Teleskop, befinden sich nicht einmal mehr auf der Erde, sondern im Weltraum. Ungeachtet der Aufnahmetechnik und des Standorts der Teleskope bleibt das Prinzip dasselbe, nämlich mehr Licht zu sehen, als mit dem bloßen Auge erkennbar ist.

Das von den Teleskopen aufgenommene Bildmaterial kann bearbeitet werden, Helligkeit und Kontrast lassen sich verstärken und es werden wichtige Oberflächenstrukturen wie Krater oder Canyons sichtbar. Alle bisher in diesem Kapitel erwähnten geologischen Oberflächenstrukturen auf den Planeten wurden auf diese Weise untersucht.

Das von den Teleskopen oder Digitalkameras aufgenommene Licht kann mithilfe einer speziellen Technik weiter untersucht werden. Wir können auf diese Weise auch das **Spektrum** der Planeten und Sterne erforschen, denn das von den Sternen abgegebene oder von Planetenoberflächen reflektierte Licht lässt sich wie das Sonnenlicht mit einem optischen Prisma in sein spezifisches Spektrum zerlegen. Aus dessen Farben kann die chemische Zusammensetzung des Strahlung erzeugenden oder reflektierenden Materials ermittelt werden. Folglich lässt sich aus den Spektren der Planeten bestimmen, welche Gase sich in ihrer Atmosphäre befinden und aus welchen Mineralen ihre Gesteine und Lockersedimente bestehen.

Im Zusammenhang mit der Erforschung unseres Sonnensystems wurden zahlreiche Raumsonden unter anderem auch zum Saturn geschickt; eine besondere Bedeutung kam der Raumsonde Cassini zu, weil sie nach einer Flugzeit von mehr als sieben Jahren in sein Ringsystem eingedrungen war. Durch diese Ringe unterscheidet sich der Saturn von allen anderen Planeten unseres Sonnensystems (Abb. 9.26a). Dieses ausgedehnte und

**Abb. 9.26** (a) Der Saturn und seine Ringe, aufgenommen in natürlichen Farben von der Raumsonde Cassini am 27. März 2004. Die verschiedenen Farben der Ringe sind durch die unterschiedliche Zusammensetzung des jeweiligen Materials bedingt, wie etwa Eis und Gesteinsmaterial. Die Beschaffenheit und Entstehung der Ringe soll im Rahmen weiterer Missionen erforscht werden. (b) Die Oberfläche des Jupitermonds Titan ist übersät mit Eisbrocken, die aus gefrorenem Methan und anderen kohlenstoffhaltigen Verbindungen bestehen [*Fotos: NASA/JPL/SSI/ESA/University of Arizona*].

komplizierte Ringsystem erstreckt sich über mehrere hunderttausend Kilometer Entfernung vom Planeten und besteht aus unzähligen Partikeln von Eis und Gestein, deren Größe von Sandkörnern bis zu Hausgröße reicht. Die Ringe umkreisen den Saturn mit unterschiedlicher Geschwindigkeit. Die Beschaffenheit und Entstehung der Ringe zu klären, ist wesentliches Forschungsziel der Mitarbeiter des Cassini-Projekts. Eine andere Raumsonde landete erfolgreich auf Titan, einem der achtzehn Monde des Saturns. Auf der Oberfläche dieses Saturnmonds gibt es offenbar wie auf der Erde und dem Mars Entwässerungsnetze und auch Vulkane; am Landeplatz des Roboters lagen verstreut Gesteinsbrocken mit Durchmessern zwischen 10 und 15 cm (Abb. 9.26b). Diese „Gesteine“ bestehen wahrscheinlich aus Methaneis und anderen organischen Verbindungen.

Der Titan ist für die Astronomen von besonderem Interesse: Er ist größer als die Planeten Merkur und Pluto, und er ist einer der wenigen Monde unseres Sonnensystems mit einer Atmosphäre. Dieser Mond ist eingehüllt in eine dichte smogartige Dunsthülle, von der man annimmt, dass sie der Erdatmosphäre vor der Entstehung des Lebens vor mehr als 3,8 Milliarden Jahren ähnlich ist (Kap. 11). Organische Verbindungen einschließlich Gasen wie etwa Methan sind auf dem Titan häufig. Weitere Untersuchungen dieses Mondes versprechen wichtige Erkenntnisse über die Entstehung der Planeten und vielleicht auch über die ersten Tage unserer Erde.

## Weitere Sonnensysteme

Seit geraumer Zeit stellen Wissenschaftler und Philosophen Überlegungen an, ob es außer im Sonnensystem auch Planeten gibt, die andere Sterne umkreisen. In den neunziger Jahren entdeckten Astronomen schließlich Planeten, die nahe gelegene sonnenähnliche Sterne umkreisen. Seit dem Jahre 1999 wurde eine ganze Reihe solcher **Exoplaneten** – Planenten, die andere Sterne umkreisen – gefunden. Diese Planeten sind zu dunkel und können daher nicht mit einem Teleskop direkt beobachtet werden, doch ihre Existenz ist durch ein messbares Taumeln ihrer Sonnen nachweisbar, das durch die Anziehungskraft der Planeten hervorgerufen wird und im Spektrum erkennbar ist. Bis Mitte des Jahres 2004 hatten die Astronomen mehr als 150 neue Planeten entdeckt, die sich auf 108 Sonnensysteme verteilen. Die meisten der auf diese Weise nachgewiesenen Planeten besitzen die Größe des Jupiters oder sind größer und umkreisen ihre Sonnen in geringem Abstand. Mit anderen Methoden wurden in den vergangenen Jahren auch Planeten von der Größe der Erde nachgewiesen.

Die Planetensysteme anderer Sterne sind deshalb so faszinierend, weil sie uns möglicherweise Hinweise über unseren eigenen Ursprung geben könnten. Das vorrangige Interesse gilt jedoch der grundlegenden, von Naturwissenschaftlern und Philosophen immer wieder gestellten Frage: Gibt es draußen in den Weiten des Weltraums ebenfalls Leben? Ausgehend von unseren Kenntnissen biologischer Vorgänge müsste auch exoplanetares Leben auf Kohlenstoff basieren und würde das Vorhandensein von Wasser in flüssiger Form erfordern. Milde Temperaturen (Kap. 11) und eine Atmosphäre, die eine vom Zentralgestirn ausgehende schädliche Strahlung abschirmt, sind ebenfalls zwingend. Dazu muss die Masse des Planeten ausreichend groß sein, dass seine Atmosphäre durch das Schwerefeld zurückgehalten wird und sich nicht in den Weltraum verflüchtigt. Für einen Planeten, auf dem nach unserem Verständnis höher entwickelte Lebensformen existieren könnten, wären die Bedingungen noch weitaus stärkeren Beschränkungen unterworfen. Wäre die Masse dieses Planeten beispielsweise zu groß, wären Organismen wie etwa wir Menschen zu schwach gebaut, um der großen Massenanziehung standzuhalten. Sind all diese Voraussetzungen für ein Leben außerhalb der Erde zu einschränkend? Viele Wissenschaftler glauben: nein, allein in Anbetracht der Milliarden sonnenähnlicher Sterne in unserer eigenen Galaxis.

## Zusammenfassung des Kapitels

**Wie das Sonnensystem entstanden ist:** Das Sonnensystem mit seinen Planeten ist mit großer Wahrscheinlichkeit vor etwa 4,5 Milliarden Jahren durch die Kondensation einer kosmischen Gas- und Staubwolke entstanden. Die Planeten haben – je nach ihrer Entfernung zur Sonne und ihrer Größe – eine unterschiedliche chemische Zusammensetzung.

**Wie die Erde entstanden ist:** Die Erde entwickelte sich wahrscheinlich durch Kollision und Anlagerung von Materieklumpen. Bald nach ihrer Entstehung kam es zum Aufprall eines großen planetenartigen Körpers. Dies hatte enorme Auswirkung für die Erde. Aus der Materie, die sowohl von der Erde als auch von dem auftreffenden Himmelskörper in den Weltraum hinausgeschleudert wurde, entstand der Mond. Durch den Aufprall wurde ein Großteil der Erde aufgeschmolzen. Eine weitere Wärmequelle, die zum Aufschmelzen beitrug, war der radioaktive Zerfall. Schweres eisenreiches Material sank nach unten zum Erdmittelpunkt, während leichteres Material nach oben stieg und die äußere Schale bildete, aus der schließlich die Kontinente hervorgingen. Durch Entgasung und Kondensation entstanden die Ur-Ozeane und die erste Atmosphäre. Auf diese Weise entwickelte sich die Erde zu einem differenzierten Planeten mit chemisch unterschiedlichen Schalen: einem Kern aus Eisen, einem Mantel aus Magnesium-Eisen-Silicaten und einer im Wesentlichen aus Sauerstoff, Silicium, Aluminium, Calcium, Kalium, Natrium und den radioaktiven Elementen bestehenden Kruste.

**Welche Ereignisse in der Frühzeit des Sonnensystems wichtig waren:** Das Alter unseres Sonnensystem beträgt, wie Datierungen an Meteoriten zeigten, etwa 4,56 Milliarden Jahre. Die größeren Planeten bildeten sich in einem Zeitraum von etwa 10 Ma und differenzierten sich in weniger als 100 Ma zu einem Schalenbau mit Kern, Mantel und Kruste. Der Mond entstand vor etwa 4,5 Milliarden Jahren durch den Einschlag eines großen Himmelskörpers. In der Erdkruste wurden Minerale mit einem Alter von 4,4 Milliarden Jahren überliefert. Die Maria des Mondes entstanden bei dem jüngeren Meteoritenschauer, der vor ungefähr 3,9 Milliarden Jahren seinen Höhepunkt erreichte und das Ende des Hadeums kennzeichnet.

**Datierung der Planetenoberflächen:** Die Oberfläche des Monds wurde mit radiometrischen Verfahren datiert und zwar an Probenmaterial, das von den Apollo-Astronauten zur Erde gebracht worden war. Die Hochländer des Monds haben demnach ein Alter zwischen 4,47 und 4,0 Milliarden Jahren, die Maria des Monds sind zwischen 4,0 und 3,2 Milliarden Jahre alt. Diese radiogenen Datierungen ermöglichten die Eichung der relativen Zeitskala, die durch Zählung der Krater aufgestellt worden war. Diese Zeitskala kann auch zur Altersdatierung anderer Planetenoberflächen herangezogen werden.

**Plattentektonik auf anderen Planeten:** Abgesehen von der Erde ist die Venus der einzige Planet, auf dem aktive tektonische Prozesse ablaufen, die durch Konvektionsbewegungen im Mantel beeinflusst werden. Auf der Venus gibt es offenbar keine mächtigen Platten. Ihre Kruste besteht lediglich aus einer dünnen Lage erstarrter Lava, die schuppenartig zerbricht oder wie ein Teppich zu Falten zusammengeschoben wird. Man bezeichnete diese Art von Tektonik als „Schuppentektonik". Eine vergleichbare Schuppentektonik könnte auch auf der Erde während ihrer Frühzeit geherrscht haben, als sie noch wesentlich heißer war.

**Wasser auf dem Mars:** Heute gibt es Wasser auf dem Mars lediglich an seinen Polen und in geringer Tiefe unter der Oberfläche in Form von Eis. In der Vergangenheit dürfte es auch in flüssigem Zustand vorhanden gewesen sein, es floss an der Oberfläche und erodierte zum Teil tiefe Canyons. In Fließrinnen und Deltas kam es zur Ablagerung von Sedimenten. Außerdem sammelte es sich in flachen Seen oder Meeren, wo es verdunstete. Dadurch kam es dort zu Ausfällung zahlreicher Salze, darunter auch von Sulfatmineralen.

**Erforschung der Sterne und unseres Sonnensystems durch Spektren:** Manchmal lassen sich mit Licht Formen und Gefüge erkennen, die uns Hinweise auf den geologischen Bau und die Entstehung entfernt liegender Objekte geben. In anderen Fällen verwenden wir das Spektrum des sichtbaren Lichts, das sich in Abhängigkeit von der Zusammensetzung des Materials ändert, von dem dieses Licht ausgeht oder reflektiert wird.

**Unser Sonnensystem ist einmalig:** Bis vor etwa 10 Jahren war dies die gängige Meinung der Kosmologen. Inzwischen gibt es jedoch Hinweise auf mehr als 150 Planeten, die andere Sterne umkreisen. In einigen Fällen besitzen solche Sonnensysteme mehr als einen Planeten. Da sich diese Planeten weit außerhalb des Sonnensystems befinden, werden sie als Exoplaneten bezeichnet.

Schattierte Reliefkarte des nordamerikanischen Kontinents [*Foto: U.S. Geological Survey*].

# Kapitel 10 Die Entwicklung der Kontinente

Nahezu zwei Drittel der Erdoberfläche – und damit die gesamte ozeanische Kruste – sind im Laufe der vergangenen 200 Millionen Jahre durch Seafloor-Spreading entstanden, in einem Zeitraum, der nur etwa ungefähr vier Prozent der Erdgeschichte umfasst. Wenn wir also verstehen wollen, wie sich die Erde seit ihren glühend heißen Anfängen entwickelt hat, müssen wir uns den Kontinenten zuwenden, denn dort finden wir Gesteine, die ein Alter von vier Milliarden Jahren aufweisen.

Die geologische Entwicklung der kontinentalen Kruste ist höchst kompliziert, doch unsere diesbezüglichen Kenntnisse haben sich gerade in den letzten Jahren zunehmend verbessert. Geowissenschaftler verwenden Modellvorstellungen der Plattentektonik und interpretieren alte geologische Strukturen wie beispielsweise erodierte Gebirgsgürtel und alte Gesteinsparagenesen als Folge sich schließender Ozeanbecken und kollidierender Kontinente. Neue geochemische Methoden wie etwa radiometrische Altersbestimmungen helfen bei der Entschlüsselung der Entwicklungsgeschichte dieser Gesteine auf den Kontinenten. Heute können wir mithilfe eines ganzen Netzwerks von Seismographen und anderer Instrumente auch den Bau der Kontinente bis in große Tiefen erkunden. Eine Entdeckung, die auch die Theorie der Plattentektonik nicht erwarten ließ, war die Tatsache, dass Platten in den Gebieten der ältesten kontinentalen Kruste tief reichende „Kiele“ besitzen, die weitaus mächtiger sind als die Lithosphäre, selbst unter den ältesten Ozeanbecken.

In diesem Kapitel betrachten wir die vier Milliarden Jahre umfassende Geschichte der Kontinente, was sich daraus für die Entstehung der kontinentalen Lithosphäre ableiten lässt und wie sich diese im Laufe der Zeit entwickelt hat.

Wir werden sehen, wie durch plattentektonische Vorgänge der kontinentalen Kruste neues Material zugeführt wurde, wie die Konvergenz von Platten in den Gebirgsgürteln zur Krustenverdickung führte und wie diese Gebirge erodiert wurden, sodass heute dort der metamorphe Sockel frei liegt, wie dies in vielen älteren Bereichen der Kontinente der Fall ist. Wir gehen außerdem in die frühesten Entwicklungsperioden der Kontinente zurück, in das Archaikum (4,0–2,5 Milliarden Jahre), um über zwei der größten Probleme der Erdgeschichte nachzudenken: Wie entstanden die Kontinente und ihre tief reichenden Kiele, und wie konnten sie die Milliarden Jahre mit plattentektonischen Prozessen und Kontinentaldrift überleben?

Kontinente zeigen eine Vielzahl von Merkmalen, die ihre Herkunft und ihre Entwicklung erkennen lassen. Sie haben jedoch in ihren grundlegenden Strukturen und hinsichtlich ihres Wachstums auch Gemeinsamkeiten. Ehe wir ganz allgemein die Kontinente betrachten, besprechen wir die wesentlichen Kennzeichen des nordamerikanischen Kontinents.

# Der tektonische Bau Nordamerikas

Die geologischen Großstrukturen Nordamerikas sind Abbild einer langen tektonischen Entwicklung (Abb. 10.1). Die in den ältesten Episoden der Krustendeformation entstandenen Bereiche treten normalerweise in den zentraleren Gebieten des Kontinents auf. Diese Region, die große Teile Kanadas und Grönlands umfasst, ist tektonisch stabil, das heißt, sie blieb von den jüngeren Episoden der Plattenbewegung, der kontinentalen Großgrabenbildung und der Plattenkollision unberührt und wurde durch Erosion weitgehend eingeebnet. An den Rändern dieser älteren Landmassen befinden sich jüngere Orogengürtel, in denen die meisten der heute noch vorhandenen Gebirgszüge entstanden sind. Sie bilden dort in der Regel lang gestreckte Gebirgsketten; die beiden wichtigsten sind die Kordilleren am Westrand Nordamerikas, zu denen auch die Rocky Mountains gehören und die Südwest-Nordost verlaufenden Appalachen am Ostrand des Kontinents.

## Der stabile Kern der Kontinente

Ein großer Teil Zentral- und Ostkanadas besteht aus einer Landschaft, die von sehr alten Kristallingesteinen aufgebaut wird – eine großtektonische Einheit mit einer Fläche von acht Millionen Quadratkilometern, die als Kanadischer Schild bezeichnet wird (Abb. 10.2). Er besteht überwiegend aus granitischen und metamorphen Gesteinen wie etwa Gneisen, zusammen mit stark deformierten metamorphen, sedimentären und vulkanogenen Gesteinsserien. Dieses sehr alte Gebiet enthält mit die ältesten Urkunden der Erdgeschichte, denn ein Großteil der Gesteine ist im Archaikum entstanden. Außerdem findet man dort bedeutende Eisen-, Gold-, Kupfer-, Diamanten- und Nickellagerstätten.

Im 19. Jahrhundert bezeichnete der österreichische Geologe Eduard Suess solche Gebiete als Schilde, da sie

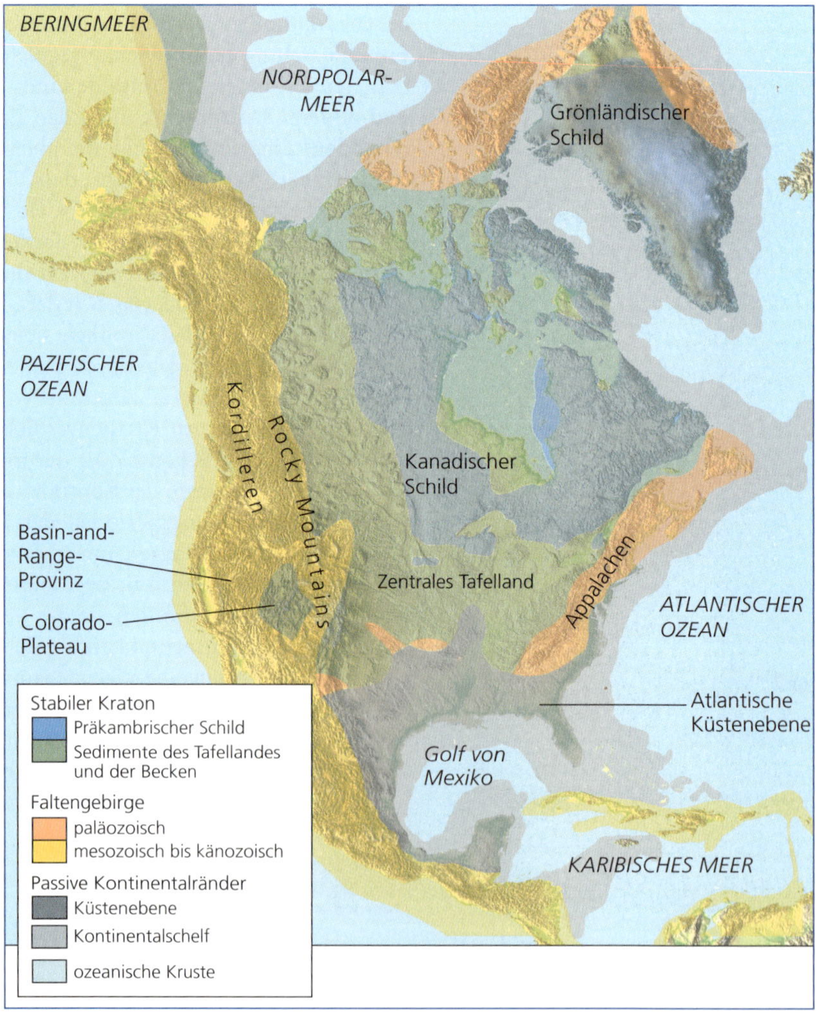


**Abb. 10.1** Die wichtigsten tektonischen Einheiten Nordamerikas: Kanadischer Schild, Zentrales Tafelland, Gebirgsgürtel der Kordilleren, Colorado-Plateau, Faltengebirge der Appalachen und Atlantische Küstenebene.

als weitgespannte Aufwölbungen die umgebenden Sedimentgesteine wie ein auf der Erde liegender Schild überragen. In Nordamerika treten diese flach liegenden Sedimentabfolgen am Rand des Kanadischen Schildes und in dessen Zentrum unter der Hudson Bay auf. Vergleichbare präkambrische Schilde findet man in Skandinavien, Sibirien, Afrika, Brasilien und Australien.

Südlich des Kanadischen Schilds liegt ein von Sedimenten bedecktes, fast eingeebnetes Gebiet, eine so genannte Plattform (Zentrales Tafelland in Abb. 10.1). Sie nimmt den zentralen, stabilen Bereich sowie die kanadischen und nordamerikanischen Gebiete der Great Plains ein. Diese Plattform bildet im tiefen Untergrund in gewissem Sinne die Fortsetzung des Kanadischen Schilds, denn auch sie besteht aus präkambrischem Grundgebirge, ist jedoch ähnlich wie die Russische Plattform von einer geringmächtigen Abfolge paläozoischer Sedimente überdeckt, die in typischer Ausbildung weniger als 2 000 m mächtig ist.

Die Sedimente der nordamerikanischen Plattform wurden unter einer Vielzahl unterschiedlicher Bedingungen auf dem deformierten, weitgehend erodierten präkambrischen Untergrund abgelagert. Ein Teil der Gesteinsabfolge spricht für eine Sedimentation in einem ausgedehnten, flachen Binnenmeer (marine Sandsteine, Kalksteine, Tonschiefer, Delta-Ablagerungen, Evaporite usw.), andere sprechen für eine Ablagerung in Schwemmfächern, in Seen oder Sümpfen (limnische und terrestrische Sedimente, Kohlelagerstätten). Ein Großteil der nordamerikanischen Uran-, Kohle-, Erdöl- und Erdgaslagerstätten befinden sich in dieser randlichen Sedimentüberdeckung der Plattform.

Im Innern der Plattform zeichnen sich deutlich **Sedimentbecken** ab, annähernd ovale, ausgedehnte Senkungszonen mit wesentlich mächtigeren Schichtenfolgen als auf der umgebenden Plattform. Das Michigan Basin, ein nahezu kreisförmiges Gebiet von ungefähr 200 000 km$^2$ Grundfläche, das den größten Teil der Halbinsel von Michigan einnimmt, senkte sich im Paläozoikum langsam ab und nahm Sedimente auf, die in den tiefsten Bereichen mehr als 5 000 m Mächtigkeit erreichen (Abb. 10.3). Die unter ruhigen Wasserverhältnissen abgelagerten Sandsteine wie auch andere Sedimente blieben von der Metamorphose verschont und wurden bis heute nur geringfügig deformiert. Der größte Teil dieser Sedimentbecken sank ab, als die zuvor aufgeheizten Bereiche der Kruste abkühlten und kontrahierten.

**Abb. 10.2** Diese Luftaufnahme zeigt die alten erodierten Metamorphite des Kanadischen Schilds bei Navanut, Kanada [*Foto: Roy Tanami/Ursus Photography*].

## Die Appalachen

Den Ostrand des Nordamerikanischen Kratons bilden die bereits weitgehend abgetragenen Appalachen. Dieser klassische Falten- und Überschiebungsgürtel, den wir schon in Kapitel 7 kennengelernt haben, erstreckt sich am Ostrand Nordamerikas von Neufundland bis Alabama. Die dort auftretenden Gesteinsparagenesen und tektonischen Strukturen sind die Folge von Divergenz- und Konvergenzbewegungen, die seit dem jüngeren Präkambrium bis heute in diesem Gebiet ablaufen. Im Westen werden die Appalachen vom Allegheny-Plateau begrenzt, einem Bereich, der von geringfügig herausgehobenen und deformierten Sedimentserien eingenommen wird. Von dort gelangt man nach Osten in zunehmend stärker deformierte Gebiete (Abb. 10.4):

- **Valley-and-Ridge-Provinz** Mächtige paläozoische Sedimentserien, abgelagert auf einem ehemaligen Kontinentalschelf, wurden durch Kompressionskräfte von Südosten her gefaltet und nach Nordwesten überschoben. Die Gesteine zeigen, dass die Deformation in drei getrennten Orogenphasen erfolgte, einer ersten im mittleren Ordovizium (vor etwa 470 Ma), einer zweiten im Mittel- und Oberdevon (vor 380–350 Ma) und schließlich einer letzten im Permokarbon (vor 320–270 Ma).
- **Blue-Ridge-Provinz** Dieser stark abgetragene Teil des Gebirges besteht überwiegend aus präkambrischen und kambrischen hoch metamorphen Kristallinse-

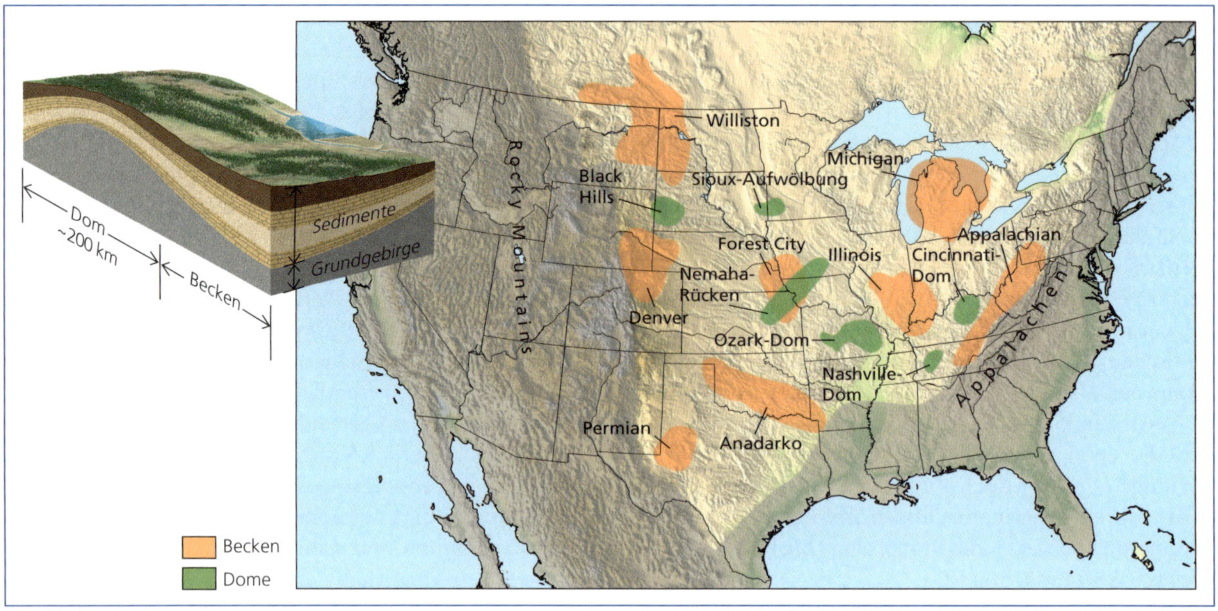


**Abb. 10.3** Karte des nordamerikanischen Zentralen Tafellands mit seinen Becken- und Domstrukturen. Die nahezu kreisförmigen Beckenbereiche enthalten mächtige Sedimentserien wie etwa im Michigan oder Illinois Basin, während die Aufwölbungen durch ungewöhnlich geringmächtige Sedimentserien gekennzeichnet sind. In den Kernen einiger Dome wie etwa in den Black Hills oder im Ozark Dom ist kristallines Grundgebirge aufgeschlossen.

rien. Die Gesteine wurden bereits vor ihrer heutigen Position von Magmen intrudiert und metamorphosiert. Sie wurden vor etwa 300 Ma am Ende des Paläozoikums in Form tektonischer Decken auf die Sedimentserien der Valley-and-Ridge-Provinz überschoben.

- **Piedmont-Provinz** Diese Provinz enthält präkambrische und paläozoische metamorphe Sedimente und Vulkanite, die von Graniten intrudiert wurden, die heute weitgehend freiliegen und nur noch ein geringes Relief aufweisen. Der Vulkanismus setzte im höheren Präkambrium ein und dauerte zum Teil bis in das Kambrium fort. Die Piedmont-Provinz wurde an großen Überschiebungsbahnen in nordwestlicher Richtung auf die Blue-Ridge-Provinz überschoben. Zumindest zwei Phasen der Deformation sind nachzuweisen, eine im mittleren und oberen Devon (vor 380–350 Ma) und eine weitere im Permokarbon (vor 320–270 Ma).
- **Atlantische Küstenebene** Die heutige Atlantische Küstenebene entwickelte sich nach der Trennung Nordamerikas von Afrika und der Öffnung des Nordatlantiks an der Wende Trias/Jura vor etwa 180 Ma. Dort lagern relativ schwach deformierte Schichtenfolgen des Juras und jüngerer Abschnitte der Erdgeschichte auf ähnlichen Gesteinen, wie sie auch in der Piedmont-Provinz auftreten.

## Atlantische Küstenebene und Kontinentalschelf

Die Entwicklung der Atlantischen Küstenebene und des Kontinentalschelfs als seewärtige Fortsetzung (vgl. Abb. 10.1) begann in der Trias mit Riftvorgängen, die der Öffnung des modernen Atlantiks vorangingen. Die Grabensenken bildeten Beckenstrukturen, die mächtige Serien terrestrischer Ablagerungen aufnahmen. Noch während der Sedimentation intrudierten basaltische Lagergänge (Sills) und Gesteinsgänge. Das Tal des Connecticut River und die Fundybai sind Beispiele für solche ehemaligen Riftstrukturen.

In der Unterkreide begannen sowohl die erheblich erodierte und morphologisch weitgehend nivellierte Atlantische Küstenebene als auch der Kontinentalschelf allmählich abzusinken und die vom Kontinent angelieferten Sedimente aufzunehmen. Schichten der Kreide und des Tertiärs mit einer Mächtigkeit bis zu 5 000 m füllten die langsam absinkenden Tröge und in die tieferen Bereiche am Kontinentalfuß wurde noch wesentlich mehr Material geschüttet. Dieser noch immer aktive Senkungsraum vor der Küste nimmt weiterhin Sedimente auf. Wenn sich das derzeitige Stadium der Öffnung des Atlantiks in einigen Millionen Jahren umkehrt, werden die Sedimente dieses Senkungsraums gefaltet und von Bruchtektonik beeinflusst werden. Letztlich ereignet sich dann derselbe Vorgang, der einst zur Bildung der Appalachen führte.

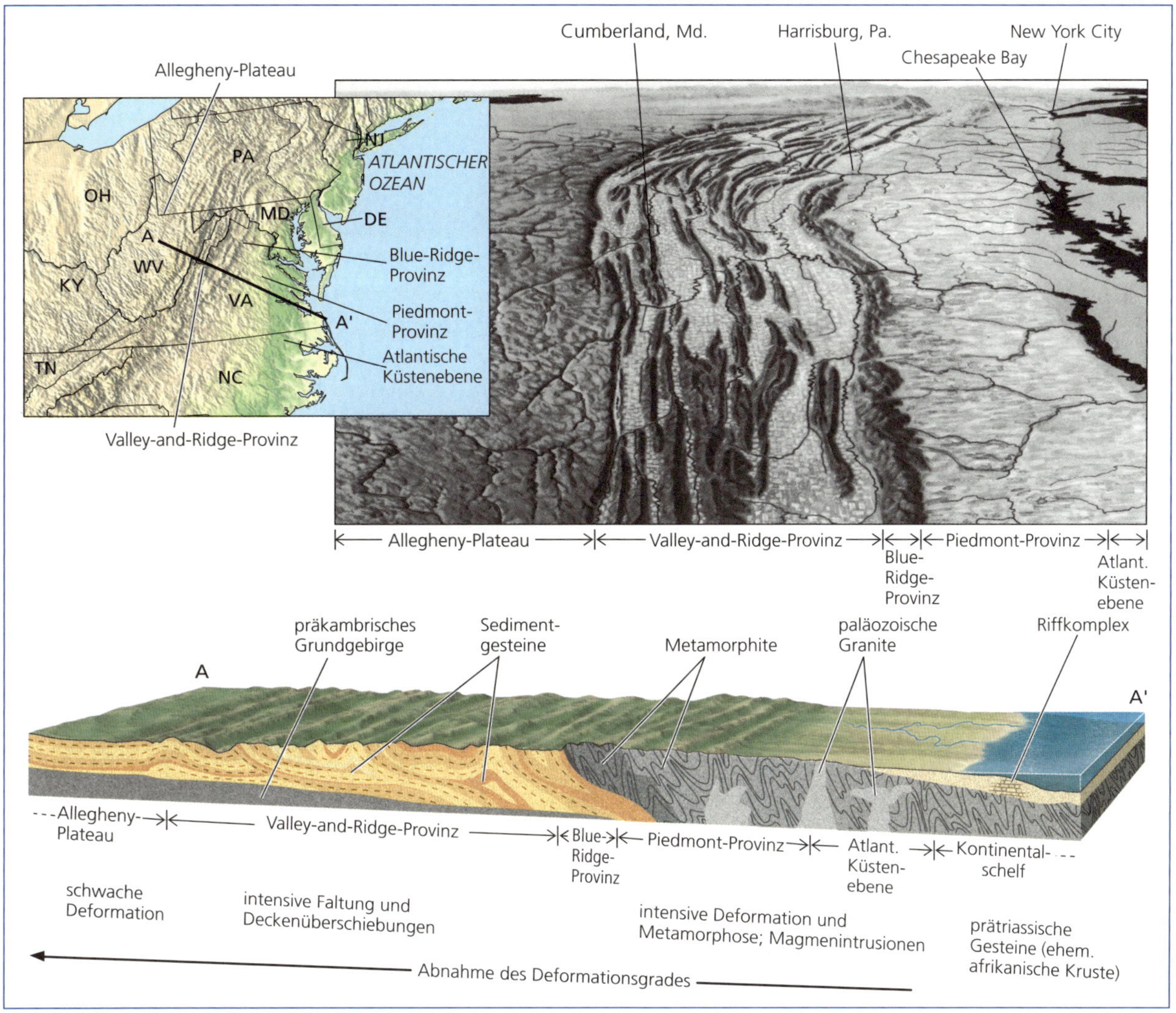


**Abb. 10.4** Die Appalachen in den östlichen und südlichen Vereinigten Staaten in einem Luftbild mit Blickrichtung Nordosten und ein schematischer Schnitt durch diesen Gebirgsgürtel. Die wichtigsten physiogeographischen Einheiten erstrecken sich von Westen nach Osten in der Reihenfolge zunehmender Deformation [*nach: S. M. Stanley (2005): „Earth System History". New York: W. H. Freeman; Luftbild: NASA*].

Die Küstenebene und das Schelfgebiet des Golfs von Mexiko bilden die natürliche Fortsetzung der Atlantischen Küstenebene und des Kontinentalschelfs, lediglich kurz unterbrochen von der Halbinsel Florida, einer ausgedehnten Carbonatplattform. Der Mississippi, der Rio Grande und die zahlreichen anderen Flüsse, die das Innere des nordamerikanischen Kontinents entwässern, haben als Sedimentlieferanten einen parallel zur Küste verlaufenden Trog aufgefüllt, der eine Tiefe von ungefähr 10 bis 15 km erreicht. Die Küstenebene des Golfs von Mexiko und der Schelf bergen reiche Speicher für Erdöl und Erdgas. Auch der Schelf des Atlantiks wird heute auf Lagerstätten dieser und auch anderer Ressourcen aktiv erkundet.

## Die nordamerikanischen Kordilleren

Die tektonisch stabile innere Plattform Nordamerikas wird im Westen von einem jüngeren Komplex von Gebirgszügen und tektonisch beanspruchten Zonen begrenzt (Abb. 10.5). Dieses Gebiet ist Teil der nordamerikanischen Kordilleren – ein Gebirgszug, der sich von Alaska bis nach Guatemala erstreckt und einige der höchsten Gipfel des Kontinents aufweist. In seinem mittleren Abschnitt zwischen San Francisco und Denver ist dieser Gebirgszug ungefähr 1 600 km breit und umfasst dort mehrere, sich deutlich unterscheidende physiogeographische Provinzen: das Küstengebirge (Coast Ranges) entlang des Pazifischen Ozeans, die hoch aufra-

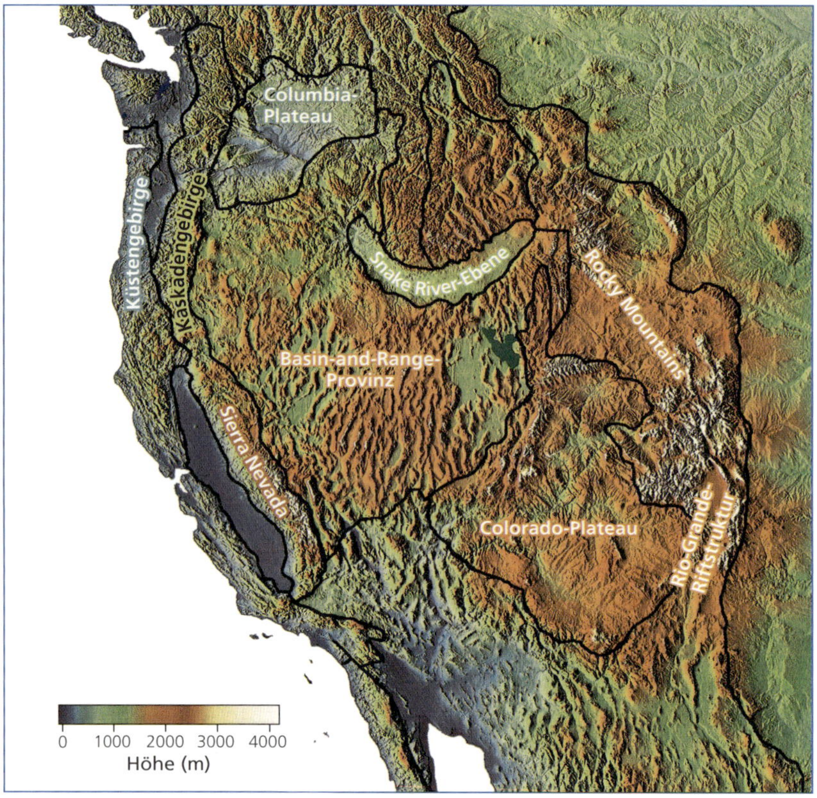


**Abb. 10.5** Farbig schattierte Reliefkarte der westlichen Vereinigten Staaten. Die vom Computer mithilfe digitalisierter Höhenangaben erzeugte Darstellung lässt die wesentlichen tektonischen Provinzen und den tektonischen Werdegang deutlich hervortreten, so als würde sie von einer tief im Westen stehenden Lichtquelle beleuchtet.

gende Sierra Nevada und das Kaskadengebirge, die Basin-and-Range-Provinz, die Hochfläche des Colorado-Plateaus und die schroffen Rocky Mountains, die am Rande der Great Plains – die zum stabilen Kern zählen – abrupt enden.

Die gesamte Entwicklung der Kordilleren verlief äußerst kompliziert, was an den sich ändernden Strukturen in ihrer Längserstreckung abzulesen ist. Es ist eine Geschichte der Wechselwirkungen zwischen der Pazifischen Platte, der Farallon-Platte und der Nordamerikanischen Platte im Verlauf der vergangenen 200 Millionen Jahre. Vor dem Auseinanderbrechen von Pangaea nahm die Farallon-Platte den größten Bereich des östlichen Pazifischen Ozeans ein. Da sich Nordamerika nach Westen bewegt, wurde der größte Teil dieser ozeanischen Lithosphäre unter Nordamerika subduziert. Alles, was heute noch von der Farallon-Platte übrig ist, sind kleinere Reste in Form der Juan-de-Fuca-Platte und der Cocos-Platte (Abb. 10.6). Im Verlauf dieser Subduktionsprozesse wurde der Westrand Nordamerikas durch die Akkretion kontinentaler und ozeanischer Mikroplatten, durch Faltung und Überschiebung von Tiefsee- und Schelfsedimenten, durch Vulkanismus und Metamorphose erheblich modifiziert. Diese Vorgänge führten zu einer Vielzahl deformierter Gesteinsparagenesen, die sich nach Alter, Herkunft und der strukturellen Ausprägung unterscheiden, wie sie insgesamt für die Kordilleren und letztlich auch für alle anderen Faltengebirge kennzeichnend sind.

Die Hauptphase der Gebirgsbildung erfolgte im jüngeren Mesozoikum und älteren Paleozän (vor 150–50 Ma), die Kordilleren sind damit jünger als die Appalachen. Das Gebirgssystem der Kordilleren ist morphologisch höher als das der Appalachen, was nicht überrascht, weil weniger Zeit für die Abtragung zur Verfügung stand.

Morphologie und Höhenlage der heutigen Kordilleren sind die Folge noch weitaus jüngerer Ereignisse, die sich im Neogen, das heißt in den vergangenen 15 bis 20 Ma ereigneten. Dabei wurde das Gebirge herausgehoben und damit gewissermaßen in ein früheres Stadium der Morphogenese zurückversetzt. Infolge dieser ausgedehnten regionalen Hebungsphase erreichten die mittleren und südlichen Rocky Mountains im Wesentlichen ihre heutige Höhe. Das Gebiet wurde zusammen mit dem präkambrischen Sockel und seiner Überdeckung aus später deformierten Sedimenten um 1 500 bis 2 000 m über das Niveau seiner Umgebung herausgehoben.

Die Erosionskraft der Flüsse nahm zu, die Bergformen wurden dadurch schärfer und die Canyons tieften sich weiter ein. Andere, in späterer Zeit nochmals aufge-

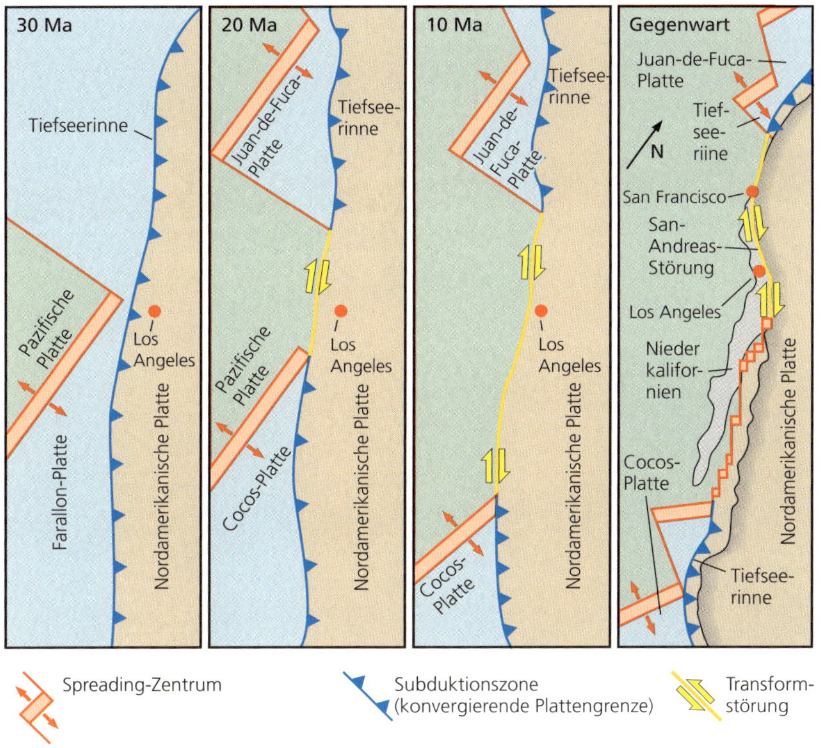


**Abb. 10.6** Die tektonische Entwicklung der Westküste Nordamerikas. Durch Subduktion unter der Nordamerikanischen Platte wurde die Farallon-Platte beständig kleiner, übrig blieben die heutige Juan-de-Fuca-Platte und die Cocos-Platte als Reste der einstmals größeren Farallon-Platte. Die großen gelben Pfeile zeigen die derzeitige Relativbewegung der Nordamerikanischen und der Pazifischen Platte [*nach: W. J. Kious and R. I. Trilling (1996): „This Dynamic Earth: The Story of Plate Tectonics". Washington D.C., U.S. Geological Survey*].

stiegene Gebirge sind die Adirondacks im Bundesstaat New York, das Hochland von Labrador und die Gebirge von Skandinavien. Solche erneuten Hebungsphasen deformierter Gebirgsgürtel führten auch zum heutigen Relief der Alpen, des Urals und der Appalachen. In Kapitel 22 wird noch gezeigt, dass Hebungsvorgänge nicht nur die Folge tektonischer Prozesse sind, sondern auch durch Wechselwirkungen zwischen Klimaveränderungen und Tektonik beeinflusst werden. So dürfte die Zunahme des Reliefs in den Gebirgszügen der Rocky Mountains auch die Folge des beginnenden Eiszeitalters in Nordamerika gewesen sein.

Die Basin-and-Range-Provinz entstand durch Hebung und Krustendehnung in nordwest-südöstlicher Richtung. Diese Extension der Kruste begann vor etwa 15 Ma mit der Aufheizung der Lithosphäre und dauert bis heute fort. Sie führte zu einer ausgedehnten Bruchtektonik, die sich vom südlichen Oregon bis Mexiko erstreckt und somit Nevada, den Westen von Utah und Teile von Ostkalifornien, Arizona, Neu-Mexiko und Westtexas einschließt (Abb. 10.7). Tausende nahezu vertikal stehende Störungen durchtrennten die Kruste und führten zu unzähligen Horst- und Grabenstrukturen, wobei Hunderte schroffer und nahezu paralleler Gebirgsketten entstanden sind, getrennt durch Grabensenken, die mit Verwitterungsmaterial verfüllten wurden. Am Westrand der Basin-and-Range-Provinz stiegen in Utah das Wasatch-Gebirge und in Wyoming das Teton-Gebirge auf, während am Westrand in Kalifornien die Sierra Nevada herausgehoben und verkippt wurde.

Das Colorado-Plateau scheint dabei eine Art zentral gelegene, stabile Insel darzustellen, die seit dem Präkambrium weder einer Krustendehnung noch einer Einengung ausgesetzt war. Die großräumige Hebung des Plateaus zwang den Colorado, sich tief in die flach lagernden Gesteinsfolgen einzuschneiden (Exkurs 8.1). Es wird heute davon ausgegangen, dass diese Hebung ebenfalls durch eine Aufheizung der Kruste verursacht wurde, die auch zur Krustendehnung führte.

**Abb. 10.7** Owens Valley und Mount Whitney an der Ostseite der Sierra Nevada; sie zeigen die Heraushebung der Sierra Nevada an einer großen Störung [*Foto: Galen Rowell/Corbis*].

## Tektonische Provinzen der Erde

Wir verlassen Nordamerika und wenden uns den anderen Kontinenten der Erde zu (Abb. 10.8). Global betrachtet folgt der geologische Bau der Kontinente einem allgemeinen, wenn auch sehr unregelmäßigen Schema. Die Schilde und Tafelländer der Kontinente bilden stabile Krustenbereiche, die als **Kratone** bezeichnet werden, und die aus den erodierten Resten meist im Präkambrium deformierter Gesteine bestehen. An den Rändern der Kratone liegen häufig lang gestreckte Gebirgsgürtel oder **Orogene** (griech. oros = Gebirge, genesis = Entstehen), die in späteren Phasen der Krusteneinengung entstanden sind. Die jüngsten Orogene findet man an den aktiven Kontinentalrändern, an denen plattentektonische Bewegungen zu einer Deformation der kontinentalen Kruste führen.

### Tektonische Provinzen

Das gängige Schema mit Kratonen im Zentrum, die von Orogenen umgeben sind, ist auch in Abbildung 10.8 erkennbar, in der die größeren tektonischen Provinzen dargestellt sind. Die in dieser Abbildung verwendete Klassifikation bezieht sich zwar vor allem auf die tektonischen Provinzen Nordamerikas, sie lässt sich jedoch weitgehend auch auf andere Kontinente übertragen:

- **Schilde** Bereiche im Kern eines Kontinents, in denen das präkambrische Grundgebirge herausgehoben und freigelegt ist und die im Phanerozoikum (das heißt in den vergangenen 542 Ma) nicht mehr deformiert worden sind. Beispiele sind Baltischer Schild, Kanadischer Schild, Äthiopischer Schild u. a.
- **Plattformen** Bereiche, in denen das präkambrische Grundgebirge von geringmächtigen, mehr oder weniger flach lagernden Sedimentserien überdeckt wird. Beispiele: Russische Tafel, Zentrales Tafelland in Nordamerika, Hudson Bay.
- **Sedimentbecken** Bereiche mit länger anhaltender Subsidenz, in denen es im Verlauf des Phanerozoikums zur Akkumulation mächtiger Sedimentserien kam, deren Schichten an den Rändern in Richtung Beckenzentrum einfallen. Beispiele: Michigan und Illinois Basin in Nordamerika, Pariser Becken.
- **Phanerozoische Orgene** Bereiche, in denen es im Verlauf des Phanerozoikums zur Gebirgsbildung kam. Beispiele: Appalachen, nordamerikanische Kordilleren, Alpen, Himalaja, Atlas u. a.
- **Regionen der Krustendehnung** Bereiche, in denen die jüngste Deformation auf großräumige Krustendehnung zurückzuführen ist. Beispiele: Basin-and-Range-Provinz, Kontinentalschelfe des Atlantiks.

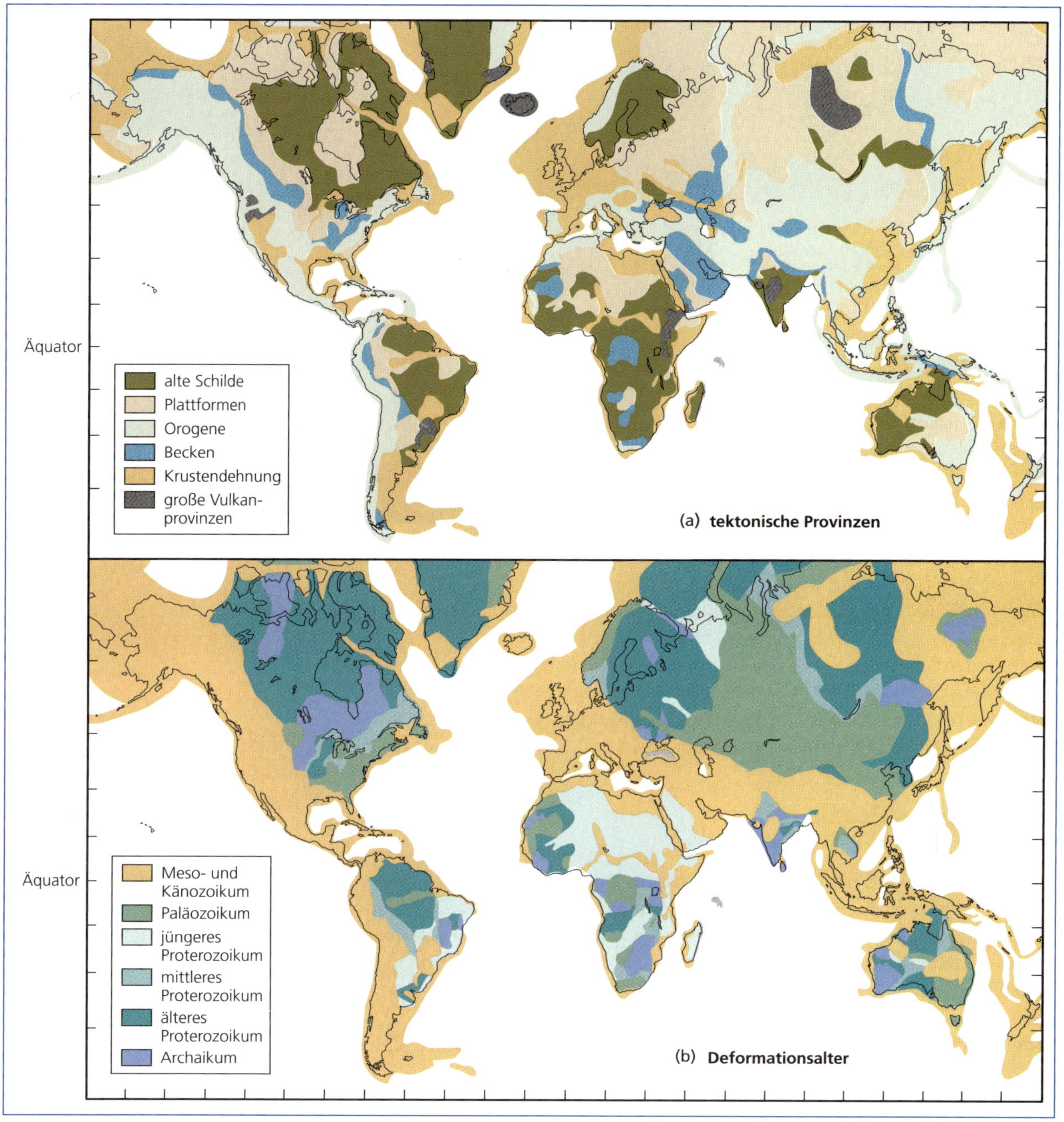


**Abb. 10.8** Geologische Karte der Kontinente. Sie zeigt (a) die tektonischen Provinzen und (b) die Epochen der größeren Deformationsereignisse [*nach: W. Mooney/USGS*].

## Deformationsalter

Das in Abbildung 10.8b angegebene Deformationsalter ist nach den in Kapitel 8 besprochenen Ären der geologischen Zeitskala geordnet. Das **Deformationsalter** eines Gesteins entspricht dem Zeitpunkt, zu dem das Gestein letztmalig einer stärkeren Deformation der Erdkruste ausgesetzt war. Die meisten Gesteine des kristallinen Sockels haben eine komplizierte Entwicklung durchlaufen. Sie unterlagen im Verlauf der Erdgeschichte mehrfach der Deformation, wurden aufgeschmolzen oder metamorph überprägt. Oftmals lässt sich durch radiometrische Datierungsverfahren und andere Hinweise (Kap. 8) in einem Gestein mehr als ein Alter ermitteln. Das Deformationsalter entspricht stets demjenigen Zeitpunkt, an dem die radiometrische Uhr eines Gesteins durch tektonische und thermische Vorgänge letztmalig auf Null gestellt wurde.

Beispielsweise sind viele Gesteine im Südwesten der Vereinigten Staaten ursprünglich durch die Aufschmel-

**Abb. 10.9** Die aus dem mittleren Proterozoikum stammenden 1,8 Milliarden Jahre alten Vishnu-Schiefer bilden im Grand Canyon den kristallinen Sockel [*Foto: Stephen Trimble*].

zung von Kruste und Mantel im mittleren Proterozoikum (vor 1,9–1,6 Milliarden Jahren) entstanden (Abb. 10.9). In den folgenden Perioden wurden diese Gesteine durch Metamorphose erheblich verändert, hinzu kamen mehrere Phasen der Krusteneinengung im Mesozoikum und der Krustendehnung im Känozoikum.

## Ein großes Puzzle

Die gegenwärtige Verteilung der tektonischen Provinzen und der radiometrischen Alterswerte gleicht einem großen Puzzle, bei dem die einzelnen Teile durch Riftvorgänge, Plattenbewegungen und Plattenkollisionen im Verlauf von mehreren Milliarden Jahren plattentektonischer Aktivität umgeordnet und umgestaltet wurden. Lediglich die Plattenbewegungen der letzten 200 Millionen Jahre sind aus dem Alter der ozeanischen Kruste hinlänglich bekannt. Ältere Plattenbewegungen müssen aus indirekten Hinweisen abgeleitet werden, die sich in Gesteinen der kontinentalen Kruste verbergen. In Kapitel 2 wurde gezeigt, dass mithilfe paläomagnetischer und paläoklimatischer Daten sowie den in den alten Gebirgsmassiven aufgeschlossenen Deformationsstrukturen große Fortschritte bei der Rekonstruktion der ehemaligen Kontinentverteilung gemacht wurden.

Wir verfolgen nun die Entwicklungsgeschichte der Kontinente weiter zurück und konzentrieren uns dabei auf drei wesentliche Fragestellungen: (1) welche geologischen Prozesse führten zu unseren heutigen Kontinenten, (2) inwieweit sind diese Prozesse mit der Theorie der Plattentektonik vereinbar, und (3) kann die Bildung der ältesten Kontinente, der archaischen Kratone, durch Vorgänge der Plattentektonik erklärt werden?

# Das Wachstum der Kontinente

Im Laufe der vier Milliarden Jahre Erdgeschichte vergrößerte sich das Volumen der Kontinente um durchschnittlich etwa 2 km$^3$ pro Jahr. Geowissenschaftler diskutieren noch immer, ob das Wachstum der Kontinente allmählich im Verlauf der Erdgeschichte oder im Wesentlichen in der Frühzeit der Erde erfolgte. In der Folge besprechen wir einige der grundlegenden Vorgänge, die im System Plattentektonik zum Wachstum der Kontinente führen.

## Magmatismus

Im heutigen System Plattentektonik entsteht die silicatreiche Kruste mit dem größten Auftrieb an den Subduktionszonen, an denen das aus den abtauchenden Platten ausgepresste Wasser im darüber liegenden Mantelkeil zur Aufschmelzung führt. Die Magmen, die meist eine basaltische bis andesitische Zusammensetzung aufweisen, wandern nach oben und sammeln sich in den basisnahen Bereichen der Kruste in Magmakammern. Dort nehmen sie Krustenmaterial auf und differenzieren zu silicatreichen Schmelzen, die in die obere Kruste aufsteigen und in Form von dioritischen oder granodioritschen Plutonen erstarren, während an der Oberfläche andesitische Laven gefördert werden.

Durch diese Vorgänge wird den aktiven Kontinentalrändern der Kruste unmittelbar neues Material hinzugefügt. Als Folge der Subduktion der Farallon-Platte unter

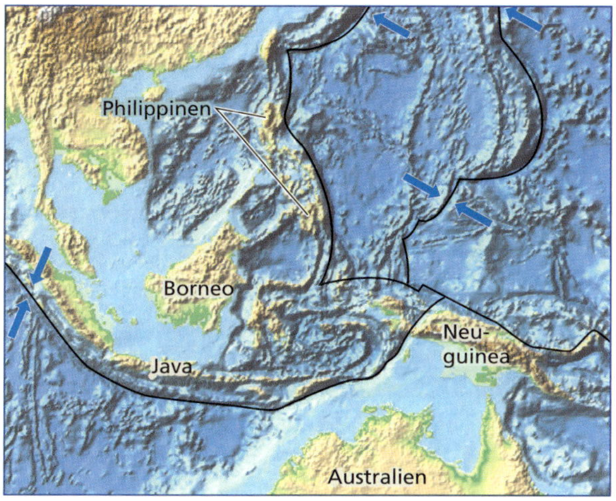


**Abb. 10.10** Die Philippinen und andere Inselgruppen im südwestlichen Pazifik lassen erkennen, wie Inselbögen durch die Bildung einer silicatreichen „protokontinentalen" Kruste miteinander verschmelzen.

der Nordamerikanischen Platte kam es während der Kreide beispielsweise am Westrand des Kontinents zur Bildung großer Batholithe, die heute auf der Halbinsel Niederkalifornien und in der Sierra Nevada aufgeschlossen sind. Durch die Subduktion der restlichen Juan-de-Fuca-Platte wird der Kruste in dem noch immer vulkanisch aktiven Kaskadengebirge beständig neues Material angegliedert. Auch die Subduktion der Nazca-Platte unter die Anden trägt zur Bildung kontinentaler Kruste bei.

An den weit von den Kontinenten entfernten vulkanischen Inselbögen, wo ozeanische Platten kollidieren und eine ozeanische Platte unter eine andere abtaucht, entsteht ebenfalls leichte Kruste. Im Laufe der Zeit können sich solche Inselbögen wie etwa die Philippinen oder andere Inselgruppen im südwestlichen Pazifik zu mächtigen Bereichen aus silicatreicher Kruste zusammenschließen (Abb. 10.10). Durch Plattenbewegungen werden diese Krustenbereiche schließlich an aktive Kontinentalränder angeschweißt.

## Akkretion

Als Akkretion bezeichnet man einen Vorgang, bei dem durch Plattenbewegungen kleinere, auf der Asthenosphäre schwimmende Krustenbereiche an Kontinente angeschweißt werden. Geologische Hinweise für eine Akkretion solcher Mikroplatten finden sich an aktiven Kontinentalrändern wie etwa der Westküste Nordamerikas in großer Zahl. In den Rocky Mountains und auch in den Gebirgen Alaskas besteht die kontinentale Kruste aus einem Gemisch sehr ungewöhnlicher Gesteinsparagenesen – aus Inselbögen, Tiefseebergen, Resten ozeanischer Plateaus, alten Gebirgszügen und anderen Spänen aus kontinentaler Kruste, die als Folge der nach Westen

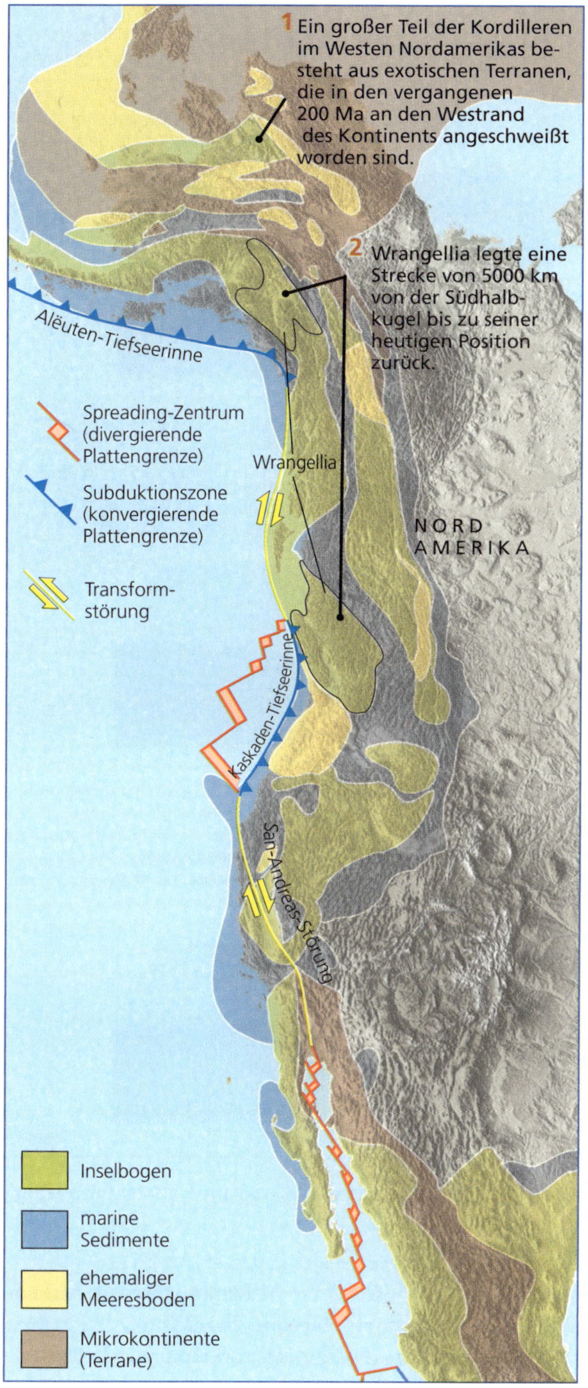


**Abb. 10.11** Die in den vergangenen 200 Ma Jahren am Westrand Nordamerikas angeschweißten Terrane. Sie bestehen aus Inselbögen, ehemaliger ozeanischer Kruste, Bruchstücken von Kontinenten und Tiefseesedimenten [*nach: D. R. Hutchison (1992/1993): „Continental Margins". - Oceanus, 35: 34–44; verändert nach D. G. Howell, G. W. Moore und T. J. Wiley*].

gerichteten Bewegung des Kontinents mit seinem Vorderrand kollidierten und dort angeschweißt wurden (Abb. 10.11). Diese einzelnen Krustenblöcke mit einer Ausdehnung von einigen Dutzend bis zu mehreren hun-

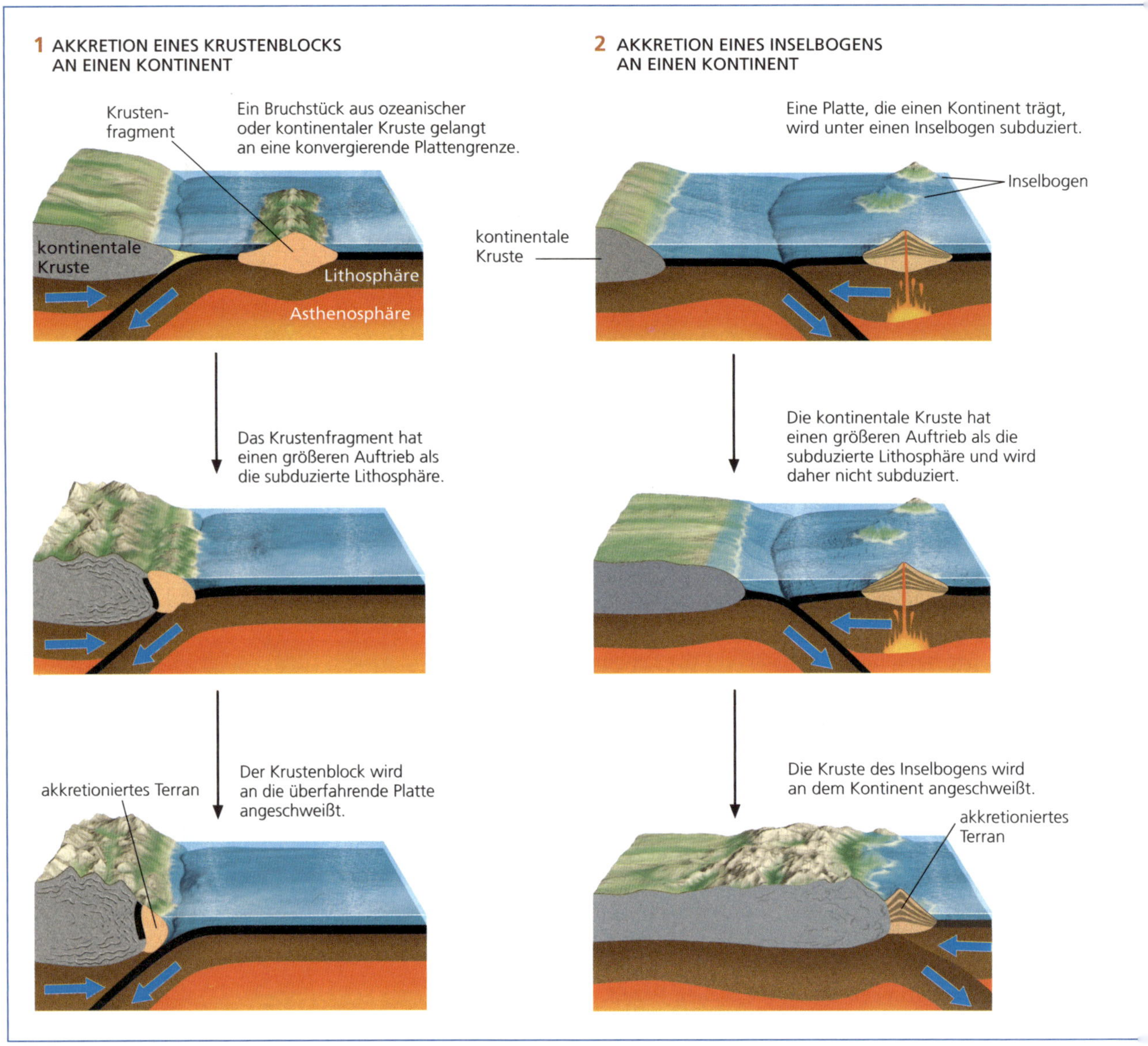


**Abb 10.12** Die Akkretion von Mikroplatten erfolgt im Wesentlichen durch vier Prozesse.

dert Kilometern werden als **Mikrokontinente**, **Mikroplatten** oder auch als **Terrane** bezeichnet. Sie haben jeweils gemeinsame Merkmale und sind durch plattentektonische Bewegungen über weite Strecken transportiert worden.

Die geologische Position dieser Mikroplatten kann sehr unterschiedlich sein. Benachbarte Bereiche können sich bezüglich ihrer Gesteinsparagenesen, der Art der Faltung und Bruchtektonik und ihrer magmatischen und metamorphen Entwicklung deutlich unterscheiden. Der Fossilinhalt, sofern vorhanden, spricht dafür, dass diese Krustenblöcke oftmals aus anderen Bildungsräumen und anderen Zeitabschnitten stammen als das umgebende Gebiet. Ein Terran, das Ophiolithe enthält (Gesteine, die für die ozeanische Kruste typisch sind) und das pelagische Fossilien führt, kann beispielsweise von Resten eines Inselbogens oder von Resten kontinentaler Kruste umgeben sein, die Flachwasserfossilien einer völlig anderen Epoche enthalten. Die Grenzen zwischen diesen Mikroplatten sind fast immer durch größere Störungen gekennzeichnet, an denen erhebliche Verschiebungen stattgefunden haben (obwohl die Charakteristik der Störungen oftmals schwer zu ermitteln ist). Krustenblöcke, die in ihrer Umgebung völlig fremdartig sind, werden gelegentlich auch als „Exotische Terrane“ bezeichnet.

Vor dem Aufkommen der Theorie der Plattentektonik waren Mikroplatten unter Geologen oft Gegenstand heftiger Diskussionen, da die Entstehung dieser Krustenblöcke nur schwer zu erklären war. Heute ist die

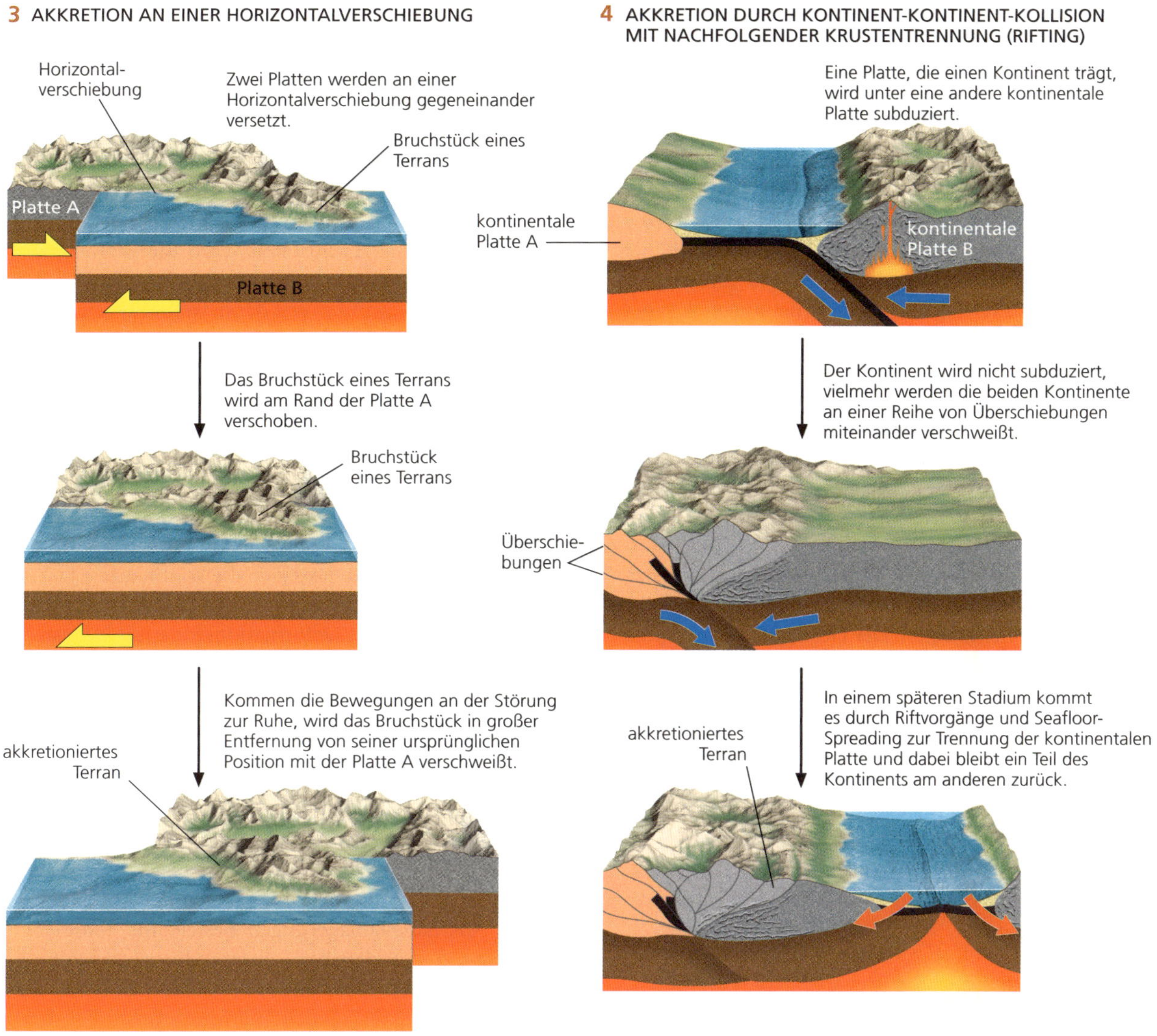


Untersuchung von Mikroplatten ein eigenständiges Forschungsgebiet innerhalb der Plattentektonik. Inzwischen wurden in den nordamerikanischen Kordilleren weit mehr als 100 solcher exotischen Terrane nachgewiesen, die in den vergangenen 200 Ma an den Westrand des Kontinents angeschweißt worden sind (Abb. 10.11). Eines dieser Terrane, ein ehemaliger Tiefseerücken – heute als Wrangellia bezeichnet – wurde offenbar über eine Strecke von 5 000 km von der Südhalbkugel zu seiner heutigen Position in Alaska und Westkanada transportiert (Abb. 10.11). Größere Mikrokontinente sind auch in Japan, Südostasien, China und Sibirien nachgewiesen worden.

Nur in einigen wenigen Fällen ist die Herkunft dieser Mikroplatten bekannt. Bei den anderen können wir lediglich rekonstruieren, wie diese Krustenblöcke in ihre heutige Position gelangt sind. Dazu betrachten wir vier tektonische Vorgänge (Abb. 10.12):

1. Die Angliederung eines Krustenblocks von einer subduzierten Platte an die überfahrende Platte. Dazu kommt es, wenn der Krustenblock einen zu großen Auftrieb hat und sich daher nicht subduzieren lässt. Entweder endet die Subduktion dann im Bereich der Kollisionszone oder aber der obere Teil des Mikrokontinents wird abgeschert und der überfahrenden Platte angegliedert. Diese Mikroplatten können aus kontinentaler Kruste (Mikrokontinente) oder mächtigerer ozeanischer Kruste (große Tiefseeberge, Tiefseeplateaus, Tiefseeschwellen) bestehen.

2. Die Schließung eines Randmeeres, das einen Inselbogen vom Festland trennt. Die Kollision mit dem vorrückenden Rand des Kontinents führt schließlich zur Verschweißung der verdickten Kruste des Inselbogens mit dem Kontinent.
3. Den lateralen Transport von Terranen entlang von Kontinentalrändern an Horizontalverschiebungen. Heute bewegt sich der südwestliche Bereich Kaliforniens als Teil der Pazifischen Platte entlang der San-Andreas-Störung relativ zur Nordamerikanischen Platte nach Nordwesten. Landeinwärts von Tiefseerinnen gelegene Horizontalverschiebungen können bei schräg verlaufenden Subduktionszonen ebenfalls zum Versatz der Mikroplatten um mehrere hundert Kilometer führen.
4. Die Verschweißung von zwei Kontinentalränder durch eine Kontinent-Kontinent-Kollision und die nachfolgende Krustentrennung an dieser Zone durch Riftvorgänge.

Dieser zuletzt genannte Vorgang erklärt, warum am passiven Kontinentalrand im Osten Nordamerikas zahlreiche Mikroplatten auftreten. Der Gebirgszug der Appalachen, der sich von Neufundland bis in den Südosten der Vereinigten Staaten erstreckt, enthält Mikroplatten, die sowohl vom europäischen Kontinent als auch von Afrika stammen, neben einer Reihe exotischer Terrane. Die geologisch ältesten Gesteine und Fossilien Floridas gleichen eher denjenigen Afrikas als denen, die im übrigen Amerika auftreten. Dies bedeutet, dass der größte Teil der Halbinsel Floridas ein Stück von Afrika ist, das zurückblieb, als sich vor ungefähr 200 Ma Nordamerika und Afrika trennten.

## Modifizierung der Kontinente

Die Kordilleren Westkanadas enthalten zahlreiche exotische Terrane, die seit der Westbewegung des Kontinents nach dem Auseinanderbrechen von Pangaea an Nordamerika angeschweißt worden sind. Der geologische Bau dieses jungen Bereichs unterscheidet sich erheblich vom Bau des im Osten angrenzenden Kanadischen Schilds. Vor allem gibt es in den Terranen keinerlei Hinweise auf eine hochgradige Metamorphose oder sogar Aufschmelzung, die für die präkambrische Kruste des Kanadischen Schilds kennzeichnend sind. Wie ist dieser Unterschied zu erklären? Die Antwort ergibt sich aus der Vielzahl tektonischer Vorgänge, die wiederholt die älteren Gebiete des Kontinents im Verlauf ihrer langen Entwicklung überprägten.

### Orogenese: Modifizierung durch Plattenkollision

Die kontinentale Kruste wird durch Prozesse der Gebirgsbildung wie Faltung, Bruchtektonik, Magmatismus und Metamorphose in erheblichem Maße verändert. Die meisten Orogenesen sind die Folge konvergierender Lithosphärenplatten. Besteht eine oder auch beide Platten aus ozeanischer Lithosphäre, wird die Konvergenzbewegung allein durch Subduktion ausgeglichen. Zur Gebirgsbildung kommt es erst dann, wenn ein Kontinent eine subduzierte ozeanische Platte überfährt, wie das derzeit bei der Bildung der Anden in Südamerika der Fall ist, oder durch die Kollision von zwei oder auch mehr Kontinenten. Wie bereits in Kapitel 2 erwähnt, muss bei der Kollision kontinentaler Lithosphärenplatten – nach dem Grundprinzip der Plattentektonik – die Festigkeit der Platten modifiziert werden.

Die kontinentale Kruste hat einen größeren Auftrieb als der Mantel, deshalb lässt sich die kontinentale Lithosphäre nicht als Ganzes subduzieren. Infolgedessen entsteht meist eine breite Deformationszone mit intensiver Faltung und Bruchtektonik, die sich über mehrere hundert Kilometer beiderseits der Kollisionszone erstrecken kann (Kap. 7). Aufgrund der Konvergenzbewegungen schiebt sich der obere Krustenbereich der beider Platten an flachen Überschiebungsbahnen mehrfach in- und übereinander, wobei die einzelnen Schubmassen Mächtigkeiten von mehreren Kilometern erreichen können. Die davon betroffenen Gesteine unterliegen dabei einer intensiven Deformation und Metamorphose (Abb. 10.13). Aus Schelfablagerungen bestehende Sedimentkeile können sich dabei von ihrem Unterlager ablösen und landeinwärts überschoben werden. Die auf die gesamte Kruste wirkenden Kompressionskräfte und Überschiebungen führen zu einer Verdoppelung der Mächtigkeit, was wiederum zur Folge hat, dass es in den unteren Bereichen der Kruste zur Aufschmelzung der Gesteine kommt. Dadurch können große Mengen granitischer Schmelzen entstehen, die in die oberen Krustenstockwerke aufsteigen und dort ausgedehnte Batholithe bilden.

**Känozoische Orogenesen** Um aktive Gebirgsbildung beobachten zu können, müssen wir uns den großen hohen Gebirgsketten zuwenden, die sich von Europa über den Mittleren Osten bis nach Asien erstrecken (Abb. 10.14). Durch das Auseinanderbrechen von Pangaea kam es zu einer Nordbewegung Afrikas, Arabiens und Indiens und damit zur Schließung des damaligen Mittelmeeres, der Tethys, deren Lithosphäre unter Eurasien subduziert wurde (vgl. Abb. 2.13). Die Bruchstücke des ehemaligen Kontinents Gondwana kollidierten in einer komplizierten Abfolge mit Eurasien, die im Westen in der Kreide begann und sich im Verlauf des Tertiärs

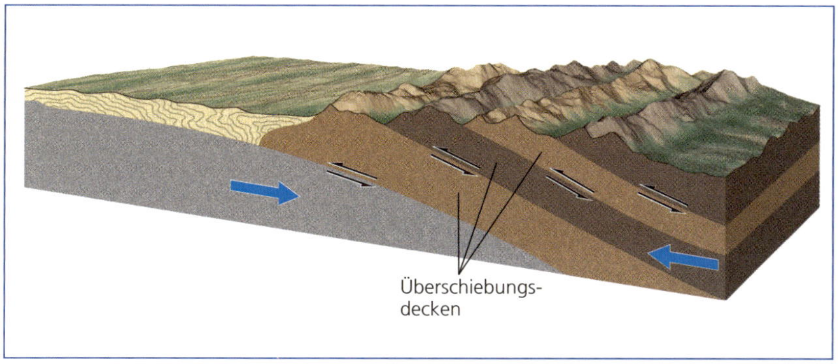


**Abb. 10.13** Wenn Kontinente tragende Platten miteinander kollidieren, kann die kontinentale Kruste in zahlreiche tektonische Decken zerschert und übereinander gestapelt werden.

weiter nach Osten fortsetzte, wobei in Mitteleuropa die Alpen, im Mittleren Osten der Kaukasus sowie das Zagrosgebirge, in Asien der Himalaja und die weiteren Hochgebirge Zentralasiens entstanden sind, die sich bis zum Pazifischen Ozean erstrecken.

**Himalaja** Der Himalaja, das höchste Gebirge der Erde, ist das eindrucksvollste Ergebnis einer jungen Episode der Kontinent-Kontinent-Kollision. Vor etwa 50 Ma kollidierte der auf der abtauchenden Indischen Platte liegende Indische Subkontinent erstmals mit Inselbögen und den kontinentalen Vulkangürteln, die den Rand Eurasiens säumten (Abb. 10.15). Als schließlich die beiden Festlandmassen von Indien und Eurasien miteinander verschmolzen, führte diese Subduktion zur Schließung der Tethys. An der Nahtzone zwischen den beiden Kontinenten wurden Teile der ozeanischen Kruste eingeklemmt, die heute in Form von Ophiolithen in den Tälern des Ganges und des Tsangpo an der Grenze zwischen dem Hochland von Tibet und dem Himalaja aufgeschlossen sind. Durch diese Kontinent-Kontinent-Kollision verlangsamte sich zwar die Bewegung der Indischen Platte, doch sie bewegt sich weiterhin nach Norden. Bis heute ist Indien etwa 2 000 km nach Eurasien eingedrungen, was zur umfangreichsten und intensivsten Gebirgsbildung innerhalb des Känozoikums führte.

Der Himalaja besteht aus tektonisch überschobenen Einheiten des ehemals nördlichen Bereichs von Indien, die übereinander gestapelt wurden. Dieser Prozess kompensierte einen Teil der Kompressionskräfte. Der horizontal gerichtete Druck führte auch nördlich von Indien zu einer Krustenverdickung und zum Aufstieg des Hochlands von Tibet, des mit 5 000 m über dem Meeresspiegel höchstgelegenen Hochlands der Erde, unter dem die

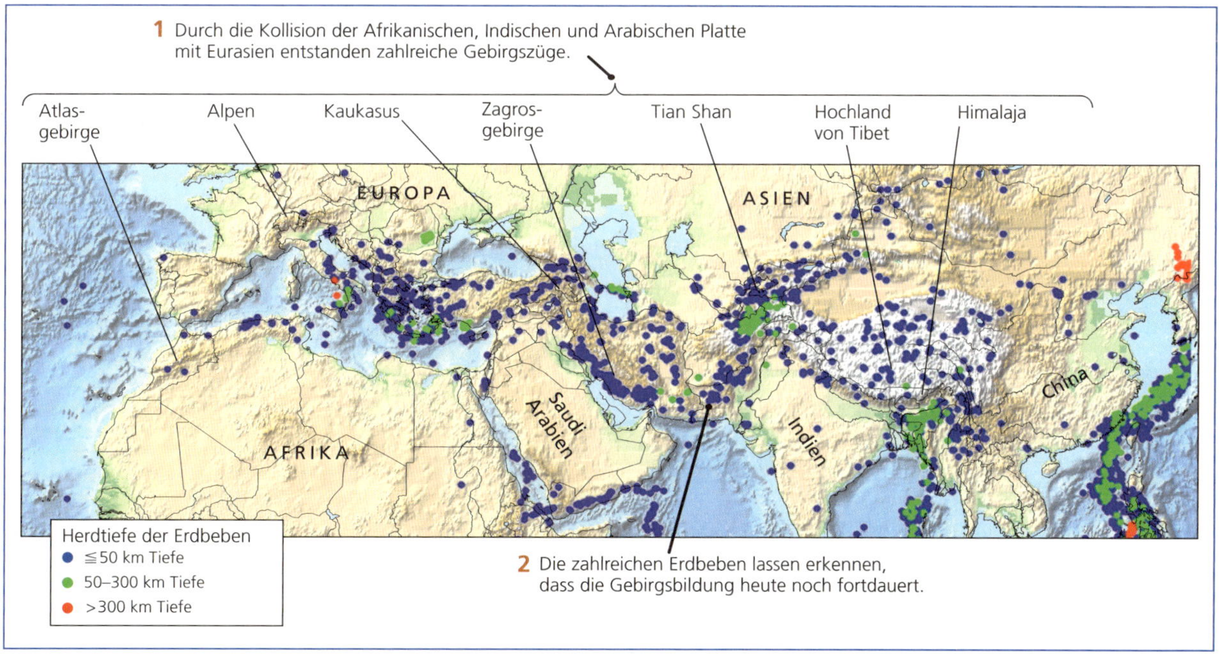


**Abb. 10.14** Der Eurasien durchziehende känozoische Gebirgsgürtel ist Ausdruck der noch andauernden Kollision Afrikas, Arabiens und Indiens mit der Eurasischen Platte. Diese Orogenese ist gekennzeichnet durch häufige und schwere Erdbeben.

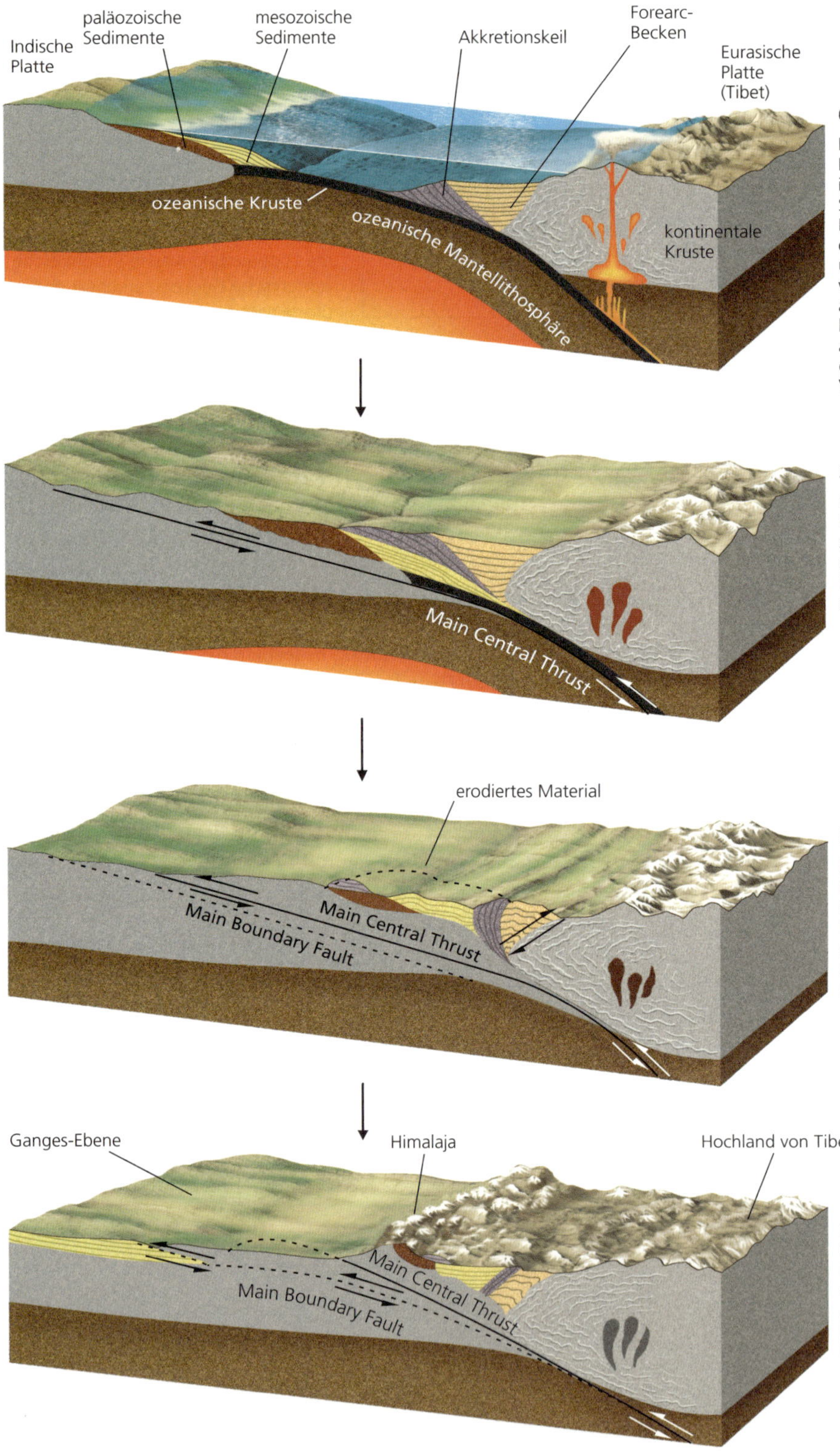


**60 Ma**

Die Indische Platte driftete nach Norden und transportierte an ihrem Vorderrand den indischen Subkontinent. Als er unter die Eurasische Platte subduziert wurde, entstand aus dem Sedimentstapel und der ozeanischen Kruste, die von der abtauchenden Platte abgeschert wurden, ein Akkretionskeil. Von der subduzierten Platte aufsteigende Magmen führten bei der Eurasischen Platte zu einer Verdickung der Kruste.

**30–50 Ma**

Der indische Subkontinent kollidierte mit Tibet. Indien besaß zu viel Auftrieb um in den Mantel subduziert zu werden und die indische Kruste zerbrach an der so genannten Main Central Thrust.

**20–30 Ma**

Die Kollision dauerte an, wobei die Bewegung an der Überschiebung aufgefangen wurde. Ein Teil der indischen Kruste und der Schelfsedimente wurde auf den heranrückenden Subkontinent überschoben.

**10–20 Ma**

Eine zweite Überschiebung – die Main Boundary Fault – entstand. Ein zweiter Krustenspan wurde unter Heraushebung des ersten auf Indien überschoben. Die beiden überschobenen Bereiche bilden den Großteil des Himalaja.

**Abb. 10.15** Die Abfolge der Ereignisse, die im Himalaja zur Gebirgsbildung führten, vereinfacht und überhöht dargestellt [*nach P. Molnar (1986): „The Structure of Mountain Ranges“, Scientific American, Nr. 7: 70*].

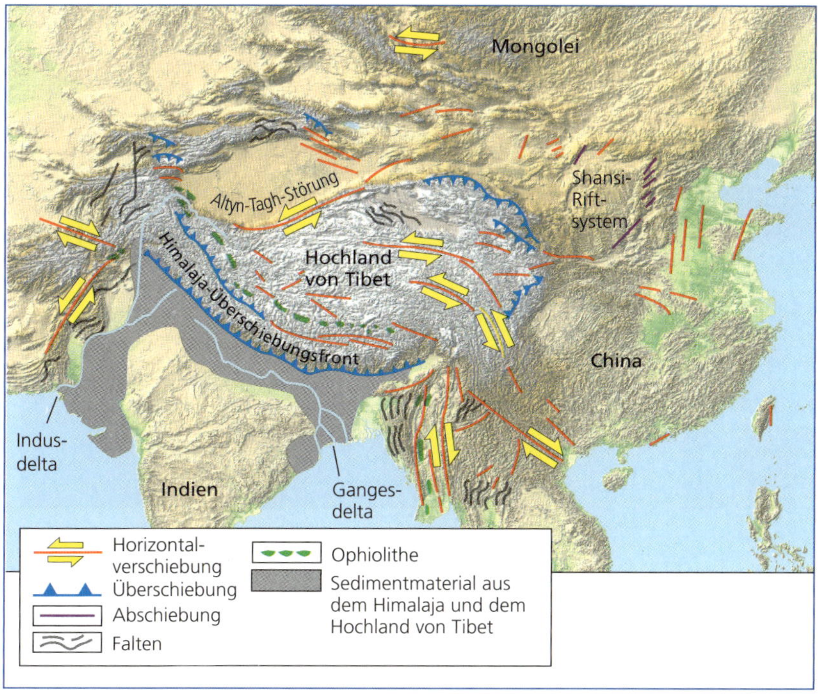


**Abb. 10.16** Die bei der Kollision von Indien und Eurasien entstehenden tektonischen Strukturen sind verknüpft mit großräumiger Bruchtektonik und Heraushebung [*nach: P. Molnar and P. Tapponier (1977): „The Collision Between India and Eurasia", Scientific American, Nr. 4: 30*].

Kruste eine Mächtigkeit von 60–70 km erreicht (dies entspricht etwa der doppelten Mächtigkeit der kontinentalen Kruste). Durch die Überschiebungen an dieser und den anderen Kompressionszonen wurde möglicherweise nur der halbe Betrag des Eindringens von Indien in Eurasien kompensiert. Die andere Hälfte wurde dadurch ausgeglichen, dass China und die Mongolei nach Osten und damit von der Schubkraft Indiens seitlich weggedrückt wurden, ähnlich wie Zahnpaste, die aus einer Tube herausgedrückt wird. Diese Bewegungen erfolgten an der über 1 000 km langen Altyn-Tagh-Störung und den anderen Horizontalverschiebungen, die in der Karte dargestellt sind (Abb. 10.16). Die Gebirge, Hochländer, Störungen und die schweren, teilweise mehrere Tausend Kilometer von der Nahtzone zwischen Indien und Eurasien entfernt auftretenden Erdbeben Asiens sind demnach der anhaltenden Kollision beider Kontinente zuzuschreiben, da sich Indien mit einer Geschwindigkeit von 40 bis 50 mm pro Jahr auf Asien zubewegt.

**Paläozoische Orogenesen und die Entstehung von Pangaea** Gehen wir in der Erdgeschichte weiter zurück, finden wir zahlreiche Hinweise auf ältere Gebirgsbildungen, die ebenfalls auf Konvergenzbewegungen von Platten zurückgeführt werden können. Es wurde bereits erwähnt, dass zumindest drei Orogenesen für die im Paläozoikum erfolgte Deformation verantwortlich waren, die heute in dem erodierten Gebirgszug der Appalachen an der Ostküste Nordamerikas nachzuweisen sind. Diese drei Epochen der Gebirgsbildung sind auf Plattenbewegungen zurückzuführen, die am Ende des Paläozoikums zur Entstehung des Großkontinents Pangaea führten.

Das Auseinanderbrechen des Großkontinents Rodinia begann gegen Ende des Proterozoikums unter Bildung mehrerer Paläokontinente (vgl. Abb. 2.13). Einer dieser Kontinente war Gondwana, die beiden anderen waren Laurentia, der aus dem nordamerikanischen Kraton und Grönland bestand, und Baltica, der den Bereich der heutigen Ostsee mit Teilen Skandinaviens, sowie Finnland und die europäischen Gebiete Russlands umfasste. Im Kambrium war Laurentia um etwa 90° gegenüber seiner heutigen Position gedreht und lag unmittelbar über dem Äquator, sein südlicher (heute östlicher) Rand war ein passiver Kontinentalrand. Unmittelbar südlich davon lag der Iapetus-Ozean (in der griechischen Mythologie war Iapetus der Vater des Titanen Atlas), der unter einem entfernt liegenden Inselbogen subduziert wurde. Baltica lag weiter im Südosten und Gondwana noch einige Tausend Kilometer weiter südlich. Abbildung 10.17 zeigt die verschiedenen Stadien im Verlauf der weiteren Entwicklung.

Der durch die nach Süden gerichteten Subduktion des Iapetus-Ozeans entstandene Inselbogen kollidierte im mittleren bis oberen Ordovizium (vor 470–440 Ma) mit Laurentia, was zur Taconischen Orogenese führte, der ersten Phase der Gebirgsbildung im Bereich der Appalachen. Die zweite Phase begann, als Baltica einschließlich einer Reihe dazugehöriger Inselbögen im Unterdevon (vor etwa 400 Ma) mit Laurentia kollidierte. Diese Konvergenzbewegung Balticas führte im Südosten

**Mittleres Kambrium (510 Ma)**
Nach dem Auseinanderbrechen des Großkontinents Rodinia lag der Kontinent Laurentia über dem Äquator; sein südlicher Rand bildete einen passiven Kontinentalrand, der an den Iapetus-Ozean grenzte.

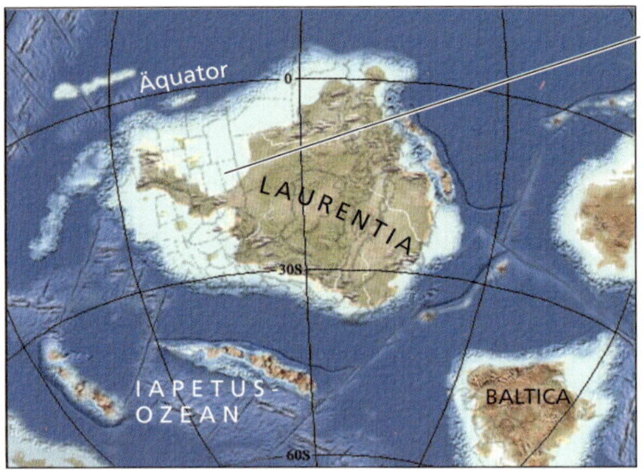


**Höheres Ordovizium (450 Ma)**
An der nach Süden gerichteten Subduktion der Iapetus-Platte entstand ein Inselbogen, der im mittleren bis oberen Ordovizium im Zuge der Taconischen Orogenese mit Laurentia kollidierte.

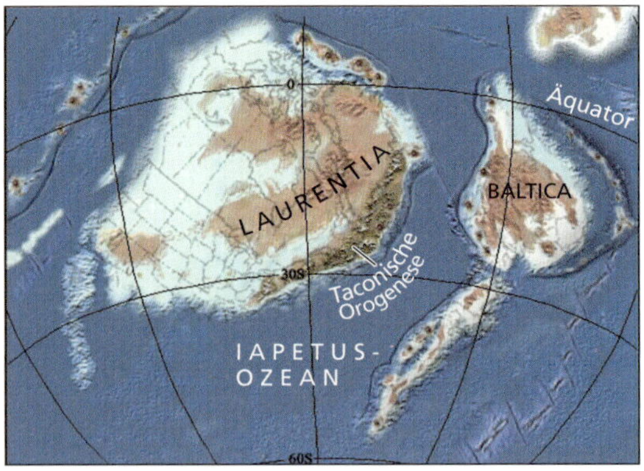


**Unteres Devon (400 Ma)**
Die Kollision von Laurentia und Baltica führte zur Kaledonischen Orogenese und zur Entstehung des Kontinents Laurussia. Die nach Süden fortschreitende Konvergenzbewegung wird als Acadische Orogenese bezeichnet.

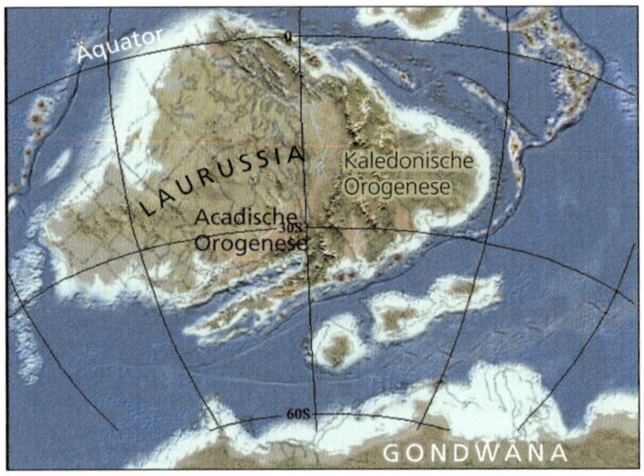


**Höheres Unterkarbon (340 Ma)**
Die Kollision von Gondwana und Laurussia begann im heutigen Mitteleuropa mit der Variszischen Orogenese …

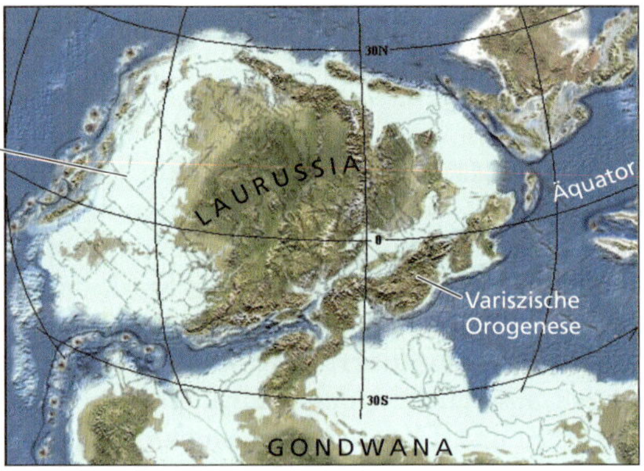


**Höheres Oberkarbon (300 Ma)**
…. und setzte sich am Rand des nordamerikanischen Kontinents mit der Alleghenischen Orogenese fort. In dieser letzten Phase kollidierte Sibirien mit Laurussia unter Bildung des Urals und des Kontinents Laurasia, während im Zuge der Herzynischen (Variszischen) Orogenese in Europa und Nordafrika neue Gebirge entstanden.

**Unteres Perm (270 Ma)**
Durch diese Konvergenzbewegungen der Kontinente entstand schließlich der Großkontinent Pangaea.

**Abb. 10.17** Paläogeographische Rekonstruktion der Nordkontinente. Sie zeigt die Abfolge der Gebirgsbildungen bei der Entstehung des Großkontinents Pangaea [*Ronald C. Blakey, Northern Arizona University, Flagstaff*].

Grönlands, im Nordwesten Norwegens und in Schottland zur Kaledonischen Gebirgsbildung. Ihr entspricht in Nordamerika die Acadische Orogenese, in deren Verlauf im Mittel- bis Oberdevon (vor 380–350 Ma) zahlreiche, heute in Kanada und Neuengland liegende Terrane mit Laurentia kollidierten.

Schließlich kollidierte auch Gondwana mit Laurentia und Baltica, die zusammen im Kontinent Laurussia vereint waren (Abb. 10.17). Diese Kollision begann vor etwa 340 Ma mit der Variszischen Orogenese im heutigen Mitteleuropa und setzte sich mit der so genannten Alleghenischen Orogenese (vor 320–270 Ma) am Rande des nordamerikanischen Kratons fort. In dieser letzten Phase kam es zur Überschiebung von Krustenbereichen Gondwanas auf Laurentia. Dies führte zur Heraushebung der Blue-Ridge-Provinz, die möglicherweise die Höhe des heutigen Himalaja erreichte, sowie zur Entstehung eines Großteils der Deformationsstrukturen, die heute in den Appalachen aufgeschlossen sind. Außerdem kollidierten in dieser Phase Sibirien und andere asiatische Mikrokontinente – unter Bildung des Urals – mit Laurussia (daher auch die Bezeichnung Laurasia), während es in anderen Bereichen Europas und Nordafrikas zur Entstehung eines ausgedehnten Gebirgssystems, des Variszischen oder Herzynischen Gebirges kam.

Durch die Kollision all dieser Festlandmassen änderte sich in starkem Maße die Struktur der Kruste. Die starren Kratone wurden nur wenig beeinflusst, bei den dazwischenliegenden jüngeren Mikrokontinenten kam es zur Konsolidierung, Krustenverdickung und Metamorphose. Die tieferen Bereiche dieser jungen Kruste wurden partiell aufgeschmolzen; dabei entstanden granitische Magmen, die aufstiegen und einerseits in der oberen Kruste ausgedehnte Batholithe bildeten und andererseits an der Erdoberfläche zu Vulkanismus führten. Die herausgehobenen Gebirge und Hochländer wurden bis auf den einst in großer Tiefe liegenden hoch metamorphen kristallinen Sockel erodiert und aus dem Verwitterungsmaterial häuften sich mächtige Sedimentserien an. Die nach der ersten Phase der Gebirgsbildung abgelagerten Sedimente wurden bei nachfolgenden Kollisionen und Orogenesen deformiert und metamorph überprägt.

**Ältere Orogenesen** Bislang beschäftigten wir uns mit zwei Epochen der Gebirgsbildung: mit der paläozoischen Phase, die zur Entstehung von Pangaea führte, und mit der känozoischen Kontinent-Kontinent-Kollision im Bereich des alpidischen Gebirgsgürtels. In Kapitel 2 behandelten wir den jungproterozoischen Großkontinent Rodinia. Auch zu seiner Entstehung waren zahlreiche Orogenesen erforderlich.

Die besten Belege dafür stammen vom östlichen und südlichen Rand des Kanadischen Schilds, von der so genannten Grenville-Provinz, wo vor etwa 1,1 und 1,9 Milliarden Jahren neues Krustenmaterial an den Kanadischen Schild angeschweißt wurde (vgl. Abb. 10.8). Geowissenschaftler gehen davon aus, dass dieses heute hoch metamorphe Gesteinsmaterial ursprünglich aus kontinentalen Vulkangürteln und Inselbögen bestand, die bei der Kollision mit dem Westrand Gondwanas an Laurentia angeschweißt und nachfolgend zusammengeschoben worden waren. Es gibt offenbar deutliche Übereinstimmungen zwischen den Vorgängen im Rahmen der Grenville-Orogenese und den heute im Himalaja ablaufenden Prozessen. Eine durch Kompressionskräfte verursachte Faltungs- und Überschiebungstektonik führte zu einem dem heutigen Tibet vergleichbaren Hochland; in den höheren Stockwerken der Kruste kam es, ähnlich wie im Himalaja, zur Metamorphose und in der unteren Kruste zur Aufschmelzung großer Bereiche. Nach Ende der Gebirgsbildung wurde das Hochland bis auf das Niveau seines hoch metamorphen Kristallinsockels erodiert. Inzwischen wurden weltweit auf den Kontinenten ähnlich alte Gebirgsreste nachgewiesen, und obwohl manche Details noch offen sind, entwickelte man aus solchen Hinweisen, unter anderem auch aus paläomagnetischen Daten, ein Gesamtbild vom Zusammenschluss des Kontinents Rodinia in der Zeit zwischen 1,9 und 0,9 Milliarden Jahren.

Aus der Entwicklung des östlichen Kontinentalrandes von Nordamerika können wir schließen, dass auch die Ränder anderer Kratone mehrfach Ereignissen ausgesetzt waren, die einem gewissen plattentektonischen Zyklus unterliegen, der im Wesentlichen aus vier Phasen besteht (Abb. 10.18):

1. Riftvorgänge im Zusammenhang mit dem Auseinanderbrechen eines Großkontinents.
2. Abkühlung des passiven Kontinentalrandes mit entsprechender Sedimentakkumulation als Folge von Seafloor-Spreading und der Öffnung eines Ozeans.
3. Vulkanismus am aktivem Kontinentalrand und Akkretion von Mikroplatten im Verlauf der Subduktion und Schließung eines Ozeans.
4. Orogenese als Folge einer Kontinent-Kontinent-Kollision, durch die wieder ein neuer Großkontinent entsteht.

Diese idealisierte Abfolge von Ereignissen im Verlauf der Öffnung und Schließung eines Ozeanbeckens wird als **Wilson-Zyklus** bezeichnet, benannt nach dem kanadischen Pionier der Plattentektonik J. Tuzo Wilson, der als Erster deren Bedeutung für die Bildung der Kontinente erkannte.

Geologische Fakten sprechen dafür, dass es solche Wilson-Zyklen sowohl im Proterozoikum als auch im Phanerozoikum gegeben hat (Abb. 10.19). Aufgrund von radiometrischen Altersbestimmungen an sehr alten Gesteinsserien geht man inzwischen von mindestens zwei Episoden aus, die schon vor Rodinia zur Entstehung von Großkontinenten geführt haben. Die erste Phase umfasst den Zeitraum zwischen 1,9 und 1,7 Milli-

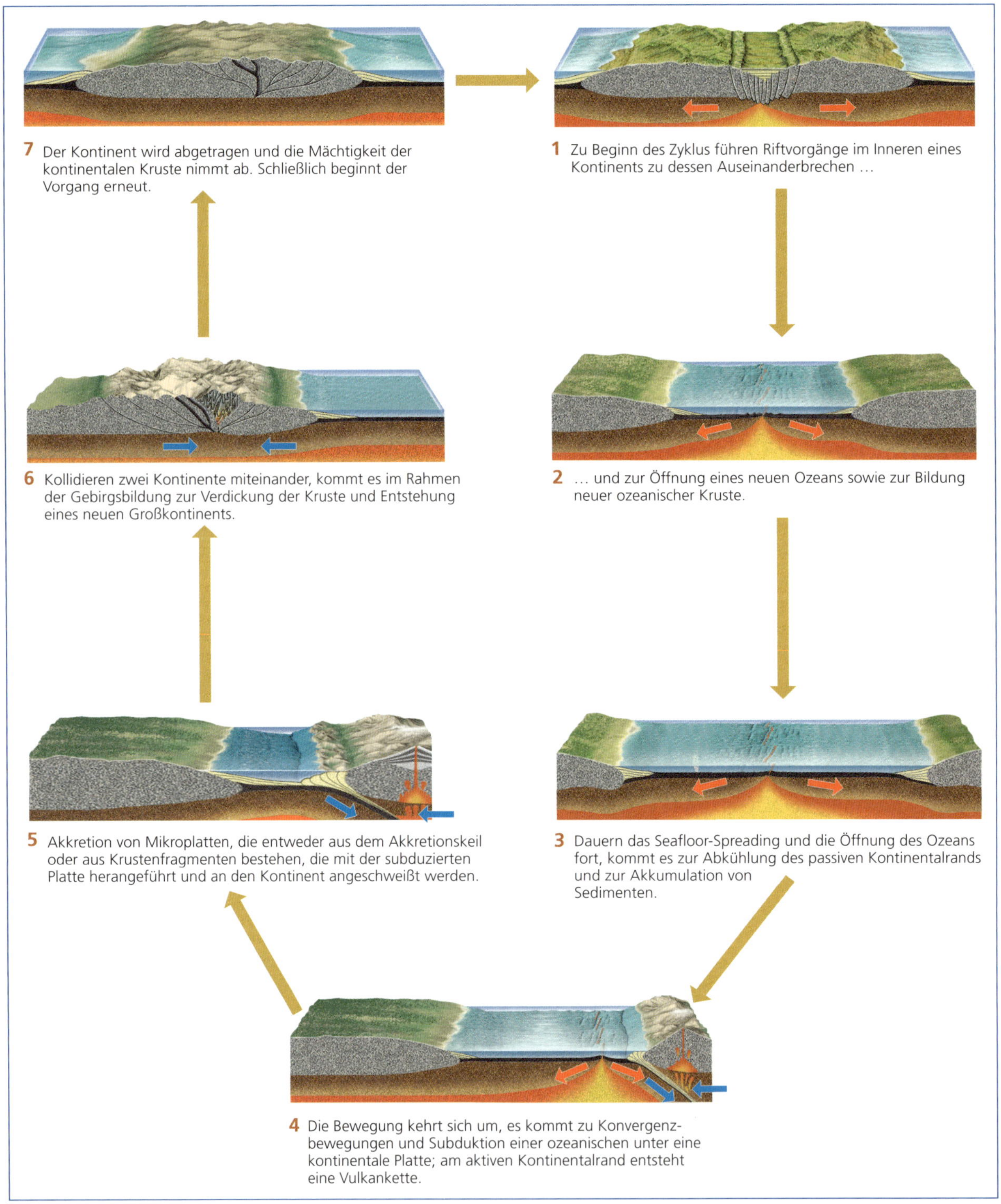


**Abb. 10.18** Der Wilson-Zyklus beschreibt die plattentektonischen Bewegungen bei der Öffnung und Schließung von Ozeanen und die damit verbundenen Auswirkungen auf die Kontinente.

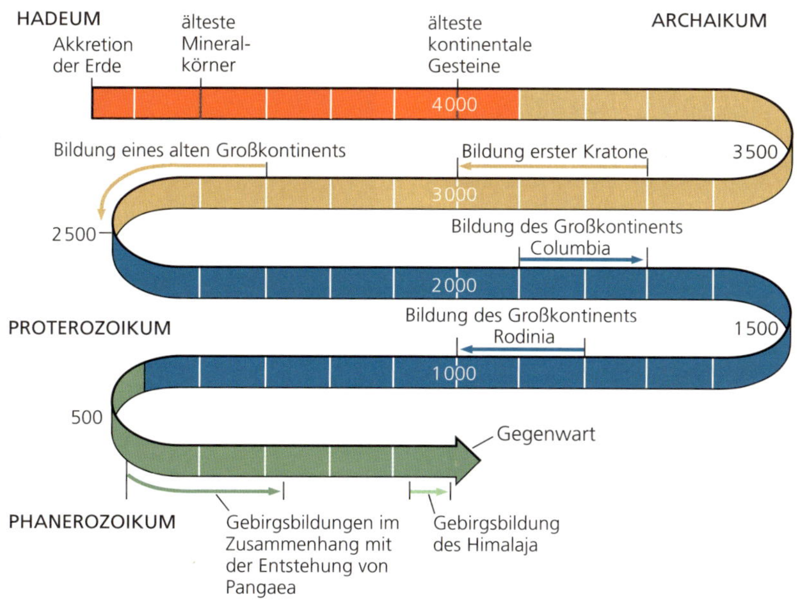


**Abb. 10.19** Die zeitliche Einordnung einiger wichtiger Ereignisse in der Entwicklungsgeschichte der Kontinente.

arden Jahren, in dem es zum Zusammenschluss eines Großkontinents Columbia gekommen sein soll, und die zweite, weit frühere Bildungsphase eines Großkontinents umfasste den Zeitraum zwischen 2,7 und 2,5 Milliarden Jahren an der Wende vom Archaikum zum Proterozoikum. Gab es auch im Archaikum solche Wilson-Zyklen? Wir werden auf diese Frage noch zurückkommen.

## Epirogenese: Modifizierung durch Vertikalbewegungen

Bisher lag der Schwerpunkt unserer Betrachtungen hinsichtlich der Entstehung von Kontinenten auf der Akkretion von Krustenblöcken und der Bildung von Gebirgen – zwei Prozesse, die auf horizontal gerichtete Plattenbewegungen zurückzuführen sind und normalerweise eine Deformation durch Faltung und Bruchtektonik einschließen. Weltweit dokumentieren Schichtenfolgen jedoch auch noch eine andere Form von Krustenbewegungen: allmähliche und über geologisch lange Zeit andauernde Hebungs- und Senkungsbewegungen ohne nennenswerte Deformation – Bewegungen, die als **Epirogenese** (griech. epeiros = Festland; genesis = Entstehen) bezeichnet werden, ein Begriff, der im Jahre 1890 von dem amerikanischen Geologen Clarence Dutton geprägt wurde.

Epirogene Senkungsbewegungen äußern sich in einer Abfolge relativ flach lagernder Sedimente, vergleichbar den Schichtenfolgen der nordamerikanischen Plattform. Hebungsbewegungen führen zu Erosion, Schichtlücken und Diskordanzen. Die Erosion kann, wie auf dem Kanadischen Schild, bis zur Freilegung des kristallinen Grundgebirges führen.

Man kennt mehrere Ursachen, die epirogenen Bewegungen zugrunde liegen. Ein Beispiel ist die Rückkehr der Erdkruste in ihre Ausgangsposition nach dem Abschmelzen der Gletscherauflast (Abb. 10.20a). Durch das Gewicht der Inlandeismassen wird die kontinentale Lithosphäre während der Vereisung nach unten gedrückt. Schmelzen die Gletscher ab, kehrt die Kruste im Verlauf mehrerer tausend Jahre wieder in ihre ursprüngliche Ausgangsposition zurück. Dies erklärt den Aufstieg Finnlands und Skandinaviens und auch die Strandterrassen an den Hebungsküsten Nordkanadas (Abb. 10.21) nach dem Ende der letzten Vereisung vor etwa 17 000 Jahren. Obwohl die Rückformung nach menschlichem Maßstab sehr langsam erfolgt, ist sie geologisch betrachtet ein sehr rasch ablaufender Vorgang.

Abkühlung und Aufheizung der kontinentalen Lithosphäre sind wichtige Ursachen epirogener Bewegungen, die sich über längere Zeiträume erstrecken. Aufheizung führt zur Ausdehnung der Gesteine mit entsprechender Verringerung ihrer Dichte und damit zur Hebung (Abb. 10.20b). Ein Beispiel hierfür ist das Colorado-Plateau, das im Verlauf der vergangenen 10 Ma um etwa 2 000 m

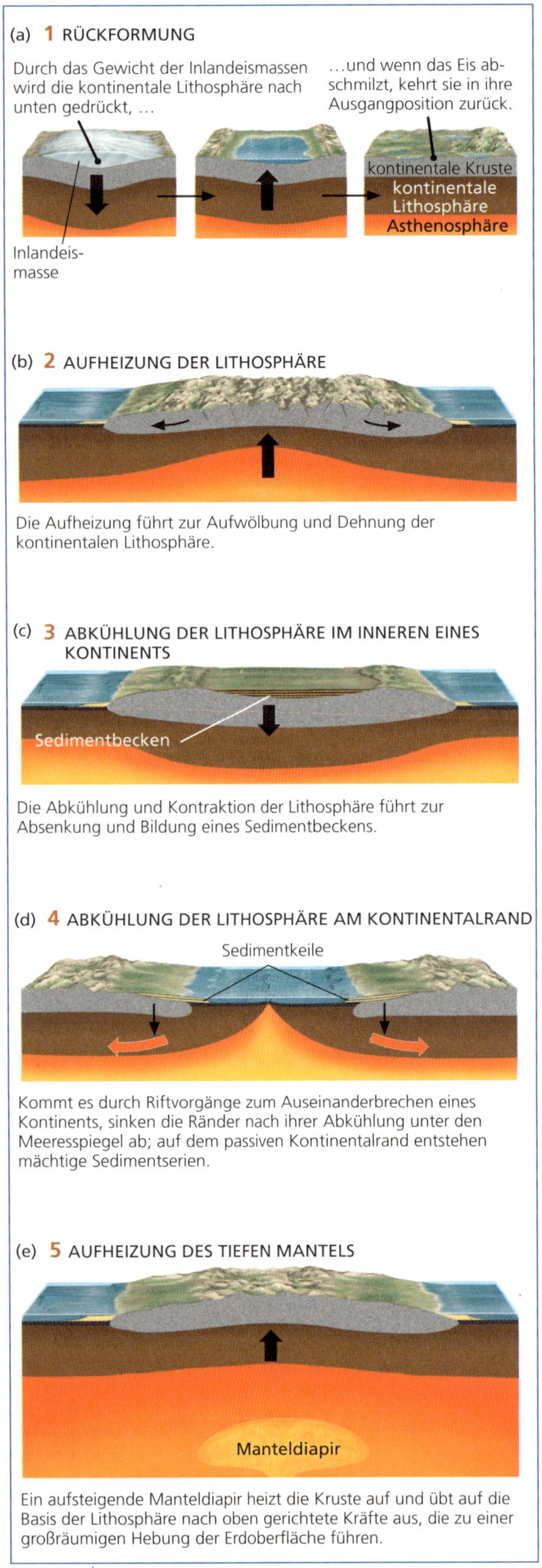


**Abb. 10.20** Epirogene Bewegungen und ihre Ursachen.

**Abb. 10.21** Herausgehobene Strandterrassen sind Hinweise auf den Wiederaufstieg der Kruste nach dem Abschmelzen der auflagernden Eismassen; Baffin Island, Nunavut, Kanada [*Foto: L.M. Cumming, Geological Survey of Canada*].

herausgehoben wurde. Experten gehen davon aus, dass diese Aufheizung durch den aktiven Aufstieg von Mantelmaterial erfolgte, der auch in der Basin-and-Range-Provinz am West- und Südrand des Colorado-Plateaus eine Dehnung der Kruste verursachte. Diese Hebung führte außerdem dazu, dass sich der Colorado im Bereich des Grand Canyon rasch und tief in das Colorado-Plateau einschneiden musste, um mit der Hebung Schritt halten zu können.

Umgekehrt führt die Abkühlung nach einer Aufheizung und Riftbildung in der Lithosphäre zur Kontraktion und damit zu einer Zunahme der Dichte. Dadurch sinkt die Kruste unter ihrem eigenen Gewicht nach unten und es entsteht ein Sedimentbecken (Abb. 10.20c). Die Abkühlung eines einst aufgeheizten Gebiets könnte die Entstehung des Michigan und Illinois Basin sowie der anderen tiefen Senkungsräume in den zentralen Gebieten Nordamerikas erklären (Abb. 10.3). Kommt es durch Riftvorgänge zur Bildung von Riftstrukturen und zum Auseinanderbrechen von Kontinenten, sind die herausgehobenen Ränder der Erosion ausgesetzt und sinken nach ihrer Abkühlung schließlich unter den Meeresspiegel ab, wo dann auf den passiven Kontinentalrändern entweder ausgedehnte Carbonatplattformen entstehen oder andere mächtige Sedimentserien zur Ablagerung kommen. Solche Vorgänge führten beispielsweise an der Ostküste der Vereinigten Staaten zur Bildung mächtiger Sedimentkeile (Abb. 10.20d).

Ein interessantes Phänomen ist das Hochland von Südafrika, wo im Känozoikum ein Kraton bis in Höhenlagen von 2 000 m über den Meeresspiegel herausgehoben wurde. Trotzdem ist die Lithosphäre in diesem Bereich des Kontinents nicht übermäßig aufgeheizt. Eine Erklärung für diese Hebung könnte sein, dass tief im Erdmantel entstehende Kräfte für die Heraushebung des südafrikanischen Kratons und auch für andere großräumige Aufwölbungen verantwortlich sind. Ein heißer ortsfester Manteldiapir, der mit einer Geschwindigkeit von wenigen Zentimetern pro Jahr aus großer Tiefe des Erdmantels aufsteig (Kap. 2), übt auf die Basis der Lithosphäre vertikal nach oben gerichtete Kräfte aus, die ausreichen, um die Oberfläche etwa 1 000 m herauszuheben (Abb. 10.20e).

Keiner dieser der Epirogenese zugrunde liegenden Mechanismen erklärt jedoch ein wesentliches Merkmal der Kratone: die herausgehobenen Schilde und die abgesunkenen Plattformen. Diese Bereiche sind zu groß und bestehen schon zu lange und können mit den bisher besprochenen plattentektonischen Vorgängen nicht erklärt werden.

## Die Entstehung der Kratone

Die Karte in Abbildung 10.8 zeigt, dass jeder Kraton Gebiete mit altem Krustenmaterial enthält, das letztmalig im Archaikum (vor 4,0–2,5 Milliarden Jahren) der Deformation unterlag. Diese Kruste bildete den konsolidierten Bereich der Landmassen, um den sich im Verlauf der nachfolgenden plattentektonischen Wilson-Zyklen neue Kruste anlagerte und deformiert wurde. Wo aber entstanden erstmals diese heute im Zentrum liegenden Gebiete?

Vor 4 Milliarden Jahren war die Erde ein weitaus heißerer Planet, bedingt durch die frei werdende Wärme beim Zerfall der damals häufigeren radioaktiven Elemente sowie durch die bei der Differenziation und den Meteoritenschauern (Kapitel 9) freigesetzte Energie. Der Hinweis auf einen heißeren Erdmantel ergibt sich aus dem Auftreten so genannter Komatiite, exotischer ultrabasischer Vulkanite, die ausschließlich in der archaischen Kruste vorkommen und nach dem Komati River in Südostafrika benannt wurden, wo sie erstmals entdeckt wurden. Diese Komatiite enthalten einen hohen Anteil an Magnesium (bis zu 33 Prozent MgO) und ihre Bildung erforderte einen weitaus höheren Grad der Aufschmelzung im Erdmantel, als das heute irgendwo auf der Erde der Fall ist. Die Konvektionsbewegungen im Erdmantel waren im Archaikum sicher sehr viel stärker – ob jedoch die Bewegungen der Gesteine an der Erdoberfläche mit der heutigen Plattentektonik vergleichbar sind, ist unbekannt. Die Lithosphärenplatten dürften kleiner gewesen sein und vermutlich haben sie sich auch rascher bewegt. Vulkanismus war weit verbreitet, die sich an den Spreading-Zentren bildende Kruste dürfte möglicherweise dicker gewesen sein. Obwohl Lithosphäre sicherlich auch in den Mantel zurückgeführt wurde, gehen einige Geowissenschaftler davon aus, dass die damals existierenden Platten zu dünn und zu leicht waren und demzufolge nicht in gleicher Weise subduziert wurden wie die ozeanischen Platten an den heutigen Subduktionszonen.

**Abb. 10.22** Acasta-Gneis aus dem Archaikum der Slave-Provinz im Nordwesten Kanadas. Radiometrische Datierungen ergaben ein Alter von 4,0 Milliarden Jahren; es handelt sich damit um das älteste bisher bekannte Gestein – ein Hinweis, dass bereits zu Beginn des Archaikums an der Erdoberfläche eine kontinentale Kruste vorhanden war [*mit frdl. Genehmigung von Sam Bowring, Massachusetts Institute of Technology*].

Wir wissen, dass es in diesem frühen Stadium der Erdgeschichte eine $SiO_2$-reiche Kruste gegeben hat. Der Acasta-Gneis im nordwestlichen Teil des Kanadischen Schilds wurde auf ein Alter von 4,0 Milliarden Jahre datiert, und diese Gesteine gleichen vom Aussehen her stark den heutigen Gneisen (Abb. 10.22). Gesteine mit Alterswerten um 3,8 Milliarden Jahre wurden auf zahlreichen Kontinenten nachgewiesen, die meisten sind Metamorphite, die aus noch älterer kontinentaler Kruste hervorgegangen sind. In Australien lieferten einzelne Zirkone (äußerst widerstandsfähige Minerale, die bei der Erosion nicht zerstört werden) Alterswerte zwischen 4,1 und 4,4 Milliarden Jahre. Aus dem Verhältnis der Sauerstoffisotope in diesen Zirkonen lässt sich vermuten, dass an der Erdoberfläche Wasser in flüssigem Zustand vorhanden gewesen sein dürfte.

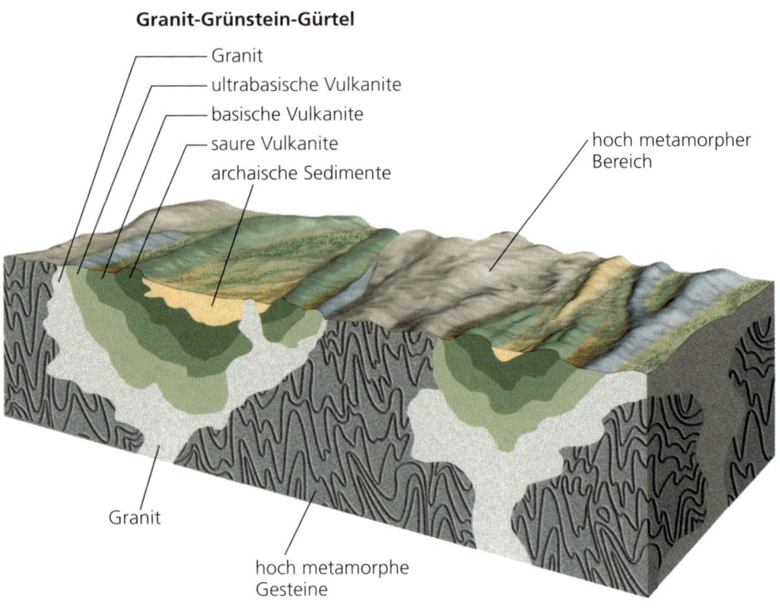


**Abb. 10.23** Schematische Darstellung der beiden wichtigsten Gesteinseinheiten der archaischen Kratone: Granit-Grünsteingürtel und hoch metamorphe Orthogneisgebiete.

In diesem frühen Abschnitt des Archaikums war die Kruste, als sie sich vom Mantel differenziert hatte, höchst mobil. Sie bestand möglicherweise aus kleinen Schollen, die durch tektonische Bewegungen zusammengeschoben und wieder auseinander gerissen wurden. Die ersten über längere Zeiträume stabil bleibenden Kratone entstanden vor etwa 3,3 bis 3,0 Milliarden Jahren. In Nordamerika ist das älteste Beispiel der Slave-Kraton im Nordwesten Kanadas, wo auch der Acasta-Gneis auftritt, der vor etwa 3,0 Milliarden Jahren konsolidiert wurde. In Europa treten vergleichbare Gesteinsserien mit einem Alter von etwa 3,5 Milliarden Jahren in Nordskandinavien und in Karelien nördlich des Onega-Sees auf. Diese archaischen Kratone bestehen im Wesentlichen aus zwei Gesteinsparagenesen (Abb. 10.23):

1. **Granit-Grünsteingürtel** Sie bestehen aus massigen Granitintrusionen, umgeben von steil gestellten und stark gefalteten Vulkanit- und Sedimentserien. Die Vulkanite haben in der Regel eine basische Zusammensetzung, an Sedimenten treten chemische Ablagerungen wie etwa Kieselschiefer auf. Die Entstehung dieser Grünsteingürtel ist noch umstritten. Möglicherweise handelt es sich um Teile ozeanischer Kruste, die an schmalen Spreading-Zentren hinter Inselbögen entstanden sind und durch Einengungsvorgänge an aktiven Kontinentalrändern den Kontinenten angegliedert und nachfolgend von Granitintrusionen umschlossen wurden.
2. **Hochgradig metamorphe Bereiche** Sie bestehen aus hoch metamorphen Gesteinen der Granulitfazies, meist Orthogneisen. Diese Komplexe zeigen komplizierte Deformationsmuster, in erster Linie durch Einengung, Versenkung und nachfolgender Erosion der granitischen Kruste.

Diese hochgradig metamorphen Bereiche der archaischen Kratone gleichen im Wesentlichen den tiefgründig erodierten Bereichen der jüngeren Orogene, doch unterscheiden sie sich hinsichtlich des Deformationsstils. Bei den heutigen Orogenesen entstehen dort, wo die Ränder großer Kratone kollidieren, typische mehr oder weniger geradlinige Gebirgszüge. Im Archaikum sind solche Deformationsstrukturen weniger geradlinig, das heißt in der Aufsicht oftmals kreis- oder auch sinusförmig, möglicherweise bedingt durch die Tatsache, dass die Kratone wesentlich kleiner und ihre Ränder stärker gebogen waren.

Am Ende des Archaikums vor 2,5 Milliarden Jahren hatte sich in den Kratonen genügend kontinentale Kruste konsolidiert, um die Bildung immer größerer Kontinente zu ermöglichen. Die plattentektonischen Vorgänge glichen weitgehend den heutigen. So gibt es aus diesem Zeitraum erste Hinweise auf größere Kontinent-Kontinent-Kollisionen und die Bildung von Großkontinenten. Das bedeutet für die weitere erdgeschichtliche Entwicklung, dass die Entstehung der Kontinente seitdem von den plattentektonischen Prozessen des Wilson-Zyklus beherrscht wurde.

# Die tieferen Stockwerke der Kontinente

Bisher betrachteten wir in diesem Kapitel die wichtigsten Vorgänge, die zur Bildung der kontinentale Kruste führten. Ein ganz wesentlicher Aspekt, der das Verhalten dieser Kontinente bestimmt, blieb bisher unerwähnt: die langfristige Stabilität der Kratone. Wie haben die Kratone die vielen Milliarden Jahre überstanden, in denen sie plattentektonischen Bewegungen ausgesetzt waren? Um diese Frage beantworten zu können, müssen wir auf den unter den Kontinenten liegenden Erdmantel näher eingehen.

## Die Kiele der Kratone

Bei der Erforschung des Erdinneren mithilfe seismischer Wellen (Kapitel 14) entdeckte man eine bemerkenswerte Erscheinung: die Kratone werden unterlagert von einer mächtigen Schicht aus festem Mantelmaterial, die sich bei der Drift der Kontinente zusammen mit den Platten bewegt. Diese verdickten Bereiche der Lithosphäre erstrecken sich bis in Tiefen über 200 km, dies entspricht etwa der doppelten Mächtigkeit der ältesten ozeanischen Platten.

In Tiefen zwischen 100 und 200 km unter den Ozeanen (und ebenso unter den jüngeren Teilen der Kontinente) sind die Gesteine des Erdmantels heiß und verhalten sich eher plastisch. Sie sind Bestandteil der Asthenosphäre, die unter den gegebenen Druck- und Temperaturbedingungen fließen kann, wodurch letztendlich auch die Bewegung der Platten über die Erdoberfläche hinweg ermöglicht wird. Unter den Kratonen erstreckt sich die Lithosphäre bis in diese Bereiche, ähnlich wie ein Schiffsrumpf im Wasser, demzufolge werden diese Strukturen des Erdmantels als **Kiele** bezeichnet (Abb. 10. 24). Alle Kratone der Kontinente sitzen offenbar solchen Kielen auf.

Diese tief reichenden Kiele stellen in mancher Hinsicht ein Problem dar, dessen Lösung noch offen ist. Aus

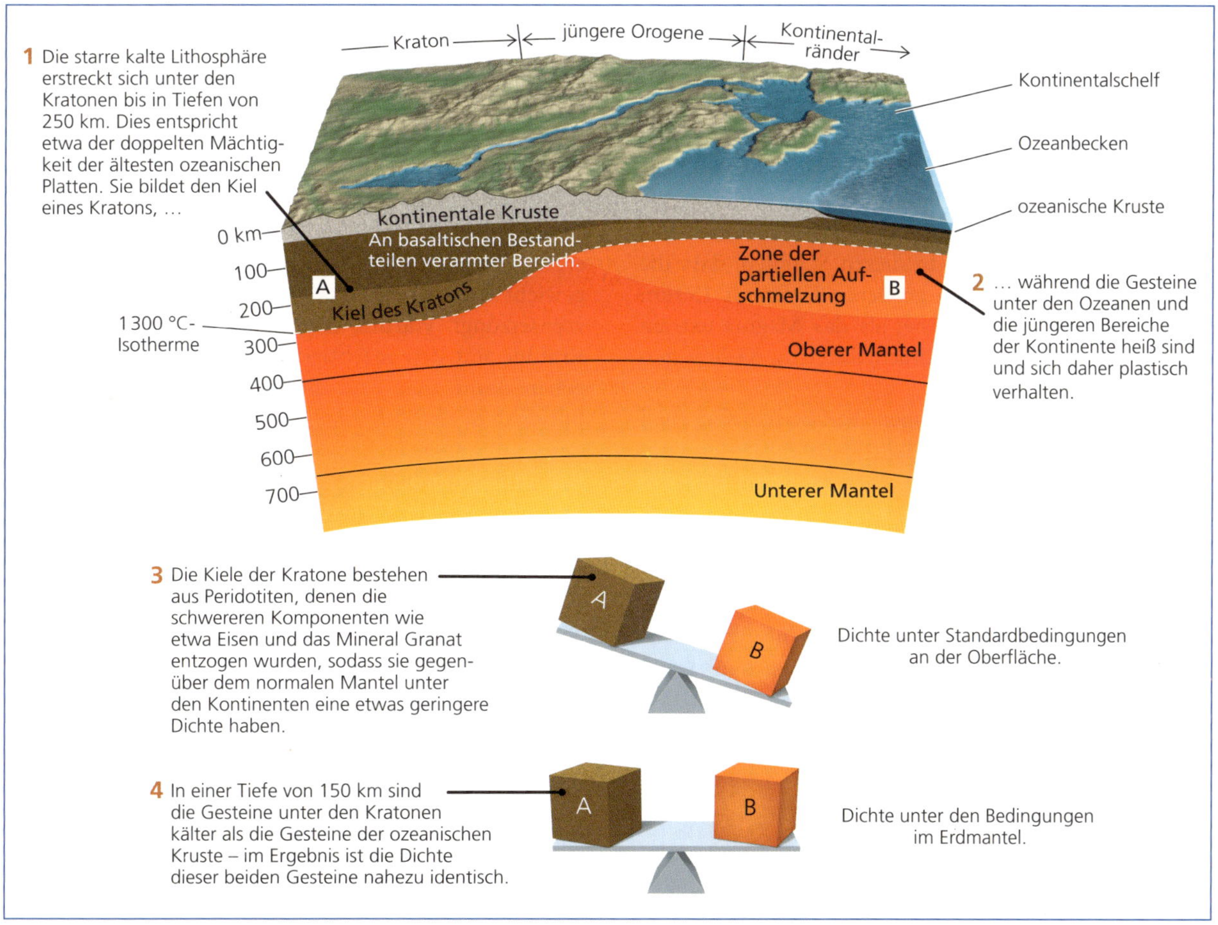


**Abb. 10.24** Die Temperatureffekte werden bei den Kielen der Kratone durch die Gesteinszusammensetzung kompensiert [*nach: T. H. Jordan (1979): „The Deep Structure of Continents", Scientific American, Nr. 1:92*].

dem Mantel unter den Kratonen wird weniger Wärme abgegeben als aus dem Mantel unter der ozeanischen Kruste. Das bedeutet, dass diese Kiele fest sein müssen, da sie mehrere hundert Grad kälter sind als die umgebende Asthenosphäre. Wenn die Gesteine im Mantel unter den Kratonen jedoch so kalt sind, warum sinken sie dann nicht durch ihr Eigengewicht in den Mantel ab, wie die kalten und schweren Platten aus ozeanischer Lithosphäre in den Subduktionszonen?

## Die Zusammensetzung der Kiele

Die Kiele würden tatsächlich absinken, wenn ihre chemische Zusammensetzung den normalen Mantel-Peridotiten entsprechen würde. Um dieses Problem zu lösen, ging man davon aus, dass die Kiele der Kratone eine geringfügig andere Gesteinszusammensetzung und damit eine etwas geringere Dichte aufweisen. Die geringere Dichte der Gesteine kompensiert die höhere Dichte, die sich aus den niedrigeren Temperaturen ergibt. Hinweise, die diese Hypothese stützen, ergaben sich aus Proben von Mantelmaterial, das in Kimberlitschloten gefunden wurde – in denselben Vulkaniten, die auch Diamanten enthalten.

Kimberlitschlote sind erodierte Förderschlote explosiver Vulkane, deren Magmen tief im Mantel entstanden und extrem rasch aufgestiegen sind. Nahezu alle Diamanten führenden Kimberlite liegen in archaischen Kratonen. Diamant geht in Tiefen von weniger als 150 Kilometer wieder in Graphit über, es sei denn, die Temperatur nimmt extrem rasch ab. Daher bedeutet das Auftreten von Diamanten in diesen Schloten, dass die Magmen der Kimberlite in größeren Tiefen als 150 km entstanden sind und dass sie, als das Magma extrem rasch die Lithosphäre durchbrach, durch die Kiele aufgestiegen sein müssen.

Bei diesen explosionsartigen Kimberlitausbrüchen wurden Bruchstücke der Kiele, von denen einige Diamanten enthalten, mitgerissen und gelangten in Form von Mantelxenolithen (griech. xenos = fremd; lithos = Gestein) an die Oberfläche. Bei den meisten dieser Xenolithe handelt es sich um Peridotite, die geringere Mengen des schweren Elements Eisen aufweisen und weniger Granat (ein Schwermineral) enthalten als normale Mantelgesteine. Solche Gesteine können entstehen, wenn dem Erdmantel basaltisches oder komatiitisches Material entzogen wird. Mit anderen Worten besteht der Mantel unter den Kratonen aus einem an bestimmten Elementen verarmten Gesteinsrest, der bei Schmelzprozessen in der Frühzeit der Erdgeschichte übrig geblieben ist. Ein aus solchem Material bestehender Kiel „schwimmt" auf dem Mantel, trotz der Tatsache, dass der Kiel eine geringere Temperatur aufweist (vgl. Abb. 10.24).

## Das Alter der Kiele

Aus der Untersuchung der Xenolithe und der darin enthaltenen Diamanten ergab sich, dass die Kiele etwa das gleiche Alter aufweisen wie die darüber befindliche archaische Kruste. Die Gesteine, die heute diese Kiele bilden, sind demzufolge bereits zu einem sehr frühen Zeitpunkt der Erdgeschichte durch Abtrennung einer basaltische Schmelze entstanden und sie nahmen etwa zur selben Zeit ihre Position unter der kontinentalen Kruste ein, in der sich auch die Kratone stabilisierten.

Möglicherweise führte erst die Bildung dieser Kiele zur tektonischen Stabilisierung der Kratone. Das Vorhandensein eines kalten, mechanisch starren Kiels erklärt wahrscheinlich auch, warum die archaischen Kratone zahlreiche Kontinent-Kontinent-Kollisionen – einschließlich der Bildung von zumindest vier Großkontinenten – ohne wesentliche Deformation überdauert haben.

Viele Aspekte dieses Vorgangs sind noch unbekannt. Auf welche Art und Weise kühlten diese Kiele ab? Wie erreichten sie das in Abbildung 10.24 dargestellte Gleichgewicht zwischen Temperatur und chemischer Zusammensetzung? Warum entstanden im Archaikum die Kratone mit den mächtigsten Kielen? Einige Experten gehen davon aus, dass die Kontinente beim Konvektionssystem im Erdmantel, dem Antriebsmechanismus der Plattentektonik, eine wichtige Rolle spielen. Welche Bedeutung hierbei den Kielen zukommt, ist noch weitgehend ungeklärt. Viele der in diesem Kapitel genannten Vorstellungen sind lediglich Hypothesen und keine anerkannte Theorie der Entwicklung der Kontinente und ihres Untergrundes. Die Aufstellung einer solchen Theorie ist derzeit Schwerpunkt geowissenschaftlicher Forschungen.

# Zusammenfassung des Kapitels

**Die wichtigsten geologischen Bestandteile Nordamerikas:** Die ältesten Teile der nordamerikanischen Kruste sind im Kanadischen Schild aufgeschlossen. Südlich des Kanadischen Schilds liegt das Zentrale Tafelland, eine Plattform, deren präkambrischer Sockel von geringmächtigen Abfolgen paläozoischer Sedimente überdeckt wird. Diese älteren Bereiche bilden insgesamt den nordamerikanischen Kraton. In Europa entspricht diesem stabilen Kern der Baltische Schild. Der Kraton wird von lang gestreckten jüngeren Orogengürteln umgeben. Die wichtigsten sind die Kordilleren im Westen Nordamerikas und die Appalachen, die sich am Ostrand des Kontinents in südwest-nordöstlicher Richtung erstrecken. Die Küstenebene und der Kontinentalschelf des Atlantischen Ozeans und des Golfs von Mexiko sind Teil eines passiven Kontinentalrands, der nach dem Auseinanderbrechen des Großkontinents Pangaea abgesunken ist.

**Wie Kontinente wachsen:** Silicatreiche Gesteine entstehen vor allem an Subduktionszonen durch die Differenziation von Magmen. Infolge der Drift der Lithosphärenplatten wird dieses leichte Material an den Kontinenten angeschweißt. Dabei sind vier verschiedene Vorgänge möglich: (1) Angliederung eines Krustenblocks von einer subduzierten Platte an die überfahrende Platte; (2) Schließung eines Randmeeres und Akkretion der verdickten Kruste des Inselbogens am Kontinent; (3) lateraler Transport entlang des Kontinentalrands an Horizontalverschiebungen und schließlich (4) Verschweißung von zwei Kontinenträndern durch Kontinent-Kontinent-Kollision mit nachfolgender Krustentrennung durch Riftvorgänge.

**Epirogenese und Orogenese:** Kräfte innerhalb der Erdkruste können zur Deformation weiter Gebiete auf den Kontinenten führen. In manchen Regionen kommt es lediglich zu Hebungs- und Senkungsbewegungen (Epirogenese) ohne stärkere bruchhafte Deformation der Gesteine. Beispiele sind das Colorado-Plateau sowie der postglaziale Aufstieg Skandinaviens und Zentralkanadas. In anderen Fällen können horizontal wirkende Kräfte, die hauptsächlich an Plattenkollisionen gebunden sind, zu ausgedehnter und komplizierter Faltung und Bruchtektonik führen (Orogenese). Markante Beispiele sind die Kordilleren und die Appalachen Nordamerikas, die Alpen und andere junge Gebirgen Europas sowie der Himalaja in Asien. Die Rocky Mountains und die Alpen sind Gebirge, die einst bis auf ein niedriges Relief erodiert waren und danach durch erneute Hebungsvorgänge zu ihrer heutigen Form aufgestiegen sind.

**Modifizierung der Kontinente durch Gebirgsbildung:** Die durch Konvergenz von Lithosphärenplatten verursachte Gebirgsbildung führt bis in eine Entfernung von mehreren hundert Kilometern beiderseits der Konvergenzzone zur Deformation. An flachen Überschiebungsbahnen wird die obere Kruste zu einigen Kilometern mächtigen Schubdecken zerschert und übereinander gestapelt. Die einzelnen Schubdecken sind ihrerseits deformiert und metamorph verändert. Keile von Sedimenten des Kontinentalschelfs können dabei vom kristallinen Sockel, auf dem sie abgelagert wurden, abgeschert und landeinwärts überschoben werden. Durch Kompression kann es zur Verdoppelung der Kruste kommen, was in den unteren Krustenbereichen zur Aufschmelzung führt. Diese Aufschmelzung erzeugt große Mengen granitischer Magmen, die in die höheren Stockwerke aufsteigen und dort als Batholithe erstarren. Nach Abschluss der Orogenese kommt es zur Abtragung des Gebirges bis auf seinen kristallinen Sockel und damit zu einer Verdünnung der Kruste.

**Der Wilson-Zyklus:** Der Wilson-Zyklus beschreibt die vier wesentlichen Phasen bei der Öffnung und Schließung eines Ozeanbeckens wie etwa des Atlantiks: (1) Riftvorgänge als Folge des Auseinanderbrechens eines Kontinents, (2) Abkühlung und Bildung eines passiven Kontinentalrands und Akkumulation von Sedimenten im Zuge des Seafloor-Spreading und der Öffnung eines Ozeans; (3) Vulkanismus sowie Akkretion von Mikroplatten an aktiven Plattenrändern als Folge der Subduktion und Schließung eines Ozeans und schließlich (4) Gebirgsbildung durch Kontinent-Kontinent- Kollision.

**Warum die Kratone Milliarden Jahre der Plattentektonik überlebten:** Die archaischen Kratone werden unterlagert von einer Schicht aus kälterem starrem lithosphärischem Mantelmaterial, das Mächtigkeiten bis zu 200 km erreichen kann und das sich bei der Drift der Platten zusammen mit dem Kontinent bewegt. Diese Kiele sind offenbar gleich alt wie die Kratone und sind aus Mantelperidotiten entstanden, die durch Abreicherung einer basischen Schmelze an Eisen und Granat verarmten. Dadurch verringerte sich zwar ihre Dichte, gleichzeitig stabilisierte dieser Vorgang die Kiele und schützte sie gegen eine Zerstörung durch Konvektionsbewegungen oder plattentektonische Prozesse.

Grand Prismatic Hot Spring, Yellowstone-Nationalpark; Wyoming. Die auffallende Anordnung der Farben wird durch unterschiedliche Gemeinschaften von Mikroorganismen hervorgerufen, die gegenüber Temperaturunterschieden sehr empfindlich reagieren. Das Wasser fließt vom Zentrum der Quelle weg (blaue Farbe) und kühlt ab. Der Temperaturgradient führt dazu, dass eine bestimmte Gemeinschaft von Mikroorganismen durch eine andere ersetzt wird, die unter den anderen, kühleren Temperaturen besser gedeiht. Der im unteren Teil der Aufnahme erkennbare Holzsteg ermöglicht den Besuchern einen Blick in die Tiefe und gibt gleichzeitig eine Größenvorstellung [*Foto: Douglas Faulkner/Photo Researchers*].

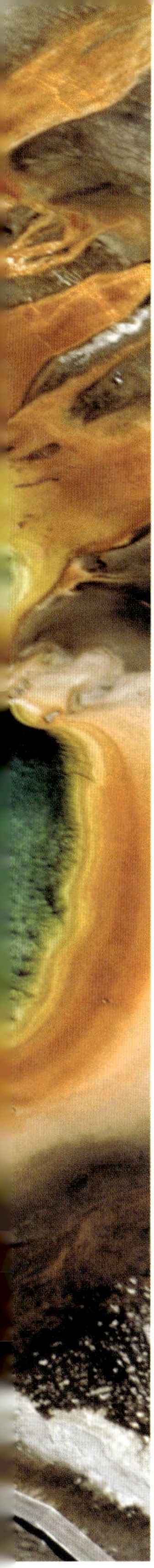

# Kapitel 11 Geobiologie

Die Geologie befasst sich (unter anderem) mit physikalischen und chemischen Prozessen, die sowohl in der Gegenwart als auch in der Vergangenheit die Erde beeinflussten. Die Biologie beschäftigt sich mit allem Lebendigen, den lebenden Organismen und ihrem Bau, ihrer Funktion, ihrem Wachstum und ihrem Ursprung. So groß die Kluft zwischen Geologie und Biologie zunächst erscheinen mag – zwischen Gesteinen, Organismen und Umwelt gibt es umfangreiche Wechselbeziehungen. Man hat schon lange erkannt, dass zwischen Biologie und Geologie eine enge Beziehung besteht, doch bis vor kurzem wusste man nicht genau, in welcher Form. Glücklicherweise ermöglichen technische Fortschritte sowohl in den Geo- als auch in den Biowissenschaften nun Fragen zu stellen und auch Antworten auf Fragen zu geben, die bisher jenseits unseres Vorstellungsvermögens lagen. Im Verlauf des letzten Jahrzehnts erkannten aktiv in der Forschung arbeitende Wissenschaftler allmählich, wie mehrere wichtige **geobiologische Prozesse** ablaufen.

**Geobiologie** kann definiert werden als Forschungsrichtung, die sich damit befasst, wie Organismen die Umweltbedingungen der Erde beeinflussen und wie sie umgekehrt wieder von den Umweltbedingungen der Erde beeinflusst werden. Organismen sind in der Lage, die Erde aktiv zu verändern. Beispielsweise leisten Organismen durch die Freisetzung von Gasen und Säuren eine Beitrag zur Zerstörung von Mineralen und somit zur Verwitterung. Bei diesem Prozess werden Nährstoffe freigesetzt, die sie und andere Organismen zum Aufbau von Körpersubstanz benötigen. Unsere Atmosphäre unterscheidet sich von der Atmosphäre anderer Planeten, weil sie eine erhebliche Menge an Sauerstoff enthält – das Ergebnis der Evolution Sauerstoff produzierender Mikroorganismen vor vielen Milliarden Jahren. In vergleichbarer Weise können geologische Prozesse das Leben verändern. Als beispielsweise vor 65 Millionen Jahren ein Asteroid auf der Erde einschlug, führte dies zu einem Massenaussterben, dem alle Dinosaurier zum Opfer fielen.

Ziel dieses Kapitels ist, die Verbindung zwischen Organismen und Umwelt aufzuzeigen. Es wird beschrieben, wie die Biosphäre als System funktioniert und wie die Erde Leben ermöglicht. Danach erkunden wir, auf welche Art und Weise winzige Mikroorganismen bei den Vorgängen auf der Erde eine bemerkenswerte Rolle spielen, zum Beispiel bei der Entstehung und Zerstörung von Mineralen und Gesteinen. Weiter betrachten wir geobiologische Wechselwirkungen im Verlauf der Erdgeschichte sowie einige der wichtigsten Ereignisse, die unseren Planeten verändert haben. Schließlich betrachten wir die wesentlichen Voraussetzungen zur Erhaltung des Lebens und gehen der seit jeher schon von den **Astrobiologen** gestellten Frage nach: Gibt es auch auf anderen Planeten Leben nach unserem Verständnis?

## Die Biosphäre als System

Leben gibt es fast überall auf der Erde. Die **Biosphäre** der Erde ist derjenige Teil unseres Planeten, der alle lebenden Organismen einbezieht. Dazu gehören sämtliche Pflanzen und Tiere einschließlich der nahezu unsichtbaren Mikroorganismen, die einige der extremsten Lebensräume der Erde besiedeln. Diese Organismen bewohnen die Erdoberfläche, die Atmosphäre, die Ozeane und die äußere Erdkruste. Da sich die Biosphäre mit der Lithosphäre, Hydrosphäre und Atmosphäre überschneidet, kann sie grundlegende geologische und klimatische Prozesse beeinflussen. Die Biosphäre hält die sauerstoffreiche Atmosphäre stabil, sie produziert und verbraucht Kohlendioxid und beeinflusst so die globalen Temperaturverhältnisse. Grüne Pflanzen regeln den Abfluss des Niederschlagswassers und modifizieren und mildern das lokale und regionale Klima.

Die Biosphäre bildet insofern ein System, weil es Ausgangssubstanzen (Input) und wichtige Prozesse einschließt, die das Endprodukt (Output) beeinflussen. Zu den Ausgangssubstanzen gehören Energie, wie etwa Sonnenlicht, oder Materialien wie Kohlenstoff, Nährstoffe und Wasser. Organismen verwenden diese Ausgangsmaterialien für ihre Lebensfunktion und ihr Wachstum. Dabei erzeugen sie eine erstaunliche Vielfalt von Endprodukten, von denen einige geologisch bedeutsam sind. Im lokalen Maßstab kann das eine spezielle Organismengruppe sein, die mit ihren Kalkskeletten gesteinsbildend wirkt (z. B. Riffe). In größerem Maßstab beeinflusst die Aktivität der Organismen möglicherweise die Zusammensetzung der Atmosphäre oder den Materialfluss bestimmter Elemente innerhalb der Erdkruste.

## Ökosysteme

Stellen wir uns ein Schulprojekt vor, bei dem jedes Mitglied der Gruppe spezielle Fähigkeiten einbringt, die es dem Team als Ganzem ermöglichen, die individuellen Fähigkeiten der einzelnen Gruppenmitglieder zu übertreffen. Organismengruppen verhalten sich ähnlich: die einzelnen Organismen spielen eigene Rollen, die es der Gruppe insgesamt ermöglichen, sich spezielle Vorteile zu verschaffen, von denen wiederum die einzelnen Individuen profitieren. Im Falle des Menschen erreichen wir ein solches Gruppenverhalten durch bewusste Entscheidungen. Bei allen anderen Organismen beruht dieses Gruppenverhalten auf Ausprobieren und umfasst auch Rückkopplungseffekte zwischen Gruppen und einzelnen Individuen. Diese Rückkopplungseffekte offenbaren, welches individuelle Verhalten zum besten Resultat für die Gruppe führt.

Ob im lokalen, regionalen oder globalen Maßstab, die Gruppenaktivität der Organismen definiert Organisationseinheiten, die als **Ökosysteme** bezeichnet werden. Ökosysteme bestehen aus Organismen und geologischen Komponenten, die in einer ausgeglichenen Beziehung zueinander stehen. Die unterschiedlichen Ökosysteme treten in den verschiedensten Größenordnungen auf (Abb. 11.1). Sie werden oftmals durch geologische

**Abb. 11.1** Organismen stehen untereinander und mit ihrer physischen Umwelt in Wechselwirkung; sie bilden Lebensgemeinschaften, die als Ökosysteme bezeichnet werden. Solche Ökosysteme können umfangreich oder klein sein, doch herrscht darin stets ein Energie- und Materialfluss. Sonnenlicht wird von den Pflanzen (Produzenten) als Energiequelle genutzt, die danach von Fischen und diese wiederum von Bären (Konsumenten) gefressen werden. Pflanzen, Fische und Bären sterben ab und werden durch Mikroorganismen (Destruenten) abgebaut. Danach gelangen ihre Abbauprodukte erneut in den Lebensraum zurück und dienen dort wieder als Nährstoffe oder Energielieferanten. Auf diese Weise entsteht zwischen den Organismen und ihrer Umwelt ein Kreislauf von Materie und Energie.

Barrieren voneinander getrennt, etwa durch Gebirge, Wüsten oder Ozeane als die größten Barrieren, oder in kleinerem Maßstab durch unterschiedliche Wassertemperaturen innerhalb einer einzelnen heißen Quelle.

Ein typisches Ökosystem umfasst beispielsweise einen Fluss und seine angrenzenden Bereiche, in denen bestimmte Organismengruppen an ein Leben im Wasser (Fische), im Sediment (Würmer, Schnecken), an den Ufern (Gräser, Bäume, Bisamratten) und an ein Leben in der Luft (Vögel, Insekten) angepasst sind. In gewisser Hinsicht bestimmt der Fluss, wo die Organismen leben, indem er das Ökosystem mit Wasser, Sediment und gelösten Nährstoffen versorgt. Im Gegensatz dazu bestimmen die Organismen das Verhalten des Flusses; beispielsweise stabilisieren Bäume und Gräser die Ufer gegenüber den zerstörenden Wirkungen des Hochwassers. Das Gleichgewicht zwischen diesen biologisch und geologisch beeinflussten Prozessen sichert langfristig die Stabilität eines Ökosystems.

Die Entwicklung der Erde zeigt uns, dass Ökosysteme auf geologische Vorgänge oder auf das Auftreten neuer Organismengruppen empfindlich reagieren. Kommt es in den Ökosystemen zu erheblichen Ungleichgewichten, sind die Reaktionen darauf oftmals dramatisch – erkennbar an den Auswirkungen einer in der unmittelbaren Umgebung neu auftretenden Organismengruppe. Der Mensch importiert oftmals neue Pflanzen, beispielsweise um an Autobahnen die Erosion der Böschungen zu vermindern, oder er setzt in seinen Angelgewässern neue Fischarten ein, oder er pflanzt hübsche exotische Zierpflanzen in seine Gärten. In allzu vielen Fällen sind diese Pflanzen und Tiere aus fernen Ländern an ihre neue Umwelt besser angepasst als die gegenwärtigen Bewohner. Erfolgreiche Einwanderer kommen oftmals aus Gebieten, in denen die natürliche Umwelt ähnlich, der biologische Wettbewerb jedoch stärker ist. Daher ist es auch weitaus wahrscheinlicher, dass sie den Kampf um Nahrung und Raum in ihrem neuen Lebensbereich besser bestehen und die einheimischen Bewohner verdrängen. In einigen Fällen können Arten aussterben, wenn sie in allen zuvor besiedelten Regionen durch den Eindringling verdrängt worden sind. So bereiten zwei Arten des Flügelknöterich (*Fallopia* sp.) inzwischen in Mitteleuropa erhebliche Probleme, da sie zahlreiche lokale Ökosysteme überwuchern (Abb. 11.2a). Das Aussterben der verdrängten Arten sind nicht die einzigen Bedenken. Die in den achtziger Jahren versehentlich von Russland nach Nordamerika eingeschleppte Wandermuschel (*Dreissenia polymorpha*) (Abb. 11.2b) verursacht Probleme, die in die technischen Infrastrukturen des Menschen hineinreichen – zum Beispiel wenn sie die Wasserabflussrohre von Talsperren besiedeln und verstopfen. Der U. S. Fish and Wildlife Service schätzte, dass im Jahre 2002 von den kommunalen Versorgungsbetrieben etwa 5 Milliarden US-Dollar aufgewendet werden mussten, um die von den Muscheln verstopften Rohrleitungen zu reinigen. Im Verlauf der Erdgeschichte waren Wettbewerb durch neue Organismengruppen, Meteoriteneinschläge, übermäßige vulkanische Tätigkeit, rasche globale Erwärmung beziehungsweise Abkühlung und eine Verminderung des Sauerstoffgehalts in den Ozeanen lediglich einige wenige Vorgänge, die zum Ver-

**Abb. 11.2** Greift der Mensch oder auch ein natürliches Ereignis in Ökosysteme ein, kann es in den biozönotischen Strukturen zu erheblichen Ungleichgewichten kommen. Diese Organismen breiten sich in fremden Lebensräumen aus. (a) *Fallopia japonica,* der Japanische Flügelknöterich wurde als Gartenpflanze in Europa eingeführt [*Foto: Christoph Iven*]. (b) *Dreissenia polymorpha*, die Wandermuschel, ist eine kleine Süßwassermuschel, die sich seit dem 19. Jahrhundert in Westeuropa ausbreitet; sie konkurriert mit Fischlarven um Nahrungsressourcen und mit einheimischen Muscheln um Anheftungsstellen [*Foto: U. S. Fish and Wildlife Service/Washington, DC Library*].

schwinden oder Aussterben wichtiger Organismengruppen führten. Auf deren Auswirkungen wird nachfolgend noch eingegangen.

## Ausgangsmaterial: der Stoff, aus dem das Leben besteht

Die Organismen eines Ökosystems können nach der Art und Weise, wie sie ihre Nahrung und damit ihre Energiequelle erwerben, in Produzenten und Konsumenten unterteilt werden (Abb. 11.3; Tab. 11.1). Produzenten oder **autotrophe Organismen** sind Organismen, die ihre Nährstoffe selbst erzeugen. Sie produzieren organische Verbindungen wie Kohlehydrate, die sie als Energiequelle oder Nahrung aufnehmen. Konsumenten oder **heterotrophe Organismen** erwerben ihre Nahrung, indem sie sich direkt oder indirekt von Produzenten ernähren.

Eine Redensart besagt: „Man ist, was man isst." Das gilt nicht nur für den Menschen, sondern auch für alle anderen Organismen. Unsere Nahrung besteht mehr oder weniger aus den immer gleichen Substanzen: Molekülen, die aus Kohlenstoff, Wasserstoff, Sauerstoff, Stickstoff, Phosphor und Schwefel bestehen. Daher ist es gleichgültig, ob sich ein Organismus autotroph oder heterotroph ernährt, er nimmt überwiegend die gleichen sechs Elemente auf. Was sie unterscheidet, ist die Form in der sie aufgenommen werden, das heißt der Aufbau der Moleküle. Wenn heterotrophe Organismen wie wir Menschen Brot essen, ernähren wir und von **Kohlehydraten**, großen Molekülen, die aus Kohlenstoff, Wasserstoff und Sauerstoff bestehen. Selbst die primitivsten Mikroorganismen verzehren kohlenstoffhaltige Moleküle wie etwa Kohlendioxid ($CO_2$) oder Methan ($CH_4$). Der einzige Unterschied besteht darin, dass das, was für einen Mikroorganismus Nahrung ist, für uns nicht unbedingt als Nahrung in Frage kommt.

**Kohlenstoff** Der Grundbaustein aller irdischer Lebensformen ist Kohlenstoff. Wo Leben ist, muss auch Kohlenstoff vorhanden sein. Kohlenstoff bildet die Basis für alle organischen Moleküle wie Kohlehydrate und Proteine. Diese Moleküle versorgen die Organismen mit Energie und ermöglichen ihr Wachstum. Ein Grund, weshalb Kohlenstoff so wichtig ist, besteht teilweise darin, dass er vier kovalente Bindungen mit seinesgleichen und anderen Elementen eingeht (Kap. 3), die eine Vielzahl von Strukturen ermöglichen. Lässt man einmal das Wasser außer Acht, so wird die chemische Zusammensetzung aller Organismen, auch die des Menschen, vom Element Kohlenstoff beherrscht. Die Verfügbarkeit von Kohlenstoff ist für die Bildung biologischer Strukturen – von den Genen bis zu den einzelnen Organen – von entscheidender Bedeutung, da für ihre Bildung letztendlich Kohlenstoff erforderlich ist.

Der Materialfluss des Kohlenstoffs im System Erde wird im Wesentlichen von der Biosphäre beeinflusst. Marine Organismen entziehen dem Meerwasser Kohlenstoff in Form von Kohlendioxid und produzieren daraus carbonatische Gehäuse und andere Skelettelemente. Sterben diese Organismen ab, sinken ihre Gehäuse zum Meeresboden, wo sie sich in Form von Carbonatsedimenten anreichern und auf diese Weise dem System effektiv Kohlenstoff entziehen. Im Laufe geologisch langer Zeiträume wurde durch die Akkumulation von organischem Material in Sümpfen und auf dem Meeres-

**Abb. 11.3** Autotrophe sind Organismen wie beispielsweise Pflanzen, die ihre Nahrung und damit ihre Energiequelle selbst herstellen. Heterotrophe sind Organismen wie etwa Koalabären, die ihre Energie dadurch gewinnen, dass sie sich von autotrophen Organismen ernähren [*Fotos: Frans Lanting/Minden Pictures (links); Juniors Bildarchiv/Alamy (rechts)*].

**Tabelle 11.1** Organismen als Produzenten und Konsumenten

| Art der Ernährung | Energiequelle | Kohlenstoffquelle | Beispiel |
|---|---|---|---|
| photoautotroph | Sonne | $CO_2$ | Cyanobakterien |
| photoheterotroph | Sonne | organische Verbindungen | Purpurbakterien |
| chemoautotroph | anorganische Verbindungen | $CO_2$ | Schwefelbakterien, Eisenbakterien |
| chemoheterotroph | anorganische Verbindungen | organische Verbindungen | Bakterien, Pilze und alle Tiere sowie der Mensch |

boden dem System ebenfalls Kohlenstoff entzogen, es entstanden Erdöl-, Erdgas- und Kohlelagerstätten. Wenn wir heute diese Lagerstätten ausbeuten und die Energierohstoffe verbrennen, gelangt dieser Kohlenstoff in Form von $CO_2$ wieder in das System zurück.

**Nährstoffe** Nährstoffe sind chemische Elemente oder Verbindungen, die den Stoffwechsel der Organismen in Gang halten oder verstärken. Häufige Pflanzennährstoffe wie etwa Gartendünger enthalten die Elemente Phosphor, Stickstoff und Kalium, andere Organismen benötigen überdies Eisen und Calcium. Einige Organismen können ihre Nährstoffe selbst herstellen, die meisten müssen diese jedoch mit der Nahrung aus ihrem Lebensraum aufnehmen. Mikroorganismen entwickelten die besondere Fähigkeit, durch das Auflösen von Mineralen ihre Nährstoffe zu erwerben.

**Wasser** Leben in unserem Sinne benötigt Wasser ($H_2O$). Wasser ist schon deshalb wichtig, weil die Organismen zu etwa 50–80 Prozent aus Wasser bestehen. Kein Lebewesen kann ohne Wasser auskommen; es ist zwar bekannt, dass Organismen und somit auch der Mensch einige Wochen ohne Nahrung auskommen können, doch ohne Wasser tritt innerhalb weniger Tage der Tod ein. Selbst die in der Atmosphäre lebenden Mikroorganismen gewinnen Wasser aus winzigen Tröpfchen, die um Staubteilchen kondensieren, und Viren gewinnen Wasser aus ihren Wirten.

Die chemischen Eigenschaften des Wassers und die Art und Weise, wie es auf Temperaturveränderungen reagiert, machen es zu einem idealen Medium für biologische Aktivitäten. Der Zellinhalt aller Organismen besteht überwiegend aus einer wässrigen Lösung; sie unterstützt die chemischen Reaktionen, die Wachstum und Fortpflanzung der Organismen ermöglichen. Wasser ist der Lebensraum, in dem erstmals Leben aufgetreten ist und in dem es zum Großteil auch heute noch gedeiht. Wasser wirkt ausgleichend auf das Klima der Erde, das in den vergangenen 3,5 Milliarden Jahren das Leben erst möglich machte.

Wasser ist ein so wichtiger Bestandteil des Lebens, dass die Suche nach extraterrestrischem Leben in einer ersten Phase mit der Suche nach Wasser beginnen muss. Die erfolgreichen Marsmissionen mit Robotern in den Jahren 2004 und 2005 waren für die Suche nach Wasser auf dem Mars ausgelegt. Die beiden Roboter „Spirit" und „Opportunity" erreichten dieses Ziel – und eine darauf aufbauende Mission, deren Aufgabe die Suche nach Hinweisen auf Leben ist, befindet sich derzeit im Planungsstadium. Hätten die Roboter auf der Marsoberfläche kein Wasser nachweisen können, wären weitere Planungen für die Suche nach Leben auf dem Mars aufgeschoben oder möglicherweise sogar gestrichen worden.

**Energie** Alle Organismen benötigen für ihr Leben und Wachstum Energie. Einige der primitivsten Organismen wie etwa Diatomeen und Algen beziehen ihre Energie aus Sonnenlicht. Andere gewinnen ihre Energie aus dem Abbau von Mineralen zu gelösten chemischen Substanzen, die meisten jedoch dadurch, indem sie andere Organismen – Pflanzen, Tiere und Mikroorganismen fressen. Energie ist deshalb wichtig, weil damit aus einfach gebauten Molekülen wie Kohlendioxid und Wasser die für das Leben erforderlichen größeren Moleküle wie Kohlehydrate und Proteine synthetisiert werden können.

## Prozesse und Produkte: Wachstum und Leben

Der **Stoffwechsel** ist ein Prozess, den alle Organismen verwenden, um Ausgangssubstanzen in Endprodukte zu überführen. Bei einigen Formen des Stoffwechsels nehmen Organismen kleine Moleküle wie $CO_2$, $H_2O$ und $CH_4$ auf und bauen daraus mithilfe von Energie größere Moleküle, das heißt Kohlehydrate, die diesen Organismen ihre Lebensfunktionen, Wachstum und Vermehrung ermöglichen (Abb. 11.4). Andere Kohlehydrate – beispielsweise eine spezifische Form von Zucker, die so genannte Glucose – werden später als Energiequelle, das heißt als Nahrung verwendet.

Ein weithin bekannter Stoffwechselprozess ist die **Photosynthese**. Hierbei verwenden Organismen wie etwa grüne Pflanzen und Algen die Energie des Sonnen-

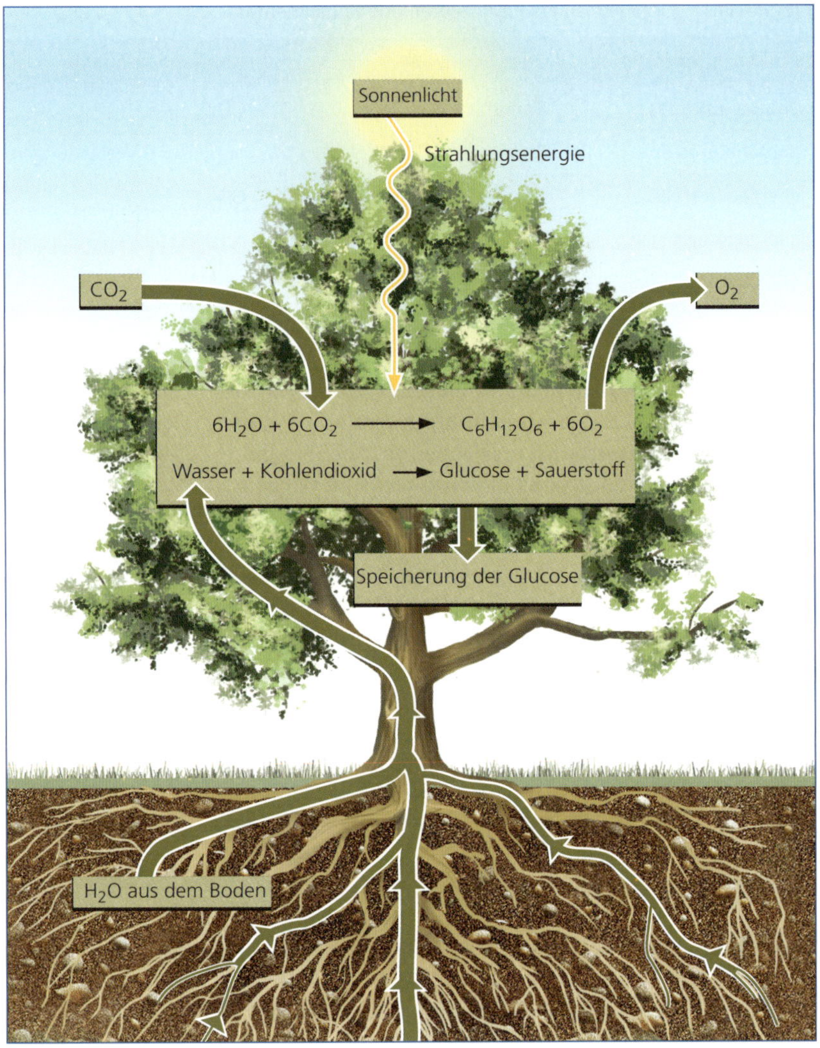


**Abb. 11.4** Bei der Photosynthese verwenden Organismen Kohlendioxid und Wasser aus ihrem Lebensraum sowie die Energie des Sonnenlichts, um Kohlehydrate wie etwa Glucose zu produzieren.

lichts, um aus Wasser und Kohlendioxid der Luft Kohlehydrate beispielsweise in Form von Zucker sowie Sauerstoff zu erzeugen (Tab. 11.2). Diese Reaktion lässt sich folgendermaßen formulieren:

$$\begin{array}{ccccccc} \text{Wasser} & + & \text{Kohlendioxid} & + & \text{Sonnenenlicht} & \rightarrow \\ 6H_2O & + & 6CO_2 & + & \text{Energie} & \rightarrow \end{array}$$

$$\begin{array}{ccc} \text{Glucose (Zucker)} & + & \text{Sauerstoff} \\ C_6H_{12}O_6 & + & 6O_2 \end{array}$$

Dabei wird Sauerstoff in die Atmosphäre freigesetzt und die Kohlehydrate (Glucose) werden als künftige Energielieferanten der Organismen gespeichert. Eine wichtige Mikroorganismengruppe, die so genannten **Cyanobakterien**, erzeugen ebenfalls durch Photosysnthese Kohlehydrate.

Ein weiterer wesentlicher Stoffwechselprozess ist die **Dissimilation** (oder **Atmung**), die den Organismen ermöglicht, die in Kohlehydraten gespeicherte Energie wieder freizusetzen (Tab. 11.2). Alle Organismen verwenden Sauerstoff, um Zucker zu verbrennen, das heißt Energie zu gewinnen, doch läuft dieser Vorgang bei den verschiedenen Organismen auf sehr unterschiedliche Weise ab. Zum Beispiel verbraucht der Mensch und viele andere Organismen für die Metabolisierung der Kohlehydrate den in der Atmosphäre vorhandenen gasförmi-

**Tabelle 11.2** Vergleich von Photosynthese und Atmung

| **Photosynthese** | **Atmung** |
|---|---|
| Speicherung von Energie in Form von Kohlehydraten | Freisetzung von Energie aus Kohlehydraten |
| Verbrauch von $CO_2$ und $H_2O$ | Freisetzung von $CO_2$ und $H_2O$ |
| Zunahme des Gewichts | Abnahme des Gewichts |
| Produktion von Sauerstoff | Verbrauch von Sauerstoff |

gen Sauerstoff, wobei $CO_2$ und $H_2O$ freigesetzt werden. In diesem Fall handelt es sich um die Umkehrreaktion der Photosynthese. Ihre Reaktionsgleichung lautet:

$$\text{Glucose (Zucker)} + \text{Sauerstoff} \rightarrow \text{Wasser} + \text{Kohlendioxid} + \text{Energie}$$
$$C_6H_{12}O_6 + 6O_2 \rightarrow 6H_2O + 6CO_2 + \text{Energie}$$

Andere Organismen haben es schwerer, zum Beispiel viele Mikroorganismen, die in Bereichen leben, in denen kein Sauerstoff vorhanden ist. Sie müssen die in Wasser gelösten sauerstoffhaltigen Verbindungen wie etwa Sulfat-Ionen ($SO_4^{2-}$) abbauen, um auf diese Weise Sauerstoff zu gewinnen. Im Verlauf solcher Reaktionen kann es zur Bildung unterschiedlicher Gase kommen – zu Wasserstoff ($H_2$), Schwefelwasserstoff ($H_2S$) oder Methan ($CH_4$).

Wenn Organismen Sauerstoff erzeugen, wird dieser in die Atmosphäre freigesetzt. Dies führt bei der Verwitterung zur Oxidation der eisenreichen Silicatminerale – vor allem der Pyroxene und Amphibole – und zur Bildung oxidischer Eisenminerale wie beispielsweise Hämatit (Kap. 16). Produzieren Organismen die Wärme absorbierenden Gase $CO_2$ und $CH_4$, gelangen auch diese in die Atmosphäre und tragen zur globalen Erwärmung bei. Umgekehrt verursachen Organismen, die diese Gase verbrauchen, eine weltweite Abkühlung des Klimas.

## Biogeochemische Kreisläufe

Im Verlauf von Werden und Vergehen tauschen die Organismen beständig Energie und Materie mit ihrer Umwelt aus. Dieser Austausch erfolgt in unterschiedlichem Ausmaß und reicht von dem daran beteiligten einzelnen Organismus über das Ökosystem, dessen Bestandteil er ist, bis hin zur globalen Biosphäre. Die durch den Stoffwechsel bedingte Beeinflussung von Gasen wie $CO_2$ und $CH_4$ ist ein gutes Beispiel, wie Organismen weltweit einen Einfluss auf das Klima ausüben können. Kohlendioxid und Methan sind **Treibhausgase** – Gase, die die von der Erdoberfläche reflektierte Wärmestrahlung in der Atmosphäre absorbieren. Produzieren Organismen mehr $CO_2$ und $CH_4$ als sie verbrauchen, erwärmt sich das Klima, verbrauchen sie dagegen mehr $CO_2$ und $CH_4$ als sie erzeugen, dann kommt es zu einer Abkühlung des Klimas. Wie in Kapitel 15 noch gezeigt wird, ist dies nicht die einzige Beeinflussung des globalen Klimas, sie ist insofern aber von Bedeutung, als sie unmittelbar die Biosphäre betrifft.

Geobiologen verfolgen diesen Austausch im Rahmen biogeochemischer Stoffkreisläufe. Ein **biogeochemischer Stoffkreislauf** beschreibt den Weg, den ein chemisches Element oder eine chemische Verbindung durch die biologischen und umweltbedingten Komponenten eines Ökosystems nimmt.

Da die Größe der Ökosysteme erheblich schwankt, gilt dies auch für biogeochemische Kreisläufe. Beispielsweise zirkuliert Phosphor – ein wichtiger Nährstoff – in den Poren der Sedimente zwischen dem Wasser und den Mikroorganismen, aber auch zwischen den herausgehobenen Gesteinen auf dem Festland und den an den Küsten der Ozeane abgelagerten Sedimenten (Abb. 11.5). Sterben die Organismen ab, kann sich der Phosphor – ehe er wieder von anderen Organismen aufgenommen wird – in jedem Fall über einen unterschiedlich langen Zeitraum in einer Art Zwischenlager anreichern. Sedimente und Sedimentgesteine sind daher eine wichtige Quelle für dieses Element.

Biogeochemische Kreisläufe sind für das Verständnis von Mechanismen wichtig, die mit den evolutionären Ereignissen im Verlauf der Erdgeschichte verbunden sind, wie nachfolgend noch gezeigt wird. Sie sind auch für unsere Kenntnisse entscheidend, wie Elemente und Verbindungen, die durch die Aktivität des Menschen in die Atmosphäre und Ozeane gelangen, die Biosphäre beeinflussen.

## Mikroorganismen: die Chemiker der Natur

Einzellige Organismen einschließlich Bakterien, einigen Pilzen und Algen sowie die gesamten Protozoen gehören zur Gruppe der **Mikroorganismen**. Wo immer es Wasser gibt, findet man sie. Diese Mikroorganismen benötigen, wie andere Organismen auch, zum Leben und zur Fortpflanzung Wasser. Mikroorganismen sind etwa 1/1 000 Millimeter groß und können nahezu jeden vorstellbaren Winkel und Spalt bis in Tiefen von 5 000 Meter unter der Erdoberfläche und Höhen von über 10 000 Meter in der Atmosphäre besiedeln. Sie leben in der Luft, im Boden, auf und in Gesteinen, in Wurzeln, in toxischem Abfall, auf Schneeflächen und in jeder Art von Wasseransammlungen einschließlich siedend heißer Quellen. Sie leben in Temperaturbereichen zwischen –20 °C und dem Siedepunkt von Wasser (100 °C).

Der Mensch nutzt seit Jahrtausenden den mikrobiellen Stoffwechsel zur Herstellung von Brot, Wein und Käse. Heute werden Mikroorganismen außerdem zur Herstellung von Antibiotika und anderen wichtigen Arzneimitteln verwendet. Geobiologen untersuchen Mikroorganismen, um ihre wichtige Rolle bei der Lösung und Ausfällung von Mineralen und auch bei der Entwicklung der Biosphäre vor dem Auftreten der höheren Organismen besser zu verstehen.

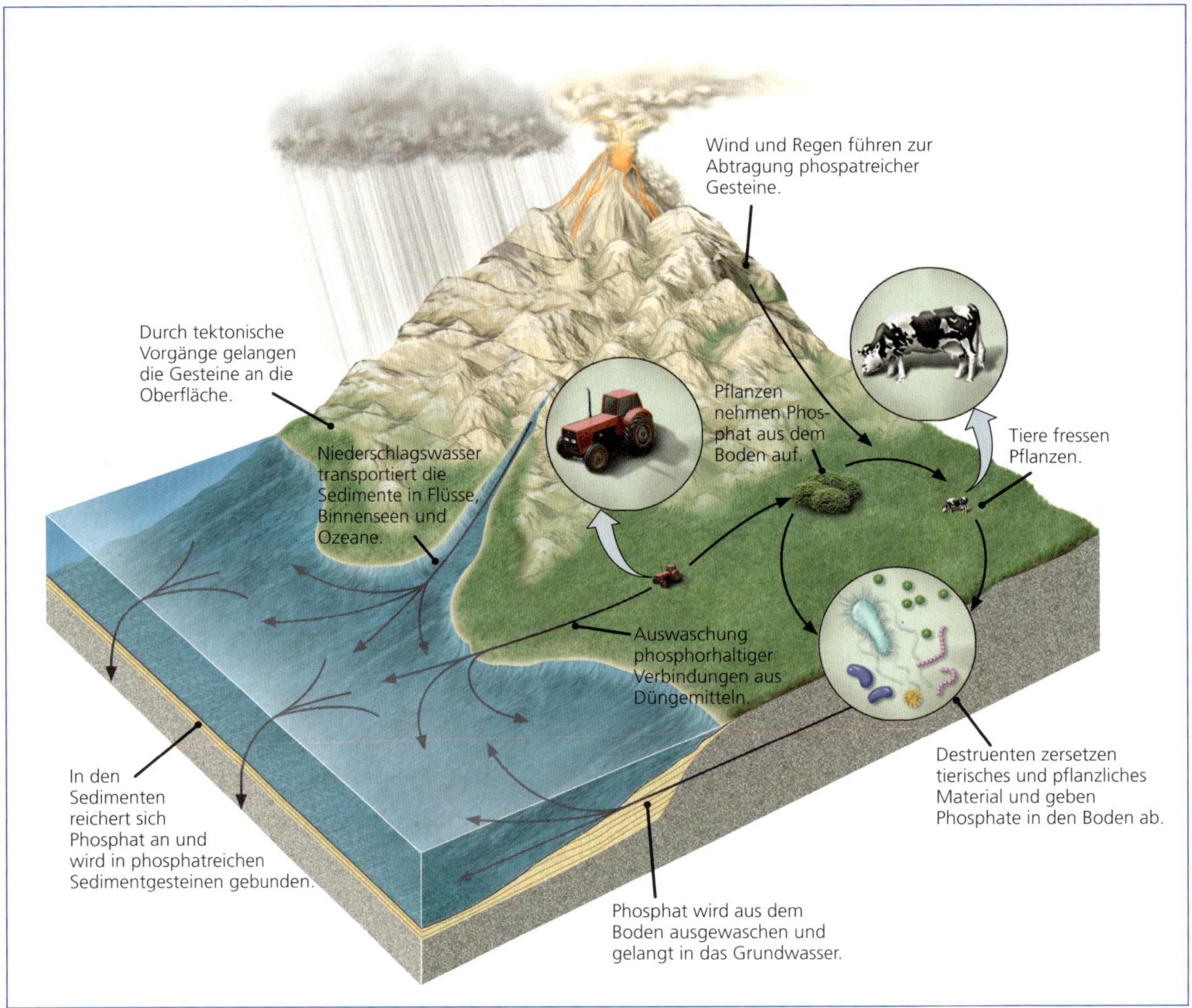


**Abb. 11.5** Die Sedimentation von Phosphatmineralen ist ein wesentlicher Bestandteil des Phosphorkreislaufs.

## Häufigkeit und Diversität der Mikroorganismen

Mikroorganismen sind die wahren Herrscher der Erde – schon von ihrer Individuenzahl her. Ihre Konzentration schwankt in Böden, Sedimenten und natürlich vorkommendem Wasser zwischen $10^3$ und $10^9$ Mikroorganismen/$cm^3$. Wo immer man über den Erdboden geht, man tritt auf Milliarden von Mikroorganismen! Doch was noch weitaus wichtiger ist, Mikroorganismen sind insgesamt die genetisch vielseitigste Organismengruppe der Erde. Unter bestimmten Umweltbedingungen sind **Gene** große Moleküle, die in den Zellen aller Organismen vorhanden sind und in denen sämtliche Informationen des Organismus gespeichert sind – seien es Pflanzen, Tiere oder Mikroorganismen –, die sein Aussehen, seine Lebensweise und Fortpflanzung bestimmen. Diversität ist deswegen wichtig, weil sie den Mikroorganismen Lebensräume öffnet, die für andere Organismen tödlich wären. Außerdem ermöglicht sie den mikrobiellen Ökosystemen, wichtige Substanzen in geologisch sehr unterschiedlichen, oftmals extremen Bereichen zu verbreiten.

**Der Stammbaum des Lebens** Biologen vergleichen die Gene der verschiedenen Organismen innerhalb einer spezifischen Gruppe, um auf diese Weise eine hierarchische Abfolge von Vorfahren und Nachkommen aufzustellen und um daraus einen allgemeinen **Stammbaum des Lebens** zu erstellen (Abb. 11.6). Gene enthalten die grundlegenden Erbinformationen, die von Generation zu Generation weitergegeben werden. Vor ungefähr 30 Jahren, als der erste Stammbaum für die Familien der Mikroorganismen erstellt wurde, machte man eine erstaunliche Entdeckung. Nachdem man die Gene aller Mikroorganismen miteinander verglichen hatte, stellte sich heraus, dass es trotz ihrer ähnlichen Größe und Formen enorme Unterschiede in ihrem genetischen Inhalt

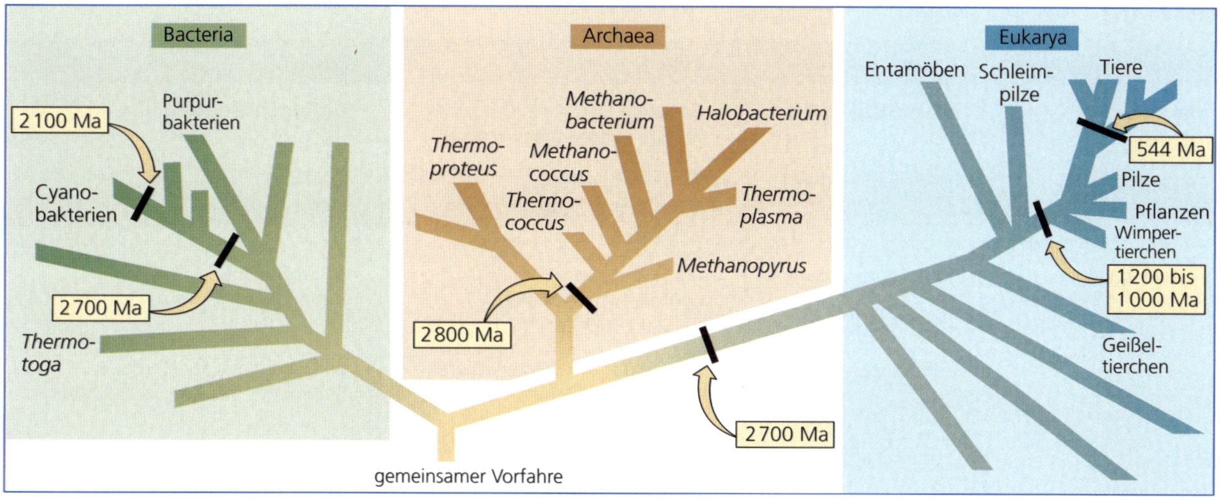


**Abb. 11.6** Der Stammbaum des Lebens zeigt die Verwandtschaftsbeziehungen aller Organismen untereinander. Die Organismen sind in drei große Domänen unterteilt: Bacteria, Archaea und Eukarya. Diese Domänen haben alle einen gemeinsamen Vorfahren. In allen Domänen herrschen Mikroorganismen vor. Jede Verzweigung entspricht einem evolutionären Ereignis, bei dem aus einem Vorfahren neue Abkömmlinge entstanden sind. Tiere und damit auch die Menschen erscheinen am Ende der Domäne Eukarya.

gibt (Abb. 11.6). Vergleicht man darüber hinaus die Gene aller Organismen miteinander, einschließlich von Tieren und Pflanzen, so zeigt sich, dass die genetischen Unterschiede innerhalb der Mikroorganismen-Gruppen weitaus größer sind als die Unterschiede zwischen Tieren und Pflanzen, uns Menschen inbegriffen (Abb. 11.6).

**Die drei Organismenreiche** Die in Abbildung 11.6 dargestellte einzelne Wurzel des Stammbaums wird als **gemeinsamer Vorfahre** bezeichnet. Daraus entwickelten sich drei Großgruppen oder **Domänen**: die **Bacteria**, die **Archaea** und die **Eukarya**. Die Bacteria und Archaea entwickelten sich möglicherweise zuerst, es handelt sich bei ihnen um einzellige Mikroorganismen. Die **Eukarya** folgten offenbar später und unterscheiden sich von ihnen durch Zellen mit einem komplizierteren Innenbau, beispielsweise durch die Existenz eines Zellkerns. Die **Eukaryota** besitzen höher entwickelte Zellstrukturen, die es ermöglichen, größere vielzellige Organismen zu bilden – ein wesentlicher Schritt bei der Evolution von Tieren und Pflanzen.

Für Geobiologen ist der Stammbaum des Lebens eine Art Karte, die zeigt, wie die winzigen und merkmalslosen Mikroorganismen miteinander verwandt sind und mit der Erde in Wechselbeziehung stehen. Bezeichnungen wie *Halobacterium*, *Thermococcus* und *Methanopyrus* geben uns gewisse Hinweise, dass diese Organismen in extremen Lebensräumen existieren können, die außergewöhnlich hohe Salzgehalte aufweisen (halo) oder sehr heiß sind (thermo) oder in denen hohe Methangehalte (methano) auftreten. Mikroorganismen, die solche extremen Lebensräume bewohnen, gehören fast ausnahmslos zu den Domänen Archaea und Bacteria (Abb. 11.6).

## Extremophile: Mikroorganismen, die in Grenzbereichen leben

Als **Extremophile** bezeichnet man Mikroorganismen, die in Bereichen leben, die für andere Organismen tödlich sind (Abb. 11.3). Sie ernähren sich von jeglicher Art Energieträger einschließlich Erdöl und toxischen Abfällen. Einige „atmen" andere Substanzen, das heißt keinen Sauerstoff, sondern Salpetersäure, Schwefelsäure, Eisen, Arsen oder Uran, aus denen sie Energie gewinnen.

**Acidophile Organismen** leben ausschließlich in saurem Milieu, wie beispielsweise im Rio Tinto in Spanien (Exkurs 3.1; Kap. 3). Wasser, das aus alten Grubenbauen fließt, in denen Sulfidminerale abgebaut wurden, ist normalerweise sehr sauer, weil die Sulfide mit Sauerstoff und Wasser zu Schwefelsäure reagieren. Acidophile Mikroorganismen können Säuregehalte tolerieren, bei denen andere Organismen absterben würden. Sie können deswegen in solchen stark sauren Bereichen überleben, weil sie eine Möglichkeit entwickelt haben, die Anreicherung von Säure in ihren Zellen zu verhindern.

**Thermophile Mikroorganismen** leben und gedeihen in extrem heißen Bereichen, die für die meisten anderen ebenfalls tödlich wären. Sie gedeihen am besten bei Temperaturen zwischen 50 °C und 70 °C und können Temperaturen bis zu 120 °C tolerieren. Sobald die Temperaturen auf Werte um 20 °C fallen, ist ein Wachstum nicht mehr möglich. Thermophile Organismen leben sowohl in geothermalen Lebensräumen wie in heißen Quellen oder in den Schloten an den mittelozeanischen Rücken als auch in Lebensräumen, die ihre Wärme selbst entwickeln wie etwa Komposthaufen und Mülldeponien. Die

**Tabelle 11.3** Merkmale extremophiler Organismen

| Organismengruppe | Toleranzbereich | Lebensraum | Beispiel |
|---|---|---|---|
| Halophile | hoher Salzgehalt | Salzseen<br>marine Evaporitbildungsräume | Großer Salzsee (Utah) |
| Acidophile | hoher Säuregehalt | Grubenwässer<br>Gewässer in Umgebung von Vulkanen | Rio Tinto<br>(siehe Kapitel 3) |
| Thermophile | hohe Temperatur | heiße Quellen<br>hydrothermale Schlote („Black Smokers") | heiße Quellen im Yellowstone-Nationalpark |
| Anaerobe | kein Sauerstoff | Porenraum wassergesättigter Sedimente<br>Grundwasser<br>Mikrobenmatten<br>hydrothermale Schlote („Black Smokers") | Wattsediment der Nordsee, Sedimente des Schwarzen Meeres |

Mikroorganismen, die den Boden der Grand Prismatic Hot Spring besiedeln (Titelbild des Kapitels), sind überwiegend thermophile Organismen. Aus dem in Abbildung 11.6 dargestellten Stammbaum des Lebens wird ersichtlich, dass die Eukaryota (darunter auch der Mensch) diejenigen Organismen sind, die hohe Temperaturen am wenigsten tolerieren (60 °C sind offenbar die Obergrenze). Die Bacteria haben einen weitaus größeren Toleranzbereich (Temperaturobergrenze bei etwa 90 °C), und die Archaea können Temperaturen bis zu 120 °C tolerieren. Mikroorganismen, die Temperaturen von mehr als 80 °C aushalten, werden als **hyperthermophile Organismen** bezeichnet.

**Halophile Organismen** sind Lebensformen, die hochsalinare Bereiche besiedeln. Der Salzgehalt in solchen Lebensräumen beträgt etwa das Zehnfache des Salzgehalts von Meerwasser. Halophile Organismen gedeihen in Playa-Seen wie etwa im Großen Salzsee und im Toten Meer sowie in einigen Meeresgebieten wie beispielsweise am Südende der San Francisco Bay, wo in Salzgärten Meerwasser kommerziell zur Gewinnung von Salz verdunstet. Die in den Salzgärten erkennbare rosa Farbe (Abb. 11.7) ist auf ein Pigment der halophilen Bakterien zurückzuführen. Diese Mikroorganismen halten die Salzkonzentration in ihren Zellen auf einem normalen Wert, da sie in der Lage sind, überschüssiges Salz in die Umwelt abzugeben.

**Anaerobe Organismen** sind eine weitere Gruppe innerhalb der Extremophilen; sie leben in Bereichen, in denen kein Sauerstoff vorhanden ist. Am Grund von Teichen, Seen, Flüssen und in Meeresböden sind die Porenlösungen nur wenige Millimeter oder Zentimeter unter der Sedimentoberfläche an Sauerstoff verarmt. Mikroorganismen, die unmittelbar im Grenzbereich Sediment/Wasser leben, verbrauchen den gesamten Sauerstoff durch Atmung, was in den tieferen Bereichen des Sediments zu anaeroben Bedingungen führt. Die sauerstoffreiche obere Zone der meisten Sedimentschichten

**Abb. 11.7** Künstlich angelegte Salzgärten, in denen Meerwasser verdunstet und Steinsalz ausgefällt wird, das als Kochsalz oder für andere Zwecke Verwendung findet. Die in diesen Salzgärten lebenden halophilen Mikroorganismen produzieren ein für sie typisches Pigment, das diese Teiche rosa färbt [*Foto: Yann Arthus-Bertrand/Corbis*].

**Abb. 11.8** Mikroorganismen bilden geschichtete Ablagerungen in Form so genannter Mikrobenmatten. Der obere Teil der Matte war der Sonne ausgesetzt, die Photosynthese betreibenden autotrophen Mikroorganismen sind an ihrer grünen Farbe erkennbar. Weiter unten in der Matte leben autotrophe Organismen, die keine Photosynthese betreiben und purpur gefärbt sind. Diese Autotrophen treten in der aeroben Zone auf. In größerer Tiefe verändert sich die Farbe der Matte nach Grau und kennzeichnet damit die anaerobe Zone, in der heterotrophe Organismen leben [*Foto: John Grotzinger*].

wird als aerobe Zone bezeichnet. Viele der in den aeroben Bereichen lebenden Mikroorganismen würden in der anaeroben Zone absterben und umgekehrt. Wie Abbildung 11.8 zeigt, ist diese Grenze meist ausgesprochen scharf.

## Interaktionen zwischen Mikroorganismen und Mineralen

Mikroorganismen spielen bei zahlreichen geologischen Vorgängen eine entscheidende Rolle. Dazu gehört das Ausfällen und Auflösen von Mineralen sowie der Materialfluss wichtiger Elemente innerhalb der Erdkruste. Wie wir später in diesem Kapitel noch sehen werden, spielten mikrobielle Prozesse in der evolutionären Geschichte der höheren Organismen eine regulierende Rolle.

**Ausfällung von Mineralen** Mikroorganismen fällen auf zwei sehr unterschiedliche Arten Minerale aus, **indirekt** – im Verlauf ihres Wachstums – und **direkt**, als Folge ihrer Stoffwechseltätigkeit (Abb.11.9). Zur indirekten Fällung kommt es, wenn gelöste Minerale auf der Oberfläche der einzelnen Mikroorganismen aus einer übersättigten Lösung ausgefällt werden. Dies erfolgt, weil es auf der Oberfläche der Mikroorganismen Bereiche gibt, an denen die gelösten, Minerale bildenden Elemente gebunden werden können. Die Ausfällung von Mineralen führt oftmals zu einem völligen Überzug der Mikroorganismen, die dadurch buchstäblich lebendig begraben werden. Die mikrobielle Ausfällung von Carbonat- und Silicatmineralen in heißen Quellen sind gute Bei-

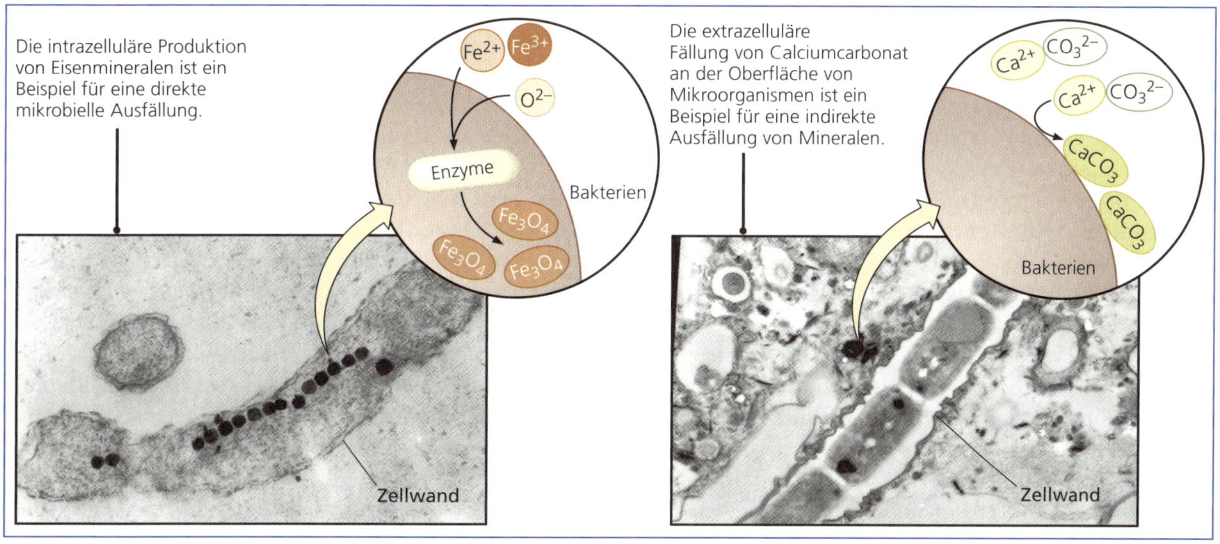


**Abb. 11.9** Mikroorganismen fällen auf direktem oder indirektem Weg Minerale aus [*Fotos: rechts Dr. Richard B. Frankel, Cal Poly Physics, links Grant Ferris, Univ. of Toronto*].

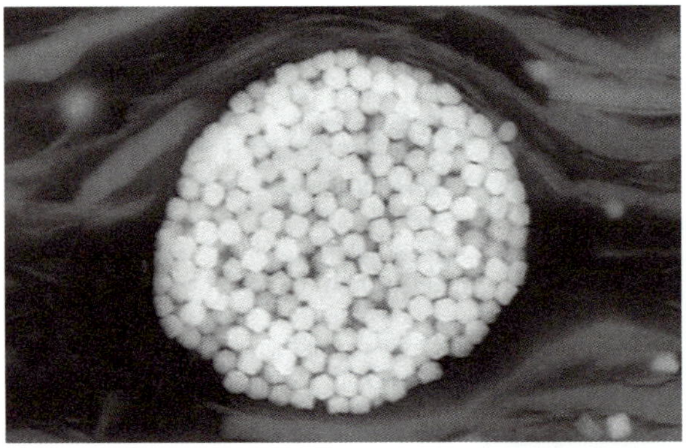

**Abb. 11.10** Pyrit bildet in Sedimenten, in deren Porenwasser anaerobe Bedingungen herrschen, normalerweise kleine Kügelchen. Mikroorganismen reduzieren das im Meerwasser vorhandene Sulfat zu Sulfid, das sich mit dem aus den umgebenden Mineralen gelösten Eisen verbindet und als Pyrit ausgefällt wird [*Foto: Juergen Schieber, mit frdl. Genehmigung*].

spiele für diese Form der mikrobiellen Biomineralisation. Thermophile Organismen können von den Mineralablagerungen, an deren Bildung sie beteiligt sind, völlig überwachsen werden.

Die direkte Ausfällung von Mineralen erfolgt aktiv durch den Stoffwechsel der Mikroorganismen. So werden beispielsweise Eisen- und Manganoxide durch Mikroorganismen abgelagert, die diese Substanzen zur Energiegewinnung und zum Wachstum verwenden.

Die mikrobielle Ausfällung von Pyrit ($FeS_2$) (Abb. 11.10) erfolgt in den anaeroben Bereichen der Sedimente, die Eisen führende Minerale und im Porenwasser Sulfat-Ionen ($SO_4^{2-}$) enthalten. Die Ausfällung von Pyrit erfolgt durch den biologischen Prozess der Atmung. Wie wir wissen, benötigen alle Organismen – selbst Mikroorganismen – Sauerstoff, um durch den Abbau von Zucker Energie zu gewinnen. In den anaeroben Bereichen ist jedoch kein Sauerstoff vorhanden und heterotrophe Mikroorganismen (Tab. 11.1) haben sich diesen harten, aber häufig vorkommenden Bedingungen angepasst, um Sauerstoff aus anderen Quellen zu gewinnen. Heterotrophe Mikroorganismen können den im Porenwasser in den Sulfat-Ionen gebundenen Sauerstoff freisetzen und auf diese Weise die lebensnotwendigen organischen Substanzen oxidieren, um so die erforderliche Energie zu gewinnen. Bei diesem Vorgang entsteht das nach faulen Eiern riechende Gas Schwefelwasserstoff ($H_2S$), das beispielsweise auch freigesetzt wird, wenn man bei Ebbe sandige oder tonige Sedimente aufgräbt. Im letzten Stadium dieses Prozesses reagiert Schwefelwasserstoff mit Eisen-Ionen und es entsteht Eisensulfid in Form von Pyrit. Pyrit ist in Sedimenten, die wie beispielsweise Schwarzschiefer große Mengen organisches Material enthalten, ausgesprochen häufig. Viele Schwarzschiefer werden in größere Tiefe versenkt und die darin enthaltenen organischen Substanzen werden abgebaut und gehen in Erdöl und Erdgas über (Kap. 23).

Ein weiteres Beispiel für eine durch Stoffwechsel direkt beeinflusste Fällung von Mineralen ist die Bildung winziger Magnetitpartikel im Innern von Mikroorganismen (Abb. 11.9), die diese Magnetitkörperchen zur Orientierung nutzen. (Wir erinnern uns an das in Kapitel 1 besprochene System Geodynamo als eines der drei wesentlichen Geosysteme, das für das irdische Magnetfeld verantwortlich ist.) Magnetische Kristalle in den Mikroorganismen, aber auch in anderen Lebewesen wie beispielsweise in den Honigbienen, ermöglichen diesen Organismen, sich mithilfe des irdischen Magnetfeldes zu orientieren. Selbst geologische Erscheinungen tief im Erdinneren können demzufolge die Biosphäre beeinflussen.

**Auflösung von Mineralen** Einige für den Mikroben-Stoffwechsel erforderliche Elemente wie Schwefel und Stickstoff sind in natürlichen Gewässern enthalten, andere jedoch wie Eisen und Phosphor müssen von den Mikroorganismen aktiv aus Mineralen gewonnen werden. Alle Mikroorganismen benötigen Eisen, doch ist die Eisenkonzentration in den oberflächennahen Gewässern im Allgemeinen so gering, dass die Organismen Eisen durch das Lösen der in unmittelbarer Nähe vorhandenen Minerale gewinnen müssen. In gleicher Weise ist Phosphor, der für den Aufbau biologisch wichtiger Moleküle erforderlich ist, lediglich durch das Auflösen von Mineralen wie etwa Apatit verfügbar. Einige autotrophe Formen gewinnen ihre Energie aus chemischen Substanzen, die beim Auflösen von Mineralen entstehen. Diese Organismen werden als chemoautotrophe Organismen bezeichnet (vgl. Tab. 11.1). Als Energieträger wirken zum Beispiel $Mn^{2+}$, $Fe^{2+}$, S, $NH_4^+$ und $H_2$, wenn sie von den Chemoautotrophen aus Mineralen freigesetzt werden.

Mikroorganismen sind deswegen in der Lage, Minerale zu lösen, weil durch Wechselwirkungen zwischen ihren Zellen oder auch organischen Molekülen und den Mineralen an der Oberfläche der Minerale Ionen freigesetzt werden. Das Auflösen von Mineralen ist normalerweise ein sehr langsamer Prozess; er kann jedoch beschleunigt werden, wenn Minerale, in denen die erforderlichen Metalle wie Eisen und Mangan enthalten sind, von mikrobiellen Biofilmen umhüllt werden. In solchen Biofilmen sind Mikroorganismen in extrem hohen Konzentrationen vorhanden – bis zu $10^8$ Mikroorganismen/$cm^2$ Oberfläche wurden darin nachgewiesen. Acidophile Formen gedeihen in Bereichen, in denen die Lösung von Mineralen zu einer vermehrten Säurebildung führt.

**Mikroorganismen und globale biogeochemische Kreisläufe** Die mikrobielle Fällung von Pyrit ist ein Beispiel für einen globalen biogeochemischen Vorgang (Abb. 11.11). Eisen- und Sulfid-Ionen werden als Pyrit

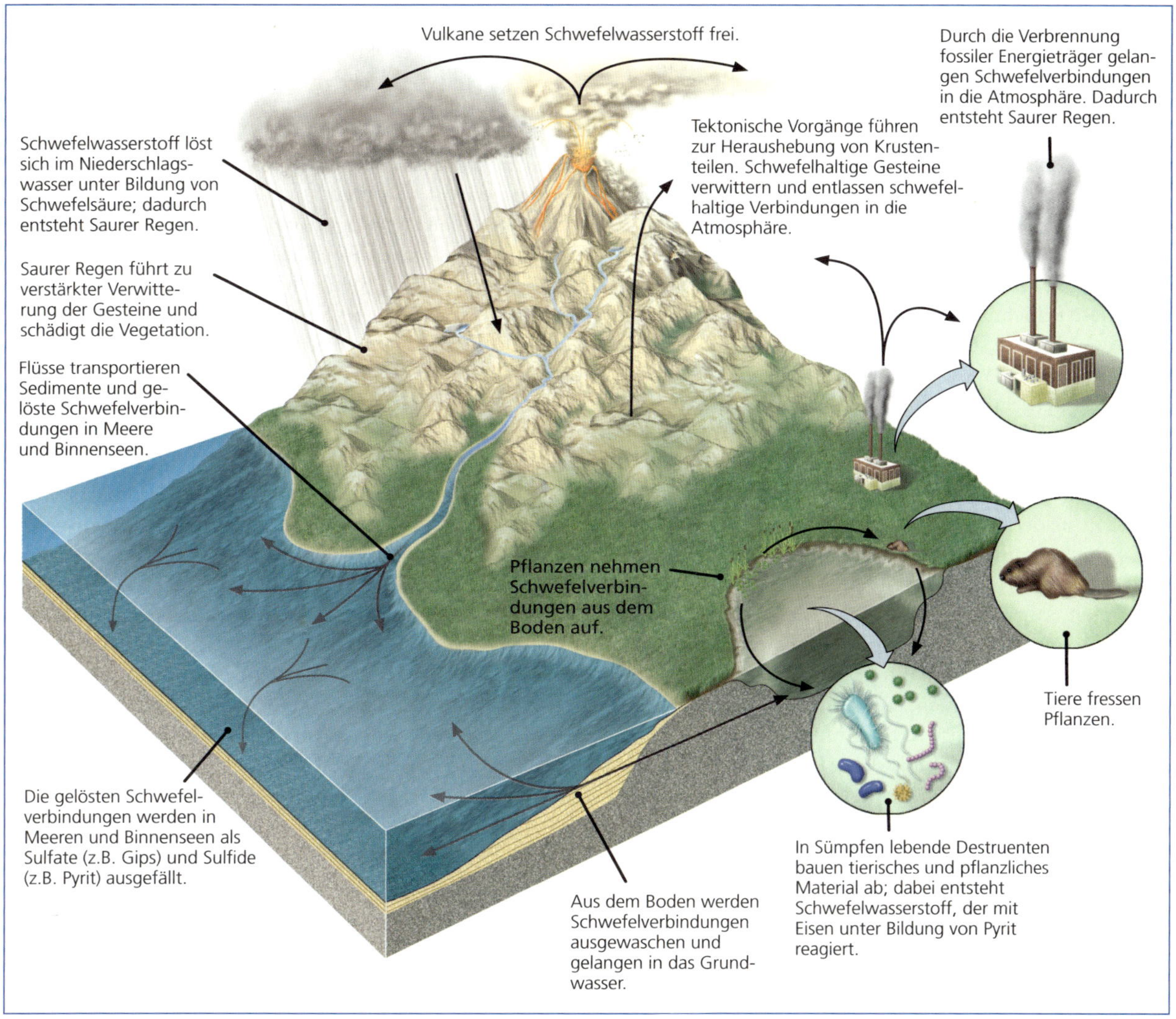


**Abb. 11.11** Die Ausfällung von Pyrit durch Mikroorganismen ist ein wesentlicher Bestandteil des Schwefelkreislaufs.

ausgefällt, der in Sedimenten häufig auftritt. Sobald weitere Sedimente abgelagert werden, wird der Pyrit überdeckt und in den daraus entstehenden Sedimentgesteinen eingeschlossen. Der Pyrit verbleibt solange in den Gesteinen, bis diese durch eine Hebungsphase im Rahmen des Gesteinskreislaufs wieder an die Erdoberfläche gelangen. Bei der Verwitterung von Sedimentgesteinen werden durch die Lösung des Pyrits Eisen und Sulfid in ionischer Form in das Wasser freigesetzt oder in neu gebildete Minerale eingebaut, die sich wiederum im Sediment anreichern, und damit treten beide Ionen erneut in den biogeochemischen Kreislauf ein.

Im globalen Maßstab spielen Mikroorganismen in zahlreichen anderen biogeochemischen Kreisläufen eine wichtige Rolle. So ist beispielsweise die mikrobielle Fällung von Phosphatmineralen am Materialfluss von Phosphor in die Sedimente beteiligt, vor allem an den Westküsten Südamerikas und Afrikas, wo phosphatreiches Tiefenwasser an die Oberfläche aufsteigt, sodass dieses Wasser auch für Mikroorganismen in flacheren Gewässern verfügbar ist. Die chemische Verwitterung der Gesteine auf den Kontinenten wird von Mikroorganismen beeinflusst, die den Säuregehalt der Böden erhöhen, was zu einer verstärkten Verwitterung führt. Und schließlich, wie in Kapitel 5 erwähnt, wird auch die Fällung von Carbonatmineralen im marinen Bereich durch mikrobielle Vorgänge ausgelöst. Das letztgenannte Beispiel ist besonders wichtig, weil Carbonatminerale als Speicher für das Kohlendioxid der Atmosphäre und für Kationen wie $Ca^{2+}$ und $Mg^{2+}$ dienen, die bei der Verwitterung von Silicatmineralen wie Feldspäten, Amphibolen, Pyroxenen und Olivinen freigesetzt werden.

## Mikrobenmatten

**Mikrobenmatten** sind schichtförmig aufgebaute Mikroorganismen-Gemeinschaften. Die am leichtesten erkennbaren Mikrobenmatten sind solche, die der Sonne ausgesetzt sind (vgl. Abb. 11.8). Sie treten gewöhnlich in Wattgebieten, hypersalinen Lagunen und in Thermalquellen auf. Die oberste Schicht wird normalerweise von einer Lage Sauerstoff produzierender Cyanobakterien gebildet, die ihre Energie durch Photosynthese gewinnen. Diese Schicht ist deshalb grün, weil Cyanobakterien dasselbe Licht absorbierende Pigment (Chlorophyll) besitzen, wie alle anderen grünen Pflanzen. Diese Lage kann lediglich einige Millimeter dick sein, trotzdem ist sie bei der Produktion von Energie aus Sonnenlicht genauso effektiv wie etwa Laubwälder oder Grünland. Die oberste grüne Schicht kennzeichnet gleichzeitig die aerobe Zone der Mikrobenmatte. Unter der Cyanobakterien-Schicht befindet sich der anaerobe Bereich, der oft dunkelgrau gefärbt ist. Obwohl dieser Teil der Matte keinen freien Sauerstoff enthält, kann er biologisch noch sehr aktiv sein. Anaerobe Mikroorganismen sind heterotroph, da sie ihre Energie durch den Abbau von organischem Material gewinnen, das von den Cyanobakterien produziert wurde. Diese Aktivität führt oftmals zur Bildung von Pyrit, doch darauf wurde bereits eingegangen.

Mikrobenmatten sind kleine Modelle derselben biogeochemischen Kreisläufe, die im regionalen oder globalen Maßstab ablaufen. In einer Mikrobenmatte gewinnen Photosynthese betreibende autotrophe Organismen ihre Energie aus Sonnenlicht und verwandeln den im Kohlendioxid der Atmosphäre enthaltenen Kohlenstoff in größere Moleküle wie etwa Kohlenwasserstoffe, die für das Wachstum der Mikroorganismen erforderlich sind. Nach dem Absterben der Mikroorganismen verwenden heterotrophe Mikroorganismen den Kohlenstoff der abgestorbenen Organismen als Energiequelle. Die Heterotrophen verwandeln dann einen Teil dieses Kohlenstoffs in $CO_2$, das wieder in die Atmosphäre gelangt und von der nächsten Generation Photosynthese betreibender Autotrophen erneut verwendet wird, und so weiter. Im Fall der Mikroorganismen ist dieser Kreislauf auf den sehr kleinen Bereich einer Sedimentschicht beschränkt, doch entspricht er genau dem Vorgang, mit dem die Regenwälder im globalen Maßstab durch Photosynthese der Atmosphäre $CO_2$ entziehen. Obwohl die einzelnen Bäume den eigentlichen Prozess durchführen, lässt sich der Regenwald insgesamt als große Photosynthese-Fabrik betrachten, die enorme Mengen $CO_2$ verarbeitet und riesige Mengen Kohlehydrate produziert. Sterben die Bäume ab, wird ihre organische Substanz von den am Waldboden lebenden heterotrophen Organismen zur Energiegewinnung verwendet und die dabei produzierten enormen Mengen an Kohlenstoff werden in der bekannten Form von $CO_2$ wieder in die Atmosphäre abgeben.

**Stromatolithen** Mikrobenmatten sind in ihrer Verbreitung auf solche Bereiche der Erde beschränkt, wo Tiere und Pflanzen das Wachstum nicht stören. Vor der Entstehung der Pflanzen und Tiere waren Mikrobenmatten weit verbreitet. Sie sind mit die häufigsten in präkambrischen Sedimentgesteinen überlieferten Strukturen, die in marinen und lakustrinen Sedimentbildungsräumen abgelagert wurden. **Stromatolithen** – Sedimentgesteine mit einer charakteristischen Feinschichtung – sind möglicherweise das Produkt fossiler Mikrobenmatten. Die Form der Stromatolithen reicht von flachen Schichten bis zu kuppelförmigen Strukturen, die ein kompliziertes Verzweigungsmuster zeigen (Ab. 11.12). Sie zählen zu den ältesten Fossilien der Erde und geben uns Einblick in eine Welt, die von Mikroorganismen beherrscht wurde.

Die meisten Stromatolithen sind wahrscheinlich dadurch entstanden, dass das auf die Mikrobenmatten absinkende Sedimentmaterial von Mikroorganismen, die an der Oberfläche der Matte lebten, festgehalten und gebunden wurde (Abb. 11.12). Sobald sie von Sediment bedeckt waren, wuchsen die Mikroorganismen zwischen den Sedimentpartikeln nach oben, dann breiteten sie sich nach der Seite aus und hielten das Sediment an Ort und Stelle fest. Jede Stromatolithenlage entspricht der Ablagerung einer Sedimentschicht, die nachfolgend fixiert wurde.

In einigen Fällen sind Stromatolithen wohl eher durch Ausfällung als durch die Fixierung von Sediment entstanden. Die Ausfällung von Mineralen wird indirekt von den Mikroorganismen beeinflusst oder ist einfach das Ergebnis einer Übersättigung an Mineralen in der umgebenden fluiden Phase. Wie bereits in Kapitel 5 erwähnt, sind die Ozeane an Calcium und Carbonat übersättigt, sodass es zur Fällung der Carbonatminerale Calcit und Aragonit kommt. Diese Minerale sind für das Wachstum von Stromatolithen, die eher durch die Ausfällung von Mineralen entstehen, besonders wichtig.

Die potenzielle Rolle der Mikroorganismen bei der Bildung von Stromatolithen ist deswegen von Bedeutung, weil diese feingeschichteten kuppelförmigen Strukturen als Belege für Leben in der Frühzeit der Erde gelten und ihre Fossilüberlieferung mehr als 3,5 Milliarden Jahre zurückreicht. Wenn sich jedoch Stromatolithen durch chemische Fällung ohne jegliche Beteiligung von Mikroorganismen gebildet haben, sind sie als Beweise für präkambrisches Leben äußerst fragwürdig. Nur durch sehr sorgfältige Untersuchung der Zusammenhänge zwischen Mikroorganismen, Mineralen und Sedimenten und den chemischen und strukturellen „Fingerabdrücken" dieser Interaktionen lässt sich entscheiden, ob für die Entstehung von Stromatolithen in der Frühzeit der Erde Mikroorganismen erforderlich waren.

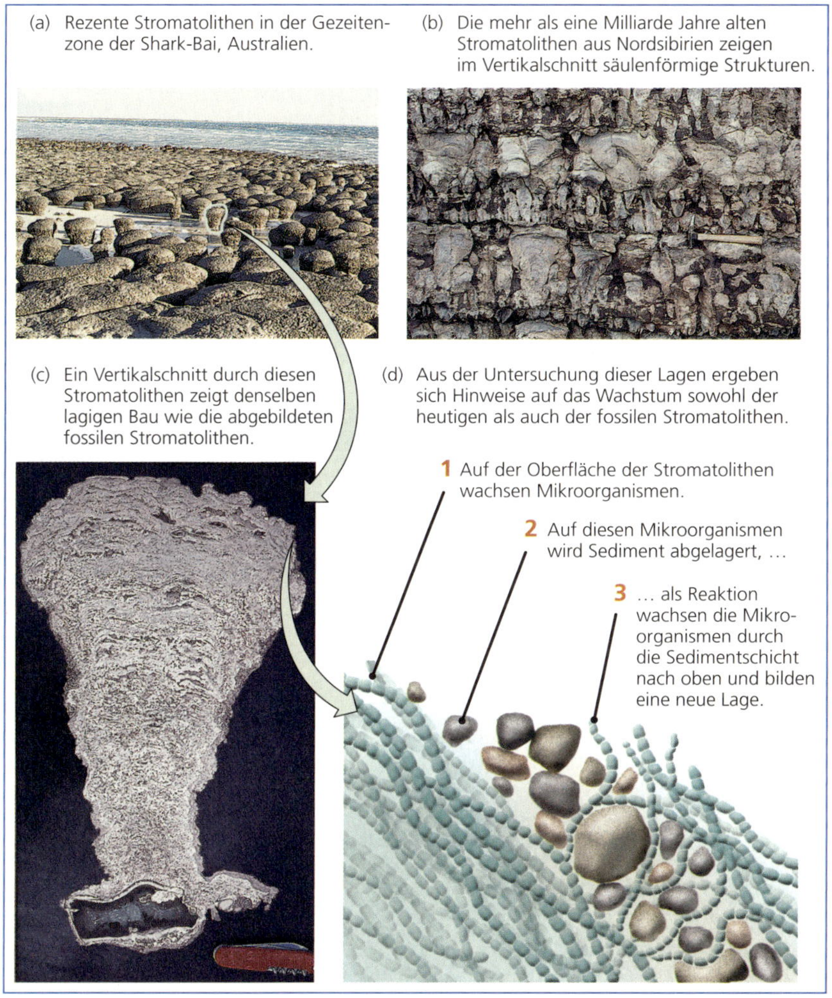


**Abb. 11.12** Stromatolithen sind Sedimentstrukturen, die durch Wechselbeziehungen von Mikroorganismen und ihrer Umwelt entstehen [*Fotos: John Grotzinger*].

# Geobiologische Ereignisse in der Erdgeschichte

Die geologische Zeitskala beruht auf dem ersten beziehungsweise letzen Auftreten heute ausgestorbener Fossilgruppen (Kap. 8). Dies ist ein durchaus bewährtes Verfahren zur Gliederung der Erdgeschichte, doch waren die zugrunde liegenden Ereignisse fast immer mit globalen Umweltveränderungen verknüpft. In den meisten Fällen erlebte die Erde ein zeitlich begrenztes Ereignis, das normalerweise mit der Entstehung neuer Organismengruppen verbunden war. Beispielsweise war der Anstieg des Sauerstoffgehalts mit dem Aufstieg der Photosynthese betreibenden Organismen im Archaikum verknüpft. Die Evolution der Landpflanzen im jüngeren Kambrium führte zur Begrünung der Erde.

In den meisten Fällen sind die Grenzen im phanerozoischen Abschnitt der geologischen Zeitskala durch das Erlöschen oder **Aussterben** bestimmter Organismengruppen markiert, gefolgt von Aufstieg oder **Radiation** einer neuen Organismengruppe. In einigen wenigen Fällen, beispielsweise an der Grenze Perm/Trias und Kreide/Tertiär, sind die Grenzen der Zeitskala durch Umweltkatastrophen von globalem Ausmaß gekennzeichnet. Wir werden in der Folge einige dieser dramatischen Ereignisse der Erdgeschichte näher betrachten – Ereignisse, bei denen der Zusammenhang von Leben und Umwelt klar erkennbar ist. Abbildung 11.13 zeigt die enorme zeitliche Präsenz des Lebens auf der Erde und den Zeitpunkt einiger wichtiger Ereignisse.

## Die Entstehung des Lebens und die ältesten Fossilien

Als die Erde vor etwa 4,5 Milliarden Jahren entstanden war, war sie unbelebt und unwirtlich. Eine Milliarde Jahre später wimmelte es auf ihr von Mikroorganismen. Wie das Leben aber begonnen hat, ist und bleibt eines der großen Rätsel der Naturwissenschaften.

Die Frage, wie das Leben entstanden sein könnte unterscheidet sich deutlich von der Frage, warum das

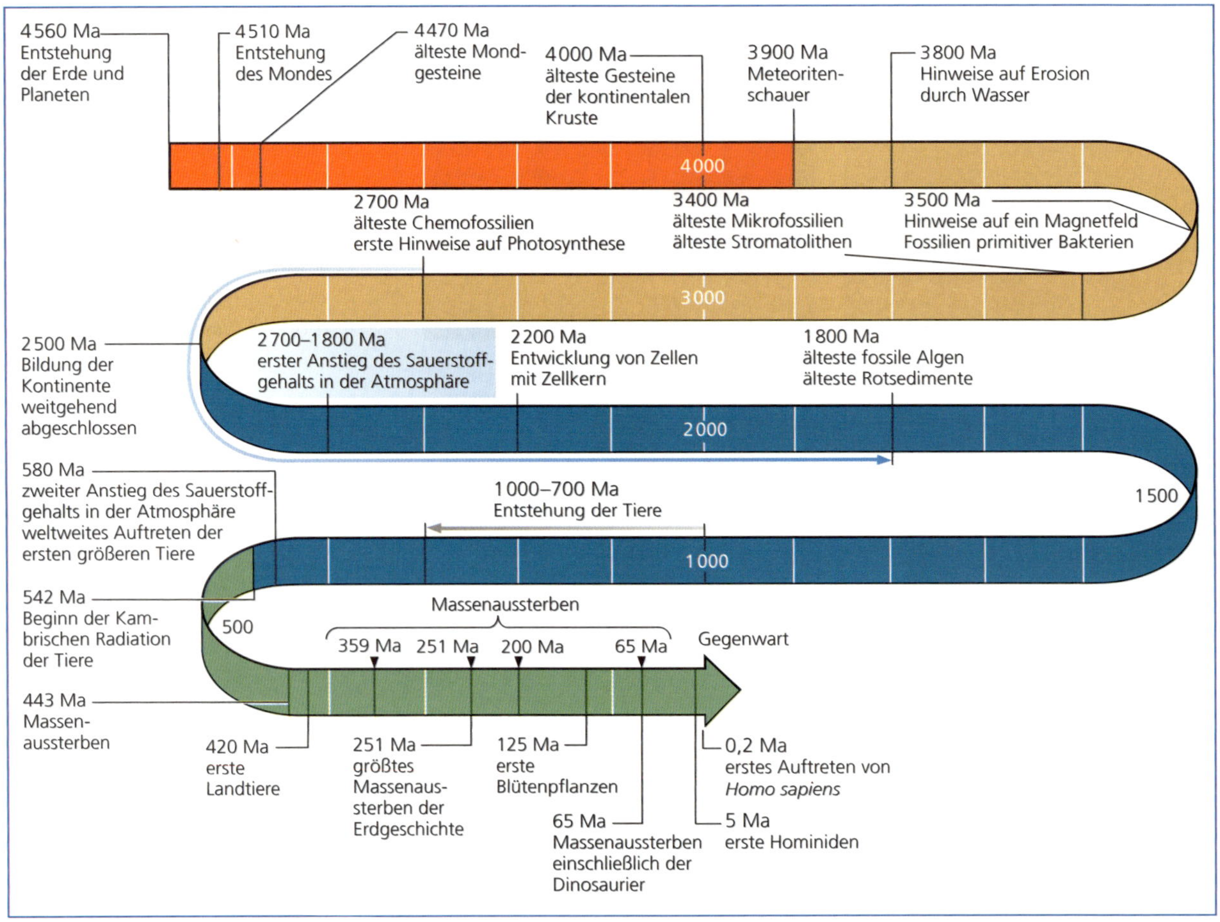


**Abb. 11.13** Zeittafel der wichtigsten geobiologischen Ereignisse in der Erdgeschichte.

Leben entstanden ist. Die Wissenschaft liefert nur einen Ansatz für das „Wie" dieses Rätsels, wir wissen jedoch bereits aus Kapitel 1, dass wir sowohl Beobachtungen als auch Experimente verwenden können, um überprüfbare Hypothesen aufzustellen. Diese Hypothesen können die einzelnen Schritte erklären, die an der Entstehung und Evolution des Lebens beteiligt sind, und sie können durch die Suche nach Hinweisen in der Fossilabfolge innerhalb der Schichten überprüft werden. Beobachtungen und Experimente liefern jedoch keine überprüfbaren Hinweise auf die Frage, warum sich das Leben entwickelt hat.

Aus der Fossilabfolge ist bekannt, dass die Mikroorganismen zuerst entstanden sind und sich zu all den vielzelligen Organismen weiter entwickelt haben, die den jüngeren Teil der Schichtenfolge bestimmen. Die Fossilüberlieferung zeigt jedoch auch, dass in der Geschichte des Lebens der mit Abstand längste Zeitabschnitt für die Evolution der einzelligen Mikroorganismen erforderlich war. Fossile Mikroorganismen findet man in 3,5 Milliarden Jahre alten Gesteinen, dagegen treten Fossilreste eindeutig mehrzelliger Organismen nur in Gesteinen auf, die jünger als 1 Milliarde Jahre sind. Daher waren zumindest für 2,5 Milliarden Jahre einzellige Mikroorganismen die einzigen Lebewesen auf der Erde.

Die Theorie der Evolution besagt, dass diese ersten Mikroorganismen – und alle die danach auftraten – aus einem gemeinsamen Vorfahren (der so genannten „Urzelle") hervorgegangen sind. Doch wie sah dieser gemeinsame Vorfahre aus? Wir wissen es nicht. Die meisten Geobiologen gehen aber davon aus, dass er mehrere wichtige Merkmale besaß. Das entscheidendste dürfte wohl die Fähigkeit zur Weitergabe genetischer Information für Wachstum und Reproduktion gewesen sein, andernfalls hätte es keine Nachkommen gegeben. Ein weiteres wesentliches Merkmal dieses gemeinsamen Vorfahren war, dass er aus kohlenstoffreichen Verbindungen bestand. Wie wir gesehen haben enthalten alle organischen Verbindungen Kohlenstoff.

Wie entstand dieser gemeinsame Vorfahre? Ein Ansatz zur Beantwortung dieser Frage wäre die Suche nach Hinweisen in den Gesteinen. Gut erhaltene Fossilien treten ausschließlich in Sedimentgesteinen auf, die weder metamorph noch tektonisch überprägt worden sind. Weil es jedoch aus diesem Zeitabschnitt der Erdgeschichte, in dem sich das Leben entwickelt hat, keine gut erhaltenen Sedimentgesteine gibt, waren andere Ansätze erforderlich. Hierbei kam den Chemikern eine wichtige Rolle zu.

**Die präbiotische Suppe: das Originalexperiment zur Entstehung des Lebens** In Laborexperimenten, mit denen die Entstehung des Lebens erforscht werden sollte, versuchten Wissenschaftler einige der Umweltbedingungen zu rekonstruieren, von denen man ausging, dass sie auf der primitiven Erde vor der Entstehung des Lebens geherrscht haben. Obwohl es nicht realistisch war, all diese Bedingungen nachzuvollziehen zu können, hoffte man, doch einige wesentliche Voraussetzungen zu ermitteln, die für eine Entstehung des Lebens erforderlich waren. Daher musste über die speziellen Voraussetzungen und Bestandteile, mit denen diese Experimente beginnen sollten, gründlichst nachgedacht werden.

Zu Beginn der fünfziger Jahre des vergangenen Jahrhunderts führte Stanley Miller an der Universität Chicago ein Experiment durch, das so ausgelegt war, dass damit die für eine Entstehung des Lebens auf der primitiven Erde erforderlichen chemischen Reaktionen erforscht werden konnten. Das Experiment war erstaunlich einfach (Abb. 11.14). In ein Reaktionsgefäß füllte er dem damaligen Ozean nachempfundenes Meerwasser, das erwärmt wurde und in Wasserdampf überging. Der Wasserdampf wurde mit anderen Gasen vermischt und bildete so eine „Uratmosphäre", von der angenommen wurde, dass sie einige der wichtigeren Verbindungen der primitiven Atmosphäre der Erde enthielt. Die bei den Experimenten verwendete Atmosphäre bestand aus Methan ($CH_4$), Ammonium ($NH_4$), Wasserstoff ($H_2$) und dem erwähnten Wasserdampf ($H_2O$). Sauerstoff – ein wichtiges Gas in der heutigen Atmosphäre – war nicht enthalten. In einem nächsten Schritt erzeugte Miller in dieser Atmosphäre kontinuierliche elektrische Entladungen („Blitze"), um die Reaktionen der Gase sowohl miteinander als auch mit dem Wasser des „Ur-Ozeans" in Gang zu bringen.

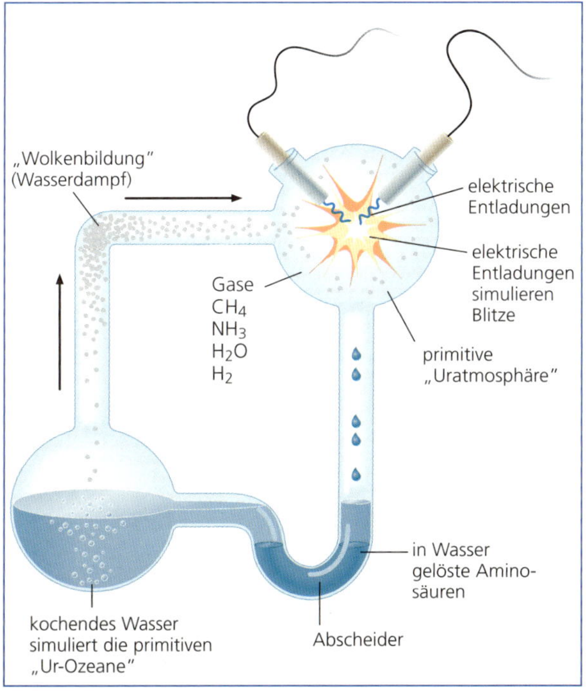


**Abb. 11.14** Mit dieser einfachen Apparatur erzeugte man aus Ammoniak ($NH_3$), Wasserstoff ($H_2$), Wasserdampf ($H_2O$) und kleinen kohlenstoffhaltigen Molekülen wie Methan ($CH_4$) in einer Reihe von chemischen Reaktionen Aminosäuren, die wesentlichen Bestandteile aller lebenden Organismen.

Die Ergebnisse waren verblüffend. Bei den Experimenten entstanden durch eine Reihe chemischer Reaktionen neben anderen kohlenstoffhaltigen Verbindungen zahlreiche so genannte **Aminosäuren**. Sie sind die Grundbestandteile aller Proteine, einschließlich derjenigen, die für die Entwicklung, das Überleben und die Fortpflanzung von Organismen erforderlich sind. Diese Entdeckung war sensationell, denn sie zeigte, dass auf der primitiven Erde Aminosäuren häufig gewesen sein könnten. Dies führte zu der Vorstellung, dass die Ozeane und die Atmosphäre eine Art präbiotische Suppe („Ursuppe") gebildet haben, in der das Leben entstanden war. Millers Experimente – und viele andere danach – lassen erkennen, dass unser gemeinsamer Vorfahre genetisches Material enthielt, das ihm die Bildung von Proteinen aus Aminosäuren ermöglichte, die für eine Selbsterhaltung erforderlich sind.

Millers Experimente legten nahe, dass auch das Material der anderen Planeten Aminosäuren enthalten könnte. Diese Voraussage wurde Jahre später bestätigt, als im Jahre 1969 in der Nähe von Murchison in Australien ein Meteorit einschlug. Als er analysiert wurde, entdeckte man in diesem so genannten Murchison-Meteoriten etwa 20 der im Labor synthetisierten Aminosäuren, die er sogar in den erwarteten Mengenverhältnissen enthielt.

Die Aussage all dieser Entdeckungen ist dieselbe: Auf einem Planeten ohne Sauerstoff können Aminosäuren entstehen. Der umgekehrte Fall ist ebenfalls richtig: In einer Welt, in der Sauerstoff vorhanden ist, entstehen keine Aminosäuren oder sie sind nur in geringer Menge vorhanden. Dies ist einer der Gründe, warum die Geowissenschaftler davon ausgehen, dass die Erde in ihrer Frühzeit ein Planet ohne Sauerstoff war.

**Die ältesten Fossilien** Welche Vorgänge auch immer zur Entstehung des Lebens geführt haben, die ältesten Fossilien der Erde sprechen dafür, dass das Leben vor etwa 3,5 Milliarden Jahren entstanden ist (vgl. Abb. 11.6). Kleine kegelförmige Stromatolithen liefern die besten Hinweise auf die Lebensformen der damaligen Zeit (Abb. 11.15a). Die ältesten Fossilien, die mögliche morphologische Hinweise auf Leben konservierten, sind winzige Fäden, die von Größe und Aussehen her moder-

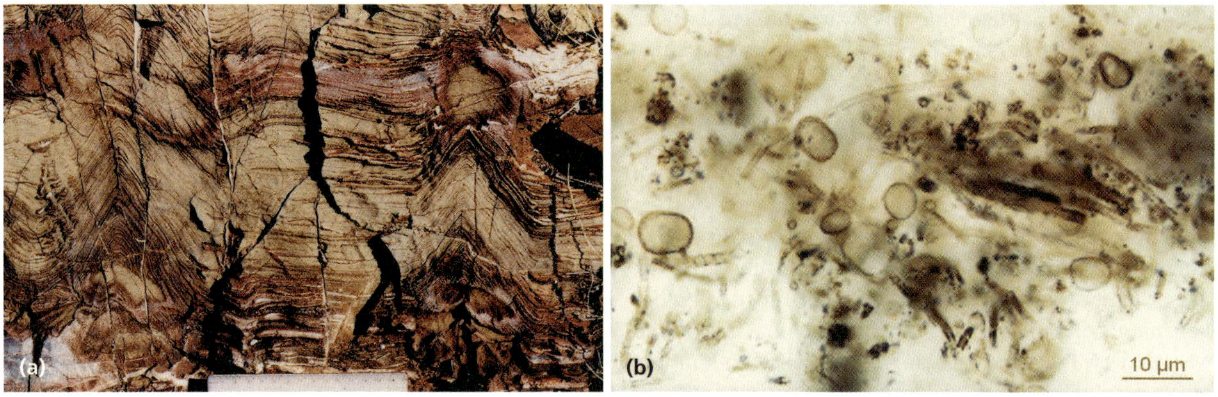


**Abb. 11.15** (a) Stromatolithen aus der 3,4 Milliarden Jahre alten Warrawoona-Gruppe von Westaustralien. Ihr kegelförmiges Aussehen deutet darauf hin, dass die Mikroorganismen in Richtung Sonne gewachsen sind. (b) Die 2,1 Milliarden Jahre alten Mikrofossilien aus der Gunflint-Formation von Südontario, Kanada, sind ausgesprochen häufig und gut erhalten [*Fotos: H. J. Hofmann, mit frdl. Genehmigung*].

nen Mikroorganismen ähneln und in Kieselschiefern überliefert sind. Die geringe Größe dieser fraglichen Fossilien trug ihnen die Bezeichnung **Mikrofossilien** ein. Jüngere und besser erhaltene Mikrofossilien treten in den 3,2 Milliarden Jahre alten Kieselschiefern der Fig-Tree-Serie in Südafrika und in der 2,1 Milliarden Jahre alten Gunflint-Formation in Südkanada auf (Abb. 11.15b). Die Fossilien der Gunflint-Formation waren die ersten, die jemals in präkambrischen Gesteinen entdeckt wurden und lösten im Jahre 1954 eine wahre Forschungswelle aus, die bis heute anhält. In den vergangenen 50 Jahren zeigte sich an zahlreichen neuen Fundorten, wie alt das Leben auf der Erde wirklich ist und wie gut der Erhaltungszustand unter den entsprechenden geologischen Bedingungen sein kann.

Die meisten Geobiologen sind sich einig, dass es vor 3,5 Milliarden Jahren auf der Erde Leben gegeben hat, doch herrscht Unsicherheit darüber, wie diese Organismen lebten und wie sie die zum Leben erforderliche Energie und die dafür notwendigen Nährstoffe gewonnen haben. Einige Experten behaupten, dass es sich bei den ältesten Organismen des Stammbaums offenbar um chemoautotrophe Organismen gehandelt hat, die ihre Energie unmittelbar aus der Oxidation anorganischer Substanzen gewonnen haben (Abb. 11.6; Tab. 11.2). Überdies dürften die engsten Abkömmlinge des gemeinsamen Vorfahrens hyperthermophile Organismen gewesen sein, was darauf hindeutet, dass das Leben möglicherweise in sehr heißem Wasser entstanden ist, etwa in Thermalquellen oder in den hydrothermalen Schloten an den mittelozeanischen Rücken, wo kein Sonnenlicht als Energiequelle zur Verfügung stand, chemische Substanzen jedoch im Überfluss verfügbar waren (Abb. 11.16).

**Abb. 11.16** Hydrothermale Förderschlote („Black Smokers") an den mittelozeanischen Rücken sind reich an Nährstoffen, aus denen autotrophe Mikroorganismen ihre Energie gewinnen. In einem solchen Umfeld könnte das Leben entstanden sein [*Foto: Dudley B. Forster, Woods Hole Oceanographic Institution*].

**Chemofossilien und Eukaryoten** Form und Größe allein sind nicht ausreichend, um daraus die Funktion der Mikroorganismen abzuleiten, und deshalb liefern die Mikrofossilien letztendlich nur in sehr begrenztem Umfang Informationen. In den vergangenen Jahren entdeckte man die **Chemofossilien**, Reste organischer Verbindungen, die zu Lebzeiten der Organismen produziert worden sind. So lange sie leben, synthetisieren Organismen eine große Zahl organischer Verbindungen, darunter auch Kohlehydrate und Proteine. Nach dem Tod werden die meisten dieser Verbindungen sehr rasch durch heterotrophe Organismen in kleinere Moleküle zerlegt. Einige dieser Moleküle sind äußerst stabil und werden normalerweise nicht weiter abgebaut. Unter ihnen ist **Cholesten** eine bemerkenswert stabile Substanz, die von der Struktur her dem bekannten Cholesterin ähnlich ist. Cholesten wurde in 2,7 Milliarden Jahre alten Gesteinen Westaustraliens nachgewiesen. Der Biomarker Cholesten ist kennzeichnend für Eukaryoten, eine höher entwickelte Organismengruppe (vgl. Abb. 11.6). Das Auftreten von Cholesten in den 2,7 Milliarden Jahre alten Gesteinen bedeutet, dass zu diesem Zeitpunkt bereits eukaryotische Mikroorganismen gelebt haben (vgl. Abb. 11.13). Vielzellige Eukaryoten einschließlich der Tiere entwickelten sich jedoch erst später.

## Entstehung des atmosphärischen Sauerstoffs

Der Anstieg des Sauerstoffgehalts in der Atmosphäre ist ein weiterer Meilenstein in der Geschichte der Wechselwirkungen zwischen Leben und Umwelt. Wie erwähnt, führte die Evolution der Eukaryoten (weit später) zur Entstehung vielzelliger Tiere. Da diese Organismen für ihre Energiegewinnung Sauerstoff benötigen, war ihre Entwicklung erst nach einer Zunahme des Sauerstoffgehalts in der Atmosphäre möglich. Interessanterweise führte die Entstehung einer völlig anderen Organismengruppe, der Bakterien (vgl. Abb. 11.6), zur Photosynthese und damit zur Fähigkeit, den für die vielzelligen Organismen erforderlichen Sauerstoff zu produzieren.

Die Photosynthese wurde von einer Mikroorganismengruppe entwickelt, die als **Cyanobakterien** bezeichnet wird. Bemerkenswerterweise liefern dieselben australischen Gesteine, die chemische Hinweise auf Eukaryoten enthalten, auch chemische Hinweise auf Cyanobakterien. Aufgrund dieser Belege ist davon auszugehen, dass die Photosynthese vor etwa 2,7 Milliarden Jahren zu einem wichtigen Stoffwechselprozess geworden war (vgl. Abb. 11.13). Auf diese Weise beeinflusste eine einzige Organismengruppe (die Cyanobakterien) entscheidend die Umwelt der Erde, indem sie die Zusammensetzung der Atmosphäre ab diesem Zeitpunkt bis auf Weiteres veränderte; von dieser Umweltveränderung wiederum profitierte eine andere Organismengruppe (die Eukaryoten), die sich in neue Richtungen (Tiere) weiterentwickelte.

Es ist allgemein anerkannt, dass in der Frühzeit der Erde die Atmosphäre eine Kohlendioxid-Atmosphäre war und dass der Sauerstoffgehalt ab der Entstehung der ersten Cyanobakterien zugenommen hat. Als diese Organismen mit der Freisetzung von Sauerstoff begannen, reichte die Menge jedoch nicht aus, um Sauerstoff als Gas in der Atmosphäre anzureichern – ein notwendiger Schritt hin zur Evolution Sauerstoff atmender Tiere und damit letztendlich auch zur Entwicklung des Menschen. Wie sich herausstellte, erfolgte die Anreicherung von Sauerstoff möglicherweise in zwei Phasen, die durch einen Zeitraum von etwas mehr als einer Milliarde Jahren getrennt waren (vgl. Abb. 11.13). Die erste Phase begann vor 2,7 Milliarden Jahren mit der Entwicklung der Cyanobakterien und dem Auftreten von Sedimenten, die als Bändereisenerze bezeichnet werden, und sie endete mit dem Auftreten von Rotsedimenten im Zeitraum zwischen 2,1 und 1,8 Milliarden Jahren. Die zweite Phase folgte am Ende des Präkambriums.

**Bändereisenerze** (Kap. 5) sind Sedimentgesteine, die aus einer Wechselfolge geringmächtiger Eisenoxidminerallagen wie etwa Magnetit oder Hämatit und kieseligen Sedimenten wie Kieselschiefern oder Eisensilicaten (Abb. 11.17) bestehen. Geologen sind sich weitgehend einig, dass diese Bändereisenerze als chemische Sedimente aus dem Meerwasser ausgefällt wurden, als der von den Cyanobakterien produzierte Sauerstoff mit dem im Meerwasser gelösten Eisen reagierte. Eisen ist nur dann in Wasser löslich, wenn der Sauerstoffgehalt gering ist, wie dies vor der Entwicklung der Cyanobakterien wohl der Fall war. Ist der Sauerstoffgehalt dagegen hoch, ist Eisen nahezu unlöslich. Der von den Cyanobakterien freigesetzte Sauerstoff dürfte unmittelbar zu einer Ausfällung des Eisens aus dem Meerwasser geführt haben, das in Form von Eisenoxiden zum Meeresboden absank und dort dünne Sedimentlagen bildete (Abb. 11.17). Dieser Vorgang dürfte sich so lange fortgesetzt haben, bis das gesamte Eisen ausgefällt war. Erst danach konnte sich der Sauerstoff auch in der Atmosphäre allmählich anreichern.

Diese Sauerstoffanreicherung begann vor etwa 2,4 Milliarden Jahren und erreichte in der Zeit zwischen 2,1 und 1,8 Milliarden Jahren ein erstes Maximum, zeitgleich mit Hinweisen auf erste Eukaryoten – fossile Algen, die mit bloßem Auge erkennbar sind (Abb. 11.17). Die erstaunliche Größe dieses hier abgebildeten Fossils – es ist etwa um dem Faktor 10 größer als alle zuvor existierenden Organismen – könnte eine Folge des höheren Sauerstoffgehalts sein. Etwa gleichzeitig erscheinen die ersten **Rotsedimente**, überwiegend Sandsteine und Schiefertone. Ihre rote Farbe stammt von Eisenoxiden, die als Zement die siliciklastischen Komponenten miteinander verkitten (Abb. 11.17). Die meisten dieser Rot-

(a)

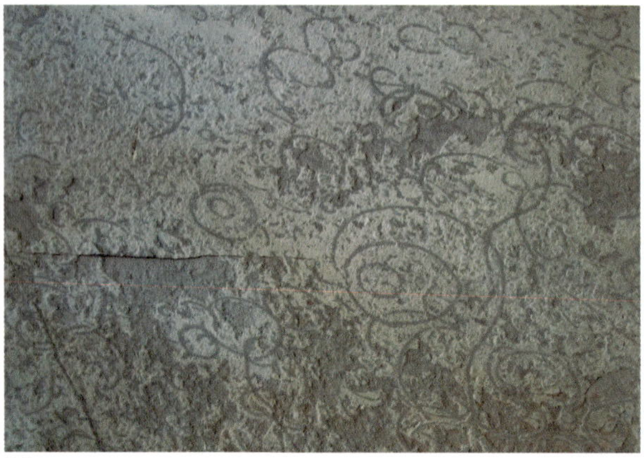

(b)

(c)

**Abb. 11.17** Der Anstieg des Sauerstoffgehalts in der Atmosphäre im Zeitraum zwischen 2,7 und 2,1 Milliarden Jahren ist gekennzeichnet durch das Auftreten außergewöhnlicher Sedimentgesteine und neuer größerer Organismen. (a) Bändereisenerze; (b) *Grypania* sp., eine fossile eukaryotische Alge, die mit bloßem Auge erkennbar ist; (c) Rotsedimente; sie bestehen überwiegend aus Schiefertonen und Sandsteinen, deren Komponenten zum Teil durch rote Eisenoxidminerale verkittet sind [*Fotos: Pan Terra (a); H. J. Hofmann, mit frdl. Genehmigung (b); John Grotzinger (c)*].

sedimente sind fluviatile Ablagerungen; sie zeigen, dass in der Atmosphäre ausreichend Sauerstoff vorhanden gewesen sein muss, sodass es zur Ausfällung von Eisenoxidzementen kommen konnte.

Nachdem die eukaryotischen Algen entstanden und die ersten Rotsedimente abgelagert waren, kam es über einen Zeitraum von etwa einer Million Jahren zu keinen weiteren Ereignissen. Dann erschienen vor etwa 600 Ma plötzlich die ersten wirklich großen Tiere und die Schichtenfolgen zeigen, dass der Sauerstoffgehalt in der Atmosphäre erheblich zugenommen und seinen heutigen Wert nahezu erreicht haben dürfte (vgl. Abb.11.13). Um diese lange Periode der Stagnation zu erklären, geht man davon aus, dass die Ozeane nach dem ersten Auftreten von Sauerstoff in der Atmosphäre etwa eine Milliarde Jahre lang praktisch nahezu frei von Sauerstoff waren, abgesehen vielleicht von einer geringmächtigen Wasserschicht unmittelbar an der Oberfläche. Um in den tieferen Bereichen der Ozeane Sauerstoff anzureichern, war ein weiterer Vorgang erforderlich. In einem ähnlichen Prozess wie bei der Bildung der Bändereisenerze reagiert Eisen mit organischer Substanz, normalerweise mithilfe von Mikroorganismen. Solange ausreichend organisches Material vorhanden ist, wird Sauerstoff verbraucht. Eine Möglichkeit, dem System organisches Material zu entziehen, besteht in der Einlagerung des Materials im Sediment, sodass es nicht zur Reaktion mit dem vorhandenen Sauerstoff kommt. Vielleicht steht die zweite Phase der Sauerstoffanreicherung in der Atmosphäre im Zusammenhang mit einer verstärkten Sedimentproduktion und Versenkung der organischen Substanz in tiefere Bereiche.

Die Ursache dieses zweiten Anstiegs der Sauerstoffkonzentration ist unbekannt, doch eine Tatsache ist klar: die Evolution aller modernen Tiergruppen erfolgte kurz danach und leitete das Phanerozoikum ein – eine Welt voll großer komplexer vielzelliger Organismen.

## Die Kambrische Radiation des Lebens

Das vielleicht bemerkenswerteste geobiologische Ereignis der Erdgeschichte war, abgesehen von der eigentlichen Entstehung des Lebens, das plötzliche Auftreten großer, Hartteile bildender Organismen am Ende des Präkambriums. Dies entspricht in der geologischen Zeitskala der Grenze Präkambrium/Kambrium vor 542 Millionen Jahren (vgl. Abb. 8.11) und damit gleichzeitig dem Beginn des Paläozoikums beziehungsweise des Phanerozoikums.

Wie bereits erwähnt, wurde die Erde nach der Entstehung des Lebens viele Milliarden Jahre lang von Mikroorganismen beherrscht. Merkwürdigerweise erschienen nach einer nahezu 3 Milliarden Jahre dauernden, sehr langsam fortschreitenden Evolution in einer explosions-

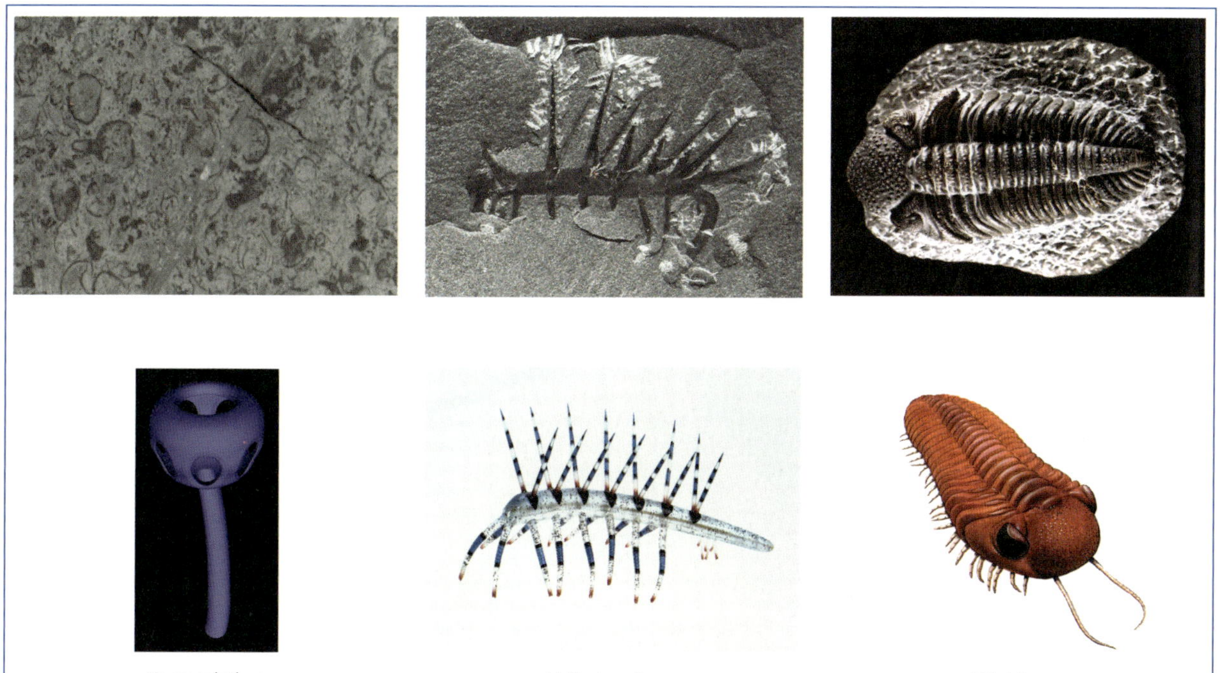


**Abb. 11.18** Zu den Fossilien, die für die Kambrische Explosion des Lebens typisch sind, gehören auch präkambrische Formen mit kalkigen Gehäusen (links). Sie waren die ersten Organismen mit Schalen aus Calcit und starben zusammen mit anderen Organismen an der Grenze Präkambrium/Kambrium aus. Dies ermöglichte den Aufstieg neuer Organismengruppen, darunter *Hallucigenia* (Mitte) oder die Trilobiten (rechts). Beide Organismen bildeten dünne Exoskelette aus organischem Material [*Fotos: John Grotzinger (oben links); W. A. Watters (unten links); National Museum of Natural History/Smithsonian Institution (oben Mitte); Chase Studio/Photo Researchers (unten Mitte); Stéphane Ansermat, Musée Cantonal de Géologie Lausanne, mit frdl. Genehmigung (oben rechts); Chase Studio/Photo Researchers (unten rechts)*].

artigen Radiation des Lebens plötzlich zahlreiche Tierformen (Abb. 11.8). **Radiation** bedeutet in diesem Zusammenhang die vergleichsweise rasche Entwicklung neuer Organismenformen aus einem gemeinsamen Vorfahren. Die meisten Radiationen erfolgen rasch, sonst würden sie in der Fossilüberlieferung nicht wahrgenommen werden. Die Radiation im Kambrium erfolgte jedoch so extrem rasch, dass sie oft auch als **„Kambrische Explosion des Lebens"** bezeichnet wird. Jede heute auf der Erde lebende Organismengruppe und auch einige inzwischen ausgestorbene Tiergruppen entstanden bei dieser Kambrischen Explosion. Abbildung 11.19 zeigt den Stammbaum aller Tiergruppen. Die Zweige dieses Stammbaums entstanden ausschließlich während dieser Kambrischen Explosion. So eindrucksvoll der Stammbaum auch sein mag, er stellt lediglich einen einzigen kurzen Ast des allgemeinen Stammbaums des Lebens dar. Ein solcher Zweig des Stammbaums ist, im Detail betrachtet, seinerseits ebenfalls wieder ein eigenständiger Stammbaum.

Die Kambrische Explosion ist aus zweierlei Gründen für Geobiologen wichtig. Erstens kennzeichnet sie die Entstehung aller größeren Tiergruppen, die so genannten **Stämme des Tierreichs**. Die Stämme entsprechen den Zweigen des in Abbildung 11.19 dargestellten Stammbaums. Alle Organismen einschließlich der ausgestorbenen Formen werden üblicherweise aufgrund gemeinsamer Merkmale klassifiziert, wie etwa nach der Form. Beispielsweise werden die rund 30 modernen Stämme danach unterschieden, ob ihre Körper symmetrisch gebaut sind, ob sie segmentiert sind oder ob sie Skelette bilden, um nur einige wenige Kriterien zu nennen. Was diesen ersten Tieren ermöglicht hat, derart komplexe Körperformen zu entwickeln und damit eine solch hohe Diversität zu erreichen, ist bislang unbekannt. Die **Evolution** zeigt, dass sich Organismen allmählich entwickeln, beispielsweise durch die Ausbildung von Gliedmaßen oder der Fähigkeit zu sehen. Die Evolution beruht auf dem Prozess der **natürlichen Auslese**, das heißt eine Organismenpopulation ist bestrebt, sich an eine in Veränderung begriffene Umwelt ständig anzupassen, was die Entstehung neuer Arten begünstigt.

Eine Hypothese bezüglich der Kambrischen Explosion geht davon aus, dass sich die Gene dieser ersten Tierpopulationen auf eine bestimmt Weise verändert haben, sodass es ihnen schließlich gelang, eine Art evolutionäre Barriere zu überwinden; damit waren ihnen zahlreiche Möglichkeiten eröffnet, neue Formen und

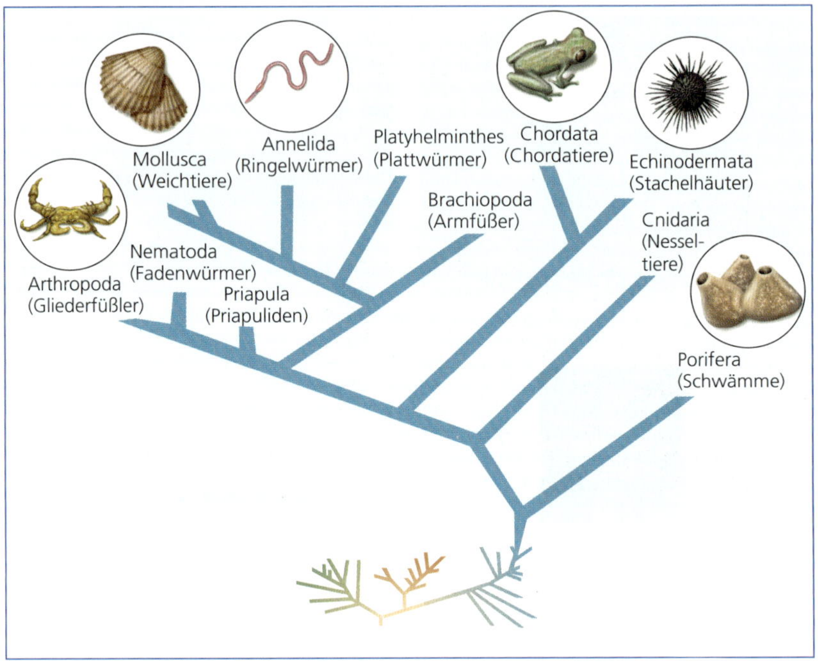


**Abb. 11.19** Bei der Radiation im unteren Kambrium, die auch als Kambrische Explosion bezeichnet wird, sind alle größeren, auch heute noch vorhandenen Tiergruppen entstanden.

Funktionen zu entwickeln und zu erproben. Die Entwicklung von Skeletten dürfte ein wesentlicher Auslöser der Kambrischen Explosion gewesen sein, denn hatte erst einmal eine Organismengruppe Hartteile entwickelt, mussten es auch andere tun, andernfalls wurden sie durch den herrschenden Konkurrenzdruck verdrängt.

Die zweite ungeklärte Frage der Kambrischen Explosion ist: warum differenzierten sich diese Tiere (wenn sie es überhaupt taten)? Geobiologen waren sich mehr als 150 Jahre über die Ursache der Kambrischen Explosion im Unklaren. In den Tagen von Charles Darwin, dem Begründer der Theorie der Evolution durch natürliche Auslese, war nicht bekannt, ob die Kambrische Explosion generell mit der Entstehung des Lebens gleichzusetzen ist, denn das plötzliche Auftreten von Fossilien in der Gesteinsabfolge, die bereits das hohe Entwicklungsstadium von Tieren erreicht hatten, brachten Darwin in erhebliche Bedrängnis. Seine Theorie der natürlichen Auslese forderte langsame Veränderungen von Gestalt und Funktion bei allen Lebensformen, einschließlich der fossilen Organismen. Darwin ging davon aus, dass vor den ersten Tieren bereits weniger hoch entwickelte Lebensformen existiert haben müssen; seine Theorie konnte daher nicht so einfach mit diesem dramatischen Ereignis in Einklang gebracht werden, dass offensichtlich weniger hoch entwickelten Vorläufer einfach fehlten. Daher vermutete er, dass die geforderten Vorläufer deshalb fehlten, weil die Basis der Gesteine, die diese kambrischen Fossilien enthielten, diskordant dem Untergrund auflagert. Nach dieser Theorie mussten die zeitlich dieser Diskordanz entsprechenden Gesteine einfach noch entdeckt werden, einschließlich der zu erwartenden fehlenden Bindeglieder. Darwin hatte Recht, obwohl die Belege lange auf sich warten ließen. Erst in den vergangenen Jahrzehnten entdeckten Geobiologen diese so genannten „missing links" – fossile Organismen, die beweisen, dass die Tiere tatsächlich deutlich vor der Kambrischen Explosion entstanden waren.

Aber warum ereignete sich die Kambrische Explosion gerade zu diesem Zeitpunkt? Teilweise ergibt sich die Antwort aus der geringen Größe der fossilen Tiere, die den großen, deutlich erkennbaren kambrischen Fossilien vorausgingen. Einige dieser präkambrischen Fossilien, wie die in Abbildung 11.20 dargestellten fossilen Tierembryonen, sind so klein, dass sie nur unter dem Mikroskop erkennbar sind. Daher scheint es klar, dass die kambrischen Organismen Vorgänger hatten, die sich möglicherweise zwischen winzigen Sandkörnern am Boden flacher Meere versteckt hielten. Altersdatierungen haben jedoch ergeben, dass diese winzigen Organismen möglicherweise weniger als 100 Millionen Jahre älter waren als ihre kambrischen Nachkommen. Andere Methoden, die auf der Untersuchungen der Gene heutiger Organismen begründet sind, deuten darauf hin, dass die Entstehung der Tiere jedoch mehrere hundert Millionen Jahre vor der Kambrischen Explosion stattgefunden haben muss. Doch selbst diese Abschätzungen haben kaum Bedeutung, verglichen mit den vielen Milliarden Jahren, die bereits vor der Kambrischen Explosion vergangen waren.

Eine weitere Erklärung, die sich auf Umweltveränderungen stützt, trifft wohl am ehesten für die Kambrische Explosion zu. Die meisten Geobiologen sind sich inzwischen darüber einig, dass sich die ersten Tiere zu jener

**Abb. 11.20** Fossil überlieferte Tierembryonen aus dem jüngsten Präkambrium, dem so genannten Ediacarium. Dieses Fossil zeigt, dass sich die Tiere bereits vor der Grenze Präkambrium/Kambrium entwickelt hatten. Sie waren die Vorgänger der Organismen, die im Zuge der Kambrischen Explosion entstanden sind. Diese Anhäufung fossiler Embryonalzellen hat einen Durchmesser von 100 µm [*Foto: Shuhai Xiao, Virginia Tech., mit frdl. Genehmigung*].

Zeit deshalb so vehement ausbreiten konnten, weil es die Umweltbedingungen zuließen. Möglicherweise wurde die Kambrische Explosion – zumindest teilweise – von den erheblichen Umweltveränderungen am Ende des Präkambriums ausgelöst; je größer die Umweltveränderungen, desto größer ist der Zwang für eine Evolution. Aus unserer Sicht war die Erde zu dieser Zeit ein sehr ungewöhnlicher Ort: Als die Stücke des wachsenden Großkontinents Gondwana miteinander verschmolzen, entstanden lang gestreckte hohe Gebirgszüge. Das Klima war im Umbruch und schwankte zwischen kalten Perioden, in denen die gesamte Erde möglicherweise mit Eis bedeckt war („Schneeball-Erde"), und extrem warmen, eisfreien Perioden (Kap. 21); die Ozeane dürften schließlich mit Sauerstoff gesättigt gewesen sein und damit wurde dieses Gas – ein wesentlicher Bestandteil für die Atmung der Organismen – in großer Menge in die Atmosphäre und Flachmeere freigesetzt. Dieser letztgenannte Effekt dürfte der wichtigste gewesen sein. Ohne ausreichende Sauerstoffversorgung können Organismen kein entsprechendes Größenwachstum entwickeln.

Was auch immer die Ursache der Kambrischen Explosion war, eines ist sicher: Evolutionäre Ereignisse wie die Kambrische Radiation sind das Ergebnis einer genetisch begründeten Möglichkeit in Verbindung mit einer für das Leben günstigen Umwelt. Die Radiation von Organismen ist also nicht nur eine Folge der richtigen Gene, und sie ist nicht nur eine Folge des Lebens in einer geeigneten Umwelt – die Organismen müssen für ihre Evolution aus beidem einen Vorteil ziehen.

## Das Erlöschen des Lebens: der Niedergang der Dinosaurier

Ein anderes dramatisches Ereignis der Erdgeschichte war das Aussterben der Dinosaurier am Ende der Kreide. Dieses Ereignis kennzeichnet in der geologischen Zeitskala die Grenze Kreide/Tertiär und damit auch das Ende des Mesozoikums (vgl. Abb. 8.11; 8.14).

Wenn Organismengruppen nicht mehr in der Lage sind, sich an Umweltveränderungen anzupassen oder mit einer überlegenen Organismengruppe zu konkurrieren, sterben sie aus. Erlöschen zahlreiche Organismengruppen gleichzeitig, so spricht man von **Massenaussterben** (Exkurs 11.1). Das Massenaussterben an der Grenze Kreide/Tertiär war eines der größten innerhalb der Erdgeschichte (Abb. 11.21). Alle Ökosysteme der Erde waren davon betroffen und etwa 75 Prozent aller auf der Erde vorhandener Arten sowohl auf dem Festland als auch in den Ozeanen starben für immer aus. Die Dinosaurier sind nur eine von vielen Gruppen, doch sicher die spektakulärste, die am Ende der Kreide ausgestorben sind. Darüber hinaus verschwanden auch andere Gruppen wie Ammoniten, marine Reptilien, bestimmte Formen der Muscheln, zahlreiche Pflanzenarten und auch das Plankton.

Im Gegensatz zur Radiation im Kambrium sind sich die meisten Wissenschaftler über die Ursache einig, die zum Massenaussterben am Ende der Kreidezeit führte. Sie sind sich sicher, dass der Grund des Aussterbens eine riesige Explosion und ihre Folgeerscheinungen war, als ein Asteroid auf der Erde einschlug. Die Vorstellung, dass ein Asteroid auf der Erde einschlug und zum Aussterben der Dinosaurier führte, ist relativ neu; sie geht auf die achtziger Jahre des vergangenen Jahrhunderts zurück, als Geologen in Italien Geländeuntersuchungen durchführten und an der Grenze Kreide/Tertiär extraterrestrischen Staub entdeckten, der das sehr seltene, aber für Meteoriten charakteristische Element **Iridium** enthielt (Abb. 11.22). Danach wurde dieser extraterrestrische Staub auch an anderen Lokalitäten auf der Erde nachgewiesen, stets unmittelbar an der Grenze Kreide/Tertiär. Geologen vertraten die Ansicht, dass ein Asteroid von etwa 10 km Durchmesser erforderlich war, um so große Mengen iridiumreichen Staub abzulagern. Dazu musste er auf der Erde aufschlagen, explodieren und der kosmische Detritus musste weltweit verteilt werden, um sich dann als geringmächtige Schicht abzusetzen. Die Veröffentlichung dieser Hypothese versetzte viele Wissenschaftler in Begeisterung und die Suche nach dem Impaktkrater begann. Sie erwies sich jedoch aus zwei Gründen als schwierig. Erstens ist der größte Teil der Erde von Wasser bedeckt und der Asteroid könnte dort niedergegangen sein. Zweitens musste der Impaktkrater 65 Ma alt sein, damit war zu erwarten, dass er mit jüngeren Sedimentgesteinen verfüllt war.

Exkurs 11.1

## Das größte Massenaussterben aller Zeiten: Was waren die Ursachen?

Die Massenaussterben an der Grenze Kreide/Tertiär beziehungsweise Paleozän/Eozän sind klare Beispiele, wie dramatische Störungen der Umwelt zu einem katastrophalen Zusammenbruch ganzer Ökosysteme führen und Massenaussterben zur Folge haben können. Diese beiden Massenaussterben waren zwar bedeutend, sie waren jedoch nicht die größten.

Das Aussterben am Ende des Perms war weitaus einschneidender – etwa 95 Prozent aller Organismenarten starben aus (Abb. 11.21). Hier gibt es allerdings keinen „rauchenden Colt" und es scheint unwahrscheinlich, dass ein so singulärer Vorgang, wie die Kollision eines Asteroiden daran schuld sein sollte, warum auf der Erde fast alle Arten ausstarben. Es ist daher nicht überraschend, dass mangels eindeutiger Hinweise eine Vielzahl von Hypothesen aufgestellt wurden. Einige gehen von extraterrestrischen Ursachen aus, wie etwa vom Aufschlag eines Kometen oder von einer Zunahme des Sonnenwindes. Andere vertreten den Standpunkt, dass die Ursachen auf der Erde zu suchen sind, etwa in einer Zunahme der vulkanischen Tätigkeit, einer Abnahme des Sauerstoffgehalts in den Ozeanen oder in der plötzlichen Freisetzung von Kohlendioxid aus den Ozeanen. Wie beim Aussterben an der Grenze Paleozän/Eozän wurde auch die plötzliche Freisetzung von Methan aus den Ozeanen als Ursache diskutiert.

Vor kurzem wurde gezeigt, dass das Aussterben vor exakt 251 Ma stattgefunden hat. Möglicherweise ist es kein Zufall, dass das Alter der Flutbasalte in Sibirien ebenfalls 251 Ma beträgt. Solche Flutbasalte (Kap. 12) bestehen aus riesigen Lavaergüssen, die innerhalb eines vergleichsweise kurzen Zeitraums an der Erdoberfläche ausgeflossen sind. Bei der Eruption der sibirischen Basalte wurden etwa zwei Millionen Kubikkilometer Lava gefördert, die eine Fläche von 1,6 Millionen Quadratkilometer überdeckten, was etwa der Ausdehnung von Europa entspricht. Radiometrische Altersbestimmungen haben gezeigt, dass die gesamte Lava innerhalb von einer Million Jahre oder sogar in einem noch kürzeren Zeitraum ausgeflossen ist. Man kann sich des Eindrucks kaum erwehren, dass das Massenaussterben am Ende des Perm zumindest teilweise in Zusammenhang mit dem katastrophalen Vulkanausbruch in Sibirien steht. Mit der Förderung dieser Laven verbunden war eine gewaltige Abgabe von Kohlendioxid und Schwefeldioxid in die Atmosphäre. Kohlendioxid als Treibhausgas führt stets zu einer globalen Erwärmung, und $SO_2$ ist die wichtigste Ursache des Sauren Regens. Beide Gase sind für Lebewesen schädlich, sobald ihr Gehalt in der Atmosphäre zu hoch ist.

Um alle Hypothesen zu überprüfen, ist noch weit mehr Arbeit erforderlich. Zu großen Eruptionen basaltischer Laven kam es auch in anderen Epochen der Erdgeschichte, allerdings ohne solche offensichtlich zerstörenden Auswirkungen. Was auch immer die Ursache des Massenaussterbens im Perm gewesen sein mag, eines ist sicher: wie bei den Massenaussterben an der Wende Kreide/Tertiär und Paleozän/Eozän war die Ursache ein Zusammenbruch der Ökosysteme. Wir wissen, dass es zu diesem Zusammenbruch kam, doch wie es dazu kam, ist unbekannt. Die Schlussfolgerung, die wir aus dieser erdgeschichtlichen Lektion ziehen sollten: Die Vorgänge der Vergangenheit könnten sich wiederholen! Die Entscheidungen, die die Menschheit heute trifft, beeinflussen zwangsläufig die Umwelt – wir wissen jedoch noch nicht genau wie, zumindest nicht derzeit.

Zu Beginn der neunziger Jahre des vergangenen Jahrhunderts hatten die Geologen Erfolg. Der „passende" Krater fand sich tatsächlich im Untergrund verdeckt in Mexiko, in der Nähe der kleinen Stadt Chicxulub. Auf seine Spur kamen Geologen, die in Mexiko für eine Erdölfirma tätig waren. Sie fanden die entscheidenden Hinweise auf den Krater mithilfe seismischer Daten und anhand von Gesteinsmaterial aus Explorationsbohrungen. Der Chicxulub-Krater hat einen Durchmesser von 200 km, ist im Zentrum etwa 1,5 km tief und die Impaktgesteine wurden aus einer Tiefe von bis zu 10 km herausgeschleudert. Das aus dem Krater stammende Material einschließlich der zerstörten Bestandteile des Asteroiden, verstreute sich über ganz Nord- und möglicherweise auch Südamerika. In der Nähe des Aufschlagsorts erreichen die Trümmermassen heute Mächtigkeiten zwischen 10 und einigen 100 m, und selbst in Colorado, in einer Entfernung von 2 000 km, ist diese Schicht noch 1 cm mächtig. Darüber hinaus gelangte das feinkörnigere Material in die Atmosphäre, breitete sich dort über die Erde aus und setzte sich einschließlich des extraterrestrischen Materials als dünne Staubschicht ab. Diese Staubschicht konnte auf allen Kontinenten und in allen Ozeanen nachgewiesen werden.

Die Auswirkungen dieses Impakts waren verheerend. Die Explosion war mehrere hundert Milliarden Mal stärker als die bisher stärkste Kernwaffenexplosion und etwa sechs Millionen Mal stärker als die Eruption des Mount St. Helens im Jahre 1980. Es entstand ein heftiger Orkan und Tsunamis von 1 000 m Höhe, die damit um den Faktor 100 höher waren als der Tsunami im Indischen Ozean im Jahre 2004. Der Himmel war schwarz von der

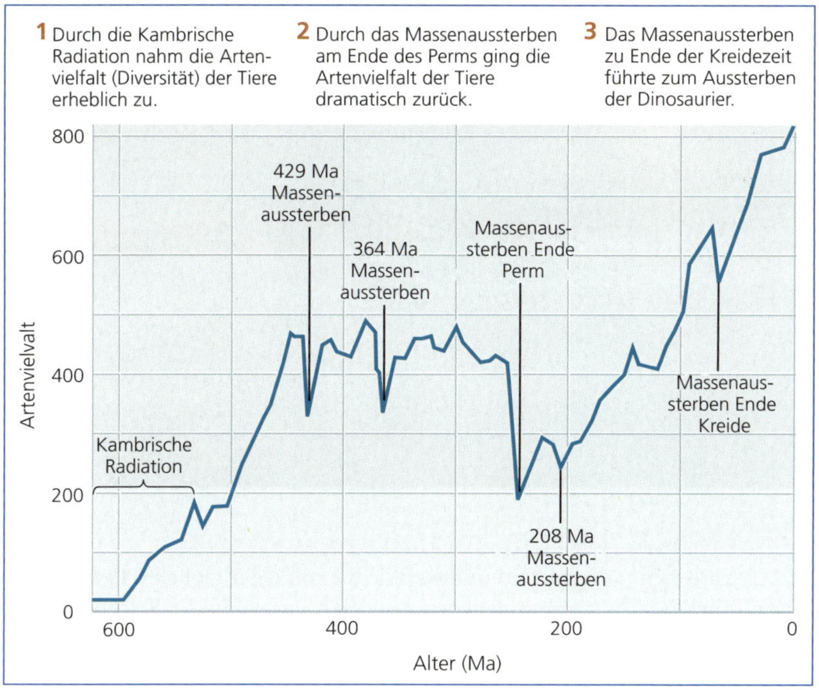


**Abb 11.21** Die Artenvielfalt der Organismen lässt sowohl Aussterben als auch Radiationen erkennen. Im Verlauf einer Radiation wie etwa der Kambrischen Explosion nimmt die Anzahl der Organismengruppen zu, bei Aussterbeereignissen nimmt ihre Anzahl ab.

ungeheuren Menge an Staub und Dampf, die in die obere Atmosphäre und bis in den Weltraum hinausgeschleudert wurde. Als die brennenden Trümmer der Explosion auf die Erde zurückfielen, lösten sie weltweit zahlreiche Großbrände aus.

Der Asteroid schlug in Mexiko mit vierzigfacher Schallgeschwindigkeit ein und traf unter einem Winkel von 20 bis 30° gegen die Horizontale gemessen aus südlicher Richtung auf. Beim Aufprall wurde das Material vom Aufschlagsort weg in einer radialen Todeszone in Richtung der westlichen und zentralen Bereiche der Vereinigten Staaten herausgeschleudert. Sofern sie nicht in der Todeszone waren, hätten Tiere damals folgende Erscheinungen wahrgenommen (Abb. 11.23): einen grellen Blitz, als der Asteroid bei Chicxulub einschlug und bei Temperaturen bis zu 10 000 °C die obere Kruste verdampfte; einen Bogen glühend heißer Gesteine, die mit Geschwindigkeiten bis zu 40 000 km/h über den Himmel schossen und schließlich in Nordamerika niedergingen; eine Säule aus Trümmermaterial, Gas und geschmolzenem Material, die in den Himmel aufstieg und einen Teil der Atmosphäre auf mehrere hundert Grad aufheizte, ehe sie wieder auf die Erde zurückfiel; danach folgten mehrere Wochen oder Monate, in denen sich das feinere Material dieser Wolke auf der gesamten Erdoberfläche absetzte.

**Abb. 11.22** Nach dem Meteoriteneinschlag, dem auch die Dinosaurier zum Opfer fielen, wurde weltweit eine Staubschicht abgelagert, die sowohl aus extraterrestrischem Material als auch aus Gesteinsmaterial von der Umgebung des Chicxulub-Kraters besteht [*aus: David Kring and Daniel Dura (2003): „The Day the World Burned", © Scientific American, Inc. All rights reserved*].

**Abb. 11.23** Künstlerische Wiedergabe der Ereignisse an der Grenze Kreide/Tertiär [*Bild: Alfred Kamajian*].

Das gesamte Szenario war für zahlreiche Organismen verheerend. Die meisten Organismen in der Todeszone wurden sofort ausgelöscht. Am schlimmsten dürften jedoch die Nachwirkungen in den danach folgenden Monaten und Jahren gewesen sein, von denen man annimmt, dass diese zum eigentlichen Massenaussterben führten. Die Ursache des Aussterbens war wohl letztendlich eine kaskadenartige Abfolge von Auswirkungen, die mit dem Zusammenbruch der Ökosysteme einschließlich der Photosynthese betreibenden Autotrophen wie etwa Pflanzen begann.

Die hohe Konzentration von Trümmermaterial in der Atmosphäre verdunkelte die Sonne und reduzierte in erheblichem Maße die für die Photosynthese erforderliche Strahlungsenergie. Außer diesem festen Trümmermaterial wurden giftige schwefel- und stickstoffhaltige Gase in die Atmosphäre freigesetzt, wo sie mit dem Wasserdampf unter Bildung von toxischer Schwefelsäure und Salpetersäure reagierten, die auf die Erde abregneten. Die Kombination all dieser Effekte dürfte für die terrestrischen und marinen Ökosysteme verheerend gewesen sein, die von den Photosynthese betreibenden Autotrophen als Basis der Nahrungskette abhängig waren. Die Heterotrophen einschließlich der Dinosaurier waren die nächsten. Als ihre Nahrungsgrundlage ausgestorben war, starben auch sie aus.

## Eine globale Erwärmung führt zur Radiation der Säugetiere

Eine globale Erwärmung ist ein beunruhigender Klimazustand, von dem zahlreiche Wissenschaftler ausgehen, dass er in den kommenden Jahrzehnten die menschliche Gesellschaft bedrohen könnte (Kap. 23). Geologen und Klimatologen sind besorgt, weil es bereits deutliche Hinweise gibt, dass die Temperaturen weltweit bereits gestiegen sind und weil sie die mit einer globalen Erwärmung verbundenen potenziell katastrophalen Folgen aus der erdgeschichtlichen Vergangenheit kennen. In einigen Fällen waren die damaligen Auswirkungen ganz extrem und führten zum Aussterben zahlreicher Arten. Wenn wir mit einer bedrohlichen Situation konfrontiert werden, so sollten Beschlüsse auf politischer Ebene am besten durch eine genaue Betrachtung der Ereignisse in der Vergangenheit untermauert werden, sodass sich negative Vorgänge aus der Vergangenheit möglichst nicht wiederholen.

Das Massenaussterben an der Grenze Paleozän/Eozän vor etwa 55 Millionen Jahren (vgl. Abb. 8.11) steht in direkter Beziehung zu einer abrupten globalen Klimaerwärmung. Dieses Aussterben ist für die Evolution des Lebens deshalb bedeutsam, weil es den Weg für die Entwicklung der Säugetiere einschließlich der Primaten frei machte und diese sich endgültig als wichtige Gruppe ausbreiten konnten. Im Gegensatz zu dem Massenaussterben, bei dem die Dinosaurier zugrunde gegangen waren, hatte dieses Massenaussterben keine extraterrestrische Ursache. In diesem Falle geriet das System Erde in ein erhebliches Ungleichgewicht (ungewöhnlich hohe Temperaturen), als eine seiner Bestandteile (die Treibhausgase) sich in unkontrollierter Art und Weise anreicherten.

Heute wissen wir, dass es zu dieser globalen Erwärmung kam, weil aus den Ozeanen plötzlich große Mengen Methan – ein sehr effektives Treibhausgas – in die Atmosphäre gelangten. Die sich daraus ergebende globale Erwärmung war zwar die primäre Todesursache, die zu diesem Massenaussterben führte. Ausgelöst wurde das extreme Ungleichgewicht im System Erde jedoch durch die dramatische Freisetzung von Methan in die Atmosphäre. Doch wie entstand dieses Methan und warum wurde es so plötzlich freigesetzt? Und wie lange brauchte das System Erde, um wieder ein Gleichgewicht zu erreichen? In den vergangenen Jahren fand man zahlreiche

Hinweise, die diese Fragen beantworten. Die Lösung dieses Problems erforderte die Verknüpfung vieler Vorstellungen, die in diesem Kapitel bereits erörtert wurden, mikrobieller Prozesse, biogeochemische Zyklen und das globale Verhalten der Biosphäre mit eingeschlossen.

**Mikroorganismen säen die Saat der Katastrophe** Die Geschichte beginnt mit dem Kohlenstoffkreislauf der Erde, auf den in Kapitel 15 näher eingegangen wird. Normalerweise wird der Atmosphäre vor allem durch Photosynthese betreibende autotrophe Organismen in den Ozeanen – sowohl von Algen als auch Mikroorganismen – Kohlenstoff entzogen. Nach dem Absterben sinken diese Organismen langsam zum Meeresboden ab, wo sich ihr organisches Material allmählich anreichert. Ein Teil der organischen Substanz wird in die Sedimente eingebettet und gelangt in größere Tiefen, der andere Teil wird von heterotrophen Organismen als Nahrung aufgenommen. Durch den Vorgang der Atmung (Dissimilation) wird diese Nahrung in Energie umgewandelt. Einige Mikroorganismen produzieren dabei als Nebenprodukt Kohlendioxid. Dieses gelangt in den Ozean und von dort aus schließlich wieder in die Atmosphäre und damit an seinen Entstehungsort zurück.

Andere Mikroorganismen produzieren jedoch bei der Atmung Methan ($CH_4$). Dieses Methan reichert sich in den Poren der Sedimente an, wo es in eine feste Form übergehen kann und so genannte **Gashydrate** bildet. Im Gegensatz zu Kohlendioxid reagiert Methan gegenüber geringen Druck- und Temperaturunterschieden äußerst empfindlich. Bei den derzeitigen Temperaturen in der Tiefsee (im Mittel etwa 3 °C) verbindet sich das mikrobiell erzeugte Methan mit Wasser zu einer eisartigen Festsubstanz, die in den oberen Schichten des Meeresbodens einen großen Teil des Porenraums einnehmen kann, und so lange in den Sedimenten gespeichert wird, solange die Temperaturen in den Ozeanen niedrig bleiben. Heute ist gefrorenes Methan an den Kontinentalrändern in den oberen 1 500 m der Sedimentkörper ausgesprochen häufig. Steigen die Temperaturen jedoch um einige wenige Grad an, geht dieses Methan sofort in den gasförmigen Zustand über – und damit beginnen die Probleme.

**Die Ozeane setzen Methan frei – ein Treibhausgas** Am Ende des Paleozäns sind die durchschnittlichen Temperaturen in der Tiefsee schätzungsweise um etwa 6 °C gestiegen. Als die ersten Gashydrate auftauten und in den gasförmigen Zustand übergingen, stiegen sie als Gasblasen durch die Wassersäule nach oben und verflüchtigten sich in der Atmosphäre, wo sie die globale Erwärmung beschleunigten. Dadurch stieg wiederum die Temperatur in den Ozeanen, wodurch das Methaneis verstärkt taute. Diese positive Rückkopplung führte zu einer lawinenartigen und katastrophalen Freisetzung von Methan, die einen dramatischen Anstieg der globalen Durchschnittstemperaturen zur Folge hatte. Bis zu 2 Billionen Tonnen Kohlenstoff in Form von Methan wurden in einem Zeitraum von 10 000 Jahren in die Atmosphäre abgegeben.

Da Methan sehr leicht mit Sauerstoff unter Bildung von Kohlendioxid reagiert, führte dies auch zu einem erheblichen Rückgang des Sauerstoffgehalts. Die Abnahme des Sauerstoffgehalts in der Atmosphäre und der Temperaturanstieg waren für die Tiefsee verheerend, etwa 80 Prozent der benthisch lebenden Organismen wie etwa Muscheln starben aus. Viele marine Organismen erstickten, als der Sauerstoffgehalt unter einen kritischen Wert absank.

**Rückkehr zu Normalverhältnissen und die Evolution der modernen Säugetiere** Nach dieser Katastrophe dauerte es rund 100 000 Jahre, bis die Erde wieder ihren Normalzustand erreicht hatte. Während dieser Zeit blieben die Temperaturen so lange ungewöhnlich hoch, bis die Erde wieder in der Lage war, den gesamten überschüssigen, in die Atmosphäre freigesetzten Kohlenstoff zu absorbieren. Die höheren Temperaturen ermöglichten eine rasche Ausbreitung der Wälder in höhere Breiten: *Sequoia sempervirens*, Mammutbäume – Verwandte der riesigen Mammutbäume Kaliforniens – wuchsen auf 80° nördlicher Breite und sowohl in Montana als auch in Nord- und Süddakota waren Regenwälder weit verbreitet. In Südengland wuchsen tropische Palmen. Die primitiven Säugetiere entwickelten sich rasch zu den Vorfahren der modernen Säugetiere, die sich den hohen Temperaturen entsprechend anpassten, um den Verhältnissen gewachsen zu sein, und eine spezielle Säugetiergruppe, die **Primaten**, entwickelte sich weiter zu den Vorfahren des Menschen.

**Die Methanlagerstätten der heutigen Erde: eine tickende Zeitbombe?** Ob durch anthropogene Einflüsse verursacht oder nicht, seit 100 Jahren steigt die Durchschnittstemperatur der Erde weltweit. In den Permafrostböden Nordkanadas und in anderen Subpolargebieten der Erde sind bis zu einer halben Billion Tonnen Methan in Form von Gashydraten eingeschlossen. In den Tiefseesedimenten lagern noch deutlich mehr; alle Methanreservoire zusammen enthalten weltweit schätzungsweise 10 bis 20 Billionen Tonnen Kohlenstoff.

Sind diese Vorkommen eine tickende Zeitbombe? Wenn diese Methanreservoire zu tauen beginnen, könnte der Zyklus extremer Erwärmung erneut einsetzen. Was sich in der Zukunft ereignen wird, ist schwer vorherzusagen; eines ist jedoch klar, wir müssen darauf achten, dass nicht noch mehr Treibhausgase in die Atmosphäre gelangen. Heute setzt der Mensch durch die Verbrennung fossiler Energieträger Kohlendioxid mit einer Geschwindigkeit in die Atmosphäre frei, die etwa der Geschwindigkeit entspricht, mit der an der Wende Paleozän/Eozän Methan in die Atmosphäre abgegeben wurde. Wenn sich Erde und Ozeane weiter erwärmen, ist es durchaus möglich, dass die derzeit vorhandenen Methanvorkommen auftauen und entgasen. Der Mensch wäre daher gut beraten, wenn er aus der erdgeschichtlichen Vergangenheit zielgerichtete Konsequenzen ziehen würde.

## Astrobiologie: die Suche nach außerirdischem Leben

Betrachtet man in einer klaren Nacht den Sternenhimmel, ist es nur schwer vorstellbar, dass wir die einzigen Lebewesen im Universum sein sollen. Wie wir wissen, führt die Aktivität von Organismen auf unserem Planeten zur Entstehung charakteristischer biogeochemischer Signaturen. Einige dieser Biomarker können indirekt nachgewiesen werden, so etwa Sauerstoff in der Atmosphäre eines Planeten innerhalb eines anderen Sonnensystems. Denkbar wäre auch die Landung einer Raumsonde mit entsprechender Instrumentenausrüstung, um typische organische Verbindungen oder körperlich erhaltene Fossilien in den Gesteinen nachzuweisen.

In den vergangenen Jahrzehnten begannen **Astrobiologen** im Weltall mit der systematischen Suche nach Hinweisen auf Leben. Obwohl außerhalb der Erde bisher noch keine Organismen entdeckt werden konnten, sollten wir verstärkt dieser Frage nachgehen. Leben könnte entstanden sein, selbst wenn es sich nicht weiter entwickelt hat. Innerhalb unseres Sonnensystems sind Mars und auch Europa, ein Mond des Planeten Jupiter, Ziele der Erforschung, da sie in mancher Hinsicht der Erde ähnlich sind. Darüber hinaus ermöglicht die Entdeckung neuer Planeten in Umlaufbahnen anderer Sterne, diese Nachforschungen auch auf andere Sonnensysteme auszudehnen.

Die Suche nach Leben auf anderen Himmelskörpern erfordert einen systematischen wissenschaftlichen Ansatz und Geduld, denn Ergebnisse sind nicht einfach zu erzielen. Nach allgemein akzeptierter Auffassung kann Leben, wie wir es von der Erde kennen, nur in Gegenwart von flüssigem Wasser und kohlenstoffhaltigen organischen Verbindungen existieren. Daher wäre es eine vernünftige Strategie, mit der Suche nach Wasser in flüssiger Form und nach organischen Verbindungen zu beginnen. Am Anfang dieses Kapitels wurde bereits erwähnt, dass kein anderes Element bezüglich der Vielzahl und Komplexität chemischer Verbindungen dem Kohlenstoff entspricht. Außerdem wurde gezeigt, dass flüssiges Wasser ein stabiles Reaktionsmittel darstellt, in dem die kohlenstoffhaltigen Moleküle der frühzeitlichen Erde – und auch der anderen Planeten – miteinander reagieren und größere organische Moleküle wie etwa Aminosäuren bilden konnten. Darüber hinaus sind Kohlenstoffverbindungen im Weltraum weit verbreitet. Kosmologen fanden überall entsprechende Signaturen, das Spektrum reicht von interstellaren Gasen und Staubpartikeln bis zu Meteoriten, die auf der Erde eingeschlagen haben (Abb. 11.24).

**Abb. 11.24** Der Allende-Meteorit enthält große Mengen organischer Verbindungen, von denen einige möglicherweise an der Entstehung des Lebens beteiligt waren. Dieser Meteorit schlug im Jahre 1969 in der Nähe von Allende, Mexiko auf der Erde auf [*Foto: John Grotzinger/Ramón Rivera-Moret/Harvard Mineralogical Museum*].

Naturgemäß ist die Suche nach extraterrestrischem Leben, verbunden mit dem Ansatz „Leben in unserem Sinne“, nicht ohne gewissen Risiken. Man könnte Lebensformen übersehen, von denen wir nichts ahnen, und man könnte sich noch eine Anzahl anderer Elemente und Verbindungen vorstellen, die das Potenzial haben, Leben hervorzubringen. Im Allgemeinen bieten diese Alternativen reichlich Stoff für Science-Fiction-Autoren. Zumindest derzeit betrachtet man Kohlenstoff und Wasser als unabdingbare Grundbausteine für irgendeine Form von Leben im Weltall.

## Bewohnbare Bereiche in der Umgebung von Sternen

Im weitesten Sinne muss Leben auf die Oberfläche von Planeten und Monden in Umlaufbahnen um Sterne beschränkt sein (Abb. 11.25). Das Problem besteht darin, Wasser über einen ausreichend langen Zeitraum in flüssigem Zustand stabil zu halten, damit Leben entstehen kann. Dazu können – ausgehend von den Verhältnissen auf der Erde – mehrere hundert Millionen Jahre erforderlich sein. Befindet sich die Umlaufbahn eines Planeten zu nahe an seinem Stern, verdampft das Wasser und geht in den gasförmigen Zustand über. Dies geschah

**Abb. 11.25** Sterne sind von bewohnbaren Zonen umgeben, in denen Leben existieren könnte, sofern die Temperaturen (in der Nähe des Sterns) nicht zu hoch oder (in einiger Entfernung zum Stern) nicht zu niedrig sind. Die Breite dieser Zone ergibt sich aus der Entfernung, in der Wasser weder verdampft noch dauerhaft gefriert.

auf der Venus, die sich 30 Prozent näher an der Sonne befindet als die Erde und deshalb eine Oberflächentemperatur von nahezu 500 °C hat. Ist die Bahn eines Planeten dagegen zu weit von seinem Stern entfernt, gefriert das Wasser und geht in den festen Aggregatzustand über. Dies ist heute auf dem Mars der Fall, dessen Umlaufbahn um 50 Prozent weiter von der Sonne entfernt ist als die der Erde, und dessen Oberflächentemperaturen unter –150 °C liegen können. Die Erde befindet sich etwa in der Mitte und damit in einem Bereich, in dem Wasser in flüssigem Zustand stabil ist und wo Temperaturen herrschen, die für organisches Leben genau richtig sind. Um jeden Stern gibt es eine **bewohnbare Zone**, definiert durch die Entfernung vom Stern ausgehend bis zu jenem Punkt, an dem Wasser in flüssiger Form die stabile Phase darstellt. Liegt ein Planet innerhalb dieser bewohnbaren Zone, besteht auch die Möglichkeit, dass sich dort Leben entwickelt haben könnte.

Treibhausgase wie etwa Kohlendioxid spielen bei der Festlegung der Entfernung der bewohnbaren Zone eine wichtige Rolle. Das bedeutet im Fall des Mars, dass seine Atmosphäre zu Beginn seiner Entstehung vermutlich hohe Gehalte an Treibhausgasen wie Kohlendioxid und Methan gehabt hat. Obwohl der Mars weiter von der Sonne entfernt ist als die Erde, hatte er sich wie die Erde durch den Treibhauseffekt erwärmt. Neue Ergebnisse lassen erkennen, dass es auf dem Mars flüssiges Wasser gegeben hat, wir wissen jedoch nicht, wie lange dies die stabile Phase war. Im Verlauf der Entwicklung des Mars könnte die Entstehung von Leben durchaus möglich gewesen sein. Als aber die Treibhausgase verloren gingen, wurde der Mars zur heutigen eisigen Wüste.

## Bewohnbare Umwelt auf dem Mars

Schon lange wollen die Menschen wissen, ob es auf dem Mars irgendwelche Lebensformen gibt. Der Mars ist der Planet, der am meisten der Erde ähnelt und damit ist er auch derjenige Planet im Sonnensystem, auf dem es am ehesten Leben gibt oder gegeben hat. Wie in Kapitel 9 bereits erwähnt wurde, fand man an seiner Oberfläche eindeutige Hinweise, dass dort irgendwann in seiner Entwicklung einmal Wasser geflossen war. Aufgrund einer Zählung der Krater zur Bestimmung des Alters dieser Oberflächenstrukturen (Kap. 9) ist davon auszugehen, dass das Wasser vor 3 Milliarden Jahren auf dem Mars die stabile Phase darstellte. Es hatte an der Oberfläche des Planeten tiefe Canyons eingeschnitten sowie Gesteine und Minerale gelöst, die anschließend in einer Vielzahl von Becken, in denen das Wasser verdunstete, wieder abgeschieden wurden.

Auch heute gibt es Wasser auf dem Mars, jedoch lediglich in Form von Eis oder Wasserdampf. Wenn sich in der Frühzeit Leben entwickelt haben sollte, müsste es als Folge des heute kalten Klimas tief unter der Oberfläche zu finden sein. Im Inneren des Mars ist es wegen des Zerfalls radioaktiver Elemente warm, was bedeutet, dass mit dem Erreichen eines bestimmten Punkts im Inneren des Mars das auf oder knapp unterhalb seiner Oberfläche vorhandene Eis in Wasser übergehen muss. Daher scheint es möglich, dass etwa extremophile Mikroorganismen dort leben.

Leider wäre die beschränkte Verfügbarkeit von flüssigem Wasser nicht die einzige Herausforderung für heutiges oder früheres Leben auf dem Mars. Die von dem

Abb. 11.26 Diese vor kurzem auf dem Mars entdeckten Sedimentgesteine enthalten eine Vielzahl von Sulfatmineralen, die durch Verdunstung des Wassers in flachen Binnenseen oder möglicherweise im Untergrund entstanden sind. Das Auftreten von Jarosit, einem Eisen führenden Sulfatmineral zeigt, dass dieses Wasser einen extrem hohen Säuregehalt aufwies. Unter solchen Bedingungen hätten nur extremophile Organismen existieren können; es ist jedoch nicht bekannt, ob sie auch in diesem stark sauren Wasser hätten entstehen können. Die in diesen Gesteinen vorhandenen Löcher wurden im Jahre 2004 von dem Marsroboter „Opportunity" gebohrt, um die chemische Zusammensetzung der Gesteine zu bestimmen [*Foto: NASA/JPL/Cornell*].

Marsroboter „Opportunity" entdeckten Sedimentgesteine enthalten große Mengen an Sulfatmineralen, darunter auch das sehr ungewöhnliche Eisensulfat **Jarosit** (Abb. 11.26). In Kapitel 3 wurde erwähnt, dass Jarosit bei der Umwandlung von Sulfatmineralen unter Bildung von Schwefelsäure entsteht, aus der dieses Mineral dann ausgefällt wird. Auf der Erde bildet sich Jarosit durch Verwitterung extrem saurer Sedimente und Böden, in denen schwefelhaltige Minerale wie Pyrit vorhanden sind.

Es scheint daher, dass für die Entstehung von Leben auf dem Mars ein Kampf um das beschränkt zur Verfügung stehende, sicherlich sehr saure Wasser erforderlich wäre. Allerdings können extremophile Mikroorganismen auf der Erde in solchen Bereichen existieren. Doch die wirklich interessante Frage ist, ob unter solchen Bedingungen Leben entstehen kann oder nicht. Die Experimente zur Entstehung des Lebens lassen jedoch erkennen, dass sich dies offenbar wesentlich schwieriger darstellt, als zunächst angenommen wurde, denn einige der einfachen chemischen Reaktionen, die von Miller in den fünfziger Jahren des vergangenen Jahrhunderts entdeckt wurden, wären in einem Ozean mit stark saurem Wasser nicht möglich.

Nichts von dem, was bisher genannt wurde, schließt ein Leben auf dem Mars aus. Wir haben allerdings erst die Hälfte des Rätsels gelöst, und das Ergebnis ist ermutigend. Die verblüffenden Ergebnisse der Marsroboter bestätigen, dass der Mars durchaus bewohnbar gewesen sein könnte. Doch nur weitere Untersuchungen werden zeigen, ob es hier jemals Leben gegeben hat.

# Zusammenfassung des Kapitels

**Was unter Geobiologie zu verstehen ist:** Die Geobiologie befasst sich mit der Fragestellung, inwieweit Organismen die Umwelt der Erde beeinflusst haben oder von dieser beeinflusst worden sind.

**Wechselwirkungen zwischen Organismen und Erde:** Organismen tragen zur Verwitterung der Gesteine bei, da sie Gase freisetzen, die eine Zerstörung der Gesteine und Minerale beschleunigen. In Sedimentbildungsräumen sind sie an der Ausfällung von Sedimenten beteiligt, sie setzen Gase in die Atmosphäre frei und verändern die Zusammensetzung der Ozeane. Der Sauerstoff in der Atmosphäre ist das evolutionäre Produkt von Sauerstoff produzierenden Mikroorganismen vor mehreren Milliarden Jahren. In gleicher Weise beeinflusst die Erde das Leben. Geographische Barrieren wie etwa Gebirgszüge, Wüsten oder Ozeane bestimmen, wie und wo sich Ökosysteme entwickeln. Einige geologische Prozesse wie zum Beispiel diejenigen, die Massenaussterben verursachen, können das Leben maßgeblich verändern.

**Was unter Biosphäre zu verstehen ist:** Die Biosphäre ist der Teil unseres Planeten, der alle lebenden Organismen einschließt. Sie umfasst sämtliche Tiere und Pflanzen sowie alle Mikroorganismen. Diese Organismen leben auf der Erdoberfläche, in der Atmosphäre und den Ozeanen sowie in den oberen Bereichen der Erdkruste, darunter auch in Zonen, in denen extreme Verhältnisse herrschen. Weil sich die Biosphäre mit der Lithosphäre, Hydrosphäre und Atmosphäre überschneidet, beeinflusst oder beherrscht sie wichtige geologische und klimatische Vorgänge. Die Biosphäre hält den Sauerstoffgehalt der Atmosphäre aufrecht, sie produziert und verbraucht Kohlendioxid und beeinflusst somit die globalen Temperaturverhältnisse der Erde. Die grünen Pflanzen beeinflussen den Wasserkreislauf und modifizieren und mildern das lokale und regionale Klima. Die Biosphäre bildet insofern ein System, als sie Ausgangssubstanzen und wichtige Prozesse umfasst, die das Endprodukt beeinflussen. Zu den Ausgangsprodukten gehören Energie wie etwa das Sonnenlicht, Materie wie Kohlenstoff, Nährstoffe und Wasser. Organismen verwenden diese Ausgangssubstanzen für Wachstum und Lebensfunktionen und erzeugen Endprodukte wie Sauerstoff und einige sedimentäre Minerale wie beispielsweise Pyrit.

**Was unter Stoffwechsel zu verstehen ist:** Unter dem Begriff Stoffwechsel versteht man Vorgänge, bei denen Organismen Ausgangssubstanzen in Endprodukte umwandeln. Die Photosynthese ist eine Form des Stoffwechsels, mit deren Hilfe grüne Pflanzen und Algen Wasser und Kohlendioxid unter Verwendung von Sonnenenergie in Sauerstoff und Kohlehydrate wie etwa Zucker umwandeln. Die Kohlehydrate ermöglichen den Pflanzen Wachstum und alle Lebensfunktionen. Der Sauerstoff wird in die Atmosphäre abgegeben, wo er von anderen Organismen, natürlich auch vom Menschen, in einer weiteren Art von Stoffwechsel verbraucht wird, die man als Atmung bezeichnet. Bei diesem Prozess der Atmung setzen die Organismen die in den Kohlehydraten gespeicherte Energie frei. Dies erfolgt bei Tieren und Menschen durch das Atmen von Sauerstoff und die Umwandlung von Kohlehydraten in Energie, Kohlendioxid und Wasser. Andere Organismen wie etwa Mikroorganismen, die in anoxischen Bereichen leben, können Wasserstoff ($H_2$), Methan ($CH_4$) und andere Substanzen wie beispielsweise Alkohol oder Säuren produzieren.

**Wie der Stoffwechsel die Erde beeinflusst:** Wenn Organismen Sauerstoff erzeugen, gelangt dieser in die Atmosphäre und führt bei der Verwitterung zur Oxidation der eisenhaltigen Silicatminerale wie Pyroxen und Amphibol unter Bildung von Eisenoxidmineralen wie beispielsweise Hämatit. Produzieren Organismen dagegen Kohlendioxid ($CO_2$) und Methan ($CH_4$), so gelangen auch diese in die Atmosphäre und tragen als Treibhausgase dort zur globalen Erwärmung bei. Wenn umgekehrt Organismen diese Gase verbrauchen und ihre organischen Reste in die Sedimente eingebettet werden, führt dies zu einer globalen Abkühlung des Klimas.

**Die Bedeutung der Mikroorganismen:** Mikroorganismen sind die häufigsten Organismen der Erde und weisen gleichzeitig die höchste Diversität auf. Sie waren die ersten Lebensformen, die unsere Erde besiedelten und alle anderen Organismen einschließlich der Tiere und Menschen stammen von diesen Mikroorganismen ab. Sie sind an wichtigen geologischen Prozessen beteiligt wie beispielsweise an der Verwitterung der Minerale und Gesteine, der Fällung bestimmter sedimentärer Minerale und der Erzeugung von Gasen wie Sauerstoff und Kohlendioxid.

**Wo und wie Extremophile leben:** Extremophile sind Mikroorganismen, die in Bereichen leben, in denen andere Organismen absterben. Extremophile Organismen ernähren sich von den unterschiedlichsten Substanzen einschließlich Erdöl und toxischen Substanzen. Acidophile Organismen leben in stark saurem Milieu, thermophile Mikroorganismen leben und gedeihen in extrem heißen Bereichen, halophile Mikroorganismen leben in hypersalinarem Milieu und anaerobe Organismen schließlich leben in Bereichen, in denen kein Sauerstoff vorhanden ist.

**Wie das Leben entstanden ist und welche Hinweise es auf Leben in der Frühzeit der Erde gibt:** Man geht davon aus, dass einfach gebaute Moleküle wie Methan, Ammoniak und Wasser auf der frühzeitlichen Erde unter Bildung von Aminosäuren miteinander reagierten, die sich nachfolgend zu Proteinen vereinigten. Aminosäuren waren außerdem an der Bildung des genetischen Materials beteiligt, das sich bei allen Organismen im Zellkern befindet und bereits im gemeinsamen Vorfahren aller Organismen vorhanden gewesen sein muss. Experimente zur Entstehung des Lebens werden durch bestimmte Meteoriten bestätigt, die große Mengen an Aminosäuren neben anderen kohlenstoffhaltigen Verbindungen enthalten. Die möglicherweise ältesten Fossilien der Erde sind etwa 3,5 Milliarden Jahre alt; aufgrund ihrer Größe und Form handelt es sich dabei offenbar um Reste von Mikroorganismen. Chemofossilien erscheinen in der geologischen Schichtenfolge erstmals vor 2,7 Milliarden Jahren und lassen erkennen, dass sowohl Bakterien als auch Eukaryoten bereits vorhanden waren. Bändereisenerze, Rotsedimente und das Auftreten eukaryotischer Algen bestätigen einen ersten Anstieg des Sauerstoffgehalts in der Atmosphäre vor 2,1 Milliarden Jahren. Zu einer zweiten Phase des Sauerstoffanstiegs kam es gegen Ende des Präkambriums, sie löste möglicherweise die Evolution der Tiere aus.

**Zwei große Gegensätze – Radiation und Aussterben:** Als Radiation bezeichnet man eine vergleichsweise rasche Entwicklung neuer Organismentypen aus einem gemeinsamen Vorfahren. Wenn Organismengruppen nicht mehr in der Lage sind, sich an verändernde Umweltbedingungen anzupassen oder mit einer überlegenen Gruppe zu konkurrieren, sterben sie aus. Sterben zahlreiche Organismengruppen gleichzeitig aus, so spricht man von Massenaussterben. Die größte Radiation innerhalb der gesamten Erdgeschichte erfolgte zu Beginn des Kambriums, als sich sämtliche Stämme des Tierreichs entwickelten. Das größte Massenaussterben der Erdgeschichte ereignete sich an der Grenze Perm/Trias, als 95 Prozent aller damaligen Tiere ausstarben. Die Tierwelt erholte sich wieder, sie starb aber dann am Ende der Kreide wieder großenteils aus, als ein Asteroid auf der Erde aufschlug und etwa 75 Prozent aller Organismen auslöschte.

**Die Suche nach extraterrestrischem Leben:** Die Suche nach extraterrestrischen Lebensformen impliziert, dass Leben in unserem Sinne, das heißt wie wir es auf der Erde kennen, auf Wasser und kohlenstoffhaltigen Verbindungen basiert. Daher ist der erste Schritt die Suche nach Wasser und organischen Verbindungen. Es gibt reichlich Hinweise, dass aus Kohlenstoff bestehende Verbindungen im Universum häufig sind, das heißt, dass der schwierigere Teil darin besteht, Hinweise auf heute oder in der Vergangenheit vorhandenes Wasser zu finden. Jeder Stern ist in einer bestimmten Entfernung von einer bewohnbaren Zone umgeben, in der Wasser in flüssiger Form vorhanden ist. Liegt ein Planet innerhalb dieser bewohnbaren Zone, besteht die Möglichkeit, dass sich dort Leben entwickelt hat. Der Mars befindet sich ganz am äußeren Rand der bewohnbaren Zone unseres Sonnensystems; es gibt an seiner Oberfläche eindeutige Hinweise auf flüssiges Wasser in der Vergangenheit. Auch heute ist noch Wasser vorhanden, jedoch lediglich in Form von Eis oder Wasserdampf. Wenn früher dort Leben entstanden ist, müsste es aufgrund des heute dort herrschenden kalten Klimas am ehesten tief unter der Oberfläche – wenn überhaupt – zu finden sein. Es ist daher durchaus möglich, dass in der oberen Kruste des Mars extremophile Mikroorganismen existieren.

Der Grand Canyon im Yellowstone-Nationalpark, in dem sich der Yellowstone River etwa 250 m tief in die hell gefärbten rhyolithischen Laven eingeschnitten hat. Die Laven flossen vor weniger als einer Million Jahre bei einem großen Vulkanausbruch an der Erdoberfläche aus [*Foto: Kerry L. Thalmann*].

# Kapitel 12 Vulkanismus

Die Nordwestecke des US-Bundesstaates Wyoming ist mit ihren Geysiren, heißen Quellen und Dampfschloten, den sichtbaren Zeichen eines großen Vulkangebiets im Bereich des Yellowstone-Nationalparks, für Geologen ein wahres Paradies. Tag für Tag wird dort mehr Energie in Form von Wärme freigesetzt, als in den drei umgebenden Staaten Wyoming, Idaho und Montana zusammen an elektrischer Energie verbraucht wird. Die Energie wird nicht kontinuierlich abgegeben, ein Teil davon sammelt sich in heißen Magmakammern so lange, bis eine neue Eruption stattfindet. Bei einem verheerenden Ausbruch des Yellowstone-Vulkans vor 630 000 Jahren wurden 1 000 $km^3$ Gesteinsmaterial in die Atmosphäre hinausgeschleudert und selbst weit entfernte Gebiete wie Texas und Kalifornien wurden noch mit einer Ascheschicht überdeckt.

Die Schichtenfolge zeigt, dass sich Vulkanexplosionen dieser Größenordnung – und möglicherweise noch größere – in den vergangenen 2 Millionen Jahren im Westen der Vereinigten Staaten mindestens sechs Mal ereignet hatten, und wir können ziemlich sicher davon ausgehen, dass sich ein solcher Vulkanausbruch erneut ereignen wird. Welche Auswirkungen dies für unsere Zivilisation hätte, lässt sich nur erahnen. Heiße Asche würde im Umkreis von über 100 km alles Leben ersticken, und kühlere aber alles beeinträchtigende Asche würde im Umkreis von mehr als 1 000 km die Oberfläche bedecken. Hoch in die Stratosphäre geschleuderter Staub würde mehrere Jahre die Sonne verdunkeln, die Temperaturen würden sinken und die Nordhalbkugel würde einen langen „vulkanischen Winter" erleben.

Die Risiken, die Vulkane für unsere Gesellschaft darstellen, jedoch auch die Energie und die mineralischen Roh- und Nährstoffe, die sie liefern, sind gute Gründe, um sich mit ihnen zu befassen. Vulkane sind auch deswegen faszinierend, weil sie in gewisser Hinsicht als Fenster dienen, durch das wir tief in das Innere der Erde blicken und somit die magmatischen Prozesse der Plattentektonik besser verstehen können, die zur Bildung der kontinentalen beziehungsweise der ozeanischen Kruste unserer Erde führen.

In diesem Kapitel erfahren wir, wie Magma aus dem Erdinneren durch die Kruste aufsteigt und schließlich an der Oberfläche als Lava ausfließt und zu einem harten vulkanischen Gestein erstarrt. Wir werden sehen, wie Plattentektonik und Konvektionsbewegungen innerhalb des Erdmantels erklären, warum die meisten Vulkane an Plattengrenzen gebunden sind und warum auch einige wenige Vulkane über Hot Spots im Inneren von Lithosphärenplatten vorkommen. Wir werden Beispiele kennen lernen, wie Vulkane mit anderen Komponenten des Systems Erde, vor allem mit der Atmosphäre und Hydrosphäre in Wechselwirkung stehen. Schließlich behandeln wir die zerstörende Kraft der Vulkane, die potenzielle wirtschaftliche Bedeutung der von ihnen geförderten chemischen und mineralischen Substanzen sowie die Nutzung ihrer Wärmeenergie.

Die Philosophen der Antike hatten Ehrfurcht vor den Vulkanen und ihren fürchterlichen Ausbrüchen von flüssigem und festem Gesteinsmaterial. Bei ihren Erklärungsversuchen vulkanischer Erscheinungen schufen sie den Mythos über eine von Sagengestalten beherrschte abscheuliche, heiße Unterwelt. Sie hatten dabei durchaus eine richtige Vorstellung. Die heutigen Wissenschaftler, die eher von wissenschaftlichen Fakten als von Mythen ausgehen, betrachten die Vulkane als Beleg für die Wärmeproduktion im Erdinneren.

## Vulkane als Geosysteme

Temperaturmessungen an ausfließenden Laven und an Gesteinen aus den bisher tiefsten Bohrungen (ungefähr 12 km) zeigen, dass die Erde mit zunehmender Tiefe heißer wird. Man ist heute allgemein der Ansicht, dass innerhalb der Asthenosphäre die Temperaturen in Tiefen von 100 km und mehr Werte von zumindest 1 300 °C erreichen – Werte, die hoch genug sind, um Gesteine zu schmelzen. Deshalb wird die Asthenosphäre auch als wichtigstes Liefergebiet von Magmen betrachtet. An der Erdoberfläche ausfließendes **Magma** bezeichnen wir als **Lava**. Als weitere Quelle für Magmen wird das Wiederaufschmelzen von Teilbereichen der festen Lithosphäre über der Asthenosphäre betrachtet.

Da Magmen flüssig sind, haben sie eine geringere Dichte als ihre Ausgangsgesteine. Sammelt sich irgendwo im tiefen Untergrund Magma an, so steigt es unter dem Einfluss seines eigenen Auftriebs durch die Lithosphäre nach oben. Für manche Krustenteile ist davon auszugehen, dass sich die Schmelze auf Schwächezonen durch die Lithosphäre ihren Weg nach oben bahnt. In anderen Fällen schmilzt sich das aufsteigende Magma bis an die Oberfläche durch. Einige dieser Magmen erreichen schließlich die Oberfläche und fließen als Laven aus. Die dadurch entstehenden Berge oder Hügel aus Lava und anderen Förderprodukten bezeichnen wir als **Vulkane**.

Gesteine, Magmen und sämtliche Prozesse, die für die Beschreibung der gesamten Abfolge von Ereignissen – vom Aufschmelzen bis zur Eruption – erforderlich sind, bilden zusammengenommen das **Geosystem Vulkanismus**. Diese Art von Geosystem kann als chemische Fabrik betrachtet werden, die das Ausgangsmaterial (Magmen aus der Asthenosphäre) verarbeitet und das Endprodukt (Lava) durch ein Fördersystem an die Oberfläche transportiert.

## Vulkanische Fördersysteme

Die vereinfachte Darstellung eines Vulkans und seines Fördersystems, durch das die Gesteinsschmelzen an die Erdoberfläche gelangen zeigt Abbildung 12.1. Die in der Lithosphäre aufsteigenden Magmen sammeln sich in

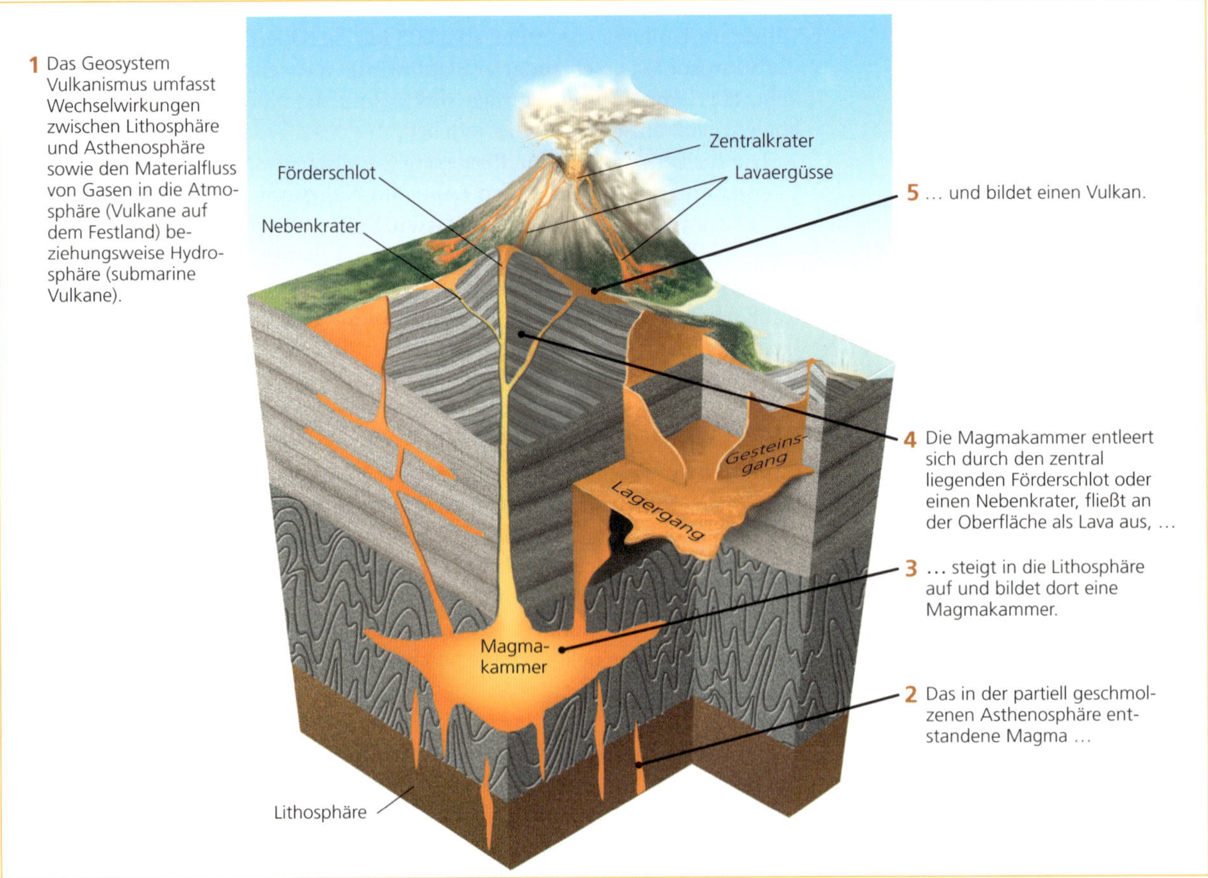


**Abb. 12.1** Bei Vulkanausbrüchen gelangen Magmen aus dem Erdinneren an die Oberfläche, wo sie zu Gesteinen erstarren und Gase in die Atmosphäre freisetzen.

einer Magmakammer, die sich normalerweise in geringer Tiefe der Erdkruste befindet. Diese Magmakammer entleert sich periodisch über einen röhrenartigen Förderschlot in Form einer **Zentraleruption** an der Oberfläche. Darüber hinaus können jedoch Laven auch aus vertikal oder steil stehenden Spalten und anderen Schloten an den Flanken des Vulkans ausfließen. Solche **Spalteneruptionen** nehmen an Bedeutung zu, wenn der Vulkan an Größe zunimmt.

## Vulkane als chemische Fabriken

Vulkanische Geosysteme sind chemische Fabriken, die Magmen verarbeiten und Laven produzieren. Wie in Kapitel 4 gezeigt wurde, schmilzt nur ein geringer Teil der Asthenosphäre am Ursprungsort. Wenn Magma das Nebengestein aufschmilzt, dann nimmt es bei seinem Aufstieg durch die Lithosphäre chemische Bestandteile auf. Setzen sich andererseits auf dem Weg oder in der Magmakammer Kristalle ab, verarmt die Schmelze an bestimmten chemischen Komponenten. Fließt Lava schließlich an der Oberfläche aus, gehen die flüchtigen Bestandteile in die Atmosphäre oder Ozeane über. Insgesamt liefern diese Veränderungen wichtige Informationen über die chemische Zusammensetzung und die physikalischen Bedingungen im Oberen Mantel, aus dem die Magmen stammen. Außerdem sind durch radiometrische Altersbestimmungen an Laven (Kap. 8) Angaben zu Eruptionen möglich, die sich vor Millionen oder Milliarden Jahren ereignet haben.

# Laven und andere vulkanogene Ablagerungen

Die verschiedenen Lavatypen hinterlassen unterschiedliche Oberflächenformen: Vulkane, die in ihrer Morphologie variieren, und erstarrte Lavaergüsse, die in ihren Merkmalen voneinander abweichen. Die wesentlichen Unterschiede innerhalb der Laven gehen auf ihre chemische Zusammensetzung, ihren Gasgehalt und ihre Austrittstemperatur zurück. Je höher beispielsweise der $SiO_2$-Gehalt und je niedriger die Temperatur ist, desto zähflüssiger (viskoser) ist die Lava und desto langsamer fließt sie. Je gasreicher eine Lava ist, desto heftiger wird mit großer Wahrscheinlichkeit der Ausbruch ablaufen.

## Lavatypen

Die ausgeflossene Laven erstarren als Endprodukte des vulkanischen Geosystems im Wesentlichen zu einem der drei magmatischen Gesteine: Basalt, Andesit oder Rhyolith.

**Basaltische Laven** Basalt ist ein basisches Effusivgestein mit hohem Eisen-, Magnesium- und Calcium- sowie einem geringen $SiO_2$-Gehalt. Basalt ist das Ergussgesteinsäquivalent des Gabbros. Basaltische Magmen sind die am häufigsten vorkommenden Gesteinsschmelzen. Sie entstehen an den mittelozeanischen Spreading-Zentren und an kontinentalen Riftstrukturen, aber auch an den unter den ozeanischen Platten im Erdmantel aufsteigenden Hot Spots. Die Vulkaninseln von Hawaii liegen über einem solchen Hot Spot.

In erkaltetem Zustand ist **basaltische Lava** schwarz bis dunkelgrau; zuvor, wenn sie bei Temperaturen zwischen 1 000 und 1 200 °C ausfließt, glüht sie rötlich und gelblich (Abb. 12.2). Wegen der hohen Temperatur und des geringen $SiO_2$-Gehalts sind basaltische Laven ausgesprochen dünnflüssig, sodass sie sich schnell und über weite Strecken ausbreiten können. Man hat Lavaströme beobachtet, die Fließgeschwindigkeiten bis zu 100 km/h erreichten, weit häufiger liegt sie jedoch in der Größenordnung von einigen Stundenkilometern. Im Jahre 1938 maßen zwei wagemutige russische Vulkanologen die Lavatemperaturen und sammelten Gasproben, während sie in einem Lavastrom auf einer Scholle von erstarrter Lava wie auf einem Floß zwei Kilometer hinabtrieben. Die Oberflächentemperatur ihrer Scholle betrug 300 °C und der Lavafluss hatte eine Temperatur von 870 °C. Lavaströme mit einer Längserstreckung von mehr als 50 km sind aus historischen Zeiten dokumentiert.

Basaltische Vulkanausbrüche erfolgen selten explosiv. Basalt fließt erst dann aus, wenn heiße fluide Magmen das Fördersystem des Vulkans füllen und schließlich überlaufen, wobei die Lava auf den Flanken in ausgedehnten Lavaströmen bergabwärts fließt, und alles zerstört, was ihr im Weg steht.

Basaltische Lavaströme unterscheiden sich vom Aussehen her entsprechend den Bedingungen, unter denen sie abkühlen. Auf dem Festland erstarren sie zu Pahoehoe- (polynesisch: strick-, seilartig; ausgesprochen pa-ho-e-ho-e) oder Aa-Lava (ausgesprochen ah-ah) (Abb. 12.3).

**Pahoehoe-Lava** (**Stricklava**) entsteht, wenn sich eine dünnflüssige Schmelze schichtförmig ausbreitet und ihre Oberfläche beim Abkühlen in Form einer dünnen glasigen Haut erstarrt. Fließt eine solche Schmelze unter der Oberflächenhaut weiter, wird die halb erstarrte Haut zu strickförmigen Fließwülsten zusammengeschoben.

„Aa" ruft man wahrscheinlich aus, wenn man barfuß über eine solche Lava geht, die auf den ersten Blick wie feuchte, frisch umgepflügte klumpige Erde aussieht. **Aa-Lava** (**Brockenlava**) entsteht aus einer Schmelze, die ihre Gase weitgehend verloren hat, dadurch zäher als Pahoehoe-Lava geworden ist und infolgedessen auch langsamer fließt und zu einer dicken Kruste erstarrt. Bewegt

Abb. 12.2 Diese Zentraleruption des Kilauea, eines Schildvulkans auf der Insel Hawaii, zeigt einen rasch fließenden Strom aus heißer basaltischer Lava [*Foto: J. D. Griggs/USGS*].

sich die Lava weiter, zerbricht die Oberfläche in raue, scharfkantige Brocken und Klumpen. Diese schieben sich als steile Front wie die Kette einer Planierraupe voran. Aa-Lava ist wirklich tückisch und nur mit großer Vorsicht zu begehen. Ein gutes Paar Schuhe hat in diesem Gelände eine mittlere Lebensdauer von ungefähr einer Woche und bei Stürzen muss der Wanderer oder Geologe mit aufgeschlagenen Knien und Ellbogen rechnen.

**Abb. 12.3** Zwei unterschiedliche Lavatypen: Strick- oder Pahoehoe-Lava (unten) und die scharfkantigen Brocken der Aa-Lava (oben); Mauna Loa, Hawaii [*Foto: Kim Heacox/DRK*].

Ein einzelner Lava-Erguss hat gewöhnlich in der Nähe des Ausbruchsorts, wo die Lava noch heiß und flüssig ist, die Form von Pahoehoe. Weiter vom Ausbruchsort entfernt, wo die Oberfläche des Lavastroms bereits eine gewisse Zeit der kalten Luft ausgesetzt war und die erstarrte Kruste dicker geworden ist, nimmt sie die Form von Aa-Lava an.

Basaltische Laven, die unter Wasser erstarren, bilden **Kissenlaven** (**Pillow-Laven**), das sind Anhäufungen von sack- oder schlauchartigen Gesteinskörpern mit rundlichem bis ellpitischem Querschnitt und Durchmessern von etwa 1 m und mehr (vgl. Abb. 4.13). Pillow-Laven auf dem Festland sind ein wichtiger Hinweis darauf, dass das Gebiet einstmals von Wasser bedeckt war. Tauchende Geologen haben vor Hawaii die Entstehung von Pillow-Laven am Meeresboden direkt beobachtet. Zungen von geschmolzener Lava entwickeln im Kontakt mit dem Meerwasser wegen der rasch abkühlenden Oberfläche eine zähe, plastische Kruste. Die Lava unterhalb der Kruste kühlt langsamer ab und das Innere des Kissens erstarrt zu einer kristallinen Masse, während die Außenhaut der Pillows zu einem Gesteinsglas abgeschreckt wird.

**Andesitische Laven** Andesit ist ein Effusivgestein, dessen $SiO_2$-Gehalt zwischen dem von Basalt und Rhyolith liegt, er ist das Ergussgesteinsäquivalent des Diorits. Andesitische Magmen sind im Wesentlichen auf die Vulkangürtel aktiver kontinentaler oder ozeanischer Ränder über Subduktionszonen beschränkt. Der Name ist abgeleitet von den Anden Südamerikas.

Die Temperaturen der **andesitischen Laven** sind niedriger als die der Basalte und ihr $SiO_2$-Gehalt ist höher, sodass sie mit geringerer Geschwindigkeit ausfließen und sich zu Klumpen anhäufen. Wenn eine dieser zähen Massen den Eruptionskanal des Vulkans plombiert, sammeln sich unter dem Lavapfropfen Gase an, die den Gipfel des Vulkans wegssprengen können. Der explosive

Ausbruch des Mount St. Helens im Jahre 1980 (Abb. 12.4) ist das beste Beispiel dafür.

Einige der gewaltigsten Vulkanausbrüche der Geschichte waren phreatomagmatische beziehungsweise Dampferuptionen, die dann auftreten, wenn heiße gasreiche Magmen mit Grundwasser oder Meerwasser in Kontakt kommen und dabei große Mengen an überhitztem Wasserdampf entstehen (Abb. 12.5). Die Insel Krakatau in Indonesien, ein andesitischer Vulkan, wurde im Jahre 1883 durch einen gigantischen phreatomagmatischen Ausbruch zerstört. Diese legendäre Explosion wurde noch in einer Entfernung von rund 5 000 km gehört, und der dabei ausgelöste Tsunami forderte über 40 000 Menschenleben.

Auf **phreatomagmatische Eruptionen** lassen sich auch die **Maare** zurückführen – in die Erdoberfläche eingetiefte Sprengtrichter. Maare sind eine häufige Vulkanform auf den Kontinenten, zum Beispiel in der Eifel.

**Rhyolithische Laven** Rhyolithe sind saure Effusivgesteine mit einem hohen Gehalt an Natrium und Kalium und einem $SiO_2$-Gehalt über 68 Prozent; sie sind das Ergussgesteinsäquivalent des Granits. Rhyolithische Schmelzen entstehen in Bereichen, in denen die aus dem Mantel aufsteigenden Magmen zum Aufschmelzen großer Mengen kontinentaler Kruste führen. Heute bilden sich unter dem Vulkan des Yellowstone große Mengen rhyolithischer Laven, die sich in den in geringer Tiefe liegenden Kammern bis zur nächsten Eruption sammeln.

Rhyolithe sind hell, oftmals rosa gefärbt. Sie haben einen niedrigeren Schmelzpunkt als Basalt und fließen bei Temperaturen von 600 bis 800 °C aus. Weil **rhyolithische Laven** wegen ihrer niedrigeren Temperatur und des höheren $SiO_2$-Gehalts auch eine höhere Viskosität besitzen, also zäher sind, bewegen sie sich gegenüber basaltischen Laven mit einer um den Faktor 10 oder noch geringeren Geschwindigkeit und stapeln sich aufgrund ihres hohen Widerstands gegen den Fließvorgang in der Regel zu mächtigen, gewöhnlich knollig-rundlichen

**Abb. 12.4** Der Mount St. Helens – ein andesitischer Vulkan im Südwesten des Staates Washington – vor, während und nach seinem katastrophalen Ausbruch im Mai 1980, bei dem etwa 1 km³ pyroklastisches Material herausgeschleudert wurde [*Fotos: Emil Muench/Photo Researchers (oben); U.S. Geological Survey (Mitte); David Weintraub/Photo Researchers (unten)*].

**Abb. 12.5** Die phreatomagmatische Explosion des Nisino Sima, eines neu entstandenen Vulkans, der im Jahr 1973 nach einer untermeerischen Eruption im Pazifischen Ozean etwa 900 km südlich von Tokio über den Meeresspiegel aufstieg [*Foto: Hydrographic Department, Maritime Safety Agency; Japan*].

Lagen übereinander. Unter rhyolithischen Laven stauen sich oftmals Gase, weshalb die großen rhyolithischen Vulkane wie der Yellowstone in der Regel auch zu den hochexplosiven und besonders gefährlichen Vulkanen gehören.

## Gefüge

Die Gefüge der Vulkanite spiegeln wie die Oberfläche erkalteter Laven die Bedingungen wider, unter denen sie erstarrten. Grobkörnige Gefüge mit erkennbaren Kristallen entstehen dann, wenn Laven knapp unter der Oberfläche relativ langsam erkalten.

Laven, die rasch abkühlen, zeichnen sich normalerweise durch ein feinkörniges Gefüge aus; wenn sie reich an $SiO_2$ sind, können solche Laven zu Obsidian, einem vulkanischen Glas, erstarren.

Vulkanite enthalten oftmals kleine Blasenhohlräume. Sie entstehen, wenn sich beim Aufstieg und Abkühlen der Lava plötzlich der Druck verringert und die Schmelze rasch entgast. Lava enthält in der Regel gelöste Gase. Steigt Lava auf, nimmt der Druck ab, genauso wie in einer Flasche Mineralwasser, wenn der Verschluss abgenommen wird. Und so wie das frei werdende Kohlendioxid des Mineralwassers Blasen bildet, entweichen aus der Lava Wasserdampf und andere Gase und hinterlassen im erstarrten Effusivgestein **Gashohlräume** oder **Blasen** (Abb. 12.6). Sind in diesen Blasenhohlräumen anschließend Mineralneubildungen gewachsen, spricht man von einem Mandelstein. Das Auftreten von Blasen in der erstarrten Lava liefert den Geologen aufschlussreiche Einzelheiten über die vulkanische Entstehung des Gesteins.

Ein extrem blasenreiches vulkanisches Förderprodukt ist der **Bimsstein**. Er besitzt im Allgemeinen eine rhyolithische bis dazitische Zusammensetzung. Bimsstein kann ein so großes nach außen hin geschlossenes Porenvolumen haben, dass er spezifisch leichter ist als Wasser und deshalb schwimmt. Die bis zu 200 m mächtigen Bimssteinlager auf Lipari sind mit die größten Vorkommen der Erde. Diese hochwertigen Vorkommen finden überwiegend als Industrie-Bimsstein Verwendung. Bimsstein ist ein gesuchter Rohstoff; neben dem so genannten Industrie-Bimsstein (als Schleifmaterial) wird er vor allem als Material zur Herstellung von Leichtbausteinen und als Zuschlagstoff für Beton gewonnen, wie beispielsweise in den kleineren Vorkommen des Neuwieder Beckens.

**Abb. 12.6** Handstück einer blasenreichen Basaltlava [*Foto: Glenn Oliver/Visuals Unlimited*].

## Pyroklastische Ablagerungen

Wasser und die im Magma gelösten Gase können noch weitaus dramatischere Auswirkungen auf den Eruptionsablauf haben. Vor der Eruption verhindert der Druck des auflagernden Gesteins das Entweichen der flüchtigen Bestandteile. Wenn das Magma bis nahe an die Oberfläche aufsteigt und der Druck plötzlich abnimmt, können die flüchtigen Bestandteile explosionsartig freigesetzt werden. Dabei werden die Lava und das gesamte überlagernde und bereits verfestigte Gestein zu Fragmenten unterschiedlicher Größe, Form und Gefüge zertrümmert (Abb. 12.7). Zu solchen explosiven Ausbrüchen kommt es vor allem bei gasreichen, zähen rhyolithischen und andesitischen Laven.

**Vulkanoklastische Förderprodukte** Das gesamte fragmentierte und in die Atmopshäre herausgeschleuderte vulkanische Gesteinsmaterial wird als **Pyroklasten** (griech. pyros = Feuer und klastein = zerbrechen) oder **Tephra** bezeichnet. Dieses vulkanische Lockermaterial – Gesteine, Minerale oder Gläser – wird entsprechend seiner Korngröße unterteilt. Die feinen Partikel mit einem Korndurchmesser unter 2 mm werden als vulkanische **Asche** bezeichnet. Herausgeschleuderte Lavafetzen, die sich während des Flugs zu runden Körpern zusammenballen und abkühlen, sowie losgerissene Bruchstücke von zuvor bereits verfestigtem vulkanischem Gestein können auch wesentlich größer sein. Dann spricht man von **Lapilli** (2–64 mm Durchmesser). Wenn sie noch größer und als glühende Lava durch die Luft geflogen sind, sind es **Bomben** (Abb. 12.8) oder – noch größer – schließlich **Blöcke**. Von einigen hausgroßen vulkanischen Auswürflingen ist bekannt, dass sie bei gewaltigen Explosionen mehr als 10 km weit herausgeschleudert worden sind. Dagegen ist vulkanische Asche meist so feinkörnig, dass sie in der Luft schwebt und über große Entfernungen verfrachtet werden kann. Während des zwei Wochen dauernden Ausbruchs des Pinatubo auf den Philippinen im Jahre 1991 wurde der freigesetzte vulkanische Staub durch Satelliten weltweit nachgewiesen.

**Abb. 12.7** Pyroklastische Eruption des Vulkans Arenal in Costa Rica [*Foto: Gregory G. Dimijian/Photo Researchers*].

Die wohl bekannteste Eruption von vulkanischem Lockermaterial ereignete sich im Jahre 79 n. Chr. Nach einer längeren Periode scheinbarer Ruhe brach der Vesuv aus und förderte große Mengen Asche und Lapilli, die vor allem die Stadt Pompeji unter einer mehr als 6 m mächtigen heißen Ascheschicht begruben. Die Städte Herculaneum und Stabiae wurden von Schlammströmen verschüttet. Tausende von Menschen, die die Stadt Pompeji nicht rechtzeitig verlassen konnten, wurden in ihren Häusern lebendig begraben oder erstickten an giftigen Gasen. Die seit Mitte des 18. Jahrhunderts durchgeführten Ausgrabungen förderten außer den Skeletten und Körperabdrücken verschütteter Einwohner auch ein komplettes Bild vom täglichen Leben mit der ganzen Pracht einer römischen Stadt mitsamt den Einrichtungs- und Schmuckgegenständen ihrer Bewohner zutage.

**Abb. 12.8** Die Vulkanologin Katia Krafft untersucht eine vulkanische Bombe, die vom Vulkan Asama in Japan herausgeschleudert wurde [*Foto: Science Source/Photo Researchers*].

Über diesen Ausbruch des Vesuvs berichtete der Schriftsteller Plinius d. J. als Augenzeuge in zwei Briefen an den Historiker Tacitus. Sie gelten als die erste ausführliche Beschreibung eines Vulkanausbruchs.

Früher oder später gelangt das pyroklastische Material auf die Erde zurück. In der Umgebung des Ausbruchsorts bildet es normalerweise die mächtigsten Ablagerungen. Feinkörniges, verfestigtes (lithifiziertes) Lockermaterial wird als **vulkanischer Tuff** bezeichnet. Für umgelagertes pyroklastisches Material ist die Bezeichnung **Tuffit** gebräuchlich. Die aus den größeren Fragmenten entstandenen Gesteine werden **vulkanische Brekzien** genannt (Abb. 12.9). Die Lithifizierung der pyroklastischen Sedimente erfolgt entweder bereits dadurch, dass die heißen Pyroklasten schon während der Abkühlung miteinander verschweißen oder aber zu einem späteren Zeitpunkt, wenn das Material durch diagenetische Prozesse zementiert wird, etwa durch die Neubildung von Mineralen als Folge einer Entglasung und Aufnahme von Wasser.

**Pyroklastische Ströme** Zu einer besonders spektakulären und oftmals verheerenden Form der Eruption kommt es, wenn heiße Asche, Staubfragmente und Gase in Form von Glutwolken ausgestoßen werden, die sich mit Geschwindigkeiten bis zu 200 km/h hangabwärts ausbreiten können. Die festen Partikel werden durch heiße Gase und eingeschlossene Luft in Schwebe gehalten, sodass diese weiß glühenden **pyroklastischen Ströme** wie die meisten Suspension nur einen geringen inneren Reibungswiderstand haben (Abb. 12.10).

Ein solcher pyroklastischer Strom mit einer Temperatur von 800 °C brach im Jahre 1902 ohne größere Vorwarnung an einer Flanke des Mont Pelée auf der Karibikinsel Martinique aus. Eine Glutlawine aus erstickend heißem Gas und glühender vulkanischer Asche stürzte mit einer orkanartigen Geschwindigkeit von 160 km/h

**Abb. 12.9** (a) Schmelztuff aus einem Aschestrom des Great Basin im Norden Nevadas. (b) Vulkanische Brekzie [*Foto: John Grotzinger (a); Doug Sokell/Visuals Unlimited (b)*].

**Abb. 12.10** Ein pyroklastischer Strom stürzt im Juni 1991 die Hänge des Vulkans Unzen in Japan hinab. Der Feuerwehrmann und die Besatzung des Feuerwehrautos versuchen, der heißen Aschewolke zu entkommen. Drei Vulkanologen, die diesen Vulkan untersuchten, verloren ihr Leben, als sie von einer solchen Glutwolke eingeschlossen worden waren [*Foto: AP/World Wide Photos*].

die Hänge herunter. Innerhalb weniger Minuten und nahezu geräuschlos schloss die alles versengende Mischung aus Gas, Asche und Staub die Stadt St. Pierre ein und tötete 29 000 Einwohner.

Für Wissenschaftler, die mit Risikovorhersagen betraut sind, ist es ernüchternd, sich die Aussage eines gewissen Professor Landes ins Gedächtnis zurückzurufen, die am Tage vor der Katastrophe veröffentlicht wurde: „Der Mont Pelée stellt für die Einwohner von St. Pierre keine größere Gefahr dar als der Vesuv für die Neapolitaner". Professor Landes kam zusammen mit den anderen Einwohnern um. Im Jahre 1991 verloren die französischen Vulkanologen Maurice und Katia Krafft (Abb. 12.8) in Japan durch den in Abbildung 12.10 gezeigten pyroklastischen Strom am Vulkan Unzen ihr Leben.

# Vulkantypen und Morphologie

Die Morphologie aktiver Vulkane ist abhängig von den Eigenschaften der geförderten Laven, vor allem von ihrer chemischen Zusammensetzung und ihrem Gasgehalt, aber auch von den Bedingungen, unter denen sie gefördert werden, etwa ob auf dem Festland oder unter Wasser. Weiterhin hängen die morphologischen Erscheinungsformen davon ab, wie rasch Lava produziert wird und auch vom Fördersystem, durch das sie an die Oberfläche gelangt (Abb. 12.11).

## Zentraleruptionen

Bei Zentraleruptionen wird Lava oder pyroklastisches Material aus einem **zentralen Schlot** gefördert, einer

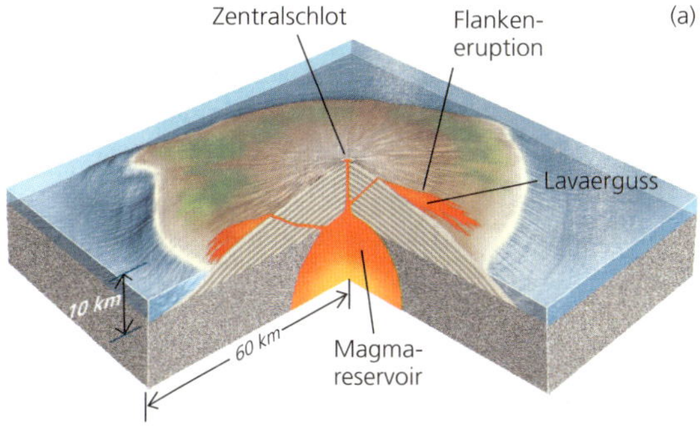


(a) Schildvulkane entstehen durch die Ablagerung von vielen tausend geringmächtigen basaltischen Lavaströmen, die sich als flach geneigte Decken ausbreiten. Jede der hier dargestellten Lagen entspricht einer Ansammlung von vielen hundert dünnen Lavaströmen. Lava kann sowohl auf den Flanken des Vulkans als auch aus dem Zentralschlot ausfließen.

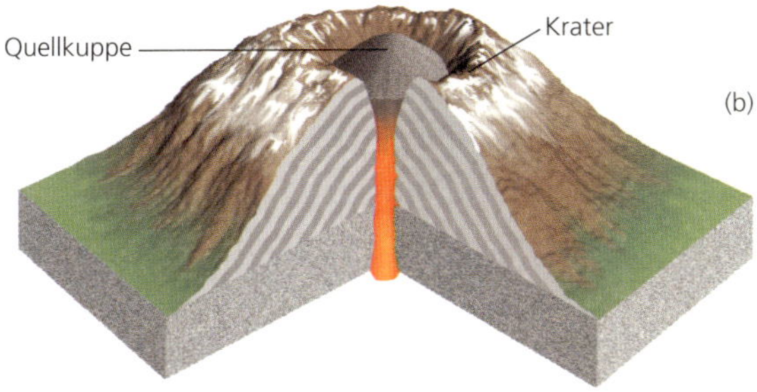

(b) Quell- oder Staukuppen sind Massen aus saurer Lava, die so viskos sind, dass sie sich über dem Schlot auftürmen, statt auszufließen. Das Foto zeigt eine nach der Eruption im Jahre 1980 im Krater des Mount St. Helens im Entstehen begriffene Quellkuppe.

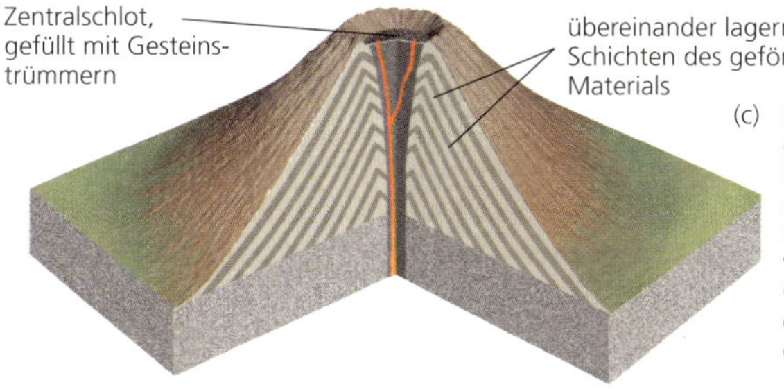


(c) Schlackenkegel entstehen, wenn das geförderte Material sich in nächster Nähe lagenförmig absetzt und vom Gipfelkrater nach allen Seiten abfällt. Der Förderschlot unter dem Krater ist mit Schuttmaterial verfüllt. Das Foto zeigt den Ausbruch des Cerro Negro im Jahre 1968, bei dem auf einem älteren Lavafeld ein Schlackenkegel entstand.

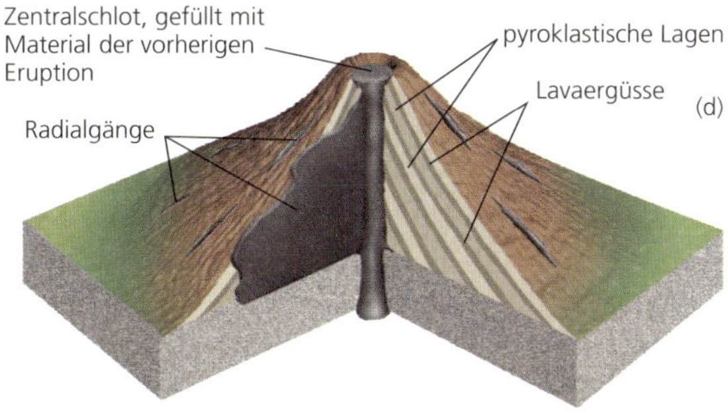


(d) Schichtvulkane bestehen aus wechselnden Lagen von pyroklastischem Material (Tuffen) und Lavaergüssen. Auf Radialspalten erstarrte Lava bildet rippenartige Gänge, die den Kegel stabilisieren.

(e) Auf den Gipfeln der meisten Vulkane befinden sich Krater. Nach einer Eruption sinkt die Lava oftmals in den Förderschlot zurück und erstarrt. Bei der nächsten Eruption wird dieses Material als pyroklastische Explosion herausgeblasen.

(f) Calderen entstehen dadurch, dass bei einer heftigen Eruption die Magmakammer vollständig geleert wird. Die leere Kammer ist nicht mehr in der Lage, ihr Dach zu tragen. Sie bricht zusammen und hinterlässt eine große steilwandige Einsenkung.

**Abb. 12.11** Der Magmatyp bestimmt die Art der Eruption und die Morphologie der Vulkane [*Fotos: U.S. Geological Survey (a); Lyn Topinka/USGS Cascades Volcano Observatory (b); Mark Hurd Aerial Surveys (c); Corbis (d); Fabrizio Villa/AP/Wide World Photos (e); Greg Vaughn/Tom Stack & Associates (f)*].

Öffnung am oberen Ende eines röhrenartigen Förderkanals, durch den das Material aus der Magmakammer an die Erdoberfläche aufsteigt. Zentraleruptionen führen zu den bekanntesten aller vulkanischen Erscheinungsformen: zu Vulkanen mit typischer Kegelform.

**Schildvulkane** Ein Schildvulkan bildet sich durch wiederholt aufeinanderfolgende Lavaergüsse aus einem Zentralkrater. Ist die Lava basaltisch, fließt sie ruhig aus, und da sie dünnflüssig ist, verbreitet sie sich großflächig. Fließen große Mengen über lange Zeiträume hinweg aus, bilden die Lavaergüsse einen ausgedehnten Schildvulkan von vielen Kilometern Durchmesser und einer Höhe von mehr als 2000 m. Die Hänge sind relativ flach. Klassisches Beispiel eines solchen **Schildvulkans** ist der Mauna Loa auf Hawaii (Abb. 12.11a). Obwohl er sich lediglich 4 km über den Meeresspiegel erhebt, ist er der höchste „Berg“ der Erde. Von seiner Basis auf dem Meeresboden aus gemessen erreicht der Vulkan eine Höhe von 10 km und ist damit höher als der Mount Everest. Sein Durchmesser beträgt an der Basis 120 km – das ergibt eine Fläche, die ungefähr halb so groß wie Rheinland-Pfalz ist. Diese enorme Ausdehnung kam in einem Zeitraum von etwa einer Million Jahre durch die Akkumulation von Tausenden von Lavaergüssen zustande, von denen jeder einzelne nur wenige Meter mächtig ist. In Wirklichkeit besteht die Insel Hawaii aus den Gipfeln einer ganzen Reihe sich überlappender Schildvulkane, die über den Meeresspiegel ragen.

**Vulkanische Quellkuppen** Im Gegensatz zu basaltischen Laven sind saure Schmelzen so zähflüssig, dass sie kaum seitlich wegfließen. Sie bilden oftmals **Quell**- oder **Staukuppen** beziehungsweise Dome in Form von rundlichen, steilwandigen Gesteinsmassen. Solche Quellkuppen sehen aus, als wäre die Lava wie Zahnpasta aus dem Förderschlot herausgequetscht worden. Da sie extrem viskos ist, breitet sich die Lava nur wenig seitlich aus. Das Material plombiert häufig die Förderschlote und schließt dabei auch die in der Lava vorhandenen Gase ein. Der Druck der eingeschlossenen Gase steigt, bis es schließlich zur Explosion und zur Zerstörung der Quellkuppe kommt. Dieser Vorgang spielte sich beim Ausbruch des Mount St. Helens im Jahre 1980 ab (Abb. 12.11b).

**Schlackenkegel** Wird aus Vulkanschloten nur Lockermaterial gefördert, häufen sich die groben Fragmente in einem Wall um den Schlot an und bauen einen **Schlackenkegel** auf. Schlackenkegel sind die häufigsten Vulkane auf den Kontinenten, in Mitteleuropa sind sie aus der Eifel bekannt. Das Profil eines solchen Kegels ist durch den maximalen Böschungswinkel festgelegt, bei dem die Schuttmassen noch stabil sind, ohne hangabwärts zu rutschen. Die größeren, nahe am Gipfel herabfallenden Bruchstücke können sehr steile und standfeste Hänge bilden. Die feineren Teilchen werden weiter vom Schlot weggetragen und führen an der Basis des Kegels zu sanfteren Hängen. Der klassische konkave Vulkankegel mit seinem Zentralschlot am Gipfel lässt diese Veränderung der Hangformen erkennen (Abb. 12.11c).

**Schichtvulkane** Fördert ein Vulkan sowohl Lava als auch pyroklastisches Material, so bildet diese Wechselfolge von Laven und Pyroklasten einen konkaven **Schicht**- oder **Stratovulkan**. Dies ist die häufigste Form der großen Vulkane; der Fudschijama (Abb. 12.11d), Vesuv, Ätna und Mount Rainier sind berühmte Beispiele hierfür. Der Mount St. Helens hatte die nahezu vollkommene Form eines Stratovulkans, bis zu seinem Ausbruch im Jahre 1980, bei dem die Nordflanke kollabierte (vgl. Abb. 12.4).

**Krater** Auf dem Gipfel der meisten Vulkane befindet sich normalerweise unmittelbar über dem Förderschlot eine schüsselförmige Einsenkung, der **Krater**. Während der Förderphase eines Lavavulkans überfließt die aufsteigende Lava die Kraterwände; wenn die Eruption dann zum Stillstand kommt, sinkt die im Krater verbliebene Lava oftmals in den Förderschlot zurück und erstarrt. Bei der nächsten Eruption wird dieses Material als pyroklastische Explosion buchstäblich aus dem Krater herausgeblasen, der später mit dem zurückfallenden Material teilweise wieder aufgefüllt wird. Da die Wände des Kraters sehr steil sind, können sie einstürzen oder werden im Laufe der Zeit abgetragen, sodass der Durchmesser des Kraters bei einer Tiefe von mehreren hundert Metern ein Vielfaches des Förderschlots erreichen kann. Der Krater des Ätna auf Sizilien hat beispielsweise derzeit einen Durchmesser von ungefähr 300 m (Abb. 12.11e).

**Calderen** Wenn große Magmamengen aus einer wenige Kilometer unterhalb des Förderschlots liegenden Magmakammer ausgeflossen sind, ist die leere Kammer nicht mehr länger in der Lage, ihr Dach zu tragen. In solchen Fällen kann das darüber liegende Vulkangebäude katastrophenartig zusammenbrechen. Es entsteht eine große, steilwandige, beckenförmige Einsenkung, die wesentlich größer ist als der Krater und als **Caldera** bezeichnet wird (Abb. 12.11f). Die Entwicklung der Caldera, die im US-Bundesstaat Oregon den Crater Lake bildet, ist in Abbildung 12.12 dargestellt. Calderen sind beeindruckende Erscheinungen, deren Durchmesser von wenigen Kilometern bis zu 50 km oder mehr reichen (vgl. Abb. 5.17), was flächenmäßig ungefähr dem Gebiet der Städte New York oder Berlin entspricht. Die Yellowstone-Caldera mit einer Fläche von mehr als 4 000 km² ist die derzeit aktivste Caldera in den Vereinigten Staaten.

Nach Hunderttausenden von Jahren kann in die zusammengestürzte Magmakammer erneut frisches Magma eindringen, dabei den Boden der Caldera wieder

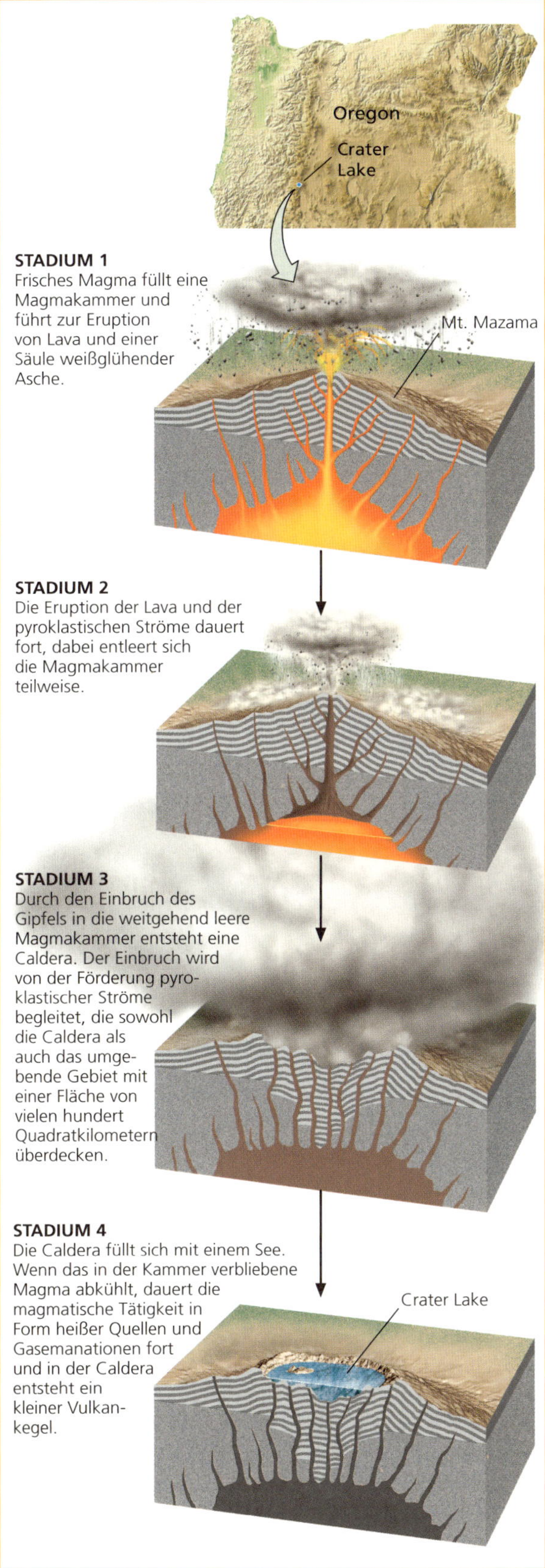


**Abb. 12.12** Entwicklungsstadien der Caldera des Crater Lake in Oregon.

aufwölben und so eine **resurgente** (wieder auflebende) **Caldera** bilden. Der Zyklus von Eruption, Einsturz und Wiederaufleben kann sich im Laufe der Erdgeschichte mehrfach wiederholen. In den vergangenen 2 Millionen Jahren kam es drei Mal zum katastrophalen Ausbruch der Yellowstone-Caldera, wobei jeweils 100 bis 1 000-mal mehr Material gefördert wurde als beim Ausbruch des Mount St. Helens im Jahre 1980 und ein großer Teil des heutigen amerikanischen Westens von einer Aschelage überdeckt wurde. Andere resurgente Calderen sind die Valles-Caldera in Neu-Mexiko und die Long Valley-Caldera in Kalifornien, die vor 1,2 Ma beziehungsweise vor 760 000 Jahren letztmalig ausgebrochen sind, oder auch der Rabaul in Papua-Neuguinea.

**Diatreme** Wenn heißes Material aus großer Tiefe explosiv nach oben entweicht, wird der Förderschlot im Anschluss an die Eruption oftmals mit einer Breccie verfüllt. Solche mit pyroklastischen Brekzien oder Tuffen plombierten Durchschlagsröhren werden als **Diatreme** bezeichnet. Ein Beispiel dafür ist der die Ebene von Neu-Mexiko überragende Shiprock. Seine heutige Form ist durch die Erosion der Sedimentgesteine entstanden, die ursprünglich die Schlotbrekzie umgaben. Dem Flugreisenden erscheint der Shiprock wie ein gigantischer schwarzer Wolkenkratzer in der roten Wüste (Abb. 12.13).

Der Ausbruchsmechanismus, der zu solchen Diatremen führt, wurde bis in alle Einzelheiten aus der geologischen Beweislage rekonstruiert. Die vorgefundenen Minerale und Gesteine konnten sich nur in großen Tiefen – ungefähr 100 km – gebildet haben, das heißt innerhalb des Oberen Mantels. Gasreiche Magmen bahnen sich aus diesen Tiefen ihren Weg durch Aufbrechen der Lithosphäre nach oben und setzen schließlich ihre Gase, zusammen mit Lava, Bruchstücken aus den Schlotwänden sowie Fragmenten aus der tiefen Kruste und dem Mantel mit explosionsartiger Energie und manchmal sogar mit Überschallgeschwindigkeit frei. Eine solche Eruption würde vermutlich wie der Düsenstrahl einer riesigen, auf dem Kopf stehenden Rakete aussehen, der Gesteine und Gase in die Luft hinausbläst. Diatreme bilden oft auch die Fortsetzung von Maaren zur Tiefe hin; ihre Entstehung zusammen mit der phreatomagmatischen Maarbildung liegt nahe, vor allem, wenn der Gasreichtum einer Schmelze nicht belegt werden kann.

Die vielleicht ungewöhnlichsten Diatreme sind die **Kimberlitschlote**, benannt nach der berühmten Kimberley-Diamantlagerstätte in Südafrika. Kimberlite entsprechen von der Zusammensetzung her den Peridotiten – ultrabasischen Gesteinen, die überwiegend aus Olivin bestehen. Neben Diamanten enthalten Kimberlitschlote ein Vielzahl von Bruchstücken aus dem Erdmantel, die, als das Magma an der Erdoberfläche explosiv gefördert wurde, aus der Tiefe mitgerissen wurden. Die extrem hohen Drücke, die für die Bildung von Diamanten aus

**Abb. 12.13** Entstehung eines Diatrems. Der Shiprock erhebt sich 515 m über die umgebenden, flach lagernden Sedimente von Neu-Mexiko. Er ist ein Beispiel für ein Diatrem, eine Durchschlagsröhre, die durch Erosion aus dem umgebenden Sedimentgestein herauspräpariert wurde. Man beachte den vertikal stehenden Gang; es handelt sich dabei um einen von sechs Gängen, die radial vom zentral liegenden Vulkanschlot weg verlaufen [*Foto: Jim Wark, Index Stock Imagery*].

Kohlenstoff erforderlich sind, werden nur in Tiefen unter 150 km erreicht. Aus intensiven Untersuchungen der Diamanten und der in den Kimberlitschloten auftretenden anderen Mantelgesteinsbruchstücke war es möglich, diese Bereiche des Erdmantels so exakt zu rekonstruieren, als hätte man einen mehr als 200 km langen Bohrkern aus dem Erdmantel. Dieselben Untersuchungen lieferten zugleich Anhaltspunkte für die Theorie, dass der Obere Mantel im Wesentlichen aus Peridotit besteht.

## Spalteneruptionen

Die größten Vulkanausbrüche stammen nicht von Zentraleruptionen, sondern aus großen, nahezu vertikal stehenden Spalten an der Erdoberfläche, die oftmals Dutzende Kilometer lang sind (Abb. 12.14). Solche **Spalteneruptionen** sind die häufigste Form des Vulkanismus an den mittelozeanischen Rücken, an denen neue ozeanische Kruste entsteht. In der Vergangenheit sind Menschen nur einmal Zeuge einer solchen Eruption geworden, nämlich im Jahre 1783 auf Island, einem an der Erdoberfläche freiliegenden Teil des Mittelatlantischen Rückens. Ein Fünftel der damaligen Bevölke-

**Abb. 12.14** Spalteneruption auf dem Kilauea (Hawaii). Der Vulkan Pu'u O'o liegt oben rechts wenig außerhalb des Bildes [*Foto: U.S. Geological Survey*].

rung Islands kam dabei um. Eine Spalte von 32 km Länge öffnete sich und förderte ungefähr 12 $km^3$ Basalt (Abb. 12.15) – genug, um Manhattan bis etwa zur halben Höhe des Empire State Building zu überdecken. Auf Island kommt es noch immer zu Spalteneruptionen, wenn auch in kleinerem Ausmaß als bei der damaligen Katastrophe.

**Flutbasalte** Extrem dünnflüssige basaltische Lava, die aus Spalten auf ebenem Gelände ausfließt, kann sich in Form geringmächtiger Decken ausbreiten. Wenn die vulkanische Tätigkeit lange genug anhält, stapeln sich die einzelnen Lavaergüsse eher zu mächtigen basaltischen Lavaplateaus auf, so genannten **Flutbasalten**, als zu Vulkankegeln, wie dies der Fall ist, wenn die Eruption auf einen Zentralschlot beschränkt ist. Eine unvorstellbar große Eruption von Flutbasalten begrub vor etwa 16 Ma in Oregon, Washington und Idaho 160 000 $km^2$ Landschaft unter sich und schuf das Columbia-Plateau (Abb.

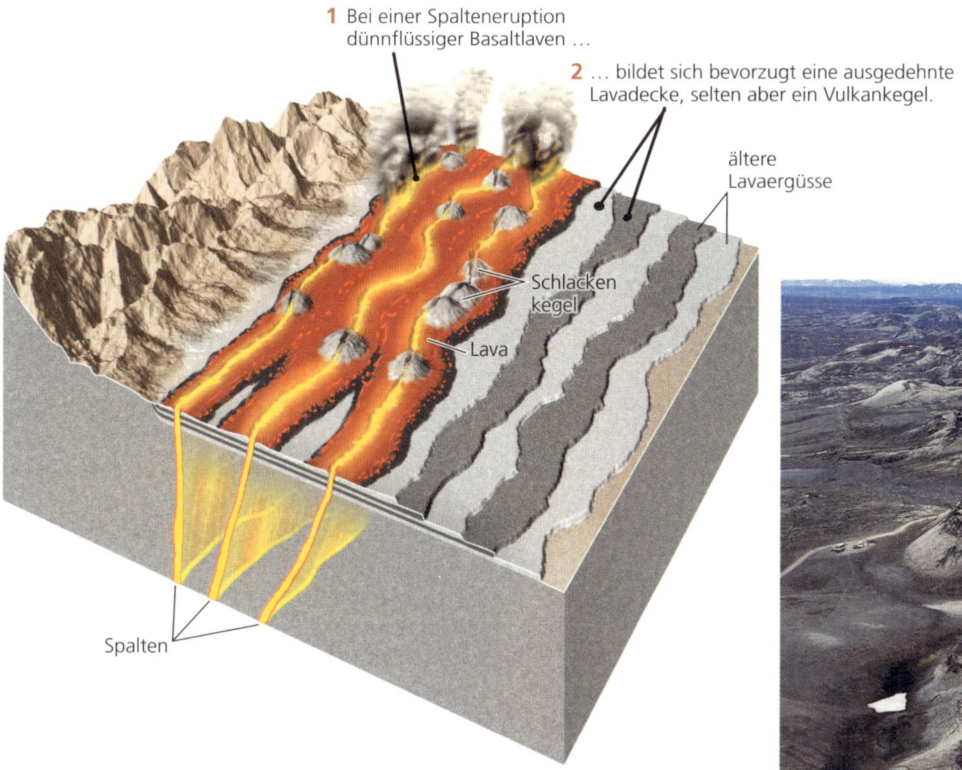

**Abb. 12.15** Bei einer Spalteneruption von extrem dünnflüssigem Basalt breitet sich die Lava sehr rasch aus und bildet bevorzugt ausgedehnte Lavadecken und nur selten Vulkankegel [*nach: R. S. Fiske/USGS*]. – Vulkankegel auf der Laki-Spalte (Island), die sich im Jahre 1783 öffnete und aus der in historischer Zeit der größte Lavastrom ausfloss, der je auf dem Festland beobachtet wurde [*Foto: Tony Waltham*].

12.16). Einzelne Ergüsse waren über 100 m mächtig, und manche waren so flüssig, dass sie sich über mehr als 500 km Entfernung von ihrer Ausbruchsstelle ausbreiteten. Seitdem ist auf der Lava, die eine alte Landoberfläche bedeckte, eine völlig neue Landschaft mit neuen Flusstälern entstanden.

Ähnliche Flutbasalte findet man auf fast allen Kontinenten: in Südafrika die Karru-Basalte, in Indien der Dekkantrapp, in Südamerika sind es die Vorkommen im Paranà-Becken, in Ostsibirien und in Europa kennt man sie aus Schottland, Irland und Südschweden.

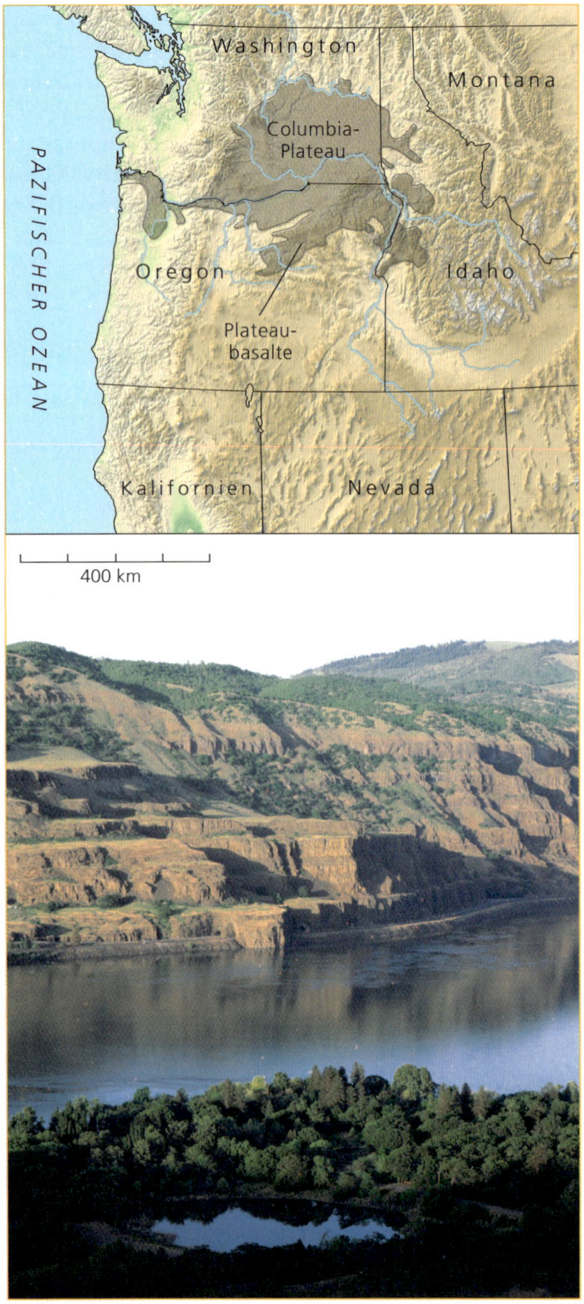


**Abb. 12.16** Blick auf das Columbia-Plateau. Übereinander gestapelte Lavadecken bauten dieses Plateau auf, das sich über weite Gebiete von Oregon und Washington erstreckt [*Foto: Dave Schiefelbein*].

**Pyroklastische Ströme** Spalteneruptionen mit pyroklastischem Material haben auf den Kontinenten zur Bildung ausgedehnter Decken harter vulkanischer Tuffe geführt, die als **Aschestromablagerungen** bezeichnet werden. Sie stellen eine besondere Ablagerungsform der bereits erwähnten pyroklastischen Stromablagerungen dar, wobei für diese Bildungen auch der Begriff **Ignimbrit** verwendet wird. Nachdem der Strom zur Ruhe gekommen ist, können die Partikel miteinander verschweißen, sodass der Tuff in ein Festgestein übergeht. Im Yellowstone-Nationalpark in Wyoming wurden eine ganze Reihe von Wäldern unter solchen Aschestromablagerungen begraben. Mit zu den größten pyroklastischen Ablagerungen der Erde gehören die vor 45 bis 30 Ma aus Spalten im Bereich der heutigen Basin-and-Range-Provinz im Westen der Vereinigten Staaten geförderten Ignimbrite. Das Volumen dieser pyroklastischen Ströme betrug etwa 500 000 $km^3$ – eine Menge, die ausreichen würde, das gesamte Gebiet des US-Bundesstaats Nevada mit einer 2 000 m mächtigen Gesteinsschicht zu überdecken.

## Wechselwirkungen des Geosystems

Vulkane sind vergleichbar mit chemischen Fabriken, die sowohl Gase als auch feste Substanzen produzieren. Mutige Vulkanologen sammelten und untersuchten die bei Eruptionen freigesetzten vulkanischen Gase, um ihre Zusammensetzung zu bestimmen. Hauptbestandteil dieser Gase ist Wasserdampf (70 bis 95 Prozent), gefolgt von Kohlendioxid, Schwefeldioxid und Spuren von Stickstoff, Wasserstoff, Kohlenmonoxid, Schwefel und Chlor. Bei jeder Eruption werden enorme Mengen dieser Gase freigesetzt. Ein Teil der Gase mag aus großen Tiefen der Erde stammen und zum ersten Mal an die Erdoberfläche gelangen (juvenile Gase), andere sind möglicherweise verdampfendes Grund- oder Meerwasser oder aber beigemengte Gase aus der Atmosphäre, aber auch Gase, die in älteren Gesteinsgenerationen eingeschlossen waren.

Man ist der Ansicht, dass die Freisetzung vulkanischer Gase in der Frühzeit der Erde zur Entstehung der Meere und der Atmosphäre führte. Epochen verstärkter vulkanischer Tätigkeit beeinflussten mehrfach das Klima der Erde und sind vermutlich auch für einige der in der Erdgeschichte dokumentierten großen Massensterben verantwortlich. Daher sind Stoffbestand und Herkunft der vulkanischen Gase für die Erforschung der anderen Geosysteme und des Biosystems von erheblicher Bedeutung.

## Vulkanismus und Hydrosphäre

Die Wechselwirkung zwischen Hydrosphäre und Lithosphäre ist in vielen vulkanischen Geosystemen ein wesentlicher Vorgang.

Auch wenn keine Lava oder kein pyroklastisches Material mehr gefördert wird, ist die vulkanische Tätigkeit noch nicht zu Ende. Jahrzehnte bis Jahrhunderte nach großen Eruptionen spielt die Freisetzung von Gasen, Wasserdampf und Wasser noch eine wichtige Rolle. Sofern diese Exhalationen eindeutig mit dem Abklingen des Vulkanismus im Zusammenhang stehen, spricht man von **postvulkanischen Erscheinungen**.

**Fumarolen** sind Gasexhalationen, deren wesentlicher Bestandteil Wasserdampf ist, die aber auch andere gelöste Stoffe enthalten können, die sich bei den hohen Temperaturen zwischen 800 und 200 °C an den Gasaustritten abscheiden. Diese durch Eisenverbindungen und thermophile Bakterien oft sehr bunt gefärbten Substanzen sind für Fumarolen typisch und an nahezu allen Austrittstellen zu beobachten.

**Solfataren** sind mit Temperaturen zwischen 250 und etwa 100 °C etwas weniger heiße Exhalationen, die neben Wasserdampf einen höheren Anteil an Schwefelverbindungen enthalten (Abb. 12.17). Die Bezeichnung wurde von dem einstigen Vulkankrater Solfatara bei Pozzuoli (in der Umgebung von Neapel) übernommen, wo auch heute noch heißer Wasserdampf und Schwefelwasserstoff austritt. Durch Oxidation des Schwefelwasserstoffs entsteht als Zwischenprodukt elementarer Schwefel, der sich als gelber Belag an der Austrittstelle abscheidet. Diese Schwefelkrusten werden oftmals so mächtig, dass wirtschaftlich gewinnbare Schwefellagerstätten entstehen. Kalkhaltiges Nebengestein wird bei diesen Solfataren durch die Bildung von $H_2SO_4$ in Sulfatverbindungen (z. B. Gips) übergeführt.

**Abb. 12.17** Solfatare auf dem Vulkan Merapi in Indonesien; sie wird von einer Kruste aus Schwefel umgeben [*Foto: R. L. Christiansen/USGS*].

**Mofetten** sind Exhalationen von Kohlendioxid mit Temperaturen unter 100 °C. Sie treten sowohl in vulkanisch aktiven als auch in Gebieten mit erloschenem Vulkanismus auf. In Deutschland finden wir sie als postvulkanische Erscheinungen in der Umgebung des Laacher Sees (Eifel) sowie im Vorland der Schwäbischen Alb. Löst sich die Kohlensäure in aufsteigendem Grundwasser, so entsteht ein besonderer Typ von Mineralwasser, ein so genannter Säuerling oder Sauerbrunnen.

**Heiße Quellen und Geysire** Heiße Quellen und Geysire entstehen, wenn zirkulierendes Grundwasser in Kontakt mit dem Magma im Untergrund kommt (das seine Hitze über mehrere Jahrhunderte oder Jahrtausende behält), dort aufgeheizt wird und als heiße Quelle oder Geysir wieder an die Oberfläche aufsteigt. Ein **Geysir** ist eine heiße Springquelle, die in zeitlichen Intervallen mit großer Kraft Wasser ausstößt. Der bekannteste Geysir der Vereinigten Staaten, der Old Faithful im Yellowstone-Nationalpark, stößt im Abstand von etwa 65 Minuten in einer bis zu 60 m hohen Fontäne heißes Wasser aus (Abb. 12.18). Weitere bekannte Geysirfelder liegen auf Island und Neuseeland.

Vielerorts tritt heißes Wasser jedoch weniger spektakulär an der Erdoberfläche aus. Es enthält im Allgemeinen gelöste Stoffe, die sich bei der Verdunstung und Abkühlung des Wassers unter Bildung verschiedener inkrustierender Ablagerungen (wie Travertin, ein ge-

**Abb. 12.18** Der Old-Faithful-Geysir im Yellowstone-Nationalpark stößt alle 65 Minuten eine 60 m hohe Säule aus Wasserdampf und überhitztem Wasser aus [*Foto: Simon Fraser/SPL/Photo Researchers*].

schätzter Werkstein) absetzen. Einige dieser Ablagerungen enthalten überdies wertvolle Minerale.

Der bei hydrothermalen Phänomenen frei werdende Dampf sowie das Thermalwasser lassen sich häufig zur Gewinnung geothermischer Energie nutzen. Außerdem enthalten Dampf und Heißwasser eine Reihe vergleichsweise seltener Elemente wie Arsen, Fluor, Brom, Jod, Lithium, Bor, Strontium und andere, die sich oftmals zu wirtschaftlich bedeutenden Lagerstätten angereichert haben. Wie bereits in Kapitel 4 erwähnt, sind diese hydrothermalen Wechselwirkungen an den Spreading-Zentren der mittelozeanischen Rücken am intensivsten, da dort große Mengen an Wasser und Magma miteinander in Kontakt kommen.

## Vulkanismus und Atmosphäre

Der Zusammenhang zwischen Vulkanausbrüchen und Veränderungen des Wetters beziehungsweise des Klimas ist ein weiteres gutes Beispiel für die Wechselwirkungen des Systems Erde. Die Eruptionen des El Chichón in Süd-Mexiko im Jahre 1982 und der Ausbruch des Pinatubo auf den Philippinen im Jahre 1991 beispielsweise stießen bis in über 10 km Höhe, das heißt bis in die Stratosphäre, schwefelhaltige Gase aus. Durch verschiedene chemische Reaktionen bildeten die Gase ein Aerosol (eine stabile Suspension kleiner, in der Luft schwebender Tröpfchen) aus vielen Millionen Tonnen Schwefelsäure. Das Aerosol absorbierte einen Teil der Sonneneinstrahlung, sodass die Oberfläche der Erde für die Dauer eines Jahres abkühlte. Die Eruption des Pinatubo, eine der größten explosiven Eruptionen des letzten Jahrhunderts, führte im Jahre 1992 zu einer globalen Abkühlung um etwa 0,5 °C. (Die Chlor-Emissionen des Pinatubo beschleunigten außerdem den Abbau des Ozons in der Atmosphäre, des natürlichen Schutzschilds, der die Menschheit vor der ultravioletten Strahlung der Sonne schützt.)

Staubpartikel, die während der Eruption des Vulkans Tambora 1815 in Indonesien in die Stratosphäre gelangten, verursachten eine weit stärkere Abkühlung als die Eruption des Pinatubo. Die nördliche Hemisphäre litt aus diesem Grund im Jahre 1816 unter einem sehr kalten Sommer (in Neuengland gab es im Juli Schneestürme). Der Temperaturrückgang und die Ablagerung der Asche führten weltweit zu Ernteausfällen. Große Hungersnöte unter der Bevölkerung führten in diesem „Jahr ohne Sommer“ zum Tod von nahezu 90 000 Menschen.

# Die weltweite Verteilung der Vulkane

Lange bevor die Theorie der Plattentektonik aufgestellt wurde, war den Geologen die Konzentration der Vulkane

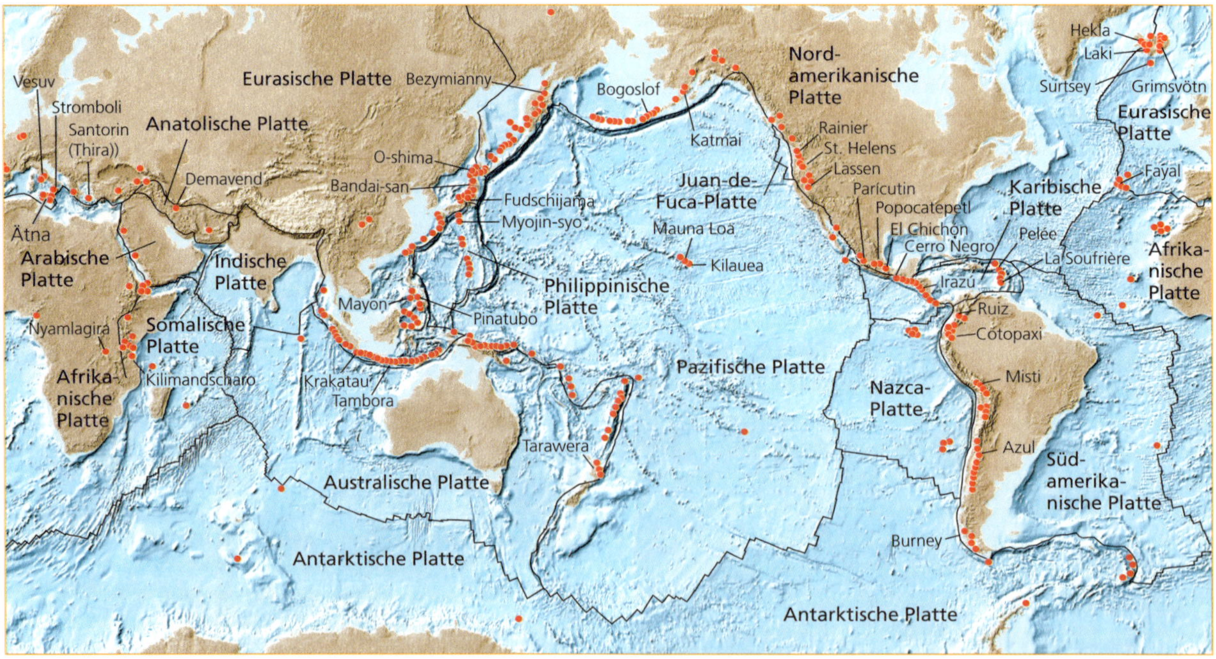


**Abb. 12.19** Die aktiven Vulkane der Erde (rote Punkte) sind nicht zufällig verteilt. Ungefähr 80 Prozent sind an konvergierende Plattengrenzen, 15 Prozent an divergierende Plattengrenzen gebunden und die wenigen verbleibenden sind Intraplattenvulkane. Die Plattengrenzen sind schwarz dargestellt. Nicht auf der Karte eingetragen sind die zahlreichen aktiven untermeerischen Vulkane an den mittelozeanischen Rücken.

an den Rändern des Pazifischen Ozeans aufgefallen – und sie nannten diesen Saum den „Zirkumpazifischen Feuerring". Die Erklärung dieses Feuerrings als Folge der Subduktion von Lithosphärenplatten war einer der großen Erfolge dieser neuen Theorie. In Kapitel 4 wurde erwähnt, dass die Zusammensetzung der Laven in Abhängigkeit von der plattentektonischen Position variiert (vgl. Abb. 4.11). In diesem Abschnitt wird nun gezeigt, wie sich mithilfe der Plattentektonik im Wesentlichen alle wichtigen vulkanischen Erscheinungsformen im Zusammenhang mit der weltweiten Verteilung der Vulkane erklären lassen.

Abbildung 12.19 zeigt die Verteilung der auf dem Festland oder über dem Meeresspiegel liegenden aktiven Vulkane der Erde.

Ungefähr 80 Prozent treten an konvergierenden Plattengrenzen auf, 15 Prozent an divergierenden Plattenrändern und der Rest innerhalb der Platten. Außer den hier dargestellten gibt es noch zahlreiche weitere aktive Vulkane. Der größte Teil der geförderten Laven stammt aus submarinen Vulkanen an den Spreading-Zentren der mittelozeanischen Rücken.

## Basaltförderung an Spreading-Zentren

Pro Jahr fließen an den mittelozeanischen Rücken durch Seafloor-Spreading etwa 3 km$^3$ basaltische Lava aus. Dies ist eine vergleichsweise große Menge, denn von allen aktiven Vulkanen (insgesamt etwa 400) an konvergierenden Plattengrenzen wird weniger als 1 km$^3$ Lava pro Jahr gefördert. Durch Seafloor-Spreading wurde in den vergangenen 200 Millionen Jahren die gesamte Lava für alle heute existierenden Ozeanböden gefördert, die insgesamt etwa zwei Drittel der Erdoberfläche bedecken. Dieses Krustenmaterial entsteht unter einer Riftstruktur von wenigen Kilometern Breite, die sich auf den mittelozeanischen Rücken über viele Tausend Kilometer erstreckt (Abb. 12.20). Die Magmen und damit auch die Vulkanite entstehen deshalb, weil Peridotit im Erdmantel durch Druckentlastung schmilzt (Kap. 4).

## Hydrothermale Erscheinungen an Spreading-Zentren

Die durch Dehnung entstandenen Spalten auf den Kämmen der mittelozeanischen Rücken ermöglichen eine

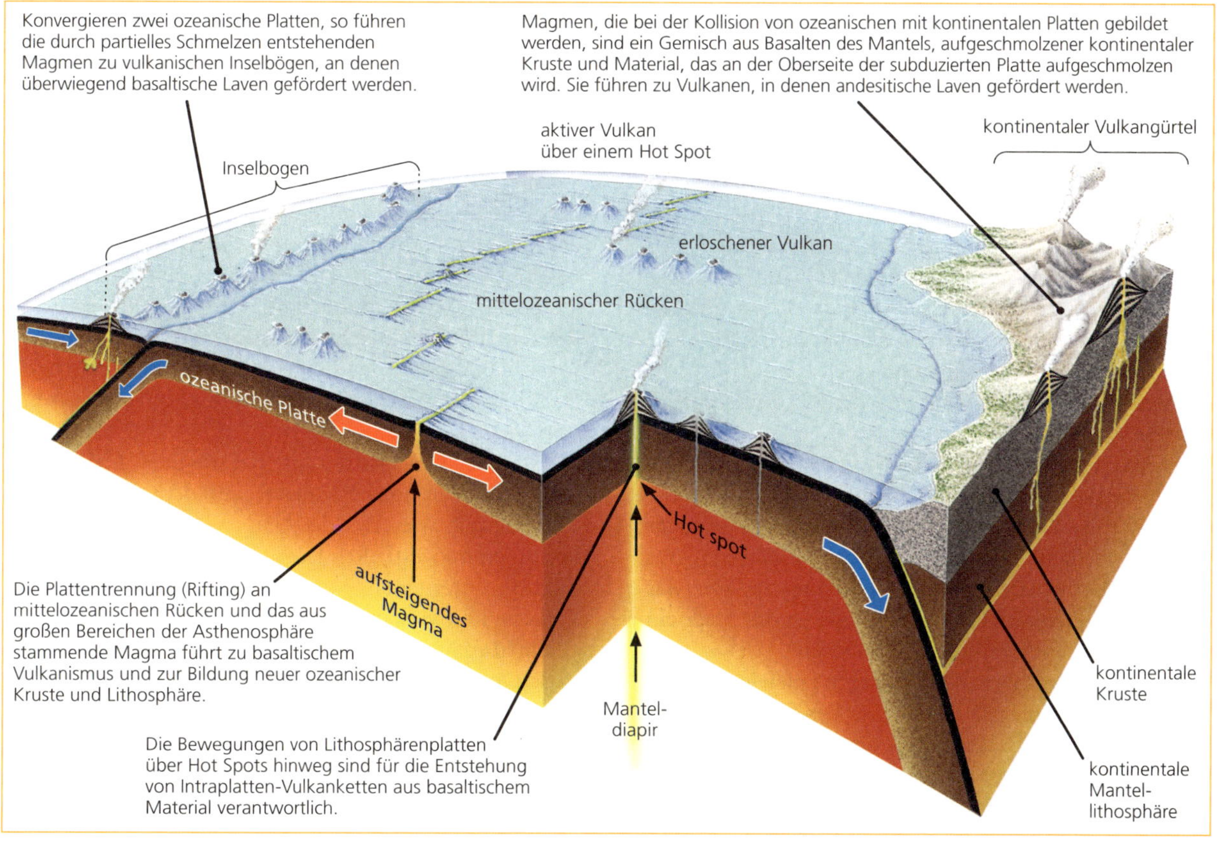


**Abb. 12.20** Vulkanismus ist eng mit plattentektonischen Vorgängen verknüpft.

Zirkulation des Meerwassers innerhalb der neu gebildeten Kruste. Die Wärme der heißen Vulkanite und des darunter befindlichen Magmas führt zu heftigen Konvektionsbewegungen, durch die kaltes Meerwasser in die Kruste gelangt, am Kontakt zum Magma aufgeheizt wird und als heißes Wasser in den Ozean zurückfließt (vgl. Abb. 4.13).

Aus der Tatsache heraus, dass in den vulkanischen Geosystemen des Festlands heiße Quellen und Geysire häufige Erscheinungen sind, sind Hinweise auf eine hydrothermale Tätigkeit an den in großen Tiefen liegenden Spreading-Zentren nicht überraschend. Trotzdem waren die Geowissenschaftler erstaunt, als sie die intensive Zirkulation erkannten und einige der chemischen und biologischen Zusammenhänge entdeckten. Die spektakulärsten Erscheinungen wurden erstmals im Jahre 1977 im östlichen Pazifischen Ozean entdeckt. Aus hydrothermalen Schloten, den so genannten „Black Smokers" (Schwarze Raucher), schießt auf dem Kamm der mittelozeanischen Rücken heißes, durch Sulfidminerale dunkel gefärbtes Thermalwasser heraus, das Temperaturen bis zu 380 °C erreicht (vgl. Abb. 11.16). Andere Schlote werden als „White Smokers" (Weiße Raucher) bezeichnet; ihr ausströmendes Wasser ist hell, hat eine andere Zusammensetzung und auch niedrigere Temperaturen. Die Strömungsgeschwindigkeit innerhalb dieses hydrothermalen Kreislaufs ist hoch und Meeresgeologen schätzen, dass durch das Spaltensystem und durch die Schlote der Spreading-Zentren innerhalb von etwa 10 Ma die gesamte Wassermenge der Ozeane zirkuliert.

Allmählich erkannte man auch, dass das Zusammenwirken von Hydrosphäre und Lithosphäre an den Spreading-Zentren die geologischen, chemischen und biologischen Verhältnisse der Ozeane in erheblichem Maße beeinflusst.

- Die Bildung neuer Lithosphäre ist für nahezu 60 Prozent des Wärmeabflusses aus dem Erdinneren nach außen verantwortlich. Das durch die Kruste zirkulierende Meerwasser kühlt die neue Lithosphäre ausgesprochen effektiv ab und spielt daher für den Abtransport der Wärme aus dem Erdinneren eine wesentliche Rolle.
- Hydrothermale Tätigkeit führt in der neu entstandenen Kruste zum Lösen von Metall-Ionen und anderen Elementen, die anschließend in die Ozeane gelangen. Diese Elemente beeinflussen etwa in gleichem Ausmaß die chemische Zusammensetzung des Meerwassers wie die insgesamt durch Flüsse in das Meer eingetragenen mineralischen Bestandteile.
- Aus den hydrothermalen Lösungen fallen jene metallführenden Minerale aus, die in den höheren Bereichen der ozeanischen Kruste Erze mit hohen Gehalten an Zink, Kupfer und Eisen bilden. Diese Minerale entstehen dadurch, dass Meerwasser durch das zerklüftete vulkanische Gestein nach unten gelangt, dort aufgeheizt wird und diese Elemente aus der jungen Kruste auslaugt. Wenn die an gelösten Mineralen angereicherten heißen Lösungen dann aufsteigen und in das nahe am Gefrierpunkt liegende bodennahe Wasser ausfließen, fallen diese Lösungsbestandteile als Sulfidminerale aus.

Die hydrothermale Energie und die von den zirkulierenden Lösungen mitgeführten Nährstoffe versorgen Kolonien fremdartiger Organismen, die ihre Energie nicht von der Sonne, sondern aus dem Erdinneren beziehen. In diesen Ökosystemen an den Spreading-Zentren gedeihen Mikroorganismen, meist Archaebakterien, die großen Muscheln und oftmals mehrere Meter langen Würmern als Nahrung dienen. Andere Mikrofossilien besiedeln sogar Thermalquellen mit Wassertemperaturen über dem Siedepunkt. Man geht inzwischen davon aus, dass das Leben auf der Erde im Umfeld dieser an Energie und chemischen Substanzen reichen ozeanischen Spreading-Zentren entstanden ist.

## Vulkanismus an Subduktionszonen

Die auffälligsten Erscheinungen an Subduktionszonen sind die Vulkanketten, die über der abtauchenden Platte aus ozeanischer Lithosphäre parallel zu den konvergierenden Plattengrenzen verlaufen. Dabei ist es gleichgültig, ob die überfahrende Platte aus kontinentaler oder ozeanischer Lithosphäre besteht (Abb. 12.20). Die Magmen dieser an Subduktionszonen gebundenen Vulkane entstehen dadurch, dass von der abtauchenden Lithosphäre flüchtige Bestandteile, vor allem Wasser, in die darüber liegende Asthenosphäre aufsteigen. Dort wird durch diese fluiden Komponenten der Schmelzpunkt des Mantelgesteins herabgesetzt, sodass es zum Schmelzvorgang kommt (Kap. 4). Diese Magmen sind weit heterogener als die Basalte an den mittelozeanischen Rücken. Ihre chemische Zusammensetzung reicht von basisch bis sauer, das heißt von basaltisch bis rhyolithisch, wobei intermediäre (andesitische) Laven oftmals überwiegen.

Wo die Oberplatte aus ozeanischer Lithosphäre besteht, bilden solche Vulkane auf dem Meeresboden Vulkaninseln wie etwa die Alëuten vor Alaska oder die Marianen im westlichen Pazifischen Ozean. Wo die Subduktion unter einem Kontinent erfolgt, vereinigen sich Vulkane und vulkanische Gesteine auf dem Festland zu einem durchgehenden Vulkangürtel wie beispielsweise in den Anden; sie kennzeichnen dort die Subduktion der ozeanischen Nazca-Platte unter der kontinentalen Südamerikanischen Platte. In gleicher Weise führte im nördlichen Kalifornien, Oregon und Washington die Subduktion der kleinen Juan-de-Fuca-Platte unter dem Westrand Nordamerikas zur Bildung des Kaskadengebirges mit seinem aktiven Vulkanismus.

Das Gebiet der Japanischen Inseln ist ein hervorragendes Beispiel für einen Komplex aus Intrusiv- und Effusivgesteinen, die sich an der dortigen Subduktionszone im Laufe vieler Millionen Jahre bildeten. In diesem relativ kleinen Land sind sämtliche Arten vulkanischer Gesteine von oft sehr unterschiedlichem Alter zu finden, die in Wechsellagerung mit basischen und intermediären Intrusivgesteinen, metamorphen Vulkaniten und auch Sedimentgesteinen auftreten. Die Sedimentgesteine stammen ihrerseits aus der Verwitterung und Erosion der Magmatite. Die Erosion dieser sehr verschiedenartigen Gesteine hat mit zu den charakteristischen Landschaftsformen beigetragen, die in so zahlreichen klassischen und modernen japanischen Bildern und Tuschezeichnungen dargestellt sind.

## Intraplattenvulkanismus: die Manteldiapir-Hypothese

Der Vulkanismus an den Spreading-Zentren lässt sich mit Schmelzprozessen als Folge der Druckentlastung und die Magmabildung an Subduktionszonen durch den hohen Anteil an flüchtigen Bestandteilen erklären. Welche Prozesse führen jedoch zu **Intraplattenvulkanismus**, das heißt zu Vulkanen, die in großer Entfernung von Plattengrenzen auftreten?

**Hot Spots und Manteldiapire** Betrachten wir die Inseln von Hawaii im Zentrum der Pazifischen Platte. Diese Inselkette beginnt am Südost-Ende mit den aktiven Vulkanen auf Hawaii und setzt sich nach Nordwesten in einer Kette von zunehmend älteren erloschenen, erodierten und abgetauchten vulkanischen Rücken und Bergen fort. Im Gegensatz zu den seismisch aktiven mittelozeanischen Rücken sind entlang der Hawaii-Kette große Erdbeben selten, von kleineren Erdbeben unmittelbar im Ausbruchsgebiet der Vulkane einmal abgesehen. Das heißt, die Inselkette ist im Wesentlichen aseismisch (ohne Erdbeben) und wird daher als **aseismischer Rücken** bezeichnet. Vulkanisch aktive **Hot Spots** am Beginn der zunehmend älter werdenden aseismischen Rücken treten auch anderswo im Pazifik sowie in einigen anderen Ozeanen auf. Die aktiven Vulkane der Insel Tahiti am südöstlichen Ende der Gesellschaftsinseln und die Galápagos-Inseln am Westende des aseismischen Nazca-Rückens sind weitere Beispiele.

Als das Muster der Plattenbewegungen weitgehend bekannt war, konnte man zeigen, dass ein aseismischer Rücken nichts anderes ist als eine Vulkankette, die dadurch entstanden ist, dass sich eine Platte über einen stationären Hot Spot hinwegbewegt hat (Abb. 12.21). Ausgehend von diesen Hinweisen vermutete man, dass solche Hot Spots die vulkanischen Erscheinungsformen von heißem plastischem Material sind, das in eng begrenzten schlauchförmigen Zonen aus großen Tiefen des Erdmantels (möglicherweise sogar von der Grenze Kern/Mantel) als so genannter **Manteldiapir** aufsteigt. Wenn die in einem Manteldiapir aufsteigenden Peridotite die seichteren Stockwerke mit ihren geringeren Drücken erreichen, beginnen sie zu schmelzen und dabei entsteht ein basaltisches Magma, das die Lithosphäre durchdringt und an der Oberfläche ausfließt. Die derzeitige Position einer Platte über dem Hot Spot ist durch einen aktiven Vulkan gekennzeichnet, der jedoch erlischt, wenn sich die Platte vom Hot Spot wegbewegt. Die Bewegung der Platte führt demzufolge zu einer Reihe erloschener, zunehmend älterer Vulkane. Wie Abbildung 12.21 zeigt, entsprechen die Inseln von Hawaii genau diesem Muster; sie zeigt außerdem, dass die Pazifische Platte sich mit einer Geschwindigkeit von etwa 100 mm pro Jahr über den Hot Spot von Hawaii hinwegbewegt.

Einige Aspekte des auf den Kontinenten auftretenden Intraplattenvulkanismus konnten ebenfalls mit dieser Hypothese der Manteldiapire erklärt werden. Der Yellowstone ist ein solches Beispiel. Die lediglich 600 000 Jahre alte Yellowstone-Caldera im Nordwesten von Wyoming ist mit ihren Geysiren, heißen Quellen, Hebung und Erdbeben noch immer aktiv. Sie ist das jüngste Glied in einer Kette zunehmend älterer und heute erloschener Calderen, die wohl die Bewegung der Nordamerikanischen Platte über den Yellowstone Hot Spot hinweg nachzeichnet (Abb. 12.21). Das älteste Glied dieser Kette, ein Vulkangebiet in Oregon, war vor 16 Ma aktiv und bildete die Flutbasalte des Columbia-Plateaus. Eine einfache Berechnung zeigt, dass sich die Nordamerikanische Platte in den vergangenen 16 Ma mit einer Geschwindigkeit von 25 mm pro Jahr über den Yellowstone Hot Spot hinweg nach Südwesten bewegt hat. Lässt man die relative Bewegung der Nordamerikanischen und Pazifischen Platte außer Acht, stimmen Geschwindigkeit und Richtung mit den von Hawaii bestimmten Plattenbewegungen überein.

Geht man davon aus, dass die Hot Spots über den aus dem tiefen Mantel aufsteigenden Diapiren ortsfest sind, lässt sich aus der weltweiten Verteilung der mit ihnen verknüpften Vulkanreihen errechnen, wie sich das globale System der Platten in Relation zum tieferen Mantel bewegt hat. Diese Ergebnisse werden oft auch als „absolute Plattenbewegungen" bezeichnet, um sie von den relativen Bewegungen der Platten zueinander zu unterscheiden. Die aus den Spuren der Hot Spots abgeleiteten absoluten Plattenbewegungen erklären darüber hinaus auch die Antriebskräfte der Plattenbewegungen.

Platten, von deren Ränder große Bereiche subduziert werden, wie etwa bei der Pazifischen, der Nazca-, der Cocos- und der Indo-Australischen Platte, bewegen sich in Relation zu den Hot Spots sehr rasch; auf der anderen Seite bewegen sich diejenigen Platten, von denen keine wesentlichen Teile subduziert werden, wie beispielsweise von der Eurasischen und der Afrikanischen Platte, deut-

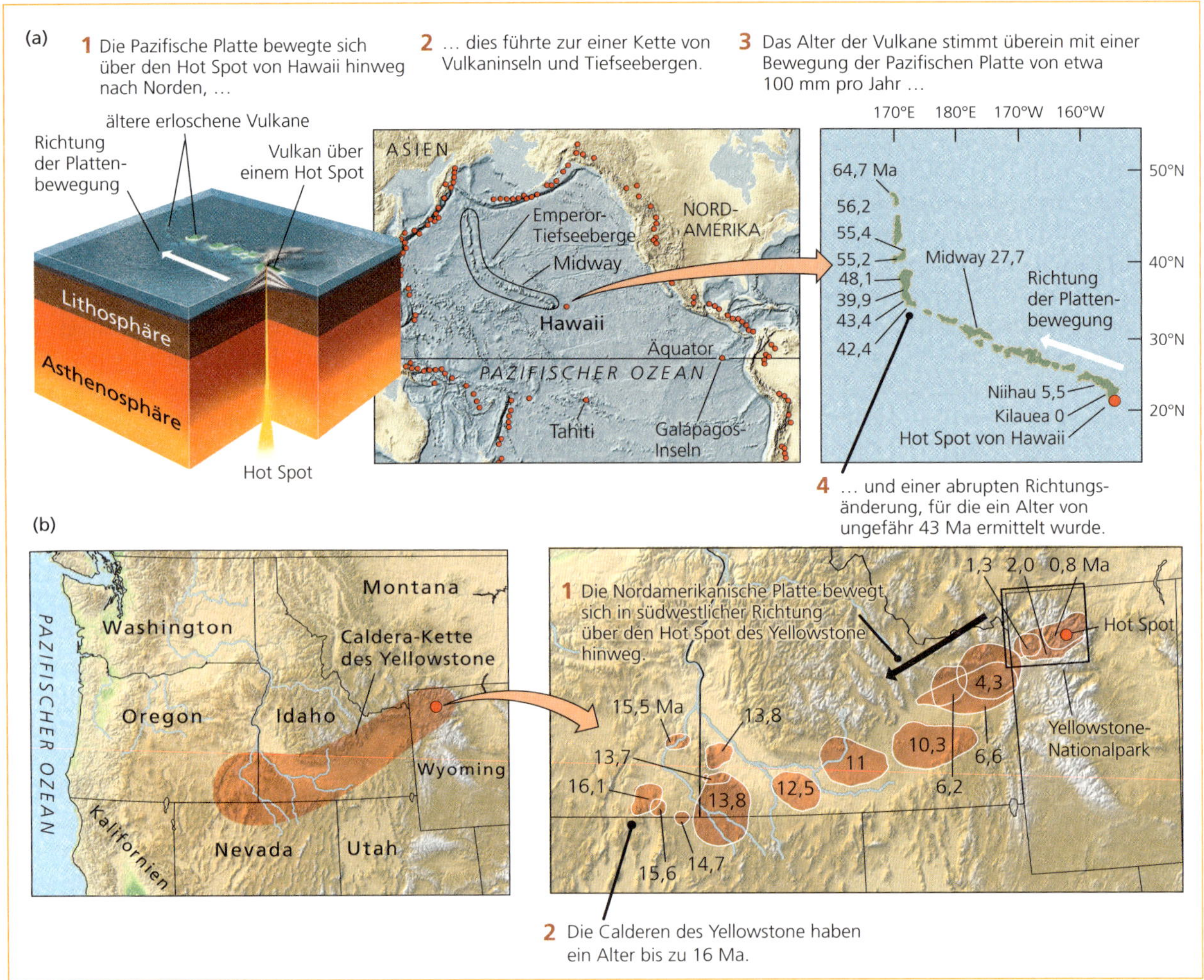


**Abb. 12.21** Manche Plattenbewegungen führen zu einer Kette zunehmend älterer Vulkane. (a) Die Inselkette von Hawaii und ihre Fortsetzung im Nordwestpazifik zeigt das nach Nordwesten immer höher werdende Alter. (b) Die Vulkankette des Yellowstone zeigt die Bewegung der Nordamerikanischen Platte in den vergangenen 16 Millionen Jahren über einen Hot Spot hinweg [*nach: Wheeling Jesuit University/NASA Classroom of the Future*].

lich langsamer. Diese Beobachtung bestätigt die Hypothese, dass die von den großflächig nach unten abtauchenden Platten hoher Dichte ausgeübten Zugkräfte („slab pull") die wesentlichen Antriebsmechanismen der Plattenbewegungen sind (Kapitel 2).

Aus den Spuren der Hot Spots lässt sich die Geschichte der Plattenbewegungen relativ zum tiefen Mantel rekonstruieren, genauso wie es durch zeitliche Einordnung der Magnetstreifen möglich war, die Relativbewegungen der Platten zueinander zu rekonstruieren. Wie gezeigt wurde, funktioniert dies für die rezenten Plattenbewegungen vergleichsweise gut. Über längere Zeiträume hinweg ergeben sich jedoch gewisse Schwierigkeiten. Zum Beispiel sollte nach der Hypothese der ortsfesten Hot Spots der scharfe Knick im aseismischen Rücken von Hawaii vor etwa 43 Ma – an dem er in die nach Norden ausgerichtete Emperor Seamount-Kette übergeht (Abb. 12.21) – mit einer plötzlichen Änderung der Bewegungsrichtung der Pazifischen Platte übereinstimmen. Anhand der magnetischen Isochronen ist jedoch eine solche Änderung nicht zu erkennen, daher bezweifeln einige Geowissenschaftler diese Hypothese der ortsfesten Hot Spots. Andere haben darauf hingewiesen, dass diese Manteldiapire in einem Erdmantel mit Konvektionsbewegungen nicht notwendigerweise relativ zueinander ortsfest bleiben, sondern sich durch die verändernden Konvektionsströmungen ebenfalls verlagern.

Nahezu alle Geologen sind sich zumindest darüber einig, dass der Hot-Spot-Vulkanismus durch irgendeine Art von aufsteigender Materie im Mantel unter den Platten verursacht wird. Die Hypothese, dass Manteldiapire eng begrenzte schlauchförmige Zonen darstellen, in denen Material aus dem tiefen Erdmantel aufsteigt, ist jedoch umstritten. Noch weitaus umstrittener ist die Vorstellung, dass die großen Ausbrüche von Flutbasalten

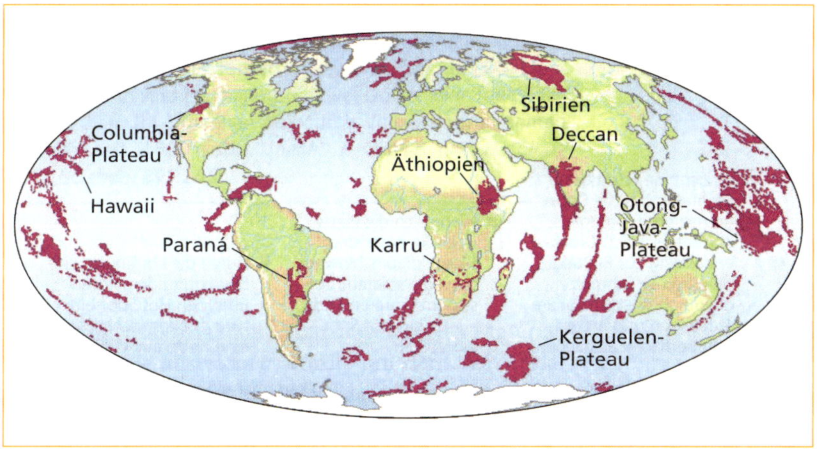


**Abb. 12.22** Die großen Vulkanprovinzen (Large Igneous Provinces) der Erde. Diese Provinzen sind gekennzeichnet durch ungewöhnlich hohe Produktionsraten basaltischer Magmen an Hot Spots und Spalteneruptionen. Sie sind wahrscheinlich das Ergebnis ausgedehnter Schmelzprozesse, die durch die pilzförmige Front eines an die Erdoberfläche aufsteigenden Manteldiapirs verursacht worden sind [*nach: M. Coffin und O. Eldholm (1994): Rev. Geophys., 32:1-36, Abb. 1*].

und die großen Vulkanprovinzen auf Manteldiapire zurückzuführen sind.

**Große Vulkanprovinzen** Die Entstehung von basaltischen Spalteneruptionen auf Kontinenten, wie jene, die das Columbia-Plateau und die weitaus größeren Lavaplateaus in Brasilien, Paraguay, Indien und Sibirien bildeten, ist noch Gegenstand der Diskussion. Aus der Erdgeschichte ist bekannt, dass in der vergleichsweise kurzen Zeit von einer Million Jahren bis zu mehrere Millionen Kubikkilometer Lava gefördert werden können. Bei einem solchen Ereignis entspricht die Produktionsrate eines einzigen Hot Spot auf der Erdoberfläche der Produktionsrate des gesamten mittelozeanischen Rückensystems.

Flutbasalte sind nicht auf Kontinente begrenzt, sondern bilden auch ausgedehnte submarine Plateaus wie etwa das Otong-Java-Plateau im Norden der Insel Neuguinea oder Teile des Kerguelen-Plateaus im südlichen Indischen Ozean. Dies sind nur einige Beispiele für die so genannten **großen Vulkanprovinzen** (Large Igneous Provinces, LIP) der Erde. Sie bestehen aus mächtigen großflächig verbreiteten, überwiegend basischen Effusiv- und Intrusivgesteinen, deren Entstehung noch weitgehend ungeklärt ist. Diese Vulkanprovinzen bestehen entweder aus kontinentalen Flutbasalten und den damit verbundenen Intrusivgesteinen oder aus submarinen Flutbasalten sowie aus den aseismischen Rücken der Hot Spots. Die weltweite Verbreitung dieser Vulkanprovinzen zeigt Abbildung 12.22.

Der Vulkanismus, der einen großen Teil Sibiriens mit Laven überdeckte, ist von besonderem Interesse, weil er zeitgleich mit dem größten Massenaussterben der Erdgeschichte auftrat, das sich vor 251 Ma am Ende des Perms ereignete. Einige Geowissenschaftler gehen davon aus, dass dieser Vulkanausbruch Ursache des Aussterbens war, möglicherweise weil die in die Atmosphäre freigesetzten vulkanischen Gase zu einer erheblichen Klimaveränderung geführt haben.

Viele Geologen sind der Meinung, dass nahezu alle großen Vulkanprovinzen an Hot Spots durch Manteldiapire entstanden sind. Die geförderte Lavamenge aus dem gegenwärtig aktivsten Hot Spot der Erde – Hawaii – ist jedoch im Vergleich zu den produzierten Lavamengen bei den Ausbrüchen der Flutbasalte verschwindend klein. Wie lassen sich diese ungewöhnlich großen Ausbrüche solcher aus dem Mantel stammenden basaltischen Laven erklären? Einige Geowissenschaftler gehen davon aus, dass derart große Lavamengen dann entstehen, wenn ein neuer Manteldiapir von der Kern/Mantel-Grenze aufsteigt. Nach dieser Hypothese bahnt sich eine große pilzförmige und rasch aufsteigende Front des heißen Diapirs den Weg nach oben. Sobald diese die Obergrenze des Erdmantels erreicht, entsteht durch Druckentlastung eine immens große Menge an Magma, die in Form von Flutbasalten an die Erdoberfläche gelangt (Abb. 12.23). Andere bezweifeln allerdings diese Hypothese und weisen darauf hin, dass die kontinentalen Flutbasalte oftmals an präexistente Schwächezonen in den Lithosphärenplatten gebunden sind – ein Hinweis, dass die Magmen durch Konvektionsbewegungen im Oberen Mantel entstehen. Die Genese dieser großen Vulkanprovinzen ist derzeit noch immer Gegenstand intensiver geologischer Forschungen.

## Vulkanismus und menschliches Dasein

Große Vulkanausbrüche sind nicht nur für Geologen von akademischem Interesse. Sie bedeuten für unsere Gesellschaft ein erhebliches natürliches Gefahrenpotenzial, das wir kennen müssen, um die Risiken abschätzen zu können. In einer Welt mit beständig steigendem Konsum ist jedoch auch eine Beurteilung des Nutzens erfor-

in einem alles zerstörenden Erdrutsch hangabwärts bewegt hatten. Solche Zerstörungen an Vulkankegeln ereignen sich etwa viermal pro Jahrhundert. Der kollabierende Gipfelbereich des Mount St. Helens war die verheerendste Auswirkung der Eruption im Jahre 1980 (vgl. Abb. 12.4).

Vermessungen des Meeresbodens vor Hawaii ergaben an den unter Wasser liegenden Hängen des Hawaii-Rückens zahlreiche ausgedehnte Rutschmassen. Als sich diese Massenbewegungen ereigneten, haben sie wahrscheinlich ungeheuer starke Tsunamis ausgelöst. Tatsächlich fand man auf einer Insel der Hawaii-Gruppe ungefähr 300 m über dem Meeresspiegel marine Sedimente mit Korallenschutt. Diese Sedimente wurden möglicherweise durch große Meereswellen abgelagert, die in prähistorischer Zeit durch den Kollaps eines Vulkankörpers ausgelöst worden waren.

Die Südflanke des Vulkans Kilauea bewegt sich derzeit mit der – geologisch gesehen – sehr hohen Geschwindigkeit von 25 cm pro Jahr in Richtung Meer. Diese Bewegung wurde jedoch noch Besorgnis erregender, als sie sich am 8. November 2000 um ein Vielfaches beschleunigte, möglicherweise ausgelöst durch die einige Tage zuvor gefallenen heftigen Niederschläge. Ein ganzes Netz von Bewegungsmessern ermittelte über einen Zeitraum von 36 Stunden eine bedrohliche Zunahme der Geschwindigkeit auf etwa 50 mm pro Tag, danach stellte sich wieder die normale Geschwindigkeit ein. Irgendwann, vielleicht in mehreren tausend Jahren oder auch früher, wird die Flanke losbrechen und in den Ozean abrutschen. Bei diesem katastrophale Ereignis könnte ein Tsunami entstehen, der für Hawaii, Kalifornien und sämtliche Küstengebiete des Pazifiks verhängnisvoll wäre.

**Einbruch einer Caldera** Der Einbruch einer großen Caldera ist zwar selten, aber eines der verheerendsten Naturphänomene auf der Erde. Die kontinuierliche Überwachung der Bewegungen einer Caldera ist wegen ihres langfristig großen Zerstörungspotenzials heute eine wichtige Aufgabe der geologischen Dienste. Glücklicherweise kam es seit Menschengedenken zu keinen katastrophalen Einbrüchen, doch beobachten Seismologen sehr kritisch das zunehmende Auftreten kleiner Erdbeben in der Caldera des Yellowstone und des Long Valley, aber auch andere Hinweise, die auf Aktivitäten in den darunter befindlichen Magmakammern schließen lassen. Beispielsweise führt in den Boden aufsteigendes $CO_2$ aus einem tief in der Kruste liegenden Magma seit 1992 am Mamouth Mountain, einem Vulkan am Rande der Long-Valley-Caldera, zum Absterben der Bäume. Weitere Anzeichen für ein Wiederaufleben der Long-Valley-Caldera sind die Hebung des Zentrums der Caldera um mehr als einen halben Meter im Verlauf der vergangenen 20 Jahre sowie das Auftreten kleinerer Erdbebenschwärme. Im Jahre 1997 ereigneten sich an einem Tag mehr als tausend kleine Beben.

**Eruptionswolken** Mit der Zunahme des Luftverkehrs ist auch die Kollision von Verkehrflugzeugen mit vulkanischer Asche, die von ausbrechenden Vulkanen in die Luftverkehrsstraßen gelangt, ein Risiko, dem vermehrt Bedeutung zukommt. In einem Zeitraum von 25 Jahren wurden bei solchen Vorfällen mehr als 60 Flugzeuge beschädigt. Bei einer Boeing 747 fielen zeitweise alle vier Triebwerke aus, weil sie Asche von einem in Alaska ausbrechenden Vulkan eingesaugt hatten und zum Stillstand kamen. Glücklicherweise gelang dem Piloten eine Notlandung. Inzwischen geben zahlreiche Länder bei Vulkanausbrüchen Warnungen heraus, wenn damit zu rechnen ist, dass in der Nähe von Luftverkehrsstraßen Asche in die Atmosphäre gelangt.

## Verringerung der Risiken gefährlicher Vulkane

Vulkanausbrüche sind nicht zu verhindern, doch ihre katastrophalen Auswirkungen können durch die Kombination von Wissenschaft und Öffentlichkeitsarbeit beträchtlich verringert werden. Die Vulkanologie ist heute so weit fortgeschritten, dass alle gefährlichen Vulkane der Erde bekannt sind und auch ihr Gefahrenpotenzial aus den vulkanischen Ablagerungen früherer Eruptionen abgeschätzt werden kann. Einige der potenziell gefährlichen Vulkane in den Vereinigten Staaten und Kanada sind in Abb. 12.26 dargestellt.

Diese Risikoeinschätzung kann dazu herangezogen werden, um entsprechende Zonen auszuweisen, in denen die Landnutzung eingeschränkt wird. Das erwies sich als die wirkungsvollste Maßnahme, um Verluste jeglicher Art zu verringern.

Solche Untersuchungen zeigten auch, dass der Mount Rainier im US-Bundesstaat Washington – wegen seiner Nähe zu den dicht bevölkerten Ballungsgebieten von Seattle und Tacoma – die vielleicht größte vulkanische Bedrohung in den Vereinigten Staaten darstellt. Etwa 150 000 Menschen leben in Gebieten, in denen die Schichtenfolge Hinweise auf Überschwemmungen und Lahare enthält, die in den vergangenen 6 000 Jahren von den Hängen der Vulkane niedergegangen sind. Ein nicht vorhergesagter Vulkanausbruch könnte Tausende von Menschenleben fordern und die Wirtschaft des pazifischen Nordwestens weitgehend lahm legen.

**Vorhersage von Vulkanausbrüchen** Bei den genannten Risiken erhebt sich die Frage: Sind Vulkanausbrüche vorhersagbar? In vielen Fällen lautet die Antwort: Ja. Durch eine instrumentelle Überwachung lassen warnende Anzeichen wie etwa Erdbeben, Aufwölbungen, Hebungsvorgänge und Gasausbrüche im Umfeld eines Vulkans die nahe bevorstehende Eruption erkennen. Die gefährdete Bevölkerung kann im Gefahrenfall evakuiert werden, sofern die Behörden dementsprechend organi-

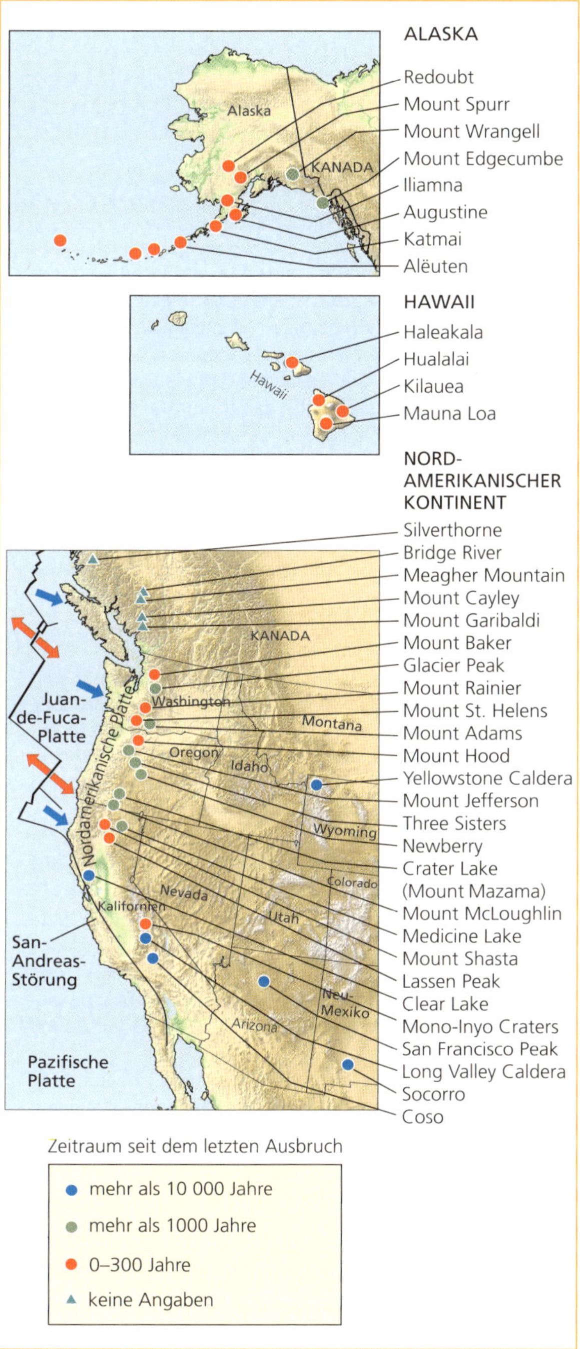


**Abb. 12.26** Potenziell gefährliche Vulkane in Nordamerika. Vulkane innerhalb der Vereinigten Staaten sind in der Reihenfolge des abnehmenden Gefahrenpotenzials aufgelistet, vorbehaltlich einer Revision durch weitere Untersuchungen. Vergleichbare Risikoabschätzungen für Kanada liegen nicht vor. Man beachte den Zusammenhang zwischen den Vulkanen des Kaskadengebirges, die sich von Kalifornien bis nach British Columbia erstrecken, und der Subduktionszone zwischen der Nordamerikanischen Platte und der Juan de Fuca-Platte (*nach R. A. Bailey, P. R. Beauchemin, F.P. Kapinos & D. W. Klick/USGS*).

siert und darauf vorbereitet sind. Wissenschaftler, die den Mount St. Helens überwacht hatten (Exkurs 12.1), konnten im Jahre 1980 die Bevölkerung vor einem unmittelbar bevorstehenden Ausbruch warnen. Die erforderlichen Infrastrukturen seitens der Regierungsbehörden waren vorhanden, um solche Warnungen zu beurteilen und um ihrerseits Aufforderungen zur Räumung gefährdeter Gebiete herauszugeben, sodass nur wenige Menschen den Tod fanden.

Eine weitere erfolgreiche Warnung wurde einige Tage vor der katastrophalen Eruption des Pinatubo auf den Philippinen am 15. Juni 1991 herausgegeben. Eine Viertelmillion Menschen wurde evakuiert, darunter auch etwa 16 000 Angehörige des nahe gelegenen US-Luftwaffenstützpunkts (der danach aufgegeben wurde). Zehntausende Menschenleben wurden so vor den Laharen gerettet, die alles auf ihrem Weg zerstörten. Die Zahl der Todesopfer beschränkte sich auf wenige Menschen, die den Anordnungen nicht folgten. Im Jahre 1994 wurden 30 000 Einwohner von Rabaul (Papua-Neuguinea) erfolgreich auf dem Land- und Seeweg evakuiert, Stunden bevor zwei Vulkane auf beiden Seiten der Stadt ausbrachen und den größten Teil der Gebäude zerstörten oder verwüsteten. Viele verdanken ihr Leben der Regierung – wegen der Durchführung von Evakuierungsübungen – und auch den Wissenschaftlern des lokalen Vulkanobservatoriums, die eine Warnung veröffentlichten, als ihre Seismographen Bodenerschütterungen registrierten, die den oberflächennahen Aufstieg von Magma anzeigten.

Eine Verbesserung der Vorhersage von Vulkanausbrüchen ist dringend erforderlich, denn es gibt auf der Welt etwa 100 hochgefährliche Vulkane und etwa 50 Vulkanausbrüche pro Jahr.

**Kontrolle von Vulkanausbrüchen** Kann eine Vulkaneruption unter Kontrolle gebracht werden? Wohl kaum, obwohl sich unter gewissen Umständen und im bescheidenen Rahmen die Schäden reduzieren lassen. Der vielleicht erfolgreichste Versuch, vulkanische Tätigkeit unter Kontrolle zu halten, wurde im Januar 1973 auf der isländischen Insel Heimaey unternommen. Durch Beregnen der vorrückenden Lava mit Meerwasser kühlten und verlangsamten die Isländer den Lavastrom und verhinderten, dass dieser den Hafeneingang blockierte. Darüber hinaus bewahrten sie auch einige Häuser vor der Zerstörung.

Auch in den kommenden Jahren wird die beste Maßnahme zum Schutz der Bevölkerung noch immer die Errichtung von Warnsystemen und die Evakuierung von Siedlungen sowie Einschränkungen beim Siedlungsbau in potenziell gefährdeten Gebieten sein.

Exkurs 12.1

## Mount St. Helens: gefährlich, aber vorhersagbar

Der Mount St. Helens ist der aktivste und explosivste Vulkan in den heutigen Vereinigten Staaten (Abb. 12.4). Er hat eine 4 500 Jahre währende Geschichte mit verheerenden Lavaergüssen, heißen pyroklastischen Strömen, Laharen und großräumigen Ascheablagerungen. Am 20. März 1980 deutete eine Serie von Erdbeben unterhalb des Vulkans nach 123 Jahren der Ruhe den Beginn einer neuen Eruptionsphase an. Diese Erdbeben veranlassten den U.S. Geological Survey, eine offizielle Gefahrenwarnung herauszugeben. Die erste Dampf- und Ascheeruption erfolgte eine Woche später aus einem auf dem Gipfel neu entstandenen Krater.

Im April registrierten die Seismographen eine Zunahme der harmonischen Beben (vulkanischer Tremor), die eine Bewegung von Magmen unter dem Mount St. Helens erkennen ließen; an der oberen Nordostflanke beobachtete man überdies eine verdächtige Aufwölbung. Der U.S. Geological Survey gab eine dringlichere Warnung aus, mit der die Bevölkerung aufgefordert wurde, die Umgebung zu verlassen. Am 18. Mai erfolgte unvermittelt der Höhepunkt der Eruption. Ein heftiges Erdbeben löste offenbar den Kollaps des nördlichen Berghangs und damit den größten, jemals registrierten Hangrutsch aus. Als ein riesiger Schuttstrom den Hang herabstürzte, wurden unter hohem Druck stehende Gase und Wasserdampf in einer ungeheuren seitlich erfolgenden Explosion freigesetzt, die die Nordflanke des Berges wegsprengte.

Der Geologe David A. Johnston vom U.S. Geological Survey überwachte den Vulkan von einem 8 km weiter nördlich gelegenen Beobachtungspunkt aus. Er dürfte die sich ausbreitende Explosionswelle gesehen haben, ehe er seine letzte Funkmeldung durchgab: „Vancouver, Vancouver, es geht los!" Ein gewaltiger Strom aus überhitzter, 500 °C heißer Asche, Gasen und Wasserdampf schoss mit orkanartiger Geschwindigkeit aus der abgesprengten Vulkanflanke nach Norden und verwüstete eine bis zu 20 km vom Vulkan entfernte und 30 km breite Zone. Eine vertikale Eruption schleuderte eine Aschesäule in eine Höhe von 25 km, doppelt so hoch, wie Verkehrsflugzeuge fliegen. Die Aschewolke trieb mit dem Wind nach Osten und Nordosten und machte noch in einem Gebiet 250 km weiter im Osten den Tag zur Nacht. Sie lagerte sich über großen Teilen der Bundesstaaten Washington, Idaho und Westmontana in Form einer bis zu 10 cm mächtigen Ascheschicht ab. Die bei der Explosion freigesetzte Energie entsprach ungefähr 25 Millionen Tonnen TNT. Der Gipfel des Vulkans war weggerissen worden, seine Gesamthöhe damit um 400 m niedriger und seine nördliche Flanke war verschwunden. An deren Stelle klaffte ein riesiges Loch.

Die örtliche Verwüstung war eindrucksvoll. In einer inneren Zone von etwa 10 km wurde der dichte Wald völlig entwurzelt und unter mehreren Metern pyroklastischer Schuttmassen begraben. Außerhalb dieses Areals, bis in etwa 20 km Entfernung, wurden die Äste von den Bäumen gerissen oder Bäume wie Streichhölzer umgeknickt und in radialer Fallrichtung vom Schlot wegzeigend eingeregelt. In einer Entfernung von 26 km war die Druckwelle aus heißen Gasen noch so stark, dass dadurch ein Lastwagen umstürzte, dessen Plastikteile schmolzen. Einige Angler erlitten Verbrennungen und überlebten nur, weil sie in einen Fluss sprangen. Mehr als 60 weitere Menschen verloren durch die Explosion und verschiedene Auswirkungen ihr Leben.

Da das Bergsturz- und das pyroklastische Material sich mit Grundwasser, geschmolzenem Schnee und Gletschereis vermischt hatten, war ein Schlammstrom entstanden. Er floss 28 km weit durch das Tal des Toutle River und füllte dort den Talboden bis zu 60 m hoch auf. Jenseits dieses Lahars floss das mit Schlamm beladene Wasser in den Columbia River, wo die Sedimente die Schifffahrtsrinne blockierten, sodass in Portland zahlreiche Schiffe auf Grund liefen.

Die Erdbeben und auch die magmatische Tätigkeit hielten in den vergangenen 26 Jahren an. Nach mehr als einem Jahrzehnt der Ruhe erwachte der Vulkan im September 2004 erneut, es kam zu einer Reihe von schwächeren Wasserdampf- und Asche-Eruptionen, die bis in das Jahr 2005 andauerten. Der Aufstieg der Quellkuppe (Abb. 12.4) lässt vermuten, dass diese Aktivitätsphase noch einige Zeit anhalten dürfte.

## Rohstoffe aus Vulkanen

Wir haben die Schönheit und auch die Zerstörungskraft der Vulkane kennen gelernt. Vulkane tragen aber auch in mancherlei Hinsicht zu unserem Wohlergehen bei, wenn auch oft nur indirekt. Böden auf vulkanischem Untergrund sind durch die darin enthaltenen mineralischen Nährstoffe außergewöhnlich fruchtbar. Die geförderten vulkanischen Gesteine, Gase und Dämpfe sind außerdem die Quelle wichtiger Industrieminerale und Chemierohstoffe, etwa von Bimsstein, Borsäure, Ammoniak, Kohlendioxid und zahlreichen Metallen. Das in den Vulkansystemen der mittelozeanischen Rücken auf Spalten zirkulierende Meerwasser ist ein wichtiger Faktor bei der Bildung von Erzen und für die Erhaltung des chemischen Gleichgewichts in den Ozeanen.

Die mit Vulkanismus verbundene **geothermische Energie** wird an immer mehr Orten der Erde nutzbar

**Abb. 12.27** The Geysirs in Kalifornien sind mit die weltweit größten Lieferanten von natürlichem Dampf. Ihre geothermische Energie wird für das 120 km südlicher liegende San Francisco in Strom umgewandelt [*Foto: Pacific Gas and Electric*].

gemacht. Grundwasser, das durch oberflächennahe Magmen auf Temperaturen zwischen 80 und 180 °C aufgeheizt wird, dient zur Beheizung öffentlicher Gebäude sowie von Wohn- und Geschäftshäusern. Reykjavik, die Hauptstadt Islands, wird fast vollständig mit geothermischer Energie versorgt, die der durch die Insel verlaufende Mittelatlantische Rücken an das Grundwasser abgibt.

Geothermische Speicher mit Temperaturen über 180 °C sind für eine direkte Erzeugung von elektrischer Energie nutzbar. Sie treten vor allem in Bereichen mit jungem Vulkanismus auf, entweder in Form von heißem, trockenem Gestein, natürlichem heißem Wasser oder heißem Dampf. Mit die größten Lieferanten von natürlichem Dampf sind in den Vereinigten Staaten „The Geysers" etwa 120 km nördlich von San Francisco (Abb. 12.27). Sie liefern gegenwärtig mehr als 600 Megawatt elektrische Energie. Geothermische Energie wird auch in anderen Staaten wie Italien, Neuseeland, Mexiko, Japan und Russland zur Erzeugung von Elektrizität genutzt. Sie wird die fossilen Brennstoffe als vorerst noch wichtigste Energiequelle zwar nicht ersetzen können, sie kann jedoch bei verstärkter Nutzung und besseren Technologien einen immer größeren Teil des künftigen Energiebedarfs decken.

# Zusammenfassung des Kapitels

**Warum man Vulkane erforscht:** Vulkane sind aus drei Gründen wichtige Geosysteme: Vulkanismus ist ein grundlegender geotektonischer Vorgang bei der Gestaltung der Erdkruste; Vulkane bergen natürliche Gefahren, sie liefern aber auch geothermische Energie und wichtige Rohstoffe. Überdies sind die Laven der Vulkane das wichtigste Probenmaterial, aus dem Geowissenschaftler Schlüsse über die Eigenschaften im Erdinneren ziehen können.

**Warum es Vulkanismus gibt:** Wesentliche Ursache für den Vulkanismus ist die innere Wärme der Erde. Magma (im Erdinneren aufgeschmolzenes Gesteinsmaterial) steigt zur Oberfläche auf, weil die heiße Gesteinsschmelze eine geringere Dichte aufweist als das umgebende Material. Gelangt das Magma durch Förderschlote oder Spalten an die Erdoberfläche, so fließt es als Lava aus und bildet Vulkankegel, oder es wird explosiv gefördert und bildet pyroklastische Ablagerungen.

**Die drei Hauptgruppen von Laven:** Laven werden auf der Grundlage des abnehmenden $SiO_2$-Gehaltes und der zunehmenden Menge an Magnesium und Eisen in saure (z. B. Rhyolithe), intermediäre (z. B. Andesite) und basische (z. B. Basalte) Schmelzen unterteilt.

**Wie Struktur und Morphologie eines Vulkans mit der Art der geförderten Lava und der Form des Ausbruchs zusammenhängen:** Die chemische Zusammensetzung und der Gasgehalt der Schmelzen sind wichtige Faktoren, die den Ausbruchsmechanismus beeinflussen. Basaltische Lava ist außerordentlich dünnflüssig und kann auf den Kontinenten aus Spalten in Form von ausgedehnten Lavadecken beziehungsweise Flutbasalten ausfließen. Ein Schildvulkan entsteht durch die wiederholte Förderung von Basalt aus einem Zentralschlot. $SiO_2$-reiche Magmen sind zähflüssiger und wenn sie gelöste Gase enthalten, brechen sie gewöhnlich explosionsartig aus. Die dabei entstehenden pyroklastischen Auswurfmassen häufen sich zu einem Schlackenkegel an oder überdecken ausgedehnte Gebiete mit pyroklastischen Ablagerungen wie etwa Aschen oder Ignimbriten. Ein Schicht- oder Stratovulkan besteht aus einem Wechsel von Aschelagen und Lavaergüssen. Die rasche Förderung von Magma aus einer Magmakammer wenige Kilometer unter der Oberfläche mit nachfolgendem Einbruch des Daches der Magmakammer hinterlassen an der Erdoberfläche eine große Einbruchsstruktur, eine Caldera. Große resurgente Calderen gehören mit zu den verheerendsten Naturereignissen.

**Zusammenhang zwischen Vulkanismus und Plattentektonik:** Die ozeanische Kruste bildet sich aus basaltischen Magmen, die von der Asthenosphäre als Folge von Schmelzprozessen durch Druckentlastung in Spalten der ozeanischen Riftsysteme aufsteigen; an ihnen trennen sich die Lithosphärenplatten (divergierende Plattengrenzen). An Konvergenzzonen werden normalerweise basaltische (basische), andesitische (intermediäre) und rhyolithische (saure) Laven gefördert. In den Vulkangürteln der Konvergenzzonen, bei denen ozeanische und/oder kontinentale Platten kollidieren, sind andesitische Laven häufig. Rhyolithische Laven entstehen durch Aufschmelzen von saurer kontinentaler Kruste. Innerhalb der Platten kommt es über Hot Spots ebenfalls zu basaltischem Vulkanismus. Hot Spots sind Auswirkungen von Manteldiapiren – von heißem Material, das aus tiefen Bereichen durch den Mantel nach oben steigt.

**Einige nützliche Auswirkungen des Vulkanismus:** Vulkane können durch Förderung von Asche, durch Lahare, Laven, Gase, pyroklastische Ströme und Tsunamis Menschenleben vernichten und Besitztum zerstören. In den vergangenen 500 Jahren wurden 250 000 Menschen bei Vulkanausbrüchen getötet. Im Laufe der Erdgeschichte setzten Vulkanausbrüche Wasser und Gase frei, aus denen Ozeane und die Atmosphäre entstanden sind. Geothermische Energie, die in Gebieten mit jungem Vulkanismus genutzt wird, gewinnt als Energiequelle zunehmend an Bedeutung. Dringen Grund- oder Meerwasser in klüftige Gesteine ein und heizen sich in der Tiefe im Kontakt mit heißem Gestein oder mit Magmakammern auf, so werden aus dem Gestein Stoffe herausgelöst, aus denen Erzlagerstätten entstehen können.

Mitarbeiter des Rettungsdienstes stehen vor einem Gebäude, das im September 1985 bei dem Erdbeben in Mexiko-Stadt vollständig zerstört wurde. Damals starben nahezu 10 000 Menschen [*Foto: Owen Franken/Corbis*].

# Kapitel 13
# Erdbeben

Unter allen Naturkatastrophen sind Erdbeben – was das Leben und Besitztum der Menschen anbetrifft – mit Sicherheit die größte Bedrohung. Wir leben in Wohnhäusern, arbeiten in Bürogebäuden oder Fabriken und benutzen Transportsysteme, die auf einer aktiven Erdkruste ruhen, ein Umfeld, das gegenüber seismischen Bodenbewegungen und den dadurch verursachten Bodenverschiebungen, Erdrutschen und Tsunamis extrem empfindlich ist. Einige Ereignisse des vergangenen Jahrhunderts sind nüchterne Beispiele für diese Tatsache.

An einem schönen Aprilmorgen des Jahres 1906 wurde die Bevölkerung Nordkaliforniens durch Donnern und heftige Bodenbewegungen geweckt, die durch das Aufreißen der Erdkruste entlang der San-Andreas-Störung verursacht wurden. Dieser Bruch erstreckte sich über eine Entfernung von vierhundert Kilometer, von der Missionsstadt San Juan Batista bis zum Kap Mendocino und verursachte das stärkste Erdbeben, das Nordamerika jemals erlebte. Die dadurch ausgelösten Brände zerstörten die Stadt San Francisco und bis zu dem Zeitpunkt, als man das Feuer unter Kontrolle hatte, waren nahezu 3 000 Einwohner ums Leben gekommen. Knapp ein Jahrhundert später, am 26. Dezember 2004, brach westlich der indonesischen Insel Sumatra die Kruste an einer wesentlich größeren Störung auf, der Meeresboden wurde abrupt gehoben, und diese Vertikalbewegung löste einen der größten Tsunamis aus, der sich über den gesamten Indischen Ozean ausbreitete. Durch diese gigantische seismische Seewoge ertranken an den Küsten von Thailand bis Afrika mehr als 300 000 Menschen. In der Zeit zwischen diesen denkwürdigen Ereignissen forderten Erdbeben weltweit im Durchschnitt 10 000 Menschenleben pro Jahr.

Um die allzu häufigen Zerstörungen durch Erdbeben zu verringern, mussten wir unsere Kenntnisse erheblich verbessern: Wann, wo und wie häufig solche Ereignisse auftreten, und vor allem welche Maßnahmen zu treffen sind, wenn sich ein Erdbeben ereignet hat. Rein wissenschaftlich betrachtet sind die seismischen Aktivitäten eine Folge natürlicher Deformationsprozesse, welche die Oberfläche unseres Planeten formen. In der Folge konzentrierten sich alle Bemühungen, die Gefährdung durch Erdbeben zu vermindern, zunehmend auf die Suche nach den grundlegenden Ursachen in der geologisch aktiven Erde.

Dieses Kapitel beschreibt die wesentlichen Vorgänge während eines Erdbebens und wie Seismologen Erdbeben lokalisieren, ihre Stärke bestimmen und versuchen, sie vorherzusagen. Außerdem werden wir überlegen, welche Maßnahmen möglich sind, um Schäden und Opfer bei Erdbeben zu minimieren.

In Kapitel 2 wurde gezeigt, wie die Beobachtung, dass Erdbeben auf schmale Zonen konzentriert sind, zur Entwicklung der Theorie der Plattentektonik beigetragen hat. Hier untersuchen wir die Verteilung der Erdbeben etwas eingehender. Im globalen Maßstab betrachtet treten die meisten Erdbeben, darunter auch die beiden genannten, tatsächlich an Grenzen auf, an denen Platten konvergieren, sich trennen oder aneinander vorbeigleiten. In zahlreichen erdbebengefährdeten Gebieten wie etwa Kalifornien und Japan sind die Strukturen, an denen sich die Erdbeben ereignen, wesentlich komplizierter, als die sehr einfachen Modellvorstellungen der Plattentektonik vermuten lassen. Dieser tektonisch komplizierte Bau ist auch der Grund, warum eine Erdbebenvorhersage so schwierig ist.

Bis heute ist eine zuverlässige Vorhersage von Erdbeben nicht möglich. Der beste Schutz in Erdbebengebieten ist bislang die bauliche Anpassung. Um die Schäden durch Erdbeben zu reduzieren, müssen wir unsere geologischen Kenntnisse nutzen, wo sich mit hoher Wahrscheinlichkeit schwere Erdbeben ereignen, und wir müssen Gebäude, Staudämme, Brücken und andere Bauwerke so planen und bauen, dass sie den Erschütterungen bei Erdbeben standhalten.

## Was sind Erdbeben?

Es wurde bereits erwähnt, dass durch Plattenbewegungen in den schmalen Zonen entlang der Plattengrenzen Kräfte entstehen. Diese Kräfte wirken auf die Gesteine der kontinentalen Kruste ein und können auf einfache Weise durch die Begriffe Spannung, Deformation und Festigkeit beschrieben werden. Spannung bedeutet in diesem Zusammenhang die lokal wirkende Kraft pro Flächeneinheit, die eine Deformation der Gesteine verursacht. Deformation ist der Relativbetrag der Verformung, angegeben als prozentualer Anteil der Deformation (beispielsweise Kompression eines Gesteins um ein Prozent seiner ursprünglichen Länge). Wenn Gesteine über einen kritischen Wert der Scherspannung hinaus beansprucht werden, der als Festigkeit oder Bruchgrenze bezeichnet wird, kommt es zum Bruch. Das heißt, das Gestein verliert seine Kohäsion und zerbricht in zwei oder auch mehr Teile. Wie in Kapitel 7 gezeigt wurde, reißen die sich spröde verhaltenden Gesteine, wenn sie über ihre Festigkeit hinaus beansprucht werden, gewöhnlich an Störungen auseinander. Wenn solche Gestein, die kontinuierlich Deformationskräften ausgesetzt sind, plötzlich an einer bereits vorhandenen oder auch neu

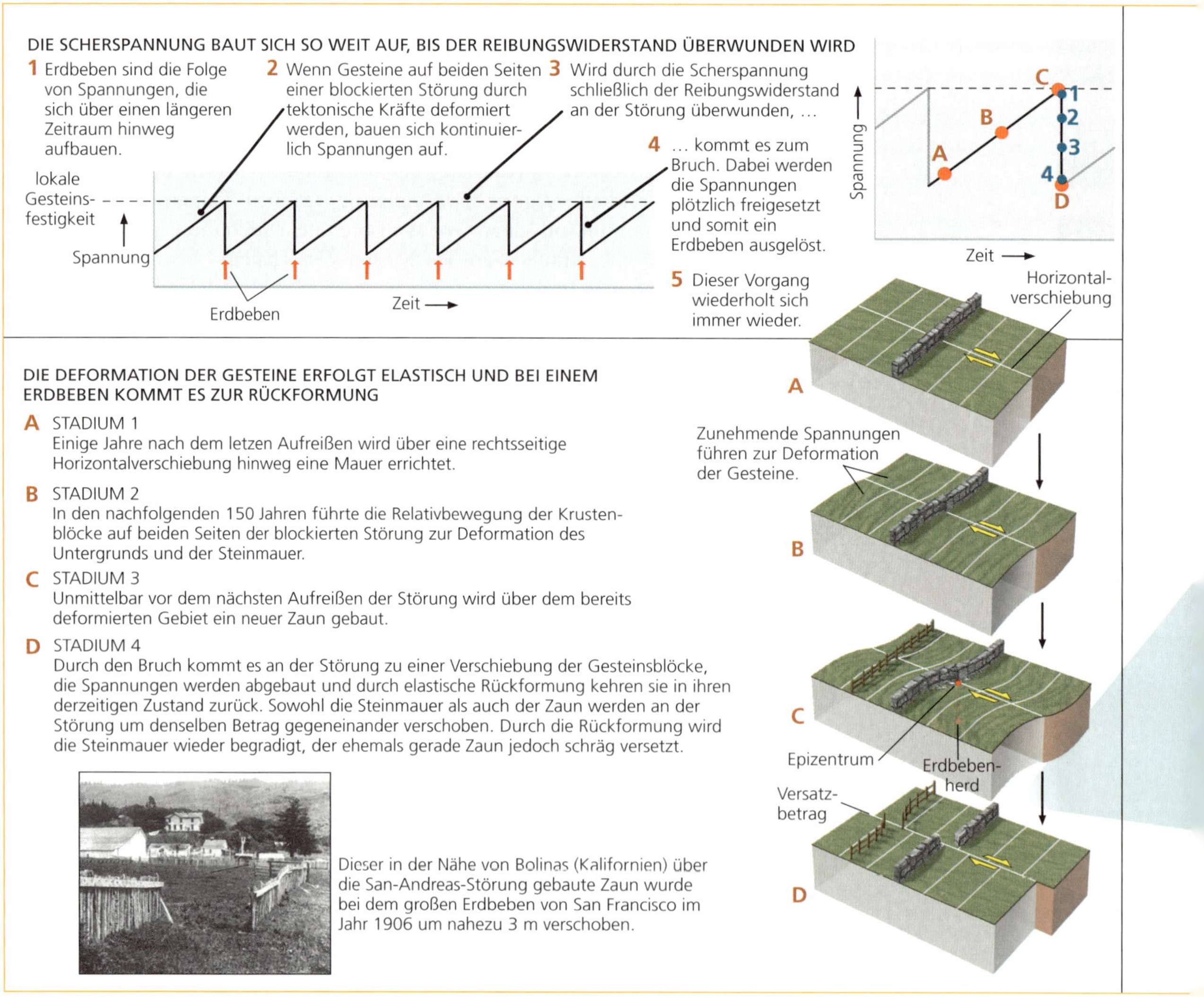


**Abb. 13.1** Scherbruch-Hypothese zur Entstehung eines Erdbebenzyklus [*Foto: G. K. Gilbert*].

entstehenden Störung zerbrechen, kommt es zu einem **Erdbeben**. Die beiden Krustenblöcke beiderseits der Störung verschieben sich ruckartig und erzeugen dadurch im Untergrund starke Schwingungen, das heißt **seismische Wellen** (griech. seismos = Erschütterung), die sich radial vom Erdbebenherd weg ausbreiten und je nach Stärke entsprechende Schäden verursachen. Wenn es an der Störung zu Bewegungen kommt, wird die Spannung abgebaut und auf einen Wert reduziert, der unter der Gesteinsfestigkeit liegt. Nach dem Erdbeben baut sich die Spannung allmählich wieder auf und der Kreislauf beginnt von neuem (Abb. 13.1). Erdbeben treten deswegen bevorzugt an Plattengrenzen auf, weil sich dort Spannungen konzentrieren und der größte Teil der Deformationsvorgänge stattfindet.

## Die Scherbruch-Hypothese und das Auftreten von Erdbeben

Das Erdbeben an der San-Andreas-Störung, das 1906 San Francisco zerstörte, ist das bis heute am besten untersuchte historische Erdbeben. Aufgrund von Beobachtungen veröffentlichte der mit den Untersuchungen beauftragte Wissenschaftler Henry Fielding Reid von der Johns Hopkins University im Jahre 1910 die so genannte **Scherbruch-Hypothese**, eine heute noch allgemein anerkannte Theorie zur Entstehung von Erdbeben.

Um sich zu veranschaulichen, was bei einem Erdbeben nach dieser Theorie vor sich geht, stelle man sich das folgende Experiment vor, das an einer Störung zwischen zwei hypothetischen Krustenblöcken durchgeführt wird. Nehmen wir an, Vermessungsingenieure hätten gerade Linien auf den Boden gezeichnet, die – wie in Abbildung

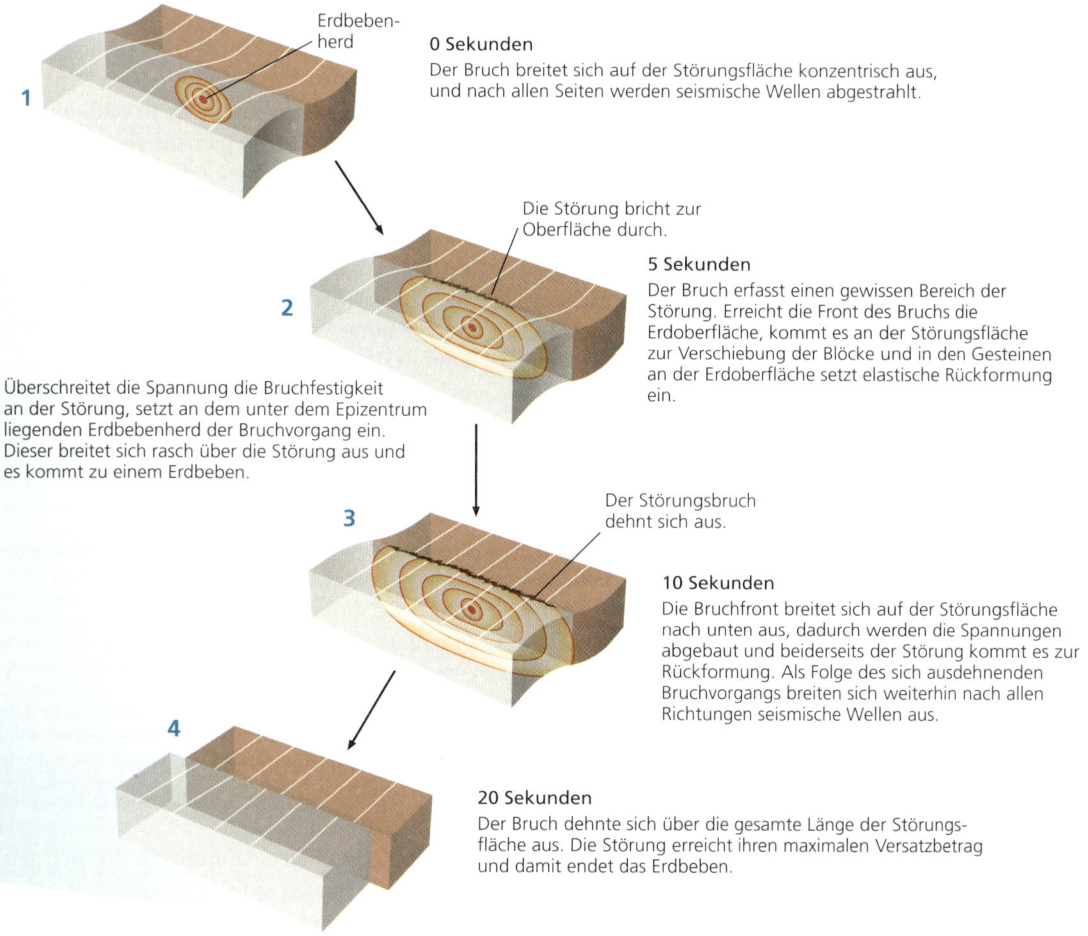

13.1 dargestellt – senkrecht über die Störung hinweg von einem Block zum anderen verlaufen. Die beiden Blöcke werden durch Plattenbewegungen in entgegengesetzte Richtungen verschoben. Da sie durch das Gewicht der überlagernden Gesteine zusammengepresst werden, hält sie die Reibung an der Störung zusammen. Sie können sich nicht verschieben, ähnlich wie ein Auto durch eine angezogene Handbremse am Rollen gehindert wird. Anstatt an der Störung aneinander vorbeizugleiten, bauen sich Spannungen auf, welche die Blöcke in unmittelbarer Nähe der Störung elastisch deformieren, wie das an den gebogenen Linien in Abbildung 13.1 erkennbar ist. Elastische Deformation bedeutet, dass die Blöcke ihren alten Zustand annehmen, wenn die Deformationsspannung plötzlich nachlässt.

Da die langsamen Plattenbewegungen die Blöcke weiterhin in entgegengesetzte Richtungen pressen, dauern auch die langsamen Deformationsbewegungen an – vielleicht über Jahrzehnte, Jahrtausende oder Jahrmillionen, erkennbar an der Verbiegung der Linien. Die Gesteinsdeformation setzt sich so lange fort, bis schließlich an einer Stelle der Störung der Reibungswiderstand überwunden wird und es dort zum Bruch – zu einem Erdbeben – kommt. Die Blöcke bewegen sich abrupt und der Bruch dehnt sich über einen gewissen Bereich der Störung aus. Abbildung 13.1 zeigt, dass die beiden Blöcke nach dem Erdbeben wieder ihren ursprünglichen Zustand vor der Deformation angenommen haben. Die gedachten gebogenen Linien verlaufen wieder gerade und die beiden Blöcke sind bleibend gegeneinander verschoben. Der Betrag dieser Verschiebung wird allgemein als **Versatzbetrag**, im Fall einer Horizontalverschiebung auch als **Sprungweite** bezeichnet.

## Krustenbewegungen bei Erdbeben

Der Punkt, an dem die Verschiebungsbewegung einsetzt, ist der **Herd** oder das **Hypozentrum** eines Erdbebens (Abb. 13.1 rechts). Der unmittelbar über dem Erdbebenherd an der Erdoberfläche gelegene Ort wird als **Epizentrum** bezeichnet. Beispielsweise könnte man in einem Nachrichtenbericht hören: „Seismologen des U.S. Geological Survey berichten, dass das Epizentrum des verheerenden Erdbebens der vergangenen Nacht in Kalifornien 6 km östlich des Rathauses von Los Angeles lag. Die Herdtiefe betrug 10 km."

Bei den meisten in der kontinentalen Kruste auftretenden Erdbeben liegen die Herdtiefen etwa zwischen 2 und 20 km. Herdtiefen von mehr als 20 km sind bei Erdbeben auf den Kontinenten selten, da sich die Kruste bei den in größeren Tiefen herrschenden Druck- und Temperaturbedingungen als duktiles und nicht als sprödes Material verhält (wie auch heißes Wachs unter Belastung fließt, während kaltes Wachs bricht; Kap. 7). An Subduktionszonen jedoch, an denen die kalte ozeanische Lithosphäre in den Mantel abtaucht, entstehen Erdbeben bis in Tiefen von 700 km.

Der Bruchvorgang setzt nicht überall sofort ein. Er beginnt am Erdbebenherd und breitet sich in der Regel mit einer Geschwindigkeit von 2–3 km/s über die Störungsfläche aus (Abb. 13.1). Wo die Spannung nicht mehr ausreicht, um ein Aufbrechen der Störung zu ermöglichen – etwa dort, wo das Gestein eine höhere Festigkeit aufweist oder wo die Bruchbildung auf duktiles Material trifft, in dem sich der Bruch nicht weiter ausbreiten kann –, endet der Bruchvorgang. In späteren Abschnitten wird gezeigt, dass die Stärke eines Erdbebens im Zusammenhang steht mit der Gesamtfläche, an welcher der Bruch erfolgt. Die meisten Erdbeben sind schwach und der Verschiebungsbetrag ist kleiner als die Herdtiefe. Daher pausen sich die Störungsflächen in der Regel nicht bis zur Erdoberfläche durch. Bei großen Erdbeben sind Brucherscheinungen an der Oberfläche jedoch häufig. So kam es bei dem großen Erdbeben von San Francisco in einem 400 km langen Abschnitt der San-Andreas-Störung an der Oberfläche zu horizontalen Versatzbeträgen von durchschnittlich 4 m (Abb. 13.1).

Bei den stärksten Erdbeben kann sich der Bruchvorgang bis über 1 000 km erstrecken und der Versatz der beiden Schollen kann Werte bis zu 20 m erreichen. Im Allgemeinen gilt: je länger die Bruchbildung an der Störung, desto größer ist auch der Versatz.

Die plötzlich erfolgende Bewegung der beiden Blöcke zum Zeitpunkt des Erdbebens reduziert die Spannung an der Störung und setzt einen großen Teil der gespeicherten Spannungsenergie frei. Der größte Teil dieser gespeicherten Energie wird an der Störung in Reibungswärme umgewandelt, ein Teil wird jedoch in seismische Energie, das heißt in seismische Wellen umgesetzt, die sich von der Bruchfläche weg über die gesamte Erde ausbreiten, ähnlich wie sich Wasserwellen in konzentrischen Kreisen um den Punkt ausbreiten, wo ein Stein in einen ruhigen Teich hineingeworfen wurde. Die ersten seismischen Wellen entstehen unmittelbar am Erdbebenherd, obwohl die Bewegungen der beiden Schollen an der Störung so lange seismische Wellen erzeugen, bis die Bewegung und damit der Bruch zur Ruhe gekommen ist. Bei einem großen Erdbeben, wie dem Erdbeben von San Francisco im Jahre 1906, entstehen durch die sich ausbreitende Störung über einen Zeitraum von einer Minute oder mehr kontinuierlich seismische Wellen. Diese Wellen können auf der gesamten Länge der Störung, selbst noch in großer Entfernung vom Epizentrum, zu Schäden führen.

Die elastischen Spannungen, die sich langsam über Jahrzehnte hinweg aufbauen, sobald zwei Krustenblöcke in entgegengesetzter Richtung verschoben werden, sind vergleichbar mit den zunehmenden Spannungen in einem Gummiband, das langsam gedehnt wird. Der plötzliche Spannungsabbau bei einem Erdbeben, der sich in Form einer Verschiebung entlang der Störung

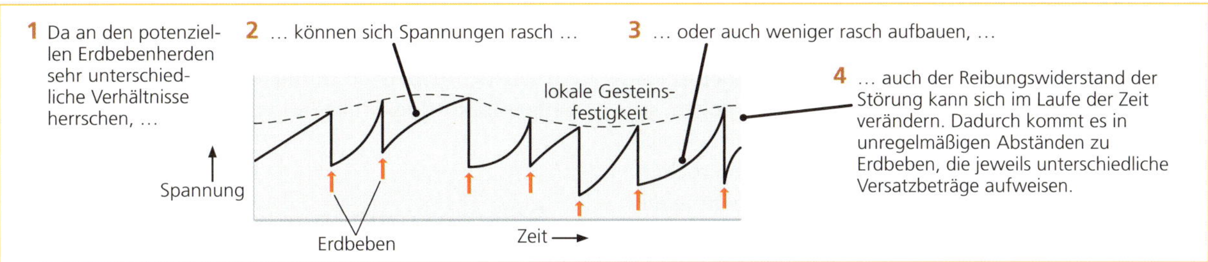


**Abb. 13.2** Unregelmäßigkeiten innerhalb eines Erdbebenzyklus können durch unterschiedliche Gesteinsfestigkeit und unterschiedlichen Spannungsaufbau hervorgerufen werden [*nach H. Kanamori & E. E. Brosky (2001): Physics Today, Juni 2001: 34–39*].

und in seismischen Wellen äußert, ist analog zu der heftigen Bewegung beim Reißen eines gespannten Gummibands. In dem gedehnten Band ist Dehnungsenergie gespeichert, die mit dem plötzlichen Zurückschnellen des Gummibands freigesetzt wird. In gleicher Weise wird in Gesteinen, die über viele Jahrzehnte gerichteter Spannung ausgesetzt sind, Energie aufgestaut. Diese wird in dem Augenblick abrupt freigesetzt, wenn der Bruch eintritt und die Störung aufreißt; der größte Teil wird in den wenigen Minuten eines Erdbebens in Form von seismischen Wellen abgestrahlt.

Dieses Scherbruch-Modell lässt darauf schließen, dass es an Störungen periodisch zu einem Aufbau und zur Freisetzung der Deformationsenergie kommen sollte. Doch Erdbeben zeigen selten dieses einfache Verhalten, und das ist auch einer der Gründe, warum Erdbeben so schwer vorherzusagen sind. So muss beispielsweise nicht die gesamte Spannungsenergie, die sich seit dem letzten Erdbeben angesammelt hat, beim nächsten freigesetzt werden, das heißt die Rückformung wäre unvollständig, oder aber der Spannungszustand hat sich nicht so kontinuierlich aufgebaut, wie dies zu erwarten gewesen wäre (Abb. 13.2).

## Vorbeben und Nachbeben

Nachbeben sind das beste Beispiel für die Komplexität, die durch einen einfachen Scherbruch nicht beschrieben werden kann. Als **Nachbeben** werden kleinere Erdbeben bezeichnet, die sich innerhalb von Tagen bis Jahren nach dem Hauptbeben mit großer Magnitude ereignen. Diese Nachbeben folgen dem Hauptbeben in Serien, die durch Phasen weitgehender seismischer Ruhe unterbrochen sind; ihre Herde liegen in der unmittelbaren Umgebung der Herdfläche des Hauptbebens (Abb. 13.3).

Anzahl und Stärke der Nachbeben ist vor allem von der Magnitude des Hauptbebens abhängig und ihre Häufigkeit nimmt mit der Zeit ab, die seit dem Hauptbeben vergangen ist. Die Nachbeben in der Folge eines Hauptbebens der Magnitude 5 erstrecken sich meist nur über einen Zeitraum von wenigen Wochen, während die Nachbeben eines Erdbebens der Magnitude 7 über mehrere Jahre andauern. Die Magnitude des stärksten Nachbebens liegt normalerweise eine Größenordnung unter der des Hauptbebens. Das heißt, bei einem Beben der Magnitude 7 treten Nachbeben auf, die maximal Magnitude 6 erreichen. In dicht besiedelten Gebieten können jedoch die Bodenerschütterungen stärkerer Nachbeben immer noch sehr gefährlich sein und die durch das Hauptbeben verursachten Schäden verschlimmern.

**Vorbeben** (Abb. 13.3) sind kleine Erdbeben, die einem größeren vorangehen. Solche Vorbeben werden durch einen einleitenden Bruch entlang der Störung

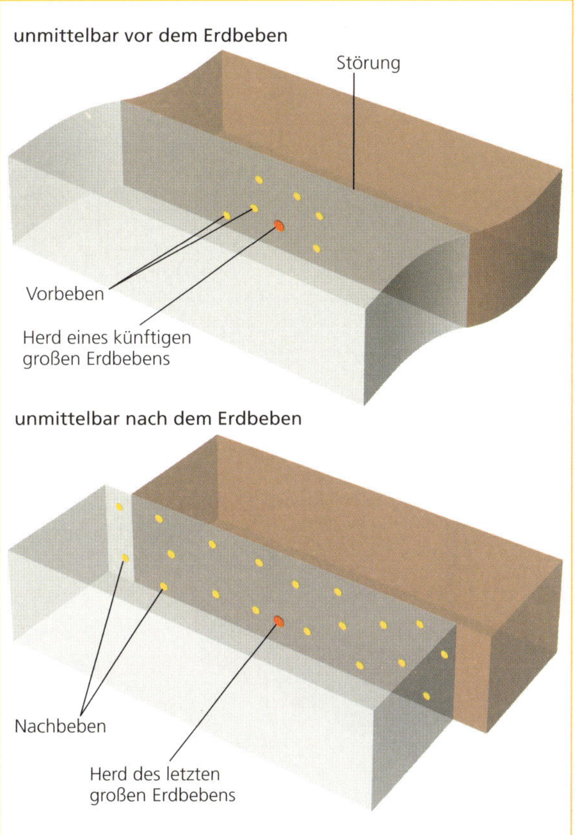


**Abb. 13.3** Unmittelbar vor dem Hauptbeben treten vereinzelt Vorbeben auf. Nachbeben sind schwache Erdbeben, die dem Hauptbeben folgen.

ausgelöst, der sich jedoch aus physikalischen Gründen nicht weiter entwickelt. Bei vielen großen Erdbeben gehen dem eigentlichen Erdbeben ein oder auch mehrere Vorbeben voraus, daher versuchen Seismologen, sie für eine Vorhersage heranzuziehen, wann und wo sich ein großes Erdbeben ereignen könnte. Bedauerlicherweise ist es ausgesprochen schwer, Vorbeben von anderen kleinen Erdbeben zu unterscheiden, die an aktiven Störungen rein zufällig auftreten; aus diesem Grund erwies sich diese Methode bisher selten als erfolgreich.

## Erforschung von Erdbeben

Wie jede experimentelle Wissenschaft stützt sich die Seismologie bei der Untersuchung von Erdbeben auf Daten, die mit Messinstrumenten und durch Geländebeobachtungen erhoben werden. Mit diesen Daten können Seismologen den Bebenherd lokalisieren, die Stärke und Anzahl der Beben bestimmen und ihren Zusammenhang mit Störungszonen besser deuten.

### Seismographen

Ein moderner **Seismograph**, der die bei Erdbeben entstehenden seismischen Wellen aufzeichnet (Abb. 13.4), ist für Geophysiker das, was moderne Teleskope für Astronomen sind: Instrumente zur Beobachtung unerreichbarer Gebiete. Ein idealer Seismograph müsste völlig erschütterungsfrei gelagert sein, sodass keine direkte Verbindung mit dem Untergrund besteht. Sobald sich der Boden bewegt, könnte der Seismograph die variierenden Abstände zwischen dem unbewegten Seismographen und dem sich bewegenden Boden messen.

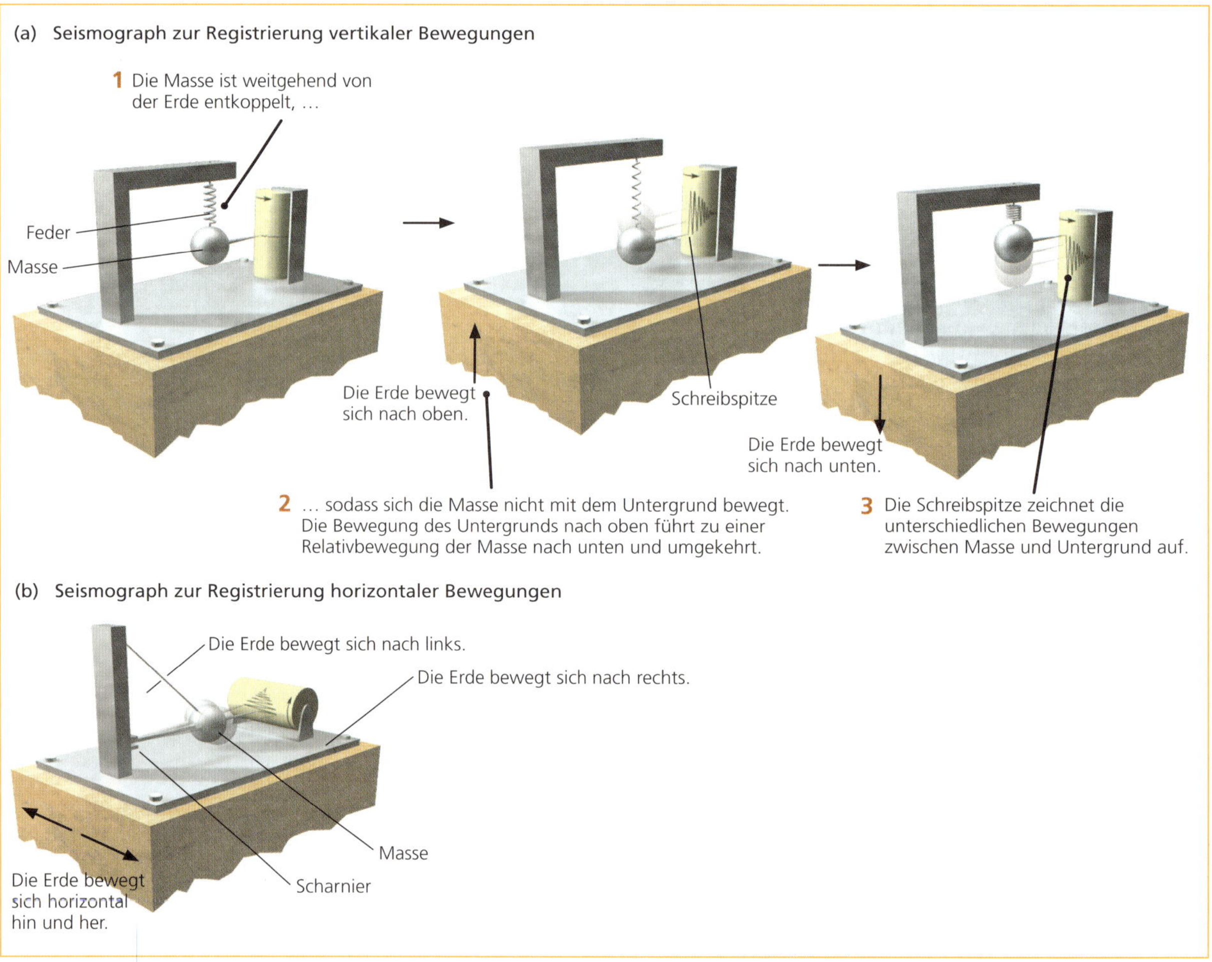


**Abb. 13.4** Seismographen registrieren (a) vertikale oder (b) horizontale Bewegungen. Wegen der nahezu erschütterungsfreien Aufhängung an der Feder (a) beziehungsweise dem Scharnier (b) und wegen ihrer Trägheit ist die Masse weitgehend vom Untergrund entkoppelt. Eine Erdbebenstation ist normalerweise mit Instrumenten ausgestattet, die Vertikalbewegungen, wie auch Horizontalbewegungen in Ost-West- und Nord-Süd-Richtung und damit alle Komponenten der Bodenbewegungen registrieren können.

Bisher gibt es keine Möglichkeit, einen Seismographen völlig entkoppelt vom Erdboden zu lagern, obwohl die moderne Raumfahrttechnik diese Einschränkung allmählich aufhebt. Deshalb müssen Seismologen (vorläufig) Kompromisse eingehen. Bei einem Seismographen ist eine mehr oder weniger schwere Masse weitgehend entkoppelt vom Erdboden aufgehängt, sodass der Untergrund auf und ab oder seitlich hin und her schwingen kann, ohne die Masse dadurch in nennenswerte Schwingungsbewegungen zu versetzen.

Eine Möglichkeit für eine solche entkoppelte Aufhängung besteht darin, die Masse an einer Spiralfeder aufzuhängen (Abb. 13.4a). Wenn sich der Boden durch seismische Wellen hebt und senkt, bleibt die Masse aufgrund ihrer Massenträgheit weitgehend in Ruhe (denn ein Gegenstand in Ruhe neigt dazu, in Ruhe zu verbleiben); Masse und Untergrund bewegen sich jedoch relativ zueinander, weil sich die Feder dehnen oder zusammendrücken lässt. Auf diese Weise kann die durch seismische Wellen verursachte vertikale Verschiebung der Erde über eine Schreibspitze auf einem mit dem Erdboden verbundenen Registrierpapier oder – heute digital – von einem Rechner aufgezeichnet werden.

Eine weitere Möglichkeit einer entkoppelten Aufhängung besteht darin, die träge Masse eines Seismographen an einem Scharnier aufzuhängen. Ein Seismograph, bei dem die Masse ähnlich wie eine Schwingtür (Abb. 13.4b) an einem Scharnier aufgehängt ist, kann in der Waagerechten frei schwingen und so die horizontalen Bodenbewegungen registrieren. Bei den heutigen Seismographen werden modernste elektronische Verfahren verwendet, um die Bewegungen der Masse zu verstärken, bevor sie – ebenfalls elektronisch – aufgezeichnet werden. Diese Instrumente können noch Bodenbewegungen in der Größenordnung von $10^{-8}$ cm registrieren – eine höchst erstaunliche Leistung, wenn man bedenkt, dass derartig winzige Bewegungen im subatomaren Größenbereich liegen.

## Seismische Wellen

Wird irgendwo ein Seismograph aufgestellt, so wird er innerhalb weniger Stunden den Durchgang seismischer Wellen aufzeichnen, die sich von einem Erdbeben irgendwo auf der Erde ausgebreitet haben. Die Wellen pflanzen sich vom Bebenherd über die gesamte Erde fort und erreichen den Seismographen in drei getrennten Gruppen. Die zuerst ankommenden Wellen werden als **Primärwellen** oder **P-Wellen** bezeichnet. Dann folgen die **Sekundärwellen** oder **S-Wellen**. Sowohl die P- als auch die S-Wellen durchlaufen als so genannte Raumwellen das gesamte Innere der Erde. Schließlich treffen die verschiedenen Formen der **Oberflächenwellen** ein, die sich ausschließlich entlang der Erdoberfläche ausbreiten (Abb. 13.5).

Die P-Wellen verhalten sich in den Gesteinen analog zu Schallwellen, die sich in der Luft ausbreiten. Allerdings durchlaufen P-Wellen festes Gestein mit einer Geschwindigkeit von ungefähr 6 km/s und sind damit etwa um den Faktor 20 schneller als Schallwellen in Luft. Ebenso wie die Schallwellen sind P-Wellen **Kompressions-** oder **Longitudinalwellen**, die sich in Festkörpern, Flüssigkeiten oder Gasen als eine periodische Kompression (Druck) und Dilatation (Zug) des Mediums ausbreiten. Man kann sich P-Wellen etwa so vorstellen, dass bei ihrer Ausbreitung das Material wechselweise komprimiert und gedehnt wird, das heißt, die Teilchen schwingen in Fortpflanzungsrichtung der Welle.

S-Wellen durchlaufen Festgesteine mit etwa der halben Geschwindigkeit der P-Wellen. Sie werden als **Scher-** oder **Transversalwellen** bezeichnet, weil die Bodenteilchen in einer Ebene senkrecht (transversal) zur Ausbreitungsrichtung schwingen. In Flüssigkeiten oder Gasen können sich Scherwellen nicht ausbreiten.

**Oberflächenwellen** breiten sich, wie der Name sagt, entlang der Erdoberfläche und in den äußersten Schichten aus, da sie – wie Wellen auf dem Meer – für ihre Ausbreitung eine freie Oberfläche benötigen. Ihre Geschwindigkeit ist nur wenig langsamer als die der S-Wellen. Auch hier unterscheidet man zwei Arten von Oberflächenwellen: Rayleigh- und Love-Wellen. Bei den **Rayleigh-Wellen** erfolgt die Bewegung der Bodenteilchen retrograd-elliptisch, während die Partikelbewegung bei den **Love-Wellen** eine reine Horizontalbewegung ist (Abb. 13.5). Erstere verursachen eine rollende Bewegung, die anderen verschieben den Untergrund in seitlicher Richtung.

Seismische Wellen und ihre zerstörende Wirkung wurden während der gesamten historisch überlieferten Geschichte beobachtet und beschrieben. Aber erst gegen Ende des 19. Jahrhunderts konnten Seismologen (Wissenschaftler, die sich mit der Untersuchung seismischer Wellen und deren Ursachen befassen) Instrumente entwickeln, mit denen sich solche Wellen exakt aufzeichnen und untersuchen ließen. Mithilfe von seismischen Wellen kann die Lage der Erdbebenherde lokalisiert und die Art der tektonischen Bewegung im Herd bestimmt werden. Darüber hinaus sind sie auch das wichtigste Instrumentarium, um das Erdinnere zu erforschen.

## Lokalisierung des Epizentrums

Wenn es gelingt, von den Tausenden von Erdbeben, die jedes Jahr auftreten, jeweils die Epizentren zu lokalisieren, ist auch bereits der erste Schritt getan, um ihre Ursache zu verstehen.

Die Lokalisierung des Epizentrums ähnelt dem Vorgehen, mit dem sich bei einem Gewitter aus dem Zeitunterschied zwischen der Wahrnehmung des Blitzes und dem Hören des Donners die Entfernung bestimmen

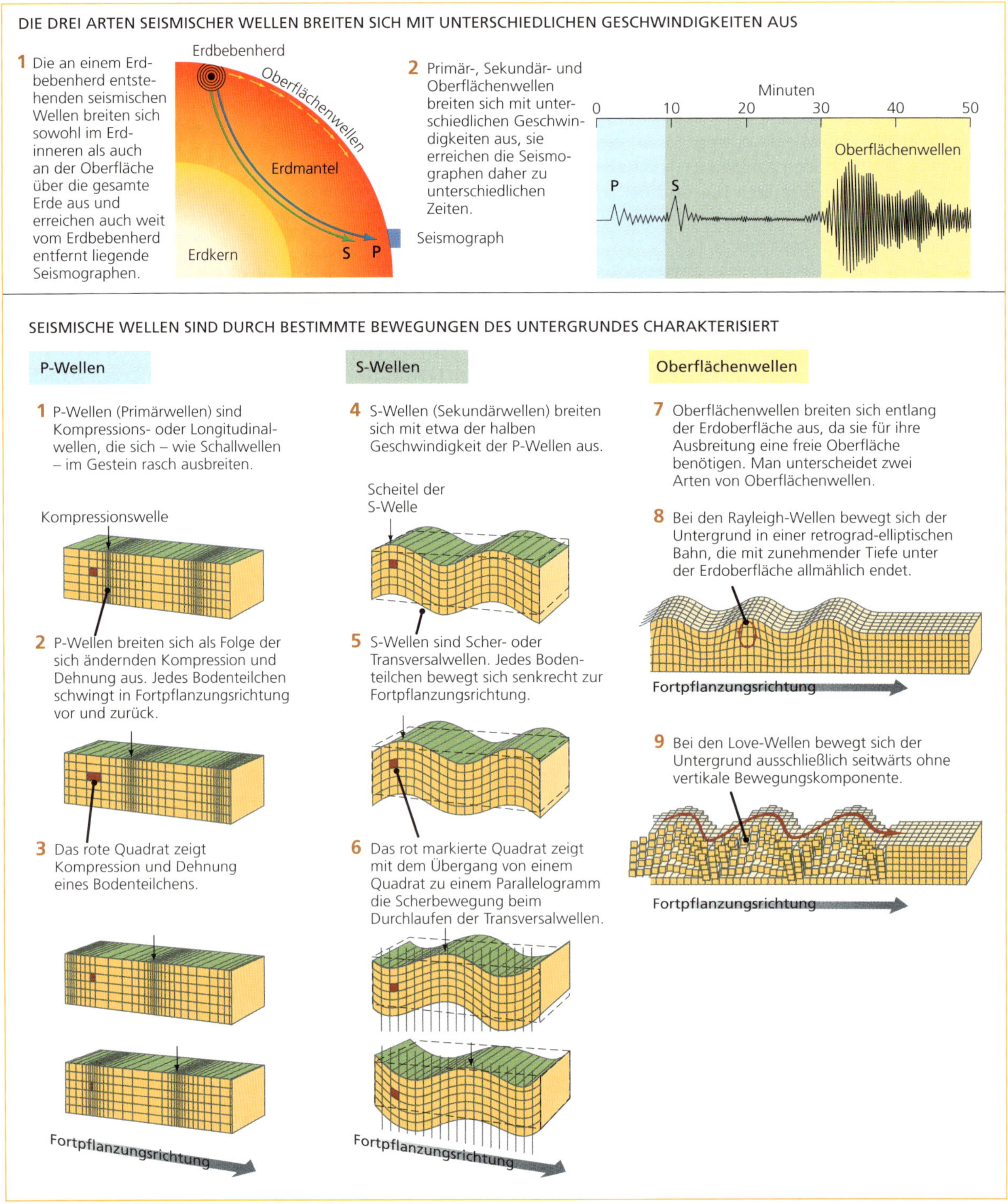


**Abb. 13.5** Seismographen registrieren drei unterschiedliche Arten seismischer Wellen.

lässt: je größer der Zeitunterschied zwischen Blitz und Donner, desto größer die Entfernung des Gewitters. Da sich Lichtwellen rascher ausbreiten als Schallwellen, entsprechen die Lichtwellen des Blitzes den P-Wellen eines Erdbebens, während der Donner mit den langsameren S-Wellen vergleichbar ist.

Die Zeitdifferenz zwischen dem Eintreffen der P- und der S-Wellen am Ort des Seismographen hängt von der Entfernung ab, die diese Wellen jeweils vom Erdbebenherd aus zurückgelegt haben. Dieser Zusammenhang zwischen Entfernung und Zeitunterschied wurde durch die Aufzeichnung der seismischen Wellen von Erdbeben

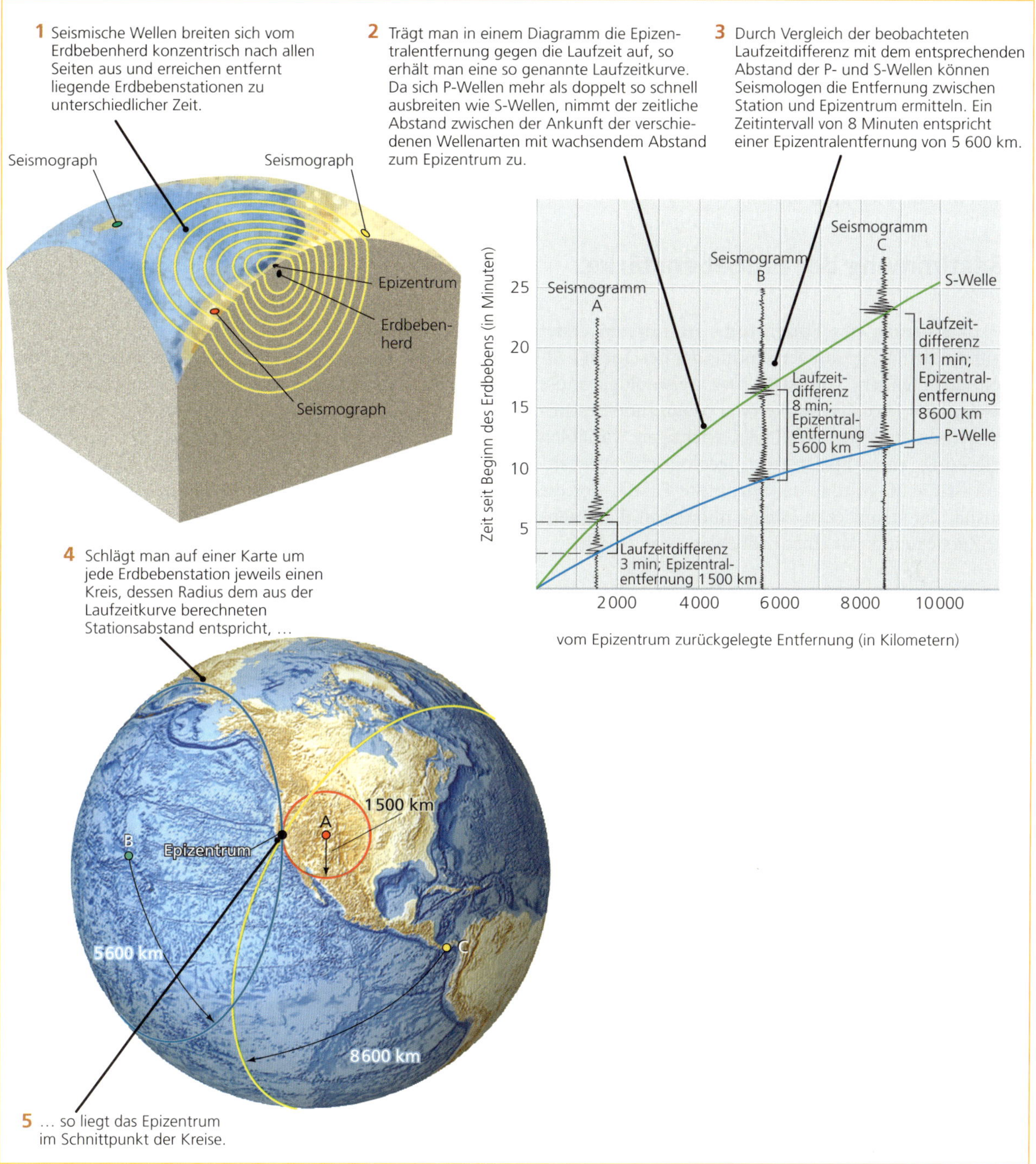


**Abb. 13.6** Aus den Seismogrammen unterschiedlicher Erdbebenstationen kann das Epizentrum eines Erdbebens ermittelt werden.

und von unterirdischen Atombombenexplosionen nachgewiesen, deren Explosionsorte bekannt waren. Um die ungefähre Entfernung zum Epizentrum zu bestimmen, ermitteln Seismologen aus den Seismogrammen die Zeitspanne, die zwischen dem Eintreffen der ersten P-Wellen und dem der ersten S-Wellen liegt. Dann verwenden sie eine Tabelle oder eine wie in Abbildung 13.6 dargestellte Laufzeitkurve, um die Entfernung des Seismographen zum Epizentrum zu ermitteln. Ist die Epizentralentfernung für drei oder besser noch mehr Mess-Stationen bestimmt, lässt sich das Epizentrum mithilfe einer einfachen geometrischen Konstruktion ermitteln. Außerdem kann daraus der Zeitpunkt der Bodenerschütterung im Epizentrum abgeleitet werden, da die Ankunftszeit der P-Wellen für jede Station bekannt ist. Anhand eines Diagramms oder einer Tabelle lässt sich schließlich ermitteln, wie lange die Wellen bis zum Erreichen der Erdbebenstation gebraucht haben. Diese Auswertung wird heute von Computern durchgeführt, wobei die Berechnungen mit immer genaueren Näherungswerten wiederholt werden, bis die Messdaten von vielen Stationen zu übereinstimmenden Resultaten in Bezug auf die Lage des Epizentrums, den Beginn des Bebens und die Herdtiefe führen.

## Bestimmung der Erdbebenstärke

Die Lokalisierung des Epizentrums ist nur ein erster Schritt auf dem Weg zum Verständnis der bei einem Erdbeben ablaufenden Vorgänge. Der Seismologe muss außerdem die jeweilige Stärke oder Magnitude bestimmen. Neben anderen gleichfalls wichtigen Variablen (Entfernung zum Epizentrum, geologische Verhältnisse), ist die Magnitude der wichtigste Faktor, der die Intensität der seismischen Wellen und damit die potenzielle Zerstörungskraft eines Erdbebens kennzeichnet.

**Richter-Magnitude** Charles Richter, ein kalifornischer Seismologe, entwickelte im Jahre 1935 ein einfaches Verfahren, um die Intensität eines Erdbebens zu ermitteln. Richter hatte in jungen Jahren Astronomie studiert und kannte die Skala, mit der die unterschiedliche Helligkeit von Sternen beschrieben wird. Analog zu den Helligkeitsgraden beziehungsweise Magnituden der Sterne ordnete Richter jedem Erdbeben eine Zahl als Maß für die jeweilige Stärke zu. Diese Zahl wird noch heute als **Richter-Magnitude** oder häufig auch als „Wert auf der Richterskala" bezeichnet. Genauso wie die Helligkeit der Sterne variiert auch die Bebenstärke über einen großen Bereich. Aus diesem Grund musste Richter seine Skala in irgendeiner Form komprimieren. Dazu wählte er für die maximalen Amplitudenwerte, die gleichzeitig den stärksten Bewegungen des Untergrunds entsprechen, eine logarithmische Skala – analog zur ebenfalls logarithmischen Skala der Stern-Magnituden. Die Entfernung zwischen Seismograph und Bruchzone musste durch einen Faktor korrigiert werden, der die Schwächung der sich vom Bebenherd ausbreitenden seismischen Wellen einbezieht (Abb. 13.7).

Auf der Richterskala unterscheiden sich zwei Erdbeben mit gleicher Entfernung zum Seismographen, die in ihrer Magnitude um den Betrag 1 auf der Richterskala voneinander abweichen, im Ausmaß der Bodenbewegungen um den Faktor 10 voneinander. Die Bodenbewegungen eines Erdbebens der Magnitude 3 sind demnach zehnmal so groß wie die eines Erdbebens der Magnitude 2. In gleicher Weise erzeugt ein Erdbeben der Magnitude 6 Bodenbewegungen, die um den Faktor 100 größer sind als die eines Bebens der Magnitude 4. Die Zunahme der in Form seismischer Wellen freigesetzten Energie ist noch weitaus größer und entspricht pro Magnitude dem Faktor 33. Ein Erdbeben der Magnitude 8 setzt $33 \times 33$ oder etwa 1 000-mal mehr Energie frei als ein Beben der Magnitude 6.

Nach der Richter-Methode können Seismologen überall auf der Erde ihre Seismogramme auswerten und innerhalb weniger Minuten nahezu denselben Wert für

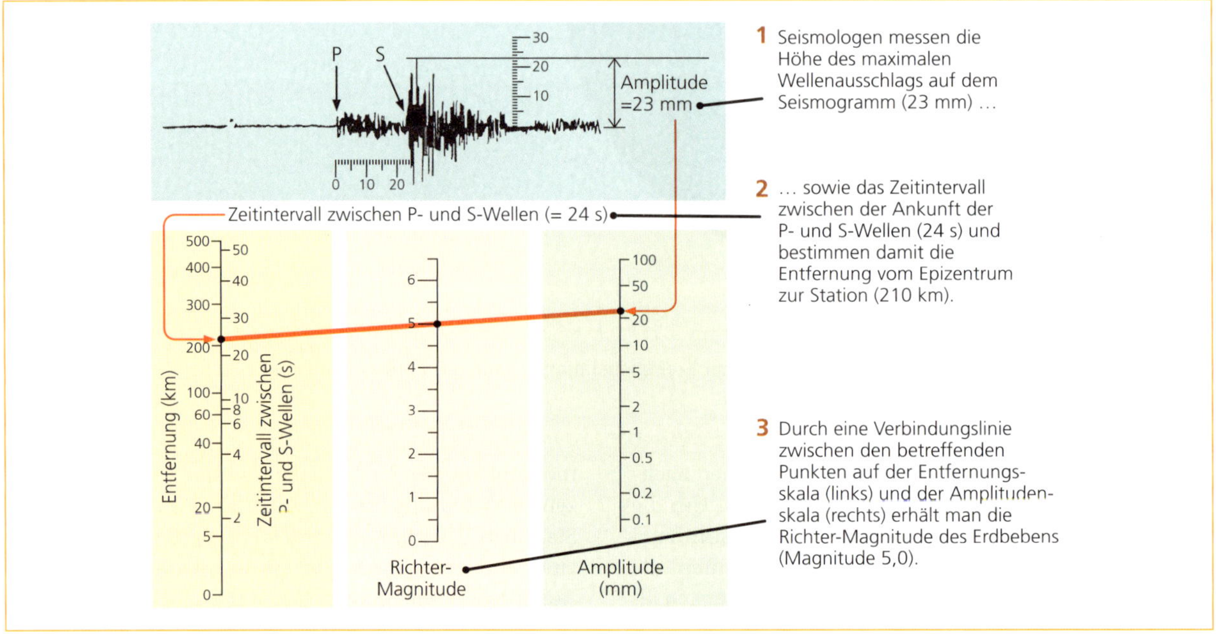


**Abb. 13.7** Die maximale Amplitude der Bodenbewegung und der Abstand von P- und S-Wellen, die im Seismogramm zu erkennen sind, dienen zur Bestimmung der Richter-Magnitude eines Erdbebens [*California Institute of Technology*].

die Magnitude eines Erdbebens ermitteln, ungeachtet der Entfernung ihrer Instrumente vom Erdbebenherd. Dieses Verfahren wird heute weltweit angewendet.

**Moment-Magnitude** Obwohl die Richter-Magnitude ein gängiger Begriff ist und historisch gesehen ein wesentlicher Beitrag zur Quantifizierung der seismischen Intensität war, bevorzugen Seismologen heute ein anderes Maß für die Stärke eines Erdbebens, das direkt mit den physikalischen Vorgängen am Erdbebenherd in Beziehung gesetzt werden kann. Die **Moment-Magnitude** eines Erdbebens ist definiert als das Produkt aus Bruchfläche, mittlerem Verschiebungsbetrag an der Störung und dem Schermodul, einer Materialkonstanten des Gesteins im Herdgebiet. Die jeweilige Moment-Magnitude steigt um eine Einheit bei einer Verzehnfachung der Bruchfläche. Obwohl sich sowohl bei dem von Richter verwendeten Verfahren als auch bei der Bestimmung der Moment-Magnitude ungefähr dieselben numerischen Werte ergeben, kann die Moment-Magnitude aus den Seismogrammen weitaus genauer bestimmt werden. Überdies lässt sie sich aus Messungen im Gelände unmittelbar an der Störung direkt ermitteln.

Starke Erdbeben sind viel seltener als schwache Beben. Diese Beobachtung kann durch ein sehr einfaches Verhältnis zwischen Erdbebenhäufigkeit und Magnitude ausgedrückt werden (Abb. 13.8). Weltweit treten jährlich ungefähr 1 000 000 Erdbeben mit Magnituden größer 2 auf und diese Zahl nimmt für jede Magnitudeneinheit um den Faktor zehn ab. Demzufolge ereignen sich etwa 100 000 Erdbeben der Magnitude größer 3, ungefähr 1 000 der Magnitude größer 5 und etwa 10 mit Magnituden über 7.

Nach diesem statistischen Erfahrungswert sollte sich im Mittel pro Jahr etwa ein Erdbeben der Magnitude 8 ereignen. Tatsächlich kommt es nur einmal in drei Jahren zu einem Erdbeben dieser Größenordnung. Dies bedeutet, dass es so etwas wie eine Obergrenze für die Bruchvorgänge an Störungen zu geben scheint. Wirklich starke Erdbeben wie das Beben, das sich im Jahr 2004 an der Subduktionszone vor Sumatra ereignete (Moment-Magnitude 9,2) oder die Beben von Alaska 1964 (Moment-Magnitude 9,2) beziehungsweise Chile im Jahr 1960 (Moment-Magnitude 9,5) sind selten.

**Intensität der Bodenbewegungen** Die Magnitude eines Erdbebens beschreibt nicht notwendigerweise das Ausmaß der verursachten Zerstörung: Ein Beben der Magnitude 8 in unbesiedeltem Gebiet, 2 000 km von der nächsten Stadt entfernt, dürfte kaum Zerstörungen verursachen, während ein Beben der Magnitude 6 unmittelbar unter einer Stadt zu schwersten Zerstörungen führen kann.

Bereits im späten 19. Jahrhundert, noch ehe Richter seine Magnitudenskala aufgestellt hatte, entwickelten Seismologen und Bauingenieure Methoden, um die Intensität eines Erdbebens direkt aus den zerstörenden Wirkungen abschätzen zu können. Eine erste derartige

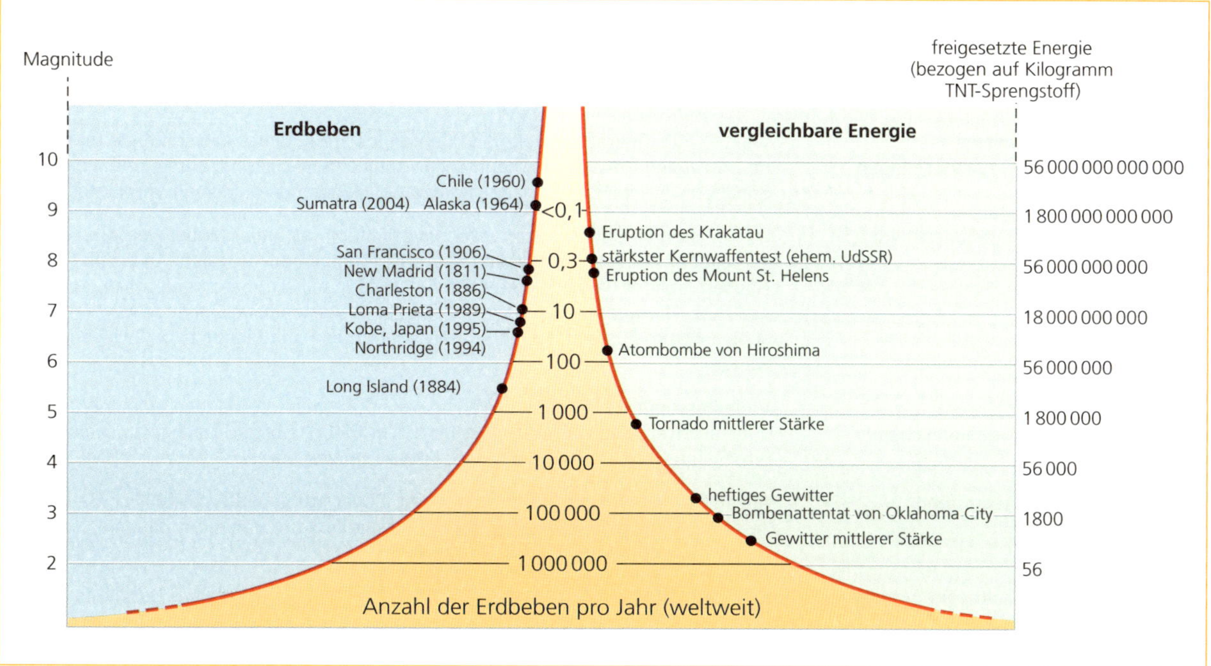


**Abb. 13.8** Zusammenhang zwischen Moment-Magnitude (Skala links), Energiefreisetzung bei Erdbeben (Skala rechts), Anzahl der Erdbeben weltweit (Skala in den horizontalen Linien im farbigen Feld) und anderen Formen plötzlicher Energiefreisetzung [*IRIS Consortium, http://www.iris.edu*].

**Intensitätsskala** war die Mercalliskala, benannt nach dem italienischen Seismologen und Vulkanologen Guiseppe Mercalli, der diese Skala im Jahr 1902 aufgestellt hatte.

Um ein Maß für die Intensität eines Bebens anzugeben, die sich unmittelbar aus den beobachteten örtlichen Auswirkungen auf Menschen und Bauwerke ergibt, modifizierte der Seismologe Charles Richter 1935 diese Skala mit dem Ziel, einen vergleichbaren Maßstab für Kalifornien zu erarbeiten. Er bezeichnete diese Skala als **Modifizierte Mercalli-Skala**. Sie ist auch heute noch in den Vereinigten Staaten in Gebrauch. Da sich solche Intensitätsskalen an den örtlichen Gegebenheiten orientieren müssen, wurden auch für Europa entsprechende Anpassungen vorgenommen; hier findet inzwischen die von Grünthal 1998 erarbeitete **Europäische Makroseismische Skala** (kurz EMS-98) Anwendung (Tab. 13.1). Intensitätsskalen beruhen insgesamt auf subjektiven Wahrnehmungen und nicht auf physikalischen Messungen. Sie ordnen der Intensität der Bodenerschütterung an einer bestimmten Lokalität einen Zahlenwert in römischen Ziffern zwischen I und XII zu. Für Stufe I gilt, dass solche Beben in der Regel von Personen nicht wahrgenommen und nur von Seismographen registriert werden, während ein Erdbeben der Stufe V in Gebäuden von den meisten Menschen wahrgenommen wird. Stufe XII schließlich ist gekennzeichnet durch totale Zerstörung nahezu aller Konstruktionen.

Durch Beobachtungen an zahlreichen Stellen und Befragung möglichst vieler Personen, die ein Erdbeben in den betroffenen Gebieten erlebt haben, erstellen Seismologen entsprechende Karten, auf denen Gebiete mit unterschiedlichen Intensitätswerten durch Linien gleicher seismischer Intensität, so genannten Isoseisten, gegeneinander abgegrenzt werden. Abbildung 13.9 zeigt eine solche Intensitätskarte für das Erdbeben von New Madrid vom 16. Dezember 1811, einem Erdbeben der Magnitude 7,5 im äußersten Südosten von Missouri.

**Tabelle 13.1** Kurzform der Europäischen Makroseismischen Skala EMS-98

| EMS Intensität | Definition | Beschreibung der maximalen Wirkungen |
|---|---|---|
| I | nicht fühlbar | Nicht fühlbar. |
| II | kaum bemerkbar | Nur sehr vereinzelt von ruhenden Personen wahrgenommen. |
| III | schwach | Von wenigen Personen in Gebäuden wahrgenommen. Ruhende Personen fühlen ein leichtes Schwingen oder Erschüttern. |
| IV | deutlich | Im Freien vereinzelt, in Gebäuden von vielen Personen wahrgenommen. Einige Schlafende erwachen. Geschirr und Fenster klirren, Türen klappern. |
| V | stark | Im Freien von wenigen, in Gebäuden von den meisten Personen wahrgenommen. Viele Schlafende erwachen. Wenige werden verängstigt. Gebäude werden insgesamt erschüttert. Hängende Gegenstände pendeln stark, kleine Gegenstände werden verschoben. Türen und Fenster schlagen auf oder zu. |
| VI | leichte Gebäudeschäden | Viele Personen erschrecken und flüchten ins Freie. Einige Gegenstände fallen um. An vielen Häusern, vornehmlich in schlechtem Zustand, entstehen leichte Schäden wie feine Mauerrisse und das Abfallen von z. B. kleinen Verputzteilen. |
| VII | Gebäudeschäden | Die meisten Personen erschrecken und flüchten ins Freie. Möbel werden verschoben. Gegenstände fallen in großen Mengen aus Regalen. An vielen Häusern solider Bauart treten mäßige Schäden auf (kleinere Mauerrisse, Abfall von Putz, Herabfallen von Schornsteinteilen). Vornehmlich Gebäude in schlechterem Zustand zeigen größere Mauerrisse und Einsturz von Zwischenwänden. |
| VIII | schwere Gebäudeschäden | Viele Personen verlieren das Gleichgewicht. An vielen Gebäuden einfacher Bausubstanz treten schwere Schäden auf; d. h. Giebelteile und Dachgesimse stürzen ein. Einige Gebäude sehr einfacher Bauart stürzen ein. |
| IX | zerstörend | Allgemeine Panik unter den Betroffenen. Sogar gut gebaute gewöhnlich Bauten zeigen sehr schwere Schäden und teilweisen Einsturz tragender Bauteile. Viele schwächere Bauten stürzen ein. |
| X | sehr zerstörend | Viele gut gebaute Häuser werden zerstört oder erleiden schwere Beschädigungen. |
| XI | verwüstend | Die meisten Bauwerke, selbst einige mit gutem erdgebundenem Konstruktionsentwurf und -ausführung, werden zerstört. |
| XII | vollständig verwüstend | Nahezu alle Konstruktionen werden zerstört. |

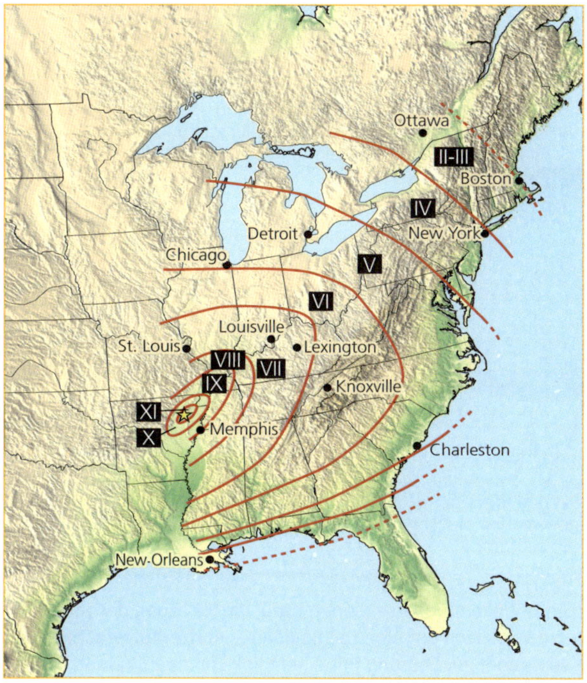


**Abb. 13.9** Isoseisten nach der Modifizierten Mercalli-Skala für das Erdbeben von New Madrid, Missouri, mit der Magnitude 7,5, das sich am 16. Dezember 1811 im Grenzgebiet von Missouri, Arkansas und Tennessee ereignet hat. In der Nähe der Störung erreichte die Intensität Werte über IX und 200 km vom Epizentrum entfernt wurden noch Intensitäten bis VI ermittelt [*nach: Carl. W. Stover & Jerry L. Cossman (1993), USGS Professional Paper 1527*].

Obwohl die Intensität in der unmittelbaren Umgebung der Bruchzone am höchsten ist, ist sie generell vom lokalen geologischen Bau abhängig. So sind beispielsweise in Gebieten mit gleicher Entfernung vom Erdbebenherd die Erschütterungen auf Lockersedimenten (vor allem auf wassergesättigten Sedimenten in Küstennähe) deutlich stärker als auf festem Grundgebirge. Solche Isoseistenkarten liefern den Bauingenieuren wichtige Daten für die Konstruktion erdbebensicherer Bauwerke.

## Rekonstruktion der Herdvorgänge aus seismischen Daten

Aus den von Seismographen aufgezeichneten Bodenbewegungen lassen sich die räumliche Orientierung der Störungsfläche und die Richtung des Versatzes ermitteln – Parameter, die insgesamt als **Herdvorgang** bezeichnet werden. Dieser Herdvorgang gibt Auskunft darüber, ob das Beben das Ergebnis einer **Abschiebung**, einer **Auf-** oder **Überschiebung** oder einer **Horizontalverschiebung** war, und wenn es eine Horizontalverschiebung war, ob es sich um eine **rechts**- oder **linksseitige Horizontalverschiebung** gehandelt hat. Aus diesen Angaben lässt sich dann das lokale tektonische Spannungsfeld ermitteln (Abb. 13.10).

Bei Erdbeben, deren Bewegungsbahnen bis an die Erdoberfläche aufreißen, kann vereinzelt die Richtung des Versatzes sowie die Orientierung der Störung unmittelbar aus Beobachtungen an der Störungsfläche abgeleitet werden. Wie wir jedoch gesehen haben, liegen die meisten Hypozentren in so großer Tiefe, dass sich die Störungen nicht bis an die Oberfläche durchpausen; daher sind Seismologen gezwungen, die Herdvorgänge aus Seismogrammen abzuleiten. Ungeachtet der Herdtiefe ist dies bei großen Erdbeben nicht weiter schwierig, weil inzwischen weltweit so viele Seismographen aufgestellt wurden, dass der Herd eines jeden Bebens buchstäblich umringt ist. Wie Seismologen festgestellt haben, ist in bestimmten Richtungen von einem Epizentrum aus die erste von Seismographen registrierte Bodenbewegung – die P-Welle – eine Stoßbewegung vom Bebenherd weg und damit auf Vertikalseismographen ein Ausschlag nach oben. In anderen Richtungen ist die erste Bewegung des Untergrunds eine Zugbewegung in Richtung auf den Bebenherd zu und damit auf einem Vertikalseismographen ein Ausschlag nach unten. Diese Unterschiede spiegeln die Tatsache wider, dass die Bewegung an einer Störung, von einem bestimmten Ort aus betrachtet, wie eine Stoßbewegung einer vom Erdbebenzentrum weg verlaufenden Kompressionswelle aussieht.

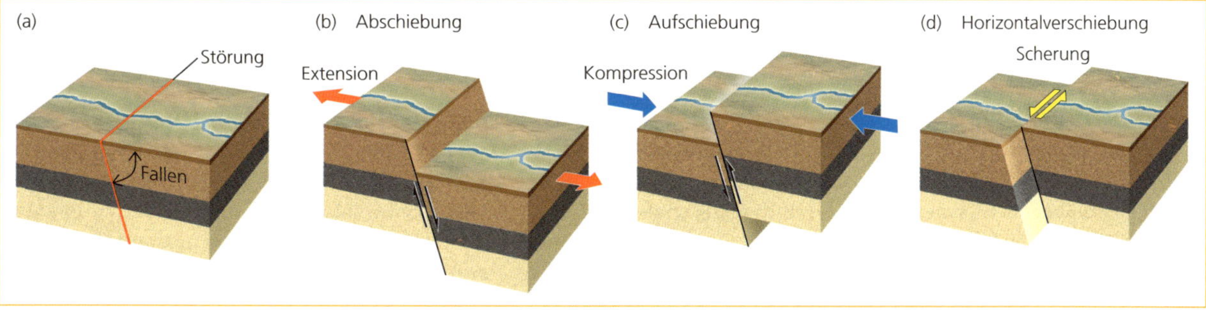


**Abb. 13.10** Die drei wichtigsten Bewegungsformen, durch die an Störungen Erdbeben ausgelöst werden, und die ihnen zugrunde liegenden Spannungszustände. (a) Situation vor Beginn der Bewegung, (b) Abschiebung durch Dehnung, (c) Aufschiebung durch Kompression, (d) Horizontalverschiebung durch Scherung (in diesem Fall linksseitig).

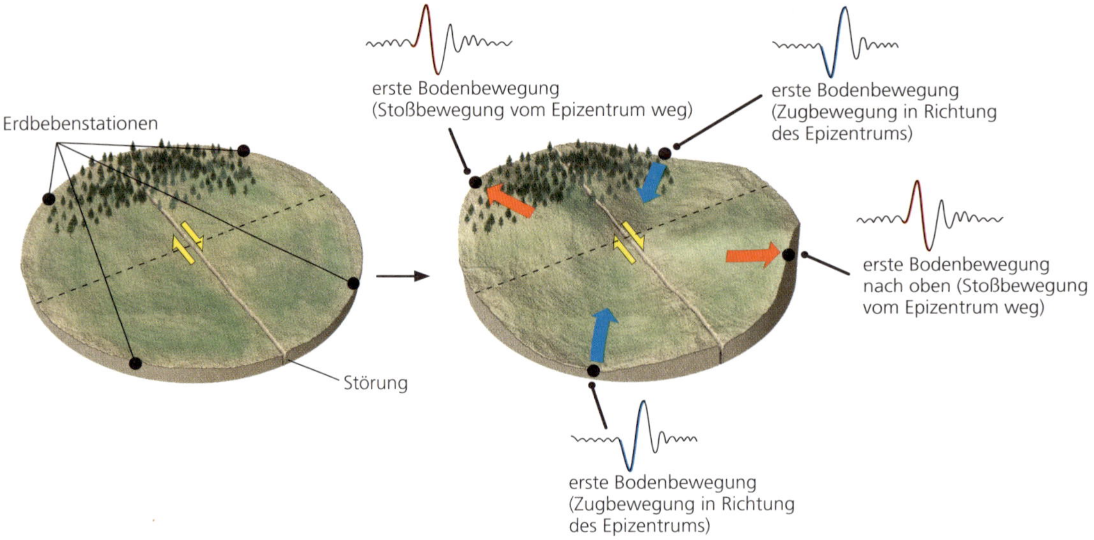


**Abb. 13.11** Die ersten von einer seismographischen Station registrierten P-Wellen-Einsätze dienen dazu, die Richtung der Störungsfläche und die Richtung der Bewegung zu bestimmen. In diesem Fall handelt es sich um eine rechtssinnige Horizontalverschiebung. Man beachte, dass die Bewegungen identisch wären, wenn die Fläche senkrecht zur Störung mit einem linkssinnigen Versatz aufreißen würde. Seismologen können normalerweise zwischen beiden Möglichkeiten wählen, weil sie die Bewegungsrichtung an der Störung aus zusätzlichen Informationen kennen, beispielsweise durch Geländebeobachtungen an der Störungsfläche oder durch die Anordnung der Nachbeben auf der Störungsfläche.

Wird sie aber von anderer Stelle aus betrachtet, erscheint sie dagegen wie eine Zugbewegung. Diese Stoß- beziehungsweise Zugbewegungen können in Abhängigkeit von den Positionen der Seismographen in vier Sektoren zerlegt werden (Abb. 13.11). Eine der beiden Sektorengrenzen bildet die Orientierung der Störungsfläche, die andere Grenze verläuft senkrecht zur Bewegungsbahn. Die Richtung des Versatzes ergibt sich aus der Verteilung der initialen Stoß- und Zugbewegungen.

Auch wenn Hinweise an der Oberfläche fehlen, lässt sich mithilfe der Messinstrumente feststellen, ob die auslösenden Kräfte innerhalb der Kruste eines konkreten Bebens Kompressions-, Extensions- oder Scherkräfte waren.

Allerdings müssen dazu einige zusätzliche Voraussetzungen erfüllt sein. Da die seismischen Bodenbewegungen physikalisch betrachtet vektorielle Größen sind, ist zu ihrer Erfassung die Messung der Bodenbewegungen in drei Richtungen erforderlich. Entsprechend einer internationalen Konvention werden folgende Komponenten registriert:

- Die Vertikalkomponente, um die auf- oder abwärts gerichteten Bodenbewegungen zu registrieren.
- Die Nord-Süd-Komponente, um die Bodenbewegungen in Nord-Süd-Richtung zu erfassen.
- Die Ost-West-Komponente, um die Bodenbewegungen in Ost-West-Richtung aufzuzeichnen.

Daher ist in jeder Erdbebenstation mindestens ein solcher Satz aus drei homogen aufeinander abgestimmten Seismographen aufgestellt, deren Seismogramme zur Auswertung herangezogen werden.

## GPS-Messungen und „stille" Erdbeben

Wie bereits in Kapitel 2 erwähnt, lassen sich mit GPS-Stationen auch langsame Bewegungen der Lithosphärenplatten ermitteln. Mithilfe solcher Geräte kann außerdem die sich aus solchen Bewegungen ergebende Deformation oder auch die bei einem Erdbeben auftretende plötzliche Verschiebung an einer Störung gemessen werden. Heute verwendet man GPS-Beobachtungen in der Seismik vor allem, um an aktiven Störungen eine andere Form der Bewegung zu untersuchen. Seit einigen Jahre ist bekannt, dass sich ein Abschnitt der San-Andreas-Störung in Kalifornien eher kontinuierlich durch Kriechen bewegt als durch plötzlichen Bruch. Diese kriechende Bewegung führt bei Bauwerken, die quer über die Störung hinweg verlaufen, zu Verformungen oder bei Gehwegen und Straßen zu Rissen in den Belägen. Vor kurzem konnten mit einem neu errichteten Netz von GPS-Stationen an der Oberfläche konvergierender Plattengrenzen Bewegungen nachgewiesen werden, die auf kurzzeitige Kriechbewegungen in der Tiefe zurückzuführen waren. Solche Prozesse erstrecken sich zeitweise über mehrere Wochen. Sie werden als „stille" Erdbeben bezeichnet, weil dabei praktisch keine oder nur sehr schwache seismische Erschütterungen auftreten, obwohl große Mengen an gespeicherter Deformationsenergie freigesetzt werden.

Diese Beobachtungen werfen zahlreiche Fragen auf, auf die Geologen derzeit nach Antworten suchen. Warum erfolgt die Bewegung durch langsames Kriechen und nicht durch Bruch? Welche Vorgänge sind dafür verantwortlich, dass Störungen blockiert sind und die Krustenblöcke sich dann an einigen Stellen katastrophenartig rasch bewegen, während es in anderen Bereichen zu Kriechbewegungen kommt? Treten in diesen Gebieten durch die Freisetzung von Deformationsenergie in Form langsamer Bewegungen katastrophale Erdbeben weniger häufig auf oder sind sie weniger stark? Können diese langsam ablaufenden Ereignisse für eine Erdbebenvorhersage herangezogen werden?

Die wissenschaftlich Forschung befasst sich derzeit mit all diesen Fragen.

## Die globale Verteilung der Erdbeben

Mit einem ganzen Netzwerk empfindlicher Seismographen werden weltweit Erdbeben lokalisiert, ihre Magnituden bestimmt, der Herdvorgang ermittelt und damit neue Erkenntnisse über tektonische Vorgänge in Größenordnungen erzielt, die deutlich kleiner sind als die der Lithosphärenplatten. In den folgenden Abschnitten wird die globale Verteilung der Erdbeben unter den Aspekten der Plattentektonik zusammengefasst. Weiter wird gezeigt, wie durch regionale Untersuchungen aktiver Störungssysteme unsere Kenntnisse bezüglich des Auftretens von Erdbeben an den Plattenrändern und im Inneren von Platten weiter verbessert werden.

### Das Gesamtbild: Erdbeben und Plattentektonik

Eine Karte der **Seismizität**, wie sie in Abbildung 13.12 dargestellt ist, zeigt die Verteilung der Epizentren von Erdbeben, die sich weltweit in einem Zeitraum von 27 Jahren ereignet haben. Die auffälligste Erscheinung dieser Karte, die den Seismologen seit vielen Jahrzehnten bekannt ist, sind die Erdbebengürtel an den Rändern der größeren Platten.

**Divergierende Plattengrenzen** Die schmalen Erdbebenzonen in den Ozeanen folgen dem Verlauf der mittelozeanischen Rücken und den Transformstörungen zwischen den versetzten Segmenten dieser Rücken (Abb. 13.12). Die Auswertung der ersten P-Wellen-Einsätze ergab, dass es sich bei den Bewegungen im Herdbereich der Erdbeben an der Rückenachse um normale Abschiebungen handelt. Die Störungen verlaufen parallel zu den Rücken und fallen in Richtung auf den Scheitelgraben der mittelozeanischen Rücken ein. Diese Abschiebungen lassen erkennen, dass erwartungsgemäß Dehnungskräfte am Werk sind, weshalb sich auch auf dem Kamm der Rücken die typischen Zentralspalten – die Rift-Valleys – eingesenkt haben. Auch in Bereichen, in denen die kontinentale Kruste gedehnt wird, wie etwa in den Ostafrikanischen Grabensenken und in der Basin-and-Range-Provinz im Westen Nordamerikas, ereignen sich die Erdbeben an normalen Abschiebungen.

**Transformstörungen** An Transformstörungen, an denen die einzelnen Segmente der mittelozeanischen Rücken gegeneinander versetzt werden, ist die Erdbebenhäufigkeit deutlich größer. Vom Herdvorgang her handelt es sich um Horizontalverschiebungen, was auch zu erwarten ist, wenn Platten in entgegengesetzter Richtung aneinander vorbeigleiten. Darüber hinaus ergibt sich aus dem Herdvorgang für die Erdbeben an den Transformstörungen zwischen den einzelnen Abschnitten des Rückens, dass es sich bei einem Versatz des Rückenkamms nach rechts um eine nach links gerichtete und bei einem Versatz des Rückenkammes nach links dementsprechend um eine nach rechts gerichtete Verschiebung handelt (Abb. 13.12). Diese Richtungen sind genau dem entgegengesetzt was erforderlich wäre, um den Versatz des Rückenkammes zu erzeugen, sie stimmen jedoch mit der Richtung des Versatzes überein, der sich aus dem Seafloor-Spreading ableitet. Mitte der sechziger Jahre des 20. Jahrhunderts lieferten diese diagnostischen Merkmale der Transformstörungen den Seismologen weitere Indizien, die die Hypothese des Seafloor-Spreading untermauerten. Die Bewegungen an Transformstörungen, die wie etwa die San-Andreas-Störung in Kalifornien oder die Alpine-Störung auf Neuseeland (beides rechtsseitige Horizontalverschiebungen) auf dem Festland verlaufen, stimmen mit den Aussagen der Plattentektonik überein.

**Konvergierende Plattengrenzen** Die weltweit stärksten Erdbeben treten an konvergierenden Plattengrenzen auf, wie zum Beispiel die großen Erdbeben von Sumatra (2004), Alaska (1964) und Chile (1960). Bei diesem verheerenden Erdbeben in Chile, dem stärksten bisher registrierten Beben überhaupt, schob sich die Kruste der Nazca-Platte an einer Bruchfläche, die größer war als der US-Bundesstaat Kansas, im Durchschnitt um 15 m unter die kontinentale Kruste der Südamerikanischen Platte. Die Herdvorgänge zeigen insgesamt, dass diese Erdbeben durch horizontalen Druck an großen Überschiebungen, an so genannten **Megaüberschiebungen** ausgelöst werden, die insgesamt Plattengrenzen kennzeichnen, an denen eine Platte unter die andere abtaucht (Abb. 13.12). Große Bewegungen an solchen Megaüberschiebungen können mitunter zu einem ruckartigen ver-

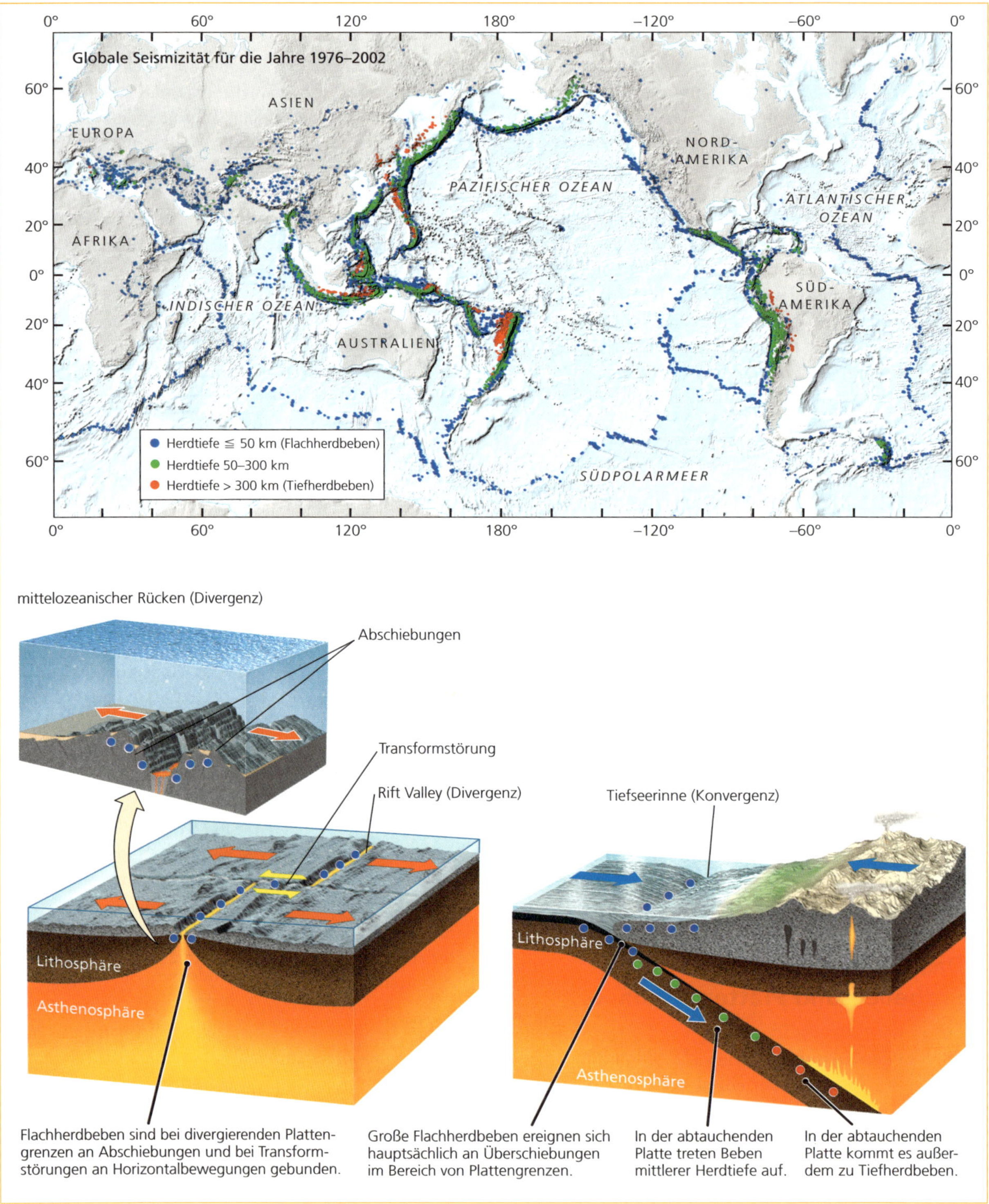


**Abb. 13.12** Erdbeben sind ein Abbild der Wechselwirkungen an den Grenzen der Lithosphärenplatten [*Karte nach Daten aus: Harvard CMT catalogue; Zeichnung: M. Boettcher & T. Jordan*].

tikalen Versatz am Meeresboden führen und damit verheerende Tsunamis auslösen. Der im Dezember 2004 bei dem Erdbeben an der Megaüberschiebung westlich von Sumatra ausgelöste Tsunami ist ein solches Beispiel.

Auch die Erdbeben mit den größten Herdtiefen sind an konvergierende Plattengrenzen gebunden. Nahezu alle Erdbeben, die in Herdtiefen von mehr als 100 km entstehen, führen zum Zerbrechen der abtauchenden ozeanischen Platten an den Subduktionszonen (Abb. 13.12). Der Herdvorgang dieser tiefen Erdbeben zeigt eine Vielzahl von Richtungen; sie stimmen jedoch mit der Deformation überein, die innerhalb einer abtauchenden Platte zu erwarten ist, die gravitativ nach unten in den Erdmantel mit seinen Konvektionsbewegungen gezogen wird. Die tiefsten Erdbeben mit Herdtiefen zwischen 600 und 700 km ereignen sich in den ältesten – und damit auch kältesten und starrsten – abtauchenden Platten, wie etwa unter Südamerika, Japan und den Inselbögen des Westpazifiks.

**Intraplatten-Erdbeben** Obwohl die meisten Erdbeben an Plattengrenzen gebunden sind, zeigt die Karte in Abbildung 13.12, dass ein geringer Prozentsatz der sich weltweit ereignenden Erdbeben auch innerhalb der Platten auftreten. Die Herde solcher Erdbeben liegen meist in geringer Tiefe und die Mehrheit tritt auf den Kontinenten auf. Zu diesen Erdbeben gehören einige der schwersten in der Geschichte Nordamerikas, etwa in New Madrid, Missouri (1812), Charleston, Süd-Carolina (1886) und das Erdbeben von Cape Ann in der Nähe von Boston, Massachusetts (1755). In Europa zählen die bisher weniger schweren Beben der Schwäbischen Alb dazu. Viele **Intraplatten-Erdbeben** sind an alte Störungen gebunden, die einstmals Teilbereiche von Plattengrenzen waren. Diese Störungen bilden zwar keine Plattengrenzen mehr, sie kennzeichnen jedoch Schwächezonen in der Kruste, an denen sich Spannungen konzentrieren und freigesetzt werden.

Eines der stärksten Intraplatten-Erdbeben (Magnitude 7,6) ereignete sich im Jahr 2001 bei Bhuj im Bundesstaat Gujarat im Westen Indiens. Man schätzt, dass etwa 20 000 Menschen dabei starben. Das Epizentrum lag 1 000 km südlich der Grenze zwischen der Indischen und der Eurasischen Platte. Indische Geologen gehen davon aus, dass die durch Kompression hervorgerufenen Spannungen, die für das Erdbeben von Bhuj verantwortlich waren, durch den nach Norden gerichteten Schub von Indien gegen Eurasien kontinuierlich aufgebaut wurden. Offensichtlich können sich innerhalb einer Lithosphärenplatte selbst in großer Entfernung von derzeitigen Plattengrenzen noch erhebliche Kräfte in der Kruste entwickeln und dort zu Bruchtektonik führen, in diesem Fall zur Entstehung einer zuvor unbekannten Überschiebung in einer Tiefe von etwa 20 km.

## Regionale Störungssysteme

Obwohl die meisten starken Erdbeben mit den von der Plattentektonik vorgegebenen Störungsformen übereinstimmen, besteht eine Plattengrenze in den seltensten Fällen aus nur einer Störung, vor allem dann, wenn kontinentale Kruste daran beteiligt ist. In der Regel erstreckt sich der Bereich der Krustendeformation zwischen den beteiligten Platten über ein ganzes System sich gegenseitig beeinflussender Störungen. Ein interessantes Beispiel ist in diesem Zusammenhang das **Störungssystem** im Süden Kaliforniens (Abb. 13.13).

Dessen Hauptstörung, die San-Andreas-Störung, ist eine rechtsseitige Horizontalverschiebung, die vom Salton-Sea an der mexikanischen Grenze in nordwestlicher Richtung Kalifornien durchzieht, bis sie im Norden in den Pazifischen Ozean hinaus verläuft (vgl. Abb. 7.6).

Auf beiden Seiten der San-Andreas-Störung treten zahlreiche Begleitstörungen auf, an denen sich ebenfalls starke Erdbeben ereignen. Es ist sogar so, dass die verheerendsten Erdbeben in Südkalifornien im vergangenen Jahrhundert an diesen Begleitstörungen stattfanden.

Warum ist das Störungssystem der San-Andreas-Verwerfung so kompliziert gebaut? Dies liegt sicher zum Teil am Verlauf der Störung. Betrachtet man Abbildung 13.13a, so erkennt man, dass das Streichen der San-Andreas-Störung weitgehend der Richtung der relativen Bewegung zwischen der Pazifischen und der Nordamerikanischen Platte entspricht, wie das bei Transformstörungen eigentlich zu erwarten ist. Sie verläuft jedoch nicht geradlinig, sondern biegt unmittelbar nördlich von Los Angeles nach Westen um. Die Biegung führt in diesem Bereich zu Kompressionsbewegungen, die südlich der San-Andreas-Störung an Überschiebungen kompensiert werden. Diese Überschiebungstektonik war verantwortlich für die beiden zurückliegenden Erdbeben – das Erdbeben von San Fernando (1971) mit der Magnitude 6,7 und 65 Todesopfern und das Beben von Northridge (1994) mit der Magnitude 6,9 und 58 Toten. Im Verlauf der vergangenen Millionen Jahre führte die durch diese auffallenden Biegung bedingte Überschiebungstektonik zum Aufstieg der San Gabriel Mountains bis zu Höhen zwischen 1 800 und 3 000 Meter.

Ein weiteres Problem ist die Dehnungstektonik in der Basin-and-Range-Provinz im Osten von Kalifornien, die große Teile der Staaten Nevada, Utah und Arizona einnimmt. Dieser Bereich der Krustendehnung ist mit dem Störungssystem der San-Andreas-Verwerfung durch eine Reihe von Störungen verbunden, die an der Ostseite der Sierra Nevada und durch die Mojave-Wüste verlaufen. Störungen dieses Systems waren für die Erdbeben von Landers (1992; Magnitude 7,3) und Hector Mine (1999; Magnitude 7,1) wie auch für das Beben im Owens Valley (1872; Magnitude 7,6) verantwortlich.

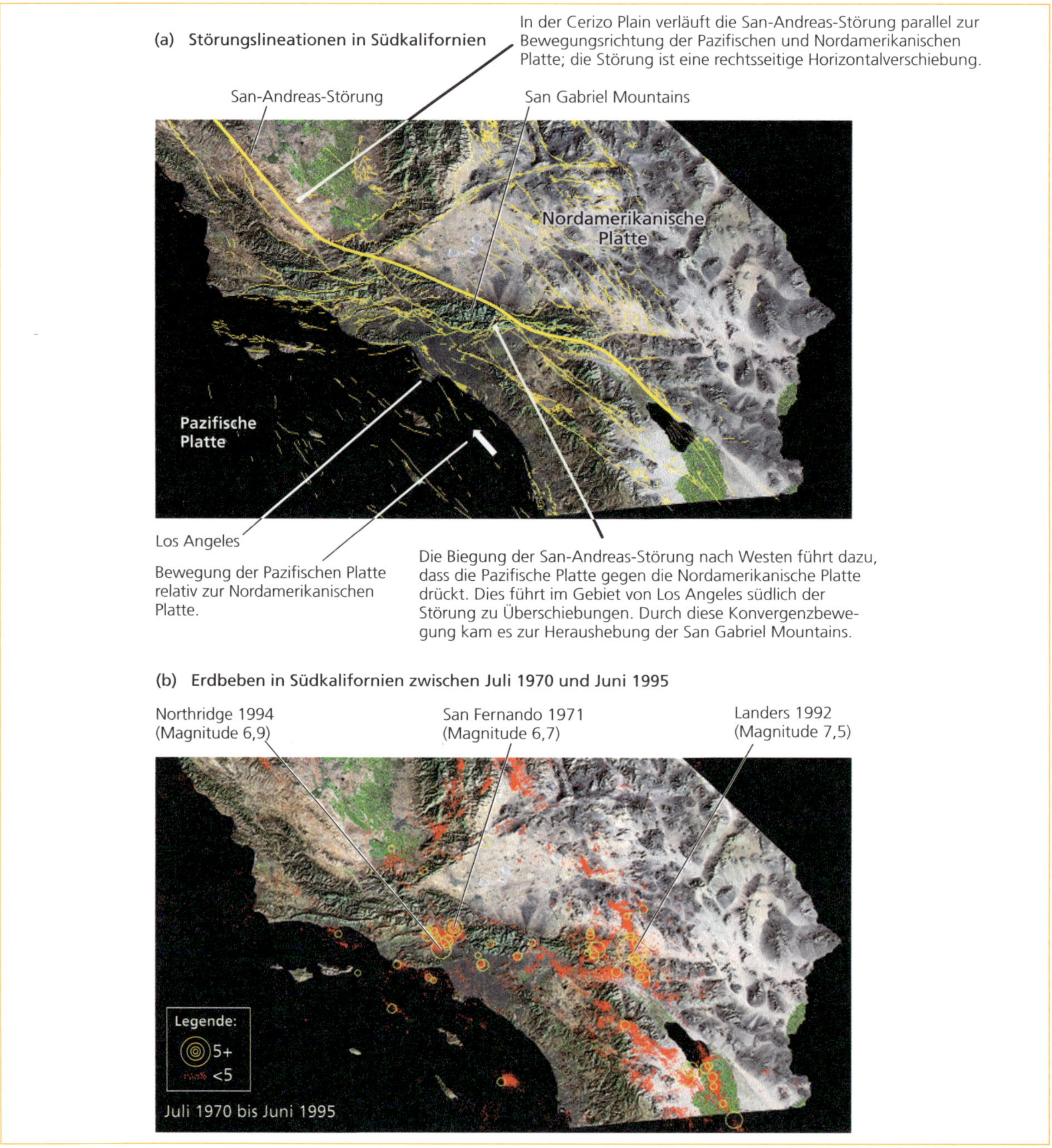


**Abb. 13.13** (a) Das Störungssystem von Südkalifornien. Erkennbar ist der Verlauf der San-Andreas-Störung und der anderen aktiven Verwerfungen. (b) Lage der Epizentren im Zeitraum zwischen Juli 1970 und Juni 1995 [*nach: Southern California Earthquake Center*].

## Die zerstörende Wirkung der Erdbeben

Im vergangenen Jahrhundert forderten Erdbeben weltweit im Durchschnitt pro Jahr 13 000 Menschenleben und verursachten wirtschaftliche Verluste in Höhe von mehreren hundert Milliarden Dollar. Zwei Erdbeben in Kalifornien, das Erdbeben von Loma Prieta im Jahre 1989 (Magnitude 7,1), das sich ungefähr 80 km südlich von San Francisco an der San-Andreas-Störung ereignete, und das Beben von Northridge 1994 (Magnitude 6,9) gehörten zu den teuersten Naturkatastrophen in der Geschichte der Vereinigten Staaten. Die Schadenssumme belief sich beim Beben von Loma Prieta auf über zehn Milliarden Dollar, und beim Northridge-Beben auf über 40 Milliarden Dollar, da sich beide Erdbeben in der Nähe

**Abb. 13.14** In diesem Wohngebäude von Northridge Meadows bei Los Angeles starben bei dem Erdbeben von Northridge im Jahre 1994 sechzehn Menschen. Die Erdbebenopfer bewohnten das Erdgeschoß und wurden getötet, als die oberen Stockwerke einstürzten. Es wären noch weit mehr Gebäude eingestürzt, wenn die neueren Gebäude nicht den strengen Normen für erdbebensicheres Bauen entsprechend konstruiert worden wären [*Foto: Nick Ut, Files/AP Photo*].

**Abb. 13.15** Diese Hochstraße in Kobe kippte im Jahre 1995 bei einem Erdbeben [*Foto: Tom Wagner/Corbis/SABA*].

dicht besiedelter Gebiete ereigneten. Sechzig Menschen kamen jeweils ums Leben, doch wäre die Zahl der Toten um ein Mehrfaches größer gewesen, wenn es keine bindenden Normen für erdbebensicheres Bauen geben würde (Abb. 13.14).

Erdbeben mit hoher Zerstörungskraft sind in Japan noch weitaus häufiger als in Kalifornien. Die schriftlichen Aufzeichnungen der verheerenden Erdbeben in Japan, die etwa 2 000 Jahre zurückreichen, sind tief im Bewusstsein der japanischen Bevölkerung verankert. Vielleicht ist deshalb Japan das am besten vorbereitete Land im Umgang mit Erdbeben. Dort gibt es konsequente Schulungsmaßnahmen für die breite Öffentlichkeit, strenge Baunormen und empfindliche Warnsysteme. Trotz dieser Vorbereitungen sind bei dem vernichtenden Erdbeben von Kobe (Magnitude 6,9) am 16. Januar 1995 mehr als 5 600 Menschen ums Leben gekommen (Abb. 13.15).

Die Zahl der Opfer und die enormen Schäden an Gebäuden (50 000 Gebäude wurden zerstört) sind teilweise auf die weniger strengen Baunormen zurückzuführen, die vor 1980 noch gültig waren, als ein Großteil der Stadt erbaut wurde, aber sicher auch darauf, dass das Epizentrum sehr nahe bei der Stadt lag.

## Ursachen von Erdbebenschäden

Erdbeben führen auf sehr unterschiedliche Weise zu Zerstörungen in Umwelt und urbanen Strukturen. Sie erzeugen eine Art Kettenreaktion, bei der die primären Auswirkungen der Bruchbildung und Bodenerschütterung sekundäre Effekte auslösen wie beispielsweise Erdrutsche und Tsunamis, aber auch zerstörende Vorgänge wie etwa Brände im dicht bebauten Umfeld.

**Bruchbildung und Bodenbewegungen** Die **primären Gefahren** sind Brüche und Spalten, die dann aufreißen, wenn sich Störungen bis zur Erdoberfläche durchpausen. Hinzu kommen bleibende Absenkung oder Hebung der Erdoberfläche durch die Bewegung an Störungen und schließlich die Bodenerschütterungen durch seismische Wellen, die sich während des Bruchvorgangs ausbreiten. Durch seismische Wellen können Bauwerke so stark erschüttert werden, dass sie einstürzen. Die Bodenbeschleunigung in der Nähe des Epizentrums kann bei einem starken Erdbeben die Werte der Fallbeschleunigung erreichen und sogar übertreffen, sodass ein ruhender Gegenstand buchstäblich in die Luft geschleudert wird. Nur sehr wenige von Menschen errichtete Bauwerke halten solchen heftigen Erschütterungen stand und diese wenigen werden in der Regel erheblich beschädigt. Der Einsturz von Gebäuden und anderen Bauwerken sind die wesentliche Ursache für Sachschäden und Verluste von Menschenleben, so beispielsweise für die hohe Anzahl von Todesfällen beim Erdbeben von Tangshan in China im Jahre 1976 (mehr als 240 000 Tote); wie auch bei den Erdbeben von Spitak, Armenien im Jahre 1988 (25 000 Tote), Ismit, Türkei im Jahre 1999 (15 000 Tote), Bhuj, Indien im Jahre 2001 (20 000 Tote), Bam, Iran im Jahre 2003 (30 000 Tote) und von Pakistan im Jahre 2005 (86 000 Tote).

**Hangbewegungen und andere Bodeneffekte** Die primären Auswirkungen der Bruchbildung und der Bodenerschütterungen lösen **sekundäre Gefahren** wie Rutschungen, Lawinen oder andere Bodeneffekte aus. Instabile durchnässte Böden verhalten sich wie Flüssigkeiten und werden instabil, wenn sie intensiven seismischen Erschütterungen ausgesetzt werden. Der Untergrund fließt einfach weg und reißt Gebäude, Brücken und alles andere mit sich. **Bodenverflüssigung** zerstörte bei einem Erdbeben im Jahre 1964 das Wohngebiet der Turnagain Hights bei Anchorage in Alaska (vgl. Abb. 16.16), im Jahre 1989 während des Loma Prieta-Erdbebens den Nimitz Freeway bei San Francisco und 1995 zahlreiche Gebiete um Kobe, Japan.

In einigen Fällen verursachten die von seismischen Bodenerschütterungen ausgelösten Hangbewegungen weit stärkere Zerstörungen als die eigentlichen Bodenerschütterungen. Ein großes Erdbeben in der chinesischen Provinz Kansu löste im Jahre 1920 einen ausgedehnten Schuttstrom aus, der ein Gebiet von mehr als 100 km$^2$ überdeckte und etwa 200 000 Todesopfer forderte. Eine riesige Rutschmasse aus Schnee und Gesteinsmaterial (mehr als 80 Millionen Kubikmeter), die 1970 von einem Erdbeben in Peru ausgelöst wurde, zerstörte die in den Bergen liegenden Städte Yungay und Ranrahirca, wobei 66 000 Menschen ums Leben kamen (Abb. 13.16). Bei dem Erdbeben, das sich im Jahr 2001 in El Salvador ereignete, wurden viele der 844 Todesopfer unter Erdmassen begraben, die sich von einem Hang in den Vororten der Hauptstadt San Salvador gelöst hatten.

**Abb. 13.16** Die Andenstädte Yungay und Ranrahirca, Peru, wurden unter einem Erdrutsch begraben, der im Jahre 1970 durch ein Beben der Magnitude 8 ausgelöst worden war [*mit frdl. Genehmigung von Servicio Aerofotografico Nacional de Peru, Juni 1970/George Plafker/USGS*].

**Tsunamis** Starke Erdbeben unter den Ozeanen, so genannte **Seebeben**, können zerstörende Meereswellen auslösen, die fälschlicherweise als Flutwellen, korrekt als seismische Seewogen oder **Tsunamis** – dem japanischen Wort für Hafenwelle – bezeichnet werden. Tsunamis sind die bei weitem gefährlichsten Naturereignisse mit dem höchsten Zerstörungspotenzial. Sie treten vor allem bei großen Seebeben auf, die durch Bewegungen an den Subduktionszonen ausgelöst werden. Wenn es an sol-

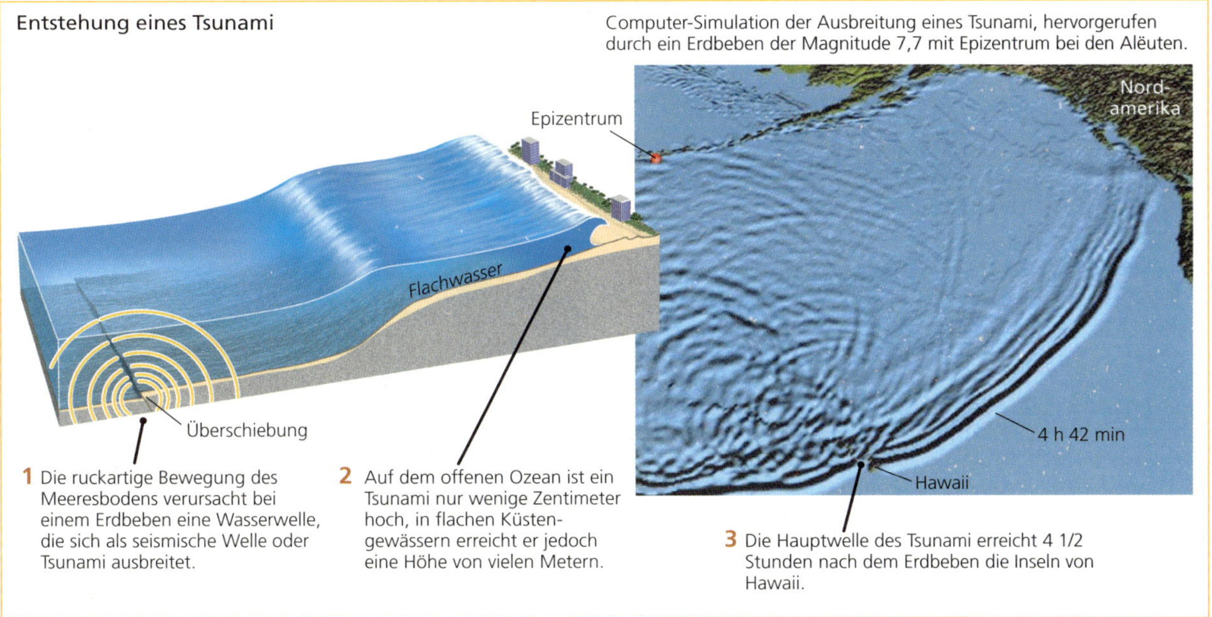


**Abb. 13.17** Erdbeben an Megaüberschiebungen lösen Tsunamis aus, die sich über ganze Ozeane hinweg ausbreiten können [*Grafik: NOAA, Pacific Marine Environmental Laboratory*].

chen Megaüberschiebungen zu Bewegungen kommt, dann kann der Meeresboden auf der landwärtigen Seite der Bruchfläche um bis zu 10 m gehoben werden, wobei durch diese ruckartige Vertikalverschiebung große Massen des darüber liegenden Meerwassers verdrängt werden. Die dadurch entstehenden Schockwellen breiten sich mit Geschwindigkeiten von mehr als 800 km/h über die Ozeane aus (was der Reisegeschwindigkeit eines Verkehrsflugzeuges entspricht). Im offenen Meer sind solche Tsunamis kaum wahrnehmbar, doch wenn sie die flachen Küstengewässer erreichen, werden sie langsamer; sie werden immer steiler und gefährlich hoch, schließlich brechen sie als geschlossene, bis Dutzende Meter hohe Wasserwände über die Küsten herein (Abb. 13.17).

Die zerstörende Kraft eines solchen Tsunamis gelangte durch Videoaufnahmen, die am 26. Dezember 2004 von Amateurfilmern aufgezeichnet wurden, in das Bewusstsein der Öffentlichkeit, als der durch ein Erdbeben der Magnitude 9,2 vor Sumatra ausgelöste Tsunami über die flachen Küstengebiete des Indischen Ozeans von Indonesien und Thailand bis Sri Lanka und Ostafrika hereinbrach. Auf dieses Ereignis, das eine der größten Katastrophen seit Menschengedenken war, wird in Exkurs 13.1 näher eingegangen. An Megaüberschiebungen ausgelöste Tsunamis sind im Pazifischen Ozean vergleichsweise häufig, da dieser von aktiven Subduktionszonen umgeben ist. So entstanden beispielsweise 1960 bei den Erdbeben in Chile (Magnitude 9,5) und 1964 in Alaska (Magnitude 9,2) Tsunamis, die sich über den gesamten Ozean ausbreiteten und selbst in mehrere tausend Kilometer vom Epizentrum entfernt liegenden Gebieten Tod und Zerstörung brachten. An einer Stelle in der Nähe von Valdez in Alaska erreichte 1964 die Brandung des Tsunamis an einen Berghang eine Höhe von 67 m.

Submarine Rutschungen oder Vulkanausbrüche können ebenfalls Tsunamis auslösen. Bei der Explosion des Vulkans Krakatau im Jahre 1883 entstand ein Tsunami, der eine Höhe von 40 m erreicht haben soll und durch den an den anliegenden Küsten 36 000 Menschen umgekommen sind.

**Brände** Zu den sekundären Gefahren gehören vor allem Brände, die durch undichte Gasleitungen oder herabhängende elektische Leitungen verursacht werden. Die Zerstörung der Wasserleitungen durch ein Erdbeben kann die Brandbekämpfung nahezu unmöglich machen – ein Umstand, der im Jahre 1906 ganz wesentlich zur Brandkatastrophe nach dem Erdbeben von San Francisco beigetragen hat. Die meisten der 140 000 Todesopfer beim Erdbeben von Kanto im Jahre 1923, einer der größten Katastrophen Japans, kamen in den Städten Tokio und Yokohama durch Brände um.

## Verminderung von Erdbebengefahren

Bei der Abschätzung einer möglichen Zerstörung durch Erdbeben ist es wichtig, zwischen Gefährdung und Risiko zu unterscheiden. Der Begriff **seismische Gefährdung** beschreibt die Intensität der seismischen Erschüt-

Exkurs 13.1

# Der große Tsunami im Indischen Ozean

Der verheerende Tsunami im Indischen Ozean wurde von einem heftigen Seebeben ausgelöst, das sich am 26. Dezember 2004 vor Sumatra ereignete. Dieses Beben der Magnitude 9,2 entstand an einer Megaüberschiebung, an der die Indisch-Australische Platte unter den Inselbögen Südostasiens subduziert wird, und die durch die Sunda-Tiefseerinne gekennzeichnet ist. Der Herd dieses Seebebens lag etwa 30 km vor der Nordküste Sumatras. Die Erschütterungen dauerten neun Minuten und die Bruchfläche erstreckte sich an der flach einfallenden Überschiebung nach Norden über eine Entfernung von 1300 km – die längste Bruchfläche, die jemals nachgewiesen wurde. Bei diesem Erdbeben verschob sich die überfahrende Platte um 10 bis 20 m in Richtung Tiefseerinne. Dadurch wurde der Meeresboden gehoben. Die Energie der oberhalb der Bruchfläche verdrängten Wassermassen breitete sich in einer Reihe seismischer Seewogen aus. Bedingt durch die Geometrie der Störung wurde in Ost-West-Richtung mehr Energie abgegeben als in Nord-Süd-Richtung. Innerhalb von fünfzehn Minuten lief die erste Seewoge südwestlich der Stadt Banda Aceh auf die Küste von Sumatra auf. Nur wenige Augenzeugen überlebten. Die nach diesem Tsunami durchgeführten geologischen Untersuchungen ergaben, dass die maximale Wellenhöhe an den Stränden dieser nach Westen offenen Küste etwa 15 m erreichte (Abb. unten) und beim weiteren Auflaufen auf das Festland auf Höhen zwischen 25 und 35 Meter anstieg. Die Wellen überspülten das Festland noch bis in eine Entfernung von 2 km landeinwärts und vernichteten auf ihrem Weg die meisten Gebäude, einen Großteil der Vegetation sowie eine große Zahl von Menschenleben. Man geht davon aus, dass an der Küste Sumatras mehr als 200 000 Menschen ums Leben kamen, obwohl die Anzahl der Todesopfer insgesamt deutlich höher gewesen sein dürfte, da viele Leichen in die See hinausgespült wurden.

Der Tsunami lief ohne Vorwarnung auf die Küste von Phuket, Thailand, auf [*Foto: David Rydevik*].

Der Tsunami breitete sich in den tiefen Gewässern nach Westen hin rascher aus als in den flachen Gewässern im Osten, sodass die Wellen die dicht besiedelten Küsten Sri Lankas und Thailands etwa zwei Stunden nach dem Erdbeben nahezu gleichzeitig erreichten. Auf Sri Lanka kamen mehr als 40 000, in Thailand 15 000 Menschen ums Leben. Nach drei Stunden erreichte der Tsunami Indien (15 000 Tote), nach vier Stunden die Inselgruppe der Malediven und nach neuen Stunden schließlich Somalia an der Küste Afrikas (298 Tote). Es wäre somit ausreichend Zeit gewesen, um die Küstenbewohner vor dem drohenden Tsunami zu warnen, doch existierte im Indischen Ozean kein entsprechendes Warnsystem, sodass diese Seewogen ohne Vorwarnung auf die Küsten aufliefen.

Diese kleine Landspitze bei Banda Aceh an der Westküste von Sumatra war zuvor bis an die Wasserlinie von dichtem Dschungel bedeckt. Der anbrandende Tsunami riss die Vegetation bis in eine Höhe von 15 Meter völlig weg [*Foto: José Borrero, University of Southern California/ Tsunami Research Group*].

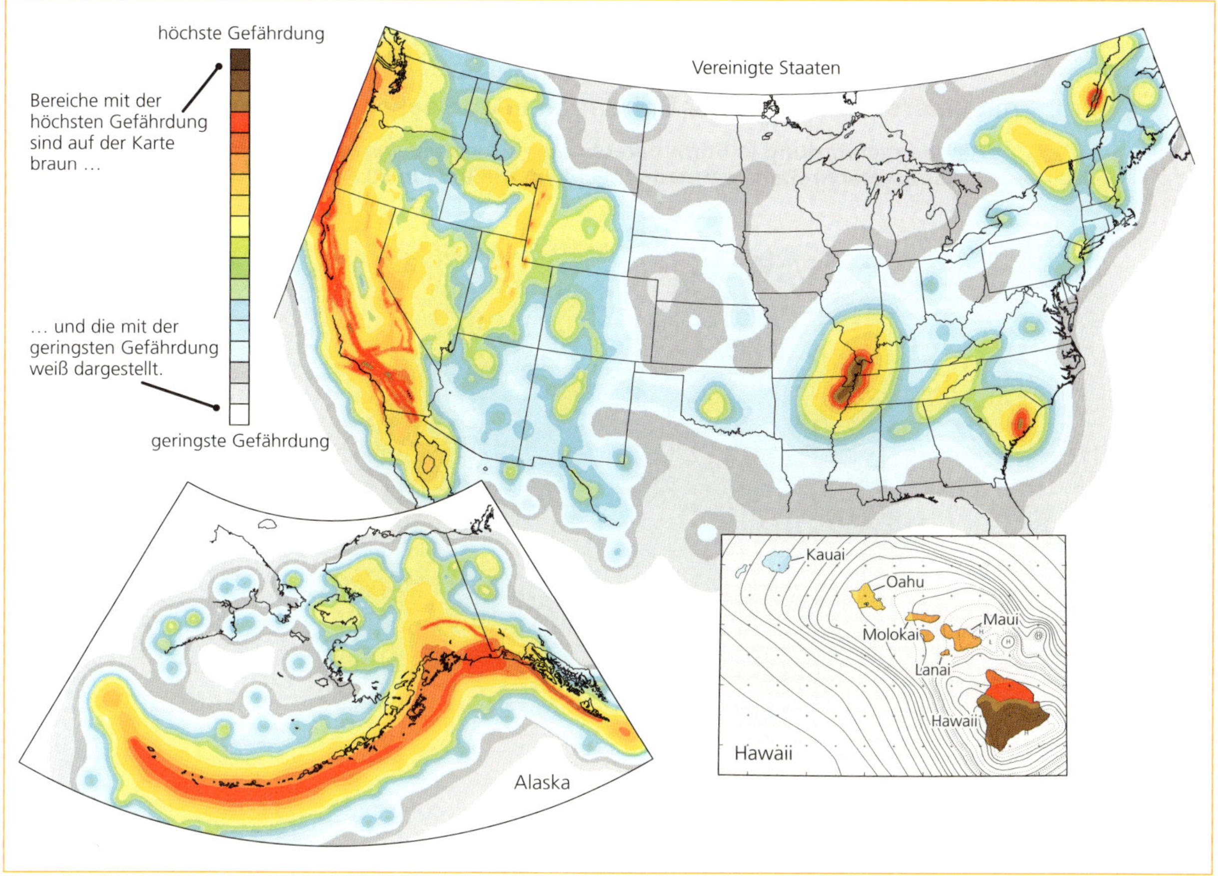


**Abb. 13.18** Karte der seismischen Gefährdung für den Bereich der Vereinigten Staaten. Das Gebiet stärkster Gefährdung befindet sich an der San-Andreas-Störung und in den Transverse Ranges in Kalifornien, von denen aus sich ein Zweig nach Ostkalifornien und Westnevada erstreckt. Ein hoher Gefährdungsgrad besteht auch an der pazifischen Nordwestküste und in einer Zone, die dem Intermountain Belt folgt. Im Zentrum und Osten der Vereinigten Staaten befinden sich die Gebiete höchster Gefährdung bei New Madrid, Missouri, um Charleston, South Carolina, im Osten von Tennessee und in Teilen des Nordostens [*nach: U.S. Geological Survey, http://geohazards.cr.usgs.gov/eq/*].

terungen und Bodenveränderungen, die langfristig in einem bestimmten Gebiet zu erwarten sind. Die Gefährdung ist abhängig von der Nähe des Ortes zu einer aktiven Störung, an der Erdbeben entstehen können; sie kann in Form einer Karte der Erdbebengefährdung dargestellt werden. Abbildung 13.18 zeigt die vom U.S. Geological Survey erstellte Karte der seismischen Gefährdung für das Gebiet der Vereinigten Staaten. Eine vergleichbare Karte für Deutschland, Österreich und die Schweiz ist in Abb. 13.19 wiedergegeben.

Im Gegensatz dazu beschreibt das **seismische Risiko** die langfristig zu erwartenden Schäden in einem bestimmten Gebiet wie etwa einem Verwaltungsbezirk oder Bundesland, meist angegeben als Verluste in Währungseinheiten pro Jahr. Das Risiko ist nicht nur abhängig von der potenziellen seismischen Gefährdung, sondern auch von der Anfälligkeit einer Region gegenüber seismisch bedingten Zerstörungen (aufgrund der Bevölkerungsdichte, Anzahl der Gebäude und diverser Infrastruktur) und ihrer seismischen Belastbarkeit, das heißt wie anfällig die Bausubstanz der Region gegenüber seismischen Erschütterungen ist. Da in jedem Fall zahlreiche geologische und wirtschaftliche Faktoren berücksichtigt werden müssen, ist die Abschätzung des seismischen Risikos keine einfache Aufgabe. Das Ergebnis der ersten umfassenden nationalen Untersuchung durch die nordamerikanische Federal Emergency Management Agency aus dem Jahre 2001 zeigt Abbildung 13.20. Der Unterschied zwischen seismischer Gefährdung und seismischem Risiko ergibt sich aus dem Vergleich der beiden Karten. Obwohl beispielsweise der Grad der seismischen Gefährdung in Alaska und Kalifornien jeweils hoch ist (Abb. 13.18), ist Kalifornien stärker gefährdet, woraus sich ingesamt auch ein höheres Gesamtrisiko ergibt (Abb. 13.20). Das seismische Risiko ist in Kalifornien am höchsten und beträgt etwa 75 Prozent des gesamten Risikos der Vereinigten Staaten. Allein im Verwaltungsbezirk Los Angeles werden 25 Prozent davon erreicht.

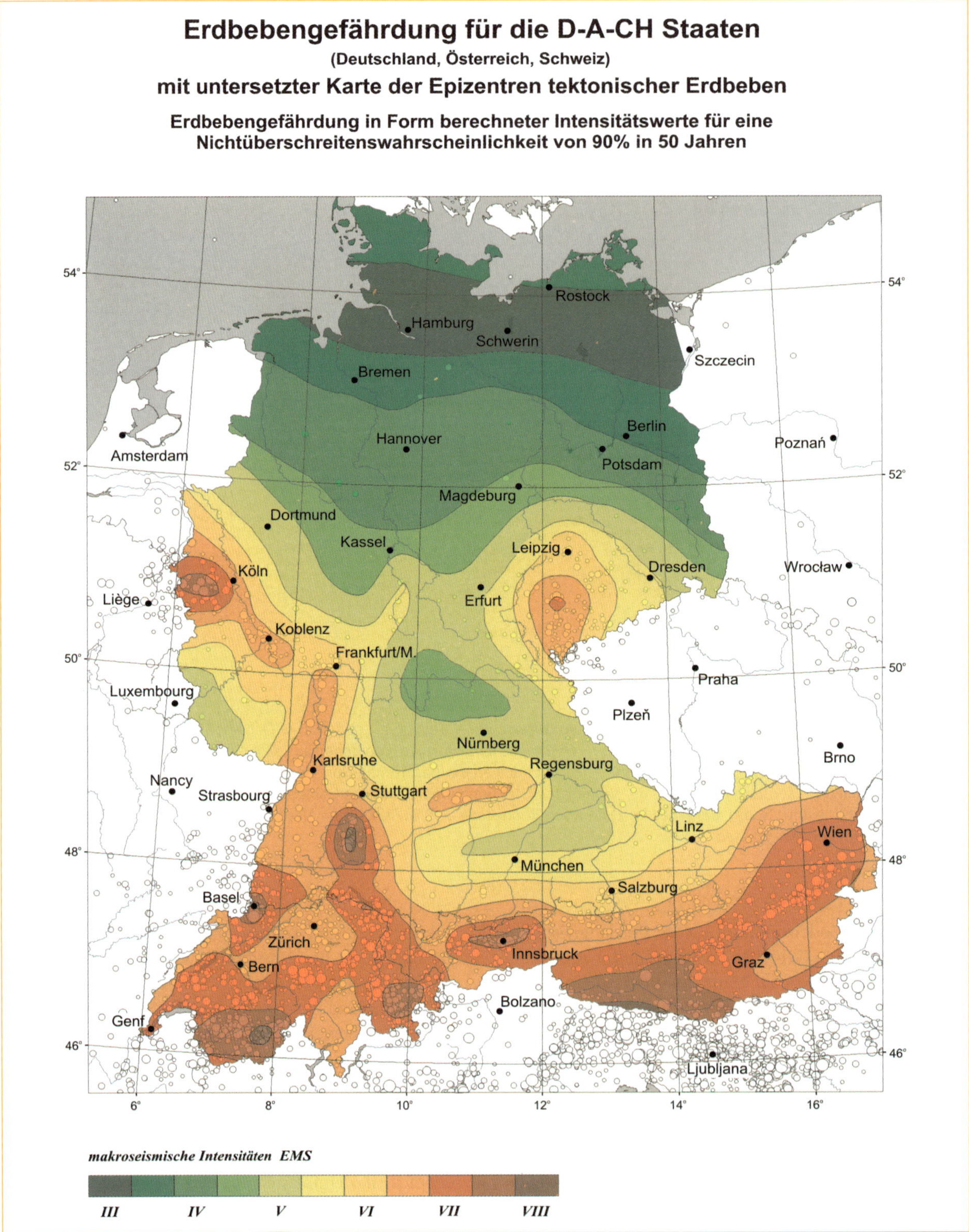


**Abb. 13.19** Karte der seismischen Gefährdung für die Staaten Deutschland, Österreich und Schweiz. Die Erdbebengefährdung ist in Form berechneter Intensitätswerte für eine Nichtüberschreitenswahrscheinlichkeit von 90 Prozent in 50 Jahren dargestellt [*aus: G. Grünthal, D. Mayer-Rosa & W.A. Lenhardt (1998): Abschätzung der Erdbebengefährdung für die D-A-CH-Staaten – Deutschland, Österreich, Schweiz, Bautechnik 75(10): 753–767*].

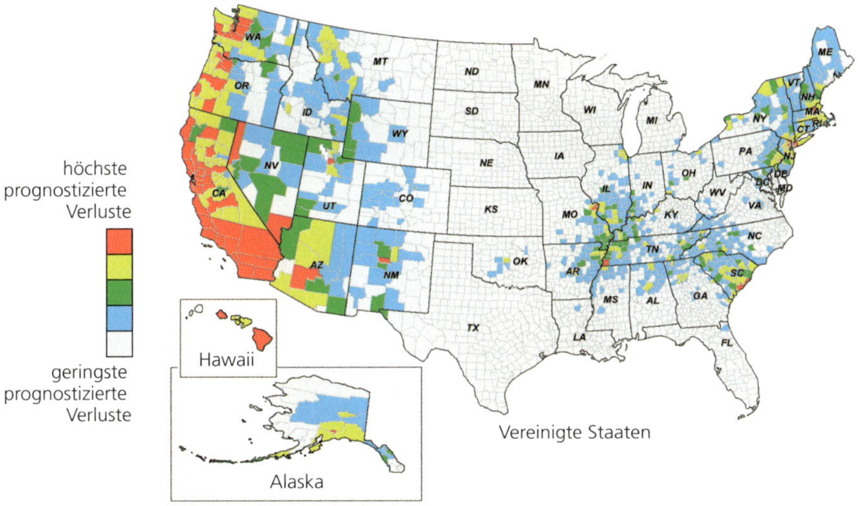


**Abb. 13.20** Karte des seismischen Risikos für das Gebiet der Vereinigten Staaten. Diese Karte zeigt die derzeitigen jährlichen volkswirtschaftlichen Verluste durch Erdbeben („Annualized Earthquake Losses", AEL) bezogen auf die einzelnen Verwaltungsbezirke. Vierundzwanzig Bundesstaaten weisen jährliche Verluste von mehr als 10 Millionen Dollar auf. Die Gesamtverluste für das Staatsgebiet der Vereinigten Staaten werden auf 4,4 Milliarden Dollar geschätzt [*nach: Federal Emergency Management Agency, Report 366, Washington, D. C. 2001*].

Gegen eine seismische Gefährdung kann aktiv nur wenig unternommen werden, da es keine Möglichkeiten gibt, Erdbeben zu vermeiden oder zu beeinflussen. Es gibt jedoch einige wichtige Schritte, die unsere Gesellschaft unternehmen könnte, um das seismische Risiko zu verringern.

**Charakterisierung der Gefährdung** Der erste Schritt besteht darin, der alten Redensart zu folgen: „Erkenne den Feind". Über Größe und Häufigkeit der Brucherscheinungen an aktiven Störungen ist bisher nur wenig bekannt. Beispielsweise können wir erst seit etwa zehn Jahren abschätzen, dass durch die Erdbeben an der Kaskaden-Subduktionszone, die sich von Nordkalifornien über Oregon, Washington bis nach British Columbia erstreckt, ein Tsunami ausgelöst werden könnte, der von seinem Ausmaß mit dem Tsunami vergleichbar wäre, der im Jahre 2004 die Anliegerstaaten des Indischen Ozeans verwüstete. Diese Gefahr wurde offensichtlich, als Geologen Hinweise auf ein Erdbeben der Magnitude 9 fanden, das sich im Jahre 1700 ereignete, lange bevor irgendwelche schriftlichen historischen Berichte für dieses Gebiet existierten. Jenes Erdbeben führte an der Küste des Kaskadengebirges zu erheblichen Bodensenkungen und hinterließ zahlreiche überflutete, abgestorbene Küstenwälder. In Japan lief ein mindestens fünf Meter hoher Tsunami auf die Küste auf, der in historischen Berichten auf den 26. Januar 1700 datiert ist. Ein solches Ereignis kann sich jederzeit wiederholen, das ergibt sich aus den plattentektonischen Vorgängen. Die Juan-de-Fuca-Platte wird an der Nordostküste des Pazifischen Ozeans mit einer Geschwindigkeit von 45 mm pro Jahr unter die Nordamerikanische Platte subduziert. Geologen erörtern derzeit, ob diese Subduktion durch abrupte seismische Bewegungen erfolgt oder durch kontinuierliche Kriechbewegungen – vielleicht auch durch „stille Erdbeben". Nach der heute vorherrschenden Meinung ist davon auszugehen, dass der zeitliche Abstand zwischen zwei Beben der Magnitude 9 etwa 500 bis 600 Jahre beträgt.

Obwohl das Ausmaß der seismischen Gefährdung für einige Gebiete der Erde, vor allem für die Vereinigten Staaten und Japan, hinlänglich bekannt ist, fehlen solche Informationen noch für viele andere Regionen. In den neunziger Jahren des 20. Jahrhunderts förderten die Vereinten Nationen ein Programm zur weltweiten Kartierung der seismischen Gefährdung als Teil eines internationalen Programms zur Reduzierung von Naturkatastrophen (International Decade of Natural Disaster Reduction). Das Ergebnis dieses Unternehmens war die erste globale Darstellung der Erdbebengefährdung (Abb. 13.21). Diese Karte beruht in erster Linie auf Erdbeben in historischer Zeit, sodass die seismische Gefährdung in einigen Gebieten, in denen die historische Überlieferung spärlich oder nur lückenhaft ist, möglicherweise zu gering angesetzt ist. Um die seismische Gefährdung im globalen Maßstab richtig zu erfassen, ist daher noch weitaus mehr Arbeit erforderlich.

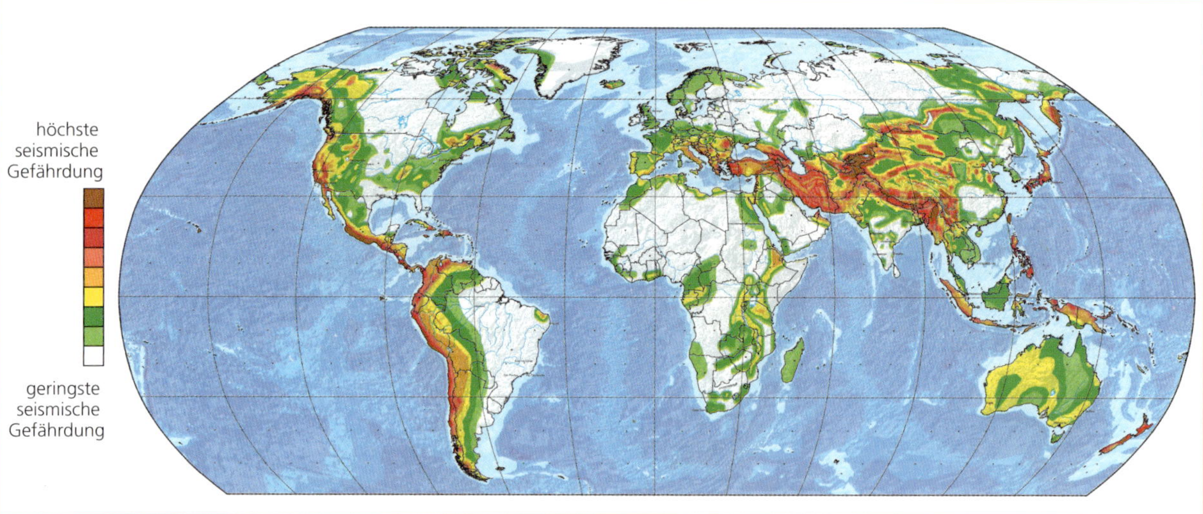


**Abb. 13.21** Weltkarte der seismischen Gefährdung [*nach: K. M. Shedlock et al. (2000): Seismological Research Letters, 71: 679–686*].

**Bodennutzung** Das Risiko, Gebäude oder andere Bauwerke einem Erdbeben auszusetzen, kann durch eine sinnvolle Beschränkung der Bodennutzung erheblich reduziert werden. Dies funktioniert dort sehr gut, wo der Gefahrenherd wie im Falle einer Störung genau bekannt ist. Der Bau von Wohngebieten auf aktiven Störungen, wie das in Abbildung 13.22 gezeigte Beispiel, ist ausgesprochen unklug, da nur wenige Gebäude den Deformationen standhalten können, denen sie mit großer Wahrscheinlichkeit ausgesetzt sind, wenn die Störung aufreißt. Im Jahre 1971 riss bei dem Erdbeben von San Fernando unter dem dicht besiedelten Gebiet von Los Angeles eine Störung auf, wobei nahezu hundert Gebäude zerstört wurden. Der Staat Kalifornien reagierte 1972 daraufhin mit einem Gesetz, das den Bau neuer Gebäude auf aktiven Störungen einschränkt. Bei bereits vorhandenen Gebäuden wird von den Immobilienmaklern verlangt, dass sie potenzielle Käufer diesbezüglich informieren. Unverständlich bleibt, dass von diesem Gesetz die im öffentlichen Besitz befindlichen oder auch industriell genutzte Gebäude ausgenommen sind.

**Erdbebensicheres Bauen** Obwohl eine gezielte Anwendung dieser Vorschriften dazu beiträgt, das von lokalen Gefahren wie Bodenverschiebungen oder Bodenverflüssigung ausgehende Risiko zu vermindern, sind sie dort wenig effektiv, wo sich die seismischen Erschütterungen über weite Bereiche verteilen wie beispielsweise in Los Angeles oder San Francisco. Die von seismischen Bodenerschütterungen ausgehenden Risiken können am besten durch eine sinnvolle Planung und Konstruktion von Bauwerken vermindert werden. Normen für die Konstruktion und den Bau neuer Gebäude sind durch **Bauvorschriften** vorgegeben, die von staatlichen und örtlichen Behörden erlassen worden sind. Diese Bauvorschriften geben die Mindestkräfte vor, denen ein Bauwerk standhalten muss. Sie beruhen auf der maximalen Intensität der Bodenerschütterung, die von der seismischen Gefährdung ausgeht. Nach einem Erdbeben

**Abb. 13.22** Wohngebiete auf der Halbinsel San Francisco, die von der San-Andreas-Störung durchschnitten werden. Die weiße Linie kennzeichnet den Verlauf der Störung, an der der Boden während des Erdbebens im Jahre 1906 aufriss und sich um etwa 2 m verschob [*Foto: R.E. Wallace, USGS*].

untersuchen Bauingenieure die zerstörten Gebäude und erarbeiten entsprechende Empfehlungen zur Modifizierung der Bauvorschriften, um in Zukunft Schäden durch ähnliche Erdbeben zu vermeiden.

Als Konsequenz der strikten Anwendung dieser Bauvorschriften konnte in den Vereinigten Staaten die Zahl der Todesopfer bei Erdbeben erheblich reduziert werden. So kamen in der Zeit zwischen 1983 und 2004 bei neun schweren Erdbeben im Westen der Vereinigten Staaten 131 Menschen ums Leben, während im selben Zeitraum weltweit mehr als 460 000 Menschen bei Erdbeben starben. Trotzdem könnte rein konstruktiv noch weitaus mehr zur Verbesserung der Erdbebensicherheit getan werden. Beispielsweise ließe sich die Zerstörung von Gebäuden durch spezielle Konstruktionen deutlich reduzieren, indem man etwa die Gebäude insgesamt auf Rollen oder andere bewegliche Tragwerke stellen würde, um die Bausubstanz von den Bodenerschütterungen zu entkoppeln.

**Notfallmaßnahmen** Wenn sich ein Erdbeben ereignet hat, überträgt ein ganzes Netzwerk von Seismographen automatisch die entsprechenden Informationen an zentrale Stellen. In Bruchteilen von Sekunden können Rechner daraus den Erdbebenherd ermitteln, die Magnitude bestimmen und den Herdvorgang rekonstruieren. Wenn Erdbebenstationen mit so genannten Strong-Motion-Sensoren ausgerüstet sind, das heißt mit besonderen Seismographen, die auch stärkste Bodenbewegungen exakt registrieren, können diese automatisch arbeitenden Systeme fast in Echtzeit genaue Karten liefern, wo die Bodenerschütterungen ausreichend stark waren, um erhebliche Schäden zu verursachen. Mit solchen Informationen ließen sich dann umgehend Hilfsmaßnahmen einleiten und für einen solchen Einsatz speziell ausgerüstete Rettungsmannschaften könnten so rasch wie möglich vor Ort sein, um Menschen aus den Trümmermassen zu bergen und weitere Verluste von Eigentum durch Brände und andere Sekundärwirkungen zu verhindern. Außerdem könnten über die Massenmedien Angaben zur Magnitude und zum Bereich des Epizentrums verbreitet werden, um auf diese Weise die bei solchen Katastrophen aufkommenden Panikreaktionen der Bevölkerung zu vermeiden und die durch Nachbeben ausgelösten Ängste abzubauen.

**Echtzeit-Warnung bei Erdbebengefahr** Mithilfe der genannten Technik wäre es möglich, innerhalb von einigen zehntel Sekunden Warnungen vor der Ankunft seismischer Wellen herauszugeben. Ein solches Echtzeit-Warnsystem könnte theoretisch entwickelt werden, weil sich Radiowellen rascher ausbreiten als seismische Wellen. Die von einem in der Nähe sich ereignenden Erdbeben ausgelösten Erschütterungen mit der stärksten Zerstörungskraft – die S-Wellen – breiten sich mit einer Geschwindigkeit von 3,3 km/s aus (vgl. Abb. 13.6); während sich Radiowellen mit Lichtgeschwindigkeit (etwa 300 000 km/s) fortpflanzen.

Mexico-Stadt, wo 1985 bei einem einzigen Erdbeben rund 10 000 Menschen ums Leben kamen, ist ein Beispiel, wie ein solches Verfahren funktionieren könnte: Erdbeben, die starke Bewegungen des Untergrundes verursachen, ereignen sich dort in etwa 300 km Entfernung von der Stadt an der Subduktionszone, an der die Cocos-Platte unter die Nordamerikanische Platte subduziert wird. Mit einem dichten lokalen Netzwerk von Seismographen in dieser Zone könnten Lage und Zeitpunkt der Beben von Computern automatisch und innerhalb von Sekunden ermittelt werden. Diese Information könnte fast ohne Zeitverlust über Satelliten verbreitet werden, und damit könnten schon binnen 50 bis 80 Sekunden Warnungen ausgegeben werden, also noch bevor die die stärksten Schäden verursachenden S-Wellen die Stadt erreichen.

Sicherlich ist dies eine extrem kurze Vorwarnzeit, doch sie würde noch ausreichen, dass Schulkinder unter ihre Schultische kriechen, Versorgungsunternehmen Elektrizität und Gas abstellen, Krankenhäuser auf Notversorgung umschalten und Atomreaktoren abgeschaltet werden könnten.

**Tsunami-Warnungen** Da sich Tsunami-Wellen etwa zehnmal langsamer ausbreiten als seismische Wellen, bliebe meist ausreichend Zeit, um in größerer Entfernung liegende Küstenregionen vor den eintreffenden Wellen zu warnen. Das Pacific Tsunami Warning Center auf Hawaii lokalisiert Seebeben sehr rasch anhand der sich schnell ausbreitenden seismischen Wellen, schätzt deren Potenzial ab, Tsunamis auszulösen und warnt umgehend alle gefährdeten Länder. Dadurch kann schon mehrere Stunden vor dem Eintreffen des Tsunamis eine Warnung ausgegeben werden, sodass meist genügend Zeit bleibt, die Bevölkerung aus den Küstengebieten zu evakuieren. Bedauerlicherweise gab es im Indischen Ozean kein solches Warnsystem, sodass im Dezember 2004 der große Tsunami ohne Vorwarnung über die Küsten hereinbrach. Nachdem man erkannt hatte, wie viele zehntausend Menschen vor dem Tod hätten bewahrt werden können, arbeiten derzeit die Nationen der Welt zusammen, um für den Indischen Ozean ein Tsunami-Warnsystem zu entwickeln und um die bestehenden Systeme im Atlantischen und Pazifischen Ozean zu verbessern.

Problematischer ist es dann, wenn ein Tsunami so rasch die Küste erreicht, dass nicht ausreichend Zeit bleibt, um die Küstenorte zu warnen. Dies war bei dem tödlichen Tsunami vor Papua-Neuguinea im Jahre 1998 der Fall, bei dem in den nahe des Epizentrums gelegenen Küstenorten etwa 3 000 Menschen ums Leben kamen. Solche Siedlungen könnten zwar durch den Bau von Sperrwänden, die eine Überflutung verhindern, geschützt werden, doch sie sind teuer und wurden in nen-

**Abb. 13.23** Tsunami-Schutzwall in der Stadt Taro, Japan [*mit frdl. Genehmigung von Taro, Japan*].

nenswertem Umfang bisher nur in Japan erprobt (Abb. 13.23). Das beste und einfachste Warnsystem ist noch immer: Wenn man ein starkes Erdbeben verspürt oder sich am Strand das Meer zurückzieht, sollte man schnellstens die tief liegenden Bereiche der Küste verlassen und höher liegende Gebiete aufsuchen.

## Können Erdbeben vorhergesagt werden?

Könnten wir Erdbeben präzise vorhersagen, wäre die Bevölkerung vorbereitet, Menschen könnten aus gefährdeten Gebieten evakuiert und zahlreiche andere Aspekte einer drohenden Katastrophe ließen sich verhindern. Doch wie genau lassen sich Erdbeben vorhersagen?

Bei einem Erdbeben versteht man unter Vorhersage die exakte Angabe über Ort, Zeit, Magnitude und Herdvorgang. Durch eine Verknüpfung der aus den plattentektonischen Bewegungen gewonnenen Informationen mit einer detaillierten Kartierung der regionalen Störungssysteme ist es möglich, verlässlich vorherzusagen, an welchen Störungen sich längerfristig Erdbeben ereignen werden. Präzise Angaben, wann und wo genau eine bestimmte Störung aufreißt und ein starkes Beben verursacht, erweisen sich jedoch als schwierig.

### Langfristige Vorhersagen

Bittet man einen Seismologen, den Zeitpunkt des nächsten großen Erdbebens vorherzusagen, so wird die Antwort wahrscheinlich lauten: „Je länger das letzte große Erdbeben zurückliegt, desto kürzer ist die Zeit bis zum nächsten". Dieses durchschnittliche **Rekurrenzintervall** lässt sich mithilfe verschiedener Verfahren abschätzen. Nach der Scherbruch-Hypothese ergibt sich das Rekurrenzintervall aus der Anzahl der Jahre, die erforderlich ist, um ausreichend hohe Spannungen aufzubauen, die dann bei einem künftigen Erdbeben durch die Bewegung an der Störungsfläche wieder abgebaut werden. Der durchschnittliche Zeitraum zwischen zwei Erdbeben lässt sich somit aus der Geschwindigkeit der Bewegung im Bereich der Störung und dem zu erwartenden Versatzbetrag errechnen.

An der San-Andreas-Störung verschieben sich die beiden Platten mit einer Geschwindigkeit von 35 mm pro Jahr gegeneinander, sodass etwa 200 Jahre erforderlich sind, um ausreichend Spannungen zu akkumulieren, damit sich bei einem Erdbeben ein Versatz von 6 m ergibt. Ein Versatzbetrag dieser Größenordnung entspricht einem Erdbeben der Magnitude 7,5. Wir können den Zeitpunkt ermitteln, wann sich in der geologischen Vergangenheit vor Tausenden von Jahren große Erdbeben ereignet haben, indem wir Gesteinsschichten untersuchen, die durch den Versatz an Störungen gegeneinander verschoben sind, und sie altersmäßig datieren.

Obwohl diese Verfahren normalerweise ähnliche Resultate ergeben, ist der Unsicherheitsfaktor der Vorhersage groß, das heißt, er liegt bei ungefähr 50 Prozent des durchschnittlichen Rekurrenzintervalls. An Südkaliforniens San-Andreas-Störung beträgt das Zeitintervall zwischen großen Erdbeben 150 bis 300 Jahre. In einem Abschnitt dieser Störung ereignete sich im Jahre 1857 ein großes Erdbeben, während sich der andere (der südlichste) Teil seit dem letzten großen Erdbeben im Jahre 1690 nicht mehr bewegt hat. Daher ist jederzeit mit einem Erdbeben zu rechnen – es kann sich schon morgen oder erst in einigen Jahrzehnten ereignen.

Wegen der großen Unsicherheit (Größenordnungen von Jahrzehnten oder Jahrhunderten) wird diese Methode der Erdbebenvorhersage als **langfristige Vorhersage** bezeichnet, um sie von dem zu unterschieden, was die Bevölkerung wirklich möchte – die **kurzfristige Vorhersage** eines Erdbebens an einer bestimmten Störung in Zeiträumen von Tagen oder sogar Stunden vor dem tatsächlichen Ereignis.

### Kurzfristige Vorhersagen

Es gab einige erfolgreiche kurzfristige Erdbebenvorhersagen. Im Jahre 1975 wurde im Nordosten Chinas ein Erdbeben vorhergesagt, wenige Stunden bevor es sich dann bei Haicheng tatsächlich ereignete. Die chinesischen Seismologen nutzten für ihre Vorhersage Hinweise, die sie als typische Vorläuferphänomene betrachteten: Schwärme kleinerer Erdbeben und auch eine rasche Deformation des Untergrunds, die mehrere Stunden vor der Haupterschütterung auftritt. Nahezu eine

Million Menschen, die durch eine öffentliche Schulungskampagne auf diese Situation vorbereitet waren, verließen in den Stunden vor dem Beben ihre Häuser und Arbeitsplätze. Obwohl zahlreiche Städte und Dörfer völlig zerstört wurden, gab es nur einige hundert Tote und es besteht kein Zweifel, dass Zehntausende von Menschenleben gerettet werden konnten. Im darauf folgenden Jahr zerstörte jedoch ein nicht vorhergesagtes Erdbeben die chinesische Stadt Tangshan, wobei etwa 250 000 Menschen ums Leben kamen.

Eindeutige Vorläuferphänomene, wie sie beim Beben von Haicheng aufgetreten waren, hatten sich bei den nachfolgenden starken Erdbeben nicht wiederholt.

Obwohl zahlreiche Methoden in Erwägung gezogen werden, gibt es derzeit noch kein verlässliches Verfahren der Erdbebenvorhersage für einen Zeitraum von Tagen oder Wochen. Niemand wird behaupten wollen, dass eine kurzfristige Erdbebenvorhersage unmöglich sei, dennoch sind Seismologen sehr skeptisch, dass dies in naher Zukunft möglich sein wird.

## Mittelfristige Vorhersagen

Seismologen sind etwas optimistischer, wenn es um die Verringerung der Unsicherheiten einer langfristigen Vorhersage geht, die durch die Untersuchung des Verhaltens der regionalen Störungssysteme erreicht werden könnte. Dazu ist es erforderlich, die Scherbruch-Hypothese zu verallgemeinern. Die in Abbildung 13.1 dargestellte sehr einfache Version beschreibt, wie an einem isolierten Bereich der Störung der sich kontinuierlich aufbauende tektonische Spannungszustand periodisch in einer Reihe von Bewegungen an der Störungsfläche abgebaut wird. Wie jedoch am Beispiel von Südkalifornien gezeigt wurde (vgl. Abb. 13.13), treten Störungen selten isoliert auf. Stattdessen stehen sie in einem komplizierten Störungssystem miteinander in Verbindung. Ein Bruchvorgang in einem Abschnitt des Systems verändert das Stressfeld in der gesamten Umgebung. In Abhängigkeit von der Geometrie des Störungssystems kann diese Änderung des Spannungszustands die Wahrscheinlichkeit eines Erdbebens in den angrenzenden Abschnitten der Störung entweder erhöhen oder verringern. Anders formuliert, wann und wo sich in einem Teilbereich des Störungssystems Erdbeben ereignen, hat einen Einfluss darauf, wann und wo an einer anderen Stelle des Systems weitere Erdbeben ausgelöst werden.

In unserem gesamten Buch haben wir betont, wie Wechselwirkungen innerhalb der Geosysteme zu komplizierten, systemumfassenden Auswirkungen führen. Im Fall regionaler Störungssysteme versuchen die Seismologen derzeit das Problem zu lösen, warum sich in einigen Bereichen des Störungssystems Erdbeben ereignen, während in anderen Teilen die Bewegung lediglich kriechend erfolgt. Solche Wechselwirkungen scheinen teilweise für die Schwankungen des Rekurrenzintervalls verantwortlich zu sein. Seismologen gehen heute davon aus, dass sich durch bessere Kenntnisse, wie und in welcher Form starke Erdbeben das regionale Spannungsfeld verändern, die Unsicherheit der Erdbebenvorhersage deutlich reduzieren lässt.

Durch die Überwachung, wie der Auf- und Abbau des Spannungsfelds die regionale Verteilung der auftretenden Erdbeben verändert, könnten Seismologen tatsächlich in der Lage sein, Erdbeben für Zeiträume von einigen Jahren oder vielleicht sogar einigen Monaten vorauszusagen, wenn auch mit erheblicher Unsicherheit. Dabei wird von der Vorstellung ausgegangen, dass durch Schwankungen des Spannungszustands die Häufigkeit kleiner Ereignisse vergrößert oder vermindert wird. Diese Ereignisse können von einem Netz von Seismographen aufgezeichnet werden und auf diese Weise gewissermaßen ein regionales „Stress-Ventil“ erkennen lassen, an dem sich die Spannung löst. Eines Tages könnte man in einer Nachrichtensendung vielleicht hören: „Das Gremium zur Beurteilung der Erdbebenwahrscheinlichkeit geht davon aus, dass sich im kommenden Jahr mit einer Wahrscheinlichkeit von 50 Prozent im südlichen Abschnitt der San-Andreas-Störung ein Erdbeben der Magnitude 7 oder größer ereignen wird.“ Ein großer Teil der gegenwärtigen Forschung konzentriert sich auf das Ziel, eine wissenschaftliche Grundlage für diese Form einer **mittelfristigen Vorhersage** zu schaffen.

Die Möglichkeit, solche Vorhersagen zu veröffentlichen, würde allerdings auch schwerwiegende Fragen aufwerfen. Wie sollte die Bevölkerung auf eine Bedrohung reagieren, die weder unmittelbar bevorsteht noch vielleicht zu einem späteren Zeitraum eintritt? Eine mittelfristige Vorhersage würde die Möglichkeit eines Ereignisses nur im zeitlichen Rahmen von Monaten bis Jahren abgeben können – dies ist nicht hinreichend genau, um Gebiete zu evakuieren, die von einem bevorstehenden Erdbeben zerstört werden könnten. Welche Auswirkungen hätten zuverlässige Vorhersagen für Eigentum und andere Kapitalanlagen in dem bedrohten Gebiet? Fehlalarme wären häufig. Wie sollten sich Städte und Gemeinden gegenüber diesen Unsicherheiten verhalten? Dies sind allerdings Fragen, die eher Politiker und weniger die Naturwissenschaftler betreffen.

## Zusammenfassung des Kapitels

**Was ist ein Erdbeben:** Ein Erdbeben ist eine Erschütterung des Untergrunds, verursacht durch seismische Wellen, die von einer sich plötzlich bewegenden Störung ausgehen. Die Spannung, die sich über Jahre hinweg durch geringe, aber stetige Gesteinsdeformation aufgebaut hat, wird im Verlauf weniger Zehntelsekunden oder Minuten in Form seismischer Wellen freigesetzt.

**Was die Tiefenlage eines Erdbebens bestimmt:** Bei den auf den Kontinenten auftretenden Erdbeben liegen die Hypozentren selten in Tiefen von mehr als 20 km. Unter dieser Tiefe verhält sich die Kruste aufgrund der hohen Temperaturen und Drücke wie ein duktiler Festkörper. An Subduktionszonen, an denen kalte ozeanische Lithosphäre in den Mantel abtaucht, treten Erdbeben bis in Tiefen von 700 km auf.

**Wo ereignen sich die meisten Erdbeben:** In Übereinstimmung mit der Theorie der Plattentektonik ereignen sich die meisten Erdbeben in der Umgebung von Plattengrenzen. Die wenigen, die weit von den Plattengrenzen entfernt auftreten, verdeutlichen die Auswirkung der tektonischen Kräfte bei der Bildung von Störungen im Inneren bestehender Platten.

**Was bei einem Erdbeben die Art der Störung bestimmt:** Bei den meisten Erdbeben wird der Herdvorgang durch die Art der Plattengrenze bestimmt: An divergierenden Plattengrenzen entstehen durch Zugspannung Abschiebungen; durch Druckspannung verursachte Auf- und Überschiebungen treten an konvergierenden Plattengrenzen auf und durch Scherspannungen hervorgerufene Seitenverschiebungen sind auf Transformstörungen beschränkt.

**Die Erdbebenmagnitude und wie sie gemessen wird:** Die Magnitude ist ein Maß für die Stärke eines Erdbebens. Die Richter-Magnitude wird aus der Amplitude der Bodenbewegungen ermittelt, die wiederum aus den von Seismographen aufgezeichneten seismischen Wellen abgeleitet werden. Heute bevorzugen Seismologen die Moment-Magnitude, da sie in direkter Beziehung zu den physikalischen Eigenschaften steht, durch die es zum Bruch und damit zu einem Erdbeben kommt. Sie beruht auf dem Produkt des über die Herdfläche integrierten Versatzbetrags, der Größe der Störungsfläche sowie der Festigkeit des Gesteins und ist proportional zum Logarithmus der seismischen Energie, die bei dem Bruchvorgang freigesetzt wird.

**Wie häufig Erdbeben auftreten:** Pro Jahr ereignen sich etwa eine Million Erdbeben mit Magnituden kleiner 2 und diese Anzahl nimmt für jede Magnitudeneinheit um den Faktor 10 ab. Demzufolge ereignen sich etwa 100 000 Erdbeben mit Magnituden größer 3, etwa 1 000 Beben mit Magnituden größer 5 und etwa 10 Erdbeben mit Magnituden größer 7. Ein Erdbeben der Magnitude größer 8 tritt nur alle drei Jahre auf. Die stärksten Erdbeben mit Moment-Magnituden von 9 bis 9,9 sind auf Megaüberschiebungen an Subduktions- und Kollisionszonen beschränkt. Wenn sich ein solches Beben wie etwa vor Sumatra (2004) ereignet, sind die Folgen verheerend.

**Die drei Wellenarten:** Zwei Arten von Erdbebenwellen durchlaufen das Erdinnere: P-(Primär-)Wellen, die sich am schnellsten und durch alle Zustandsformen der Materie ausbreiten, sowie S-(Sekundär-) Wellen, die sich nur in Festkörpern ausbreiten können und die sich mit ungefähr der halben Geschwindigkeit der P-Wellen fortpflanzen. Oberflächenwellen (Love- und Rayleigh-Wellen) benötigen, wie die Wellen auf den Ozeanen, zur Ausbreitung eine freie Oberfläche. Sie breiten sich langsamer aus als S-Wellen.

**Was die Zerstörungskraft eines Erdbebens bestimmt:** Erschütterungen des Untergrunds können Schäden oder Zerstörungen an Gebäuden und anderen Bauwerken verursachen. Sie lösen Sekundäreffekte aus wie etwa Erdrutsche und Bodenverflüssigung. Nach einem Erdbeben sind Brände eine erhebliche Gefahrenquelle. Durch Seebeben am Meeresboden können Tsunamis entstehen, die beim Erreichen der flachen Küstengewässer großflächige Zerstörungen verursachen.

**Was zur Minderung von Schäden durch Erdbeben getan werden kann:** Baumaßnahmen in Erdbebengebieten erfordern zwingend, dass Bauwerke so ausgelegt werden, dass sie den zerstörenden Erschütterungen standhalten können. Ein instabiler oder nicht standfester Untergrund sollte überhaupt nicht bebaut werden. Die in bebengefährdeten Gebieten lebende Bevölkerung sollte über Schutzmaßnahmen unterrichtet werden, und die Behörden sollten entsprechende Vorsorgemaßnahmen ergreifen. Die Kommunen sollten auf solche Katastrophen vorbereitet sein und konkrete Pläne für eine Notversorgung haben, sie sollten Rettungsmannschaften aufstellen, Bergungsmaßnahmen, Löschpläne und andere Schritte ausarbeiten, um die Sekundärfolgen eines schweren Erdbebens möglichst gering zu halten.

**Vorhersage von Erdbeben:** Wissenschaftler können den Grad der potenziellen Erdbebengefährdung für ein bestimmtes Gebiet abschätzen. Erdbeben lassen sich jedoch bislang nicht genau genug vorhersagen, um die betroffene Bevölkerung Stunden oder Tage vor dem Erdbeben zu warnen. Seismologen suchen deshalb nach Vorläuferphänomenen, die genauere Vorhersagen von Zeit und Ort eines Erdbebens ermöglichen könnten. Sie verstärken außerdem ihre Forschungsanstrengungen bezüglich einfacher erreichbarer Ziele wie verbesserte Konstruktionen von Bauwerken, Methoden, um Rettungsmannschaften rasch einzusetzen und um Echtzeit-Warnungen, das heißt extrem kurzfristige Katastrophenwarnungen herausgeben zu können.

Tagebau in einem Kimberlitschlot bei Jwaneng, Botswana. Mit einer Produktion von 12,4 Millionen Karat im Wert von 1,3 Milliarden US $ (2001) ist dies zurzeit die ergiebigste Diamantlagerstätte der Welt. Neben Diamanten bringen Kimberlite auch Gesteine aus einer Tiefe von mehr als 200 km mit nach oben, die wichtige Informationen über den Aufbau des Erdinneren liefern [*Foto: Peter Essick/Aurora Photos*].

# Kapitel 14 Die Erforschung des Erdinneren

Der Mensch hat Bergwerke bis in Tiefen von über 4 000 Meter angelegt, um Gold und Minerale zu fördern, und er brachte auf der Suche nach Kohlenwasserstoffen Bohrungen bis in fast 10 000 Meter Tiefe nieder. Obwohl es sich dabei um hervorragende Leistungen handelt, haben diese Tiefenaufschlüsse unseren Planeten lediglich angekratzt. Der in diesen Tiefen der Erde herrschende alles zerstörende Druck und die glühend heißen Temperaturen machen das Innere unseres Planeten in absehbarer Zeit und wohl auch in der Zukunft völlig unzugänglich. Trotzdem hat man inzwischen aus Messungen an und über der Erdoberfläche zahlreiche Informationen über den Aufbau und die Zusammensetzung des Erdinneren gewonnen.

Eine der besten Informationsquellen ist die Seismologie. In Kapitel 13 haben wir erfahren, wie die heftigen Bodenerschütterungen von Erdbeben Zerstörungen anrichten. Die dabei freigesetzte Energie kann dazu herangezogen werden, um die tiefsten Bereiche des Erdinneren gewissermaßen zu „durchleuchten". Sie ermöglicht uns außerdem die Konstruktion dreidimensionaler Bilder von den geologischen Strukturen in der unteren Kruste, wie beispielsweise vom Aufsteigen und Absinken der Konvektionsströmungen innerhalb des gesamten Mantels und von der Funktionsweise des im Inneren liegenden Erdkerns.

Dieses Kapitel befasst sich mit der Erforschung des Erdinneren bis zum Erdmittelpunkt in nahezu 6 400 km Tiefe. Außer den technischen Methoden der Seismologie nutzen uns dabei die in Vulkanen geförderten Gesteine sowie Informationen, die aus dem Schwerefeld und dem Magnetfeld der Erde abgeleitet werden können.

Wir gehen den hohen Temperaturen tief im Erdinneren nach und befassen uns eingehend mit den Mechanismen der beiden großen Wärmekraftmaschinen, die bereits in Kapitel 1 erwähnt wurden: dem Geodynamo im flüssigen, aus Eisen und Nickel bestehenden Äußeren Kern, der das Magnetfeld der Erde erzeugt, und den Konvektionsbewegungen im festen Erdmantel, dem Antriebsmechanismus der Plattentektonik.

# Die Erforschung des Erdinneren mit seismischen Wellen

Alle Wellen – seien es Licht-, Schall- oder seismische Wellen – weisen ein gemeinsames Merkmal auf: ihre Ausbreitungsgeschwindigkeit variiert je nachdem, welches Material sie durchlaufen. Lichtwellen breiten sich im Vakuum am schnellsten aus, in Luft etwas langsamer und noch langsamer in Wasser. Schallwellen breiten sich andererseits in Wasser schneller aus als in Luft und in einem Vakuum überhaupt nicht. Der Grund ist einfach: Schallwellen sind Druckschwankungen, die sich ausbreiten. Ohne ein Medium, das komprimiert werden kann wie etwa Luft oder Wasser, gibt es keine Schallwellen. Je mehr Kraft erforderlich ist, um irgendein Material zusammenzupressen, desto rascher breitet sich der Schall darin aus. Die Geschwindigkeit des Schalls beträgt in Luft im Allgemeinen 0,3 km/s (oder in der Fliegersprache: Mach 1). Wasser setzt einer Kompression mehr Widerstand entgegen als Luft, folglich ist die Ausbreitungsgeschwindigkeit von Schallwellen in Wasser mit 1,5 km/s wesentlich größer. Feste Substanzen setzen einer Kompression noch weit mehr Widerstand entgegen und deshalb breiten sich Schallwellen darin auch mit deutlich höheren Geschwindigkeiten aus – in Granit beträgt beispielsweise die Ausbreitungsgeschwindigkeit des Schalls etwa 6 km/s.

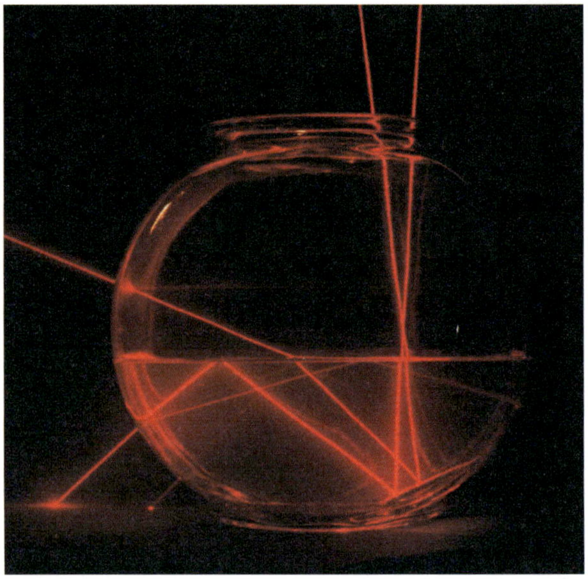

**Abb. 14.1** Bei diesem Experiment treten zwei Laserstrahlen von oben in ein Gefäß mit Wasser ein. Beide Strahlen werden von einem Spiegel am Boden des Gefäßes reflektiert. Einer der Strahlen wird an der Grenzfläche Wasser/Luft reflektiert, tritt durch die Glaswand (ganz links) und erzeugt auf dem Tisch den hellen Fleck. Der größte Teil der Energie des zweiten Strahls wird beim Übergang von Wasser in Luft gebeugt, obwohl auch ein geringer Anteil reflektiert wird und auf dem Tisch einen zweiten hellen Fleck erzeugt [*Foto: Susan Schwartzenberg/The Exploratorium*].

## Wellenarten

Die Zug- und Druckbewegungen der Schallwellen in einem Festkörper werden als **Kompressionswellen** (oder Longitudinalwellen) bezeichnet, um sie von den senkrecht zur Ausbreitungsrichtung gerichteten Bewegungen der **Scherwellen** (oder Transversalwellen) zu unterscheiden (vgl. Abb. 13.5). Es ist schwieriger einen Festkörper zusammenzupressen, als ihn zu zerscheren, daher breiten sich Kompressionswellen rascher aus als Scherwellen. Dieses physikalische Prinzip erklärt auch die in Kapitel 13 besprochene Beziehung: Die Primäreinsätze in den Seismogrammen sind stets die Kompressionswellen, während die Sekundäreinsätze den Scherwellen zugeordnet sind. Somit ist auch verständlich, warum die Geschwindigkeit von Scherwellen in Gasen und Flüssigkeiten Null ist. Fluide Phasen bieten Formveränderung keinen Widerstand und deshalb können sich Scherwellen in Gasen oder Flüssigkeiten wie etwa Luft, Wasser oder in der flüssigen Eisen-Nickellegierung des Äußeren Erdkerns nicht ausbreiten.

Aus Seismogrammen lassen sich die Geschwindigkeiten der P- und S-Wellen durch Division der bis zum Seismographen zurückgelegten Entfernung durch die Laufzeit auf einfache Weise berechnen. Die Bestimmung der Ausbreitungsgeschwindigkeit ermöglicht Rückschlüsse darauf, welches Gesteinsmaterial die Wellen auf ihrem Weg durchlaufen haben. Beispielsweise breiten sich P- und S-Wellen in den Gesteinen der ozeanischen Kruste (Gabbro) mit einer Geschwindigkeit aus, die um etwa 20 Prozent höher ist als die Ausbreitungsgeschwindigkeit in den Gesteinen der kontinentalen Kruste (Granit); in dem aus Peridotit bestehenden Oberen Mantel ist die Ausbreitungsgeschwindigkeit dagegen um etwa 30 Prozent höher als in der kontinentalen Kruste.

Die Begriffe Laufzeiten und Ausbreitung klingen nach einem ausgesprochen einfachen Sachverhalt, doch wenn sich Wellen in mehr als einem Material fortpflanzen, werden die Verhältnisse weit komplizierter. Treffen Wellen auf eine Grenzfläche zwischen zwei unterschiedlichen Materialien, wird ein Teil der Wellen **reflektiert**, während der andere Teil in das zweite Material übertritt. Ein Beispiel dafür ist Licht, das an einer Fensterscheibe oder Wasseroberfläche teils reflektiert, teils durchgelassen wird. Wenn Wellen durch die Grenzfläche zwischen zwei Medien treten, ändern sie ihre Richtung – sie werden **gebrochen**, weil ihre Fortpflanzungsgeschwindigkeit im zweiten Material nicht dieselbe ist wie im ersten. Abbildung 14.1 zeigt einen Laserstrahl, der beim Übertritt von Luft in Wasser gebrochen wird. Auch eine P-

oder S-Welle wird gebrochen, wenn sie von einem Material in das andere übergeht. Durch die Untersuchung, in welcher Form seismische Wellen an den Grenzflächen im Erdinneren gebrochen und reflektiert werden, konnte der schalenförmige Aufbau der Erde mit Kruste, Mantel und Erdkern mit hoher Genauigkeit ermittelt werden.

## Die Ausbreitung seismischer Wellen in der Erde

Würde die Erde aus einem homogenen Material mit konstanten Eigenschaften von der Oberfläche bis zum Mittelpunkt bestehen, könnten sich P- und S-Wellen geradlinig durch das Erdinnere ausbreiten und auf kürzestem Weg vom Erdbebenherd aus einen entfernten Seismographen erreichen. Als vor etwa 100 Jahren das erste globale Netzwerk von Seismographen errichtet und in Betrieb gegangen war, entdeckte man jedoch, dass der Aufbau des Erdinneren deutlich komplizierter sein musste.

**Im Erdinneren gebrochene Wellen** Die ersten Beobachtungen an seismischen Wellen, die eine große Entfernung zurückgelegt hatten, zeigten, dass sich die P- und S-Wellen nicht geradlinig ausbreiten, sondern ihr Verlauf im Erdmantel nach oben gebogen ist (Abb. 14.2). Aus den Laufzeiten und dem Betrag der Krümmung nach oben konnten die Seismologen zeigen, dass sich die P-Wellen in den tiefer liegenden Gesteinen rascher ausbreiten als in den darüber lagernden. Das war insofern nicht überraschend, weil die Gesteine in großen Tiefen höherem Druck ausgesetzt sind und die Minerale in dichter gepackte Kristallstrukturen übergehen. Die Atome in diesen dichter gepackten Strukturen setzen weiterem Druck einen größeren Widerstand entgegen, daher durchlaufen P-Wellen diese Gesteine mit höheren Geschwindigkeiten.

Die Seismologen waren jedoch sehr überrascht, was sich bei zunehmend größerer Herdentfernung zeigte. Nachdem die P- und S-Wellen einen Winkelabstand (vom Erdbebenherd aus gemessen) von 105° und damit 11 600 km durchlaufen hatten, verschwanden sie plötzlich. Als man Seismogramme betrachtete, die jenseits dieser Entfernungen aufgezeichnet wurden, fehlten die charakteristischen P- und S-Welleneinsätze, die in den Seismogrammen, die in kürzeren Entfernungen registriert wurden, so deutlich in Erscheinung treten. Jenseits eines Winkelabstands von 142° (= 15 800 km) erschienen die P-Wellen erneut mit scharfen Einsätzen, wenn auch mit zeitlicher Verzögerung. Die S-Wellen blieben jedoch verschwunden.

(a) Ausbreitung der P-Wellen im Erdkörper. Die gestrichelten blauen Linien zeigen die Ausbreitung der Wellenfronten durch das Erdinnere in Zwei-Minuten-Intervallen. Die Entfernungen sind in Winkelabständen, ausgehend vom Erdbebenherd, angegeben. Die Schattenzone für P-Wellen erstreckt sich über einen Winkelbereich von 105° bis 142°. Die P-Wellen erreichen innerhalb dieser Zone die Oberfläche deshalb nicht, weil sie beim Eintritt in den Kern und beim Verlassen des Kerns abgelenkt werden.

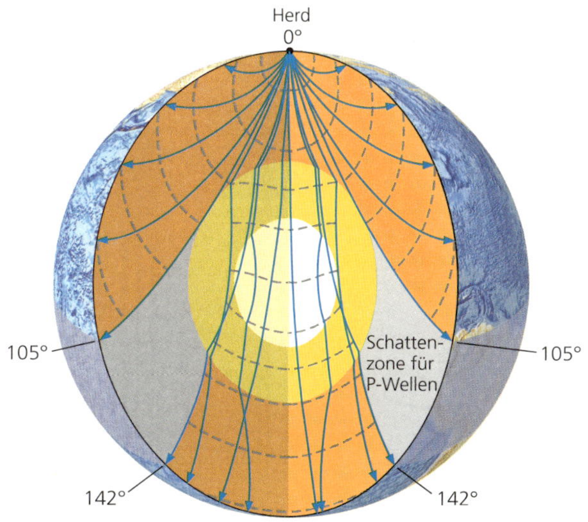


(b) Die größere Schattenzone der S-Wellen erstreckt sich über einen Winkelbereich von 105° bis 180°. Obwohl die S-Wellen auf den Kern auftreffen, können sie sich im flüssigen Äußeren Kern nicht ausbreiten; sie fehlen daher in einem Winkelbereich von über 105° vom Erdbebenherd aus gemessen.

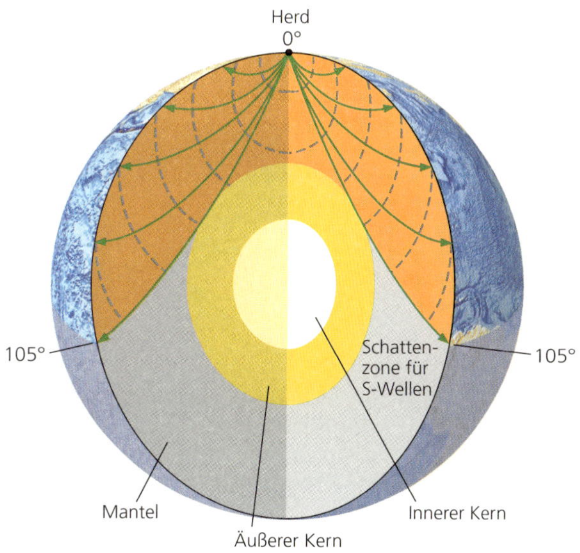


**Abb. 14.2** Der Erdkern verursacht Schattenzonen für P- und S-Wellen.

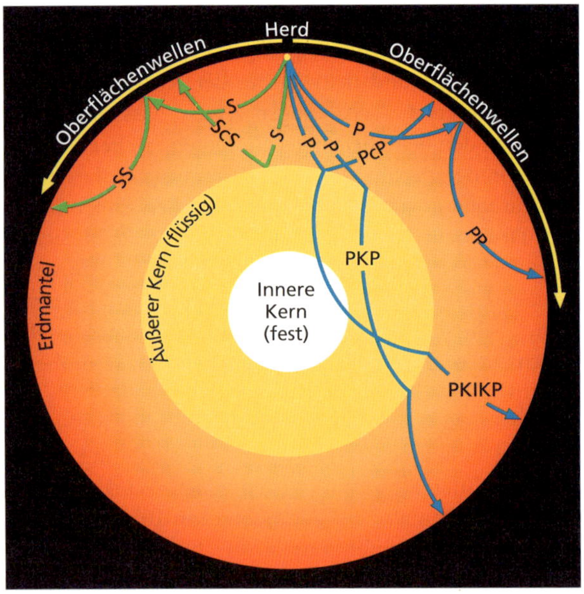


**Abb. 14.3** P- und S-Wellen breiten sich von einem Erdbebenherd nach allen Richtungen aus. Diese Abbildung zeigt das einfache Benennungsschema, mit dem die Seismologen den Verlauf der verschiedenen Wellenarten kennzeichnen. PcP- und ScS-Wellen sind Longitudinal- beziehungsweise Transversalwellen, die am Kern reflektiert werden. An der Erdoberfläche reflektierte Wellen werden als PP- beziehungsweise SS-Wellen bezeichnet. PKP-Wellen sind P-Wellen, die den flüssigen Äußeren Kern durchdringen, PKIKP-Wellen sind P-Wellen, die den festen Inneren Kern durchlaufen haben. Oberflächenwellen breiten sich dagegen wie Wellen auf der Wasseroberfläche eines Teiches ausschließlich an der Oberfläche aus.

Im Jahre 1906 fasste der britische Seismologe R. D. Oldham diese Beobachtungen zusammen und lieferte damit die ersten Hinweise, dass die Erde einen flüssigen Äußeren Kern hat. Da dieser Äußere Kern flüssig ist, können sich S-Wellen dort nicht ausbreiten und es entsteht jenseits eines Winkelabstands von 105° – vom Erdbebenherd aus gemessen – für die S-Wellen eine **Schattenzone** (Abb. 14.2b). Die Ausbreitung der P-Wellen ist komplizierter (Abb. 14.2a). Bei einem Winkelabstand von 105° läuft die Welle gerade noch am Kern vorbei, während Wellen, die erst in größerer Entfernung an die Erdoberfläche gelangen würden, auf die Kern/Mantel-Grenze treffen. An dieser Grenze nimmt die Geschwindigkeit der P-Wellen auf die Hälfte ab. Daher werden diese Wellen nach unten in Richtung Erdmittelpunkt gebrochen. Beim Austritt aus dem Kern kommt es erneut zur Brechung und Richtungsänderung. Aufgrund der zweimaligen Richtungsänderung tauchen diese Wellen erst verzögert mit einem Winkelabstand von 142° (vom Herd aus berechnet) wieder auf. Folglich entsteht zwischen 105° und 142° eine Schattenzone, in der keine P-Wellen die Erdoberfläche erreichen. Der längere Weg erklärt auch die zeitliche Verzögerung, mit der die P-Wellen jenseits des Kernschattens wieder auftreten.

### An Grenzflächen im Erdinneren reflektierte Wellen

Die Grenze Kern/Mantel erwies sich als ausgesprochen scharf; als man dann Seismogramme von Stationen auswertete, die in einer Winkelentfernung von weniger als 105° registriert wurden, fand man Einsätze von Wellen, die an dieser Grenze reflektiert wurden. Man bezeichnete die Kompressionswellen, die an der Oberfläche des Äußeren Kerns reflektiert wurden, als PcP- und die entsprechenden Scherwellen als ScS-Wellen („c" steht für eine Reflexion am Erdkern). Im Jahre 1914 gelang es dem deutschen Seismologen Beno Gutenberg, aus den Laufzeiten dieser am Kern reflektierten Wellen die exakte Tiefenlage der Kern/Mantel-Grenze bei etwa 2 900 km zu bestimmen.

Abbildung 14.3 zeigt einige Beispiele für die Ausbreitung solcher am Erdkern reflektierter seismischer Wellen sowie die Ausbreitung und Benennung anderer Wellen,

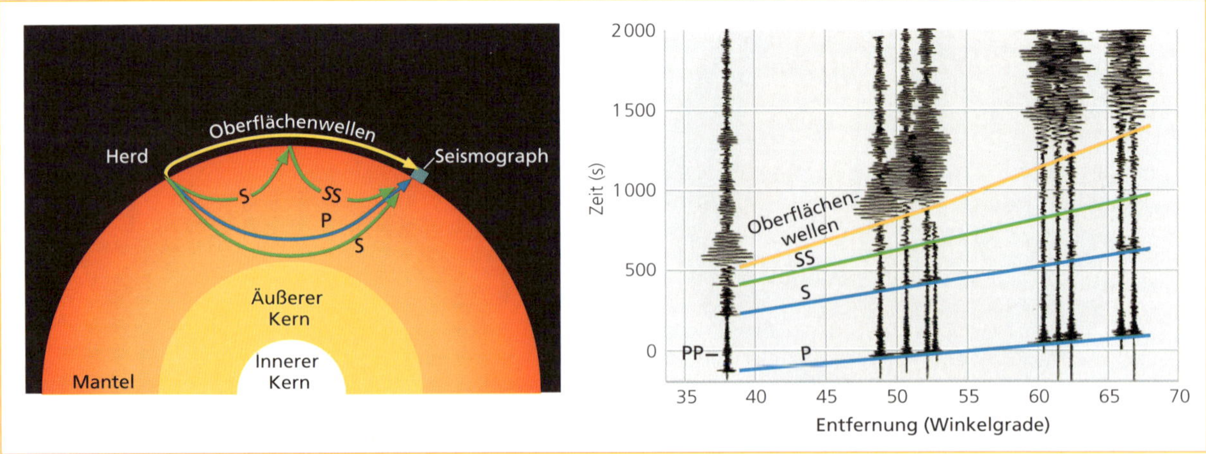


**Abb. 14.4** Seismogramme, die in unterschiedlicher Entfernung von einem Erdbeben im Gebiet der Aléuten vor Alaska aufgezeichnet wurden. Sie zeigen die Einsätze der P-, S- und Oberflächenwellen.

die in den Seismogrammen deutlich hervortretenden Welleneinsätzen zugeordnet werden können. Beispielsweise wird eine von der Erdoberfläche ins Erdinnere reflektierte Welle als PP-Welle und eine Scherwelle mit entsprechendem Verlauf als SS-Welle bezeichnet. Abbildung 14.4 zeigt solche Reflexionen im Erdinneren anhand mehrerer Seismogramme, die in unterschiedlichen Herdentfernungen aufgezeichnet wurden. Kompressionswellen, die den Äußeren Kern durchlaufen haben, werden mit einem „K" bezeichnet. Eine PKP-Welle ist demzufolge eine Kompressionswelle, die vom Erdbebenherd ausgehend Kruste, Mantel und Äußeren Kern und wieder zurück bis zum Seismograpen durchlaufen hat. Im Jahre 1936 entdeckte die dänische Seismologin Inge Lehmann den Inneren Erdkern, dessen Tiefenlage sie mit 5 100 km bestimmte, durch die Beobachtung von Kompressionswellen, die an seiner Außenseite gebrochen wurden. Der Wellenverlauf durch den Inneren Kern wird mit dem Symbol „I" gekennzeichnet, und daher werden die betreffenden Wellen als PKIKP-Wellen bezeichnet. Andere beobachteten außerdem Kompressionswellen (PKiKP), die an der Grenzfläche Äußerer-/Innerer Kern reflektiert werden („i" steht hierbei für eine Reflexion).

Abbildung 14.5 zeigt, dass im festen Inneren Erdkern S-Wellen auftreten, die sich mit Geschwindigkeiten von etwa 4 500 m/s ausbreiten. Da sich im Äußeren Kern aufgrund seines flüssigen Zustands keine S-Wellen ausbreiten, war das Erscheinen von Scherwellen im Inneren Kern zunächst schwer zu erklären. Es hat sich jedoch gezeigt, dass Erdbebenwellen bei der Reflexion ihren Typ ändern können. So kann aus einer ankommenden Kompressionswelle außer einer P-Welle auch eine Scherwelle entstehen und umgekehrt aus einer Scherwelle nicht nur wieder eine Scherwelle, sondern auch eine Kompressionswelle. Wellen, die ihren Weg teils als Kompressions- teils als Scherwelle zurücklegen, werden **Wechselwellen** genannt und ihrem Verhalten entsprechend mit Symbolen wie PSP oder SSP bezeichnet. Im Allgemeinen entstehen bei einem Erdbeben sämtliche in Abbildung 14.2 und 14.3 dargestellten Wellenarten.

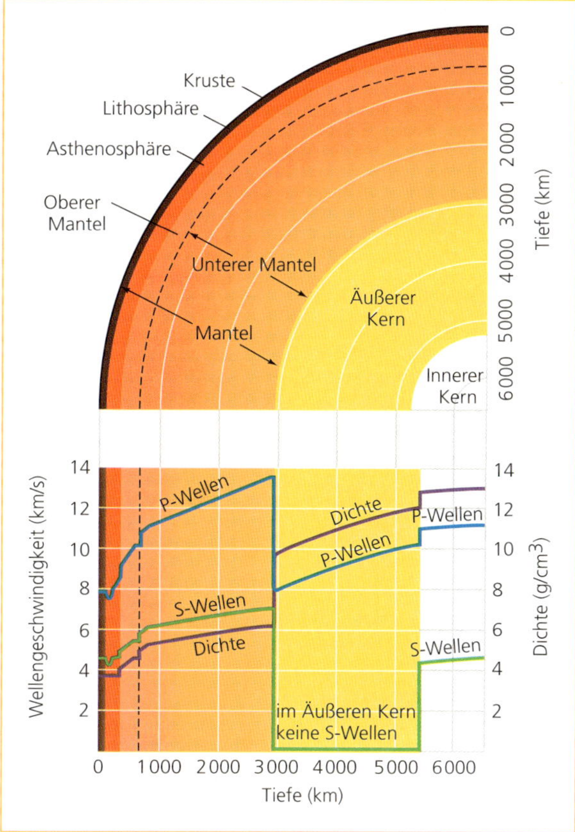


**Abb. 14.5** Der aus seismischen Daten abgeleitete Schalenbau der Erde. Das untere Diagramm zeigt die Geschwindigkeitsänderungen der Longitudinal- und Transversalwellen sowie die Änderung der Dichte in Abhängigkeit von der Tiefe. Das obere Bild ist ein Schnitt durch die Erde im gleichen Tiefenmaßstab; er zeigt, dass diese Geschwindigkeitsänderungen durch den Schalenbau verursacht werden.

## Angewandte Seismik

Seismische Wellen liefern einerseits Hinweise auf den Schalenbau des Erdinneren, andererseits sind auch Methoden entwickelt worden, um seismische Wellen zur Erkundung nutzbarer Lagerstätten im weitesten Sinne, zur Untersuchung des Baugrunds und vermehrt auch für umweltrelevante Untersuchungen einzusetzen. Diese Arbeitsrichtung der Geophysik bezeichnet man als **angewandte Seismik**. Sie beruht auf der Auswertung künstlich erzeugter seismischer Wellen, die den Untergrund durchlaufen. Sofern dieser nicht homogen, sondern geschichtet ist, kommt es an Grenzflächen, an denen sich die Wellengeschwindigkeit (richtiger die Schallhärte oder Impedanz als Produkt aus Dichte und Ausbreitungsgeschwindigkeit) sprunghaft ändert, zur Brechung (Refraktion) oder Reflexion. Die gebrochenen oder reflektierten Wellen können wieder an die Erdoberfläche zurückgelangen, wo sie mithilfe kleiner Seismographen (Geophone – bei Messungen auf See: Hydrophone) aufgezeichnet werden. Eine Zuordnung der Grenzflächen zu bestimmten Schichtgrenzen oder auch Aussagen, welche Gesteinseinheiten an den Reflexionshorizonten miteinander in Kontakt stehen, sind allein durch seismische Verfahren meist nicht zu erzielen, sondern nur in Verbindung mit entsprechenden Messungen an Tiefbohrungen möglich.

Zur Erzeugung seismischer Wellen werden unter anderem Sprengladungen, Fallgewichte, Schwingungsmaschinen oder bei der Seeseismik auch Luftpulsoren verwendet. Für viele Untersuchungen wird heute das Vibroseis-Verfahren eingesetzt, weil es kostengünstiger und die Signalform besser kontrollierbar ist. Außerdem

Exkurs 14.1

## Die Erforschung des Untergrunds mit seismischen Wellen: Refraktionsseismik

Zur Bestimmung der Krustenmächtigkeit und der Ausbreitungsgeschwindigkeit der P-Wellen in der Erdkruste und in den oberen Bereichen des Mantels entwickelten die Seismologen ein im Gelände durchführbares Verfahren. Ausgehend von einem Schusspunkt, an dem durch Zünden eines Sprengsatzes P-Wellen erzeugt werden, werden in einer bestimmten Mindestentfernung vom Schusspunkt auf einer geraden Profil-Linie an der Erdoberfläche Geophone ausgelegt. Die Länge des Messprofils richtet sich hierbei nach der Tiefenlage der zu untersuchenden Schichten.

Als typische Raumwellen breiten sich die P-Wellen in einer homogenen Schicht mit der Geschwindigkeit $v_1$ nach allen Richtungen aus. Ein Teil der Wellen läuft entlang der Erdoberfläche, ein weiterer Teil breitet sich in tiefer liegende Schichten aus. Falls die Wellengeschwindigkeit $v_2$ in der unteren Schicht größer ist als die Geschwindigkeit $v_1$ der oberen Schicht, beträgt bei einem Einfallswinkel von $\sin i_0 = v_1/v_2$ der Brechungswinkel $i_1 = 90°$. Das heißt, alle Wellen, die unter einem Winkel > $i_0$ auf die Grenzfläche treffen, werden totalreflektiert und breiten sich entlang der Grenzfläche in der unteren Schicht mit der höheren Geschwindigkeit $v_2$ aus, wobei laufend, und ebenfalls unter dem kritischen Winkel, eine Welle in die obere Schicht abgestrahlt wird (s. Abb.).

Bei der Auswertung der Laufzeiten werden in einem Diagramm die Entfernungen der Geophone vom Schusspunkt auf der Abszisse und die entsprechenden Laufzeiten der Wellen (T) zu den Geophonen als Ordinaten aufgetragen. Die ersten Einsätze der nahe am Schusspunkt liegenden Geophone (linker Ast der Laufzeitkurve) stammen von den direkt laufenden Wellen. Die ersten Einsätze der vom Schusspunkt entfernt liegenden Geophone (rechter Ast der Laufzeitkurve) stammen von der in der unteren Schicht verlaufenden und von dort abgestrahlten Welle. Bei ebenen Schichtgrenzen und unter der Voraussetzung, dass die Geschwindigkeit in den einzelnen Schichten konstant ist, besteht die Laufzeitkurve der Refraktionsseismik aus Strecken von Geraden, die durch Knicke ineinander übergehen.

Die Laufzeiten der an der Erdoberfläche entlang verlaufenden P-Wellen ergeben eine Gerade durch den Nullpunkt des Diagramms. Da ihre Steigung dem Wert

$$\frac{1}{v_1}$$

entspricht, ergibt sich aus der Steigung dieser Kurve die Geschwindigkeit der P-Welle in der durchlaufenen Schicht.

Für Wellen, die die untere Schicht durchlaufen, ergibt sich aus den Seismogrammen eine Gerade mit der Steigung

$$\frac{1}{v_2}$$

Da die Ausbreitungsgeschwindigkeit dieser P-Wellen größer ist als in der Kruste, ist die Steigung dieser Geraden kleiner und sie schneidet die Ordinate im Punkt (0 | T).

Aus den in dem Laufzeitdiagramm ermittelten Werte $v_1$, $v_2$ und T lässt sich die Mächtigkeit D der Schicht nach folgender Formel ermitteln:

$$D = \frac{T}{2} \cdot \frac{v_1 \cdot v_2}{\sqrt{v_2^2 - v_1^2}}$$

kann das Frequenzspektrum gezielt auf die Problemstellung abgestimmt werden. Ganz allgemein entscheidet die Energiequelle über die Eindringtiefe, und der gemessene Frequenzumfang bestimmt das strukturelle Auflösungsvermögen.

Die von Geophonen registrierten seismischen Signale werden durch aufwändige elektronische Filter- und Korrekturverfahren weiter verbessert. In der angewandten Seismik werden sowohl die Longitudinalwellen als auch die Scherwellen ausgewertet, die Oberflächenwellen werden normalerweise bereits bei der Registrierung unterdrückt oder ausgefiltert. Auch bei Longitudinalwellen werden durch entsprechende elektronische Filter die Frequenzen zwischen 20 und 80 Hz von störenden hoch- und niederfrequenten Wellen abgetrennt, da die Reflexionen bevorzugt in diesem Frequenzbereich liegen. Aus solchermaßen aufbereiteten seismischen Signalen werden nun die Laufzeiten und teilweise auch die Amplituden der Wellen abgeleitet, um daraus mithilfe verschiedener Auswertungsverfahren den strukturellen Bau des Untergrunds zu ermitteln.

In methodischer Hinsicht werden in der angewandten Seismik für routinemäßige Untersuchungen je nach Aufgabenstellung entweder die an Grenzflächen refraktierten oder die reflektierten Wellen verwendet, dementsprechend unterscheidet man zwischen Refraktionsseismik und Reflexionsseismik.

**Refraktionsseismik** Bei der Refraktionsseismik werden die ersten Einsätze der auf direktem oder gebrochenem Wege ankommenden Wellen ausgewertet. Trifft eine seismische Welle unter einem so genannten kriti-

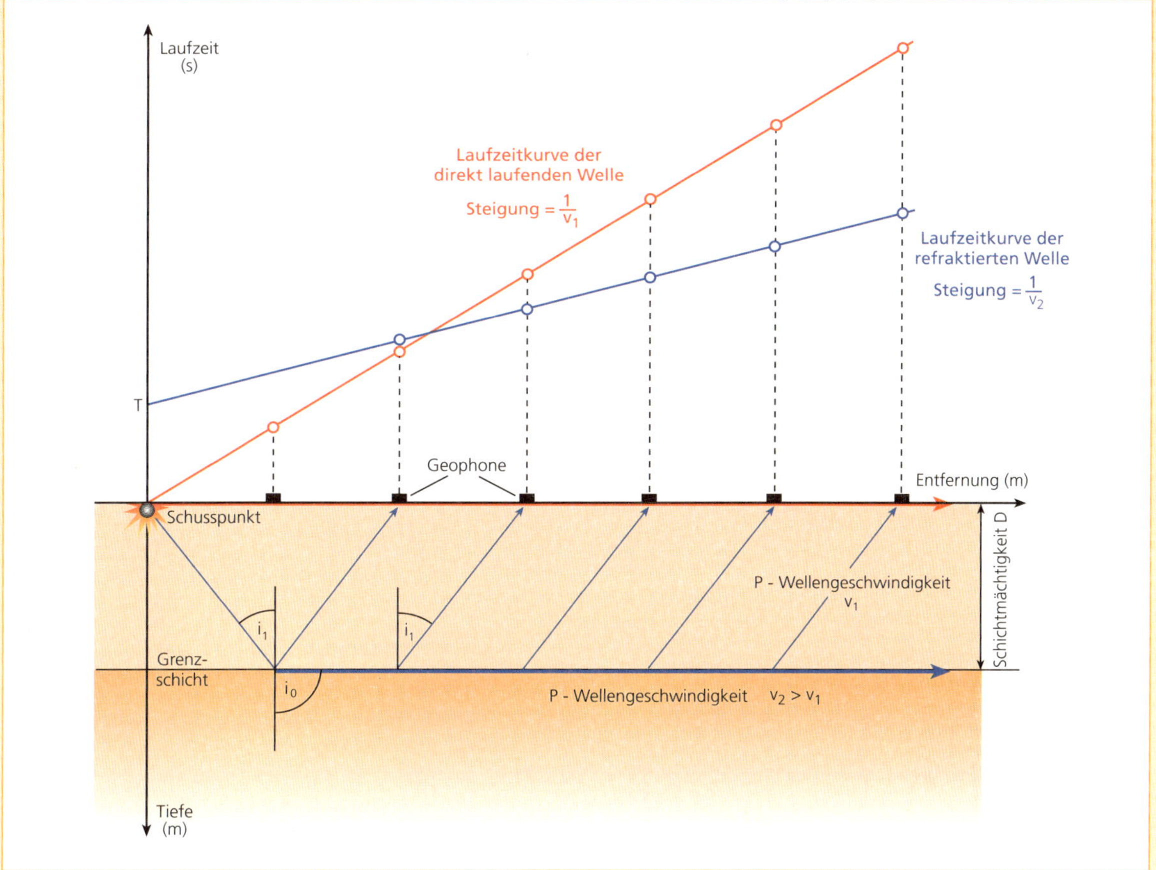


Prinzip der Refraktionsseismik

schen Winkel auf eine Grenzfläche (Exkurs 14.1), so breitet sich die gebrochene Welle entlang der Grenzfläche der beiden Schichten mit der Geschwindigkeit des unteren Mediums und damit in der Regel rascher aus als die direkt laufende Welle. Dabei gibt sie beständig Wellenenergie in die obere Schicht ab. Diese ebenfalls unter dem kritischen Winkel abgestrahlte Welle erreicht die Erdoberfläche und wird von den Geophonen registriert.

Aus refraktionsseismischen Messungen lässt sich nicht nur die Geschwindigkeitsverteilung, sondern auch die Tiefenlage von Schichten ermitteln, die durch abrupte Geschwindigkeits- beziehungsweise Impedanzänderungen gekennzeichnet sind. Trotz dieser Möglichkeiten steht die Refraktionsseismik heute etwas im Schatten der Reflexionsseismik. Sie wird nur noch in Einzelfällen zur Lagerstättenerkundung eingesetzt. Hauptsächlich wird sie derzeit für die Erforschung der tieferen Grenzflächen innerhalb der Erdkruste angewendet.

**Reflexionsseismik** Die Reflexionsseismik ist das inzwischen am häufigsten angewendete geophysikalische Verfahren. Ausgewertet werden hierbei die Laufzeiten der an Grenzflächen im Untergrund reflektierten Wellen (Exkurs 14.2). Treffen Wellen auf Grenzflächen, an denen sich die Geschwindigkeit der Wellen abrupt ändert, so durchläuft ein Teil der Wellen diese Grenzschicht. Die übrigen werden entweder gebrochen oder reflektiert. Dadurch läuft ein Teil der Wellen nach einer gewissen Eindringtiefe an die Erdoberfläche zurück, ähnlich wie bei einer vom Schiff aus vorgenommenen Echolotung des Meeresbodens. Die durchgehenden Wellen können bei nicht homogenem Untergrund in größerer Tiefe wie-

Exkurs 14.2

# Die Erforschung des Untergrundes mit seismischen Wellen: Reflexionsseismik

Bei reflexionsseismischen Untersuchungen werden die Einsätze und Amplituden der an Grenzflächen reflektierten Wellen ausgewertet. Daher unterscheidet sich auch die Aufstellung der Geophone. Während bei der Refraktionsseismik die Geophone in einer gewissen Entfernung vom Schusspunkt ausgelegt werden, sind sie bei der Reflexionsseismik auf dem Festland in der Regel symmetrisch zum Schusspunkt angeordnet, für seismische Erkundungen auf See werden sie in Reihe hinter dem Schiff hergezogen.

Für reflexionsseismische Untersuchungen ist, methodisch bedingt, eine möglichst genaue Kenntnis der Wellengeschwindigkeiten im Untergrund eine wesentliche Voraussetzung. Bei homogener Geschwindigkeitsverteilung $v_1$ und ebenem Reflektor in der Tiefe D beträgt die Laufzeit (Lotzeit) T zwischen Schusspunkt, Reflektor und Geophon im einfachsten Falle bei sehr nahe am Schusspunkt liegenden Geophonen

$$T = \frac{2D}{v_1}$$

und damit ergibt sich für die Tiefenlage des Reflektors

$$D = \frac{1}{2} T \cdot v_1$$

Bei variabler Ausbreitungsgeschwindigkeit ist die Geschwindigkeit v durch eine mittlere Ausbreitungsgeschwindigkeit v = 2D/T zu ersetzen.

Für eine exakte Auswertung sind diese sehr einfachen Formeln nicht anwendbar, sie geben lediglich das Prinzip wieder. Normalerweise sind an den reflexionsseismischen Daten zum Teil sehr aufwändige Korrekturen vorzunehmen, bis die Tiefenlage und Lagerungsform der Schichten endgültig zu ermitteln sind.

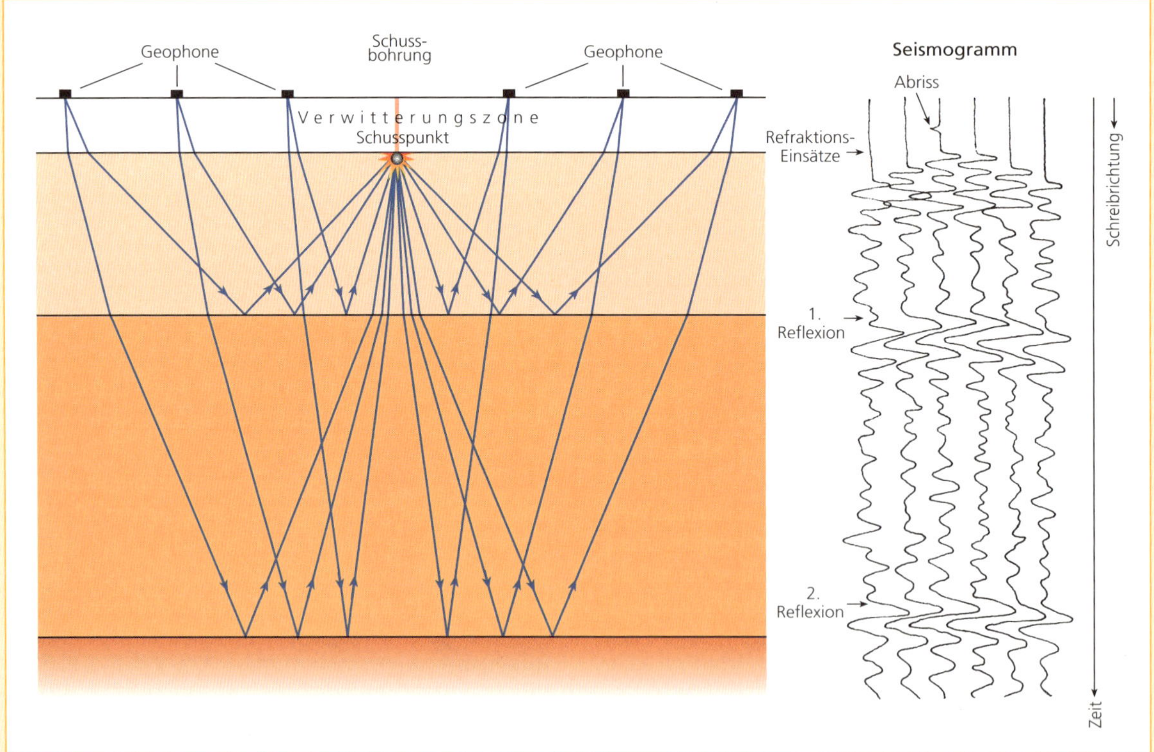


Prinzip der Reflexionsseismik

der auf Grenzflächen stoßen, wo es erneut zu einer Trennung in reflektierte und durchgehende seismische Wellen kommt.

Um aus den Laufzeiten die Tiefenlage eines Reflektors zu ermitteln, muss die Geschwindigkeitsverteilung der seismischen Wellen möglichst genau bekannt sein. Unter dieser Voraussetzung erhält man die Lage der reflektierenden Schichten und damit ein Abbild des Untergrunds, in dem sich auch Störungen durch Versatz der Reflektoren oder durch Neigungsänderungen erkennen lassen. Neben der Strukturanalyse bildet die Reflexionsseismik auch die Grundlage der seismischen Stratigraphie.

## Zusammensetzung und Aufbau des Erdinneren

Durch Tausende hochempfindlicher Seismographen und höchst genaue Uhren ist es möglich, weltweit die Laufzeiten der P-, S- und Oberflächenwellen präzise zu bestimmen. Von unterirdischen Atombombenexplosionen, die an bekannten Testorten gezündet wurden, gingen seismische Wellen aus, die zusätzlich zu den aus Erdbeben ermittelten Ergebnissen weitere wertvolle Daten lieferten. Anhand all dieser Messungen konnten Seismologen für die verschiedenen Arten seismischer Wellen Laufzeitkurven erstellen, wie sie beispielsweise in Abbildung 13.6 dargestellt sind.

Die Laufzeiten von Longitudinal- und Transversalwellen liefern die grundlegenden Daten der Seismik. Sie sind direkt von den Geschwindigkeiten in dem jeweils durchquerten Material im Erdinneren abhängig. Der entscheidende Schritt zur praktischen Nutzung besteht darin, die gemessenen Laufzeiten in eine Kurve oder eine Tabelle umzusetzen, die zeigt, wie sich die Geschwindigkeit der seismischen Wellen im Erdinneren in Abhängigkeit von der Tiefe ändert. Dieses Problem ist etwa vergleichbar mit dem Versuch zu erraten, welche der vielen möglichen Routen ein Fahrer auf einer Fahrt von Hamburg nach Stuttgart gewählt hat und wie schnell er auf dieser Strecke fuhr, wenn man lediglich weiß, dass die Fahrt 6,1 Stunden dauerte und die Geschwindigkeitsbegrenzungen auf diesen Strecken bekannt sind.

Das von den Seismologen ausgearbeitete Modell ist in Abbildung 14.5 dargestellt. Das Bild zeigt die Geschwindigkeitsänderungen sowohl der P- als auch der S-Wellen mit zunehmender Tiefe und den Zusammenhang mit dem lagigen Aufbau des Erdinneren. Um den Bau und die Zusammensetzung der Schichten zu ermitteln, mussten die seismische Daten dieses Diagramms mit Informationen zahlreicher anderer geologischer Untersuchungen zusammengeführt werden. Die Ergebnisse sind am einfachsten nachzuvollziehen, wenn man dem Schalenbau der Erde von der Erdkruste bis zum Erdmittelpunkt folgt.

### Erdkruste

Die äußerste Schicht, die Erdkruste, schwankt in ihrer Mächtigkeit: unter den Ozeanen ist sie dünn (ungefähr 7 km), unter den Kontinenten ist sie dicker (ungefähr 40 km) und am mächtigsten ist sie unter hohen Gebirgen (bis zu 70 km). P-Wellen durchlaufen die Gesteine der Kruste mit Geschwindigkeiten von 6 bis 7 km/s. Durch Labormessungen an vielen verschiedenen Gesteinsarten aus Kruste und Mantel ließ sich eine Tabelle mit den jeweiligen Ausbreitungsgeschwindigkeiten seismischer Wellen für sämtliche Gesteine der Erde zusammenstellen. Dabei haben sich in magmatischen Gesteinen für P-Wellen folgende Geschwindigkeiten ergeben:

- saure Gesteine der höheren kontinentalen Kruste (Granit): 6 km/s,
- basische Gesteine der ozeanischen Kruste beziehungsweise der tiefen kontinentalen Kruste (Gabbro): 7 km/s,
- ultrabasische Gesteine des Oberen Mantels (Peridotit): 8 km/s.

Die gesteinsbedingten Geschwindigkeiten der P-Wellen unterscheiden sich deswegen, weil die Wellengeschwindigkeit von der Dichte des Materials, der Scherfestigkeit und dem Widerstand gegen Formänderung abhängig ist, die sich mit der chemischen Zusammensetzung und der Kristallstruktur ändern. Ganz allgemein gilt: je höher die Gesteinsdichte, desto höher die Ausbreitungsgeschwindigkeit der P-Wellen; die typische Dichte für Granit, Gabbro und Peridotit liegt bei 2,6 g/cm$^3$, 2,9 g/cm$^3$ und 3,3 g/cm$^3$.

Aus der gegenseitigen Abhängigkeit von Wellengeschwindigkeit und Gesteinstyp ist bekannt, dass die kontinentale Kruste überwiegend aus granitischen Gesteinen geringer Dichte besteht und am Grund der Tiefseebecken kein Granit vorhanden ist. Dort besteht die Kruste ausschließlich aus Basalt und Gabbro, überlagert von Sedimentmaterial unterschiedlicher Mächtigkeit. Unterhalb der Kruste nimmt die Geschwindigkeit der P-Wellen sprunghaft auf 8 km/s zu. Diese abrupte Geschwindigkeitszunahme markiert die sehr scharfe Grenze zwischen den Gesteinen der Kruste und den Gesteinen des unterlagernden Erdmantels, die so genannte **Mohorovičić-Diskontinuität** (kurz: Moho), benannt nach dem ehemals jugoslawischen Geophysiker A. Mohorovičić, der im Jahre 1909 diese Unstetigkeitsfläche entdeckt hatte. Die Geschwindigkeit von 8 km/s spricht dafür, dass der Erdmantel unter der **Moho** vorwiegend aus Peridotit hoher Dichte besteht.

Der Aufbau der Kruste bestätigt die Theorie, dass aus dem Mantel leichteres Material aufgestiegen ist und die

Exkurs 14.3

## Die Hebung Skandinaviens: ein Experiment der Natur zur Isostasie

Wird ein schwimmendes Stück Kork mit dem Finger nach unten gedrückt und wieder losgelassen, taucht der Kork sofort wieder auf. Ein in Sirup eingetauchter Kork wird wesentlich langsamer auftauchen, denn der Widerstand der viskosen Flüssigkeit verzögert den Vorgang.

Könnten wir dasselbe Experiment mit der Erde ausführen, würden wir einiges über das Prinzip der Isostasie kennen lernen, insbesondere über die Viskosität des Erdmantels und deren Einfluss auf die Geschwindigkeit von Heraushebung und Absenkung. Wie praktisch wäre es, wenn wir irgendwo ein Stück Erdkruste nach unten drücken und loslassen könnten, um dann nach dem Wegfallen der Druckkraft bequem vom Sessel aus den Aufstieg zu beobachten. Die Natur war so entgegenkommend, uns dieses Experiment in Skandinavien vorzuführen.

Die Auflast war in diesem Fall eine Inlandeismasse, eine Eisdecke von etwa 2 bis 3 km Mächtigkeit. Eine solche Eisdecke kann sich mit Beginn einer Eiszeit in der geologisch kurzen Zeitspanne von einigen tausend Jahren bilden. Durch die Eislast wird die Kruste nach unten in den Erdmantel hineingedrückt, gleichzeitig entsteht dadurch an ihrer Unterseite eine Ausbeulung, die den nötigen Auftrieb liefert. Mit zunehmender Erwärmung gegen Ende der Vereisung schmilzt die Eisdecke rapide ab. Mit dem Schwinden der Auflast beginnt der Wiederaufstieg der nach unten gedrückten Kruste. Wir können die Geschwindigkeit der Hebung durch die Datierung ehemaliger Strandlinien ermitteln, die heute bereits hoch über dem Meeresspiegel liegen. Solche aufsteigenden Küsten geben Auskunft darüber, wann ein bestimmter Abschnitt des Festlands auf dem Niveau des Meeresspiegels lag.

Zu derartigen Senkungs- und Hebungsvorgängen kam es in Norwegen, Schweden und Finnland, aber auch in Kanada und den anderen ehemals stark vergletscherten Gebieten. Die Eiskappe schmolz dort vor etwa 10 000 Jahren ab, und seitdem hebt sich das Festland kontinuierlich. Abbildung 10.21 zeigt eine Reihe von Strandterrassen, mit deren Hilfe die Geschwindigkeit dieser isostatisch bedingten Rückformung sowie die Viskosität des Erdmantels ermittelt werden konnte.

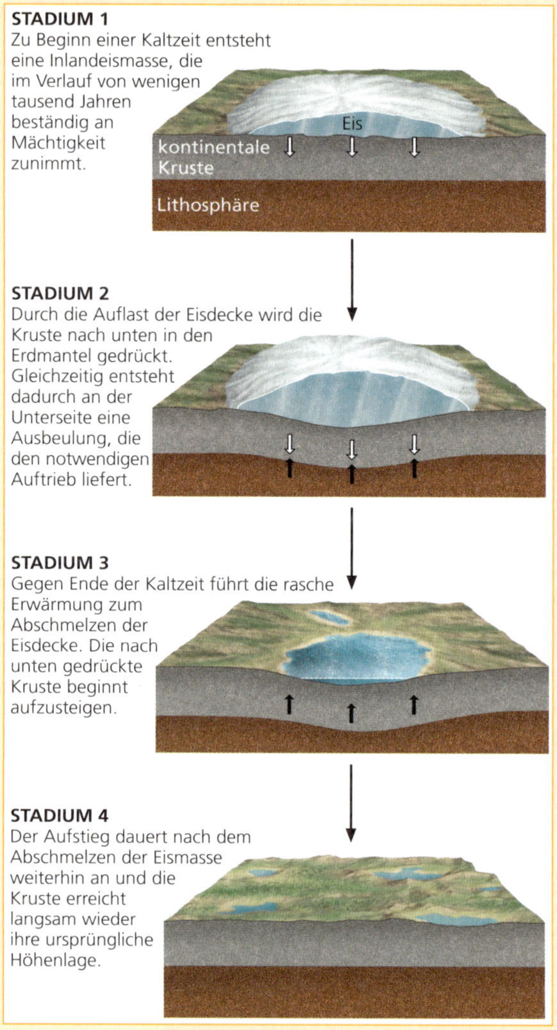


Isostasie und postglaziale Hebung

Kruste bildete. Wie bereits in Kapitel 1 erwähnt wurde, liegen die Oberflächen der Kontinente typischerweise in Höhen zwischen Null und 1 000 m über dem Meer, während die tiefen Ozeanbecken normalerweise in Tiefen zwischen 4 000 und 5 000 Meter unter dem Meeresspiegel liegen. Die größere Höhenlage der Kontinente in Relation zum Meeresboden lässt sich durch das **Prinzip der Isostasie** erklären, das besagt, dass die Auftriebskraft, mit der ein Kontinent aus Gesteinen geringer Dichte nach oben gedrückt wird, durch die Schwerkraft ausgeglichen werden muss, die den Kontinent nach unten zieht.

Um das Prinzip der Isostasie zu verstehen, stellt man sich am besten einen Holzklotz vor, der auf dem Wasser schwimmt. Die Auftriebskraft, die den Klotz nach oben drückt, ist abhängig von seiner Dichte – je geringer die Dichte, desto stärker der Auftrieb –, während die Schwerkraft, die den Holzklotz nach unten zieht, davon abhängt, wie viel das Holz die Wasseroberfläche überragt. Ist die Dichte des Holzes halb so groß wie die des Wassers (wie im Falle von Balsaholz), wird es so weit hochgedrückt, dass die Hälfte seines Volumens aus dem Wasser ragt. Ist seine Dichte jedoch nur wenig geringer als die des Wassers (wie im Falle von Eichenholz) wird es nur wenig hochgedrückt und ragt kaum aus dem Wasser.

In gleicher Weise liefert das große, in den dichteren Erdmantel eintauchende Volumen der leichteren kontinentale Kruste den nötigen Auftrieb, durch den die Kontinente um etwa fünf Kilometer die ozeanische Kruste überragen. In Gebieten mit Gebirgsrelief wird das zusätzliche Gewicht des Gebirges normalerweise durch den Auftrieb einer mächtigeren Wurzel aus Krustengesteinen geringerer Dichte ausgeglichen (vgl. Abb. 1.7). Das Prinzip der Isostasie erklärt demzufolge auch, warum unter dem Hochland von Tibet die Kruste die größte Mächtigkeit weltweit aufweist.

Außerdem besagt das Prinzip der Isostasie, dass über längere Zeiträume betrachtet der Mantel eine geringe Festigkeit besitzt und sich wie eine hoch viskose Flüssigkeit verhält, sofern er gezwungen ist, das Gewicht hoher Gebirge oder ausgedehnter Inlandeismassen zu tragen (Exkurs 14.3).

## Erdmantel

Peridotit, das vorherrschende Gestein des Oberen Mantels, besteht überwiegend aus Olivin und Pyroxen, zwei Silicatverbindungen des Magnesiums und Eisens (Kap. 4). Laborexperimente zeigten, dass Olivin und Pyroxen mit Veränderungen ihrer Kristallstruktur und physikalischen Eigenschaften auf Änderungen der Druck- und Temperaturbedingungen reagieren. Die Bedingungen im Oberen Mantel können dazu führen, dass sie zu schmelzen beginnen. In größerer Tiefe führt der Druck dazu, dass in diesen Mineralen die Atome dichter zusammenrücken und kompaktere Gitterstrukturen bilden. Die erheblichen mineralogischen Veränderungen der Mantelperidotite in Abhängigkeit von der Tiefe sind gekennzeichnet durch eine Zu- oder Abnahme der Ausbreitungsgeschwindigkeit der S-Wellen (Abb. 14.6).

In der obersten Zone des Mantels ist die Geschwindigkeit der S-Wellen typisch für Mantelperidotite, aus denen das subkrustale Unterlager der starren Lithosphäre besteht. Ihre Mächtigkeit liegt im Mittel bei etwa 100 km, sie schwankt jedoch regional in starkem Maße; so ist sie an den Spreading-Zentren, wo aus heißem aufsteigendem Mantelmaterial neue ozeanische Kruste entsteht, praktisch nicht vorhanden. Unter kalten konsolidierten Kratonen erreicht sie dagegen Mächtigkeiten von mehr als 200 km.

In einer Zone an der Basis der Lithosphäre nimmt zwischen 50 und 200 km Tiefe die Geschwindigkeit der seismischen Wellen, vor allem der S-Wellen abrupt ab;

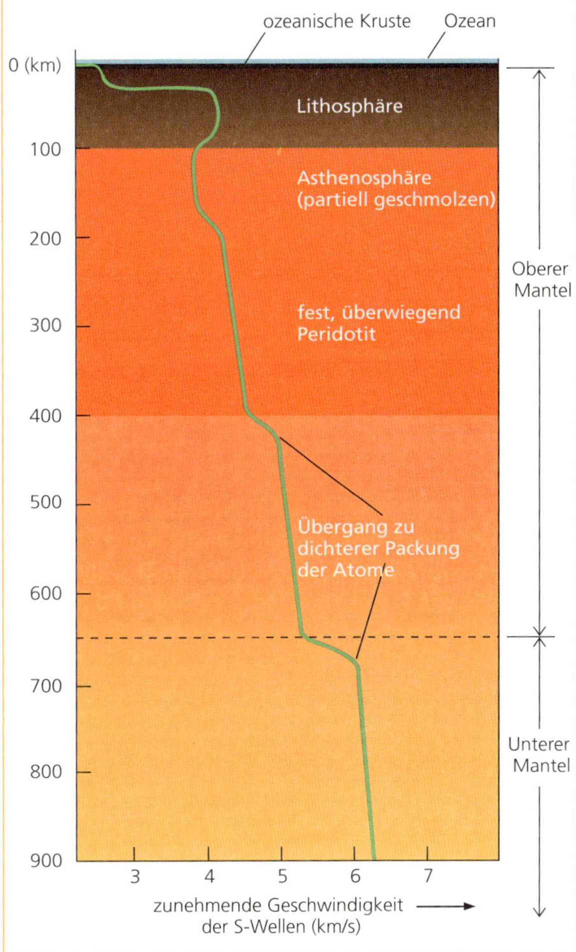


**Abb. 14.6** Aufbau des Mantels unter einem alten Ozeanbecken. Die Kurve zeigt die Ausbreitungsgeschwindigkeit der S-Wellen bis zu einer Tiefe von 900 km. Änderungen der Geschwindigkeit kennzeichnen die starre Lithosphäre und die plastische Asthenosphäre sowie zwei Zonen, in denen durch Zunahme des Drucks eine Umordnung der Atome zu einer dichter gepackten Kristallstruktur erfolgt [*nach: D.P. McKenzie (1983): „The Earth's Mantle", Scientific American, Nr. 9: 66*].

diese Zone wird demgemäß als **Low-Velocity-Zone**, LVZ – also Zone niedriger Geschwindigkeit bezeichnet. Die Abnahme der Wellengeschwindigkeit ist dadurch bedingt, dass die Temperatur im Mantel mit der Tiefe zunimmt. In einer Tiefe von normalerweise etwa 100 km erreicht sie den Schmelzpunkt der Mantelgesteine, sodass einige Mineralphasen des Peridotits partiell aufgeschmolzen werden. Dieser sehr geringe Anteil an geschmolzenem Material (in den meisten Bereichen beträgt der Schmelzanteil weniger als ein Prozent) verringert die Festigkeit des Gesteins und damit auch die Ausbreitungsgeschwindigkeit der seismischen Wellen. Da durch das partielle Schmelzen das Gestein leichter in der Lage ist zu fließen, setzt man diese Zone geringer Wellengeschwindigkeit mit der Obergrenze der Asthenosphäre gleich, der sich plastisch verhaltenden Schicht, auf der die starren Lithosphärenplatten gleiten. Dies stimmt mit der Vorstellung überein, dass die Asthenosphäre Herkunftgebiet der meisten basaltischen Magmen ist (Kap. 4; Kap. 12).

Die Untergrenze der Low-Velocity-Zone (LVZ) liegt unter ozeanischen Platten in etwa 200 bis 250 km Tiefe. Dort steigt die Geschwindigkeit der S-Wellen wieder auf den typischen Wert für Peridotit in festem Zustand. Unter den alten Kratonen ist die Low-Velocity-Zone nur sehr schwach ausgeprägt, da diese Kratone kalte Mantelgesteine enthalten, die im gesamten Bereich unterhalb ihres Schmelzpunktes bleiben.

Ab einer Tiefe von ungefähr 200 bis 400 km nimmt die Geschwindigkeit der S-Wellen erwartungsgemäß wieder mit der Tiefe zu. In diesen Bereichen steigt zwar der Druck kontinuierlich, die Temperatur steigt jedoch nicht so stark wie nahe der Oberfläche, eine Folge der Konvektionsvorgänge in der Asthenosphäre. Diese beiden Effekte von Druck und Temperatur sind dafür verantwortlich, dass der Anteil des geschmolzenen Materials mit der Tiefe abnimmt und das Gesteinsmaterial nicht mehr duktil, sondern starr reagiert und damit erhöht sich auch die Ausbreitungsgeschwindigkeit der S-Wellen.

Etwa 400 km unter der Erdoberfläche steigt die Geschwindigkeit der S-Wellen in einem engen Bereich von knapp 20 km Mächtigkeit um etwa zehn Prozent. Diese sprunghafte Zunahme der seismischen Geschwindigkeiten wird durch eine **Phasenumwandlung** erklärt, bei der das Mineral Olivin unter dem herrschenden hohen Druck in ein Mineral mit einer dichter gepackten Struktur übergeht. Diese Hypothese wurde durch Laboruntersuchungen bestätigt. Wird Olivin im Labor hohem Druck ausgesetzt, geht er bei Druck- und Temperaturbedingungen, die einer Tiefe von etwa 400 km entsprechen, in eine Phase über, die einer verzerrten Spinellstruktur gleicht und eine um 7,5 Prozent höhere Dichte aufweist. Darüber hinaus entsprechen die im Labor gemessenen sprunghaften Zunahmen der P- und S-Wellen-Geschwindigkeiten den bei seismischen Wellen in dieser Tiefe beobachteten Werten.

Im Bereich zwischen 420 bis 650 km unter der Erdoberfläche ändern sich die Eigenschaften des Mantels mit zunehmender Tiefe nur noch geringfügig. Erst im Bereich von 660 km nimmt die Geschwindigkeit der S-Wellen erneut abrupt zu, ein Hinweis auf einen zweiten Phasenübergang zu der noch wesentlich dichter gepackten Perowskitstruktur. Laboruntersuchungen an Olivin bestätigten die Existenz einer Phasenumwandlung unter den in dieser Tiefe herrschenden Bedingungen.

Phasenübergang bedeutet in diesem Zusammenhang den Übergang in eine andere Kristallstruktur ohne Änderung der chemischen Zusammensetzung. Einige Geologen gingen davon aus, dass die Zunahme der Wellengeschwindigkeit in einer Tiefe von 660 km teilweise durch eine Änderung der chemischen Zusammensetzung zustande kommt. Dieses Problem ist für das Verständnis des Systems Plattentektonik äußerst wichtig, denn eine Änderung der chemischen Verhältnisse würde bedeuten, dass die durch Konvektion verursachten Bewegungen – und damit der Antriebsmechanismus der Plattentektonik – nicht wesentlich unter diese Tiefe hinabreichen; die Konvektionsbewegungen im Erdmantel würden dann, wie in Abbildung 2.14 dargestellt, in zwei getrennten Zonen erfolgen. Die Ergebnisse detaillierter Untersuchungen über den Aufbau des Mantels haben jedoch inzwischen gezeigt, dass es in diesen Bereichen des Erdmantels zu keinen oder nur sehr geringen chemischen Veränderungen kommt.

Unter diesem Phasenübergang bei 660 km Tiefe nimmt die Geschwindigkeit der seismischen Wellen allmählich zu und zeigt bis fast zur Kern/Mantel-Grenze kein ungewöhnliches Verhalten wie etwa größere Phasenübergänge (Abb. 14.5). Dieser mehr als 2 000 km mächtige und relativ homogene Bereich wird als Unterer Mantel bezeichnet.

## Grenze Kern/Mantel

An der Grenze Kern/Mantel in 2 890 km Tiefe kommt es zu den extremsten Veränderungen der Materialeigenschaften innerhalb des gesamten Erdinneren. Aus der Art, wie seismische Wellen an dieser Grenzfläche reflektiert werden, ist davon auszugehen, dass es sich um eine sehr scharfe Grenze handelt. Hier erfolgt ein abrupter Übergang von einem festen Silikatgestein in eine flüssige Legierung aus Eisen und Nickel. Da diese als Fluid keinen Widerstand gegen Formveränderung aufweist, geht die Geschwindigkeit der S-Wellen von etwa 7,5 km/s auf Null zurück. Die Geschwindigkeit der P-Wellen verringert sich von etwas mehr als 13 km/s auf etwa 8 km/s und verursacht dadurch die Schattenzone des Erdkerns. Die Dichte nimmt andererseits um etwa 4,5 g/cm$^3$ zu (Abb. 14.5). Diese sprunghafte Dichtezunahme, die sogar deutlich größer ist als die Zunahme der Dichte an der Erdoberfläche beim Übergang von Atmosphäre zu Lithosphäre, ist dafür verantwortlich, dass die Grenze Kern/Mantel vergleichsweise eben ist (möglicherweise könnte man darauf Skateboard fahren) und keine nennenswerte Durchmischung von Mantel und Erdkern erfolgt.

Die Grenze Kern/Mantel ist offenbar ein sehr aktiver Bereich. Die vom Erdkern nach außen abgegebene Wärme erhöht die Temperatur an der Basis des Mantels um bis zu 1 000 °C. Die an der Basis des Mantels durchlaufenden seismischen Wellen zeigen ein besonders kompliziertes Verhalten. Dies lässt auf einen Bereich außergewöhnlicher geologischer Aktivität schließen. In einer geringmächtigen Schicht über der Grenze Kern/Mantel entdeckten Seismologen unlängst eine steile

Geschwindigkeitsabnahme der seismischen Wellen um etwa 10 Prozent und mehr. Dies könnte ein Hinweis sein, dass der Mantel – zumindest an einigen Stellen – im unmittelbaren Kontakt zum Erdkern partiell geschmolzen ist. In Kapitel 12 wurde erwähnt, dass einige Geowissenschaftler davon ausgehen, diese heiße Region sei der Ursprungsort der Manteldiapire, die bis zur Erdoberfläche aufsteigen und dort zur Entstehung vulkanischer Hot Spots führen wie etwa unter Hawaii oder dem Yellowstone.

Die unterste, etwa 300 km mächtige Grenzschicht des Erdmantels dürfte auch der endgültige „Friedhof" für einen Teil des Lithosphärenmaterials sein, das an der Oberfläche subduziert wurde, so etwa der eisenreicheren Anteile der ozeanischen Kruste mit ihrer höheren Dichte. Es ist somit durchaus möglich, dass es in diesem Bereich unmittelbar über der Grenze Kern/Mantel zu einer umgekehrten Form der Tektonik wie an der Erdoberfläche kommt, beispielsweise zur Akkumulation von schwerem eisenreichem Material, das chemisch eigenständige „Antikontinente" bildet, die durch Konvektionsströmungen beständig an der Kern/Mantel-Grenze hin und her geschoben werden. Seismologen und Geologen, die sich mit den Konvektionsbewegungen in Kern und Mantel beschäftigen, versuchen gemeinsam zu klären, welche geologischen Vorgänge in diesem ungewöhnlichen Bereich ablaufen.

## Erdkern

Über die Zusammensetzung des Erdkerns ist vergleichsweise vieles bekannt, wenn auch nicht durch direkte Beobachtungen. Unsere Kenntnisse beruhen auf jahrelanger Forschung unter Verwendung von Laborexperimenten und astronomischen sowie seismischen Daten. Die Annahme eines aus Eisen und Nickel bestehenden Kerns stimmt mit zahlreichen Beobachtungen überein. Diese Metalle sind im Kosmos häufig und besitzen eine ausreichend hohe Dichte, um die Masse des Erdkerns mit etwa einem Drittel der gesamten Erdmasse zu erklären. Sie stimmen außerdem mit der Theorie überein, dass der Erdkern durch gravitative Differenziation entstanden ist. Diese Hypothese, die erstmals im späten 19. Jahrhundert von Ernst Wiechert geäußert wurde, wird durch den inneren Aufbau von Meteoriten bestätigt, die fast ausschließlich aus Eisen und Nickel bestehen und vermutlich die Reste eines zerstörten Planeten sind, der ebenfalls einen Kern aus Eisen und Nickel besaß (vgl. Abb. 1.6).

Messungen im Labor unter vergleichbar hohen Druck- und Temperaturbedingungen machten eine geringfügige Überarbeitung dieser Hypothese erforderlich. Eine rein aus Eisen und Nickel bestehende Legierung weist eine um zehn Prozent zu hohe Dichte auf und stimmt mit den Daten des Äußeren Kerns nicht überein. Folglich ist davon auszugehen, dass der Erdkern geringe Mengen eines leichteren Elements enthält. Hierfür kommen in erster Linie Sauerstoff und Schwefel in Frage, obwohl die genaue chemische Zusammensetzung des Erdkerns noch Gegenstand intensiver Forschung und Diskussion ist.

Seismische Untersuchungen haben ergeben, dass der Kern unmittelbar unter dem Erdmantel zwar flüssig ist, jedoch nicht bis zum Erdmittelpunkt. Wie Lehmann als Erste entdeckt hatte, werden P-Wellen, die bis in Tiefen von 5 150 km eingedrungen sind, plötzlich schneller und beweisen damit das Vorhandensein eines aus Metall bestehenden Inneren Erdkerns, der etwa zwei Drittel der Größe des Mondes entspricht. Vor nicht allzu langer Zeit konnte definitiv gezeigt werden, dass sich im Inneren Kern S-Wellen ausbreiten, was frühere Vermutungen bezüglich eines festen Inneren Kerns bestätigte. Tatsächlich haben Berechnungen ergeben, dass sich der Innere Kern geringfügig rascher dreht als der Erdmantel und sich gewissermaßen wie ein „Planet im Planeten" verhält.

Der Mittelpunkt der Erde ist kein Ort, an dem man sich gerne aufhalten möchte. Der dort herrschende Druck ist extrem hoch und erreicht etwa den viermillionenfachen Wert des Drucks an der Erdoberfläche – und wie wir noch sehen werden, ist es dort auch ziemlich heiß.

## Temperatur im Erdinneren

Hinweise auf die Wärme im Erdinneren finden sich überall: Vulkane oder heiße Quellen, aber auch in Bergwerken und Bohrungen, in denen die Temperatur mit der Tiefe ansteigt. Die innere Wärme der Erde ist Ursache der Konvektionsbewegungen im Erdmantel, die ihrerseits Antrieb des Systems Plattentektonik und auch des Geodynamos im Erdkern sind, durch den das Magnetfeld der Erde erzeugt wird.

Die Wärme im Erdinneren stammt aus unterschiedlichen Quellen. Während der Entstehung unseres Planeten erwärmte die beim Aufprall von Materieklumpen freigesetzte kinetische Energie die äußeren Bereiche der Erde, während die bei der Differenziation des Erdkerns freigesetzte gravitative Energie das Erdinnere aufheizte (Kap. 9). Beim Zerfall der radioaktiven Elemente wie Uran, Thorium und Kalium entsteht noch immer Wärme.

Schon kurz nachdem die Erde entstanden war, begann ihre Abkühlung – die bis heute anhält, weil Wärme aus dem heißen Inneren zur kalten Oberfläche abfließt. Die Temperatur im Erdinneren ergibt sich folglich aus einem Gleichgewicht zwischen der erzeugten und der durch diese Prozesse abgegebenen Wärme.

## Wärmetransport aus dem Erdinneren

Die Erde kühlt im Wesentlichen durch zwei Prozesse ab: durch den langsamen Transport aufgrund der **Wärmeleitung** und den etwas rascheren Wärmetransport durch **Konvektion**. In der Lithosphäre dominiert der Prozess der Wärmeleitung, während in weiten Bereichen des Erdinneren der Wärmetransport durch Konvektion die dominierende Rolle spielt.

**Wärmeleitung in der Lithosphäre** Die Wärmeenergie eines Materials resultiert aus den Bewegungen der Atome: je höher die Bewegungsenergie der Atome ist, desto höher sind Wärmeenergie und Temperatur des Materials. Die Wärmeleitung erfolgt dadurch, dass Atome und Moleküle bei ihren thermisch angeregten Bewegungen gegeneinander stoßen und somit auf mechanischem Wege die Bewegungsenergie von den wärmeren Bereichen zu den kalten weitergeben. Die Wärme wird bei diesem Vorgang von Zonen hoher Temperatur in kältere Bereiche übertragen.

Die Materialien unterscheiden sich in ihrer Fähigkeit, Wärme zu leiten. Metalle sind bessere Wärmeleiter als Kunststoffe (der Metallgriff einer Bratpfanne erwärmt sich rascher als ein Kunststoffgriff). Gesteine und Böden sind schlechte Wärmeleiter, deshalb sind im Untergrund verlegte Leitungen weniger empfindlich gegen das Einfrieren als oberirdische, und deshalb weisen Weinkeller und andere Hohlräume im Untergrund trotz großer jahreszeitlicher Temperaturschwankungen an der Erdoberfläche eine nahezu konstante Temperatur auf. Gesteine leiten Wärme so schlecht, dass ein Lavaerguss von 100 m Mächtigkeit ungefähr 300 Jahre benötigt, um von 1 000 °C auf Oberflächentemperatur abzukühlen.

Die Ableitung der Wärme durch die Oberfläche der Lithosphäre führt zu einer allmählichen Abkühlung. Dadurch nimmt die Mächtigkeit der Lithosphäre zu, etwa so wie die obere kalte Schicht in einer Schüssel mit heißem Wachs im Laufe der Zeit dicker wird. Genauso wie Wachs kontrahieren auch die Gesteine, und deshalb nimmt mit abnehmender Temperatur ihre Dichte zu. Folglich nimmt auch die mittlere Dichte der Lithosphäre im Lauf der Zeit zu, und bedingt durch das Prinzip der Isostasie sinkt ihre Oberfläche auf ein tieferes Niveau ab. So gesehen ragen die mittelozeanischen Rücken nur deshalb so weit heraus, weil die Lithosphäre dort noch jung, dünn und heiß ist, wohingegen die Tiefsee-Ebenen wesentlich tiefer liegen, weil die Lithosphäre dort alt, kalt, dichter und mächtiger ist.

Aus diesen Betrachtungen heraus stellten Geologen eine einfache, aber sehr zutreffende Theorie in Bezug auf das Relief der Meeresböden auf, die die morphologischen Großformen der Ozeanbecken erklärt. Diese Theorie besagt, dass die Tiefe der Ozeane in erster Linie vom Alter des Meeresbodens abhängt. Nach dieser Theorie nimmt die Meerestiefe mit der Quadratwurzel des Alters zu. Anders ausgedrückt sollte ein 40 Ma alter Meeresboden doppelt so tief abgesunken sein als ein Meeresboden, der lediglich 10 Ma alt ist (da $\sqrt{40/10} = \sqrt{4} = 2$). Diese mathematisch einfache Beziehung stimmt mit dem Relief des Meeresbodens in der Nähe der mittelozeanischen Rücken erstaunlich gut überein (Abb. 14.7).

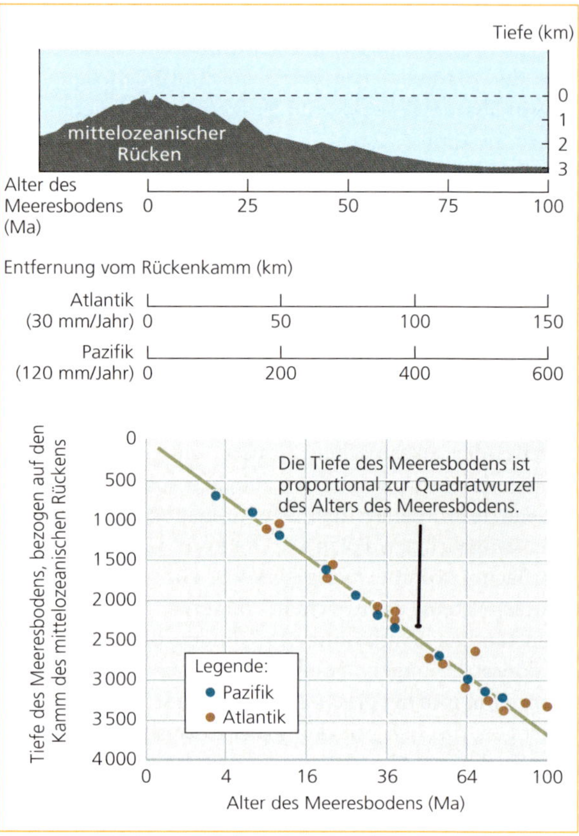


**Abb. 14.7** Die Morphologie der mittelozeanischen Rücken im Atlantischen und Pazifischen Ozean zeigt, wie die Wassertiefe proportional zur Quadratwurzel des Alters der Lithosphäre zunimmt, wenn sich die Platten von den Spreading-Zentren wegbewegen. Dieselbe theoretische Kurve – abgeleitet aus der Annahme, dass die Lithosphäre durch Wärmeleitung abkühlt – stimmt mit den Daten beider Meeresbecken überein, obwohl das Seafloor-Spreading im Pazifischen Ozean weitaus rascher erfolgt als im Atlantischen Ozean.

Die Abkühlung der Lithosphäre durch Wärmeleitung ist für eine Vielzahl anderer geologischer Erscheinungen verantwortlich, etwa für die Subsidenz passiver Kontinentalränder oder die Entwicklung zahlreicher Sedimentbecken. Sie erklärt auch, warum die aus ozeanischer Kruste abfließende Wärmemenge in der Nähe der Spreading-Zentren hoch ist und abnimmt, wenn die ozeanische Lithosphäre älter wird, und sie erklärt außerdem warum die mittlere Mächtigkeit der ozeanischen Lithosphäre etwa 100 km beträgt. Nahezu alle Geologen sind sich darin einig, dass diese Erkenntnisse die Plattentektonik wesentlich vorangebracht haben.

Die Abkühlung durch Wärmeleitung erklärt jedoch nicht alle Aspekte des Wärmeflusses im Bereich der Erdoberfläche. Meeresgeologen haben nachgewiesen, dass ein Meeresboden, der älter als etwa 100 Ma ist, nicht mehr weiter absinkt, wie dies die Theorie besagt. Darüber hinaus ist die Abkühlung durch einfache Wärmeleitung zu ineffektiv, um für die gesamte Abkühlung der Erde im Verlauf ihrer Geschichte verantwortlich zu sein. Es lässt sich nachweisen, dass wenn die 4,5 Milliarden Jahre alte Erde lediglich durch Wärmeleitung abgekühlt wäre, bisher nur ein geringer Teil der Wärme aus Tiefen über 500 km die Erdoberfläche erreicht hätte. Der Mantel, der in der Frühzeit der Erdgeschichte aufgeschmolzen wurde, wäre noch weitaus heißer als heute. Um diese Sachverhalte zu verstehen, müssen wir die zweite Form des Wärmetransports betrachten: die Konvektion, die Wärme aus dem Erdinneren weitaus effizienter abtransportiert als die Wärmeleitung.

**Konvektion im Erdmantel und Erdkern** Wenn ein erwärmtes Fluid – eine Flüssigkeit oder ein Gas – sich ausdehnt und nach oben steigt, weil seine Dichte geringer ist als die des umgebenden Materials, kommt es zu Konvektionsbewegungen. Durch Konvektion wird Energie weitaus effizienter transportiert als durch Wärmeleitung, weil sich das aufgeheizte Material selbst bewegt und seine Wärme mit sich führt. In den von der heißen, aufsteigenden Flüssigkeit gewissermaßen freigemachten Raum strömt kälteres Material nach, das nun selbst erwärmt wird und seinerseits nach oben steigt, sodass ein Kreislauf entsteht. Im Grunde läuft beim Erwärmen von Wasser im Kochtopf der gleiche Vorgang ab (vgl. Abb. 1.11a). Würde sich die Wärme nicht durch Konvektion so rasch verteilen, könnte das Wasser im Topf erst nach sehr langer Zeit den Siedepunkt erreichen, da Flüssigkeiten die Wärme schlecht leiten. Wenn ein Schornstein zieht, wenn Pfeifenrauch aufsteigt oder wenn sich an einem heißen Tag Wolken bilden, ist dies eine Folge von Konvektionsbewegungen.

Es wurde bereits erwähnt, wie mithilfe seismischer Wellen nachgewiesen wurde, dass der Äußere Kern flüssig ist. Andere Daten zeigen, dass das eisenreiche Material im Äußeren Kern eine geringe Viskosität (Widerstand gegen bleibende Verformung) besitzt und Konvektionsbewegungen daher möglich sind. Diese Konvektionsbewegungen im Äußeren Erdkern transportieren Wärme sehr effizient innerhalb des Kerns und erzeugen auf diese Weise das Magnetfeld der Erde, ein Phänomen, das wir in diesem Kapitel noch eingehend kennen lernen werden. An der Grenze Kern/Mantel fließt die Wärme schließlich in den Erdmantel ab.

Das Auftreten von Konvektionsbewegungen im festen Erdmantel ist weitaus überraschender, doch ist inzwischen bekannt, dass die Gesteine des unter der Lithosphäre liegenden Mantels heiß genug sind, um fließen zu können, sofern sie über einen längeren Zeitraum hinweg entsprechenden Kräften ausgesetzt sind. Wie in den Kapiteln 1 und 2 bereits erwähnt wurde, sind Seafloor-Spreading und Plattentektonik unmittelbare Hinweise auf das Vorhandensein solcher Konvektionsbewegungen in festem Zustand. Durch den Aufstieg von heißem Material unter den mittelozeanischen Rücken entsteht neue Lithosphäre, die abkühlt, wenn sie sich seitlich wegbewegt. Nach einer gewissen Zeit sinkt sie in den Mantel ab, wo sie schließlich resorbiert und wieder aufgeheizt wird. Dieser zyklische Prozess ist eine Art Konvektionsbewegung, da durch die Bewegung von Materie Wärme aus dem Erdinneren an die Erdoberfläche transportiert wird.

Viele Aspekte der Konvektionsbewegungen im Erdmantel sind noch strittig. Einige Geologen vertreten die Ansicht, dass Konvektionsbewegungen im Mantel, die für die Plattenbewegungen verantwortlich sind, nur in den oberen Bereichen des Mantels bis in Tiefen von wenigen hundert Kilometern Mächtigkeit auftreten. Diese Ansicht würde bedeuten, dass der Obere und Untere Mantel sich nicht vermischen. Andere gehen davon aus, dass der gesamte Mantel davon betroffen ist und die Konvektionszellen vom Oberen Erdmantel bis zum Erdkern reichen. Neuere Methoden zur Erforschung des Erdinneren unter Verwendung seismischer Wellen, aber auch mithilfe anderer Methoden erarbeitete Ergebnisse lösen allmählich auch dieses Problem; darauf wird später noch eingegangen.

Ungeachtet der Einzelheiten gehen nahezu alle Geologen heute davon aus, dass der Transport von Materie und Wärme vom Erdinneren nach außen durch Konvektionsbewegungen der wichtigste Vorgang ist, durch den sich die Erde über geologische Zeiträume hinweg abgekühlt hat.

## Temperaturverteilung im Erdinneren

Die genauen Temperaturen im Inneren der Erde sind für Geologen von erheblicher Bedeutung. Temperatur und Druck bestimmen letztlich, ob die Materie fest ist oder in geschmolzenem Zustand vorliegt. Weiterhin bestimmen sie, wie dicht die Atome in den Kristallgittern gepackt sind und bis zu welchem Grad festes Material plastisch fließen kann. Je höher die Temperatur in der Tiefe ist, desto geringer ist die Viskosität und desto rascher erfolgen die Konvektionsbewegungen.

Eine Kurve, die den Temperaturverlauf mit zunehmender Tiefe wiedergibt, wird als **Geotherme** bezeichnet. Eine hypothetische Geotherme ist in Abbildung 14.8 dargestellt. An der Erdoberfläche kann die Temperatur in Bergwerken bis in Tiefen von etwa 4 000 m und in Bohrlöchern bis in nahezu 10 km unmittelbar gemessen werden. Dabei ergab sich für die normale kontinentale

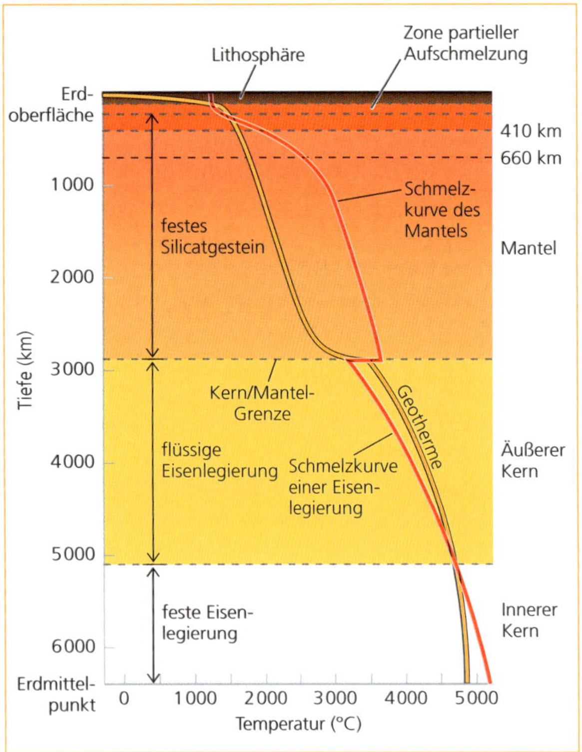


**Abb 14.8** Eine hypothetische Geotherme, die den Temperaturanstieg mit zunehmender Tiefe beschreibt. Die Geotherme verläuft oberhalb der Temperatur, bei der im Oberen Mantel und Äußeren Kern das Material zu schmelzen beginnt (rote Linie). Dies führt im obersten Mantelbereich zur Bildung der partiell geschmolzenen Low-Velocity-Zone.

Kruste ein geothermischer Gradient (Temperaturveränderung in Abhängigkeit von der Tiefe) zwischen 20 und 30 °C pro Kilometer. Die unter der Kruste herrschenden Bedingungen können aus Laven und Gesteinen abgeleitet werden, die bei Vulkanausbrüchen an die Oberfläche gelangen. Diese Daten deuten darauf hin, dass an der Basis der Lithosphäre Temperaturen zwischen 1 300 und 1 400 °C herrschen. Wie Abbildung 14.8 zeigt, liegen diese Temperaturen sehr nahe am Schmelzpunkt der Mantelgesteine, was mit den allgemeinen Beobachtungen übereinstimmt, dass die basaltischen Schmelzen durch partielles Aufschmelzen in den oberen Teilen der Asthenosphäre entstehen.

Der nahe der Erdoberfläche steil verlaufende geothermische Gradient bedeutet, dass die Wärme in der Lithosphäre durch Wärmeleitung transportiert wird. Unterhalb dieser Tiefe steigen die Temperaturen nicht mehr so rasch an. Wenn dies nicht der Fall wäre, dann wären die Temperaturen in den tieferen Bereichen des Mantels so hoch (mehrere zehntausend Grad), dass der Untere Mantel geschmolzen wäre, was mit den Befunden der Seismik nicht übereinstimmt. Stattdessen nimmt der geothermische Gradient auf etwa 0,5 °C pro Kilometer ab, was einem Gradienten entspricht, der in einem Mantel mit Konvektionsbewegungen zu erwarten ist. Der Temperaturrückgang kommt dadurch zustande, dass sich durch Konvektion kälteres Material von der Außenfläche des Mantels mit wärmerem Material aus größeren Tiefen vermischt und auf diese Weise die Temperaturunterschiede ausgeglichen werden (genauso wie durch Umrühren des Badewassers die Temperaturunterschiede ausgeglichen werden).

In den mittleren Bereichen des Erdmantels kommt es in Tiefen von 410 und 660 km zu den erwähnten Phasenumwandlungen – erkennbar an der Geschwindigkeitszunahme der seismischen Wellen. Mithilfe der Seismik lassen sich die Tiefenlagen (und folglich auch die erforderlichen Drücke), in der diese Phasenumwandlungen erfolgen, exakt bestimmen, sodass hieraus wiederum experimentell in Hochdruckversuchen die erforderlichen Temperaturen für diese Phasenumwandlungen ermittelt werden können. Die Werte aus diesen Laborversuchen stimmen mit der in Abbildung 14.8 dargestellten Geotherme weitgehend überein.

Über die Temperaturen in größerer Tiefe liegen nur in begrenztem Umfang Informationen vor. Die meisten Geologen sind sich darüber einig, dass die Konvektionsbewegungen den gesamten Erdmantel einschließen und das Material vertikal durchmischen, wodurch der geothermische Gradient niedrig bleibt. An der Basis des Mantels ist jedoch zu erwarten, dass die Temperaturen rascher ansteigen, da die Kern/Mantel-Grenze eine vertikale Durchmischung verhindert. Die Bewegungen an der Grenze Kern/Mantel verlaufen wie alle Bewegungen an Oberflächen in erster Linie eher seitwärts als vertikal. In der Nähe dieser Grenze wird Wärme vom Kern in den Mantel vor allem durch Wärmeleitung übertragen und daher müsste der geothermische Gradient hoch sein.

Seismische Ergebnisse haben gezeigt, dass der Äußere Kern flüssig ist, das bedeutet, er ist so heiß, dass seine Bestandteile aus Eisen und Nickel geschmolzen sind. Labordaten deuten überdies darauf hin, dass die Temperatur möglicherweise über 3 000 °C liegt – übereinstimmend mit dem hohen geothermischen Gradienten an der Basis des Mantels, der von den Konvektionsmodellen her zu erwarten ist. Der Innere Kern dagegen ist fest. Da seine chemische Zusammensetzung aus Eisen und Nickel nahezu dieselbe ist wie die des Äußeren Kerns, müsste die Grenze zwischen Innerem und Äußerem Kern der Tiefenlage entsprechen, in der die Geotherme die Schmelzkurve des Erdkerns schneidet. Entsprechend der Abbildung 14.8 fordert diese Hypothese, dass die Temperatur im Erdmittelpunkt wenig unter 5 000 °C liegt.

Zahlreiche Aspekte sind diesbezüglich noch strittig, vor allem im Hinblick auf die unteren Bereiche der Geotherme. Beispielsweise gehen einige Geologen davon aus, dass die Temperaturen im Zentrum bei Werten zwischen 6 000 und 8 000 °C liegen, wobei der Schmelzpunkt noch nicht erreicht sein dürfte. Zur Klärung dieser Meinungsverschiedenheiten sind noch weit mehr Laboruntersuchungen und genauere Berechnungen erforderlich.

## Ein räumliches Bild des Erdmantels

Bisher haben wir betrachtet wie sich die Eigenschaften der Materialien mit der Tiefe ändern. Eine solche eindimensionale Beschreibung wäre dann ausreichend, wenn unser Planet eine perfekte Kugel wäre; bedauerlicherweise ist er jedoch nicht symmetrisch aufgebaut. An der Erdoberfläche lassen sich die lateralen Unterschiede im Aufbau der Erde auf einfache Weise erkennen, die durch die Kontinente, Ozeane und auch die grundlegenden Erscheinungen der Plattentektonik gegeben sind: Spreading-Zentren an mittelozeanischen Rücken, Subduktionszonen an Tiefseerinnen und Gebirgszüge, die durch Kontinent-Kontinent-Kollisionen aufgestiegen sind. Unter der Erdkruste ist zu erwarten, dass die Konvektionsbewegungen zu Temperaturdifferenzen in den einzelnen Bereichen des Mantels führen. Die nach unten gerichteten Strömungen, die beispielsweise an subduzierte Lithosphärenplatten gebunden sind, sind vergleichsweise kalt, während die nach oben steigenden Strömungen wie etwa Manteldiapire relativ heiß sind.

Computermodelle zeigen, dass die durch Konvektionsbewegungen im Erdmantel hervorgerufenen lateralen Temperaturunterschiede in der Größenordnung von mehreren hundert Grad liegen dürften. Aus Laboruntersuchungen an Gesteinen ist bekannt, dass eine Temperaturzunahme von 100 °C die Ausbreitungsgeschwindigkeit der S-Wellen in den Peridotiten des Erdmantels um etwa ein Prozent verringert (oder sogar noch mehr, wenn sich das Gestein in der Nähe seines Schmelzpunktes befindet). Wenn es im Mantel tatsächlich Konvektionsbewegungen gibt, sollten sich die Ausbreitungsgeschwindigkeiten der seismischen Wellen von Ort zu Ort um mehrere Prozentpunkte unterscheiden. Diese geringen lateralen Laufzeitunterschiede seismischer Wellen lassen sich mithilfe der seismischen Tomographie in Form von dreidimensionalen Karten darstellen. Diese entsprechen gleichzeitig einer dreidimensionalen Kartendarstellungen der Konvektionsbewegungen im Erdmantel.

### Seismische Tomographie

Die seismische Tomographie beruht letztendlich auf einem Verfahren, das in der Medizin unter dem Begriff „axiale Computer-Tomographie“ Verwendung findet, um räumliche Bilder von Organen zu erzeugen. Das Organ wird dabei aus unterschiedlichen Richtungen von Röntgenstrahlen erfasst und ein Computer berechnet anhand der Schwächung, die die Röntgenstrahlen in unterschiedlichen Richtungen erfahren, das Abbild des absorbierenden Gewebes.

In gleicher Weise können die bei Erdbeben entstehenden seismischen Wellen, die das Erdinnere in vielen verschiedenen Richtungen durchlaufen und weltweit von Tausenden von Seismographen registrierten werden, dazu verwendet werden, um dreidimensionale Bilder des Erdkörpers zu konstruieren.

Es sind darauf Bereiche zu erkennen, in denen die Geschwindigkeit der seismischen Wellen höher oder geringer ist. Die berechtigte Annahme, die auch mit den Laboruntersuchungen übereinstimmt, ist demzufolge, dass Bereiche, die von seismischen Wellen rascher durchlaufen werden, aus dichterem und damit kälterem Gesteinsmaterial wie etwa subduzierten ozeanischen Lithosphärenplatten bestehen, während Gebiete, in denen sich seismische Wellen verlangsamen, auf relativ heißes aufsteigendes Material wie beispielsweise aufsteigende Konvektionsströmungen hindeuten.

Mithilfe der seismischen Tomographie ließen sich im Erdmantel Strukturen erkennen, die eindeutig auf Konvektionsbewegungen zurückzuführen sind. Geowissenschaftler der Harvard University konstruierten auf der Basis der unterschiedlichen Ausbreitungsgeschwindigkeiten von S-Wellen im Erdmantel ein tomographisches Modell (Abb. 14.9). Dieses Modell wird in mehreren Weltkarten für Tiefen von wenig unterhalb der Kruste bis zur Grenze Kern/Mantel dargestellt. Nahe der Oberfläche zeichnen sich deutlich die Strukturen der Plattentektonik ab. Die an den mittelozeanischen Rücken durch den Aufstieg der heißen Asthenosphäre bedingten geringen S-Wellen-Geschwindigkeiten sind in den Farben für warme Bereiche dargestellt; die höheren S-Wellen-Geschwindigkeiten der kalten Lithosphäre in den kälteren Ozeanbecken und unter den Kratonen sind entsprechend durch die Farben für kältere Gebiete gekennzeichnet. In größerer Tiefe werden diese Erscheinungen deutlich differenzierter und zeigen keinerlei Abhängigkeit von den Platten an der Oberfläche. Diese komplexe Verteilung scheint viel eher ein Abbild der Konvektionsbewegungen im Erdmantel darzustellen. Einige Großstrukturen sind jedoch deutlich zu erkennen. So tritt beispielsweise im zentralen Pazifischen Ozean unmittelbar über der Kern/Mantel-Grenze ein roter Bereich mit vergleichsweise niedrigen S-Wellen-Geschwindigkeiten auf, umgeben von einem breiten blauen Ring, der Bereiche höherer Wellengeschwindigkeiten kennzeichnet. Seismologen gehen davon aus, dass dieser Bereich höherer Wellengeschwindigkeiten eine Art „Friedhof“ für ozeanische Lithosphäre darstellt, die in den vergangenen 110 Ma unter den Vulkanbögen des Pazifischen Ozeans – dem Zirkumpazifischen Feuerring – subduziert wurde.

Die seismische Tomographie zeigt jedoch auch, dass kalte Lithosphärenplatten durch den gesamten Mantel nach unten abtauchen. Damit sind am System Platten-

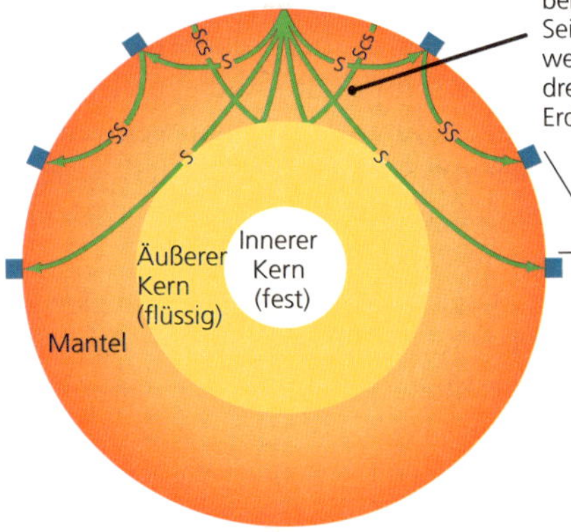


**1** Bei der seismischen Tomographie werden die Laufzeiten vieler Erdbeben, die von zahlreichen Seismographen aufgezeichnet werden, dazu verwendet, um dreidimensionale Bilder des Erdinneren zu erzeugen.

**2** Bereiche, in denen sich S-Wellen rascher ausbreiten, kennzeichnen relativ kalte Gesteine mit höherer Dichte. Gebiete, die von S-Wellen langsamer durchlaufen werden (rot und gelb) sind heißere Gesteine mit geringerer Dichte. Ein tomographischer Schnitt durch die Erde zeigt heiße Gesteine wie beispielsweise einen Manteldiapir, der unter Südafrika von der Kern/Mantel-Grenze aufsteigt …

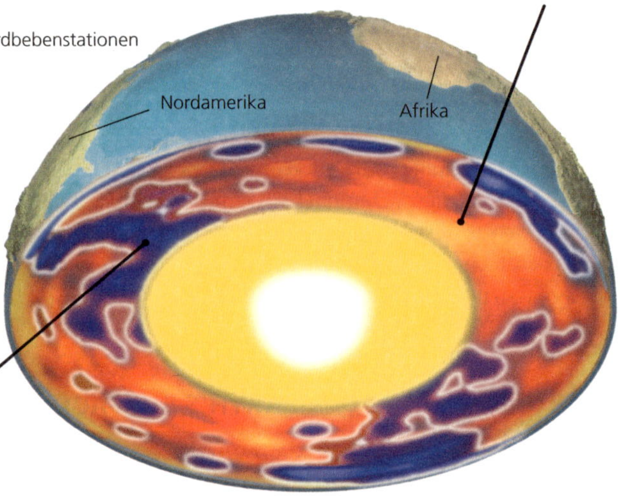


**3** … und kältere Gesteine, wie etwa die Reste der unter die Nordamerikanische Platte abtauchenden Farallon-Platte.

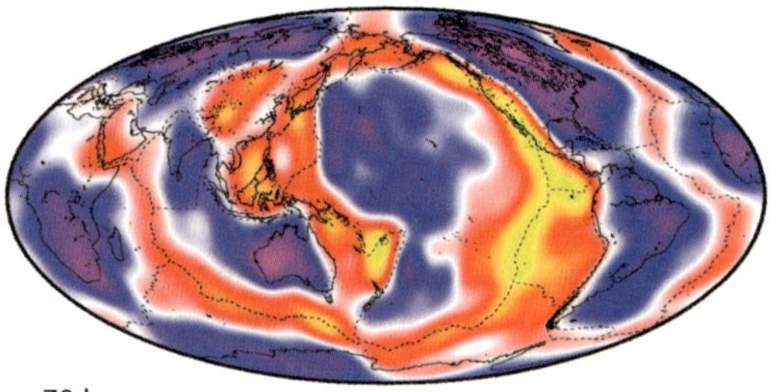

70 km

**4** In der Nähe der Erdoberfläche verlangsamen heiße Gesteine in der Asthenosphäre die S-Wellen, erkennbar an der auf warme Gebiete hindeutenden gelben und roten Farbe im Bereich der ozeanischen Spreading Zentren.

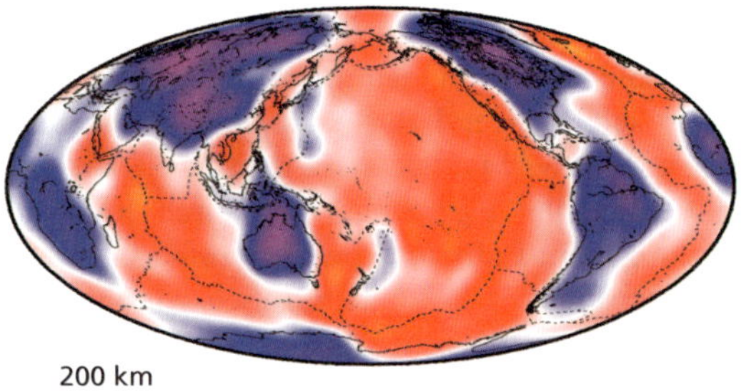

200 km

**5** In tieferen Bereichen erkennt man die kalte Lithosphäre der konsolidierten Kratone (blau und purpur) sowie die warme Asthenosphäre unter den Ozeanen (rot).

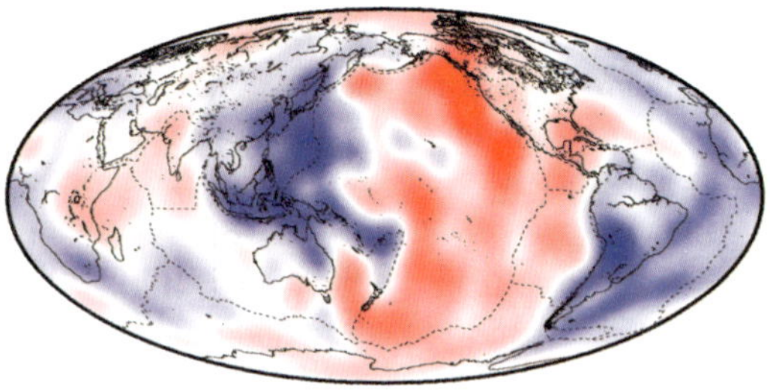

500 km

**6** Noch tiefer im Mantel stimmen die Strukturen nicht mehr mit der Position der Kontinente überein.

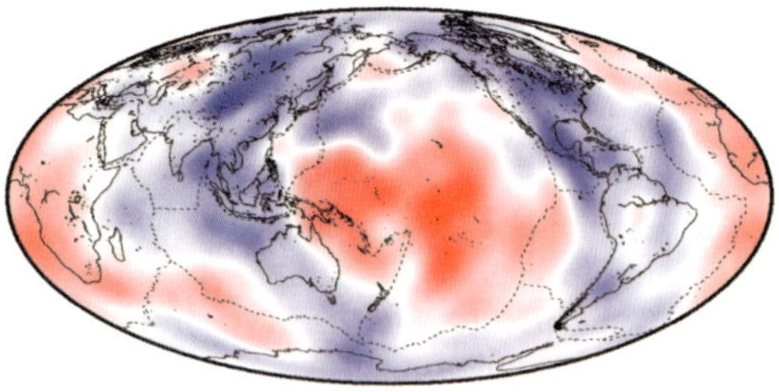

2800 km (nahe der Grenze Kern/Mantel)

**7** In der Nähe der Kern/Mantel-Grenze zeigt die Geschwindigkeitsverteilung der S-Wellen kalte Gebiete um den Pazifischen Ozean, die als „Friedhöfe" der abtauchenden Lithosphärenplatten gedeutet werden.

**Abb. 14.9** Seismische Tomographie liefert dreidimensionale Bilder der Strukturen im Erdmantel [*Querschnitt aus: M. Gurnis, Scientific American (März 2001); S-Wellen-Geschwindigkeiten: mit frdl. Genehmigung von G. Ekström & A. Dziewonski, Harvard University; Karten: mit frdl. Genehmigung von L. Chen & T. Jordan, University of Southern California*].

tektonik Konvektionsbewegungen beteiligt, die sich nach unten bis an die Kern/Mantel-Grenze erstrecken. Ein Beispiel hierfür zeigt der in Abbildung 14.9 dargestellte Schnitt durch den Erdmantel. Das Bild lässt eindeutig das Material der einstmals ausgedehnten Farallon-Platte erkennen, die zum großen Teil unter Nordamerika subduziert wurde (Kap. 10). Das schräg nach unten abtauchende Material der Platte (blau) scheint den gesamten Mantel durchdrungen zu haben. Außerdem zeigt das Bild das Absinken von kaltem Gesteinsmaterial unter Indonesien. Darüber hinaus ist ein größerer gelber Fleck aus heißem Gestein erkennbar, der als großer Manteldiapir gedeutet wird, der unter einem gewissen Winkel von der Kern/Mantel-Grenze tief unter Südafrika aufsteigt. Diese heiße aufsteigende Masse, die das darüber liegende kältere Material nach oben drückt, könnte die weit herausgehobenen, in mehreren hundert Meter Höhe über dem Meeresspiegel liegenden Hochländer von Südafrika erklären. Die anderen Bereiche mit heißerer und kälterer Materie könnten als Hinweise auf einen Stoffaustausch zwischen Lithosphäre, Mantel und Kern/Mantel-Grenze gedeutet werden.

## Das Schwerefeld der Erde

Dieselben Temperaturunterschiede, die seismische Wellen beschleunigen oder verlangsamen, verändern auch die Dichte der Gesteine im Erdmantel. Laboruntersuchungen ergaben, dass die durch eine Temperaturerhöhung um 300 °C verursachte Ausdehnung des Gesteins eine Reduktion der Dichte um etwa ein Prozent zur Folge hat. Das erscheint zunächst vernachlässigbar klein. Die Masse des Erdmantels ist jedoch mit $4 \times 10^{21}$ Tonnen enorm groß, daher können selbst geringe Veränderungen in der Verteilung der Masse zu messbaren Unterschieden der Gravitation führen.

Das Schwerefeld kann nicht nur gemessen werden, sondern die Massenverteilung innerhalb der Erde ist auch an Aufwölbungen und Einsenkungen der Oberfläche unseres Planeten erkennbar. Durch sorgfältige Untersuchungen ließ sich zeigen, dass die durch Radar-Höhenmessungen von Satelliten aus ermittelte Gestalt der Erde mit der durch seismische Tomographie ermittelten Verteilung der Konvektionsbewegungen weitgehend übereinstimmt (Exkurs 14.4). Diese Übereinstimmung ermöglichte eine weitere Differenzierung des Modells der Konvektionssysteme im Erdmantel.

## Schweremessung

Der lokale Betrag der Schwerebeschleunigung „g" (oder kurz der Schwere) lässt sich sowohl aus der Periode eines schwingenden Pendels, als auch aus der Beschleunigung eines frei fallenden Gewichts ermitteln. Vereinzelt verwendet man bei gravimetrischen Messungen noch immer Pendel, doch sind sie inzwischen weitgehend durch modernere Gravimeter ersetzt worden. Vom Prinzip her besteht ein Gravimeter aus einer Masse, die an einem ausgeklügelten Federsystem befestigt ist, das sich in Abhängigkeit von der auf das Gewicht einwirkenden Schwerkraft dehnt oder zusammenzieht (Abb. 14.10). Die durch unterschiedliche Dichteverteilung im Untergrund verursachte Längenänderung der Hauptfeder wird über ein optisches System vergrößert und gemessen oder auch auf elektronischem Wege in eine elektrische Spannung umgewandelt und an einem Voltmeter angezeigt. Obwohl das zugrunde liegende Prinzip vergleichsweise einfach scheint, ist für präzise Messungen ein hoher technischer Aufwand erforderlich. Mit solchen Messgeräten, die nicht größer sind als ein größerer Schuhkarton, lassen sich inzwischen Schwereunterschiede in der Größenordnung von $10^{-8}$ bis $10^{-9}$ der Gravitationskonstanten „g" messen. Mit einem modernen Gravimeter lässt sich bereits die unterschiedliche Schwereanziehung zwischen einer Tischfläche und dem Fußboden bestimmen, obwohl die Tischfläche nur etwa 1 m weiter vom Erdmittelpunkt entfernt ist.

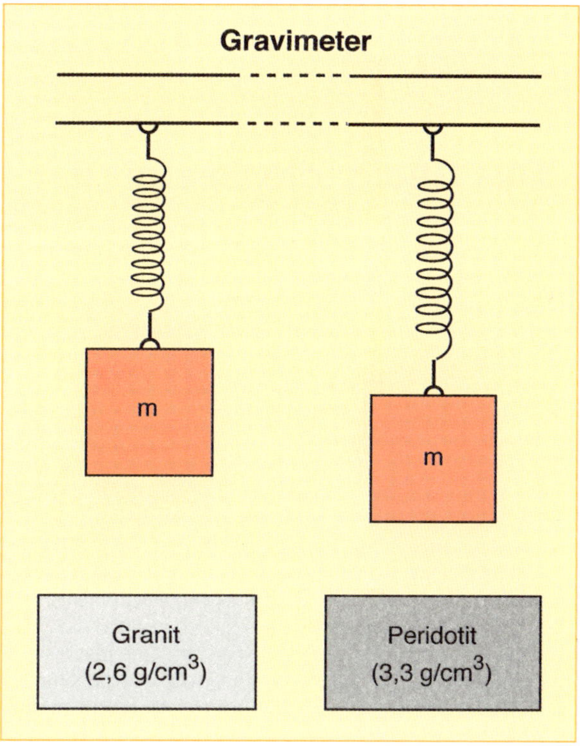


**Abb. 14.10** Ein Gravimeter ist vom Konzept her einfach gebaut, liefert aber sehr präzise Daten. Eine an einer Schraubenfeder aufgehängte Masse erfährt bei einer sich ändernden Massenanziehung eine mehr oder weniger große Auslenkung. Die entsprechende Verlängerung oder Verkürzung der Feder wird exakt gemessen, sodass selbst kleine Änderungen der Massenanziehung nachgewiesen werden können.

Exkurs 14.4

## Das Geoid: die Gestalt der Erde

Die Oberfläche der Ozeane ist an Stellen, wo die Gravitation größer ist, nach oben gewölbt, und wo die Gravitation geringer ist, nach unten. Diese unterschiedliche Höhenlage der Meeresoberfläche ist durch Radar-Höhenmessungen von Satelliten aus sehr genau und mit hervorragender räumlicher Auflösung gemessen worden.

Durch Ausgleich der Wellenbewegungen und anderer Schwankungen lassen sich selbst kleinräumige Unterschiede der Gravitation kartenmäßig darstellen, das heißt Strukturen lokaler Dimension, die durch geologische Erscheinungen am Meeresboden wie beispielsweise Tiefseeberge oder Störungen erzeugt werden. Solche Schwereunterschiede werden jedoch auch durch großräumige Erscheinungsformen wie etwa Konvektionsströmungen im Erdmantel hervorgerufen.

Ein völlig ruhiger Ozean hat einen mittleren Meeresspiegel, der von der Form her dem entspricht, was Geophysiker als Geoid bezeichnen. Die Oberfläche eines ruhenden Wasserkörpers ist völlig eben und waagrecht in dem Sinne, dass die Gravitation senkrecht zu seiner Oberfläche ausgerichtet ist – andernfalls würde das Wasser „bergab" fließen, damit die Oberfläche wieder eben wäre. Das Geoid ist physikalisch betrachtet eine Äquipotenzialfläche, die in einer bestimmten Höhe in Bezug zur Erdoberfläche verläuft und überall senkrecht zur lokal herrschenden Gravitation ausgerichtet ist. Da der Meeresspiegel näherungsweise dem Geoid entspricht, wird als Bezugshöhe normalerweise das Niveau des Meeresspiegels verwendet. Bestimmt man die Höhe eines Berges relativ zum Meeresspiegel, so bestimmt man in Wirklichkeit die Höhe des Berges über dem lokalen Niveau des Geoids. In diesem Sinne entspricht das Geoid unmittelbar der Gestalt des Erdkörpers. Aus der Form des Geoids lässt sich an jedem Punkt der Oberfläche unseres Planeten Betrag und Richtung der Schwerkraft berechnen und daraus können wiederum Hinweise auf die unterschiedliche Gesteinsdichte im Erdinneren abgeleitet werden.

Auf den Ozeanen lässt sich das Geoid auf einfache Weise mittels Radarhöhenmessung ermitteln. Wie kommt man jedoch auf dem Festland zu diesen Informationen? Es zeigte sich, dass das Geoid für die gesamte Erde aus den Bahndaten von Satelliten berechnet werden kann. Räumliche Massenunterschiede im Erdmantel üben auf die Satelliten eine schwache Anziehung aus und verändern geringfügig ihre Umlaufbahnen. Durch Beobachtung dieser Bahnänderungen über längere Zeiträume hinweg lassen sich zweidimensionale Karten des Geoids sowohl über den Kontinenten als auch über den Ozeanen erstellen.

Zur einheitlichen Beschreibung der Form des Geoids ist es erforderlich, eine Bezugsfläche zu definieren, die dem Geoid hinreichend genau entspricht. Eine derartige Bezugsfläche ist das so genannte Referenzellipsoid, ebenfalls eine Potenzial-Bezugsfläche, der ein so genannter Normal-Schwerepotenzialwert zugeordnet ist, und die von der Form her einem idealen Rotationsellipsoid entspricht.

Eine geglättete Version des Geoids ist in der Abbildung unten links dargestellt. Die höheren und tieferen Bereiche des Geoids geben Hinweise auf die großräumigen Strukturen des Gravitationsfelds der Erde. Relativ zum Referenzellipsoid schwankt das Geoid zwischen einer Höhe von –110 m in der Nähe der Küste der Antarktis bis zu einer Höhe von +100 m auf der Insel Neuguinea im westlichen Pazifischen Ozean.

Vergleicht man die Karte des Geoids mit Abbildung 14.9, so zeigt das Geoid gewisse Ähnlichkeiten mit den großräumigen Strukturen in den tieferen Bereichen des Erdmantels. Diese Übereinstimmung spricht dafür, dass sowohl die räumlich bedingten Unterschiede der Gesteinsdichte als auch der Geschwindigkeiten der S-Wellen in Zusammenhang stehen

## Das Magnetfeld der Erde und der Geodynamo

Wie im Erdmantel so erfolgt auch im Äußeren Erdkern der größte Teil des Wärmetransports durch Konvektion. Doch sowohl die Methode der seismischen Tomographie als auch die Untersuchungen des Schwerefelds der Erde, die wesentliche Hinweise auf Konvektionsbewegungen im Erdmantel erbrachten, lieferten nahezu keine Informationen über Konvektionsbewegungen im Erdkern.

Das Problem liegt im flüssigen Zustand des Äußeren Kerns. Der Erdmantel verhält sich wie ein hochviskoser Festkörper, der sehr langsam fließt. Als Folge entstehen durch Konvektionsbewegungen Bereiche, in denen die Temperaturen wesentlich höher oder niedriger sind als dies der durchschnittlichen Geotherme des Mantels entspricht. Man erkennt diese Gebiete in Abbildung 14.9 als Bereiche, in denen die Dichte und die Geschwindigkeit der seismischen Wellen deutlich geringer beziehungsweise höher sind als im Durchschnitt des Mantels. Im Gegensatz dazu hat der Äußere Kern eine geringe Viskosität, er fließt nahezu wie Wasser oder flüssiges Quecksilber. Selbst geringe, durch Konvektion verursachte Dichteunterschiede werden als Folge der raschen Fließbewegungen des flüssigen Kerns unter dem Einfluss der Schwerkraft rasch ausgeglichen. Daher bleiben Temperaturunterschiede von wenigen Grad Celsius im Äußeren Kern nicht über längere Zeit hinweg erhalten. Die

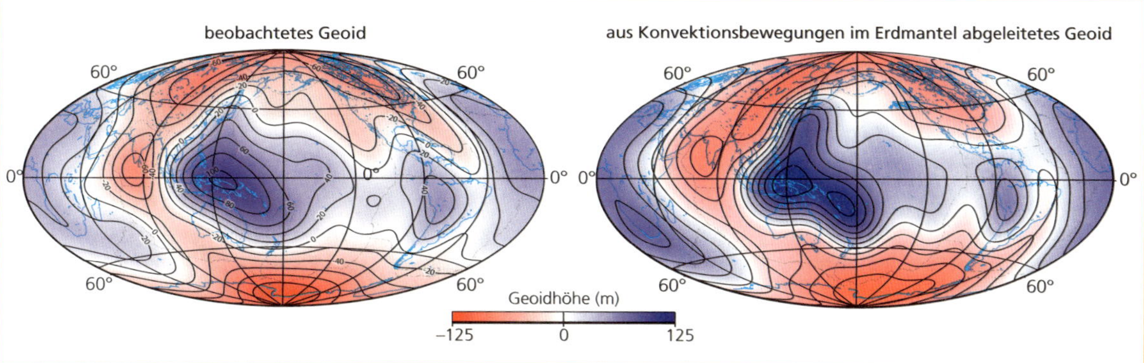


Die Zeichnung links zeigt eine geglättete Darstellung des Geoids und damit die wahre Gestalt der Erde, die aus Satellitendaten konstruiert wurde. Die Höhenlinien im Abstand von 20 m zeigen, wie sich der Meeresspiegel ohne laterale Unterschiede der Gesteinsdichte vom Referenzellipsoid unterscheidet. Rechts dargestellt ist dieselbe Karte, berechnet für ein Modell mit Konvektionsbewegungen im Erdmantel. Es stimmt mit der Temperaturverteilung im Erdmantel überein, die aus der seismischen Tomographie abgeleitet wurde. Durch den Vergleich dieser Beobachtungen mit einem theoretischen Modell ergaben sich wesentlich bessere Kenntnisse hinsichtlich der Konvektionsbewegungen im Erdmantel [*Beobachtetes Geoid: NASA; Modell des Geoids mit frdl. Genehmigung von B. Hager, Massachusetts Institute of Technology; Karten mit frdl. Genehmigung von L. Chen & T. Jordan, University of Southern California*].

mit den Temperaturunterschieden, die sich aus großräumigen Konvektionsströmungen im Erdmantel ergeben.

Diese Hypothese lässt sich auf sehr einfach Weise überprüfen. Unter Verwendung von Labordaten zur Eichung berechnet man aus den unterschiedlichen Geschwindigkeiten der seismischen Wellen die räumliche Verteilung der Dichteunterschiede, die durch seismische Tomographie kartiert wurden. Daraus erstellt man ein Rechnermodell der Konvektionsströmungen, wobei angenommen wird, dass die schwereren Bereiche des Mantels nach unten sinken, während die leichteren nach oben steigen. Schließlich konstruiert man daraus die Form des Geoids, die diesem Konvektionsmodell entspricht. Das Bild rechts zeigt das Ergebnis, das vor mehr als einem Jahrzehnt von den beiden Geophysikern Brad Hager und Mark Richards ermittelt wurde. Erkennbar ist die vergleichsweise gute Übereinstimmung mit dem beobachteten Geoid, vor allem was die großräumigen Strukturen betrifft. Diese Übereinstimmung bestätigte die Vorstellung der Geologen, dass sowohl die Ergebnisse der seismischen Darstellungen als auch das Gravitationsfeld durch Temperaturunterschiede innerhalb der Konvektionssysteme des Erdmantels erklärt werden können.

etwaigen, durch Konvektionsbewegungen verursachten lateralen Unterschiede der Dichte oder der Ausbreitungsgeschwindigkeit seismischer Wellen sind viel zu gering und können mit der Methode der seismischen Tomographie nicht sichtbar gemacht werden; darüber hinaus verursachen sie auch keine messbaren Deformationen des Erdkörpers.

Diese Konvektionsbewegungen im Äußeren Erdkern lassen sich jedoch durch Beobachtungen des Magnetfelds der Erde nachweisen. Bereits in Kapitel 1 wurde kurz auf das Magnetfeld der Erde und auf seine Erzeugung durch das System Geodynamo im Erdkern eingegangen. In Kapitel 2 erwähnten wir die Umpolungen des Magnetfelds und den konservierten Paläomagnetismus der Effusivgesteine, der für die Bestimmung des Seafloor-Spreading herangezogen werden konnte. Nachfolgend wird noch etwas ausführlicher auf die Eigenschaften und die Entstehung des Magnetfelds im Geodynamo des Äußeren Erdkerns eingegangen.

## Dipolfeld

Das einfachste Instrument zum Nachweis des Erdmagnetfelds ist der Kompass, der bereits vor mehr als 2 000 Jahren von den Chinesen erfunden wurde. Viele Jahrhunderte benutzten ihn Forschungsreisende und Schiffskapitäne zur Orientierung und Navigation; über die Funktionsweise dieses alten Geräts waren sie jedoch völlig im Unklaren. Im Jahre 1600 gab William Gilbert,

Leibarzt der Königin Elizabeth I., erstmals eine wissenschaftlich begründete Erklärung. Er behauptete, dass „die gesamte Erde ein großer Magnet ist", dessen Feld auf den kleinen Magneten der Kompassnadel einwirkt und sie in Richtung des magnetischen Nordpols ausrichtet.

Die Wissenschaftler zu Gilberts Zeiten stellten sich das Magnetfeld in Form von Kraftlinien vor, etwa so, wie sie auch durch die Ausrichtung von Eisenfeilspänen auf einem über einem Stabmagneten befindlichen Stück Papier sichtbar gemacht werden können. Gilbert konnte überdies zeigen, dass diese Kraft- oder Feldlinien am magnetischen Nordpol in die Erde eintauchen und am magnetischen Südpol wieder auftauchen, genauso als würde sich im Erdmittelpunkt ein großer Stabmagnet befinden, dessen Längsachse um etwa 11° gegen die Rotationsachse der Erde geneigt ist (vgl. Abb. 1.12). Anders ausgedrückt: der Verlauf der Kraftlinien des Erdmagnetfelds gleicht dem Verlauf der Kraftlinien, die von einem magnetischen **Dipol** ausgehen.

## Die Komplexität des Magnetfelds

Gilbert löste ein wichtiges Problem der seefahrenden Nationen, die für eine exakte Navigation auf den Kompass angewiesen waren. Seine Erklärung war jedoch nur teilweise richtig. Wir wissen heute, dass die Ursache des Magnetfelds nicht ein im Erdmittelpunkt befindlicher Permanentmagnet ist (der überdies durch die im Erdkern herrschenden hohen Temperaturen sofort zerstört würde), sondern ein Geodynamo, der durch Konvektionsbewegungen im flüssigen Äußeren Erdkern angetrieben wird. Das von diesem Geodynamo erzeugte Magnetfeld ist wesentlich komplizierter aufgebaut als das eines einfachen Dipols und es ist – als Folge der Flüssigkeitsbewegungen im Äußeren Erdkern – ständigen Schwankungen unterworfen.

Einige Jahrzehnte nach Gilberts Erklärung ergaben sorgfältige Beobachtungen, dass sich das Magnetfeld im Laufe der Zeit ändert. Es überrascht kaum, dass ein großer Teil dieser Hinweise von der Britischen Admiralität stammte, die systematisch Stärke und Richtung des Magnetfelds exakt registrierte. Die Navigationsoffiziere mussten ihre Kompassangaben von Zeit zu Zeit um den Betrag der Deklination, das heißt um den Winkel zwischen geographisch Nord und geomagnetisch Nord korrigieren. Diese Korrekturen zeigten auch, dass der geomagnetische Nordpol seine Position mit einer Geschwindigkeit zwischen 5° und 10° pro Jahrhundert ändert (Abb. 14.11). Dass diese langsamen zeitlichen Veränderungen durch Konvektionsbewegungen tief im Erdkern verursacht werden, war den britischen Seefahrern damals natürlich unbekannt.

**Nicht-Dipol-Feld** Messungen an der Erdoberfläche haben gezeigt, dass nur etwa 90 Prozent des Erdmagnetfelds durch einen einfachen magnetischen Dipol im Erdmittelpunkt beschrieben werden können. Die restlichen zehn Prozent des Magnetfelds, von den Geophysikern als **Nicht-Dipol-Feld** bezeichnet, zeigen eine deutlich kompliziertere Struktur. Sie wird durch den Vergleich der für einen einfachen Stabmagneten berechneten Feldstärke (Abb. 14.12a) mit dem beobachteten Magnetfeld erkennbar (Abb. 14.12b). Extrapoliert man die Feldlinien in das Erdinnere bis zur Grenze Kern/Mantel, nimmt die Stärke des Nicht-Dipol-Felds in Relation zur Stärke des

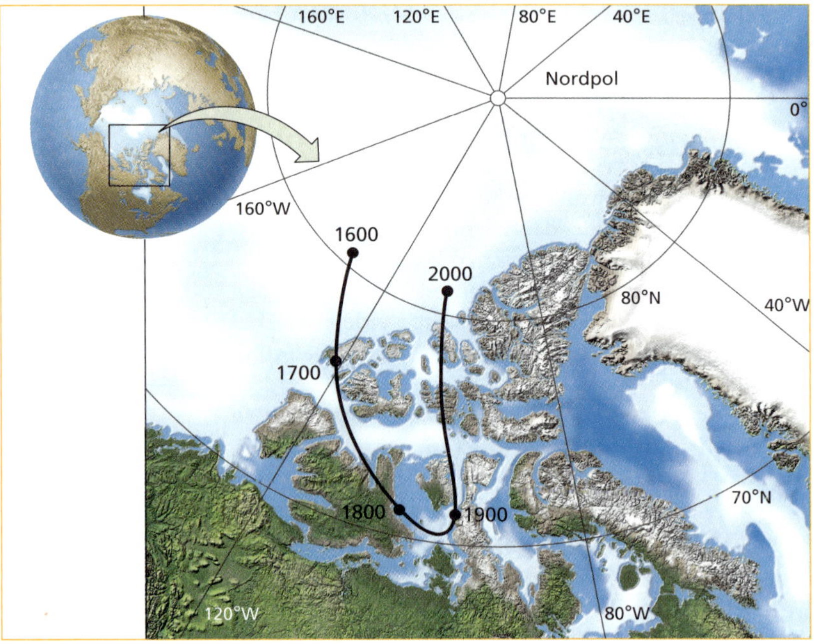


**Abb. 14.11** Wanderung des magnetischen Nordpols zwischen den Jahren 1600 und 2000.

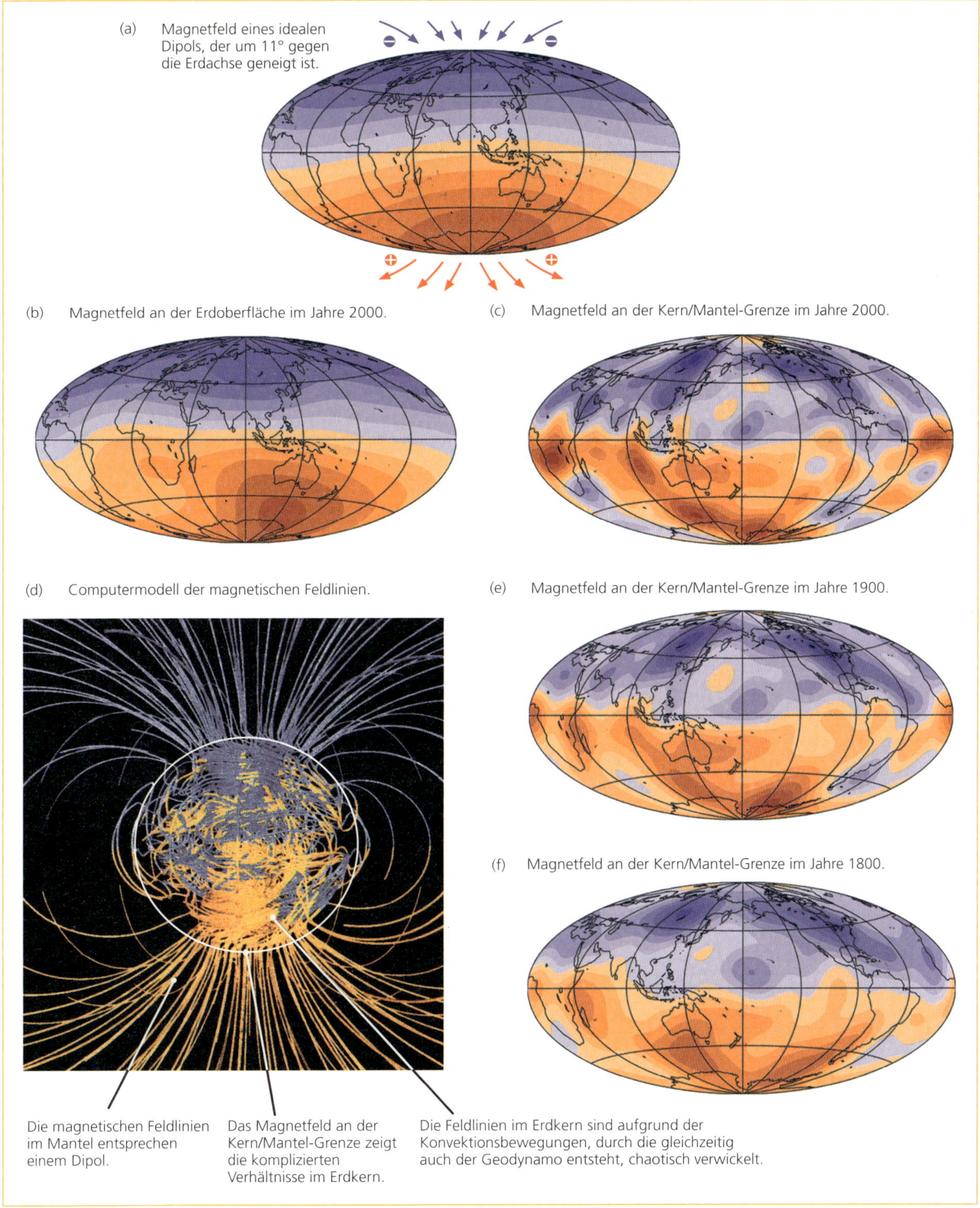


**Abb. 14.12** Das durch den Geodynamo erzeugte Magnetfeld der Erde und seine zeitliche Veränderung [*Karten mit freundl. Genehmigung von J. Bloxham, Harvard University; Computerbilder mit freundl. Genehmigung von G. Glatzmaier, University of California, Santa Cruz*].

**STADIUM 1**
Magnetischen Feldlinien mit normaler Ausrichtung vor der Inversion. Die magnetischen Feldlinien im Erdmantel entsprechen denen eines magnetischen Dipols.

**STADIUM 2**
Beginn der Inversion. Der Geodynamo beginnt spontan mit der Neuordnung des Magnetfelds; dies führt im Äußeren Kern zu einem komplexeren Verlauf der Feldlinien und einer Abnahme der Stärke der Dipolkomponente des Magnetfelds.

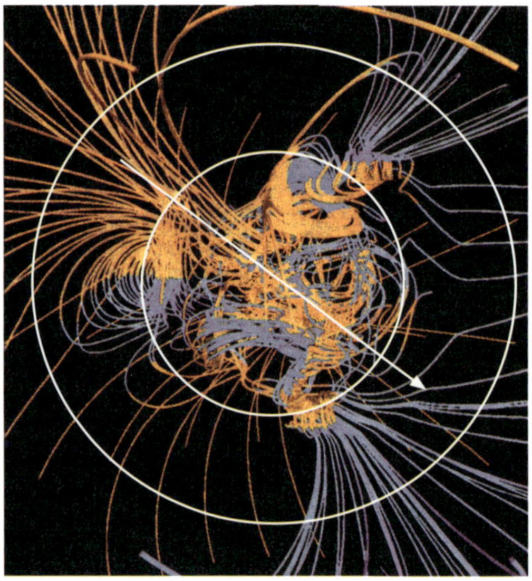

**STADIUM 4**
Die Inversion ist nahezu abgeschlossen, das Dipolfeld nimmt an Stärke zu und sein Nordpol weist nun nach Süden.

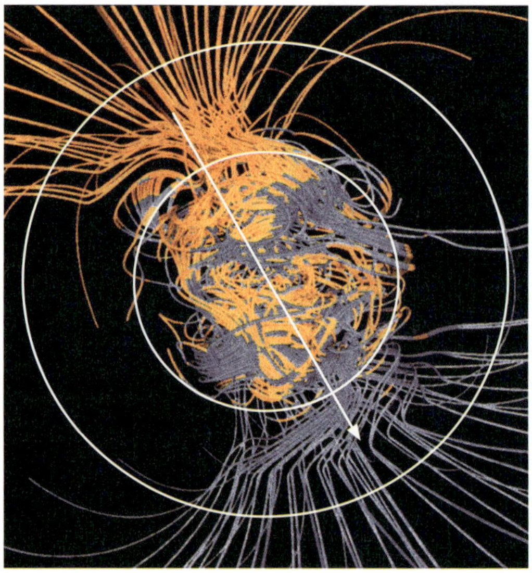

**STADIUM 3**
Die Inversion des Magnetfelds setzt sich mit raschen Veränderungen in der Struktur des Felds fort, das weiterhin eine schwache Dipolkomponente aufweist.

**Abb. 14.13** Spontane Veränderungen innerhalb des Geodynamos führen zur Umpolung des irdischen Magnetfelds [*Computermodell mit freundl. Genehmigung von G. Glatzmaier, University of California, Santa Cruz*].

Dipolfelds zu (Abb. 14.12c). Der schlecht leitende Erdmantel scheint die komplexe Struktur des Magnetfelds auszugleichen und dadurch erscheint das Dipolfeld stärker, als es in Wirklichkeit ist.

**Säkularvariation** Die Aufzeichnungen der Stärke und Richtung des Magnetfelds in den vergangenen 300 Jahren zeigten, dass sowohl die Dipol- als auch die Nicht-Dipol-Anteile langsamen zeitlichen Veränderungen unterliegen, doch erfolgt diese **Säkularvariation** bei den Nicht-Dipol-Anteilen deutlich rascher. Diese Säkularvariation wird sichtbar, wenn man das heutige Magnetfeld an der Kern/Mantel-Grenze mit Karten vergleicht, die für die vergangenen Jahrhunderte rekonstruiert wurden (Abb. 14.12e, f). Solche Änderungen der Feldstärke ereignen sich in Zeiträumen von Jahrzehnten und sie deuten darauf hin, dass die Bewegungen im flüssigen Äußeren Erdkern, also innerhalb des Systems Geodynamo, in der Größenordnung von Millimetern pro Sekunde erfolgen.

Aus dieser Säkularvariation ergeben sich Hinweise auf die Konvektionsvorgänge im Äußeren Kern. Mithilfe extrem leistungsfähiger Rechner konnten Wissenschaftler die komplizierten Konvektionsbewegungen und elektromagnetischen Wechselwirkungen im Äußeren Kern simulieren, die für den Geodynamo charakteristisch sind. Die bei einer solchen Simulation erzeugten magnetischen Feldlinien sind in Abb. 14.12d dargestellt. Außerhalb des Erdkerns entsprechen diese Feldlinien weitgehend einem Dipol, doch in der Nähe der Kern/Mantel-Grenze wird ihr Verlauf komplizierter. Innerhalb des eigentlichen Kerns sind sie durch die starken Konvektionsbewegungen völlig verwickelt.

**Umkehr des Magnetfelds** Durch Computer-Simulationen lässt sich darüber hinaus ein weiteres merkwürdiges Verhalten des Systems Geodynamo erklären: die spontane Umpolung des Magnetfelds. Wie in Kapitel 2 erwähnt wurde, ändert das Magnetfeld seine Polarität in unregelmäßigen Zeitabständen, die von einigen zehntausend Jahren bis zu Millionen Jahren reichen können; dabei wird der magnetische Nordpol zum Südpol und umgekehrt, als ob sich der in Abbildung 1.12 dargestellte Stabmagnet um 180° gedreht hätte. In jüngster Zeit ließen sich bei Computer-Simulationen des Geodynamos auch diese sporadisch und ohne äußeren Anlass auftretenden Umpolungen nachvollziehen (Abb. 14.13), mit anderen Worten: das Magnetfeld der Erde kehrt spontan und ausschließlich durch interne Wechselwirkungen seine Richtung um.

Dieses Verhalten zeigt einen grundlegenden Unterschied zwischen dem Geodynamo und den in Kraftwerken verwendeten Generatoren. Ein dampfgetriebener Generator ist ein künstliches System, das vom Menschen für eine bestimmte Aufgabe konstruiert wurde. Im Gegensatz dazu ist der Geodynamo ein Beispiel für ein **selbstorganisierendes natürliches System** – ein System, dessen Verhalten nicht durch externe Zwänge bestimmt ist, sondern sich aus internen Wechselwirkungen ergibt.

Die beiden anderen Geosysteme – Plattentektonik und Klima – zeigen ebenfalls eine breite Vielfalt von selbstorganisierendem Verhalten. Die Erklärung, auf welche Art und Weise sich solche Systeme selbst organisieren, ist eine der großen Herausforderungen für die modernen Geowissenschaften. In Kapitel 15 werden wir bei der Besprechung des Klimasystems noch einmal auf dieses Thema eingehen.

## Paläomagnetismus

Wiederholt wurde gezeigt, wie die in Gesteinen konservierte Magnetfeldorientierung, die auch als fossiler Magnetismus oder **Paläomagnetismus** bezeichnet wird, zu einer äußerst wichtigen Informationsquelle hinsichtlich der erdgeschichtlichen Entwicklung wurde. Das auf ozeanischer Kruste kartierte Streifenmuster bestätigte den Vorgang des Seafloor-Spreading und es liefert noch immer die besten Angaben für eine Erklärung, wie sich die Plattenbewegungen seit dem Auseinanderbrechen von Pangaea vor 200 Ma entwickelt haben (Kap. 2). Der in den alten kontinentalen Gesteinen konservierte Paläomagnetismus war die wesentliche Voraussetzung für die Rekonstruktion älterer Großkontinente wie etwa Rodinia (Kap. 10).

Außerdem ermöglichte der Paläomagnetismus die Rekonstruktion der zeitlichen Entwicklung des Erdmagnetfelds. Die ältesten bisher gefundenen magnetisierten Gesteine haben ein Alter von etwa 3,5 Milliarden Jahren und belegen, dass die Erde zu diesem Zeitpunkt bereits ein Magnetfeld besaß, das sich vom heutigen nicht wesentlich unterschied. Eine bereits in den ältesten Gesteinen vorhandene Magnetisierung stimmt mit der in Kapitel 11 erwähnten Vorstellung einer Differenziation der Erde überein; sie bedeutet umgekehrt aber auch, dass bereits zu einem frühen Zeitpunkt der 4,5 Milliarden Jahre umfassenden Erdgeschichte ein flüssiger Erdkern mit Konvektionsbewegungen vorhanden war.

Wir wollen uns noch etwas eingehender mit den gesteinsbildenden Vorgängen befassen, die solche bemerkenswerten Schlussfolgerungen ermöglichen.

**Thermoremanente Magnetisierung** In den frühen sechziger Jahren des vergangenen Jahrhunderts fand ein australischer Student die Reste einer Feuerstelle an einem ehemaligen Lagerplatz, den die Ureinwohner Australiens einst benutzt hatten. Die Steine waren magnetisiert. Der Student entnahm einige Steine, deren räumliche Orientierung er zuvor sorgfältig dokumentiert hatte. Dann bestimmte er die Richtung der Magnetisierung dieser Steine und stellte fest, dass sie genau entgegengesetzt zur heutigen Feldrichtung orientiert war. Er vermutete gegenüber seinem ungläubigen Professor, dass zumindest vor 30 000 Jahren, als das Lager benutzt worden war, das irdische Magnetfeld entgegen der heutigen Richtung orientiert war, das heißt, eine Kompassnadel hätte damals also nach Süden und nicht nach Norden gezeigt.

Bekanntlich wird der Magnetismus bei hohen Temperaturen zerstört. Viele magnetisierbare Stoffe haben die Eigenschaft, dass sie beim Abkühlen unter den so genannten Curie-Punkt von ungefähr 500 °C in Richtung des umgebenden Magnetfelds magnetisiert werden. Der Grund liegt in der Ausrichtung der ferromagnetischen Minerale oder bestimmter Atomgruppen in Richtung des herrschenden Magnetfelds. Solange das Material heiß ist, sind diese ferromagnetischen Komponenten wegen der thermischen Bewegungen der Atome ungeordnet und es tritt keine Magnetisierung auf. Kühlt das Material ab, werden die Atome unbeweglicher und an Ort und Stelle fixiert, wobei die atomaren Magnete sich nach der Richtung der magnetischen Kraftlinien ausrichten. Der daraus resultierende Magnetismus wird als **thermoremanenter Magnetismus** bezeichnet, weil im Gestein gewissermaßen die ursprüngliche Magnetfeldrichtung aufgezeichnet bleibt, auch wenn das Feld seine Richtung später ändert. Der australische Student konnte die Richtung des damals herrschenden Magnetfelds deshalb ermitteln, weil die Steine nach dem letzten Feuer abkühlten und ihre magnetischen Komponenten sich nach dem vorhandenen Magnetfeld ausgerichtet hatten (Abb. 14.14). Die Entdeckung der Umpolungen des Erdmagnetfelds und die Möglichkeit, diese zu messen, war ein wesentliches Argument bei der Aufstellung der Theorie der Plattentektonik.

**Detritus-Remanenz** Auch einige Sedimentgesteine können remanent magnetisiert werden. Marine Sedimente entstehen, wenn Sedimentpartikel im Ozean auf den Boden absinken und diagenetisch verfestigt werden. Enthalten diese Partikel auch magnetische Minerale wie beispielsweise Magnetit, werden die magnetischen Sedimentkomponenten in Richtung des herrschenden Erdmagnetfelds ausgerichtet. Diese Orientierung bleibt auch dann im Sediment erhalten, wenn es durch diagenetische Prozesse zu Gestein verfestigt wird. Die so genannte **Sedimentations-** oder **Detritusremanenz** eines Sedimentgesteins ist daher auf eine parallele Ausrichtung dieser winzigen Magnete zurückzuführen, die sich wie kleine Kompasse in Richtung des zur Zeit der Ablagerung vorherrschenden Felds orientieren (Abb. 14.15).

**Magnetostratigraphie** Das irdische Magnetfeld kehrt seine Polarität periodisch um. Solche Umpolungen sind in den fossilen magnetischen Aufzeichnungen übereinander liegender Lavaergüsse dokumentiert. Jede Gesteinsschicht entspricht von oben nach unten einer zunehmend älteren Periode der Erdgeschichte, deren Alter sich durch radiometrische Verfahren bestimmen lässt. Die Richtung der remanenten Magnetisierung kann für jede einzelne Lage ermittelt werden, um auf diese Weise die zeitliche Abfolge der Umpolungen des Felds, das heißt die **Magnetostratigraphie** abzuleiten. Die Abfolge der Inversionen des Magnetfelds lässt sich auch durch die Kartierung des am Meeresboden dokumentierten magnetischen Streifenmusters rekonstruieren. So wurde beispielsweise durch eine Kombination dieser Daten die Abfolge der Umpolungen des Magnet-

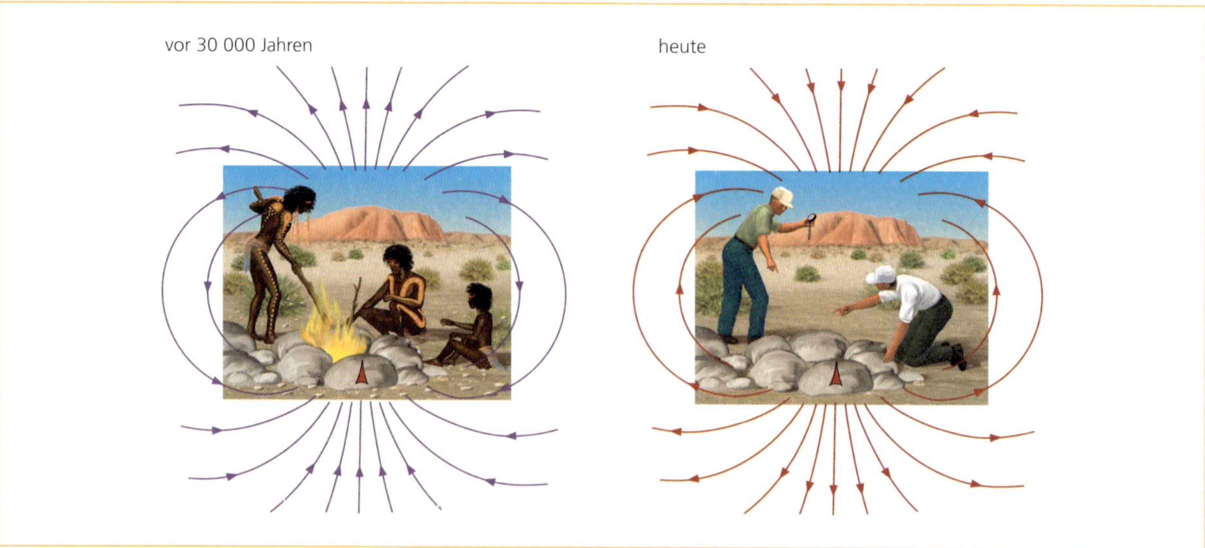


**Abb. 14.14** Vor 30 000 Jahren war das irdische Magnetfeld genau umgekehrt gepolt wie heute. Das belegen unter anderem Steine von prähistorischen Feuerstellen, deren Magnetisierung der heutigen Feldrichtung entgegengerichtet ist. Als diese Steine nach dem letzten Feuer abkühlten, wurden sie in Richtung des damaligen Magnetfelds magnetisiert und bewahrten somit eine paläomagnetische Aufzeichnung dieses Felds, vergleichbar mit den fossilen Resten ehemaliger Lebewesen.

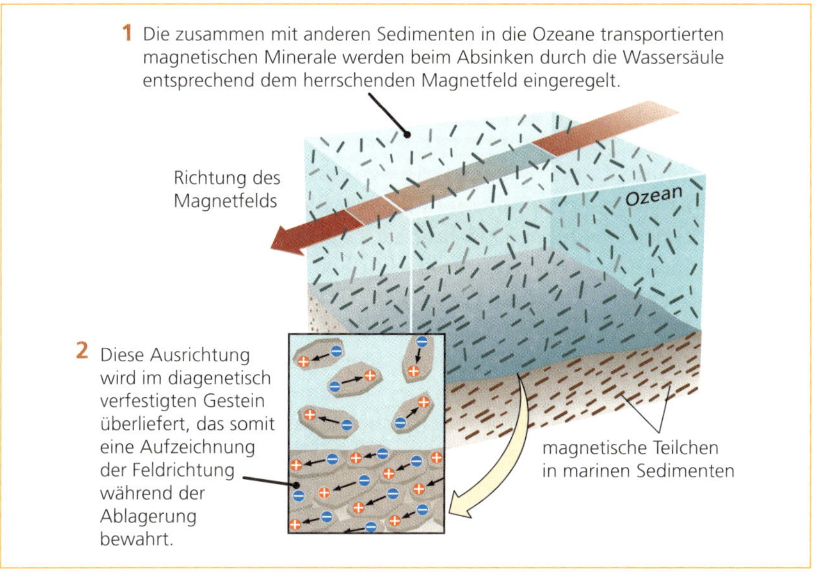


**Abb. 14.15** Sedimentschichten, die sich gegenwärtig bilden, werden in Richtung des heutigen Erdmagnetfelds magnetisiert.

felds für die letzten 200 Ma detailliert ausgearbeitet (Abb. 14.16). Diese Zeitskala der Magnetfeldumkehr wird nicht nur von Geologen, sondern auch von Archäologen und Anthropologen verwendet. Beispielsweise wurde die Magnetostratigraphie zur Datierung terrestrischer Sedimente herangezogen, die fossile Reste von unseren hominiden Vorfahren enthielten.

In ungefähr der Hälfte aller untersuchten Gesteine wurde eine Magnetisierung in entgegengesetzter Richtung zum heutigen Erdmagnetfeld festgestellt. Demnach

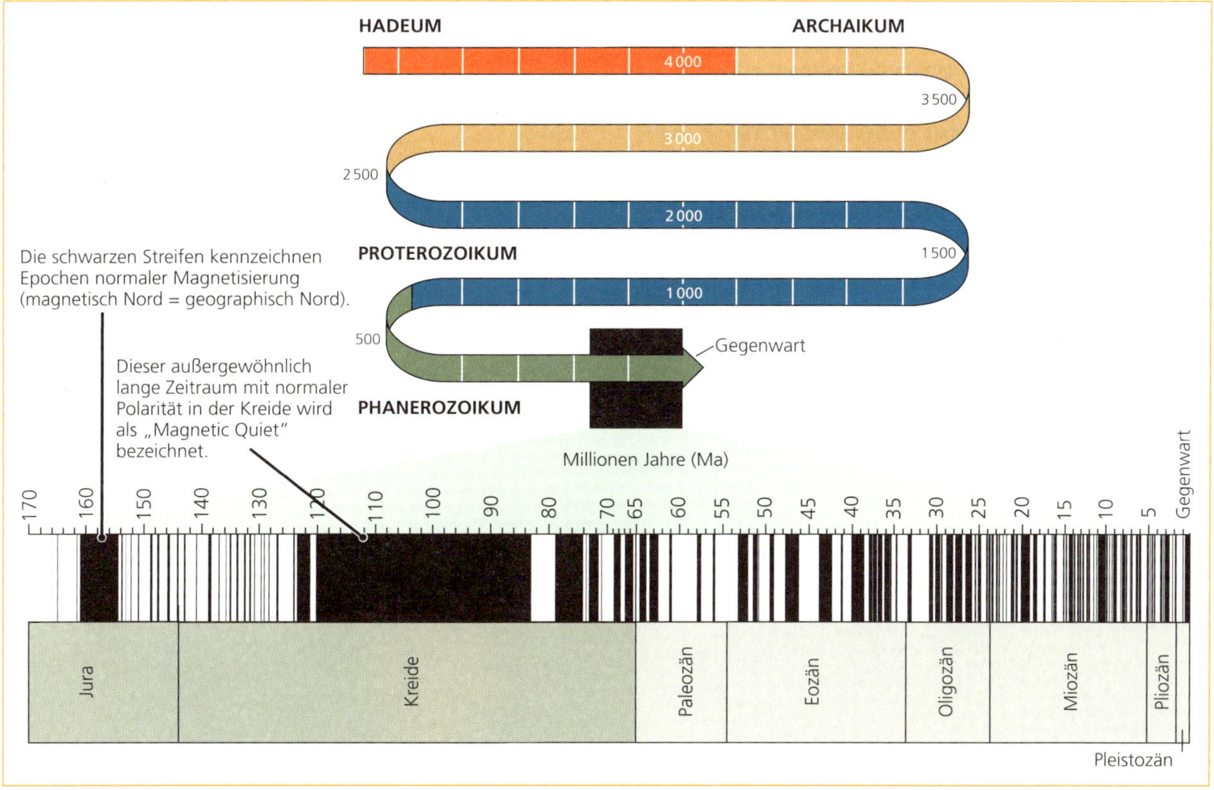


**Abb. 14.16** Die paläomagnetische Zeitskala; sie beginnt vor 170 Ma und reicht bis zur Gegenwart. Normal magnetisierte Epochen sind schwarz, invers magnetisierte Epochen sind weiß dargestellt.

hat sich die Feldrichtung im Lauf der Erdgeschichte häufig verändert, denn normale Polarität (die gleiche wie heute) und inverse Polarität sind in Gesteinen etwa gleich häufig. Die normal und invers magnetisierten Perioden, die als Chrone bezeichnet werden, sind unterschiedlich lang, sie scheinen aber im Durchschnitt 500 000 Jahre gedauert zu haben. Den größeren Epochen sind kurzzeitige Umpolungen des Felds überlagert. Diese so genannten Subchrone dürften überall zwischen mehreren tausend bis zu einigen Millionen Jahren gedauert haben. Der australische Student fand offenbar ein neues inverses Subchron innerhalb der heutigen normal magnetisierten Epoche.

## Magnetfeld und Biosphäre

Aus der Gesteinsabfolge ist bekannt, dass der Geodynamo seit der frühen Erdgeschichte aktiv ist und das Leben daher in einem starken Magnetfeld entstanden ist. Das blieb nicht ohne Folgen und erwies sich mitunter als überraschend. Beispielsweise entwickelten zahlreiche Organismen wie etwa Tauben, Meeresschildkröten, Wale und selbst Bakterien bestimmte Sinnesorgane, die ihnen mithilfe des Magnetfelds eine exakte Orientierung ermöglichen. Diese Sinnesorgane beruhen auf winzigen Kristallen des Minerals Magnetit ($Fe_3O_4$), die, als sie in dem Organismus auf biologischem Wege gebildet wurden, durch das Normalfeld der Erde eine Magnetisierung erfuhren. Die Kristalle wirken wie kleine Kompasse, mit deren Hilfe sich die Organismen im Erdmagnetfeld orientieren. Geobiologen entdeckten vor einiger Zeit außerdem, dass einige Tiere sogar in bestimmter Weise angeordnete Magnetitkristalle verwenden, um die Stärke des Magnetfelds zu ermitteln, die ihnen weitere Informationen für die Orientierung liefert.

Das Magnetfeld ist jedoch nicht nur ein brauchbares Bezugssystem für manche fliegende und schwimmende Organismenart, es ist auch ein wesentlicher Bestandteil des Systems Erde, der für die Erhaltung einer reichhaltigen und empfindlichen Biosphäre an der Erdoberfläche äußerst wichtig ist. Obwohl der Geodynamo im Erdkern in großer Tiefe arbeitet, reichen seine magnetischen Kraftlinien weit in den Weltraum hinaus und bilden dort eine Barriere, die unsere Erdoberfläche vor der zerstörenden Strahlung des Sonnenwinds schützt. Ohne den Schutzschild eines starken Magnetfelds wäre dieser intensive Strom hochenergetischer, elektrisch geladener Partikel für die meisten Organismen tödlich.

Würde darüber hinaus das Magnetfeld des Geodynamos aus irgendeinem Grund zusammenbrechen, würde durch das Bombardement des Sonnenwinds und der anderen ionisierenden Strahlen aus dem Weltraum die Atmosphäre allmählich verschwinden und damit auch die terrestrische Umwelt zerstört werden. Dies scheint auf dem Mars tatsächlich passiert zu sein. Der in der Kruste des Mars konservierte Paläomagnetismus wurde durch Satelliten nachgewiesen. Deshalb wissen wir, dass der Rote Planet in der Vergangenheit einen aktiven Geodynamo besaß, der ein starkes Magnetfeld erzeugte. Irgendwann in der frühen Geschichte des Mars hörte der Geodynamo auf zu arbeiten, möglicherweise weil der Kern des Mars so weit abgekühlt war, dass er erstarrte. Der Planet war fortan dem Sonnenwind ausgesetzt, was in der Folge weitgehend zum Verlust seiner Atmosphäre führte – bis auf eine dünne Schicht, die wir heute beobachten.

# Zusammenfassung des Kapitels

**Was seismische Wellen über den Schalenbau der Erde aussagen:** Mithilfe seismischer Wellen konnte gezeigt werden, dass unter der granitischen Kruste der Erde ein dichterer ultrabasischer Mantel lagert, der überwiegend aus Peridotit besteht. Kruste und oberster Mantel bilden zusammen die Lithosphäre. Unter der Lithosphäre befindet sich die Asthenosphäre, eine eher plastisch reagierende Schicht des Oberen Mantels, auf der die Lithosphärenplatten gleiten. An der Oberfläche der Asthenosphäre sind die Temperaturen hoch genug, um Peridotit partiell aufzuschmelzen. Dadurch entsteht ein Bereich, in dem die Ausbreitungsgeschwindigkeit der S-Wellen mit der Tiefe abnimmt. Unter einer Tiefe von 200 km nimmt die Geschwindigkeit der seismischen Wellen wieder mit der Tiefe zu. In Tiefen von 410 beziehungsweise 660 km unter der Oberfläche steigt die Wellengeschwindigkeit erneut sprunghaft an. Dies ist auf Phasenumwandlungen zurückzuführen, bei denen die im Erdmantel vorhandenen Minerale in dichter gepackte Kristallstrukturen übergehen, die unter dem dort herrschenden hohen Druck stabil sind.

**Was seismische Wellen über den Schalenbau des Erdkerns aussagen:** Seismische Wellen, die an der Kern/Mantel-Grenze reflektiert werden, lassen erkennen, dass sich in einer Tiefe von 2 890 km die chemische Zusammensetzung ändert. Das Aussetzen der S-Wellen unter der Kern/Mantel-Grenze spricht dafür, dass der Äußere Kern flüssig ist. Aus den Geschwindigkeiten der seismischen Wellen ergibt sich, dass der flüssige Äußere Kern in einer Tiefe von 5 150 km in den festen Inneren Kern übergeht. Mehrere Hinweise sprechen dafür, dass der Erdkern überwiegend aus einer Eisen-Nickellegierung mit geringen Anteilen an Sauerstoff und Schwefel besteht.

**Was die seismische Tomographie über den Aufbau von Kruste und Mantel ergibt:** Mithilfe der seismischen Tomographie ist man in der Lage, dreidimensionale Bilder von den Strukturen im Erdinneren zu erzeugen. Sie zeigen, wie Lithosphärenplatten ihre Mächtigkeit verändern: Unter den mittelozeanischen Rücken sind sie relativ dünn, unter den Kratonen dagegen extrem mächtig. Darüber hinaus liefert die seismische Tomographie zahlreiche Hinweise auf Konvektionsvorgänge im Erdmantel wie beispielsweise kalte Lithosphärenplatten, die bis in den Unteren Mantel (einige sogar bis zur Kern/Mantel-Grenze) abtauchen, oder auch auf ausgedehnte Manteldiapire, die aus großer Tiefe des Mantels nach oben steigen.

**Die im Erdinneren herrschenden Temperaturen:** Im Inneren der Erde ist es heiß, weil noch ein Großteil der bei der Entstehung der Erde freigesetzten Wärme zurückgehalten wurde; hinzu kommt die Wärme, die beim Zerfall der radioaktiven Elemente entsteht. Im Laufe der Zeit kühlte das Erdinnere ab, der Erdkern und der Erdmantel überwiegend durch Konvektion, die Lithosphäre dagegen durch Wärmeleitung. Eine Geotherme beschreibt die Temperaturzunahme mit der Tiefe. In der kontinentalen Kruste steigt die Temperatur normalerweise pro Kilometer Tiefe um 20–30 °C. Die Temperaturen liegen an der Basis der Lithosphäre zwischen 1 300 und 1 400 °C. Sie sind damit hoch genug, dass Mantelperidotite zu schmelzen beginnen. Die Temperatur im flüssigen Äußeren Erdkern beträgt möglicherweise über 3 000 °C, die Temperatur im Erdmittelpunkt liegt nach Meinung einiger Geologen bei 5 000 °C, nach anderen Berechnungen kann sie aber auch Werte zwischen 6 000 °C und 8 000 °C erreichen.

**Das Schwerefeld der Erde und der Aufbau des Erdinneren:** Schwankungen der Gravitation an der Erdoberfläche und die dadurch hervorgerufenen Veränderungen an der Gestalt des Erdkörpers können heute durch Höhenmessungen von Satelliten aus ermittelt werden. Diese Schwankungen entstehen vor allem durch Temperaturunterschiede aufgrund von Konvektionsbewegungen im Erdmantel, die wiederum die Dichte der Gesteine beeinflussen (hohe Temperaturen führen zur Abnahme der Dichte und zur Reduzierung der Geschwindigkeiten seismischer Wellen). Das beobachtete Gravitationsfeld stimmt mit den Konvektionsbewegungen im Erdmantel überein, die mithilfe der seismischen Tomographie abgebildet werden können.

**Das Magnetfeld der Erde und der flüssige Äußere Erdkern:** Konvektionsbewegungen im Äußeren Erdkern führen in dieser elektrisch leitfähigen flüssigen Legierung aus Eisen und Nickel zur einem Stromfluss und damit zu einem Geodynamo, der ein Magnetfeld erzeugt. Das Magnetfeld an der Erdoberfläche entspricht weitgehend dem Magnetfeld eines Dipols, es besitzt jedoch auch einen geringen Nicht-Dipol-Anteil. Karten des Magnetfelds, die durch systematische Kompassmessungen zusammengestellt wurden, zeigen, dass sich das Magnetfeld im Lauf der vergangenen Jahrhunderte verändert hat. Dies ermöglicht Rückschlüsse auf die Flüssigkeitsbewegungen, die den Geodynamo antreiben.

**Der Paläomagnetismus und seine Bedeutung:** Geologen haben entdeckt, dass Gesteine in Richtung des zur Zeit ihrer Bildung herrschenden Erdmagnetfelds magnetisiert werden können. Dieser remanente Magnetismus bleibt über Millionen von Jahren in den Gesteinen erhalten. Der Paläomagnetismus unterschiedlich alter Gesteine lässt erkennen, dass das Magnetfeld der Erde seine Polarität im Laufe der Erdgeschichte häufig geändert hat. Die chronologische Abfolge dieser Feldumkehrungen liefert zusammen mit der remanenten Magnetisierung einer Gesteinsabfolge oftmals Hinweise auf das stratigraphische Alter.

Momentaufnahme des Klimasystems, aufgenommen von Sensoren mehrerer Satelliten. Sie zeigt die Wolkendecke, die Oberflächentemperaturen der Ozeane und die Erdoberfläche einschließlich der Vegetation [*Foto: R. B. Husar/NASA Visible Earth*].

# Kapitel 15
# System Klima

In den vorangegangenen sieben Kapiteln befassten wir uns mit dem Erdinneren, um die Wärmekraftmaschine der Systeme Plattentektonik und Geodynamo zu hinterfragen. Wir kehren nun zurück an die Erdoberfläche und betrachten dort ein globales Geosystem, das nicht von der inneren Wärme der Erde, sondern von der Wärme der Sonne angetrieben wird: das System Klima.

Kaum ein Umweltfaktor innerhalb der Geowissenschaften ist für unser Wohlergehen wichtiger als das Klima. Im Verlauf der gesamten Erdgeschichte war das Kommen und Gehen von Organismen eng mit Klimaveränderungen verbunden. Selbst die kurze Geschichte unserer eigenen Spezies wurde erheblich von Klimaveränderungen geprägt: Ackerbau betreibende Gemeinschaften entwickelten sich erst vor 11 000 Jahren, als das raue Klima der letzten Eiszeit rasch in das mildere und ausgeglichenere Klima des Holozäns überging. Heute setzt eine wirtschaftlich von fossilen Brennstoffen abhängige globalisierte Gesellschaft mit einer unglaublichen Geschwindigkeit Treibhausgase in die Atmosphäre frei, mit möglicherweise verheerenden Konsequenzen – globale Erwärmung, Anstieg des Meeresspiegels und ungünstige Veränderungen des Wettergeschehens bedrohen große Landstriche. Das System Klima ist ein riesiger und unglaublich komplizierter Mechanismus, und ob wir wollen oder nicht, die steuernden Faktoren befinden sich in unseren Händen. Wir sitzen gewissermaßen auf dem Fahrersitz und betätigen des Gaspedal, deshalb sollten wir eigentlich viel besser verstehen, wie dieser Mechanismus funktioniert.

In diesem Kapitel betrachten wir daher die wichtigsten Komponenten des Systems Klima und die Art und Weise, wie diese Komponenten zusammenwirken und das Klima erzeugen, in dem wir heute leben. Wir untersuchen die geologischen Belege für Klimaveränderungen und diskutieren die wichtige Rolle des Kohlenstoffkreislaufs für die Regulierung des Klimas. Schließlich betrachten wir Hinweise auf eine globale Erwärmung durch die Freisetzung von Emissionen aus der Nutzung fossiler Brennstoffe in die Atmosphäre.

Kenntnisse über das System Klima geben uns das notwendige geistige Rüstzeug für breit angelegte Untersuchungen zahlreicher geologischer Prozesse, die die Oberfläche unseres Planeten formen: Verwitterung, Erosion, Sedimenttransport durch Wind und Wasser, die Wechselwirkung von Tektonik und Klima – das sind die Themen der folgenden sieben Kapitel. Sie führen uns weiter zum letzten Themenkreis dieses Buches: die globale Betrachtung des Bedarfs an Ressourcen und die umweltbelastenden Einflüsse der menschlichen Gesellschaft, auf die in Kapitel 23 eingegangen wird.

# Komponenten des Systems Klima

An jedem Punkt der Erde ändert sich die von der Sonne abgegebene Wärmeenergie täglich, jährlich und auch in zeitlich längeren Zyklen, die insgesamt mit der Bewegung der Erde um die Sonne in Zusammenhang stehen. Diese zyklisch schwankende Zufuhr von Sonnenenergie führt an der Erdoberfläche zu entsprechenden Veränderungen: am Tag steigen die Temperaturen und bei Nacht kühlt es ab, im Sommer wird es wärmer und im Winter kälter. Unter dem Begriff **Klima** werden die charakteristischen, nahe der Erdoberfläche an einem bestimmten Ort oder in einer bestimmten Region herrschenden atmosphärischen Zustände zusammengefasst. Es ist das Ergebnis einer statistischen Beschreibung relevanter Klimaelemente wie Lufttemperatur, Luftfeuchtigkeit, Bewölkung, Niederschlagsmenge, Windgeschwindigkeit, Sonnenscheindauer und anderer Wetterbedingungen über einen Beobachtungszeitraum im Allgemeinen von mindestens 30 Jahren. Tabelle 15.1 zeigt als Beispiel eine Temperaturstatistik für die Wetterstation Potsdam, von der seit den neunziger Jahren des 19. Jahrhunderts Klimadaten erhoben werden. Sie enthält neben den mittleren Temperaturen der einzelnen Monate auch die Messwerte der Temperaturschwankungen (Maximal- und Minimaltemperaturen sowie deren Mittelwerte). Zusätzlich zur normalen Wetterstatistik umfasst eine vollständige wissenschaftliche Beschreibung des Klimas auch die nicht atmosphärischen Umweltkomponenten der Erdoberfläche wie Bodenfeuchtigkeit, Oberflächenabfluss in Gewässern, Oberflächentemperaturen der Ozeane und die Geschwindigkeit der Oberflächenströmungen in den Meeren.

Das **System Klima** schließt alle Bereiche des Systems Erde und alle Wechselwirkungen ein, die für eine Erklärung erforderlich sind, wie sich das Klima in Zeit und Raum verhält (Abb. 15.1). Die wichtigsten Komponenten des Systems Klima sind Atmosphäre, Hydrosphäre, Kryosphäre, Lithosphäre und Biosphäre. Jede dieser Komponenten spielt – abhängig von ihrer Fähigkeit, Energie zu speichern und zu transportieren – im System Klima eine unterschiedliche Rolle.

## Atmosphäre

Die Erdatmosphäre ist derjenige Teilbereich des Klimasystems, der sich am leichtesten und schnellsten verändert. Wie das Erdinnere besteht auch die Atmosphäre aus unterschiedlichen Schichten (Abb. 15.2). Etwa drei Viertel ihrer Masse sind in der untersten Schicht, der **Troposphäre** konzentriert, die eine durchschnittliche Mächtigkeit von etwa 11 km aufweist; in ihr kommt es aufgrund der Erwärmung der Erdoberfläche zu erheblichen Konvektionsbewegungen, die zu Stürmen und anderen kurzzeitigen Wetterstörungen führen können. Über der Troposphäre befindet sich die **Stratosphäre**, eine kühlere und trockenere Schicht, die bis in eine Höhe von etwa 50 km reicht. Die Atmosphäre endet nicht abrupt, sondern wird kontinuierlich dünner und geht allmählich in den Weltraum über.

Wegen der Erdrotation erzeugen die Konvektionsbewegungen in der Troposphäre eine Reihe von Windsystemen (Zirkulationsgürtel), die in Breiten zwischen 40° und 65° Nord bzw. Süd generell von Westen nach Osten

**Tabelle 15.1** Klimadaten der Station Potsdam, Bezugszeitraum 1961 bis 1990, angegeben in °C [*aus Schröder (2000): Die Klimate der Welt – Enke im Georg Thieme Verlag*].

| | Januar | Februar | März | April | Mai | Juni |
|---|---|---|---|---|---|---|
| mittlere Temperatur | -0,9 | 0,2 | 3,7 | 8,0 | 13,2 | 16,6 |
| mittlere Maximaltemperatur | 1,7 | 3,5 | 8,1 | 13,5 | 19,1 | 22,4 |
| mittlere Minimaltemperatur | -3,4 | -2,7 | 0,0 | 3,4 | 8,0 | 11,5 |
| absolute Maximaltemperatur | 13,6 | 18,6 | 25,7 | 31,8 | 32,5 | 34,2 |
| absolute Minimaltemperatur | -20,9 | -19,9 | -14,0 | -5,8 | -2,6 | 2,2 |
| | **Juli** | **August** | **September** | **Oktober** | **November** | **Dezember** |
| mittlere Temperatur | 17,9 | 17,5 | 13,9 | 9,4 | 4,2 | 0,7 |
| mittlere Maximaltemperatur | 23,6 | 23,4 | 19,2 | 13,7 | 7,1 | 3,0 |
| mittlere Minimaltemperatur | 13,0 | 12,7 | 9,8 | 6,0 | 1,7 | -1,7 |
| absolute Maximaltemperatur | 36,3 | 36,5 | 32,9 | 27,8 | 21,2 | 15,5 |
| absolute Minimaltemperatur | 6,2 | 5,4 | 0,1 | -3,5 | -16,6 | -24,5 |

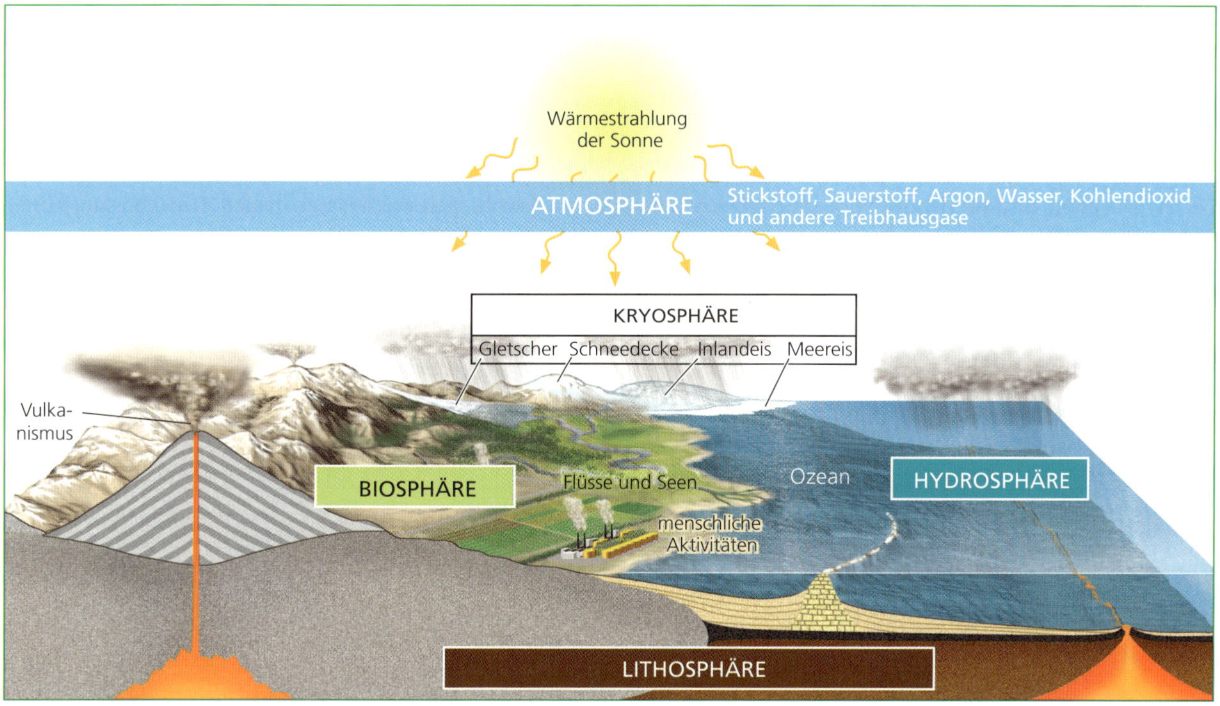


**Abb. 15.1** Das Klimasystem der Erde besteht aus komplizierten Wechselwirkungen zahlreicher Komponenten.

ziehen (Westwindgürtel). Darauf wird in Kapitel 19 noch gesondert eingegangen. In den gemäßigten Zonen transportieren diese Strömungen eine bestimmte Masse Luft in etwa einem Monat um die Erde. Die walzenförmige Luftzirkulation in den Windgürteln (vgl. Abb. 19.1) transportiert gleichzeitig Wärmeenergie von den heißeren äquatorialen Bereichen zu den kälteren Polargebieten.

Die Atmosphäre besteht aus einem Gemisch verschiedener Gase, überwiegend jedoch aus molekularem Stickstoff (78 Volumenprozent) und Sauerstoff (21 Volumenprozent), hinzu kommen Argon (0,93 Volumenprozent),

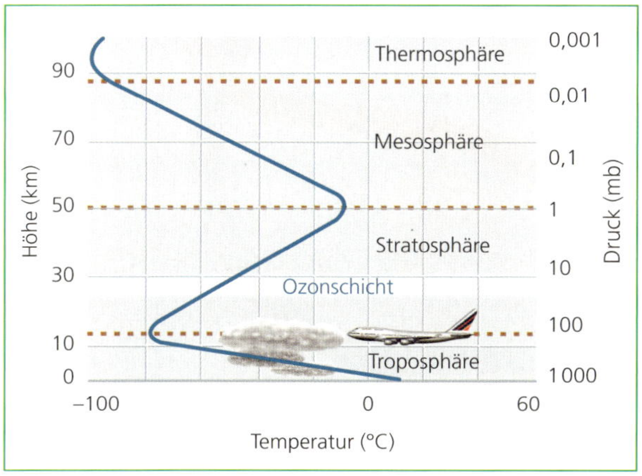


**Abb. 15.2** Der Aufbau der Atmosphäre mit Temperatur- und Druckverteilung in Abhängigkeit von der Höhe.

Kohlendioxid (0,0381 Volumenprozent, Stand 2006) und andere Gase (0,035 Volumenprozent); die prozentualen Angaben sind dabei jeweils auf trockene Luft bezogen. Zu den nicht genannten restlichen Gasen gehört Wasserdampf, der in der Nähe der Erdoberfläche in höchst unterschiedlichen Konzentrationen vorhanden ist (bis zu 3, typischerweise jedoch etwa 1 Volumenprozent). Wasserdampf ($H_2O$) und Kohlendioxid ($CO_2$) sind die wesentlichen Treibhausgase. Wenn es diese Treibhausgase nicht gäbe, würde die von der Sonneneinstrahlung erzeugte Wärme einfach wieder durch die Atmosphäre in den Weltraum entschwinden, und damit wäre das Klima der Erde deutlich kälter. Die Treibhausgase absorbieren die von der Erdoberfläche emittierte langwellige Infrarotstrahlung und strahlen einen Teil davon wieder zur Erdoberfläche zurück, der übrige Teil wird in den Weltraum abgegeben. Dies führt zu einer größeren Energieaufnahme der Erdoberfläche und damit insgesamt zu einer Erwärmung der Atmosphäre.

Ein weiterer mengenmäßig kleiner Bestandteil der Atmosphäre ist das Ozon ($O_3$), eine höchst reaktionsfähige Modifikation des Sauerstoffs, die in erster Linie durch die ultraviolette Strahlung der Sonne entsteht, indem sie molekularen Sauerstoff ionisiert. In den unteren Bereichen der Atmosphäre ist Ozon nur in geringen Mengen vorhanden. Der größte Teil des Ozons befindet sich in der Stratosphäre, wo es in einer Höhe zwischen 25 und 30 km in maximaler Konzentration angereichert ist (Abb. 15.2). Dieser Ozonschild absorbiert den größten Teil der ultravioletten Strahlung und schützt dadurch die Biosphäre an der Erdoberfläche vor der zerstörenden Wirkung der Sonnenstrahlung.

## Hydrosphäre

Die Hydrosphäre umfasst die mit Wasser bedeckten Teile der Erdoberfläche und damit die Ozeane, Binnenseen, Flüsse, Bäche und das Grundwasser, das sich im Grenzbereich zur Lithosphäre befindet. Nahezu das gesamte flüssige Wasser befindet sich in den Ozeanen (1 350 Milliarden Kubikkilometer); Binnenseen, Flüsse und Grundwasser enthalten lediglich ein Prozent (15 Millionen Kubikkilometer). Diese auf den Kontinenten befindlichen Bestandteile der Hydrosphäre spielen jedoch im System Klima als Speicher für die Feuchtigkeit auf dem Festland eine entscheidende Rolle. Außerdem bilden sie ein Transportsystem für die Rückführung der Niederschläge in die Ozeane und für die Versorgung der Ozeane mit Salzen und anderen Mineralen.

Obwohl sich das Wasser in den Ozeanen langsamer bewegt als die Luft in der Atmosphäre, kann Wasser eine wesentlich größere Wärmemenge speichern. Aus diesem Grund transportieren Meeresströmungen Energie sehr effektiv. Die über die Ozeane wehenden Winde führen zur Bildung von Oberflächenströmungen und in den Meeresbecken zu großräumigen Strömungssystemen (Abb. 15.3a). Wie in der Atmosphäre sind die wichtigs-

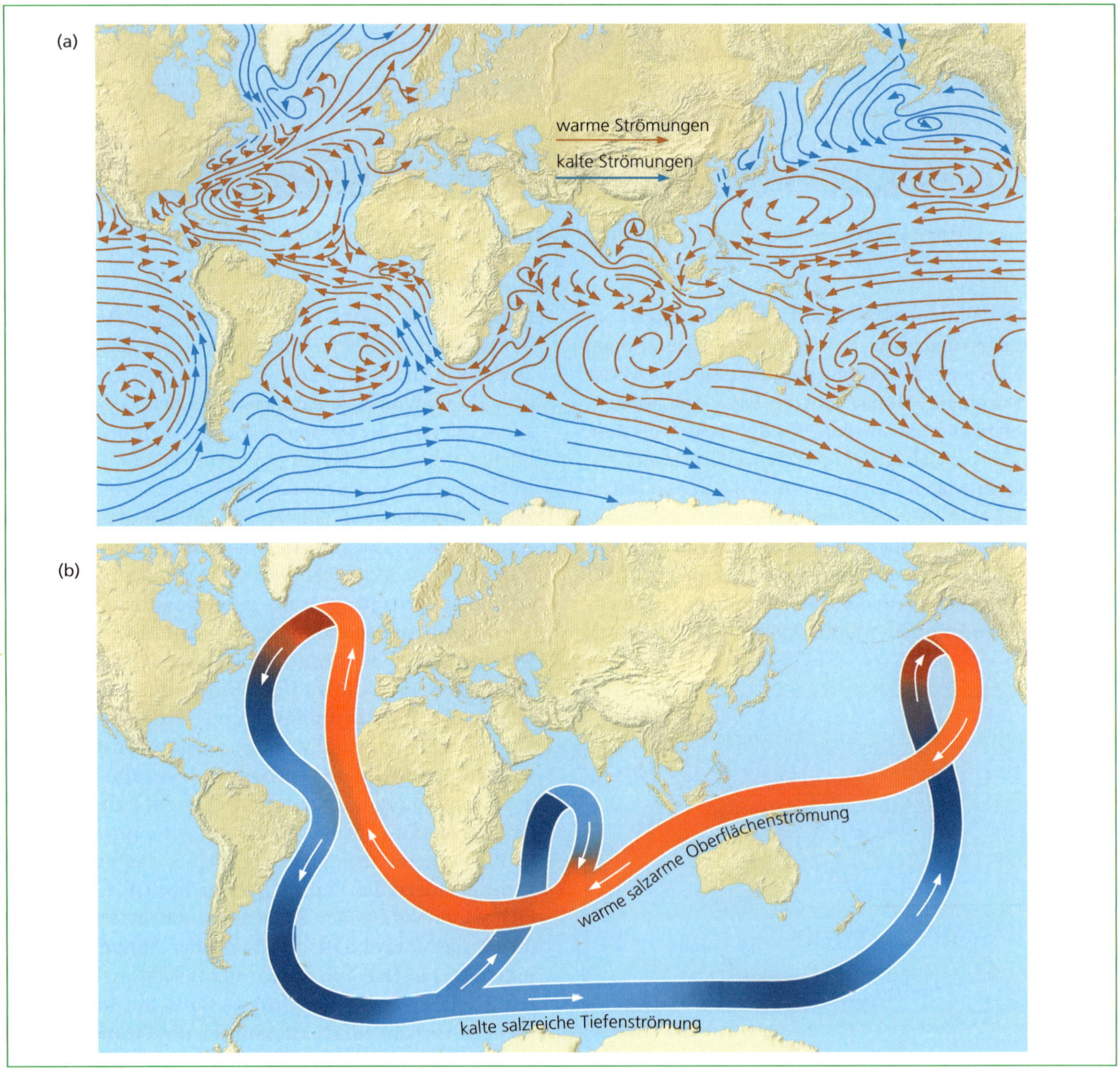


**Abb. 15.3** Die beiden großen Strömungssysteme der Ozeane. (a) Kalte und warme Oberflächenströmungen; (b) Schematische Darstellung des thermohalinen Strömungskreislaufs, durch den Wärme aus den äquatorialen Gebieten in die kalten Polarregionen transportiert wird.

ten Strömungen für die Regulierung des Klimas jene, die Wärme von den äquatorialen in die polaren Breiten transportieren. Zu diesen Strömungen gehören sowohl vertikale Konvektionsbewegungen als auch horizontale Strömungen. Ein Beispiel hierfür ist der Golfstrom, der am Westrand des Atlantischen Ozeans nach Norden fließt und Wasser aus dem Karibischen Meer mit sich führt und dadurch das Klima Nordamerikas und Europas erwärmt.

Im Nordatlantik kühlt das Wasser ab und sein Salzgehalt nimmt zu (aufgrund der geringeren Süßwasserzufuhr aus Flüssen in hohen Breiten). Als Konsequenz steigt die Dichte des Wassers und es sinkt nach unten ab. Auf diese Weise entsteht eine kältere Tiefenströmung, die als Teil eines **thermohalinen Strömungskreislaufs** nach Süden fließt – thermohalin, weil dieser Kreislauf durch unterschiedliche Temperaturen und Salzkonzentrationen angetrieben wird. In globalem Maßstab wirkt diese thermohaline Zirkulation wie ein riesiges Förderband, das die Ozeane durchzieht und Wärme von den äquatorialen Bereichen zu den Polen transportiert (Abb. 15.3b). Veränderungen innerhalb dieses Zirkulationssystems beeinflussen in erheblichem Maße das globale Klima.

## Kryosphäre

Die aus Eis und Schnee bestehende Komponente des Systems Erde wird als **Kryosphäre** bezeichnet. Sie umfasst ein Volumen von 33 Milliarden Kubikkilometer Eis, das überwiegend in den Eiskappen und Gletschern der Polargebiete gebunden ist (Abb. 15.4). Heute überdecken diese Eismassen etwa 10 Prozent der Festlandsfläche, das heißt etwa 15 Millionen Quadratkilometer, und sie speichern ungefähr 75 Prozent des Süßwassers der Erde. Zum so genannten schwimmenden Eis gehört das Meereis sowie das gefrorene Fluss- und Seewasser. Im Winter überdeckt das Meereis auf dem Nordpolarmeer normalerweise eine Fläche von 14–16 Millionen Quadratkilometer und im Umkreis der Antarktis von etwa 17–20 Millionen Quadratkilometer.

Der von der Jahreszeit abhängige Wasseraustausch zwischen Kryosphäre und Hydrosphäre ist ein wichtiger Vorgang innerhalb des Klimasystems. Ungefähr 33 Prozent der Landoberfläche sind jahreszeitlich bedingt von Schnee bedeckt, abgesehen von 2 Prozent befinden sich diese fast ausschließlich auf der Nordhalbkugel. Abschmelzender Schnee ist die wichtigste Quelle für den größten Teil des in der Hydrosphäre vorhandenen Süßwassers. Beispielsweise bestehen die jährlichen Niederschläge in der Sierra Nevada und in den Rocky Mountains zu 60 bis 70 Prozent aus Schnee, der im Frühjahr bei der Schneeschmelze als Wasser in den Flüssen abfließt.

Die Rolle der Kryosphäre unterscheidet sich im Klimasystem von der Rolle der flüssigen Hydrosphäre, da

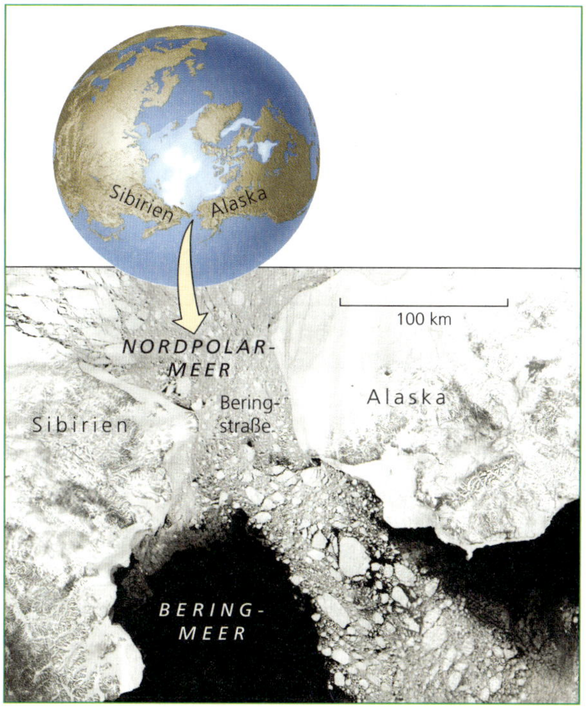


**Abb. 15.4** Meereis ist ein wichtiger Bestandteil der Kryosphäre. Das Satellitenbild zeigt Meereis, das sich im Mai 2002 durch die Beringstraße in den Nordpazifik ausbreitet. Nach neueren Untersuchungen der US-Marine verringerte sich die polare Eiskappe als Folge der globalen Erwärmung seit dem Jahr 1950 um etwa 40 Prozent und die Ausdehnung der Eisbedeckung um 20 Prozent. Dies behindert die Wanderung der Wale und reduziert die Lebensräume der am Eisrand lebenden Seehunde und Eisbären [*Foto: NASA MODIS Satellite*].

Eis vergleichsweise ortsfest und weiß ist und damit nahezu die gesamte einfallende Sonnenstrahlung reflektiert. Während der Vereisungsphasen wurden zwischen der Kryosphäre und der Hydrosphäre große Mengen Wasser ausgetauscht. Beim letzen Maximum der Vereisung vor 18 000 Jahren lag der Meeresspiegel um 130 Meter tiefer als heute und das Volumen der Kryosphäre war um den Faktor drei größer.

## Lithosphäre

Der für das Klimasystem wichtigste Teil der Lithosphäre ist die Oberfläche der Festländer, die insgesamt etwa 30 Prozent der gesamten Erdoberfläche einnehmen. Die Zusammensetzung der Festlandsfläche bestimmt, in welchem Umfang die Sonnenstrahlung absorbiert und in die Atmosphäre abgegeben wird. Steigt die Temperatur, dann strahlt die Landoberfläche mehr Energie in Form von infraroter Strahlung in die Atmosphäre zurück und es verdunstet mehr Wasser. Die Verdunstung erfordert beträchtliche Mengen an Energie, daher sind die Bodenfeuchte und andere, die Verdunstung beeinflussende Faktoren – beispielsweise Vegetation und der Abfluss von Wasser im Untergrund – für die Regelung der Oberflächentemperatur wichtig.

Das Relief hat durch seinen Einfluss auf Luftströmungen und Luftzirkulation eine direkte Auswirkung auf das Klima. Luftmassen, die über hohe Gebirgszüge ziehen, regnen auf der Luvseite ab und verursachen auf der Leeseite des Gebirges einen Regenschatten (vgl. Abb. 17.3). Tatsächlich führt die asymmetrische Verteilung der Kontinente, eine unmittelbare Folge der Plattentektonik, auch im globalen Klimasystem zu einer Asymmetrie der Hemisphären.

In der Erdgeschichte sind zahlreiche länger anhaltende Klimaänderungen dokumentiert, die mit der Neuordnung der Kontinente durch plattentektonische Vorgänge in Zusammenhang stehen. Änderungen der Morphologie des Meeresbodens als Folge von Seafloor-Spreading waren Auslöser für Meeresspiegelschwankungen, während die Drift der Kontinente über die Pole zur Entstehung von Inlandeismassen führte. Tektonische Bewegungen können Meeresströmungen blockieren oder neue Durchlässe für Strömungen öffnen. Der Aufstieg der Landenge von Panama schloss beispielsweise einen Wasserweg, der vor fünf Millionen Jahren den Atlantik mit dem Pazifischen Ozean verband, und löste dadurch die Vereisungszyklen des Pleistozäns aus (Kap. 21). Sollte es durch künftige geologische Vorgänge zur Schließung des engen Kanals zwischen den Bahama-Bänken und Florida kommen, durch den heute der Golfstrom fließt, dürften in Nordwesteuropa die Temperaturen drastisch zurückgehen.

Vulkanismus, der ebenfalls an die Lithosphäre gebunden ist, beeinflusst das Klima durch die Veränderung der atmosphärischen Zusammensetzung. Größere Vulkanausbrüche können in der Stratosphäre zur Akkumulation von Staubteilchen und zur Bildung von Aerosolen führen, die verhindern, dass die Sonnenstrahlung die Erde erreicht, wodurch vorübergehend die Temperatur der Atmosphäre absinkt. Nach der heftigen Eruption des Tambora in Indonesien im Jahre 1815 erlebte die Nordhalbkugel 1816 das berüchtigte „Jahr ohne Sommer".

Nach einer Tagebuchaufzeichnung aus Vermont verging kein Monat ohne Frost und Schnee und Missernten waren die Regel. Sorgfältige Untersuchungen haben gezeigt, dass Vulkanausbrüche in der jüngeren Vergangenheit wie etwa der Ausbruch des Krakatau (1883), El Chichón (1982) und Pinatubo (1991) bis ungefähr 14 Monate nach dem Ausbruch weltweit zu einem mittleren Temperaturrückgang von 0,3 °C geführt haben (die lokalen Temperaturschwankungen waren zum Teil größer). Nach etwa vier Jahren erreichten die Temperaturen wieder ihre normalen Werte. Obwohl die Auswirkungen der meisten Eruptionen auf das globale Klima nur von kurzer Dauer waren, lieferten sie eine gute Möglichkeit, um numerische Klimamodelle zu eichen.

### Biosphäre

Der Begriff **Biosphäre** wurde bereits im Jahre 1875 von Eduard Suess geprägt, von demselben Geologen, der auch den Begriff Gondwanaland schuf und der als erster die bis auf den kristallinen Sockel erodierten kontinentalen Kratone als „Schilde" bezeichnete. Die Biosphäre schließt alle terrestrischen und marinen Organismen ein, die auf oder in der Nähe der Erdoberfläche leben: Pflanzen, Tiere und Mikroorganismen. Leben ist auf der Erdoberfläche überall zu finden, doch die Menge der Lebewesen ist von den lokal herrschenden Klimaverhältnissen abhängig, wie auf dem Satellitenbild der Pflanzenhäufigkeit in Abbildung 15.5 deutlich erkennbar ist.

Die in den lebenden Organismen gebundene und von ihnen transportierte Energiemenge ist vergleichsweise gering – von den Pflanzen wird weniger als 0,1 Prozent des Energieflusses der Sonne für die Photosynthese verbraucht. Die Biosphäre ist jedoch aufgrund ihrer Wechselwirkungen mit der Atmosphäre, Hydrosphäre und Lithosphäre eng an das Klimasystem gekoppelt. Die Auswirkung der Vegetation auf die Bodenfeuchte und die Temperatur wurde bereits erwähnt. Lebewesen beeinflussen in erheblichem Maße die Zusammensetzung der Atmosphäre, vor allem die Treibhausgase Kohlendioxid und Methan. Durch Photosynthese entziehen die marinen und terrestrischen Pflanzen der Atmosphäre Kohlendioxid. Ein Teil davon wird als Schalenmaterial in Form von Calciumcarbonat ausgefällt oder gelangt als organische Substanz in das Sediment. Die Biosphäre spielt demzufolge im Kreislauf des Kohlenstoffs eine zentrale Rolle.

Natürlich ist auch der Mensch Bestandteil der Biosphäre, wenn auch kein gewöhnlicher. Unser Einfluss auf die Biosphäre nimmt rapide zu und wir sind inzwischen zu den aktivsten Verursachern von Umweltveränderungen geworden. Als organisierte Gesellschaft verhalten wir uns völlig anders als die übrigen Arten. Beispielsweise können wir Klimaveränderungen wissenschaftlich untersuchen und unsere Aktivitäten dem erarbeiteten Wissen entsprechend – zumindest theoretisch – modifizieren.

## Treibhauseffekt

Die Sonne ist ein gelber Stern, der ungefähr die Hälfte seiner Strahlung (45 Prozent) im sichtbaren Bereich des elektromagnetischen Spektrums abgibt. Die andere Hälfte besteht teils aus infraroter Strahlung (45 Prozent), die eine größere Wellenlänge und geringere Energie besitzt, und teils aus ultravioletter Strahlung (10 Prozent), die kürzere Wellenlängen und eine dementsprechend höhere Energiedichte aufweist. Die Tatsache, dass die Strahlung im sichtbaren Spektralband am intensiv-

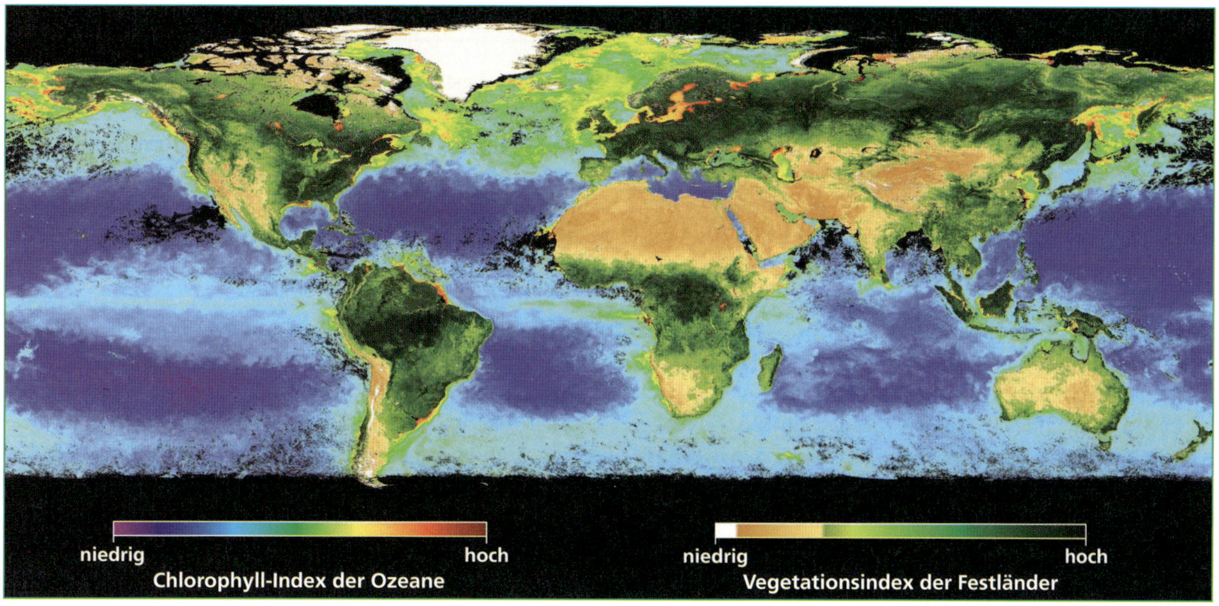


**Abb. 15.5** Die globale Verbreitung der Landpflanzen. Grundlage ist eine Kartierung des NASA-Satelliten SeaWiFS [*Foto: NASA Visible Earth*].

sten ist, ist übrigens kein Zufall – unsere Augen entwickelten sich so, dass ihre Empfindlichkeit für gelbes Licht optimiert wurde. In der Umlaufposition der Erde beträgt die durchschnittliche Menge der Strahlung, die auf die Erdoberfläche gelangt, über das Jahr gerechnet 342 W/m$^2$ (1 Watt = 1 Joule/s). Verglichen damit ist der Wärmefluss durch Konvektionsbewegungen im Erdmantel äußerst gering und beträgt lediglich 0,06 W/m$^2$. Letztendlich stammt die gesamte Energie, die das Klimasystem antreibt, von der Sonne (Abb. 15.6).

Damit die Temperatur (gemittelt über die täglichen und jahreszeitlichen Schwankungen) weltweit konstant bleibt, muss die Erdoberfläche Energie mit einer Rate von exakt 342 W/m$^2$ wieder in den Weltraum abstrahlen. Auch ein nur geringfügig kleinerer Anteil würde zu einer Erwärmung, geringfügig mehr zu einer Abkühlung der Oberfläche führen. Wie wird dieses **Strahlungsgleichgewicht** – das Gleichgewicht zwischen auftreffender und abgegebener Strahlung – erreicht?

## Ein Planet ohne Treibhausgase

Angenommen die Erde hätte überhaupt keine Atmosphäre, sondern wäre lediglich eine aus Gesteinen bestehende Kugel wie der Mond, dann würde ein Teil des auf

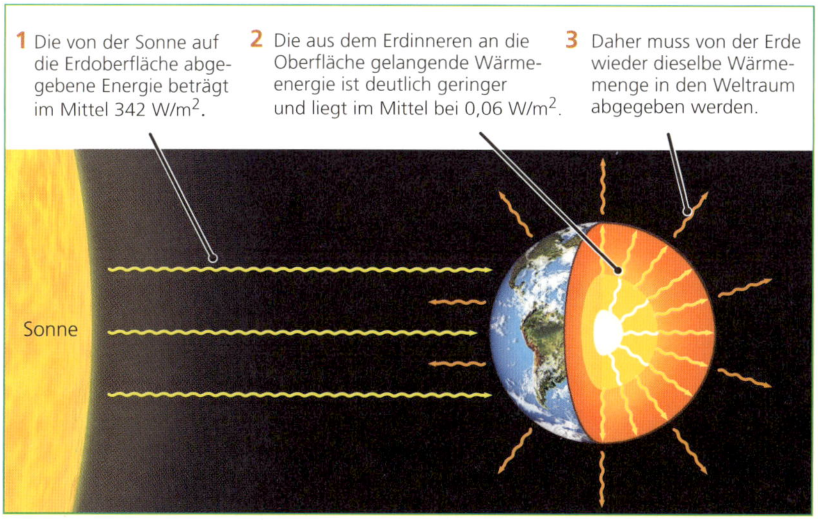


**Abb. 15.6** Der Energieausgleich der Erde wird durch die Rückstrahlung der auftreffenden Sonneneinstrahlung in den Weltraum erreicht. Die aus dem Erdinneren abgegebene Wärmemenge ist im Vergleich zur Sonnenenergie vernachlässigbar klein.

der Oberfläche auftreffenden Lichts – abhängig von der Farbe der Oberfläche – wieder in den Weltraum zurückgestrahlt und der andere von den Gesteinen absorbiert werden. Ein idealer weißer Körper würde die gesamte Sonnenenergie reflektieren, ein idealer schwarzer Körper die gesamte Wärmeenergie absorbieen. Der Anteil der reflektierten Strahlung wird als (die) **Albedo** eines Planeten bezeichnet (lat. albus = weiß). Obwohl der Vollmond hell erscheint, bestehen die Gesteine des Mondes an seiner Oberfläche überwiegend aus dunklem Basalt. Daher beträgt seine Albedo lediglich etwa 7 Prozent, mit anderen Worten: Der Mond ist physikalisch betrachtet nahezu ein schwarzer Körper.

Die abgegebene Wärmestrahlung eines schwarzen Körpers wird bei steigender Temperatur intensiver, bei sehr hoher Temperatur entsteht auch sichtbare Strahlung. Ein kalter Eisenstab ist schwarz und gibt nur wenig Wärme ab. Erwärmt man den Stab auf eine Temperatur von etwa 100 °C, dann gibt er Wärme in Form von infraroter Strahlung ab (wie ein Zentralheizungskörper). Erhitzt man den Stab auf 1 000 °C, glüht er hellorange und strahlt Wärme auch in Form sichtbarer Wellenlängen ab.

Ein der Sonne ausgesetzter schwarzer Körper erwärmt sich so weit, bis seine Temperatur exakt den richtigen Wert erreicht hat, damit er die auftreffende Wämeenergie zurück in den Weltraum abstrahlen kann. Dasselbe Prinzip lässt sich auf einen grauen Körper wie den Mond anwenden, außer dass in diesem Fall die reflektierte Energie vom Strahlungsgleichgewicht ausgeschlossen werden muss. Die Tagestemperatur des Mondes beträgt 130 °C, seine Nachttemperatur fällt auf –170 °C, also kein sehr angenehmer Ort.

Die Erde dreht sich rascher um ihre Achse als der Mond sich um die Erde dreht, daher gleichen sich die extremen Unterschiede zwischen Tages- und Nachttemperaturen etwa aus. Der von der Erdoberfläche reflektierte Anteil der einfallenden Lichtstrahlung (Albedo), etwa 31 Prozent, ist deutlich höher als der des Mondes, da die blauen Ozeane sowie die weißen Wolken und Eismassen der Erde stärker reflektieren als die dunklen Basalte des Mondes. Würde die Erdatmosphäre keine Treibhausgase enthalten, läge die mittlere Oberflächentemperatur, die erforderlich wäre, um die nicht reflektierte Sonneneinstrahlung auszugleichen, bei ungefähr –19 °C. Damit wäre es so kalt, dass das gesamte auf dem Planeten vorhandene Wasser gefriert. Stattdessen liegt die durchschnittliche Oberflächentemperatur der Erde bei milden 14 °C. Die Temperaturdifferenz von 33 °C ist die (lebenswichtige) Folge des Treibhauseffektes.

## Die Treibhausatmosphäre der Erde

Bei einer bestimmten Temperatur strahlt ein Planet, der eine Atmosphäre mit Treibhausgasen besitzt, die Sonnenenergie weniger effizient in den Weltraum ab als ein Planet ohne Atmosphäre. Daher muss die Oberflächentemperatur ansteigen, um das Strahlungsgleichgewicht zu erreichen. Auf diese Weise wirkt die Atmosphäre wie das Glas eines Gewächshauses, das die Sonnenstrahlung durchlässt, die Wärmestrahlung aber zurückhält. Dies bezeichnet man als **Treibhauseffekt**.

Treibhausgase wie Wasserdampf, Kohlendioxid und Methan absorbieren die direkt von der Sonne abgegebene oder von der Erdoberfläche reflektierte Strahlung und strahlen sie als infrarote Strahlung in alle Richtungen zurück, das heißt auch nach unten auf die Erdoberfläche. Die Gesamtwirkung besteht darin, dass die Wärme – relativ zur Temperatur in den höheren Schichten der Atmosphäre – in den bodennahen Schichten der Atmosphäre zurückgehalten wird.

Wie die Erdatmosphäre die auftreffende und abgegebene Strahlung ausgleicht, zeigt Abbildung 15.7. Der nicht unmittelbar reflektierte Anteil der auftreffenden Strahlung wird von der Atmosphäre und der Erdoberfläche absorbiert. Um eine ausgeglichene Strahlungsbilanz zu erreichen, strahlt die Erde dieselbe Energiemenge als Infrarotstrahlung in den Weltraum zurück. Wegen der von den Treibhausgasen zurückgehaltenen Wärme ist die Energiemenge, die von der Erdoberfläche sowohl in Form von Strahlung als auch über warme Luftströmungen und Feuchtigkeit abtransportiert wird, deutlich größer als die Energiemenge, die die Erde unmittelbar durch Sonneneinstrahlung erhält. Der Überschuss entspricht genau der Menge Infrarotstrahlung, die von den Treibhausgasen auf die Erde abgestrahlt wird. Diese „Rückstrahlung“ ist dafür verantwortlich, dass die Erdoberfläche um 33 °C wärmer ist, als sie es ohne Treibhausgase wäre.

## Ausgleich des Systems durch Rückkopplungen

Wie erreicht das System Klima tatsächlich das in Abbildung 15.7 dargestellte Strahlungsgleichgewicht? Warum liefert der Treibhauseffekt eine Gesamterwärmung von 33 °C und keine höheren oder tieferen Temperaturwerte? Die Antworten auf diese Fragen sind nicht einfach, da sie von Wechselwirkungen zwischen den zahlreichen Komponenten des Klimasystems abhängig sind. Die wichtigsten Interaktionen beruhen auf Rückkopplungseffekten.

Man unterscheidet zwei Arten von Rückkopplung: **positive Rückkopplung**, bei der die Veränderung einer Regelgröße zur Verstärkung des ursprünglichen Prozesses führt, und **negative Rückkopplung** die eine Abschwächung des Vorgangs zur Folge hat.

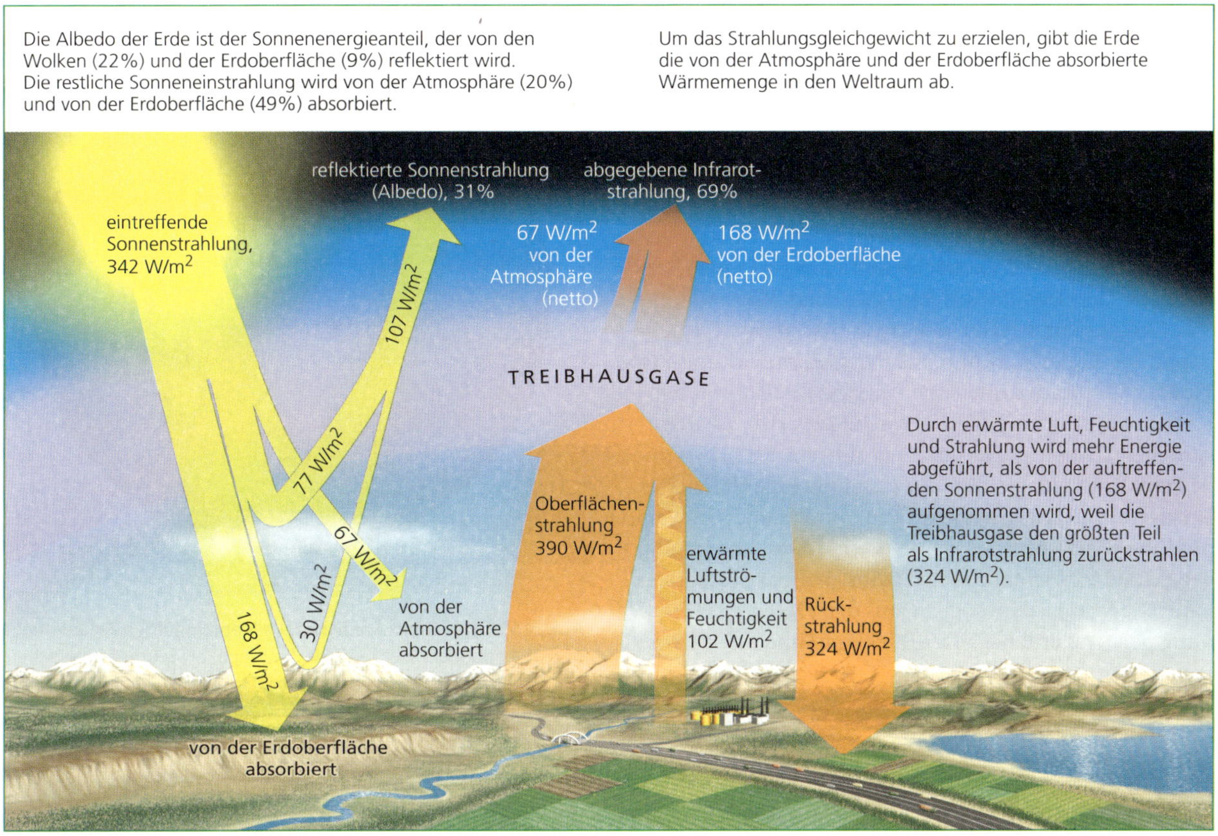


**Abb. 15.7** Die Treibhausatmosphäre der Erde gleicht die auftreffende und abgegebene Strahlung aus [*nach: IPCC, Climate Change 2001: The Scientific Basis*].

Das heißt, positive Rückkopplungseffekte verstärken Veränderungen innerhalb des Systems, negative Rückkopplungseffekte stabilisieren normalerweise ein System gegen Veränderungen.

Nachfolgend werden einige dieser Rückkopplungseffekte innerhalb des Klimasystems genannt, die – infolge des Strahlungsgleichgewichts – die erreichten Temperaturen ganz wesentlich beeinflussen.

- **Wasserdampf-Rückkopplung:** Ein Anstieg der Temperatur führt in der Atmosphäre durch erhöhte Verdunstung zu einer Zunahme des Gehalts an Wasserdampf. Da Wasserdampf ein Treibhausgas ist, führt dessen Zunahme in der Atmosphäre zu einer weiteren Erwärmung und verstärkt dadurch den Treibhauseffekt – eine typische positive Rückkopplung.
- **Albedo-Rückkopplung:** Ein Temperaturanstieg vermindert in der Kryosphäre die Akkumulation von Eis und Schnee. Dadurch nimmt die Albedo ab, was eine verstärkte Absorption der Sonnenstrahlung nach sich zieht und damit zu einer weiteren Erwärmung führt – ein anderes Beispiel einer positiven Rückkopplung.
- **Strahlungs-Rückkopplung:** Bei der Strahlungs-Rückkopplung führt ein Temperaturanstieg in der Atmosphäre zu einer erheblichen Zunahme der als Infrarotstrahlung in den Weltraum abgegebenen Energiemenge. Dies verringert den Temperaturanstieg – eine negative Rückkopplung, die das Klima der Erde gegenüber größeren Veränderungen stabilisiert und verhindert, dass die Ozeane gefrieren oder sich übermäßig erwärmen und somit die gleichmäßigen Umweltbedingungen für aquatische Lebensformen erhalten bleiben.
- **Biotische Rückkopplung:** Ein durch $CO_2$ ausgelöstes verstärktes Pflanzenwachstum verursacht in der Atmosphäre (durch das bei seinem Abbau entstehende Kohlendioxid) eine Zunahme des $CO_2$-Gehalts, was durch Verstärkung des Treibhauseffekts wiederum zu einer Temperaturerhöhung führt. Durch verstärktes Pflanzenwachstum wird der Atmosphäre jedoch auch $CO_2$ entzogen und in kohlenstoffhaltige organische Substanz umgewandelt. Dies verringert den Treibhauseffekt und deshalb ist diese sekundäre Auswirkung eine negative Rückkopplung.

Rückkopplungen können innerhalb der Komponenten des Systems Klima zu komplizierten Wechselwirkungen führen. So äußert sich die Zunahme des Wasserdampfs in der Atmosphäre in einer verstärkte Wolkenbildung.

Da Wolken die Sonneneinstrahlung stärker reflektieren als Meere und Festland, verstärken sie den Anteil der vom Planeten reflektierten Strahlung und dadurch kommt es zwischen Wasserdampf und Temperatur zu einer negativen Rückkopplung. Andererseits absorbieren vor allem hohe Wolken sehr wirksam die von der Erdoberfläche nach oben gerichtete Infrarotstrahlung, und so führt die Zunahme hoher und dichter Wolken zur Erwärmung der Erdoberfläche und damit zu einer Verstärkung des Treibhauseffekts; zwischen Wasserdampf und Temperatur besteht also auch eine positive Rückkopplung. Ergibt sich nun aus der Gesamtwirkung der Wolken ein positive oder eine negative Rückkopplung?

Die Beantwortung dieser Frage erwies sich als ausgesprochen schwierig. Die Erde hat nur ein Klimasystem, dessen Komponenten über ein erstaunlich kompliziertes Netzwerk von Wechselwirkungen miteinander in Verbindung stehen und weit jenseits einer Größenordnung liegen, die experimentell noch überprüfbar sind. Deshalb ist es oftmals unmöglich, aus den Daten eine Trennung positiver und negativer Rückkopplungseffekte vorzunehmen. Um die Funktionsweise des Klimasystems genauer erforschen zu können, sind Wissenschaftler auf Computermodelle angewiesen.

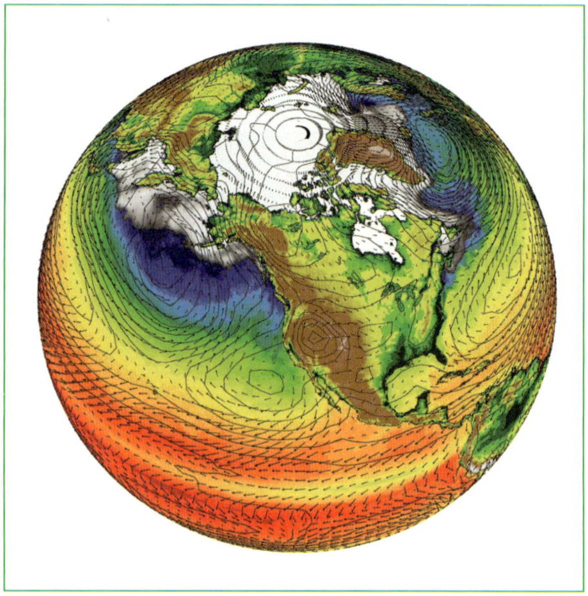

**Abb. 15.8** Das Klima kann durch allgemeingültige Zirkulationsmodelle simuliert werden, die die Wechselwirkungen zwischen Atmosphäre, Hydrosphäre und Kryosphäre zeigen [*Grafik: Warren Washington & Gary Strand/National Center for Atmospheric Research*].

## Klimamodelle und ihre Grenzen

Ganz allgemein formuliert ist ein **Klimamodell** eine Simulation des Systems Klima, bei der möglichst viele Parameter des Klimaverhaltens simuliert werden, um Ursache und Wirkung besser erfassbar zu machen. Einige Modelle sind so ausgelegt, dass sich damit lokal oder regional auftretende Klimaprozesse wie etwa die Wechselwirkungen von Wolken und Wasserdampf beschreiben lassen. Interessanter sind jedoch globale Modelle, die Klimaveränderungen in der Vergangenheit beschreiben oder vorhersagen, wie sich das globale Klima in der Zukunft entwickeln könnte.

Im Grunde beruhen solche Klimamodelle auf Nachbildungen des natürlichen Systemverhaltes wie etwa den Bewegungen innerhalb der Atmosphäre oder der Ozeane – Bewegungen, die insgesamt auf den grundlegenden Gesetzen der Physik beruhen. Diese allgemein gehaltenen Zirkulationsmodelle erfassen Luft- und Wasserströmungen, die von der Sonne angetrieben werden. Ihre Dimensionen reichen von kleinen Störungen, beispielsweise Stürme in der Atmosphäre oder Wirbelbildungen in den Ozeanen, bis hin zu globalen Strömungen, wie etwa den Windgürteln innerhalb der Atmosphäre oder der thermohalinen Zirkulation in den Ozeanen. Dazu werden auf einem dreidimensionalen Netzwerk, das viele Millionen geographisch festgelegte Punkte umfasst, die wesentlichen physikalischen Variablen wie Temperatur, Druck, Dichte, Geschwindigkeit u. a. graphisch erfasst. Zur numerischen Lösung der sehr komplizierten mathematischen Gleichungen, die das Verhalten der Variablen an jedem dieser Punkte in Abhängigkeit von der Zeit beschreiben (Abb. 15.8), sind Großrechner erforderlich.

Die Ergebnisse solcher Berechnungen werden täglich in den Wetterkarten der Fernsehprogramme gezeigt. Die meisten Wettervorhersagen basieren inzwischen auf einem bestimmten Modell, das die aktuellen, in Tausenden von Stationen beobachteten Wetterverhältnisse sehr genau beschreibt und über ein allgemein gültiges Zirkulationsmodell der Atmosphäre die weitere Entwicklung ableitet. Solche numerischen Wettervorhersagen werden im Grunde mit denselben Rechnerprogrammen erstellt, die auch bei der Berechnung von Klimamodellen zur Anwendung kommen.

Die Modellierung des Klimas ist jedoch bedeutend schwieriger. Bei einer kurzfristigen Wettervorhersage für die nächsten Tage können langsam ablaufende Prozesse wie Änderungen der atmosphärischen Treibhausgase oder der Meeresströmungen vernachlässigt werden. Dagegen erfordern Klimavorhersagen nicht nur eine Modellierung solch langsamer Prozesse, einschließlich aller Rückkopplungseffekte, sondern auch die Berücksichtigung der rasch ablaufenden Bewegungen von Luftmassen. Darüber hinaus müssen die Simulationen auf längere Zeiträume, das heißt über Jahrzehnte hinweg in die Zukunft extrapoliert werden. Derartig umfangreiche Berechnungen erfordern selbst auf leistungsfähigen Großrechnern Rechenzeiten von mehreren Wochen.

Wegen ihrer Komplexität sind die gegenwärtigen Modelle des Klimasystems nur mit Einschränkungen zu betrachten. Zahlreiche Fragen sind noch offen, beispielsweise wie Wolken die Temperaturen der Atmosphäre beeinflussen. Die aus diesen Modellen abgeleiteten Vorhersagen können fehlerhaft sein und deshalb führten ihre Ergebnisse zu heftigen Debatten zwischen Experten und Regierungsbehörden, die sich mit der Vermeidung und den Konsequenzen der vom Menschen verursachten Klimaveränderungen befassen.

## Klimaschwankungen

Das Klima der Erde unterscheidet sich von Ort zu Ort, das heißt, es ist in starkem Maße von der geographischen Breite und der Höhenlage abhängig – an den Polen ist es kalt und trocken, in den Tropen ist es drückend heiß und feucht. Klimaänderungen traten in der Vergangenheit schon verschiedentlich auf. Die Schichtenfolge zeigt, dass in der langen Erdgeschichte mehrmals Perioden globaler Erwärmung mit Kaltzeiten wechselten. Diese Klimaänderungen scheinen offenbar höchst unregelmäßig zu erfolgen; außerdem können sie innerhalb weniger Jahrzehnte auftreten oder sich über Zeiträume von vielen Millionen Jahren erstrecken.

Aus dem Wissen, wie sich das Klima in der Vergangenheit verändert hat, lassen sich Prognosen für eine zukünftige Klimaentwicklung ableiten. Manche Klimaveränderungen können auf externe Einflüsse zurückgeführt werden. Dazu gehören etwa Schwankungen der von der Sonne zur Erde abgegebenen Strahlungsmenge oder Änderungen in der durch plattentektonische Vorgänge bedingten Verteilung von Land und Meer. Andere ergeben sich aus Veränderungen innerhalb des eigentlichen Klimasystems, wenn Masse und Energie innerhalb der Komponenten ausgetauscht werden. Beide Arten von Klimaänderungen, ob extern oder intern verursacht, können durch Rückkopplungen verstärkt oder abgeschwächt werden. In diesem Abschnitt betrachten wir einige dieser Klimaveränderungen und befassen uns mit deren Ursachen.

### Eiszeiten

Zu **Eiszeiten** kommt es, wenn die Durchschnittstemperatur der Erde sinkt und die Kryosphäre auf Kosten der Hydrosphäre zunimmt. Die von Meereis eingenommenen Flächen vergrößern sich und im Winter fällt auf den Kontinenten mehr Schnee, als im Sommer abtaut. Dadurch steigt das Volumen der Inlandeismassen und der Meeresspiegel sinkt weltweit. Da sich auch die polaren Eiskappen ausdehnen, wird vermehrt Sonnenenergie in den Weltraum reflektiert und die Oberflächentemperaturen fallen weiter, ein Beispiel für die Albedo-Rückkopplung.

**Die pleistozäne Eiszeit** Im Verlauf der letzten Eiszeit, die in Europa als **Würm-** oder **Weichsel-Eiszeit**, in Nordamerika als **Wisconsin-Vereisung** bezeichnet wird und deren Höhepunkt vor etwa 18 000 Jahren erreicht war, überschritt die Kryosphäre das Volumen von 100 Millionen Kubikkilometer. Dies entspricht etwa dem Dreifachen des heutigen Eisvolumens. Über Nordamerika, Europa und Asien bildeten sich Eismassen mit Mächtigkeiten zwischen 2 und 3,5 km. Auf der Südhalbkugel dehnte sich das Eis der Antarktis ebenfalls aus, sodass die Südspitzen Südamerikas und Afrikas von Eis bedeckt waren (Abb. 15.9). Die einzelnen Kontinente waren zu dieser Zeit etwas größer als heute, weil die sie umgebenden Schelfgebiete – einige mehr als 100 km breit – durch die Absenkung des Meeresspiegels um etwa 130 m freilagen.

Die Würm-Eiszeit war jedoch nur die letzte einer ganzen Reihe von Vereisungen im Verlauf des Pleistozäns, das vor 1,8 Ma begann. Der gesamte Ablauf dieser Ereignisse lässt sich aus den Mengenverhältnissen der beiden Sauerstoffisotope rekonstruieren, die in Sedimenten des Meeresbodens und in Organismenschalen überliefert wurden. Wassermoleküle, die das leichtere und häufigere Sauerstoffisotop O-16 enthalten, verdunsten an der Meeresoberfläche leichter als solche mit dem schwereren Sauerstoffisotop O-18. Deshalb kommt es während einer Vereisung in den marinen Sedimenten zu einer Anreicherung von O-18, da den Ozeanen bevorzugt O-16 entzogen und im Gletschereis eingeschlossen wird. Aus den Schwankungen der Sauerstoff-Isotopenverhältnisse ergab sich ein klares Bild vom Ablauf der Ausdehnung und des Rückzugs der Inlandeismassen und darüber hinaus auch von den Oberflächentemperaturen der Ozeane im Verlauf mehrerer Vereisungsphasen.

Die beste Dokumentation der Klimaschwankungen während der letzten 500 000 Jahre lieferten Eiskerne aus Bohrungen, die von russischen Wissenschaftlern der Vostok-Eisstation im Inlandeis der östlichen Antarktis niedergebracht worden waren (Exkurs 15.1). Diese Bohrkerne ergaben eine stratigraphische Abfolge der Jahresschichten, die durch Umwandlung von Schnee in Eis entstanden sind, wobei die in den Eislagen enthaltenen Sauerstoffisotope den Verlauf der Temperaturschwankungen dokumentieren. Weitere Informationen ergaben sich aus den Luftblasen, die bei der Bildung der Eismassen eingeschlossen wurden. Abbildung 15.10 zeigt den Temperaturverlauf und die Konzentrationen der beiden wichtigsten Treibhausgase Kohlendioxid ($CO_2$) und Methan ($CH_4$), die in den Vostok-Eiskernen gemessen wurden.

Die Temperaturkurve zeigt zahlreiche Schwankungen; die größeren Ausschläge entsprechen jedoch dem

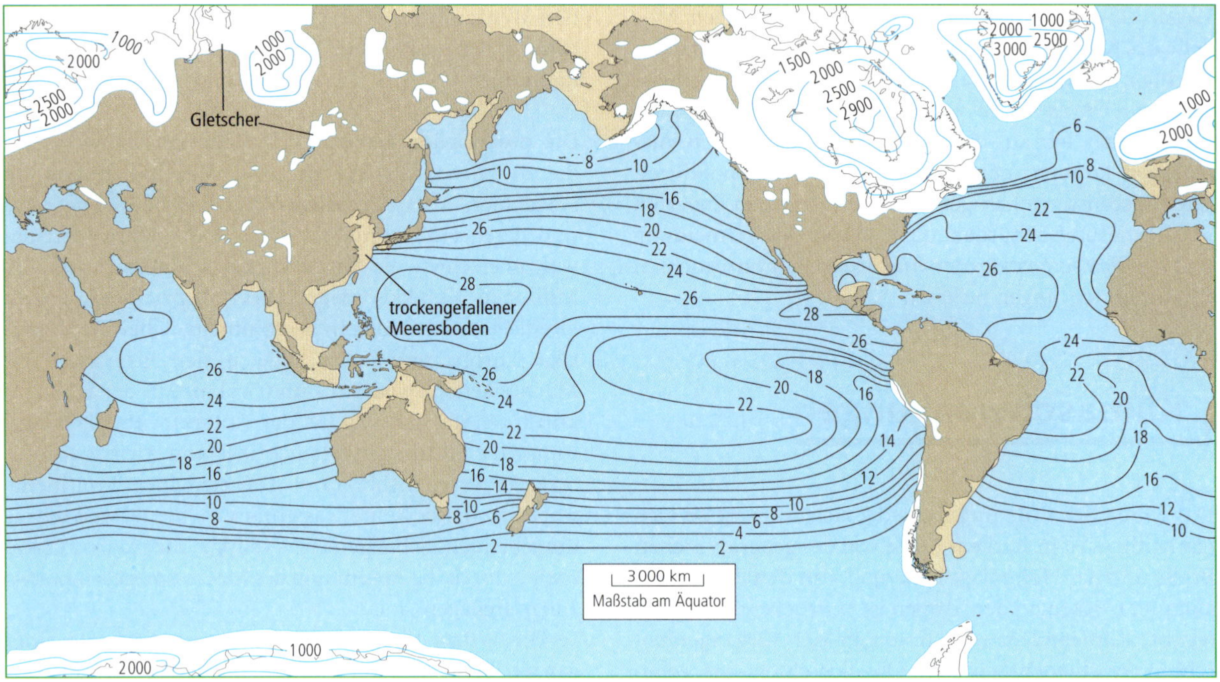


**Abb. 15.9** Die Verbreitung der Eismassen am Höhepunkt der Würm- (Weichsel-) Vereisung vor 18 000 Jahren. Angegeben sind die Eismächtigkeiten in Metern (blaue Linien) und die Oberflächentemperaturen der Meere (schwarze Linien). Die Umrisse der Kontinente lassen das Absinken des Meeresspiegels um etwa 85 Meter unter seinen heutigen Stand erkennen [*nach: CLIMAP (1976): „The Surface of the Ice-Age Earth". - Science, 191: 1131-1137*].

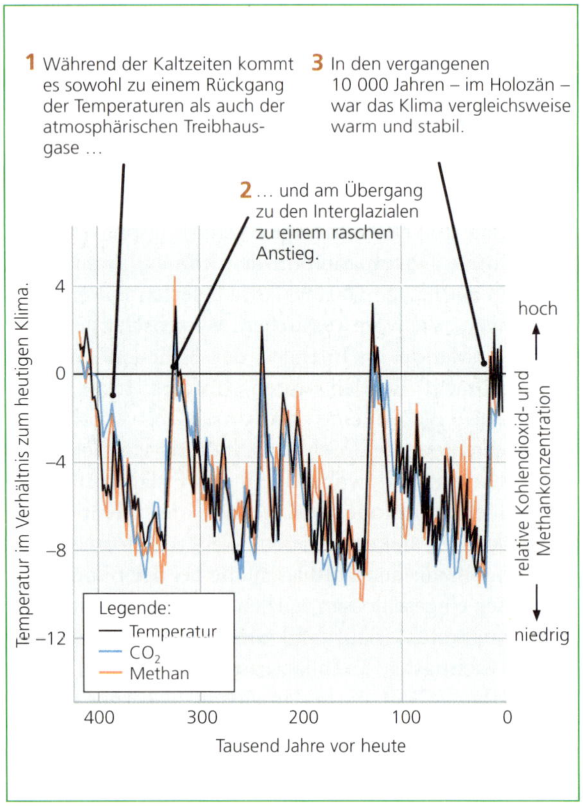


sägezahnförmigen Muster der Vereisungszyklen – ein allmählicher Rückgang der Temperatur vom warmen Interglazial zur Kaltzeit um etwa 6 bis 8 °C, gefolgt von einem raschen Temperaturanstieg am Ende der Vereisung. Zu Beginn der letzten Eiszeit, vor etwa 120 000 Jahren, sind die Temperaturen allmählich gesunken und erreichten in der Zeit zwischen 25 000 und 18 000 Jahren vor heute ihre tiefsten Werte. Ein Temperaturanstieg erfolgte dann wieder im warmen Interglazial der letzten 11 000 Jahre, dem so genannten Holozän. Vor der Würm-Eiszeit gab es noch drei weitere Vereisungen, deren tiefste Temperaturen vor etwa 140 000, 260 000 und 350 000 Jahren erreicht wurden.

**Milankovitch-Zyklen** Der Wechsel zwischen Kalt- und Warmzeiten im Verlauf des Pleistozäns lässt sich am

**Abb. 15.10** Dieses Diagramm zeigt die drei unterschiedlichen Datensätze, die an den Vostok-Eiskernen aus der östlichen Antarktis gemessen wurden: Temperaturen, ermittelt aus den Sauerstoff-Isotopenverhältnissen (schwarze Linie) sowie die Konzentrationen der beiden wichtigsten Treibhausgase Kohlendioxid (blaue Linie) und Methan (rote Linie). Die Gaskonzentrationen wurden an Luftproben bestimmt, die in Form kleiner Blasen im Eis der Antarktis eingeschlossen sind [*nach: IPCC, Climate Change 2001: The Scientific Basis*].

besten durch die so genannten **Milankovitch-Zyklen** erklären, benannt nach einem jugoslawischen Geophysiker, der diese Zyklen in den zwanziger Jahren des vergangenen Jahrhunderts als Erster berechnete. Diese Zyklen sind Abbild der periodischen Schwankungen der Sonneneinstrahlung auf die Erde. Die Umlaufbahn der Erde um die Sonne ist kein idealer Kreis, sondern eher eine Ellipse, die ihre Form laufend verändert. Die Abweichung von der Ellipse wird als **Exzentrizität** bezeichnet. Eine nahezu kreisförmige Umlaufbahn hat eine geringe Exzentrizität, eine deutlich elliptische Umlaufbahn dagegen eine hohe Exzentrizität (Abb. 15.11a). Diese Exzentrizität schwankt zyklisch mit einer Periode von 100 000 Jahren zwischen den Werten 0,005 und 0,06.

Ein weiterer astronomisch bedingter Zyklus ergibt sich aus der **Neigung der Rotationsachse** der Erde relativ zur Senkrechten auf der Umlaufbahn um die Sonne. Diese Neigung der Erdachse variiert zwischen 21,5° und 24,5° mit einer Periode von etwa 41 000 Jahren. Je geringer die Erdachse geneigt ist, desto weniger Sonneneinstrahlung erhalten die Polargebiete (Abb. 15.11b). Außerdem pendelt die Position der Rotationsachse geringfügig um die Senkrechte, woraus sich eine **Präzession** oder ein „Taumeln" mit einem Zyklus von ungefähr 23 000 Jahren ergibt (Abb. 15.11c). Dadurch verstärken sich die jahreszeitlichen Temperaturgegensätze auf der einen Halbkugel, während sie sich auf der anderen abschwächen.

Der Abstand zwischen den Eiszeiten von etwa 100 000 Jahren entspricht den Zeiten mit hoher Exzentrizität, in denen die Erde weniger Strahlung von der Sonne empfängt. Diese Korrelation führte zu der Annahme, dass die Vereisungszyklen auf extraterrestrische Faktoren zurückzuführen sind und sich aus erdbahnbedingten Schwankungen der Sonneneinstrahlung ergeben. Die geringfügigen Veränderungen der Sonneneinstrahlung im Verlauf der Milankovitch-Zyklen können die beobachteten großen Schwankungen der Oberflächentemperaturen jedoch nicht vollständig erklären. Innerhalb des Klimasystems müssen noch andere positive Rückkopplungen vorhanden sein und diese extern bedingten Faktoren verstärken. Die in Abbildung 15.10 dargestellten Kurven zeigen ganz eindeutig, dass diese positive Rückkopplung auf die Treibhausgase $CO_2$ und $CH_4$ zurückzuführen ist. Ihre Konzentrationen in der Atmosphäre decken sich exakt mit den Temperaturschwankungen während der Vereisungsphasen: die warmen Interglaziale sind durch hohe, die Kaltzeiten dagegen durch niedrige $CO_2$- und $CH_4$-Konzentrationen gekennzeichnet. Wie diese Rückkopplung genau funktioniert, ist bisher noch

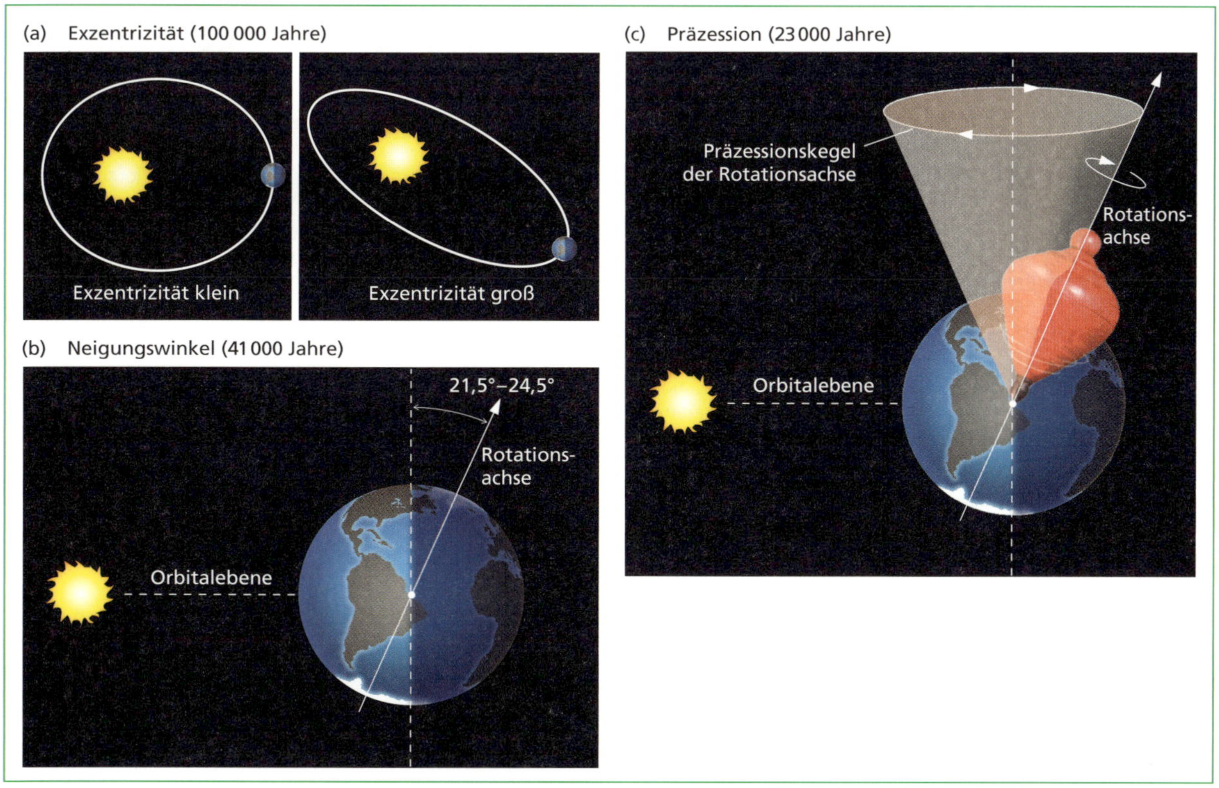


**Abb. 15.11** Die drei für die Schwankungen der Erdumlaufbahn um die Sonne verantwortlichen Faktoren und ihre Dauer in jeweils einem Zyklus. (a) Die Exzentrizität ist ein Maß für die Ellipsenform der Erdumlaufbahn um die Sonne. (b) Als Ekliptik bezeichnet man den Neigungswinkel zwischen der Rotationsachse der Erde und der Vertikalen auf der Umlaufbahn. (c) Die Präzession ist ein kreiselartiges Taumeln der Erdachse um die Senkrechte zur Erdbahnebene.

## Exkurs 15.1

# Vostok und GRIP: Bohrkerne aus dem Eis Grönlands und der Antarktis

Auf der Forschungsstation Vostok in der eisigen Antarktis arbeiten seit 1960 russische Wissenschaftler. Sie sind der Klimageschichte der Erde auf der Spur, die hier im Gletschereis verborgen ist und möglicherweise Hinweise auf globale Klimaveränderungen liefern kann. In den siebziger Jahren brachten diese Wissenschaftler in das Eis der östlichen Antarktis Kernbohrungen bis in Tiefen zwischen 500 und 962 m nieder und zogen eine Reihe Eisbohrkerne mit deutlicher Schichtung, die von den jährlichen Zyklen der Eisbildung aus Schnee stammt. Eine sorgfältige Zählung dieser Lagen von oben nach unten ergab das Alter der Eisschichten, etwa so, wie sich aus den Jahresringen das Alter von Bäumen ermitteln lässt. Es zeigte sich, dass diese geochronologische Gliederung der Eisschichten mit den angenommenen Temperaturen korrelierte, die jeweils bei ihrer Bildung herrschten. Ein niedriges Verhältnis der Isotope Sauerstoff-18 zu Sauerstoff-16 in einer Eisschicht deutet darauf hin, dass sich das Eis bildete, als die Temperatur der Atmosphäre vergleichsweise hoch war. Darüber hinaus sprechen die hohen Konzentrationen von Kohlendioxid, Methan und auch der anderen Treibhausgase in einer Eisschicht dafür, dass diese Eislage in einer Zeit entstanden ist, als die Atmosphäre wegen des Treibhauseffekts wärmer war (vgl. Abb. 15.10).

Im Verlauf der neunziger Jahre des 20. Jahrhunderts konnten die Eisbohrungen bis in eine Tiefe von 2 755 m fortgesetzt werden. Dabei durchfuhren sie nicht nur das Eis der letzten Vereisungsphase, sondern auch die Schichten des davor liegenden Interglazials, das heißt eine Abfolge der vergangenen 160 000 Jahre. Die aus der östlichen Antarktis stammenden Kerne machten deutlich, dass dort das Klima während der letzten Vereisungsphase kälter und trockener war als in den 11 000 Jahren der heutigen Interglazialzeit. Außerdem lieferten Schwankungen der Sauerstoff-Isotopenverhältnisse in den Eislagen weitere Hinweise, dass Unregelmäßigkeiten in der Erdumlaufbahn – die so genannten Milankovitch-Zyklen – den Wechsel zwischen Glazialen und Interglazialen beeinflussen. Der Kohlendioxidgehalt der

Russische Wissenschaftler der antarktischen Forschungsstation Vostok entnehmen mit großer Sorgfalt aus einem Kernrohr den Eisbohrkern. Die durch jährliche Zyklen gegliederten Eislagen sind deutlich erkennbar [*Foto: R. J. Delmas, Laboratoire de glaciologie et géophysique de l'environment, Centre Nationale de la Recherche Scientifique*].

in den Kaltzeiten gebildeten Eislagen ging mit zunehmender Abkühlung des Klimas deutlich zurück.

Inzwischen schloss eine weitere Gruppe von Wissenschaftlern in der Arktis ihre zwei Jahre dauernde Durchboh-

nicht bekannt, sie unterstreicht jedoch die Bedeutung des Treibhauseffekts bei lange anhaltenden Klimaveränderungen.

## Ältere Eiszeiten

Neben der pleistozänen Vereisung gibt es in den Schichtenfolgen des Permokarbons sowie des Ordoviziums deutliche Hinweise auf ältere Inlandvereisungen. Selbst innerhalb des Proterozoikums sind zwei Eiszeiten sicher dokumentiert. Offensichtlich gibt es im Klimasystem langperiodische Schwankungen, die in bestimmten Epochen der Erdgeschichte an den Polen zur Bildung von Eiskappen führten.

In den meisten Fällen lässt sich die Abkühlung an den Polen durch eine Neuordnung der Kontinente als Folge plattentektonischer Prozesse erklären, verbunden mit der Albedo-Rückkopplung und weiteren Rückkopplungen innerhalb des Klimasystems. In den meisten Epo-

rung des 3 000 m mächtigen grönländischen Eisschilds ab. Das bekannte „Greenland Ice Core Project", auch bekannt unter dem Namen GRIP, ist ein hervorragendes Beispiel internationaler wissenschaftlicher Zusammenarbeit. GRIP wurde von der „European Science Foundation" gefördert, der Belgien, Dänemark, Deutschland, Frankreich, Großbritannien, Island, Italien und die Schweiz angehören. Das GRIP-Projekt lieferte Eiskerne aus der letzten Vereisungsphase (zwischen 11 000 und 115 000 Jahren vor heute) und aus der letzten Warmzeit, dem Eem-Interglazial, das heißt aus dem Zeitraum zwischen 115 000 und 135 000 Jahren vor heute. Die Bohrungen endeten in Eisschichten, die 235 000 Jahre in die Vergangenheit zurückreichen und die damit am Beginn des vorangegangenen Interglazials liegen. Das nebenstehende Diagramm zeigt das Verhältnis zwischen Tiefe des Eiskerns und den Glazialen beziehungsweise Interglazialen im Laufe der vergangenen 135 000 Jahre.

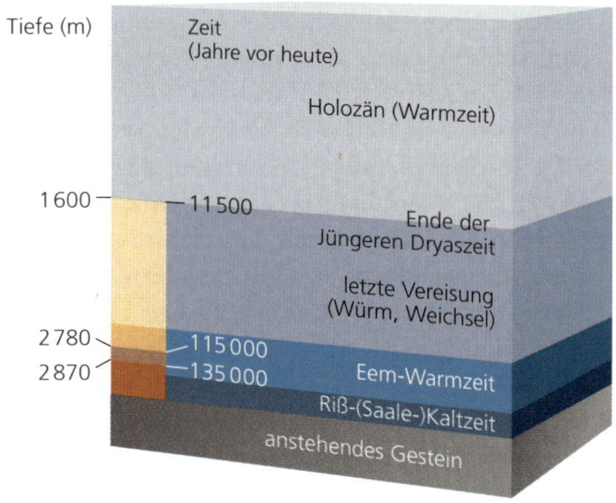


Vergleich von Eistiefe und Zeitintervallen vor der Gegenwart für die jüngsten Kalt- und Warmzeiten [*nach: J. W. C. White (1993): „Don't Touch That Dial". - Nature 364: 186*].

Der GRIP-Eiskern wurde durch eine im Abstand von 30 km westlich davon angesetzten Bohrung GISP2 ergänzt, die im Rahmen des von den Vereinigten Staaten durchgeführten „Greenland Ice-Sheet Project" (GISP) niedergebracht wurde. Die GRIP- und die GISP2-Eisbohrkerne zeigten bis in die Zeit vor 110 000 Jahren große Übereinstimmung. Sie bestätigten außerdem die chronologische Abfolge der Vostok-Bohrungen und lieferten ein ausgezeichnetes Abbild der Klimaveränderungen und der Zusammensetzung der Atmosphäre in den vergangenen 250 000 Jahren. Die Untersuchung der Eiskerne korrigierte auch ältere Vorstellungen, dass das Klima im Eem-Interglazial instabil gewesen wäre und kurzfristig in erheblichem Maße schwankte. Die Ergebnisse von GRIP und GISP2 bestätigten auch die vergleichsweise raschen Klimaschwankungen innerhalb der vergangenen Vereisungsphase. Sowohl die GRIP als auch die Vostok-Kerne lieferten exakte Sauerstoff-18-Profile, die mit denen der Tiefsee-Bohrkerne weitgehend übereinstimmen. Sie brachten nicht nur weitere Details, sie bewiesen auch die Richtigkeit der Chronologie der kalt- und warmzeitlichen Klimaschwankungen.

Dieser Erfolg wurde nicht ohne Schwierigkeiten erreicht. Es war extreme Sorgfalt erforderlich, um zu verhindern, dass die Eiskerne beim Bohrvorgang, beim Transport in die Laboratorien und während der Aufbewahrung nicht schmolzen oder verunreinigt wurden, ehe die aufwändigen Untersuchungen des Eises und der darin enthaltenen Gasblasen abgeschlossen waren. Außerdem musste darauf geachtet werden, dass es zu keinen falschen Ergebnissen kam, etwa durch Reaktion von Kohlendioxid mit Verunreinigungen innerhalb des Eises. Man kann die Geduld, die Entbehrungen, den Einfallsreichtum und die Sorgfalt, die von diesen Wissenschaftlern gemeinsam aufgebracht wurde, nicht hoch genug einschätzen. Die wissenschaftliche Welt ist sich der großen Bedeutung der Eiskern-Interpretationen sehr wohl bewusst, die zum Verständnis der Klimaentwicklung und der Vorhersage zukünftiger Klimaveränderungen ganz wesentlich beigetragen haben.

chen der Erdgeschichte gab es an den Polen keine größeren Festlandsmassen und damit auch keine Eiskappen. Meeresströmungen zirkulierten durch die offenen Polargebiete und brachten Wärme aus den Äquatorialgebieten mit, sie sorgten dafür, dass auf der Erde überall weitgehend gleiche Temperaturbedingungen herrschten. Wenn jedoch größere Festlandgebiete in Positionen drifteten, die einen ungehinderten Wärmetransport in den Ozeanen unterbrachen, verstärkten sich die Temperaturunterschiede zwischen Äquator und den Polen. Die Polargebiete kühlten ab, Schnee akkumulierte und verdichtete sich zu Eiskappen.

Ein klassisches Beispiel ist die Vereisung auf der Südhalbkugel im Permokarbon, die in den glazigenen Sedimenten der Gondwana-Kontinente überliefert ist. Während dieser Eiszeit vor etwa 300 Ma lagen diese Kontinente als Bestandteile des Großkontinents Pangaea in der Nähe des damaligen Südpols (vgl. Abb. 21.26). Auf die verschieden Vereisungen im Verlauf der Erdgeschichte wird in Kapitel 21 noch einmal näher eingegangen.

## Kurzperiodische Klimaschwankungen

Die in Abbildung 15.10 dargestellten Temperaturkurve zeigt einen überaus unregelmäßigen Verlauf über die Zeit. Die 100 000 Jahre dauernden Vereisungszyklen wurden von kurzzeitigen Klimaschwankungen überlagert, von denen einige etwa so lange dauerten wie die Übergänge von den glazialen zu den interglazialen Epochen. Durch die Kombination von Informationen aus den Eiskernen der Polargebiete, den Gebirgsgletschern, limnischen Ablagerungen und Tiefseesedimenten ergab sich für die letzte Vereisung eine Abfolge kurzzeitiger Klimaschwankungen mit einer Auflösung bis in die Größenordnung von Jahrzehnten, in manchen Fällen sogar nur von Jahren. Die nachfolgende Zusammenfassung gibt einen Überblick über die wesentlichen Merkmale dieser bemerkenswerten Chronik:

- Während der letzten Eiszeit schwankte das Klima in starkem Maße zwischen warm und kalt. In den längeren Kälte- und Wärmeperioden (Dauer etwa 10 000 Jahre) gab es stets kurzzeitige Temperaturschwankungen in der Größenordnung von 1 000 Jahren. Die größten Fluktuationen traten dabei im Bereich des Nordatlantiks auf, wo die lokalen Temperaturen um bis zu 15 °C anstiegen oder fielen. Jeder 10 000 Jahre dauernde Zyklus umfasste dort eine Reihe zunehmend kälter werdende, etwa 1 000 Jahre dauernde Klimaschwankungen und endete abrupt mit einer Erwärmung. Die verstärkte Bildung von Eisbergen und von Süßwasser als Folge der Erwärmung führte in den Ozeanen zu Änderungen in der thermohalinen Strömungsdynamik (Abb. 15.3b) und in den Tiefseesedimenten zur Ablagerung großer Mengen glazigener Sedimente.
- Die Hauptphase der Erwärmung gegen Ende der letzten Eiszeit lag im Zeitraum zwischen 14 550 und 10 000 Jahren vor heute. Es war kein allmählicher Übergang, sondern er erfolgte in zwei Schritten, getrennt durch einen erneuten Gletschervorstoß in der Jüngeren Dryaszeit zwischen 13 000 und 11 500 Jahren (Exkurs 15.1). Die relativ plötzlichen Temperaturanstiege vor 14 500 und vor 11 500 Jahren sind wohl die erstaunlichsten Erscheinungen dieses sprunghaften Übergangs. In weiten Bereichen der Erde kam es in Zeiträumen zwischen 30 und 50 Jahren nahezu synchron zu einem Übergang von glazialen zu interglazialen Temperaturverhältnissen. Offensichtlich reagierte die atmosphärische Zirkulation sehr rasch mit einer Umverteilung der Windsysteme, die verbunden war mit einem zeitlich lediglich etwa ein Menschenleben umfassenden Übergang von kühlen zu wärmeren Klimabedingungen. Vor diesem Hintergrund wird die von der Menschheit ausgelöste globale Klimaveränderung möglicherweise durch sehr plötzliche Übergänge zu neuen und nie gekannten Klimaverhältnissen gekennzeichnet sein – und weniger durch eine allmähliche Erwärmung.
- Das seit etwa 10 000 Jahre herrschende warme, interglaziale Klima des Holozäns war bisher deutlich beständiger als das Klima der vorangegangenen Eiszeit. Die höchsten Temperaturen traten zu Beginn der Epoche auf. Regionale Temperaturschwankung im Bereich von 5 °C in Zeiträumen von etwa 1 000 Jahren sind nachgewiesen, die globalen Klimaschwankungen waren jedoch erheblich kleiner und lagen im Mittel bei 2 °C. Interessanterweise war das Holozän die längste stabile Wärmeperiode im Verlauf der vergangenen 400 000 Jahre. Diese konstanten Klimaverhältnisse förderten zweifellos die rasche Ausbreitung der Landwirtschaft und der Zivilisation nach dem Ende der letzten Eiszeit.

## Regionale Klimaschwankungen

Das regionale und lokale Klima ist stärkeren Schwankungen unterworfen als das globale Klima, da eine Mittelwertbildung über größere Bereiche zu einem Ausgleich der Extremwerte führt und deshalb kleinere Schwankungen nicht mehr in Erscheinung treten. Über Zeiträume von Jahren oder Jahrzehnten ergeben sich die vorherrschenden regionalen Schwankungen aus den Wechselwirkungen zwischen atmosphärischer Zirkulation und der Meeres- beziehungsweise Festlandsoberfläche. Sie treten in bestimmten geographischen Verteilungsmustern auf, obwohl Zeitpunkt und Ausmaß sehr ungleichmäßig sein können. Das bekannteste Beispiel ist die anomale Erwärmung des östlichen Pazifischen Ozeans, die alle drei bis sieben Jahre auftritt und etwa ein Jahr anhält. Die Fischer Perus bezeichnen ein solches Ereignis als **El Niño** (span. das Christkind), weil diese Erwärmung der Oberflächengewässer vor der Küste Südamerikas stets etwa um die Weihnachtszeit auftritt. Ein El Niño-Ereignis kann für die lokalen Ökosysteme, deren Nährstoffversorgung vom Aufstieg des kalten Tiefenwassers abhängig ist, verheerende Auswirkungen haben. Außer einem Rückgang des Fischfangs führt ein El Niño-Ereignis in weiten Teilen der Erde zu Änderungen in der Verteilung der Wind- und Niederschlagssysteme, die wiederum Überschwemmungen, länger anhaltende Trockenzeiten, Waldbrände sowie Erdrutsche auslösen und die Ausbreitung von Krankheiten durch verseuchtes Wasser zur Folge haben. Wissenschaftler haben gezeigt, dass El Niño und seine Gegenspielerin La Niña – die nachfolgende Periode der Abkühlung – Bestandteil der natürlichen Schwankungen beim Austausch von Wärme zwischen der Atmosphäre und dem tropischen Pazifik sind. Diese Schwankungen werden als ENSO oder El Niño Southern Oscillation bezeichnet (Exkurs 15.2).

Ähnliche Wetter- und Klimaschwankungen haben Klimatologen auch in anderen Gebieten nachgewiesen. Ein Beispiel ist die Nordatlantische Oszillation, eine höchst unregelmäßig auftretende Schwankung in der Luftdruckverteilung zwischen Island und den Azoren, die einen starken Einfluss auf die Bewegung von Stürmen über dem Atlantik hat und deshalb die Wetterverhältnisse in Europa und Teilen Asiens beeinflusst. Die Kenntnisse dieser Abläufe verbessern nicht nur die langfristigen Wetterprognosen, sie können auch wesentliche Informationen für die regionalen Auswirkungen der vom Menschen verursachten Klimaveränderungen liefern.

# Der Kohlenstoffkreislauf

Vor dem industriellen Zeitalter, das zu Anfang des 19. Jahrhunderts begann, betrug die $CO_2$-Konzentration der Atmosphäre – zumindest einige tausend Jahre lang – etwa 280 ppm. Seitdem steigt sie beständig und erreichte im Jahr 2005 einen Wert von 380 ppm. Niemals im Verlauf der vergangenen 400 000 Jahre und möglicherweise sogar der letzten 20 Ma enthielt die Atmosphäre so viel Kohlendioxid wie heute. Die $CO_2$-Konzentration nimmt derzeit mit einer noch nie dagewesenen Geschwindigkeit von 0,4 Prozent pro Jahr zu (vgl. Abb. 15.16), das heißt weitaus rascher als jemals im Verlauf der jüngeren Erdgeschichte. Doch damit nicht genug, denn die Situation könnte sich noch verschlechtern. In den achtziger Jahren des vergangenen Jahrhunderts setzte der Mensch durch das Verbrennen fossiler Energieträger und durch andere industrielle Tätigkeiten 5,4 Gigatonnen (1 Gigatonne = 1 Milliarde Tonnen = $10^{12}$ Kilogramm) Kohlenstoff frei, weitere 1,7 Gigatonnen (kurz: Gt) gelangten durch die Brandrodung von Wäldern und durch andere intensivierte Landnutzungen in die Atmosphäre. Wären diese Mengen in der Atmosphäre verblieben, hätte die Zunahme des Kohlendioxids nahe bei 0,9 Prozent pro Jahr gelegen, dem doppelten Wert des gemessenen Anstiegs. Andererseits werden der Atmosphäre pro Jahr durch natürliche Vorgänge 3,8 Gt $CO_2$ entzogen. Wo bleibt all der Kohlenstoff?

Der Verbleib dieser Menge ergibt sich aus den Gesetzen des **Kohlenstoffkreislaufs** – ein Geosystem, das die kontinuierliche Bewegung des Kohlenstoffs zwischen der Atmosphäre und den anderen wesentlichen Kompartimenten beschreibt: der Lithosphäre, der Hydrosphäre und der Biosphäre. Erst dann sind wir in der Lage, eine Reihe von Problemen gründlicher zu betrachten: Welche Wechselwirkungen bestehen zwischen Kohlenstoffkreislauf und Klimasystem? Ist die Rückkopplung insgesamt betrachtet positiv oder negativ, das heißt, führen Änderungen innerhalb des Kohlenstoffkreislaufs zu einer Verstärkung oder Verminderung der globalen Erwärmung? Und schließlich, wie könnte der Mensch in den Kohlenstoffkreislauf eingreifen, um das Klimasystem in Bezug auf eine globale Erwärmung zu stabilisieren?

## Geochemische Zyklen und ihre Funktion

Bei der Besprechung geochemischer Kreisläufe betrachten wir die Komponenten des Systems Erde – die Atmosphäre, Hydrosphäre, Kryosphäre, Lithosphäre und Biosphäre – als **geochemische Speicher** oder Zwischenspeicher, in denen chemische Substanzen und Energie (zeitweise) zurückgehalten werden können, die durch Transportprozesse miteinander in Verbindung stehen. Geochemische Zyklen folgen dem **Stoff-** oder **Materialfluss** chemischer Substanzen von einem Speicher zum anderen. Durch Quantifizierung der verschiedenen Stoffmengen, die aufgenommen, zwischengespeichert oder in andere Speicher abgegeben werden, vermitteln uns die geochemischen Zyklen neue Einblicke in die Funktionsweise des Systems Erde.

**Verweilzeit** Entspricht der Zufluss eines Elements in einem Speicher dem Abfluss, so ist die mittlere Zeitdauer, die ein Atom eines bestimmten Elements in einem Speicher verbleibt, ehe es das Reservoir wieder verlässt, die so genannte **Verweilzeit** oder **Verweildauer** dieses Elements. Die Verweilzeit kann am einfachsten am Beispiel einer vollen Bar erklärt werden, in die mehr Menschen hinein wollen, als von den Behörden erlaubt ist. Sobald die Bar voll besetzt ist und damit ihre **Aufnahmekapazität** erreicht hat, weist der Türsteher die Leute am Eingang ab. Während der lebhaftesten Zeit, in der die Leute auf ihren Einlass warten, ist die Bar bis zu ihrer Kapazität gefüllt, sie hat ihren **Sättigungsgrad** erreicht und befindet sich in einem **Gleichgewichtszustand**, in dem die Anzahl der eingelassenen Gäste genau der Zahl der Gäste entspricht, die die Bar verlassen. Obwohl einige Gäste früh kommen und lange bleiben und andere nach kurzer Zeit die Bar verlassen, gibt es eine durchschnittliche Zeitspanne zwischen dem Eintritt und Weggang einer Person. Diese mittlere Zeitspanne ist die so genannte Verweilzeit. Sie ergibt sich aus der maximalen Kapazität des Raumes geteilt durch die Menge der pro Zeiteinheit eintretenden Personen (**Zufuhr**) oder weggehenden Personen (**Entnahme**). Beträgt beispielsweise die Kapazität eines Raumes 30 Personen und durchschnittlich alle zwei Minuten kommt ein neuer Gast hinzu, so ergibt sich daraus als mittlere Verweildauer der Gäste eine Zeit von 60 Minuten.

Wir können uns die mittlere Verweilzeit in den Ozeanen als die mittlere Zeitdauer vorstellen, die zwischen Zufuhr und Entnahme durch Sedimentation oder andere Vorgänge vergeht. Die Verweildauer von Natrium

Exkurs 15.2

# El Niño, das launische Kind

El Niño (richtiger als ENSO bezeichnet, EN für El Niño und SO für Southern Oszillation) wird verursacht durch eine Änderung des sehr empfindlichen Gleichgewichts zwischen Wind- und Meeresströmungen im tropischen Pazifik. Der tropische Pazifik absorbiert im Januar, das heißt in der Zeit des hohen Sonnenstands auf der Südhalbkugel, eine ungeheure Menge an Sonnenwärme – mehr als jeder andere Ozean. Normalerweise führen die wärmeren Gewässer des tropischen Westpazifiks dazu, dass sich ab etwa 160° westlicher Länge in einem großen Gebiet, das Indonesien, Neuguinea und den Norden Australiens einschließt, ein Tiefdruckgebiet mit heftigen Gewittern und hohen Niederschlägen entwickelt. Im Gegensatz dazu herrscht über dem kühleren Wasser des östlichen tropischen Pazifiks hoher Luftdruck, weshalb im Januar an der Küste Perus normalerweise fast überhaupt kein Regen fällt. Diese vorherrschende Luftdruckverteilung ist Ursache für die von Osten nach Westen wehenden Passatwinde, deren Stärke vom atmosphärischen Luftdruck abhängt. Die Winde schieben die erwärmten Wassermassen des tropischen Pazifiks nach Westen, wo sie sich aufstauen und einen großen warmen Wasserkörper aufrechterhalten. Im östlichen Pazifik steigt kälteres Tiefenwasser auf und ersetzt das nach Westen abtransportierte Oberflächenwasser durch einen äquatorialen kalten Wasserkörper vor der Westküste Südamerikas. Dies ist der langfristige normale Zustand des Systems.

Sporadisch und in sehr unterschiedlichen Intervallen bricht dieses System jedoch völlig zusammen und es kommt zu einer Umkehr der Luftdruckverteilung. In der indonesisch-australischen Region bildet sich statt des Tiefdruckgebiets ein Hochdruckgebiet aus, während der Luftdruck im Ostpazifik niedriger ist als normal. Dies führt dazu, dass die Passatwinde abflauen oder ganz aussetzen. Gelegentlich kommt es zu einer Umkehr der Windrichtung und es setzen äquatoriale Westwinde ein. Dieses periodisch auftretende Pendeln der Luftdruckverteilung wird als südliche Oszillation bezeichnet. Mit dem Zusammenbruch der Passatwinde endet der Transport von warmem Wasser nach Westen, das warme Wasser breitet sich nun nach Osten aus und überlagert vor den Küsten Perus und Ecuadors das kalte, nährstoff- und fischreiche Tiefenwasser. Die Temperaturen im tropischen Pazifik, die im äquatorialen Bereich normalerweise im Westen höher sind als im Osten, gleichen sich aus. Die Folge sind schwere Gewitter und ergiebige Niederschläge in den ansonsten trockenen Küstengebieten im Westen Südamerikas. All diese regionalen ENSO-Variationen lösen weltweit anomale Wetterverhältnisse aus. Der Jetstream, die atmosphärische Zirkulation und der Transport von Luftfeuchtigkeit verändern sich in großen Teilen der nördlichen und südlichen Hemisphäre. So nehmen beispielsweise kalte niederschlagsreiche Winter in den südöstlichen Vereinigten Staaten an Häufigkeit zu, und im pazifischen Nordwesten und in Neuengland stellen sich als Folge eher milde Winter ein.

Das El Niño-Ereignis zwischen 1997 und 1998 war das bisher heftigste und seine besonders starken klimatischen Auswirkungen hatten weltweit Konsequenzen. Einige Beispiele ungewöhnlicher Wetterverhältnisse, die diesem Ereignis zugeschrieben wurden, waren Dürreperioden in Australien, Rekordtrockenheit und Waldbrände in Indonesien, schwere Wirbelstürme und Taifune im Pazifik und etwas schwächere Wirbelstürme in der Karibik, heftige Stürme in Kalifornien, die zu Erdrutschen und Überschwemmungen führten, sowie ergiebige Niederschläge und Überschwemmungen in Peru, Ecuador und Kenia. Die Ernteerträge gingen zurück und die Fischfangquote war über Jahre gering. Der Westen Nordamerikas litt unter starken Schneefällen, ein einziger Schneesturm legte Denver lahm, und wärmere Temperaturen als normal ließen in New York keine Weihnachtsstimmung aufkommen. In Gebieten mit verstärkten Niederschlägen, wie etwa in Teilen Südamerikas und Afrikas, nahm die Zahl der durch verschmutztes Wasser verursachten Krankheiten (Cholera, Durchfallerkrankungen, Typhus, Hepatitis) zu. Nach einer groben Schätzung dürfte diese globale Störung der Wetterverteilung etwa 23 000 Menschenleben gekostet und Sachschäden in Höhe von 33 Milliarden US-Dollar verursacht haben.

Seit 1982/83 wird das El Niño-Phänomen über längere Zeiträume hinweg akribisch untersucht. Dabei wurde ein System deutlich entgegengesetzter oder komplementärer Erscheinungen entdeckt. Dieses so genannte La Niña-Phänomen (das „weibliche" Christkind), folgt El Niño nach etwa einen Jahr, jedoch nicht regelmäßig. La Niña kennzeichnet eine Periode, in der die Oberflächentemperaturen des Meeres im tropischen mittleren und östlichen Pazifik auf Werte unter 25 °C absinken. Das subtropische Hoch im Südpazifik erzeugt bereits im Frühsommer enorm starke Passatwinde. Sie schieben das warme Oberflächenwasser weit westwärts, sodass kühleres Wasser die Meeresoberfläche im Osten einnimmt. Die globalen Wetteranomalien verhalten sich im Allgemeinen umgekehrt zu El Niño. Einige Klimatologen führen beispielsweise die erhebliche Trockenheit an der Ostküste der Vereinigten Staaten im Sommer 1999 auf eine verstärktes La Niña-Ereignis zurück.

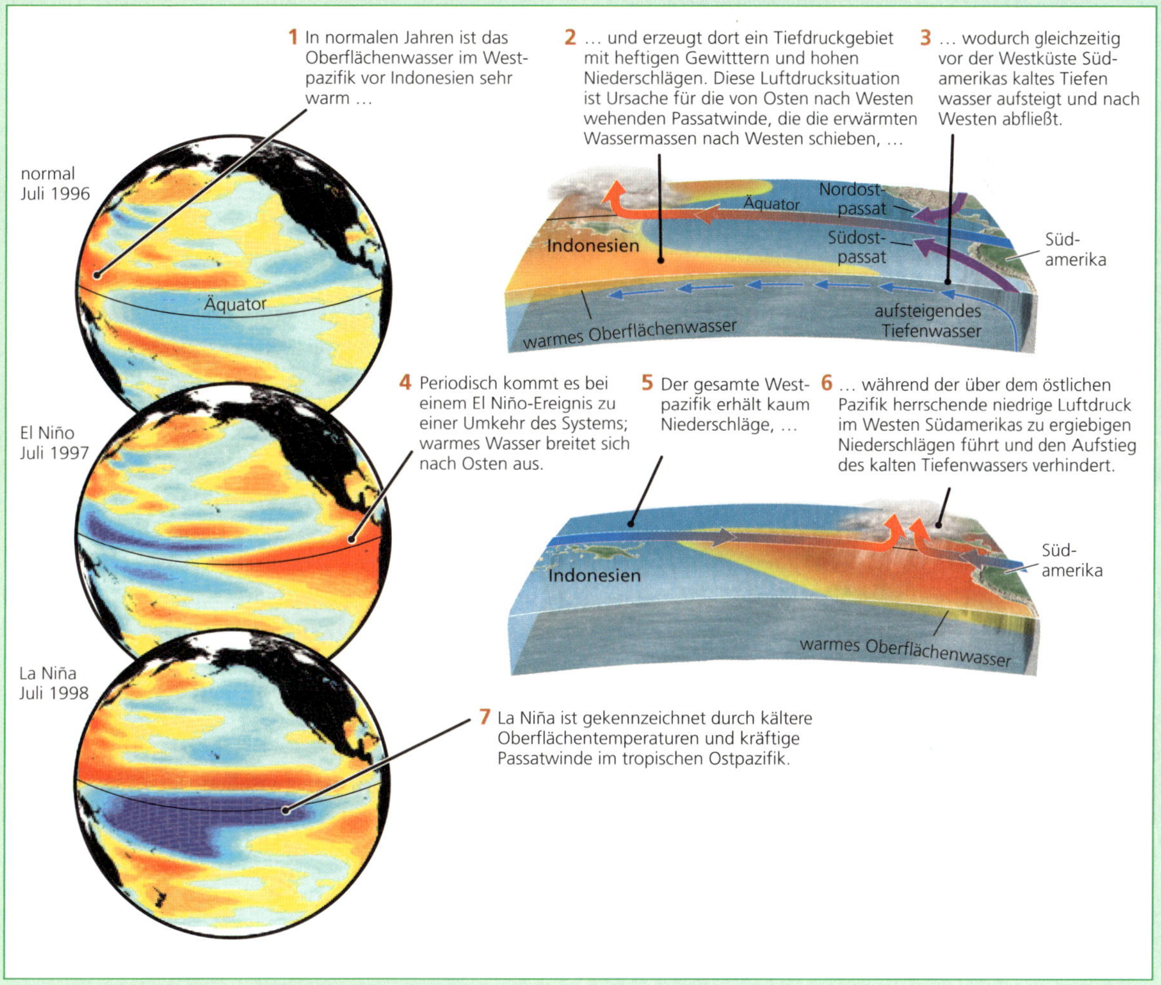


Die obere Abbildung zeigt den Normalzustand im tropischen Pazifischen Ozean mit den von Ost nach West wehenden Passatwinden, dem aufsteigenden kalten Tiefenwasser im Osten (Humboldtstrom) und den vom Passat erzeugten warmen Wasserkörper im Westen. Die mittlere Abbildung zeigt den Zustand während eines El Niño-Ereignisses mit abflauenden oder sich umkehrenden Passatwinden, warmem oberflächennahen Meerwasser und den sich nach Osten ausbreitenden Gewitterfronten. Die untere Abbildung zeigt ein La Niña-Ereignis mit kälterem Oberflächenwasser im mittleren Pazifischen Ozean und einem wärmeren Wasserkörper im Westpazifik [*aus: U.S.-French TOPEX/Poseidon Mission*].

ist extrem lang. Sie beträgt etwa 48 Ma, weil Natrium in Meerwasser leicht löslich ist (die Speicherkapazität ist für Natrium groß) und die Flüsse nur relativ geringe Mengen enthalten (die Zufuhr ist vergleichsweise gering). Eisen verbleibt in Gegensatz dazu nur ungefähr 100 Jahre in den Ozeanen, weil die Löslichkeit von Eisen im Meerwasser extrem gering (was die Gesamtmenge in den Ozeanen begrenzt) und die Zufuhr relativ groß ist.

Die Verweilzeiten der Elemente in der Atmosphäre sind kürzer als die in den Ozeanen, da die Atmosphäre ein geringeres Speichervolumen hat als die Ozeane und der Materialfluss in und aus der Atmosphäre relativ hoch sein kann. Schwefeldioxid hat eine Verweildauer von einigen Stunden bis Wochen. Sauerstoff mit ungefähr 21 Prozent Anteil in der Atmosphäre hat eine Verweilzeit von 6 000 Jahren. Der chemisch sehr träge Stickstoff mit einem Anteil von über 75 Prozent in der Atmosphäre hat eine Verweilzeit von 400 Ma. Ein Stickstoffmolekül, das vor etwa 300 Ma im jüngeren Paläozoikum in die Atmosphäre gelangt ist, befindet sich mit großer Wahrscheinlichkeit noch immer dort.

**Chemische Reaktionen** Einige chemische Substanzen sind relativ reaktionsträge, doch die meisten sind an chemischen Reaktionen beteiligt. Diese Reaktionen beeinflussen maßgeblich die Verweilzeit einer chemischen Substanz innerhalb eines Speichers. Ein Calcium-Ion ($Ca^{2+}$) kann mit zwei Hydrogencarbonat-Ionen ($2\ HCO_3^-$) unter Bildung von Kohlensäure ($H_2CO_3$) und Calciumcarbonat ($CaCO_3$) reagieren. Die Kohlensäure dissoziiert weiter in Kohlendioxid ($CO_2$) und Wasser ($H_2O$), die beide in die Atmosphäre übergehen können, während Calcit als Sediment aus dem Ozean ausgefällt wird. Wie viel Calcium im Meerwasser gelöst ist, hängt demzufolge von der Verfügbarkeit an Hydrogencarbonat-Ionen ab, die wiederum von der Kohlendioxidzufuhr in das Meerwasser abhängig ist. Wie dieses Beispiel zeigt, können chemische Reaktionen den geochemischen Kreislauf eines Elements (in diesem Fall Calcium) mit dem eines anderen Elements (Kohlenstoff) verbinden.

Diese Verknüpfung deutet an, dass geochemische Stoffkreisläufe nur in Teilaspekten isoliert betrachtet werden können, weil sie im Allgemeinen als interagierende Geosysteme gesehen werden müssen. Darüber hinaus sind chemische Reaktionen von den in den Speichern herrschenden physikalischen Bedingungen wie etwa den lokal herrschenden Druck- und Temperaturverhältnissen abhängig. Diese Abhängigkeit kann ihrerseits wieder geochemische Kreisläufe mit dem Klima verknüpfen.

**Transport über Schnittstellen** Die Materialflüsse zwischen den Speichern werden von Prozessen gesteuert, die chemische Stoffe in die Speicher hinein und wieder heraus transportieren (Abb. 15.12). Beispielsweise gelangen durch vulkanische Prozesse Gase, Aerosole und Staub von der Lithosphäre in die Atmosphäre (Kap. 12). Der Wind nimmt den Staub in die Atmosphäre auf und unter dem Einfluss der Schwerkraft gelangt dieser wieder auf die Erde zurück. Der äolische Transport von Staub ist ein wesentlicher Vorgang beim Transfer von Mineralen aus der Lithosphäre in die Hydrosphäre, obwohl der bei weitem größte Materialfluss von gelösten oder in Suspension befindlichen Mineralen an den Mündungen der Flüsse erfolgt.

Verdunstung und Niederschläge transportieren enorme Mengen von Wasser zwischen der Atmosphäre und den Oberflächen der Festländer und Meere. An der Mee-

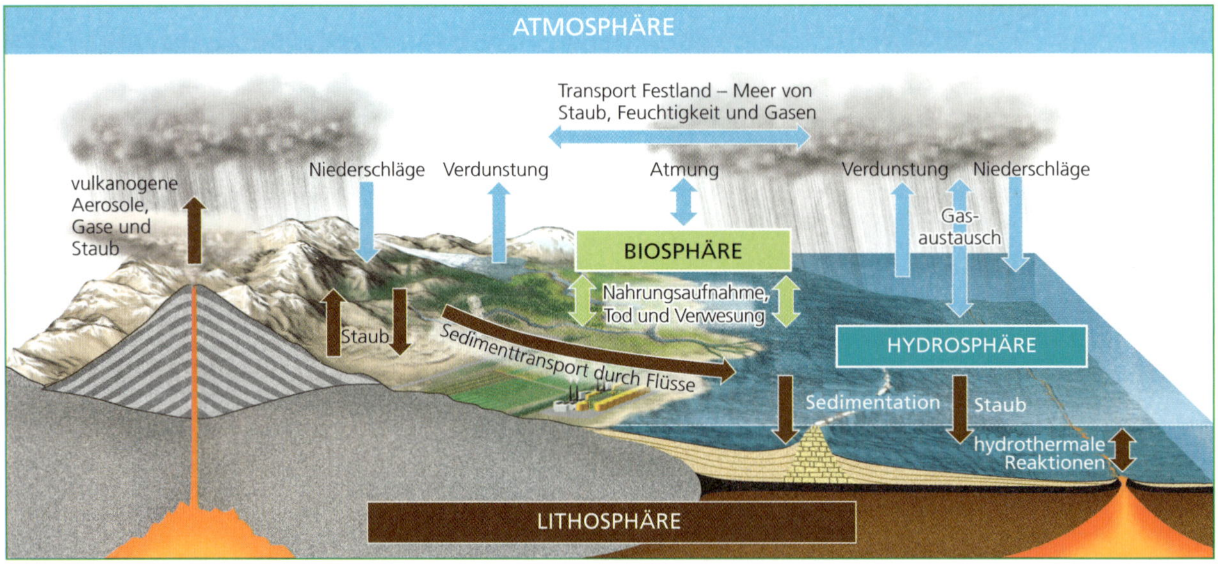


**Abb. 15.12** Transportvorgänge zwischen den Bestandteilen des Klimasystems.

resoberfläche gehen Gasmoleküle von ihrem in Wasser gelösten Zustand in die Atmosphäre über. Die Gischt an den Küsten beschleunigt diesen Prozess noch, indem außer den gelösten Gasen auch die gelösten Salze in Form winziger Kristalle freigesetzt werden.

Die Sedimentation ist der wichtigste Materialfluss, durch den die Ozeane in einem stationären Zustand verbleiben, in erster Linie deshalb, weil dadurch der Zustrom von Flusswasser ausgeglichen wird. Gelangen die Sedimente in größere Tiefen, werden sie zu Bestandteilen der ozeanischen Kruste. Dort verbleiben sie, bis sie durch Subduktion in den Erdmantel übergehen oder durch Akkretion der kontinentalen Kruste angegliedert werden. Die Hebung der kontinentalen Bereiche durch Konvergenzbewegungen der Lithosphärenplatten und durch andere gebirgsbildende Vorgänge setzt die Krustengesteine der Verwitterung und Erosion aus und damit wird der Materialfluss zwischen den Speichern aufrecht erhalten.

Die Biosphäre ist ein außergewöhnlicher Speicher, weil jeder einzelne Organismus eine aktive Schnittstelle zu seiner Umwelt besitzt, die oftmals drei der anderen wichtigen Speicher der Erdoberfläche – Atmosphäre, Hydrosphäre und Lithosphäre – umfasst. Die wichtigsten Transportvorgänge sind Zufluss und Abfluss der atmosphärischen Gase durch Atmung, der Zustrom von Nährstoffen aus Lithosphäre und Hydrosphäre und der Abfluss dieser Nährstoffe durch Tod und Abbau der Organismen. Wenn der Biosphäre beim Materialfluss einer chemischen Substanz eine Schlüsselrolle zukommt, bezeichnet man ein derartiges Geosystem als **biogeochemischen Kreislauf** (Kap. 11). Der Kohlenstoffkreislauf, der entscheidend von der biologischen Zufuhr von Kohlenstoff in und aus der Atmosphäre abhängig ist, ist ganz eindeutig ein solcher biogeochemischer Kreislauf.

**Beispiel: Der Calciumkreislauf** Dieser Kreislauf liefert ein vergleichsweise einfaches Abbild der Vorstellung, die einem geochemischen Kreislauf zugrunde liegt (Abb. 15.13). Die Ozeane enthalten ungefähr 560 000 Gt gelöstes Calcium bezogen auf eine Gesamtmasse der Ozeane von ungefähr $1{,}4 \times 10^9$ Gt. Calcium gelangt über die Fluss-Systeme der Erde kontinuierlich und in großen Mengen in diesen Speicher. Sie transportieren das gelöste und in Suspension befindliche Calcium, das aus der Verwitterung von Mineralen wie etwa Calcit, Gips, Calciumfeldspat und anderen Calciumsilicaten stammt, in die Ozeane. Eine weit kleinere Menge wird durch äolischen Transport von Staub abgeliefert.

Würde den Ozeanen beständig diese bei der Verwitterung frei werdenden Calciummengen zugeführt, wären sie – sofern es keine Möglichkeit der Entnahme des überschüssigen Calciums aus dem Ozean gäbe – sehr rasch an diesem Element übersättigt. Der Materialfluss, der den Ozeanen den größten Teil des überschüssigen Calciums entzieht, ist die **Sedimentation von Calciumcarbonat** (Kapitel 5). Eine geringe Menge Calcium wird außerdem als Gips in Evaporitlagerstätten ausgefällt.

Das Systemdiagramm in Abbildung 15.13 zeigt den Gleichgewichtszustand. Das Fassungsvermögen der Ozeane für Calcium (die Calciummenge, die von den Ozeanen aufgenommen werden kann) ist weitaus größer als die Zufuhr und Abfuhr von Calcium, daher ist die

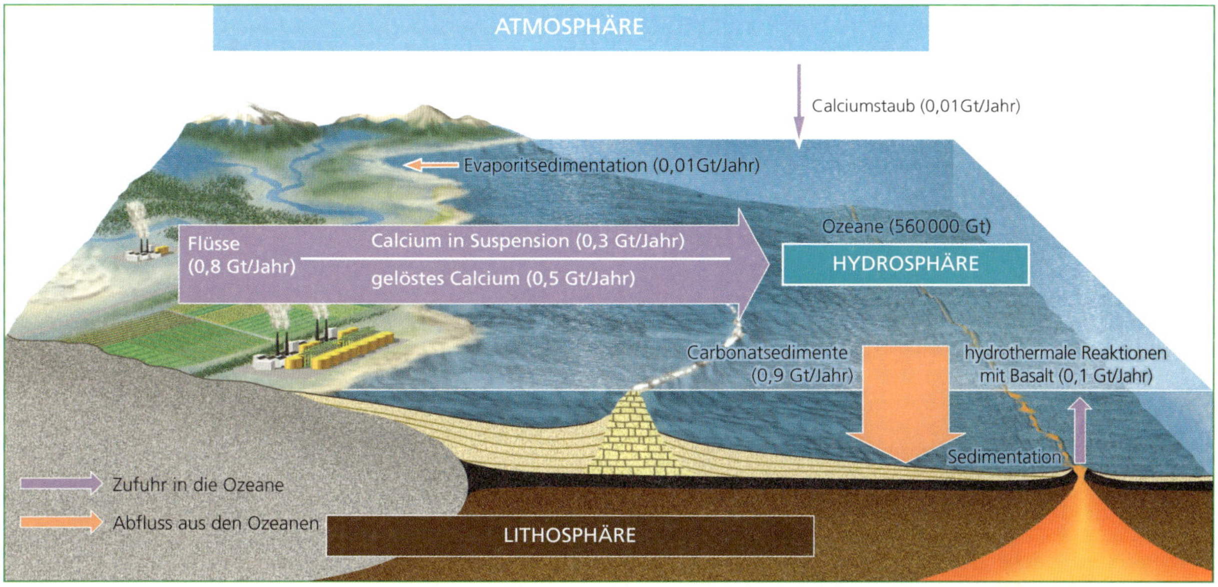


**Abb. 15.13** Der Calciumkreislauf zeigt die Materialflüsse in und aus den Ozeanen, angegeben in Gigatonnen (Gt = $10^{12}$ kg) pro Jahr. Der Zufluss von Calcium in die Ozeane entspricht etwa dem Abfluss, sodass sich insgesamt ein Gleichgewichtszustand ergibt.

Verweilzeit vergleichsweise lang. Aus der Division der in den Ozeanen gelösten Calciummenge (derzeit 560 000 Gt) durch den jährlichen Zufluss (0,9 Gt) ergibt sich eine Verweilzeit von mehr als 600 000 Jahren.

## Der Kohlenstoffhaushalt

Der in Abbildung 15.14 dargestellte Kohlenstoffkreislauf enthält vier wesentliche Speicher: die Atmosphäre, die Ozeane der Erde einschließlich ihrer Organismen, die Landoberfläche einschließlich aller Landpflanzen und Böden, sowie die tiefere Lithosphäre. Der Kohlenstofffluss zwischen diesen Speichern lässt sich in Form von Teilsystemen beschreiben. In Zeiten, in denen das Klima der Erde stabil ist, befindet sich jeder dieser Teilzyklen in einem Gleichgewichtszustand und kann daher durch einen konstanten Materialfluss charakterisiert werden.

**Gasaustausch Atmosphäre–Ozean** Der Austausch von $CO_2$ über die Schnittstelle Atmosphäre–Ozean beläuft sich auf einen Kohlenstofffluss von etwa 90 Gt pro Jahr. Dieser Prozess ist von zahlreichen Faktoren abhängig, beispielsweise von der Luft- und Wassertemperatur und der Zusammensetzung des Meerwassers, vor allem aber von der Windgeschwindigkeit, die den Gasaustausch durch das Aufwühlen des Oberflächenwassers und die Bildung von Gischt verstärkt.

**Photosynthese und Atmung in der terrestrischen Biosphäre** Der größte Kohlenstoff-Materialfluss von 120 Gt/Jahr ergibt sich aus der Zirkulation von atmosphärischem $CO_2$ durch Landpflanzen und Tiere während der Photosynthese, Atmung und Zersetzung. Pflanzen nehmen bei der Photosynthese diese gesamte Menge auf und etwa die Hälfte gelangt durch Atmung wieder in die Atmosphäre zurück. Die andere Hälfte wird in das Gewebe der Pflanzen eingebaut – in Blätter, Holz, Wurzeln und Samen. Die Pflanzen werden von Tieren gefressen und Mikroorganismen besorgen ihren Abbau. Beide Prozesse beruhen auf einer Oxidation des Pflanzengewebes, bei der $CO_2$ entsteht. Ein kleiner Teil (etwa 3 Prozent) wird durch Waldbrände oder andere Verbrennungsprozesse unmittelbar oxidiert.

**Organischer Kohlenstoff in gelöster Form** Eine geringe Menge des im Pflanzengewebe aufgenommen $CO_2$ (0,4 Gt/Jahr) wird in Oberflächengewässern gelöst und durch Flüsse in die Ozeane transportiert; von dort gelangt dieser gelöste organische Kohlenstoff (DOC) durch Atmung wieder in die Atmosphäre zurück.

**Carbonatverwitterung und Carbonatfällung** Durch die Verwitterung von Carbonatgesteinen werden der Lithosphäre pro Jahr etwa 0,2 Gt Kohlenstoff entzogen, etwa dieselbe Menge stammt aus der Atmosphäre. Dieser anorganische Kohlenstoff ist in Oberflächengewässern gelöst, in erster Linie als Hydrogencarbonat-Ionen, und wird über Flüsse in die Ozeane transportiert. Dort kehren die Schalen tragenden Organismen die Reaktion der Carbonatverwitterung um, indem sie Calciumcarbonat ausfällen und äquivalente Mengen an Kohlenstoff als $CO_2$ in die Atmosphäre abgeben.

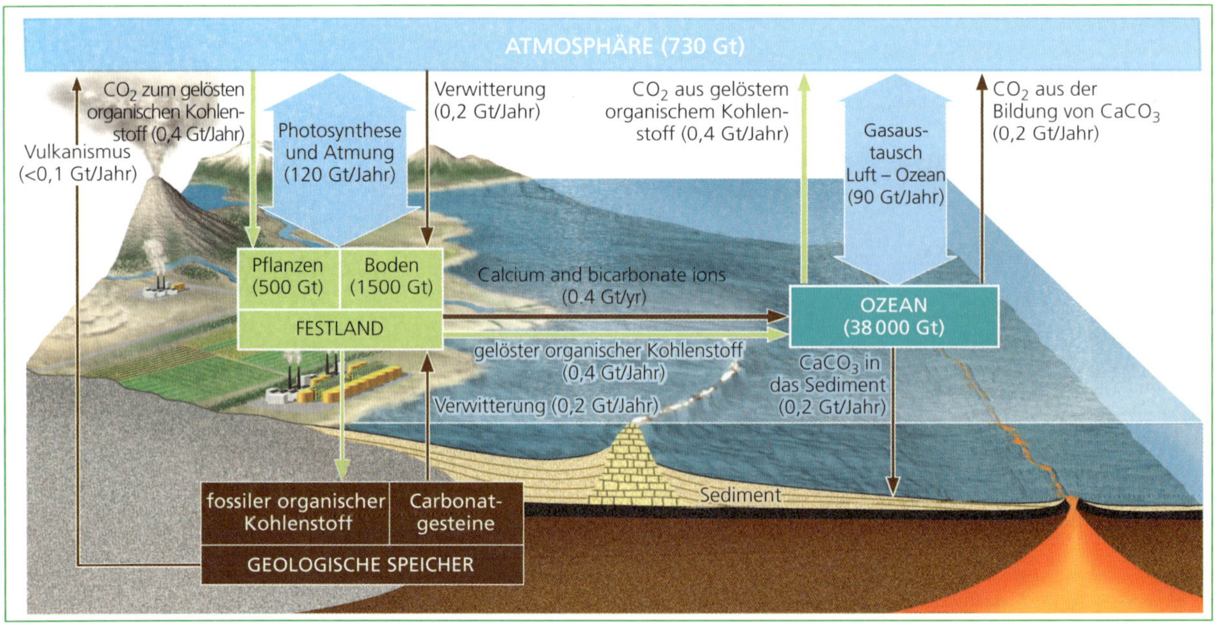


**Abb. 15.14** Der Kohlenstoffkreislauf beschreibt den Kohlenstofffluss im System Klima [*nach: IPCC, Climate Change 2001: The Scientific Basis*].

Andere geologische Prozesse tragen ebenfalls zum Kohlenstoffhaushalt bei. Durch Vulkanismus gelangen geringe Mengen an $CO_2$ in die Atmosphäre, während bei der Verwitterung der Silicatgesteine und der Einbettung von organischem Kohlenstoff in die Sedimente $CO_2$ verbraucht wird. Der Kohlenstofffluss bei diesen Prozessen ist relativ gering (weniger als 0,1 Gt/Jahr), sodass sie bei der Betrachtung kurzzeitiger Klimaschwankungen normalerweise zu vernachlässigen sind. Längerfristig könnten ihre Auswirkungen ganz erheblich sein. Regionale Hebungsvorgänge tragen dann durch die Beschleunigung der Erosion und der chemischen Verwitterung der in Gebirgen freigelegten Silicatgesteine zu Veränderungen innerhalb des Kohlenstoffkreislaufs bei.

In stark vereinfachter Form kann der Verwitterungsprozess, bei dem $CO_2$ der Atmosphäre entzogen wird, mit folgender Reaktionsgleichung angegeben werden:

$$\underset{\text{Wollastonit}}{CaSiO_3} + \underset{\text{Kohlendioxid}}{CO_2} \rightarrow \underset{\text{Calcit}}{CaCO_3} + \underset{\text{Quarz}}{SiO_2}$$

Nach einer äußerst umstrittenen Hypothese verstärkte der Aufstieg des Hochlands von Tibet, der vor etwa 40 Ma einsetzte, die Verwitterung so erheblich, dass sich der $CO_2$-Gehalt der Atmosphäre verringerte. Durch die Verminderung des Treibhauseffekts könnte dies zur nachfolgenden Abkühlung des Klimas und zum Anwachsen der Inlandeismassen beigetragen haben, die schließlich zur pleistozänen Vereisung führten.

## Anthropogen verursachte Störungen des Kohlenstoffkreislaufs

Nach Kenntnis dieser Zusammenhänge befassen wir uns erneut mit den durch die Menschheit verursachten $CO_2$-Emissionen. Sorgfältige Untersuchungen lassen inzwischen gut fundierte Abschätzungen zu, inwieweit der Kohlenstoffkreislauf in den achtziger Jahren des vergangenen Jahrhunderts durch menschliche Einflüsse gestört wurde. Im Verlauf dieses Jahrzehnts wurde durch anthropogene Aktivitäten eine durchschnittliche Menge Kohlenstoff von 7,1 Gt $CO_2$ pro Jahr in die Atmosphäre freigesetzt. Abbildung 15.15 zeigt, was mit diesem Kohlenstoff geschah. Lediglich 46 Prozent der Gesamtmenge

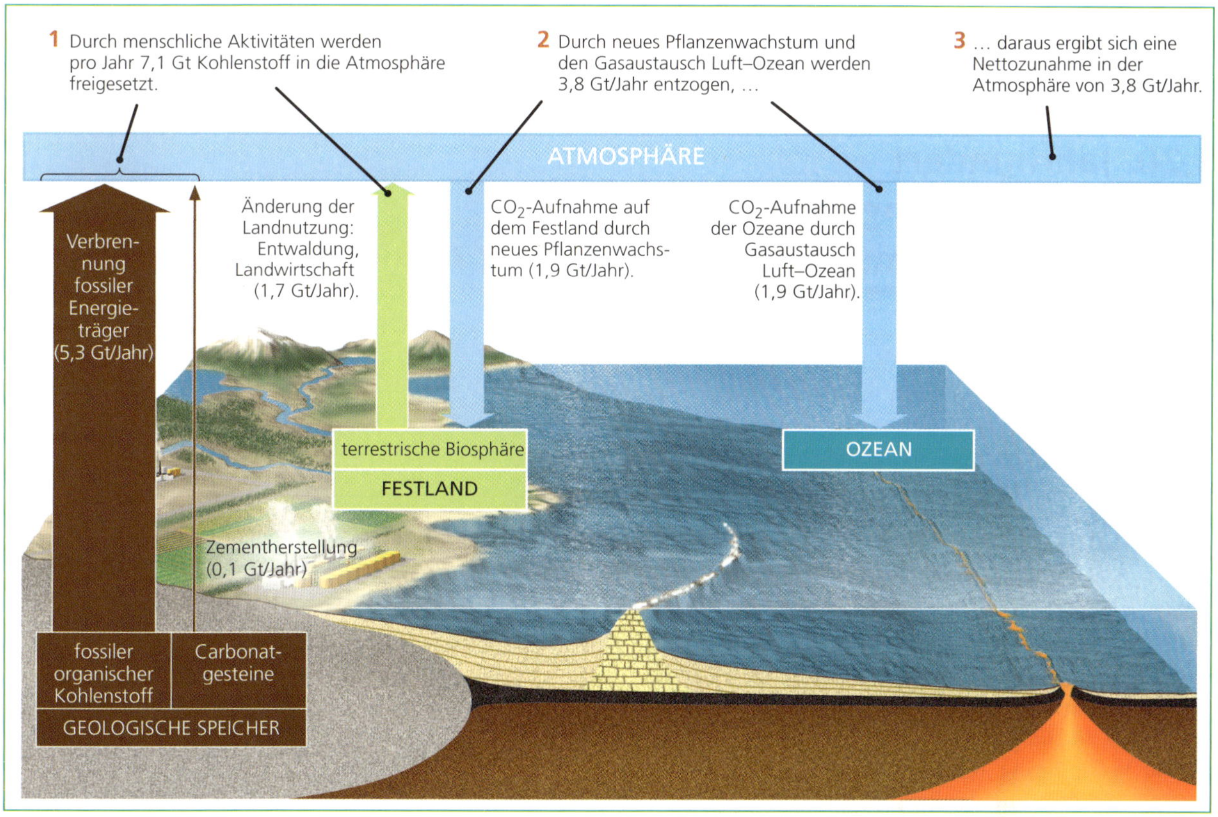


**Abb. 15.15** Bei der Nutzung fossiler Brennstoffe, der Herstellung von Zement und der Freisetzung von Kohlenstoff durch Entwaldung, Landwirtschaft und andere Formen der Landnutzung gelangt $CO_2$ in die Atmosphäre. Das Klimasystem reagiert darauf durch die Absorption von Teilen des Kohlenstoffs in den Ozeanen und durch eine erhöhte Pflanzenproduktion auf dem Festland. Der Rest reichert sich in der Atmosphäre an. Die angegebenen Mengen beziehen sich auf die achtziger Jahre. Seit diesem Zeitpunkt stieg die Verbrennung fossiler Energieträger um mehr als 6 Gt pro Jahr an [*nach: IPCC, Climate Change 2001: The Scientific Basis*].

(3,3 Gt/Jahr) verblieb als $CO_2$ in der Atmosphäre. Der Rest wurde etwa zu gleichen Teilen von den Ozeanen und der Landoberfläche aufgenommen. An der Landoberfläche erfolgte diese Aufnahme in den gemäßigten Breiten der Nordhalbkugel in erster Linie durch das Pflanzenwachstum, teilweise bedingt durch einen gewissen „Düngeeffekt" des in höheren Konzentrationen zur Verfügung stehenden Kohlendioxids, zum Teil auch durch das rasche Wachstum neu aufgeforsteter Wälder in Gebieten, die zuvor landwirtschaftlich genutzt wurden.

Wie werden sich diese Zahlen ändern, wenn die $CO_2$-Konzentration der Atmosphäre weiter ansteigt? Man geht davon aus, dass der Prozentsatz der anthropogen verursachten $CO_2$-Emission, die von den Ozeanen und Festländern aufgenommen werden kann, abnimmt, wenn die Speicher stärker gesättigt sind. Außerdem ist zu erwarten, dass durch den Anstieg des $CO_2$-Gehalts in der Atmosphäre die erwartete verstärkte Treibhauserwärmung dazu führen wird, dass die Aufnahmefähigkeit der wärmeren Ozeane für die anthropogen verursachte $CO_2$-Emissionen abnimmt. Die Größenordnung dieser Auswirkungen ist höchst ungewiss, doch scheint es, dass sich durch die vom Menschen verursachten Veränderungen im Kohlenstoffkreislauf letztendlich die Treibhauserwärmung verstärken wird.

## Die Erwärmung im 20. Jahrhundert – menschliche Fingerabdrücke im globalen Klimawandel

Systematische Wetter- und Klimabeobachtungen mithilfe von Thermometern und anderen wissenschaftlichen Instrumenten werden erst seit wenigen hundert Jahren durchgeführt. Etwa seit Mitte des 19. Jahrhunderts werden die Temperaturen weltweit von einer großen Anzahl Wetterstationen auf dem Festland und auf Schiffen registriert, um daraus die mittlere jährliche Oberflächentemperatur so exakt wie möglich ermitteln zu können. Zwischen dem Ende des 19. und dem Beginn des 21. Jahrhunderts stiegen die mittleren Oberflächentemperaturen um etwa 0,6 °C, eine Klimaentwicklung, die als „Erwärmung des 20. Jahrhunderts" bezeichnet wird (Abb. 15.16).

Die Verbrennung fossiler Energieträger in Verbindung mit der Rodung der Regenwälder haben im selben Zeitraum zu einem bedeutenden Anstieg des $CO_2$-Gehalts in der Atmosphäre geführt; menschliche Aktivitäten verursachten darüber hinaus auch einen Anstieg der übrigen Treibhausgase wie etwa Methan. Es lässt sich eindeutig nachweisen, dass der Mensch für den Anstieg des Kohlendioxids verantwortlich ist, weil die Kohlenstoffisotope der fossilen Brennstoffe ein kennzeichnendes Signal aufweisen, das exakt mit der sich ändernden Isotopenzusammensetzung des atmosphärischen Kohlenstoffs übereinstimmt. Doch mit welcher Sicherheit können wir davon ausgehen, dass die Erwärmung im 20. Jahrhundert eine direkte Folge des $CO_2$-Anstiegs ist, das heißt das Ergebnis eines verstärkten Treibhauseffekts und nicht etwa die Folge natürlicher Klimaschwankungen. Diese Frage ist Kernpunkt des vorwiegend politischen Streits um die globale Erwärmung.

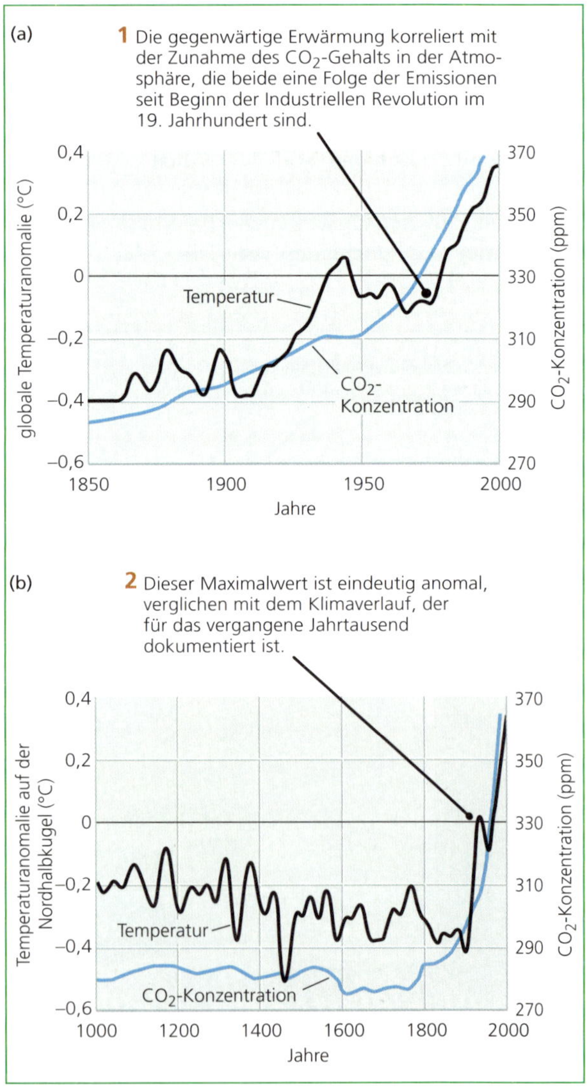


**Abb. 15.16** Die Erde erwärmt sich. Ein Vergleich der mittleren Jahrestemperaturen an der Erdoberfläche mit der $CO_2$-Konzentration der Atmosphäre zeigt, dass die Erwärmung in der jüngeren Vergangenheit mit der Zunahme des $CO_2$-Gehalts korreliert; sie gilt seit der Industriellen Revolution als maßgeblich durch den Menschen verursacht [*nach: IPCC, Climate Change 2001: The Scientific Basis*].

Nahezu alle Klimaexperten sind heute davon überzeugt, dass die Klimaerwärmung des 20. Jahrhunderts großenteils anthropogenen Ursprungs ist und dass sich diese Erwärmung bis weit in das 21. Jahrhundert hinein fortsetzen wird, wenn die Menge der Treibhausgase in der Atmosphäre weiter ansteigt. Sie begründen diese Aussage mit zwei wesentlichen Argumenten: mit den Aufzeichnungen der Klimaveränderungen und mit ihren Kenntnissen über die Funktion des Klimasystems.

Die Erwärmung im 20. Jahrhundert liegt innerhalb der Schwankungsbreite der Temperaturen, die für das Holozän abgeleitet worden sind. In Wirklichkeit waren die Durchschnittstemperaturen in vielen Gebieten der Erde in der Zeit vor 10 000 bis 8 000 Jahren wahrscheinlich höher als heute. Der Klimaverlauf ist im 20. Jahrhundert, verglichen mit der Abfolge und der Geschwindigkeit der Klimaveränderungen im vergangenen Jahrtausend, jedoch eindeutig anomal. Aus Daten von Jahresringen, Korallen, Eisbohrkernen und anderen Klima-Indikatoren zogen die Wissenschaftler in Bezug auf das Klima in den 1 000 Jahren vor dem 20. Jahrhundert zwei Schlussfolgerungen: (1) Im Verlauf dieses Zeitraums gab es eine kontinuierliche globale Abkühlung um etwa 0,2 °C, und (2) die maximalen Schwankungen der Durchschnittstemperaturen im Verlauf eines der neun vorangegangenen Jahrhunderte betrug möglicherweise weniger als 0,3 °C. Vor diesem Hintergrund erscheint die Erwärmung des 20. Jahrhunderts äußerst ungewöhnlich (Abb. 15.16b).

Das zweite und für viele Experten zwingendere Argument ergibt sich aus der Übereinstimmung des beobachteten Ablaufs der Erwärmung und dem durch optimiertere Klimamodelle vorhergesagten verstärkten Treibhauseffekt. Modelle, die Veränderungen der atmosphärischen Treibhausgase berücksichtigen, bestätigten nicht nur den Ablauf der Temperaturverhältnisse, sondern auch die geographischen und höhenbedingten Temperaturveränderungen in der Atmosphäre, die manche Wissenschaftler als „Fingerabdrücke" eines verstärkten Treibhauseffekts bezeichnen. Beispielsweise sagen Modelle des verstärkten Treibhauseffekts voraus, dass im Fall einer globalen Erwärmung die nächtlichen Tiefsttemperaturen an der Oberfläche rascher ansteigen als die Tageshöchsttemperaturen und dass sich dadurch die täglichen Temperaturschwankungen verringern werden. Die Klimadaten des letzten Jahrhunderts bestätigen diese Vorhersagen.

Wie in diesem Kapitel bereits erwähnt wurde, können bislang wenig bekannte Aspekte des Klimasystems bei prognostizierenden Klimamodellen zu erheblichen Fehlern führen. Trotzdem spricht die gute Übereinstimmung der gemessenen Klimaentwicklung mit den grundlegenden physikalischen Zusammenhängen der verstärkten Treibhauserwärmung vermehrt für die Hypothese, dass der Mensch Auslöser der jüngsten Klimaerwärmung ist. Auf diese Klimaerwärmung und ihre Folgen für die menschliche Gesellschaft wird in Kapitel 23 noch gesondert eingegangen.

## Zusammenfassung des Kapitels

**Was das System Klima ist:** Das Klimasystem umfasst alle Bereiche des Systems Erde und alle Wechselwirkungen innerhalb dieser Komponenten, die für eine Beschreibung erforderlich sind, wie sich das Klima in Zeit und Raum verhält. Die wesentlichen Bestandteile des Klimasystems sind Atmosphäre, Hydrosphäre und Biosphäre. Jeder dieser Bestandteile spielt innerhalb des Klimasystems eine unterschiedliche Rolle, die von seiner Fähigkeit abhängt, Energie zu speichern oder weiterzuleiten.

**Das Wesen des Treibhauseffekts:** Damit die globale Temperatur - gemittelt über tägliche und jahreszeitliche Zyklen - konstant bleibt, muss von der Erdoberfläche so viel Energie in den Weltraum abgegeben werden, wie diese von der Sonne aufnimmt. Ein Großteil der Strahlungsenergie der Sonne durchdringt die Atmosphäre und wird von der Erdoberfläche absorbiert. Die erwärmte Erdoberfläche strahlt die Wärme als Infrarotstrahlung in die Atmosphäre zurück. Kohlendioxid und andere Treibhausgase absorbieren selektiv bestimmte Wellenlängen der Infrarotstrahlung und strahlen infrarote Energie mit anderen Wellenlängen in alle Richtungen wieder ab, und damit auch auf die Erdoberfläche. Insgesamt ergibt sich hieraus eine Erwärmung der Oberfläche relativ zu den Temperaturen in den höheren Schichten der Atmosphäre. Auf diese Art und Weise wirkt die Atmosphäre wie das Glas eines Gewächshauses, das den Eintritt der Strahlungsenergie ermöglicht, die Wärme jedoch zurückhält.

**Klimaschwankungen in der Vergangenheit:** Natürliche Klimaschwankungen treten zeitlich und räumlich in höchst unterschiedlichen Größenordnungen auf. Einige sind auf externe Einflüsse zurückzuführen, wie etwa Schwankungen der von der Sonne abgegebenen Strahlungsenergie, oder auf eine andere Verteilung der Festländer und Ozeane aufgrund der Drift der Kontinente. Andere sind die Folge intern bedingter Schwankungen innerhalb des Klimasystems, da zwischen dessen Komponenten Masse und Energie ausgetauscht werden. Die größten Klimaänderungen waren in jüngerer Zeit die 100 000 Jahre dauernden Vereisungszyklen mit Schwankungen der Oberflächentemperaturen von 6 bis 8 °C. Diese Vereisungszyklen wurden von kurzzeitigen Klimaschwankungen überlagert, von denen einige etwa so lange dauerten wie die Übergänge von den glazialen zu den interglazialen Epochen. Das warme interglaziale Klima des Holozäns war in den letzten 10 000 Jahren deutlich konstanter als die vorangegangenen Abschnitte der Würmeiszeit.

**Geochemische Kreisläufe:** Geochemische Kreisläufe beschreiben den Materialfluss von chemischen Elementen und Verbindungen der Erde von einem Speicher zum anderen und ermöglichen die Quantifizierung der Stoffmengen, die zwischen Ozeanen, Atmosphäre, Erdoberfläche, Kruste und Mantel gespeichert oder ausgetauscht werden. Der Calciumkreislauf zeigt, wie das bei der Verwitterung freigesetzte Calcium durch Flüsse in die Meere transportiert wird und wie es durch Sedimentation erneut in die Lithosphäre gelangt. Die Verweilzeit eines Elements errechnet sich aus der Gesamtmenge des Elements im Speicher, geteilt durch die Zufuhr, sofern Zufluss und Abfluss im Gleichgewicht stehen.

**Kohlenstoffkreislauf:** Der Kohlenstoffkreislauf ist ein Geosystem, das die kontinuierliche Zirkulation des Kohlenstoffs zwischen Atmosphäre und den anderen wesentlichen Speichern, der Lithosphäre, der Hydrosphäre und der Biosphäre beschreibt. Wichtige Teilvorgänge sind der Gasaustausch zwischen der Atmosphäre und den Ozeanen, die Photosynthese, die Atmung, Verbrennung und Verwesung von organischer Substanz, außerdem die Verwitterung und Ausfällung von Calciumcarbonat. Die Entnahme von $CO_2$ aus der Atmosphäre erfolgt durch die Verwitterung der Silicate und durch Einbettung von Kohlenstoff in die Erdkruste. Eine Zufuhr von Kohlenstoff in die Atmosphäre erfolgt außerdem durch vulkanische Tätigkeit.

**Endogene Prozesse und Klimaänderungen:** Aerosole aus Schwefelsäure, die bei großen Vulkanausbrüchen in die Atmosphäre freigesetzt werden, können über kürzere Zeiträume von einigen Jahren hinweg die Sonneneinstrahlung absorbieren und dadurch die Temperaturen im globalen Ausmaß absenken. Über einen längeren Zeitraum im Bereich von Jahrmillionen können plattentektonische Bewegungen dazu führen, dass Kontinente über die Pole driften und sich dort Eismassen bilden, dass sich Durchgangswege für Meeresströmungen öffnen oder schließen und dass es zu Hebungsvorgängen kommt, die die Wettersysteme und damit die Geschwindigkeit der chemischen Verwitterung verändern, durch die sich wiederum der $CO_2$-Gehalt in der Atmosphäre verringern kann.

**Anthropogen verursachte Klimaerwärmung:** Die globale Klimaerwärmung im 20. Jahrhundert um bisher etwa 0,6 °C korreliert mit einem signifikanten Anstieg von $CO_2$ und anderen Treibhausgasen in der Atmosphäre, hervorgerufen durch die Nutzung fossiler Brennstoffe, die Rodung der tropischen Regenwälder und durch andere anthropogene Aktivitäten. Die meisten Klimaexperten sind heute davon überzeugt, dass die Erwärmung im 20. Jahrhundert wesentlich vom Menschen ausgelöst wurde und dass sie im 21. Jahrhundert fortdauern wird, da der Gehalt an Treibhausgasen in der Atmosphäre weiterhin ansteigt.

Am 1. Juni 2005 wurden in der Nähe des Bluebird Canyon bei Laguna Beach in Kalifornien zahlreiche Häuser zerstört, als sie auf einem von Wasser durchnässten Berghang abrutschten [*Foto: Steven Gorges/Long Beach Press-Telegram/Corbis*].

# Kapitel 16 Verwitterung, Erosion und Massenbewegungen

So fest die härtesten Gesteine auch sein mögen, wenn sie Wasser, atmosphärischen Gasen und Temperaturschwankungen ausgesetzt sind, unterliegen sie alle der Verwitterung und dem Zerfall – ähnlich wie alte Autos rosten oder alte Zeitungen vergilben. Im Gegensatz zu Autos und Zeitungen dauert ihr Zerfall jedoch Tausende bis Millionen von Jahren.

In diesem Kapitel betrachten wir einige der Wechselwirkungen zwischen den Systemen Klima und Plattentektonik. Dieses Zusammenspiel führt zu drei geologischen Prozessen, bei denen Gesteine mechanisch zerkleinert sowie chemisch umgewandelt und die dabei entstehenden Bruchstücke über kurze Entfernungen verfrachtet werden: Verwitterung, Erosion und Massenbewegungen. Dies sind auch die ersten Prozesse, die zur Abtragung der durch tektonische Hebungen aufgestiegenen Gebirge führen.

In Kapitel 5 betrachteten wir die Verwitterung allgemein als den Vorgang, durch den die Locker- und Festgesteine unter dem Einfluss des Klimas und der Witterung an der Erdoberfläche einer ständig fortschreitenden Zerstörung unterliegen. Durch **Verwitterung** entstehen nicht nur alle Böden und viele klastische Sedimente der Erde, sondern auch die gelösten Substanzen, die von den Flüssen den Ozeane zugeführt werden. Die **chemische Verwitterung** führt zu einer Veränderung oder auch zur vollständigen Auflösung der Minerale eines Gesteins. Die **physikalische Verwitterung** sorgt für eine Auflockerung und Zerkleinerung des festen Gesteins durch mechanische Vorgänge – ohne Änderung der chemischen Zusammensetzung. Chemische und physikalische Verwitterung unterstützen und verstärken sich gegenseitig. Durch die chemische Zersetzung werden die Gesteinskomponenten anfälliger gegenüber weiterer Zerstörung. Je kleiner die Gesteinstrümmer durch die physikalische Verwitterung werden, umso mehr nimmt ihre relative Oberfläche zu, an der die chemische Verwitterung angreifen kann.

Sind die Gesteine durch die Verwitterung erst einmal mechanisch zerkleinert oder chemisch umgewandelt, bilden sie entweder Schuttdecken beziehungsweise Böden oder sie werden durch die Prozesse der **Erosion** hangabwärts transportiert. Gelegentlich werden ganze Hangbereiche instabil und bewegen sich dem natürlichen Gefälle folgend bergab – ein Vorgang, der als **Massenbewegung** bezeichnet wird. Die Produkte solcher Massenbewegungen – durch Verwitterung entstandene Gesteinsbruchstücke, aber auch große Massen von unverwittertem Gestein – sammeln sich meist in den Tälern und werden von dort wie alle anderen Verwitterungsprodukte durch Flüsse, aber auch durch Wind oder Gletscher weiterverfrachtet. Wenn dieses Material erst einmal Bäche und Flüsse erreicht hat, gelangt es auf sehr effektive Weise oftmals über ganze Kontinente hinweg schließlich in die Ozeane, seinem endgültigen Ablagerungsort. Auf diese fluviatilen Prozesse wird in Kapitel 18 näher eingegangen.

## Verwitterung, Erosion, Massenbewegungen und der Kreislauf der Gesteine

Sobald durch tektonische und vulkanische Prozesse Gebirge entstanden sind, führen chemische Umwandlung und mechanische Zerkleinerung zusammen mit Regen, Wind, Eis und Schnee auch schon zur Abtragung dieser Gebirge. Alle Vorgänge, durch die Gesteine oder auch Böden aufgelockert und hangabwärts transportiert oder mit dem Wind verfrachtet werden, nennt man entweder Erosion oder Massenbewegungen.

Als **Erosion** werden im Allgemeinen Prozesse bezeichnet, bei denen das verwitterte Material gewissermaßen Korn für Korn in der Regel durch strömende Medien weggeführt wird. Im deutschen Sprachraum wird der Begriff oftmals etwas enger gefasst und vor allen für die linienhafte Abtragung, das heißt für die Abtragung durch fließendes Wasser verwendet. Der linear wirkenden Erosion wird die Denudation gegenübergestellt, die alle Prozesse der flächenhaften Abtragung einschließt. Darunter fallen auch die meisten Abtragungsprozesse durch den Wind. Als **Massenbewegungen** bezeichnet man sämtliche Transportvorgänge großer Mengen von verwittertem oder unverwittertem Gesteins- beziehungsweise Bodenmaterial, die ausschließlich auf die Wirkung der Schwerkraft zurückzuführen sind. Alle diese Prozesse tragen letztendlich dazu bei, dass das verwitterte Material an der Erdoberfläche abtransportiert wird und nachfolgend zur Ablagerung gelangt und dass an der Erdoberfläche beständig frisches unverändertes Gestein der Verwitterung ausgesetzt ist.

Verwitterung und Abtragung sind die wesentlichen geologischen Prozesse im Kreislauf der Gesteine, die sowohl die Morphologie der Erdoberfläche als auch das Gesteinsmaterial verändern und durch die alle Gesteine in Sedimente übergehen und Böden bilden. Wenn beispielsweise Gesteine wie Kalkstein oder Steinsalz durch Auflösung im Niederschlagswasser verwittern, bleiben fast keine festen Rückstände zurück. Das Material wird in ionischer Form gelöst und im Wasser abtransportiert. Das aus der chemischen Verwitterung hervorgegangene Material liefert den größten Teil der in den Meeren gelösten oder wieder ausgefällten Substanzen.

Die ersten Abschnitte dieses Kapitels betonen vor allem den Aspekt der chemischen Verwitterung, da sie in gewisser Weise die wesentliche Antriebskraft des gesamten Prozesses ist. Wie in Kapitel 15 gezeigt wurde, ist die Verwitterung auch ein wichtiger regulierender Faktor des globalen Klimas. Die Auswirkungen der physikalischen Verwitterung sind weitgehend abhängig vom chemischen Zerfall. Zuerst betrachten wir jedoch diejenigen Faktoren, die insgesamt die Verwitterung beeinflussen.

## Geologische Faktoren der Verwitterung

Alle Gesteine unterliegen der Verwitterung, aber wie sie verwittern und vor allem wie rasch, ist ausgesprochen unterschiedlich. Die vier wichtigsten Faktoren, die den Zerfall und die Zerstörung der Gesteine beeinflussen, sind einmal die Eigenschaften des Ausgangsgesteins, dann das Klima, eine vorhandene oder fehlende Bodenbedeckung und die Zeitdauer, während der die Gesteine den Einwirkungen der Atmosphärilien ausgesetzt sind. Diese vier Faktoren sind in Tabelle 16.1 zusammengefasst.

### Eigenschaften des Ausgangsgesteins

Die Beschaffenheit des Ausgangsgesteins beeinflusst die Verwitterung, weil (1) unterschiedliche Minerale mit unterschiedlichen Geschwindigkeiten verwittern und (2) das Gefüge die Anfälligkeit des Gesteins gegenüber der mechanischen Zerstörung mitbestimmt.

An den jahrhundertealten Inschriften auf Grabsteinen ist unmittelbar erkennbar, dass die verschiedenen Gesteine unterschiedlich schnell verwittern. Eingemeißelte Buchstaben auf einem frisch errichteten Grabstein heben sich deutlich und mit scharfen Konturen von der polierten Oberfläche ab. Nach etwa hundert Jahren ist in einem mäßig feuchten Klima die Oberfläche eines Kalksteins stumpf, die Umrisse der Buchstaben werden unscharf, ähnlich wie der auf einem Stück Seife eingeprägte Name nach mehrfachem Händewaschen verschwindet (Abb. 16.1). Granit lässt dagegen nur geringe Veränderungen erkennen. Die Unterschiede bei der Verwitterung von Granit und Kalkstein ergeben sich aus der unterschiedlichen mineralischen Zusammensetzung. Vorausgesetzt es steht genügend Zeit zur Verfügung, zerfallen selbst die widerstandsfähigsten Gesteine. Nach einigen hundert Jahren wird auch ein Denkmal aus Granit bis zu einem gewissen Grad verwittert sein und seine Oberflächen und Inschriften erscheinen unscharf und verwaschen.

### Klima: Niederschlag und Temperatur

Die Geschwindigkeit sowohl der chemischen als auch der physikalischen Verwitterung ist nicht nur abhängig von den Eigenschaften des Ausgangsgesteins, sondern auch vom Klima, das heißt von Niederschlagsmenge und Temperatur. Hohe Temperaturen und Niederschlagsmengen begünstigen die chemische Verwitterung. Ein

**Tabelle 16.1** Die wichtigsten, die Verwitterungsgeschwindigkeit beeinflussenden Faktoren

| | Verwitterungsgeschwindigkeit → gering | | hoch |
|---|---|---|---|
| **Eigenschaften des Ausgangsgesteins** | | | |
| Löslichkeit der Minerale | gering (z. B. Quarz) | mäßig (z. B. Pyroxen, Feldspat) | hoch (z. B. Calcit) |
| Gefüge | massig | einige Schwächezonen | stark zerbrochen oder dünnschichtig |
| **Klima** | | | |
| Niederschläge | gering | mäßig | hoch |
| Temperatur | kalt | gemäßigt | heiß |
| **Vorhandensein oder Fehlen von Boden und Vegetation** | | | |
| Mächtigkeit der Bodenbedeckung | keine Bodenbedeckung | geringe bis mittlere Mächtigkeit | groß |
| biologische Tätigkeit | spärlich | mäßig | hoch |
| **Dauer der Exposition** | kurz | mäßig lange | lange |

kühles und trockenes Klima verlangsamt hingegen diesen Prozess. In kalten Klimazonen ist das Wasser häufig gefroren und folglich chemisch inaktiv, in ariden Gebieten herrscht dagegen ein Mangel an Wasser.

Andererseits kann in Klimazonen, in denen die chemische Verwitterung gering ist, die physikalische Verwitterung höchst aktiv sein. Gefriert beispielsweise Wasser in Klüften und Spalten, wirkt es wie ein Keil, es erweitert sie und zerstört so auf mechanischem Weg das Gestein.

## Auswirkung der Bodenbedeckung

**Boden**, die Grundlage der Pflanzendecke, ist eine unserer wertvollsten natürlichen Ressourcen. In typischer Form besteht er aus Bruchstücken des Ausgangsgesteins, aus Tonmineralen, die durch chemische Umwandlung der Minerale des Ausgangsgesteins neu gebildet wurden, sowie aus organischem Material, das von den im Boden und auf dem Boden lebenden tierischen und pflanz-

**Abb. 16.1** Grabsteine aus dem frühen 19. Jahrhundert in Wellfleet, Massachusetts. Der Stein rechts ist ein Kalkstein und bis zur Unleserlichkeit verwittert. Der Stein links ist ein metamorpher Schiefer, dessen Inschrift unter denselben Klimabedingungen erhalten geblieben ist [*Foto: R. Siever, mit frdl. Genehmigung*].

lichen Organismen und deren Überresten stammt. Obwohl eine Bodendecke selbst ein Verwitterungsprodukt ist, beeinflusst ihr Vorhandensein oder Fehlen die chemische und physikalische Verwitterung anderer Substanzen.

Durch die Bodenbildung ergibt sich ein gewisser positiver Rückkoppelungseffekt, denn das bei diesem Vorgang entstandene Endprodukt begünstigt und verstärkt den Bildungsprozess. Wenn sich erst einmal eine Bodenschicht zu bilden beginnt, wird sie zum geologisch wirksamen Faktor, der für eine beschleunigte Verwitterung der Gesteine sorgt. Der Boden hält das Niederschlagswasser zurück und bietet Lebensraum für eine Vielzahl von Pflanzen, Bakterien, Pilzen und Bodentieren. Ihre Stoffwechselprodukte, vor allem das bei der Atmung und beim Abbau des organischen Materials entstehende Kohlendioxid ($CO_2$), verursachen eine saure Bodenreaktion, die in Verbindung mit der Bodenfeuchtigkeit die chemische Verwitterung fördert und zu einer Umwandlung oder Lösung der Minerale führt. Die Pflanzenwurzeln und die Boden durchwühlenden Organismen unterstützen die physikalische Verwitterung, weil dadurch Zutrittskanäle für Sickerwasser entstehen. Die chemische und physikalische Verwitterung führen ihrerseits zusammen mit der biologischen Tätigkeit wiederum zur Bildung von weiterem Bodenmaterial.

### Der Faktor Zeit

Je mehr Zeit für die Verwitterung zur Verfügung steht, desto stärker schreiten Gesteinsumwandlung, Lösung und mechanische Zerstörung des Gesteins voran. Gesteine, die viele tausend Jahre an der Erdoberfläche freigelegen haben, zeigen Verwitterungsrinden, die mit Mächtigkeiten zwischen mehreren Millimetern bis zu mehreren Zentimetern das frische, unverwitterte Gestein bedecken. In trockenen Klimaten lag bei einigen dieser Rinden die Wachstumsrate in der Größenordnung von lediglich 0,006 mm pro 1 000 Jahre.

Betrachten wir nun die beiden wesentlichen Formen der Verwitterung – die chemische und die physikalische Verwitterung – etwas eingehender.

## Chemische Verwitterung

Die Einwirkung von Wasser, anorganischen und organischen Säuren sowie Gasen wie $CO_2$ und $O_2$ auf die in den Gesteinen vorhandenen Minerale führt zu chemischen Reaktionen, durch die Minerale und Gesteine in ihrem Aufbau verändert oder aber vollständig zerstört und aufgelöst werden. Die Summe dieser äußerst komplexen nebeneinander und nacheinander ablaufenden Prozesse wird als chemische Verwitterung bezeichnet. Wir wollen unsere Untersuchungen mit der chemischen Verwitterung des Feldspats beginnen, dem häufigsten Mineral der Erdkruste.

### Die Rolle des Wassers: Feldspat und andere Silicate

Feldspat ist Hauptbestandteil einer großen Anzahl magmatischer, sedimentärer und metamorpher Gesteine. Feldspat ist darüber hinaus repräsentativ für eine Reihe anderer gesteinsbildender Silicatminerale, denn Feldspat ist eines der vielen Silicate, die durch chemische Reaktionen in wasserhaltige Minerale, in so genannte Tonminerale umgewandelt werden. Folglich trägt die Kenntnis des Verwitterungsverhaltens der Feldspäte aus zwei Gründen ganz wesentlich zum Verständnis der Verwitterungsprozesse bei:

1. Silicatminerale sind in der Erde in großen Mengen vorhanden.
2. Die gleichen chemischen Lösungs- und Umwandlungsprozesse, die für die Feldspatverwitterung kennzeichnend sind, treten auch bei anderen Mineralen auf.

Eine Probe aus unverwittertem Granit ist hart und fest, weil der untereinander verzahnte Mineralbestand aus Quarz, Feldspat und den anderen Kristallen aufgrund starker Kohäsionskräfte fest zusammenhält. Wenn aber der Feldspat in einen lose zusammenhaftenden Ton übergeht, wird der Gesteinsverband geschwächt und die Komponenten trennen sich (Abb. 16.2). In diesem Fall fördert die chemische Verwitterung der Silicate zu Tonmineralen auch die physikalische Verwitterung, weil das Gestein nun leicht entlang der sich erweiternden Risse und Spalten an den Mineralgrenzen zerbricht.

Bei der Verwitterung von Feldspat entsteht ein weißes bis cremefarbenes Tonmineral, der **Kaolinit**, benannt nach dem Berg Kao-ling in Südwestchina, wo er erstmals gewonnen wurde. Die chinesischen Kunsthandwerker hatten den reinen Kaolinit schon jahrhundertelang als Rohstoff für die Keramik- und Porzellanindustrie verwendet, ehe ein europäischer Besucher im 18. Jahrhundert eine Probe davon nach Europa brachte.

Nur im extrem ariden Klima einiger Wüsten- und Polargebiete sind Feldspäte relativ verwitterungsbeständig. Diese Beobachtung deutet darauf hin, dass Wasser eine wesentliche Komponente bei der chemischen Umwandlung von Feldspat in Kaolinit ist. Kaolinit ist ein wasserhaltiges Alumosilicat. Bei der Reaktion, durch die Kaolinit entsteht, unterliegt der Feldspat dem Vorgang der **Hydrolyse**, das heißt, er nimmt in seine Kristallstruktur Wasser auf. Darüber hinaus gibt er einige chemische Bestandteile ab. Der einzige Bereich eines Festkörpers, der für die Reaktion mit einer Flüssigkeit zur

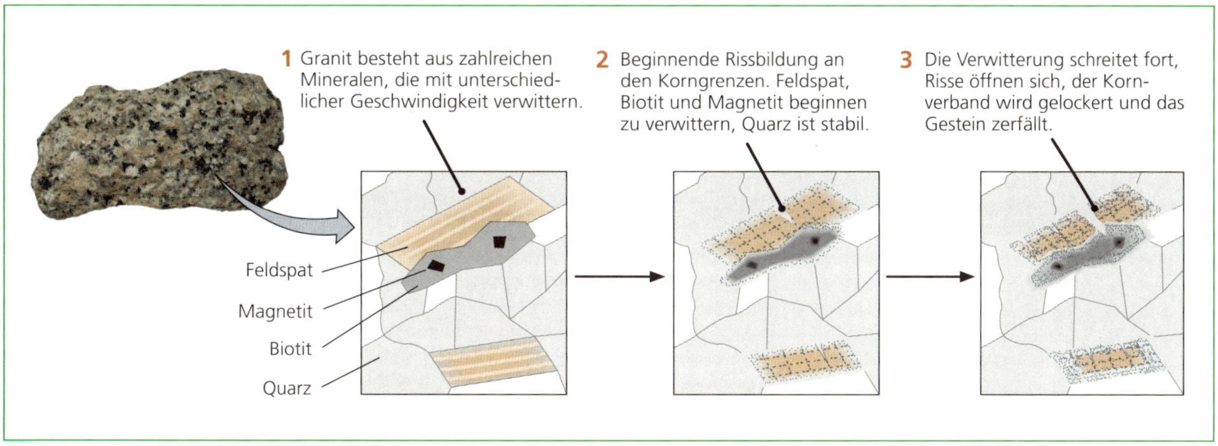


**Abb. 16.2** Mikroskopische Betrachtung verschiedener Stadien des Granitzerfalls [*Foto: John Grotzinger/Ramón Rivera-Moret/Harvard Mineralogical Museum*].

Verfügung steht, ist seine Oberfläche. Vergrößert man die Oberfläche, nimmt auch die Geschwindigkeit einer chemischen Reaktion zu. Wenn man beispielsweise Kaffeebohnen sehr fein mahlt, vergrößert sich das Verhältnis ihrer Oberfläche zum Volumen. Je feiner die Kaffeebohnen gemahlen sind, desto rascher reagieren sie mit Wasser, desto mehr Kaffee wird aus den Bohnen extrahiert und desto stärker wird das Getränk. Dasselbe gilt für Minerale und Gesteine: je kleiner die Bruchstücke, desto größer ist die reaktionsfähige Oberfläche. Wie Abbildung 16.3 zeigt, nimmt dieses Verhältnis enorm zu, wenn die mittlere Korngröße abnimmt.

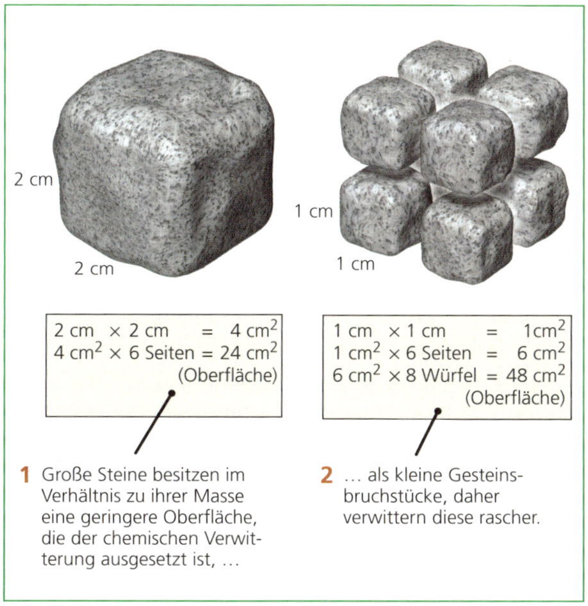


**Abb. 16.3** Wenn ein Gestein in kleinere Stücke zerbricht, vergrößert sich die Oberfläche, die für die chemischen Verwitterungsreaktionen zur Verfügung steht.

## Kohlendioxid, Verwitterung und Klimasystem

Die schwankende Kohlendioxidkonzentration der Atmosphäre hat entsprechend unterschiedliche Verwitterungsgeschwindigkeiten zur Folge (Abb. 16.4). Höhere Kohlendioxidgehalte in der Atmosphäre führen auch in den Böden zu einer Erhöhung des ohnehin bereits hohen Kohlendioxidgehalts und damit zu einer Beschleunigung der Verwitterung. Wie in Kapitel 15 gezeigt wurde, verursacht das Treibhausgas Kohlendioxid eine Erwärmung des Klimas und beschleunigt dadurch auch die Verwitterung. Umgekehrt geht bei der Verwitterung das Kohlendioxid in Hydrogencarbonat-Ionen über, infolgedessen sich der Kohlendioxidgehalt der Atmosphäre verringert. Ein solcher Rückgang des Kohlendioxids wirkt letztlich einer Erwärmung des Klimas entgegen. Auf diese Weise ist die Verwitterung der Oberfläche eines Feldspatminerals mit den globalen Klimaveränderungen verknüpft. Wenn bei der Verwitterung immer mehr Kohlendioxid verbraucht wird und die Atmosphäre dadurch abkühlt, geht auch die Verwitterung wieder zurück. Geht die Verwitterung zurück, dann steigt wiederum der Kohlendioxidgehalt der Atmosphäre, das Klima wird wärmer und somit schließt sich der Regelkreislauf.

**Die Rolle von Kohlendioxid bei der Verwitterung** Die Reaktion von Feldspat mit destilliertem Wasser unter Laborbedingungen ist ein extrem langsamer Vorgang. Es würde viele tausend Jahre dauern, bis selbst eine kleine Menge Feldspat unter solchen Verhältnissen „verwittert" wäre. Wenn wir die Verwitterung im Labor beschleunigen wollten, könnten wir eine starke Säure wie beispielsweise Salzsäure zugeben und dadurch den Feldspat in wenigen Tagen lösen. Eine Säure setzt in einer Lösung

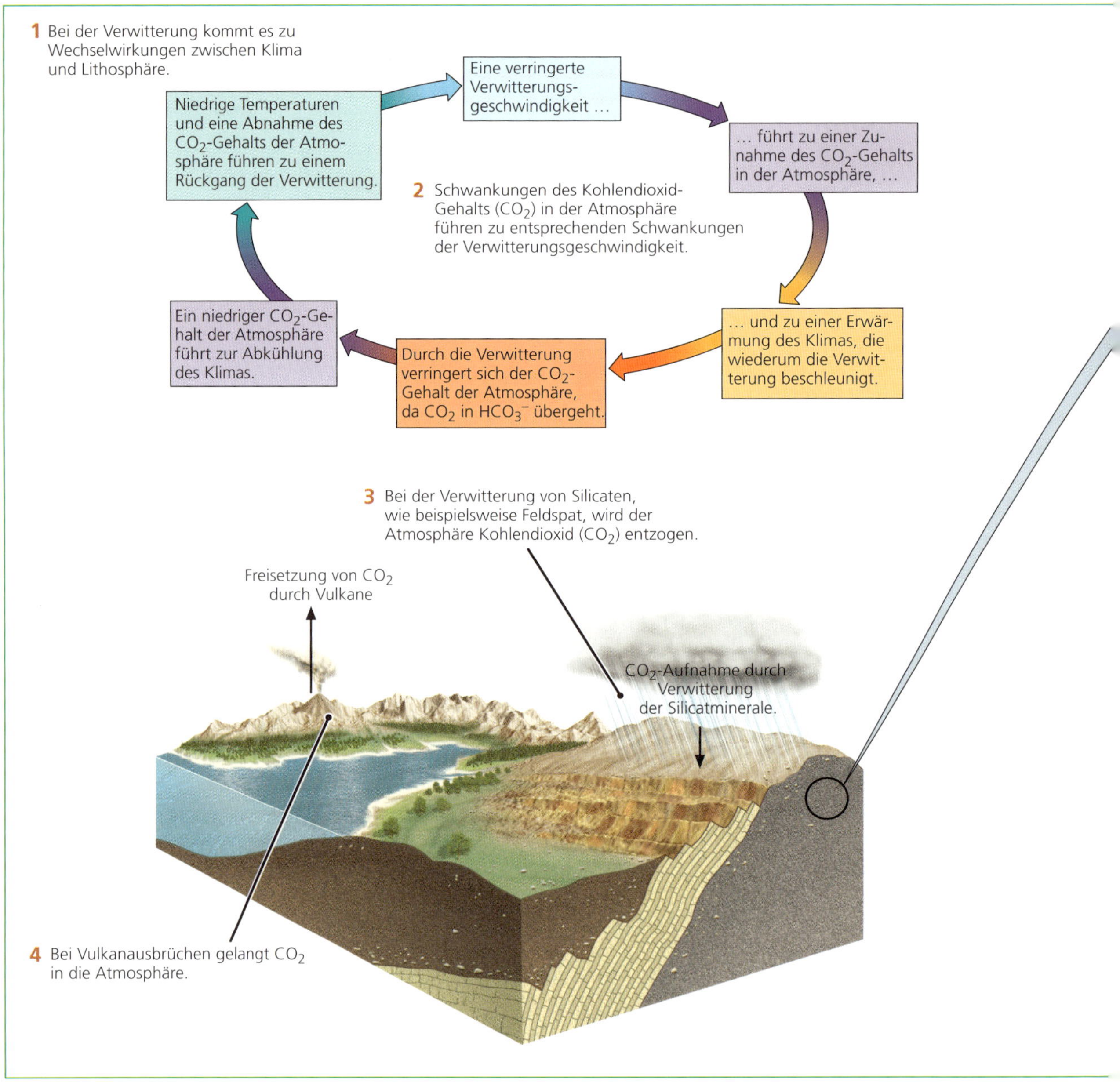


Wasserstoff-Ionen ($H^+$) frei – eine starke Säure mehr als eine schwache. Da Wasserstoff-Ionen eine starke Tendenz haben, sich mit anderen Substanzen chemisch zu verbinden, sind Säuren ausgezeichnete Lösungsmittel.

An der Erdoberfläche ist Kohlensäure ($H_2CO_3$) die häufigste natürlich vorkommende Säure und sie ist auch die Säure, die für die Verwitterungsintensität verantwortlich ist. Diese schwache Säure entsteht durch Lösung einer geringen Menge von gasförmigem Kohlendioxid ($CO_2$) aus der Atmosphäre im Regenwasser:

$$\underset{CO_2}{\text{Kohlendioxid}} + \underset{H_2O}{\text{Wasser}} \rightarrow \underset{H_2CO_3}{\text{Kohlensäure}}$$

Im Regenwasser ist jedoch nur sehr wenig Kohlendioxid gelöst, da die Kohlendioxidkonzentration in der Atmosphäre äußerst gering ist. Nur ungefähr 0,04 Prozent der Moleküle in der Atmosphäre bestehen aus Kohlendioxid. Der Kohlensäuregehalt des Regenwassers beträgt lediglich 0,6 mg/l. Steigt der Kohlendioxidgehalt in der Atmosphäre durch die Verbrennung von Öl, Gas und Kohle an, nimmt auch der Kohlensäuregehalt im Regenwasser geringfügig zu.

Der größte Teil der Säure des so genannten Sauren Regens stammt nicht vom Kohlendioxid, sondern von gasförmigen Schwefel- und Stickstoffverbindungen, die mit Wasser unter Bildung von Schwefel- und Salpetersäure – ausgesprochen starke Säuren – reagieren. Diese

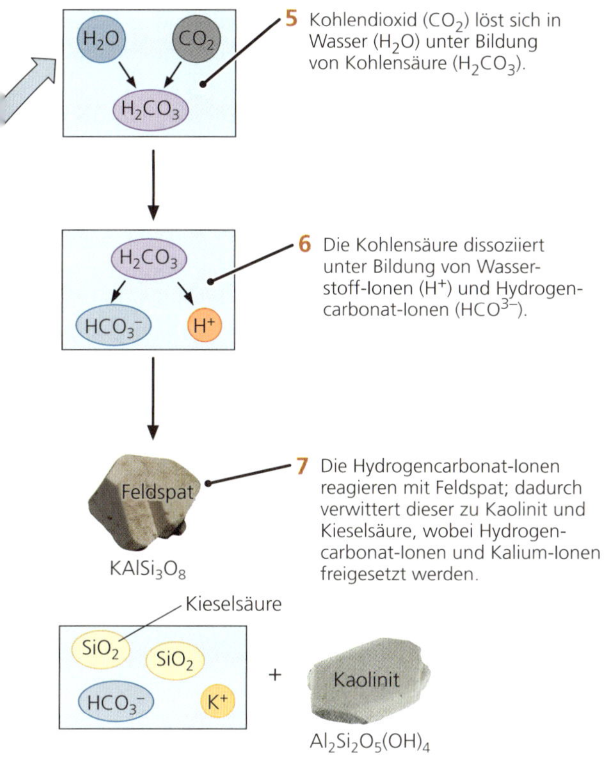


**Abb. 16.4** Der Kohlendioxidgehalt der Atmosphäre beeinflusst Verwitterung und Klima [*Fotos: John Grotzinger/ Ramón Rivera-Moret/Harvard Mineralogical Museum*].

Säuren beschleunigen die Verwitterung weitaus stärker als die Kohlensäure. Vulkane und Sümpfe setzen ebenfalls gasförmige Kohlenstoff-, Schwefel- und Stickstoffverbindungen in die Atmosphäre frei; doch die größten Verursacher der Luftverschmutzung sind noch immer Industrie und Verkehr (Kapitel 23 befasst sich eingehend mit den Folgen des Sauren Regens).

Obwohl Regenwasser nur relativ geringe Mengen an gelöstem Kohlendioxid (Kohlensäure) enthält, reicht dies aus, dass Feldspäte verwittern und im Laufe der Zeit große Gesteinsmengen in Lösung gehen. Wir können nun die stöchiometrisch vollständige Formel der Verwitterungsreaktion des Feldspats wie folgt angeben:

Kalifeldspat + Kohlensäure + Wasser →

$$2\,KAlSi_3O_8 + 2\,H_2CO_3 + H_2O \rightarrow$$

gelöster Kaolinit + gelöste Kieselsäure + gelöstes Kalium + gelöstes Hydrogencarbonat

$$Al_2Si_2O_5(OH)_4 + 4\,SiO_2 + 2\,K^+ + 2\,HCO_3^-$$

Diese einfache Verwitterungsreaktion zeigt die drei wichtigsten chemische Auswirkungen bei der chemischen Verwitterung von Silicaten. Erstens kommt es zur Lösung von Kationen und der Kieselsäure. Zweites kommt es zur Bildung von Hydraten, das heißt, in die Minerale wird Wasser eingebaut, und drittens reagieren die Lösungen weniger stark sauer. Vor allem durch die im Regenwasser enthaltene Kohlensäure wird die Verwitterung des Feldspats wie folgt begünstigt (Abb. 16.4):

- Eine geringe Menge Kohlensäuremoleküle dissoziiert unter Bildung von Wasserstoff-Ionen ($H^+$) und Hydrogencarbonat-Ionen ($HCO_3^-$), wodurch die Wassertröpfchen sauer reagieren.
- Das schwach sauer reagierende Wasser löst Kalium-Ionen und Kieselsäure aus den Feldspäten heraus. Zurück bleibt ein Rückstand aus Kaolinit – ein Tonmineral. Die Wasserstoff-Ionen der Säure verbinden sich mit den Sauerstoff-Ionen des Feldspats unter Bildung von Wasser, das in die Kaolinitstruktur eingebaut wird. Der Kaolinit wird entweder zu einem Bestandteil des Bodens oder er wird als Sediment weggeführt.
- Die gelöste Kieselsäure, die Kalium- und die Hydrogencarbonat-Ionen werden vom Regen und von Flüssen abtransportiert und gelangen schließlich in die Ozeane.

**Verwitterung von Feldspat unter natürlichen Bedingungen.** Da wir nun die chemischen Reaktionen kennen, die bei der Verwitterung der Feldspäte durch schwach saures Regenwasser ablaufen, verstehen wir auch, warum Feldspäte an freiliegenden Gesteinsoberflächen weitaus besser erhalten sind als im feuchten Boden. Die chemische Reaktion der Feldspatverwitterung liefert uns zwei unabhängige, aber miteinander in Verbindung stehende Hinweise: die für diese Reaktion zur Verfügung stehende Menge an Wasser und Säure. Die Feldspäte auf einem kahlen Fels verwittern nur, solange dieser vom Regenwasser feucht gehalten wird. Während der gesamten Trockenperioden ist Tau die einzige Feuchtigkeit, mit der nackter Fels in Berührung kommt. Im feuchten Boden jedoch steht der Feldspat fortwährend im Kontakt mit dem Bodenwasser in den Poren – den Hohlräumen zwischen den einzelnen Bodenteilchen. Folglich verwittert Feldspat in einem feuchten Boden kontinuierlich.

Außerdem ist die Säurekonzentration im Porenwasser des Bodens höher als im Niederschlagswasser.

Versickert Regenwasser im Boden, so kommt zu der mitgeführten Kohlensäure noch weitere Kohlensäure hinzu, die durch Atmung von den Wurzeln der Pflanzen, von zahlreichen Bodenbewohnern sowie von Bakterien und Pilzen abgegeben wird, die pflanzliche und tierische Rückstände abbauen. Unlängst gelang der Nachweis, dass Bakterien organische Säuren in das Wasser freisetzen, selbst dann noch, wenn sich das Wasser Hunderte von Metern tief im Untergrund befindet. Diese organischen Säuren beschleunigen die Verwitterung von Feldspat und anderen Mineralen der im Untergrund liegenden Gesteine. Durch den Stoffwechsel der Bodenbakterien steigt der Kohlendioxidgehalt gegenüber der Atmosphäre bis auf den hundertfachen Wert.

In den feuchten Tropen verwittern Gesteine rascher und intensiver als in den feuchten gemäßigten bis kalten Klimazonen. Der wesentliche Grund hierfür liegt darin, dass Pflanzen und Bakterien der warmen und feuchten Klimagebiete hohe Bestandsdichten erreichen und deshalb die notwendigen Säuremengen liefern und somit die Verwitterung fördern. Darüber hinaus laufen die meisten chemischen Reaktionen, einschließlich die der Verwitterung, unter erhöhten Temperaturen schneller ab.

## Andere Silicate verwittern zu anderen Tonmineralen

So wie Feldspäte verwittern und in Kaolinit übergehen, können auch andere Silicatminerale wie Amphibol, Pyroxen, Glimmer und Olivin zu Tonmineralen verwittern. Die Verwitterungsreaktionen dieser Silicate folgen dem generellen Ablauf der Feldspatverwitterung. Wenn das Mineral verwittert, wird Wasser aufgenommen und in die Lösung werden Kieselsäure und Kationen wie Natrium, Kalium, Calcium und Magnesium abgegeben. Welche Arten von Tonmineralen sich bilden, ist von zwei Faktoren abhängig:

- von der Zusammensetzung der Ausgangssilicate und
- vom Klima.

Beispielsweise bildet sich bei der Verwitterung von basischen Magmatiten und vulkanischen Aschen das zur Smectitgruppe gehörende Tonmineral Montmorillonit, das bei der Aufnahme größerer Wassermengen quillt. Dieses Tonmineral ist außerdem als Verwitterungsprodukt anderer Silicate weit verbreitet, vor allem in semiariden Gebieten wie den Hochebenen der südwestlichen Vereinigten Staaten. Da es eine Vielzahl von Silicaten, zahlreiche Klimazonen und auch unterschiedliche Tonminerale gibt, ist eine Vorhersage der Verwitterungsvorgänge hin zu speziellen Tonmineralen eine besondere Aufgabe für Geologen und Bodenkundler.

Nicht alle Silicate verwittern zu Tonmineralen. Leicht verwitternde Silicate, beispielsweise einige Pyroxene und Olivine, können in humidem Klima vollständig in Lösung gehen und hinterlassen keinen Rückstand. Quarz, eines der am langsamsten verwitternden Minerale unter den gesteinsbildenen Silicaten, geht ebenfalls ohne Bildung von Tonmineralen in Lösung.

Bei der Verwitterung von Silicaten können sich außer Tonmineralen auch noch andere Substanzen bilden. **Bauxit** beispielsweise, ein tonähnliches Material aus Aluminiumhydroxiden, ist das wichtigste Ausgangsmaterial zur Herstellung von Aluminium. Er entsteht, wenn Tonminerale, die aus verwitterten Silicaten stammen, so stark verwittern, dass sie dabei ihr gesamtes Silicium und sämtliche anderen Ionen mit Ausnahme von Aluminium abgeben. Bauxit bildet sich in tropischen Gebieten mit ausgiebigen Niederschlägen und einer dementsprechend intensiven Verwitterung. Dort finden sich auch die größten wirtschaftlich nutzbaren Lagerstätten. In Europa sind diese Lagerstätten vor allem im Mittelmeerraum zu finden – so war beispielsweise das Vorkommen von Les Beaux in Südfrankreich für die Benennung des Erzes ausschlaggebend. Deutschland besitzt nur ein sehr kleines, im Tertiär entstandenes Bauxitvorkommen von geringer Qualität am Vogelsberg.

## Chemische Stabilität: ein Regulativ der Verwitterungsgeschwindigkeit

Warum variiert die Verwitterungsgeschwindigkeit der Minerale in einem derart weiten Bereich? Die Unterschiede ergeben sich aus der verschiedenartigen chemischen Stabilität der Minerale bei Anwesenheit von Wasser unter gegebenen Oberflächentemperaturen.

**Chemische Stabilität** ist ein Maß für die Tendenz einer chemischen Substanz, in einem bestimmten Umweltmilieu eher in der vorgegebenen chemischen Form zu bleiben, als spontan zu reagieren und in eine andere chemische Form überzugehen. Chemische Substanzen sind entweder stabil oder instabil in Relation zu ihrer Umgebung oder zu bestimmten physiko-chemischen Bedingungen. Feldspat beispielsweise ist unter den tief in der Erdkruste herrschenden Bedingungen stabil (hohe Temperaturen und geringe Mengen an Wasser), aber ausgesprochen instabil unter den Verhältnissen an der Oberfläche (niedrige Temperaturen und reichlich Wasser). Zwei Merkmale eines Minerals – die Löslichkeit und die Lösungsgeschwindigkeit – bestimmen seine chemische Stabilität.

**Löslichkeit** Ein Maß für die Löslichkeit eines Minerals ist die Menge der bei Sättigung in Wasser gelösten Substanz. Sättigung bedeutet, dass das Wasser nur eine bestimmte Menge von der gelösten Substanz aufnehmen kann. Je höher die Löslichkeit eines Minerals ist, desto geringer ist die Verwitterungsstabilität. Zum Beispiel ist

Steinsalz unter den meisten Verwitterungsbedingungen instabil. Es ist in Wasser leicht löslich (etwa 350 g/l) und wird bereits durch geringe Mengen Wasser aus dem Boden herausgelöst. Im Gegensatz dazu ist Quarz unter den meisten Verwitterungsbedingungen stabil, weil seine Löslichkeit in Wasser mit ungefähr 0,008 g/l Wasser ausgesprochen gering ist; daher kann Quarz auch nicht so einfach aus dem Böden herausgelöst werden.

**Lösungsgeschwindigkeit** Die Lösungsgeschwindigkeit eines Minerals ist gegeben durch die Menge einer chemischen Substanz, die in einer bestimmten Zeit in einer untersättigten Lösung gelöst wird. Je schneller ein Mineral in Lösung geht, desto weniger stabil ist es. So löst sich Feldspat mit einer wesentlich höheren Geschwindigkeit als Quarz und ist in erster Linie nur aus diesem Grund gegenüber der Verwitterung instabiler als Quarz.

**Relative Stabilität der häufigsten gesteinsbildenden Minerale** Die relative chemische Stabilität der verschiedenen Minerale ermöglicht es, die Verwitterungsintensität für ein bestimmtes Gebiet zu ermitteln. In den tropischen Regenwäldern bleiben nur die stabilsten Minerale im Aufschluss oder im Boden erhalten, da dort die chemische Verwitterung sehr intensiv ist. Dagegen bleiben in Gebieten wie den Wüsten Nordafrikas, wo die Verwitterung ausgesprochen gering ist, selbst Denkmäler aus Alabaster (Gips) erhalten, und dasselbe gilt auch für viele andere instabile Minerale. Tabelle 16.2 zeigt die relative Stabilität der häufigen gesteinsbildenden Minerale. Steinsalz und die Carbonatminerale sind am instabilsten, Eisen- und Aluminiumoxide sind dagegen die stabilsten Minerale.

**Tabelle 16.2** Relative Verwitterungsgeschwindigkeit der häufigsten Minerale

| Stabilität der Minerale | Verwitterungsgeschwindigkeit |
|---|---|
| **stabil** | gering |
| Eisen(III)oxid (Hämatit) | ↓ |
| Aluminiumhydroxid (Gibbsit) | |
| Quarz | |
| Tonminerale | |
| Muskovit | |
| Kaliumfeldspat (Orthoklas) | |
| Biotit | |
| natriumreicher Feldspat (Albit) | |
| Amphibol | |
| Pyroxen | |
| calciumreicher Feldspat (Anorthit) | |
| Olivin | |
| Calcit | |
| Halit (Steinsalz) | |
| **instabil** | hoch |

## Die Rolle des Sauerstoffs bei der Verwitterung: die chemische Verwitterung der Eisensilicate

Eisen ist eines der acht häufigsten Elemente der Erdkruste, aber metallisches Eisen, das chemische Element in seiner reinen Form, tritt in der Natur sehr selten auf. Man findet es lediglich in bestimmten Meteoritenarten, die aus anderen Bereichen des Sonnensystems auf der Erde aufschlagen. Viele Eisenerze, die zur Herstellung von Eisen und Stahl verwendet werden, sind Verwitterungsprodukte. Sie bestehen aus Eisenoxidmineralen, die bei der Verwitterung ursprünglich eisenreicher Silicatminerale wie Pyroxen und Olivin entstanden sind. Das bei der Auflösung dieser Minerale freigesetzte Eisen reagiert mit dem Sauerstoff der Atmosphäre unter Bildung von Eisenoxidmineralen.

Eisen kann in den Mineralen in sehr unterschiedlicher Form vorliegen: als metallisches Eisen, in zweiwertiger und in dreiwertiger Form. Im metallischen Eisen der Meteoriten sind die Eisenatome ungeladen, das heißt, sie haben bei der Reaktion mit anderen Elementen weder Elektronen aufgenommen noch Elektronen abgegeben. In Silicatmineralen wie dem Pyroxen liegt das Eisen in zweiwertiger Form als $Fe^{2+}$ vor. Das bedeutet, die Eisenatome haben von der Gesamtzahl der Elektronen, die sie in ihrem metallischen Zustand hatten, zwei abgegeben und sind als Folge in Kationen übergegangen. Im häufigsten Eisenoxid an der Erdoberfläche, dem **Hämatit** ($Fe_2O_3$), ist Eisen dreiwertig ($Fe^{3+}$); als Eisenatome haben sie drei Elektronen aus ihrem ursprünglichen Elektronenbestand abgegeben. Auch zweiwertige Eisen-Ionen können durch Abgabe eines weiteren Elektrons oxidieren und gehen von $Fe^{2+}$ in $Fe^{3+}$ über. Die meisten Eisenoxide, die sich an der sauerstoffreichen Oberfläche der Erde gebildet haben, sind Oxide des dreiwertigen Eisens. Die vom Eisen abgegebenen Elektronen werden in einem als Oxidation bezeichneten Vorgang von den Sauerstoffatomen aufgenommen, die dadurch in Sauerstoff-Ionen ($O^{2-}$) übergehen. Folglich oxidieren die Sauerstoffatome der Atmosphäre das zweiwertige zum dreiwertigen Eisen. Die Oxidation ist, wie die Hydrolyse, einer der wesentlichen chemischen Verwitterungsprozesse.

Wenn ein eisenreiches Mineral wie beispielsweise Pyroxen Wasser ausgesetzt ist, löst sich seine Silicatstruktur auf – Kieselsäure wird frei und die zweiwertigen Eisen-Ionen gehen in Lösung, in der die zweiwertigen Eisen-Ionen durch Sauerstoff zu dreiwertigen oxidiert werden (Abb. 16.5). Aufgrund der Stärke der chemischen Bindung zwischen dem dreiwertigen Eisen und Sauer-

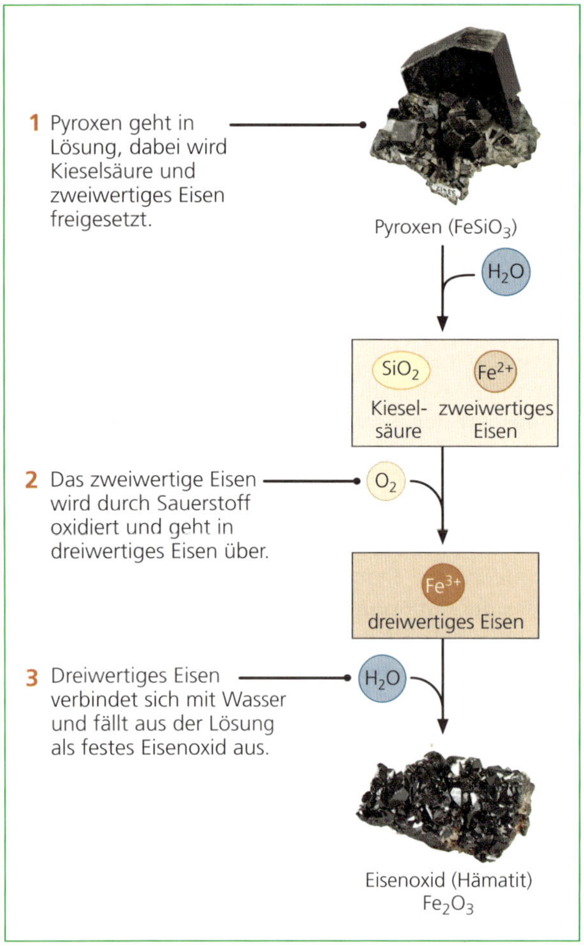


**Abb. 16.5** Allgemeiner Ablauf der chemischen Reaktionen bei der Verwitterung eisenhaltiger Minerale wie Pyroxen in Gegenwart von Sauerstoff und Wasser [*Fotos: John Grotzinger/Ramón Rivera-Moret/Harvard Mineralogical Museum*].

stoff ist das dreiwertige Eisen unter den an der Erdoberfläche herrschenden Bedingungen in Wasser weitgehend unlöslich und fällt in Form von dreiwertigem Eisenoxid beziehungsweise als Oxidhydrat aus.

Die gesamte Verwitterungsreaktion kann durch folgende Reaktionsgleichung beschrieben werden:

| Eisen-pyroxen | + | Sauerstoff | → | Hämatit | + | gelöste Kieselsäure |
|---|---|---|---|---|---|---|
| 4 $FeSiO_3$ | | $O_2$ | | 2 $Fe_2O_3$ | | 4 $SiO_2$ |

Obwohl die Gleichung das nicht klar erkennen lässt, ist für den Ablauf dieser Reaktion Wasser erforderlich.

Die in den meisten Gesteinen verbreiteten Eisenminerale verwittern zu charakteristischen roten und braunen Farben von oxidiertem Eisen (Abb. 16.6). Eisenoxide treten als Überzüge und Inkrustationen auf, welche die Böden und verwitterten Oberflächen Eisen führender Gesteine färben. Die roten Böden der Mittelmeergebiete, der Savannen, der tropischen Regenwaldgebiete und anderer warm-humider Regionen, aber auch die bräunlichen Böden unserer Klimazone sind durch Eisenoxide und -oxidhydrate gefärbt. In kalten Gebieten verwittern Eisenminerale so langsam, dass die im Eis der Antarktis eingefrorenen Eisenmeteoriten weitgehend unverwittert sind.

Eisenoxide sind unter entsprechenden Klimabedingungen an der Erdoberfläche nur bedingt stabil. Sie unterliegen der Hydratation, der Anlagerung von Wassermolekülen an die Minerale.

## Hydratation: die Anlagerung von Wassermolekülen

Bei der Hydratation umgeben sich bestimmte Kationen von Mineralen mit Wassermolekülen, das heißt mit einer Hydrathülle, wodurch neue Mineralformen entstehen. Typisches und sehr verbreitetes Beispiel einer Hydratation ist die Wasseraufnahme von Hämatit unter Bildung von Goethit oder der Übergang von Anhydrit zu Gips. Da die Hydratation mit einer Volumenzunahme verbunden ist, führt dies häufig auch zu einer mechanischen Zerstörung der Gesteine.

## Lösungsverwitterung: die rasche Verwitterung von Carbonat- und Salzgesteinen

Selbst das am schnellsten verwitternde Silicatmineral Olivin löst sich im Vergleich mit einigen anderen gesteinsbildenden Mineralen relativ langsam. Dagegen gehen Evaporitminerale wie Anhydrit, Gips oder Steinsalz im humiden Klima sehr rasch in Lösung. Sie sind nur im ariden Klimabereich verhältnismäßig verwitterungsresistent. Auch die Carbonatgesteine, die aus den Calcium- beziehungsweise Calcium-Magnesiumcarbonaten Calcit und Dolomit bestehen, gehören zu den Gesteinen, die in humiden Gebieten sehr rasch verwittern. Historische Bauwerke aus Kalkstein zeigen demzufolge relativ rasch die Auswirkung der chemischen Lösung durch Regenwasser. In sehr mächtigen Kalksteinabfolgen bilden sich häufig Höhlen, da das Wasser im Untergrund große Mengen an Carbonatmineralen löst. Landwirte und Gärtner geben den Böden gemahlenen Kalkstein oder Dolomit zu, der während der Wachstumsphase rasch gelöst wird und somit einer Versauerung des Bodens entgegenwirkt.

Wenn Kalksteine in Lösung gehen, bleiben nahezu keine Tonminerale zurück. Der Kalkanteil löst sich vollständig und seine Bestandteile werden in ionischer Form weggeführt.

**Abb. 16.6** Die verwitternden Gesteine des Monument Valley in Arizona werden durch rote und braune Eisenoxide gefärbt [*Foto: Betty Crowell*].

Kohlensäure beschleunigt die Auflösung von Kalksteinen in gleicher Weise wie im Fall der Silicatverwitterung. Die gesamte Reaktion für die Lösung von Calcit, dem Hauptmineral der Kalksteine, in Niederschlagswasser oder anderem kohlendioxidhaltigem Wasser lautet:

| | | | | | | |
|---|---|---|---|---|---|---|
| Calcit | + | Kohlensäure | → | Calcium-Ion | + | Hydrogencarbonat-Ion |
| $CaCO_3$ | | $H_2CO_3$ | | $Ca^{2+}$ | | $2\ HCO_3^-$ |

Diese Reaktion läuft nur in Anwesenheit von Wasser ab, das Kohlensäure und gelöste Ionen enthält. Wenn Calcit in Lösung geht, werden die Calcium- und die Hydrogencarbonat-Ionen in der Lösung weggeführt. Dolomit [$CaMg(CO_3)_2$], ein anderes häufiges Carbonatmineral, geht auf ähnliche Weise in Lösung. Im Idealfall entstehen gleiche Mengen von Calcium- und Magnesium-Ionen.

## Weitere Formen der chemischen Verwitterung

Außer den genannten Verwitterungsvorgängen kennt man noch weitere Formen der chemischen Verwitterung, auf die noch kurz eingegangen werden soll.

**Komplexierung: Die Bindung von Metall-Ionen an organische Substanz** In den Böden entstehen sowohl bei der Zersetzung von organischen Substanzen als auch durch aktive Abscheidung von Pflanzenwurzeln einfach aufgebaute organische Säuren. Diese bewirken nicht nur eine Lösung der Minerale, sondern sind darüber hinaus auch in der Lage, mit den aus Kristallgittern freigesetzten Kationen wasserlösliche stabile metallorganische Komplexe zu bilden. In dieser Bindungsform bleiben Metall-Ionen auch noch unter physikalisch-chemischen Bedingungen und bei Konzentrationen in Lösung, bei denen sie in ionischer Form normalerweise ausgefällt werden; daher können sie leicht abtransportiert werden.

**Rauchgasverwitterung: Anthropogen verursachte Verwitterung** Bei der Verbrennung fossiler Energieträger kommt es vor allem in den industriellen Ballungszentren und Großstädten in der Atmosphäre zu einer erheblichen Anreicherung von $CO_2$, $SO_2$ und $NO_x$. Durch die Reaktion dieser Gase mit Regenwasser entstehen teilweise äußerst aggressive Säuren, die in Verbindung mit den Niederschlägen in Gesteine und Bauwerke eindringen und sie schädigen und zerstören. Chemisch betrachtet handelt es sich bei der Rauchgasverwitterung um eine spezielle Form der Hydrolyse.

# Physikalische Verwitterung

Nach diesem Überblick über die chemische Verwitterung wenden wir uns dem anderen Teilbereich zu, der physikalischen Verwitterung. Ihre Wirkung wird am deutlichsten bei der Betrachtung der ariden Gebiete erkennbar, wo die chemische Verwitterung nur eine untergeordnete Rolle spielt.

## Welche Faktoren bestimmen die mechanische Zerstörung der Gesteine?

Gesteine können auf sehr unterschiedliche Weise mechanisch zerlegt werden. Spannungen an natürlich vorgegebenen Schwächezonen und Volumenänderungen gehören zu den wohl wichtigsten Ursachen. Hinzu kommen die Aktivität von Tieren und die auflockernde Wirkung von Pflanzenwurzeln.

**Natürliche Schwächezonen** Gesteine weisen natürliche Schwächezonen auf, an denen sie leichter zerbrechen. Sedimentgesteine wie Sandsteine und Schiefertone, die durch die Ablagerung von übereinander folgenden Schichten entstanden sind, brechen bevorzugt an diesen Schichtgrenzen auseinander. Die parallelen Bruchflächen metamorpher Gesteine wie zum Beispiel in kristallinen Schiefern führen dazu, dass diese Gesteine sehr leicht spalten und deshalb als Dachschiefer Verwendung finden. Granite und andere massige Gesteine, das heißt große Gesteinsmassen, die keinerlei Änderung des Gesteinstyps oder des Gefüges erkennen lassen, zerbrechen gewöhnlich entlang von Flächen, die in sehr gleichmäßigen Abständen von einem bis zu mehreren Metern den Gesteinsverband durchziehen und als **Klüfte** (Abb. 16.7) bezeichnet werden. Diese und andere, etwas unregelmäßiger verlaufende Trennflächen bilden sich, während das Gestein noch tief in der Kruste versenkt ist. Wenn die Gesteine durch Hebung und Erosion allmählich an die Oberfläche gelangen und die Massen überlagernden Gesteins durch Erosion entfernt werden, öffnen sie sich aufgrund der Druckentlastung geringfügig. Sind die Klüfte erst einmal etwas geöffnet, greifen sowohl die chemische als auch die physikalische Verwitterung an diesen Trennfugen an.

**Tätigkeit von Organismen** Physikalische wie chemische Verwitterung werden durch die Tätigkeit von Organismen beeinflusst. Bakterien und Algen dringen in Spalten ein und erzeugen dort Mikrorisse. Die von diesen Organismen abgegebenen Säuren fördern die biologisch-chemische Verwitterung. Dies gilt sowohl für Organismen, die in Spalten eindringen, als auch für Organismen, die an der Gesteinsoberfläche Krusten bilden. In manchen Gebieten sind die Böden von Säure produzierenden Pilzen besiedelt, die einen erheblichen Beitrag zur chemischen Verwitterung leisten.

In Klüfte und winzige Spalten eindringende Pflanzenwurzeln üben durch ihr Dickenwachstum einen seitlichen Druck auf das Gestein aus. Sie wirken wie ein Keil, der die Öffnungen des Gesteins erweitert und damit den anderen Verwitterungsagenzien die Zerstörung des Gesteins erleichtern (Abb. 16.8).

**Frostsprengung** Ein ausgesprochen wirksamer Mechanismus zur Erweiterung von Rissen und Spalten ist die Frostsprengung, die auf die Expansion des gefrierenden Wassers zurückzuführen ist. Wenn Wasser gefriert, dehnt es sich aus, und die nach außen gerichtete Kraft ist stark genug, um die Spalten des Gesteins zu erweitern und schließlich das Gestein zu sprengen (Abb. 16.9). Derselbe Prozess führt zum Zerreißen des Kühlers im Auto, wenn das Kühlwasser friert, weil kein Frostschutzmittel zugegeben wurde. Frostsprengung ist dort besonders intensiv, wo Wasser episodisch gefriert und taut wie etwa in den kühl-gemäßigten Klimazonen und im Hochgebirge.

**Salzsprengung** Auch Minerale, die in Spalten aus Lösungen auskristallisieren, können so starke Expansionskräfte ausüben („Kristallisationsdruck"), dass Gesteine zerbrechen. Dieses Phänomen tritt in ariden Gebieten am häufigsten auf, wo die aus der chemischen Verwitterung stammenden gelösten Substanzen auskristallisieren, wenn das Lösungsmittel verdunstet. Gewöhnlich handelt es sich bei solchen Mineralen um Calciumcarbonat, gelegentlich um Gips und selten um Steinsalz.

**Temperaturverwitterung** Wie alle Stoffe ändern auch Minerale und Gesteine bei Erwärmung und Abkühlung

**Abb. 16.7** Durch Verwitterung erweiterte Klüfte durchziehen in zwei Richtungen das Gestein; Point Lobos State Reserve, Kalifornien [*Foto: Jeff Foott/DRK*].

**Abb. 16.8** Baumwurzeln dringen in den aufgelockerten Gesteinsverband ein, erweitern Spalten und beschleunigen die weitere chemische und physikalische Verwitterung [*Foto: Peter Kresan*].

**Abb. 16.9** Ein durch Frosteinwirkung gespaltener Gneisblock. Die Höhe des Blocks beträgt drei Meter; Taylor Valley, Victoria Land, Antarktis [*Foto: Michael Hambrey*].

**Abb. 16.10** Abschalung (Exfoliation) am Half Dome, Yosemite-Nationalpark, Kalifornien [*Foto: Tony Waltham*].

ihr Volumen. Diese in den Gesteinen in unterschiedliche Richtung erfolgende, mehr oder weniger große thermische Expansion und Kontraktion führt zu erheblichen Druck- und Zugspannungen und damit zu einer Auflockerung des Mineral- und Gesteinsverbandes. Die **Temperatur**- oder **Insolationsverwitterung** ist vor allem in Klimazonen mit großen Temperaturunterschieden verbreitet, wie etwa in den Wärmewüsten. Die täglichen Temperaturschwankungen – während der Dämmerung kann die Temperatur in den Wüsten binnen einer Stunde von über 40 °C auf Werte unter 15 °C fallen – führen längerfristig zur Schwächung und schließlich zum Zerfall des Gesteins. Dabei ist der Verwitterungseffekt durch Temperaturwechsel umso geringer, je kleiner die Gesteinsfragmente sind.

Immer wieder stößt man jedoch auf Angaben – vor allem im amerikanischen Schrifttum –, in denen die Wirkung der Temperaturverwitterung in Frage gestellt wird. Wesentliches Argument ist die Tatsache, dass zahlreiche Versuche, den natürlichen Zerstörungsvorgang im Labor zu simulieren, indem man Gesteine starken Temperaturschwankungen aussetzte, zu keinem vergleichbaren Ergebnis führten. Es ist allerdings die Frage, ob sich Laborexperimente über einen Zeitraum von wenigen Monaten mit einer natürlichen Verwitterung, die über Tausende von Jahren wirksam ist, überhaupt vergleichen lassen.

**Exfoliation und Wollsackverwitterung** Es gibt zwei Arten der Gesteinszerstörung, die nicht unmittelbar mit bereits angelegten Klüften oder Spalten in Verbindung stehen. Als **Exfoliation** (Abschalung, Schalenverwitterung) bezeichnet man einen Prozess der physikalischen Verwitterung, bei dem es vor allem in kluftarmen Gesteinen wie etwa Granit durch Druckentlastung zum Abschälen großer, ebener oder gebogener Gesteinsplatten kommt. Aufschlüsse, die eine solche Exfoliation zeigen, können aussehen wie die Schalen einer großen Zwiebel (Abb 16.10). Die durch Druckentlastung entstandenen Gesteinsschalen liegen im Allgemeinen parallel zur Landoberfläche und sind daher normalerweise zu den Talsohlen hin geneigt.

Als so genannte **konzentrischschalige** oder **sphäroidale Verwitterung** finden sich vergleichbare Verwitterungserscheinungen auch bei einzelnen Blöcken grobkörniger Gesteine wie Graniten oder grobkörnigen Sandsteinen. Auch hier kommt es zur Abschuppung meist zentimeterdicker Schalen jeweils parallel zur Oberfläche des Blocks. Die vom Kern abgelösten konzentrischen Verwitterungsschalen zerfallen später zu Grus. Bei fortschreitender Verwitterung löst sich schließlich auch der Kern auf. Das Abblättern und Abschuppen dünnerer Gesteinsplättchen wird auch als **Desquamation** bezeichnet.

Obwohl diese einander ähnelnden Verwitterungsformen verhältnismäßig häufig auftreten, gibt es bisher noch keine befriedigende Erklärung dafür. Es ist offensichtlich, dass Exfoliation und sphäroidale Verwitterung ein weiteres Beispiel dafür sind, dass die chemische Verwitterung in gewisser Weise die Spaltenbildung an der Oberfläche fördert, besonders bei stark geklüfteten Gesteinen. Manche Geologen vermuten, dass diese beiden Verwitterungsformen durch eine ungleichmäßige Verteilung von Expansion und Kontraktion entstehen, verursacht durch chemische Verwitterung und Temperaturschwankungen.

Die **Wollsackverwitterung** beruht ebenfalls auf einer Lockerung des Gesteinsgefüges durch die physikalische Verwitterung. Da dieser Vorgang vor allem an den durch Klüfte erzeugten Kanten und Ecken wirksam ist, ergeben sich rundliche Verwitterungsformen. Durch Wollsackverwitterung entstehen unter anderem die Felsburgen,

| FAKTOREN DER VERWITTERUNG | | | |
|---|---|---|---|
| 1. Dauer der Verwitterung | | geringe Verwitterung, Erosion und Bodenbildung in kurzen Zeiträumen | starke Verwitterung, Erosion und Bodenbildung in langen Zeiträumen |
| 2. Ausgangsgestein | | stabile Minerale (z.B. Quarz) führen zu geringer Verwitterung | instabile Minerale (z.B. Feldspat) haben eine stärkere Verwitterung zur Folge |
| 3. Klima | niedrige Temperaturen | geringere chemische Verwitterung (Lösung, Umwandlung, Bildung von Tonmineralen) | stärkere physikalische Verwitterung (thermisch bedingte Expansion und Kontraktion, Frostsprengung, mechanische Auflockerung des Gesteins, Zerkleinerung) |
| | höhere Temperaturen | geringe physikalische Verwitterung | stärkere chemische Verwitterung |
| | Niederschlagsmenge | geringe Niederschläge (geringe Lösung der Minerale, physikalische Verwitterung, Zerkleinerung des Materials, Erosion) | hohe Niederschläge (stärkere Lösung der Minerale, Bildung von Tonmineralen, Zerlegung in zunehmend kleinere Komponenten, Erosion) |
| | Säuregehalt der Niederschläge | geringer Säuregehalt (geringe Lösung der Minerale, geringe physikalische Verwitterung) | hoher Säuregehalt (stärkere Lösung der Minerale, verstärkte Bildung von Tonmineralen) |
| 4. Morphologie | steile Hänge | geringe chemische Verwitterung | stärkere physikalische Verwitterung, stärkere Erosion |
| | flache Hänge | geringe physikalische Verwitterung, geringe Erosion | stärkere chemische Verwitterung |

**Abb. 16.11** Tabellarische Zusammenfassung der Verwitterungsvorgänge. Die maßgeblichen Faktoren sind: der Anteil der stabilen und instabilen Minerale eines Gesteins, das Klima (einschließlich Temperatur und Niederschlagsmenge) sowie das Relief einschließlich flacher und steiler Hänge).

die für die Bergkuppen vieler Kristallingebiete wie etwa im Harz oder im Dartmoor Südenglands kennzeichnend sind.

## Physikalische Verwitterung und Erosion

Verwitterung und Erosion sind eng miteinander verbunden: Beide Prozesse unterstützen sich gegenseitig. Physikalische Verwitterung und Erosion beispielsweise hängen stark davon ab, wie Wind, Wasser und Eis das Verwitterungsmaterial abtransportieren.

Durch die **physikalische Verwitterung** wird ein großer Gesteinsblock in kleinere Teile zerlegt. Letztere sind einfach zu transportieren und werden deshalb auch leichter erodiert als größere Gesteinskörper. Am Anfang der Erosion steht eine Abwärtsbewegung der verwitterten Gesteinsmassen, etwa bei Bergstürzen, sowie der Abtransport einzelner Teilchen durch abfließendes Regenwasser. Die Hangneigung beeinflusst sowohl die physikalische als auch die chemische Verwitterung, die wiederum die Erosion beeinflussen. Auf steilen Hängen sind Verwitterung und Erosion weitaus intensiver und durch die Erosion werden die Hänge sanfter. Der Wind kann die feineren Teilchen auswehen und Gletschereis kann größere, vom anstehenden Gestein losgerissene Blöcke fortbewegen.

Die chemische Verwitterung ist in großen Höhen gering, da dort die Temperaturen in der Regel niedrig sind, die Bodendecke geringmächtig ist oder fehlt und eine Vegetationsdecke nur lückenhaft oder gar nicht vorhanden ist. In großen Höhen und in vereisten Gebieten, in denen das Gestein vom Eis losgerissen wird, überwiegt dagegen die physikalische Verwitterung. Auch steht die Korngröße des Gesteinsmaterials, das durch die physikalische Verwitterung entstanden ist, zu den Erosionsprozessen in enger Beziehung. Sobald das verwitterte Material transportiert wird, kann es als Folge der chemischen Verwitterung hinsichtlich seiner Korngröße, Kornform und Zusammensetzung erneut verändert werden. Wenn der Transport endet, beginnt die Ablagerung des durch die Verwitterung gebildeten Sediments.

Das in Abbildung 16.11 gezeigte Diagramm fasst die Prozesse der physikalischen und chemischen Verwitterung zusammen.

# Der Boden: Rückstand der Verwitterung

Nicht alle Verwitterungsprodukte werden erodiert und sofort durch Flüsse oder andere Transportmittel weggeführt. Auf mäßig steilen und sanften Hängen, Ebenen und in Niederungen verbleibt eine häufig differenzierte

Schicht aus lockerem, sehr heterogenem, verwittertem Material, die das anstehende Gestein überdeckt. Sie kann Bruchstücke von verwittertem und unverwittertem Ausgangsgestein, Tonminerale, Eisen- und andere Metalloxide neben weiteren Produkten der Verwitterung enthalten. Zuoberst befindet sich meist eine dunkle Lage mit reichlich organischem Material, das als **Humus** bezeichnet wird. Er ist das für Böden typische Abbau- und Umwandlungsprodukt abgestorbener pflanzlicher und tierischer Substanz. Vor allem in Waldgebieten liefert der jährlichen Laubfall die wesentlichen organischen Ausgangsstoffe für die Humusbildung.

Die Böden unterscheiden sich in ihrer Farbe: Das Spektrum reicht von leuchtenden Rot- und Brauntönen eisenhaltiger Bodensubstrate bis zu schwarzen Böden, die reich an organischem Material sind. Sie unterschieden sich aber insbesondere hinsichtlich der sie aufbauenden Bodenarten. Einige enthalten große Mengen Gerölle und Sand, andere bestehen ausschließlich aus Ton. Böden sind leicht erodierbar. Auf sehr steilen Hängen, oder wo aufgrund der großen Höhe oder des Klimas kein Pflanzenwachstum möglich ist, bilden sich auch keine oder nur rudimentäre Böden. Bodenkundler, Agronomen und Geologen untersuchen die Zusammensetzung und Genese von Böden im Hinblick auf ihre landwirtschaftliche Eignung, aber auch wegen ihrer Bedeutung als Indikatoren für die in der Vergangenheit herrschenden Klimaverhältnisse.

Böden entstehen an der Schnittstelle der Geosysteme Plattentektonik und Klima und sind wichtig für das Leben auf der Erde. Sie sind die Grundlage für das Pflanzenwachstum, das wiederum Primärnahrung, Papier, Holz und Arzneimittel liefert, und sie sind Lebensraum für Pflanzen und Tiere. Böden beeinflussen das globale Klima, da sie das wichtige Treibhausgas Kohlendioxid sowohl speichern als auch freisetzen. Schließlich wirken Böden als Filter und Zwischenspeicher für das Niederschlagswasser, sie binden Schadstoffe oder bauen sie ab, außerdem sind sie maßgebend für den Bau und die Konstruktion von Gebäuden.

## Böden als Geosysteme

Wie bereits mehrfach gezeigt werden konnte, erweist sich der Versuch, die Erde als eine Reihe interagierender Systeme zu betrachten, als äußerst sinnvoll für das Verständnis der auf der Erde ablaufenden Prozesse. Böden bilden hier keine Ausnahme, denn auch sie können als Geosystem mit Ausgangsmaterial, Prozess und Endprodukt beschrieben werden (Abb. 16.12).

**Ausgangsmaterial: Verwittertes Gestein, Organismen und Staub** Böden entstehen aus verwitterndem Gesteinsmaterial, hinzu kommen als weitere Ausgangsmaterialien organische Substanzen sowie Staub aus der Atmosphäre. Wie schon erwähnt, führt die physikalische Verwitterung zur Auflockerung und Zerkleinerung der Gesteine und die chemische Verwitterung zur Lösung und Umwandlung der primären Minerale, beispielsweise von Feldspäten zu Tonmineralen. Pflanzen besiedeln das Bodensubstrat und nach ihrem Absterben wird ihr Gewebematerial ab- und umgebaut, bis es schließlich in Form von organischer Substanz beziehungsweise Humus dem mineralischen Boden hinzugefügt wird. Auch die Atmosphäre liefert Ausgangsmaterial für die Böden. Es handelt sich dabei im Wesentlichen um Staub aus Carbonat- oder Silicatmineralien.

**Prozesse: Transformationen und Translokationen** Wenn Böden altern und reifen, führen die zu- und abgeführten Stoffe in einer Reihe von **Transformationsprozessen** (Umlagerungsprozessen) zu Veränderungen. So bildet beispielsweise die Zufuhr von zersetztem Pflanzenmaterial die Nahrungsgrundlage für neues Pflanzenwachstum, ein positiver Rückkopplungseffekt innerhalb des Geosystems Boden. Zahlreiche Transformationsprozesse bestehen aus Verwitterungsvorgängen der primären Minerale, die schließlich zur Bildung von Tonmineralen führen.

Bei den **Translokationsprozessen** handelt es sich um laterale und vertikale Stoffverlagerungen innerhalb des sich entwickelnden Bodens. Wesentliches Transportmedium bei diesen Verlagerungsprozessen ist das Wasser. Normalerweise durchsickert das Wasser den Boden von oben nach unten. Wenn jedoch die Temperaturen ansteigen und an der Bodenoberfläche Wasser verdunstet, steigt Wasser auch kapillar von unten nach oben. Organismen spielen bei diesen Translokationsprozessen ebenfalls eine wichtige Rolle. Sie durchwühlen beständig die Böden und vermischen dabei Material aus verschiedenen Bodentiefen.

Böden sind ausgesprochen dynamische Systeme und reagieren empfindlich auf Klimaveränderungen, auf Wechselwirkungen mit Organismen und auch auf anthropogene Einflüsse. Die Bodenentwicklung wird von fünf Faktoren beeinflusst:

1. **Mineralbestand des Ausgangsgesteins:** die Löslichkeit der Minerale, die Korngröße, Lagerungsdichte und Porosität, die Klüfte und Schieferungsflächen.
2. **Klima:** die Temperatur und deren jahreszeitliche Schwankungen sowie die Niederschlagsmenge und Niederschlagsverteilung.
3. **Relief:** die Höhenlage und Geländeform, die Neigung und Ausrichtung des Hangs zur Himmelsrichtung. Flache gegen die Sonne gerichtete Hänge fördern eine raschere Bodenentwicklung.
4. **Fauna und Flora:** Diversität und Organismenzahl.
5. **Zeit:** die Zeitdauer, die für die Bodenbildung zur Verfügung steht; je älter ein Boden ist, desto besser ist er entwickelt und desto stärker ist er in einzelne Horizonte differenziert.

Exkurs 16.1

# Die wichtigsten bodensystematischen Kategorien und Bodentypen Mitteleuropas

Die Bildung der Böden beginnt stets an der Oberfläche der Fest- oder Lockergesteine und setzt sich im Laufe der Zeit in die Tiefe fort. Sichtbarer Ausdruck dieser Bodenentwicklung ist die Ausbildung von Bodenhorizonten, die sich in ihren Eigenschaften, ihrer Genese und ihrer Zusammensetzung deutlich voneinander unterscheiden. In Abhängigkeit von Ausgangsgestein, Klima, Relief, Flora und Fauna als den wichtigsten Faktoren der Bodenbildung, kann die Entwicklung vom Ausgangssubstrat zu einem differenzierten Boden einen sehr unterschiedlichen Verlauf nehmen.

Vor allem dem Einfluss des Niederschlags-, Hang- und Grundwassers wird so große Bedeutung zugemessen, dass in der in Deutschland verwendeten Bodensystematik (a) Landböden, (b) Grundwasser beeinflusste Böden und (c) Unterwasserböden getrennt betrachtet werden.

Je nach Intensität und Dauer der Einwirkung bodenbildender Faktoren entstehen Böden unterschiedlicher Entwicklungsstadien und folglich auch unterschiedlicher Profildifferenzierung. Dabei werden Böden mit gleichen pedogenen, das heißt bodenspezifischen Merkmalen, durch die sie sich in kennzeichnender Weise von Böden eines anderen Entwicklungsstadiums unterscheiden, zu einem **Bodentyp** zusammengefasst. Böden mit gleicher oder ähnlicher Horizontabfolge oder auch gleicher spezifischer Dynamik werden in Klassen gruppiert. Oberste Kategorie dieses Systems sind die Abteilungen. Sie fassen Böden mit gleichem Wasserregime zusammen. Demzufolge ergeben sich als Abteilungen terrestrische, semiterrestrische und subhydrische Böden. Hinzu kommen als eigenständige Abteilungen die Moore und die anthropogenen Böden.

Trotz dieser scheinbar strengen systematischen Gliederung sollte stets berücksichtigt werden, dass Böden keine statischen, sondern ausgesprochen dynamische Systeme sind. Änderungen innerhalb der bodenbildenden Faktoren oder auch nur an einem der Faktoren können die Bodenentwicklung in eine völlig neue Richtung lenken. Ausdruck dafür sind die zahlreichen Übergangsfomen zwischen den Bodentypen, die als Subtypen ebenfalls Eingang in die Bodensystematik gefunden haben.

In der Folge werden einige der wichtigsten Bodentypen Mitteleuropas genannt und kurz beschrieben. Soweit möglich sind auch die Bezeichnungen der „World Reference Base for Soils" jeweils in eckigen Klammern angegeben.

## ABTEILUNG LANDBÖDEN (Terrestrische Böden)

Hier sind alle Böden ohne Grundwassereinfluss zusammengefasst. Das der Schwerkraft unterliegende Sickerwasser durchströmt die Böden überwiegend von oben nach unten bis zum Grund- oder Stauwasser. Auch die von Stauwasser beeinflussten Böden werden zu den terrestrischen Böden gestellt. Diese Großgruppe umfasst verschiedene Bodenklassen, von denen nachfolgend die wichtigsten beschrieben werden:

**Terrestrische Rohböden** Rohböden entwickeln sich unabhängig davon, ob es sich um ein Fest- oder Lockergestein als Ausgangssubstrat handelt. Als Initialstadium der Bodenbildung zeigen sie in der Regel nur ein gering ausgeprägtes Profil mit der Abfolge Ai/C (Ai = Initialstadium), denn aufgrund der eingeschränkt wirksamen Verwitterung und biologischen Aktivität ist auch die Humusbildung minimal und eine Bodendifferenzierung kaum entwickelt. Diese Böden weichen daher nur wenig vom Ausgangssubstrat ab. Auf Festgestein entwickelt sich ein **Syrosem** [Lithic Leptosol], auf Lockermaterial entsteht ein Bodentyp, der als **Lockersyrosem** [Arenosol bzw. Regosol] bezeichnet wird.

Diese Böden sind insgesamt typisch für die Erosionslagen der Bergregionen, vor allem der Hochgebirge.

**A/C-Böden** Die Böden dieser Klasse haben einen voll entwickelten A-Horizont mit deutlichem Humusgehalt, der unmittelbar dem C-Horizont auflagert. Die Eigenschaften der einzelnen Bodentypen werden im Wesentlichen vom Chemismus des Ausgangsgesteins und von der Humusform bestimmt. Wichtige Böden sind **Ranker** (auf Festgestein) [Leptosole], **Regosol** (auf Lockergestein) [Regosole], **Rendzina** (auf Carbonatgesteinen und Gipsvorkommen) [Rendzic Leptosole] sowie **Pararendzina** (auf carbonatischem Lockergestein) [Calcaric Regosole bzw. Calcaric Leptosole], ein beispielsweise in Lösslandschaften sehr verbreiteter Bodentyp.

**Schwarzerden** [Chernozeme] Sie bildeten sich in Mitteleuropa vorwiegend im frühen Holozän auf ausgedehnten und vom Klima begünstigten Lössdecken der letzten Vereisung. Kennzeichnend ist der sehr mächtige, durch die Anreicherung von Humus dunkle Oberboden.

Ihre Entwicklung endete mit dem Einsetzen eines feuchteren Klimas. In Form von degradierten Schwarzerden findet man sie heute als Relikte in größerer Verbreitung im Bereich der Magdeburger Börde, der Hildesheimer Börde und im Oberrheingebiet (Mainzer Becken, Vorderpfalz), in kleineren Arealen auch in anderen Teilen Mitteldeutschlands.

**Braunerden** [Cambisole bzw. Cambric Umbrisole] Diese Böden zeigen einen deutlich entwickelten B-Horizont, der durch fein verteilte oxidische Eisenverbindungen braun gefärbt ist. Braunerden haben in Mitteleuropa die weiteste Verbreitung aller Bodentypen. In charakteristischer Ausbildung finden wir diese Böden in den Mittelgebirgen, sie treten jedoch auch auf pleistozänen und holozänen Sanden auf.

**Parabraunerden und Lessivés** [Luvisole und Albeluvisole] Dies sind ebenfalls typische Böden der gemäßigt-humiden Klimagebiete Eurasiens und Nordamerikas und entwickeln sich bevorzugt auf Lockersedimenten. Ihr wichtigstes Charakteristikum ist der an Tonsubstanz verarmte Oberboden über einem mit Ton angereicherten Unterboden. In Mitteleuropa finden wir sie in weiter Verbreitung, vor allem in Löss- und Moränengebieten.

**Podsole** [Podzole] Sie sind Böden des kalt- bis kühl-humiden Klimabereichs mit hohen Niederschlägen. Sie entwickeln sich auf nährstoffarmen Substraten, die nur von Pflanzen mit geringen Nährstoffansprüchen besiedelt werden können. In Mitteleuropa sind sie auf den sandigen Sedimenten des Norddeutschen Tieflands weit verbreitet. In den Mittelgebirgen findet man sie gelegentlich auf Granit- und Sandstein-Fließerden. Kennzeichnend für diese Böden ist

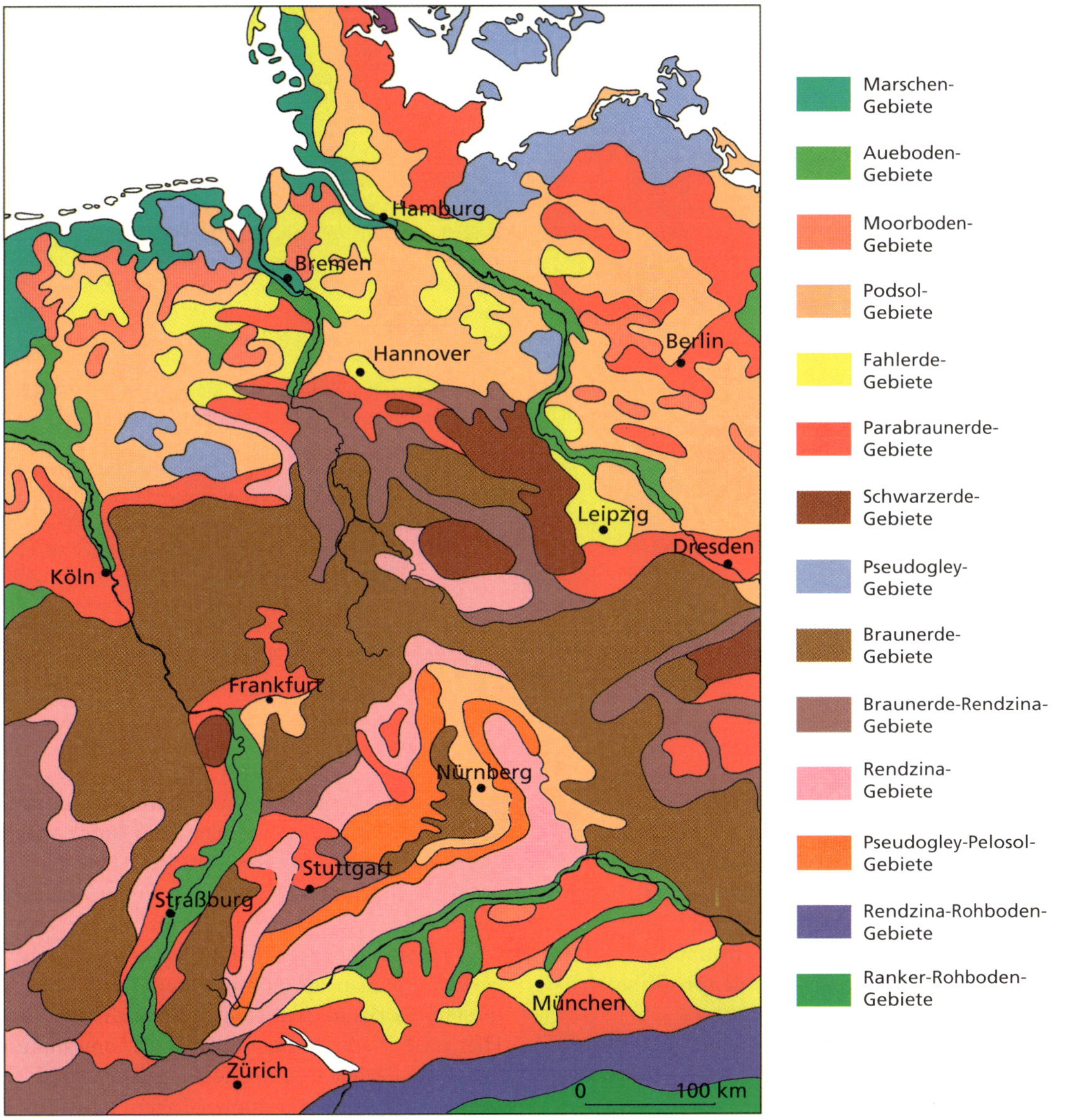


Verbreitung der wichtigsten Böden Mitteleuropas [*vereinfacht nach H. Kuntze, G. Roeschmann und G. Schwerdtfeger (1994): Bodenkunde, 5. Aufl.; Ulmer, Stuttgart*].

Fortsetzung

Fortsetzung

ein im Oberboden hell gefärbter Bleichhorizont über einem dunklen, oftmals oben braunschwarzen, unten rotbraunen Anreicherungshorizont, der je nach Verfestigungsgrad als Orterde oder als Ortstein bezeichnet wird.

**Pelosole** [z. T. Vertisole, Planosole] In dieser Klasse werden Böden zusammengefasst, deren Feinsubstanz zu mehr als 45 Prozent aus Material der Tonfraktion besteht. Dies sind die Böden tonreicher Ausgangsgesteine. Demzufolge findet man solche Pelosole in Mitteleuropa verbreitet auf nahezu allen Tonstein- und Tonmergelserien des Mesozoikums, jedoch auch auf pleistozänen Beckentonen oder tonreichen Geschiebemergeln.

**Stauwasserböden** Zur Bodenklasse der Stauwasserböden werden Böden gezählt, in denen sich das Sickerwasser über einem weitgehend undurchlässigen Horizont im Unterboden staut. Im Sommer verschwindet das Wasser in den höheren Bodenbereichen durch Verdunstung und Evapotranspiration, sodass für diese Böden ein Wechsel zwischen Vernässung und Austrocknung typisch ist. Während der Vernässungsphase wird die Bodendynamik durch Reduktionsvorgänge bestimmt, in den Trockenphasen gelangt Luft in die Böden und es herrschen oxidierende Verhältnisse. Dies führt im Unterboden zu einer charakteristischen grau/rostbraunen Marmorierung.

Stauwasserböden, zu denen die Bodentypen **Pseudogley** [Stagnic Luvisol bzw. Planosol] und **Stagnogley** [Planosol bzw. Albeluvisol] gehören, sind im humiden Klima weit verbreitet. Wir finden sie in Mittteleuropa in Gebieten mit mittleren Jahresniederschlägen >700 mm, beispielsweise auf den hoch gelegenen Verebnungsflächen und Oberhängen der Mittelgebirge. In trockeneren Gebieten entwickeln sich solche Stauwasserböden auch auf verlehmten und stärker verdichteten Lockersedimenten.

**Kolluvisole** Bei den Böden dieser Bodenklasse ist das Substrat der Bodenbildung durch Wasser oder Wind über kürzere Strecken transportiert und nachfolgend mit einer gewissen Mächtigkeit abgelagert worden. Je nach Transportmedium unterscheidet man die Bodentypen **Kolluvium** (fluviatiles Kolluvium) und **Äolium** (äolisches Kolluvium). Solche Kolluvisole sind vergleichsweise junge Böden. Sie treten in Mitteleuropa meist kleinflächig und normalerweise im kultivierten Hügelland auf.

### ABTEILUNG GRUNDWASSERBÖDEN (Semiterrestrische Böden)

In dieser bodensystematischen Abteilung sind die Bodenklassen Auenböden, Gleye und Marschen zusammengefasst. Diese Böden nehmen bezüglich ihres Wasserhaushalts eine Zwischenstellung zwischen den terrestrischen und den subhydrischen bzw. semisubhydrischen Böden ein. Die Entstehung der semiterrestrischen Böden ist auf einen mehr oder weniger schwankenden, zum Teil aber auch hohen, nur wenig unter der Bodenoberfläche liegenden Grundwasserspiegel zurückzuführen. Hinzu kommt oftmals eine episodische beziehungsweise periodische Überflutung oder Überstauung der Böden.

**Gleye** [Gleysole] Die Bodentypen **Gley, Nassgley, Anmoorgley** und **Moorgley** sind in Mitteleuropa auf sehr unterschiedlichen Gesteinen zwar weit verbreitet, nehmen jedoch stets nur kleinere Flächen ein, in denen der Grundwasserstand hoch ist. Unter dem Ah-Horizont folgt die über dem langjährigen Grundwasserspiegel liegende rostfarbene Oxidationszone (Go), die von der im Grundwasser liegenden Reduktionszone (Gr) unterlagert wird.

**Auenböden** [Fluvisole] Mit ihren Bodentypen **Rambla, Paternia, Borowina, Tschernitza** und **Vega** sind die charakteristischen Böden der Talauen sowohl von Flüssen der Bergländer als auch von Flüssen in Tiefebenen. Unter natürlichen Bedingungen werden sie periodisch überflutet, wobei dann stets, wenn auch auch in unterschiedlichem Maße Sedimentmaterial in Form von Auenlehm abgelagert wird. Eine Absenkung des Grundwassers, entweder durch Regulierung oder durch Eintiefung der Fließgewässer, führt dazu, dass sich die Auenböden zu terrestrischen Böden weiterentwickeln und die Auendynamik verschwindet.

**Endprodukt: Bodenprofile** Die endgültige Zusammensetzung und das Erscheinungsbild eines Bodens ist gekennzeichnet durch eine Differenzierung in Bodenhorizonte, die sich in ihren Eigenschaften unterscheiden und mit Großbuchstaben und/oder Zahlensymbolen bezeichnet werden. Ein zweidimensionaler Schnitt durch den Bodenkörper wird als **Bodenprofil** bezeichnet (Abb. 16.12).

Der oberste Bodenhorizont ist in unseren Breiten normalerweise der **O-Horizont** oder **Auflagehorizont**. Er ist meist geringmächtig und besteht aus organischem Rohmaterial wie Blättern und mehr oder weniger zersetzter organischer Substanz. Darunter folgt der **A-Horizont**, der in typischer Ausbildung selten mächtiger als ein Meter ist. Normalerweise ist er der dunkelste Bodenhorizont, da er als Folge der Transformationsprozesse den höchsten Gehalt an organischer Substanz aufweist. Der untere Teil des A-Horizonts ist in besonders versauerten Böden durch Translokationsprozesse unter anderem an Eisen und Mangan verarmt.

Darunter folgt der **B-Horizont**, in dem nur noch geringe Mengen an Humusmaterial enthalten sind. In diesem Horizont hat eine Stoffzufuhr stattgefunden. Hier reicherten sich die Abbau- und Umwandlungsprodukte der löslichen Minerale sowie Eisen- und Aluminiumhydroxide in Form dünner Lagen, Linsen und Überzüge an. Welche Minerale oder Verbindungen sich konzentrieren, ist abhängig vom Klima. Beispielsweise reichern sich unter ariden Klimaverhältnissen Carbonatminerale oder Gips an. Unter dem B-Horizont folgt

**Marschen** Sie sind in Mitteleuropa auf die Küstenzonen der Nordsee beschränkt. An den Flussmündungen dringen sie innerhalb des Gezeitenbereichs zum Teil weiter in das Binnenland vor und gehen dort allmählich in Auenböden über. Demzufolge wird aus Sicht der Bodenbildung zwischen den Bodentypen **See-**, **Brack-** und **Flussmarsch** unterschieden.

### ABTEILUNG SEMISUBHYDRISCHE UND SUBHYDRISCHE BÖDEN

In dieser Abteilung werden Bodenklassen zusammengefasst, die entweder in der beständig unter dem Einfluss von Ebbe und Flut stehenden Gezeitenregion der Meeresküsten (semisubhydrische Wattböden) oder am Grunde von Binnengewässern aller Größen (subhydrische Böden) entstehen. Kennzeichnend für diese Böden ist, dass sie allseitig von Wasser durchdrungen sind und dass unter einem Wasserkörper, der sie von der Atmosphäre trennt, ein humoser Horizont entwickelt ist, der in charakteristischer Weise aus humifiziertem Plankton besteht. Von den Bodentypen her sind **Protopedon** als Rohboden, **Dy** oder Braunschlammboden, **Sapropel** und **Gyttja** zu unterscheiden. Unter geologischen Aspekten stellen subhydrische Böden limnische Sedimente dar.

### ABTEILUNG MOORE

**Moore** [Histosole] Dies sind Böden, die einen Torfhorizont von mindestens 0,3 m Mächtigkeit aufweisen und deren Humushorizonte mindestens 30 Prozent organische Substanz enthalten. Genetisch unterscheidet man Niedermoore und Hochmoore. **Niedermoore** (topogene Moore) entstehen subhydrisch oftmals im Uferbereich als Folge der Verlandung stehender Gewässer, wobei die Ufervegetation das organische Ausgangsmaterial des Torfs liefert; **Hochmoore** entwickeln sich letztlich aus den Niedermooren, wölben sich gegenüber ihrer Umgebung uhrglasförmig auf und werden dadurch unabhängig vom Grundwasser (ombrogene Moore, Regenwassermoore). Zwischen beiden steht das **Übergangsmoor**.

Entsprechend ihrer Genese ist die Verbreitung der Moore in Mitteleuropa eng mit den Klimaverhältnissen und der Oberflächengestaltung seit dem Abschmelzen der pleistozänen Eismassen verbunden. Die meisten Hochmoore finden sich daher in den niederschlagsreichen küstennahen Bereichen der Nord-und Ostsee und im nördlichen Alpenvorland. Darüber hinaus findet man kleinere Hochmoore auch in vielen Mittelgebirgen, wo hohe Niederschlagsraten und – durch die Morphologie verursacht – ein geringer Wasserabfluss die Moorbildung begünstigen.

### ABTEILUNG ANTHROPOGENE BÖDEN oder KULTOSOLE

Unter diesem Begriff werden Böden zusammengefasst, die durch landwirtschaftliche, forstliche und gartenbauliche Kulturmaßnahmen oder durch Rekultivierung in ihrem Profilaufbau vollständig verändert worden sind, sodass die ursprüngliche Horizontabfolge weitgehend zerstört ist. Typische anthropogene Böden [Anthrosole] sind die **Rigosole**, **Hortisole** [Hortic Anthrosole] und der **Plaggenesch** [Plaggic Anthrosole]. Rigosole sind Böden, die, wie im Fall der Weinbergböden, durch tief reichende Bodenbearbeitung (Rigolen) erzeugt wurden, wobei oftmals Fremdmaterial mit eingebracht wurde. Hortisole sind Gartenböden, die durch tiefgründige Bodenbearbeitung über lange Zeit hinweg, verbunden mit intensiver organischer Düngung und Bewässerung entstanden sind. Sie finden sich in allen intensiv genutzten Gartenbaugebieten. Plaggenesch ist in seiner Verbreitung auf Westfalen und das Emsland beschränkt, wo seit Jahrhunderten flach abgehobene Stücke von stark humosem und durchwurzeltem Oberboden (so genannte Plaggen) im Stall als Streu Verwendung fanden. Danach wurden diese Gras- und Heideplaggen mit dem in ihnen enthaltenen Stallmist wieder auf die ursprünglichen Böden aufgebracht.

schließlich das von der Bodenbildung nicht oder nur wenig beeinflusste Ausgangsmaterial des Solums, das durch den Buchstaben C gekennzeichnet ist.

Böden sind entweder autochthon oder allochthon, das heißt, es handelt sich entweder um Rückstandsbildungen „in situ“ oder das Bodenmaterial wurde durch Wasser oder Wind transportiert und dann abgelagert. Die meisten Böden sind Rückstandsbildungen; sie entwickeln sich an Ort und Stelle aus dem anstehenden Gestein zur Verwitterungsdecke und schließlich zu einem Boden mit deutlich ausgebildeten Bodenhorizonten. Böden bilden sich umso rascher und werden umso mächtiger, je intensiver die Verwitterung ist. Doch selbst bei starker Verwitterung kann es Tausende von Jahren dauern, bis der A-Horizont so weit entwickelt ist, dass er Ernteerträge abwirft, weil die chemische Verwitterung nur innerhalb der kurzen Zeit, in der Regenwasser versickert, besonders wirksam ist. In den trockenen Perioden laufen die Verwitterungsreaktionen zwar weiter ab, aber nur sehr langsam und auch nur dann, wenn eine gewisse Restfeuchtigkeit im Boden zurückbleibt. Trocknet ein Boden zwischen den Regenperioden völlig aus, kommt die chemische Verwitterung fast vollständig zum Erliegen.

Verschwemmte, so genannte kolluviale Böden sammeln sich vor allem in den Tallagen, nachdem das Bodensubstrat von den umgebenden Hängen erodiert und hangabwärts transportiert worden ist. Sie sind an ihrem Gefüge und ihrer Zusammensetzung zu erkennen, weil sie eher Böden als normalen Sedimenten ähnlich

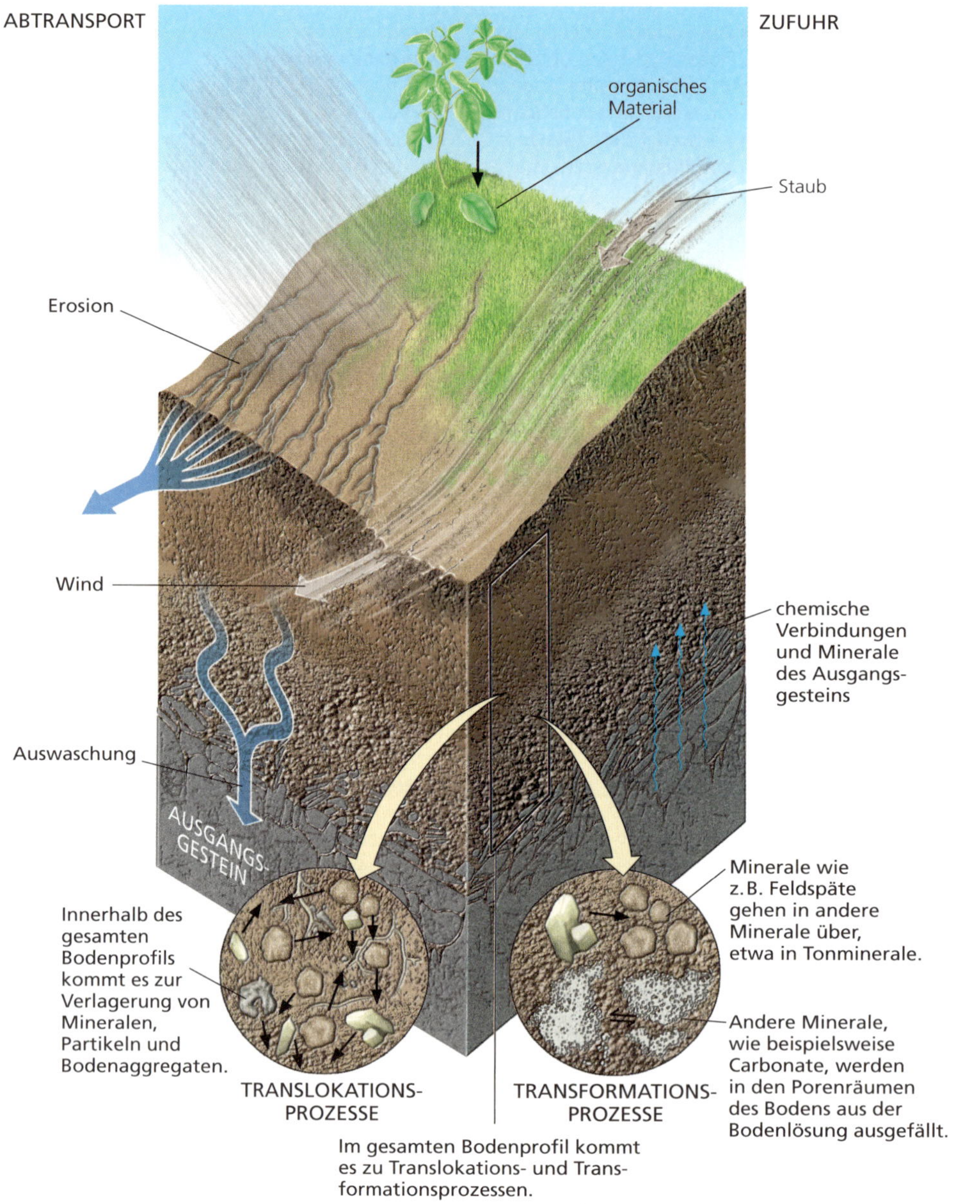


**Abb. 16.12** Die wesentlichen Vorgänge der Bodenbildung beruhen auf Translokations- und Transformationsprozessen.

sind. In einigen Fällen sind die tieferen Bodenhorizonte in den Hanglagen noch erhalten. Die Umlagerung von Bodenmaterial ist eine Folge der immer intensiver werdenden Bodennutzung. So führt vor allem der Ackerbau auf großen geneigten Flächen zu erheblicher Abspülung. Solche umgelagerten Böden (die so genannten Kolluvien) verdanken ihre Mächtigkeit daher in erster Linie der Verlagerung und weniger der Verwitterung an Ort und Stelle. Kolluviale Böden sind deshalb vor allem im beackerten Hügelland, am Fuß der Hänge, in Senken oder in Tälern sehr häufig, wo sie als wertvolle Anbauflächen genutzt werden. Sie sollten nicht mit normalen Sedimenten verwechselt werden, die von Flüssen, Wind und Eis transportiert und abgelagert worden sind.

## Paläoböden: Rückschlüsse auf das Klima der Vergangenheit

Seit einiger Zeit gilt das Interesse auch den älteren, fossilen Böden, die in Form charakteristischer Horizonte innerhalb bestimmter Schichtenfolgen überliefert sind und ein Alter bis über eine Milliarde Jahre aufweisen können. Diese **Paläoböden**, wie sie bezeichnet werden, sind vor allem deshalb interessant, weil sie Hinweise auf das Klima der erdgeschichtlichen Vergangenheit enthalten. Besonders alte Paläoböden gaben darüber hinaus Hinweise auf die Menge an Kohlendioxid und Sauerstoff in der damaligen Atmosphäre. Milliarden Jahre alte Paläoböden weisen aufgrund ihrer mineralogischen Zusammensetzung darauf hin, dass es in diesem frühen Stadium der Erdgeschichte keine Oxidation in den Böden gegeben und Sauerstoff sich noch nicht zu einem wesentlichen Bestandteil der Atmosphäre entwickelt hatte.

Bodenbildung ist nur ein erster Schritt bei der Entwicklung der Landschaft. Verwitterung und Gesteinszerfall destabilisieren den Untergrund und führen schließlich zu tief greifenden Veränderungen, die durch Massenbewegungen ausgelöst werden. Sie sind ein wesentlicher Bestandteil der Abtragung, besonders in hügeligem und gebirgigem Gelände.

## Massenbewegungen

Am Morgen des 1. Juni 2005, als die Einwohner von Laguna Beach in Kalifornien erwachten oder bereits ihren Morgenkaffee genossen, brach unter ihnen die Erde auf und setzte sich in Bewegung. Sieben Häuser, jedes im Wert von mehreren Millionen Dollar, wurden zerstört, als eine große Masse aus Boden und verwittertem Gestein nachgab und sich hangabwärts bewegte. Zwölf andere Häuser wurden schwer beschädigt und mehr als hundert weitere mussten geräumt werden, nachdem die Bewohner besorgt auf Geologen gewartet hatten, die ihre Grundstücke begutachten und entscheiden sollten, ob eine Rückkehr gefährlich wäre. Einige Häuser stürzten vollständig ein, andere brachen buchstäblich in zwei Hälften und wieder andere blieben auf dem Scheitel des Hügels stehen, wo sie über die große Abrisskante hinausragten, an der die rutschende Erdmasse losgebrochen war (Titelbild). Dieses Ereignis wurde durch extreme, jahreszeitlich bedingte Niederschlagsmengen ausgelöst, den zweithöchsten, die in diesem Teil Kaliforniens jemals registriert worden waren. Sie durchtränkten den Boden und das verwitterte Gestein und schufen damit in einem ohnehin instabilen Umfeld die Voraussetzungen für diese Katastrophe. Bereits zuvor hatten in diesem Jahr vergleichbar hohe Niederschläge in Kalifornien zu ähnlichen Ereignissen geführt, als in der Nähe von Ventura ebenfalls Häuser von den Hängen abrutschten und Menschenleben zu beklagen waren.

Diese Ereignisse sind letztendlich hangabwärts gerichtete Bewegungen von nassen bis trockenen Boden-, Gesteins- und Schlammmassen, die man als **Massenbewegungen** bezeichnet. Die Massen bewegen sich dabei in erster Linie unter dem Einfluss der Schwerkraft nach unten (gravitative Massenbewegungen) – also nicht durch die Wirkung irgendeines anderen Abtragungsfaktors, wie etwa fließendes Wasser, Wind oder Gletschereis. Zu Massenbewegungen kommt es immer dann, wenn der innere Reibungswiderstand gegen die Bewegung durch die einwirkende Schwerkraft überwunden wird. Ausgelöst werden solche Bewegungen durch Erdbeben, Hochwasser, Dauerregen oder andere geologische und meteorologische Ereignisse. Das Material bewegt sich dabei entweder langsam und kaum wahrnehmbar oder manchmal auch plötzlich in einem katastrophalen Ausmaß hangabwärts. Durch verschiedene Kombinationen aus Fallen, Gleiten und Fließen können die Massenbewegungen von kleinen, fast unmerklichen, hangabwärts gerichteten Bodenverschiebungen auf einem sanften Hang bis zu riesigen Bergstürzen reichen, bei denen Tonnen von Erde und Gesteinsmaterial aus steilen Berghängen auf die Talböden herabstürzen.

Jedes Jahr fordern Massenbewegungen weltweit ihren Tribut an Menschenleben und Eigentum. Anfang November 1998 brachte einer der katastrophalsten Wirbelstürme dieses Jahrhunderts, der Hurrikan „Mitch", wolkenbruchartige Niederschläge nach Mittelamerika. Der Untergrund wurde mit Wasser gesättigt und es kam zu schrecklichen Überschwemmungen und Erdrutschen. Mindestens 9 000 Menschen kamen ums Leben und die Zerstörungen verursachten Schäden in Höhe von mehreren Milliarden Euro, weil die Überschwemmungen und Rutschungen das mitgeführte Material auf den einstmals fruchtbaren Böden absetzten und die Mais-, Bohnen-, Kaffee- und Erdnussernte vernichteten. Eines der am schlimmsten betroffenen Gebiete lag an der Grenze von Nicaragua und Honduras, wo mindestens 1 500 Menschen durch wiederholte Erdrutsche und Schlammströme verschüttet wurden. Dutzende von Dörfern wurden einfach ausgelöscht – begraben unter einem Meer von Schlamm. Die Hänge des Vulkans Casita rutschten ab und setzten sich als fließende Schlammwand von mehr als 7 m Höhe in Bewegung. Für Menschen im unmittelbaren Bereich der Lawine gab es kein Entrinnen und viele von ihnen wurden lebendig begraben, als sie versuchten, dem rasch fließenden Schlamm zu entkommen.

Die gewaltige Zerstörungskraft solcher Massenbewegungen sollte Veranlassung sein, dringend Methoden zur Vorhersage zu entwickeln. Gleichzeitig müsste schnellstens dafür gesorgt werden, dass es nicht mehr durch unsachgemäße Eingriffe in natürliche Abläufe zu Massenbewegungen kommt. Die meisten natürlichen Massenbewegungen lassen sich zwar nicht verhindern, aber wir können die Bebauung und Landnutzung mit entsprechenden Richtlinien so steuern, dass die Verluste möglichst gering gehalten werden.

Die Bezeichnung Massenbewegung umfasst alle Prozesse, bei denen Gesteins- und Bodenmassen unter dem Einfluss der Schwerkraft hangabwärts verfrachtet und schließlich durch andere Transportmedien weggeführt werden. Massenbewegungen verändern die Landschaft; sie hinterlassen an den Berghängen sichtbare Narben, wenn große Mengen von Gesteins- und Bodenmaterial von den Hängen herabstürzen oder abgleiten. Das transportierte Material endet dann in Form von Zungen oder Schuttkegeln auf dem Talboden und häuft sich dort gelegentlich so hoch auf, dass ein Wasserlauf im Tal aufgestaut wird. Die entweder direkt im Gelände oder auf Luftbildern kartierten Abrissnarben und Schuttablagerungen sind Hinweise auf Massenbewegungen in der Vergangenheit. Anhand solcher Anhaltspunkte können Geologen vorhersagen, ob in Zukunft dort mit neuen Massenbewegungen zu rechnen ist und somit rechtzeitig Warnungen herausgeben.

Bei Massenbewegungen kann, wie bei vielen anderen geologischen Vorgängen, der Einfluss des Menschen tief greifende Auswirkungen haben. Im Vergleich mit natürlichen Vorgängen erscheinen Baumaßnahmen zwar klein, sie sind jedoch oft ein erheblicher Eingriff in die Natur. Allein in den Vereinigten Staaten werden jährlich durch den Aushub von Baugruben für Gebäude riesige Mengen von Bodenmaterial – nach einigen Berechnungen bis zu 700 Millionen Tonnen – abgetragen und abtransportiert. Das übertrifft bei weitem die etwa 550 Millionen Tonnen, die im gleichen Raum durch natürliche Prozesse umgelagert werden.

Durch natürliche Vorgänge ausgelöste Massenbewegungen werden von drei wesentlichen Faktoren beeinflusst (Tab. 16.3):

1. **Beschaffenheit und Eigenschaften des Hangmaterials.** Das Hangmaterial kann aus festen anstehenden Gesteinsmassen, aus Schuttmaterial (durch Verwitterung entstandener Gesteinsschutt einschließlich des darüber lagernden Bodens) oder aus abgelagertem Sedimentmaterial bestehen. Dieses Hangmaterial kann **unkonsolidiert**, das heißt locker und unverfestigt oder **konsolidiert**, das heißt verfestigt sein.
2. **Wassergehalt des Materials.** Der Wassergehalt hängt davon ab, wie porös das Material ist und welchen Niederschlagsmengen oder anderen Wasserzutritten es ausgesetzt ist.
3. **Steilheit und Instabilität der Hänge.** Sie trägt dazu bei, dass das Material je nach den herrschenden Bedingungen entweder zum Stürzen, Gleiten oder Fließen neigt.

Alle drei Faktoren sind in der Natur wirksam; Hangstabilität und Wassergehalt werden jedoch am stärksten durch Eingriffe des Menschen beeinflusst, etwa durch Erdaushub für Gebäude und Straßenbau. Alle drei Faktoren führen zum selben Ergebnis: Sie verringern den Widerstand gegen eine Bewegung und dann überwiegt die Schwerkraft und das Hangmaterial beginnt zu stürzen, zu gleiten oder zu fließen.

## Eigenschaft des Hangmaterials

Das Hangmaterial tritt in den verschiedensten Geländesituationen in sehr unterschiedlichen Ausprägungen auf und ist in starkem Maße von den örtlichen geologischen Gegebenheiten abhängig. So können metamorphe Gesteine auf der einen Seite eines Tales durch tektonische Spannungsfelder stark aufgelockert sein, während ein anderer, nur wenige hundert Meter entfernter Hang aus stabilem massigem Granit besteht. Hänge aus Lockermaterial sind am wenigsten stabil.

**Unkonsolidierter Sand und Silt** Die Rolle, die Hangneigung und -instabilität bei Massenbewegungen spie-

**Tabelle 16.3** Massenbewegungen beeinflussende Faktoren

| Art des Materials | Wassergehalt | Hangneigung | Hangstabilität |
|---|---|---|---|
| LOCKERMATERIAL<br>lockerer Sand oder sandiger Silt | trocken<br>feucht | Böschungswinkel | hoch<br>mäßig |
| unkonsolidiertes Gemisch aus Sand, Silt, Bodenmaterial und Gesteinsbruchstücken | trocken<br>feucht | mittel | hoch<br>gering |
| | trocken<br>feucht | steil | hoch<br>gering |
| FESTGESTEIN<br>geklüftetes und tektonisch deformiertes Gestein | trocken oder feucht | mäßig bis steil | mäßig |
| massiges Gestein | trocken oder feucht<br>trocken oder feucht | mäßig<br>steil | hoch<br>mäßig |

len, ist am einfachsten am Verhalten von lockerem Sand erkennbar. Der Sandkasten in der Kindheit hat fast jeden von uns mit dem charakteristischen Böschungswinkel eines trockenen Sandhaufens vertraut gemacht, dem Winkel zwischen der Böschung des Sandhügels und der Horizontalen. Dieser Böschungswinkel ist stets derselbe, gleichgültig ob der Haufen nur wenige Zentimeter oder mehrere Meter hoch ist. Für die meisten Sande beträgt dieser Winkel etwa 35°. Wird am Fuß des Hügels sehr langsam und vorsichtig etwas Sand abgegraben, wird der Böschungswinkel vorübergehend etwas steiler und bleibt kurzzeitig auch erhalten. Sobald aber jemand in seiner Nähe den Boden erschüttert, rutscht der Sand kaskadenartig den Hang hinab, und der Hang nimmt wieder seinen ursprünglichen Winkel von 35° an.

Der ursprüngliche und sich immer wieder einstellende Winkel eines Sandhangs ist der **natürliche Böschungswinkel** oder **Schüttungswinkel**, das heißt der maximale Winkel, bei dem ein Hang aus lockerem Material noch stabil und damit standfest ist. Ein Hang mit einem steileren als dem natürlichen Böschungswinkel ist instabil und wird normalerweise wieder in den stabilen Böschungswinkel zusammenrutschen. Sand oder Silt bilden Hügel mit Hangneigungen, die wegen der Reibungskräfte zwischen den Partikeln etwa dem natürlichen Böschungswinkel entsprechen oder etwas weniger steil sind. Wird jedoch immer mehr Sand aufgehäuft und der Hang wird steiler, nehmen die Reibungskräfte ab und der Sandhügel rutscht zusammen.

Der natürliche Böschungswinkel ist von einer ganzen Anzahl von Faktoren abhängig, wie etwa von der Größe und Form der Teilchen (Abb. 16.13a). Größere, flachere und eckigere Stücke von lockerem Material bleiben auch bei steilerem Winkel noch standfest. Außerdem variiert der natürliche Böschungswinkel mit der zwischen den Teilchen vorhandenen Feuchtigkeitsmenge. Feuchter Sand weist einen größeren Böschungswinkel auf als trockener Sand, weil die Feuchtigkeit zwischen den Teilchen zu einem festeren Zusammenhalt führt, sodass sie der Bewegung Widerstand entgegensetzen. Ursache dieser Kornbindung ist die **Oberflächenspannung**, eine Anziehungskraft zwischen Molekülen an einer Oberfläche (Abb. 16.13b). Sie ist beispielsweise für die runde Form fallender Wassertropfen verantwortlich oder führt dazu, dass eine dünne Rasierklinge oder eine Büroklammer auf einer glatten Wasseroberfläche schwimmen kann. Zu viel Wasser in den Porenräumen hat den gegenteiligen Effekt. Ist der Sand mit Wasser gesättigt, das heißt, wenn der gesamte Porenraum zwischen den Körnern mit Wasser gefüllt ist, wird der Sand zu einem flachen, fladenartigen Gebilde auseinander fließen (Abb. 16.13c). Er verhält sich nun ähnlich wie eine Flüssigkeit, weil das Wasser die einzelnen Kornoberflächen voneinander trennt und die Kornreibung so stark verringert, dass sich die Körner frei gegeneinander verschieben können. Die Oberflächenspannung, die feuchten Sand zusammenhält, ermöglicht auch den Bau kunstvoller Sandburgen (Abb. 16.14). Läuft die Flut auf und der Sand wird mit Wasser gesättigt, stürzt die Burg ein.

**Unkonsolidierte Gemische** Hangmaterial aus einem Gemisch von unkonsolidiertem Sand, Silt, Ton, Boden und Gesteinsbruchstücken bilden mäßig steile bis steile Hänge (Tab. 16.3). Die blättchenförmigen Tonminerale, der Gehalt der Böden an organischer Substanz und die Stabilität der Gesteinsbruchstücke sind wesentliche Faktoren, die die Fähigkeit des Materials verändern, Hänge mit einem bestimmten Böschungswinkel zu bilden.

**Konsolidiertes Material** Hänge in konsolidiertem, trockenem Material, beispielsweise Felsgestein, verfestigte und verkittete Sedimente und Böden mit Vegetation, können weit steiler und unregelmäßiger sein, als Hänge in lockerem Material. Wenn sie übersteilt werden oder die Vegetation entfernt wird, können sie ebenfalls instabil werden. Die Teilchen verfestigter Sedimente – wie etwa dichte Tone – haften durch kohäsive Kräfte zusammen, die bei einer dichten Packung an den Berührungsflächen der Teilchen auftreten. **Kohäsion** ist ganz allgemein eine Anziehungskraft zwischen Komponenten eines festen Materials, die dicht beisammen liegen. Je größer die Kohäsion innerhalb eines Material ist, desto größer ist der Widerstand gegen eine Bewegung; er wird gelegentlich auch als „innere Reibung" bezeichnet – analog zum Reibungswiderstand bei der Bewegung zweier fester Körper entlang einer gemeinsamen Gleitfläche.

## Wassergehalt

Massenbewegungen von konsolidiertem Material lassen sich gewöhnlich auf den Einfluss des Wassergehalts zurückführen, wobei oftmals andere Faktoren hinzukommen, beispielsweise ein Rückgang der Vegetation oder eine Übersteilung des Hangs. Wenn der Untergrund mit Wasser gesättigt ist, wird das Material gewissermaßen „geschmiert", die innere Reibung verringert sich, die Teilchen oder größeren Aggregate können sich leichter gegeneinander verschieben und das Material beginnt dann ähnlich wie eine Flüssigkeit zu fließen. Dieser Vorgang wird als **Verflüssigung** bezeichnet.

## Neigung und Stabilität der Hänge

Felshänge variieren von relativ sanften Hängen in leicht verwitterbaren Schiefertonen oder vulkanischen Aschelagen bis hin zu senkrechten Felswänden aus harten Gesteinen wie etwa Granit. Die Stabilität dieser Hänge ist abhängig von der Verwitterung und der Gesteinsauflockerung. Schiefertone verwittern zum Beispiel relativ leicht und zerbrechen gewöhnlich in kleine Fragmente,

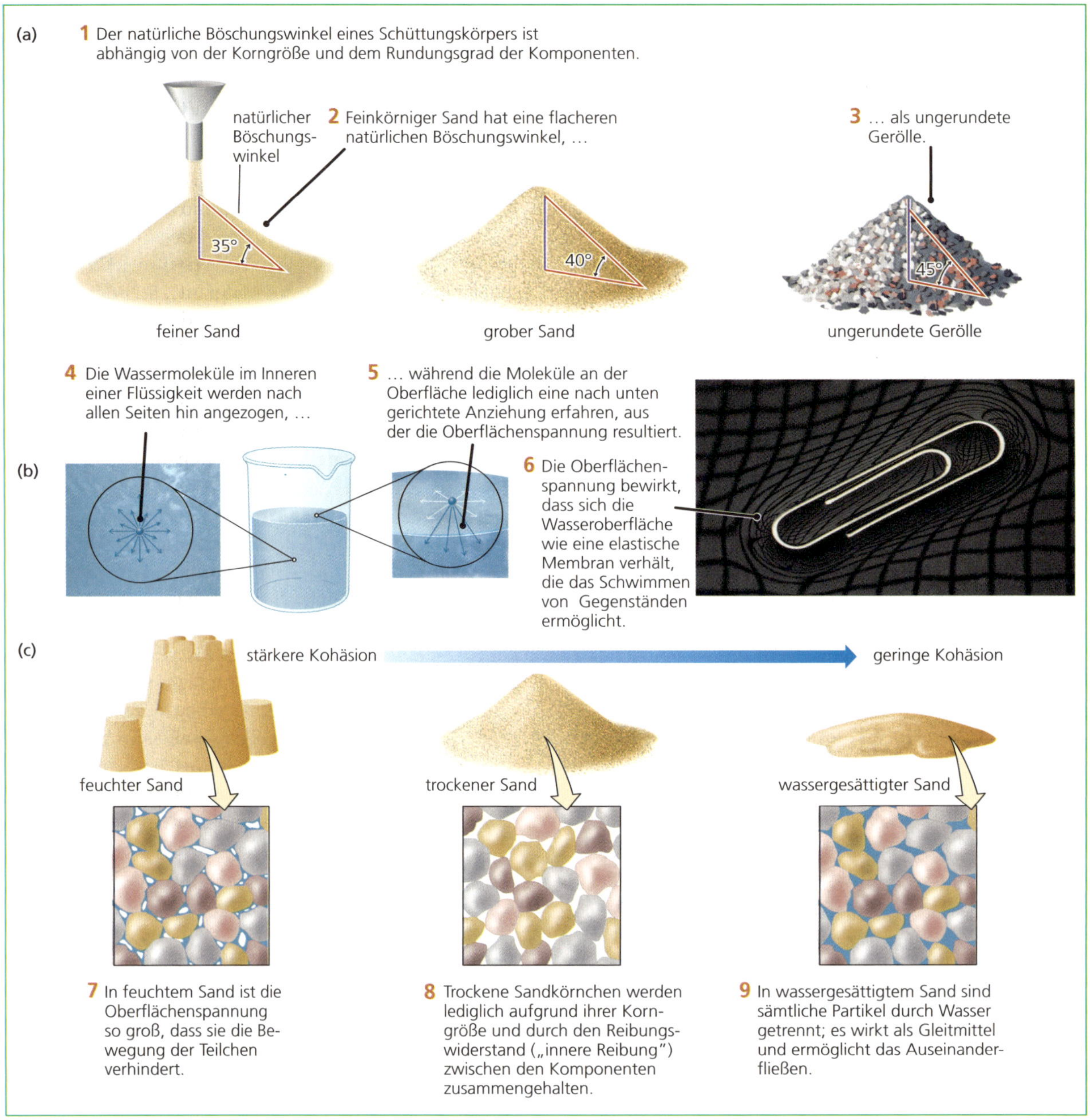


**Abb. 16.13** Massenbewegungen werden beeinflusst von der Beschaffenheit des Hangmaterials, dessen Wassergehalt und von der Steilheit der Hänge.

die eine dünne Lage aus lockerem Schuttmaterial bilden und das im Untergrund anstehende Gestein überdecken (Abb. 16.15). Die dabei sich einstellende Hangneigung entspricht etwa dem natürlichen Böschungswinkel von lockerem, grobem Sand. Da sich der Verwitterungsschutt allmählich zu einem instabilen Hang aufhäuft, wird ein Teil des lockeren Materials schließlich abrutschen.

Im Gegensatz dazu setzen Kalksteine und harte, verfestigte Sandsteine in aridem Klima der Abtragung Widerstand entgegen und zerbrechen in große Blöcke; sie bilden in den oberen Bereichen steile und im unteren Bereich flachere Hänge, die von Schutt überdeckt werden. Die steilen Felswände im oberen Bereich sind vergleichsweise stabil, abgesehen von einzelnen Gesteinsmassen, die gelegentlich auf die darunter liegenden, schuttbedeckten Hänge hinabstürzen und hinabrollen. Wo solche Sandsteine in Wechsellagerung mit Schiefertonhorizonten auftreten, zeigen die Hänge eine deutliche Treppung. (Der Grand Canyon ist ein typisches Beispiel dafür; Exkurs 8.1.) Da die Schiefertone unter den Sandsteinschichten abrutschen, werden die härteren Schichten unterschnitten, sie sind dadurch

**Abb. 16.14** Diese Sandburg behält ihre Form, weil sie aus feuchtem Sand gebaut wurde. Die Steilheit der Wände ist auf die Oberflächenspannung zurückzuführen, die den feuchten Sand zusammenhält [*Foto: Kelly Mooney Photography/Corbis*].

weniger standfest und stürzen schließlich in großen Blöcken nach unten.

Die Lagerungsform der Schichten beeinflusst ihre Standfestigkeit, besonders wenn die Schichten parallel zur Hangneigung einfallen. Bei dieser Lagerungsform können die Schichtflächen, die wegen der Unterschiede in der Gesteinsbeschaffenheit oder der Fähigkeit Wasser aufzunehmen ohnehin potenzielle Schwächezonen darstellen, instabil werden, sodass ganze Gesteinsmassen auf diesen Schwächezonen abrutschen.

## Auslösende Faktoren von Massenbewegungen

Wenn durch die richtige Kombination von äußeren und inneren Faktoren ein Berghang instabil wird, beispielsweise durch Feuchtigkeit und übersteiltem Böschungswinkel, ist ein Hangrutsch oder Schuttstrom unvermeidlich. Es fehlt nur noch das auslösende Ereignis. Oftmals wird ein Hangrutsch oder ein Schlammstrom, wie etwa der von Laguna Beach, durch ein heftiges Unwetter ausgelöst. Zahlreiche Rutschungen entstehen auch durch Bodenerschütterungen, etwa im Zusammenhang mit Erdbeben. Andere können ohne ein bestimmtes erkennbares Ereignis niedergehen, einfach nur durch eine zunehmende Versteilung, bis der Hang plötzlich nachgibt.

Durch geologische Gutachten kann auf das von Massenbewegungen ausgehende Schadenspotenzial aufmerksam gemacht werden, doch nur dann, wenn Städteplaner und Bauträger die Gutachten auch berücksichtigen und der Bau oder Erwerb von Häusern in instabilen Gebieten unterlassen wird. Die verheerenden Massenbewegungen des Jahres 2005 in Südkalifornien sind eindeutig auf ungewöhnlich hohe jahreszeitliche Niederschläge im Winter 2004/2005 zurückzuführen. Diese gehen wiederum auf ein El Niño-Ereignis zurück (Kap. 15). Geowissenschaftler wissen inzwischen, dass solche Ereignisse in regelmäßigen Abständen auftreten und daher vorhersagbar sind.

Bei dem großen Erdbeben vom 27. März 1964 in Alaska entstanden die meisten Schäden in der Stadt Anchorage durch Rutschungen, die das Beben ausgelöst hatte. Massenbewegungen von Gesteinen, Erde und Schnee richteten in Wohngebieten große Zerstörungen an. An den Seeufern und entlang der Meeresküste kam es

**Abb. 16.15** Hang in verwitterten Schiefertonen. Das Verwitterungsmaterial bildet eine dünne Schuttschicht; Grand Canyon [*Foto: Martin Miller*].

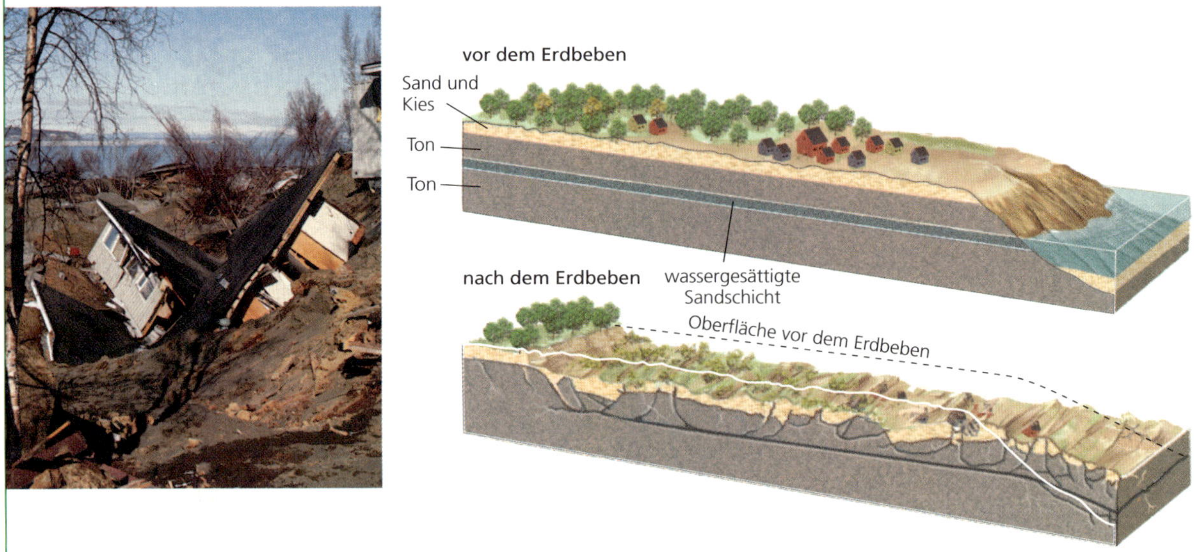


**Abb. 16.16** Erdrutsche in den Turnagain Heights, Alaska, ausgelöst durch das Erdbeben im Jahre 1964. Schnitte durch das Steilufer bei Anchorage, Alaska, zeigen die Situation vor und nach dem Erdbeben [*Foto: Steve McCutcheon/Alaska Pictorial Service*].

zu großen submarinen Rutschungen. Auf die der Küste vorgelagerten Ebenen gingen von den 30 bis 35 m hohen, aus einer Wechsellagerung von Ton und Silt bestehenden Steilufern riesige Erdrutsche nieder. Während des Erdbebens waren die Bodenerschütterungen so heftig, dass die wassergesättigten, sandigen Schichten innerhalb der Tone in den flüssigen Zustand übergingen, ein Prozess, der als Bodenverflüssigung bezeichnet wird und im Zusammenhang mit dem Wassergehalt bereits erwähnt wurde. Enorme Blöcke aus Ton und Silt wurden von den Steilufern losgerüttelt; sie glitten zusammen mit den verflüssigten Sedimenten über den flachen Untergrund und hinterließen ein völlig verwüstetes Gebiet aus durcheinander gewürfelten Gesteinsblöcken und eingestürzten Gebäuden (Abb. 16.16). Häuser und Straßen wurden durch die Rutschmassen mitgerissen und zerstört. Der ganze Vorgang dauerte nur fünf Minuten und begann ungefähr zwei Minuten nach dem ersten Erdbebenstoß. In einer Ortschaft kamen drei Menschen ums Leben und 75 Häuser wurden zerstört.

Aufgrund der Instabilität solcher Hänge und der Wahrscheinlichkeit von Erdbeben hatten geologische Untersuchungen schon früh gezeigt, dass dieses Gebiet für Erdrutsche geradezu prädestiniert war. Bereits mehr als ein Jahrzehnt vor dem Beben hatte ein geologisches Gutachten vor den Risiken einer baulichen Erschließung gewarnt, aber die großartige landschaftliche Schönheit dieser Gegend siegte über die menschliche Vernunft. Dasselbe gilt für das südliche Kalifornien. In Alaska bezahlten Menschen dafür mit ihrem Leben. In Laguna Beach gab es glücklicherweise nur Sachschäden, doch selbst diese waren in einem Gebiet, in dem der durchschnittliche Preis eines Hauses deutlich über einer Million Dollar liegt, ganz erheblich.

## Klassifikation von Massenbewegungen

Obwohl jede Art von Massenbewegung in den Medien wenig spezifisch als **Erd-**, **Hang-** oder **Bergrutsch** bezeichnet wird, unterscheiden sich Massenbewegungen durch eigene, charakteristische Merkmale, zwischen denen es allerdings Übergangsformen gibt. Auch wenn die Benennung keineswegs einheitlich ist, lassen sich Massenbewegungen nach den folgenden Merkmalen unterteilen, die in Abbildung 16.17 zusammengefasst sind:

1. Nach der Art des Materials (beispielsweise Festgestein oder lockerer Schutt).
2. Nach der Geschwindigkeit der Bewegung (zwischen wenigen Zentimetern pro Jahr und vielen Kilometern pro Stunde).
3. Nach der Art der Bewegung, die rutschend sein kann (der Großteil des Materials bewegt sich mehr oder weniger geschlossen als Einheit) oder fließend (das Material bewegt sich, als wäre es flüssig).

Einige Bewegungen weisen sowohl Merkmale des Rutschens als auch des Fließens auf; der überwiegende Teil der Masse kann beispielsweise rutschen, während andere Bereiche an der Basis sich wie eine Flüssigkeit verhalten.

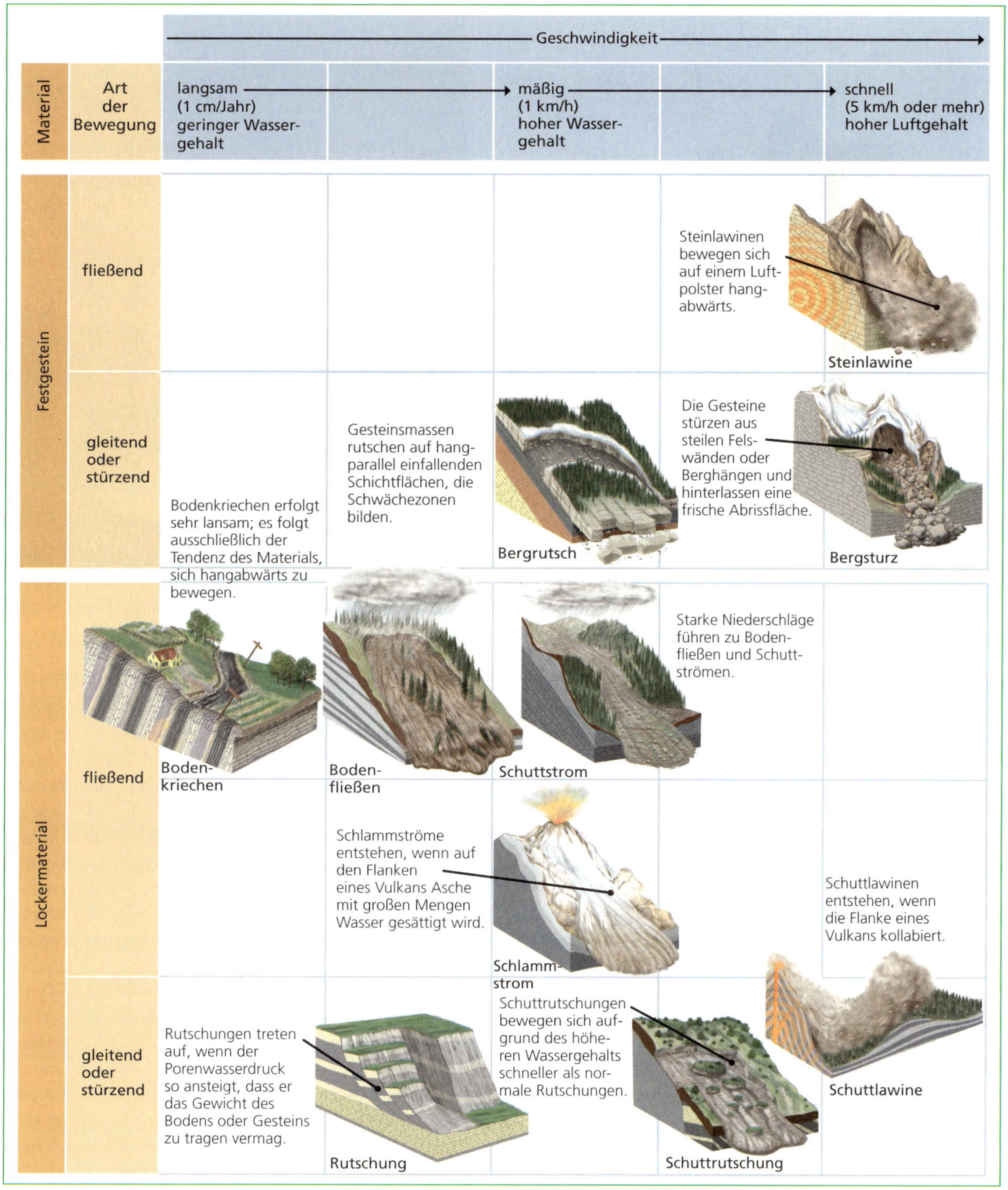


**Abb. 16.17** Massenbewegungen werden nach der Art des vorherrschenden Materials, dem Wasser- oder Luftgehalt und nach der Geschwindigkeit der Bewegung unterschieden.

Massenbewegungen in diesem Übergangsbereich werden nach den dominierenden Mechanismen klassifiziert. Es ist dabei nicht immer einfach, die exakten Mechanismen anzugeben, da die Art der Bewegung aus dem abgelagerten Schuttmaterial rekonstruiert werden muss, oft erst nachdem das Ereignis lange schon vorüber ist.

## Massenbewegungen in Festgesteinen

Massenbewegungen in Festgesteinen umfassen Berg- beziehungsweise Felsstürze sowie Bergrutsche und Steinlawinen aus kleineren Blöcken oder größeren Gesteins-

**Abb. 16.18** Bei einem Bergsturz stürzen einzelne Blöcke im freien Fall aus einer Felswand oder einem steilen Berghang. Rechts: Bergsturz im Zion-Nationalpark, Utah [*Foto: Sylvester Allred/Visuals Unlimited*].

massen. Bei einem **Berg-** oder **Felssturz** fallen einzelne Blöcke frei aus einer Felswand oder von einem steilen Berghang herab (Abb. 16.18). Die Geschwindigkeiten der frei fallenden Gesteine erreichen unter allen Gesteinsbewegungen die höchsten Werte, dagegen sind die Transportweiten am kürzesten; sie liegen im Allgemeinen nur im Meterbereich, in Ausnahmefällen auch bei einigen hundert Metern. Die Verwitterung schwächt das anstehende Gestein entlang von Klüften, bis der geringste Druck – oftmals verursacht durch die Ausdehnung des Wassers beim Gefrieren in einer Spalte – ausreicht, um den Absturz der Felsmasse auszulösen.

Hinweise auf die Herkunft des Bergsturzes liefern die Gesteinsblöcke, die sich am Fuß der Felswand in Form von **Schutthalden** ansammeln. Diese vergrößern sich äußerst langsam und bilden über lange Zeit hinweg am Fuß der Felswände steinige Hänge.

An vielen Stellen stürzen die Gesteine nicht im freien Fall aus der Wand, sondern gleiten die Hänge hinab. Diese Form der Massenbewegung an Hängen wird als **Bergrutsch** bezeichnet. Obwohl auch diese Bewegungen mit hoher Geschwindigkeit ablaufen, sind sie langsamer als Berg- oder Felsstürze, weil die Gesteinsmassen als geschlossene Einheit, mehr oder weniger im Verband, auf hangabwärts gerichteten Schicht- oder Kluftflächen nach unten gleiten (Abb. 16.19).

**Steinlawinen** unterscheiden sich von Bergrutschen durch ihre höheren Geschwindigkeiten und Transportweiten (Abb. 16.20). Sie bestehen aus mehr oder weniger großen Mengen von Gesteinsmaterial, das beim Fallen und Rutschen in kleinere Stücke zerbricht und sich dann mit einer Geschwindigkeit von vereinzelt über 100 km/h hangabwärts bewegt. Große Steinlawinen werden typischerweise durch Erdbeben ausgelöst und sie gehören zu den katastrophalsten Massenbewegungen. Ihre Zerstörungskraft ergibt sich aus ihrem großen Volumen (viele erreichen Volumina von über 500 000 $m^3$) und ihrer hohen Verlagerungsgeschwindigkeit über Tausende von Metern.

Die meisten Massenbewegungen in Festgesteinen sind auf die höheren Regionen der Gebirge beschränkt, im tiefer liegenden, eher hügeligen Gelände sind sie selten. Diese Bewegungen treten gewöhnlich dort auf, wo Verwitterung und mechanische Zerstörung Gesteine erfasst hat, die durch tektonische Deformation, relativ lockeren Schichtverband oder durch die bei der Metamorphose entstandenen Schieferungsflächen bereits für das Auseinanderbrechen anfällig waren. In vielen dieser Gebiete bildeten sich durch die zwar seltenen, aber umso größeren Bergstürze und Bergrutsche ausgedehnte Schutthalden.

## Massenbewegungen in unkonsolidiertem Gesteinsmaterial

In Bewegung geratenes, unkonsolidiertes Material, das häufig pauschal als **Schutt** bezeichnet wird, besteht aus einem Gemisch von Bodensubstrat, zerkleinertem Gesteinsmaterial, Bäumen und Sträuchern. Hinzu kommen Gebrauchsgegenstände – von Zäunen über Autos

**Abb. 16.19** Bei einem Bergrutsch bewegen sich die Gesteinsmassen als mehr oder weniger geschlossene Einheit mit hoher Geschwindigkeit hangabwärts. Rechts: Bergrutsch am Elephant Rock; Yosemite-Nationalpark [*Foto: Jeff Foott/DRK*].

bis zu Häusern, je nachdem, wo das Material abgerutscht ist. Die meisten Massenbewegungen verlaufen in unkonsolidierten Gesteinsmassen langsamer als in Festgesteinen, vor allem wegen der geringeren Hangneigungswinkel, bei welchen diese Materialien bereits in Bewegung geraten. Obwohl sich einige unverfestigte Materialien als zusammenhängende Einheiten bewegen, fließen viele andere wie hochviskose Flüssigkeiten. (Die Viskosität oder Zähigkeit ist ein Maß für den Widerstand, die eine Flüssigkeit dem Fließen entgegen setzt.)

Die langsamste Massenbewegung von Lockermaterial ist das **Bodenkriechen**. Dabei bewegen sich Boden oder andere Erosionsprodukte mit einer Geschwindigkeit von ungefähr 1–10 mm pro Jahr hangabwärts – in Abhängigkeit von der Art des Bodens, vom Klima, der Hangneigung und der Vegetationsdichte (Abb. 16.21). Die Bewegung besteht in einer sehr langsamen Verformung der Bodendecke, wobei die oberen Schichten des Bodens schneller abwärts gleiten als die unteren Lagen. Bewegungen dieser Art sind die Ursache dafür, dass anscheinend fest im Boden verankerte Bäume, Leitungsmasten und Zäune dazu tendieren, sich hangabwärts zu neigen oder langsam hangabwärts zu kriechen. Das große Gewicht der rutschenden Bodenmassen kann schlecht gegründete Stützmauern zerstören und in Gebäudefundamenten und Wänden zur Rissbildung führen.

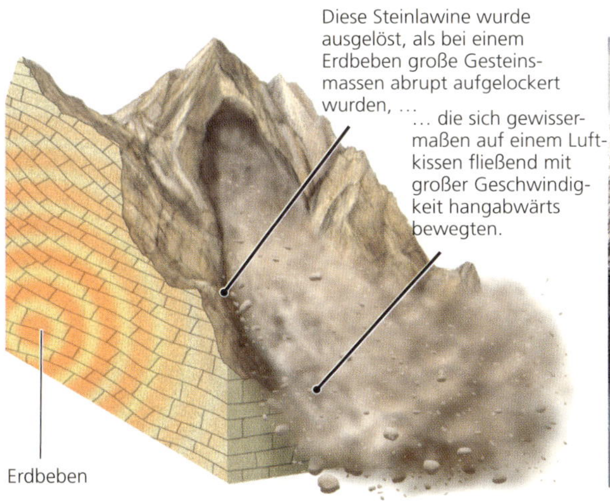

**Abb. 16.20** Bei einer Steinlawine bewegen sich große Massen von zerkleinertem Gesteinsmaterial mit großer Geschwindigkeit mehr fließend und springend als gleitend hangabwärts. Rechts: Zwei Steinlawinen, ausgelöst am 3. November 2002 durch ein Erdbeben an der Denali-Störung in Alaska. Die Steinlawinen gingen an den Südhängen der Berge ab, breiteten sich über den etwa 2,5 km breiten Black Rapids-Gletscher aus und brandeten teilweise auch am Gegenhang empor [*Foto: Dennis Trabant/USGS; Zeichnung: Rod March/USGS*].

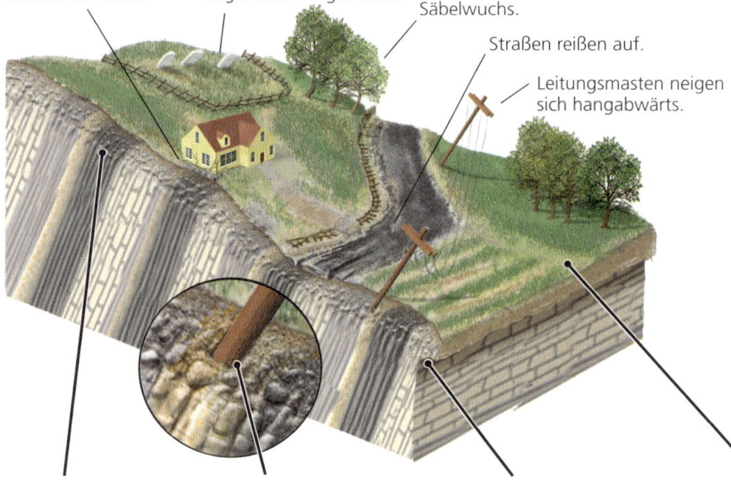

**Abb. 16.21** Bodenkriechen ist die hangabwärts verlaufende Bewegung von Boden- oder anderem Lockermaterial mit einer Geschwindigkeit von etwa 1–10 cm pro Jahr. Rechts: Ein Zaun, verschoben durch Bodenkriechen in Marin County, Kalifornien [*Foto: Travis Amos*].

**Solifluktion** ist eine weitere Form des Bodenkriechens, die nur in kalten Regionen auftritt, wo das Wasser in den oberen Bodenbereichen im saisonalen Wechsel gefriert und wieder taut. Da der Unterboden nicht mit auftaut, bleibt er wasserundurchlässig und staut das im Oberboden anfallende Tauwasser. Die oberste Bodenschicht bewegt sich deshalb langsam hangabwärts und führt dabei Boden- und Gesteinsmaterial sowie anderen Schutt mit sich.

Bodenfließen (Abb. 16.22) und Schuttströme (Abb. 16.23a) sind Massenbewegungen von Erd- oder Gesteinsmaterial in mehr oder weniger flüssigem Zustand, die mit Geschwindigkeiten bis zu mehreren Kilometern pro Stunde etwas rascher ablaufen als das Bodenkrie-

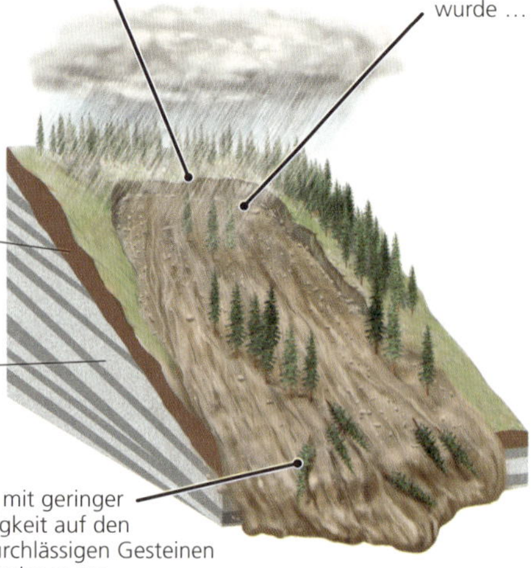

**Abb. 16.22** Bodenfließen ist die Bewegung von relativ feinkörnigem Material, das Strecken bis zu einigen Kilometern pro Stunde zurücklegen kann. Bodenfließen im Hogan Creek; Denali-Nationalpark, Alaska [*Foto: Steve McCutcheon/Visuals Unlimited*].

chen; dies beruht in erster Linie auf dem geringeren Widerstand gegen die Fließbewegung. **Bodenfließen** ist eine Bewegung von relativ feinkörnigem Material wie etwa von wassergesättigten Böden, verwitterten Schiefertonen und Tonsteinen. **Schuttströme** sind fluide Massenbewegungen. Sie enthalten größere Mengen von Gesteinsbrocken, die in einer Matrix aus Schlamm schwimmen. Der größte Teil des Materials ist gröber als die Sandfraktion; die Bewegung ist normalerweise auch rascher als beim Bodenfließen, in einigen Fällen bis zu 100 km/h.

**Schlammströme** sind fließende Massen aus einem Gemisch von Schlamm, Bodensubstrat und Gesteinsmaterial; die Korngröße ist kleiner als die Sandfraktion und der Wassergehalt ist hoch (Abb. 16.23b). Der Schlamm hat eine geringe innere Reibung und deshalb bewegen sich Schlammströme schneller als das Bodenfließen oder Schuttströme. Viele Schlammströme bewegen sich mit Geschwindigkeiten von mehreren Kilometern pro Stunde. Sie treten am häufigsten in hügeligen und semiariden Gebieten auf und entstehen meist nach seltenen, aber heftigen und stundenlang anhaltenden Regenfällen. Das zuvor trockene, von Rissen durchzogene Lockermaterial nimmt bei anhaltenden Niederschlägen immer mehr Wasser auf. Dadurch verändern sich seine physikalischen Eigenschaften, die innere Reibung nimmt ab, und die Masse setzt der Bewegung immer weniger Widerstand entgegen. Die während der Trockenheit stabilen Hänge werden instabil, und irgendeine geringe Störung löst die Bewegung der wassergesättigten Lockermassen aus. Die Schlammströme fließen die oberen Hänge hinab und breiten sich auf den Talböden aus. Wo Schlammströme aus engen Tälern auf weite flache Talhänge und Ebenen hinaustreten, fließen sie auseinander und überdecken

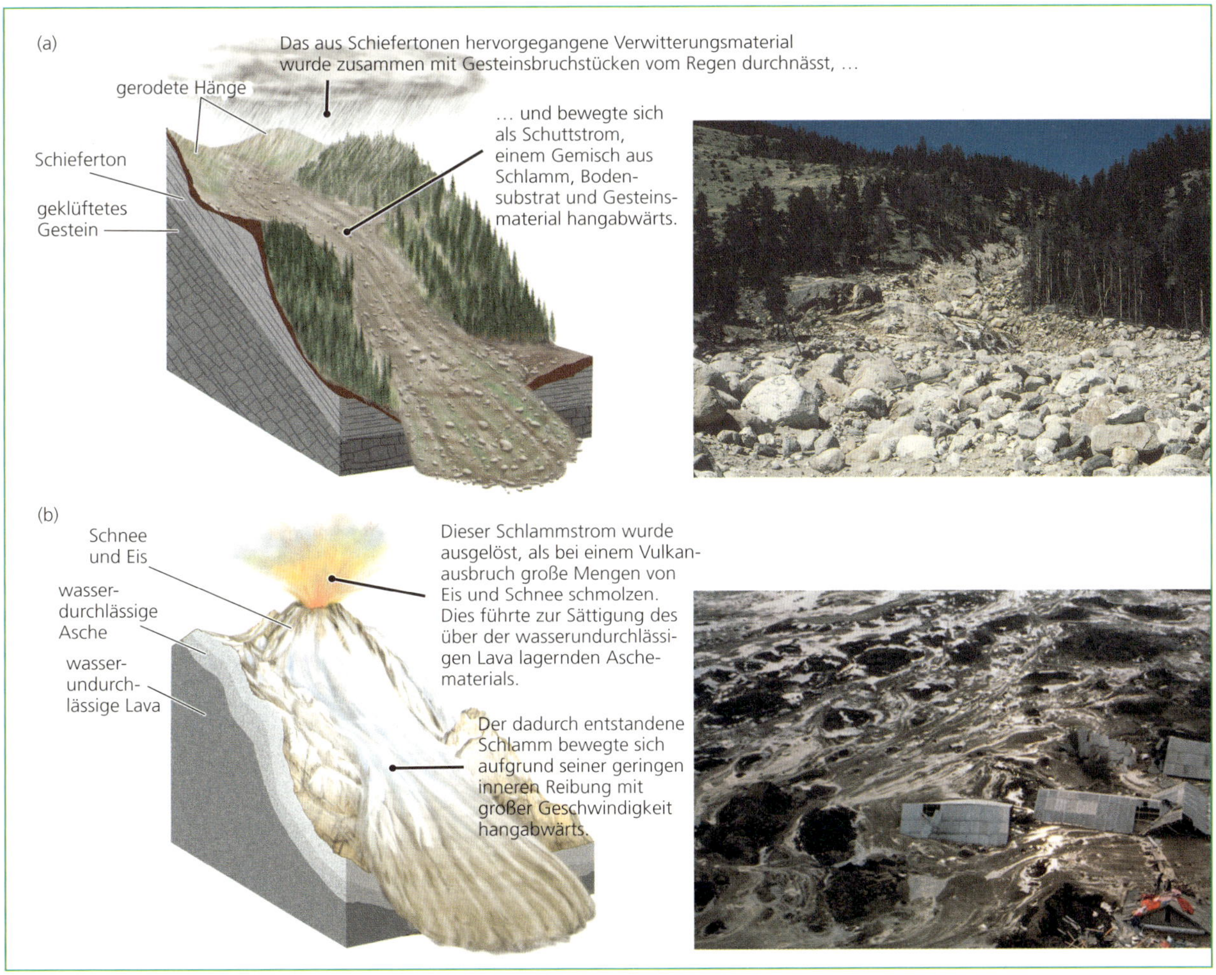


**Abb. 16.23** (a) Ein Schuttstrom besteht aus Material, das gröber als die Sandfraktion ist und das sich mit Geschwindigkeiten von wenigen Kilometern pro Stunde, in einigen Fällen auch bis zu hundert Kilometer pro Stunde bewegt. (b) Ein Schlammstrom enthält große Mengen Wasser und viele dieser Ströme bewegen sich mit einer Geschwindigkeit von mehreren Kilometern pro Stunde. Die Geschwindigkeit der Schlammströme ist normalerweise höher als die des Bodenfließens oder der Schuttströme. Ein Erdbeben in Tadschikistan im Januar 1989 löste an den von Regenfällen aufgeweichten Hängen bis zu 15 m mächtige Schlammströme aus [*Fotos: E. R. Degginger (a); Vlastimir Shone/Getty Images (b)*].

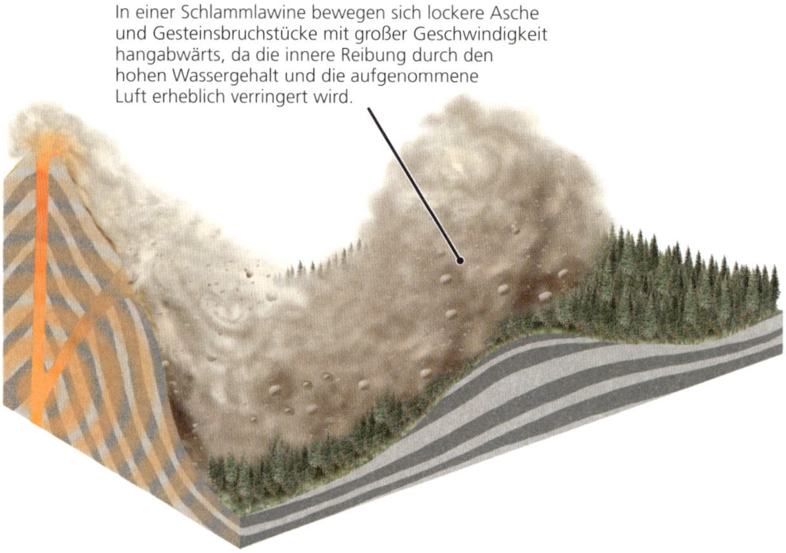

Die Städte Yungay und Ranrahirca, ehe die von einem Erdbeben am Huascarán in Peru ausgelöste Schlammlawine die beiden Städte unter sich begrub.

Die Lawine hat die einstigen Siedlungsflächen meterhoch verschüttet.

**Abb. 16.24** Eine Schuttlawine ist aufgrund des hohen Wassergehalts und der Bewegung an steilen Hängen die schnellste Massenbewegung, die in lockerem, nicht konsolidiertem Material auftreten kann. Im Jahre 1970 löste ein Erdbeben am Nevado de Huascarán, Peru, eine Schuttlawine aus, die die Städte Yungay und Ranrahirca unter sich begrub. Die Schuttlawine legte mit einer Geschwindigkeit von 280 km/h eine Entfernung von 17 km zurück. Man geht davon aus, dass sie aus 100 Millionen Kubikmeter Wasser, Schlamm und Gesteinsmaterial bestand. Erdbeben und Schuttlawine töteten insgesamt 66 700 Menschen [*Fotos: Lloyd Cluff/Corbis*].

große Gebiete mit ihrem nassen Schuttmaterial. Schlammströme können auf ihrem Weg große Blöcke, Bäume und sogar Häuser mitreißen.

Die schnellsten Massenbewegungen von unkonsolidiertem Material sind **Schuttlawinen** oder **Muren** (Abb. 16.24), die normalerweise in niederschlagsreichen Gebirgsgegenden auftreten. Ihre Geschwindigkeit ergibt sich aus dem Zusammenwirken von hohem Wassergehalt und steiler Hangneigung. Wassergesättigter Schutt kann sich mit einer Geschwindigkeit bis zu 70 km/h und mehr bewegen, dies entspricht der Geschwindigkeit von Wasser, das einen mäßig steilen Hang hinabfließt. Schuttlawinen reißen alles mit, was sich auf ihrem Weg befindet. Im Jahre 1962 legte eine solche Schuttlawine in den peruanischen Hochanden in ungefähr sieben Minuten eine Strecken von nahezu 15 km zurück, zerstörte acht kleinere Städte fast völlig und tötete 3 500 Menschen. Acht Jahre später, am 31. Mai 1970, führte im selben Gebiet einer aktiven Subduktionszone ein Erdbeben der Magnitude 7,9 zum Abriss einer großen Eismasse vom Gipfel des Nevado de Huascarán. Als das Eis in kleinere Stücke zerbrach, mischte es sich mit dem Schutt der oberen Hänge und löste schließlich eine Eis-Schutt-Lawine aus. Auf ihrem Weg ins Tal nahm sie immer mehr Schutt auf und beschleunigte ihre Geschwindigkeit auf das fast unglaubliche Tempo von 200 bis 435 km/h. Mehr als 50 Millionen Kubikmeter schlammiger Schutt rasten die Täler hinab, fegten eine

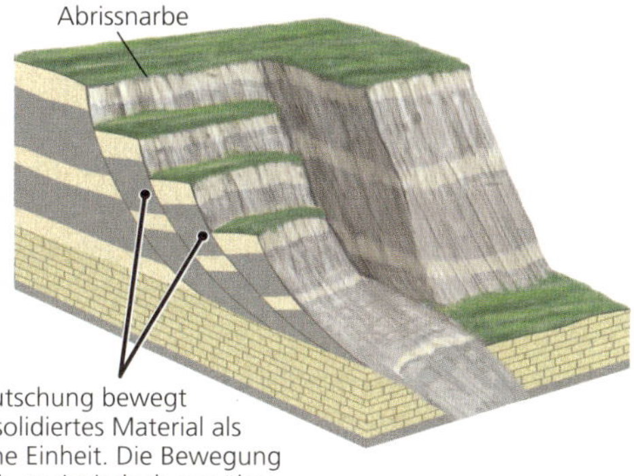

**Abb. 16.25** Eine Rutschung ist ein langsames Abgleiten von unkonsolidiertem Material, das sich als geschlossene Einheit bewegt. Rechts: Bodenrutschung; Sheridan, Wyoming [*Foto: E. R. Degginger*].

große Anzahl von Dörfern hinweg und töteten 17 000 Menschen.

Am 30. Mai 1990 erschütterte ein Erdbeben ein anderes Berggebiet im Norden Perus und löste erneut Schlammströme und Schuttlawinen aus. Das geschah einen Tag vor einer geplanten Gedenkfeier zur Erinnerung an das Unglück vor 20 Jahren. Für solche Gebiete, wo immer wieder instabile Hänge entstehen und Erdbeben ausgesprochen häufig sind, ist es dringend erforderlich, Methoden zu entwickeln, mit deren Hilfe Erdbeben und die von ihnen ausgelösten gefährlichen Massenbewegungen vorhersagbar werden.

Eine **Rutschung** ist ein langsames Abgleiten von unverfestigtem Material, das sich als geschlossene Einheit in Bewegung setzt (Abb. 16.25). In den meisten Fällen gleitet die Rutschmasse auf einer Sohlfläche, die wie ein Löffel konkav nach oben offen ist. Schneller als solche „normale" Rutschungen sind **Schuttrutschungen** (Abb. 16.26), bei denen das Boden- und Gesteinsmaterial überwiegend in einer oder auch in mehreren Einheiten auf Schwächezonen – beispielsweise auf wassergesättigten Tonschichten – entweder innerhalb der Schuttmassen oder an der Basis des Schutts abgleitet. Während des Gleitens verhält sich das Material teilweise wie ein chaotischer, wahllos durchmischter Schuttstrom. Ein solches Rutschen kann im weiteren Verlauf in ein Fließen übergehen, wenn sich das Material rasch hangabwärts bewegt und dabei ähnlich wie eine Flüssigkeit durchmischt wird.

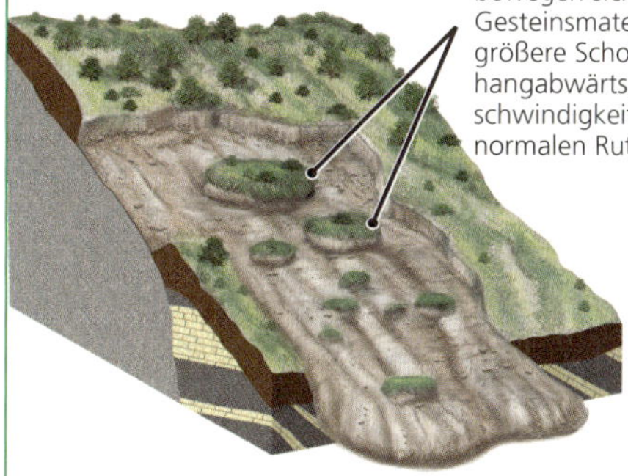

**Abb. 16.26** Eine Schuttrutschung bewegt sich entweder als eine Einheit oder auch in Form mehrerer Einheiten; ihre Geschwindigkeit ist höher als die einer Rutschung. Unten: Eine relativ junge Schuttrutschung blockierte im Tian Shan-Gebirge, Kirgistan, dieses enge Tal. [*Foto: Martin Miller/Visuals Unlimited*].

## Massenbewegungen im marinen Bereich

Obwohl niemand eine submarine Rutschung bezeugen kann, wissen wir, dass der Meeresboden von Massenbewegungen nicht ausgenommen ist, da solche Ereignisse auch aus den am Meeresboden auftretenden Rutschmassen rekonstruiert werden können. Beispielsweise glitt in den vergangenen 450 000 Jahren am Mittelatlantischen Rücken von der Wand des Scheitelgrabens eine Masse von 4 mal 5 km in die Tiefe. Die Wände waren durch tektonische Vorgänge und die Hydrothermal-Metamorphose anfällig für Massenbewegungen geworden. Diese durch Instabilität des Hangs entstandene Schuttlawine floss mehr als 11 km in die Riftstruktur hinein und bildete dort einen Schuttfächer mit einem Volumen von nahezu 20 Milliarden Kubikmeter. Die submarine Flanke des Vulkans Mauna Loa (Hawaii) ist von einem großen, aus Blockschutt bestehenden Gebiet überdeckt. Es sind Reste einer Rutschmasse, die sich von der heutigen Küstenlinie seewärts bis in Tiefen von 5 000 m erstreckt. Die Blöcke und Gesteinstrümmer bestehen aus einer Mischung von Lava und vulkanogenen Sedimenten. Solche submarinen Rutschungen werden durch plötzlich erfolgende Eruptionen entweder von submarinen Vulkanen oder, wie in diesem Fall, von einem an den Ozean angrenzenden Vulkan auf der Insel ausgelöst.

## Entstehung von Massenbewegungen

Wie die Steilheit eines Hangs, die Zusammensetzung des Hangmaterials und dessen Wassergehalt bei der Entstehung von Massenbewegungen zusammenwirken, lässt sich am besten verstehen, wenn man natürliche Massenbewegungen untersucht und auch diejenigen mit einbezieht, die durch menschliche Eingriffe in die Landschaft ausgelöst worden sind. Um die Ursachen rezenter Rutschungen zu ermitteln, verknüpfen Geologen Augenzeugenberichte mit geologischen Untersuchungen am Ausgangspunkt der Rutschung einschließlich der Verteilung und Art des in die Täler niedergegangen Schuttmaterials zu einem Gesamtbild. Die Ursache prähistorischer Rutschungen können nur dort aus geologischen Hinweisen abgeleitet werden, wo die entsprechenden Schuttmassen noch vorhanden sind und auf ihre Dimension, Form und Zusammensetzung hin untersucht werden können. Zunehmend werden auch Gemeindearchive auf historische Unterlagen über dokumentierte Rutschungen, Überschwemmungen, Muren etc. durchforstet und zum Teil in die Ursachenforschung integriert.

### Natürliche Ursachen von Rutschungen

Im April 1983 ging eine riesige Rutschmasse aus Schlamm und Schutt mit einem geschätzten Volumen von vier Millionen Kubikmeter von einer Wand des Spanish Fork Canyon bei Thistle in Utah nieder. Dieser Rutschung waren starke Schneefälle während des Winters vorausgegangen, die in den Höhenlagen der Wasatch Mountains zu einer Rekordschneehöhe geführt hatten. Ein warmes Frühjahr brachte dann eine rasche Schneeschmelze und heftige Regenfälle, die in Verbindung mit dem Schmelzwasser im Spanish Fork und den anderen Canyons des Wasatch-Gebirges Schuttströme und Rutschungen in einer noch nie da gewesenen Anzahl auslösten. In diesem Fall führte die Art des Hangmaterials – nämlich Boden und ein tektonisch deformiertes, zerbrochenes und aufgelockertes Gestein – in Verbindung mit den steilen Hängen des Spanish Fork Canyon zu einer erhöhten Anfälligkeit für Rutschungen. Der Regen und die Schneeschmelze trugen dazu bei, dass eine Masse aus Schuttmaterial und verwittertem Gestein in der Wand des Canyons mit Wasser gesättigt wurde, was sowohl die Rutschmasse selbst als auch die Oberfläche des anstehenden Gesteins gleitfähiger machte. Früher oder später musste die Masse ins Rutschen kommen.

Der Erdrutsch, der 1925 im Tal des Gros Venture River im Westen Wyomings abging, zeigt erneut, wie Wasser, Hangmaterial und Hangstabilität zusammenwirken und Rutschungen im anstehenden Gestein auslösen können (Abb. 16.27). Der im Frühjahr abschmelzende Schnee sowie heftige Regenfälle führten damals sowohl zum Anstieg des Flusses als auch des Grundwassers. Ein dort ansässiger Viehzüchter blickte beim Ausreiten nach oben und sah, wie die ganze Talseite auf seine Ranch zukam. Vom Tor seines Anwesens aus musste er zusehen, wie hinter ihm die Rutschmasse mit einer Geschwindigkeit von ungefähr 80 km/h vorbeiraste und alles, was er besaß, unter sich begrub.

Ungefähr 37 Millionen Kubikmeter Gestein und Boden waren an dieser Talseite abgerutscht, brandeten mehr als 30 m auf der anderen Talseite wieder hoch und fielen dann erneut auf den Talboden zurück. Der größte Teil der Rutschung bestand aus einem wilden Durcheinander von Sandsteinblöcken, Schieferton und Bodenmaterial; ein großer Hangabschnitt, der mit Boden und Kiefernwald bedeckt war, glitt im Verband ab. Die Rutschung staute den Fluss auf, und im Verlauf der folgenden beiden Jahre entstand dort ein großer See. Bald überflutete er den Damm, durchbrach ihn und das mit großer Geschwindigkeit abfließende Wasser des Sees überschwemmte das darunter liegende Tal.

Die Gros-Ventre-Rutschung hatte ganz natürliche Ursachen. Aufgrund der Gesteinsabfolge und der Tektonik im Bereich des Tals war eine Rutschung vorprogrammiert. Auf der Talseite, auf der sich die Rutschung ereignete, fällt eine durchlässige, erosionsfeste Sandsteinserie mit ungefähr 20° parallel zum Talhang gegen den Fluss hin ein. Der Sandstein überlagert Schichten aus undurchlässigen, weichen Schiefertonen, die bei erhöhter Durchfeuchtung zu Rutschungen neigen. Die Bedingungen für eine Rutschung wurden geradezu ideal, als der Flusslauf am Fuß des Talhangs die Sandsteine fast durchschnitten hatte und diese damit praktisch ohne Wider-

**Abb. 16.27** Der Gros-Ventre-Erdrutsch, 1925; Grand-Teton-Nationalpark, Wyoming [*nach W.C. Alden (1928): „Landslide and Flood at Gros Ventre, Wyoming". – Trans. Am. Inst. of Mining, Metallurgical and Petroleum Engineers, S. 345–361; Foto: Steven Dutch*].

lager waren. Nur die Reibung auf der Schichtfläche zwischen Schieferton und Sandstein hatte die Sandsteinschicht lange Zeit vor dem Abrutschen bewahrt. Das Entfernen des Widerlagers der Sandsteine durch den Fluss kam dem Übersteilen eines Sandhaufens gleich, wenn der Sand an seiner Basis abgegraben wird. Die heftigen Niederschläge und die Schneeschmelze sättigten den Sandstein und die Oberfläche des unterlagernden Schiefertons mit Wasser und bildeten auf der Schichtfläche an der Obergrenze des Schiefertons eine Gleitschicht. Was nun genau die Rutschung auslöste, ist nicht bekannt, aber ab einem gewissen Punkt überwand die Schwerkraft den Reibungswiderstand und fast das gesamte Sandsteinpaket rutschte auf der wassergesättigten Oberfläche des Schiefertons ab.

Dammbildung in einem Flusstal und das Aufstauen eines Sees, wie sie sowohl im Spanish Fork Canyon als auch im Gros-Ventre-Tal auftraten, sind häufige Folgen eines Erdrutsches. Ein solcher Damm wird, wenn der See einen ausreichend hohen Wasserstand erreicht hat oder ihn überflutet, wenig später durchbrochen, weil der größte Teil der Rutschmasse durchlässig und weich ist. Der See entleert sich dann plötzlich und verursacht dabei eine katastrophale Sturzflut (Abb. 16.27).

## Rutschungen durch menschliche Eingriffe in die Landschaft

Obwohl die meisten Massenbewegungen auf natürliche Ursachen zurückzuführen sind, werden Rutschungen auch durch menschliche Eingriffe ausgelöst oder ohnehin gefährdete Gebiete werden für Rutschungen anfälliger, wenn das Gefälle der Hänge durch den Menschen verändert wird.

Manche geologische Situationen sind so rutschgefährdet, dass sich dort jegliche Baumaßnahmen eigentlich von selbst verbieten. Dennoch kostete ein Erdrutsch in einem solchen Gebiet 3 000 Menschen das Leben. Die

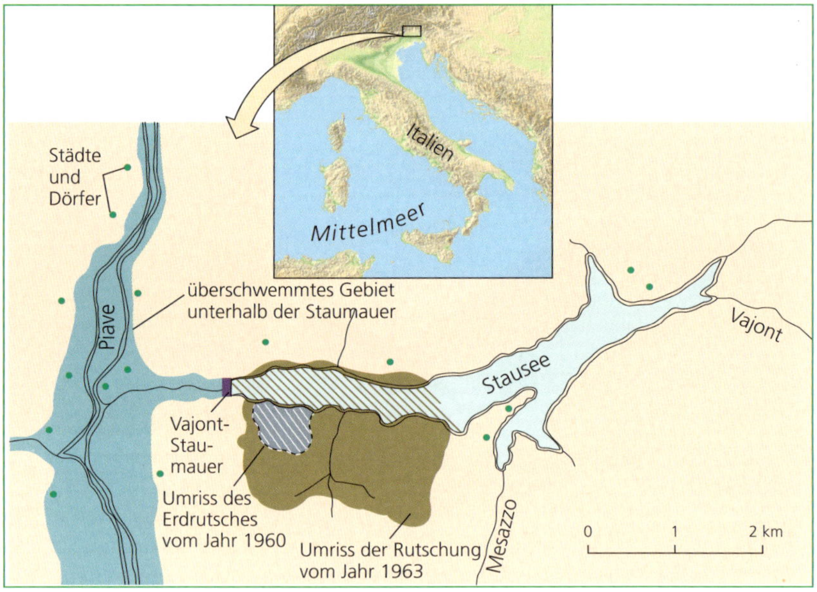


**Abb. 16.28** Eine ältere kleine Rutschung an den Hängen nördlich des Vajont-Stausees sowie ein Erdrutsch im Jahre 1960 (gestrichelte Linie im braun gefärbten Bereich) warnten bereits vor der Gefahr einer Massenbewegung über dem Stausee. Im Oktober 1963 führte dann ein großer, gewissermaßen vorhersehbarer Erdrutsch dazu, dass das Wasser des Stausees in Sekundenschnelle verdrängt wurde, über die Staumauer schwappte und das darunter liegende Gebiet überflutete. Dabei kamen etwa 3 000 Menschen ums Leben.

Katastrophe geschah im Vajont, einem Tal in den norditalienischen Alpen, in der Nacht des 9. Oktobers 1963. In dem Tal hatte man eine Betonstaumauer (die zweithöchste der Welt mit einer Höhe von 265 m) für ein großes Staubecken errichtet, das von steilen Wänden aus einer Wechselfolge von Kalksteinen und Schiefertonen begrenzt wird. Ein großer Bergsturz mit einem Volumen von 240 Millionen m$^3$, das heißt eine Gesteinsmasse von 2 km Länge, 1,6 km Breite und einer Mächtigkeit von mehr als 150 m stürzte hinter dem Damm in das tiefe Wasser des Stausees. Das Schuttmaterial füllte das Staubecken auf eine Entfernung bis zu 2 km oberhalb der Staumauer in Sekundenschnelle auf und erzeugte eine riesige Flutwelle, die über die Krone der Staumauer schwappte. Über 3 000 Menschen starben in der gewaltigen Sturzflut, die als 70 m hohe Welle durch das Tal raste.

Die verantwortlichen Ingenieure hatten im Vajont-Tal drei Warnzeichen unterschätzt beziehungsweise missachtet: (Abb. 16.28):

1. Die Verwitterungsanfälligkeit der zerklüfteten und tektonisch beanspruchten Schichten aus Kalksteinen und Schiefertonen, aus denen die steilen Wände des Stausees bestanden.
2. Die Abrissstelle einer älteren Rutschung an den Wänden über dem Stausee.
3. Die Vorwarnung in Form eines kleinen Felssturzes im Jahre 1960, also nur drei Jahre vor dem Unglück.

Obwohl der Erdrutsch im Jahre 1963 natürliche Ursachen hatte und nicht verhindert werden konnte, hätten seine Folgen vermieden werden können, wenn das Staubecken in einem geologisch stabileren Gebiet geplant worden wäre, in dem Überflutungen der Staumauer durch plötzliche Erdrutsche hätten ausgeschlossen werden können. Die meisten Massenbewegungen sind zwar unabwendbar, doch können Schäden und Verluste durch sorgfältige Planungsvorgaben erheblich verringert werden.

# Zusammenfassung des Kapitels

**Was Verwitterung ist und wie sie geologisch gesteuert wird:** Die Gesteine zerfallen an der Erdoberfläche einerseits durch chemische Verwitterung, chemische Umwandlung oder völlige Auflösung der Minerale und andererseits durch physikalische Verwitterung, also Zerkleinerung der Gesteine durch physikalische Prozesse. Erosion und Denudation, die Abtragung des Festlands, führen die Verwitterungsprodukte fort, die ihrerseits das Ausgangsmaterial der Sedimente bilden. Die Art des Ausgangsgesteins beeinflusst die Verwitterung, da die verschiedenen Minerale mit unterschiedlicher Geschwindigkeit verwittern. Das Klima beeinflusst die Verwitterung, denn Wärme und hohe Niederschlagsmengen beschleunigen die Verwitterung, während Kälte und Trockenheit die Verwitterung verlangsamen. Eine vorhandene Bodendecke fördert die Verwitterung, da stets ausreichend Feuchtigkeit zur Verfügung steht und eine saure Bodenreaktion die chemische Verwitterung beschleunigt; außerdem unterstützt das Wachstum der Wurzeln die chemische und physikalische Verwitterung. Je länger also ein Gestein der Verwitterung ausgesetzt ist, desto stärker zerfällt es.

**Wie die chemische Verwitterung arbeitet:** Kalifeldspat oder Orthoklas ($KAlSi_3O_8$) verwittert wie zahlreiche andere Silicatminerale bei Anwesenheit von Wasser in erster Linie durch Hydrolyse. Bei dieser chemischen Reaktion gehen Kalium (K) und Siliciumdioxid ($SiO_2$) in Lösung und der feste Feldspat geht in das Tonmineral Kaolinit ($Al_2Si_2O_5[OH]_4$) über. Im Wasser gelöstes Kohlendioxid ($CO_2$) fördert die chemische Verwitterung durch die Bildung von Kohlensäure ($H_2CO_3$). Besonders die Carbonatminerale Calcit und Dolomit unterliegen der Lösungsverwitterung unter Einwirkung der Kohlensäure. Die gelösten Ionen und die Kieselsäure werden durch das Grundwasser oder die Oberflächengewässer abtransportiert. Eisen (Fe), das in zahlreichen Silicaten in zweiwertiger Form enthalten ist, verwittert durch Oxidation unter Bildung von Oxiden und Hydroxiden des dreiwertigen Eisens (Oxidationsverwitterung). Die Geschwindigkeit, mit der all diese Prozesse ablaufen, ist sehr unterschiedlich und hängt von der chemischen Stabilität der Minerale unter den jeweils herrschenden Verwitterungsbedingungen ab.

**Prozesse der physikalischen Verwitterung:** Bei der physikalischen Verwitterung werden Gesteine zerkleinert, indem sie sowohl entlang der Kristallgrenzen als auch an den Klüften der Gesteinskörper auseinander brechen. Die physikalische Verwitterung wird durch verschiedene Prozesse verstärkt: durch chemische Verwitterung, die die Korngrenzen schwächt, durch das Gefrieren von Wasser, durch die Kristallisation von Mineralen in Spalten und Rissen, durch Feuer, durch Einflüsse von Organismen, etwa durch das Dickenwachstum von Pflanzenwurzeln und wahrscheinlich auch durch den Wechsel von extremer Hitze und Kälte. Besondere Formen der Verwitterung wie Exfoliation, Desquamation und Wollsackverwitterung ergeben sich aus dem wechselseitigen Zusammenspiel von chemischen und physikalischen Verwitterungsprozessen.

**Wichtigen Faktoren für die Bodenbildung:** Böden sind ein Gemisch aus Tonmineralen, verwitterten Gesteinsbruchstücken und organischem Material; sie sind der Ort, an dem Organismen in Wechselwirkung mit verwitterndem Gestein und Wasser stehen. Die Verwitterung und die darauf beruhende Bodenbildung ist abhängig vom Klima und der Tätigkeit von Organismen. In warmen humiden Klimazonen bilden sich die Böden rascher als in kalten, trockenen Gebieten. Die fünf wesentlichen Faktoren der Bodenentwicklung sind: Mineralbestand des Ausgangsgesteins, Klima, Relief, Flora und Fauna sowie Zeit.

**Was Massenbewegungen sind und welches Material beteiligt ist:** Massenbewegungen führen zur Abtragung und Formung der Landoberfläche. Massenbewegungen sind hangabwärts gerichtete Gleit-, Fließ- oder Sturzbewegungen großer Massen von Material unter dem Einfluss und als Folge der Schwerkraft. Sie können so langsam erfolgen, dass man sie nicht direkt wahrnehmen kann, aber auch so schnell ablaufen, dass ein Entkommen nicht möglich ist. Die Massen bestehen aus anstehendem Gestein, verfestigtem Material und Boden oder aus unverfestigtem Lockersediment und/oder Boden. Zu den Gesteinsbewegungen gehören Bergstürze, Bergrutsche und Steinlawinen. Unverfestigtes Material bewegt sich in Form von Bodenkriechen, als Rutschung, als Schuttrutschung, als Schuttlawine, durch Bodenfließen sowie als Schlammstrom und Schuttstrom.

**Welche Faktoren für Massenbewegungen verantwortlich sind und wie sie ausgelöst werden:** Die drei Faktoren, die für die Anfälligkeit eines Materials zur Bewegung hangabwärts die größte Bedeutung haben, sind: (1) Die Neigung und Instabilität des Hangs, (2) die Art des Ausgangsmaterials und (3) der Wassergehalt des Materials. Hänge aus Lockermaterial werden zunehmend instabil, wenn sie steiler werden als der natürliche Böschungswinkel, das ist der maximale Neigungswinkel beim Aufschütten von lockerem Material. Hänge aus Festgestein können ebenfalls instabil werden, wenn sie übersteilt oder unterschnitten werden oder wenn die Vegetation entfernt wird. Das in das Hangmaterial eindringende Wasser trägt auf zweierlei Weise zur Instabilität bei, indem es (1) die innere Reibung und damit auch den Widerstand gegen das Fließen herabsetzt oder (2) eine gewisse Schmierwirkung auf Schwächezonen im Material hervorruft. Massenbewegungen können durch Erdbeben oder durch Aufnahme großer Wassermengen nach wolkenbruchartigen oder lang andauernden Regenfällen ausgelöst werden. In vielen Gebieten entwickeln sich die Hänge auf den Punkt der Instabilität zu, ab dem die geringste Erschütterung oder Störung das Rutschen, Fließen oder Stürzen auslöst.

**Welche Faktoren für katastrophale Massenbewegungen verantwortlich sind und wie solche Ereignisse vermieden oder minimiert werden können:** Untersuchungen von Massenbewegungen, die durch natürliche Ursachen oder durch menschliche Eingriffe in die Landschaft ausgelöst worden sind, haben gezeigt, dass einer der wichtigsten Faktoren die Übersteilung der Hänge ist, die entweder durch natürliche Abtragungsprozesse oder durch Baumaßnahmen wie beispielsweise durch Erdaushub entsteht. Da der Wassergehalt eine wesentliche Auswirkung auf die Stabilität der Hänge hat, ist deren Wasseraufnahmekapazität bei lang anhaltenden oder wolkenbruchartigen Niederschlägen der nächste wichtige Faktor. Die tektonischen Lagerungsverhältnisse der Schichten können Massenbewegungen begünstigen, vor allem wenn die Schichtflächen parallel zum Hang einfallen. Bei manchen Vulkanausbrüchen können ungeheuere Aschemengen gefördert werden, die instabile Hänge bilden. Ein Rutschen oder Fließen des pyroklastischen Materials kann durch Erdbeben ausgelöst werden, die meist mit Vulkanausbrüchen einhergehen. Verluste an Menschenleben und die Zerstörung von Eigentum durch katastrophale Massenbewegungen lassen sich durch Vermeiden einer Übersteilung oder Unterschneidung der Hänge verhindern oder auf ein Minimum reduzieren. Sorgfältig geplante Vorbeugemaßnahmen können darüber hinaus verhindern, dass eindringendes Wasser zu einer Instabilität des Materials führt. In Gebieten, die extrem zu Massenbewegungen neigen, muss die bauliche Erschließung eingeschränkt oder ganz unterlassen werden.

Der Angel-Wasserfall in Venezuela ist der höchste Wasserfall der Erde. Er stürzt 914 m von einem flachen Plateau aus 1,7 Milliarden Jahre alten Sandsteinen in die Tiefe [*Foto: Michael K. Nichols/National Geographic/Getty Images*].

# Kapitel 17 Der Kreislauf des Wassers und das Grundwasser

Wasser ist die Voraussetzung für eine Vielzahl geologischer Prozesse: Wasser ist für die Verwitterung erforderlich, es dient als Lösungsmittel für die in den Gesteinen und Böden enthaltenen Minerale, aber auch als Transportmittel für die gelösten Substanzen. Flüsse und Gletschereis sind wichtige Faktoren der Erosion, die die Landschaften auf den Kontinenten mitgestalten. Wasser, das in den Untergrund versickert, bildet große Grundwasserspeicher. Mit den Bewegungen und den Eigenschaften des Wassers auf beziehungsweise unterhalb der Erdoberfläche befassen sich die Wissenschaftszweige Hydrologie und Hydrogeologie.

In Kapitel 15 haben wir gesehen, dass der Wasseraustausch zwischen der Atmosphäre und den Ozeanen eine entscheidende Rolle für die Regulierung des Klimas auf der Erde spielt. Für kurze Zeit transportiert El Niño enorme Mengen Wasser von den Ozeanen über die Atmosphäre auf die Berghänge der peruanischen Anden, wo es an vielen katastrophalen Massenbewegungen beteiligt ist. Über längere Zeiträume hinweg führen Schwankungen der Erdumlaufbahn dazu, dass Wasser von den Ozeanen über die Atmosphäre in die Eiskappen an Nord- und Südpol gelangt. Klimaexperten haben inzwischen erkannt, dass fundierte Kenntnisse des Wasserkreislaufs auf, über und unter der Erdoberfläche einer der wichtigsten Schritte für die Vorhersage des Klimas sind.

Wasser ist die Grundvoraussetzung für das gesamte Leben auf diesem Planeten. Ohne Wasser kann der Mensch nur wenige Tage überleben, und selbst die zähesten Wüstenpflanzen und Tiere kommen ohne Wasser nicht aus. Die für unsere moderne Zivilisation erforderliche Wassermenge ist jedoch weitaus größer, als für das einfache physische Überleben nötig wäre. Wasser wird in der Industrie, in der Landwirtschaft und für urbane Infrastrukturen wie Abwassersysteme in ungeheuren Mengen verbraucht. Die Vereinigten Staaten, einer der größten Wasserverbraucher der Welt, haben ihren Verbrauch seit hundert Jahren ständig erhöht. Allein zwischen 1950 und 1985 stieg der Wasserverbrauch von täglich etwa 130 Milliarden Liter auf ungefähr 340 Milliarden Liter pro Tag und damit nahezu auf das Dreifache. Im Jahre 1990, nur fünf Jahre später, hatte sich der Tagesverbrauch auf 1285 Milliarden vervierfacht. Ein Teil dieses steigenden Bedarfs, jedoch nicht der gesamte, ist auf das Bevölkerungswachstum zurückzuführen. Angesichts dieser Tatsachen begannen die hoch entwickelten Industriestaaten mehr Wert auf einen effizienteren Verbrauch der endlichen Wasservorräte zu legen. Daraufhin ging in den Vereinigten Staaten in den Jahren zwischen 1980 und 1995 der Wasserverbrauch bezogen auf die Bevölkerung pro Kopf um etwa 20 Prozent zurück. Ähnliche Zahlen gelten auch für die europäischen Länder.

Die Erkenntnisse der Hydrologie und Hydrogeologie werden für uns zunehmend wichtiger, da der Bedarf an den insgesamt beschränkten Wasservorräten ständig steigt. Um unsere Bedürfnisse zu befriedigen, müssen wir nicht nur wissen, wo Wasser zu finden ist, sondern auch, wie diese Wasservorräte in der Erde zirkulieren und wie sie langfristig zu schützen sind.

Dieses Kapitel gibt einen Überblick über das Wasser auf und in der Erde.

## Stoffflüsse und Speicher

Das Wasser in Seen, in Ozeanen und in den polaren Eiskappen oder auch wie sich das Wasser in Form von Flüssen und Gletschern über die Erdoberfläche bewegt, ist für uns Menschen klar erkennbar. Schwieriger zu erkennen sind die enormen, in der Atmosphäre und im Untergrund gespeicherten Wassermengen sowie der Zustrom und Abfluss dieser Wasserspeicher. Wenn Wasser verdunstet, geht es als Wasserdampf in die Atmosphäre über. Versickert Regen im Boden, sammelt sich das Wasser unter der Erdoberfläche und bildet das **Grundwasser**.

Jeder dieser Bereiche, in denen sich Wasser ansammelt, wird als Reservoir oder **Speicher** bezeichnet. Die größten natürlichen Speicher der Erde sind die Ozeane, die Gletscher, die polaren Eismassen, das Wasser im Untergrund, Seen und Flüsse sowie die Atmosphäre und Biosphäre. Die Verteilung des Wassers innerhalb dieser Speicher ist in Abbildung 17.1 dargestellt. Die Meere sind bei weitem die größten Reservoire. Obwohl die gesamte Wassermenge in Flüssen und Seen relativ gering ist, sind diese Speicher für die Menschheit von großer Bedeutung, da sie das Wasser gewissermaßen „gebrauchsfertig" liefern. Sämtliche Grundwasservorräte zusammengenommen sind um mehr als das Hundertfache größer als die Wassermengen in Flüssen und Seen. Ein Teil davon ist jedoch für den Gebrauch ungeeignet, weil das Grundwasser oftmals erhebliche Mengen an unerwünschten gelösten Stoffen und in vielen Fällen auch anthropogene Verunreinigungen enthält.

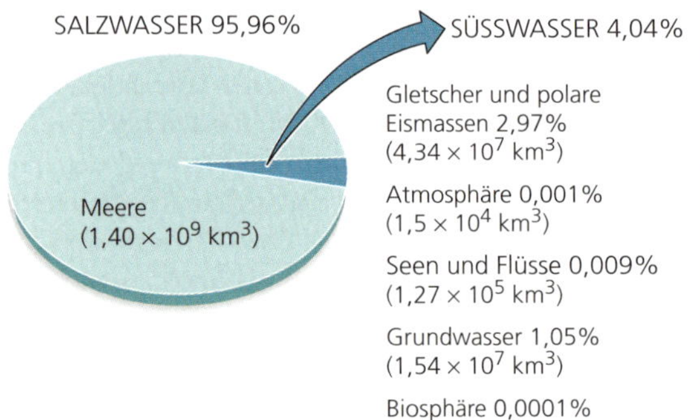


**Abb. 17.1** Die Verteilung des Wassers auf der Erde [*nach J. P. Peixoto & M. A. Keltani (1973): „The Control of the Water Cycle", Scientific American, S. 46; E. K. Berner & R. A. Berner (1996): "Global Environment"; Upper Saddle River, N. J.; Prentice Hall*].

Speicher haben Zuflüsse, über die ihnen Wasser in Form von Regen oder durch Flüsse zugeführt wird, und Abflüsse, über die sie das Wasser abgeben, etwa durch Verdunstung oder den Abfluss von Flüssen. Wenn Zufluss- und Abflussmenge einander entsprechen, bleibt das Volumen des Speichers konstant, selbst wenn Wasser beständig zu- und abfließt. Infolge dieser Bewegungen verbringt eine bestimmte Wassermenge eine gewisse Durchschnittszeit – die so genannte **Verweilzeit** – innerhalb eines Speichers.

### Wie viel Wasser gibt es?

Der gesamte Wasservorrat der Erde ist enorm und beträgt ungefähr 1,46 Milliarden km³, verteilt auf die verschiedenen Speicher. Wenn dieses Wasser das Festland der Vereinigten Staaten überdecken würde, lägen die 50 Bundesstaaten unter einer ungefähr 145 km tiefen Wasserschicht. Diese Gesamtmenge ist konstant, selbst wenn die Abflussmengen von einem Speicher zum anderen von Tag zu Tag, von Jahr zu Jahr und von Jahrhundert zu Jahrhundert schwanken können. Über diese geologisch kurzen Zeiträume gibt es insgesamt betrachtet weder einen Wasserzustrom aus dem Erdinneren noch einen Verlust in das Erdinnere oder eine nennenswerte Wasserabgabe aus der Atmosphäre in den Weltraum.

### Der Kreislauf des Wassers

Das Wasser auf und unter der Erdoberfläche bewegt sich oder zirkuliert zwischen den vielen Speichern, den Ozeanen, der Atmosphäre und dem Festland. Der beständige Transport des Wassers – vom Ozean in die Atmosphäre durch Verdunstung und von dort über die Niederschläge zur Erdoberfläche, dann durch den Abfluss und das Grundwasser wieder in Flüsse und schließlich zurück in die Ozeane – wird als **hydrologischer Zyklus** oder **Wasserkreislauf** bezeichnet.

Eine vereinfachte Beschreibung dieses endlosen Kreislaufs und die dabei transportierten Wassermengen zeigt Abbildung 17.2. Wasser wird darüber hinaus auch in der Biosphäre gespeichert, beispielsweise in den Bäumen der tropischen Regenwälder, denn Wasser ist auch für Organismen lebensnotwendig.

Innerhalb der an der Erdoberfläche herrschenden Temperaturbereiche kann Wasser seinen Aggregatzustand zwischen drei Phasen ändern – flüssig (Wasser), gasförmig (Wasserdampf) und fest (Eis). Die Übergänge in eine jeweils andere Phase sind wichtige Mechanismen innerhalb des Wasserkreislaufs, durch die das Wasser von einem Speicher in die anderen gelangt. Die externe Ener-

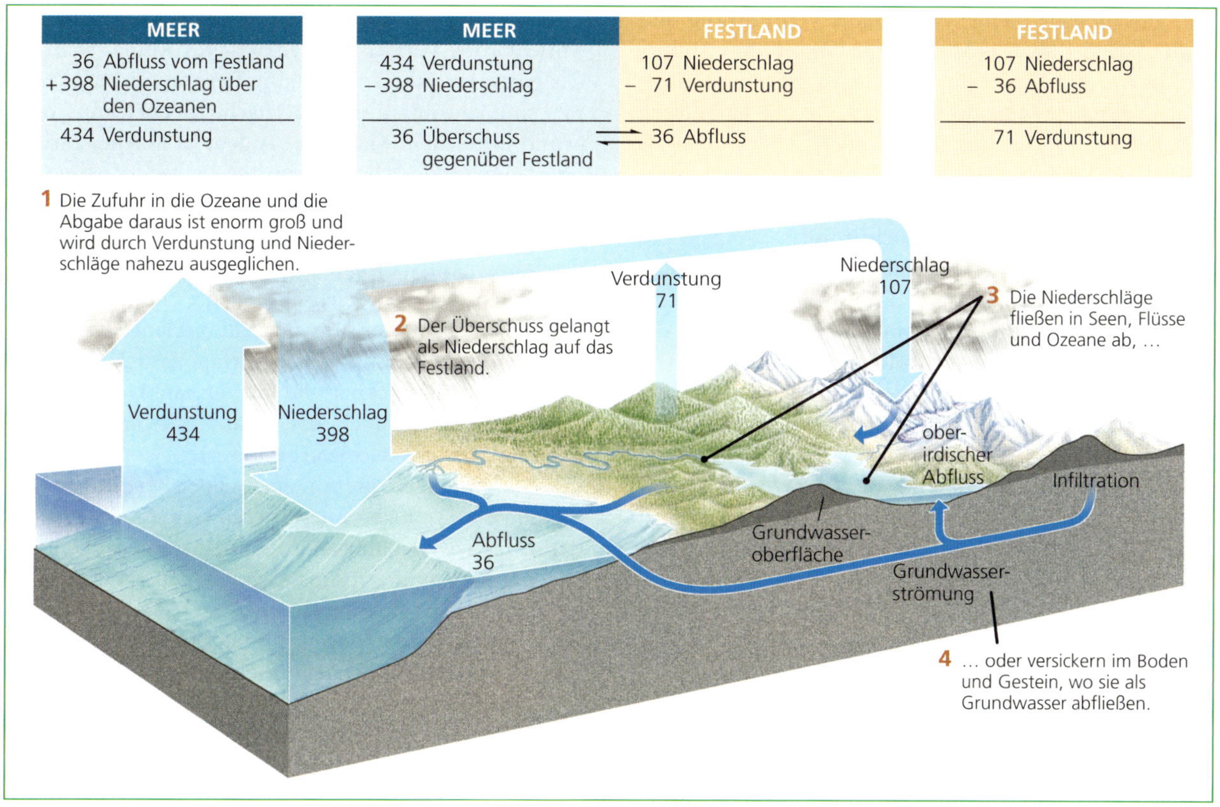


**Abb. 17.2** Der Kreislauf des Wassers durch Erdkruste, Atmosphäre, Ozeane, Flüsse und Seen.

giezufuhr durch die Sonne treibt den hydrologischen Kreislauf an – vorwiegend durch die Verdunstung von Wasser aus den Meeren und den Transport von Wasserdampf in die Atmosphäre. Sobald eine bestimmte Temperatur und Luftfeuchtigkeit erreicht ist, kondensiert der Wasserdampf zu winzigen Wassertröpfchen, die Wolken bilden und schließlich als Regen oder Schnee – zusammengefasst unter der Bezeichnung **Niederschlag** – auf die Kontinente und Ozeane fallen. Auf dem Festland nimmt dieses Niederschlagswasser unterschiedliche Wege: Ein Teil verdunstet bereits an der Erdoberfläche oder auf dem Blattwerk der Pflanzen (**Evaporation**), ein weiterer Teil dringt durch Infiltration in den Boden ein und bewegt sich durch Risse, Klüfte und Bodenporen nach unten (**Versickerung** oder **Infiltration**), ein Teil dieses Sickerwassers wird von der Vegetation mit den Wurzeln aufgenommen, in die Blätter befördert und von dort als Wasserdampf in die Atmosphäre abgegeben (**Transpiration**) und schließlich gelangt der Rest dieses Niederschlagswassers durch Gesteinsporen, Risse oder Klüfte in das Grundwasser. (Evaporation und Transpiration werden in der Praxis oft als **Evapotranspiration** zusammengefasst.) Ein Teil des Grundwassers kann über Quellen und Bäche, die in Flüsse und Seen münden, wieder die Oberfläche erreichen.

Regenwasser, das nicht im Untergrund versickert, fließt an der Oberfläche ab und sammelt sich allmählich in Bächen und Flüssen. Die Gesamtmenge der Niederschläge – einschließlich des Anteils, der vorübergehend in oberflächennahe Bereiche versickert und dann an die Oberfläche zurückgelangt beziehungsweise an der Oberfläche oder mit dem Grundwasser abfließt – wird als **Abfluss** bezeichnet. Ein Teil des oberirdischen Abflusses kann später in das Grundwasser übergehen oder aus den Flüssen und Seen verdunsten, der größte Teil fließt jedoch ins Meer.

Schnee kann zu Gletschereis umgewandelt werden, das entweder durch Abschmelzen als Wasser die Ozeane erreicht oder durch **Sublimation** – dem direkten Übergang von der festen Phase (Eis) in die Gasphase (Wasserdampf) – in die Atmosphäre übergeht. Der größte Teil des Wassers, das aus den Ozeanen verdunstet, kehrt als Regen oder Schnee direkt wieder ins Meer zurück. Der Rest fällt über dem Festland und verdunstet beziehungsweise versickert dort oder kehrt als Abfluss in die Ozeane zurück.

Abbildung 17.2 zeigt, wie sich im Kreislauf des Wassers der gesamte Fluss zwischen den Speichern gegenseitig ausgleicht. Die Erdoberfläche beispielsweise bekommt in Form von Niederschlägen Wasser zugeführt und gibt dieselbe Menge Wasser über Verdunstung und Abfluss wieder ab. Das Meer erhält Wasser vom Abfluss und durch den Niederschlag und gibt dieselbe Wassermenge durch Verdunstung wieder ab. Wie Abbildung 17.2 zeigt, verdunstet aus den Ozeanen mehr Wasser, als sie durch Niederschläge zurückerhalten. Der Verlust wird durch das Wasser ausgeglichen, das als Abfluss von den Kontinenten ins Meer zurückströmt.

Der hydrologische Kreislauf hat globales Ausmaß. Der Transport des Wassers durch Verdunstung und Niederschlag findet in geographischen Breiten statt, die die gesamte Erde umfassen. In Kapitel 19 sehen wir, wie diese Zonen für das Auftreten der großen Wüsten der Erde – Gebiete, in denen die Niederschläge sehr begrenzt sind – und für die großen Windsysteme maßgebend sind. Die weltweite Verteilung bestimmt, wo sich auf der Erde „grüne" Gebiete wie etwa die äquatorialen Regenwälder oder die Laubwälder der gemäßigten Breiten bilden.

### Wie viel Wasser können wir verbrauchen?

Da sich eine drohende Wasserverknappung heute schon abzeichnet, gelangt der Wasserverbrauch zunehmend in die öffentliche Diskussion (Exkurs 17.1). Der globale Wasserkreislauf beherrscht und kontrolliert letztlich die gesamten Wasservorräte. Nahezu das gesamte Wasser, das wir verbrauchen, ist Süßwasser – im Gegensatz zum Salzwasser in den Meeren. Sehr geringe aber stetig zunehmende Mengen an Süßwasser werden in Gebieten wie dem Nahen Osten, in denen Wassermangel herrscht, inzwischen durch die Entsalzung von Meerwasser erzeugt, doch unter günstigeren Bedingungen stammt alles Süßwasser von Niederschlägen, Flüssen, Seen und einem Teil des Grundwassers sowie von Wasser, das auf dem Festland durch Abtauen von Eis und Schnee entsteht. Da all dieses Süßwasser letztlich durch Niederschläge geliefert wird, ist die oberste vorstellbare Grenze für den Verbrauch von natürlichem Süßwasser theoretisch durch die Gesamtmenge der Niederschläge auf den Kontinenten festgelegt.

## Hydrologie und Klima

Für die meisten praktischen Zwecke sind die lokalen hydrologischen Gegebenheiten, das heißt die in einem bestimmten Gebiet vorhandene Wassermenge und die Art, wie das Wasser von einem Speicher in den anderen gelangt, weitaus wichtiger als das globale Gesamtbild. Den stärksten Einfluss auf die örtlichen hydrologischen Verhältnisse übt das Klima aus, insbesondere die Temperaturverhältnisse und die Niederschläge. Bei uns in Mitteleuropa herrscht ein gemäßigtes Klima: während des gesamten Jahres fällt häufig Regen und Wasservorräte sind sowohl an der Oberfläche als auch im Untergrund in reichem Maße vorhanden. In warmen, ariden oder semiariden Klimazonen, wo es selten regnet, ist Wasser dagegen ein kostbarer Rohstoff. In kalten Klimazonen ist die Wasserversorgung normalerweise durch das Schmelzwasser von Schnee und Eis gesichert. In einigen Teilen der Welt wechseln regenreiche Jahreszeiten, zum Beispiel die Monsunregenzeit, mit langen Trockenperioden, in denen die Wasservorräte zurückgehen, der Untergrund austrocknet und die Vegetation abstirbt.

Wo immer wir auch leben, das Klima und der geologische Bau des Gebiets beeinflussen ganz erheblich die Wassermengen, die von einem Speicher zum andern zirkulieren. Geologen interessieren sich daher verstärkt dafür, inwieweit klimatisch bedingte Änderungen von Niederschlag und Verdunstung die Wasservorräte beeinflussen, zum Beispiel durch Änderung der Infiltrations- und Abflussmengen, die den Grundwasserstand bestimmen. Wenn als Folge einer globalen Klimaerwärmung der Meeresspiegel steigt, werden die Grundwasservorräte in tief liegenden Küstengebieten versalzen, da das Meerwasser das Süßwasser verdrängt.

### Luftfeuchtigkeit, Niederschlag und Landschaft: die Verbindung der Systeme Klima und Plattentektonik

Viele Wetter- und Klimafaktoren hängen mit den unterschiedlichen Lufttemperaturen und den jeweiligen Wasserdampfgehalten zusammen. Die **relative Luftfeuchtigkeit** entspricht der in der Luft tatsächlich enthaltenen Menge Wasserdampf, dividiert durch die maximal mögliche Menge, die Luft bei derselben Temperatur aufnehmen kann. Dieser maximale Wert heißt **Sättigungswert**. (Die Wasserdampfmengen können auf gleiche Volumen- oder Masseeinheiten bezogen und in Gramm pro Kubikmeter angegeben werden.) Beträgt die relative Luftfeuchtigkeit bei einer Lufttemperatur von 15 °C zum Beispiel 50 Prozent, dann entspricht die Wasserdampfmenge der Hälfte des Sättigungswerts, den die Luft bei 15 °C insgesamt als Maximalmenge aufnehmen kann.

Warme Luft kann weit mehr Wasserdampf aufnehmen als kalte Luft bei gleicher relativer Luftfeuchtigkeit. Wenn ungesättigte warme Luft stark genug abkühlt, wird sie mit Wasser übersättigt. Ein Teil des Wasserdampfes kondensiert und bildet Wassertröpfchen. Wenn warme Luft beispielsweise in der Atmosphäre aufsteigt und dabei abkühlt, bilden die kondensierten Wassertröpfchen Wolken. Wir können die Wolken deshalb sehen, weil sie – wie Nebel – aus sichtbaren, das Licht streuenden Wassertröpfchen bestehen und nicht aus unsichtba-

## Exkurs 17.1

# Wasser – ein kostbarer Rohstoff

Bis vor kurzem hielt die Bevölkerung der Vereinigten Staaten ihre Wasserversorgung für gesichert. Wissenschaftliche Untersuchungen über die verfügbaren Vorräte und den Bedarf der Verbraucher zeigen jedoch, dass in zahlreichen Gebieten der Vereinigten Staaten (und dasselbe gilt für Europa) immer häufiger mit Wasserknappheit gerechnet werden muss, was zu wachsenden Konflikten zwischen den verschiedenen Verbrauchergruppen – der Bevölkerung, Industrie, Landwirtschaft und den Erholungssuchenden – führen wird, wem die größten Nutzungsrechte zustehen.

In den vergangenen Jahren wurden Dürreperioden und die zwangsweisen Einschränkungen des Wasserverbrauchs, wie in Kalifornien, Florida und Colorado geschehen, durch die Massenmedien weithin bekannt gemacht und weckten in der Öffentlichkeit das Bewusstsein, dass sich die amerikanische Nation bezüglich der Wasserversorgung großen Problemen gegenübergestellt sieht – Problemen, denen sich auch viele andere Nationen nicht mehr verschließen können. Doch wie immer bei langfristigen Prognosen nimmt das öffentliche Interesse ebenso schnell zu wie wieder ab, wie auch Trockenheit und reichliche Niederschläge sich abwechseln, und auch die Regierungsbehörden streben längerfristige Lösungen nicht mit der notwendigen Dringlichkeit an, die das Problem eigentlich verdient hätte. Hier einige Fakten zum Nachdenken:

- Der Mensch benötigt zum Überleben pro Tag etwa 2–3 Liter Wasser. In den Vereinigten Staaten liegt der Pro-Kopf-Verbrauch einschließlich aller Nutzungsarten bei 6 000 Liter pro Tag.
- Die Industrie verbraucht ungefähr 38 Prozent und die Landwirtschaft etwa 43 Prozent der entnommenen Wassermenge.
- Der Pro-Kopf-Verbrauch von Trinkwasser im häuslichen Bereich liegt in den Vereinigten Staaten um das Zwei- bis Vierfache über dem Verbrauch in Westeuropa, wo die Verbraucher bis zu 350 Prozent mehr für ihr Wasser bezahlen.
- Obwohl in den Bundesstaaten des amerikanischen Westens ein Viertel der Niederschläge fällt, liegt der Wasserverbrauch (überwiegend aufgrund von Bewässerungsmaßnahmen) um das Zehnfache über dem der östlichen Bundesstaaten, und das bei viel niedrigeren Kosten. In Kalifornien, das den größten Teil seines Wassers über große Entfernungen herantransportieren muss, werden 85 Prozent zur Bewässerung verwendet, 10 Prozent für Städte und Gemeinden und 5 Prozent für industrielle Zwecke. Bei einer Verminderung des zur Bewässerung verwendeten Wassers um 15 Prozent würde für die öffentliche Wasserversorgung und die Industrie die doppelte Wassermenge zur Verfügung stehen.
- Die herkömmlichen Methoden zur Deckung des steigenden Wasserbedarfs, wie die Errichtung von Staudämmen und Trinkwasserspeichern oder das Bohren von Brunnen, sind extrem teuer geworden, da ein Großteil der leicht erschließbaren, guten Vorkommen erschöpft sind. Der Bau neuer Staudämme zur Speicherung größerer Wasservorräte geht zu Lasten der Umwelt, beispielsweise durch das Fluten bewohnter Gebiete, und verursacht nachteilige Veränderungen der Flussläufe ober- und unterhalb der Staudämme. Die Finanzierung dieser Kosten führte schon oft zur Verzögerung oder Ablehnung der Pläne zum Bau neuer Trinkwasserspeicher.
- Nahezu das gesamte in den Vereinigten Staaten verbrauchte Wasser gelangt letztlich wieder in den Wasserkreislauf zurück. Häufig gelangt es dabei jedoch in einen für die menschliche Verwendung ungünstig liegenden Speicher, und oft hat auch die Qualität des Wassers deutlich abgenommen. So weist das erneut genutzte Wasser der Bewässerungsanlagen meist höhere Salzgehalte auf und enthält oftmals auch Pestizide. Die verschmutzten Abwässer der Städte gelangen über die Flüsse schließlich ins Meer zurück.
- Globale Klimaveränderungen können in den westlichen Vereinigten Staaten zu einem Rückgang der Niederschläge führen. Dann droht eine Verschlimmerung der dortigen Probleme, was langfristige Lösungen dringender macht als jemals zuvor.

rem, lichtdurchlässigem Wasserdampf. Wenn genügend Feuchtigkeit in den Wolken kondensiert ist und die Tröpfchen groß und damit so schwer werden, dass die Luftströmungen sie nicht mehr im Schwebezustand halten können, fallen sie als Regen auf die Erde.

Weltweit fallen die meisten Niederschläge in den warmen humiden Gebieten am Äquator. In diesen tropischen Gebieten sind sowohl das Oberflächenwasser der Ozeane als auch die Luft so warm, dass ein großer Teil des Wassers verdunstet und daher die relative Luftfeuchtigkeit sehr hoch ist. Wenn die weitgehend wassergesättigten Luftmassen über den tropischen Ozeanen mit dem Wind auf einen angrenzenden Kontinent gelangen und nach oben steigen, kühlen sie ab und die Luft wird übersättigt. Die Folge sind starke Regenfälle auf dem Festland, selbst noch in großen Entfernungen von der Küste.

Im Gegensatz zum tropischen Klima ist das polare Klima normalerweise sehr trocken. In den polaren Gebieten sind Meer und Luft so kalt, dass die Verdunstung aus dem Meer gering ist und die Luft nur wenig Feuchtigkeit aufnehmen kann. Zwischen den tropischen und

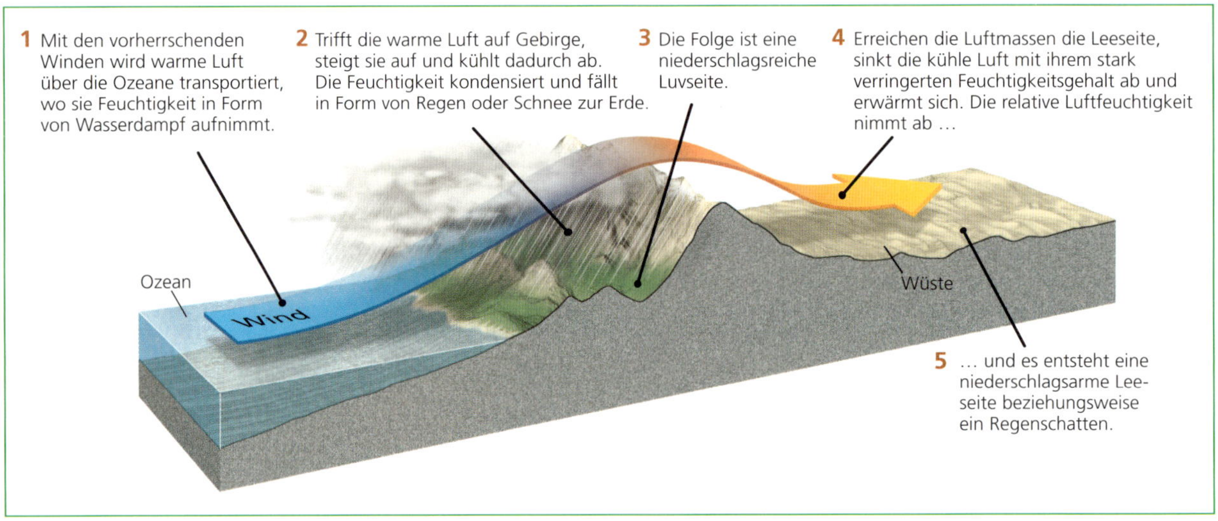


**Abb. 17.3** Von Regenschatten spricht man bei Gebieten mit geringen Niederschlägen auf der leewärtigen, der windabgewandten Seite von Gebirgen.

polaren Extremen liegen die gemäßigten Klimazonen, in denen Niederschläge und Temperaturen sich um mittlere Werte zwischen den beiden genannten Extremen bewegen.

Tektonische Vorgänge beeinflussen indirekt das Klima, beispielsweise wenn sich die Landschaftsform auf die Niederschlagsverteilung auswirkt. Gebirgszüge verursachen **Regenschatten**, das heißt, auf den von der Hauptwindrichtung abgewandten leeseitigen Hängen breiten sich niederschlagsarme Gebiete aus. Feuchtigkeitsgesättigte Luft steigt auf der windzugewandten Seite der Bergkette auf, kühlt ab und regnet auf den Hängen dieser Wetterseite große Mengen Wasser ab. Nach einiger Zeit erreicht die Luftmasse den entgegengesetzten leewärtigen Hang, hat dort aber bereits einen Großteil ihrer Feuchtigkeit verloren (Abb. 17.3). Wenn die Luft auf die tiefer gelegenen Hänge fällt, erwärmt sie sich erneut, die relative Feuchtigkeit nimmt ab, und damit geht auch die für Regen zur Verfügung stehende Luftfeuchtigkeit weiter zurück. Diesen trockenen, warmen Fallwind bezeichnet man allgemein als **Föhnwind**. Ein Beispiel für eine typische Regenschatten-Situation findet sich auf der Ostseite des Kaskadengebirges in Oregon, wo feuchte Winde vom Pazifik auf die Westhänge des Gebirges treffen und dort hohe Niederschlagsmengen abregnen. Die Osthänge auf der anderen Seite sind dagegen trocken und unfruchtbar. Analoge Verhältnisse kennen wir von den Alpen. Letztendlich beeinflusst die Niederschlagsverteilung auch Verwitterung und Erosionsrate, die wiederum die Geschwindigkeit der tektonischen Hebung beeinflussen. In Kapitel 22 wird noch detaillierter darauf eingegangen, wie Tektonik und Klima die für die Landschaftsentwicklung notwendigen hydrologischen Verhältnisse beeinflussen.

## Trockenzeiten

In allen Klimazonen kann es zu Trockenzeiten mit deutlich reduzierten Niederschlägen kommen, wobei sich diese Perioden über Monate bis Jahre erstrecken können, aber trockenere Klimabereiche sind von Natur aus besonders anfällig, was die Abnahme der Wasservorräte im Verlauf längerer Trockenperioden betrifft. Da keine Ergänzung durch Niederschläge erfolgt, geht die Wasserführung der Flüsse zurück und sie trocknen schließlich völlig aus; in den Wasserspeichern schwindet das Wasser, die Böden trocknen aus, bekommen Risse und schließlich stirbt auch die Vegetation ab. Wenn in solchen Gebieten dann auch noch die Bevölkerung beständig zunimmt und dadurch der Wasserbedarf steigt, kann eine Trockenperiode zur Erschöpfung der ohnehin bereits knappen Wasservorräte führen.

Die schwersten Dürrekatastrophen der letzten Jahrzehnte betrafen die Sahel-Zone an der Südgrenze der Sahara, wo nach dem Zusammenbruch der Land- und Weidewirtschaft Zehntausende von Menschen verhungerten. Die langen Trockenperioden führten dort zur Ausdehnung der Wüstengebiete und brachten in großem Umfang Ackerbau und Weidewirtschaft zum Erliegen.

Eine weitere lang anhaltende, aber weniger schwere Trockenperiode trat von 1987 bis zum Februar 1993 in Kalifornien auf, bis schließlich wolkenbruchartige Regenfälle die Trockenzeit beendeten. Während der Trockenheit sanken das Grundwasser und der Wasserspiegel in den Stauseen auf den niedrigsten Stand der letzten 15 Jahre ab. Damals wurden zwar einige Maßnahmen zur Einschränkung des Wasserverbrauchs eingeführt, aber Schritte, mit denen die extensive Nutzung der Wasservorräte für die Bewässerung begrenzt werden sollte, stießen auf starken politischen Widerstand der Farmer und der Agrarindustrie (Exkurs 17.1).

Der Mittlere Westen der Vereinigten Staaten und Teile Kanadas erlebten im Jahre 1988 eine schwere, jedoch kurze Trockenperiode, in der die Vorräte der Oberflächengewässer erheblich zurückgingen. Der Wasserstand des Mississippi sank um viele Meter und der Fluss musste für die Schifffahrt gesperrt werden. Die Niederschlagsmengen erreichten 1989 in diesem Gebiet wieder ihren normalen Wert. In der Bundesrepublik waren im Sommer 1959 Einschränkungen des Wasserverbrauchs nötig; im Sommer 1994 kam es durch Trockenheit in Norddeutschland zu enormen Ernteausfällen. Selbst das für sein feuchtes Klima bekannte England litt im Sommer 1989 unter Wassermangel.

**Tabelle 17.1** Wasserführung einiger großer Flüsse

| Fluss | Wasserführung ($m^3/s$) |
|---|---|
| Amazonas, Südamerika | 175 000 |
| Rio de la Plata, Südamerika | 79 300 |
| Kongo, Afrika | 39 600 |
| Jangtsekiang, Asien | 21 800 |
| Brahmaputra, Asien | 19 800 |
| Ganges, Asien | 18 700 |
| Mississippi, Nordamerika | 17 500 |
| Wolga, Europa | 8 060 |
| Rhein, Europa | 2 330 |

## Die Hydrologie des Abflusses

Ein praktisches Beispiel für den Zusammenhang zwischen Niederschlag und Abfluss sind die lokalen Hochwasserwarnungen nach sintflutartigen Regenfällen. Werden jedoch in einem großen, von einem Fluss entwässerten Gebiet über einen längeren Zeitraum hinweg – etwa ein Jahr lang – Niederschlagsmenge und Abfluss gemessen, so ist dieser Zusammenhang weniger ausgeprägt, aber immer noch deutlich erkennbar, wie die beiden Karten von Niederschlag und Abfluss für die Vereinigten Staaten in Abbildung 17.4 zeigen. Vergleichen wir diese Karten, so erkennen wir, dass in Gebieten mit geringen Niederschlägen wie beispielsweise Südkalifornien, Arizona und Neu-Mexiko nur ein geringer Teil der Niederschläge abfließt. In solch trockenen Regionen geht ein großer Teil des Niederschlags durch Verdunstung und Versickerung verloren. In humiden Gebieten wie den südöstlichen Vereinigten Staaten fließt dagegen ein weit höherer Anteil der Niederschläge oberirdisch in Flüssen ab.

Diese Beziehung zwischen Niederschlag und Abfluss sind bei einem großen Fluss, der über eine lange Strecke fließt, weniger deutlich. Ein solcher Fluss kann aus einem Gebiet mit hohen Niederschlagsraten große Wassermengen in Gebiete mit geringem Niederschlag transportieren. Der Colorado beispielsweise entspringt im US-Bundesstaat Colorado, also in einem Gebiet mit mittleren Niederschlagsmengen, und fließt dann in Westarizona und Südkalifornien durch ein arides Gebiet. Vergleichbares gilt für den Nil.

Der größte Teil des Oberflächenabflusses erfolgt global betrachtet über die großen Flüsse. Die vielen Millionen von kleinen und mittelgroßen Fließgewässern transportieren etwa die Hälfte des gesamten Abflusses der Erde. Die andere Hälfte wird durch ungefähr 70 große Flüsse abgeführt, und davon fast die Hälfte allein vom Amazonas. Er führt etwa zehnmal mehr Wasser als der Mississippi – der größte Fluss Nordamerikas (Tab. 17.1).

Das oberirdisch abfließende Wasser sammelt sich und wird in natürlichen Seen sowie durch das Aufstauen von Flüssen in künstlichen Stauseen gespeichert. Sumpf-, Moor- und Marschgebiete, die so genannten Feuchtgebiete, wirken im System des oberirdischen Abflusses als wichtige Speicherräume (Abb. 17.5). All diese Wasserspeicher können, wenn ihr Volumen groß genug ist, kurzzeitige Zuflüsse durch starke Regenfälle aufnehmen, ohne dass es zu Überschwemmungen kommt („Schwammeffekt"). Während der trockenen Jahreszeiten oder in Trockenperioden speisen diese Speicher kontinuierlich Wasser entweder in die Flüsse oder in die Versorgungsnetze für den menschlichen Gebrauch ein. Auf diese Weise gleichen die Speicher jahreszeitliche oder jährliche Schwankungen des Abflusses aus und geben an die flussabwärts liegenden Gebiete eine gleichmäßige Wassermenge ab. Gerade im Zusammenhang mit dem Hochwasserschutz sind sie besonders wichtig, da sie einen Teil des Wassers zurückhalten und somit auf natürliche Weise zur Hochwasserregulierung beitragen. Aus diesem Grund vertreten viele Wissenschaftler die Meinung, dass die Entwässerung von natürlichen Feuchtgebieten zur Gewinnung von Bau- und Ackerland beendet werden muss. Die Anliegerstaaten des Rheins haben am Oberrhein bereits wieder mit dem Ausbau von Hochwasserspeichern begonnen, nachdem viele natürliche Speicher bei der Flussregulierung beseitigt worden waren und die Häufigkeit von stärkeren Hochwasserereignissen flussabwärts im Laufe weniger Jahrzehnte erkennbar angestiegen ist. Die Zerstörung von Feuchtgebieten bedroht darüber hinaus die Artenvielfalt (Kap. 11) zahlreicher Gebiete, weil diese viele seltene Pflanzen beherbergen

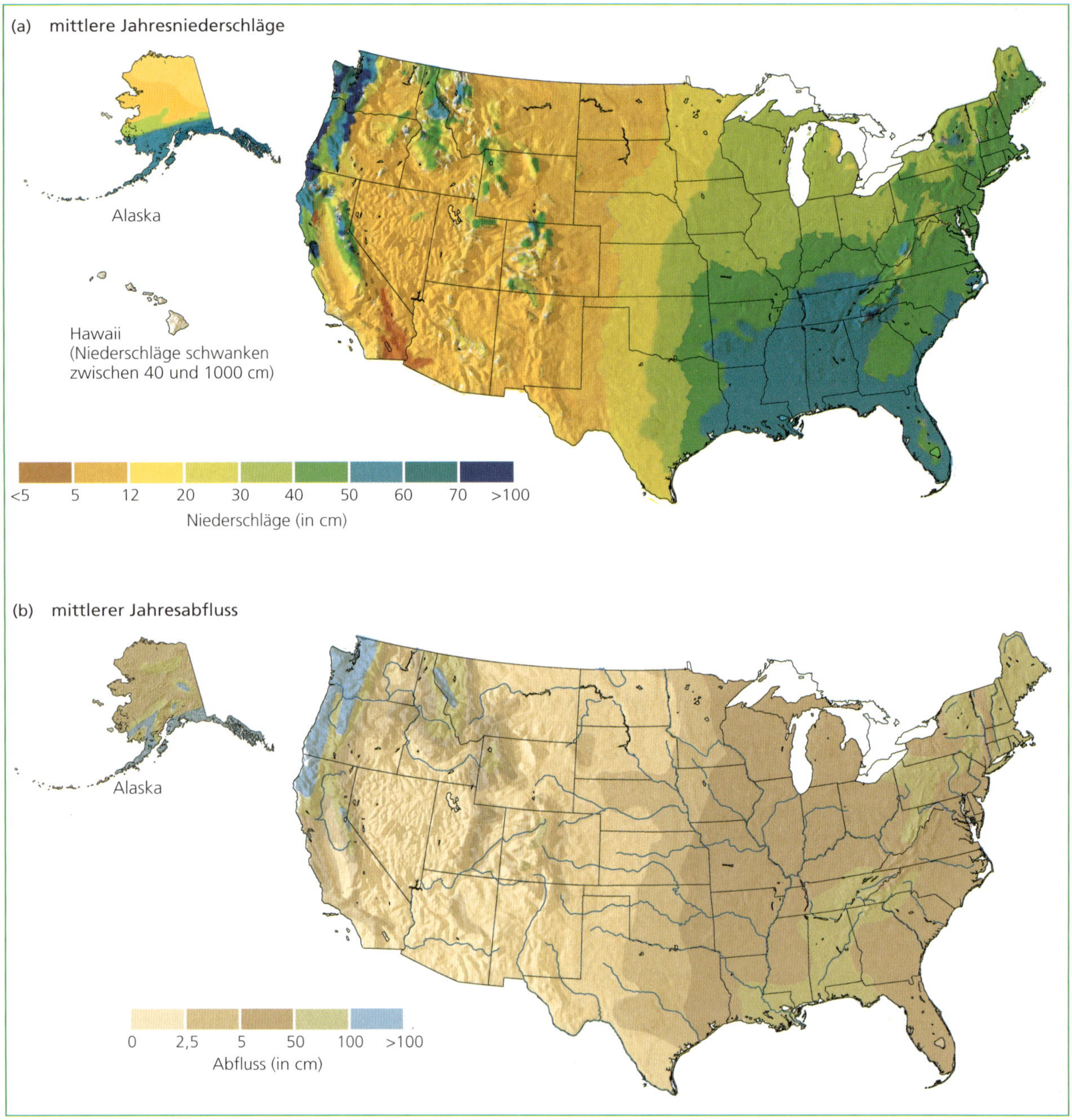


**Abb. 17.4** (a) Mittlere Jahresniederschläge in den Vereinigten Staaten. (b) Mittlerer Jahresabfluss in den Vereinigten Staaten [*Daten aus U.S. Department of Commerce, Climatic Atlas of the United States; 1968 (a); Daten aus USGS Professional Paper, 1979, 1240-A (b)*].

und außerdem Lebensraum und Kinderstube für eine große Anzahl von Vögeln, Amphibien und Säugetieren sind.

Viele der noch vorhandenen Feuchtgebiete verschwinden unwiederbringlich, weil die bauliche Erschließung fortdauert. In den Vereinigten Staaten sind inzwischen mehr als die Hälfte der ursprünglichen Feuchtgebiete verschwunden. In Kalifornien und Ohio sind lediglich noch 10 Prozent dieser Naturräume übrig geblieben und für Europa ließen sich ähnliche Zahlen nennen. Maßnahmen zum Schutz der Feuchtgebiete lösten weltweit heftige Debatten aus. Die rechtliche Definition, was Feuchtgebiete sind, wurde jahrelang erörtert und ist vor allem in den Vereinigten Staaten zu einem Spielball der Politik geworden. Eine wissenschaftliche Untersuchung durch die National Academy of Science aus dem Jahre 1995 wurde von den Gegnern der Regelung in scharfer Form als eine politische Entscheidung kritisiert. Einige Politiker, die Einwände gegen die geplante Regelung zum Schutz der Feuchtgebiete äußerten, forderten sogar eine

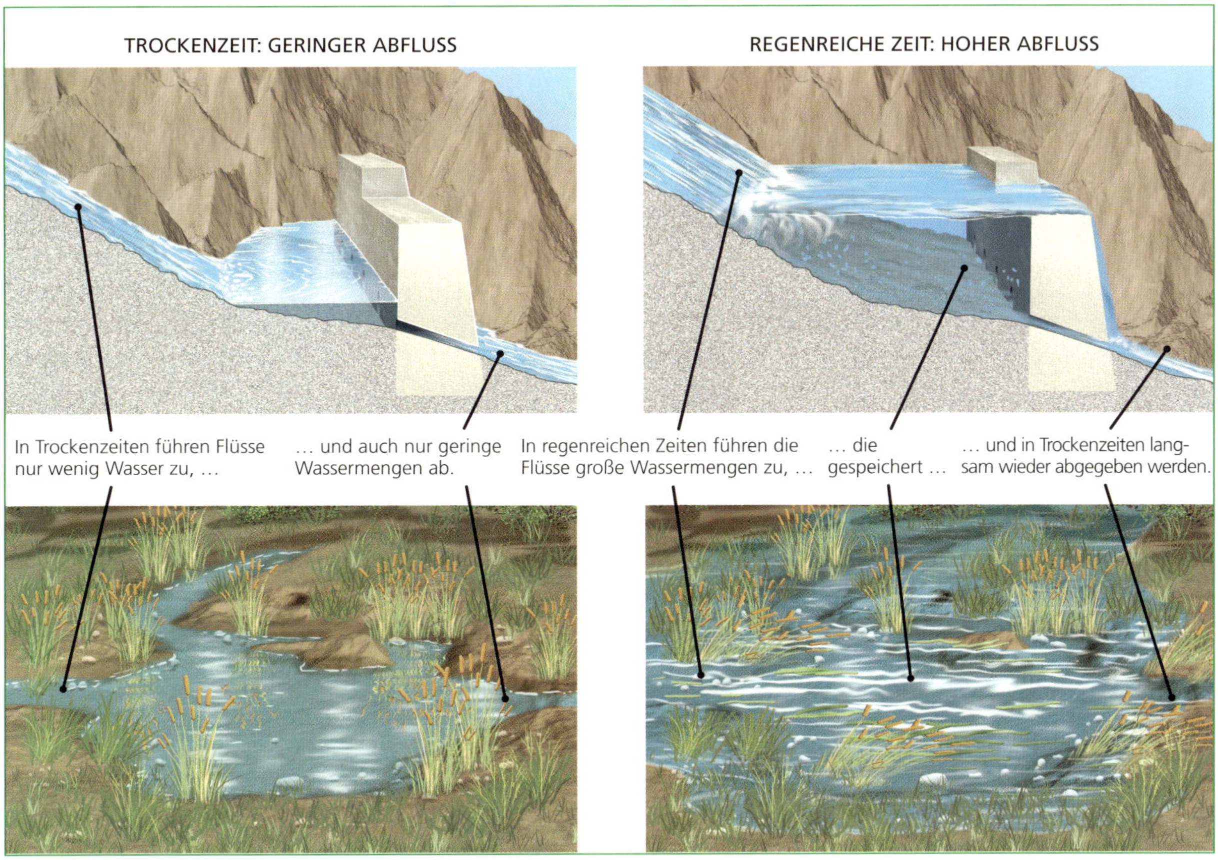


**Abb. 17.5** Wie ein natürlicher See oder ein Stausee speichern auch Feuchtgebiete wie Moore oder Sumpfgebiete das Wasser in Zeiten mit starkem Abfluss, und geben es in Trockenperioden mit geringem Abfluss langsam wieder ab.

fünfzigprozentige Reduzierung solcher im Besitz der öffentlichen Hand befindlichen Naturräume.

## Grundwasser

Grundwasser entsteht, wenn Regen in Böden und andere lockere Oberflächensedimente einsickert oder auch in Risse und Spalten des Gesteins im Untergrund eindringt. Wir gewinnen das Grundwasser mithilfe von Brunnenbohrungen, aus denen das Wasser über Pumpen gefördert wird. In den gemäßigten Klimazonen wissen die Wasserbauingenieure, dass sie beim Brunnenbau am ehesten auf ergiebige Wasservorräte stoßen, wenn sie poröse Kies-, Sand- oder Sandsteinschichten erbohren. Schichten, die Grundwasser enthalten und es auch weiterleiten, werden als **Grundwasserleiter** bezeichnet.

Die unter der Erdoberfläche liegenden gewaltigen Grundwasserreservoire enthalten ungefähr 22 Prozent des gesamten, in Seen, Flüssen, Gletschern, Polareis und in der Atmosphäre gespeicherten Süßwassers. Viele tausend Jahre hat der Mensch diese Ressourcen genutzt, entweder durch das Bohren flacher Brunnen oder durch das Fassen der Quellen, die an der Oberfläche entspringen. Quellen sind direkte Hinweise auf das unter der Oberfläche fließende Grundwasser (Abb. 17.6).

### Wie fließt Wasser durch Boden und Gestein?

Wenn Wasser in und durch den Untergrund fließt, welche Faktoren bestimmen dann seinen Weg und seine Geschwindigkeit? Mit Ausnahme von Höhlen und Kluftsystemen gibt es im Untergrund keine offenen Räume für Seen oder Flüsse. Als Speicherraum für Wasser stehen nur der Porenraum zwischen Kies- und Sandkörnern und den anderen Teilchen, aus denen der Boden und das anstehende Gestein bestehen, sowie Klüfte und Spalten zur Verfügung. Demzufolge unterscheidet man auch zwischen **Poren-** und **Kluftgrundwasserleitern**. Poren findet man in jeder Art von Gestein und Boden, aber es sind meist wenige und kleine Poren; ein großes Porenvolumen besitzen vor allem die geologisch jungen lockeren Kiese und Sande der Talfüllungen, aber auch einige Sand- und Kalksteine.

Abb. 17.6 Grundwasseraustritt in einer Felswand; Vasey's Paradise, Marble Canyon im Grand-Canyon-Nationalpark, Arizona. Bei dieser besonders eindrucksvollen Quelle kann durch das steile Relief Wasser aus dem Untergrund an der Oberfläche ausfließen [*Foto: Larry Ulrich*].

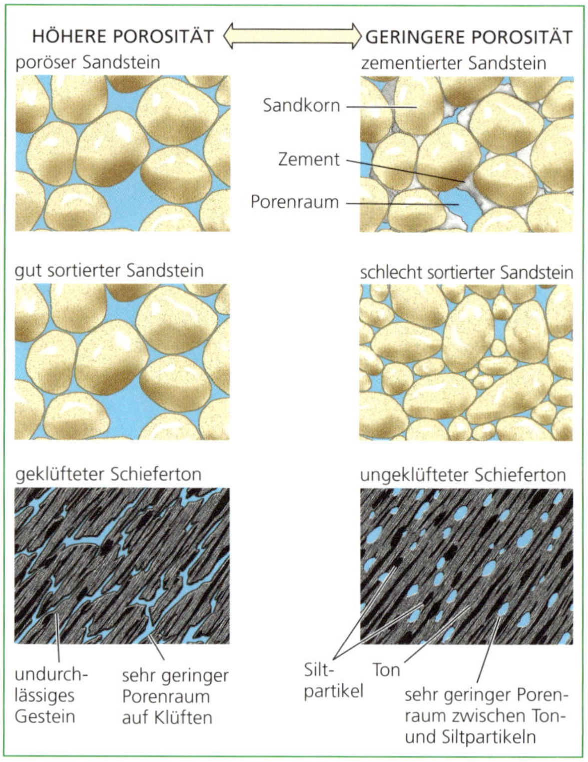


**Abb. 17.7** Gesteinsporen sind gewöhnlich teilweise oder vollständig mit Wasser gefüllt. (Poren in Kohlenwasserstoffe führenden Sand- und Kalksteinen enthalten Erdöl oder Erdgas.)

In Kapitel 5 wurde bereits erwähnt, dass der gesamte Anteil des Porenraums in Gesteinen, Böden und Sedimenten die jeweilige **Porosität** bestimmt, das heißt den prozentualen Anteil am Gesamtvolumen, der von den Poren eingenommen wird.

## Porosität und Permeabilität

Betrachtet man den Porenraum eines Gesteins etwas genauer, so lassen sich drei Formen der Porosität unterscheiden: Porosität, bedingt durch den Porenraum zwischen den Komponenten (**Interpartikel**- oder **Zwickelporosität**), Porosität bedingt durch Klüfte und Spalten (**Kluftporosität**) und die Porosität, die durch Lösung von Komponenten entstanden ist (**Lösungsporosität**). Die Interpartikelporosität ist abhängig von der Größe und Form der Teilchen, aus denen Böden und siliciklastische Sedimentgesteine bestehen, sowie von der Dichte ihrer Packung. Je lockerer die Komponenten gepackt sind, desto größer ist der Porenraum. Bei vielen Sandsteinen liegt die Porosität bei etwa 30 Prozent (Abb. 17.7). Durch die Zementation der Partikel kommt es zu einer Verringerung der Zwickelporosität. Je kleiner die Komponenten sind und je mehr sie sich von ihrer Form her unterscheiden, desto dichter sind sie gepackt. In Böden, Sedimenten und Sedimentgesteinen ist die Porosität höher (10–40 Prozent) als in Magmatiten und Metamorphiten, deren Porosität überwiegend auf Trennflächen wie Klüfte oder Schieferungsflächen zurückzuführen ist. Tektonisch stark beanspruchte und geklüftete Gesteine können aufgrund ihrer Risse und Spalten nennenswerte Kluftporenräume enthalten, die bis zu zehn Prozent des Gesteinsvolumens erreichen, obwohl die Porosität normalerweise bei etwa 1–2 Prozent liegt. Bei Kalksteinen und anderen leicht löslichen Gesteinen wie Evaporiten schwankt der Porenraum in Abhängigkeit davon, wie viele Poren beim Lösen durch Grundwasser oder bei der Verwitterung entstanden sind. Dabei bilden sich meist sehr unregelmäßige Hohlräume unterschiedlichster Form. Die Lösungsporosität kann sehr hoch sein und Werte bis über 50 Prozent erreichen; Höhlen sind Beispiele für extrem große Lösungshohlräume.

Obwohl die Porosität angibt, wie viel Wasser ein Gestein aufnehmen kann, wenn alle Poren gefüllt sind, liefert sie keinen Hinweis, wie rasch das Wasser durch die Poren fließen kann. Wasser durchdringt ein poröses

**Tabelle 17.2** Porosität und Permeabilität einiger Grundwasser leitender Gesteine

| Gesteinsart | Porosität | Permeabilität |
|---|---|---|
| Kies | sehr hoch | sehr hoch |
| grob- bis mittelkörniger Sand | hoch | hoch |
| feinkörniger Sand und Silt | mittel | mittel bis gering |
| Sandstein, mäßig verkittet | mittel bis gering | gering |
| geklüfteter Schieferton oder Metamorphit | gering | sehr gering |
| ungeklüfteter Schieferton | sehr gering | sehr gering |

Material zwischen den Körnern und in den Klüften. Je enger die Porenräume sind, desto mühsamer ist der Weg und desto langsamer bewegt sich das Wasser. Wie schnell das Wasser ein Gestein durchdringt, hängt von der Durchlässigkeit oder **Permeabilität** ab. Im Allgemeinen besteht ein gewisser Zusammenhang zwischen Porosität und Permeabilität: Je höher die Porosität ist, desto höher ist meist auch die Permeabilität. Die Permeabilität hängt jedoch zusätzlich davon ab, wie groß die Poren des jeweiligen Gesteins sind, wie gut sie miteinander in Verbindung stehen und wie krümmungsreich der Weg um die Gesteinspartikel ist, den das Wasser beim Durchfließen nehmen muss. Die in Carbonatgesteinen durch Lösung entstandenen Verbindungswege führen zu einer hohen Permeabilität. Höhlensysteme haben die höchste Permeabilität, durch sie kann nicht nur Wasser fließen, sie können oftmals auch von Menschen begangen werden.

Sowohl Porosität als auch Permeabilität sind wichtige Parameter bei der Suche nach Grundwasservorräten. Grundsätzlich wird ein guter Grundwasserspeicher ein Fest- oder Lockergesteinskörper sein, der nicht nur eine hohe Porosität hat, um große Wassermengen aufzunehmen, sondern auch eine hohe Permeabilität, sodass das Wasser leicht daraus entnommen werden kann. Ein Gestein mit hoher Porosität, aber geringer Permeabilität kann zwar eine große Menge Wasser speichern; weil aber das Wasser darin sehr langsam fließt, ist die Wassergewinnung aus einem solchen Gestein schwierig. Tabelle 17.2 fasst den Grad der Porosität und Permeabilität von verschiedenen Gesteinstypen zusammen.

## Grundwasserspiegel und Grundwasseroberfläche

Wenn bei einer Bohrung Proben des durchfahrenen Bodens und Gesteins nach oben gebracht werden, ist zu erkennen, dass das Material von oben nach unten zunehmend feuchter wird. In geringer Tiefe ist das Probenmaterial mit Wasser untersättigt, das heißt die Poren sind nicht vollständig mit Wasser gefüllt, sondern enthalten auch etwas Luft. Dieser Bereich wird als die **ungesättigte Zone** oder häufig auch als **vadose Zone** oder **Sickerwasserzone** bezeichnet (Abb. 17.8). Darunter, in der **gesättigten Zone** (oder **phreatischen Zone**), sind die Poren des Bodens oder Gesteins vollständig mit Wasser (dem Grundwasser) gefüllt. Von ungesättiger oder von gesättigter Zone spricht man sowohl in Locker- als auch in Festgesteinen. Die Grenze zwischen den beiden Zonen ist die **Grundwasseroberfläche**, die gewöhnlich, wenn auch nicht ganz zutreffend, als Grundwasserspiegel bezeichnet wird. Wenn ein Brunnen bis unter die Grundwasseroberfläche gebohrt wird, fließt das Wasser aus der gesättigten Zone dem Bohrloch zu und pendelt sich darin auf einen bestimmten Wasserstand ein. Dieses Niveau entspricht dem **Grundwasserspiegel**. Grundwasserspiegel und Grundwasseroberfläche entsprechen sich also nur bedingt in ihrem Niveau unter der Erd-

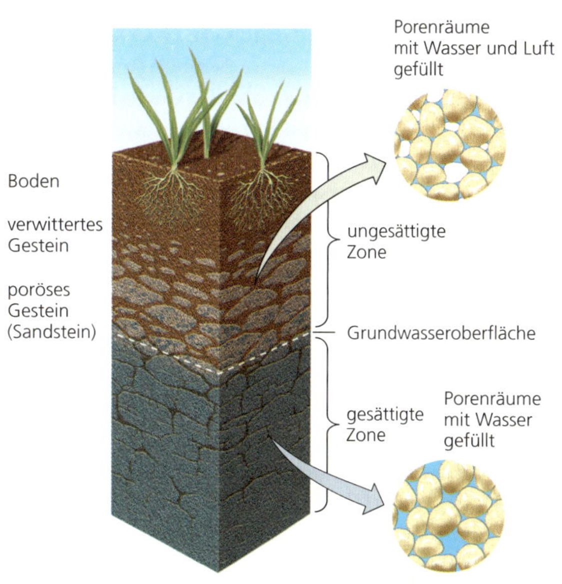


**Abb. 17.8** Die Grundwasseroberfläche entspricht der Grenze zwischen der ungesättigten und der gesättigten Zone. Beide Zonen können sowohl in Locker- als auch in Festgestein liegen.

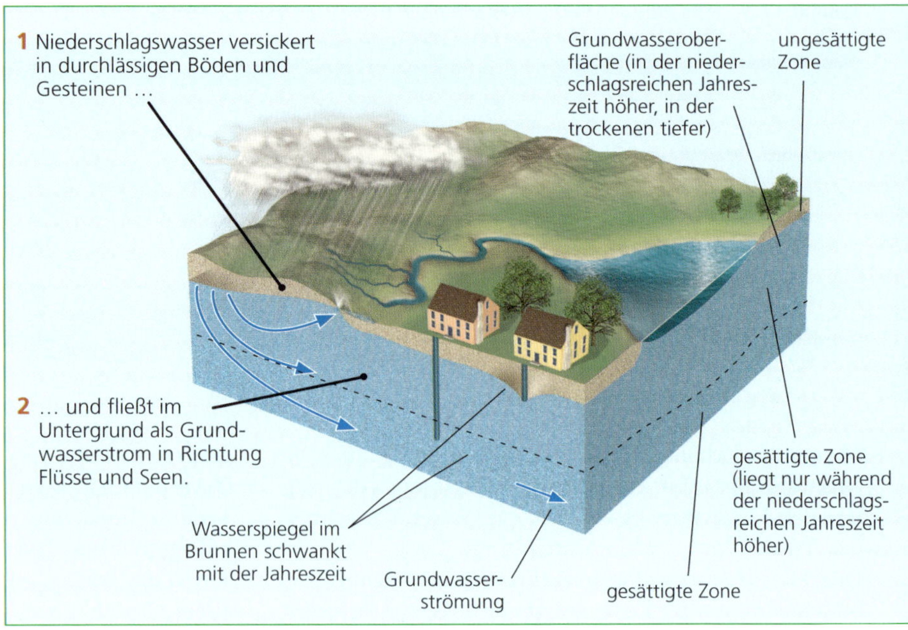


**Abb. 17.9** Die Dynamik der Grundwasseroberfläche in durchlässigen, oberflächennahen Schichten sind hier für den gemäßigten Klimabereich schematisch dargestellt. Die Tiefe der Grundwasseroberfläche schwankt in Abhängigkeit vom Gleichgewicht zwischen Wasser, das durch Versickern in den Untergrund gelangt (Grundwasserneubildung) und dem Wasser, das durch Verdunstung sowie über Quellen und Flüsse wieder abgegeben wird (Abfluss).

oberfläche. Meist liegt aufgrund des Kapillarsaums die Grundwasseroberfläche höher als der Grundwasserspiegel.

Grundwasser bewegt sich ausschließlich unter dem Einfluss der Schwerkraft, wobei nur ein Teil des Sickerwassers in der ungesättigten Zone nach unten zur Grundwasseroberfläche gelangt. Ein gewisser Anteil des Wassers verbleibt nämlich in der ungesättigten Zone, weil es in kleinen Porenräumen durch Kapillarkräfte in der Schwebe gehalten wird – durch Adhäsionskräfte, die zwischen den Wassermolekülen und den Oberflächen der Teilchen wirken, sowie durch die Oberflächenspannung (Kohäsionskräfte). Wie in Kapitel 16 besprochen wurde, hält die Oberflächenspannung auch den Sand im Sandkasten oder am Strand feucht, obwohl darunter Räume liegen, in die das Wasser unter dem Einfluss der Schwerkraft einsickern könnte. Die Verdunstung von Wasser in den Porenräumen der ungesättigten Zone ist sowohl durch den Effekt der Oberflächenspannung als auch durch die relative Luftfeuchtigkeit innerhalb der Porenräume, die vermutlich nahe bei 100 Prozent liegt, deutlich reduziert.

Wenn wir an mehreren Stellen Brunnen bohren und den Stand des Grundwasserspiegels in den Brunnen messen, dann können wir eine Karte vom Niveau des Grundwasserspiegels erstellen. Dabei wird die Höhe des Grundwasserspiegels auf eine horizontale Fläche bezogen, sodass man den so genannten **Grundwasserstand** erhält. Die Ermittlung des Grundwasserstands ist für die Beurteilung hydrogeologischer Fragestellungen äußerst wichtig. Ein Schnitt durch die Landschaft könnte dann wie Abbildung 17.9 aussehen. Die Grundwasseroberfläche folgt der jeweiligen Form der Erdoberfläche, doch ist die Neigung der Grundwasseroberfläche in der Regel geringer. Der Wasserspiegel in Flüssen und Seen und der Austrittspunkt der Quellen entspricht dem Grundwasserspiegel. Aufgrund der Schwerkraft bewegt sich das Grundwasser dem Gefälle folgend beispielsweise von einem Gebiet, wo die Grundwasseroberfläche unter einem Hügel hoch liegt, in Bereiche, in denen das Niveau der Grundwasseroberfläche niedriger liegt und vielleicht an einer Quelle zutage tritt.

Wasser gelangt von der Oberfläche her durch Infiltration – das Versickern von Regen und Schmelzwasser – in die gesättigte Zone eines Grundwasserleiters und verlässt diese über Quellen, Seen, Flussläufe oder Brunnen, aus denen Wasser gefördert wird. Die Infiltration von Wasser in den Untergrund wird als **Grundwasserneubildung** bezeichnet, sein Austritt an der Oberfläche wird **Abfluss** genannt. Außer der Infiltration kann eine Grundwasserneubildung auch über den Untergrund eines Flussbetts erfolgen, wenn das Strombett über dem Grundwasserspiegel liegt (Abb. 17.9). Das auf diese Weise infiltrierende Wasser wird als **Uferfiltrat** oder Seihwasser bezeichnet und der damit verbundene Abfluss als **influenter Abfluss**. Diese Form der Grundwasserneubildung ist charakteristisch für aride Gebiete, wo der Grundwasserspiegel meist tief liegt. Im umgekehrten Fall, wenn die Fließrinne den Grundwasserspiegel an- oder unterschneidet, fließt Wasser aus dem Grundwasser in den Fluss ab. Dieser **effluente Abfluss** ist für humide Klimazonen typisch. Solche vom Grundwasser gespeisten Flüsse fließen noch lange Zeit, obwohl der oberirdische Abfluss bereits aufgehört hat („Trockenwetterabfluss"). Folglich kann der Grundwasservorrat durch Flüsse, die in das Grundwasser einspeisen, vergrößert und durch

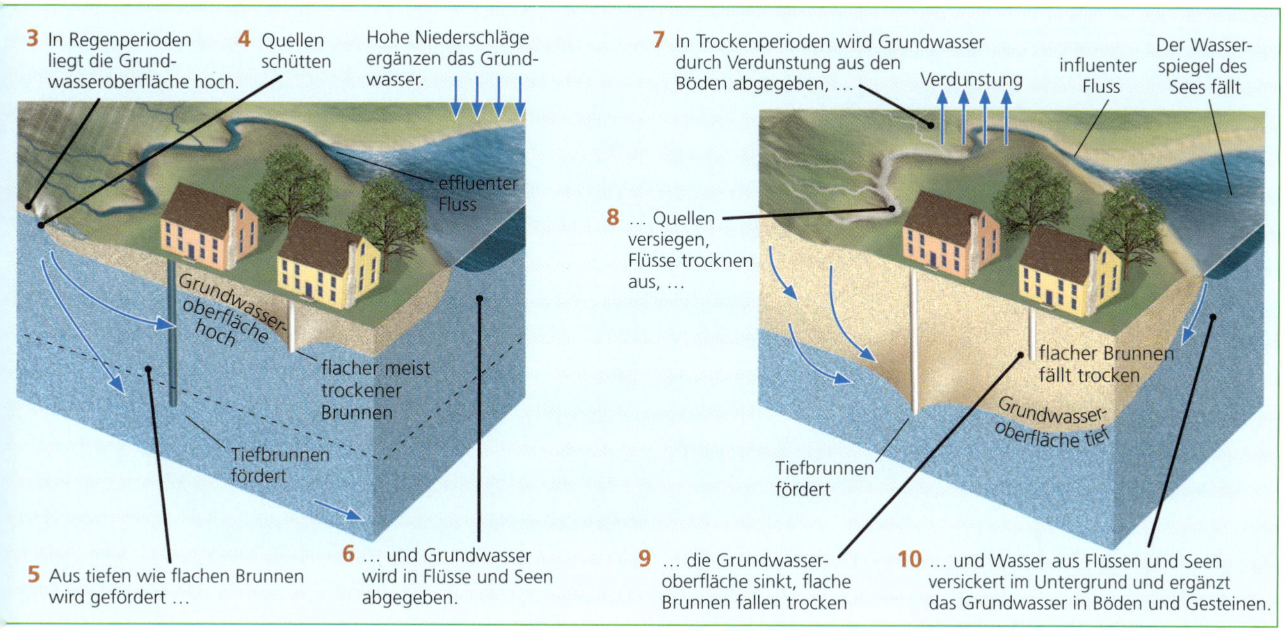


Flüsse, in die Grundwasser abfließt, umgekehrt verringert werden.

## Grundwasserleiter

Wasser kann sich in den Grundwasserleitern als gespanntes oder ungespanntes (freies) Grundwasser bewegen. **Freies Grundwasser** fließt durch Schichten mit einer mehr oder weniger gleichen Permeabilität, die sowohl in den Gebieten der Grundwasserneubildung als auch in den Abflussgebieten bis an die Oberfläche reichen. Die Obergrenze des Grundwasserspeichers ist dabei überall durch das Niveau der Grundwasseroberfläche gegeben.

Viele durchlässige Grundwasserleiter, beispielsweise Sandsteine, sind oben und unten von tonigen Schichten geringer Durchlässigkeit begrenzt. Das Grundwasser kann somit durch diese relativ undurchlässigen Schichten oder **Grundwassernichtleiter** entweder nicht oder nur sehr langsam hindurchfließen. Wenn Grundwassernichtleiter sowohl über als auch unter einem Grundwasserleiter lagern, engen sie die Bewegung des Grundwassers auf diesen Grundwasserleiter ein. Das Grundwasser kann also nicht so hoch aufsteigen, wie es seinem hydrostatischen Druck entspricht. Unter diesen Verhältnissen liegt ein **gespanntes** oder **artesisches Grundwasser** vor, in dem der Grundwasserstrom unter hydrostatischem Druck steht.

Die undurchlässigen Schichten über dem Grundwasserleiter verhindern, dass Niederschläge unmittelbar in den Grundwasserleiter einsickern. Stattdessen wird der Grundwasserleiter durch Niederschlagswasser gespeist, das dort in den Untergrund einsickert, wo dessen Gesteine in topographisch höher liegenden Gebieten zutage treten. Dort können die Niederschläge versickern, da kein Grundwassernichtleiter die Infiltration verhindert. Danach fließt das eingesickerte Wasser im Untergrund dem Gefälle des Grundwasserleiters folgend abwärts (Abb. 17.10). Gespanntes Grundwasser steht unter hydrostatischem Druck, das heißt, an jedem Punkt innerhalb des Grundwasserleiters entspricht der Druck dem Gewicht der Wassersäule, die im Grundwasserleiter über diesen Punkt hinausragt.

Wird gespanntes Grundwasser zum Bau eines Brunnens an einer Stelle angebohrt, wo die Erdoberfläche niedriger liegt als der Grundwasserspiegel im Grundwasserleiter eines höher gelegenen Einsickerungsgebiets, dann fließt das Wasser aus dem Brunnen frei an der Erdoberfläche aus. Jeder Brunnen, der auf diese Weise selbsttätig an der Oberfläche ausfließt, wird nach der Landschaft Artois in Nordfrankreich als **artesischer Brunnen** bezeichnet. Artesisches Grundwasser aus bis zu 80 m tiefen Schächten wurde am Südrand des Atlas-Gebirges schon vor mehr als 600 Jahren von den Arabern erschlossen. Artesische Brunnen sind sehr gesucht, weil die Wassergewinnung keine Energie erfordert, da das Grundwasser durch seinen eigenen hydrostatischen Druck an die Oberfläche steigt.

In Gebieten mit einem stark wechselnden Gesteinsaufbau sind auch die Grundwasserverhältnisse etwas differenzierter. Werden beispielsweise in einer Wechselfolge mehrere Grundwasserleiter durch schwer oder nahezu undurchlässige Gesteinseinheiten voneinander getrennt, sodass eindeutig abgrenzbare Grundwasservorkommen übereinander auftreten, dann ist der Grundwasserkör-

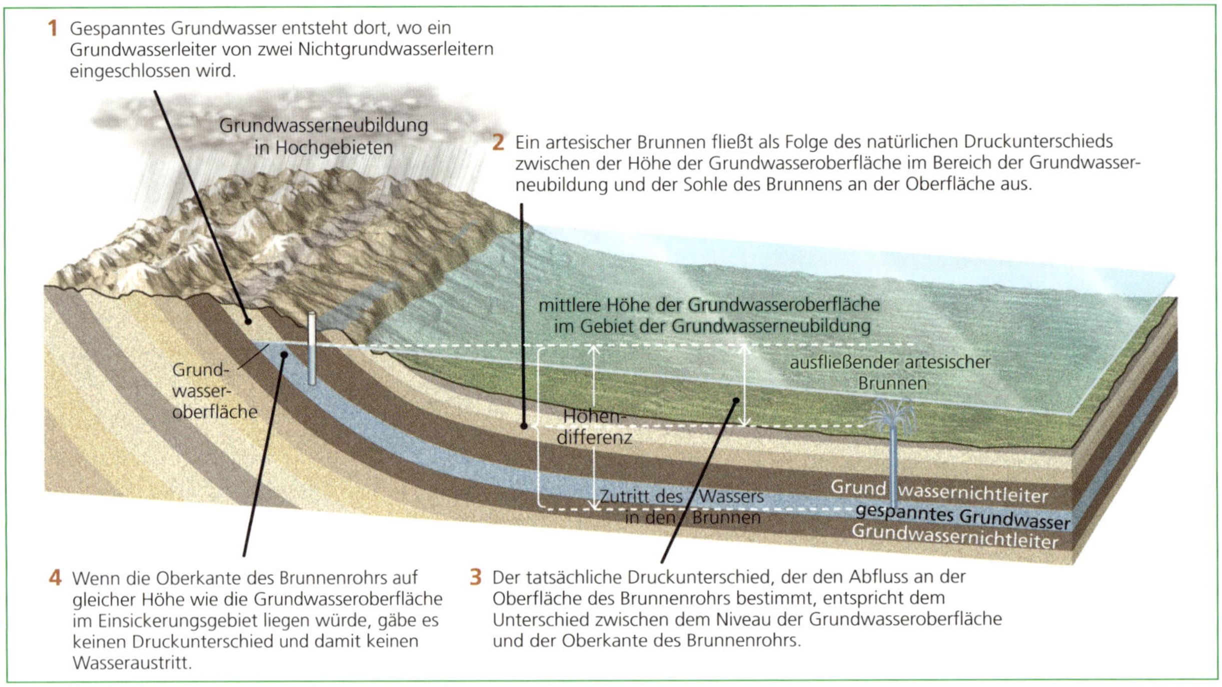


**Abb. 17.10** Gespanntes Grundwasser entsteht dort, wo es in einem Grundwasserleiter zwischen zwei Grundwassernichtleitern (Schichten mit geringer Durchlässigkeit) eingeschlossen ist.

per in einzelne **Grundwasserstockwerke** gegliedert. Oftmals ist auch der Verlauf der Grundwasseroberfläche etwas komplizierter. In der ungesättigten Zone kann innerhalb einer gut durchlässigen Sandschicht beispielsweise eine regional begrenzte wenig durchlässige Tonschicht – ein Grundwassernichtleiter – vorhanden sein, auf der sich vor allem nach stärkeren Niederschlägen ein eigener Grundwasserkörper ausbildet (Abb. 17.11). Dieser Grundwasserkörper in dem oberflächennahen Grundwasserleiter wird als **schwebender Grundwasser-**

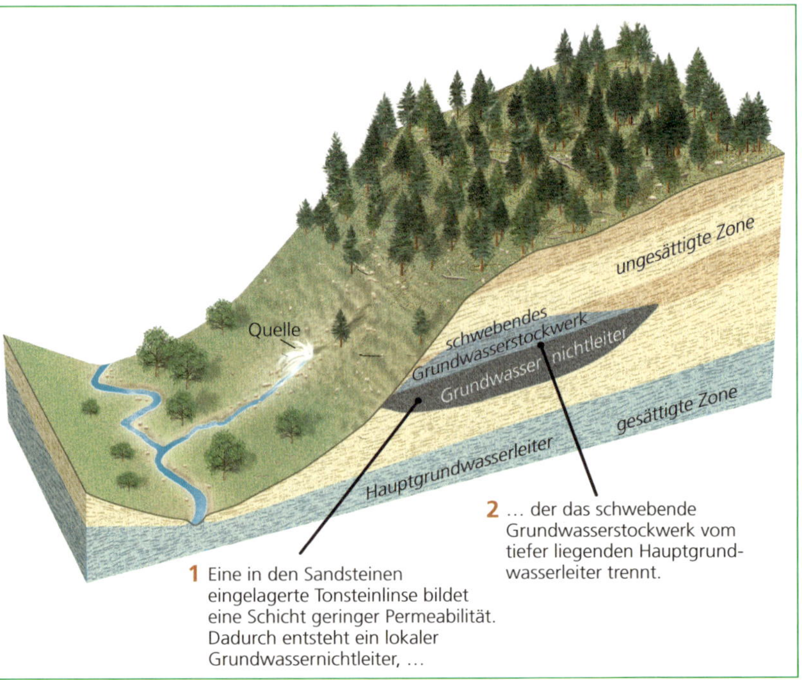


**Abb. 17.11** Ein schwebendes Grundwasserstockwerk entsteht in Gebieten mit geologisch komplex aufgebautem Untergrund – hier durch einen Grundwassernichtleiter aus Schieferton, der über dem Hauptgrundwasserleiter in einem Sandstein-Grundwasserleiter lagert. Die Dynamik der Grundwasserneubildung und Grundwasserentnahme kann sich bei einem schwebenden Grundwasserstockwerk von der des Hauptgrundwasserleiters unterscheiden. Der Hauptgrundwasserleiter kann in diesem Beispiel nur durch Versickerung aus den tiefer liegenden Hangbereichen ergänzt werden.

**leiter** oder **schwebendes Grundwasserstockwerk** bezeichnet, weil er über dem tieferen zusammenhängenden Hauptgrundwasserleiter liegt. Meist bilden schwebende Grundwasserkörper lediglich kleinere flächenmäßig begrenzte und nur wenige Meter mächtige Linsen, doch einige erstrecken sich auch über Hunderte von Quadratkilometern.

## Gleichgewicht zwischen Grundwasserneubildung und Grundwasserabfluss

Wenn Grundwasserneubildung und -abfluss im Gleichgewicht stehen, bleibt der Grundwasservorrat und damit auch die Lage der Grundwasseroberfläche konstant, obwohl durch den Grundwasserleiter beständig Wasser fließt. Abflussmenge und Infiltration stehen jedoch nur dann im Gleichgewicht, wenn Niederschläge regelmäßig ausreichende Wassermengen liefern, die der Gesamtmenge des Abflusses in Flüssen, der Entnahme aus Brunnen und der Schüttung von Quellen entsprechen.

Wegen der jahreszeitlich bedingten Schwankungen der Niederschlagsmengen werden sich Grundwasserneubildung und -abfluss nicht zu jedem Zeitpunkt völlig ausgleichen. Typischerweise sinkt der Grundwasserspiegel in den trockeneren Jahreszeiten mit Verzögerung ab und steigt in den niederschlagsreichen Perioden wieder an. Der Unterschied zwischen Grundwasserhochstand im Frühjahr und Tiefstand im Herbst beträgt in Mitteleuropa normalerweise etwa 1 m. Wenn die Grundwasserneubildung zurückgeht, wie etwa bei längeren Trockenperioden, ergibt sich daraus ein länger anhaltendes Ungleichgewicht und insgesamt eine Absenkung des Grundwasserspiegels.

Dasselbe Ungleichgewicht kann sich auch durch eine Zunahme der Abflussmenge ergeben, etwa durch steigende Wasserentnahme aus Brunnen. Wenn der Grundwasserspiegel absinkt, endet die Sohle von weniger tiefen Brunnen bereits in der ungesättigten Zone und eine Förderung daraus wird unmöglich, die Brunnen fallen trocken.

Wird aus einem Grundwasserleiter über einen Brunnen das Wasser rascher entnommen, als es durch Zufluss wieder ergänzt werden kann, sinkt der Wasserspiegel rund um dem Brunnen trichterförmig ab – es entsteht ein so genannter **Entnahmetrichter** (Abb. 17.12). Das trifft für die meisten Entnahmestellen zu. Dehnt sich der Entnahmetrichter unter die Sohle eines Brunnens aus, fällt der Brunnen trocken. Wenn jedoch die Sohle des Brunnens über der Basis des Grundwasserleiters liegt, kann eine weitere Vertiefung des Brunnens in den Grundwasserleiter hinein eine Erhöhung der Wasserentnahme ermöglichen, selbst bei hohen Förderraten. Vertieft man jedoch den Brunnen so weit, dass dadurch der

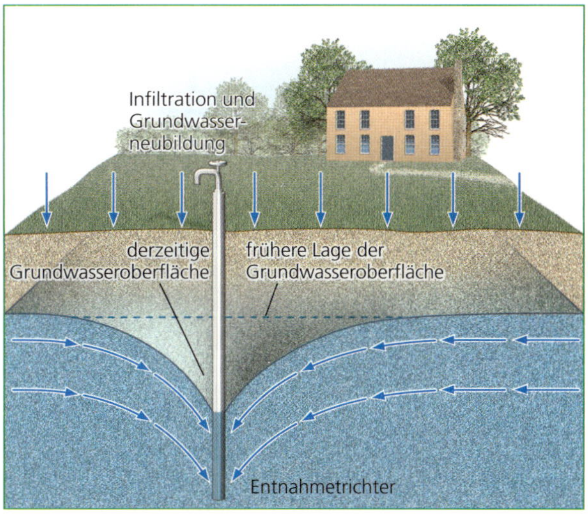


**Abb. 17.12** Durch eine im Verhältnis zur Grundwasserneubildung stärkere Grundwasserentnahme stellt sich in der Umgebung des Brunnens eine trichterförmige Absenkung der Grundwasseroberfläche ein. Der Wasserstand im Brunnen fällt auf den abgesenkten Stand des Grundwasserspiegels.

gesamte Grundwasserleiter erfasst wird, und steigt das Entnahmevolumen auf einem hohen Wert an, dann kann der Grundwasserleiter erschöpft werden, weil der Entnahmetrichter schließlich die Grundwassersohle erreicht. Der Grundwasserleiter kann sich nur dann regenerieren, wenn die Entnahmemenge so weit reduziert wird, dass für den Grundwasserzufluss und damit für die Erneuerung des Grundwassers genügend Zeit zur Verfügung steht.

Eine extreme Entnahme von Wasser kann nicht nur zur Erschöpfung des Grundwasserleiters führen, sie kann auch noch andere unerwünschte Nebeneffekte auslösen. Sinkt der Druck des Wassers in den Porenräumen ab, kann sich das Sediment, das den Grundwasserleiter überlagert, absenken und dabei erdfallartige Einsenkungen bilden (Abb. 17.13). Wenn solchen Sedimenten das Wasser entzogen wird, unterliegen sie außerdem einer Kompaktion. Die Volumenabnahme spiegelt sich in einer Absenkung der Erdoberfläche wider. Eine auf solche Effekte zurückzuführende Subsidenz trat in Mexico City und Venedig auf, aber auch zahlreiche andere Gebiete mit starker Grundwasserentnahme wie etwa das San Joaquin Valley in Kalifornien oder in Deutschland das hessische Ried südlich von Frankfurt sind klassische Beispiele hierfür. Im San Joaquin Valley erreichte die Absenkung der Erdoberfläche in drei Jahren nahezu einen Meter. Obwohl mit einigen Verfahren versucht wurde, die Absenkung rückgängig zu machen, etwa durch Verpressen von Wasser in das Grundwassersystem, waren diese Versuche nicht sehr erfolgreich, weil sich der größte Teil des verdichteten Materials nicht so einfach wieder auf sein früheres Volumen ausdehnen ließ. Das

**Abb. 17.13** Übermäßige Entnahme von Grundwasser im Antelope Valley, Kalifornien, führte bei Rogers Lakebed, einem Luftwaffenstützpunkt und Landeplatz der Raumfähren, zu Spalten und Bodensenkungen. Diese im Januar 1991 entstandene Spalte ist ungefähr 625 Meter lang [*Foto: James W. Borchers/USGS*].

beste Ergebnis, das erzielt werden konnte, bestand darin, die weitere Absenkung durch eine Verminderung der Grundwasserentnahme zum Stillstand zu bringen.

Menschen, die auf Inseln oder nahe der Meeresküste leben, sehen sich einem anderen Problem gegenübergestellt, wenn die Entnahmemengen von Süßwasser im Verhältnis zum Zufluss zu hoch sind: dem Einbruch von Salzwasser in die Brunnen. In der Nähe der Küstenlinie oder wenig seewärts davon liegt im Untergrund die so genannte Süß-/Salzwassergrenze, die das Salzwasser unter dem Meer von dem unter dem Festland lagernden Süßwasser trennt. Diese Grenze verläuft innerhalb des Grundwasserleiters mehr oder weniger steil von der Küstenlinie landeinwärts, und zwar so, dass das Salzwasser das Süßwasser des Grundwasserleiters unterlagert (Abb. 17.14). Im Untergrund vieler vom Meerwasser umgebener Inseln schwimmt auf einem Basiskörper aus Meerwasser eine Süßwasserlinse. Das Süßwasser schwimmt deshalb oben, weil seine Dichte (1,00 $g/cm^3$) geringer ist als die des Meerwassers (1,02 $g/cm^3$) – ein zwar kleiner, aber wichtiger Unterschied. Normalerweise hält der Druck des leichteren Süßwassers den Rand des Salzwassers in einer gewissen Entfernung zur Küste.

Das Gleichgewicht zwischen Entnahme und Neubildung im süßen Grundwasserleiter hält die Grenze Süß-/Salzwasser in einer konstanten Position. Solange sich im Grundwasserleiter Wasserentnahme und Erneuerung des Süßwassers durch Niederschläge ausgleichen, kann kontinuierlich Süßwasser gefördert werden. Wird aber das Süßwasser rascher entnommen als es zuströmen kann, entwickelt sich an der Oberfläche des Grundwasserleiters ein Entnahmetrichter. Spiegelbildlich zu diesem Entnahmetrichter bildet sich darunter ein umgekehrter Trichter, der von der Grenze Süßwasser/Salzwasser nach oben gerichtet ist. Der Entnahmetrichter im oberen Teil des Grundwasserleiters erschwert die Süßwassergewinnung, und der umgekehrte Trichter darunter führt an der Brunnensohle zu einem Zustrom von Salzwasser (Abb. 17.14). Menschen, die sehr nahe an der Küste leben, werden zuerst davon betroffen. Städte auf Cape Cod (Massachusetts), auf Long Island (New York) und in vielen anderen küstennahen Gebieten sind mit diesem Problem konfrontiert, einige Kommunen mussten bereits über Plakataktionen bekannt machen, dass das städtische Trinkwasser einen höheren Salzgehalt aufweist, als von den Umweltbehörden für gesundheitlich unbedenklich betrachtet wird. Es gibt keine andere Lösung für diese Probleme als eine Reduzierung der Grundwasserentnahme – oder, wie in einigen anderen Gebieten, eine künstliche Einleitung von Wasser über Schluckbrunnen in den Grundwasserleiter.

Es ist zu erwarten, dass ein Anstieg des Meeresspiegels, der als Folge einer globalen Erwärmung vorhergesagt wird, die Lage der Grenze Süß-/Salzwasser an den Küsten erheblich verschieben wird. Steigt der Meeresspiegel an, so steigt auch der Rand des Süßwassers. Das Meerwasser kann dann in den küstennahen Grundwasserleiter eindringen und das Grundwasser versalzen.

## Die Geschwindigkeit der Grundwasserbewegung

Die Geschwindigkeit, mit der sich das Wasser im Untergrund bewegt, beeinflusst das Gleichgewicht zwischen Abfluss und Zufluss. Der größte Teil des Grundwassers fließt sehr langsam, eine natürliche Erscheinung, die letztlich auch unseren Grundwasservorräten zugute kommt. Würde sich das Grundwasser so schnell wie das Wasser in Flüssen bewegen, würden die Grundwasserleiter während einer niederschlagsfreien Periode rasch austrocknen, wie das bei vielen kleinen Flüssen und Bächen der Fall ist. Andererseits schließt die geringe Fließgeschwindigkeit des Grundwassers eine rasche Erneuerung der Grundwasservorräte aus, wenn durch exzessives Abpumpen der Grundwasserspiegel vorher abgesenkt wurde.

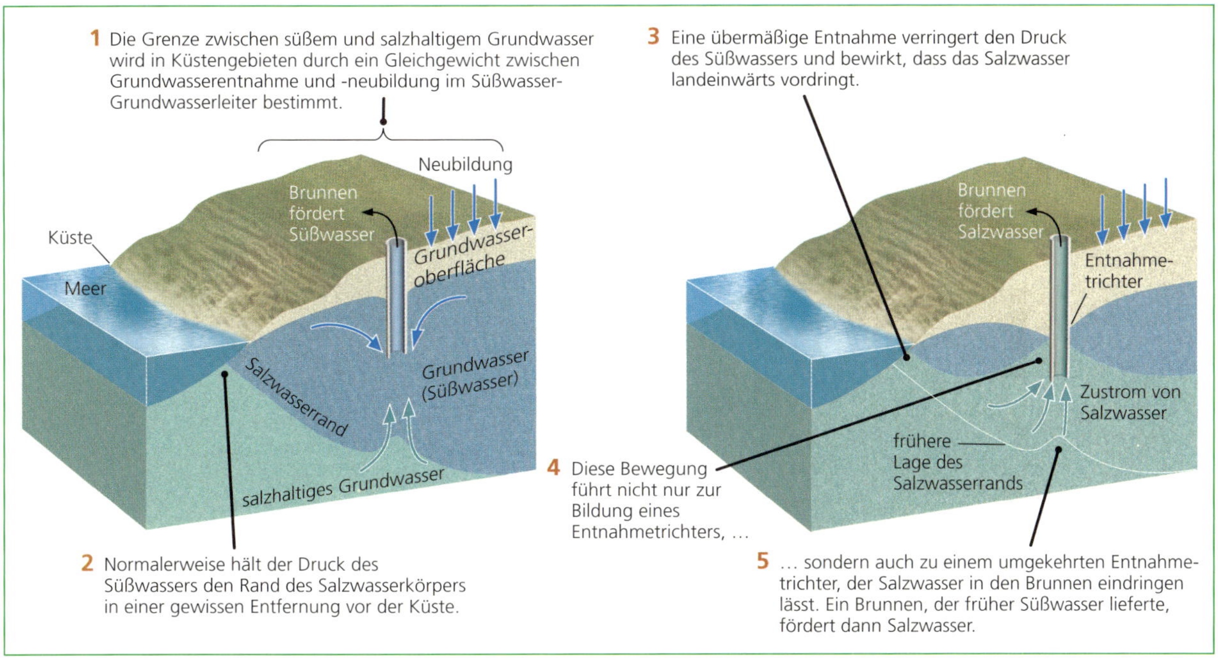


**Abb. 17.14** Die Grenze zwischen süßem und salzhaltigem Grundwasser ist in Küstenbereichen durch ein Gleichgewicht zwischen Grundwasserentnahme und Grundwassererneuerung im Süßwasser-Grundwasserleiter bestimmt.

Obwohl das gesamte Grundwasser generell langsam durch die Grundwasserleiter fließt, bewegt es sich in einigen Grundwasserleitern langsamer als in anderen. Die Ursachen hierfür wurden Mitte des 19. Jahrhunderts durch Henry Darcy ermittelt, der Stadtbaumeister in der französischen Stadt Dijon war. Bei der Untersuchung der Wasserversorgung der Stadt maß er in verschiedenen Brunnen das Niveau des Grundwasserspiegels und kartierte seine unterschiedlichen Höhenlagen innerhalb dieses Gebiets. Er berechnete die Entfernungen, die das Wasser von Brunnen zu Brunnen zurücklegte und bestimmte daraus die Permeabilität oder Durchlässigkeit des Grundwasserleiters. Er kam dabei zu folgenden Ergebnissen:

- Für einen bestimmten Grundwasserleiter und eine bestimmte Fließstrecke ist die Geschwindigkeit, mit der Wasser von einem Ort zum anderen fließt, direkt proportional zum Höhenunterschied des Grundwasserspiegels; das heißt, wenn der Höhenunterschied zunimmt, nimmt auch die Fließgeschwindigkeit zu.
- Die Fließgeschwindigkeit für einen bestimmten Grundwasserleiter und einen bestimmten Höhenunterschied ist umgekehrt porportional zur horizontalen Entfernung, die das Wasser zurücklegt; das heißt, wenn die Entfernung zunimmt, nimmt die Fließgeschwindigkeit ab. Das Verhältnis von Höhendifferenz und der von der Strömung zurückgelegten horizontalen Entfernung ist der so genannte **hydraulische Gradient**. Genauso wie ein Ball einen steileren Hang schneller hinunterrollt, fließt auch das Grundwasser bei einem steileren hydraulischen Gradienten rascher. Im Allgemeinen fließt das Grundwasser nicht mit dem Gefälle der Grundwasseroberfläche hangabwärts, sondern unterliegt ausschließlich dem hydraulischen Gradienten und folgt daher unter der Grundwasseroberfläche vielen Bahnen.
- Dieses Verhältnis zwischen Fließgeschwindigkeit und hydraulischem Gradienten besitzt allgemeine Gültigkeit, unabhängig davon, ob das Wasser sich durch einen porösen Sandsteingrundwasserleiter oder ein Rohr bewegt. Man könnte vermuten, dass das Wasser durch ein offenes Rohr rascher fließt als durch die verschlungenen Windungen der Porenräume in einem Grundwasserleiter. Darcy ermittelte diesen Faktor und setzte in seine endgültige Gleichung als Maß für die Durchlässigkeit eines Gesteins den **Durchlässigkeitsbeiwert** oder **Durchlässigkeitskoeffizienten K** ein. Da die anderen Faktoren gleich bleiben, ergibt sich daraus: Je größer die Permeabilität und je leichter das Fließen erfolgt, desto höher ist auch die Fließgeschwindigkeit.

Das **Darcy-Gesetz**, das diese gegenseitigen Beziehungen zusammenfasst, kann in Form einer einfachen Gleichung ausgedrückt werden (Abb. 17.15): Das Volumen des in einer bestimmten Zeiteinheit fließenden Wassers (Q) ist proportional zum vertikalen Höhenunterschied der Grundwasseroberfläche (h), geteilt durch die Länge des Fließwegs (l). Die restlichen Symbole sind A, die Querschnittsfläche, durch die das Wasser fließt, K ist die

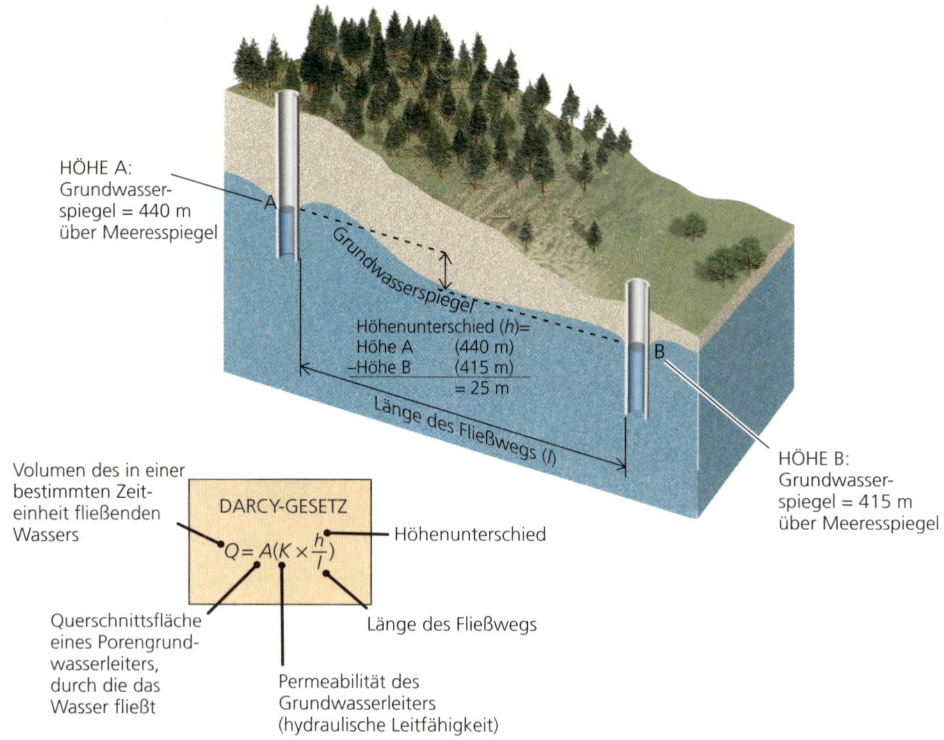


**Abb. 17.15** Das Darcy-Gesetz beschreibt die Geschwindigkeit der Grundwasserbewegung.

hydraulische Leitfähigkeit (ein Maß für die spezifische Permeabilität eines Gesteins) und Ì ist die Viskosität des Fluids (in diesem Falle Wasser). Der K-Wert ist darüber hinaus von den Eigenschaften des Fluids abhängig, vor allem von dessen Dichte und Viskosität, die bei der Betrachtung anderer Fluide von Bedeutung sind.

$$Q = A\left(K \times \frac{h}{l}\right)$$

Die nach dem Darcy-Gesetz berechneten Fließgeschwindigkeiten wurden experimentell bestätigt. Man führte Messungen durch, wie lange es dauert, bis ein neutraler Markierungsstoff von einem Brunnen in einen anderen gelangt. In den meisten Grundwasserleitern fließt das Grundwasser mit einer Geschwindigkeit von wenigen Zentimetern pro Tag. In sehr permeablen Schottern beträgt die Geschwindigkeit in den höheren Bereichen bis zu 15 cm pro Tag. Dies ist um Größenordnungen langsamer als die normale Fließgeschwindigkeit in offenen Gewässern, die in der Größenordnung von 20–50 cm/s liegt.

## Wasservorräte in wichtigen Grundwasserleitern

Der Bedarf an Grundwasservorräten hat in vielen Teilen der Welt zugenommen, da die Bevölkerungszahl steigt und der Verbrauch für die Bewässerung landwirtschaftlicher Flächen sich dadurch ebenfalls erhöht hat (Abbildung 17.16 zeigt das für die USA). In vielen Trockengebieten führte eine zu hohe Entnahme aus Brunnen zur Absenkung des Grundwassers. In den USA gilt das besonders für die Great Plains und andere Teile des Mittleren Westens, deren Untergrund aus Sandsteinen besteht, von denen die meisten gespanntes Grundwasser enthalten. In diese Sandsteine, in denen das Wasser oft über hunderte von Kilometern transportiert wird und die eine wertvolle Ressource darstellen, wurden Tausende von Bohrungen niedergebracht. Die Grundwasserneubildung erfolgt hauptsächlich in den Aufschlüssen der westlichen Great Plains, in vielen Fällen unmittelbar im Vorland der Rocky Mountains, von wo aus das Wasser nach Osten fließt.

Das Darcy-Gesetz besagt, dass das Wasser im Grundwasserleiter mit Geschwindigkeiten fließt, die proportional zu dem Gefälle zwischen den Gebieten der Grundwasserneubildung und dem Entnahmepunkt sind. In den Western Plains ist das Gefälle gering, folglich durchfließt das Wasser die Grundwasserleiter auch mit geringer Geschwindigkeit und ergänzt sie nur sehr langsam. Zunächst waren viele dieser Brunnen artesische Brunnen, das Wasser floss also frei an der Oberfläche aus. Als immer mehr Brunnen gebohrt wurden, sank der Grundwasserspiegel ab und das Wasser musste fortan hochgepumpt werden. Weil durch extensive Entnahme aus einigen dieser Grundwasserleiter das Wasser rascher entnommen wurde, als es durch den langsamen Grundwasserzufluss erneuert werden konnte, wurden die Grundwasservorräte allmählich erschöpft (Exkurs 17.2).

Eine ähnliche Entwicklung zeichnet sich auch in den artesischen Grundwasserleitern im Bereich des Pariser

## Exkurs 17.2

# Wann wird Grundwasser zur nicht erneuerbaren Ressource?

Mehr als hundert Jahre lang hat der Ogallala-Sandstein, eine Abfolge aus Sanden und Kiesen, Trinkwasser für die Bevölkerung der Städte und Dörfer, für Viehfarmen und Bauernhöfe in weiten Teilen der südwestlichen Vereinigten Staaten geliefert. Die Bevölkerung dieses Gebiets stieg jedoch von wenigen tausend Einwohnern am Ende des 19. Jahrhunderts auf heute nahezu eine Million an. Der Ogallala-Sandstein liefert zwar noch immer das für die Bewässerung notwendige Wasser, das eine landwirtschaftliche Nutzung ermöglicht und damit die wirtschaftliche Basis dieser Gegend sichert. Doch der Wasserdruck in den Brunnen ist beständig zurückgegangen und der Grundwasserspiegel ist um 30 m und mehr gefallen.

Der Ogallala-Grundwasserleiter der südlichen Great Plains ergänzt sich auf natürlichem Wege äußerst langsam, da die Niederschlagsmengen sehr gering sind, die Verdunstungsrate hoch und das Einzugsgebiet vergleichsweise klein ist. Das Wasser wurde so extensiv aus dem Speicher abgepumpt – ungefähr sechs Milliarden Kubikmeter pro Jahr aus mehr als 170 000 Brunnen –, dass die Erneuerung des Grundwassers in diesem Umfang nicht mehr möglich ist. Bei der derzeitigen Neubildungsrate und unter der Voraussetzung, dass kein Wasser mehr entnommen wird, würde es mehrere tausend Jahre dauern, bis der Grundwasserspiegel wieder seinen einstigen Stand und seine ursprünglichen Druckverhältnisse erreicht hat. Bei einigen künstlichen Anreicherungsversuchen hat man Wasser aus flachen Seen, die sich in niederschlagsreichen Monaten auf den hoch liegenden Ebenen bilden, in den Grundwasserleiter eingespeist und erreichte dadurch eine gewisse Zunahme der Grundwasserneubildung, doch langfristig ist der Grundwasserleiter noch immer gefährdet.

Man schätzt, dass die restlichen, im Ogallala-Sandstein vorhandenen Grundwasservorräte nur noch bis Anfang dieses Jahrhunderts reichen werden. Wenn dieser wertvolle Wasserspeicher im Untergrund trockenfällt, werden ungefähr 5,1 Millionen Hektar bewässertes Land im westlichen Texas und im östlichen Neu-Mexiko austrocknen. Diese Region liefert derzeit zwölf Prozent der Gesamtproduktion der Vereinigten Staaten an Baumwolle, Mais, Hirse und Weizen und hat darüber hinaus einen wesentlichen Anteil an der Viehfutterproduktion.

Andere Grundwasserleiter in den nördlichen Great Plains und anderswo in Nordamerika befinden sich in einem ähnlichen Zustand. In drei großen Gebieten der Vereinigten Staaten – Arizona, den High Plains und Kalifornien – sind die Grundwasservorräte in hohem Maße erschöpft. Da der Wasserverbrauch weiter zunimmt, werden alle Bewohner dieser Landstriche schließlich deutlich spürbare, das Grundwasser erhaltende Schutzmaßnahmen akzeptieren müssen.

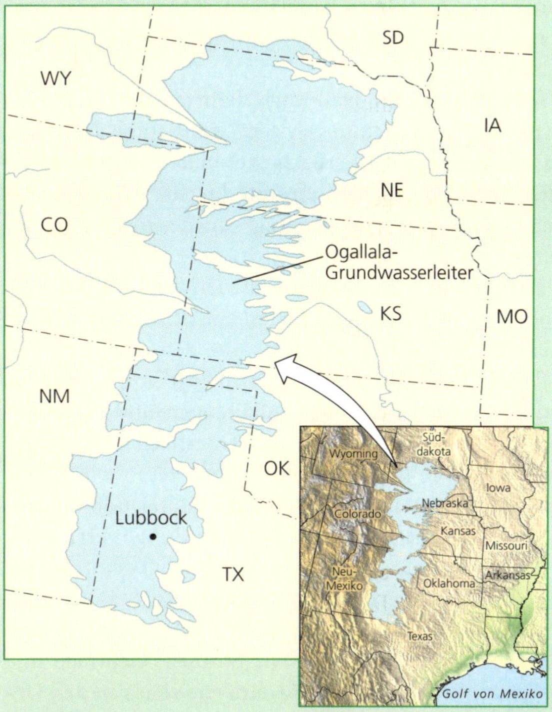


Die südwestlichen Hochebenen von Texas und Neu-Mexiko werden vom Ogallala-Grundwasserleiter unterlagert, dessen Verbreitung der blauen Fläche entspricht. Das Gebiet der Grundwasserneubildung liegt am Westrand des Grundwasserleiters. Der Punkt zeigt die Lage künstlich angelegter Schluckbrunnen (*nach USGS*).

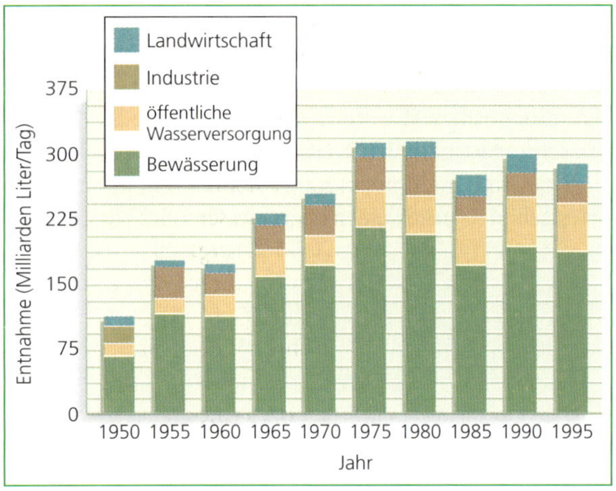


**Abb.17.16** Grundwasserförderung im Zeitraum zwischen 1950 und 1995 in den Vereinigten Staaten [*nach USGS*].

Beckens ab. Seit ihrer Erschließung Mitte des 19. Jahrhunderts ist die Druckhöhe von ursprünglich über 30 m allmählich auf heute unter 10 m zurückgegangen. Es ist lediglich eine Frage der Zeit, bis auch dort die Wassergewinnung durch Pumpen erfolgen muss.

Bemühungen, die exzessive Entnahme zu reduzieren, wurden durch Versuche unterstützt, die Grundwasserleiter in einigen Gebieten durch künstliche Versickerung zu ergänzen.

Auf Long Island, New York, bohrten die Wasserbehörden ein ausgedehntes System von Schluckbrunnen, um Wasser von der Oberfläche her in den Grundwasserleiter einzuspeisen. Man pumpte hierfür Abwasser, das zuerst aufbereitet und gereinigt wurde, in den Untergrund zurück.

Darüber hinaus wurden von den verantwortlichen Behörden über den natürlichen Einsickerungsgebieten große flache Becken angelegt, um den oberirdischen Abfluss einschließlich der Niederschläge von Unwettern und der Industrieabwässer aufzufangen und so umzuleiten, dass die Infiltration von Oberflächenwasser erhöht wird. Die für dieses Programm verantwortlichen Behörden wussten, dass Stadtentwicklung und Bodenversiegelung die Grundwasserneubildung verringern, weil dadurch die Infiltration erheblich beeinträchtigt wird. Da Verstädterung und Landverbrauch zunehmen, wird Wasser durch undurchlässige Materialien, die zum Befestigen großer Bereiche wie Straßen, Gehwege und Parkplätze verwendet werden, am Versickern in den Untergrund gehindert. Eine solche Versiegelung vergrößert die Menge des oberirdisch abfließenden Niederschlagswassers und vermindert die natürliche Infiltration in den Untergrund so stark, dass den Grundwasserleitern ein Großteil ihres Zuflusses entzogen wird. Dieses Problem tritt in den dicht besiedelten Regionen von Mitteleuropa einschließlich der Bundesrepublik erst in sehr begrenztem Ausmaß in Erscheinung, da die versiegelte Fläche bisher nur wenige Prozent der Gesamtoberfläche ausmacht. Zur Vorbeugung und als Gegenmaßnahme könnte beispielsweise der Abfluss von Starkregen aufgefangen und systematisch zur künstlichen Grundwasseranreicherung herangezogen werden, wie das auf Long Island der Fall ist, wo der Grundwasserleiter durch die Maßnahmen der Behörden wieder aufgefüllt wurde, wenn auch nicht bis zu seinem ursprünglichen Niveau. Traditionell werden in der Bundesrepublik Trinkwassertalsperren und Stauseen zur Abflussregulierung genutzt.

## Erosion durch Grundwasser

Jährlich besuchen Tausende von Menschen Höhlen, sei es zur Besichtigung sehenswerter Tropfsteinbildungen wie beispielsweise in der Mammouth Cave in Kentucky oder prähistorischer Tierdarstellungen wie in Lascaux und Altamira, aber auch aus reiner Freude an der spektakulären Natur. Diese enorm großen offenen Räume im Untergrund sind durch das Auflösen von Kalkstein – seltener von anderen leicht löslichen Gesteinen wie etwa Evaporiten – durch das Grundwasser entstanden. Die Mengen an Kalkstein, die bis zur Entstehung einer Höhle gelöst werden müssen, sind ungeheuer groß. Die riesige Mammoth Cave im US-Bundesstaat Kentucky zum Beispiel besteht aus einem Dutzende von Kilometern langen System aus großen und kleinen miteinander verbundenen Kammern, und auch der große Raum in den Carlsbad Caverns von Neu-Mexiko ist mehr als 1 200 m lang, 200 m breit und 100 m hoch. Kalksteinabfolgen sind in den höheren Bereichen der Erdkruste weit verbreitet, doch Höhlen bilden sich nur dort, wo diese relativ löslichen Gesteine unmittelbar an oder in der Nähe der Oberfläche liegen und wo ausreichend kohlendioxid- oder schwefeldioxidhaltiges Wasser im Untergrund versickert und große Mengen von Kalkstein lösen kann.

Wie wir bereits in Kapitel 16 gesehen haben, wird die Auflösung von Kalkstein durch das im Regenwasser gelöste atmosphärische Kohlendioxid verstärkt. Wasser, das durch den Boden sickert, nimmt dabei zusätzlich Kohlendioxid auf, das von Pflanzenwurzeln, Bakterien und anderen bodenbewohnenden Organismen abgegeben wird; dadurch hat es einen weitaus höheren $CO_2$-Gehalt als Regenwasser. Wenn sich dieses kohlendioxidreiche Wasser nach unten zur Grundwasseroberfläche bewegt, also von der ungesättigten zur gesättigten Zone, löst es Carbonatminerale und dadurch entstehen Hohlräume. Weil die Kalksteine bevorzugt entlang von Klüften und Spalten in Lösung gehen, werden diese allmählich erweitert und vergrößern sich zu einem Netzwerk von Hohlräumen und engen Verbindungswegen. Ein großer Teil der Lösungsvorgänge findet in der gesättigten Zone statt. Da die Höhlen mit Wasser gefüllt sind, erfolgt der Lösungsvorgang auch an der gesamten Oberfläche der Hohlräume – auf dem Boden, an Wänden und Decken.

Wir können Höhlen erforschen, die einst unterhalb des Grundwasserspiegels herausgelöst wurden, heute aber als Folge einer Absenkung des Grundwasserspiegels in der ungesättigten Zone liegen. In diesen nun mit Luft gefüllten Höhlen tropft das mit Calciumcarbonat gesättigte Wasser von der Decke. Beim Heruntertropfen wird ein Teil des gelösten Kohlendioxids, das aus dem durchsickerten Boden aufgenommen wurde, wieder in die Atmosphäre der Höhle entweichen. Die Abgabe von Kohlendioxid aus dem Grundwasser verringert die Löslichkeit des Calciumcarbonats und deshalb wird mit jedem Wassertropfen an der Decke eine kleine Menge Calciumcarbonat ausgefällt. Jeder Tropfen fügt ein klein wenig mehr hinzu, und ähnlich wie ein Eiszapfen wächst eine lange dünne Nadel aus Calciumcarbonat, ein so genannter **Stalaktit**, von der Decke nach unten. Wenn ein Teil des Wassers auf den Boden auftrifft, entweicht weiteres Kohlendioxid; am Boden unter dem Stalaktiten wird wieder eine geringe Menge Calciumcarbonat abgeschieden und dadurch beginnt ein unregelmäßiger, kegelförmiger **Stalagmit** nach oben zu wachsen. Schließlich können Stalaktit und Stalagmit zusammenwachsen – es entsteht ein **Stalagnat**, eine durchgehende Säule (Abb. 17.17).

In Höhlen entdeckte man extremophile Mikroorganismen (Kap. 11); einige Geologen gehen davon aus, dass die Carlsbad Caverns zum Teil dadurch entstanden sind, dass diese extremophilen Organismen den im Gips enthaltenen Schwefel als Energiequelle verwendet haben, wobei als Nebenprodukt Schwefelsäure entstanden ist. Diese Schwefelsäure beschleunigte den Lösungsvorgang der Kalksteine und damit die Höhlenbildung.

Stellenweise kann durch die Auflösung der Kalksteine das Dach einer Höhle so dünn werden, dass es einbricht und an der darüber liegenden Erdoberfläche eine trichterförmige Einsenkung, ein so genannter Erdfall oder **Doline** entsteht (Abb. 17.18). Solche Dolinen sind an der Oberfläche von kavernösen, höhlenreichen Kalksteinserien häufig, manche mit Durchmessern bis zu mehreren hundert Metern. Wo sich Dolinen vergrößern, verbinden sie sich zu länglichen oder auch unregelmäßigen Hohlformen, den **Uvalas** und schließlich zu großen **Karstwannen** oder **Poljen**. Fortschreitende Kalklösung führt mit der Zeit zu einer charakteristischen hügeligen, durch Dolinen und Höhlen gekennzeichneten Morphologie, die nach einer Kalksteinhochfläche im westlichen Slowenien als **Karst** bezeichnet wird (Abb. 17.19).

Im Gegensatz zu den Landschaften mit einer mehr oder weniger dichten Oberflächenentwässerung fehlt in den Karstgebieten ein oberirdisches Entwässerungssystem fast völlig. Kleinere Bäche oder Flüsse fließen nur kurze Strecken an der Oberfläche und verschwinden dann im Untergrund. Daher sind so genannte Trockentäler ein typisches Merkmal dieser Landschaftsform. Im Untergrund bewegt sich das Wasser vergleichsweise rasch durch ein System von Höhlen und Spalten. Dort, wo der Karstwasserspiegel angeschnitten wird, tritt dieses Wasser als Karstquelle in charakteristischen Quelltöpfen wieder aus, deren Schüttung teilweise sehr kräftig sein kann, jedoch starken Schwankungen unterliegt, wie der Blautopf oder die Aachquelle in Süddeutschland belegen. Die Verkarstung ist in solchen Gebieten am weitesten fortgeschritten, in denen drei Faktoren zusammenwirken:

1. Ein Klima mit hohen Niederschlägen, das eine üppige Vegetation zur Folge hat (sie liefert kohlendioxidreiches Wasser).

**Abb. 17.17** Das „Chinesische Theater" in den Carlsberg Caverns, Neu-Mexiko. Stalaktiten an der Decke und Stalagmiten am Boden sind zu einer Tropfsteinsäule zusammengewachsen [*Foto: David Muench*].

**Abb. 17.18** Durch den Einsturz einer Höhle in geringer Tiefe entstand eine große Doline. Solche Einstürze können so plötzlich erfolgen, dass fahrende Autos hineinstürzen und verschüttet werden. Diese Doline entstand in Winter Park, Florida [*Foto: Leif Skoogfors/Woodfin Camp*].

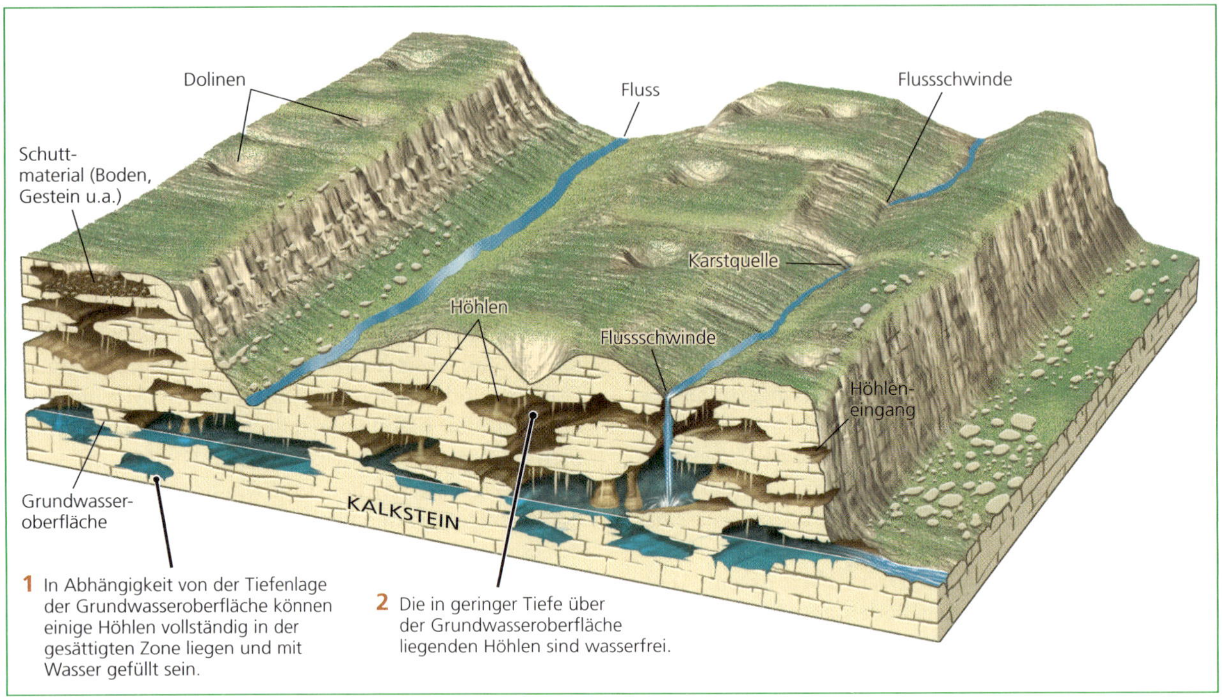


**Abb. 17.19** Typische Erscheinungsformen der Karstmorphologie sind Höhlen, Dolinen und im Untergrund versickernde Flüsse.

2. Intensiv zerklüftete Kalksteinserien.
3. Nennenswerte hydraulische Gradienten.

Karstgebiete sind deshalb überwiegend auf humide und gemäßigt humide Klimazonen beschränkt. Lange Trockenzeiten behindern die Entwicklung ebenso wie lange Frostperioden. In Wüstengebieten, wo praktisch kein Regen fällt, bilden sich keine Karstlandschaften. Die ausgeprägtesten und am besten entwickelten Karstgebiete finden wir daher im tropisch-humiden Klima. Dort, wo mächtige Carbonatgesteine vorhanden sind, bildet sich eine besondere Form der Karstmorphologie, der so genannte **Turm-** oder **Kegelkarst**, gekennzeichnet durch steilwandige kegel- oder zuckerhutförmige Berge (Abb. 17.20). Sie sind die Erosionsreste einer ehemals mächtigen durchgehenden Kalksteinserie, die bis auf diese bizarren Berge durch Lösungsvorgänge entfernt wurde.

Karstgebiete sind anfällig für zahlreiche Umweltprobleme, unter anderem auch für die Absenkung der Erdoberfläche durch Einsturz von unterirdischen Hohlräumen und Dolinenbildung. Außer in Südchina findet man solche karstmorphologischen Erscheinungen in Nordamerika in den Kalksteingebieten von Indiana und Kentucky, auf der Halbinsel Yucatán (Mexiko) und auf Kuba, sowie in Mitteleuropa vor allem im Bereich der Schwäbischen und Fränkischen Alb. Auch die herausgehobenen jungtertiären Korallenkalke tropischer Vulkaninseln sind in starkem Maße verkarstet.

**Abb. 17.20** Turm- oder Kegelkarst bei Guilin, China [*Foto: Horst Eichler*].

# Wasserqualität

Für die meisten Menschen in den Industrienationen ist die Versorgung mit frischem, reinem Trinkwasser eine Selbstverständlichkeit. Doch eine wachsende Zahl von Menschen erkennt auch zunehmend, dass ihre Versorgung mit sauberem Wasser guter Qualität nur begrenzt ist. Nahezu die gesamten Wasservorräte in Nordamerika und Mitteleuropa sind in der Regel frei von bakteriellen Verunreinigungen, und der überwiegende Teil ist chemisch gesehen rein genug, um ohne Bedenken getrunken werden zu können. Ein weitaus häufigeres Problem ist die Verunreinigung von Flüssen und Grundwasserleitern durch toxische Substanzen aus Mülldeponien und anderen Schadstoffquellen.

## Verunreinigung der Wasservorräte

Die Qualität des Grundwassers ist oftmals durch eine Vielzahl von Verunreinigungen gefährdet. Ganz allgemein handelt es sich meist um chemische Substanzen, obwohl auch mikrobielle Verunreinigungen unter bestimmten Voraussetzungen erhebliche Folgen haben können.

**Bleibelastung** Blei ist bekannt als umweltbelastendes Produkt industrieller Fertigungsprozesse, bei denen Verunreinigungen in die Atmosphäre gelangen. Kondensiert der in der Atmosphäre vorhandene Wasserdampf, gelangt das Blei zusammen mit den Niederschlägen auf die Erde. Für die öffentliche Wasserversorgung wird Blei routinemäßig durch chemische Aufbereitungsverfahren entfernt, ehe das Wasser in das Versorgungsnetz eingespeist wird. Doch in zahlreichen älteren Häusern, wo Bleirohre noch immer häufig sind, kommt es zu einer gewissen Bleikontamination. Selbst das in neueren Bauwerken verwendete Weichlot zur Verbindung von Kupferleitungen oder auch das für Wasserhähne verwendete Metall sind eine, wenn auch sehr untergeordnete Quelle der Verunreinigung. Der Ersatz alter Bleileitungen durch Kunststoffrohre kann die Bleikontamination deutlich verringern. Selbst eine so einfache Maßnahme wie das Wasser vor Gebrauch für eine Minute laufen zu lassen, hilft bei alten Leitungen.

**Radioaktive Stoffe** Für das Problem von Verunreinigungen durch radioaktive Abfälle gibt es noch keine einfache Lösung. Einer der großen Nachteile der Versenkung radioaktiver Abfälle im Untergrund besteht darin, dass das radioaktive Material mit dem Grundwasser in Kontakt geraten und in Lösung gehen kann und auf diese Weise in die Grundwasserleiter gelangt. Eine Verunreinigung des in geringer Tiefe liegenden Grundwassers erfolgte bereits aus den Vorratstanks und unterirdischen Lagern der Atomwaffenfabriken in Oak Ridge (Tennessee) und Hanford (Washington).

**Mikroorganismen im Grundwasser** Wie bereits erwähnt wurde, leben auch zahlreiche Bakterien entgegen allen Erwartungen in großen Tiefen im Grundwasser (bis zu mehreren tausend Metern) und bilden dort große Mengen an Biomasse. Die meisten dieser Bakterien beziehen ihre Energie aus den chemischen Substanzen

**Tabelle 17.3** Grenzwerte für einige ausgewählte chemische Stoffe (Quelle: Trinkwasserverordnung [TrinkwV 2001])

| Bezeichnung | berechnet als | Grenzwert [mg $l^{-1}$] |
|---|---|---|
| Aluminium | Al | 0,2 |
| Ammonium | $NH_4^-$ | 0,5 |
| Arsen | As | 0,01 |
| Blei | Pb | 0,04 |
| Cadmium | Cd | 0,005 |
| Chrom | Cr | 0,05 |
| Eisen | Fe | 0,2 |
| Mangan | Mn | 0,05 |
| Phosphor | $PO_4^{3-}$ | 6,7 |
| Quecksilber | Hg | 0,001 |
| Chlorid | $Cl^-$ | 250 |
| Cyanid | $CN^-$ | 0,05 |
| Fluorid | $F^-$ | 1,5 |
| Nitrat | $NO_3^-$ | 50 |
| Nitrit | $NO_2^-$ | 0,5 |
| organische Chlorverbindungen (insgesamt) | – | 0,01 |
| Phenole | $(C_6H_5O_4)$ | 0,0005 |

und Mineralen der Gesteine (Kap. 11). Durch diese Reaktionen – abgesehen davon, dass sie als Energiequelle für die Bakterien dienen – finden ständig Verwitterungsvorgänge im Untergrund statt. Die bei diesen Reaktionen frei werdenden chemischen Substanzen können zu einer Verschlechterung der Wasserqualität führen.

Die häufigste Ursache mikrobieller Grundwasserverunreinigungen sind undichte Sicker- und Jauchegruben. Solche Gruben sind in Gebieten ohne Kanalisationssystem weit verbreitet als Absetzbecken, die in geringen Tiefen eingegraben sind und in denen die festen Substanzen der häuslichen Abwässer durch Bakterien zersetzt werden. Um eine Kontamination des Grundwassers zu vermeiden, sollten die Jauchegruben durch Klärgruben ersetzt werden. Diese müssen sich in ausreichender Entfernung von Trinkwasserbrunnen befinden, besonders dann, wenn sie in oberflächennahen Grundwasserleitern gebaut werden.

**Weitere chemische Verunreinigungen** Grundwasser, das von Natur aus sauber ist, kann durch verschiedene Aktivitäten des Menschen verunreinigt werden (Abb. 17.21). Die Beseitigung chlorierter Kohlenwasserstoffe wie etwa Trichlorethylen, das als Reinigungsmittel in der Industrie breite Verwendung findet, bildet ein erhebliches Problem. Diese Lösungsmittel verbleiben in der Umwelt, da sie aus verunreinigtem Wasser nur schwer zu entfernen sind. Erdtanks für Mineralöl und Benzin können undicht werden, auch Streusalz gelangt zwangsläufig in den Boden und schließlich in die Grundwasserleiter. In der Landwirtschaft verwendete Pestizide, Herbizide und Düngemittel werden vom Regen in den Boden eingewaschen und können nach unten in die Grundwasserleiter einsickern. In einigen landwirtschaftlich genutzten Gebieten, wo in starkem Maße Stickstoffdünger zum Einsatz kommen, kann das Grundwasser hohe Nitratgehalte aufweisen. Nach einer neuen Studie überstiegen in den Vereinigten Staaten 21 Prozent der untersuchten Flachbrunnen zur Trinkwassernutzung die erlaubte maximale Nitratmenge von 10 mg/l. Hohe Nitratwerte stellen für Säuglinge unter sechs Monaten eine Gefahr dar, an dem so genannten Blue-Baby-Syndrom („Blausucht“ infolge reduzierter Sauerstoffaufnahme) zu erkranken.

Zu einem besonderen Problem entwickelten sich in den letzten Jahrzehnten die Einträge von Medikamentenrückständen, vor allem von Antibiotika und Kontrazeptiva, die trotz Einsatz moderner Klärtechnik und Wasseraufbereitung in die Grundwasserleiter gelangen.

**Beseitigung von Verunreinigungen** Können wir die Verunreinigungen der Grundwasservorräte rückgängig machen? Die Antwort ist ein eingeschränktes „Ja“, denn der Prozess ist kostspielig und dauert sehr lange. Je schneller ein Grundwasserleiter sich ergänzt, desto einfacher ist er zu sanieren. Wenn die Grundwassererneue-

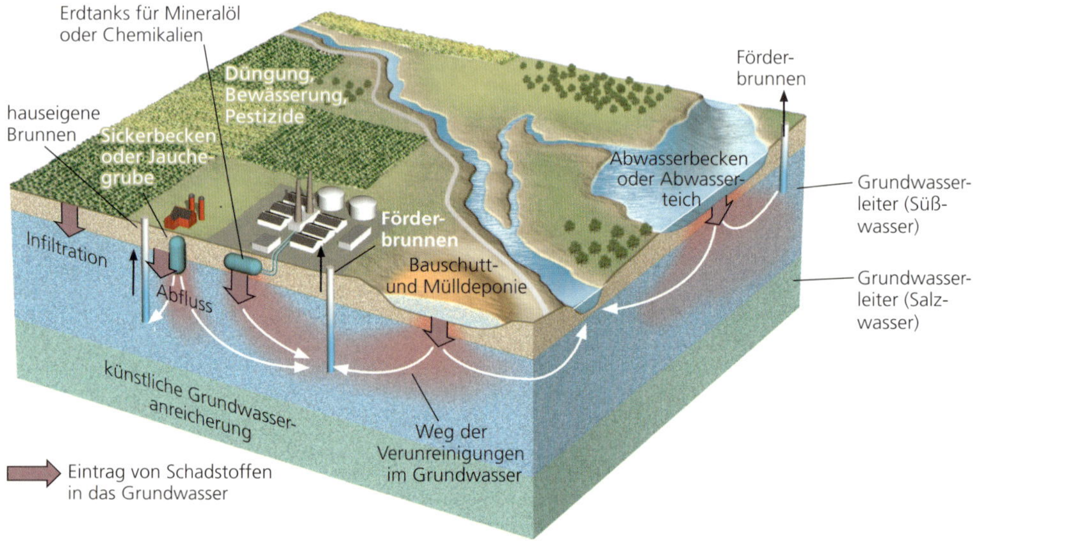


**Abb. 17.21** Die Aktivitäten des Menschen können zu Verunreinigungen des Grundwassers führen. Verschmutzungen durch oberflächennahe Schadstoffquellen wie beispielsweise Müllkippen oder Sickergruben erreichen über das Sickerwasser die Grundwasserleiter. Durch die Entnahme aus Brunnen gelangen die Verunreinigungen in die kommunale Wasserversorgung. Schluckbrunnen zur Abwasserbeseitigung sind so konstruiert, dass sie Verunreinigungen in die tief liegenden salinaren Grundwasserstockwerke einspeisen, doch können sie unbeabsichtigt in die darüber liegenden Grundwasserstockwerke gelangen, die Trinkwasser enthalten [*verändert nach U.S. Environmental Protection Agency*].

rung rasch erfolgt und wenn wir erst einmal die Quelle der Verunreinigung beseitigt haben, gelangt wieder sauberes Wasser in den Grundwasserleiter, der in verhältnismäßig kurzer Zeit wieder seine Qualität zurück gewinnt. Selbst eine relativ rasche Sanierung kann jedoch Jahre in Anspruch nehmen.

Die Verunreinigung von langsam sich erneuernden Speichern bringt größere Probleme mit sich, da die Geschwindigkeit der Grundwasserbewegung so gering sein kann, dass es lange Zeit dauert, bis eine aus großer Entfernung stammende Verunreinigung überhaupt erkennbar ist. Nach dieser Zeit ist es für eine einfache Sanierung meist zu spät. Bei einigen kontaminierten, tief liegenden Grundwasserspeichern, in denen das Wasser Hunderte von Kilometern zurückgelegt hat, dürften viele Jahrzehnte vergehen, bis sie auf eine Sanierung reagieren.

Falls die öffentliche Wasserversorgung durch Schadstoffe verunreinigt ist, können wir zwar das Wasser fördern und chemisch aufbereiten, um es unschädlich zu machen, doch das Verfahren ist teuer. Als Alternative wäre denkbar, das Wasser aufzubereiten, so lange es noch im Untergrund lagert. Bei einem experimentell mäßig erfolgreichen Verfahren in dieser Richtung wurde kontaminiertes Wasser in einen mit Eisenfeilspänen gefüllten Tank im Untergrund eingeleitet, wobei diese mit den Verunreinigungen reagieren und das Wasser entgiften sollten. Durch die Reaktion der Eisenfeilspäne mit den Verunreinigungen entstanden neue, nicht toxische Verbindungen, die von den Eisenfeilspänen gebunden wurden.

## Ist das Wasser trinkbar?

Wasser, das angenehm schmeckt und für den menschlichen Genuss geeignet ist, wird als **Trinkwasser** bezeichnet. Die Mengen der im Trinkwasser gelösten Stoffe sind äußerst gering und werden normalerweise über ihre Masse in Milligramm oder Mikrogramm pro Liter angegeben – je nach dem, in welcher Konzentration sie auftreten. Trinkbares Grundwasser von guter Qualität enthält in der Regel zwischen 100 und 500 mg gelöste Stoffe pro Liter, da selbst die reinsten natürlichen Wasservorkommen geringe Mengen an gelösten Substanzen enthalten, die von der Verwitterung stammen. Lediglich destilliertes Wasser enthält weniger als 1 mg/l gelöste Substanzen (es ist als Trinkwasser ungeeignet). Wasser mit Gehalten über 1 000 mg/l wurde bis vor einiger Zeit als **Mineralwasser** bezeichnet.

Die vielen Fälle der Grundwasserverunreinigung führten zur Aufstellung von Richtlinien zur Gewährleistung der Wasserqualität, die auf medizinischen Untersuchungen beruhen. Diese Studien beschränkten sich auf die Auswirkungen bei der Aufnahme einer durchschnittlichen Menge Wasser, das unterschiedliche Gehalte an verunreinigenden Elementen und Verbindungen aufweist. Beispielsweise legte die Trinkwasserverordnung (TrinkwV) von 2001 für die Bundesrepublik Deutschland die erlaubte Konzentration von Arsen, dessen Giftwirkung hinlänglich bekannt ist, auf maximal 0,01 mg/l fest.

Grundwasser ist fast immer frei von festen Bestandteilen, vor allem wenn es aus einem Sand- oder Sandsteingrundwasserleiter in einen Brunnen einsickert. Der vielfach gewundene Durchgangsweg um die Sandkörner wirkt als feiner Filter, der kleine Tonteilchen und alle anderen Festsubstanzen zurückhält. Selbst Bakterien und größere Viren werden darin zurückgehalten. Grundwasserleiter aus Kalkstein oder Granit sind in der Regel Kluftgrundwasserleiter und daher weniger wirksame Filter. Wenn in einem Brunnen Bakterien auftreten, so ist das normalerweise auf Verunreinigungen zurückzuführen, die entweder von außen her durch das Material der Pumpen in das Grundwasser gelangt sind oder von einer anderen Schadstoffquelle stammen, wie etwa einer Jauchegrube in der Nähe des Brunnens.

Oft hat das Grundwasser, obwohl ansonsten gesundheitlich völlig unbedenklich und trinkbar, einen unangenehmen Geschmack. Manches „schmeckt" nach Eisen oder säuerlich. Grundwasser, das durch Kalksteine fließt, löst Carbonatminerale und enthält Calcium-, Magnesium- und Hydrogencarbonat-Ionen, die das Wasser „hart" machen. Dieses Wasser schmeckt zwar gut, es ist jedoch schwieriger, damit Seifenschaum oder Seifenlauge herzustellen. Wasser, das durch wassergesättigte Wälder oder sumpfige Böden fließt, kann organische Kohlenwasserstoffverbindungen oder Schwefelwasserstoff enthalten.

Woraus ergeben sich diese Qualitäts- und Geschmacksunterschiede im normalen Trinkwasser? Ein großer Teil des qualitativ hochwertigen und wohlschmeckenden Wassers der öffentlichen Wasserversorgungen stammt aus Seen und künstlich angelegten Oberflächengewässern, viele davon sind ganz einfach Sammelbecken für Regenwasser. Aber es gibt auch Grundwasser, das genauso gut schmeckt. Im Allgemeinen handelt es sich um Grundwasser, das durch Gesteine fließt, die langsam verwittern. Die überwiegend aus Quarz bestehenden Sandsteine geben nur geringe Mengen an gelösten Substanzen ab, und deshalb schmeckt das durch Sandsteine hindurchsickernde Wasser frisch. Wie wir gesehen haben, ist die Kontamination des Grundwassers vor allem bei einem in geringer Tiefe liegenden Grundwasserleiter ein Problem und die Sanierung ist schwierig. Aber gibt es denn tiefer liegende Grundwasserleiter, die wir nutzen können?

## Wasser in der tiefen Erdkruste

Alle Gesteine unterhalb der Grundwasseroberfläche sind mit Wasser gesättigt. Selbst in den tiefsten niedergebrachten Bohrungen findet man in 8 bis 9 km tief liegenden, durchlässigen Gesteinsserien noch immer Wasser. In diesen Tiefen bewegt sich das Wasser extrem langsam, möglicherweise mit Geschwindigkeiten von weniger als 1 cm pro Jahr, und hat deshalb viel Zeit, um selbst weitgehend unlösliche Mineralstoffe aus den Gesteinen herauszulösen. Die gelösten Substanzen in diesem Tiefenwasser weisen eine höhere Konzentration auf als im oberflächennahen Grundwasser und folglich ist dieses Wasser nicht trinkbar. So ist zum Beispiel Grundwasser, das durch leicht lösliche Salzlager fließt, normalerweise in hohem Maße mit Natriumchlorid angereichert.

In Tiefen über 12 bis 15 km zeigen die Magmatite und Metamorphite des Grundgebirges, die überall die sedimentären Serien der oberen Krustenbereiche unterlagern, eine extrem geringe Porosität und Permeabilität. Die einzigen Porenräume in diesem Grundgebirge sind dünne Risse und die Grenzen zwischen den Kristallen. Obwohl auch diese Gesteine mit Wasser gesättigt sind, enthalten sie wegen der geringen Porosität nur wenig Wasser (Abb. 17.22). In einigen tieferen Bereichen der Erdkruste, zum Beispiel an Subduktionszonen, spielt Thermalwasser, das gelöstes Kohlendioxid enthält, bei den chemischen Reaktionen während der Metamorphose eine wichtige Rolle. Dieses heiße Wasser ist an der Lösung einiger Minerale und an der Fällung anderer beteiligt (Kapitel 6). Vermutlich enthalten sogar einige Gesteine des Erdmantels noch Wasser, wenn auch nur in sehr geringen Mengen.

### Thermalwasser

An vielen Orten der Erde treten natürliche warme bis heiße Quellen aus, die, sofern ihr Wasser beim Ausfluss mindestens 20 °C erreicht, als **Thermalwasser** bezeichnet werden. Der Yellowstone-Nationalpark, Hot Springs (Arkansas), Banff Sulfur Springs (Alberta; Kanada), Reykjavik (Island), Neuseeland oder Baden-Baden sind nur einige der bekannteren Orte, wo warmes Wasser aus großen Tiefen der Kruste rasch nach oben aufsteigt,

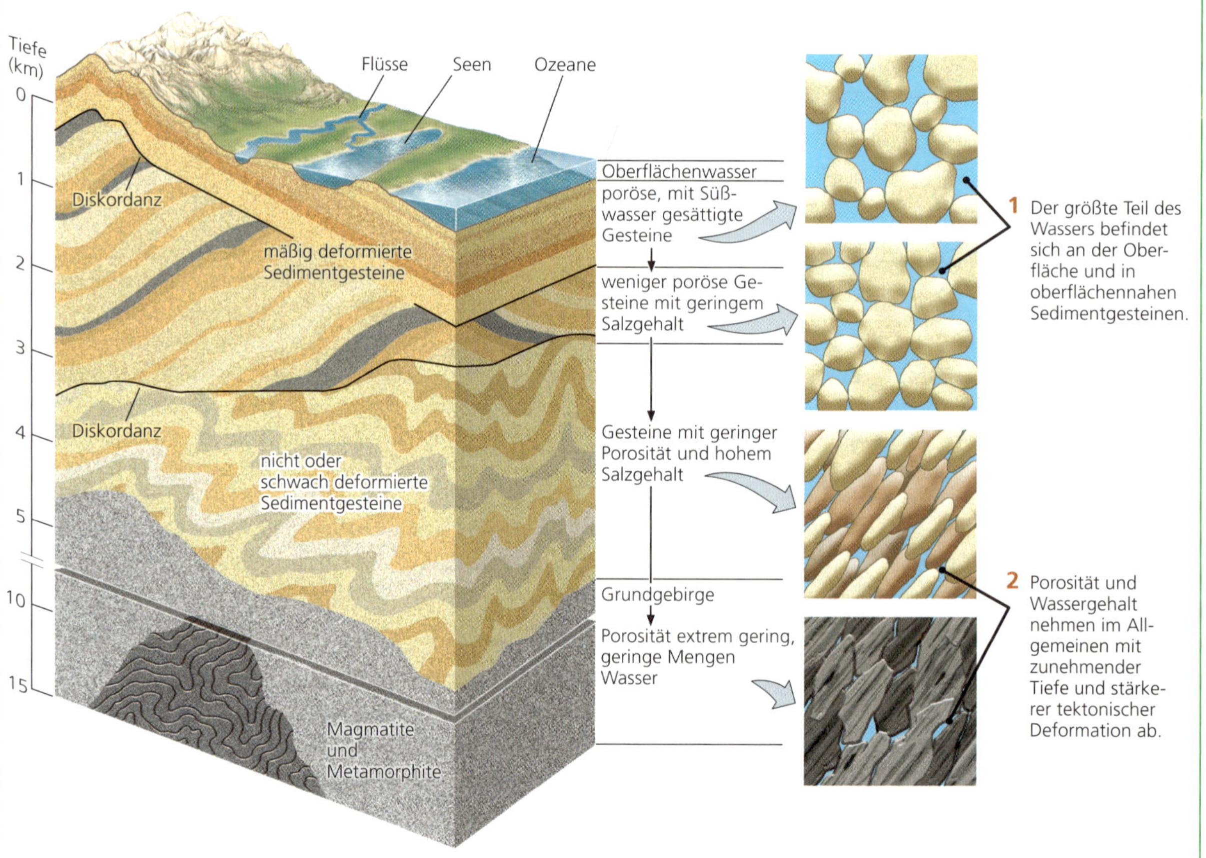


**Abb. 17.22** Porosität und Wassergehalt nehmen mit zunehmender Tiefe ab.

ohne dabei viel Wärme zu verlieren, und manchmal sogar mit Siedetemperatur an der Oberfläche austritt.

Thermalwasser ist mit chemischen Substanzen angereichert, die bei hohen Temperaturen aus dem Gestein herausgelöst werden. Solange das Wasser ausreichend warm bleibt, bleiben auch diese Stoffe in Lösung. Da aber Thermalwasser sehr rasch abkühlt, wenn es an die Oberfläche gelangt, können sich daraus verschiedene Minerale abscheiden wie beispielsweise Opal (eine Modifikation von $SiO_2$), Calcit oder Aragonit (beides Modifikationen von Calciumcarbonat). Krusten aus Calciumcarbonat, die sich an heißen Quellen in Kalksteingebieten absetzen, bilden das Gestein **Travertin**, das poliert wegen seiner Schönheit sehr geschätzt ist und vielseitig Verwendung findet. Besonders imposante Travertinablagerungen findet man beispielsweise am Austritt der Mammoth Hot Spring im Yellowstone-Nationalpark (Abb. 17.23) oder noch ausgedehnter im türkischen Pamukkale. Überraschenderweise entdeckte man in diesen heißen Quellen extremophile Mikroorganismen, die selbst in Temperaturbereichen über dem Siedepunkt des Wassers lebensfähig sind. Möglicherweise sind sie sogar an der Bildung dieser Kalkkrusten beteiligt.

Noch innerhalb der Kruste verbliebene hydrothermale Wässer sind außerdem, wenn sie nach einem gewissen Aufstieg abkühlen, für die Ablagerung einiger der reichsten Erzlagerstätten der Erde verantwortlich (Kapitel 3).

Die meisten hydrothermalen Quellen der Kontinente sind auf Oberflächenwasser zurückzuführen, das nach unten in tiefere Bereiche der Kruste einsickert (Abb. 17.24). Solches Wasser, das ursprünglich von Regen oder Schnee stammt, wird als **meteorisches Wasser** bezeichnet (vom griech. meteoron: Himmelserscheinung, ein Wort, das auch in dem Begriff Meteorologie enthalten ist). Meteorisches Wasser kann sehr alt sein; man hat ermittelt, dass das Wasser von Hot Springs, Arkansas, von Regen und Schnee stammt, der vor mehr als 4 000 Jahren fiel und langsam durch den Untergrund sickerte. Das Wasser im Ogallala-Grundwasserleiter dürfte noch älter sein. Es versickerte vor etwa 10 000 Jahren während der letzten Vereisung im Untergrund, als das Klima in den Great Plains wesentlich humider war.

Eine andere Quelle für hydrothermales Wasser ist das aus Magmen freigesetzte Wasser. In Gebieten mit magmatischer Tätigkeit trifft das versickernde meteorische Wasser auf heiße Gesteinsmassen, wird dabei erwärmt und mischt sich außerdem mit dem aus dem benachbarten Magma freigesetzten juvenilen Wasser. Diese Mischung steigt schließlich wieder in Form heißer Quellen oder Geysire an die Oberfläche auf. Während **heiße Quellen** kontinuierlich ausfließen, stoßen **Geysire** heißes Wasser und Dampf intermittierend aus.

Die Theorie, die diese intermittierende Aktivität von Geysiren erklärt, ist ein Beispiel für geologische Schlussfolgerungen, denn die Bewegung des heißen Wassers im Untergrund erfolgt in Tiefenlagen von einigen hundert Metern unter der Erde und ist nicht zu beobachten. Es ist anzunehmen, dass die Geysire im Gegensatz zu den Leitungssystemen der heißen Quellen durch ein System sehr unregelmäßig geformter und gewundener Brüche, Nischen und Öffnungen mit der Erdoberfläche verbunden sind. Infolge dieser Unregelmäßigkeiten in den Zuleitungssystemen der Geysire wird Wasser in Nischen zurückgehalten, wodurch auch verhindert wird, dass sich das Wasser im Untergrund mit dem oberflächennahen Wasser mischt und auf diese Weise abkühlt. Das Wasser erwärmt sich im Untergrund durch den Kontakt mit dem heißen Gestein. Wenn es den Siedepunkt erreicht hat, beginnt Wasserdampf aufzusteigen und erhitzt dabei das oberflächennahe Grundwasser. Durch

**Abb. 17.23** Die Sinterkalkablagerungen der Mammouth Hot Springs, Yellowstone-Nationalpark, bilden ausgedehnte bogenförmige Terrassen aus Aragonit und Calcit [*Foto: John Grotzinger*].

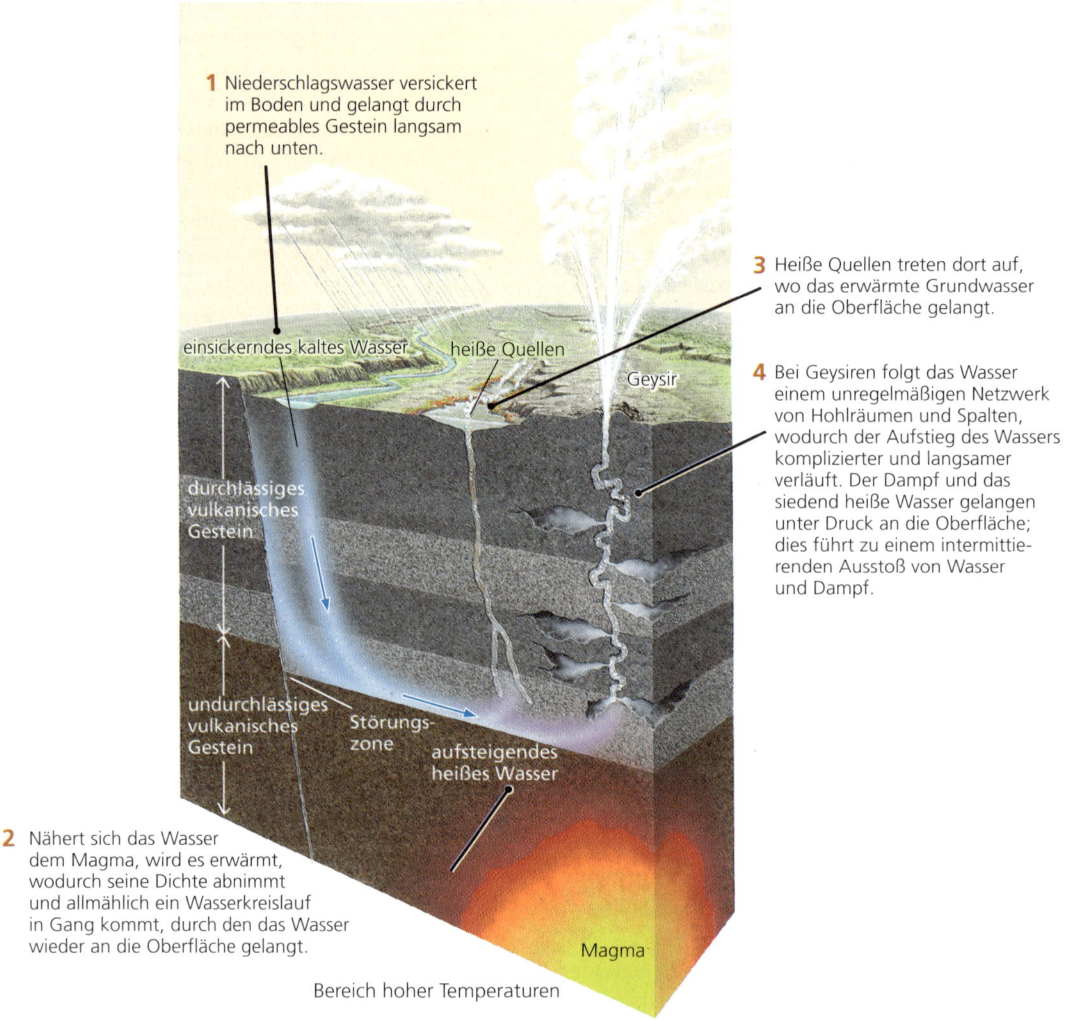


**Abb. 17.24** Die Grundwasserzirkulation über einem Magmenkörper führt zur Entstehung von Geysiren oder heißen Quellen.

den erhöhten Druck wird schließlich eine Eruption ausgelöst. Nach der Druckentlastung folgt eine Ruhephase, in der sich die Hohlräume im Untergrund wieder langsam mit Wasser auffüllen.

Im Jahre 1997 veröffentlichen Geologen die Ergebnisse einer neuen Technik, mit der sie Daten über die Aktivität der Geysire ermittelt hatten. Sie versenkten in einem Geysir eine winzige Videokamera bis in eine Tiefe von 7 m unter Gelände. An diesem Punkt war der Förderkanal des Geysirs verengt. Weiter unten erweiterte sich der Förderkanal zu einer großen Kammer, die ein wild brodelndes Gemisch aus Dampf, Wasser und etwas Ähnlichem wie Kohlendioxid-Blasen enthielt. Diese unmittelbaren Beobachtungen haben die zuvor geäußerte Theorie der intermittierenden Tätigkeit von Geysiren auf eindrucksvolle Weise bestätigt.

Bei der Suche nach neuen und sauberen Energiequellen haben sich Geologen auch mit Thermalwasser beschäftigt. Im Norden Kaliforniens, auf Island, in Italien und Neuseeland wird der heiße Dampf, der in Gebieten mit heißen Quellen und Geysiren durch hydrothermale Tätigkeit entsteht, bereits zum Antrieb von Turbinen für die Erzeugung elektrischer Energie verwendet. Wie in Kapitel 23 noch gezeigt wird, wird heißes Wasser in naher Zukunft in immer stärkerem Maße für die Energiegewinnung genutzt werden.

Hydrothermales Wasser liefert keinen Beitrag zu den Wasservorräten an der Erdoberfläche, auch wenn es für die Energieerzeugung, Lagerstättenbildung und wegen seiner Heilqualitäten noch so wichtig sein mag. Das liegt in erster Linie daran, dass es große Mengen an gelösten Stoffen enthält.

### Mikroorganismen in tiefen Grundwasserleitern

In den letzten Jahren brachte die Suche nach trinkbarem Grundwasser in tief liegenden Grundwasserleitern eine weitere bemerkenswerte Entdeckung in Bezug auf das Zusammenspiel von Leben und Erde. In einigen Fällen standen diese Grundwasserleiter schon seit einigen hundert Millionen Jahren nicht mehr in Kontakt zur Erdoberfläche, und trotzdem enthielten sie Kolonien höchst aktiver Mikroorganismen. Geobiologen gehen davon aus, dass die Vorfahren dieser Mikroorganismen in den Poren von Sedimenten eingeschlossen und nachfolgend in große Tiefe versenkt wurden, wo sie von der Oberfläche vollständig isoliert waren. Dort lebten sie während des gesamten Zeitraums und ernährten sich von chemischen Substanzen, die sie durch das Lösen von Mineralen freisetzten, und brachten neue Generationen von Nachkommen ohne Beeinträchtigung durch andere Organismen hervor. Dieses lediglich aus Mikroorganismen bestehende Ökosystem ist möglicherweise das älteste der Erde und bestätigt das bemerkenswerte Gleichgewicht, das zwischen Leben und Umwelt erreicht werden kann.

## Zusammenfassung des Kapitels

**Wie sich das Wasser im hydrologischen Kreislauf bewegt:** Die Bewegung des Wassers führt zu einem konstanten Gleichgewicht zwischen den Speichern an oder nahe der Erdoberfläche. Diese Speicher umfassen die Ozeane, Seen und Flüsse, die Gletscher und das Polareis wie auch das Grundwasser. Durch Evaporation aus den Ozeanen, durch Evaporation und Transpiration (Evapotranspiration) von den Kontinenten und durch Sublimation von den Gletschern steigt Wasser in die Atmosphäre auf. Von dort gelangt es durch Niederschläge in Form von Regen, Hagel, Nebel oder Schnee schließlich wieder in die Ozeane und auf die Kontinente. Ein Teil der Niederschläge, die auf das Festland fallen, kehrt über den Abfluss in Flüssen in die Ozeane zurück. Der Rest versickert im Untergrund und geht in das Grundwasser über. Infolge der Klimaunterschiede kommt es zu lokalen Schwankungen bei der Verdunstung, den Niederschlagsmengen, beim Abfluss und bei der Versickerung.

**Wie sich das Wasser im Untergrund bewegt:** Grundwasser bildet sich durch das Einsickern der Niederschläge in Böden, Lockersedimente und Festgesteine, die als Grundwasserleiter dienen. Wasser sickert dabei durch die obere ungesättigte Bodenzone in die gesättigte Zone. Das Grundwasser bewegt sich infolge der Schwerkraft dem Gefälle folgend bergab und tritt schließlich an Quellen aus, wo die Grundwasseroberfläche die Erdoberfläche schneidet. Langfristig befindet sich ein Grundwasserleiter in einem dynamischen Gleichgewicht (Fließgleichgewicht) zwischen Zufluss und Abfluss. Grundwasser kann als freies Grundwasser (wenn die Grundwasseroberfläche innerhalb des Grundwasserleiters liegt) oder als gespanntes Grundwasser vorliegen (wenn der Grundwasserleiter von schlecht und undurchlässigen Schichten umschlossen ist). Das gespannte Grundwasser kann nicht so hoch aufsteigen, wie es seinem hydrostatischen Druck entspricht. Liegt in einem gespannten Grundwasser der Entnahmepunkt tiefer als die Grundwasseroberfläche, fließt das Wasser in einem artesischen Brunnen selbständig zu Tage aus. Häufig werden mehrere Grundwasserleiter durch schwer- oder nahezu undurchlässige Schichten voneinander getrennt. In diesem Fall ist der Grundwasserkörper in mehrere Grundwasserstockwerke gegliedert. Tritt in der wasserungesättigten Zone eine regional begrenzte wenig durchlässige Schicht auf, so bildet sich dort örtlich und meist nur zeitweise ein Grundwasserkörper, der als schwebender Grundwasserleiter oder schwebendes Grundwasserstockwerk bezeichnet wird. Die Grundwasserbewegung wird insgesamt durch das Darcy-Gesetz beschrieben, das die Geschwindigkeit in Relation zum Gefälle des Grundwasserspiegels und zur Permeabilität des Grundwasserleiters setzt.

**Welche Faktoren unsere Nutzung der Grundwasservorräte steuern:** Da die Bevölkerungszahl zunimmt, steigt auch der Bedarf an Grundwasser, besonders dort, wo Bewässerungsanlagen weit verbreitet sind. Zahlreiche Grundwasserleiter, beispielsweise die der Great Plains in Nordamerika, weisen eine so geringe Grundwasserneubildungsrate auf, dass durch die kontinuierliche Entnahme während des vergangenen Jahrhunderts der hydrostatische Druck in den artesischen Brunnen deutlich gefallen ist. Da die Entnahme durch Abpumpen die Grundwasserneubildung übersteigt, werden solche Grundwasserleiter erschöpft und es besteht viele Jahre lang keinerlei Aussicht auf eine Regenerierung des Grundwasserkörpers. Künstliche Einspeisung kann zwar zur Erholung einiger Grundwasserleiter beitragen, doch für viele ist eine Ausweisung als Grundwasserschutzgebiet aus nahe liegenden Gründen erforderlich. Verunreinigungen des Grundwassers durch Abwässer, industrielle Einleitungen und radioaktive Abfälle vermindern die Qualität des Trinkwassers bis zur Unbrauchbarkeit und sie verringern die nutzbaren Wasservorräte – ein Problem, das in dicht besiedelten Regionen immer mehr an Bedeutung gewinnt.

**Welche geologischen Prozesse durch das Grundwasser beeinflusst werden:** Die Erosion durch Grundwasser in humiden Gebieten mit kalkigen Schichtenfolgen lässt eine typische Karstlandschaft mit Höhlen und Dolinen entstehen. Die Erwärmung des nach unten einsickernden Niederschlagswassers durch Magmenkörper führt zu einer Zirkulation, durch die es als hydrothermales Wasser in Form von Geysiren und heißen Quellen wieder an die Erdoberfläche gelangt. In größeren Tiefen der Erdkruste, in etwa 12 bis 15 km Tiefe, enthalten die Gesteine nur noch geringe Mengen Wasser, da ihre Porosität deutlich geringer ist. Diese extreme Verringerung der Porosität ist bedingt durch das immense Gewicht der überlagernden Gesteine.

Luftbild von Mäandern des Adelaide River in Australien. Mäander sind typische Erscheinungen bei Flüssen, die in einer breiten Talsohle oder in der Ebene fließen [*Foto: Peter Bowater/Photo Researchers*].

# Kapitel 18 Flüsse: der Transport zum Ozean

Vor der Zeit von Auto und Flugzeug reiste der Mensch bevorzugt auf Flüssen. Im Jahre 1803 erwarben die Vereinigten Staaten von Amerika das Territorium von Louisiana von Frankreich. Diese ungeheuer große Landfläche von über 2 Millionen Quadratkilometern umfasste das gesamte heutige Gebiet von Texas und Louisiana bis hinauf nach Montana und North Dakota. Im Jahre 1804 beauftragte Thomas Jefferson, der damalige Präsident der Vereinigten Staaten, Meriwether Lewis und William Clark mit der Leitung einer Expedition durch dieses neue Gebiet bis in den Westen Nordamerikas. Eines der wichtigsten Ziele war die kartenmäßige Erfassung der Flüsse im Westen, denn diese spielten für die Erschließung der unerforschten Grenzgebiete eine wichtige Rolle. Lewis und Clark entschlossen sich, den Mississippi und seine Quellflüsse bis zu deren Ursprung, und davon ausgehend auch den westlich davon liegenden Bereich bis zum Pazifischen Ozean zu erforschen. Dabei legten sie insgesamt eine Strecke von 6 000 km zurück, über 3 200 km davon folgten sie allein dem Mississippi – und das ausschließlich stromaufwärts.

Die von Lewis und Clark aufgenommenen Karten sowie ihre schriftlichen Reiseberichte enthielten eine Fülle von Wissen, das nur deshalb erworben werden konnte, weil sie einem der großen Flüsse folgten, die das Innere Nordamerikas entwässern. Auch auf anderen Kontinenten und in anderen Ländern waren es die großen Flüsse, die eine ähnliche Begeisterung bei Forschern und Entdeckern auslösten: In Südamerika war es der Amazonas, in Asien der Jangtse und der Indus und in Afrika waren es die berühmten Quellen des Nils.

Flüsse dienen nicht nur als Zugangswege für legendäre abenteuerliche Expeditionen, sie spielen auch bei der Formung der Landschaft eine entscheidende Rolle. Da sie das anstehende Gestein abtragen und anschließend Sand, Kies, Silt und Ton transportieren und ablagern, sind Flüsse aller Größenordnungen – von den kleinen Rinnsalen bis zu den großen Strömen – die eigentlichen Gestalter der Landschaft. Flüsse erodieren Gebirge, verfrachten die Verwitterungsprodukte stromabwärts in die Ozeane und hinterlassen auf ihrem Weg auf Flussbänken und in den Überflutungsbereichen Milliarden Tonnen von Sediment. An ihren Mündungen, an den Küsten der Kontinente, setzen sie noch weit größere Sedimentmengen ab und bauen neues Festland in das Meer vor.

Flüsse sind die Lebensadern der Kontinente. Ihr Erscheinungsbild zeigt unmittelbar das Zusammenwirken von Klima und plattentektonischen Vorgängen. Die Plattentektonik führt zur Hebung des Festlands und zur Ausbildung eines ausgeprägten Reliefs mit typischen steilen Hängen. Das Klima bestimmt, wo Niederschläge auftreten. Die abfließenden Niederschläge führen durch die Bildung von Tälern wiederum zur Abtragung der Gesteine und Böden dieser Gebirge. Der größte Teil des auf den Festländern fallenden Niederschlagswassers kehrt zusammen mit einem Großteil des durch Erosion entstandenen Sedimentmaterials über die Flüsse in die Ozeane zurück. Flüsse sind für das Verständnis, welche Rolle Klima und Wasser auf der Erde spielen, von so entscheidender Bedeutung, dass die Entdeckung von ehemaligen Flüssen auf dem Mars eine ganze Serie von Raumfahrtmissionen ausgelöst hat, mit dem Ziel, nach Hinweisen auf Wasser und auf ein anderes Klima in seiner fernen Vergangenheit zu suchen.

In den meisten Gebieten der Erde liegt fast jede kleinere oder größere Stadt an einem mehr oder weniger großen Fluss, Strom oder Bach. Flüsse sind wichtige Wirtschaftsfaktoren, in vielen Ländern bilden sie Wasserstraßen für die Binnenschifffahrt, sie dienen aber auch als Wasserspender und -speicher für große Bevölkerungsteile und vor allem für die Industrie. Der Nil war für die Landwirtschaft im alten Ägypten lebensnotwendig und ist heute noch immer wichtig. Doch das Leben an einem Fluss bringt auch Gefahren mit sich. Wenn Flüsse über die Ufer treten, zerstören sie Leben und Eigentum in oft verheerendem Ausmaß.

Weltweit bringen Flüsse jährlich ungefähr 16 Milliarden Tonnen klastisches Sediment und weitere 2 bis 4 Milliarden Tonnen gelöstes Material in die Ozeane. Für einen Großteil der gegenwärtigen Flussfracht ist der Mensch verantwortlich. Nach Schätzungen lag der Sedimenteintrag vor dem Erscheinen des Menschen bei ungefähr 9 Milliarden Tonnen pro Jahr und damit bei weniger als der Hälfte des heutigen Werts. Durch Rodung, Ackerbau und der damit verbundenen beschleunigten Erosion erhöhte der Mensch in einigen Gebieten die Sedimentfracht der Flüsse. In anderen Gebieten verringert er jedoch auch durch den Bau von Staudämmen die Sedimentfracht, die hinter den Staumauern zurückgehalten wird.

In diesem Kapitel betrachten wir, wie Flüsse als Folge von Wechselwirkungen zwischen den Systemen Plattentektonik und Klima entstehen und wie sie geologisch tätig sind, beispielsweise wie sie in großem Ausmaß Täler einschneiden und ganze Netzwerke von Flüssen bilden, und wie sie im kleineren Maßstab festes Gestein zerkleinern und erodieren. Schließlich untersuchen wir noch wie Wasser fließt und auf welche Art und Weise Strömungen Sediment verfrachten.

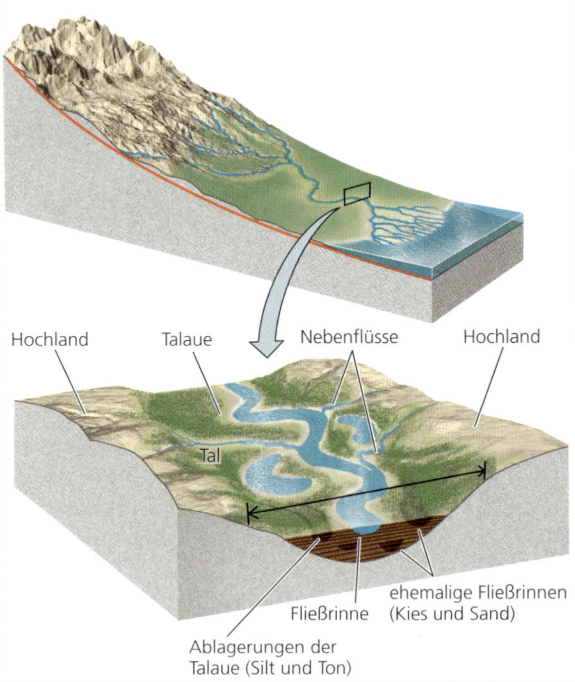


**Abb. 18.1** Ein Fluss fließt in einem Flussbett, das in einem breiten, ebenen Talboden, der durch Erosion von Hochgebieten entstanden ist, hin und her pendelt. In steilen Tälern sind die Talauen nur schmal oder fehlen ganz.

## Flusstäler, Fließrinnen und Talauen

Wenn Flüsse an der Oberfläche der Festländer über anstehenden Fels oder unverfestigtes Sedimentmaterial fließen, erodieren sie dieses Material und schneiden Täler ein. Die Identifizierung und Kartierung der Flusstäler war für Lewis und Clark bei ihrer Expedition vor 200 Jahren äußerst wichtig. Als sie stromaufwärts zogen und der Fluss sich teilte, mussten sie stets entscheiden, welchem der beiden Flussarme sie folgen sollten beziehungsweise welcher der größere von beiden war. Sie legten ihren Entscheidungen allgemeine Beobachtungen zugrunde: die Breite der Flusstäler und die Tiefe der Fließrinne. War das Tal ausreichend breit, und vor allem war das Flussbett ausreichend tief für ihre Boote? Ein enges Tal und geringe Wassertiefe hätten bedeutet, dass dieser Fluss sie lediglich eine kürzere und damit weniger wünschenswerte Strecke weitergeführt hätte. Breitere Täler und tiefere Fließrinnen bedeuteten andererseits eine längere Fahrtstrecke den Hauptfluss aufwärts.

Ein **Flusstal** umfasst den gesamten Bereich zwischen der oberen Begrenzung der Talhänge beiderseits des Flusses. Der Querschnitt vieler Flusstäler ist V-förmig (**Kerbtal**), aber etliche zeigen auch ein ebenes und breites Talprofil (**Kastental**) (Abb. 18.1). Im Talboden liegt das eigentliche **Flussbett**, die Fließrinne, in der sich das Wasser bewegt. Bei niedrigem Wasserstand fließt der Fluss ausschließlich am Grund seiner Fließrinne. Bei hohem Wasserstand nimmt der Fluss jedoch den größten Teil des Flussbetts ein. In etwas breiteren Tälern befindet sich auf beiden Seiten des Flussbetts die **Talaue**, ein ebenes Gebiet, das ungefähr im selben Niveau wie die Oberkante der Fließrinne liegt. Dieser Teil des Tals wird bei Hochwasser überschwemmt und mit Silt und Sand aus der Fließrinne überdeckt.

## Flusstäler

In hohen Bergen sind die Flusstäler eng und steilwandig, und der größte Teil des Talbodens wird vom Flussbett eingenommen. Nur bei niedrigem Wasserstand liegt eine schmale Talaue frei. In solchen Tälern schneiden sich die Flüsse unmittelbar in das anstehende Gestein ein, insgesamt ein Merkmal für tektonisch noch aktive, erst in jüngerer Zeit herausgehobene Gebirge. In Tiefländern, wo die tektonische Heraushebung längst zur Ruhe gekommen ist, wird die fluviatile Erosion der Talhänge durch die chemische Verwitterung und durch gravitative Massenbewegungen unterstützt. Sofern ausreichend Zeit zur Verfügung steht, führen diese Prozesse zu sanften Hangformen und zu Talauen von vielen Kilometern Breite.

## Grundrissformen der Flussläufe

Flussläufe zeigen, wenn sie durch ihre Talauen fließen, eine Vielzahl von Grundrissformen. Ihre Fließrinnen können stellenweise in der Mitte der Talaue liegen oder auch an den Rand des Tals verlagert sein. In manchen Abschnitten können sie gerade verlaufen, über den größten Teil ihrer Laufstrecke folgen sie jedoch im Talboden verschiedenen unregelmäßig wechselnden Richtungen und teilen sich an manchen Stellen auch in mehrere Fließrinnen auf. Ein Maß für die Grundrissform eines Flusslaufs ist die **Sinuosität** (S). Sie ergibt sich aus dem Verhältnis der Länge eines Flussabschnitts mit all seinen Krümmungen (L) zur geradlinig gemessenen Entfernung (E) zwischen Anfangs- und Endpunkt der betrachteten Strecke ($S = L/E$). Bei gerade verlaufenden Flussabschnitten ist der Wert der Sinuosität folglich $S = 1$. Abgesehen von den geraden Laufstrecken lassen sich bei Flüssen zwei wesentliche Grundrissformen herausstellen: mäandrierende und verwilderte beziehungsweise verflochtene Flüsse.

**Mäander** In einer großen Anzahl von Talauen verlaufen die Fließrinnen in engeren oder weiteren bogenförmigen Schlingen, die als **Mäander** bezeichnet werden. Das Wort stammt vom griechischen „Maiandros", dem heutigen Menderes an der Westküste Kleinasiens, der bereits im Altertum wegen seines gewundenen, verschlungenen Laufs bekannt war. Mäander sind bei Flüssen mit geringem Gefälle in Ebenen oder Tiefebenen sehr häufig, weil sich hier die Flussläufe typischerweise in unverfestigte Sedimente, feinen Sand, Silt oder Ton oder in andere leicht erodierbare Gesteine eintiefen können. Solche in einer Talsohle liegenden Mäander werden auch **freie Mäander** genannt. Wo die Fließrinne ein steileres Gefälle aufweist und durch härtere Gesteine ihren Weg nimmt, sind Mäander zwar weniger ausgeprägt, aber immer noch vergleichsweise häufig. In solchen Gebieten wechseln mäandrierende mit langen, relativ geraden Flussabschnitten.

**Abb. 18.2** Dieser Abschnitt des San Juan River, Utah, ist ein hervorragendes Beispiel für ein tief eingeschnittenes mäandrierendes Kerbtal mit V-förmigem Querschnitt [*Foto: Tom Bean*].

Manche mäandrierende Flüsse haben **Talmäander** eingeschnitten, tiefe mäandrierende Kerbtäler, die praktisch keine Talaue aufweisen (Abb. 18.2). Andere Flüsse können in einer etwas breiteren, von steilen, felsigen Talwänden begrenzten Talaue mäandrieren. Warum diese beiden Erscheinungen auftreten ist unbekannt, doch wissen wir, dass das Mäandrieren nicht nur bei Flüssen, sondern auch bei einer Vielzahl anderer Strömungen weit verbreitet ist. So mäandriert der Golfstrom als großräumige Meeresströmung im westlichen Atlantik. Lavaströme auf dem Festland mäandrieren ebenfalls. Man fand inzwischen auch auf dem Mars in trockenen Flussläufen Mäander (Kap. 9, Abb. 9.11 und 9.12) und seit neuestem kennt man Mäander auch von Lavaströmen auf dem Mars und der Venus.

Die Mäander in einer Flussaue verlagern sich im Laufe vieler Jahre durch die Erosion am äußeren Ufer einer Schlinge, am **Prallhang**, wo die Strömung stärker ist (Abb. 18.3). Mäander verlagern ihre Position in einer schlangenartigen Bewegung von einer Seite zur anderen und auch flussabwärts, vergleichbar der Bewegung eines langen Seils, das man ruckartig auf dem Boden in horizontaler Richtung hin- und her bewegt (Abb. 18.3a). Gleichzeitig mit der Erosion am Prallhang wird am inneren Ufer einer Flussschlinge, am **Gleithang**, wo die Strömung schwächer ist, bogenförmig Sediment in Form einer so genannten **Uferbank** abgelagert. Die Verlage-

(a)

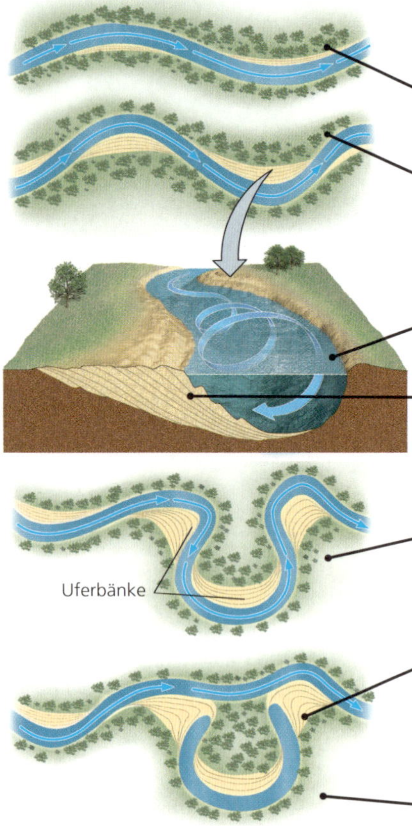


GERINGE SEDIMENTFRACHT, NIEDRIGE FLIESSGESCHWINDIGKEIT

1 Flüsse mit geringer Sedimentfracht und niedriger Fließgeschwindigkeit, die in nahezu ebenen Talauen fließen, bilden Mäander.

2 Die Mäanderbögen verlagern ihre Position sowohl seitwärts als auch langsam talabwärts.

3 Am Außenbogen (Prallhang) ist die Strömung stärker und erodiert, …

4 … während am inneren Ufer, am Gleithang, wo die Strömung schwächer ist, eine Uferbank abgelagert wird.

5 Bei anhaltender Erosion und Sedimentation rücken die Schlingen immer enger aneinander, die Uferbänke werden größer.

6 Während eines starken Hochwassers, wenn Fließgeschwindigkeit und Wasserführung hoch sind, durchbricht der Fluss den Hals der Schlinge und verkürzt seine Laufstrecke.

7 Die verlassene Schlinge wird zu einem Altwasserarm und schließlich zu einem Altwassersee.

Mäander eines Flusses in Alaska

Mäander im Mississippi-Delta

(b)

HOHE SEDIMENTFRACHT, HOHE FLIESSGESCHWINDIGKEIT

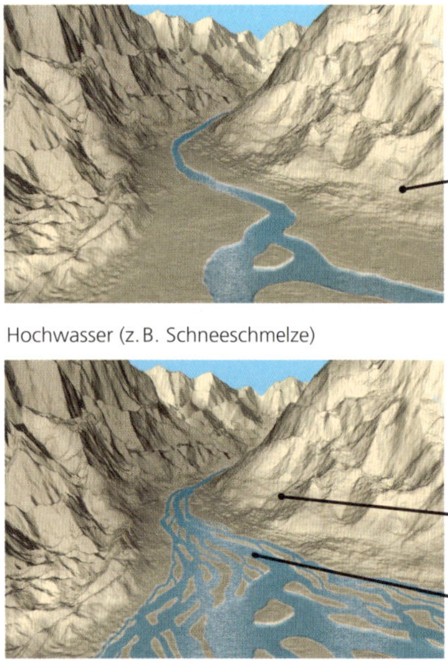


1 Wo Flüsse mit hoher Geschwindigkeit und hoher Sedimentfracht durch ein nahezu ebenes, leicht erodierbares Gebiet fließen, wie etwa an den Mündungen von Canyons oder vor den Rändern abschmelzender Gletscher, …

2 … bilden die mit Sedimentfracht überladenen, rasch fließenden Gewässer keine Mäander, …

3 … sondern tiefen in die leicht erodierbaren Lockersedimente mehrere flache Fließrinnen ein, die sich ineinander verflechten.

Der Chitina River (Alaska) ist ein verflochtener Fluss

**Abb. 18.3** Die Grundrissform der Flussläufe ist abhängig von der Fließgeschwindigkeit und der Sedimentfracht [*Fotos: Peter Kresan (a); Nathan Benn/Corbis (b); Tom Bean (c)*].

rung des Flusslaufs kann sehr rasch erfolgen. Einige Mäander des Mississippi verändern ihre Position bis zu 20 m pro Jahr. Mit der Verlagerung der Mäander wandern auch die Uferbänke, wobei sie eine Abfolge von Kies, Sand und Silt auf dem Teil der Talaue hinterlassen, über den die Fließrinnen sich seitlich verlagerten.

Weil Mäander wandern, was manchmal sehr unregelmäßig erfolgt, rücken manche Schlingen immer enger zusammen, bis der Fluss während eines stärkeren Hochwassers den Hals der Schlinge durchschneidet und dadurch seinen Lauf wesentlich verkürzt. Die abgetrennte Schlinge wird dadurch zu einem **Altwasserarm**, der zunächst an beiden Enden offen bleibt und von einem Teil des Abflusses durchflossen wird. Werden schließlich beide Enden mit Sediment verfüllt, entsteht aus dem Altwasserarm ein **Altwassersee**.

Viele mäandrierende Flüsse sind in der Vergangenheit künstlich begradigt, eingeengt und von ihrem Hochwasserbett, der Talaue, isoliert worden. Durch die in den Jahren von 1817–1870 durchgeführte Regulierung des Oberrheins verkürzte sich die Laufstrecke zwischen Basel und Mainz um 82 km. Ähnliches passierte am Mississippi. Dort kanalisiert das U.S. Army Corps of Engineers seit 1878 den Strom, und in einem Zeitraum von 13 Jahren verkürzte sich die Länge des unteren Mississippis um 243 km. Ein Teil der katastrophalen Folgen des Rhein-Hochwassers im Jahre 1993 wie auch des Mississippi-Hochwassers im selben Jahr ist auf diese Kanalisierungsmaßnahmen zurückzuführen und auch auf die hohen künstlichen Uferdämme, die dabei errichtet wurden. Ohne Flussregulierung treten Hochwasser zwar häufiger auf, sind aber weniger stark. Infolge der Kanalisierung werden die Schäden bei Hochwasser katastrophal, wenn es wie im Jahre 1993 die künstlich errichteten Schutzdämme durchbricht. Die Folge solcher Regulierungsmaßnahmen ist außerdem die Zerstörung vieler Feuchtgebiete, womit auch ein Großteil der natürlichen Flora und Fauna in den Talauen verschwindet. Aus Sorge um die Umwelt gibt es inzwischen in Europa und Nordamerika zahlreiche Beispiele für Renaturierungsprojekte. So wird derzeit in Florida der Kissimmee wieder in seinen ursprünglichen Zustand als mäandrierender Fluss zurückversetzt. Würde man ihn der eigenen Fließdynamik überlassen, würde es Jahrzehnte oder sogar Jahrhunderte dauern, bis der Kissimmee wieder seinen natürlichen Zustand erreicht.

**Verflochtene (verwilderte) Flüsse** Viele Flüsse benutzen unter natürlichen Bedingungen nicht nur eine, sondern mehrere Fließrinnen, die sich ähnlich wie ein geflochtener Haarzopf verzweigen und dann wieder zusammenfließen (Abb. 18.3b). Diese **verflochtenen** oder **verwilderten Flüsse** findet man in vielen topographischen Positionen, beispielsweise in den breiten Tälern der Tiefebenen, in den Sanderebenen vor Gletscherrändern oder auch in den tektonisch angelegten, mit Sedimenten verfüllten Tälern in der unmittelbaren Nachbarschaft von Gebirgszügen. Verflechtungen bilden sich gewöhnlich dort, wo die Wasserführung der Flüsse großen Schwankungen unterliegt in Verbindung mit hoher Sedimentfracht und leicht erodierbaren Ufern.

**Stabilität der Fließrinnen** Die drei erwähnten Formen natürlicher Fließrinnen – mäandrierende, verflochtene und gerade – gehen ohne scharfe Abgrenzung ineinander über. Bei genauer Betrachtung langer, scheinbar gerader Flussabschnitte zeigen auch diese einige schwach angedeutete Bögen und Schlingen, und mäandrierende Flüsse können umgekehrt auch gerade Laufstrecken aufweisen. Flüsse können in ihren oberen Abschnitten verflochten sein und weiter unten Mäander bilden. Wie auch immer, das Muster der Fließrinnen ist weitgehend gleich bleibend, und einige behalten dieselbe Form über Jahrhunderte bei. Welchen Grundriss ein Fluss auf seiner gesamten Laufstrecke zeigt, ergibt sich aus den wechselnden Bedingungen von Fließgeschwindigkeit und Abflussmenge, von Sedimentfracht und Erodierbarkeit der Flussufer.

## Die Talaue

Die Talaue eines Flusses entsteht durch die periodische Verlagerung der Fließrinne über den Bereich des Talbodens. Dabei hinterlässt die Verlagerung des Flusses eine Reihe von Ufersandbänken, die letztlich die Oberfläche der Talaue bilden. Hinzu kommen Sedimente, die der Fluss auf der Talaue ablagert, wenn er bei Hochwasser über seine Ufer tritt. Talauen, die von einer geringmächtigen Sedimentschicht überdeckt werden, können auch auf erosivem Weg entstehen, wenn ein Wasserlauf bei der Verlagerung seines Betts Festgesteine oder Lockersedimente abträgt.

Sobald das Hochwasser die Talaue überflutet, verringert sich die Fließgeschwindigkeit und die Strömung ist nicht mehr in der Lage, Sediment zu transportieren. Am schnellsten nimmt die Geschwindigkeit im unmittelbaren Uferbereich der Fließrinne ab. Dadurch lagert die Strömung entlang eines schmalen Streifens am Rande des Flussbetts große Mengen gröberer Sedimente ab, typischerweise Sand und Silt, aber auch Kies. Mehrfache Überschwemmungen führen zu immer höher anwachsenden natürlichen **Uferwällen**, die den Wasserlauf auch zwischen den Hochwassern einengen, selbst wenn der Wasserstand erhöht ist (Abb. 18.4). Wo sich die Uferwälle zu einer Höhe von mehreren Metern aufgeschichtet haben und die Fließrinne fast völlig vom Fluss eingenommen wird, liegt das Niveau der Talaue unter Flussniveau. Dies ist in alten, am Fluss liegenden Städten wie beispielsweise Vicksburg am Mississippi sichtbar, die auf einer Talaue erbaut wurden, wo die Menschen zum

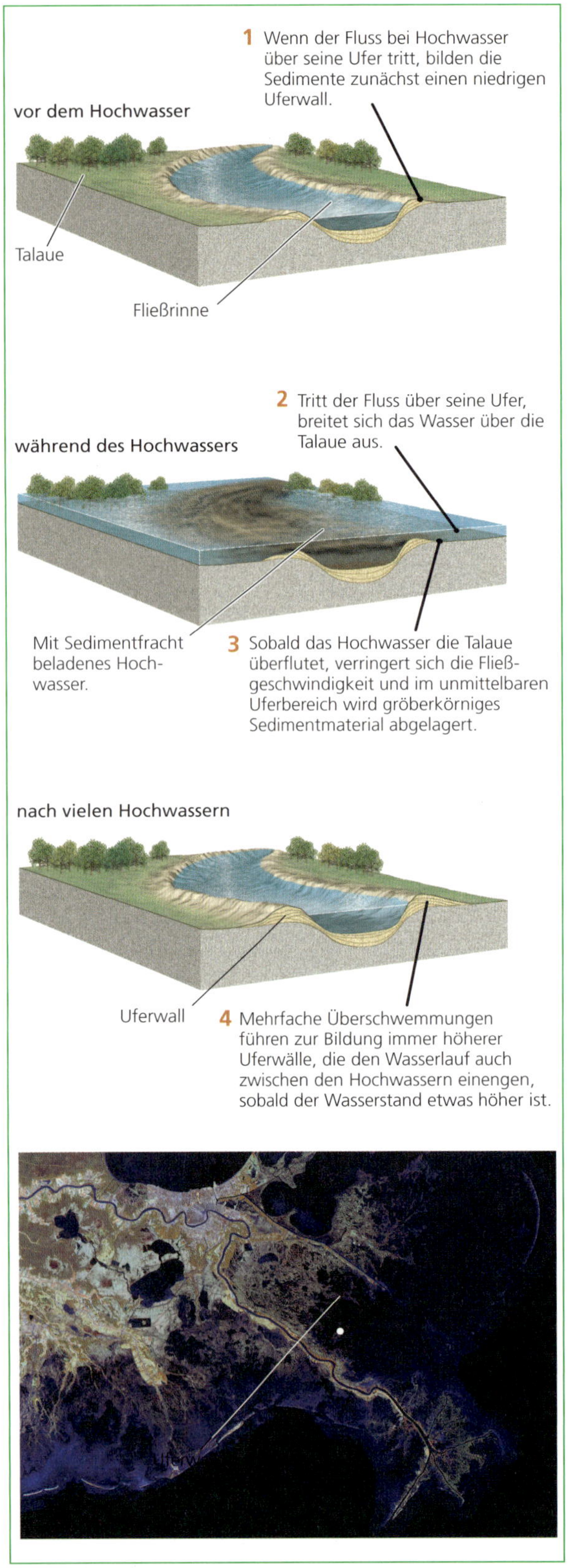


**Abb. 18.4** Die Entstehung natürlicher Uferwälle eines Flusses durch Hochwasser (oben). Natürliche Uferwälle am größten Mündungsarm des Mississippi bei South Pass, Louisiana [*Foto: USGS National Wetlands Research Center*].

Uferwall hinaufblicken und wissen, dass das Wasser des Flusses „über ihren Köpfen" fließt.

Bei Hochwasser wird das feinere Sedimentmaterial – Silt und Ton – weit über die Flussufer hinweg verfrachtet und häufig über die gesamte Talaue als so genannter Hochflutlehm verteilt und abgelagert, weil die Strömung fortwährend an Geschwindigkeit verliert. Geht das Hochwasser zurück, bleiben stehende Gewässer, Tümpel und Teiche zurück. Dort lagern sich schließlich die allerfeinsten Tone ab, da das Wasser durch Verdunstung und Versickerung allmählich verschwindet. Diese feinklastischen Ablagerungen der Talauen waren seit alters her die Grundlage der Landwirtschaft. Die fruchtbaren Talauen von Nil, Euphrat und Tigris trugen zur Entwicklung der frühen Kulturen bei, die dort vor Tausenden von Jahren blühten. Es waren die häufigen Überschwemmungen, die für die Fruchtbarkeit der Auen von entscheidender Bedeutung waren. Heute spielt in Nordindien die ausgedehnte Talaue des Ganges noch immer eine wichtige Rolle für das tägliche Leben und die indische Landwirtschaft. Zahlreiche historische und auch neu gegründete Städte liegen in Talauen (Exkurs 18.1).

## Flussnetze

Jede Erhebung zwischen zwei Flüssen, gleichgültig ob sie nur wenige Meter hoch ist oder aus einer ganzen Bergkette besteht, bildet eine **Wasserscheide** – eine Grenzlinie, entlang der alle Niederschläge als Abfluss entweder auf der einen Seite oder der anderen ablaufen. Diese Wasserscheiden, die einen Fluss und seine Nebenflüsse gegenüber benachbarten Flüssen abgrenzen, kennzeichnen gleichzeitig auch das entsprechende **Einzugsgebiet**, das durch das Netzwerk der Bäche und Flüsse entwässert wird (Abb. 18.5). Die Größe der Einzugsgebiete reicht von einem engen Bereich wie etwa einer Schlucht, die einen kleinen Bach begrenzt, bis zu einem ausgedehnten Gebiet, das von einem großen Strom und seinen Nebenflüssen entwässert wird (Abb. 18.6).

Ein Kontinent ist in mehrere größere Einzugsgebiete unterteilt, die jeweils durch eine Haupt- oder **kontinentale Wasserscheide** getrennt sind. In Nordamerika trennt die kontinentale Wasserscheide entlang der Rocky Mountains alle in den Pazifik fließenden Gewässer von denen, die in den Atlantik münden. Lewis und Clark folgten dem Missouri bis zu seinem Quellgebiet an der kontinentalen Wasserscheide im Westen Montanas. Als sie diese überquert hatten, folgten sie einem der Quellflüsse des Columbia River und diesem dann bis zu seiner Mündung in den Pazifischen Ozean. Eine kontinentale Wasserscheide in Deutschland, auf die verschiedentlich auch an Straßen hingewiesen wird, trennt entlang der Streichrichtung der Schwäbischen Alb die Einzugs-

## Exkurs 18.1

# Stadtentwicklung in Überschwemmungsgebieten

Talauen sind natürliche Siedlungsräume, denn sie verbinden einfache Transportmöglichkeiten entlang und auf Flüssen mit der Nähe fruchtbarer Ackerbauflächen. Doch solche Gebiete sind Überschwemmungen ausgesetzt, die ihrerseits zur Bildung dieser ebenen Talauen führten.

Ungefähr mit Beginn der geschichtlichen Zeitrechnung, vor über 4 000 Jahren, breiteten sich allmählich immer mehr Städte in den Talauen aus: in Ägypten entlang des Nils, und im alten Mesopotamien entlang von Euphrat und Tigris. Im fernen Osten, wie in Indien, entstanden Städte am Indus und in China entlang des Jangtse und des Huang-he. Auch zahlreiche Hauptstädte Europas liegen in Flussniederungen: London an der Themse, Paris an der Seine, Rom am Tiber, Wien und Budapest an der Donau, Köln am Rhein.

Hochwasser zerstörten in regelmäßigen Abständen immer wieder die tiefer liegenden Teile dieser historischen und modernen Städte, die jedoch stets wieder saniert oder aufgebaut wurden. Heute sind die meisten großen Städte durch künstlich aufgeschüttete Uferdämme geschützt, die die natürlichen Uferwälle verstärken und erhöhen. Ausgedehnte Dammsysteme können zwar mit dazu beitragen, diese Städte vor Überschwemmungen zu schützen, doch sie können das Risiko trotzdem nicht vollständig ausschließen.

Im Jahre 1973 stieg der Mississippi bei St. Louis extrem an und trat in einem 77 Tage dauernden Hochwasser über seine Ufer. Das Hochwasser erreichte eine Rekordhöhe von 4,03 m über der kritischen Hochwassermarke, die Höhe, bei der der Fluss erstmals über die Ufer tritt. Im Jahre 1993 traten der Mississippi und seine Nebenflüsse erneut über die Ufer und übertrafen dabei die alte Rekordmarke mit einem Hochwasser, das offiziell als die zweitgrößte Überschwemmung (nach der Überschwemmung der Stadt New Orleans im Jahre 2005 durch den Wirbelsturm Katrina) in der Geschichte der Vereinigten Staaten bezeichnet wird. Die Überschwemmung forderte 487 Menschenleben und verursachte Schäden in der Größenordnung zwischen 15 und 20 Milliarden US $ (ca. 11 bis 15 Milliarden €). In St. Louis lag der Pegel an 144 von insgesamt 183 Tagen zwischen April und September über der Hochwassermarke. Eine nicht erwartete Folgeerscheinung dieses Hochwassers war eine großflächige Verschmutzung durch Schadstoffe, da durch das Hochwasser die in der Landwirtschaft verwendeten Chemikalien aus den Ackerböden ausgewaschen und in den überschwemmten Gebieten abgelagert wurden. Einige Geologen sind der Meinung, dass die künstlichen Uferdämme und verschiedene andere technische Baumaßnahmen entlang des Flusses, beispielsweise Dämme zum Schutz der Hafenanlagen, das Bett des Mississippis auf unnatürliche Weise einengen. Diese künstlichen Begrenzungen tragen sicher zu extremen Überschwemmungen mit bei, denn sie hindern den Fluss daran, seine Ufer zu erodieren und sein Flussbett zu verbreitern, um in Zeiten hoher Wasserführung einen Teil des Hochwassers in Auengebiete abgeben zu können.

Was müssten Städte und Gemeinden in einer solchen Situation unternehmen? Einige Fachleute haben gefordert, alle Erschließungs- und Baumaßnahmen in den tiefer liegenden Gebieten der Talauen zu verbieten. Andere verlangten die Auflösung der bundesstaatlich unterstützten Katastrophenfonds, die für den Wiederaufbau der betroffenen Gebiete eingerichtet wurden. Harrisburg in Pennsylvania, das im Jahre 1972 von einem Hochwasser schwer getroffen worden war, wandelte einen Teil seiner zerstörten Uferbereiche in öffentliche Parkanlagen um.

In einer dramatischen Entscheidung sprachen sich nach dem Hochwasser des Mississippis im Jahre 1993 die Einwohner der Stadt Valmeyer in Illinois dafür aus, die gesamte Stadt in ein mehrere Kilometer entferntes höher liegendes Gebiet umzusiedeln. Der neue Standort wurde mithilfe von Geologen des Illinois State Geological Survey festgelegt. Doch einige Einwohner, die zeitlebens in Überschwemmungsgebieten gewohnt haben, wollen bleiben und das Risiko in Kauf nehmen. Die Kosten zum Schutz bewohnter Gebiete in Flussniederungen sind inzwischen unerschwinglich, und sie werden weiterhin volkswirtschaftliche und sozialpolitische Probleme verursachen.

Hochwasserkatastrophen vom Ausmaß der Mississippi-Hochwasser sind in Europa möglicherweise nicht zu erwarten. Aber auch an Rhein, Elbe und Oder haben sich extreme Hochwasser in den letzten Dekaden gehäuft, nachdem Flussregulierungen und Flächenversiegelung zugenommen hatten. Die Rhein-Anliegerstaaten haben nach dem letzten Hochwasser im Jahre 1993 bereits Hochwasser-Rückhaltebecken gebaut und vereinbart, weitere Retentionsräume zu schaffen, um extreme Überschwemmungen auch unter ökonomischen Gesichtspunkten zu vermeiden. Das letzte Hochwasser der Elbe im Jahre 2002 hat erneut zu heftigen Diskussionen über die Bebauung von Talauen und über Flussbegradigungen ausgelöst, mit dem Erfolg, dass der bereits geplante weitere Ausbau von Elbe und Donau (vorerst) ausgesetzt wurde.

Wie viele in Talauen erbaute Städte leidet auch Liuzu in China sehr häufig unter Überchwemmungen. Dieses Hochwasser im Juli 1996 war das stärkste, das die Stadt in ihrer mehr als 500-jährigen Geschichte erlebt hat [*Foto: Xie Jiahua/China Features/Corbis Sygma*].

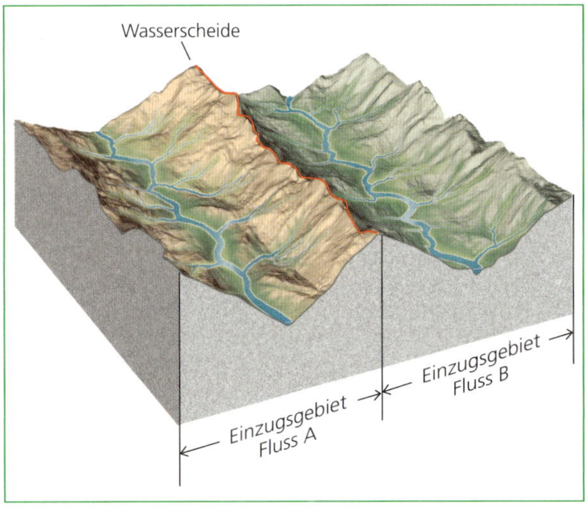


**Abb 18.5** Flusstäler und Einzugsgebiete sind durch Wasserscheiden getrennt – meist Bergzüge, flachere Höhenrücken oder auch Gebirgsketten.

**Abb. 18.6** Das natürliche Einzugsgebiet des Colorado umfasst eine Gesamtfläche von ungefähr 630 000 $km^2$ und damit einen großen Teil der südwestlichen Vereinigten Staaten. Das Einzugsgebiet ist von Wasserscheiden umgeben, die es gegen die benachbarten Einzugsgebiete abgrenzen [*nach U.S. Geological Survey*].

gebiete von Rhein (zur Nordsee) und Donau (zum Schwarzen Meer).

Viele Wasserscheiden behalten normalerweise ihre Position über lange Zeiträume bei, bis sie zu niedrigen Höhenrücken erodiert sind. Doch manche verlagern sich auch. Wenn ein Fluss auf der einen Seite der Wasserscheide weit schneller erodieren und Sedimente abtransportieren kann als ein Fluss auf der anderen Seite, wird die Wasserscheide ungleichmäßig abgetragen. Der aktivere Strom kann an solchen Stellen die Wasserscheide durchbrechen und das Einzugsgebiet seines trägeren Nachbarn erobern – man spricht dann von einer **Flussanzapfung**. Sobald die Flüsse größer werden, nimmt die Häufigkeit solcher Erscheinungen ab, bei großen Flüssen sind Anzapfungen äußerst selten. Die Flussanzapfung erklärt auch einige merkwürdige Landschaftsformen wie beispielsweise enge Trockentäler, die von keinem aktiven Fluss mehr durchflossen werden oder auch breit ausgeräumte Täler, die lediglich von einem kleinen Rinnsal entwässert werden. Wir kennen solche Flussanzapfungen in Form so genannter geköpfter Täler aus dem Gebiet der Schwäbischen Alb, wo der Rhein und seine Nebenflüsse ihr Einzugsgebiet auf Kosten der Donau erweitert haben.

## Entwässerungsnetze

Eine Gewässerkarte mit allen großen und kleinen Zuflüssen und ihren Vorflutern zeigt eine ganz bestimmte Anordnung der Nebenflüsse, die als **Entwässerungsnetz** oder **Entwässerungssystem** bezeichnet wird. Folgt man Wasserläufen stromaufwärts, so teilen sie sich Schritt für Schritt in immer kleinere Nebenflüsse auf – in ein Entwässerungsnetz, das ein charakteristisches Verzweigungsmuster zeigt (Abb. 18.7). Solche Verzweigungen sind ein generelles Merkmal vieler Netzwerke, in denen Material entweder gesammelt oder verteilt wird. Ein Flussnetz sammelt Wasser, das es bergab transportiert. Wir werden bald kennen lernen, dass die Flüsse an ihren Mündungen einem umgekehrten Verzweigungsnetz folgen, das sie wieder in einzelne Fließrinnen aufteilt. Wir können dieses Muster mit dem menschlichen Kreislauf vergleichen, in dem das Blut im Körper durch ein verzweigtes System von Blutgefäßen über die Arterien verteilt und durch ein korrespondierendes System von den Venen wieder gesammelt wird.

Das bekannteste Verzweigungssystem ist vermutlich das von Bäumen und Wurzeln. Die meisten Flüsse folgen demselben Muster, das als **dendritisches Entwässerungssystem** bezeichnet wird (griech. dendron = Baum). Dieses weitgehend zufällig angelegte Entwässerungsnetz ist für Gebiete kennzeichnend, in denen das unterlagernde Gestein homogen ist. Man findet ein solches Flusssystem beispielsweise auf horizontal lagernden Sedimenten, auf massigen Magmatiten oder auch Metamorphiten. Wo die intensivere Verwitterung entlang von Störungen oder Klüften im unterlagernden Gestein den Flusslauf beeinflusst, entwickelt sich ein etwas regelmäßigeres **rechtwinkliges Entwässerungssystem**. Eine Sonderform des rechtwinkligen Flusssystems ist das **spa-**

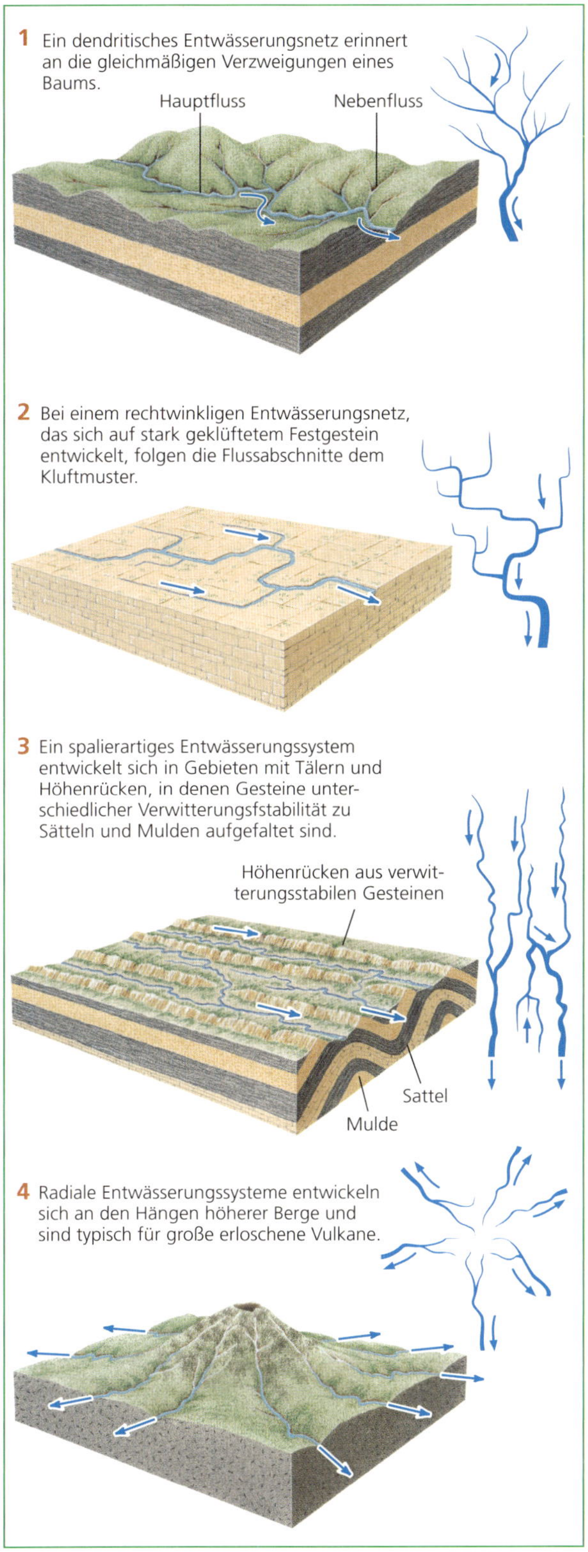


**Abb. 18.7** Typische Entwässerungsnetze.

**lierartige Entwässerungsnetz**, das an die rechtwinklige Geometrie von Spalierobstbäumen erinnert. Dieses Muster entwickelt sich dort, wo Schichten verwitterungsresistenter Gesteine mit schneller verwitternden Gesteinen wechseln, beispielsweise in ausgeprägten Schichtstufenlandschaften oder in Gebieten, wo Sedimentgesteine zu parallelen Faltensträngen deformiert wurden. Die größeren Flüsse verlaufen jeweils parallel zur Längsrichtung der Schichtstufen in Tälern, in denen die leichter erodierbaren Gesteine ausgeräumt wurden (**subsequente Flüsse**). Mehr oder weniger im rechten Winkel dazu münden die dem Schichtfallen folgenden, meist längeren **konsequenten Nebenflüsse** und die entgegen dem Einfallen verlaufenden **obsequenten Flüsse**. Wenn die Entwässerung von einem zentralen, höher gelegenen Punkt ausgeht, etwa von einem Vulkan oder einer domartigen Aufwölbung, entsteht ein **radiales Entwässerungssystem**.

## Entwässerungsnetze und Erdgeschichte

Bei den meisten Entwässerungsmustern können wir entweder direkt beobachten oder aus der erdgeschichtlichen Vergangenheit beurteilen, wie sie sich entwickelt haben. Manche Flüsse tiefen sich beispielsweise in Höhenrücken ein und bilden steilwandige Engtäler, Klammen oder Schluchten. Was veranlasst Flüsse dazu, sich ein enges Tal unmittelbar durch den Höhenzug einzuschneiden, anstatt an einer der beiden Seiten des Bergrückens entlangzufließen? Dieses Verhalten lässt sich anhand des geologischen Werdegangs eines solchen Gebiets erklären. Wenn sich durch tektonische Vorgänge ein Höhenzug bildet, während dort bereits ein Fluss vorhanden ist, kann der Fluss mit derselben Geschwindigkeit, mit der der Höhenzug herausgehoben wird, eine steilwandige Schlucht einschneiden (Abb. 18.8). Ein solcher Fluss wird als **antezedenter Fluss** bezeichnet, weil er bereits vorhanden war, ehe sich Krustenteile gehoben haben und er seinen ursprünglichen Lauf trotz Änderungen des unterlagernden Gesteinsmaterials und der Morphologie beibehielt.

Werden andererseits horizontal liegend Sedimentgesteine diskordant von gefalteten und bruchtektonisch geprägten Gesteinsserien mit unterschiedlicher Verwitterungfestigkeit unterlagert, so bildet der Fluss normalerweise ein dendritisches Entwässerungssystem. Im Laufe der Zeit schneidet sich der Fluss in die unterlagernden Gesteine und damit in Strukturen ein, die älter sind als er selbst und räumt in den widerstandfähigen Gesteinen jeweils tiefe Schluchten aus. Solche **epigenetischen Flüsse** fließen deswegen durch widerstandsfähige Gesteine, weil ihr Lauf auf einem höher gelegenen, lithologisch einheitlichen Niveau angelegt wurde, ehe die Tie-

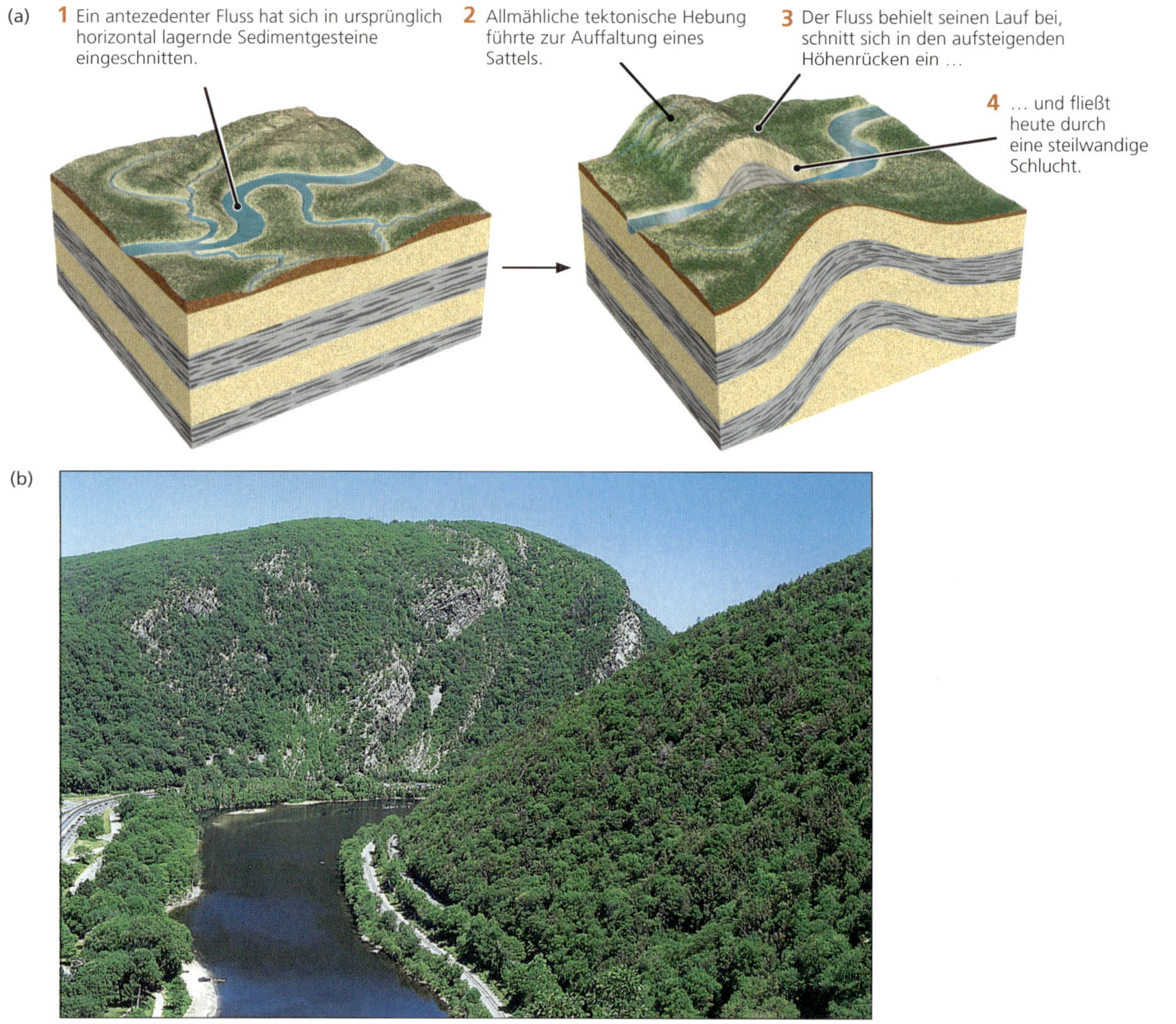


**Abb. 18.8** (a) Ein antezedenter Fluss. (b) Das Durchbruchstal des Delaware an der Grenze zwischen den US-Bundesstaaten Pennsylvania und New Jersey. Der Delaware ist ein antezedenter Fluss [*Foto: Michael P. Gadomski/Science Source/Photo Researchers*].

ferlegung begann. Epigenetische Flüsse behalten eher das früher entwickelte Muster bei, als sich an die neuen Verhältnisse anzupassen. Bei dem gezeigten Beispiel ist ein dendritisches Entwässerungsnetz auf eine Oberfläche übertragen worden, auf der sich sonst ein winkliges Flussnetz entwickelt hätte (Abb. 18.9).

## Wie fließendes Wasser festes Gestein erodiert

Wir können mühelos beobachten, wie eine rasche Strömung lose Sandkörner vom Flussbett aufnimmt, forträgt und dadurch das Flussbett erodiert. Bei höherem Wasserstand und vor allem bei Hochwasser können Flüsse sogar die unverfestigten Sedimente der Flussufer auswaschen und unterspülen, die dann in die Strömung abrutschen und abtransportiert werden. Kleine Bäche schneiden durch **rückschreitende Erosion** Rinnen in die höher gelegenen Bereiche ein (Abb. 18.10). Diese Form der Erosion, die mit einer Verlängerung des Flusslaufs sowie einer Verbreiterung und Eintiefung der Täler einhergeht, kann in leicht erodierbaren Böden und Gesteinen extrem rasch erfolgen, sie kann bis mehrere Meter innerhalb weniger Jahre betragen.

Die weitaus langsamere Erosion eines festen Gesteins ist nicht so einfach zu beobachten. Fließendes Wasser erodiert Festgesteine durch langsamen Abrieb (Abrasion), durch chemische und physikalische Verwitterung sowie durch das Unterschneiden der Uferbereiche.

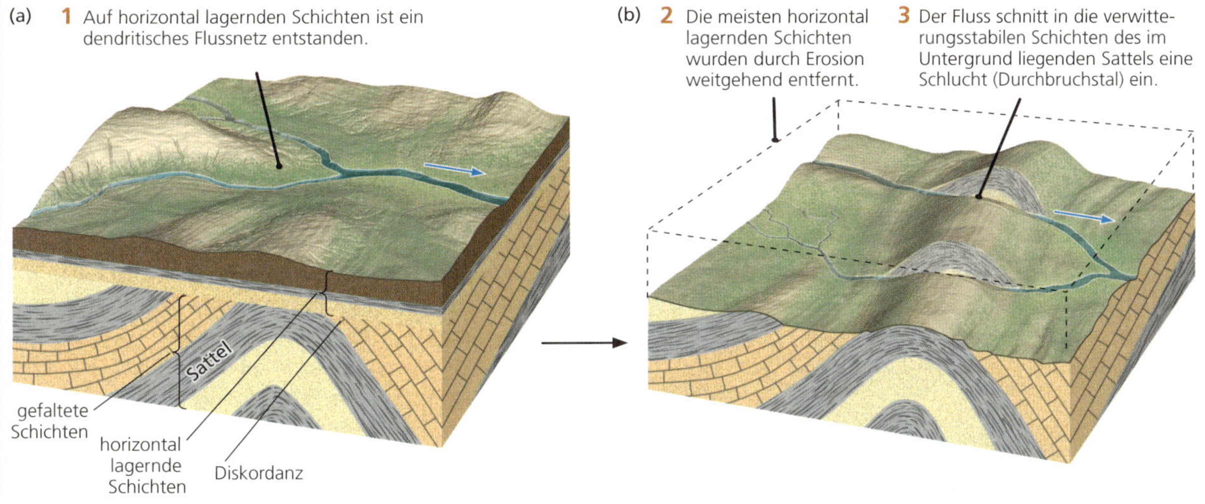


**Abb. 18.9** Entwicklung eines epigenetischen Flusses durch Erosion der horizontal lagernden Schichten, die diskordant auf gefalteten Schichten unterschiedlicher Verwitterungsstabilität lagern.

**Abb. 18.10** Abfließendes Wasser führt an der Erdoberfläche zur Erosion des Untergrunds und damit zur Bildung von Rinnen. Die kleinsten Rinnen vereinigen sich zu größeren und diese gehen in den unteren Hangbereichen in Bach- und Flussläufe über. Die hier gezeigten Rinnen bilden sich in der Wüste von Oman, wo das Wasser der vereinzelt auftretenden heftigen Regenfälle rasch an der Oberfläche abfließt und sich dabei erosiv einschneidet [*Foto: Petroleum Development Oman*].

## Abrasion

Zu den wichtigsten Vorgängen, durch die ein Fluss Gesteine zerstört und erodiert, gehört die Abrasion. Die von den Flüssen mitgeführten Sandkörner und Gerölle wirken wie eine Art Sandstrahlgebläse, wodurch selbst das härteste Gestein abgeschliffen wird. In manchen Flüssen waschen in Wasserwirbeln rotierende Gerölle und Sandkörner an der Sohle des Flussbetts tiefe **Strudelkessel** oder **Strudeltöpfe** aus (Abb. 18.11). Bei niedrigem, klarem Wasser werden diese Gerölle und der Sand in den freiliegenden Strudelkesseln sichtbar – als Reste des Materials, das bei höherem Wasserstand beständig durch diese Kolke hindurchgespült wird.

Fließrinnen beginnen dort, wo das an der Landoberfläche abfließende Niederschlagswasser so rasch fließt, dass es den Boden und das darunter lagernde Gestein abträgt und sich in den Untergrund einschneidet (Abb. 18.10). Ist erst einmal eine kleine **Rinne** entstanden, nimmt diese vermehrt das an der Oberfläche abfließende Wasser auf. Damit nimmt auch die Tendenz zu, sich einzuschneiden, das heißt, wenn sich die Rinne weiter eintieft, nimmt auch die Geschwindigkeit zu, mit der sie sich einschneidet, da immer mehr Wasser aufgenommen wird. Die Fähigkeit eines Flusses, Erosionsarbeit zu leisten, ist abhängig von dessen Abfluss und Gefälle. Auf diese beiden Merkmale wird in einem der nachfolgenden Abschnitte eingegangen. In Kapitel 22 wird gezeigt, wie Abflussmenge und Gefälle bei der Gestaltung der Landschaft zusammenwirken.

## Chemische und physikalische Verwitterung

Die chemische Verwitterung der Gesteine, die den Mineralbestand verändert und an Klüften und Spalten den Gesteinsverband schwächt, wirkt sich bei der Gesteinszerstörung in Flussbetten ebenso aus wie auf der Landoberfläche. Auch die physikalische Verwitterung kann

**Abb. 18.11** Strudeltöpfe im Felsuntergrund eines Flussbetts; McDonald Creek im Glacier-Nationalpark, Montana. Starke Strömung lässt die Gerölle in den Strudeltöpfen rotieren, die auf diese Weise tiefe Löcher in das anstehende Gestein mahlen [*Foto: Carr Clifton/Minden Pictures*].

ein erhebliches Ausmaß erreichen, da heftig aufprallende Blöcke und das ständige, wenn auch schwächere Auftreffen von Kies und Sand das Gestein entlang von Rissen und Fugen zerstört. Als Folge zerbricht das Gestein in den Fließrinnen wesentlich schneller als durch die langsamer erfolgende Verwitterung auf einem sanft geneigten Berghang. Wenn große Blöcke des anstehenden Gesteins an der Flusssohle durch Aufprallen und Verwitterung erst einmal gelockert sind, können sie von starken, nach oben gerichteten Wasserwirbeln durch ruckartig einsetzende, heftige Zerrvorgänge aus dem Verband heraus und nach oben gezogen werden.

Die Erosion ist an **Stromschnellen** und Wasserfällen besonders stark. Stromschnellen sind Bereiche innerhalb eines Flusses, in denen die Strömung extrem zunimmt, weil an Felsterrassen das Gefälle des Flussbetts plötzlich größer wird. Wegen der Geschwindigkeit des Wassers und der großen Turbulenz zerbrechen Blöcke sehr rasch in kleinere Stücke und werden durch die starke Strömung weggeführt. Beschleunigt wird die Erosion generell durch Änderung der Landnutzung wie etwa durch den Bau von Speicherbecken, Staudämmen und Erholungsgebieten.

## Unterschneiden durch Strömungen

Fließrinnen am Fuß von Wasserfällen werden durch den ungeheueren Aufprall riesiger herabstürzender Wassermassen und herumwirbelnder Blöcke mit großer Geschwindigkeit erodiert. Wasserfälle tragen das unterlagernde Gestein ab und verlagern sich stromaufwärts, wenn der Steilrand, der den Wasserfall bildet, unterspült wird und die darüber liegenden Schichten nachbrechen (Abb. 18.12). Die Erosion durch Wasserfälle erfolgt am

**Abb. 18.12** Die Wasserfälle des Iguaçú (Grenzgebiet zwischen Argentinien und Brasilien) verlagern sich rückschreitend stromaufwärts, weil das hinabstürzende Wasser und das mitgeführte Sedimentmaterial auf den Untergrund aufschlagen und dadurch die Wand des Wasserfalls unterschneiden. Deutlich sind die steilen Wände des Flussbetts erkennbar, die durch das Rückschreiten des Wasserfalls (nach rechts) entstanden sind [*Foto: Donald Nausbaum*].

schnellsten bei horizontaler Lagerung, wenn die den eigentlichen Wasserfall bildenden, erosionsbeständigen harten Schichten von weicheren Gesteinen wie zum Beispiel von Schiefertonen unterlagert werden. Historische Berichte von den Niagara-Fällen, den wohl bekanntesten Wasserfällen Nordamerikas, lassen erkennen, dass sich der wesentliche Bereich der Wasserfälle mit einer Geschwindigkeit von einem Meter pro Jahr stromauf verlagert.

## Wie Flusswasser fließt und Sediment transportiert

Alle Strömungen fluider Phasen, ob stark oder schwach, haben einige charakteristische gemeinsame Merkmale. Es gibt zwei grundlegende Strömungsformen, die sich mithilfe der Bewegungsbahnen der Flüssigkeitsteilchen darstellen lassen – diese Bahnen bezeichnen wir als **Stromlinien** (Abb. 18.13). Im einfachsten Fall, dem **laminaren Fließen**, bewegen sich die Wasserteilchen auf parallelen Bahnen, das heißt die Stromlinien verlaufen parallel zueinander, ohne dass sich Schichten durchmischen oder Wirbel entstehen. Ein allgemein bekanntes Beispiel für diese Art von Fließen ist die langsame Fließbewegung von zähflüssigem Honig oder kaltem Öl. Eine wesentlich komplexere Form ist das **turbulente Fließen**, die ein verwirbeltes Muster von Stromlinien zeigt, bei dem sich die Stromlinien vermischen, überkreuzen und gegenseitig beeinflussen und dabei Wirbel beziehungsweise Strudel bilden. Schnell strömendes Flusswasser zeigt typischerweise diese Art der Bewegung. Die Turbulenz, der Grad bei dem es zu Unregelmäßigkeiten und Wirbelbildung in der Flüssigkeit kommt, kann entweder stark oder schwach sein. Bei turbulenter Fließbewegung kann in Abhängigkeit von der Fließgeschwindigkeit zwischen strömendem und schießendem Fließen unterschieden werden. Beim strömenden Fließen hat das Fließgewässer eine mehr oder weniger glatte Wasseroberfläche. Dagegen zeigt die Wasseroberfläche beim schießenden Fließen zahlreiche stehende Wellen unterschiedlicher Größe. Ob das Fließen laminar oder turbulent erfolgt, hängt von drei Faktoren ab, und zwar:

1. von der Fließgeschwindigkeit,
2. von der Geometrie des strömenden Mediums (je langsamer und dünner das strömende Medium ist, desto eher erfolgt das Fließen laminar) und
3. von der **Viskosität**. Sie ist ein Maß für die innere Reibung einer Flüssigkeit, die dem Fließen Widerstand

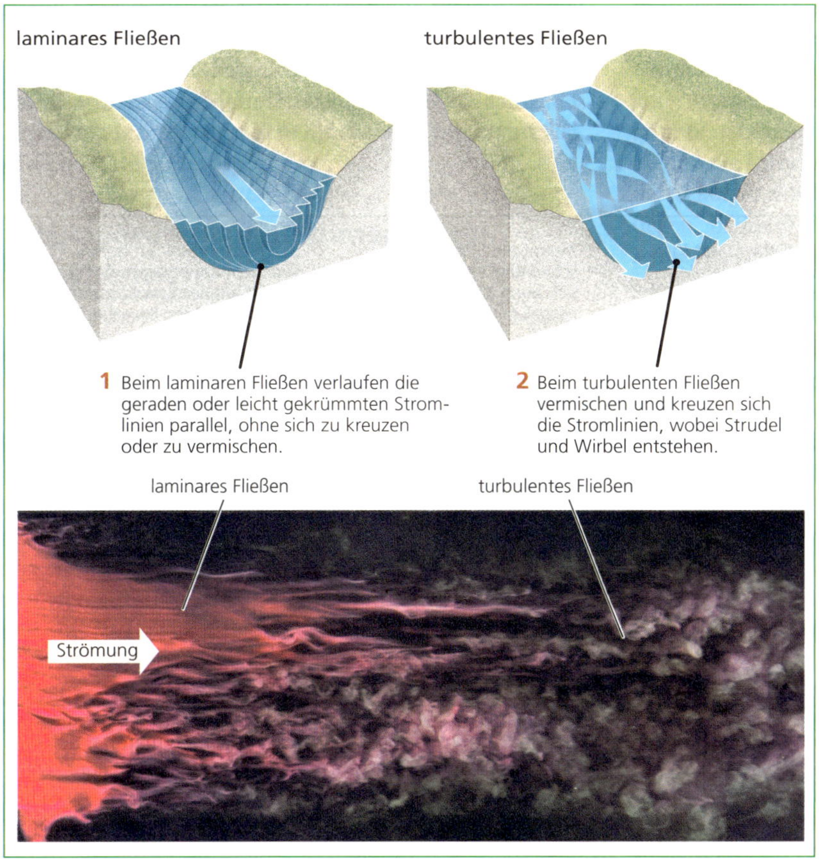


**Abb. 18.13** Laminares und turbulentes Fließen. Das Foto zeigt den Übergang vom laminaren zum turbulenten Fließen in einer Wasserströmung, die über eine glatte Platte fließt, sichtbar gemacht durch Farbstoff. Die Strömung verläuft von links nach rechts [*Foto: ONERA*].

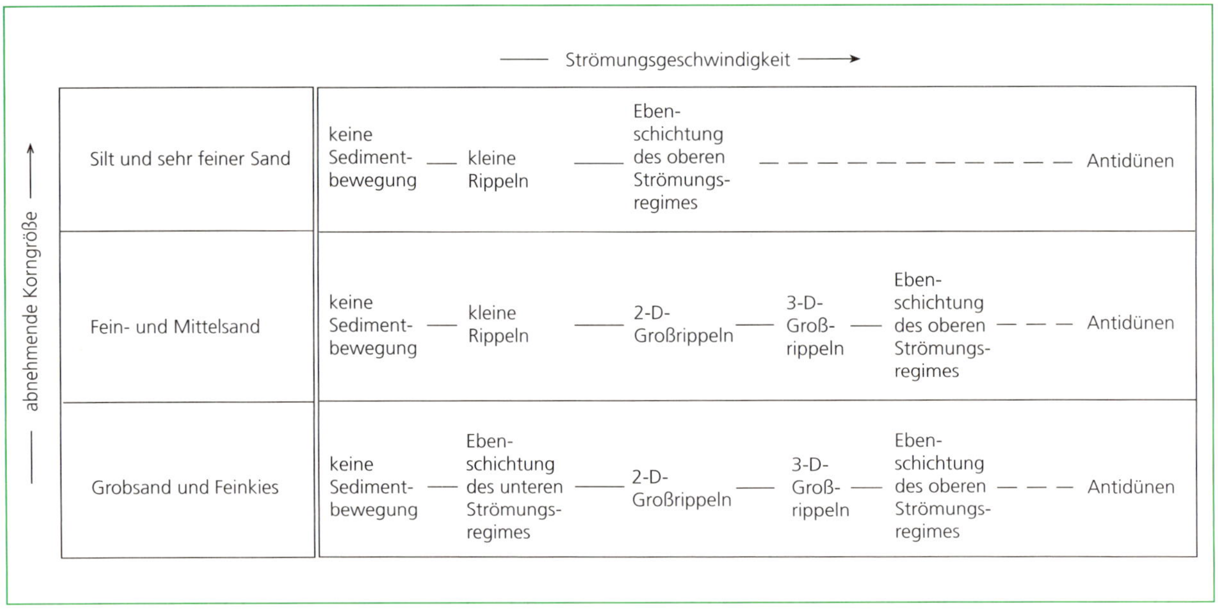


**Abb. 18.18** Zusammenhang zwischen Strömungsgeschwindigkeit, Korngröße und Sedimentstruktur [*nach J.C. Harms, J.B. Southard & G.V. Middleton (1982): „Structures and Sequences in Clastic Rocks", Society of Economic Paleontologists and Mineralogists, Short Course Notes Nr. 9*].

symmetrische **Antidünen**, die sowohl stromauf als auch stromab wandern können und daher nach beiden Seiten einfallende Schrägschichtung zeigen.

Untersuchungen im Strömungskanal haben gezeigt, dass diese Abfolge von Sedimentstrukturen nicht ausschließlich eine Funktion der Strömungsgeschwindigkeit ist. Auch Korngröße und Wassertiefe üben einen wesentlichen Einfluss aus. So entstehen beispielsweise bei kleinen Korngrößen keine Dünen – die Rippeln gehen unmittelbar in die Ebenschichtung des oberen Strömungsregimes über. Die Abhängigkeit der Sedimentstruktur von Strömungsgeschwindigkeit und Wassertiefe für eine bestimmte Korngröße zeigt Abbildung 18.17, der Zusammenhang zwischen Sedimentstrukturen, Korngröße und Strömungsgeschwindigkeit ist in Abbildung 18.18 dargestellt.

## Deltas: Die Mündungen der Flüsse

Früher oder später enden alle Flüsse. Wenn sie in Seen oder ins Meer einmünden, vermischt sich ihr Wasser mit dem umgebenden Wasserkörper, und da kein Gefälle mehr vorhanden ist, verlangsamt sich die Strömung rasch bis zum völligen Stillstand. Große Ströme wie etwa der Amazonas und der Ganges können allerdings auch noch viele Kilometer weit draußen im Ozean eine schwache Strömung beibehalten. Wo kleine Flüsse an einer turbulenten, wellenbewegten Küste münden, endet deren Strömung bereits unmittelbar hinter der Flussmündung.

### Deltasedimentation

Ein Fluss verliert in seinem Unterlauf mit abnehmender Strömungsgeschwindigkeit die Fähigkeit, Sedimentmaterial zu transportieren. Das gröbste Material, normalerweise Sand, wird zuerst abgesetzt, meist unmittelbar an der Mündung. Feinere Sande werden etwas weiter transportiert, und noch weiter draußen werden Silt und schließlich Ton abgelagert. Da der Boden eines Sees oder eines Meeres mit zunehmender Entfernung von der Küste gegen das tiefere Wasser hin abfällt, bildet das abgelagerte Material eine schräge Aufschüttungsebene, die als **Delta** bezeichnet wird. (Wir verdanken die Benennung „Delta" dem griechischen Historiker Herodot, der um 450 v. Chr. Ägypten bereiste. Der ungefähr dreieckig geformte Sedimentkörper an der Mündung des Nils veranlasste ihn, diese Ablagerungen nach dem griechischen Buchstaben $\Delta$ = Delta zu benennen.)

Wenn die Flüsse ihr Delta erreichen, wo das Gefälleprofil weitgehend dem Meeresniveau entspricht, kehren sie ihr normales, stromaufwärts verzweigtes Entwässerungssystem um. Anstatt von den Nebenflüssen immer mehr Wasser aufzunehmen, bilden sie eine Anzahl von **Mündungsarmen** – kleinere Flüsse, die sich in der Regel flussabwärts verzweigen und folglich Wasser und Sediment auf viele Kanäle verteilen. Das an der Oberfläche

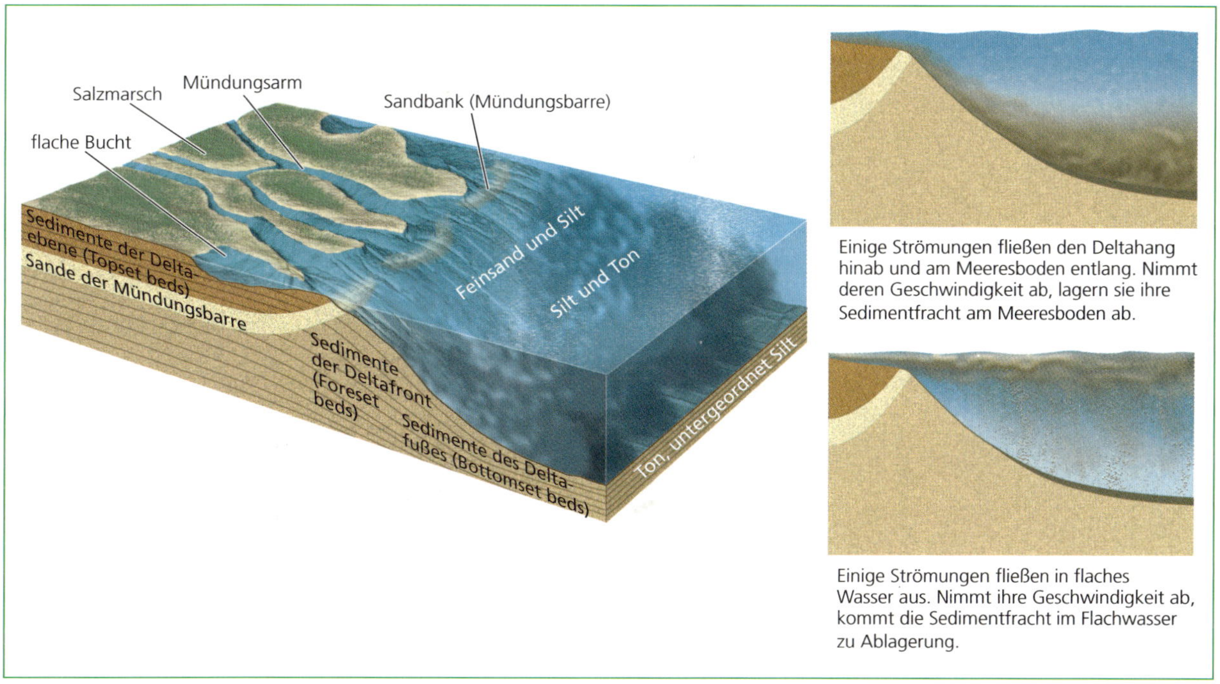


**Abb. 18.19** Ein typisches, großes marines Delta, das sich über viele Kilometer erstreckt und in dem feinkörnige Schichten der Deltafront unter einem sehr flachen Winkel, normalerweise 4–5° oder weniger, abgelagert werden. Vor den Mündungen der Deltaarme, wo die Strömungsgeschwindigkeit plötzlich abnimmt, bilden sich Sandbänke (Mündungsbarren). Das Delta baut sich durch das Vorrücken der Mündungsbarren und der Sedimente der Deltaebene, der Deltafront und des Deltafußes weiter vor. Zwischen den Deltaarmen füllen sich die flachen Buchten mit feinkörnigen Sedimenten oder sie werden zu Salzmarschen.

des Deltas abgesetzte Material, normalerweise Sand, bildet die horizontalen **Schichten der Deltaebene** (**Topset beds**). Weiter stromab werden feinkörniger Sand und Silt abgelagert, unter Bildung der sanft von der Küste weg einfallenden **Schichten der Deltafront** (**Foreset beds**), deren Schichtungsgefüge einer überdimensionalen Schrägschichtung gleicht. Seewärts von diesen Schichten der Deltafront breiten sich auf dem Meeresboden die geringmächtigen, horizontal lagernden feinklastischen **Schichten des Deltafußes** (**Bottomset beds**) aus, die schließlich überdeckt werden, wenn das Delta seine Front weiter vorbaut. Abbildung 18.19 zeigt ein typisches großes Delta, das sich weit in das Meer hinaus vorgeschoben hat.

## Das Wachstum eines Deltas

Mit dem Vorbau des Deltas verlagert sich gleichzeitig auch die Mündung des Flusses in das Meer hinaus und hinterlässt neues Land. Ein großer Teil dieses Festlandes besteht aus der Deltaebene, die lediglich einige Meter über dem Meeresspiegel liegt. In solchen Ebenen entwickeln sich ausgedehnte Feuchtgebiete, die, wie wir in Kapitel 13 bereits kennen gelernt haben, wegen ihrer Wasserspeicherkapazität und als Lebensraum für viele Pflanzen und Tiere äußerst wertvoll sind. Diese Feuchtgebiete waren in vielen Regionen einem Angriff von zwei Seiten ausgesetzt. Erstens verminderten die seit den dreißiger Jahren gebauten Schutzdämme die Sedimentmengen, die bisher an den Rand des Deltas transportiert wurden, wodurch sich auch die Sedimentzufuhr in den Feuchtgebieten verringerte. Zweitens verhinderten die vielen künstlichen Uferwälle die kleinen, aber häufigen Überschwemmungen, die in Wirklichkeit die Feuchtgebiete ernähren.

In einem wachsendes Delta verlagert sich die Strömung beständig von einem Mündungsarm zum anderen mit kürzerer Laufstrecke zum Meer. Als Folge solcher Verlagerungen wächst das Delta über mehrere hundert oder tausend Jahre in eine Richtung, bricht dann in einen neuen Mündungsarm durch und beginnt – mit geänderter Richtung – sich in das Meer vorzuschieben. Ein großer Strom wie der Mississippi oder der Nil bildet ein großes Delta von mehreren tausend Quadratkilometern. Zum Vergleich: Das Delta der Rhône misst 1 100 km², das der Donau 4 000 km². Das größte Delta haben Ganges und Brahmaputra mit einer Fläche von zusammen 80 000 km².

Das Delta des Mississippi ist wie viele andere große Flussdeltas im Verlauf von Jahrmillionen gewachsen. Es entstand vor ungefähr 150 Ma im Gebiet der heutigen Mündung des Ohio in den Mississippi, an der Südspitze von Illinois. Seitdem hat sich das Delta ungefähr

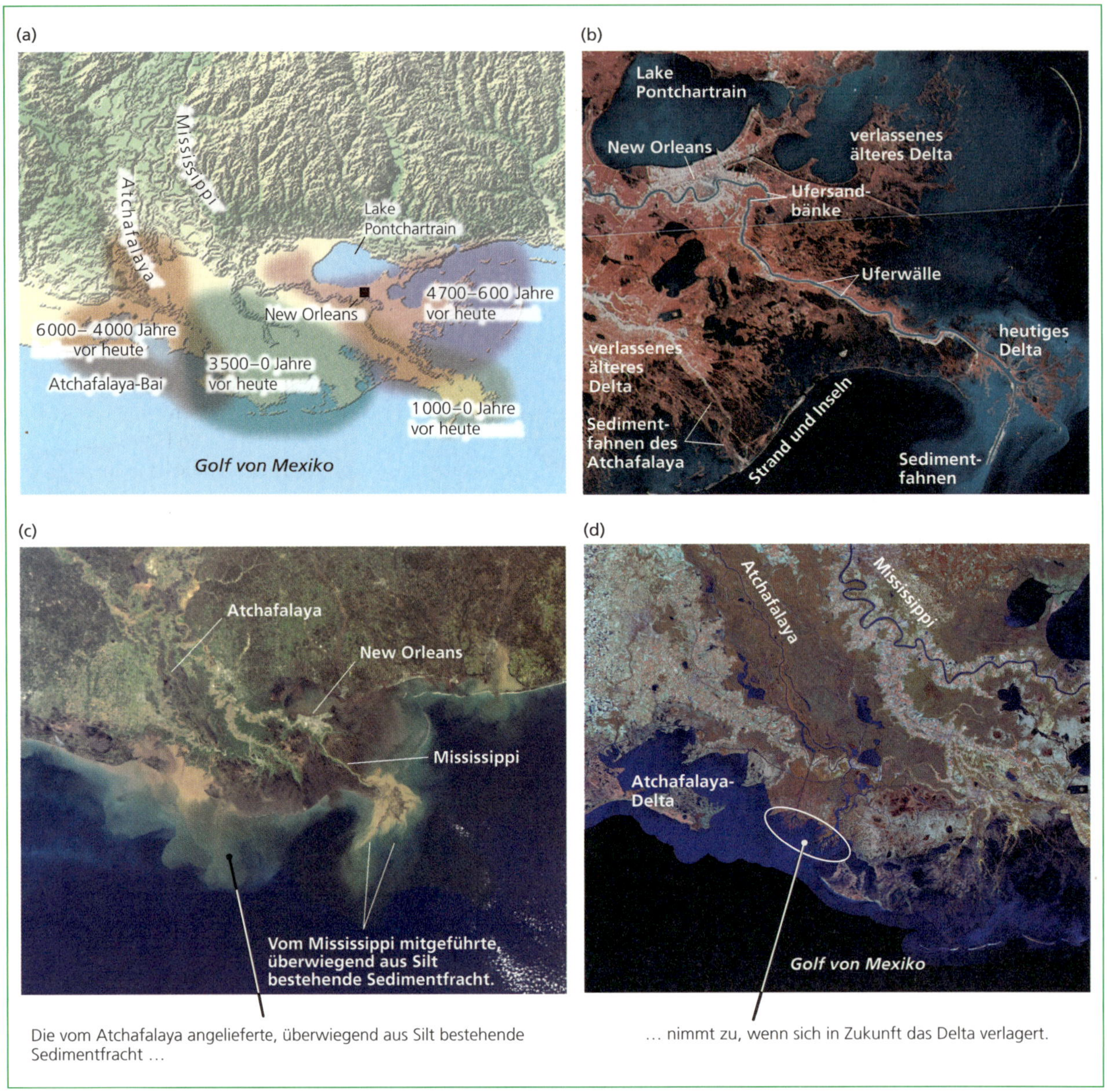


**Abb. 18.20** (a) Das Mississippi-Delta. In den vergangenen 6 000 Jahren baute der Strom das Delta erst in einer Richtung vor. Diese änderte sich, als der Fluss seine Strömung von einem großen Mündungsarm in einen anderen verlagerte. Dem heutigen Delta waren Deltas im Osten und Westen vorausgegangen. (b) Der für dieses Satellitenbild des Mississippi-Deltas verwendete Infrarotfilm gibt die Vegetation in Rot, relativ klares, sauberes Wasser in Dunkelblau und Wasser mit suspendierter Sedimentfracht in Hellblau wieder. Oben links liegen New Orleans und der Lake Pontchartrain. In der Bildmitte sind gut ausgebildete Uferwälle und Sandbänke zu erkennen. Unten links liegen Strände und Inseln. Sie sind aus Sand entstanden, der durch Wellen und Strömungen aus dem Flussdelta verfrachtet worden ist. (c) Satellitenbild des Mississippi-Deltas. (d) Dieses Bild zeigt den Sedimenteintrag von Mississippi und Atchafalaya in den Golf von Mexiko. Ein starkes Hochwasser könnte theoretisch den größten Teil des Abflusses vom Mississippi in den Atchafalaya umlenken, wodurch ein neues Delta entstehen würde. Der Bau künstlicher Dämme durch das U.S. Army Corps of Engineers hat dies bisher verhindert [*aus G.T. Moore (1979): „Mississippi River Delta from Landsat 2“, Bull. of the American Association of Petroleum Geologists (b); Fotos: NASA (c); USGS National Wetlands Research Center (d)*].

1 600 km nach Süden vorgeschoben. Daraus entstand fast das gesamte Staatsgebiet von Louisiana und Mississippi sowie große Teile der angrenzenden Bundesstaaten. Abbildung 18.20 zeigt das Wachstum des Mississippi-Deltas im Verlauf der letzten 6 000 Jahre. Heute rechnet man beim Mississippi mit einem jährlichen Zuwachs von 40 bis 100 m, während der Zuwachs beim Nil 33 m, bei der Rhône 20 m und beim Po etwa 130 m beträgt.

Da das Delta durch Ablagerung von Sediment wächst, sinkt es in dem Maße ab, wie das Sediment der Kompaktion unterliegt und die Kruste unter der Last der Sedimente absinkt. Venedig, erbaut auf Deltasedimenten norditalienischer Alpenflüsse, sinkt kontinuierlich ab, doch nicht nur wegen der Subsidenz der Kruste, sondern auch infolge der Entnahme von Grundwasser aus den darunter liegenden Grundwasserleitern.

## Einflüsse von Wellen, Gezeiten und Tektonik

Starke Wellen, küstenparallele Strömungen und Gezeiten beeinflussen Wachstum und Form des sich ins Meer vorbauenden Deltas. Wellen und küstenparallele Strömungen können das Sediment fast ebenso schnell an der Küste entlang verfrachten, wie es vom Fluss abgelagert wird. Die Deltafront wird dann zu einer langen Strandlinie mit lediglich einer leichten, seewärts gerichteten Ausbuchtung unmittelbar an der Mündung. Wo die Gezeiten in das Delta ein- und ausströmen, formen sie die Deltasedimente zu lang gestreckten Sandbänken parallel zur Strömungsrichtung um, die in den meisten Gebieten ungefähr rechtwinkelig zur Küste verläuft.

In Bereichen, wo Wellen und Gezeiten ausgesprochen stark sind, können sich keine Deltas bilden. Das durch Flüsse in das Meer gebrachte Sediment wird stattdessen entlang der Küstenlinie am Strand verteilt oder auch in das tiefere Wasser vor der Küste transportiert. Aus diesem Grund fehlen beispielsweise an der Ostküste Nordamerikas oder an der Nordsee Flussdeltas. Der Mississippi konnte nur deshalb ein Delta ausbilden, weil im Golf von Mexiko weder die Wellentätigkeit noch die Gezeiten sehr stark sind.

Auch die Tektonik übt einen gewissen Einfluss aus, ob und wo sich Deltas bilden, denn für die Entwicklung von Deltas ist erforderlich:

- Hebung im Einzugsgebiet, die zur Anlieferung großer Sedimentmassen führt.
- Absenkung der Kruste im Bereich des Deltas, damit für die riesigen Sedimentmengen Platz geschaffen wird.

Zwei der großen Deltas der Erde, das Mississippi-Delta und das Rhône-Delta, erhalten ihre Sedimentfracht in erster Linie von entfernter liegenden Gebirgszügen – von den Rocky Mountains und Appalachen beziehungsweise von den Alpen. Beide Deltas befinden sich in derselben plattentektonischen Position, das heißt auf einem passiven Kontinentalrand.

Es gibt wenige große Deltas, die an aktive Subduktionszonen gebunden sind. Der Grund dürfte wohl sein, dass es für einen großen Fluss wie beispielsweise für den Columbia River in Washington und Oregon schwer ist, durch einen Vulkanbogen (das Kaskadengebirge) hindurch reichlich Sediment in das Meer zu transportieren. Darüber hinaus sind ozeanische Inselbögen – von der Festlandsfläche her betrachtet – zu klein, um große Mengen an klastischem Sediment zu liefern.

Die Kontinent-Kontinent-Kollision, die für die enorme Heraushebung des Himalajas verantwortlich ist, führte konsequenterweise auch zur Entstehung der großen Deltas von Indus und Ganges. So beeinflussen auch die plattentektonischen Positionen die Lage und Bildung von Deltas.

# Flüsse als Geosysteme

Die Strömung eines Flusses von einer Brücke oder vom Boot aus betrachtet, scheint, was Geschwindigkeit und Wassermenge betrifft, konstant zu sein. Doch Volumen und Strömungsgeschwindigkeit können sich an einer bestimmten Stelle von Monat zu Monat und von Jahreszeit zu Jahreszeit deutlich ändern. Flüsse sind dynamische, sich ständig verändernde Geosysteme, deren Wasserführung im Verlauf weniger Stunden oder Tage von Niedrigwasser über Hochwasser bis zu Überflutungen schwankt. Über längere Zeiträume hinweg verändern sie auch die Form ihrer Täler (Abb. 18.21). Auf dem Weg von den engen Tälern des Oberlaufs zu den breiten Talauen der mittleren und unteren Laufstrecken ändern sich beständig Strömungsgeschwindigkeit und Größe der Fließrinnen. Solche langfristigen Veränderungen der Wasserläufe sind meist Anpassungen an das mittlere Wasservolumen und an die Fließgeschwindigkeit (ausgenommen Hochwasser); dasselbe gilt auch für die Tiefe und Breite des Flussbetts.

Von ihren Quellgebieten in der Nähe der Wasserscheiden bis zu ihren Endpunkten in den Deltas der Ozeane oder Binnenseen reagieren alle Flüsse auf Klimaveränderungen (wie etwa Niederschläge) und tektonische Bewegungen (Hebung und Senkung der Erdkruste). In der Nähe der Quellgebiete vereinigen sich einzelne Gerinne zu einem einzigen langen Fließgewässer. Niederschläge, die in den Quellgebieten fallen, können sich bis weit flussabwärts bemerkbar machen, wo das Wasservolumen das Volumen der Fließrinnen überschreiten kann und der Fluss seine Uferdämme überflutet und eine Überschwemmung verursacht. Auf diese Weise verbreiten sich die in einem Teil des Systems ablaufenden Pro-

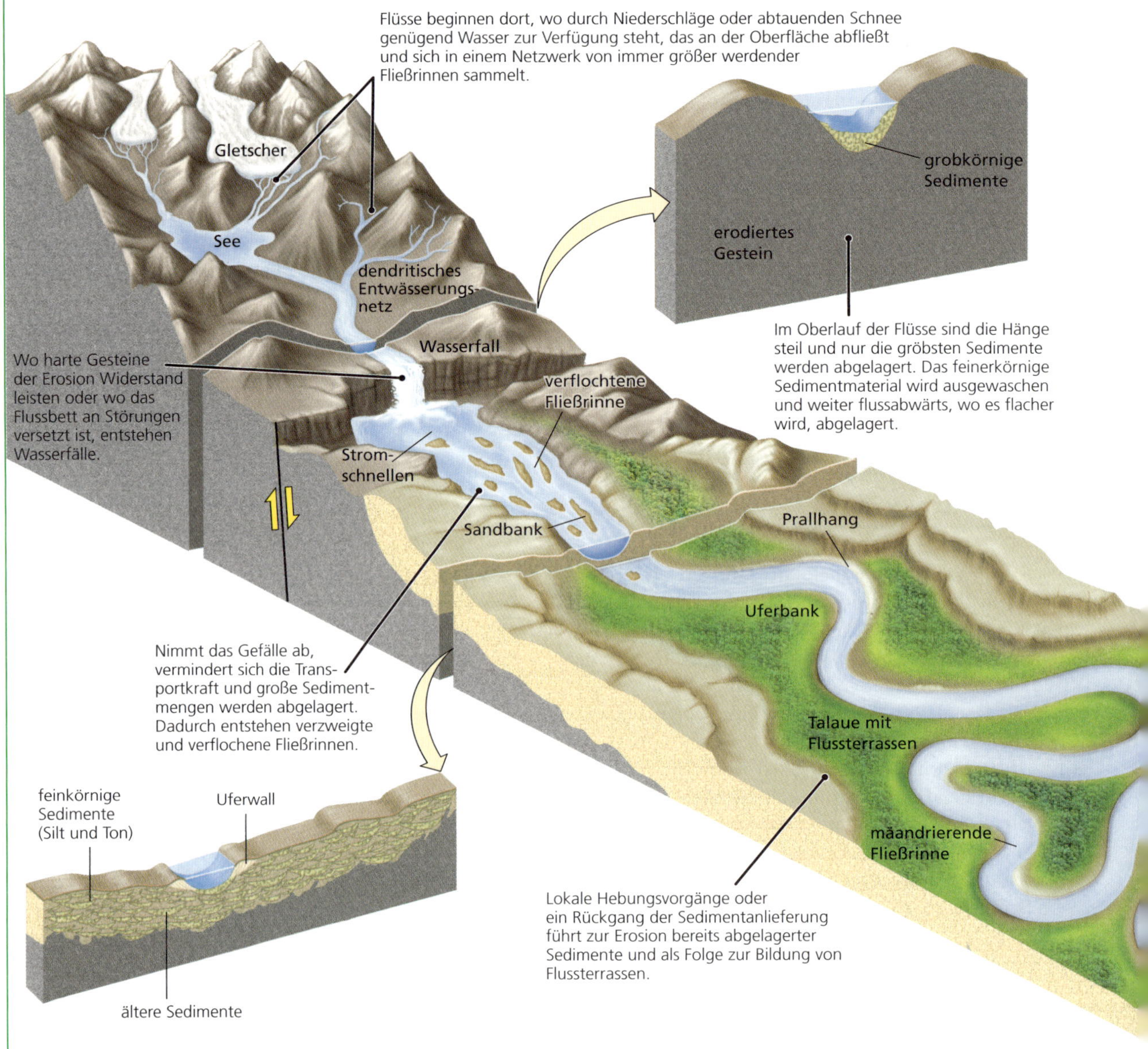


**Abb. 18.21** Flüsse transportieren Wasser und Sediment von den Gebirgen in die Ozeane.

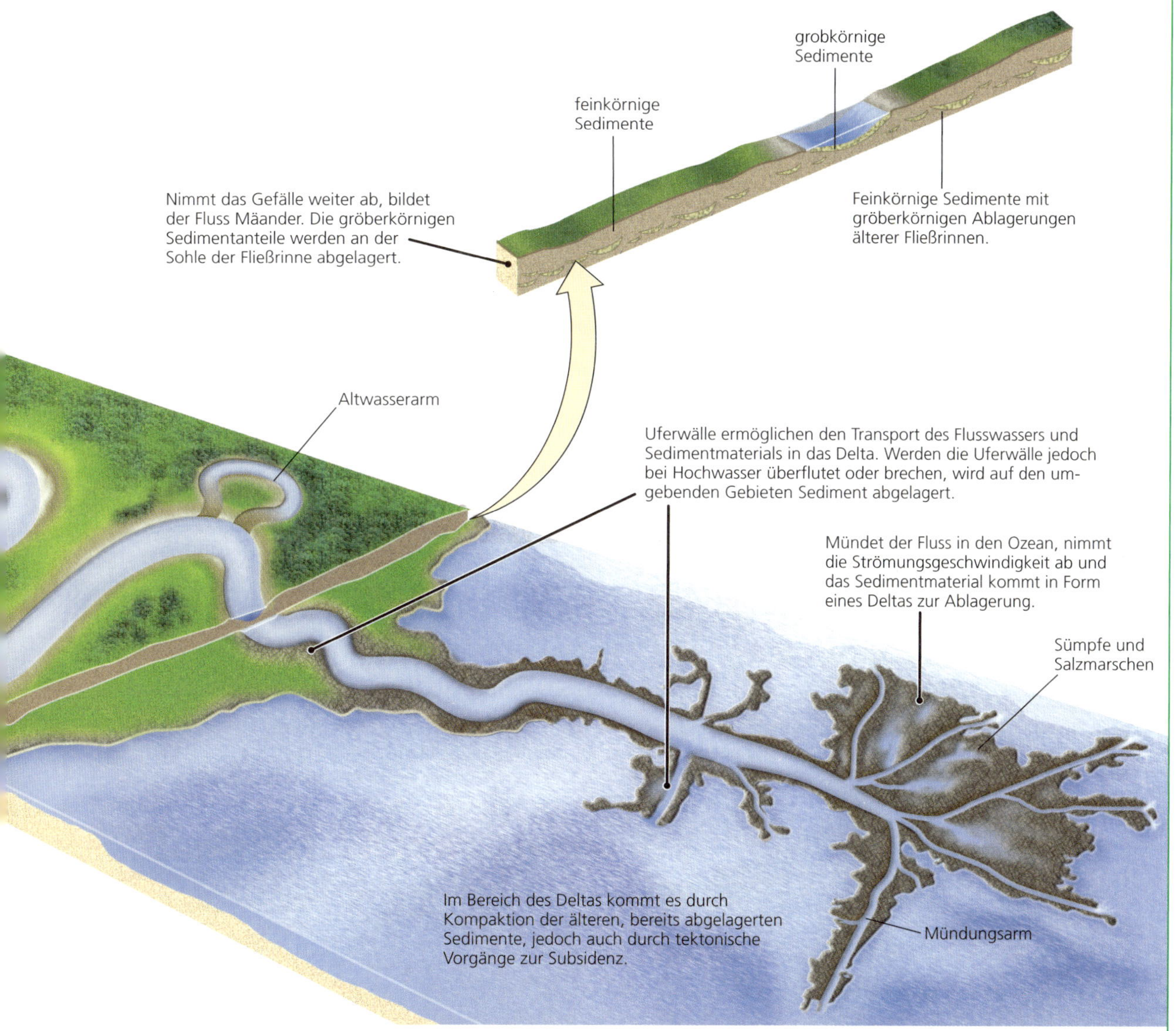
grobkörnige Sedimente
feinkörnige Sedimente
Nimmt das Gefälle weiter ab, bildet der Fluss Mäander. Die gröberkörnigen Sedimentanteile werden an der Sohle der Fließrinne abgelagert.
Feinkörnige Sedimente mit gröberkörnigen Ablagerungen älterer Fließrinnen.
Altwasserarm
Uferwälle ermöglichen den Transport des Flusswassers und Sedimentmaterials in das Delta. Werden die Uferwälle jedoch bei Hochwasser überflutet oder brechen, wird auf den umgebenden Gebieten Sediment abgelagert.
Mündet der Fluss in den Ozean, nimmt die Strömungsgeschwindigkeit ab und das Sedimentmaterial kommt in Form eines Deltas zur Ablagerung.
Sümpfe und Salzmarschen
Im Bereich des Deltas kommt es durch Kompaktion der älteren, bereits abgelagerten Sedimente, jedoch auch durch tektonische Vorgänge zur Subsidenz.
Mündungsarm

zesse und Auswirkungen über das ganze System und beeinflussen das Verhalten in einem anderen Teil.

Das Sediment verhält sich auf ähnliche Weise, obwohl dafür längere Zeiträume erforderlich sind. Wenn in den Quellgebieten über längere Zeit mehr Niederschläge fallen, etwa weil langfristig das Klima feuchter wird oder sich die tektonische Hebung beschleunigt, dann nehmen auch die Erosionsrate und der Sedimenteintrag zu. Als Folge wird durch das gesamte Flussnetz eine „Woge" von Sedimentmaterial transportiert, bis diese schließlich das Mündungsdelta erreicht, wo sie sich in der Schichtenfolge als Zeitraum ungewöhnlich hoher Sedimentakkumulation bemerkbar macht. Auf diese Beziehungen zwischen Klima und Tektonik und deren Einflüsse auf die Landschaftsentwicklung wird in Kapitel 22 noch einmal eingegangen.

Wie sich Wasser und Sedimentmaterial insgesamt durch das Geosystem Fluss hindurchbewegen, wird von einigen wichtigen Parametern bestimmt. Dazu gehören Abfluss, Längsprofil und Änderung der Erosionsbasis.

## Abfluss

Ein Maß für die Stärke einer Strömung ist der **Abfluss**. Als Abfluss wird das Wasservolumen bezeichnet, das in einer gegebenen Zeiteinheit durch einen bestimmten Querschnitt des Gewässers fließt. (Man beachte, dass in Kapitel 17 der Abfluss als das „Volumen des Wassers" definiert wurde, das in einer bestimmten Zeit den Grundwasserleiter verlässt. Beide Bezeichnungen sind gerechtfertigt, da es sich in beiden Fällen um Volumina von Strömungen pro Zeiteinheit handelt.) Der Abfluss wird gewöhnlich in Kubikmetern pro Sekunde angegeben und kann in einem normalen kleineren Fluss zwischen ungefähr 0,25 und 300 $m^3/s$ schwanken. Bei einem gut untersuchten mittelgroßen Fluss in Schweden, dem Klarälven, schwankt beispielsweise der Abfluss zwischen 500 $m^3/s$ bei Niedrigwasser und 1 320 $m^3/s$ bei Hochwasser. Der Abfluss des Mississippi beträgt bei Niedrigwasser 1 400 $m^3/s$ und bei Hochwasser über 57 000 $m^3/s$.

Man ermittelt den Abfluss durch Multiplikation der Geschwindigkeit einer Strömung und der Querschnittsfläche (in unserem Fall die Breite, multipliziert mit der Tiefe des Teils der Fließrinne, die vom Wasser eingenommen wird):

Abfluss = Querschnitt × Geschwindigkeit der Strömung
= (Breite × Tiefe) × (zurückgelegte Entfernung pro Sekunde)

Abbildung 18.22 zeigt diese Beziehung. Damit sich der Abfluss erhöht, muss entweder die Geschwindigkeit gesteigert oder die Querschnittsfläche vergrößert werden, oder beides. Wenn man beispielsweise den Abfluss eines Gartenschlauchs durch Aufdrehen des Wasserhahns erhöht, strömt das Wasser am anderen Ende mit höherer Geschwindigkeit aus. Die Querschnittsfläche des Schlauchs, das heißt sein Durchmesser, kann sich nicht verändern, daher nimmt der Abfluss zu. Wenn der Abfluss eines Flusses an einem bestimmten Punkt zunimmt, nimmt normalerweise sowohl die Fließgeschwindigkeit als auch der Querschnitt zu. (Die Geschwindigkeit wird außerdem durch das Gefälle der Fließrinne und die Rauigkeit der Gewässersohle und der Seitenwände beeinflusst, die wir in diesem Zusammenhang hier vernachlässigen können). Die Querschnittsflä-

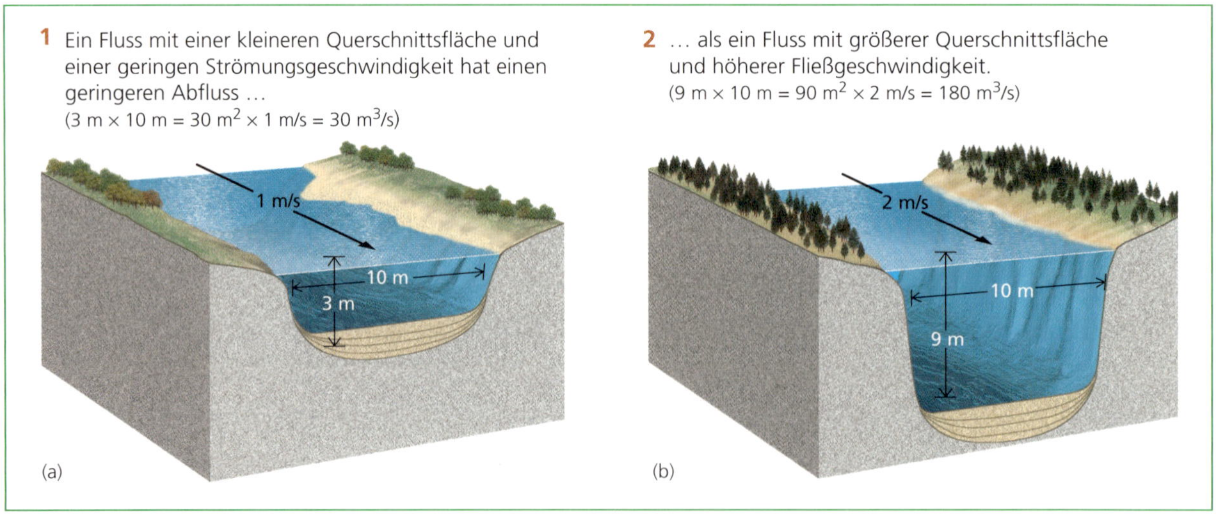


**Abb. 18.22** Die Abflussmenge eines Flusses ist abhängig von der Fließgeschwindigkeit und dem Querschnitt der Fließrinne. Die Beispiele zeigen einen Fluss mit (a) geringer Abflussmenge und (b) hoher Abflussmenge [*Daten aus T. Dunne & L.B. Leopold (1978): Water in Environmental Planning, W.H. Freeman, San Francisco*].

che wird deshalb größer, weil der Fluss einen größeren Teil der Breite und Tiefe der Fließrinne einnimmt.

Der normale Abfluss nimmt in den meisten Flüssen stromabwärts zu, da aus den **Nebenflüssen** immer mehr Wasser aufgenommen wird. Eine Zunahme des Abflusses bedeutet, dass auch die Breite und Tiefe oder die Geschwindigkeit zunehmen müssen. Die Geschwindigkeit der Strömung nimmt jedoch stromab nicht so stark zu, wie vielleicht aus der Zunahme des Abflusses zu erwarten wäre, allein schon wegen der Abnahme des Gefälles im Unterlauf (abnehmendes Gefälle reduziert die Geschwindigkeit). Wo der Abfluss stromabwärts nicht signifikant steigt und das Gefälle sich stark verringert, nimmt die Fließgeschwindigkeit eines Flusses ab.

## Hochwasser

Im Jahre 1996 führten lang anhaltende Niederschläge zu einem gewaltigen Anstieg des Jangtse, Chinas längstem Fluss, und zur Überflutung großer Bereiche der ländlichen Gebiete. Über 700 Menschen kamen ums Leben und Hunderttausende, die aus den Überschwemmungsgebieten flohen, waren vom Wasser eingeschlossen. Dieses Hochwasser ist ein extremes Beispiel für einen erhöhten Abfluss, der sich aus einem kurzzeitigen Ungleichgewicht zwischen Zu- und Abfluss ergibt. Sobald der Abfluss zunimmt, steigt auch die Strömungsgeschwindigkeit und das Wasser füllt allmählich das gesamte Flussbett aus. Steigt der Abfluss weiter, tritt der Fluss über seine Ufer. Flüsse führen regelmäßig Hochwasser, einige in größeren Intervallen, andere fast jedes Jahr. Dabei können erhebliche Überflutungen bei hohen Wasserständen tagelang anhalten, oder es kann zu kleineren Hochwassern kommen, die kaum über die Ufer treten, ehe sie zurückgehen. Solche kleineren Hochwasser sind häufiger und ereignen sich im Durchschnitt alle zwei bis drei Jahre. Große Überschwemmungen dagegen sind im Allgemeinen seltener und treten gewöhnlich nur alle 10, 20 oder 30 Jahre auf.

Weil es unmöglich ist, schon Monate im Voraus genau vorherzusagen, welchen Wasserstand ein Hochwasser erreichen wird, sind Vorhersagen lediglich als Wahrscheinlichkeitsangaben zu betrachten, mit der ein Hochwasser einer bestimmten Höhe im Verlauf dieses Jahres auftreten wird. Für einen bestimmten Fluss könnte beispielsweise eine Wahrscheinlichkeit von 20 Prozent bestehen, dass jährlich ein Hochwasser mit einem Abfluss von angenommen 1 500 $m^3/s$ auftreten wird. Diese Wahrscheinlichkeit entspricht dem durchschnittlichen Zeitintervall, in diesem Fall fünf Jahre (20 Prozent = 1:5), das zwischen den beiden Hochwassern mit einem Abfluss von 1 500 $m^3/s$ liegt. Wir bezeichnen eine Flut mit diesem Abfluss als eine 5-Jahres-Flut. Die mittlere Zeitdauer zwischen dem Auftreten von zwei natürlichen Ereignissen einer bestimmten Größenordnung wird als **Wiederkehrzeit** oder **Jährlichkeit** bezeichnet. Ein starkes Hochwasser, nehmen wir an mit 2 600 $m^3/s$, wird bei demselben Fluss wahrscheinlich nur alle 50 Jahre auftreten und wird deshalb als 50-Jahres-Flut bezeichnet. Ein Diagramm der jährlichen Wahrscheinlichkeit und der Wiederkehrzeit für eine Reihe von Hochwasserhöhen in einem Fluss, hier für den Skykomish im US-Bundesstaat Washington, zeigt Abbildung 18.23.

Die Wiederkehrzeit von Hochwasser mit unterschiedlichem Abfluss schwankt von Fluss zu Fluss. Sie ist von drei Faktoren abhängig:

1. vom Klima des Gebietes,
2. von der Breite der Talaue und
3. von der Größe des Flussbetts.

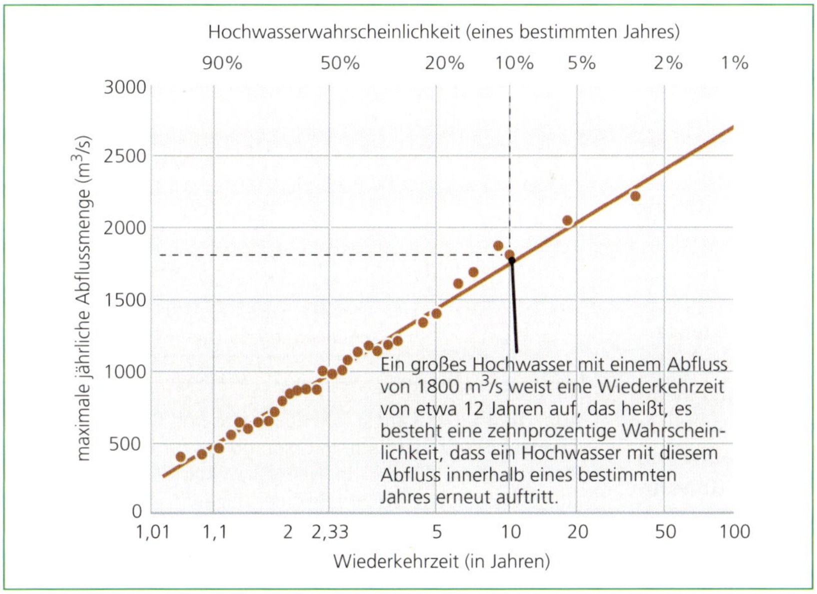


**Abb. 18.23** Die Häufigkeitskurve der jährlichen Hochwasser für den Skykomish bei Gold Bar, Washington. Diese Kurve gibt die Wahrscheinlichkeit an, mit der ein Hochwasser einer bestimmten Abflussmenge in einem bestimmten Jahr auftritt [*nach T. Dunne & L. B. Leopold (1978): Water in Environmental Planning, W.H. Freeman, San Francisco*].

In trockenen Klimagebieten kann beispielsweise das Wiederholungsintervall eines 2 600 $m^3$/s-Hochwassers wesentlich länger sein als dasjenige eines 2 600 $m^3$/s-Hochwassers in einem ähnlichen Fluss, der periodisch Wasser durch Niederschlag erhält. Aus diesem Grund sind solche Diagramme der Wiederkehrzeit für jeden einzelnen größeren Fluss erforderlich, nur so sind für die unterschiedlichen Wasserstände ein angemessener Hochwasserschutz und entsprechende Vorsorgemaßnahmen in den gefährdeten Städten und Landstrichen zu erreichen.

Die Hochwasservorhersage wurde wesentlich verlässlicher, als vermehrt automatische Wetter- und Pegelmessungen in Verbindung mit neuen Computermodellen verwendet wurden. Diese Methode der Vorhersage könnte es ermöglichen, Anstieg und Rückgang des Wasserspiegels bis zu mehreren Monaten im Voraus zu berechnen. Derzeit reichen solche Vorhersagen nur für kurzfristige Prognosen wie etwa für Hochwasserwarnungen im Bereich von Tagen.

## Das Längsprofil eines Flusses und sein Gefälle

Wir haben festgestellt, dass an jeder beliebigen Stelle eines Flusses die Strömung den Zu- und Abfluss ausgleicht – auch wenn beide während eines Hochwassers kurzzeitig aus dem Gleichgewicht geraten. Dies zeigen Untersuchungen, die sich mit den Veränderungen von Abfluss, Fließgeschwindigkeit, Dimension der Fließrinne und besonders mit dem Gefälle entlang der gesamten Laufstrecke – von der Quelle bis zur Mündung – befassen: Im Idealfall herrscht auf der gesamten Laufstrecke in der Fließrinne und auf der Talaue ein dynamisches Gleichgewicht zwischen Eintiefung und Sedimentation.

Dieses Gleichgewicht wird von fünf Faktoren beeinflusst:

1. vom Reliefunterschied (einschließlich dem Gefälle),
2. vom Klima,
3. von der Strömung (sowohl vom Abfluss als auch der Geschwindigkeit),
4. vom Widerstand des Gesteins gegen Verwitterung und Erosion sowie
5. von der Sedimentfracht.

Eine bestimmte Kombination dieser Faktoren wie starkes Relief, feuchtes Klima, hoher Abfluss und hohe Fließgeschwindigkeit sowie hartes Gestein und geringe Sedimentfracht führen dazu, dass der Fluss in das anstehende Gestein ein steiles Tal einschneidet und das gesamte von dieser Erosion stammende Sedimentmaterial flussabwärts verfrachtet. Im Gegensatz dazu dürfte der Fluss weiter stromab, wo das Relief niedriger ist und wo er über leicht erodierbares Sediment fließt, Sandbänke und Auensedimente ablagern und das Flussbett durch Sedimentation aufhöhen.

Das Gefälle eines Flusses vom Quellgebiet bis zur Mündung lässt sich beschreiben, indem man die jeweilige topographische Höhenlage seines Flussbetts gegen die Entfernung von der Quelle aufträgt. Abbildung 18.24 zeigt das Gefälle der Flüsse Platte und South Platte vom Oberlauf im US-Bundesstaat Colorado bis zu deren Mündung in Nebraska. Die gleichmäßige, konkav nach oben offene Kurve einer solchen Darstellung ist das **Längsprofil** des Flusses. Alle Flüsse – vom kleinen Rinnsal bis zu den großen Strömen – zeigen dasselbe, generell konkav nach oben offene Profil mit einem bemerkenswert steilen Gefälle im Oberlauf und einem flachen, fast ebenen Gefälle im Unterlauf bis zur Mündung.

Warum folgen alle Ströme diesem Profil? Die Antwort ergibt sich aus der Kombination der Faktoren, die Erosion und Sedimentation beeinflussen. Da alle Flüsse bergab fließen, liegen ihre Quellen höher als ihr Unterlauf. Sie erodieren im Oberlauf schneller als im Unter-

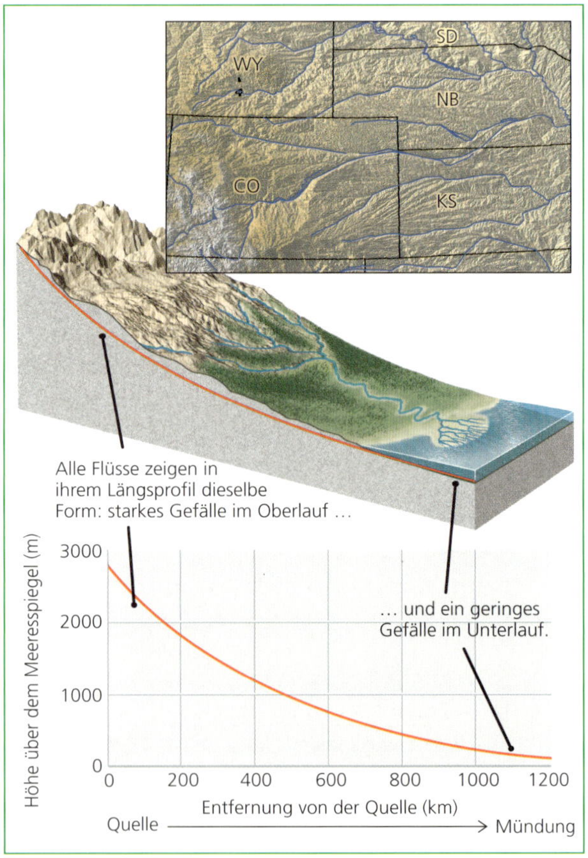


**Abb. 18.24** Das Längsprofil des Platte und South Platte vom Oberlauf des South Platte in Colorado bis zur Einmündung des Platte in den Missouri in Nebraska. Alle Fließgewässer, ob kleine Bäche oder größere Ströme, zeigen in ihrem Längsprofil dieselbe Form, obwohl die Kurven steiler oder flacher sein können [*Daten aus H. Gannett (1901): „Profiles of Rivers in the United States", USGS Water Supply Paper Nr. 44*].

lauf, da dort das Gefälle steiler ist und die Fließgeschwindigkeit sehr hoch sein kann, was die Erosion des Untergrunds beschleunigt. Im Unterlauf gewinnt die Sedimentation zunehmend an Bedeutung. Unterschiede im Relief und die genannten anderen Faktoren können das Längsprofil im Ober- und Unterlauf eines Flusses zwar steiler oder flacher gestalten, doch an der allgemein konkaven nach oben offenen Form ändert das nichts.

Das Längsprofil eines Flusses wird durch die **Erosionsbasis** an seinem unteren Ende gesteuert, die jenem Höhenniveau entspricht, bei dem der Fluss in einen größeren stehenden Wasserkörper mündet, also in einen Binnensee oder ein Meer. Ströme können sich nicht tiefer als ihre Erosionsbasis einschneiden, denn sie ist gewissermaßen der Hangfuß oder die untere Grenze des Längsprofils.

**Änderung des Längsprofils durch Änderung der Erosionsbasis** Veränderungen der natürlichen Erosionsbasis beeinflussen das Längsprofil in voraussagbarer Weise. Abbildung 18.25 zeigt das Längsprofil für die natürliche und lokale Erosionsbasis eines Flusses, der in einen Binnensee und schließlich in den Ozean mündet. Wird die regionale Erosionsbasis höher gelegt oder steigt der Meeresspiegel, äußert sich das in einem veränderten Längsprofil: Der Fluss bildet Rinnen- und Auensedimente, bis die neue Höhenlage der Erosionsbasis erreicht wird. Vergleichbare Auswirkungen auf das Längsprofil hat das künstliche Aufstauen eines Flusses, das eine neue lokale Erosionsbasis schafft (Abb. 18.26). Das Gefälle des Flusses nimmt oberhalb des Staudamms ab, weil die neue lokale Erosionsbasis hinter dem Staudamm das Längsprofil abflacht. Dadurch verringert sich die Fließgeschwindigkeit und gleichzeitig auch die Kapazität des Flusses, Sedimentmaterial zu transportieren. Das zwingt den Fluss, einen Teil seiner mitgeführten Sedimentfracht im Flussbett abzulagern, was die Krümmung der Kurve etwas flacher werden lässt als vor dem Bau des Staudamms. Am Auslauf des Damms passt der Fluss sein Profil den neuen Verhältnissen an; da er nun viel weniger Sediment transportiert, vertieft er zwangsläufig unmittelbar unterhalb des Staudamms sein Flussbett.

Diese verstärkte Erosion beeinflusste die Sandbänke und Ufer unterhalb des Glen-Canyon-Staudamms im Grand-Canyon-Nationalpark ganz erheblich. Neben den Lebensräumen der Tiere und archäologischen Fundstellen sind auch die als Erholungsgebiete genutzten Uferbereiche bedroht. Würde man den Abfluss bei Hochwasser um einen gewissen Prozentanteil erhöhen – so haben Wasserbauingenieure errechnet –, würde auch wieder in ausreichendem Maße Sand abgelagert werden, um die durch Erosion entstandenen Verluste auszugleichen. Diese Berechnungen wurden durch einen Großversuch bestätigt, bei dem 1996 am Glen-Canyon-Damm ein künstliches, kontrolliertes Hochwasser erzeugt wurde.

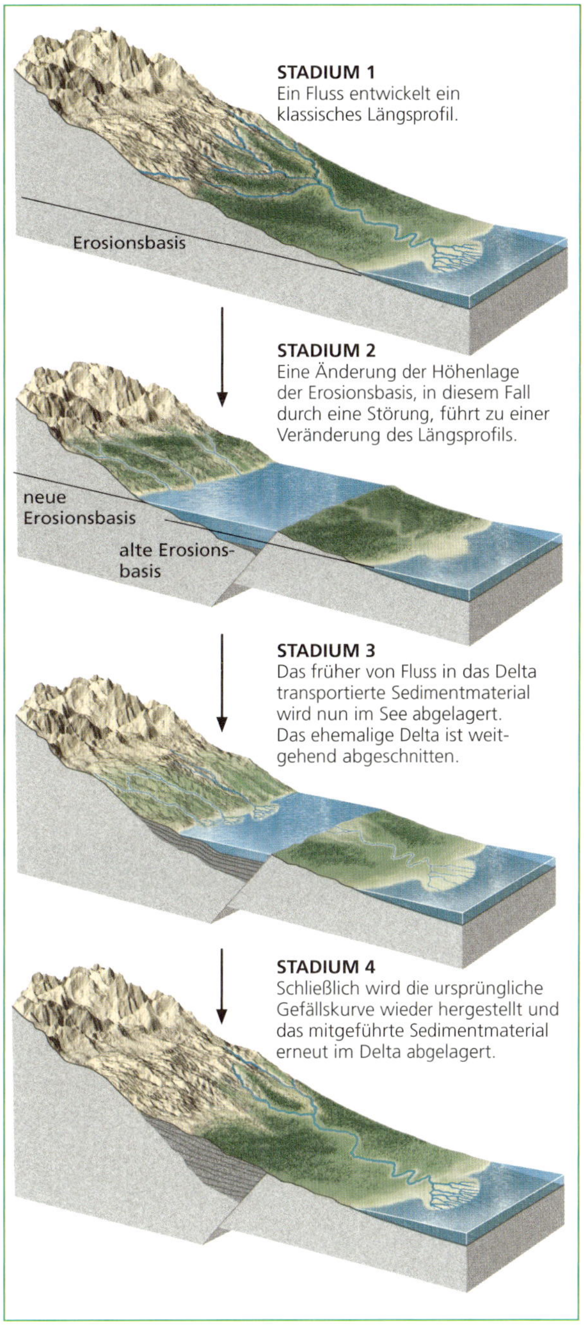


**Abb. 18.25** Die Erosionsbasis beeinflusst das untere Ende des Längsprofils. Das hier gezeigte Längsprofil gilt für natürliche regionale und lokale Erosionsbasen eines Flusses, der in einen See mündet und vom See aus in das Meer fließt. In jedem Flussabschnitt stellt sich die Gefällskurve auf den tiefsten erreichbaren Punkt ein.

Als der Staudamm geöffnet wurde, strömten ungefähr 38 Milliarden Liter Wasser in den Canyon mit einer Geschwindigkeit, die ausgereicht hätte, den 100 Stockwerke hohen Sears Tower in Chicago in 17 Minuten zu füllen. Dieser Versuch zeigte, dass sich erodierte Gebiete bei Hochwasser durch Sedimentation regenerieren.

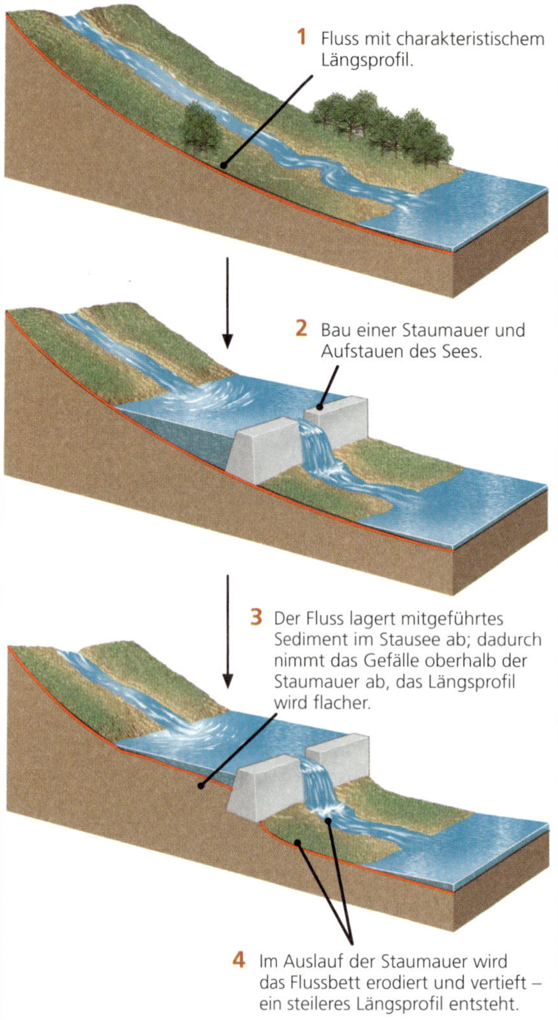


**Abb. 18.26** Eine durch menschlichen Eingriff verursachte Änderung der Höhenlage der Erosionsbasis und ihre Auswirkungen auf das Längsprofil eines Flusses.

Fällt der Meeresspiegel um nennenswerte Beträge, ändert sich die Erosionsbasis und damit auch das Längsprofil. Die regionale Erosionsbasis aller in den Ozean mündenden Flüsse wird tiefer gelegt, und in die älteren Flussablagerungen schneiden sich nun erneut Täler ein. Wenn die Absenkung des Meeresspiegels so groß ist wie während der letzten Vereisungsperiode, schneiden die Flüsse in die Küstenebenen und den Kontinentalschelf steile Täler ein.

**Ausgeglichene Flüsse** Im Laufe der Jahre stabilisiert sich das Längsprofil eines Flusses, da er tiefer liegende Bereiche allmählich auffüllt und höhere erodiert und somit ein ausgeglichenes Längsprofil (Gleichgewichtsprofil) erreicht, als Folge des Gleichgewichts zwischen Erosion und Sedimentation. Entscheidend für dieses Gleichgewicht ist nicht nur seine Erosionsbasis, sondern auch die Höhenlage des Quellgebiets und all die anderen bereits erwähnten Faktoren, die das Gleichgewicht des Flussprofils steuern. Im Gleichgewichtszustand wird der Fluss als **ausgeglichener Fluss** bezeichnet, bei dem Gefälle, Geschwindigkeit und Abfluss so zusammenwirken, dass zwar Sediment transportiert wird, insgesamt aber weder Sedimentation noch Erosion stattfindet. Wenn die Bedingungen, die zu einem ausgeglichenen Flussprofil führen, in irgendeiner Form verändert werden, ändert sich auch das Längsprofil, bis ein neues Gleichgewicht erreicht ist.

Wo die regionale Erosionsbasis über geologische Zeiträume hinweg konstant bleibt, spiegelt das Längsprofil ein Gleichgewicht zwischen tektonischer Hebung und Erosion auf der einen Seite und Transport und Ablagerung auf der anderen Seite wider. Überwiegt die Heraushebung, was gewöhnlich im Oberlauf der Fall ist, ist das Profil im Oberlauf eines Flusses normalerweise steil und zeigt an, dass Erosion und Transport vorherrschen. Wenn die Heraushebung nachlässt und das Gebiet im Oberlauf erodiert ist, wird das Längsprofil flacher.

**Schwemmfächer** Typische Bereiche, wo sich Flüsse plötzlich veränderten Bedingungen anpassen müssen, sind Gebirgsränder. Dort verlassen die Flüsse ihre schmalen Gebirgstäler und fließen in breiten, relativ ebenen Tälern weiter. An solchen Gebirgsrändern, in der Regel steile Bruchstufen, setzen sie große Sedimentmengen in kegel- oder fächerförmigen Schüttungskörpern ab, die als **Schwemmfächer** bezeichnet werden (Abb. 18.27). Diese Ablagerungen entstehen durch eine plötzliche Abnahme der Strömungsgeschwindigkeit, wenn der Flusslauf sich stark erweitert. In geringerem Maße trägt auch die Abnahme des Gefälles vor dem Gebirgsrand zum Rückgang der Strömungsgeschwindigkeit bei. Die Oberfläche des Schwemmfächers zeigt normalerweise ein nach oben offenes konkaves Profil, das den steileren Gebirgsteil des Profils mit dem sanfteren Profil des Tales oder der Ebene verbindet. An den steilen, oberen Hängen des Fächers herrscht grobkörniges Material vor – von Blöcken bis zu Kies und Sand. Weiter unten bestehen die Ablagerungen aus feinerem Sand, Silt und Ton. Die Schwemmfächer vieler benachbarter Flüsse können am Gebirgsrand seitlich ineinander übergehen und auf diese Weise gemeinsam einen lang gestreckten Sedimentkeil bilden, wodurch die Umrisse der einzelnen Fächer verwischt werden.

**Flussterrassen** Tektonische Heraushebung führt zur Veränderung des Gleichgewichts eines Flusstales. Dadurch entstehen ebene stufenförmige Flächen, die das Flusstal in höherem Niveau über längere Strecken begleiten. Solche **Flussterrassen** sind Relikte ehemaliger Talauen, aus einer Zeit, ehe die regionale Hebung oder ein zunehmender Abfluss den Fluss dazu zwangen, sich

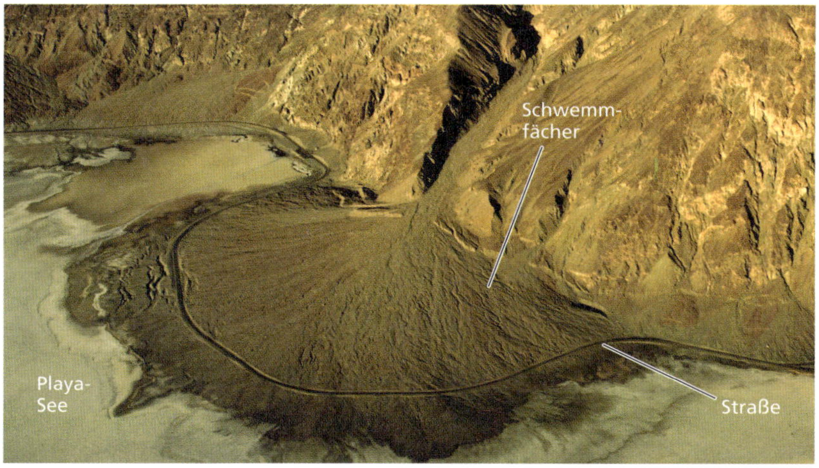


**Abb. 18.27** Schwemmfächer (Tucki Wash) im Death Valley, Kalifornien. Schwemmfächer sind große kegel- oder fächerförmige Ablagerungen von Sedimentmaterial, die dort entstehen, wo sich der Fluss am Rande eines Gebirges plötzlich den veränderten Bedingungen anpassen muss [*Foto: Martin Miller*].

in seine vorhandene Talaue einzuschneiden. Diese Terrassen bestehen aus Auensedimenten und sind meist paarweise angeordnet, jeweils eine Stufe beiderseits des Flusslaufs auf demselben Niveau (Abb. 18.28). Die Abfolge der Terrassen bildenden Vorgänge beginnt damit, dass ein Fluss eine Talaue bildet. Eine rasche tektonische Heraushebung verändert das Gleichgewicht des Flusses und veranlasst ihn, sich in die eigenen Sedimente der Talaue einzuschneiden. Mit der Zeit stellt der Fluss ein neues Gleichgewicht auf einem tieferen Niveau her. Er kann dabei eine weitere Talaue bilden, die später ebenfalls der Heraushebung unterliegen kann und durch eine erneute Tiefenerosion zu einem weiteren, tiefer liegenden Terrassenpaar umgestaltet wird. Ebenso wie aus älteren Auenablagerungen können Flüsse auch aus anstehendem Gestein Terrassen herausschneiden (Felsterrassen). Ein bekanntes Beispiel zeigt der Rhein beim Durchbruch durch das Rheinische Schiefergebirge, wobei hier die Ausbildung der Terrassen im Zusammenhang mit der schwankenden Wasserführung im Verlauf der quartären Vereisungen steht.

**Auswirkung des Klimas** Das Längsprofil eines Flusses wird nicht zuletzt auch in erheblichem Maße vom Klima beeinflusst, vor allem durch den Einfluss von Temperatur und Niederschlag auf die Verwitterung und Erosion (Kap. 16). Hohe Temperaturen und hohe Niederschläge fördern Verwitterung und Erosion der Böden und Hänge und damit den Sedimenttransport der Flüsse.

Außerdem führen höhere Niederschläge zu einem höheren Abfluss und folglich zu einer verstärkten Erosion des Flussbetts. Eine Untersuchung des Sedimenttransports über die Gesamtfläche der Vereinigten Staaten ergab, dass die globale Änderung des Klimas im Verlauf der vergangenen 50 Jahre für eine generelle Zunahme des Abflusses verantwortlich ist. Obwohl die Tektonik bei der Bildung von Schwemmfächern an Bruchstufen eine beherrschende Rolle spielt, sind kurz-

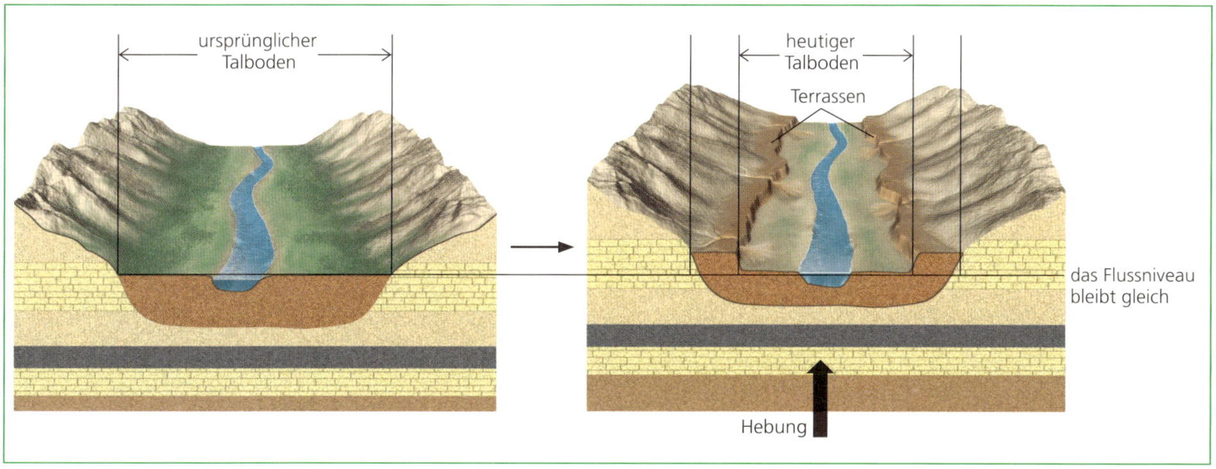


**Abb. 18.28** Flussterrassen entstehen, wenn sich ein Fluss in seinen Talboden einschneidet und in einem tieferen Niveau wieder eine neue Talaue aufschüttet. Die Terrassen sind Reste früherer Talböden.

zeitige sedimentäre Aufschüttungen und Ausräumungen die Folge klimatischer Veränderungen, in erster Linie von Temperaturschwankungen.

## Seen

Seen sind echte Störfaktoren im Längsprofil der Flüsse, wie sehr einfach zu erkennen ist, wenn hinter einem Staudamm ein künstlicher See aufgestaut wurde (vgl. Abb. 18.26). Seen sind stehende Wasserkörper, und ihre Größe reicht von kleinen Teichen mit wenigen hundert Metern Durchmesser bis zum wasserreichsten und tiefsten See der Erde, dem Baikalsee im Süden Sibiriens, der ungefähr 20 Prozent des gesamten in Flüssen und Seen weltweit vorhandenen Süßwassers enthält. Der Baikalsee liegt in einer kontinentalen Riftzone, einer für tiefe Seen typischen plattentektonischen Position. Die Speicherwirkung einer Grabensenke ist das Ergebnis von Bruchtektonik, die den normalen Abfluss des Wassers verhindert. Als Folge können zwar Flüsse sehr einfach hineinfließen, jedoch so lange nicht abfließen, bis ein genügend hoher Wasserstand einen Ausfluss erlaubt. Die Häufigkeit von Seen in den nördlichen Vereinigten Staaten und Kanada, in Schweden, Finnland wie auch in Nordost-Deutschland ist eine Folge der schürfenden Tätigkeit der Gletscher, aber auch von Toteismassen und einer Unterbrechung der normalen Entwässerung durch Gletschereis und glazigene Schuttmassen. Früher oder später, wenn sich die klimatischen und tektonischen Verhältnisse stabilisieren, werden solche Seen verlanden oder trockenfallen, sofern ein neuer Ausfluss entsteht und sich das Längsprofil damit ausgleicht. Selbst die größten Seen sind verglichen mit den Ozeanen kleine Wasserkörper und werden daher stärker von Wasserverunreinigungen in Mitleidenschaft gezogen als die Ozeane. Verschiedene Industriebetriebe führten beispielsweise zu einer bedrohlichen Verschmutzung des Baikalsees, aber auch der Eriesee im Grenzgebiet zwischen den Vereinigten Staaten und Kanada wies viele Jahre lang ein hohe Belastung an Schadstoffen auf, wenn auch in jüngster Zeit durch Kläranlagen eine gewisse Verbesserung der Wasserqualität erreicht wurde.

# Zusammenfassung des Kapitels

**Wie sich Flusstäler mit ihren Fließrinnen und Talauen entwickeln:** Während des Fließens schneiden die Flüsse Täler ein – mit steilen oder auch sanft geneigten Talhängen und mit einem mehr oder weniger breiten Talboden beiderseits der Fließrinne. Diese Fließrinne kann mäandrieren, gerade oder auch verflochten sein. In Zeiten normaler Wasserführung wird das gesamte Flusswasser und Sediment innerhalb der Fließrinne transportiert. Steigt die Wasserführung eines Flusses bis zum Hochwasserstand, tritt der Fluss über seine Ufer und überflutet die Talaue. Sobald das Hochwasser den Talboden überschwemmt, nimmt die Fließgeschwindigkeit ab, und die Flussfracht wird in Form natürlicher Uferwälle sowie als Auensedimente abgesetzt. Die so genannte Wiederkehrzeit, gemessen in Jahren, ist ein Maß für die Wahrscheinlichkeit, dass sich in einem bestimmten Jahresintervall ein Hochwasser gleicher Höhe und Größenordnung wiederholen wird.

**Wie das Flussnetz als Sammelsystem und das Delta als Verteilungssystem arbeiten:** Flüsse und ihre Nebenflüsse bilden ein sich stromaufwärts verzweigendes Flussnetz, welches das aus einem bestimmten Einzugsgebiet abfließende Wasser und Sedimentmaterial sammelt; das Einzugsgebiet ist durch Wasserscheiden von den angrenzenden Einzugsgebieten getrennt. Flussnetze zeigen unterschiedliche Arten von Verzweigungsmustern: dendritisch, rechtwinklig, spalierartig oder radial, jeweils in Abhängigkeit von den Landschaftsformen, dem Gesteinstyp im Untergrund und der Lagerungsform der Schichten im Einzugsgebiet. Ein Fluss, der im Mündungsbereich ein Delta vorbaut, verzweigt sich normalerweise in der Nähe der Mündung stromabwärts in mehrere Seitenarme. In einem solchen Delta setzen die Flüsse ihre Sedimentfracht als Ablagerungen der Deltaebene, der Deltafront und des Deltafußes ab. Wo Wellen, Gezeiten und Küstenlängsströmungen sehr stark sind, werden die Deltas dementsprechend modifiziert oder fehlen völlig. Die Bildung eines Deltas wird von tektonischen Vorgängen wie etwa Hebung des Einzugsgebiets oder Senkung des Deltagebiets beeinflusst.

**Wie fließendes Wasser in der Lage ist, feste Gesteine zu erodieren und Sediment zu transportieren und abzulagern:** Jedes Fluid fließt in Abhängigkeit von seiner Geschwindigkeit, Viskosität und Fließgeometrie entweder laminar oder turbulent. Das turbulente Fließen – kennzeichnend für die meisten Flüsse – ist für den Sedimenttransport verantwortlich, der entweder in Suspension (Feinfraktion), durch Saltation (Sand) oder rollend und schiebend an der Sohle des Flussbetts (Sand und Kies) erfolgt. Dem Transport der Sedimentpartikel in Suspension wirkt die Schwerkraft entgegen, die das Absinken der Partikel auf den Boden bewirkt. Ein Maß dafür ist die spezifische Sinkgeschwindigkeit der Partikel. Nimmt die Fließgeschwindigkeit ab, verliert der Fluss seine Fähigkeit, Sediment zu transportieren und lagert die Fracht als Sedimentschichten ab. Fließendes Wasser ist in der Lage, auch in festem Gestein Erosionsarbeit zu leisten: durch Abrasion, durch chemische Verwitterung, die Risse und Spalten öffnet oder erweitert, durch physikalische Verwitterung, indem Sand, Gerölle und Blöcke auf das Gestein aufprallen, sowie durch Unterspülen und Unterschneiden der Uferbereiche.

**Wie das Längsprofil eines Flusses das Gleichgewicht zwischen Erosion und Sedimentation widerspiegelt:** Ein Fluss befindet sich auf seiner gesamten Laufstrecke in einem dynamischen Gleichgewicht zwischen Erosion und Sedimentation. Dieses Gleichgewicht hängt von der Landschaftsform, der Abflussmenge, der Fließgeschwindigkeit, dem Gefälle und der Sedimentfracht ab. Das Längsprofil eines Flusses zwischen seinem Quellgebiet und der Erosionsbasis an seiner Mündung in einen See oder ins Meer ist stets konkav nach oben ausgebildet. Hebungsvorgänge im Oberlauf eines Flusses, künstlich errichtete Flusswasserspeicher und der Anstieg beziehungsweise das Fallen des Meeresspiegels in seinem Mündungsgebiet führen zu einer Änderung des Längsprofils. Am Rand eines Gebirges bilden sich Schwemmfächer aus, weil die plötzliche Weitung des Tals – und in geringem Maß auch eine Abnahme des Gefälles – die Strömungsgeschwindigkeit reduzieren.

Riesige Sanddünen wandern über einen Wüstenboden. Solche Dünen entstehen durch Wind in ariden Gebieten, in denen große Mengen Sand vorhanden sind [*Foto: Marlies Kuhlmann*].

# Kapitel 19
# Wind und Wüsten

Vermutlich wurde jeder schon einmal von einem heftigen Sturm überrascht, gegen den man sich anstemmen oder an einem festen Gegenstand Halt suchen musste. London, das nur selten von starken Winden betroffen ist, erlebte am 25. Januar 1990 einen solchen Sturm. Bei Windgeschwindigkeiten von mehr als 175 km/h wurden Dächer abgedeckt, stürzten Lastwagen um und das Gehen auf den Straßen war praktisch unmöglich. Einige Gebiete der Erde leiden immer wieder unter tropischen Wirbelstürmen, die außer hohen Windgeschwindigkeiten auch noch wolkenbruchartige Niederschläge bringen, die auf dem Festland erhebliche Erosionsarbeit leisten. Auf den Ozeanen lösen sie Wellen aus, die auch an den Stränden und in Flachmeeren gewaltige Sedimentmengen erodieren und verfrachten. Winde entsprechender Stärke können Sandkörner transportieren, wie jeder bezeugen kann, der irgendwann einmal einen Sandsturm erlebt hat.

In jüngster Zeit nahmen die Bedenken wegen der Ausdehnung der großen Wüsten zu. Das Fortschreiten der **Desertifikation**, bei dem das Land durch einen Rückgang der Niederschläge unfruchtbar wird, rückt mehr und mehr in den Brennpunkt der Wissenschaftler, die sich mit dem Klimasystem der Erde beschäftigen. Die Abnahme der Niederschläge hat mehrere Ursachen, wobei den Klimaschwankungen und den Aktivitäten des Menschen sicher die größte Bedeutung zukommt. Der UN-Klimabericht rechnet damit, dass sich die Sahara über das Mittelmeer hinweg nach Südspanien ausbreiten wird.

Der Wind ist ein wichtiger Faktor der Erosion und Sedimentation, weil er enorme Mengen an Sand, Silt und Ton über große Bereiche der Kontinente und Ozeane transportiert. Die Fähigkeit des Windes, Erosionsarbeit zu leisten oder Sedimentmaterial zu transportieren und abzulagern, gleicht in vielem der Fähigkeit des Wassers. Das ist insofern nicht überraschend, da dieselben allgemeinen physikalischen Gesetze für die Bewegungen fluider Phasen gleichermaßen für Flüssigkeiten und Gase gelten. Wie wir noch sehen werden, gibt es jedoch gewisse Unterschiede, weshalb die Wirkung des Windes geringer ist als die des fließenden Wassers. Im Gegensatz zu einem Fluss, dessen Abfluss vom Niederschlag abhängig ist, arbeitet der Wind dann am wirkungsvollsten, wenn Niederschläge fehlen. Wir wollen die einzelnen Erscheinungsformen in den Wüsten der Erde ausführlicher behandeln, da sehr viele geologische Prozesse in den Wüsten mit der Wirkung des Windes in Beziehung stehen. Für die vom Wind geschaffenen Sedimente und Formen verwenden die Geologen die Bezeichnung **äolisch** – nach dem Gott des Windes, den die alten Griechen Aiolos (Äolus) nannten.

Im Mittelpunkt dieses Kapitels stehen die äolischen Prozesse, die besonders in den Wüsten, wo über Tage hinweg heftige Winde wehen, ganz wesentlich zur Gestaltung der Landoberfläche beitragen. Außerdem betrachten wir die Wüstengebiete, ihre wesentlichen Bestandteile, wo sie auftreten und wie sie weltweit auf dem Vormarsch sind.

## Wind als Luftströmung

Wind ist die natürliche Bewegung der Luftmassen an der Oberfläche unseres rotierenden Planeten. Wie Wasserströmungen können wir auch Luftströmungen durch Stromlinien beschreiben. Obwohl Winde allen Gesetzen der Strömungen fluider Phasen gehorchen, die auch für Wasserströmungen gelten (Kap. 14), gibt es doch gewisse Unterschiede. Im Gegensatz zur Wasserströmung in einem Flussbett ist der Wind im Allgemeinen nicht durch feste Begrenzungen eingeengt – ausgenommen, er weht an der unmittelbaren Erdoberfläche oder durch enge Täler. Luftströmungen können sich in der Atmosphäre nach allen Richtungen – einschließlich nach oben – frei ausbreiten.

### Turbulenz

Wie das Wasser in Flüssen, so strömt auch Luft fast immer turbulent. Dabei ist das turbulente Strömungsverhalten nicht nur von der Dichte und Viskosität des Fluids, sondern auch von seiner Geschwindigkeit abhängig, wie wir bereits in Kapitel 14 gesehen haben. Die extrem geringe Dichte und Viskosität der Luft – die Dichte entspricht einem Tausendstel der Dichte von Wasser, die Viskosität einem Fünfzigstel – führen selbst schon bei einer leichten Brise zu turbulentem Strömungsverhalten.

### Atmosphärische Zirkulationssysteme

Geschwindigkeit und Richtung der Winde wechseln zwar von Tag zu Tag, doch über längere Zeiträume hinweg betrachtet wehen sie bevorzugt aus einer Richtung. In den nördlichen gemäßigten Klimazonen kommen die Winde vor allem aus Westen und werden demzufolge als **Westwinde** bezeichnet (Abb. 19.1). Diese Westwindgürtel mit ihren mäßigen Temperaturen und Niederschlagsmengen liegen auf der Nord- und Südhalbkugel etwa zwischen dem 40. und 60. Breitengrad.

In den Tropen, die beiderseits des Äquators bis zum 30. Breitengrad reichen, wehen die **Passatwinde** oder **Tradewinds** (benannt nach einer alten Bedeutung des Wortes „trade" aus der Zeit der Großsegler als Bezeichnung für „Spur" oder „Richtung" der stetig wehenden Passatwinde) aus östlicher Richtung. In diesem Bereich liegen auch die meisten Wüstengebiete der Erde.

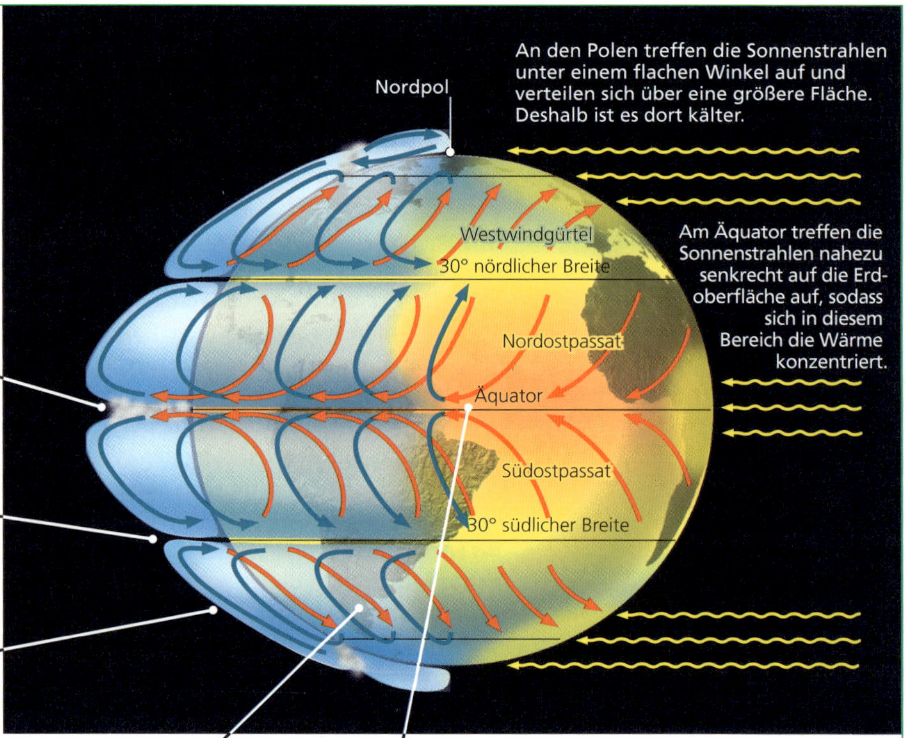


**Abb. 19.1** Die Erdatmosphäre zirkuliert in Windgürteln, die durch die Einstrahlung der Sonne und die Erdrotation entstehen.

Die Windgürtel entstehen, weil die Sonne einen bestimmten Teil der Erdoberfläche erwärmt, am intensivsten in der Nähe des Äquators, wo die Sonneneinstrahlung nahezu senkrecht auf die Erdoberfläche trifft. In den hohen Breiten und an den Polen heizt die Sonne langsamer auf, weil dort die Sonneneinstrahlung unter einem flacheren Winkel erfolgt (Abb. 19.1). Heiße Luft, die eine geringere Dichte besitzt als kalte, steigt am Äquator auf, strömt zu den Polen hin und sinkt ab. Da sie in großer Höhe sehr rasch abkühlt, sinkt sie bereits im Bereich der subtropischen Hochdruckgürtel wieder nach unten und fließt dann als kühlere Luft höherer Dichte an der Erdoberfläche zum Äquator zurück.

Das einfache Zirkulationsmuster der Luftströmungen zwischen dem Äquator und den Polen wird durch die Erdrotation wesentlich komplizierter. Sie führt dazu, dass jede Luft- oder Wasserströmung auf der nördlichen Halbkugel nach rechts und auf der Südhalbkugel nach links abgelenkt wird. Dieser Einfluss der Erdrotation auf die Luftströmungen der Erde wird nach ihrem Entdecker als **Coriolis-Effekt** bezeichnet.

Der Coriolis-Effekt ist auf beiden Hemisphären für die Ablenkung von sowohl nordwärts als auch südwärts gerichteten warmen und kalten Luftströmungen verantwortlich (Abb. 19.1). Wenn beispielsweise Winde an der Erdoberfläche nach Süden in die heißen Äquatorialgebiete wehen, werden sie nach rechts abgelenkt; sie wehen somit eher aus Nordosten als aus Norden. Das gilt beispielsweise für den Nordostpassat. Die Westwinde der Nordhalbkugel sind die ursprünglichen Nordströmungen, die nach rechts abgelenkt werden und folglich aus Südwest kommen. In der Nähe des Äquators steigt die Luft überwiegend nach oben, weshalb an der Erdoberfläche kaum Wind weht. Sobald die Luft aufsteigt, kühlt sie ab – das führt in den Tropen zu Wolkenbildung und reichlich Niederschlägen. Bei ungefähr 30° Nord und 30° Süd sinkt ein Teil der in großer Höhe polwärts gerichteten Strömungen allmählich auf die Erdoberfläche ab. Beim Absinken erwärmt sich die kalte, trockene Luft und nimmt Wasserdampf auf, wodurch ein klarer Himmel und ein trockenes, arides Klima entsteht.

Diese trockenen, absinkenden Luftmassen überlagern zahlreiche Wüstengebiete der Erde wie beispielsweise die Sahara. Wenn sich weltweit das Klima erwärmt, dann könnten sich auch diese Zonen absinkender trockenerer Luftmassen verändern, indem sich ihre Randzonen an einigen Stellen verschieben oder erweitern, an anderen möglicherweise etwas verkleinern könnten. Aufgrund dieser Klimaentwicklung könnte sich ein Bereich, der ohnehin bereits an Trockenheit leidet, langfristig zu einem immer wüstenähnlicheren Gebiet entwickeln, das im Endstadium schließlich Teil der Wüste wird.

# Wind als Transportmittel

Die meisten von uns kennen heftige Regenschauer oder Schneestürme aus eigener Erfahrung – manchmal sind es sogar orkanartige Stürme, verbunden mit ergiebigen Niederschlägen. Weniger bekannt sind uns dagegen trockene Stürme, die ununterbrochen tagelang Sand und Staub verwehen. Diese Sand- und Staubstürme führen enorme Mengen von aufgenommenem Material mit sich. Wie viel der Wind an Sand, Silt und Staub transportieren kann, hängt von der Windstärke, der Korngröße und ganz generell von dem an der Oberfläche lagernden Material des Gebiets ab, über das er weht.

## Windstärke

Abbildung 19.2 zeigt, wie viel Sand von Winden unterschiedlicher Geschwindigkeit jeweils von einem 1 m breiten Streifen an der Oberfläche einer Sanddüne erodiert werden kann. Ein starker Wind mit einer Geschwindigkeit von 48 km/h ist in der Lage, an einem einzigen Tag von dieser kleinen Oberfläche eine halbe Tonne Sand zu verfrachten (ungefähr das Volumen von zwei großen Koffern), und die Sandmengen, die bei hö-

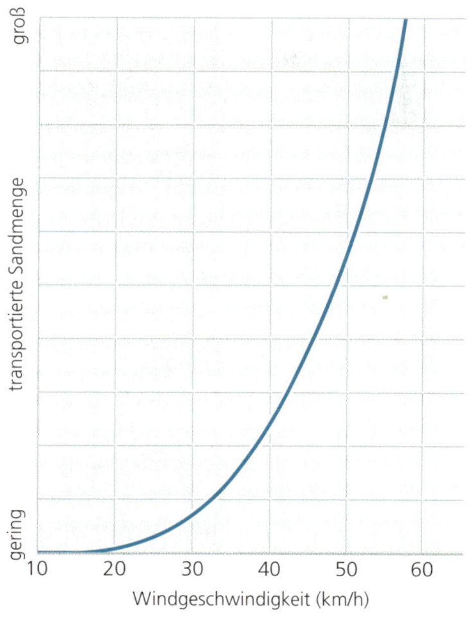


**Abb. 19.2** Die Sandmenge, die an einer Dünenoberfläche täglich über jeden Meter Breite transportiert wird, nimmt mit steigender Windgeschwindigkeit rasch zu. Starke, mehrere Tage anhaltende Winde können enorme Sandmengen transportieren [*nach R.A. Bagnold (1941): The Physics of Blown Sand and Desert Dunes; Methuen, London*].

heren Geschwindigkeiten bewegt werden können, nehmen rasch zu. Kein Wunder also, dass durch einen mehrere Tage dauernden Sandsturm ganze Häuser begraben werden.

## Korngröße

Der Wind übt auf dem Festland dieselbe Art von Kraft auf Sedimentpartikel aus wie eine Flussströmung in ihrem Flussbett auf Sandkörner und Gerölle. Turbulenz und die gerichtete Bewegung der Luftströmung wirken zusammen, um Sedimentpartikel in den Windstrom hochzuwirbeln und zumindest über eine gewisse Entfernung zu transportieren. Selbst die leichteste Brise trägt Staub mit sich, feinstes Material, das normalerweise Teilchen mit Durchmessern unter 0,01 mm, oftmals aber auch noch etwas gröbere Komponenten der Siltfraktion enthält. Staub kann durch den Wind viele Kilometer hoch in die Atmosphäre hinaufgetragen werden. Um gröbere Partikel wie beispielsweise Sandkörner zu transportieren, die Durchmesser über 0,06 mm haben, sind allerdings höhere Windgeschwindigkeiten erforderlich. Leichte Winde können diese Körner auf einer sandigen Unterlage zwar ins Rollen bringen, aber erst ein stärkerer Wind ist in der Lage, Sandkörner in den Luftstrom aufzuwirbeln. Im Allgemeinen kann der Wind wegen der niedrigen Viskosität und Dichte der Luft größere Partikel nicht transportieren. So stark Winde auch sein mögen, sie können nur selten größere Gerölle und Blöcke auf die Art und Weise bewegen, wie das in rasch fließenden Gewässern geschieht.

**Oberflächenmaterial** Wind kann nur dann Material transportieren, wenn an der Erdoberfläche trockener Sand und Staub zur Verfügung steht. In einem feuchten Boden sind die Teilchen durch zu starke Kohäsionskräfte gebunden, um durch Wind erodiert und verfrachtet zu werden. Während der Wind von verwitterten, schwach zementierten Sandsteinen Sandkörner loslösen und mit sich führen kann, ist er nicht in der Lage, Partikel von Granit oder Basalt zu erodieren. Der größte Teil des äolisch verfrachteten Sandes stammt aus der unmittelbaren Umgebung. Da Sand in Bodennähe überwiegend springend transportiert wird, werden die meisten Sandkörner nach einem relativ kurzen Transportweg, meist nach wenigen hundert Kilometern, in Dünen eingebettet. Die ausgedehnten Dünengebiete der großen Wüsten, etwa der Sahara und Saudi-Arabiens, sind Ausnahmen. In solchen großen Sandgebieten dürften die Sandkörner über mehr als 1 000 km transportiert worden sein.

## Äolisch transportiertes Material

Der Wind nimmt Material vom Untergrund auf und transportiert es über erstaunlich große Entfernungen. Das meiste Material ist Staub, obwohl auch Sand verfrachtet werden kann.

**Äolisch transportierter Staub** Die Fähigkeit der Luft, Staub aufzunehmen, ist erstaunlich. Staub enthält mikroskopisch kleine Gesteins- und Mineralbruchstücke aller Art, besonders von Silicaten, was wegen ihrer Häufigkeit im Spektrum gesteinsbildender Minerale auch zu erwarten ist. Ein Teil der im Staub vorhandenen Silicatminerale sind Tonminerale, die zum Beispiel in trockenen Ebenen aus den Böden ausgeblasen wurden, ein anderer Teil besteht aus dem bei Eruptionen freigesetzten vulkanischen Aschematerial. Organisches Material wie etwa Pollen und Bakterien sind im Staub ebenfalls enthalten. Auf der windabgewandten Seite von Waldbränden sind außerdem Holzkohlepartikel sehr häufig. Findet man solche Partikel in Sedimenten, ist dies ein deutlicher Hinweis auf Waldbrände in der geologischen Vergangenheit. Seit dem Beginn der Industriellen Revolution setzen wir neue Arten von Staub in die Atmosphäre frei, von der Asche verbrannter Kohle bis hin zu den vielen festen chemischen Verbindungen, die bei Fertigungsprozessen, durch Verbrennung von Abfällen und in Verbrennungsmotoren entstehen.

Bei großen Staubstürmen kann 1 $km^3$ Luft bis zu 1 000 Tonnen Staub mit sich führen, das entspricht dem Volumen eines kleinen Hauses. Wenn solche Stürme über Hunderte von Quadratkilometern hinwegziehen, können sie mehr als 100 Millionen Tonnen Staub enthalten und diesen als mehrere Meter dicke Schicht wieder ablagern. (Exkurs 19.1 beschreibt vergleichbare Staubstürme auf dem Mars). Feinkörniges Material aus der Sahara wurde bis nach England verfrachtet und selbst jenseits des Atlantischen Ozeans wurde auf der Karibikinsel Barbados und im Amazonasbecken Saharastaub nachgewiesen. Durch äolischen Transport gelangen jährlich etwa 260 Millionen Tonnen Material von der Sahara in den Atlantischen Ozean. Wissenschaftler auf Forschungsschiffen haben noch weit draußen auf dem Ozean durch Wind verfrachtetes Material gefunden; heute lässt sich dieser Vorgang unmittelbar aus dem Weltall beobachten (Abb. 19.3).

Vergleiche der Zusammensetzung des Staubs mit der Zusammensetzung der Tiefseesedimente innerhalb desselben Gebiets haben gezeigt, dass der äolisch verfrachtete Staub einen wesentlichen Beitrag zur Sedimentbildung in den Ozeanen liefert und dass auf diese Weise bis zu einer Milliarde Tonnen Sediment pro Jahr in die Ozeane gelangen. Ein großer Teil dieses Staubs stammt von Vulkanen; auf dem Meeresboden lassen sich einzelne Ascheschichten identifizieren, die bei sehr großen Vulkanausbrüchen in die Atmosphäre gelangt sind.

Exkurs 19.1

## Staubstürme und Windhosen auf dem Mars

Unter allen Planeten des Sonnensystems ist der Mars der Erde am ähnlichsten. Obwohl der Mars eine dünnere Atmosphäre besitzt, gibt es dort jahreszeitlich sich ändernde Wetterverhältnisse und eine ähnliche Tageslänge wie auf der Erde von 24 Stunden und 37 Minuten. Außerdem hat der Mars mit Eis, Boden und Sedimenten eine komplex aufgebaute Oberfläche. Eine Vielzahl von Oberflächenerscheinungen deutet darauf hin, dass an der Oberfläche des Mars in früherer Zeit Wasser geflossen ist.

Heute ist der Mars kalt und trocken und seine Oberfläche wird von zahlreichen äolischen Prozessen beherrscht. Diese schufen eine Vielzahl typischer Oberflächenformen und führten auch zur Ablagerung sehr unterschiedlicher Sedimente, deren Spektrum von ausgedehnten Staubschichten bis hin zu eher lokal auftretenden Dünenfeldern aus Sand und Silt reicht. Mithilfe des Marsroboters „Spirit" wurden auch gröberklastische Ablagerungen aus basaltischem und hämatitischem Material identifiziert. Es ist davon auszugehen, dass diese äolischen Sedimente durch Staubstürme gebildet wurden, die mit einer Geschwindigkeit von etwa 30 m/s, das heißt mit 108 km/h über den gesamten Planeten hinweg wehten (vgl. Abb. 9.21). Obwohl diese Windgeschwindigkeit geringer ist als die der stärksten Stürme auf der Erde und ferner die Atmosphäre des Mars eine geringere Dichte aufweist als die Erdatmosphäre, sind die Winde auf dem Mars ausreichend stark, um eine Akkumulation äolischer Ablagerungen sowie erosive Erscheinungsformen zu erzeugen, die denen der Erde ähnlich sind. Selbst die rötliche Farbe der Marsatmosphäre verdankt ihre Entstehung den in Suspension befindlichen Staubmengen, die von den Staubstürmen aufgenommen wurden.

So wie sich auf dem Mars die Jahreszeiten ändern, ändert sich auch das Wetter. Als der Marsroboter „Spirit" im Januar 2004 landete, untersuchte er viele Monate lang den Planeten, ohne irgendwelche Hinweise auf jüngere äolische Vorgänge zu finden. Im März 2005, mehr als ein Jahr nach seiner Landung, registrierten seine Kameras erstmals aktive Windhosen - ein Zeichen, dass sich auf der Marsoberfläche die Jahreszeit änderte. Während der windigen und staubigen Jahreszeit werden die globalen Staubstürme lokal von Windhosen begleitet. Windhosen treten dann auf, wenn die Sonne die Oberfläche des Planeten erwärmt. Die aufgeheizten Böden und Gesteine erwärmen unmittelbar an der Oberfläche die unterste Schicht der Atmosphäre, warme Luft steigt in einer schraubenförmigen Bewegung nach oben und wirbelt dabei wie ein kleiner Tornado den Staub an der Oberfläche auf.

Diese Staubstürme und auch die Wirbelstürme beeinträchtigen unmittelbar unsere Möglichkeiten, die Oberfläche des Mars zu erforschen. Die zum Mars geschickten Roboter sind bezüglich ihrer Mobilität und ihrer Möglichkeiten, Forschungsarbeiten durchführen zu können, auf Sonnenenergie angewiesen. Letztendlich ist ihre Lebenszeit durch die Zeitspanne begrenzt, in der sich auf den Solarpaneelen so viel Staub abgesetzt hat, dass die Stromversorgung endet. Für diesen Niederschlag von Staub auf den Sonnenpaneelen und damit auch für den Zusammenbruch der Energieversorgung sind die planetarischen Staubstürme in erheblichem Maße mit verantwortlich. Falls sich jedoch Windhosen oder Wirbelstürme über den Rover hinwegbewegen, kann man hoffen, dass sie die Sonnenpaneele vom Staub befreien.

Blick auf zwei Windhosen, die vom Boden des Gusev-Kraters aufsteigen. Aufgenommen wurde dieses Bild von Mars-Roboter „Spirit" am 21. August 2005 vom Gipfel des Husband Hill. Diese Windhosen bewegen sich mit einer Geschwindigkeit von etwa 10–15 km/h über die Oberfläche [*Foto: NASA/JPL*].

**Abb. 19.3** Satellitenbild von Staubstürmen, die im September 2002 in der Wüste Namib entstanden sind. Sand und Staub wird als Folge starker Winde von rechts (Osten) nach links (Westen) auf das Meer hinaus verfrachtet. Das Sediment kann viele tausend Kilometer weit über die Ozeane transportiert werden [*Foto: NASA*].

Vulkanischer Staub ist deswegen so häufig, weil er zum Teil extrem feinkörnig ist und bei den Vulkanausbrüchen hoch in die Atmosphäre hinausgeschleudert wird, wo er weiter verfrachtet werden kann als der nicht vulkanische Staub, der in der Nähe der Erdoberfläche vom Wind transportiert wird. Bei Vulkanausbrüchen gelangen oftmals riesige Staubmengen in die höheren Luftschichten. Der vulkanische Staub vom Ausbruch des Pinatubo auf den Philippinen im Jahr 1991 kreiste mehrmals um die Erde, die feinsten Teilchen setzten sich erst in den Jahren 1994 und 1995 ab. Die Reflexion der Sonnenstrahlen an diesen vulkanischen Staubteilchen führte darüber hinaus für einige Jahre zu einer geringen Abkühlung der Erdoberfläche.

Der Anteil an mineralischem Staub in der Atmosphäre steigt, wenn die Böden durch intensive Landwirtschaft, Entwaldung, Erosion und veränderte Landnutzung zerstört werden. Ein großer Teil des Staubes dürfte aus der Sahel-Zone am südlichen Rand der Sahara stammen, wo Trockenheit und Überweidung für eine erhebliche Staubfracht verantwortlich sind.

Äolisch transportierter Staub beeinflusst das Klima in vielfältiger Weise. Er streut und absorbiert sowohl die auftreffende sichtbare, als auch die abgestrahlte infrarote Strahlung. Im sichtbaren Teil des Spektrums bewirkt dieser Staub insgesamt eine Abkühlung, während er im infraroten Bereich durch Absorption der reflektierten Strahlung zur Erwärmung führt.

Für atmosphärische Teilchen natürlicher oder synthetischer Entstehung, die klein genug sind, um über Tage oder Wochen hinweg in den tieferen Bereichen der Atmosphäre in Suspension zu verbleiben, verwenden Wissenschaftler den Begriff **Aerosol**. Aerosole haben weitgehend ähnliche Auswirkungen auf das Klima wie mineralische Staubpartikel.

**Äolisch transportierter Sand** Äolisch transportierter Sand kann aus fast jeder Art von Mineralkörnern bestehen, die bei der Verwitterung gebildet werden; Quarzkörner herrschen jedoch bei weitem vor. Quarz dominiert schon deshalb, weil er ein überaus häufiger Bestandteil vieler an der Oberfläche anstehender Gesteine ist, vor allem von Sandsteinen. Nur in einigen wenigen Gebieten sind in äolischen Sanden Feldspäte stärker vertreten. Gesteinsbruchstücke feinkörniger Schiefertone oder auch feinkristalliner Metamorphite und Magmatite sind ungewöhnlich, weil diese Materialien durch den kontinuierlichen Aufprall der springenden Körner bis in kleinste Korngrößen zerbrechen.

Viele äolisch transportierte Sandkörner zeigen mattierte, milchglasartige (angeraute und getrübte) Oberflächen wie die Innenseite einer mattierten Glühbirne (Abb. 19.4). Zum Teil entsteht die Kornmattierung durch den vom Wind verursachten Aufprall, doch zum größeren Teil ist sie das Ergebnis einer langsamen fortwährenden Anlösung durch Tau. Selbst winzige Taumengen, die auch in aridem Klima vorhanden sind, reichen aus, um mikroskopisch kleine Grübchen und Vertiefungen herauszulösen, die eine matte Kornoberfläche erzeugen. Da solche matten Oberflächen ausschließlich im äolischen Milieu auftreten, sind sie ein sicherer Hinweis für äolischen Transport.

**Abb. 19.4** Mattierte gerundete Quarzkörner von Sanddünen aus Saudi-Arabien [*Foto: Walter N. Mack*].

Äolisch verfrachtete Partikel aus Calciumcarbonat reichern sich dort an, wo Bruchstücke von Muschelschalen und Korallen häufig sind, beispielsweise auf den Bermudas und auf vielen Koralleninseln des Pazifischen Ozeans. Das White Sands National Monument in Neu-Mexiko ist ein berühmtes Beispiel für Sanddünen aus erodierten Gipskristallen, die ursprünglich als Evaporitsedimente in den dort vorhandenen Playa-Seen abgelagert worden sind.

## Die geologische Wirkung des Windes

Wind allein kann bei der Abtragung großer Felsmassen, die an der Oberfläche freiliegen, wenig ausrichten. Nur wenn das Gestein durch chemische und physikalische Verwitterung bereits zerstört ist, können Teilchen aufgenommen werden. Aber sie werden nur dann durch den Wind aufgewirbelt, wenn sie trocken sind, denn feuchter Boden und feuchte Gesteinsbruchstücke kleben aneinander. Deshalb leistet der Wind in ariden Klimazonen die wirkungsvollste Erosionsarbeit dort, wo die starken Winde trocken sind und jede Feuchtigkeit rasch verdunstet.

### Korrasion

Äolisch transportierter Sand ist gewissermaßen ein kräftiges natürliches Sandstrahlgebläse; seine abschleifende Wirkung wird als **Korrasion** oder **Windschliff** bezeichnet. Die gebräuchliche Methode zur Reinigung von Gebäuden und Denkmälern mit Druckluft und Quarzsand arbeitet ebenfalls nach dem Sandstrahlprinzip: Feste Oberflächen werden durch die mit hoher Geschwindigkeit aufprallenden Partikel abgetragen. Die natürliche Korrasion ist hauptsächlich in der Nähe des Bodens wirksam, da dort die meisten Sandkörner transportiert werden. Korrasion führt nicht nur zur Rundung und Abtragung des anstehenden Gesteins, sondern auch der losen Blöcke und Gerölle und sie mattiert auch die dort gelegentlich zu findenden Glasflaschen.

**Windkanter** sind vom Wind zugeschliffene Gerölle oder Felsbrocken, die mehrere gerundete oder fast ebene Oberflächen zeigen, die an scharfen Kanten zusammenlaufen (Abb. 19.5). Jede Oberfläche oder Facette entsteht durch Sandstrahlwirkung auf der Seite des Gerölls, die dem Wind zugekehrt ist. Gelegentliche Stürme wenden die Gerölle und setzen eine neue Seite dem Wind aus, die wiederum zu einer Facette geschliffen wird. Windkanter findet man außer in Wüsten auch in glazigenen Kiesablagerungen – in Gebieten, wo die notwendige Kombination von Kies, Sand und starken Winden gegeben ist.

**Abb. 19.5** Windkanter, ein vom Wind facettiertes Geröll aus der Antarktis. Er entstand durch die Korrasionswirkung von äolisch transportiertem Sand in kaltem Klima [*Foto: E. R. Degginger*].

### Deflation

Wenn Staub-, Silt- und Sandpartikel locker gelagert und trocken genug sind, um durch den Wind aufgewirbelt und fortgetragen zu werden, entsteht auf der Landoberfläche allmählich eine flache Senke. Dieser als **Deflation** bezeichnete Prozess tritt auf trockenen Flächen und in Wüsten auf, aber auch auf zeitweise ausgetrockneten Flussauen und Seeböden (Abb. 19.6). Durch Deflation entstehen meist flache Senken oder Eintiefungen, so genannte **Deflationswannen**. Wo eine dichte Vegetation

**Abb. 19.6** Flache Deflationswanne im San Luis Valley, Colorado. Der Wind transportiert das trockene, aus Silt und Sand bestehende Material fort und bildet auf diese Weise charakteristische Hohlformen. Deflationserscheinungen treten in trockenen Gebieten dort auf, wo die Vegetation lückenhaft ist [*Foto: Breck P. Kent*].

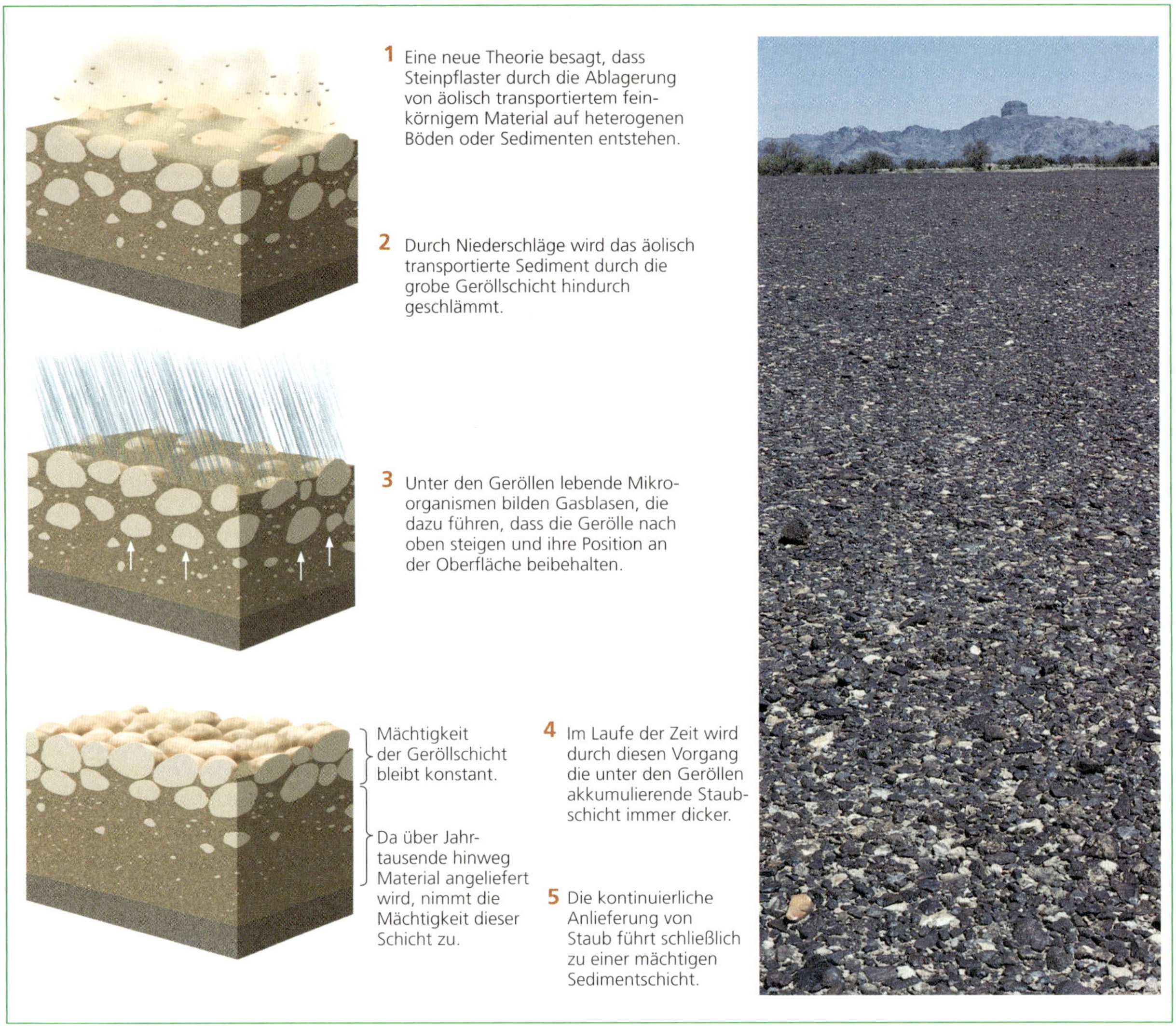


**Abb. 19.7** Steinpflaster entsteht durch die Wechselwirkung von Klima und Mikroorganismen mit äolischen Sedimenten und Böden [*Foto: William E. Ferguson*].

gedeiht, verläuft die Deflation weitaus langsamer, selbst die spärliche Pflanzendecke arider und semiarider Gebiete kann sie erheblich vermindern. Die Wurzeln halten den Boden zusammen, und an den Stängeln und Blättern bricht sich der Wind, wodurch die Bodenoberfläche geschützt wird. Wo eine Vegetationsdecke fehlt, schreitet die Deflation rasch voran, entweder aus natürlichen Gründen wie zum Beispiel Trockenheit oder künstlich verursacht durch Ackerbau, Baumaßnahmen oder Fahrspuren von Kraftfahrzeugen.

Wenn aus einem Gemisch von Kies, Sand und Silt in Sedimenten und Böden die feinkörnigeren Bestandteile durch Deflation weggeführt werden, kommt es schließlich zu einer Anreicherung der gröberen Komponenten wie beispielsweise Kies, der zu groß ist, um durch Wind verfrachtet zu werden. Werden etwa über Jahrtausende hinweg aus mächtigen Flussablagerungen die feinkörnigeren Bestandteile ausgeweht, reichert sich der Kies als **Steinpflaster** oder **Lesedecke** an – eine Schicht aus gröberem Kies, die den Boden oder die Sedimente darunter vor weiterer Abtragung schützt (Abb. 19.7).

Die Theorie der Bildung von Steinpflastern ist nicht allgemein anerkannt, da viele solcher Steinpflaster offenbar nicht auf diese Weise entstanden sind. Eine neue Theorie besagt, dass manche auch durch Ablagerung äolischer Sedimente entstehen können. Das grobe Gestein bleibt an der Oberfläche, während der äolisch transportierte Staub durch Lücken des Steinpflasters hindurch rieselt, dabei durch Boden bildende Prozesse verändert wird und sich in tieferen Horizonten anreichert.

# Wind als Sedimentbildner

Wenn der Wind nachlässt, kann er mitgeführten Sand, Silt und Ton nicht mehr transportieren. Das gröbere Material wird in vielfältig geformten Sanddünen abgelagert, die Größen von niedrigen, kleinen Hügeln bis zu Sandrücken von über 100 m Höhe erreichen (Titelbild). Das feinere Material setzt sich als mehr oder weniger geschlossene Decke ab. Geologen haben die heutigen Ablagerungsprozesse beobachtet und sie mit den Strukturen fossiler Sedimente, vor allem hinsichtlich Schichtung und Gefüge verglichen, um aus älteren Sand- und Staubablagerungen die ehemaligen Klimaverhältnisse und Windrichtungen abzuleiten.

## Entstehung von Sanddünen

Sanddünen treten in relativ wenigen Bildungsräumen auf. Die meisten von uns kennen Dünen, die sich entlang der Meeresküste oder an den Ufern großer Seen hinter dem Strand bilden – wie etwa die Dünengebiete der Nord- und Ostsee oder die größte Düne Europas in Pyla an der Bucht von Arcachon in Südwestfrankreich. Gelegentlich entstehen Dünen auch in semiariden und ariden Gebieten auf den sandigen Talauen großer Flüsse. Am eindrucksvollsten sind zweifellos die Dünenfelder, die in einigen Wüstengebieten große Flächen bedecken und Höhen von mehreren hundert Metern erreichen – echte Berge aus Sand (Abb. 19.8).

**Abb. 19.8** Ausgedehnte Sanddünenstränge im Süden der Arabischen Halbinsel. Diese Längsdünen verlaufen NE-SW parallel zur vorherrschenden nordöstlichen Windrichtung. Am rechten unteren Bildrand ist ein Hochland aus horizontal geschichteten Sedimentgesteinen erkennbar, das derzeit abgetragen wird [*Foto: ZERIM, Ann Arbor, Michigan*].

Dünen entstehen nur in Gebieten, in denen lockerer Sand im Übermaß zur Verfügung steht: Strandsande an den Küsten, Sandbänke oder sandige Auenablagerungen in Flusstälern sowie sandiges Gesteinsmaterial im Untergrund der Wüsten. Ein weiterer gemeinsamer Faktor in diesen Gebieten ist die Windstärke. Am Meer und an den großen Seen wehen vom Wasser her starke auflandige Winde gegen den Strand, und ähnlich starke Winde von manchmal längerer Dauer sind auch in den Wüstengebieten außerordentlich häufig.

Wie bereits erwähnt, kann der Wind feuchtes Material nur schwer aufnehmen; das ist der Grund, warum die meisten Sanddünen nur in den trockenen Klimazonen auftreten. Eine Ausnahme bilden Dünengürtel entlang solcher Meeresküsten, wo Sand reichlich vorhanden ist und im Wind so rasch trocknet, dass selbst in feuchtem Klima Dünen entstehen. Anders als in ariden Klimaten bildet sich hier auf Dünen, die nicht weit vom Strand entfernt sind, eine Vegetationsdecke und ein Boden, sodass der Sand nicht mehr weiter verblasen werden kann.

Wenn das Klima feuchter wird, kann sich eine stabilisierende Pflanzendecke entwickeln und die Düne ruht; geht jedoch das Klima wieder in aridere Verhältnisse über, kann sie erneut zu wandern beginnen. Es gibt geologische Belege, dass in den Trockenzeiten vor 200 bis 300 Jahren Sanddünen in den westlichen High Plains der Vereinigten Staaten und Kanadas wieder reaktiviert worden sind und über die Plains wanderten.

## Entstehung und Wanderung von Sanddünen

Sand bewegt sich im Wind unmittelbar an der Erdoberfläche durch eine Kombination von Schieben und Rollen sowie durch Saltation, der hüpfenden Bewegung von zeitweise in Suspension befindlichen Körnern im Transportmedium Luft. Die Saltation erfolgt in Luftströmungen auf dieselbe Weise wie in einem Fluss (vgl. Abb. 18.14). In der Luft ist sie jedoch weit ausgeprägter. Sandkörner werden über einer Sandlage häufig bis über 50 cm, über einer kiesbedeckten Oberfläche bis zu 2 m hoch aufgewirbelt – weitaus höher, als Körner derselben Größe im Wasser springen können. Der Grund hierfür liegt teilweise in der geringeren Viskosität der Luft, die die springenden Körner weniger bremst als das höher viskose Wasser. Hohe Sprünge von Sandkörnern werden außerdem durch den Aufprall der fallenden Körner auf die Oberfläche verursacht. Dieser Aufprall wird durch die Luft kaum abgebremst und daher werden die an der Oberfläche liegenden Körner in einer Art „Spritzeffekt" wieder in die Luft geschleudert. Wenn springende Körner auf die Bodenoberfläche aufprallen, können sie außerdem andere Körner, die zu groß sind, um in die Luft geschleudert zu werden, vorwärts stoßen und dadurch gewissermaßen ein Kriechen der Sandschicht in Windrichtung verursachen. Ein mit hoher Geschwindigkeit auf der Oberfläche auftreffendes Sandkorn ist in der Lage, ein anderes Korn von der sechsfachen Größe seines eigenen Durchmessers vorwärts zu bewegen.

Die fast unvermeidliche Konsequenz der Bewegung von Sandmassen durch den Wind ist die Bildung von Rippeln und Dünen, ganz ähnlich wie sie auch durch fließendes Wasser entstehen (Abb. 19.9). Die Rippeln im Sand sind – wie ihre Gegenstücke unter Wasser – normalerweise Transversalrippeln, das heißt, ihre Kämme sind senkrecht zur Strömung ausgerichtet. Bei niedrigen bis mäßigen Windgeschwindigkeiten entstehen zunächst kleine Rippeln. Nimmt die Geschwindigkeit zu, so werden die Rippeln größer. Auch diese Rippeln wandern in Windrichtung über die Rücken größerer Dünen hinweg. Da in Trockengebieten fast immer ein Wind weht, zeigt eine Sandschicht an der Oberfläche auch fast immer mehr oder weniger ausgeprägte Rippeln.

Ausreichend Sand und Wind vorausgesetzt, kann jedes Hindernis, beispielsweise ein großer Felsen oder eine Vegetationsgruppe, den Keim einer Düne bilden. Die Stromlinien des Winds trennen sich wie die des Wassers an Hindernissen, vereinigen sich auf der windabgewandten Seite wieder und erzeugen auf der Leeseite der Hindernisse einen Strömungsschatten. Die Windgeschwindigkeit ist im Windschatten weitaus geringer als im Hauptstrom um das Hindernis; sie ist niedrig genug, dass sich die Sandkörner dort ablagern können. Da die Geschwindigkeit im Windschatten so gering ist, können diese Körner auch nicht mehr hochgewirbelt werden. Sie lagern sich als **Sandwehe** ab, als kleiner Sandhügel auf der Leeseite von Hindernissen (Abb. 19.10). Dauert dieser Vorgang fort, wird die Sandwehe ihrerseits zu einem Hindernis; wenn genügend Sand zur Verfügung steht

**Abb. 19.9** Windrippeln in der Arabischen Wüste (Eastern Desert), Ägypten. Obwohl die Rippelformen oft unterschiedlich sind, verlaufen ihre Kämme stets senkrecht (90°) zur Windrichtung [*Foto: R. O. Greiling*].

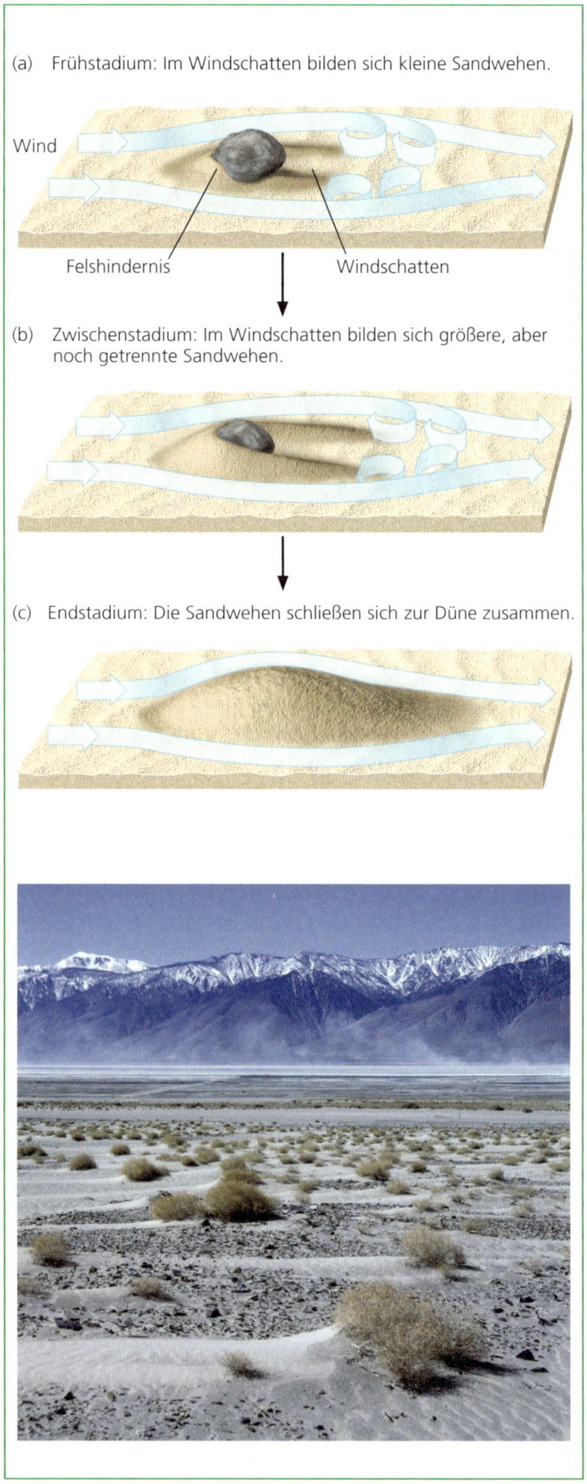


**Abb. 19.10** Sanddünen bilden sich auf der Leeseite von Hindernissen, hier hinter einem Stein. Das Hindernis erzeugt durch Trennung der Stromlinien einen Windschatten, in dem die Wirbel schwächer sind als der Hauptwindstrom. In diesem Windschatten setzen sich die Sandkörner ab und häufen sich zu einer Sandwehe auf, die schließlich zur Düne wird. Sanddünen am Owens Lake, Kalifornien [*nach R. A. Bagnold (1941): The Physics of Blown Sand and Desert Dunes, Methuen, London, mit frdl. Genehmigung von Kluwer Academic Publishers; Foto: Martin Miller*].

und der Wind weiterhin lange genug aus derselben Richtung weht, wird die Sandwehe schließlich zur Düne. Außerdem können Dünen durch die Vergrößerung von Rippeln entstehen, wie das auch bei den subaquatischen Dünen der Fall ist.

Sobald eine Düne weiter wächst, beginnt der gesamte Hügel durch die gleichgerichtete Bewegung einer großen Anzahl einzelner Sandkörner nach Lee zu wandern. Die Sandkörner springen kontinuierlich in Richtung auf die Kammlinie des flach angeböschten, dem Wind zugewandten Luvhangs und fallen dort schließlich auf den im Windschatten liegenden Leehang (Abb. 19.11). Diese Sandkörner bilden im oberen Teil des Leehangs allmählich eine steile, instabil Sandmasse. Dieses Gebilde wird periodisch instabil, sein Material rutscht oder fällt kaskadenartig, spontan und frei den **Leehang** hinab und bildet einen neuen Hang mit einem flacheren Böschungswinkel. Sieht man von dieser kurzzeitigen, instabilen Übersteilung des Hangs einmal ab, so hat die Leeseite einen stabilen und konstanten Neigungswinkel – den natürlichen Böschungswinkel. Wie wir in Kapitel 16 gesehen haben, nimmt dieser Winkel mit abnehmendem Rundungsgrad und zunehmender Größe der Partikel zu.

Übereinander folgende, im natürlichen Böschungswinkel abgelagerte Schichten erzeugen Schrägschichtung – ein charakteristisches Merkmal äolischer Dünen. Auf dem Mars überlieferte Schrägschichtungskörper (vgl. Abb. 9.9) sind eindeutige Belege für äolisch entstandene Dünen. Wenn Dünen in Form ganzer Dünenfelder auftreten, deren Dünen sich gegenseitig überlagern und diese nachfolgend in einer mächtigen Schichtenfolge eingebettet werden, bleibt die Schrägschichtung selbst dann noch erhalten, wenn die ursprünglichen Formen der Dünen längst verschwunden sind.

Schrägschichtungseinheiten in Sandsteinen von etlichen Meter Mächtigkeit sind deutliche Hinweise auf äolisch entstandene Dünen. Aus den Richtungen dieser äolisch entstandenen Schrägschichtung lassen sich außerdem die vorherrschenden Windrichtungen der geologischen Vergangenheit, die so genannten Paläo-Windrichtungen, rekonstruieren (vgl. Abb. 5.7).

Wenn auf der Luvseite mehr Sand abgelagert als über den Kamm auf die Leeseite geblasen wird, nimmt die Düne an Höhe zu. Auf diese Weise bauen sich Dünen bis zu Höhen von 30 m auf. Die riesigen Sanddünen in Saudi-Arabien erreichen sogar bis zu 250 m, was wohl die maximale Höhe für einfache Dünen zu sein scheint. Die Erklärung für die Begrenzung der Dünenhöhe ergibt sich aus der Beziehung zwischen dem Verhalten der Stromlinien, der Windgeschwindigkeit und der Morphologie. Die Stromlinien steigen über dem Rücken einer Düne nach oben und werden, wenn die Düne höher wächst, immer mehr zusammengedrängt, wie das in Abbildung 19.11 deutlich erkennbar ist. Strömt eine große Menge Luft durch einen eingeengten Raum, dann nimmt die Strömungsgeschwindigkeit zu. Schließlich wird die Windgeschwindigkeit auf dem Kamm der Düne so groß, dass die Sandkörner vom Dünenkamm genauso schnell weggeblasen werden, wie sie den Luvhang hinauftransportiert werden. Sobald dieses Gleichgewicht erreicht ist, bleibt die Höhe der Düne konstant.

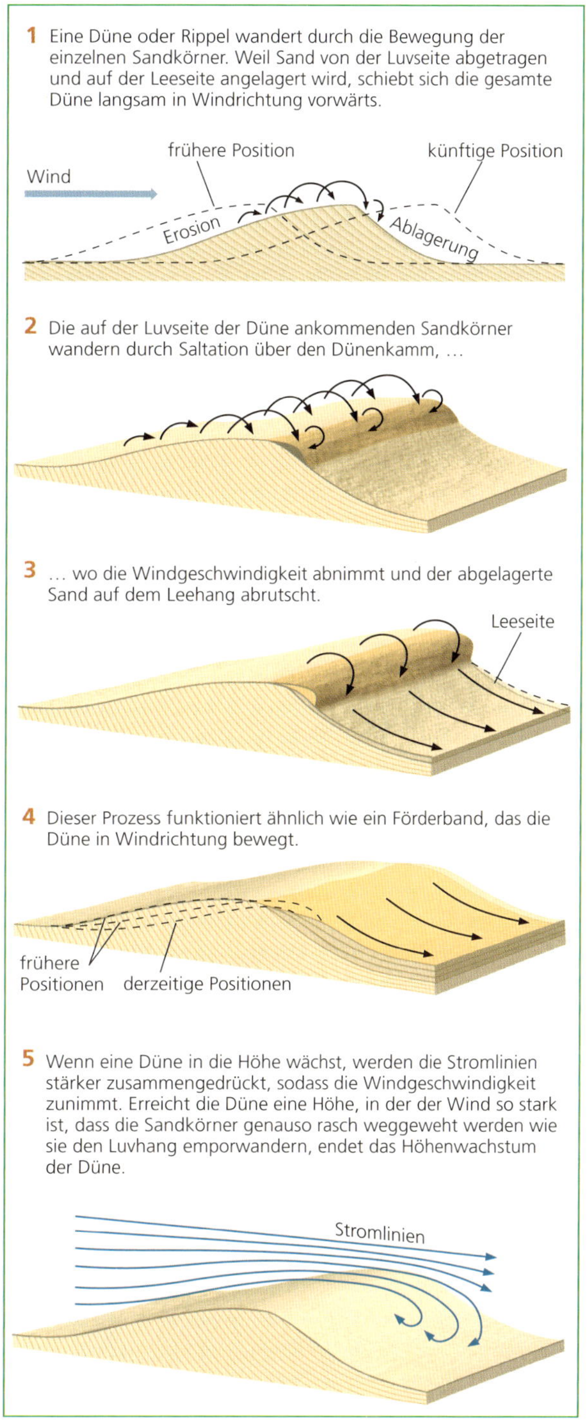


**Abb. 19.11** Die Bildung von Sanddünen ist abhängig von der Windgeschwindigkeit und der verfügbaren Sandmenge.

## Dünenformen

Wenn jemand mitten in einem großen Dünengebiet steht, dürfte er sich über die scheinbar regellose Anordnung der welligen Hänge wundern. Um hier ein System zu erkennen, ist ein geübtes Auge und gelegentlich sogar eine Beobachtung aus der Luft erforderlich. Die generelle Form der Sanddünen und ihre Anordnung sind nicht zufällig. Sie hängen von einer Vielzahl von Faktoren ab, vor allem von der verfügbaren Sandmenge sowie von der Richtung, Dauer und Stärke des Windes. Welche Form eine Düne jeweils annimmt, lässt sich jedoch nicht vorhersagen. Und über den speziellen Mechanismus, durch den sich ein vorherrschendes Windsystem in der einen oder anderen Dünenform äußert, ist man sich noch weitgehend uneinig.

Insgesamt können vier wesentliche Dünenformen unterschieden werden: Sicheldünen (Barchane), Parabeldünen, Transversaldünen (Querdünen) und Longitudinaldünen (Längsdünen) (Abb. 19.12).

Außer den vier genannten Dünentypen gibt es auch zusammengesetzte Formen. Extrem ausgedehnte, hohe, hügelartige Dünen werden als **Draa** bezeichnet. Es handelt sich um Formen sich gegenseitig überlagernder Dünen, die in einigen Gebieten Höhen bis zu 400 m erreichen. Diese großen Dünen bewegen sich wesentlich langsamer als kleine, an einigen Stellen höchstens 0,5 m pro Jahr. Wo in weiten Gebieten Sand in ausreichender Menge zur Verfügung steht und die Windgeschwindigkeit ausreichend hoch ist, bilden sich große Dünenfelder. Die ausgedehntesten Gebiete dieser Art sind die **Ergs**, gewissermaßen reine „Sandmeere", die in den großen Wüstengebieten der Erde, wie beispielsweise der Großen Arabischen Wüste (Rub el Khali) oder in Namibia auftreten. Solche Ergs können Flächen bis zu 500 000 $km^2$ überdecken, das entspricht ungefähr der Größe Spaniens.

## Staubablagerungen und Löss

Nimmt die Geschwindigkeit des mit Staub beladenen Windes ab, sinkt der Staub zu Boden und es entsteht **Löss**, eine Sedimentdecke, die im Wesentlichen aus Material der Siltfraktion besteht. Lössablagerungen sind ungeschichtet; in massigen, über 1 m mächtigen Ablagerungen bildet der Löss normalerweise vertikale Risse und bricht bei der Erosion an den für Löss typischen senkrechten Wänden ab (Abb. 19.13). Die senkrechten Risse dürften durch ein Zusammenspiel von Durchwurzelung und dem ausschließlich nach unten erfolgenden

**1 Sicheldünen** (Barchane) sind bogenförmige Dünen, die oftmals in Gruppen oder gelegentlich auch als Einzeldünen auftreten. Die Enden der Sicheldünen weisen leewärts. Barchane sind das Ergebnis einer begrenzten Sandanlieferung und richtungskonstanter Winde.

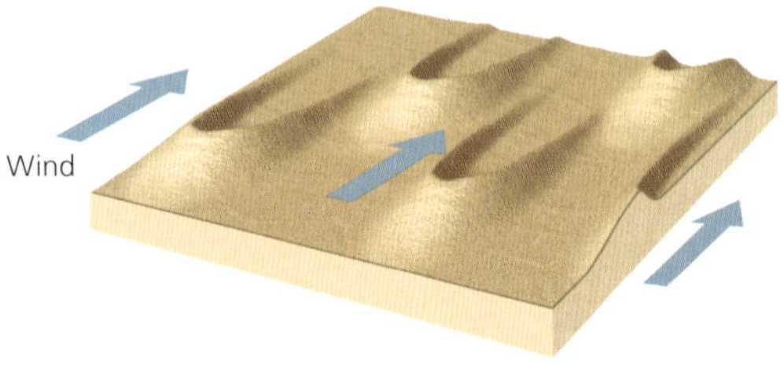


**2 Parabeldünen** Im Gegensatz zu Barchanen, denen sie bei oberflächlicher Betrachtung ähneln, sind die Sichelenden der Parabeldünen dem Wind zugewandt und die konvexe Seite ist die windabgewandte, vorrückende Leeseite.

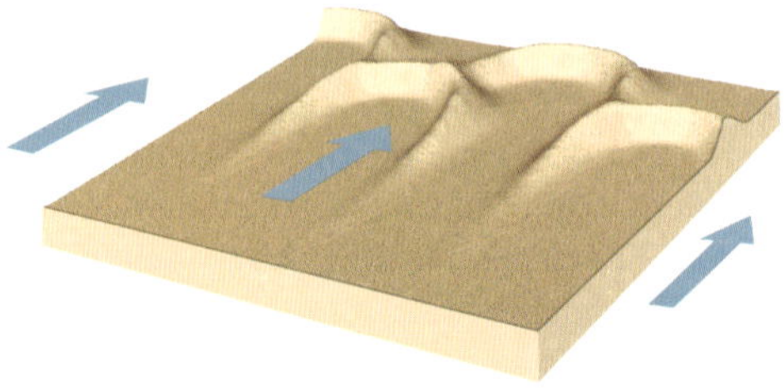

**3 Transversaldünen** (Querdünen) sind lang gestreckte Höhenrücken, die quer zur vorherrschenden Windrichtung angeordnet sind. Solche Dünen bilden sich in ariden Gebieten, in denen reichlich Sand vorhanden ist und eine Vegetation fehlt.

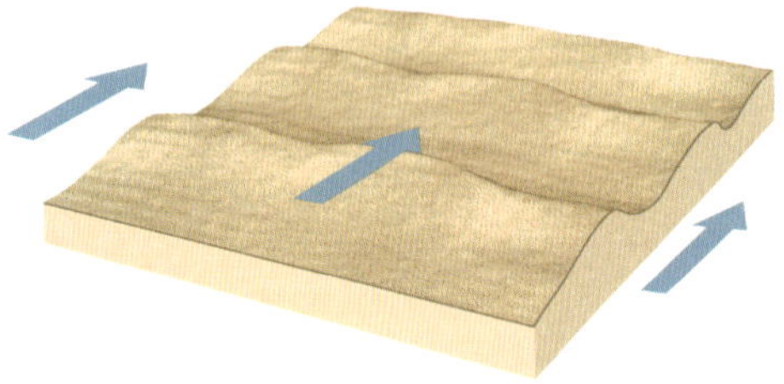

**4 Längsdünen** (Longitudinaldünen) sind lang gestreckte, mehr oder weniger parallel zur vorherrschenden Windrichtung verlaufende Sandrücken. Diese Dünen können Höhen bis zu 100 m und Längen von vielen Kilometern erreichen. Die meisten Gebiete, in denen Längsdünen auftreten, verfügen nur über eine mäßige Sandanlieferung, haben einen rauen Untergrund und Winde, die stets ungefähr in derselben Richtung wehen.

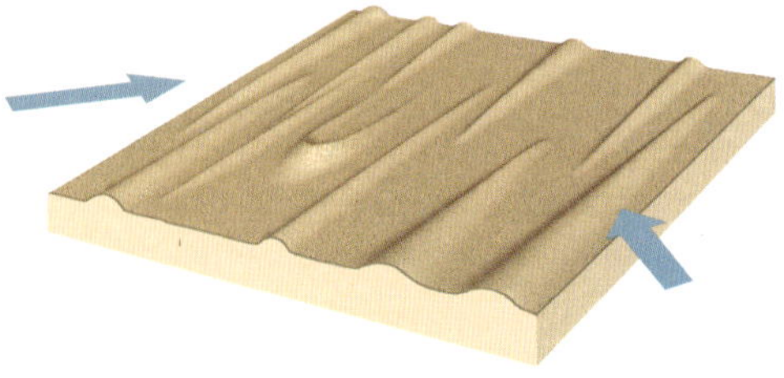

**Abb. 19.12** Dünenformen und ihre Abhängigkeit von den vorherrschenden Windrichtungen.

**Abb. 19.13** Pleistozäner Löss mit vertikalen Klüften; Catalina Mountains, Arizona [*Foto: E. R. Degginger*].

Durchsickern des Niederschlagswassers entstehen, doch sind die genauen Vorgänge noch nicht bekannt.

Löss überdeckt bis zu 10 Prozent der Erdoberfläche. Die bedeutendsten Lössablagerungen treten in China und Nordamerika auf. In China sind eine Million Quadratkilometer von Löss bedeckt (Abb. 19.14). Die großen Lössablagerungen verteilen sich dort über weite Gebiete im Nordwesten, wobei die Mächtigkeit zwischen 30 und 100 m schwankt; in einigen Gebieten wird der Löss auch bis über 300 m mächtig. Der Staub, der noch immer bis nach Ostasien und Zentralchina verweht wird, stammt aus der Wüste Gobi und anderen ariden Gebieten Zentralasiens. Einige dieser Lössablagerungen in China sind bereits 2 Millionen Jahre alt. Sie wurden zur selben Zeit abgelagert, in der auch die Heraushebung des Himalajas und der damit verbundenen Gebirge in Westchina erfolgte; dadurch gelangte das Landesinnere in den Regenschatten und das Klima wurde trockener. Die tektonische Hebung dieser Gebirge im Pleistozän war für das kalte trockene Klima in weiten Teilen Asiens verantwortlich. Solche Klimaverhältnisse verhinderten eine Vegetationsdecke, was zum Austrocknen der Böden und nachfolgend zu ausgedehnter Winderosion und äolischem Sedimenttransport führte.

Die am besten untersuchten Lössvorkommen Nordamerikas liegen am Oberlauf des Mississippis. Als Liefergebiet des Staubes dienten die im Pleistozän durch Schmelzwasserflüsse abgelagerten, reichlich vorhandenen Silt- und Tonsedimente auf den ausgedehnten Schotterfeldern der Flüsse. Starke Winde trockneten die Schotterfluren aus. Da ein kühles Klima sowie eine hohe Sedimentationsrate die Bildung einer Vegetationsdecke verhinderten, wehten sie dort ungeheuere Mengen Staub aus, die sich dann im Osten dieser Gebiete absetzten. Der Löss bildet dort eine Decke von mehr oder weniger konstanter Mächtigkeit sowohl auf Hügeln als auch in Tälern, entweder in oder nahe der ehemals vergletscherten Gebiete. Regionale Mächtigkeitsänderungen im Zusammenhang mit den vorherrschenden westlichen Winden bestätigen seine äolische Entstehung. Der Löss ist auf den östlichen Hängen der großen Talauen zwischen 8 und 30 m mächtig und damit mächtiger als auf den westlichen Talseiten; von den Flussauen nimmt diese Mächtigkeit in Windrichtung weiter nach Osten rasch auf 1–2 m ab. Lössvorkommen sind auch in Mitteleuropa weit verbreitet. Die so genannte Typuslokalität, von der dieses Sediment erstmals beschrieben und benannt wurde, liegt am rechten Neckarufer oberhalb von Heidelberg.

Die auf Löss entstandenen Böden sind äußerst fruchtbar und höchst ertragreich (in Mitteleuropa vor allem in den Börden). Die Böden bringen jedoch auch Umweltprobleme mit sich, denn sie werden leicht erodiert, weil selbst kleine Flüsse tiefe Erosionsrinnen darin einschneiden können. Überdies wird das Material durch den Wind ausgeblasen, besonders dann, wenn die Böden über längere Zeit brach liegen, falsch gepflügt oder nicht mit geeigneten Nutzpflanzen kultiviert werden.

## Wüstengebiete

Die heißen, trockenen Wüsten der Erde gehören mit zu den lebensfeindlichsten Gebieten für den Menschen – und doch sind viele Menschen von der fremdartigen Tier- und Pflanzenwelt, den nackten und modellierten Felsen und den Sanddünen fasziniert. Die Wüsten gehören aber auch zu den stillsten Gebieten der Erde. Das einzige wahrnehmbare Geräusch ist der beständige Wind, der hier am wirksamsten seinen Beitrag zur Erosion und Sedimentation leisten kann.

Alles in allem nehmen aride Gebiete eine Fläche von ungefähr 27,5 Millionen km$^2$ ein, das entspricht einem Fünftel der Landfläche der Erde; semiaride Steppengebiete und Halbwüsten überdecken ein weiteres Siebtel. Wenn wir die verschiedenen Ursachen für die Existenz großer Wüstengebiete in der heutigen Welt zugrunde legen – das Zusammenwirken der Gebirgsbildung durch Plattentektonik, die Drift kontinentaler Platten in niedrige Breiten und die Klimazonen der Erde –, dann können wir nach dem Aktualitätsprinzip davon ausgehen, dass es in der gesamten Erdgeschichte schon immer ausgedehnte Wüstengebiete gegeben hat.

### Wo findet man Wüsten?

Der wichtigste Faktor, der die geographische Verbreitung der großen Wüsten der Erde bestimmt, ist die Niederschlagsmenge. Die Sahara, die Namib und die Kalahari in Afrika, die Wüstengebiete Australiens, Südwest-Nordamerikas, West- und Zentralasiens wie auch Chiles weisen mit die geringsten Niederschläge der Erde auf – nor-

**Abb. 19.14** Lössablagerungen in Zentralchina, in die komfortable Wohnhöhlen gegraben worden sind. Dieses äolische Sediment wurde im Verlauf der vergangenen 2,5 Millionen Jahre abgelagert und erreicht Mächtigkeiten bis zu 400 m [*Foto: Stephen C. Porter*].

malerweise weniger als 25 mm pro Jahr, in einigen Gebieten sogar weniger als 5 mm. Diese Wüsten liegen gleichzeitig auch in den wärmsten Gebieten der Erde zwischen etwa 15° und 35° nördlicher und südlicher Breite. (Abb. 19.15). In diesen **Passat**- oder **Wendekreiswüsten**, zu denen die Sahara, die Wüsten Arabiens und Australiens gehören, herrscht ein nahezu gleichbleibend hoher Luftdruck; die Sonne brennt Woche für Woche von einem wolkenlosen Himmel und die Luftfeuchtigkeit ist stets extrem gering.

Wüsten können auch in mittleren Breiten zwischen 30° und 50° nördlicher beziehungsweise südlicher Breite entstehen, in Gebieten mit geringen Niederschlägen, wo feuchte Winde entweder durch hohe Gebirgsketten abgehalten werden oder von den Ozeanen, ihrem Sättigungsgebiet, große Entfernungen zurücklegen müssen. Typische Beispiele sind das Great Basin und die Mojave-Wüste in den westlichen Vereinigten Staaten wie auch die Wüsten Innerasiens. Die nordamerikanischen Wüsten liegen beispielsweise im Regenschatten der westlichen Küstengebirge. Wie bereits in Kapitel 17 erwähnt, erwärmt sich der von den Gipfellagen der Gebirge herabwehende Wind, wodurch die relative Luftfeuchtigkeit abnimmt; die Folge sind geringe Niederschläge. Die Wüsten Innerasiens, wie etwa die Wüste Gobi, liegen so weit im Landesinneren, dass die ankommenden Winde ihre gesamte vom Ozean stammende Feuchtigkeit bereits abgegeben haben (vgl. Abb. 17.2), lange bevor sie das Innere des Kontinents erreichen. Im Gegensatz zu den Passatwüsten sind diese außertropischen **Binnen**- oder **Kontinentalwüsten** durch kalte Winter gekennzeichnet.

**Küstenwüsten** treten an Kontinentalrändern auf, wo durch kaltes aufsteigendes Tiefenwasser die vom Meer her auf das Festland wehenden Winde abgekühlt werden. Dadurch kondensiert die enthaltene Luftfeuchtigkeit und es entstehen die typischen Küstennebel. Erreicht die Luft das warme Festland, hat sie nur noch einen ganz geringen Feuchtigkeitsgehalt, sodass es kaum mehr zu Niederschlägen kommt – und als Folge bilden sich in den Küstengebieten Wüsten. Die Küstenwüsten in Peru und Südwestafrika gehören mit zu den trockensten Gebieten der Erde.

Die bisher erwähnten Wüsten sind allesamt **Wärmewüsten**, in denen die Niederschlagsmengen gering und die Temperaturen im Sommer hoch sind. Eine weitere Wüstenform sind die **Kältewüsten** oder Polargebiete. In diesen kalten, trockenen Regionen gibt es deshalb kaum Niederschläge, weil die absinkende Kaltluft der polaren Hochdruckgebiete extrem wenig Feuchtigkeit aufnehmen kann. Die Dry-Valley-Region im Süd-Victoria-Land in der Antarktis ist so trocken und kalt, dass man sie durchaus mit dem Mars vergleichen kann. Letztendlich können Wüsten auch entstehen, wenn der Boden die Feuchtigkeit nicht speichern kann. Beispiele für solche so genannten adaphischen Wüsten finden sich auf Island oder den Kanarischen Inseln (die Cañadas auf Teneriffa).

**Die Rolle der Plattentektonik** Wüsten sind in gewissem Sinne auch eine Folge plattentektonischer Prozesse. Gebirge, die Regenschatten erzeugen, sind durch die Kollision konvergierender kontinentaler und ozeanischer Platten entstanden. Die Entfernung zwischen Innerasien und den Ozeanen ist deshalb so groß, weil dieser Kontinent eine riesige Landmasse umfasst, die durch Kontinentaldrift aus kleineren Platten hervorgegangen ist. Große Wüstengebiete liegen heute in niedrigen Breiten, weil die Landmassen durch plattentektonische Bewegungen aus höheren in niedrigere Breiten gelangt sind. Wenn in einem künftigen plattentektonischen Szenario der nordamerikanische Kontinent um etwa 2 000 km nach Süden driften würde, würden in den Vereinigten Staaten und Kanada die Steppen der nördlichen Great Plains in eine heiße trockene Wüste übergehen. Vergleichbares ist mit Australien bereits geschehen. Als dieser Kontinent vor etwa 20 Millionen Jahren – verglichen mit seiner heutigen Position – weiter im Süden lag, herrschte dort im Inneren ein warmes humides Klima. Seitdem bewegte sich Australien nach Norden in eine aride subtropische Zone und infolgedessen ist im Inneren eine Wüste entstanden.

**Klimaveränderungen** Durch regionale Klimaveränderungen können semiaride Gebiete in Wüsten übergehen – ein Vorgang, der als **Desertifikation** bezeichnet wird. Klimatische Veränderungen, deren Ursachen noch nicht völlig erforscht sind, können die Niederschlagsmengen im Lauf von Jahrzehnten oder Jahrhunderten verringern. Nach einer solchen Periode extremer Trockenheit kann die Region durchaus wieder zu gemäßigten Klimaverhältnissen zurückkehren. Es scheint, dass das Klima in der Sahara im Laufe der vergangenen 10 000 Jahre zwischen mehr oder weniger ariden Klimaverhältnissen wechselte. Aus Radarbildern der Raumfähre „Endeavour" haben wir Hinweise, dass hier vor einigen tausend Jahren ein ausgedehntes System von Flussläufen existierte. Inzwischen ausgetrocknet und überdeckt von jüngeren Sedimenten, transportierten diese alten Entwässerungssysteme während feuchterer Klimaperioden große Mengen Wasser durch die Nord-Sahara.

Die Sahara wird sich im Zuge einer klimabedingten Desertifikation vermutlich nach Norden ausdehnen. Ein von der ESA (European Space Agency) zur Überwachung der Wüsten durchgeführtes Projekt zeigt, dass mehr als 300 000 $km^2$ der europäischen Mittelmeerküsten mit einer Bevölkerung von 16 Millionen Menschen von der Desertifikation bedroht sind. Als im Jahre 2005 die dort herrschende Trockenheit ein historisches Ausmaß erreichte, verwüsteten Brände die Südküste Spaniens. Die Temperaturen stiegen wochenlang auf neue Rekordwerte. War das nur ein langer heißer Sommer oder waren es erste Anzeichen einer langfristigen Klimaveränderung, die durch Übervölkerung und Übernutzung dieser zerbrechlichen Ökosysteme der Trockengebiete in ihren Auswirkungen nur noch schlimmer wird? Hinweise für das letztgenannte Szenario scheinen sich abzuzeichnen.

Die Böden werden auf Grund der länger anhaltenden Trockenzeit unfruchtbar, sie werden anfälliger für äolischen Transport und Deflation. Die Grundwasserspiegel haben neue Tiefstände erreicht, und es ist keine Frage, dass es in Europa zunehmend wärmer wird: im vergangenen Jahrhundert stieg die Temperatur im Mittel um 0,7 °C. Die neunziger Jahre des vergangenen Jahrhunderts waren das heißeste Jahrzehnt, seit schriftliche Wetteraufzeichnungen vorliegen, die Mitte des 19. Jahrhunderts beginnen. Insgesamt wurden in diesem Zeitraum zwei der fünf bisher heißesten Jahre registriert.

**Die Rolle des Menschen** Die Klimaschwankungen in der Geschichte der Sahara sind auf natürliche Ursachen zurückzuführen, doch auch die vielfältigen Aktivitäten der Menschen sind heute in verstärktem Maße für eine gewisse Desertifikation mit verantwortlich. Das uneingeschränkte Wachstum der Weltbevölkerung und der Landwirtschaft, vor allem die Überweidung durch extensive Viehhaltung, werden gegenwärtig als wesentliche Ursache für die Ausdehnung vieler Wüstengebiete betrachtet. Wenn eine wachsende Bevölkerung ihr Auskommen in einem zunehmend trockeneren Lebensraum finden muss, können die Folgen in semiariden Gebieten ein katastrophales Ausmaß erreichen. In Spanien kommt es derzeit ausgerechnet in den trockensten Gebieten zur stärksten Ausdehnung der städtebaulich und landwirtschaftlich genutzten Flächen. Ehemalige Ackerflächen sind heute schon wegen der Übernutzung (bis zu vier Ernten pro Jahr) vegetationslos. Durch die wirtschaftliche Erschließung und den boomenden Tourismus wurde das ohnehin trockene Land buchstäblich zugepflastert und die knappen Wasservorkommen geplündert, wodurch die verbliebene Landschaft noch weiter austrocknet. Im Jahre 2004 wurden an der spanischen Mittelmeerküste mehr als 350 000 neue Häuser erbaut, viele mit einem Schwimmbad im Garten und einem in der Nähe liegenden Golfplatz. Für sich allein betrachtet dürfte keine dieser Unternehmungen eine negative Auswirkung haben. Insgesamt jedoch addieren sie sich und führen mittelfristig zur Desertifikation.

„Lasst die Wüsten blühen" war einst in einigen Ländern mit Wüstengebieten ein Schlagwort, das den umgekehrten Prozess forderte. Dort wurde fleißig und in großem Maßstab bewässert, um die am Rande oder in der Wüste liegenden Gebiete in fruchtbares Ackerland zu verwandeln. Das Great Valley in Kalifornien, wo ein großer Teil des amerikanischen Obstes und Gemüses produziert wird, ist ein Beispiel von riesigem Ausmaß. Das Wachstum von Städten wie Phönix, Arizona, oder das „Spielerparadies" Las Vegas, die von Fernwasserversorgungen abhängig sind, führte zu Inseln der Verstädterung – einschließlich einer Glocke aus feuchtem Dunst und verschmutzter Luft in einem ansonsten ariden Umland.

## Verwitterung in Wüstengebieten

So einzigartig Wüsten auch sind, es laufen dort genau dieselben geologischen Prozesse ab wie anderswo: Verwitterung und Transport. Sie stehen jedoch in den Wüsten in einem anderen Verhältnis zueinander. Dort überwiegen die physikalischen Prozesse der Verwitterung gegenüber den chemischen. Feldspäte und die anderen Silicate verwittern zwar auch hier auf chemischem Weg zu Tonmineralen, doch mangels Wasser, das für diese Reaktion erforderlich ist, geschieht dies nur sehr langsam. Zudem wird das wenige tonige Material, das dabei entsteht, normalerweise durch den starken Wind bereits verweht, ehe es sich anreichern kann. Die langsame chemische Verwitterung und der stetige Windtransport wirken zusammen und verhindern die Bildung nennenswerter Böden selbst dort, wo eine spärliche Vegetation einen Teil des Verwitterungsmaterials festhält. Die Böden der Wüsten sind daher normalerweise geringmächtig und nur lückenhaft verbreitet. Sand, Kies, Gesteinsschutt von unterschiedlicher Größe und auch nackter Fels sind für einen großen Teil der Wüstenflächen charakteristisch.

Anhand ihrer Substrattypen lassen sich mehrere Wüstenformen unterscheiden. Die aus schlecht gerundeten Gesteinsbruchstücken bestehende **Fels-** und **Steinwüste** wird als **Hamada** bezeichnet. Die **Kies-** oder **Geröllwüste** – die **Serir** – besteht aus gerundetem Material unterschiedlicher Korngrößen und bildet sich häufig deshalb, weil das feinere Material ausgeblasen wird. Nur die von großen Dünenfeldern eingenommenen Wüstengebiete werden als **Sandwüste** oder **Erg** bezeichnet.

**Die Farben der Wüste** Die häufig rostroten bis orangebraunen Farben der verwitterten Oberflächen in Wüsten sind auf die Eisenminerale Hämatit und Goethit (mit jeweils dreiwertigem Eisen) zurückzuführen. Diese Minerale entstehen während der langsamen Verwitterung eisenhaltiger Silicatminerale wie beispielsweise der Pyroxene. Selbst in geringsten Mengen färben Eisenoxide die Oberflächen der Sande, Gerölle und Tone ausgesprochen intensiv.

**Wüstenlack** ist ein charakteristischer dunkelbrauner, manchmal glänzender Überzug auf vielen Gesteinsoberflächen der Wüste. Es handelt sich um eine Mischung aus Tonmineralen mit geringen Anteilen an Mangan- und Eisenoxiden. Wüstenlack bildet sich vermutlich sehr langsam durch das Zusammenwirken von Tau, chemischer Verwitterung unter Bildung von Tonmineralen und Eisen- beziehungsweise Manganoxiden, sowie von fest haftendem, äolisch transportiertem Staub auf den freiliegenden Gesteinsoberflächen. Gesteine, in deren „Lack" die Ureinwohner Amerikas vor Jahrhunderten Bilder eingekratzt haben, zeigen immer noch den Kontrast zwischen dem dunklen Lack und dem hellen unverwitterten Gestein darunter (Abb. 19.16). Die Bildung von Wüstenlack erfordert einige tausend Jahre. Einige geologisch gesehen alte Vorkommen von Wüstenlack in Nordamerika gehören altersmäßig in das Miozän; der Nachweis von Wüstenlack in alten Sandsteinabfolgen ist jedoch äußerst schwierig.

**Flüsse als primäre Faktoren der Erosion** Winderosion hat in den Wüsten eine größere Bedeutung als anderswo, aber sie erreicht auch dort nicht das Ausmaß der fluviatilen Erosion. In Wüsten führen die meisten Flüsse zwar nur gelegentlich Wasser, weil es selten regnet, aber trotzdem leisten sie auch hier den Großteil der Erosionsarbeit.

Selbst in der trockensten Wüste fällt gelegentlich Regen. In Wüstengebieten, in denen Sand und Kies vor-

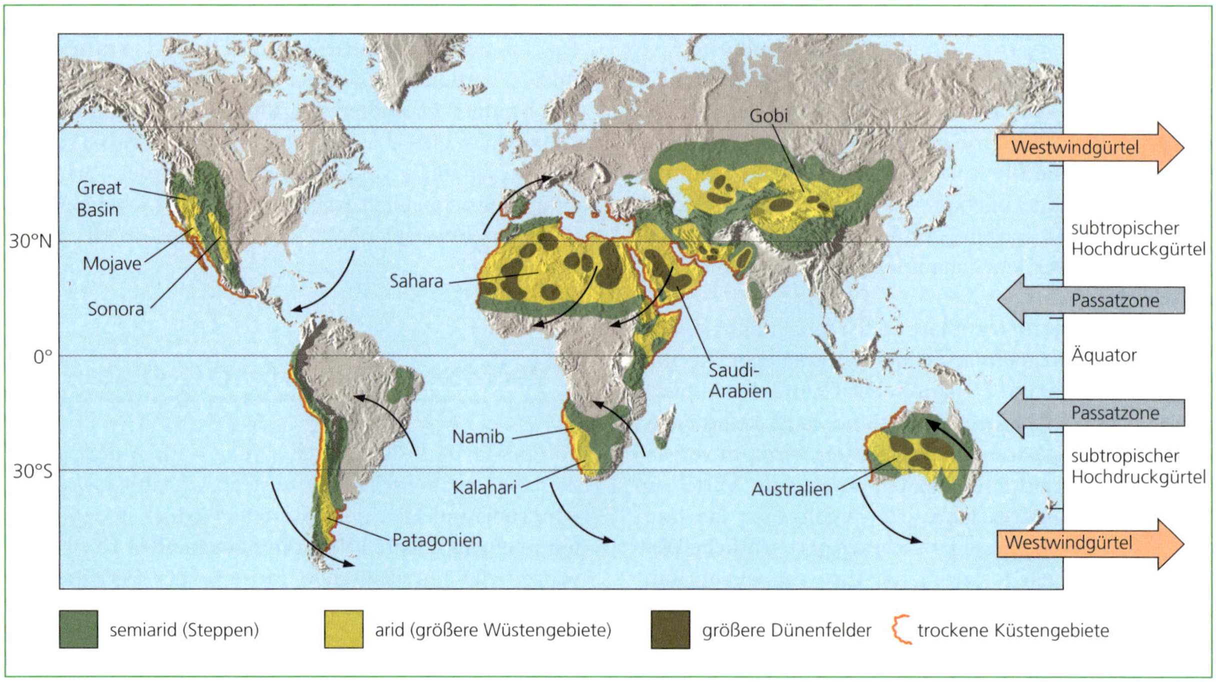


**Abb. 19.15** Die großen Wüstengebiete der Erde (mit Ausnahme der polaren Wüsten) in Verbindung mit den jeweils vorherrschenden Windrichtungen, größeren Gebirgen und Hochländern. Sanddünen nehmen nur einen kleinen Teil der gesamten Wüstenfläche ein [*nach K. W. Glennie (1970): Desert Sedimentary Environments, Elsevier, New York*].

herrschen, versickern die seltenen Niederschläge relativ rasch im Boden und im darunter liegenden Gestein, sodass zeitweise die Bodenfeuchtigkeit in der ungesättigten Zone ergänzt wird. Ein Teil des Sickerwassers verdunstet dort sehr langsam in den offenen Porenräumen zwischen den Körnern. Eine weitaus geringere Menge erreicht schließlich die tief liegende Grundwasseroberfläche, die in manchen Gebieten mehrere hundert Meter unter der Erdoberfläche liegt. Wo der Grundwasserspiegel nahe genug an die Oberfläche herankommt, dass die Wurzeln von Palmen und anderen Pflanzen ihn erreichen können, entstehen Oasen.

Wenn es jedoch in den Wüsten regnet, dann in Form heftiger Wolkenbrüche. Dabei fällt innerhalb kurzer Zeit so viel Regen, dass die Versickerung nicht Schritt halten kann und nur ein Teil der Wassermassen im Untergrund versickert. Deshalb fließt der Großteil der Niederschläge als Oberflächenwasser ab. Da keine Vegetation den Abfluss hindert, erfolgt er sehr rasch und das wiederum führt in den jahrelang trockenen Talböden, den **Wadis**, zu Schichtfluten. Die Erosionsleistung solcher Hochwasser führender Flüsse ist enorm, weil der überwiegende Teil des lockeren Verwitterungsschutts nicht von der Vegetation festgehalten wird. Wüstenflüsse können so stark mit Sedimentfracht beladen sein, dass sie oftmals eher schnellen Schlammströmen als Flüssen gleichen. Durch die schleifende Wirkung der Sedimentfracht, die sich mit der Geschwindigkeit des Hochwassers bewegt, können diese Flüsse tiefe Täler in das anstehende Gestein einschneiden.

**Abb. 19.16** Von den Ureinwohner Amerikas in Wüstenlack eingeritzten Felszeichnungen; Newspaper Rock, Canyonlands, Utah. Die Zeichnungen sind mehrere hundert Jahre alt; sie erscheinen wie frisch in den Wüstenlack geritzt, der sich über Tausend Jahre gebildet hat [*Foto: Peter Kresan*].

## Sedimentation und Sedimente in der Wüste

Wüsten bestehen aus höchst unterschiedlichen Sedimentationsräumen. Diese verändern sich in erheblichem Maße, wenn durch Niederschläge plötzlich tosende Flüsse oder ausgedehnte Seen entstehen. Dazwischen liegen lang anhaltende Trockenperioden, in denen die Sedimente zu Sanddünen zusammengeweht werden.

**Fluviatile Sedimente** Trocknen die mit Sediment überladenen Schichtfluten aus, hinterlassen sie auf der Sohle der Wüstentäler charakteristische Ablagerungen. Dabei überdeckt meist eine ebenschichtige Sedimentlage aus grobem Schutt den gesamten Talboden, ohne dass sich die normale Differenzierung in Fließrinne, Uferwälle und Talauen ausbildet (Abb. 19.17). Die Sedimente vieler anderer Wüstentäler zeigen ganz deutlich die Verzahnung von Sedimenten der Fließrinnen und der Talauen mit äolischen Sedimenten. Die Kombination von fluviatilen und äolischen Prozessen in der Vergangenheit führte zur Bildung großräumiger äolischer Sandsteindecken, getrennt durch Schichten aus Hochwassersedimenten sowie durch Sandsteinlagen, die zwischen den Dünenfeldern abgelagert wurden. Ausgedehnte Schwemmfächer (Kapitel 18) an den Gebirgsrändern sind markante Erscheinungen in Wüsten, weil viele Wüstenflüsse einen großen Teil ihrer Sedimentfracht bereits auf diesen Schwemmfächern ablagern. Das rasche Versickern des Flusswassers in dem durchlässigen Material des Schwemmfächers entzieht den Flüssen so viel Wasser, dass die Sedimentfracht nicht weiter flussab transportiert werden kann. Große Teile der Schwemmfächer in den ariden Bergländern sind durch Schutt- und Schlammströme entstanden.

**Äolische Sedimente** Die bei weitem eindrucksvollsten Sedimentbildungen der Wüste sind Sanddünen. Die Größe der Dünenfelder schwankt zwischen wenigen Quadratkilometern und ausgedehnten „Sandmeeren" wie sie in den großen Wüsten auftreten, beispielsweise in der Namib. Solche riesigen Dünenfelder oder **Ergs** können Flächen bis zu 500 000 km$^2$ überdecken; dies entspricht der doppelten Fläche des US-Bundesstaats Nevada. Auch wenn Film und Fernsehen oft die Vorstellung vermitteln, dass Wüsten überwiegend aus Sand bestehen, machen Sandwüsten in Wirklichkeit nur ein Fünftel der gesamten Wüstengebiete aus; die anderen vier Fünftel sind Felswüsten oder sind mit Steinpflastern überdeckt. Nur wenig mehr als ein Zehntel der Sahara wird von Sand eingenommen.

**Evaporitsedimente** In ariden Gebirgstälern und intramontanen Becken bilden sich häufig permanente oder temporäre Seen – so genannte **Salzseen** oder **Playa-Seen** (Abb. 19.18). Weil das Wasser dieser Seen rasch verdunstet, werden die darin gelösten Verwitterungsprodukte angereichert und fallen aus. Solche Seen, meist Endseen,

**Abb. 19.17** (a) Ein nur episodisch von Wasser durchflossenes Trockental während eines Sommergewitters, Saguaro National Monument, Arizona. (b) Dasselbe Trockental einen Tag nach dem Hochwasser. Das abgelagerte grobe Schuttmaterial überdeckt den gesamten Talboden [*Foto: Peter Kresan*].

sind deshalb Bildungsort bisweilen sehr ungewöhnlicher Evaporitminerale, beispielsweise von Soda (Natriumcarbonat) oder Borax (Natriumborat) neben anderen Salzen. Das Wasser der Playas kann ausgesprochen basisch reagieren oder auch extrem hohe Salzkonzentrationen aufweisen; als Trinkwasser ist es ungenießbar, gesundheitsschädlich oder sogar giftig. Wüstenflüsse führen diesen Endseen große Mengen gelöster Salze zu, die sich in den Salzseen vermehrt anreichern, wenn solche Flüsse auf ihrem Weg Evaporitminerale wieder auflösen, die in früheren Perioden durch Verdunstung schon einmal abgelagert worden sind. Wenn das gesamte Wasser verdunstet ist, gehen die Seen in **Salztonebenen** (Playas) über – flach lagernde Schichten aus Ton, die manchmal mit ausgefällten Salzkristallen überkrustet sind.

## Landschaftsformen der Wüsten

Die Landschaftsformen der Wüstengebiete gehören zu den vielfältigsten der Erde. Ausgedehnte, tief liegende, ebene Gebiete werden von Playas, Steinpflastern und Dünenfeldern eingenommen. Die Hochländer bestehen meist aus nacktem Fels und sind an vielen Orten von steilen Flusstälern und Schluchten durchschnitten. Das Fehlen einer Vegetations- und Bodendecke lässt die Landschaftsformen insgesamt schärfer und schroffer erscheinen als in humideren Klimagebieten. (Auf die Entstehung der Landschaften wird in Kapitel 22 noch näher eingegangen.) Im Gegensatz zu den rundlichen, mit Böden und Vegetation bedeckten Hangformen der meisten humiden Gebiete bilden die durch Verwitte-

**Abb. 19.18** Ein Playa-See im Death Valley, Kalifornien. Playa-Seen sind Bildungsräume von Evaporitmineralen wie etwa Borax. Wegen des hohen Salzgehalts und des hohen pH-Werts wäre das Trinken dieses Wassers lebensgefährlich [*Foto: David Muench*].

rung in den Wüsten entstehenden groben und von ihrer Größe her sehr unterschiedlichen Gesteinsbruchstücke steile Hänge, an deren Fuß große Massen von schlecht gerundetem Schuttmaterial liegen (Abb. 19.19).

Täler zeigen in Wüstengebieten dieselbe Vielfalt von Querprofilen wie andernorts auch, doch ein weit größerer Teil weist steile Wände auf – eine Folge der raschen Abtragung durch Massenbewegungen und Flüsse. Weite Bereiche der Wüstenlandschaften werden – wie auch in den humiden Regionen – von Flüssen geformt. Die so entstandenen Täler sind typische Trockentäler, die in den südwestlichen Vereinigten Staaten als Arroyos, im Nahen Osten und in Nordafrika als **Wadis** bezeichnet werden.

Wüstenflüsse liegen wegen der relativ seltenen Niederschläge weit auseinander, aber ihre Entwässerungsnetze gleichen im Allgemeinen denen anderer Gebiete – bis auf einen wichtigen Unterschied: Viele Wüstenflüsse enden, ohne die Wüsten zu durchqueren oder in größere Flüsse zu münden, die dem Meer zufließen. Der Grund sind die seltenen Regenfälle und der Wasserverlust durch Verdunstung und Versickerung, aber auch Dünen, die Flüsse aufstauen, was oftmals zur Bildung von Endseen führt.

**Abb. 19.19** Wüstenlandschaft in Arizona; Kofa Butte, Kofa National Wildlife Refuge. Kennzeichnend sind steile Felswände und ausgedehnte Schuttmassen, die bei der Verwitterung unter ariden Bedingungen entstehen [*Foto: Peter Kresan*].

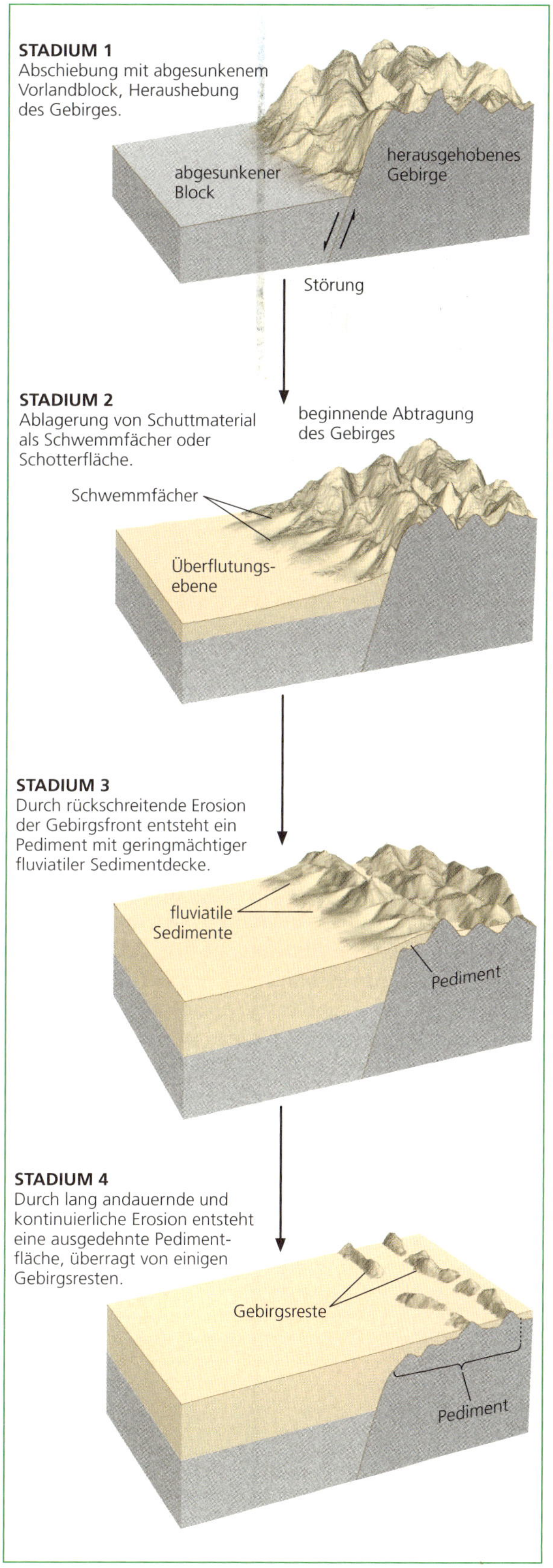


**Abb. 19.20** Pedimentflächen entstehen durch Erosion und Rückverlegung von Gebirgsfronten.

**Abb. 19.21** Cima Dome ist eine Pedimentfläche in der Mojave-Wüste. Die Oberfläche ist von einer geringmächtigen Lage aus fluviatilen Sedimenten bedeckt. Die beiden Bergkuppen links und rechts sind Erosionsreste des früheren Gebirges [*Foto: Martin Miller*].

Eine charakteristische Landschaftsform der Wüste sind die **Pedimente** genannten Gebirgsfußflächen in Festgesteinen. Pedimentflächen sind weite, sanft geneigte Flächen vor einem Gebirgsrand. Sie entstehen durch rückschreitende Erosion und Denudation einer in Abtragung begriffenen Gebirgsfront (Abb. 19.20). Das Pediment breitet sich wie eine Schürze am Fuß der Gebirgsfront aus, da sich dort geringmächtige Ablagerungen aus fluviatilen Sanden und Kiesen bilden. Durch lang andauernde Erosion entstehen schließlich ausgedehnte Flächen mit einigen kleineren Inselbergen (Abb. 19.21). Ein Schnitt durch ein typisches Pediment und seine Berge zeigt einen ziemlich steilen Gebirgshang, der mit scharfem Knick in das sanft geneigte Pediment übergeht. Die Oberfläche des Pediments ist in typischer Ausbildung mit geringmächtigen fluviatilen Sanden und Kiesen überdeckt, die am unteren Ende in Playa-Sedimente oder Talfüllungen übergehen.

Es gibt viele Hinweise, dass das Pediment und die Erosionsplattform von episodisch fließendem Wasser geformt werden. Dabei behalten die Berghänge am oberen Ende des Pediments ihre Steilheit, wenn sie infolge fortschreitender Abtragung zurückweichen; sie gehen nicht in gerundete, sanftere Hangformen über, wie es im humiden Klima der Fall ist. Wir wissen jedoch noch nicht, wie sich unter ariden Klimabedingungen die einzelnen Gesteinstypen und Erosionsprozesse gegenseitig beeinflussen, damit insgesamt diese steilen Hänge erhalten bleiben, während sich die Pedimentfläche erweitert.

# Zusammenfassung des Kapitels

**Wie Wind entsteht:** Die Erde ist umgeben von atmosphärischen Zirkulationssystemen. Sie sind das Ergebnis der Erwärmung der Erdatmosphäre am Äquator, wo warme Luft aufsteigt und in Richtung der Pole strömt. Auf dem Weg dorthin kühlt die Luft allmählich ab und sinkt nach unten. Diese kältere Luft fließt an der Erdoberfläche zum Äquator zurück. Windgeschwindigkeit und Windrichtung ändern sich zwar täglich, über längere Zeiträume hinweg wehen die Winde aber vorherrschend aus einer bestimmten Richtung. Der durch die Rotation der Erde verursachte Coriolis-Effekt führt auf der Nordhalbkugel zu einer Ablenkung der Luftströmungen nach rechts, auf der Südhalbkugel nach links.

**Wie Wind erodiert und Sand sowie feinerkörniges Sediment transportiert:** Wind kann trockenes Sedimentmaterial aufwirbeln und verfrachten, ähnlich wie fließendes Wasser. Bei Luftströmungen gibt es jedoch Einschränkungen bezüglich der Korngrößen und der Fähigkeit, Sedimentmaterial über längere Zeit in Suspension zu halten; das transportierte Material ist selten größer als grobkörniger Sand. Diese Einschränkung ist auf die insgesamt geringe Viskosität und Dichte der Luft zurückzuführen. Nahezu alle Luftmassen strömen turbulent; starke Luftströmungen können Geschwindigkeiten von weit mehr als 100 km/h erreichen und dadurch den Sedimenttransport in Suspension begünstigen. Äolisch transportiertes Material kann aus vulkanischer Asche, Quarz und anderen Mineralbruchstücken sowie aus Tonmineralen bestehen; hinzu kommt biogenes Material wie Humus, Pollen und Bakterien. Wind ist in der Lage, große Mengen Sand und Staub zu verfrachten. Die Sandkörner werden vor allem durch Saltation bewegt, während der feinerkörnige Silt und die Partikel der Tonfraktion (Staub), in Suspension verfrachtet werden. Der Wind weht den Sand zu Rippeln und Dünen mit Schrägschichtung auf. Wind leistet in erster Linie Erosionsarbeit durch Deflation und Korrasion, wobei Steinpflaster und Windkanter entstehen.

**Wie Wind Dünen und Staub ablagert:** Lässt der Wind nach, wird Sand in Form von Dünen abgelagert, die sich in Form und Größe unterscheiden. Dünen entstehen in Wüstengebieten, an Küsten oder in Flusstälern auf sandigen Auenablagerungen und damit insgesamt in Gebieten, in denen lockerer Sand im Übermaß zur Verfügung steht und in denen mäßige bis starke Winde wehen. Die Bildung von Dünen beginnt, wenn sich Sand auf der Leeseite von Hindernissen absetzt und dort zu einer Höhe von mehreren Metern bis Hunderten von Metern anwächst. Dünen wandern in Windrichtung, denn die Sandkörner werden auf der dem Wind zugewandten, flach angeböschten Seite der Dünen aufwärts transportiert und rollen später an den steileren leeseitigen Hängen wieder hinab. Die verschiedenen Dünenformen, wie Sichel-, Parabel-, Transversal- und Longitudinaldünen, bilden sich in Abhängigkeit von der Windgeschwindigkeit, von der Konstanz oder dem Wechsel der Windrichtungen und von der vorhandenen Sandmenge. Wenn die Geschwindigkeit des mit Staub beladenen Windes abnimmt, setzt sich der Staub als dünne Lösslage ab. Die Lössschichten in zahlreichen, ehemals vom Gletschern bedeckten Gebieten wurden durch Winde abgelagert, die in den Glazialzeiten über die Aufschüttungsebenen der Ton und Silt führenden Schmelzwasserflüsse der Gletscher hinwegwehten. Löss kann in den windabgewandten Teilen staubbedeckter Wüstengebiete große Mächtigkeiten erreichen.

**Wie Wind und Wasser gemeinsam die Ablagerungsräume und Landschaften der Wüste formen:** Wüstengebiete entstehen sowohl im Regenschatten von Gebirgsketten als auch in subtropischen Gebieten mit konstanter Hochdruckwetterlage sowie im Inneren der Kontinente. Es handelt sich insgesamt um Gebiete, in denen ursprünglich feuchtigkeitsgesättige Luftmassen zunehmend trockener werden, sodass Niederschläge immer seltener auftreten. In den Wüsten sind dieselben Verwitterungsprozesse am Werk wie in den feuchteren Klimazonen, doch dominiert die physikalische Verwitterung; die chemische Verwitterung ist mangels Wasser gering. Die meisten Wüstenböden sind flachgründig, verbreitet treten nackte Gesteinsoberflächen auf. Flüsse führen zwar nur episodisch Wasser, dennoch sind sie für einen Großteil der Erosion und Sedimentation in den Wüsten verantwortlich, da sie große Mengen an grobem Sediment abtransportieren und diese auf Schwemmfächern absetzen. In gebirgigen Wüsten können aufgestaute Flüsse auf natürliche Weise Endseen bilden, in denen es aufgrund der starken Verdunstung zur Ablagerung von Evaporitmineralen kommt. Die Landschaften der Wüsten bestehen aus Dünen, die durch äolische Sedimentation von Sanden entstanden sind, sowie aus Steinpflastern, Tafelbergen und Pedimentflächen. Letztere sind ausgedehnte, sanft geneigte Flächen, die aus Festgesteinen durch Verwitterung entstanden sind, als sich die Gebirgsränder durch rückschreitende Erosion zurückverlagerten, wobei ihre steilen Hänge erhalten geblieben sind.

Wellen brechen sich an einer stark gegliederten Felsküste; Cape Arago State Park, Coos County, Oregon [*Foto: Steve Terrill/Corbis*].

# Kapitel 20
# Das Meer

In der Geschichte der Menschheit waren jene 71 Prozent der Erdoberfläche, die von den Meeren bedeckt werden, über die längste Zeit eine völlig unbekannte, geheimnisvolle Welt, eine „Terra incognita". Die an den Küsten lebenden Menschen kannten zwar die Kraft der Wellen, das Steigen und Fallen der Gezeiten und die zerstörende Wirkung heftiger Sturmfluten. Über die Ursachen und die zugrunde liegenden Kräfte konnten sie jedoch lediglich Vermutungen anstellen.

Von den Küstenprozessen und ihren Auswirkungen auf die Küstenlinie ist heute bekannt, dass sie das Ergebnis von Wechselwirkungen zwischen den beiden Systemen Klima und Sonne sind. Die Gezeiten entstehen durch das Zusammenspiel der Gravitationskräfte von Erde, Sonne und Mond, und die Brandung an der Küste und Stürme sind die Folge von Interaktionen zwischen Atmosphäre und Hydrosphäre.

Doch wie können wir solche Prozesse erkennen und ihre Auswirkungen messen? Die stetige Bewegung der Wellen und die Gezeiten sind für die langsamen aber beständigen Materialverlagerungen – wie etwa von Sand – an der Küste verantwortlich. Was heute an Sand abgelagert wird, kann morgen bereits wieder fortgespült sein und umgekehrt. Diese Prozesse können sich bei Stürmen verstärken oder auch abschwächen.

Die Beschaffenheit des Meeresbodens außerhalb der unmittelbaren Küstengewässer blieb bis in die Mitte des 19. Jahrhunderts ein Geheimnis. Im Jahr 1872 lief die HMS Challenger aus ihrem Heimathafen in England für eine vierjährige Expedition zur Erkundung der Ozeane aus – ein kleines Holzschiff der britischen Kriegsmarine, das für die ersten wissenschaftlichen Meeresbeobachtungen umgerüstet worden war. Die **Challenger-Expedition** entdeckte große Gebiete mit untermeerischen Hügeln, ausgedehnten Ebenen, außergewöhnlich tiefen Rinnen und submarinen Vulkanen.

Heute suchen Geowissenschaftler noch immer nach Antworten auf Fragen, die diese frühen Entdeckungen schon damals aufwarfen. Welche tektonischen Kräfte haben einerseits zum Aufstieg der submarinen Gebirgsketten geführt und andererseits die Tiefseerinnen abgesenkt? Warum sind einige Bereiche weitgehend eben, während andere ausgesprochen hügelig sind? Obwohl die Ozeanographen in der ersten Hälfte dieses Jahrhunderts bereits einige wichtige Entdeckungen gemacht hatten, blieben die meisten ihrer Fragen bis zur umwälzenden Entdeckung der plattentektonischen Prozesse in den späten sechziger Jahren des 20. Jahrhunderts unbeantwortet. Wie schon in Kapitel 2 erwähnt, hat die geologische und geophysikalische Erforschung der Ozeanböden – und nicht die der Kontinente – zur Theorie der Plattentektonik geführt.

In diesem Kapitel untersuchen wir die an den Küsten und Stränden wirkenden Vorgänge und betrachten den Einfluss von Wellen, Gezeiten und schweren Stürmen. Die zweite Hälfte dieses Kapitels beschäftigt sich mit den geologischen Verhältnissen der Ozeanbecken mit ihren versunkenen Vulkanen und den dort auftretenden vielfältigen Gesteinen und Sedimenten.

Unter der Bezeichnung **Ozean** oder **Meer** verstehen wir sowohl die fünf ausgedehnten Einzelräume mit ihrem selbstständigen Strömungshaushalt (Atlantischer, Pazifischer und Indischer Ozean, sowie Nord- und Südpolarmeer) als auch den insgesamt zusammenhängenden Wasserkörper, der oftmals als Weltmeer bezeichnet wird. Der Ausdruck „Meer" umfasst außer den

Ozeanen auch die etwas kleineren Wasserkörper, die im Fall der Rand- oder Binnenmeere bis zu einem gewissen Grad oder nahezu vollständig von den größeren Ozeanen abgetrennt sind. Beispielsweise ist das Mittelmeer durch die enge Straße von Gibraltar mit dem Atlantischen Ozean und durch den Suez-Kanal mit dem Indischen Ozean verbunden. Andere Meere, etwa die Nordsee und der Atlantische Ozean, stehen über breite Zugangswege miteinander in Verbindung. Das Meerwasser weist in den Ozeanen bemerkenswerterweise von Jahr zu Jahr und von Ort zu Ort durchschnittlich überall eine konstante chemische Zusammensetzung auf (Exkurs 20.1). Dieses in den Ozeanen herrschende Gleichgewicht wird durch die individuelle Zusammensetzung der einmündenden Flüsse und Ströme sowie durch die Zusammensetzung des angelieferten Sedimentmaterials und durch die Neubildung von Sediment in den Ozeanen bestimmt.

## Unterschiede im geologischen Bau der Ozeane und Kontinente

Die Plattentektonik lieferte das grundlegende Verständnis für den unterschiedlichen geologischen Bau der Kontinente und Ozeane. In einer gewissen Entfernung von den Kontinentalrändern fehlen am Tiefseeboden gefaltete und bruchtektonisch beanspruchte Gebirge. Stattdessen ist die plattentektonische Deformation auf Dehnungs- und Scherungsvorgänge beschränkt. Hinzu kommen Vulkane, die an den mittelozeanischen Rücken, Hot Spots und Subduktionszonen auftreten. Darüber hinaus spielen die in den vorangegangenen Kapiteln behandelten Verwitterungs- und Erosionsvorgänge in den Ozeanen eine weit geringere Rolle als auf den Festländern, weil es in den Ozeanen keine so effektiven Prozesse der Gesteinszerstörung gibt wie auf dem Festland, wo Gefrieren und Tauen oder andere erosive Kräfte wie beispielsweise Flüsse und Gletscher wirksam sind. Strömungen in der Tiefsee können zwar Sediment erodieren und transportieren, aber sie können die aus Basalt bestehenden Plateaus und Hügel der ozeanischen Kruste nicht effizient angreifen.

Da auf dem größten Teil des Meeresbodens die tektonische Deformation, Verwitterung und Erosion gering ist, wird der geologische Bau der Ozeane von Vulkanismus und Sedimentation beherrscht. Durch Vulkanismus entstehen mittelozeanische Rücken, Inselgruppen inmitten der Ozeane wie etwa die Hawaii-Inseln sowie vulkanische Inselbögen in der Nähe von Tiefseerinnen. Die Sedimentation überprägt den Großteil des restlichen Meeresbodens. Unverfestigte Sedimente aus Silt, Ton und Calciumcarbonat überdecken die flachen Hügel und Ebenen des Meeresbodens und sammeln sich dann auf den ozeanischen Platten allmählich an, wenn diese von den mittelozeanischen Rücken wegdriften. Je weiter sich die Platten von einem Rücken wegbewegen, desto mehr Sediment sammelt sich auf ihnen an. Die Sedimentation erfolgt in der Tiefsee weitaus kontinuierlicher als in den meisten terrestrischen Sedimentbildungsräumen. Daher werden in den Schichtenfolgen der ozeanischen Sedimente wesentlich mehr Einzelheiten des geologischen Geschehens überliefert als in den kontinentalen, oft gestörten Sedimentserien – zum Beispiel eine detaillierte Abfolge der Klimaveränderungen.

Diese Überlieferung ist jedoch zeitlich begrenzt, weil die ozeanischen Platten durch Subduktion kontinuierlich wieder in den Mantel zurückgeführt und damit auch die ozeanischen Schichtenfolgen durch Metamorphose und Aufschmelzung zerstört werden. Es dauert im Durchschnitt nur einige zehn Millionen Jahre bis die Kruste, die an einem mittelozeanischen Rücken entstanden ist, über einen ganzen Ozean hinwegdriftet und an eine Subduktionszone gelangt. Wie in Kapitel 2 schon erwähnt wurde, stammen die ältesten auf den heutigen Ozeanböden überlieferten Sedimente aus dem Jura, das heißt, sie sind lediglich etwa 180 Ma alt; sie liegen derzeit am Westrand der Pazifischen Platte (vgl. Abb. 2.12). In den kommenden 10 Millionen Jahren werden die auf diesem Krustenbereich lagernden Sedimente an einer Subduktionszone in der Tiefe verschwinden.

Wir beginnen unsere Erforschung der Ozeane an den Küsten und betrachten zunächst die dort ablaufenden Prozesse. Danach gehen wir weiter seewärts und untersuchen die Kontinentalränder. Schließlich beenden wir dieses Kapitel mit der Besprechung der Tiefsee.

## Prozesse der Küstenbildung

Die Küsten, jene ausgedehnten Gebiete, wo so unterschiedliche Räume wie Festland und Meer aufeinander treffen, zeigen einen auffälligen Gegensatz von Landschaftsformen (Abb. 20.1). An der Küste von Nord-Carolina beispielsweise und in weiten Teilen von Nord- und Ostsee erstrecken sich über viele Kilometer lange, gerade Sandstrände entlang der flachen Küstenebenen. Dagegen begrenzen in Neuengland oder an der Straße von Dover wie auch auf Rügen felsige Steilküsten die hoch liegenden Küstenbereiche, und die wenigen vorhandenen Strände bestehen aus Geröllen und gröberen Blöcken. Viele Küsten tropischer Inseln, beispielsweise in der Karibik, werden zur Freude der Taucher zum offenen Meer hin von Korallenriffen gesäumt. Wie wir noch sehen werden, arbeiten Tektonik, Erosion und Sedimen-

**Abb. 20.1** Küsten zeigen eine Vielzahl von Formen. (a) Ein lang gestreckter, geradliniger Sandstrand auf der Insel South Pea, Nord-Carolina. (b) Felsküste, Mount Desert Island, Maine. Diese einst von Gletschern überdeckte Küste ist seit 10 000 Jahren nach dem Ende der letzten Eiszeit in Hebung begriffen. (c) Die Zwölf Apostel, eine Gruppe von Brandungspfeilern bei Port Campell, Australien. Sie bestehen aus flach lagernden Sedimentgesteinen, die bei der Rückverlagerung der Küste als Erosionsreste stehen blieben. (d) Korallenriffe an der Küste Floridas [*Fotos: Bill Birkemeier/U.S. Army Corps of Engineers (a); Neil Rabinowitz/Corbis (b); Kevin Schafer (c); Hay Cummins, Miami University (d)*].

tation zusammen, um diese große Vielfalt an Formen und Material hervorzubringen.

Die wichtigsten geologisch aktiven Kräfte an der **Strandlinie**, der Grenzlinie zwischen Wasser und Strand, sind Wellen und Gezeiten. Zusammen erodieren sie selbst die widerstandsfähigsten Felsküsten. Wellen und Gezeiten erzeugen Strömungen, die das von der Abtragung auf dem Festland bereitgestellte Sedimentmaterial verfrachten und an den Stränden und im Flachwasser vor den Küsten ablagern.

## Wellenbewegung: der Schlüssel zur Dynamik der Küstenlinie

Jahrhundertelange Beobachtungen haben uns gelehrt, dass Wellen unterschiedliche Formen annehmen. Bei ruhigem Wetter laufen die Wellen, getrennt durch flache Wellentäler, gleichmäßig auf den Strand auf. Dagegen gibt es bei starken Winden oder bei Sturm überall Wellen, die sich in einer verwirrenden Vielfalt von Formen und Größen gegenseitig überlagern. Wellen können in gewisser Entfernung vor der Küste flach und sanft erscheinen, aber sobald sie sich dem Festland nähern, hoch und steil werden. Hohe Wellen können sich mit enormer Gewalt am Strand brechen und dabei Betondeiche zerschmettern und Häuser am Strand zerstören. Um die Dynamik der Strandlinien zu verstehen und eine bewusste Entscheidung im Hinblick auf die Küstenentwicklung treffen zu können, müssen wir die Entstehung und Wirkung von Wellen kennen.

Wellen entstehen durch den Wind, der über das Wasser weht und dabei die Bewegungsenergie der Luft auf das Wasser überträgt. Wenn eine leichte bis mäßige Brise mit einer Geschwindigkeit von 5 bis 20 km/h über eine ruhige Meeresoberfläche weht, entstehen allmählich so genannte Kräuselwellen, kleine Wellen, die weniger als 1 cm hoch sind. Nimmt die Windgeschwindigkeit auf ungefähr 30 km/h zu, entstehen aus den Kräuselwellen typische Wellen. Noch stärkere Winde verursachen dem-

## Exkurs 20.1

# Der Salzgehalt des Meerwassers

Der Salzgehalt und damit die gesamte Menge an gelösten Salzen beträgt im offenen Ozean im Durchschnitt 3,5 Masseprozent. Wie Tabelle 1 zeigt, machen bereits die hier aufgeführten Ionen ungefähr 99 Prozent der im Ozeanwasser gelösten Salze aus, davon die Ionen $Na^+$ und $Cl^-$ alleine ungefähr 86 Prozent. Nahezu jedes Element, das auf dem Festland vorkommt, ist auch in gelöster Form im Meerwasser vorhanden, jedoch überwiegend nur in Spuren. So enthält das Meerwasser beispielsweise etwa 0,000 000 004 Prozent Gold. Obwohl diese Konzentration äußerst gering erscheint, enthält jeder Kubikkilometer Meerwasser etwa 4,4 Kilogramm Gold, was sich bei einem Gesamtvolumen von 1,3 Milliarden $km^3$ Meerwasser auf insgesamt 5,7 Millionen Tonnen Gold summiert. Darüber hinaus enthält das Meerwasser auch noch gelöste Gase, vor allem Sauerstoff und Kohlendioxid.

Der mittlere Salzgehalt der Ozeane von 3,5 Prozent schwankt in Abhängigkeit von den geographischen Gegebenheiten. Hohe Niederschläge in den Tropen führen beispielsweise in äquatorialen Breiten zu einem Rückgang der Salinität auf etwa 3,45 Prozent. Andererseits wird dem Meerwasser in den ariden Tropen und Subtropen durch Verdunstung Wasser entzogen, wodurch sich der Salzgehalt auf ungefähr 3,6 Prozent erhöht.

Noch weitaus stärker ist der Salzgehalt in Nebenmeeren von den dort herrschenden Klimaverhältnissen abhängig. So liegt er in der westlichen Ostsee - ein Nebenmeer in gemäßigt-humidem Klima - durch die hohen Niederschlagsmengen und Süßwasserzuflüsse bei lediglich 1,1 Prozent. Im Gegensatz dazu beträgt der Salzgehalt im Persischen Golf - einem Nebenmeer in aridem Klima mit einer hohen Verdunstungsrate und geringen Süßwasserzuflüssen - in den oberflächennahen Wasserschichten 3,8 und in Bodennähe 4,0 Prozent. Diese Unterschiede in der Salinität scheinen insgesamt gering, dennoch zählen sie zu den wesentlichen Antriebskräften der globalen Meeresströmungen (Kapitel 15).

Auch wenn den Ozeanen pro Jahr mehr als 2,5 Milliarden Tonnen an gelösten Substanzen zugeführt werden und durch submarinen Vulkanismus noch weiteres Material hinzukommt, war der Salzgehalt der Weltmeere während langer Perioden der Erdgeschichte vergleichsweise konstant, eine Folge des Gleichgewichts zwischen Zufuhr und Entnahme durch Sedimentbildung.

**Tabelle 20.1.1** Hauptbestandteile des Meerwassers, bezogen auf eine Salinität von 3,432 Prozent [*Quelle: Garrison, Oceanography, 1993*].

| Bestandteil | Konzentration [g/kg] | Gewichtsprozent |
|---|---|---|
| Chlor ($Cl^-$) | 18,980 | 1,90 |
| Natrium ($Na^+$) | 10,556 | 1,10 |
| Sulfat ($SO_4^{2-}$) | 2,649 | 0,30 |
| Magnesium ($Mg^{2+}$) | 1,272 | 0,10 |
| Calcium ($Ca^{2+}$) | 0,400 | 0,04 |
| Kalium ($K^+$) | 0,380 | 0,04 |
| Hydrogencarbonat ($HCO_3^-$) | 0,140 | 0,01 |
| Summe | 34,377 | 3,49 |

entsprechend höhere Wellen, sie blasen die Wellenkämme weg und erzeugen auf den Wellen Schaumkronen. Die Höhe der Wellen nimmt zu:

- wenn die Windgeschwindigkeit zunimmt,
- wenn der Wind länger anhält,
- Wenn die Entfernung zunimmt, mit der Wind über das Wasser weht.

Stürme wehen hohe, unregelmäßige Wellen auf, die sich radial vom Sturmzentrum weg ausbreiten, ähnlich wie sich Wellen kreisförmig nach außen fortpflanzen, wenn ein Stein in ruhiges Wasser geworfen wird. Sobald sich die Wellen von einem Sturmzentrum weg in immer größer werdenden Kreisen ausbreiten, werden sie regelmäßiger und gehen in flache, breite, runde Wellen, in die so genannte Dünung über, die sich Hunderte von Kilometern ausbreiten kann.

Mehrere Stürme, die gleichzeitig in unterschiedlicher Entfernung von der Küstenlinie auftreten und von denen jeder sein eigenes Muster an Dünung erzeugt, sind auch für die oftmals unregelmäßigen Intervalle zwischen den am Strand auflaufenden Wellen verantwortlich.

Wer schon einmal Wellen auf dem Ozean oder auf einem Binnensee beobachtet hat, dem ist vielleicht aufgefallen, dass ein Holzstück oder ein anderer schwimmender Gegenstand beim Durchgang des Wellenkamms zwar ein wenig angehoben und etwas vorwärts bewegt wird, jedoch im nachfolgenden Wellental wieder zurücktreibt. Während sich das Holzstück hebt und senkt, bleibt es – wie auch das umgebende Wasser – an ungefähr derselben Stelle.

Die äußere Form der Welle ist durch drei Merkmale festgelegt (Abb. 20.2):

1. Wellenlänge, der Abstand zwischen den Kämmen,
2. Wellenhöhe, der senkrechte Abstand zwischen Kamm und Wellental (die Wellenhöhe entspricht der doppelten Amplitude) und
3. Periode, der zeitliche Abstand zwischen dem Eintreffen aufeinander folgender Wellenkämme.

Die Wellen pflanzen sich mit einer Geschwindigkeit fort, die sich aus der Grundgleichung zur Beschreibung einer Welle ergibt:

$$V = L/T$$

wobei V die Geschwindigkeit, L die Wellenlänge und T die Periode ist. Eine typische Welle mit einer Länge von 24 m und einer Periode von 8 Sekunden hätte eine Geschwindigkeit von 3 m/s. Die Perioden der meisten Wellen liegen zwischen wenigen Sekunden und maximal 15 bis 20 Sekunden; die Wellenlängen variieren zwischen ungefähr 6 und 600 m. Somit haben die meisten Wellen Geschwindigkeiten zwischen 3 und 30 m/s. Bei einer Wassertiefe unterhalb etwa der halben Wellenlänge hört die Orbitalbewegung der Wasserteilchen auf und die Wellenbewegung endet. Deshalb werden Taucher und Unterseeboote bei tiefen Tauchgängen durch Wellen an der Wasseroberfläche nicht beeinträchtigt.

## Die Brandungszone

In der Nähe der Küstenlinie wird die Dünung zunehmend höher und nimmt dort die bekannte scharfgratige Wellenform an. Solche Wellen werden als **Brecher** bezeichnet. Wenn sich die Wellen noch weiter der Küste nähern, brechen sie sich und erzeugen die von Schaumblasen bedeckte Wasseroberfläche, die wir Brandung nennen; der Bereich der sich brechenden Wellen kennzeichnet insgesamt die **Brandungszone**. Die Wellen laufen schließlich auf den Strand auf und leisten dort erhebliche Erosionsarbeit. Sie transportieren Sand und auch größere Gesteinstrümmer ab, wobei das mitgeführte Gesteins- und Sandmaterial zusätzlich zur Abrasion und Zerstörung beitragen kann. Unmittelbar an der Küste lockern und zertrümmern sie selbst festes Gestein und zerstören Bauwerke, die zu nahe am Strand errichtet wurden.

Der Übergang von der Dünung zu Brechern erfolgt dort, wo die Wassertiefe auf weniger als die halbe Wellenlänge der Dünung abgenommen hat. Ab diesem Punkt werden die kleinen Orbitalbewegungen der Wasserteilchen in der Nähe des Meeresbodens behindert, da ihre Bewegung dort nicht mehr ausschließlich vertikal erfolgen kann. Unmittelbar am Meeresboden können sich die Wasserteilchen schließlich nur noch in horizontaler Richtung hin- und herbewegen (Abb. 20.2).

Der Übergang von runden zu elliptischen Bahnen bremst die gesamte Welle ab, weil die Bewegung der Wasserteilchen auf Ellipsen länger dauert als auf Kreisbahnen. Obwohl sich die Welle verlangsamt, bleibt ihre Periode gleich, da die Dünung weiterhin mit derselben Geschwindigkeit vom tieferen Wasser aufläuft. Aus der Wellengleichung ergibt sich, dass bei abnehmender Geschwindigkeit und konstant bleibender Periode die Wellenlänge ebenfalls abnehmen muss. Die typische Welle, die wir in unseren vorangegangenen Beispielen betrachtet haben, würde sich – obwohl sie dieselbe Periode von 8 Sekunden beibehält – auf eine Wellenlänge von 16 m verkürzen und ihre Geschwindigkeit somit auf 2 m/s abnehmen. Sobald sich daher die Wellen der Küste nähern, verringert sich der Abstand der Wellenkämme, die Wellenhöhe nimmt zu, die Wellenfronten werden steiler und ihre Kämme werden schärfer.

Läuft eine Welle auf den Strand auf, wird sie immer steiler, bis das Wasser sich nicht mehr selbst tragen kann – sie bricht in der Brandungszone (Abb. 20.2). Bei flach ansteigendem Meeresboden brechen sich die Wellen bereits weiter draußen, bei steil abfallendem Meeresboden näher an der Küste. Wo felsige Steilküsten direkt in tiefes Wasser übergehen, brechen sich die Wellen unmittelbar am Gestein mit einer Kraft je nach Windstärke von mehreren hundert Tonnen pro Quadratmeter, wobei das Spritzwasser der Brecher hoch in die Luft geschleudert wird. Bei solch großen Kräften ist es nicht überraschend, dass Betondämme, die zum Schutz von Bauwerken an der Küste errichtet wurden, rasch zerstört werden und daher ständig reparaturbedürftig sind.

Nach dem Brechen in der Brandungszone nähern sich die in ihrer Höhe nun reduzierten Wellen weiter dem Strand und brechen sich unmittelbar an der Küstenlinie erneut. Dort laufen sie als so genannter **Schwall** auf den ansteigenden Strand auf und hinterlassen schließlich einen Spülsaum. An einem Sandstrand versickert dabei ein Teil des Wassers, während der Rest als **Rückstrom** oder **Sog** wieder abläuft.

Der Schwall ist in der Lage, Sand und bei genügend hohen Wellen auch größere Gerölle oder sogar Blöcke zu transportieren. Der Sog nimmt dann das Material wieder mit. Die Oszillationsbewegungen des Wassers in der Nähe der Küste sind stark genug, um Sandkörner und sogar Kies zu verfrachten. Durch die Wellentätigkeit kann feiner Sand selbst noch in einer Wassertiefe von ungefähr 20 m transportiert werden. Große, durch hef-

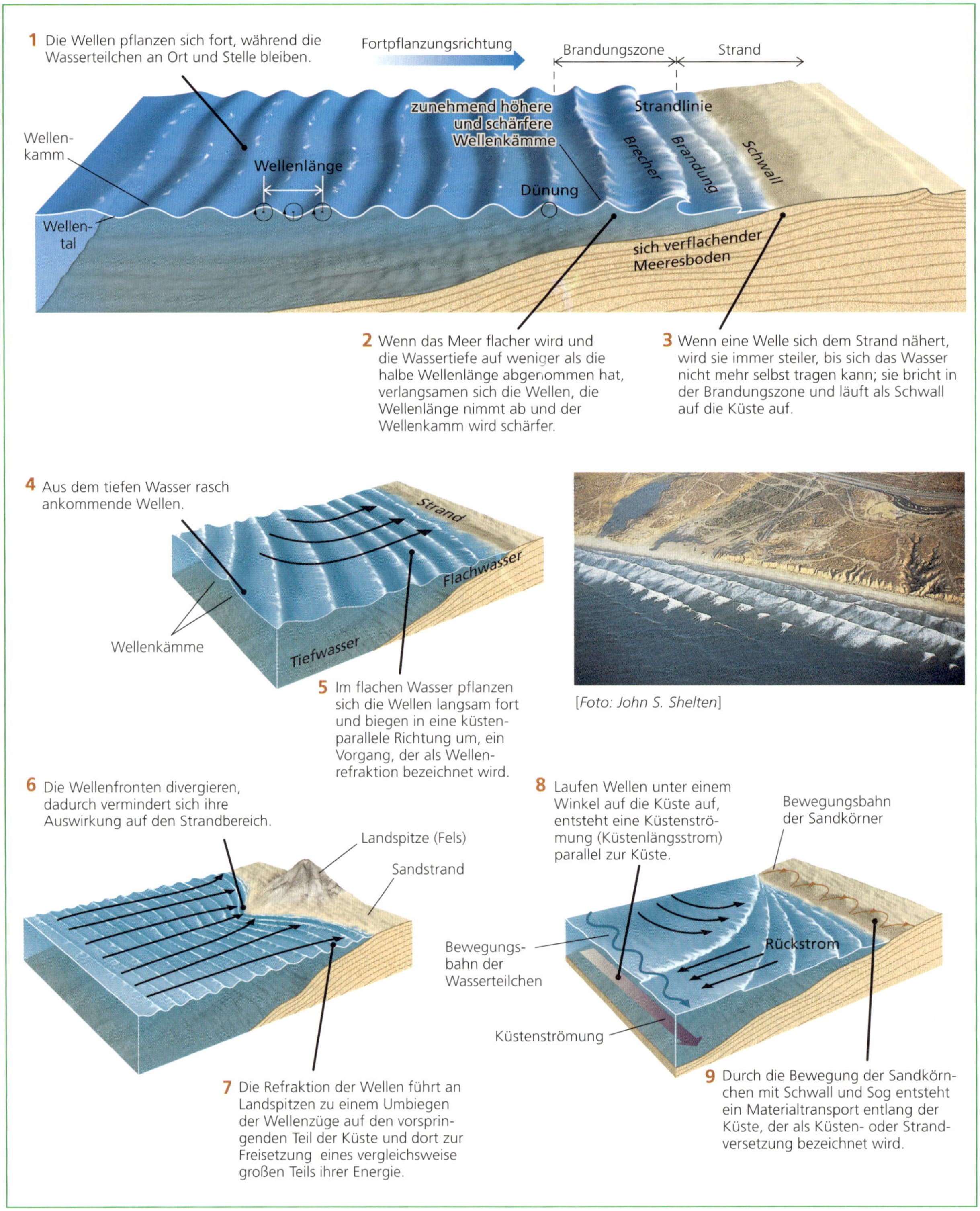


**Abb. 20.2** Die Wellentätigkeit wird von der Wassertiefe und der Küstenform beeinflusst.

tige Stürme erzeugte Wellen können bis in Tiefen von 50 m und mehr Sedimentmaterial vom Meeresboden entfernen.

## Wellenrefraktion

Weit vor der Küste laufen die Kämme der Dünung zwar parallel zueinander, aber gewöhnlich unter irgendeinem Winkel schräg auf die Küstenlinie zu. Wenn sich die Wellen über einen seichter werdenden Meeresboden dem Strand nähern, biegen die Wellenzüge allmählich in eine küstenparallele Richtung um. Diese Richtungsänderung wird als **Wellenrefraktion** oder **Wellenbrechung** bezeichnet (Abb. 20.2). Sie äußert sich in einem Umbiegen der Wellenfronten, vergleichbar der Richtungsänderung von Lichtstrahlen bei der optischen Brechung (oder Refraktion), die dazu führt, dass ein Stab, der nur halb ins Wasser eintaucht, an der Wasseroberfläche scheinbar abgeknickt ist. Wenn sich eine Wellenfront unter einem gewissen Winkel dem Strand nähert, läuft der am nächsten zur Küste liegende Bereich der Welle zuerst auf den flacher werdenden Meeresboden auf und daher wird die Wellenfront langsamer. Dann trifft der nächste Abschnitt der Welle auf den Boden auf und wird ebenfalls abgebremst. Inzwischen haben sich die am nächsten zur Küste befindlichen Teilchen in noch flacheres Wasser fortbewegt und sind noch langsamer geworden. Folglich biegt die Wellenfront und damit auch der Wellenkamm, in einem kontinuierlichen Übergang in Richtung auf die Küste um, sobald eine Welle langsamer wird.

Die Refraktion der Wellen führt an vorstehenden Landzungen zu einer intensiveren Wellentätigkeit, in tiefer eingeschnittenen Buchten ist sie weniger stark (Abb. 20.2). An einer Landspitze wird das Wasser schneller seicht als entlang der beiden Küstenseiten, wo das Wasser tiefer ist. Daher kommt es dort zur Refraktion der Wellen, das heißt die Wellenfronten werden von jeder Seite her in Richtung auf den vorspringenden Küstenbereich umgelenkt. Die Wellen laufen an der Landspitze zusammen und setzen, wenn sie sich dort brechen, einen vergleichsweise größeren Anteil ihrer Energie frei als in den anderen Bereichen der Küste. Deshalb führt die Wellentätigkeit an Landzungen zu einer verstärkten Abtragung – Landspitzen werden aus diesem Grund weitaus rascher abgetragen als die geraden Abschnitte einer Küste.

In umgekehrter Weise wirkt die Wellenbrechung in einer Bucht. Im Zentrum der Bucht ist das Wasser im Allgemeinen tiefer, sodass die Wellen von dort nach allen Seiten in Richtung auf das flachere Wasser hin gebrochen werden. Die Energie der Wellenbewegung wird dadurch im Zentrum der Bucht vermindert, ein Grund, weshalb sich Buchten in der Regel gut als Häfen eignen.

Obwohl aufgrund der Brechung die Wellenfronten weitgehend parallel zur Küste verlaufen, treffen viele Wellen immer noch unter einem geringen Winkel auf. Wenn sie sich brechen, fließt der Schwall unter diesem Winkel schräg den Strandhang hinauf. Der Sog fließt jedoch meistens senkrecht zum Ufer wieder ab. Aus der Kombination dieser beiden Richtungen ergibt sich eine mehr oder weniger bogenförmige Bewegungsbahn, auf der das Wasser eine kurze Strecke den Strand entlangfließt (Abb. 20.2). Die Sandkörner, die im Uferbereich durch Schwall und Sog transportiert werden, bewegen sich mit jeder auf- und ablaufenden Welle ebenfalls längs der Küste um eine kleine Strecke seitwärts, ein Vorgang, der als **Küsten**- oder **Strandversetzung** bezeichnet wird.

Wellen, die unter einem gewissen Winkel auf eine Küstenlinie auftreffen, verursachen darüber hinaus einen **Küstenstrom** (Küstenlängsstrom), eine Strömung im Flachwasser parallel zur Küste. Durch das Wasser, das mit dem Schwall und Sog schräg an der Küste auf- und abläuft, entsteht insgesamt ein Materialtransport entlang der Küste in gleicher Richtung wie die Küstenversetzung. Der größte Teil des Nettotransports von Sand an vielen Küsten ergibt sich aus dieser Art von Strömung. Küstenlängsströmungen bestimmen im Wesentlichen die Form und Ausdehnung von Sandbänken und anderen sedimentären Küstenformen. Gleichzeitig können sie wegen ihrer Fähigkeit, lockeren Sand zu transportieren, große Mengen Sand von den Stränden entfernen. Küstenversetzung und Küstenlängsstrom können stark genug sein, um an den Stränden und im flachen Wasser große Materialmengen über weite Strecken zu verfrachten. Im tieferen, aber noch immer flachen Wasser (Wassertiefe weniger als 50 m) beeinflussen Küstenströme – vor allem bei starken Stürmen – den Meeresboden in erheblichem Maße.

Manche dieser Küstenströmungen können für unvorsichtige Schwimmer gefährlich werden. Eine solche Strömung ist beispielsweise die **Ripströmung** oder **Brandungsrückströmung**, eine eng begrenzte, starke ablandige Strömung, die an etwas steileren Küsten im Abstand von einigen hundert Metern im rechten Winkel vom Strand abfließt. Sie entsteht dann, wenn sich entlang der Küste eine Küstenlängsströmung ausbildet und sich das Wasser unmerklich aufstaut, bis ein kritischer Punkt erreicht ist. Dann bricht das Wasser in einem schmalen Bereich in Richtung auf die See durch und fließt als rasche Gegenströmung durch die ankommenden Wellen. Schwimmer können das Risiko, in das offene Meer hinausgetragen zu werden dadurch vermeiden, dass sie parallel zur Küste schwimmen, um wieder aus dem Bereich des Ripstroms herauszukommen.

## Die Gezeiten

Das zweimal tägliche Ansteigen und Fallen des Meeresspiegels, das wir als **Gezeiten** oder **Tiden** bezeichnen, ist den Seefahrern und Küstenbewohnern seit Jahrtausenden bekannt. Schon lange Zeit wusste man auch, dass ein Zusammenhang zwischen der Position und den Phasen des Mondes, der Höhe der Gezeiten und der Tageszeit besteht, an der das Wasser seinen Tidenhochstand erreicht. Erst im 17. Jahrhundert, als Isaac Newton das Gravitationsgesetz formulierte, wurde erkannt, dass die Gezeiten durch die Anziehungskraft des Mondes und der Sonne auf das Wasser der Weltmeere entstehen.

**Mond, Sonne, Gravitation und Gezeiten** Die Anziehungskraft zwischen zwei Körpern nimmt mit wachsendem Abstand ab. Deshalb schwankt die Gezeiten erzeugende Kraft in den verschiedenen Teilen der Erde in Abhängigkeit davon, ob sie näher oder weiter vom Mond entfernt sind. Auf der Seite der Erde, die dem Mond zugewandt ist, ist die auf das Wasser wirkende Anziehung größer als die durchschnittliche Anziehung auf die gesamte feste Erde. Dies führt in den Meeresgebieten zur Entstehung eines Flutberges. Auf der gegenüberliegenden, vom Mond abgewandten Seite wird die feste Erde, da sie näher zum Mond steht als das Wasser, in Richtung des Mondes angezogen – und zwar stärker als das Wasser, daher hat es den Anschein, als würde das Wasser wiederum als Flutberg von der Erde weggezogen.

Demzufolge verursacht die Gezeitenkraft auf den Ozeanen zwei Flutberge, wobei sich der eine Flutberg stets auf der dem Mond zugewandten Seite bildet, wo die Anziehungskraft insgesamt auf den Mond gerichtet ist. Der andere befindet sich auf der gegenüberliegenden, vom Mond abgewandten Seite, wo die Gesamtkraft vom Mond weg gerichtet ist (Abb. 20.3). Die Gesamt-Anziehungskraft zwischen den Ozeanen und dem Mond ist auf der dem Mond zugewandten Seite der Erde am größten und auf der vom Mond abgewandten Seite am kleinsten. Da die Erde rotiert, liegen die beiden Flutberge einander gegenüber. Ein Flutberg befindet sich daher stets auf der Seite, die dem Mond zugewandt ist, der andere auf der gegenüberliegenden, vom Mond abgewandten Seite. Diese beiden Flutberge laufen über die rotierende Erde hinweg und äußern sich als Tidenhochwasser oder Flut.

Die Sonne ist zwar viel weiter entfernt als der Mond, hat aber eine so große Masse (und demzufolge auch eine große Anziehungskraft), dass sie ebenfalls Gezeiten verursacht. Insgesamt sind die Gezeiten erzeugenden Kräfte der Sonne geringer und betragen etwa 40 Prozent der Gravitationskräfte des viel näher stehenden Mondes. Die von der Sonne verursachten Gezeiten verlaufen nicht synchron mit denen des Mondes. Die Sonne erzeugt nur einmal am Tag einen Gezeitenberg, da die Erde einmal in 24 Stunden, der Länge eines Sonnentages, um ihre Achse rotiert. In Bezug auf den Mond dauert eine Erdumdrehung etwas länger – der Mondtag hat 24 Stunden und 50 Minuten. An einem Mondtag treten also an jedem

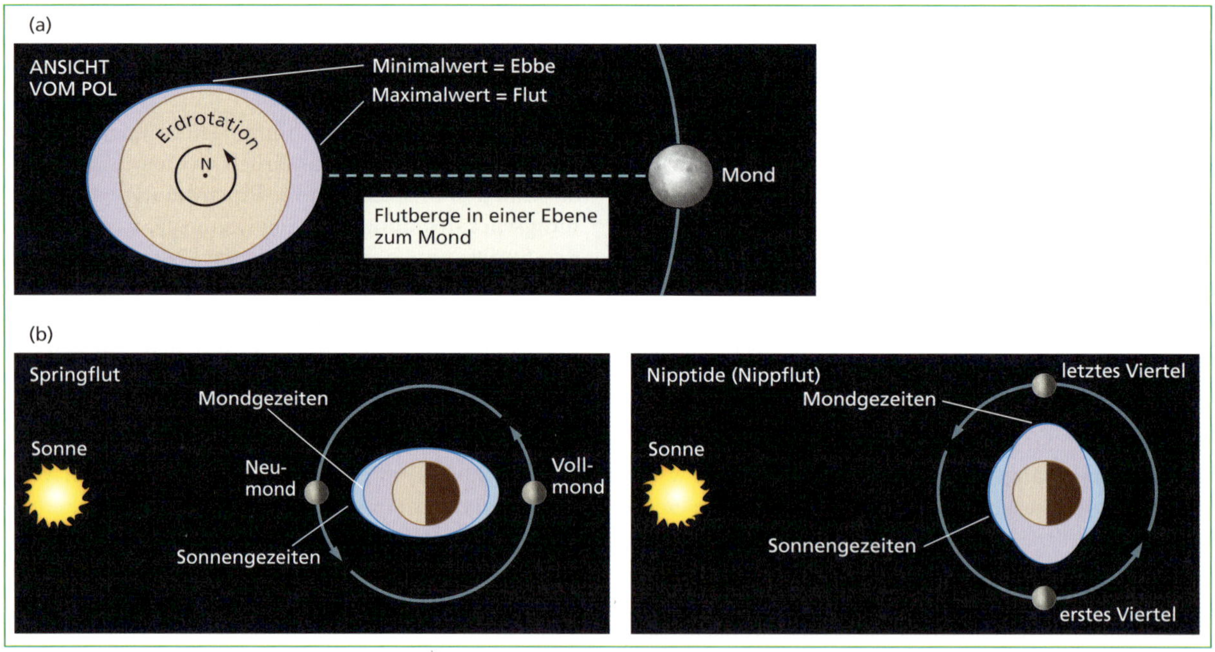


**Abb. 20.3** Die Entstehung der Gezeiten durch die Massenanziehung von Sonne und Mond. (a) Die Massenanziehung des Mondes führt auf den Weltmeeren zu zwei Flutbergen. Einer davon liegt auf der dem Mond zugewandten, der andere auf der dem Mond abgewandten Seite. Da die Erde rotiert, bleiben die Flutberge auf einer Linie. Sie bewegen sich über die Erdoberfläche und erzeugen die Flut. Die relative Position von Erde, Mond und Sonne bestimmt während eines Mondmonats die Fluthöhe. (b) Bei Neu- und bei Vollmond überlagern sich die Gezeiten von Sonne und Mond und führen zur höchsten Flut, der Springflut. Im ersten und letzten Viertel des Mondes schwächen sich die Mond- und Sonnengezeiten gegenseitig, sodass die niedrigste Flut, eine Nippflut, auftritt.

Punkt der Erde im Verlauf von 24 Stunden und 50 Minuten zweimal Hochwasser und zweimal Niedrigwasser auf.

Wenn Mond, Erde und Sonne in einer Linie stehen, summieren sich die Anziehungskräfte von Sonne und Mond. Die Folge ist eine **Springflut**, die höchste Flut, die alle zwei Wochen jeweils bei Vollmond und Neumond auftritt. Die schwächsten Fluten, die **Nippfluten** oder **Nipptiden**, treten dazwischen auf, das heißt im ersten und dritten Viertel des Mondes (Halbmond), wenn Sonne und Mond in Relation zur Erde im rechten Winkel oder in Quadratur zueinander stehen und ihre Anziehungskräfte sich gegenseitig schwächen (Abb. 20.3).

Gezeiten treten zwar regelmäßig und überall auf, jedoch schwankt der Tidenhub zwischen dem jeweiligen Wasserstand von Ebbe und Flut in den einzelnen Gebieten der Ozeane beträchtlich. Während die Flutberge des Wassers steigen und fallen, bewegen sie sich gleichzeitig über die Oberfläche des Meeres und stoßen dabei auf Hindernisse, wie etwa Kontinente und Inseln, die die Strömung des Wassers behindern. In der Mitte des Pazifischen Ozeans, beispielsweise auf Hawaii, wo es keine Hindernisse oder enge Meeresstraßen gibt, beträgt der Unterschied zwischen Ebbe und Flut nur 50 cm. An der Pazifikküste bei Seattle dagegen, wo die Küste des Puget Sund sehr unregelmäßig geformt ist, sind die Gezeitenströmungen auf enge Passagen beschränkt und der Tidenhub beträgt dort ungefähr 3 m. Ungewöhnlich große Wasserstandsunterschiede treten an bestimmten Orten auf, vor allem in Trichtermündungen wie beispielsweise der Bay of Fundy in Ostkanada, wo der Tidenhub über 12 m erreichen kann. An der französischen Kanalküste wird bei St. Malo wegen des großen Tidenhubs von mehr als 10 m ein Gezeitenkraftwerk betrieben, das sowohl Ebbe- wie Flutströmung in elektrische Energie umgewandelt.

Wegen der großen Bedeutung der Gezeiten für Küstenbewohner und Seefahrt veröffentlichen die hydrographischen Behörden – in Deutschland das Bundesamt für Seeschifffahrt und Hydrographie – alljährlich Gezeitentabellen, in denen die zu erwartenden Fluthöhen und die jeweiligen Zeiten des Wasserhochstands angegeben sind. Diese Tabellen werden durch eine Kombination von lokalen Erfahrungswerten mit den astronomischen Bewegungen von Erde und Mond in Relation zur Sonne erstellt.

Unter bestimmten Bedingungen wirken Gezeiten mit der Wellentätigkeit zusammen und führen damit zu einer erheblichen Abtragung der Küste sowie zur Zerstörung des Küstenbereichs. Wenn beispielsweise in der Nähe der Küste während einer Springflut ein starker Sturm mit auflandigen Winden durchzieht, können die Wellen bei Flut den gesamten Strand in katastrophaler Weise überfluten und an Steilküsten zu erheblichen Zerstörungen führen. Solche **Sturmfluten**, die mit einer extremen Verstärkung der Gezeiten verbunden sind, dürfen nicht mit den meist fälschlicherweise als „Flutwellen" bezeichneten Tsunamis verwechselt werden. Tsunamis sind ungewöhnlich hohe Meereswellen, die durch untermeerische Ereignisse wie Erdbeben, Rutschungen und Ausbrüche submariner Vulkane ausgelöst werden (Kap. 13).

**Abb. 20.4** Wattgebiete, wie hier am Mont St. Michel an der französischen Kanalküste, können Hunderte von Quadratkilometern einnehmen, meist bilden sie aber nur schmale Streifen vor der Küste. Wenn eine sehr hohe Flut auf eine weite Wattfläche aufläuft, kann sie so rasch einströmen, dass die Gebiete schneller überflutet werden, als ein Mensch laufen kann. Strandwanderer sind daher gut beraten, sich vor Beginn einer Wanderung über die örtlichen Gezeitenverhältnissen zu informieren [*Foto: Thierry Prat/Corbis Sygma*].

**Gezeitenströmungen** Die Gezeitenbewegungen führen in Küstennähe zur Entstehung von Gezeitenströmungen, die Geschwindigkeiten von mehreren Kilometern pro Stunde erreichen können. Wenn das Wasser steigt, läuft es als **Flut** in Richtung auf die Küste, es überschwemmt die flachen Küstenmarschen und strömt die kleinen Flüsse hinauf; ist der Gezeitenhochstand erreicht, beginnt der Wasserstand zu sinken, das heißt bei **Ebbe** fallen die niedriger liegenden Küstenbereiche wieder trocken. Solche Gezeitenströmungen schneiden in die ausgedehnten Sand- und Schlickbereiche der **Wattgebiete** mäandrierende Zu- und Abflussrinnen (Priele) ein, die bei Ebbe über und bei Flut unter dem Wasserspiegel liegen und aufgrund der Gezeitenströme eine enorme Dynamik aufweisen. Die französische Kanalküste (Abb. 20.4) und das Wattgebiet der Nordseeküste sind anschauliche Beispiele hierfür.

## Küstenformen

An den Küsten lassen sich die beständigen Bewegungen des Meerwassers und deren Auswirkungen auf die Küsten beobachten. Umweltprobleme wie die Erosion der Küsten und Verschmutzung der Flachmeere sind heute wichtige Forschungsgebiete. Das Zusammenwirken von Wellen, Küstenversetzung und Gezeitenströmungen in Wechselwirkung mit den Gesteinen und den tektonischen Verhältnissen an der Küste führen zu einer Vielzahl von Küstenformen (Abb. 20.1). Wie diese Faktoren insgesamt wirken, wird anhand der bekanntesten Küstenform, den Flachküsten, gezeigt.

### Flachküsten

Eine Flachküste ist eine Küstenform, deren unmittelbarer Strandbereich im Wesentlichen aus Sand und Geröllen besteht. Flachküsten können daher ihr Aussehen von Woche zu Woche und von Jahr zu Jahr verändern. Wellen und Gezeiten können Strände durch Ablagerung von Sand verbreitern und erweitern oder durch den Abtransport von Sedimenten auch verkleinern.

Viele dieser Küsten sind lange, gerade verlaufende Sandstreifen, die sich von weniger als 1 km bis über 100 km Länge erstrecken können; andere Flachküsten bestehen aus kleinen, halbmondförmigen Buchten zwischen Felsvorsprüngen. Zahlreiche Flachküsten werden landseitig von Dünenfeldern begrenzt, andere wiederum von Steilufern oder Steilwänden aus Locker- oder Festgesteinen. Darüber hinaus können sie auf ihrer seewärtigen Seite Gezeiten-Sandrücken aufweisen (Abb. 20.5).

**Aufbau einer Flachküste** In Abbildung 20.6 sind die wichtigsten Bereiche einer Flachküste dargestellt, von denen nicht alle und zu allen Zeiten an den einzelnen Stränden vorhanden sein müssen. Am weitesten vor der Küste liegt der **Schelfbereich**, dann folgt die Brandungszone, wo das Meer allmählich seichter zu werden beginnt, bis es so flach ist, dass sich die Wellen brechen. Der **Vorstrand** umfasst die Brandungszone und, sofern vorhanden, die Wattgebiete und schließlich unmittelbar am Strand den Uferhang, eine Böschung, die von Schwall und Sog der Wellen beherrscht wird. Da die Transportkraft des Schwalls größer ist als die des Sogs, wird gröberes Material zusammen mit feinerem weiter auf das Ufer hinauf verfrachtet. Der zur Welle gehörende Sog kann jedoch nur die feineren Bestandteile wieder ins Meer zurücktransportieren. So entsteht landeinwärts ein **Strandwall**, dessen Material zur offenen See hin feiner wird. Je nach Wetterlage und Jahreszeit bilden sich oftmals mehrere Strandwälle in unterschiedlicher Höhe. Der höher liegende Teil des Strands, der so genannte **trockene Strand**, der nur noch gelegentlich überflutet wird, erstreckt sich vom Spülsaum bis zum höchsten Bereich und geht an der Landseite meist in ein System von Küstendünen über.

**Sandhaushalt eines Strands** Der Strand ist Schauplatz ständiger Bewegung. Jede Welle bewegt den Sand mit dem Schwall und Sog hin und her. Sowohl die Küstenversetzung als auch Küstenströmungen verfrachten Sand entlang der Strandlinie. Am Ende eines Strands und für eine gewisse Strecke auch darüber hinaus wird Sand abtransportiert und im tieferen Wasser abgelagert. Auf den höher liegenden Strandbereichen oder an den Küstenkliffen entstehen jedoch durch Erosion ständig Gesteinstrümmer und Sand, die das vom Strand weggespülte Material wieder ergänzen. Auch der über den Strand wehende Wind verlagert Sand – manchmal vom Strand weg in das Wasser auf den Schelf, manchmal landeinwärts auf das Festland.

Wenn ein Gleichgewicht zwischen Anlieferung und Abtragung von Sand herrscht, entsteht durch diese beiden Prozesse ein Strand, der scheinbar stabil ist, dessen Material in Wirklichkeit aber in jeder Richtung ausgetauscht wird. Der **Sandhaushalt** – Zufuhr und Abtransport von Sand durch Erosion und Sedimentation – ist in Abbildung 20.7 für einen beliebigen Strand dargestellt.

In jedem Küstenabschnitt wird Material angeliefert: durch Küstenversetzung, Küstenlängsströmungen, Erosion der höher gelegenen Küstenbereiche oder auch durch Flüsse, die dort ins Meer einmünden. Von demsel-

**Abb. 20.5** Ein Gezeiten-Sandrücken. Bei Ebbe fällt die äußere Barre (bei Flut eine Untiefe) trocken. Ebenso wasserfrei ist die flache Einsenkung zwischen der Barre und dem höher liegenden Strand, die in einzelnen Bereichen durch Gezeitenströmungen entstandene Rippelmarken erkennen lässt [*Foto: James Valentine*].

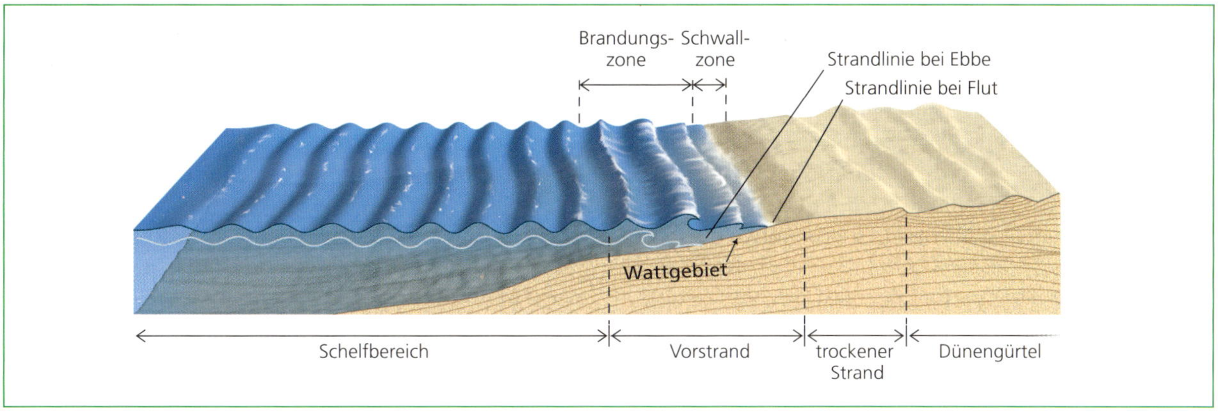


**Abb. 20.6** Profil durch einen Sandstrand mit seinen wichtigsten Teilbereichen.

ben Küstenstreifen wird der Sand jedoch auch wieder abtransportiert: Wind verfrachtet Sand zu den angrenzenden Küstendünen, Küstenlängsströmungen und Küstenversetzung verfrachten das Sedimentmaterial in Strömungsrichtung, im tieferen Wasser vorhandene Strömungen und die bei Stürmen auflaufenden Wellen transportieren ebenfalls Sand von den Stränden ab.

Gleichen sich Zufuhr und Abtransport insgesamt aus, behält der Strand im Gleichgewichtszustand seine Gesamtform bei. Stehen Anlieferung und Abtransport nicht im Gleichgewicht, so vergrößert oder verkleinert sich der Strand. Kurzzeitige Veränderungen des Gleichgewichts über Wochen, Monate oder Jahre hinweg sind naturgegeben. Eine Reihe schwerer Stürme kann beispielsweise große Sandmengen vom Strand weg in tieferes Wasser jenseits der Brandungszone verfrachten und somit den Strandbereich reduzieren. Danach, wenn über Wochen mit ruhigem Wetter und niedrigen Wellen eine langsame Rückkehr zum Gleichgewicht erfolgt, kann der Sand wieder auf den Strandbereich aufgespült werden und erneut einen breiten Strand aufbauen. Ohne diese permanente Verlagerung von Sand wäre eine Selbstreinigung der Strände von Abfall und anderen Umweltverschmutzungen nicht möglich. Innerhalb von einem oder zwei Jahren werden selbst Ölverschmutzungen abgewaschen oder mit Sedimentmaterial überdeckt, obwohl die teerartigen Rückstände später stellenweise wieder freigespült werden können. Wenn die Ursache der Verunrei-

| SANDHAUSHALT | |
|---|---|
| ZUFUHR | ABTRANSPORT |
| Abrasion durch Wellentätigkeit an den Steilufern | Sedimenttransport durch auflandige Winde auf die Dünenfelder des trockenen Strands |
| Abtragung von Sedimenten vom Uferhang durch Küstenversetzung und Küstenströmung | Sedimenttransport durch Küstenversetzung und Küstenströmung |
| Sedimentzufuhr durch Flüsse | Sedimenttransport in tieferes Wasser durch Gezeitenströmungen und Wellen |

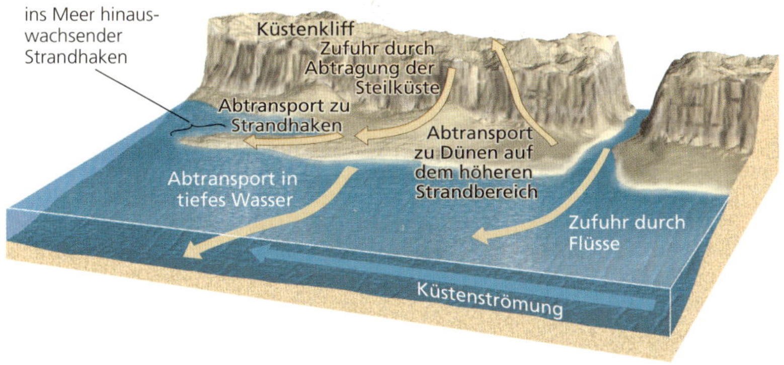


**Abb. 20.7** An einem Sandstrand besteht normalerweise ein Gleichgewicht zwischen Anlieferung und Abtransport von Sand durch Sedimentation und Erosion.

nigung beseitigt ist, reinigen sich die Strände auch wieder in relativ kurzer Zeit.

**Häufige Strandformen** Lange, breite Sandstrände entstehen dort, wo reichlich Sandzufuhr erfolgt und leicht erodierbare Sedimente oftmals die Küste aufbauen. Ist der Bereich hinter dem Strand flach und der Wind weht von der Küste her, säumen meist ausgedehnte Dünenfelder den Strand. Wenn die Küstenlinie durch tektonische Prozesse herausgehoben ist und die Gesteine fest und hart sind, ziehen Steilwände an den Küsten entlang und jeder schmale Strand, der sich dort bildet, besteht aus dem erodierten Material der Steilküsten. Dort, wo ein Strand niedrig liegt und große Mengen von Sand vorhanden sind, können durch starke Gezeitenströmungen ausgedehnte Wattgebiete entstehen, die bei Niedrigwasser trockenfallen. Je nach ihrer Lage zum Meer unterscheidet man drei Typen:

- offene Watten hinter Strandwällen,
- Buchten- oder Ästuarwatten im Ästuarbereich oder in Meeresbuchten sowie
- Rückseitenwatten hinter Düneninseln.

Offene Watten finden wir beispielsweise in der Deutschen Bucht zwischen Weser und Elbe sowie nördlich der Elbmündung, Ästuarwatten im Jadebusen, während hinter den Ostfriesischen Inseln typische Rückseitenwatten liegen. Alle Wattformen haben eines gemeinsam: Sie sind nicht der Wellentätigkeit der offenen See ausgesetzt.

Entsprechend den vorherrschenden Substraten unterscheidet man Sand-, Schlick- und Mischwatt, wobei die Korngröße seewärts zunimmt. Die höchsten und damit

## Exkurs 20.2

# Der Schutz unserer Strände

Der Geologe und Ozeanograph Orrin Pilkey von der Duke-Universität ist einer der vielen Wissenschaftler, die sich über den Schutz und die damit unvermeidliche Begrenzung einer intensiven baulichen Erschließung unserer teilweise sehr empfindlichen Küsten Gedanken machen. Viele an der Küste errichteten Häuser könnten durch den Bau von Betonwiderlagern, Deichen und anderen Küstenbauwerken zwar geschützt werden, aber solche Baumaßnahmen würden die Küste zerstören. Pilkey, ein anerkannter Küstenforscher, ist überzeugter Fürsprecher zugunsten der naturbelassenen Strände in Nord- und Süd-Carolina, die auf Druck kommerzieller Grundstücksmakler für eine bauliche Erschließung zur Disposition standen. Da er weiß, wie die natürlichen Prozesse in diesem äußerst dynamischen Gleichgewicht von Wellen und Strömungen ablaufen, hält er den Versuch, in die natürlichen Abläufe einzugreifen, für völlig unsinnig.

Immer mehr Strände werden gegenüber ihrem natürlichen Zustand massiv verändert, weil Menschen an der Küste Sommerhäuser errichten, befestigte Parkplätze anlegen, Deiche aufschütten, Molen, Buhnen und Wellenbrecher bauen. Die Folge dieser unzureichend durchdachten Baumaßnahmen sind einerseits Landverluste an bestimmten Stellen und andererseits Anlandungen in anderen Gebieten. Das klassische Beispiel ist der Bau einer schmalen, im rechten Winkel vom Strand in das Meer hinausragenden Mole. Im Laufe der folgenden Monate und Jahre verschwindet der Sand von der einen Seite des Strands, während er auf der anderen Seite den Strandbereich großflächig erweitert. Da sowohl Grundbesitzer und Bauunternehmer gegeneinander und gegen die staatlichen Behörden klagen, ziehen Rechtsanwälte mit einer Klage bezüglich eines „Rechts auf Sand" – das Recht des Strands auf Sand, aus dem er von Natur aus besteht – vor Gericht.

**Bild 1:** Der Bau von Molen an einer Küste zur Steuerung der Erosionsprozesse eines Strands führt auf der Leeseite der Mole zur Erosion und zum Verlust von Teilen des Strands (rechts der Mole), während sich auf der anderen Seite (links der Mole) Sand anlagert. Die Küstenströmung verläuft von links nach rechts [*Foto: P. Plisson/Explorer*].

strandnächsten Bereiche des Watts werden bei Flut erst kurz vor Stillstand der auflaufenden Strömung überflutet und deshalb nur noch mit dem feinsten Sediment, dem aus Ton, Silt und organischem Material bestehenden Schlick überdeckt. Der Silt- und Tonanteil des Schlicks wird von den ins Meer mündenden Flüssen angeliefert und entlang der Küste verteilt. So konnte in der Deutschen Bucht ein Schlicktransport von der Rhein- und Maasmündung bis zur friesischen Wattenküste sowie von der Elbe nach Norden entlang der schleswig-holsteinischen Küste nachgewiesen werden. Die Wattenküsten in tropischen Meeren sind vielfach als Mangrovenküsten ausgebildet und werden von Mangrovenwäldern eingenommen.

Was geschieht nun mit einem Strand, wenn einer der Sediment anliefernden Prozesse unterbunden wird, beispielsweise durch eine Betonmauer, die als Erosionsschutz an einem Strand gebaut wird? Da der Strand durch Erosion mit Sand beliefert wird, verhindert die Mauer die Erosion und somit die Sandzufuhr, das heißt der Strandbereich wird dadurch eher verkleinert. Die Bemühungen, einen Strand vor Abtragung zu schützen, können in Wirklichkeit seine Zerstörung bewirken (Exkurs 20.2).

## Abtragung und Sedimentation im Küstenbereich

Die Morphologie einer Küstenlinie beruht – wie die Landschaftsformen im Landesinneren – auf einem Zusammenspiel zwischen tektonischen Kräften, die zur

Landverlust einerseits und Anlandung andererseits sind das vorhersehbare Ergebnis von Küstenströmungen. Wellen und Strömungen verfrachten den Sand von der im Luv gelegenen Seite (normalerweise die vorherrschende Windrichtung) gegen die Mole. Da die Mole als Hindernis wirkt, wird der Sand dort abgelagert. Auf der Leeseite der Mole nehmen die Strömungen wieder Sand auf und erodieren hier den Strand. Auf dieser Seite erfolgt jedoch durch die Strömung nur eine geringe Zufuhr von Sand, weil sie von der Mole verhindert wird. Damit ist in diesem Teil des Strands das Gleichgewicht zwischen Akkumulations- und Erosionsprozessen zugunsten des Abtransports verschoben, folglich kommt es zu Landverlusten. Würde die Mole beseitigt werden, würde sich der Strand erholen und wieder seinen ursprünglichen Zustand annehmen.

Der einzig sinnvolle Weg, einen Strand zu schützen, besteht darin, ihn sich selbst zu überlassen. Selbst wenn Betonwände und Molen mit großem finanziellen Aufwand immer wieder instandgesetzt werden können - was in vielen Fällen nur mit öffentlichen Mitteln finanzierbar ist -, wird der Strand darunter leiden. An einigen Stränden haben Hotels Sand anfahren lassen, um solche Verluste auszugleichen, doch auch diese teuere Maßnahme ist nur eine vorübergehende Lösung.

Bei Seabright in Monmouth County (Bundesstaat New Jersey) wurde vom U.S. Army Corps of Engineers mit etwa 500 000 Lastwagenladungen Sand ein Strand aufgeschüttet. Es ist das bis heute teuerste Strandsanierungsprojekt. Bis zum Jahr 2002 wurde der Strand schon zweimal aufgeschüttet, eine weitere Ergänzung ist in einem der darauf folgenden Jahre geplant. Der Sand wird einige Kilometer vor der Küste abgepumpt und vor dem Strand aufgespült, dadurch hofft man, die erosive Wirkung der Sturmwellen abzuschwächen.

Früher oder später werden auch diese Anrainer lernen, die Strände in ihrem natürlichen Zustand zu belassen.

**Bild 2:** Strandauffüllung am Südende von Monmouth Beach in Monmouth County, New Jersey. Zu diesem Projekt des U.S. Army Corps of Engineers gehört die periodische Ergänzung des wiederhergestellten Strands in einem sechsjährigen Turnus. Dieses Projekt läuft über einen Zeitraum von 50 Jahren [*Foto: U.S. Army Corps of Engineers, New York District*].

Hebung oder Senkung der Erdkruste führen, und der Abtragung beziehungsweise Sedimentation, die die tiefer liegenden Gebiete auffüllt. Zu den formenden Faktoren einer Küste gehören:

- Hebung des Küstengebiets, die zu erosiven Küstenformen führt;
- Subsidenz des Küstengebiets, die zu sedimentären Küstenformen führt;
- die Art der im Küstenbereich vorhandenen Gesteine;
- Schwankungen des Meeresspiegels, die zur Überflutung oder zum Auftauchen der Küste führen;
- die mittlere Wellenhöhe und die Wellenhöhe bei Sturm;
- der Tidenhub, der sowohl Erosion als auch Sedimentation beeinflusst.

**Erosive Küstenformen** Die Erosion ist an tektonisch herausgehobenen Felsküsten äußerst aktiv. An solchen Küsten wechseln markante Steilwände mit Felsspornen, die in das Meer hineinragen. Dazwischen liegen enge Meeresarme und unregelmäßige Buchten mit schmalen Stränden. Entlang felsiger Küsten unterspülen die Wellen durch Lockern des Gefüges und Herauslösen von Gesteinsbruchstücken die steilen Felswände. Dies führt zur Entstehung von Brandungshohlkehlen und an den entstandenen Überhängen zum Absturz riesiger Blöcke, die im Wasser durch die ständige Wellenbewegung allmählich zerkleinert werden. Wenn die Küstenkliffe durch Erosion zurückverlagert werden, bleiben im Meer weit vor der Küste manchmal isolierte Felsen – so genannte **Brandungspfeiler** – stehen (Abb. 20.1c). Durch die erosive Tätigkeit der Brandung und der damit verbundenen Bewegung der Gerölle entsteht vor dem Kliff eine leicht zum Meer einfallende **Brandungsplattform** oder **Schorre**, die bei Ebbe gelegentlich sichtbar wird (Abb. 20.8). Diese flächenhafte Abtragung durch das Meer wird als **Abrasion** bezeichnet. Wenn die Erosion durch Wellen über lange Zeiträume fortdauert, begradigt sich die Küstenlinie, da Landvorsprünge schneller zurückweichen als Nischen und Buchten. Durch derartige Vorgänge wird die Küste insgesamt zurückverlegt, wobei auch die Steilwände aus dem Einflussbereich der Brandung und des Hochwassers gelangen und dadurch zu so genannten „toten" Kliffen werden.

Wo relativ weiche Sedimente die Küste aufbauen, sind die Hänge sanfter geböscht und die Höhe der Steilufer ist geringer. Wellen erodieren dieses weichere Material sehr wirksam, sodass die Abtragung der Steilufer außerordentlich rasch erfolgen kann. Die hohen Küstenkliffe aus weichem glazigenem Material im Gebiet von Cape Cod in Massachusetts weichen beispielsweise um ungefähr 1 m pro Jahr zurück. Seit dem 19. Jahrhundert, als Henry David Thoreau den gesamten Strand unter den Kliffen abwanderte und in dem Buch „Cape Cod" über seine Reisen berichtete, sind ungefähr 6 $km^2$ des Küstenlands vom Meer verschlungen worden. Dies entspricht einer Rückverlegung der Küste um ungefähr 150 m. Vergleichbar große Landverluste sind von vielen Küstengebieten bekannt. So verliert die Insel Sylt im Jahresdurchschnitt ungefähr 17 ha Land, das heißt, die Westküste wird dadurch jährlich um etwas mehr als 1 m zurückverlegt. Noch im 18. Jahrhundert waren die Felseninsel Helgoland und die so genannte „Düne" eine zusammenhängende Landmasse, bis eine Sturmflut im 18. Jahrhundert die Düne von der Insel trennte. Seitdem wurde der dazwischenliegende Bereich bis unter das Gezeitenniveau abgetragen.

Man schätzt, dass über 70 Prozent der Gesamtlänge aller Sandstrände der Erde in den letzten Jahrzehnten mit einer Geschwindigkeit von mindestens 10 cm pro Jahr und 20 Prozent mit einer Geschwindigkeit von mehr als 1 m pro Jahr zurückverlegt wurden. Ein Großteil dieser Bewegungen kann auf den Aufstau von Flüssen zurückgeführt werden, durch den die Sedimentanlieferung im Küstenbereich deutlich zurückgegangen ist.

**Abb. 20.8** Abfolge von pleistozänen Strandterrassen an der Küste von Kalifornien [*Foto: Dan Muhs/USGS; aus: Daniel R. Muhs, Kathleen R. Simmons, George L. Kennedy & Thomas K. Rockwell (2002): „The Last Interglacial Period on the Pacific Coast of North America: Timing and Paleoclimate." – Geological Society of America Bulletin: 569–592*].

**Sedimentäre Küstenformen** Wo durch tektonische Bewegungen die Erdkruste entlang einer Küste absinkt, lagern sich Sedimente ab. Solche Küsten sind durch lange, flache Strände und ausgedehnte, tief liegende Küstenebenen aus sedimentären Schichtenfolgen gekennzeichnet. Die Küstenformen umfassen Nehrungen, flache Inseln aus Sand sowie weitläufige Wattgebiete. Lange Strände werden immer länger, weil Küstenströmungen Sand an das stromabwärts gelegene Ende des Strands verfrachten. Dort häuft er sich allmählich auf, zuerst als submarine Barre, die dann mit der Zeit über den Meeresspiegel aufsteigt und den Strand in Form einer schmalen Halbinsel, eines so genannten **Hakens** oder **Strandhakens**, erweitert (Abb. 20.9). Erreicht ein solcher Haken die Gegenküste einer Bucht, entsteht eine **Nehrung**, die abgeschnittene Meeresbucht wird zum **Haff**. Andauernder küstenparalleler Materialversatz führt zur Bildung einer **Ausgleichsküste**. Die Südküste der Ostsee zeigt eindrucksvolle Beispiele für diese beiden sedimentären Prozesse.

Vor der Küste können lange Sandbarren entstehen und zu **Düneninseln** (Nehrungsinseln) aufgehöht werden, die eine Barriere zwischen den Wellen des offenen Ozeans und der eigentlichen Küstenlinie bilden. Düneninseln sind häufig, vor allem an flachen Küsten aus leicht erodierbaren und transportierbaren Sedimenten oder schwach verfestigten Sedimentgesteinen, an denen zudem starke Küstenströmungen herrschen. Solche Düneninseln findet man beispielsweise an der südlichen und westlichen Nordseeküste (Abb. 20.10). Weitaus

(a) Strand in der Nähe des Leuchtturms von Chatham

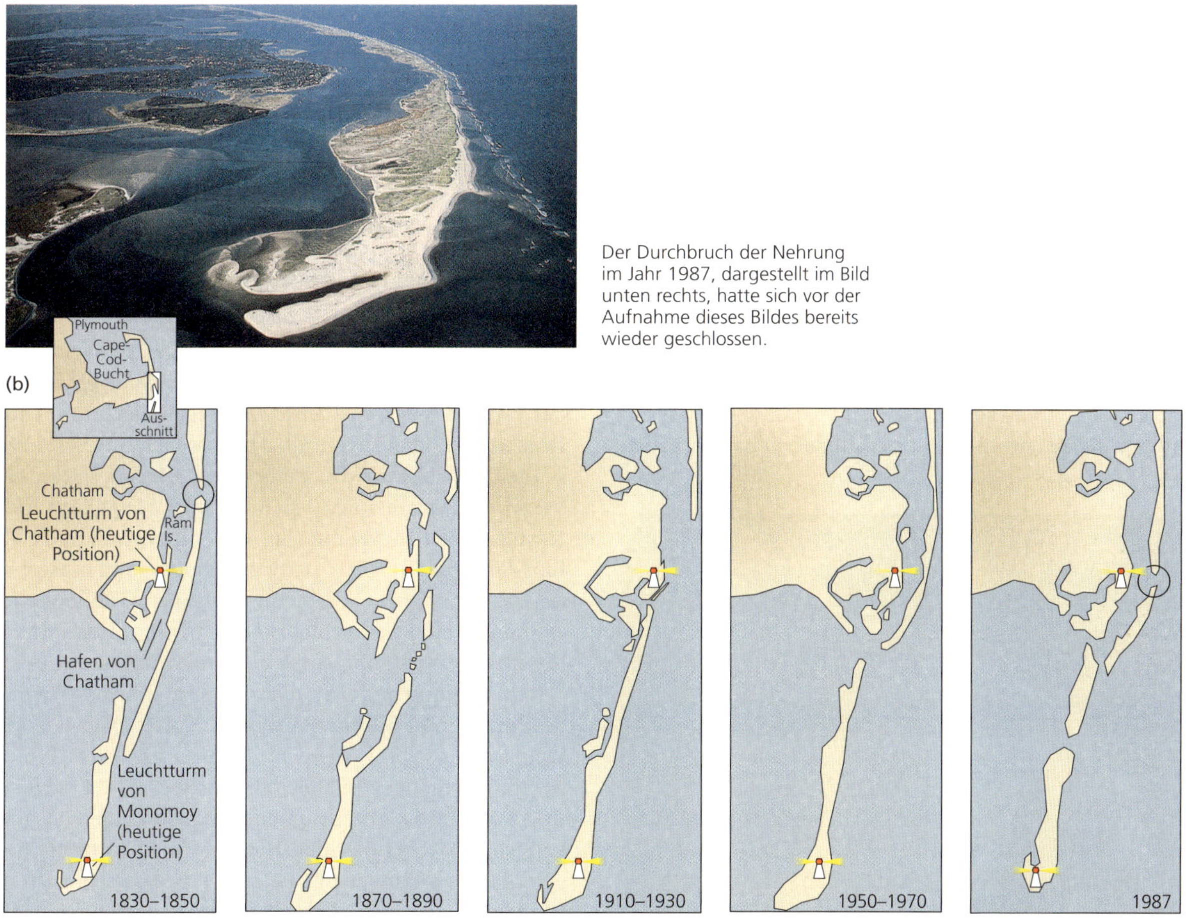


Der Durchbruch der Nehrung im Jahr 1987, dargestellt im Bild unten rechts, hatte sich vor der Aufnahme dieses Bildes bereits wieder geschlossen.

Der Kreis zeigt, wo die Nehrung durchbrach; später verschwindet die Insel Ram.

Der Strand südlich des Durchbruchs löst sich auf und verlagert sich Richtung Festland und Monomoy.

Der südliche Strand ist verschwunden, seine Reste verbinden Monomoy mit dem Festland.

Der nördliche Strand vergrößert sich durch Material von der Steilküste; Monomoy bricht vom Festland los.

Mit dem Durchbruch der Nehrung in Höhe des Leuchtturms von Chatham beginnt ein neuer Zyklus.

**Abb. 20.9** Wandernde Düneninseln an der Südspitze von Cape Cod, Massachusetts. (a) Das Luftbild zeigt Monomy Point in Massachusetts. Dieser lang gestreckte Strandhaken baute sich vom Hauptteil der Düneninsel des Kaps im Norden (Hintergrund) nach Süden (Vordergrund) in tieferes Wasser vor. (b) Veränderung der Küstenlinie im Verlauf der letzten 160 Jahre bei Chatham, Cape Cod, Massachusetts [*Foto: Steve Dunwell/The Image Bank (a); nach Cindy Daniels (1987): Boston Globe, 23. Febr. (b)*].

markanter jedoch sind die Düneninseln Nordamerikas an der Küste von New Jersey am Kap Hatteras und an der texanischen Küste des Golfs von Mexiko, wo die Düneninsel Padre Island eine Länge von 130 km erreicht. Tauchen diese aus Sandbänken hervorgegangenen Inseln über den Meeresspiegel auf, werden sie von Pflanzen besiedelt; sie stabilisieren die Insel und leisten bei Stürmen der Wellenerosion mehr Widerstand. Düneninseln sind normalerweise durch Wattgebiete oder seichte Lagunen von der eigentlichen Küste getrennt. Wie die Strände der Hauptküste stehen auch Düneninseln in einem dynamischen Gleichgewicht mit den sie formenden Kräften. Wird dieses Gleichgewicht durch natürliche Veränderungen des Klimas oder des Wellen- und Strömungsregimes oder aber durch bauliche Maßnahmen gestört, können auch die Küsten unmittelbar zerstört werden oder die Vegetation stirbt ab. Beides führt zu einer verstärkten Abtragung bis hin zum völligen Verschwinden der Inseln unter der Meeresoberfläche. Nimmt die Sedimentanlieferung zu, vergrößern sich diese Düneninseln und werden insgesamt stabiler.

Im Verlauf von Jahrhunderten stellen sich an den Küsten oftmals erhebliche Veränderungen ein. Wirbelstürme oder auch Orkane wie der so genannte „Jahrhundertsturm", der im März 1993 die amerikanische Ostküste verwüstete, können zur Entstehung neuer Meerespassagen und lang gezogener Strandhaken führen oder sie können solche durchbrechen. Derartige Veränderungen konnten durch zeitlich nacheinander erstellte Luftbilder bestätigt werden. Die Küste bei Chatham hinter Cape Cod, Massachusetts, hat sich in den vergangenen 160 Jahren so grundlegend verändert, dass an anderer Stelle ein neuer Leuchtturm gebaut werden musste. Abbildung 20.9 zeigt die zahlreichen Veränderungen der Lage von Sandbänken im Norden und am langen Nehrungshaken von Monomoy Island, aber auch mehrere Durchbrüche zwischen den Sandbänken. Heute sind in Chatham viele Häuser gefährdet, doch es gibt wenig, was die Einwohner oder der Staat tun können, um den natürlichen Verlauf dieser Küstenprozesse zu beeinflussen.

**Abb. 20.10** Düneninseln trennen in Holland und Ostfriesland die Nordsee (links) von den seichten Gewässern und Wattgebieten vor der eigentlichen Küste [*Foto: EOSAT*].

## Meeresspiegelschwankungen als Maß der globalen Erwärmung

Küstenlinien reagieren äußerst empfindlich auf Meeresspiegelschwankungen, die das Auflaufen der Wellen oder den Tidenhub verändern und Küstenströmungen beeinflussen. Ein Anstieg oder Absinken des Meeresspiegels kann lokal als Folge einer tektonisch bedingten Subsidenz auftreten oder aber globales Ausmaß haben, wenn beispielsweise abschmelzende oder akkumulierende Inlandeismassen den Meeresspiegel verändern. Es bestehen erhebliche Befürchtungen, dass der durch den Menschen ausgelöste globale Klimawandel zu einem Anstieg des Meeresspiegels und damit zu einer Überflutung der Küstengebiete führen wird.

In Zeiten, in denen der Meeresspiegel tief liegt, überwiegt die Abtragung, da die früheren Schelfgebiete nun der Erosion ausgesetzt sind. Flüsse erweitern ihre Laufstrecken auf die zuvor untermeerischen Bereiche und schneiden Täler in die freigelegten Küstenebenen ein. Wenn der Meeresspiegel dann wieder steigt und diese Küstengebiete überflutet werden, ertrinken auch die Flusstäler und auf den zuvor trockenen Festlandsgebieten werden marine Sedimente abgelagert. Heute greifen zahlreiche lang gestreckte, trichterförmige Meeresbuchten in viele Küstenbereiche der Atlantikküste Amerikas (Hudson, Potomac), aber auch Großbritanniens (Themse, Severn), Frankreichs (Gironde, Loire, Seine) oder Deutschlands (Elbe, Weser) hinein. Es handelt sich hierbei um ehemalige Flusstäler, die, als die letzte Eiszeit vor ungefähr 10 000 Jahren zu Ende ging, durch den nacheiszeitlichen Meeresspiegelanstieg überflutet wurden.

Solche „ertrunkenen" Flusstäler bezeichnet man als **Ästuare**. Es handelt sich um küstennahe Gewässer, die zwar mit dem Meer in Verbindung stehen, aber gleichzeitig aus einem Fluss mit Süßwasser versorgt werden. Das Süßwasser kommt mit dem Fluss herein und vermischt sich im Ästuar mit Meerwasser, lange bevor es die eigentliche Küste erreicht. An seinem oberen Ende, das oftmals viele Kilometer von der Mündung stromauf liegt, führt das Ästuar reines Süßwasser. Stromab, wenn es sich allmählich mit Meerwasser mischt, wird das Wasser zunehmend salzhaltiger und wird dann Brackwasser genannt. Vor dem Erreichen der Küstenlinie besteht es fast ausschließlich aus Meerwasser.

Über geologisch längere Zeiträume anhaltende Meeresspiegelschwankungen lassen sich durch Untersuchungen an Strandterrassen nachweisen (Abb. 20.8), der Nachweis kurzzeitiger Meeresspiegelschwankungen – in der Größenordnung eines Menschenlebens – kann jedoch schwierig sein. Solche Schwankungen können lokal mit Gezeitenpegeln gemessen werden, die den Meeresspiegelstand in Relation zu einer auf dem Festland befindlichen Festmarke registrieren. Die größte Schwierigkeit dabei ist, dass sich auch das Festland durch tektonische Deformation, Sedimentation und andere geologischen Veränderungen vertikal bewegen kann. Durch sorgfältige Untersuchungen konnten Ozeanographen nachweisen, dass der Meeresspiegel im Verlauf des letzten Jahrhunderts global um etwa 10–25 cm angestiegen ist.

Dieser Meeresspiegelanstieg korreliert mit einem weltweiten Temperaturanstieg, von dem die meisten Wissenschaftler inzwischen annehmen, dass er zumindest teilweise durch eine anthropogene Freisetzung von $CO_2$ und anderer Treibhausgase in die Atmosphäre verursacht wird (Kap. 23). Die globale Erwärmung führt auf zweierlei Weise zu einem Anstieg des Meeresspiegels. Erstens schmelzen aufgrund der höheren Temperaturen die Inlandeismassen und die polaren Eiskappen, als Folge vergrößert sich das Volumen des Meerwassers. Zweitens dehnt sich wie alle Stoffe auch das Meerwasser mit steigender Temperatur geringfügig aus, wodurch das Volumen ebenfalls zunimmt. Beide Auswirkungen scheinen sich, was die Größenordnung anbetrifft, in etwa zu entsprechen, jeder Vorgang ist also für die Hälfte des beobachteten Meeresspiegelanstiegs verantwortlich.

Eine neues Verfahren verwendet Satelliten-Höhenmessungen, um das Niveau der Meeresoberfläche in Relation zur exakt bestimmten Umlaufbahn des Satelliten zu ermitteln. Die bisher vorliegenden Daten zeigen, dass der Meeresspiegel mit einer Geschwindigkeit von 4 mm pro Jahr steigt. Ein Teil dieses Anstiegs dürfte durch kurzzeitige Schwankungen bedingt sein, doch die Größenordnung des durchschnittlichen Anstiegs entspricht den Klimamodellen, die eine durch den Treibhauseffekt hervorgerufene Erwärmung bei ihren Berechnungen berücksichtigen. Nach diesen Modellen dürfte der Meeresspiegel in diesem Jahrhundert etwa 30 bis 60 cm ansteigen, sofern nicht weltweit Anstrengungen unternommen werden, die Emission von Treibhausgasen zu reduzieren.

Wenn die globale Erwärmung durch den Treibhauseffekt zu einem Anstieg des Meeresspiegel führt, werden wir die Auswirkungen zuerst an den Stränden erkennen. Die Küstenlinien der Erde können in gewisser Hinsicht als Barometer für drohende Veränderungen dienen, die auf unterschiedlichste Weise von den Menschen verursacht werden. Die Verschmutzung unserer Gewässer erreicht früher oder später unsere Strände, wenn das Abwasser der kommunalen Mülldeponien und das Öl der Tankschiffe an die Strände gespült werden. Und wenn die Erschließung von Grundstücken und das Bauen an den Küsten ein immer stärkeres Ausmaß annimmt, werden wir die ständige Verkleinerung und vielleicht sogar das völlige Verschwinden vieler unserer schönsten Strandgebiete noch miterleben.

## Kontinentalränder

Die Küstenbereiche, Schelfgebiete und Kontinentalhänge werden zusammenfassend als **Kontinentalränder** bezeichnet. Generell lassen sich zwei Typen unterscheiden: passive und aktive Kontinentalränder (Abb. 20.11). Ein **passiver Kontinentalrand** ist von einer Plattengrenze weit entfernt; die Gebiete vor der Ostküste Nordamerikas und Australiens sowie vor der Westküste Europas sind gute Beispiele hierfür. Die Ränder werden deshalb als „passiv" bezeichnet, weil sie tektonisch inaktiv sind: Vulkane fehlen und Erdbeben treten nur selten und in großen zeitlichen Abständen auf. **Aktive Kontinentalränder**, wie zum Beispiel vor der Westküste Südamerikas, sind verknüpft mit den dort ablaufenden Subduktionsprozessen. Gelegentlich sind aktive Kontinentalränder auch an Transformstörungen gebunden. Die Bezeichnung „aktiv" bezieht sich auf die vulkanische Tätigkeit und auf die häufigen Erdbeben an diesen meist schmalen Kontinentalrändern. Aktive Kontinentalränder an Subduktionszonen umfassen sowohl die vor der Küste liegende Tiefseerinne als auch den aktiven Vulkangürtel.

Die Schelfgebiete passiver Kontinentalränder bestehen im Wesentlichen aus horizontal bis schwach geneigt lagernden Flachwassersedimenten von mehreren Kilometern Mächtigkeit. Zur Ablagerung gelangen sowohl klastische terrigene als auch kalkige Sedimente (Abb. 20.11a). Dieselben Sedimenttypen treten zwar auch auf dem Schelf aktiver Ränder auf, sind dort aber mit großer Wahrscheinlichkeit tektonisch deformiert und enthalten neben Aschelagen und anderem pyroklastischem Material auch Tiefseesedimente. Die aktiven Ränder an der Ostseite des Pazifischen Ozeans sind durch einen schmalen Kontinentalschelf mit geringer Sedimentüberdeckung gekennzeichnet, der ohne Übergang in die Tiefseerinne abfällt (Abb. 20.11c). Im Westpazifik wie beispielsweise vor den Marianen sind dagegen die Schelfgebiete breiter und in ausgedehnten **Forearc-Becken** werden mächtige Sedimentserien abgelagert (Abb. 20.11b). Diese Sedimente stammen teilweise von den Vulkanbögen, teilweise werden sie jedoch auch von der abtauchenden ozeanischen Platte abgeschürft.

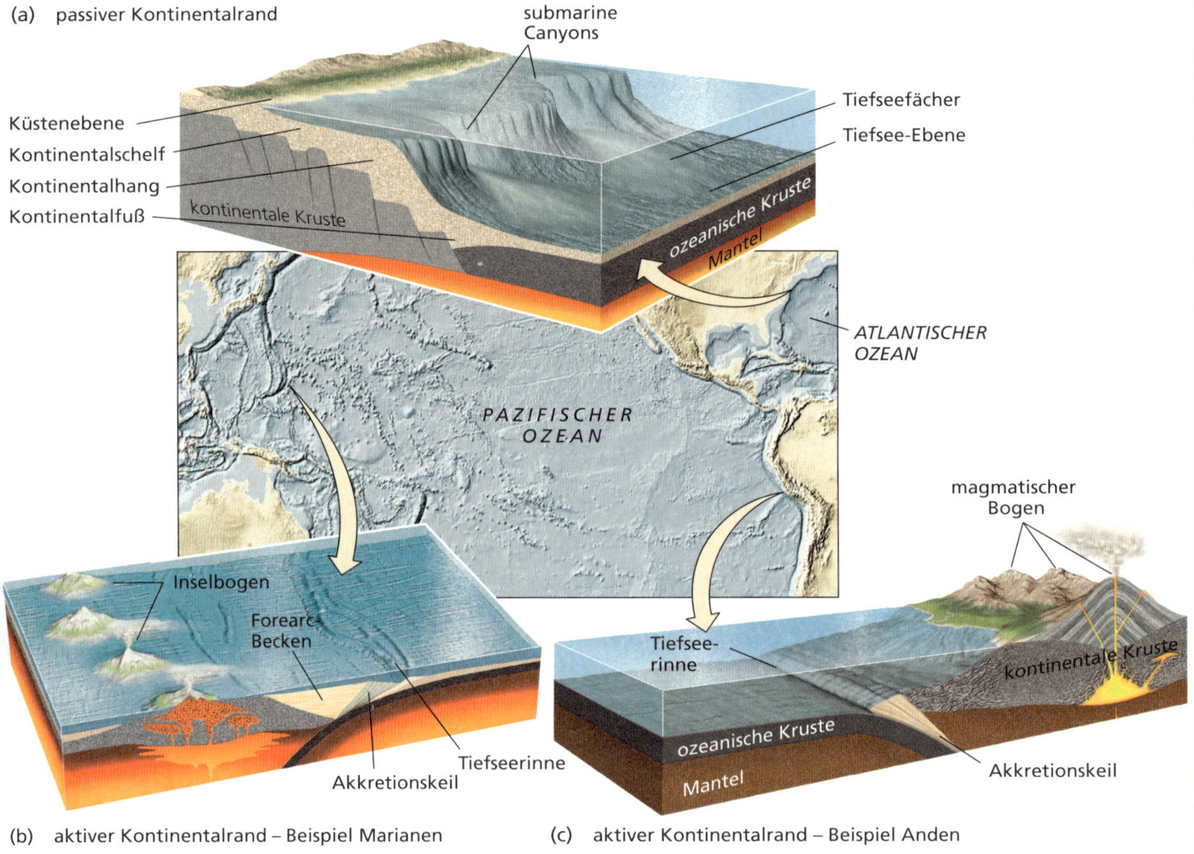


**Abb. 20.11** Schematische Profile durch drei Typen von Kontinenträndern. (a) Passiver Kontinentalrand, Beispiel amerikanische Ostküste; (b) aktiver Kontinentalrand, Beispiel Marianen; (c) aktiver Kontinentalrand, Beispiel Anden.

## Kontinentalschelf

Der Kontinentalschelf ist einer der wirtschaftlich bedeutendsten Bereiche der Ozeane. Die George's Bank vor Neuengland und die Grand Banks vor Neufundland gehörten bis vor kurzem zu den ertragreichsten Fischgründen; mittlerweile sind die Fischbestände weitgehend ausgerottet. Seit längerer Zeit stehen auf dem Kontinentalschelf, zum Beispiel in der Nordsee oder vor der Golfküste von Louisiana und Texas, riesige Bohrplattformen, die große Mengen Öl und Erdgas fördern. Das sind einige der Gründe, warum inzwischen nahezu alle Industrienationen (mit Ausnahme der Vereinigten Staaten) das internationale Seerechtsübereinkommen der Vereinten Nationen aus dem Jahre 1982 unterzeichnet haben, das die territorialen und wirtschaftlichen Rechte der Anrainerstaaten regelt.

Da sich die Schelfgebiete in nur geringer Wassertiefe befinden, fallen sie als Folge von Meeresspiegelschwankungen teilweise trocken. Während der pleistozänen Vereisung lagen die gesamten Schelfgebiete, die heute in Wassertiefen von weniger als 100 m liegen, über dem Meeresspiegel. Damals entstand ein großer Teil ihrer morphologischen Erscheinungsformen. Zu dieser Zeit waren die Schelfgebiete in den hohen Breiten von Eis bedeckt, was zu einem unregelmäßigen Relief mit flachen Tälern, Becken und Höhenzügen führte. Die Schelfgebiete der niederen Breiten zeigen dagegen ein weniger lebhaftes Relief. Sie werden lediglich von einzelnen Flusstälern durchschnitten.

## Kontinentalhang und Kontinentalfuß: Trübeströme

Die Wassertiefe auf dem Kontinentalhang und Kontinentalfuß ist so groß, dass der Meeresboden nicht von Wellen und Gezeitenströmen beeinflusst wird. Deshalb kommen dort Ton, Silt und Sand zur Ablagerung, die über den flachen Kontinentalschelf hinweg auf den Hang transportiert werden. Der Kontinentalhang zeigt Anzeichen submariner Gleit- und Rutschvorgänge und ist von Erosionsrinnen und submarinen Canyons zerfurcht, die allerdings nur selten eine direkte Fortsetzung

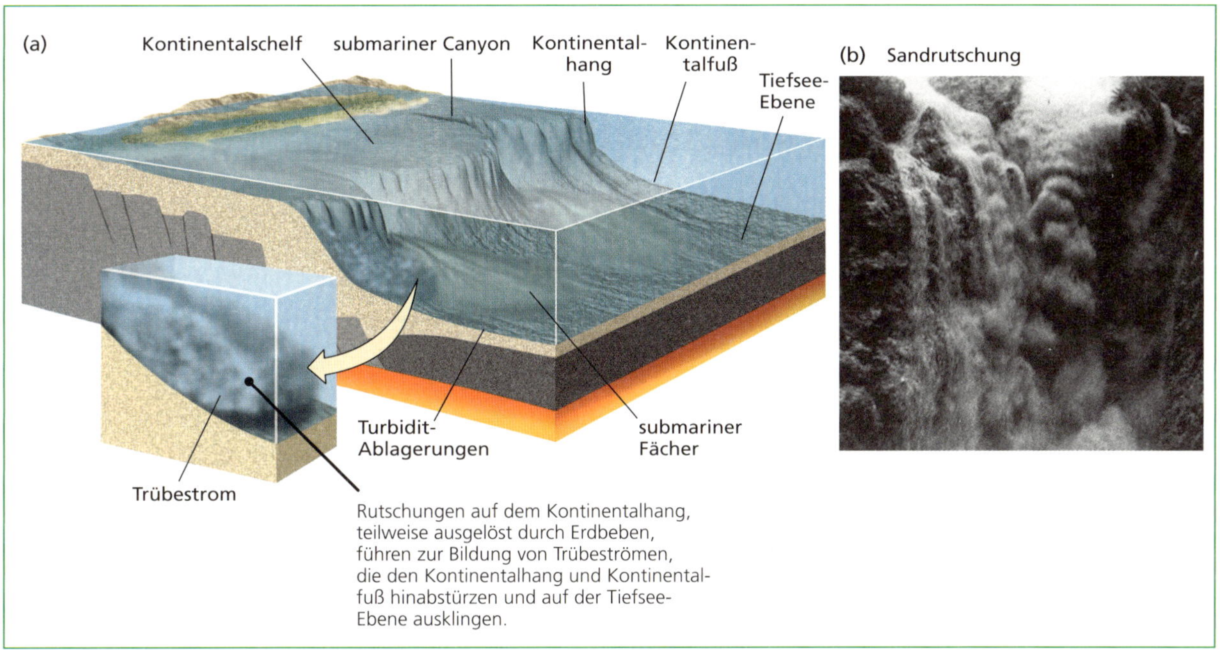


**Abb. 20.12** (a) Entstehung eines Trübestroms; diese Trübeströme können große Mengen Sand erodieren und den Kontinentalhang hinabtransportieren. Submarine Canyons sind tiefeTäler, die durch Trübeströme in den Kontinentalschelf und Kontinentalhang eingeschnitten wurden. (b) Herabstürzender Sand am Beginn eines in den Schelfrand eingeschnittenen submarinen Canyons. Solche Sandanlieferungen führen zu Sandströmen (vergleichbar den Trübeströmen), die am Fuß des Kontinentalhangs submarine Fächer aus sandigem Sedimentmaterial bilden [*Foto: U.S. Navy*].

der großen Flüsse des Festlandes bilden. Die Ablagerungen von Sand, Silt und Ton auf dem Kontinentalhang und bis hinab zum Kontinentalfuß sprechen für einen aktiven Sedimenttransport selbst in diesen tiefen Gewässern. Lange Zeit stellte sich die Frage, welche Art von Strömungen sowohl für die Erosion als auch für die Sedimentation auf dem Hang und Anstieg in so großen Tiefen verantwortlich sein könnten.

Die Antwort waren **Trübe-** oder **Suspensionsströme**, das sind Strömungen aus einem trüben Schlamm/Wasser-Gemisch, die über den Kontinentalhang hinabfließen (Abb. 20.12). Wegen seiner in Suspension befindlichen Schwebfracht aus tonigem Material hat das trübe Gemisch eine höhere Dichte als das darüber befindliche klare Wasser und fließt daher mit großer Geschwindigkeit unmittelbar über dem Meeresboden unter dem sonst ruhigen Wasser entlang. Trübeströme können sowohl Sediment erodieren als auch transportieren. Sie entstehen, wenn das am Rand des Kontinentalhangs abgelagerte Sedimentmaterial auf dem Kontinentalhang abrutscht. Die plötzlich einsetzende submarine Rutschung, die spontan erfolgt oder auch von einem Erdbeben ausgelöst werden kann, führt zur Aufwirbelung des Sediments und in Bodennähe zur Entstehung einer dichten trüben Wasserschicht. Diese trübe Schicht beginnt mit zunehmender Geschwindigkeit den Hang hinabzufließen. Wenn der Suspensionsstrom den Fuß des Hangs und damit den sanfter geneigten Kontinentalfuß erreicht, verringert sich die Strömungsgeschwindigkeit und ein Teil des gröberen, sandigen Sedimentmaterials beginnt sich abzusetzen. Die Sedimentschichten, die von zahlreichen Trübeströmen übereinander abgelagert wurden, bilden einen **submarinen Fächer** (**Tiefseefächer**), der einem Schwemmfächer auf dem Festland sehr ähnlich ist. Einige der stärkeren Strömungen setzen sich über den Kontinentalfuß hinaus fort und schneiden Erosionsrinnen in die submarinen Fächer ein (Abb. 20.12a). Schließlich erreichen sie den ebenen Boden des Ozeans, das heißt die Tiefsee-Ebene. Dort breiten sie sich aus und das mitgeführte Material kommt in gradierten Schichten aus Sand, Silt und Ton (in dieser Reihenfolge) zur Ablagerung, die als **Turbidite** bezeichnet werden.

Neueste Arbeiten haben gezeigt, dass submarine Rutschungen, die Trübeströme auslösen, ausgesprochen häufig sind. Manche können ein gewaltiges Ausmaß erreichen. Eine Rutschung hinterließ in einem großen Gebiet des westlichen Mittelmeers eine 8 bis 10 m mächtige Turbiditserie mit einem Gesamtvolumen von etwa 500 $km^3$. Submarine Rutschungen können mit Methanhydraten im Zusammenhang stehen, kristallinen Festsubstanzen aus Methan (einem Bestandteil von Erdgas) und Wasser. Unter dem in vielen Bereichen der Ozeane herrschenden hohen Druck und bei den niedrigen Temperaturen sind Gashydrate stabil, in tief versenkten Sedimenten gehen sie in den gasförmigen Zustand über. Sinkt der Meeresspiegel ab, wie das etwa in den Eiszeiten der Fall war, verringert sich am Meeresboden der hydrostatische Druck, die Gashydrate entgasen und lösen dadurch Rutschungen aus. Die freigesetzten Gasmengen sind enorm. Man hat sich deshalb schon Gedanken über die Möglichkeit der untermeerischen Gewinnung dieser Gashydrate gemacht.

## Submarine Canyons

Submarine Canyons sind tief in den Kontinentalschelf und Kontinentalhang eingeschnittene enge Täler. Sie wurden zu Beginn des 20. Jahrhunderts entdeckt und im Jahre 1937 erstmals im Detail kartiert. Ursprünglich ging man davon aus, dass sie von Flüssen erodiert worden sind. Zweifellos waren die flacheren Bereiche einiger Canyons in Zeiten mit niedrigem Meeresspiegelstand einstmals Flussrinnen. Doch diese Hypothese konnte unmöglich die alleinige Erklärung sein, denn die Basis der meisten dieser Canyons liegt in Tiefen von mehreren tausend Metern. Selbst in Zeiten der maximalen Absenkung des Meeresspiegels – während der Eiszeiten – konnten sich Flüsse nur bis in Tiefen von etwa 120 m einschneiden.

Auch wenn andere Strömungsarten in Betracht gezogen wurden, gelten Trübeströme heute als Ursache für die Entstehung der tieferen Bereiche der submarinen Canyons (Abb. 20.12). Ein Vergleich heutiger Canyons und ihrer Ablagerungen mit gut erhaltenen, ähnlichen Ablagerungen aus der geologischen Vergangenheit hat diese Annahme bestätigt, besonders was die Verteilung der auf den submarinen Fächern abgelagerten Turbidite betrifft.

# Die Tiefsee

Eine topographische Karte der Erde (Abb. 20.13) zeigt die von den Ozeanen bedeckten wichtigsten geologischen Erscheinungsformen: die mittelozeanischen Rücken, die Vulkanreihen der Hot Spots, die Tiefseeberge, die Tiefseerinnen, Inselbögen und Kontinentalränder.

Die Herstellung einer solchen Karte des Tiefseebodens ist schwierig, da es in der Tiefsee dunkel ist, weil das Sonnenlicht lediglich die obersten hundert Meter der Meere durchdringen kann. Es ist daher nicht möglich, den Meeresboden mithilfe von natürlichem oder künstlichen Licht von der Meeresoberfläche aus zu kartieren. Auch mit Radar von einer Raumsonde aus ist eine Kartierung unmöglich, obwohl auf diese Weise die von Wolken verhüllte Oberfläche der Venus kartiert werden konnte. Interessanterweise ermöglichten Satellitenbilder die Kartierung unserer Nachbarplaneten mit einer weit

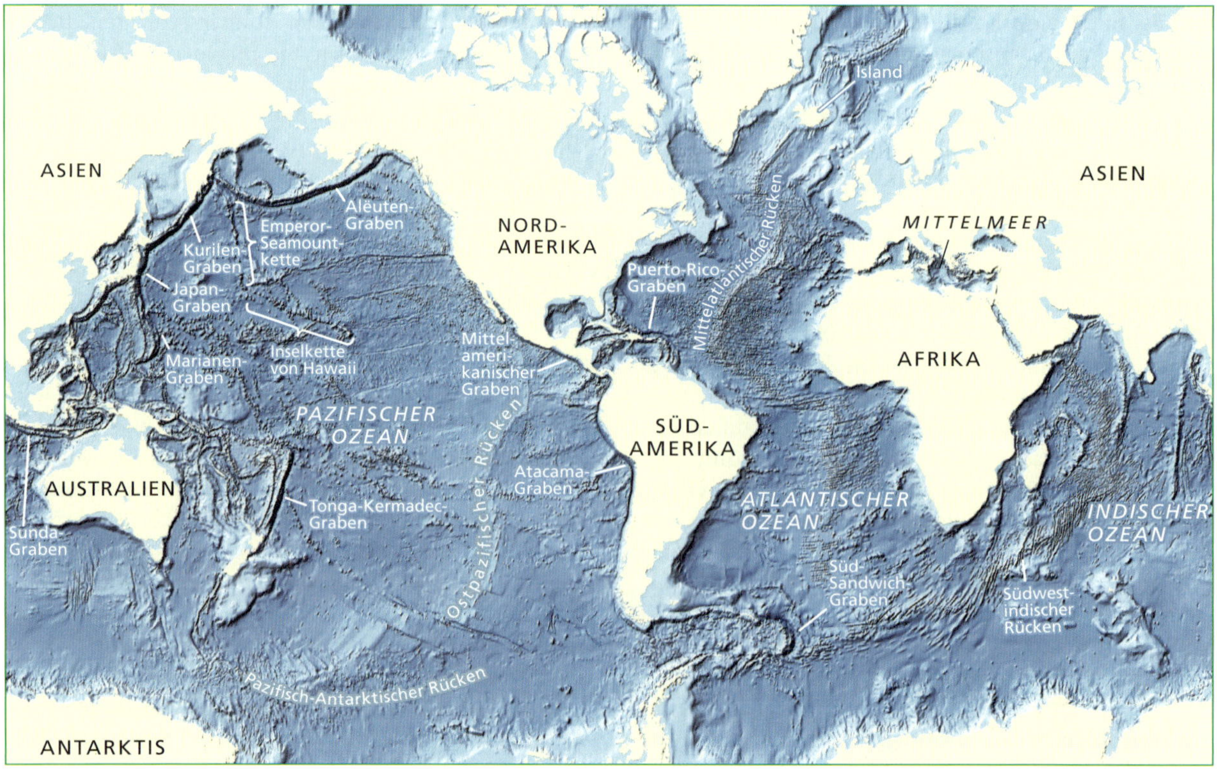


**Abb. 20.13** Topographische Karte der Ozeane; sie zeigt die wesentlichen morphologischen Erscheinungen der Tiefseeböden.

höheren Auflösung, als dies bis heute für die Tiefsee möglich ist.

## Erkundung des Ozeanbodens

Von Tiefsee-Tauchfahrzeugen aus ist es möglich, den Meeresboden unmittelbar zu erkunden. Mithilfe dieser kleinen U-Boote ist man heute in der Lage, in großen Tiefen Beobachtungen zu machen und zu fotografieren (Abb. 20.14). Versehen mit mechanischen Greifarmen können Tauchroboter Gesteinsproben losbrechen, Proben von Sedimentmaterial sammeln und Exemplare der in der Tiefsee lebenden exotischen Tiere einfangen. Neuere Tauchfahrzeuge werden durch Wissenschaftler vom darüber befindlichen Mutterschiff aus ferngesteuert. Doch der Bau und Betrieb solcher Tauchfahrzeuge ist teuer und sie können bestenfalls kleine Gebiete erfassen.

Für den größten Teil der Arbeit verwenden Ozeanographen heute Geräte, mit denen sich die Oberflächenformen des Meeresbodens indirekt vom Schiff aus erkunden lassen.

Ein zu Beginn des 20. Jahrhunderts entwickeltes Echolot sendet von Bord Schallwellen zum Meeresboden aus, die wiederum vom Ozeanboden reflektiert und von empfindlichen Mikrophonen an Bord registriert werden. Aus der Laufzeit zwischen Aussenden und Ankunft der Schallimpulse nach der Reflexion am Meeresboden lässt sich über die Ausbreitungsgeschwindigkeit der Schallwellen im Wasser die Meerestiefe berechnen. Das Ergebnis ist ein lückenlos aufgezeichnetes Profil des Meeresbodens. Leistungsfähige Echolote werden darüber hinaus verwendet, um die stratigraphische Abfolge der Sedimentschichten unter dem Meeresboden zu erforschen. Viele der heutigen Forschungsschiffe sind mit einer Reihe fest im Rumpf installierter und speziell angeordneter Echolote ausgerüstet, mit deren Hilfe während der Fahrt für einen etwa 10 km breiten Geländestreifen beiderseits des Schiffes ein detailliertes Bild der Tiefseemorphologie konstruiert werden kann (Abb. 20.14). Mit diesem Verfahren lässt sich der Meeresboden mit einer bisher einmaligen Auflösung selbst kleinräumiger geologischer Erscheinungen wie untermeerische Vulkane, Canyons und Störungen kartieren; Abbildung 20.15 zeigt einige dieser beeindruckenden Bilder des Meeresbodens, die auf diese Weise hergestellt wurden.

Andere Geräte werden von Schiffen geschleppt oder auf den Meeresgrund hinabgelassen, um beispielsweise die magnetischen Eigenschaften des Meeresbodens zu messen oder um die Form untermeerischer Steilhänge und Berge beziehungsweise die von der Kruste abgegebene Wärme zu erfassen. Unterwasserkameras, die auf Schlitten über den Ozeanboden geschleppt werden, liefern detaillierte Bilder vom Meeresgrund oder auch von den in der Tiefsee benthisch lebenden Organismen. Seit 1968 wurden im Rahmen des Deep Sea Drilling Program (DSDP) und dessen Nachfolgeprojekt, dem internationalen Ocean Drilling Program (ODP), Hunderte von

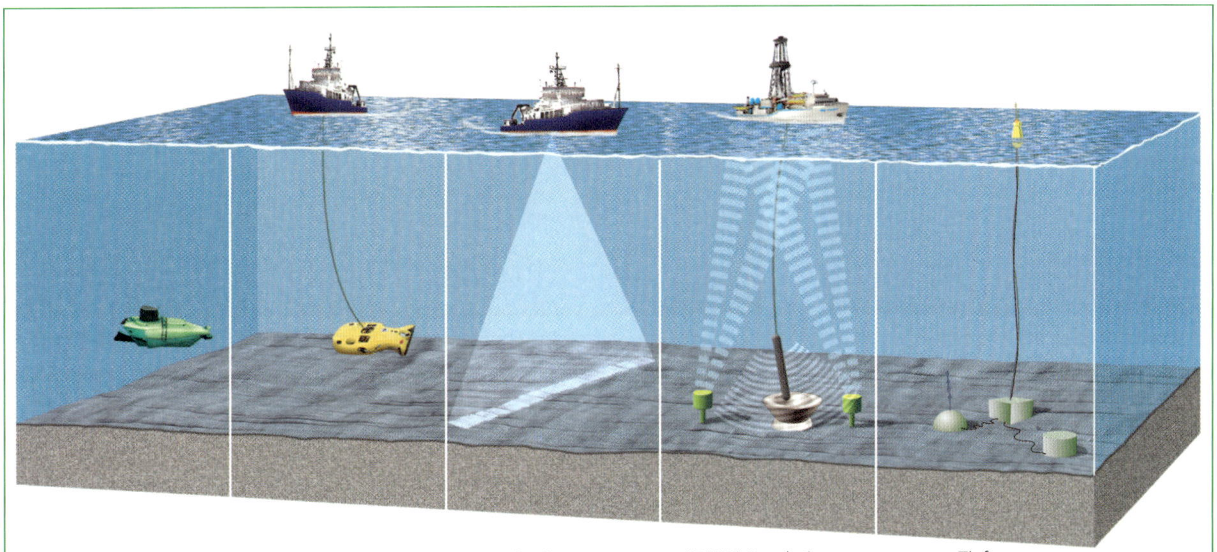


**Abb. 20.14** Technische Methoden zur Erforschung des Tiefseebodens. Das bemannte Tauchboot „Alvin“ und ein ferngelenktes Tauchgerät (ROV) werden vom Schiff aus gesteuert. SeaBeam, ein fest im Schiffsrumpf montiertes Echolot, kartiert während der Fahrt kontinuierlich in einem breiten Streifen die Morphologie des Ozeanbodens. Das Bohrschiff JOIDES Resolution baut mithilfe von so genannten Transpondern das Bohrgestänge in ein am Meeresboden vorhandenes Bohrloch ein. Unbemannte Messstationen am Meeresboden registrieren über längere Zeiträume hinweg die Vorgänge im Untergrund und in der darüber liegenden Wassersäule.

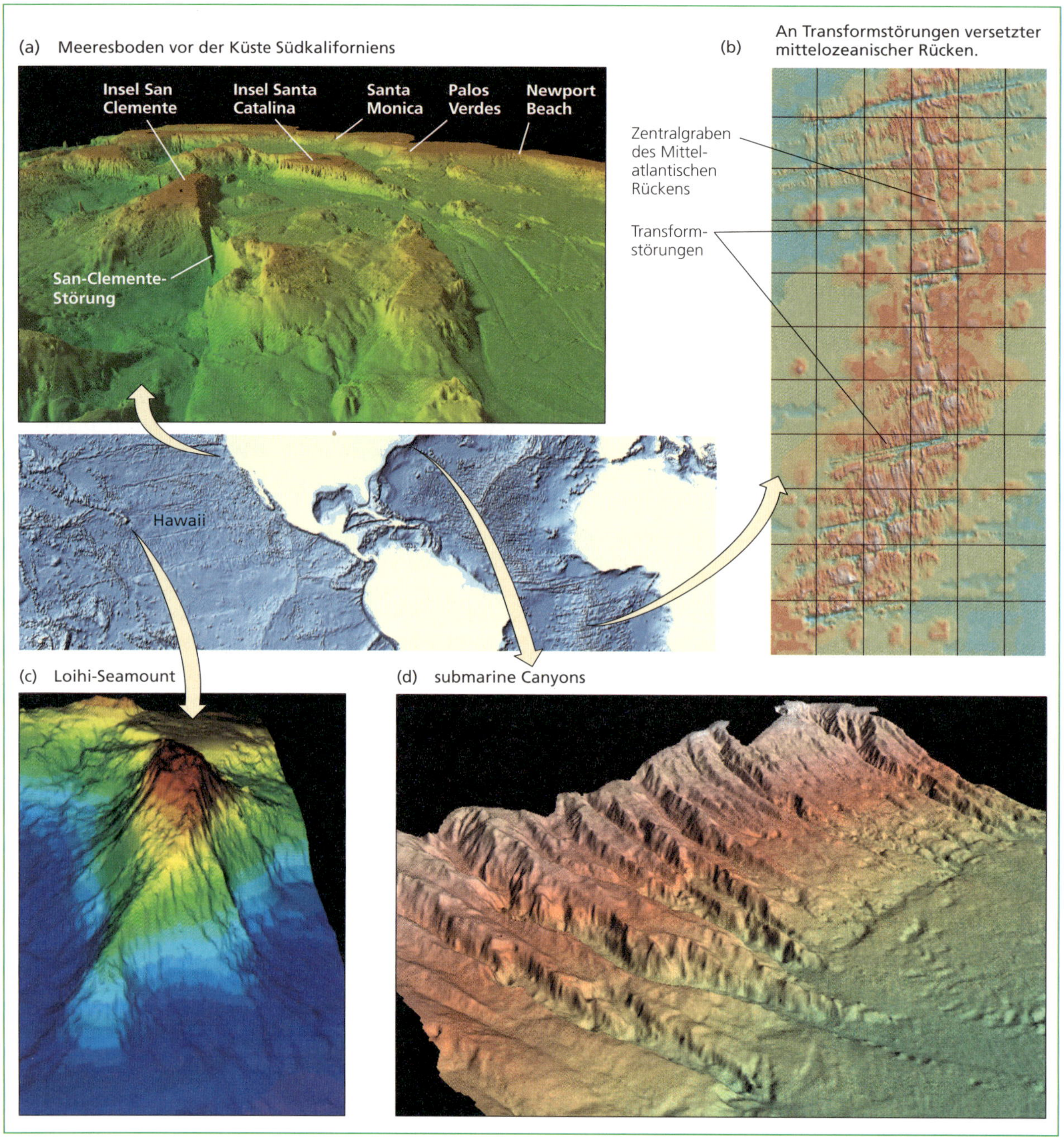


**Abb. 20.15** Drei Beispiele für die Morphologie des Meeresbodens, die durch Kartierung mit hochauflösenden Echolotungen ermittelt und mithilfe von Rechnerprogrammen in dreidimensionale Bilder umgesetzt wurden. (a) Der Meeresboden vor der Küste von Südkalifornien; erkennbar sind die durch Störungen entstandenen Strukturen einer geologischen Provinz, die als California Borderland bezeichnet wird. (b) Mittelozeanischer Rücken zwischen 25° und 36° südlicher Breite; erkennbar ist die an Nordost streichenden Transformstörungen versetzte zentrale Grabenstruktur. (c) Loihi Seamount; er liegt unmittelbar südlich von Big Island und ist der jüngste Berg in der Reihe von Hot Spot-Vulkanen, die insgesamt die Inselkette von Hawaii bilden. (d) Schelfbereich (oben), Kontinentalhang (mittlerer und oberer Bereich des Bildes) und Kontinentalfuß (unten rechts) vor der Küste von Neuengland. Die tief in den Kontinentalrand eingeschnittenen submarinen Canyons sind deutlich erkennbar [*Fotos: Chris Goldfinger und Jason Chaytor, Oregon State University (a); Ridge Multibeam Database, Lamont-Doherty Earth Observatory, Columbia University (b); Ocean Mapping Development Center, University of Rhode Island (c); aus L. Pratson & W. Haxby (1996), Geology Bd. 24, Nr. 1, S. 4, mit frdl. Genehm. von L. Pratson & W. Haxby, Lamont-Doherty Earth Observatory University of Columbia (d)*].

Bohrlöchern mit Bohrtiefen bis zu mehreren hundert Metern niedergebracht. Diese Bohrkerne haben uns nicht nur ein beispielloses dreidimensionales Bild des Meeresbodens, sondern auch Proben für detaillierte physikalische und chemische Untersuchungen geliefert.

## Kartierung des Meeresbodens mit Satelliten

Trotz dieser hervorragenden Erfolge gibt es in den Ozeanen zahlreiche Gebiete, die noch nicht untersucht und vermessen wurden und unsere Kenntnisse vom Meeresboden lückenhaft erscheinen lassen. Vor nicht allzu langer Zeit entwickelten Wissenschaftler jedoch eine Methode, mit deren Hilfe die Oberflächenstrukturen der Meeresböden auf indirekte Weise kartiert werden können.

Das neue Verfahren verwendet einen in einem Satelliten befindlichen Höhenmesser. Dieser sendet Radarimpulse aus, die von der Meeresoberfläche reflektiert werden und daraus kann die Entfernung zwischen Satellit und Meeresspiegel mit einer Genauigkeit von wenigen Zentimetern bestimmt werden. Die Höhe des Meeresspiegels ist nicht nur abhängig von der Wellenhöhe, sondern auch von Änderungen der Massenanziehung, bedingt durch das Relief und die Zusammensetzung des unterlagernden Meeresbodens. Die Massenanziehung eines Tiefseebergs führt beispielsweise zu einer Aufwölbung des Meeresspiegels, die bis zu 2 m höher als der mittlere Meeresspiegel sein kann. In gleicher Weise ergibt sich durch die verminderte Massenanziehung über einer Tiefseerinne eine Eindellung des Meeresspiegels in der Größenordnung bis zu 60 m unter dem mittleren Meeresspiegel.

Nach diesem Verfahren ließen sich die wesentlichen morphologischen Erscheinungsformen des Meeresbodens aus Satellitendaten ableiten, als wäre kein Wasser vorhanden. Meeresgeologen verwendeten dieses Verfahren, um bisher unbekannte Reliefmerkmale des Meeresbodens zu kartieren, die bei Vermessungen vom Schiff aus nicht erkennbar waren, vor allem in den wenig untersuchten südlichen Gebieten der Ozeane. Die Satellitendaten ließen außerdem Strukturen unter der ozeanischen Kruste erkennen, darunter auch Schwereanomalien, die an Konvektionsströmungen im Erdmantel gebunden sind und auf die bereits in Kapitel 14 eingegangen wurde.

## Profile durch zwei Ozeane

Um eine Vorstellung von den unter den Ozeanen verborgenen geologischen Erscheinungsformen zu bekommen, unternehmen wir eine virtuelle Reise durch zwei der großen Ozeanbecken der Erde, durch den Atlantischen und den Pazifischen Ozean, so als würden wir in einem Tauchfahrzeug am Meeresboden entlangfahren.

**Ein Profil durch den Atlantik** Das in Abbildung 20.16 dargestellte Profil durch den Atlantik erstreckt sich von Nordamerika bis nach Gibraltar. An unserem Ausgangspunkt, der Küste Neuenglands, tauchen wir in Tiefen von 50 bis 200 m ab und fahren nach Osten über den **Kontinentalschelf**, eine ausgedehnte, weitgehend mit Sand und Schlick bedeckte ebene Plattform, die noch Teil des Kontinents ist, aber unter geringer Wasserbedeckung liegt. Nachdem wir dann etwa 50 bis 100 km entlang dieser sanft geneigten Fläche über den Schelf gefahren sind, erreichen wir den **Schelfrand**, wo wir an einer ausgeprägten Schelfkante über den steileren **Kontinentalhang** weiter hinabtauchen. Dieser Hang ist überwiegend mit Ton und Silt bedeckt und fällt mit einem Winkel von ungefähr 4° nach unten ab. Das entspricht einem Gefälle von 70 m pro Kilometer, was wir auf dem Festland als merkliches Gefälle empfinden würden.

Der Kontinentalhang zeigt sehr unregelmäßige Formen und ist durchzogen von Erosionsrinnen und **submarinen Canyons** – tiefe, in den Hang und den landeinwärts liegenden Schelf eingeschnittene Täler (Abb. 20.15). Im unteren Teil des Abhangs, in Tiefen von 2 000 bis 3 000 m, nimmt die Hangneigung allmählich ab. Dort geht der Kontinentalhang in einen Bereich mit schwachem Gefälle über, der als **Kontinentalfuß** oder Kontinentalanstieg bezeichnet wird – eine Schuttschürze aus tonig-siltigen und sandigen Sedimenten, die sich in Richtung des eigentlichen Ozeanbeckens erstreckt und deren Mächtigkeit seewärts abnimmt.

Der Kontinentalfuß ist bis zu einigen hundert Kilometern breit und geht unmerklich in eine ausgedehnte **Tiefsee-Ebene** über, die in Tiefen zwischen 4 000 und 6 000 m weite Gebiete des Ozeanbodens einnimmt. Diese Tiefsee-Ebene wird von gelegentlich vorhandenen, versunkenen und meist erloschenen Vulkanen, den so genannten **Tiefseebergen** oder **Seamounts** unterbrochen.

Wenn wir über die Tiefsee-Ebene weiter nach Osten fahren, gelangen wir allmählich in ein ansteigendes Gebiet mit weniger tief liegenden, niedrigen Hügeln, deren Hänge mit feinkörnigen Sedimenten bedeckt sind. Fahren wir weiter über die Hügel hinauf, dann wird die Sedimentschicht zunehmend geringmächtiger und darunter erscheinen Aufschlüsse in Basalt. Wenn wir entlang des nun steiler werdenden Bergreliefs in Tiefen von ungefähr 3 000 m auftauchen, steigen wir letztendlich an den Flanken und schließlich an den Bergen des **Mittelatlantischen Rückens** hinauf.

Plötzlich gelangen wir auf dem Kamm des Rückens an den Rand eines tiefen, engen einige Kilometer breiten Tals (Abb. 20.17). Diese vergleichsweise enge Spalte, die durch aktiven Vulkanismus gekennzeichnet ist, ist die Riftstruktur, an der zwei ozeanische Lithosphärenplatten auseinander driften. Überqueren wir dieses Tal und

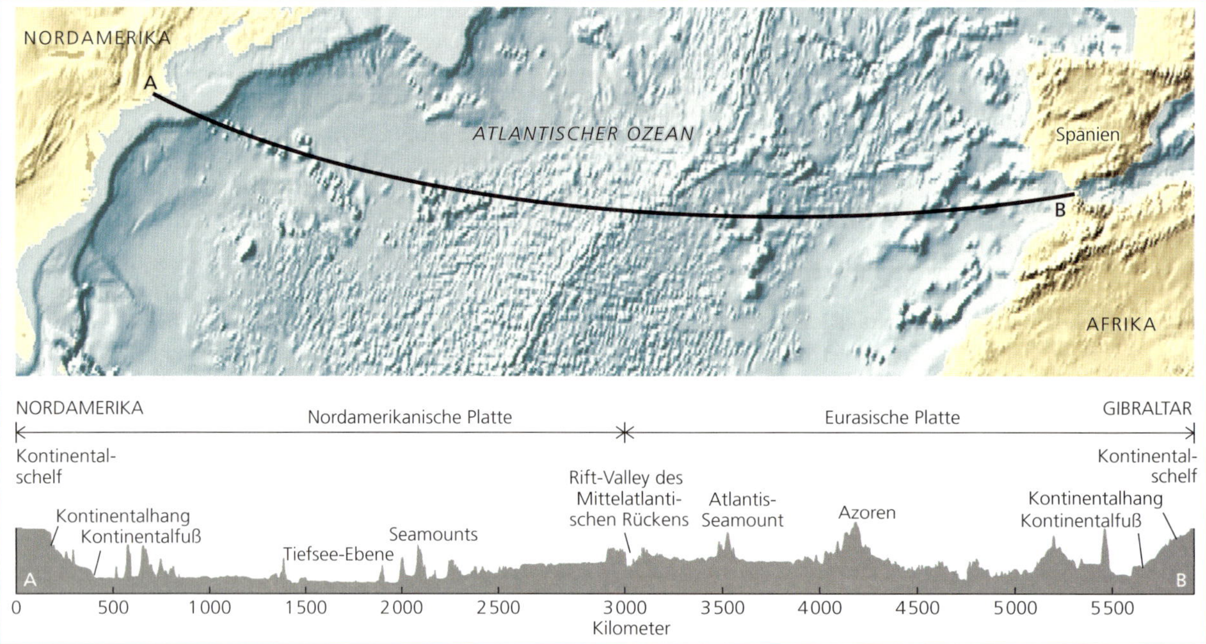


**Abb. 20.16** Profil durch den Atlantik zwischen Neuengland (A) und Gibraltar (B).

steigen an seiner Ostseite auf, verlassen wir die Nordamerikanische Platte und erreichen die Eurasische Platte. Weiter nach Osten finden wir dieselben Oberflächenformen wie im Westen des Rückens, das Ganze nur in umgekehrter Folge, weil der Meeresboden beiderseits der Zentralspalte des Rückens von seinem Aufbau her mehr oder weniger symmetrisch ist. Auf dem von uns genommenen Weg wird diese Symmetrie lediglich von

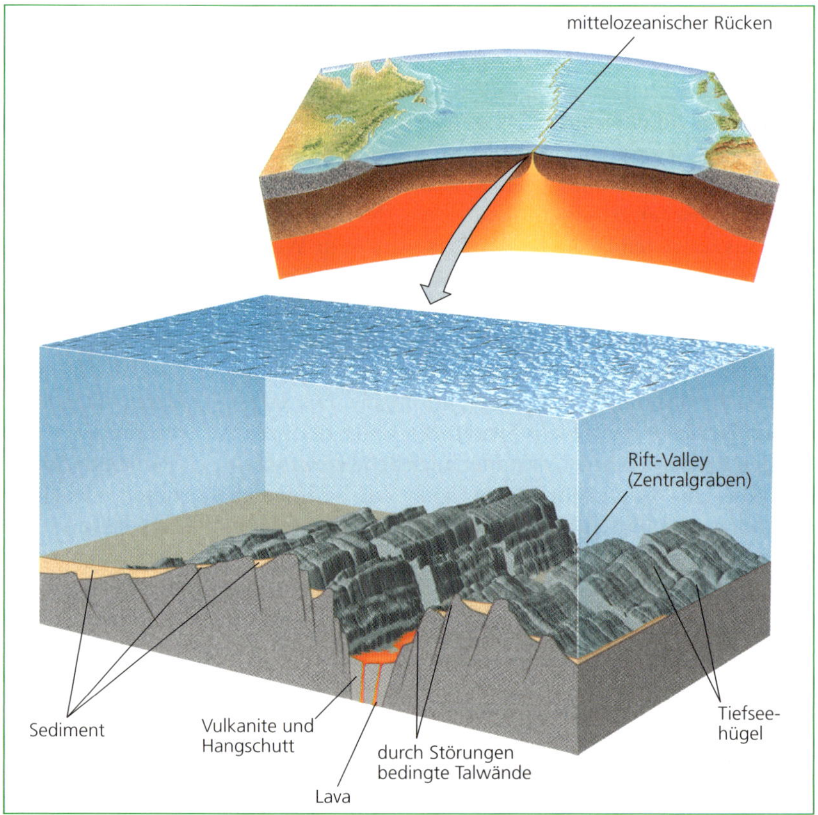


**Abb. 20.17** Profil durch die zentrale Grabenstruktur (Rift-Valley) des Mittelatlantischen Rückens. Das Profil zeigt einen Ausschnitt aus dem FAMOUS-Gebiet (French-American Mid-Ocean Undersea Study) südwestlich der Azoren. Das tiefe Tal, in dem der größte Teil der Basalte gefördert wird, ist von Störungen begrenzt [*nach: ARCYANA (1975): „Transform Fault and Rift Valley from Bathyscaph and Diving Saucer.“ – Science, 190: 108*].

einigen großen Tiefseebergen und den Vulkaninseln der Azoren etwas gestört. Die Azoren sind das Ergebnis eines aktiven Hot Spots, möglicherweise verursacht durch die Wärme eines aufsteigenden Manteldiapirs. Über die schroffe Morphologie der Tiefseehügel an den Flanken des Mittelatlantischen Rückens hinab gelangen wir allmählich wieder auf die Tiefsee-Ebene, dann folgt der Anstieg über den Kontinentalfuß und Kontinentalhang auf den Schelf vor der Küste Europas.

**Ein Profil durch den Pazifik** Unsere zweite virtuelle Reise führt uns von Südamerika über den Boden des Pazifischen Ozeans nach Westen bis Australien (Abb. 20.18). Wir starten von der Westküste Chiles aus nach Westen und überqueren wieder einen Kontinentalschelf, allerdings ist dieser Schelf hier nur einige Dutzend Kilometer breit. Jenseits des Schelfrands ist der Kontinentalhang wesentlich steiler als der des Atlantiks und erstreckt sich nach unten bis in eine Tiefe von 8 000 m. Diese lange, tiefe und schmale Einsenkung des Meeresbodens ist die Atacama-Tiefseerinne, der morphologische Hinweis auf die tief im Untergrund stattfindende Subduktion der Nazca-Platte unter die Südamerikanische Platte.

Weiter am Meeresboden entlang, über die Tiefseerinne hinweg und aufwärts auf die höher liegende, hügelige Region der Nazca-Platte gelangen wir nach kurzer Zeit an den aktiven Ostpazifischen Rücken. Er ist zwar niedriger als der Mittelatlantische Rücken, die Geschwindigkeit des Seafloor-Spreading ist jedoch mit etwa 150 mm pro Jahr die weltweit größte und entspricht etwa dem sechsfachen Wert des Mittelatlantischen Rückens. Auch er zeigt in der Kammregion den typischen Zentralgraben und Aufschlüsse in frischem Basalt. Auf der Westseite des Ostpazifischen Rückens überqueren wir den ausgedehnten zentralen Bereich der Pazifische Platte, der mit Tiefseebergen und Vulkaninseln übersät ist. Schließlich gelangen wir zu einer weiteren Subduktionszone, gekennzeichnet durch die Tonga-Rinne, an der die Pazifische Platte unter der Indisch-Australischen Platte in den Erdmantel abtaucht. Mit fast 11 000 m Tiefe ist diese Rinne eine der tiefsten Stellen in den Weltmeeren. An der Westseite der Tiefseerinne steigen vom tiefen Meeresboden die vulkanischen Tonga- und Fidschi-Inseln auf. Jenseits dieses Inselbogens gelangen wir auf den tiefen Meeresboden zurück, der nun zur Indisch-Australischen Platte gehört, und erreichen wieder den Kontinentalfuß, Kontinentalhang und schließlich den Schelf im Osten Australiens, der weitgehend der Ostküste Nordamerikas ähnelt.

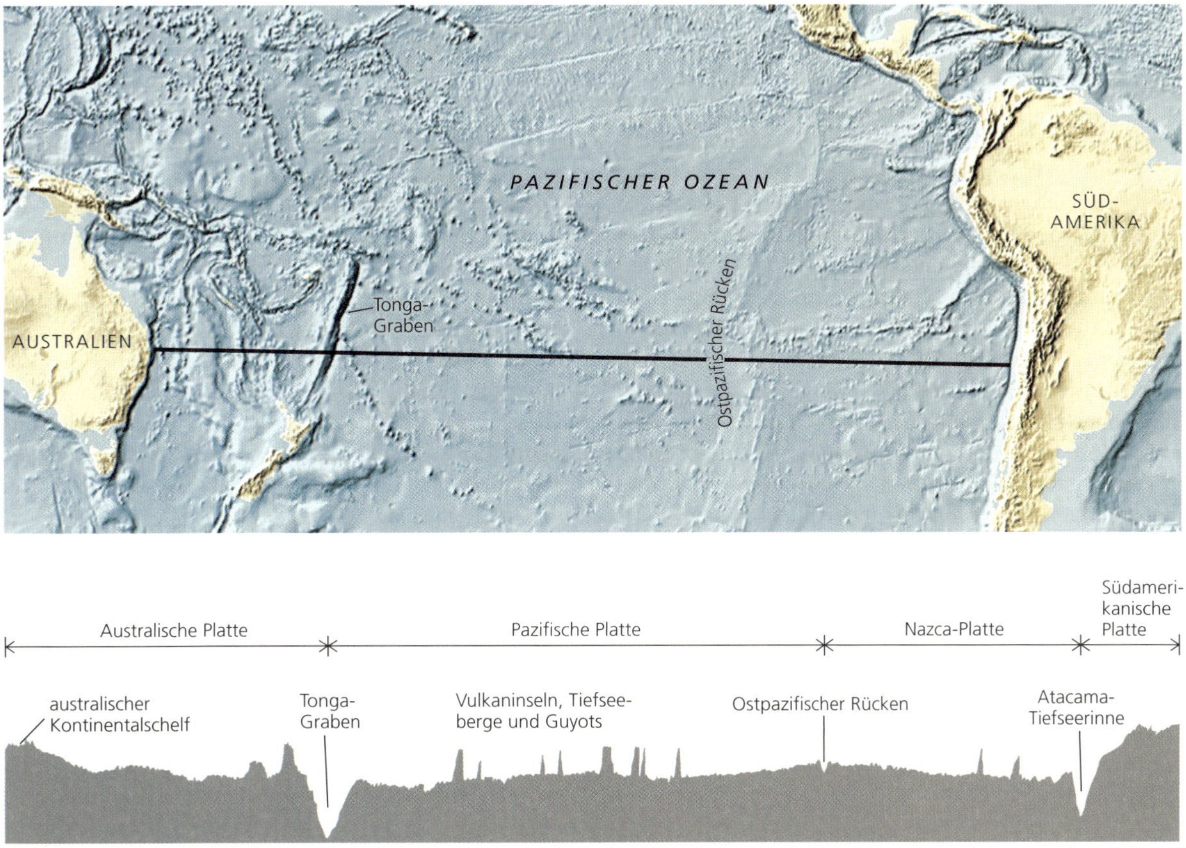


**Abb. 20.18** Profil durch den Pazifischen Ozean zwischen Südamerika (rechts) und Australien (links).

## Der Boden der Tiefsee

In größerer Entfernung von den Kontinentalrändern und den Subduktionszonen entsteht der Boden der Tiefsee in erster Linie durch vulkanische Tätigkeit, die durch plattentektonische Bewegungen hervorgerufen wird; die Sedimentation im offenen Ozean spielt dagegen nur eine untergeordnete Rolle.

**Mittelozeanische Rücken** Die mittelozeanischen Rücken sind lang gestreckte Zonen vulkanischer und tektonischer Aktivität auf dem tiefen Meeresboden. Zentrum dieser Aktivität ist der Zentral- oder Scheitelgraben (engl. rift valley). Seine Talwände werden von steil einfallenden Störungen begrenzt und von basaltischen Lager- und Gesteinsgängen intrudiert (Abb. 20.17). Der Talboden ist von Basaltergüssen bedeckt. Hinzu kommen Schuttblöcke von den Talwänden, die mit wenig Sediment vermischt sind, das sich aus dem oberflächennahen Wasser abgesetzt hat.

Am Boden eines Zentralgrabens treten hydrothermale Quellen aus, da zirkulierendes Meerwasser die Spalten und Risse des Basalts in den Flanken des Rückens durchströmt. Dabei wird es, wenn es nach unten in die heißeren Bereiche des Basalts gelangt, aufgeheizt und tritt schließlich am Talboden des Zentralgrabens zum Teil mit Temperaturen bis zu 380 °C aus. Einige dieser Quellen werden „Schwarze Raucher" (engl. black smokers) genannt, weil sie durch gelösten Schwefelwasserstoff und Metallionen, die das heiße Wasser aus dem Basalt ausgelaugt und angereichert hat, dunkel gefärbt sind (vgl. Abb. 11.16). Andere Quellen bezeichnet man als „Weiße Raucher" (engl. white smokers), ihr Wasser ist hell und hat eine andere Zusammensetzung sowie niedrigere Temperaturen. Um die dunklen hydrothermalen Quellen bilden sich auf dem Meeresboden Hügel aus eisenreichen Tonmineralen, Eisen- und Manganoxiden sowie größere Ablagerungen von Eisen-, Zink- und Kupfersulfiden.

Die mittelozeanischen Rücken werden an zahlreichen Transformstörungen versetzt, die auch die Rift-Valleys seitlich gegeneinander verschieben (Abb. 20.15). Bewegt sich eine Platte an der anderen vorbei, kommt es an diesen Störungen zu schweren Erdbeben. Die an den Wänden solcher Transformstörungen entnommenen Gesteinsproben weisen oftmals einen für den Erdmantel typischen hohen Olivingehalt auf. Gesteine, die eine Zusammensetzung der basaltischen ozeanischen Kruste aufweisen, sind offenbar seltener. Dies lässt vermuten, dass der magmatische Prozess, bei dem ozeanische Kruste entsteht, an den Stellen, wo ein Spreading-Zentrum und eine Störung aneinander stoßen, weniger gut funktioniert.

**Tiefseehügel und Tiefseeplateaus** In größerer Entfernung von den mittelozeanischen Rücken besteht der Tiefseeboden aus einer Landschaft mit Hügeln, Plateaus, sedimentbedeckten Ebenen und Tiefseebergen. Tiefseehügel sind vor allem auf den Flanken der mittelozeanischen Rücken weit verbreitet. Sie erreichen in typischer Form eine Höhe von etwa 100 m und sind parallel zum Kamm des Rückens angeordnet (Abb. 20.17). Sie entstehen vor allem durch normale Abschiebungen bei der Bewegung der aus Basalt bestehenden ozeanischen Kruste, wenn sich diese vom Zentralgraben wegbewegt. Nahezu alle bruchtektonischen Vorgänge ereignen sich innerhalb der ersten Million Jahre nach der Entstehung der Platte, später kommen die Abschiebungen, die diese Hügel begrenzen, zur Ruhe. Sobald die neue ozeanische Lithosphäre von den Spreading-Zentren wegdriftet, kühlt sie ab, kontrahiert und der Meeresboden sinkt nach unten. Aus den oberflächennahen Wasserschichten wird beständig Sedimentmaterial angeliefert, das auf dieser absinkenden hügeligen Oberfläche abgelagert wird und diese allmählich mit Tiefseeschlämmen und anderen Sedimenten überdeckt.

In der Nähe der Kontinentalränder kommt terrigenes Sedimentmaterial hinzu, das über den Kontinentalhang transportiert wurde und mit zur Entstehung der ausgedehnten Tiefsee-Ebenen beiträgt. Sie sind insgesamt die ebensten festen Flächen auf unserem Planeten.

**Tiefseeberge, Inselketten und Tiefseeplateaus** Der Meeresboden ist mit Zehntausenden von Tiefseebergen übersät. Die meisten befinden sich unter Wasser, nur einige wenige überragen als Vulkaninseln den Meeresspiegel. Tiefseeberge und Vulkaninseln können entweder isoliert, in Gruppen oder auch in Ketten auftreten. Die meisten – jedoch nicht alle Tiefseeberge – sind durch Vulkanausbrüche in der Nähe aktiver Spreading-Zentren entstanden oder dort, wo eine Platte über einen Hot Spot driftet.

Einige der größeren Tiefseeberge, die so genannten Guyots, weisen eine ebene Hochfläche auf, die durch die Abrasion eines zeitweise als Vulkaninsel über den Meeresspiegel hinausragenden Berggipfels entstanden ist. Diese ehemaligen Inseln liegen deswegen heute unter dem Meeresspiegel, weil der Plattenteil, dem sie aufsitzen, abkühlte, kontrahierte und absank, während er sich von seinem Entstehungsort, einem Spreading-Zentrum oder Hot Spot, entfernte.

Zu den erstaunlichsten Erscheinungsformen der Tiefseebecken gehören die ausgedehnten Basalt-Plateaus. Einige sind möglicherweise an Triple-Junctions entstanden, das heißt an Punkten, an denen drei divergierende Plattengrenzen aufeinander stoßen. Andere sind aus massigen Eruptionen von Hot Spots in großer Entfernung von Spreading-Zentren hervorgegangen. Eines der größten Plateaus der letztgenannten Art – und möglicherweise auch das Älteste – ist der Shatsky-Rücken im Nordwestpazifik, ungefähr 1 600 km südöstlich von Japan. Die Entstehung solcher Plateaus dürfte im Zusammenhang stehen mit dem Vulkanismus an Hot Spots, von dem einige Wissenschaftler annehmen, dass er auch für die anderen großen Vulkanprovinzen wie die in Kapitel 12 erwähnten Flutbasalte verantwortlich ist.

## Sedimentation im offenen Ozean

Fast überall, wo Meeresgeologen oder Ozeanographen den Meeresboden untersuchen, finden sie zuoberst eine mehr oder weniger mächtige Decke aus Sediment. Diese Schlämme und Sande überdecken die Oberfläche des ursprünglich an den mittelozeanischen Rücken gebildeten Basalts. Die kontinuierliche Sedimentation in den Ozeanen der Erde verändert die durch plattentektonische Prozesse geschaffenen Strukturen und führt in Gebieten mit rascher Sedimentation zu einer eigenständigen Morphologie. Die Sedimente bestehen im Wesentlichen aus zwei Arten: aus terrigenem, von den Kontinenten abgetragenem Ton, Silt und Sand sowie aus biogen gebildetem Schalenmaterial der im Meer lebenden Organismen. In der Nähe von Subduktionszonen sind außerdem Sedimente verbreitet, die von vulkanischen Aschen und Lavaergüssen stammen. In tropischen Meeresbuchten, wo die Verdunstung hoch ist, kommt es darüber hinaus zur Ablagerung von Evaporiten.

### Sedimentation auf den Schelfgebieten

Die terrigene Sedimentation auf dem Kontinentalschelf wird durch dieselben Kräfte beeinflusst, die auch die Strände formen: Wellen und Gezeiten. Bei starken Stürmen und Orkanen verfrachten die Wellen Sedimente über die seichten und mäßig tiefen Gebiete des Schelfs hinaus, und auch die Gezeitenströmungen breiten Sedimente über den Schelf aus. Wellen und Strömungen verteilen das von den Flüssen angelieferte Sediment zu lang gestreckten Sandkörpern sowie zu Lagen aus Silt und Ton.

Die chemisch-biogene Sedimentation auf dem Schelf stammt im Wesentlichen aus dem kalkigen Schalenmaterial von Venusmuscheln, Austern und anderen im flachen Wasser lebenden Organismen. Die meisten dieser Organismen tolerieren kein trübes Wasser und treten nur dort auf, wo terrigenes Material in untergeordneter Menge vorhanden ist oder fehlt, wie beispielsweise an der Südküste von Florida oder vor der Halbinsel Yucatán in Mexiko. Dort gedeihen die empfindlichen Korallen, die Kalkriffe von großer Mächtigkeit aufbauen.

**Korallenriffe – biogene Sedimente des Flachwasserbereichs** Schon vor mehr als 200 Jahren haben Korallenriffe die Forscher und Reiseschriftsteller fasziniert. Seit der Zeit, als Charles Darwin zwischen 1831 und 1836 mit der Beagle die Ozeane befuhr, waren Korallenriffe auch Gegenstand wissenschaftlicher Diskussionen. Darwin war einer der Ersten, der die geologisch-biogenen Verhältnisse der Korallenriffe untersuchte, und seine Theorie bezüglich ihrer Entstehung ist heute noch allgemein anerkannt.

Die von Darwin beschriebenen Korallenriffe waren **Atolle**, das sind Inseln im offenen Ozean mit kreisförmigen bis ovalen Lagunen, umschlossen von einer mehr oder weniger ringförmigen, von Korallenriffen gebildeten Inselkette (Abb. 20.19). Korallenriffe entwickeln sich jedoch auch an Kontinentalrändern, wie etwa die Florida Keys oder das Great Barrier Reef vor der Nordostküste Australiens.

Ungeachtet ihrer Lage zeigen Korallenriffe einen typischen Aufbau, der in der Regel auch durch eine bestimmte Faunenvergesellschaftung gekennzeichnet ist.

**Abb. 20.19** Das Atoll Bora Bora im südlichen Pazifischen Ozean. Im Zentrum des Atolls befindet sich die Vulkaninsel, umgeben von einem Korallenriff, das die dahinter liegende Lagune schützt *[Foto: Jean-Marc Truchet/Stone/Getty Images]*.

Die Außenseite eines Riffs ist die unter geringer Wasserbedeckung liegende wellenresistente **Riff-Front** oder das **Vorriff** – eine steile Böschung, die zum offenen Meer ausgerichtet ist. Das Vorriff besteht aus den ineinander verwachsenen Skeletten aktiv wachsender, Kalk abscheidender Korallen und Kalkalgen (Lithothamnien), die ein widerstandsfähiges, hartes Carbonatgestein bilden. Hinter dem Vorriff folgt der **Riffkamm** oder **Riffkern**, eine flache Plattform, die in ihrem inneren Bereich in eine seichte Lagune übergeht. Im Zentrum der Lagune kann bei Atollen eine Insel liegen. Teile des Riffs liegen ebenso wie die zentrale Insel über dem Meeresspiegel und können von Bäumen bestanden sein. Wie das eigentliche Riff wird auch die Lagune von einer Vielzahl spezifischer Pflanzen- und Tierarten bewohnt.

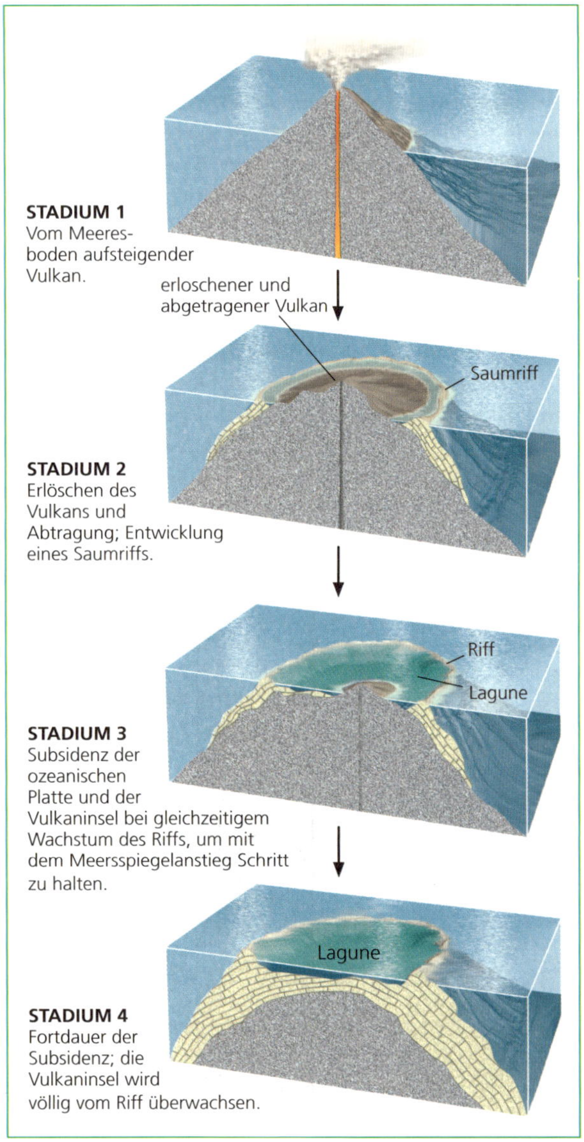


**Abb. 20.20** Die Entwicklung eines Korallenriffs auf einer absinkenden Vulkaninsel wurde erstmals im 19. Jahrhundert von Charles Darwin in einer wissenschaftlichen Veröffentlichung beschrieben.

Korallenriffe sind normalerweise auf eine Wassertiefe von weniger als 20 m beschränkt, denn unterhalb dieser Tiefe ist das Meerwasser nicht genügend lichtdurchlässig, um den Riffe bildenden Korallen das Wachstum zu ermöglichen. Am üppigsten gedeihen sie in einer Tiefe zwischen 4 und 10 m, reichen aber in seltenen Fällen noch bis in 30 m Wassertiefe hinab. (Ausnahmen bilden einige solitäre Formen, die in wesentlich tieferem Wasser leben.) Riffkorallen benötigen darüber hinaus klares Wasser mit normalem Salzgehalt und Wassertemperaturen von 11 bis 20 °C. Nur die Kaltwasserkorallen der nördlichen Meere bilden eine Ausnahme. Darwin erklärte am Beispiel der Atolle, wie Korallen ihre Riffe vom Boden des dunklen, tiefen Ozeans bis an die Oberfläche aufbauen konnten. Dieser Vorgang beginnt mit einem Vulkan, der sich vom Meeresboden bis über den Meeresspiegel erhebt (Abb. 20.20). Wenn er zeitweise oder für immer zur Ruhe kommt, besiedeln Korallen und Algen seine Küstenhänge und bilden vom Typ her **Saum-** oder **Küstenriffe**, die an den Rändern einer zentralen Vulkaninsel wachsen. Durch Abrasion und Erosion kann die Vulkaninsel im Lauf der Zeit bis fast zum Meeresspiegel abgetragen werden.

Darwin folgerte, dass dann, wenn eine solche Vulkaninsel langsam unter den Meeresspiegel absinkt, die aktiv wachsenden Algen und Korallen kontinuierlich das Riff höher bauen müssen, um mit der Subsidenz Schritt halten zu können. Auf diese Weise würde die Vulkaninsel allmählich verschwinden; zurück bliebe ein ringförmiges Atoll, das eine zentrale **Lagune** umschließt. Mehr als 100 Jahre, nachdem Darwin seine Theorie geäußert hatte, durchfuhren Tiefbohrungen auf mehreren Inseln unter dem Korallenkalk vulkanisches Gestein und bestätigten seine Vermutung. Einige Jahrzehnte danach erklärte die Theorie der Plattentektonik dann sowohl den Vulkanismus als auch die Subsidenz, die sich aus der Abkühlung und Kontraktion der Platte ergab.

Atolle sind jedoch nicht die einzigen Riff-Typen. Die unmittelbar an der Küste entlangwachsenden Riffe, meist nur durch einen schmalen Wasserstreifen von der Küste getrennt, sind die bereits erwähnten Saum- oder Küstenriffe. Sind die Korallenriffe jedoch durch eine breite Lagune oder Wasserstraße von der Küste getrennt, spricht man von **Barriereriffen**. Diese Riffe sind in der Regel auch wesentlich ausgedehnter als die Saumriffe. Das Great Barrier Reef vor der Nordostküste Australiens erstreckt sich beispielsweise über eine Länge von etwa 1 600 km.

**Riffe und Evolution** Heute werden Riffe überwiegend von Korallen aufgebaut, in der geologischen Vergangenheit existierte jedoch eine Vielzahl Riffe bildender Organismen – unter anderem auch heute ausgestorbene Formen der Mollusken (vgl. Abb. 5.19). Diversifikation und

Aussterben der Riffbildner im Laufe der Erdgeschichte lassen erkennen, dass Ökologie und Veränderungen der Umwelt einen erheblichen Einfluss auf die Evolution ausübten. Heute bedrohen natürliche und vom Menschen verursachte Einflüsse das Wachstum der Korallenriffe, die gegenüber Umweltveränderungen ohnehin sehr empfindlich reagieren. Infolge eines El Niño-Ereignisses erhöhte sich im westindischen Ozean die Oberflächentemperatur so weit, dass zahlreiche Riffe ausbleichten und abstarben. Die Riffkorallen der Florida Keys sterben aus einem völlig anderen Grund: es geht ihnen zu gut. Es zeigte sich, dass das in den landwirtschaftlich genutzten Gebieten der Halbinsel Florida gebildete Grundwasser in der Umgebung der Riffe in das Meer austritt und die Riffe dadurch viel zu hohen Nährstoffkonzentrationen ausgesetzt sind.

## Sedimentation auf dem Kontinentalhang

Am Kontinentalhang und bis zu Tiefen von etwa 2 000 m wie auch auf den angrenzenden Ozeanböden finden wir als typische Sedimente überwiegend terrigene Schlämme aus Silt und Ton, die ihren Farben entsprechend bezeichnet werden. Am weitesten verbreitet ist der **Blauschlick**, dessen dunkle blaugraue Farbe durch die darin enthaltene organische Substanz und durch fein verteiltes Eisensulfid verursacht wird. Um diese Sedimente des tieferen Wassers gegen die eigentlichen Ablagerungen des Tiefseebodens abzugrenzen, bezeichnet man sie als **hemipelagische Sedimente**. Solche hemipelagischen Ablagerungen überdecken ungefähr ein Fünftel des Meeresbodens.

## Sedimentation in der Tiefsee

Weit von den Kontinentalrändern entfernt setzen sich nur noch sehr feinkörnige, überwiegend terrigene oder chemisch-biogen gefällte Partikel ab, die im Meerwasser schweben und äußerst langsam aus den oberflächennahen Wasserschichten absinken. Diese Sedimente des tiefen Ozeans, die so genannten **pelagischen Sedimente**, sind durch eine große Entfernung von den Kontinentalrändern, eine geringe Korngröße und eine sehr geringe Sedimentationsrate gekennzeichnet. Das terrigene Material besteht aus bräunlichen und grauen Tonen, die sich mit sehr geringer Sedimentationsgeschwindigkeit von nur wenigen Millimetern pro 1 000 Jahre auf dem Meeresboden absetzen. Ein kleiner Teil davon, ungefähr zehn Prozent, dürfte durch den Wind auf den offenen Ozean hinaus verfrachtet worden sein.

Die häufigsten chemisch-biogen gefällten, aus Calciumcarbonat bestehenden Komponenten in den pelagischen Sedimenten sind Gehäuse von **Foraminiferen** – kleinen einzelligen Organismen, die als Plankton in den oberflächennahen Wasserschichten des Meeres leben. Nach ihrem Tod sinken ihre Gehäuse und Skelettelemente allmählich auf den Meeresboden ab. Dort reichern sie sich als **Foraminiferenschlämme** an, feinstsandige bis tonige Sedimente, die vor allem Foraminiferengehäuse, aber auch Reste anderer Tier- und Pflanzengruppen enthalten (Abb. 20.21). Meist sind sie jedoch durch einen hohen Anteil an Gehäusematerial der planktisch lebenden Foraminiferengattung *Globigerina* charakterisiert und werden daher auch direkt als **Globigerinenschlamm** bezeichnet. Andere Carbonatschlämme bestehen überwiegend aus Schalenmaterial pelagischer Schnecken (Pteropoden) oder den winzigen Kalkplättchen der zu den Flagellaten gehörenden **Coccolithophoriden**.

In Tiefen von weniger als ungefähr 4 000 m finden wir vor allem Foraminiferen- und andere Carbonatschlämme, die in den tieferen Bereichen des Meeres jedoch ausgesprochen selten sind. Das beruht nicht etwa auf einer fehlenden Anlieferung von Gehäusen, denn sie sind im oberflächennahen Meerwasser überall mehr als zahlreich vorhanden, und außerdem werden die im freien Meerwasser lebenden Foraminiferen von den Verhältnissen des weit in der Tiefe liegenden Meeresbodens in keiner Weise beeinflusst. Das Fehlen von Carbonatschlämmen unterhalb einer bestimmten Wassertiefe, der so genannten **Carbonat-** oder **Kalk-Kompensationstiefe** (gewöhnlich als **CCD** abgekürzt), erklärt sich durch das Auflösen der Kalkschalen im tiefen Meerwasser (Abb. 20.22). Aufgrund des natürlichen Kreislaufs in den Oze-

**Abb. 20.21** Rasterelektronenmikroskopische Aufnahme eines Tiefseeschlamms. Sie zeigt Gehäuse sowohl Kalk- als auch $SiO_2$-abscheidender einzelliger Organismen [*Foto: Scripps Institution of Oceanography, University of California, San Diego*].

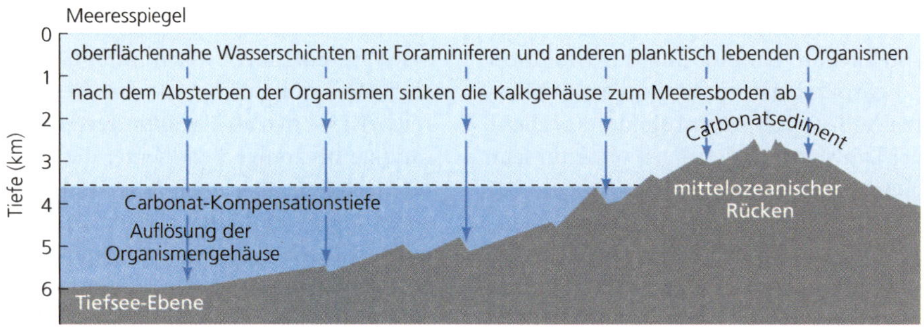


**Abb. 20.22** Die Carbonat-Kompensationstiefe ist in den Ozeanen diejenige Grenze, unterhalb der das Calciumcarbonat in Lösung geht. Wenn die Gehäuse von abgestorbenen Foraminiferen und anderen Schalen tragenden Organismen in tiefere Wasserbereiche absinken, gelangen sie in ein an Calciumcarbonat untersättigtes Milieu und werden deshalb aufgelöst.

anen unterscheiden sich die tieferen Wasserschichten von den flacheren Gewässern in drei Punkten:

1. Das Tiefenwasser ist kälter. Kälteres und damit Wasser höherer Dichte sinkt in den polaren Breiten unter wärmeres tropisches Wasser ab und strömt am Meeresboden in Richtung Äquator.
2. Das Tiefenwasser enthält mehr Kohlendioxid, denn kaltes Wasser absorbiert nicht nur mehr Kohlendioxid als warmes Wasser, sondern das gesamte mitgeführte organische Material wird normalerweise während des Kreislaufs zu $CO_2$ oxidiert.
3. Das Tiefenwasser steht unter höherem hydrostatischem Druck; dieser ergibt sich aus dem Gewicht der überlagernden Wassersäule.

Durch diese drei Faktoren erhöht sich im tieferen Wasser die Löslichkeit des Calciumcarbonats. Wenn die Gehäuse der abgestorbenen Foraminiferen unterhalb der CCD auf den Boden sinken, gelangen sie in Bereiche, die an Calciumcarbonat untersättigt sind und folglich gehen die Gehäuse in Lösung. In diesen Gebieten überwiegt somit ein fast carbonatfreier Ton, der vor allem im Pazifischen Ozean weit verbreitet ist und wegen seiner roten bis schokoladenbraunen Farbe als **Roter Tiefseeton** bezeichnet wird.

Weitere chemisch-biogen gefällte Sedimente sind **Kieselschlämme.** Sie entstehen dadurch, dass im Roten Tiefseeton Reste planktisch lebender Organismen eingelagert werden, deren Gehäuse aus amorpher Kieselsäure – aus Opal – bestehen. Im Wesentlichen sind das die Gehäuse von **Diatomeen** oder **Radiolarien** und demzufolge bezeichnet man diese Sedimente entweder als **Diatomeen-** oder als **Radiolarienschlämme**. Diatomeen sind grüne einzellige Kieselalgen, die in den oberflächennahen Wasserschichten der Ozeane in großer Häufigkeit auftreten. Da vor allem das kühle Wasser der arktischen und antarktischen Meere für Diatomeen ein günstiger Lebensraum ist, treten Diatomeenschlämme vorwiegend in den polaren Bereichen des Tiefseebodens auf. Radiolarien gehören zur Klasse der Strahlentierchen (Rhizopoda), die Skelette aus Kieselsäure abscheiden. Ihr Lebensraum liegt überwiegend in tropischen Gewässern. Daher finden wir Radiolarienschlämme heute in den nördlich des Äquators liegenden Bereichen des Pazifischen Ozeans; im Atlantischen Ozean fehlen Radiolarienschlämme völlig. Nach der Einbettung auf dem Meeresboden werden die Kieselschlämme diagenetisch verfestigt und gehen in **Hornstein** (Radiolarit, Chert) über.

Einige Bestandteile der pelagischen Sedimente entstehen durch chemische Reaktionen des Meerwassers mit den Sedimenten des Meeresbodens. Die auffälligsten Beispiele sind **Manganknollen**, schwarze, konzentrischschalig gebaute Aggregate von wenigen Millimetern bis zu mehreren Zentimetern Durchmesser. Diese Knollen bedecken große Gebiete des tieferen Ozeanbodens. Etwa zwischen 20 und 50 Prozent des Meeresbodens im Pazifischen Ozean sind von solchen Manganknollen übersät. Da sie neben Mangan und Eisen auch hohe Gehalte an Nickel und anderen Metallen aufweisen, könnten sie zu wichtigen Ressourcen werden, falls wir sie auf wirtschaftliche und umweltschonende Weise vom Meeresboden fördern können.

# Zusammenfassung des Kapitels

**Unterschiede im geologischen Bau der Kontinente und Ozeane:** Die Kontinente entwickelten sich im Verlauf der vergangenen 4 Milliarden Jahre und wurden als Folge mehrfacher Plattenkollisionen, der Entstehung von Gebirgsgürteln mit Faltung und Bruchtektonik, Magmatismus, Erosion und Sedimentation vielfach umgestaltet. Der geologische Bau der Kontinente ist daher überaus komplex und lediglich ein Bruchteil ihrer Geschichte ist in der Schichtenfolge überliefert. Im Vergleich dazu verläuft die Entwicklung der Ozeanböden sehr einfach. Sie entstehen an den mittelozeanischen Rücken, an denen sich ozeanische Platten trennen, die nach einer vergleichsweise kurzen Zeitspanne von weniger als 200 Millionen Jahren an Subduktionszonen wieder zerstört werden. Tiefseesedimente liefern eine nahezu vollständige Abfolge der relativ kurzen geologischen Entwicklungsgeschichte der Ozeanbecken.

**Welche Prozesse die Küstenlinie formen:** An der Meeresküste steuern Wellen und Gezeiten in Wechselwirkung mit der Tektonik die Bildung und Dynamik der Küstenlinien – von den Sandstränden und Wattgebieten bis hin zu tektonisch herausgehobenen Felsküsten. Wellen entstehen durch die tangentiale Schubkraft des Windes, der über das Meer weht. Laufen die Wellen auf die Küste auf, gehen sie in der Brandungszone in Brecher über. Die Refraktion der Wellenfronten führt zu Küstenlängsströmungen und Küstenversetzung, durch die das Sediment entlang der Küste verfrachtet wird. Die Gezeiten, hervorgerufen durch die Massenanziehung von Mond und Sonne auf die Weltmeere, sind Ursache der Sedimentation auf den Wattflächen.

**Hauptbestandteile der Kontinentalränder:** Die Ränder der Kontinente bestehen aus dem flachen Kontinentalschelf, aus dem mehr oder weniger steil in die Tiefsee abfallenden Kontinentalhang und dem Kontinentalfuß, einer sanft geneigten Schürze aus Sedimenten, die am unteren Ende des Kontinentalhangs abgelagert wurde und sich bis auf die großen Tiefsee-Ebenen weiter draußen im Ozeanbecken erstreckt. Wellen und Gezeiten beeinflussen nur den Kontinentalschelf. Der Kontinentalhang dagegen wird in erster Linie durch Trübe- oder Suspensionsströme geformt. Diese entstehen, wenn durch Rutsch- und Gleitvorgänge auf dem Kontinentalhang in den bodennahen Wasserschichten siltig-toniges Sediment aufgewirbelt wird und als dichte Suspension hangabwärts fließt. Submarine Canyons, Tiefseefächer und Tiefsee-Ebenen sind ebenfalls eine Folge solcher Suspensionsströme. Aktive Kontinentalränder existieren dort, wo ozeanische Lithosphäre unter einem Kontinent subduziert wird, während passive Kontinentalränder dort anzutreffen sind, wo Riftvorgänge und Seafloor-Spreading die Kontinente mit ihren Rändern von divergierenden Plattengrenzen wegtransportieren.

**Wie der Tiefseeboden gebildet wird:** Der Tiefseeboden entsteht durch vulkanische Tätigkeit an mittelozeanischen Rücken und an ozeanischen Hot Spots wie etwa Hawaii, aber auch durch Ablagerung von feinklastischen und chemisch-biogen gefällten Sedimenten. Mittelozeanische Rücken sind Bereiche, an denen durch Seafloor-Spreading und durch die Förderung von Basalt neuer Ozeanboden gebildet wird. Vulkaninseln, untergetauchte Tiefseeberge und Guyots, untermeerische Plateaus und Tiefseehügel bestehen insgesamt aus vulkanischem Material, das großenteils von Sedimenten umgeben ist. Wo ozeanische Lithosphäre an einer Subduktionszone in den oberen Mantel gezogen wird, senken sich Tiefseerinnen ein.

**Charakteristische Merkmale der mittelozeanischen Rücken:** Auf dem Kamm der mittelozeanischen Rücken befindet sich der Zentralgraben, eine Riftstruktur, an der sich Platten trennen und neue Lithosphäre entsteht. Erdbeben und aktive Vulkane treten bevorzugt im Bereich des Rückenkamms auf. Durch Klüfte auf den Flanken der mittelozeanischen Rücken zirkuliert Meerwasser, das in Form von hydrothermalen Quellen, der so genannten „Raucher" auf dem Boden des Zentralgrabens wieder austritt. Mischt sich dieses heiße, mit gelösten Metalloxiden und Metallsulfiden angereicherte Wasser mit dem kalten Bodenwasser des Ozeans, werden in der Umgebung der Austrittsstelle Hügel aus erzreichen Ablagerungen ausgefällt.

**Sedimente und Sedimentation in den Ozeanen:** Sedimente des offenen Ozeans bestehen im Wesentlichen aus terrigenem und aus chemisch-biogen gebildetem Sedimentmaterial. Die terrigenen Sedimente setzen sich überwiegend aus Ton, Silt und Sand zusammen – Material, das auf den Kontinenten erodiert und auf dem Kontinentalschelf durch Wellen und Gezeitenströmungen, aber auch durch Suspensionsströme, die den Kontinentalhang hinabfließen, abgelagert wurde. Die chemisch-biogenen Sedimente des Kontinentalschelfs bestehen aus dem Schalenmaterial der im Meer lebenden Organismen und aus Korallenriffen. In flachen tropischen Meeresbuchten, in denen die Verdunstung hoch ist, kommt es zur Ablagerung von Evaporiten. Die Sedimente des offenen Ozeans, die pelagischen Sedimente, bestehen aus Rotem Tiefseeton, aus Globigerinen- oder kieseligen Diatomeen- und Radiolarienschlämmen. Letztere bestehen überwiegend aus den carbonatischen beziehungsweise kieseligen Hartteilen von planktisch in oberflächennahen Wasserschichten lebenden Mikroorganismen. In einigen Bereichen des Ozeans, wie beispielsweise in der Nähe von Subduktionszonen, sind Sedimente verbreitet, die aus vulkanischen Aschen und Lavaergüssen hervorgegangen sind.

Zusammenfluss mehrerer Gletscher in den St. Elias Mountains, Kluane National Park, Yukon, Kanada
[*Foto: S.J. Krasemann/DRK PHOTO*].

# Kapitel 21 Gletscher: die Tätigkeit des Eises

Auf Satellitenbildern der Erde zeigen uns die ausgedehnten blauen Ozeane und die weißen Wolken auf beeindruckende Weise, wie groß die von Wasser bedeckten Bereiche unseres Planeten sind. Satellitenbilder der Polargebiete und der weißen Gipfel der Gebirgsketten zeigen aber auch, dass sehr viel Wasser in gefrorenem Zustand vorliegt. An der Oberfläche des Planeten wird beständig Wasser in allen drei Aggregatzuständen transportiert. Von allen wichtigen Speichern nimmt der aus Eis bestehende Teil des Systems Erde, die **Kryosphäre**, durch Klimaschwankungen am deutlichsten erkennbar zu und ab. Nirgendwo anders sind die Veränderungen der Kryosphäre deutlicher zu sehen als auf denjenigen Kontinenten, deren Oberflächen durch Gletschereis geformt wurden.

Heute sind nur etwa zehn Prozent der Festlandsfläche der Erde von Gletschern bedeckt, der größte Teil davon von den ausgedehnten Eisflächen Grönlands und der Antarktis (Abb. 21.1). Noch in – geologisch gesehen – jüngster Vergangenheit, vor etwa 20 000 Jahren, überdeckten Schnee und Eis eine nahezu dreimal größere Fläche als heute. Doch in wenigen Jahrzehnten bereits könnte durch die globale Erwärmung ein Teil der Eisgebiete abgeschmolzen sein, mit weltweit erheblichen Folgen für die Biosphäre und letztlich für die Menschheit. Dadurch würde der Meeresspiegel ansteigen und küstennahe Städte und Tiefländer würden vom Meer überflutet werden. Die Klimazonen könnten sich so verschieben, dass Teile der gemäßigten Zonen auf Kosten arider Klimazonen verschwinden und umgekehrt. Angesichts dieser Bedrohungen besteht kein Zweifel daran, dass der Erforschung der Kryosphäre mit all ihren Veränderungen – schon immer ein interessantes Forschungsgebiet – eine vordringliche praktische Bedeutung zukommt.

In diesem Kapitel betrachten wir die Gletscher der Erde etwas eingehender: ihre Rolle innerhalb des Klimasystems, wie sie sich im Lauf der Zeit verändern, auf welche Weise sie Sedimentmaterial erodieren und ablagern und wie sie bei Vorstoß und Rückzug ihre Spuren an der Erdoberfläche hinterlassen.

Die Landschaften vieler Kontinente wurden durch Gletscher geformt, die heute längst abgeschmolzen sind. In den Gebirgsregionen schürften die Gletscher typische steilwandige Täler aus, schliffen die Gesteinsoberflächen ab und rissen riesige Blöcke aus ihrem Gesteinsverband heraus. In der vergleichsweise geologisch kurzen Zeitspanne des Pleistozäns breiteten sich Gletscher über große Teile von Kontinenten aus und modellierten die Landschaft weitaus stärker, als es Flüsse oder der Wind vermochten. Die durch Gletschererosion anfallenden Schuttmengen sind enorm; riesige Sedimentmengen werden durch das Eis bis zum Rand der Gletscher transportiert, wo sie entweder abgelagert oder durch Schmelzwasserströme abtransportiert und verteilt werden. Die Auswirkungen der Gletschertätigkeit beeinflussen Abfluss und Sedimentfracht der großen Flusssysteme, außerdem die Erosion und Sedimentation in den Küstenräumen wie auch die in die Ozeane gelangende Sedimentmenge.

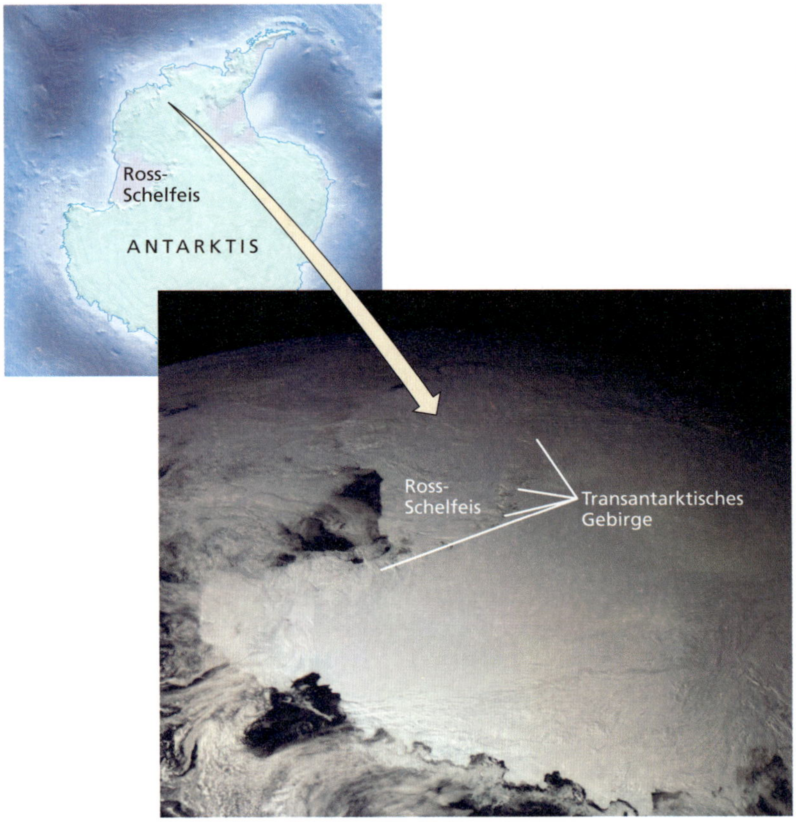


**Abb. 21.1** Das am 8. Dezember 1990 aufgenommene Satellitenbild zeigt einen Ausschnitt der Antarktis mit dem Ross-Schelfeis und einigen Bergen, die das Eis überragen. Es ist in der Antarktis spätes Frühjahr, daher geht die Sonne über diesem kalten eisigen Kontinent nicht unter [*Foto: NASA*].

## Das Material Eis

Für einen Geologen ist ein Stück Eis im weitesten Sinn ebenfalls ein „Gestein", eine Masse aus Kristallen des „Minerals" Eis. Wie die magmatischen Gesteine ist es durch das Erstarren einer Flüssigkeit entstanden und wie die Sedimente wird es in Schichten an der Erdoberfläche abgelagert und kann sich zu großer Mächtigkeit anhäufen. Wie metamorphe Gesteine wird es unter Druck durch Rekristallisation umgewandelt: Gletschereis entsteht durch Überdeckung beziehungsweise Versenkung und Metamorphose des „Sediments" Schnee. Locker gepackte Schneeflocken – jede einzelne ein Kristall des „Minerals" Eis – altern und rekristallisieren zu dem festen „Gestein" Eis (Abb. 21.2).

Eis hat einige ungewöhnliche Eigenschaften. Seine Schmelztemperatur ist extrem niedrig (0 °C), mehrere hundert Grad niedriger als die Schmelztemperatur der Silicatgesteine. Die Dichte der Gesteine ist höher als die ihrer Schmelzen, der Grund, weshalb Gesteinsschmelzen in der Lithosphäre nach oben steigen. Eis dagegen hat eine geringere Dichte als seine Schmelze, deshalb schwimmen Eisberge auf den Ozeanen. Obwohl Eis scheinbar hart ist, ist es erheblich weicher als die meisten Gesteine, und weil es vergleichsweise weich ist, kann es sich wie eine hochviskose Flüssigkeit langsam bergab bewegen.

**Gletscher** sind große Eismassen auf dem Festland, die Hinweise liefern, dass sie sich aktiv bewegen oder bewegt haben. Aufgrund der Größe und Form teilen wir Gletscher in zwei Grundtypen ein, in **Talgletscher** und **Inlandeismassen**.

**Abb. 21.2** Ein typisches Mosaik von Gletschereiskristallen. Die winzigen runden und röhrenförmigen Flecken sind Luftblasen [*Foto: Science VU/NOAA/USGS/Visuals Unlimited*].

## Talgletscher

Viele Skifahrer und Bergsteiger kennen die so genannten **Talgletscher**, die auch als **alpine Gletscher** bezeichnet werden (Abb. 21.3). Diese Eisströme bilden sich in den kalten Höhenlagen der Hochgebirge, wo der Schnee normalerweise in bereits vorhandenen Karen, Tälern oder Hangnischen akkumuliert. Aus einem solchen deutlich umgrenzten Einzugsgebiet fließen sie in Gebirgstälern unter dem Einfluss der Schwerkraft langsam talabwärts. Dabei nehmen die meisten dieser Gletscher die gesamte Breite des Tales ein, dessen Gesteinsuntergrund dann von mehreren hundert Metern Eis überdeckt sein kann. In den wärmeren Klimazonen der niederen Breiten treten Talgletscher nur in Hochtälern oder den höchsten Gipfellagen auf. Ein Beispiel hierfür ist das Gletschereis in Höhenlagen über 5 000 m in den Mountains of the Moon an der Grenze zwischen Uganda und Zaire im Osten Zentralafrikas. Im kalten Klima der höheren Breiten können Talgletscher dagegen viele Kilometer fließen und die gesamte Länge ihrer Täler einnehmen. An einigen Stellen treten sie als breite fächerförmige Zungen in das tiefer liegende, an den Gebirgsrand angrenzende Vorland als Piedmont- oder Vorlandgletscher aus. Wenn solche Gletscher in Tälern der Küstengebirge abfließen, reichen sie oftmals bis an die Meeresküste, wo gelegentlich größere Eismassen losbrechen und als Eisberge wegdriften, ein Vorgang, der als **Kalben** bezeichnet wird (vgl. Abb. 21.8).

Zu den Talgletschern gehören im weiteren Sinne auch die kleineren **Kargletscher**, die keine ausgeprägte Gletscherzunge haben und deren Eismassen im Wesentlichen auf die an den Bergflanken liegenden Hangmulden beschränkt sind.

## Inlandeismassen

**Inlandeismassen** sind extrem langsam sich bewegende, dicke Eisdecken, die große Gebiete eines Kontinents bedecken. Heute überdecken die größten Inlandeismassen der Erde weite Teile Grönlands und nahezu die gesamte Antarktis (Abb. 21.4). Das Eis Grönlands und der Antarktis ist nicht auf die Gebirgstäler beschränkt, sondern nimmt praktisch die gesamte Landoberfläche ein. Nur noch einige hohe Gipfel überragen als isolierte Einzelberge, so genannte **Nunataker** (oder **Nunataks**), die Eisoberfläche. In Grönland bedecken 2,8 Millionen Kubikkilometer Eis etwa 80 Prozent der gesamten Fläche von 4,5 Millionen km$^2$. Die Oberfläche der Eisdecke gleicht einer extrem ausgedehnten konvexen Linse. An ihrem höchsten Punkt in der Mitte der Insel beträgt die Eismächtigkeit mehr als 3 200 m (Abb. 21.5). Von diesem zentralen Punkt aus fällt die Eisoberfläche nach allen Seiten zum Meer hin ab. An der von Gebirgen gesäumten Küste löst sich das Eis in schmalere Zungen auf, die sich – ähnlich wie Talgletscher – durch die Gebirgstäler bis zum Meer winden, wo durch das Abbrechen großer Schollen Eisberge entstehen.

Die schüsselförmige Einmuldung im Untergrund der grönländischen Eismasse ist in dem auf Abbildung 21.5 dargestellten Schnitt deutlich erkennbar; sie wird durch das Gewicht des in der Mitte von Grönland auflagernden Eises hervorgerufen. Diese Auswirkung der Isostasie erklärt, warum die Küste Grönlands von Gebirgen gebildet wird.

So groß das grönländische Inlandeis auch erscheint, gegenüber dem antarktischen Eisschild ist es verschwindend klein (Abb. 21.6). Das Eis überdeckt 90 Prozent des antarktischen Kontinents – ein Gebiet von ungefähr 12,5 Millionen Quadratkilometern – und erreicht eine Mächtigkeit von ungefähr 4 000 m. Wie in Grönland ist auch das Eis der Antarktis im Zentrum aufgewölbt und fällt zu den Rändern hin ab. Ein Teil der Antarktis ist von dünnen, auf dem Ozean schwimmenden Eisdecken, dem so genannten **Schelfeis** umgeben, das noch mit dem Hauptgletscher auf dem Festland verbunden ist. Am bekanntesten ist das auf dem Rossmeer schwimmende

**Abb. 21.3** Der Herbert-Gletscher, ein Talgletscher bei Juneau, Alaska [*Foto: Greg Dimijian/Photo Researchers*].

**Abb 21.4** Die Berge der Sentinel Range. Sie überragen als Nunataker die Hochfläche der antarktischen Inlandeismassen [*Foto: B. Crowell*].

Ross-Schelfeis, eine Eisschicht von ungefähr der Größe des US-Bundesstaats Texas oder Frankreichs und der Beneluxstaaten zusammengenommen (Abb. 21.6).

**Eiskappen** sind schildförmige Eismassen, die den Nord- und Südpol der Erde überdecken. Der größte Teil der in den höchsten nördlichen Breiten entstandenen Eiskappe der Arktis schwimmt als Meereis auf dem Meer und wird normalerweise nicht als Gletscher bezeichnet. Fast die gesamte Eiskappe der Antarktis lagert dagegen auf Festland, auf dem Kontinent Antarktis, und wird daher als Inlandeis bezeichnet.

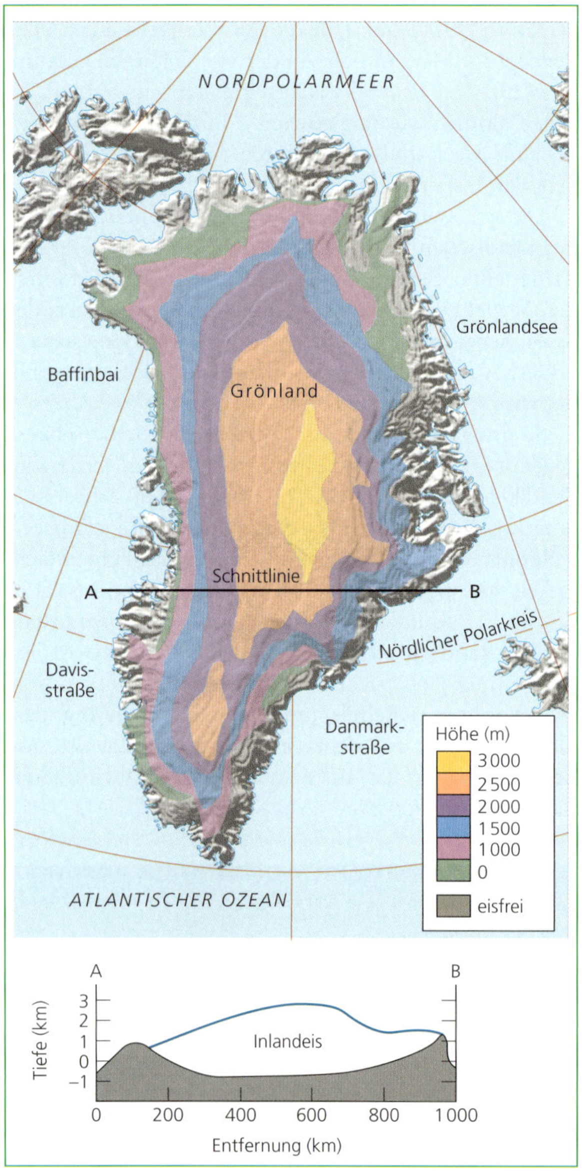


**Abb. 21.5** Verbreitung der Inlandeismassen und Höhenlage der Eisoberfläche auf Grönland. Der schematische Schnitt A–B durch das südliche Zentralgrönland zeigt die Linsenform der Eiskappe. Das Eis fließt vom mächtigsten Bereich nach außen weg [*nach R. F. Flint (1971): Glacial and Quaternary Geology, Wiley, New York*].

Kleinere, doch wie das Inlandeis flächenhaft ausgebildete, wenig mobile Gletscher werden als **Plateaugletscher** bezeichnet. Ihre Ausdehnung ist im Wesentlichen von der Größe der Hochfläche abhängig. Typisches Beispiel eines Plateaugletschers ist der Jostedals-Bre in Norwegen.

## Wie Gletscher entstehen

Die Bildung eines Gletschers beginnt mit ausgiebigem Schneefall im Winter, der im Sommer nicht abschmilzt. Der Schnee geht allmählich in Eis über, und wenn das Eis mächtig genug ist, beginnt es plastisch zu fließen.

### Erste Voraussetzung: niedrige Temperaturen und ausreichende Schneemengen

Damit ein Gletscher entstehen kann, müssen die Temperaturen so tief sein, dass der Schnee während des gesamten Jahres liegen bleibt. Solche Bedingungen herrschen in höheren Breiten, da die Sonnenstrahlen in den polaren und subpolaren Gebieten unter einem sehr flachen Winkel auftreffen. In großen Höhen (Hochgebirge) wird es kälter, weil die Atmosphäre bis in eine Höhe von etwa 10 km kontinuierlich abkühlt. Aufgrund der Tatsache, dass der Winkel zwischen Sonneneinstrahlung und Erdoberfläche und damit die Menge an Sonnenenergie, die pro Flächeneinheit die Erdoberfläche erwärmt, in Richtung auf die Pole abnimmt, sinkt auch die Schneegrenze – die Höhe, bei der Schnee im Sommer nicht vollständig abschmilzt – in Richtung auf die Pole kontinuierlich ab, wo Schnee und Eis das ganze Jahr über liegen bleiben und selbst auf Meeresspiegelhöhe nicht abschmelzen. In Äquatornähe entstehen Gletscher nur auf Bergen, die über 5 500 m hoch sind.

Schnee- und Gletscherbildung erfordern sowohl Niederschläge als auch Frost. Da die mit Feuchtigkeit beladenen Winde normalerweise den größten Teil des Schnees auf der Luvseite einer hohen Gebirgskette abgeben, ist die windabgewandte Gebirgsflanke in der Regel trocken und nicht vergletschert. Die meisten Berge der Anden in Südamerika liegen beispielsweise in einer Zone mit vorwiegend östlichen Winden. Deshalb bilden sich die Gletscher dort bevorzugt auf den niederschlagsreicheren Osthängen; die trockeneren Westseiten sind nur in geringem Maße von Schnee und Eis bedeckt.

Ein kaltes Klima ist nicht notwendigerweise auch schneereich. Beispielsweise hat Nome in Alaska ein arktisches Klima mit einer mittleren jährlichen Maximaltemperatur von 9 °C, doch fallen dort pro Jahr lediglich

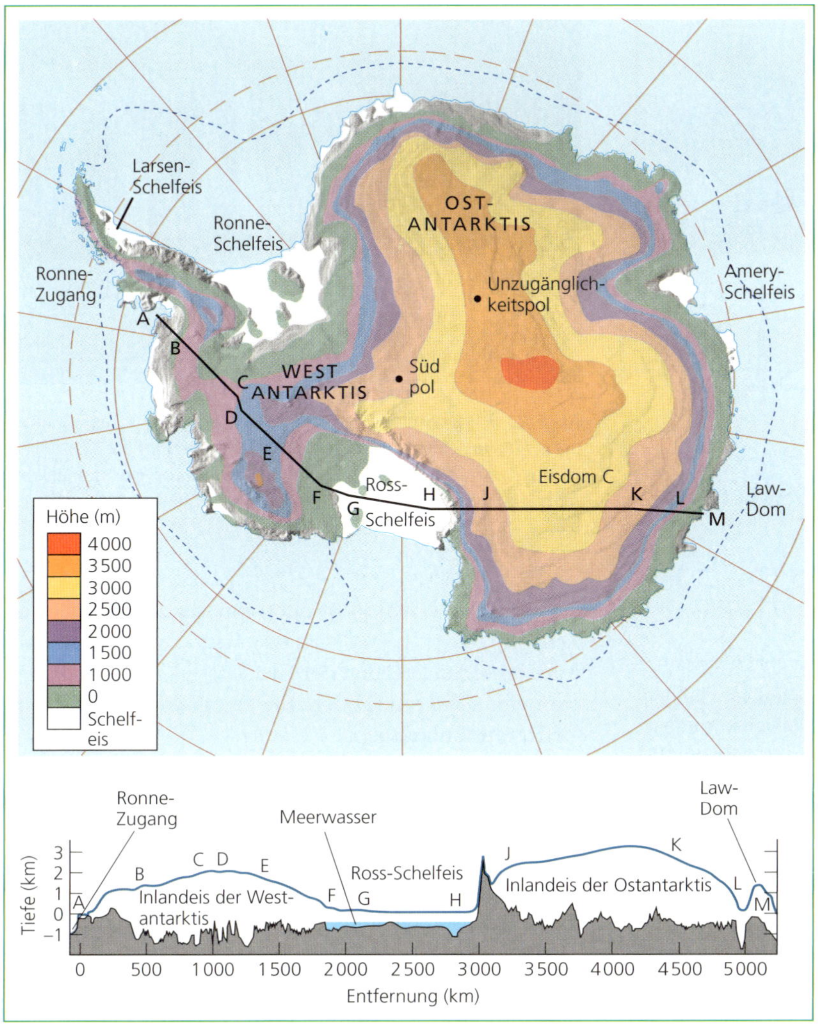


**Abb. 21.6** Die Höhenlinienkarte und der Schnitt durch die Antarktis zeigen die Oberflächenform der Inlandeismassen, die den gesamten Kontinent überdecken. Die Schelfeisgebiete sind weiß dargestellt [*nach U. Radok (1985): „The Antarctic Ice", Scientific American, Augustheft S. 100; Daten aus International Antarctic Glaciological Project*].

44 mm Niederschläge ausschließlich in Form von Schnee. Im Vergleich dazu hat die Stadt Caribou im US-Bundesstaat Maine ein kühles gemäßigtes Klima mit einer maximalen Durchschnittstemperatur von 25 °C im wärmsten Monat, die jährlichen Schneefälle belaufen sich jedoch auf beachtliche 310 cm. Dennoch sind die Verhältnisse in der Umgebung von Nome, wo wenig oder kein Schnee abschmilzt, bezüglich der Bildung von Gletschern günstiger als in Caribou, wo der gesamte Schnee im Frühjahr abschmilzt. In ariden Klimazonen ist die Entstehung von Gletschern ziemlich unwahrscheinlich, es sei denn, es ist wie in der Antarktis das ganze Jahr über so kalt, dass praktisch kein Schnee abschmilzt, sondern insgesamt liegen bleibt.

## Akkumulation: Schnee wird zu Eis

Frisch gefallener Schnee ist eine pulverartige Masse aus locker gepackten Schneeflocken. Wenn die einzelnen kleinen Flocken am Boden altern, kommt es zum Abbau der Kristalle unter Bildung gleichkörniger Aggregate (Abb. 21.7). Während dieser Umwandlung geht die Masse der Schneeflocken durch Kompaktion in eine etwas dichtere körnige Form des Schnees über. Wenn beständig neuer Schnee fällt und den älteren überdeckt, verdichtet sich der körnige Schnee weiter zu einer immer kompakteren Form, die als **Altschnee** oder **Firn** bezeichnet wird. Die weitere Überdeckung und Alterung führt schließlich zu festem Gletschereis, weil selbst die kleinsten Körner rekristallisieren und dadurch alle anderen miteinander verkitten. Der gesamte Umwandlungsprozess kann in den niederen Breiten innerhalb weniger Jahre erfolgen, obwohl 10–20 Jahre weitaus wahrscheinlicher sind. In den extrem kalten Regionen der zentralen Antarktis sind für diesen Vorgang einige tausend Jahre erforderlich.

Ein typischer Gletscher wächst im Winter langsam, da Schnee, der auf die Gletscheroberfläche fällt, erst noch in Eis umgewandelt werden muss. Die zu einem Gletscher jährlich hinzukommende Schneemenge wird als **Akkumulation** bezeichnet.

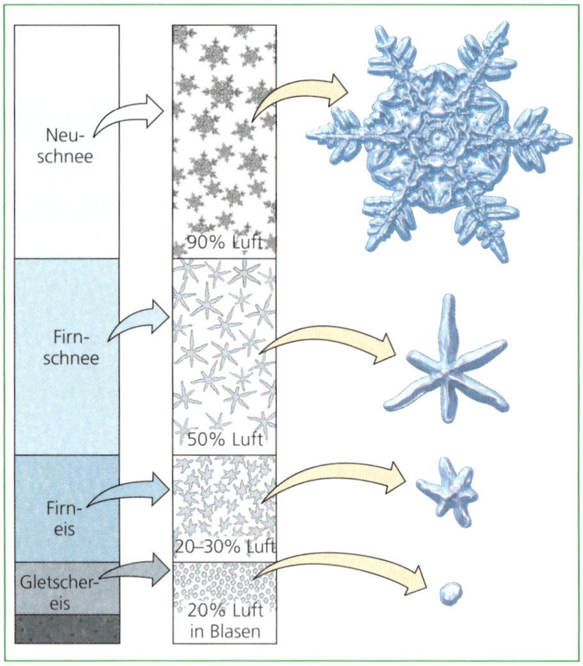


**Abb. 21.7** Verschiedene Stadien beim Übergang von Schneekristallen in körnigen Firn, in Firneis und schließlich in kompaktes Gletschereis durch Sammelkristallisation. Die Veränderung der einzelnen Kristalle führt durch die Abgabe der eingeschlossenen Luft zu einer zunehmend höheren Dichte [*nach H. Bader et al. (1939): „Der Schnee und seine Metamorphose", Beiträge z. Geologie der Schweiz*].

Bei der Akkumulation schließen Schnee und Eis wertvolle Relikte aus der vergangenen Erdgeschichte ein und konservieren sie. Im Jahre 1992 waren Wissenschaftler und Öffentlichkeit von der sensationellen Entdeckung eines gut erhaltenen prähistorischen Menschen im Gletschereis der Ötztaler Alpen an der Grenze zwischen Italien und Österreich begeistert. Viele inzwischen ausgestorbene Tiere wie das Mammut, ein großes elefantenähnliches Tier, das einst die nördlichen Tundren durchstreifte, wurden in Nordsibirien im pleistozänen Eis in hervorragendem Zustand überliefert. In gleicher Weise sind im Eis auch Staubpartikel und Luftblasen eingeschlossen (vgl. Abb. 21.2). Aus der chemischen Analyse solcher Luftblasen von sehr altem, tief versenktem Eis der Antarktis und Grönlands wissen wir beispielsweise, dass der Kohlendioxidgehalt der Atmosphäre während der letzten Vereisung niedriger war als seit dem Rückzug der Gletscher (vgl. Abb. 15.10).

## Ablation: wo das Eis abschmilzt

Wenn das Eis schließlich eine ausreichende Dicke erreicht hat, um sich in Bewegung zu setzen, ist die Bildung des Gletschers abgeschlossen. Eis fließt unter dem Einfluss der Schwerkraft langsam hangabwärts, entweder durch ein Gebirgstal oder von der Aufwölbung im Zentrum einer Inlandeismasse weg. Durch diese Abwärtsbewegung gelangt der Gletscher in beiden Fällen in ein tieferes Niveau, in dem die Temperaturen über dem Gefrierpunkt liegen.

**Abb. 21.8** Kalbender Gletscher im Wrangell-St. Elias-Nationalpark, Alaska. Gletscher kalben, wenn sie sich über die Küstenlinie hinaus bis in das Wasser vorschieben und von der aufschwimmenden Eismasse große Blöcke losbrechen [*Foto: T. Bean*].

Die gesamte jährliche Volumenabnahme eines Gletschers wird als **Ablation** bezeichnet. Für den Verlust von Eis sind vier Faktoren verantwortlich:

1. **Abschmelzen**; wenn das Eis schmilzt, verliert der Gletscher an Substanz.
2. **Kalben**; sobald sich ein Gletscher über die Küstenlinie ins Meer vorschiebt, brechen Eismassen los und driften als Eisberge weg (Abb. 21.18).
3. **Sublimation**; in kaltem Klima geht das Eis der Gletscher direkt vom festen in den gasförmigen Aggregatzustand über.
4. **Winderosion**; starke Winde können das Eis erodieren, vor allem durch Abschmelzen und Sublimation.

Der größte Teil des Abschmelzens durch Erwärmung erfolgt an der Gletscherstirn. Selbst wenn sich also ein Gletscher von seinem Nährgebiet weg bewegt, kann sich der vordere Eisrand in Richtung zum Nährgebiet zurückverlagern. Abschmelzen und Kalben sind insgesamt die wichtigsten Vorgänge, durch die Gletscher ihre Eismassen verlieren.

## Gletscherhaushalt: Akkumulation minus Ablation

Die Differenz zwischen Akkumulation und Ablation, der Nettohaushalt, bestimmt entweder das Wachstum oder den Rückzug eines Gletschers (Abb. 21.9). Wenn Akkumulation minus Ablation über einen längeren Zeitraum hinweg den Wert Null annimmt, bleibt die Größe eines Gletschers konstant, selbst wenn er weiterhin aus seinem

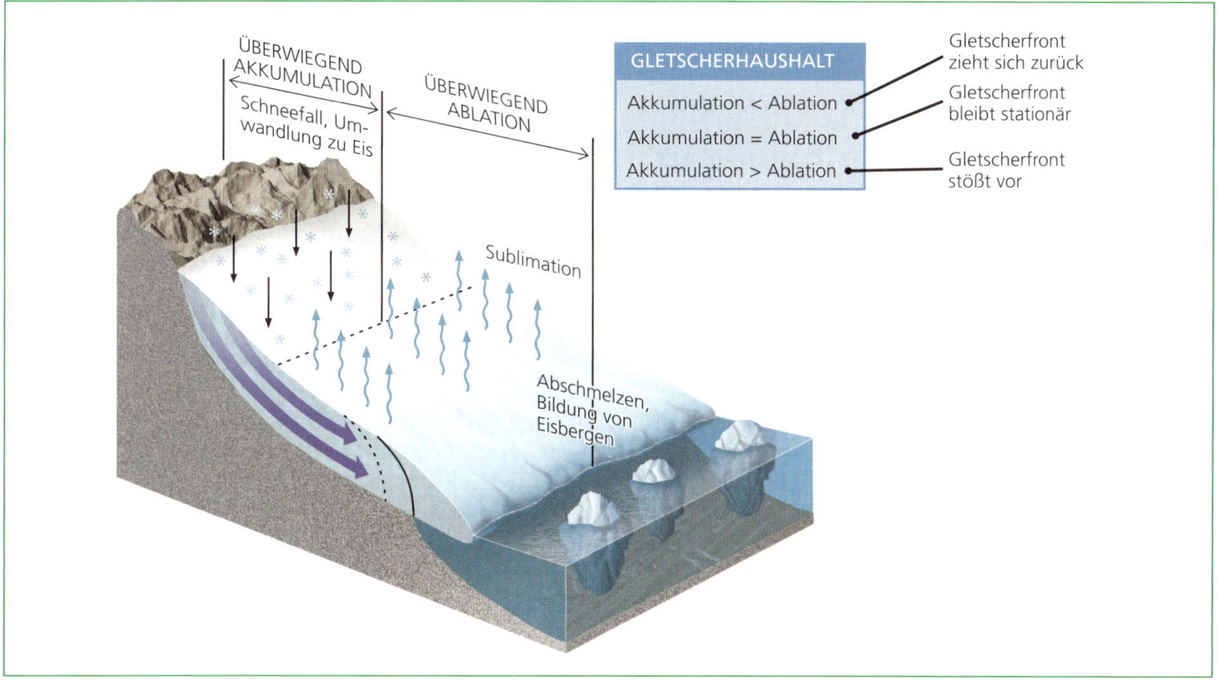


**Abb. 21.9** Die Akkumulation von Gletschern erfolgt überwiegend im kälteren und höher liegenden Nährgebiet durch Schneefälle, während es im wärmeren niedriger liegenden Zehrgebiet durch Sublimation, Abschmelzen und Kalben der Gletscher überwiegend zur Ablation kommt. Die Differenz zwischen Akkumulation und Ablation wird als Gletscherhaushalt bezeichnet.

Entstehungsgebiet bergab fließt. Bei einem solchen Gletscher kommt es in seinem oberen Bereich, dem Nährgebiet, zur Akkumulation von Schnee und Eis, aber im gleichen Maße kommt es in seinen tiefer liegenden Bereichen, dem Zehrgebiet, zur Ablation. Wenn die Akkumulation die Ablation übersteigt, stößt der Gletscher vor; wenn umgekehrt die Ablation gegenüber der Akkumulation überwiegt, zieht sich der Gletscher zurück.

Der Haushalt eines Gletschers ändert sich von Jahr zu Jahr. Als Folge regionaler klimatischer Veränderungen im Verlauf der vergangenen Jahrtausende blieben zahlreiche Gletscher stationär, obwohl sich einige aufgrund kurzzeitiger Klimaschwankungen zurückzogen, während andere vorstießen. In jüngster Zeit wurde jedoch klar, dass die Gletscher der Erde als Folge der globalen Erwärmung weltweit im Rückgang begriffen sind (Abb. 21.10). Da der Rückzug der Gletscher ein direkter Hin-

**Abb. 21.10** Der Athabasca-Gletscher in den Jahren 1917 (links) und 1990 (rechts). Der Gletscher hat sich in weniger als einem Jahrhundert um mehr als 500 m zurückgezogen. Zahlreiche Geowissenschaftler führen das Abschmelzen der Talgletscher auf die globale Erwärmung zurück [*Fotos: Whythe Museum of the Canadian Rockies, Byron Harmon photograph (links); Stanley L. Stronski, Unique Photography, Ledgewood, NJ (rechts)*].

weis für Klimaveränderungen ist, werden die Haushalte der Gletscher heute äußerst sorgfältig überwacht.

## Wie sich Gletscher bewegen

Wenn sich Eis zu einer entsprechenden Mächtigkeit anhäuft, die ausreicht, dass die Schwerkraft den Widerstand der Eises gegen das Fließen überwindet – normalerweise sind dafür mindestens einige dutzend Meter erforderlich – beginnt es zu fließen und wird erst dadurch zum Gletscher. Bei der Gletscherbewegung wird das Eis deformiert und gleitet durch plastisches Fließen langsam hangabwärts, vergleichbar dem laminaren Fließen einer langsam fließenden Wasserströmung (Kap. 18). Im Gegensatz zu dem einfach zu beobachtenden, raschen Fließen eines Flusses erfolgt die Gletscherbewegung jedoch so langsam, dass sich das Eis bei täglicher Beobachtung überhaupt nicht zu bewegen scheint.

### Die Mechanismen der Gletscherbewegung

Die Gletscherbewegung erfolgt im Wesentlichen durch plastisches Fließen und durch Sohlgleitung (Abb. 21.11). Beim plastischen Fließen wird das Eis deformiert und gleitet in Form von Mikrobewegungen auf internen Gleitbahnen. Bei der Sohlgleitung gleitet das Eis ausschließlich an seiner Basis, vergleichbar einem Eisblock, der auf einer schiefen Rampe abrutscht.

**Bewegung durch plastisches Fließen** Unter dem großen Druck innerhalb des Gletschers kommt es kurzzeitig zu Verschiebungen an Korngrenzen sowie zu Verschiebungen (Translationen) auf Netzebenen der Kristallgitter um geringe Beträge in der Größenordnung von zehn Millionstel Millimetern (Abb. 21.11b). Der Gesamtbetrag dieser winzigen Bewegungen innerhalb der enormen Anzahl von Eiskristallen summiert sich zu einer erheblichen Bewegung der geschlossenen Eismasse in einem Vorgang, der als **plastisches Fließen** bezeichnet wird. Um sich diesen Vorgang besser vorstellen zu können, denke man sich einen zufällig angeordneten Stapel aus mehreren Kartenspielen, von denen jedes einzelne Spiel mit einem Gummiband zusammengehalten wird. Der gesamte Stapel kann durch viele kleine Gleitbewegungen zwischen den Karten der einzelnen Kartenbündel verschoben werden. Wenn Eiskristalle unter dem im tieferen Bereich des Gletschers herrschenden Druck wachsen, werden ihre mikroskopisch kleinen Gleitflächen parallel ausgerichtet und damit erhöht sich die Fließgeschwindigkeit.

In extrem kalten Gebieten, in denen die Temperatur im gesamten Gletscher einschließlich der Sohle deutlich unter dem Gefrierpunkt liegt, dominiert das plastische Fließen. Das Eis an der Sohle dieser **kalten Gletscher** ist am Untergrund festgefroren und der größte Teil der Bewegung erfolgt durch plastische Deformation oberhalb der Gletschersohle. So gering diese Bewegungen an der gefrorenen Basis auch sein mögen, sie reißen alle lösbaren Bruchstücke aus dem unterlagernden Gestein oder Boden los.

Wegen dieser Durchmischung ist der Übergang zwischen dem auflagernden Eis und dem Untergrund normalerweise fließend, das heißt, es gibt keine scharfe Grenze zwischen reinem Eis und Gestein, vor allem wenn der Untergrund aus Lockersedimenten oder wenig verfestigten Sedimentgesteinen besteht. Es entsteht eine Übergangsschicht aus Eis mit einem hohen Anteil an Gesteinsmaterial und einem deformierten Untergrund, der erhebliche Mengen Eis enthält.

**Bewegung durch Sohlgleitung** Die andere Art der Gletscherbewegung ist die so genannte **Sohlgleitung**, das Gleiten eines Gletschers an der Grenze zwischen Eis und Untergrund (Abb. 21.11c). Diese Bewegung erfolgt durch **Regelation** – ein Vorgang, der von der Temperatur an der Grenze zwischen Eis und Untergrund im Verhältnis zum Schmelzpunkt des Eises abhängt. An der Sohle des Gletschers steht das Eis durch das Gewicht der darüber liegenden Eismasse unter hohem Druck. Der Schmelzpunkt von Eis sinkt, wenn der Druck zunimmt, daher schmilzt das Eis an der Basis des Gletschers – wo das Gewicht der überlagernden Eismassen am größten ist – selbst bei Temperaturen, die unter dem Gefrierpunkt liegen. Diese Druckverflüssigung führt an der Grenze Untergrund/Eis zu einer Schmierschicht aus Wasser, auf der das darüber liegende Eis hangabwärts gleiten kann. Das ist letztlich derselbe Effekt, der das Schlittschuhlaufen ermöglicht. Unser Körpergewicht auf der schmalen Schlittschuhkufe liefert genügend Druck, dass unter der Kufe ein wenig Eis schmilzt, und dieses Schmelzwasser wirkt wie ein Schmiermittel, das die Kufe leicht über die Eisoberfläche gleiten lässt.

In den gemäßigten Breiten, in denen die Lufttemperatur zu bestimmten Jahreszeiten über dem Gefrierpunkt liegt, dürfte auch die Eistemperatur um den Schmelzpunkt schwanken, und zwar nicht nur am Grund des Gletschers, sondern auch in den höheren Bereichen innerhalb des Gletschers. Plastisches Fließen unter dem vom Eis ausgeübten Druck trägt durch die Reibung beim Gleitvorgang der Kristalle um winzige Beträge ebenfalls, wenn auch in geringem Maße, zu einer gewissen Erwärmung des Gletscherinneren bei. In diesen so genannten **warmen** oder **temperierten Gletschern** tritt Wasser in Form kleiner Tropfen zwischen den Eiskristallen auf, aber auch als größere Wasseransammlungen in Hohlräumen des Eiskörpes. Das im gesamten Gletscher vor-

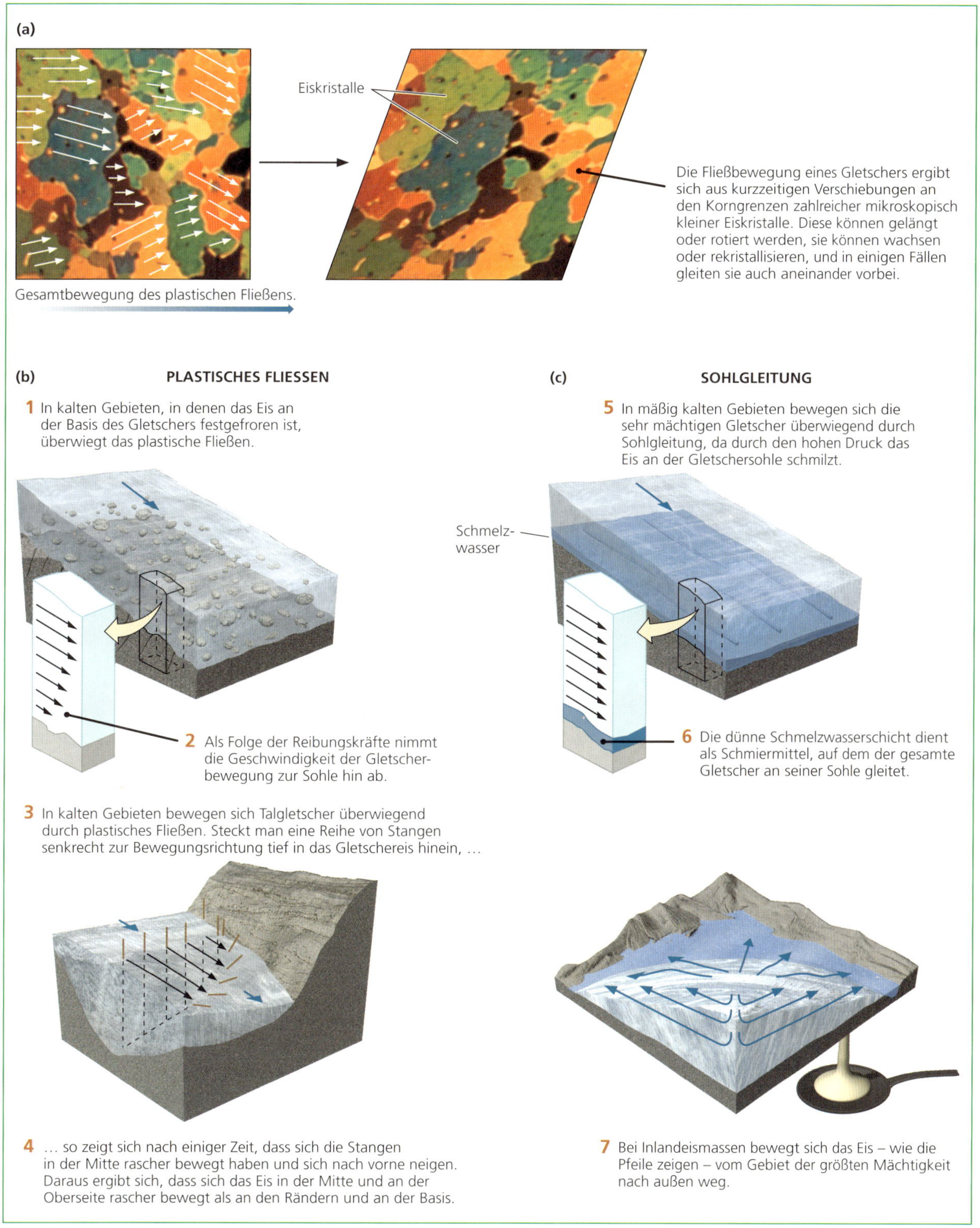


**Abb. 21.11** Mechanismen der Gletscherbewegung.

handende Wasser erleichtert und beschleunigt die internen Gleitbewegungen zwischen den Eisschichten.

## Eisbewegung bei Talgletschern

Louis Agassiz, ein schweizerischer Zoologe und Geologe des 19. Jahrhunderts, befasste sich als Erster mit den Bewegungen alpiner Talgletscher. Als junger Professor schlug er in den dreißiger Jahren des 19. Jahrhunderts mit seinen Studenten Stöcke in das Eis eines Alpengletschers und maß über mehrere Jahre hinweg deren Lageänderung. Die schnellste Bewegung der Stöcke beobachtete er entlang der Mittellinie des Gletschers mit ungefähr 75 m pro Jahr, während sich die Stöcke in der Nähe der Ränder wesentlich langsamer bewegten. Die Verformung langer, tief in das Eis senkrecht hineingetriebener Röhren zeigte später, dass sich das Eis an der Basis des Gletschers langsamer als in der Mitte bewegt.

Diese Form der Deformation, bei der sich die im Zentrum liegenden Bereiche des Gletschers rascher bewegen als die am Rand oder an der Basis, ist charakteristisch für ein plastisches Fließverhalten (Abb. 21.11c). Bei anderen Talgletschern wurde außerdem beobachtet, dass die Bewegung mit einer eher einheitlichen Geschwindigkeit und als geschlossene Masse fast ausschließlich durch Sohlgleitung auf einer Gleitschicht aus Schmelzwasser am Untergrund erfolgt. Am häufigsten bewegen sich Talgletscher jedoch durch eine Kombination beider Vorgänge – teils durch plastisches Fließen innerhalb des Eiskörpers und teils durch Sohlgleitung.

Nach einer längeren Periode geringer Bewegung kann es sporadisch zu einer plötzlich auftretenden, starken, oft katastrophalen Vorstoßbewegung eines Talgletschers kommen, die als **Glacial Surge** (Gletscherwoge) be-

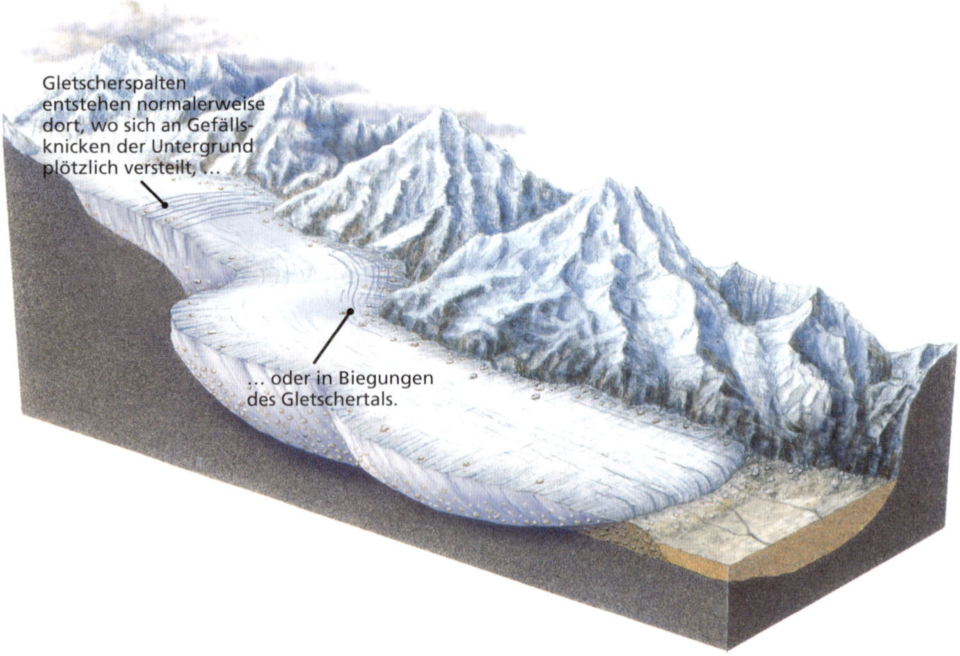


**Abb. 21.12** Gletscherspalten am Mount Rainier, US Bundesstaat Washington [*Foto: Dough Churchill.com.*].

zeichnet wird. Solche Surges können mehrere Jahre andauern. Das Eis kann sich in dieser Zeit mit Geschwindigkeiten von mehr als 6 km pro Jahr bewegen, dem Tausendfachen der normalen Geschwindigkeit eines Gletschers. Die Mechanismen solcher Gletschervorstöße sind zwar noch nicht völlig geklärt, aber einem derartigen Gletschervorstoß scheint ein Anstieg des Wasserdrucks in den Schmelzwassertunneln an oder in der Nähe der Sohle vorauszugehen. Dieses unter Druck stehende Wasser beschleunigt offenbar die Sohlgleitung ganz erheblich.

In den oberen Bereichen der Gletscher bis in etwa 50 m Tiefe ist der Überlagerungsdruck gering. Bei diesem geringen Druck verhält sich das Eis als starrer, spröder Festkörper, der zerbricht, wenn er durch das plastische Fließen der darunter liegenden Eismasse mitgeschleppt wird. Zahlreiche Bruchflächen, die so genannten **Gletscherspalten**, zerlegen an Stellen, wo die Deformation des Gletschers besonders groß ist, die oberflächennahe Schicht des Gletschers in zahlreiche kleinere Blöcke (Abb. 21.12). Noch weitaus häufiger treten Gletscherspalten dort auf, wo die Deformation des Gletschers sehr stark ist wie etwa an Stellen, wo das Eis an den Felswänden gegen das anstehende Gestein gedrückt wird, aber auch in Kurven des Gletschertales und an Gefällsknicken, wo der Untergrund sich plötzlich versteilt. Die Bewegung der spröden oberflächennahen Eismasse in diesen Gebieten ist ein „Fließen", das aus den Gleitbewegungen zwischen unregelmäßigen Eisblöcken resultiert; in gewissem Maße ähnelt es der Bewegung von Krustenblöcken an Störungen.

## Eisbewegung in der Antarktis

Die Antarktis scheint ein Gebiet zu sein, das ewig gefroren ist, doch auch dort bewegt sich das Eis. Die Eismassen fließen vom Zentrum des Kontinents nach außen zum Meer, Eisberge brechen los und stürzen in den Ozean, und durch die Inlandeismasse hindurch bewegen sich große geschlossene Eisströme. Diese Vorgänge sind insgesamt ein Hinweis für die äußerst dynamische Beziehung zwischen diesem fernen Kontinent und dem globalen Klima. Inlandeismassen in polaren Klimaten, bei denen die Sohlgleitung gering ist oder fehlt, zeigen die höchsten Geschwindigkeiten im Zentrum der Eismasse. Dort ist der Druck sehr hoch, und die einzigen die Reibung verringernden Kräfte bestehen zwischen Eislagen, die sich mit unterschiedlichen Geschwindigkeiten bewegen (Abb. 21.11c).

Heute verwenden Wissenschaftler Satelliten- und Radarluftbilder, um die Form und Gesamtbewegung der Gletscher kartenmäßig zu erfassen. Diese Bilder zeigen, dass sich die Gletscher der Antarktis sehr rasch in Form von 25 bis 80 km breiten und 300 bis 500 km langen **Eisströmen** bewegen (Abb. 21.13). Diese Ströme erreichen Geschwindigkeiten von 0,3–2,3 mm pro Tag – hohe Werte, verglichen mit der Gletscherbewegung in den angrenzenden Inlandeismassen von 0,02 mm pro Tag. Bohrungen im Eis haben ergeben, dass die Temperatur an der Basis eines solchen Eisstroms in der Nähe des Schmelzpunkts liegt und dass dort das Schmelzwasser mit weichem Sedimentmaterial vermischt ist. Eine gängige Theorie besagt, dass zwischen der raschen Bewegung der Eisströme und der Deformation des wasserge-

**Abb. 21.13** (a) Der Lambert-Gletscher in der Antarktis zeigt im Vordergrund Fließlinien, die für eine rasche Gletscherbewegung charakteristisch sind. (b) Die Karte zeigt die Geschwindigkeitsverteilung des Lambert-Gletschers. Die Pfeile kennzeichnen jeweils die Fließrichtung. Die Bereiche ohne Bewegung (gelb) sind entweder eisfreie Gebiete oder stationäres Eis. Die kleineren Seitengletscher bewegen sich im Allgemeinen langsamer, mit Geschwindigkeiten zwischen 100 bis 300 m/Jahr (grün), die allmählich zunimmt, wenn die Seitengletscher auf der geneigten Oberfläche des Kontinents bergab fließen und die oberen Bereiche des Lambert-Gletschers erreichen. Der größte Teil des Lambert-Gletschers bewegt sich mit Geschwindigkeiten zwischen 400 und 800 m/Jahr (blau). Wenn das Amery-Schelfeis erreicht ist, breitet er sich aus, die Eisdecke wird dünner und die Geschwindigkeit nimmt auf etwa 1 000 bis 1 200 m/Jahr zu (rosa/rot). Das Bild zeigt ein Gebiet von etwa 570 km Länge und 380 km Breite [ *Fotos: mit freundl. Genehmigung von Richard Stanaway, Geodynamics Group, Research School of Earth Sciences, Australian National University (a); RADARSAT imagery from the 2000 Antarctic Mapping Mission, NASA Visible Earth (b)*].

sättigten Sediments an der Basis ein Zusammenhang besteht. Ähnliche Eisströme könnten bei einer Erwärmung des Klimas entstehen, was zu einer Verringerung der Eismassen und zur raschen Entgletscherung führt. In Zeiten globaler Erwärmung könnten derartige Eisströme mit zum Rückzug der Gletscher und zur Instabilität der Inlandeismassen in der Westantarktis führen.

Durch eine Kartierung mithilfe hochauflösender Radar-Satellitenbilder wurde festgestellt, dass sich mehrere Gletscher der Antarktis in lediglich drei Jahren um mehr als 30 Kilometer zurückgezogen haben. Im Verlauf der vergangenen zwanzig Jahre brachen von den Gletschern der Antarktis riesige Eisblöcke los. So löste sich beispielsweise im März 2000 vom Ross-Eisschelf ein Eisberg mit einer Fläche von 10 000 $km^2$ ab; das entspricht etwa der Fläche des US-Bundesstaats Delaware. Und in jüngerer Zeit, im Februar und März 2002 brach von der Ostseite des Graham-Landes ein Teil des Larsen-Eisschelfs mit einer Fläche von 3 520 $km^2$ los (Abb. 21.14), der sich anschließend in Tausende von Eisbergen auflöste.

Geologen, die den Larsen-Eisschelf überwachen, hatten dieses Ereignis vorhergesagt. Geländebeobachtungen und Satellitenbilder zeigten, dass die Geschwindigkeit dieses Eisstroms dramatisch zugenommen hatte, was als Hinweis auf eine gewisse Instabilität gedeutet wurde. Wenn sich aus irgendeinem Grund die Abflussrate eines solchen Eisstroms ändert, wird ein ansonsten stabiler Eisschelf plötzlich instabil. Im Falle des Larsen-Eisschelfs gehen Geologen davon aus, dass steigende Temperaturen sowohl an der Oberfläche des Eisstroms als auch im tieferen Wasser am Boden des Schelfs zu einer Erhöhung der Fließgeschwindigkeit geführt haben.

**Abb. 21.14** Abbruch des Larsen-Schelfeises. Dieses Satellitenbild wurde am 7. März 2002 aufgenommen, gegen Ende einer zweimonatigen Periode, in der sich das Schelfeis vom Festland löste und in Tausende von Eisbergen auseinander brach. Die dunkelsten Farben rechts kennzeichnen das offene Wasser, die weißen Flächen sind Eisberge, Überreste des Schelfeises sowie Gletscher auf dem Festland. Der hellblaue Bereich ist eine Mischung aus Meerwasser und stark zerbrochenem Eis. Der Bildausschnitt entspricht einer Fläche von 150 mal 180 km [Foto: *NASA /GSFC/LaRC/JPL, MISR Team*].

# Glazigene Landschaftsformen

Die Bewegung der Gletscher ist für eine Vielzahl geologischer Prozesse verantwortlich, für Erosion, Transport und Sedimentation. Genauso wie der eigene Fußabdruck im Sand nicht zu sehen ist, solange der Fuß im Abdruck steht, ist nichts von den Auswirkungen eines aktiven Gletschers auf seine Sohlfläche oder die Seitenwände sichtbar. Erst wenn das Eis abgeschmolzen ist, werden die vielfältigen Erscheinungen der Erosion und Sedimentation erkennbar. Folglich können wir aus der Morphologie der ehemals vergletscherten Gebiete und aus charakteristischen Landschaftsformen die von der Bewegung der Eismassen verursachten mechanischen Vorgänge ableiten.

## Glazialerosion und Erosionsformen

Die erosive Tätigkeit der Gletscher ist weitaus effektiver, als die von Wasser oder Wind. Ein Talgletscher von nur wenigen hundert Metern Breite kann in einem einzigen Jahr mehrere Millionen Tonnen Gestein vom Untergrund losreißen und zerkleinern. Diese riesige Sedimentfracht wird vom Boden und den Seiten des Gletschers erodiert und mit dem Eis an die Stirn des Gletschers transportiert, wo sie beim Schmelzen der Eisfront abgelagert wird. Untersuchungen haben gezeigt, dass die gesamte Sedimentmenge, die pro Jahr in den Ozeanen abgelagert wird, während der letzten Eiszeit etwa um den Faktor sieben größer war als während der eisfreien Epochen.

Bei der Erosionsarbeit der Gletscher lassen sich folgende Einzelprozesse unterscheiden:

1. **Exaration** – das Ausschürfen von Lockermaterial und anstehendem Festgestein im Bereich der Gletscherstirn.
2. **Detersion** – die Schleif-, Schramm- und Kratzwirkung der im Eis eingeschlossenen Gesteinstrümmer am Untergrund des Gletschers.

3. **Detraktion** – das Herausbrechen der an der Gletscherunterseite angefroren Gesteinskomponenten durch die Bewegung der Eismasse.

Das an der Sohle und den Seiten eines Gletschers eingeschlossene, geklüftete und aufgelockerte Gesteinsmaterial wird am felsigen Untergrund unter dem Gletscher weiter zerkleinert und zermahlen. Dadurch zerbricht das aufgenommene Gestein in eine Vielzahl unterschiedlich großer Bruchstücke, von hausgroßen Blöcken bis zu feinem, pulverisiertem Material, das als **Gesteinsmehl** bezeichnet und als **Gletschermilch** oder Gletschertrübe mit dem Schmelzwasser fortgetragen wird. Aufgrund seiner geringen Korngröße und folglich großen Oberfläche unterliegt dieses Material sehr rasch der chemischen Verwitterung. Sofern das glazigene Schuttmaterial noch im Eis eingeschlossen ist und der Untergrund von mächtigen Eismassen überlagert wird, ist die chemische Verwitterung geringer als in den eisfreien Gebieten. Doch das am abschmelzenden Rand eines Gletschers aus dem Eis freigesetzte, fein zermahlene Material trocknet aus und zerfällt zu Staub. Der Wind kann diesen Staub verblasen und ihn schließlich als Löss ablagern, der für Kaltzeiten kennzeichnend ist.

Da der Gletscher an seiner Sohle Gesteinsblöcke mitschleppt, werden durch die Detersion sowohl das Unterlager als auch die Blöcke selbst gekritzt und geschrammt. Solche **gekritzten Geschiebe** und Gletscherschrammen, wie diese Abrasionserscheinungen genannt werden, sind deutliche Hinweise für eine Gletscherbewegung. Ihre Orientierung gibt Auskunft über die Richtung der Eisbewegung; sie ist ein besonders wichtiger Faktor bei der Untersuchung von Inlandvereisungen, da hier die typischen Täler fehlen. Durch Kartieren der Gletscherschrammen über weite Gebiete, die ehemals vom Inlandeis bedeckt waren, lässt sich auf einfache Weise die Fließrichtung der Eismassen rekonstruieren (Abb. 21.15).

Kleinere, längliche Hügel aus dem im Untergrund anstehenden Gestein werden als **Rundhöcker** bezeichnet. Sie wurden auf ihrer stromaufwärts gerichteten Luvseite durch das vorrückende Eis abgeschliffen und geglättet. Auf ihrer stromabgewandten Seite hat das vorrückende Eis hingegen Blöcke aus dem Gesteinsverband herausgerissen und einen zerklüfteten, rauen und steilen Leehang geschaffen (Abb. 21.16). Diese asymmetrische Form der Hänge gibt Hinweise auf die Richtung der Eisbewegung.

Talgletscher schneiden beim Fließen von ihrem Entstehungsort zu ihrer tiefer liegenden Stirn ebenfalls eine Reihe von charakteristischen Erosionsformen ein. Am Ursprung des Gletschers schürft das Eis durch das Herausbrechen und Herausziehen von Gesteinsmaterial normalerweise eine steilwandige, einem Amphitheater ähnliche Hohlform aus, ein so genanntes **Kar** (21.17). Mit fortdauernder Erosion treffen benachbarte Kare am Beginn aneinander grenzender Täler allmählich an den Bergrücken aufeinander und entlang der Trennlinie entsteht ein scharfer, schroffer Bergkamm, der als **Felsgrat** bezeichnet wird.

**Abb. 21.15** Gletscherschliffe, Gletscherschrammen und Furchen auf einer Granitoberfläche; Glacier Bay National Park, Alaska. Gletscherschrammen geben Hinweise auf die Bewegungsrichtung des Eises und sind daher besonders wichtige Anhaltspunkte für die Rekonstruktion der Eisbewegung von Inlandeismassen [*Foto: Carr Clifton*].

Wenn sich ein Talgletscher von seinem Kar aus bergab bewegt, schürft er entweder ein Tal aus oder er vertieft und überformt ein bereits vorhandenes Tal zu einem charakteristischen **Trog-** oder **U-Tal** (Abb. 21.17). Die Talböden solcher Gletschertäler sind weitgehend eben, und ihre Wände sind im Gegensatz zu den V-förmigen Kerbtälern vieler Gebirgsflüsse steil oder fast senkrecht.

Ein weiterer Unterschied zwischen Gletschern und Flüssen ergibt sich beim Zusammenfluss von Neben- oder Seitengletschern mit den Haupttalgletschern. Obwohl die Eisoberfläche am Zusammenfluss des Nebengletschers mit dem Haupttalgletscher auf gleicher Höhe liegt, liegt die Sohle des Seitentales wegen der geringeren Erosionskraft des Nebengletschers meist wesentlich höher als die des Haupttals. Wenn das Eis

**Abb. 21.16** (a) Ein Rundhöcker ist ein länglicher Hügel aus anstehendem Gestein, dessen Oberfläche auf der dem Eisstrom zugewandte Seite abgeschliffen und auf der strömungsabgewandten Seite rau ist, weil das Eis dort an Klüften und Spalten Gesteinsbruchstücke losgerissen hat. (b) Ein Rundhöcker, der so genannte Beehive, überragt im Acadia-Nationalpark, Maine, den Sand Beach [Foto: *Robert E. Nelson, Colby College*].

schmilzt, bleibt das Seitental als **Hängetal** zurück – ein Tal, dessen Boden hoch über dem Boden des Haupttals einmündet (Abb. 21.17). Sobald das Eis abgeschmolzen ist und die Täler von den Flüssen in Besitz genommen worden sind, entstehen an den Einmündungen der Hängetäler häufig Wasserfälle, die über die steilen Felswände hinabstürzen, die die Hängetäler vom tiefer liegenden Haupttal trennen.

Anders als Flüsse können Talgletscher an den Küsten ihren Talboden wesentlich tiefer ausräumen, als es dem Meeresspiegel entspricht. Wenn sich das Eis zurückzieht, werden diese übertieften, steilwandigen Täler, die noch immer einen U-förmigen Querschnitt aufweisen, vom Meer überflutet (Abb. 21.17). Die einstmals vom Gletschereis geschaffenen Meeresarme, die so genannten **Fjorde**, bilden die spektakulären, schroffen Landschaften, die für manche Küsten von Norwegen, Alaska, British Columbia, Chile und Neuseeland so typisch sind.

## Glazigene Sedimentation und Ablagerungsformen

Die Gletscher führen erodiertes Gesteinsmaterial jeglicher Art und Größe mit, das schließlich dort abgelagert wird, wo das Eis schmilzt. Eis ist als Transportmittel für Gesteinsschutt höchst effektiv, weil sich das vom Eis transportierte Material im Gegensatz zur aufgenommenen Flussfracht nicht absetzt. Wie Wasser- und Luftströmungen hat Eis nicht nur eine Kompetenz, das heißt die Fähigkeit, Partikel bestimmter Größe mitzuführen, sondern auch eine Kapazität, die der Sedimentmenge entspricht, die das Eis transportieren kann. Die Kompetenz der Gletscher ist extrem hoch. Sie können gewaltige Blöcke von vielen Metern Durchmesser mit sich führen, die sonst kein anderes Transportmittel fortbewegen kann. Die Transportkapazität der Eismassen ist ebenfalls ungeheuer groß. Manches Gletschereis enthält so große Mengen Gesteinsmaterial, dass es dunkel erscheint und eher wie ein Sediment aussieht, das durch Eis verkittet ist.

Wenn das Gletschereis schmilzt, setzt es seine schlecht sortierte, von der Korngröße her sehr heterogene Fracht von Blöcken, Geröllen, Sand, Silt und Ton ab (Abb. 21.18). Dieses breite Spektrum an Korngrößen ist das kennzeichnende Merkmal, das glazigene Sedimente von den weitaus besser sortierten, fluviatil oder äolisch abgelagerten Sedimenten unterscheidet. Für die Geologen des frühen 19. Jahrhunderts, die sich der glazigenen Entstehung nicht bewusst waren, war dieses heterogene Materialgemenge äußerst rätselhaft. Sie bezeichneten es als Diluvium, weil es scheinbar in irgendeiner Form, möglicherweise sogar durch die biblische Sintflut, aus anderen Gebieten angeschwemmt sein musste. Heute bezeichnet man dieses Gesteinsmaterial als **Geschiebe** und versteht darunter alles Material glazigener Entste-

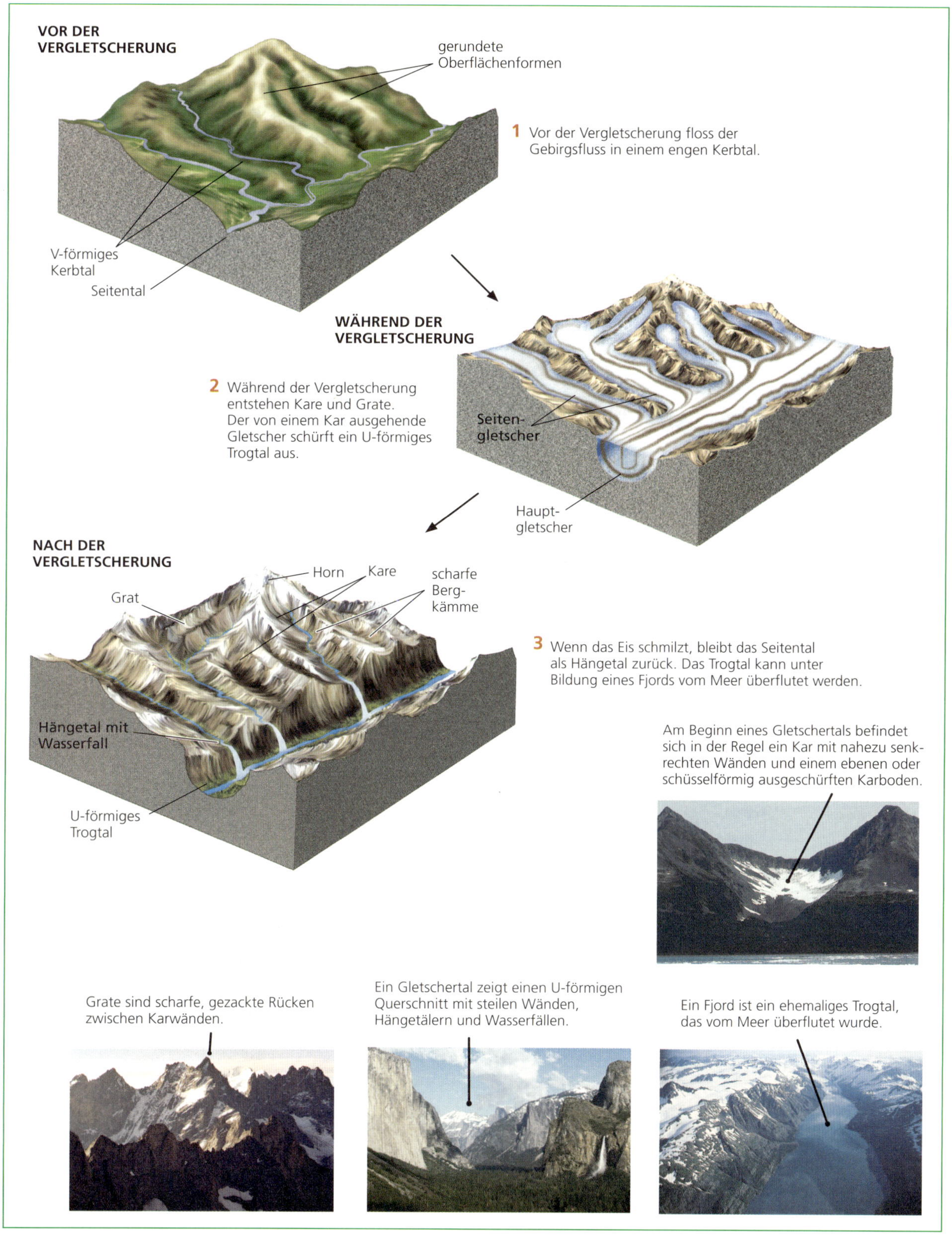


**Abb 21.17** Die Erosionsarbeit der Gletscher führt zu charakteristischen Oberflächenformen [*Fotos: Martin Miller (Kar); Julien Beausseron (Grat); Tom Beam/Corbis (Gletschertal); Steve McCutcheon/Visuals Unlimited (Fjord)*].

hung, das auf dem Festland oder am Meeresboden abgelagert wurde.

Die direkt durch das abschmelzende Eis abgelagerte Gletscherfracht wird als **Geschiebemergel** oder **Geschiebelehm** bezeichnet. Geschiebemergel sind ungeschichtete und schlecht sortierte Sedimente, die neben tonigem und sandigem Material auch gröbere Komponenten enthalten (Abb. 21.18). Häufige Bestandteile der Geschiebemergel sind große Blöcke, die als **erratische Blöcke** und, wenn sie sehr groß sind, auch als **Findlinge** bezeichnet werden – wegen ihres andersartigen Gesteinscharakters, der sich sehr oft von den lokal vorkommenden Gesteinen erheblich unterscheidet.

Schmilzt das Eis, wird das darin enthaltene Sedimentmaterial abgesetzt und kann entweder von Schmelzwasserströmen aufgenommen werden, die in Tunneln sowohl innerhalb des Eises als auch unter dem Gletscher fließen, oder von dem an der Gletscherstirn austretenden Schmelzwasser abtransportiert werden. Das Material wird dann wie jedes vom Wasser mitgeführte Sedi-

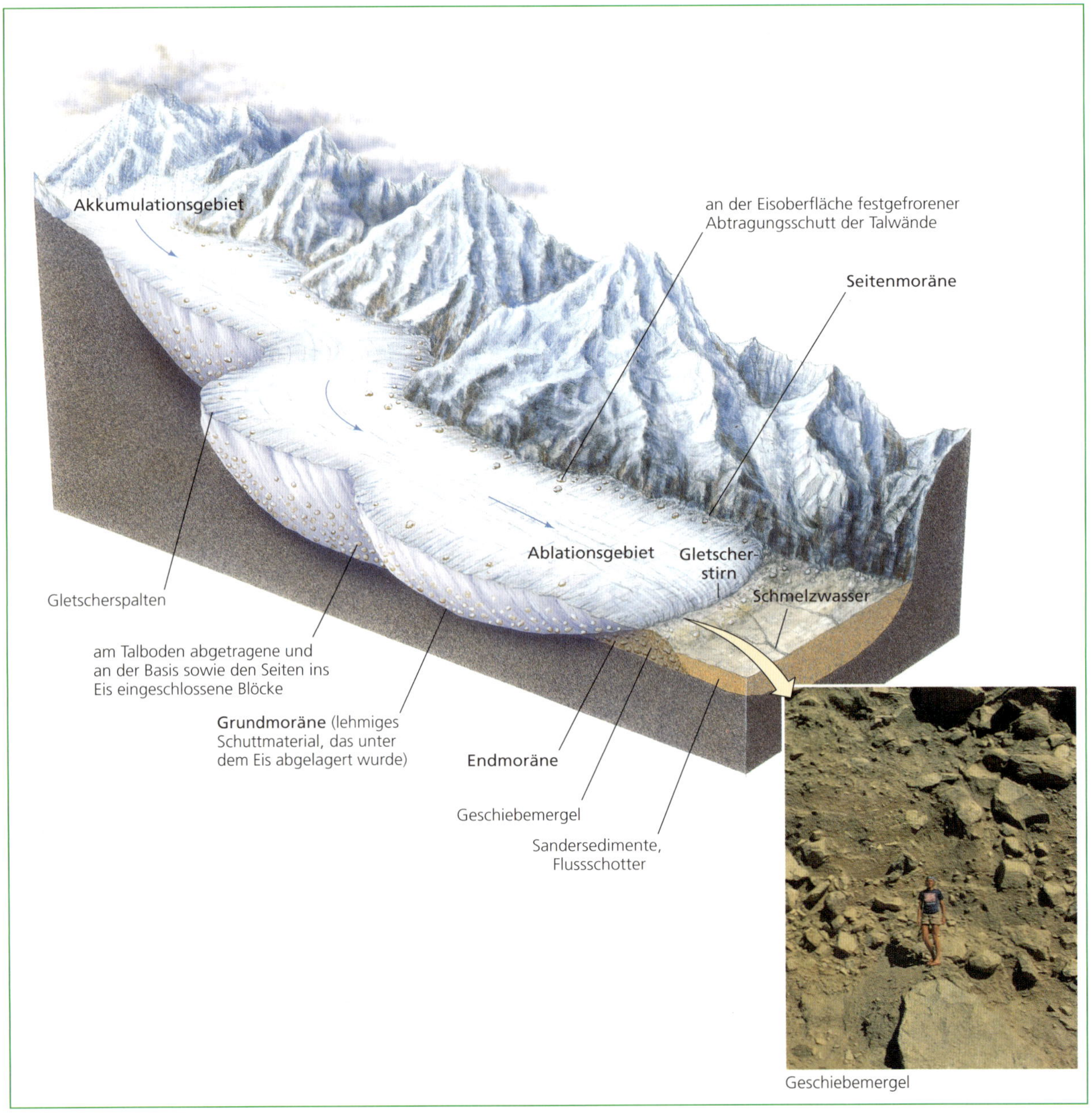


**Abb. 21.18** Die Gletscherfracht wird an der Gletscherstirn als Endmoräne, an den Felswänden des Tals als Seitenmoräne und unter dem Eis als Grundmoräne abgesetzt. Vor der Eisfront werden durch Schmelzwasserströme Sande und Schotter abgelagert. Pleistozäne Moränensedimente an der Ostseite der Sierra Nevada in Kalifornien. Man beachte die unterschiedlichen Korngrößen und das Fehlen einer Schichtung [*Foto: M. Miller*].

ment transportiert und abgelagert. Es ist geschichtet, in der Regel gut sortiert und kann auch Schrägschichtung aufweisen. Das durch Schmelzwasserströme aufgenommene und aufgearbeitete, umgelagerte und vor der Endmoräne abgelagerte Geschiebematerial wird als **Sander** bezeichnet. Wie wir bereits kennen gelernt haben, kann das feinkörnige Sedimentmaterial durch starke Winde von den Sanderflächen aufgenommen und als Löss wieder abgelagert werden.

Glazigene Sedimentserien sind an ihren typischen Sedimentgefügen wie eingelagerten Geschiebemergeln, Sandersedimenten, Löss, aber auch an Gletscherschliffen, gekritzten Geschieben und anderen spezifischen Erosionsformen erkennbar. Durch Kartieren solcher Abfolgen konnten Geologen zahlreiche Vereisungsphasen der geologischen Vergangenheit nachweisen.

**Vom Eis abgelagerte Sedimente** Mächtigere Abfolgen aus steinigem, sandigem und tonigem Material, die durch Gletschereis verfrachtet oder als Geschiebelehm abgelagert wurden, werden als **Moränen** bezeichnet. Man unterscheidet mehrere Arten von Moränen, die jeweils nach ihrer Position zum Gletscher benannt werden (Tab. 21.1; Abb. 21.18). Eine der markantesten Moränenform von ihrer Größe und Erscheinung her ist die an der Gletscherstirn abgelagerte **Endmoräne**. Da das Eis ständig bergab fließt, gelangt immer mehr Sediment an den abschmelzenden Gletscherrand, wo sich das unsortierte Material in Form eines geschlossenen Walls oder auch einer bogenförmigen Kette von Hügeln und Kuppen aus Geschiebematerial ansammelt. Eine Endmoräne kennzeichnet demzufolge den weitesten Vorstoß des Gletschers; sie ist für Geologen der beste Hinweis für die ehemalige Ausdehnung eines über längere Zeit stationären Talgletschers oder einer Inlandeismasse.

Ein Gletscher erodiert Gestein und unverfestigtes Material auch von seinen Talseiten und von seiner Sohle. Hinzu kommen Frostschutt von den angrenzenden Berghängen sowie Material von Massenbewegungen, weil das Eis die über dem Gletscher liegenden Talwände unterschneidet. Das dort abgetragene Gesteinsmaterial, das als dunkler Sedimentstreifen entlang der Talseiten in das Eis eingebettet ist, scheidet sich als **Seitenmoräne** wieder ab. Wenn zwei oder mehrere Gletscher zusammenfließen, vereinigen sich die jeweiligen Seitenmoränen unterhalb des Zusammenflusses (siehe Foto am Kapitelanfang) in der Mitte des größeren Gletscherstroms zu einer **Mittelmoräne**. Seiten- und Mittelmoränen bleiben nach dem Abschmelzen der Gletscher, ebenso wie die Endmoränen, als Rücken aus Schutt und Geschiebemergel zurück.

Schuttmaterial, das vom Gletscher an seiner Sohle abgeschürft, transportiert und unter dem Eis abgelagert wurde, wird als **Grundmoräne** bezeichnet. Die Erscheinungsform einer Grundmoräne reicht von geringmächtigen und ungleichmäßig verteilten Deckschichten, die durch freiliegende Kuppen des darunter anstehenden Gesteins unterbrochen sind, bis hin zu mächtigen Abfolgen, die den Untergrund völlig überdecken. Grundmoränen breiten sich stets hinter der Endmoräne aus, also in Richtung des ehemaligen Nährgebiets; sie sind im Landschaftsbild durch hügelige, wellige Oberflächenformen, wie sie zum Beispiel das Alpenvorland prägen, gekennzeichnet. Ungeachtet der Form oder des Entstehungsorts bestehen sämtliche Moränen aus Geschiebematerial. Abbildung 21.18 fasst die Prozesse zusammen, die zu den unterschiedlichen Moränen führen.

Eine markante Geländeform vieler Grundmoränenlandschaften sind die so genannten **Drumlins**, große stromlinienförmige Hügel aus Geschiebematerial oder auch aus Festgestein, deren Längsachsen parallel zur Eis-

**Tabelle 21.1** Moränen

| Moränentyp | Lage relativ zum Gletscher | Anmerkungen |
|---|---|---|
| Endmoräne | an der Gletscherstirn; sie kennzeichnet den weitesten, längere Zeit stationären Vorstoß der Eismasse | bildet nach Abschmelzen des Gletschers meist markante, parallel zum Eisrand verlaufende Wälle oder Höhenzüge |
| Seitenmoräne | seitlich vom Gletscher; sie besteht aus dem vom Gletscher erodierten Material, enthält aber auch Frostschutt von den angrenzenden Berghängen | bildet nach Abschmelzen des Gletschers einen mehr oder weniger hohen Wall am Hangfuß zu beiden Seiten des Tals |
| Mittelmoräne | entsteht beim Zusammenfluss zweier Talgletscher; die aneinanderstoßenden Seitenmoränen vereinigen sich zu der an der Gletscheroberfläche liegenden Mittelmoräne | bildet nach Abschmelzen des Gletschers einen parallel zu den Talwänden verlaufenden Wall |
| Grundmoräne | an der Gletschersohle; sie besteht aus dem vom Gletscher an der Sohle erodierten und mitgeführten Material | bildet je nach Mächtigkeit des Geschiebelehms ein flachwelliges bis kuppiges Relief |

bewegung verlaufen (Abb. 21.19). Drumlins treten gewöhnlich in Gruppen auf und sehen von ihrer Form her wie lange, umgedrehte Löffel aus, wobei im Gegensatz zu den Rundhöckern die steile Seite gegen das Eis gerichtet ist und der flache Hang die strömungsabgewandte Seite kennzeichnet. Drumlins können Höhen von 25 bis über 50 m und Längen bis zu 1 km erreichen.

Man geht davon aus, dass Drumlins unter Gletschern entstehen, die sich über ein plastisches Gemisch aus subglazialen Sedimenten und Wasser hinwegbewegen. Wenn diese plastische Masse auf einen Felshöcker oder ein anderes Hindernis trifft, ist sie steigendem Druck ausgesetzt. Dabei gibt sie Wasser ab und konsolidiert sich unter Bildung eines stromlinienförmigen Körpers. Eine andere Hypothese besagt, dass Drumlins dadurch entstehen, dass bereits abgelagertes Geschiebematerial von einem neuen Gletschervorstoß überfahren worden ist. Exemplarisch ausgebildete Drumlins sind im Eberfinger Drumlinfeld südlich des Ammersees in Oberbayern überliefert.

**Aquatische Ablagerungen** Auch die Ablagerungen des Schmelzwassers der Gletscher zeigen eine Vielzahl von Formen. **Kames** beispielsweise sind kleine Wälle oder flache Hügel aus geschichtetem Sand und Kies, die in der Nähe oder unmittelbar am Rande des zerfallenden Gletschers abgelagert wurden. Einige Kames sind Deltaschüttungen, die in Seen am Eisrand entstanden sind.

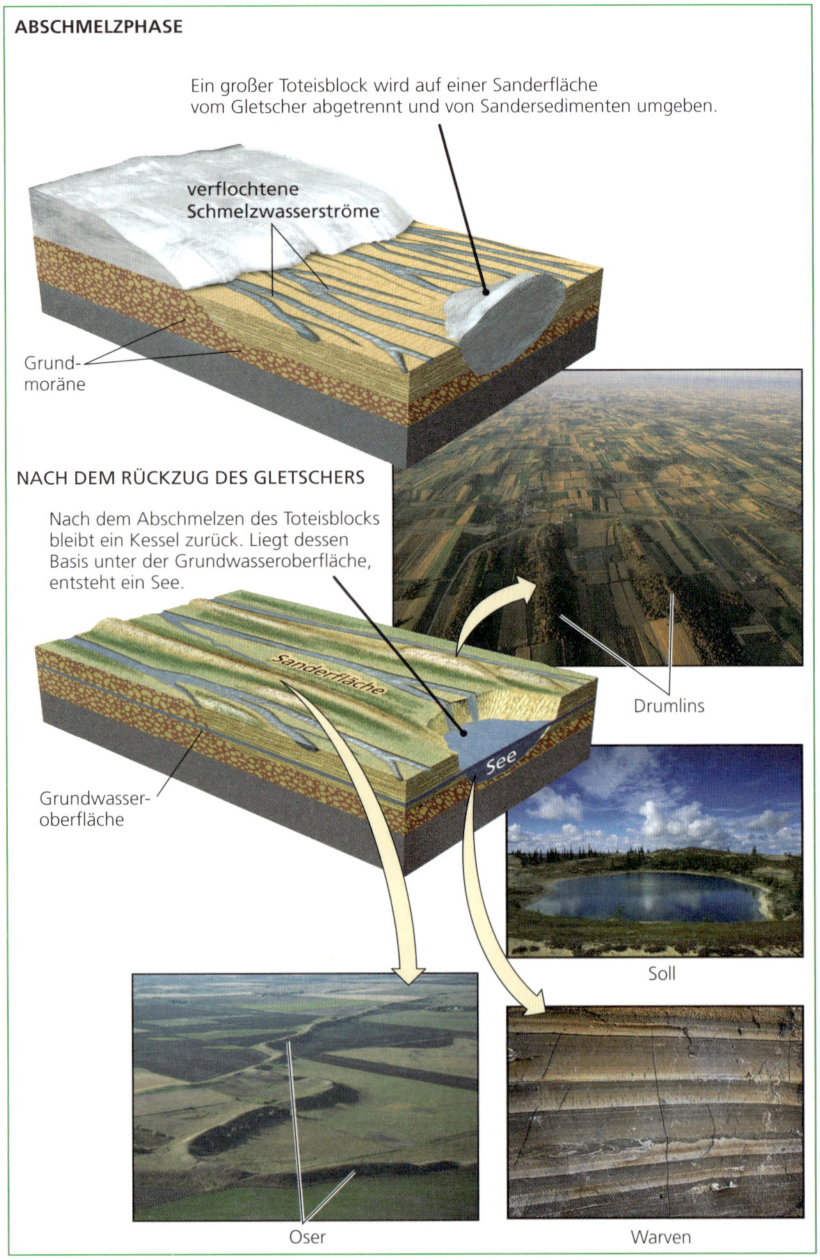


**Abb. 21.19** Wenn sich ein Gletscher zurückzieht, kann er große Blöcke von Toteis zurücklassen, die allmählich durch Sanderablagerungen von der abschmelzenden Gletscherfront überdeckt werden und als Sölle auf diese Vorgänge hinweisen. – Drumlins aus dem Gebiet von Rochester, New York. Die steile Seite ist normalerweise der Eisbewegung entgegengerichtet, doch gibt es auch Ausnahmen. – Kettle Lake, ein Soll am Oberlauf des Thelon River, Kanada. – Warven (pleistozäne Bändertone), aufgeschlossen an der Wand einer Baugrube in Stockholm, Schweden. Die hellen Lagen sind die eher grobkörnigen Sedimente, die während der warmen Jahreszeit in einem See zur Ablagerung kamen. Die dunklen Lagen kennzeichnen die mehr feinkörnigen Sedimente, die zusammen mit organischem Material im Winter abgelagert wurden, als der See zugefroren war. – Oser; diese schlangenartig gewundenen Rücken sind durch Schmelzwasserflüsse in einem Tunnel unter einem pleistozänen Gletscher in der Nähe von Dahlen, Nord-Dakota, entstanden [*Fotos: John Shelton (Drumlin); Galen Rowell/Corbis (Soll); John Shelton (Warven); Tom Bean (Oser)*].

Nach dem Trockenfallen des Sees blieben diese Deltas als Hügel mit ebener Hochfläche zurück. Solche Kames werden oftmals gewerbsmäßig als Sand- und Kiesgruben genutzt und abgebaut.

Ehemals vergletscherte Gebiete sind stellenweise übersät mit Vertiefungen und abflusslosen Senken, die als **Toteislöcher, Kessel** oder **Sölle** (Einzahl: Soll) bezeichnet werden. Viele dieser in den Sanderflächen liegenden Sölle sind steilwandig und werden von Teichen oder Seen eingenommen.

Ihre Entstehung hängt mit dem ungleichmäßigen Zurückschmelzen der Gletscher zusammen. Dabei sind riesige, von der Hauptmasse der Gletscher isolierte Eisblöcke als so genanntes **Toteis** zurückgeblieben. Das Abschmelzen eines Eisblocks von etwa 1 km Durchmesser konnte 30 Jahre oder länger dauern. Während dieser Zeit wurde der abschmelzende Block teilweise von den Sanden und Kiesen überdeckt, die durch Schmelzwasserflüsse in seiner Umgebung abgelagert worden waren. Der Rand des aktiven Gletschers hatte sich vermutlich bis zum vollständigen Abschmelzen der Toteismasse so weit zurückgezogen, dass nur noch ein geringer Teil der Sandersedimente die Hohlform erreichte, die von dem geschmolzenen Block zurückgelassen wurde, sodass die Senke unverfüllt erhalten blieb. Falls der Boden des Solls unter dem Grundwasserspiegel lag, bildete sich ein See. Die Sande und Kiese, die zuvor den Eisblock umgaben, umrahmen nun die Einsenkung. Die Entstehung eines solchen Kessels oder Solls ist in Abbildung 21.19 dargestellt.

Auf dem Grund von Eisstauseen werden Silt und Ton in einer Serie von wechselweise groben und feinen Lagen, so genannten Warven, abgelagert (Abb. 21.19). Eine **Warve** besteht jeweils aus einem Schichtenpaar, das im Laufe eines Jahres durch das jahreszeitlich bedingte Gefrieren der Seeoberfläche entstanden ist. Im Sommer, wenn der See eisfrei ist, wird der helle, grobe Silt abgelagert, da in dieser Zeit reichlich Schmelzwasserflüsse vom Gletscher in den See einfließen. Im Winter, wenn die Oberfläche des Sees gefroren ist, ist das darunter liegende Wasser ruhig, die feinerkörnigen, dunklen Schwebstoffe – Ton zusammen mit organischem Material – setzen sich ab und bilden eine dünne, dunkle, feinkörnige Schicht über der gröberkörnigen Sommerlage.

Einige durch das Inlandeis entstandene Eisstauseen hatten eine riesige Ausdehnung von vielen tausend Quadratkilometern. Als die Moränenzüge, die für das Aufstauen verantwortlich waren, durchbrachen, liefen die Seen rasch aus und verursachten riesige Überschwemmungen. Im Osten des US-Bundesstaats Washington liegt ein Gebiet, das als „Scablands" bezeichnet wird. Es ist von breiten, trockenen Fließrinnen durchzogen, den Hinterlassenschaften katastrophaler Hochwasser beim Leerlaufen des glazigenen Missoula-Sees. Aus den riesigen Strömungsrippeln, Sandbänken und der Korngröße der Gerölle haben Geologen Fließgeschwindigkeiten von etwa 30 m/s ermittelt, bei einem Abfluss von 21 Millionen $m^3/s$ und damit fast dem Zwanzigfachen des Abflusses aller heutigen Flüsse zusammengenommen oder das Hundertzwanzigfache des größten Stroms, des Amazonas. Im Gegensatz dazu liegt die Fließgeschwindigkeit eines normalen Flusses bei maximal einigen hundert Zentimetern pro Sekunde und der Abfluss schwankt zwischen einigen Kubikmetern pro Sekunde und beispielsweise 57 000 $m^3/s$ bei einem starken Hochwasser des Mississippis.

**Oser** sind lange, schmale, oft gewundene Rücken aus geschichtetem Sand und Kies, die als Schmelzwasserablagerungen in den Gebieten der Grundmoränen auftreten (Abb. 21.19). Sie sind über Kilometer ungefähr parallel zur Richtung der Eisbewegung zu verfolgen. Das gut sortierte, vom strömenden Wasser abgelagerte Material der Oser wie auch der gewundene Verlauf der Rücken lassen ihre Entstehungsweise erkennen. Oser wurden durch Schmelzwasserflüsse abgelagert, die in subglazial entstandenen Tunneln an der Sohle eines schmelzenden Gletschers geflossen sind. Ihre Flanken waren von den Seiten des Eistunnels begrenzt. Die Tunnel selbst wurden durch Wasser geöffnet und erweitert, das durch Gletscherspalten und Risse in das Eis einsickern konnte. Nach dem Abschmelzen des Gletschers blieben sie als erhabene Landform zurück.

**Glaziomarine Sedimente** Eisberge und Eisschollen können das von den Gletschern transportierte Material weit aufs Meer hinaus bis in gemäßigtere Klimazonen verfrachten. Beim Abschmelzen sinkt der Gesteinsschutt zum Meeresboden ab. Man findet das glaziomarin transportierte und abgelagerte gröbere Material – das von den Eisbergen freigesetzt wird – als **Dropstones** in den landferneren Meeressedimenten. Charakteristisch für Dropstones ist der meist schlechte Rundungsgrad und ihre sehr ungleichmäßige Verteilung in den normalerweise aus feingeschichteten marinen Tonsteinen bestehenden Sedimenten. Schichten, die reich an Dropstones sind, werden nach ihrem Entdecker als **Heinrich-Lagen** bezeichnet.

## Permafrost

In sehr kalten Gebieten, wo die Sommertemperatur nie hoch genug steigt, um mehr als eine dünne Oberflächenlage des Bodens aufzutauen, ist der Untergrund ständig gefroren. Dieser so genannte Dauerfrostboden oder **Permafrost** überdeckt heute noch ungefähr 25 Prozent der gesamten Festlandsfläche der Erde. Zusätzlich zum eigentlichen Bodensubstrat enthält der Permafrostboden neben dünnen Eiskristalllagen (Kammeis) auch große, bis mehrere Meter tiefe **Eiskeile**. Das Mengenverhältnis von Eis zu Boden und auch die Mächtigkeit des

**Abb. 21.20** Auf der 1300 km langen Strecke von der Prudhoe Bay nach Valdez verläuft die Alaska-Ölpipeline 675 km über Permafrost. Sie ruht dort auf speziell konstruierten Stützen. Da beim Auftauen des Permafrosts diese Träger instabil werden könnten, sind sie mit einfachen Wärmepumpen ausgerüstet, um den umgebenden Boden in gefrorenem Zustand zu halten. Sie enthalten wasserfreien Ammoniak, der im Untergrund verdampft, aufsteigt und über der Erde kondensiert und dadurch die Wärme über die beiden Aluminium-Radiatoren auf den beiden Stützelementen abführt [*Foto: Galen Rowell/Corbis*].

Permafrosts schwanken von Gebiet zu Gebiet. Der Begriff Permafrost ist ausschließlich durch die Temperatur definiert; der Feuchtigkeitsgehalt des Bodens, eine Überdeckung durch Schnee oder das Gebiet bleiben hierbei unberücksichtigt. Jedes Gestein oder jeder Boden, dessen Temperatur zwei Jahre und länger unter 0 °C liegt, wird als Permafrost bezeichnet.

In Alaska und Nordkanada ist der Dauerfrostboden ungefähr 300 bis 500 m mächtig, in Ostsibirien reicht der Permafrost mit mehr als 1 500 m noch wesentlich tiefer. Der Untergrund unter der Permafrostschicht, der **Talik**, der von den äußerst kalten Wintertemperaturen an der Oberfläche isoliert ist, ist nicht gefroren, da er von unten durch den Wärmestrom aus dem Erdinneren erwärmt wird. Permafrost ist bei Baumaßnahmen wie Straßen, Gebäudegründungen oder Pipelines für Öl oder Gas, etwa in Alaska oder Sibirien, ein schwer zu beherrschender Baugrund. Schwierigkeiten ergeben sich vor allem beim Bauaushub, weil dann die Oberfläche auftaut. Das Schmelzwasser kann in dem gefrorenen Boden unter der Baugrube nicht versickern und bleibt deshalb an der Oberfläche, sättigt dort den Boden und bringt ihn zum Fließen, Rutschen oder Einstürzen. Teile der Alaska-Pipeline wurden daher oberirdisch auf Stelzen verlegt, weil eine Untersuchung ergeben hatte, dass die Pipeline an einigen Stellen den umgebenden Permafrostboden auftauen und somit zu instabilen Bodenverhältnissen führen könnte (Abb. 21.20). Auch die neue Tibetbahn nach Lhasa hat mit solchen Auftauproblemen zu kämpfen.

Permafrost nimmt ungefähr 82 Prozent der Fläche Alaskas und 50 Prozent von Kanada ein und überdeckt auch große Teile Sibiriens (Abb. 21.21). Außerhalb der

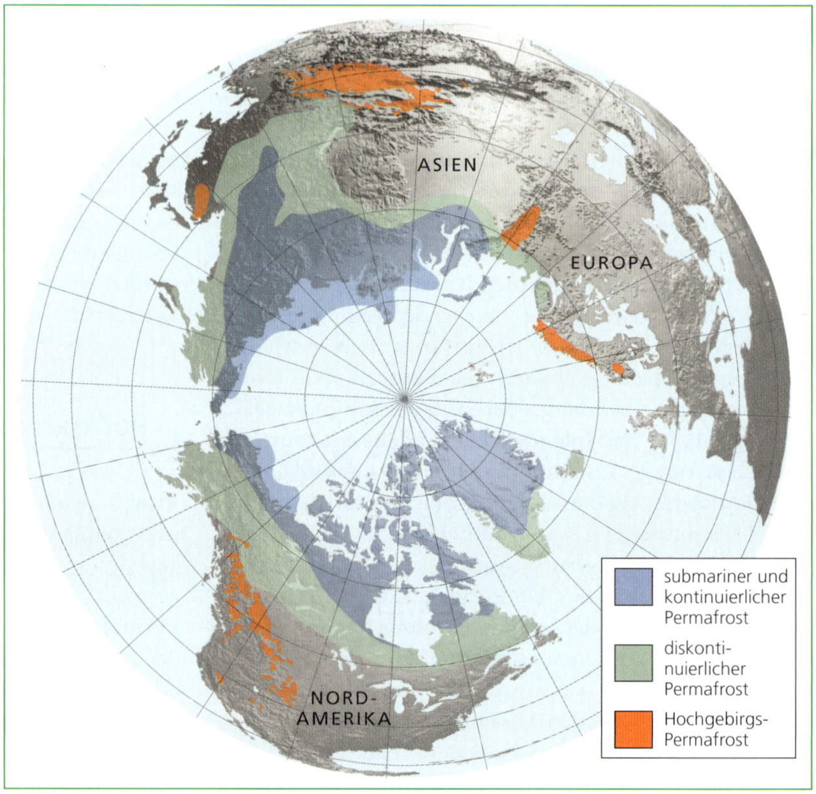


**Abb. 21.21** Diese Karte zeigt die Verbreitung des Permafrosts auf der Nordhalbkugel, mit dem Nordpol im Zentrum. Das große Gebiet mit Hochgebirgs-Permafrost im oberen Teil der Karte ist das Hochland von Tibet [*nach einer Karte von T. L. Pewe, Arizona State University* ].

Polargebiete tritt er in Hochgebirgsländern auf, besonders im Hochland von Tibet, aber auch in den Alpen. Mehrere hundert Meter mächtigen Permafrost findet man auf den Schelfgebieten vor den Küsten der Arktis, der dort bei Ölbohrungen in den küstennahen Gewässern erhebliche technische Probleme bereitet.

# Eiszeiten und das System Klima

Derselbe Louis Agassiz, der die Geschwindigkeit der alpinen Gletscherbewegungen in der Schweiz ermittelt hatte, äußerte im Jahre 1837 erstmals die Vermutung, dass die Gletscher der Alpen in der geologisch jüngsten Vergangenheit weitaus größer und mächtiger gewesen sein mussten als heute. Während jener **Eiszeit** war die Schweiz von einer ausgedehnten Eismasse bedeckt, deren Mächtigkeit fast so groß war wie die Höhe der Berge, etwa vergleichbar den heutigen Verhältnissen auf Grönland. Er schloss dies aus der deutlich erkennbaren glazigenen Formung der hohen Berggipfel wie beispielsweise des Matterhorns (Abb. 21.22). Diese von Agassiz geäußerte Hypothese war umstritten und wurde nicht sofort akzeptiert.

**Abb. 21.22** Die hohen Gipfel der Alpen wie das berühmte Matterhorn wurden durch Inlandeis geformt, das so mächtig war wie die Berge selbst, ein zwingender Beleg für eine Kaltzeit in der jüngsten geologischen Vergangenheit [*Foto: Hubert Stadler/Corbis*].

Agassiz wanderte im Jahre 1846 in die Vereinigten Staaten aus und bekam eine Professur an der Harvard-Universität. Dort setzte er seine geologischen und anderen naturwissenschaftlichen Studien fort. Sie führten ihn zu zahlreichen Orten in den nördlichen Teilen Europas und Nordamerikas, von den Gebirgen Skandinaviens und Neuenglands bis zu den sanften Hügeln des amerikanischen Mittelwestens. In all diesen sehr unterschiedlichen Gebieten entdeckte Agassiz die Zeugen glazigener Erosion und Sedimentation (Abb. 21.23). In den flachen Prärielandschaften sah er unter anderem Moränen, die ihn an die Endmoränen der alpinen Talgletscher erinnerten. Das heterogene Material der Geschiebe, darunter auch erratische Blöcke (Findlinge), überzeugten ihn bezüglich ihrer glazigenen Entstehung, und die gute Erhaltung dieser Lockersedimente deutete darauf hin, dass sie erst in jüngerer Zeit abgelagert worden sein konnten.

Die von diesen Gletscherablagerungen überdeckten Gebiete waren so groß, dass das Eis, das sie hinterlassen hatte, nur eine Inlandeismasse gewesen sein konnte, die größer als Grönland oder die Antarktis war. Agassiz erweiterte seine Hypothese von der Eiszeit und behauptete nun, dass eine große Inlandvereisung die nordpolare Eiskappe sehr wirkungsvoll erweitert hatte – und zwar bis weit hinein in Gebiete, die heute im gemäßigten Klima liegen. Zum ersten Mal war von Eiszeiten die Rede.

## Die Weichsel-(Würm-)Kaltzeit

Wir kennen heute das genaue Alter der von Agassiz untersuchten glazigenen Sedimente durch radiometri-

**Abb. 21.23** Diese Grundmoränenlandschaft des Coteau des Prairies, Süd-Dakota, ist mit unregelmäßig geformten Hügeln und Seen übersät [*Foto: John S. Shelton*].

**Abb 21.24** Verteilung von Inlandeismassen und Meereis auf der Nordhalbkugel während der Weichsel- oder Würm-Eiszeit vor 18 000 Jahren. Durch das Absinken des Meeresspiegels fielen die Kontinentalränder trocken [*Grafik: Wm. Robert Johnston*].

sche und dendrochronologische Altersbestimmungen an Baumstämmen, die in diese Sedimente eingebettet worden waren. Das Sedimentmaterial der jüngsten Kaltzeit wurde während einer der jüngsten Epochen der Erdgeschichte abgelagert – im Pleistozän, das vor 1,8 Millionen Jahren begann und vor rund 11 000 Jahren endete (Kap. 8). In Deutschland stießen die Eismassen nach Süden bis etwa Berlin vor, an der Ostküste der Vereinigten Staaten ist der weiteste Vorstoß dieser Eisdecke durch die ausgedehnten Sand- und Geschiebelehm-Ablagerungen der Endmoränen dokumentiert, aus denen beispielsweise Long Island oder Cape Cod bestehen. Nordamerikanische Geologen bezeichnen diese Kaltzeit als Wisconsin-Eiszeit, da sie in den von Eis überformten Gebieten dieses Bundesstaats besonders gut dokumentiert ist. In den Alpen wird diese Kaltzeit als Würm-Eiszeit bezeichnet, nach dem Abfluss des Starnberger Sees, früher Würmsee genannt. Die Weichsel-Eiszeit – identisch mit der Wisconsin- und Würm-Eiszeit – erreichte in der Zeit zwischen 21 000 und 18 000 Jahre ihre maximale Ausdehnung.

Abbildung 21.24 zeigt die maximale Verbreitung der Weichsel-Eiszeit auf der Nordhalbkugel. Die Weichseleiszeit war ein globales Ereignis, mit ein Grund dafür, dass diese Kaltzeit in verschiedenen Gebieten der Erde mit regionalen Namen belegt ist. Über Nordamerika, Europa und Asien bildeten sich Eismassen, die eine Mächtigkeit von 2 000 bis 3 500 Meter erreichten. Auf der Südhalbkugel dehnte sich das Eis der Antarktis aus, aber lediglich die Südspitzen Südamerikas und Afrikas waren von Eis bedeckt.

## Kaltzeiten und Meeresspiegelschwankungen

In der Weichsel-Kaltzeit waren zur Zeit der maximalen Eisverbreitung die sichtbaren Umrisse der Kontinente geringfügig größer als heute, da die sie umgebenden Schelfgebiete – von denen einige eine Breite von 100 km erreichen – durch den um etwa 130 m abgesunkenen Meeresspiegel trocken gefallen waren (Abb. 21.24). Diese Absenkung des Meeresspiegels erfolgte zugunsten einer enorme Volumenzunahme der Inlandeismassen um etwa 70 Millionen Kubikkilometer auf das Dreifache des heutigen Volumens. Flüsse verlängerten ihre Fließrinnen über die freiliegenden Kontinentalschelfe hinaus und schnitten sich in den ehemaligen Meeresboden ein. In den Ländern außerhalb der Eisdecken und Tundrengebiete entwickelten sich damals bereits frühe Kulturen wie beispielsweise die Hochkultur Ägyptens, während nahe der Eisränder die Menschen noch als Nomaden von der Jagd auf Großsäuger lebten.

Die Zusammenhänge zwischen Meeresspiegelschwankungen und Kaltzeiten veranschaulichen die Wechselwirkung von Hydrosphäre und Kryosphäre innerhalb des Geosystems Klima. Erwärmt sich die Erde oder kühlt sie ab, vergrößert sich das Volumen der Kryosphäre – Meereis, Eisschelfe und Inlandeismassen – oder es verkleinert sich. Als Folge der Isostasie wird jedoch der Meeresspiegel lediglich von den Inlandeismassen beeinflusst (Exkurs 21.1). Wenn das Volumen der Inlandeismassen zunimmt, dann verringert sich das Volumen des Meerwassers und folglich sinkt der Meeresspiegel. Wenn die Gletscher abschmelzen, steigt dagegen der Meeresspiegel an. Daher besteht zwischen Meeresspiegelschwankungen und Klimaveränderungen über die Wechselwirkung von Temperatur und Eisvolumen ein indirekter Zusammenhang. Sollten durch eine globale Erwärmung Teile der auf Grönland und in der Antarktis vorhandenen Eismassen abschmelzen, dürfte der Meeresspiegel deutlich ansteigen – ein Problem auf das in Kapitel 23 noch einmal eingegangen wird.

## Die pleistozänen Vereisungsperioden: Hinweise von Kontinenten und Ozeanen

Bald nachdem Mitte des 19. Jahrhunderts die von Agassiz aufgestellte Eiszeit-Hypothese allgemein anerkannt worden war, entdeckte man, dass es im Verlauf des Pleistozäns mehrere Kaltzeiten (Eiszeiten) gegeben hatte, die jeweils von wärmeren Zwischenperioden, den **Interglazialen** (oder Warmzeiten) unterbrochen waren. Als Geologen die Gletscherablagerungen detailliert kartierten, erkannten sie, dass es mehrere klar unterscheidbare

Komplexe eiszeitlicher Sedimente gab, wobei die unteren den früheren Vereisungsphasen entsprachen. Zwischen den älteren glazigenen Schichten lagen gut entwickelte Böden mit fossilen Pflanzen, die nur in warmen Klimazonen gedeihen konnten. Diese Böden waren der Beweis, dass die Gletscher sich zurückgezogen hatten, als das Klima wieder wärmer geworden war. Zu Beginn des 20. Jahrhunderts glaubte man, dass Nordamerika und Europa während des Pleistozäns von vier großen Vereisungsphasen betroffen waren, die in Nordamerika (von alt nach jung) als Nebraska-, Illinois-, Kansas- und Wisconsin-Kaltzeit bezeichnet werden. Ihnen stehen in Nordeuropa nach der klassischen stratigraphischen Gliederung die Elster-, Saale- und Weichsel-Kaltzeit, im alpinen Bereich die Günz-, Mindel-, Riß- und Würm-Kaltzeit gegenüber, wobei die Saale-Kaltzeit sicher der Kansas-Kaltzeit und die Wisconsin-Kaltzeit der Weichsel-Kaltzeit entspricht. Die Korrelation der älteren Kaltzeiten ist ein noch offenes Problem.

Dieses einfache Gliederungsschema wurde im ausgehenden 20. Jahrhundert revidiert, als Geologen und Ozeanographen in den Sedimenten der Ozeanböden Belege für eine vielfache Erwärmung und Abkühlung der Ozeane fanden. Die marinen Sedimente lieferten eine wesentlich verlässlichere und vollständigere Dokumentation des Pleistozäns als die Gletscherablagerungen auf den Kontinenten, und sie ergaben einen weitaus komplizierteren Ablauf der glazialen Vorstoß- und Rückzugsphasen. Sowohl die pleistozänen als auch die älteren Sedimente des Ozeanbodens enthalten Fossilien von Foraminiferen, kleinen marinen Einzellern mit Gehäusen aus Calcit ($CaCO_3$). Wie in Kapitel 15 gezeigt wurde, ist der Anteil des schweren Sauerstoffisotops O-18 in diesen Gehäusen – verglichen mit dem häufigsten Sauerstoffisotop O-16 – ein empfindlicher Indikator in Bezug auf die im Ozean herrschenden Temperaturverhältnisse. Durch die weltweite Untersuchung mariner Sedimente war es möglich, die Klimaentwicklung bis weit in die erdgeschichtliche Vergangenheit hinein zu rekonstruieren. Abbildung 21.25 zeigt die aus den Untersuchungen der Sauerstoff-Isotopenverhältnisse ermittelte globale Klimaentwicklung im Verlauf der letzten 1,8 Ma und damit für den Zeitraum des Pleistozäns und Holozäns.

Der Anteil des schwereren Sauerstoffisotops O-18 im Calcit einer Foraminiferenschale ist von zwei Faktoren abhängig: von der Wassertemperatur zu Lebzeiten des Organismus und vom Sauerstoff-Isotopenverhältnis des Meerwassers. Während der Vereisungszyklen ändert sich dessen Zusammensetzung im Meerwasser, weil das leichtere Isotop O-16 eine größere Neigung zeigt, an der Meeresoberfläche zu verdunsten als das schwerere Isotop O-18. Wenn Wasser aus den Ozeanen verdunstet und als Schnee fällt und in Gletschereis übergeht, bleibt folglich ein höherer Anteil des schwereren Isotops O-18 im Meerwasser zurück. Diese beiden Faktoren verstärken sich gegenseitig. Daher steigt in den Kaltzeiten der Gehalt von O-18 relativ an, wenn die Wassertemperatur niedrig und das Eisvolumen groß ist, während in den Warmzeiten, wenn die Oberflächentemperatur hoch und das Eisvolumen geringer ist, das Verhältnis dementsprechend abnimmt. Diese Sauerstoffisotopen-Skala kann an den Temperaturkurven, die an Eiskernen aus der Antarktis und in Grönland ermittelt wurden, sehr genau geeicht werden (Exkurs 15.1).

## Milankovitch-Zyklen

Der in Abbildung 21.25 dargestellte Klimaverlauf zeigt zahlreiche kleine Maxima und Minima; betrachtet man

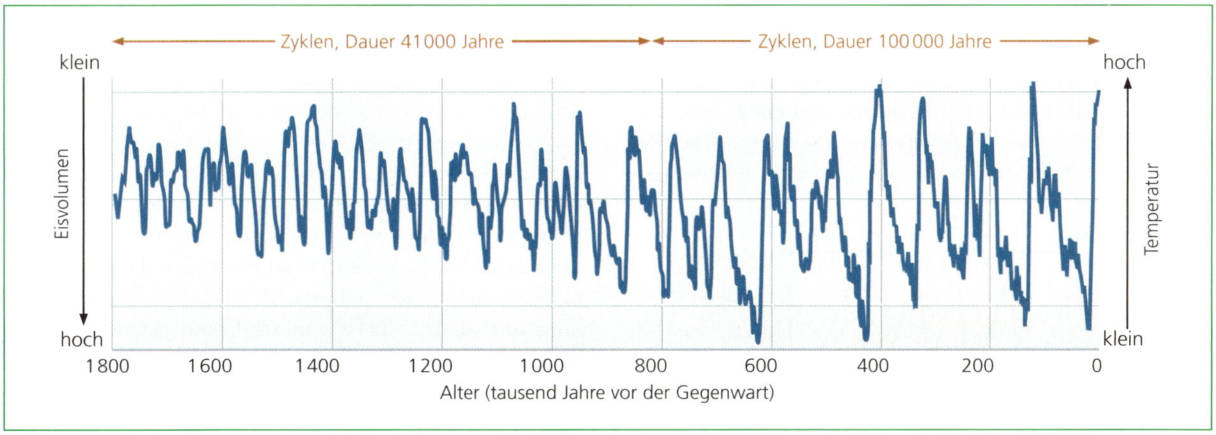


**Abb. 21.25** Globale Klimaschwankungen im Verlauf der letzten 1,8 Ma, ermittelt aus dem Verhältnis der Isotope Sauerstoff-18/Sauerstoff-16 in den Calcitgehäusen von Foraminiferen aus Tiefseebohrkernen. Interglaziale oder Warmzeiten (hohe Temperaturen, geringes Eisvolumen) entsprechen den Maxima, Glaziale oder Kaltzeiten (niedrige Temperaturen, großes Eisvolumen) entsprechen den Minima [*nach L. E. Lisiecki & M. E. Raymo (2005), Paleoceanography 20:1003*].

Exkurs 21.1

## Isostasie und Meeresspiegelschwankungen

Wenn das Schelfeis der Antarktis weiterhin so rapide abschmilzt, steigt dann auch der Meeresspiegel? Es zeigt sich, dass selbst dann, wenn im Verlauf der nächsten Jahrzehnte alles Schelfeis der Erde in die Ozeane losbrechen würde, sich ohne andere Komplikationen die Lage des Meeresspiegels nur wenig verändern würde. Grund hierfür ist das Prinzip der Isostasie, auf das in Kapitel 14 bereits eingegangen wurde. Genauso wie Eisberge schwimmt auch das Schelfeis auf dem Ozean. Wenn es schmilzt, geht das Eis zwar wieder in Wasser über, aber ohne Auswirkung auf den Meeresspiegel. Aus demselben Grund ändert sich auch der Flüssigkeitsspiegel in einem Glas nicht, wenn die Eiswürfel schmelzen.

Eisberge, Schelfeis und Meereis schwimmen, weil Eis eine geringere Dichte hat als Meerwasser. Der Auftrieb ist auf die Tatsache zurückzuführen, dass das unter dem Meeresspiegel befindliche Eis weniger wiegt als das von ihm verdrängte Wasser. Dieser Auftrieb wirkt der Schwerkraft entgegen, die den Eisberg nach unten zieht. Größere Eisberge ragen weiter über den Wasserspiegel empor, tauchen aber auch tiefer ein, um den notwendigen Auftrieb zu erreichen. Wie in Kapitel 14 bereits erwähnt wurde, gilt das Prinzip der Isostasie auch für Gebirge und Kontinente, da auch hier die leichtere kontinentale Kruste auf dem dichteren Mantel schwimmt.

Da schwimmende Eisberge und Schelfeis das Meerwasser verdrängen, steigt der Meeresspiegel an. Er steigt dabei umso höher, je mehr Meerwasser verdrängt wird, das heißt je größer der Eisberg oder das Schelfeis sind. Das Prinzip der Isostasie stellt jedoch sicher, dass dieser Meeresspiegelanstieg proportional zum Volumen des verdrängten Meerwasser ist. Wenn also Eisberge und Schelfeis schmelzen, ändert sich die Lage des Meeresspiegels nicht: das von einem Eisberg verdrängte Wasser wird durch das Volumen des Wassers ersetzt, das der Eisberg enthält.

Abschmelzendes Eis kann nur dann einen Anstieg des Meeresspiegels verursachen, wenn das Eis auf dem Festland abschmilzt und nicht wenn es auf dem Meer schwimmt. Das Abschmelzen von Gletschern führt auf unterschiedliche Weise zu einem Anstieg des Meeresspiegels: Erstens, wenn das auf einem Kontinent vorhandene Eis schmilzt, entsteht Wasser, das in die Ozeane fließt. Die Geschwindigkeit, mit der der Meeresspiegel ansteigt, ist von der Geschwindigkeit abhängig, mit der das Eis abschmilzt. Zweitens, der Meeresspiegel steigt dann, wenn von Inlandeismassen Eisberge unmittelbar in die Ozeane gelangen. Wenn also Eisblöcke vom Festland in die See losbrechen, erfolgt der Anstieg sofort. Daher ist der durch die Auflösung des Schelfeises hervorgerufene Anstieg des Meeresspiegels nur dann Besorgnis erregend, wenn Teile des Schelfeises am Untergrund festgefroren sind und dann in den Ozean losbrechen. In diesem Falle wird das Eis nicht mehr von Kontinent getragen, sondern vom Auftrieb des Meerwassers, das durch das Eis verdrängt wird und demzufolge ansteigt.

sie jedoch etwas großzügiger und beschränkt sich auf den wesentlichen Verlauf, so ergeben sich einige interessante Kurvenverläufe. Beispielsweise zeigt die Kurve für den Bereich der letzte 500 000 Jahre ein deutliches Sägezahn-Muster.

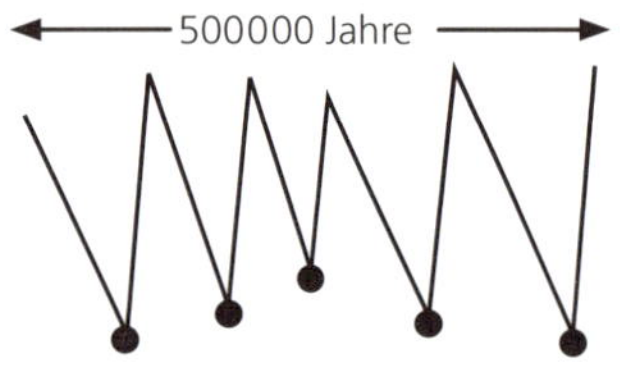


Insbesondere sind fünf Maxima der Vereisung erkennbar, in denen das Eisvolumen groß und die Temperaturen niedrig waren (in der Skizze durch schwarze Punkte gekennzeichnet). Daraus ergibt sich für die Kaltzeiten ein durchschnittlicher Abstand von 100 000 Jahren. In Kapitel 15 kamen wir zum selben Ergebnis (vgl. Abb. 15.10) und erörterten, wie dies mit einem der **Milankovitch-Zyklen** (vgl. Abb. 15.11a) in Zusammenhang stehen könnte: mit der 100 000 Jahre dauernden Schwankung der Exzentrizität der Erdumlaufbahn um die Sonne. Ist die Exzentrizität der Erdumlaufbahn größer (das heißt mehr elliptisch), ist die Sonneneinstrahlung und damit die Wärmestrahlung geringer als bei kleiner Exzentrizität. Aufgrund des Klimaverlaufs gehen die Wissenschaftler inzwischen davon aus, dass die geringe Abkühlung infolge der schwankenden Exzentrizität eine Kaltzeit auslöst.

Betrachten wir in Abbildung 21.25 nun die erste halbe Million Jahre, das heißt den Zeitabschnitt zwischen 1,8 und 1,3 Ma. Auch hier sind zahlreiche kleinere Schwan-

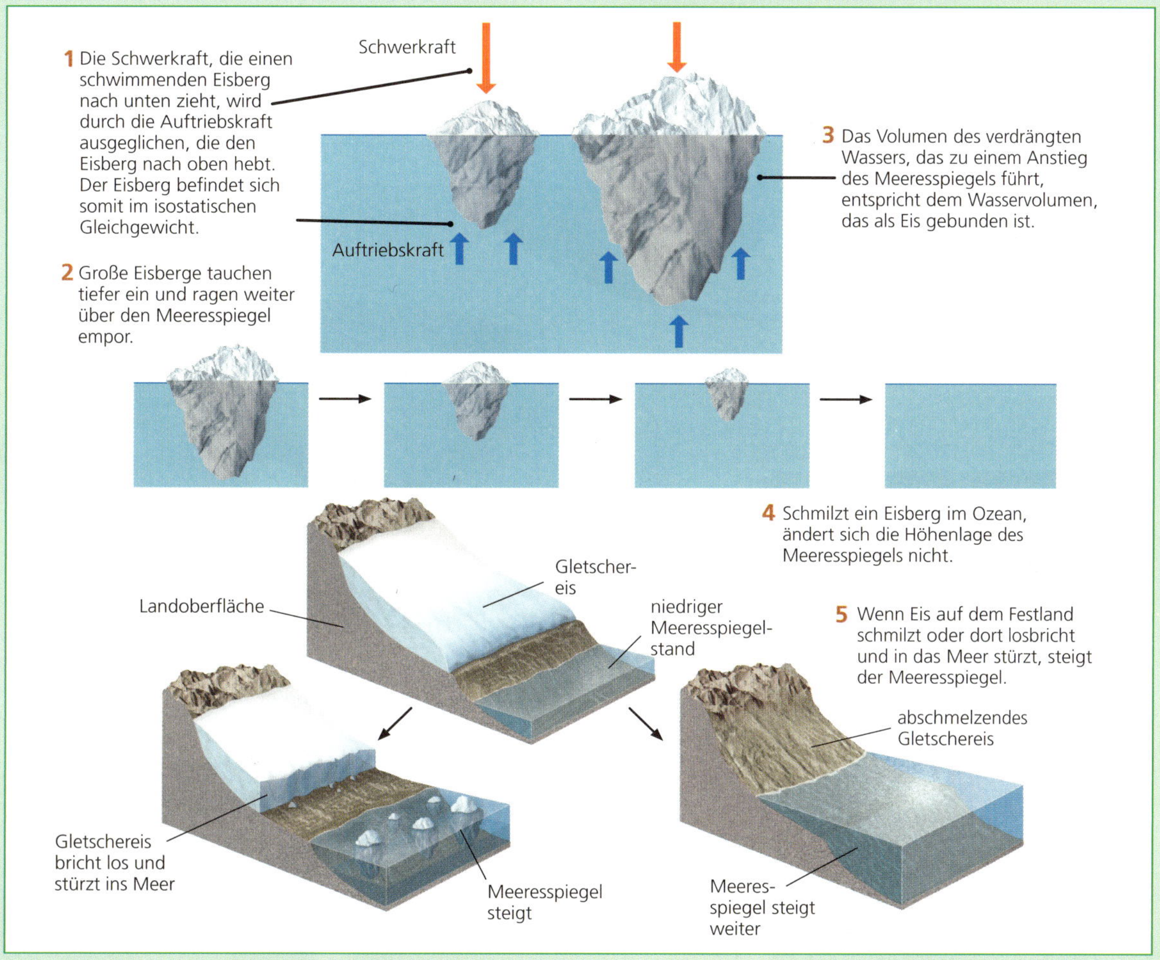


kungen erkennbar, die großen Maxima und Minima treten jedoch häufiger auf.

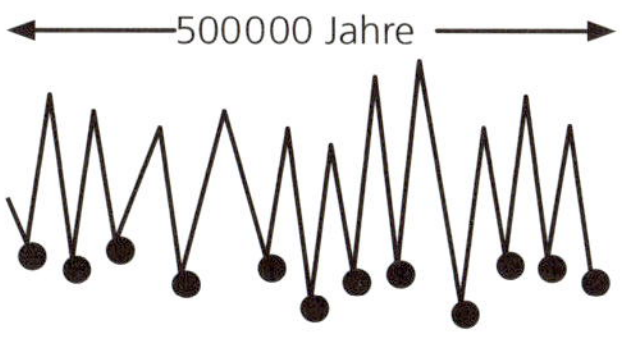


In diesem Zeitraum sind 12 Kaltzeiten erkennbar, woraus sich in den 500 000 Jahren ein durchschnittlicher Abstand der Vereisungsphasen von 41 667 Jahren ergibt. Dieser kürzere Abstand entspricht weitgehend der 41 000 Jahre dauernden Variation des Neigungswinkels der Rotationsachse der Erde – ein weiterer Milankovitch-Zyklus. Ähnlich wie die Exzentrizität ist auch die Schwankung des Neigungswinkels mit 3° sehr klein (vgl. Abb. 15.11b), sie reicht jedoch offensichtlich aus, um ebenfalls Eiszeiten auszulösen.

Es gibt darüber hinaus zahlreiche andere Aspekte, die noch nicht völlig erklärbar sind. Im Einzelnen betrachtet sind die durch die Milankovitch-Zyklen hervorgerufenen Änderungen der Sonneneinstrahlung zu gering, um den starken Rückgang der mittleren Temperaturen (etwa 10 °C) von den Interglazialen (Warmzeiten) zu den Glazialen (Kaltzeiten) erklären zu können. Daher müssen noch andere Faktoren eine Rolle zu spielen. Die Konzentrationen der Treibhausgase in der Atmosphäre scheinen ebenfalls beteiligt zu sein (vgl. Abb. 15.10), doch die Art und Weise, wie diese Rückkopplungseffekte zustande kommen, ist bisher noch wenig erforscht. Darüber hinaus zeigt Abbildung 21.25, dass die 41 000 Jahre umfas-

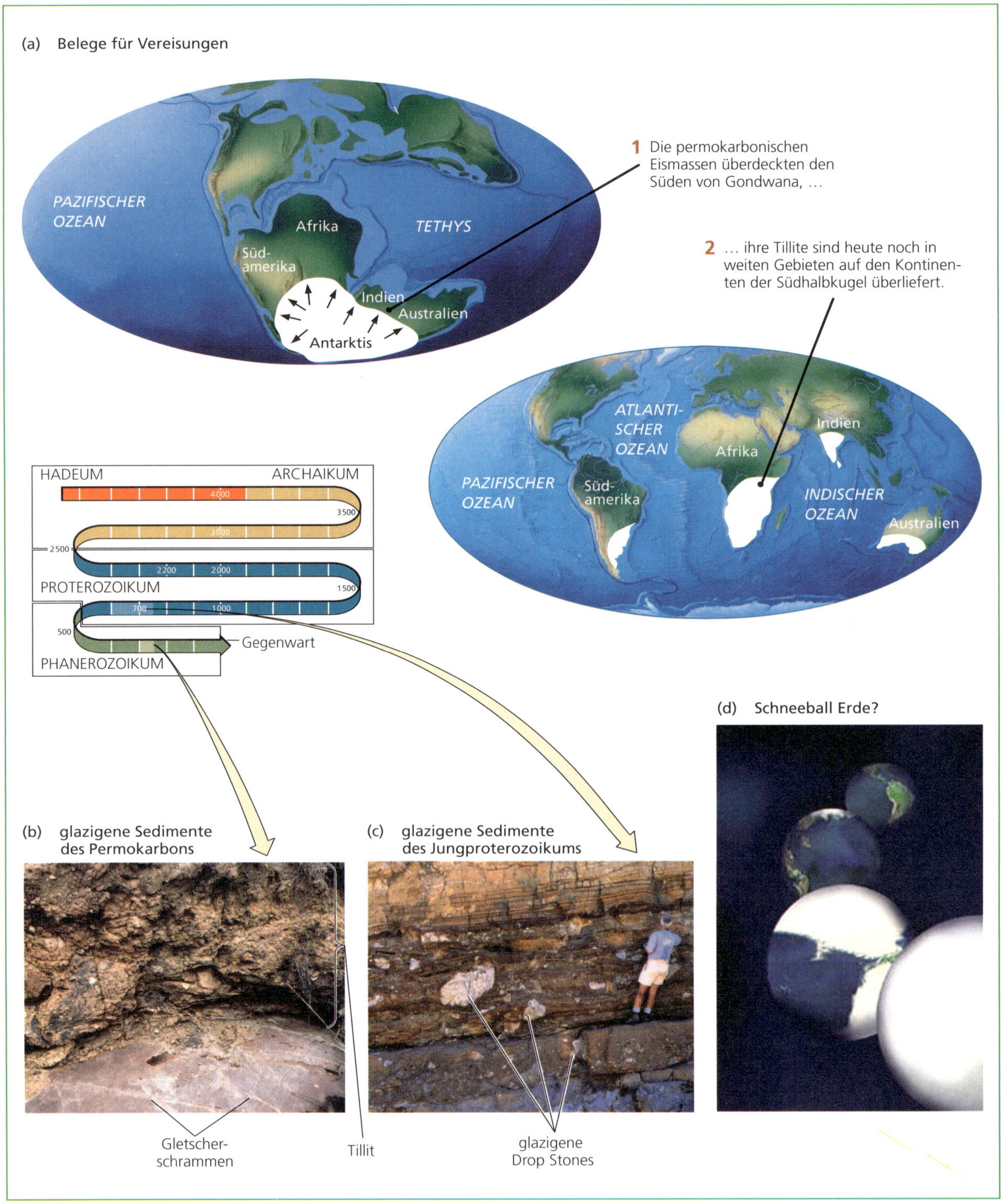


**Abb. 21.26** Eiszeiten in der Vergangenheit. (a) Die erste Karte zeigt die Verbreitung der glazigenen Sedimente im Permokarbon vor etwa 350 Millionen Jahren. In dieser Zeit bildeten die Südkontinente den Großkontinent Gondwana; die Eismasse lag auf der Südhalbkugel über der Antarktis, vergleichbar dem heutigen Inlandeis. Die zweite Karte zeigt die heutige Verbreitung der glazigenen Ablagerungen des Permokarbons. (b) Glazigene Sedimente aus dem Permokarbon in Südafrika. (c) Glazigene Ablagerungen aus dem Jungproterozoikum. (d) Die mögliche Entwicklung der so genannten Schneeball-Erde im jüngeren Präkambrium. In welchem Ausmaß die Erde von Eis bedeckt war, ist noch offen. Einige Geowissenschaftler gehen davon aus, dass selbst die Ozeane mit Eis bedeckt waren [*Fotos: John Grotzinger*].

sende Periodizität den Klimaverlauf bis zu etwa 1 Million Jahre beherrscht, bevor die Maxima und Minima etwas stärkere Schwankungen zeigen und schließlich – nach etwa 700 000 Jahren – in die 100 000 Jahre dauernde Periodizität übergehen.

Offen gesagt wissen wir nicht, was im Einzelnen genau für die Eiszeiten verantwortlich ist. Die Klimakurve zeigt, dass der 40 000 Jahre dauernde Vereisungszyklus nicht auf das Pleistozän beschränkt ist, sondern zumindest bis in das Pliozän (5,3 bis 1,8 Ma) zurückreicht, als die Antarktis von Eis bedeckt wurde. Die globale Abkühlung des Klimas, die zu dieser Vereisung führte, begann schon im Miozän (vor 23 bis 5,3 Ma). Ihre Ursache ist noch immer umstritten, obwohl die meisten Wissenschaftler davon ausgehen, dass sie auf irgendeine Weise mit der Plattentektonik und der Bewegung der Kontinente zusammenhängt.

Nach dieser Hypothese führte die Kollision des Indischen Subkontinents mit Eurasien zu einer stärkeren Verwitterung der Silicatgesteine, wodurch der Kohlendioxidgehalt der Atmosphäre verringert wurde (Kap. 15). Andere Hypothesen gehen von Veränderungen der ozeanischen Zirkulation aus, die mit der Öffnung der Drake-Straße zwischen Südamerika und der Antarktis (vor 25 bis 20 Ma) und der Schließung der Landenge von Panama zwischen Nord- und Südamerika (vor etwa 5 Ma) verbunden waren. Möglicherweise ergab sich diese Abkühlung auch durch ein Zusammenwirken all dieser Vorgänge.

## Ältere Vereisungsphasen

Die pleistozäne Vereisungsphase war im Lauf der Erdgeschichte kein einmaliges Ereignis. Seit Beginn des 20. Jahrhunderts wissen wir aus Gletscherschrammen und diagenetisch verfestigten ehemaligen Moränenablagerungen, so genannten **Tilliten**, dass in der geologischen Vergangenheit viele Bereiche der Kontinente lange vor dem Pleistozän mehrfach von Eismassen überdeckt waren. Diese Tillite zeigen außerdem, dass es im Permokarbon, im Ordovizium und zumindest zwei Mal im Präkambrium zu ausgedehnten Vereisungen gekommen war (Abb. 21.26).

Die Vereisung an der Grenze Karbon/Perm betraf große Teile im Süden von Gondwana, die entsprechenden Tillite sind auf zahlreichen Kontinenten der Südhalbkugel überliefert (Abb. 21.26b). Die Vereisung im Ordovizium war in ihrer Verbreitung kleinräumiger und sie ist am besten in Nordafrika nachgewiesen. Die älteste sicher dokumentierte Vereisung ereignete sich vor etwa 2,4 Milliarden Jahren im Proterozoikum. Ihre glazigenen Ablagerungen kennt man aus Wyoming, vom kanadischen Teil der großen Seen, aus Nordeuropa und Südafrika. Einige Geologen gehen noch von einer älteren Eiszeit im Archaikum vor 3 Milliarden Jahren aus, doch ist diese Auffassung umstritten.

Die jüngste präkambrische Kaltzeit, die den Zeitraum zwischen 750 und 600 Ma umfasst, bestand aus mehreren Vereisungsphasen, jeweils getrennt durch Warmzeiten. Interessanterweise deuten paläomagnetische Daten darauf hin, dass sich die Eismassen während dieser Kaltzeiten wahrscheinlich bis zum damaligen Äquator erstreckten. Dies führte so weit, dass einige Geologen annehmen, die gesamte Erde könnte von Pol zu Pol von Eis bedeckt gewesen sein – eine gewagte Hypothese, die als **„Schneeball-Erde"** bezeichnet wird (Abb. 21.26d). Glazigene Sedimente aus dieser Epoche wurden auf allen Kontinenten nachgewiesen (Abb. 21.26c).

Nach dieser Schneeball-Hypothese gab es überall Eis, selbst die Ozeane waren gefroren. Die mittlere Temperatur lag weltweit bei etwa –40 °C, wie heute in der Antarktis. Mit Ausnahme einiger wärmerer Bereiche in der Umgebung von Vulkanen dürften nur wenige Lebensformen existiert haben. Wie konnte es zu einem derart rätselhaften Ereignis kommen und wodurch wurde es beendet? Die Lösung dieses Problems ergibt sich möglicherweise aus Rückkopplungseffekten innerhalb des Klimasystems.

Am Anfang, als sich die Erde abkühlte, vergrößerten sich die an den Polen vorhandenen Eisschilde und ihre weißen Oberflächen reflektierten immer höhere Anteile der Sonneneinstrahlung. Dieser Rückgang der warmen Infrarotreflexion führte zu einer weiteren Abkühlung und die Eisdecken dehnten sich auch dementsprechend aus. Dieser sich selbst verstärkende Prozess dürfte sich so lange fortgesetzt haben, bis er schließlich die Tropen erreicht hatte und die Erde von einem Eispanzer umgeben war, der eine Mächtigkeit von etwa 1 000 m erreicht haben dürfte. Dieses Szenario ist ein Beispiel für einen positiven Albedo-Rückkopplungseffekt, der ausuferte.

Die Erde war viele Millionen Jahre von Eis bedeckt, während einige Vulkane, die sich durch die Eisoberfläche „hindurchgeschweißt" hatten, langsam Kohlendioxid in die Atmosphäre abgaben. Das sich anreichernde Kohlendioxid hielt die eingestrahlte Sonnenenergie zurück und führte schließlich zu einer Treibhauserwärmung. Als der Kohlendioxidgehalt in der Atmosphäre schließlich einen kritischen Wert erreicht hatte, stieg die Temperatur an, das Eis schmolz ab und die Erde wurde zu einem Treibhaus. In diesem Szenario führte die Zunahme des Kohlendioxids im Geosystem Klima zu einem negativen Rückkopplungseffekt, der einer Abkühlung entgegenwirkte.

Die Hypothese einer Schneeball-Erde ist äußerst umstritten und einige Experten lehnen die Vorstellung ab, dass die Ozeane gefroren waren. Dennoch sind die Hinweise auf eine Vereisung in den niederen Breiten eindeutig und die Hypothese ist ein Beispiel dafür, wie Rückkopplungseffekte innerhalb des Geosystems Klima extreme Veränderungen bewirken können.

## Zusammenfassung des Kapitels

**Wie Gletscher sich bilden und bewegen:** Gletscher entstehen dort, wo das Klima so kalt ist, dass der Schnee im Sommer nicht abschmilzt, sondern sich anhäuft und durch Umkristallisation zu Firn und schließlich zu Eis wird. Wenn sich Schnee anreichert, wird das darunter liegende Eis immer dicker; das geschieht sowohl im Gebirge am oberen Ende von Talgletschern als auch in den Zentren der Inlandeismassen, bis das Eis schließlich so schwer wird, dass es von der Schwerkraft gezogen bergab gleitet. In Zeiten mit konstantem Klima bleibt auch die Ausdehnung eines Gletschers konstant, da sich durch Schneefälle im Akkumulationsgebiet stets genügend Eis bildet, um die Verluste im Ablationsgebiet durch Abschmelzen, Sublimation oder Kalben ins Meer auszugleichen. Während einer warmen Klimaperiode schwindet der Gletscher, da die Ablation gegenüber der Akkumulation überwiegt; umgekehrt dehnt sich ein Gletscher aus, wenn unter kalt-feuchten Klimabedingungen die Akkumulation die Ablation übersteigt. Gletscher bewegen sich durch eine Kombination von Gleitvorgängen an der Gletschersohle und plastischem Fließen im Eisinneren. Gleitvorgänge sind im wärmeren Klima vorherrschend, weil das Schmelzwasser an der Basis des Gletschers gewissermaßen als Gleitmittel dient und damit die Bewegung der Eismassen über das Gestein erleichtert. In sehr kalten Gebieten dominiert das plastische Fließen, da dort die Gletschersohle am Untergrund festgefroren ist. Die Geschwindigkeit der Gletscherbewegung schwankt in Abhängigkeit von der Mächtigkeit der Eisdecke, des Gefälles und der Beschaffenheit der Wände des Tales, durch das sich der Gletscher bewegt.

**Warum Eisschelfe schwimmen:** Eis schwimmt auf den Ozeanen in gleicher Weise, wie Eiswürfel in einem Glas Wasser schwimmen. Eis hat eine geringere Dichte als Wasser und deshalb schwimmen auch Eiswürfel, Eisberge und Schelfeis. Das auf dem Wasser schwimmende Eis unterliegt einer Auftriebskraft (kurz Auftrieb), die der Gewichtskraft des vom Eis verdrängten Wassers entspricht. Der Auftrieb drückt das Eis nach oben und wirkt damit der Schwerkraft entgegen. Dieses statische Gleichgewicht zwischen Auftrieb und Schwerkraft wird als Isostasie bezeichnet. Die Isostasie stellt sicher, dass der Meeresspiegel nicht steigt, wenn Eisberge oder Schelfeis abschmelzen. Der Zustand der Isostasie wird erreicht, wenn die Eismasse der Masse des verdrängten Wassers entspricht. Schmilzt das Eis ab, ersetzt es lediglich das verdrängte Wasser.

**Wie Gletscher anstehendes Gestein abtragen, Sedimente transportieren und ablagern und die Landschaft**

**formen:** Die Erosionswirkung der Gletscher beruht auf dem Abschürfen und Herauslösen des unterlagernden Gesteins sowie dem Zermahlen der aufgenommenen Komponenten zu Korngrößen zwischen Blöcken und Ton. Talgletscher erodieren in ihrem Ursprungsgebiet Kare und Felsgrate, auf ihren Laufstrecken U-förmige Trog- und Hängetäler; wo sie in die Ozeane münden und ihre Täler unter den Meeresspiegel eintiefen, entstehen Fjorde. Gletschereis besitzt eine hohe Kompetenz und hohe Kapazität, das heißt, es hat die Fähigkeit, große Sedimentmengen sämtlicher Korngrößen aufzunehmen und mit sich zu führen, wobei es riesige Mengen bis zur Gletscherstirn vortransportiert; dort wird dieses Material beim Abschmelzen des Eises wieder freigesetzt. Das Sediment kann von dem abschmelzenden Eis direkt in Form von Geschiebemergel oder aber durch Schmelzwasserflüsse als Sandersedimente abgelagert werden. Charakteristische, durch Gletscher entstandene Landformen sind Moränen, Drumlins, Kames, Oser und Sölle. Permafrostboden ist dauernd gefrorener Boden in sehr kalten subpolaren Klimazonen.

**Was Eiszeiten sind und was sie verursacht:** Glazigene Lockersedimente aus dem Pleistozän nehmen in den hohen und mittleren Breiten, in denen heute ein gemäßigtes Klima herrscht, weite Flächen ein. Das weist darauf hin, dass Inlandeismassen einst weit über die Polargebiete hinaus verbreitet waren. Geologische Altersbestimmungen an Gletscherablagerungen auf dem Festland und an Meeressedimenten haben gezeigt, dass sich während der pleistozänen Vereisungen mehrere Vorstoßphasen (Kaltzeiten oder Glaziale) mit entsprechenden Rückzugsphasen (Warmzeiten oder Interglaziale) der Inlandeismassen abwechselten. Jede Vorstoßphase zog eine weltweite Absenkung des Meeresspiegels nach sich, bei der große Bereiche des Kontinentalschelfs trockengefallen sind. In den Interglazialzeiten stieg der Meeresspiegel wieder an, und die Schelfgebiete wurden erneut überflutet. Auch wenn die ursächlichen Faktoren der Vereisungen ungewiss bleiben, scheint die allgemeine Abkühlung des Klimas, die zur Vergletscherung führte, durch Kontinentaldrift verursacht worden zu sein. Eine gängige Erklärung für den Wechsel von Glazialen und Interglazialen geht davon aus, dass dieser auf periodische Erdbahnänderungen, die so genannten Milankovitch-Zyklen, zurückzuführen ist. Durch die geringen periodischen Schwankungen der Erdumlaufbahn und der Rotationsachse ändert sich in der Folge auch die Sonneneinstrahlung, die die Erdoberfläche erreicht, und mit ihr auch die eingestrahlte Sonnenenergie. Außerdem gibt es Hinweise, dass eine Abnahme des Kohlendioxidgehalts der Atmosphäre den Treibhauseffekt vermindert und somit zu einer Vereisung führt.

Grand Teton Mountains, Wyoming. Die schroffen Berge bestehen aus Granit, der herausgehoben wurde und zu eindrucksvollen Berggipfeln verwitterte. Im Vordergrund führte die Hebung der Ebenen zum Einschneiden des Snake River, der in der Landschaft eine Reihe von stufenartigen Terrassen hinterlassen hat. Die Oberflächenformen der Erde sind das Ergebnis des fortwährenden Zusammenwirkens von Hebung und Erosion [*Foto: Lester Lefkowitz/Corbis*].

# Kapitel 22 Landschaftsentwicklung – Wechselwirkungen zwischen Tektonik und Klima

Wer hat nicht schon einmal den Horizont betrachtet und sich gefragt, warum die Erdoberfläche so und nicht anders aussieht und welche Kräfte diese Oberfläche gestaltet haben. Von hohen, schneebedeckten Bergen über weite, sanft gewellte Hügelländer bis hin zu ausgedehnten Ebenen besteht das Landschaftsbild der Erde aus einer Vielzahl morphologischer Groß- und Kleinformen. Diese Landschaften entwickeln sich durch kaum wahrnehmbare Veränderungen (ausgenommen Naturkatastrophen), wobei Hebung, Verwitterung, Erosion, Transport und Sedimentation bei der Modellierung der Erdoberfläche zusammenwirken.

In der Vergangenheit waren solche Veränderungen in menschlichen Zeitbegriffen nicht wahrnehmbar; neue Techniken ermöglichen uns heute jedoch, die Geschwindigkeiten solcher Vorgänge unmittelbar zu messen. Die **Geomorphologie**, die sich mit den Reliefformen der Erde, deren Gestalt, Anordnung und Entwicklung beschäftigt, ist eine Forschungsrichtung innerhalb der Geowissenschaften, die von dieser Möglichkeit, solche langsamen Prozesse quantitativ zu erfassen, enorm profitiert hat. Mit der Kenntnis, wie Landschaften entstehen, können wir die Landressourcen sinnvoller nutzen und die Zusammenhänge von Tektonik und Klima erkennen. Doch die Erklärung der jeweiligen an der Landschaftsentwicklung beteiligten Prozesse bleibt für die Geowissenschaftler eine Herausforderung, da zur Beantwortung der vielen offenen Fragen zahlreiche Arbeitsrichtungen innerhalb der Geowissenschaften zusammenarbeiten müssen.

Stark vereinfacht dargestellt ist das Relief das Ergebnis eines Zusammenspiels von Hebungs- und Abtragungsprozessen. Angetrieben von der Plattentektonik wird die Erdkruste zu Gebirgen herausgehoben und damit der Verwitterung und Erosion ausgesetzt, die beide unter anderem vom Klima gesteuert werden. Die Oberflächenformen dieser Gebirge sind demzufolge das Ergebnis von Wechselwirkungen zwischen diesen beiden Geosystemen.

Die herausgehobenen Bereiche der Erdkruste können eng begrenzte oder große Gebiete umfassen, und die Hebung kann rasch oder allmählich ablaufen. Somit ist die Landschaftsform ihrerseits auch vom jeweiligen Verhältnis dieser tektonischen und klimatischen Einflüsse abhängig. Darüber hinaus beeinflussen sich diese Faktoren gegenseitig, das heißt, der Aufstieg von Gebirgen kann beispielsweise zu regionalen oder auch globalen Veränderungen des Klimas und damit zu Verwitterungsraten führen, die wiederum die weitere Heraushebung der Gebirge beeinflussen.

In diesem Kapitel betrachten wir, wie Tektonik und Klima und die damit verbundenen Vorgänge wie Heraushebung, Verwitterung, Erosion, Sedimenttransport und Ablagerung in einem dynamischen Prozess zusammenwirken, der unser Landschaftsbild formt.

## Oberflächenformen, Höhenlage und Relief

Wir beginnen unsere Untersuchungen der Landschaftsentwicklung mit den grundlegenden Formen eines jeden Gebiets, die offensichtlich werden, wenn man die Erdoberfläche genauer betrachtet: die Höhe und die Schroffheit zerklüfteter Gebirge auf der einen Seite und die Tiefländer auf der anderen. Die unterschiedlichen Höhenlagen und Oberflächenformen der Erde werden als ihr **Relief** bezeichnet. Wir vergleichen die Höhen von Landschaftspunkten im Verhältnis zum mittleren Niveau des Meeresspiegels. Die Höhenlage oder der vertikale Abstand über dem Meeresspiegel wird als **Meereshöhe** oder in Deutschland auch **Höhe über Normalnull** (m NN) bezeichnet.

Eine **topographische Karte** zeigt die Höhenlage eines Gebiets, die heute auf den meisten Karten durch **Höhenlinien** (Isohypsen) dargestellt ist – das sind Linien, die benachbarte Punkte gleicher Höhe über dem Meeresspiegel miteinander verbinden (Abb. 22.1). Je enger die Höhenlinien beieinander liegen, desto steiler ist das Gelände und umgekehrt.

Seit Beginn der Geowissenschaften haben Wissenschaftler kartographische Grundlagen entwickelt, um geologische Informationen in einer Karte darstellen zu können. Obwohl das klassische Verfahren der trigonometrischen Geländeaufnahme für einige Zwecke noch

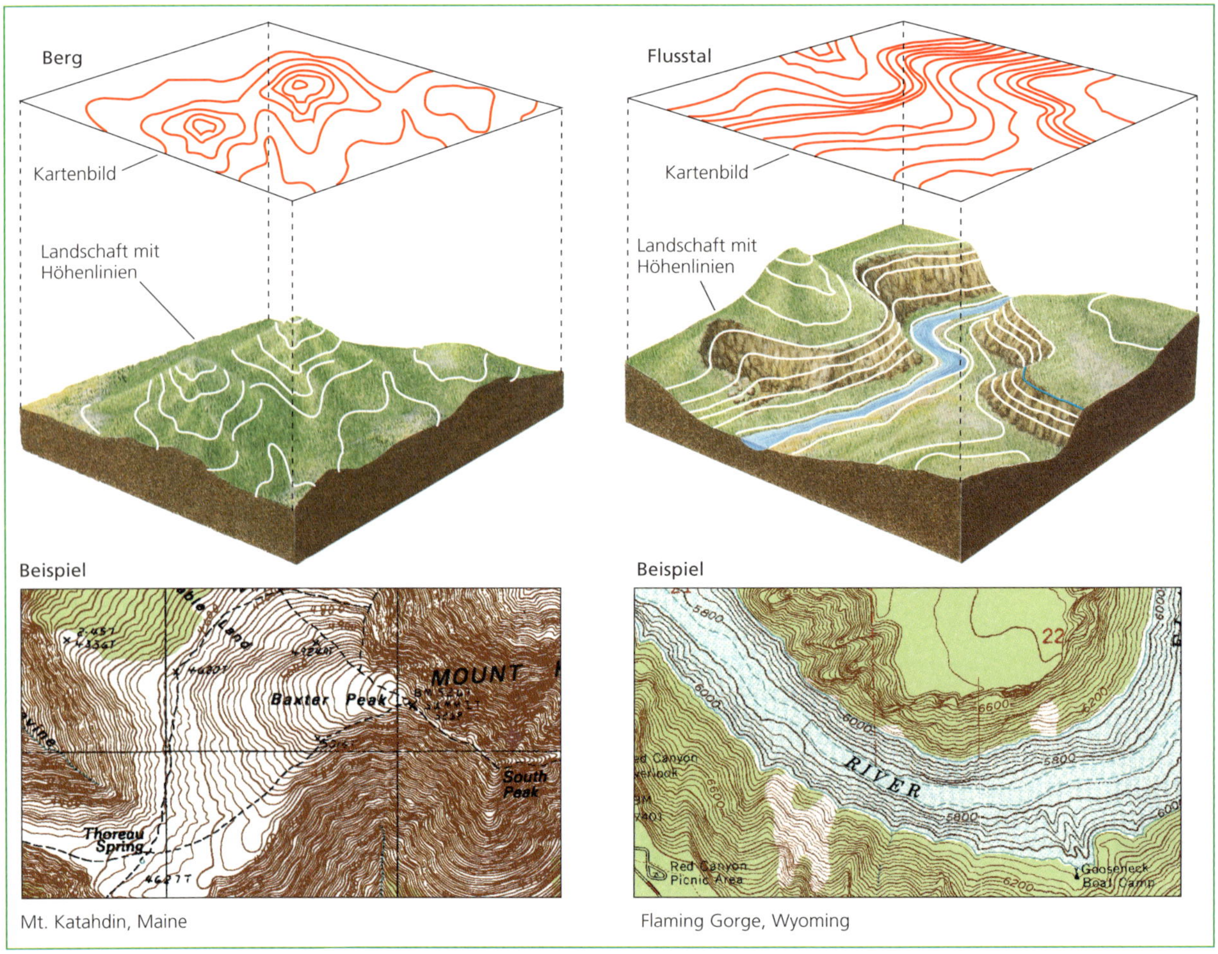


**Abb. 22.1** Das Relief eines Berggipfels (links) und eines Flusstals (rechts) lässt sich in einer topographischen Karte durch Höhenlinien exakt wiedergeben. Höhenlinien verbinden benachbarte Punkte gleicher Höhenlage. Je dichter die Höhenlinien beieinander liegen, desto steiler sind die Hänge [*nach A. Maltman (1990): Geological Maps: An Introduction. Van Nostrand Reinhold, New York, S. 17; Topographische Karten: USGS/DRG*].

immer herangezogen wird, basiert die moderne Vermessung auf Satellitenaufnahmen, konventionellen Luft- und Radarbildern, Entfernungsmessungen mit Laser-Geräten vom Flugzeug aus sowie weiteren technischen Verfahren, durch die nicht nur die Morphologie, sondern auch andere topographische Merkmale besser erkennbar sind (Abb. 22.2).

Eines dieser Merkmale ist der **Reliefunterschied** der Erdoberfläche, das heißt der vertikale Abstand zwischen dem höchsten und dem niedrigsten Punkt eines bestimmten Gebiets (Abb. 22.3). Wie diese Definition andeutet, schwankt der Reliefunterschied in Abhängigkeit von der Größe einer Region, in dem er ermittelt wird. Für geomorphologische Untersuchungen ist es daher zweckmäßig, drei wesentliche Bestandteile des Reliefunterschieds zu definieren: den Reliefunterschied des Hangs (die Höhendifferenz zwischen Gipfel oder Kammlinie und dem Punkt, an dem der Vorfluter liegt), den Reliefunterschied der Nebenflüsse (der Höhenunterschied entlang der Nebenflüsse) und den Reliefunterschied der Hauptfließrinne (der Höhenunterschied entlang des Hauptflusses).

Der Reliefunterschied eines Gebiets wird anhand der Höhenlinien auf einer topographischen Karte ermittelt, indem die Höhe des niedrigsten Geländepunkts, gewöhnlich am Boden eines Flusstals, von der Höhe des höchsten Punkts, normalerweise der Gipfel der höchsten Erhebung, subtrahiert wird. Der Reliefunterschied, bezogen auf die horizontale Ausdehnung, ist ein Maß für die Schroffheit eines Geländes: Je größer der Reliefunterschied, desto schroffer sind in der Regel die Oberflächenformen.

Der Mount Everest, mit einer neu vermessenen Höhe von 8 850 m der höchste Berg der Erde, liegt in einem

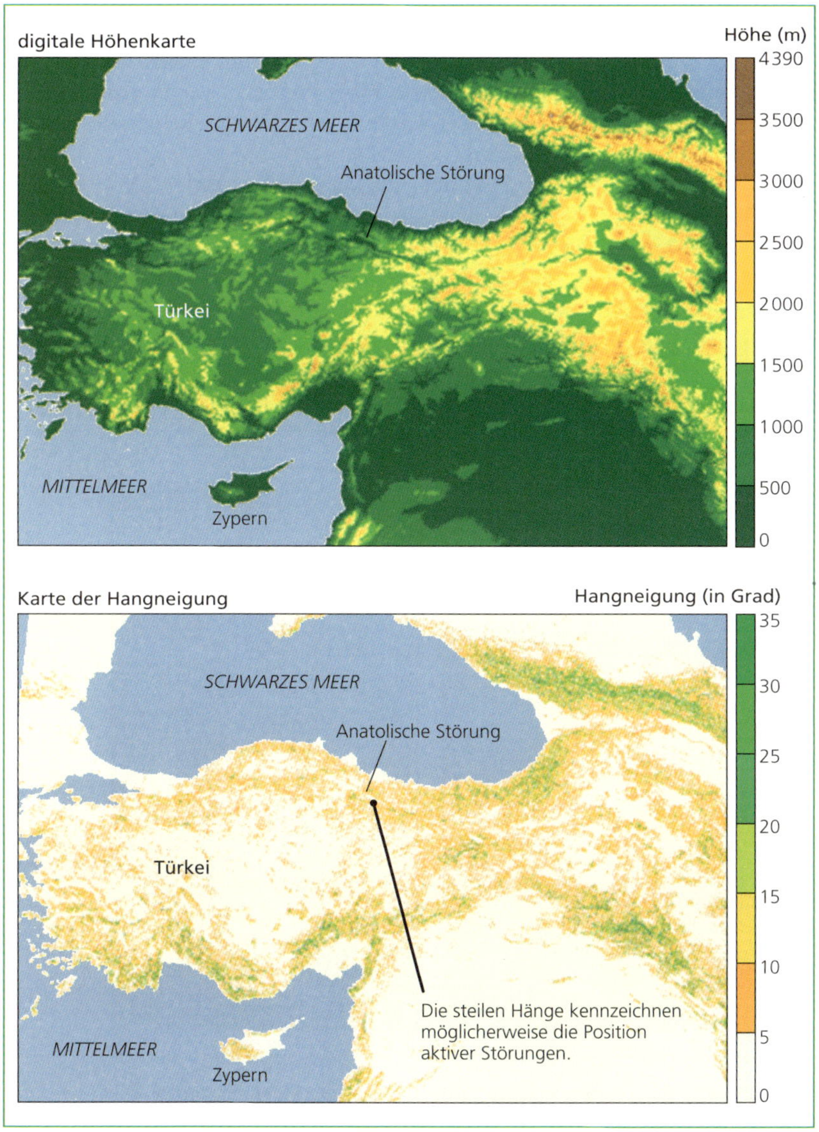


**Abb. 22.2** Topographische Karten der Türkei und angrenzender Gebiete. Die Höhen wurden auf digitalem Wege von Satelliten aufgenommen, um auf diese Weise unterschiedliche Karten herzustellen. Die obere Karte zeigt das Relief. Da die Werte digital erzeugt wurden, entspricht jeder Bildpunkt (Pixel) einem bestimmten Höhenwert. Diese Art von Karten wird als digitales Höhenmodell bezeichnet. In der unteren Karte wurden die Höhenwerte dazu herangezogen, um die jeweilige Neigung zwischen den Bildpunkten zu berechnen. Die Neigung wurden dann durch Winkel gemessen und in Grad gegen die Horizontale dargestellt. Eine solche Karte der Hangneigung ist äußerst praktisch, um Bereiche zu erkennen, in denen sich die Morphologie abrupt verändert, wie etwa an einer Gebirgsfront oder an einer aktiven Bruchstufe [*Bildmaterial: Marin Clark*].

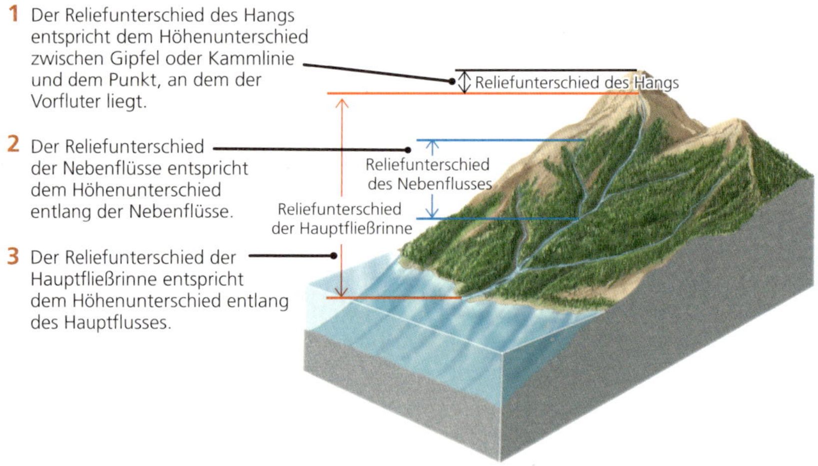


**Abb. 22.3** Der Höhenunterschied zwischen höchstem und niedrigstem Punkt eines Gebiets wird als Reliefunterschied bezeichnet.

Bereich mit extrem großen Reliefunterschieden (Abb. 22.4a). Im Allgemeinen zeigen die meisten Regionen mit großen Erhebungen auch starke Reliefunterschiede und die meisten Gebiete mit niedrigen Erhebungen weisen dementsprechend geringe Reliefunterschiede auf, wenngleich es auch Ausnahmen gibt. Beispielsweise ist das Tote Meer zwischen Israel und Jordanien mit 392 m unter dem Meeresspiegel der weltweit tiefste Punkt auf dem Festland. Es ist jedoch von eindrucksvollen Bergen umgeben, die in diesem kleinen Bereich der Erde ein bedeutendes Relief erzeugen (Abb. 22.4b). Gebiete wie das Hochland von Tibet können zwar in großer Höhe liegen, aber trotzdem nur geringe Reliefunterschiede aufweisen.

Ein Flug über die Vereinigten Staaten hinweg würde uns zahlreiche, sehr unterschiedliche Landschaftsformen zeigen.

Die in Abbildung 22.5 dargestellte digitalisierte Karte lässt diese groß- und kleinräumigen morphologischen Formen deutlich erkennen. Sie zeigt eine Gesamtüber-

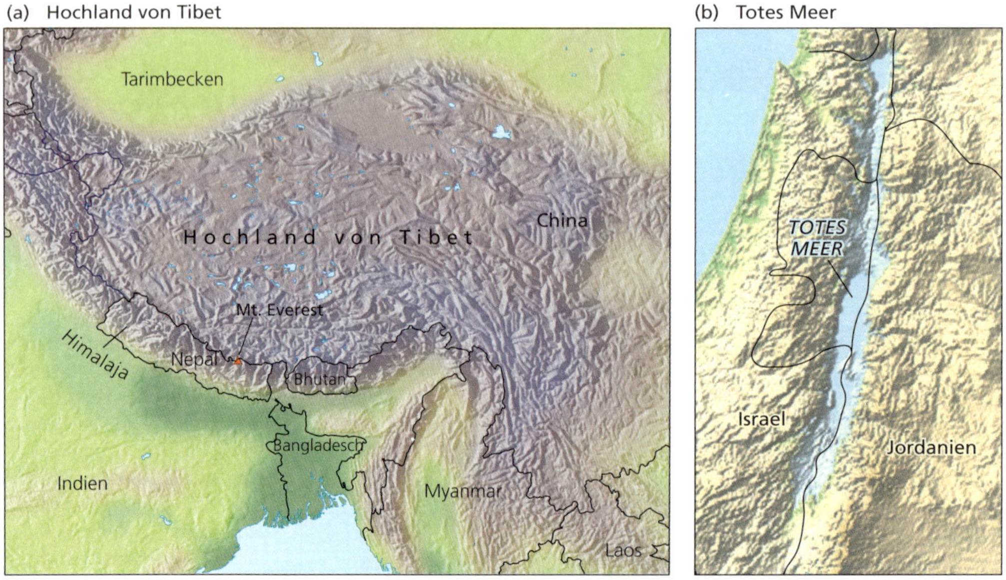


**Abb. 22.4** Topographische Karten. (a) Der Mount Everest, der höchste Berg der Erde. (b) Das Tote Meer, der tiefste Punkt der Erde auf dem Festland [*Bildmaterial: Marin Clark & Nathan Niemi*].

**Abb. 22.5** Eine digitalisierte, durch Reliefschraffur erzeugte Karte der Oberflächenformen verdeutlicht die unterschiedlichen Landschaftsformen der Vereinigten Staaten und Kanadas [*Grafik: G. P. Thelin & R. J. Pike, USGS 1991*].

sicht der Vereinigten Staaten und Kanadas bei einer gleichzeitigen Wiedergabe von Strukturen bis zu einer Größe im Bereich von 2,5 km. Die mäßigen Erhebungen und das Relief der lang gestreckten Höhenzüge und Täler der Appalachen stehen im deutlichen Gegensatz zu den flachen Hügeln und geringen Reliefunterschieden in den Ebenen des Mittelwestens. Noch eindrucksvoller ist der Gegensatz zwischen den Ebenen des Mittelwestens und den Rocky Mountains. Wenn wir diese verschiedenartigen Oberflächenformen näher untersuchen, können wir sie nicht nur anhand ihrer Höhen und Reliefunterschiede charakterisieren, sondern auch anhand der Steilheit der Hänge sowie der Form der Berge, Hügel und Täler.

## Geländeformen, geschaffen durch Erosion und Sedimentation

Flüsse, Gletscher und Wind hinterlassen auf der Erdoberfläche ihre Spuren in einer Vielzahl von **Landschaftsformen**: schroffe Berghänge, enge oder weite Täler, Dünen, Flussniederungen und zahlreiche andere Erscheinungen. Ihr Größenordnung reicht von regionalen bis zu rein lokalen Geländeformen. Im regionalen Maßstab (bis zu mehreren tausend Kilometern) bilden Gebirgszüge an den Rändern der Lithosphärenplatten – rein morphologisch betrachtet – hohe Mauern. Im lokalen Bereich (einige Meter) wird die Oberflächenform eines Aufschlusses durch die unterschiedlich starke Verwitterung seiner unterschiedlich harten Gesteine verursacht. Dieses Kapitel befasst sich vor allem mit den regional bedeutenden Geländeformen, die ganz allgemein das Relief der Erdoberfläche kennzeichnen.

## Berge und Hügel

Wir haben die Bezeichnung **Berg** schon oft verwendet, doch können wir für diesen Begriff keine genauere Definition angeben, als dass ein Berg eine große Gesteinsmasse ist, die sich deutlich über ihre Umgebung erhebt. Die meisten Berge treten in Gruppen auf und bilden mit anderen zusammen Gebirgszüge, in denen die unterschiedlichen Höhen der Gipfel leichter zu erkennen sind als bei isoliert stehenden Bergen (Abb. 22.6). Wenn einzelne Berge das umgebende Tiefland überragen, handelt es sich meist um isolierte Vulkane oder Erosionsreste ehemaliger Bergketten.

Wir unterscheiden Berge und Hügel nur nach ihrer Größe und aus Gewohnheit. Erhebungen, die in niedrig liegenden Gebieten als Berge bezeichnet werden, würde man in Gebieten mit hohen Bergen allenfalls Hügel nennen. Im Allgemeinen werden Geländeerhebungen, die ihre Umgebung um mehr als einige hundert Meter überragen, als Berge bezeichnet.

Berge und Hügel sind ein direktes oder indirektes Abbild der plattentektonischen Prozesse: Je jünger die tektonische Deformation ist, desto höher sind wahrscheinlich auch die Berge. Der Himalaja, das höchste Gebirge der Erde, ist gleichzeitig auch eines der jüngsten. Die Steilheit der Hänge in gebirgigen und hügeligen Gebieten entspricht im Allgemeinen der Höhe und dem Relief. Die steilsten Hänge findet man normalerweise an hohen Bergen mit starken Reliefunterschieden. Die Hänge von niedrigeren Bergen und geringerem Relief sind meist weniger steil und schroff. Wie in diesem Kapitel noch gezeigt wird, hängt das Relief eines Gebirges in hohem Maße auch davon ab, wie stark sich Gletscher und Flüsse – in Relation zur Hebung des Gebirges – in das anstehende Gestein eingetieft haben.

## Hochplateaus

Ein weit ausgedehntes, ebenes Gebiet, das durch eine gewisse einheitliche Höhenlage deutlich vom benachbarten Gebiet abgegrenzt ist (zumindest auf einer Seite), ist ein **Hochplateau** oder eine **Hochebene**. Die meisten Hochplateaus liegen in Höhenlagen unter 3 000 m. Allerdings liegt das Hochland (Altiplano) von Bolivien in einer Höhe von 3 600 m, und das ungewöhnlich hoch liegende Hochland von Tibet, das sich über eine Fläche von 1 000 mal 5 000 km erstreckt, weist eine durchschnittliche Höhenlage von fast 5 000 m auf (Abb. 22.7). Solche Hochplateaus entstehen dann, wenn tektonische Vorgänge als Folge vertikal wirkender Kräfte zu einer regionalen Heraushebung führen. Die hierfür erforderlichen Prozesse sind noch weitgehend unbekannt. Man ist derzeit bemüht, eine Erklärung zu finden, wie durch plattentektonische Vorgänge solche großflächigen Hochplateaus entstehen können.

Kleinere Hochplateaus ohne stärkeres Relief werden **Hochflächen** genannt. In den westlichen Vereinigten Staaten wird ein kleinerer, abgeflachter Einzelberg mit allseits steilen Hängen als **Tafelberg** oder **Mesa** bezeichnet (Abb. 22.8). Solche Mesas entstehen durch selektive Verwitterung unterschiedlich harter Gesteine.

## Tektonisch bedingte Höhenzüge und Täler

In jungen Faltengebirgen bilden in frühen Stadien der Faltung und Hebung die Sättel (Antiklinalen) auch morphologisch hervortretende Höhenzüge und die Mulden (Synklinalen) entsprechende Täler (Abb. 22.9). Wenn

**Abb 22.6** Die meisten Berge treten als Gebirgsketten auf und nicht in Form isolierter Erhebungen. In diesem von Gletschern geformten Gebiet im Nationalpark Torres del Paine, Chile, bilden alle Gipfel scharfe Grate [*Foto: Marlis Kuhlmann*].

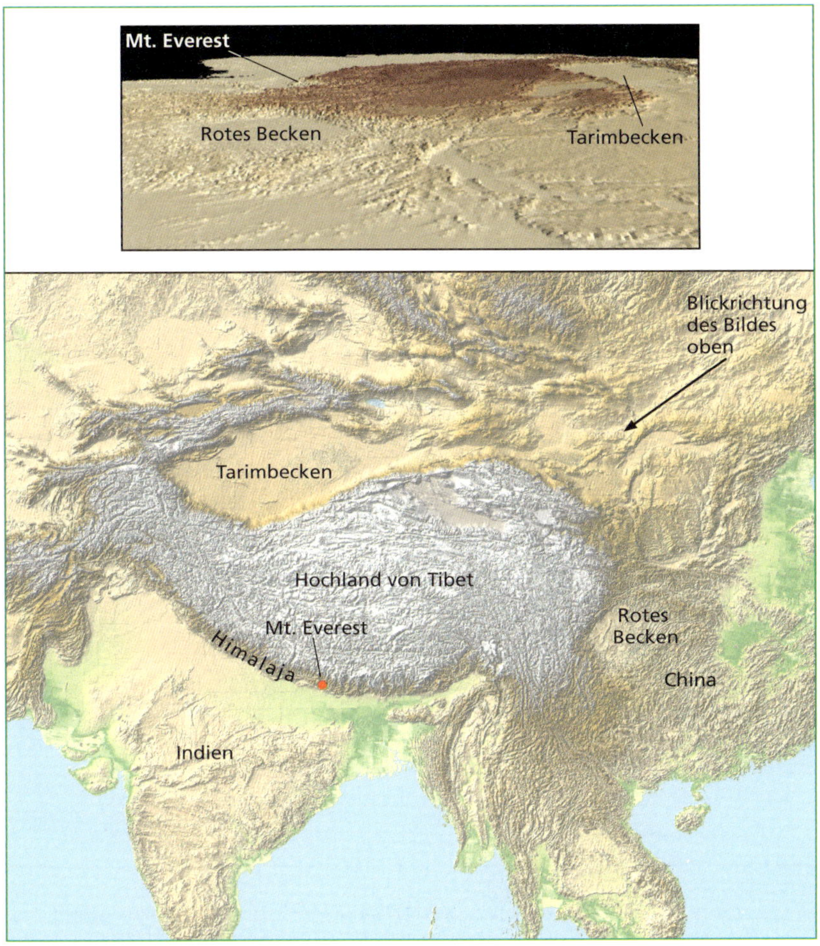


**Abb 22.7** Die Karte zeigt das Hochland von Tibet, das höchste und flächenmäßig größte Hochland der Erde. Die tektonischen Vorgänge, die zu seiner starken Hebung führten, sind noch weitgehend unbekannt. Einige Geowissenschaftler gehen davon aus, dass dieses Hochland entstanden ist, weil die Indische Platte mit der Eurasischen Platte kollidierte und sich dadurch die Mächtigkeit der Lithosphäre im Bereich des heutigen Hochlandes verdoppelt hat. Die isostatische Rückformung der doppelt so dicken Kruste führte dann zum Aufstieg des Hochlands. Andere Geowissenschaftler behaupten, dass im Verlauf der Kollision von Indien mit Eurasien die tiefere Erdkruste - ähnlich wie der Mantel - geflossen ist und sich ein flüssiges Kissen gebildet hat, das die Kruste nach oben drückte.

jedoch die tektonische Aktivität nachgelassen hat und die Einflüsse von Klima und Verwitterung immer stärker dominieren und Erosionsrinnen und Täler tiefer in die Strukturen eingreifen, kann sich das Relief auch umkehren, sodass Sättel zu Tälern und Mulden zu Höhenzügen werden können. Das geschieht vor allem dort, wo die Gesteine, typischerweise Sedimente wie Kalksteine, Sandsteine und Schiefertone, einen starken Einfluss auf die Verwitterung und Erosion ausüben. Wenn die Gesteine in einem Sattel aus wenig widerstandfähigen Schichten wie etwa Schiefertonen bestehen, kann der Kern des Sattels leichter erodiert werden, sodass anstelle der Antiklinalform bald ein Sattel- oder Antiklinaltal entsteht (Abb. 22.10). Dagegen werden erosionsfeste Gesteine in den tektonisch tiefer liegenden Bereichen innerhalb der Mulden mehr und mehr zu Höhenzügen – eine als **Reliefumkehr** oder Inversion bezeichnete Erscheinung. In einem Gebiet, das viele Millionen Jahre

**Abb. 22.8** Ein typischer Tafelberg im Monument Valley, Arizona. Die ebene Hochfläche wird von verwitterungsresistenten Schichten gebildet [*Foto: R. Siever*].

**Abb 22.9** Diese Valley-and-Ridge-Landschaft im Zagrosgebirge, Iran, ist typisch für ein Gebiet mit gefalteten Sedimenten. Die Deformation erfolgte im Pliozän und ist damit relativ jung, sodass die ursprüngliche Form der Sättel (Höhenrücken) und Mulden (Täler) durch Erosionsprozesse noch nicht wesentlich verändert wurde [*Foto: NASA*].

**STADIUM 1**
Harte, widerstandfähige Gesteine überlagern weniger widerstandsfähige Schichten. Die Sättel bilden morphologisch hervortretende Höhenzüge und die Mulden dementsprechend Täler, in denen Flüsse fließen. Die Nebenflüsse auf den Hängen der Sättel fließen rascher als die in den Tälern. Sie erodieren daher die Hänge schneller als der Vorfluter das Tal.

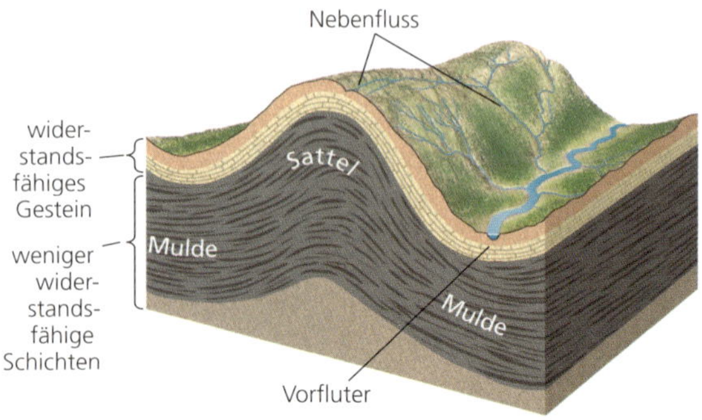


**STADIUM 2**
Die Nebenflüsse auf den Sätteln schneiden sich in die widerstandsfähigen Gesteine ein und räumen die weicheren Schichten im Liegenden aus. Auf dem Sattel entsteht ein steilwandiges Kerbtal.

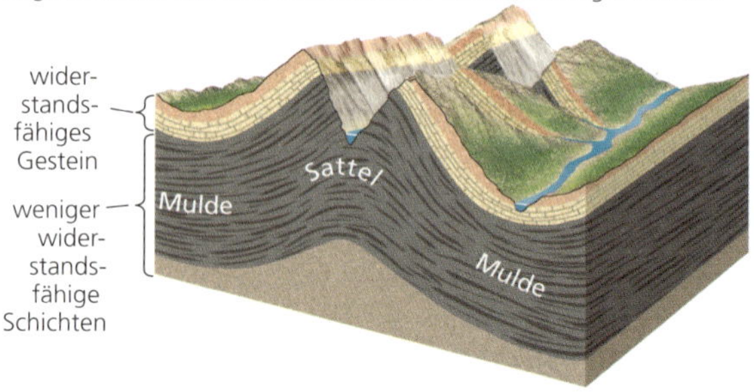


**STADIUM 3**
Dauert der Vorgang fort, entsteht ein Sattel- oder Antiklinaltal und über den Mulden bilden die widerstandsfähigen Gesteine Höhenzüge.

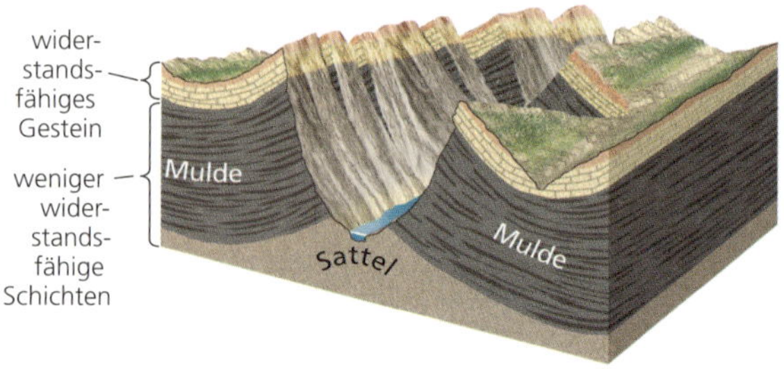


**Abb. 22.10** Entwicklungsstadien von Höhenzügen und Tälern in Faltengebirgen. Im Anfangsstadium werden die Höhenzüge von Sätteln gebildet. Später werden die Sättel bevorzugt abgetragen, während die Höhenzüge durch Deckschichten aus erosionsresistenten Gesteinen erhalten bleiben, da in den weniger widerstandsfähigen Schichten durch Erosion Täler ausgeräumt werden.

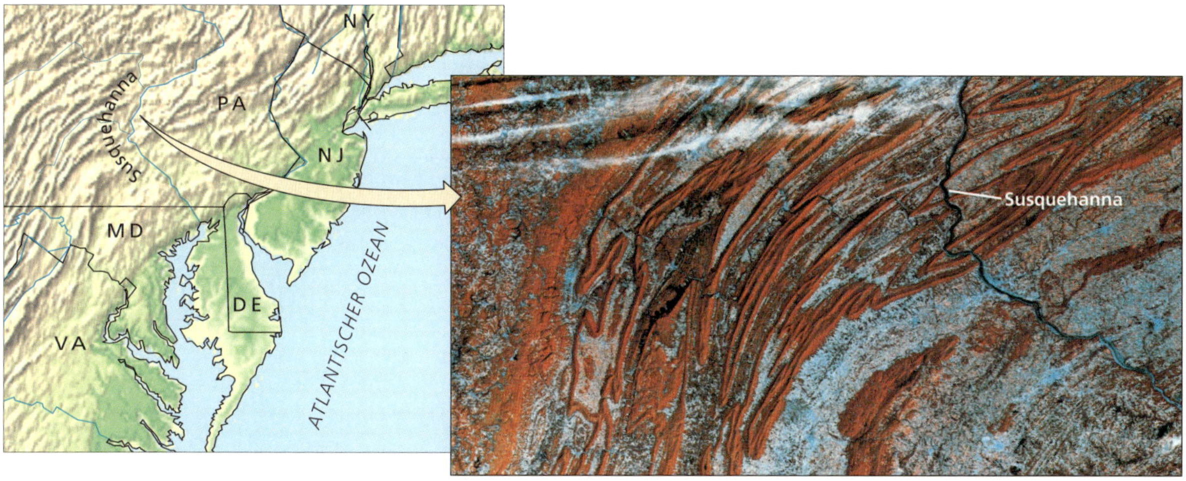


**Abb. 22.11** Die Valley-and-Ridge-Provinz der Appalachen zeigt die typischen tektonisch bedingten Oberflächenformen mit lang gestreckten Sätteln und Mulden. Sie sind durch Faltung und Erosion im Lauf von vielen Millionen Jahren entstanden. Die deutlich hervortretenden Rücken (rotorange dargestellt) bestehen aus erosionsresistenten Sedimentgesteinen, die zu engständigen Sätteln und Mulden gefaltet sind [*Foto: Earth Satellite Corp.*].

lang der Erosion ausgesetzt war, führt die regelmäßige Anordnung von lang gestreckten, geraden Sätteln und Mulden zu einer ganzen Reihe mehr oder weniger paralleler Höhenrücken und Täler, wie beispielsweise in den Appalachen von Pennsylvania und den angrenzenden Bundesstaaten (Abb. 22.11).

## Flusstäler

Beobachtungen an Flusstälern in verschiedenen Gebieten der Erde führten bereits in den Anfängen der Geologie zu einer der wichtigsten Theorien. Dieser Theorie zufolge wurden die Flusstäler durch die Erosionswirkung der darin fließenden Gewässer geschaffen. Man erkannte, dass die sedimentären Gesteinsserien auf der einen Seite eines Tals mit denen auf der gegenüberliegenden Talseite übereinstimmten und dass beide Abfolgen einstmals als geschlossene, durchgehende Schichten abgelagert worden sein mussten. Der Fluss hatte demnach enorme Mengen der ursprünglich vorhandenen Gesteine zerstört und als Sedimente abtransportiert. Derzeit versuchen Geowissenschaftler die Frage zu klären, welche physikalischen Prozesse insgesamt zur Erosion der Gesteine führen.

Auf welche Weise ein Fluss Gesteine erodiert, ist einerseits von der **Strömungsenergie** des Flusses abhängig, das heißt von dem Produkt aus Gefälle und Abfluss, und andererseits von der Fähigkeit des Gesteins, der Erosion Widerstand zu leisten, die sich aus dem Produkt von Volumen und Korngröße des in der Fließrinne vorhandenen Sediments ergibt (Abb. 22.12). Ist die Strömungsenergie hoch genug, um die Sedimentfracht zu entfernen, dann ist der Widerstand gegen die Erosion überwiegend eine Funktion der Gesteinshärte. Wie sich zeigte nimmt die Geschwindigkeit der Erosion ganz erheblich zu, wenn auch die Strömungsenergie zunimmt. An den meisten Tagen leistet ein Fluss kaum Erosionsarbeit, weil der Abfluss und demzufolge die Strömungsenergie gering ist. An den wenigen Tagen, an denen Abfluss und Strömungsenergie hoch sind, ist die Erosion deutlich stärker. Dieser Zusammenhang zeigt ein wesentliches Charakteristikum vieler Geosysteme: Durch seltene, aber große Ereignisse entstehen oftmals weitaus größeren Veränderungen, als durch häufige kleine Ereignisse.

Die Erosion des Untergrunds beruht im Wesentlichen auf drei Vorgängen: Erstens, auf der **Abrasion** des anstehenden Gesteins durch die in Suspension befindlichen und durch Saltation transportierten Sedimentkomponenten, die sich am Boden und an den Seiten des Flussbetts entlang bewegen (vgl. dazu Kap. 18). Zweitens, auf der **Schleppkraft** der Strömung, die dazu führt, dass aus der Fließrinne Gesteinsbruchstücke herausgerissen werden, und drittens, auf der erosiven Tätigkeit der Gletscher. Dadurch entstehen in großer Höhenlage Täler, die nachfolgend von Bächen und Flüssen eingenommen werden. Die Ermittlung der relativen Bedeutung dieser drei Prozesse im bergigen Gelände ist eine der Möglichkeiten, wie sich die Einflüsse des Klimas von den Einflüssen der Tektonik auf die Landschaftsentwicklung unterscheiden lassen.

Flusstäler haben viele Bezeichnungen: Canyon, Schlucht, Klamm, Arroyo, Tobel und andere, aber alle weisen dieselben Grundformen auf. Ein Vertikalschnitt durch das Tal eines jungen Gebirgsflusses, ohne oder mit nur einer schmalen Talsohle, zeigt das einfache V-förmige Profil eines typischen **Kerbtals** (Abb. 22.12b). Ein

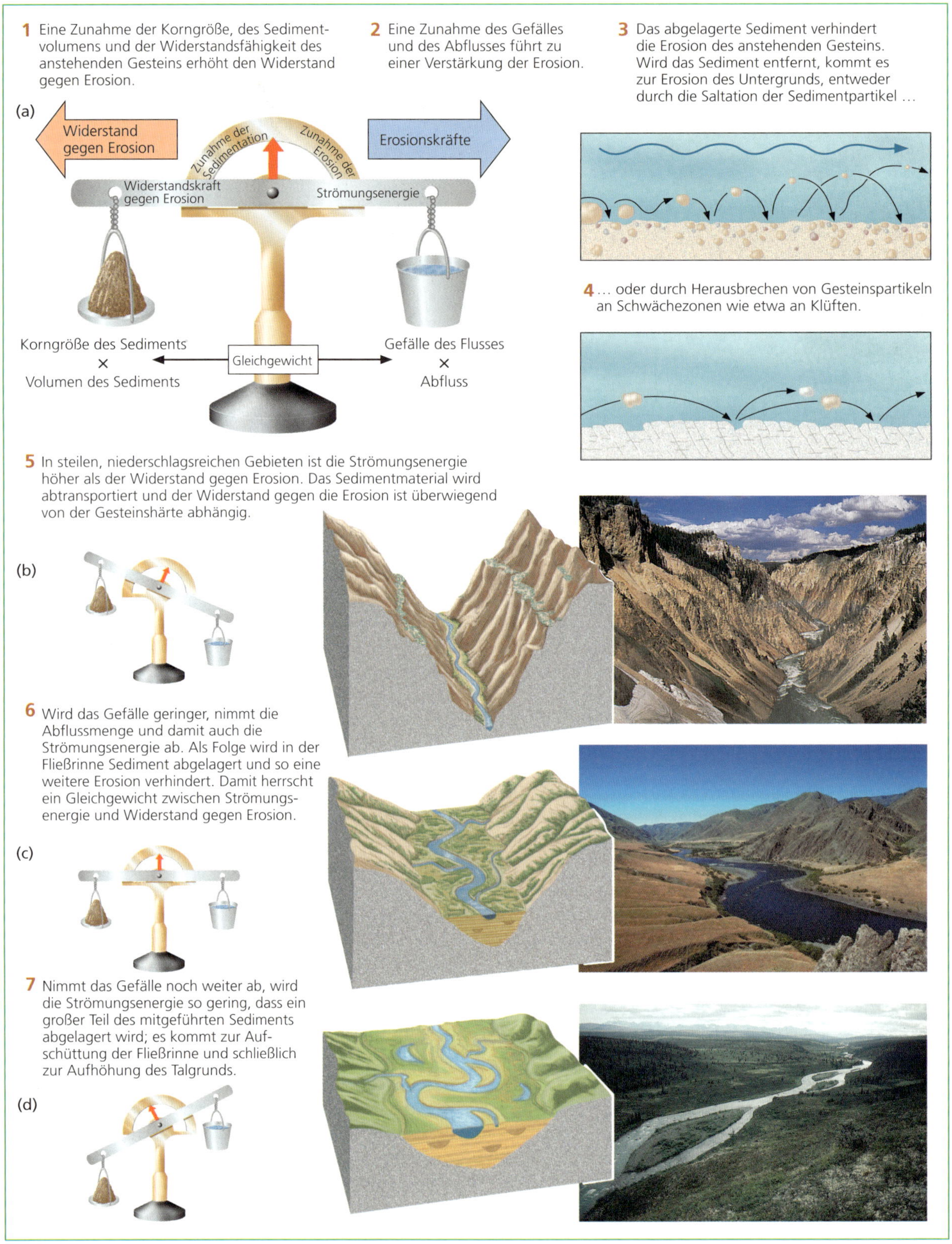


**Abb. 22.12** Die Erosion wird durch das Gleichgewicht zwischen der Strömungsenergie und dem Widerstand der Sedimentfracht gegen Erosion beeinflusst. (b) Yellowstone River, Yellowstone-Nationalpark. (c) Snake River, Suicide Point, Idaho. (d) Mulchatna River, Alaska. [*nach: D. W. Burbank & R. S. Anderson (2001): Tectonic Geomorphology. Oxford, Blackwell (a); Fotos: Jeff Henry/Roche Jaune Pictures (b); David G. Houser/Corbis (c); Glenn Oliver/Visuals Unlimited (d)*].

**Abb. 22.13** Rinnenartige Erosionsformen („Gullies“) in den Badlands von Süd-Dakota. Sie schnitten sich in leicht erodierbare Sedimente ein. Sage Creek Wilderness, Badlands-Nationalpark [*Foto: Willard Clay*].

weites, tiefer liegendes Flusstal mit einer ausgedehnten Talaue hat einen muldenförmigen Querschnitt, der zwar etwas offener ist, sich aber noch immer von dem U-förmigen Trogtal eines Gletschers unterscheidet. In Gebieten, die sehr unterschiedliche Oberflächenformen zeigen und die aus unterschiedlichen Gesteinstypen bestehen, zeigen auch die Flusstäler unterschiedliche Formen und Dimensionen (Abb. 22.12c,d). Sie reichen von engen Schluchten in Gebirgen oder erosionsresistenten Gesteinen bis zu weiten, flachen Tälern in Ebenen oder leicht erodierbaren Gesteinen. Zwischen diesen Extremen entspricht die Breite eines Tales im Allgemeinen dem Erosionsstadium des Gebiets: in älteren Gebirgen, die bereits etwas abgetragen wurden und rundliche Gipfelformen zeigen, sind die Täler breiter, und in den morphologisch tiefer liegenden, hügeligen Bereichen nimmt die Breite noch einmal deutlich zu.

Ein **Badland** ist ein von tiefen, eng stehenden Erosionsrinnen zerschnittenes Gelände. Seine Oberflächenform entsteht durch die rasche Abtragung leicht erodierbarer Schiefertone oder Tonsteine, wie beispielsweise in den Badlands von Süd-Dakota (Abb. 22.13). Das gesamte Gebiet besteht praktisch aus ständig sich erweiternden Schluchten und Tälern, zwischen denen nur noch scharfe Kämme stehen geblieben sind.

## Tektonisch angelegte Täler

Viele Täler, die primär durch tektonische Prozesse angelegt wurden, sind lang gestreckt und je nach Alter eng bis breit, haben einen relativ flachen Talboden und sind auf einer oder auf beiden Seiten von Störungen begrenzt. Die an diesen Störungen durch Absenkung der Kruste verursachten Senkungsbewegungen sind für die generelle Talform verantwortlich. Solche tektonisch angelegten Täler werden von Flüssen durchzogen und oft auch von Seen eingenommen. Ein gutes Beispiel ist das Great Valley in Kalifornien, das vom San Joaquin und vom Sacramento durchflossen wird. Die Flüsse eines tektonisch angelegten Tals können dort einen Großteil der Sedimente ablagern, die von den Gebirgen der Umgebung abgetragen werden, und überdecken so das im Untergrund liegende Gestein mit einer breiten fluviatilen Aufschüttungsebene. Dieser ebene Talboden geht in die mächtigen, sich oftmals vereinigenden Schwemmfächer über, die an den von Störungen gebildeten Talrändern schräg ansteigen. Als andere Möglichkeit können Flüsse in solchen Tälern die tektonisch bedingte Talform – das heißt die Talhänge – durch Erosion und Denudation zu flacheren Hangformen oder aber durch tieferes Einschneiden, als es durch die Tektonik allein vorgegeben wurde, weiter umgestalten. Eine Sonderform tektonisch angelegter Täler sind die Grabensenken (engl. rift valleys). Solche Großgräben entstehen durch das beginnende oder bereits aktive oder das episodische Auseinanderdriften von Lithosphärenplatten. Die großen ostafrikanischen Grabensenken werden von ausgedehnten, tiefen Seen eingenommen. Der Jordan und das Tote Meer liegen ebenfalls in einem solchen Rift-Valley. Ein geographisch näher liegendes Beispiel ist der Oberrheingraben zwischen Basel und Wiesbaden.

## Tektonisch bedingte Steilränder

Auch Falten und Störungen, die durch Gesteinsdeformation im Zuge der Gebirgsbildung entstehen, hinterlassen

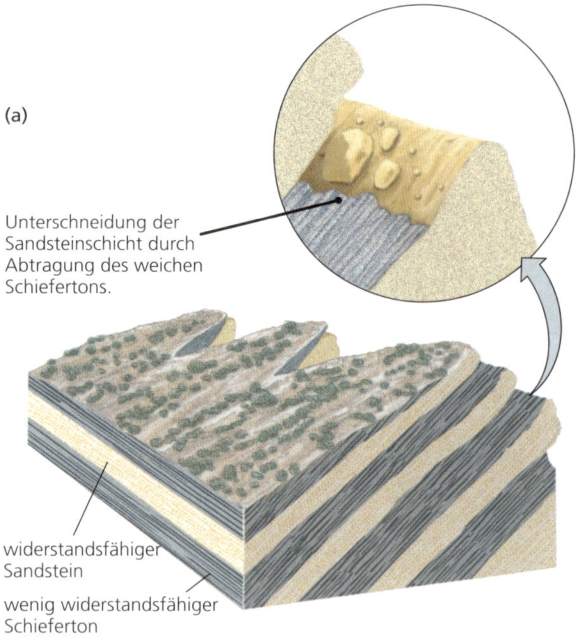


(b)

**Abb. 22.14** (a) Schichtstufen entstehen dort, wo flach einfallende Schichten erosionsresistenter Gesteine, etwa Sandsteine, durch Abtragung eines weniger widerstandsfähigen Gesteins, zum Beispiel Schieferton, unterschnitten werden. (b) Schichtstufen in tektonisch verstellten Sedimentgesteinen; Dinosaur National Monument, Colorado [*Foto: Martin Miller*].

**Abb. 22.15** Schichtkämme sind schmale Höhenrücken aus verwitterungsresistenten Sedimentgesteinen, die tektonisch steil gestellt sind, sodass die Schichten vertikal oder nahezu vertikal stehen. Diese Schichtkämme befinden sich in den Rocky Mountains bei Denver, Colorado [*Foto: Tom Till/DRK/PHOTO*].

auf der Erdoberfläche ihre Spuren. Diese morphologischen Äußerungen der Deformation liefern oftmals Anhaltspunkte für den geologischen Bau, der diesen Strukturen zugrunde liegt. **Schichtstufen** sind asymmetrische Höhenzüge auf meist nur schwach geneigten und teilweise abgetragenen Gesteinsfolgen, in denen erosionsresistente Schichten, die Stufenbildner, mit weniger widerstandsfähigen und folglich leichter erodierbaren Schichten wechseln. Die flachere Seite der Schichtstufe besteht aus einem lang gestreckten, sanft geneigten Hang, der durch das Einfallen erosionsfester Schichten zustande kommt. Die andere Seite wird von einer Steilstufe am Rand der widerstandsfähigen Schicht gebildet, wo diese durch die Abtragung einer weicheren, darunter lagernden Schicht unterschnitten wird (Abb. 22.14).

Weitaus steiler einfallende oder vertikal stehende erosionsfeste Schichten wie sie etwa in Faltenstrukturen auftreten, werden zu schmalen, lang gestreckten **Schichtkämmen** oder **Schichtrücken** erodiert – steilen, mehr oder weniger symmetrischen Bergrücken (Abb. 22.15). Steile Felswände werden außerdem durch fast vertikal stehende Störungen hervorgerufen und bilden so genannte **Bruchstufen**, an denen eine Seite im Verhältnis zur anderen herausgehoben oder aber abgesunken ist.

## Interagierende Geosysteme beeinflussen die Oberflächenformen

Ganz allgemein werden Landschaftsformen durch ein Zusammenwirken der endogenen und exogenen Wärmekraftmaschinen der Erde gesteuert. Die endogene Wärmekraftmaschine hebt Gebirge heraus und führt zur Bildung von Vulkanen. Die durch die Sonneneinstrahlung angetriebene exogene Wärmekraftmaschine beeinflusst sowohl Klima als auch Verwitterung und als Folge die Abtragung der Gebirge sowie die Verfüllung von Senkungszonen mit Sedimenten. Die Sonneneinstrahlung verursacht die Bewegungen in der Atmosphäre, die das Klima bestimmen und damit auch die unterschiedlichen Temperaturzonen der Erde hervorrufen, sie sorgt auch für die Niederschläge, die als Flüsse wieder von den Kontinenten abfließen. Demzufolge werden alle Oberflächenformen von den Systemen der Erde beeinflusst (Abb. 22.16).

### Rückkopplung zwischen Hebung und Erosion

Das endlose Wechselspiel zwischen den gebirgs- und reliefbildenden tektonischen Vorgängen und den exogenen Prozessen, die zur Zerstörung der Oberflächenformen führen, steht im Mittelpunkt intensiver Untersuchungen der Geomorphologen. Diese Wechselwirkung zwischen Tektonik und Erosion ist ein typischer **negativer Rückkopplungsprozess** oder Selbstregelungsprozess. Das bedeutet, ein Vorgang erzeugt eine Wirkung (das Feedback), die den Ablauf des ursprünglichen Prozesses verlangsamt und diesen wiederum bei einer geringeren

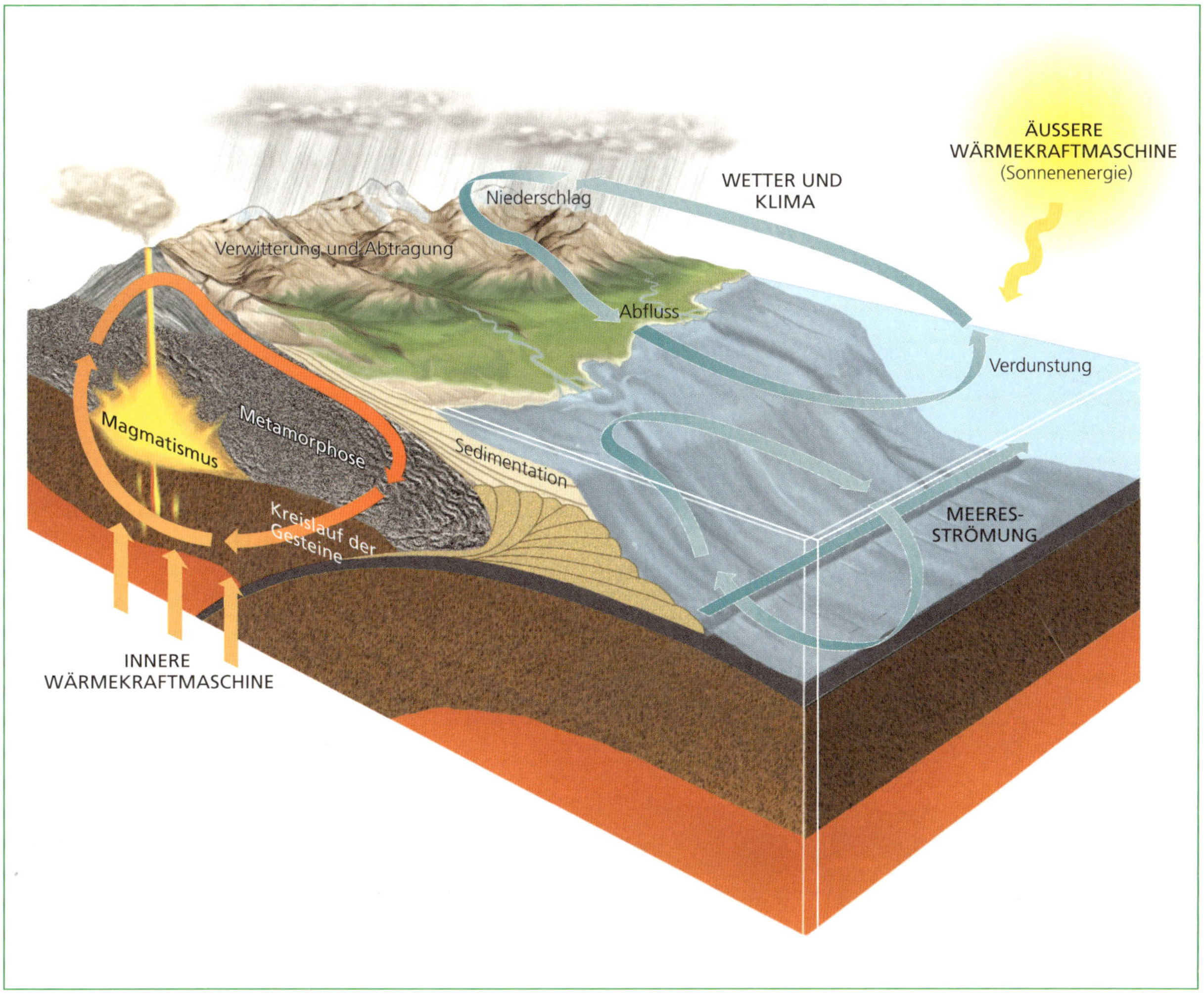


**Abb. 22.16** Die Morphologie einer Landschaft ist das Ergebnis der Wechselwirkungen zwischen den Geosystemen Plattentektonik und Klima.

Intensität stabilisiert. Wenn beispielsweise ein Mensch durstig ist, trinkt er ein Glas Wasser zuerst sehr rasch. Aber wenn der Durst nachlässt (Feedback vom Magen zum Gehirn), trinkt er immer langsamer, bis schließlich der Durst völlig gestillt ist und er mit Trinken aufhört. Der Prozess des Trinkens hat sich dann durch negative Rückkopplung beim Wert Null stabilisiert.

Ein vergleichbarer negativer Rückkoppelungsprozess beginnt, wenn durch tektonische Bewegungen Gebirge aufsteigen. Die tektonische Hebung löst eine intensive Abtragung aus (Abb. 22.17). Je höher das Gebirge aufsteigt, desto schneller wird es abgetragen. Solange die Gebirgsbildung fortdauert, bleibt die Höhe bestehen oder nimmt sogar noch zu. Verlangsamt sich die Gebirgshebung, möglicherweise aufgrund einer Verlangsamung der plattentektonischen Prozesse, steigen die Berge langsamer auf oder der Aufstieg endet völlig. In diesem Fall überwiegt schließlich die Abtragung, die Höhe der Berge beginnt abzunehmen. Das erklärt auch, warum alte Gebirge wie die Appalachen oder die deutschen Mittelgebirge, verglichen mit den viel jüngeren Alpen oder Rocky Mountains, relativ niedrig sind. Dauert die Abtragung der Gebirge weiter an, wird auch die Erosionsrate allmählich geringer und der gesamte Vorgang kommt schließlich zum Stillstand. Die Höhe eines Gebirges ist daher ein Gleichgewichtszustand zwischen tektonischer Hebung und Erosionsrate.

Merkwürdigerweise kann über kürzere Zeiträume hinweg – im Zeitraum von Jahrtausenden bis Jahrmillionen – ein **positiver Rückkopplungseffekt** zwischen Klima und Tektonik entstehen (Abb. 22.17b; Exkurs 22.1), durch den die Berggipfel als Folge der Erosion an Höhe

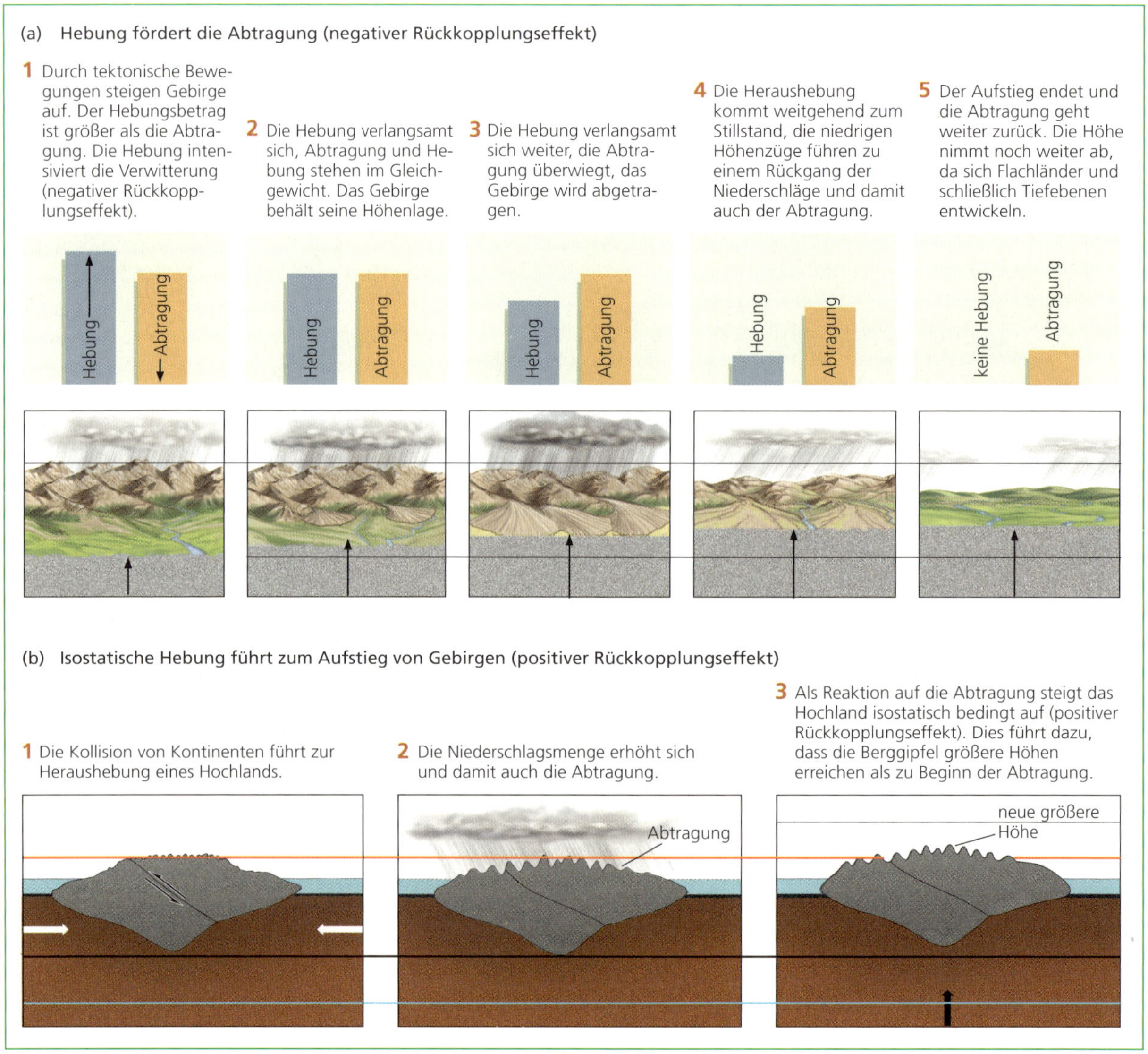


**Abb. 22.17** Die Höhe eines Gebirges ergibt sich aus dem dynamischen Gleichgewicht zwischen tektonischer Hebung und Erosion [*nach D. W. Burbank & R. S. Anderson: Tectonic Geomorphology, Oxford, Blackwell, 2001*].

zunehmen. Dies beruht auf der Tatsache, dass die Kontinente und Gebirge einen Auftrieb haben und auf dem Erdmantel schwimmen, ähnlich wie Eisberge auf dem dichteren Meerwasser.

Die Kontinente schwimmen auf dem Erdmantel, weil das große Volumen der Erdkruste, das in den dichteren Erdmantel eintaucht, mit seiner geringeren Dichte den dafür notwendigen Auftrieb liefert. Unter einem Gebirge ist die Kruste dicker, weil eine tief reichende **Gebirgswurzel** erforderlich ist, um das zusätzliche Gewicht des Gebirges im Schwimmgleichgewicht zu halten. In Kapitel 14 wurde gezeigt, dass sich der Mantel unmittelbar

## Exkurs 22.1

# Hebung von Gebirgen und Klimaveränderungen: das Dilemma von Huhn und Ei

Eines der eindeutigsten Beispiele für den Zusammenhang der beiden Geosysteme Plattentektonik und Klima sind die Rückkopplungseffekte von Klimaveränderungen und der durchschnittlichen Höhe der Gebirge. Gegenwärtig besteht keine Einigkeit über die Art der Rückkopplungseffekte. Einige Geowissenschaftler vertreten den Standpunkt, dass die tektonisch bedingte Hebung der Gebirge zu Klimaveränderungen führt, andere dagegen sind der Meinung, dass umgekehrt eine Klimaveränderung den Aufstieg der Gebirge fördert. Diese Diskussion lässt sich am besten durch das klassische Problem charakterisieren: Was war zuerst da, das Huhn oder das Ei?

Die Diskussion um tektonische Hebung oder Klima wurde durch die Beobachtung ausgelöst, dass die Abkühlung des Klimas auf der Nordhalbkugel und der Aufstieg des Hochlands von Tibet nahezu gleichzeitig erfolgten. Mit einer mittleren Meereshöhe von 5 000 Metern und einer Ausdehnung, die etwa der Hälfte der Fläche der Vereinigten Staaten entspricht, gehört das Hochland von Tibet zu den großartigsten morphologischen Erscheinungsformen der Erde (Abb. 22.7). Dieses Hochland liegt orographisch so hoch und umfasst eine derart große Fläche, dass es nicht nur für die asiatischen Monsunwinde verantwortlich ist, sondern auch die großräumige atmosphärische Zirkulation auf der nördlichen Hemisphäre beeinflusst. Wäre eine solche morphologische Großform auf der Erde nicht vorhanden, würde dies auf der Nord- und sogar auf der Südhalbkugel zweifellos zu einem anderen Klima führen.

Obwohl der Zeitpunkt der Abkühlung durch das Alter der glazigenen Sedimente und durch den auch in Tiefseebohrkernen erkennbaren Temperaturrückgang – mit der entsprechenden Bildung großer Inlandeismassen und Gletscher – sehr exakt bestimmt wurde, ist der Aufstieg des Hochlands von Tibet bedauerlicherweise zeitlich nicht sehr genau datiert. Das ist einer der Gründe für diese Diskussion. Wenn die Hebung des tibetischen Hochlands vor dem Beginn der Vereisung auf der Nordhalbkugel erfolgt ist, dann könnte dies dafür sprechen, dass die tektonisch bedingte Hebung indirekt zu Klimaveränderungen führte. Wenn andererseits der Aufstieg dieses Hochlands gegenüber dem Einsetzen der Vereisung auf der Nordhalbkugel mit einer zeitlichen Verzögerung erfolgte, dann könnte dies dafür sprechen, dass die Klimaveränderung diese Hebung als isostatische Reaktion auf die verstärkte Erosion förderte.

### Pro: negativer Rückkopplungseffekt

Die Möglichkeit, dass die Gebirgsbildung die Vereisung auf der Nordhalbkugel gefördert hat, wurde bereits vor mehr als hundert Jahren erkannt. Geowissenschaftler, die heute diese Ansicht vertreten, gehen davon aus, dass beim Aufstieg des tibetischen Hochlands mehrere wichtige Prozesse abgelaufen sind, die eine negative Rückkopplung zur Folge hatten. Bei diesem Szenario kam es durch die Hebung zu einer Veränderung der atmosphärischen Zirkulation, was wiederum auf der Nordhalbkugel eine Abkühlung herbeiführte. In Tibet führte dies zu einem Anstieg der Niederschläge, zur Vergletscherung und zu erhöhtem Abfluss. Dies wiederum hatte eine verstärkte Erosion zur Folge, die zum Entzug von $CO_2$ – einem der wichtigsten Treibhausgase – aus der Atmosphäre und damit auch zu einer weiteren Abkühlung, einer Zunahme der Niederschläge und zur verstärkten Erosion führte. Im Laufe der Zeit werden die Gebirge abgetragen und ihre Höhe nimmt ab. So gesehen ergibt sich aus einer Zunahme der Höhe, die wiederum das Klima modifiziert, im Endergebnis schließlich ein Rückgang der Höhe – und somit ist diese Reaktion eindeutig ein negativer Rückkopplungseffekt.

### Kontra: Positiver Rückkopplungseffekt

Im Verlauf des letzten Jahrzehnts entdeckten Geologen, dass Klimaveränderungen zum Aufstieg von Gebirgen wie etwa in Tibet führen können. Bei diesem unerwarteten und auf den ersten Blick scheinbar völlig widersinnigen Szenario führt eine anfängliche Abkühlung des Klimas zu einer erhöhten Niederschlagsrate, aus der sich eine verstärkte Erosion durch Gletscher und Flüsse ergibt. Ohne eine isostatische Reaktion würde sich aus einer Zunahme der Erosion ein negativer Rückkopplungseffekt ergeben, der insgesamt zu einer Abnahme der Gebirgshöhe führt. Berücksichtigt man jedoch den Einfluss der Isostasie, so hat die Erosion insgesamt eine Abnahme der Gebirgsmasse zur Folge, mit dem Ergebnis, dass das Gebirge aufsteigt und seine Gipfel neue und größeren Höhen erreichen (Abb. 22.17b). Aufgrund dieser größeren Höhen kommt es dann zu einem positiven Rückkopplungseffekt und zu einer weiteren Modifizierung des Klimas. Dadurch erhöhen sich Niederschläge und Erosion und verstärken somit den Aufstieg des Hochlands.

unter der Kruste weitgehend wie festes Gestein verhält. Wenn jedoch viele Jahrmillionen lang Kräfte auf ihn einwirken, verhält er sich zähplastisch und reagiert durch langsames Fließen. Das Prinzip der Isostasie besagt, dass über solche Zeiträume hinweg der Mantel eine geringe Festigkeit aufweist und sich unter der Auflast von Kontinenten oder Gebirgen wie eine hoch viskose Flüssigkeit verhält. Das **Prinzip der Isostasie** besagt weiterhin, dass im Zuge einer Orogenese das Gebirge unter dem Einfluss der Schwerkraft langsam absinkt und die Kruste sich nach unten wölbt. Wenn diese Gebirgswurzel weit genug in den Mantel eintaucht, schwimmt das Gebirge oder anders ausgedrückt, es befindet sich im **Schwimmgleichgewicht**. Werden in diesem Gebirge die Täler durch Erosion weiter eingetieft (Abb. 22.17b), dann nimmt das auf der Kruste lastende Gewicht ab, und es ist nur noch eine kleinere Wurzel erforderlich, um das Gebirge im Schwimmgleichgewicht zu halten. Als Reaktion auf die Erosion der Täler steigt die Gebirgswurzel langsam auf. Dieser Vorgang, der als **isostatische Rückformung** bezeichnet wird, bildet die Grundlage dieses positiven Rückkopplungseffekts zwischen Klima und Tektonik, der dazu führt, dass aufgrund der Erosion die Höhe der Berggipfel zunimmt (Abb. 22.17b). Doch über längere Zeiträume hinweg betrachtet werden auch diese Gipfel, wie bereits erwähnt und in Abbildung 22.17a dargestellt, abgetragen.

## Rückkopplung zwischen Klima und Relief

Gletscher, Flüsse und Massenbewegungen sind wesentliche Faktoren der Erosion und wirken in den verschieden Höhen mit unterschiedlicher Geschwindigkeit. Daher reguliert das sich mit der Höhe ändernde Klima sowohl die Verwitterung als auch die Erosion und den Aufstieg der Gebirge.

In Kapitel 16 wurde gezeigt, dass der Einfluss des Klimas auf die Verwitterung darin besteht, dass Erwärmung und Abkühlung zum Tauen und Gefrieren des Wassers sowie zur Ausdehnung und Kontraktion der Gesteine führen. Ferner hat das Klima Einfluss auf die Geschwindigkeit, mit der Minerale in Wasser gelöst oder in andere Minerale umgewandelt werden. Niederschläge und Temperaturen als Bestandteile des Klimas beeinflussen wiederum die Verwitterung und Abtragung durch den Regen, der auf das Gestein und den Boden fällt, durch das Einsickern des Wassers in den Boden, durch Massenbewegungen, Flüsse und Gletscher. Alle Prozesse tragen dazu bei, die von den Hängen abgetragenen Gesteins- und Mineralpartikel zu zerstören und sie hangabwärts zu transportieren. Daher spielt das Klima bei der Formung der Erdoberfläche eine wichtige Rolle.

Hohe Berge und ein kräftiges Relief verstärken die Zerstörung und die mechanische Zerkleinerung der Gesteine, teilweise unterstützt durch Gefrieren und Tauen. In Höhen, in denen es kühler ist, schürfen die Gletscher mit ihrem eingefrorenen Moränenmaterial das Gestein ab und räumen tiefe Täler aus. Das zerkleinerte Schuttmaterial bewegt sich auf den Berghängen in Form von Bergrutschen und anderen Massenbewegungen rasch bergab und setzt damit wieder frisches Gestein dem Angriff der Atmosphärilien aus. Flüsse fließen in Gebirgen schneller als in hügeligen Landschaften und demzufolge erodieren und transportieren sie das Sedimentmaterial auch rascher. Die chemische Verwitterung spielt bei der Erosion hoher Gebirge zwar eine wichtige Rolle, aber die mechanische Zerkleinerung der Gesteine erfolgt so rasch, dass das meiste Schuttmaterial noch weitgehend frisch erscheint. Die Produkte der chemischen Zersetzung – gelöstes Material und Tonminerale – werden von den steilen Hängen der Berge abtransportiert, sobald sie entstanden sind. Die in großen Höhen intensive Erosion führt zu einem Landschaftsbild mit steilen Hängen, engen, tief eingeschnittenen Flusstälern mit schmalen Talauen und ebenso schmalen Wasserscheiden.

In Tiefländern dagegen laufen Verwitterung und Abtragung langsam ab, und als Produkte der chemischen Verwitterung sammeln sich unter geeigneten Klimaverhältnissen Tonminerale in Form mächtiger Böden an. Eine mechanische Zerkleinerung findet zwar auch in Tiefebenen statt, aber ihre Auswirkungen sind gering; dort dominiert eindeutig die chemische Verwitterung und die Sedimentation. Die meisten Flüsse fließen in den Tiefländern in breiten Tälern und schneiden sich nur wenig in den Untergrund ein. Gletscher, die anstehenden Fels zerstören und erodieren, fehlen – von den Polargebieten einmal abgesehen. Selbst in den Wüstengebieten der Tiefländer werden starke Winde mit ihrer Fracht die Gesteinsbruchstücke eher facettieren und die anstehenden Felsen nur abschleifen und zurunden als sie zerkleinern. Daher zeigt ein Tiefland normalerweise Landschaftsformen mit weichen, gerundeten Hängen, sanft gewellten Hügeln und weiten Ebenen.

Genauso wie das Klima die Oberflächenformen prägt, beeinflusst umgekehrt die Morphologie auch das Klima. Beispielsweise verursachen Gebirge auf den leeseitigen Hängen einen Regenschatten (Abb. 17.3). Aufgrund dieses Regenschattens kommt es bevorzugt auf einer Seite von Gebirgen zur Erosion (Abb. 22.18). In Gebieten wie etwa Neuguinea, in denen der Unterschied zwischen der Niederschlagsmenge auf den luv- und leewärtigen Seiten der Gebirge extrem groß ist, gehen Geologen davon aus, dass die Heraushebung der tief in der Kruste versenkten Metamorphite von der Entwicklung der Niederschläge auf der Erdoberfläche beeinflusst wurde.

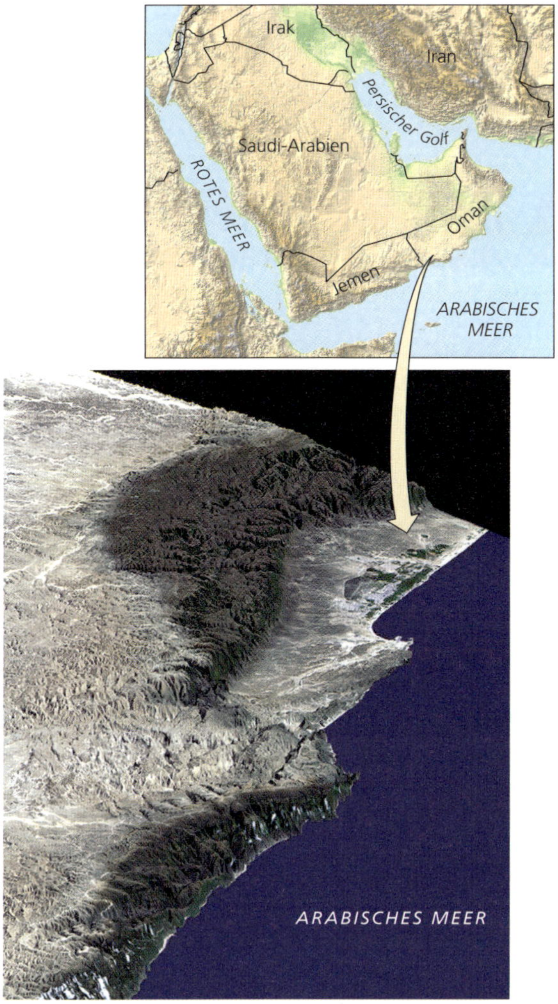


**Abb. 22.18** Blick von Osten auf die Bruchstufe am Rand der Arabischen Halbinsel im Grenzgebiet zwischen Jemen und Oman. Dieses dreidimensionale Satellitenbild zeigt, wie die Morphologie das örtliche Klima bestimmt und dieses wiederum auch Abtragung und Landschaftsentwicklung beeinflusst. Obwohl auf der Arabischen Halbinsel ein sehr trockenes Klima herrscht, entzieht die steile Stufe des Quara-Gebirges dem Monsun die Feuchtigkeit. Dadurch wird das Wachstum einer natürlichen Vegetation (grün) und die Bildung von Böden (dunkelbraun) ermöglicht. Im Gegensatz dazu erscheinen die überwiegend trockenen Wüstengebiete hell. Diese Klimaverhältnisse sind der Grund, dass die Erosion fast ausschließlich auf der dem Arabischen Meer zugewandten Seite erfolgt. Die verstärkte Abtragung führt ihrerseits zu einer Rückverlegung des Stufenrands in Richtung Festland (von rechts nach links) [*Foto: NASA*].

# Modelle der Landschaftsentwicklung

Die starken morphologischen Gegensätze der Landschaften spornte die Wissenschaftler bereits sehr früh an, sich über deren Ursachen Gedanken zu machen. William M. Davis, Walther Penck und John Hack waren drei hervorragende und einflussreiche Geomorphologen, die sich mit diesem Problem intensiv auseinander setzten. Davis ging davon aus, dass nach einem initialen tektonischen Hebungsvorgang eine lange Periode der Erosion folgt, weshalb die Morphologie in Teilen der Erdoberfläche im Wesentlichen vom geologischen Alter abhängig ist. Diese von Davis vertretene Meinung beherrschte zu Beginn des 20. Jahrhunderts die Denkweise so stark, dass die etwa gleichzeitig von Walther Penck aufgestellte Hypothese keine Beachtung fand. Er ging davon aus, dass tektonische Hebung und Erosion sich wechselseitig beeinflussen und damit die Morphologie der Landschaft steuern. Pencks Vorstellungen wurden bis in die fünfziger Jahre des vergangenen Jahrhunderts und damit mehr als zwei Jahrzehnte nach Davis´ Tod nicht die Beachtung geschenkt, die sie verdient hätten. In den sechziger Jahren setzte sich ein neuer Denkansatz durch, als John Hack erkannte, dass die Heraushebung der Gebirge nur bis zum Erreichen einer kritischen Höhe möglich ist, selbst wenn sie über längere Zeiträume erfolgte. Gebirge, in denen keine Erosion stattfände, würden wegen der begrenzten Druckfestigkeit der Gesteine unter ihrem eigenen Gewicht zusammenbrechen.

Moderne Betrachtungsweisen der Landschaftsentwicklung verbinden Teilaspekte dieser älteren Vorstellungen und akzeptieren, dass es eine natürliche, zeitabhängige Weiterentwicklung der Landschaftsformen gibt. Man ist sich heute im Klaren darüber, dass die Entwicklung einer Landschaftsform in starkem Maße von der Zeitspanne abhängt, in der die Veränderungen auftreten. Die jeweilige Bedeutung der verschiedenen landschaftsformenden Prozesse schwankt in Abhängigkeit von der Zeitspanne, in der die morphologischen Veränderungen beobachtet werden. So waren Klimaveränderungen in den vergangenen 100 000 Jahren ein wichtiger Faktor der Landschaftsentwicklung, doch über einen Zeitraum von 100 Millionen Jahre betrachtet, spielen Klimaveränderungen nur eine untergeordnete Rolle. Über diese längeren Zeitspannen hinweg kommt der tektonisch bedingten Hebung sicher die größere Bedeutung zu.

## Die Davis'sche Zyklentheorie der Denudation

William M. Davis, ein Geologe aus Harvard, untersuchte zu Beginn des 20. Jahrhunderts überall auf der Erde

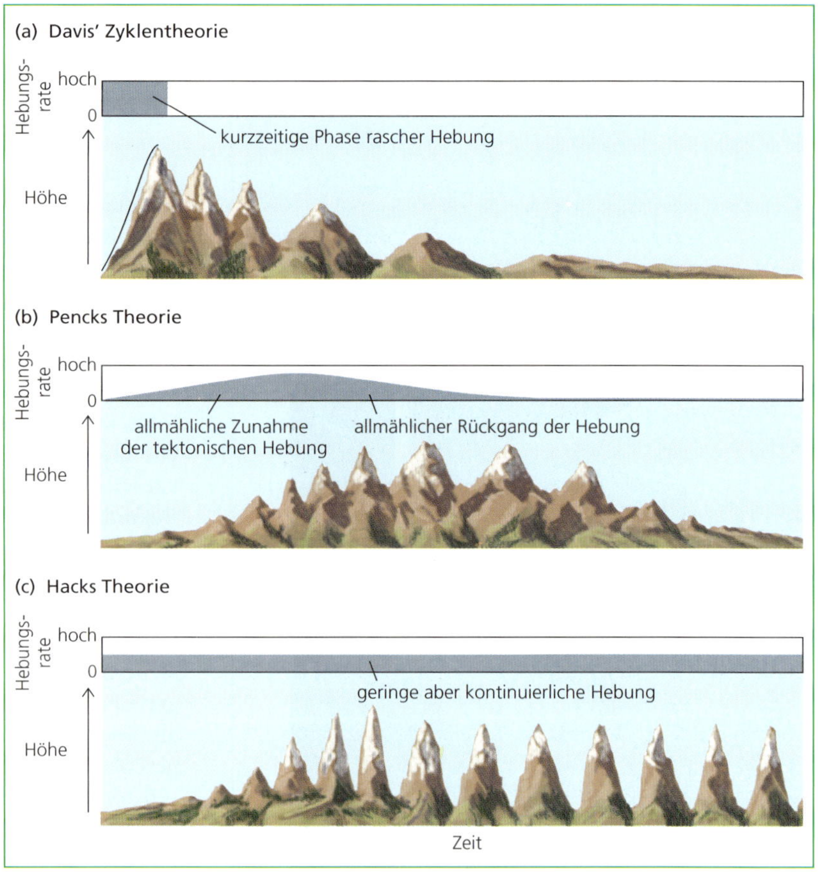


**Abb. 22.19** Klassische Modelle der Landschaftsentwicklung [*nach: D. W. Burbank & R. S. Anderson (2001): Tectonic Geomorphology, S. 5, Blackwell, Oxford*].

Gebirge und Tiefebenen und entwickelte daraus eine Modellvorstellung, die so genannte **Zyklentheorie der Denudation**. Sie beschreibt die Formenentwicklung der auf tektonischem Wege entstandenen schroffen Hochgebirge vom jugendlichen Reliefstadium über die mehr oder weniger ausgeglichenen Oberflächenformen im Reifestadium bis hin zu den niedrigen flachen Höhenrücken des Altersstadiums und der tektonischen Ruhe (Abb. 22.19). Davis ging davon aus, dass zu Beginn eines solchen Zyklus eine kräftige und kurzzeitige tektonische Hebung erfolgt. In dieser ersten Phase entsteht das gesamte Relief.

Die Denudation führt schließlich zur Endform der Entwicklung, einer relativ ebenen **Rumpffläche** oder **Peneplain** (Fastebene), auf der alle geologischen Strukturen und Gesteinsunterschiede völlig ausgelöscht sind. Davis betrachtete die weitgehend ebenen, ausgedehnten Diskordanzflächen als Beleg für die Existenz solcher Rumpfflächen in der geologischen Vergangenheit. Nur vereinzelt können noch isolierte Hügel als Reste ehemaliger Höhenzüge vorhanden sein. Die meisten Geologen (jedoch nicht die Mehrzahl der Geomorphologen) akzeptierten damals Davis' Überlegung, dass Gebirge sehr rasch im Laufe kurzer geologischer Zeiträume herausgehoben werden und danach tektonisch stationär bleiben, während sie durch Erosion und Denudation langsam abgetragen und schließlich weitgehend eingeebnet werden.

Die Davis'sche Zyklentheorie wurde zum Teil auch deswegen anerkannt, weil sich zahlreiche Beispiele dafür finden ließen, die als jugendliche, reife oder alte Oberflächenformen gelten konnten.

## Gleichzeitigkeit von Hebung und Abtragung

Es gab aber auch kritische Einwände gegen die Davis'sche Theorie. Sein Zeitgenosse Walter Penck ging davon aus, dass das Ausmaß der tektonischen Hebung und Deformation allmählich zunimmt, bis ein Höhepunkt erreicht ist und dann allmählich zurückgeht (Abb. 22.19b). Bedauerlicherweise war Davis aufgrund seiner Autorität und der Fülle von Publikationen in der Lage, seine Theorie wirkungsvoller zu präsentieren. Pencks Vorstellungen wurden erst fünfzig Jahre nach ihrer Publikation von einer breiteren Öffentlichkeit wahrgenommen. Penck ging davon aus, dass die geomorphologischen Prozesse während der gesamten Hebungsphase des aufsteigenden Gebirges wirksam sind. Wenn schließlich die Intensität der Hebung allmählich geringer wird, dominiert die Abtragung gegenüber der tektonischen

Hebung und daraus ergibt sich eine Abnahme sowohl des Reliefs als auch der mittleren Höhe eines Gebirges. Diese Vorstellung war insofern neu, als Penck erstmals erkannt hatte, dass die Landschaftsentwicklung letztlich das Ergebnis eines Zusammenspiels von Hebung und Abtragung ist. Im Gegensatz dazu betonte die von Davis vertretene Zyklentheorie die Trennung dieser beiden Prozesse. In seinem Modell war das geologische Alter der Landschaft der entscheidende Faktor der Morphogenese.

## Quantitative Bestimmung von Hebung und Abtragung

Im Verlauf des vergangenen Jahrzehnts konnte gezeigt werden, dass Pencks Betrachtungsweise einer Gleichzeitigkeit von Hebung und Abtragung richtig ist, vor allem in tektonisch aktiven Landschaften. Die Wahl zwischen den alternativen Theorien der Landschaftsentwicklung erfordert, dass wir bei der Gebirgsbildung die Geschwindigkeit der Hebung und der Abtragung bestimmen. Neue Techniken wie etwa das Global Positioning System und die Radar-Interferometrie lieferten sensationelle Karten bezüglich der Geschwindigkeit von Krustendeformation und Krustenhebung. Neue Methoden der Altersbestimmung (Tab. 22.1) ermöglichten die Datierung geomorphologisch wichtiger Flächen wie etwa bis zu einer Million Jahre alter Flussterrassen.

Ein vielversprechendes neues Datierungsverfahren beruht auf der Erkenntnis, dass durch kosmische Strahlung, die den obersten Bereich der Böden oder des anstehenden Gesteins durchdringt, in den Atomen von Mineralen Kernreaktionen ausgelöst werden. Diese führen zur Entstehung kleiner Mengen bestimmter radioaktiver Isotope. Eines davon ist Beryllium-10, das sich proportional zur Länge der Exposition und umgekehrt proportional zur Tiefe der Versenkung anreichert. Beryllium-10 wurde verwendet, um das Alter von Flussterrassen entlang des Indus im Himalaja miteinander zu vergleichen. Durch Auftragen der Höhenänderung gegen die Zeit ergaben sich die mittleren Hebungs- und Erosionsraten. Die Untersuchungen zeigten, dass die Erosionsraten im Himalaja zwischen 2 und 12 mm pro Jahr schwanken. Auch anderswo wurden die tektonischen Hebungsraten hoher Gebirge in etwa derselben Größenordnung von 0,8 bis 12 mm pro Jahr gemessen, wobei jedoch die Angabe einer Jahresrate insgesamt problematisch ist, da die Abtragung nicht kontinuierlich erfolgt.

## Landschaften als dynamisches Gleichgewicht

John Hack entwickelte die Vorstellung der Gleichzeitigkeit von Erosion und Hebung weiter. Er ging davon aus, dass wenn sich Hebung und Abtragung über längere Zeiträume hinweg konstant verhalten, sich schließlich

**Tabelle 22.1** Absolute Altersbestimmung von Landschaftselementen [nach: *Burbank, D.W. & Anderson, R.S. (2001): Tectonic Geomorphology, S. 39, Blackwell, Oxford*].

| Methode | datierbarer Zeitraum (Jahre) | datierbares Material |
|---|---|---|
| RADIOMETRISCH | | |
| Kohlenstoff-14 | 35 000 | Holz, Schalenmaterial |
| Uran/Thorium | 10 000–350 000 | Carbonate (Korallen) |
| Thermolumineszenz | 30 000–300 000 | Quarzsilt |
| Optisch stimulierte Lumineszenz | 0–300 000 | Quarzsilt |
| KOSMOGEN | | |
| in situ Beryllium-10, Aluminium-26 | 3–4 Millionen | Quarz |
| Helium, Neon | unbegrenzt | Olivin, Quarz |
| Chlor-36 | 0–4 Millionen | Quarz |
| CHEMISCH | | |
| Tephrochronologie | 0 bis mehrere Millionen | vulkanische Asche |
| PALÄOMAGNETISCH | | |
| Identifikation von Feldinversionen | > 700 000 | feinkörnige Sedimente, Lava |
| Säkularvariationen | 0–700 000 | feinkörnige Sedimente |
| BIOLOGISCH | | |
| Dendrochronologie | 10 000 | Holz |

ein dynamisches Gleichgewicht zwischen Hebung und Abtragung einstellen müsste (Abb. 22.19c). In diesem Gleichgewichtszustand unterliegen die Oberflächenformen nur noch geringen Anpassungen und das Relief als Ganzes bleibt weitgehend unverändert.

Hack erkannte, dass die Gebirge nicht zu unendlichen Höhen aufsteigen können, selbst wenn die Hebungsraten extrem hoch wären. Gesteine zerbrechen, sobald sie ausreichend hohen Drücken ausgesetzt sind; daher ist es auch verständlich, dass Gebirge, wenn sie zu hoch und zu steil werden, unter ihrem eigenen Gewicht zusammenbrechen, einfach wegen des gravitativ bedingten Drucks. Bei einer kontinuierlichen Hebung über eine kritische Höhe hinaus verhindern Massenbewegungen und Böschungsrutschungen eine weitere Zunahme der Höhe. Als Folge entsteht langfristig ein Gleichgewicht zwischen Hebung und Abtragung. Im Gegensatz zu den Modellvorstellungen von Davis und Penck erfordert Hacks Modell keinen Rückgang der Hebungsrate.

Eine faszinierende Konsequenz des Hack'schen Modells besteht darin, dass sich eine Landschaft überhaupt nicht zu entwickeln braucht, so lange Hebung und Abtragung im Gleichgewicht stehen. Dennoch zeigt die Erdgeschichte, dass ein sich hebendes Gebirge schließlich auch wieder abgetragen wird. Über extrem lange Zeiträume hinweg liefern die Modelle von Davis und Penck die besseren Darstellungen, wie sich Geländeformen letztendlich verändern (Abb. 22.17a). Dominiert die Abtragung gegenüber der Hebung, werden die Hänge flacher und die morphologischen Formen runder. Da nur wenige Gebiete der Erde über mehr als 100 Millionen Jahre hinweg tektonisch inaktiv sind, konnten sich die von Davis geforderten völlig ebenen Flächen in der Erdgeschichte nur sehr selten entwickeln. Das Modell eines dynamischen Gleichgewichts ist für Landschaften in tektonisch aktiven Gebieten, in denen eine bestimmte Hebungsrate über mehr als eine Million Jahre anhält, sicher das Zutreffendere.

## Zusammenfassung des Kapitels

**Hauptbestandteile der Landschaft:** Eine Landschaft wird anhand verschiedener Begriffe beschrieben: Das Relief oder die Oberflächenform ist durch die variablen Höhenlagen der Erdoberfläche über dem Meeresspiegel gegeben; der Reliefunterschied entspricht dem Höhenunterschied zwischen den höchsten und niedrigsten Punkten eines Gebiets. Die verschiedenen Geländeformen werden durch Flüsse, Gletscher, Massenbewegungen und Wind erzeugt. Die häufigsten Geländeformen sind Ebenen, Berge, Hügel und Höhenrücken sowie strukturbedingte Steilhänge und Skulpturformen, die zwar insgesamt durch tektonische Vorgänge entstanden sind, jedoch durch Erosion und Denudation modifiziert wurden.

**Wie Klima und Plattentektonik die Landschaftsentwicklung bestimmen:** Die Landschaftsformen werden durch Tektonik, Erosion, Klima und die Verwitterungsstabilität des Untergrunds bestimmt. Tektonik als Folge von Plattenbewegungen führt zum Aufstieg von Gebirgen und zur Absenkung von Tälern und Becken. Erosion führt zum Einschneiden von Tälern in das unterlagernde Gestein und zur Bildung von Talhängen. Das Klima beeinflusst die Verwitterung und die weitere Abtragung und führt zur Entwicklung von Glazial- bis hin zu Wüstenlandschaften. Die unterschiedliche Verwitterungsbeständigkeit der Gesteine im Untergrund erklärt die unterschiedlichen Hangneigungen und Talquerschnitte; in Gesteinen mit größerer Widerstandsfähigkeit gegen Abtragung treten steilere Hänge auf.

**Wie sich Landschaften entwickeln:** Die Entwicklung der Landschaftsformen ist abhängig vom Zusammenspiel zwischen Hebung und Abtragung. Sie beginnt mit der tektonischen Heraushebung, die wiederum die Abtragung beeinflusst. Solange die tektonische Hebung dominiert, ist auch die Abtragungsgeschwindigkeit hoch, die Gebirge sind hoch und steil. Sobald die tektonische Aktivität abnimmt, bleibt die Geschwindigkeit der Abtragung hoch und gewinnt an Bedeutung; die Landoberfläche wird abgetragen, die Bergformen werden rundlicher. Erreicht die Hebungsgeschwindigkeit schließlich den Wert Null, herrscht die Abtragung vor, die ehemals schroffen Berge entwickeln sich zu sanften Hügeln und ausgedehnten Ebenen weiter. Im Ausnahmefall einer lang dauernden tektonischen Ruhephase kann die Landoberfläche im Endstadium in eine Rumpffläche übergehen. Das Klima, der lokale oder regionale tektonische Bau und das im Untergrund anstehende Gestein modifizieren in hohem Maße die Richtung der Entwicklung zu unterschiedlichen Oberflächenformen. Beides führt dazu, dass Wüsten-, Glazial- oder Karstlandschaften sich deutlich unterscheiden.

**Warum Gebirge nicht versinken:** Genauso wie Eisberge schwimmen auch die Gebirge - doch statt auf dem Ozean, schwimmen sie auf dem Erdmantel. Über längere Zeiträume hinweg verhält sich der Erdmantel wie eine hoch viskose Flüssigkeit und übt auf die Basis der Gebirge eine Auftriebskraft aus, die der Schwerkraft entgegenwirkt. Daher befinden sich zahlreiche Gebirge in einem isostatischen Gleichgewicht mit dem Erdmantel. In Zeiten rascher Abtragung der Gebirge können die Gipfel zu neuen Höhen aufsteigen, da das Gewicht des Gebirges durch die Abtragung verringert wird; als Folge steigt das Gebirge isostatisch bedingt auf.

Kohlekraftwerke wie dieses in San Juan County, Neu-Mexiko, verwandeln den in der Erdkruste eingebetteten fossilen Kohlenstoff in das Treibhausgas Kohlendioxid. Bei der Verbrennung fossiler Energieträger entstehen außerdem Gase, die sowohl Smog als auch Sauren Regen verursachen [*Foto: Larry Lee Photography/Corbis*].

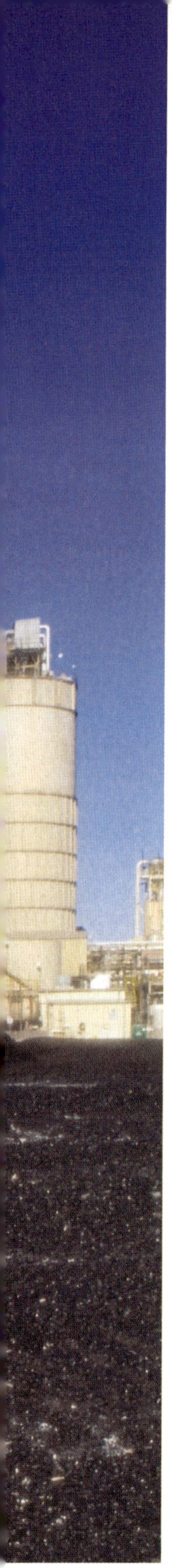

# Kapitel 23
# Mensch und Umwelt

Der Lebensraum des Menschen beschränkt sich auf die dünne Schnittstelle zwischen Erde und Himmel, in der die globalen Geosysteme von Klima, Plattentektonik und Geodynamo zusammenwirken und für eine lebenserhaltende Umwelt sorgen. Wir haben durch die Entdeckung vieler intelligenter Möglichkeiten, die natürliche Umwelt zu nutzen, unseren Lebensstandard ständig verbessert. Wir haben gelernt Nahrung anzubauen, Minerale zu gewinnen und weiterzuverarbeiten, Gebäude zu errichten, Material zu transportieren und Güter aller Art herzustellen.

In den vorangegangenen Kapiteln haben wir unter anderem gesehen, wie die Geowissenschaften dazu beitragen können, die Lebensbedingungen der Menschen kontinuierlich zu verbessern. Diese Entwicklung kann jedoch nicht als selbstverständlich betrachtet werden. Die menschliche Bevölkerung hat sich explosionsartig auf über sechs Milliarden vermehrt und unser Verlangen nach Energie und anderen Ressourcen wurde unersättlich. Die Umweltbedingungen und der allgemeine Wohlstand verbessern sich nicht in allen Teilen der Erde, und Anzeichen für nachteilige Veränderungen der Umwelt mehren sich inzwischen mit großer Deutlichkeit. Die Nutzung der Ressourcen und die damit verbundene Zerstörung der Umwelt gegeneinander abzuwägen, stellt nicht nur die Geowissenschaften, sondern unsere ganze Gesellschaft vor neue Herausforderungen.

In diesem letzten Kapitel geben wir einen Überblick über die Energieressourcen als Grundlage unserer Wirtschaft und untersuchen die Auswirkungen unserer Zivilisation auf die Umwelt. Dabei beschränken wir uns auf zwei der drängendsten Probleme: die Erschöpfung der Erdölvorräte als Energiequelle und auf die drohenden Klimaveränderungen, die sich aus der Verbrennung fossiler Energieträger ergeben.

Derzeit ist unsere Wirtschaft von der Verbrennung fossiler Energieträger und damit von nicht erneuerbaren Ressourcen abhängig, wobei ein potenziell schädliches Treibhausgas (Kohlendioxid) mit einer Geschwindigkeit entsteht, die eine sofortige Änderung dieser Praxis erforderlich macht. Diese nüchterne Feststellung wirft einige schwierige Fragen auf: Bis zu welchem Ausmaß wird die Zunahme des Kohlendioxidgehalts in der Atmosphäre durch die Verbrennung der fossilen Energieträger das globale Klima nachteilig verändern und dadurch den weltweiten Wohlstand vermindern? Wie rasch müssen wir die fossilen Brennstoffe durch alternative Energieformen ersetzen? Wie müssen wir unsere Bodenschätze nutzen, um eine **nachhaltige Entwicklung** zu erreichen, das heißt eine Verbesserung der menschlichen Lebensbedingungen auch für die künftigen Generationen?

Diese Fragen sind von immenser politischer und wirtschaftlicher Bedeutung und gehen weit über den Bereich der Geowissenschaften hinaus; daher gibt es darauf auch keine streng wissenschaftlichen Antworten. Dennoch müssen die Entscheidungen, die wir als Gesellschaft treffen, auf wissenschaftlich fundierten Prognosen und Daten beruhen, wie sich das System Erde im Verlauf der kommenden Jahrzehnte oder Jahrhunderte entwickeln wird. Vernünftige Vorhersagen sind jedoch nur dann möglich, wenn die Zivilisation als Teil dieses Systems mitberücksichtigt wird.

## Die Zivilisation als globales Geosystem

Die menschlichen Aktivitäten verstärken sich mit ungebremster Geschwindigkeit. Im Zeitraum zwischen 1930 und 2000 stieg die Gesamtbevölkerung der Erde um 300 Prozent von zwei auf sechs Milliarden. Derzeit wächst die Bevölkerung um 100 Millionen pro Jahr und die Gesamtbevölkerung wird in den nächsten 30 Jahren die Zahl von 8 Milliarden überschreiten. Unser Energieverbrauch hat im Verlauf der letzten 70 Jahre um 1 000 Prozent zugenommen, derzeit steigt er doppelt so rasch wie die Bevölkerung. Über die Oberfläche unseres Planeten breitet sich immer schneller ein mit elektrischer Energie reichlich versorgtes und nächtlich hell erleuchtetes Netzwerk von Städten aus (Abb. 23.1).

Nachdem im wärmeren Klima des Holozäns allmählich die ersten Kulturen entstanden waren, verändert der Mensch durch Entwaldung, Landwirtschaft und andere Formen der Landnutzung seine Umwelt. Doch die Folgen waren in früheren Zeiten lediglich auf lokale oder regionale Lebensräume beschränkt. Unsere hoch industrialisierte Gesellschaft verändert heute die Umwelt in wirklich globalem Ausmaß; dies soll an einigen Beobachtungen deutlich gemacht werden:

- Die vom Menschen erbauten Staubecken halten heute 30 Prozent der von Flüssen weltweit transportierten Sedimente zurück.
- In den meisten hoch entwickelten Ländern werden bei Baumaßnahmen pro Jahr mehr Tonnen an Boden und Gestein bewegt als von allen natürlichen Erosions- und Denudationsprozessen zusammengenommen.

**Abb. 23.1** Die Erde bei Nacht. Erkennbar ist das Lichtermeer einer globalisierten, in hohem Maße von Energie abhängigen Zivilisation. Zusammengestellt aus Daten des Defense Meteorological Satellite Program [*Foto: NASA Visible Earth*].

- Innerhalb von 50 Jahren nach der Erfindung des Kühlmittels Freon sind aus Kühl- und Klimaanlagen große Mengen dieser industriell hergestellten Kühlmittel in die Stratosphäre gelangt und haben besonders an den Polen große Teile der schützenden Ozonschicht zerstört.
- Im letzten halben Jahrhundert verwandelte der Mensch ungefähr ein Drittel der Waldflächen in landwirtschaftlich oder anderweitig genutzte Flächen.
- Seit Beginn der Industriellen Revolution am Anfang des 19. Jahrhunderts führte die Entwaldung und die Verbrennung fossiler Energieträger zu einem Anstieg des Kohlendioxids in der Atmosphäre um nahezu 40 Prozent. Der Kohlendioxidgehalt steigt mit einer noch nie dagewesenen Geschwindigkeit von 4 Prozent pro Jahrzehnt. Dies wird wahrscheinlich noch zu Lebzeiten der meisten Menschen, die heute ins Berufsleben eintreten, zu erheblichen globalen Klimaveränderungen führen.

Durch die Energieerzeugung im industriellen Ausmaß gelingt es den Menschen in Bezug auf die Veränderung der Umwelt und der Erdoberfläche mit den Auswirkungen der Geosysteme Plattentektonik und Klima gleichzuziehen. Wir sind nicht nur Teil des Systems Erde, wir verändern möglicherweise auch grundlegend die Funktionsweise dieses Systems. Innerhalb einer geologisch gesehen extrem kurzen Zeitspanne entwickelte sich die Zivilisation zu einem neuen, voll entwickelten globalen Geosystem.

## Energiequellen

Geosysteme sind offene Systeme, die Energie und Materie mit ihrer Umgebung austauschen. Die Sonne versorgt das Klimasystem mit der erforderlichen Energie, während die Wärme aus dem Erdinneren die Systeme Plattentektonik und Geodynamo mit Energie versorgt. Das Geosystem Mensch entnimmt Energie aus beiden Quellen, wenn auch in unterschiedlicher Form.

Noch vor etwa 150 Jahren wurde in den Vereinigten Staaten und Europa Energie überwiegend durch Verbrennen von Holz gewonnen (Abb. 23.2). Ein Holzfeuer ist chemisch betrachtet die Verbrennung von **Biomasse** – organische Substanz, die im Wesentlichen aus Kohlenwasserstoffverbindungen besteht. Diese Biomasse wird von Pflanzen und Tieren im Rahmen eines globalen Nahrungsnetzes erzeugt, das letztendlich auf der Photosynthese beruht. Die primäre Energiequelle ist das Sonnenlicht, das die grünen Pflanzen verwenden, um Kohlendioxid und Wasser in Kohlehydrate umzuwandeln. Beim Verbrennen von Holz oder anderer Biomasse wird Wärmeenergie erzeugt, gleichzeitig gelangt das entstehende Kohlendioxid und Wasser in die Umwelt zurück.

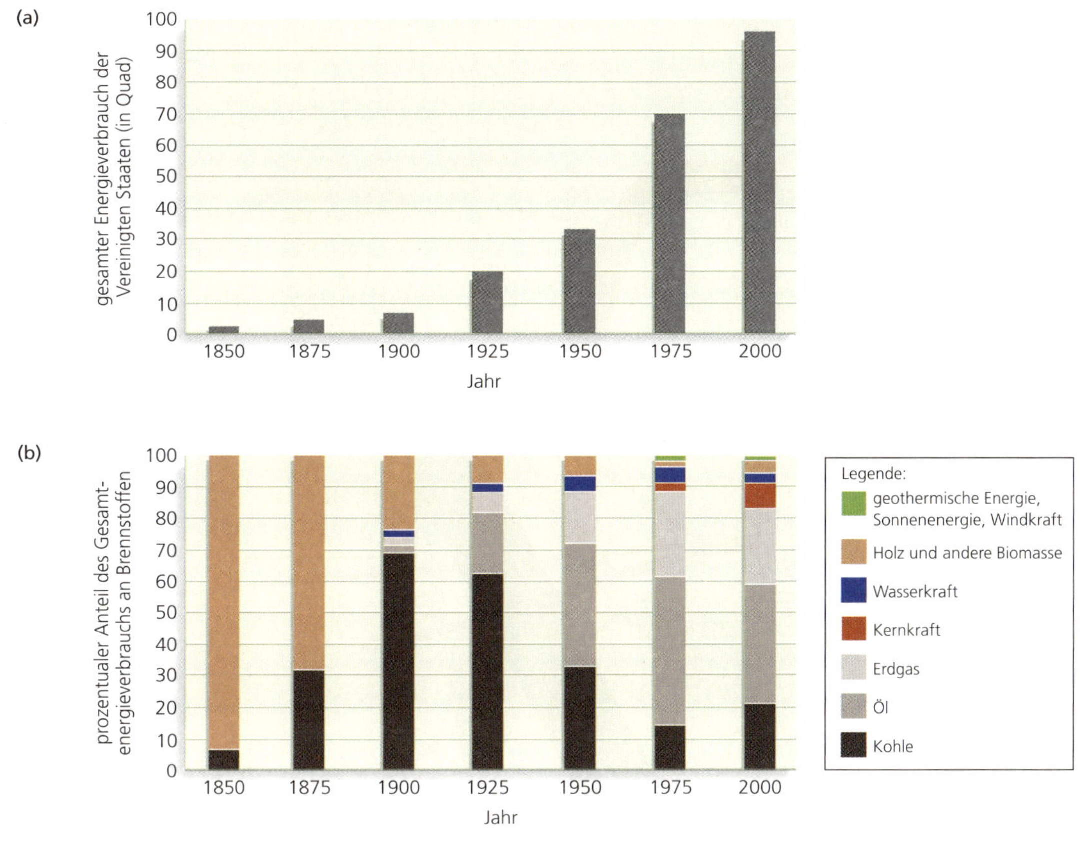


**Abb. 23.2** (a) Der Gesamt-Energieverbrauch der Vereinigten Staaten zwischen 1850 und 2000. (b) Die jeweiligen prozentualen Anteile der zwischen 1850 und 1997 in den Vereinigten Staaten genutzten Energieformen [*nach: U.S. Energy Information Agency*].

In diesem Kreislauf wirkt die Biomasse kurzzeitig als Speicher für Sonnenenergie. Also handelt es sich um eine **erneuerbare Energiequelle**, da in der Biosphäre beständig neue Biomasse produziert wird; zum Beispiel wächst ein als Brennholz geschlagener Wald wieder nach und kann dann erneut als Brennholz genutzt werden. Der Mensch hat jahrtausendelang eine Vielzahl erneuerbarer Energiequellen verwendet – Wind, Wasser und die Arbeitskraft der Ochsen, Pferde und Elefanten –, um damit Mühlen oder auch andere Maschinen zu betreiben.

Ein Teil der Biomasse, die in der Karbonzeit vor mehr als 300 Ma in Sedimentgesteine eingeschlossen und in größere Tiefen versenkt worden war, ging durch Diagenese in Kohle über. Wenn wir diese Kohle verbrennen, gewinnen wir letztlich Sonnenenergie, die im Paläozoikum durch Photosynthese gespeichert wurde. Folglich ist die primäre Energiequelle dieser „fossilen Energie" dieselbe Sonnenstrahlung, die auch heute Antriebskraft des Klimasystems ist. Wie wir jedoch noch sehen werden, war außerdem auch Energie aus dem tiefen Erdinneren erforderlich, um durch plattentektonische Deformation und Aufheizung die an organischer Substanz reichen Sedimente in Kohle umzuwandeln.

Unsere anderen wichtigen Brennstoffe, Erdöl und Erdgas, sind ebenfalls durch Umwandlung abgestorbener organischer Substanz entstanden. Solche **fossilen Brennstoffe** werden als **nicht erneuerbare Energiequellen** bezeichnet, da sie durch geologische Vorgänge wesentlich langsamer entstehen als sie verbraucht werden. Unsere Reserven an Erdöl, Erdgas und Kohle werden lange vorher erschöpft sein, ehe sie durch das System Erde wieder ergänzt werden können.

## Entstehung der Energiewirtschaft

Die Industrialisierung erhöhte die Nachfrage nach Energie weit über das Ausmaß hinaus, das durch die traditionellen erneuerbaren Energierohstoffe gedeckt werden konnte. Im späten 18. Jahrhundert hatten James Watt und andere die Dampfmaschine entwickelt, die mit Kohle befeuert wurde und die Arbeit von Hunderten von Pferden verrichten konnte. Diese Technik verringerte in

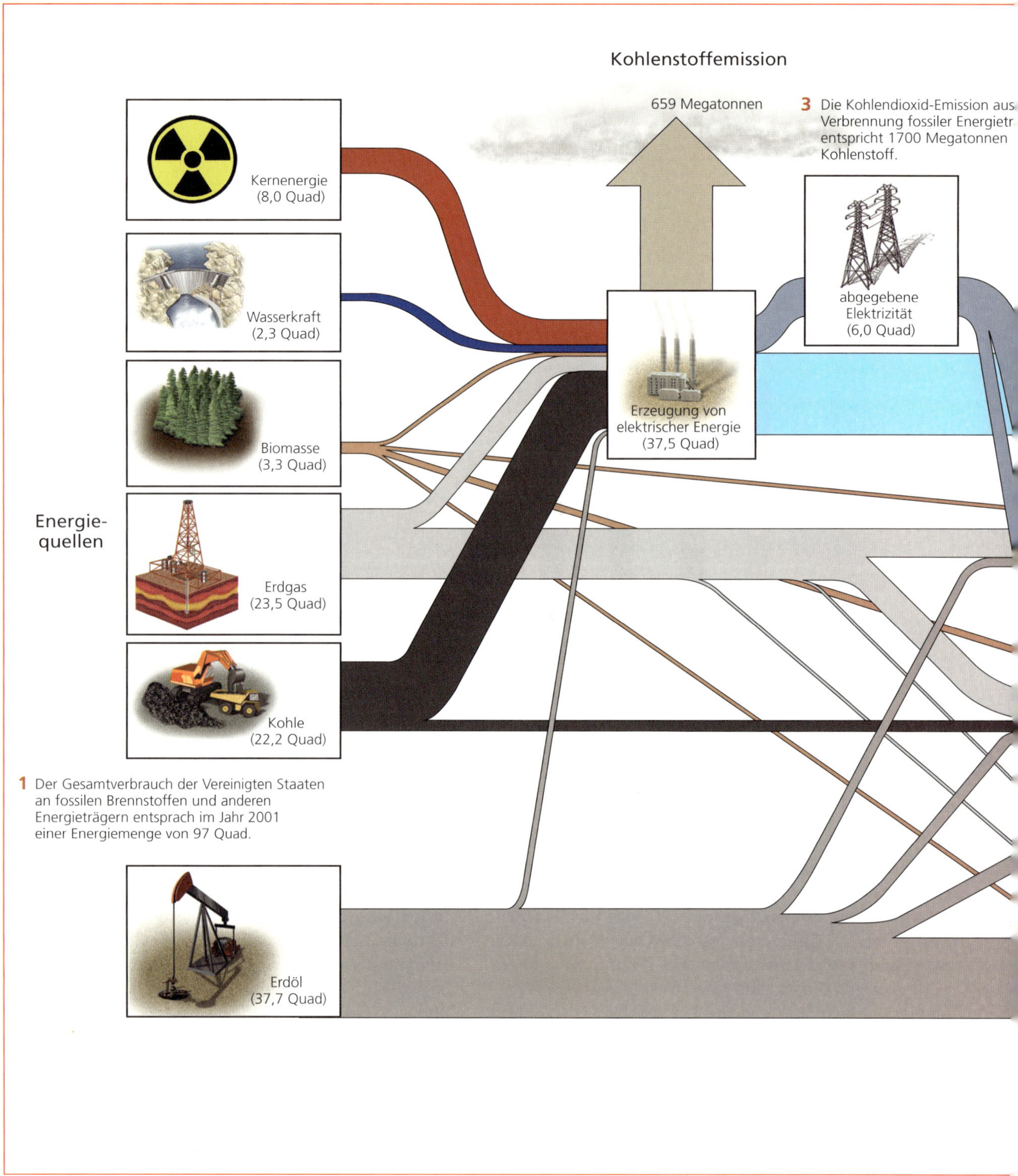


**Abb. 23.3** Die Energieversorgung der Vereinigten Staaten beruht großteils auf der Verbrennung fossiler Energieträger, bei der das Treibhausgas Kohlendioxid in die Atmosphäre freigesetzt wird [*nach Untersuchungen des Lawrence Livermore Laboratory*].

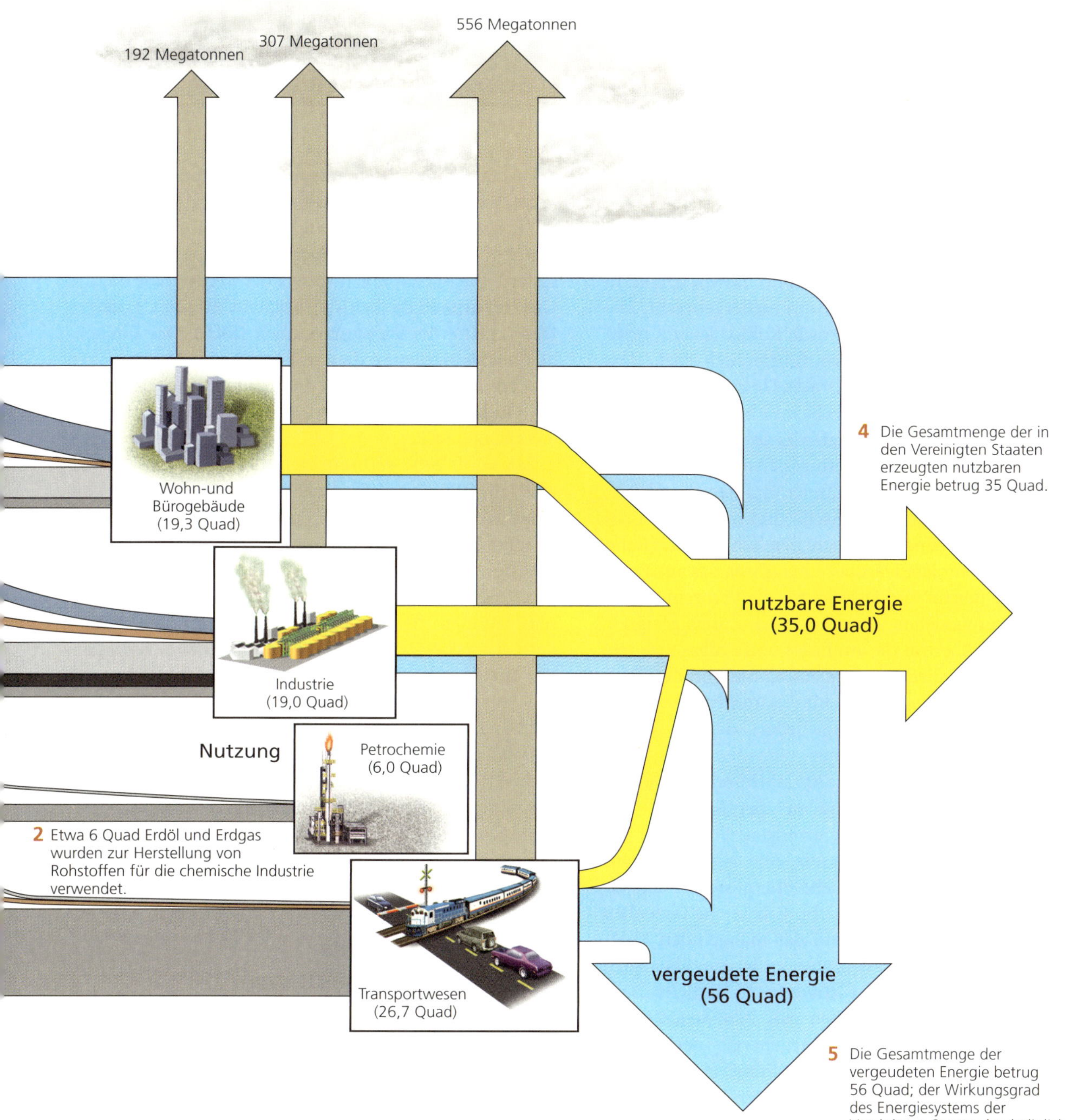


**2** Etwa 6 Quad Erdöl und Erdgas wurden zur Herstellung von Rohstoffen für die chemische Industrie verwendet.

**4** Die Gesamtmenge der in den Vereinigten Staaten erzeugten nutzbaren Energie betrug 35 Quad.

**5** Die Gesamtmenge der vergeudeten Energie betrug 56 Quad; der Wirkungsgrad des Energiesystems der Vereinigten Staaten lag lediglich bei etwa 39 %.

erheblichem Maße die Energiekosten, teilweise auch deshalb, weil damit der Kohleabbau in großem Maßstab möglich wurde, zum Beispiel in Großbritannien in den Kohlevorkommen von England und Wales; in Deutschland in den Kohlevorkommen des Ruhrgebiets, im Saar- und im Aachener Revier (Steinkohle) sowie in der Lausitz und der Kölner Bucht (Braunkohle), aber auch in den angrenzenden Ländern oder in Nordamerika in den Kohlevorkommen der Appalachen in Pennsylvania und West-Virginia. Die Verfügbarkeit von billiger Energie war gleichzeitig der Auslöser der ersten industriellen Revolution. Am Ende des 19. Jahrhunderts deckte die Kohle mehr als 60 Prozent der Energieversorgung der Vereinigten Staaten (Abb. 23.2).

Im Jahre 1859 wurde von Colonel Edwin Drake in Nordamerika die erste Ölbohrung niedergebracht. Die Vorstellung, dass Erdöl ebenso wie Kohle Gewinn bringend gefördert werden könnte, führte auch dazu, dass Skeptiker dieses Projekt als „Drakes Unsinn" bezeichneten. Natürlich hatten sie Unrecht und bereits zu Beginn des 20. Jahrhunderts verdrängten Erdöl und Erdgas allmählich die Kohle als Energieträger erster Wahl. Sie verbrannten nicht nur rückstandfreier und damit sauberer, sie hinterließen auch keine Asche und sie konnten sowohl durch Pipelines als auch per Schiff oder Bahn transportiert werden. Darüber hinaus war das aus Erdöl gewonnene Benzin und Dieselöl für die Verbrennung in den neu entwickelten Verbrennungsmotoren geeignet. Im Jahr 1950 übertraf die aus Erdöl und Erdgas erzeugte Energie die Energieerzeugung aus Kohle und die fossilen Energieträger deckten damit zusammengenommen mehr als 90 Prozent des Energiebedarfs der Vereinigten Staaten.

In der zweiten Hälfte des 20. Jahrhunderts wurden Kernreaktoren entwickelt, die aus der Spaltung von Uran-235 elektrische Energie erzeugen. Die ersten Erwartungen, dass Kernbrennstoffe eine riesige, kostengünstige und umweltverträgliche Energiequelle darstellen, bestätigten sich jedoch nicht. Erhebliche Bedenken hinsichtlich der Sicherheit und der mangelnden Möglichkeit radioaktive Abfälle sicher zu lagern, aber auch die steigenden Kosten der strengen Sicherheits- und Schutzmaßnahmen verzögerten den Bau neuer Kernkraftwerke ganz wesentlich. Kernenergie deckt zwar heute in einigen Ländern wie etwa Frankreich (76 Prozent) oder Schweden (52 Prozent) einen beträchtlichen Anteil des Bedarfs an elektrischer Energie. Im Vergleich dazu liegt der Anteil in Deutschland und in den Vereinigten Staaten lediglich bei 33 beziehungsweise 21 Prozent. Insgesamt deckt die Kernenergie weniger als 10 Prozent des gesamten Energiebedarfs der Vereinigten Staaten und 12,5 Prozent des Gesamtenergiebedarfs von Deutschland.

Derzeit beruht der Fortschritt der Zivilisation in erster Linie auf den fossilen Energieträgern, wie in Abbildung 23.3 am Beispiel der Vereinigten Staaten gezeigt wird. Zusammen decken Erdöl, Erdgas und Kohle etwa 85 Prozent des Energieverbrauchs der Vereinigten Staaten und der gesamten Welt. Es ist daher nicht überraschend, dass die Unternehmen der Energiewirtschaft zu den größten der Welt gehören.

## Energieverbrauch weltweit

Der Energieverbrauch wird oftmals in Maßeinheiten angegeben, die auf den entsprechenden Energierohstoff zugeschnitten sind. So wird beispielsweise Erdöl in Barrel, Erdgas in Kubikmeter und Kohle in Tonnen angegeben. Ein Vergleich wird jedoch einfacher, wenn standardisierte Energieeinheiten verwendet werden, wie etwa in Großbritannien die British Thermal Unit (BTU) oder in Deutschland die Steinkohleeinheit (SKE). Der Einfachheit halber werden in diesem Buch die angelsächsischen Maßeinheiten beibehalten, dabei entsprechen $10^{15}$ BTU = 1 **Quad**; eine BTU wiederum entspricht 1,055 KJ oder 0,00003606 SKE.

Im Jahre 2004 verbrauchten die Vereinigten Staaten pro Jahr 100 Quad Energie, verglichen mit etwa 440 Quad weltweit (Abb. 23.4). Damit verbrauchen die Vereinigten Staaten – mit einem Anteil von fünf Prozent der Weltbevölkerung – etwa viereinhalb Mal mehr Energie pro Person als der Durchschnitt weltweit. Da alle anderen Nationen ebenfalls bestrebt sind, ihren Lebensstandard zu verbessern, nimmt auch der Energieverbrauch pro Kopf zu. Er steigt derzeit weltweit um 4,3 Prozent pro Jahr; die Vergleichszahl für die Vereinigten Staaten beträgt 1,4 Prozent. Der größte Teil dieses Wachstums entfällt auf China (15 Prozent pro Jahr), gefolgt von Indien (7 Prozent pro Jahr) und den anderen wirtschaftlich sich rasch entwickelnden Staaten Asiens. Nach vorsichtigen Schätzungen wird der globale Energieverbrauch im Jahre 2020 bei etwa 600 Quad liegen.

## Kohlenstofffluss und Energieerzeugung

Unsere Energiewirtschaft ist eingebunden in den globalen Kreislauf des Kohlenstoffs, da die fossilen Brennstoffe – wie die Biomasse – sowohl Kohlenstoffspeicher als auch Energiespeicher darstellen. Auf der Erde wurde vor dem Erscheinen des Menschen der Austausch von Kohlenstoff zwischen Lithosphäre und den anderen Komponenten des Systems Erde durch die geringe Geschwindigkeit gesteuert, mit der durch geologische Prozesse organisches Material in den Untergrund und von dort wieder an die Erdoberfläche gelangte. Aufgrund der zunehmenden Nutzung der fossilen Brennstoffe wurde dieser natürliche Kohlenstoffkreislauf durch die Schaffung neuer, ungeheuer großer Kohlenstoffflüsse

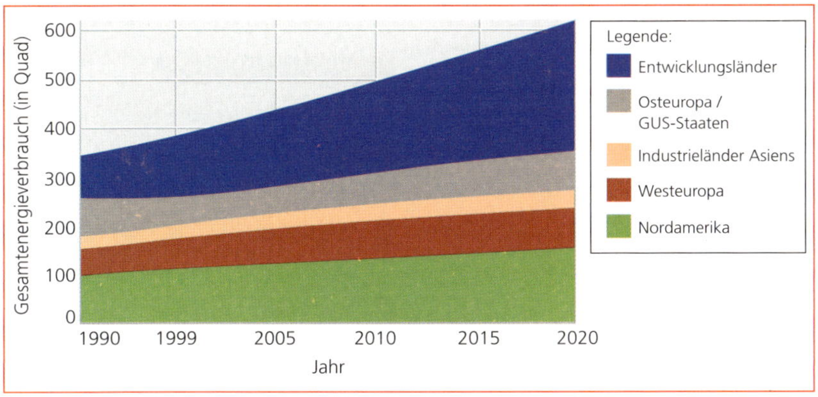


**Abb. 23.4** Der tatsächliche und prognostizierte Energieverbrauch für den Zeitraum von 1990 bis 2020, geordnet nach Regionen [*nach: U.S. Energy Information Agency*].

von der Lithosphäre in die Atmosphäre praktisch ersetzt. Die Folge dieser plötzlichen Materialflüsse war die Zunahme des Kohlendioxidgehalts in der Atmosphäre von 280 ppm vor der Industrialisierung auf heute mehr als 380 ppm (vgl. Abb. 15.16).

In Kapitel 15 wurde gezeigt, dass das System Klima eng mit dem globalen Kohlenstoffkreislauf verbunden ist, weil Kohlendioxid eines der Treibhausgase ist. Global betrachtet werden durch das Verbrennen fossiler Energieträger pro Jahr mehr als sechs Milliarden Tonnen Kohlenstoff in die Atmosphäre freigesetzt. Ein Teil wird von den Ozeanen aufgenommen oder auf dem Festland durch die Photosynthese der Pflanzen verbraucht (vgl. Abb. 15.15), ungefähr 3,3 Milliarden Tonnen verbleiben jedoch in der Atmosphäre, und aus diesem Grund steigt der Kohlendioxidgehalt der Atmosphäre um 0,4 Prozent pro Jahr. Die in Abbildung 15.16 dargestellte weltweit auftretende Klimaerwärmung ist vermutlich großteils durch diesen Anstieg des Kohlendioxidgehalts bedingt. Die anhaltende Verbrennung fossiler Energieträger könnte zu erheblichen Veränderungen innerhalb des Klimasystems führen, wie etwa zu Störungen im thermohalinen Strömungskreislauf der Ozeane.

Wir kennen das System Erde bisher nicht gut genug, um die langfristigen Auswirkungen dieses veränderten Kohlenstoffflusses vorhersagen zu können. Dennoch ist sicher, dass die Zukunft des Klimasystems wie auch die seiner belebten Bestandteile – der Biosphäre – in zunehmendem Maße davon abhängen, wie unsere Gesellschaft ihre Energievorräte bewirtschaftet und die Beseitigung ihrer Abfälle bewältigt. Bei dieser schwierigen Aufgabe sind nicht nur der Energiebedarf und die gesellschaftlichen Auswirkungen zu berücksichtigen, sondern auch die Auswirkungen des Energieverbrauchs auf das gesamte System Erde, was Braden Allensby und andere Wirtschaftswissenschaftler dazu veranlasste, diesen gesamten Themenkreis als „Management des Systems Erde" zu bezeichnen. Unsere Optionen für dieses Management des Systems Erde sind durch die Verfügbarkeit der fossilen Brennstoffe und alternativer Energiequellen begrenzt, die wir in der Folge näher betrachten wollen.

## Fossile Ressourcen und Reserven

Die Versorgung mit jedem beliebigen Material, das wir der Erdkruste entnehmen, ist endlich und seine Verfügbarkeit ist nicht nur von seiner Verteilung in zugänglichen Lagerstätten abhängig, sondern auch davon, wie viel wir dafür zu bezahlen bereit sind, um dieses Material aus dem Untergrund zu fördern. Geologen verwenden für diesen Tatbestand zwei Begriffe: Reserven und Ressourcen.

**Reserven** sind Lagerstätten, die bereits entdeckt sind und derzeit wirtschaftlich abgebaut werden können – und auch rechtlich zum Abbau freigegeben sind. Wenn wir von **Ressourcen** sprechen, verstehen wir darunter die weltweit vorhandene Gesamtmenge eines bestimmten Rohstoffs, die künftig gewonnen werden kann. Die Ressourcen schließen daher die Reserven ebenso ein wie auch die bekannten Lagerstätten, die derzeit nicht wirtschaftlich rentabel abgebaut werden können, weil entweder der Lagerstätteninhalt zu gering ist, der Abbau nur unter großen Schwierigkeiten möglich ist oder neue Technologien erfordert oder weil die Weltmarktpreise zu niedrig sind. Die Ressourcen umfassen schließlich auch die bisher noch nicht entdeckten Lagerstätten, von denen anzunehmen ist, dass sie bei weiterer Explorationsaktivität eventuell noch aufgefunden werden (Abb. 23.5). Ein Beispiel aus jüngster Zeit ist die Entdeckung und Gewinnung von Erdöl und Erdgas aus großen Lagerstätten am Kontinentalrand des Golfs von Mexiko in Wassertiefen von über 3 000 Metern.

Die Reserven erlauben eine verlässliche Bewertung der Vorräte unter der Voraussetzung, dass die wirtschaftlichen und technologischen Bedingungen auf dem derzeitigen Stand bleiben. Wenn sich diese Bedingungen ändern, können Ressourcen zu Reserven und umgekehrt Reserven zu Ressourcen werden. Die Umwandlung von Ölressourcen in der Nordsee zu produktiven Ölfeldern ist beispielsweise auf neue Technologien und auf Preis-

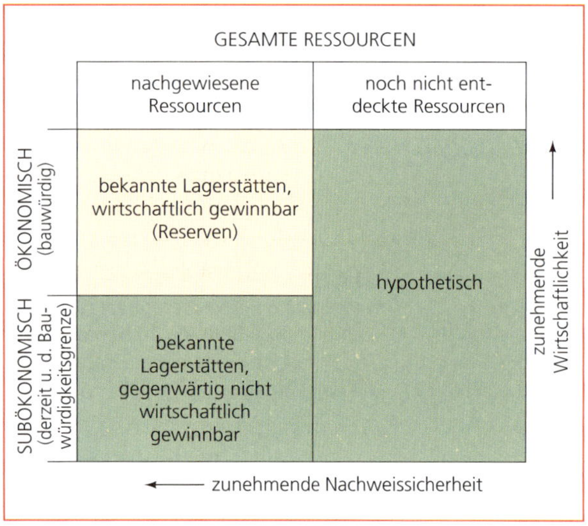


**Abb. 23.5** Die einzelnen Kategorien von Ressourcen. Nachgewiesene Ressourcen bestehen aus Reserven bekannter Lagerstätten, die wirtschaftlich abbaubar sind, und aus Lagerstätten, die zwar bekannt sind, aber derzeit unter der Grenze der Bauwürdigkeit liegen. Unentdeckte Ressourcen sind reine Schätzungen bezüglich der in Zukunft noch auffindbaren Lagerstätten. Auch für die nicht abbauwürdigen Reserven lässt sich lediglich eine begründete Vermutung angeben, was in Zukunft als Reserve verfügbar sein wird. Nur auf die Reserven können wir uns hinreichend verlassen.

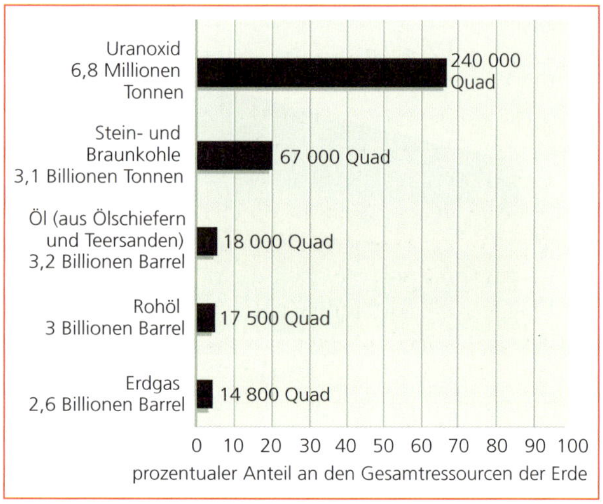


**Abb. 23.6** Die Abschätzungen der gesamten vorhandenen, nicht erneuerbaren Welt-Energievorräte belaufen sich auf ungefähr 360 000 Quad. Die jeweiligen Mengen sind in metrischen Tonnen angegeben, die Volumina in Barrels und die Energieinhalte in Quad. Die Steinkohle- und Braunkohlevorräte beispielsweise betragen etwa 3,1 Billionen metrische Tonnen, dies entspricht 67 500 Quad und macht 19 Prozent der gesamten Energievorräte aus [*nach: World Energy Council*].

steigerungen zurückzuführen, die sich Mitte der siebziger Jahre des vergangenen Jahrhunderts aus politischen Instabilitäten in den Erdöl exportierenden Staaten des Nahen Ostens ergaben. Die Angaben über irgendwelche Ressourcen sind viel unsicherer als über Reserven, denn es lässt sich nur anhand von Schätzungen voraussagen, in welchen Mengen ein bestimmter Rohstoff in den kommenden Jahrzehnten verfügbar sein wird.

Abbildung 23.6 zeigt, dass sämtliche noch vorhandenen Welt-Energieressourcen derzeit auf ungefähr 360 000 Quad geschätzt werden. Von dieser Zahl ausgehende Berechnungen sind jedoch mit Vorsicht zu betrachten. Teilt man die Menge der gesamten Ressourcen durch den jährlichen Verbrauch, würde man beispielsweise zu dem (falschen) Ergebnis kommen, dass wir uns viele hundert Jahre keinerlei Sorgen über einen Rückgang der Energievorräte machen müssten. Die Energiewirtschaft ist jedoch wesentlich komplizierter, weil einige Energiequellen vor anderen erschöpft sein werden und die Energiequellen dann nicht einfach gegeneinander austauschbar sind und weil auch die Nachteile für die Umwelt bei einem solchen Übergang von einer Energiequelle zur andern zu groß sein können.

## Die Entstehung von Erdöl und Erdgas

Wirtschaftlich gewinnbare Lagerstätten unserer wichtigsten Energieträger Erdöl und Erdgas entstehen nur unter ganz bestimmten geologischen Bedingungen. Ausgangsmaterial sind in beiden Fällen organische Rückstände ehemaliger Lebewesen – Pflanzen und Mikroorganismen wie Bakterien oder Algen –, die in marinen Sedimenten eingebettet, diagenetisch umgewandelt und konserviert wurden.

Öl und Gas bilden sich dann, wenn mehr organisches Material erzeugt wird, als durch Aasfresser und natürliche Verwesung abgebaut werden kann. Diese Bedingungen herrschen in Ablagerungsräumen, in denen die Produktion von biogenem Material hoch ist, die Sauerstoffversorgung in den bodennahen Wasserschichten und Sedimenten jedoch nicht ausreicht, um das gesamte organische Material durch Oxidation zu zersetzen. In zahlreichen küstennahen Sedimentationsräumen auf den Schelfgebieten sind beide Bedingungen erfüllt. In solchen Bereichen – und in geringerem Maße auch in Flussdeltas und Binnenseen – wird das organische Material rasch im Sediment eingebettet und somit dem Abbau entzogen.

Wenn organische Substanz über Millionen Jahre in der Tiefe eingeschlossen bleibt, kommt es infolge der dort herrschenden erhöhten Temperaturen zu chemischen Reaktionen. Dadurch wird ein Teil des organischen Materials in diesen so genannten **Muttergesteinen** allmählich in brennbare Verbindungen aus Wasserstoff und Kohlenstoff (Kohlenwasserstoffe) umgewandelt. Die einfachste Kohlenwasserstoffverbindung ist das Methan ($CH_4$), eine Verbindung, die wir auch als **Erdgas** bezeichnen. **Erdöl** (oder **Rohöl**) besteht aus einer Vielzahl kompliziert gebauter flüssiger Kohlenwasserstoffverbindungen, darunter ketten- und ringförmige Moleküle aus Dutzenden von Kohlenstoff- und Wasserstoffatomen.

Erdöl entsteht nur unter ganz bestimmten Druck- und Temperaturbedingungen, wie sie bei einem normalen geothermischen Gradienten in etwa 2–5 Kilometern Tiefe herrschen – ein Bereich, der als **Erdölfenster** bezeichnet wird. Die Temperaturen oberhalb dieses Fensters sind zu niedrig, sodass das organische Material nicht in Erdöl umgewandelt werden kann, während die Temperaturen unterhalb des Erdölfensters so hoch sind (über 150 °C), dass die Kohlenwasserstoffverbindungen des Erdöls in Methan übergehen und dann lediglich Erdgas entsteht. Grundlegende Voraussetzung für die Entstehung von Erdöl und Erdgas ist jedoch, dass die Muttergesteine bei der Versenkung und Diagenese eine ausreichend lange Zeit im Erdöl- beziehungsweise Erdgasfenster verbleiben.

Die Kompaktion des Erdölmuttergesteins führt zur Abwanderung (**Migration**) der gasförmigen oder flüssigen Kohlenwasserstoffverbindungen in angrenzende Schichten aus permeablen Gesteinen wie beispielsweise Sandsteine oder poröse Kalksteine, die wir als **Speichergesteine** bezeichnen. Wegen ihrer geringen Dichte steigen Öl und auch Erdgas an die höchste Stelle auf, die sie erreichen können, wo sie auf dem Grundwasser schwimmen, das in fast allen Poren permeabler Gesteine vorhanden ist.

Die geologischen Voraussetzungen für eine Anreicherung von Öl und Gas in nennenswertem Umfang ergeben sich aus einer günstigen Kombination von Tektonik und Gesteinstyp, die eine undurchlässige Barriere für die aufsteigenden Kohlenwasserstoffe erzeugen, eine so genannte **Ölfalle**. Einige Ölfallen sind durch Deformation der Schichtenfolge entstanden und werden deshalb als tektonische oder strukturelle Fallen bezeichnet.

Der wohl bekannteste Typ einer **tektonischen Ölfalle** sind Sattel- oder Antiklinalstrukturen, bei denen durchlässige Sandstein- oder Kalksteinschichten von undurchlässigen Schiefertonen überlagert werden (Abb. 23.7a). Öl und Gas sammeln sich im Kern der Sattelstruktur, das Gas am weitesten oben, darunter das Öl, das seinerseits

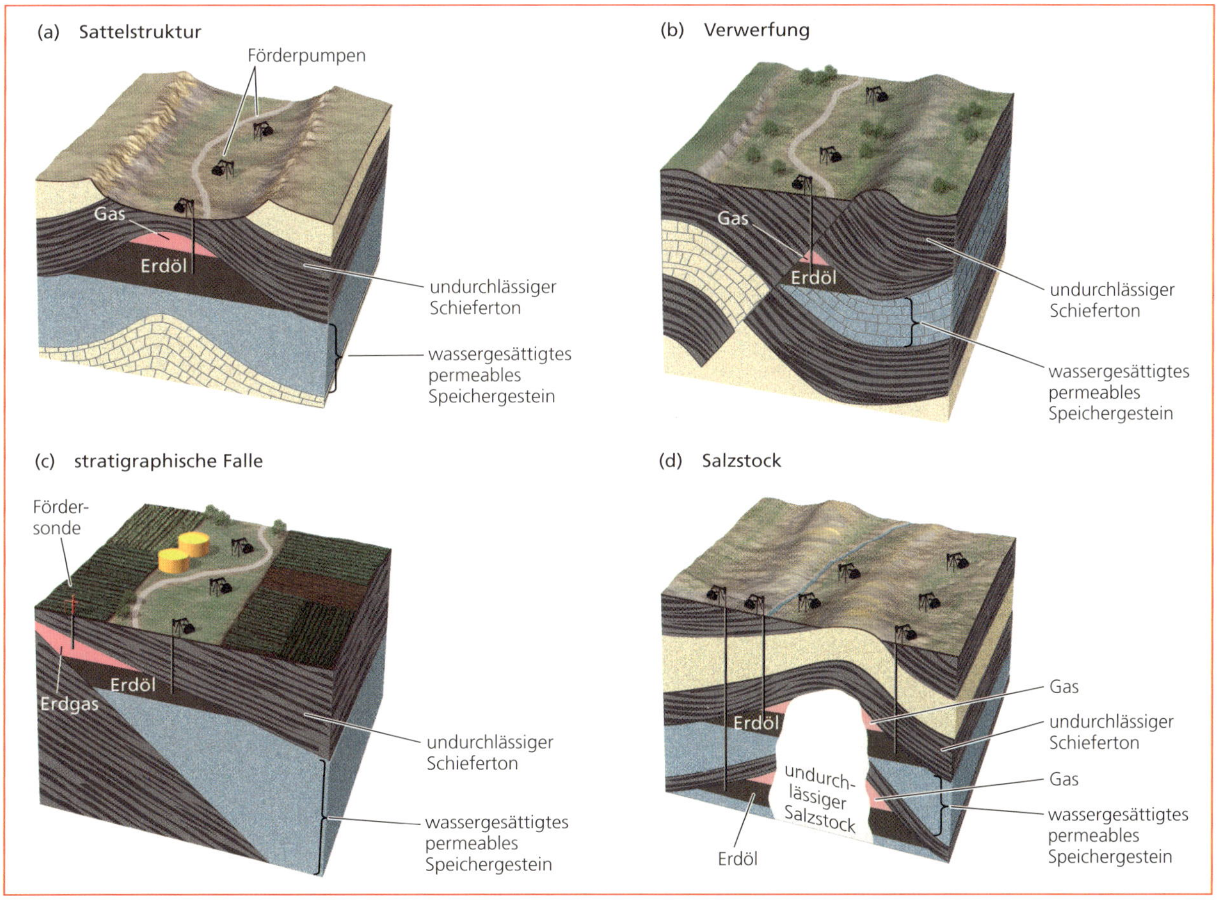


**Abb. 23.7** Erdöl sammelt sich in Speichern, die durch den geologischen Bau vorgegeben sind.

auf dem Tiefengrundwasser der wassergesättigten Speichergesteine schwimmt. Ähnlich kann durch eine Winkeldiskordanz oder durch den Versatz von Schichten an Störungen eine geneigt lagernde permeable Kalksteinschicht auf der gegenüberliegenden Seite der Störung an eine undurchlässige Schicht aus Schiefertonen versetzt werden und so eine tektonische Falle für Erdöl bilden (Abb. 23.7b). Andere Ölfallen, so genannte **stratigraphische Fallen**, bilden sich aufgrund der ursprünglichen Sedimentverteilung im Ablagerungsraum, wenn beispielsweise geneigt lagernde Sandsteinschichten allmählich ausdünnen und in undurchlässige Tonschiefer übergehen (Abb. 23.7c). Außerdem kann Öl von undurchlässigen Salzgesteinen wie etwa am Rand eines Salzstocks eingeschlossen werden (Abb. 23.7d).

## Die weltweite Verteilung der Erdölreserven

Bei ihrer Suche nach Erdöl haben Geologen weltweit Tausende von stratigraphischen und tektonischen Fallen kartiert. Es hat sich gezeigt, dass nur ein Bruchteil davon Öl oder Gas enthält, weil eine Fangstruktur allein nicht genügt. Sie wird nur dann Öl enthalten, wenn auch die entsprechenden Muttergesteine vorhanden sind, wenn die notwendigen chemischen Reaktionen stattgefunden haben und wenn das Öl in die Falle einwandern, das heißt migrieren und dort auch bleiben konnte, ohne durch nachfolgende Erwärmung oder Deformation wieder zerstört zu werden. Obwohl Öl- und Gasvorkommen nicht unbedingt selten sind, sind die meisten großen und einfach zu findenden Lagerstätten bereits entdeckt und es wird immer schwieriger, neue Felder aufzufinden.

Die Reserven belaufen sich derzeit weltweit auf ungefähr 1,2 Billionen Barrel; diese sind in Abbildung 23.8 nach Ländern zusammengefasst. Die Ölfelder des Nahen Ostens – in Persien, Kuwait, Saudi-Arabien, im Irak und im Gebiet um Baku in Aserbaidschan – enthalten etwa zwei Drittel der bekannten Reserven der Erde. Dort wurden die an organischem Material reichen Sedimente bei der Schließung des Tethys-Ozeans durch Faltung und Bruchtektonik deformiert und ließen ein nahezu ideales Gebiet für die Akkumulation von Kohlenwasserstoffen entstehen. Die größten in dieser Konvergenzzone entdeckten Reserven liegen in Saudi-Arabien im riesigen Ghawar-Ölfeld, dem größten der Welt. Die Förderung aus dem Ghawar-Feld begann im Jahre 1948, und man geht davon aus, dass dort im Verlauf der gesamten Produktionszeit zumindest 88 Milliarden Barrel Öl gefördert werden können (Abb. 23.9).

Die meisten Ölreserven der westlichen Hemisphäre liegen in den höchst produktiven Gebieten um den Golf von Mexiko und dem Karibischen Meer (Louisiana, Texas, Mexiko, Kolumbien und Venezuela). Unter den Erdöl produzierenden Ländern steht Saudi-Arabien an erster Stelle mit 22 Prozent der Welt-Erdölreserven, die Vereinigten Staaten rangieren mit 2,5 Prozent auf Platz zehn.

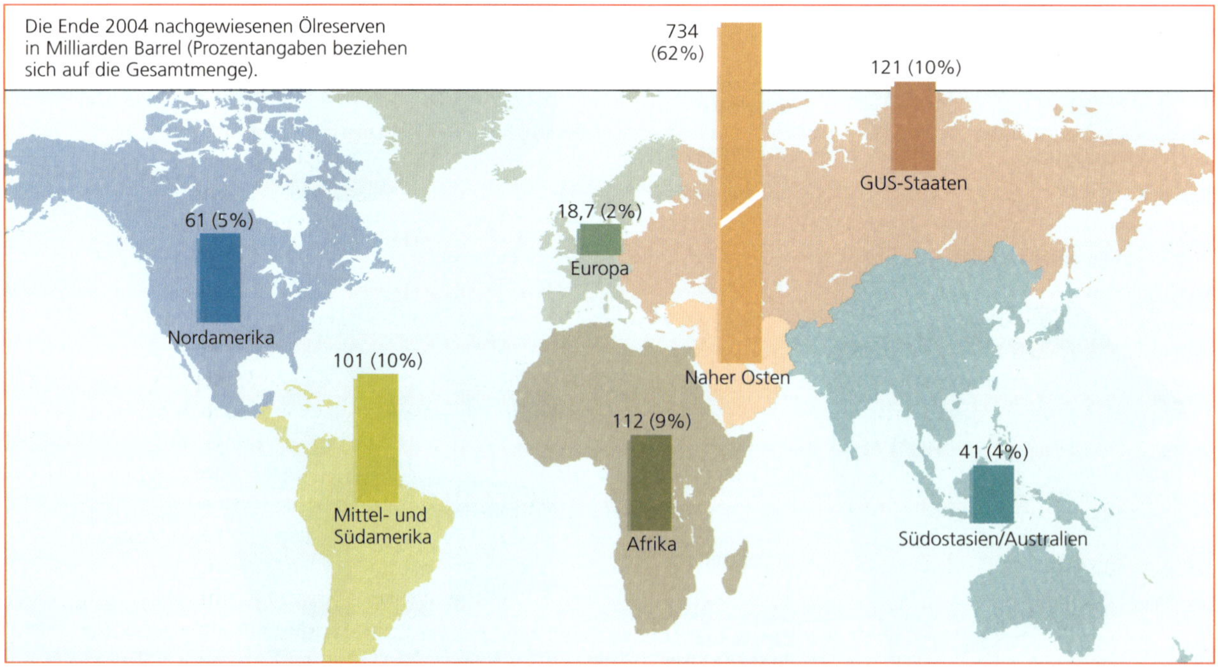


**Abb. 23.8** Die gesamten Welt-Erdölreserven zu Ende des Jahres 2004 nach Regionen [*nach: British Petroleum Statistical Review of World Energy, Juni 2005*].

**Abb. 23.9** Das Ghawar-Ölfeld, Saudi-Arabien, ist das größte der Welt mit einem Gesamtvorrat von mindestens 88 Milliarden Barrel [*Foto: Robert Azzi/Woodfin Camp Associates*].

## Erdölförderung und Verbrauch

Im Jahre 2004 betrug die Menge des weltweit geförderten Erdöls ungefähr 30 Milliarden Barrel, ein Anstieg gegenüber 2003 um 3,4 Prozent. Allein die Vereinigten Staaten produzierten 2,6 Milliarden Barrel und damit, abgesehen von Saudi-Arabien und Russland, mehr als jede andere Nation; sie verbrauchten jedoch fast drei Mal so viel, insgesamt 7,5 Milliarden Barrel und damit rund ein Viertel der Welt-Erdölproduktion. Die Lücke zwischen Produktion und Verbrauch vergrößert sich pro Jahr um 5 Prozent und muss durch Importe geschlossen werden, deren Kosten sich auf mehrere hundert Milliarden US-Dollar belaufen. Dieses Ungleichgewicht – im Jahre 2004 allein 174 Milliarden US-Dollar – ist mehr als jeder andere Faktor für das massive Außenhandelsdefizit der Vereinigten Staaten verantwortlich.

In den Vereinigten Staaten lagern in 31 Bundesstaaten wirtschaftlich gewinnbare Erdölressourcen und in den meisten anderen gibt es noch wirtschaftlich unbedeutende Vorkommen. Die Vereinigten Staaten sind das, was man als „reifen" Ölproduzenten bezeichnet, das heißt, dass die meisten Ölressourcen innerhalb der Landesgrenzen bereits zur Neige gehen. Die Produktion erreichte im Jahre 1970 ihren Höhepunkt und ist seitdem rückläufig. Diese Entwicklung – sie gilt für alle Erdölfelder der Erde gleichermaßen – folgt einer glockenförmigen Kurve (Abb. 23.10), die nach einem berühmten Erdölgeologen, M. King Hubbert, als **Hubbert Peak** bezeichnet wird. Hubbert verwendete im Jahr 1956 ein einfaches mathematisches Modell und kam damit zu dem Ergebnis, dass die Erdölproduktion der Vereinigten Staaten, die zu diesem Zeitpunkt rapide anstieg, etwa zu Beginn der siebziger Jahre zurückgehen würde. Seine Argumente wurden rundweg als zu pessimistisch abgelehnt, die weitere Entwicklung gab ihm jedoch recht.

## Das Ende der Erölvorräte

Beim derzeitigen Verbrauch werden die gesamten Erdölreserven in etwa 40 Jahren verbraucht sein. Bedeutet dies, dass sie noch vor der Mitte dieses Jahrhunderts erschöpft sind? Nein, weil die Ölressourcen weitaus größer sind als die Reserven.

Eigentlich werden die Ölvorräte niemals wirklich erschöpft sein. Wenn die Ressourcen zurückgehen, werden die Preise schließlich so weit ansteigen, dass es sich die Konsumenten nicht mehr leisten können, das Erdöl lediglich als Treibstoff zu verschwenden. Die wesentliche Verwendung wird sich dann auf die Produktion der unentbehrlichen organisch-chemischen Verbindungen beschränken müssen. Die petrochemische Industrie, die das Öl aus Ausgangmaterial für die Herstellung von Kunststoffen, Dünge- und Arzneimitteln und einer Vielzahl weiterer Produkte benötigt, ist bereits heute ein wichtiger Verbraucher, sie verarbeitet derzeit etwa 7 Prozent der Welt-Erdölproduktion. Wie der Geologe Ken Deffeyes einmal äußerte, würden die kommenden Generationen möglicherweise auf ein verschwenderisches Ölzeitalter zurückblicken und ungläubig fragen: „Sie verbrannten das Öl? All diese herrlichen organischen Moleküle, und sie verbrannten sie einfach?"

Die wesentliche Frage ist nicht, wann das Öl erschöpft sein wird, sondern wann die Ölförderung nicht mehr mit der Nachfrage mithalten und allmählich rückläufig sein wird, wie das eindeutig irgendwann der Fall sein muss. Dieser Punkt – der Hubbert Peak der Welt-Erdölproduktion – ist der wirkliche Wendepunkt. Ist er einmal erreicht, nimmt die Differenz zwischen Versorgung und Bedarf sehr rasch zu und die Preise steigen. Wenn sich dann unsere Gesellschaft nicht bereits in einer Übergangsphase hin zu einer Energieversorgung ohne Erdöl befindet, werden wahrscheinlich harte Zeiten mit zunehmenden internationalen Spannungen auf uns zukommen, in denen die Länder um die Kontrolle der Ölversorgung kämpfen, während sie gleichzeitig versuchen müssen, ihre Wirtschaft an die alternativen Energiequellen anzupassen. Dieser Übergang zu anderen Energiequellen wird für viele Länder bedeuten, dass sie

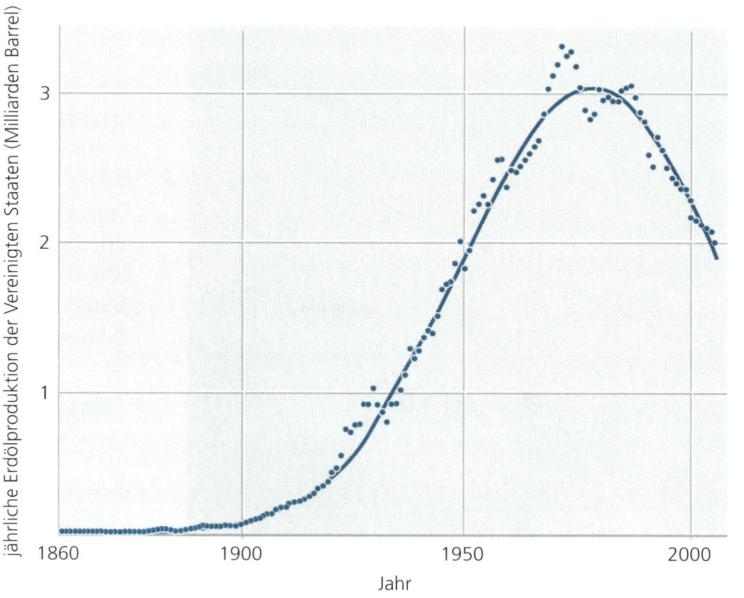


**Abb. 23.10** Die Erdölproduktion der Vereinigten Staaten zwischen 1860 und 2000. Die Kurve zeigt, dass 1970 das Maximum der Produktion erreicht wurde und seitdem zurückgeht. Die durchgezogene Linie entspricht der glockenförmigen Kurve, die sich aus den Förderdaten ergibt [*aus: K. Deffeyes (2001): Hubbert's Peak. – Princeton, N. J., Princeton University Press*].

sich an einen deutlich niedrigeren Lebensstandard anpassen müssen.

Wie nahe sind wir an diesem Hubbert Peak? Die Antwort auf diese entscheidende Frage ist Gegenstand heftiger Diskussionen. Optimistische Prognosen gehen davon aus, dass es noch eine genügende Anzahl nicht entdeckte Erdöllagerstätten gibt, die den Weltbedarf für mehrere Jahrzehnte decken können. Der U.S. Geological Survey als zuständige nationale Bundesbehörde für die Bewertung der Energievorräte, teilt diese optimistischen Prognosen. Sie veröffentlichte im Jahre 2000 eine weltweite Abschätzung mit dem Ergebnis, dass sich die gesamten Erdölressourcen auf mehr als das Doppelte der bekannten Reserven belaufen würden; damit erhöhte sich ihre sechs Jahre zuvor veröffentlichte Prognose um etwa 20 Prozent. Dies entspricht auch dem Wert der in Abbildung 23.6 angegebenen Ressourcen.

Am anderen Ende dieses Spektrums stehen die pessimistischen Prognosen, die davon ausgehen, dass wir uns sehr rasch dem Hubbert Peak nähern, wenn er nicht schon erreicht ist. Diese Meinung wird durch dieselbe Art von Analyse gestützt, die auch Hubbert angewandt hatte, um den Gipfel der US-Produktion für 1970 vorauszusagen. Insbesondere stellte die pessimistische Seite fest, dass die Menge der Ölfunde, die das Wachstum der Reserven bestimmt, zu rasch abnimmt und damit nicht mit dem optimistischen Szenario des U.S. Geological Survey übereinstimmt. Eine Hochrechnung des Erdölgeologen Colin Campbell ergab eine Abnahme der weltweiten Ölproduktion nach dem Jahr 2006 (Abb. 23.11). Sollten diese Hochrechnungen zutreffen, sind die in Abbildung 23.5 dargestellten Abschätzungen um den Faktor zwei zu hoch.

Der anerkannte Wirtschaftswissenschaftler Morris Adelmann vom Massachusetts Institute of Technology (MIT) bezweifelt diese Art von Schätzungen der verbleibenden Vorräte wie folgt: „*Niemand weiß, welche Mengen an Kohlenwasserstoff-Vorräten es gibt oder welcher prozentuale Anteil davon gewinnbar ist. Der Tendenz, eine Ressource als erschöpft zu betrachten, steht eine beständig steigende Zunahme an Wissen entgegen.*“ Er geht davon aus, dass mit verbesserten Explorations- und Produktionsverfahren die Erdölreserven weiterhin zunehmen.

Ob die optimistischen oder die pessimistischen Prognosen letztendlich zutreffen, ist von zentraler Bedeutung für das Management des Systems Erde. Insbesondere wird die Antwort einen ganz wesentlichen Einfluss darauf haben, wie viel Kohlendioxid durch das Geosystem Mensch in Zukunft produziert wird.

## Erdöl und Umwelt

Über die globalen Auswirkungen der Kohlendioxid-Emissionen hinaus bringt die Erdölproduktion eine Anzahl lokaler und regionaler Probleme mit sich. Bei Bohrungen in küstennahen Gewässern ist die Umweltverschmutzung sicher das größte Problem. In der Umgebung von Santa Barbara in Kalifornien kam es 1969 zu erheblichen Umweltschäden, als von einer Offshore-Bohrplattform durch einen Störfall Öl ausfloss. Im Jahre 1979 ereignete sich auf einer Bohrung im Golf von Mexiko vor Yucatán eine Öleruption („Blow Out“), durch die pro Tag 100 000 Barrel Öl ausflossen, bis das Bohrloch nach vielen Wochen verschlossen werden konnte. Im Jahre 1988 zerstörte eine Explosion eine

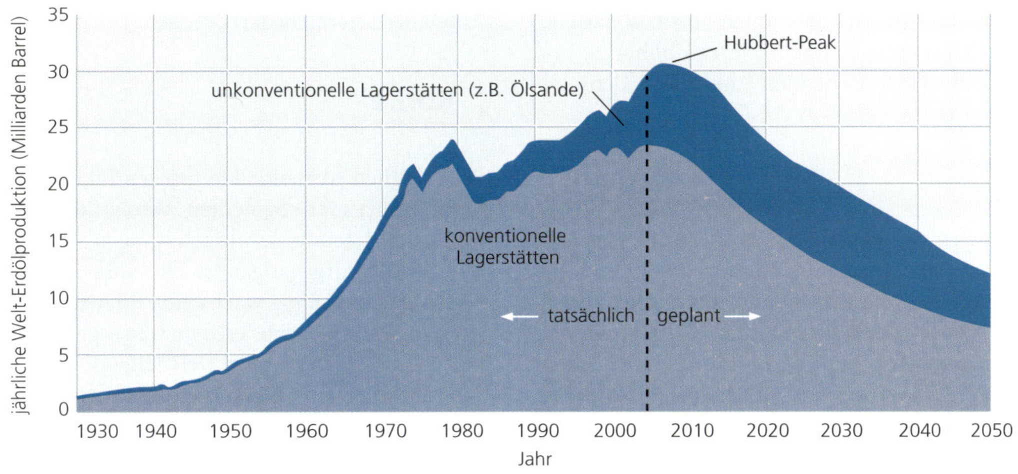


**Abb. 23.11** Eine eher pessimistische Hochrechnung der Welt-Erdölproduktion. Sie zeigt, dass der Hubbert Peak etwa 2007 erreicht wird [*nach: Colin J. Campbell (2004): "The General Depletion Picture". - Association for the Study of Peak Oil and Gas Newsletter*].

Bohrplattform in der Nordsee, wobei es nicht nur zahlreiche Tote gab, sondern auch die Umwelt geschädigt wurde. Die Havarie des Tankers Exxon Valdez, der im Jahre 1989 vor der Küste Alaskas auf Grund lief, wobei 240 000 Barrel Rohöl in weitgehend unbelastete Küstengewässer gelangten, wurde durch Presse und Fernsehen einer breiten Öffentlichkeit bekannt und schärfte das Bewusstsein der Menschen, welche schweren ökologischen Zerstörungen durch auslaufendes Öl entstehen können (Abb. 23.12). Trotz solcher Vorfälle und der Schwierigkeit, Sicherheitsgarantien für eine Bohrung geben zu können, glauben die Befürworter der Ölindustrie, dass durch eine sorgfältige Konstruktion der Bohrplattformen und erhöhte Sicherheitsmaßnahmen die Unfallrisiken erheblich verringert werden können.

Unter der Küstenebene Nordalaskas und den Schelfgebieten der Vereinigten Staaten lagern große Öl- und Gasvorräte. In den tiefen Gewässern am Kontinentalrand, zum Beispiel im Golf von Mexiko, bestehen derzeit die besten Aussichten auf neue Öl- und Gasvorkommen. Ein Teil der Bevölkerung befürwortet deren Erschließung, um den weltweit steigenden Energiebedarf zu decken. Der eher skeptische Teil der Bevölkerung bezweifelt jedoch, dass eine Offshore-Förderung von Erdöl ohne ernsthafte Gefährdung dieser unberührten Umwelt möglich ist.

Derzeit wird in Washington eine heftige politische Debatte darüber geführt, ob das Bohren nach Erdöl und Erdgas in den Naturschutzgebieten der Arktis, im Arctic National Wildlife Refuge (ANWR), genehmigt werden sollte oder nicht. Die Gesamtvorräte in diesem ANWR sind derzeit noch nicht bekannt, sie dürften sich jedoch auf etwa 4–12 Milliarden Barrel belaufen. Es steht außer Zweifel, dass diese Ressourcen wirtschaftlich ein Gewinn für die amerikanische Nation wären. Die Produktion von Öl und Erdgas erfordert aber auch den Bau von Straßen, Pipelines und Wohnungen in einer ökologisch empfindlichen Umgebung, die ein besonders wichtiges Rückzugsgebiet für Karibus, Moschusochsen, Schnee-

**Abb. 23.12** Die Folgen des ausgelaufenen Öls nach der Havarie des Tankers Exxon Valdez, für die Tierwelt im Prince William Sound, Alaska [*Foto: UPI/Corbis-Bettmann*].

gänse und andere Wildtiere darstellt. Die Erlaubnis, in den ANWR zu bohren, ist letztendlich davon abhängig, ob der kurzfristige wirtschaftliche Nutzen höher zu bewerten ist, als die dabei drohenden Umweltschäden.

## Erdgas

Bei Erdgas liegen die Ressourcen in etwa der gleichen Größenordnung wie beim Erdöl (Abb. 23.6), und sie könnten diese in den kommenden Jahren sogar noch übertreffen. Die Abschätzungen der Erdgasreserven wurden in den vergangenen Jahren ständig nach oben korrigiert. Die Exploration auf diesen verhältnismäßig sauberen Brennstoff hat zugenommen, sodass man in bisher noch nicht untersuchten geologischen Positionen, wie beispielsweise in sehr tief liegenden Formationen, in Überschiebungsgürteln, in Kohlelagerstätten und in dichten, wenig durchlässigen Sandsteinen und Schiefertonen, neue Erdgaslagerstätten entdeckt hat. Die gesamten Weltressourcen dieses Energieträgers sind noch nicht so stark angegriffen wie die Erdölvorräte, weil Erdgas auf dem Energiesektor immer noch vergleichsweise wenig genutzt wird.

Erdgas besteht überwiegend aus Methan ($CH_4$). Beim Verbrennen reagiert es mit dem Sauerstoff der Luft unter Abgabe von Energie in Form von Wärme, Kohlendioxid und Wasser. Es verbrennt somit sauberer als Kohle und Erdöl, da im Gegensatz zur Kohle weder Asche noch Schwefeldioxid (als Ausgangsprodukt des Sauren Regens) oder andere Schadstoffe entstehen. Beim Verbrennen von Erdgas werden pro Energieeinheit 30 Prozent weniger Kohlendioxid freigesetzt als bei der Verbrennung von Erdöl und 40 Prozent weniger als bei der Verbrennung von Kohle; auch lässt sich Erdgas auf einfache Weise in Pipelines quer durch die Kontinente transportieren. Der Transport vom Fördergebiet zum Verbraucher auf dem Seeweg ist schwieriger, aber die Konstruktion entsprechender Tanker und Hafenanlagen, in denen verflüssigtes Erdgas (Liquid Natural Gas, LNG) transportiert beziehungsweise abgefüllt werden kann, ist in vollem Gang.

Aus diesen Gründen ist Erdgas ein sehr gesuchter Brennstoff. Der Anteil an Erdgas liegt in den Vereinigten Staaten bei etwa 24 Prozent aller pro Jahr verbrauchten fossilen Brennstoffe. Davon geht der größte Teil an Industrie und Gewerbe (55 Prozent), gefolgt von Haushalten (24 Prozent) und der Erzeugung von elektrischer Energie (21 Prozent). Mehr als die Hälfte aller amerikanischen Häuser und die meisten industriell und wirtschaftlich genutzten Gebäude sind an ein Verbundnetz angeschlossen, durch das Erdgas aus den Feldern der Vereinigten Staaten, Kanadas und Mexikos zu den Verbrauchern transportiert wird. Die amerikanischen Reserven sollten beim derzeitigen Verbrauch für ungefähr 10 Jahre reichen, und die geschätzten Ressourcen könnten noch einige Jahrzehnte länger einen wesentlichen Anteil des Energiebedarfs decken.

## Kohle

Die reichlich vorhandenen fossilen Pflanzenreste in den Kohle führenden Schichten weisen darauf hin, dass Kohle aus mächtigen Anreicherungen von pflanzlichem Material hervorgegangen ist, das einst in Feuchtgebieten wuchs. Als das üppig wachsende Pflanzenmaterial abgestorben war, bedeckte es den wassergesättigten Boden. Die rasche Einbettung durch fallende Blätter und die Überdeckung mit Wasser schützte die abgestorbenen Zweige, Äste und Blätter vor dem vollständigen Abbau, weil die Bakterien, die das pflanzliche Material zersetzten, vom erforderlichen Sauerstoff abgeschnitten wurden. Die abgestorbene Vegetation reicherte sich an und ging allmählich in Torf über – eine lockere braune Masse aus organischen Substanzen, in der kleine Zweige, Äste und andere Pflanzenteile noch deutlich erkennbar sind (Abb. 23.13). Die Anreicherung von Torf in einem sauerstoffarmen Milieu kann in den heutigen Sümpfen und Torfmooren beobachtet werden. In trockenem Zustand brennt Torf leicht, weil er zu etwa 50 Prozent aus Kohlenstoff besteht.

Im Lauf der Zeit und mit zunehmender Überdeckung wird der Torf zusammengepresst und entwässert. Durch Versenkung in tiefere Bereiche kommt es schließlich auch zu einer gewissen Erwärmung; als Folge chemischer Umsetzungen des pflanzlichen Materials erhöht sich der bereits hohe Kohlenstoffgehalt und der Torf geht in **Braunkohle** über, ein weiches braunschwarzes, kohleähnliches Material mit einem Kohlenstoffgehalt von ungefähr 70 Prozent. Bei weiter steigenden Temperaturen und tektonischer Deformation, wie sie in größeren Tiefen mit entsprechender Überdeckung auftreten, kann die Braunkohle durch den Prozess der **Inkohlung** in **Hartbraunkohle**, danach in verschiedene Typen von **Steinkohle** und schließlich in **Anthrazit** übergehen. Je höher der Inkohlungsgrad ist, desto härter und glänzender ist die Kohle und desto höher ist auch ihr Kohlenstoffgehalt und ihr Brennwert. Anthrazit beispielsweise besteht zu über 90 Prozent aus Kohlenstoff.

**Kohlevorräte** Nach einigen Schätzungen lagern auf der Erde ungefähr 3,1 Billionen Tonnen Kohle, aus denen sich 67 500 Quad Energie gewinnen lassen (Abb. 23.5). Die Vereinigten Staaten, die GUS-Staaten und China besitzen zusammen ungefähr 85 Prozent der Welt-Kohlevorräte (GUS 50 Prozent, China 20 Prozent, Vereinigte Staaten 15 Prozent); sie sind gleichzeitig auch die wichtigsten Förderländer (Abb. 23.14). Die Kohlevorräte der Vereinigten Staaten würden beim derzeitigen Verbrauch von ungefähr einer Milliarde Tonnen pro Jahr noch für einige Hundert Jahre reichen. Die Kohle deckt seit 1975,

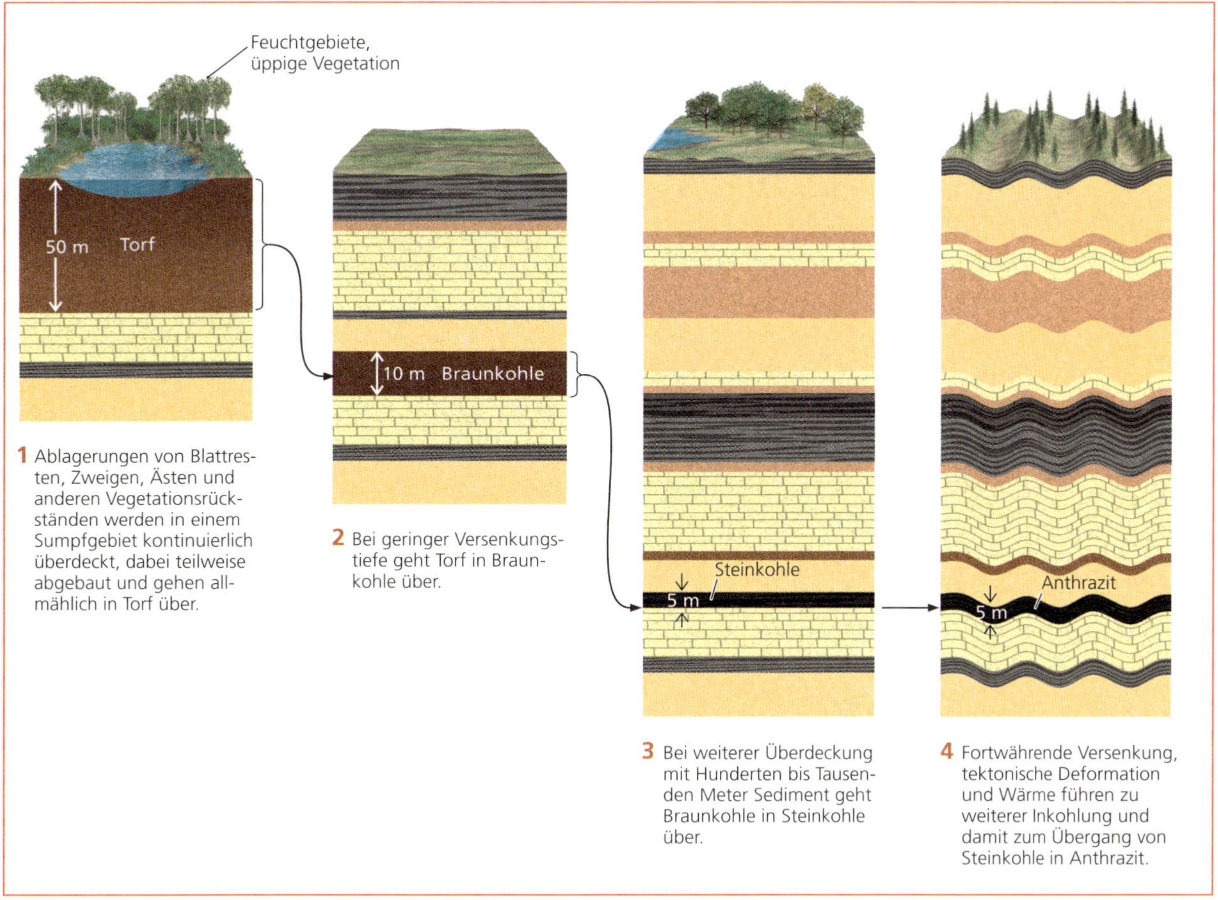


**Abb. 23.13** Die Entstehung von Kohleflözen beginnt mit der Ablagerung von Pflanzenresten.

als der Ölpreis zu steigen begann, einen zunehmenden Anteil des Energiebedarfs der Vereinigten Staaten, dieser liegt derzeit bei etwa 22 Prozent des gesamten Energieverbrauchs.

**Kohlenutzung und Umwelt** Bei der Gewinnung und Nutzung der Kohle gibt es erhebliche Probleme, die ihre Nutzung weniger erstrebenswert machen als die von Öl und Gas, gleichgültig, ob die Kohle verbrannt, verflüssigt oder in situ vergast wird. Im Mittel entstehen bei der Verbrennung von Kohle pro Energieeinheit 25 Prozent mehr Kohlendioxid als bei der Verbrennung von Erdöl und 40 Prozent mehr als bei der Verbrennung von Erdgas. Viele Kohlevorkommen enthalten beträchtliche Mengen an Schwefel, der bei der Verbrennung zu giftigem Schwefeldioxid oxidiert wird und in die Atmosphäre gelangt. Saurer Regen, der aus der Verbindung dieses Gases mit dem Regenwasser entsteht, ist in Skandinavien und Osteuropa, aber auch in Kanada und dem Nordosten der USA zu einem ernsthaften Problem geworden.

Der anorganische Rückstand, der nach der Verbrennung der Kohle als Kohlenasche zurückbleibt, enthält metallische Verunreinigungen, von denen einige hoch toxisch sind. Der Aschegehalt kann mehrere Tonnen pro 100 Tonnen verbrannter Kohle betragen und erhebliche Entsorgungsprobleme schaffen. Ruß und Asche, die aus Schornsteinen entweichen, sind für die Bewohner der Umgebung ein Gesundheitsrisiko. Unfälle beim Abbau unter Tage fordern jedes Jahr zahlreiche Menschenleben. Viele Bergleute leiden an Staublungen, einer Entzündung der Lungenbläschen, die durch das Einatmen von Kohlen- und Gesteinsstaub verursacht wird. Kohlegewinnung im Tagebau oder das Abräumen der Böden und der Deckschichten, um die Kohlelager freizulegen, kann zur Verwüstung ganzer Landstriche führen, wenn das Land danach nicht wieder rekultiviert wird (Abb. 23.15).

Behördliche Vorschriften fordern heute die schrittweise Einführung von Technologien für eine „saubere" Verbrennung von Kohle. Die Rekultivierung der durch Tagebau verwüsteten Landschaft und auch Maßnahmen zur Reduzierung der Gefahren für die Bergarbeiter sind heute gesetzlich vorgeschrieben. Doch diese Auflagen sind teuer und kommen zu den Gestehungskosten der Kohle hinzu. Auch deshalb ist die Steinkohleförderung im Ruhrgebiet wie im übrigen Europa ohne enorme

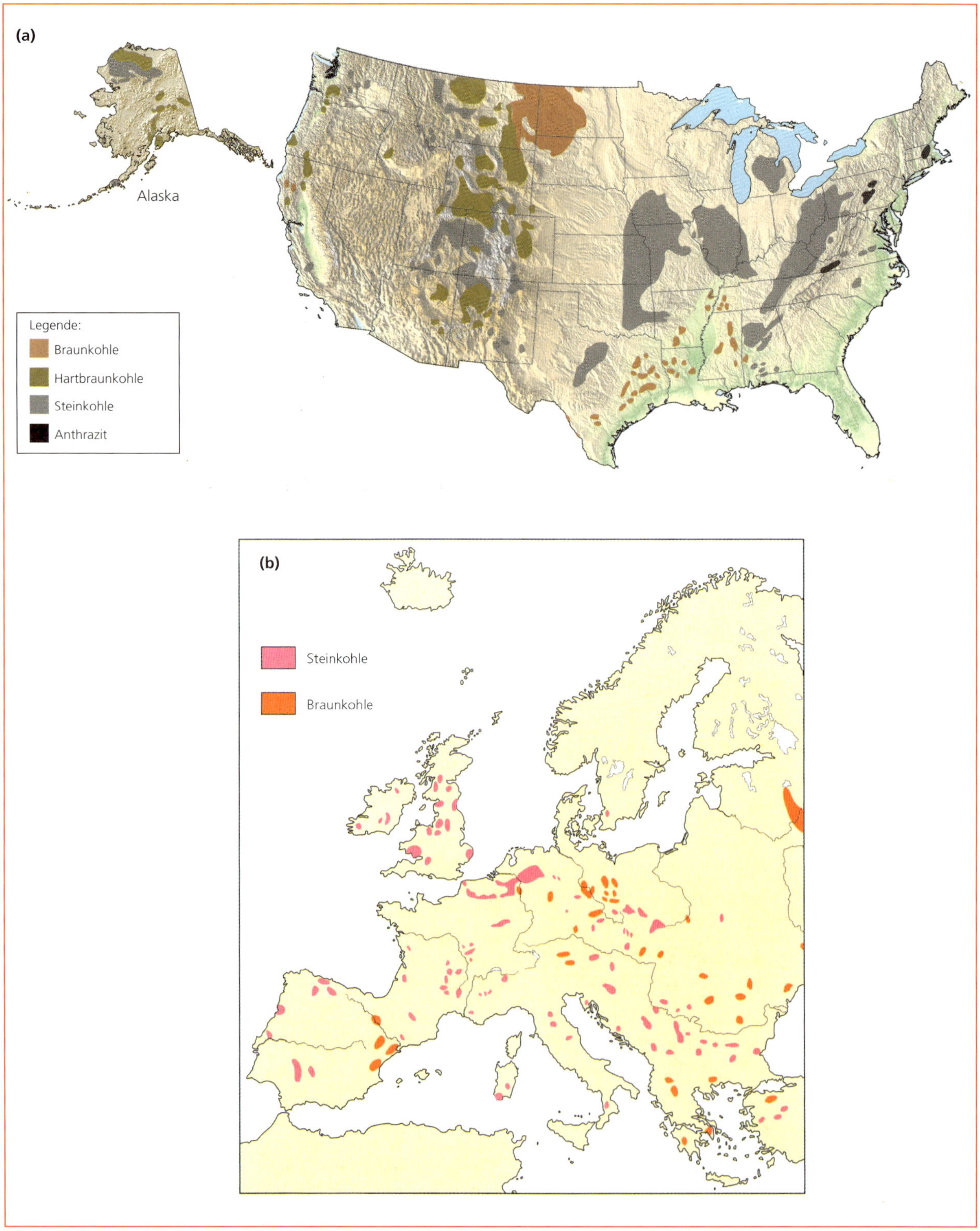


**Abb. 23.14** Die Kohlevorkommen (a) in den Vereinigten Staaten und (b) in Europa [*nach: U.S. Bureau of Mines (a); E. Bederke & H. G. Wunderlich (1968): Atlas zur Geologie, Mannheim, Bibliographisches Institut*].

**Abb. 23.15** Links: Kohletagebau bei Buskin, Indiana. Rechts: Kohlentagebau nach der Rekultivierung [*Fotos: Peter Kresan*].

Subventionen nicht möglich. Diese Nachteile werden den steigenden Verbrauch von Kohle als Energieträger, der so viel reichlicher vorhanden ist als Öl, nicht verhindern können. Viele Länder besitzen keine anderen Brennstoffvorräte, und andere sind wirtschaftlich nicht in der Lage, auch dann noch Öl zu importieren, wenn die Preise wegen zunehmender Verknappung steigen werden.

## Teersande und Ölschiefer

Außer den genannten Lagerstätten kennt man noch weitere Vorkommen fossiler Energieträger: an organischer Substanz reiche Muttergesteine, die niemals den im Erdölfenster herrschenden Druck- und Temperaturbedingungen ausgesetzt waren wie beispielsweise die **Ölschiefer**, oder Gesteine, die einstmals Erdöl enthielten und seitdem gewissermaßen ausgetrocknet sind, wobei die flüchtigen Bestandteile abgegeben wurden. Dadurch ist ein extrem schweres Öl mit einem hohen Anteil an hochmolekularen Kohlenwasserstoffverbindungen zurückblieben, vor allem asphaltartige Substanzen, die als **Bitumen** bezeichnet werden. Ein solche natürliche Bitumenlagerstätte sind die **Teersande** in der Provinz Alberta in Kanada, für die eine Abschätzung prognostiziert, dass sie Kohlenwasserstoff-Reserven enthalten, die etwa 180 Milliarden Barrel Erdöl entsprechen, bei einem Gesamtvorrat von etwa dem zehnfachen Betrag. Nahezu 400 Millionen Barrel Öl werden bisher pro Jahr aus diesen Ölsanden gewonnen, und die Produktion soll bis zum Jahr 2030 auf das Fünffache gesteigert werden und damit 5 Prozent des Welt-Erdölbedarfs decken.

Der Abbau der Teersande bringt jedoch erhebliche Probleme mit sich. Um ein Barrel synthetisches Rohöl zu erzeugen, müssen zwei Tonnen Ölsand abgebaut werden, wobei als Rückstand erhebliche Sandmengen anfallen. Wegen der energieintensiven Verarbeitung der Ölsande wird gegenüber der herkömmlichen Ölproduktion etwa die sechsfache Menge an Treibhausgasen freigesetzt. Zur Extraktion von Öl aus Teersanden sind nahezu zwei Drittel des Öls erforderlich, das sie schließlich liefern – vom energetischen Standpunkt aus ein vergleichsweise geringer Wirkungsgrad.

**Ölschiefer** sind feinklastische tonreiche Sedimentgesteine, die einen hohen Anteil an festen, hochpolymeren organischen Substanzen enthalten. In den siebziger Jahren des vergangenen Jahrhunderts begann der industrielle Abbau der ausgedehnten Ölschiefervorkommen, die im Westen von Colorado und im Osten von Utah lagern, doch wurden diese Abbauversuche in den achtziger Jahren bereits wieder weitgehend eingestellt, da der Ölpreis fiel und die Bedenken bezüglich der Umweltschäden zunahmen und auch einige technische Probleme nur unzureichend gelöst werden konnten. Wie bei den Teersanden ist der Wirkungsgrad der Energieproduktion aus Ölschiefern gering und die Kosten pro Energieeinheit sind hoch. Die Extraktion von Schieferöl und brennbarem Gas erfordert darüber hinaus große Mengen Wasser, das im Westen der Vereinigten Staaten nur in beschränktem Maß zur Verfügung steht. Dank der hohen Ölpreise und der nationalen Energiepolitik hat jedoch das Interesse an einer Energiegewinnung aus den heimischen Ölschiefern wieder zugenommen.

# Alternativen zu fossilen Brennstoffen

Wenn Erdöl und Erdgas unvermindert als wichtigste Ressourcen zur Energiegewinnung genutzt werden, um die unersättliche Gier der Welt nach Energie zu befriedigen, dürfte der größte Teil der weltweiten Vorräte in einem Jahrhundert erschöpft sein. In vielen Ländern wird schließlich die Kohle zum wichtigsten fossilen Brennstoff werden. Es mag zwar beruhigend klingen, dass bei einem mäßigen jährlichen Anstieg des Energieverbrauchs, sagen wir etwa drei Prozent pro Jahr, Kohle und andere fossile Brennstoffe noch für ungefähr 100

Jahre oder auch länger den Bedarf decken werden. Die durch die Verbrennung von Kohle entstehenden Umweltschäden könnten jedoch enorm zunehmen. Vor allem die bei der Verbrennung von fossilen Brennstoffen frei werdenden großen Mengen an Kohlendioxid werden erhebliche Klimaveränderungen auslösen, die uns viel früher dazu zwingen werden, diese traditionellen Brennstoffe aufzugeben, noch ehe deren Vorräte erschöpft sind.

Solche Überlegungen lassen die Möglichkeit außer Acht, dass wir einen großen Teil unseres wachsenden Energiebedarfs vielleicht anders decken könnten als bisher üblich – sei es durch die effizientere Nutzung der fossilen Brennstoffe oder die Entwicklung und Verwendung $CO_2$-neutraler Energiequellen wie Kernenergie, Windkraft, Sonnenenergie, geothermische Energie oder Energie aus Biomasse. Je stärker all diese Möglichkeiten genutzt werden, desto eher schwächt sich die Nachfrage nach fossilen Brennstoffen mit ihren negativen Auswirkungen auf die Umwelt ab.

## Kernenergie

Obwohl die erste Verwendung des radioaktiven Isotops Uran-235 in größerem Umfang im Jahre 1944 in einer Atombombe erfolgte, sahen Kernphysiker, die als Erste die bei dem spontanen Zerfall eines Atomkerns (**Kernspaltung**) frei werdenden ungeheueren Energiemengen beobachteten, bereits die Möglichkeit einer friedlichen Nutzung dieser neuartigen Energiequelle. Ihre Vorhersagen wurden nach dem Zweiten Weltkrieg Wirklichkeit, als weltweit zahlreiche Länder Kernreaktoren bauten, um **Kernenergie** zu erzeugen. Die bei der Spaltung des Urans-235 freigesetzte Wärme wird zur Erzeugung von Dampf genutzt, der wiederum Turbinen antreibt, die elektrische Energie erzeugen. In den Vereinigten Staaten decken 110 Kernreaktoren heute ungefähr 22 Prozent des elektrischen Energiebedarfs. In Frankreich stammen bereits 75 Prozent der elektrischen Energie aus der Kernenergie, in Deutschland sind es etwa 33 Prozent. Heute erzeugen weltweit mehr als 400 Reaktoren in 25 Ländern etwa 6 Prozent der gesamten Energie. Wenn sie zu ihrer vollen Leistungsfähigkeit ausgebaut würde, könnte die Kernenergie den Weltbedarf an elektrischer Energie für längere Zeit decken.

Aus geologischer Sicht bestehen die Probleme der Kernenergie in der Bewertung der Uranreserven und der unterirdischen Lagerung der radioaktiven Abfallprodukte.

**Uranreserven** Uran ist in der Erdkruste in sehr geringen Konzentrationen vorhanden, mit einem Anteil von nur 0,00016 Prozent in den durchschnittlichen Krustengesteinen. Der Anteil des spaltbaren Isotops Uran-235, das für die Energiegewinnung benötigt wird, macht davon lediglich etwa 0,6 Prozent aus; seine anderen, wesentlich häufigeren Isotope wie Uran-238 sind nicht so stark radioaktiv, dass sie als Brennstoffe in Kernreaktoren verwendet werden können. Dennoch erwies sich Uran bis heute als unsere größte abbaubare Energieressource mit einem potenziellen Energieinhalt von zumindest 240 000 Quad (Abb. 23.6). Typischerweise tritt es in geringen Mengen als Uraninit, der so genannten Pechblende auf, ein Uranoxid, das in Gängen und Klüften von Graniten oder anderen sauren Magmatiten, aber auch in Sedimentgesteinen vorkommt. Unter den in oberflächennahen Bereichen herrschenden chemischen Bedingungen wird das Uran in den Magmatiten oxidiert, geht dadurch in Lösung und wird mit dem Grundwasser transportiert und später in geeigneten Sedimentgesteinen als Uraninit wieder ausgefällt.

**Risiken der Kernenergie** Die größten Probleme der Kernenergie sind Reaktorsicherheit und die Verseuchung der Umwelt durch radioaktive Substanzen, aber vor allem die potenzielle Verwendung der radioaktiven Kernbrennstoffe zur Herstellung von Kernwaffen.

Zwei Unfälle beherrschten in der Vergangenheit die Diskussion über die Sicherheit der Kernenergie. Einmal der Störfall am Three-Miles-Island-Reaktor in Pennsylvania im Jahre 1979. Auf Three Miles Island wurde ein Reaktor zerstört und radioaktives Material freigesetzt, das jedoch innerhalb des Reaktorbehälters eingeschlossen blieb. Hier kam zwar niemand zu Schaden, aber die meisten Experten sind sich darin einig, dass man nur knapp einer Katastrophe entgangen war. Weit schwerwiegender war die Zerstörung des Reaktors von Tschernobyl (Ukraine) im April 1986. Dort geriet der ohnehin mangelhaft konstruierte Reaktor aufgrund von technischem und menschlichem Versagen außer Kontrolle und wurde völlig zerstört. Radioaktives Material gelangte in die Atmosphäre und wurde vom Wind über Skandinavien und Mitteleuropa verteilt. Die Kontamination der Gebäude und des Bodens machte Hunderte von Quadratkilometern Land im Umkreis von Tschernobyl unbewohnbar. Die Nahrungsmittel in vielen Ländern waren durch die radioaktiven Niederschläge kontaminiert und mussten vernichtet werden. Die Zahl der Todesfälle durch den Krebs auslösenden radioaktiven Fallout dürfte noch in die Tausende gehen.

Das abgebrannte Uran der Kernreaktoren hinterlässt gefährliche radioaktive Rückstände, die beseitigt und dauerhaft so gelagert werden müssen, dass die radioaktive Strahlung abgeschirmt wird (Exkurs 23.1). Ein Verfahren zur langfristigen sicheren Endlagerung steht noch nicht zur Verfügung, sodass die radioaktiven Abfälle vorläufig in Zwischenlagern oder auf dem Reaktorgelände lagern. In ein paar Jahren werden jedoch die Grenzen des verfügbaren Lagerraums in den Zwischenlagern erreicht sein – in Europa ebenso wie in den USA und anderswo. Zwar glauben viele Wissenschaftler, dass nukleare Ab-

**Abb. 23.16** Luftbild des Endlagers für radioaktive Abfälle in den Yucca Mountains im Versuchsgelände von Nevada, nördlich von Las Vegas [*Foto: U.S. Department of Energy*].

fälle in geologischen „Behältern", das heißt in undurchlässigen Gesteinsschichten tief unter der Erde sicher gelagert werden können, aber bis heute gibt es keine allgemein akzeptierten Pläne für eine sichere Endlagerung der gefährlichsten Abfälle für Hunderttausende von Jahren, die bis zum völligen Abklingen der Radioaktivität erforderlich sind. Frankreich und Schweden haben bereits unterirdische Endlager für radioaktive Abfälle errichtet; in Deutschland wurde zwar ein Salzstock bei Gorleben untersucht, aber eine endgültige Entscheidung wird hinausgezögert. In den Vereinigten Staaten wird in Nevada in den Yucca Mountains eine größere Anlage zur Endlagerung errichtet (Abb. 23.16).

Es gibt jedoch noch Rechtsstreitigkeiten zwischen dem US-Bundesstaat Nevada und der Regierung in Washington, denn Nevada klagt gegen die Errichtung dieses Endlagers. Kein Staat will schließlich als Müllplatz für ein langfristiges Umweltrisiko dienen.

Diese ungelösten Probleme und die Gefahr, dass Kernbrennstoffe zum Bau von Atomwaffen verwendet werden, haben den Ausbau der Kernkraftwerke ganz wesentlich verzögert. Die Bedenken im Hinblick auf die Sicherheit der Kernreaktoren, die hohen Kosten und die sichere Entsorgung radioaktiver Abfälle müssen erst ausgeräumt werden, ehe die Kernenergie in großem Maßstab zur Energieversorgung eingesetzt werden kann.

## Sonnenenergie

Ein Verfechter der Sonnenenergie erinnerte uns vor kurzem daran, dass die Sonne im Zeitraum von zwanzig Tagen die Erde mit so viel Energie versorgt, die den gesamten Kohle-, Öl- und Erdgasreserven unseres Planeten entspricht.

Da alle unsere fossilen Energiequellen letztendlich von der Sonne stammen, liegt es nahe, ihre Strahlung direkt in Energie umzuwandeln. Im Prinzip könnte uns die Sonne bedarfsdeckend mit Energie versorgen. Das Sonnenlicht kann in Wärme und Elektrizität umgewandelt werden. Damit lässt sich aber auch Wasserstoff aus Wasser gewinnen, der als gasförmiger Treibstoff verwendet werden kann. **Sonnenenergie** ist ungefährlich und unerschöpflich, die Sonne wird zumindest in den nächsten Milliarden Jahren noch scheinen. Leider sind die derzeitigen Verfahren für eine großtechnische Umwandlung der Sonnenenergie in andere nutzbare Energieformen noch zu wenig effizient und zu teuer, um sie in großem Umfang nutzen zu können, obwohl sich die Situation bereits deutlich verbessert hat.

Die einzige Form von Sonnenenergie, die wahrscheinlich in naher Zukunft zu (fast) konkurrenzfähigen Preisen nutzbar sein wird, ist die Solarheizung für Häuser, Wasser und für industrielle und landwirtschaftliche Produktionsverfahren. Zahlreiche Häuser und Fabriken verwenden für diese Zwecke vermehrt Sonnenenergie, zum Teil unterstützt durch staatliche Förderung und Steuererleichterungen.

Sonnenenergie kann auf mehrere Arten zur Erzeugung von elektrischer Energie verwendet werden. Eine Methode ist die **solarthermische Umwandlung**, bei der Sonnenlicht zuerst in Wärme und dann in Elektrizität umgewandelt wird. Eine andere ist die **photovoltaische Umwandlung** in Solar- oder Photozellen, wie sie auch für Weltraumsatelliten verwendet werden, die Licht in elektrischen Strom umwandeln. Solche Systeme werden bereits in Einrichtungen verwendet, bei denen höhere Kosten kein Hinderungsgrund sind – beispielsweise bei Demonstrationsprojekten oder auch in entfernten Gebieten, wo entsprechende Alternativen nicht verfügbar sind (Abb. 23.17). Die großtechnische Erzeugung von Elektrizität aus Solarenergie ist bisher für die allgemeine Energieversorgung jedoch noch keine echte Alternative zu den konventionellen Energiequellen. Die Effizienz bei

**Abb. 23.17** In einem abgelegenen Dorf in Nepal wird Sonnenlicht mithilfe von Solarzellen in elektrische Energie umgewandelt [*Foto: Ned Gillette/Corbis*].

## Exkurs 23.1

# Toxische und nukleare Verunreinigung des Untergrunds

Noch vor einigen Jahrzehnten wusste man recht wenig über die gesundheitlichen und die umweltbelastenden Auswirkungen toxischer Abfallstoffe. Industrielle und militärische Abfälle, von denen heute bekannt ist, dass sie giftig sind, wurden oberirdisch in Teichen, Seen und Flüssen oder auch unterirdisch deponiert. Am gefährlichsten und am schwierigsten zu sanieren sind die Hinterlassenschaften staatlicher Einrichtungen, die sich in der Vergangenheit mit der Herstellung von Kernwaffen befassten.

Das Gebiet um Hanford im US-Bundesstaat Washington ist ein solches Beispiel. Die toxischen und radioaktiven Abfälle stammen aus undichten Lagertanks, eingegrabenen Kisten und Fässern voll radioaktiver Feststoffe und kontaminierter Flüssigkeiten, die in der Vergangenheit in den Boden und in das Grundwasser gelangten. Hanford liegt in einer Talaue, deren Untergrund aus Sanden und Kiesen besteht, unterlagert von deformierten und von Störungen durchzogenen Basalten. Im Allgemeinen sickern die belasteten Flüssigkeiten nach unten in die vadose Zone und gelangen in den Grundwasserleiter und weiter zum Columbia River. Die Strömungsgeschwindigkeit schwankt abhängig von den lokalen geologischen Gegebenheiten wie etwa der Permeabilität und der mineralogischen Zusammensetzung des Untergrunds, aber auch von dessen Gehalt an organischem Material (siehe Abb.). Einige dieser toxischen Komponenten gehen mit den Mineralen eine chemische Bindung ein oder werden von den Sedimenten zurückgehalten und sind daher weitgehend immobil, andere sind dagegen äußerst mobil und werden vom Grundwasser mitgeführt. Grundwasseraustritte und Quellen in diesem Gebiet sind verunreinigt; einige toxische und radioaktive Abfallstoffe gelangten in den vergangenen 20 Jahren in den Columbia River und lösten die Befürchtung aus, dass noch größere Mengen nachfolgen, wenn nicht wirkungsvolle Sanierungsmaßnahmen durchgeführt werden.

Hanford und auch die anderen Gebiete werfen eine Anzahl provozierender politischer Fragen auf. Was sollte beispielsweise das Endziel der Sanierung dieser Standorte sein? Folgende Möglichkeiten werden diskutiert: (1) die Wiederherstellung der ursprünglichen „Grünen Wiese"; (2) eine Teilsanierung mit dem Ziel, mindestens einen akzeptablen gesundheitlichen Schwellenwert zu erreichen, bei dem keine wichtigen ökologischen Ressourcen gefährdet sind wie etwa die Laichgründe der Lachse; (3) eine unvollständige Sanierung bis zu einem Zustand, der eine eingeschränkte Nutzung für wirtschaftliche oder industrielle Zwecke, jedoch nicht für Wohnzwecke ermöglicht; (4) Übergang in einen Zustand unter Verwaltung, in dem das Gelände ungenutzt bleibt und die Verunreinigungen eingeschlossen und überwacht werden, um ihre Ausbreitung nach außen zu verhindern.

Die Abschätzung der Auswirkungen auf Gesundheit oder Umwelt eines bestimmten Stoffes oder einer Maßnahme, wie beispielsweise ein Sanierungsverfahren, wird als Risikoabschätzung bezeichnet. Wegen der unsicheren Ausgangssituation für solche Abschätzungen und wegen der Uneinigkeit darüber, welches Maß an Auswirkungen auf Gesundheit und Umwelt noch akzeptabel ist, sind Risikoabschätzungen ausgesprochen umstritten. Trotzdem bieten sie eine wichtige Grundlage für Entscheidungsträger, die von Gesetz wegen Sanierungsmaßnahmen durchführen müssen.

Die Entscheidung zur Sanierung wurde gemeinsam vom U.S. Department of Energy sowie von den bundesstaatlichen und den für Umweltschutz zuständigen Behörden getroffen. In früheren Jahren waren die Standorte der Kernwaffenproduktion geheim, weshalb für die Regierung solche Probleme wie Gesundheitsrisiken und Umweltgefährdungen keine Rolle spielten. Das Energieministerium der Vereinigten Staaten bezieht heute sozioökonomische, kulturelle und ethische Bedenken in seine Entscheidungen mit ein. Es informiert außerdem die lokalen Regierungsbehörden, die betroffenen Gemeinden und andere interessierte Gruppen und berücksichtigt deren Meinungen.

der Umwandlung von Sonnenenergie in elektrische Energie wird ständig besser, ist aber noch immer verhältnismäßig gering und die Kosten für die Installation und Instandhaltung sind bislang zu hoch.

Auch Solarkraftwerke können erhebliche Umweltprobleme mit sich bringen. Bei einer Leistung von 100 Megawatt (das entspricht ungefähr zehn Prozent der Leistung eines Kernkraftwerks) müsste ein Solarkraftwerk in einem Wüstengebiet eine Fläche von mindestens 2,5 km$^2$ einnehmen und es könnte durch eine Veränderung der Sonneneinstrahlung das lokale Klima beeinflussen.

Im Jahr 2004 lieferte Sonnenenergie lediglich 0,06 Prozent des Energieverbrauchs der Vereinigten Staaten. Die Anhänger der Sonnenenergie glauben, dass dieser Betrag sich innerhalb eines Jahrzehnts auf etwa 20 Quad pro Jahr erhöhen könnte. Dies entspricht etwa der Hälfte des Öls, das heute dort verbraucht wird. Eine eher realistischere Zahl liegt bei etwas weniger als 10 Quad pro Jahr. Ähnlich weit auseinander liegen die Schätzungen für die Bundesrepublik und Europa. Selbst aus diesem sehr vorsichtigen Szenario würden sich wesentliche soziale und ökonomische Vorteile ergeben: die Schonung anderer natürlicher Ressourcen und eine breit gefächerte Energieversorgung, sodass wir nicht einseitig von nur einer einzigen Energiequelle abhängig wären. Mit entsprechenden Anstrengungen in Forschung und Entwick-

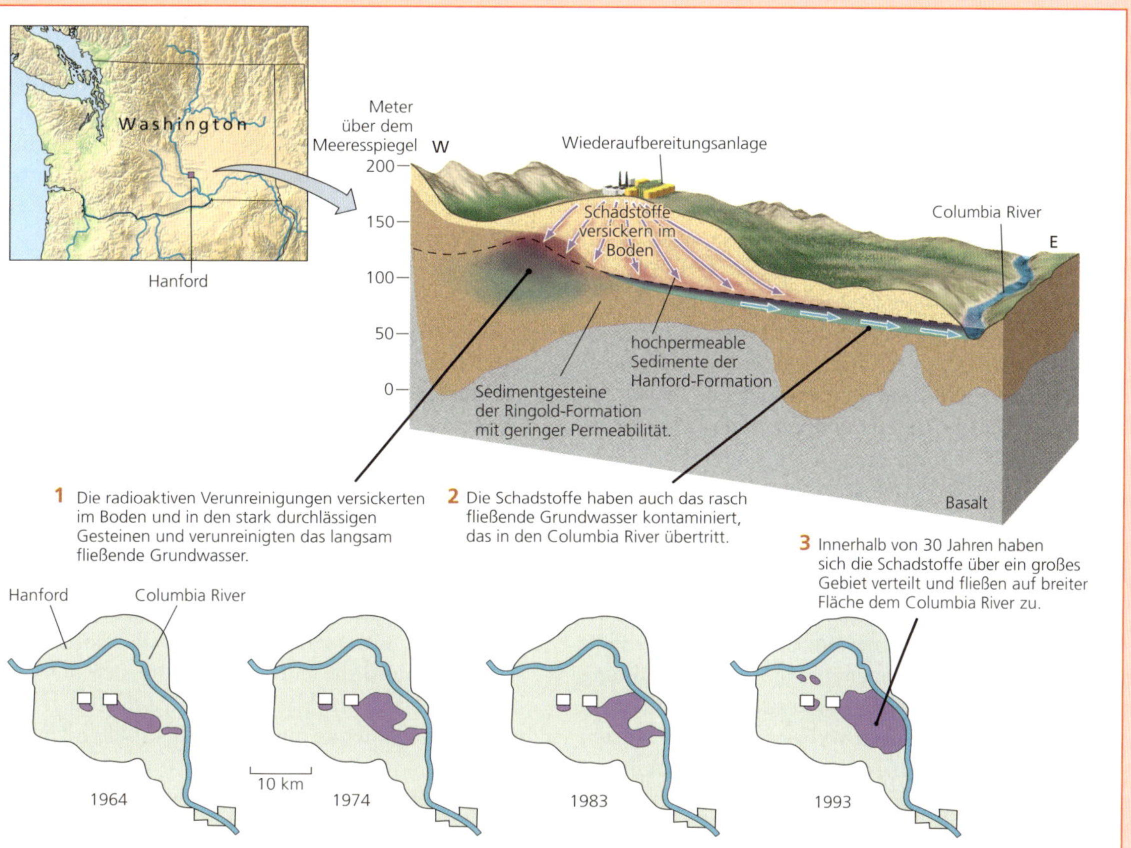


Dieser etwa 35 km lange Schnitt durch das Gebiet von Hanford zeigt das Versickern flüssiger Schadstoffe im Untergrund und ihre Wanderung durch die ungesättigte Zone in sowie durch den darunter liegenden Grundwasserleiter. Der Schnitt ist überhöht, um Details besser darstellen zu können [*nach: R. E. Gephart (1998): An Overview of Hanford's Waste Generation History and the Challenges Facing Waste Cleanup. - Richland, Washington, Pacific Northwest National Laboratory*].

lung kann die Sonnenenergie möglicherweise in einigen Jahren wirtschaftlich wettbewerbsfähig und zu einer wichtigen Energiequelle werden.

## Hydroelektrische Energie

Wasser, das aufgrund der Schwerkraft ein bestimmtes Gefälle nach unten fließt, kann Turbinen und Generatoren antreiben und dabei **hydroelektrische Energie** erzeugen. Wasserfälle oder künstlichen Stauseen, aber auch Stauwehre in Flüssen oder Staumauern in Gezeitenzonen sind geeignete Orte, an denen mit Wasserkraftwerken Strom produziert werden kann. Hydroelektrische Energie ist eine erneuerbare Form der Sonnenenergie, weil sie von Niederschlägen abhängig ist und weil die Energie, die das Wetter steuert, letztlich von der Sonne stammt.

Hydroelektrische Energie ist sauber, relativ ungefährlich und zudem billig. In den Alpengebieten und in Skandinavien wird die Wasserkraft bereits seit langem genutzt. In Frankreich wurde in der Bretagne bei St. Malo das größte europäische Gezeitenkraftwerk errichtet. Das größte Kraftwerk Südamerikas, Itaipu, versorgt ganz Südbrasilien mit Strom – Brasilien ist ein Land, das seinen Stromverbrauch vollständig aus hydroelektrischer Energie decken könnte. Das Energieministerium der Vereinigten Staaten erkundete in jüngster Zeit etwa 5 000 Standorte, an denen Wasserkraftwerke gebaut und wirtschaftlich betrieben werden könnten, wodurch sich die theoretische Energiekapazität der Wasserkraft um 40 Prozent erhöhen würde. Einer erheblichen Erweiterung der gegenwärtigen Kapazität stehen jedoch ökologische Einschränkungen beim Bau von Stauseen entgegen, weil dafür wertvolles Ackerland, Siedlungsgebiete und Naturlandschaften vernichtet werden und die Energieproduktion der Vereinigten Staaten um nur wenige Prozentpunkte ansteigen würde. Bei dieser Kontroverse sind sich die meisten Menschen jedoch darüber einig, dass die damit verbundenen Belastungen für die Umwelt weit größer wären als der ökonomische Gewinn. Aus diesem Grund gehen die Energieexperten davon aus, dass in den Vereinigten Staaten bis zum Jahr 2020 keine neuen Wasserkraftwerke errichtet werden und der Anteil der Wasserkraft an der gesamten Energieerzeugung von heute 10 Prozent auf etwa 6 Prozent zurückgehen wird.

## Windkraft

**Windkraft**, die über ein Windrad oder eine Windturbine einen elektrischen Generator antreibt, ist ebenfalls indirekt eine Form der Sonnenenergie. Ihre Verwendung nimmt in einigen Gebieten langsam zu, da die Konstruktionen der Windkraftanlagen verbessert und die Kosten gesenkt werden konnten, sodass die Windkraft heute gegenüber den konventionellen Energieerzeugern eher wettbewerbsfähig ist. Der Anteil der Windenergie liegt zusammen mit der Wasserkraft in Deutschland heute im Bereich von 3,5 Prozent des Gesamt-Stromverbrauchs und beläuft sich mittlerweile auf über 10 000 Megawatt. Vor allem in Norddeutschland werden viele kleinere Windturbinen zur Selbstversorgung privater Haushalte oder landwirtschaftlicher Betriebe genutzt – was wegen der erheblichen Zerstörung des Landschaftsbildes bereits zu Auseinandersetzungen mit Bevölkerung und Umweltschutzorganisationen geführt hat. In den Vereinigten Staaten geht man davon aus, dass für die Energieerzeugung lediglich in etwa sechs Prozent des Staatsgebietes geeignete Windverhältnisse herrschen, die auch das Potenzial haben, mehr als das Eineinhalbfache des derzeitigen Energieverbrauchs zu liefern. Das wäre jedoch eine immens große Fläche – etwa 550 000 km$^2$ – und für die Energieerzeugung wären Millionen von etwa 30 Meter hohen Windrädern erforderlich.

## Geothermische Energie

In Gebieten, in denen der geothermische Gradient ausreichend hoch ist, kann die Wärme aus dem Erdinneren zum Antrieb elektrischer Generatoren und zum Beheizen von Gebäuden verwendet werden. **Geothermische Energie** ist dann nutzbar, wenn sich im Untergrund Wasser aufheizt, das in mehreren hundert oder tausend Metern Tiefe heiße Gesteine (als eine Art Wärmetauscher) durchfließt und anschließend nach oben gepumpt wird. Es kann dann in Form von Dampf oder heißem Wasser durch Bohrlöcher an die Oberfläche gefördert werden. In der Regel handelt es sich um natürlich vorkommendes Grundwasser, das auf Spalten nach unten einsickert; Wasser kann dazu aber auch künstlich von der Erdoberfläche aus in den Untergrund eingeleitet werden.

Inzwischen erzeugen zumindest 46 Nationen Strom aus geothermischer Energie. Die bei weitem häufigste Form dieser Energiequelle ist heißes Wasser mit Temperaturen zwischen 80 und 180 °C. In diesem Temperaturbereich kann das Wasser problemlos genutzt werden, um Wohnhäuser, Gewerbe- und Industriebetriebe zu heizen. Mehr als 20 000 Wohnungen werden heute in Frankreich bereits durch warmes Wasser aus dem Untergrund beheizt, das in aufgeheizten Gesteinen im Bereich des Pariser Beckens zirkuliert. Ähnliche Projekte werden in Italien, Griechenland und Skandinavien verstärkt gefördert. Island liegt auf dem Mittelatlantischen Rücken, wo aufsteigendes Magma aus dem Erdmantel zur Bildung neuer Lithosphäre führt, da die Nordamerikanische Platte und die Eurasische Platte sich hier trennen. Die Hauptstadt Reykjavik wird ausschließlich mit geothermischer Energie aus dem vulkanischen Untergrund beheizt.

Geothermische Speicher mit Temperaturen über 180 °C werden zur Erzeugung von elektrischer Energie verwendet. Sie treten in erster Linie in Gebieten mit jungem Vulkanismus auf, in Form von heißem, trockenem Gestein, heißem Grundwasser oder natürlichem Dampf. Wasser mit derart hohen Temperaturen ist allerdings auf die wenigen Gebiete beschränkt, in denen das Oberflächenwasser auf Störungen und Spalten in den Untergrund versickern und tief liegende Gesteine erreichen kann, die durch junge Magmentätigkeit erwärmt sind. Natürlich vorkommendes, über den Siedepunkt erhitztes Wasser und natürlicher Dampf sind hoch geschätzte Ressourcen, nach denen Geologen heute gezielt suchen. Die weltweit größten Vorkommen von natürlichem Dampf findet man bei „The Geysirs“, 120 km nördlich von San Francisco (vgl. Abb. 12.27).

Nach einer isländischen Schätzung könnten aus den derzeit zugänglichen geothermischen Energiequellen pro Jahr bis zu 40 Quad elektrischer Energie erzeugt werden. Bisher wird jedoch lediglich ein geringer Teil, etwa 0,15 Quad pro Jahr für die Energieerzeugung genutzt. Ein weiterer Teil von etwa 0,12 Quad wird direkt für Heizzwecke verwendet.

Wie die meisten anderen hier betrachteten Energiequellen bringt auch die geothermische Energie einige Umweltprobleme mit sich. Sie kann zu regionalen Absenkungen des Untergrunds führen, wenn heißes Grundwasser entnommen, aber nicht wieder ergänzt wird. Darüber hinaus kann geothermisch erwärmtes Wasser aus dem heißen Gestein gelöste Salze und toxische Schwermetallionen enthalten. Das Wasser muss daher gereinigt und die Rückstände umweltgerecht entsorgt werden, sofern man es nicht wieder in den Untergrund verpresst.

## Globale Umweltveränderungen

Der Begriff **globale Umweltveränderung** gelangte in den Sprachgebrauch der Bevölkerung, als sich die Hinweise deutlich mehrten, dass sich durch die Einwirkung des Menschen der Chemismus der Atmosphäre mit katastrophalen weltweiten Konsequenzen verändern könnte. Dazu gehören:

- Massensterben, verursacht durch Sauren Regen.
- Zunehmende Exposition gegenüber ultravioletten Strahlen, verursacht durch den Abbau der Ozonschicht in der Stratosphäre.
- Globale Erwärmung, verursacht durch eine Verstärkung des Treibhauseffekts.

Diese Veränderungen sind insgesamt **anthropogen**, das heißt durch den Menschen hervorgerufen, sie unterscheiden sich jedoch hinsichtlich ihrer Auswirkung und Größenordnung. Saurer Regen ist in erster Linie ein regionales Problem, obwohl er, wenn er nicht reduziert wird, ebenfalls globale Folgen mit sich bringt. Die Zerstörung des Ozons in der Stratosphäre ist eindeutig ein globales Problem. Die Ursache dafür sind überwiegend industriell erzeugte Fluorchlorkohlenwasserstoffe (FCKW), deren Verbrauch heute durch das Montreal-Protokoll geregelt ist, ein wichtiger Erfolg für die Umwelt. Im Gegensatz dazu scheint es wenig Einvernehmen darüber zu geben, was bezüglich der globalen Erwärmung und den damit verbundenen Aspekten des vom Menschen ausgelösten Klimawandels unternommen werden soll (Abb. 23.18).

Die möglichen nicht abschätzbaren und bedrohlichen Folgen einer anthropogen verursachten Klimaveränderung zwingen die Politiker in einem bisher nie dagewesenen Umfang zur Zusammenarbeit, da wir in jeder Hinsicht versuchen müssen, eine Katastrophe zu verhindern: die Ausbeutung der uns allen gehörenden Umwelt-Ressourcen bis zu ihrer völligen Erschöpfung. Benachbarte Staaten erlassen gemeinsame Verordnungen zur Regelung regionaler Umweltprobleme, und auch neue multinationale Abkommen werden geschlossen, die den Einfluss des Menschen auf das globale Geosystem beschränken sollen.

Anhand der Probleme, die sowohl der Saure Regen, als auch der Rückgang des Ozons in der Stratosphäre und die Klimaveränderungen mit sich bringen, sollen die Folgen anthropogen verursachter globaler Veränderungen dargestellt und mögliche Lösungen aufgezeigt werden.

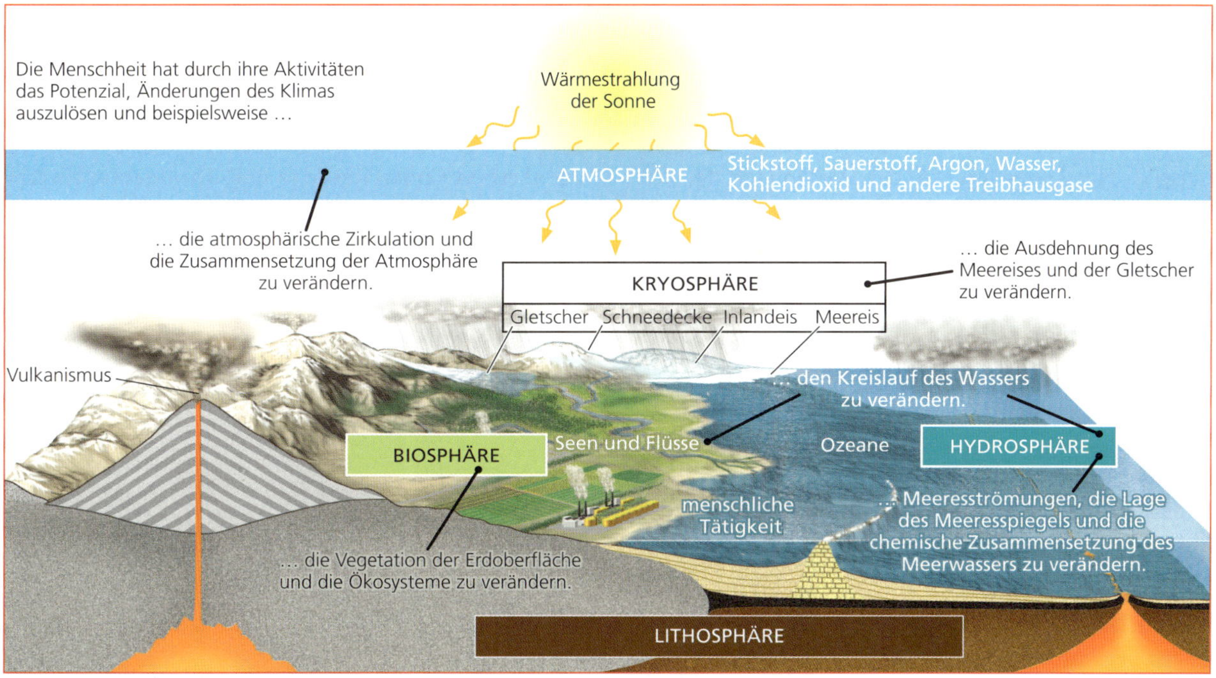


**Abb. 23.18** Die Aktivität des Menschen verändert zahlreiche Komponenten des Klimasystems der Erde.

## Saurer Regen

In zahlreichen industrialisierten Gebieten der Erde ist die Luft in großem Maße durch schwefelhaltige Abgase wie etwa Schwefeldioxid ($SO_2$) verschmutzt. Diese Gase werden aus den Schornsteinen solcher Kraftwerke freigesetzt, die Kohle mit einem hohen Pyritgehalt (Eisensulfid, $FeS_2$) verfeuern, aber auch aus Betrieben, die Sulfiderze verhütten, sowie aus Anlagen anderer Industriezweige. Die im Osten und mittleren Westen der Vereinigten Staaten abgebauten Kohlevorkommen weisen höhere Schadstoffgehalte auf als die der Staaten weiter im Westen. Obwohl auch Vulkane und Küstensümpfe Schwefelgase in die Atmosphäre freisetzen, sind über 90% der Schwefelemissionen im Osten Nordamerikas anthropogener Herkunft.

**Chemische Reaktionen und ihre Auswirkungen** Die Schwefelgase in der Atmosphäre reagieren mit Sauerstoff und Regenwasser unter Bildung von Schwefelsäure, einer weitaus stärkeren Säure als die aus Kohlendioxid und Regenwasser gebildete Kohlensäure. In derselben Weise entsteht aus Stickoxiden ($NO_x$) der Industrie- und Autoabgase auch ein gewisser Gehalt an Salpetersäure. Bereits geringe Mengen von Schwefel- und Salpetersäure verwandeln unschädliches Regenwasser in **Sauren Regen**. Obwohl der Säuregehalt des Regens zu gering ist, um die menschliche Haut zu verätzen, führt er zu einer erheblichen Schädigung von Wasser, Luft und Boden, zum Absterben bestimmter Pflanzen und Bodenorganismen und zum beschleunigten Zerfall von Festgesteinen.

Durch die Versauerung empfindlicher Seen und Flüsse – besonders solchen, die von Gesteinsmaterial unterlagert werden, das saure Verbindungen nur begrenzt neutralisieren kann – führte der Saure Regen in vielen Seen Kanadas, der nordöstlichen Vereinigten Staaten und Skandinaviens zu großen Fischsterben. Eine Überprüfung von mehr als 1 000 Seen und mehreren tausend Flusskilometern in den Vereinigten Staaten haben ergeben, dass 75 Prozent der Seen und 50 Prozent der Flüsse durch Sauren Regen belastet sind. In einigen versauerten Seen und Flüssen waren Fischarten wie die Bachforelle vollständig ausgerottet. In Ostkanada ist der Lebensraum der Lachse ernsthaft gefährdet. Außerdem zerstört der Saure Regen die Bergwälder, besonders in größeren Höhen. Der saure Dunst in der Luft vermindert darüber hinaus die Sichtweite.

Saurer Regen führt zu einer merklichen Zerstörung von Baustoffen, Farben, Metallen und Gesteinen und bewirkt eine rasche Verwitterung der aus Naturstein bestehenden Denkmäler und Fassaden (Abb. 23.19). Allein in Kanada verursacht Saurer Regen jährlich an Gebäuden und Denkmälern Schäden im Umfang von 1 Milliarde US$.

**Verbrennung von Kohle** Der Zusammenhang von Saurem Regen und der Verbrennung von Kohle ist klar erkennbar. Regierungsbehörden der Vereinigten Staaten und Kanadas, aber auch unabhängige wissenschaftliche Kommissionen haben die Verbreitung der aus den Schornsteinen austretenden Schwefelgase in Windrichtung verfolgt, bis sie als Saurer Regen niedergehen. Ein sorgfältiges Verfolgen der Schadstoffe von ihren Quellen zu den Gebieten mit Sauren Niederschlägen ist erforderlich, um eindeutig nachweisen zu können, dass die Kohlekraftwerke für einen Großteil der Probleme verantwortlich sind.

Der größte Teil der Schwefelemissionen in Nordamerika stammt aus den Kohlekraftwerken des mittleren Westens und aus dem Osten der Vereinigten Staaten, und ein großer Teil der sauren Niederschläge fällt auch in diesen Gebieten und im Osten Kanadas (Abb. 23.20). Ungefähr 50 Prozent der in Kanada abgelagerten Sulfatverbindungen stammen aus den Vereinigten Staaten, ein erheblicher Reibungspunkt in den Beziehungen zwischen beiden Staaten. Das Problem besteht in gleicher Weise auch in Europa und Asien, wo Wissenschaftler ebenfalls die Zerstörung von Seen und Wäldern durch Sauren Regen nachweisen konnten. Diese Zerstörung ist vor allem in China, Russland und den osteuropäischen Staaten besonders groß.

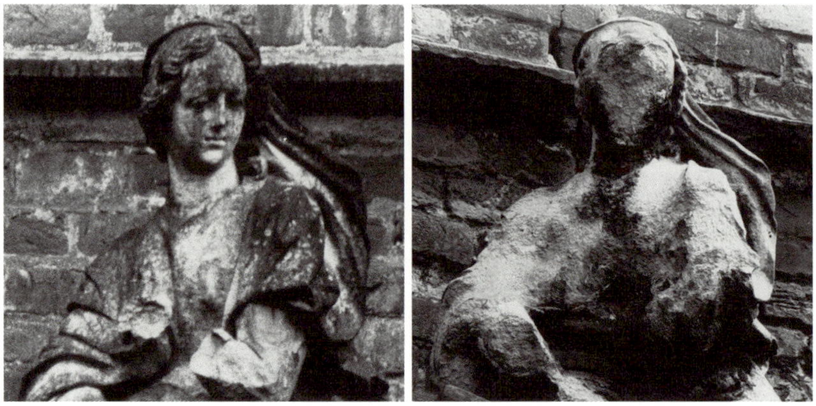

**Abb. 23.19** Ein Denkmal vor und nach dem durch Sauren Regen verursachten Verfall [*Foto: Westfälisches Amt für Denkmalpflege*].

**Das „Clean Air"-Gesetz** Besorgte nordamerikanische Wissenschaftler forderten eine Begrenzung der Schwefelemissionen aus Kraftwerken und Hüttenbetrieben, doch lange Zeit verhinderte der Widerstand von Lobbyisten und Politikern eine effektive Kontrolle. Schließlich, nach langen Jahren des Streitens, passierten im Jahre 1990 zahlreiche Zusatzartikel des so genannten „Clean Air"-Gesetzes aus dem Jahre 1970 – ein Gesetz zur Reinhaltung der Luft – den amerikanischen Kongress. Die Gesetzgebung verlangte von den Kraftwerksbetreibern eine Verringerung der jährlichen $SO_2$-Emission bis zum Jahre 2000 um 10 Millionen Tonnen und eine Reduktion der jährlichen $NO_x$-Emissionen um 2 Millionen Tonnen. Die Aufhebung der Preisbindung im Schienenverkehr der Vereinigten Staaten verringerte die Transportkosten, wodurch es billiger wurde, die reinere Kohle aus dem amerikanischen Westen zu den Kohlekraftwerken im mittleren Westen und Osten zu transportieren, um so den neuen Emissionswerten gerecht zu werden. Die Vorschläge der derzeitigen Regierung, die im Jahre 1990 festgelegten Vorschriften zu lockern, haben diese bereits endlose Debatte aufs Neue entfacht.

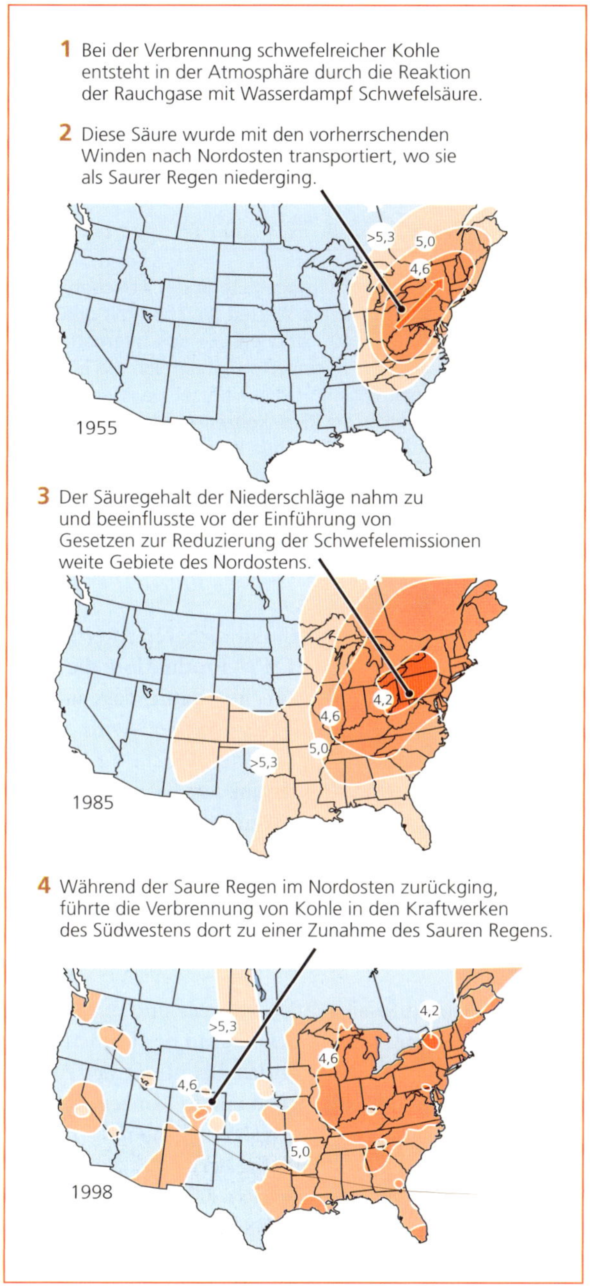


**Abb. 23.20** Säurekonzentration der Niederschläge in den Vereinigten Staaten und den angrenzenden Teilen Kanadas, angegeben durch den pH-Wert. Je niedriger der pH-Wert, desto höher ist die Säurekonzentration. Die Niederschläge mit den höchsten Säurekonzentrationen treten im Osten auf, vor allem als Folge der Verbrennung stark schwefelhaltiger Kohle [*nach: National Atmospheric Deposition Program/National Trends Network, 2003*].

## Abbau der Ozonschicht

In der Nähe der Erdoberfläche ist **Ozon** ($O_3$) ein wesentlicher Bestandteil des so genannten Sommersmogs. Es schädigt die Gesundheit, führt zur Verringerung von Ernteerträgen und zur Korrosion von Materialien. In den bodennahen Schichten der Atmosphäre entsteht Ozon dann, wenn Sonnenlicht in Wechselwirkung mit Stickoxiden und anderen chemischen Schadstoffen aus der industriellen Fertigung und aus Autoabgasen tritt.

Das Ozon in der Stratosphäre der Erde, in etwa 10 bis 30 km Höhe, spielt dagegen eine wichtige Rolle (vgl. Abb. 15.2). Dort kommt es durch die Sonnenstrahlung zur Umwandlung von Sauerstoff ($O_2$) in Ozon ($O_3$), das eine Schutzschicht um die Erde bildet, die gewisse Anteile der Zellen zerstörenden UV-Strahlung absorbiert. Hautkrebs, Grauer Star, ein geschwächtes Immunsystem und verringerte Ernteerträge sind auf übermäßige UV-Exposition zurückzuführen.

Im Jahre 1995 wurde der Nobelpreis für Chemie an Paul Crutzen, Mario Molina und Sherwood Rowland verliehen für ihre bereits vor mehr als 20 Jahren geäußerte Hypothese, dass die schützende Ozonschicht durch eine Reaktion zerstört werden kann, an der anthropogen produzierte Verbindungen – so genannte Fluorchlorkohlenwasserstoffe – beteiligt sind. Diese FCKW, die als Kühlmittel, Treibgase und Reinigungslösungen verwendet werden, sind in Bodennähe chemisch stabil und unschädlich; anders sieht es aus, wenn sie in die Stratosphäre gelangen. Hoch über der Erde führt die intensive Sonnenstrahlung zum Abbau der FCKW und zur Freisetzung des Chlors. Crutzen, Molina und Rowland äußerten die Vermutung, dass dieses Chlor mit den Ozonmolekülen der Atmosphäre reagiert, sie zerstört und folglich die Dicke der schützenden Ozonschicht verringert. Crutzens, Molinas und Rowlands Hypothese wurde bestätigt, als im Jahre 1985 über der Antarktis ein

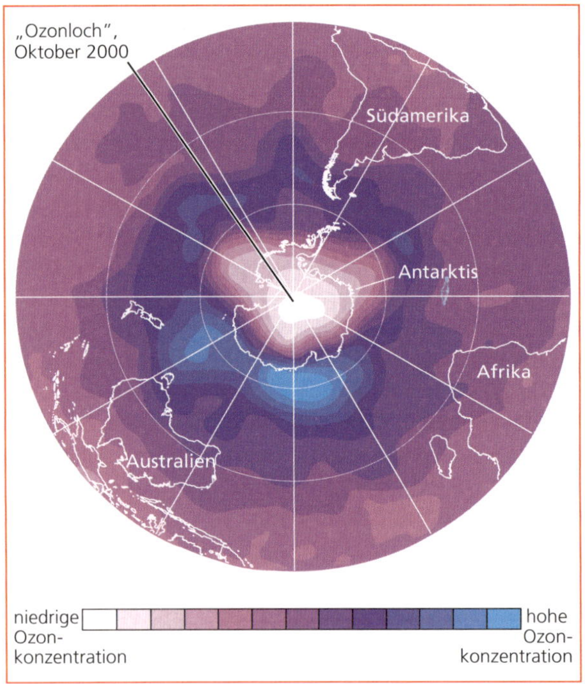


**Abb. 23.21** Das Ozonloch ist eine deutlich erkennbare großflächige Zerstörung der Ozonschicht über der Antarktis, die jedes Frühjahr auftritt. Die Bezeichnung „Loch" ist insofern falsch, da es sich in Wirklichkeit um eine Ausdünnung oder Verringerung der Ozonkonzentration handelt, bei der bis zu 70 Prozent des normalerweise über der Antarktis vorhandenen Ozons abgebaut werden. Die helleren Bereiche entsprechen der verdünnten Ozonschicht, die im Oktober 2000 über der Antarktis auftrat [*Foto: NOAA TOVS Satellite*].

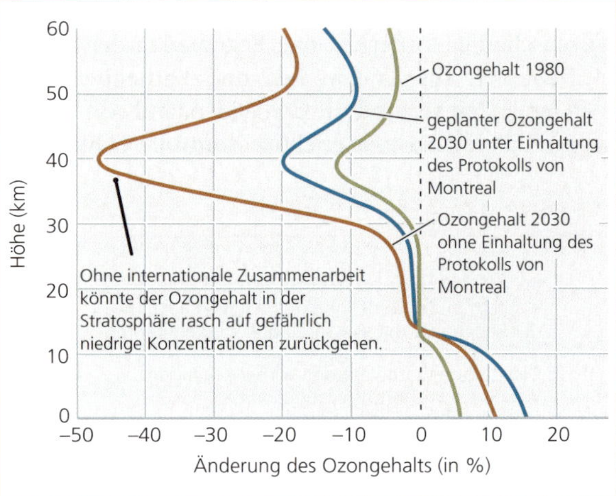


**Abb. 23.22** Vergleich der Ozongehalte in der Atmosphäre im Jahr 1980 mit den geschätzten Werten für 2030 mit und ohne Montreal-Protokoll. Die 140 Nationen, die den internationalen Vertrag unterzeichneten, verringerten erfolgreich die Emission der Ozon zerstörenden FCKW. Ohne eine solche internationale Zusammenarbeit würde die Ozonkonzentration in der Atmosphäre rasch auf einen gefährlichen Wert absinken [*nach: T.E. Graedel & P.J. Crutzen (1993): Atmospheric Change. – W. H. Freeman, New York*].

großes Loch in der Ozonschicht entdeckt wurde, das so genannte „Ozonloch" (Abb. 23.21). In der Folge stellte sich heraus, dass der **Abbau der stratosphärischen Ozonschicht** ein globales Phänomen in den hohen Breiten darstellt. Man beobachtete an der Erdoberfläche eine erhöhte UV-Strahlung, die mit den geringen Ozongehalten in den Jahren 1992 und 1993 korrespondierte.

In den achtziger Jahren, als namhafte Wissenschaftler die Vertreter der Regierung und der Industrie zu überzeugen versuchten, dass die Ozonschicht möglicherweise durch FCKW zerstört wird, äußerte ein ranghoher Regierungsvertreter, die einfachste Lösung bestünde darin, dass die Menschen Hüte, Sonnenschirme und Sonnenbrillen tragen sollten. Im Jahre 1989 traten zahlreiche Nationen einem weltweit gültigen Abkommen zum Schutze der Ozonschicht bei. Dieser Vertrag, das bereits erwähnte Montreal-Protokoll, wurde inzwischen von 140 Ländern unterzeichnet. Die wichtigsten Maßnahmen des Montreal-Protokolls sahen eine Beendigung der Produktion von FCKW bis zum Jahr 1996 vor und die Gründung eines Geldfonds, in den die Industrienationen einzahlen sollten, um den Entwicklungsländern den Übergang zu ozonunschädlichen Chemikalien zu ermöglichen. Die Herstellung sicherer Alternativen führte zur Beendigung der FCKW-Produktion; die langfristigen Hochrechnungen sprechen dafür, dass sich die Ozonschicht allmählich wieder erholen wird (Abb. 23.22).

Das Montreal-Protokoll ist ein Modell, wie Wissenschaftler, Industrie und Politik zusammenarbeiten können, um eine Umweltkatastrophe zu verhindern.

## Globale Erwärmung

Die Verbrennung fossiler Energieträger und eine veränderte Landnutzung führten seit Beginn der Industriellen Revolution zu einer bedeutenden Belastung der Atmosphäre mit Kohlendioxid und zu einem Konzentrationsanstieg der anderen Treibhausgase (vgl. Abb. 15.16). Da man diese potenziellen Probleme erkannte, die sich aus dieser Entwicklung für das globale Klima ergeben, setzten die Vereinten Nationen 1988 mit dem Intergovernmental Panel on Climate Change (kurz IPCC) ein internationales Gremium ein, dessen Aufgabe darin bestand, die Risiken und Auswirkungen eines anthropogen ausgelösten Klimawandels zu bewerten, aber auch Möglichkeiten für eine Verminderung der Folgen zu erarbeiten. Das IPCC bietet Hunderten von Naturwissenschaftlern, Wirtschaftswissenschaftlern und Politikern kontinuierlich ein Forum der Diskussion und Zusammenarbeit, um diese Probleme zu lösen.

Aus umfangreichen Sitzungsberichten, die 2001 veröffentlicht wurden, zog das IPCC folgende Schlüsse:

- Der vom Menschen ausgelöste Anstieg der Treibhausgase ist vermutlich für einen Großteil der im 20. Jahrhundert aufgetretenen Erderwärmung verantwortlich.
- Die Menge an Treibhausgasen wird im Verlauf des gesamten 21. Jahrhunderts weiter ansteigen, primär verursacht durch die Energie erzeugende Aktivitäten des Menschen. Dieser Anstieg wird von einer erheblichen Anzahl sozioökonomischer Faktoren abhängig sein, welche die Geschwindigkeit der Emission von Treibhausgasen bestimmen, darunter auch aktive Maßnahmen der Gesellschaft, die Emissionen zu begrenzen. Beispiele für einige Szenarien sind in Abbildung 23.23 dargestellt.
- Der Anstieg der Treibhausgase wird in diesem Jahrhundert zu einer erheblichen globalen Erwärmung führen. Hochrechnungen bezüglich der Größenordnung dieser Erwärmung sind mit einer gewissen Skepsis zu betrachten, da Angaben über die Menge der Treibhausgase, die künftig in die Atmosphäre abgegeben wird, höchst unsicher sind, aber auch wegen unserer unzureichenden Kenntnisse über die Funktionsweise des Systems Klima. Die Spannweite des Temperaturanstiegs, die von den meisten Experten akzeptiert wird, liegt zwischen 1,4 und 5,8 °C (Abb. 23.23). Dabei ist zu berücksichtigen, dass der untere Grenzwert mehr als doppelt so hoch ist wie die im 20. Jahrhundert aufgetretene Erwärmung, auf die bereits in Kapitel 15 eingegangen wurde.

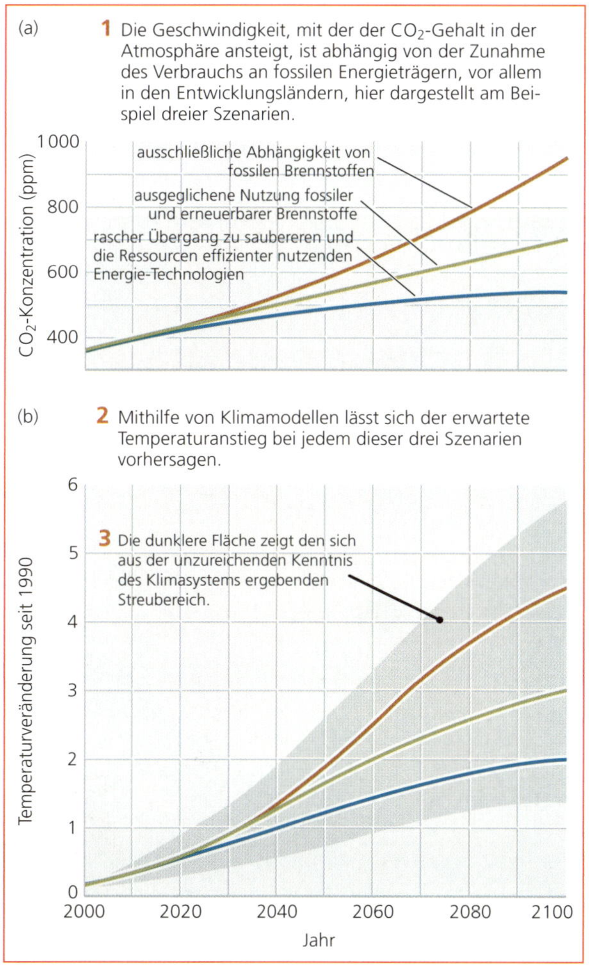


**Abb. 23.23** Hochrechnungen (a) des Kohlendioxidgehalts in der Atmosphäre und (b) der mittleren Oberflächentemperaturen für die Zeit bis zum Jahr 2100 [*nach: IPCC, Climate Change 2001: The Scientific Basis. - Cambridge University Press*].

**Folgen der globalen Erwärmung** Nach den Angaben des IPCC wird die globale Erwärmung in diesem Jahrhundert von regionalen Klimaveränderungen und anderen Auswirkungen begleitet. Die Erwärmung wird möglicherweise auf dem Festland stärker sein als auf den Ozeanen, aber auch die regionalen Klimaverhältnisse dürften stärker schwanken. Andere mögliche Auswirkungen sind steigende Niederschlagsmengen in den Tropen, ein Rückgang der Niederschläge in den mittleren Breiten sowie stärkere Hurrikans und Taifune. Hinzu kommen häufigere und stärkere El Niño-Ereignisse, ein kontinuierliches Abschmelzen der polaren Eiskappen, ein Abschmelzen der Inlandeismassen und der Gletscher und als Folge schließlich ein Anstieg des Meeresspiegels.

Einige Auswirkungen der globalen Erwärmung machen sich bereits heute bemerkbar. Die zehn wärmsten Jahre seit Beginn der Wetterbeobachtungen traten in der Zeit nach 1989 auf. Im Jahr 1989, dem wärmsten Jahr seit 1880, lag die mittlere Jahrestemperatur um 0,7 °C über dem Durchschnitt der Jahre zwischen 1961 und 1990. Das Jahr 2000 war noch wärmer.

Die Stärke der Hurrikans hat aufgrund der Erwärmung der tropischen Ozeane bereits zugenommen. Die Anzahl der extrem starken Wirbelstürme (Stärke 4 und 5) hat sich in den vergangenen drei Jahrzehnten nahezu verdoppelt, und weltweit wurde in den Sturmgebieten der Tropen eine generelle Zunahme der Sturmstärke beobachtet. Die Verwüstung der nordamerikanischen Golfküste durch den Hurrikan Katrina im Jahr 2005 ist eine deutliche Warnung, was diese Zunahme der Sturmstärken mit sich bringen könnte, wenn die Wassertemperaturen der Ozeane noch weiter steigen.

Das Meereis im Nordpolarmeer geht deutlich zurück und dieser Rückgang scheint sich zu beschleunigen. Die von Meereis bedeckte Fläche war im Vergleich mit den anderen Septembermonaten seit Beginn der Satellitenbeobachtungen im Jahre 1978 im September 2005 am geringsten. Sie betrug lediglich 5,5 Millionen Quadratkilometer und war damit um 25 Prozent kleiner als der Mittelwert der Jahre 1978–1988, der bei 7,4 Millionen Quadratkilometern lag. Folgt man den Klimamodellen, so wird die Eisbedeckung des Nordpols rapide abnehmen und der größte Teil des Nordpolarmeeres wird in

**Abb. 23.24** Die globale Erwärmung führt am Nordpol zum Abschmelzen der Eiskappe. Diese Karte der Arktis zeigt die Ausdehnung des Polareises am Ende des Sommers für den Zeitraum von 1972 bis 1990 im Vergleich mit der zu erwartenden Ausdehnung im Jahre 2030. Es ist davon auszugehen, dass das arktische Ökosystem zerstört wird. Ein Vorteil für die Menschheit könnte sich ergeben: die Öffnung der Nordwest- wie der Nordostpassage zwischen dem Atlantischen und Pazifischen Ozean noch im Verlauf des 21. Jahrhunderts (rote und blaue Linie) [*Foto: U.S. Navy*].

einigen Jahrzehnten eisfrei sein (Abb. 23.24 und 23.25). Die Inlandeismassen und Hochgebirgsgletscher schmelzen ebenfalls ab, viele mit großer Geschwindigkeit (vgl. Abb. 21.10), und Teile des antarktischen Eisschelfs sind bereits losgebrochen (vgl. Abb. 21.14). Die im Jahr 2005 in Grönland an der Oberfläche abgeschmolzene Eismenge war die größte, die jemals gemessen wurde.

Wie bereits in Kapitel 21 erwähnt wurde, hat das Abschmelzen des Meereises keinen Einfluss auf den Meeresspiegel, für den Anstieg sind ausschließlich die abschmelzenden Eismassen der Kontinente verantwortlich. Der Meeresspiegel steigt aber auch deshalb, weil durch die globale Erwärmung auch die Ozeane wärmer werden, wodurch sich das Wasser um einen geringen Prozentsatz ausdehnt. Das IPCC schätzt, dass der Meeresspiegel infolge der globalen Erwärmung im 20. Jahrhundert um etwa 120 mm angestiegen ist. Derzeit steigt der Meeresspiegel um 2 mm pro Jahr und es ist davon

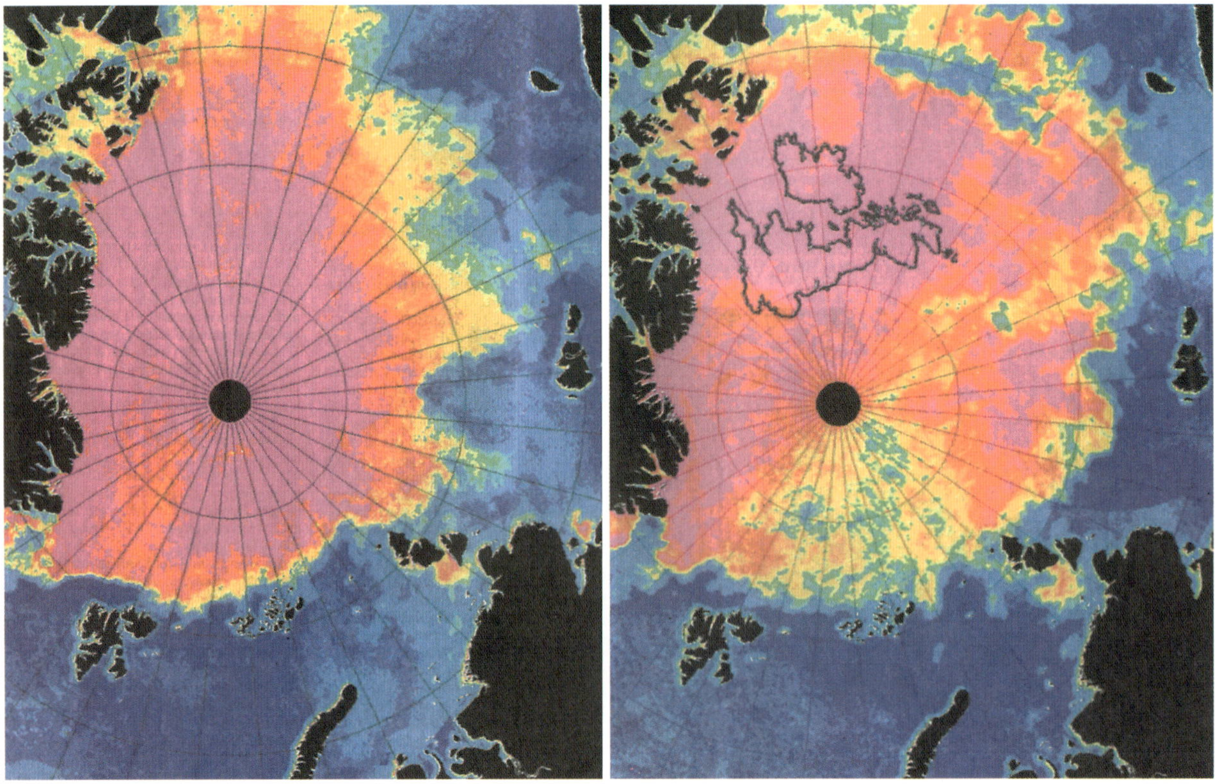

**Abb. 23.25** Satellitenaufnahmen des Nordpolarmeers vom 24. August 2006 (rechts und 1 Jahr vorher). Die orange, gelb und grün gefärbten Bereiche zeigen das großflächige Abschmelzen. Anstelle von 100 Prozent (Pink) ist das Nordpolarmeer nur zu 70, 50 beziehungsweise 30 Prozent von Packeis bedeckt. Umriss der Brit. Inseln zum Größenvergleich [*Foto: Leif Toudal Petersen*].

**Tabelle 23.1** Potenzielle Klimaveränderungen und ihre Auswirkung auf die verschiedenen Systeme

| Systeme | mögliche Auswirkungen |
|---|---|
| Wälder und übrige Vegetation | Verschiebung der Vegetationszonen<br>Verringerung des Lebensraums<br>veränderte Zusammensetzung der Ökosysteme |
| Artendiversität | Rückgang der Diversität<br>Abwanderung von Arten<br>Einwanderung neuer Arten |
| Feuchtgebiete in Küstennähe | Überflutung der Feuchtgebiete<br>Verlagerung der Feuchtgebiete landeinwärts |
| aquatische Ökosysteme | Verlust von Lebensraum<br>Einwanderung in neue Lebensräume<br>Einwanderung neuer Arten |
| Küstengebiete | Überflutung der Küstenschutzanlagen<br>zunehmendes Risiko von Überschwemmungen |
| Wasser-Ressourcen | Änderungen der Versorgungslage<br>Änderungen von Trockenzeiten und Überschwemmungen<br>Veränderungen der Wasserqualität und der Energieerzeugung aus Wasserkraft |
| Landwirtschaft | Änderung der Ernteerträge<br>Verschiebung der relativen Produktivität und Produktion |
| Gesundheitswesen | Änderung der Verbreitungsgebiete von Infektionskrankheiten<br>Änderung der Anfälligkeit für hitze- und kältebedingte Krankheiten |
| Energie | Zunahme des Bedarfs an Kühlung<br>Rückgang des Wärmeverbrauchs<br>Änderung der Energieerzeugung aus Wasserkraft |
| Transportwesen | weniger winterbedingte Störungen<br>erhöhtes Risiko für die Binnenschifffahrt im Sommer, Gefahren für Küstenstraßen |

auszugehen, dass sich dieser Anstieg noch beschleunigen wird. Die Klimamodelle deuten darauf hin, dass der Meeresspiegel in diesem Jahrhundert um bis zu einem Meter ansteigen könnte, was erhebliche Probleme für tief liegende Gebiete wie etwa Bangladesh zur Folge hätte (Abb. 23.25). Dasselbe gilt aber auch für Gebiete an der Golfküste der Vereinigten Staaten, wo die von Stürmen verursachten Überschwemmungen und Flutwellen deutlich schlimmere Auswirkungen hätten.

Weil die vom Menschen ausgelöste Erwärmung sehr rasch erfolgen wird, werden viele Pflanzen und Tiere Schwierigkeiten bei der Anpassung haben oder in andere Lebensräume abwandern. Organismen, die einer raschen Erwärmung nicht gewachsen sind, sterben aus. Die globale Erwärmung wird bereits für eine Vielzahl von nachteiligen ökologischen Auswirkungen verantwortlich gemacht, wie etwa die Zerstörung der arktischen Ökosysteme, da sich der Eisrand nach Norden verschiebt und die Permafrostbereiche tauen, aber auch für die weitere Ausbreitung der Malaria, wenn künftig in größeren Bereichen der Erde tropische Klimaverhältnisse herrschen.

**Abb. 23.26** Der Golf von Bengalen, Bangladesh. Der nahezu auf Meeresniveau liegende Staat Bangladesh ist katastrophalen Überschwemmungen ausgesetzt, wenn durch die globale Erwärmung der Meeresspiegel ansteigen sollte [*Foto: James P. Blair/National Geographic*].

## Willkommen im „Anthropozän" – eine neue Epoche der geologischen Zeitskala

Aus geologischen Untersuchungen ist bekannt, dass sich das System Erde nicht kontinuierlich entwickelt hat. Seine Entwicklung wurde immer wieder von extremen Ereignissen unterbrochen, das heißt durch kurze Zeitabschnitte mit raschen globalen Veränderungen. Geologen klassifizierten diese bezüglich ihrer Auswirkungen auf die Fossilüberlieferung und verwendeten die größeren Veränderungen innerhalb der Lebensformen, um die Ären, Perioden und Epochen der geologischen Zeitskala zu definieren (vgl. Abb. 8.14).

Der jüngste Abschnitt der geologischen Zeitskala begann vor 11 000 Jahren mit dem Ende des Pleistozäns. Das kühlere Klima mit seinen zahlreichen ausgeprägten Kaltzeiten ging damals in das klimatisch ausgeglichenere, wärmere Holozän über. In einem Zeitraum von wenigen Jahrzehnten stieg die mittlere Jahrestemperatur um 7 °C, und der Meeresspiegel stieg um etwa 20 Meter pro tausend Jahre. Dementsprechend verlagerten sich mit dem zurückgehenden Eis auch die Ökosysteme, viele Großsäuger starben aus. Ebenfalls um diese Zeit begann unsere eigene Spezies mit dem neuartigen landschaftsgestaltenden Prozess die Umwelt zu verändern, den wir als Zivilisation bezeichnen.

Zweifellos war der Mensch an der globalen Veränderung am Übergang zum Pleistozän beteiligt. Das Aussterben der Großsäuger, unter anderem der Säbelzahnkatzen, der Wollhaarmammute, der Riesenfaultiere und anderer, war möglicherweise eine Folge der Überjagung, als Stämme der Menschen von Asien aus nach Australien und Amerika vordrangen.

Im Zuge der Entwaldung durch die Ackerbau betreibenden Gemeinschaften wurde bei dieser Erweiterung der Lebensräume $CO_2$ in die Atmosphäre freigesetzt, das wohl dazu beigetragen haben dürfte, das Klima im Holozän weiter zu stabilisieren.

Heute, 11 Jahrtausende später, hat unsere Zivilisation plötzlich die zur Verfügung stehenden, ungeheuer großen Energiequellen nutzbar gemacht und sie erhöhte ihren Energieverbrauch in weniger als einem Jahrhundert um das Zehnfache. Sie wurde damit selbst zu einem höchst interaktiven globalen Geosystem. Wenn unsere derzeitige Abhängigkeit von fossilen Brennstoffen fortdauert, wird sich durch die Kohlenstofftransformation der Industrienationen der Kohlendioxidgehalt der Atmosphäre bis zum Ende des 21. Jahrhunderts verdoppelt haben (Abb. 23.23).

In einem redaktionellen Beitrag der Zeitschrift „Nature" schlug der Chemiker und Nobelpreisträger Paul Crutzen im Jahr 2003 vor, in der geologischen Zeitskala eine neue Epoche einzuführen – das **Anthropozän**, das Zeitalter des Menschen – beginnend mit dem Jahr 1780, als die Erfindung der Dampfmaschine von James Watt zur Basis der Industriellen Revolution wurde. Die globalen Veränderungen, welche die Grenze Holozän/Anthropozän kennzeichnen, sind auch heute noch im Gang, und deshalb werden künftige Wissenschaftler, die

**Abb. 23.27** Der Inselstaat Haiti im Karibischen Meer ist heute zu 98 Prozent entwaldet [*Foto: Daniel Morel/AP World Wide*].

den gesamten Verlauf der folgenden Jahrtausende überblicken können, diese geologische Grenze vielleicht etwa höher legen. Crutzens wichtigste Aussage besteht darin, dass sich diese globalen Veränderungen so rasch vollziehen, dass solche Spitzfindigkeiten nur eine untergeordnete Rolle spielen. Wie bei anderen geologischen Grenzen in der Erdgeschichte wird auch hier ein Massenaussterben das wichtigste Kennzeichen sein.

In der Zeit zwischen 1850 und 1880 wurden bis zu 15 Prozent der Landoberfläche gerodet und die Geschwindigkeit der Entwaldung nimmt beständig zu. Nach Angaben der Vereinten Nationen werden pro Jahr mehr als 150 000 $km^2$ tropische Regenwälder einer anderen Landnutzung, vorwiegend dem Ackerbau zugeführt – das entspricht ungefähr einem Prozent der gesamten Ressourcen. Im Jahre 1950 bedeckten Wälder noch 25 Prozent der Fläche von Haiti, bis zum Jahr 1987 verringerten sich die bewaldeten Anteile auf 10 Prozent und heute betragen sie noch 2 Prozent. Andere arme Länder leiden unter ähnlichen Problemen.

Es ist daher nicht überraschend, dass die Anzahl der noch vorhandenen Arten, als wichtigstes Maß für die Biodiversität, abnimmt. Biologen gehen davon aus, dass derzeit mehr als 10 Millionen verschiedene Organismenarten leben, von denen lediglich 1,5 Millionen offiziell klassifiziert sind. Aussterberaten sind nur schwierig zu quantifizieren. Die Experten glauben, dass in den kommenden 30 Jahren bis zu einem Fünftel aller Arten verschwunden sein wird und etwa die Hälfte davon bereits in diesem Jahrhundert aussterben könnte. Ein angesehener Biologe, Peter Raven, spricht das Problem offen aus: *„Wir sind mit einer Episode des Artensterbens konfrontiert, das größer ist als alle anderen, die die Erde in den vergangenen 65 Millionen Jahren erlebt hat. Von allen globalen Problemen, die auf uns zukommen, ist es dasjenige, das am schnellsten abläuft und vor allem ist es auch dasjenige, das die gravierendsten Folgen haben wird. Und im Gegensatz zu anderen globalen ökologischen Problemen ist es völlig irreversibel.“*

Der Soziobiologe E. O. Wilson geht sogar so weit, diesen weltweiten Rückgang der Biodiversität als das sechste Aussterben zu bezeichnen und stellt es in eine Reihe mit den fünf anderen Massenaussterben innerhalb des Phanerozoikums (vgl. Abb. 1.13; Kap. 11). Andere betrachten diese Extrapolation jedoch als etwas voreilig, weil selbst der heute erkennbare rasche Rückgang der Biodiversität nicht notwendigerweise die Fossilüberlieferung so tiefgreifend beeinflusst, wie etwa das mit einem Impaktereignis zusammenhängende Massenaussterben am Ende der Kreidezeit oder auch das weniger schwere Massenaussterben, das mit einer globalen Erwärmung an der Grenze Paleozän/Eozän verbunden wird.

# Management des Systems Erde

Die Probleme, mit denen wir angesichts der anthropogen verursachten globalen Erwärmung konfrontiert werden, sind in jeder Hinsicht entmutigend. Eine wesentliche Herausforderung besteht darin, angesichts des Rückgangs der Ölreserven und der Notwendigkeit, die Kohlendioxid-Emissionen zu verringern, die Zivilisation ausreichend mit Energie zu versorgen. Niemand kann derzeit sagen, wie stark die globale Erwärmung schließlich sein wird und welche Folgen sie mit sich bringt. Eine große Klimakrise könnte uns dazu zwingen, eher früher als später auf fossile Brennstoffe zu verzichten und zu einem Energiehaushalt überzugehen, der in der Übergangsphase auf Erdgas, Kernenergie und sauberer Kohlennutzung und später auf Sonnenenergie, geothermischer Energie, Windkraft und Energie aus Biomasse basiert. Doch selbst ein rascher Schritt in diese Richtung würde nicht notwendigerweise eine solche Energiekrise abwenden; selbst dann, wenn alle menschlichen Aktivitäten, bei denen $CO_2$ entsteht, heute beendet werden, wird es ungefähr 200 Jahre dauern, bis der Kohlendioxidgehalt der Atmosphäre wieder auf seinen vorindustriellen Wert absinkt.

## Energiepolitik

Die Unsicherheit unserer Situation bereitet Politikern erhebliche Probleme. Wie viel müsste man investieren, um die anthropogen verursachte Emission von Kohlendioxid zu verringern? Wird der Nutzen die immensen Kosten rechtfertigen? Einerseits könnten zu hohe Aufwendungen die Wirtschaft ungünstig beeinflussen und Arbeitsplätze kosten. Andererseits dürften vorbeugende Maßnahmen kostengünstiger sein als einer Katastrophe erst dann zu begegnen, nachdem sie bereits eingetreten ist.

Eine Teillösung – vielleicht sogar die preiswerteste – wäre, die Energie effizienter zu nutzen. Derzeit werden bei der Energieversorgung der Vereinigten Staaten pro 100 erzeugten Quad etwa 60 Quad vergeudet, das heißt, lediglich 40 Prozent werden einer sinnvollen Nutzung zugeführt (Abb. 23.3).

Im wahrsten Sinne ist eine effizientere Nutzung der Energie gleichbedeutend mit der Erschließung einer neuen Energiequelle. Einige Experten gehen davon aus, dass die Vereinigten Saaten durch preisgünstige effiziente Energiesparmaßnahmen ihre Emissionen an Treibhausgasen auf bis zu 50 Prozent des Wertes von 1990 senken könnten – beispielsweise durch Wärmeisolation von Gebäuden, Ersatz von Glühlampen durch Leuchtstoffröhren, Verbesserung des Wirkungsgrads bei

Fahrzeugmotoren und durch stärkere Nutzung von Erdgas. Diese relativ bescheidenen Maßnahmen kann man gewissermaßen als kostengünstige Versicherung gegen eine globale Erwärmung betrachten, die darüber hinaus auch noch wesentliche Vorteile mit sich brächte, etwa eine Verringerung der teueren Ölimporte, eine Senkung der Produktionskosten und eine zunehmend bessere Luftqualität. Die Einsparungen der Vereinigten Staaten könnten sich pro Jahr auf mehrere hundert Milliarden US-Dollar belaufen, von denen heute noch ein großer Teil für Ölimporte ausgegeben wird.

Viele Beobachter werden sagen, dass fossile Brennstoffe in den Vereinigten Staaten zu billig sind. Die $CO_2$-Emissionen sind tatsächlich nicht so hoch besteuert wie in den meisten anderen hoch entwickelten Industrieländern. Daher besteht auch nur ein geringer Anreiz zum sparsamen Umgang mit den vorhandenen Energiereserven und für einen Übergang zu erneuerbaren Energiequellen. Würden die gesamtwirtschaftlichen Kosten der fossilen Brennstoffe in die Preise eingerechnet – die Kosten für die Schäden durch Sauren Regen, die Reinigungskosten bei Ölschadensfällen und anderen Umweltzerstörungen, die Kosten des Haushaltsdefizits, die Kosten der globalen Erwärmung, die Kosten der militärischen Aufwendungen zur Verteidigung der Ölvorräte – dann wären die alternativen Energieressourcen sehr wohl mit den fossilen Brennstoffen konkurrenzfähig. Eine solche Aufrechnung der vollen Kosten ist bisher allerdings in den Vereinigten Staaten politisch nicht sehr populär.

Wir sehen uns außerdem dem Gebot der Fairness in der internationalen Politik verpflichtet. Die Vereinigten Staaten, Kanada, die Europäische Union und Japan mit einem Bevölkerungsanteil von lediglich 25 Prozent der Weltbevölkerung sind für 75 Prozent der Zunahme des globalen $CO_2$-Anstiegs und der anderen Treibhausgase verantwortlich. Diese reichen, industriell hoch entwickelten Nationen sind eher in der Lage, sich an die Vorgaben zur Reduktion der Emissionen zu halten, als die Entwicklungsländer. China ist bezüglich seines Wirtschaftswachstums beispielsweise von seinen großen Kohlevorräten abhängig. Die Entwicklungsländer fordern bereits heute finanzielle und technische Unterstützung, um den Anforderungen zur Reduktion der Emissionen gerecht werden zu können.

Die Menschheit ist sich zunehmend darüber einig, dass die Probleme einer sinnvollen Bewirtschaftung des Systems Erde nicht auf nationaler Ebene gelöst werden können, sondern nur im Rahmen einer internationalen Zusammenarbeit. Neue Formen von Verträgen wie etwa das Kioto-Protokoll wurden geschlossen, um die anthropogen bedingten $CO_2$-Emissionen zu verringern. Einige Nationen jedoch, vor allem die Vereinigten Staaten, verweigerten den Beitritt und beriefen sich auf die potenziellen Kosten, wenn der Übergang zu geringeren $CO_2$-Emissionen zu rasch erfolgt (Exkurs 23.2).

## Modifizierung des Kohlenstoffkreislaufs

Wir sind gegenwärtig dabei, das Klimasystem der Erde durch die Emission von Kohlendioxid und anderer Treibhausgase ungewollt zu verändern. Im Ergebnis greifen wir dabei in den Kohlenstoffkreislauf ein und verstärken den Treibhauseffekt. Welche Möglichkeit besteht, den Kohlenstoffkreislauf so zu modifizieren, dass die Anreicherung von Treibhausgasen in der Atmosphäre zurückgeht? Zahlreiche konkurrierende Technologien haben das Ziel, diese Emissionen dadurch zu verringern, dass das bei der Verbrennung der fossilen Energieträger frei werdende Kohlendioxid nicht in die Atmosphäre gelangt, sondern dauerhaft in andere Speicher verbracht wird.

Ein bereits bewährter Speicher ist die Biosphäre. In Kapitel 15 wurde erwähnt, dass durch die Entwaldung Kohlendioxid in die Atmosphäre gelangt, während durch Aufforstung in überraschend großem Umfang der Atmosphäre $CO_2$ entzogen wird. Eine gezielte Politik der Landnutzung, die eine Aufforstung und Produktion anderer Biomasse fördert, eine Entwaldung verhindert, Waldbrände bekämpft und die Abgabe von $CO_2$ aus den Böden reduziert, könnte dazu beitragen, die anthropogen ausgelöste Klimaveränderung abzuschwächen.

Einige neuere Biotechnologien könnten möglicherweise die Fähigkeit der terrestrischen Ökosysteme verbessern, mehr Kohlenstoff zu absorbieren, etwa Bakterien genetisch so weit zu verändern, dass sie Kohlenstoff weitaus effektiver in den Böden fixieren. Extremophile Organismen (Kap. 11) liefern Modelle für die Modifizierung von Organismen, die dieses Problem lösen und die möglicherweise in der Lage sein könnten, Ausgangsmaterial wie etwa Methan aufzunehmen, das Kohlendioxid abzutrennen und Wasserstoff abzugeben. Wasserstoff ist der sauberste Brennstoff, denn bei seiner Verbrennung entsteht lediglich Wasser.

Eine andere, umstrittene Möglichkeit ist die Düngung der marinen Biosphäre. Wir wissen, dass kleine marine Pflanzen (Plankton) durch Photosynthese der Atmosphäre Kohlendioxid entziehen. In den meisten Bereichen der Ozeane ist die Produktivität des Planktons durch den Mangel an Nährstoffen wie Eisen allerdings begrenzt. Voruntersuchungen in den neunziger Jahren des vergangenen Jahrhunderts ergaben, dass das Wachstum des Planktons in den Ozeanen durch die Zugabe geringer Eisenmengen gefördert werden kann. Leider stellte sich heraus, dass die Düngung des Ozeans auf diese Weise auch das Wachstum der Pflanzen fressenden Tiere fördert, und damit gelangt das $CO_2$ sehr rasch wieder in die Atmosphäre zurück.

Das letzte Beispiel zeigt, dass die Anwendung biotechnologischer Verfahren zur Verringerung des atmosphärischen Kohlendioxids in großem Umfang noch weitaus

## Exkurs 23.2

### Das Kioto-Abkommen und die Politik des Klimawandels

Nach langen Diskussionen in zahllosen Gremien sind die meisten führenden Politiker der Welt heute davon überzeugt, dass die Zweckentfremdung der Atmosphäre als Mülldeponie für Kohlendioxid ($CO_2$) und andere Treibhausgase in den kommenden 50 bis 100 Jahren zu einem globalen Klimawandel führen wird – mit potenziell nachteiligen Folgen. Die Bereitschaft der Regierungen zu gemeinsamen Anstrengungen wurde erstmals bei der historischen Klimakonferenz am 10. Dezember 1997 in Kioto erkennbar, auf der 160 Nationen sich übereinstimmend dazu bekannten, die Emission von Treibhausgasen zu begrenzen. Trotz der Tatsache, dass eine eingeschränkte Verwendung fossiler Brennstoffe – die wichtigste Quelle der Treibhausgase – ihr wirtschaftliches Wachstum verlangsamen könnte, stimmten alle Nationen dem Kioto- Protokoll als gesetzlich bindendes Vertragswerk zu. Der Vertrag trat schließlich am 16. Februar 2006 in Kraft, nach der offiziellen Unterzeichnung durch Russland im November 2004. Bis zum September 2005 hatten insgesamt 156 Länder das Abkommen ratifiziert (die zusammen weltweit mehr als 61 Prozent der $CO_2$-Emissionen produzieren). Bemerkenswerte Ausnahmen sind die Vereinigten Staaten und Australien.

Das Kioto-Protokoll fordert von 39 Industrienationen, die derzeit verantwortlich sind für drei Viertel der auf der Erde aus fossilen Brennstoffen freigesetzten $CO_2$-Mengen, ihre jährliche Emission im Zeitraum zwischen 2008 und 2012 auf den prozentualen Anteil des Jahres 1990 zurückzufahren. Für die Europäische Union gilt eine Reduktion um acht Prozent unter ihren Wert von 1990, für Japan um 6 Prozent, für die Vereinigten Staaten um 7 Prozent. Die Entwicklungsländer sind von solchen Beschränkungen ausgenommen. Die Vereinigten Staaten sind der größte $CO_2$-Produzent durch die Nutzung fossiler Brennstoffe und sie setzen etwa 25 Prozent der gesamten $CO_2$-Menge frei.

Noch unter Präsident Clinton wurde das Kioto-Protokoll 1997 unterzeichnet, doch Präsident Bush machte 2002 die Unterschrift rückgängig und weigerte sich, den Vertrag dem Senat zur Ratifizierung vorzulegen. Die Regierung Bush und wesentliche Zweige der Industrie sowie die Arbeitnehmerorganisationen sind gegen diesen Vertrag und behaupten, dass durch eine erhebliche Verringerung der Emission der Energieverbrauch um 25 bis 35 Prozent unter den für das Jahr 2010 erwarteten Wert sinken würde. Sie vertreten den Standpunkt, dass die düsteren Prognosen ungünstiger Klimaverhältnisse nicht erwiesen und die Kosten für die Wirtschaft – bis zu 2,4 Prozent des Bruttosozialprodukts oder 2,4 Milliarden US-Dollar pro Jahr – im Hinblick auf einen unsicheren Nutzen für die Umwelt entschieden zu hoch sind. Die Kritiker bemängeln, dass der Vertrag keine Emissionsbeschränkungen für die Entwicklungsländer vorschreibt, die mit ihrer wachsenden Bevölkerung und dem zunehmenden Energieverbrauch künftig zu den wesentlichen Luftverschmutzern gehören werden (Abb. 23.4).

Selbst wenn das Kioto-Abkommen in Kraft tritt, verlangsamt es lediglich die Zunahme des $CO_2$-Gehalts und verzögert allerhöchstens für die kommenden 10 Jahre die Erwärmung. Es ist jedoch ein erster Schritt in Richtung einer internationalen Zusammenarbeit für eine sinnvolle Bewirtschaftung der Energieressourcen und zu einer Abkehr von technischen Verfahren, die den $CO_2$-Gehalt der Atmosphäre erhöhen.

bessere Kenntnisse der terrestrischen und marinen Ökosysteme erfordert, um solche unerwarteten Effekt zu vermeiden. Dieser Eingriff in das System Erde ist jedoch nicht so weit hergeholt, wie es scheinen mag.

Tatsächlich bietet ein einfaches technisches Verfahren wie etwa die Untertagespeicherung des Kohlendioxids die derzeit beste Möglichkeit für den Entzug von Kohlenstoff aus der Atmosphäre. Das bei der Förderung von Erdöl und Erdgas abgetrennte Kohlendioxid wird bereits heute wieder in den Untergrund verpresst, um den Lagerstättendruck aufrechtzuerhalten und das Öl zu den Sonden zu drücken, um auf diese Weise die Ölgewinnung zu erhöhen. Sofern eine längerfristige Untertagespeicherung von Kohlendioxid aus Kohlekraftwerken wirtschaftlich durchführbar ist, werden die weltweit reichlich vorhandenen Kohlevorräte ein überaus attraktiver Ersatz für Erdöl sein. Beispielsweise könnte eine auf diese Weise „saubere Kohle" zur Erzeugung von Wasserstoff verwendet werden, der wiederum als Treibstoff für Kraftfahrzeuge dienen könnte.

## Nachhaltige Entwicklung

Der Begriff **nachhaltige Entwicklung** erscheint mit zunehmender Häufigkeit in den Medien, bei öffentlichen Diskussionen, im Schulunterricht und in wissenschaftlichen Publikationen. Dieser Begriff gelangte 1987 in das Bewusstsein einer breiten Öffentlichkeit durch die Veröffentlichung eines Berichts der World Commission on Environment and Development mit dem Titel „Our Common Future", in dem nachhaltige Entwicklung definiert wurde „als Entwicklung, die den gegenwärtigen Bedürfnissen gerecht wird, ohne die Lebenschancen künftiger Generationen zu gefährden".

Diesen Begriff der nachhaltigen Entwicklung genauer zu definieren, ist schwierig, aber er bietet eine attraktive, wenn auch etwas utopische Vorstellung: eine Zivilisation, die durch eine umsichtige Steuerung ihrer Wechselwirkungen mit dem Gesamtsystem Erde vielen Generationen einen bewohnbaren Lebensraum gewährleistet.

Diese Nachhaltigkeit wirft jedoch zahlreiche politische und wirtschaftliche Fragen auf, über deren Antworten unter den Nationen mit unterschiedlichem wirtschaftlichen Entwicklungsstand keinesfalls Einigkeit herrscht. Daher dürfte sich die Ausarbeitung einer gemeinsamen globalen Strategie, wie die Zivilisation dieses Ziel erreichen soll, als schwierig erweisen. Eine wesentliche Voraussetzung dafür sind bessere Kenntnisse, wie die Geosysteme funktionieren, zusammenwirken und wie sie durch die Einwirkung des Menschen beeinflusst werden. Diese Grundlagen zu schaffen, ist eine der künftigen Hauptaufgaben der Geowissenschaften.

## Zusammenfassung des Kapitels

**Die Zivilisation als Geosystem:** Die menschliche Gesellschaft nutzt viele Möglichkeiten der Energiegewinnung im globalen Ausmaß; als Folge davon kann sie heute durch die von ihr hervorgerufenen Umweltveränderungen an der Erdoberfläche mit den Systemen Plattentektonik und Klima konkurrieren. Wie die anderen Geosysteme tauscht auch die Zivilisation Masse und Energie mit ihrer Umwelt aus. Insbesondere die rasche Entwicklung der auf fossilen Brennstoffen beruhenden Wirtschaft stört nachhaltig den natürlichen Kohlenstoffkreislauf durch einen neuen hohen Materialfluss von der Lithosphäre in die Atmosphäre, infolgedessen der Kohlendioxidgehalt der Atmosphäre von 280 ppm im vorindustriellen Zeitalter auf heute über 380 ppm angestiegen ist.

**Entstehung von Erdöl und Erdgas:** Erdöl und Erdgas sind Umwandlungsprodukte ehemaliger Organismen, deren Reste meist in marinen Sedimenten küstennaher Gewässer eingebettet wurden. Das organische Material gelangte mit zunehmender Überdeckung in tiefere Bereiche. Unter der Einwirkung von Wärme und hohem Druck wurde der organische Kohlenstoff in flüssige und gasförmige Kohlenwasserstoffe umgewandelt, chemische Verbindungen von Kohlenstoff und Wasserstoff. Erdöl und Erdgas sammeln sich in geologischen Fallen, die diese fluiden Phasen zwischen undurchlässigen Gesteinsbarrieren einschließen.

**Versorgungsprobleme der Welt mit Erdöl:** Erdöl gehört zu den nicht erneuerbaren Ressourcen, die ungleich schneller verbraucht werden, als die Natur sie erneuern kann. Da die Vorräte in den Lagerstätten weltweit abnehmen, nimmt auch die Verfügbarkeit ab, der Preis steigt und es stellt sich die zwingende Frage nach anderen Energiequellen. Die wichtigste Frage dabei ist nicht wann die Vorräte erschöpft sind, sondern wann die Welt-Erdölproduktion den Hubbert Peak erreicht, das heißt nicht mehr weiter steigt, sondern allmählich zurückgeht. Optimistische Prognosen gehen davon aus, dass die vorhandenen Ressourcen den Bedarf auch in den kommenden Jahrzehnten decken werden, pessimistische Prognosen besagen jedoch, dass wir bereits seit einigen Jahren den Hubbert Peak erreicht haben.

**Entstehung von Kohle und der Umfang der Ressourcen:** Kohle entsteht durch Kompaktion und chemische Umwandlung ehemaliger Sumpfvegetation unter hohen Druck- und Temperaturverhältnissen. Kohle ist in Sedimentgesteinen als ungeheuer große Ressource vorhanden. Wir haben bisher lediglich 2,5 Prozent der bauwürdigen Kohlevorkommen der Erde verbraucht. Der Abbau von Kohle und ihre Verbrennung stellen sowohl für die Menschen als auch für die Umwelt eine gewisse Gefahr dar. Bei der Verbrennung von Kohle werden große Mengen Kohlendioxid und schädliche Gase wie Schwefeldioxid freigesetzt – die Ausgangsprodukte des Sauren Regens. Da Kohle noch in großen Mengen vorhanden ist und wenig kostet, wird ihr Verbrauch in Kraftwerken oder bei der Kohleverflüssigung und -vergasung in den nächsten Jahrzehnten voraussichtlich steigen.

**Die Perspektive alternativer Energiequellen:** Alternative Energiequellen sind Kernkraft, Wasserkraft, Sonnenenergie, Windenergie, Energie aus Biomasse und geothermische Energie. Insgesamt decken diese Energiequellen lediglich 19 Prozent des Welt-Energiebedarfs. Kernkraft aus der Spaltung von Uran-235 ist eine wichtige Energiequelle, jedoch nur wenn die Kosten nicht steigen und die Öffentlichkeit von ihrer Sicherheit überzeugt werden kann. Sie bietet den Vorteil, dass bei der Kernspaltung kein Kohlendioxid entsteht, nachteilig ist jedoch, dass über Jahrtausende hinweg eine sichere Endlagerung gewährleistet sein muss. Mit fortschreitender Technologie und Senkung der Kosten könnten jedoch die erneuerbaren Energiequellen noch in diesem Jahrhundert zu wichtigen Energieressourcen werden.

**Saurer Regen und was dagegen unternommen werden kann:** Saurer Regen ist die Bezeichnung für Niederschläge, die Schwefelsäure und Salpetersäure enthalten und durch Reaktion von schwefel- und stickstoffhaltigen Gasen mit dem Niederschlagswasser entstehen. Schwefelhaltige Gase werden von Kraftwerken freigesetzt, die Kohle mit einem hohen Pyritgehalt verfeuern, ein weiterer Teil entsteht bei der Verhüttung sulfidischer Erze. Die stickstoffhaltigen Gase sind Produkte der Kohleverbrennung und der Autoabgase. Saurer

Regen kann die Fischbestände in Seen und Flüssen vernichten, aber auch Bergwälder sowie Bauwerke und Denkmäler zerstören. In den westlichen Industrienationen wurden gesetzliche Maßnahmen zur Verminderung der sauren Emissionen eingeleitet.

**Abbau des Ozons und seine Bedeutung für den Menschen:** FCKW sind flüchtige chemische Verbindungen, die als Kühlmittel und bei industriellen Prozessen Verwendung finden. Gelangen sie in die obere Atmosphäre, zerstören sie dort das Ozon ($O_3$) unter Bildung von Sauerstoff ($O_2$). Ozon absorbiert die von der Sonne ausgehende schädliche ultraviolette Strahlung. Ohne die Ozonschicht in der oberen Atmosphäre würden viele Lebensformen aussterben. Es wurde bereits eine internationale Übereinkunft erzielt, die Produktion von Substanzen einzustellen, die den Ozonschild zerstören.

**Das Ausmaß der globalen Erwärmung im 21. Jahrhundert und ihre Folgen:** Der Gehalt an Treibhausgasen wird aufgrund der vielfältigen Aktivitäten des Menschen auch im 21. Jahrhundert weiter steigen, obwohl der Anstieg von einer Anzahl sozioökonomischer Faktoren abhängt, die die Geschwindigkeit bestimmen, mit der die Treibhausgase freigesetzt werden. Dazu gehören auch erste Maßnahmen der Gesellschaft, die Emissionen zu reduzieren. Prognosen bezüglich der tatsächlichen Erwärmung sind zwar sehr unsicher, da die Menge der freigesetzten Treibhausgase nicht genau bekannt ist. Hinzu kommen unsere unzureichenden Kenntnisse hinsichtlich der Funktionsweise des Systems Klima. Die meisten Experten gehen aber davon aus, dass die Temperaturen um einen Wert zwischen 1,4 und 5,8 °C steigen werden. Diese Erwärmung wird zur Zerstörung der Lebensräume von Tieren und Pflanzen, zur Veränderung der Ökosysteme und zu einem verstärkten Artensterben führen. Die Ozeane werden sich erwärmen und ihr Volumen vergrößern, was zu einem Anstieg des Meeresspiegels um bis zu einem Meter führen wird. Das Eis der Arktis wird rapide abschmelzen und der größte Teil des Nordpolarmeeres könnte möglicherweise schon bald eisfrei werden.

**Das Ziel einer vernünftigen Energie- und Umweltpolitik:** Die Politiker sollten die Nationen der Welt bei dem schwierigen Übergang von der auf Kohlenwasserstoffen beruhenden Energieversorgung zu weniger umweltbelastenden nachhaltigen Energiequellen durch eine vernünftige Gesetzgebung unterstützen. Vorrangig müssen die Kohlendioxidemissionen reduziert werden, um die negativen Auswirkungen auf das Weltklima zu verringern. Eine effizientere Nutzung der Energie, eine verstärkte Nutzung von Erdgas und die Entwicklung sicherer Atomkraftwerke sowie die Technologie einer „sauberen Kohle“ mit $CO_2$-Abscheidung würden diese Umstellung erleichtern.

## Glossar

**Aa-Lava** (Brockenlava, Blocklava) Lavaerguss mit charakteristischer Oberfläche aus zerbrochenen, schlackigen, scharfkantigen und unregelmäßig geformten Blöcken.

**Abfluss** (*discharge, runoff*) (1) Allgemeine Bezeichnung für die gesamte Niederschlagsmenge, die unter dem Einfluss der Schwerkraft und dem Gefälle folgend aus einem Gebiet entweder oberirdisch in offenen Gewässern oder als Grundwasser abfließt. (2) Das Grundwasservolumen, das in einem bestimmten Zeitraum einen Grundwasserleiter verlässt. Das Gegenteil ist Grundwasserneubildung. (3) Wasservolumen wie auch Geschwindigkeit der Wasserbewegung in einem Fluss, ermittelt in Volumeneinheiten pro Zeit.

**Ablagerungsraum** Siehe Sedimentationsraum.

**Ablation** (*ablation*) Jährlicher Massenverlust von Gletschern oder Schneemassen durch Abschmelzen, Sublimation und Kalben (Abbrechen) von Eisbergen.

**Abrasion** (*abrasion*) (1) Abtragende Wirkung der Brandung an den Küsten von Meeren und großen Binnenseen. (2) Abtragende Wirkung durch das in Suspension befindliche oder durch Saltation transportierte Sedimentmaterial am Boden und an den Wänden der Fließgewässer.

**Abschiebung** (*normal fault, dip-slip fault*) Störungsform, bei der an einer mehr oder weniger geneigten Bewegungsfläche eine relative Abwärtsbewegung der Hangendscholle stattgefunden hat; typisch für tektonische Dehnung.

**Abschuppung** (Desquamation, *exfoliation*) Vorgang der physikalischen Verwitterung, bei dem sich schalige Gesteinsplatten vom Unterlager ablösen.

**Absetzgeschwindigkeit** (Sinkgeschwindigkeit, *settling velocity*) Bezeichnung für den zeitlichen Verlauf des Absinkens von Schwebstoffen mit unterschiedlichem Gewicht, die in einer fluiden Phase suspendiert sind. Die Absetzgeschwindigkeit ist vor allem von der Form und Größe der Partikel abhängig, in Fließgewässern aber auch ganz wesentlich von der Fließgeschwindigkeit und vom Turbulenzgrad des Wassers.

**absolutes Alter** (*absolute age*) Die tatsächliche Anzahl von Jahren, die vom Zeitpunkt eines bestimmten geologischen Ereignisses oder einer geologischen Erscheinung bis heute vergangen ist; meist ermittelt mit radiometrischen Datierungsverfahren (siehe relatives Alter).

**abtauchende Falte** (*plunging fold*) Falte, deren Achse nicht horizontal liegt, sondern nach einer Richtung abtaucht. In Richtung des Abtauchens treten im Kern der Faltenstruktur zunehmend jüngere Schichten auf, die auf der geologischen Karte als Muster ineinandergestellter V-förmiger Ausstriche der Schichtenfolgen erscheinen.

**Achsenfläche** (*axial plane*) Gedachte Fläche zwischen den beiden Flanken einer Falte, im Idealfall eine Ebene, auf der die Faltenachsen sämtlicher zu einer Falte gebogener Schichten liegen. Nur bei aufrechten Sätteln und Mulden stehen die Achsenflächen vertikal, bei komplizierter gefalteten Serien verlaufen sie jeweils senkrecht zur Richtung der Einengung.

**Ader** (*veinlet*) Ablagerung von ortsfremden Mineralen in einer kleineren Gesteinskluft oder Gesteinsspalte.

**aerober Bereich** (*aerobic zone*) Oberer Bereich in Sedimenten, im Boden oder Wasser, in dem ausreichende Mengen an Sauerstoff vorhanden sind, um höheren Organismen ein Leben zu ermöglichen.

**A-Horizont** (*A-horizon*) Oberster Horizont eines Bodens, enthält neben organischem Material (Humus) auch mineralische Substrate, aus denen Substanzen (Tonminerale, Metalloxide und -oxidhydrate) in tiefere Bodenhorizonte verlagert worden sind.

**Akkretion** (*accretion*) Wachstum der Kontinente durch Anlagerung von Krustenfragmenten an einem aktiven Kontinentalrand.

**akkretioniertes Terran** (*accreted terrane*) Geologisch eigenständige Krustenblöcke wie etwa Inselbögen, Tiefseeberge, Reste ozeanischer Rücken, Bruchstücke ehemaliger Kontinente oder Gebirge sowie andere Bruchstücke der Lithosphäre, die durch plattentektonische Akkretion einem aktiven Kontinentalrand angegliedert worden sind.

**Akkumulation** (*accumulation*) (1) Allgemeine Bezeichnung für Anhäufung; (2) Vorgang der Ablagerung von Sedimenten oder Schnee; (3) jährlicher Massenzuwachs eines Gletschers. Der größte Teil des Massenzuwachses an Schnee und Eis erfolgt im Nährgebiet, dem höher gelegenen Bereich des Gletschers.

**aktiver Kontinentalrand** (konvergierende Plattengrenze, *active margin*) Kontinentalrand, gekennzeichnet durch Subduktion, häufig auftretende Erdbeben, Magmentätigkeit und/oder Heraushebung von Gebirgen, entstanden durch konvergierende Plattenbewegungen.

**Aktualitätsprinzip** (Aktualismus, *principle of uniformitarianism*) Die Annahme, dass die Prozesse, die die Erde während ihrer langen Geschichte geformt haben, dieselben sind, die wir auch heute noch beobachten, so dass Rückschlüsse vom heute beobachteten Erscheinungsbild zu früheren Abläufen möglich sind.

**Albedo** (*albedo*) Maß für den von einem Körper oder von der Erdoberfläche reflektierten Anteil der einfallenden Strahlung.

**Altwasser** (*oxbow lake*) Lang gestreckter, meist halbmondförmiger ehemaliger Flussarm, der mit stehendem Wasser gefüllt ist. Altwasser entstehen, wenn Flüsse den Hals ihrer Mäander durchschneiden und dadurch den Lauf so verkürzen, dass die Mäanderschlinge nicht mehr vom aktiven Fluss durchflossen wird.

**Amphibolit** (*amphibolite*) Metamorphes Gestein, überwiegend aus Amphibol und Plagioklas. Amphibolite, die eine Foliation aufweisen, sind durch tektonische Deformation entstanden.

**anaerober Bereich** (*anaerobic zone*) Die an Sauerstoff verarmte Zone in den bodennahen Bereichen von Wasserkörpern und Sedimenten. Sie entsteht in Gewässern und Sedimenten mit einem hohen Gehalten an organischem Material durch dessen Abbau, bei dem Sauerstoff verbraucht wird.

**Andesit** (*andesite*) Vulkanisches Gestein mit intermediärem Chemismus zwischen Rhyolith und Basalt und demzufolge mit einem höheren $SiO_2$-Gehalt als Basalt. Andesite treten bevorzugt in den Vulkangürteln konvergierender Plattengrenzen auf, die den Pazifik umgeben. Vulkanisches Äquivalentgestein des Diorits.

**Anion** (*anion*) Negativ geladenes Ion (siehe auch Kation).

**Anstehendes** (*bedrock, solid rock*) Fest- oder Lockergestein, das sich am Ort seiner Entstehung befindet und seine Struktur und Zusammensetzung durch Verwitterungsprozesse oder Massenbewegungen nicht verändert hat.

**antezedenter Fluss** (*antecedent stream*) Fluss, der älter ist als die heutige Landschaftsform; er hat durch Tiefenerosion im durchflossenen Gebirge seinen ursprünglichen Lauf beibehalten, trotz zwischenzeitlicher Änderung der Struktur und Landschaftsform in den unterlagernden Gesteinen.

**anthropogen** (*anthropogenic*) Vom Menschen erzeugt oder verursacht.

**äolisch** (*eolian*) Bezeichnung für alle durch Wind transportierten oder abgelagerten Sedimente und Sedimentgesteine oder generell für alle durch Wind bedingten Prozesse.

**Äon** (*eon*) Größte Einheit der geologischen Zeitskala. Ein Äon umfasst mehrere Ären. Beispiel ist das Phanerozoikum, ein Äon, das die Zeitspanne vor etwa 542 Ma bis heute umfasst.

**Ära** (*era*) Einheit der geologischen Zeitskala. Sie umfasst mehrere Perioden, ist jedoch kürzer als ein Äon. Allgemein bekannte Ären innerhalb des Phanerozoikums sind das Paläozoikum, Mesozoikum und das Känozoikum.

**Arkose** (*arkose*) Sandstein mit einem Feldspatgehalt über 25 Prozent.

**Arroyo** (*dry wash*) Bezeichnung aus den ariden Gebieten der südwestlichen Vereinigten Staaten, vor allem in der Sonora-Wüste, für breite, flache, mit Kies und Sand bedeckte Trockentäler, die nur gelegentlich Wasser führen (siehe auch Wadi).

**Aschestrom** (*ash-flow deposit*) Ausgedehnte Ablagerungen von pyroklastischen Strömen, in denen der Ascheanteil überwiegt.

**aseismischer Rücken** (*aseismic ridge*) Lang gezogener submariner Höhenrücken, gekennzeichnet durch fehlende seismische Aktivität. Dadurch unterscheidet er sich von seismisch aktiven mittelozeanischen Rücken.

**Asteroid** (*asteroid*) Kleiner planetarischer Himmelskörper mit Durchmessern zwischen etwa 10 und 800 km, der die Sonne umkreist. Die meisten Asteroide befinden sich im Asteroidengürtel zwischen den Umlaufbahnen von Mars und Jupiter.

**Asthenosphäre** (*asthenosphere*) Zähplastisch reagierende Schicht unterhalb der Lithosphäre, kennzeichnend sind die geringe Ausbreitungsgeschwindigkeit und starke Dämpfung seismischer Wellen. Die Bewegungen innerhalb der Asthenosphäre erfolgen durch plastisches Fließen.

**Ästuar** (*estuary*) Meist trichterartig erweiterte Flussmündung an der Küste, in deren Wasserkörper sich Meer- und Süßwasser mischt (= Brackwasser).

**asymmetrische Falte** (vergente Falte, *asymmetrical fold*) Faltenform mit unterschiedlichem Schichtfallen auf den Flanken und geneigter Achsenfläche.

**Atmung** (Dissimilation, *respiration*) Prozess, bei dem sich Kohlehydrate mit Sauerstoff unter Bildung von Kohlendioxid und Wasser verbinden, wobei Energie freigesetzt wird (siehe auch Photosynthese).

**Atoll** (*atoll*) Durchgehendes oder auch von Riffkanälen unterbrochenes, ringförmiges Korallenriff oder Ring von Koralleninseln auf einem langsam absinkenden untermeerischen Berg (Seamount oder Guyot) mit einer Lagune im Zentrum.

**Atom** (*atom*) Kleinstes, chemisch nicht weiter zerlegbares Teilchen eines Elements, das noch die chemischen und physikalischen Eigenschaften des Elements hat.

**Atomkern** (*nucleus*) Der innere, elektrisch positiv geladene Bestandteil eines Atoms, in dem nahezu die gesamte Atommasse (99,9%) vereint ist. Er besteht aus Protonen und Neutronen.

**Atommasse** (*atomic mass*) Die Summe der Masse der Protonen und Neutronen eines Elements. Bei Elementen, die aus verschiedenen Isotopen bestehen, wird die mittlere Masse des Isotopengemischs angegeben.

**Aufschluss** (*outcrop*) Bereich im Gelände, in dem das im Untergrund anstehende Gestein ohne Überdeckung durch Boden- oder Verwitterungsmaterial zutage tritt.

**ausgeglichener Fluss** (*graded stream*) Fluss, dessen Längsprofil (Gefällskurve) eine parabelförmige, ideale Gefällskurve aufweist und sich somit im Gleichgewicht befindet und keine nennenswerten Gefällsbrüche zeigt. Sein Lauf ist daher nicht durch widerständige Gefällsstufen, Seen oder Wasserfälle unterbrochen, sondern er behält von der Quelle bis zur Mündung exakt Gefälle, Geschwindigkeit und Abfluss bei, die erforderlich sind, um die mitgeführte Sedimentfracht im Gleichgewicht zu halten, ohne zu erodieren oder das mitgeführte Sedimentmaterial abzulagern.

**Äußerer Erdkern** (*outer core*) Flüssiger Bereich des Erdkerns unterhalb des Erdmantels; er besteht aus Eisen und Nickel. Hinzu kommen geringe Mengen leichterer Elemente wie Sauerstoff und Schwefel. Der äußere Erdkern erstreckt sich in einer Tiefe zwischen 2 890 und 5 190 km und umgibt den festen inneren Erdkern.

**autotroph** (*autotroph*) Ernährungsweise von Organismen, die durch Photosynthese oder Chemosynthese organische Verbindungen wie Kohlehydrate aufbauen, die ihnen als Nahrung und Energiequelle dienen.

**Bändereisenerz** (*banded iron formation, BIF*) Erzführendes Sedimentgestein, bestehend aus einer Wechsellagerung geringmächtiger oxidischer, silicatischer oder carbonatischer Eisenminerale mit Kieselsedimenten, meist Kieselschiefern. Bändereisenerze sind charakteristische Sedimente des Präkambriums. Sie wurden aus dem Meerwasser ausgefällt, als der von Cyanobakterien produzierte Sauerstoff mit dem im Meerwasser gelösten zweiwertigen Eisen reagierte. Bändereisenerze kennzeichnen den Anstieg des Sauerstoffgehalts im Zeitraum von 2,7 bis 2,1 Milliarden Jahren und sind in Schichtenfolgen aus dieser Zeit weit verbreitet. Sie bilden die Sedimentfüllung großer Meeresbecken, erreichen daher eine laterale Ausdehnung von mehreren hundert Kilometern und Mächtigkeiten von mehreren hundert Metern.

**basisches Gestein** (*mafic rock*) Dunkel gefärbter Magmatit, bestehend aus Mineralen wie Pyroxen, Amphibol und Olivin, die einen hohen Eisen- und Magnesiumgehalt, sowie einen geringen $SiO_2$-Gehalt aufweisen.

**Badland** Stark zerfurchtes Gelände mit komplexen Erosionsstrukturen aus kleineren kerbtalähnlichen Rinnen und dazwischen liegenden scharfen Kämmen. Entsteht bevorzugt in semiariden bis wechselfeuchten Gebieten auf unverfestigtem oder nur schwach verfestigtem Ton, Silt oder Sand ohne oder mit nur geringer Vegetationsbedeckung.

**Barchan** (Sicheldüne, *barchan*) Sichelförmige, äolisch entstandene Sanddüne, die über eine ebene Fläche wandert; mit der konvexen Seite dem Wind zugewandt.

**Basalt** (*basalt*) Feinkörniges, dunkles, basisches Effusivgestein, das im Wesentlichen aus Plagioklas und Pyroxen besteht; vulkanisches Äquivalentgestein des Gabbros.

**Batholith** (*batholith*) Großer, meist diskordanter Intrusivkörper (Pluton) mit mindestens 100 $km^2$ Oberfläche und unbekannter Tiefenerstreckung.

**Bauvorschriften** (*building codes*) Hier: Richtlinien für die Planung und Konstruktion neuer Gebäude in Erdbebengebieten, die festlegen, welchen Beanspruchungen ein Gebäude bei Erdbeben standhalten muss. Diese Anforderungen ergeben sich aus der maximal zu erwartenden Intensität der seismischen Gefährdung.

**Bauxit** (*bauxite*) Überwiegend aus Aluminiumoxidhydraten bestehendes Residualgestein, entstanden durch intensive chemische Verwitterung in wechselfeuchten tropischen Klimazonen mit guter Entwässerung; bei hohem Reinheitsgrad wichtiger Rohstoff für die Erzeugung von Aluminium.

**Becken, sedimentäres** (*basin*) Siehe Sedimentbecken.

**Becken, tektonisches** (*basin*) Meist rundliche bis ovale Einmuldung von Schichten, die radial zum Beckenzentrum hin einfallen.

**Bergrutsch** (*rock slide*) Massenbewegung großer losgelöster Gesteinsblöcke, die als mehr oder weniger geschlossene Einheit abrutschen.

**Bergsturz** (*rock fall*) Im relativ freien Fall von einer Felswand oder einem Steilhang niedergehendes, frisch losgelöstes Gestein.

**bewohnbare Zone** (*habitable zone*) Unter astronomisch-planetarischen Aspekten umfasst die bewohnbare Zone denjenigen Raum um einen Stern, in dem Wasser in flüssiger Form stabil ist. Befindet sich ein Planet in dieser bewohnbaren Zone, besteht die Möglichkeit, dass dort Leben nach unserem Verständnis existiert.

**B-Horizont** (*B-horizon*) Mittlerer Horizont eines Bodenprofils, folgt unter dem A-Horizont; er ist durch Verwitterung und Verlehmung aus dem darunter liegenden Ausgangsgestein hervorgegangen (= Braunerde); enthält er aus dem Oberboden (A-Horizont) in die Tiefe verlagerte (lessivierte) Tonsubstanz, ist es eine Parabraunerde, sind es freigesetzte Eisen- und Aluminiumoxide und -oxidhydrate, ist es ein Podsol.

**Bimsstein** (*pumice*) Helles vulkanisches Gesteinsglas mit saurem Chemismus und zahlreichen Blasen, entstanden durch das plötzliche Entweichen der Gase beim Aufstieg der Schmelze, sodass das Gestein eine so geringe Dichte bekommt, dass es im Wasser schwimmt.

**biogenes Sediment** (Biolith, *biological sediment*) Von Organismen oder ihren Bestandteilen gebildetes Sediment. Je nach Herkunft unterscheidet man zoogene und phytogene Sedimente.

**biogeochemischer Kreislauf** (*biogeochemical cycle*) Stoffkreislauf, bei dem chemische Elemente oder Moleküle zwischen den biologischen Komponenten eines Ökosystems (Organismen) und der Umwelt (Gestein, Boden, Luft oder Wasser) ausgetauscht werden.

**bioklastisches Sediment** (*bioclastic sediment*) Sediment, das bevorzugt aus Bruchstücken von Organismen-Hartteilen (Skelette, Schalen) besteht, die durch biologische oder mechanische Zerstörung entstanden sind. Bioklastische Sedimente bilden sich vor allem im Flachwasser und bestehen im Wesentlichen aus den Calciumcarbonatmineralen Calcit und Aragonit in wechselnden Anteilen.

**Biomasse** (*biomass*) Gesamtmenge der zu einem bestimmten Zeitpunkt vorhandenen organischen Substanz einschließlich der lebenden Tiere und Pflanzen.

**Biosphäre** (*biosphere*) Der gesamte, von lebenden Organismen besiedelte Teil der Erde. Die Biosphäre umfasst Teile der Atmosphäre, Hydrosphäre, Pedosphäre und der festen Erdkruste.

**Bioturbation** (*bioturbation*) Durchmischung (Entschichtung) des Substrates durch die im Boden oder Sediment grabenden oder wühlenden Organismen.

**Blauschiefer** (*blueshist*) Siehe Glaukophanschiefer.

**Boden** (*soil*) Oberste von Organismen belebte Verwitterungszone der Erdrinde, die unter Einwirkung aller Umweltfaktoren entstanden ist. Ein Boden besteht aus mineralischen und organischen Bestandteilen unterschiedlicher Größe und Zusammensetzung. Hinzu kommen Luft und Wasser, welche die Poren zwischen den festen Bodenbestandteilen füllen.

**Bodenfließen** (Solifluktion, *earthflow*) Hangabwärts gerichtete Massenbewegung in durchnässtem, überwiegend feinkörnigem Material zusammen mit einer gewissen Menge an zerbrochenem Gesteinsmaterial; geringe bis mäßige Fließgeschwindigkeit.

**Bodenfracht** (*bed load*) Anteil der Sedimentfracht eines Flusses, der an der Sohle rollend oder schiebend transportiert wird.

**Bodenprofil** (*soil profile*) Senkrechter Schnitt durch den Boden mit Unterscheidung der einzelnen Bodenhorizonte, die unter der Wirkung Boden bildender Faktoren entstehen und den Bodentyp bestimmen.

**Bodenverflüssigung** (*liquefaction*) Zeitweiliger Übergang des Untergrunds in den flüssigen Zustand aufgrund länger andauernder Erschütterungen durch seismische Wellen. Zur Bodenverflüssigung neigen vor allem feinsandige Substrate, wobei auch die Höhe des Porenwasserdrucks von entscheidender Bedeutung ist.

**Bodenverlagerung** Siehe auch Massenbewegung.

**Böschungswinkel, natürlicher** (*angle of repose*) Steilste Hangneigung, bei der ein bestimmtes Sediment noch standfest ist, ohne zu rutschen.

**Brandung** (*surf*) Die gebrochene und auslaufende Bewegung von Wasserwellen an der Küste.

**Brandungspfeiler** (*stack*) Isolierte Felsvorsprünge oder Felsnadeln, die als Erosionsreste auf einer Brandungsplattform stehen geblieben sind.

**Brandungsplattform** (*wave-cut terrace*) Leicht zum Meer geneigte, weitgehend ebene, durch die Abrasionstätigkeit der Wellen entstandene Fläche in der turbulenten Brandungszone einer Felsküste, die bei Ebbe großenteils frei liegt. Ältere Abrasionsflächen können durch Hebungsvorgänge oder Absenkung des Meeresspiegels heute oftmals über dem Meeresspiegel liegen.

**Brandungszone** (*surf zone*) Bereich vor der Küste, in dem die Wellen bei Annäherung an den Strand steiler werden und als Brecher in sich zusammenstürzen.

**Bruch** (*fracture*) Brechen eines Kristalls auf Flächen unregelmäßiger Lage und Ausbildung, nicht parallel zu einer der kristallographischen Flächen. Der Bruch ist eine typische Eigenschaft vieler Minerale und dient zu ihrer Klassifizierung.

**Bruchschollengebirge** (*fault-block mountains*) Berge oder Höhenzüge, entstanden durch Hebung beziehungsweise Absenkung des umgebenden Gebiets an Auf- bzw. Abschiebungen.

**Calciumkreislauf** (*calcium cycle*) Geochemischer Kreislauf, der alle Flüsse des Calciums in und aus den Speichern (Kompartimenten) umfasst.

**Caldera** (*caldera*) Beckenartige Einbruchstruktur bei Vulkanen von zum Teil riesiger Dimension, in typischer Weise durch eine Explosion und/oder durch den Einsturz des Dachs der Magmakammer entstanden. Zu potenziell gefährlichen Eruptionen aus einer Caldera kann es kommen, wenn in die zusammengestürzte Magmakammer erneut Magma eindringt.

**Carbonatbildungsraum** (*carbonate environment*) Vorwiegend mariner Ablagerungsraum im tropisch-warmen Flachmeerbereich, in dem das Wasser an Calciumcarbonat übersättigt ist und es daher zu einer Ausfällung von Carbonatsedimenten kommt; wichtige Carbonatbildungsräume sind Carbonatschelfe, Carbonatplattformen und Carbonatrampen.

**Carbonat-Kompensationstiefe** (CCD, *carbonate compensation depth*) Tiefenlage einer Grenzschicht in den Ozeanen, unterhalb der die Lösungsintensität von Calciumcarbonat ($CaCO_3$) so groß ist, dass auf dem Meeresboden keine Organismen mit Kalkschalen oder Carbonatsedimente überliefert werden.

**Carbonatplattform** (*carbonate platform*) Großräumiger mariner Flachwasserbereich in Regionen, die weitgehend frei von terrigener Materialzufuhr sind, und in dem Carbonatsedimente sowohl auf biogenem Weg als auch durch anorganisch-chemische Fällung abgelagert werden.

**Carbonatsediment, Carbonatgestein** (*carbonate sediment, carbonate rock*) Sediment oder Sedimentgestein, entstanden durch die Akkumulation von Carbonatmineralen, die entweder biogen und/oder chemisch-biogen gebildet wurden. Dolomit entsteht dagegen ausschließlich diagenetisch durch den Einbau von Magnesium-Ionen in Calcit.

**chemische Reaktion** (*chemical reaction*) Chemischer Prozess, bei dem Atome und/oder Moleküle miteinander in Wechselwirkung treten und dabei neue Atome oder Moleküle bilden.

**chemische Verwitterung** (*chemical weathering*) Die Gesamtheit aller chemischen Veränderungen von Boden, Lockersedimenten und Gesteinen, die durch chemische Reaktionen ihres Mineralbestands mit Wasser und den darin enthaltenen Substanzen hervorgerufen werden. Dabei gehen diese Minerale entweder in Lösung oder in eine den Druck- und Temperaturbedingungen an der Erdoberfläche angepasste stabile Form über.

**chemische und chemisch-biogene Sedimente und Sedimentgesteine** (*chemical and biochemical sediments and sedimentary rocks*) Großgruppe innerhalb der Sedimente und Sedimentgesteine, die durch chemische und/oder biochemische Prozesse meist im marinen Bereich gebildet und in der Nähe ihres Bildungsraumes abgelagert wurden. Hierzu gehören unter anderem die Evaporite, Carbonatgesteine, Kieselgesteine, Phosphorite und sedimentären Eisenerze.

**Chemofossil** (Biomarker, *chemofossil*) Organische Verbindung, die aus lebenden Organismen stammt und deren Struktur im Verlauf der Diagenese unverändert bleibt, sodass Rückschlüsse auf die organische Ausgangssubstanz möglich sind.

**C-Horizont** (*C-horizon*) Unterster Horizont eines Bodenprofils, besteht im oberen Teil aus aufgelockerten und angewitterten Bruchstücken des unterlagernden Ausgangsgesteins, unter dem das unveränderte Ausgangsgestein folgt.

**Cyanobakterien** (*cyanobacteria*) Früher als Blaugrünalgen bezeichnete Gruppe vorwiegend blaugrüner Mikroorganismen, die durch Photosynthese Kohlehydrate und Sauerstoff produzieren. Cyanobakterien spielten wahrscheinlich im Präkambrium eine wichtige Rolle bei der Anreicherung von Sauerstoff in der Erdatmosphäre.

**Darcy-Gesetz** (*Darcy's law*) Das für die Planung der Wasserversorgung von Dijon aufgestellte Darcy-Gesetz gibt an, welche Wassermenge pro Zeiteinheit durch einen bestimmten Querschnitt eines Porengrundwasserleiters hindurchfließt. Diese ist dem Druckhöhenunterschied und einem gesteinsspezifischen Durchlässigkeitskoeffizienten direkt und zur Fließlänge umgekehrt proportional.

**Dazit** (*dacite*) Hell gefärbtes, feinkörniges Effusivgestein, das von der chemischen Zusammensetzung her dem Andesit entspricht; vulkanisches Äquivalentgstein des Granodiorits.

**Deflation** (*deflation*) Äolische Abtragung als Folge des Ausblasens und Abtransports von trockenem Staub und Sand durch Wind.

**Deflationswanne** (*deflation basin*) Flache, meist kreisförmige oder elliptische Hohlform in Sand, trockenem Bodenmaterial oder anderen weichen Gesteinen, entsteht durch Deflation, der ausblasenden Wirkung des Windes.

**Deformationsalter** (*tectonic age*) Alter eines Gesteins, das der letzten stärkeren Episode der Krustendeformation entspricht, das heißt dem letzten Ereignis, bei dem die radiometrische Uhr in einem Gestein durch tektonische Vorgänge auf Null gestellt wurde.

**Dehnungskräfte** (*tensional forces*) Einander entgegenwirkende Kräfte, die einen Körper dehnen und auseinander ziehen. Dehnungskräfte treten bevorzugt an divergierenden Plattengrenzen auf und verursachen dort häufig Abschiebungen.

**Dekompressionsschmelzen** (*decompression melting*) Schmelzvorgang, der eintritt, wenn Gesteinsmaterial aus größeren Tiefen in Gebiete aufsteigt, in denen ein geringerer Druck herrscht. Sobald der Druck unter einen kritischen Wert abnimmt, schmilzt das feste Gesteinsmaterial spontan ohne weitere Zufuhr von Wärme. Dieser durch Dekompression bedingte Schmelzvorgang ist der wichtigste Mechanismus, durch den unter den mittelozeanischen Rücken Gesteinsschmelzen erzeugt werden.

**Delta** (*delta*) Schüttungskörper aus detritischem Sedimentmaterial mit annähernd dreieckigem Grundriss in Binnenseen oder im Meer; entsteht an der Einmündung von Flüssen infolge plötzlicher Verminderung der Strömungsgeschwindigkeit des Wassers.

**Deltaarm** (*distributary*) Kleinerer Nebenarm eines größeren Flusses, der im Delta nach der Aufteilung in einzelne Mündungsarme von der Hauptfließrinne gespeist wird. (Gegenteil von Nebenfluss, der sich mit dem Hauptfluss vereinigt.)

**Deltaebene, Sedimente der** (*topset beds*) An der Oberfläche eines Deltas horizontal abgelagerte Sedimentschichten, die beim Vorbau des Deltas die Sedimente des Deltahangs überlagern.

**Deltafußsedimente** (*bottomset beds*) Flach geneigte bis horizontal lagernde, marine feinklastische Sedimente, die vor dem Delta abgelagert und später vom Vorbau des Deltas überlagert werden.

**dendritisches Flusssystem** (dendritisches Entwässerungssystem *dendritic drainage*) Flusssystem, das sich unregelmäßig verzweigt und von der Anordnung der Haupt- und Nebenflüsse her an einen sich verzweigenden Baum erinnert.

**Denudation** (*denudation*) Sammelbegriff für die allgemeine flächenhaft wirkende Abtragung der Festlandsoberfläche.

**Desertifikation** (*desertification*) Anthropogen bedingte Ausbreitung wüstenhafter ökologischer Verhältnisse in den bereits an Wüsten angrenzenden Bereichen als Folge von Übernutzung, vor allem Überweidung. Sehr häufig ist die Desertifikation die Folge einer Wechselwirkung zwischen menschlicher Aktivität und klimatischen Veränderungen. Der in Trockengebieten durch natürlichen Klimawandel verursachte Übergang zu wüstenhaften Verhältnissen wird als Desertation bezeichnet.

**detritische Sedimente** Siehe klastische Sedimente.

**Detritusremanenz** (Sedimentationsremanenz, *depositional remanent magnetization*) Schwache Magnetisierung, die in Sedimenten durch die Rotation und Einregelung magnetischer Kristalle in Richtung des zur Zeit der Ablagerung in der Umgebung herrschenden Magnetfelds entsteht.

**Diagenese** (*diagenesis*) Bezeichnung für physikalische und chemische Veränderungen, denen ein Sediment während der Kompaktion und Verfestigung (Lithifizierung) unterliegt. Nicht zur Diagenese gehört die Metamorphose. Da jedoch bei der Diagenese Druck- und Temperaturveränderung ebenfalls eine Rolle spielen, besteht zwischen Diagenese und Metamorphose ein fließender Übergang.

**Diatrem** (*diatreme*) Röhrenartiger, nahezu senkrechter Förderkanal eines Vulkans, der sich durch das explosionsartige Entweichen von Gasen geöffnet hat und nachfolgend mit einer vulkanischen Breccie und Nebengesteinsbrocken verfüllt worden ist.

**Dichte** (*density*) Masse pro Volumeneinheit eines Stoffes, angegeben normalerweise in $g/cm^3$.

**Differenziation** (*differentiation*) Der Übergang von zufällig verteilter Planetesimalmaterie durch Schmelzbildung und gravitative Entmischung zu einem Erdkörper, dessen Inneres aus konzentrischen Schalen besteht, die sich in ihren chemischen und physikalischen Eigenschaften unterscheiden.

**Diorit** (*diorite*) Grobkörniges Intrusivgestein, das von der chemischen Zusammensetzung her zwischen Granit und Gabbro einzuordnen ist; plutonisches Äquivalentgestein des Andesits.

**diskordante Intrusion** (*discordant intrusion*) Intrusivgesteinskörper mit Kontaktflächen schräg (diskordant) zur Schichtung oder Schieferung des Nebengesteins (siehe konkordante Intrusion).

**divergierende Plattengrenze** (konstruktive Plattengrenze, *divergent plate boundary*) Plattengrenze, an der Platten sich voneinander wegbewegen und neues Lithosphärenmaterial entsteht; gekennzeichnet durch mittelozeanische Rücken, Flachherd-Beben und Vulkanismus.

**Doline** (*sink hole*) Kleinere, steilwandige, trichter- oder schüsselförmige Einsenkung der Erdoberfläche in Karstgebieten, verursacht durch Lösungsvorgänge und den Einbruch unterirdischer Hohlräume in verkarstungsfähigen Gesteinen, meist Carbonatserien, jedoch auch in Gipsgesteinen.

**Dolomit** (*dolostone*) Carbonatgestein überwiegend aus dem Mineral Dolomit, einem Carbonatmineral mit der allgemeinen Formel $CaMg(CO_3)_2$, das durch Diagenese von Carbonatsedimenten und Kalksteinen gebildet wird.

**Dom** (*dome*) Kreisförmige bis elliptische Aufwölbung von Schichten mit allseitig nach außen gerichtetem Schichtfallen, die an einen kurzen Sattel erinnert.

**Druck** (*pressure*) Eine auf eine Fläche ausgeübte Kraft, geteilt durch den Flächeninhalt. Allseitiger Druck ist in allen Richtungen gleich, während gerichteter Druck nur in einer bestimmten Richtung wirkt.

**Druck-Temperatur-Pfad** (p-T-Pfad, *metamorphic p-T-path*) Graphische Darstellung der (zeitlichen) Veränderungen von Druck- und Temperaturbedingungen während der Metamorphose. Der Verlauf eines p-T-Pfades ergibt sich aus einer Kombination von Gefügebeobachtungen und experimentell ermittelten Gesteinsdaten.

**Drumlin** (*drumlin*) Lang gestreckter stromlinienförmiger Hügel aus aufgepresstem Material der Grundmoräne und Schottern, dessen Längsachse in Richtung der Eisbewegung verläuft. Die Luvseite ist in der Regel steil, die Leeseite flach geneigt. Drumlins entstehen, wenn ältere Grundmoräne beim erneuten Vorrücken des Gletschers überfahren wird; sie treten meist in Form größerer Drumlinfelder auf.

**duktiles Material** (*ductile material*) Material, das zwar fest ist, sich aber bei langandauernder Belastung plastisch verhält und dessen Verformung irreversibel ist (Gegenteil: sprödes Material).

**Düne** (*dune*) Längliche, durch Wind oder strömendes Wasser aufgeschüttete Hügel und Wälle aus Sand mit sehr unterschiedlichen Formen.

**Düneninsel** (Nehrungsinsel, *barrier island*) Durch die Tätigkeit der Wellen entstandene schmale, lang gestreckte, küstenparallel verlaufende Insel aus Sand, die eine Barriere zwischen dem offenen Ozean und der eigentlichen Küstenlinie bildet.

**Dünung** (*swell*) Langwellige, flache Wasserwellen auf der offenen See mit Wellenlängen in der Größenordnung von 30 Metern und mehr und einer Wellenhöhe von ungefähr zwei Metern oder weniger, die sich weit über ihren Entstehungsort hinaus verbreiten können.

**Dynamometamorphose** (*cataclastic metamorphism*) Hochdruck-Niedrigtemperatur-Metamorphose, die hauptsächlich durch Zermalmen und Zerscheren des Gesteins infolge tektonischer Bewegungen entsteht. Dabei bildet sich zunächst eine feinkörnige, pulverartig zerkleinerte kataklastische Gesteinsmasse, aus der durch Um- und Neukristallisation ein so genannter Mylonit entsteht.

**Ebbe** (*ebb tide, low tide*) Teil des Gezeitenzyklus zwischen Hoch- und Niedrigwasser (fallender Wasserstand).

**Effusivgestein** (Extrusivgestein, Vulkanit, *extrusive igneous rock*) Feinkristallines oder glasiges magmatisches Gestein, das durch die Erstarrung einer an der Erdoberfläche ausfließenden Lava entstanden ist.

**Einsprengling** (*phenocryst*) In magmatischen Gesteinen frühzeitig ausgeschiedener, in vielen Fällen idiomorpher großer Einzelkristall, umgeben von feinkörniger Matrix. Magmatite, die große Mengen solcher Einsprenglinge enthalten, werden als Porphyre bezeichnet.

**Einzugsgebiet** (*drainage basin*) Gebiet auf dem Festland, das durch eine Wasserscheide begrenzt ist und von einem Fluss mit allen seinen Nebenflüssen entwässert wird.

**Eisenformation** (*iron formation*) Im englischen Sprachraum gebräuchliche Bezeichnung für Sedimentgesteine, die normalerweise mehr als 15 Prozent Eisen in Form von Eisenoxiden, Eisensilicaten oder Eisencarbonaten enthalten.

**Eiszeit** (Kaltzeit, Glazial, *ice age*) Epoche, in der die Erde weltweit abkühlt und Wasser aus der Hydrosphäre in der Kryosphäre gebunden wird. Auf den Kontinenten fällt demzufolge mehr Schnee als im Sommer abtaut. Dies führt in höheren Breiten zu einer Ausdehnung der Inlandeismassen und in den Hochgebirgen zu einem Vorstoß der Gletscher; weltweit sinkt der Meeresspiegel. Dehnen sich die Eismassen vor allem an den Polen aus, wird ein höherer Anteil von Sonnenenergie in den Weltraum zurückgestrahlt (siehe: Albedo), und damit sinken die Temperaturen an der Erdoberfläche weiter ab.

**Eklogit** (*eclogite*) Metamorphes Gestein, das unter sehr hohen Drücken und mäßig hohen Temperaturen entsteht. In typischer Ausbildung besteht Eklogit aus rotem Granat und grünem Omphazit. Vereinzelt tritt in Eklogiten, die extrem hohem Druck (über 25 kbar) ausgesetzt waren, auch Coesit auf, eine Hochdruckmodifikation von Quarz.

**Elektron** (*electron*) Negativ geladenes Teilchen eines Atoms mit der Masse $9{,}1 \cdot 10^{-28}$ Gramm und einer negativen Ladung von $1{,}6 \cdot 10^{-19}$ Coulomb, das sich um den Kern eines Atoms bewegt.

**Elektronenübergang** (*electron transfer*) Vorgang, durch den bei einer chemischen Reaktion zwischen den Elementen eine Ionenbindung zustande kommt, wobei Elektronen von den Atomen des einen Elements auf Atome des anderen Elements übergehen.

**El Niño** Anomale Erwärmung im tropischen Bereich des östlichen Pazifischen Ozeans, die im Abstand von drei bis sieben Jahren wiederholt auftritt und sich zeitlich über etwa ein Jahr erstreckt. Das durch diese Klima-Anomalie bedingte Ausbleiben des an der Westküste Südamerikas aus tieferen Schichten aufsteigenden kalten und nährstoffreichen Tiefenwassers beeinflusst in erheblichen Maße die marinen Ökosysteme und führt häufig zum völligen Zusammenbruch der Fischerei.

**Entwässerungsnetz** (Flussnetz, *drainage network*) Grundrissmuster der größeren und kleineren Flüsse eines Flusssystems.

**epigenetischer Fluss** (*superposed stream*) Fluss, der ohne Änderung seiner Laufstrecke durch verwitterungsresistente Gesteine fließt, weil sein Verlauf in einem höheren Niveau in homogenen Gesteinen angelegt wurde, ehe er durch Eintiefung in das harte Gestein geriet.

**Epirogenese** (*epeirogeny*) Großräumiger tektonischer Vorgang, vorwiegend vertikale Krustenbewegung. Sie verläuft in der Regel so langsam, dass die Gesteine nur in geringem Maße der Deformation, das heißt der Faltung und Bruchtektonik unterliegen.

**Epizentrum** (*epicentre, US = epicenter*) Bereich an der Erdoberfläche unmittelbar über dem Herd oder Hypozentrum eines Erdbebens.

**Epoche** (*epoch*) Untereinheit der geologischen Zeitskala, oftmals so gewählt, dass sie einer bestimmten stratigraphischen Abfolge entspricht. Die Bezeichnung wird auch für einen bestimmten Abschnitt der paläomagnetischen Skala verwendet.

**Erdbeben** (*earthquake*) Heftige Erschütterungen des Untergrunds, verursacht beim Durchlaufen seismischer Wellen, die von einer Störungsfläche ausgehen, an der eine plötzliche Bewegung stattgefunden hat.

**Erdbebenherd** (*focus*) Bereich auf einer Störungsfläche, an dem es zum Bruch kommt und von dem die Erdbebenwellen ausgehen; auch als Hypozentrum bezeichnet.

**Erdgas** (*natural gas*) Natürliches Gemisch aus gasförmigen Kohlenwasserstoffen, entstanden durch diagenetischen Abbau organischer Substanzen unter anaeroben Bedingungen. Häufigste Kohlenwasserstoffverbindung ist Methan ($CH_4$); hinzu kommen wechselnde Anteile anderer Gase wie Kohlendioxid, Stickstoff und Schwefelwasserstoff.

**Erdkern** (*core*) Innerster Teilbereich der Erde unterhalb einer Tiefe von 2 900 km, dessen äußerer Bereich in geschmolzenem, der innere jedoch in festem Zustand vorliegt. Er besteht aus einer Legierung von Eisen und Nickel sowie geringen Anteilen einiger leichterer Elemente wie Sauerstoff oder Schwefel.

**Erdkruste** (*crust*) Äußerste Schale der Lithosphäre mit einer durchschnittlichen Mächtigkeit von etwa 8 km unter den Ozeanen und etwa 40 km unter den Kontinenten. Sie besteht aus vergleichsweise leichtem, bei niedrigeren Temperaturen schmelzendem Material. Die kontinentale Kruste besteht überwiegend aus Granit und Granodiorit, die ozeanische Kruste überwiegend aus Basalt.

**Erdmantel** (*mantle*) Der größte Teil der festen Erde zwischen der Kruste und dem Erdkern, das heißt zwischen Tiefen von ungefähr 30 km bis 2 900 km. Er besteht aus Gesteinen mittlerer Dichte, deren Minerale überwiegend aus Verbindungen von Sauerstoff mit Magnesium, Eisen und Silicium bestehen.

**Erdöl** (*crude oil*) Natürlich vorkommendes Gemisch aus sehr unterschiedlichen Kohlenwasserstoffen. Neben zyklischen Verbindungen treten zum Teil auch lang gestreckte gerade oder verzweigte Kohlenwasserstoffmoleküle auf. Erdöl entsteht durch Diagenese in einem bestimmten Druck- und Temperaturfenster in marinen Sedimenten mit einem hohen Gehalt an organischem Material (Muttergestein). Von dort wandert es in poröse Gesteine (Speichergesteine) ab.

**Erdölfalle** (*trap*) Tektonisch oder sedimentär bedingte Fangstruktur, die das weitere Aufsteigen des Erdöls oder Erdgases verhindert, sodass sich unter dieser Barriere Öl und Gas zu wirtschaftlich gewinnbaren Lagerstätten ansammelt.

**Erdölfenster** (*oil window*) Begrenzter Druck- und Temperaturbereich innerhalb der Diagenese, der normalerweise in einer Tiefe zwischen 2 und 5 km herrscht, und in dem sich in dem so genannten Erdölmuttergestein das meiste Erdöl bildet.

**Erg** (*erg*) Ausgedehntes, geschlossenes Dünenfeld in großen Wüsten.

**erneuerbare Energie** (regenerative Energie, *renewable energy source*) Energiequelle, die sich infolge der Energiezufuhr von der Sonne rasch genug erneuert, um den Verbrauch auszugleichen; beispielsweise wächst ein als Brennholz geschlagener Wald nach und kann erneut abgeholzt werden.

**Erosion** (*erosion*) Vielseitig gebrauchter Begriff für sämtliche Prozesse, durch die Bodenmaterial und aufgelockertes Gestein durch Flüsse, Gletscher, Wellentätigkeit oder Wind abtransportiert und in Form von (geschichteten) Sedimenten abgelagert werden. Im deutschen Sprachraum ist der Begriff oft enger gefasst und wird für den linearen Abtrag durch fließendes Wasser oder durch Talgletscher verwendet. Der linear wirkenden Erosion wird die an der Festlandsoberfläche flächenhaft wirkende Denudation gegenübergestellt.

**Erosionsbasis** (*base level*) Niveau, bis zu welchem die Erosion wirksam ist und unterhalb dem ein Fluss keine Erosionsarbeit mehr leisten kann – normalerweise ist der Meeresspiegel die absolute Erosionsbasis. Oftmals besitzen Flüsse auch eine lokale Erosionsbasis wie zum Beispiel der Wasserspiegel eines vom Fluss durchflossenen Binnensees oder einer von erosionsresistenten Gesteinsserien gebildeten Schwelle im Flussbett.

**erratischer Block** (Findling, *erratic*) Felsbrocken (vor allem große Blöcke), der durch Gletscher oder Inlandeismassen aus seinem ursprünglichen Verbreitungsgebiet oftmals in Gebiete verfrachtet worden ist, deren Untergrund von andersartigen Gesteinen gebildet wird.

**Erz** (*ore*) Mineral, Mineralaggregat oder Gestein, aus dem Metalle oder Metallverbindungen zu wirtschaftlichen Bedingungen gewonnen werden können.

**Erzlagerstätten** (*ore deposits*) Sedimentäre, magmatische oder metamorphe Gesteinskörper, die Minerale enthalten, meist Sulfide, Oxide oder Silicate der Metalle, die von Größe, Konzentration und Inhalt her wirtschaftlich abgebaut werden können.

**Evaporit** (*evaporite*) Chemisches Sediment oder Sedimentgestein, das auf anorganischem Wege durch Verdunstung aus Meerwasser und in ariden Gebieten auch aus dem Wasser abflussloser Binnenseen ausgefällt wird.

**Eukarya** (*Eukarya*) Eine der drei Domänen der Organismen, die alle Eukaryota (Eukaryoten) umfasst. Alle Organismen innerhalb der Eukarya haben einen gemeinsamen Ursprung und unterscheiden sich von den Bacteria (Eubacteria) und Archaea (Archaebacteria) unter anderem durch ihre Zellstrukturen. Die Eukarya umfassen Tiere, Pflanzen und Pilze, von denen die meisten Vielzeller sind.

**Eukaryota** (Eukaryoten, *eukaryotes*) Organismen mit kompliziert gebauten Zellen, bei denen Zellkern und Zellorganellen von Membranen umschlossen sind. Die Eukaryota umfassen Tiere, Pflanzen und Pilze, von denen die meisten Vielzeller sind.

**Evolution** (*evolution*) Vorgang, durch den sich Organismen im Laufe der Zeit durch den Prozess der natürlichen Auslese verändern.

**Exhumierung** (*exhumation*) (1) Tektonischer Vorgang, durch den an Subduktionszonen tief versenkte metamorphe Krustenbereiche aufgrund des Auftriebs und durch Zirkulationsbewegungen wieder an die Erdoberfläche gelangen. (2) Freilegen eines älteren Reliefs durch die Prozesse der Erosion und Denudation.

**Exoplanet** (extrasolarer Planet, *exoplanet*) Planet, der außerhalb unseres Sonnensystems einen Stern umkreist.

**extremophile Organismen** (Extremophile, *extremophiles*) Mikroorganismen, die in Bereichen mit extremen Bedingungen leben, in denen andere Organismen nicht lebensfähig sind.

**Extrusivgestein** Siehe Effusivgestein.

**Fallen** (*dip*) Der maximale Winkel, mit dem eine Schicht oder eine andere geologische Fläche gegen die Horizontale geneigt ist. Das Fallen wird stets senkrecht zum Streichen gemessen.

**Fällung** (*precipitation*) Ausscheidung von meist schwerlöslichen Verbindungen aus Lösungen durch chemische Reaktionen.

**Falte** (*fold*) Durch tektonische Deformationsprozesse entstandene Verbiegung von Schichtenfolgen, die ursprünglich horizontal oder nahezu horizontal lagerten.

**Faltenachse** (*fold axis*) Längs des Faltenscheitels verlaufende gedachte Linie, um die eine Krümmung der Schichten erfolgt ist. Innerhalb einer Falte verbindet die Achse daher alle Punkte im Zentrum einer Falte, von denen aus beide Flanken weggeneigt sind.

**Faltung** (*folding*) Vorgang, bei dem ehemals horizontal abgelagerte Schichten durch seitlichen Druck zusammengeschoben und gefaltet werden.

**Farbe** (*colour*) Eigenschaft eines Minerals, einer unregelmäßigen Masse oder eines Strichs, die durch Licht hervorgerufen wird. Man unterscheidet zwischen Farben, die im durchfallendem Licht durch Absorption, und solchen, die bei auffallendem Licht durch Reflexion entstehen.

**Fazies** (*facies*) (1) Sedimente: Die Summe aller primären Merkmale von Sedimentgesteinen, das heißt die Gesamtheit ihrer lithologischen und paläontologischen Merkmale. (2) Metamorphose: siehe metamorphe Fazies.

**Felse** (*nonfoliated metamorphic rocks*) Bezeichnung für massige metamorphe Gesteine, die keine oder nur eine geringe bevorzugte Einregelung von Mineralen und damit keine Schieferung oder Teilbarkeit zeigen.

**felsisch** (*felsic*) Bezeichnung für eine Gruppe von hellen Mineralen (Feldspäte, Feldspatvertreter und Quarz) in magmatischen Gesteinen; anstelle von felsisch wird häufig auch salisch verwendet.

**Feuerstein** (*flint*) Dichte Konkretionen aus Chalcedon ($SiO_2$), die knollen- oder lagenförmig in Europa vor allem in der Schreibkreide auftreten (siehe Hornstein).

**Firn** (*firn*) Mehrjähriger, unter der Druckwirkung auflagernder Schneemassen sowie durch mehrfaches Schmelzen und Gefrieren verdichteter und daher kompakter Schnee.

**Fjord** (*fjord*) Ehemaliges, von einem Gletscher geformtes küstennahes Tal mit steilen Wänden und einem U-förmigen Querschnitt, das heute vom Meer überflutet ist und mehr oder weniger weit in das Land hineinreicht.

**Flanke einer Falte** (*limb*) Die relativ ebenflächigen Teile einer Falte beziehungsweise der Bereich zweier aneinander grenzender Faltenstrukturen (z. B. der steil einfallende Teil der Schichtenfolgen zwischen Sattel- und Muldenkern).

**Fluss** (*stream, river*) Allgemeine Bezeichnung für ein in einem langen oberflächlichen Gerinnebett fließendes Gewässer, dessen Wasser unter dem Einfluss der Schwerkraft von höheren in tiefer liegende Bereiche fließt.

**Flussanzapfung** (*stream piracy*) Erosion und Durchbruch einer Wasserscheide zwischen zwei Flüssen durch den Fluss mit dem stärkeren Gefälle. Flussanzapfung führt zur gesamten oder teilweisen Eroberung des Einzugsgebiets des langsamer erodierenden Flusses durch den schnelleren.

**Flussbett** (*channel*) Fließrinne, in der das Wasser eines Flusses beständig fließt; oftmals auch beschränkt auf den tiefsten Bereich eines Flussbetts, in dem der Hauptfluss fließt. Ein Flussbett wird von der Flusssohle und den Flussufern gebildet.

**flüssigkeitsinduziertes Schmelzen** (*fluid induced melting*) Schmelzvorgang, der dadurch zustande kommt, dass an einer Subduktionszone die wassergesättigten Sedimente einer ozeanischen Platte in die Tiefe gelangen. Durch den zunehmenden Druck wird das Wasser aus den Mineralen der äußeren Schichten der abtauchenden Platte ausgepresst und steigt durch den Auftrieb in den Mantelkeil über der abtauchenden Platte. Da Wasser den Schmelzpunkt eines Gesteins herabsetzt, führt dies im Mantelkeil zum Aufschmelzen des Gesteinsmaterials.

**Flut** (*flood tide, high tide*) Abschnitt des Gezeitenzyklus zwischen Niedrigwasser und Hochwasser (steigender Wasserstand).

**Flutbasalt** (Trapp-, Plateaubasalt, *flood basalt*) Flächenhafte Basaltergüsse von vielen Kilometern Ausdehnung, hervorgegangen aus lang anhaltenden Spalteneruptionen.

**Foliation** (*foliation*) Schar engständiger, ebener oder gekrümmter Flächen innerhalb eines metamorphen Gesteins, entstanden durch orientierte Anordnung der wesentlichen Mineralkomponenten infolge tektonischer Deformation.

**Foraminiferen** (*foraminifers*) Klasse überwiegend mariner Einzeller (Protozoen), die meisten mit Gehäusen aus Calcit.

**Foraminiferenschlamm** (*foraminiferal ooze*) Pelagisches Sediment, das überwiegend aus den Gehäusen abgestorbener Foraminiferen besteht.

**Formation** (*formation*) Basiseinheit für die Benennung von Sedimentgesteinen in der Lithostratigraphie; eine Gesteinseinheit, die einst als geschlossene, zusammengehörende horizontale Schichten abgelagert wurde, die bestimmte genetisch bedingte lithologische Merkmale gemeinsam haben und die für eine kartenmäßige Darstellung ausreichend mächtig sind. Die im deutschen Sprachgebrauch früher übliche Verwendung ist in der Chronostratigraphie (analog zum Englischen) durch den Begriff System ersetzt worden.

**Fossil** (*fossil*) Allgemeine Bezeichnung für die aus der geologischen Vergangenheit überlieferten Überreste von Tieren und Pflanzen.

**fossile Brennstoffe** (*fossil fuels*) Sammelbegriff für Energierohstoffen wie Kohle, Erdöl, und Erdgas, die im Verlauf der Erdgeschichte aus tierischen und pflanzlichen Organismen hervorgegangen sind.

**fraktionierte Kristallisation** (*fractional crystallization*) Trennung eines abkühlenden Magmas in einzelne mineralische Bestandteile durch die fortwährende Ausscheidung von Kristallen bei stetig sinkenden Temperaturen. Phasen mit hohem Schmelzpunkt kristallisieren zuerst, solche mit niedrigem Schmelzpunkt nachfolgend.

**freies Grundwasser** Grundwasser, das nicht von einem Grundwassernichtleiter überlagert wird und dessen Oberfläche mit dem atmosphärischen Druck im Gleichgewicht steht. Das heißt, der Wasserstand eines in diesem Grundwasser stehenden Brunnens entspricht dem Grundwasserspiegel in der Umgebung (siehe gespanntes Grundwasser).

**Frostsprengung** (*frost wedging*) Vorgang der physikalischen Verwitterung, bei dem das in Klüften, Spalten und Hohlräumen gefrierende Wasser einen zunehmenden Druck auf das umgebende Gestein ausübt, was zur Erweiterung der Hohlräume und schließlich zum Zerbrechen der Gesteine führt.

**Fumarole** (*fumarole*) Vulkanische Gas- und Dampfexhalation, aus der sich auf dem umgebenden Boden Minerale absetzen.

**Gabbro** (*gabbro*) Dunkles grobkristallines, basisches Intrusivgestein mit einem hohen Anteil an mafischen Mineralen, vor allem Pyroxen; plutonisches Äquivalentgestein des Basalts.

**Gang** (Gesteinsgang, *dike*) Weitgehend plattenförmiger Körper aus Intrusivgesteinen, der als Ausfüllung von Spalten diskordant das Nebengestein durchschneidet.

**Ganglagerstätte** (*vein deposit*) In Gängen oder Spalten entstandene Lagerstätte, deren Füllung aus wirtschaftlich abbauwürdigen Mineralen besteht. Je nach Gangfüllung unterscheidet man gelegentlich zwischen Erzgängen und Mineralgängen.

**Gefällskurve** (*longitudinal profile*) Kurve, die das Längsprofil eines Flusses von der Quelle bis zur Mündung bildet.

**Gefüge** (*texture, fabric*) Innerer Aufbau eines Gesteins. Unter „Struktur“ (engl. texture) versteht man Korn- oder Kristallgröße, Kornverteilung, Rundungsgrad, Korngrenzen und Kornbindung, unter „Textur“ (engl. fabric) dagegen die Art und Weise wie die Bestandteile im Raum angeordnet sind, zum Beispiel Fließtextur, richtungslose Textur, blasige Textur.

**gemeinsame Elektronen** (*electron sharing*) Folge einer chemischen Reaktion, wenn zwischen den Elementen eine kovalente Bindung entsteht. Eine einfache kovalente Bindung besteht aus einem Elektronenpaar, das zwei Atomen gemeinsam angehört.

**gemeinsamer Vorfahre** (*universal ancestor*) Organismus, aus dem die drei großen Domänen der Archaea, Bacteria und Eukarya hervorgegangen sind.

**Gen** (*gene*) Träger der Erbanlagen in den Zellen aller Organismen. Sie bestimmen die erblichen Strukturen oder Funktionen und liegen in den Chromosomen in bestimmter Anordnung vor. Träger der genetischen Information ist die Desoxyribonucleinsäure (DNS, engl. DNA).

**Geobiologie** (*geobiology*) Forschungszweig, der sich damit befasst, wie Organismen die Umwelt der Erde beeinflussen oder von dieser beeinflusst werden.

**geochemischer Speicher** (Kompartiment, *geochemical reservoir*) Begriff für einen Bestandteil des Systems Erde, in dem innerhalb des geochemischen Kreislaufs (siehe dort) Stoffe vorübergehend zurückgehalten werden können. Speicher, in denen Materie langfristig oder endgültig zurückgehalten werden, bezeichnet man als Senken.

**geochemischer Kreislauf** (*geochemical cycle*) Abfolge von Prozessen, durch die eine bestimmte chemische Substanz von einem Speicher der Erde (Kompartiment) in einen anderen übergeht.

**Geodäsie** (*geodesy*) Wissenschaft von der Vermessung und Abbildung der Erdoberfläche.

**Geodynamo** (*geodynamo*) Geosystem, welches das Magnetfeld der Erde erzeugt beziehungsweise aufrecht erhält.

**geologische Karte** (*geologic map*) Thematische Karte, die in unterschiedlichen Maßstäben die an der Erdoberfläche anstehenden Gesteine darstellt.

**geologischer Schnitt** (Vertikalschnitt, *geologic cross section*) Senkrechter Schnitt durch Teile der Erdkruste zur Darstellung des geologischen Untergrunds, wobei die Sicherheit der Aussage mit dem Abstand zur Erdoberfläche abnimmt. Schnitte sind oft zusätzliches Darstellungsmittel auf geologischen Karten.

**geologische Zeitskala** (*geologic time scale*) Unterteilung der Zeitachse seit der Entstehung der Erde in Ären, Perioden und Epochen auf der Basis von Stratigraphie und Paläontologie.

**Geomorphologie** (*geomorphology*) Forschungsrichtung der Geowissenschaften, die sich mit den Reliefformen der Erde, deren Gestalt, Anordnung und Entwicklung befasst.

**Geosystem** (*geosystem*) Teilsystem des Gesamtsystems Erde, das bestimmte Aspekte terrestrischer Prozesse umfasst. Zu diesen Geosystemen gehören die Systeme Plattentektonik, Klima, Geodynamo sowie weitere kleinere Subsysteme. Das System Erde in seiner Gesamtheit kann daher als Sammelbegriff für all diese offenen, interagierenden und oftmals sich überlappenden Geosysteme betrachtet werden.

**Geosystem Vulkane** (*volcanic geosystem*) System aus Gesteinen, Magmen und Wechselwirkungen, die erforderlich sind, um die gesamte Abfolge der Ereignisse vom Beginn des Schmelzvorgangs bis zum Aufstieg bzw. Austritt von Magmen an der Erdoberfläche zu beschreiben.

**Geotherme** (*geotherm*) Kurve in einem Temperatur-Druck- oder Temperatur-Tiefen-Diagramm, die die Temperaturänderung in der Erde mit der Tiefe beschreibt. Die unterschiedlichen tektonischen Provinzen sind gekennzeichnet durch einen mehr oder weniger raschen Anstieg der Temperatur mit zunehmender Tiefe.

**geothermische Energie** (*geothermal energy*) Wärmeenergie, die aus der Erdkruste entnommen werden kann, vor allem dort, wo der geothermische Gradient hoch ist (siehe auch Geotherme). Geothermische Energie wird vor allem in Form von Wasserdampf oder Thermalwasser gewonnen, die entstehen, wenn Wasser im Untergrund durch heiße Gesteine fließt.

**gesättigte Zone** (*saturated zone*) Zone innerhalb des Untergrundes, in der die Gesteinsporen und Klüfte vollständig mit Grundwasser gefüllt sind.

**Geschiebemergel** (Geschiebelehm, *till*) Ungeschichtetes und schlecht sortiertes Sedimentmaterial der Grundmoräne, das in feinkörniger Grundmasse Gesteinsbruchstücke (Geschiebe) aller Korngrößen von der Tonfraktion bis zu Blöcken enthält und durch die Tätigkeit der Gletscher entstanden ist.

**gespanntes Grundwasser** (*confined groundwater*) Grundwasser, das unter einer überlagernden, undurchlässigen Gesteinsschicht gestaut wird und dessen Grundwasserdruckfläche (= freier Grundwasserspiegel) über der Oberfläche des Grundwasserleiters liegt. Dies kann zu einem artesischen Brunnen führen (Grundwasseraufstieg des bis über Geländeniveau) (Gegensatz: freies Grundwasser).

**Gestein** (*rock*) Natürlich vorkommendes festes Aggregat, das aus Mineralen, Gesteinsglas, Fragmenten von Organismenschalen und auch aus nichtmineralischen festen Substanzen (Bitumen) zusammengesetzt sein kann. Die Einteilung der Gesteine erfolgt entsprechend ihrer Entstehungsart.

**Gesteine mit Foliation** (*foliated rocks*) Durch Regionalmetamorphose entstandene Gesteine mit einer mehr oder weniger ausgeprägten Gefügeorientierung. Typische Vetreter einer solchen Textur sind Tonschiefer, Phyllite, Schiefer und Gneise, typische Minerale der Schieferung sind Phyllosilicate und Amphibole. Aufgrund dieser Erscheinung zeigen solche Gesteine ein mehr oder weniger ausgeprägtes schiefriges Bruchverhalten.

**Gesteinskreislauf** (*rock cycle*) Eine Abfolge von geologischen Prozessen, bei der jede der drei Gesteinsgruppen stets aus den anderen beiden hervorgeht: Sedimentgesteine gehen durch Metamorphose in Metamorphite über oder werden aufgeschmolzen und bilden Magmatite. Alle Gesteine können dann herausgehoben und abgetragen werden und gehen in Lockersedimente über, die durch Diagenese zu Festgesteinen werden.

**Gezeiten** (*tides*) Das zweimal täglich durch die Anziehungskraft des Mondes bzw. durch Fliehkraft auf der gegenüberliegenden Seite der Erde und zu einem geringeren Maße durch die Anziehungskraft der Sonne hervorgerufene Ansteigen und Fallen des Meeresspiegels.

**Glanz** (*luster*) Allgemeine Bezeichnung für den Grad der Lichtreflexion einer Mineraloberfläche, beschrieben durch die Art des Glanzes mit Bezeichnungen wie Metallglanz, Glasglanz, Diamantglanz, Seidenglanz u. a.

**Glas** (*glass*) Gestein aus einer sehr schnell erstarrten Gesteinsschmelze, weshalb keine Kristalle wachsen konnten (eingefrorene Schmelze).

**glasig** (*glassy*) Materialeigenschaft ohne geordnete, sich wiederholende dreidimensionale Anordnung der Atome. Gegenteil von kristallin (siehe Kristall).

**Glaukophanschiefer** (Blauschiefer, *blueshist*) Metamorphes Gestein, entstanden durch hohen Druck (> 5 kbar) bei relativ niedrigen Temperaturen, häufig mit den blauen Mineralen Glaukophan (ein Amphibol) und Disthen.

**glazigene Sedimente** (*drift*) Sammelbegriff für alle Lockergesteine, die durch die Tätigkeit von Gletschern transportiert und abgelagert wurden. Dazu gehören sowohl die Moränen als auch die Schmelzwassersedimente.

**Gleichgewichtszustand** (*steady state*) Zustand, bei dem die Zufuhr eines Elements in einen Speicher dem Abfluss entspricht.

**Gletscher** (*glacier*) Geschlossene Eismasse, oftmals mit Schnee bedeckt, die das gesamte Jahr über vorhanden ist und sich unter ihrem eigenen Gewicht dem Gefälle folgend bewegt. Die Länge der Gletscher reicht von 100 m bis zu 10 000 km (siehe auch Inlandeismasse, Talgletscher).

**Gletschermilch** (Gletschertrübe, *rock flour*) Glazigenes Sedimentmaterial aus extrem fein zermahlenem Gestein (Silt- und Tonfraktion), entstanden durch die Abrasion der Gesteine an der Sohle eines Gletschers.

**Gletscherschrammen** (*glacial striations*) Auf anstehenden Gesteinsoberflächen und Geschieben auftretende Furchen oder Kratzspuren, entstanden durch die im Eis mitgeführten Blöcke. Sie verlaufen in der Bewegungsrichtung des ehemaligen Gletschers.

**Gletscherspalte** (*crevasse*) Durch Scher- oder Dehnungsvorgänge bedingte, an der Oberseite eines Gletschers oder Eisfelds aufreißende vertikale Spalten. Je nach Orientierung unterscheidet man Quer-, Längs- sowie schräg stromauf gerichtete Randspalten. Sie entstehen an der sich spröde verhaltenden Gletscheroberfläche durch die Bewegungen der im tieferen Untergrund plastisch fließenden Eismassen.

**Gletscherstrom** (*ice stream*) Linearer Eisstrom innerhalb einer Inlandeismasse, der rascher fließt als das umgebende Eis.

**Gletscherwoge** (*surge*) Periodisch auftretende rasche Vorstoßbewegung eines Talgletschers, die gelegentlich nach einer langen Periode geringer Gletscherbewegung auftritt und sich oftmals über einen Zeitraum von mehreren Jahren erstrecken kann.

**globaler Klimawandel** (*climate change*) Klimaveränderungen, die weltweit Auswirkungen auf die Biosphäre, Atmosphäre und andere Komponenten des Systems Erde haben.

**Gneis** (*gneiss*) Mittel- bis grobkörniges metamorphes Gestein mit charakteristischer Flaserung oder Bänderung mit Lagen im Zentimeter- bis Dezimeterbereich. Die Bänderung ergibt sich aus der Wechsellagerung von hellen Lagen mit Quarz und Feldspat und dunklen Bändern aus Glimmern und Amphibolen, wobei die bevorzugten Bruchflächen meist durch die Lagen der parallel orientierten Glimmer oder Amphibole vorgezeichnet sind. Orthogneise sind aus sauren bis intermediären Magmatiten entstandene Gneise, Paragneise sind metamorphe ehemalige Sedimentgesteine, meist hervorgegangen aus Arkosen, Grauwacken oder Tonsteinen.

**Grabensenke** (Graben, *rift valley*) Tiefe, schmale und lang gestreckte Senkungszone, in der neben Effusivgesteinen meist in Form von Alkalibasalten mächtige Abfolgen von Sedimentgesteinen abgelagert wurden. Beispiele aus jüngerer Zeit sind unter anderem der Ostafrikanische Grabenbruch, das Tal des Rio Grande, der Jordangraben und der Oberrheingraben.

**gradierte Schichtung** (Gradierung, Vertikalsortierung, *graded bedding*) Schichtungsform, bei der die gröbsten Komponenten im Bereich der Basis abgelagert werden und nach oben hin die Korngröße allmählich abnimmt. Gradierte Schichtung ist typisch für Turbidite.

**Granit** (*granite*) Grobkörniges, saures Intrusivgestein aus Quarz, Kaliumfeldspat neben natriumreichem Plagioklas und Glimmer; plutonisches Äquivalentgestein des Rhyoliths.

**Granit-Grünsteingürtel** (*granite-greenstone terrain*) Bereiche massiger Granitintrusionen in archaischen Kratonen, die kleinere Muldenstrukturen umgeben, die metamorphe basische Vulkanite (Grünsteine) und vulkanosedimentäre Serien enthalten.

**Granodiorit** (*granodiorite*) Helles grobkörniges Intrusivgestein von ähnlicher Zusammensetzung wie Granit, jedoch mit deutlich überwiegendem Plagioklas gegenüber Kaliumfeldspat; plutonisches Äquivalentgestein des Dazits.

**Granulit** (*granulite*) Sammelbezeichnung für mittel- bis grobkörnige, metamorphe Gesteine, deren Kristalle miteinander verzahnt sind. Sie sind generell unter hohen Druck- und Temperaturbedingungen entstanden.

**Grat** (*arête*) Scharfer, meist gezackter Kamm eines Gebirges auf der Grenze zwischen Gletscherkaren mit nach beiden Seiten steil abfallenden Hängen; entsteht durch rückschreitende Gletschererosion der begrenzenden Karwände.

**Grauwacke** (*graywacke*) Meist dunkelgrauer Sandstein, der aus einem heterogenen Gemisch von Gesteinsbruchstücken, schlecht gerundeten Quarzen Feldspäten und einem hohen Matrixanteil besteht.

**große Vulkanprovinzen** (Flutbasaltprovinzen, *large igneous provinces,* LIP) Bereiche der Erde mit einer extrem hohen Produktionsrate an basischen Magmen, die sich in vergleichsweise kurzer Zeit über große Flächen ausgebreitet haben. Sie treten als Flutbasalte auf den Kontinenten auf, bilden jedoch auch ozeanische Plateaus sowie aseismische Rücken und dürften überwiegend auf die Front initial aufsteigender Manteldiapire zurückzuführen sein.

**Grundgebirge** (*basement*) Aus Gebirgsbildungen (Orogenesen) hervorgegangene, daher gefaltete und zum Teil metamorphe und magmatische Gesteinskomplexe eines Gebirges meist präkambrischen bis paläozoischen Alters, die von sedimentären Schichten (Deckgebirge) diskordant überlagert werden.

**Grundwasser** (*groundwater*) Die Gesamtmenge des Wassers unterhalb der ungesättigten Zone, das den Porenraum der Gesteine zusammenhängend füllt und sich unter dem Einfluss der Schwerkraft bewegt (siehe freies Grundwasser, gespanntes Grundwasser).

**Grundwasseraustritt** Natürlicher Austritt von Grundwasser in ein oberirdisches Gewässer (Effluenz).

**Grundwasserleiter** (*aquifer*) Durchlässige (permeable) Gesteinsschicht, die Grundwasser speichert und in ausreichendem Maße weiterleitet; bevorzugter Standort von Trink- und Brauchwasserbrunnen.

**Grundwasserneubildung** (*recharge*) Erneuerung des Grundwassers durch Infiltration von meteorischem Wasser oder Oberflächengewässern in den Untergrund.

**Grundwassernichtleiter** (*aquiclude*) Schicht mit sehr geringer Wasserdurchlässigkeit (Permeabilität), die bei der Bewegung des Grundwassers als Stauschicht wirkt.

**Grundwasseroberfläche** (*groundwater table*) Grenzfläche zwischen der mit Grundwasser gesättigten und der ungesättigten Zone.

**Grünschiefer** (*greenschist*) Metamorphes Gestein mit einem hohen Gehalt an den Mineralen Chlorit und Epidot (beide sind grün); bei niedrigem Druck und niedrigen Temperaturen entstanden.

**Grünstein** (*greenstone*) Sammelbezeichnung für sämtliche metamorphe oder sekundär umgewandelte basische und ultrabasische Magmatite, beispielsweise ehemalige Basalte oder Gabbros.

**Guyot** (*guyot*) Submariner Tafelberg, dessen Gipfelplattform durch Abrasion einer Vulkaninsel entstanden ist.

**Haken** (Strandhaken, *spit*) Lang gestreckter Sporn aus Sand, der aufgrund von Küstenströmungen durch Küstenversetzung dort abgelagert wird, wo die Küste abrupt zurückspringt. Der Haken steht an seinem der Strömung zugewandten Ende mit dem Festland in Verbindung. Entwickelt sich der Haken weiter, so entsteht eine lang gestreckte Landzunge (Nehrung), die eine dahinterliegende Bucht teilweise (Haff) oder völlig (Lagune) vom offenen Meer abschneidet.

**Halbwertszeit** (*half-life*) Erforderliche Zeit, bis die Hälfte eines bestimmten radioaktiven Elementes zerfallen ist.

**Hämatit** (*hematite*) An der Erdoberfläche die häufigste oxidische Eisenverbindung; wichtiges Eisenerz.

**Hängetal** (*hanging valley*) Tal eines ehemaligen Seitengletschers, dessen Talboden höher lag als der Talboden des Hauptgletschers und das daher nach dem Abschmelzen des Gletschers hoch in den Talwänden in das Tal des ehemaligen Hauptgletschers einmündet.

**Härte** (*hardness*) Maß für den Widerstand, den die Oberfläche eines Minerals der mechanischen Verletzung durch Ritzen mit einem spitzen Gegenstand entgegensetzt.

**Herdvorgang** (*fault mechanism*) Bruchbewegung an der Störung, durch die ein Erdbeben entsteht. Sie wird bestimmt durch die räumliche Orientierung der Störungsfläche und die Richtung des Verschiebungsbetrages. Je nachdem unterscheidet man zwischen Abschiebung, Auf- beziehungsweise Überschiebung und Horizontalverschiebung.

**heterotroph** (*heterotroph*) Ernährungsweise von Organismen, die als Energie- und Kohlenstoffquelle organische Substanzen benötigen, das heißt, sie ernähren sich indirekt oder direkt von autotrophen Organismen (siehe dort).

**hoch metamorpher Bereich** (*high-grade metamorphic terrain*) Bereich in den präkambrischen Kratonen, der aus hoch metamorphen Gesteinen der Granulitfazies besteht. Er entstand vor allem durch Druck, tiefe Versenkung und nachfolgender Erosion der ehemals granitischen Kruste.

**Hochdruck-Metamorphose** (*high-pressure/ultra-high-pressure metamorphism*) Metamorphose unter hohem Druck (8–12 kbar) bei vergleichsweise niedrigen geothermischen Gradienten (6–10 °C pro Kilometer). Bei Druckbedingungen zwischen 25–28 kbar und höher spricht man dagegen von Ultrahochdruck-Metamorphose. Hochdruckmetamorphose ist überwiegend an Subduktions- und Kollisionszonen gebunden.

**Höhe** (*elevation*) (1) Die relative Höhe ist der senkrechte Abstand zwischen Berggipfel und Bergfuß. (2) Die absolute Höhe entspricht der vertikalen Erhebung eines Punktes der Erdoberfläche über dem Meeresspiegel.

**Höhenlinie** (Isohypse, *contour*) Linie auf einer topographischen Karte, die benachbarte Punkte gleicher Höhenlagen jeweils miteinander verbindet.

**Horizontalverschiebung** (Seitenverschiebung, Blattverschiebung, *strike-slip fault*) Störungsform, an der ausschließlich oder überwiegend horizontal gerichtete Bewegungen im Streichen der Störung stattgefunden haben.

**Hornfels** (*hornfels*) Durch Kontaktmetamorphose unter hohen Temperaturen und niedrigem Druck entstandenes massiges, dicht- bis feinkörniges, splitterig brechendes Gestein ohne Schieferung mit einheitlicher Kristallgröße und hornsteinartiger Bruchfläche. Durch intensive Rekristallisation entstehen im unmittelbaren Kontaktbereich auch Hornfelse mit charakteristischem granoblastischem Gefüge.

**Hornstein** (*chert*) Sediment aus schlecht kristallisiertem oder extrem feinkristallinem $SiO_2$-Material, in der Regel Quarz; normalerweise chemisch oder biogen entstanden.

**Hot Spot** (*hot spot*) Magmenförderzentrum, meist am Beginn eines vom Hot Spot weg verlaufenden, zunehmend älter werdenden aseismischen Rückens (Hawaii) oder innerhalb eines Kontinents in großer Entfernung von Plattengrenzen (Yellowstone). Man geht derzeit davon aus, dass Hot Spots die Oberflächenerscheinung eines Manteldiapirs darstellen.

**Hubbert Peak** Von dem Erdölgeologen M. King Hubbert entwickelte glockenförmige Kurve, die vorhersagt, wann die Erdölproduktion eines Feldes, einer Ölprovinz oder aller Ölfelder der Erde ihren Höhepunkt erreicht und dann kontinuierlich abnimmt.

**Humus** (*humus*) Sammelbezeichnung für die im Boden angereicherten organische Stoffe aus pflanzlichen und tierischen Ausgangsprodukten, die Ab- und Umbauprozessen unterliegen. Humus verleiht dem Boden seine charakteristische dunkle Farbe.

**Hydratation** (*hydratation*) Aufnahme von Wasser durch ein Mineral, beispielsweise bei der chemischen Verwitterung, wobei an einzelne der vorhandenen Ionen Wassermoleküle angelagert werden.

**hydraulischer Gradient** (Grundwassergefälle, *hydraulic gradient*) Der hydraulische Gradient ergibt sich aus dem Verhältnis zwischen der Wasserstandsdifferenz beziehungsweise dem Druckgefälle zwischen zwei Punkten einer Grundwasseroberfläche und der Fließlänge zwischen diesen Punkten.

**Hydrogeologie** (*hydrogeology*) Teilbereich der Geologie, der sich mit den Erscheinungsformen des unterirdischen Wassers in der Erdrinde beschäftigt. Die Hydrogeologie befasst sich somit vor allem mit dem Vorkommen, den Eigenschaften und dem Verhalten von Grundwasser.

**Hydrologie** (*hydrology*) Wissenschaft, die Vorkommen, Zirkulation und Verteilung, chemische und physikalische Eigenschaften des Wassers sowie dessen Wechselwirkung mit der Umwelt auf und unterhalb der Erdoberfläche sowie die verschiedenen damit zusammenhängenden Gesetzmäßigkeiten erforscht.

**Hydrologischer Kreislauf** (*hydrologic cycle*) Der Kreislauf des Wassers vom Ozean in die Atmosphäre, über Niederschläge wieder auf die Erde zurück, durch oberirdischen Abfluss und durch das Grundwasser in die Flüsse und wieder zurück in die Ozeane.

**hydrothermale Ganglagerstätten** (*hydrothermal vein deposits*) Vergesellschaftung bestimmter Minerale, die durch hydrothermale Prozesse in Hohlräumen eines Gesteins ausgefällt worden sind.

**hydrothermale Lösung** (*hydrothermal solution*) Heiße wässrige Lösung, die entsteht, wenn zirkulierendes Grundwasser in Kontakt mit einer heißen Intrusion kommt und mit dieser reagiert. Dabei werden große Mengen an Elementen und Ionen aufgenommen. Diese reagieren miteinander, wodurch es vor allem beim Abkühlen der Lösung zur Abscheidung von Mineralen kommt. Andere hydrothermale Lösungen entstehen auch als Restlösungen bei der Abkühlung von Magmen. Sie enthalten alle Ionen, die nicht in die Kristallgitter der gesteinsbildenden Minerale aufgenommen werden und bilden oft wichtige Erzlagerstätten.

**hydrothermale Prozesse** (*hydrothermal activity*) Alle Prozesse, an denen hoch erhitzte wässrige Lösungen aus dem Untergrund beteiligt sind. Sie führen hauptsächlich zur Umwandlung und Neubildung von Mineralen sowie zur Entstehung heißer Quellen und Geysire.

**Hydrothermalgang** (*hydrothermal vein*) An Störungen oder Klüfte gebundenes Vorkommen von Mineralen, die dort aus heißen Lösungen ausgefällt wurden und daher meist große Mengen an chemisch gebundenem Wasser enthalten.

**Ignimbrit** (Schmelztuff, *volcanic ash-flow deposit*) Pyroklastisches Gestein, entsteht aus einer sehr heißen Glutwolke (Glutlawine, nuée ardente, pyroklastischer Strom), die sich mit hoher Geschwindigkeit am Boden entlang ausbreitet.

**Impaktmetamorphose** (Schockmetamorphose, *shock metamorphism*) Metamorphose, die auftritt, wenn Minerale kurzzeitig extrem hohen Drücken und lokal auch hohen Temperaturen von Schockwellen ausgesetzt sind, wie sie beim Einschlag eines Meteoriten entstehen.

**Imprägnationslagerstätte** (*disseminated deposit*) Erzlagerstätte, in der die Metalle diffus innerhalb des gesamten Gesteins verteilt sind und nicht in Gängen oder Adern konzentriert auftreten.

**Infiltration** (*infiltration*) Eindringen oder Einsickern von Wasser in Poren und Klüfte des Bodens oder der Gesteine.

**Inlandeismasse** (*continental glacier*) Dauernd vorhandene, mächtige, schildförmige Eismasse, die eine Fläche von mehr als 50 000 km$^2$ überdeckt und die sich unbeeinflusst von kleineren topographischen Erscheinungsformen des Untergrunds unter ihrem eigenen Gewicht bewegt (siehe auch Talgletscher).

**Innerer Erdkern** (*inner core*) Innerer Bereich der Erde in einer Tiefe zwischen 5 150 und 6 370 km. Er besteht aus einer Eisen- Nickellegierung und bildet eine feste metallische Kugel mit einem Radius von 1 220 km; das entspricht etwa 2/3 der Größe des Mondes. Umgeben ist dieser Bereich vom flüssigen Äußeren Erdkern.

**Inselbogen** (*island arc*) Entweder gerade oder bogenförmig angeordnete Kette von Vulkaninseln an einer konvergierenden Plattengrenze. Der Inselbogen bildet sich auf der überfahrenden Platte aus Magmen, die durch flüssigkeitsinduziertes Schmelzen im Mantelkeil über der abtauchenden Platte entstehen.

**Intensitätsskala** (*intensity scale*) Skala zur Abschätzung der Intensität von Erdbebenerschütterungen, die unmittelbar aus der Wahrnehmung und den zerstörenden Auswirkungen im Umfeld eines Erdbebens erstellt wurde und demzufolge nicht auf physikalischen Messungen beruht.

**intermediäre Gesteine** (*intermediate igneous rocks*) Magmatite, die $SiO_2$-Gehalte zwischen 52 und 65 Prozent aufweisen und damit zwischen den basischen und sauren Gesteinen liegen. Häufige Vertreter sind Andesite (vulkanisch) und Diorite (plutonisch).

**Intrusivgestein** (Plutonit, *intrusive igneous rock*) Grobkörniges magmatisches Gestein, das in großer Tiefe als Schmelze in das Nebengestein eingedrungen ist – ein Vorgang, der als Intrusion bezeichnet wird – und dort langsam erstarrte.

**Ion** (*ion*) Atom oder Molekül, das entweder Elektronen aufgenommen oder abgegeben hat und daher eine entweder positive oder negative Ladung aufweist.

**Ionenbindung** (heteropolare Bindung, *ionic bond*) Form der chemischen Bindung zwischen Ionen, typischerweise in Ionenkristallen, die auf der elektrostatischen Anziehung von Kationen und Anionen beruht.

**Isochrone** (*isochron*) Linie, die beispielsweise am Meeresboden benachbarte Punkte gleichen Alters und damit gleicher Bildungszeit miteinander verbindet.

**Isotop** (*isotope*) Atom eines Elements mit gleicher Kernladungszahl, das heißt mit gleicher Protonenzahl im Kern, aber unterschiedlicher Anzahl von Neutronen und damit unterschiedlicher Atommasse.

**isotopische Altersbestimmung** (*isotopic dating*) Quantitative Zeitbestimmung, bei der die relative Häufigkeit natürlich auftretender radioaktiver Elemente für die Altersbestimmung eines Gesteins herangezogen wird.

**Jährlichkeit** Siehe Wiederkehrzeit.

**Kalben** (*calving*) Losbrechen großer Eisblöcke von einem sich ins Meer vorschiebenden großen Gletscher. Die Eisblöcke driften dann als Eisberge über die Ozeane der höheren Breiten.

**Kalkstein** (*limestone*) Chemisch-biogenes Sedimentgestein, das durch Diagenese aus Carbonatsedimenten hervorgegangen ist und überwiegend aus Calciumcarbonat in Form des Minerals Calcit besteht.

**Kames** (*kames*) Lokal auftretende, hügel- und rückenartige Glazialbildung aus geschichtetem, grobklastischem Sedimentmaterial (fluviatile Kiese und Sande), ursprünglich als Deltaschüttung durch Schmelzwasserströme an der Gletscherfront entstanden.

**Kaolinit** (*kaolinite*) Weißes bis cremefarbenes Tonmineral, das bei der Verwitterung von Feldspat entsteht, bevorzugt in den Tropen.

**Kapazität** Siehe Transportkapazität.

**Kar** (*cirque*) Nischenartige Hohlform am oberen Ende eines Gletschertals. Es besitzt die Form eines halben Trichters, die Rückwand und die Seitenwände sind steil bis senkrecht, der Karboden ist überwiegend eben oder auch eingetieft. Nach Abschmelzen der Gletscher wird der Karboden meist von einem kleinen See (Karsee) eingenommen.

**Karstmorphologie** (*karst topography*) Unregelmäßige Oberflächenformen, gekennzeichnet durch Dolinen, Höhlen und fehlende Oberflächenentwässerung. Bevorzugt in feuchten Klimazonen, wobei im Untergrund liegende, wasserlösliche Gesteine, vor allem Kalksteine (Kalkkarst), aber auch Gips (Gipskarst), von unterirdischen Entwässerungsbahnen durchzogen werden, die ganze Flusssysteme von der Oberfläche in den Untergrund umlenken.

**Karte der Seismizität** (*seismicity map*) Karte, die die Lage der Epizentren von Erdbeben zeigt, die entweder weltweit oder im regionalen Rahmen aufgetreten sind.

**Kation** (*cation*) Positiv geladenes Ion (siehe auch Anion).

**Kernenergie** (*nuclear energy*) Die bei der Spaltung von Uran-235 frei werdende Wärmeenergie. Sie kann zur Erzeugung von Dampf und damit von elektrischer Energie nutzbar gemacht werden.

**Kern/Mantel-Grenze** (*core-mantle boundary*) Grenze zwischen Erdkern und Unterem Mantel in etwa 2 890 km Tiefe unter der Erdoberfläche, an der die Ausbreitungsgeschwindigkeit der S-Wellen von etwa 7,5 km/s auf Null und die der P-Wellen von etwas über 13 km/s auf ungefähr 8 km/s abnimmt.

**Kessel** (Soll, Toteiskessel, *kettle*) Größere oder kleinere Hohlform oder Einsenkung, entstanden in glazigenen Sedimenten, wenn Sandermaterial um einen Toteisblock herum abgelagert wurde, der später abgeschmolzen ist.

**Kiel eines Kratons** (*cratonic keel*) Teil der Lithosphäre, der sich unter den Kratonen bis in Tiefen von 100–200 km erstreckt und damit in den durch Konvektionsbewegungen gekennzeichneten Erdmantel eintaucht.

**Kieselgesteine** (*silicate rock*) Gesteine, die große Mengen freie Kieselsäure entweder organischer oder anorganischer Herkunft enthalten; sie entstehen durch biogene oder chemische Ablagerung von $SiO_2$.

**Kieselschlamm** (*silica ooze*) Pelagisches Sediment, bestehend aus den Resten winziger Organismen (Radiolarien und Diatomeen), die Gehäuse aus amorpher Kieselsäure (Bio-Opal, $SiO_2$) besitzen.

**Kissenlava** (*pillow lava*) Besondere Form von Lavaergüssen, die unter Wasser aus dünnflüssiger Lava entsteht, wobei zahlreiche kleine Lavazungen die abgekühlte Kruste durchbrechen und dann erstarren. Dies führt zu einer Gesteinsabfolge aus wulst- bis kissenartigen oder vor allem schlauchförmigen Gebilden, die an aufgetürmte Sandsäcke erinnern. Der Name leitet sich von den meist aufgeschlossenen Querschnitten ab.

**klastische Komponenten** (Klasten, *clastic particles*) Eigenständige Bestandteile eines Sediments oder Sedimentgesteins, die durch mechanische Verwitterung eines bereits vorhandenen Gesteins entstanden sind.

**klastische Sedimente** (detritische Sedimente, *clastic sediments*) Sedimente, deren Material aus der mechanischen Zerstörung bereits vorhandener, älterer Gesteine stammt und das aus Gesteinsbruchstücken (Klasten) unterschiedlicher Korngrößen besteht. Diese wurden nachfolgend durch Wasser, Eis oder Wind mechanisch verfrachtet.

**Klima** (*climate*) Der mittlere atmosphärische Zustand über einem bestimmten Standort und die für dieses Gebiet charakteristischen Witterungsvorgänge. Aufgrund der Schwankungen ist das Klima nur für längere Zeiträume von mindestens 30 Jahren definiert, die als Normalperioden bezeichnet werden.

**Klimamodell** (*climate model*) Komplexer Computer-Algorithmus zur Vorhersage der künftigen Entwicklung des globalen Klimas für einen Zeitraum von mehreren Jahrzehnten.

**Klimasystem** (*climate system*) Geosystem, das alle Komponenten und alle Wechselwirkungen dieser Komponenten des Systems Erde umfasst, die für eine Beschreibung des Klimaverhaltens in Zeit und Raum erforderlich sind.

**Kluft** (*joint*) Größere und relativ ebene Bruchfläche innerhalb eines Gesteins, an der keine Relativbewegung der beiden angrenzenden Blöcke gegeneinander stattgefunden hat.

**Kohle** (*coal*) Biogenes Sedimentgestein, das überwiegend aus den Resten höherer Landpflanzen entstanden ist und das nach der Kompaktion und Diagenese (Inkohlung) zu über 50 Prozent aus organischem Kohlenstoff besteht. Die Kohlebildung fand entweder unter paralischen (Küste) oder unter limnisch-fluviatilen Bedingungen statt.

**Kohleflöz** (*coal bed*) Kohleschicht als Sedimentationseinheit zwischen anderen Gesteinen.

**Kohlenstoffkreislauf** (*carbon cycle*) Geochemisches System, das den kontinuierlichen Kreislauf des Kohlenstoffs zwischen Atmosphäre und den anderen wesentlichen Speichern Lithosphäre, Hydrosphäre und Biosphäre beschreibt.

**Kompaktion** (*compaction*) Mechanischer Vorgang im Rahmen der Diagenese, wobei infolge zunehmender Überdeckung Volumen und Porosität eines Sediments abnehmen.

**Kompetenz eines Flusses** (*competence*) Maß für die größten Sedimentpartikel, die ein Fluss an einer bestimmten Stelle und zu einem bestimmten Zeitpunkt transportieren kann; bezieht sich jedoch nicht auf die Gesamtmenge (siehe Transportkapazität).

**Kompressionskräfte** (*compressive forces*) Kräfte, die einen Körper zusammenpressen beziehungsweise verkürzen. Kompressionskräfte treten bevorzugt an konvergierenden Plattengrenzen auf.

**Kompressionswellen** Siehe auch P-Wellen.

**Konglomerat** (*conglomerate*) Grobklastisches Sedimentgestein aus diagenetisch verfestigtem gerundetem Material der Kiesfraktion.

**konkordante Intrusion** (*concordant intrusion*) Intrusivgesteinskörper mit Kontaktflächen parallel zur Schichtung oder Schieferung des Nebengesteins (siehe auch diskordante Intrusion).

**Kontaktmetamorphose** (*contact metamorphism*) Als Folge der Temperaturzunahme in der unmittelbaren Umgebung einer Magmenintrusion stattfindende Veränderung der mineralischen Zusammensetzung und des Gefüges im Nebengestein.

**Kontinentaldrift** (*continental drift*) Horizontale Verschiebung oder Rotation der Kontinente relativ zueinander.

**Kontinentalfuß** (*continental rise*) Ausgedehntes, sanft abfallendes Gebiet, das mit einem Gefälle von weniger als 1:40 vom Kontinentalhang zur Tiefsee-Ebene überleitet.

**Kontinentalhang** (*continental slope*) Bereich des steilsten Abfalls zwischen dem Kontinentalschelf und dem Kontinentalfuß.

**Kontinentalrand** (*continental margin*) Teil des Meeresbodens, der sich von der Küstenlinie bis zum landseitigen Rand der Tiefsee-Ebene erstreckt. Er umfasst somit den Kontinentalschelf, den Kontinentalhang und den Kontinentalfuß.

**Kontinentalschelf** (*continental shelf*) Der unter Wasser liegende, flach abfallende Rand eines Kontinents, der sich normalerweise bis zu einer Wassertiefe von ungefähr 200 Metern oder allgemein bis zur Oberkante des Kontinentalhangs erstreckt.

**kontinuierliche Reaktionsreihe** (*continuous reaction series*) Reaktionsreihe, bei der zu Beginn eines bestimmten Temperaturintervalls ein diskretes Mineral auskristallisiert, dessen chemische Zusammensetzung sich aber mit fallender Temperatur verändert.

**Konvektion** (*convection*) Vorgang der Wärmeübertragung in fluiden Phasen, wobei heißes Material wegen seiner geringeren Dichte vom Boden nach oben steigt, während kühleres Material von der Oberfläche nach unten sinkt (siehe auch Wärmeleitung).

**konvergierende Plattengrenze** (*convergent plate boundary*) Plattengrenze, an der Platten miteinander kollidieren und an der entweder Kruste verkürzt und verdickt wird oder durch Subduktion eine Platte unter die andere verschwindet. Verbunden damit sind Erdbeben, Vulkanismus, Tiefseerinnen und Gebirgsbildung (siehe auch Subduktionszone).

**Konzentrationsfaktor** (Anreicherungsfaktor, *concetration factor*) Verhältnis des Prozentgehalts eines Elements innerhalb einer Lagerstätte zum durchschnittlichen Gehalt in der Erdkruste.

**Korrasion** (*sandblasting*) Form der physikalischen Verwitterung, bei der das Gestein durch den Aufprall der vom Wind verfrachteten Sandkörner abgeschliffen wird. Korrasion tritt vor allem in ariden, somit auch in periglazialen Bereichen auf und führt bei Geröllen und Steinen zur Entstehung von Windkantern.

**kovalente Bindung** Siehe gemeinsame Elektronen.

**Krater** (*crater*) Oberster, meist trichter- oder muldenförmig erweiterter Teil des Förderkanals eines Vulkans.

**Kraton** (Schild, *craton*) Teil eines Kontinents, der seit langer Zeit, meist seit dem Präkambrium oder älteren Paläozoikum, keiner stärkeren Deformation mehr unterlag. Diese Kratone zeigen überwiegend Hebungstendenz, sodass sie heute meist im Zentrum der Kontinente aufgeschlossen sind.

**Kriechen** (Gekriech, *creep*) Langsame, unter dem Einfluss der Schwerkraft hangabwärts gerichtete Massenbewegung von Boden- oder Schuttmaterial mit einer Geschwindigkeit zwischen einigen Zentimetern und Dezimetern pro Jahr.

**Kristall** (*crystal*) Materie, bei der die Atome, Ionen oder Moleküle geometrisch regelmäßig in allen Richtungen des Raumes angeordnet sind und so eine periodisch sich wiederholende Gitterstruktur bilden.

**Kristallhabitus** (Habitus, *crystal habit*) Die generelle Form eines Kristalls, beispielsweise würfelig, prismatisch, stängelig oder faserig.

**kristalliner Schiefer** (*schist*) Sammelbezeichnung für ein metamorphes Gestein, gekennzeichnet durch eine ausgeprägte Schieferung.

**Kristallisation** (*crystallization*) Bildung eines kristallinen Festkörpers mit regelmäßig angeordneten Atomen oder Molekülen aus einer Gasphase, einer Schmelze oder Lösung; beispielsweise die Bildung kristalliner Minerale aus einem Magma.

**kristalloblastisches Gestein** (granoblastisches Gestein, *granoblastic rock*) Metamorphes Gestein, in dem alle Kristalloblasten eine kornförmige Gestalt besitzen und keine bevorzugte Wachstumsrichtung zeigen. Zu den kristalloblastischen Gesteinen gehören unter anderem Hornfelse, Quarzite, Marmore, Grünsteine, Amphibolite und Granulite.

**Küste** (*coast*) Das Meer begrenzender, meist schmaler Festlandsstreifen; erstreckt sich von der unmittelbaren Strandlinie bei Ebbe landeinwärts bis zu dem Punkt, an dem eine wesentliche Veränderung in der Landschaftsform erfolgt.

**Küstenstrom** (Küstenlängsstrom, *longshore current*) Annähernd küstenparallele Strömung im Flachwasserbereich. Sie ergibt sich aus der Summe der küstenparallel ausgerichteten Komponenten der unter einem Winkel auf die Küstenlinie auflaufenden Wellen.

**Küstenversetzung** (Küstenversatz, *longshore drift*) Sedimentverlagerung entlang der Küste durch den schräg auf den Strand auflaufenden Schwall und den rückströmenden Sog der Wellen.

**Lahar** (*lahar*) Bei Vulkanausbrüchen entstehender Schlammstrom aus lockerer vulkanischer Asche, Staub, Gesteinstrümmern und Blöcken, vermischt mit Regenwasser, geschmolzenem Schnee und Eis oder mit dem Wasser eines Sees, der durch den Lavaausbruch verfüllt wird. Lahare bewegen sich je nach Hangneigung mit sehr hohen Geschwindigkeiten.

**laminare Strömung** (*laminar flow*) Strömung, bei der die Stromlinien gerade oder leicht gebogen verlaufen, aber stets parallel zueinander angeordnet sind.

**Längsdüne** (*linear dune*) Lang gestreckte, schmale, durch äolischen Transport entstandene Sanddüne, deren Längsachse parallel zur langfristig vorherrschenden Windrichtung verläuft.

**La Niña** Anomale Abkühlung in den tropischen Bereichen des Ostpazifiks, gekennzeichnet durch stärkere Passatwinde. La Niña folgt häufig einem El Niño-Ereignis.

**Laterit** (*laterite*) Stark verwitterte Böden; sie entstehen im feucht-warmen tropischen bis subtropischen Klimazonen durch rasche chemische Verwitterung der Feldspäte. Laterite sind gekennzeichnet durch eine rote bis rotbraune Farbe sowie einen hohen Gehalt an Aluminium- und Eisenoxiden beziehungsweise -oxidhydraten.

**Lava** (*lava*) Magma, das bei Vulkaneruptionen an der Erdoberfläche ausfließt.

**Leitfähigkeit** (*conduction*) Siehe auch Wärmeleitung.

**Litharenit** (*lithic sandstone*) Sandstein, bei dem der Anteil der Gesteinsbruchstücke über 25 Prozent der Sandfraktion erreicht. Je nachdem welche Gesteinsbruchstücke vorherrschen, lassen sich die Litharenite weiter differenzieren (z. B. Kalkarenit).

**Lithifizierung** (*lithification*) Bezeichnung für die Prozesse der Sedimentverfestigung, durch die ein Lockersediment in ein Festgestein übergeht.

**Lithosphäre** (*lithosphere*) Die starre, etwa 100 bis 200 km mächtige äußere Schale der Erde. Sie umschließt die Asthenosphäre und besteht aus der kontinentalen und ozeanischen Kruste sowie dem Oberen Erdmantel.

**Lockersediment** (*unconsolidated material*) Sedimentmaterial, dessen Komponenten noch nicht durch Zemente oder eine Matrix miteinander verkittet und dadurch verfestigt sind.

**Löslichkeit** (*solubility*) Maximale Menge einer Substanz, die ein Lösungsmittel bei einer bestimmten Temperatur aufnehmen kann, das heißt der Anteil des gelösten Stoffs in einer – bei der betreffenden Temperatur – gesättigten Lösung.

**Löss** (*loess*) Schichtungsloses, äolisch abgelagertes poröses Staubsediment der Siltfraktion mit einem gewissen Gehalt an Tonmineralen; je nach Herkunftsgebiet mit unterschiedlich hohem Kalkgehalt (bis zu 20 Prozent).

**Low-Velocity-Zone** (Niedriggeschwindigkeitszone, Zone niedriger Wellengeschwindigkeit) Zone im oberen Erdmantel an der Basis der Lithosphäre zwischen etwa 50 und 200 km Tiefe, die der Asthenosphäre entspricht und in der die Geschwindigkeit der S-Wellen abrupt abnimmt.

**Mäander** (*meander*) Große, bogenförmige Schlingen eines Flusslaufs, die entstehen, wenn ein Fluss das äußere Ufer, den Prallhang einer Schlinge erodiert und am inneren Ufer, am Gleithang Sediment in Form einer Sandbank ablagert.

**mafisch** (*mafic*) Bezeichnung für die dunkel gefärbten eisen- und magnesiumreichen Silicatminerale (z. B. Pyroxen, Amphibol oder Olivin). Sie sind kennzeichnend für basische und ultrabasische Gesteine.

**Magma** (*magma*) Natürlich vorkommendes, geschmolzenes Gesteinsmaterial, aus dem durch Abkühlung magmatische Gesteine oder Magmatite entstehen. Magma, das an der Erdoberfläche ausfließt, wird als Lava bezeichnet.

**Magmakammer** (*magma chamber*) Mit Magma gefüllter Hohlraum innerhalb der Lithosphäre; er entsteht durch eine aufsteigende Gesteinsschmelze, die das umgebende feste Gestein verdrängt.

**Magma-Ozean** (*magma ocean*) Bezeichnung für die vollständig geschmolzene, mehrere hundert Kilometer mächtige, geschmolzene äußere Schicht der Erde, die vor 4,5 Milliarden Jahren nach der Kollision mit einem extraterrestrischen Körper von der Größe des Mars die Erde umgab.

**magmatische Differenziation** (*magmatic differentiation*) Vorgang, bei dem aus einem einheitlich zusammengesetzten Stammmagma Gesteine unterschiedlicher chemischer Zusammensetzung hervorgehen. Die verschiedenen Minerale kristallisieren bei unterschiedlichen Temperaturen, wodurch sich die chemische Zusammensetzung des Magmas ändert, da es an denjenigen chemischen Elementen verarmt, die durch diese Kristallbildung der Schmelze entzogen werden.

**Magmatit** (*magmatite*) Gestein, das durch Erstarrung einer Gesteinsschmelze, eines Magmas, entstanden ist.

**Magnetfeld** (*magnetic field*) Magnetisches Feld, das sowohl durch elektrische Ströme als auch durch magnetisiertes Material erzeugt werden kann.

**magnetische Anomalie** (*magnetic anomaly*) Lang gestreckte schmale Streifen mit alternierender stärkerer oder schwächerer Magnetisierung auf dem Meeresboden, die parallel und nahezu vollständig symmetrisch zum Kamm der mittelozeanischen Rücken verlaufen. Der Nachweis dieses Streifenmusters war eine der wichtigsten Entdeckungen, die den Vorgang des Seafloor-Spreading bestätigte und schließlich zur Theorie der Pattentektonik führte.

**magnetischer Dipol** (*dipole*) Ein vollständiger Magnet mit zwei entgegengesetzt magnetisierten Polen.

**magnetische Zeitskala** (Zeitskala der Magnetfeldumkehr, *magnetic time scale*) Detaillierte Abfolge der Umpolungen des irdischen Magnetfelds im Verlauf der Erdgeschichte. Sie wurde durch Messung der thermoremanenten Magnetisierung an Gesteinsproben der ozeanischen Kruste und anhand von radiometrischen Altersbestimmungen der entsprechenden Gesteine ermittelt.

**Magnetostratigraphie** (*magnetic stratigraphy*) Methode der Stratigraphie, die remanent magnetisierte Gesteine in eine paläomagnetische Zeitskala einordnet, die aus den zeitlich bekannten Variationen des Erdmagnetfelds erarbeitet worden ist.

**Magnitudenskala** (*magnitude scale*) Skala für die quantitative Bestimmung der Stärke eines Erdbebens. Sie bezieht sich entweder auf den Zehnerlogarithmus der stärksten Bodenerschütterung, die beim Durchgang einer seismischen Wellenart von einem Standard-Seismographen aufgezeichnet wird (Richter-Magnitude), oder auf die unmittelbaren Vorgänge an der Bruchfläche der Störung (Moment-Magnitude).

**Manteldiapir** (*mantle plume*) Vertikale, verhältnismäßig eng begrenzte Zone von wenigen hundert Kilometern Durchmesser, in der heißes Mantelmaterial von der

Kern/Mantel-Grenze mit großer Geschwindigkeit nach oben steigt; man ist der Auffassung, dass solche Manteldiapire für Intraplattenvulkanismus verantwortlich sind.

**Maria** (*lunar maria*) Bezeichnung für die dunkel erscheinenden, tief liegenden und nahezu ebenen Areale auf der Oberfläche des Mondes. Da in diesen Maria nur wenige Krater vorhanden sind, ist davon auszugehen, dass die Maria jünger sind als die Terrae.

**Marmor** (*marble*) Granoblastisches metamorphes Gestein, entstanden durch Regional- oder Kontaktmetamorphose von Kalksteinen oder Dolomiten. In der Natursteinindustrie bezeichnet man alle schleif- und polierfähigen Kalksteine als Marmor.

**Massenaussterben** (*mass extinction*) Aussterben in großem Umfang in einem vergleichsweise kurzen Zeitraum von wenigen Millionen Jahren, wobei als Folge eine große Anzahl von Organismenarten aus der geologischen Überlieferung verschwindet.

**Massenbewegung** (*mass movement*) Hangabwärts gerichtete Verlagerung von Boden- und Gesteinsmaterial unter dem Einfluss der Schwerkraft.

**Massentransport** (*mass wasting*) Sammelbegriff für die Verfrachtung von lockerem Gesteinsmaterial durch ein Transportmittel, das heißt durch Wasser, Wind oder Eis.

**Materialfluss** Siehe Stofffluss.

**Mélange, tektonische** (*mélange*) Gesteinskomplex, der an konvergierenden Plattengrenzen auftritt. Er besteht aus einem ungeschichteten, intensiv zerscherten, chaotischen Gemisch sehr heterogener Gesteine. Bruchstücke unterschiedlichster Zusammensetzung, Dimension und Gefüge werden durchmischt und durch ungeheuer große Kräfte der Deformation verfestigt.

**Mercalli-Skala** (*Mercalli intensity scale*) Maß für die Erdbebenintensität, ermittelt anhand der beobachteten makroseismischen Auswirkungen auf Bevölkerung und Bauwerke – nicht anhand der tatsächlichen Stärke. Sie reicht von der Intensität I (vom Menschen nicht wahrnehmbar) bis XII (nahezu völlige Zerstörung).

**Mesa** (*mesa*) Bezeichnung für eine weitgehend ebene Hochfläche, begrenzt von steilen Wänden; die Hochfläche wird von mehr oder weniger horizontal lagernden, verwitterungsresistenten Gesteinsschichten gebildet.

**metallische Bindung** (*metallic bond*) Form der kovalenten Bindung, bei der frei bewegliche Elektronen allen Atomen gemeinsam angehören und zwischen den Ionen der Metalle verteilt sind, wobei die Metalle die Tendenz haben, Elektronen abzugeben und in Form von Kationen aufzutreten.

**Metamorphite** (metamorphe Gesteine, *metamorphic rock*) Gesteine, deren ursprüngliche mineralogische Zusammensetzung und Gefüge durch die Einwirkung von Druck und Temperatur sowie untergeordnet durch die Abgabe oder Aufnahme chemischer Komponenten verändert worden ist.

**metamorphe Fazies** (*metamorphic facies*) Charakteristische Mineralvergesellschaftung in metamorphen Gesteinen, die jeweils für einen bestimmten Druck- und Temperaturbereich kennzeichnend sind, dem die Gesteine im Verlauf der Metamorphose ausgesetzt waren.

**Metamorphose** (*metamorphism*) Mineralogische und texturelle Umwandlung von Festgesteinen in festem Zustand unter den im Erdinneren herrschenden physikalisch-chemischen Bedingungen. Die dadurch entstehenden Gesteine werden als metamorphe Gesteine oder Metamorphite bezeichnet.

**Metasomatose** (*metasomatism*) Änderung der chemischen Zusammensetzung eines Gesteins durch Zufuhr oder Abtransport chemischer Substanzen in gelöster Form unter meist erhöhten Temperaturen.

**meteorisches Wasser** (*meteoric water*) Niederschlagswasser aus der Atmosphäre (Regen, Schnee, Tau, Nebel, Hagel- und Graupelschauer), das bereits am Wasserkreislauf teilgenommen hat.

**Meteorit** (*meteorite*) Kleinerer kosmischer Körper, der in den Anziehungsbereich der Erde gelangt, den Flug durch die Erdatmosphäre überdauert und schließlich auf der Erde aufschlägt. Die meisten Meteorite sind Bruchstücke von Asteroiden, die aus Kollisionen im Asteroidengürtel entstanden sind. Je nach Zusammensetzung unterscheidet man Steinmeteorite, Steineisenmeteorite und Eisenmeteorite.

**Migmatite** (*migmatites*) Makroskopisch außerordentlich heterogene Gesteinsgruppe mit zum Teil metamorphem, zum Teil magmatischem Gefüge. Migmatite entstehen wahrscheinlich im Übergangsbereich von metamorph zu magmatisch bei Anwesenheit von Wasser und ohne vollständige Aufschmelzung.

**Mikroben** (Mikroorganismen, *microbes*) In der Regel einzellige Kleinstlebewesen, die meist nur unter dem Mikroskop erkennbar sind. Zu dieser Organismengruppe gehören Bakterien, einige Pilze und Algen sowie die Protozoen.

**Mikrobenmatte** (*microbial mat*) Geschichtete Lebensgemeinschaft von mikrobielle Matten bildenden Organismen, oftmals Cyanobakterien-Gemeinschaften, die vor allem in flachen subtidalen bis supratidalen Bereichen wie Wattgebieten, übersalzenen Lagunen, aber auch in Thermalquellen auftreten.

**Mikrofossilien** (*microfossils*) Fossilien, überwiegend Protozoen, die meist kleiner sind als ein Millimeter und daher lediglich unter dem Mikroskop untersucht werden können. Die ältesten überlieferten Hinweise auf Mikrofossilien – und damit auf Leben – sind winzige Fäden, die von der Größe und Erscheinungsform rezenten Mikroorganismen entsprechen. Sie sind in präkambrischen Kieselsedimenten überliefert.

**Mikroplatte** (Terran, *microplate terrane*) Tektonisch umgrenzter Bereich innerhalb eines Orogengürtels, der Gesteinsparagenesen enthält, die in scharfem Gegensatz zu den umliegenden Gebieten stehen. Dieses Phänomen führte zur Annahme, dass es sich bei diesen Gebieten um kleinere Bruchstücke von Kontinenten oder auch um ehemalige Tiefseeberge oder Inselbögen handelt, die an einer konvergierenden Plattengrenze an einen größeren Kontinent angeschweißt worden sind.

**Milankovitch-Zyklus** (*Milankovitch cycle*) Von M. Milankovitch zuerst erkannte astronomisch bedingte zeitvariante Veränderungen der Erdbahnelemente, die zu periodischen Schwankungen der Sonneneinstrahlung führen. Folgende Faktoren beeinflussen die Sonneneinstrahlung (1) die Exzentrizität der Erdumlaufbahn (Abweichung der Erdbahn von einer Kreisbahn), (2) die Schiefe der Ekliptik (Neigung der Rotationsachse der Erde gegen die Senkrechte zur Umlaufbahn) und (3) die Präzession (kreiselartige Drehung der Erdachse um die Senkrechte auf der Erdbahnebene).

**Mineral** (*mineral*) Natürlich vorkommender, meist anorganischer, stofflich einheitlicher, meist kristalliner Festkörper bestimmter chemischer Zusammensetzung.

**Mineralogie** (*mineralogy*) Wissenschaft von der Zusammensetzung, Struktur, Erscheinungsform, Stabilität, dem Vorkommen, der Verwendung und der Vergesellschaftung der Minerale. Die Mineralogie eines Gesteins ist die im Gestein auftretende Mineralparagenese (Mineralvergesellschaftung).

**mittelozeanischer Rücken** (*mid-ocean ridge*) Großräumige, lang gestreckte Struktur am Meeresboden mit einer Gesamtlänge zwischen 200 und 20 000 km; besteht aus zahlreichen kleineren, gegeneinander an Transformstörungen versetzten Segmenten. Ein mittelozeanischer Rücken tritt an divergierenden Plattengrenzen auf, dem Bereich, an dem zwei Platten auseinander driften und neue ozeanische Lithosphäre entsteht.

**Modifikation** (*polymorph*) Eine von zwei oder mehreren möglichen Kristallstrukturen einer chemischen Verbindung; beispielsweise sind die Minerale Calcit und Aragonit Modifikationen von Calciumcarbonat ($CaCO_3$).

**Mohorovičić-Diskontinuität** (Moho, *Mohorovičić discontinuity*) Seismische Unstetigkeitsfläche und gleichzeitig Grenze zwischen Kruste und Mantel in einer Tiefenlage zwischen 5 und etwa 45 km, gekennzeichnet durch eine sprunghafte Geschwindigkeitszunahme seismischer P-Wellen von 6,5 auf Werte über 8 km/s.

**Mohs'sche Härteskala** (*Mohs scale of hardness*) Empirisch ermittelte Reihe von Mineralen mit zunehmender Ritzhärte, bei der jeweils das folgende Mineral das vorangehende an Ritzhärte übertrifft.

**Moment-Magnitude** (*moment magnitude*) Maß für die Erdbebenstärke, ermittelt als das Produkt aus Bruchfläche, dem mittleren Verschiebungsbetrag an der Störungsfläche und dem Schermodul des Gesteins im Herdgebiet.

**Moräne** (*moraine*) Bezeichnung für glazigene Ablagerung aus Geschiebematerial an den Rändern oder unter einer Eismasse. Man unterscheidet hierbei vor allem Grundmoräne, Seitenmoräne, Mittelmoräne und Endmoräne.

**Morphologie** (Landform, *landform*) Umfasst alle charakteristischen Reliefformen der Erdoberfläche, deren Gestalt, Anordnung und Entwicklung auf überwiegend exogene Prozesse der Erosion und Sedimentation zurückzuführen sind, beispielsweise Berge und Täler.

**Mulde** (*syncline*) Eine Einsenkung der Schichten mit nach oben divergierenden Flanken, sodass die jüngeren Schichten im Kern auftreten (Gegenteil: Sattel).

**Muttergestein** (*source bed, source rock*) Sediment oder Gestein mit einem hohen Anteil an biogenem Material, in dem sich bei der Überdeckung und Versenkung durch Erwärmung Öl oder Erdgas bildet. Die häufigsten Muttergesteine sind die an organischem Material reichen Schwarzschiefer oder bituminöse Kalke. Das Wandern von Erdöl und Erdgas vom Mutter- zum Speichergestein wird als Migration bezeichnet.

**Mylonit** (*mylonite*) Überwiegend feinkörniges, dichtes metamorphes Gestein mit Paralleltextur, das häufig an tektonischen Bewegungsflächen, besonders an der Basis großer Überschiebungsdecken auftritt und durch die Zerscherung und Deformation im Zuge der tektonischen Bewegungen mit nachfolgender Verfestigung entsteht.

**Nachbeben** (*aftershock*) Schwaches Erdbeben, das dem größten Erdbeben einer Serie innerhalb von Tagen bis Jahren folgt.

**nachgewiesene Reserven** (*proven reserves*) Siehe Reserven.

**nachhaltige Entwicklung** (*sustainable development*) Eine Entwicklung, die den gegenwärtigen Bedürfnissen gerecht wird und dabei die eigene Zukunftsfähigkeit garantiert, ohne die Lebenschancen künftiger Generationen zu gefährden.

**natürliche Auslese** (natürliche Selektion, *natural selection*) Der natürliche Fortpflanzungserfolg verschiedener Phänotypen, der sich aus der Wechselbeziehung zwischen den Organismen und ihrer Umwelt ergibt und für die Bildung neuer, optimal angepasster Arten verantwortlich ist.

**Nebenfluss** (*tributary*) Fluss niedrigerer Ordnung, der in einen größeren Fluss oder Strom einmündet.

**Nebengestein** (*country rock*) Gestein, in das ein Intrusivgestein eingedrungen ist oder das eine Lagerstätte umgibt.

**Nebular-Hypothese** (*nebluar hypothesis*) Auf Immanuel Kant und Pierre Simon de Laplace zurückgehende Theorie, dass unser Sonnensystem aus einer den Raum des Sonnensystems einnehmenden langsam rotierenden einheitlichen kosmischen Gas- und Staubwolke (dem Sonnennebel) entstanden ist, die nachfolgend durch gravitative Kräfte kontrahierte und sich zur Sonne und den Planeten weiterentwickelt hat.

**negativer Rückkopplungseffekt** (*negative feedback*) Prozess, bei dem ein Vorgang eine Wirkung auslöst (die Rückkopplung), die auf den ursprünglichen Prozess abschwächend wirkt und diesen auf einer niedrigeren Geschwindigkeit oder Intensität stabilisiert.

**Neutron** (*neutron*) Elektrisch neutrales Teilchen innerhalb des Atomkerns mit der Masse eines Protons.

**nicht erneuerbare Energiequelle** (*nonrenewable energy source*) Energiequelle, die durch geologische Prozesse mit einer Geschwindigkeit gebildet wird, die geringer ist als die Geschwindigkeit, mit der sie aufgebraucht wird. Beispiel hierfür sind die fossilen Brennstoffe.

**Niederschlag** (*precipitation*) Bezeichnung für das gesamte aus der Atmosphäre auf die Erdoberfläche gelangende Wasser. Der flüssige Niederschlag fällt als Regen oder schlägt sich als Tau, Reif oder Nebel nieder, der feste Niederschlag gelangt als Schnee, Schneeregen, Hagel oder Graupel auf die Erde. Die jährlichen Niederschlagsmengen schwanken von wenigen Millimetern in Wüsten bis zu einigen Metern in den humiden Tropen.

**Niederschlag [chemisch]** (*precipitate*) Bezeichnung für den beim Ausfällen aus einer Lösung sich abscheidenden feinverteilten Feststoff, der sich nach Überschreiten einer bestimmten Korngröße aufgrund seiner höheren Dichte gegenüber der Lösung absetzt.

**niedriggradige Metamorphose** (Versenkungsmetamorphose, *low grade metamorphism, burial metamorphism*) Form der Regionalmetamorphose, bei der die in große Tiefe versenkten Sedimentgesteine ohne Deformation, sondern lediglich durch den steigenden Druck der überlagernden Sedimente und Sedimentgesteine und durch die Zunahme der Temperatur, die mit der Versenkung in größere Tiefe verbunden ist, in Metamorphite übergehen.

**Nipptide** (*neap tide*) Gezeitenphase mit relativ geringem Unterschied des Wasserstandes zwischen Ebbe und Flut, die zweimal pro Monat auftritt, wenn Mond und Sonne im rechten Winkel, das heißt in Quadratur stehen, somit im ersten und letzten Viertel des Mondes (siehe: Springflut).

**Oberflächenspannung** (*surface tension*) Anziehungskräfte zwischen den Molekülen an Oberflächen, zum Beispiel bei Flüssigkeiten.

**Oberflächenwellen** (*surface waves*) Seismische Wellen, die sich mit Geschwindigkeiten zwischen 2,5 und 4,5 km/s entlang der Erdoberfläche ausbreiten und daher deutlich später eintreffen als P- und S-Wellen.

**Obsidian** (*obsidian*) Dunkles vulkanisches Gesteinsglas mit saurem bis intermediärem Chemismus.

**Ökosystem** (*ecosystem*) Biotisches System, das alle Organismen innerhalb eines bestimmten Gebiets sowie die abiotischen Faktoren umfasst, mit denen sie in Wechselbeziehung stehen; eine Lebensgemeinschaft und ihre Umwelt.

**Ölfalle** (*oil trap*) Siehe Erdölfalle.

**Ölschiefer** (*oil shale*) Dunkler Schieferton, der große Mengen organisches Material enthält, das fest an das Gestein gebunden ist und daraus wieder durch Zerkleinerung und Erhitzung (auf etwa 500 °C) in gasförmigem

Zustand freigesetzt werden kann, woraus bei Abkühlung ein dem Erdöl ähnliches Kondensat gewonnen wird.

**Ophiolith-Komplex** (Ophiolith-Abfolge, *ophiolite suite*) Gesteinsassoziation, die für die ozeanische Lithosphäre kennzeichnend ist, heute jedoch infolge Obduktion (Aufschiebung) auf den Kontinenten auftritt. Sie besteht von oben nach unten aus (1) Tiefsee-Sedimenten, (2) meist als Pillow-Basalte ausgebildeten basischen Vulkaniten, (3) einem Komplex aus Ganggesteinen, der oft vollständig aus ineinander intrudierten basischen Gängen besteht, (4) basischen Intrusivgesteinen wie etwa Gabbros und (5) schließlich aus ultrabasischen Gesteinen. Diese ideale Abfolge ist selten vollständig entwickelt; infolge tektonischer Zerscherung können Teile der Abfolge fehlen.

**Ordnungszahl** (Kernladungszahl, *atomic number*) Anzahl der Protonen im Atomkern, sie gibt die Position eines Elements im Periodensystem der Elemente an.

**Orogen** (Kettengebirge, *orogen*) Lang gestreckter, oft bogenförmiger Gebirgszug, dessen Bau durch Strukturen der Einengungstektonik gekennzeichnet ist. Orogene entstehen an aktiven Kontinentalrändern und weisen eine durch tektonischen Zusammenschub und durch magmatische Prozesse hervorgerufene Krustenverdickung auf.

**Orogenese** (*orogeny*) Tektonischer Prozess, in dessen Folge es in großen Gebieten zu Faltungsvorgängen, Überschiebungen, Metamorphose und Magmenintrusionen kommt. Die Orogenese endet mit der Heraushebung und der Bildung von Gebirgen im morphologisch-topographischen Sinne.

**Oser** (*esker*) Glazigene Bildung in Form eines wallartigen, lang gestreckten, gewundenen Rückens aus gut gerundeten und geschichteten Schottern, entstanden aus den Ablagerungen eines in Hohlräumen unter dem Gletschereis fließenden Schmelzwasserflusses.

**Oxidation** (*oxidation*) Chemische Reaktion, bei der ein Element Elektronen abgibt und dadurch eine höhere positive Ladung erreicht.

**Ozeanbodenmetamorphose** (Hydrothermal-Metamorphose, *seafloor metamorphism*) Form der Metamorphose, die an die mittelozeanischen Rücken gebunden ist. Dabei kommt es durch physikalische und chemische Wechselwirkungen mit dem auf Klüften und Schwächezonen in große Tiefen der ozeanischen Kruste eindringenden Meerwasser zu metasomatischen Stoffumlagerungen und damit zu Änderungen der chemischen Zusammensetzung des Gesamtgesteins.

**Ozon** (*ozone*) Aus drei Sauerstoffatomen bestehendes giftiges Molekül des Sauerstoffs ($O_3$), das in der Stratosphäre ultraviolette Strahlung absorbiert, das aber in der Nähe der Erdoberfläche Bestandteil von Smog ist.

**Ozonabbau** (*ozone depletion*) Sammelbegriff für die physikalisch-chemischen Prozesse, durch die in der Stratosphäre die Ozonschicht zerstört oder in ihrer Mächtigkeit reduziert wird. Dieser Abbau der Ozonschicht erfolgt in der Stratosphäre durch photochemische Reaktionen von Ozon mit den durch den Menschen in die Atmosphäre freigesetzten Fluorchlorkohlenwasserstoffen (FCKW). Die in der Stratosphäre vorhandene Ozonschicht („Ozonosphäre“) bildet einen Schutzschild, der die Erde vor der zellschädigenden UV-Strahlung schützt.

**Pahoehoe-Lava** (Stricklava, Fladenlava, *pahoehoe*) Basaltlava mit einer glasigen, glatten und oftmals in Stränge oder Wülste gegliederten Oberfläche der erstarrten Haut eines dünnflüssigen Lavastroms.

**Paläomagnetismus** (*paleomagnetism*) Die remanente Magnetisierung, die in ferromagnetischen Mineralen und damit auch in den Gesteinen festgehalten ist. Der Paläomagnetismus ermöglicht die Rekonstruktion der Intensität und Richtung des ehemaligen Erdmagnetfelds und auch der ehemaligen Lage der Kontinente.

**Paläontologie** (*palaeontology*) Wissenschaft, die sich mit der Erforschung der tierischen und pflanzlichen Lebensformen der erdgeschichtlichen Vergangenheit und ihrer Evolution befasst.

**Pangaea** (Pangäa, *Pangaea*) Großkontinent, der im höheren Paläozoikum durch Zusammenschluss aller Kontinente entstanden ist und in dem auch alle heute vorhandenen Kontinente vereint waren. Der Zerfall von Pangaea begann im Mesozoikum, wie aus paläomagnetischen und anderen Daten abgeleitet werden kann.

**Parabeldüne** (*blowout dune*) Parabelförmige, äolisch entstandene Dünenform mit konkaver Luvseite und meist lang gezogenen Sichelenden. Parabeldünen entstehen in typischer Weise auf den Dünenfeldern hinter dem Strand.

**partielles Schmelzen** (Anatexis, *partial melting*) Vorgang, bei dem eine Gesteinsmasse durch Erwärmung partiell zu schmelzen beginnt, das heißt, es bilden sich in festen Gesteinen Schmelzphasen neben nicht aufgeschmolzenen Anteilen. Zum partiellen Schmelzen kommt es, weil die verschiedenen, im Gestein auftretenden Minerale unterschiedliche Schmelztemperaturen haben.

**passiver Kontinentalrand** (*passive margin*) Kontinentalrand, der aufgrund divergierender Plattenbewegungen nur eine geringe tektonische Beanspruchung erfährt. Kennzeichnend für passive Kontinentalränder sind mächtige, weitgehend horizontal lagernde Flachwassersedimente.

**Pediment** (*pediment*) Nahezu eingeebnete, flach geneigte Erosionsfläche auf Festgesteinen. Sie bildet im ariden bis semiariden Klima den flachen Anstieg vor einem Gebirgsrand und kann lokal von geringmächtigen fluviatilen Sedimenten überdeckt sein.

**Pegmatit** (*pegmatite*) Ganggestein meist granitischer Zusammensetzung mit extrem großen Kristallen. Weitere Kennzeichen sind die oft in erheblicher Menge auftretenden Minerale seltener Elemente. Viele Pegmatite sind wertvolle Lagerstätten seltener Elemente (z. B. Li, Be, Nb, Ta, Hf, Ga usw.).

**pelagisches Sediment** (*pelagic sediment*) Sediment der Hochsee, bestehend aus feinkörnigem Detritus, der langsam aus den oberflächennahen Wasserschichten zu Boden sinkt. Häufige Sedimenttypen sind Tone, Foraminiferen- und Radiolarienschlämme.

**Peridotit** (*peridotite*) Grobkristallines ultrabasisches Tiefengestein, das im Wesentlichen aus Olivin mit geringen Gehalten an Pyroxen, Amphibol oder Glimmer besteht. Peridotite bilden den Hauptbestandteil des Oberen Erdmantels und sind die Ausgangsgesteine der basaltischen Schmelzen.

**Periode [geologisch]** (*period*) Die am häufigsten verwendete geologische Zeiteinheit; bildet die Untereinheit einer Ära.

**Periode [physikalisch]** (*period*) Zeitintervall zwischen der Ankunft zweier aufeinander folgender Wellenberge eines homogenen Wellenzuges.

**Permafrost** (Dauerfrost, *permafrost*) Dauernd gefrorener Untergrund, der im kurzen Sommer nur oberflächlich auftaut. Permafrost ist auf die polaren, subpolaren und die nivalen Klimabereiche der Hochgebirge beschränkt; er prägt die Tundren der Erde, die nordostsibirische Taiga und die höheren Regionen der Gebirge und Hochländer.

**Permeabilität** (*permeability*) Durchlässigkeit und Leitfähigkeit eines Gesteins oder Gesteinsverbands für Grundwasser oder andere Fluide durch Poren oder auf Klüften.

**Phasenübergang** (*phase change*) Übergang einer Mineralphase infolge zunehmenden Drucks in eine enger gepackte, dichtere Kristallstruktur ohne Änderung der chemischen Zusammensetzung; im Bereich des Erdmantels erkennbar an einer sprunghaften Zunahme der Geschwindigkeit von seismischen Wellen.

**Phosphorit** (*phosphorite*) Sedimentgestein, das überwiegend aus kryptokristallinem Calciumphosphat besteht – normalerweise einer Varietät des Minerals Apatit – und hauptsächlich in Form von knolligen oder traubigen Konkretionen auftritt. Wichtigstes Mineral unter den Phosphorverbindungen und Ausgangsprodukt zur Herstellung von elementarem Phosphor.

**Photosynthese** (*photosynthesis*) Biochemisch-physiologischer Prozess, bei dem von pflanzlichen Organismen aus Kohlendioxid und Wasser mithilfe von Chlorophyll und unter Nutzung der Energie des Sonnenlichts organische Verbindungen (Kohlehydrate) aufgebaut werden. Als „Nebenprodukte“ werden bei diesem Prozess Wasser und Sauerstoff frei (siehe Atmung).

**phreatische Eruption** (*phreatic explosion*) Plötzlicher Vulkanausbruch, im Wesentlichen von Wasserdampf, Schlamm und Schuttmaterial, hervorgerufen durch die Ausdehnung von Wasserdampf, der entsteht, wenn Magma mit Grundwasser in Kontakt kommt.

**Phyllit** (*phyllite*) Metamorphes Gestein, das vom Metamorphosegrad her zwischen Tonschiefer und Glimmerschiefer steht. Kleine Glimmerkristalle aus Muskovit verursachen auf den Schieferungsflächen einen seidigen Glanz.

**physikalische Verwitterung** (*physical weathering*) Vorgang der Verwitterung, bei dem festes Gestein ohne Änderung der chemischen Zusammensetzung mechanisch zerstört und dabei in immer kleinere Bruchstücke zerlegt wird.

**Planetesimal** (*planetesimal*) Durch Kollision und Koagulation kosmischer Staubpartikel entstandene größere Partikel aus zusammengeballter, schwer flüchtiger Materie, die in den verschiedenen Zonen des Sonnensystems eine unterschiedliche Zusammensetzung hatten. Durch die Akkretion dieser kleinen und kleinsten Planetesimale entstanden schließlich die Planeten. Zeugen dieser Akkretion sind möglicherweise die mit Einschlagkratern übersäten Oberflächen einiger Planeten und Monde unseres Sonnensystems.

**plastisches Fließverhalten** (*plastic flow*) (1) Bruchlose bleibende Deformation eines Stoffs. (2) Alle kleineren Bewegungen der Eiskristalle eines Gletschers, die insgesamt schließlich zu einer Bewegung der Eismasse führen.

**Plateau** (*plateau*) Ausgedehnte Hochfläche mit deutlichem Abfall gegen das niedrigere Umland.

**Platte** (*plate*) Lithosphärenkörper, der gegen seine Nachbarplatten deutlich abgegrenzt ist und als geschlossene Einheit auf der Asthenosphäre schwimmt.

**Plattentektonik** (*plate tectonics*) Theorie, die besagt, dass die Lithosphäre der Erde in etwa ein Dutzend größere Platten zerbrochen ist, die sich über die Erdoberfläche bewegen. Jede dieser Platten verhält sich als eigenständige starre Einheit, die auf der Asthenosphäre schwimmt, die ebenfalls in Bewegung ist. Mit dieser Theorie lassen sich Seismizität, Vulkanismus, Gebirgsbildung sowie die Erscheinung des Paläomagnetismus durch Plattenbewegungen erklären.

**Plattform** (*platform*) Mit Sediment bedeckter, im Präkambrium gefalteter und seitdem tektonisch weitgehend stabiler, nahezu ebener Bereich eines Kontinents (z. B. russische Plattform).

**Playa** Siehe Salztonebene.

**Playa-See** Siehe Salzsee.

**Pluton** (*pluton*) Bezeichnung für Tiefengesteinskörper von erheblicher Größe (bis zu mehreren hundert Kilometern Durchmesser); häufig aus Granit.

**plutonisch** (*plutonic*) Bezieht sich auf Magmentätigkeit in der tieferen Kruste, das Magma steigt nicht bis an die Erdoberfläche auf (Gegensatz: vulkanisch).

**Plutonismus** (*plutonism*) Oberbegriff für alle Vorgänge, die mit dem Aufstieg und der Platznahme von Magmen innerhalb der Kruste zusammenhängen.

**Porosität** (*porosity*) Der prozentuale Anteil des Porenraums am Gesamtvolumen eines Gesteins, das heißt der Raum, der nicht von Mineralkörnern eingenommen wird.

**Porphyr** (*porphyry*) Vulkanit, der in großer Zahl meist gut ausgebildete Kristalle als Einsprenglinge in einer dichteren, kleinkörnigen Grundmasse enthält.

**Porphyroblast** (*porphyroblast*) Große Kristallneubildung mit Kristallflächen oder gerundetem Umriss in einer dichten, feinerkörnigen Matrix in metamorphen Gesteinen; gleicht vom Aussehen her den Einsprenglingen eines Magmatits.

**positive Rückkopplung** (*positive feedback*) Prozess, bei dem ein Vorgang eine Wirkung auslöst (die Rückkopplung), die auf den ursprünglichen Prozess verstärkend wirkt und diesen auf einer höheren Geschwindigkeit oder Intensität stabilisiert.

**Prinzip der Faunenabfolge** (*principle of faunal succession*) Das Prinzip besagt, dass die Schichten der Sedimentgesteine Fossilien in einer bestimmten Reihenfolge enthalten.

**Prinzip der horizontalen Lagerung** (*principle of original horizontality*) Die Annahme, dass die Schichtung aller Sedimente zum Zeitpunkt der Ablagerung weitgehend horizontal verläuft.

**Prinzip der Isostasie** (*principle of isostasy*) Vorgang, durch den Krustenbereiche aufsteigen oder absinken, bis sich die Masse ihrer Oberflächenformen im hydrostatischen oder Schwimmgleichgewicht befindet, ausgeglichen je nach Gewicht durch die entsprechende Mächtigkeit der darunter liegenden Kruste, die auf dem dichteren Mantel schwimmt. Diese Theorie besagt, dass die Kontinente und Gebirge mit ihren leichten Gesteinen durch besonders tiefe „Wurzeln" in das Unterlager mit hoher Dichte eindringen und dadurch gestützt werden.

**Prinzip der Überlagerung** (*principle of superposition*) Das Prinzip besagt, dass (mit Ausnahme extrem deformierter Schichten) eine Schicht, die über einer anderen folgt, stets die jüngere ist.

**Proton** (*proton*) Elementarteilchen im Atomkern mit einer positiven Ladung von $1{,}602 \cdot 10^{-19}$ Coulomb und der Masse von 1 836 Elektronen.

**P-Wellen** (Kompressionswellen, Longitudinalwellen, *P-waves*) Die zuerst ankommenden und damit schnellsten Wellen, die bei einem seismischen Ereignis das Gestein durchlaufen und aus Kompressionen und Dilatationen des Materials bestehen; die Bodenteilchen schwingen dabei in der Fortpflanzungsrichtung der Wellen hin und her.

**Pyroklasten** (*pyroclasts*) Oberbegriff für vulkanisches Lockermaterial, das bei der Eruption durch Fragmentierung der Schmelze entstanden ist. Pyroklasten bestehen aus Kristallen, Kristallbruchstücken, Gesteinsglas und Gesteinsbruchstücken.

**pyroklastischer Strom** (*pyroclastic flow*) Eine Mischung aus vulkanischer Asche, Bruchstücken von vulkanischen Gesteinen und Gasen, die sich bei einem Vulkanausbruch mit hoher Geschwindigkeit vom Eruptionszentrum weg hangabwärts ausbreitet.

**pyroklastisches Gestein** Siehe vulkanoklastisches Gestein

**Pyroxengranulit** (*pyroxene granulite*) Grobkristallines regionalmetamorphes Gestein, das Pyroxen enthält und bei hohen Temperaturen und Drücken in den tieferen Stockwerken der Erdkruste entstanden ist.

**Quad** (*quad*) Energieeinheit; entspricht $10^{15}$ British Thermal Units (BTU), 1 BTU = 1,055 · $10^3$Joule.

**Quarzit** (*quartzite*) Sehr hartes, meist hell gefärbtes metamorphes Gestein ohne Schieferung, entstanden aus einem Sandstein und folglich mit einem hohen Gehalt an Quarz (> 90%). Als Zementquarzit bezeichnet man ein Sedimentgestein mit einem hohen Gehalt an Quarzkörnern und mit Quarz als Bindemittel.

**Quarzsandstein** (Quarzarenit, *quartz arenite*) Sandstein, dessen Komponenten zu über 90 Prozent aus Quarzkörnern bestehen, die in der Regel gut gerundet und sortiert sind. Quarzsandsteine sind typisch für hochenergetische flachmarine Ablagerungsräume und für Wüsten.

**Querdüne** (*transverse dune*) Sammelbezeichnung für Dünenformen, deren Längsachsen senkrecht zur vorherrschenden Windrichtung oder Strömungsrichtung verlaufen. Die der Strömung zugewandte Seite (Luvseite) steigt flach an, die dem Wind abgewandte Seite (Leeseite) ist steiler geneigt und entspricht dem natürlichen Böschungswinkel.

**radiales Flusssystem** (radiales Entwässerungssystem, *radial drainage*) Flusssystem, das in einem radialen Muster vom Zentrum einer mehr oder weniger runden Erhebung, wie etwa einem Vulkan oder einer tektonischen Aufwölbung, nach außen verläuft.

**Radiation** (*radiation*) Die relativ rasche Entstehung und Ausbreitung neuer Organismengruppen, ausgehend von einem gemeinsamen Vorfahren.

**Radioaktivität** (*radioactivity*) Die Eigenschaft von Atomkernen bestimmter (radioaktiver) Elemente, unter Aussendung energiereicher Teilchen und/oder Strahlung spontan zu zerfallen.

**radiometrische Altersbestimmung** (*radiometric dating*) Methode zur Ermittlung des Alters geologischer Materialien durch Messung der relativen Häufigkeiten der darin enthaltenen radioaktiven Mutterisotope und Tochterprodukte.

**Reaktionsreihe** (*reaction series*) Reihe von chemischen Reaktionen, die bei der Abkühlung eines Magmas auftreten, durch die ein bei hohen Temperaturen gebildetes Mineral in der Schmelze wieder instabil wird und mit der Schmelze unter Bildung eines Minerals mit anderem Chemismus reagiert.

**rechtwinkliges Flusssystem** (rechtwinkliges Entwässerungssystem, *rectangular drainage*) Flusssystem, bei dem jeder gerade Abschnitt eines jeden Flusses einer von zwei zueinander senkrecht stehenden tektonischen Richtungen folgt, wobei die Laufstrecken normalerweise Klüften folgen.

**Regenschatten** (*rain shadow*) Bereich geringer Niederschläge auf der von der Hauptwindrichtung abgewandten Leeseite von Gebirgen, entsteht durch das Abregnen der Wolken beim Aufstieg.

**Regionalmetamorphose** (*regional metamorphism*) Metamorphose, die große Gebiete erfasst und durch tiefe Versenkung oder starke tektonische Kräfte in der Erde verursacht wird.

**relative Luftfeuchtigkeit** (*relative humidity*) Die in der Luft vorhandene Menge an Wasserdampf, angegeben in Prozent der Höchstmenge, die von der Luft bei Sättigung aufgenommen werden kann. Beträgt beispielsweise die relative Luftfeuchtigkeit 50 Prozent und die Temperatur 15 °C, beträgt die Menge an Feuchtigkeit die Hälfte der maximalen Menge, die Luft bei 15 °C aufnehmen kann.

**relative Plattengeschwindigkeit** (*relative plate velocity*) Geschwindigkeit, mit der sich eine Lithosphärenplatte relativ zu einer anderen bewegt.

**relatives Alter** (*relative age*) Alter eines geologischen Ereignisses, ausgedrückt in den Begriffen der Bio- oder Lithostratigraphie (siehe absolutes Alter).

**Relief** (*relief*) Maximaler Höhenunterschied beziehungsweise Differenzbetrag zwischen dem höchsten und niedrigsten Punkt eines Gebiets.

**remanente Magnetisierung** Siehe thermoremanente Magnetisierung.

**Reserven** (*reserves*) Lagerstätten von Mineralen, Kohle, Erdöl und Erdgas, von denen bekannt ist, dass sie mit den vorhandenen technischen Verfahren ökonomisch abgebaut werden können. Nachgewiesene Reserven sind jene, für die verlässliche Abschätzungen der vorhandenen Menge und Qualität vorliegen (siehe auch Ressourcen).

**Ressourcen** (*resources*) Nachgewiesene und bisher nicht erschlossene Lagerstätten von Mineralen, Kohle, Erdöl und Erdgas, die gegenwärtig entweder verfügbar sind oder in der Zukunft zur Verfügung stehen werden. Sie umfassen die Reserven, einschließlich der nachgewiesenen, heute nicht wirtschaftlich oder technisch gewinnbaren Lagerstätten sowie die nicht nachgewiesenen Lagerstätten, von denen man jedoch glaubt, dass sie noch entdeckt werden (siehe auch Reserven).

**retrograde Metamorphose** (*retrograde metamorphism*) Rückschreitende Metamorphose, bei der ein zuvor bereits höher metamorphes Gestein später unter niedrigeren Temperatur- und Druckbedingungen durch Mineralneubildungen in ein niedriger metamorphes Gestein übergeführt wird.

**Rhyolith** (*rhyolite*) Feinkristallines, hellbraunes bis graues, dichtes Gestein mit saurem Chemismus; vulkanisches Äquivalentgestein des Granits.

**Richter-Magnitude** (*Richter magnitude*) Maß für die Stärke eines Erdbebens. Sie errechnet sich aus den maximalen Amplituden in Seismogrammen, die von genormten Seismographen (Word-Anderson-Seismographen) aufgezeichnet werden, wobei die Energieabnahme der seismischen Wellen mit der Entfernung vom Epizentrum über einen Korrekturfaktor berücksichtigt wird.

**Riff** (*reef*) Hügel- oder rückenförmige Struktur mit meist steilen Hängen, entsteht durch Kolonien bildende und Kalk abscheidende Organismen, heute vorwiegend durch Korallen.

**Rift-Valley** (Grabensenke, Graben, *rift valley*) Grabensenke von großer Ausdehnung, deren Absenkung an parallelen Störungen (Abschiebungen) erfolgt, entstanden an einer divergierenden Plattengrenze oder in einem Gebiet mit Dehnungstektonik.

**Rippel** (*ripple*) Sedimentstruktur, die aus sehr kleinen Dünen aus Sand oder Silt besteht, deren annähernd parallel verlaufende Kämme senkrecht zur Strömung angeordnet sind; Entstehung entweder aquatisch oder äolisch.

**Rodinia** (*Rodinia*) Bezeichnung für einen Großkontinent, der vor etwa 1,1 Milliarden Jahren entstanden und vor etwa 750 Ma auseinander gebrochen ist.

**Rohöl** (*crude oil*) Erdöl, wie es in ursprünglicher Form aus der Lagerstätte gewonnen wird.

**Rotsedimente** (*red beds*) Siliciklastische Sedimentgesteine, meist Sandsteine oder Schiefertone, die durch Hämatit rot gefärbt sind. Der Hämatit bildet in der Regel Überzüge um die Partikel und verkittet auf diese Weise die Komponenten. Rotsedimente sind typisch für terrestrische Ablagerungsräume. Das Auftreten erster Rotsedimente vor etwa 2,7 bis 2,1 Milliarden Jahren deutet darauf hin, dass in der Atmosphäre ausreichend Sauerstoff vorhanden gewesen sein muss, damit oxidische Eisenminerale entstehen konnten.

**Rutschung** (*slump*) Im allgemeinen Sprachgebrauch verwendete Bezeichnung für langsam ablaufende Massenbewegung in Lockermaterial, das sich als geschlossene Einheit hangabwärts bewegt.

**Salinität** (*salinity*) Die Gesamtmenge an gelösten Substanzen in einem bestimmten Volumen Wasser, angegeben in Prozent (%) oder Promille (‰).

**Saltation** (*saltation*) Die Bewegung von Sandkörnern oder feinklastischem Sedimentmaterial durch wiederholtes kurzes Hüpfen oder Springen, beispielsweise am Grunde eines Flussbetts unter dem Einfluss einer Strömung, die zu schwach ist, um die Teilchen dauernd in Suspension zu halten; tritt auch in Windströmungen auf.

**Salztonebene** (*playa*) Ebene Schicht, meist aus Ton und oftmals überkrustet von ausgefällten Salzen, die bei der vollständigen Verdunstung eines Playa-Sees zurückbleiben.

**Salzsee** (Playa-See, *playa lake*) Permanenter oder episodisch vorhandener abflussloser See, der in Gebirgstälern oder Senken arider Gebiete auftritt. Wenn das Wasser verdunstet, reichern sich die darin gelösten Verwitterungsprodukte an und fallen nach Erreichen der Sättigungskonzentration aus, wobei Salzgesteine (Evaporite) entstehen.

**Sand** (*sand*) Klastisches Sediment aus Komponenten mit Korndurchmessern zwischen 2,0 und 0,063 mm.

**Sander** (Sandersediment, *outwash*) Sedimentmaterial, meist Schotter und Sande, das vor den Endmoränen der Gletscher durch Schmelzwasserflüsse abgelagert worden ist.

**Sandhaushalt** (*sand budget*) Verhältnis von Zufuhr und Abtransport von Sand durch Erosion und Sedimentation an einem Strand.

**Sandstein** (*sandstone*) Klastisches Sedimentgestein aus Material der Korngrößen zwischen 2,0 und 0,063 mm Durchmesser, normalerweise Quarz, Feldspäte und Gesteinsbruchstücke, verkittet durch Zemente aus Quarz, Carbonat- oder anderen Mineralen oder durch eine Matrix aus Ton.

**Sattel** (Antikline, *anticline*) Aufwölbung von Schichten, in deren Kern sich die älteren Schichten befinden und deren Flanken vom Kern weg nach außen einfallen (Gegenteil: Mulde).

**Saumriff** (*fringing reef*) Korallenriff, das unmittelbar mit einer Landmasse in Verbindung steht und bei dem bei Ebbe zwischen der trockenfallenden Riffplatte und der Küste keine Lagune vorhanden ist.

**saure Gesteine** (*felsic rocks*) Hell gefärbte Magmatite mit geringen Eisen- und Magnesiumgehalten und $SiO_2$-Gehalten über 65 Prozent. Typische Minerale sind Quarz, Orthoklas und Plagioklas. Wichtigste Vertreter sind Granit und Rhyolith.

**saure Niederschläge** (*acid rain*) Sie entstehen durch anthropogenen Eintrag von Säuren und Säure bildenden, vor allem schwefelhaltigen Gasen in die Atmosphäre. Diese Gase werden bei der Verbrennung von pyritreicher Kohle in Kraftwerken, bei der Verhüttung sulfidischer Erze und anderen chemischen Prozessen freigesetzt. Hinzu kommt die Emission von Stickoxiden, vorwiegend in Autoabgasen. Alle diese Verbindungen reagieren mit den Niederschlägen und bilden Schwefel- beziehungsweise Salpetersäure. Die pH-Werte solcher Niederschläge sind demzufolge niedrig, sie können zum Teil pH-Werte unter vier erreichen, besonders in der Anfangsphase einer Regenperiode.

**Schattenzone des Erdkerns** (*shadow zone*) Zone mit einer Winkeldistanz zwischen 105° und 142° vom Epizentrum eines Erdbebens aus gemessen, in der keine seismischen Raumwellen auftreten, entweder aufgrund der Brechung der Wellen oder aber weil sich bestimmte Wellen nach ihrem Eintritt in den flüssigen Kern nicht weiter ausbreiten können.

**Schelfeis** (*ice shelf*) Schwimmende Eisplatte von großflächigem Ausmaß, mit dem Inlandeis fest verbunden. Schelfeis tritt vor allem am Rand der Antarktis auf.

**Scherbruch-Hypothese** (*elastic rebound theory*) Sie besagt, dass Störungen während des Anwachsens von Scherspannungen im Gestein zunächst blockiert bleiben, sich jedoch nach Überschreiten der Elastizitätsgrenze plötzlich bewegen und die aufgestaute Energie in Form seismischer Wellen freisetzen.

**Scherkräfte** (Scherspannung, *shearing forces*) Kräfte, die einen Körper so deformieren, dass Teile des Körpers auf entgegengesetzten Seiten einer gedachten Ebene aneinander vorbeigleiten, das heißt, die Kräfte wirken tangential zu dieser Fläche. Scherkräfte sind an Plattengrenzen wirksam, die von Transformstörungen gebildet werden.

**Schichtenfolge** (*stratigraphic sucession*) Eine Serie von vertikal übereinander lagernden Sedimentschichten, die chronologisch die sich verändernden Bedingungen innerhalb eines Sedimentationsraumes widerspiegeln und somit Abbild der erdgeschichtlichen Entwicklung eines Gebiets sind.

**Schichtlücke** (*unconformity*) Fläche, die zwei konkordant lagernde Schichten trennt. Sie vertritt einen Zeitraum, in dem entweder keine Sedimentation stattgefunden hat oder in dem Sedimente entstanden sind, die durch Abtragung wieder entfernt worden sind, ehe dann die Sedimentation erneut einsetzte (siehe Diskordanz).

**Schichtrippe** (Schichtkamm, *hogback*) Meist lang gestreckter Bergrücken mit markantem Kamm entstanden in steil stehenden Schichtenfolgen durch selektive Erosion der weniger widerstandsfähigen Gesteinsschichten. Im Vergleich zu Schichtstufen ist bei Schichtrippen der Rückhang wesentlich steiler.

**Schichtserie** (*bedding sequence*) Wechsellagerung von mehreren aufeinander folgenden, unterschiedlichen Sedimentgesteinen oder von Sedimentgesteinen mit unterschiedlichen Sedimentstrukturen, die sich als zusammengehörig erweisen und jeweils für bestimmte Ablagerungsräume kennzeichnend sind.

**Schichtstufe** (*cuesta*) Asymmetrischer Höhenrücken mit einer steilen Stufenstirn und einer flacheren Seite, der Stufenfläche. Schichtstufen entstehen dort, wo flach einfallende Schichten erosionsresistenter Gesteine durch die Abtragung weniger verwitterungsbeständiger liegender Schichten unterschnitten werden.

**Schichtung** (*bedding*) Die Bildung aufeinanderfolgender paralleler Schichten durch Absetzen von Sedimentmaterial am Boden von Ozeanen, Binnenseen, Flüssen oder auf der Erdoberfläche. Die Schichtung entstand zur Zeit der Ablagerung durch Änderung der Sedimentationsbedingungen, beispielsweise durch Sedimentationsunterbrechungen, Zufuhr von anderem Sedimentmaterial, Schwankungen der Korngrößen und aufgrund anderer Prozesse.

**Schichtvulkan** (Stratovulkan, *stratovolcano, composite volcano*) Vulkankegel, der sowohl aus Lavaergüssen als auch aus pyroklastischem Material aufgebaut wird. Die Förderung von Lava und Lockermaterial erfolgt im Wechsel, sodass geschichtete Ablagerungen entstehen.

**Schiefer** (*slate*) Niedrigmetamorphes Gestein, das auf Grund seiner Schieferungsflächen in dünne Platten teilbar ist. Ausgangsgestein sind bevorzugt Schiefertone.

**Schieferton** (*shale*) Sehr feinkörniges siliciklastisches Sedimentgestein aus Material der Silt- und Tonfraktion, das normalerweise entlang der primär angelegten Schichtflächen bricht.

**Schieferung** (Schieferigkeit, *schistosity*) Durch Druck im Gestein entstandenes, parallel ausgerichtetes, engständiges Flächengefüge. Die Schieferungsflächen sind meist durch eingeregelte, blättchenförmige oder prismatische Minerale wie etwa Glimmer oder Amphibole gekennzeichnet und durch Metamorphose entstanden.

**Schild** (*shield*) Großes, tektonisch stabiles, meist aus präkambrischem Grundgebirge bestehendes Gebiet innerhalb eines Kontinents. Beispiele sind der Kanadische Schild, der Baltische Schild u. a.

**Schildvulkan** (*shield volcano*) Großer, ausgedehnter Vulkankegel mit flachen Hängen; entstanden aus dünnflüssiger Lava und nahezu ohne Ascheförderung.

**Schlackenkegel** (*cinder cone*) Steiler, um den Förderschlot eines Vulkans entstandener kegelförmiger Berg aus grobem pyroklastischem Lockermaterial, das durch die frei werdenden Gase fragmentiert und aus dem Schlot ausgeworfen worden ist (häufigste Vulkanform auf den Kontinenten).

**Schlamm** (*mud*) Feinklastisches Sediment mit einem hohen Wassergehalt, das aus Komponenten der Silt- und Tonfraktion (Korndurchmesser < 0,063 m) besteht.

**Schlammstrom** (*mudflow*) Massenbewegung von Material, dessen Matrix meist kleiner als Sand (2 mm) ist, zusammen mit Gesteinsschutt, wobei große Mengen Wasser als Gleitmittel dienen. Der hohe Wassergehalt führt dazu, dass sich Schlammströme zum Teil mit erheblicher Geschwindigkeit und damit wesentlich rascher bewegen als Bodenfließen oder Schuttströme.

**Schleppkraft** (*stream power*) Parallel zur Gerinnesohle wirkende Kraft, die vom fließenden Wasser auf ein an der Sohle befindliches Teilchen ausgeübt wird. Sie ist abhängig von der Wasserführung und dem Gefälle des Flusses.

**Schotter** (*gravel*) Grobklastisches, durch bewegtes Wasser transportiertes Lockersediment, das aus einer Anhäufung von normalerweise gerundeten Komponenten mit Durchmessern über 2 mm besteht. Schotter mit Korndurchmessern zwischen 2 und 63 mm werden als Kies bezeichnet.

**Schrägschichtung** (*cross-bedding*) Schichtungsform in Sedimentgesteinen, bei der die einzelnen Schüttungseinheiten (Laminae) innerhalb einer Bank schräg zur Schichtebene verlaufen. Schrägschichtung entsteht in strömendem Milieu an der Leeseite von Hindernissen durch Wind- und Wasserströmungen, etwa auf den Leeseiten von Rippeln und Dünen. Die einzelnen Schüttungskörper, die so genannten Sets, fallen in Richtung der Strömung ein.

**Schrägschichtungs-Set** (*foreset bed*) (1) Eine der geneigt lagernden Schichten innerhalb eines Schrägschichtungskörpers. (2) Schräg einfallende Schicht an der Front eines Deltas.

**Schrammen** Siehe Gletscherschrammen.

**Schuttdecke** (*regolith*) Verwitterungsdecke aus lockerem heterogenem Material auf dem anstehenden Gestein; sie besteht aus Bodenmaterial, unverwitterten Bruchstücken des Ausgangsgesteins und verwittertem Gesteinsmaterial.

**Schutthalde** (*talus*) Ansammlung großer ungerundeter Gesteinsbruchstücke, normalerweise am Fuß von Felswänden oder Steilhängen; entsteht durch physikalische Verwitterung des in den Wänden anstehenden Gesteins.

**Schuttlawine** (*debris avalanche*) Rasch ablaufende Massenbewegung von Boden- und Gesteinsmaterial.

**Schuttrutschung** (*debris slide*) Massenbewegung von Gesteinsmaterial und Boden als geschlossene Einheit oder in Form mehrerer geschlossener Einheiten, die nacheinander auf Schwächezonen an der Basis oder innerhalb des Gesteinsverbands abrutschen.

**Schuttstrom** (*debris flow*) Massenbewegung von Gesteinstrümmern in einer nahezu flüssigen Matrix aus Schlamm. Schuttströme unterscheiden sich von Erdrutschen dadurch, dass sie im Allgemeinen gröberes Material enthalten und sich rascher als Erdrutsche bewegen.

**Schwall** (*swash*) Wasser, das von einer sich brechenden Welle in dünner Schicht auf den Strandhang aufläuft. Das Wasser fließt dann als Sog zurück.

**schwebendes Grundwasser** (perched groundwater) Grundwasserkörper, der sich über dem Hauptgrundwasserkörper befindet und durch einen Grundwassernichtleiter von diesem getrennt ist.

**Schwemmfächer** (*alluvial fan*) Flache, kegelförmige bis fächerartige Ablagerung von terrestrischen Sedimenten, sie entstehen durch plötzliche Verringerung des Gefälles in einem Fluss. Schwemmfächer bilden sich überwiegend dort, wo Flüsse aus dem Gebirge in eine Ebene ausfließen.

**Seafloor-Spreading** (*seafloor spreading*) Vorgang, bei dem an den Rücken von divergierenden Plattengrenzen neuer Meeresboden (ozeanische Kruste) entsteht, da die angrenzenden Platten sich auseinander bewegen und Platz für aufsteigendes Basaltmagma schaffen.

**Sediment** (*sediment*) Oberbegriff für jede an der Erdoberfläche durch physikalische Kräfte (wie Wind, Wasser und Eis), durch chemische Ausfällung aus dem Meer, aus Seen und Flüssen oder durch biologische Vorgänge lebender oder abgestorbener Organismen abgelagerte oder abgeschiedene Gesteinsmasse. Die anfangs lockeren Sedimente werden später im Zuge der Diagenese meist lithifiziert.

**sedimentäre Brekzie** (Brekzie, *sedimentary breccia*) Klastisches Sedimentgestein, das überwiegend aus wenig verfrachteten und daher ungerundeten Gesteinsbruchstücken besteht. Brekzien sind ähnlich wie Sandsteine oder Konglomerate durch unterschiedliche Zemente verkittet.

**Sedimentationsraum** (*sedimentary environment*) Geographisch begrenztes Gebiet, in dem Sedimente abgelagert werden. Es ist gekennzeichnet durch seine Morphologie, relative Strömungsenergie und seine chemischen und klimatischen Bedingungen.

**Sedimentbecken** (*sedimentary basin*) Gebiet von beträchtlicher Ausdehnung (mindestens 10 000 $km^2$), das gegenüber seiner Umgebung tiefer liegt und in dem durch kontinuierliche oder episodische Senkung Sedimente in großer Mächtigkeit abgelagert werden.

**Sedimentstrukturen** (*sedimentary structures*) Jede Art von Strukturen in Sedimenten und schwach metamorphen Sedimentgesteinen, die zum Zeitpunkt der Ablagerung entstanden sind; dazu gehören Schichtungsformen wie Schrägschichtung, gradierte Schichtung, aber auch Rippelmarken, Sohlmarken, Trockenrisse u. a.

**Seife** (*placer*) Klastisches Sediment aus spezifisch schweren, ökonomisch wertvollen Mineralen oder gediegenen Metallen in ungewöhnlich hohen Konzentrationen. Die Anreicherung bis zu abbauwürdigen Konzentrationen erfolgt normalerweise aufgrund der hohen Dichte durch Strömungssortierung.

**seismische Oberflächenwellen** Siehe Oberflächenwellen.

**seismische Wellen** (*seismic waves*) Allgemeine Bezeichnung für die bei Erdbeben oder Explosionen entstehenden und sich ausbreitenden elastischen Wellen. Siehe auch P- und S-Wellen, Oberflächenwellen.

**Seismizität** (*seismicity*) Ausdruck für die globale oder lokale Verteilung der Erdbeben in Zeit und Raum; auch eine generelle Bezeichnung für die Stärke und die Anzahl der Erdbeben pro Zeiteinheit.

**Seismograph** (*seismograph*) Gerät zur Verstärkung und selbständigen Aufzeichnung der Bewegungen an der Erdoberfläche, die durch seismische Wellen erzeugt werden.

**siliciklastische Sedimente** (*siliciclastic sediment*) Klastische Sedimente, deren Hauptbestandteile Quarz und andere Silicatminerale sind. Sie entstehen durch Verwitterung von Gesteinen, die überwiegend aus Silicatmineralen zusammengesetzt waren.

**siliciklastischer Sedimentbildungsraum** (*siliciclastic environment*) Sedimentbildungsraum, in dem siliciklastische Sedimente überwiegen. Dazu gehören die fluviatilen Ablagerungsräume, Wüstengebiete, Binnenseen und glazialen Bereiche, aber auch die Küsten am Übergang vom terrestrischen zum marinen Milieu mit Deltas, Stränden und Wattgebieten. Hinzu kommen die marinen Bereiche wie Kontinentalschelf, Kontinentalrand und Tiefseeboden, auf denen siliciklastische Sande und Schlämme abgelagert werden.

**Sill** (Lagergang, *sill*) Schichtparallel erfolgende, plattenförmige Intrusion mit konkordantem Kontakt zum Nebengestein.

**Silt** (Schluff, *silt*) Klastisches Sediment, dessen Komponenten Durchmesser zwischen 0,063 und 0,002 mm aufweisen.

**Siltstein** (Schluffstein, *siltstone*) Klastisches Sedimentgestein, das überwiegend aus Material der Silt-Fraktion mit Korngrößen zwischen 0,063 und 0,002 mm Durchmesser besteht.

**Sog** (*backwash*) Rückstrom des Wassers von der Strandfläche nach dem Auflaufen einer Welle.

**Sohlgleitung** (*basal slip*) Gleitbewegung eines Gletschers über seinen Untergrund.

**Solarkonstante** (*solar constant*) Strahlungsmenge der Sonne, die auf der Oberfläche der Atmosphäre auftrifft; sie beträgt im Mittel 1368 $W/m^2$.

**Solifluktion** (*solifluction*) Hangabwärts gerichtete Kriechbewegung von wassergesättigtem Bodenmaterial auf gefrorenem Untergrund, verursacht durch das sommerliche Auftauen der obersten Lage (Auftaulage) eines Permafrostbodens; in Polargebieten sehr verbreitet, in Mitteleuropa vor allem während der Eiszeiten im Periglazialbereich.

**Sonnenenergie** (Solarenergie, *solar energy*) Die von der Sonne auf die Erde abgestrahlte Energie.

**Sonnennebel** (*solar nebula*) Einheitlich aufgebaute rotierende Masse aus kosmischem Staub und Gasen, aus der durch Kondensation die Sonne und die Planeten hervorgingen. Nach der „Zündung" der solaren thermonuklearen Prozesse bildeten sich durch Kollision der Staubpartikel Planetesimale und nachfolgend durch Akkretion Himmelskörper von der Größe des Mondes und schließlich die Planeten.

**Sortierung** (*sorting*) Maß für die Güte der Trennung von Sedimentmaterial nach der Korngröße und damit auch ein Maß für die Homogenität der Korngröße eines Sediments.

**spalierartiges Flusssystem** (spalierartiges Entwässerungssystem, *trellis drainage*) Flusssystem, bei dem die Nebenflüsse in parallel angeordneten Tälern dem Hauptstrom zufließen; entsteht in steiler einfallenden Schichten gefalteter Gebiete.

**Spaltbarkeit** (*cleavage*) (1) Gestein: Tendenz eines Gesteins, entlang bestimmter Flächen zu spalten, die im Verlauf der Deformation oder Metamorphose angelegt worden sind. Die Spaltbarkeit folgt normalerweise der Richtung der bevorzugten Orientierung der Minerale im Gestein, der Richtung der Schichtflächen oder senkrecht zur Richtung tektonischer Dehnung. (2) Minerale: Tendenz eines Kristalls, bei mechanischer Beanspruchung bevorzugt entlang ebener Flächen innerhalb des Kristallgitters zu brechen; auch Bezeichnung für die geometrische Form dieses Brechens.

**Spalteneruption** (Lineareruption, *fissure eruption*) Vulkaneruption aus einer Spalte und nicht aus einem Zentralkrater.

**Speicher** (*reservoir*) Ein Bereich, in dem Stoffe oder Energie vorübergehend zurückgehalten werden können. Wichtige Speicher sind Ozeane, Gletscher, Grundwasser, Seen, Flüsse, Atmosphäre und Biosphäre.

**Speichergestein** (*oil reservoir*) Schicht aus permeablen und porösen Gesteinen mit günstigem Hohlraumanteil, die zur Migration und Aufnahme von wirtschaftlich gewinnbarem Erdöl oder Erdgas geeignet sind.

**Spektrum** (*spectrum*) Kontinuum von Farben, das entsteht, wenn ein Strahl von weißem Licht beim Durchgang durch ein Prisma gebrochen (dispergiert) wird, sodass die Wellenlängen, aus denen das weiße Licht besteht, in der Reihenfolge erscheinen, wie sie abgelenkt werden (Rot am schwächsten, Violett am stärksten). Verwendet man als Lichtquelle jedoch eine Quecksilberdampflampe, erscheint an Stelle eines farbigen Bands eine Folge verschiedenfarbiger Linien bestimmter Wellenlänge. Die in diesem Linienspektrum vorkommenden Wellenlängen sind für die Art der Licht aussendenden Atome kennzeichnend. Daraus wurde die so genannte Spektralanalyse entwickelt, mit deren Hilfe man die stoffliche Zusammensetzung von Sternen und Planeten bestimmt.

**spezifisches Gewicht** (*specific gravity*) Nicht mehr verwendete Maßeinheit für das Gewicht eines Stoffs pro Volumeneinheit (siehe Dichte).

**Spreading-Zentrum** (*spreading centre*) Axialzone eines mittelozeanischen Rückens, an dem durch den Vorgang des Seafloor-Spreading neue ozeanische Kruste entsteht.

**Springflut** (*spring tide*) Gezeiten mit erhöhtem Hochwasserstand, die zweimal pro Monat bei Neumond und Vollmond auftreten, also dann, wenn Sonne, Mond und Erde auf einer Linie liegen (siehe auch Nipptide).

**sprödes Material** (*brittle material*) Material, das auf mechanische Beanspruchung bei Erreichen der Elastizitätsgrenze durch plötzlichen Bruch reagiert (Gegenteil: duktiles, das heißt plastisch reagierendes Material).

**Sprunghöhe** (Versatzbetrag, *slip*) Relativer vertikaler Verschiebungsbetrag zweier Gesteinsblöcke an einer Störung.

**Spurenelement** (*trace element*) Element, das in Mineralen oder Gesteinen in Konzentrationen unter einem Prozent (oftmals unter 0,001 Prozent) auftritt.

**Stabilität [chemisch]** (chemical stability) Maß für die Tendenz einer chemischen Verbindung, in einer bestimmten Zusammensetzung zu verbleiben und nicht wieder in die Ausgangsprodukte zu zerfallen.

**Stalagmit** (*stalagmite*) Tropfstein, der (häufig unter einem Stalaktiten) vom Boden einer Höhle nach oben wächst. Er entsteht durch dieselben Vorgänge wie ein Stalaktit.

**Stalagnat** (*stalagnate*) Tropfsteinsäule; entsteht durch Zusammenwachsen von Stalaktit und Stalagmit.

**Stalaktit** (*stalactite*) Vom Dach einer Höhle abwärts wachsende, herabhängende, eiszapfen- oder zahnähnliche Ablagerung aus Calcit oder Aragonit. Tropfsteine entstehen durch Verdunstung und Ausfällung aus Lösungen, die auf Gesteinsfugen und Klüften durch Kalksteine hindurchsickern und an der Höhlenwand austreten.

**Stammbaum** (*universal tree of life*) Stammesgeschichtliche Darstellung der natürlichen evolutionären Verwandtschaftsbeziehungen aller Organismen in Form eines sich verzweigenden Baumes. Die jeweiligen Zweige ergeben sich aus dem Vergleich der Gene unterschiedlicher Organismen innerhalb einer bestimmten Gruppe.

**Steinlawine** (*rock avalanche*) Rasch ablaufende Massenbewegung von aufgelockertem und zerbrochenem Gesteinsmaterial auf Hängen, wobei ein weiteres Zerbrechen des Materials erfolgen kann.

**Steinpflaster** (Wüstenpflaster, *desert pavement*) Residualbildung; entsteht in ariden Gebieten durch lang andauernde Deflation, wobei das feinere Material am Boden ausgeblasen und das gröbere Sedimentmaterial an der Erdoberfläche relativ angereichert wird. Zurück bleibt eine Oberfläche, die von dicht gepackten Steinen, meist Windkantern, überdeckt wird.

**Stock** (*stock*) Intrusion mit den Merkmalen eines Batholithen, jedoch mit geringerer Ausdehnung (weniger als 100 km$^2$).

**Stofffluss** (*flux*) Menge eines bestimmten Materials, das ein Reservoir pro Zeiteinheit erreicht oder verlässt.

**Stoffwechsel** (Metabolismus, *metabolism*) Die Gesamtheit der in einem Lebewesen ablaufenden chemischen Prozesse, durch die Ausgangsmaterialien (Sonnenlicht, Wasser, Kohlendioxid) in Endprodukte wie Sauerstoff und Kohlehydrate umgewandelt werden.

**Störung** (Verwerfung, *fault*) Ebene oder schwach gekrümmte Fläche innerhalb der Erdkruste, an der eine Bewegung und ein relativer Versatz der benachbarten Gesteinsblöcke stattgefunden hat.

**Stoßwellenmetamorphose** Siehe Impaktmetamorphose.

**Strandlinie** (*shoreline*) Gerade oder auch gebogene, ebene oder unregelmäßige Schnittstelle zwischen Land und Meer; sie kennzeichnet die Grenze des normalen Wirkungsbereichs von Wellen und Brandung.

**Stratigraphie** (*stratigraphy*) Wissenschaftszweig der Geologie, der die Gesteine unter Berücksichtigung der anorganischen und organischen Merkmale und Inhalte nach ihrer zeitlichen Bildungsfolge ordnet, einschließlich der Interpretation und Rekonstruktion des Ablagerungsraums dieser Schichten. Ein Ergebnis der Stratigraphie ist die geologische Zeitskala zur Datierung geologischer Vorgänge.

**stratigraphische Abfolge** Siehe Schichtenfolge.

**Stratosphäre** (*stratosphere*) Teilbereich der Atmosphäre; beginnt in den Polargebieten in etwa 10 km, in den äquatorialen Breiten in etwa 18 km Höhe und reicht bis in eine Höhe von ungefähr 50 km. In dieser Zone befindet sich die Ozonschicht, die als Filter gegen die gefährliche ultraviolette Strahlung wirkt.

**Stratovulkan** Siehe Schichtvulkan.

**Streichen** (*strike*) Winkel zwischen geographisch Nord und der horizontalen Linie, die als Schnittlinie einer geneigt lagernden Fläche (Schichtfläche, Gang, Störungsfläche usw.) mit einer gedachten horizontalen Fläche entsteht; sie ist folglich die geographische Richtung dieser Schnittlinie, die auch als Streichlinie bezeichnet wird.

**Stress** (*stress*) Ein Maß, das den Spannungszustand und damit die Kräfte beschreibt, die von außen her auf jeden Teil eines Gesteinskörpers ausgeübt werden; angegeben in Einheiten der Kraft pro Flächeneinheit.

**Strich** (*strike*) Bezeichnung für die charakteristische Farbe der dünnen Schicht des Mineralabriebs, die auf einer rauen Porzellanplatte, einer so genannten Strichplatte, zurückbleibt, wenn mit einem Mineral darüber gestrichen wird.

**Strom** (*stream*) (1) Bezeichnung für einen großen Fluss, der in der Regel schiffbar ist. (2) Allgemeiner Begriff für jeden deutlich begrenzten strömenden Körper, z. B. Meeresstrom, Luftstrom.

**Stromatolithen** (*stromatolite*) Gestein mit kennzeichnender fein laminierter Struktur; entstanden durch mikrobielle Matten bildende Cyanobakterien. Die Wuchsformen reichen von lagen- bis zu domförmigen oder säulenartigen Strukturen mit einem oftmals komplizierten Verzweigungsmuster. Sie sind die ältesten zweifelsfreien Lebensformen der Erde und geben Einblick in eine Welt, die von Mikroorganismen besiedelt war.

**Strudelloch** (Strudeltopf, *pothole*) Halbkugelförmige Aushöhlung im anstehenden Gestein eines Flussbetts infolge kreisförmiger Abrasionswirkung kleinerer Gerölle und Blöcke in einer starken Strömung.

**Sturmflut** (*tidal surge*) Außergewöhnlich hohe Flut. Sie entsteht in Küstennähe, wenn während einer Springflut ein starker auflandiger Sturm durchzieht. Windstau zusammen mit der Brandung führen zu extremer Verstärkung der Flutwelle mit oft katastrophalen Überschwemmungen im Hinterland.

**Subduktion** (*subduction*) Das Absinken einer ozeanischen Platte unter eine andere Lithosphärenplatte.

**Subduktionszone** (*subduction zone*) Der Bereich zwischen der absinkenden ozeanischen Platte und der überfahrenden Platte, die von einer Tiefseerinne weg nach unten führt und durch hohe Seismizität gekennzeichnet ist (siehe auch konvergierende Plattengrenze).

**Sublimation** (*sublimation*) Direkter Phasenübergang zwischen festem und gasförmigem Zustand, ohne den flüssigen Zustand als Zwischenstadium.

**submariner Canyon** (*submarine canyon*) In Schelf und Kontinentalhang eingeschnittene tiefe Schlucht; häufig, jedoch nicht ausschließlich, vor den Mündungen großer Flüsse.

**Subsidenz** (*subsidence*) Lokale oder regionale langsame Absenkung der Erdoberfläche beziehungsweise der Erdkruste, verursacht entweder durch die Auflast von Sedimenten, überwiegend jedoch durch tektonische Vorgänge oder durch Abkühlung der Lithosphäre.

**Suspensionsfracht** (*suspended load*) Feines Sedimentmaterial, das im Fluss in Suspension, das heißt als Schwebefracht transportiert wird, wenn die Absetzgeschwindigkeit des Sediments geringer ist als die nach oben gerichtete Strömungsgeschwindigkeit der Wirbel.

**Sutur** (Geosutur, Suturzone, *suture*) Lang gestreckte Zone intensiv deformierter Gesteine, die typische Gesteinsparagenesen enthält und auch den Bereich kennzeichnet, an dem zwei Platten kollidierten.

**S-Wellen** (Scherwellen, Transversalwellen, *shear waves*) Seismische Wellen, in denen die Bodenteilchen senkrecht zur Ausbreitungsrichtung schwingen. Schwerwellen können sich nur in festen Medien ausbreiten, daher treten in Luft, Wasser oder im flüssigen Äußeren Erdkern keine S-Wellen auf. Sie sind langsamer als P-Wellen (siehe dort).

**System Erde** (*Earth system*) Die Bestandteile unseres Planeten einschließlich aller Prozesse und Wechselwirkungen.

**System Plattentektonik** (*plate tectonic system*) Geosystem, das alle Teile und alle Interaktionen zwischen den Komponenten dieses Systems erfasst, die dazu erforderlich sind, um die Funktion der Plattentektonik in Zeit und Raum zu beschreiben.

**Tal** (*valley*) Durch die Erosion eines Flusses entstandener Einschnitt in der Erdoberfläche; umfasst das gesamte Gebiet zwischen den Oberkanten der Talhänge beiderseits des Flusses.

**Talaue** (Flussaue, Aue, *flood plain*) Weitgehend ebene Fläche des Talbodens, in die das Flussbett eingesenkt ist. Sie besteht aus geschichteten Lockersedimenten, wird bei Hochwasser überflutet und enthält daher überwiegend Kies-, Sand- und Siltmaterial, das bei Hochwasser von der Hauptfließrinne her geschüttet wird.

**Talgletscher** (*valley glaciers*) Gletscher, die von der Ausdehnung her kleiner sind als eine Inlandeismasse und in Gebirgen überwiegend in den kalten Hochtälern auftreten. Sie können aus den Gebirgstälern bis in das Vorland hinaus fließen, mehrere können sich dort zu einem Vorlandgletscher vereinigen.

**Teersand** (*tar sand*) Sandiges Sediment, imprägniert mit zähflüssigen, bitumenartigen Substanzen, überwiegend Kohlenwasserstoffen, aus denen Rohöl extrahiert werden kann.

**Terran** Siehe Mikroplatte.

**Terrae** (*lunar highlands*) Bezeichnung für die hell gefärbten Hochländer des Mondes, aus denen etwa 80 Prozent seiner Oberfläche bestehen. Charakteristisches Landschaftselement der Terrae sind Krater. Aufgrund der zahlreich vorhandenen Karter ist davon auszugehen, dass die Terrae älter sind als die Maria (siehe dort).

**Terrassen** (Flussterrassen, *terraces*) Ebene, stufenartig übereinander folgende Flächen beidseitig oberhalb der Talaue eines Flusstales. Es handelt sich hierbei um ältere Talböden, die auf einem höheren Niveau entstanden sind, bevor regionale Hebungsvorgänge oder eine Zunahme der Abflussmenge (z. B. am Ende der Kaltzeiten) den Fluss dazu zwangen, sich in die frühere Talaue einzuschneiden. Je nach Position zum Talboden unterscheidet man Hoch-, Mittel- und Niederterrassen, wobei die höchsten Terrassen die ältesten sind.

**terrigene Sedimente** (*terrigenous sediments*) Sedimente, deren Ausgangsmaterial durch Erosionsvorgänge auf dem Festland entstanden sind.

**Thermalwasser** (*hydrothermal water*) Natürliches Grundwasser, dessen Temperatur am Austritt an der Erdoberfläche über 20 °C beträgt.

**thermisch bedingtes Subsidenzbecken** (*thermal subsidence basin*) Sedimentbecken, das in einem späteren Stadium des Rifting entsteht, wenn die neu gebildeten kontinentalen Platten auseinander driften. Die im frühen Stadium des Rifting erwärmte und ausgedünnte

Lithosphäre kühlt ab. Daraus resultiert eine Zunahme der Gesteinsdichte, die wiederum zur Subsidenz unter den Meeresspiegel führt, sodass sich marine Sedimente akkumulieren können.

**thermohaline Zirkulation** (*thermohaline circulation*) Strömungen, die durch räumliche Unterschiede in Temperatur und Salinität hervorgerufen werden. Sie sind wichtige Bestandteile des Systems Klima-Ozean-Atmosphäre. Im Atlantischen Ozean transportieren Winde das warme tropische Oberflächenwasser nach Norden, wo es abkühlt und als Folge die Dichte zunimmt. Deshalb sinkt dieses Wasser in die tieferen Bereiche des Ozeans ab. Dort kehrt es seine Richtung um und fließt als Tiefen- und Bodenwasser in die Tropen zurück, wo es sich mit den darüber liegenden Wassermassen vermischt, erwärmt und an die Oberfläche zurückkehrt.

**thermoremanente Magnetisierung** (*thermoremanent magnetization*) Permanente Magnetisierung von Mineralen und Gesteinen erzeugt vor allem durch das ferromagnetische Mineral Magnetit, aber auch durch einige andere Minerale, die bei der Abkühlung der Gesteine unter die Curie-Temperatur in Richtung des herrschenden Magnetfelds magnetisiert werden. Diese Magnetisierung bleibt erhalten, auch lange nachdem das irdische Magnetfeld seine Richtung geändert hat.

**Tiefsee-Ebene** (*abyssal plane*) Ausgedehnter, weitgehend ebener und meist mit Sedimenten bedeckter Bereich des Meeresbodens.

**Tiefseeberg** (Seamount, *sea mount*) Auf dem Meeresboden isoliert stehender, hoher kegelförmiger Berg, dessen Höhe vom Fuß bis zum Gipfel mehr als 1 000 m betragen kann.

**Tiefseefächer** (*submarine fan*) Aus terrigenem Material bestehende, kegel- oder fächerförmige Ablagerung am Fuße des Kontinentalhangs, normalerweise vor der Mündung großer Flüsse oder vor submarinen Canyons.

**Tiefseehügel** (*abyssal hills*) Hügel am Hang eines mittelozeanischen Rückens. Sie erreichen typischerweise Höhen von etwa 100 m und verlaufen parallel zum Kamm der Rücken. Tiefseehügel entstehen vor allem durch Abschiebungen in der basaltischen ozeanischen Kruste, wenn sich diese vom Zentralgraben der Rücken nach außen weg bewegt.

**Tiefseerinne** (Tiefseegraben, *trench*) Lang gestreckte, schmale und tiefe Einsenkung im Boden der Tiefsee; sie kennzeichnet die Linie, an der eine ozeanische Platte nach unten in eine Subduktionszone abbiegt.

**Tillit** (*tillite*) Diagentisch verfestigter Geschiebelehm meist präquartärer Eiszeiten; fossile Grundmoräne.

**Ton** (*clay*) Sammelbegriff für ein Sediment aus einer Mischung wasserhaltiger Tonminerale (Schichtsilicate); entsteht bei der chemischen Verwitterung und durch Hydratation anderer Silicate. Außerdem werden alle mineralischen Bruchstücke mit Korndurchmessern $< 0{,}002$ mm als Ton bezeichnet.

**Tonstein** (*claystone*) Bezeichnung für ein siliciklastisches Sedimentgestein, das ausschließlich aus Komponenten der Tonfraktion besteht.

**Torf** (*peat*) Produkt der unvollständigen Zersetzung abgestorbener pflanzlicher Substanz unter Luftabschluss, vor allem in Mooren, wobei die Struktur des Pflanzenmaterials meist noch erhalten bleibt. Torf enthält normalerweise mehr als 50 Prozent Kohlenstoff.

**Transformstörung** (*transform fault*) Horizontalverschiebung oftmals mit erheblicher Schubweite, die normalerweise mehr oder weniger senkrecht zu den mittelozeanischen Rücken verläuft und an der zwei Platten aneinander vorbeigleiten.

**Transpiration** (*transpiration*) Verdunstung und damit Abgabe von Wasserdampf in die Atmosphäre durch lebende Organismen, vor allem durch Pflanzen.

**Transportkapazität eines Flusses** (*capacity*) Gesamte Sediment- beziehungsweise Detritusmenge, die ein Fluss zu einem gewissen Zeitpunkt an einer bestimmten Stelle transportieren kann.

**Treibhauseffekt** (*greenhouse effect*) Globale Erwärmung eines Planeten, der eine Atmopshäre besitzt. Sie wird verursacht durch Kohlendioxid, Methan, Wasserdampf und andere Gase. Diese absorbieren die von der Planetenoberfläche reflektierte infrarote Strahlung, die damit weniger effektiv in den Weltraum zurückgestrahlt werden kann, als dies ohne Atmosphäre geschehen würde; das heißt die Wärme wird in der Atmosphäre gespeichert und dadurch steigt die Temperatur in der Nähe der Erdoberfläche relativ zu den höheren Bereichen der Atmosphäre.

**Treibhausgase** (*greenhouse gases*) In der Atmosphäre befindliche Gase, welche die von der Erdoberfläche emittierte Infrarotstrahlung absorbieren. Hauptsächliche Treibhausgase in der Atmosphäre sind Wasserdampf, Kohlendioxid, Methan sowie die große Gruppe der Fluorkohlenwasserstoffe.

**Trinkwasser** (*potable water*) Für den menschlichen Genuss geeignetes Wasser, das grundsätzlich einen angenehmen Geschmack aufweist und frei von Krankheitserregern und sonstigen gesundheitsgefährdenden Stoffen ist.

**trockener Strand** (*backshore*) Der höher liegende, im Allgemeinen trockene Bereich des Strandes. Er erstreckt sich von der oberen Grenze des Spülbereichs der Wellen bei Mittelwasser bis zum Fuß der Küstendünen.

**Troposphäre** (*troposphere*) Unterste Schicht der Atmosphäre mit einer Mächtigkeit zwischen etwa 8 km (Polargebiete) und etwa 17 km (Tropen), in der aufgrund der Erwärmung der Erdoberfläche durch die Sonneneinstrahlung heftige Konvektionsbewegungen der Luftmassen stattfinden, die zu Stürmen und anderen kurzzeitigen Wetterstörungen führen.

**Trübestrom** (Suspensionsstrom, *turbidity current*) Mischung aus Wasser und in Suspension gehaltenem Sediment, die im Meer oder in Binnenseen dem Gefälle des Bodens folgend fließt, da sie eine höhere Dichte als das umgebende Wasser hat. Suspensionsströme können hohe Geschwindigkeiten erreichen und erhebliche Erosionsarbeit leisten.

**Tsunami** (*tsunami*) Hohe, meist plötzlich auftretende, energiereiche, in Küstengebieten verheerende Welle, ausgelöst durch Bewegungen des Meeresbodens im Zusammenhang mit Erdbeben, Vulkanausbrüchen oder Massenbewegungen.

**Tuff** Siehe auch vulkanischer Tuff.

**Turbidit** (*turbidite*) Klastisches Sediment, das von einem Trübestrom abgelagert worden ist und bei breit gestreuten Korngrößen und mäßiger Sortierung eine typische gradierte Schichtung zeigt.

**turbulentes Fließverhalten** (*turbulent flow*) Strömungen mit hoher Fließgeschwindigkeit, bei denen die Stromlinien weder parallel noch gerade verlaufen, sondern sich in Wirbeln durchmischen.

**U-Tal** (Trogtal, *U-shaped valley*) Tief eingeschnittenes Tal mit steilen oberen Talwänden, die in einen ebenen Talboden übergehen. Typische Talform für die in die Breite gehende Erosionswirkung der Gletscher.

**überkippte Falte** (*overturned fold*) Faltenform, bei der eine Flanke über die Vertikale hinaus verkippt ist, sodass die Einfallsrichtung der beiden Flanken identisch ist und auf der überkippten Flanke ältere Schichten über jüngeren lagern.

**Überschiebung** (*thrust fault*) Störungsform mit einer flachen Störungsbahn, die mit einem Winkel gegen die Horizontale von < 45° einfällt, sodass die im Verhältnis zu dieser Fläche hangende Scholle gegenüber der liegenden Scholle aufwärts bewegt erscheint. Aufgrund der flach einfallenden Störung bewegt sich die hangende Scholle weitgehend horizontal.

**Uferbank** (Ufersandbank, *point bar*) Sedimentablagerung am inneren Ufer, dem Gleithang eines Mäanders, die deshalb dort entsteht, weil die Strömungsgeschwindigkeit vom gegenüberliegenden Prallhang in Richtung zum Gleithang kontinuierlich geringer wird.

**Uferwall** (Uferdamm, *levee*) Wallartiger Rücken entlang eines Flussufers, der durch Hochwasserablagerungen entsteht; auch Bezeichnung für künstliche, in ähnlicher Form aufgeschüttete Hochwasserdämme.

**ultrabasisches Gestein** (*ultramafic rock*) Magmatit, der im Wesentlichen aus mafischen Mineralen besteht und weniger als zehn Prozent Feldspat und weniger als 45 Prozent $SiO_2$ enthält. Beispiele sind Peridotit, Dunit und Pyroxenit.

**Umwelt** (*environment*) Gesamtheit aller direkt oder indirekt auf einen Organismus, eine Population oder eine Biozönose einwirkenden physikalischen, chemischen und biotischen Faktoren mit all ihren Wechselbeziehungen, die ihr das Überleben ermöglichen.

**ungesättigte Zone** (*unsaturated zone*) Bereich des Untergrunds zwischen der Erdoberfläche und der Grundwasseroberfläche, in dem die Poren nicht oder nur teilweise mit Wasser gefüllt sind.

**Unterer Erdmantel** (*lower mantle*) Relativ homogen aufgebauter Bereich des Erdinneren, der in einer Tiefe von nahezu 660 km unter der Erdoberfläche beginnt und eine Mächtigkeit von mehr als 2 000 km aufweist. Seine Obergrenze ist dadurch gekennzeichnet, dass die Geschwindigkeit der S-Wellen plötzlich ansteigt.

**verflochtener Fluss** (verwilderter Fluss, *braided stream*) Fluss, dessen Geröllfracht so groß ist, dass er sich in zahlreiche Arme aufspaltet, die sich wieder vereinigen. Dadurch entsteht ein System breiter, flacher Rinnen, die Kies- und Sandbänke sowie trockene Inseln umschließen, die jedoch bei Hochwasser überflutet werden.

**Versatzbetrag** (Verschiebungsbetrag, Dislokation, *fault slip*) Betrag, um den sich an einer Verwerfung ein Block gegen den anderen verschoben hat.

**Versenkungsmetamorphose** (*burial metamorphism*) Niedriggradige Metamorphose in tief versenkten Gesteinsserien als Folge der Auflast und der mäßigen Erwärmung von unten. Schichtung und Sedimentstrukturen bleiben hierbei noch weitgehend erhalten. Übergänge zur Diagenese.

**verstärkter Treibhauseffekt** (*enhanced greenhouse effect*) Die durch den steigenden anthropogenen Eintrag von Kohlendioxid in die Atmosphäre in jüngster Zeit verursachte globale Erwärmung.

**Verweilzeit** (*residence time*) Durchschnittlicher Zeitraum, den ein Atom eines bestimmten Elements in einem Speicher verbleibt, ehe es diesen wieder verlässt.

**Verwitterung** (*weathering*) Sämtliche Prozesse, die an oder nahe der Erdoberfläche durch Kombination von mechanischer Zerkleinerung, chemischer Lösung oder biologischer Aktivität zum Zerfall und zur Zerstörung von Gesteinen führen.

**Viskosität** (*viscosity*) Maß für den Zähigkeitsgrad einer Flüssigkeit, das heißt für den Widerstand einer Flüssigkeit gegen das Fließen. Je höher die Viskosität, desto zähflüssiger ist eine Flüssigkeit.

**Vorbeben** (*foreshock*) Schwaches Erdbeben, das sich im gleichen Gebiet nahe des Hauptbebens ereignet. Vorbeben werden durch einen einleitenden Bruch entlang der Störung ausgelöst, der sich jedoch nicht weiter entwickelt.

**Vorlandbecken** (*flexural basin*) Sedimentbecken, das sich an einer tektonischen Konvergenzzone bildet, an der sich eine Lithosphärenplatte unter die andere schiebt. Der dabei entstehenden orogene Keil drückt die subduzierte Platte nach unten. Diese reagiert elastisch durch Verbiegung, und vor der Front des orogenen Keils entsteht ein Vorlandbecken.

**Vorstrand** (*foreshore*) Gebiet an der Strandlinie zwischen der Grenze des Wirkungsbereichs der Wellen bei Flut und der mittleren Niedrigwasserlinie. Insgesamt der Bereich, der dem Einfluss von Schwall und Sog besonders ausgesetzt ist.

**Vulkangestein** Siehe Effusivgestein.

**vulkanoklastisches Gestein** (pyroklastisches Gestein, *pyroclastic rock*) Gestein, das durch die Akkumulation von vulkanischen Gesteinsbruchstücken entstanden ist; letztere können durch verschiedene Vorgänge fragmentiert worden sein.

**vulkanische Asche** (*volcanic ash*) Pyroklastisches Sediment aus Gesteinsfragmenten, gewöhnlich Gesteinsglas, mit Durchmessern $< 2$ mm. Asche entsteht vor allem dann, wenn das Magma durch entweichende Gase zerstäubt wird.

**vulkanische Brekzie** (*volcanic breccia*) Pyroklastisches Gestein, in dem die Komponenten einen Durchmesser von mehr als 64 mm aufweisen.

**vulkanischer Tuff** (*volcanic tuff*) Verfestigtes Gestein aus pyroklastischen Komponenten bis Lapilligröße. Wenn die Partikel noch durch ihre eigene Wärme zusammengeschmolzen sind, handelt es sich um einen Schweißtuff.

**Vulkanismus** (*volcanism*) Sammelbegriff für alle geologischen Vorgänge, die mit der Förderung glutflüssiger Gesteinsschmelzen und ihrer Ausbreitung an der Erdoberfläche verbunden sind.

**Vulkanit** Siehe Effusivgestein.

**Vulkankuppe** (*volcanic dome*) Kreisförmige Anhäufung von erstarrter Lava um einen Vulkanschlot; meist aus $SiO_2$-reicher Lava, die zu zähflüssig war, um rasch wegzufließen.

**Wadi** (*wadi*) Trockental in ariden Gebieten, das allenfalls nach heftigen Niederschlägen episodisch Wasser führt, dann jedoch in großen Mengen.

**Wärmeleitung** (*conduction*) Mechanische Übertragung der Schwingungsenergie thermisch angeregter Moleküle (und Atome) durch eine Vielzahl von Teilchenstößen von Molekül zu Molekül. Dabei wandern die Moleküle selbst nicht.

**Warve** (*varve*) Wenige Millimeter dicke Sedimentlage, die von unten nach oben von grob zu fein und von hell nach dunkel übergeht. Warven kommen in Schmelzwasserseen vor den Gletschern zur Ablagerung und repräsentieren jeweils eine Jahreslage, wobei die hellere sandige Lage im Sommer, die dunklere tonige im Winter abgelagert wird.

**Wasserscheide** (*divide*) Meist höher aufragender Bergrücken, der als Grenzlinie die Einzugsgebiete zweier Flüsse voneinander trennt.

**Watt** (*tidal flat*) Ausgedehnte, weitgehend ebene Fläche im Küstenbereich der Gezeitenmeere aus tonig-siltigen oder sandigen Sedimenten, die bei Hochwasser überflutet wird, bei Niedrigwasser teilweise oder vollkommen trockenfällt.

**Wellenbrechung** (*wave refraction*) Umbiegen der Wellenfronten, sobald sie auf unterschiedliche Tiefen und Bedingungen am Meeresboden treffen. Bei anderen Wellenarten spricht man von Brechung, wenn sie beim Übertritt von einem Medium in ein anderes mit unterschiedlichen physikalischen Eigenschaften die Fortpflanzungsrichtung ändern.

**Wellenhöhe** (*wave height*) Vertikale Entfernung zwischen Wellenberg und Wellental.

**Wellenlänge** (*wave length*) Entfernung zwischen zwei aufeinander folgenden Kämmen oder Tälern einer Welle.

**Wiederbelebung von Gebirgen** (Rejuvenation von Gebirgen, *rejuvenation*) Erneute Hebung einer Gebirgskette im Bereich des früheren Aufstiegs, wodurch das Gebiet wieder in ein „jugendlicheres" Stadium des Erosionszyklus zurückversetzt und der Zyklus der Reliefentwicklung abermals durchlaufen wird.

**Wiederkehrzeit** (*recurrence interval*) Die mittlere Zeitdauer zwischen dem Auftreten geologischer Ereignisse wie beispielsweise Hochwasser oder Erdbeben einer bestimmten Größenordnung.

**Wilson-Zyklus** (*Wison cycle*) Nach dem kanadischen Geophysiker Tuzo Wilson benannter mehrfacher plattentektonischer Kreislauf, bestehend aus (1) Riftbildung als Folge des Zerbrechens eines Großkontinents; (2) Abkühlung des passiven Kontinentalrands und Sedimentakkumulation im Verlauf des Seafloor-Spreading und der damit verbundenen Öffnung eines Ozeans; (3) Vulkanismus an aktiven Kontinentalrändern, Akkretion von Mikrokontinenten durch Subduktion und Schließung eines Ozeans; (4) Gebirgsbildung als Folge einer Kontinent-Kontinent-Kollision, durch die ein neuer Großkontinent entsteht. Man geht davon aus, dass ein solcher Wilson-Zyklus etwa 300 bis 500 Ma dauert.

**Windkanter** (*ventifact*) Gesteinsbruchstück, das auf seiner Oberfläche die Auswirkungen der Korrasion zeigt. Dabei entstehen durch Drehung der Windrichtung oder Änderung der Lage des Gerölls mehrere eben geschliffene Flächen, die durch scharfe Kanten voneinander getrennt sind.

**Winkeldiskordanz** (Diskordanz, *angular unconformity*) Diskordanz, bei der die über und unter der Diskordanzfläche lagernden Schichten nicht parallel aufeinander liegen.

**Wüstenlack** (*desert varnish*) Dunkler Überzug auf Gesteinsoberflächen in Wüstengebieten. Er besteht aus Tonmineralen und meist wasserarmen Eisen- und Manganoxidhydraten, die durch Verwitterung gebildet werden.

**Wüstenpflaster** Siehe Steinpflaster.

**Zementation** (*cementation*) Prozess der Sedimentverfestigung (Lithifizierung), bei dem im Porenraum der Sedimente Minerale ausgefällt werden, die die Körner miteinander verkitten.

**Zentralschlot** (*central vent*) Größter Förderschlot eines Vulkans im Zentrum des Vulkangebäudes.

**Zeolithe** (*zeolites*) Gruppe von Silicatmineralen, die in Hohlräumen ihrer Kristallstruktur Wasser enthalten. Zeolithminerale entstehen durch Umwandlung anderer Silicatminerale unter niedrigen Temperatur- und Druckbedingungen, oftmals aus vulkanischen Gläsern.

**Zyklentheorie der Denudation** (*cycle of erosion*) In der Geomorphologie hypothetische Abfolge von Landschaftsformen, die von hohen, schroffen, tektonisch entstandenen Gebirgen (Jugendstadium) zu niedrigeren, rundlichen Hügeln (Reifestadium) und schließlich zu völlig eingeebneten, tektonisch stabilen Rumpfflächen (Altersstadium) führt.

# Literaturverzeichnis


## Allgemein

Bahlburg, H. & C. Breitkreuz (2008): *Grundlagen der Geologie*, 3. Aufl. Spektrum Akademischer Verlag.

Eisbacher, G. & J. Kley (2000): *Grundlagen der Umwelt- und Rohstoffgeologie.* Enke.

Jacobshagen, V., J. Arndt, H.-J. Götze & C. M. Wallfass (2000): *Einführung in die Geologischen Wissenschaften.* Ulmer (UTB).

## Kapitel 1

Allegre, C. J. & S. H. Schneider (2005): Evolution of Earth. In *Scientific American*, Special Edition: *Our Ever Changing Earth*, pp. 4–13.

Alley, R. B. (2001): The key to the past. *Nature* 409: 289.

Becker, L. (2002): Repeated blows. *Scientific American* (March): 77–83.

Dalrymple, G. B. (2005): *Ancient Earth, Ancient Skies: The Age of Earth and Its Cosmic Surroundings.* Stanford University Press.

Hallam, A. (1991): *Great Geologic Controversies.* Oxford University Press.

Hallam, T. (2005): *Catastrophes and Lesser Calamities: The Causes of Mass Extinctions.* Oxford University Press.

McSween, H. Y. (1999): *Meteorites and Their Parent Planets.* Cambridge University Press.

Menking, K., D. Merritts & A. de Wet (1998): *Environmental Geology: An Earth System Science Approach.* W. H. Freeman.

National Aeronautics and Space Administration (2002): *Living on a Restless Planet.* Jet Propulsion Laboratory. Siehe auch: http:\\solidearth.jpl.nasa.gov.

National Research Council (1993): *Solid Earth Sciences and Society.* National Academy Press.

Roberts, F. (2001): The origin of water on Earth. *Science* 293: 1056–1058.

Stanley, S. M. (2001): *Historische Geologie*, 2. Aufl., Spektrum Akademischer Verlag.

Westbroek, P. (1991): *Life as a Geologic Force.* W. W. Norton.

## Kapitel 2

Carlson, R. W. (1997): Do continents part passively or do they need a shove? *Science* 278: 240–241.

Closs, H., P. Giese, & V. Jacobshagen, (1980): Alfred Wegeners Kontinentalverschiebung aus heutiger Sicht. *Spektrum der Wissenschaft* 10/1980: 32–46.

Conrad, C. P. & C. Lithgow-Bertelloni (2002): How mantle slabs drive plate tectonics. *Science* 298: 207–209.

Cox, A. (1989): *Plate Tectonics: How It Works.* Blackwell Scientific.

Dalziel, I. W. D. (1995): Earth before Pangaea. *Scientific American* (January): 58–63.

Eisbacher, G. H. (1996): *Einführung in die Tektonik*, 2. Aufl. Enke.

Frisch, W. & M. Meschede (2007): *Plattentektonik: Kontinentverschiebung und Gebirgsbildung.* Primus.

Giese, P. (Hrsg.) (1987): *Ozeane und Kontinente*, 5. Aufl. Spektrum Akademischer Verlag.

Hallam, A. (1973): *A Revolution in the Earth Sciences: From Continental Drift to Plate Tectonics.* Oxford University Press, Clarendon Press.

Keary, P. & F. J. Vine (1990): *Global Tectonics.* Blackwell Scientific.

Macdonald, K. C. (1998): Exploring the mid-ocean ridge. *Oceanus* 41: 2–8.

Mattauer, M. (1999): *Berge und Gebirge.* Borntraeger.

Menard, H. W. (1986): *The Ocean of Truth: A Personal History of Global Tectonics.* Princeton University Press.

Miller, H. (1992): *Abriss der Plattentektonik.* Enke.

Muller, R. D. et al. (1997): Digital isochrons of the world's ocean floor. *Journal of Geophysical Research* 102: 3211–3214.

National Academy of Sciences (1999): When the Earth moves: Seafloor spreading and plate tectonics. In *Beyond Discovery: The Path from Research to Human Benefit.* www.beyonddiscovery.org.

Norabuena, E. et al. (1998): Space geodetic observations of Nazca-South America convergence across the central Andes. *Science* 279: 358–362.

Oreskes, N. (1999): *The Rejection of Continental Drift.* Oxford University Press.

Richards, M. A. (1999): Prospecting for Jurassic slabs. *Nature* 397: 203–204.

Scotese, C. R. (2001): *Atlas of Earth History*, vol. 1: Paleogeography. PALEOMAP Project.

Smith, D. K. & J. R. Cann (1993): Building the crust at the Mid-Atlantic Ridge. *Nature* 365: 707–714.

Van der Hilst, R. D., S. Widiyantoro & E. R. Engdahl (1997): Evidence for deep mantle circulation from global tomography. *Nature* 386: 578–584.

Wegener, A. (1915): *Die Entstehung der Kontinente und Ozeane.* Vieweg (Nachdr.: 2005, Borntraeger).

Wessel, G. R. (1986): *The Geology of Plate Margins.* Geological Society of America, Map and Chart Series MC-59.

## Kapitel 3

Barnes, H. L. & A. W. Rose (1998): Origins of hydrothermal ores. *Science* 279: 2064–2065.

Blatt, H., R. J. Tracy & B. E. Owens (2005): *Petrology: Igneous, Sedimentary, and Metamorphic*, 3rd ed. W. H. Freeman.

Briskey, J. A. et al. (2001): It's time to know the planet's mineral resources. *Geotimes* (March): 14–22.

Deer, W. A., A. Howie, & J. Zussman (1996): *An Introduction to Rock-Forming Minerals.* Prentice Hall.

Dietrich, R. V. & B. J. Skinner (1990): *Gems, Granites, and Gravels.* Cambridge University Press.

Ernst, W. G. (1986): *Bausteine der Erde.* Enke.

Hall, C. (2002): *Gemstones.* Smithsonian Handbooks.

Keller, P. C. (1990): *Gemstones and Their Origins.* Chapman & Hall.

Klein, C. (2001): *Manual of Mineral Science*, 22nd ed. Wiley.

Ramdohr, P. & H. Strunz (1978/1980): *Klockmanns Lehrbuch der Mineralogie*, 16. Aufl., durchges. Nachdruck. Enke.

MacKenzie, W. S. & A. E. Adams (1995): *Minerale und Gesteine in Dünnschliffen.* Enke.

MacKenzie, W. S. & C. Guilford (1981): *Atlas gesteinsbildender Minerale in Dünnschliffen.* Enke.

Markl, G. (2004): *Minerale und Gesteine - Eigenschaften, Bildung, Untersuchung.* Spektrum Akademischer Verlag.

Okrusch, M. & S. Matthes (2005): *Mineralogie*, 6. Aufl. Springer.

Patch, S. S. (1999): *Blue Mystery: The Story of the Hope Diamond*, 2nd ed. Abrams.

Pfeiffer, L., M. Kurze & G. Mathé (1985): *Einführung in die Petrologie.* Akademie-Verlag.

Robb, L. J. (2004): *Introduction to Ore-Forming Processes.* Blackwell Scientific.

Rösler, H. J. (1991): *Lehrbuch der Mineralogie*, 5. Aufl. Deutscher Verlag für Grundstoffindustrie.

Schröcke, H. & K. L. Weinert (1981): *Mineralogie.* de Gruyter.

Varon, L. (2001): Internet gems: Websites for rockhounds and lapidaries. *Rock and Gem* 31(6): 34–36, 90.

Vinx, R. (2008): *Gesteinsbestimmung im Gelände*, 2. Aufl. Spektrum Akademischer Verlag.

## Kapitel 4

Barker, D. S. (1983): *Igneous Rocks.* Prentice Hall.

Blatt, H., R. J. Tracy & B. E. Owens (2005): *Petrology: Igneous, Sedimentary, and Metamorphic*, 3rd ed. W. H. Freeman.

Coffin, M. F. & O. Eldholm (1993): Large igneous provinces. *Scientific American* (June): 42–49.

Ernst, W. G. (1986): *Bausteine der Erde.* Enke.

MacKenzie, W. S. (1989): *Atlas der magmatischen Gesteine in Dünnschliffen.* Enke.

MacKenzie, W. S. & A. E. Adams (1995): *Minerale und Gesteine in Dünnschliffen.* Enke.

Markl, G. (2004): *Minerale und Gesteine – Eigenschaften, Bildung, Untersuchung.* Spektrum Akademischer Verlag.

Okrusch, M. & S. Matthes (2005): *Mineralogie*, 6. Aufl. Springer.

Pfeiffer, L., M. Kurze & G. Mathé (1985): *Einführung in die Petrologie.* Akademie-Verlag.

Philpotts, A. R. (2003): *Petrography of Igneous and Metamorphic Rocks.* Waveland Press.

Raymond, L. A. (1995): *Petrology.* Wm. C. Brown.

Vinx, R. (2008): *Gesteinsbestimmung im Gelände*, 2. Aufl. Spektrum Akademischer Verlag.

Wimmenauer, W. (1985): *Petrographie der magmatischen und metamorphen Gesteine.* Enke.

## Kapitel 5

Adams, A. E., W. S. MacKenzie & C. Guilford (1986): *Atlas der Sedimentgesteine in Dünnschliffen.* Enke.

Boggs, S. (2001): *Principles of Sedimentology and Stratigraphy*, 3rd. ed. Prentice Hall.

Brookfield, M. E. (2004): *Principles of Stratigraphy.* Blackwell Scientific.

Füchtbauer, H. (Hrsg.) (1988): *Sedimente und Sedimentgesteine*, 4. Aufl. Schweizerbart.

Goreau, T. F., N. I. Goreau & T. J. Goreau (1979): Corals and coral reefs. *Scientific American* (August): 124–136.

Julien, P. Y. (1998): *Erosion and Sedimentation.* Cambridge University Press.

Komar, P. D. (1997): *Beach Processes and Sedimentation*, 2nd ed. Prentice Hall.

Leeder, M. R. (1999): *Sedimentology and Sedimentary Basins.* Blackwell Scientific.

Mack, W. N. & E. A. Leistikow (1996): Sands of the world. *Scientific American* (August): 62–67.

Okrusch, M. & S. Matthes (2005): *Mineralogie*, 6. Aufl. Springer.

Pfeiffer, L., M. Kurze & G. Mathé (1985): *Einführung in die Petrologie.* Akademie-Verlag.

Prothero, D. R. & F. Schwab (1996): *Sedimentary Geology*. W. H. Freeman.

Reineck, H.-E. & I. B. Singh (1986): *Depositional Sedimentary Environments*, 2. Aufl. Springer.

Schäfer, A. (2005): *Klastische Sedimente – Fazies und Sequenzstratigraphie*. Spektrum Akademischer Verlag.

Siever, R. (1989): *Sand. Ein Archiv der Erdgeschichte*. Spektrum der Wissenschaft.

Stanley, G. D., Jr. (2001): *The History and Sedimentology of Ancient Reef Systems*. Springer.

Tucker, M. E. (1985): *Einführung in die Sedimentpetrologie*. Enke.

Tucker, M. E. (1986): *Methoden der Sedimentologie*. Enke.

Vinx, R. (2008): *Gesteinsbestimmung im Gelände*, 2. Aufl. Spektrum Akademischer Verlag.

## Kapitel 6

Barker, A. J. (1998): *Introduction to Metamorphic Textures and Microstructures*, 2nd ed. Stanley Thornes.

Blatt, H., R. J. Tracy & B. E. Owens (2005): *Petrology: Igneous, Sedimentary, and Metamorphic*, 3rd ed. W. H. Freeman.

Bucher, K. & M. Frey (2002): *Petrogenesis of Metamorphic Rocks*, 7th ed. Springer.

Coleman, R. G., X. Wang, P. C. Hess & A. B. Thompson (1995): *Ultrahigh Pressure Metamorphism*. Cambridge University Press.

Frey, M. & D. Robinson (1998): *Low-Grade Metamorphism*. Blackwell Scientific.

Markl, G. (2004): *Minerale und Gesteine - Eigenschaften, Bildung, Untersuchung*. Spektrum Akademischer Verlag.

Okrusch, M. & S. Matthes (2005): *Mineralogie*, 6. Aufl. Springer.

Pfeiffer, L., M. Kurze & G. Mathé (1985): *Einführung in die Petrologie*. Akademie-Verlag.

Vinx, R. (2008): *Gesteinsbestimmung im Gelände*, 2. Aufl. Spektrum Akademischer Verlag.

Wimmenauer, W. (1985): *Petrographie der magmatischen und metamorphen Gesteine*. Enke.

Wynn, J. C. & E. Shoemaker (1998): The day the sands caught fire. *Scientific American* (November): 64–21.

Yardley, B. W. D. (1997): *Einführung in die Petrologie metamorpher Gesteine*. Enke.

Yardley, B. W. D., W. S. MacKenzie & C. Guilford (1992): *Atlas metamorpher Gesteine und ihre Gefüge in Dünnschliffen*. Enke.

## Kapitel 7

Eisbacher, G. H. (1996): *Einführung in die Tektonik*, 2. Aufl. Enke.

Mattauer, M. (1993): *Strukturgeologie*. Enke.

McPhee, J. (2000): *Annals of the Former World*. Farrar, Straus & Giroux.

Meschede, M. (1994): *Methoden der Strukturgeologie*. Enke.

Pinter, N. & M. T. Brandon (2005): How erosion builds mountains. In *Scientific American*, Special Edition: *Our Ever Changing Earth*, pp. 74–81.

Ramsay, J. F. (1987): *Techniques of Modern Structural Geology: Folds and Fractures*. Academic Press.

Suppe, J. (1985): *Principles of Structural Geology*. Prentice Hall.

Twiss, R. J. & E. M. Moores (1992): *Structural Geology*. W. H. Freeman.

## Kapitel 8

Berry, W. B. N. (1987): *Growth of a Prehistoric Time Scale*. Blackwell Scientific.

Deutsche Stratigraphische Kommission (2002): *Stratigraphische Tabelle von Deutschland 2002*. Deutsche Stratigraphische Kommission.

Faure, G. & T. M. Mensing (2005): *Isotopes: Principles and Applications*, 3rd ed. Wiley.

Geyer, O. F. (1977): *Grundzüge der Stratigraphie und Fazieskunde*, Bd. 1 und Bd. 2. Schweizerbart.

Haq, B. (2007): *The Geological Time Table*. Elsevier.

Krömmelbein, K. & F. Strauch (1991): *Brinkmanns Abriß der Geologie*, 2. Bd. *Historische Geologie*, 14. Aufl. Enke.

Palmer, A. R. (1984): *Decade of North American Geologic Time Scale*. Geological Society of America. Map and Chart Series MC-50.

Rey, J. (1991): *Geologische Altersbestimmung*. Enke.

Simpson, G. G. (1984): *Fossilien. Mosaiksteine zur Geschichte des Lebens*. Spektrum der Wissenschaft.

Spencer, E. W. (1999): *Geologic Maps: A Practical Guide to the Preparation and Interpretation of Geologic Maps*, 2nd ed. Prentice Hall.

Stanley, S. M. (2001): *Historische Geologie*, 2. Aufl. Spektrum Akademischer Verlag.

Steininger, F. F. & W. E. Piller (1999): Empfehlungen (Richtlinien) zur Handhabung der stratigraphischen Nomenklatur. *Courier Forschungsinstitut Senckenberg*, 209.

Winchester, S. (2002): *The Map That Changed the World: William Smith and the Birth of Modern Geology*. HarperCollins, Perennial.

Walter, R. (2003): *Erdgeschichte – Die Entstehung der Kontinente und Ozeane.* de Gruyter.

## Kapitel 9

Ahrens, T. J. (1994): The origin of the Earth. *Physics Today* 47: 38–45.
Albee, A. (2003): The unearthly landscapes of Mars. *Scientific American* (June): 46–53.
Allegre, C. (1994): *From Stone to Star,* 2nd ed. Harvard University Press.
Ardilla, D. R. (2004): Planetary Systems. *Scientific American* (April): 62–69.
Becker, L. (2002): Repeated blows. *Scientific American* (March): 77–83.
Bell, J. (2008): *Postkarten vom Mars.* Spektrum Akademischer Verlag.
Bullock, M. A. & D. H. Grinspoon (2003): Global climate change on Venus. In *Scientific American,* Special Edition: *New Light on the Solar System,* pp. 20–27.
Christensen, P. R. (2005): The many faces of Mars. *Scientific American* (July): 32–39.
Cole, G. H. A. (2001): Exoplanets. *Astronomy and Geophysics* (February): 1.13–1.17.
Doyle, L. R., H.-J. Deeg & T. M. Brown (2000): Searching for shadows of other Earths. *Scientific American* (July): 60–65.
Giese, P. (Hrsg.) (1987): *Ozeane und Kontinente,* 5. Aufl. Spektrum der Wissenschaften.
Golombek, M. P. (1998): The Mars *Pathfinder* mission. *Scientific American* (July): 40–49.
Halliday, A. N. & M. J. Drake (1999): Colliding theories (origin of Earth and Moon). *Science* 283: 1861–1864.
Kargel, J. S. & R. G. Strom (1996): Global climatic change on Mars. *Scientific American* (November): 80–88.
Kasting, J. F. (1998): Origins of water on Earth. *Scientific American* (October): 16–22.
Kasting, J. F. (2004): When methane made climate. *Scientific American* (July): 80–85.
Lang, B. (2007): *Das Sonnensystem.* Spektrum Akademischer Verlag.
Lunine, J. I. (2004): Saturn at last! *Scientific American* (June): 56–63.
Nelson, R. M. (1997): Mercury: The forgotten planet. *Scientific American* (November): 56–67.
Pappalardo, R. T., J. W. Head & R. Greeley (1999): The Hidden Ocean of Europa. *Scientific American* (October): 54–63.
*Scientific American* (1990): Special Issue: Exploring Space. Scientific American, Inc. 2000. *The Frontiers of Space.*
Spudis, P. D. (2003): New moon. *Scientific American* (December): 86–93.
Squyres, S. (2005): *Roving Mars: Spirit, Opportunity, and the Exploration of the Red Planet.* Hyperion.
Strobach, K. (1991): *Unser Planet Erde.* Borntraeger.
Unsöld, A. & B. Baschek (2002): *Der neue Kosmos,* 7. Aufl. Springer.
Wetherill, G. W. (1990): Formation of the Earth. *Annual Review of Earth and Planetary Sciences* 8: 205–256.
Woolfson, M. (2000): The origin and evolution of the solar system. *Astronomy and Geophysics* 41: 1.2–1.18.
York, D. (1993): The earliest history of the Earth. *Scientific American* (January): 90–96.
Zorpette, G. (2000): Why go to Mars? *Scientific American* (March): 40–43.

## Kapitel 10

Bally, A. W. & A. R. Palmer (eds.) (1989): *The Geology of North America: An Overview.* Geological Society of America.
Burchfiel, B. C. (1983): The continental crust. *Scientific American* (September): 130.
Dalziel, I. W. (2005): Earth before Pangaea. In *Scientific American,* Special Edition: *Our Ever Changing Earth,* pp. 14–21.
Geissman, J. W. & A. F. Glazner (eds.) (2000): Focus on the Himalayas. *Bulletin of the Geological Society of America* 112: 323–511.
Gurnis, M. (2005): Sculpting Earth inside out. In *Scientific American,* Special Edition: *Our Ever Changing Earth,* pp. 56–63.
Eisbacher G. H. (1988): *Nordamerika.* Enke.
Jones, D. L., A. Cox, P. Coney & M. Beck (1982): The growth of western North America. *Scientific American* (November): 70.
Jordan, T. H. (1979): The deep structure of continents. *Scientific American* (January): 92–107.
Kearey, P. & F. J. Vine (1990): *Global Tectonics.* Blackwell Scientific.
Molnar, P. (1997): The rise of the Tibetan Plateau: From mantle dynamics to the Indian monsoon. *Astronomy and Geophysics.* 36(3): 10–15.
Murphy, J. B. & R. D. Nance (1992): Mountain belts and the supercontinent cycle. *Scientific American* (April): 84.
Murphy, J. B., G. L. Oppliger, G. Brimhall, Jr. & A. J. Hynes (1999): Mantle plumes and mountains. *American Scientist* 87 (March-April): 146–153.
Schönenberg, R. & J. Neugebauer (1997): *Einführung in die Geologie Europas,* 7. Aufl. Rombach.
Taylor, S. R. & S. L. McLennan (2005): The evolution of continental crust. In *Scientific American,* Special Edition: *Our Ever Changing Earth,* pp. 44–49.

Twiss, R. J. & E. M. Moores (1992): *Structural Geology.* W. H. Freeman.

Walter, R. (2007): *Geologie von Mitteleuropa,* 7. Aufl. Schweizerbart.

## Kapitel 11

American Academy of Microbiology (2000): *Geobiology: Exploring the Interface Between the Biosphere and the Geosphere.* American Academy of Microbiology.

Becker, L. (2002): Repeated blows. *Scientific American* (March): 78–83.

Frederickson, J. K. & T. C. Onstott (1996): Microbes deep within the Earth. *Scientific American* (October): 68–73.

Gould, S. J. (1994): The evolution of life on Earth. *Scientific American* (October): 85–91.

Hallam, T. (2005): *Catastrophes and Lesser Calamities: The Causes of Mass Extinctions.* Oxford University Press.

Hazen, R. M. (2001): Life's rocky start. *Scientific American* (April): 76–85.

Kasting, J. F. (2004): When methane made climate. *Scientific American* (July): 80–85.

Kring, D. A. & D. D. Durda (2003): The day the world burned. *Scientific American* (December): 100–105.

Madigan, M. T. & B. L. Marrs (1997): Extremophiles. *Scientific American* (April): 82–87.

Simpson, S. (2003): Questioning the oldest signs of life. *Scientific American* (April): 70–77.

Stanley, S. M. (2001): *Historische Geologie.* Spektrum Akademischer Verlag.

## Kapitel 12

American Geophysical Union (1992): *Volcanism and Climatic Change,* Special Report.

Bardintzeff, J. M. (1999): *Vulkanologie.* Enke.

Bruce, V. (2001): *No Apparent Danger: The True Story of Volcanic Disaster at Galeras and Nevado del Ruiz.* HarperCollins.

Decker, R. W. & B. Decker (2006): *Volcanoes,* 3rd. ed. W. H. Freeman.

Dvorak, J. J. & D. Dzurisin (1997): Volcano geodesy: The search for magma reservoirs and the formation of eruptive vents. *Reviews of Geophysics* 35: 343–384.

Edmond, J. M. & K. L. Von Damm (1992): Hydrothermal activity in the deep sea. *Oceanus* (Spring): 74–81.

Fisher, R. V., G. Heiken & J. B. Hulen (1997): *Volcanoes: Crucibles of Change.* Princeton University Press.

Francis, P. (1983): Giant volcanic calderas. *Scientific American* (June): 60–70.

Heiken, G. (1979): Pyroclastic flow deposits. *American Scientist* 67: 564–571.

Krakaner, J. (1996): Geologists worry about dangers of living „under the volcano.“ *Smithsonian* (July): 33–125.

Larson, R. L. (2005): The Mid-Cretaceous superplume episode. In *Scientific American,* Special Edition: *Our Ever Changing Earth,* pp. 21–27.

Lauber, P. (1993): *Volcano: The Eruption and Healing of Mount St. Helens.* Alladin.

McPhee, J. (1990): Cooling the lava. In *The Control of Nature.* Farrar, Straus & Giroux.

MELT Seismic Team (1998): Imaging the deep seismic structure beneath a mid-ocean ridge: The MELT experiment. *Science* 280: 1215–1218.

Pichler, H. & T. Pichler (2007): *Vulkangebiete der Erde.* Spektrum Akademischer Verlag.

National Research Council (1994): *Mount Rainier: Active Cascade Volcano.* National Academy Press.

Schminke, H. U. (2006): *Vulkanismus.* 2. Aufl., Sonderausg. Wissenschaftliche Buchgesellschaft.

Sigurdsson, H. (ed.) (2000): *The Encyclopedia of Volcanoes.* Academic Press

Simkin, T., L. Siebert & R. Blong (2001): Volcano fatalities: Lessons from the historical record. *Science* 291: 255.

Smith, R. B. & L. J. Siegel (2000): *Windows into the Earth.* Oxford University Press.

Tilling, R. I. (1989): Volcanic hazards and their mitigation: Progress and problems. *Reviews of Geophysics* 27: 237–269.

Vink, G. E. & W. J. Morgan (1985): Hot Spots: heiße Flecken auf der Erde. *Spektrum der Wissenschaft* 6: 50–57.

White, R. S. & D. P. McKenzie (1989): Vulkanismus an Rifts. *Spektrum der Wissenschaft* 9: 62–72.

Williams, S. & F. Montaigne (2001): *Surviving Galeras.* Houghton Mifflin.

Winchester, S. (2003): *Krakatoa: The Day the World Exploded, August 27, 1883.* HarperCollins.

Wright, T. L. & T. C. Pierson (1992): Living with Volcanoes. *U.S. Geological Survey Circular 1073.*

## Kapitel 13

Bolt, B. A. (1995): *Erdbeben, Schlüssel zur Geodynamik.* Spektrum Akademischer Verlag.

Bolt, B. A. (2006): *Earthquakes,* 4th ed. W. H. Freeman.

Clague, J. J. et al. (2000): Great Cascadia Earthquake Tricentennial. *GSA Today* (November): 14–15.

Federal Emergency Management Agency (2001): *HAZUS99 Estimated Annualized Earthquake Losses for the United States.* FEMA Report 366.

Felgentreff, C. & T. Glade (2008): *Naturrisiken und Sozialkatastrophen.* Spektrum Akademischer Verlag.

Hough, S. E. (2002): *Earthquake Science: What We Know (and Don't Know) About Earthquakes.* Princeton University Press.

Kanamori, H. & E. E. Brodsky (2001): The physics of earthquakes. *Physics Today* (June): 34–40.

Kanamori, H., E. Hauksson & T. Heaton (1997): Real-time seismology and earthquake hazard mitigation. *Nature* 390: 461–464.

National Research Council, Committee on the Science of Earthquakes (T. H. Jordan, chair) (2003): *Living on an Active Earth: Perspectives on Earthquake Science.* U. S. Government Printing Office.

Normile, D. (1995): Quake builds case for strong codes. *Science* 267: 444–446.

Prager, E. J. (1999): *Furious Earth: The Science and Nature of Earthquakes, Volcanoes, and Tsunamis.* McGraw-Hill.

Schneider, G. (2004): *Erdbeben – Eine Einführung für Geowissenschaftler und Bauingenieure.* Spektrum Akademischer Verlag.

Schneider, G. (1980): *Naturkatastrophen.* Enke

Shedlock, K. M., D. Giardini, G. Grünthal & P. Zhang (2000): The GSHAP Global Seismic Hazard Map. *Seismological Research Letters* 71: 679–686.

Southern California Earthquake Center (2004): *Putting Down Roots in Earthquake Country.* http:\\www.scec.org/resources/catalog/roots. html.

Stein, R. S. (2005): Earthquake conversations. In *Scientific American*, Special Edition: *Our Ever Changing Earth*, pp. 82–89.

Tibballs, G. (2005): *Tsunami: The Most Terrifying Disaster.* Carlton.

Yeats, R. S. (2001): *Living with Earthquakes in California.* Oregon State University Press.

Yeats, R. S., K. Sieh & C. R. Allen (1996): *The Geology of Earthquakes.* Oxford University Press.

## Kapitel 14

Bolt, B. A. (1995): *Erdbeben, Schlüssel zur Geodynamik.* Spektrum Akademischer Verlag.

Glatzmaier, G. A. & P. Olsen (2005): Probing the geodynamo. In *Scientific American*, Special Edition: *Our Ever Changing Earth*, pp. 28–35.

Gurnis, M. (2005): Sculpting the Earth from inside out. In *Scientific American*, Special Edition: *Our Ever Changing Earth*, pp. 56–63.

Hager, B. H. & M. A. Richards (1989): Long-wavelength variations in Earth's geoid: Physical models and dynamical implications. *Philosophical Transactions of the Royal Society of London, Series A* 328: 309–327.

Helffrich, G. R. & B. J. Wood (2001): The Earth's mantle. *Nature* 412: 501–507.

Jeanloz, R. & T. Lay (2005): The core-mantle boundary. In *Scientific American*, Special Edition: *Our Ever Changing Earth*, pp. 36–43.

Kellog, L. H. (1997): Mapping the core-mantle boundary. *Nature* 277: 646–647.

Kerr, R. A. (2001): A lively or stagnant lowermost mantle? *Science* 292: 841.

Kraatz, R. (Hrsg.) (1987): *Die Dynamik der Erde.* Spektrum Akademischer Verlag.

Lay, T. & T. C. Wallace (1995): *Modern Global Seismology.* Academic Press.

Masters, T. G. & P. M. Shearer (1995): Seismic models of the Earth. In T. J. Ahrens (ed.) *A Handbook of Physical Constants: Global Earth Physics* (vol. 1. pp. 88–103). American Geophysical Union.

McKenzie, D. P. (1983): The Earth's mantle. *Scientific American* (September): 66.

Olson, P., P. G. Silver & R. W. Carlson (1990): The large-scale structure of convection of the Earth's mantle. *Nature* 344: 209–215.

Schneider, G. (2004): *Erdbeben – Eine Einführung für Geowissenschaftler und Bauingenieure.* Spektrum Akademischer Verlag.

Stein, S. & M. Wysession (2003): *An Introduction to Seismology, Earthquakes, and Earth Structure.* Blackwell.

Strobach, K. (1991): *Unser Planet Erde.* Bornträger.

Wysession, M. (1995): The inner workings of the Earth. *American Scientist* 83: 134–146.

## Kapitel 15

Alley, R. B. (2004): *The Two-Mile Time Machine: Ice Cores, Abrupt Climate Change, and Our Future.* Princeton University Press.

American Geophysical Union (1999): Climate change and greenhouse gases. *EOS* 80: 453–458.

Berner, R. A. & A. C. Lasaga (1989): Modeling the geochemical carbon cycle. *Scientific American* (March): 74–81.

Bonnet, S. & A. Grave (2003): Landscape response to climate change: Insights from experimental modeling and implications for tectonic versus climatic uplift of topography. *Geology* 31: 123–126.

Cook, E. (1996): *Marking a Milestone in Ozone Protection: Learning from the CFC Phase-Out.* World Resources Institute.

Cox, J. D. (2005): *Climate Crash: Abrupt Climate Change and What It Means for Our Future.* National Academies Press, Joseph Henry Press.

Graedel, T. E. & P. J. Crutzen (1993): *Atmospheric Change: An Earth System Perspective.* W. H. Freeman.

Intergovernmental Panel on Climate Change (2001): *Climate Change 2001: The Scientific Basis.* Cambridge University Press.

National Academy of Sciences (1992): *Policy Implications of Greenhouse Warming.* National Academy Press.
National Research Council (2001): *Climate Change Science: An Analysis of Some Key Questions.* National Academy Press.
Pichler, H. (1997): *Dynamik der Atmosphäre.* Spektrum Akademischer Verlag
Ruddiman, W. F. (2001): *Earth's Climate: Past and Future.* W. H. Freeman.
Webster, P. J. & J. A. Curry (1998): The oceans and weather. In Scientific American Presents: *The Oceans: The Ultimate Voyage Through Our Watery Home* (Fall): 38–43.

## Kapitel 16

Ahnert, F. (2003): *Einführung in die Geomorphologie.* Ulmer.
Birkeland, P. (1999): *Soils and Geomorphology.* Oxford University Press.
Bloom, A. L. (1989): *Die Oberfläche der Erde,* 2. Aufl. Enke.
Bloom, A. L. (2004): *Geomorphology: A Systematic Analysis of Late Cenozoic Landforms,* 3rd ed. Waveland Press.
Blume, H. (1994): *Das Relief der Erde – Ein Bildatlas,* 2. Aufl. Enke.
Brevik, L. (2002): Problems and suggestions related to soil classification as presented in introduction to physical geology textbooks. *Journal of Geoscience Education* 50: 541.
Coleman, S. M. & D. P. Dethier (1986): *Rates of Chemical Weathering of Rocks and Minerals.* Academic Press.
Chapman, D. (1995): *Natural Hazards.* Oxford University Press.
Cooke, R. U., R. J. Inkpen & G. F. S. Wiggs (1995): Using gravestones to assess changing rates of weathering in the United Kingdom. *Earth Surface Processes and Landforms* 20: 531–546.
Frater, H. (2004): *Landschaftsformen – Unsere Erde im Wandel.* Springer.
Füchtbauer, H. (Hrsg.) (1988): *Sedimente und Sedimentgesteine,* 4. Aufl. Schweizerbart.
Goudie, A. (1998): *Geomorphologie – Ein Methodenhandbuch für Studium und Praxis.* Spektrum Akademischer Verlag.
Hartge, K. H. & R. Horn (1999): *Einführung in die Bodenphysik.* Enke.
Hartge, K. H. & R. Horn (1992): *Die physikalische Untersuchung von Böden.* Enke.
Hintermaier-Erhard, G. & W. Zech (1997): Wörterbuch der Bodenkunde. Enke.
Kuntze, H., G. Roeschmann & G. Schwerdtfeger (1994): *Bodenkunde,* 5. Aufl. Ulmer.
Lee, E. M. (2005): *Landslide Risk Assessment.* Thomas Telford.
Lenz, L. & Wiedersich, B. (1993): *Grundlagen der Geologie und Landschaftsformen.* Deutscher Verlag für Grundstoffindustrie.
Louis, H. & K. Fischer (1979): *Allgemeine Geomorphologie,* 4. Aufl. de Gruyter.
Miller, R. W. & D. T. Gardiner (2001): *Soils in Our Environment,* 9th ed. Prentice Hall.
Morgan, R. P. C. (1999): *Bodenerosion und Bodenerhaltung.* Enke.
Nahon, D. B. (1991): *Introduction to the Petrology of Soils and Chemical Weathering.* Wiley.
Retallack, G. J. (1990): *Soils of the Past: An Introduction to Paleopedology.* Blackwell Scientific.
Scheffer, F. & P. Schachtschabel (2002): *Lehrbuch der Bodenkunde.* Spektrum Akademischer Verlag.
Singer, M. J. & D. N. Munns (2002): *Soils: An Introduction,* 5th ed. Prentice Hall.
Soil Survey Staff (1975): *Soil Taxonomy: A Basic System of Soil Classification for Making and Interpreting Soil Surveys.* U.S. Government Printing Office.
Tucker, M. E. (1985): *Einführung in die Sedimentpetrographie.* Enke.
Tyler, M. B. (1995): Look Before You Build: Geologic Studies for Safer Land Development in the San Francisco Bay Area. *U.S. Geological Survey Circular 1130.* US. Geological Survey.
Zech, W. & G. Hintermaier-Erhard (2002): *Böden der Welt – ein Bildatlas.* Spektrum Akademischer Verlag.

## Kapitel 17

Ad-hoc-Arbeitsgruppe Hydrogeologie (1997): *Hydrogeologische Kartieranleitung.* Schweizerbart
Dolan, R. & H. G. Goodell (1986): Sinking cities. *American Scientist* 74: 38–47.
Gleick, P. H. (2005): *World's Water, 2004–2005: The Biennial Report on Freshwater Resources (World's Water).* Island Press.
Gunn, J. (2004): *Encyclopedia of Caves and Karst Science.* Fitzroy Dearborn.
Heath, R. C. (1988): *Einführung in die Grundwasserhydrologie.* Oldenbourg.
Höll, K. (2002): *Das Wasser,* 8. Aufl. de Gruyter.
Hölting, B. & W. G. Coldewey (2005): *Hydrogeologie,* 6. Aufl. Spektrum Akademischer Verlag.
Mattheß, G. & K. Ubell (2003): *Allgemeine Hydrogeologie – Grundwasserhaushalt,* 2. Aufl. Schweizerbart.
National Research Council (1993): *Solid-Earth Sciences and Society.* National Academy Press.

Schwartz, F. W., and H. Zhang (2002): *Fundamentals of Ground Water.* Wiley.
Todd, D. W. & L. W. Mays (2004): *Groundwater Hydrology,* 3rd ed. Wiley.
U.S. Geological Survey (1990): Hydrologic Events and Water Supply and Use. National Water Summary 1987. *U.S. Geological Survey Water-Supply Paper 2350.*
Villiers, M. de (2001): *Water: The Fate of Our Most Precious Resource.* Mariner Books.

## Kapitel 18

Ahnert, F. (2003): *Einführung in die Geomorphologie.* Ulmer.
Blume, H. (1994): *Das Relief der Erde – ein Bildatlas,* 2. Aufl. Enke.
Füchtbauer, H. (Hrsg.) (1988): *Sedimente und Sedimentgesteine,* 4. Aufl. Schweizerbart.
Kelletat, D. (1984): *Deltaforschung. Verbreitung, Morphologie, Entstehung und Ökologie von Deltas.* Erträge der Forschung 214, Wissenschaftliche Buchgesellschaft.
Leopold, L. B. (2003): *A View of the River.* Harvard University Press.
Leopold, L. B., M. G. Wolman & J. P. Miller (1995): *Fluvial Processes in Geomorphology.* Dover.
Louis, H. & K. Fischer (1979): *Allgemeine Geomorphologie,* 4. Aufl. de Gruyter.
McPhee, J. (1989): *The Control of Nature.* Farrar, Straus & Giroux.
National Research Council (1995): *Flood Risk Management and the American River Basin: An Evaluation.* National Academy Press.
Schumm, S. A. (2003): *The Fluvial System.* Blackburn Press.
Shelby, A. (2004): *Red River Rising: The Anatomy of a Flood and the Survival of an American City.* Borealis Books.

## Kapitel 19

Ahnert, F. (2003): *Einführung in die Geomorphologie.* Ulmer.
Bagnold, R. A. (2005): *The Physics of Blown Sand and Desert Dunes.* Dover.
Blume, H. (1994): *Das Relief der Erde – ein Bildatlas,* 2. Aufl. Enke.
Cooke, R. U., A. Warren & A. Goudie (1993): *Desert Geomorphology.* UCL Press.
Füchtbauer, H. (Hrsg.) (1988): Sedimente und Sedimentgesteine, 4. Aufl. Schweizertbart.
Geist, H. (2005): *The Causes and Progression of Desertification.* Ashgate.
Goudie, A. S., I. Livingstone & S. Stokes (2000): *Aeolian Environments, Sediments, and Landforms.* Wiley.
Louis, H. & K. Fischer (1979): *Allgemeine Geomorphologie,* 4. Aufl. de Gruyter.
Pye, K. (1989): *Aeolian Dust and Dust Deposits.* Academic Press.
Reisner, M. (1993): *Cadillac Desert: The American West and Its Disappearing Water.* Penguin.
Stallings, F. L. (2001): *Black Sunday: The Great Dust Storm of April 14, 1935.* Eakin Press.
Winger, C. & D. Winger (2003): *The Essential Guide to Great Sand Dunes National Park and Preserve.* Colorado Mountain Club Press.

## Kapitel 20

Blume, H. (1994): *Das Relief der Erde – ein Bildatlas,* 2. Aufl. Enke.
Cone, J. (1991): *Fire Under the Sea.* William Morrow.
Davis, R. A. (1994): *The Evolving Coast.* W. H. Freeman.
Dietrich, G. (1975): *Allgemeine Meereskunde.* Borntraeger.
Dolan, R. & H. Lins (1997): Strände und Strandwallinseln. *Spektrum der Wissenschaft* 9/1997: 60–84.
Erikson, J. (2003): *Marine Geology: Exploring the New Frontiers of the Ocean.* Checkmark Books.
Fischetti, M. (2001): Drowning New Orleans. *Scientific American* (October): 78–85.
Füchtbauer, H. (Hrsg.) (1988): *Sedimente und Sedimentgesteine,* 4. Aufl. Schweizerbart.
Giese, P. (Hrsg.) (1987): *Ozeane und Kontinente.* Spektrum der Wissenschaft.
Hardisty, J. (1990): *Beaches: Form and Process.* HarperCollins Academic.
Louis, H. & K. Fischer (1979): *Allgemeine Geomorphologie,* 4. Aufl. de Gruyter.
Komar, P. (1998): *The Pacific Northwest Coast.* Duke University Press.
Menard, H. W. (1986): *The Ocean of Truth: A Personal History of Global Tectonics.* Princeton University Press.
Moore, R. (2004): *Faces from the Flood: Hurrican Floyd Remembered.* University of North Carolina Press.
National Research Council (2000): *Clean Ocean Coastal Waters.* National Academy Press.
National Science Foundation (2001): *Ocean Sciences at the New Millennium.* Siehe auch: http:\\www.joss.ucar.edu/joss_psg/publications/decadal/Decadal.low.pdf.
Psuty, N. P. & D. D. Ofiara (2002): *Coastal Hazard Management: Lessons and Future Directions from New Jersey.* Rutgers University press.
Reineck, H.-E. (Hrsg.) (1982): *Das Watt,* 3. Aufl. Kramer.

Reineck. H.-E. & I. B. Singh (1986): *Depositional Sedimentary Environments*, 2. Aufl. Springer.
Schlee, J. S., H. A. Karl & M. E. Torresan (1995): Imaging the Sea floor. *U.S. Geological Survey Bulletin 2079.*
Seibold, E. & H. W. Berger (1996): *The Sea Floor*, 3. Aufl. Springer.
U.S. Army Corps of Engineers (2004): *Coastal Geology.* University Press of the Pacific.

## Kapitel 21

Ahnert, F. (2003): *Einführung in die Geomorphologie.* Ulmer.
Alley, R. B. (2004): *The Two-Mile Time Machine: Ice Cores, Abrupt Climate Change, and Our Future.* Princeton University Press.
Bindshadler, R. A. & C. R. Bentley (2002): On Thin Ice. *Scientific American* (December): 98–105.
Blume, H. (1994): *Das Relief der Erde – ein Bildatlas*, 2. Aufl. Enke.
Broecker, W. S. & G. H. Denton (1990): Ursachen der Vereisungszyklen. *Spektrum der Wissenschaft* 3/1990: 88–98.
Covey, C. (1984): The Earth's orbit and the ice ages. *Scientific American* (February): 58.
Denton, G. H. & T. J. Hughes (1981): *The Last Great Ice Sheets.* Wiley.
Ehlers, J. (1994): *Allgemeine und historische Quartärgeologie.* Enke.
Hambrey, M. J. & J. Alean (1992): *Glaciers.* Cambridge University Press.
Hoffman, P. & D. Schrag (2000): Snowball Earth. *Scientific American* (January): 68.
Imbrie, J. & K. P. Imbrie (1979): *Ice Ages: Solving the Mystery.* Enslow Press.
Louis, H. & K. Fischer (1979): *Allgemeine Geomorphologie*, 4. Aufl. de Gruyter.
Menzies, J. (ed.) (1995): *Modern Glacial Environments: Processes, Dynamics and Sediments.* Butterworth-Heinemann.
Sharp, R. P. (1988): *Living Ice: Understanding Glaciers and Glaciation.* Cambridge University Press.
Sturm, M., D. K. Perovich & M. C. Serreze (2004): Meltdown in the north. *Scientific American* (March): 60–67.
Wilhelm, F. (1975): *Schnee- und Gletscherkunde. Lehrbuch der allgemeinen Geographie*, Bd. 3. de Gruyter.

## Kapitel 22

Ahnert, F. (2003): *Einführung in die Geomorphologie.* Ulmer.
Allen, P. (2005): Striking a chord. *Nature* 434: 961.
Bloom, A. L. (1989): *Die Oberfläche der Erde*, 2. Aufl. Enke.
Bloom, A. L. (2004) *Geomorphology: A Systematic Analysis of Late Cenozoic Landforms,* 3rd ed. Waveland Press.
Blume, H. (1994): *Das Relief der Erde – ein Bildatlas*, 2. Aufl. Enke.
Burbank, D. W. & R. S. Anderson (2001): *Tectonic Geomorphology.* Blackwell.
Goudie, A. (1995): *The Changing Earth: Rates of Geomorphological Processes.* Blackwell.
Louis, H. & K. Fischer (1979): *Allgemeine Geomorphologie*, 4. Aufl. de Gruyter.
Merritts, D. & M. Ellis (1994): Introduction to special section on tectonics and topography. *Journal of Geophysical Research* 99: 12135–12141.
Pinter, N. & M. T. Brandon (1997): Der Beitrag der Erosion zur Gebirgsbildung. *Spektrum der Wissenschaft* 9/1997: 82–88.
Pratson, L. F. & W. F. Haxby (1997): Panoramas of the seafloor. *Scientific American* (June): 83–87.
Strain, P. & F. Engle (1992): *Looking at Earth.* Turner Publishing.
Sullivan, W. (1984): *Landprints: On the Magnificent American Landscapes.* Times Books.
Summerfield, M. A. (1991): *Global Geomorphology.* Longman.

## Kapitel 23

Allenby, B. (2005): *Reconstructing Earth: Technology and Environment in the Age of Humans.* Island Press.
Alley, R. B. (2004): Abrupt climate change. *Scientific American* (November): 62–69.
Baldwin, S. F. (2002): Renewable energy: Progress and prospects. *Physics Today* (April): 62–68.
Boyle, G., B. Everett & J. Ramage (2003): *Energy Systems and Sustainability.* Oxford University Press.
Brundtland Commission (1987): *Our Common Future.* Oxford University Press.
Campbell, C. J. & J. H. Laherrère (1998): The end of cheap oil. *Scientific American* (March): 78–84.
Costanza, R. et al. (1997): The value of the world's ecosystem services and natural capital. *Nature* 387: 253–260.
Cox, J. D. (2005): *Climate Crash: Abrupt Climate Change and What It Means for Our Future.* National Academies Press, Joseph Henry Press.
Deffeyes, K. S. (2003): *Hubbert's Peak: The Impending World Oil Shortage.* Princeton University Press.
Diamond, J. (2005): *Collapse: How Societies Choose to Fail or Succeed.* Viking.
Ehlers, E. & T. Krafft (2005): *Earth System Science in the Anthropocene: Emerging Issues and Problems.* Springer.

Energy Information Administration (2004): *Annual Energy Review.* U.S. Department of Energy.
Evans, A. (1992): *Erzlagerstättenkunde.* Enke.
Hansen, J. (2003): Defusing the global warming time bomb. *Scientific American* (March): 69–77.
Heaton, G., R. Repetto & R. Sobin (1991): *Transforming Technology: An Agenda for Environmentally Sustainable Growth in the 21st century.* World Resources Institute.
Houghton, J. T. (2004): *Global Warming: the Complete Briefing,* 3rd ed. Cambridge University Press.
Intergovernmental Panel on Climate Change (2001): *Climate Change 2001: The Scientific Basis.* Cambridge University Press.
Kaltschmitt, M., E. Huenges & H. Wolff (1999): *Energie aus Erdwärme.* Deutscher Verlag für Grundstoffindustrie.
Lovins, A. B. (2005): More profit with less carbon. *Scientific American* (September): 74–83.
Moniz, E. J. & M. A. Kenderdine. (2002): Meeting energy challenges: Technology and policy. *Physics Today* (April): 40–46.
Murray, P. (2007): *Klima im Wandel – Erde in Gefahr.* Spektrum Akademischer Verlag.
Parsons, E. A. & D. W. Keith (1998): Fossil fuels without $CO_2$ emissions. *Science* 282: 1053–1054.
*Physics Today* (2002): Special Issue: The Energy Challenge (April).
Ruddiman, W. F. (2005): How Did Humans First Alter Global Climate? *Scientific American* (March): 46–53.
Sawkins, F. J. (1984): *Metal Deposits in Relation to Plate Tectonics.* Springer.
Socolow, R. H. (2005): Can we bury global warming? *Scientific American* (July): 49–55.
Sorenson, B. (2004): *Renewable Energy,* 3rd ed. Academic Press.
Victor, D. G. (2004): *Climate Change: Debating America's Policy Options.* Council on Foreign Relations Press.
Wilson, E. O. (2002): *The Future of Life.* Knopf.

# Sachwortverzeichnis

## B

## E

## F

## G

## H

I

## N

## S

## T

## U

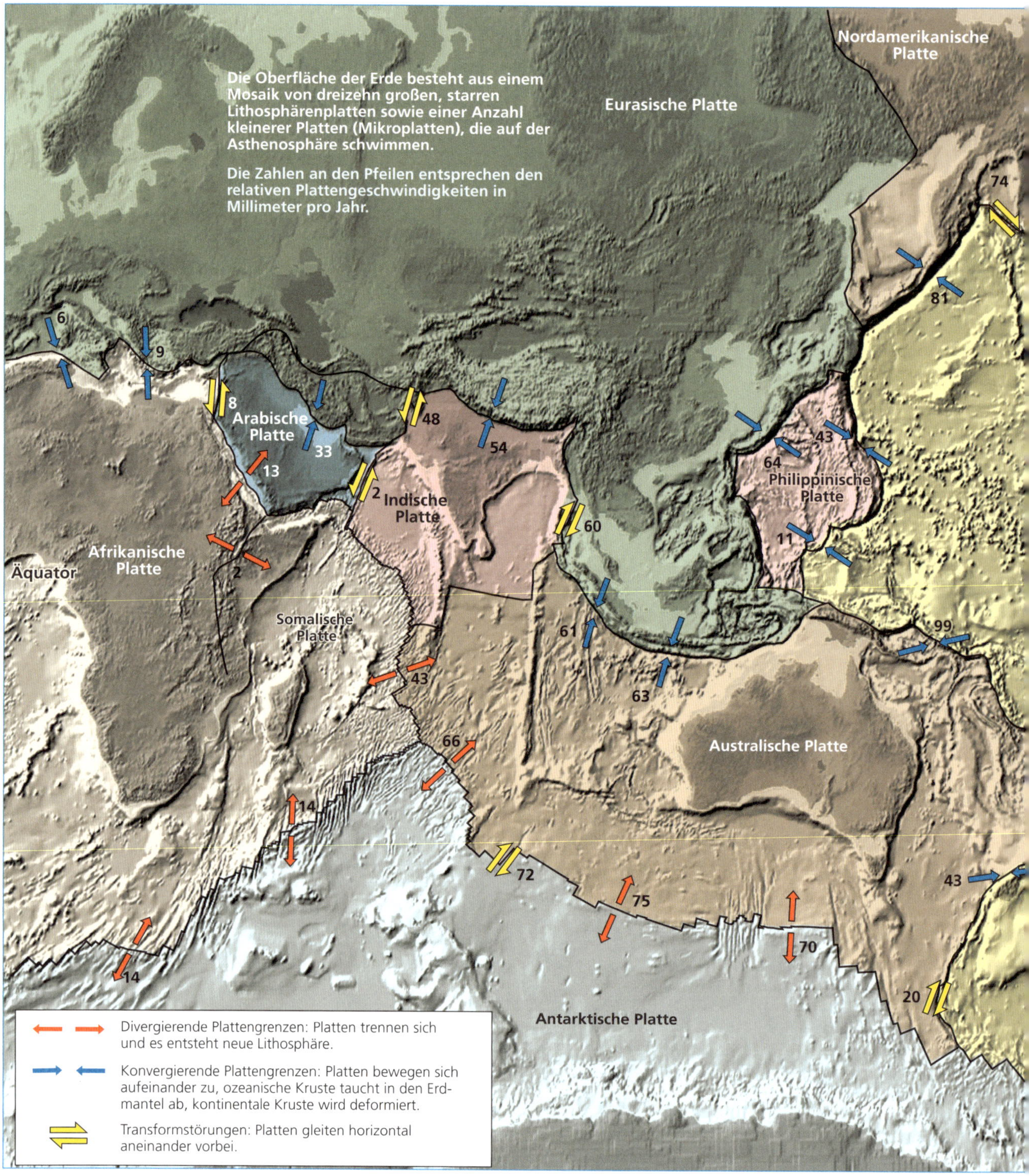


Die Lithosphäre der Erde besteht aus ständig sich bewegenden Platten.